Bibliographiae Botanicae

Supplementum.

Springer-Science+Business Media, B.V.
1916

ISBN 978-94-017-6469-8   ISBN 978-94-017-6613-5 (eBook)
DOI 10.1007/978-94-017-6613-5

Softcover reprint of the hardcover 1st edition 1916

INHALT.

[Table of Contents. — Table des Matières.]

Acta.

[Supplementum numeror. 1—249. vide: Bibliographia Botanica, p. 1—15].

6892 **Acta** Horti Bergiani. Mededel. fran k. Svenska Vetenskaps-Akadem. ℋ
Trädgard, Bergielund. Redig. v. Wittrock. Bd. I—V. Stockh. 1891—1914.
4. m. Portr. u. 290 z. Tl. color. Tfln. Cart. (M. 112.)   75.—

6893 **Acta** Horti Botan. Universitat. Jurjevensis. Redig. v. Kusnezow. Bd.
I—X. Dorp. 1900—9. 8. m. Tfln.   65.—
   F e h l t Band I, Heft 1.

6894 **Acta** Horti Petropolitani. Vol. I—III. Petrop. 1871—75. 8. c. multis tab.   25.—

6895 **Allgemeine Botanische Zeitschrift.** Hrsg. v. Kneucker. Jahrg. I—XIV:
1895—1908. Karlsr. 8. m. Tfln.   78.—
   Viele Bände und Nummern einzeln vorrätig.

6896 **Allgemeines Teutsches Garten-Magazin.** Hrsg. v. Sprengel, Sickler,
Bertuch u. a. 8 Jahrgänge (soviel erschien.): 1804—11. Weimar. 4.
m. 3 2 2 c o l o r. T f l n. Hfzbde.   50.—

6897 **American Journal** of Botany. Publ. by the Brooklyn Botan. Garden.
Vol. I and II. Lancast. 1914—15. 8. w. plates.   40.—

6898 **American Midland Naturalist.** Ed. by Nieuwland. Vol. I—IV, Notre
Dame 1909—15. 8. w. plates.   12.—

6899 **American Naturalist.** Ed. by Packard and o. Vol. II, III, IV (incomplete),
V, VI (incomplete), IX (incomplete), XII. Salem and Bost. 1869—78. 8.
w. plates.
   Are sold separately at various prices.
   Many odd nrs. also of the earlier volumes in stock.

6900 **Annalen** d. Blumisterei. Hrsg. v. Reider. Jhrg. I—X. — Der Garten-
beobachter. Hrsg. v. Gerstenberg. Jhrg. I. Nürnb. 1826—37. 8. m.
264 c o l o r. T f l n. Hfzbde.   30.—

6901 — — Jahrg. IX: 1833. 310 p. m. 24 color. Tfln.   2.—

6902 **Annalen** d. Botanik. Hrsg. v. Usteri. Stück 1, 5, 6, 10, 12—21. Zürich
u. Leipz. 1791—97. 8. m. Tfln.   20.—
   Auch viele andere aber defekte Bände vorhanden. — Siehe auch No. 7088.

6903 **Annalen** der Gärtnerey. Hrsg. v. Neuenhahn. 12 Stücke. Erfurt 1795—
1800. 8. m. Tfl. Hfzbde. — Alles was erschienen.   15.—
   Selten, nicht im P r i t z e l.

6904 **Annales** des Sciences Naturelles. Zoologie et Botanique. Série I. vol.
1 à 6, 8 à 12 et table génér. Paris 1824 à 27. 8. av. 247 pl. D.-rel. veau. 100.—
   Cette première série est très-rare. Chaque volume se vend séparément à
M. 10.
   Je possède un grand nombre de volumes des séries suivantes.

6905 **Annali** di Botanica. Pubbl. da Pirotta. Vol. I—XII. Roma 1904—1914.
8. c. molte tav. color. e nere.   190.—

6906 **Annals** of Botany. Vol. I. Nr. 1 and 2. Oxford 1887. 8. w. 9 pl. (16 s.)   12.—

6907 **Annals** of the Bolus Herbarium (South African College). Ed. by Pearson. Vol. I. Cambr. 1914. 8. 40 p. w. portr. and plates.   16.—

6908 **Annals** of the R. Botanic Gardens, Peradeniya. Ed. by Willis. Vol.
I—VIII. Peraden. 1902—12. 8. w. plates.   140.—

6909 **Annuaire** du Conservatoire et du Jardin Botan. de Genève. Réd. p.
J. Briquet. Années 1 à 17: 1897 à 1913. Genève. 8. av. beauc. de plchs. 120.—

6910 **Arbeiten** aus d. Kgl. Botan. Garten zu Breslau. Hrsg. v. Prantl. Bd. I.
Heft 1. Bresl. 1892. 8. 171 p. m. Tfl. (M. 7.) — Soviel erschien.   4.—

6911 **Archiv** für Biontologie. Hrsg. v. d. Gesellsch. Naturforsch. Freunde   *M*
zu Berlin. Bd. I u. II. Berl. 1906—9. 4. m. 59 Tfln. (M. 74.)   32.—

6912 **Archiv** d. „Brandenburgia", Gesellsch. f. Heimatkunde d. Prov. Brandenburg. Bd. 1—12. Berl. 1894—1907. 8. m. viel. Tfln. u. Ktn. (M. 34.50)   15.—
      Viele Bände auch einzeln.

6913 **Archiv** f. d. Holländ. Beitr. z. Natur- u. Heilkunde. Hrsg. v. Donders
u. Berlin. Bd. II. Utrecht 1860. 8. 474 p. m. Tfl. Cart.   2.—

6914 **Archiv** f. Naturgeschichte. Hrsg. v. Troschel. Jahrg. 38—53. Berl.
1872—87. 8. m. viel. Tfln. (M. 773.) Gbdn. u. brosch. — Gutes Exempl.   80.—

6915 **Archiv** für Zellforschung. Hrsg. v. Goldschmidt. Bd. I—VIII. Leipzig
1908—12. 8. m. viel. color. u. schwarz. Tfln. (M. 516.)   300.—

6916 **Archives** de l'Institut Botan. de l'Université de Liège. Vol. IV. Bruxell.
1907. 8. av. 14 pl. (fr. 10.)   5.—

6917 **Archivio** d. Laboratorio di Botanica Crittogam. pr. la Univers. di
Pavia. Pubbl. da Garovaglio e Cattaneo. 5 vol. Milano 1874—88. 8. c.
molte tav.   75.—

6918 **Arkiv** f. Botanik. Utg. af Svenska Vetenskaps Akad. Bd. IV, V. Ups.
1905—06. 8. m. 91 Tfln. (M. 50.50.)   28.—

6919 **Aus der Heimat.** Hrsg. v. Lutz u. Kohler. Jahrg. 20—26: 1907—1914.
Stuttg. 8. (M. 21.)   8.—

6920 **Aus der Heimath.** Naturwiss. Volksblatt. Hrsg. v. Rossmässler. Jhrg. I.
(1859)—VII (1865), VIII (1866) Nr. 1—26. Glogau. 4. m. viel. Fig.
(M. 48.) Gbdn.   8.—

6921 **Balfour, A.** Report of the Wellcome Research Laborat. at the Gordon
Memorial College, Khartoum. Vols. I—IV w. supplem. (6 vols.) Lond.
1904—11. 4. w. many colour. pl. Cloth. (M. 100.)   50.—
      Every volume is sold separately.

6922 **Bamberg.** — Berichte d. Naturforsch. Gesellsch. Bd. I—VI. Bamb.
1852—63. 4. u. 8. m. viel. Tfln.   5.—

6923 **Beiträge** z. Biologie der Pflanzen. Begr. v. F. Cohn, hrsg. v. Rosen.
Bd. I—XII. Bresl. 1870—1914. 8. m. 178 z. Tl. color. Tfln.   340.—
      Band I u. II. ist vergriffen.

6924 **Beiträge** z. wissenschaftl. Botanik. Hrsg. v. Fünfstück. 5 Bde. (soviel
erschien.) Stuttg. 1895—1906. 8. m. 79 z. T. color. Tfln. (M. 187.)   150.—

6925 — — Bd. IV, V. Stuttg. 1900—06. (M. 46.)   36.—

6926 La **Belgique Horticole.** Années V: 1855 et XXVI: 1876. Liège. 8. av.
portr. et 42 pl. color. D.-rel.   5.—

6927 **Bericht** d. Botan. Section d. Schles. Gesellschaft. Hrsg. v. F. Cohn.
4 Hefte. Bresl. 1871—77. 8. 380 p.   2.—

6928 **Bericht** d. Botan. Vereins in Landshut. III: 1869—71, XIII: 1892—93.
Landsh. 1871—94. 8. 320 p. m. Kte.   2.—

6929 **Berichte** d. Bayr. Botanischen Gesellschaft z. Erforsch. d. heimisch.
Flora. Bd. I—XIV. Münch. 1891—1914. 8. m. Kart., Tfln. u. viel. Fig.   40.—
      Viele Bände auch einzeln.

6930 **Berichte** d. Deutschen Botanischen Gesellschaft. Bd. 1—33 m. Regist.
(zu Bd. 1—20). Berl. 1883—1915. 8. m. viel. Tfln. (M. 775.) Hfzb. u. br.   500.—
      Selten geworden. — Bd. 17, 21, 22, 24, 25 sind ganz vergriffen.

6931 — — Bd. 5—18 (Jahrg. 1887—1900), 26 (1907), 26a (=Festschrift) u.
Regist. (zu Bd. 1—20). Berl. 8. m. viel. Tfln. (M. 365.)   190.—
      Jeder Band auch einzeln. — Auch viele einzelne Hefte vorhanden.

6932 **Berichte** d. Gesellschaft für Botanik zu Hamburg. 4 Hefte. Hamb.
1886—88. 8. m. 2 Tfln.   3.—

6933 **Berichte** üb. d. Versammlungen d. Preussischen Botan. Vereins. 1—49.
Versamml. (Königsb., Physik. Ges.) 1863—1911. 4. m. Tfln.   20.—

6934 **Berlin.** — Schriften d. Gesellschaft Naturforsch. Freunde. Bd. III—IX.
Berl. 1782—89. 8. m. viel. Tfln. Gbdn.
      Jeder Band: M. 5.—. In einzelnen Bänden f e h l e n Tafeln.

6935 **Bibliotheca Botanica.** Hrsg. v. Luerssen. Heft 1—86. Stuttg. 1882—1915.
4. m. 676 z. Tl. color. Tfln. (M. 2262.)   1000.—

6936 **Bibliothek** d. gesamt. Naturgeschichte. Hrsg. v. Fibig u. Nau. 2 Bde. *M*
(8 Stücke). Frankf. 1790—91. 8. 1510 p. Hfzbde.   12.—
    Eine gute, wenig gekannte Zeitschrift. — Alles was erschienen.

6937 **Boletim** da Sociedade Broteriana. Réd. p. Henriques. Vol. 3 à 21.
Coimbra 1885 à 1906. 8. av. plchs.   130.—
    En partie épuisés.

6938 — — Vol. IX, X: 1891 à 1892. (M. 16.)   8.—

6939 **Bollettino** del Naturalista. Red. p. Brogi. Anno XXI—XXVI: 1901—06.
Siena. 8. (M. 36.)   14.—

6940 **Bollettino del R.** Orto Botanica di Palermo. Anno IV—VII. Palermo
1905—1908. 8. c. tav.   18.—

6941 **Bonplandia.** Zeitschrift f. d. gesammte Botanik. Hrsg. v. E. G. u. B.
Seemann. Jahrg. I—V. Hannover 1853—57. 4. m. Portr. u. 4 Tfln.
(M. 74.) Cart.   30.—

6941a **Boston.** — Proceedings of the Boston Society of Natural History.
Vol. VIII, IX. Bost. 1862—63. 8.   6.—

6941b **Botanisch Jaarboek.** Uitg. d. h. Kruidkund. Genootschap "Dodonaea".
Jahrg. 3—5 (1891—93), 7 (1895), 9—11. (1897—99). Gent. 8. m. viel. Tfln.
    Jeder Jahrgang M. 8.—.

6942 **Botanische Jahrbücher** f. Systematik, Pflanzengeschichte u. Pflanzengeographie. Hrsg. v. Engler. Bd. 1—53 m. Generalregist. (zu Bd. 1—30).
Leipz. 1880—1915. 8. m. viel. z. Tl. color. Tfln. u. Ktn. (M. 2006.)   1000.—

6943 **Botanisches Centralblatt.** R e f e r i r e n d e s O r g a n, hrsg. v. Uhlworm, Kohl u. Lotsy. Bd. 47—88, m. General-Regist. (zu Bd. 1—60) u.
„B e i h e f t e". Bd. 1—11. Cassel u. Jena 1891—1902. 8. m. viel. Tfln.
(ca. M. 600.) Schöne uniforme Halbfranzbde.   250.—
    Die Bände 1—46 können zu herabgesetztem Preise besorgt werden.

6944 — — Bd. 5, 13—20, 37—89, 92, 94, 100. Cassel u. Jena 1881—1905.
8. m. viel. Tfln.
    Jeder Band einzeln à M. 8.—.

6945 — — Beihefte (O r i g i n a l a r b e i t e n), hrsg. v. Uhlworm u. Kohl.
Bd. I—XVII. Cassel u. Jena 1891—1904. 8. m. viel. Tfln. (M. 252.)   135.—
    Band I—XI auch einzeln à M. 8.—.

6946 **Botanischer Jahresbericht.** Hrsg. v. Just. Jahrg. 1—6: 1873—79. Berl.
1874—81. 8. (M. 220.) Hfzb. u. brosch.   25.—
    Jeder Jahrgang einzeln à M. 5.—.

6947 **Botanische Mittheilungen** aus d. Tropen. Hrsg. v. A. F. W. Schimper.
9 Hefte (soviel erschien.). Jena 1888—1901. 8. m. Karte u. 67 z. Tl.
color. Tfln.   60.—

6948 **Botanische Zeitung.** Begründ. v. Mohl u. Schlechtendal. Redig. v.
Solms-Laubach u. Oltmanns. 68 Jahrgänge: 1843—1910, m. Generalregist. (zu Jahrg. 1—50). Berl. u. Leipz. 4. m. ca. 700 z. Tl. color. Tfln.
Gbdn. u. brosch.   1500.—
    Diese alte Zeitschrift — Näheres über sie siehe Nr. 65 — hat zu erscheinen
aufgehört.

6949 — — Jahrg. 23—44: 1865—86. (ca. M. 500.)   200.—
    Jeder Jahrgang auch einzeln.

6950 — — Jahrg. 2 (1844), 3 (1845), 50 (1892), 53 (1895), 67 (1909).
    Jeder Jahrgang à M. 8.—. Ausserdem ist eine sehr grosse Anzahl unvoll-
ständiger Bände und einzelner Hefte aus allen Jahrgängen vorrätig.

6951 **Botaniska Notiser.** Utg. af T. M. Fries, Nordstedt etc. Jahrg. 1857, 1858,
1887, 1903. Stockh. 8. m. Tfln. Gbdn. u. brosch.
    Jeder Jahrgang M. 8.—.

6952 **Botaniska Sektionen** af Naturvetenskapl. Studentsällskapet i Upsala.
Sitzungsberichte. Jahrg. 1—5. (Cassel, Bot. Centr.) 1887—93. 8.   3.—

6953 **Bremen.** — Abhandlungen, hrsg. v. Naturwiss. Verein zu Bremen.
Bd. I—XX. Bremen 1868—1911. 8. m. viel. Tfln. Cart. u. br. (M. 251.)   80.—

6954 **Breslau.** — Jahresbericht d. Schlesischen Gesellsch. f. vaterländ.
Cultur. Jahrg. 1828, 29, 1831—34, 35, 39, 1841—68, 1876, 77, 1887, 1906—
1909. Bresl. 4. u. 8. m. Tfln.
    Jeder Jahrgang einzeln.

6955 **Bruxelles.** — A c a d é m i e. Années 1837 à 1903: N o u v e a u x M é- *M*
m o i r e s de l'Académie des Sciences, Vol.. 10 à 54: M é m o i r e s
C o u r o n n é s de l'Acad., Vol. 12 à 62. Brux. 4. av. grand nombre d.
planches color. et noir. D.-rel. maroqu. et en fascic. Bel exempl.   280.—

6956 — Bulletin de l'Académie Roy. d. Sciences, d. Lettres et d. Beaux-
Arts de Belgique. Années 1889 à 1898 av. table génér. (= Série III.
tomes 17 à 36). Brux. 8. av. plchs. (M. 110.)   35.—

6957 **Bulletin** de l'Association p. la protect. d. Plantes. Nr. 1, 6, 7, 9, 11,
12, 14, 17 à 19. Genève 1886 à 1901. 8. av. plchs.
    Chaque numéro; M. 1.—.

6958 **Bulletin** du Cercle floral d'Anvers. Années 1886 et 1888. Anvers 1886
à 1888. 8. 343 p. av. 12 pl. et portr.   2.—

6959 **Bulletin** (et Mémoires) de l'Herbier Boissier. Dir. p. Autran et Beauverd. Série I. 7 années (1893 à 99), Série II. 8 années (1901 à 1908).
— Mémoires 1 vol. 1900. Genève. 8. av. plchs.   280.—
    Série complète, tout ce qu'il a paru. — La continuation est le: Bulletin de
la Société Botan. de Genève, voyez no. 6963.

6960 **Bulletin** de la Société Botan. des Deux-Sèvres. Année XX: 1908. Niort
1909. 8. av. portr. et pl.   2.—

6961 **Bulletin** de la Société Botan. de France. Tome 32, 34, 35, 40. Paris
1885 à 94. 8. av. plchs. (fr. 128.)
    Chaque volume à M. 5.—.

6962 — — S e s s i o n s e x t r a o r d i n. entre 1861 à 1904. 12 parties.
Paris. 8.   3.—

6963 **Bulletin** de la Société Botan. de Genève. Années I à VI: 1909 à 1914.
Genève. 8. av. plchs.   80.—
    Voyez aussi nr. 83 et 6959.

6964 **Bulletin** of miscellan. information of the Botan. Gardens, Kew. Years
1894, 1908, 1909. Lond. 8. w. many pl. Boards.
    Every year: M. 5.—.

6965 **Bulletino** d. Società Botanica Italiana. Anni 1893—1902. Firenze. 8.   20.—
    Jeder Jahrgang, auch jede Nr. einzeln.

6966 **Caën.** — Séance de la Société Linnéenne de Normandie 1823, 1834 à
1837. Caen 1823 à 1837. 8. D.-rel. veau.   6.—

6967 **Contributions** fr. the U. S. National Herbarium. Vol. I—XVII. Wash.
(Dept. Agr.) 1890—1914. 8. w. about 600 pl.   260.—
    Complete sets are now as rare as single parts are common. The early volu-
mes are nearly all out of print. — Many single volumes and parts in stock. — The
number of parts which every volume embraces is very different.

6968 **Curtis.** Botanical Magazine. Vols. I—IV. Lond. 1787—1790. 8. w. 144
colour. pl. Half bd. calf.   60.—
    The beginning of the valuable journal: the price of a complete set is now
M. 3000.

6969 — — Vol. 100. (Seriès III, vol. 30.) Lond. 1874. 8. w. 66 colour. pl.   6.—

6970 **Dansk Botanisk Arkiv.** Udg. af Dansk Botan. Förening. Bd. I, II No. 1. 2.
Kjöbenh. 1913—14. 8. m. Tfln.   25.—

6971 **Denkschriften** d. Kgl. Baierischen Botan. Gesellschaft in Regensburg.
Bd. I. Regensb. 1815. 4. 230 p. m. 4 color. Tfln. Cart.   5.—

6972 **Deutsche Botanische Monatsschrift.** Herausg. v. Leimbach u. Reineck.
Jahrg. 1—15: 1883—97. Sondersh. u. Arnstadt. 8. m. Tfln. Gebdn. u.
brosch.   40.—
    Alle Jahrgänge auch einzeln. — Viele einzelne Nrn. vorrätig.

6973 **Dörfleria.** Internat. Zeitschr. f. Förder. praktischer Interess. d. Botaniker. Jahrg. I. Nr. 1. Wien 1909. 4. 64 p. m. Fig. — Alles was erschien.   1.—

6974 **Dresden.** — Publicationen d. Naturwissensch. Gesellschaft Isis. I: Allgem. Deutsche Naturhist. Zeitung. 2 Jhge. 1846—47. — II: Neue Folge.
3 Jhrge. 1855—57. — III: Denkschriften. 1 Jahrg. 1860. — IV: Sitzungsberichte Jahrg. 1—41: 1861—1901. Dresd. 8. m. Tfln.   90.—
    Alle Jahrgänge auch einzeln.

6975 **Emden.** — Jahresbericht d. Naturforschenden Gesellsch. Jahrg. 32—84:
1846—99. Emden. 8.   20.—

6976 **Erlangen.** — Sitzungsberichte d. physikal.-medic. Societät. Heft 30—39   *M*
(1898—1907). Erl. 1899—1908. 8. m. Tfln. (M. 48.50)   14.—

6977 **Erythea.** Journal of Botany, West American and general. Ed. by Jepson.
Vol. I and II. S. Francisco 1893—94. 8. w. plates.   16.—
Those 2 volumes are out of print. — All the others are still to be had.

6978 **Fauna.** Verein Luxemburger Naturfreunde. Jahrg. IX—XV. Luxemb.
1899—1905. 8. m. Fig. (M. 56.)   23.—

6979 — — Fortsetz. u. d. Titel: Monatsberichte (Bulletins mensuels) d. Gesellsch. Luxemburg. Naturfreunde. Jahrg. I—V: 1907—11. Luxemb.
8. m. Tfln. (M. 50.)   30.—

6980 **Feuille** d. Jeunes Naturalistes. Réd. p. Dollfus. Années 1 à 37: 1870 à
1906. Rennes. 8. av. plchs. Toile et broché.   150.—

6981 **Flora,** od. Allgem. Botan. Zeitung. Jahrg. 1 (defect), 3, 5, 9—11, 13,
15—18, 21, 22, 25, 27—33, 36, 37, 43, 45, 47, 48, 55, 59, 60—66, 70, 72—75,
88, 90. Regensb. et. 1818—1899. 8.
Jeder Jahrgang einzeln. — Eine sehr grosse Menge unvollständiger Bände
u. Hefte ist vorrätig.

6982 — — Vorläufer u. d. Titel: B o t a n i s c h e Z e i t u n g. Bd. 1, 3, 4.
Erlang. 1802—5. m. Tfln. — In 4 f e h l t Heft IV.   10.—

6983 — — Beilage u. d. Titel: L i t t e r a t u r b e r i c h t e z. Flora. 11 Bde.
Regensb. 1830—41. 8. Cart.   12.—

6984 — — Beilage u. d. Titel: L i t t e r a t u r b l ä t t e r f. Botanik. 5 Bde.
Nürnb. 1828—30. 8. m. Tfln. Cart.   15.—
Mehrere Bände auch einzeln vorrätig.

6985 **Flora.** — Sitzungsberichte u. Abhandlgn. d. Sächs. Gesellschaft f. Bo-
tanik u. Gartenbau „Flora". Neue Folge. Jahrg. 1—17: 1896—1913.
Dresd. 8. m. Tfln.   32.—
Jeder Jahrgang auch einzeln. — Jahrg. 2—4 sind vergriffen.

6986 The **Florist, Fruitist and Garden Miscellany.** Ed. by Hogg and Spencer.
Year 1850, 1858, 1859, 1861, 1862. Lond. 8. w. 65 colour. pl. — 2 sheets
and one plate in 1859, title in 1862 are wanting.   10.—

6987 The **Florist and Pomologist.** Ed. by Hogg and Spencer. 3 vols. Lond.
1862—64. 8. 656 p. w. many colour. pl. — Title to vol. III wanting.   10.—

6988 **Förhandlingar** v. d. Skandinav. Naturforskarnes möde. V: 1847, IX—
XIV: 1863—1892. Stockh., Krist. u. Kopenh. 8.
Jeder Band à M. 1.—.

6989 **Forstlich-Naturwissenschaftliche Zeitschrift.** Hrsg. v. Tubeuf. 7 Jahrge.
(soviel erschien.) Münch. 1892—98. 8. m. Tfln. (M. 84.)   60.—
Jahrg. 1896 u. 1897 sind vergriffen.

6990 — — Jahrg. I—III: 1892—94. (M. 36.—) Hfzb. u. Cart.   18.—

6991 **Freiburg i. B.** — Berichte d. Naturforsch. Gesellsch. zu Freiburg i. B.
Bd. I. Freib. 1858. 8. m. 14 Tfln. Cart.   5.—
Dieser Band ist vergriffen.

6992 **Gartenflora.** Zeitschrift f. Garten- u. Blumenkunde. Begründ. v. Regel,
hrsg. v. Wittmack. Jahrg. 1—53: 1852—1904, m. allen Regist. u. Supplem. Berl. 8. m. vielen color. u. schwarzen Tfln. Gbdn. u. brosch.   700.—
In den Jahrgängen 19—21 f e h l e n einige Tafeln.

6993 — — Jahrg. 41—48: 1892—99. (M. 112.) Gbdn. u. brosch.   40.—
Jeder Jahrg. auch einzeln. — Ausserdem sind sehr viele einzelne Jahrgänge
u. Hefte vorhanden.

6994 — — Jahrg. 62—64: 1913—15. (M. 48.)   20.—

6995 Die **Gartenwelt** (Hesdörffer's Monatshefte). Hrsg. v. Hesdörffer. Jahrg.
1—20. Berl. 1897—1906. 4. m. viel. color. Tfln. Orig.-Lnbde. (M. 210.)   80.—

6996 **Genève.** — Mémoires de la Société de Physique et d'Histoire natur.
Vol. II. Genève 1823. 4. 458 p. av. 13 pl. Cart.   4.—

6997 **Giornale Botanico Italiano.** Compil. da Parlatore. 2 anni (tutto pubblic.).
Firenze 1844—46. 8. c. 4 tav.   30.—
Continuazione — vedi il nr. 193 e 7067.

6998 **Göttingen.** — Nachrichten v. d. kgl. Gesellsch. d. Wissenschaften.
Mathem.-physikal. Classe. Jahrg. 1894—1901. Göttgn. 8. m. viel. Tfln.
(M. 35.)   15.—

W. Junk, Berlin, W. 15.

6999 **Guillemin.** Archives de Botanique. 2 vols. (tout paru). Paris 1833. 8. *M.*
1160 p. av. 20 pl. D.-rel. veau. — 15.—
7000 — — Vol. I. partie 1. Paris 1833. 8. 192 p. av. 4 pl. — 2.50
7001 **Helios.** Abhdlgn. u. Mittlgn. d. Naturwiss. Vereins d. Regbez. Frankfurt. Hrsg. v. Roedel. Bd. 15—27 mit 2 Beilagen. Berl. 1898—1913. 8. m. Tfln. (M. 26.) — 10.—
7002 **Himmel u. Erde.** Naturwiss. Monatsschrift. Jahrg. I—XVII: 1889—1904. Berl. 4. m. viel. Tfln. (M. 274.) — Jahrg. I—IX in Origbdn. — 80.—
    Teilweise vergriffen. — Jeder Jahrgang auch einzeln.
7003 **Hooker, W. J.** The Journal of Botany. Vol. I. Lond. 1834. 8. 384 p. w. 28 pl. Half bd. calf. — 3 plates are w a n t i n g. — 8.—
7004 — London Journal of Botany. Vol. I, VI. Lond. 1842—47. 8. w. plates. Half bd. calf. — 2 plates in vol. VI are w a n t i n g. — 20.—
7005 **Hoppe.** Botan. Taschenbuch. Jahrg. 7: 1796. Regensb. 8. 258 p. Cart. — 3.—
7006 **Hornschuch.** Archiv Skandinav. Beiträge z. Naturgeschichte. 2 Bde. (3 Tle.) Greifswald 1845—50. 8. 929 p. m. 2 Ktn. u. 6 Tfln. Cart. — 8.—
7007 **Humboldt.** Monatschrift f. d. gesamt. Naturwissenschaften. Hrsg. v. Krebs. 8 Jahrgänge. Braunschw. 1882—89. 4. (M. 96.) — 12.—
    Jeder Jahrgang auch einzeln à M. 2.—.
7008 **Irmischia.** Correspondenzblatt d. Botan. Vereins f. d. nördl. Thüringen. Hrsg. v. Leimbach. Jahrg. I: 1881, III: 1883. Sondersh. 8. 121 p. m. Tfl. — 4.—
    Viele einzelne Bände u. unvollständige Bände vorhanden.
7009 — Abhandlungen d. Thüring. Botan. Vereins Irmischia. Hrsg. v. Leimbach. Heft I—III. Sondersh. 1882—83. 8. 200 p. — 2.50
7010 **Isis.** Herausg. v. Oken. Jahrg. I—III: 1817—19, V: 1821, IX: 1825. Leipz. u. Jena. 4. m. viel. Tfln. — 30.—
    Jeder Band wird einzeln verkauft.
7011 **Jahrbuch** f. Gartenkunde u. Botanik. Hrsg. v. Bouché u. Herrmann. Jahrg. II—V. Bonn 1884—88. 8. m. color. Tfln. (M. 40.) Lnb. u. brosch. — 15.—
7012 **Jahrbuch** d. Naturwissenschaft. Hrsg. v. Wildermann u. Plassmann. Jahrg. 1—26: 1885—86 bis 1910—11. Freib. 8. Origbde. u. br. (M. 163.) — 100.—
    Viele Jahrgänge auch einzeln (statt à M. 7.50) à M. 2.50.
7013 **Jahrbücher** d. Gewächskunde. Hrsg. v. Sprengel, Schrader u. Link. Bd. I. (3 Hefte.) Berlin 1820. 8. m. 3 Tfln. Cart. — Alles was erschien. — 5.—
7014 **Jahresbericht** I, II d. Botan. Vereines am Mittel- u. Niederrhein. Bonn 1837—39. 8. 290 p. m. Tfl. (M. 4.20) — 3.—
7015 **Journal** f. d. Botanik. Hrsg. v. Schrader. Bd. III—V. Götting. 1801—3. 8. m. 20 (s t a t t 22) Tfln. — Die 3 Porträts f e h l e n. — 8.—
7016 **Journal** de Botanique. Réd. p. Morot. Année 7. Paris 1893. 8. av. plchs. — 5.—
7017 **Journal** de la Société impér. et centrale d'Horticulture. Vol. 1 à 38 (Série I, II, III, vol. 1 à 14.) Paris 1855 à 1892. 8. av. beauc. de pl. D.-rel. veau. (fr. 700 broché.) — 200.—
    Bel exemplaire de cette série rare.
7018 **Journal** of the English Agricultural Society. Vol. 1—40 w. 2 indices. Lond. 1839—1899. 8. w. many pl. — 130.—
7019 **Journal** of Botany. Ed. by Seemann. Vol. IV. Lond. 1866. 8. 404 p. w. colour. plates. Half bd. calf. — 8.—
7020 **Journal** of Ecology. Ed. by Cavers. Vol. I. (4 nrs.) Cambridge 1913. 4. — 16.—
7021 **Journal Botanique** de la Société Imp. d. Naturalistes de St. Pétersbourg. Réd. par Komarov et Soukatchev. Année I à III: 1906 à 1908. Pétersb. 8. av. carte et 2 pl. — 28.—
    Voyez nr. 7075 et 7103.
7022 **Kiel.** — Schriften d. Naturwissenschaftl. Vereins f. Schleswig-Holstein. Bd. 1—14 m. Regist. (zu Bd. 1—12). Kiel 1873—1909. 8. m. Tfln. u. Karten. (M. 101.) — 60.—
7023 **Kjöbenhavn.** — Oversigt af de K. Danske Vidensk. Selskabs Forhandling. Jahrg. 1853—82. 30 Bde. Kjöb. 8. m. vielen Tfln. Hfzb. — 30.—

7024 **Kosmos.** Zeitschr. f. angewandte Naturwissensch. Red. v. Reclam. *M*
Jahrg. I, II. Leipzig 1857—58. fol. m. 48 Tfln. u. Portr. (M. 32.) 4.—
Laboratorium u. Museum — siehe No. 7587.
7025 **Leipzig.** — Sitzungsberichte d. Naturforsch. Gesellschaft. Jahrg. 1—12:
1874—85. Leipz: 8. 6.—
7026 **Letters and Papers** on Agriculture, Planting etc. Ed. by the Society
institut. at Bath. Vols. I—XIII, and 3 vols.: Rules and Orders of the
Society. Bath 1783—1813. 8. w. plates. Half bd. calf and in parts. 50.—
An unknown periodical. — Even the British Museum has only vols. 1—9.
7027 **Linnaea.** Journal f. d. Botanik. Hrsg. v. Schlechtendal u. Garcke. Bd.
5—9 (1830—34), 18, 19 (1844—46), 21 (1848), 25—27 (1852—54). Berl.
u. Halle. 8. m. viel. z. Tl. color. Tfln. Gbdn. u. brosch.
Preis pro Band: M. 5.—.
7028 **Lisbonne.** — Bulletin de la Société Portug. d. Sciences Natur. Vol.
I à VI: Années 1907 à 12. 8. av. plchs. 50.—
7029 **Liverpool.** — Proceedings of the Literary and Philosophical Society
of Liverpool. Vol. 36—54, w. index (to vol. 1—50). Liverp. 1882—1900.
8. w. many plates. Cloth. 50.—
7030 **London.** — Transactions of the Linnean Society. Vol. I—XII. Lond.
1794—1818. 4. w. many plates. 40.—
The first rare volumes.
7031 — Annual report of the Wellington College Natur. History Society
I—V: 1868—74. London 1869—75. 8. Cloth. 15.—
Printed for private circulation only.
— Philosoph. Transactions — see nr. 7959.
7032 **Lotos.** Zeitschr. f. Naturwissenschaft. Jahrg. 8: 1858, 12: 1862, 13:
1863, 61: 1913, 62: 1914. Prag. 8.
Jeder Band einzeln. — Sehr viele unvollständ. Jahrgänge vorhanden.
7033 **Magazin** f. d. Botanik. Hrsg. v. Usteri. Band I—III (9 Stücke). Zürich
1787—90. 8. m. 19 Tfln. (11 color.) Cart. 18.—
Nur der IV. Band fehlt zur Vollständigkeit. — Siehe auch Nr. 6902.
7034 **Magazin** f. d. neuesten Zustand der Naturkunde. Hrsg. v. J. H. Voigt.
12 Bde. Jena 1797—1806. 8. m. 112 Tfln. (M. 80.) Hfzbde. — Vollständ. Reihe. 30.—
7035 **Malpighia.** Rassegna mens. di Botanica, red. da Borzi, Penzig e Pirotta.
Vol. 1—21. Genova 1887—1907. 8. c. molte tav. color. e nere. (fr. 630.) 300.—
7036 **Marcellia.** Rivista internazionale di Cecidologia. Red. da Trotter.
Vol. I—XIII. Avellino 1902—13. 8. c. tavole. (M. 156.) 60.—
7037 **(Martini.)** Berlinische Sammlungen z. Beförd. d. Arzneywissenschaft,
d. Naturgesch., Haushaltungskunst. 10 Bde. Berl. 1768—79. 8. mit 60
Tfln. Frzbde. — Gutes Exempl. 30.—
Der fast unbekannte Vorläufer der Publicationen der „Gesellschaft Natur-
forschender Freunde" (siehe No. 6934).
7038 **Meddelelser** fra d. Botaniske Forening. 2 Bde. Kjöbenh. 1882—91. 8. 6.—
7039 **Minerva.** Jahrbuch d. gelehrten Welt. Jahrg. 9—22. Strassb. 1900—13.
m. Portr. Origbde. (M. 234.) 50.—
7040 **Minnesota Botanical Studies.** Ed. by Mac Millan. Vol. I, II, III parts
1—3. (all pub'd.) Minneap. 1894—1904. 8. w. many pl. (M. 110.) 30.—
Important papers on Cryptogamia, espec. on Algae.
7041 **Missouri Botanical Garden Reports.** Ed. by Trelease. Report 1—7
(1890—96), 12 (1901), 14 (1903), 20—22 (1909—11). St. Louis. 8. w. very
many pl. Cloth.
Every volume: M. 3.—.
7042 **Mitteilungen** aus d. Botanischen Institute zu Graz. Hrsg. v. Leitgeb.
2 Hefte. Jena 1886—1888. 8. 366 p. m. 9 Tfln. (M. 15.) 6.—
7043 **Mitteilungen** d. Bayer. Botanischen Gesellschaft z. Erforsch. d. heimischen Flora. Band I, II, III, No. 1—11 (soviel erschien.). Münch.
1892—1915. 8. m. Tfln. u. Kte. 25.—
7044 **Mitteilungen** d. Geograph. Gesellschaft u. d. Botan. Vereins für Thüringen. Hrsg. v. Kurze u. Regel. Bd. 1—13. Jena 1882—1894. 8. m.
Tfln. (M. 57.) 28.—

7045 **Mitteilungen** d. Thüringisch. Botan. Vereins. Neue Folge. Heft 1—31. 　*M*
Weimar 1891—1914. 8. m. Tfln.　　　　　　　　　　　　　　　　　50.—
　　Sehr viele Hefte auch einzeln à M. 2.—.

7046 **Mitteilungen** aus d. Kais. Gesundheitsamte. Hrsg. v. Struck. Bd. II.
Berl. 1884. 4. 505 p. m. 13 color. Tfln. Cart. (M. 44.)　　　　　　18.—

7047 **Monatshefte** f. d. Naturwissenschaftl. Unterricht. Bd. IV. Leipz. 1911.
8. 576 p. u. 2 color. Tfln. (M. 12.)　　　　　　　　　　　　　　　5.—

7048 **Monatsschrift** d. Vereins z. Beförder. d. Gartenbaues in Preussen,
Jahrg. 16—24 (Schluss der Reihe): 1873—81. Berl. 8. m. viel. color. Tfln.
(M. 117.) Hfzbde. u. Cart.　　　　　　　　　　　　　　　　　　25.—

7049 **Monde** d. Plantes. Réd. p. Léveillé. Vol. III à XIV.: 1901 à 12. Paris. 4.
　　Beaucoup de numéros dépareillés de ces volumes en magasin à M. —.50.

7050 **Moniteur** d'Horticulture. Red. p. Chauré. Années 6 à 22. Paris 1882
à 1898. 8. av. plchs. Cart. (fr. 125.)　　　　　　　　　　　　　35.—

7051 **Napoli.** — Atti d. Accademia d. Scienze fisiche e matem. Serie I
(completa), Serie II, vol. 1—11. Napoli 1863—1902. 4. con molte tav.　120.—

7052 — — Rendiconti. Anni 34—42: 1895—1903 (=Serie III. vol 1—8).
Nap. 8.　　　　　　　　　　　　　　　　　　　　　　　　　　30.—

7053 — Atti d. R. Istituto d'Incorragiamento alle Scienze Natu-
rali di Napoli. Ser. I (12 vols.), II (17 vol.), III (6 vol.), IV (11 vol.),
V (5 vol.). 51 columi. Napoli 1811—1904. 4. c. tav. — Exempl. compl.　300.—
　　Série très-rare dont je n'ai eu un exemplaire complet auparavant.

7054 — — Vol. I—VII. Nap. 1811—47. 4. c. tavole. D.-rel. veau.　　35.—

7055 **Die Natur.** Hrsg. v. Ule u. K. Müller. Jahrg. 1857, 66, 76, 77, 82, 86—88,
1890, 91, 93. Halle. 4. m. Fig.
　　Preis eines jeden Jahrgangs (statt M. 14.40): M. 1.50.

7056 **Natur u. Haus.** Hrsg. v. Hesdörffer. Bd. VIII—XI. Berl. 1900—1903.
4. m. color. Tfln. u. viel. Fig. Cart. (M. 40.)　　　　　　　　　15.—

7057 Il **Naturalista Siciliano.** Red. da Ragusa. N. Serie. Anno I, II. Palermo
1896—97. 4. c. tav. (M. 28.)　　　　　　　　　　　　　　　　　10.—

7058 **Nature.** A Journal of Science. Vol. 28 (1883), 35—39 (1887—89), 41, 42
(1890). Lond. 4. Boards. (11 Pounds.)
　　Price of the volume: M. 2.—.

7059 **Naturforscher-Versammlungen.** — Berichte, Festschriften, Tageblätter,
Verhandlungen.
　　Eine sehr grosse Zahl derselben — auch alte Jahrgänge — vorhanden. Ebenso
　　viele Gelegenheitsschriften anlässlich alter Versammlungen.

7060 Der **Naturfreund,** hrsg. v. Lorch. Jahrg. I, II. Witten 1902—3. 4. (M. 8.)　2.—

7061 **Naturwissenschaftlicher Anzeiger** d. allgem. Schweizer. Gesellschaft
f. d. gesammt. Naturwissenschaften. Hrsg. v. Meisner. 5 Jahrge. (soviel erschienen). Bern 1818—23. 4. m. Tfln. (M. 22.50)　　　　　6.—

7062 **Naturwissenschaftliche Rundschau,** hrsg. v. Sklarek. Jahrg. 10—15.
Braunschw. 1895—1900. 4. (M. 80.) Cart. u. brosch.　　　　　　15.—

7063 **Naturwissenschaftliche Wochenschrift.** Hrsg. v. Potonié. Erste Folge.
(16 Jahrgänge): 1887—1901. Berl. 4. m. Fig. (M. 198.)　　　　　40.—
　　Jeder Jahrgang auch einzeln à M. 2.50.

7064 **Nederlandsch Kruidkundig Archief.** Hrsg. v. Suringar, Oudemans u. Abeleven. 2. Series. Bd. I, II. Nijmegen 1871—78. 8. m. Tfln.　　　5.—

7065 **Notes** fr. the Botanic. School of Trinity College, Dublin. Nr. 3, 4, 6.
Dubl. 1898—1905. 8. w. 9 pl.　　　　　　　　　　　　　　　　　6.—

7066 **Notizblatt** d. kgl. Botan. Gartens u. Museums zu Berlin. Bd. I. m. 3
Appendices. Leipz. 1895—97. 8. m. 3 Tfln.　　　　　　　　　　15.—
　　„Appendix" II u. III ist das einzige aus der langen Reihe vergriffene.

7067 **Nuovo Giornale Botanico.** Ed.: Società Botan. Italiana. Vol. 20—36.
Firenze 1888—1904. 8. c. molte tav. (fr. 480.)　　　　　　　　　70.—

7068 **Nürnberg.** — Abhandlungen der Naturhistor. Gesellschaft zu Nürnberg.
Bd. I, II. Nürnb. 1858—61. 8. m. 3 Tfln.　　　　　　　　　　　3.—

7069 **Oesterreichische Botanische Zeitschrift** (früher „Wochenblatt"). Begründ. v. Skofitz, herausg. v. Wettstein. Jahrg. 2 (1852), 3 (1853), 10—12 (1860—62), 14—19 (1864—69), 21 (1871), 23 (1873), 24 (1874), 26—51 (1876—1901). Wien. 8. m. Tfln. u. Portraits.

Jeder Jahrg. bis zum 42. à M. 4. vom 43. ab à M. 8.

7070 — — Jahrg. 8 (fehlen 2 Nrn.), 9, 13. Wien 1858—63. 8.

Vergriffen. — Jahrg. 8, defect, M. 3; Jahrg. 9 u. 13 à M. 20.
Ich besitze ausserdem eine sehr grosse Zahl von Bänden, die bis auf das beigegebene Portrait complet sind.

7071 **Paris.** — Mémoires de la Société d'Histoire Naturelle. Vols. 1 à 4. Paris 1823 à 28. 4. av. 81 pl. (fr. 80.) Cart.   25.—

7072 — Anatom., chymische u. b o t a n. Abhandlungen v. 1718—1721 d. Akad. d. Wissenschaften. Uebers. v. Steinwehr. Bresl. 1754. 8. 756 p. m. 32 Tfln.   3.—

7073 **St. Pétersbourg.** — Bulletin de l'Académie d. Sciences. Série I, vol. 1 à 12. Pétersb. 1860 à 68. 4. av. beauc. de pl. Cart. (M. 108.)   25.—

7074 — — Série V. tome I à IX, X. nr. 1 à 4. 1894 à 1899. av. beauc. de pl. (M. 100.)   30.—

7075 — Travaux de la Société Impér. des Naturalistes. Comptes rend. d. séances. Vol. 28, 33, 34, 35, 36, 37, 38. Pétersb. 1897, 1902 à 1907. 8.

Chaque volume: M. 2. — Voyez aussi nr. 7021 et 7103.

7076 **Philadelphia.** — Transactions of the Americ. Philosophical Society. New Series. Vol. I. Philad. 1818. 4. 478 p. w. 13 pl. Half bd. calf.   8.—

7077 The **Plant World.** Magazine of general Botany. Vol. XIII. Tucson, Ariz., 1910. 8. w. many fig.   3.—

7078 **Proceedings** of the Americ. Associat. for the Advanc. of Science. Meeting 31, 32, 37. Salem 1883, 1884, 1889. 8.

Every volume: M. 2.

7079 **Progressus Rei Botanicae.** Fortschritte d. Botanik. Redig. v. Lotsy. Bd. I—V. Jena 1907—1913. 8. (M. 90.)   75.—

7080 **Quarterly Record** of the Royal Botanic Society of London. Nrs. 55. 56. 59—64. 68. 72. 82. 84. 85. 87. 90. 92—94. Lond. 1893—1903. 8.

Every nr. M. 1.

Rara Historico-Naturalia — vide nr. 7643.

7081 **Recueil** de l'Institut Botanique de Bruxelles, publ. p. Errera. Tome V. Brux. 1902. 8. 369 p. av. 9 pl.   6.—

7082 **Reichenberg.** — Mitteilgn. aus d. Vereine d. Naturfreunde. Jahrg. 4—7 (1872—75), 12—24 (1880—92). Reichenb. 8. m. Tfln.

Jeder Jahrgang: M. 1.

7083 **Repertorium** novarum specierum Regni Vegetab. Auct. Fedde. Bd. I—IV. Berl. 1905—07. 8. (M. 42.)   32.—

7084 **Report** of the Brit. Association f. the advanc. of Science. Vol. 17—19 (1847—49), 26 (1856). 27 (1857), 34 (1864), 46 (1876). 61 (1891), 74 (1904). Lond. 8. w. plates.

Each volume: M. 1.50.

7085 **Revista Chilena** de Historia Natural. Réd. p. E. Porter. Années 4 à 9 et 12. Valparaiso 1900 à 1908. 8. av. plchs.

Beaucoup de parties dépareillées de ces volumes en magasin.

7086 **Revue** d. Sciences Naturelles. Publ. p. Dubreuil et Heckel. Vol. I. Montp. 1872. 8. 664 p. av. 11 pl. Cart.   3.—

7087 **Revue Internationale** des Sciences Biologiques. Dir. p. Lanessan. 6 années (12 vols.) (tout paru). Paris 1878 à 1883. 8. (fr. 180.)   25.—

7088 **Rheinisches Jahrbuch** f. Gartenkunde und Botanik. Hrsg. v. Bouché u. Herrmann. Jahrg. I u. II, Heft 1—10. Bonn 1884—85. 8. m. 9 z. Tl. color. Tfln. (M. 17.60)   4.—

7089 **Riga.** — Correspondenzblatt d. Naturforscher-Vereins. Jahrg. 23—46: 1880—1903. Riga. 8. m. Tfln. (M. 88.)   30.—

Jeder Jahrgang à M. 1.50.

7090 **Schelver.** Zeitschrift f. organ. Physik. Bd. I. (soviel erschien.). Halle 1802. 8. 380 p.   5.—

7091 **Schelver.** Journal d. Naturwissensch. u. Medizin. Bd. I. (soviel erschien.). Frankf. 1810. 8. 309 p. m. 3 Tfln.   *M* 5.—

7092 **Schleiden u. Nägeli.** Zeitschrift f. wissenschaftl. Botanik. Heft II. Zürich 1845. 8. 214 p. m. 4 Tfln.   2.50

7093 **Science.** An illustr. journal. No. 100—221 (= vols. V—VIII, IX nr. 1—17). Cambr. 1885—87. 4. — Nr. 199 w a n t i n g.   10.—

7094 **Sitzungsberichte** d. Botan. Gesellschaft zu Stockholm. Jahrg. I: 1883. (Kassel, Bot. Centr.) 8. 30 p.   1.50

7095 **Société Helvét.** p. l'échange d. Plantes Helvét. Verein f. d. Austausch v. Pflanzen. Années 7 à 16. Neuchât. 1877 à 1885. 8. 182 p.   2.—

7096 **Stockholm.** — Öfversigt af k. Vetenskaps Akademiens Förhandling. Jahrg. 1888—1901. Stockh. 8. m. Tfln. (M. 80.) Hfzbde. u. brosch.   35.—
       Auch einzeln.

7097 **Strasbourg.** — Mémoires de la Société d. Sciences, Agricult. et Arts de Strasbourg. Vol. I et II. Strasb. 1811 à 1823. 4. 1000 p. av. 6 pl. D.-rel. veau.   7.—

7098 **Svensk Botanisk Tidskrift.** Utg. af Svenska Botan. Förening. Bd. I—IX. Stockh. 1907—1915. 8. m. Tfln.   160.—

7099 **Taschenkalender** f. Natur- u. Gartenfreunde. 5 Bde. Tüb. 1798—1802. 8. m. 50 Tfln. Cart. — In Jahrg. 1799 f e h l t 1 Tafel.   8.—

7100 **Természettudományi Közlöny.** Bd. XV—XXI (No. 161—244.) Budapest 1883—89. 4. (M. 56.)   10.—

7101 **Torino.** — Atti d. R. Accademia d. Scienze. Vol. 15, 21, 29, 33—39. Torino 1880—1904. 8. c. molte tav. (M. 140.)
       Chaque volume: M. 8.50.

7102 **Transactions** of the Botanical Society of Edinburgh. Vol. I, II, III part 2, IV part 3, V, VI, VII. Edinburgh 1841—60. 8. w. many plates.   50.—
       All the volumes quoted above are out of print. They are sold also separately.

7103 **Travaux** de la Société Imp. d. Naturalistes. Sect. de Botanique. Réd. p. Borodine. Vol. 33 et 34. St. Pétersb. 1903 à 5. 8. av. pl. — En l. Russe.   2.—

7104 **Unterrichtsblätter** f. Mathematik u. Naturwissenschaften. Hrsg. von Schwalbe u. Pietzker. Jahrg. 7—14. Berl. 1901—8. 4. (M. 24.)   12.—

7105 **Verhandlungen** d. Botanischen Vereins d. Prov. Brandenburg. Hrsg. v. Ascherson, Koehne, Liebe u. a. Jahrg. 1—48: 1859—1906, m. Registerband (zu Jahrg. 1—30). Berl. 8. m. viel. Tfln. Gbdn. u. brosch. (M. 340.)   110.—
       Alle Bände auch einzeln.

7106 **Verhandlungen** d. Schweizer. Naturforschend. Gesellschaft. Versammlgn.: 3—25 (1817—40), 28 (1843), 31 (1846), 33, 34 (1848, 1849), 36 (1851), 47 (1863), 52 (1868), 56 (1874), 58 (1876), 60—65 (1878—82), 67—71 (1884—88), 76—79 (1893—96), 84 (1902). Bern etc. 8.
       Jeder Band einzeln verkäuflich.

7107 **Washington.** — Annual Report of the Smithsonian Institut. for 1854—67, 1870, 1878—79, 1882—93, 1897, 1900—01, 1903—07, 1909. Washingt. 1855—1910. 8. Cloth.
       Every volume: M. 2.

7108 — Annual Report of the U. S. National Museum for 1884—86, 1888, 1890—92, 1894, 1899, 1900, 1903—13. Washingt. 1886—1914. 8.
       Every volume: M. 1.

7109 — Smithsonian Contributions to knowledge. Vol. I—XIV. Washington 1848—65. 4. w. many plates. Cloth and sewed.   180.—
       The rare beginning of the valuable set. The later volumes are not so rare.

7110 **Wien.** — Schriften d. Vereins z. Verbreit. naturwissenschaftl. Kenntnisse. Bd. II—XXV. Wien 1861—85. 8. m. Tfln. (M. 190.)   35.—
       Preis pro Band (statt M. 8.) M. 1.50.

7111 — Verhandlungen d. Zoologisch-Botan. Gesellschaft in Wien. Jahrg. 1—62: 1851—1912 m. 3 Registerbdn. u. 2 Festschriften. Wien. 8. m. sehr viel. Tfln. (M. 1305.)   320.—

7112 **Wiener Illustr. Garten-Zeitung.** Redig. v. Beck v. Mannagetta u. Abel. Jahrg. 14—26: 1889—1901. Wien. 8. m. viel. color. Tfln. (M. 208.)   50.—

7113 **Wissenschaftl. Monatsblätter.** Hrsg. v. der Scientific Monthly Co. Jahrg.   *M*
    VII—X. Dubuque, Iowa, 1888—92. 4. m. viel. Portr. u. Fig. — F e h l t
    eine Nr.   .   3.—
7114 **Zaragoza.** — Boletin de la Socied. Aragon. de Ciencias Natural. Vol.
    I à VI. Zarag. 1902—7. 8. av. plchs.   28.—
7115 **Zeitschrift** f. Botanik. Hrsg. v. Jost, Oltmanns u. Solms-Laubach. Jahrg.
    I—VI: Jena 1909—14. 8. m. Tfln. (M. 144.)   120.—
7116 **Zeitschrift** für Pflanzenzüchtung. Hrsg. v. Fruwirth. Bd. I—III. Berl.
    1913—15. 8. 1524 p. m. 11 Tfln. (1 color.) (M. 61.)
7117 **Zoe.** A biological Journal. Ed. by Brandegee. Vol. I. II. S. Francisco
    1890—91. 8. w. 29 pl. (4 Dollars).   8.—
7118 **Zürich.** — Abhandlungen d. Naturforsch. Gesellschaft. Bd. I. Zürich
    1761. 8. 560 p. m. Frontisp. u. 4 Tfln. Cart.   2.—

Historia.

[Supplementum numeror. 250—867, vide: Bibliographia Botanica, p. 15—19].

7119 **Adams, H. C.** Oriental text book and language of Flowers. Lond. 8.
    114 p. w. colour. illustr. Cloth.   2.—
7120 **Aigremont.** Volkserotik u. Pflanzenwelt. Darstell. erot. u. sexueller
    Gebräuche, Sprichwörter, Rätsel etc., die sich auf Pflanzen beziehen.
    2 Bde. Halle 1908—09. 8. 289 p. (M. 9.)   6.—
7121 **Alpers.** Das älteste Verzeichn. der in Deutschland wildwachs. Pflanzen.
    (Stuttg., Heimat) 1900. 8. 24 p.   1.—
7122 **Ambrosi.** Dante e la Natura. (Padova, Soc. Ven.) 1874. 8. 16 p.   1.—
7123 — Cenni p. una storia d. Scienze naturali in Italia. (Padova, Soc. Ven.)
    1877. 8. 46 p.   1.50
7124 **Arber.** Herbals, their origin and evolution. Chapt. in the hist. of Botany
    1470—1670. Cambr. 1912. 8. 271 p. w. 22 pl. Cloth.   .   11.—
7125 **Ball.** History and distrib. of Sorghum. (Wash., Dept. Agr.) 1910. 8. 63 p.   1.50
7126 **Barnes.** Science in early England. (Manch., Lit. Soc.) 1896. 8. 21 p.   1.50
7127 **Beck.** Geschichte d. Wiener Herbariums. Cassel 1888. 8. 20 p.   1.—
7128 **Billerbeck.** Flora Classica. Leipz. 1824. 8. 294 p. (M. 4.) Hfzb.   3.—
7129 **Binz.** Die Erforsch. uns. Flora seit Bauhin's Zeiten bis z. Gegenwart.
    (Basel, Nat. Ges.) 1901. 8. 30 p.   1.50
7130 **Bissinger.** Welche Blume hat man sich u. d. „Hyacinthe" d. Alten zu
    denken? Erl. 1880. 8. 48 p.   1.50
7131 **Blum.** Die Botanik in Frankfurt a. M. (Frankf., Senck.) 1901. 8. 36 p.   1.—
7132 **Bohle.** Geschichte d. Naturwiss. Vereins zu Krefeld. (Krefeld, Nat. Ver.)
    1908. 8. 44 p. m. 8 Portr.   1.50
7133 **Boehmer.** De Plantis in memoriam cult. nominat. Lipsiae 1799. 8. 233 p.   6.—
    — Geschichte d. Leipziger Botanik — siehe No. 7724.
7134 **Bolau.** Zur Gesch. d. Naturwiss. Vereins in Hamburg. (Hamb., Nat. Ver.)
    1887. 4. 32 p.   1.—
7135 **Botanique Biblique** ou courtes not. sur les Végétaux dans l. Saintes
    Ecritures. Genève 1862. 8. 201 p. av. 18 pl.   8.—
7136 **Brendel.** Historical sketch of Botany in America from 1635 to 1858.
    (New York, Am. Natur.) 1879. 8. 31 p.   2.—
7137 **Bretschneider.** Early European researches into the Flora of China.
    Lond. 1881. 8.   12.—
7138 — Botanicon Sinicum. Notes on Chinese Botany. 3 parts. Shanghai
    1882—95. 8. w. fig.   60.—
        Very rare.
7139 — History of Europ. Botanic. Discoveries in China. 2 vols. Lond.
    1898. 8. 1185 p.   35.—
7140 **Brongniart, A.** Rapport s. l. progrès de la Botanique phytograph. Paris
    1868. 8. 216 p.   5.—

M

7141 **Brotz.** Einleit. in d. Gesch. d. Naturwissenschaft. Heidelb. 1842. 8. 80 p.   2.—

7142 **Bühler.** Der Wald in d. Culturgesch. Basel 1885. 8. 29 p.   1.—

7143 **Burgerstein.** Die k. k. Gartenbau-Gesellschaft in Wien 1837—1907. Wien 1907. 4. 128 p. m. color. Plan u. 6 Portr. (M. 3.)   1.50

7144 **Buschan.** Vorgeschichtl. Botanik d. Cultur- u. Nutzpflanzen d. alten Welt. Breslau 1895. 8. 268 p. (M. 7.)   5.—

7145 **Callcott.** Scripture Herbal. Lond. 1842. 8. 566 p. w. many fig. Cloth.   8.—

7146 **Camus e Penzig.** Illustraz. d. ducale Erbario Estense del XVI. sec. (Modena, Soc. Nat.) 1885. 8. 46 p.   1.—

7147 **Candolle, A. de.** Der Ursprung d. Culturpflanzen. Deutsch v. Goeze. Leipz. 1884. 8. 600 p. (M. 10.)   5.—

7148 — L'Origine d. Piante coltivate. Milano 1883. 8. 636 p. (L. 7.)   2.—

7149 — S. l'origine botan. de qu. Plantes cultivées. (Genève, Arch. Sc.) 1887. 8. 14 p.   1.50

7150 **Carolus.** Rech. s. les Herbiers d. anciens Botanistes et Amateurs Belges. Malines 1857. 8. 67 p.   2.50

7151 **Caruel.** Prospetto storico d. Botanica. (Firenze, Giorn. Bot.) 1877. 8. 34 p.   1.50

7152 **Cech.** Ueb. d. geograph. Verbreit. d. Hopfens im Alterthume. (Mosk., Bull.) 1882. 8. 25 p.   1.50

7153 **Cecil.** History of Gardening in England. Lond. 1911. 8. w. fig. Cloth.   12.50

7154 **Cohn, F.** Die Entwickl. d. Naturwiss. in d. letzt. 25 Jahren. Bresl. 1872. 8. 36 p.   1.50

7155 **Colgan.** On the Folk-lore of Irish Plants. (Dublin) 1914. 8. 12 p.   1.—

7156 **Dannemann.** Die Naturwissenschaften in ihr. Entwickl. u. in ihr. Zusammenhange. 4 Bde. Leipzig 1910—13. 8. m. 4 Portr. (M. 41.)   25.—

7157 **Darapsky.** Z. Geschichte d. Zellentheorie. Würzb. 1880. 8. 89 p.   1.—

7158 **De Toni.** Int. all' epoca di fondaz. d. Orto botan. Parmense. (Venezia, Ist.) 1894. 8. 16 p.   1.—

7159 **Didrichsen.** Samling. t. et Tidsrum af d. Danske Botaniks Historie. (Kjöbenh., Nat. Tidsk.) 1869. 8. 54 p.   1.—

7160 **Dierbach.** Beiträge zu Deutschlands Flora aus d. Werken d. ältesten deutsch. Pflanzenforscher. 4 Tle. Heidelb. 1825—33. 8. 498 p. m. 4 Portr.   20.—
  Vergriffen.

7161 — — Teil I. 1825. 8. 146 p. m. Portr. (Tragus.)   5.—

7162 — Flora Apiciana. Heidelb. 1831. 8. 84 p.   1.50

7163 — Flora Mythologica. Frankf. 1833. 8. 228 p. Cart.   7.—
  Vergriffen.

7164 — Flore mytholog. Trad. p. Marchant. Dij. 1867. 8. 200 p.   4.50

7165 **Donath.** Die wichtigsten Momente in d. Entwicklgsgesch. d. Naturwissensch. in d. letzt. 50 Jahren. (Brünn, Nat. Ver.) 1912. 8. 22 p.   1.—

7166 **Du Mortier.** Discours s. l. progrès de la classif. d. Plantes jusqu'à A.-L. Jussieu. (Brux., Soc. Bot.) 1863. 8. 36 p.   1.50

7167 — — Depuis Jussieu jusqu'à nos jours. (Brux., S. Bot.) 1864. 8. 53 p.   2.—

7168 **Ettingshausen.** Ueb. d. Geschichte d. Pflanzenwelt. Wien 1858. 8. 57 p. m. 5 Tfln.   2.—

7169 **Falck.** De Botaniska Föreningarne i Sverige, ett histor. utkast. (Kjöbenh., Bot. Tidsk.) 1870. 8. 50 p.   1.—

7170 **Fellner.** Compendium d. Naturwissenschaft. an d. Schule zu Fulda im 9. Jahrhund. Berlin 1879. 8. 241 p. (M. 4.)   1.50

7171 **Fischer-Benzon.** Z. Geschichte d. Kürbis. (Cassel, Bot. Centr.) 1900. 8. 3 p. m. Tfl.   1.—

7172 **Flatt.** Z. Geschichte d. Herbare. (Budap.) 1903. 8. 52 p.   2.—

7173 **Focke.** Rückblick auf d. Geschichte d. Naturforsch. in Bremen. (Brem., Nat. Ver.) 1889. 8. 38 p. m. 12 Portr.   1.50

7174 **Fraas.** Klima u. Pflanzenwelt in d. Zeit. Landsh. 1847. 8. 157 p. Cart.   2.50

7175 — Geschichte d. Landwirthschaft in d. letzten 100 Jahren. Prag 1852. 8. 816 p. (M. 12.)   10.—

7176 **Fraas.** Geschichte d. Landbau- u. Forstwissenschaft seit d. 16. Jahrhund. bis z. Gegenwart. Münch. 1866. 8. 680 p. (M. 9.) — *M* 6.—

7177 **Fries, T. M.** Kulturväxternas Ursprung. (Stockh., Trädg. Tidsk.) 1883. 8. 38 p. — 1.50

7178 — Naturhistorien i Sverige intill medlet af 1610 — talet. Upsala 1894. 8. 78 p. — 1.50

7179 **Geddes.** Rise and aims of Botany. Dundee. 1888. 8. 24 p. — 1.—

7180 **Geschichte** d. Wiener Universität v. 1848—98. Wien 1898. 4. 444 p. (M. 10.60) Lnb. — 2.—

7181 **Gilbert.** Les Plantes magiques et la Sorcellerie. Moulins 1899. 8. 108 p. — 2.5.

7182 **Goiran. Alc.** Not. Veronese di Botanica archeolog. (Firenze, Giorn. Bot.) 1890. 8. 13 p. — 1.—

7183 **Goguet.** De l'origine des loix, d. arts et des sciences et de leurs progrès chez l. anciens peuples. 3 vols. Paris 1758. 4. 1254 p. av. 6 pl. et 3 tabl. Veau. — 25.—

7184 **Goethe.** — H a n s e n, A., Goethes Metamorphose der Pflanzen. 2 Tle. Giess. 1907. 8. u. 4. 396 p. m. 28 Tfln. (9 color.) (M. 22.) — 13.—

7185 — H e r t z, W. Goethe's Naturphilosophie im Faust. Berl. 1912. 8. 173 p. (M. 2.50) — 2.—

7186 — K a l i s c h e r. Goethe als Naturforscher. Berl. 1883. 8. 90 p. — 1.—

7187 — K i r c h h o f f, A. Die Idee d. Pflanzen-Metamorphose bei Wolff u. bei Goethe. Berl. 1867. 4. 35 p. — 1.—

7188 — K i r s c h l e g e r. La Métamorphose d. Plantes de Goethe. Strasb. 1865. 8. 18 p. — 1.—

7189 — K n o b l a u c h. Senckenberg u. Goethe. (Frankf., Senck.) 1899. 8. 35 p. — 1.—

7190 — K o h l b r u g g e. Histor.-krit. Studien üb. Goethe als Naturforscher. Würzb. 1913. 8. 159 p. (M. 3.) — 2.—

7191 — L e y s e r. Goethe als Botaniker. (Dürkh., Polich.) 1874. 8. 22 p. — 1.50

7192 — —. Goethe kein Vorläufer Darwins. (Dürkh., Pollich.) 1877. 8. 15 p. — 1.—

7193 — S c h n e i d e r, H. Goethe's naturphilosoph. Leitgedanken. Berl. 1905. 8. 25 p. — 1.—

7194 — S i m o n s e n. Goethes Naturfölelse. Kjöbenh. 1909. 8. 242 p. — 3.—

7195 — V i r c h o w, R. Göthe als Naturforscher. Berl. 1861. 8. 126 p. — 1.50

7196 — W a s i e l e w s k i. Goethe u. d. Descendenzlehre. Frankf. 1904. 8. 62 p. — 1.—

7197 — W ü n s c h e. Goethe als Naturfreund. Zwick. 1894. 8. 30 p. — 1.—

7198 **Gothein.** Geschichte d. Gartenkunst. 2 Bde. Jena 1914. 8. 959 p. m. 637 Tfln. (M. 40.)

7199 **Gratacap and Safford.** The Botany of the Aztecs. 2 pap. (N. York and Wash.) 1885—1911. 8. 9 p. w. pl. — 1.—

7200 **Green, J. R.** History of Botany 1860—1900 being a contin. of Sachs' Hist. of Botany. Oxford 1909. 8. 544 p. Cloth. — 9.50

7201 — History of Botany in the United Kingdom. N. York 1914. 8. Cloth. — 19.—

7202 **Greene, E. L.** Landmarks of Botanical History. Part. I: Prior to 1562. Wash. 1909. 8. 329 p. — 6.—

7203 **Gubernatis.** Mythologie d. Plantes, ou les Legendes du règne végétal. 2 vols. Paris 1868 à 72. 8. — 10.—

7204 **Haberland.** Die Entwickl. d. Lehre v. d. Metamorphose d. Pflanzen. Neustrelitz 1887. 4. 16 p. — 1.—

7205 **Haupt.** Carmen graecum de Viribus Herbar. (Berol.) 1874. 4. 15 p. — 1.50

7206 **Hehn.** Kulturpflanzen u. Haustiere in ihren Ueberg. aus Asien nach Griechenl. u. Italien. 8. (letzte) Aufl. v. Schrader, Engler, Pax. Berl. 1911. 8. 693 p. (M. 17.) — 15.—

7207 **Heldreich.** Z. Kenntn. d. Vaterlandes u. d. geogr. Verbreit. d. Rosskastanie, d. Nussbaumes u. d. Buche. (Berl., Bot. Ver.) 1880. 8. 15 p. — 1.—

7208 **Heller, A.** Ueb. Volks- u. Geheimmittel. (Kiel, Nat. Ver.) 1878. 8. 22 p. — 1.—

7209 **Histor. Studien** u. Skizzen zu Naturwissenschaft, Industrie u. Medizin   ℳ
 am Niederrhein. (Düsseld.) 1898. 4. 176 p.   2.—
7210 **Hoffmann, G. F.** De fatis et progress. rei Herbariae imprim. in imper.
 Rutheno. Mosqu. 1823. 4. 33 p. et tab.   2.—
7211 **Iltis.** Die Geschichte d. Naturforsch. Vereines in Brünn 1862—1912.
 (Brünn, Nat. Ver.) 1912. 8. 64 p. m. Tfl.   1.50
7212 **Irmisch.** Ueb. ein. Botaniker d. 16. Jahrhund., verdient um d. Erforsch.
 d. Flora Thüringens. Sondersh. 1862. 4. 58 p.   1.50
7213 **Jessen.** Ueb. Raphanus u. Raphanis beim Theophrast. (Hannov., Bonpl.)
 1857. 4. 7 p.   1.—
7214 **Karsten, H.** Z. Geschichte d. Botanik. Berl. 1870. 4. 37 p.   1.—
7215 **Kerner.** Die Geschichte d. Flieders. Wien 1893. 8. 7 p.   1.—
7216 **(Kesteloot.)** Discours s. l. progrès d. Sciences, Lettres et Arts depuis
 1789 jusqu'à ce jour. Paris 1809. 8. 438 p. Cart.   2.—
7217 **Knuth.** Geschichte d. Botanik in Schleswig-Holstein. I: Die Zeit vor
 Linné. Kiel 1890. 8. 52 p.
7218 **Kobell.** Ueb. Pflanzensagen u. Pflanzensymbolik. Münch. 1875. 8. 22 p. 1.—
7219 **Koch, K.** Die Bäume u. Sträucher d. alten Griechenlands. 2. Aufl. Berl.
 1884. 8. 290 p. (M. 8.)   3.—
7220 **(Koops).** Historical account of the Substances used to describe events
 fr. the earliest date to the invention of Paper. Lond. 1800. 8. 82 p.
 Boards.   20.—
 Particulars on this extremely curious work — chiefly esteemed on account of
 the matter on which it is printed — in: Rara Historico-Naturalia, ed. J u n k, p. 62.
7221 **Koerner.** Ueb. d. Naturbeobacht. im Homerischen Zeitalter. (Frankf.,
 Senck.) 1887. 8. 13 p.   1.—
7222 **Körnicke.** Z. Gesch. d. Gartenbohne. (Bonn, Nat. Ver.) 1886. 8. 20 p.   1.—
7223 **Krag.** Bidrag til det Norske Skovvaesens Historie indtil 1814. Krist.
 1880. 8. 46 p.   1.50
7224 **Krause, E. H. L.** Eine botan. Excursion in d. Rostocker Heide vor 300
 Jahren. (Güstr., Arch.) 1880. 8. 12 p.   1.—
7225 — In Rostock im 17. Jahrhund. vork. Obstsorten u. Küchenkräuter.
 (Güstrow, Arch.) 1896. 8. 47 p.   2.—
7226 **Kronfeld.** Geschichte d. Gartennelke. Leipz. 1913. 8. 216 p. m. 2 color.
 Tfln. (M. 8.50)
7227 **Lange, J.** Souvenirs de l'ancien Jardin botan. de Copenhague 1778—
 1874. (Copenh., Bot. Tidsk.) 1876. 8. 22 p. av. pl.   1.—
7228 — Erindr. fra den Botan. Forenings Historie. (Kjöb., Bot. Tidsk.) 1890.
 8. 32 p.   1.—
7229 **Leeke.** Abstammung u. Heimat d. Negerhirse. Halle 1907. 8. 113 p.   1.50
7230 **Liebig.** Die Entwickl. d. Ideen in d. Naturwissenschaft. Münch. 1866.
 4. 26 p.   1.—
7231 **Link.** Die Urwelt u. d. Alterthum erläut. d. d. Naturkunde. 2 Bde. Berl.
 1821—22. 8. 670 p. (M. 7.60) Hfzb.   3.—
7232 — B a c h m a n n, F., Link's Antiquitates botan. Rostochienses. (Güstr.,
 Arch.) 1884. 8. 10 p.   1.—
7233 **Littrow.** Ueb. d. Zurückbleiben d. Alten in d. Naturwiss. Wien 1869.
 8. 29 p.   1.—
7234 **Macbride.** 25 years of Botany in Iowa. (Des Moines, Ac.) 1912. 8. 21 p. 1.—
7235 **Medicus.** Die Naturgeschichte n. Wort u. Spruch d. Volkes. Nördl. 1867.
 8. 231 p. (M. 2.50)   1.50
7236 **Mendoza.** La Leyenda de las Plantas. Mitos, tradic., creencias, etc.
 Barcelona. 8. 411 p. av. 10 pl. en partie color. Toile.   10.—
7237 **Meyer, E.** Die Entwickl. d. Botanik in ihren Hauptmomenten. Königsb.
 1844. 8. 24 p.   3.—
7238 — Botan. Erläutergn. zu Strabons Geographie. Königsb. 1852. 8. 222 p.   8.—
7239 — Geschichte d. Botanik. 4 Bde. Königsb. 1854—57. 8. 1786 p.   80.—
 Jetzt ganz vergriffen; wichtigstes u. bestes Werk für Altertum u. Mittelalter.

7240 **Mitteilungen** z. Geschichte d. Medizin u. d. Naturwissenschaften. Hrsg. *M*
v. S. Günther u. Sudhoff. Bd. VII—XIII. Münch. 1907—14. 8. (M. 140.)   70.—
7241 **Moeller.** Die Blume im Lichte v. Dichtung u. Wahrheit. Passau 1879.
8. 48 p.   1.—
7242 **Nees v. Esenbeck.** Vergangenheit u. Zukunft d. Leopold.-Carol. Akademie. Bresl. 1851. 4. 74 p.   1.50
7243 **Neilreich.** Geschichte d. Botanik in Nied.-Oesterreich. (Wien, Z. b. G.)
1855. 8. 54 p.   2.—
7244 — Burser's u. Marsigli's botan. Leistungen. (Wien, Z. b. G.) 1866. 8. 24 p.   1.—
7245 **Neuweiler.** Die praehistor. Pflanzenreste Mitteleuropas. Zürich 1905.
8. 111 p.   2.50
7246 **Nobiling, C. E.** Beiträge z. Geschichte d. Landwirthschaft d. Saalkreises d. Prov. Sachsen. Berl. 1876. 8. 82 p.   3.50
   Interessant, da der Verfasser der bekannte Attentäter.
7247 **Nordenskiöld, A. E.** Ett blad ur de Svenska Naturvetenskap. Historia.
2 Tle. (Stockh.) 1877. 8. 22 p.   1.—
7248 **Ödmann.** Vermischte Sammlgn. aus d. Naturkunde z. Erklär. d. Heil.
Schrift. Heft II. Rostock 1787. 8. 238 p. m. Tfl. Cart.   2.—
7249 **Parlatore.** Spirito nelle Scienze natur. nel secolo pass. e presente.
(Firenze, Giorn. Bot.) 1844. 8. 19 p.   1.—
7250 **Perger.** Ueb. d. Alraun. (Wien, Z. b. G.) 1856. 8. 4 p.   —.50
7251 — Ueb. d. Gebrauch uns. heim. Pflanzen bei kirchl. u. weltl. Festen.
(Wien, Z. b. G.) 1861. 8. 6 p.   12.—
7252 — Deutsche Pflanzensagen. Stuttg. 1864. 8. 364 p. Hfzb.   12.—
   Vergriffen u. gesucht.
7253 **Philippe.** Histoire des Apothécaires jusqu'à nos jours. Paris 1853. 8.
460 p. D.-rel. maroqu.   6.—
   Epuisé.
7254 **Pluskal.** Z. Gesch. d. Pflanzenkunde in Mähren. (Wien, Z. b. G.) 1856.
8. 10 p.   1.—
7255 **Précis** de l'Histoire de la Botanique. Av. append. p. Barral. Paris.
4. 551 p. av. 4 cartes géogr. Cart.   10.—
   Ouvrage anonyme (l'auteur est 'L. G.') peu connu et rare.
7256 **Pulteney.** Histor. and biograph. sketches of the progress of Botany
in England. 2 vols. Lond. 1790. 8. Cloth.   28.—
   Rare.
7257 **Reess.** Ueb. d. Pflege d. Botanik in Franken v. 16. bis 19. Jahrhund.
Erlang. 1884. 4. 56 p.   1.50
7258 **Regelmann.** Naturkunde u. Topogr. in Württemberg v. 300 Jahren.
(Stuttg., Ver. Nat.) 1902. 8. 9 p. m. Portr. (J. Bauhin).   1.—
7259 **Reid.** Histor. and literary Botany. 3 vols. Windsor 1826. 8. 604 p.
Boards.   30.—
   Unknown even to Pritzel.
7260 **Reinhardt.** Die Kulturgeschichte d. Nutzpflanzen. 2 Bde. Münch. 1910.
8. 1500 p. m. 150 Tfln. Lnb. (M. 20.)   13.—
7261 **Reinke.** Die Entwickl. d. Naturwissenschaften insbes. d. Biologie im
19. Jahrhundert. Kiel 1900. 8. 22 p.   1.—
7262 **Reissek.** Einst u. Jetzt der Vegetat. Oesterreichs. (Wien, Oest. Revue)
1863. 8. 14 p.   1.—
7263 **Reitemeier.** Geschichte der Züchtung landwirtschaftl. Kulturpflanzen.
Bresl. 1904. 8. 205 p.   2.50
7264 **Reling u. Bohnhorst.** Unsere Pflanzen n. ihr. Volksnamen in Geschichte
u. Literatur. 2. Aufl. Gotha 1889. 8. 424 p. (M. 4.60) Cart.   2.50
7265 **Rolland.** Flore popul. ou hist. nat. d. Plantes dans leurs rapports av.
la Linguist. et le Folklore. Vol. I à IX. Dijon 1896 à 1912. 8. 2730 p.   45.—
7266 **Roth, K.** Geschichte d. Forst- u. Jagdwesens in Deutschland. Berl. 1879.
8. 694 p. (M. 14.)   7.—
7267 **Rudio.** Die Naturforsch. Gesellschaft in Zürich 1746—1896. Zürich 1896.
8. 274 p. m. 6 Tfln. (M. 9.)   3.—

Rumphius Gedenkboek — siehe No. 8076.   *M*

7268 **Ruprecht.** Beitr. z. Geschichte d. k. Akad. d. Wiss.: Botanik. (Petersb.,
Ak.) 1865. 8. 42 p.   1.—

7269 **Saccardo, P. A.** Contr. alla storia d. Botan. Ital. (Genova, Malp.) 1895.
8. 65 p.   1.50

7270 — Antico erbario d. Cte. G. Agosti. Padova 1904. 8. 13 p.   1.—

7271 **Sachs.** Ueb. d. gegenwärt. Zustand d. Botanik in Deutschland. Würzb.
1872. 4. 28 p.   1.—

7272 — Geschichte d. Botanik. Münch. 1876. 8. 624 p. (M. 8.)   4.50
Siehe auch Nr. 7200.

7273 — Histoire de la Botanique du 16e siècle à 1860. Trad. p. Varigny.
Paris 1892. 8. 548 p. (fr. 9.)   5.—

7274 **Scharffenberg.** Bidr. til Botanikens historie i Norge i det 17. aarhund.
(Christ., Nyt Mag.) 1902. 8. 12 p.   1.—

7275 **Schelenz.** Gesch. der Pharmazie. Berlin 1904. 8. 935 p. (M. 20.)   10.—

7276 **Schiller.** Zum Thier- u. Kräuterbuch d. Mecklenburg. Volks. 2 Hefte.
Schwerin 1861. 4. 70 p.   1.50

7277 **Schleiden.** Geschichte d. Botanik in Jena. Leipz. 1859. 8. 45 p.   1.50

7278 **Schmidt, M.** Ein botan. Garten in Meissen im 16. Jahrhund. Meiss.
(1895). 4. 20 p.   1.—

7279 **Schorler.** Geschichte d. Floristik bis auf Linné. Dresd. 1903. 4. 10 p.   1.—

7280 **Schröter, C.** Neue Pflanzenreste aus d. Pfahlbaute Robenhausen. (Bern,
Bot. Ges.) 1894. 8. 10 p.   1.—

7281 — Pflanzenreste aus d. neolith. Landansiedlung v. Butmir in Bosnien.
Wien 1895. 8. 21 p.   1.50

7282 **Schube.** Zur Gesch. d. Schlesisch. Floren-Erforsch. bis z. Beginn d. 17.
Jahrh. (Bresl., Schles. Ges.) 1890. 8. 48 p.   1.—

7283 — Schlesiens Kulturpflanzen im Zeitalter d. Renaissance. Bresl. 1896.
8. 64 p.   2.—

7284 **Schulz, A.** Die Geschichte d. kultivirten Getreide. I. Halle 1913. 8.
141 p. (M. 3.)

7285 **Schumann, E.** Geschichte d. Naturforsch. Gesellschaft in Danzig. (Danz.,
Nat. Ges.) 1893. 8. 155 p. m. 9 Portr. u. Tfln.   1.50

7286 **Schwappach.** Grundriss d. Forst- u. Jagdgeschichte Deutschlands. Berl.
1883. 8. 190 p. (M. 3.)   1.50

7287 — Handbuch d. Forst- u. Jagdgeschichte Deutschlands. 2 Bde. Berl.
1886—88. 8. 908 p. (M. 20.)   12.—

7288 **Schwendener.** Aus d. Gesch. d. Culturpflanzen. Basel 1872. 8. 67 p. Cart.   2.—

7289 — Ueb. d. Geschichte d. Berlin. Bot. Gartens. Berl. 1888. 4. 21 p.   1.50

7290 **Seemann.** Hannoversche Sitten u. Gebräuche in ihr. Bez. z. Pflanzenwelt. Leipzig 1862. 8. 95 p.   1.—

7291 **Singer.** Geschichte d. kgl. Bayr. Botan. Gesellschaft in Regensburg
1790—1890. Regensb. 1890. 4. 32 p.   1.—

7292 **Sökeland.** Ueb. d. Roggenkorngemmen d. frühchristl. Kirchengeräthes.
(Berl., Z. Ethn.) 1891. 8. 22 p.   1.50

7293 **Solms-Laubach.** Die Heimath u. d. Ursprung d. cultiv. Melonenbaumes.
(Leipz., Bot. Z.) 1889. 4. 27 p.   1.—

7294 — Weizen u. Tulpe u. deren Geschichte. Leipz. 1899. 8. 124 p. m. color.
Tfl. (M. 6.50.)

7295 **Spiess.** Naturhist. Bestrebgn. Nürnbergs im 17. u. 18. Jahrh. Nürnb.
1889. 8. 64 p.   2.—

7296 **Sprengel, K.** Historia Rei Herbariae. 2 vol. Amstelod. 1807—8. 8.
1138 p. (M. 18.)   6.50

7297 — Geschichte d. Botanik. 2 Bde. Altenb. 1817—18. 8. 828 p. m. 8
color. Tfln.   16.—
Vergriffen.

7298 **Stephens, G.** Extracts fr. an old English Medical Manuscript in the Royal
Library at Stockholm. Lond. 1844. 4. 70 p.   2.—

7299 **Strunz.** Die Vergangenheit d. Naturforschung. Jena 1913. 8. 206 p. m. *M*
12 Tfln. (M. 4.)

7300 **Swederus.** Botan. Trädgarden i Upsala 1655—1807. Falun 1877. 8. 150 p. 2.—
7301 — Blad ur Tobakens Historia. (Stockh., Trädgardsf.) 1887. 8. 69 p. 2.—
7302 **Szily.** Ungarische Naturforscher vor 100 Jahren. (Budap.) 1889. 8. 13 p. 1.—
7303 **Thompson, J. C.** Advances in biolog. science dur. the Victorian Era.
(Liverp., Biol. Soc.) 1898. 8. 32 p. w. 13 portr. 2.—
7304 **Thunberg.** Om de Wäxter, som i Bibelen omtalas. Upsala 1828. 8. 18 p. 1.—
7305 **Treichel.** Volksthüml. (Kulturhistor.) aus d. Pflanzenwelt, bes. für Westpreussen. I—VI. (Danzig, Nat. Ges.) 1881—86. 8. 144 p. 2.—
7306 — — IX—X. (Königsb., Altpreuss. Monatschr.) 1884. 8. 122 p. 2.—
7307 — Botan. Notizen. 3 Tle. (Danz., Nat. Ges.) 1880—1900. 8. 35 p. 1.—
7308 **Ulrich.** Beitr. z. Bündner. Volksbotanik. (Chur, Nat. Ver.) 1896. 8. 23 p. 1.—
7309 **Unger.** Die Pflanzenwelt d. Jetztzeit in ihr. histor. Bedeut. (Wien, Ak.)
1851. fol. 46 p. 2.—
7310 **(Vester & Co.)** The Plants of the Bible. Prepar. by the Americ. Colony.
Jerusal. 1907. 8. 48 p. 2.—
7311 **Visiani.** Origine ed anzianita d. Orto Botanico di Padova. (Moscou,
Bull.) 1839. 8. 44 p. 1.50
7312 **Walker, F. A.** Herodotus as a Botanist. (Lond., Vict. Inst.) 1899. 8. 38 p. 2.—
7313 **Walter, O.** Die Entwick. d. Botanik im 19. Jahrh. Magdeb. 1900. 4. 12 p. 1.—
7314 **Wartmann.** Z. St. Gallischen Volksbotanik. Gall. 1861. 8. 43 p. 1.—
7315 **Werneke.** De Arabum Hispanicor. Agricultura et Mercatura. Monast.
1851. 8. 56 p. 2.—
7316 **Wettstein,** Entwickl. d. Morphol., Entwicklungsgesch. u. System. d. Phanerog. in Oesterreich v. 1850—1900. Wien 1901. 4. 24 p. m. 6 Portr. 2.—
7317 **Wiedmann.** Histor. Notizen üb. d. Lehre v. d. geschlechtl. Zeugung d.
Phanerog. Rostock 1875. 4. 16 p. 1.—
7318 **Wilhelmi.** Aus d. Volksheilkunde Mecklenburgs. (Güstrow, Arch.) 1897.
8. 55 p. 1.—
7319 **Willkomm.** Ueb. d. Lotos u. Papyros d. alt. Aegypter. Prag 1892. 8. 13 p. 1.—
7320 **Wilms.** Der Gartenbau bei d. Alten. (Münster) 1880. 8. 25 p. 1.50
7321 **Winkler.** Geschichte d. Botanik. Frankf. 1854. 8. 656 p. (M. 6.) 2.—
Von den ältesten Zeiten bis auf **H u m b o l d t. Ein kurzes aber geschätztes**
Compendium.
7322 **Wittmack.** Z. Gesch. d. Begonien. (Petersb., Congr. Bot.) 1885. 8. 26 p. 1.50
7323 — Landwirtsch. u. Botanik im Zeitalter Friedr. d. Grossen. Berl. 1912.
8. 22 p. 1.—
7324 **Wittrock.** Bidrag t. Bergianska Stiftelsens Historia. (Stockh., Hort.
Berg.) 1890. 4. 31 p. m. Portr. u. 2 Tfln. 1.50
7325 — Botanisk-Historiska Fragment. (Stockh., Hort. Berg.) 1906. 4. 77 p. 1.50
7326 **Woenig.** Die Pflanzen im alten Aegypten. 2. Aufl. Leipzig 1888. 8. 425 p.
m. 174 Fig. (M. 8.) 3.50
7327 **Wünsche.** Die Pflanzenfabel in d. Weltliteratur. Leipz. 1905. 8. 188 p.
(M. 3.50.) 2.—

Vitae Botanicorum.

[Supplementum numeror. 250—367, vide: **Bibliographia** Botanica, p. 15—19].

7328 **Acharius.** — K r e m p e l h u b e r. (Regensb., Flora) 1868. 8. 11 p. 1.—
7329 **Aderhold.** — A p p e l. (Berlin, Biol. Anst.) 1907. 4. 8 p. m. Portr. 1.—
7330 — B e h r e n s. (Berl., Bot. Ges.) 1907. 8. 10 p. 1.—
7331 **Aunier.** — M u l s a n t, E. (Lyon, Soc. Linn.) 1860. 8. 20 p. 1.—
7332 **Backhouse.** — H a n b u r y. (Lond., J. Bot.) 1890. 8. 4 p. w. portr. 1.—
7333 **Barbiche.** — F r i r e n. (Metz, Soc. Nat.) 1901. 8. 16 p. 1.—
7334 **Bary.** — S o l m s - L a u b a c h. Strassb. 1889. 8. 20 p 1.—
7335 — Lichtdruck-Portrait. (Dresd., Hedw.) 1889. 8. 1.—
7336 **Basiner.** — T r a u t v e t t e r. Mosk. 1864. 8. 9 p. 1.—

M

7337 **Batalin.** — K o r s h i n s k y. (Berl.) 1897. 8. 4 p.   —.50

7338 **Bauhin.** — H e s s. K. Bauhin's Leben u Charakter. (Basel) 1859. 8. 72 p.   2.50

7339 **Beckmann.** — A s c h e r s o n u. B u c h e n a u. 3 Nekrologe. (Berl. u. Brem.) 1898. 8. 11 p.   1.—

7340 **Besser.** — T r a u t v e t t e r. (Mosk., Bull.) 1843. 8. 20 p.   1.—

7341 **Bischoff, G. W.** — K o c h, G. F. (Neustadt, Pollich.) 1859. 8. 10 p.   1.—

7342 **Bock (Tragus).** — A d a m. Vita. (Dürkh., Pollich.) 1866. 8. 8 p.   1.—

7343 **Boissier.** — C a n d o l l e, A. de. Genève 1885. 8. 31 p.   1.—

7344 — H a y n a l d. Denkrede. Budap. 1889. 4. 22 p.   1.—

7345 — W u n s c h m a n n. Bentham u. Boissier. Beitr. z. Geschichte d. Botanik. Berl. 1887. 4. 34 p.   1.50

7346 — Portrait. Heliogravure. 8.   1.—

7347 **Boitel.** — P a s s y. Paris 1892. 8. 31 p.   1.—

7348 **Boll, E. F. A.** — B o l l, F. C. (Güstr., Arch.) 1869. 8. 34 p.   1.—

7349 **Bommer.** — E r r e r a. (Brux., Soc. Bot.) 1895. 8. 15 p. av. portr.   1.—

7350 **Borbás.** Portrait. Wien 1881. 8.   1.—

7351 **Braun.** — M e t t e n i u s. Berl. 1882. 8. 706 p. m. Portr. (M. 12.)   6.—

7352 **Brondeau.** — N o u l e t. Toulouse 1862. 8. 24 p.   1.50

7353 **Buchenau.** — F o c k e. (Brem., Nat. Ver.) 1907. 8. 19 p. m. Portr.   1.—

7354 **Bunge.** — R u s s o w. (Dorpat, Nat. Ges.) 1890. 8. 15 p.   1.—

7355 **Candolle, A. P. de.** — M o r r e n, C. (Brux., Ac.) 1843. 8. 56 p.   1.50

7356 — Mémoires et souvenirs, écrits p. lui-même et publ. p. son fils. Genève 1862. 8. 615 p.   6.—

7357 — — Table d. noms d. personnes mentionnées dans l'ouvrage: 'Memoires etc.' Genève 1910. 8. 15 p.   2.—

7358 **Caruel.** — M a t t i r o l o. Uebers. v. Schwendener. (Berl., Bot. Ges.) 1900. 8. 10 p.   1.—

7359 **Caspary.** — A b r o m e i t. Gedächtnisrede. (Königsb., Phys. Ges.) 1888. 4. 24 p.   1.—

7360 — M a g n u s, P., Nachruf. (Berl., Bot. Ver.) 1888. 4. 8 p. m. Portr.   1.—

7361 **Castracane.** Ritratto. (Genova, Malp.) 1899. 8.   1.—

7362 **Celakovsky, L. J.** — C e l a k o v s k y, L. (Prag, Ges. Wiss.) 1903. 8. 31 p. m. Portr.   1.50

7363 **Cesati.** — B a l s a m o. Napoli 1883. 8. 24 p.   1.—

7364 **Cohn.** — C o h n, P., u. R o s e n. Ferd. Cohn. Blätter d. Erinnerung. 2. Aufl. Bresl. 1901. 8. 274 p. m. Portr. u. 3 Tfln. Lnb. (M. 6.)   4.50

7365 **Colla.** — P a r l a t o r e. (Firenze) 1850. 8. 20 p.   1.—

7366 **Cramer.** — S c h r ö t e r, C. Zürich 1902. 4. 20 p. m. Portr.   1.50

7367 **Crato.** — H e n s c h e l. Crato v. Kraftheims Leben u. ärztl. Wirken. (Breslau, Nat. Ges.) 1853. 4. 60 p.   3.—
         C r a t o war Arzt u. Botaniker.

7368 **Cugini.** — D e T o n i, G. B. (Modena) 1907. 8. 13 p. c. ritr.   1.—

7369 **Darlington.** — J a m e s, T. P. (N. York, Phil. Soc.) 1864. 8. 12 p.   1.—

7370 **Decaisne.** — B e r t r a n d, C. E. Lille 1882. 8. 23 p. av. portr.   1.—

7371 **Desfontaines.** — C a n d o l l e, A. P. d e. Vie et trav. (Paris, Ann. Sc.) 1834. 8. 22 p.   1.—

7372 **Döll.** — L e n t z. (Freib., Bot. Ver.) 1885. 8. 20 p.   1.—

7373 **Dossin.** — M o r r e n, E. Gand 1865. 8. 6 p. av. portr.   1.—

7374 **Dragendorff.** — Nekrolog. (Güstrow, Arch.) 1898. 8. 4 p. m. Portr.   1.—

7375 **Duchartre.** — P a s s y. Paris 1895. 8. 43 p.   1.—

7376 **Dufour, L.** — R o u m e g u è r e. Paris 1878. 8. 27 p. av. autogr.   1.—

7377 **Du Mortier.** — C r é p i n. (Brux., Soc. Bot.) 1879. 8. 43 p. av. pl.   1.—

7378 **Dunal.** — P l a n c h o n. Montp. 1856. 8. 40 p.   1.—

7379 **Du Pont.** — S o p p i t t. (Worcester, Myc. Soc.) 1898. 8. 4 p. w. portr.   1.—

7380 **Duval-Jouve.** — F l a h a u l t. (Paris, Soc. Bot.) 1884. 8. 15 p.   1.—

7381 **Ebermayer.** Portrait mit 2 p. Text. (Berl., Z. Forstw.) 1900. 8.   1.—

7382 **Ehrenberg.** — H a n s t e i n. Bonn 1877. 8. 170 p. m. Photogr. (M. 2.80) Cart.   1.50

W. Junk, Berlin, W. 15.

M

7383 **Ehrenberg.** — L a u e. Berl. 1895. 8. 294 p. m. Portr. (M. 5.) 3.—
7384 **Ehrhart.** — A l p e r s. (Hann.) 1902. 4. 8 p. m. Portr.. 1.—
7385 — A l p e r s. Mitteilgn. aus s. Leben u. Schriften. Leipz., Ver. Nat.)
    1905. 8. 468 p. m. 3 Portr. (M. 11.) 5.—
7386 — — Handexempl. d. Autors auf Schreibpapier in Quart, m. Notizen. 7.—
7387 — L e h m a n n, R. (Hannover, Nat. Ges.) 1897. 8. 16 p. 1.—
7388 **Eichler.** — M ü l l e r, C., u. U r b a n. (Cassel, Bot. Centr.) 1887. 8.
    43 p. m. Portr. 1.50
7389 **Enderes.** — N e i l r e i c h. (Wien, Z. b. G.) 1860. 8. 8 p. 1.—
7390 **Endress.** — G a y. (Paris, Ann. Sc.) 1832. 8.·66 p. 1.50
7391 **Engelmann, G.** — U r b a n. (Berlin, Bot. Ges.) 1884. 8. 11 p. 1.—
7392 **Errera.** — W i l d e m a n. Gand 1907. 8. 51 p. av. portr. 1.50
7393 **Ettingshausen.** — H o e r n e s. (Graz, Nat. Ver.) 1898. 8. 28 p. m. Portr. 1.—
7394 **Fenzl.** — H a y n a l d. Budap. 1885. 4. 41 p. m. Portr. 1.50
7395 **Fiedler.** — S t r u c k. (Güstr., Arch.) 1870. 8. 9 p. 1.—
7396 **Fischbach, C. v.** — Biographie. (Berl., Z. Forstw.) 1888. 8. 1 p. m. Portr. 1.—

7397 **Fischer, F. E. L. v.** — T r a u t v e t t e r. Mosk. 1865. 8. 11 p. 1.—
7398 **Floerke.** — C o e m a n s. (Brux., S. Bot.) 1864. 8. 10 p. 1.—
7399 **Focke.** — L u d w i g, H. (Brem., Nat. Ver.) 1879. 8. 20 p. 1.—
7400 **Forbes, E.** — B a l f o u r, J. H. (Lond., Ann. and M.) 1855. 8. 18 p. 1.50
7401 **Forster, G.** — M o l e s c h o t t. Halle 1861. 8. 243 p. m. Portr. Lnb. (M. 3.) 2.—
7402 **Fourreau.** —·M u l s a n t. (Lyon, Soc. Linn.) 1874. 8. 9 p. av. portr. 1.—
7403 **Frank, A. B.** — L o p r i o r e. (Genova, Malp.) 1900. 8. 27 p. c. ritr. 1.—
7404 **Frauenfeld.** — B r u n n e r v. W a t t e n w y l. (Wien, Z. b. G.) 1873.
    8. 4 p. m. Portr. 1.—
    Fries, E. — L u n d s t r ö m — siehe No. 7546.
7405 **Gelert.** — O s t e n f e l d. (Kjöb., Bot. Tidsk.) 1900. 8. 6 p. m. Portr. 1.—
7406 **Gibelli.** — M a t t i r o l o. (Genova, Malp.) 1899. 8. 38 p. c. ritr. 1.50
7407 **Gmelin.** — Gedenkbuch. Münch. 1911. 8. 146 p. m. Portr. (M. 6.)
7408 **Godefrin.** — F l i c h e. (Nancy, Ac.) 1904. 8. 15 p. 1.—
7409 **Godin.** — N è v e. Gand 1874. 8. 23 p. av. portr. 1.—
7410 **Godron.** — F l i c h e. (Nancy, Ac.) 1887. 8. 87 p. 1.50
7411 **Göppert.** — C o n w e n t z. (Danzig, Nat. Ges.) 1885. 8. 33 p. m. Portr. 1.50
7412 **Gottsche.** — J a c k. (Berl., Bot. Ges.) 1893. 8. 27 p. Cart. 1.—
7413 **Gray, A.** — D a n a. (N. Haven, J. Sc.) 1886. 8. 23 p. 1.—
7414 **Guillemin.** — L a s è g u e. Vie et trav. (Paris, Ann. Sc.) 1842. 8. 10 p. 1.—
7415 **Gümbel.** — J a e g e r, J. L. (Neustadt, Pollich.) 1859. 8. 8 p. 1.—

7416 **Gunnerus.** — D a h l, O. Biskop Gunnerus' virksomhed fornemm. som
    Botaniker. 8 Hefte. Trondhj. 1886—1906. 8. 830 p. 20.—
7417 **Halácsy.** — H a y e k. (Wien, Z. b. G.) 1914. 8. 16 p. m. Portr. 1.50
7418 **Hartig, R.** — V o i t, C. (Münch., Ak.) 1902. 8. 9 p. 1.—
7419 **Hartig, Th.** — B l a s i u s, W. (Braunschw., Nat. Ver.) 1887. 8. 15 p. 1.—
7420 **Hauck.** — L e v i, D. (Venezia, Notar.) 1890. 8. 13 p. c. ritr. 1.—
7421 **Haynald.** — K a n i t z, H. als Botaniker. (Budap., Revue) 1890. 8. 20 p. 1.—
7422 — — H. comme Botaniste. Gand 1890. 8. 45 p. av. portr. 1.—
7423 **Hegetschweiler.** — S c h r ö t e r, C., H. als Naturforscher. Zürich 1913.
    8. 83 p. m. color. Tfl. (M. 6.)
7424 **Herbich.** — N e i l r e i c h. (Wien, Z. b. G.) 1865. 8. 12 p. m. Portr. 1.—
7425 **Hoffmann, H.** — I h n e. (Giess., Ges. Nat.) 1892. 8. 40 p. m. Portr. 1.—
7426 **Holandre.** — F i s c h e r, E. (Brux., Soc. Bot.) 1869. 8. 10 p. 1.—
7427 **Holzinger.** — L ö s c h n i g g. (Graz, Nat. Ver.) 1913. 8. 8 p. m. Portr. 1.—
7428 **Hooker, J. D.** — M a t t i r o l o. (Torino, Acc.) 1912. 8. 8 p. 1.—
7429 — P r a i n. (Wash., Smiths.) 1912. 8. 13 p. w. portr. 1.—
7430 **Hooker, W. J.** — G r a y, A. (N. Haven, J. Sc.) 1866. 8. 10 p.. 1.—
7431 **van Houtte.** — M o r r e n, C. (Gand) 1877. 8. 8 p. 1.—
7432 **Hulthem.** — M o r r e n, C. (Paris) 1833. 8. 24 p. av. portr. 1.—
7433 **Humboldt, A. v.** — D o v e. Berlin 1869. 8. 31 p. 1.—

ℳ

7434 **Humboldt, A. v.** — S t a l l o. Cincinn. 1859. 8. 24 p.　　1.50
7435 — 5 mém. biograph. et bibliogr. p. T r a u t s c h o l d, F i s c h e r d e
　　W a l d h e i m e t a. (Mosc., Bull.) 1869. 8. 124 p. — En langue Russe.　1.—
7436 — W i t t w e r. Leipz. 1861. 8. 454 p. m. Portr. u. Facs. (M. 7.50)　2.—
7437 **Junghuhn.** — S c h m i d t, P. Leipz. 1909. 8. 388 p. m. Portr. (M. 8.70)　5.—
7438 **Jussieu, A. B. et A. L. de.** — C o m t e. (Paris, Plutarque) 1840. 4. 16 p.　1.50
7439 — B r o n g n i a r t, A. (Paris, Ann. Sc.) 1837. 8. 20 p. av. portr. et facs.　1.50
7440 — F l o u r e n s. (Paris, Ac.) 1838. 4. 60 p.　　2.—
7441 **Just.** — C o h n, F. (Berl., Bot. Ges.) 1893. 8. 5 p.　　1.—
7442 **Kamphövener.** — L a n g e, J. (Kjöb., Bot. Tidsk.) 1898. 8. 27 p.　1.—
7443 **Klebs, R.** — T o r n q u i s t. (Königsb., Phys. Ges.) 1911. 4. 7 p. m. Portr.　1.—
7444 **Koch, Rob.** — Nekrolog. (Wash., Smiths.) 1912. 8. 8 p. w. portr.　1.—
7445 **Kornhuber.** — H e i m e r l, A. (Wien, Z. b. G.) 1906. 8. 23 p. m. Portr.　1.—
7446 **Krug.** — U r b a n. (Berl., Bot. Ges.) 1898. 8. 15 p.　　1.—
7447 **Kühn, J.** — O h n e f a l s c h - R i c h t e r u. H o l d e f l e i s s. Halle
　　1895. 8. 84 p.-m. Portr.　　1.50
7448 **Kunze, G.** — R e i c h e n b a c h, L. Leipz. 1851. 8. 16 p.　1.—
7449 **Lacène.** — M u l s a n t. (Lyon, Soc. Linn.) 1861. 8. 20 p. av. portr.　1.—
7450 **La Gasca.** — C a r r e n n o. (Paris, Ann. Sc.) 1840. 8. 16 p.　1.—
7451 **Lange, J.** — H e n r i q u e s. (Coimbra, Soc. Brot.) 1899. 4. 2 p. av. portr.　1.—
7452 — P e t e r s e n, O. G. (Kjöb., Bot. Tidsk.) 1899. 8. 15 p. m. Portr.　1.—
7453 **Laurer.** — M i n k s. (Regensb., Flora) 1873. 8. 8 p.　　1.—
7454 **Leitgeb.** — H e i n r i c h e r. (Graz, Nat. Ver.) 1889. 8. 23 p. m. Portr.　1.50
7455 **Lenormand.** — M o r i è r e. (Caen, Ac.) 1873. 8. 30 p.　1.—
7456 **Leveillé.** Portrait. (Paris, Soc. Myc.) 1899. 8.　　1.—
7457 **Lieber, F. W.** — D i e t r i c h, F. C. 8. 29 p.　　1.—
7458 **Lindberg.** — N o r r l i n. Minnesord. (Helsingf., Vet. Soc.) 1890. 4. 36 p.　1.50
7459 **Lindley.** — R o d i g a s. (Brux., Soc. Bot.) 1865. 8. 13 p.　1.—
7460 **Link.** — M a r t i u s. Münch. 1851. 4. 64 p.　　1.50
7461 **Lorentz.** — S t e l z n e r. (Kassel, Bot. Centr.) 1882. 8. 19 p.　1.—
7462 **Marsson.** — Nekrolog. (Güstr., Arch.) 1892. 8. 14 p.　1.—
7463 **Martius, C. F. Ph.** — S c h r a m m. 2 Bde. Leipz. 1869. 8. 452 p. m.
　　Portr. (M. 8.)　　3.50
7464 **Massalongo.** — V i s i a n i. Deutsch v. Krempelhuber. (Wien, Z. b. G.)
　　1868. 8. 60 p.　　1.50
7465 **Masson.** — Favrat. (Laus., Soc. Vaud.) 1892. 8. 6 p.　1.—
7466 **Mazzanti.** — C a s t r a c a n e. (Roma, Linc.) 1879. 4. 24 p.　1.50
7467 **Millin.** — K r a f f t. Paris 1818. 8. 84 p.　　1.50
7468 **Montagne.** — L a r r e y. (Paris, Mém. Médec.) 1866. 8. 16 p.　1.—
7469 **Montrouzier.** — B e a u v i s a g e. Paris 1898. 8. 14 p. av. portr.　1.—
7470 **Morière.** — d e S a i n t Q u e n t i n. Caen 1889. 8. 27 p.　1.—
7471 **Morren, Ch.** — L e R o y. Liége 1869. 8. 20 p.　　1.—
7472 — M o r r e n, E d. Gand 1860. 8. 67 p. av. portr.　　1.50
7473 **Müller, Herm.** (Lippstadt.) — K r a u s e, E. Lippst. 1884. 8. 62 p.　1.50
7474 **Müller, Joh.** (Argov.) — B r i q u e t. (Genève, Herb. Boiss.) 1896. 8.
　　23 p. av. portr.　　1.50
7475 **Mygind.** — H e u f l e r. (Wien, Z. b. G.) 1870. 8. 46 p.　1.—
7476 **Neilreich.** — K a n i t z. (Berl., Bot. Ver.) 1871. 8. 17 p.　1.—
7477 — K ö c h e l. (Wien, Z. b. G.) 1871. 8. 32 p. m. Portr.　1.—
7478 **Nöldecke.** — B u c h e n a u. 2 Nekrologe. (Berl. u. Brem.) 1898. 8. 13 p.　1.—
7479 **Nordenskiöld.** — F l a h a u l t. Vie et voyages. Paris 1880. 8. 76 p.
　　av. portr. et carte.　　1.—
7480 **de Notaris.** — Vita e opere. (Roma, Opinione) 1877. 8. 23 p.　1.50
7481 **Olivi, G.** — D u s e. Chioggia 1895. 8. 54 p. c. ritr.　1.50
7482 **Olivier, G. A.** — O l i v i e r, E. Moulins 1880. 8. 98 p. av. portr.　1.50
7483 **Pagano.** — F e n i z i a. Un precursore Napolet. dell' Evoluzione. (Pa-
　　dova, Soc. Ven.) 1900. 8. 38 p. c. ritr.　　1.50

M

7484 **Pallas.** — K ö p p e n. Petersb. 1895. 8. 54 p. — Russisch.	1.—
7485 **Parlatore.** — H a y n a l d. Budap. 1879. 8. 63 p.	1.50
7486 **Passy.** — C o s s o n. (Paris, Ac.) 1874. 4. 27 p.	1.—
7487 **Perktold.** — D a l l a T o r r e, P. ein Pionier d. botan. Erforschung Tirols. (Innsbr., Ferd.) 1892. 8. 81 p.	2.—
7488 **Pfitzer.** — T i s c h l e r. Heidelb. 1907. 8. 31 p. m. Tfl.	1.—
7489 **Pokorny.** — B u r g e r s t e i n. (Wien, Z. b. G.) 1887. 8. 6 p.	1.—
7490 **Pollich.** — J u n g - S t i l l i n g u. S c h u l t z - B i p o n t. (Dürkh., Pollich.) 1866. 8. 18 p.	1.—
7491 **Poetsch.** Portrait. Wien 1881. 8.	1.—
7492 **Pringsheim.** — M a g n u s, P. (Dresd., Hedw.) 1895. 8. 8 p.	1.—
7493 **Przewalski.** — M a x i m o w i c z. (Petersb., Hortus) 1889. 8. 12 p. m. Portr.	1.—
7494 **Pückler-Muskau.** — P e t z o l d. Leipz. 1874. 8. 68 p. m. Portr.	1.50
7495 **Pynaert.** — de N o b e l e. Gand 1887. 4. 48 p. av. portr. et 3 pl.	1.50
7496 **Regel, E. A.** — K n a p p. (Wien, Z. b. G.) 1892. 8. 45 p.	1.—
7497 **Reichenbach, H. G.** — D i l l i n g u. R e g e l. 2 Biograph. 1890. 4. 28 p. m. Portr.	1.50
7498 **Renault.** — S c o t t, D. H. (Lond., Micr. Soc.) 1906. 8. 17 p. w. portr.	1.50
7499 **Rigouts.** — B r o e c k x. (Brux., Belg. Hort.) 1868. 8. 16 p. av. portr.	1.—
7500 **Roberge.** — M o r i è r e. (Caen, Ac.) 1866. 8. 15 p.	1.—
7501 **Robinson, C. B.** — M e r r i l l. (Manila, J. Sc.) 1914. 4. 8 p.	1.—
7502 **Rossmässler.** Mein Leben u. Streben. Hrsg. v. Russ. Hannov. 1874. 8. 420 p. (M. 7.)	2.—
7503 **Rousseau.** — J a n s e n, R. als Botaniker. Berl. 1885. 8. 308 p. (M. 8.)	5.—
7504 **Royer, A.** — M o r r e n, E. (Gand, Belg. Hort.) 1868. 8. 12 p. av. portr.	1.—
7505 **Rupp.** — L e i m b a c h. Z. 200jähr. Gedenkfeier. Arnst. 1888. 4. 16 p.	1.—
7506 **Sachs.** — H a u p t f l e i s c h. (Berl., Biogr. Jahrb.) 1898. 8. 14 p.	1.—
7507 — N o l l. (Braunschw., Nat. R.) 1898. 8. 24 p.	1.—
7508 — V o i t, C. (Münch., Ak.) 1898. 8. 10 p.	1.—
7509 **Schiedemayr.** Portrait. Wien 1882. 8.	1.—
7510 **Schmidel.** — L e y d i g. (Nürnb., Nat. Ges.) 1905. 8. 31 p.	1.—
7511 **Schmitz.** — D e T o n i. (Venez., N. Not.) 1895. 8. 12 p.	1.—
7512 — H a u p t f l e i s c h. (Dresd., Hedw.) 1895. 8. 7 p.	1.—
7513 **Schott.** — F e n z l. Wien 1865. 8. 17 p.	1.—
7514 **Schouw.** Bildniss. Lithographie v. A. W e g e r. Leipz. 8.	1.—
7515 **Schroeter, J.** — M a g n u s, P. (Berl., Bot. Ges.) 1895. 8. 10 p.	1.—
7516 **Schübeler.** — N o v i k. (Christ., Norsk Havetid.) 1885. 8. 8 p. m. Portr.	1.—
7517 — W i l l e. (Berl., Bot. Ges.) 1882. 8. 9 p.	1.—
7518 **Schwann.** — F r é d e r i c q. Liége 1884. 8. 50 p. av. portr.	2.—
7519 **Scopoli.** — V o s s, W. (Wien, Z. b. G.) 1881. 8. 50 p.	1.—
7520 **Sendtner.** — H e u f l e r. (Wien, Z. b. G.) 1859. 8. 16 p.	1.—
7521 **Spallanzani.** — C e s a t i. 2 lettere inedite. Nap. 1872. 4. 13 p. c. tav.	1.50
7522 — P a v e s i. (Milano, Soc. Nat.) 1901. 4. 68 p. c. tav.	2.50
7523 — de la E s p a d a. Un autógrafo. (Madrid, Soc. Nat.) 1872. 8. 19 p.	1.—
7524 **Staub.** — B e r n a t s k y. (Berl., Bot. Ges.) 1905. 8. 10 p.	1.—
7525 **Steinheil.** — D e c a i s n e. (Paris, Ann. Sc.) 1839. 8. 16 p.	1.—
7526 **Stephan.** — T r a u t v e t t e r. Mosk. 1865. 8. 6 p.	1.—
7527 **Steven.** — B a s i n e r u. T r a u t v e t t e r. 2 Biogr. (Mosk., Bull.) 1864. 8. 42 p.	1.50
7528 — N o r d m a n n. (Mosk., Bull.) 1865. 8. 60 p.	1.50
7529 **Stizenberger.** — J a c k. (Dresd., Hedw.) 1896. 8. 9 p.	1.—
7530 **Strasburger.** — M a t t i r o l o. (Torino, Acc.) 1912. 8. 10 p.	1.—
7531 **Sturm.** — H i l p e r t. Nürnb. 1849. 8. 34 p. m. Portr.	2.—
7532 **Sturtevant.** — P l u m b. (St. Louis, Gard.) 1899. 8. 14 p. w. portr.	1.—
7533 **Teysmann.** — Son jubilé semi-sécul. Batav. 1880. 8. 21 p.	1.—
7534 **Timeroy.** — M u l s a n t. (Lyon, Soc. Bot.) 1858. 8. 6 p. av. portr.	1.—

M

7535 **Treviranus, G. R.** — F o c k e. (Brem., Nat. Ver.) 1879. 8. 38 p.   1.50
7536 **Treviranus, L. C.** — M a r t i u s. (Berl., Ak.) 1865. 8. 24 p.   1.—
7537 **Triana.** — S c h u m a c h e r, H. A. (Brem., Nat. Ver.) 1873. 8. 11 p.   1.—
7538 **Tripet.** — T r i b o l e t. (Neuchâtel, Soc. Nat.) 1909. 8. 14 p. av. portr.   1.—
7539 **Unger.** — L e i t g e b. (Graz, Nat. Ver.) 1870. 8. 26 p. m. Portr.   1.—
7540 — R e y e r. Graz 1871. 8. 104 p.   1.50
7541 — W i e s n e r. Gedenkrede. (Wien, Z. b. G.) 1902. 8. 15 p.   1.—
7542 **Vesque.** — G i l g. (Berl., Bot. Ges.) 1895. 8. 8 p.   1.—
7543 **Vittadini.** — B r i o s i. (Pavia, Ist. Bot.) 1904. 4. 2 p. c. ritr.   1.—
7544 — G a r o v a g l i o. (Milano, Ist.) 1867. 8. 31 p.   1.50
7545 **Vogl, A.** Portrait. Wien 1878. 8.   1.—
7546 **Wahlenberg.** — L u n d s t r ö m. Tal vid aftäckandet af Wahlenbergs och E. Fries' Byster i Linnésalen. Upsala 1899. 8. 12 p.   1.—
7547 **Weiss, E.** — T o m a s i n i. (Wien, Z. b. G.) 1870. 8. 12 p.   1.—
7548 **Wettstein.** Portrait. Wien (1907). 4.   1.—
7549 **Wiesner.** — L i n s b a u e r, K. u. L., u. P o r t h e i m. Wiesner u. seine Schule. Beitr. z. Gesch. d. Botanik. Wien 1903. 8. 277 p. m. Portr. (M. 6.)   4.—
7550 **Wight.** — C l e g h o r n. (Edinb., Bot. Soc.) 1872. 8. 29 p.   2.—
7551 **Willkomm.** — W e t t s t e i n. (Berl., Bot. Ges.) 1896. 8. 13 p.   1.—
7552 — Portrait. Wien 1882. 8.   1.—
7553 **Wirtgen.** — D r o n k e. (Bonn, Ver. Nat.) 1871. 8. 14 p.   1.—
7554 **Wormskiold.** — W a r m i n g. (Kjöbenh., Nat. För.) 1889. 8. 51 p. m. Portr.   1.—
7555 **Wulfen.** — A r n o l d. (Wien, Z. b. G.) 1882. 8. 32 p.   1.—

7556 **Ambrosi.** Naturalisti Trentini. Ricordi biograf. (Padova, Soc. Trent.) 1889. 8. 31 p.   1.50
7557 **Biographiae Botanicorum.** 12 opusc. auct. Boudier, Dangeard, P. Magnus, C. Morren, P. A. Saccardo et a. 1867—1901. 8. et 4. 75 p. et effig.   3.—
7558 **Britten and Boulger.** Biograph. Index of British and Irish Botanists. With 3 supplem. Lond. 1907—1908. 8. 271 p. Cloth and sewed.   13.—
7559 **Catell.** American Men of Science. A biograph. dictionary. New York 1906. 8. 371 p. Cloth.   20.—
7560 **Collinson.** Notes relat. to Botany (biogr.). (Lond., Linn. S.) 1810. 4. 13 p.   1.—
7561 **(Custer).** Nekrologe u. Biographien verstorb. Mitglieder d. Schweiz. Naturf. Gesellsch. (Zürich, Nat. Ges.) 1906. 8. 146 p. m. 5 Portraits.   1.50
7562 **Dörfler.** Botaniker-Portraits. 4 Liefgn. (alles was erschien.). Wien 1907. 4. 40 Portraits m. Text. (M. 20.)   13.—
     Verzeichnis der Portraits — siehe: J u n k ' s Bulletin, Nr. 5.
7563 **Focke.** Bremische Ärzte, Naturforscher u. Reisende. 2 Tle. (Brem.) 1886—90. 8. 29 p. m. 12 Portr.   1.50
7564 **Gérard et Granel.** Inaugurat. d. bustes de Dunal, Martins et Planchon. Montpell. 1893. 8. 30 p.   1.50
     Imperialis. Musaeum histor. — vide nr. 7913.
7565 **Magnus, P.** 3 Nekrologe üb. Roper, Pallas, Killias. 1885—91. 8. 13 p.   1.—
7566 **Meiner.** Lebensbeschreibgn. berühmter Männer a. d. Zeiten d. Wiederherstell. d. Wissensch. Bd. I u. III. Zürich 1795—97. 8. (M. 10.60) Cart.   2.—
7567 **Oliver.** Makers of British Botany. Collect. of biograph. of living Botanists. Cambr. 1912. 8. 340 p. w. 26 pl. Cloth.   9.50
7568 **Portraits** of Botanists. 19 Prints in 8. and 4. fr. the XVIII. and XIX. century.   18.—
     Contents: Jos. Banks, Jacques Barrelier, Gaspard Bauhin, Will. Curtis, Nehem. Grew, Stephen Hales, Clemens Hampe, A. B. Lambert, C. Linné (2 diff. portr.), Th. Martyn, John Ray, Will. Roxburgh, Dan. Rutherford, J. E. Smith, J. P. Tournefort, Jos. Townsend, Seb. Vaillant, Will. Woodville.
7569 **Saccardo, P. A.** La Iconoteca dei Botanici nel Istit. bot. di Padova. (Genova, Malp.) 1899. 8. 35 p.   1.50

7570 **Schroeckh.** Abbildgn. u. Lebensbeschreib. berühmt. Gelehrter. 2 Bde. *M*
Leipz. 1764—67. 8. m. 44 Portr. Cart. 10.—

7571 **Spaulding.** Biograph. History of Botany at St. Louis, Mo. (Wash., Pop.
Monthly) 1909. 8. 51 p. w. 19 portr. 3.—

7572 **Trautvetter.** 3 Biograph. v. H e r d e r, M a g n u s, R e g e l. 1889. 8.
32 p. m. Portr. 1.50

Villa. Vidas de princip. de la Medicina — voyez nr. 8143.

7573 **Who's Who** in Science International 1914. Ed. by Stephenson. Lond.
1914. 8. 682 p. w. pl. Cloth. (10 s.) 6.—

7574 **Wittrock.** Catal. illustr. Iconothecae botanicae Horti Bergiani. 2 partes.
(Holmiae, Hort. Berg.) 1903—5. 8. 530 p. et 197 tab. (M. 31.) Cart. 15.—

Bibliographia.

[Supplementum numeror. 250—367, vide: Bibliographia Botanica, p. 15—19].

7575 **Abendroth.** Das bibliograph. System d. Naturgesch. u. der Medizin.
Borna 1914. 8. 230 p. (M. 4.50)

7576 **Arnaud.** — Notice s. ses travaux scientif. Paris 1889. 4. 32 p. 1.—

7577 **Ascherson.** — D a l l a T o r r e. Verzeichn. s. wissenschaftl. Arbeiten.
(Berl., Festschrift) 1904. 8. 44 p. 1.50

7578 **Babington.** Memorials, Journal and Botan. Correspond. Cambr. 1897.
8. 572 p. w. 2 portr. Cloth. (10 s. 6 d.) 6.—

7579 **Baillon.** — Notice s. ses travaux scientif. Paris 1866. 4. 90 p. 1.50

7580 **Bay.** Tillaeg t. d. Danske botaniske Literatur fra de aeldste Tider til
1880. 2 Tle. (Kjöbenh., Bot. Tidsk.) 1890—92. 8. 24 p. 1.50

7581 — Bibliographies of Botany. Contrib. tow. a bibliotheca bibliograph.
(Jena, Progr. Bot.) 1909. 8. 126 p. 4.50

7582 **Bemmelen, Bohnensieg et Burck.** Repertorium annuum Literaturae Botanicae period. 1872—79. 8 vol. (9 partes). Harlemi 1873—86. 8. (M. 72.) 30.—
   Als Fortsetzung zu P r i t z e l ' s Thesaurus (siehe No. 7689) gedacht.

7583 — — Vol. II—VII: 1873—78. 10.—
   Auch einzeln.

7584 **Bericht** üb. d. oesterr. Literatur d. Zoologie, Botanik u. Palaeontologie
1850—53. Wien 1855. 8. 382 p. (M. 4.) 1.—

7585 **Bertrand.** — S. ses travaux scientif. Lille 1887. 4. 43 p. 1.—

7586 **Bibliographie** der deutschen Naturwissenschaftl. Litteratur. 4 Bde. Jena
1902—4. 8. (M. 80.)   / 25.—
   Auch einzelne Bände.

7587 **Bibliographische Zeitschrift** f. Naturwissenschaften (früher: Laboratorium u. Museum). Red. v. W. J u n k. 3 Bde. (soviel erschienen). Berl.
1900—07. 4. m. viel. Fig. 18.—
   In dieser Zeitschrift sind u. a. No. 1—19 der "Rara" (siehe No. 7648) erschienen.
   — Führte bis zum 1. Heft des III. Bandes den Titel „Laboratorium & Museum".
   Die ersten zwei Bände waren auch den Fortschritten auf dem Gebiete der naturwiss. Museums- u. Apparatenkunde gewidmet.

7588 **Blatter.** Bibliography of the Botany of Brit. India and Ceylon. (Bombay, Nat. Soc.) 1911. 8. 98 p. 3.—

7589 **Blum.** Wissenschaftl. Veröffentlichgn. (1826—97) d. Senckenberg. Naturf.
Gesellsch. (Frankf., Senck.) 1897. 8. 62 p. 1.—

7590 **Bolton.** Catal. of Scientific and Technical Periodicals (1665 to 1882).
Wash. (Smiths.) 1886. 8. 783 p. 12.—
   Out of print.

7591 **Bourinot.** Bibliography of the members of the Royal Society of Canada. (Toronto, Roy. S.) 1894. 4. 79 p. 1.50

7592 **Briquet.** — Invent. d. s. publicat. scientif. Genève 1900. 8. 24 p. 1.—

7593 **Bulletino bibliogr.** d. Botanica Italiana. Red. da Traverso. Anno I.
Firenze 1904. 8. 88 p. 1.50

7594 **de Bure.** Bibliographie instruct. Volume de la Jurisprud., Sciences et
Arts. Paris 1764. 8. 800 p. Veau. 2.—

                                                                                               M

7595 **Bureau.** — Not. s. ses travaux scientif. 2 mém. Paris 1874 à 94. 4. 102 p.   1.—
7596 **Candolle, A. de.** Reflex. s. l. ouvrages génér. de Botanique descript.
     Genève 1873. 8. 25 p.   1.—
7597 **Catalogue** of Books, Manuscripts, Maps and Drawings in the British
     Museum (Natural History). Vols. 1—4 (A—Sn.) Lond. 1903—13. 4.
     1964 p. Cloth.   80.—
7598 **Catalogue,** Internat., of Scientif. Literature. B o t a n y. I. Annual Issue.
     2 parts. Lond. 1902—03. 8. 1032 p. (2 £ 5 s.) Cloth.   25.—
7599 **Catalogue** of Scientific Papers publish. in Periodicals and Transactions.
     Compil. by the Royal Society. 12 vols.: Years 1800—83. Lond. 1867—
     1902. 4. Cloth.   220.—
7600 **Catalogus** d. Bibliotheek v. de Kon. Natuurkund. Vereeniging in Nederl.-
     Indië. Batavia 1884. 8. 400 p.   2.—
7601 **Chatin.** — Not. s. s. travaux scientif. Paris 1852. 4. 19 p.   1.—
7602 **Choulant.** Handbuch der Bücherkunde f. d. aeltere Medizin. Leipz.
     1828. 8. 212 p. Cart.   50.—
          Die ausserordentlich seltene O r i g i n a l - Ausgabe. Der anastatische Neu-
     druck der 2. Auflage von 1841 kostet schon Mk. 30.
7603 **Christensen.** Den Danske Botan. Litteratur 1880—1911. Kjöbenh. 1913.
     8. 301 p.˙ m. 7 Portr.   10.—
7604 **Cobres.** Deliciae Cobresianae. Büchersammlg. z. Naturgesch. 2 Tle.
     Augsb. 1781. 8. 965 p. m. Frontisp. Cart.   .   8.—
7605 — — F e h l t 1 Bogen. Cart.   2.50
7606 **Decaisne.** — Notice d. s. princip. mémoires. (Paris, Ac.) 1848. 4. 16 p.   1.—
7607 — V e·s q u e e t B o r n e t. Catal. de la Bibliothèque de Decaisne.
     Paris 1883. 8. 506 p.   1.—
7608 **Desberger.** Uebersicht d. teutschen Forstliteratur. Gotha 1835. 8. 96 p.   1.—
7609 **Desiderata.** Gesuchte Bücher. — Livres demandés. — Books wanted.
     Herausg.: W. J u n k. No. 1—86: Vol. I—X, XI. No. 1, 2: Mai 1904--
     Mai 1914. 8. 860 p.   20.—
          Gesuche und Offerten antiquarischer Bücher; Notizen über bibliographisch oder
     huchhändlerisch wichtige Vorfälle; Supplemente zu W. J u n k ' s Internationalem
     Adressbuch der Antiquar-Buchhändler — 27 Supplemente bisher erschienen.
7610 **Dochnahl.** Bibliotheca Hortensis. Gartenbibliothek aller Bücher über
     Gärtnerei, Blumen-, Gemüsezucht u. Obst- u. Weinbau v. 1750—1860.
     Nürnb. 1861. 8. 240 p. (M. 4.)   2.50
7611 **Duchartre.** — Notice s. s. travaux botan. 2 mém. Paris. 4. 94 p.   1.—
7612 **Engelmann, W.** Bibliotheca geographica. 2 Bde. Leipz. 1857—58. 8.
     1225 p. (M. 12.) Hfzb.   3.—
7613 **Engler.** Uebersicht d. 1879 üb. System., Pflanzengeogr. u, Pflanzen-
     gesch. erschien. Arbeiten. (Leipz., Engl. Jahrb.) 1880. 8. 38 p.   1.—
7614 **Errera.** Bibliographie du Glycogène et du Paraglycogène. (Brux., Inst.
     Bot.) 1905. 8. 51 p.   1.50
7615 **Flatt.** Bibliotheca Botanica. Székesfehéro. 1891. 8. 26 p.   .   1.50
     Gesner, C. Bibliotheca — vide nr. 7873 et 7874.
'7616 **Gray, A.** — List of his writings. (N. Haven, J. Sc.) 8. 68 p.   2.—
7617 **Haller.** Bibliotheca Botanica. 2 vol. Tiguri 1771—72. 4. 1460 p. Cart.   15.—
7618 — — Index emendatus, perf. B a y. Bümpliz 1908. 8. 62 p.   4.50
7619 **Henckel v. Donnersmarck.** Ueb. botan. Bücherkunde. (Halle, Bot. Z.)
     1851. 4. 16 p. Cart.   2.—
7620 — Ueb. Auctionskataloge. Beitr. z. botan. Bücherkunde. (Halle, Nat.
     Ver.) 1853. 8. 26 p.   2.—
7621 **Jackson, B. D.** Guide to the Literature of Botany. Lond. 1881. 8. 666 p.
     Cloth.   30.—
          Important as a supplement of nearly 6000 items to P r i t z e l ' s Thesaurus.
7622 **Jordan, A.** — Catal. de sa Bibliothèque. Paris 1903. 8. 144 p.   1.50
7623 **Journal** of the Linnean Soc. Botany. Index for 1838—1886. Lond. 1886.
     8. 436 p. Cloth.   2.—

7624 Junk, W. Bibliographia Botanica. Berolini 1909. 8. XVIII et 288 p.   *M*
Leinbd.   1.—

     U n e n t b e h r l i c h für jeden Botaniker, da einziges Werk, aus welchem eine Information über jedes in irgend einer Hinsicht wichtige botanische Werk geholt werden kann. Bibliographische Notizen, Geschichte, Seltenheit, Preisschwankungen, Angaben der vergriffenen Bände etc. etc., alles findet sich in diesem Bande.
     Prof. L i n d a u: Ausserordentlich wertvoll. — Professore S a c c a r d o - Padova: Magnifique et très-intéressante. — J. D ö r f l e r - Wien: Fachkundig und überaus sorgfältig zusammengestellte Bibliographie, die tatsächlich alles auch nur halbwegs Wichtige der gesamten botanischen Literatur enthält. Nehmen Sie meine aufrichtigsten Glückwünsche zum Gelingen dieser schwierigen Arbeit entgegen. Sie haben ein enormes bibliographisches Wissen. — P u b l i s h e r ' s C i r c u l a r: Probably it would be difficult if not impossible to find a publisher and antiquarian bookseller with Mr. J.'s knowledge gained from 25 years' experience in this special branch, and this knowledge has enabled him to write a very interesting article on 'Botanical Literature from the Bibliographical Standpoint'. — Prof. S c h o r l e r - Dresden: .... Ihre ausgezeichnete ‚B. B.‘.... Geh. Rat Drude und ich haben mit grossem Interesse das Vorwort gelesen. Dadurch erst in Verbindung mit Ihren „Rara“ haben wir den hohen Wert unserer botan. Bibliothek kennen gelernt. Wir werden nicht die einzigen sein, denen es so gegangen ist. Es war sehr verdienstlich von Ihnen, den reichen Schatz Ihrer Erfahrungen der Allgemeinheit nutzbringend zu machen. Ich beglückwünsche Sie dazu. — M o n d e d e s P l a n t e s: Renferme tous les ouvrages et périodiques de quelque importance sur l'ensemble de la botanique, av. d. indications détaillées que l'on ne trouvera réunies nulle part ailleurs. Cette bibliographie constituera pour les botanistes une source de références importantes. — Prof. M a u r i z i o - Lemberg: Ihre Einleitung zur „Bibliographia“ hat mir grosse Freude bereitet. Sie ist höchst interessant Es wäre für Sie eine dankenswerte Aufgabe, die Geschichte einiger Werke zu liefern und durch Ihre reiche Kenntnis aufzuklären. — J. C h. B a y, John Crerar Library, Chicago: I regard this catalogue as a wonderful achievement. It will remain for a number of years the authoritative catalogue in our line. The introduction bears witness to the most mature observation and experience. — I n t e r n a t i o n a l e E n t o m o l o g i s c h e Z e i t s c h r i f t: In sachkundiger und erschöpfender Weise behandelt Autor die „Botanische Literatur vom bibliographischen Standpunkt“ in einer Einleitung, auf die ich hier nicht näher eingehen kann, aber schon diese Abhandlung ist lesenswert; s i e e r ö f f n e t u n s e i n e P e r s p e k t i v e i n d e n i d e e l l e n L e b e n s z w e c k e i n e s B u c h h ä n d l e r s u n d V e r l e g e r s, w i e e r s e i n s o l l, i n w o h l t u e n d e m G e g e n s a t z z u s o l c h e n E l e m e n t e n, d i e b e i k n a p p e l e m e n t a r e m B i l d u n g s g r a d e r e i n e g o i s t i s c h e Z w e c k e v e r f o l g e n u n d h i e r b e i k e i n e M i t t e l s c h e u e n. — Dr. G r e s h o f f, Kolonial-Museum, Haarlem: Das Buch ist auf so reicher Bücherkenntnis aufgebaut, dass es einen spezifischen Wert in der botanischen Literatur hat. — P u b l i c L i b r a r i e s, New York: Very valuable apparatus of annotation, of interest equally to the botanist, the librarian and the bookseller. It is an u n u s u a l p r o d u c t i o n, e x e m p l i f y i n g t h e w o r k o f t h e m o d e r n s c h o o l o f c o n t i n e n t a l b o o k s e l l e r s, w h e r e b o o k t r a d e i s c o m b i n e d w i t h k n o w l e d g e o f b o o k s, their value, their history. This feature of the present catalog is admirably brought forth in the running annotations, and in a well-written preface. As a bibliographical trade-catalogue this one is worthy of an earnest study of librarians, and of a brotherly appreciation from bibliographers. — Prof. M i y o s h i, Tokyo: Ihre „Bibliographia Botanica“ ist sehr wertvoll. — M i t t e i l u n g e n z u r G e s c h i c h t e d e r N a t u r w i s s e n s c h a f t e n: Wieder eine verdienstliche Schrift unseres kundigen Mitgliedes. Eine Vorrede behandelt eingehend „Die botanische Literatur vom bibliographischen Standpunkte“, auch gibt der rührige Verfasser einen Einblick in seine bisherige wissenschaftliche Tätigkeit.

7625 — Bibliographiae Botanicae S u p p l e m e n t u m. 6 partes. Berol. 1916.
8. circ. 600 p. cum circ. 20,000 titulis librorum. L e i n b d.   1.50

     Pars I: Acta. Historia. Vitae Botanicorum. Bibliographia. Auctores Ante-Linnaeani. Linnaeus. Scripta Miscellanea. Horti (et Musea). Systema. Nomina, Terminologia. Elementa. — Pars II: Phanerogamae (Systema). — Pars III: Cryptogamae [Scripta Miscellanea. Cryptog. vasculares. Bryophyta. Fungi. Lichenes. Algae. Characeae. Desmidiaceae et Diatomaceae. Plancton.] — Pars IV: Biologia Plantarum (Anatomia, Physiologia, Biologia s. str.). Philosophia Naturalis. Specierum Origo (Hereditas, Mutatio, Variatio). Pathologia. Teratologia. — Pars V: Geographia Plantarum, Florae. [Scripta Miscellanea. Europa. Europa centralis. Britannia. Gallia. Hispania et Lusitania. Italia. Paeninsula Balcanica. Rossia. Scandinavia. Asia media. Asia occidentalis. Asia orientalis. India. Sibiria. Archipelagus Indicus. Australia et Oceania. Africa. America septentrionalis. America centralis (et insulae). America meridionalis. Regiones Arcticae.] — Pars VI: Plantae Oeconomicae [Agricultura et Plantae utiles. Plantae Hortenses. Plantae Silvestres (Arbores). Plantae Pomiferae. Vitis Vinifera. Plantae Officinales (et venenatae)].
     Der vorliegende Catalog ist der Pars I.

W. Junk, Berlin, W. 15.

Junk, W. Bibliographia Linnaeana — siehe Nr. 8278.   *M*
  — C. v. Linné u. s. Bedeutung für die Bibliographie — siehe Nr. 8279.
  — Linné's Species Plantarum u. ihre Varianten — siehe Nr. 8182.
  — Rara Historico-Naturalia — vide nr. 7643.
7626 **Katalog** d. im Dresdener Polytechnik. aufgestellt. Botan. Schriften (Bibliothek d. Königs Friedr. August u. v. Bienert). Dresd. 1876. 8. 80 p.   1.—
7627 **Klinckowstroem.** Bibliographie d. Wünschelrute. Münch. 1911. 8. 151 p.   3.50
7628 **Krüger.** Bibliographia Botanica. Handb. d. botan. Literatur. Berl. 1841.
  8. 470 p. (M. 6.) Cart.   3.—
7629 **Kurtz.** Bibliographie botan. de l'Argentine. (B. Aires, Ac.) 1900. 8. 91 p.   3.—
7630 **Laurop,** Handb. d. Forst- u. Jagdlitteratur. Erf. 1830. 8. 416 p.   6.—
      Nicht im P r i t z e l.
7631 **Lloyd.** — W y c o f f a n d H o l d e n. Bibliograph. contribut. fr. the Lloyd
  Library. No. 1—15, 21 (= Vol. I, II parts 1, 2, 8). Cincinn. 1911—16. 8.   24.—
      1: W y c o f f, Catal. of the Period. Literature in the Lloyd Library. 1911. 80 p.
  — 2: H o l d e n, Bibliogr. relat. to the Floras of Europe in general and the Floras
  of Great Britain. 1911. 70 p. — 3: H o l d e n, Bibliogr. relat. to the Floras of
  Austria, Poland, Hungary, Belgium, Netherl. and Switzerland. 1911. 62 p. —
  4: H o l d e n, Bibliogr. relat. to the Flora of France. 1911. 56 p. — 5: H o l d e n,
  Bibliogr. relat. to the Flora of Germany. 1912. 78 p. — 6: H o l d e n, Bibliogr.
  relat. to the Floras of Italy, Spain, Portugal, Greece, Europ. Turkey etc. 1912.
  47 p. — 7, 8: W y c o f f, Bibliogr. relat. to the Floras of Arctic Regions, Scandinavia, Russia and Caucasia. 1912. 46 p. — 9: W y c o f f, Bibliogr. relat. to the
  Floras of N. America and the West Indies. 1913. 65 p. — 10: W y c o f f, Bibliogr. relat. to the Floras of S. America and the Antarctic Regions. 1913. 21 p. —
  11: W y c o f f, Bibliogr. relat. to the Flora of Asia. 1913. 82 p. — 12: W y c o f f,
  Bibliogr. relat. to the Flora of Oceania. 1913. 26 p. — 13: W y c o f f, Bibliogr.
  relat. to the Flora of Africa. 1914. 27 p. — 14: W y c o f f, Catal. of the Periodical
  Literat. in the Lloyd Library. 1914. 125 p. — 15: W y c o f f, Catal. of the books
  and pamphlets of the Lloyd Library: Botany: Letter A. 1914. 88 p. — 21: W y c o f f,
  Botany: Letter G. 1916. 58 p.
      Price of every nr. M. 1.50—M. 2. — A very important publication, as the Lloyd
  Library is the richest of all private collections.
7632 **Löbner.** Verzeichn. d. Bibliothek d. „Flora" zu Dresden. Dr. 1909. 8. 51 p.   1.—
6733 **Militz.** Handb. d. botan. Literatur. Berl. 1829. 8. 550 p. (M. 5.)   3.—
7634 **Naturae Novitates.** Bibliographie neuer Erscheinungen aller Länder a.
  d. Gebiete der Naturgesch. u. d. Exacten Wissenschaft. Hrsg. v. W.
  J u n k u. a. Jahrg. 1—37: 1879—1915. Berl. 8. (M. 148.)   100.—
7635 **Pasquale.** — Opere e Titoli. Nap. 1883. 4. 14 p.   1.—
7636 **Paul.** Contrib. to Horticult. Literature fr. 1883 to 1892. 3 parts. Waltham
  Cross 1892. 8. 577 p. w. portr. and 3 pl. Cloth.   8.—
7637 **Payne.** The Florist's Bibliography. Lond. 1908. 8. 80 p. w. pl. Cloth.   3.—
7638 **Pritzel.** Thesaurus Literaturae Botan. Lips. 1851. 4. 548 p. (M. 42.) Hfzb. 20.—
7639 — — Ed. II (ultima). Lips. 1872—77. 4. 577 p.   100.—
7640 — — Ed. II. F a c s i m i l e - E d i t i o n. Berol. 1916. 4. 577 p.
      S u b s c r i p t i o n s p r e i s: M. 40. Preis n a c h Erscheinen: M. 50.
      Befindet sich in Vorbereitung. Anastatischer Neudruck, auf gutem Papier,
  also auch äusserlich weit besser als das Original, welches auf dem schlechten
  Holzpapier der damaligen Epoche gedruckt, bald in allen Exemplaren — mit Ausnahme der wenigen auf Velinpapier abgezogenen — zu Grunde gegangen sein wird.
7641 — Iconum Botanic. Index. 2 vol. Berol. 1861—66. 4. 1500 p. (M. 18.)   10.—
      Sämtliche Werke P r i t z e l's sind jetzt ganz vergriffen und, da ein uner-
  lässliches Handwerkszeug des botanischen Bibliographen (siehe No. 341), ausserordentlich im Preise steigend.
7642 — Z u c h o l d. Additam. ad Pritzelii Thesaurum. 2 partes. (Halae)
  1853—66. 8. 69 p.   3.—
7643 **Rara Historico-Naturalia et Mathematica.** Ed.: W. J u n k. (21 partes).
  Berol. 1900—13. 4. 122 p. Cartonn.   20.—
      Dieses Blatt gibt in der Art von B r u n e t eingehende (anderswo nicht zu
  findende) Collationen, die bibliographische Geschichte, Notiz über den Grad der
  Vergriffenheit und Angabe der vergriffenen Bände, sowie der Preise (frühere und
  jetzigen) von seltenen Werken und Zeitschriften auf dem Gebiete der im Titel
  genannten Disciplinen. Der Index des Bandes umfasst über 500 Titel.
      A u s s c h l i e s s l i c h b o t a n i s c h e n Inhalts sind die Nrn. 4, 8, 9, 13, 20.
  — Weiter enthält Nr. 11: America meridionalis, 12: Bibliogr. Linnaeana, 18: Geogr.
  Plantarum, 19: Linné u. s. Bedeutung f. d. Bibliographie, 21: Supplementum. — Von
  grösseren Zusammenfassungen enthalten die Rara: „Die Anfänge der botanischen

Zeitschriften-Literatur", „Die Literatur der Diatomaceen", „Flores de France", *M*
„Herbarien", „Rosaceen-Literatur". Ferner ausführliche Collationen der bibliographisch so schwierigen Reihen u. Werke: Botanische Zeitung, Brongniart's
Histoire des Végétaux fossiles, Flora, Forbes' Werke, Hooker's Paradisus, Jacquin's u. Jungbuhn's Werke, Ledebour's u. Pallas' Floren- u. Reisewerke, Michaux's
botanische Werke üb. Nordamerika, Rivinus' grosse Iconographie, P. A. Saccardo's
mycologische Reihen, Salm-Dyck's Aloë, Tuckerman's Lichenen - Werke, Van
Heurck's Diatomeen-Literatur, Viala's Ampélographie, Warming's Brasilianische
Flora — u. viele andere.

7644 Ratzeburg. Forstwissenschaftl. Schriftsteller-Lexikon. Berl. 1874. 4.
526 p. (M. 24.) Cart.   6.—

7645 Roumeguère. Correspondances scientif. inédites échangées par Lapeyrouse, P. de Candolle, Dufour, et a. (Perpign., Soc. Pyr.-Or.) 1876. 8.
164 p. av. 3 portraits.   3.50

7646 Sargent and Rehder. The Bradley Bibliography. Guide to the Literature of the Woody Plants of the world. Vol. I—II and IV. Cambr.
1911—1914. 4. Cloth. — All published till now.
    Subscription price for the whole work (5 vols.): M. 500.

7647 Schuster, C. Katal. d. Bibliothek d. Botan. Vereins d. Prov. Brandenburg. Dahlem 1911. 8. 200 p.   2.—

7648 Severance. Guide to the current Periodicals and Serials of the U. S.
Ann Arbor 1907. 8. 322 p. Cloth.   7.—

7649 Targioni Tozzetti. Bibliographia Botanica. Targioniana. Florent. 1874.
4. 23 p.   1.50

7650 Trelease and Hutchings. Catal. of the Sturtevant Prelinnean Library of
the Missouri Botan. Garden. 2 parts. (St. Louis, Gard.) 1896—1903. 8.
179 p.   3.—

7651 Trimen. Catal. of the Library of the Botan. Garden, Pérádeniya, Ceylon.
Colombo 1889. 8. 32 p.   1.—

7652 Van Tieghem. — Not. s. s. travaux scientif. Paris 1874. 4. 36 p.   1.—

7653 Verzeichniss d. Bibliothek d. Gesellschaft f. Erdkunde zu Berlin. Berl.
1888. 8. 434 p.   1.—

7654 Verzeichnis d. Bibliothek d. Gesellsch. Naturforsch. Freunde zu Berlin.
2 Bde. Berl. 1908. 8. 369 p. — Nicht im Handel.   2.—

7655 Vollmann. Katalog d. Bibliothek d. botan. Gesellsch. in Regensburg.
2 Tle. Reg. 1895—97. 8. 182 p.   1.50

7656 Walker-Arnott. — C l e g h o r n. Bibliograph. note. (Edinb., Bot. Soc.)
1868. 8. 15 p.   1.—

7657 Wien. — Verzeichnis der v. d. kais. Akademie d. Wissenschaften in
Wien herausg. Schriften. Wien 1915. 8. 575 p. Cart. (M. 12.) .   8.—

7658 Wikström. Arsberättelse on Botaniska Arbeten. Jahrg. 1826—28, 1832,
1845—48. Stockh. 1827—50. 8.
    Jeder Jahrgang: M. 1.

7659 — Jahresberichte d. Schwedischen Akademie üb. d. Fortschritte d.
Botanik in d. J. 1820—42. Uebers. v. Beilschmied. 15 Bde. Bresl. 1834—
1846. 8. (M. 48.) — Vollständ. Exempl.   10.—
    Alle Bände auch einzeln.

7660 — Conspectus Litteraturae Botan. in Suecia. Holm. 1831. 8. 392 p.
(M. 6.) Hfzb.   3.—

7661 Wille. Norsk Botan. Litteratur 1883—1900. 2 Tle. (Stockh., Bot. Not.)
1892—1902. 8. 41 p.   1.—

7662 (Wittmack.) Katal. d. Bibliothek d. Vereins z. Beförd. d. Gartenbaues.
5. Aufl. Berl. 1875. 8. 80 p.   1.—

7663 Wycoff. Catal. of the Periodic. Literature in the Lloyd Library. Cincinn. 1911. 8. 80 p.   1.50

7664 — — (2. ed.) Cincinn. 1914. 8. 125 p.   2.—

7665 — Catal. of the Books and Pamphlets of the Lloyd Library: Botany,
Letter 'A' and 'G.' 2 parts. Cincinn. 1914—16. 8. 96 p.   3.—
    See also nr. 7681.

W. Junk, Berlin, W. 15.

Auctores Ante-Linnaeani.

[Supplementum numeror. 368—640, vide: Bibliographia Botanica, p. 20—81. — Vide etiam: W. J u n k, Catalogi 10, 13, 16, 32, 43, 47: Auctores Botanici ante annum 1800. 6 partes. 256 p. (5216 tituli) et effigies].

        M

7666 **Aegineta, P.** De medica Materia. Venet. 1532. fol. 432 p. Vélin.   18.—
     Ouvrage rare et important pour l'histoire de la Botanique.

7667 **Affaitat, C.** Il semplice Ortolano in villa e giardiniere in città. Milano 1711. 12. 205 p. Cart.   8.—

7668 — — Milano 1734. 12. 216 p. Cart.   6.—

7669 — — Milano 1745. 12. 216 p. Cart.   5.—
     P r i t z e l ne connaît que l'édition de 1734.

7670 Les **Agremens** de la Campagne. Leyde 1750. 4. 318 p. av. 15 pl. Veau.   8.—

7671 Les **Agronoms Latines:** C a t o n, V a r r o n, C o l u m e l l e, P a l l a - d i u s. Av. la traduct. p. Nisard. Paris 1864. 4. 657 p.   12.—

7672 **Alamanni, L.** La Coltivatione. Parigi 1546. 8. 311 p. Vélin.   7.—
     Belle et première édition de ce poème.

7673 — — Fiorenza 1549. 12. 208 p. Vélin.   4.—

7674 **Albertus Magnus.** De Vegetabilibus libri VII. Ed. E. Meyer et Jessen. Berol. 1867. 8. 752 p. et 2 tab. (M. 10.50)   4.—

7675 **Albinus, B.** De Tabaco. Francof. ad Viadr. 1695. 4. 32 p.   5.—
     Selten, wie alle älteren Abhandlungen üb. den Tabak.

7676 **(Alexandre, N.)** Dictionnaire botanique et pharmaceut. Paris 1748. 8. 852 p. Veau.   12.—
     P r i t z e l: Editiones a Nicolaô Alexandre Benedictino († Parisiis 1728) annor. 1716, 1751, 1768, 1791, 1792, 1817 omnes vidi. (Die obige also nicht).

7677 **Alexandrinus, G.** Enarrationes vocum priscarum in libris de Re Rustica. Lugd. 1549. 8. 188 p.   6.—

7678 **Altan di Salvarolo, F.** Della Somiglianza che passa tra il regno veget. ed animale. Venez. 1743. 8. 32 p.   4.—
     Pas dans P r i t z e l.

7679 **Altimari, D. A.** Opuscula (medica et physiolog.) Venetiis 1561. 4. 248 p.   5.—

7680 — De Vinaceorum facultate ac usu. Venet. 1563. 4. 20 p.   7.—
     Très-rare. P r i t z e l ne connaît pas cet ouvrage.

7681 — Nonnulla Opuscula. Acced.: De sanitatis latitudine tractatus. De Manna differentiis ac viribus. De Vinaceorum facultate. Venet. 1570. 4. 304 p. D.-rel. vélin.   13.—

7682 **Amatus Lusitanus.** Curationum medicinalium centuriae IV. Basil. 1556. fol. 450 p.   15.—
     Ouvrage peu commun du savant juif J. R. d e C a s t e l b l a n c o, l'auteur de 'In Dioscoridis de materia medica enarrationes'.

7683 **Ambrosini, H.** Phytologia. Vol. I (quantum prodiit). Bonon. 1666. fol. 662 p., frontisp. e multae fig. Prgtb.   30.—
     Rarissimum. Abbildungen fast in Blattgrösse.

7684 **Angian de Rueneuve.** Observ. sur l'Agriculture et le Jardinage. 2 vols. Paris 1712. 8. 857 p. Veau.   9.—

7685 **Anguisola, A.** Compendium Simplicium et composit. Medicamentorum. Placentiae 1587. 8. 239 p.   18.—
     P r i t z e l n'en a pas vu un exemplaire.

7686 **Apicius Coelius.** De Opsoniis et condimentis. Cum annot. M. L i s t e r i. Amstelod. 1709. 8. 356 p. et frontisp. Prgtbd.   5.—

7687 **Aquinus, C. de.** Nomenclator Agriculturae. Romae 1736. 4. 196 p. Cart.   6.—
     Nicht im P r i t z e l.

7688 **Aristoteles.** Werke. Griechisch u. deutsch m. Anmerkgn. 7 Bde. Leipz. 1854—79. 8. (M. 40.75.)   25.—

7689 — Libri omnes quib. Animalium et Plantarum naturae descr. Venet. 1576. 12. 843 p. Cart.   15.—

7690 — — Lugd. 1580. 12. 843 p. Ldrbd.   15.—

7691 — — Venet. 1584. 12. 843 p. Vél.   15.—

7692 — De Plantis et a. Ed. A p e l t. Lips. 1888. 8. 260 p. Lnb. (M. 3.40)   2.—

7693 **Aristoteles.** — L e w e s, G. H., Aristoteles. Uebers. v. C a r u s. Leipz. *M*
1865. 8. 392 p. (M. 7.) Cart. 2.—
7694 **Aristotelis et Theophrasti** Historiae de natura Animalium et de Plantis
et ear. causis. Lugduni 1552. 8. 591 p. 15.—
7695 **Arnaldus de Villanova.** — C a r y s t i u s, D., De morborum praesagiis.
Adhaec: A. a V i l l a n o v a, De salubri Hortensium usu, cura A. M i -
z a l d i. Lutetiae 1572. 8. 64 p. 9.—
    P r i t z e l kennt nur die Ausgabe von 1607.
7696 **(Arnauld de la Nobleville, L. D.)** Description abrégée d. Plantes usuelles.
Paris 1767. 8. 526 p. Veau. 5.—
7697 **Auda da Lantosca, D.** Breve compendio di marauigliosi Segreti. Roma
1660. 8. 331 p. Vélin. 5.—
7698 — — Venetia 1663. 8. 326 p. Veau. 5.—
7699 — — Milano 1666. 8. 369 p. 5.—
7700 — — Venetia 1670. 8. 360 p. Cart. 4.—
7701 — — Venetia 1676. 12. 336 p. Vélin. 4.—
7702 — — Venetia 1716. 12. 336 p. Vélin. 3.—
7703 **Austen, R. A.** Treatise of Fruit-Trees. 2. ed. Oxford 1657. 4. 164 p.
w. frontisp. — Spirituall use of an Orchard, or garden of fruit-trees.
2. ed. Oxf. 1657. 4. 228 p. — Observ. on F. B a c o n ' s natur. hist. of
Fruit-trees. Oxf. 1658. 4. 56 p. Calf. 40.—
    Collection of the very rare botanical works by this esteemed author.
7704 **Bairo, P.** Secreti Medicinali. Venetia 1592. 8. 540 p. Toile. 6.—
7705 — — Venet. 1629. 8. 461 p. Vél. 4.—
7706 **Barreira, F. J. de.** Tractado d. significacoens das Plantas, Flores e
Fructos que se referem na Sagrada Escriptura. Lisboa 1622. 4. 618 p.
Veau. 25.—
    Ouvrage rare sur la F l o r e B i b l i q u e, dont P r i t z e l n'a vu qu'un seul
exemplaire, celui de la Bibliothèque Impériale de Vienne.
7707 **Barrelier, J.** Plantae per Galliam, Hispaniam et Italiam observ. Cura
A. d e J u s s i e u. Paris 1714. fol. 186 p., frontisp. et 332 tab. 13.—
7708 **Baruffaldi, G.** Il Canapajo. Con: C. A. B e r t i, Coltivaz. d. Canapajo.
Bologna 1741. 4. 271 p. c. 3 tav. Vélin. 6.—
7709 **Basson, S.** Philosophia naturalis adversus Aristotelem libris XII. Am-
sterod. 1649. 8. 707 p. Prgtbd. 7.—
7710 **Bauhin, C.** Prodromus Theatri botanici. Ed. II. Basil. 1671. 4. 176 p. et
multae fig. 15.—
7711 — B r u h i n, T. Clavis ad Bauhini Theatrum. 3 partes. (Berol., Z. Nat.)
1864—66. 8. 20 p. 1.50
7712 **Baumgärtner, J. C.** Vollständ. lieblich- u. annehmliche Garten-Lust.
Wie man die Blumen, Küchen-Gewächse, Fruchttragende Bäume zu
setzen etc. Nürnberg 1731. 8. 200 p. Cart. 7.—
7713 **Belon, P.** Plurimar. singul. et memorabil. rerum in Graecia, Asia, Aegypto, Judaea, Arabia observat. — De neglecta Stirpium cultura.
2 opera. Latine: C. C l u s i u s. Antverp. 1589. 8. 679 p. et multae fig.
Veau. 35.—
7714 **Besler, B.** Fasciculus Rariorum et aspectu Dignorum varii generis.
(Noribergae) 1616. quer 4. Frontisp., 2 p. et 24 tab. Cart. 20.—
    Abbildungen von seltenen Tieren, Pflanzen u. Mineralien des Verfassers des
bekannten 'Hortus Eystettensis'.
7715 **Besnier, H.** Le Jardinier botaniste. Paris 1705. 8. 389 p. av. pl. Veau. 8.—
    P r i t z e l n'a vu que la seconde édition de 1712.
7716 **Beverwijk, J. v.** Inleyd. t. de Hollandtsche Genees-Middelen. Amsterd.
1656. 4. 20 p. 2.—
7717 — Heelkonste. 2 Teile. Amsterd. 1656. 4. 154 p. m. Fig. 2.—
7718 **Blankard, S.** Von Würckungen derer Artzneyen in dem menschlich.
Leibe, wie auch e. Entwurff e. neu. Pharmacie. Leipz. 1690. 8. 352 p. 8.—
7719 — The Physical Dictionary. 2. ed. Lond. 1693. 8. 220 p. Calf. 10.—
    'Terms of anatomy, names and virtues of medicinal plants, minerals etc.'

7720 **Blome, R.** An entire Body of Philosophy accord. to the principles of $\mathcal{M}$
Des Cartes. 2 parts. Lond. 1694. fol. 682 p. w. 86 pl. Calf.   25.–
Many chapters on Astronomy, physical Science, Zoology, B o t a n y etc.

7721 **Boccone, P.** Icones et descript. rariorum Plantarum Siciliae, Melitae,
Galliae et Italiae. (Oxonii) 1674. 4. 112 p. et 52 tab. Hlbprgtbd.   20.–
P r i t z e l citirt (ein bei ihm so seltener Druckfehler) lediglich eine Ausgabe von 1694.

7722 — Osservaz. naturali ove si conteng. materie medico-fisiche, e di Botanica. Bologna 1684. 8. 421 p. c. 2 tav.   20.–
Sehr selten.

7723 — Museo di Fisica e di Esperienze. Venetia 1697. 4. 327 p. c. 18 tav.   18.–
Hauptsächlich Tafeln von Cryptogamen (spec. F u n g i) enthaltend.

7724 **Boehmer, G. R.** Flora Lipsiae indigena. Lips. 1750. 8. 384 p. Frzb.   8.–
Im Vorwort eine recht ausführliche Geschichte der Leipziger Botanik.

7725 **Bonardo, G. M.** Le Ricchezze d. Agricoltura. Venet. 1590, 8. 171 p. c.
ritr. Cart.   7.–

7726 — — Trevigi 1640. 8. 160 p. Vélin.   6.–

7727 **(Bonnefous, N. de).** Les Delices de la Campagne. Suitte du Jardinier
François. Paris 1654. 12. 408 p. av. frontisp. et 2 pl. Veau.   13.–

7728 — — 6. éd. Paris 1684. 12. 336 p. av. 3 pl. Veau.   8.–

7729 — — Nouv. éd. Paris 1741. 8. 360 p. av. 3 pl. Veau.   6.–
Voyez aussi no. 7824.

7730 (—) Le Jardinier François. Lyon 1698. 12. 334 p. Veau.   10.–
P r i t z e l connait 11 éditions, mais pas celle enumérée ci-dessus.

7731 **Boerhaave, H.** De Materie medica et remediorum formulis. Lugd. Bat.
1719. 8. 316 p. Ldrbd.   4.–

7732 **Bradley, R.** New improvements of Planting and Gardening. 3 parts —
And: Gentleman and Gardener's Kalendar. 2. ed. Lond. 1718. 8. 675 p.
w. 11 pl. Calf.   9.–

7733 — — 5. ed. 3 parts. Lond. 1726. 8. 632 p. w. 14 pl. Boards.   7.–
The 'New Improvements' are the best known book of this 'Polygraphus' — as P r i t z e l styles him.

7734 — Le Calendrier d. Jardiniers. Paris 1743. 8. 190 p. av. 5 pl. Veau.   5.–

7735 **Buch** d. Naturgegenstände. (Syrischer Text.) Herausg. v. K. A h r e n s.
Kiel 1892. 8. 155 p. (M. 10.)   6.–

7736 **Buoni, T.** Discorsi Academici. 2 parti. Venet. 1605. 4. 640 p. Vél.   12.–
Del cielo, d. luce, de gli elementi, de misti, d. p i a n t e, de gli animali.

7737 **Burggrav, J. Ph.** Bedencken v. d. Geschäffte d. Erzeugung in dem
dreyfachen Reiche der Natur. Franckf. 1737. 4. 68 p.   4.–
P r i t z e l hat kein Exemplar gesehen.

7738 **Burmann, J.** Rarior. Africanarum Plantarum decades X. Amstelaed.
1738—39. 4. 378 p. et 100 tab. Frzbd.   15.–

7739 **Bussato, M.** Giardino di Agricoltura. Venetia 1593. 4. 156 p. c. molte
fig. D.-rel. veau.   10.–
La deuxième édition, pas mentionnée par P r i t z e l.

7740 **Camerarius, J.** Symbolorum et emblematum ex Herbaria desumtorum
centuriae IV. Francof. 1654. 4. 810 p., 4 frontisp. et multae fig. Ldrbd.   25.–
Eine P r i t z e l unbekannte seltene Ausgabe. Die Abbildungen stammen (siehe M e y e r, Geschichte) von C o n r a d G e s n e r, der sie seinem Freunde C a s p. W o l f unter der Bedingung der Bekanntmachung vermachte, welcher sie wieder J. C a m e r a r i u s dem Jüngeren überliess. Letzterer hat allerdings bei der Herausgabe den Autor verschwiegen.

7741 **Campi, B. e M.** Spicilegio botanico s. Cinnamomo d. Antichi ecc. Lucca
1654. 4. 139 p.   7.–

7742 **Caporali, C.** Rime. Perugia 1770. 4. 584 p. c. ritr. D.-rel. veau.   8.–
Refermant beaucoup sur la Botanique et l'Horticulture. — Ouvrage inconnu.

7743 **Cartheuser, J. F.** Amoenitates Naturae. Tl. I. Halle 1735. 4. 424 p.   3.–

7744 **Caeslus, F.** (C e s i). Phytosophicar. Tabularum pars I (quantum prodiit). Ed. P i r o t t a. Milano 1904. 4. 106 p. Vélin.   16.–
Réimpression en 100 exempl. d'un traité imprimé en 1651 sur page 901 à 950 de l'ouvrage rarissime de H e r n a n d e z (voyez no. 488).

7745 **Cato, M., Varro, M. T., Palladius.** De re rustica. Lugd. 1535. 8. 441 p. *ℳ*
Ldrbd. 7.—

7746 **Celsus, A. C.** De re Medica. Lugd. 1549. 12. 606 p. Prgtbd. 6.—
   P r i t z e l führt das Werk, welches auch Pflanzen behandelt, als botanisches
Buch an.

7747 — — Cum: S a m o n i c u s, Q. S., De Medicina Praecepta saluberrima.
Patavii 1722. 8. 832 p. Vél. 3.—

7748 **Charas, M.** Theriaque d'Andromacus av. une descr. d. plantes, d.
anim. et d. mineraux employez. Nouv. éd. augment. Paris 1685. 8.
336 p. av. frontisp. Veau. 10.—
   P r i t z e l ne connaît qu'une édition de 1691.

7749 **Chemnitz, J.** Index Plantarum circa Brunswigam nascent. Brunsv.
1652. 4. 55 p. Cart. 6.—

7750 **Childrey, J.** Britannia Baconica or the natural Rarities of England,
Scotland and Wales. Lond. 1661. 8. 208 p. Calf. — Some pages at the
end w a n t i n g. 6.—

7751 **Chomel, N.** Dictionnaire Oeconomique. 3. éd. 2 vols. Paris 1732. fol.
3428 p. av. beauc. de fig. Veau. 20.—
   Bel exemplaire de cette encyclopédie volumineuse qui renferme 'une infinité
de secrets' dans la Botanique et la Zoologie.

7752 **Clarici, P. B.** Istoria e coltura d. Piante. Venezia 1726. 4. 785 p. c.
ritr. e carta in iol. Vél. 16.—
   La grande planche qui manque souvent représente le jardin de G e r a r d o
S a g r e d o à Venise.

7753 **Clemente, A.** Della Agricultura libri VI. Vicenza 1623. 8. 476 p. Vél. 8.—
   P r i t z e l unbekannt.

7754 **Clusius, C.** Rariorum aliquot Stirpium per Hispanias observat. historia.
Antverp., Plantin, 1576. 8. 542 p. et permultae fig. Vél. 30.—
   Le plus rare des ouvrages de C h. D e l ' E c l u s e.

7755 — R e i c h a r d. Ueb. d. Haus, in welch. Clusius 1573—88 wohnte.
(Wien, Z. b. G.) 1867. 8. 10 p. 1.—

7756 — — Clusius' Naturgesch. d. Schwämme Pannoniens. (Wien, Z. b. G.)
1876. 4. 42 p. 1.—

7757 **Collantes, J. de.** Commentar. pragmat. in favor. rei Frumentariae et
Agricolarum. Madriti 1614. 4. 512 p. Cart. 15.—

7758 **Columella, J. M.** De Re rustica libri XII. — Ejusd.: De Arboribus. Lugd.
1548. 8. 512 p. Prgtb. 8.—
   Eine P r i t z e l unbekannte Ausgabe. Siehe über die verschiedenen Auflagen
des bekannten Buches: H a i n, Repertorium, Nr. 5494—5500.

7759 — De l'Agricoltura libri XII. Trad. p. P. L. L a u r o. Venetia 1559.
8. 539 p. Vél. 7.—

7760 — Della cultura d. Orti libro X. Pistoja 1807. 4. 34 p. 4.—
   Eine unbekannte Ausgabe in der s. Zt. in Italien nicht seltenen Form einer
Gabe für eine Hochzeit.

7761 **Columna, F.** ΦΥΤΟΒΑΣΑΝΟΣ sive plantarum aliquot historia. Florentiae 1744. 4. 188 p. et 38 tab. Prgtb. 10.—
   Der weniger geschätzte Nachdruck.

7762 **Commelin, C.** Horti Medici Amstelaed. Plantae rariores et exoticae.
Lugd. Bat. 1706. 4. 56 p. et 48 tab. Frzb. 10.—
   Angebunden desselben Verfassers: Praeludia Botanica. 1703. 4. 95 p. m. 82
(statt 83) Tfln.

7763 **Commelin, J.** Horti medici Amstelodam. rarior. orient. et occid. Indiae
Plantae. Amstel. 1697. fol. 236 p. et 112 tab. Frzb. 5.—

7764 **Commentaire** sur l'ordonnance d. Eaux et Forêts du mois d'Août 1669.
Paris 1772. 8. 534 p. Veau. 5.—

7765 **Cordus, V.** Dispensatorium, h. e. Pharmacorum conficiendor. ratio.
Venet. 1556. 12. 304 p. 30.—

7766 — — Antv. 1568. 12. 460 p. et fig. Ldrb. 25.—
   Beide Ausgaben des bekannten in Leiden 1552 zum ersten Male gedruckten
botanischen Werkes. Ueber Valerius Cordus, den Sohn des Euricius C. „eine
glänzende nur zu flüchtige Erscheinung", siehe: M e y e r, Geschichte der Botanik, IV, p. 317.

7767 **Cotton, Ch.** The Planter's Manual; instruct. f. raising etc. of Fruit-
Trees. Lond. 1715. 8. 81 p. w. pl. Calf.   12.—
   Sold with it is a whole volume of 884 p. w. 6 pl. containing also other works
   of the same author, among which a description with a plate of the Duke of Devonshire's gardens.
7768 **Cowley, A.** Poemata latina in quib. contin. 6 libri Plantarum. Lond.
1668. 8. 454 p. Calf.   14.—
   Has been reprinted in 1793: 'ob raritatem et praest. denuo editur.'
7769 — Works. 8. ed. 2 parts. Lond. 1684. fol. 726 p. w. portr. and pl. Calf.   14.—
   Contain.: Sylva. — The author — latine C o u l e i u s — was a well known
   botanist.
7770 **Crescentius** (P. d e C r e s c e n z i). Opera di Agricoltura. Venetia 1553.
8. 684 p. Vél.   12.—
   Siehe: M e y e r, Geschichte d. Botanik, IV, p. 188—159.
7771 — Trattato d. Agricoltura. Firenze 1605. 4. 598 p. Vélin.   10.—
7772 — — 2 vol. Napoli 1724. 8. 589 p. Vél.   6.—
7773 — Le 4. livre du Rustican consacré à la Vigne. (1373). Ed. p. F. F l e u -
r o t. (Paris, Revue Vitic.) 8. 84 p. D.-rel. veau.   2.—
7774 **Culpeper, N.** The English Physician enlarged. Lond. 1653. 8. 436 p. Calf.   15.—
   'Discourse of the vulgar Herbs' etc.
7775 — Pharmacopoeia Londinensis; or, the London Dispensatory. Lond.
1718. 8. 432 p. Calf.   9.—
   Chiefly botanical.
7776 **Cupani, F.** Hortus Catolicus (sic!), principis Catholicae ducis Misilmeris,
baronis Prizis nec non baronis Siciliane. Neapoli et Panormi 1696—97.
Folio.   300.—
   Sauberes sehr schönes M a n u s c r i p t von 786 Seiten, das Hauptwerk und
   die beiden Supplemente enthaltend. (Siehe P r i t z e l, ed. I., 2085). Bis auf einen
   leichten Wurmstich gut erhalten, in Pappband jener Epoche (ohne Rücken).
   Nach meiner Ansicht handelt es sich um das O r i g i n a l - M a n u s c r i p t
   des berühmten sicilianischen Franciscaner-Mönches (1657—1711), nach welchem sein
   Buch gedruckt wurde, das so selten ist, dass P r i t z e l nur 8 Exemplare davon
   gesehen hat, wenngleich nicht so selten wie sein 'Panphyton Siculum', von welchem
   ich ein Exemplar nur einmal besass. (Siehe meinen Catalog Nr. 88, p. 12). Mythisch
   ist bekanntlich C u p a n i ' s posthum angekündigte 'Pamphysis Sicula'.
7777 **Curiositez** de la Nature et de l'Art aportées dans 2 voyages des Indes
d'Occident et d'Orient. Paris 1703. 8. 318 p. av. 8 pl. Veau.   10.—
   Les planches figures des f r u i t s et des animaux vertébrés.
7778 **Curiosities** of nature and art in Husbandry and Gardening. Lond. 1707.
8. 368 p. w. 12 pl. Calf.   12.—
7779 **Curiosities and Rarities** in the Garden of the Acad. of Leyden. (Leyd.
16...) 4. 8 p.   3.—
7780 **Dahuron, R.** Traité de la taille d. Arbres. Cell 1699. 8. 150 p. av. 12 pl.
Vélin.   16.—
   Seconde édition que P r i t z e l ne connait pas.
7781 — Il Giardiniero Francese ov. tratt. d. tagliare gl'Alberi da Frutto.
2 parti. Venet. 1704. fol. 72 p. c. 10 tav. Vélin. — Bon exempl.   5.—
7782 — — Venet. 1723. fol. 79 p. c. 9 tav. Cart.   4.—
7783 **Dall' Horto, G.** 2 libri d. historia de i Semplici, Aromati, et altre cose
port. dall' Indie Orientali, e 2 altre libri di N. M o n a r d e s. 3 parti.
Venetia 1582. 8. 648 p. c. molte fig. Vélin.   20.—
   Siehe: M e y e r, Geschichte der Botanik, IV. p. 407.
7784 — B a l l. Commentary of the Colloquies of Garcia de Orta, on the
Simples, Drugs and medic. Subst. of India. II. (Dubl., Ac.) 1891. 8. 38 p.   2.—
7785 **Damiri.** Hayat al-hajawan al-kubra. (Herausg. v. M u h a m m e d - a s -
S a b b a g h.) 2 Bde. Bulak 1275 (1857). 4. 974 p. Hfzb.   18.—
7786 **Dedu.** De l'Ame des Plantes. Paris 1682. 12. 72 p. Vélin.   8.—
7787 **De la Brosse, G.** De la nature, vertu et utilité d. Plantes. Paris 1628.
8. 909 p. av. frontisp. Vélin.   40.—
   Livre extrêmement rare; le premier exemplaire dont je suis possesseur.
7788 — M i l n e - E d w a r d s, A. Translat. d. restes de Guy de la Brosse.
(Paris, Mus.) 1894. 4. 16 p.   1.50

7789 **De la Quintinye.** Instruction p. les Jardins fruitiers et potagers. 2 vols. Paris 1690. 4. 1116 p. av. portr. et 13 pl. Veau. *M* 21.—
La première édition, la plus estimée, de ce livre très-souvent imprimé. J'en connais 9 éditions.

7790 — Trattato d. taglio de gl' Alberi fruttiferi. Bassano 1697. 8. 245 p. c. 11 tav. Vél. 6.—

7791 **De la Rivière et Du Moulin.** Méthode p. cultiver les Arbres à fruit et p. élever d. Treilles. Paris 1738. 8. 336 p. av. 2 pl. Veau. 8.—

7792 **De Latinis et Graecis Nominibus** Arborum, Fruticum, Herbar., Piscium et Avium liber. Ed. III. Lutet. 1547. 8. 120 p. Vél. 10.—
L'auteur de ce livre est peut-être Ch. Estienne (Stephanus) (1504 à 1564). Edition inconnue.

7793 **Derham, W.** Physico-Theology. 10. ed. Lond. 1730. 8. 496 p. w. pl. Calf. 6.—
Mostly zoological and botanical.
There was quite a literature of scientific 'Theologies' at that time of the XVIII. century. I have seen Ahlwardt's Brontotheologia, Heinsius' Chino-, Lessor's Litho-, Malm's Ichthyo-, Pren's Sismo-, Rathlef's Acrido-, Richter's Ichthyo-, Rohr's Phyto-, Schierach's Melitto-, Zorn's Petinotheologia, and Westmacott's Theobotanologia (see nr. 8151).

7794 **Des Bergeries, J. G.** L'Apothiquaire charitable conten. la nature d. minér., plantes et animaux qui serv. à la méd. Genève 1673. 8. 214 p. 14.—

7795 **(Descemet, J.)** Catal. d. Plantes du Jardin d. Apoticaires de Paris. (Paris) 1759. 8. 160 p. D.-rel. veau. 7.—
La seconde édition (la première a paru en 1741) d'un catalogue très-rare.

7796 **(Deville, N.)** Histoire d. Plantes de l'Europe, d'Asie, d'Afrique et d'Amérique. 2 vols. Lyon 1680. 8. 994 p. av. beauc. de fig. Veau. 12.—

7797 — — 2 vols. Lyon 1689. 8. 994 p. av. beauc. de fig. Veau. 11.—

7798 — — 2 vols. Lyon 1766. 8. 986 p. av. beauc. de fig. Veau. 10.—
Ce livre anonyme se trouve dans les bibliographies et dans les catalogues d'occasion généralement sous le nom 'Bauhin'. Il a été imprimé très-souvent. (Pritzel connait les éditions de 1683, 1689, 1707, 1716, 1719, 1726, 1737, 1753, 1766, paru à Lyon et sans altérations).

7799 — Magnin. S. l'Histoire d. Plantes connue s. le nom de Petit-Bauhin. (Lyon, Soc. Bot.) 1889. 8. 12 p. 1.—

7800 **Dillenius.** — Druce. The Dillenian Herbaria. Account of the Dillenian Collections. Oxf. 1907. 8. 360 p. Cloth. 12.50

7801 — Lindberg, S. O. Krit. granskning af Mossorna uti Dillenii historia Muscorum. Helsingf. 1883. 8. 62 p. 1.50

7802 — Turner, D., Rem. upon the Dillenian Herbarium. (Lond., Linn. S.) 1800. 4. 15 p. 1.50

7803 **Dioscorides, P.** De medica materia libri VI, Ruellio recogn. Paris. 1537. 8. 572 p. Vél. 23.—

7804 — (De la medicina Materia) Fatto di Greco Italiano. Venet. 1543. 8. 648 p. 18.—

7805 — Libri VIII graece et latine. Paris. 1549. 8. 824 p. Cart. 14.—
Hebenstreit, Dictionarium: Editio praestans correctissima. — Pritzel: Diligenter typis excusa editio et magni habita.

7806 **Discourses,** Two, I: Concern. the wits of men II: of the Mysterie of Vintners. Lond. 1669. 8. 246 p. Calf. 11.—

7807 **Dodart, D.** Mémoires p. s. à l'hist. d. Plantes. (Paris, Ac.) 1731. 4. 122 p. 5.—

7808 — Descr. de qu. Plantes nouv. (Paris, Ac.) 1731. 4. 84 p. av. 37 pl. 12.—

7809 **Dodonaeus, R.** Medicinalium observation. exempla rara. Hardervici 1521. 8. 256 p. 5.—

7810 **Donzelli, G.** Teatro Farmaceutico. Napoli 1666. fol. 746 p. Vélin. — Manque le titre. 7.—

7811 **Donzelli, G. e T.** Teatro Farmaceutico dogmatico e spagirico. C. un Catal. dell' Herbe native del Suolo Romano d. G. Roggeri. Venetia 1681. 4. 922 p. Vél. 21.—

7812 — — Nuov. accresc. da G. Capello. Venezia 1763. fol. 396 p. — Les premières pages tâchées. 9.—
L'édition in-4. de 1681, '4. impressione corretto (sic!)', est la plus estimée, comme elle renferme la Flore par Roggeri. L'auteur de la première édition est

Giuseppe D., le collaborateur aux éditions suivantes est son fils Tomaso.   ℳ
Le livre contient beaucoup sur la Botanique.

7813 **Dorstenius, T.** Botanicon cont. Herbarum, aliorumque simpl. quor. usus
in Medicinis ets descr. et icones. Francoforti, Egenolph, 1540. fol.
630 p. et multae fig. Prgtb.   40.—
       Sehr seltenes Buch mit 582 guten.Holzschnitten.

7814 **Douglas, J.** Arbor Yemensis fructum Coté ferens: or, a descr. and hist.   ·
of the Coffee Tree. With supplem. Lond. 1727. fol. 118 p. Half bd. calf.   30.—
       Unknown to Pritzel and very rare.

7815 **Dufour, Ph. S.** Traitez nouv. et curieux du Café, du Thé et du Chocolate. 3. éd. La Haye 1693. 12. 408 p. av. frontisp. et 3 pl. Vélin.   7.—

7816 **Du Pleix, Sc.** La Curiosité naturelle. Rouen 1625. 8. 518 p. Vélin.   13.—
       Petite encyclopédie, assez rare.

7817 **Du Val, G.** Phytologia s. Philosophia Plantarum. Paris. 1647. 8. 488 p.
Veau.   25.—
       Pritzel kennt nur ein Exemplar, das der Göttinger Universitätsbibliothek.

7818 **L'Ecole** du Jardinier fleuriste. Nouv. éd. Yverdon 1667. 8. 458 p. av.
frontisp. Veau.   14.—

7819 **Edict** du Roy et arrest du conseil d'estat portant suppression des Verderies etc. establ. dans les Forests. Paris 1669. 4. 7 p.   3.—

7820 **Egede, H.** Descript. of Greenland. Lond. 1745. 8. 240 p. w. 12 pl. Calf.   23.—
       Fine copy of one of the first works on arctic animals and plants.

7821 The **Elaboratory** laid open, or the secrets of modern Chemistry and
Pharmacy. 2. ed. Lond. 1768. 8. 484 p. Calf.   6.—

7822 **Elenchus Pinacothecae** s. collect. praeclarae ex tribus naturae regnis
Augustae Vind. 1756. 8. 96 p.   2.—

7823 **Ernsting, A. C.** Nucleus totius medicinae V partitus: Lexicon pract.-
chym. — Lexic. theoretico medicum. — Lexic. chyrurg. — Lexic. theoret.-anatomicum. 5 Tle. mit Registern. Helmstaedt 1741. 4. 1931 p.
m. Portr.   5.—
       Der Verfasser ist der bekannte Autor der „Geschlechter der Pflanzen".

7824 **Essai** sur l'Agriculture ou les delices de la Campagne. — Epitre s.
l'âme d. Bêtes. La Haye 1744. 8. 64 p.   3.—
       Voyez aussi no. 7727 à 7729.

7825 **Essai** sur l. Phénomènes de la Nature. Bouillon 1773. 8. 386 p.   4.—
       Petit dictionnaire d'histoire naturelle.

7826 **Evelyn, J.** Sylva. Discourse of Forest Trees. With: 'Pomona' and 'Calendarium Hortense'. Lond. 1664. fol. 216 p. Cloth.   50.—
       The esteemed 'editio princeps' of the famous book. The first work printed
       not quoted by him.

7827 — — Lond. 1670. fol. 394 p. w. fig. Calf.   23.—
       The 2. edition which Pritzel has not seen. Also the following 8. edition is
       not quoted by him.

7828 — — 3. ed. Lond. 1679. fol. 521 p. Calf.   18.—

7829 — — W. notes by A. Hunter. York 1776. 4. 712 p. w. portr. and 40 pl.   8.—

7830 **Faber, H.** De Plantis, et de generat. Animalium. Paris. 1666. 4. 609 p.
et 2 tab. Veau.   16.—

7831 — — Norimb. 1677. 4. 608 p. et tab. Hfzb.   10.—

7832 **Faber, P. J.** Myrothecium spagyricum s. Pharmacopoea chymica. Tolosae 1628. 8. 470 p. Vél.   11.—

7833 **Falco, G.** La nuova, vaga et dilletevole Villa. Venetia 1691. 8. 366 p.
D.-rel. vél.   6.—

7834 **Faloppia.** Secreti diuersi e miracolosi. Venetia 1620. 8. 398 p. Vélin.   6.—

7835 — — Nuov. ristamp. Venet. 1638. 8. 397 p. Vél.   5.—

7836 **Fenoto, J. A.** Alexipharmacum. Basil. (1581). 8. 111 p. et fig.   6.—

7837 **Fernel, J.** De natur. parte Medicinae libri VII. Lugd. 1551. 12. 703 p. Vél. 12.—

7838 — Les 7 livres de la Thérapeutique univers. Trad. p. Du Teil. Paris
1648. 8. 704 p.   12.—
       Fernel a écrit beaucoup sur les Plantes officinelles (voyez aussi Pritzel,
       ed. I. no. 3168).

W. Junk, Berlin, W. 15.

M

7839 **Fernel, J.** Therapeutice universalis. Francof. 1693. 8. 606 p. Hfzb.   12.—
Pritzel: In libris VI et VII occurrunt herbae secund. classes suarum
virium dispositae.

7840 **Ferrari, G. B.** Flora overo cultura di Fiori. Roma 1638. 4. 560 p. c. 45
tav. Vélin.   10.—
Die sehr schönen Kupfertafeln sind von G u i d o R e n i und P. B e r e t t i n i
gezeichnet.

7841 **Forestus, P.** Observat. et curationum Medicinalium liber XXX: De Venenis, XXXI: De F u c i s. Alcmariae 1606. 8. 255 p. Cart.   7.—

7842 **Francken.** — F r i s t e d t, R. F. J., Franckenii Botanologia. (Upsal., Soc.
Sc.) 1877. 4. 144 p.   1.50

7843 **Fraundorffer, P.** Tabula Smaragdina medico-pharmaceutica. Norimb.
1713. 8. 536 p. Frzb.   4.—

7844 **Fruit-Walls** improved or, a way to build Walls for Fruit-Trees. Lond.
1699. 4. 158 p. w. frontisp. and 2 pl. — Fine copy in morocco binding.   23.—

7845 **Fuchs, L.** Methodus seu ratio compendiaria perueniendi ad Medicinam.
Adj: De componendorum miscendorumque medicamentor. ratione. Ve-
netiis, P. S c h o e f f e r, 1542. 8. 611 p.   60.—
Rarissimum. Mit hübscher Druckermarke Peter S c h ö f f e r ' s. — P r i t z e l
kennt nur die Ausgabe von 1561, die er in der Bibliothek J u s s i e u gesehen hat,
und schreibt: Editionem principem, Basileae 1555, folio, habet T r e w i u s. (Diese
ist unsere folgende Nr. 7846).

7846 — De usitata hujus temporis componendor. miscendorumque Medica-
ment. ratione. Basil. 1555. fol. 427 p. Ldrb.   50.—

7847 — De Curandi ratione libri VIII. Lugd. 1548. 8. 536 p. Prgtb.   16.—

7848 — Den nieuwen Herbarius dat is/dboeck van den Cruyden. Basel,
Isengrin, 1543. fol. 550 p. m. Portr. (v. Fuchs) u. sehr vielen Fig. Ldrb.   40.—
6 Blatt f e h l e n. — Schön illustrierte Uebersetzung, die fast so selten ist wie
die berühmte Originalausgabe von 1542 (siehe unten).

7849 — De historia Stirpium commentarii. Lugduni 1547. 12. 714 p.   23.—
Die vierte der Ausgaben die· — angefangen von der berühmten 1542 gedruckten — bis zur letzten, 1555 herausgekommenen, erschienen sind. Alle sind gesucht
und selten; diese erste der vier Leidener Ausgaben ist besonders hübsch gedruckt.
(Ueber die editio princeps, die Folio-Ausgabe von 1542, die jetzt mit über 400 Mark
bezahlt wird, siehe meinen Catalog No. 88, p. 17).

7850 — — Lugd. 1549. 8. 896 p., effig. autoris et multae fig. Prgtb.   18.—
7851 — — Lugd. 1555. 8. 1039 p. Prgtb.   16.—
7852 — Institutionum Medicinae libri V. Lugd. 1555. 8. 602 p. Prgtb.   21.—
Mit vielem auf die Pflanzen Bezüglichem.

7853 — Commentaires de l'histoire d. Plantes. Lion, G. Rouille, 1558. 4.
625 p. av. beauc. de fig. Veau.   34.—

7854 — Opera didactica. 4 partes. Francofurto 1604. fol. 1311 p. Prgtb.   30.—
I: Institutiones Medecinae. II: De humani corporis Fabrica. III: M e d i c a -
m e n t o r u m o m n i u m r a t i o. III: Omnium morborum medela. IV: Paradoxo-
rum medecinae synopsis.
Eine sehr seltene Sammlung der Werke des berühmten Botanikers. P r i t z e l
kennt von den „Medicamenta" nur die Leidener Duodez-Ausgabe von 1561. ·

7855 **Fuller, T.** Pharmacopoeia extemporanea. 3. ed. Lond. 1719. 8. 600 p.   12.—
Alphabetical dictionary, containing 1000 select prescripts.   `

7856 **Gabriel, P.** Kunsterfahrner Blumen-, Küchen- u. Baumgärtner. Tüb.
1756. 8. 254 p. m. Tfl. Cart.   4.—

7857 **Galenus, C.** De compositione Medicamentorum J. A n d e r n a c o interpr. Lugd. 1552. 8. 607 p.   ʼ   8.—

7858 — (Operum) quinta classis quae ad Pharmaciam spectat. Venet.,
Giunta, 1556. folio. 554 p.   23.—
Inh.: De simplicium medicament. facultat., T h. G e r a r d o interpr. — De
theriaca et de usu theriacae J. M. R o t a interpr. — De compositione medicament.,
a J. C o r n a r i o convers. — etc.
P r i t z e l hat nur die Basler Ausgabe von 1561 gesehen. — Ueber dieses für
die Botanik wichtige Werk siehe: H a l l e r, Bibliotheca Botan., I., p. 111—120,
und S p r e n g e l. Historia rei herbar., I., p. 206—210.

7859 — De facile Parabilibus liber. Lugd. 1560. 8. 368 p.   8.—
Inhalt: De Theriaca. De Antidotis. De adumbrata figura Empirici.

7860 — B r a c h e l i u s, H. Th., In Technen Galeni commentarii. Lugd. 1547.
12. 474 p.   8.—

7861 **Galenus, C.** — W e l l m a n n, E., Galeni de partib. philosophiae libellus.   *M*
Berol. 1882. 4. 36 p.   1.—

7862 **Gallo, A.** Le 20 giornate d. Agricoltura e d. Villa. Veneta 1610. 4. 450 p.
c. 18 tav.   5.—

7863 — — Nuov. ristamp. Venetia 1674. 4. 367 p. Vélin.   4.—
        Von diesem offenbar sehr beliebt gewesenen Buche, dessen Autor nicht ein-
mal im P r i t z e l genannt ist, kenne ich ausser den obigen noch die Ausgaben
von 1579, 1588 u. 1593, ausserdem von den „Sette giornate" eine von 1569.

7864 **Garrido, J. A.** Livro da Agricultura, ou Agricultor instruido. Lisboa
1764. 4. 252 p. Veau.   13.—
        Agricult., Horticult., Fruits, Animaux.

7865 **(Gentil).** Le Jardinier solitaire. 3. éd. Paris 1707. 8. 464 p. Veau.   5.—
        L'auteur anonyme de cet ouvrage — très-souvent imprimé pendant le XVIIIe
siècle — est G e n t i l, en relig.: F r. F r a n ç o i s, chartreux.

7866 — — 6. éd. Paris 1728. 8. 394 p. Veau.   4.—
7867 — — 8. éd. Paris 1748. 8. 395 p. Veau.   3.—
7868 — — Paris 1773. 8. 336 p. Veau.   2.—
7869 — — Nouv. éd. Paris 1774. 8. 384 p. av. pl. Veau.   2.—

7870 **Geoffroy, S. F.** Supplementum Tractatus de Materia medica. Tomus II,
pars 2: De Plantis indigenis. Venetiis 1756. 4. 383 p.   7.—
        Siehe über dieses Werk (dessen erster Band die Mineralien enthält) die Notiz
in P r i t z e l, der übrigens diese Ausgabe nicht kennt.

7871 **(Gesner, C.)** Thesaurus de remediis secretis. Lugd. 1555. 12. 544 p. et
mult. fig. Frzb.   16.—
        Published under the pseudonym: E v o n y m u s P h i l i a t r u s.

7872 — — Adjecimus plurimas fornacum figuras. Lugd. 1574. 12. 560 p.
et mult. fig.   10.—

7873 — Bibliotheca instituta et collecta. Ed. a J. S i m l e r. Tiguri 1574. fol.
741 p. Prgtb.   28.—
7874 — — Tiguri 1583. fol. 894 p. Frzb.   28.—
        Ueber G e s n e r als Bibliograph siehe den enthusiastischen Erguss des sonst
so nüchternen E b e r t, und M e y e r ' s Geschichte der Botanik.

7875 **Gmelin, J. G.** Flora Sibirica. 4 vol. Petropoli 1747—49. 4. c. 302 tab.
(M. 76.) Frzbde.   60.—
        Jetzt selten geworden, zumal mit allen Tafeln, wie das obige Exemplar. Tafel
41 von Band III ist nie erschienen, Tafel 22 von Band IV ist auf Tafel 25; aber
sonst sind — im Gegensatze zu manchen Angaben in Antiquariatskatalogen — alle
Tafeln erschienen.

7876 — — Vol. I et II. Petrop. 1747—49. 4. 516 p. et 148 tab. Gbdn.   18.—
7877 **Goebel, S.** De Succino libri II. Tiguri 1558. 8. 78 p.   10.—
7878 **Goeslus, W.** Rei Agrariae auctores legesque variae. Acced. Antiquitates
agrariae. 2 partes. Amsterd. 1674. 4. 866 p. et multae fig. Prgtb.   6.—
7879 **Grew, N.** The Anatomy of Plants. Lond. 1682. fol. 372 p. w. 83 pl. Calf. 23.—
        See: Rara Historico-Naturalia, ed. J u n k, p. 14. Though the edition of the
book was a very big one, copies now become rather rare. — G r e w and M a l -
p i g h i are the founders of the anatomy of plants.

7880 — — A number of plates w a n t i n g.   6.—
7881 — Cosmologia Sacra or a discourse of the universe. Lond. 1701. fol.
404 p. w. portr. Morocco.   16.—
        This is the rarest of G r e w ' s works.

7882 **Grotjan, J. A.** Physical. Winter-Belustigung m. Hyacinthen, Tulipanen, Nelken u. Levcojen. Nordh. 1750. 8. 144 p. Hldrb.   7.—
7883 — Calendarium perpetuum od. immerwähr. Land- u. Garten-Calender.
6 Tle. Frankf. 1773. 8. 1592 p. Cart.   10.—
        Nicht im P r i t z e l.

7884 **Guettard, J. E.** Observat. s. l. Plantes. 2 vols. Paris 1747. 8. 485 p.
av. 4 pl. Veau.   18.—
        Voyez P r i t z e l ed. I nr. 3953, qui donne une description du contenu de ce
livre important.

7885 **Guilandini, M.** Papyrus, h. e. comment. in tria Plinii de papyro capita.
Venet. 1572. 8. 296 p. Veau.   13.—
        Editio princeps. — Le vrai nom de l'auteur est: M e l c h i o r W i e l a n d. —
B r u n e t: Ouvrage curieux, édition la plus belle. — Voyez aussi: C l é m e n t,
Bibliothèque curieuse, vol. IX.

7886 **Haddington, Earl of.** Treatise on Forest Trees, Acquaticks, Ever-greens, Fences and Grass-seeds. Edinb. 1756. 8. 48 p.   *M* 6.—
  Unknown work.
7887 **Hales, S.** Vegetable Staticks. Lond. 1727. 8. 384 p. w. 18 pl. Calf.   20.—
  The first edition of this important work, which has become rare.
7888 — Statical Essays, cont. Vegetable Staticks. 2. ed. 2 vols. Lond. 1731—1733. 8. 820 p. w. 19 pl. Calf.   15.—
7889 — Groijende Weegkunde: Ondervind. over het Sap in Gewassen. Vertaalt d. C l e r c q. Gorinchem 1750. 8. 328 p. m. 19 Tfln. Hfzb.   7.—
  P r i t z e l unbekannt.
7890 — La Statique d. Végétaux et d. Animaux. 2 parties. Paris 1779 à 80. 8. 706 p. av. 20 pl. Veau.   6.—
7891 **Haller, A.** Ex itinere in Sylvam Hercyniam observat. botan. Götting. 1738. 4. 76 p. et tab. Hfzb.   8.—
  Seltene, nicht von F. L. C. C r o p p (dessen Name auf dem Titelblatt) verfasste Schrift.
7892 — Opuscula sua botanica. Gotting. 1749. 8. 404 p. et 4 tab. Hfzb.   3.—
7893 — Bibliotheca Botanica. 2 vol. Tiguri 1771—72. 4. 1460 p. Cart.   15.—
7894 — — Index emendatus, perf. A. C. B a y. Bümpliz 1908. 8. 62 p.   4.50
7895 **Hebenstreit, J. E.** De sensu externo facultatum in Plantis judice. Lipsiae 1730. 4. 44 p.   4.—
7896 — Museum Richterianum continens fossilia, animalia, vegetabilia marina. Lipsiae 1743. fol. 410 p. et 17 tab.   7.—
  Vide etiam nr. 8062.
7897 **Hecquet, J.** De purganda Medicina. C. append.: De Peste. Paris. 1737. 4. 158 p. Cart.   3.—
7898 **Heresbach, C.** Rei Rusticae libri IV. Coloniae Agripp. 1573. 8. 750 p. Hfzb.   12.—
7899 **(Herrera, G. A. d').** Libro di Agricoltura utiliss., tratto da diversi auttori Venet. 1557. 4. 606 p. Vél.   10.—
7900 — Agricoltura. Tratta da diversi antichi et moderni scrittori. Trad. da M. R o s e o d a F a b r i a n o. Venet. 1577. 4. 584 p. D.-rel. veau.   10.—
  L'édition originale Espagnole et aussi la traduction Française ont été imprimées très-souvent. L'ouvrage a été, comme P r i t z e l dit: De Hispanorum agricultura longe celeberrimum opus.
7901 — — Venetia 1592. 4. 582 p. D.-rel. veau.   9.—
7902 — — Venetia 1608. 4. 574 p. D.-rel. veau.   6.—
7903 **Hill, J.** General natur. History or, descr. of Animals, Vegetables and Minerals. 3 vols. Lond. 1748—52. folio. w. 56 pl. Half bd. calf.   28.—
7904 — Eden or a compleat body of gardening. Lond. 1757. fol. 714 p. Half bd. calf. — The text alone w i t h o u t the plates.   5.—
  Complete copies with the plates are very rare.
7905 **The History** of Kamtschatka and the Kurilski Islands. Transl. by G r i e v e. Glocester 1764. 4. 304 p. w. 2 maps and 2 pl. Calf.   20.—
  Chiefly on the fauna and flora.
7906 **Hoffmann, G. D.** Observ. circa Bombyces, Sericum et Moros. Gesch. u. Recht d. Seidenwürmer, d. Seide u. der Maulbeerbäume. Cum append. Tubingae 1757. 4. 156 p.   4.—
7907 **Hoffmann, M.** Disputatio chemica de Floribus. Altdorfi 1694. 4. 8 p.   2.—
7908 **Horn, G.** Arca Mosis sive historia mundi quae complect. primordia rerum naturalium. Lugd. Bat. 1669: 12. 281 p. et frontisp. Frzb.   4.—
7909 **Horrebow, N.** Zuverläss. Nachrichten v. Island. Kopenh. 1753. 8. 542 p. m. Kte. Cart.   15.—
  Pag. 91—282: Zoologie u. Botanik.
7910 **Hübner, J.** Natur-, Kunst-, Berg-, Gewerck- u. Handlungs-Lexicon. 5. Aufl. Leipz. 1727. 8. 2158 p. m. Tfl. Prgtb.   5.—
  Eine umfangreiche Encyclopaedie.
7911 **Hunter, A.** Georgical Essays. York 1777. 8. 538 p. Boards.   12.—
  Collection of many agricult. and botan. papers among which a number on physiology of plants. Not quoted by P r i t z e l.

W. Junk, Berlin, W. 15.

7912 **Ibn-al-Awam.** Le livre de l'Agriculture. Trad. p. C l é m e n t - M u l l e t.   *M*
2 vols. (3 parties.) Paris 1864 à 67. 8. 1445 p. av. pl.   32.—
Epuisé.

7913 **Imperialis, J.** Musaeum histor. et physicum. 2 partes. Venetiis 1640. 4.
467 p. et 56 effigies.   8.—
Biographies et portraits des hommes célèbres de l'Histoire et des Sciences.

Le **Jardinier fleuriste** — voyez no. 7951.
Le **Jardinier François** — voyez no. 7730.
Le **Jardinier solitaire** — voyez no. 7865 à 7869.

7914 **Joblot, L.** Descr. et usages de plus. nouv. Microscopes. 2 parties. Paris
1718. 4. 191 p. av. 34 pl. Veau.   6.—

7915 **Johnson, Th.** Opuscula omnia Botanica. (Londini 1629—41.) Ed. T. S.
R a l p h. 5 partes. Lond. 1847. 4. 220 p. et 2 tab. Half bd. vellum.   18.—
Reprints, made in a limited number of all works by T h o m a s J o h n s o n,
the original editions of which have wholly disappeared (P r i t z e l: Rarissima). —
Separately:

7916 — Mercurius Botanicus s. Plantarum gratia suscepti itiner. descr. 2
partes. Londini 1849. 4. 130 pl. Half bd. vellum.   5.—

7917 **Jonston, J.** Naturae Constantia. Amsterd. 1632. 12. 188 p. Prgtb.   6.—
Ein philosophisches — recht wenig bekanntes — Büchlein. Eine alte hand-
schriftl. Eintragung besagt: Opusculum hoc à raritate et doctrinae copia laudatur
V. F r e y t a g. Annal. Mtt. de libr. rar. p. 489.

7918 — Thaumatographia naturalis. Amstelod. 1661. 8. 513 p. Vellum.   3.—
7919 — — Amstelod. 1665. 8. 498 p. et frontisp. Calf.   3.—
7920 — Dendrographia s. hist. natur. de Arboribus et Fructicibus. Francof.
1662. fol. 522 p. et 137 tab. Hfzb.   26.—

7921 **Jung, Joach.** Opuscula botan.-physica. Ex recens. F o g e l i i et V a g e -
t i i. Coburgi 1747. 4. 208 p. Cart.   15.—
Cont.: Isagoge phytoscopica. De Plantis dexoscopiae physicae. — Ueber diesen
hervorragenden Mann (,,summus vir", ,,der Baco der Deutschen") siehe die ausführliche Notiz von P r i t z e l, und die in S a c h s, Geschichte d. Botanik, p. 68—68.

7922 — A v é - L a l l e m e n t. Das Leben v. Jungius. Bresl. 1882. 8. 188 p.
(M. 4.)   1.50

7923 — W o h l w i l l. Jungius. (Hamb., Nat. Ver.) 1887. 4. 66 p.   1.—

7924 **Junius, H.** Nomenclator omnium rerum propria Nomina variis linguis
explicata indicans. Ed. III. Antverp., Plantin, 1583. 8. 510 p. Maroq.   14.—
De homine et partibus humani, de animalibus quadruped., de potu, de mensis
secundis et f r u c t i b u s, d e r e h e r b a r i a etc.

7925 **Jussieu, Christophle de.** Nouv. traité de la Theriaque. Trevoux 1708.
8. 201 p. Veau.   7.—
Le seul exemplaire que P r i t z e l avait vu se trouvait dans la bibliothèque
de A. J u s s i e u.

7926 **Kaempfer, E.** Amoenitatum Exoticarum fasciculi V. Lemgov. 1712. 4.
962 p. et 80 tab. Hlbpergtb.   30.—
Plantae Japonicae.

7927 **Knowles, G.** Materia Medica Botanica. Lond. 1723. 4. 280 p. Half bd.
morocco.   6.—

7928 **Lancillotti, C.** Nuova guida alla Chimica. Operaz. s. ogni corpo misto
animale, mineral. e v e g e t. 3 parti. Venetia 1681. 8. 529 p. c. 10 tav.
Vélin.   7.—

7929 **Lancisius, G. M.** Opera omnia. 2 vol. Genevae 1718. 4. c. 3 tab. et effig.
Veau.   7.—
Pag. 320—334: De ortu vegetatione et textura Fungorum.

7930 **Langley, B.** Sure method of improving estates by plantations of Oak,
Elm, Ash, Beach and oth. timber-trees. Lond. 1728. 8. 296 p. w. pl. Calf.   15.—

7931 — Pomona or, the Fruit-Garden illustr. Lond. 1729. fol. 168 p. w.
79 pl. Calf.   20.—-
Very rare.

7932 — The Landed Gentleman's useful Companion. Lond. 1741. 8. 304 p.
w. pl. Calf.   9.—

7933 **Lauremberg, P.** Apparatus Plantarius. 2 partes. Francofurti 1631. 4. 364 p. et 24 tab. Prgtb. *M* 22.—
I: De Plantis bulbosis. II: De Plantis tuberosis etc. Adjunctae plantar: novar. descript.

7934 **(Laurent, J.)** Abregé pour l. Arbres nains et autres. Paris 1683. 8. 161 p. Veau. 8.—

7935 **Lawrence, J.** Clergyman's Recreation, shewing the art of gardening. The Gentleman's Recreation, or the 2. part of the art of Gardening. The Fruit-Garden Kalendar. 3 parts. Lond. 1717—23. 8. 267 p. w. 5 pl. Calf. 7.—

7936 **Leeuwenhoek, A. a.** Investigatio Arcanorum. Continuatio Epistolarum. Lugd. Bat. 1696. 4. 450 p., frontisp. et 15 tab. Frzb. 15.—

7937 — Epistolae ad Societat. Reg. Anglicam. Lugd. Bat. 1719. 4. 455 p. et 25 tab. Ldrb. 10.—

7938 **Le Gendre.** La manière de cultiver les Arbres fruitiers (1652). Rouen 1879. 8. 303 p. 7.—
Belle réimpression, tirée à 125 exempl., de la première édition rarissime de cet ouvr. souvent imprimé, dont le vrai auteur est A. Le Maistre (1608 à 1658).

7939 — — Nouv. éd. — Instruct. p. l. Arbres fruitiers. 3. éd. Paris 1664 à 65. 8. 224 p. Veau. 8.—

7940 — — Nouv. éd. Paris 1676. 8. 154 p. Veau. 7.—

7941 — — Nouv. éd. Paris 1684. 8. 312 p. Veau. 6.—

7942 — — 3. éd. (!) Bourg 1689. 12. 288 p. Veau. 6.—
Il y a aussi des éditions de 1654 (2. éd.), 1663 (8. éd.), 1665.

7943 **Lehmann, J. C.** Vollkomm. Blumen-Garten im Winter. Leipzig 1751. 8. 100 p. m. Tfl. 5.—
Siehe darüber die Notiz in Pritzel, ed. I no. 5698.

7944 **Leisser, G. C.** Jus Georgicum s. tract. de praediis. Von Land-Güthern. Leipz. 1698. fol. 966 p. m. 5 Tfln. Frzb. 7.—

7945 **Lemnius, L.** De Miraculis Occultis naturae. Francof. 1628. 8. 655 p. Cart. 6.—

7946 **Le Roy, A.** La Saincteté de Vie tirée de la considérat. des Fleurs. Liége 1641. 8. 310 p. D.-rel. maroq. 25.—
Très-rare. Livre presqu'inconnu. — Je trouve dans l'exemplaire la note manuscr. suivante: 'L'auteur (1588 à 1658) y mentionne 18 fleurs, il dit que l'odeur de la rose est mortelle à l'escarbot, que l'oeillet condamne les parfums des corps musqués."

7947 **Liebaut, L.** La Maison rustique. Paris 1582. 4. 758 p. av. beauc. de fig. D.-rel. veau. — Manque le titre. 9.—

7948 **Liger, L.** Le nouv. Théâtre d'Agriculture et menage des champs. Paris 1713. 4. 758 p. av. 28 pl. Veau. 9.—

7949 — La nouv. Maison rustique. 2 vols. Paris 1775. 4. 1862. p. av. 36 pl. Veau. 7.—
Une édition nouvelle de l'ouvrage de Liébaut (nr. 7947).

7950 — — 2 vols. Paris 1777. 4. 1532 p. av. 38 pl. D.-rel. veau. 7.—

7951 — Le Jardinier fleuriste. Paris 1776. 8. 433 p. av. 14 pl. Veau. 5.—

7952 **Limborch, G. v.** Medulla Simplicium ex Dodoneo et Schrodero desumta. Ed. nova. Lovanii 1702. 8. 248 p. Veau. 4.—

7953 **Linocier, G.** L'Histoire d. Plantes. L'hist. d. Plantes aromat. qui croiss. dans l'Inde occid. et orient. Paris 1584. 12. 704 p. av. gr. nombre d. fig. Avec: Hist. d. Animaux à quatre. pieds, d. Oiseaux, d. Poissons, d. Serpens, et: Discours s. l'Alchymie. Paris 1584. 12. 240 p. av. beauc. de fig. Veau. 25.—
Manquent le titre à 'l'Hist. d. Plantes'; la fin de l'index et en outre 6 pages dans la Zoologie. La partie botanique est complète. — L'édition première d'un ouvrage très-rare, qui est la traduction du livre de Du Pinet, Historia Plantarum, 1561. Mais la traduction est beaucoup plus estimée et rare.

7954 **Lischwitz, J. C.** De Masticatione. Lips. 1725. 4. 36 p. 2.—

7955 **Lobelius (M. de l'Obel).** Plantarum seu Stirpium historia. 2 vol. Antverp. Plantin, 1576. fol. 1200 p. et multae fig. Vélin. 25.—

7956 — — Vol. I. Antverp. 1576. fol. 671 p. et multae fig. Vélin. 7.—

7957 **Logan, J.** Experimenta et meletem. de Plantarum generatione. Lond. *ℳ*
1747. 8. 46 p. — Latine et Anglice. 　4.—
7958 **Lombardus, H.** De Natura libri III. Patavii 1589. 4. 150 p. 　7.—
7959 **London.** — Philosophical Transactions. Vol. I, II for anno 1665—67.
London 1666—67. 4. 638 p. w. 9 pl. Calf. 　70.—
> Extremely rare; the beginning of this set which belongs — complete and in the unabridged edition —. to the most costly periodicals.

7960 — Abrégé d. Transactions philosoph. de la Société Roy. de Londres.
Trad. p. Gibelin: B o t a n i q u e. Tome II. Paris 1790. 8. 446 p. av. pl.
Veau. 　3.—
7961 **Loeselius, J.** Flora Prussica. Cur. J. G o t t s c h e d. Regiomonti 1703.
4. 390 p. et 86 tab. Cart. 　20.—
> Selten geworden. — E. M e y e r schreibt: G o t t s c h e d erhielt aus L o e - s e l' s Nachlass († 1655) dessen Handschriften und Kupferplatten. Wie viel Eigenes er hinzugethan ist ungewiss.

7962 **Ludwig, C. G.** Definitiones Plantarum. Lips. 1737. 8. 176 p. Hpgtbd. 　5.—
7963 **Magnol, P.** Botanicum Monspeliense. Monsp. 1686. 8. 316 p. et 23 tab.
Veau. 　8.—
> C''est la seconde édition. La première, parue en 1676, est d'une grande rareté.

7964 — P l a n c h o n. La Botanique à Montpellier. L'Herbier de Magnol.
(Montp.) 1884. 8. 39 p. av. 3 pl. 　2.—
7965 **Malpighi, M.** Opera posthuma. Venet. 1698. fol. 355 p., effig. et 19 tab.
Vélin. 　12.—
7966 **Mandirola, F. A.** Il Giardino de' Fiori. Ferrara 1650. 12. 154 p. c. frontisp. Vél. 　8.—
7967 — Manuale de' Giardinieri. Venez. 1727. 12. 191 p. D.-rel. veau. 　5.—
7968 — — Venet. (sans date). 12. 180 p. Cart. 　4.—
7969 **Maranta, B.** Della Theriaca et del Mithridato libri II. Vinegia 1572. 4.
324 p. Vélin. 　20.—
> Sehr selten. P r i t z e l hat kein Exemplar gesehen, ebenso wenig offenbar, nach seinem falschen Citat zu schliessen, E. M e y e r, der im übrigen (Geschichte d. Botanik, Bd. IV, p. 415—418) ein ebenso enthusiastisches Urteil über M. abgibt wie vor ihm schon S p r e u g e l (Historia rei herbariae. Vol. I. p. 345—346.)

7970 **Marescot, D.** Tractatus de Plantarum viribus medicamentosis. Cadomi
1744. 8. 282 Blatt s a u b e r e n M a n u s c r i p t e s. Frzbd. 　25.—
> Nach den Species alphabetisch angeordn. Encyclopaedie.

7971 **Marggravius, C.** Materia medica exhib. simplica et composita medicamenta officinalia. Amstelaed. 1682. 4. 318 p. Ldrbd. 　15.—
7972 **Martellini, N.** Il passatempo del nobile in Villa. Venet. 16 . . 8. 120 p.
Cart. 　7.—
> Parte III: Catal. d'alcune Herbe e Piante. Con modo d'incalmar ogni frutto.

7973 **Martini.** — B r o b e r g. Olas Martini Läkiare Book. (Stockh., Univ.)
1879. 4. 57 p. 　2.—
7974 **Matthioli, A.** Il Dioscoride. Vinegia 1550. 4. 1092 p. 　20.—
> Complet, mais pas bien conservé. P r i t z e l n'a pas vu cette édition mais la cite seulement d'après H o f f m a n n.

7975 — Commentarii in libros VI Dioscoridis. Venet. 1554. fol. 755 p. et
multae fig. Vélin. 　25.—
> Die sehr seltene „editio princeps" dieses vielleicht am häufigsten im 16. Jahrhundert aufgelegten botanischen Buches.

7976 **de Médine.** Canticum Botanicum. (Paris?) 1734. 12 pages m a n u -
s c r i t e s in Quarto. 　16.—
> Pièce (jamais imprimée) en vers latins composée en l'honneur des plantes par P i e r r e d e M é d i n e, moine bénédictin de la Congrégation de Saint-Maur.

7977 **Megenberg, Konrad v.** Buch d. Natur. Die erste Naturgesch. in deutscher Sprache. Stuttg. 1861. 8. 870 p. (M. 15.) 　6.—
7978 Le **Menage** des Champs et de la ville ou nouv. Cusinier françois. Nouv,
éd. Paris 1737. 8. 502 p. Veau. 　5.—
7979 **Menegati, G.** Dell' uso e virtu d. Theriaca di Andromacho il Vecchio.
Venezia 15 . . 4. 8 p. 　4.—
> P r i t z e l unbekannt.

7980 **Mercurialis, H.** Variae lectiones in Medicinae scriptoribus et aliis. Venet. *M*
1588. 4. 318 p. Prgtb. 16.—
  Stark botanisch. — P r i t z e l, der nur eine frühere und eine spätere Ausgabe
  kennt: Spectant ad philologiam botanicam et concilianda loca veterum de palmulis,
  olivis, bulbis, fungis, mentha etc.
7981 — De Venenis. Op. A. S c h e l i g. Venet. 1601. 4. 99 p. Vél. 7.—
7982 — Consultationes teresponsa Medicinalia a M u n d i n o M u n d i n i o
annotationibus exorn. 4 vol. Venet. 1620. fol. 857 p. Hpgtb. 9.—
7983 **Merian, M. S.** Recueil d. Plantes. Tome I. Francfort s. Meyn 16.. fol.
a v. 3 8 2 p l a n c h e s. D.-rel. 100.—
  Une collection de planches tout à fait inconnue. L'ouvrage 'Recueil des Plantes
  des Indes' que P r i t z e l a vu ne doit pas être confondu avec celui nommé
  dessus, car il n'a que 72 planches (ou 119 dans sa 8. édition).
7984 **(Merlet, J.)** L'abrégé d. bons Fruits av. la manière de les connoistre
et de cultiver les Arbres. Paris 1675. 8. 178 p. Vélin. 10.—
  La deuxième édition que P r i t z e l n'a pas vue.
7985 — — 4. éd. Paris 1740. 12. 192 p. Vélin. 8.—
7986 **Mesua, J.** De re medica libri III, J. S y l v i o interpr. Lugd. 15   fol.
364 p. — F e h l t Titel. 5.—
7987 — Opera de Medicament. purgant. C. supplem. 2 partes. Venetiis 1602.
fol. 1101 p. et multae fig. Prgtb. 17.—
  Acced.: Plantarum in libro simplicium descript. imagines.
7988 — Dei Semplici purgativi et d. medicine composte. Trad. p. G. R o s -
s e t t o. Venet. 1621. 4. 311 p. c. ritratto. Cart. 12.—
7989 **Miller, J.** Botanicum officinale. Lond. 1722. 8. 496 p. Cart. 9.—
7990 **Minderer, R.** Aloedarium Marocostinum. Augustae Vindel. 1616. 8.
266 p. Hprgtb. 8.—
  Editio princeps, 3 sind erschienen; doch ist die dritte unsicher, vielleicht bloss
  ein Druckfehler in R i v i n u s' Bibliotheca.
7991 **Mirami, R.** Introdutt. alla Specularia, cioè d. scienza de gli Specchi.
Ferrara 1582. 4. 106 p. c. molte figure. Vélin. 8.—
7992 **Miscellanea** curiosa medico-physica Acad. Naturae Curiosorum. Annus
II (1671), VI (1675), VII (1676); Decuriae II Annus I (1682); Decuriae III Annus I (1694). Jenae et Norimberg. 1688—94. 4. c. multis tab.
Ldrbde.
  Jeder Band à M. 6.
7993 **Mizaldus, A.** (M i z a u l d). Memorabilium aliquot naturae Arcanorum
Sylvula. Lutetiae 1554. 12. 157 p. D.-rel. veau. 10.—
7994 — Opusculum de planta Sena. Lutet. 1574. 8. 33 p. 7.—
7995 — Artificiosa Methodus compar. hortensium, fructuum, radicum, vinor.
etc. Lutet. 1575. 8. 94 p. 8.—
7996 — Alexikepus seu auxiliaris et medicus hortus. Lutet. 1575. 8. 272 p. 10.—
7997 **Modo** di fare il Vino alla franzese. (Firenze 1610). Edition facsim. 1889.
4. 7 p. Vélin. 8.—
  Tiré en 25 exempl. seulement et très-rare.
7998 **Monconys, B. de.** Journal d. s. voyages. Publ. p. le Sieur d e L i e r -
g u e s. 3 vols. et supplém. Lyon 1665 à 66, 4. 1291 p. Veau. — M a n -
q u e le titre. 25.—
  'Nouveautés en machines, expériences physiques, descr. d. divers animaux
  et p l a n t e s r a r e s'. — Voyez aussi: H a l l e r, Bibliotheca botanica I. p. 525.
7999 **Monti, J.** Plantarum varii indices ad usum demonstr. quae in Bonon.
horto habentur. Bonon. 1724. 4. 100 p. et tab. 9.—
  Die gewöhnlich vorkommenden Exemplare enthalten bloss 20 Seiten; es fehlt
  ihnen der wichtige systematische Theil.
8000 **Morin, P.** Remarques necess. p. la culture d. Fleurs. Nouv. éd. Lyon
1686. 8. 239 p. Veau. 6.—
  P r i t z e l connaît les éditions de 1658, 1665, 1674 et 1698. Moi j'ai vu encore
  les éditions de 1667, 1672, 1677.
8001 — — Nouv. éd. Paris 1694. 8. 190 p. av. fróntisp. Veau. 6.—
8002 **Morison.** — V i n e s a n d D r u c e. Account of the Morisonian Herbarium of Oxford. Oxf. 1914. 8. Cloth. 15.—

8003 **Mowat, G.** Sinonoma Bartholomei, glossary fr. a 14. century Manu-　*M*
script. Oxf. 1882. 4. 52 p.　　　4.—

8004 **Munting, A.** De vera Antiquorum Herba Britannica. — Aloidarium.
2 opera. Amstel. 1680—81. 4. 308 p. et 34 tab. Frzbd.　　　7.—

8005 — Aloidarium sive Aloës mucronato folio Americ. hist. Gron. 1680.
4. 52 p. et 8 tab. (2 tabul. d e s u n t.)　　　2.—

8006 — De verá antiquorum Herba Britannica. Amstel. 1681. 4. 257 p., effig.
et 24 tab. (4 tabul. d e s u n t.)　　　2.—

8007 **Musael Indicl** index, exhib. varia exot. animalia et vegetab. Lugd.
Batav. (16..) 4. 12 p.　　　3.—

8008 **Mynsicht, H. a.** Thesaurus et Armamentarium medico-chyrnicum. Ed. III.
Venet. 1696. 8. 466 p. Prgtb.　　　6.—

8009 — — Venet. 1707. 8. 666 p. et frontisp.　　　5.—

8010 **Neitzschitz, C. v.** 7jähr. neuverbess. Europa- Asiat- u. Africanische
Welt-Beschauung. Nürnb. 1686. 4. 350 p. m. Frontisp., 2 Ktn. u. 16 Tfln.　　　7.—

8011 **Nicander.** Theriaca et Alexipharmaca, latin. versibus redd. italic. A. M.
S a l v i n i u s. Florentiae 1781. 8. 386 p. Vél.　　　6.—

8012 **Nouveau Traité** de la culture des Jardins potagers. Paris 1692. 12.
300 p. Vélin.　　　7.—

8013 **Oeconomisches Lexicon,** Allgemein. Die Kunst-Wörter u. Erklärgn.
der Landwirtschafft u. Haushaltg., d. Obst-, Wein- u. Gartenbaues.
Leipzig 1731. 8. 2928 p. m. 20 Tfln. Frzb.　　　13.—
　　　Eine ungewöhnlich umfangreiche Encyclopädie.

8014 **Oelhafen.** — C o n w e n t z. Oelhafens Elenchus Plantarum. (Danzig,
Nat. Ges.) 1877. 8. 33 p.　　　1.—

8015 **Palladius, R. T. A.** De re rustica libri XIV. Paris. 1543. 8. 190 p.　　　5.—

8016 — — Lugd. 1549. 8. 192 p.　　　3.—

8017 **Passaeus** (C r i s p i n D u P a s). Cognoscite Lilia agri quomod. crescant,
non laborant. (Arnhemi 1674). 4. Titulus et 60 tabulae aeri incisae (118
fig.). Vélin.　　　100.—
　　　R a r i s s i m e. — L'exemplaire le plus complet de tous dont je trouve mention
　　dans les bibliographies (P r i t z e l qui n'a vu que l'exempl. de la bibliothèque
　　D e C a n d o l l e connaît seulement 48 planches avec 99 figures). Les noms des
　　plantes sont en latin, français, anglais, allemand.

8018 **Passerat de la Chapelle, C. F.** Recueil d. Drogues simples ou matière
médic. Paris 1753. 8. 554 p. Veau.　　　5.—

8019 **Pechlin, J. N.** De Purgantium medicament. facultatibus. Amstel. 1702.
8. 343 p., frontisp. et 3 tab. Prgtb.　　　8.—

8020 **Pena, P., et M. de Lobel.** Nova Stirpium adversaria. Acced.: G. R o n -
d e l e t, Aliquot remediorum formulae. Antverp. 1576. 4. 486 p. et multae fig. D.-rel. veau.　　　45.—
　　　Très-rare. — Voyez aussi no. 7955.

8021 **Petrus Victorius.** Explicat. in Catonem Varronem, Columellam casti-
gation. Lugd. 1542. 8. 144 p.　　　5.—

8022 **Pharmacopoea Collegii** Medicorum Bergomi. Ed. II. Bergomi 1681. fol.
274 p. Prgtb.　　　7.—

8023 **(Philiatros.)** Natura exenterata or nature unbowelled. Lond. 1655. 8.
403 p.　　　5.—
　　　Contain. receipts for the cure of all infirmities. — 4 sheets w a n t i n g.

8024 **Phoenix, P. P.** Antidotarium. Neapoli 1631. 4. 117 p. et frontisp. Vél.　　　18.—
　　　Très-rare, pas dans P r i t z e l.

8025 **Piso, H.** Methodus Medendi. Patav. 1726. 4. 448 p. Cart.　　　5.—

8026 — De regimine auxiliorum in curationibus Morborum. Patav. 1735. 4.
493 p. Cart.　　　5.—

8027 **Placotomus, J.** Compendium Pharmacopoeae. Ejusd.: Dispensatorium,
usitat. medicamentor. descript. cont. Lugd. 1561. 12. 452 p. Prgtb.　　　7.—

8028 **Plinius Sec., C.** Historiae mundi libri 37, adjunctis S. G e l e n i i annotat. Basil., Froben, 1554—55. folio. 913 p. Prgtb.　　　8.—

8029 — — Ed. D a l e s c a m p i u s. Lugd. 1586—87. folio. 1165 p. Frzb.　　　8.—

8030 **Plinius Sec., C.** Historiae mundi libri 37, adjunctis S. G e l e n i i annotat.   *M*
Ed. G e l e n i u s. 3 vol. Coloniae 1616. 8. Prgtb.   5.—
8031 — Histoire de l'Agriculture ancienne. Paris 1765. 8. 406 p. Veau.   10.—
8032 — Die Naturgeschichte. Deutsch v. Wittstein. 6 Bde. Leipzig 1881—
1882. 8. 2682 p. Orig.-Lnbde. (M. 36.)   25.—
    Vergriffen.
8033 — F é e, A., Eloge de Pline. (Lille, Soc. Sc.) 1827. 8. 25 p.   2.—
8034 **Plumier, C.** Nova Plantarum Americanarum genera. Paris. 1703. 4. 86 p.
et 40 tab. Veau.   60.—
    Les 5 grands ouvrages du franciscain P l u m i e r sur la Flore de l'Améri-
que ont devenu très-rares, leurs prix montent rapidement. Le plus rare est — à ce
que je crois — le livre ci-dessus dans lequel se trouve aussi le 'Catalogus Plantarum Americanarum'.
8035 **(Pomey, F.)** Indiculus universalis rer. fere omnium quae in mundo sunt,
scientiar. item artiumque. Ed. III. Lyon 1675. 8. 336 p. Veau.   6.—
8036 — — Ed. IV. Lyon 1684. 12. 336 p. Veau.   5.—
8037 — — Amsterd. 1703. 8. 488 p. Veau.   4.—
8038 **Pontati, P. P.** Tariffa economica et agricola. Viterbo 1655. 8. 369 p. Vél.   12.—
8039 **Ray** (J. R a i u s). Catalogus Plantarum Angliae et insular. adjacent.
Lond. 1670. 8. 380 p.   14.—
    The 2. (and last) edition of 1677 has 46 plants more.
8040 — — Lond. 1677. 8. 354 p. Calf.   16.—
8041 — Miscell. Discourses conc. the dissolut. and changes of the world.
London 1692. 8. 286 p. Calf.   7.—
8042 — — 3. edit.: Three physico-theological discourses concern. the chaos,
the deluge and the dissolut. of the world. Lond. 1713. 8. 488 p. w. 4 pl.
Morocco.   6.—
8043 — — Lond. 1721. 8. 488 p. w. 4 pl. Morocco.   3.—
8044 — Methodus Plantarum emend. et aucta. Lond. 1703. 8. 262 p. et effig.
Half bd. calf.   10.—
8045 — — Acced.: Methodus Graminum. Lond. 1733. 8. 252 p. Calf.   10.—
8046 — The Widsom of God manif. in the works of the Creation. 4. ed.
Lond. 1704. 8. 464 p. Calf.   7.—
8047 **Redi, F.** Esperienze int. a diverse cose naturali, partic. a quelle port.
d. Indie. Firenze 1671. 4. 156 p. c. 6 tav. Vélin.   7.—
8048 — — Firenze 1686. 4. 126 p. c. 6 tav.   7.—
8049 — Experimenta circa varias res naturales. Amstelaed. 1685. 12. 348 p.
et 14 tab. Prgtb.   5.—
8050 **Rehfeldt, A.** Hodegus Botanicus menstruus. Halae 1717. 8. 96 p.   8.—
8051 **Rendella, P.** Tractatus de Pascuis, Defensis, Forestis et Aquis. Item
de columbis, olea et oleo. Neapoli 1734. fol. 164 p. Vél.   6.—
8052 **Renealmus, P.** Ex curationibus observationes quibus videre ets (!)
morbos debellari; si praecipue Galenicis praeceptis chymica remedia
veniant subsidio. Paris. 1606. 8. 189 p.   7.—
    Von R e n e a u l m e, dem Verfasser des geschätzten 'Specimen historiae
Plantarum', 1611.
8053 — S. le Suc nourricier d. Plantes. (Paris, Ac.) 1707. 8. 17 p.   2.—
8054 **Rerum Naturalium** scriptores Graeci minores. Rec. O. K e l l e r. Pars I.
(quantum prodiit). Lips. 1877. 8. 215 p. Lnb.   2.—
8055 **Rheede v. Draakenstein, H.** Hortus Indicus Malabaricus. 12 vol. Amstelod. 1678—1703. fol. c. 794 tab. Frzbde.   480.—
8056 — — H a m i l t o n. Commentary. 3 parts. (Lond., Linn. S.). 1822—26. 4.
304 p.   7.—
8057 **ten Rhyne, W.** De Arthritide et: Orat. 3 de Chymiae ac B o t a n. anti-
quit., de Physiognomia, de Monstris. Lond. 1683. 8. 380 p., effig. et
5 tab. Vellum.   6.—
8058 **Richardson.** Extracts fr. the liter. and scientif. Correspondence of R.
Richardson. Yarmouth 1835. 8. 526 p. w. portr. and pl. Half bd. calf.   28.—
    Richard Richardson, born 1604, has been in correspondence with all the leading
botanists of the time. — The book has been printed only for private circulation.

8059 **Rinaldi, O.** Specchio di Scienze et compendio d. cose. Venetia 1683.   .*M*
8. 234 p. Vél.   4.—

8060 **Rivinus, A. Qu.** De Medicamentorum proprietatibus. Lips. 1692. 4. 22 p.   4.—
Ueber diesen berühmten Botaniker und Systembegründer habe ich in der ausführlichsten Weise in meinen Rara Historico-Naturalia, p. 62, berichtet.

8061 — **H u t h, C.** Clavis Riviniana. Schlüssel zu d. Kupferwerken d. Rivinus. Frankf. 1891. 4. 28 p.   1.50

8062 — **H e b e n s t r e i t, J. E.** De continuanda Rivinorum industria in eruendo Plantarum charactere. Lips. 1726. 4. 30 p.   6.—

8063 **Römer, J.** Scriptores de Plantis Hispan., Lusitan., Brasiliensib. Norimb. 1796. 8. 184 p. et 8 tab.   6.—
Jetzt vergriffen.

8064 **Rosselli, T.** De' Secreti universali. Venetia 1677. 8. 255 p.   6.—

8065 **Rousseau.** Secrets et Remèdes éprouvez. Av. plus. expériences nouv. de physique et de médecine. Paris 1697. 8. 339 p. Veau.   5.—

8066 — — Paris 1718. 8. 404 p. Veau.   4.—
'Remèdes tirez d. Anim., V é g é t. et Minér.'

8067 **Roux.** Traité de la culture et de la plantat. d. Arbres à ouvrer. Paris 1750. 8. 380 p. Veau.   5.—

8068 **Royen, A. van.** De amoribus et connubiis Plantarum. Lugd. Bat. 1732. 4. 40 p.   5.—

8069 **Ruellius** (J. R u e l l e). Veterinariae Medicinae libri II. Paris. 1530. fol. 271 p. et frontisp. Vélin.   20.—

8070 — De Natura Stirpium libri III. Basileae, Froben, 1543. fol. 758 p. Ldrb.   40.—
Die vierte der fünf, von 1536—1573 erschienenen Ausgaben, welche P r i t z e l nicht gesehen hat, sondern nur nach R i v i n u s citiert. — Näheres über dieses wichtige Werk von J e a n R u e l l e siehe: M e y e r, Geschichte d. Botanik IV. p. 249—253.

8071 **Ruginelli, J. C.** De Arboribus controversis resolut. id est „Baum-Recht". Norimb. 1719. 4. 310 p. et tab. Cart.   8.—
Angebunden: H a r p p r e c h t. De usufructo statutario materno. Tubing. 1720. 4. 228 p.

8072 **Rumphius** (G. E. R u m p f). Herbarium Amboinense. 6 vol. et auctuarium. Amstel. 1741—55. Fol. c. 2 effig. et 699 tabul. Morocco.   250.—
Complete copies are now rare. The 'Auctuarium' wants to most of them. — Through the binder's fault plates are often missing, but the copies are notwithstanding described as complete and the wanting plates as 'never appeared'. But with the only exception of vol. V plate 70 all plates have been published. — Many odd volumes in stock.

8073 — — Vol. I—IV. 1741—43. c. effig. et 395 tab. Przbde. — 3 tabulae d e - s u n t.   45.—

8074 — — Tabulae o m n e s voluminum I—VI, s i n e t e x t u. 669 tabulae.   45.—

8075 — H a s s k a r l, J., Neuer Schlüssel zu Rumph's Herbarium Amboinense. Halle 1866. 4. 253 p. (M. 21.)   10.—

8076 **Rumphius Gedenkboek.** Uitg. d. h. Koloniaal Museum te Haarlem. Haarl. 1902. folio. 227 p. m. Fig. u. 4 photograph. Tfln.   18.—
Inh.: M. G r e s h o f f. Inleiding. — J. E. H e e r e s. Rumphius' Levensloop. — F. d e H a a n. Rumphius en Valentijn als geschiedschrijvers van Ambon. — J. J. V e r w ij n e n. Eene bladsijde uit de geschiedenis der vestiging van het Nederlandsch gezag in de Ambonsche Kwartieren. — J. P. L o t s y. Over de in Nederland aanwezige botanische Handschriften van Rumphius. — K. G o e b e l. Rumphius als botanischer Naturforscher. — O. W a r b u r g. Die botan. Erforschung d. Molukken seit Rumpf's Zeiten. Mit Anhang: Ueber Rumphia Amboinensis L. — C. H a r t w i c h. Ueb. in Rumphius' „Herbarium Amboinense" erwaehnte Amerikan. Pflanzen. — M. W e b e r. Jets over Walvischvangst in den Indischen Archipel. — R. S e m o n. Einige neue Ambonesische Raritäten. — J. G. d e M a n. Over de Crustacea in Rumphius' Rariteitkamer. — R. H o r s t. Over de „Wawo" van Rumphius. — E. v o n M a r t e n s. Die Mollusken (Conchylien) u. die übrigen wirbellosen Thiere im Rumpf'schen Raritätkammer. — A. W i c h m a n n. Het aandeel van Rumphius in het mineralogisch en geologisch onderzoek van den Indischen Archipel. — C. P. R o u f f a e r en W. C. M u l l e r. Eerste proeve van eene Rumphius-Bibliographie.

8077 **Sauvageon, G.** Pharmacopée de Bauderon. Lyon 1655. 8. 981 p. Vél.   13.—
Ouvrage presqu' inconnu.

8078 **Savastano, F. E.** Botanicorum s. institut. rei herbariae libri IV. Neapol.   *M*
1712. 8. 176 p. et frontisp. Vél.   6.—
Seltenes Gedicht.

8079 **Scaliger, J. C.** In libros II de Plantis Aristotelis libri duo. Lutet. 1556.
4. 451 p. Veau.   30.—
La première édition de ces célèbres commentaires qui ont été réimprimés
encore en 1566 (voyez nr. 8081) et 1598.

8080 — Exotericarum exercitat. liber XV de Subtilitate. Lutet. 1557. 4.
1020 p. Vél. — Le titre m a n q u e.   8.—
Die erste Ausgabe.

8081 — Commentarii et animadvers. in 6 libros de Causis Plantarum Theophrasti. (Genevae) 1566. fol. 431 p. D.-rel. vél.   20.—

8082 — — Idem opus. Adj.: S c a l i g e r, In libros de Plantis Aristoteli commentar. Lugd. 1566. fol. 143 p. Cart.   25.—

8083 — Animadvers. in historias Theophrasti. Lugd. 1584. 8. 424 p. Prgtb.   25.—
Scaliger war der erste, der bewies (E. M e y e r: „mit schlagenden Gründen
und beissendem Witz"), dass die zwei Bücher über Pflanzen fälschlich Aristoteles
zugeschrieben werden.

8084 **Schatzkammer** rarer u. neuer Curiositäten. Mit: Naturgemässe Beschreib. d. Coffee, Thee, Chocolate, Taback. Hamburg 1689. 8. 622 p.
m. Frontisp. Prgtb.   12.—

8085 **Scheuchzer, J.** Herbarium Diluvianum. Ed. nov. Lugd. Bat. 1723. fol.
128 p., effig. et 14 tab. Hfzb.   5.—

8086 **Selecta physico-oeconomica** od. nützl. Sammlgn. v. allerh. z. Natur-
Forschung u. Haushalt.-Kunst. 15 Stück. Stuttg. 1752. 8. 1358 p. m.
Kte. u. 2 Tfln. Hfzb.   7.—

8087 **Sennert, D.** Epitome Naturalis Scientiae. Acced. Auctuarium. Francof.
1650. 8. 834 p. et frontisp. Prgtb. — T i t e l f e h l t.   3.—

8088 **Sgobbis, A. de.** Nuovo et universale Teatro Farmaceutico. Venetia
1667. fol. 920 p. c. 3 tav. Vél.   10.—
Très-important pour l'histoire de la Botanique.

8089 **Shirázy, N. M. A.** Ulfaz Udwiyeh, or the materia medica in the arabic,
persian and hindevy languages. W. engl. translat. by G l a d w i n.
Calcutta 1793. 4. 113 p. Cloth.   20.—

8090 **Short, T.** Medicina Britannica or a treatise on p h y s i c a l P l a n t s
found in Great Britain. Lond. 1746. 8. 384 p. Calf.   6.—

8091 **Sorge, J.** De Corporum naturalium primordiis. Venet. 1709. 4. 180 p. Vél.   5.—

8092 **Spener, C. M.** Catalogus nützl. u. sonderbahrer von Natur u. Kunst
gebild. Seltenheiten in regno Animali, Vegetab. u. Miner. Berl. 1718. 8.
208 p.   20.—
Ein seltener Berliner Druck, den Catalog einer grossen Naturaliensammlung
enthaltend.

8093 **Sprecchis, P.** Antabsinthium C l a v e n a e, i. e. quod Absinthium um-
bellifer. in Monte Servae Belluni ortum sit. Venet. 1611. 4. 130 p. et tab.   10.—
Ist eine Antwort auf die 1610 erschienene Abhandlung von N. C l a v e n a
(Chiavena), welche eines der seltensten Bücher der alten Botanik ist.

8094 **(Stephanus, C.)** Arbustum. Fonticulus. Spinetum. Paris. 1538. 8. 40 p.   6.—

8095 (—) Sylua. Frutetum. Collis. Paris. 1538. 8. 128 p.   9.—

8096 (—) De re hortensi libellus, vulgaria herbarum, florum ac fruticum
nomina. Addit.: De cultu et satione hortorum. Paris. 1539. 8. 140 p.   9.—
P r i t z e l kennt nur die 1. Ausgabe von 1536 (die das oben angeführte Supplement über den Gartenbau noch nicht hat) und eine zweite von 1545.

8097 (—) Seminarium et Plantarium fructiferar. praesert. arborum. Denuo
auct. et locuplet. Paris. 1540. 8. 215 p.   15.—
Diese 2. Ausgabe zeigt P r i t z e l mit Jahreszahl 1548 an, während unser
Exemplar die gleiche Jahreszahl wie die der 1. Ausgabe hat.

8098 (—) Pratum, Lacus, Arundinetum. Paris. 1543. 8. 71 p.   8.—
Die obigen 5 Werkchen bilden eine Gesamt-Ausgabe der Schriften C h. E s -
t i e n n e ' s, die schon einzeln sehr selten sind. Unter dem Titel 'Praedium rusticum' sind sie 1554 noch einmal gesammelt herausgegeben worden.

8099 — La Agricoltura, e casa di villa. Trad. da C a t o. Venet. 1677. 4.
400 p. Vélin.   6.—

8100 **Stisser, J. A.** Botanica curiosa od. nützl. Anmerckgn. wie ein. frembde   *M*
Kräuter u. Blumen 1692 zu Helmstedt cultiviret. Helmstedt 1697. 8.
246 p. m. Frontisp. u. 12 Tfln.   15.—
8101 **Strother, E.** Materia medica. From the latin. orig. of P. H a r m a n.
2 vols. Lond. 1727. 8. 779 p. Calf.   7.—
    Not in P r i t z e l.
8102 **Switzer, S.** The practical Fruit Gardener. Revis. by L a u r e n c e and
B r a d l e y. Lond. 1724. 8. 387 p. w. 3 pl. Calf.   13.—
8103 (J. W.) **Systema Agriculturae;** the Mystery of Husbandry. Lond. 1681.
fol. 362 p. w. frontisp. Calf.   25.—
    Gardens, Fruits, Beasts, Bees, Silkworms, Fish etc.
8104 **Taegius, B.** La Villa. Milano 1559. 4. 207 p. c. fig. D.-rel. veau.   16.—
    Très-rare.
8105 **Tanara, V.** Economia d. Cittadino in villa. Venetia 1658. 4. 646 p. Vél.   8.—
8106 — — Venetia 1661. 4. 646 p. Vélin.   7.—
8107 — — Venetia 1674. 4. 602 p. Vélin.   6.—
8108 — — Venetia 1680. 4. 544 p. Cart.   6.—
    Le viti, l'api, l'horto, il giardino ecc. — P r i t z e l ne connaît que la pre-
mière édition de 1644 paru à Bologne dont il n'a vu un exemplaire non plus. J'ai
eu aussi les éditions de Bologne de 1648 et 1651, et de Venise de 1670 et 1700.
Je ne crois pas qu'il y a une grande différence entre les éditions de ce livre, si
estimé à son temps.
8109 **Tarello, C.** Ricordo d'Agricoltura. Mantova 1577. 8. 152 p. Vél.   9.—
    Voyez: H a l l e r, Bibliotheca botan., I. p. 840—841.
8110 **Textor, J. R.** Cornucopiae quo cõtinẽtur loca diuersis rebus per orbem
abundantia secund. literarum ordinem. (S. l.) 1532. 8. 125 p. Cart. — Un
trou de vers.   17.—
    Surtout sur l'histoire naturelle. Petite encyclopédie alphabétique très-rare.
8111 — — Venet. 1562. 8. 95 p. D.-rel. veau.   7.—
8112 **Theophrastus Eresius.** Opera omnia. Basileae 1541. fol. 303 p. Prgtb.   18.—
8113 — Opera omnia graece et latine. Ed. D. H e i n s i u s. Lugd. Bat.
1613. fol. 522 p. Veau.   18.—
8114 — Opera. Emend. J. G. S c h n e i d e r. 5 vol. Lips. 1818—21. 8. (82.60)   25.—
8115 — De Historia Plantarum, T h. G a z a interpr. Lugd. 1552. 8. 455 p.
— A r i s t o t e l e s. Historiae de Animalib. Lugd. 1552. 8. 606 p. Ldrb.   15.—
8116 De **Theriacis** et Mithridateis commentariolus. Norimberg. 8. 79 p. Cart.   3.—
8117 **Tita, A.** Catalog. Plantarum horti J. F. M a u r o c e n i. Acced.: Iter p.
Alpes Tridentinas. Patavii 1713. 8. 226 p. Vél.   12.—
8118 **Tomai, M. T.** Idea del Giardino del Mondo. Venetia 1597. 4. 91 p. Cart.   8.—
    'Molte secreti maravigl. di natura.'
8119 — — Nuov. ristamp. Venetia 16 . . 12. 192 p. Vélin.   6.—
8120 **Tournefort, P.** Elémens de Botanique. 3 vols. Paris 1694. 8. 696 p. av.
451 pl. et 2 frontisp.   30.—
    Première édition du premier ouvrage de ce botaniste qui était omnipotent
jusqu'aux temps de L i n n é. Les livres suivants de T., imprimés sans doute en
beaucoup d'exemplaires, ne sont pas aussi rares comme les 'Elémens'.
8121 — — Vol. III. Paris 1694. 8. av. 116 pl. Veau.   2.—
8122 — Histoire d. Plantes de Paris. Paris 1698. 8. 618 p. Veau.   5.—
8123 — Histoire des Tamarins. (Paris, Ac.) 1699. 8. 11 p.   3.—
8124 — Descr. de 2 esp. de Chamaerhododendros s. l. côtes de la Mer Noire.
(Paris, Ac.) 1704. 8. 10 p. av. 2 pl.   3.—
8125 — Institutiones Rei Herbariae. Ed. III. aucta ab A. de J u s s i e u. 3 vol.
Paris. 1719. 4. 802 p. et 391 tab. Cart. — Bon exempl.   10.—
    'Institutiones' ont paru pour la première fois en 1700, mais cette édition 'ap-
pelle déjà 'editio altera', comme elle n'est qu'une traduction revue et enrichie (de
40 planches) des 'Elémens' (voyez no. 8120). Néanmoins aussi une vraie seconde
édition — entièrement refondue et publiée par A. d e J u s s i e u — des 'Elémens'
à paru en 1797.
8126 **Traité** d. Drogues qui ont rapport a la medecine. Paris 1697. 8. 383 p.
Veau.   7.—
8127 **Triumfetti, J. B.** Observat. de ortu ac vegetat. Plantarum c. novar.
stirpium hist. illustr. Romae 1699. 4. 114 p. et 17 tab. Vél.   23.—

8128 **Tull, J.** Horse-Hoeing Husbandry, or an essay on the principl. of vege-   *M*
tat. and tillage. 3. ed. London 1751. 8. 448 p. w. 7 pl. Calf.   11.—
8129 — — Lond. 1822. 8. 351 p. Boards.   6.—
The only botanical work by this highly esteemed author. P r i t z e l: De
eximio rei agrariae scriptore, quem potissimum secutus est ill. D u H a m e l,
cf. H a l l e r, Bibliotheca II p. 284.
8130 **Vaillant, S.** Botanicon Parisiense. Lugd. Bat. 1723. 8. 140 p. Veau.   15.—
Acced. ejusdem autoris: 1) Catal. d. Plantes d'usage. 72 p. 2) Catal. d. Arbres
et Arbrisseaux d. env. de Paris. 1785. 71 p. 8) Catal. Plantarum Officinal. 116 p.
L'édition in-Octavo n'est qu'un 'operis majoris prodituri prodromus' (nr. 8132). —
Les trois opuscules ajoutés à notre exemplaire sont très-rares.
8131 — — Ed. nova et aucta. Lugd. Bat. 1743. 8. 143 p.   7.—
8132 — Botanicon Parisiense. Les Plantes d. envir. de Paris. Leide 1727.
fol. 287 p. av. 32 pl. Maroq.   15.—
8133 **Vallemont, P. L.** Merkwürdigkeiten d. Natur u. Kunst in Zeugung, Fortpflanz. u. Vermehr. d. Gewächse. Deutsch v. L. v. B r e s s l e r. 2 Tle.
Budiss. 1716—23. 8. 777 p. m. 2 Tfln. Cart.   4.—
8134 — — Budiss. 1732. 8. 534 p. m. 9 Tfln. Cart.   3.—
8135 **Valles, F.** Controversiarum Medicarum et Philosophicar. libri X.
Francof. 1582. fol. 448 p. Prgtb.   15.—
8136 — — Ed. III. Lugd. 1591. 8. 1181 p. Prgtb.   8.—
8137 — De iis quae scripta sunt physice in libris sacris. Adj.: L. L e m-
n i i de plantis sacris et F. R u e i de gemmis. Ed. III. Lugd. 1592. 8.
985 p. Prgtb.   12.—
8138 **Vallet, P.** Le Jardin du Roy Loys XIII (mis au jour p. J. R o b i n). Paris
1623. fol. 22 p. av. frontisp., 2 portr. et 87 planches gravées.   100.—
P r i t z e l en a vu seulement un exemplaire dans la bibliothèque de J u s-
s i e u. — Cet auteur a écrit encore en 1608 un 'Jardin du Roy Henri IV.' (7 p. av.
titre-frontisp., 2 portr. et 78 pl. gravées), dont la description exacte se trouve sur
page 59 de mon catalogue 47 et en outre un 'Jardin du Roy Louis XIV.', sans date
(93 planches gravées et 1 frontisp. s a n s texte). Cette dernière iconographie, dont
je n'ai possédé qu'un seul exemplaire (description sur page 98 de mon 'Bulletin'
Nr. 8), n'a jamais été dans le commerce.
8139 **Vallisnieri, A.** Raccolta di varj Trattati. Venez. 1715. 4. 262 p. c. 17 tav.
(zoolog. e b o t a n.)   6.—
8140 **Vanière, J.** Georgicorum libri III. Tolosae 1698. 8. 83 p. Cart.   3.—
8141 **Van Osten, H.** De Neederlandsche Hof, beplant met Bloemen, Ooft
en Orangerijen (Tulpen, Limoen en Orange). Leyden 1703. 8. 347 p.
m. Frontisp. u. 5 Tfln. Hfzb.   15.—
P r i t z e l kennt diese Originalausgabe nicht, sondern nur· 8 Uebersetzungen.
8142 **Vettori, P.** Trattato d. Lodi et d. Coltivatione de gl'Ulivi. Firenze 1574.
4. 99 p. D.-rel. vél.   5.—
8143 **Villa, F. E. de.** Libro de las Vidas de 12 principes de la Medicina.
Burgos 1647. 8. 272 p. D.-rel. veau.   14.—
Cont.: Aristoteles. Dioscorides. Avicenna. Averroes. Mesve. Villanova et a. —
L'auteur de cette collection des biographies, F r a y E s t e v a n d e V i l l a, a
écrit aussi un livre botanique rarissime: Ramillete de Plantas. Burgos 1687.
8144 **Volckamer, J. C.** Nürnberg. Hesperides od. Beschr. d. Citronen u.
Pomerantzen-Früchte. (Band I.) 4 Tle. Nürnb. 1708. fol. 263 p. m.
114 Tfln. Ldrb.   18.—
8145 **Volckamer, J. G.** Flora Noribergensis. Norib. 1718. 4. 432 p. et 25
tab. Cart.   7.—
8146 **Wecker, J.** De Secretis libri XVII. Basil. 1604. 8. 708 p. et multae
fig. Hfzb.   5.—
8147 **Weinmann, J. W.** Phytanthozoa-Iconographia. Vorstellg. etlicher 1000
Pflantzen, Bäume, Blumen, etc. Bd. I: A, B. Regensb. 1737. fol. 270 p.
m. Frontisp. u. 275 c o l o r. Tfln. (von denen 13 f e h l e n).   6.—
8148 **Welsch, C. L.** Basis botanica seu brevis ad rem Herbariam manuductio.
Lips. 1697. 12. 228 p. et tabella. Cart.   10.—
8149 **Wepfer, J.** Cicutae aquaticae historia. Basileae 1679. 4. 358 p.   3.—
8150 — — Adjectae dissert. de Thee Helvetico ac Cymbalaria, cur. T h.
Z u i n g e r. Lugd. Bat. 1733. 8. 510 p., mappa et tab. Przb.   3.—

8151 **Westmacott, W.** Theobotanologia s. hist. Vegetabil. sacra or, a Scrip-   *M*
ture Herbal. Lond. 1694. 8. 264 p. Calf.   20.—
See nr. 7793.
8152 **Willis, Th.** Pharmaceutice rationalis s. diatriba de Medicament. 2 vol.
Hagae Com. 1675—77. 12. 1054 p. et 14 tab. Gebd.   5.—
8153 **Wolff, C. v.** Philosophia rationalis. 2 partes. Francof. 1728. 4. 900 p.
et tab. Frzb.   5.—
8154 — Vernünfft. Gedancken von Gott, d. Welt u. d. Seele des Menschen.
Neue Aufl. Halle 1747. 8. 782 p. m. Frontisp. Cart.   10.—
8155 — Vernünfft. Gedancken v. d. Absichten d. natürl. Dinge. Neue Aufl.
Halle 1752. 8. 540 p. m. Frontisp. Cart.   6.—
8156 — P i c h l e r. Ueb. Ch. Wolffs Ontologie. Leipz. 1910. 8. 91 p.   2.—
8157 **Worlidge, T.** The Mystery of Husbandry, w. a Kalendar. Rusticum,
Weather Prognostics and a Diction. of Rustic Terms. Lond. 1681. fol.
354 p. w. pl. — Title, frontisp. and p. 305—312 w a n t i n g.   8.—
8158 **Wysing, N.** Naturae Universitas s. tota philosophia natur. Ingolst.
1631. 4. 76 p.   3.—

C. Linnaeus.

[Supplementum numeror. 641—725, vide: Bibliographia Botanica, p. 31—34].

[Die den Werken in Klammern beigefügten Zahlen bedeuten die Nummern von
W. J u n k ' s „Bibliographia Linnaeana". In dieser und in W. J u n k ' s „Linné
u. s. Bedeut. f. d. Bibliographie" finden sich ausführliche Notizen über die meisten
der folgenden Werke].

☞ Die Preise der Original-Ausgaben aller Werke Linné's sind immer noch
— und trotz aller Neudrucke — in starkem Steigen. Die „Mantissa" z. B. wurde
1902 in meiner „Bibliographia Linnaeana" mit M. 40, 1909 in meiner „Bibliographia Botanica" mit M. 60 angezeigt und wird, selbst sobald mein Neudruck
herausgekommen sein wird, auch den hier unter Nr. 8171 beigefügten Preis in
wenigen Jahren hinter sich lassen. In ähnlicher Weise sind auch die Preise der
anderen — hier nicht angezeigten — Werke Linné's, soweit es sich um wissen-
schaftlich geschätzte Ausgaben handelt, im Verhältnis zu den in der „Bibliographia
Botanica" angegebenen gestiegen.

8159 Systema Naturae. Ed. XII. 3 tomi (4 partes). Holmiae 1766—68. 8.
2371 p. et 3 tab. Hfzbde. (N. 15).   120.—
Die wertvollste, da letzte vom Autor besorgte Ausgabe.
8160 — Ex ed. XII. in epitomem red. a B e c k m a n n. 2 vol. Gotting. 1772.
8. 628 p. et tab. (Nr. 17).   8.—
8161 Systema Vegetabilium. Ed. XIV. cur. M u r r a y. Gottingae 1784. 8.
1024 p. Hldrb. (Nr. 23).   3.—
8162 — Ed. XV. Cur. M u r r a y. Gotting. 1797. 8. 1062 p. Cart. (Nr. 24).   2.—
8163 — Ed. XVI. Cur. K. et A. S p r e n g e l. 6 vol. Gotting. 1825—28. 8.
(M. 60.) Lnb. (Nr. 27).   10.—
8164 — S p r e n g e l, A., Suppl. ad System. Vegetab., ed 16. Gott. 1828.
8. 40 p.   1.50
8165 Systema, Genera. Species Plantar. Uno volumine sive: Codex Botanic. Linnaeanus. Ed.: H. E. R i c h t e r. Lips. 1840. 8. 1336 p. (M. 36.)
(Nr. 36).   10.—
Enthält den ganzen L i n n é ' schen Text, mit einem wichtigen Index v. W.
L. P e t e r m a n n. — Eine geschätzte Sammlung.
8166 Philosophia Botanica. Stockh. 1751. 8. 362 p. et 11 tab. Cart. (Nr. 47).   12.—
Nur diese erste Ausgabe ist Original und sehr geschätzt.
8167 Genera Plantarum. Ed. II. — Fundamenta Botan. Ed. III. Lugd. Bat.
1741—42. 8. 669 p. et tab. Frzb. (Nr. 39, 59).   12.—
8168 Genera Plantarum. Ed. II. Lugd. Bat. 1742. 8. 610 p. (Nr. 59).   8.—
8169 — Ed. VI reform. Holmiae 1764. 8. 623 p. Frzb. (Nr. 63).   6.—
8170 — Ed. nova cur. Sprengel. Vol. I: Classes 1—13. Gotting. 1830. 8.
464 p. (Nr. 68).   2.—
8171 Mantissa Plantarum. Generum edit. VI et Specierum edit. II. 2 partes.
Holm. 1767—71. 8. (VI et) 588 p. (Nr. 70).   100.—
Wichtig als Nachtrag zu den „Species". Jetzt fast unauffindbar geworden.

W. Junk, Berlin, W. 15.

8172 **Linnaeus.** Mantissa Plantarum. F a c s i m i l e - E d i t i o n. Berol. 1916.   *M*
   In Vorbereitung. Subscriptions-Preis: M. 32; Preis nach Erscheinen: M. 40. —
   Tadelloser, vom Original nicht verschiedener Neudruck, auf gutem Papier.
8173 Critica botanica. Acced. B r o w a l l i i de necessit. hist. natur. discur-
   sus. Lugd. Bat. 1737. 8. 360 p. Frzb. (Nr. 76).   6.—
8174 Classes Plantarum. 1738. Genera Plantarum. Ed. II. 1742. Lugd. Bat.
   8. 656 et 610 p. Frzb. (Nr. 79, 59).   25.—
   Die sehr selten gewordene Original-Ausgabe der „Classes".
8175 Oratio de necessitate peregrinat. intra patriam. Et: Elenchus Animalium
   Sueciae. Acced.: B r o w a l l i u s, Examen in systema Plantar. sexuale,
   et J. G e s n e r: Dissertat. de partium vegetat. et fructificat. Lugd.
   Bat. 1743. 8. 202 p. (Nr. 83a).   12.—
   Siehe auch Nr. 8287.
8176 Orbis eruditi Judicium de Caroli Linnaei Scriptis. (Holmiae 1741).
   F a c s i m i l e - Edition. Ed.: W. J u n k. Berol. 1901. 8. 16 p. (Nr. 85).   10.—
   Neudruck eines Rarissimums, von welchem nur wenige Exemplare existieren.
8177 Flora Suecica. Ed. II. Stockh. 1755. 8. 526 p. et tab. Ldrb. (Nr. 91).   10.—
8178 Flora Zeylanica. Holmiae 1747. 8. 240 p. et 4 tab. (Nr. 95).   8.—
8179 Species Plantarum. Editio I. 2 vol. Holm. 1753. 8. 1200 p. Frzb. (Nr. 115). 150.—
   Das Fundamentalwerk der botanischen binären Nomenclatur.
8180 — — (Holmiae 1753). F a c s i m i l e - E d i t i o n.   Ed.: W. J u n k.
   Berol. 1907. 8. 1200 p. (M. 40.)   35.—
8181 — — Indices Nominum trivialium ad: Linnaei Species Plantarum,
   editio princeps. Ed.: W. J u n k. Berol. 1908. 8. 100 p.   4.—
   2 indexes, one arranged after the pages, the other alphabetical. Till now it
   was not possible to use the book without trouble.
8182 — — J u n k, W. Linné's Species Plantarum, Editio princeps, und ihre
   Varianten m i t B e s c h r e i b u n g e i n e r n e u e n. Berl. 1908. 8.
   12 p. m. 12 photograph. Tafeln.   2.—
   Enthält eine ausführliche Beschreibung der 2 verschiedenen Ausgaben der
   ed. princeps mit photograph. Abbildung der varirenden Seiten und — die Haupt-
   sache — die Entdeckung 2 neuer bisher ganz unbekannter Seiten.
8183 — Species Plantarum. Ed. II. 2 vol. Holm. 1762—63. 8. 1764 p. et effig.
   Ldrbde. (Nr. 116).   50.—
   Die letzte Original-Ausgabe.
8184 — Ed. III. 2 vol. Vindob. 1764. 8. 1761 p. Cart. (Nr. 117).   10.—
   Ein T r a t t n e r' scher Nachdruck.
8185 — Ed. IV. Cur. Willdenow. Vol. I, pars 1, II, III. Berol. 1797—1800.
   8. Hfzbde. (Nr. 118).   3.—
8186 — — Index. (Berol. 1830). 8. 57 p.   2.—
8187 Termini Botanici. Upsal. 1762. 8. 27 p. (Nr. 135).   7.—
8188 Deliciae Naturae. Stockh. 1773. 8. 32 p. (Nr. 146).   4.—
8189 Valda smärre Skrifter af allmänt naturvetensk. innehall. Hrsg. v. L ä r -
   j u n g a r u. Th. M. F r i e s. Upsala 1906. 8. 304 p.   11.—
   Contain. 10 papers, among which: Oeconomia Naturae, Politia Naturae, Curio-
   sitas naturalis, Deliciae Naturae.
8190 Amoenitates Academicae. 10 vol. Holm. et Erlang. 1749—1790. 8. c.
   59 tab. (Nr. 105). Cart.   50.—
   Hieraus einzeln:

8191 Acetaria. Colon. 1786. 15 p.   1.—
8192 Analecta Transalpina. Colon. 1786. 49 p.   2.—
8193 Arboretum Suecicum. Colon. 1786. 31 p.   2.—
8194 Auctores Botanici. Colon. 1786. 28 p.   2.—
8195 Calendarium Florae. Holm. 1759. 28 p.   2.—
8196 Censura Simplicium. Colon. 1786. 18 p.   1.—
8197 2 Centuriae Plantarum. Holm. 1759. 72 p.   3.—
8198 Chloris Suecica. Colon. 1786. 39 p.   2.—
8199 Coloniae Plantarum. Colon. 1786. 12 p.   2.—
8200 Cura generalis. Holm. 1769. 12 p.   1.—
8201 De Anandria. Lugd. Bat. 1749. 16 p.   1.—
8202 De Curiositate naturali. Lugd. Bat. 1749. 25 p.   1.50
8203 De Plantis Martino-Burserianis. Lugd. B. 1749. 34 p. et tab.   3.—
8204 De Telluris habitab. incremento. Colon. 1786. 39 p.   2.—
8205 De Vegetabilibus. 2 partes. Colon. 1786. 50 p.   3.—
8206 Demonstrat. Plantarum in horto Upsal. Holm. 1756. 31 p.   3.—

	ℳ
8207 Diaeta Acidularis. Colon. 1786. 10 p.	1.—
8208 Flora Alpina. Colon. 1786. 29 p.	3.—
8209 Flora oeconomica. Holm. 1749. 31 p.	2.—
8210 Fructus Esculenti. Colon. 1786. 18 p.	1.50
8211 Frutetum Suecicum. Colon. 1786. 28 p.	3.—
8212 Fundamenta Botanica. Colon. 1786. 46 p.	2.—
8213 Fundamentum Fructificationis. Colon. 1786. 24 p.	3.—
8214 Gemmae Arborum. Colon. 1786. 32 p.	1.50
8215 Hortus Culinaris. Holm. 1769. 49 p.	2.—
8216 Hospita Insectorum Flora. Colon. 1786. 36 p.	2.—
8217 Incrementa Botanices. Colon. 1786. 16 p.	2.—
8218 Inebriantia. Colon. 1786. 14 p.	1.50
8219 Instructio Musei rer. naturalium. Holm. 1756. 19 p.	1.50
8220 Ledum palustre. Erlang. 1785. 21 p.	1.50
8221 Macellum Olitorium. (Botanisch). Colon. 1786. 12 p.	1.50
8222 Marum. Erlang. 1785. 17 p.	1.50
8223 Medicamenta Graveolentia. Colon. 1786. 25 p.	1.50
8224 Medicamenta Purgantia. Colon. 1786. 18 p.	1.50
8225 Menthae usus. Holm. 1769. 11 p.	1.50
8226 Metamorphoses Plantarum. Colon. 1786. 17 p.	3.—
8227 Motus Polychrestus. Holm. 1769. 17 p.	1.—
8228 Mundus invisibilis. Holm. 1769. 24 p.	1.50
8229 Museum Adolpho-Fridericianum. Holm. 1749. 50 p.	3.—
8230 Nectaria Florum. Colon. 1786. 17 p.	2.—
8231 Nomenclator Plantarum. Colon. 1786. 27 p.	2.—
8232 Nova Plantarum genera. 2 partes. Holm. 1749—56. 61 p. et tab.	5.—
8233 Observat. in Materiam medicam. Erlang. 1785. 11 p.	1.50
8234 Obstacula Medicinae. Holm. 1756. 12 p.	1.—
8235 Odores Medicamentorum. Holm. 1756. 20 p.	1.50
8236 Opobalsamum declaratum. Holm. 1769. 19 p.	1.50
8237 Oratio, qua Peregrinationum intra patriam asseritur necessitas. Colon. 1786. 16 p.	2.—
8238 Pan Suecus. Colon. 1786. 35 p.	3.—
8239 Planta Aphyteia. Erlang. 1785. 8 p. et tab.	2.—
8240 Planta Cimicifuga. Erlang. 1785. 12 p. et tab.	2.—
8241 Plantae Esculentae patriae. Holm. 1756. 27 p.	2.—
8242 Plantae Hybridae. Colon. 1786. 28 p. et tab.	3.—
8243 Plantae Officinales. Colon. 1786. 24 p.	1.50
8244 Plantae Tinctoriae. Colon. 1786. 27 p.	2.—
8245 Politia Naturae. Holm. 1763. 23 p.	2.—
8246 Potus Chocolatae. Holm. 1769. 11 p.	1.—
8247 Potus Coffeae. Colon. 1786. 18 p. et tab.	1.50
8248 Potus Theae. Colon. 1786. 16 p. et tab.	1.50
8249 Problema Botanicum. Colon. 1786. 2 p.	1.—
8250 Prolepsis Plantarum. 2 partes. Colon. 1786. 34 p.	2.50
8251 Purgantia indigena. Holm. 1769. 18 p.	1.50
8252 Quaestio histor. naturalis, cui bono? Colon. 1786. 25 p.	1.50
8253 Reformatio Botanices. Colon. 1786. 20 p.	2.—
8254 Sapor Medicamentorum. Colon. 1786. 20 p.	1.50
8255 Semina Muscorum. Colon. 1786. 17 p.	1.50
8256 Sexus Plantarum. Colon. 1786. 20 p.	2.50
8257 Somnus Plantarum. Colon. 1786. 18 p.	2.—
8258 Sponsalia Plantarum. Colon. 1786. 47 p. et tab.	3.—
8259 Stationes Plantarum. Holm. 1759. 24 p.	2.—
8260 Transmutatio Frumentorum. Colon. 1786. 13 p.	2.—
8261 Usus historiae naturalis. Necessitas hist. nat. Rossiae. Holm. 1769. 57 p. et 2 tab.	2.—
8262 Usus Muscorum. Colon. 1786. 11 p.	1.50
8263 Varietas Ciborum. Holm. 1769. 17 p.	1.—
8264 Vernatio Arborum. Colon. 1786. 14 p. et tab.	2.—
8265 Vires Plantarum. Colon. 1786. 34 p.	3.—

      Verzeichnis anderer Abhandlungen L i n n é ' s aus dieser Sammlung — siehe J u n k ' s Catalog Nr. 47, p. 34—37.

8266 — C. v. Linné's Bedeutung als Naturforscher u. Arzt. Hrsg. v. d. kgl. Schwed. Akad. Jena 1909. 8. 581 p. m. 2 Tfln. (M. 20.)   17.—

8267 — Index to the Linnean Herbar., w. indicat. of the types of spec., marked by Linné. (Lond., Linn. Soc.) 1912. 8. 152 p.   10.—

8268 — L i n n e o e n E s p a ñ a. Homenaje á Linneo en su segund. centenario 1707—1907. Zaragoza 1907. 8. 530 p. avec 30 portraits et planches, dont 2 coloriées, et 96 figures.   8.—

      Table de matières. I: Linneo e su obra (8 mémoires). II: Naturalistas Espanolas (38 mémoires biographiques). III: Miscelánea (9 mémoires).

8269 — B r a u n, M. Zur Erinnerg. (Königsb., Phys. Ges.) 1907. 4. 15 p. m 2 Portr.   1.50

8270 **Linnaeus.** — C o l m e i r o. Bosquejo d. Jardin botán. de Madrid. 1.   *M.*
(Madr., Soc. Nat.) 1875. 8. 48 p. av. pl. et lettre autogr. de L i n n é. 1.50
8271 — D i d r i c h s e n. Har Linné seet tingen og havt syn paa sagen
trods nogen eftermand? (Kjöb., Nat. Tidsk.) 1861. 8. 30 p. 1.50
8272 — D r y a n d e r. On Plants occurr. twice in Gmelin's ed. of 'Syst.
Naturae'. (Lond., Linn. Soc.) 1794. 4. 24 p. 2.—
8273 — F o r s s t r a n d. Linné i Stockholm. Stockh. 1915. 8. 216 p. m. 4
Portr. u. 4 Tfln. 5.—
8274 — F r i e d r i c h. Z. 200. Geburtstag. (Osterw.) 1907. 8. 8 p. m. Portr. 1.—
8275 — H a s s e l q u i s t. Voyages and travels in the Levant. Publ. by
C h. L i n n a e u s. Lond. 1766. 8. 470 p. w. map. Calf. 10.—
8276 — H o l m, T h., Linnaeus. (Chicago, Bot. Gaz.) 1907. 8. 5 p. w. 2 portr. 1.50
8277 — H u l t h. Bibliographia Linnaeana. Vol. I, Pars 1 (quantum prodiit).
Upsala 1907. 8. 170 p. et 11 tab. (titres facsimil.) 10.—
8278 — J u n k, W., Bibliographia Linnaeana. Verzeichnis der Schriften Karl
v. Linnés. Berl. 1902. 4. 10 p. 2.—
8279 — J u n k, W., C. v. Linné u. s. Bedeutung f. d. Bibliographie. Festschrift. Berl. 1907. 4. 19 p. m. 2 Portraits. 2.50
> Prof. J a c o b i - Dresden: Sehr schön gelungene Publication. — Prof. T u l l -
b e r g - Upsala: Sehr interessante Publication. — C. S c h a u f u s s - Meissen
(Entomolog. Wochenblatt): In der ganzen Durchführung treffliche Arbeit. — Prof.
S u d h o f f - Leipzig: Der kundige Berliner Antiquar bringt hier eine ganze
Menge für den gelehrten Bibliographen wertvollen Materiales wohlgeprüft zur
Sprache. Wertvolle Publication. — V o s s i s c h e Z e i t u n g: Sehr vornehm
ausgestattete Festschrift. Schätzenswerter Beitrag zur Würdigung Linnés. Mit
liebevollem Verständnis und emsigem Sammelfleiss.

8280 — K r a e p e l i n. Z. Gedächtn. Linné's. (Hamb., Nat. Ver.) 1908. 8. 10 p. 1.—
8281 — L i n d f o r s. Linnés Dietetik pa grundv. af Linnés „Lachesis naturalis" och „Collegium diaetet." Uppsala 1907. 8. 243 p. m. Tfl. 6.—
8282 — L u n d s t r ö m, A. N., Linnaei Resa till Lappland 1732. (Upsala)
1878. 8. 21 p. 1.—
8283 — M u n r o. On the indentificat. of the Grasses of Linnaeus's Herbarium. (Lond., Linn. Soc.) 1862. 8. 23 p. 1.50
8284 — M u r r a y. Vindiciae nominum trivialium Stirpibus a Linnaeo im-
pertitor. (Colon., Amoenit.) 1786. 8. 31 p. 3.—
8285 — M y g i n d. Observ. crit.-botan., seu epistolae ad Linnaeum scrip-
tae. 2 partes. (Vindob., Z. b. G.) 1897. 8. 48 p. 1.50
8286 — O l s s o n - S e f f e r. Place of Linnaeus in the history of Botany.
(Lond., J. Bot.) 1904. 8. 8 p. 1.—
8287 — O u d e m a n s, J. A., Rede t. herdenk v. d. Sterfdag v. Linnaeus.
Amst. 1878. 8. 40 p. 2.—
8288 — P u l t e n e y. General view of the writings of Linnaeus. Lond.
1781. 8. 426 p. Calf. (Nr. 186). 8.—
8289 — S a c c a r d o, P. A., Progetto di un Lessico d. antica Nomenclat.
botan. compar. alla Linneana. (Genova, Malp.) 1903. 8. 39 p. 1.50
8290 — S c h i ö d t e. Af Linné's Brevvexling. (Kjöb., Nat. Tidsk.) 1871.
8. 190 p. 2.50
8291 — S m i t h, J. E., Select. of Correspondence of Linnaeus. 2 vols. Lond.
1821. 8. 1229 p. w. 10 pl. (1 £ 10 s.) (Nr. 159). 12.—
8292 — S t ö v e r. Leben Linné's. 2 Tle. Hamb. 1792. 8. 780 p. Cart. (Nr. 183). 6.—
8293 **Linnéska Institutets** Skrifter. Heft 1 (einziges). (Upsala 1807). Upps.
1906. 8. 29 p. m. 2 Tfln. 4.—
> Neudruck, in 150 Exempl. hergestellt, dieser seltenen Schrift. Inhalt: J. H. af
F o r s e l l e s, 20 nya Växter fundne i Sverige och beskrifne. — L. H. G y l l e n -
h a l, Beskrifning pa tvänne Lönnars sammanväxande till Linnéska Institutet
inlämnad. Botaniske anmärkningar till Linnéska Institutet inlämnade.

Scripta Miscellanea.

[Supplementum numeror. 726—776, vide: Bibliographia Botanica, p. 34—36].

8294 **Actas y Memorias** del I. Congreso de Naturalistas Españoles, 7.—10.
Oct. 1908. Zaragoza 1909. 8. 435 p. av. 30 pl. color. et noires. 12.—

W. Junk, Berlin, W. 15.

8295 **Agardh, C. A.** Aphorismi Botanici. · Fasc. VIII—XIII. Lund 1822—23. *M*
8. 94 p. — 1.50

8296 **Alghetti.** Curiosità di Storia Naturale. Milano 1914. 4. 443 p. c. 31 tav.
(1 color.) e 644 fig. (18 Lire). — 10.—

8297 **Ascherson.** Botan. Wahrnehmungen in Paris. (Berl., Bot. Ver.) 1870.
8. 26 p. — 1.—

8298 **Auer.** Die Entdeckung d. Naturselbstdruckes. Wien 1854. 4. 75 p. m.
19 meist color. u. 4 Facsim.-Tfln. Hfzb. — 3.—

8299 **Auerswald.** Anleit. z. Botanisiren. Leipz. 1860. 8. 108 p. — 1.—

8300 **Bade.** Handb. für Naturaliensammler. Berl. 1913. 8. 625 p. m. 43 Tfln.
(12 color.) u. 465 Fig. Lnb. (M. 12.) — 8.—

8301 **Baillon.** Préface d'un nouv. Dictionnaire de Botan. (Paris). 8. 30 p. — 1.—

8302 **Beauregard.** Guide scientif. du Géographe-Explorateur. Paris 1912. 4.
260 p. av. pl. (fr. 10.) — 6.—

8303 **Bericht** I. d. Thier- u. Pflanzenschutz-Vereins f. d. Herzogth. Coburg.
Cob. 1888. 8. 101 p. — 1.—

8304 **Bernstein.** Aus d. Reiche d. Naturwissenschaft. Bd. 1—10. Berl. 1853—
1856. 8. (M. 10.) Cart. — 3.—

8305 — Naturwissenschaftliche Volksbücher. 5 Bde. Berl. 1880. 8. (M. 12.60) — 3.—

8306 **Bertholdi.** Der Pflanzensammler. Berl. 1840. 8. 139 p. m. 4 Tab. Cart. — 1.—

8307 **Blätter** für Naturschutz. Red. v. Benecke. Jahrg. V: 1914. Berl. 8. m.
Tfln. (M. 6.) — 2.50

8308 **Botaniker-Kalender,** 1887. 2 Tle. Berl. 1887. 8. 322 p. (M. 3.) Lnb. — 1.—

8309 — — 1899. Berl. 1899. 8. 202 p. Lnb. (M. 3.) — 1.—

8310 **Botanisches Adressbuch.** Leipz. ·1891. 8. 194 p. (M. 5.) Lnb. — 1.—

8311 **Bratranek.** Beitr. z. Aesthetik d. Pflanzenwelt. Leipz. 1853. 8. 445 p.
(M. 7.) Cart. — 3.—

8312 **Brown, R.** Miscellan. Botanical Works. Pub. by Bennet. 2 vols. Lond.
1866—70. 8. w.·atlas of 38 pl. in folio. Cloth. (3 £ 12 s.) — 20.—

8313 — Vermischte botan. Schriften. Uebers. v. Nees v. Esenbeck. 5 Bde.
Schmalkald. 1825—34. 8. m. 10 Tfln. (M. 37.50) Cart. — 15.—

8314 — — 5 Bde. Cart. — Die Tafeln zum 5. Bde. f e h l e n. — 5.—

8315 **Cassino.** The Naturalist's Directory. Compiled in 1914. Salem, Mass.,
1914. 8. 203 p. Cloth. — 12.—
Also all the former editions in stock at nominal prices.

8316 **Catalogus Plantarum** siccarum ad annum 1793 collectarum aliarumque
praeterea cognitarum. — Sauberes M a n u s c r i p t von 134 Quart-
Seiten. — 6.—

8317 **Chalon.** Notes (botan.) d'un Touriste. (Brux., S. Bot.) 1872. 8. 30 p. — 1.—

8318 **Church a. Soden-Smith.** Flower and Bird Posies. Shelsley 1890. 4. 32 p. — 1.—

8319 **Congrès International** de Botanique et d'Horticulture. Bruxelles 1864,
Amsterd. 1865, Londres 1866, Paris 1867, St. Pétersb. 1869, Florence
1874, Amsterd. 1877, Paris 1878, Bruxell. 1880, Anvers 1885, Gênes
1892. 11 vols. Gand etc. 1864 à 1893. 8. av. beauc. de pl. — 120.—

8320 — — Séparément: Amsterdam 1865: Bulletin. Rotterd. 1866. 8. 524 p.
av. pl. Cart. — 8.—

8321 — — Séparément: St. Pétersbourg 1869: Bulletin. Pétersb. 1870. 8.
325 p. av. 3 pl. Cart. — 8.—

8322 — — Séparément: Bruxelles 1880. Brux. 1881. 8. 96 p. av. pl. Cart. — 2.—

8323 — — Séparément: Anvers, 1885: Actes (237 p.) et Rapport (4 fascic.,
442 p.). Anv. et Gand 1885 à 87. 8. — 12.—

8324 — F i s c h e r d e W a l d h e i m. Le Congrès internat. de Botan. et
d'Horticult. d'Anvers. Varsov. 1886. 8. 27 p. — En l. Russe. — 1.—

8325 — — II: Vienne, 1905. 2 vols. Jena 1906. 4. 714 p. av. carte et 3 pl.
(M. 32.50) — 22.—
I: Résultats scientifiques (Wissenschaftl. Ergebnisse). Red. v. Lotsky. 452 p.
m. Kte. u. 8 Tfln. (M. 20.) M. 12. — II: Actes (Verhandlungen). Hrsg. v. Wett-
stein, Wiesner u. Zahlbruckner. 262 p. (M. 12.50) (M. 10.)
Il semble que le 'Congrès' de Gênes de 1892 est numéroté comme premier.

8326 **Congrès International** de Botanique. Führer zu d. wissenschaftl. Ex- *ℳ*
kursionen d. II. internat. botan. Kongresses, Wien 1905. 6 Tle. Wien
1905. 8. m. 52 Tfln. In Mappe. (M. 20.) 15.—

8327 — — III: Bruxelles, 1910: Actes. Publ. p. Wildeman. 2 vols. Brux.
1912. 4. 630 p. av. 73 pl. (2 color.) 25.—

8328 — W i l d e m a n. Le Congrès internat. de Botanique de Vienne 1905.
(Brux., Soc. Bot.) 1906. 8. 10 p. 1.—

8329 **Cooke, M. C.** The tendences of system. Botany. (Lond., Pop. Sc.)
1875. 8. 12 p. 1.—

8330 **Conwentz.** Naturschutzgebiete in Deutschld., Oesterr. u. ein. and.
Ländern. (Berl., Z. Erdk.) 1915. 8. 22 p. 1.—

8331 **Cornelissen.** In Florum cultores ipsosque flores, ludus cavillatorius.
Gand. 1821. 8. 22 p. et tab. 5.—
　　　　Nicht im Pritzel.

8332 **Cosson.** Instruct. s. l. observ. et les collections botan. à faire dans les
voyages. (Paris, Soc. Bot.) 1872. 8. 31 p. 1.—

8333 **Cramer.** Ueb. Pflanzen-Architektonik. Zürich 1860. 8. 35 p. m. Tfl. 1.—

8334 — Eröffnungsrede b. d. 66. Jahresversamml. d. Schweiz. Nat. Gesellschaft. Zürich 1883. 8. 23 p. 1.—

8335 **Dalla Torre.** Anleit. z. Sammeln u. Erhalten v. Naturkörpern. Linz
1877. 8. 19 p. 1.—

8336 **Delpino.** Rivista botanica d. anno 1876. Mil. 1877. 8. 140 p. 1.50

8337 — Applicaz. di nuovi criterii par la classificaz. d. Piante. Mem. III.
(Bologna) 1890. fol. 37 p. c. tav. 2.—

8338 **Dörfler.** Botaniker-Adressbuch. Wien 1896. 8. 306 p. Lnb. (M. 10.) 1.—

8339 — — 2. Aufl. Wien 1902. 8. 366 p. Lnb. (M. 10.) 2.—
　　　　Stark gebraucht.

8340 — — 3. (letzte) Aufl. Wien 1909. 8. 480 p. Lnb. (M. 14.) 11.—
　　　　Ca. 12800 Adressen umfassend, also gegen die vorige Ausgabe ausserordentlich vermehrt.

8341 **Dudley Memorial Volume,** publ. by the Leland Stanford University.
Palo Alto 1913. 8. 137 p. w. portr. and 9 pl. 10.—
　　　　Many botan. papers.

8342 **Du Mortier.** S. la théorie de la classif. d. Plantes. (Brux., S. Bot.)
1865. 8. 22 p. 1.—

8343 **Du Petit-Thouars.** Mélanges de Botanique et de Voyages. Recueil I.
(tout ce qui a paru). Paris 1811. 8. 283 p. av. 18 pl. et carte. 7.—

8344 **Eger.** Der Naturalien-Sammler. Wien 1876. 8. 130 p. m. 2 Tfln. 1.—

8345 **Esser.** Das Pflanzenmaterial f. d. botan. Unterricht. Köln 1892. 8.
186 p. (M. 3.) 1.—

8346 — — 2. Aufl. Tl. I (soviel erschien.). Cöln 1903. 8. 147 p. Lnb. (M. 3.20.) 1.50

8347 **Facsimile-Edition.** Ed.: W. J u n k. Volum. I—XIX. Berol. 1901—15.
8, 4 et folio. c. 311 tab. (22 color.) (M. 1134.)
　　　　Botanischen Inhalt haben: Vol. I: Orbis eruditi de C. L i n n a e i Scriptis.
[Holmiae 1741]. 1901. 8. 16 p. M. 10. — VIII: H. M a z é et A. S c h r a m m, Essai
de classification des Algues de la Guadeloupe. 2. éd. [Basse-Terre 1870 à 77].
1905. 8. 247 p. M. 25. — XI: C. L i n n a e u s, Species Plantarum. 2 vol. [Holmiae
1753]. 1907. 1231 p. M. 40. — XII: G. L. M a y r. Die mitteleurop. Eichengallen in
Wort u. Bild. 2 Tle. [Wien 1870—71]. 2. (durch e. Vorwort u. e. Index) verm. Ausg.
1907. 76 p. m. 7 Tfln. M. 15. — XIV: A. M o r i t z i. Réflexions sur l'Espèce [So-
leure 1842]. Avec préface hist. (en allemand) p. H. Potonié. 1910. 118 p. M. 5. —
XVIII: A. B r o n g n i a r t. Histoire d. Végétaux fossiles, ou rech. botan. et
géolog. s. les végét. renfermés dans les div. couches du globe. 2 vols. [Paris 1828
à 1837]. 1915. 4. 572 p. av. 199 pl. M. 300.
　　　　In Vorbereitung befinden sich: C. D a r w i n, On the Origin of Species.
London 1859. 8. 511 p. w. pl. Subscriptionspreis M. 15. [Preis nach Erscheinen
M. 20]. — C. L i n n é, Mantissa Plantarum. 2 partes. Holmiae 1767—71. 8. 594 p. Subscriptionspreis M. 32. [Preis nach Erscheinen M. 40.] — G. M e n d e l, Versuch üb.
Pflanzen-Hybriden. Brünn 1866. 8. 45 p. Subscriptionspreis M. 3. [Preis nach Erscheinen M. 4.] — G. A. P r i t z e l, Thesaurus Botanicus. Ed. II. Lipsiae 1872.
4. 577 p. Subscriptionspreis M. 40. [Preis nach Erscheinen M. 50.] — E. T u c k e r -
m a n n, A Synopsis of the North American Lichens. 2 vol. Boston and New
Bedford 1882—88. 8. 458 p. Subscriptionspreis M. 35. [Preis nach Erscheinen M. 50.] —

F. H. W i g g e r s, Primitiae Florae Holsaticae. Kiliae 1780. 8. 112 p. Subscriptions- *M*
preis M. 10. [Preis nach Erscheinen M. 12.]
 Die „Facsimile-Edition" umfasst technisch vollendete Neudrucke solcher naturwissenschaftlicher Werke, die vergriffen und sehr selten sind und die einen hohen inneren, wissenschaftlichen Wert — also nicht nur einen solchen vom Standpunkte des Historikers oder Bibliophilen — besitzen. Die Neuauflagen können bei der — photographischen u. anastatischen — Vervielfältigung nur geringe sein.

8348 **Fischer de Waldheim.** Copenhague et l'Exposit. Scandin. de 1888 au point de vue de la Botan. Moscou 1888. 4. 50 p.   1.50

8349 Die **Fortschritte** d. Botanik 1885—86. Leipz. 1887. 8. 236 p. (M. 4.)   1.50

8350 **Fries, E.** Naturens perfectibilit. (Kjöbenh. 1847.) 8. 14 p.   1.—

8351 **Fries, T. M.** Om Växtbolag. Upsala 1892. 8. 15 p.   1.—

8352 — Botaniska Studier tillägnade T. M. Fries. (Stockh., Bot. Tidsk.) 1912. 8. 600 p. m. Portr. u. 37 Tfln. (M. 12.)   8.—

8353 **Gaillon.** De la Botanique. (Boulogne) 1834. 8. 15 p. av. pl.   1.—

8354 **Garovaglio.** Discorsi s. Botanica. Ed. II. 2 fasc. Pavia 1865. 8. 173 p.   3.—

8355 **General-Doubletten-Verzeichnis** d. Schlesischen Botan. Tausch-Vereins. Tauschjahr 21—24. Breslau 1882—88. fol. 154 p.   1.—

8356 **Glasl.** Excursionsbuch. Wien 1863. 8. 150 p.   1.—

8357 **Goethe.** Oeuvres scientif. Publ. p. Faivre. Paris 1862. 8. 444 p.   3.—

8358 **Gray, A.** Botan. Contributions. 5 parts. (Cambr.) 1872—87. 8. 230 p. w. 2 pl.   5.—

8359 **Griesselich.** Kleine Botan. Schriften. I. (soviel erschienen). Carlsr. 1836. 8. 392 p. (M. 4.)   2.—

8360 **Guarini.** Memoria s. Botanica. Napoli 1867. 8. 68 p.   1.—

8361 **Harting.** Skizzen aus d. Natur. 2 Tle. Leipz. 1854—56. 8. 292 p. m. 2 Tfln. (M. 4.60.)   1.—

8362 **Harvey, W. H.** Botany consid. in refer. to the arts of design. Dubl. 1849. 8. 18 p.   1.—

8363 **Haussknecht.** Pflanzengesch., system. u. florist. Besprechungen u. Beiträge. (Weimar, Bot. Ver.) 1892. 8. 22 p.   1.—

8364 **Hedwig.** Belehrung die Pflanzen zu trocknen, zu ordnen u. zu untersuchen. 2. Aufl. Gotha 1801. 8. 214 p. Hfzb.   1.—

8365 **Heerwagen.** Die Kultur als Hauptfeind der Natur. (Nürnb., Nat. Ges.) 1909. 8. 34 p.   1.—

8366 **Hempel.** Das Herbarium. Berl. 1895. 8. 95 p. Lnb.   1.—

8367 **Hoelzl.** Botan. Beiträge aus Galizien. (Heil- u. Zauberpflanzen). 2 Tle. (Wien, Z. b. G.) 1861. 8. 26 p.   1.50

8368 **Hooker, J. D.** 2 addresses to the Brit. Assoc. for the advanc. of Science, Norwich 1868 and Lond. 1875. 8. 55 p.   2.—

8369 **Humboldt, A. v.** Kosmos. 5 Bde. Stuttg. 1845—62. 8. Cart.   30.—
 Exemplare mit dem 5. Bande sind sehr selten geworden.

8370 — — Bd. I—IV. Stuttg. 1845—58. 8. Hfzbde.   6.—
 Jeder Band auch einzeln à M. 1.50.

8371 — B r o m m e. Atlas zu Humboldt's Kosmos. Stuttg. 1851. qu.-fol. 136 p. m. 42 Tfln. (M. 24.) — Tafel 42 f e h l t.   1.50

8372 — C o t t a. Briefe üb. Humboldt's Kosmos. 4 Bde. Leipz. 1848—60. 8. m. 20 Tfln. (M. 39.) Cart.   5.—

8373 — G r i m m. Verhältn. d. 'Kosmos' z. Christenth. Ratib. 1869. 4. 23 p.   1.—

8374 — L e n t z. Humboldts Aufbruch z. Reise nach Süd-Amerika. (Berl., Humboldt-Festschrift) 1899. 4. 54 p. m. 4 Tfln.   1.50

8375 — M a y. Humboldt u. Darwin. Brackw. 1911. 8. 55 p.   1.—

8376 — S c h u m a n n. Rückblick auf Humboldt's Kosmos. (Königsb.) 1848. 8. 30 p.   1.—

8377 — S o l a n o. Cartas inéd. (Madrid, Soc. Nat.) 1872. 8. 10 p. av. lettre autogr. de 10 pag.   1.50

8378 — W e b e r, O. Humboldt u. s. Einfluss auf d. Naturwissenschaft. (Bonn, Nat. Ver.) 1859. 8. 87 p.   1.50

8379 — Ansichten der Natur. 2 Bde. Stuttg. 1849. 8. 791 p. Hfzb. (M. 6.40)   2.—

M

8380 **Humboldt, A. v.** Ansichten d. Natur. 2·Bde. Stg. 1859—60. 8. 566 p. Cart.   1.50
8381 — Tableaux de la Nature. Trad. p. Hoefer. 2. éd. Milan 1858. 8. 435 p.   2.—
8382 **Jackson, R. T.** The protect. of native Plants. (Cambr.) 1904. 8. 11 p.   1.—
8383 **Jäger, W.** Anweis. wie d. Seltenheiten d. Naturgesch. zu sammlen, praeparier. etc. sind. Nürnb. 1761. 8. 283 p. m. 25 Tfln. Cart.   3.—
8384 **Jessen.** Was heisst Botanik? Leipz. 1861. 8. 29 p.   1.—
8385 **Junk's** Natur-Führer. Bd. I u. II. (soviel bis heute erschienen). Berl. 1913—14. 8. m. 2 color. Ktn. u. 6 Tfln. Leinenbände.   13.—
    I: v. D a l l a T o r r e, Tirol u. Vorarlberg. 1913. 510 p. m. 1 color. Kte. in Folio. M. 6. — II: A. V o i g t, Die Riviera. 1914. 472 p. m. 1 color. Kte. in Folio u. 6 photograph. Tfln. M. 7. — Bd. III: Die Schweiz — in Vorbereitung.
    Diese n e u a r t i g e Serie „Natur-Führer" sind Reisehandbücher, nach dem Muster von B a e d e k e r, durch welche der Leser — von Ort zu Ort wandernd — über die Natur-Merkwürdigkeiten, welche er auf seinem Wege antrifft, belehrt wird. Eingehend und allgemeinverständlich wird über Seen, Fauna, Flora, Mensch etc. etc. berichtet. Siehe No. 8566.
8386 **Kahl.** Schülerausflüge u. Naturbeobachtungen. Wien 1911. 8. 200 p. (M. 3.)   1.50
8387 **Kaltbrunner.** Manuel du Voyageur. Zürich 1879. 8. 840 p. av. 24 pl. et 280 fig. Toile.   6.—
8388 **Kaltbrunner u. Kollbrunner.** Der Beobachter. Anleitung zu Beobachtungen üb. Land u. Leute. Zürich 1882. 8. 924 p. m. 26 Tfln. (M. 13.50) Hfzb.   5.—
8389 **Kanitz.** Reliquiae Kitaibelianae. 3 partes. (Vindob., Z. b. G.) 1862—63. 8. 130 p.   1.50
8390 — Ein. Probleme d. allgem. Botanik. Regensb. 1873. 8. 13 p.   1.—
8391 **Kiesenwetter u. Reibisch.** Der Naturaliensammler. Leipz. 1876. 8. 266 p. m. Tfl. u. viel. Fig. Cart.   1,—
8392 **Klasing.** Das Buch der Sammlungen. 2. Aufl. Bielef. 1875. 8. 456 p. m. viel. Fig. Cart.   1.—
8393 **Kocher u. Bross.** Taschenbuch f. Naturfreunde. Stuttg. 1914. 8. 60 color. Tfln. m. Text. Lnb. (M. 3.60)   2.—
8394 **Kollmann.** Anleit. z. Konservir. d. Pflanzen. Leipz. 1875. 8. 54 p.   1.—
8395 **Koelsch.** Der blühende See. Stuttg. 1913. 8. 96 p.   1.—
8396 **Kreutzer.** Das Herbar. Wien 1864. 8. 208 p. Cart.   1.—
8397 **Krüger, F.** Der Lehrplan f. Botanik auf der Realschule. Görl. 1904. 8. 73 p.   1.—
8398 **Kusnezow.** Samml. Botan. Schriften. 14 Abhandl. Petersb. 1888—95. 8. 373 p. m. 5 Tfln. — Russisch.   5.—
8399 **Lefebure.** S. le principe essentiel de l'ordre en Botanique. (Paris, Soc. Linn.) 8. 24 p.   1.—
8400 **Leonhardi.** Ueb. Pflanzen- u. Thiersystematik. (Wien, Z. b. G.) 1857. 8. 10 p.   1.—
8401 **Liebig.** Ueb. d. Studium d. Naturwiss. u. üb. d. Zustand d. Chemie in Preussen. Braunschw. 1840. 8. 47 p.   1.50
8402 — Ueb. d. Studium d. Naturwissenschaften. Münch. 1852. 8. 23 p.   1.—
8403 **Link.** Propyläen d. Naturkunde. Tl. I. Berl. 1836. 8. 192 p. m. Tfl. Hfzb.   1.—
8404 **Loew, E.** Der botan. Unterricht an höh. Lehranstalten. Bielef. 1876. 8. 119 p.   1.—
8405 **Luedersdorff.** Das Auftrocknen d. Pflanzen. Berl. 1827. 8. 166 p. m. Tfl. Cart.   1.—
8406 **Lutz und Kohler.** Anleit. z. Sammeln, Bestimmen, Trocknen etc. d. Pflanzen. 2. Aufl. Ravensb. 1903. 8. 96 p.   1.—
8407 **Machado, Da Gama-.** Théorie des Ressemblances, ou essai philosoph. s. l. moyens de déterminer les dispositions physiques et morales d. Animaux d'après les analogies de formes, de robes et de couleurs. 4 vols. Paris 1831 à 58. fol. av. 46 pl. color.   130.—
    Ouvrage extrêmement rare (voyez B r u n e t) qui n'a jamais paru dans le commerce. Exemplaire tout à fait complet. — P r i t z e l: "Nonnulla ad physiognomiam Plantarum spectant. Vol. II. III. non vidi".
8408 — — Vol. 1 à 3. Paris 1831 à 1844. 4. av. 35 pl. color.   40.—

ℳ

8409 **Magnus.** Botanik u. Bernstein auf d. Fischerei-Ausstellg. Berl. 1881. 8. 17 p. — 1.—

8410 **Martins, Ch.** Naturwissenschaftl. Abhandlgn. Uebers. v. Born. Basel 1882. 8. 295 p. (M. 8.) — 3.—

8411 **Martius, K. F. Ph.** Reden u. Vorträge üb. Gegenstände d. Natur-. forschung. Stuttg. 1838. 8. 314 p. (M. 4.20.) Cart. — 1.50

8412 **Meyer, E.** Ueb. Behandl. d. Botanik. (Königsb.) 1848. 8. 26 p. — 1.50

8413 — Wie freundlich uns die Natur im Pflanzenreich entgegenkommt. (Königsb.) 1854. 8. 22 p. — 1.50

8414 **Michollitsch.** Ueb. d. Bau d. Pflanzenornamente. Krems 1894. 8. 22 p. — 1.—

8415 **Mielck.** Die Riesen d. Pflanzenwelt. Leipz. 1863. 4. 136 p. m. 16 Tfln. (M. 9.) Cart. — 2.—

8416 **Milne Edwards, A.** Enseignement spécial pour les Voyageurs du Muséum d'hist. natur. 2 parties. Paris 1893 à 1894. 8. 56 p. — 2.—

8417 **Mittheilungen** aus d. Reisetagebuche e. Naturforschers: England. Basel 1842. 8. 492 p. — 2.50

8418 **Montandon.** Méthodes éprouv. à connaitre l. caract. de chaque famille d. Plantes. Mulhouse 1845. 8. 62 p. — 1.50

8419 **Morren, C.** Dodonaea. Recueil d'observat. de Botanique. 2 parties. Brux. 1841 à 43. 8. 262 p. av. 10 pl. (1 color.) — 12.—

8420 — Lobelia ou recueil d'observat. de Botanique. Brux. 1851. 8. 239 p. av. portr. et 14 pl. en partie color. — 8.—

8421 **Morren, E.** Correspond. Botan. Liste d. Jardins, Musées et d. Sociét. de Botan. 10. éd. Liége 1884. 8. 196 p. — 1.—

8422 **Nave.** Anleit. z. Einsammeln, Präpariren u. Untersuchen d. Pflanzen. Dresd. 1864. 8. 100 p. Cart. — 1.—

8423 **Parlatore.** Come possa considererarsi la Botanica nello stato attuale d. Scienze natur. Fir. 1842. 8. 35 p. — 1.—

8424 — S. la méthode natur. en Botanique. Florence 1863. 8. 73 p. — 1.—

8425 **Piccone.** Istruz. p. fare le raccolte e le osservaz. botaniche. Roma 1880. 4. 42 p. — 1.—

8426 **Plateau.** Les voyages des Natural. Belges. (Brux., Ac.) 1876. 8. 39 p. — 1.—

8427 — Les Naturalistes-Marchands. 2 parties. (Morlaix) 1884. 4. 7 p. — 1.—

8428 — Comment on devient Spécialiste. (Morlaix) 1884. 4. 8 p. — 1.—

8429 **Pokorny.** Ueb. d. Anwend. d. Buchdruckerpresse z. Darstell. physiotyp. Pflanzenabdrücke. (Wien, Ak.) 1856. 8. 6 p. m. 3 Tfln. — 1.—

8430 **Potonié u. Gothan.** Vegetationsbilder d. Jetzt- u. Vorzeit. Esslingen 1911. 5 color. Tfln. in folio m. Text in-8. (M. 23.)

8431 **Ratzel.** Wandertage eines Naturforschers. 2 Tle. Leipz. 1873—74. 8. 630 p. (M. 10.) Cart. — 3.—

8432 — Ueb. Naturschilderung. 2. Aufl. Münch. 1906. 8. 402 p. m. 7 Tfln. Hpgt. (M. 7.50) — 4.—

8433 **Regel.** 4 Berichte üb. Pflanzenausstellungen. (Petersb., Gartenbauver.) 1860. 8. 103 p. — 2.—

8434 **Reichardt.** Botan. Miscellen. 50. Nrn. (Wien, Z. b. G.) 1866—73. 8 68 p. — 2.50

8435 — Mitthlgn. aus s. Botan. Laborator. 10 Nrn. (Wien, Z. b. G.) 1872— 1878. 8. 34 p. — 1.—

8436 **Report** on the Progress of Zoology and Botany 1841—44. 2 vols. Lond. 1845—47. 8. Cloth. — 2.—

8437 **Reports** and Papers on Botany by Zuccarini, Grisebach, Nägeli, Link. Transl. by Henfrey. 2 vols. Lond. 1846—49. 8. w. 10 pl. Cloth. — 6.—

8438 **Reusland.** Allgem. Namensverzeichniss in- u. ausländ. Pflanzen. Mannh. 1891. 8. 68 p. — 1.—

8439 **Roeper.** Vorgefasste botan. Meinungen. Rost. 1860. 8. 74 p. — 1.—

8440 — Botanische Thesen. Rost. 1872. 8. 27 p. — 1.—

8441 **Rossmässler.** Flora im Winterkleide. Leipz. 1854. 8. 165 p. m. Tfl. u. 150 Fig. Cart. — 1.—

8442 **Rossmässler.** Flora im Winterkleide. 4. (letzte) Aufl. Leipz. 1908. 8. *℮*
130 p. m. Portr. u. 3 color. Tfln. (M. 4.) — 2.50
8443 **Roth.** Anweis. Pflanzen zu sammeln. Gotha 1803. 8. 316 p. Cart. — 1.50
8444 **Rothe.** Der moderne Naturgeschichtsunterricht. Wien 1908. 8. 235 p.
(M. 5.) — 2.—
8445 **Sander.** Im Freien. 7. (letzte) Aufl. Leipz. 1862. 8. 316 p. (M. 4.) — 1.—
8446 **Sandifort.** Thesaurus Dissertationum, Programmatum aliorumque opus-
culorum select. ad Medicin. pertinent. 3 vol. Roterod. et Lugd. Bat.
1768—78. 4. c. 24 tab. Hfzb. — 20.—
Cont.: **M a u l t.** De Cortice Peruviano. — **S t o c k a r.** De Succino. — **P a l -
l a s.** De Infestis viventibus intra viventia. — **H u b e r.** Observationes anatomicae.
— **R e i c h e l.** De ossium ortu atque struct. — **v. G e u n s.** De eo, quod vitam
constituit in corpore animali, etc.
8447 **Sarasin, P.** Ueb. d. Aufgaben d. Weltnaturschutzes. Basel 1914. 4.
62 p. (M. 2.) — 1.50
8448 **Schleiden.** Botan. Notizen. 2 Tle. (Berl., Arch. Nat.) 1839. 8. 64 p. m. Tfl. — 1.50
8449 — Beitr. z. Botanik. Bd. I. (einz.) Leipz. 1844. 8. 250 p. m. 9 Tfln.
(M. 5.50) — 2.—
8450 — Studien. Leipz. 1855. 8. 324 p. m. 4 Tfln. u. Karte. (M. 6.) — 1.—
8451 **Schmidlin.** Schlüssel z. Botanisiren. Stuttg. 1845. 8. 416 p. (M. 2.) — 1.—
8452 — Anleit. z. Botanisiren. 2. Aufl. Stuttg. 1858. 8. 474 p. (M. 4.50.) — 1.—
8453 **Schnetzler.** Entretiens s. la Botanique. Lausanne 1873. 8. 120 p. — 1.—
8454 **Schouw.** Naturschilderungen. Kiel 1840. 8. 166 p. m. 2 Tfln. (M. 3.) Cart. — 1.—
8455 **Schultz, F., Keck et Dörfler.** Herbarium normale. Schedae ad centur. 32,
35—37, 39, 49 et 50. Vindob. 1897—1908. 8. 215 p. — 3.—
8456 **Schulz, G. E. F.** Natur-Urkunden. Pflanzen. 2 Tle. Berl. 1908. 8. 32 p.
m. 40 Tfln. — 2.—
8457 **Schweinfurth.** Récolte et conserv. des Plantes p. collections botan. princip. dans les contrées tropic. Genève 1889. 8. 59 p. — 1.50
8458 **Seringe.** Mélanges Botaniques. Recueil d'observ., mém. et notic. s. la
Botanique. 2 vols. (6 numéros). Berne 1818 à 31. 8. 300 p. av. 4 pl. — 15.—
8459 — — Numéros 4 et 5. 1824 à 26. 116 p. av. pl. — 3.—
8460 — Bulletin botan. ou notices orig. et extraits d. ouvrages botan. No. 1,
2. Genève 1830. 8. 48 p. av. 4 pl. (1 color.) — 2.—
8461 **Sprengel, K.** Neue Entdeckungen in d. Pflanzenkunde. 3 Bde. Leipz.
1820—22. 8. m. 6 Tfln. (M. 20.) Cart. — 6.—
8462 — — Bd. I u. II. Leipz. 1820—21. 8. 822 p. m. 6 Tfln. Cart. — 2.—
8463 **Streubel.** Der Conservator od. Anleit., Naturalien zu sammeln. Berl.
1845. 8. 400 p. (M. 4.50.) Hfzb. — 1.—
8464 **Thienemann u. Thon.** Archiv d. Naturgeschichte. Bd. I. (soviel erschien.)
Naumb. 1830. 8. 521 p. Cart. — Die Tfln. **f e h l e n.** — 3.—
8465 **Thunberg.** De Scientia botanica. Upsal. 1793. 4. 10 p. — 1.50
8466 **Tilesius.** Jahrbuch d. Naturgesch. z. Anzeige neuer Entdeckgn. Leipz.
1802. 8. 502 p. m. 10 Tfln. (2 color.) (M. 9.) Cart. — 3.—
8467 **Trattinick.** Observat. botanicae tabularium Rei Herbariae illustr. Fasc.
1, 2. Viennae 1811—12. 8. 64 p. — 2.—
8468 — Botan. Taschenbuch. Jahrg. I. (einzig.) Wien 1821. 8. 360 p. m.
Portr. Cart. — 3.—
8469 — Genera nova Plantarum iconibus observationibusque illustr. 2 fasc.
Vindob. 1825. 4. 42 p. et 24 tab. (M. 8.) — 5.—
8470 **Trelease.** Botanic. Opportunity. (Wash., Smiths.) 1898. 8. 18 p. — 1.—
8471 **Treviranus.** Symbolarum Phytologic. fasc. I. (unic.) Gotting. 1831. 4.
92 p. et 3 tab. — 2.—
8472 **Trojan.** Aus d. Reich d. Flora. Berl. 1910. 8. 220 p. m. Portr. (M. 3.) — 2.—
8473 **Ugrinski.** Adressbuch Russischer Botaniker. Charkow 1912. 8. 31 p. —
In russisch. Sprache. — 2.—
8474 **Unger.** Botan. Briefe. Wien 1852. 8. 166 p. m. Tfl. (M. 7.) Lnb. — 2.—
8475 — Botanic. Letters. Lond. 1853. 8. 116 p. w. pl. Boards. — 2.—

8476 **Unterricht** d. Botanik an Mittelschulen. 13 Schul-Programme. 1884— *M*
      1906. 8. u. 4. 350 p.   4.—
8477 **Wagner, H.** Malerische Botanik. 2 Tle. Leipz. 1861. 506 p. m. 8 Tfln.
      (M. 6.) Lnb.   2.—
8478 — — 2. Aufl. 2 Tle. Leipz. 1872. 8. 542 p. m. 8 Tfln. (M. 8.) Lnb.   3.—
8479 **Weber, H.** Botan. Schülerwanderungen. I. Neub. 1906. 8. 49 p.   1.—
8480 **Welcher's** Naturbilder. Aufnahmen aus d. Reiche d. Natur. Leipz. 1908.
      4. 192 p. m. üb. 400 Fig. (M. 9.60.)   4.—
8481 **Weinzierl.** Bericht üb. d. 1. Internat. Botan. Ausstellung in Wien.
      Wien 1906. 4. 35 p.   1.—
8482 **Weldon.** Report f. conduct. inquiries into the measurable Character.
      of Plants and Animals. (Lond., Roy. Soc.) 1895. 8. 27 p.   1.50
8483 **Wettstein.** Die gegenwärt. Aufgaben d. botan. Systematik. Wien 1893.
      8. 14 p.   1.—
8484 **Willkomm.** Ueb. d. Stand u. Umfang d. botan. Wissenschaft. Dorpat
      1868. 8. 24 p.   1.—
8485 **Winkler, H.** Botan. Hilfsbuch f. Pflanzer, Kolonialbeamte u. Forschungs-
      reisende. Wismar 1912. 8. 329 p. (M. 10.)
8486 **Wittrock.** Föredrag i Botanik. Stockh. 1883. 8. 28 p.   1.—
8487 **Woenig.** Pflanzenformen im Dienst d. bild. Künste. Leipz. 1881. 8. 60 p.   1.—
8488 **Worsley-Benison.** What is a Plant? II. (Lond.) 1885. 8. 11 p.   1.—
8489 **Zimmermann.** Der Erdball u. s. Naturwunder. 3 Bde. (4 Tle.) Berl.
      1855—56. 8. m. Ktn. u. Tfln. (M. 25.) Cart.   1.50
8490 — — 19. Aufl. 2 Bde. Berl. 1881—82. 4. m. color. Tfl. u. 8 Ktn.
      (M. 13.) Cart.   2.—

Horti (et Musea) Botanici.

[Supplementum numeror. 777—807, vide: Bibliographia Botanica, p. 86—87].

8491 **Aberle.** Die Gefässpflanzen d. Botan. Gartens zu Salzburg. Wien 1877.
      8. 132 p.   1.50
8492 **Ahlborn.** Die Aufgaben d. Hamburg. Botan. Gartens. (Hamb., Nat. Ver.)
      1893. 8. 18 p.   1.—
8493 **Alton.** Hortus Kewensis. Vol. I. II. Lond. 8. w. many pl. Boards. —
      Titles and indexes w a n t i n g.   2.—
8494 **Antoine.** Der Wintergarten in d. k. k. Hofburg zu Wien. Wien 1852.
      quer-fol. 23 p. m. 12 Tfln.   25.—
        Selten. Kupferstiche auf chinesischem Papier.
8495 **Arcangeli.** Le Piante Arboree d. Orto Botanico di Pisa. (Fir., Giorn.
      Bot.) 8. 18 p.   1.—
8496 **Balfour.** State of the open-air vegetat. in the Edinburgh Botan. Gar-
      den. (Edinb.) 1864. 8. 9 p.   1.—
8497 **Beadle.** The Biltmore Herbarium. Biltm. 1896. 8. 29 p.   1.—
8498 **Beauvisage.** Le Jardin botan. de Lyon. (Lyon, S. Bot.) 1888. 8. 17 p.
      av. pl.   1.—
8499 **(Belajeff.)** Delectus Seminum Horti botan. Varsoviensis ann. 1879, 98,
      99 coll. Varsov. 1880—1900. 8. 107 p.   2.—
8500 **Berg.** Catal. des dessins de Plantes du Jardin botan. à St. Pétersbourg.
      Pétersb. 1857. 8. 36 p.   1.—
8501 **Berger.** Hortus Mortolensis. Catal. of Plants grow. in the Garden of
      Hanbury at La Mortola. Lond. 1912. 8. 492 p. w. 2 portr. and 6 pl.   5.—
        A complete and exact description of this garden may also be found on pages
      288—423 of: V o i g t ' s Naturführer durch die Riviera, see nr. 8566.
8502 **Berlin.** — (B r a u n e t a l i i). Index Seminum in Horto Botan. Berol.
      collect. 10 partes. Berol. 1853—73. 4. 160 p.   2.50
8503 — (—) Appendix Plantar. novar. in Horto Botan. Berol. cult. 6
      partes. Berol. 1855—71. 4. 97 p.   2.50

8504 **Berlin.** — (E n g l e r.) Der kgl. botan. Garten u. d. botan. Museum zu   *M*
Berlin. 6 Jahresberichte. Berl. 1890—98. 8. 87 p.   1.50
8505   — (—) Rundgang d. d. Berlin. Botan. Garten. Berl. 1895. 8. 80 p.
m. Plan.   1.—
8506   — (—) Führer durch d. biol.-morphol. Abteilgn. d. botan. Gartens
zu Dahlem. Berl. 1905. 8. 68 p. m. 3 Tfln.   1.—
8507   — (—) Der kgl Botan. Garten u. d. Museum zu Dahlem. Berl. 1909.
4. 158 p. m. color. Plan. Lnb.   1.—
8508   — P o t o n i é. Das Berl. Botan. Museum. Berl. 1891. 8. 15 p. m. 3 Tfln. 1.—
8509   — U r b a n. Der botan. Garten u. d. botan. Museum v. Berlin. 2 Abhandl. (Berl., Mediz. Congr.) 1890. 8. 18 p.   1.—
8510   — — Der kgl. Botan. Garten u. d. Botan. Museum zu Berlin 1878—91.
(Leipz., Bot. Jahrb.) 1891. 8. 58 p.   1.50
8511   — — Vorgeschichte d. neuen kgl. botan. Garten. Halle 1901. 8. 15 p. 1.—
8512   — — Der botan. Garten. (Berl., Nat.-Vers.) 8. 17 p.   1.—
8513 **Bezzi.** L'Erbario Longa. (Milano) 1904. 8. 11 p.   1.—
8514 **Bommer.** S. le Jardin botan. de Bruxelles. (Brux., S. Bot.) 1871. 8. 38 p. 1.—
8515 **Boos.** Schönbrunn's Flora. Wien 1816. 8. 404 p. (M. 5.)   3.—
8516 **Boerlage.** Catalogus Phanerogam. Horti botan. Bogoriensis. Fasc. I. II.
(quantum prodiit). Batav. 1899—1901. 8. 149 p. (M. 8.)   4.—
8517 Die **Botanischen Anstalten** Wiens, 1894. Wien 1894. 4. 85 p.   1.—
8518 **Bouché.** Der Schlossgarten zu Pillnitz. (Dresd., Dendr. Ges.) 1899. 8.
10 p. m. 5 Tfln.   2.—
8519 **Brancsik.** Ueb. uns. botan. Gärtchen. (Trencsén) 1910. 8. 16 p.   1.—
8520 **Breiter.** Hortus Breiterianus od. Verzeichn. d. Gewächse d. Breiter-
schen Gartens zu Leipzig. Leipz. 1817. 8. 614 p. m. Tfl. (M. 9.) Cart.   5.—
8521 **Briquet.** S. l'état actuel du Jardin botan. de Genève. (Genève) 1896
à 1905. 8. 30 p.   1.—
8522 — Les Jardins et Musées botan. Genève 1899. 8. 24 p.   1.—
8523 (—) Inauguration du Conservat. et du Jardin botan. de Genève 1904.
(Genève) 1905. 8. 55 p. av. 5 pl.   1.50
8524 **Britton.** Botanical Gardens. (N. York, Torr. Cl.) 1896. 8. 15 p.   1.—
8525 **Brongniart.** Enumér. d. genres de Plantes cult. au Muséum d'histoire
natur. de Paris. 2. éd. Paris 1850. 8. 237 p. Cart.   2.—
8526 **Bühler, Stebler u. Schröter.** Der Versuchsgarten Adlisberg b. Zürich.
(Zürich) 8. 58 p. m. Tab.   1.—
8527 **Büttner.** Der Forstbotan. Garten zu Tharandt. (Dresd., Dendr. Ges.)
1899. 8. 2 p. m. Tfl.   1.—
8528 **Candolle, A. P. de.** Catalogus Plantarum Horti botan. Monspeliens.
Monsp. 1813. 8. 163 p.   2.—
8529 — S. l'hist. et l'administr. d. Jardins botan. (Strasb.) 8. 19 p.   1.—
8530 **Carruthers and Willis.** Report for 1902—5 of the Ceylon Botan. Garden. (Colombo) 1902—6. fol. and 8. 300 p. w. pl.   2.50
8531 **Caruel.** S. sistemazione delle collezioni botan. d. Museo botan. di
Firenze. Fir. 1881. 8. 11 p. c. tav.   1.—
8532 **Catalogo** d. Piante vendibili nel reale Giardino Inglese di Caserta.
Napoli 1863. 8. 65 p.   2.—
8533 **Colla.** Hortus Ripulensis. Append. III et IV: Illustrat. rar. Stirpium.
(Aug. Taur., Ac.) 1826—28. 4. 114 p. et 24 tab.   4.—
8534 **Dale.** Report up. the Botan. Gardens and Governm. Herbarium, Cape
Town, for 1889. Cape T. 1890. 8. 15 p.   1.—
8535 **Dean.** Histor. and descr. account of Crome d'Abitot to which is annexed
an H o r t u s C r o o m e n s i s and observ. on the propagat. of Exotics.
Worcester 1824. 8. 266 p. w. 4 pl. Boards.   12.—
    Very rare, not quoted in P r i t z e l ' s Thesaurus.
8536 **Delectus** Plantarum exsiccat. quas ann. 1899, 1900, 1901, 1902, 1904
permut. offert Hortus Botan. Jurjevensis. 5 partes. Jurj. 8. 383 p. et tab.   4.—

8537 **Deleuze.** Hist. et descript. du Muséum Royal d'hist. natur. Paris 1823.   *M*
8. 720 p. av. 17 pl.   2.—

8538 **Desfontaines.** Catal. Plantarum Horti regii Parisiensis. Ed. III. Paris.
1829. 8. 432 p. (fr. 7.)   4.—

8539 **Dieck.** Die Moor- u. Alpenpflanzen d. Alpengartens Zöschen. 2. Aufl.
Halle 1899. 8. 88 p. m.' 3 Tfln.   1.50

8540 **Donn, J.** Hortus Cantabrigiensis. 9. ed. by Pursh. Lond. 1819. 8. 360 p.
Half bd. calf.   3.—

8541 — — 13. (last) edit. by P. N. D o n. Lond. 1845. 8. 722 p. Cloth.   4.—

8542 **Dörfler.** Jahres-Katalog d. Wiener Botan. Tauschanstalt für 1894—96,
1900. 3 Tle. Wien. 4. 92 p.   1.—

8543 **Engler.** Führer durch d. Bresl. Botan. Garten. Bresl. 1886. 8. 121 p.
m. color. Plan.   1.—

8544 **Erb.** Der Schulgarten d. Giessen. Realgymnasiums. Giess. 1892. 4. 17 p.   1.—

8545 **Faust.** Les Stations botan. du Valais. Bex 1890. 8. 31 p.   1.—

8546 **Fée.** Catal. méthod. d. Plantes du Jardin Botan. de Strasbourg. Strasb.
1836. 8. 155 p.   2.—

8547 **Flahault.** L'Institut de Botanique de l'Univ. de Montpellier. Montp.
1890. 8. 57 p. av. 8 pl.   1.50

8548 **Flückiger.** La Mortola, der Garten v. Hanbury. Strassb. 1886. 8. 30 p.
m. 3 Tfln.   1.50
        Siehe auch Nr. 8501 und 8566.

8549 **Führer** durch d. Grossh. Schloss u. Botan. Garten in d. Grossh. Hardt-
wald. Karlsr. 1891. 8. 20 p. Cart.   1.—

8549a **Gilson.** Le Musée d'Hist. natur. moderne, sa mission, son organis.,
ses droits. (Brux., Musée) 1914. 4. 268 p. av. beauc. de fig.   8.—

8550 **Goebel.** Führer durch d. München. Botan. Garten. Münch. 1905.' 8. 95 p.   1.—

8551 **Gombocz.** Historia Horti et Cathedrae 'Botan. Universat Budapest
1790—1886. Pest 1914. 8. 205 p. et 6 effig.   4.—

8552 **Goeppert.** Ueb. d. Botan. Museum v. Breslau. Görl. 1856. 8. 76 p.   1.—

8553 — Ueb. d. Breslauer Botan. Garten. Bresl. 1868. 8. 20 p.   1.—

8554 — Catalog d. Breslauer Botan. Museen. Görl. 1884. 8. 54 p. m. Tfl.   1.—

8555 **Gremblich.** Der Garten d. Franziskaner-Konventes zu Hall in Tirol.
Hall 1905. 8. 58 p.   1.50

8556 **(Gussone.)** Catalogus Plantarum in Horto Borbonii in Boccadifalco
prope Panormum. Neap. 1821. 8. 95 p.   3 —·

8557 **Guttstadt.** Die naturwiss. u. medicin. Staatsanstalten Berlins. Berl.
1886. 8. 615 p. m. Tfl. (M. 14.) Cart.   1.—

8558 **Hasskarl.** Catalogus Plantarum in horto botan. Bogoriensi cultarum
  alter. Batav. 1844. 8. 391 p. (M. 12.)   3.—

8559 **Heldreich.** Catal. system. Herbarii Orphanidis in Athenis. I: Leguminosae. Florent. 1877. 8. 88 p.   2.50

8560 **Hochreutiner.** Catalogus Bogoriensis novus Phanerogam. horti botan.
Bogor. I. Buitenz. 1904. 4. 48 p.   1.50

8561 **Holmes, E. M.** Catal. of the Hanbury Herbarium in the Pharmaceut.
Society. Lond. 1892. 8. 154 p.   2.—

8562 **Hornemann.** Supplementum Horti Botan. Hafniensis. Hafn. 1819. 8. 172 p.   3.—

8563 **Istvánfi.** Le Jardin Botan. de Kolozsvar. 2 mém. Boudap. et Paris
1900. 4. et 8. 34 p. av. plan.   1.—

8564 **Ivolas.** Les Jardins Alpins Europ. Paris 1908. 8. 99 p.   2.50

8565 **James.** Account of the Bartram Garden. Lond. 1864. 8. 11 p.   1.—

8566 **Junk's Natur-Führer.** Bd. II: A. V o i g t, Die Riviera. Berl. 1914. 8.
472 p. m. color. Kte. in Folio u. 6 photograph. Tfln. Lnb.   7.—
      Seite 288—428 mit Tafel 2—5: Die Gärten der Riviera. 187 Seiten davon um-
fassen: Verzeichniss (mit Beschreibung u. wichtigen biologischen und historischen
Notizen) besonders interessanter, in La Mortola kultivierter Pflanzen. Siehe Nr. 8585.

8566a **Kerner.** Die botan. Gärten, ihre Aufgabe. Innsbr. 1874. 8. 42 p.   1.—

8567 **Kew.** — Botanic. work and collect. at the Brit. Museum and at Kew.
2 parts. Lond. 1901. fol. 244 p.   6.—

W. Junk, Berlin, W. 15.

8568 **Kew.** — List of Seeds of hardy Herbac. Plants and of Trees and Shrubs of the Kew Gardens. 7 parts. Lond. 1898—1903. 8. 253 p. — *M* 3.50
8569 **Kiehl.** Der Pfarrgarten zu Orlowen. Lötz. 1883. 4. 43 p. — 1.—
8570 **Kny.** Die Gärten d. Lago Maggiore. (Berl., Gartenz.) 1882. 8. 45 p. — 1.50
8571 **Koch, K.** Die botan. Gärten. Berl. 1860. 8. 70 p. Cart. — 1.—
8572 **Koller.** Der Schulgarten d. Theresian. Akad. Wien 1898. 8. 9 p. — 1.—
8573 **Kraus.** Geschichte d. Pflanzeneinführgn. in d. Europ. botan. Gärten. Leipz. 1894. 8. 73 p. (M. 3.) — 1.50
8574 **Krause.** Anlage u. Einricht. bot. Schulgärten. Gleiwitz 1893. 4. 28 p. — 1.—
8575 **Kwitka.** — Catal. d. Plantes du Jardin de Kwitka. Pétersb. 1839. 8. 43 p. — 2.—
8576 **Lagerhelm.** Botaniken och d. botan. Institutet, 1878—98. (Stockh., Högsk.) 1898. 8. 37 p. — 1.—
8577 **Lange.** Beretn. om Universitetets Botaniske Have f. 1867—73. 3 Tle. Kjöbenh. 1870—74. 8. 126 p. — 1.50
8578 **(—)** Index Seminum in Horto Acad. Hauniensi 1874, 1878, 1883 coll. 3 partes. Haun. 1875—84. 8. 80 p. — 1.—
8579 **Lewicki et Besser.** Catal. Horti botan. Cremeneci pro 1823 et 1830. Crem. 4. 18 p. — 1.50
8580 **Lichtenberg.** Der Schulgarten zu Oldesloe. Old. 1896. 4. 10 p. m. Tfl. — 1.—
8581 **Link.** Hortus Reg. Berolinensis. 2 vol. Berol. 1827—33. 8. 780 p. (M. 9.) — 3.50
8582 **Linnaeus.** Descriptio Horti Upsaliensis. (Lugd. Bat., 'Amoenit.') 1749. 8. 41 p. et 4 tab. — 6.—
8583 **Liphart.** Verzeichn. s. Pflanzen in d. Gewächshaus v. Rathshof. (Dorpat) 1852. 8. 34 p. — 1.50
8584 **Longo.** Delectus Sporarum-Seminum-Fructuum Horti botan. Senensis. Senis 1914. 8. 27 p. — 1.—
8585 — Orto e Istituto Botan. di Siena. S. 1915. 8. 31 p. c. tav. — 1.—
8586 **Lubbers.** Catal. de Plantes rares du Palais de San Donato. Paris 1880. 4. 34 p. — 2.50
8587 **Luks.** Der Schulgarten u. d. botan. Unterricht. Tilsit 1896. 4. 50 p. m. Tfl. — 1.—
8588 **(Lynch.)** Delectus Seminum horti Cantabrig. Cant. 1903. 8. 32 p. — 1.—
8589 **Martin and Moncrieff.** Kew Gardens. Lond. 1908. 8. 218 p. w. 24 pl. Cloth. (6 s.) — 3.50
8590 **Martius.** Plantarum Horti Acad. Erlangensis enumer. Erl. 1814. 8. 216 p. Cart. — 2.—
8591 — Das kgl. Herbarium zu München. (Münch., Gel. Anz.) 1850. 4. 30 p. — 1.50
8592 — Wegweiser f. d. botan. Garten in München. Münch. 1852. 8. 170 p. m. Plan. — 1.—
8593 **Masclef.** S. l'Herbier d'Arras. (Arras) 1885. 8. 20 p. — 1.—
8594 **Micheli.** Le Jardin du Crest. Végétaux cult. au Château du Crest. Genève 1896. 8. 229 p. av. 8 pl. — 4.—
8595 **Milne-Edwards.** Les relations entre le Jardin des Plantes et l. Colonies françaises. Paris 1899. 8. 12 p. — 1.—
8596 **Möbius.** Geschichte u. Beschr. d. botan. Gartens zu Frankfurt a. M. (Frankf., Senck.) 1903. 8. 38 p. m. 2 Tfln. — 1.—
8597 **Moe.** Om Alp-, Skogs-, Kärr- och Vattenväxters odling i Kristiania Botan. Trädgard. Stockh. 1881. 8. 33 p. — 1.—
8598 **Moore and M'Nab.** Guide to the R. Botanical Gardens, Glasnevin. Dublin 1885. 8. 60 p. w. 2 pl. — 1.50
8599 **(Morel.)** Tableau de l'Ecole de Botan. du Jardin des Plantes de Paris. Paris 1801. 8. 107 p. — 3.—
8600 **Morren, E.** Descr. de l'Institut Botan. de Liége. L. 1885. 8. 30 p. av. 9 pl. — 1.50
8601 **Münter.** Die Gründung d. Greifswald. botan. Gartens. Gr. 1864. 4. 16 p. — 1.—
8602 **Nicotra.** Castelli e l'antico Orto Botanico di Messina. Mess. 1885. 8. 18 p. — 1.—
Notizblatt d. Berliner Botan. Gartens — siehe No. 7066.
8603 **Olmütz.** — Bericht II. u. III. d. Botan. Gartens. Olmütz 1910—13. 8. 250 p. — 2.—
8604 **Oltmanns.** Das Rostocker Universitätsherbarium. (Güstr., Arch.) 1893. 8. 18 p. — 1.—

8605 **Parlatore.** Les Collections botan. du Musée de Florence. Flor. 1874.   *M*
8. 163 p. av. 17 pl.   2.50
8606 **Pasquale.** Catalogo del R. Orto Botanico di Napoli. Nap. 1867. 4. 145 p.
c. carta.   2.—
8607 **Penzig.** Il Giardino Ricasoli. Firenze 1885. 8. 13 p.   1.—
8608 — L'Istituto botan. Hanbury di Genova. (Gen., Congr.) 1892. 8. 14 p.
c. 7 tav.   1.50
8609 **Perrédès.** London Botanic Gardens. Lond. 1906. 8. 99 p. w. 31 pl.   3.—
8610 **Petropolis.** — B r e v i a r i u m r e l a t i o n i s. de horto botan. Petropolitano, 1877—82, 84—86, 88—94. 15 partes. Petrop. 8. 220 p.   3.—
8611 — F i s c h e r, F. E. L. Enumeratio Stirpium Plantarumque quae
col. in Horto Botan. Petropol. Petrop. 1805. 8. 33 p.   2.—
8612 — (—) Index plantar. a. 1824 in Horto Botan. Petropolit. vigent.
Petrop. 1824. 8. 74 p. Cart.   2.—
8613 — F i s c h e r, F. E. L., et K. A. M e y e r. Index VIII, IX, X, XI et
suppl. ad XI. Seminum Horti botan. Petropolit. Petrop. 1841—46.
8. 422 p.   7.—
8614 — H e r d e r. Ueb. d. wicht. Bäume, Sträucher u. Stauden d. Bot.
Gart. in St. Petersb. 2 Tle. (Mosk., Bull.) 1864. 8. 135 p.   2.—
8615 — — Der kais. botan. Garten auf d. Apothekerinsel. Petersb. 1870.
8. 46 p.   1.—
8616 — R e g e l. De Plantis nonn. Horti botan. Petropol. (Petrop., Ac.)
1866. 8. 12 p. et tab.   1.—
8617 — R e g e l e t F i s c h e r d e W a l d h e i m. Delectus Seminum
quae Hortus Botan. Petropolit. offert. 6 partes. (Petrop.) 1859—1898.
8. 244 p.   2.50
8618 — T r a u t v e t t e r. Gesch. d. Petersburger Botan. Gartens. Petersb.
1873. 8. 160 p. m. Plan. — Russisch.   1.—
8619 **Pfitzer.** Der Heidelberg. botan. Garten. Heid. 1880. 8. 50 p. m. Plan.   1.—
8620 **Pfuhl.** Der Pflanzengarten an d. höher. Lehranstalt. 2 Tle. (Leipzig,
Natur u. Schule) 1902. 8. 18 p. m. Plan.   1.—
8621 **Piccioli.** Catal. Plantarum horti Botan. Florentini. Flor. 1829. 8. 54 p.   1.50
8622 **Rathbun.** The U. S. National Museum. (Wash., Mus.) 1905. 8. 309 p.
w. 29 pl.   2.—
8623 **Regel.** Catal. Plantarum horti Aksakovian. Petrop. 1860. 8. 155 p.   2.—
8624 **Report** I (1885) of the Montreal Botan. Garden. Montr. 1886. 8. 31 p.   1.—
8625 **Rhees.** The Smithsonian Institution. Documents relat. to its origin
and history, 1835—99. 2 vols. (Wash., Smiths.) 1901. 8. Cloth. (M. 25.)   7.—
8626 **Ricasoli.** Il Giardino dei Cocchi s. Golfo Juan. (Firenze, S. Ort.) 1883.
8. 14 p.   1.—
8627 — D. utilità dei Giardini d'Acclimaz. C. supplem. Firenze 1888—90.
8. 153 p.   2.—
8628 **Ridolfi.** Catal. d. Piante colt. a Bibbiani. Fir. 1843. 4. 42 p.   1.50
8629 **Rossi, J. B.** Enumer. Seminum quae commutanda exhib. in Horto prope
Modoetiam 1842. (Mediol.) 1843. 4. 9 p.   1.—
8630 **Rostowzew.** Der botan. Garten d. Landwirtsch. Instituts zu Moskau.
Mosk. 1899. 8. 69 p. m. Tfl. — Russisch.   1.—
8631 **Roth.** Catal. de l'Etabliss. hortic. du prince Troubetzkoy. (Mosc.) 1852.
8. 80 p.   2.—
8632 **Ruben.** Gang durch d. Grossherz. Gärten zu Schwerin. (Güstr., Arch.)
1889. 8. 42 p.   1.—
8633 **Schinz.** Der botan. Garten u. d. bot. Museum d. Univ. Zürich. Jahresb.
f. 1895—1903, 1905. Zürich. 8. 160 p.   2.—
8634 **Schultes.** Catalogus Horti Botan. Cracoviens. Cracov. 1806. 8. 47 p.   2.—
8635 **Schwab.** Der Volksschulgarten. Wien 1870. 8. 30 p. m. 3 color. Ktn.   1.—
8636 — Der Schulgarten. 3. Aufl. Wien 1874. 8. 42 p. m. 3 Tfln.   1.—
8637 **Starkl.** Der botan. Garten in Kalksburg. K. 1899. 8. 28 p.   1.—

8638 **Stelz u. Grede.** Der Schul-Garten d. Bockenheimer Realschule zu *M*
Frankfurt a. M. Frankf. 1896. 8. 64 p. m. color. Plan. 1.—
8639 **Tenore.** Appendix I ad Catalogum Plantarum horti Neapolit. Neapoli
1815. 8. 82 p. 2.—
8640 — — Ed. 2. Neapoli 1819. 8. 90 p. Cart. 2.—
8641 — Catal. d. Piante d. R. Orto botan. di Napoli. Nap. 1845. 4. 116 p.
c. tav. color.' in fol. 6.—
8642 **Torracciano.** Catal. d. Piante vendibili nel R. Giardino Inglese di Caserta. Napoli 1863. 8. 65 p. 2.—
8643 **Todaro.** Hortus botan. Panormitanus, s. plantae novae vel crit. Horti
botan. Panorm. Vol. I, II. pars 1—8 (quot prodiit). Panormi 1876—91.
fol. c. 40 tab. color. et effig. (M. 186.) 150.—
8644 **Tölg.** Ueb. Lehrgärten. Saaz. 8. 22 p. m. color. Tfl. 1.—
8645 **Trautvetter.** Ueb. d. Krzemieniecer Botan. Garten. (Mosk., Bull.) 1844.
8. 12 p. 1.—
8646 **Treub.** Beteekenis v. tropische botan. Tuinen. Batav. 1892. 8. 32 p. 1.—
8647 (—) Verslag omtr. d. 's Land Plantentuin te Buitenzorg 1902—04. 3 Tle.
Batavia 1903—5. 8. 766 p. m. Tfln. 4.—
8648 **ab Ucria.** Hortus regius Panhormitanus. Panormi 1789. 4. 504 p.
D.-rel. veau. 30.—
  Sehr selten. P r i t z e l hat nur 2 Exemplare (in Wien u. Paris) gesehen. —
Ich bezweifle, dass eine von D e C a n d o l l e erwähnte Neu-Auflage von 1819
existiert.
8649 **Varsovie.** — Plantes de serre chaude et froide du Jardin des Plantes.
Varsovie 1830. 8. 23 p. 1.—
8650 **Vasse.** Souvenir de Beloeil. Bruxelles 1853. in fol.-obl. 22 p. av. 12 pl.
color. Cart. 50.—
  Publication rarissime et imprimée en très-peu d'exemplaires (qui n'ont jamais
été dans le commerce) sur le jardin du Prince Ligne. L'autre livre presqu'inconnu
sur le même jardin voyez: J u n k, Bulletin, no. 8064.
8651 **Vilmorin.** Hortus Vilmorinianus. Cat. d. Plantes ligneuses et herbac.
d. l. collections de Vilmorin. (Paris, Soc. Bot.) 1906. 8. 383 p. av. 28 pl. 8.—
8652 **(Vines).** Account of the Oxford Herbarium. Oxf. 1897. 8. 20 p. 1.—
8653 **Voigt, A.** Die botan. Institute v. Hamburg. Hamburg 1897. 4. 102 p. m.
12 Tfln. 1.50
8654 **Voigt, J. O.** (a n d G r i f f i t h). Hortus suburbanus Calcuttensis. Catal.
of the Plants in the East India Company's Botan. Garden. Calc. 1845.
8. 838 p. Cloth. 6.—
8655 **de Vriese.** Epimetrum ad Indicem seminum horti Acad. Lugduno-Batavi.
(Leyden, Kruidk. Arch.) 1851. 8. 14 p. 1.—
8656 **(Weinmann.)** Der botan. Garten d. Universität zu Dorpat im J. 1810.
Dorpat (1812). 8. 185 p. Cart. 3.—
8657 **Wendland.** Verzeichn. d. Glas- u. Treibhauspflanzen zu Herrenhausen
b. Hannover. Hann. 1797. 8. 117 p. 3.—
8658 **Wien.** — Verzeichnis d. österr. Pflanzen d. Belvedere-Hofgarten. Wien
1887. 8. 59 p. 1.50
8659 **Wigand.** Der Marburg. Botan. Garten. Marb. 1868. 8. 24 p. m. color.
Plan. 1.—
8660 **Wildeman.** Rapport s. une visite aux Instituts Botan. de Paris, Berlin et
Dresde. Brux. 1902. 8. 16 p. 1.—
8661 **Willdenow.** Enumeratio Plantar. Horti botan. Berolinensis. C. suppl.
Berol. 1809—1813. 8. 1187 p. (M. 20.) Hfzb. 5.—
8662 **Willkomm.** Der Prag. botan. Garten. Wien 1881. 8. 32 p. 1.—
8663 **Winkler, C.** Die botan. Sammlung d. Dorpater Naturforscher-Gesell-
schaft. (Dorp., Nat. Ges.) 1875. 8. 6 p. —.50
8664 **Wittrock.** De Horto botan. Bergiano. (Holm., Hort.) 1891. 4. 22 p. et
mappa et 5 tab. 1.50
8665 **Wittrock et Juel.** Catalogus Plantarum in Horto botan. Bergiano.
(Holm., Hort.) 1891. 4. 96 p. et tab. 1.50

8666 **Zeyher u. Roemer.** Beschr. d. Gartenanlagen und Verzeichn. d. Bäume *M*
u. Treibhauspflanzen zu Schwetzingen. 2 Tle. Mannh. 1809. 8. 200 p.
m. 2 Plänen u. 8 color. Tfln. 10.—
8667 — — Text allein. 1.50
8668 **Zimmer.** Der Schulgarten d. Giessen. Mädchenschule. G. 1895. 8. 34 p.
m. 2 Tfln. 1.—
8669 **Zuccagni.** Synopsis Plantarum in Horto botan. Florentino. Florent. 1806.
4. 74 p. 3.—
8670 **Zürich.** — Der botanische Garten. Zürich 1853. 4. 23 p. m. 2 Plänen
(1 color.) 1.50

Systema.

[Supplementum numeror. 808—832, vide: Bibliographia Botanica, p. 87—88].

8671 **Aberle.** Vergl. Zusammenstell. d. Pflanzensysteme. Wien 1877. 8. 132 p.
(M. 3.) 1.50
8672 **Agardh, C. A.** Ueb. d. Eintheil. d. Pflanzen n. d. Kotyledonen. (Berl.,
Ak.) 1826. 4. 24 p. m. Tfl. 1.—
8673 **Agardh, J. G.** Theoria systematis Plantarum. Lundae 1858. 8. 570 p.
et 28 tab. (M. 24.) 5.—
8674 **Agassiz, L.** Tableau synopt. d. princip. familles natur. d. Plantes. Neuchât. 1833. 12. 94 p. Cart. 1.50
8675 **Allman.** Analysis by means of 20 constant differences of the Genera
of Plants. Lond. 1828. 4. 52 p. 3.—
8676 **(Arnault de Nobleville et Salerne).** Descr. abrégée d. Plantes usuelles.
Paris 1767. 8. 528 p. Veau. 10.—
    P r i t z e l   n'a   vu   qu'un   seul   exemplaire.
8677 **Augier.** Nouv. classificat. d. Végétaux. Lyon 1801. 8. 252 p. Cart. 2.—
8678 **Banal.** Catal. d. Plantes usuelles rangées suiv. la méthode de Linneus.
Montpell. 1776. 8. 97 p. Cart. 10.—
    L'édition   pas   connue   à   P r i t z e l.
8679 **Bartling.** Ordines natur. Plantarum. Gött. 1830. 8. 502 p. (M. 7.) Hfzb. 1.50
8680 **Baskerville.** Affinities of Plants w. observ. on progress. developm.
Lond. 1829. 8. 124 p. w. colour. map. Cloth. 4.—
8681 — — Lond. 1839. 8. 135 p. w. colour. map. Cloth. 4.—
8682 **Bentham et Hooker.** Genera Plantarum. 3 vol. (7 partes). Lond. 1862—
1883. 8. Cloth. (8 £ 2 s. net) 150.—
8683 — A. d e C a n d o l l e. Hooker and Bentham's Genera Plantarum.
(Lond., Journ. Travel) 1868. 8. 12 p. 1.—
8684 — H. K a r s t e n, Bentham-Hooker's Genera Plantar. u. Florae Columbiae specim. Leipz. 1887. 8. 40 p. 1.—
8685 **Brongniart, A.** Histoire d. Végétaux fossiles, ou recherches botaniques
et géolog. s. les végétaux renfermés dans les diverses couches du
globe. 2 vols. [Paris 1828 à 37]. Berl. 1915. 4. 572 p. av. 199 planches. 300.—
    Ein photographischer Neudruck, tadellos hergestellt u. dem Original in nichts
nachstehend (nur auf viel besserem Papier) dieses Fundamentalwerkes der Phyto-
Palaeontologie. Ist bei den engen Beziehungen der Phylogenie zur Systematik
recenter Genera auch für Botaniker von höchster Wichtigkeit. Das Original ist
bekanntlich eines der seltensten palaeontolog. Bücher und wird mit 600 M. und
mehr bezahlt.

8686 **Candolle, A. P. de.** Théorie élém. de la Botanique. Paris 1813. 8. 536 p. 3.—
8687 **Candolle, A. P. et A. de.** Prodromus system. natur. Regni vegetabilis.
17 volum. (= 20 partes) cum Indice gener. et spec. auctore B u e k.
(14 volum.). Paris. et Berol. 1824—74. 8. 300.—
    L'index de B u e k est extrêmement rare.
8688 **Cramer.** Enumeratio Plantarum quae in system. Linnaeano eas classes
etc. non obtinent in quib. reperiri debent. Marb.-Catt. 1803. 8. 248 p.
Hfzb. 4.50
8689 **Dietrich, D.** Synopsis Plantarum. 5 vol. Vimar. 1839—52. 8. (M. 90.) 18.—
8690 — — Vol. I—III. Vimar. 1839—43. 8. (M. 54.) Frzbde. 3.—

$\mathcal{M}$

8691 **Dumortier.** Analyse d. familles d. Plantes. Tournay 1829. 8. 104 p.   1.50

8692 **Endlicher.** Genera Plantarum. Acced. 5 supplem. Vindob. 1836—50. 4.
1976 p. (M. 70.)   16.—
Alle Supplemente auch einzeln.

8693 **Engler u. Prantl.** Die natürl. Pflanzen-Familien. Complet m. allen Er-
gänz.-Bdn. 23 Bde. Leipz. 1887—1915. 8. 'm. sehr viel. Fig. Origbde.
(M. 474.)   320.—
Vollständiges, gebundenes Exemplar mit allen Ergänzungen dieses vornehmsten
Werkes auf dem Gebiete der systematischen Botanik.

8694 **Fossilium Catalogus.** II: P l a n t a e. Editus a W. J o n g m a n s. Partes
1—7 (quantum hucusque prodierunt). Berol. 1913—15. 8. (M. 62.40)
Subscriptionspreis dieser Teile 1—7 der Abteilung II für Abnehmer der ganzen
Abteilung II: M. 52.10. (Für Abnehmer b e i d e r Abteilungen des „Fossilium
Catalogus" M. 41.50) (Abteil. I enthält die Tiere).
    Inhalt: Pars 1: J o n g m a n s, Lycopodiales. I. 1913. 52 p. (M. 5.) M. 4.20. —
2—5, 7: J o n g m a n s, Equisetales I—V. 1914—15. 518 p. (M. 49.) M. 41. — 6: N a -
g e l, Juglandaceae. 1915. 87 p. (M. 8.30) M. 6.90.
    Im Druck oder in Vorbereitung: P. B e r t r a n d, Zygopteridae, Botryopteridae,
Psaromeae. — W. N. E d w a r d s, Angiospermae (pro parte). — A. F r a n k e,
Alethopterideae. — W. G o t h a n, Filices (pro parte). — T h. H a l l e, Cycadophyta. — W. H u t h, Mariopterideae. — W. J o n g m a n s, Equisetales VI, VII;
Lycopodiales II; Gymnospermae palaeozoicae; Semina palaeozoica. — L. L a u -
r e n t, Angiospermae (pro parte): Magnoliaceae, Nymphaeaceae, Tiliaceae, Ana-
cardiaceae, Quercaceae, Hamamelideae etc. — K. N a g e l, Betulaceae, Ulmaceae,
Fagaceae. — H. P e r a g a l l o, Diatomeae. — E. S c h l e i f f e r, Laurineae. —
A. Z o b e l, Sphenophyllales.
    Auch für Institute und Forscher, die sich mit recenten Pflanzen beschäftigen,
unentbehrlich.
    Probelieferung und Prospect dieses monumentalen Werkes g r a t i s.

8695 **Fuhlrott.** Jussieu's u. De Candolle's natürl. Pflanzen-Systeme. Bonn
1829. 8. 248 p. m. Tab. (M. 4.50.) Cart.   2.—

8696 **Gleditsch, J. G.** Systema Plántarum a staminum situ. Berol. 1764. 8.
428 p. Hfzb.   4.—

8697 **Goeppert.** Sciagraphia methodi natur. systemat. vegetabilium. (S. l. et
anno). 8. 301 p. Cart.   4.—
Sauber geschriebenes Manuscript (aus G o e p p e r t ' s Nachlass).

8698 **Guibert-la-rottide.** Nova Methodus analyt. juxta quam recens. Plantae
nasc. à Belloguadria. 1810. 8. 421 p. Veau.   20.—
M a n u s c r i t d'une bonne conservation et d'une belle écriture, qui n'a pas
été imprimé.

8699 **van Hall.** Enarratio Systematorum Botanicorum. Trajecti 1821. 8.
104 p. Cart.   2.—

8700 **Hooker, J. D., et Jackson, B. D.** Index Kewensis Plantar. Phanerogamar.
2 vol. et 4 supplem. Oxonii 1893—1913. 4. 3746 p. Cloth.   320.—

8701 **Jaume St.-Hilaire.** Exposition d. familles natur. et de la germinat. des
Plantes. 2 vols. Paris 1805. 8. 1054 p. av. 112 planches. (fr. 36.)
D.-rel. veau.'   12.—

8702 **Jussieu, A. L. de.** Genera Plantarum. Paris. 1789. 8. 604 p. D.-rel. veau.   5.—
Cette première édition est plus estimée que la seconde publiée par U s t e r i
en 1791.

8703 — — Rec. U s t e r i. Turici 1791. 8. 630 p. D.-rel. veau.   3.—

8704 — Principes de la méthode natur. d. Végétaux. (Paris, Dict. Sc. Nat.)
1824. 8. 51 p.   2.—

8705 **Krause, E.** Die botan. Systematik in ihrem Verhältn. z. Morphol.; Vergleich. d. älteren Pflanzensysteme. Weimar 1866. 8. 242 p. (M. 3.)   1.50

8706 **Kunth.** Enumeratio Plantarum omnium. 5 vol. et supplem. Stuttg. 1833—
1850. 8. c. 40 tab. (M. 60.)   35.—

8707 — — Vol. I et suppl., vol. II. Stuttg. 1833—35. 8. 1656 p. et 40 tab. Cart.   10.—

8708 **Kuntze, O.** Revisio Generum Plantarum. 3 vol. (4 partes). Lips. 1891
—1893. 8. 2214 p. (M. 78.)   12.—

8709 **Lamarck et Poiret.** Encyclopédie méthod. de la Botanique. 13 vols. av.
atlas de 950 pl. Paris 1789 à 1817. 4.   120.—

8710 — — Vol. VII. Seulement l'atlas (sans texte) de 100 plchs.   8.—

                             M

8711 **Link.** Entwurf ein. phytolog. Pflanzensystems. (Berl., Ak.) 1824. 4. 50 p. 2.—

8712 **Martius.** Conspectus Regni vegetab. Norimb. 1835. 8. 90 p. 2.—

8713 **Meisner.** Plantarum vascularium genera. 2 vol. Lips. 1836—43. fol. 852 p. (M. 57.) Cart. 7.—

8714 **Persoon.** Synopsis Plantarum. 2 vol. Paris. 1805—7. 8. 1222 p. (M. 11.50.) D.-rel. 4.—

8715 **Pfeiffer, L.** Synonymia Botanica. Synonymik d. bis 1858 public. botan. Gattgn., Untergattgn. u. Abteilgn. M. Supplem. Cassel 1870—74. 8. 717 p. (M. 12.) 4.—
   Es gibt eine absolut unveränderte Ausgabe, die das Titelblatt „Gera 1887" trägt.

8716 — Nomenclator Botanicus. Nominum ad annum 1858 publ. enumer. alphabet. 2 vol. (4 partes). Cassell. 1871—75. 8. (M. 252.) Hfzbde. 13.—

8717 Das **Pflanzenreich.** Regni Vgetabilis conspectus. Hrsg. v. Engler. Heft 1—65. Leipz. 1900—1916. 8. m. Karten, Tfln. u. viel. Fig. (M. 653.) 390.—

8718 — — Heft 1—19. Leipz. 1900—1904. (M. 130.) 70.—

8719 **Post et O. Kuntze.** Lexicon generum Phanerogamarum inde ab anno 1737. Stuttg. 1904. 8. 719 p. Lnb. (M. 10.) 4.—

8720 **Reichenbach, H. G. L.** Handb. d. natürl. Pflanzensystems. Dresd. 1837. 4. 356 p. (M. 10.80) Hfzb. 2.—

8721 **Roemer.** Familiarum natur. regni veget. synopsis monogr. 4 partes. (quantum prodiit.) Vimar. 1846—47. 8. 994 p. (M. 15.60.) Cart. 3.—

8722 **Roscoe.** On artific. and nat. arrang. of Plants. (Lond., Linn. S.) 1813. 4. 29 p. 1.50

8723 **Steudel.** Nomenclator Botanicus s. Synonymia Plantarum univers. (Phanerog. et Cryptog.) 2 vol. Stuttg. 1821—24. 8. 1390 p. (M. 25.) Hfzb. 6.—

8724 — — Pars II: Cryptogamae. Stuttg. 1824. 8. 468 p. Hfzb. 4.—

8725 — — Ed. II. (ultima). (Phanerog.) 2 vol. Stuttg. 1840—41. 4. 1662 p. (M. 24.) Hfzb. 8.—

8726 **Trattinick.** Genera Plantarum methodo naturali dispos. Vindob. 1802. 8. 90 p. 2.—

8727 **Trautvetter.** De novo Systemate botanico. (Mosq., Bull.) 1841. 8. 20 p. et tab. 1.50

8728 — Neu. System der Pflanzenlehre. (Halle, Linn.) 1842. 8. 22 p. m. Tab. 1.50

8729 **Uphof.** Die Pflanzengattungen. Geogr. Verbreit., Anzahl u. Verwandsch. aller Pflanzen. Leipz. 1910. 8. 275 p. (M. 5.)

8730 **Vahl.** Enumeratio Plantarum vel ab aliis vel a ipso observat. 2 vol. Hauniae 1804—5. 8. 873 p. 6.—

8731 — — Vol. I. Hauniae 1804. 442 p. 2.—

8732 **Voigt, F. S.** Darstell. d. Pflanzensystems v. Jussieu. Leipz. 1806. fol. 67 p. Cart. 2.—

8733 — System d. Botanik. Jena 1808. 8. 414 p. m. 4 Tfln. (M. 5.) Cart. 2.—

8734 **Wettstein.** Grundz. d. geograph.-morpholog. Methode d. Pflanzensystematik. Jena 1898. 8. 64 p. m. 7 Ktn. (M. 4.) 3.—

8735 **Zunck.** Die natürl. Pflanzensysteme geschichtl. entwickelt. Leipz. 1840. 8. 216 p. Cart. 2.50

Nomina. Terminologia.

[Supplementum numeror. 888—945, vide: Bibliographia Botanica, p. 38—42].

8736 **Arrhenius.** Utkast t. Wäxtrikets Terminologi. 2 Tle. Upsala 1842—43. 8. 240 p. Lnb. 2.—

8737 **Artault.** Gossologie Botan. Paris 1885. 12. 328 p. 4.—

8738 **Ascherson.** Rapport s. la quest. de la Nomenclature. 2 mém. 1882 à 1892. 8. 70 p. 1.50

8739 — Die Nomenklaturbeweg. v. 1892 in d. Botanik. 2 Abhandl. (Berl. u. Wien) 1894—95. 8. 20 p. 1.—

8740 **Barnhart.** Family nomenclature. (N. York, Torr. Cl.) 1895. 8. 24 p. 1.50

8741 **Bechhold.** Handlexikon d. Naturwissensch. u. Medizin. 2. Aufl. Liefg.   *M*
    1—13. Frankf. 1913—16. 8. — Jede Liefg. à M. —.80.
8742 **Belleval.** Nomenclateur Botan. Languedocien. Montp. 1840. 8. 156 p.   4.—
8743 **Bischoff.** Die botan. Kunstsprache. Nürnb. 1822. fol. 122 p. m. 21 Tfln.
    (M. 8.) Hfzb.   1.—
8744 — Handb. d. botan. Terminologie u. Systemkunde. 3 Bde. Nürnberg
    1830—44. 4. m. 77 Tfln. (M. 49.) Cart.   15.—
8745 — — Bd. I: Phanerog., II: Cryptog. 1. Hälfte. 740 p. m. 58 Tfln. Hfzbde.   5.—
8746 — Lehrb. d. botan. Kunstsprache. Stuttg. 1839. 8. 283 p. (M. 3.) Hfzb.   1.—
8747 — Wörterbuch d. beschreib. Botanik. Stuttg. 1839. 8. 284 p. (M. 3.)
    Hfzb.   1.—
8748 — 2. Aufl. Stuttg. 1857. 8. 235 p. (M. 3.) Cart.   2.—
8749 **Borckhausen.** Botanisch. Wörterbuch. 2 Bde. Giess. 1797. 8. Hfzb.   3.—
8750 **Briquet.** Règles internat. de la Nomenclature de Botanique. Jena 1912.
    4. 118 p.   4.—
8751 **Britzelmayr.** Erklärgn. dunkl. u. unverständl. -deutsch. Namen aus d.
    Naturgesch. Augsb. 1868. 8. 40 p.   1.50
8752 **Buchenau.** Ueb. Einheitlichk. d. botan. Kunstausdrücke. Brem. 1894.
    8. 36 p.   1.—
8753 **Candolle, A. de.** Lois de la Nomenclature botan. Genève 1867. 8. 64 p.   1.—
8754 — La Phytographie ou l'art de décrire l. végétaux. Paris 1880. 8.
    508 p. — Rare.   10.—
8755 — Nouv. remarques s. la Nomenclat. botan. Genève 1883. 8. 79 p.   3.—
    Avec un lettre intéressante de 3 pages de l'auteur à M. Maximowicz.
8756 **Colgan.** Gaelic Plant and Animal Names. (Dubl., Ac.) 1911. 4. 30 p.   1.50
8757 **Coppoler.** Dizionario element. di Botanica latino ed ital. Vol. I. (A.—J.)
    Palermo 1825. 8. 318 p.   8.—
    Ein seltenes Werk, welches P r i t z e l nicht kennt, und von welchem 2 Bände
    erscheinen sollten.
8758 **Crépin.** La Nomenclature botan. au congrès internat. de Botan. de
    Paris. (Paris) 1867. 8. 28 p.   1.—
8759 **Dalla .Torre.** Die naturhistor. Nomenclatur. (Mch., Alp.-V.) 1883. 8. 18 p.   1.—
8760 — Die volksthüml. Pflanzennamen in Tirol. Innsbr. 1895. 8. 76 p.   1.—
8761 **Drejer.** Laerebog i d. botan. Terminologi og Systemlaere. Kjöbenh.
    1839. 8. 413 p.   1.50
8762 **Ellacombe.** The common English Names of Plants. (Bath) 1869. 8. 54 p.   2.—
8763 **(Engler).** Nomenclaturregeln f. d. Beamten d. Botan. Gartens zu Ber-
    lin. (Berl., Bot. Gart.) 1897. 8. 6 p.   1.—
8764 **Fée.** Essai hist. et crit. s. la Phytonomie ou nomenclat. végét. (Lille,
    Soc. Sc.) 1828. 8. 24 p.   1.—
8765 **Focke, W. O.** Die volksthüml. Pflanzennamen im Geb. d. unter. Weser
    u. Ems. 2 Abhdlgn. (Brem.) 1870. 40 p. in-8. u. 12 p. Autographie in fol.   2.—
8766 — Niedersächs. volksthüml. Pflanzennamen. II. (Brem., Nat. Ver.)
    1877. 8. 38 p.   1.—
8767 **Fries, E.** Förslag till fastställande af Svenska växternas slägtnamn.
    (Stockh.) 1864. 8. 64 p.   2.—
8768 **Fries, T. M.** Svenska Växtnamn. (Stockh., Ark.) 1904. 8. 60 p.   1.50
8769 **Geisenheyner.** Deutsche Pflanzennamen. (Wiesb., V. Nat.) 1889. 8. 13 p.   1.—
8770 **Gray, A.** Some points in botan. Nomenclature. N. York, Journ. Sc.)
    1883. 8. 20 p.   1.—
8771 **Guest.** Botanical Terms. Yeovil 1906. 8. 38 p.   2.—
    Not in the trade.
8772 **Guppy.** The Polynesians and their Plant-Names. (Lond., Vict. Inst.)
    1897. 8. 40 p.   2.—
8773 **Gusumpaur.** Vocabolario Botan. Napolitano. Nap. 1887. 8. 103 p.   3.50
8774 **Halller.** Neue Vorschläge z. botan. Nomenklatur. (Hamb., Wiss. Anst.)
    1905. 8. 16 p.   1.—
8775 **Harms.** Die Nomenclaturbeweg. d. letzten Jahre. (Leipz., Bot. Jahrb.)
    1897. 8. 32 p.   1.50

8776 **Hartmann, E.** Welche Autorität soll d. Gattungsnamen d. Pflanzen bei- *M*
gegeben werden? Tübing. 1836. 8. 24 p. 1.—
8777 **Hayek.** Anträge z. Regelg. d. botan. Nomenklatur. (Wien, Z. b. G.)
1904. 8. 12 p. 1.—
8778 **Hayne.** Termini Botanici od. Botan. Kunstsprache. 2 Bde. Berl. 1799—
1817. 4. m. 69 color. Tfln. (M. 61.50.) 25.—
8779 — — Bd. I. 182 p. (o h n e Tafeln). 1.50
8780 **Hoefer.** Dictionnaire de Botanique pratique. Paris 1850. 8. 726 p.
D.-rel. veau. 2.—
8781 **Holl.** Wörterbuch deutscher Pflanzennamen. Erf. 1833. 4. 438 p. Hfzb. 3.—
8782 **Illiger.** Terminologie f. d. Thier- u. Pflanzenreich. Helmst. 1800. 8.
516 p. Cart. 2.—
8783 — Systemat. Terminologi f. Djur- och Växt-Riket. Upsala 1818. 8.
558 p. Hfzb. 1.—
8784 **Janchen.** Ein. Aenderung. in d. Benennung mitteleurop. Pflanzen. (Wien,
Nat. Ver.) 1907. 8. 20 p. 1.—
8785 **Jürgens.** Etymolog. Fremdwörterbuch d. Pflanzenkunde. Braunschw.
1878. 8. 124 p. (M. 2.) 1.50
8786 **Kanngiesser.** Die Etymologie d. Phanerogamen - Nomenclatur. Gera
1908. 8. 203 p. Gbdn. (M. 5.) 4.—
8787 **Kerner.** Niederoesterr. Pflanzennamen. (Wien, Z. b. G.) 1855. 8. 16 p. 1.—
8788 — Ueb. botan. Nomenclatur. (Wien, Z. b. G.) 1863. 8. 12 p. 1.—
8789 **Krause, E. H. L.** Die Indogerman. Namen d. Birke u. Buche. (Braunschw., Globus) 1893. 4. 12 p. m. Kte. 1.—
8790 **Kretschmer.** Sprachregeln f. d. Bildg. u. Betonung zool. u. botan. Namen.
Berl. 1899. 8. 38 p. 1.—
8791 **Krüger, J. F.** Latein.-Deutsches Handwörterbuch d. botanischen Kunstsprache. Quedlinb. 1833. 8. 141 p. m. 2 Tfln. Lnb. 1.50
8792 **Kuntze, O.** Die Bewegung in d. botan. Nomenclatur v. 1891—93. (Cassel,
Bot. C.) 1893. 8. 32 p. 1.—
8793 — Codex Nomenclaturae botan. emendat. (Lips.) 1893. 8. 32 p. 1.—
8794 — Nomenclatur-Studien. (Genf, Herb. Boiss.) 1894. 8. 43 p. 1.—
8795 — Besoins de la Nomenclat. botan. (Le Mans, Monde Pl.) 1896. 8. 6 p. 1.—
8796 — Liste phanerog. Gattungsnamen, welche in d. „Pflanzenfamilien"
hätten Aufnahme finden müssen. (S. Remo) 1898. 8. 30 p. 1.—
8797 — Géneros anteriores al 1891 reformat. segun las reglas de Engler.
(Montev., Mus.) 1899. 4. 28 p. 1.50
8798 — Leyes de la nomenclat. botánica adopt. en los congresos de Zoo-
logia, Paris 1889, Moscou 1892. (Montev., Mus.) 1899. 4. 18 p. 1.—
8799 — 250 Gattungsnamen aus d. Jahren 1737—1763, w. im Kew Index
fehlen. 3 Tle. (Arnstadt, Bot. Mon.) 1899. 8. 11 p. 1.—
8800 — Exposé s. le Congrès p. la Nomenclat. botan. (Genève, Boiss.)
1900. 8. 16 p. 1.—
8801 — Ueber neue nomenclator. Aeusserungen u. 2 weit. Abhandl. über
Nomenclatur. 1900. 8. 20 p. 1.—
8802 — Nomenclaturae botan. codex brevis maturus. Stuttg. 1903. 8. 64 p.
(M. 3.) 2.—
8803 **Kuntze u. v. Post.** Nomenklat. Revis. höher. Pflanzengruppen u. üb. ein.
1000 Korrekt. zu Engler's Phaenogamen - Register. (Karlsr., Bot. Z.)
1900. 8. 39 p. 1.50
8804 **Lacoizqueta.** Diccionar. de los Nombres Euskaros de las Plantas.
Pamplona 1888. 8. 202 p. D.-rel. veau. 12.—
8805 **Laurell.** Svenska Växtnamn och binär nomenklatur. Upsala 1904. 8. 82 p. 2.—
8806 **Lefebure.** Méthode signalement. p. s. à l'ét. du Nom d. plantes. Paris
1814. 8. 96 p. Cart. 2.—
8807 **Leithaeuser.** Bergische Pflanzennamen. Elberf. 1912. 8. 61 p. 1.—
8808 **Loewe.** Germanische Pflanzennamen. Leipz. 1913. 8. 195 p. (M. 5.)

8809 **Maiden.** The principles of botan. Nomenclature. (Sydney, Linn. Soc.)   *M*
1903. 8. 38 p.   2.—
8810 **Malinvaud.** Questions de Nomenclature. 4 mém. (Paris) 1891 à 1896.
8. 21 p.   1.50
8811 **Marzell.** Das Tier in Deutschen Pflanzennamen. Heidelb. 1913. 8. 261 p.
(M. 6.80.)
8812 **Mateer.** On the Tamil popular names of Plants. (Lond., Linn. Soc.)
1873. 8. 6 p.   1.—
8813 **Müller, J.** Nomenclator. Fragmente. (Regensb., Flora) 1874. 8. 16 p.   1.—
8814 **Nathorst.** Svenska Växtnamn. III. IV. (Stockh., Ark.) 1903—04. 8. 211 p.   3.—
8815 **Niemann.** Etymolog. Erläuter. d. wichtigsten botan. Namen u. Fach-
ausdrücke. Osterwieck 1908. 4. 64 p. (M. 3.)   1.50
8816 — — 2. Aufl. Osterwieck 1914. 4. 77 p. (M. 3.)
8817 **Niendorf.** Alphab. Wörterb. Botan. - Deutsch. Pflanzennamen. Leipz.
1912. 8. 280 p. (M. 2.50.)
8818 **Noll.** Vorschlag zu e. prakt. Erweiter. d. botan. Nomenclatur. (Jena,
Bot. Centr.) 1903. 8. 7 p.   1.—
8819 **Normalförteckning** öfv. Svenska Växtnamn af kgl. Landtbruksstyrelsen.
Norrköp. 1894. 8. 87 p.   1.50
8820 **Pehersdorfer.** Botan. Terminologie. Steyr 1897. 8. 58 p.   —.50
8821 — — 2. Aufl. Stuttg. 1901. 8. 109 p. Lnb.   1.—
8822 **Perger.** Ueb. d. Wort Hopfen. (Wien, Z. b. G.) 1857. 8. 4 p.   —.50
8823 — Stud. üb. d. deutschen Namen d. in Deutschland einheim. Pflanzen.
2 Tle. (Wien, Ak.) 1858—60. 4. 178 p.   15.—
     Vergriffen.
8824 **Petzold.** Die Bedeut. d. Griechischen f. d. Pflanzennamen. Braunschw.
1886. 4. 38 p.   1.—
8825 **Pfeiffer, A.** Ein oberösterr. Trivialnamen d. Pflanzen. (Wien, Z. b. G.)
1894. 8. 14 p.   1.—
8826 **Plée.** Glossologie botan. Paris 1854. 8. 72 p. Cart.   1.—
8827 **Pritzel u. Jessen.** Die deutschen Volksnamen d. Pflanzen. Hannov.
1882—84. 8. 701 p. (M. 11.50)   7.—
8828 **Qvigstad.** Lappiske Plantenavne. (Christ., Nyt Mag.) 1901. 8. 24 p.   1.50
8829 **La Riforma** d. Nomenclatura Botan. tratt. d. Congresso Botan. Internat. di Genova. (Genova, Congr.) 1892. 8. 35 p.   1.50
8830 **Saint-Lager.** La priorité d. Noms de Plantes. (Lyon, Soc. Bot.) 1889.
8. 29 p.   1.—
8831 — Un chapitre de grammaire à l'usage d. Botanistes. (Lyon, Soc.
Bot.) 1897. 8. 21 p.   1.—
8832 **Scheiffele.** Volkstüml. Pflanzennamen aus d. Gebiet d. Rauhen Alb.
(Stuttg., Ver. Nat.) 1890. 8. 16 p.   1.—
8833 **Schlickum.** Botan. Taschenwörterbuch. Neuwied 1864. 8. 304 p. (M. 2.)   1.—
8834 **Schweinfurth.** Arabische Pflanzennamen aus Aegypten, Algerien u. Je-
men. Berl. 1912. 4. 256 p. (M. 40.)
8835 **Seringe et Guillard.** Essai de formules botan. représ. l. caract. d.
plantes. Paris 1835. 4. 128 p. Cart.   2.50
8836 **Targioni-Tozzetti.** Dizionario botan. Italiano. Nomi volg. specialm. Tos-
cani. 2 vol. Firenze 1809. 8. 336 p.   3.—
8837 **Taschenberg, E.** Handb. d. botan. Kunstsprache. Halle 1843. 8. 200 p. m.
2 Tfln. Cart. (M. 2.25.)   1.—
8838 **de Théis.** Spiegazione etimolog. de' Nomi gener. d. Piante. Vicenza
1815. 4. 173 p.   2.50
8839 **Ulrich.** Internat. Wörterbuch d. Pflanzennamen in latein., deutscher,
engl. u. franz. Sprache. Leipz. 1875. 8. 347 p. (M. 6.)   3.—
8840 **Voigt, F. S.** Handwörterb. d. botan. Kunstsprache. Jena 1803. 8. 301 p.
Cart.   1.50
8841 — Wörterb. d. botan. Kunstsprache. 2. Aufl. Jena 1824. 8. 272 p. Hfzb.   1.50
8842 **Voss.** Richt. Beton. d. botan. Namen. Berl. 1913. 4. 12 p.   1.—

358

<h1 style="text-align:center">Elementa.</h1>

[Supplementum numeror. 885—945, vide: Bibliographia Botanica, p. 88—42].

8843 **Agardh, C. A.** Lärobok i Botanik. 2 Bde. Malmö 1829—32. 8. 876 p. m. 5 Tfln. Hfzb.   *M* 2.—

8844 **Almquist.** Lärobok i Botanik. Stockh. (1883.) 8. 156 p. Cart.   1.—

8845 **Andersson, N. J.** Inledning t. Botaniken. 3 Tle. Stockh. 1861—65. 8. 388 p. m. 189 Fig. Hfzb.   1.—

8846 **Antonelli.** Elementi di Botanica. I. Milano 1896. 8. 196 p.   1.—

8847 **Areschoug.** Lärebok i Botanik. Stockh. 1863. 8. 420 p. Cart.   1.—

8848 **Arrhenius.** Elementarkurs i Botaniken. Upsala 1859. 8. 374 p. m. Atlas von 11 Tfln.   2.—

8849 **Atlas** d. Pflanzenreichs. 3 Hefte. Bresl. 1858. 8. 230 p. m. viel. Fig. (M. 5.)   1.—

8850 **Audouit.** L'Herbier d. Demoiselles. 2. éd. Paris 1848. 8. 475 p. av. 186 fig. c o l o r. Toile.   2.—

8851 **Aveling.** Botan. Tables f. students. Lond. 1874. 8. 16 p. Cloth.   1.—

8852 **Ball.** Neu. method. Leitfaden f. d. Botanik. Leipz. 1897. 8. 259 p. m. 2 Tfln. Cart.   1.—

8853 **Baillon.** Dictionnaire de Botanique. 4 vols. Paris 1876 à 92. 4. av. 34 pl. color. et environ 10 000 gravur. (fr. 167.50.)   80.—

8854 — — Livr. 1 à 13: A—Cossi. (fr. 65.)   12.—

8855 **Baenitz.** Handb. d. Botanik. Berl. 1880. 8. 522 p. m. 1700 Fig. (M. 4.) Cart.   1.—

8856 — Leitf. f. d. Unterr. in d. Botanik. Berl. 1884. 8. 199 p. m. 815 Fig. Cart.   1.—

8857 **Behrens.** Method. Lehrb. d. allgem. Botanik. Braunschw. 1888. 8. 348 p. m. 400 Fig. (M. 3.) Hfzb.   1.—

8858 **Berthelt u. Besser.** Pflanzenkunde. Leipz. 1877. 8. 242 p. (M. 2.) Lnb.   1.—

8859 **Berthold u. Landois.** Lehrb. d. Botanik. Freib. 1872. 8. 328 p. m. 306 Fig. (M. 4.) Hfzb.   1.—

8860 **Bertuch.** Tafeln d. Gewächsreichs. Teil I. Weimar 1801. 4. 90 p. m. 16 color. Tfln. Hfzb.   2.—

8861 **Blechele.** Allg. Botanik. Eichst. 1890. 8. 10 Tab. in fol. In Mappe. (M. 4.)   1.—

8862 **Bischoff.** Lehrbuch d. Botanik. 5 Tle. in 3 Bdn. u. Suppl.-Band. Stuttg. 1834—40. 8. m. Atlas in-4. v. 16 z. Tl. color. Tfln. (M. 42.) Gbdn.   5.—

8863 — — Ohne d. Atlas.   1.—

8864 — Botanik. 2. Aufl. Stuttg. 1858. 8. 138 p.   1.—

8865 **Blanc.** Handb. d. Wissenswürd. aus d. Natur u. Gesch. d. Erde u. ihr. Bewohner. 8. Aufl. v. Lange. 3 Bde. Braunschw. 1868—69. 8. 2314 p. m. zahlr. Fig. (M. 15.)   1.50

8866 **Boltard.** Botanique d. Demoiselles. Paris 1835. 8. 160 p. av. 64 pl. c o l o r.   3.—

8867 **Bolivar y Caldéron.** Nuevos Elementos de Historia Natural. Biologia y Botánica. 2. ed. Madrid 1910. 8. 293 p. av. 203 fig. (Peset. 8.50.)   2.—

8868 **Bommeli.** Die Pflanzenwelt. Stuttg. 1894. 8. 631 p. m. 400 Fig. u. 12 color. Tfln. (M. 4.)   1.—

8869 **Bonnier et Layens.** Nouv. Flore p. la déterminat. d. Plantes sans mots techn. 3. éd. (Paris, s. d.) 8. 314 p. av. 2145 fig. (fr. 5.)   1.50

8870 **Börner.** Eine Flora f. d. deutsche Volk. Leipz. 1912. 8. 872 p. m. 12 Tfln. (6 color.) u. 812 Fig. Lnb. (M. 6.80.)   3.—

8871 **Burnett.** Outlines of Botany. 2 vols. Lond. 1835. 8. 1198 p. Half bd. calf. (34 s.)   2.—

8872 **Busemann.** Der Pflanzenbestimmer. Stuttg. 1908. 8. 161 p. m. 17 Tfln. (11 color.) (M. 3.80.) Lnb.   1.50

8873 **Candolle, A. de.** Introduct. à l'ét. de la Botanique. 2 vols. Paris 1835. 8. av. 8 pl. D.-rel. veau.   2.—

8874 — Anleit. z. Stud. d. Botanik. Dtsch. v. Bunge. 2 Tle. Leipz. 1838. 8. 755 p. m. 8 Tfln. (M. 10.80.) Cart.   1.50

8875 — — 2. Aufl. Leipz. 1844. 8. 792 p. m. 8 Tfln. (M. 10.50.)   2.—

W. Junk, Berlin, W. 15.

8876 **Candolle, A. P. de, u. Sprengel.** Grundzüge d. wissenschaftl. Pflanzenkunde. Leipz. 1820. 8. 625 p. m. 8 Tfln. (M. 7.20.) Cart.   *M* 1.50
8877 — Elem. of the Philosophy of Plants. Edinb. 1821. 8. 520 p. w. 8 pl.   3.—
8878 **Cassel.** Lehrb. d. natürl. Pflanzenordnung. Frankf. 1817. 8. 411 p. Cart.
8879 **Chenu et Dupuis.** Encyclopédie de Botanique. 2 vols. Paris (1868 à 73).
4. 734 p. av. 96 pl. D.-rel. veau.   5.—
8880 **Chodat.** Principes de Botanique. 2. éd. Paris 1911. 8. 453 p. av. pl.
color. et 913 fig.   17.—
8881 **Conversations** on Botany. 5. ed. Lond. 1825. 8. 290 p. w. 21 pl.
Half bd. calf.   2.—
8882 **Coulter, Barnes and Cowles.** Text-book of Botany. Vol. I, II. New
York 1911—12. 8. 974 p. Cloth.   20.—
8883 **Dalitzsch.** Pflanzenbuch. 5. Aufl. Essl. 1911. 8. 370 p. m. 567 Fig.
(450 color.) Lnb. (M. 6.)   4.50
8884 **Dalla Torre.** Botan. Bestimmungstabellen. Wien 1886. 8. 76 p. Lnb.   1.—
8885 **Dammer.** Handbuch f. Pflanzensammler. Stuttg. 1891. 8. 352 p. m.
13 Tfln. (M. 8.)   6.—
8886 **Desfontaines.** Tableau de l'Ecole de Botan. du Muséum d'hist. natur.
Paris 1804. 8. 244 p. Cart.   2.50
8887 — Tableau de l'Ecole de Botan. du Jardin du Roi. 2. éd. Paris 1815.
8. 284 p. D.-rel. vél.   2.50
8888 **Dierbach.** Anleit. z. Studium d. Botanik. Heidelb. 1820. 8. 300 p. m.
13 Tfln. Cart. (M. 6.)   2.—
8889 — Repertorium Botan. Lemgo 1831. 8. 280 p. (M. 4.) Cart.   1.—
8890 **Dieterich, C. F.** Pflanzenreich. 2. Ausg. Bd. I. Leipz. 1798. 8. 640 p. Hfzb.   1.50
8891 **Dittweiler.** Lehrb. d. Botanik. Stuttg. 1847. 8. 454 p. (M. 6.) Cart.   1.—
8892 **Dodel-Port.** Illustr. Pflanzenleben. Zürich 1883. 4. 490 p. m. 10 Tfln.
u. 122 Fig. (M. 12.) Cart.   5.—
8893 **D'Orbigny.** Tableau synopt. du Règne végét. 2. éd. av. suppl. Paris
1835. 2 feuilles in-fol.   1.—
8894 **Düben.** Handbok i Vextrikets naturl. Familjer. Stockh. 1841. 8. 394 p.
Hfzb.   1.—
8895 — — 2. uppl. af Areschoug. Stockh. 1870. 8. 548 p.   1.50
8896 **Duchartre.** Élém. de Botanique. Paris 1867. 8. 1090 p. av. 506 fig. Toile.   2.—
8897 **Eichler.** Syllabus d. Vorlesungen üb. spec. u. medic.-pharmac. Botanik.
3. Aufl. Berl. 1883. 8. 58 p. Cart. (M. 1.70.)   1.—
8898 — — 4. Aufl. Berl. 1886. 8. 72 p. (M. 2.)   1.—
8899 **Endlicher.** Enchiridion Botanic. Lips. 1841. 8. 777 p. (M. 13.) Hfzb.   1.50
8900 **Endlicher u. Unger.** Grundz. d. Botanik. Wien 1843. 8. 534 p. (M. 12.)
Hfzb.   1.—
8901 **Engler.** Syllabus d. Pflanzenfamilien. 5. Aufl. Berl. 1907. 8. 275 p.
(M. 4.40.) Cart.   2.—
8902 — — 7. Aufl. Berl. 1913. 8. 387 p. m. 457 Fig. Lnb. (M. 6.80.)   5.—
8903 **Fenzl.** Illustr. Botanik. Pest 1857. 8. 317 p. m. 16 color. Tfln. (M. 9.)   3.50
8904 **Figuier.** Histoire d. Plantes. Paris 1865. 8. 531 p. av. 415 fig. (fr. 12.) Toile.   2.—
8905 — Storia d. Piante. Milano 1882. 8. 788 p. c. 502 fig.   2.—
8906 **Fischer v. Waldheim.** Lehrbuch d. Botanik. I. Warsch. 1891. 8. 264 p.
m. 390 Fig. — Russisch.   2.—
8907 **Floericke.** Der kleine Botaniker. I: In Garten u. Feld. Nürnb. 1910. 8.
112 p. m. 3 color. Tfln. Origlbd.   1.—
8908 — — II: Auf Wiese, Flur u. Heide. Nürnb. 1910. 8. 112 p. m. 3 color.
Tfln. Origbd.   1.—
8909 — — III: In Busch u. Wald. Nürnb. 1910. 8. 112 p. m. 3 color. Tfln.
Origbd.   1.—
8910 **Forssell.** Inledn. t. Botaniken. Stockh. 1888. 8. 156 p. m. 19 Tfln.   1.—
8911 **Francé.** Die Welt der Pflanze. Berl. 1912. 8. 465 p. Lnb. (M. 3.)   2.—
8912 **Francé u. a.** Das Leben der Pflanze. Bd. I—VIII. Stuttg. 1906—13. 8. m.
200 z. Tl. color. Tfln. Hfzbde. — Soviel erschien. (M. 120.)   70.—

8913 **Frank.** Lehrb. d. Botanik. 2 Bde. Leipz. 1892—93. 8. 116 p. m. 644 Fig.   *M*
　　　　(M. 30.) Cart.   12.—
8914 — — Bd. II: Allg. u. spec. Morphologie. Leipz. 1893. 8. 437 p. m.
　　　　417 Fig. (M. 15.) Hfzb.   6.—
8915 **Fünfstück.** Botan. Taschenatlas. Stuttg. 1894. 8. 171 p. m. 153 Tfln.
　　　　(128 color.) Lnb. (M. 5.40.)   3.—
8916 — Naturgesch. d. Pflanzenreichs. 8. (letzte) Aufl. Stuttg. 1896. fol.
　　　　172 p. m. 80 color. Tfln. (M. 20.)   14.—
8917 **Funke.** Naturgeschichte d. Gewächsreiches. 6. Aufl. Braunschw. 1812.
　　　　8. 896 p. Hfzb.   1.—
8918 **Gérardin.** Tableau élém. de Botan. Paris 1805. 8. 466 p. av. 8 pl. D.-rel.   2.—
8919 **Germain.** Guide du Botaniste. 2 vols. Paris 1852. 8. 858 p. Cart.   2.—
8920 **Giesenhagen.** Lehrb. d. Botanik. Münch. 1894. 8. 342 p. l nb. (M. 9.20.)   1.50
8921 — — 4. Aufl. Stuttg. 1907. 8. 479 p. m. 561 Fig. Lnb. (M. 8.)   2.—
8922 — — 5. Au., Stuttg. 1910. 8. 445 p. m. 557 Fig. Lnb. (M. 8.)   3.—
8923 — — 6. Aufl. Stuttg. 1914. 8. 440 p. m. 559 Fig. Lnb. (M. 8.)
8924 **Gmelin.** Die natürl. Pflanzen-Familien. Stuttg. 1867. 8. 134 p. m. 4 Tfln.
　　　　(2 color.) Lnb.   2.—
8925 **Goebel.** Grundz. d. Systematik u. spec. Pflanzenmorphologie. Leipz.
　　　　1882. 8. 558 p. m. 407 Fig. (M. 13.80.) Hfzb.   4.—
8926 **Graebner.** Taschenbuch z. Pflanzenbestimmen. Stuttg. 1911. 8. 189 p.
　　　　m. 17 Tfln. (11 color.) u. 376 Fig. Lnb. (M. 3.80.)   3.—
8927 **Grimard.** La Plante. 2 vols. Paris 1865. 8. 1152 p. (fr. 10.)   2.—
8928 **Grisebach.** Grundr. d. system. Botanik. Gött. 1854. 8. 180 p. (M. 2.) Cart.   1.—
8929 **Guénard.** Les enfants voyageurs ou les petits botanistes. 4 vols. Paris
　　　　1818. 16. av. 200 pl. Maroq. — Bel exempl.   4.—
8930 **Günther.** Botanik. 8. Aufl. Hann. 1912. 8. 510 p. m. 324 Fig. Lnb. (M. 3.20.)   2.—
8931 **Hall.** Elem. Botanices. Groning. 1834. 8. 244 p.   1.—
8932 **Hallier.** Schule d. system. Botanik. Bresl. 1878. 8. 310 p. (M. 6.)   1.—
8933 **Handbuch** der Botanik. Herausg. v. Schenk. 4 Bde. Bresl. (Encycl.
　　　　Naturw.) 1881—90. 8. m. 2 Tfln. u. 890 Fig. (M. 92.)   30.—
　　　　　　Band I u. II auch einzeln zu à M. 4.
8934 **Hansen.** Repetit. d. Botanik. 3. Aufl. Würzb. 1890. 8. 166 p. Hfzb.   1.—
8935 **Hanstein.** Uebers. d. natürl. Pflanzensystems. Bonn 1876. 1 Tableau in
　　　　Imperial-Folio.   1.—
8936 **Hess.** Spez. Pflanzenkunde. Berlin 1846. 8. 720 p. m. Tfl. (M. 4.) Cart.   1.—
8937 **Heynhold.** Nomenclator botanicus hortensis. Aufzähl. der in d. Gärten
　　　　Europas cultiv. Gewächse. 2 Bde. Dresd. 1840—46. fol. (M. 24.) Gbdn.   5.—
8938 **Hieronymus.** Revista d. Sist. nat. de l. Vegetales. Cordoba 1877. 8. 40 p.   1.—
8939 **Hochstetter.** Popul. Botanik. 2 Tle. Reutl. 1831. 8. 984 p. m. Atlas v.
　　　　28 color. Tfln. (M. 11.) Cart.   1.50
8940 — — 4. (letzte) Aufl. 3 Bde. Stuttg. 1875—7. 8. m. 19 Tfln. (M. 28.) Cart.   4.—
8941 — — Bd. I: Allgem. Botanik. Stuttg. 1875. 8. 280 p. m. 12 Tfln.   1.—
8942 **Höck.** Pflanzenkunde. Essl. 1909. 8. 340 p. m. 2 Ktn. u. 29 color. Tfln.
　　　　Lnb. (M. 6.)   4.50
8943 **Hoffmann, C.** Pflanzenatlas nach d. Linné'schen System. 3. Aufl. v. J.
　　　　Hoffmann. Stutt. 1901. 4. 148 p. m. 66 color. Tfln. u. 495 Fig. (M. 12.50.)
　　　　Hfzb.   5.—
8944 — — 4. (unveränderte) Aufl. Stuttg. 1910. 4. 148 p. m. 6 color. Tfln.
　　　　u. 405 Fig. Cart. (M. 12.50.)   7.—
8945 — Botan. Bilderatlas n. dem natürl. Pflanzensystem. 3. Aufl. v. Dennert.
　　　　Stuttg. 1911. 4. 275 p. m. 86 color. Tfln. u. 959 Fig. Cart. (M. 20.)   15.—
8946 **Holle.** Leitfad. d. Pflanzenkunde. 3. Aufl. Bremerhav. 1910. 8. 134 p.
　　　　m. 5 Tfln. u. Kte. (M. 2.20.)   1.—
8947 **Jerzykiewicz.** Botanik. Posen 1874. 8. 212 p. (M. 3.) Cart.   1.—
8948 **Jolyclerc.** Phytologie univers. 5 vols. Paris 1800. 8. D.-rel. veau.   4.—
8949 **Jussieu, A. de.** Introductio in histor. Plantarum. 2 partes. (Paris., Ann.
　　　　Sc.) 1837. 8. 110 p.   2.—

8950 **Jussieu, A. de.** Cours élém. de Botanique. Paris 1840. 8. 734 p. av. ℳ
730 fig. (fr. 6.) Cart. 2.—
8951 — — 2. éd. Paris 1855. 8. 561 p. av. 812 fig. (fr. 6.) 1.—
8952 — — 8. éd. Paris 1860. 8. 568 p. av. 688 fig. (fr. 6.) D.-rel. veau. 1.—
8953 — — 9. éd. Paris 1867. 8. 568 p. av. 812 fig. (fr. 6.) Cart. 1.—
8954 — — 11. éd. Paris 1879. 8. 579 p. av. 812 fig. D.-rel. maroqu. 1.50
8955 — Botanik. Deutsch v. Kissling. 4 Bde. (6 Tle.) Stuttg. 1844. 8. 1160 p.
m. viel. Fig. Hfzb. 1.—
8956 — — Deutsch v. Kurr. Stuttg. 1848. 8. 692 p. m. 690 Fig. Cart. 1.—
8957 **Kanitz.** Systema natur. Vegetabil. Claudiop. 1874. 8. 20 p. — Hungarice. 1.—
8958 — Systematis vegetabil. Janua. Claudiop. 1887. 8. 96 p. — Hungarice. 1.—
8959 **Kerner.** Pflanzenleben. 2 Bde. Leipz. 1890—91. 8. 1650 p. m. 40 color.
Tfln. Hfzbde. (M. 32.) 8.—
8960 — — 3. (letzte) Aufl. v. A. Hansen. 3 Bde. Leipz. 1913—16. 8. m. 2 Ktn.,
100 color. Tfln. u. 469 Fig. Hfzbde. (M. 42.)
8961 **Kluk.** Dykcyonarz roslinny. Vol. I (A—E). Warschau 1805. 8. 256 p.
Hfzb. 2.—
8962 **Kohl.** System. Uebersicht üb. d. in d. botan. Vorlesgn. behandelten
Pflanzen. 3. Aufl. Marb. 1904. 8. 130 p. (M. 1.50.) 1.—
8963 **Kraemer.** Der Mensch u. d. Erde. 10 Bde. Berl. 1906—12. 4. m. ca.
400 z. Tl. color. Tfln. Orig-Ldrbde. (M. 180.) 100.—
8964 — — Bd. I—IV. 1906. 4. m. viel. color. u. schwarz. Tfln. Orig.-Ldrbde.
Jeder Band (statt à M. 18.): M. 8.
8965 **Krass u. Landois.** Lehrb. f. den Unterricht in d. Botanik. 2. Aufl. Freib.
1890. 8. 313 p. m. 268 Fig. (M. 3.) Cart. 1.—
8966 **Krause, H.** Schul-Botanik. 6. Aufl. Hannov. 1904. 8. 268 p. m. 401 Fig.
Lnb. (M. 2.70.) 1.—
8967 **Kunth.** Handbuch d. Botanik. Berl. 1831. 8. 748 p. (M. 10.) Cart. 2.—
8968 — Lehrbuch d. allgem. Botanik. Berl. 1847. 8. 600 p. (M. 9.) Cart. 2.—
8969 **Kützing.** Grundzüge d. philosoph. Botanik. 2 Bde. Leipz. 1851—52. 8.
733 p. m. 38 Tfln. (M. 16.) Cart. 5.—
8970 **Landsberg.** Didaktik d. Botan. Unterrichts. Leipz. 1910. 8. 316 p. m.
Tfl. Lnb. (M. 8.) 4.—
8971 **Lee.** Introduct. to Botany. (3. ed.) Lond. 1776. 8. 456 p. w. 12 pl. Calf. 2.—
8972 — — New ed. by Stewart. Edinb. 1806. 8. 416 p. w. 12 pl. Boards. 2.—
8973 **Lehrbücher** d. Botanik. 45 Werke in deutscher Sprache v. Bary, Dennert, Eichler, Hallier, Hansen, Kraepelin, Loew, Schmeil, Thomé u. a.
50 Bde. 1802—1910. 8. u. 4. u. Fol. m. 62 Tfln. u. sehr viel. Fig. 16.—
8974 **Le Maout.** Leçons élément. de Botanique. 2 vols. Paris. 8. 903 p. av.
50 pl. et beauc. de fig. D.-rel. maroqu. 3.—
8975 **Lenz.** Das Pflanzenreich. 4. Aufl. Gotha 1867. 8. 599 p. m. 5 Tfln.
(M. 3.) Lnb. 1.—
8976 **Leonhardt.** Vergleich. Botanik f. Schulen. 2 Bde. Jena 1884. 8. 263 p.
m. 24 color. Tfln. 1.—
8977 **Leunis.** Synopsis d. Pflanzenkunde. Hann. 1847. 8. 638 p. (M. 6.) Lnb. 1.50
8978 — — 2. Aufl. v. Frank. 3 Bde. Hannov. 1877. 8. 2052 p. m. 1229 Fig.
(M. 30.) Hfzbde. 6.—
8979 — — 3. (letzte) Aufl. v. Frank. 3 Bde. Hannover 1883—86. 8. 2738 p.
m. 1482 Fig. (M. 36.) 18.—
8980 — — Hfzbde. 20.—
8981 — Schul-Naturgeschichte. II: Botanik. 7. Aufl. Hannov. 1872. 8. 400 p.
m. 672 Fig. (M. 2.80.) Hldr. 1.—
8982 — — 9. Aufl. Hannov. 1879. 8. 576 p. m. 737 Fig. (M. 4.) Hfzb. 1.50
8983 — — 11. Aufl. Hannov. 1891. 8. 586 p. m. 675 Fig. (M. 4.) Hfzb. 2.—
8984 — Analyt. Leitfad. f. d. Unterr. in d. Botanik. 8. Aufl. v. Frank. Hannov.
1878. 8. 260 p. m. 481 Fig. Cart. 1.—
8985 **Lichtenthal.** Manuale Botanico encicloped. popol. Milano 1852. 8. 992 p.
c. 11 tav. Toile. 1.50

M

8986 **Liebe.** Die Elem. d. Morphologie. 3. Aufl. Berl. 1881. 8. 62 p. m. Tfl. 1.—
8987 **Lindley.** Introduct. to Botany. 2. ed. Lond. 1835. 8. 594 p. w. 6 pl. Cloth. 2.—
8988 — Introduct. to the natural System of Botany. 2. ed. Lond. 1836. 8. 552 p. Cloth. 2.—
8989 — Anfangsgr. d. Botanik. Weim. 1831. 8. 116 p. m. 4 Tfln. 1.—
8990 — Einleit. in d. natürl. System d. Botanik. Weimar 1833. 8. 532 p. (M. 9.) Cart. 2.—
8991 **Lindner u. Lachmann.** Malerische Naturgesch. d. 3 Reiche. Braunschw. 1848. 4. 480 p. m. 28 color. Tfln. Cart. 1.50
8992 **Link.** Elementa Philosophiae botan. Berol. 1824. 8. 486 p. et 4 tab. Cart. 2.—
8993 — Handb. z. Erkenn. d. Gewächse. Bd. I. Berl. 1829. 8. 872 p. Hfzb. 1.—
8994 — Vorlesgn. üb. d. Kräuterkunde. Bd. I. Berl. 1843. 8. 192 p. m. 2 Tfln. 1.—
8995 **Löhr.** Die Natur u. d. Menschen. 3 Bde. Leipz. 1803—4. 8. (M. 12.) Cart. 1.50
8996 **Lüben.** Anweis. z. e. method. Unterricht in d. Pflanzenkunde. Halle 1832. 8. 588 p. (M. 4.20.) Hfzb. 1.—
8997 — — 2. ganz umgearb. Aufl. Halle 1841. 8. 536 p. (M. 4.20.) 1.—
8998 — — 6. Aufl. v. Alpers. Halle 1879. 8. 652 p. m. viel. Fig. (M. 9.) Hfzb. 1.50
8999 **Luerssen.** Grundzüge d. Botanik. Leipz. 1877. 8. 418 p. m. 107 Fig. (M. 5.) —.50
9000 — — 2. Aufl. Leipz. 1879. 8. 487 p. m. 216 Fig. (M. 6.) Cart. 1.—
9001 — — 3. Aufl. Leipz. 1881. 8. 502 p. m. 228 Fig. (M. 6.) Hfzb. 1.—
9002 — — 4. Aufl. Leipz. 1885. 8. 586 p. m. 367 Fig. (M. 8.) Cart. 1.50
9004 **Lutz.** Der Pflanzenfreund. 2. Aufl. Stuttg. 1896. 8. 96 p. m. 28 Tfln. (23 color.) Lnb. (M. 4.) 1.—
9005 — — 3. Aufl. Stuttg. 1907. 8. 143 p. m. 28 color. Tfln. Lnb. (M. 4.) 2.-+
9006 **M'Alpine.** The Botanical Atlas. Edinb. 1883. 4. Frontisp. and 52 colour. plates w. letterpress. Cloth. (15 s.) 6.—
9007 **Marion.** Les Merveilles de la Végétat. Paris 1866. 8. 324 p. 1.—
9008 **Martinet.** Katechismus d. Natur. 4. Aufl. 4 Bde. Leipz. 1779—82. 8. m. Portr. u. 16 Tfln. Hfzb. 2.—
9009 — Katechismus d. Natuur. 4 Bde. Amsterd. 1782—89. 8. m. 25 z. Tl. color. Tfln. Hfzb. 2.—
   5. Auflage des holländischen Originals dieser naturwissenschaftl. Encyclopädie.
9010 **Merrem.** Handb. d. Pflanzenkunde. I. Marb. 1809. 8. 152 p. Cart. 1.—
9011 **Miehe.** Taschenbuch d. Botanik. Leipz. 1909. 8. 244 p. m. 357 Fig. (M. 6.) 4.50
9012 **Mössler.** Handb. d. Gewächskunde. 2 Bde. Altona 1815. 8. 1510 p. (M. 21.) Hfzb. 1.—
9013 — — 3. Aufl. v. H. G. L. Reichenbach. 3 Bde. Altona 1833—34. 8. 2400 p. (M. 20.) Cart. 2.—
9014 **Muhl.** Das Pflanzenreich nach natürl. Familien. Trier 1828. 8. 216 p. 1.—
9015 **Müller, Ferd.** Das grosse illustr. Kräuterbuch. 2. Aufl. Ulm 1866. 8. 847 p. m. Tfl. u. viel. Fig. Cart. (M. 4.50.) 1.50
9016 **Müller, Fr.** Pflanzen-Familien n. Jussieu's Syst. Tüb. 1858. 8. 62 p. Cart. 1.—
9017 **Müller, K.** Das Buch d. Pflanzenwelt. 2 Bde. Leipz. 1857. 8. 518 p. m. Kte., 11 Tfln. u. 290 Fig. (M. 6.) Lnb. 1.—
9018 — — 2. Aufl. 2 Bde. Leipz. 1869. 8. 666 p. m. 9 Tfln. u. 380 Fig. Lnb. (M. 11.50.) 1.50
9019 — De Plantenwereld. 2 Bde. Leyden 1860. 8. 562 p. m. viel. Fig. 1.—
9020 — Der Pflanzenstaat. Leipz. 1860. 8. 623 p. m. Tfln. Lnb. (M. 9.) 1.50
9021 **Müller, K., u. Potonié.** Botanik. Berl. 1893. 8. 326 p. (M. 5.) Cart. 1.50
9022 **Nees v. Esenbeck, C. G.** Handb. d. Botanik. 2 Bde. Nürnb. 1820—21. 8. 1440 p. (M. 18.) Cart. 3.—
9023 — Die allgem. Formenlehre d. Natur. Bresl. 1852. 8. 196 p. m. 6 z. Tl. color. Tfln. u. 275 Fig. 2.—
9024 **Newton.** A complete Herbal. 6. ed. Lond. 1802. 8. 176 pl. w. letterpress of 18 p. Bds. 3.—
   Each plate figures about 20 species.
9025 **Niedenzu.** Handb. f. Botan. Bestimmungsübungen. Leipz. 1895. 8. 358 p. m. 15 Fig. Lnb. (M. 4.) 2.—

9026 **Nouveau Dictionnaire** classique d'Histoire natur. 2. éd. Vol. 1 à 10.   *M*
(A à D.) Paris 1844. 8. av. atlas in-4. de 149 pl.   3.—
9027 **Nyman.** Handbok i Botanik. Stockh. 1858. 8. 502 p. m. 16 Tfln.   2.—
9028 **Oken.** Allgem. Naturgeschichte. 14 Bde. Stuttg. 1839—43. 8. m. Atlas
v. 164 color. Tfln. in folio. (M. 126.) Hfzbde.   12.—
9029 **Orr.** The Circle of the Sciences. New ed. 3 vols. Lond. 1860. 8. w.
many fig. Cloth.   2.50
     Cont.: O r r. Principles of Physiology. — O w e n. Structure of the Skeleton
and Teeth. — L a t h a m. Varieties of the Human Race. — E. S m i t h. Botany. —
D a l l a s. Zoology.
9030 **Osswald u. Blücher.** Prakt. Führer durch die heim. Pflanzenwelt.
Charlottenb. 1909. 8. 130 p. m. 32 color. Tfln. Lnb. (M. 2.60.)   1.—
9031 **Perleb.** Lehrb. d. Naturgesch. d. Pflanzenreichs. Freibg. 1826. 8. 436 p.
(M. 5.) Hfzb.   1.—
9032 — Clavis classium, ordin. et famil. vegetab. Freib. 1838. 4. 102 p. Cart.   1.—
9033 **Petermann.** Handb. d. Gewächskunde. Leipz. 1836. 8. 718 p. (M. 10.50.)
Cart.   2.—
9034 — Taschenb. d. Botanik. Leipz. 1842. 8. 485 p. m. 12 Tfln. (M. 6.) Hfzb.   1.—
9035 **Pochettino.** Prontuario d. studente di Botanica. Roma 1878. 8. 692 p.
c. 12 tav. (L. 6.50.)   1.50
9036 **Pokorny e Caruel.** Storia illustr. d. Regno Veget. 6. ed. Torino 1897.
8. 235 p. c. 398 fig. (L. 2.60.)   1.—
9037 **Postel.** Der Führer in d. Pflanzenwelt. 3. Aufl. Langens. 1863. 8. 752 p.
m. 5 color. Tfln. (M. 8.40.) Hfzb.   1.—
9038 — — 9. (letzte) Aufl. Langens. 1895. 8. 816 p. m. 744 Fig. (M. 9.)   2.—
9039 **Potonié.** Elemente d. Botanik. 3. (letzte) Aufl. Berl. 1894. 8. 350 p. m.
507 Fig. (M. 4.)   2.—
9040 **Prantl.** Lehrb. d. Botanik. Leipz. 1874. 8. 248 p. m. 186 Fig. (M. 3.) Hfzb.   1.—
9041 — — 2. Aufl. Leipz. 1876. 8. 271 p. m. 266 Fig. (M. 3.60.) Cart.   1.—
9042 — — 3. Aufl. Leipz. 1879. 8. 300 p. m. 275 Fig. (M. 4.) Hfzb.   1.—
9043 — — 5. Aufl. Leipz. 1883. 8. 343 p. m. 301 Fig. (M. 4.) Hfzb.   1.—
9044 — — 6. Aufl. Leipz. 1886. 8. 347 p. m. 305 Fig. (M. 5.50.)   1.50
9045 — — 7. Aufl. Leipz. 1888. 8. 341 p. m. 309 Fig. (M. 4.) Cart.   1.50
9046 — — 9. Aufl. Hrsg. v. Pax. Leipz. 1894. 8. 375 p. m. 355 Fig. (M. 4.60.)
Hfzb.   1.50
9047 — — 11. Aufl. Hrsg. v. Pax. Leipz. 1900. 8. 463 p. m. 414 Fig. (M. 4.60.)
Cart.   2.—
9048 — — 13. (letzte) Aufl. Leipz. 1909. 8. 498 p. m. viel. Fig. Lnb. (M. 6.)   4.50
9049 — Traducc. aument. del Curso de Botanica general. Ed. por Hieronymus. Córdoba 1877. 8. 105 p.   1.—
9050 **Reess.** Lehrb. d. Botanik. Stuttg. 1896. 8. 453 p. m. 471 z. Tl. color.
Fig. (M. 10.) Hfzb.   4.—
9051 **Reichenbach, A. B.** Die Pflanzenwelt in Garten, Feld u. Wald. 3. Aufl.
Leipz. 1860. 8. 760 p. m. Tfl. (M. 3.)   1.—
9052 — Naturgesch. d. 3 Reiche. 2 Bde. (4 Tle.) Leipz. 1863. 8. 1371 p. m.
24 color. Tfln. Lnbde.   2.—
9053 **Reichenbach, H. G. L.** Conspectus etc. Uebersicht d. Gewächs-Reichs.
Bd. I. (soviel erschien.). Leipz. 1828. 8. 308 p. (M. 4.) Cart.   2.—
9054 — Das Pflanzenreich in s. Classen u. Familien. Leipz. 1834. 8. 62 p.
m. Tfl. Cart.   1.—
9055 — Der deutsche Botaniker. 2 Bde. Dresd. 1841—42. 8. 1097 p. (M. 7.50.)
Cart.   2.—
9056 **Rhind.** Vegetable Kingdom. Lond. 1868. 8. 744 p. w. 45 colour. pl. Cloth.   3.—
9057 **Richard.** Nouv. élém. de Botan. et de Physiol. végét. 5. éd. 2 parties.
Paris 1833. 8. 740 p. av. 166 fig. Cart.   1.50
9058 — Grundr. d. Botanik u. d. Pflanzenphysiol. Nürnb. 1828. 8. 646 p. m.
8 Tfln. Cart.   1.—
9059 — — 2. Aufl. Nürnb. 1831. 8. 834 p. m. 8 Tfln. (M. 7.50.) Cart.   1.50
9060 — — 3. Aufl. Nürnb. 1840. 8. 1132 p. m. 16 Tfln. (M. 7.) Cart.   1.50

9061 **Richter, A.** Anleit. z. prakt. Gewächskunde. 2. Aufl. 2 Tle. Köln 1849— *M*
1854. 8. 889 p. m. 3 Tfln. (M. 5.60.) Hfzb. 1.50
9062 **Rosendahl.** Lärbok i Botanik. Stockh. 1904. 8. 542 p. m. 617 Fig. (M. 24.) 10.—
9063 **Sachs.** Lehrb. d. Botanik. Leipz. 1868. 8. 644 p. m. 358 Fig. (M. 4.) Cart. 1.—
9064 — — 2. Aufl. Leipz. 1870. 8. 700 p. m. 453 Fig. (M. 13.) Hfzb. 1.50
9065 — — 3. Aufl. Leipz. 1873. 8. 864 p. m. 461 Fig. (M. 14.) Cart. 1.50
9066 — — 4. (letzte) Aufl. Leipz. 1874. 8. 944 p. m. 492 Fig. (M. 15.) 4.—
Vergriffen.
9067 **Saint-Hilaire, A. de.** Leçons de Botanique. Paris 1840. 8. 938 p. av.
24 pl. Cart. 3.—
9068 — — Analyse p. P a y e r.· (Paris, Ann. Sc.) 1841. 8. 29 p. 1.—
9069 **Salisbury.** The Botanist's Companion. 2 vols. Lond. 1816. 8. 462 p. w. pl. 3.—
9070 **Savi.** Lezioni di Botanica. 2 parti. Firenze 1811. 8. 398 p. 1.50
9071 **Schenckel.** Das Pflanzenreich m. Rücks. auf Insectologie, Gewerbs-
kunde u. Landwirtsch. Mainz 1847. 8. 344 p. m. 80 color. Tfln. Lnb. 6.—
9072 **Schleiden.** Grundriss d. Botanik. 2. Aufl. Leipz. 1850. 8. 224 p. m. Fig.
(M. 3.) Cart. 1.—
9073 **Schmeil.** Lehrb. d. Botanik. 6. Aufl. Stuttg. 1904. 8. 480 p. m. 38 color.
Tfln. (M. 4.80.) Lnb. 1.50
9074 — — 34. Aufl. Leipz. 1914. 8. 550 p. m. 40 color. Tfln. Lnb. (M. 5.40.)
9075 — Leitfaden d. Botanik. 57. Aufl. Leipz. 1914. 8. 421 p. m. 36 Tfln.
(24 color.) Lnb. (M. 3.60.)
9076 **Schmidlin.** Populäre Botanik. Stuttg. 1857. 8. 718 p. m. 62 color. Tfln.
(M. 18.) Hfzb. 2.—
9077 — — 3. Aufl. Stuttg. 1876. 8. 722 p. m. 62 color. Tfln. Lnb. 3.—
9078 **Schmidt, J. A. F.** Der angehende Botaniker. 2. Ausg. Ilm. 1834. 8. 585 p.
m. Portr. u. 35 Tfln. (M. 4.) Hfzb. 1.—
9079 — — 4. Aufl. Weimar 1849. 8. 412 p. m. 36 Tfln. (M. 4.) 1.50
9080 **Schneider.** Grundzüge d. allgem. Botanik. Berl. 1874. 8. 342 p. (M. 2.) 1.—
9081 **Schrader.** Botanik. Göttingen 1824. 8. ca. 150 p. Cart. — Collegienheft. 3.—
9082 **Schubert.** Geschichte d. Natur. 3 Bde. (4 Tle.) Erlang. 1835—37. 8. m.
31 Tfln. (M. 25.) Hfzbde. 1.50
9083 — Naturgesch. d. Pflanzenreichs. 3. Aufl. hrsg. v. Willkomm. Essl.
1870. fol. 66 p. m. 53 color. Tfln. Origbd. (M. 15.) 5.—
9084 — — 4. (letzte) Aufl. Essl. 1894. fol. 77 p. m. 54 col. Tfln. Origbd. (M. 15.) 10.—
Siehe auch Nr. 9155.
9085 **Schultz, C. H.** Natürl. System d. Pflanzenreichs nach sein. inneren
Organisat. Berl. 1832. 8. 614 p. m. Tfl. (M. 8.) Lnb. 2.—
9086 **Schumann, K.** Praktikum für morphol. u. systemat. Botanik. Jena 1904.
8. 618 p. m. 151 Fig. (M. 13.) 8.—
9087 **Schumann, K., u. Gilg.** Das Pflanzenreich. Neudamm 1896. 8. 858 p. m.
6 color. Tfln. u. 500 Fig. Origbd. (M. 7.50.) 3.50
9088 **Schwedische u. Dänische Lehrbücher** d. Botanik. 5 Werke. 1859—99.
8. 500 p. 2.—
9089 **Seringe.** Éléments de Botanique. Lyon 1845. 8. 282 p. av. 28 pl. D.-rel. 3.—
9090 **Seubert.** Naturgesch. d. Pflanzenreichs. 2 Tle. Stuttg. 1853. 8. 658 p. m.
2 Tfln. (1 color.) u. viel. Fig. Cart. 1.—
9091 — Lehrb. d. gesammten Pflanzenkunde. Stuttg. 1853. 8. 416 p. m.
422 Fig. (M. 6.) Cart. —.50
9092 — — 2. Aufl. Leipz. 1858. 8. 460 p. m. 475 Fig. (M. 6.) Hfzb. —.50
9093 — — 3. Aufl. Leipz. 1861. 8. 464 p. m. 501 Fig. (M. 6.) Hfzb. 1.—
9094 — — 4. Aufl. Leipz. 1866. 8. 487 p. m. 551 Fig. (M. 6.) Hfzb. 1.—
9095 — — 5. Aufl. Leipz. 1870. 8. 504 p. m. 572 Fig. (M. 6.) Cart. 1.—
9096 — — 6. (letzte) Aufl. Leipz. 1874. 8. 515 p. m. 610 Fig. (M. 6.) Cart. 1.50
9097 — Die Pflanzenkunde in popul. Darstellung. 3. Aufl. Stuttg. 1855. 8.
510 p. m. 2 Tfln. (M. 6.) Cart. 1.—
9098 — — 4. (letzte) Aufl. Leipz. 1861. 8. 595 p. m. viel. Fig. (M. 6.) Hfzb. 1.50
9099 — Grundriss der Botanik. 4. Aufl. Leipz. 1877. 8. 164 p. m. viel. Fig. —.50

9100 **Smalian.** Grundzüge d. Pflanzenkunde. 2. Aufl. Leipz. 1908. 8. 288 p. *ℳ*
m. 36 color. Tfln. u. 344 Fig. Lnb. (M. 4.) 2.—
9101 — Leitfad. d. Pflanzenkunde f. höhere Lehranst. 5 Tle. Leipz. 1909—10.
8. 333 p. m. 49 color. Tfln. u. 250 Fig. Origbde. (M. 7.80.) 2.50
9102 **Smith, J. E.** Grammar of Botany. Lond. 1821. 8. 262 p. w. 21 pl. (12 s.)
Half bd. calf. 2.—
9103 — — 2. ed. Lond. 1826. 8. 262 p. w. 21 pl. (12 s.) Half bd. calf. 2.—
9104 — Botan. Grammatik z. Erläuter. d. Classificat. Weimar 1822. 8. 248 p.
m. 21 Tfln. (M. 10.80.) Cart. 1.—
9105 — Anleit. z. Stud. d. Botanik. Deutsch v. Schultes. Wien 1819. 8. 440 p.
m. 15 Tfln. (M. 7.) 1.—
9106 **Sorokin.** Lehrb. d. Morphol. u. Systematik d. Gewächse. Bd. I. Kasan
1901. 8. 416 p. m. 81 Tfln. — Russisch. 2.—
9107 **Sprengel.** Anleit. z. Kenntn. d. Gewächse. 3 Bde. Halle 1802—04. 8.
1220 p. m. 8 Tfln. (M. 16.) Cart. 3.—
9108 — — 2. (letzte) Aufl. 2 Tle. (in 3 Bdn.) Halle 1817—18. 8. m. 25 z. Tl.
color. Tfln. (M. 26.) Cart. 4.—
9109 **Strasburger, Noll, Schenck u. Schimper.** Lehrb. d, Botanik. Jena 1894.
8. 546 p. m. 577 Fig. (M. 8.50.) Hfzb. 1.50
9110 — — 5. Aufl. Jena 1902. 8. 571 p. m. 686 z. Tl. color. Fig. Lnb. (M. 8.50.) 3.—
9111 — — 6. Aufl. Jena 1904. 8. 599 p. m. 741 z. Tl. color. Fig. Lnb. (M. 8.50.) 3.—
9112 — — 8. Aufl. Jena 1906. 8. 635 p. m. 779 z. Tl. color. Fig. Lnb. (M. 8.50.) 3.50
9113 — — 10. (letzte) Aufl. Jena 1910. 8. 651 p. m. 782 z. Tl. color. Fig.
(M. 8.)
9114 — Textbook of Botany. 4. Engl. ed., revis. by W. H. Lang. Lond. 1912.
8. 780 p. w. 782 partly colour. fig. Cloth. 18.—
9115 **Targioni-Tozzetti.** Istituzioni Botan. Vol. III. Fir. 1802. 8. 589 p. 1.—
9116 **Tennant.** Tabular view of the Veget. Kingdom. Lond. 4. 4 plates in fol.
Cloth. 1.—
9117 **Tenore.** Corso d. botan. Lezioni. 3 vol. Nap. 1816—21. 8. 5.—
9118 **Thomé.** Lehrb. d. Botanik. Braunschw. 1869. 8. 364 p. m. 875 Fig.
(M. 3.) Cart. —.50
9119 — — 2. Aufl. Braunschw. 1872. 8. 372 p. m. 890 Fig. (M. 3.) Hfzb. 1.—
9120 — — 3. Aufl. Braunschw. 1874. 8. 394 p. m. color. Kte. u. 900 Fig.
(M. 3.) Cart. 1.—
9121 — — 5. Aufl. Brschw. 1877. 8. 397 p. m. color. Kte. u. 900 Fig. (M. 3.) 1.—
9122 — — 6. Aufl. Brschw. 1883. 8. 396 p. m. Kte. u. 589 Fig. (M. 3.) Hfzb. 1.—
9123 **Timirjaew.** Lehrbuch d. Botanik. Mosk. 1885. 8. 340 p. m. 63 Fig.
(2 Rbl.) — Russisch. 1.50
9124 **Ventenat.** Tableau du Règne Végétal. 4 vols. Paris 1794. 8. 2158 p. av.
24 pl. (fr. 40.) Veau. 4.—
9125 — — Vol. IV. Paris 1803. 8. 265 p. av. 24 pl. 1.50
9126 — Anfangsgründe d. Botanik. Zürich 1802. 8. 398 p. m. 14 color. Tfln. 1.—
9127 **Vines.** Student's Textbook of Botany. New ed. Lond. 1910. 8. 838 p.
w. fig. Cloth. 15.—
9128 **Voigt, A.** Lehrb. d. Pflanzenkunde. 3 Bde. Hannov. 1906—12. 8. 1050 p.
m. viel. Fig. Lnbde. (M. 11.60.) 7.--
9129 **Voigt, F. S.** Lehrbuch d. Botanik. 2. Ausg. Jena 1827. 8. 496 p. (M. 7.) 1.50
9130 **Voss.** Das Pflanzenreich. Berl. 1913. 4. 24 p. (M. 2.) 1.50
9131 **Wagner, A.** Repetitor. d. allgem. Botanik. Leipz. 1915. 8. 295 p. (M. 6.80.)
9132 **Wagner, H.** Pflanzenkunde. 2 Cursus. Bielef. 1865—66. 8. 403 p. Cart. 1.—
9133 **Warburg.** Die Pflanzenwelt. Allgemeinverständl. systemat. Botanik.
(3 Bde. m. ca. 80 z. Tl. color. Tfln. u. 900 Fig.). Bd. I. Leipz. 1913. 8.
631 p. m. 30 z. Tl. color. Tfln. u. 216 Fig. Hfzb. (M. 17.) — Alles was
erschienen.
9134 **Warming.** Haandbog i d. system. Botanik. 2. Ausg. Kjöbenh. 1884. 8.
441 p. m. 470 Fig. Hfzb. 2.—

9135 **Warming.** Handb. d. systemat. Botanik. Deutsch v. Knoblauch. Berl. 1890. 8. 480 p. m. 573 Fig. (M. 8.) Lnb.   2.—

9136 **Weis.** Elem. d. Botanik. 2. Aufl. Leipz. 1880. 8. 247 p. (M. 2.40.)   1.—

9137 **Wenderoth.** Lehrb. d. Botanik. Marb. 1821. 8. 606 p. (M. 9.) Cart.   1.50

9138 **Westermaier.** Kompendium d. allgem. Botanik. Freib. 1893. 8. 318 p. m. 171 Fig. (M. 3.60.)   1.50

9139 **Wettstein.** Leitfaden d. Botanik. 4. Aufl. Wien 1910. 8. 232 p. m. 6 color. Tfln. u. 1024 Fig. Lnb. (M. 3.90.)   2.—

9140 — Handb. d. systemat. Botanik. 2. Aufl. Leipz. 1911. 8. 923 p. m. color. Tfl. u. 3692 Fig. (M. 24.)

9141 **Wiesner.** Elemente d. wissenschaftl. Botanik. 3 Bde. Letzte Aufl. Wien 1902—9. 8. m. viel. Fig. (M. 27.50.)   22.—

9142 **van Wijk.** Dictionary of Plantnames. (2 vols.) Vol. I: Latin. The Hague 1911. 4. 1473 p. Cloth.   30.—

9143 **Wilbrand.** Handb. d. Botanik. Neue Aufl. Darmst. 1837. 8. 762 p. (M. 9.) Hfzb.   2.—

9144 **(Wilhelm.)** Unterhaltungen a. d. Naturgeschichte: Das Pflanzenreich. 10 Bde. Augsb. 1810—21. 8. m. 608 color. Tfln. (M. 190.) Hfzbde.   20.—
    Fast alle Bände auch einzeln.

9145 **Willdenow.** Grundriss d. Kräuterkunde. 2. Aufl. Berl. 1798. 8. 576 p. m. 10 Tfln. (1 color.) Cart.   1.—

9146 — — 3. Aufl. Berl. 1802. 8. 648 p. m. 11 Tfln. Hfzb.   1.—

9147 — — 4. Aufl. Berl. 1805. 8. 654 p. m. 11 Tfln. Hfzb.   1.—

9148 — — 5. Aufl. Berl. 1810. 8. 638 p. m. 11 Tfln. Hfzb.   1.—

9149 — — Nach d. 5. Aufl. hrsg. v. Schultes. Wien 1818. 8. 654 p. m. 11 Tfln. Hfzb.   1.—

9150 — — 6. Aufl. Hrsg. v. Link. Berl. 1821. 8. 718 p. m. 11 Tfln. (1 color.) Hfzb.   1.—

9151 — — 7. (letzte) Aufl. Hrsg. v. Link. 4 Bde. Berl. 1831—33. 8. m. 11 Tfln. (1 color.) (M. 7.50.) Hfzb.   1.50

9152 — Anleit. z. Selbststud. d. Botanik. 2. Aufl. Berl. 1809. 8. 496 p. m. 4 color. Tfln. Hfzb.   1.—

9153 — — 3. Aufl., hrsg. v. Link. Berlin 1822. 8. 546 p. m. Portr. u. 4 color. Tfln. Hfzb.   1.—

9154 **Willkomm.** Anleit. z. Studium d. wissenschaftl. Botanik. 2 Bde. Leipz. 1854. 8. 1106 p. (M. 15.) Hfzb.   2.—

9155 — Bilderatlas d. Pflanzenreichs, hrsg. v. Köhne. 5. Aufl. Essl. 1909. 4. 200 p. m. 125 color. Tfln. u. 100 Fig. Lnb. (M. 14.)   10.—

9156 **Wimmer.** Das Pflanzenreich. Bresl. 1853. 8. 196 p. m. 383 Fig. Cart.   1.—

9157 — — 12. Aufl. Breslau 1876. 8. 276 p. m. 720 Fig. (M. 3.)   1.—

9158 **Winkler.** Handb. d. Botanik. 3. Aufl. Hamb. 1861. 8. 260 p. m. 2 Tfln. Cart.   1.—

9159 **Wintershoven.** Handleid. tot de kennis van alle in en uitlandsche Boomen, Planten, Heesters en Gewassen. Amsterd. 1829. 8. 588 p.   2.—

9160 **Wirt.** Flora's Dictionary. 2 parts. Baltimore 1855. 4. 230 p. w. 8 colour. pl. and very many woodcuts. Cloth.   5.—

9161 **Wossidlo.** Leitfaden d. Botanik. 2. Aufl. Berl. 1890. 8. 264 p. m. 500 Fig. u. color. Kte. Lnb. (M. 3.)   1.—

9162 **Youmans.** Anfangsgründe der allgem. Botanik. 2. Aufl. Berl. 1881. 8. 136 p. m. 297 Fig.   1.—

9163 **Zaengerle.** Grundr. d. Botanik. Münch. 1887. 8. 240 p.   1.—

9164 **Zenker.** Die Pflanzen u. ihr wissenschaftl. Studium. Eisen. 1830. 8. 290 p. Lnb. (M. 3.80.)   1.—

9165 **Zimmermann.** Grundz. d. Phytologie. Wien 1831. 8. 730 p. (M. 9.80.) Cart.   1.50

9166 **Zippel u. Bollmann.** Repräsentanten einheim. Pflanzenfamilien in Wandtafeln. 2 Abtlgn. (in 5 Liefgn.) Braunschw. 1879—82. 8. m. Atlas v. 60 color. Tfln. in fol. (M. 70.)   25.—

Phanerogamae
[Systema].

[Supplementum numeror. 1026—1775, vide: Bibliographia Botanica, p. 47—74].

		_M_
9167	**Adamow.** Ueb. Sagittaria Alpina. (Petersb.) 1900. 8. 20 p. m. 3 Tfln.	1.50
9168	**Ahlborn.** Ueb. Byssus flos aquae. (Hamb., Nat. Ver.) 1895. 8. 12 p.	1.—
9169	**Alguebelle.** Homographie. Choix de 20 Plantes indigènes et coloniales. Paris 1828. gr. in-fol. p. av. 20 planches color. Cart.	32.—
9170	**Album** d. Fleurs du printemps. Bienne 1911. 8. 36 p. av. 40 pl. color. En enveloppe.	3.—
9171	**(Alcocer).** Euphorbia cerifera. (México) 1911. 8. 8 p. av. pl. color.	1.—
9172	**(—)** Datura arborea. (México) 1911. 8. 22 p. av. pl. color.	1.50
9173	**Alexander.** Key of the groups of the g. Helianthus in Michigan. Lansing 1911. 8. 8 p. w. 2 pl.	1.50
9174	**Allen.** Snowdrops. (Lond., Hortic. S.) 8. 16 p.	1.—
9175	**Allgemeines Teutsches Garten-Magazin.** Hrsg. v. Sprengel, Sickler, Bertuch u. a. 8 Jahrgänge (soviel erschien.): 1804—11. Weimar. 4. m. 3 2 2 color. Tfln. Hfzbde.	50.—
9176	**Almanach du Jardinier.** Réd. p. Bixio et Isabeau. Ann. 3 à 62. Paris 1846 à 1905. 8. av. beauc. de fig.	30.—
	En partie épuisé.	
9177	**Anastasia.** Le varietà tipiche d. Nicotiana Tabacum. Scafati 1906. 4. 137 p. c. 30 tav.	12.—
9178	**Anderson, G.** Monogr. of the g. Paeonia. (Lond., Linn. S.) 1817. 4. 43 p.	2.—
9179	**Anderson, T.** Identificat. of the Acanthaceae of the Linnean Herbarium. (Lond., Linn. Soc.) 1864. 8. 8 p.	1.—
9180	— Enumer. of the spec. of Acanthacae fr. Africa. (Lond., Linn. Soc.) 1864. 8. 41 p.	1.50
9181	— Enumer. of the Indian spec. of Acanthaceae. (Lond., Linn. Soc.) 1867. 8. 102 p.	2.50
9182	**Anderson and Hooker.** New Phanerog. fr. Africa. 3 pap. (Lond., Linn. Soc.) 1861. 8. 16 p. w. 3 pl.	1.50
9183	**André, E.** Bromeliaceae Andreanae. Bromél. récolt. dans la Colombie, l'Écuador et le Venezuela. Paris 1891. 4. 129 p. av. 40 pl. Cart.	28.—
9184	**Annalen** d. Blumisterei. Hrsg. v. Reider. Jhrg. I—X. — Der Garten-beobachter. Hrsg. v. Gerstenberg. Jhrg. I. Nürnb. 1826—37. 8. m. 264 color. Tfln. Hfzbde.	30.—
9185	**Antoine.** Der Wintergarten in d. k. k. Hofburg zu Wien. Wien 1852. quer-fol. 23 p. m. 12 Tfln.	25.—
	Selten. — Kupferstiche auf chinesischem Papier.	
9186	**Arber u. Parkin.** Der Ursprung d. Angiospermen. (Wien, Bot. Z.) 1908. 8. 59 p.	2.—
9187	**Arcangeli e Martelli.** 6 mem. s. Aracee. (Firenze, Giorn. Bot.) 1879—90. 8. 58 p. c. 2 tav.	2.—
9188	**Ascherson.** Ueb. Chaerophyllum nitid. (Berl., Bot. Ver.) 1866. 8. 40 p. m. 2 Tfln.	1.50
9189	— Ueb. ein. Pflanzen d. Kitaibel'schen Herbariums. (Wien, Z. b. G.) 1867. 8. 26 p.	1.—
9190	— Vorarbeiten zu ein. Uebersicht d. phanerogamen Meergewächse. (Berl. 1868). 8. 57 p.	1.—
9191	— Die geograph. Verbreit. der Seegräser. 2 Tle. (Gotha u. Münch.) 1871—76. 8. u. 4. 24 p. m. color. Kte.	1.50

9192 **Ascherson.** Ueb. ein. Achillea-Bastarde. (Berl., Nat. Fr.) 1873. 4. 12 p. m. 2 Tfln.   *ℳ* 1.50

9193 — Z. Kenntn. d. Seegräser d. Ind. u. Still. Oceans. (Berl., Bot. Ver.) 1876. 8. 12 p.   1.—

9194 — Potamogetonaceae. (Aus: Engler - Prantl's Pflanzenfam.) (Leipz.) 1889. 8. 21 p. m. 70 Fig.   2.—

9195 — Vorkommen d. Scopolia carniolica in Ostpreussen. (Berl., Nat. Fr.) 1890. 8. 24 p.   1.—

9196 — Botan. Mitteilungen. (Berl., Bot. Ver.) 1890. 8. 36 p.   1.—

9197 — Ueb. ein. Potentillen u. and. Pflanzen Ost- u. Westpreussens. (Berl., Bot. Ver.) 1891. 8. 44 p.   1.50

9198 — Lepidium apetalum u. virginicum. (Berl., Bot. Ver.) 1892. 8. 20 p.   1.—

9199 — Eine Abänder. d. Sherardia arvens. (Berl., Bot. V.) 1893. 8. 14 p. m. Tfl.   1.—

9200 — Erechthites hieracifol. in Schlesien. (Berl., Bot. Ges.) 1902. 8. 12 p.   1.—

9201 **Ascherson u. Gürke.** Hydrocharitaceae. (Aus: Engler-Prantl's Pflanz.-Famil.) (Leipz.) 1889. 8. 21 p. m. 70 Fig.   1.50

9202 **Ascherson u. Magnus.** Ueb. d. Arten v. Circaea. (Leipz., Bot. Z.) 1870. 4. 28 p.   1.—

9203 — Verbreit. d. hellfrücht. Spielarten d. Europ. Vaccinien. (Wien, Z. b. G.) 1891. 8. 24 p.   1.—

9204 **Baagöe.** Potamogeton undulatus. (Copenh., Bot. T.) 1897. 8. 16 p. w. pl.   1.—

9205 **Babcock.** Studies in Juglans. 2 parts. Berkel. 1913—14. 8. 68 p. w. 19 pl.   5.—

9206 **Babington.** Monogr. of the British Atripliceae. (Edinb., Bot. Soc.) 1841. 8. 17 p. w. 2 pl.   2.—

9207 — On the Brit. spec. of Fumaria. (Edinb., Bot. S.) 1841. 8. 8 p.   1.—

9208 — Hypericum quadrangul. of Linnaeus. (Edinb., Bot. S.) 1841. 8. 6 p.   1.—

9209 — Descr. of a new g. of Lineae. (Lond., Linn. Soc.) 1842. 4. 3 p. w. pl.   1.—

9210 — 4 pap. on Phanerog. (Lond.) 1847—52. 8. 17 p.   1.50

9211 — On some spec. of Epilobium. (Lond., Ann. & M.) 1856. 8. 21 p.   1.50

9212 **Babington and Planchon.** On Anacharis Alsinastrum. (Lond., Bot. S.) 1847. 8. 8 p. w. pl.   1.—

9213 — S. l'Anacharis Alsinastr. (Paris, Ann. Sc.) 1849. 8. 12 p. av. pl.   1.—

9214 **Baccarini.** Int. al comportam. di una razza ibrida di Piselli. (Firenze, Giorn. Bot.) 1911. 8. 38 p.   1.50

9215 **Baillon.** Anthosthemidearum descr. (Paris., Ann. Sc.) 1858. 8. 13 p.   1.—

9216 — Errorum Decaisneanorum Centur. II, IV, VI. (Paris.) 1868. 8. 93 p.   2.—

9217 — Monogr. d. Dilléniacées. Paris 1868. 8. 48 p. av. 50 fig.   3.—

9218 — Monogr. d. Monimiacées. Paris 1869. 8. 58 p. av. 64 fig.   3.—

9219 — Monogr. d. Connaracées et d. Légumin.-Mimosées. Paris 1869. 8. 72 p. av. 37 fig.   4.—

9220 — Monogr. d. Légumineuses Papilionacées. Paris 1870. 8. 190 p. av. 61 fig.   6.—

9221 — S. les Olinia. Paris 1878. 8. 35 p. av. pl.   1.—

9222 — S. l. Aquilariées. (Paris) 8. 11 p.   1.—

9223 **Baker, E. G.** New Cytinus fr. Madagasc. (Lond., Linn. S.) 1888. 8. 5 p. w. pl.   1.—

9224 — The African spec. of Crotalaria. (Lond., Linn. S.) 1914. 8. 185 p. w. 6 pl.   10.—

9225 **Baker, J. G.** Revis. of the genera and spec. of Herbaceous Capsular Gamophyllous Liliaceae. (Lond., Linn. Soc.) 1871. 8. 90 p.   2.—

9226 — Revis. of the Scilleae a. Chlorogaleae. (Lond., Linn. S.) 1872. 8. 84 p.   2.—

9227 — Revis. of the genera and spec. of Tulipeae. (Lond., Linn. S.) 1874. 8. 100 p.   3.50

9228 — Revis. of the Asparagaceae. (Lond., Linn. S.) 1875. 8. 125 p. w. 4 pl.   4.50

9229 — List of Seychelles Myrtaceae. (Dubl., Ac.) 1875. 8. 1 p. w. 2 pl.   1.50

9230 — Revis. of the Anthericeae and Eriospermeae. (Lond., Linn. S.) 1877. 8. 111 p.   3.—

M

9231 **Baker, J. G.** Synops. of Hypoxidaceae. (Lond., Linn. S.) 1878. 8. 34 p.   1.—
9232 — Systema Iridacearum. (Lond., Linn. S.) 1878. 8. 120 p.   4.—
9233 — Report on the Liliaceae, Iridac., Hypoxidac. and Haemodorac. of Welwisch's Angolan Herbar. (Lond., Linn. S.) 1878. 4. 30 p. w. 3 pl.   3.—
9234 — Synopsis of Colchicaceae. (Lond., Linn. S.) 1879. 8. 105 p.   4.—
9235 — Synopsis of Aloineae and Yuccoidea. (Lond., Linn. S.) 1880. 8. 93 p.   2.50
9236 — Rivista d. Yucche, Beaucarnee e Dasylirion. Trad. da Ricasoli. (Firenze, Soc. Ortic.) 1882. 8. 37 p.   1.—
9237 — Review of the Tuber-bearing spec. of Solanum. (Lond., Linn. Soc.) 1884. 8. 19 p. w. 6 pl. (3 s.)   2.—
9238 **Balbis.** S. l. Oeillets av. descr. de 3 nouv. esp. de Dianthus. (Turin, Ac.) 1805. 4. 4 p. av. 3 pl.   3.—
9239 **Balfour.** On the g. Halophila. (Edinb., Bot. Soc.) 1878. 8. 53 p. w. 5 pl.   4.50
9240 **Balicka.** Morphol. d. Thelygonum Cynocrambe. (Marb., Fl.) 1897. 8. 10 p.   1.—
9241 **Ball, J.** Outlines of a monogr. of the g. Leontodon. (Lond., Ann. & M.) 1850. 8. 18 p.   1.—
9242 **Banker.** Contrib. to a revis. of the N. Americ. Hydnaceae. (N. York, Torr. Cl.) 1906. 8. 96 p.   3.50
9243 **Bargagli-Petrucci.** Le specie di Pisonia della reg. dei Monsoni. (Fir., Giorn. Bot.) 1901. 8. 22 p. c. tav.   1.50
9244 **Barker Webb.** S. le Parolinia, n. g. (Paris, Ann. Sc.) 1840. 8. 11 p. av. pl.   1.—
9245 — S. le g. Retama. (Paris, Ann. Sc.) 1843. 8. 15 p.   1.—
9246 — De Dicherantho, gen. novo. (Paris., Ann. Sc.) 1846. 8. 4 p. et tab.   1.—
9247 **Barnewitz.** Kopfweidenüberpflanzen v. Görisdorf. (Berl., Bot. Ver.) 1898. 8. 12 p.   1.—
9248 **Baruffaldi.** Il Canapajo. Con: B e r t i, Coltivaz. d. Canapajo. Bologna 1741. 4. 271 p. c. 3 tav. Vélin.   6.—
9249 **Basiner.** Enumer. monographica spec. gen. Hedysari. (Petrop., Ac.) 1846. 4. 53 p. et 2 tab. Cart.   1.50
9250 **Batka.** Artemisia glomerata. (Ac. Leop.) 1827. 4. 6 p. m. Tfl.   1.—
9251 — Lauri Malabathri adumbr. (Ac. Leop.) 1833. 4. 8 p. et tab.   1.—
9252 **Baumgartner.** Die ausdauernden Arten d. Sectio Eualyssum aus d. Gattg. Alyssum. Wr.-Neustadt 1907. 8. 49 p.   1.50
9253 **Bayer.** Monogr. Tiliae generis. (Vindob., Z. b. G.) 1862. 8. 60 p. et 2 tab.   1.50
9254 **Beccari.** Nuove spec. di Piante Bornensi. (Fir., Giorn. Bot.) 1870. 8. 17 p. c. 3 tav.   1.50
9255 **Beck.** Inulae Europae. Die europ. Inula-Arten. (Wien, Ak.) 1881. 4. 59 p. m. Kte.   1.—
9256 — Neue Oesterr. Pflanzen. 2 Tle. (Wien Z. b. G.) 1882. 8. 20 p. m, Tfl.   1.—
9257 — Glieder. d. Formenkr. d. Caltha palustr. (Wien, Z. b. G.) 1886. 8. 6 p.   —.50
9258 — Die Gattg. Nepenthes. 4 Tle. (Wien, Gart.-Z.) 1895. 8. 45 p. m. 2 Tfln.   2.—
9259 — Die Leberblümchen (Hepatica). (Wien, Gart.-Z.) 1896. 8. 12 p.   1.—
9260 **Becker, G.** Ueb. Limodorum abortiv. u. Epipogium Gmel. (Bonn, Nat. Ver.) 1878. 8. 8 p. m. Tfl.   1.—
9261 **Becker, L.** Der Bauerntabak (Nicotiana rustica). Bresl. 1875. 8. 52 p.   1.50
9262 **Becker, W.** Die Veilchen d. Bayer. Flora. (Münch., Bot. Ges.) 1902. 8. 35 p.   1.50
9263 — Violae Europaeae. System. Bearb. d. Violen Europas u. s. benachb. Geb. Dresd. 1910. 8. 157 p. (M. 6.)
9264 — Die Violen d. Schweiz. (Zürich, Nat. Ges.) 1910. 4. 90 p. m. 4 Tfln. (M. 4.80.)
9265 **Beer.** Die Bromeliaceen. Wien 1857. 8. 272 p. Lnb.   2.50
9266 **Béguinot.** La fam. d. Elatinacee nella flora Romana. (Firenze, Giorn. Bot.) 1899. 8. 10 p.   1.—
9267 — Le Scrofulariac., Orobanc., Bignoniac., Labiat., Verben., Piantagin., Rubiac., Caprifogl., Valerian., Dipsac., Cucurbit., Campanulacee d. Flora Italiana. 2 parti. Padova 1902—03. 8. 280 p. c. fig.   4.50

9268 **Béguinot e Belosersky.** Revisione monogr. del g. Apocynum. (Roma, Linc.) 1914. 4. 144 p. c. 12 tav.   *M* 10.—

9269 **Behrendsen.** Florist. Beiträge z. Kenntn. d. Gatt. Alectorolophus. (Berl., Bot. Ver.) 1904. 8. 15 p. m. Tfl.   1.—

9270 **Behrendsen u. Sterneck.** Ein. neue Alectorolophus-Formen. (Berl., Bot. Ver.) 1904. 8. 26 p. m. Tfl.   1.—

9271 **Beille.** Contr. à l'ét. d. g. Corynanthe et Pausinystalla. (Bord., Soc. Linn.) 1906. 8. 4 p. av. 3 pl.   1.50

9272 **Beissner, Schelle u. Zabel.** Handb. d. Laubholzbenennung. Liste aller Deutsch. Laubholzarten. Berl. 1903. 8. 632 p. Lnb. (M. 15.)   11.—

9273 **Belli.** Rapporti sistem. biol. d. Trifolium subterran. c. affini. (Genova, Malp.) 1892. 8. 41 p.   1.—

9274 — Euphorbia Valliniana nov. sp. (Roma, Ann. Bot.) 1902. 8. 8 p. c. tav.   1.—

9275 **Bennett, A. W.** Review of the g. Hydroela. (Lond., Linn. S.) 1870. 8. 13 p. w. pl.   1.—

9276 — Ueb. d. Arten d. Gatt. Potamogeton. (Wien, Hofmus.) 1892. 8. 10 p.   1.—

9277 — The Nomenclat. of Potamogetons. (Lond., Journ. Bot.) 1892. 8. 10 p.   1.—

9278 — The Potamogetons of the Philipp. Isl. (Manila, J. Sc.) 1914. 4. 6 p.   1.—

9279 **Bennett, J. J., et Moquin-Tandon.** Révis. d. g. Turraea et Munronia. De genere Maireana. 2 mém. (Paris, Ann. Sc.) 1841. 8. 16 p.   1.—

9280 **bentham.** On the Eriogeneae. (Lond., Linn. Soc.) 1835. 4. 20 p. w. 4 pl.   2.—

9281 — Synopsis d. Gerardiées. (Paris, Ann. Sc.) 1836. 8. 18 p.   1.—

9282 — Labiatae ex Syria et Asia min. (Paris, Ann. Sc.) 1836. 8. 20 p.   1.—

9283 — Acc. of 2 new genera allied to Olacineae. (Lond. Linn. S.) 1840. 4. 15 p. w. 2 pl.   1.—

9284 — De Leguminosarum generib. (Wien, Mus.) 1841. 4. 80 p.   2.—

9285 — Notes on Loganiaceae. (Lond., Linn. S.) 1856. 8. 63 p.   1.50

9286 — Synopsis of the g. Clitoria. (Lond., Linn. S.) 1858. 8. 11 p.   1.—

9287 — Synopsis of Legnotideae. (Lond., Linn. S.) 1859. 8. 16 p.   1.—

9288 — Synopsis of Dalbergieae. (Lond., Linn. S.) 1860. 8. 134 p. (5 s.)   2.—

9289 — On Menispermaceae, Tiliaceae, Bixaceae and Samydaceae. (Lond., Linn. S.) 1861. 8. 50 p.   1.50

9290 — On Ternstroemiaceae. On Anonaceae. (Lond., Linn. S.) 1861. 8. 18 p.   1.—

9291 — On Malvaceae and Sterculiaceae. (Lond., Linn. S.) 1862. 8. 27 p.   1.—

9292 — On Caryophylleae and Portulac. (Lond., Linn. S.) 1862. 8. 22 p.   1.—

9293 — On the g. Sweetia and Glycine. (Lond., Linn. S.) 1865. 8. 9 p.   1.—

9294 — On Myrtaceae. 3 parts. (Lond., Linn. S.) 1868—69. 8. 222 p.   4.—

9295 — Revis. of the g. Cassia. (Lond., Linn. S.) 1871. 4. 90 p. w. 4 pl.   5.—

9296 — On the classificat., history, and geographic. distribut. of Compositae. (Lond., Linn. S.) 1873. 8. 244 p. w. 4 pl. (6 s.)   3.—

9297 — On the Gamopetal. orders belong. to the Campanulac. and Olaceous groups. (Lond., Linn. Soc.) 1877. 8. 16 p.   1.—

9298 — On the distribut. of the Monocotyled. orders into primary groups, espec. of the Austral. Flora. (Lond., Linn. S.) 1877. 8. 30 p. w. 3 pl.   2.—

9299 — Notes on Euphorbiaceae. (Lond., Linn. S.) 1878. 8. 83 p.   1.50

9300 **Bentham og Örsted.** Leguminosae, Scrophularin., Labiatae, Malpighiac., Gentian. Centro-Americanae. 5 Abhandl. (Haun., Ac.) 1854. 8. 58 p.   2.—

9301 **Berge u. Riecke.** Giftpflanzenbuch. Stuttg. 1855. 4. 340 p. m. 72 color. Tfln. (M. 18.) Cart.   4.—

9302 **Berger, A.** Stapelieen u. Kleinien. Stuttg. 1910. 8. 441 p. m. 79 Fig. (M. 6.50.)

9303 — Die Agaveen. Beiträge zu e. Monogr. Jena 1915. 8. 295 p. m. 2 Ktn. (M. 9.)

9304 **Berger, C. G.** Taschenbuch f. Blumenfreunde. Leipz. 1802. 8. 294 p. Hfzb.   2.50

9305 **Berlese.** Ueb. Camelien. Berl. 1838. 8. 248 p. Hfzb.   3.—

9306 **Bernátsky.** Ueb. Absidia septata. (Budap.) 1900. 8. 10 p. m. Tfl.   1.—

9307 — Ueb. d. Convallarien u. Ophiopogonoiden. (Budap.) 1908. 8. 13 p.   1.—

9308 — Iris-Studien. (Budap.) 1909. 8. 27 p.   1.50

9309 **Bernátsky.** Compendium Iridum Hungariae. (Budap., Term. Közl.) 1911.   *M*
8. 139 p. — Hungarice et Latine.   2.—
9310 **Bernhardi.** Rech. s. l. caract. et l. affinités d. Papaveracées et d. Fu-
mariacées. (Paris, Ann. Sc.) 1835. 8. 13 p.   1.—
9311 — S. l. caract. d. Tulipac. et Asphodél. (Paris, Ann. Sc.) 1842. 8. 19 p.   1.—
9312 **Berthelot.** S. le Boehmeria Arborea. (Ac. Leop.) 1828. 4. 10 p.   1.—
9313 **Besser.** Monogr. d. Armoisies. (Moscou, Bull.) 1829. 8. 48 p.   1.50
9314 — Absinthium Gaertn. 2 partes. (Mosq., Bull.) 1829—36. 8. 158 p.   3.—
9315 — Tentam. de Abrotanis. (Mosq., Bull.) 1834. 4. 92 p. et 5 tab.   3.50
9316 — Dracunculi. (Mosq., Bull.) 1835. 8. 97 p.   2.—
9317 — Revisio Artemisiarum Musei Berol. (Berol.) 1841. 8. 30 p.   1.50
9318 **Best.** Revis. of the North Americ. Thuidiums. (N. York, Torr. Cl.) 1896.
8. 13 p. w. 2 pl.   1.50
9319 **Bethke.** Ueber d. Bastarde d. Veilchen-Arten. (Königsb., Phys. Ges.)
1883. 4. 20 p.   1.—
9320 **Bicknell.** The North Americ. spec. of Agrimonia. (N. York, Torr. Cl.)
1896. 8. 16 p. w. 2 pl.   1.50
9321 — Studies in Sisyrinchium. I, IV—VI. (N. York, Torr. Cl.) 1899. 8. 44 p.   2.—
9322 **Bischoff.** Die Cichorieen m. Ausschluss v. Hieracium. Heidelb. 1851.
8. 361 p.   2.50
9323 **Bissinger.** Welche Blume hat man sich u. d. „Hyacinthe" d. Alten zu
denken? Erl. 1880. 8. 48 p.   1.50
9324 **Bitter.** Die Gattg. Acaena. Stuttg. 1910. 4. 340 p. m. 37 Tfln. u. 98 Fig.
(M. 100.)   75.—
9325 **Bivona-Bernardi.** Monogr. d. Tolpidi. Palermo 1809. fol. 18 p. c. 5 tav.   6.—
9326 — Nuove Piante inedite. Palermo 1838. 8. 23 p.   1.50
9327 **Blane.** Acc. of the Nardus Indica. (Lond., Roy. S.) 1790. 4. 9 p. w. pl.   1.—
9328 **Blasquez.** S. el Maguey Méxic. (Agave Maximil.). México 1865. 8.
32 p. av. 2 pl. color.   2.—
9329 **Blume.** Neesia, genus nov. Javanic. (Ac. Leop.) 1833. 4. 12 p. et tab. color.   1.—
9330 — De novis Plantarum famil. (Paris., Ann. Sc.) 1834. 8. 18 p.   1.—
9331 **Boehmer.** Plantae cavle bulbifero. Lips. 1748. 4. 31 p.   1.—
9332 **Boissier et Balansa.** Description du g. Thurya. (Paris, Ann. Sc.) 1857.
8. 5 p. av. pl.   1.—
9333 **Boissieu.** Les Éricacées du Japon. (Genève, Herb. Boiss.) 1897. 8. 20 p.   1.50
9334 **Bolle.** Die Scrophularien d. Canar. Inseln. (Wien, Z. b. G.) 1861. 8. 16 p.   1.—
9335 — Ruthea, e. neue Umbellif. (Berl., Bot. Ver.) 1862. 8. 8 p. m. 2 Tfln.   1.—
9336 — Z. Variabil. d. Eiche. (Berl., Bot. Ver.) 1889. 8. 10 p.   1.—
9337 **Bonafous.** S. Gelseti e una nuova spec. di Gelso. Torino 1831. 8. 17 p.   1.—
9338 **Bongard.** S. le Sedum verticillat. (Pétersb., Ac.) 1832. 4. 3 p. av. pl.   1.—
9339 — Genera 2 Melastomacear. nova. (Petrop., Ac.) 1836. 4. 6 p. et tab.   1.—
9340 — Bauhiniae et Pauletiae spec. Brasil. novae. (Petrop., Ac.) 1838. 4.
28 p. et 7 tab.   3.—
9341 **Bonpland.** Descript. du Claytonia Cubensis. (Paris, Mus.) 1806. 4. 3 p.
av. pl.   1.—
9342 **Borbás.** Beitr. z. system. Kenntn. d. gelbblüth. Dianthus-Arten. (Berl.,
Bot. Ver.) 1877. 8. 29 p.   1.—
9343 — Ueb. d. Verbreit. d. Roripae in Ungarn. (Budap.) 1879. 8. 64 p. —
Magyarisch.   1.50
9344 — Spec. Hesperidum Hungariae. Budap. 1902. 8. 72 p.   1.50
9345 **Born.** Aus d. neuer. Entwickl. d. natürl. Systems d. Blütenpflanzen.
Berl. 1906. 4. 36 p.   1.—
9346 **Bornet.** S. le Phucagrostis major. (Paris, Ann. Sc.) 1864. 8. 44 p. av. 11 pl.   3.50
9347 **Bornmüller.** 3 neue Dionysien d. südl. Persien. (Genf, Herb. Boiss.)
1899. 8. 9 p. m. Tfl.   1.—
9348 — Beitr. z. Gatt. Dionysia. (Genf, Boiss.) 1903. 8. 6 p. m. Tfl.   1.—
9349 — Senecio Murrayi v. Ferro. (Leipz., Engl. J.) 1903. 8. 11 p.   1.—
9350 — Revis. ein. Syrischer Astragalus-Arten. (Weimar) 1911. 8. 14 p.   1.—

9351 **Borszczow.** Die Aralo-Caspischen Calligoneen. (Petersb., Ak.) 1860. *ℳ*
4. 45 p. m. 3 Tfln.   1.50
9352 **Borzi.** L'llixi-Suergiu Quercus Morisii), n. Querce d. Sardegna. (Firenze,
Giorn. Bot.) 1881. 8. 7 p. c. tav.   1.—
9353 **Bossin.** Les Plantes bulbeuses. 2 vols. Paris 1872. 8. 324 p.   4.—
9354 **Brand, A.** Monogr. d. Gatt. Nigella. Berl. 1895. 8. 40 p.   1.—
9355 — The Symplocaceae of the Philippine Isl. W. 2 supplem. (Manila,
Journ. Sc.) 1908—12. 4. 22 p.   1.50
9356 — Die Hydrophyllac. d. Sierra Nevada. Berkeley 1912. 4. 19 p.   1.—
9357 — Hydrophyllaceae. (Aus: Das Pflanzenreich.) Leipz. 1913. 8. 210 p.
m. 89 Fig. (M. 10.60.)
9358 **Brandis.** Enumer. of the Dipterocarpaceae in the R. Herbarium Kew
and the Brit. Museum. (Lond., Linn. Soc.) 1895. 8. 148 p. w. 3 pl. (6 s.)   3.—
9359 **Brandt, Phoebus u. Ratzeburg.** Deutschlands Giftgewächse (Phanerog.
u. Cryptog.). 2 Tle. Berl. 1838. 4. 334 p. m. 57 color. Tfln. (M. 26.) Hfzb.   8.—
     Vergriffen.
9360 **Braun, A.** S. l. genres d. Silénées. (Paris, Ann. Sc.) 1843. 8. 34 p.   1.—
9361 — Ueber Schweinfurthia u. Anticharis. (Berl., Ak.) 1866. 8. 28 p. m. Tfl.   1.—
9362 — Lepidozamia Peroffskyana. (Berl., Nat. Fr.) 1875. 8. 8 p.   1.—
9363 — Ueb. Agaveen. (Berl., Nat. Fr.) 1876. 8. 5 p.   1.—
9364 — Ueb. ein. Cycadeen. (Berl., Nat. Fr.) 1876. 8. 16 p.   1.—
9365 **Braun, H.** Ueb. Mentha fontana. (Wien, Z. b. G.) 1886. 8. 14 p. m. Tfl.   1.—
9366 — Ueb. ein. Arten u. Formen d. Gattg. Mentha. 2 Tle. (Wien, Z. b. G.)
1889—90. 8. 164 p. m. 2 Tfln.   2.50
9367 — Die Tirol. Arten v. Mentha. (Innsbr., Ferd.) 1893. 8. 24 p.   1.—
9368 **Bray.** The geograph. distrib. of the Frankeniaceae. Leipz. 1897. 8. 23 p.   1.—
9369 **Brenner.** 5 Abhandl. üb. Taraxacum. (Helsingf.) 1907—10. 8. 25 p.   1.50
9370 — Nagra Linnaea-former i Finland. (Helsingf., Soc. Fl.) 1908. 8. 9 p.   1.—
9371 — Lindbergs Taraxacum-förklaring. (Helsingf., Soc. Fl.) 1909. 8. 25 p.   1.—
9372 **Brigham.** Der Mais, s. Geschichte etc. Gött. 1896. 8. 55 p.   1.50
9373 **Brinckmeier.** Der Hanf. Ilmenau 1884. 8. 80 p.   1.—
9374 **Briquet.** Resumé d'une monogr. du g. Galeopsis. Genève 1891. 8. 30 p.   1.50
9375 — Monogr. d. Buplèvres d. Alpes Maritimes. Bâle 1897. 8. 130 p.   2.—
9376 — S. qu. Flacourtiacées. (Genève, Jard. Bot.) 1898. 8. 38 p. av. pl.   1.50
9377 — Ombellifère nouv. d. Baléares. (Genève, Jard.) 1898. 8. 4 p. av. pl.   1.—
9378 — Labiatae et Verbenac. Wilczekianae. (Genève, J. Bot.) 1899. 8. 9 p.   1.—
9379 — Les Knautia du Sud-Ouest de la Suisse. (Genève, Jard. Bot.) 1902.
8. 82 p.   2.—
9380 — Labiatae et Verbenaceae Austro-Americ. (Holm., Ark. Bot.) 1904.
8. 27 p. et 4 tab.   2.—
9381 **Brögelmann.** Beschr. d. neuen Pflanzen d. verfloss. Jahrzehends. Frankf.
1812. 8. 232 p. Cart.   4.—
9382 **Brongniart, A.** Histoire d. Végétaux fossiles, ou recherches botaniques
et géolog. s. les végétaux renfermés dans les diverses couches du
globe. 2 vols. [Paris 1828 à 37]. Berl. 1915. 4. 572 p. av. 199 planches.   300.—
     Ein photographischer Neudruck, tadellos hergestellt u. dem Original in nichts
nachstehend (nur auf viel besserem Papier) dieses Fundamentalwerkes der Phyto-
Palaeontologie. Ist bei den engen Beziehungen der Phylogenie zur Systematik
recenter Genera auch für Botaniker von höchster Wichtigkeit. Das Original ist
bekanntlich eines der seltensten palaeontolog. Bücher und wird mit 600 M. und
mehr bezahlt.
9384 — S. la fam. d. Rhamnées. Paris 1826. fol. 78 p. av. 6 pl.   3.—
9385 — Nouv. g. de Cycadées du Mexique. (Paris, Ann. Sc.) 1846. 8.
5 p. av. pl.   1.—
9386 — Nouv. genre d. Broméliacées. (Paris, Ann. Sc.). 1864. 8. 5 p. av. pl.   1.—
9387 **Bronn.** De formis Leguminosarum. Heidelb. 1822. 8. 140 p. Cart.   1.50
9388 **Brotero.** Descr. of a new g. of Araujia and Passiflora. (Lond., Linn.
Soc.) 1817. 4. 14 p. w. 3 pl.   1.50
9389 — Descr. of 2 new Erythrina. (Lond., Linn. S.) 1824. 4. 11 p. w. 3 pl.   1.50

9390 **Brown, N. E.** The Stapeliae of Thunberg's Herbar. (Lond., Linn. Soc.) 1878. 8. 12 p. w. 2 pl. — *M* 1.—
9391 — On some new Aroideae. Part I. (all publish.) (Lond., Linn. Soc.) 1880. 8. 23 p. w. 3 pl. — 1.50
9392 — Vaccinium intermedium. (Lond., Linn. S.) 1887. 8. 4 p. w. pl. — 1.—
9393 **Brown, R.** On the Proteaceae. (Lond., Linn. Soc.) 1810. 4. 212 p. w. 2 pl. — 8.—
9394 — On the Compositae. (Lond., Linn. S.) 1817. 4. 67 p. — 2.—
9395 **Browne, D. J.** Trees of America. New York 1846. 8. 520 p. w. num. fig. Cloth. — 11.—
    Not quoted by P r i t z e l.
9396 **Brumhard.** Monograph. d. Gatt. Erodium. Bresl. 1905. 8. 60 p. m. Tfl. — 1.50
9397 **Bubani.** Dodecanthea. Florent. 1850. 8. 37 p. — 2.—
9398 — Dunalia. Imola 1878. 8. 100 p. — 4.—
9399 **Buchegger.** Beitr. z. Systemat. v. Genista Hassertiana, G. holopetala u. G. radiata. (Wien, Z. b. G.) 1912. 8. 32 p. — 1.50
9400 **Buchenau.** Morphol. Studien an deutsch. Lentibularieen. (Leipz., Bot. Z.) 1866. 4. 24 p. m. 2 Tfln. — 1.50
9401 — Z. Naturgesch. v. Narthecium ossifragum. (Leipz., Bot. Z.) 1867. 4. 16 p. m. Tfl. — 1.—
9402 — Alismaceae, Butomaceae (Aus: Engler - Prantl's Pflanzenfam.). (Leipz.) 1889. 8. 9 p. m. 34 Fig. — 1.—
9403 **Buchenau u. Focke.** Die Salicornien d. deutsch. Nordseeküste. (Brem., Nat. Ver.) 1872. 8. 13 p. — 1.—
9404 **Buc'hoz.** Hist. univers. et raisonn. d. Végétaux. P l a n c h e s. Centuries I à V. Paris 1771 etc. in-fol. 411 planches. (a u l i e u d e 5 0 0). — 20.—
9405 **Bucknall.** Revis. of the g. Symphytum. (Lond., Linn. S.) 1913. 8. 95 p. — 3.—
9406 **Bunge.** Ueb. d. Gattg. Siphonostegia u. Uwarowia. (Dorpat) 1840. 8. 9 p. m. Tfl. — 1.—
9407 — Ueb. d. Gatt. Echinops. (Petersb., Ak.) 1863. 8. 32 p. — 1.—
9408 — Zusammenstell. d. Arten d. Gatt. Cousinia. (Petersb., Ak.) 1865. 4. 56 p. — 1.50
9409 — Ueb. die Heliotropien d. Mittelländ.-Oriental. Flora. (Mosk., Bull.) 1869. 8. 54 p. — 1.50
9410 — Heliocarya, e. neue Borragineen-Gatt. (Moskau) 1871. 4. 12 p. — 1.—
9411 — Die Arten d. Gatt. Dionysia. (Petersb., Ak.) 1871. 8. 22 p. — 1.—
9412 — Die Gatt. Acantholimon. (Petersb., Ak.) 1872. 4. 72 p. m. 2 Tfln. (M. 3.20.) — 1.50
9413 — Enumer. Plantaginearum et Salsolacear. Centroasiaticar. (Petrop., Acta Horti) 1880. 8. 59 p. — 2.—
9414 — Supplem. ad Astragaleas Turkestaniae. (Petrop., Acta Horti) 1880. 8. 20 p. — 1.—
9415 — Salsolaceae in China, Japon. et Mandshuria coll. (Petrop., Acta Horti) 1893. 8. 10 p. — 1.—
9416 **Burck.** S. qu. Polystichum de l'Archipel Malais. (Nimègue) 1904. 8. 16 p. — 1.—
9417 **Bureau.** Morées et Artocarpées de la Nouv.-Calédonie. (Paris, Ann. Sc.) 1869. 8. 17 p. av. pl. — 1.—
9418 **Burgess.** Species and variations of Biotian Asters. (New York, Torrey Cl.) 1906. 8. 434 p. w. 12 pl. and 108 fig. — 12.—
9419 **Burkill and Wright.** On some African Labiatae. (Lond., Linn. Soc.) 1899. 8. 12 p. w. pl. — 1.—
9420 **Burnat et Briquet.** Viola Canina et Montana d. Alpes marit. (Genève, Jard. Bot.) 1902. 8. 11 p. — 1.—
9421 **Buser.** Z. Kenntn. d. Schweizer. Alchimillen. (Bern, Bot. Ges.) 1894. 8. 40 p. — 1.50
9422 — Ueb. Alchimilla. 3 Abh. 1894—1900. 8. 14 p. — 1.—
9423 — Alchimilles Valaisannes. (Zürich, Soc. Nat.) 1895. 4. 35 p. — 1.50
9424 — Les Alchimilles du Crêt de Chalam. (Bourg) 1903. 8. 16 p. — 1.—
9425 **Bush.** The genus Othake. (St. Louis, Ac.) 1904. 8. 10 p. — 1.—

9426 **Busse.** Ueb. e. neue Cardamomen-Art aus Kamerun. (Berl., Ges.-Amt)   *M*
1897. 4. 6 p. m. Tfl.   1.—

Cactaceae.

9428   **Arloing.** Rech. anat. s. le bouturage d. Cactées. Paris 1877. 8. 57 p.
av. 2 pl.   2.50
9429   **Britton and Rose.** Studies in Cactaceae I. (Wash., Nat. Herb.) 1913.
8. 15 p. w. 8 pl.   2.50
9430   **Brunnthaler.** Aus d. Succulentengebiet Südafrikas. (Wien, Z. Gärtn.)
1911. 8. 8 p.   1.—
9431   **Cactography.** Issued by Orcutt. Year I: 1912—13. San Diego. 8.   5.—
9432   **Caspari.** Z. Kenntn. d. Hautgewebes d. Cacteen. Halle 1883. 8. 53 p.   1.—
9433   **Coulter.** Revis. of the N. American spec. of Cactus, Anhalonium,
and Lophophora. (Wash., Nat. Herb.) 1894. 8. 49 p.   2.—
9434   — Revis. of the N. Americ. species of Echinocactus, Cereus, and
Opuntia. (Wash., Nat. Herb.) 1896. 8. 116 p.   4.50
9435   **Engelmann.** Cactaceae of the Mexican Boundary Territory. (Wash.,
'Railway Exped.') 1858. 4. 78 p. w. 76 pl.   15.—
9436   **Engelmann and Bigelow.** Descr. of the Cactateae coll. on a route fr.
the Mississippi to the Pacific. (Wash., 'Railway Exped.') 1856. 4.
58 p. w. 24 pl.   8.—
9437   **Florman.** Om Kaktusodling. 2 Tle. (Stockh., Trädg.) 1881. 8. 13 p.   1.—
9438   **Ganong.** Z. Kenntn. d. Morphologie u. Biol. d. Cacteen. Münch.
1894. 8. 40 p.   1.—
9439   **Gasparrini.** Strutt. d. Frutto d. Opunzia. (Nap., Acc.) 1842. 4. 8 p. c. tav.   1.—
9440   **Griffiths.** Illustr. studies in the g. Opuntia. II. (St. Louis, Bot. Gard.)
1909. 8. 15 p. w. 12 pl.   3.—
9441   **Haage.** Cacteen-Cultur. Bresl. 1892. 8. 180 p. (M. 3.)   2.—
9442   **Kauffmann.** Z. Entwicklungsgesch. d. Cacteenstacheln. (Mosk., Bull.)
1859. 8. 19 p. m. 2 Tfln.   1.50
9443   **Kleeberg.** Ueb. d. Lebensverhältn. d. Cacteen. (Königsb.) 1846. 8. 22 p.   1.50
9444   **Longo.** Contr. allo studio d. Idioblasti muciferi d. Cactee. (Roma,
Ist. Bot.) 1897. 4. 14 p. c. tav.   1.—
9445   **Marloth.** S. new S. African Succulents. II. (Cape Town, Roy. Soc.)
1910. 8. 7 p. w. pl.   1.—
9446   **Merriam.** Report on the Cactuses, Yuccas and Agaves of the Death
Valley Exped. (Wash., N. A. Fauna) 1893. 8. 15 p. w. 8 pl.   3.—
9447   **Michaëlis.** Z. vergl. Anat. d. Gattgn. Echinocactus, Mamillaria u.
Anhalonium. Halle 1876. 8. 39 p. m. 3 Tfln.   1.50
9448   **Miquel.** S. la struct. anatom. d. Melocactus. (Paris, Ann. Sc.) 1843.
8. 13 p.   1.—
9449   **Monatsschrift** f. Kakteenkunde. Hrsg. v. Gürke. Bd. 16 u. 19. Neudamm 1906—9. 8. m. Tfln. (M. 16.)   7.—
    Viele einzelne Nrn. aus allen Jahrgängen vorrätig.
9450   **Noll.** 2 Abnormitäten an Cactusfrüchten. (Frankf., Senck.) 1872.
8. 4 p. m. 2 Tfln.   1.—
9451   **(Pazzani).** Catalogue des Cactées cultiv. p. Pazzani. Vienne 1857.
8. 16 p.   1.—
9452   **Pfeiffer, L.** Neuere Erfahrungen über mehrere Cacteen. (Bonn, Ac.
Leop.) 1837. 4. 10 p. m. 2 color. Tfln.   4.—
9453   **Reider.** Die Cactusarten, Fackeldisteln u. deren Kultur. (Nürnb., Ann.
Blumist.) 1826. 8. 28 p. m. 2 color. Tfln.   2.—
9454   **Remark.** Der Kakteenfreund. Mind. 8. 32 p. m. Tfl.   1.—
9455   **Rümpler.** Die Succulenten (Fettpflanzen u. Kakteen.). Hrsg. v. Schumann. Berl. 1892. 8. 263 p. m. 139 Fig. Lnb. (M. 8.)   6.—
9456   **Safford.** Cactaceae of Northeast. and Centr. Mexico. (Wash., Smiths.)
1909. 8. 38 p. w. 15 pl.   5.—

Cactaceae.

9457 **Salm-Reifferscheid-Dyck.** Cacteae in horto Dyckensi cultae anno 1844. Paris. 1845. 8. 51 p. et tab.   4.—
9458 **Schumann.** Succulente Reise-Erinnergn. (Neudamm) 1902. 8. 21 p.   1.—
9459 — Gesamtbeschreibung d. Kakteen. (Monographia Cactacearum.) 2. (letzte) Aufl. Neud. 1903. 8. 1004 p. m. 153 Fig. (M. 30.)   25.—
9460 **Schumann, Gürke, u. Vaupel.** Blühende Kakteen (Iconographia Cactacearum). Bd. I—XI. Neudamm 1900—1915. 4. m. 156 color. Tfln. Cart. (M. 167.)   120.—
9461 **Spegazzini.** Cactacearum Platens. Tent. (B.-Aires, Mus.) 1905. 8. 46 p.   1.50
9462 **Suringar, W. F. R.** Melocacti novi ex ins. Curaçao, Aruba et Bonaire. (Amstel., Ac.) 1885. 8. 11 p.   1.—
9463 **Thomas.** Anleit. z. Zimmerkultur d. Kakteen. Neudamm 1896. 8. 48 p. m. color. Tfl.   1.—
9464 **Treviranus.** De compos. Fructus in Cacteis. Bonn. 1851. 4. 18 p.   1.—
9465 **Vaupel.** Verzeichn. d. seit 1903 neu beschrieb. Gattgn. u. Arten d. Cactaceae. Neudamm 1913. 8. 40 p.   1.50
9466 **Vöchting.** Bedeutung d. Lichtes f. d. Gestalt. blattförm. Cacteen. (Berl., Pringsh. Jahrb.) 1894. 8. 57 p. m. 5 Tfln.   2.50
9467 **Wetterwald.** Blatt u. Sprossbildung bei Euphorbien u. Cacteen. Basel 1888. 4. 64 p. m. 5 Tfln.   3.—

9468 **Cambessèdes.** Mém. s. les Ternstroemiacées et Guttifères. (Paris, Mus.) 1828. 4. 61 p. av. 4 pl.   3.—
9469 — S. l. Elatinées. (Paris, Mus.) 1831. 4. 7 p.   1.—
9470 — Nouv. genre d. Géraniacées. (Paris, Mus.) 1831. 4. 8 p. av. pl.   1.—
9471 — S. l. Sapindacées. (Paris, Mus.) 1831. 4. 50 p. av. 3 pl.   2.50
9472 **Camus, A.** Les Cyprès (genre Cupressus). Paris 1914. 4. 106 p. av. 4 cartes, 3 pl. et 424 fig.   21.—
9473 **Candolle, Aug. Pyr. de.** S. qu. genres d. Siliculeuses. (Paris, Mus.) 1799. 4. 7 p. av. 2 pl.   1.—
9474 — Recueil de mémoires sur la Botanique (Composées, Ochnac., Simaroub. et Biscutelles). Paris 1813. 4. 115 p. av. 48 pl. (fr. 21.)   12.—
9475 — S. l. affinités d. Nymphacées. (Gen., Soc. Phys.) 1819. 4. 36 p. av. pl.   1.50
9476 — S. l. Crucifères. (Paris, Mus.) 1821. 4. 80 p. av. 2 pl.   1.50
9477 — S. l. Combrétacées. (Genève, Soc. Phys.) 1828. 4. 42 p. av. 5 pl.   3.—
9478 — Collection des mémoires p. s. à l'histoire du règne végétal. 10 parties. Paris 1828 à 38. 4. av. 99 pl. et 4 tableaux.   28.—
 Séparément:
9479 — — Partie I: Mélastomacées. 1828. 4. 84 p. av. 10 pl.   4.—
9480 — — II: Crassulacées. 1828. 4. 47 p. av. 13 pl.   3.—
9481 — — V: Ombellifères. 1829. 4. 8 p. av. 19 pl.   7.—
9482 — S. le g. Fatioa. (Zurich, Ges. Nat.) 1829. 4. 3 p. av. pl.   1.—
9483 — S. l. Anonacées en partic. du pays des Birmans. (Genève, Soc. Phys.) 1832. 4. 45 p. av. 5 pl.   2.50
9484 — Review of the Myrsineae. (Lond., Linn. S.) 1834. 4. 44 p. w. 5 pl.   4.—
9485 — Revue d. Myrsinées. (Paris, Ann. Sc.) 1834. 8. 17 p.   1.—
9486 — Revue d. Bignoniacées. (Paris, Ann. Sc.) 1839. 8. 20 p.   1.—
9487 — S. l. Lobéliacées. (Paris, Ann. Sc.) 1839. 8. 27 p.   1.50
9488 — Ueb. d. geogr. Verbreit. d. Compositen. (Berl., Arch. Nat.) 1840. 8. 20 p. m. 4 Tab.   1.50
9489 — Mém. II et III s. l. Myrsinéacées. (Paris, Ann. Sc.) 1841. 8. 81 p. av. 5 pl.   3.—
 Mémoire I est le nr. 9485.
9490 **Candolle, Aug. Pyr. et Alph. de.** Rapports (ou Notices) s. l. Plantes rares du Jardin de Genève. (10 mémoires). (Genève, Soc. Phys.) 1823 à 1847. 4. 310 p. av. 28 pl. color. (fr. 66.)   18.—
9491 — — VIII à X. 1840 à 47. 4. 77 p. av. 7 pl. (6 color.)   4.—

9492 **Candolle, A. P. et A. de.** Prodromus system. natur. Regni vegetabilis.   ℳ
17 volum. (= 20 partes) cum Indice gener. et spec. auctore B u e k.
(4 volum.) Paris et Berol. 1824—74. 8.   300.—
     L'index de B u e k est extrêmement rare.
     J'ai en magasin séparément:
9493 — — Vol. I: Thalamiflorarum ordines 54 (Ranuncul., Crucif., Cistin.,
Violar., Caryophyll., Geraniac. et a.). 1824.·750 p. Cart.   5.—
9494 — — Vol. II: Calyciflorarum ordines 10. (Leguminos., Rosac. et a.).
1825. 644 p.   6.—
9495 — — Vol. III: Calyciflorarum ordines 26 (Melastomac., Myrtac., Crassulac., Cacteae et a.). 1828. 494 p.   6.—
9496 — — Vol. XIV, pars 2: Thymelaeac., Elaeagnac., Santalac. autor.
M e i s n e r, S c h l e c h t et A. d e C a n d o l l e. 1837. 216 p.   4.—
9497 — — Vol. XV, pars 2, fascic. I: Euphorbieae, aut. B o i s s i e r. 1862.
190 p.   5.—
9498 **Candolle, Alph. de.** S. l. Apocynacées. (Paris, Ann. Sc. 1844. 8. 29 p.   1.50
9499 — Vaheae Bojerianae et Cassia Filipendula. (Ac. Leop.) 1850. 4. 10 p.
et 3 tab. color.   1.50
9500 — S. l. Begoniacées. (Paris, Ann. Sc.) 1859. 8. 60 p.   2.—
9501 — S. l'espèce à l'occas. d'une révis. d. Cupulifères. (Paris, Ann. Sc.)
1862. 8. 52 p.   2.—
9502 — S. le type sauvage de la Pomme de Terre. (Genève, Arch. Sc.)
1886. 8. 14 p.   1.—
9503 **Candolle, Casim. de.** On the geograph. distrib. of the Meliaceae.
(Lond., Linn. Soc.) 1878. 4. 4 p. w. map.   1.—
9504 — Begoniaceae Costaricenses. (Gand, Soc. Bot.) 1896. 8. 12 p.   1.—
9505 — Begoniaceae novae. (Genève, Herb. Boiss.) 1908. 8. 20 p.   1.—
9506 — Revis. of Philippine Piperaceae. (Manila, J. Sc.) 1910. 4. 58 p.   2.—
9507 **Capitaine.** Etude analyt. et phytogéograph. d. Légumineuses. Paris 1912.
8. 500 p. av. 27 cartes.   13.—
9508 **Caruel.** Una Papaiacea poca nota. (Fir., Giorn. Bot.) 1876. 8. 7 p. c. tav.   1.—
9509 — S. Cynomorium. (Firenze, Giorn. Bot.) 1876. 8. 11 p. c. tav.   1.—
9510 — S. Fiori di Ceratophyllum. (Fir., Giorn. Bot.) 1876. 8. 6 p. c. tav.   1.—
9511 **Caspary.** Conspectus system. Hydrillearum. (Berol., Ac.) 1857. 8. 15 p.   1.—
9512 — Ueb. e. system. Uebers. d. Hydrilleen. (Berl., Ak.) 1858. 8. 13 p.   1.—
9513 — Ueb. d. Vork. d. Hydrilla verticillata in Preussen. (Königsb.) 1860.
4. 18 p. m. 4 Tfln.   1.50
9514 — Aldrovandia vesiculosa. 3 Tle. (Leipz., Bot. Z.) 1862. 4. 17 p. m. Tfl.   1.50
9515 — Bastard v. Digitalis purpurea u. lutea. (Königsb., Phys. Ges.) 1863.
4. 8 p. m. color. Tfl.   1.—
9516 — Die Nuphar d. Vogesen u. d. Schwarzwaldes. (Halle, Nat. Ges.)
1870. 4. 92 p. m. 2 z. Tl. color. Tfln. (M. 7.)   3.—
9517 — Orobanche pallidiflora. (Königsb., Phys. Ges.) 1872. 4. 8 p.   1.—
9518 — Nymphaeaceae a Welwitsch in Angola lect. (Lisb., Ac.) 1883. 8. 16 p.   1.—
9519 **Cauvet.** Des Solanées. Strasb. 1864. 4. 156 p. av. 6 pl.   2.—
9520 **Cavolini** (Cavolinus). Zosterae ocean. anthesis. Neap. 1792. 4. 19 p. et tab.   2.—
9521 **Cech.** Unters. d. wild. kroat. Hopfens. (Mosk., Bull.) 1879. 8. 29 p.   1.—
9522 **Celakovsky.** Die Gymnospermen. Morphol.-phylogenet. Studie. Prag
1890. 4. 148 p.   6.—
9523 — — Nachtrag. (Leipz., Engl. Jahrb.) 1897. 8. 31 p.   1.—
9524 — Ueb. d. ramosen Sparganien Böhmens. (Wien, Bot. Z.) 1896. 8.
17 p. m. Tfl.   1.—
9525 **Cesati.** Illustraz. d. Saxifraga florul. Napoli 1869. 4. 15 p. c. tav.   1.—
9526 — Illustraz. d. Brocchia dichotoma del Mauri. (Napoli, Acc.) 1872. 4.
18 p. c. 2 tav. (1 color.)   1.50
9527 **Chabert.** Les Rhinanthus d. Alpes maritimes. (Genève, Boiss.) 1900.
. 8. 16 p.   1.—

M

9528 **Chalon.** Revue d. Loranthacées. Mons 1870. 8. 91 p. | 2.—
9529 **Chamisso.** Ex Plantis, in expedit. Romanzoffiana detectis, genera tria nova. (Ac. Leop.) 1820. fol. 8 p. et 3 tab. (1 color.) | 2.—
9530 **Chatin, A.** S. l. Tropéolées. (Paris, Ann. Sc.) 1856. 8. 40 p. av. 3 pl. | 2.—
9531 **Chevalier.** Monogr. d. Myriacacées. Cherb. 1901. 8. 257 p. av. carte et 8 pl. | 6.—
9532 **Chodat.** Étude crit. d. g. Scoparia et Hasslerella. (Genève, Herb. Boiss.) 1908. 8. 21 p. | 1.—
9533 **Choisy.** Prodr. d'une monogr. d. Hypéricinées. Genève 1821. 4. 70 p. av. 9 pl. | 4.—
9534 — Convolvulaceae oriental. (Paris., Ann. Sc.) 1834. 8. 19 p. | 1.—
9535 **Christ.** Hemerocallis flavo-citrina u. Hybrid. (Brem., Nat. Ver.) 1897. 8. 1 p. m. 2 Tfln. (1 color.) | 1.—
9536 **Citerne.** Berbéridées et Erythrospermées. Paris 1892. 8. 161 p. av. 8 pl. | 3.—
9537 **Clark, J. F.** A new Volutella. (N. York, Torr. Cl.) 1899. 8. 4 p. w. pl. | 1.—
9538 **Clarke, B.** Observ. on relat. position; includ. a new arrang. of Phanerog. 3 parts. (Lond., Ann. & M.) 1853. 8. 42 p. w. pl. and 3 maps. | 2.—
9539 — On Indian Gentianaceae. (Lond., Linn. S.) 1875. 8. 35 p. | 1.—
9540 — On a new genus of Hydrocharidaceae. (Lond., Linn. S.) 1875. 8. 2 p. w. pl. | 1.—
9541 — Compositae Indicae. Calc. 1876. 8. 347 p. Boards. | 3.50
9542 — On Indian Begonias. (Lond., Linn. S.) 1880. 8. 9 p. w. 3 pl. | 1.50
9543 — Philippine Acanthaceae. (Manila, Labor.) 1905. 8. 5 p. | 1.—
9544 **Clayton, J.** Cowthorpe Oak. (Edinb., Bot. Soc.) 1904. 8. 19 p. w. 7 pl. | 3.—
9545 **Cogniaux.** Diagnoses de Cucurbitacées nouv. 2 parties. (Brux., Ac.) 1876 à 77. 8. 146 p. av. pl. | 2.50
9546 — Descr. de qu. Cucurbitacées nouv. (Brux., Ac.) 1887. 8. 20 p. | 1.—
9547 — Roseanthus, a new genus of Cucurbitaceae fr. Mexico. (Wash., Nat. Herb.) 1896. 8. 2 p. w. pl. | 1.—
9548 **Cohn, F.** Ueb. Aldrovandia vesicul. (Regensb., Flora) 1850. 8. 12 p. m. Tfl. | 1.—
9549 **Colebrooke.** On the Indian. spec. of Menispermum. (Lond., Linn. Soc.) 1821. 4. 25 p. w. pl. | 1.50
9550 — On Boswellia. (Lond., Linn. S.) 1827. 4. 16 p. w. 2 pl. | 1.—
9551 **Colmeiro.** Fumariaceas de España. (Madr., Soc. Nat.) 1872. 8. 15 p. | 1.—
9552 **Combe.** Région du Chêne-Liége en Europe et dans l'Afrique septentr. Alger 1889. 8. 54 p. | 2.—
9553 **Comes.** Il Tabacco. (Napoli, Atti Incor.) 1897. 4. 134 p. | 3.—
9554 — Introduz., diffus. ed uso d. Tabacco in Africa. (Napoli, Atti Incor.) 1897. 4. 75 p. | 2.—
9555 — Chronolog. tables for Tobacco in America, Europe, Africa, Asia, Oceania. (Portici, Sc. Agr.) 1901. folio. 5 fold. maps. | 2.—

Coniferae.

9556 **Abietineae.** — 10 Abhandlgn. üb. Abietineae. 1882—1895. 8. u. 4. 46 p. m. 2 Tfln. | 2.50
9557 **Antoine u. Kotschy.** Die Coniferen d. Cilicischen Taurus. Wien 1855. fol. 7 p. m. 7 Tfln. | 8.—
9558 **Baker, H. Clinton.** Illustrat. of Conifers. Vols. I—III. Hertf. 1909—13. 4. 1056 p. w. 222 pl. Boards. | 140.—
9559 **Baker, R. T., and H. G. Smith.** Research of the Pines of Australia. Sydney 1910. 4. 474 p. w. 296 fig. (some colour.), 70 pl. and 2 maps. | 25.—
9560 **Becker, B.** Verbreitung d. Abies Douglasii. Miechowitz 1879. 4. 92 p. m. 6 Ktn. Lnb. Sauberes Manuscript. | 6.—
9561 — Verbreit. d. Wellingtonia gigantea als Freilandpflanze. Miechowitz 1880. 4. 71 p. m. 2 Ktn. Lnb. Sauberes Manuscript. | 4.—

Coniferae.

                                                              M

9562 **Beinling.** Ueb. d. geograph. Verbreit. d. Coniferen. Bresl. 1858. 4. 54 p.   1.50

9563 **Beissner.** Handb. d. Coniferen-Benennung. Leipz. 1887. 8. 94 p. Origbd.   1.50

9564 — Handbuch der Nadelholzkunde. 2. Aufl. Berl. 1909. 8. 758 p. m. 165 Fig. Lnb. (M. 20.)

9565 **Beketow.** Station du Sapin de Sibérie dans le gouv. de St. Pétersb. (Mosc., Bull.) 1865. 8. 10 p. av. pl.   1.—

9566 **Berger, F.** Z. Anat. d. Coniferen. Halle 1889. 8. 34 p.   1.—

9567 **Berthier.** Étude physiol. de l'If (Taxus Baccata) et de la Taxine de Merck. Genève 1896. 8. 62 p.   1.50

9568 **Bertrand.** Anat. comp. d. tiges et d. feuilles chez l. Gnétacées et l. Conifères. Paris 1874. 8. 149 p. av. 12 pl.   . 5.—

9569 **de Boer.** De Coniferis Archipel. Indici. Traj. ad Rh. 1866. 4. 56 p. et 3 tab.   2.50

9570 **Borgman.** Studier öfver barkens inre bygnad i Coniferernas stam. (Lund, Univ.) 1879. 4. 56 p. m. 3 Tfln.   1.50

9571 **Bravais et Martins.** Rech. s. la croissance du Pin sylvestre dans'le nord de l'Europe. (Paris, Ann. Sc.) 1843. 8. 20 p.   1.—

9572 **Busse.** Z. Kenntn. d. Morphol. u. Jahresperiode d. Weisstanne. Münch. 1893. 8. 63 p. m. Tfl.   1.50

9573 **Carrière.** Traité général d. Conifères. Paris 1855. 8. 672 p. Toile.   7.—

9574 — — Nouv. éd. 2 vols. Paris 1867. 8. 922 p. D.-rel. veau.   36.—
        Très-rare et recherché.

9575 **Caspary.** De Abietinearum floris femin. Regim. 1861. 4. 12 p.   1.—

9576 — Pinus Abies. (Königsb., Phys. Ges.) 1869. 4. 3 p. m. Tfl.   1.—

9577 — Ein. in Preussen vork. Spielarten d. Kiefer. (Königsb., Phys. Ges.) 1882. 4. 7 p. m. Tfl.   1.—

9578 **Cienkowski.** Z. Befrucht. d. Juniperus comm. (Mosk., Bull.) 1853. 8. 5 p. m. Tfl.   1.—

9579 **Cole.** Section of Leaf of Pinus sylvestris. (Lond., Micr. Stud.) 1884. 8. 2 p. w. colour. pl.   1.—

9580 **Coniferae.** — 9 Abhandl. v. Masters, Pirotta, Regel u. a. 1819—1908. 8. u. 4. 130 p. m. 3 Tfln.   3.—

9581 **Conwentz.** Die Eibe in Westpreussen. Danzig 1892. 4. 74 p. m. 2 Tfln.   2.—

9582 — Die Fichte im norddeutschen Flachland. (Berl., Bot. Ges.) 1905. 8. 16 p.   1.50

9583 **Courtin.** Die Familie d. Coniferen. Stuttg. 1858. 8. 174 p.   1.—

9584 **Daguillon.** Rech. morpholog. s. l. Feuilles d. Conifères. Paris 1890. 8. 86 p. av. 4 pl.   2.—

9585 **Don.** 2 nouv. genres d. Conifères. (Paris, Ann. Sc.) 1839. 8. 17 p.   1.—

9586 **Dupuis.** Conifères de pleine terre. Paris. 8. 152 p. av. 47 fig.   3.—

9587 **Eichler u. Engler.** Coniferae. (Aus: Engler-Prantl's Pflanzenfam.) Leipz. 1889. 8. 102 p. m. Tfl. u. 358 Fig.   3.50

9588 **Endlicher.** Synopsis Coniferarum. Sangalli 1847. 8. 372 p. Cart.   3.—

9589 **Engelmann.** Synops. of the Americ. Firs. (St. Louis, Ac.) 1878. 8. 10 p.   1.—

9590 — The Americ. Junipers of the sect. Sabina. (St. Louis, Ac.) 1878. 8. 10 p.   1.—

9591 **Fedtschenko, B.** S. l. Conifères du Turkestan Russe. (Genève, Herb. Boiss.) 1899. 8. 13 p.   1.—

9592 **Fiala.** 2 interess. Nadelhölzer d. Bosnischen Waldes. (Saraj.) 1893. 4. 12 p. m. 2 color. Tfln.   1.50

9593 **Freudenberg.** Die bekannt. kultiv. Nadelhölzer. Dresd. 1886. 4. 10 p.   1.—

9594 **Fritsch, C.** Ueb. d. Marklücke d. Coniferen. Königsb. 1886. 4. 26 p. m. 2 Tfln.   1.—

9595 **Gand.** S. l. stations et habitations d. Conifères en Europe. (Strasb., Soc. Nat.) 1840. 4. 31 p.   1.50

Coniferae.   ℳ

·9596	**Goeppert.** De Conifer. struct. anat. Vratisl. 1841. 4. 44 p. et 2 tab.	1.—
·9597	— Bourrelets ligneux du Sapin blanc. (Paris, Ann. Sc.) 1843. 8. 17 p. av. 2 pl.	1.—
·9598	**Graner.** Die geograph. Verbreit. d. Laub- u. Nadelhölzer. (Stuttg., Nat. Ver.) 1897. 8. 38 p. m. Kte.	1.50
·9599	**Grüss.** Die Knospenschuppen d. Coniferen. Berl. 1885. 8. 44 p. m. Tfl.	1.—
·9600	**Heer.** Ueb. d. Föhren-Arten d. Schweiz. (Zürich) 1862. 8. 30 p.	1.—
·9601	**Henkel u. Hochstetter.** Synops. d. Nadelhölzer. Stuttg. 1865. 8. 474 p. (M. 6.) Hfzb.	1.50
9602	**Hildebrand.** Die Verbreit. d. Coniferen in d. Jetztzeit u. in d.·früh. geolog. Perioden. (Bonn, Nat. Ver.) 1861. 8. 186 p. m. color. Kte., 3 Tfln. u. 2 Tab.	2.50
·9603	**Hochstetter.** Die Coniferen od. Nadelhölzer, welche in Mittel-Europa winterhart sind. Stuttg. 1882. 8. 121 p. m. 4 Tfln.	1.50
·9604	**Hopkins, A. D.** Black Spruce. Morgantown 1891. 8. 10 p.	1.—
9605	**Hüttig.** Stellung d. Coniferen zu Laubbäumen. Schweidn. 1872. 4. 27 p.	1.—
9606	**Israël.** Ueb. Fichtenformen. (Hanau) 1903. 8. 30 p. m. 4 Tfln.	2.—
9607	**Jackson, J. R.** The g. Araucaria. (Lond., Int. Obs.) 1866. 8. 20 p. w. pl.	1.—
9608	**Kawaller.** Ueb. Pinus sylvestris. (Wien, Ak.) 1853. 8. 29 p.	1.—
9609	**Kein.** Urwüchs. Fichtenwälder in d. Lüneburger Heide. (Hamb., Nat. Ver.) 1908. 8. 10 p. m. 10 Tfln.	2.—
·9610	**Kleeberg.** Die Markstrahlen d. Coniferen. Leipz. 1885. 4. 23 p. m. Tfl.	1.—
·9611	**Klinge.** Die Honigbäume d. Ostbalticums u. d. Beutkiefern West-preussens. (Danz., Nat. Ges.) 1901. 8. 31 p.	1.—
9612	**Knischewsky.** Z. Morphol. v. Thuja occident. Bonn 1905. 8. 36 p. m. 3 Tfln.	1.50
9613	**Kny.** Anat. d. Holzes v. Pinus silvestris. Berl. 1884. 8. 36 p.	1.—
·9614	**Korschelt.** Üb. d. Eibe u. deutsche Eibenstandorte. Zittau 1897. 4. 30 p.	1.—
9615	**Kunze, M.** Die Schaftform der Fichte. (Tharand, Forstl. J.) 1903. 8. 25 p.	1.—
9616	**Laguna.** Coniferas y Amentáceas Españolas. Madrid 1878. 8. 42 p.	1.50
9617	**Land.** Morphol. study of Thuja. (Chic., Bot. Gaz.) 1902. 8. 14 p. w. 3 pl.	2.—
·9618	**Lemmon.** Handb. of West-American Cone-Bearers. North-Oakland, Calif. 1895. 8. 104 p. w. 17 pl. Cloth.	8.—
9619	**Link.** Anat. d'une branche de Pinus Strobus. (Paris, Ann. Sc.) 1836. 8. 4 p. av. pl. color.	1.—
9620	**M'Nab.** On the struct. of the Leaves of cert. Coniferae. (Dublin, Ac.) 1875. 8. 5 p. w. pl.	1.—
9621	**Mahlert.** Z. Kenntn. d. Anat. d. Laubblätter d. Coniferen. Cassel 1885. 8. 36 p. m. 2 Tfln.	1.—
9622	**Masters.** On the Conifers of Japan. (Lond., Linn. Soc.) 1881. 8. 52 p. w. 2 pl.	3.—
·9623	— Contrib. to the hist. of certain species of Conifers. (Lond., Linn. Soc.) 1886. 8. ·44 p. w. 9 pl. (6 s.)	2.50
·9624	— Review of the compar. morphol., anat. and life-hist. of the Coniferae. (Lond., Linn. S.) 1890. 8. 108 p. (6 s.)	1.50
·9625	— On the Genera of Taxaceae and Coniferae. (Lond., Linn. S.) 1892. 8. 42 p.	1.50
·9626	— General view of the g. Cupressus. (Lond., Linn. S.) 1896. 8. 52 p. (3 s.)	2.—
9627	— General view of the g. Pinus. (Lond., Linn. S.) 1903. 8. 99 p. w. 4 pl.	3.—
9628	— On the Conifers of China. (Lond., Linn. S.) 1906. 8. 15 p.	1.—
9629	**Mayr, H.** Monogr. d. Abietineen d. Japan. Reiches. Tokio 1890. 4. 104 p. m. 7 color. Tfln. (M. 20.)	13.—
·9630	**Meyer, W.** Die Harzgänge im Blatte d. Abietineen. Kgsb. 1883. 8. 36 p.	1.—
·9631	**Michie.** The Larch. New ed. Lond. 8. 310 p. w. 6 photogr. pl. Cloth. (7 s. 6 d.)	4.50

Coniferae. *M*

9632 **Mischke.** Ueb. d. Dickenwachsthum d. Coniferen. Kassel 1890. 8. 29 p. 1.—
9633 **Neger.** Die Araucarienwäler in Chile. (Münch.) 1897. 8. 10 p. 1.—
9634 — Die Nadelhölzer u. übr. Gymnospermen. Leipz. 1907. 8. 185 p. m. 4 Ktn. Lnb. 1.—
9635 **Niezabitowski.** Mater. z. Kiefern-Flora Galiziens. (Krak., Ak.) 1909. 8. 9 p. m. 5 Tfln. 2.—
9636 **Norén.** Üb. d. Befrucht. bei Juniperus. (Stockh., Ark. B.) 1904. 8. 11 p. 1.—
9637 — Zur Entwicklungsgesch. d. Juniperus commun. Uppsala 1907. 8. 64 p. m. 4 Tfln. 2.50
9638 **Örsted.** Bidrag t. Naaletraeernes Morphologi. (Kjöbenh., Nat. För.) 1865. 8. 36 p. m. 2 Tfln. 1.50
9639 **Örström.** Om vedens byggnad uti stam och grenar hos Pinus abies. Upsala 1874. 8. 32 p. m. Tfl. 1.—
9640 **Örtenblad.** Om den Hög-Nordiska Tallformen, Pinus silvestr. β Lapponica. (Stockh., Ak.) 1888. 8. 45 p. m. 2 Tfln. 1.50
9641 **Pardé.** Iconogr. d. Conifères fructif. en France. (En 28 livrais av. env. 150 pl. color.) Paris 1912 (et suiv.). 4.
　　Le texte sera livré aux souscripteurs à l'apparition de la 28. livrais.
9642 **Penhallow.** The generic characters of the N. American Taxaceae and Coniferae. (Toronto, Roy. S.) 1896. 8. 25 p. w. 6 pl. 3.—
9643 **Pfurtscheller.** Z. Anat. d. Coniferenhölzer. (Wien, Z. b. G.) 1885. 8. 8 p. m. Tfl. 1.—
9644 **Pilger.** Neuere Litteratur üb. Coniferen (1897—1901). Sammelreferat. (Leipz., Engl. J.) 1902. 8. 16 p. 1.—
9645 **Pineau.** S. la format. de l'embryon d. Conifères. (Paris, Ann. Sc.) 1849. 8. 4 p. av. pl. 1.—
9646 **Poulsen.** Om nogle i vort Skovbrug anvendel. Coniferae fra d. vestl. Nordamerika. 9 Tle. (Kjöb., T. Skovbr.) 1879—84. 8. 162 p. m. 4 Tfln. 5.—
9647 **Radais.** Contrib. à l'anat. comp. du Fruit d. Conifères. Paris 1894. 8. 172 p. av. 11 pl. 6.—
9648 **Raimann.** Ueb. Fichtenformen aus d. Umgeb. v. Lunz. (Wien, Z. b. G.) 1888. 8. 4 p. m. Tfl. 1.—
9649 **Reichenbach, H. G. L. et H. G.** Icones Florae German. et Helveticae. Vol. XI: Coniferae, Taxineae, Santalaceae, Thymelaeac., Salicineae etc. Lips. 1849. 4. 36 p et 100 tab. n i g r a e. Hfzb. 20.—
9650 — Deutschlands Flora. Bd. X: Die Coniferen, Taxin., Cytin., Amentac., Salicin. Leipz. 1849. 4. 48 p. m. 40 h a l b c o l o r. Tfln. (s t a t t 110). 8.—
9651 **Rikli.** Die Arve in d. Schweiz. 2 Tle. (Zürich, Nat. Ges.) 1909. 4. 495 p. m. 21 Ktn. u. 9 Tfln. (M. 24.)
9652 **Roloff.** Die Eibe (Taxus baccata) in d. Rheinprovinz. (Krefeld, Nat. Ges.) 1908. 8. 26 p. m. 7 Tfln. 2.50
9653 **Scheit.** Die Tracheidensäume d. Blattbündel d. Coniferen. Jena 1883. 8. 30 p. m. Tfl. 1.—
9654 **Schenck.** Alte Eiben im westl. Deutschl. (Bonn, V. Nat.) 1902. 8. 16 p. 1.—
9655 — Ueb. Jugendformen v. Larix Europ. (Bonn, Ges. Natkde.) 1893. 8. 12 p. 1.—
9656 **Schlechtendal, Langethal u. Schenk.** Flora v. Deutschland. 5. Aufl. v. Hallier. Bd. II: Coniferae, Typhac., Lemnac., Colchicac., etc. Gera 1882. 8. 143 p. m. 82 color. Tfln. Hfzb. (M. 7.) 5.—
9657 **Schouw.** Les Conifères d'Italie. (Paris, Ann. Sc.) 1845. 8. 43 p. av. carte. 1.50
9658 **Schrenk, H. v.** Glassy Fir. (St. Louis, Gard.) 1905. 8. 4 p. w. 2 pl. 1.—
9659 **Schröter, C.** Ueb. d. Vielgestaltigk. d. Fichte. (Zürich, Nat. Ges.) 1898. 8. 128 p. m. Tab. u. 37 Fig. 2.—
9660 **Schumann, K.** Ueb. d. weibl. Blüten d. Coniferen. (Berl., Bot. Ver.) 1902. 8. 76 p. 1.50

Coniferae.   *M*

9661	**Schuppan.** Z. Kenntn. d. Holzkörpers d. Coniferen. Halle 1889. 8. 56 p.	1.—
9662	**Seemann.** Mammoth-tree of Upper California. (Lond., Ann. & M.) 1859. 8. 15 p.	1.—
9663	**Silva Tarouca.** Unsere Freiland-Nadelhölzer. Leipz. 1913. 8. 301 p. m. 20 Tfln. (14 color.) u. 307 Fig. Lnb. (M. 17.)	
9664	**Spach.** Révis. d. Juniperus. (Paris, Ann. Sc.) 1841. 8. 24 p.	1.50
9665	**Steven.** De Pinubus Taurico-Caucas. (Paris, Ann. Sc.) 1839. 8. 8 p.	1.—
9666	**Strasburger.** Die Befruchtung bei d. Coniferen. Gera 1869. fol. 225 p. m. 3 Tfln. (M. 4.)	3.—
9667	— Die Coniferen u. d. Gnetaceen. Jena 1872. 8. 452 p. m. Atlas v. 26 Tfln. (M. 44.)	15.—
9668	**Strübing.** Vertheil. d. Spaltöffnungen b. d. Coniferen. Königsb. 1888. 8. 78 p.	1.—
9669	**Teplouchoff.** Z. Kenntn. d. Sibir. Fichte. (Mosk., Bull.) 1868. 8. 9 p.	1.—
9670	**Thomas, F.** De foliorum frondos. Coniferarum structura anat. Berol. 1863. 8. 40 p.	1.—
9671	**Trew.** Cedrorum Libani hist. Norimb. 1757. 4. 30 p. et 2 tab. Cart. Selten.	7.—
9672	**Tubeuf.** Z. Kenntn. d. Morphol., Anat. u. Entw. d. Samenflügels b. d. Abietineen. Münch. 1892. 8. 57 p. m. 3 Tfln.	2.—
9673	**Unger.** Ueb. e. lebend u. fossil vork. Conifere. (Wien, Z. b. G.) 1854. 8. 3 p. m. Tfl.	1.—
9674	**Veitch and Sons.** Manuale d. Coniferi. Trad. p. Sada. Milano 1882. 8. 351 p. c. 18 tav.	3.—
9675	**Vierhapper.** Entwurf e. neuen Systems d. Coniferen. Jena 1910. 4. 56 p. (M. 2.50.)	
9676	**Vöchting.** Regenerat. d. Araucaria excelsa. (Berl., Pringsh. J.) 1904. 8. 12 p.	1.—
9677	**Wenderoth.** Die Coniferen d. botan. Gartens d. Univ. Marburg. Cassel 1851. 8. 86 p.	1.50
9678	**Wille.** Z. Diagnostik d. Coniferenholzes. Halle 1887. 8. 40 p.	1.—
9679	**Willkomm.** Z. Morphol. d. samentrag. Schuppe d. Abietineenzapfens. (Halle, Ac. Leop.) 1880. 4. 16 p. m. Tfl.	1.—
9680	**Wittrock.** De Picea excelsa praesert. de formis Suecicis. Pars I. (Holm., Hort. Berg.) 1914. 4. 101 p. et 28 tab. partim color.	7.—
9681	**Zelle.** Ueb. d. männlichen Blüthen d. Coniferen. Tüb. 1837. 8. 56 p.	1.—
9682	**Zeumer.** Untersuch. üb. d. Fichte. Dresd. 1886. 8. 75 p.	1.50
9683	**Zon.** Loblolly Pine in East. Texas. (Wash., Dept. Agr.) 1905. 8. 53 p. w. 4 pl.	1.50

9684	**Conti.** Les espèces du genre Matthiola. (Genève, Herb. Boiss.) 1900. 8. 88 p. av. portr.	2.—
9685	**Contributions** fr. the U. S. National Herbarium. Vol. I—XVII. Wash. (Dept. Agr.) 1890—1914. 8. w. about 600 pl.	260.—
	Important papers, chiefly on American Phanerogams. Complete sets are now as rare as single parts are common.	
9686	**Coordes.** Gehölzbuch. Frankf. 1882. 8. 148 p. (M. 1.50)	1.—
9687	**Corinaldi.** Le Cardamine Italiane. (Padova, Soc. Trent.) 1899. 8. 25 p. c. 5 tav.	2.—
9688	**Cornaz.** Les Alchimilles Bormiaises. (Neuchât.) 1900. 8. 11 p.	1.—
9689	**Cornu.** S. le Quassia Afric. (Paris, Soc. Bot.) 1896. 8. 17 p.	1.—
9690	**Correns.** Bastarde zwischen Maisrassen m. Berücksichtigung d. Xenien. Stuttg. 1901. 4. 161 p. m. 2 color. Tfln. (M. 24.)	14.—
9691	**Cosson.** S. qu. esp. nouv. ou crit. (Paris, Ann. Sc.) 1847. 8. 9 p. av. 2 pl.	1.—
9692	— De Hohenackeria. (Paris, Ann. Sc.) 1856. 8. 4 p. et 2 tab.	1.—
9693	— Genera 2 nova Algeriensia. (Paris, Ann. Sc.) 1864. 8. 8 p. et 2 tab.	1.—

9694 **Coulter and Rose.** On Umbelliferae of E. United States. VII. VIII. *M*
(Chic., Bot. Gaz.) 1887. 8. 13 p. w. 2 pl. 1.50
9695 — Report on Mexican Umbelliferae. New plants fr. Mexico. (Wash.,
Nat. Herb.) 1895. 8. 44 p. w. 12 pl. 3.—
9696 — Monogr. of the N. Americ. Umbelliferae. (Wash., Nat. Herb.) 1900.
8. 263 p. w. 9 pl. 6.—
9697 **Coville.** Crepis occidentalis and its allies. (Wash., Nat. Herb.) 1896.
8. 7 p. w. 6 pl. 2.—
9698 **Cruse.** De Rubiaceis Capensib. Berol. 1825. 4. 24 p. et 2 tab. 1.50
9699 **Curtis.** Botanical Magazine. Vols. I—IV. Lond. 1787—1790. 8. w. 144
colour. pl. Half bd. calf. 60.—
The beginning of the valuable journal; the price of a complete set is now
M. 8000.
9700 **Czullik.** Behelfe zur Anlage u. Bepflanzung von Gärten. Wien 1882. fol.
8 p. m. Frontisp. u. 15 Plänen auf 12 Tfln. In Mappe. (M. 8.) 3.—
Ein wenig bekanntes schönes Werk.
9701 **Dahlstedt.** Stud. üb. Süd- u. Central-Amerikan. Peperomien. (Stockh.,
Ak.) 1900. 4. 204 p. m. 11 Tfln. (M. 18.) 5.—
9702 — Stud. öfv. Arkt. Taraxaca. (Upps., Ark. Bot.) 19C5. 8. 41 p. 1.—
9703 — Arktiska och Alpina Arter inom formgruppen Taraxacum Ceratophorum. (Upps., Ark. Bot.) 1906. 8. 44 p. m. 18 Tfln. 3.50
9704 — Ein. wildwachs. Taraxaca. (Stockh., 'Kjellman') 1906. 4. 20 p. 1.50
9705 — Västsvenska Taraxaca. (Upps., Ark. Bot.) 1911. 8. 74 p. 2.—
9706 — Nya Östsvenska Taraxaca. (Upps., Ark. Bot.) 1911. 8. 36 p. 1.—
9707 **Dammer.** Convolvulaceae v. Ost-Afrika. (Leipz., 'D. O. Africa') 1895.
8. 7 p. ·
9708 **Daenzer.** Des Euphorbiacées. Strasb. 1834. 4. 82 p. Cart. 1.50
9709 **Darwin.** On the 2 forms, or dimorphic condit. in the Primula. (Lond.,
Linn. S.) 1862. 8. 20 p. 1.50
9710 **Daveau.** Plumbaginées du Portugal. (Coimbra, S. Broter.) 1889. 8.
51 p. av. pl. 2.—
9711 — S. qu. Lotus de la sect. Tetragonolobus. (Paris, S. Bot.) 1896. 8. 12 p. 1.—
9712 — S. le Quercus occident. (Montp.) 1899. 8. 11 p. 1.—
9713 **Davis, K. C.** Synonym. conspectus of the native and garden Aquilegias
of N. America. (Minneap., Bot. Stud.) 1899. 8. 14 p. 1.—
9714 — Synonym. conspect. of the native and garden Aconitums of N.
America. (Minneap., Bot. Stud.) 1899. 8. 8 p. 1.—
9715 — Synonym. conspect. of the native and garden Thalictrums of N.
America. (Minneap., Bot. Stud.) 1900. 8. 16 p. 1.—
9716 — Native and cultiv. Ranunculi of N. America. (Minneap., Bot. Stud.)
1900. 8. 50 p. 1.50
9717 — Native and garden Delphiniums of N. America. (Minneap., Bot.
Stud.) 1900. 8. 28 p. 1.—
9718 **Decaisne.** Monogr. d. g. Balbisia et Robinsonia. (Paris, Ann. Sc.) 1834.
8. 15 p. av. pl. 1.—
9719 — S. les affin. du g. Helwingia. (Paris, Ann. Sc.) 1836. 8. 12 p. av. pl. 1.—
9720 — S. qu. genres et esp. d. Asclépiadées. 2 parties. (Paris, Ann. Sc.)
1838. 8. 50 p. av. 4 pl. 2.50
9721 — Enumer. Lardizabalearum. (Paris., Ann. Sc.) 1839. 8. 16 p. 1.—
9722 — Monogr. du g. Pentarhaphia. (Paris, Ann. Sc.) 1846. 8. 15 p. av. 2 pl. :
9723 — Revue d. Pédalinées. (Paris, Ann. Sc.) 1866. 8. 16 p. av. pl. 1.—
9724 — S. l. caractères et affinités d. Olinées. Paris 1877. 8. 16 p. av. pl. 1.—
9725 **Degen.** Ueb. Cuscuta-Arten. (Berl., Landw. Vers.) 1912. 8. 62 p. 1.50
9726 **Del Nero.** Le Piante Erbacee a seme oleoso. Milano 1910. 8. 328 p.
c. 51 fig. Toile. 3.—
9727 **Delondre et Bouchardat.** Quinologie. Traité des Quinquinas. Paris 1854.
4. 48 p. av. 2 cartes et 23 pl. color. 18.—
Quelques pages tachées d'eau.

9728 **Delpino.** Rapporti tra la evoluz. e la distrib. geogr. d. Ranuncolacee. ｜Bologna, Acc.) 1900. 4. 50 p.   *M* 2.50

9729 **Delponte.** Cenni int. alle Piante econom. II: Leguminose. Torino 1873. 8. 91 p. c. 23 tav. color.   8.—
Raro.

9730 **Des Moulins.** S. l. Orobanches de Lanquais, Dordogne. (Paris, Ann. Sc.) 1835. 8. 20 p.   1.—

9731 — S. le Sisymbrium Bursifolium. (Bord.) 1845. 8. 24 p.   1.—

9732 — Erythraea et Cyclamen de la Gironde. Bord. 1851. 8. 55 p.   2.—

9733 **Desvaux.** Esp. nouv. de Figuier. (Paris, Ann. Sc.) 1842. 8. 9 p. av. pl.   1.—

9734 **Dewey.** The Russian Thistle. (Wash., Dep. Agr.) 1894. 8. 26 p. w. 3 pl. and 2 colour. maps.   1.50

9735 **Deysson.** Les Euphorbiacées de la Gironde. ⸜(Bord., Soc. Linn.) 1908. 8. 28 p.   1.—

9736 **Didrichsen.** Revis. af Convolvulaceer fra Guinea. (Kjöb., Nat. För.) 1855. 8. 24 p.   1.—

9737 — Om Arachis hypogaea. (Stockh., Bot. Tidsk.) 1866. 8. 32 p. m. Tfl.   1.50

9738 **Diels, A.** Menispermaceae. (Aus: Das Pflanzenreich.) Leipz. 1910. 8. 345 p. m. 93 Fig. (M. 17.40.)

9739 **Dietrich.** Ueb. d. Europ. Arten v. Gladiolus. Berl. 1832. 4. 15 p. m. color. Tfl.   1.—

9740 **Dippel.** Handbuch d. Laubholzkunde. Beschreib. d. in Deutschland heim. Bäume u. Sträucher. 3 Bde. Berl. 1889—93. 8. 1793 p. m. 829 Fig. (M. 60.)   45.—

9741 — — Halbmaroquinbde. (M. 66.)   50.—

9742 **Dobrowlinski.** Gypsophila aretioides. (Petersb.) 2 p. m. 2 Tfln. — Russ.   1.—

9743 **Dode.** Extraits d'une monogr. inéd. du g. Populus. Paris 1905. 8. 75 p. av. 2 pl.   2.—

9744 — Contrib. à l'étude du g. Juglans. II. (Paris, Soc. Dendr.) 1909. 8. 56 p. av. 8 pl.   2.50

9745 **Domin.** Z. Kenntn. d. Böhm. Potentillenarten. 2 Tle. (Prag, Ges. Wiss.) 1903—04. 8. 59 p. m. 2 Tfln.   2.—

9746 — Monogr. d. Gatt. Didiscus. (Prag, Ges. Wiss.) 1908. 8. 76 p. m. 4 Tfln.   2.50

9747 — System. Wert d. Colchicum Pannon. (Budap.) 1910. 8. 7 p. m. Tfl.   1.—

9748 **Don.** Review of the g. Combretum. (Lond., Linn. S.) 1827. 4. 30 p.   1.—

9749 — New g. of Scrophularinae. (Lond., Linn. S.) 1827. 4. 6 p.   1.—

9750 — On Tropaeolum pentaphyllum. 2 parts. (Lond., Linn. S.) 1834. 4. 5 p.   1.—

9751 **Douglas, J.** Arbor Yemensis fructum Cofè ferens: or, a descr. and hist. of the Coffee Tree. With supplem. Lond. 1727. fol. 118 p. Half bd. calf.   30.—
Unknown to P r i t z e l and very rare.

9752 **Drejer.** Botan. Bidrag. (Kjöb., Nat. Tidsk.) 1837. 8. 16 p.   1.—

9753 **Dreves u. Hayne.** Botan. Bilderbuch. 4 Bde. Leipz. 1794—1801. 4. m. 133 color. Tfln. — 2 T a f e l n f e h l e n.   9.—

9754 **Druce.** On the Brit. spec. of Sea-Thrifts and Sea-Lavenders. (Lond., Linn. Soc.) 1905. 8. 12 p.   1.—

9755 **Drude.** Die natürl. systemat. Anordn. d. Blüthenpflanzen. (Dresd., Isis) 1886. 8. 10 p.   1.—

9756 — Diapensiaceae. (Aus: Engl.-Prantl.) (Leipz.) 1889. 8. 5 p.   1.—

9757 — Epacridaceae. (Aus: Engl.-Prantl.) (Leipz.) 1889. 8. 14 p.   1.—

9758 **Duchartre.** Hypopitys multiflora. (Paris, Ann. Sc.) 1846. 8. 14 p.   1.—

9759 — Tentamen method. divisionis generis Aristolochia. (Paris, Ann. Sc.) 1854. 8. 48 p. et 2 tab.   2.—

9760 **Dumas.** S. l'Hybridité d. Gentianes alpines. (Paris, Soc. Nat.) 1823. 4. 14 p. av. pl. color.   1.50

9761 **Du Mortier.** Monogr. du g. Batrachium. (Brux., Soc. Bot.) 1863. 8. 16 p.   1.—

9762 — Monogr. du g. Pulmonaria. (Brux., S. Bot.) 1868. 8. 32 p.   1.50

9763 — Examen crit. d. Elatinées. (Brux., S. Bot.) 1873. 8. 22 p.   1.—

9764 **Dunn.** Philippine Millettias. (Manila, J. Sc.) 1911. 4. 4 p.   1.—

9765 — Revis. of the g. Millettia. (Lond., Linn. S.) 1912. 8. 121 p.   5.—

M

9766 **Dusén, K. F.** Astragalus penduliflorus. (Stockh., Ak.) 1881. 8. 29 p. 1.—
9767 — Om Ölands Gentianae. (Lund., Bot. Not.) 1896. 8. 10 p. 1.—
9768 **Dusén, P.** Ein neues Eryngium. (Upps., Ark. Bot.) 1911. 8. 5 p. m. Tfl. 1.—
9769 **Duval-Jouve.** S. qlqs. Glyceria. (Paris, S. Bot.) 1863. 8. 10 p. 1.—
9770 **Duvernoy.** De Salvinia natante. Tub. 1825. 4. 15 p. et tab. 1.—
9771 **Dykes.** Irises. Lond. 1912. 8. 120 p. w. 8 colour. pl. Cloth. 3.—
9772 — The g. Iris. Cambr. 1913. fol. 254 p. w. 78 (48 colour.) pl. Cloth. 130.—
9773 **Ebel.** De Armeria prodromus. Regiom. 1840. 4. 54 p. et tab. 1.—
9774 **Edwards, S.** The new Botanic Garden illustr. w. 133 Plants. Lond. 1812. 4. 509 p. w. 60 colour. pl. — One plate seems to want, but has not been published perhaps. 25.—
Very rare.
9775 **Edwards, W. N.** Fossilium Catalog.: Angiospermae (pro parte). Berol. 8,
In Vorbereitung. Ist ein Teil der Abteil. II (Plantae)) des „Fossilium Catalogus". Prospect und Probelieferung gratis. — Siehe auch Nr. 9871.
9776 **Eggers.** Reynosia Grieseb. (Kjöb., Nat. För.) 1878. 8. 3 p. m. Tfl. 1.—
9777 **Eichler.** Charakter. d. Menispermaceae. (Regensb., Bot. Ges.) 1864. 4. 42 p. m. Tfl. 1.50
9778 — Ranunculaceae Brasiliae centr. (Haun., Nat. För.) 1870. 8. 36 p. et tab. color. 1.50
9779 — Blüthendiagramme. 2 Tle. Leipz. 1875—78. 8. 951 p. m. 413 Fig. Cart. 70.—
Rarissimum.
9780 — Syllabus d. Vorlesungen üb. Phanerogamenkunde. Kiel 1876. 8. 36 p. 1.—
9781 — Beitr. z. Morphol. u. Systematik d. Marantaceen. (Berl., Ak.) 1884. 4. 99 p. m. 7 Tfln. Cart. 2.50
9782 — Anona rhizanthia n. sp. — Ueb. d. Gattg. Disciphania. (Berl., Bot. Gart.) 1891. 8. 10 p. m. 2 Tfln. 1.50
9783 **Eichler, Engler u. Prantl,** Cycadaceae. (Aus: Engler-Prantl's Pflanzenfam.). (Leipz.) 1889. 8. 20 p. m. 62 Fig. 1.50
9784 **Eisengrein.** Die Fam. d. Schmetterlingsblüthigen. Stuttg. 1836. 8. 462 p. 2.50
9785 — Einleit. in das Stud. d. Akotyledonen. I. Freiburg 1842. 8. 60 p. 1.—
9786 **Elkan.** Tentamen monographiae gen. Papaver. Regiom. Bor. 1839. 4. 37 p. et tab. 1.—
9787 **Elliot.** Revis. of the g. Pentas. (Lond., Linn. S.) 1896. 8. 8 p. 1.—
9788 **Elmiger.** Histoire natur. et médic. d. Digitales. Montpell. 1812. 4. 46 p. av. 2 pl. 1.—
9789 **Elssner.** Anschauungs-Unterr.: Deutsche Laubbäume. Löbau. 4. 24 p. m. Atlas v. 56 color. Tfln. 7.—
9790 **Elwes.** On the g. Tulipa. (Lond., Hort. Soc.) 1879. 8. 15 p. 1.—
9791 — On the g. Lilium. (St. Petersb., Congr. Bot.) 1885. 8. 15 p. 1.—
9792 **Ender.** Index Aroidearum. Berl. 1864. 8. 103 p. 1.50
9793 **Endler u. Scholz.** Naturfreund. 142 color. Pflanzentafeln ohne Text. 4. Cart. 20.—
Gut color. Tafeln, fast durchwegs Phanerogamen darstellend.
9794 **Endlicher.** Iconographia generum Plantarum. (10 fascic.). Vindob. (1827—)1838. 4. 16 p. et 125 tab. 60.—
9795 — — Fasc. 1—4. 1827—37. 8 p. et 48 tab. 15.—
9796 **Engelmann.** Monogr. of the North Americ. Cuscutineae. (N. York, J. Sc.) 1842. 8. 13 p. w. pl. 2.—
9797 — Syst. arrang. of the g. Cuscuta w. descr. of n. sp. (St. Louis, Ac.) 1859. 8. 71 p. 2.—
9798 — On Agave. (St. Louis, Ac.) 1875. 8. 38 p. w. 2 pl. 2.—
9799 — About the Oaks of the U. S. (St. Louis, Ac.) 1878. 8. 16 p. 1.—
9800 **Engler, A.** De g. Saxifraga. 2 partes. Halis 1866. 8. 63 p. 1.50
9801 — Naturgesch. u. Verbreit. d. G. Saxifraga. (Halle, Linn.) 1866. 8. 126 p. m. 2 color. Ktn. 1.50
9802 — Index crit. g. Saxifraga. (Vindob., Z. b. G.) 1869. 8. 44 p. 1.—
9803 — Monogr. Uebers. d. Gatt. Escallonia, Belangera u. Weismannia. (Berl., Linn.) 1870. 8. 124 p. 2.—

9804 **Engler, A.** Monogr. d. Gatt. Saxifraga. Bresl. 1872. 8. 296 p. m. Karte. (M. 7.) — *M* 4.—
9805 — Ueb. Begrenz. u. systemat. Stell. d. Ochnaceae. (Dresd., Ac. Leop.) 1874. 4. 28 p. m. 2 Tfln. — 2.—
9806 — Stud. üb. d. Verwandtschaftsverhältn. d. Rutaceae, Simarubaceae u. Burseraceae. Halle 1874. 8. 49 p. m. 2 Tfln. (M. 5.) — 3.—
9807 — Vergl. Untersuch. üb. d. morpholog. Verhältn. d. Araceae. 2 Tle. (Dresd., Ac. Leop.) 1877. 4. 90 p. m. 6 color. Tfln. (M. 7.60.) — 3.—
9808 — Monogr. Aracearum. Paris. (Candolle Monogr.) 1879. 8. 680 p. (fr. 18.) — 12.—
9809 — — I: Introductio. (Paris.) 1879. 8. 55 p. — 2.—
9810 — Urticaceae, Proteaceae, Loranthaceae, I. (Aus: Engler - Prantl's Pflanzenfam.) Leipz. 1888—89. 8. 95 p. m. Tfl. u. 397 Fig. (M. 6.) — 4.—
9811 — Angiospermae. (Aus: Engler-Prantl's Pflanzenfam.) (Leipz.) 1889. 8. 55 p. m. 377 Fig. — 2.50
9812 — Araceae u. Lemnaceae. II. (Aus: Engler - Prantl's Pflanzenfam.) (Leipz.) 1889. 8. 20 p. m. Fig. — 1.—
9813 — Balanophoraceae. (Aus: Engler-Prantl's Pflanzenfam.) (Leipz.) 1889. 8. 21 p. m. 72 Fig. — 1.50
9814 — Die systemat. Anordn. d. monokotyl. Angiospermen. (Berl., Ak.) 1892. 4. 55 p. — 2.—
9815 — Ueb. d. geograph. Verbreit. d. Zygophyllaceen. (Berl., Ak.) 1896. 4. 36 p. m. color. Kte. Cart. — 1.50
9816 — Ueb. d. geograph. Verbreit. d. Rutaceen. (Berl., Ak.) 1896. 4. 27 p. m. 3 color. Tfln. — 1.50
9817 — Scrophulariaceae Afric. II. (Leipz., Engl. J.) 1897. 8. 21 p. m. 7 Tfln. — 3.50
9818 — Araceae-Lasioideae. (Aus: „Das Pflanzenreich".) Leipz. 1911. 8. 130 p. m. 44 Fig. (M. 6.50.)
9819 **Engler, A., u. Krause, K.** Araceae-Philodendroideae. (Aus: Das Pflanzen-reich.) Tl. I—III. Leipzig 1912—15. 8. 405 p. m. 156 Fig. (M. 18.10.)
9820 **Engler, V.** Monogr. d. Gatt. Tilia. Bresl. 1909. 8. 76 p. — 1.50
9821 **Entleutner.** Die Ziergehölze v. Südtirol. (Wien, Z. b. G.) 1888. 8. 18 p. — 1.—
9822 — Die immergrünen Ziergehölze von Südtirol. Münch. 1891. 8. 173 p. m. 81 Tfln. Cart. (M. 15.) — 6.—
9823 — Die sommergrün. Ziergehölze v. S.-Tirol. Meran 1892. 8. 110 p. — 1.—
9824 **Erikson, J.** Studie öfv. Ranunculus Illyr. (Stockh., Ak.) 1898. 8. 24 p. — 1.—
9825 **Ettig.** Uebersicht üb. d. wichtigsten Bäume. Grimma 1867. 8. 48 p. — 1.—
9826 **Ettingshausen.** Ueb. d. Blattskelette d. Loranthaceen. (Wien, Ak.) 1871. 4. 36 p. m. 15 Tfln. (M. 8.) — 4.50
9827 — Die Form - Elemente d. Europ. Tertiärbuche (Fagus Feroniae). (Wien, Ak.) 1894. 4. 16 p. m. 4 Tfln. — 1.50
9828 — Ueb. d. Nervation d. Blätter b. d. Gatt. Quercus. (Wien, Ak.) 1895. 4. 64 p. m. 12 Tfln. (M. 6.70.) — 4.—
9829 **Falconer.** On a reformed character of the g. Cryptolepis. (Lond., Linn. Soc.) 1842. 4. 5 p. w. pl. — 1.—
9830 — Account of Aucklandia. (Lond., Linn. S.) 1842. 4. 9 p. — 1.—
9831 — On Edgeworthia. (Lond., Linn. S.) 1843. 4. 4 p. w. pl. — 1.—
9832 — Descript. of Asa foetida. (Lond., Linn. S.) 1847. 4. 7 p. — 1.—
9833 **Farkas-Vukotinovic.** Formae Quercuum Croaticarum in ditione Zagra-biensi proven. Zagreb 1883. 8. 24 p. m. 10 Tfln. — 2.50
9834 — Z. Kenntn. d. Croat. Eichen. (Wien, Z. b. G.) 1889. 8. 8 p. — 1.—
9835 **Fawcett.** On new spec. of Balanophora and Thonningia. (Lond., Linn. Soc.) 1886. 4. 15 p. w. 4 pl. (1 colour.) (8 s.) — 3.—
9836 **Fedde.** Allgem. u. spec. Morphologie u. Systematik d. Siphonogamen 1904. (Berl., Just's Jahresber.) 1905. 8. 348 p. (M. 26.) — 3.—
9837 — Papaveraceae novae. (Genf, Boiss.) 1905. 8. 7 p. — 1.—
9838 **Fedde u. Schlockow.** Novar. Siphonogamarum index a. 1904. (Berol., Just's Jahresber.) 1905. 8. 224 p. (M. 17.50.) — 3.—

9839 **Fedtschenko, B.** Die im Europ. Russland, in d. Krym u. im Caucasus vork. Arten d. Gatt. Hedysarum. (Mosk., Bull.) 1899. 8. 19 p. m. 3 Ktn. — *ℳ* 1.50

9840 **Fedtschenko, O.** Eremurus Aucherianus et Korolkowi. (Pétersb., Jard. Bot.) 1906. 8. 5 p. m. Tfl. — 1.—

9841 — Eremurus. Krit. Uebersicht der Gattung. Petersb. 1909. 4. 210 p. m. 24 Tabellen. — 9.—

9842 **Fedtschenko, O. u. B.** Ranunculaceen d. Russ. Turkestan. (Leipz., Engl. J.) 1889. 8. 62 p. — 2.—

9843 — Iridaceae des russ. Turkestan. (Pétersb., Jard. Bot.) 1905. 8. 10 p. m. Tfl. — 1.—

9844 **Fée.** Concordance synon. du g. Cinchona. (Paris, J. Chim.) 1825. 8. 17 p. — 1.—

9845 **Fenzl.** Z. Charakter. sämmtl. Gnaphalieen. (Regensb., Flora) 1840. 8. 36 p. Cart. — 1.50

9846 — Darstell. v. 4 minder bek. Pflanzengatt. u. üb. Placentat. d. Bignoniaceen. (Regensb.) 1841. 4. 118 p. m. 5 Tfln. — 2.50

9847 — Z. Kenntn. d. Formenkreises ein. inländ. Leucanthemum- u. Pyrethrum-Arten. (Wien, Z. b. G.) 1853. 8. 30 p. — 1.—

9848 — Sedum Hillebrandii. (Wien, Z. b. G.) 1856. 8. 14 p. — 1.—

9849 — Sedum Magellense u. Olympicum. (Wien, Z. b. G.) 1866. 8. 10 p. m. 2 Tfln. — 1.—

9850 — 4 neue Pflanzenarten Süd-Amerikas. (Wien, Z. b. G.) 1886. 8. 8 p. — 1.—

9851 **Ferguson.** Crotons of the Unit. States. (St. Louis, Gard.) 1901. 8. 41 p. w. 28 pl. — 4.—

9852 **Fernald.** Eleocharis ovata and its Americ. allies. Scirpus Eriophorum. (Bost., Ac.) 1899. 8. 21 p. w. pl. — 1.—

9853 — Revis. of the Mexican and Centr. Americ. Solanums of the subsect. Torvaria. Some undescr. Mexican Labiatae and Solanaceae. 2 pap. (Bost., Ac.) 1900. 8. 17 p. — 1.—

9854 — Synopsis of the Mexican and Centr. Americ. spec. of Salvia. (Bost., Ac.) 1900. 8. 70 p. — 2.—

9855 — Some new Spermatophytes fr. Mexico and Centr. America. (Bost., Ac.) 1901. 8. 18 p. — 1.—

9856 **Feucht.** Die Bäume u. Sträucher uns. Wälder. Stuttg. 1914. 8. 125 p. m. 6 Tfln. — 1.—

9857 **Fiala.** E. neue Pflanzenart Bosniens. (Veronica). (Saraj.) 1895. 4. 2 p. m. color. Tfl. — 1.—

9858 — Viola Beckiana. (Saraj.) 1897. 4. 5 p. m. color. Tfl. — 1.—

9859 **Fingerhuth.** Monogr. gen. Capsici. Dusseldorpii 1832. 4. 40 p. et 10 tab. color. (M. 6.) Cart. — 3.50

9860 **Fiori.** I generi Tulipa e Colchicum nella Flora Ital. (Genova, Malp.) 1894. 8. 28 p. — 1.—

9861 **Fischer, F. B.** Synopsis Astragalorum tragacantharum. (Mosquae, Bull.) 1853. 8. 171 p. et 12 tab. — 6.—

9862 **Fischer, F. E. L.** Zygophyllaceae Asiaticae. 8. 14 p. — 1.—

9863 **Fischer, F. E. L. et Meyer, C. A.** Animadvers. novarum aut non ritè cognitar. Plantar. 5 partes. (Paris, Ann. Sc.) 1835—41. 8. 84 p. — 2.—

9864 — S. le g. Xeranthemum. (Mosc., Soc. Nat.) 1835. 4. 22 p. av. 2 pl. — 1.50

9865 — Uwarowia Chrysanthemifolia. (Petersb., Ac.) 1845. 4. 4 p. av. pl. color. Cart. — 1.—

9866 **Fitting, Schulz u. Wüst.** Ueb. Muscari Knauthianum. (Stuttg., Z. Nat.) 1903. 8. 12 p. m. Tfl. — 1.—

9867 **Foëx et Viala.** Ampélographie Américaine. Album d. variétés de Raisins Améric. Montp. 1885. fol. 192 p. av. 76 pl. color. D.-rel. veau. — 120.—
Quatre planches qui sont mentionnées dans la table des matières ne se trouvent pas dans cet exemplaire. Je ne sais si elles ont paru ou non.

9868 **Folgner.** Z. Systemat. u. pflanzengeogr. Verbreit. d. Pomaceen. Wien 1897. 8. 50 p. — 1.50

9869 **Formánek.** Mähr.-Schles. Menthen. (Brünn, Nat. Ver.) 1888. 8. 14 p. — 1.—

9870 **Forster.** Vicia angustif. (Lond., Linn. S.) 1830. 4. 10 p. — 1.—

9871 **Fossilium Catalogus.** II: P l a n t a e. Editus a W. J o n g m a n s. Partes ℳ
1—7 (quantum hucusque prodierunt). Berol. 1913—15. 8. (M. 62.40.)

Subscriptionspreis dieser Teile 1—7 der Abteilung II für Abnehmer der
ganzen Abteilung II: M. 52.10. (Für Abnehmer b e i d e r Abteilungen des „Fossilium Catalogus": M. 41.50. Abteilung I enthält die Tiere).

Inhalt: Pars 1: J o n g m a n s, Lycopodiales. I. 1913. 52 p. (M. 5.) M. 4.20. —
2—5, 7: J o n g m a n s, Equisetales I—V. 1914—15. 518 p. (M. 49.) M. 41. — 6: N a -
g e l, Juglandaceae. 1915. 87 p. (M. 8.30) M. 6.90.

Im Druck oder in Vorbereitung: P. B e r t r a n d, Zygopteridae, Botryopteridae, Psaromeae. — W. N. E d w a r d s, Angiospermae (pro parte). — A. F r a n k e,
Alethopterideae. — W. G o t h a n, Filices (pro parte). — T h. H a l l e, Cycadophyta. — W. H u t h, Mariopterideae. — W. J o n g m a n s, Equisetales VI, VII;
Lycopodiales II; Gymnospermae palaeozicae; Semina palaeozoica. — L. L a u -
r e n t, Angiospermae (pro parte): Magnoliaceae, Nymphaeaceae, Tiliaceae, Anacardiaceae, Quercaceae, Hamamelideae etc. — K. N a g e l, Betulaceae, Ulmaceae,
Fagaceae. — H. P e r a g a l l o, Diatomeae. — E. S c h l e i f f e r, Laurineae. —
A. Z o b e l, Sphenophyllales.

Auch für Institute und Forscher, die sich mit recenten Pflanzen beschäftigen,
unentbehrlich.

Probelieferung und Prospect dieses monumentalen Werkes g r a t i s.

9872 **Foucaud.** S. qlqs. Oenanthe. (Bord., Soc. Linn.) 1893. 8. 8 p. av. pl. 1.—
9873 — Un Hybride nouv. Rochef. 1901. 8. 3 p. av. pl. 1.—
9874 — S. le Spergularia Azorica. (La Rochelle) 1901. 8. 5 p. av. pl. 1.—
9875 **Fournier.** S. le g. Albizzia Durazz. II. (Paris, Ann. Sc.) 1881. 8. 18 p. 1.—
9876 — Asclepiadaceae Americ. (Paris., Ann. Sc.) 1882. 8. 24 p. 1.—
9877 **Foxworthy.** Lumbayao (Tarrietia javan.). (Manilla, J. Sc.) 1908. 4. 3 p.
w. 3 pl. 1.50
9878 — Philippine Gymnosperms. — Bedaru and Billiau, 2 Bornean Timber
Trees. 2 pap. (Manila, J. Sc.) 1911. 4. 32 p. w. 8 pl. 3.—
9879 — Philippine Dipterocarpaceae. (Manila, J. Sc.) 1911. 4. 56 p. w. 11 pl. 5.—
9880 **Franchet.** Monogr. du g. Paris. (Paris, Soc. Philom.) 1888. 4. 25 p. av. pl. 1.50
9881 — Les Swertia et qu. autres Gentianées de la Chine. (Paris, Soc.
Bot.) 1896. 8. 23 p. 1.—
9882 **Franz.** Z. Kenntn. d. Portulacaceen u. Basellaceen. Halle 1908. 8. 51 p.
m. 43 Fig. 1.50
9883 **Fraser, T. R.** Strophanthus Hispidus, its nat. hist., chemistry and pharmacology. (Edinb., Roy. Soc.) 1891. 4. 190 p. w. 23 pl. (2 colour.) 15.—
Out of print.
9884 **Fredrikson.** Anat.-system. Studier öfv. lökstammiga Oxalisarter. Upsala
1895. 8. 67 p. m. 2 Tfln. 2.—
9885 — Die Oxalideen d. 1. Regnell'schen Exped. (Stockh., Ak.) 1896. 8.
12 p. m. 2 Tfln. 1.50
9886 **Freyn.** Die Tiroler Arten d. Gatt. Oxygraphis, Ranunculus u. Ficaria.
(Innsbr., Ferdin.) 1893. 8. 10 p. 1.—
9887 **Friedrich.** Die Bäume u. Sträucher uns. öffentl. Anlagen. Lübeck 1889.
4. 64 p. m. Tfl. 1.50
9888 **Fries, R. E.** Z. Kenntnis d. Südamerikan. Anonaceen. (Stockh., Ak.)
1900. 4. 59 p. m. 7 Tfln. 3.—
9889 — Eine Leguminose m. trimorph. Blüten u. Früchten. (Stockh., Ark.
Bot.) 1904. 8. 10 p. m. 2 Tfln. 1.50
9890 — Die Anonaceen d. 2. Regnell'schen Reise. (Stockh., Ark. Bot.) 1905.
8. 30 p. m. 4 Tfln. 2.—
9891 — Studien in der Riedel'schen Anonaceen-Samml. (Stockh., Ark. Bot.
1905. 8. 24 p. m. 3 Tfln. 1.50
9892 — Systemat. Uebers. der Gatt. Scoparia. (Stockh., Ark. Bot.) 1906.
8. 31 p. m. 8 Tfln. 3.—
9893 — Morphol.-anatom. Notizen üb. 2 Südamerik. Lianen. (Stockh., 'Kjel-
mann') 1906. 4. 13 p. 1.—
9894 — Studien üb. d. Amerikan. Columniferenflora. (Upsala, Ak.) 1907. 4.
67 p. m. 7 Tfln. 4.50
9895 — Monogr. d. Gattgn. Wissadula u. Pseudobutilon. (Stockh., Ak.)
1908. 4. 114 p. m. 10 Tfln. 7.—
9896 — Die Arten d. Gatt. Petunia. (Stockh., Ak.) 1911. 4. 72 p. m. 7 Tfln. 5.—

9897 **Fritsch, K.** Z. Kenntn. d. Chrysobalanaceen. 2 Tle. (Wien, Hofmus.) 1889—90. 8. 34 p.   *M* 1.50
9898 — Ueb. einige Orobus-Arten. (Wien, Ak.) 1895. 8. 42 p. m. Kte.   1.50
9899 — Ueb. d. Gamopetalen d. 1. Regnell'schen Exped. (Stockh., Ak.) 1898. 8. 28 p. m. Tfl.   1.50
9900 — D. europ. Arten u. Hybriden v. Sorbus. 2 Tle. (Wien, Bot. Z.) 1898—99. 8. 14 p.   1.—
9901 **Fröhner.** Die Gatt. Coffea u. ihre Arten. Leipz. 1898. 8. 67 p.   1.50
9902 **Fuchs, M.** Die geograph. Verbreit. d. Kaffeebaums. Halle 1885. 8. 32 p.   1.50
9903 **Fuchsia,** son hist. et sa culture, suivie d'une monogr. de 300 espèc. ou variétés. Paris 1844. 8. 56 p.   2.50
9904 **Gabelli.** S. Robinia pseudacacia. (Genova, Malp.) 1894. 8. 3 p. c. tav.   1.—
9905 **Gadeau de Kerville.** Les Chênes Porte-Gui de la Normandie. Paris 1899. 8. 35 p. av. 2 pl.   3.—
9906 **Gammie.** The Indian Cottons. (Calc., Dept. Agr.) 1908. 8. 23 p. w. 14 colour. pl.   12.—
9907 — Millets of the g. Setaria in the Bombay Presid. and Sind. Calc. 1911. 4. 9 p. w. 5 pl.   2.50
9908 **Gandoger.** Menthae novae impr. Europaeae. 3 partes. (Mosq., Bull.) 1882—83. 8. 208 p.   6.—
9909 **Garcin.** Rech. s. l. Apocynées. (Lyon, Soc. Bot.) 1888. 8. 252 p. av. 2 pl.   5.—
9910 **Garcke.** Ueb. d. Gatt. Pavonia. (Berl., Bot. Gart.) 1881. 8. 28 p.   1.—
9911 **Gardner.** Descr. of Peltophyllum. (Lond., Linn. S.) 1843. 4. 6 p. w. pl.   1.—
9912 **Garman.** The Catalpas and their allies. Lexingt. 1912. 8. 23 p. w. 10 pl.   2.50
9913 **Garovaglio.** Descr. di una nuova spec. di sensitiva arborea. Milano 1870. 4. 6 p. c. tav. in fol.   1.—
9914 **Gartenflora.** Zeitschrift f. Garten- u. Blumenkunde. Begründ. v. Regel, hrsg. v. Wittmack. Jahrg. 1—53: 1852—1904, m. allen Regist. u. Supplem. Berl. 8. m. vielen color. u. schwarzen Tfln. Gbdn. u. brosch.   700.—
In den Jahrgängen 19—21 fehlen einzelne Tafeln.
Bezüglich einzelner Jahrgänge — siehe No. 6993 u. 6994.
9915 Die **Gartenwelt.** (Hesdörffer's Monatshefte). Hrsg. v. Hesdörffer. Jahrg. 1—20. Berl. 1897—1906. 4. m. viel. color. Tfln. Orig.-Lnbde. (M. 210.)   80.—
9916 **Gasparrini.** S. alc. spez. di Zucche coltiv. (Nap., Acc.) 1847. 4. 14 p.   1.—
9917 — Un nuovo g. d. Cucurbitacee. (Nap., Acc.) 1847. 4. 6 p.   1.—
9918 **Gates.** Analytic. key to some of the Segregates of Oenothera. (St. Louis, Bot. Gard.) 1909. 8. 15 p.   1.—
9919 **Gay.** Monogr. d. 5 genres d. Lasiopétalées. Paris 1821. 4. 38 p. av. 8 pl.   3.—
9920 — Hist. de l'Arenaria tetraquetra. (Paris, Ann. Sc.) 1824. 8. 21 p.   1.—
9921 — Monogr. d. g. Xeranthemum et Chardinia. Paris 1827. 4. 48 p. av. 2 pl. Cart.   1.50
9922 — Holostei monogr. (Paris., Ann. Sc.) 1845. 8. 26 p. et tab. color.   1.50
9923 — Allii spec. octo, pleraeque Algerienses. (Paris., Ann. Sc.) 1847. 8. 29 p.   1.—
9924 — Eryngiorum novor. heptas. (Paris., Ann. Sc.) 1848. 8. 37 p. et tab.   1.50
9925 — S. la fam. d. Amaryllidacées. (Paris, Ann. Sc.) 1858. 8. 33 p.   1.—
9926 **Gáyer.** Aconita Lycoctonoidea Hungar. (Budap., Bot. Blätt.) 1907. 8. 18 p.   1.—
9927 **Gehrmann.** Vorarb. zu e. Monogr. d. Gatt. Bridelia. Leipz. 1908. 8. 47 p.   1.50
9928 **Geisenheyner.** 2 Formen v. Ceterach officinar. (Wiesb., Nat. Ver.) 1886. 8. 4 p. m. color. Tfl.   1.—
9929 **Gelert.** S. le g. Batrachium. (Copenh., Bot. Tidsk.) 1894. 8. 29 p.   1.—
9930 **Gelmi.** Le Primule Italiane. (Firenze, Giorn. Bot.) 1894. 8. 13 p.   1.—
9931 — S. Cirsi d. Tonale. (Firenze, Giorn. Bot.) 1900. 8. 5 p.   —.50
9932 **Gibelli e Belli.** Morfol. Differenz. e Nomenclat. di Trifolium d. sez. Amoria. Torino 1887. 8. 47 p.   1.—
9933 — Trifolium Barbeyi nov. spec. Taurin. 1887. 8. 6 p. et tab.   1.—
9934 — Rivista crit. e descr. d. specie di Trifolium Italiane. 4 parti. (Torino, Acc.) 1889—92. 4. 362 p. c. 18 tav.   18.—
9935 — Rivista crit. di Trifolium Ital. d. sezione Chronosemium. (Genova, Malp.) 1890. 8. 56 p.   1.50

9936 **Giger.** Linnaea borealis. Monogr. Studie. (Dresd., Bot. Centr.) 1912. *M*
8. 78 p. m. 11 Tfln.   6.—
9937 **Gilg.** Z. Kenntn. d. Gentianaceae I. (Leipz., Engl. Jahrb.) 1896. 8. 47 p.   1.50
9938 — Capparidaceae et Thymelaeaceae Somalenses. (Roma, Ist. Bot.)
1896. 4. 12 p.   1.—
9939 **Gingins-Lassaraz.** Mém. s. l. fam. d. Violacées. Genève 1823. 4. 28 p.
av. 2 pl.   2.—
9940 — Hist. natur. d. Lavandes. Genève 1827. 8. 198 p.   2.—
9941 **Ginzberger.** Ueb. Lathyrus-Arten aus d. Sect. Eulathyrus. (Wien, Ak.)
1896. 8. 72 p. m. Tfl. u. 2 Ktn.   2.—
9942 **Girard.** Descr. de qu. esp. nouv. de Statice. (Paris, Ann. Sc.) 1842. 8.
23 p. av. 2 pl.   1.50
9943 **Gleason.** Revis. of the N. American. Veronicae. N. York 1906. 8. 100 p.   2.—
9944 **Golran.** Delle forme d. g. Potentilla d. prov. di Verona. I. (Firenze,
Giorn. Bot.) 1890. 8. 15 p.   1.—
9945 **Golenkin.** Verzeichn. d. Arten d. Gatt. Acanthophyllum. (Petersb., Acta
Horti) 1893. 8. 13 p.   1.—
9946 **Gómez de la Maza.** Catal. de las Periantiadas Cubanas. (Madrid, Soc.
Nat.) 1890. 8. 66 p.   2.50
9947 **Göppert.** Z. Kenntn. d. Balanophoren. (Ac. Leop.) 1846. 4. 42 p. m. 5 Tfln.   2.50
9948 — Bijdr. t. de kenn. v. de Balanophoreën. (Leyden, Kruidk. Arch.)
1846. 8. 37 p.   1.50
9949 — Ueb. d. Ilex-Arten uns. Gärten. (Bresl.) 1854. 8. 17 p. m. Tfl.   1.—
9950 — Z. Kenntn. d. Dracäneen. (Ac. Leop.) 1854. 4. 17 p. m. 3 Tfln. (M. 5.)   2.—
9951 **Gorschagin.** Chrysanthemum Sibiricum. (Kasan) 1907. 8. 63 p. et 2 tab.
—Rossice.   1.50
9952 **Goethe, H. u. R.** Atlas d. für d. Weinbau Deutschlands u. Oesterr.
werthvollsten Traubensorten. Wien 1873(—76). Imp.-fol. 34 p. m. 20
color. Tfln. Orig.-Lnb.   200.—
    Ausführliche Beschreibung dieses Rarissimums (seit über 20 Jahren ver-
griffen)— in: Rara Historico-Naturalia, ed. J u n k, p. 114.
9953 **Gottlieb-Tannenhain.** Ueb. d. Formen d. Gattg.Galanthus. Wien 1904.
. 4. 102 p. m. color. Kte. u. 2 Tfln. (M. 6.30.)   5.—
9954 **Goudot.** Nouv. genre, Herrania. (Paris, Ann. Sc.) 1844. 8. 5 p. av. pl.   1.—

Gramineae, Cyperaceae, Juncaceae.

[Supplementum numeror. 1207—1300, vide: Bibliographia Botanica, p. 53—57].

9955 **Adamovic.** Revisio Glumacearum Serbicarum. (Budap., Bot. Lap.)
1904. 8. 30 p.   1.50
9956 **Agardh.** Om Gräsens blomster. (Kjöbenh.) 1849. 8. 10 p.   1.—
9957 **Agrostographie** de Belgique. Manuscr. du 19. siècle. 4. 87 p. Cart.   6.—
9958 **Amos, W.** Minutes in Agriculture and Planting. Boston 1804. 4. 100 p.
w. 9 pl. (2 colour.) and 10 dried specim. of Grasses. Half bd. calf.   25.—
    Important and very rare work (early American) on G r a m i n e a e.
9959 **Andersson, N. J.** Plantae Scandinaviae I: Cyperaceae. Holm. 1849.
8. 80 p. et 8 tab.   4.—
9960 — — II: Gramineae. Holm. 1852. 8. 122 p. et 12 tab. — Tabulae 9, 10
d e s u n t.   1.50
9961 — Om slägt. Apluda. (Stockh., Ak.) 1855. 8. 6 p. m. Tfl.   1.—
9962 — Om de med Saccharum beslägt. genera. (Stockh., Ak.) 1855. 8. 18 p.   1.—
9963 — Monogr. Andropogonearum I: Anthistirieae. (Ups., Soc. Sc.) 1856.
4. 27 p. et tab.   1.50
9964 **Arechavaleta.** 4 Gramineas nuev. (B. Air., Mus.) 1895. 4. 12 p.   1.—
9965 **Ascherson.** Eine verschollene Getreideart. (Berl.) 8. 24 p.   1.—
9966 **Bailey, L. H.** Prelim. synops. of N. American Carices. (Boston, Ac.)
1887. 8. 99 p.   2.50
9967 **Ball.** Johnson Grass. (Wash., Dept. Agr.) 1902. 8. 24 p. w. pl.   1.—

Gramineae, Cyperaceae, Juncaceae.	*M*
9968 **Le Bambou.** Année I. Mons 1906. 8.	4.—
9969 **Bentham.** Notes on Gramineae. (Lond., Linn. Sc.) 1881. 8. 121 p. (6 s.)	2.—
9970 **Berggren.** Om Cyperaceerna. Lund 1897. 4. 9 p.	1.—
9971 **Bericht** üb. d. Getreide-Arten, w. 1836 u. 1837 im Botan. Garten zu Petersb. gebaut wurden. 2 Tle. Petersb. 1837—38. 4. 26 p.	1.—
9972 **Bessey and Webber.** Report on the Grasses and Forage Plants of the Nebraska Board of Agric. Lincoln 1890. 8. 162 p.	2.—
9973 **Beyer.** Unbek. Formen v. Luzula. (Berl., Bot. Ver.) 1900. 8. 15 p.	1.—
9974 **Bicheno.** On the g. Juncus. (Lond., Linn. S.) 1818. 4. 47 p. w. pl.	1.50
9975 **Bicknell.** The blue eyed Grasses of the East. U. S. (Genus Sisyrinchium.) (N. York, Torr. Cl.) 1896. 8. 8 p. w. 3 pl.	1.50
9976 **Blau, J.** Vergleich.-anat. Untersuch. d. Schweizer. Juncus-Arten. Zürich 1904. 8. 82 p. m. 4 Tfln.	2.—
9977 **Böckeler.** Cyperaceae novae. Varel 1888. 8. 55 p. Cart.	1.50
9978 **Bolin.** Frukter af Skandinav. Gräs. Ups. 1898. 8. 29 p. m. 19 Tfln.	4.—
9979 **Boott.** On a spec. of Carex all. to C. saxatilis. (Lond., Linn. S.) 1844. 4. 6 p.	1.—
9980 — Caricis spec. novae. (Lond., Linn. S.) 1846. 4. 33 p.	2.—
9981 **Bornet.** Rech. s. l. Phucagrostis maj. (Paris, Ann. Sc.) 1864. 8. 45 p. av. 11 pl.	4.50
9982 **Bosc.** Descr. of Paspalum stolonifer. (Lond., Linn. S.) 1794. 4. 2 p. w. pl.	1.—
9983 **Brandis.** Remarks on the struct. of Bamboo Leaves. (Lond., Linn. Soc.) 1907. 4. 24 p. w. 4 pl. (10 s.)	5.—
9984 **Braun.** Zurückführ. v. Leersia zu Oryza. (Berl., Bot. Ver.) 1861. 8. 14 p. m. Tfl.	1.—
9985 **Brenner.** Om de i Finland förek. formerna af Juncus articulat. (Helsingf., Soc. Fl.) 1888. 8. 12 p.	1.—
9986 **Buchanan.** Manual of the indigenous Grasses of New Zealand. Wellingt. 1880. 8. 191 p. w. 64 pl.	20.—
9987 **Buchenau.** Index crit. Butomacear. Alismacear. Juncaginacearumque. Cum supplem. (Brem., Nat. Ver.) 1868—71. 8. 85 p.	1.50
9988 — Uebers. d. in Hochasien v. Schlagintweit ges. Butomac., Alismaceen, Juncaginac. u. Juncac. (Gött., Ges. Wiss.) 1869. 8. 22 p.	1.—
9989 — Kleinere Beitr. z. Naturgesch. d. Juncaceen. (Brem., Nat. Ver.) 1870. 8. 40 p. m. Tfl.	1.50
9990 — Ueber die v. Mandon in Bolivia ges. Juncaceen. (Brem., Nat. Ver.) 1874. 8. 16 p. m. 2 Tfln.	1.50
9991 — Monogr. d. Juncaceen v. Cap. (Brem., Nat. Ver.) 1875. 8. 121 p. m. 7 Tfln.	4.—
9992 — Krit. Zusammenstell. d. Juncaceen aus S.-Amerika. (Brem., Nat. Ver.) 1879. 8 79 p. m. 2 Tfln.	2.50
9993 — Krit. Verzeichn. d. Juncaceen. Brem. 1880. 8. 120 p. Lnb.	1.50
9994 — Zusammenstell. d. Europ. Juncaceen. Leipz. 1885. 8. 26 p.	1.—
9995 — Juncaceae u. Juncagineae (Aus: Engler - Prantl's Pflanzenfam.) (Leipz.) 1888. 8. 13 p. m. 57 Fig.	1.50
9996 — Monogr. Juncacearum. Lips. 1890. 8. 498 p. et 3 tab. (M. 12.) Cart.	8.—
9997 — Ueber d. Aufbau d. Palmiet-Schilfes a. d. Kaplande (Prionium serratum Drège). Stuttg. 1893. 4. 26 p. m. 3 Tfln. (1 color.) (M. 18.)	11.—
9998 — 2 Gräser d. Ostfriesisch. Inseln. (Brem., Nat. Ver.) 1901. 8. 12 p.	1.—
9999 — Juncus textilis. (Brem., Nat. Ver.) 1902. 8. 5 p. m. Tfl.	1.—
10000 **Bujack.** Botan.-krit. Bemerk. üb. d. Gräser, bes. üb. d. Getreidearten. Königsb. 1830. 8. 12 p.	1.—
10001 **Burtt-Davy.** Annual report f. 1911 of the Agrostologist and Botanist of the Dept. of Agricult. Pretoria 1912. fol. 43 p. w. 14 pl.	4.—
10003 **Camus.** Les Bambusées. Monogr., biol., culture, princip. usages. Paris 1913. 4. 225 p. av. 4 pl. et atlas de 276 pl. in-fol.	35.—

Gramineae, Cyperaceae, Juncaceae.   *N°*

10004 **Carex.** — 20 Abhandl. v. Bentham, Caruel, Kükenthal, Lindberg, Meinshausen u. a. 1855—98. 8. 112 p. m. Tfl.   5.—
10005 **Caro.** Z. Anat. d. Commelinaceen. Berl. 1903. 8. 87 p. m. Tfl.   1.50
10006 **Caruel.** I generi d. Ciperoidee Europ. Firenze 1866. 4. 31 p.   1.—
10007 **Celakovsky.** Van Tieghem's Auffass. d. Gras-Cotyledons. (Prag, Ges.
Wiss.) 1898. 8. 14 p.   1.—
10008 **Christ.** Nouv. catal. d. Carex d'Europe. (Brux., Ac.) 1885. 8. 14 p. 1.—
10009 **Chrysler.** The Nodes of Grasses. (Chic., Bot. Gaz.) 1906. 8. 16 p.
w. 2 pl.   1.50
10010 **Clark, J.** Z. Morphol. d. Commelinac. Münch. 1904. 8. 34 p.   1.—
10011 **Clarke, C. B.** On the Commelynaceae of Bengal. (Lond., Linn. Soc.)
1870. 8. 17 p.   1.—
10012 — On Hemicarex and its allies. (Lond., Linn. Soc.) 1883. 8. 30 p. w. pl. 1.—
10013 — On the Indian spec. of Cyperus. (Lond., Linn. Soc.) 1884. 8. 202 p.
w. 4 pl. (6 s.)   2.50
10014 — On cert. authentic Cyperaceae of Linnaeus. (Lond., Linn. S.)
1894. 8. 16 p.   1.—
10015 — List of the Carices of Malaya. (Lond., Linn. S.) 1904. 8. 16 p.   1.—
10016 — Cyperaceae of the Philippines. (Manila, J. Sc.) 1907. 4. 34 p.   1.50
10017 — New genera and spec. of Cyperaceae. (Lond., Kew Gard.) 1908.
8. 196 p. Boards.   3.50
10018 — Illustrat. of Cyperaceae. W. descr. by R. D. Jackson. Lond. 1909.
8. 114 pl. w. text. Cloth.   13.—
10019 **Cole.** Stem of Cyperus alternifol. (Lond., Micr. Stud.) 1884. 8. 4 p. w.
colour. pl.   1.—
10020 — Stem of Juncus communis. (Lond., Micr. Stud.) 1884. 8. 4 p. w.
colour. pl.   1.—
10021 **Contzen.** Anat. ein. Gramineenwurzeln d. Würzb. Wellenkalks. Würzb.
1906. 8. 72 p.   1.50
10022 **Cratty.** The Iowa Sedges. (Des Moines) 1898. 8. 63 p. w. 10 pl.   3.—
10023 **Crawford.** Anatomy of the British Carices. Edinb. 1910. 8. 139 p. w.
portr. and 20 pl. Cloth.   8.50
10024 **Crépin.** Révis. de l'Herbier d. Graminées, d. Cyperacées et d. Joncées
publié p. Michel. (Brux., Soc. Bot.) 1868. 8. 37 p.   1.50
10025 **Cruse.** Ueb. d. Blüthenbau d. Gramineen. (Berl., Linn.) 1825. 8. 37 p. 1.50
10026 **Curtis.** Pract. observ. on the British Grasses. 5. ed. by Lawrence.
Lond. 1812. 8. 116 p. w. 8 pl. (4 colour.)   3.—
10027 — — 6. ed. by Lawrence. Lond. 1824. 8. 168 p. w. 8 colour. pl. Boards. 3.—
10028 **Daveau.** Cypéracées du Portugal. (Coimbra, Soc. Brot.) 1892. 8.
79 p. av. pl.   2.—
10029 — Sur 2 Cyperus de la rég. Méditerran. (Paris, Soc. Bot.) 1894. 8.
10 p. av. pl.   1.—
10030 — Graminée nouv. (Eragrostis Barrelieri). (Genève, Boiss.) 1894.
8. 10 p. av. pl.   1.—
10031 **Davy, J. B.** Stock Ranges of Northwestern California. Notes on the
Grasses and Forage Plants. (Wash., Dept. Agr.) 1902. 8. 81 p. w. 8 pl.
and 3 maps.   2.50
10032 **Deetz.** Untersuchgn. v. Lolium perenne. Gött. 1873. 8. 34 p.   1.—
10033 **Desmazières.** Agrostographie du Nord de la France. Lille 1812. 8. 190 p. 3.—
10034 **Desvaux.** Cyperaceae Chilenses. (Paris) 1853. 4 planches in-fol.   6.—
Le texte a paru dans vol. VI de G a y, Historia de Chile.
10035 **Döll.** Ueb. d. Bau d. Grasblüthe. (Mannh., Ver. Nat.) 1868. 8. 30 p. 1.—
10036 — Beiträge zur Pflanzenkunde. (Agrostolog.) (Mannh., Ver. Nat.)
1870. 8. 28 p.   1.—
10037 **Dommes.** 3 deutsche Hafersorten u. ein. Besonderheiten d. Rispen-
hafers. Merseb. 1908. 8. 159 p. m. 7 Tfln.   3.—

Gramineae, Cyperaceae, Juncaceae. *M*

10038 **Don.** 9 new Carex of the Himalaya Alps. (Lond., Linn. S.) 1824. 4. 11 p. 1.—
10039 **Drejer.** Revisio crit. Caricum boreal. (Haun., Nat. Tidsk.) 1841. 8. 58 p. 1.50
10040 **Druce.** On Poa laxa and stricta. (Lond., Linn. S.) 1903. 8. 9 p. 1.—
10041 **Du Mortier.** S. le g. Michelaria et la classif. des Graminées. (Brux.,
Soc. Bot.) 1868. 8. 33 p. 1.50
10042 **Dusén.** Die Gramineen d. Magellansländer. (Stockh., Sv. Exp.) 8. 18 p. 1.—
10043 **Dutailly.** S. la struct. anatom. d. axes d'inflorescence d. Graminées.
(Paris, Ann. Sc.) 8. 19 p. av. pl. color. 1.—
10044 **Duval-Jouve.** De qq. Juncus à feuilles cloisonn. Paris 1872. 4. 51 p.
av. 2 pl. en partie color. 2.—
10045 — Etude anatom. de l'Arête d. Graminées. (Montp., Ac.) 1872. 4. 46 p.
av. 2 pl. color. 2.—
10046 — Etude histotax. des Cyperus de France. Paris 1874. 4. 76 p. av.
4 pl. color. D.-rel. toile. 4.—
10047 **Eberhard.** Z. Anat. u. Entwick. d. Commelynaceen. Hann. 1900. 8. 103 p. 1.50
10048 **Ekman.** Neue Brasilian. Gräser. (Stockh., Ark. Bot.) 1911. 8. 43 p. m.
6 Tfln. 2.50
10049 **Elssner.** Naturwissenschaftl. Anschauungsvorlagen. 7 (schwarze) botan. Tfln. in fol. 3.—
    Gramineen abbildend.
10050 **Engelmann.** 2 new Dioecious Grasses of the U. S. (St. Louis, Ac.)
1859. 8. 12 p. w. 3 pl. 1.50
10051 — Revis. of the N. Americ. spec. of the g. Juncus. (St. Louis, Ac.)
1868. 8. 75 p. 2.50
10052 **Engler u. Krause.** Ueb. d. anat. Bau d. Baumartig. Cyperacee Schoenodendron Bücheri. (Berl., Ak.) 1911. 4. 14 p. m. 2 Tfln. Cart. 1.50
10053 **Fairchild.** Japanese Bamboos and their introd. into America. (Wash.,
Dept. Agr.) 1903. 8. 34 p. w. 8 pl. 2.—
10054 **Fenzl.** Cyperus Jacq. Prolixus u. Comostemum Montevid. (Wien, Ak.)
1855. 4. 22 p. m. 3 Tfln. 1.50
10055 **Fernald, M. L.** The Northeast. Carices of the sect. Hyparrhenae. —
Variat. of some boreal Carices. (Bost., Ac.) 1902. 8. 70 p. w. 5 pl. 3.—
10056 **Flügge.** Graminum Monographiae. Pars I (quantum prodiit): Pas-
palus, Reimaria. Hamburgi 1810. 8. 224 p. Cart. 2.50
10057 **Forssell.** Tabell. öfv. Skandinav. Grässlägten. Skara 1867. fol. 12 p. 1.—
10058 **Gaudin.** Agrostologia Helvetica. 2 vol. Paris. 1811. 8. 710 p. Cart. 4.—
10059 **Gay.** De Caricibus quibusd. novis Boreali-Americ. 3 decades. (Paris.,
Ann. Sc.) 1838—39. 8. 64 p. 2.50
10060 **Godron.** De la Floraison d. Graminées. (Cherb., Soc. Nat.) 1873. 8. 93 p. 1.50
10061 **Goiran.** Phleum Echinatum nel Monte Bolca. (Verona, Acc.) 1880.
8. 15 p. 1.—
10062 **Golinski.** Z. Entwicklungsgesch. d. Androeceums u. Gynaeceums d.
Gräser. Cassel 1893. 8. 34 p. m. 3 Tfln. 1.50
10063 **Goodenough.** On the Brit. spec. of Carex. (Lond., Linn. S.) 1794.
4. 86 p. w. 4 pl. 3.50
10064 **Gramineae, Cyperac., Juncaceae.** — 25 Abhandl. v. Böckeler, Buchenau,
Calloni, Hackel, Kerner, Klatt, Kneucker, Schulze, Sommier, Trabut
u. a. 1794—1913. 8. u. 4. 182 p. m. 6 Tfln. (4 color.) 6.—
10065 **Griffiths.** The Grama Grasses: Bouteloua and allied genera. (Wash.,
Nat. Herbar.) 1912. 8. 97 p. w. 17 pl. 6.—
10066 **Guérin.** S. le développem. du tégument séminal et du péricarpe d.
Graminées. Paris 1899. 8. 59 p. av. 70 fig. 2.—
10067 **Guilandini.** Papyrus, h. e. comment. in tria Plinii de papyro capita.
Venet. 1572. 8. 296 p. Veau. 13.—
    Editio princeps. Le vrai nom de l'auteur est: M e l c h l o r W i e l a n d. —
B r u n e t: Ouvrage curieux, édition la plus belle. — Voyez aussi: C l é m e n t,
Bibliothèque curieuse, vol. IX.

Gramineae, Cyperaceae, Juncaceae. ℳ

10068 **Güntz.** Ueb. d. anat. Structur d. Gramineenblätter. Leipz. 1886. 8. 72 p. m. 2 Tfln. — 1.50

10069 **Hackel.** Ueb. ährenförm. Grasrispen. (Wien, Z. b. G.) 1878. 8. 8 p. — 1.—

10070 — Catal. rais. d. Graminées du Portugal. Coimbre 1880. 8. 34 p. — 1.50

10071 — Monographia Festucarum Europaear. Berol. 1882. 8. 228 p. et 4 tab. (M. 8.) — 5.—

10072 — Gramineae Afric. (Lisb., Soc. Brot.) 1887. 8. 10 p. et tab. — 1.—

10073 — Eigenthümlichk. der Gräser trockener Klimate. (Wien, Z. b. G.) 1890. 8. 14 p. — 1.—

10074 — The true Grasses (Gramineae). Transl. by Scribner and Southworth. Lond. 1896. 8. 236 p. w. fig. Cloth. — 15.—
Out of print.

10075 — Verzeichn. d. Gräser Japans. (Genf, Boiss.) 1899. 8. 44 p. — 1.50

10076 — Neue Gräser. I. (Wien, Bot. Z.) 1901. 8. 55 p. — 1.50

10077 — On Philippine Gramineae. 3 parts. (Manila, J. Sc.) 1905—8. 4. 15. — 1.50

10078 **Hackel et Briquet.** Révis. d. Graminées de l'Herbier d'A. de Haller fil. (Genève, Jard.) 1907. 8. 73 p. — 3.—

10079 **Hall.** Synops. Graminum Belgii. Traj. 1821. 8. 172 p. et tab. — 2.—

10080 **Hanham.** Natural illustrat. of the British Grasses. Bath 1846. 4. 150 p. av. 62 s p e c i e s   o f   e x s i c c a t a. Cloth. — 40.—
Rare.

10081 **Hanstein.** Die Famil. d. Gräser. Wiesb. 1857. 8. 147 p. m. 11 Tfln. — 2.50

10082 **Hasselt.** Lijst v. Hout-, Bamboe- en Rotansoorten v. Midden-Sumatra. (Leid., Midd.-Sum.) 1884. 4. 42 p. — 2.—

10083 **Hein.** Gräserflora v. Nord- u. Mittel-Deutschland. Weim. 1877. 8. 428 p. (M. 7.) Cart. — 3.—

10084 **Heuffel.** Fragmenta monographiae Caricum Hungariae. (Berol., Linn.) 1863. 8. 70 p. et 2 tab. — 2.—

10085 **Hildebrand.** Ueb. d. Bestäubungsverhältn. d. Gramineen. (Berl., Ak.) 1872. 8. 30 p. — 1.—

10086 **Hillman.** On some Nevada Grasses. Reno 1896. 8. 13 p. — 1.—

10087 **Hitchcock.** Catal. of the Grasses of Cuba. (Wash., Nat. Herb.) 1909. 8. 86 p. — 4.—

10088 **Hitchcock and Chase.** The N. American spec. of Panicum. (Wash., Nat. Herb.) 1910. 8. 410 p. w. 370 fig. — 8.—

10089 **Hochstetter.** Aufbau d. Graspflanze. II. (Stuttg.) 1848. 8. 114 p. — 1.—

10090 **Hohenauer.** Vergleich. anat. Unters. üb. d. Bau d. Stammes bei d. Gramineen. (Wien, Z. b. G.) 1893. 8. 17 p. — 1.—

10091 **Holm, Th.** Studies up. the Cyperaceae. 26 parts. (N. York, Journ. Sc.) 1896—1908. 8. 300 p. w. 4 pl. and many fig. — 8.—

10092 — New anatom. characters f. cert. Gramineae. N. Hav. 1903. 8. 35 p. — 1.—

10093 — Commelinaceae. Morphological and anat. studies of the vegetative organs of some North and Central American spec. (Wash., Ac.) 1906. 4. 36 p. w. 8 pl. — 3.50

10094 — The g. Carex in North-West America. (Dresd., Bot. Centr.) 1907. 8. 29 p. — 1.50

10095 — Studies in the Gramineae IX: Gram. of the Alpine reg. of the Rocky Mount. (Chic., Bot. Gaz.) 1908. 8. 24 p. w. pl. — 1.—

10096 **Hoppe.** Caricologia German. Aufzähl. d. in Deutschland wildwachs. Riedgräser. Leipz. 1826. 8. 112 p. Cart. — 1.50

10097 **Hoppe u. Sturm.** Caricologia German. Deutschlands wildwachs. Seggen. (7 Hefte). Nürnberg (Sturm's Flora) 1835. 12. 224 p. m. 112 color. Tfln. Hfzb. — 30.—

10098 **Hutchinson.** Handb. of Grasses. Lond. 1895. 8. 92 p. w. pl. Cloth. — 2.—

10099 **Irmisch.** Ueb. Poa sylvicola. (Berl., Bot. Ver.) 1874. 8. 5 p. m. Tfl. — 1.—

Gramineae, Cyperaceae, Juncaceae.	*M*

10100 **Jordan, A.** S. la quest. rel. aux Aegilops triticoides et speltaeformis. 2 parties. Paris 1856 à 57. 8. 150 p. av. pl.	2.—

10101 **Junge.** In Schleswig-Holstein beobacht. Formen u. Hybriden d. Gatt. Carex. 2 Tle. (Hamb., Nat. Ver.) 1904—07. 8. 51 p.	2.—

10102 — Die Gramineen Schleswig-Holsteins, Hamb. u. Lübecks. (Hamb., Wiss. Anst.) 1913. 8. 230 p.	5.—

10103 **Karelstschikoff.** Ueb. d. faltenförm. Verdickgn. in d. Zellen ein. Gramineen. (Mosk., Bull.) 1868. 8. 10 p. m. Tfl.	1.—

10104 **Kerner.** 2 f. d. Tirol. Flora neue Riedgräser. (Wien, Z. b. G.) 1863. 8. 4 p.	—.50

10105 **Kneucker.** Badische Flora: Gatt. Carex. (Stuttg.) 1891. 8. 32 p.	1.—

10106 **Knuth.** Flora d. Nordfries. Inseln: Juncaceae, Cyperaceae, Gramineae. (Kiel, Nat. Ver.) 1895. 8. 33 p.	1.50

10107 **Koeler.** Descr. Graminum Galliae et Germaniae. Francof. 1802. 8. 400 p. (M. 6.) Cart.	2.50

10108 **Körnicke.** Syst. Uebersicht d. Cerealien. Bonn 1873. 4. 55 p. m. Tfl.	2.—

10109 **Krause, E. H. L.** Beitr. z. natürl. System der Gräser. (Bonn, Nat. Ver.) 1902. 8. 38 p.	1.—

10110 **Kükenthal.** Cariceae Cajanderianae (Lenagebiet). (Helsingf., Vet. Soc.) 1903. 8. 12 p.	1.—

10111 — Cyperaceae-Caricoideae. (Aus: Das Pflanzenreich). Leipzig 1909. 8. 824 p. m. 128 Fig. (M. 41.20.)

10112 — Conspectus Cyperacear. Philippin. (Manila, J. Sc.) 1911. 4. 8 p.	1.—

10113 — Cyperaceae-Caricoideae Sibiricae. (Petrop.) 1911. 8. 22 p.	1.—

10114 **Kunth.** Enumeratio Plantarum omnium. Vol. I: Agrostographia. Pars 1. Stuttg. 1833. 8. 606 p. Cart.	3.—

10115 — Ueb. d. Gatt. Scirpus u. Schoenus. (Berl., Ak.) 1835. 4. 50 p. Cart.	1.50

10116 — Ueb. d. Cypereen u. Hypolytreen. (Berl., Ak.) 1839. 4. 14 p.	1.—

10117 — Ueb. d. Sclerineen u. Caricineen. (Berl., Ak.) 1839. 4. 14 p.	1.—

10118 **Lamson-Scribner.** Revis. of the N. American Melicae. (Philad., Ac.) 1885. 8. 9 p. w. pl.	1.—

10119 — New or little known Grasses. 2 parts. (N. York, Torr. Cl.) 1888. 8. 13 p. w. 5 pl.	2.—

10120 — Grasses of Tennessee. II. Knoxville 1894. 8. 141 p. w. 187 fig.	3.—

10121 — Grass Notes. (N. York, Torr. Cl.) 1896. 8. 7 p. w. pl.	1.—

10122 — Studies on American Grasses. (Wash., Dept. Agr.) 1897. 8. 43 p. w. 5 pl.	2.—

10123 — American Grasses. Revis. ed. 3 parts. (Wash., Dept. Agric.) 1898— 1900. 8. 880 p. w. 763 fig.	12.—
　　　Parts 1 and 2 are out of print.

10124 — Sandbinding Grasses. (Wash., Dept. Agr.) 1899. 8. 16 p. w. 3 pl.	1.50

10125 — On the Grasses in the Bernhardi Herbarium, coll. by Haenke. (St. Louis, Bot. Gard.) 1899. 8. 25 p. w. 54 pl.	6.—

10126 **Lang, O. F.** Caricineae German. et Scandinavicae. (Halis, Linn.) 1847. 8. 144 p. Cart.	3.50

10127 **Langethal.** Die Süssgrässer. Jena 1841. 8. 128 p. m. 10 Tfln. Cart.	1.50

10128 **Laurent.** Rech. s. le développ. d. Joncées. Paris 1904. 8. 102 p. av. 8 pl.	6.—

10129 **Le Couteur.** On the variat., properties and classif. of Wheat. Jersey 1837. 8. 130 p. w. 3 pl.	4.—

10130 **Ledebour.** — T r e v i r a n u s. Ad Caricograph. Rossic. a Ledeburio evulg. supplement. (Mosq., Bull.) 1863. 8. 12 p.	1.—
　　　L e d e b o u r — vide nr. 4991.

10131 **Lehbert.** Calamagrostis purpurea. (Weimar, Bot. Ges.) 1911. 8. 36 p. m. 4 Tfln.	2.—

10132 **Lehmann, E.** Bau u. Anordn. d. Gelenke d. Gramineen. Strassb. 1906. 8. 71 p.	1.50

Gramineae, Cyperaceae, Juncaceae.

M

10133 **Lejeune.** De Libertia, novo Graminum genere. (Brux.) 4. 8 p. et tab. 1.—
10134 **Lemcke.** Z. Kenntn. d. Gatt. Carex. Königsb. 1892. 8. 130 p. 2.50
10135 **Lewton-Brain.** On the anat. of the Leaves of Brit. Grasses. (Lond.,
Linn. Soc.) 1904. 4. 45 p. w. 5 pl. (12 s.) 6.—
10136 **Liebmann.** Mexicos Juncaceer. (Kjöb., Nat. För.) 1850. 8. 13 p. 1.—
10137 — Mexicos Halvgras. (Kjöb., Vid. Selsk.) 1851. 4. 83 p. 2.—
10138 **Lindberg.** Die Nordeurop. Formen v. Scirpus Paluster. (Helsingf.,
Soc. Fl.) 1902. 8. 16 p. m. 2 Tfln. 1.50
10139 **Lindman.** List of Regnellian Cyperaceae. (Stockh., Ac.) 1900. 8.
42 p. w. 8 pl. 2.—
10140 — Beitr. z. Gramineenflora S.-Amerikas. (Stockh., Ak.) 1901. 4.
52 p. m. 15 Tfln. 4.50
10141 **Link.** Cardamine hirsuta u. sylvatica u. ein. Arten d. Gatt. Carex.
(Gött., Phytogr. Bl.) 1803. 8. 16 p. 1.—
10142 **Linné.** Fundamenta Agrostographiae. (Holm., Amoenit.) 1769. 8. 37 p.
et 2 tab. 4.—
10143 **Lisboa.** Odoriferous Grasses of India. 2 parts. (Bombay, Nat. Hist.
Soc.) 1887—91. 8. 14 p. w. pl. 1.5'
10144 — Bombay Grasses. Part II—V. (Bombay, Nat. Hist. Soc.) 1890—92.
8. 83 p. 2.—
10145 **Loder.** De Graminum fabrica et oeconomia. Halae 1804. 4. 32 p. et tab. 1.—
10146 **Lueders.** Floral struct. of some Gramineae. (Madison) 1898. 8. 3 p. w. pl. 1.—
10147 **Matlakowna.** Gramineenfrüchte m. weich. Fettendosperm. (Krak., Ak.)
1912. 8. 12 p. 1.—
10148 **Mattirolo.** Int. la sinonimia e la presenza d. Carex lasiocarpa nella
Flora Ital. (Genova, Malp.) 1894. 8. 24 p. 1.—
10149 **Menezes.** Gramineas do Archipel. da Madeira. Funchal 1906. 8. 56 p. 2.—
10150 **Meyer, E.** Vom Grase. (Königsb., Nat. Unterh.) 1858. 8. 26 p. 1.—
10151 **Munro.** On the identification of the Grasses of Linnaeus' Herbarium.
(Lond., Linn. Soc.) 1862. 8. 23 p. 1.50
10152 **Murmann.** Beitr. z. Pflanzengeographie d. Steiermark m. besond.
Berücksicht. d. Glumaceen. Wien 1874. 8. 228 p. (M. 3.60.) 2.—
10153 **Mutel.** S. 2 Graminées français. (Lille, Soc. Sc.) 1838. 8. 18 p. 1.—
10154 **Nash.** The dichotom. Panicums. (N. York, Torr. Cl.) 1899. 8. 14 p. 1.—
10155 **Nees ab Esenbeck, C. G.** Bambuseae Brasiliensis. (Berol., Linn.)
1852. 8. 34 p. 1.50
10156 — Agrostographia Capensis. Halae 1853. 8. 511 p. 4.—
10157 **Nicotra.** Note d'Agrostografia. Messina 1884. 8. 44 p. 1.50
10158 **Nörner.** Z. Embryoentwickl. d. Gramineen. Regensb. 1881. 8. 35 p.
m. 4 Tfln. 1.50
10159 **Olcott.** Sorgho and 'Imphee, the Chinese and African Sugar Canes.
New York 1837. 8. 350 p. w. 2 pl. Cloth. 3.—
10160 **Palla.** Z. Systemat. d. Gatt. Eriophorum. Leipz. 1896. 4. 18 p. m. Tfl. 1.—
10161 **Panzer.** Ideeen zu e. Revis. d. Gattgn. d. Gräser. (Münch., Ak.) 1813.
4. 60 p. m. 6 Tfln. 3.50
10162 **Parlatore.** S. qlqs. Gramin. d'Italie. (Paris, Ann. Sc.) 1841. 8. 10 p. 1.—
10163 — S. le Papyrus d. Anciens et s. le Papyrus de Sicile. (Paris,
Ac.) 1853. 4. 34 p. av. 2 pl. 1.50
10164 **Pax, F.** Z. Morphol. u. System. d. Cyperaceen. Leipz. 1886. 8. 32 p. 1.—
10165 **Petermann.** De flore Gramineo. Lips. 1835. 8. 80 p. et tab. 1.—
10166 **Pilger.** Gramineae Lehmann. et Stübel. Austro-Americanae. (Lips.,
Engl. J.) 1899. 8. 18 p. 1.—
10167 — Bambuseae Andinae. (Berol., „Fedde") 1905. 8. 8 p. 1.—
10168 **Post.** Sveriges vigtigaste Ogräsväxter. Stockh. 1891. 8. 112 p. m.
111 Fig. 1.50
10169 **Presl.** Cyperaceae et Gramineae Siculae. Prag. 1828. 8. 81 p. Cart. 2.—

Gramineae, Cyperaceae, Juncaceae.   *M*

10170 **Raddi.** Agrostographia Brasiliens. Lucca 1823. 8. 58 p. et tab.   3.—

10171 **Rajus.** Methodus Plantarum emend. et aucta. Acced.: Methodus Graminum. Lond. 1733. 8. 252 p. Calf.   10.—

10172 **Ramaley.** Revis. of the Minnesota spec. of Hordeae. (Minneap., Bot.
Stud.) 1894. 8. 13 p.   1.—

10173 **Ramaley and Elder.** The Grass-Flora of Tolland, Color. (Boulder)
1912. 8. 21 p.   1.—

10174 **Regel.** Le g. Pleuroplitis et Andropogon product. (Pétersb., Ac.) 1866.
4. 15 p. av. pl.   1.—

10175 — Die Gattg. Pleuroplitis u. Andropogon product. (Petersb., Ak.)
1866. 8. 22 p. m. Tfl.   1.—

10176 **Reichenbach, H. G. L.** Agrostographia Germanica. Die Gräser u.
Cyperoideen d. deutschen Flora. Leipz. („Plantae criticae") 1834. 4.
50 p. et 110 tab. color.   50.—

10177 **Reichenbach, H. G. L. et H. G.** Icones Florae German. et Helvet.
Vol. VIII: Cyperoideae, Caricineae, Cyperinae. Lipsiae 1846. 4. 52 p.
et 126 tab. c o l o r. (M. 57.) Lnb.   38.—

10178 — Deutschlands Flora. Bd. VI u. VII. Gramineen, Cyperoideen. Leipz.
1846. 4. 110 p. Text o h n e die Tfln.   5.—

10179 **Remer.** Beiträge z. Anat. u. Mechan. tordier. Grannen bei Gramineen.
Bresl. 1900. 8. 48 p.   1.—

10180 **Ridley.** The Cyperaceae of the West Coast of Africa. (Lond., Linn.
Soc.) 1884. 4. 52 p. w. 2 pl. (9 s. 6 d.)   2.50

10181 — The Grasses and Sedges of the Malay Peninsula. (Singap., As.
Soc.) 1891. 8. 34 p.   1.50

10182 **Riebel.** Die Graspflanze. Augsb. 1866. 8. 190 p. m. 45 Fig.   2.—

10183 **Rikli.** Z. vergl. Anat. d. Cyperaceen. Berl. 1895. 8. 100 p. m. 2
color. Tfln.   2.—

10184 **Rohlena.** Z. Kenntn. d. Varietäten d. Gräser Böhmens. 2 Tle. (Prag,
Ges. Wiss.) 1900—02. 8. 27 p. — In Tschechischer Sprache.   1.—

10185 **Rouy.** S. qu. Graminées du Portugal. (Paris, Soc. Bot.) 1881. 8. 7 p.   1.—

10186 **Ruprecht et Trinius.** Bambuseae monogr. expos. et spec. novae descr.
2 opusc. (Petrop., Ac.) 1835—39. 4. 92 p. et tab. Cart.   1.50

10187 **Rydberg and Shear.** Report upon the Grasses and Forage Plants of
the Rocky Mountain region. (Wash., Dept. Agr.) 1897. 8. 48 p.   1.50

10188 **Saatkamp.** Futterkräuter u. Futtergräser. I. Celle 1801. fol. 22 p. m.
10 E x s i c c a t e n.   2.50

10189 **Saint-Lager.** S. le Carex Tenax. (Lyon, Soc. Bot.) 1893. 8. 10 p.   1.—

10190 **Sandéen.** Om Gräsembryots byggnad och utveckl. (Lund, Univ.)
1868. 4. 17 p. m. 2 Tfln.   1.—

10191 **Sarauw.** Dvaerghveden (Tricticum compact.) og Engelsk Hvede (Trit.
turgid.) (Kjöb., Bot. Tidsk.) 1900. 8. 16 p.   1.—

10192 **Schkuhr.** Histoire d. Carex ou Laiches. Trad. p. Delavigne. Leips.
1802. 8. 184 p. av. portr. et 54 pl. c o l o r. (fr. 40.) D.-rel. veau.   16.—
Voyez la notice ajoutée au nr. 1280.

10193 **Schlechtendal, Langethal u. Schenk.** Flora v. Deutschland. 5. Aufl. v.
Hallier. Bd. III: Juncaceae, Liliac. Gera 1881. 8. 191 p. m. 117 color.
Tfln. Hfzb. (M. 10.)   6.—

10194 — — Bd. V, VI: Cyperaceae. 2 Bde. Gera 1883. 8. 393 p. m. 164
color. Tfln. Hfzb. (M. 16.)   12.—

10195 **Schmidlin.** Abbild. u. Beschreib. d. wichtigsten Futtergräser. 2. Aufl.
Esslingen 1868. 4. 34 p. m. 14 color. Tfln. Cart.   2.—

10196 **Schreber.** Beschreib. d. Gräser. Bd. I. Leipz. 1769. fol. 170 p. m. 20
c o l o r. Tfln. Cart.   5.—
Siehe Notiz bei Nr. 1282.

10197 — — Mit schwarzen Tafeln.   3.—

W. Junk, Berlin, W. 15.

Gramineae, Cyperaceae, Juncaceae.   ℳ

10198 **Schultz, F.** Standorte u. Verbreit. d. Juncaceen u. Cyperaceen in d.
Pfalz. (Dürckh., Pollich.) 1855. 8. 25 p.   1.—
10199 — Ét. s. qlqs. Carex. Haguenau 1868. 8. 12 p. av. 2 pl. Cart.   1.50
10200 **Schur.** Ueb. d. Sesleriaceen v. Siebenbürgen. (Wien, Z. b. G.) 1856.
8. 24 p.   1.—
10201 **Schwendener.** Die Mestomscheiden d. Gramineenblätter. (Berl., Ak.)
1890. 4. 22 p. m. color. Tfl.   1.50
10202 **Shibata.** Z. Wachstumsgesch. d. Bambusgewächse. (Tokyo, Coll. Sc.)
1900. 8. 75 p. m. 3 color. Tfln.   3.—
10203 **Sinclair.** Hortus Gramineus Woburnensis. 2. ed. Lond. 1825. 8. 458 p.
w. 60 colour. pl. Cloth.   20.—
See: Rara Historico-Naturalia, ed. J u n k, page 67.
10204 — — 5. ed. Lond. 1869. 8. 348 p. w. 45 (black) pl. Cloth.   6.—
10205 **Smith, J. E.** 5 new British Carex. (Lond., Linn. S.) 1799. 4. 10 p.   1.—
10206 **Soltwedel.** Formen u. Farben v. Saccharum officinarum L. (Zucker-
rohr) u. v. verwandt. Arten. 21 color. Tfln. m. Text, hrsg. v. Benecke.
Berl. 1892. fol. In Mappe. (M. 65.)   40.—
10207 **Spegazzini.** Stipeae Platenses. (Montev., Mus.) 1901. 4. 191 p.   2.50
10208 **Spinner.** Anatomie foliaire d. Carex Suisses. Neuchât. 1903. 8. 120 p.
av. 5 pl.   3.—
10209 **Spörry u. C. Schröder.** Katal. d. Spörry'schen Bambus-Samml. aus
Japan. Zürich 1894. 8. 60 p.   1.50
10210 **Stuckert.** Contrib. al conocim. de las Gramináceas Argentinas. 2 parties. (Buen.-Air., Mus.) 1904 à 1906. 4. 267 p. av. fig.   6.—
10211 **Sturm.** Flora v. Deutschland. 2. Aufl. Bd. II: Riedgräser, Cyperaceae
v. Missbach u. Krause. Stuttg. 1900. 8. 160 p. m. 64 color. Tfln. Lnb.   2.50
10212 **Stutzer.** Die Rohfaser d. Gramineen. Sickte 1875. 8. 30 p.   1.—
10213 **Suck.** Ueb. geogr. Verbreit. d. Zuckerrohrs. Halle 1900. 8. 75 p. m. Kte.   1.50
10214 **Svedelius.** Die Juncaceen d. 1. Regnell'schen Exped. (Stockh., Ak.)
1897. 8. 11 p. m. color. Tfl.   1.—
10215 **Symonds.** Indian Grasses. 2. ed. Madras 1886. 8. 119 p. w. 68 pl. Boards.   15.—
10216 **Takeda.** Nouv. Calamagrostis du Japon. (Tokyo, Bot. Mag.) 1910.
8. 10 p.   1.—
10217 **Terracciano.** Le Giuncacee Ital. (Genova, Malp.) 1892. 8. 16 p.   1.—
10218 **Thorstenson.** 20 nya Calamagrostis- och Carex-hybrider. (Stockh.,
Ak.) 1893. 8. 38 p.   1.50
10219 **Trinius.** Fundam. Agrostographiae. Vienn. 1820. 8. 232 p. et 3 tab. Cart.   4.—
10220 — De Graminibus dissertationes. 2 partes. Petropol. 1824—26. 8. 609 p.
et 5 tab. Hfzb.   7.—
10221 — Bambusaceae quaed. novae (Petrop., Ac.) 1835. 4. 17 p.   1.—
10222 **Trinius et Ruprecht.** Gramina Agrostidea III: Stipacea. (Petrop., Ac.)
1842. 4. 189 p.   2.50
10223 **Tuchar.** Ueb. d. englisch. Gras-Arten. Leipz. 1805. 8. 52 p. m. 6 Tfln.
Cart.   1.50
10224 **Uechtritz.** Ueb. Carex aristata. (Berl., Bot. Ver.) 1866. 8. 22 p.   1.—
10225 **Van Tieghem.** Morphol. de l'embryon et de la plantule d. Graminées
et Cypérac. (Paris, Ann. Sc.) 1897. 8. 52 p.   1.50
10226 **Vasey.** The Agricult. Grasses of the Un. States. (Wash., Dept. Agr.)
1884. 8. 144 p. w. 121 pl.   7.—
10227 — Grasses of the Pacific Slope, incl. Alaska and the adjacent Islands.
2 parts. (Wash., Dept. Agr.) 1892—93. 4. 100 pl. w. letterpress.   20.—
10228 — 3 pap. on N. Americ. Grasses. (Wash., Nat. H.) 1893. 8. 21 p. w. pl.   1.50
10229 **Wagner, H.** Die Famil. d. Halbgräser u. Gräser (Juncac., Cyperac. u.
Gramin.). 2 Tle. Bielef. 1854. 8. 150 p. m. 2 Tfln.   1.50
10230 **Walpers et C. Mueller.** Annales Botanices systemat.: Gramineae. Lips.
1865. 8. 138 p.   2.—

Gramineae, Cyperaceae, Juncaceae.   *M*

10231 **Warming.** Araceae et Gramineae Brasiliae centr. (Haun., Nat. För.)
1880. 8. 30 p. et 3 tab.   2.50
10232 **Wendehake.** Anatom. Untersuch. ein. Bambuseen. Groitzsch 1901. 8.
57 p. m. Tfl.   1.50
10233 **Wettstein.** Ueber Sesleria coerula. (Wien, Z. b. G.) 1888. 8. 6 p.   —.50
10234 **Wheeler, W. A.** Catal. of Minnesota Grasses. (Minneap., Bot. Stud.)
1903. 8. 25 p.   1.—
10235 **Wilbrand.** Handb. d. Botanik. 2 Bde. Giessen 1819. 8. 1046 p. m.
16 Tfln. (M. 19.60) Cart.   3.—
        Die 16 Tafeln bilden bloss „G r a m i n e e n" ab. — Siehe. auch No. 9143.
10236 **Wilczek.** Z. Kenntn. d. Baues v. Frucht u. Samen d. Cyperac. Cassel
1892. 8. 37 p. m. 3 Tfln.   1.50
10237 **Williams, T. A.** Millets. (Wash., Dept. Agr.) 1899. 8. 28 p.   1.—
10238 **Wilson.** On Lolium Temulent. (Edinb., Bot. Soc.) 1873. 8. 8 p. w.
colour. pl.   1.—
10239 **Wright, H., and Bamber.** Lemon Grass in Ceylon. (Colombo, Gard.)
1906. 8. 12 p. w. pl.   1.—
10240 **Wünsche.** Die Gräser. Zwickau 1894. 8. 42 p. m. Tfl.   1.—
10241 **Zaccone.** Plantes Fourragères. Paris 1863. fol. 6 0 p l a n c h e s
c o l o r. av. texte descript.   25.—
        Iconographie très-rare et peu connue.
10242 **Zimmermann, H.** De Papyro. I: Geograph. Vratisl. 1866. 8. 32 p.   1.—
10243 **Zingeler.** Spaltöffnungen d. Carices. Bonn 1869. 8. 35 p. m. Tfl.   1.—

10244 **Gray, A.** Characters of new Compositae fr. Rocky Mount. (Boston,
Journ. Nat. Hist.) 1845. 8. 8 p. w. pl.   1.50
10245 — On the affin. of the gen. Vavaea and Rhytidandra. (Cambr., Ac.)
1834. 4. 10 p.   1.50
10246 (—) New genera of Plants of the U. S. Explor. Expedit. 1854. 8. 3 p.   1.—
10247 — Characters of some new Monopetalae coll. by the U. S. South
Pacific Exploring Exped. (Philad., Ac.) 1862. 8. 44 p.   2.50
10248 — Stud. of Aster and Solidago in the Older Herbaria. (Philad., Ac.)
1882. 8. 66 p.   2.50
10249 **Greene.** Some neglect. Violets. (Wash., Pitton.) 1901. 8. 13 p.   1.—
10250 — Studies in the Cruciferae IV. (Wash., Pitton.) 1901. 8. 12 p.   1.—
10251 — The g. Ptelea in the Western and Southwest. U. S. and Mexico.
(Wash., Dept. Agr.) 1906. 8. 36 p.   1.50
10252 **Greenman.** Revis. of the Mexic. and C. Americ. spec. of Galium, Rel-
bunium and Houstonia. (Bost., Ac.) 1898. 8. 23 p.   1.50
10253 — Monogr. d. nord- u. centralamerik. Arten d. Gatt. Senecio. I. Leipz.
1904. 8. 37 p.   1.—
10254 — New Angiosperms fr. Mexico and Centr. America. (Bost., Ac.)
1904. 8. 54 p.   2.—
10256 — New Cuban Senecioneae. New Spermatophytes, chiefly fr. Mexico
and C. America. (Chic., Mus.) 1912. 8. 30 p.   1.50
10256 — Revis. of the Mexic. and C. Americ. spec. of Galium and Rel-
bunium. (Bost., Ac.) 1898. 8. 37 p.   1.—
10257 **Gregory.** British Violets. Cambr. 1912. 8. 131 p. w. 4 pl. Cloth.   6.50
10258 **Greville.** On the botan. characters of the British Oaks. (Edinb., Bot.
Soc.) 1841. 8. 5 p. w. 2 pl.   2.—
10259 **Griffith.** Descr. de genres et esp. d. Hamamélidées. Podostemon. et
Kaulfussiae. (Paris, Ann. Sc.) 1838. 8. 14 p.   1.—
10260 — On the Root-Parasites referr. by authors to Rhizantheae. (Lond.,
Linn. Soc.) 1844. 4. 45 p. w. 6 pl.   5.—

W. Junk, Berlin, W. 15.

10261 **Griffith.** On the Indian spec. of Balanophora. (Lond., Linn. Soc.) 1846. *ℳ*
4. 16 p. w. 6 pl. — 3.—
10262 — On the Ambrosinia ciliata. (Lond., Linn. S.) 1847. 4. 14 p. w. 3 pl. 1.50
10263 — On the fam. of Rhizophoreae. (Calc., Med. Soc.) 8. 12 p. w. col. pl. 1.50
10264 **Grisebach.** De Gentianearum charact. Berol. 1836. 8. 40 p. 1.50
10265 **Gross.** Z. Kenntn. d. Polygonaceen. Königsb. 1912. 8. 107 p. 2.—
10266 **Grotjan.** Physikal. Winter-Belustigung m. Hyacinthen, Tulipanen, Nelken u. Levcojen. Nordh. 1750. 8. 144 p. Hldrb. 7.—
10267 **Groves.** A new hybrid Water Ranunculus. (Lond., Journ. Bot.) 1901. 8. 2 p. w. pl. 1.—
10268 **Grün.** Monograph. Studien an Treubia insignis. Zürich 1914. 8. 75 p. m. 3 Tfln. 2.—
10269 **Grüning.** Euphorbiaceae-Porantheroideae et Ricinocarpoideae. (Aus: Das Pflanzenreich). Leipz. 1913. 8. 97 p. m. 16 Fig. (M. 5.)
10270 **Gugler.** Die Centaureen d. Ungarisch. Nationalmuseums. (Budap., Mus.) 1908. 8. 283 p. m. Tfl. (M. 8.) 5.—
10271 **Guillemin.** S. l. Pilostyles. (Paris, Ann. Sc.) 1834. 8. 6 p. av. pl. 1.—
10272 **Guimaraes.** Monogr. d. Orbanchaceas. (Lisboa, Broter.) 1904. 8. 204 p. av. 14 pl. 7.—
10273 **Gürke.** Ebenaceae, Symplocaceae, Styracaceae. (Aus: Engler-Prantl's Pflanzenfam.) (Leipz.) 1890. 8. 28 p. m. 114 Fig. 1.50
10274 — Z. System. d. Malvaceen. Leipz. 1892. 8. 58 p. 1.50
10275 — Flacourtiaceae, Oncobeae, Verbenaceae Afric. (Leipz., Engl. Jahrb.) 1893. 8. 23 p. m. 2 Tfln. 1.50
10276 **Hackenberg.** Z. Kenntn. einer assimilir. Schmarotzerpflanze (Cassytha americ.). (Bonn, Nat. Ver.) 1889. 8. 41 p. 1.—
10277 **Halácsy.** Goniolimon Heldreichii n. sp. (Wien, Z. b. G.) 1886. 8. 2 p. m. Tfl. 1.—
10278 — Die Verbascum-Arten Griechenlands. (Wien, Z. b. G.) 1898. 8. 32 p. 1.—
10279 **Hale.** Ilex Cassine, the aborig. N. American. Tea. (Wash., Dept. Agr.) 1891. 8. 22 p. w. pl. 1.—
10280 **Halle.** Fossilium Catalogus: Cycadophyta. Berol. 8.
In Vorbereitung. Ist ein Teil der Abteil II (Plantae) des „Fossilium Catalogus". Prospect und Probelieferung gratis.
10281 **Hallier.** Natürl. Gliederung d. Convolvulaceen. (Leipz., Engl. J.) 1893. 8. 136 p. 2.50
10282 — Convolvulaceae Costaricensens. (Brux., Soc. Bot.) 1896. 8. 9 p. 1.—
10283 — Indonesische Acanthaceen. (Halle, Ac. Leop.) 1897. 4. 48 p. m. 8 Tfln. (M. 8.) 5.—
10284 — Dipteropeltis u. Sycadenia. (Hamb., Wiss. A.) 1899. 8. 16 p. m. Tfl. 1.—
10285 — Üb. d. Verwandtschaftsverhältn. d. Tubifloren u. Ebenalen. (Hamb., Nat. Ges.) 1901. 4. 112 p. (M. 4.) 2.50
10286 — Ueb. d. Verwandtschaftsverhältn. bei Engler's Rosalen, Parietalen, Myrtifloren u. in and. Ordngn. d. Dikotylen. (Hamb., Nat. Ges.) 1903. 4. 98 p. (M. 4.) 2.50
10287 — Glieder. u. Verwandtsch. d. Hamamelidaceen. (Jena, Bot. Centr.) 1903. 8. 14 p. 1.—
10288 **Hamet.** Monogr. du g. Kalanchoe. 2 parties. (Genève, Herb. Boiss.) 1907 à 1908. 8. 64 p. 2.—
10289 **Hammer.** Z. Kenntn. v. Hircinia variab. (Berl., Nat. Fr.) 1906. 8. 6 p. m. Tfl. 1.—
10290 **Hance.** On the Silkworm-Oaks of North. China. With suppl. (Lond., Linn. S.) 1869. 8. 20 p. 1.—
10291 **Handel-Mazzetti.** Die Taraxacum-Arten d. Kaukasusländer. Tiflis 1907. 8. 25 p. 1.50
10292 — Juncaginaceae, Pandan., Dioscor., Smilac. etc. etc. d. botan. Exped. d. Akademie n. Südbrasilien. (Wien, Ak.) 1908. 4. 26 p. m. 2 Tfln. 2.—
10293 — Revis. d. Balkan. u. Vorderasiat. Anobrychis-Arten aus d. Sekt. Eubrychis, (Wien, Bot. Z.) 1909. 8. 39 p. m. Kte. 1.50

10294 **Handel-Mazzetti.** Asclepiadaceae u. Apocynaceae d. botan. Exped. d.   *M*
Akad. n. Südbrasilien. (Wien, Ak.) 1910. 4. 12 p. m. 2 Tfln. (M. 3.)   2.50
10295 — Die biovulaten Haplophyllumarten d. Türkei. (Wien, Z. b. G.)
1913. 8. 30 p.   1.50
10296 **Hardy.** Monogr. d. Elatine de la flore Belge. (Brux., Soc. Bot.) 1871.
8. 22 p.   1.—
10297 **Häring.** Zusammenstell. d. Kennzeichen der in Deutschland wachs.
verschied. Eichen-Gattgn. u. ihrer hauptsächl. Fehler. Berlin 1853. 4.
179 p. m. 56 color. Tfln. Cart.   90.—
Auch der Text ist lithographiert. Ist nur in ganz geringer Auflage hergestellt.
10298 **Harms.** Leguminosae Africanae. (Leipz., Engl. J.) 1900. 8. 18 p.   1.—
10299 **Hartig.** Naturgeschichte d. forstl. Culturpflanzen Deutschlands. Berl.
1851. 4. 610 p. m. 1 2 0 c o l o r. T f l n. (M. 84.)   25.—
Die (unveränderte) Neu-Ausgabe von 1886 ist weniger gut coloriert.
10300 **Hartman, R.** De Svenska arterna af Utricularia. (Ups.) 1857. 8. 8 p.   1.—
10301 **Hasskarl.** Plantarum rarior. v. minus cognit. horti Bogor. pugillus novus. (Paris., Ann. Sc.) 1845. 8. 15 p.   1.—
10302 — Commelinaceae Indicae, impr. Archipel. Indici. Vind. 1870. 8. 184 p.   1.—
10303 **Hauman-Merck.** S. l. Phytoloccacées Argentines. (B. Air., Mus.) 1913.
4. 47 p.   1.50
10304 **Hausmann.** Gagea u. Lloydia. Monographie. Wien 1841. 8. 58 p. Lnb.   2.—
10305 **Haussknecht.** Monogr. d. Gattg. Epilobium. Jena 1884. 4. 326 p. m.
Tabelle u. 23 Tfln. (M. 45.)   25.—
10306 — Z. Kenntn. d. einheim. Rumices. (Jena, Geogr. Ges.) 1884. 8. 26 p.   1.—
10307 **Haviland.** Revis. of the Naucleeae. (Lond., Linn. S.) 1897. 8. 94 p.
w. 4 pl.   2.50
10308 **Haworth.** New arrangem. of the g. Aloe. (Lond., Linn. S.) 1801. 4. 28 p.   3.—
10309 **Hayata.** Compositae Formosanae. (Tokion., Coll. Sc.) 1904. 4. 45 p.
et 2 tab.   2.—
10310 **Hayek.** Ueb. ein Centaurea-Arten. (Wien, Z. b. G.) 1901. 8. 5 p.   —.50
10311 — Krit. Uebersicht üb. d. Anemone-Arten d. Sect. Campanaria. (Berl.,
Ascherson Festschr.) 1904. 8. 26 p.   1.—
10312 — Die Potentillen Steiermarks. (Graz, Nat. Ver.) 1905. 8. 45 p.   1.50
10313 — Verbenaceae novae herbarii Vindobon. 3 partes. (Berol., Fedde Re-
pert.) 1906—07. 8. 9 p.   1.—
10314 **Haynald.** Castanea vulgaris. Kalocsa 1881. 8. 16 p.   1.—
10315 — Ceratophyllum pentacanth. (Claudiop.) 1881. 8. 8 p.   1.—
10316 **Heckel.** S. le Dadi-Go ou Balancounfa (Cerauthera Beaumetzi).
(Marseille, Fac. Sc.) 1891. 4. 30 p. av. 3 pl. color.   2.—
10317 **Hedinger.** Der Oelbaum. Prag 1887. 8. 14 p.   1.—
10318 **Hedlund.** Om Ribes Rubrum. (Stockh., Bot. Not.) 1901. 8. 124 p.   2.—
10319 **Heering.** Die Baccharis-Arten d. Hamburg. Herbars. (Hamb., Wiss.
Anst.) 1904. 8. 46 p.   1.50
10320 — Baccharis (e: Symbolae Antillanae.) (Berol.) 1907. 8. 17 p.   1.—
10321 — Ueb. ein. Arten d. Gatt. Baccharis. (Kiel, Nat. Ver.) 1908. 8. 17 p.   1.—
10322 **Hegelmaier.** Monogr. d. Gatt. Callitriche. Stuttg. 1864. 4. 64 p. m. 4 Tfln.   2.—
10323 — Z. System. v. Callitriche. (Berl., Bot. Ver.) 1867. 8. 40 p. m. Tfl.   1.—
10324 — Die Lemnaceen. Leipz. 1868. 4. 175 p. m. 15 Tfln. (M. 17.)   7.—
10325 — Z. Kenntn. d. Wassersterne. (Berl., Bot. Ver.) 1868. 8. 22 p.   1.—
10326 — Alchimillen d. Schwäb. Jura. (Stuttg., Ver. Nat.) 1906. 8. 12 p.   1.—
10327 **Helm.** Rech. s. l. Diptérocarpacées. Paris 1892. 4. 186 p. av. 11 pl.   5.—
10328 **Helmerl.** Phytolaccaceae, Nyctaginaceae. (Aus: Engler-Prantl's Pflanzenfam.) (Leipz.) 1889. 8. 32 p. m. 47 Fig.   1.50
10329 — Monogr. d. Nyctaginaceen. I. (soviel erschien.). (Wien, Ak.) 1900.
4. 42 p. m. 2 Tfln. (M. 4.20.)   2.50
10330 — Chenopodiac., Amarantac., Phytolaccac., Xyridac. d. botan. Exped.
d. Akad. n. Südbrasilien. 2 Tle. (Wien, Ak.) 1906—08. 4. 25 p.   1.50
10331 — Nyctaginaceae Austro-Americ. (Lips., Engl. J.) 1908. 8. 9 p.   1.—

10332 **Helmerl.** Z. Kenntn. d. Nyctaginaceen-Gatt. Okenia. (Wien, Z. b. G.) 1911. 8. 8 p. — 1.—
10333 — Pisoniella, e. neue Nyctagin. (Wien, Z. b. G.) 1911. 8. 9 p. — 1.—
10334 — Nyctaginaceae (e: Urban, Symbolae Antillanae). (Berol.) 1911. 8. 9 p. — 1.—
10335 — Die Nyctaginaceen u. Phytolaccaceen d. Herbar. Hassler aus Paraguay. (Wien, Z. b. G.) 1912. 8. 17 p. — 1.—
10336 **Heinzel.** De Macrozamia Preissii. (Berol., Ac.) 1844. 4. 48 p. et 4 tab. partim color. (M. 6.) — 2.—
10337 **Heldreich.** Catal. syst. Herbarii T. G. Orphanidis in Athenis. I: Leguminosae. Florent. 1877. 8. 88 p. — 2.50
10338 — Ueb. d. Liliaceen-Gatt. Leopoldia. (Mosk., Bull.) 1878. 8. 20 p. — 1.—
10339 **Heller.** On Kuhnistera. (N. York, Torr. Cl.) 1896. 8. 9 p. w. pl. — 1.—
10340 **Hellweger u. Murr.** 2 Abhandl. üb. Phyteuma. 1896. 8. 6 p. m. Tfl. — 1.—
10341 **Hemsley.** On the g. Corynocarpus. (Lond., Ann. B.) 1903. 8. 18 p. w. pl. — 1.—
10342 — On the Julianiaceae. (Lond., Roy. Soc.) 1907. 4. 29 p. w. 7 pl. — 3.50
10343 — On the g. Radamaea and Nesogenes. (Lond., Linn. S.) 1913. 8. 6 p. w. pl. — 1.—
10344 **(Henderson, E. G. and A.)** The illustrated Bouquet. Figures w. descript. of new flowers. Vol. II. Lond. 1859. fol. 142 p. w. 56 colour. pl. Half bd. morocco. — 25.—
A nearly unknown work with beautiful plates.
10345 **Henkel, Rehnelt, Dittmann.** Das Buch d. Nymphaeaceen. Darmst. 1907. 4. 158 p. m. 5 z. Tl. color. Tfln. u. viel. Fig. — 4.—
10346 **Henschen.** S. le g. Peperomia compr. l. espèces de Caldas, Brésil. (Upsal, Soc. Sc.) 1873. 4. 54 p. av. 7 pl. — 3.—
10347 **Herman.** Onobrychis Visianii. (Budap., Term. Füz.) 1879. 8. 10 p. — 1.—
10348 **Hervier.** Polymorphisme du Populus Tremula et sa varitété Freyni. (Paris, Rev. Bot.) 1896. 8. 11 p. av. pl. — 1.—
10349 **Herzfeld.** Bedeut. d. Cycadeoideen-Forschg. f. d. Stammesgesch. (Wien, Z. b. G.) 1914. 8. 15 p. — 1.—

Hieracium.

10351 **Arvet-Touvet.** Les Hieracium d. Alpes français. Paris 1888. 8. 140 p. — 3.50
10352 — Hieraciorum praesertim Galliae et Hispaniae catalogus systemat. Paris. 1913. 8. — 17.—
10353 **Benner.** Die Hieracien d. Riesengebirges aus d. Sekt. Alpina u. Alpestria. Bresl. 1905. 8. 80 p. m. Tfl. — 1.50
10354 **Brenner.** Hieraciolog. Meddelanden. Tl. 1, 3, 4. (Helsingf., Soc. Fl.) 1903—06. 8. 31 p. — 1.50
10355 **Burnat et Gremli.** Catal. rais. d. Hieracium d. Alpes maritimes. Genève 1883. 8. 120 p. — 3.—
10356 **Dahlstedt.** Bidr. t. sydöstra Sveriges Hieracium-Flora. 3 Tle. (Stockh., Ak.) 1889—94. 4. 602 p. — 10.—
10357 — Om nagra Hieracier i Bergianska Trädgarden. (Stockh., Hort. Berg.) 1891. 4. 44 p. — 1.50
10358 — De Hieraciis Scandinav. 2 partes. (Stockh., Hort. Berg.) 1891—1894. 4. 200 p. — 5.—
10359 — — III: Archieracia. 1894. 4. 266 p. — 3.50
10360 — Z. Kenntn. d. Hieracium-Flora Oesels. (Stockh., Ak.) 1901. 8. 45 p. m. 8 Tfln. — 3.—
10361 — Z. Kenntn. d. Hieracien-Flora Islands. I. (Stockh., Ark. Bot.) 1904. 8. 74 p. m. 10 Tfln. — 3.50
10362 — The Hieracia of the Faröes. (Copenh., 'Faroes'). 8. 35 p. w. 2 pl. — 2.—
10363 **Elfstrand.** Hieracia Alpina aus d. Hochgebirgsgeg. d. mittler. Skandinav. (Upsala) 1893. 8. 71 p. m. 3 Tabell. — 2.—
10364 — Archieracien aus Norweg. Finnmarken. (Stockh., Ak.) 1894. 8. 31 p. — 1.—

Hieracium.   *M*

10365 **Freyn.** Hieracia Bulgarica. (Prag.) 1891. 8. 19 p.   1.—
10366 **Fries, E.** Symbolae ad histor. Hieraciorum. (Upsal., Soc. Sc.) 1848.
4. 254 p.   10.—
10367 — Bidr. t. känned. af slägt. Hieracium. (Kjöbenh., Naturforsk.)
1849. 8. 10 p.   1.—
10368 — Epicrisis gener. Hieraciorum. Upsal. 1862. 8. 159 p.   5.—
10369 — — Pars II: Pag. 81—159. Upsal. 1862. 8.   2.—
10370 **Grisebach.** Revisio specier. Hieracii Europae. Goett. 1852. 4. 80 p.   5.—
Vergriffen.
10371 **Hanbury.** Monogr. of the Brit. Hieracia. Parts I—XII (all published).
Lond. 1889—99. fol. w. 36 colour. pl.   84.—
10372 **Hieracia Scandinaviae.** — Sammlung von 55 . g e t r o c k n e t e n
S p e c i e s, bestimmt u. v. bester Erhaltung. In Carton.   25.—
10373 **Johansson.** Nya Archieracier fr. Dalarne, Västmanland och Dals-
land. (Stockh., Ak.) 1900. 8. 68 p. m. 7 Tfln. in-4.   3.—
10374 — Archieracium-floran inom Dalarnes siluromrade i Siljanstrakten.
(Stockh., Ak.) 1902. 8. 156 p. m. 12 Tfln.   5.—
10375 — Nya Hieracier fr. Medelpad. (Upps., Ark. Bot.) 1907. 8. 51 p.
m. 8 Tfln.   4.—
10376 **Juratzka.** Niederösterr. Pilosella-Arten. (Wien, Z. b. G.) 1857. 8. 10 p.   1.—
10377 **Linton.** Account of the Brit. Hieracia. Lond. 1915. 8. 104 p.   4.50
10378 **Murr.** Beiträge u. Bemerk. zu d. Archieracien v. Tirol u. Vorarlberg. 7 Tle. (Arnst., Bot. Mon.) 1897—1900. 8. 26 p.   2.—
10379 — Gefleckte Blätter d. Archieracien. (Arnst., Bot. Mon.) 1897. 8. 7 p.   1.—
10380 — Die Piloselloiden Oberösterreichs. (Wien, Bot. Z.) 1898. 8. 18 p.   1.—
10381 — 3 Abhandl. üb. d. Hierac. d. österr. Alpenländer. 1899—1904.
8. 17 p.   1.50
10382 — Z. Kenntn. der Eu-Hieracien Tirols, Südbayerns u. d. oesterr.
Alpenländer. 5 Tle. (Wien u. Arnst.) 1902—9. 8. 61 p.   2.50
10383 **Nägeli u. Peter.** Die Hieracien Mittel-Europa's. Bd. I, II. Teil 1—3
(soviel erschien.). Münch. 1885—89. 8. 1200 p. (M. 35.)   19.—
10384 **Norrlin.** Bidr. t. Skandinav. Hieracium-Flora I. (Helsingf., Soc. Fl.)
1888. 8. 117 p.   2.—
10385 — Pilosellae boreales praec. Florae Fennicae novae. (Helsingf., Soc.
Fl.) 1895. 8. 83 p.   2.—
10386 **Noto.** Oversigt ov. Tromsö Amts Hieracii-Flora. 2 Tle. (Tromsö,
Mus.) 1910—12. 8. 95 p.   4.—
10387 **Oborny.** Die Hieracien aus Mähren u. Oesterr.-Schlesien. 2 Tle.
(Brünn, Nat. Ver.) 1905—06. 8. 300 p.   6.-
10388 **Omang.** Nogle Archieracier fra Hallingdal. (Christ., Nyt Mag.) 1900.
8. 24 p.   1.—
10389 — Hieraciolog. Undersögelser i Norge. 6 Tle. (Christ., Nyt Mag.)
1901—05. 8. 312 p.   7.—
10390 — Südnorweg. Hieracium-Sippen. (Christ., Nyt Mag.) 1910. 8. 280 p.   8.—
10391 **Ostenfeld.** Castration and Hybridisation experim. w. Hieracia.
2 parts. (Copenh., Bot. Tidskr.) 1906—10. 8. 69 p. w. 2 colour. pl.   3.50
10392 **Pernhoffer.** Die Hieracien v. Seckau· in Ob.-Steiermark. II. (Wien,
Bot. Z.) 1896. 8. 27 p.   1.50
10393 **Porat.** Kungsörstraktens Hieracier. (Lund, Bot. Not.) 1898. 8. 12 p.   1.—
10394 **Rehmann.** Neue Hieracien d. östlichen Europas. 4 Tle. (Wien, Z.
b. G.) 1895—98. 8. 85 p.   2.—
10395 **Robinson and Greenman.** Revis. of the Mexic. and C. American
spec. of Trixis and Hieracium. 2 pap. (Boston, Ac.) 1904. 8. 19 p.   1.—
10396 **Saelan.** Beskrifn. öfv. Hieracium linifolium n. sp. (Helsingf., Soc. Fl.)
1877. 8. 47 p.   1.50

Hieracium.   _M_

10397 **Schneider, G.** Uebersicht d. Sudetischen u. systemat. Gruppier. d. Europ. Archieracia. I. (Arnst., Bot. Mon.) 1888. 8. 12 p.   1.—
10398 — Die Hieracien d. Westsudeten. 2 Hefte. Cunersd. 1889—91. 8. 162 p. (M. 4.)   3.—
10399 **Schultz, C. H.** Ueb. Hieracium Sauteri. (Augsb., Nat. Ver.) 1857. 8. 10 p.   1.—
10400 **Stenström.** Värmlandska Archieracier. (Ups., Ak.) 1890. 8. 76 p. m. 3 Tab.   1.50
10401 — Bornholmska Hieracier. (Kjöb., Bot. Tidsk.) 1896. 8. 53 p.   2.—
10402 — Bidr. t. Skånes Hieraciumflora. (Stockh., Ak.) 1897. 8. 42 p.   1.50
10403 **Sudre.** Les Hieracium du Centre de la France. Albi 1902. 8. 103 p. av. 32 pl.   7.50
10404 — S. qlqs. Hieracium d. Pyrénées. (Paris, Ac. Bot.) 1902. 8. 8 p.   1.—
10405 **Villars.** Nouv. espèce d'Hieracium. (Paris, Soc. Amat. Sc.) 1807. 8. 6 p. av. pl.   1.—
10406 **Vollmann.** Die Hieracienflora v. Regensburg. (Reg., Bot. Ges.) 1905. 8. 40 p.   1.50
10407 **Zahn.** Z. Kenntn. d. pfälz. Piloselloiden. (Karlsr., Bot. Ver.) 1896. 8. 30 p.   1.—
10408 — Die Hieracien d. Schweiz. (Zür., Ges. Nat.) 1907. 4. 568 p. (M. 28.)   20.—
10409 — Hieracien Bosniens, d, Dinar. Alpen u. d. Fränk. Jura. 3 Abhandl. 1907—08. 8. 12 p.   1.—
10410 — Schedae at Hieraciothecam Europ. 9 partes. Carlsruhe 1906—14. 8. 244 p.   5.—
10411 — Beiträge z. Kenntn. d. Hieracien Ungarns u. d. Balkanländer. II—VI. (Budap.) 1907—11. 8. 195 p.   3.50
10412 — Hieracia Rossica nova. (Caroloruh., Bot. Z.) 1907. 8. 8 p.   1.—
10413 — Hieracia Caucasica nova a Litwinow lecta. 4 partes. (Berol., „Fedde") 1907. 8. 52 p.   2.—
10414 — Hieracia Caucasica nouv. ou moins connus du Musée et Jard. de Tiflis. 4 parties. (Tiflis) 1908 à 13. 8. 65 p.   2.50
10415 — Hieracia Montenegrina nova. (Berol., „Fedde") 1909. 8. 17 p.   1.—
10416 — Schedae ad Herbar. Florae Rossicae: Genus Hieracium. Petrop. 1910. 8. 23 p.   1.—
10417 — Hieracia Florae Mosquensis. (Petrop., Mus.) 1911. 8. 68 p.   2.50
10418 — Hieracia Domingensia. (Lips., Engl. Jahrb.) 1915. 8. 6 p.   1.—
10419 — Hieracia orient. herbarii Formánek. Caroloruh. 8. 23 p.   1.—

10420 **Hiern.** Monogr. of Ebenaceae. Cambr. 1873. 4. 274 p. w. 11 pl. Cloth. (1 £ 6 s.)   15.—
10421 — On the Afric. spec. of the g. Coffea. (Lond., Linn. S.) 1876. 4. 8 p. w. pl.   1.—
10422 — Peculiarities and distrib. of Rubiaceae in Tropical Africa. (Lond., Linn. Soc.) 1877. 8. 33 p. w. 2 pl.   1.50
10423 — Solanac., Acanthac., Gesnerac., Verbenac. Brasiliae centr. (Haun., Nat. För.) 1877. 8. 72 p.   1.50
10424 **Hieronymus.** Z. Kenntn. d. Centrolepidaceen. Halle 1873. 4. 108 p. m. 3 Tfln. (M. 8.)   2.50
10425 — S. l. Solanaceas. Lycium Argent. et L. Cestroides. (Córdoba, Ac.) 1876. 8. 12 p. av. 2 pl.   1.—
10426 — Niederleinia juniper. (Córdoba, Ac.) 1881. 8. 12 p. av. pl.   1.—
10427 — Monogr. de Lilaea subulata. (Córdoba, Ac.) 1882. 4. 52 p. av. 5 pl. (1 color.)   3.50
10428 — Botanische Bilderbogen. (Sprossen- u. Blüten-Diagramme). Liefg. I (soviel erschien.). Bresl. 1883. gr. folio. (75: 90 cent.) 10 Tfln. (M. 12.)   5.—
10429 — Ueb. Rafflesia Schadenberg. Bresl. 1885. 4. 10 p. m. Tfl.   1.—
10430 **Hildebrand.** Die Gatt. Cyklamen. Jena 1898. 8. 184 p. m. 6 Tfln. (M. 8.)   3.50

10431 **Hill, A. W.** The acaulescent spec. of Malvastrum. (Lond., Linn. Soc.) 1909. 8. 15 p. — *M* 1.—

10432 — Revis. of the g. Nototriche. (Lond., Linn. S.) 1909. 4. 66 p. w. 4 pl. (12 s.) — 6.—

10433 **Hill, J.** 25 new Plants in the Royal Garden at Kew. Lond. 1773. fol. 10 p. — W i t h o u t the 25 plates. — 1.—

10434 **Himmelbaur.** Die Berberidaceen. (Wien, Ak.) 1913. 4. 64 p. m. 4 Tfln. (M. 7.)

10435 **Hinteröcker.** Botan. Mittheilungen. (Phanerog.) (Wien, Z. b. G.) 1858. 8. 8 p. — —.50

10436 **Hisinger.** Variété du Nuphar lut. (Helsingf., Soc. Fl.) 1894. 8. 1 p. av. pl. color. — 1.—

10437 **Hobkirk.** S. l. formes du g. Capsella. (Brux., S. Bot.) 1870. 8. 10 p. — 1.—

10438 **Hochstetter.** Die Victoria regia. Tüb. 1852. 8. 72 p. m. color. Tfl. Lnb. — 1.50

10439 **Höck.** Z. Morphologie, Gruppir. u. geogr. Verbreit. d. Valerianaceen. Leipz. 1882. 8. 66 p. m. Tfl. — 1.50

10440 **Hoffbauer.** Z. Kenntn. d. Aloe. Berl. 1905. 8. 64 p. m. Tfl. — 1.50

10441 **(Hoffmann, G. F.)** Merkwürd. od. seltene Pflanzenarten d. Götting. botan. Garten. (Gött., Phytogr. Bl.) 1803. 8. 37 p. m. 5 color. Tfln. — 2.50

10442 — Syllabus Umbelliferar. Mosquae 1814. 8. 20 p. — 1.—

10443 **Hoffmann, J. F.** Z. Kenntn. v. Lemna arrhiza. (Berl., Arch. Nat.) 1840. 8. 25 p. m. 2 Tfln. — 1.50

10444 — Matér. p. s. à la connaiss. du Lemna arrhiza. (Paris, Ann. Sc.) 1840. 8. 18 p. av. 3 pl. — 1.50

10445 **Hoffmann, O.** Die Systematik d. Compositen. Berl. 1894. 4. 34 p. — 1.—

10446 **Hollick.** New Legumin. Pods fr. the Yellow Gravel. (N. York, Torr. Cl.) 1896. 8. 4 p. w. 2 pl. — 1.—

10447 **Holm, T.** On Hydrocotyle Americ. (Wash., Mus.) 1889. 8. 8 p. w. 2 pl. — 1.—

10448 — On Uvularia, Oakesia, Diclytra and Krigia. (N. York, Torrey Cl.) 1891. 8. 11 p. w. 3 pl. — 1.50

10449 — Obolaria Virgin. (Lond., Ann. Bot.) 1897. 8. 16 p. w. pl. — 1.—

10450 — Podophyllum peltatum. (Chic., Bot. Gaz.) 1899. 8. 15 p. — 1.—

10451 — On the g. Arctophila. (Ottawa, Natural.) 1902. 8. 9 p. w. pl. — 1.—

10452 — Claytonia Gronov. Morphological and anat. study. (Wash., Ac.) 1905. 4. 11 p. w. 2 pl. — 1.50

10453 **Holmberg.** Amarilidáceas Argentinas indig. y exóticas. (B. Aires, Mus.) 1905. 8. 118 p. av. carte. — 2.50

10454 **Hölzl.** Die Potentillen Galiziens. (Wien, Z. b. G.) 1863. 8. 10 p. — 1.—

10455 **Hooker, J. D.** On the Castilloa elast. of Cervantes, and s. allied Rubber-yielding Plants. (Lond., Linn. Soc.) 1886. 4. 7 p. w. 2 pl. (1 color.) — 3.—

10456 — On the spec. of Impatiens in the Wallich Herbar. (Lond., Linn. S.) 1904. 8. 11 p. — 1.—

10457 **Hooker, J. D., and Anderson.** On Barteria, a new g. of Passifloreae fr. the Niger. — On Sphaerocoma, n. g. of Caryophylleae fr. Aden. (Lond., Linn. S.) 1861. 8. 3 p. w. 2 pl. — 1.—

10458 **Hooker, J. D., et Jackson, B. D.** Index Kewensis Phanerogamar. 2 vol. et 4 supplem. Oxonii 1893—1913. 4. 3746 p. Cloth. — 320.—

10459 **Hooker, J. D., and Thomson, T.** On the g. Euptelea. (Lond., Linn. S.) 1864. 8. 3 p. w. pl. — 1.—

10460 — New g. of Scrophularineae fr. Martaban. (Lond., Linn. S.) 1865. 8. 2 p. w. pl. — 1.—

10461 **Hörold.** System. Glieder. u. geograph. Verbreit. d. Amerik. Thibaudieen. Berl. 1909. 8. 54 p. — 1.50

10462 **Howard, C. W.** New Haemaphysalis fr. East Africa. (Pretor., Mus.) 1910. 8. 3 p. w. pl. — 1.—

10463 **Howard, J. E.** On the g. Cinchona. (Lond., Linn. S.) 1875. 8. 24 p. — 1.—

10464 — On Cinchona Calisaya, var. Ledgeriana. (Lond., L. S.) 1884. 8. 12 p. — 1.—

10465 **Hoy and Fairbairn.** 2 new genera fr. N. S. Wales. (Lond., Linn. S.) ℳ 1794. 4. 7 p. 1.—

10466 **Huber, J.** 2 Sapotaceas novas do horto botan. Paraense. (Para, Mus.) 1900. 8. 6 p. av. 2 pl. 1.50

10467 — Synopse das espec. do g. Hevea. (Para, Mus.) 1906. 8. 32 p. 1.50

10468 — As especies Amazonicas do g. Vitex. (Para, Mus.) 1908. 8. 14 p. av. 4 pl. 2.—

10469 — Hevea Benthamiana. (Para, Mus.) 1909. 8. 8 p. 1.—

10470 — Novas contrib. p. o conhecim. do g. Hevea. (Para, Mus.) 1913. 8. 83 p. av. carte géogr. color. 2.—

10471 **Huth.** Die Hakenklimmer. (Berlin, Bot. Ver.) 1889. 8. 27 p. 1.—

10472 — Revis. v. Adonis u. Knowltonia. Berl. 1890. 8. 15 p. m. Tfl. 1.—

10473 — Revis. d. klein. Ranunculaceengattgn. (Leipz., Engl. Jahrb.) 1892. 8. 48 p. m. 2 Tfln. 1.50

10474 — Die Delphinium-Arten v. N.-Amerika. Berl. 1892. 8. 15 p. 1.—

10475 — Neue Arten v. Delphinium. (Genf, Boiss.) 1893. 8. 10 p. m. 4 Tfln. 2.—

10476 — Ranunculaceae Japonicae. (Genf, Boiss.) 1897. 8. 44 p. 1.50

10477 **Huxley.** The Gentians. (Lond., Linn. Soc.) 1887. 8. 24 p. w. pl. 1.—

10478 **Hybride u. Bastarde.** — 20 Abhandl. v. Beyer, E. Fries, Hemsley, Kerner, Murr, Wahlstedt u. a. 1859—1909. 8. u. 4. 144 p. m. 2 Tfln: 6.—

10479 **Icones Phanerogamar.** — 128 tabulae in-folio. maxima parte coloratae. Lnb. 20.—
  Alphabetisch angeordnete Tafeln mit Species-Bezeichnung ohne Text. Die Tafeln sind schön mit der Hand colorirt. Es ist mir nicht möglich gewesen, die Herkunft der Tafeln, die alle aus einem Werke stammen, festzustellen.

10480 **Ihne.** Verbreit. v. Xanthium strumarium. (Giessen, Nat. Ges.) 1880. 8. 46 p. 1.—

Index Kewensis — see nr. 10458.

10481 **Irmisch.** Z. Naturgesch. d. Cirsium arvense. (Halle, Z. Nat.) 1853. 8. 8 p. m. 2 Tfln. 1.—

10482 — Ueb. ein. Fumariaceen. (Halle, Nat. Ges.) 1862. 4. 122 p. m. 9 Tfln. (M. 12.) 6.—

10483 — Ueb. Papaver trilob. (Halle, Nat. Ges.) 1865. 4. 20 p. m. 2 Tfln. 1.—

10484 — Ueb. Aconitum Anthora. (Brem., Nat. Ver.) 1872. 8. 8 p. m. Tfl. 1.—

10485 — Eucalyptus globulus. (Halle, Z. Nat.) 1876. 8. 8 p. m. Tfl. 1.—

10486 **Ito.** Berberidearum Japoniae conspect. (Lond., Linn. S.) 1887. 8. 16 p. w. pl. 1.—

10487 — Balanophora new to the Japan. Flora. (Lond., Linn. S.) 1887. 8. 5 p. w. pl. 1.—

10488 **Jablonsky.** Euphorbiaceae - Phyllanthoideae - Bridelieae. (Aus: Das Pflanzenreich.) Leipzig 1915. 8. 98 p. (M. 5.)

10489 **Jack.** On the Malayan spec. of Melastoma. On Cyrtandraceae. On Lansium and o. genera of Malay. Plants. 3 pap. (Lond., Linn. S.) 1823. 4. 62 p. w. 3 pl. 1.50

10490 **Jackson, G.** Acc. of Ormosia. (Lond., Linn. S.) 1810. 4. 7 p. w. 3 pl. 1.50

10491 **Jackson, J. R.** The African Boabab. (Lond., Intell. Obs.) 1868. 8. 7 p. w. colour. pl. 1.—

10492 — On the g. Euphorbia. (Lond.) 8. 8 p. w. colour. pl. 1.—

10493 **Jacobi.** Nachträge zu e. system. Ordn. d. Agaven. 2 Tle. (Breslau, Ges. Nat.) 1868—70. 8. 66 p. 2.—
  Das sehr seltene Hauptwerk ist 1864 in der „Hamburger Gartenbau-Zeitung" erschienen.

10494 **Jacobsthal.** Araceenformen in d. Flora d. Ornaments. (Berl., Techn. Hochsch.) 1884. 4. 32 p. m. 2 color. Tfln. u. 50 Fig. 2.50

10495 **Jäger, H.** Deutsche Bäume u. Wälder. Leipz. 1877. 8. 360 p. m. 10 Tfln. (M. 6.) Cart. 3.—

10496 **Jäggi.** Der Ranunculus baltiflorus d. Joh. Gessner. (Bern, Bot. Ges.) 1893. 8. 20 p. 1.—

10497 **Jahn.** Morphol. u. System. d. Phanerogam. (Aus: Just, Bot. Jahresber. f. 1898). (Leipz.) 1900. 8. 39 p. 1.—

M

10498 **Janchen.** Helianthemum Canum. Jena 1907. 4. 68 p. (M. 2.50)   2.—
10499 — Die Edraianthus-Arten d. Balkanländer. (Wien, Nat. Ver.) 1910.
8. 40 p. m. color. Kte. u. 3 Tfln.   2.50
10500 **Janczewski.** Dispos. natur. du g. Ribes. (Crac., Ac.) 1903. 8. 10 p.   1.—
10501 — Species g. Ribes. 3 partes. (Crac., Ac.) 1905—06. 8. 37 p.   2.—
10502 — Supplém. à la monogr. d. Groseilliers. 2 parties. (Cracau, Ac.)
1909 à 10. 8. 40 p.   1.50
10503 **Janitschewsky.** Jurinea Kirghisor. sp. nov. (Kas.) 1905. 8. 16 p. m. 2 Tfln.   1.—
10504 **Janka.** Generis Iris spec. novae. (Budap., Term. Füz.) 1877. 8. 5 p.
et tab. color.   1.—
10505 — Silene Rhodopea. (Budap., Term. Füz.) 1878. 8. 4 p. et tab. color.   1.—
10506 — Scrophularineae Europ. (Budap., Term. Füz.) 1881. 8. 40 p.   1.50
10507 — Plumbagineae Europ. (Budap., Term. Füz.) 1882. 8. 20 p.   1.—
10508 — Violae Europ. (Budap., Term. Füz.) 1882. 8. 7 p.   1.—
10509 — Cruciferae Siliculosae Europ. (Budap., Term. Füz.) 1883. 8. 22 p.   1.—
10510 — Trifolieae et Loteae Europ. (Budap., Term. Füz.) 1884. 8. 26 p.   1.—
10511 — Hedysareae et Astragaleae Europ. (Budap., Term. F.) 1884. 8. 22 p.   1.—
10512 — Genisteae Europ. (Budap., Term. Füz.) 1884. 8. 17 p.   1.—
10513 — Vicieae Europ. (Budap., Term. Füz.) 1885. 8. 12 p.   1.—
10514 — Amaryllideae, Dioscoreae et Liliac. Europ. (Budap., Term. F.)
1886. 8. 37 p.   1.50
10515 **Jaubert et Spach.** Monogr. g. Cicer et Halimodendron. (Paris., Ann.
Sc.) 1842. 8. 18 p.   1.—
10516 — Monogr. g. Ebenus. (Paris., Ann. Sc.) 1843. 8. 13 p.   1.—
10517 — Argyrolobia hemisph. septentr. (Paris., Ann. Sc.) 1843. 8. 11 p.   1.—
10518 **Jávorka.** Species Hungar. gener. Onosma. (Budap., Mus.) 1906. 8.
43 p. et 2 tab.   2.—
10519 **Jobst u. Klein.** Ueb. d. Ratanhia. Stuttg. 1818. 8. 77 p. m. color. Tfl.   1.50
10520 **Johnston, J. R.** Revis. of the g. Flaveria. (Bost., Ac.) 1903. 8. 16 p.   1.—
10521 **Jones, W.** Revis. of the g. Zexmenia. (Bost., Ac.) 1905. 8. 27 p.   1.50
10522 **Jongmans.** Fossil. Catalogus: Gymnospermae palaeozoicae. Berol. 8.
     In Vorbereitung. Ist ein Teil der Abt. II (Plantae) des „Fossilium Catalogus".
Prospect und Probelieferung gratis.
10523 — Fossilium Catalogus: Semina palaeozoica. Berol. 8.
     In Vorbereitung. Ist ein Teil der Abt. II (Plantae) des „Fossilium Catalogus".
Prospect und Probelieferung gratis.
10524 **Jonston, J.** Dendrographia s. hist. natur. de Arboribus et Fructicibus.
Francof. 1662. fol. 522 p. et 137 tab. Hfzb.   26.—
10525 **Jordan, A.** Observ. s. plus. Plantes rares ou crit. de la France. I, II,
IV. (Lyon, Soc. Linn.) 1846 à 47. 8. 403 p. av. 24 pl.   18.—
     Voyez la notice ajoutée au nr. 4754.
10526 — Plantae novae. (Berol., Linn.) 1850. 8. 73 p.   2.—
10527 — De l'origine d. divers. variétés ou espèces d'Arbres fruitiers. Paris
1853. 8. 97 p.   3.—
10528 — S. plus. Plantes nouv. Haguenau 1855. 8. 24 p.   1.—
10529 — Descr. de qu. Tulipes nouv. (Lyon, Soc. Linn.) 1858. 8. 6 p.   1.—
10530 — S. div. esp. de l'Asphodelus Ramosus. (Paris, S. Bot.) 1860. 8. 20 p.   1.—
10531 — Diagnoses d'esp. nouv. ou méconnues p. s. à une Flore de France
réformée. (Lyon, Soc. Linn.) 1861. 8. 146 p.   3.50
10532 **Jordan et Fourreau.** Breviarium Plantarum novarum. 2 fasc. Parisiis
1866—1868. 8. 200 p.   12.—
     Rare.
10533 — — Fasc. II. Paris. 1868. 8. 137 p.   4.50
10534 **Jorissenne.** S. le Kerchovea Floribunda. (Liége, Belg. Hort.) 1882. 8.
8 p. av. pl. color.   1.—
10535 **Journal** de la Société impér. et centrale d'Horticulture. Vol. 1 à 38.
(Série I, II, Série III vol 1 à 14.) Paris 1855 à 1892. 8. av. beauc. de pl.
D.-rel. veau. (fr. 700 broché.)   200.—
     Bel exemplaire de cette série rare.

10536 **Junghuhn.** Ueb. Javan'sche Balanophoreen. (Ac. Leop.) 1839. 4. 28 p. m. 2 Tfln. (1 color.) — *M* 1.50

10537 **Junghuhn en Vriese.** Blume's bepaling v. d. Sambinoer-Boom v. Sumatra. (Leyden, Kruidk. Arch.) 1850. 8. 20 p. — 1.—

10538 — Geschiedenis v. d. Kamferboom v. Sumatra. (Leyden, Kruidk. Arch.) 1851. 8. 87 p. m. Tfl. — 2.—

10539 **Jungner.** Om Papaveraceerna jemte nya hybrida former. (Lund., Bot. Not.) 1889. 8. 15 p. — 1.—

10540 **Junk, W. Bibliographia Botanica. Berolini 1909. 8. XVIII et 288 p. Leinbd.** — 1.—

Unentbehrlich für jeden Botaniker, da einziges Werk, aus welchem eine Information über jedes in irgend einer Hinsicht wichtige botanische Werk geholt werden kann. Bibliographische Notizen, Geschichte, Seltenheit, Preisschwankungen, Angaben der vergriffenen Bände etc. etc., alles findet sich in diesem Bande.

Prof. L i n d a u: Ausserordentlich wertvoll. — Professore S a c c a r d o - Padova: Magnifique et très-intéressante. — J. D ö r f l e r - Wien: Fachkundig und überaus sorgfältig zusammengestellte Bibliographie, die tatsächlich alles auch nur halbwegs Wichtige der gesamten botanischen Literatur enthält. Nehmen Sie meine aufrichtigsten Glückwünsche zum Gelingen dieser schwierigen Arbeit entgegen. Sie haben ein enormes bibliographisches Wissen. — P u b l i s h e r ' s C i r c u l a r: Probably it would be difficult if not impossible to find a publisher and antiquarian bookseller with Mr. J.'s knowledge gained from 25 years' experience in this special branch, and this knowledge has enabled him to write a very interesting article on 'Botanical Literature from the Bibliographical Standpoint'. — Prof. S c h o r l e r - Dresden: .... Ihre ausgezeichnete ‚B. B.‘ .... Geh. Rat Drude und ich haben mit grossem Interesse das Vorwort gelesen. Dadurch erst in Verbindung mit Ihren „Rara" haben wir den hohen Wert unserer botan. Bibliothek kennen gelernt. Wir werden nicht die einzigen sein, denen es so gegangen ist. Es war sehr verdienstlich von Ihnen, den reichen Schatz Ihrer Erfahrungen der Allgemeinheit nutzbringend zu machen. Ich beglückwünsche Sie dazu. — M o n d e d e s P l a n t e s: Renferme tous les ouvrages et périodiques de quelque importance sur l'ensemble de la botanique, av. d. indications détaillées que l'on ne trouvera réunies nulle part ailleurs. Cette bibliographie constituera pour les botanistes une source de références importantes. — Prof. M a u r i z i o - Lemberg: Ihre Einleitung zur „Bibliographia" hat mir grosse Freude bereitet. Sie ist höchst interessant. Es wäre für Sie eine dankenswerte Aufgabe, die Geschichte einiger Werke zu liefern und durch Ihre reiche Kenntnis aufzuklären. — J. C h. B a y, John Crerar Library, Chicago: I regard this catalogue as a wonderful achievement. It will remain for a number of years the authoritative catalogue in our line. The introduction bears witness to the most mature observation and experience. — I n t e r n a t i o n a l e E n t o m o l o g i s c h e Z e i t s c h r i f t: In sachkundiger und erschöpfender Weise behandelt Autor die „Botanische Literatur vom bibliographischen Standpunkt" in einer Einleitung, auf die ich hier nicht näher eingehen kann, aber schon diese Abhandlung ist lesenswert; s i e e r ö f f n e t u n s e i n e P e r s p e k t i v e i n d e n i d e e l l e n L e b e n s z w e c k e i n e s B u c h h ä n d l e r s u n d V e r l e g e r s, w i e e r s e i n s o l l, i n w o h l t u e n d e m G e g e n s a t z z u s o l c h e n E l e m e n t e n, d i e b e i k n a p p e l e m e n t a r e m B i l d u n g s g r a d e r e i n e g o i s t i s c h e Z w e c k e v e r f o l g e n u n d h i e r b e i k e i n e M i t t e l s c h e u e n. — Dr. G r e s h o f f, Koloniaal Museum, Haarlem: Das Buch ist auf so reicher Bücherkenntnis aufgebaut, dass es einen spezifischen Wert in der botanischen Literatur hat. — P u b l i c L i b r a r i e s, New York: Very valuable apparatus of annotation, of interest equally to the botanist, the librarian and the bookseller. It is an u n u s u a l p r o d u c t i o n, e x e m p l i f y i n g t h e w o r k o f t h e m o d e r n s c h o o l o f c o n t i n e n t a l b o o k s e l l e r s, w h e r e b o o k t r a d e i s c o m b i n e d w i t h k n o w l e d g e o f b o o k s, their value, their history. This feature of the present catalog is admirably brought forth in the running annotations, and in a well-written preface. As a bibliographical trade-catalogue this one is worthy of an earnest study of librarians, and of a brotherly appreciation from bibliographers. — Prof. M i y o s h i, Tokyo: Ihre „Bibliographia Botanica" ist sehr wertvoll. — M i t t e i l u n g e n z u r G e s c h i c h t e d e r N a t u r w i s s e n s c h a f t e n: Wieder eine verdienstliche Schrift unseres kundigen Mitgliedes. Eine Vorrede behandelt eingehend „Die botanische Literatur vom bibliographischen Standpunkte", auch gibt der rührige Verfasser einen Einblick in seine bisherige wissenschaftliche Tätigkeit.

10541 — Bibliographiae Botanicae S u p p l e m e n t u m. 6 partes. Berol. 1916. 8. circ. 600 p. cum circ. 20,000 titulis librorum. L e i n b d. — 1.50

Pars I: Acta. Historia. Vitae Botanicorum. Bibliographia. Auctores Ante-Linnaeani. Linnaeus. Scripta Miscellanea. Horti (et Musea). Systema. Nomina. Terminologia. Elementa. — Pars II: Phanerogamae (Systema). — Pars III: Cryptogamae [Scripta Miscellanea. Cryptog. vasculares. Bryophyta. Fungi. Lichenes. Algae. Characeae. Desmidiaceae et Diatomaceae. Plancton.] — Pars IV: Biologia

Plantarum (Anatomia, Physiologia, Biologia s. str.). Philosophia Naturalis. Spe-
cierum Origo (Hereditas, Mutatio, Variatio). Pathologia. Teratologia. — Pars V:
Geographia Plantarum, Florae. [Scripta Miscellanea. Europa. Europa centralis.
Britannia. Gallia. Hispania et Lusitania. Italia. Paeninsula Balcanica. Rossia.
Scandinavia. Asia media. Asia occidentalis. Asia orientalis. India. Sibiria. Archi-
pelagus Indicus. Australia et Oceania. Africa. America septentrionalis. America
centralis (et insulae). America meridionalis. Regiones Arcticae.] — Pars VI:
Plantae Oeconomicae [Agricultura et Plantae utiles. Plantae Hortenses. Plantae
Silvestres (Arbores). Plantae Pomiferae. Vitis Vinifera. Plantae Officinales (et
venenatae)].

☞ Der vorliegende Catalog ist der Pars II, jedoch nur auf dünnem Papier
gedruckt.

Junk, W. Bibliographia Linnaeana — siehe Nr. 7278.

— C. v. Linné u. seine Bedeutung f. d. Bibliographie — siehe Nr. 8279.

— Linné's Species Plantarum und ihre Varianten — siehe Nr. 8182.

— Rara Historico-Naturalia — vide nr. 11407.

10542 **Junk's** Natur-Führer. Bd. I u. II (soviel bis heute erschienen). Berl.
1913—15. 8. m. 2 color. Ktn. u. 6 Tfln. Leinenbände. 　　13.—
　　I: v. Dalla Torre, Tirol u. Vorarlberg. 1913. 510 p. m. 1 color. Kte. in
Folio. M. 6. — II: A. Voigt, Die Riviera. 1914. 472 p. m. 1 color. Kte. in Folio
u. 6 photograph. Tfln. M. 7. — Bd. III: Die Schweiz — in Vorbereitung.
　　Diese neuartige Serie „Natur-Führer" sind Reisehandbücher nach dem
Muster von Baedeker, durch welche der Leser — von Ort zu Ort wandernd
— über die Natur-Merkwürdigkeiten, welche er auf seinem Wege antrifft, be-
lehrt wird. Ueber Seen, Fauna, Flora, Mensch wird eingehend und allgemein-
verständlich berichtet. Die Phanerogamen sind besonders berücksichtigt.
Der Hauptinhalt des II. Bandes ist eine Beschreibung der kultivierten Pflanzen
(siehe No. 8566).

10543 **Juratzka.** Z. Kenntn. der Cirsien. (Wien, Z. b. G.) 1857. 8. 6 p. 　　—.50

10543a — Artenrechte f. Cirsium Chailleti. (Wien, Z. b. G.) 1857. 8. 10 p. m. Tfl. 1.—

10544 — Üb. ein. Arten v. Melampyrum. (Wien, Z. b. G.)) 1857. 8. 6 p. m. Tfl. 1.—

10545 — Ueb. Echinops commut. n. sp., E. oxaltatus u. E. banat. (Wien,
Z. b. G.) 1858. 8. 4 p. m. Tfl. 　　1.—

10546 **Jussieu, A. de.** Genre nouv., Icacina. (Paris, Soc. Nat.) 1823. 4.
5 p. av. pl. 　　1.—

10547 — Malpighiacear. Synopsis. (Paris., Ann. Sc.) 1840. 8. 64 p. 　　2.—

10548 — S. l. Pénaeeacées. (Paris, Ann. Sc.) 1846. 8. 14 p. av. 4 pl. 　　2.—

10549 **Jussieu, A. L. de.** S. l. Passiflorées. II. (Paris, Mus.) 1804. 4. 10 p.
av. 3 pl. 　　1.50

10550 — S. le g. Cantua. (Paris, Mus.) 1804. 4. 8 p. av. 2 pl. 　　1.50

10551 — Réunion d. plus. genres d. Laurinées en un seul. (Paris, Mus.) 1805.
4. 17 p. 　　1.—

10552 — S. l. Rubiacées. (Paris, Mus.) 1820. 4. 44 p. Cart. 　　2.—

10553 **Kaleniczenko.** Descr. monogr. des div. esp. du g. Crataegus. (Moscou,
Bull.) 1874. 8. 62 p. 　　2.—

10554 **Kamienski.** Lentibulariaceae. (Aus: Engler - Prantl's Pflanzenfamil.)
(Leipz.) 1891. 8. 17 p. 　　1.—

10555 **Kanitz.** Ueb. Urtica oblongata. (Regensb., Flora) 1872. 4. 9 p. m. Tfl. 1.—

10556 **Karelin.** Perovskia et Sucthelenia. (Mosq., Bull.) 1841. 8. 3 p. et
2 tab. color. 　　1.50

10557 **Karsten, G.** Phanerogamen. (Aus: Strasburger's Lehrb. d. Botan.)
(Jena) 1913. 8. 192 p. m. color. u. schwarz. Figuren. 　　2.—

10558 **Karsten, H.** Ueb. d. Stell. ein. Familien parasit. Pflanzen im natürl.
Syst. (Ac. Leop.) 1857. 4. 44 p. m. 5 Tfln. 　　1.50

10559 **Kauffmann.** Euryangium Sumbul. (Mosk., S. Nat.) 1871. 4. 8 p. m. 2 Tfln. 1.50

10560 **Keeble.** On the Loranthaceae of Ceylon. (Lond., Linn. S.) 1896. 4.
27 p. w. 2 pl. (6 s.) 　　2.50

10561 **Keissler.** Ueb. e. neue Daphne-Art. (Wien, Z. b. G.) 1896. 8. 9 p. m. Kte. 1.—

10562 — Die Arten d. Gatt. Daphne aus d. Sect. Daphnanthes. (Leipz., Engl.
J.) 1898. 8. 125 p. m. 3 Tfln. 　　3.—

10563 **Keller, R.** Das Potentillarium v. Siegfried. (Cassel, Bot. Centr.) 1889.
8. 18 p. 　　1.—

10564 — Die Coniferenmistel. (Cassel, Bot. Centr.) 1890. 8. 11 p. 　　1.—

M.

10565 **Keller, R.** Hypericineae Japonicae. (Genf, Herb. Boiss.) 1897. 8. 6 p. 1.—
10566 — Z. Kenntn. d. Sektio Brathys des Genus Hypericum. (Genf, Herb. Boiss.) 1908. 8. 17 p. 1.—
10567 **Kellogg.** Differ. varieties of Eucalyptus. (S. Franc., Ac.) 1874. 8. 9 p. 1.—
10568 **Kerner, A.** Die Flora d. Bauerngärten in Deutschland. (Wien, Z. b. G.) 1855. 8. 40 p. 1.50
10569 — Z. Kenntn. d. niederösterr. Cirsien. (Wien, Z. b. G.) 1857. 8. 12 p. 1.—
10570 — Ueb. Ranunculus cassubic. (Wien, Z. b. G.) 1862. 8. 4 p. —.50
10571 — Ueb. Nomenculatur d. Cytisussträucher. (Wien, Z. b. G.) 1862. 8. 12 p. 1.—
10572 — Gute u. schlechte Arten. Innsbr. 1866. 8. 60 p. 3.—
Vergriffen.
10573 — Novae Plantarum Species. 3 partes. Oenip. (Ferdinand. et Nat.-Med.-Ver.) 1870—71. 8. 121 p. et 2 tab. 12.—
Seltene Sonderdrucke.
10574 — — I: Tiroliae, Carinthiae, Styriae etc. 1870. 46 p. et 2 tab. 4.—
II: Plantae a Jaeschke in Himalaja coll. 1870. 25 p. — III vide nr. 11625.
10575 — Ueb. Iris Cengialti. (Wien, Bot. Z.) 1871. 8. 10 p. 1.—
10576 — Die Schafgarben-Bastarde d. Alpen. (Wien, Bot. Z.) 1873. 8. 7 p. 1.—
10577 — Die Primulaceen-Bastarde d. Alpen. (Wien, Bot. Z.) 1875. 8. 22 p. 2.—
10578 — Ueb. Paronychia Kapela. (Wien, Bot. Z.) 1876. 8. 19 p. 1.—
10579 — Florist. Notizen. (Epilobium, Galium). (Wien, Bot. Z.) 1876. 8. 14 p. 1.—
10580 — Monogr. Pulmonariarum. Oenip. 1878. 4. 51 p. et 13 tab. (M. 12.) 4.—
10581 — Die Geschichte d. Flieders. Wien 1893. 8. 7 p. 1.—
10582 **Kerr.** On Dischidia Rafflesiana and Dischidia Nummularia. (Dublin, Roy. Soc.) 1912. 4. 17 p. w. 7 pl. 3.—
10583 **Khek.** Die Cirsien d. Herbars Dürrnberger. (Karlsr., Bot. Z.) 1909. 8. 3 p. —.50
10584 **Klaerskou.** Myrtaceae ex India occident. (Haun., Bot. Tidsk.) 1890. 8. 45 p.et 7 tab. 3.—
10585 **Kickx.** Les Renonculacées du Littoral Belge. (Brux., Soc. Bot.) 1865. 8. 52 p. 1.50
10586 **Kindberg.** Monogr. g. Lepigonorum. Upsal. 1863. 4. 48 p. et 3 tab. 2.—
10587 **King, G.** On the g. Ficus, w. spec. refer. to the Indo-Malayan and Chinese spec. (Lond., Linn. Soc.) 1887. 8. 18 p. 1.—
10588 — On the Indian spec. of Vitis. (Calc., Asiat. Soc.) 1896. 8. 7 p. 1.—
10589 **Kippist.** On Jansonia, new g. fr. W. Australia. (Lond., Linn. S.) 1851. 4. 4 p. w. pl. 1.—
10590 **Kirillow.** Die Loniceren d. Russ. Reiches. Dorpat 1849. 8. 72 p. Cart. 2.—
10591 **Kirschleger.** S. l. Violettes de la vallée du Rhin. (Strasb., Soc. Nat.) 1840. 4. 19 p. av. 3 pl. 3.—
10592 — S. le Sonchus Plumieri. (Strasb., Soc. Nat.) 1853. 4. 4 p. av. pl. color. 1.—
10593 **Klatt.** Z. Kenntn. d. Primulaceen. (Halle, Linn.) 1872. 8. 18 p. 1.—
10594 — S. qu. Composées d. Colonies françaises. (Paris, Ann. Sc.) 1873. 8. 17 p. 1.—
10595 — Die neuen Compositen d. Herbarium Schlagintweit. (Münch., Ak.) 1878. 8. 26 p. 1.—
10596 — Die Compositae d. Herbarium Schlagintweit aus Hochasien. (Halle, Ac. Leop.) 1880. 4. 72 p. m. 3 Tfln. u. Karte. (M. 8.) 3.—
10597 — Compositae Hildebrandtianae et Humblotianae in Madagasc. coll. (Wien, Hofmus.) 1892. 8. 7 p. 1.—
10598 — Compositae Mechowianae (S. Afrika). (Wien, Hofmus.) 1892. 8. 6 p. 1.—
10599 **Klein, L.** Die Physiognomie d. mitteleurop. Waldbäume. Karlsr. 1899. 8. 26 p. m. 10 Tfln. (M. 2.40.) 2.—
10600 — Charakterbilder mitteleuropäischer Waldbäume. Tl. I (soweit erschien.). Jena 1904. 4. 30 Tfln. m. Text v. 28 p. (M. 10.) 7.—

10601 **Klotzsch.** Neue u. weniger gek. Südamerikan. Euphorbiaceengattgn.   *M*
(Berl., Arch. Nat.) 1841. 8. 30 p. m. 3 Tfln.   2.—
10602 — Begioniaceen-Gattungen u. Arten. (Berl., Ak.) 1855. 4. 138 p. m.
12 Tfln. (M. 12.)   3.—
10603 — Begoniaceae novae horti Berolinens. (Paris., Ann. Sc.) 1856. 8. 23 p.   1.—
10604 — Ueb. d. Arbeiten üb. d. Pflanzenklasse Bicornes. (Berl., Ak.) 1857.
8. 15 p.   1.—
10605 — Die Klasse Tricoccae. (Berl., Ak.) 1859. 8. 24 p.   1.—
10606 — Tricoccae d. Berlin. Herbariums. (Berl., Ak.) 1860. 4. 1'10 p.   1.50
10607 — Die Aristolochiaceae d. Berlin. Herbar. (Berl., Ak.) 1860. 8. 56 p.
m. 2 Tfln.   1.—
10608 **Knauf.** Geograph. Verbreit. d. Gatt. Cluytia. Bresl. 1903. 8. 56 p.   1.—
10609 **Kner.** Ueb. Virgularia multiflora. (Wien, Z. b. G.) 1858. 8. 4 p. m. Tfl.   1.—
10610 **Knoll.** Z. Kenntn. d. Asilbearten Ostasiens. (Genf, Boiss.) 1907. 8. 9 p.   1.—
10611 **Knowles and Philips.** On the claim of Leucojum aestiv. to be native
in Ireland. (Dublin, Ac.) 1910. 4. 13 p. w. 3 pl.   1.50
10612 **Knuth.** Geraniaceae Andinae. (Leipz., Engl. Jahrb.) 1906. 8. 14 p.   1.—
10613 — Geraniaceae Africanae. (Leipz., Engl. Jahrb.) 1907. 8. 19 p.   1.—
10614 — Geraniaceae. (Aus: Das Pflanzenreich.) Leipz. 1912. 8. 640 p. m.
80 Fig. (M. 32.)
10615 **Koch, C.** Monogr. du g. Aesculus. (Gand, Belg. Hort.) 1857. 8. 11 p.   1.—
10616 — S. l. Broméliacées. (Gand, Belg. Hort.) 1860. 8. 29 p.   1.50
10617 — S. le g. Philadelphus. (Gand, Belg. Hort.) 1860. 8. 10 p.   1.—
10618 — S. qlqs. Cucurbitacées. (Gand, Belg. Hort.) 1860. 8. 11 p.   1.—
10619 — Monogr. d. Agavées. (Gand, Belg. Hort.) 1862. 8. 49 p.   2.—
10620 **Koch, G. D. J.** De Plantis Labiatis. Erlangae 1833. 4. 15 p.   1.—
10621 — Descr. d. Orobanches d'Allemagne. 4 parties. (Paris, Ann. Sc.)
1835 à 36. 8. 68 p.   2.—
10622 **Koch, H.** Die Kerbelpflanze. (Bremen, Nat. Ver.) 1888. 8. 66 p.   1.50
10623 **Koch, K.** Dendrologie. Bäume, Sträucher u. Halbsträucher Mittel- u.
Nord-Europas. 2 Bde. (3 Tle.) Erl. 1869—73. 8. (M. 33.)   22.—
10624 — Vorles. üb. Dendrologie. Stuttg. 1875. 8. 434 p. (M. 8.80.)   4.—
10625 — Die Bäume u. Sträucher d. alten Griechenlands. 2. Aufl. Berl. 1884.
8. 290 p. (M. 8.)   3.—
10626 **Koch, L.** Tabellen üb. d. Auftreten d. Orobanche in d. Kulturen.
(Heidelb.) 1887. 4. 42. p.   1.50
10627 **Kochs.** Ueb. d. Gatt. Thea u. d. chines. Thee. Leipz. 1900. 8. 64 p.   1.—
10628 **Koehne.** 2 Abhandl. üb. Cupheen. (Leipz., Bot. Z.) 1873—75. 8. 25 p.   1.—
10629 — Lythraceae descriptae. 14 partes. (Lips., Engl. Jahrb.) 1880—85.
8. 485 p. et mappa geogr. color.   12.—
10630 — Entwickel. d. Gatt. Lythrum u. Peplis in d. palaearkt. Region.
(Berl., Bot. Ver.) 1881. 8. 23 p.   1.—
10631 — Die Gattungen d. Pomaceen. Berl. 1890. 4. 33 p. m. 2 Tfln.   1.50
10632 — Deutsche Dendrologie. Stuttg. 1893. 8. 617 p. m. 100 Fig. (M. 14.)   11.—
10633 — Philadelphus. (Berl., Gartenfl.) 1896. 8. 12 p.   1.—
10634 — 3 Abhandl. üb. Lythraceae. 1897—1902. 8. 26 p.   1.50
10635 — Lythraceae novae. (Lips., Engl. J.) 1900. 8. 16 p.   1.—
10636 **Koidzumi.** Revisio Aceracearum Japonicar. (Tokioni, Coll. Sc.) 1911.
4. 75 p. et 23 tab.   10.—
10637 **Kolenati.** System. Anordn. d. in Grusien einheim. Reben. (Mosk., Bull.)
1846. 8. 92 p.   2.—
10638 **Koorders.** Beschr. d. Gatt. Crateriphytum. (Buitenz., Inst. bot.) 1902.
8. 7 p.   1.—
10639 — Morphol. u. System. d. in Buitenzorg cultiv. Gatt. Chondrostylis.
(Buitenz., Jard.) 1904. 8. 14 p. m. 2 Tfln.   1.50
10640 — Teijsmanniodendron. (Buitenz., Jard.) 1904. 8. 32 p. m. 2 Tfln.   1.50
10641 **Köppen.** Z. Verbreitung des Xanthium spinosum bes. in Russland.
(Petersb., Beitr. z. Kenntn.) 1881. 8. 52 p.   1.50

10642 **Koernicke.** Monogr. Eriocaulacearum supplem. (Berol., Linn.) 1856. 8. 132 p.   *M* 1.50

10643 — Monogr. Marantearum prodrom. 2 partes. (Mosq., Bull.) 1859—62. 4. et 8. 213 p. et 8 tab.   8.—

10644 — Strelitzia Nicolai. 2 Abhandl. (Petersb., Gartenb.) 1860. 8. 15 p. m. color. Tfl. in gr.-folio.   1.50

10645 — S. l. Marantées. (Gand, Belg. Hort.) 1860. 8. 40 p.   1.50

10646 — Ueb. Calathea fasciata. (Petersb., Gartenb.) 1860. 8. 17 p. m. color. Tfl.   1.—

10647 **Korshinsky.** S. qlqs. esp. de Jurinea. (Pétersb,, Ac.) 1894. 4. 17 p.   1.—

10648 — Ueb. d. Russ. Adenophora-Arten. (Petersb., Ak.) 1894. 4. 41 p.   1.—

10649 — S. la Calystegia Dahurica. (Pétersb., Ac.) 1894. 4. 5 p. av. pl.   1.—

10650 — Ueb. e. neue bigenere Hybride (Cucumis Melo). (Petersb., Ak.) 1897. 4. 4 p. m. color. Tfl.   1.—

10651 — Ueb. Krascheninnikowia. 2 Tle. (Petersb., Ak.) 1898. 4. 19 p. — Russisch.   1.—

10652 — Ueb. Campanula. (Petersb., Ak.) 1898. 4. 9 p. m. Tfl. — Russisch.   1.—

10653 **Korthals.** Bijdr. tot de kennis d. Chrysobalaneae v. Nederl. Oostindie. (Leyden, Kruidk. Arch.) 1854. 8. 11 p.   1.—

10654 **Koso-Poljansky.** Species Umbelliferarum minus cognitae. (Jurjew) 1913. 4. 10 p. et 5 tab.   2.50

10655 **Krafft.** Z. Kenntn. d. Gatt. Heliamphora. Münch. 1896. 8. 33 p.   1.—

10656 **Kralik.** Tribulorum aliq. Oriental. diagn. (Paris., Ann. Sc.) 1849. 8. 8 p.   1.—

10657 **Kraemer, H.** Viola tricolor in morpholog., anatom. u. biolog. Bezieh. Marb. 1897. 4. 69 p. m. 5 Tfln.   2.50

10658 **Kränzlin.** Verbreit. der Arten v. Euphorbia. Berl. 1876. 4. 11 p.   1.—

10659 **Krasan.** Ueb. d. Variabilität d. Steirischen Formen der Knautia silvat,-arvensis. (Graz, Nat. Ver.) 1899. 8. 61 p. m. Tfl.   2.—

10660 — Ueb. d. Variabilität d. Potentillen aus d. Verna-Gruppe. (Leipz., Engl. J.) 1899. 8. 15 p.   1.—

10661 — Culturversuche m. Potentilla arenaria. (Graz, Nat. Ver.) 1901. 8. 12 p.   1.—

10662 — Die Thlaspi-Formen aus d. Sippe d. Th. montan. bes. Steiermarks. (Graz, Nat. Ver.) 1902. 8. 14 p.   1.—

10663 **Kratz.** Primulaceen. Tübing. 1861. 8. 111 p. m. 4 color. Tfln.   2.—

10664 **Krause, K.** Goodeniaceae u. Brunoniaceae. (Aus: Das Pflanzenreich.) Leipz. 1912. 8. 213 p. m. 35 Fig. (M. 10.80.)

10665 **Krauss, J. C.** Afbeeldgn. d. Artsseney Gewassen (Icones Plantarum medic.) 6 vol. Amsterdam 1796—1800. 8. 600 tab. color. c. indice alphab. — Tafel 404 fehlt (ob erschienen?).   35.—

10666 **Krelage.** S. qu. esp. et variétés de Lis. Partie I. (tout ce qui a paru). Haarlem 1874. 8. 40 p. av. 6 pl. (1 color.)   3.50

10667 **Kronfeld.** Z. Kenntn. d. Walnuss. (Leipz., Engler's Jb.) 1887. 8. 26 p. m. 2 Tfln.   1.50

10668 — Monogr. d. Gatt. Typha. (Wien, Z. b. G.) 1889. 8. 104 p. m. 2 Tfln.   2.—

10669 — Das Edelweiss. Wien 1910. 8. 84 p.   1.—

10670 — Geschichte d. Gartennelke. Leipz. 1913. 8. 216 p. m. 2 color. Tfln. (M. 8.50.)

10671 **Kunth.** Terebinthacearum genera. (Paris.) 1824. 8. 36 p.   1.50

10672 — S. l. Pipéracées. (Paris, Ann. Sc.) 1840. 8. 50 p.   1.50

10673 — Eichhornia gen. nov. Pontederiacear. Berol. 1842. 8. 7 p.   1.—

10674 — Enumer. synopt. Ficus specierum novar. (Paris., Ann. Sc.) 1847. 8. 26 p.   1.—

10675 — Ueb. d. Dioscorineen. (Berl., Ak.) 1848. 4. 22 p.   1.—

10676 — Ueb. d. Smilacineen. (Berl.) 1848. 4. 19 p.   1.—

10677 **Kuntze, O.** Monogr. d. Gatt. Cinchona. Leipz. 1878. 8. 41 p.   1.50

10678 — Cinchona; Arten, Hybriden u. Cultur d. Chininbäume. Leipz. 1878. 8. 124 p. m. 3 photogr. Tfln. (M. 8.)   3.50

10679 **Kuntze, O.** Monogr. d. Gatt. Clematis. M. Nachtr. Berl. (u. Wien) 1885—87. 8. 126 p.   *M* 2.—

10680 **Kunz, M.** Syst.-anat. Unters. üb. Verbenoideae. Ettl. 1911. 8. 79 p. m. Tfl.   1.50

10681 **Kupffer.** Saussurea alpina subsp. esthonica. (Riga, Nat. Ges.) 1902. 8. 10 p. m. Kte. u. Tfl.   1.50

10682 — Tentamen systemat. Violarum Rossic. (Dorp., Hortus) 1903. 8. 34 p.   1.50

10683 **Kurtz, F.** Z. Kenntn. d. Darlingtonia Californ. Berl. 1878. 8. 24 p.   1.—

10684 **Kurz, S.** Gentiana Jaeschkei. (Calc., As. Soc.) 1870. 8. 2 p. w. pl.   1.—

10685 **Kusnezow.** 2 neue Rhamnus-Formen. (Petersb., Ak.) 1891. 4. 4 p. m. 2 Tfln.   1.50

10686 — Neue Asiat. u. Amerikan. Gentianen. 3 Abh. (Petersb.) 1891—93. 4. 16 p. m. 2 Tfln.   1.50

10687 — Subgenus Eugentiana. I. II. (Petrop., Hortus) 1896—98. 8. 320 p., tab. et 4 mappae geogr.   5.—

10688 — Polymorphismus d. Veronica Teucrium. (Petersb., Ak.) 1897. 4. 19 p.   1.—

10689 **Lackowitz.** Ueb. Amorphophallus Rivieri u. campanul. Bresl. 1880. 8. 43 p.   1.—

10690 **Lagerberg.** Ueb. d. Entwicklungsgesch. u. system. Stell. v. Adoxa moschatellina. (Stockh., Ak.) 1909. 4. 86 p. m. 3 Tfln.   3.—

10691 **Lagerhelm.** Monogr. d. Ecuadorian. Arten d. Gatt. Brugmansia. (Leipz., Engl. J.) 1895. 8. 14 p. m. Tfl.   1.—

10692 **Lange, J.** Hypopityeae Mexic. et Centro-Americ. (Haun.. Nat. För.) 1868. 8. 10 p. et 2 tab. (1 color.)   1.—

10693 — Udv. af de i Kjöbenh. Botan. Have jagttagne nye Arter. 5 Tle. (Kjöb., Bot. Tidsk.) 1872—95. 8. 71 p. m. 15 color. Tfln.   6.—

10694 — S. la synon. de qu. esp. d. Flores du Danemark et d. pays vois. (Copenh., Vid. Selsk.) 1873. 8. 87 p. av. 2 pl. color.   2.—

10695 — S. la synonymie du Brassica lanceol. (Copenh., Bot. T.) 1889. 8. 8 p.   1.—

10696 — Om de indenlandske Crataegus-Arters system. (Kjöb., Vid. S.) 1895. 8. 16 p.   1.—

10697 **Lanza.** Gli Adonis di Sicilia. (Genova, Malp.) 1891. 8. 13 p.   1.—

10698 **Lauche.** Deutsche Dendrologie. Berl. 1880. 8. 740 p. m. 236 Fig. (M. 20.) Hfzb.   13.—
     Vergriffen.

10699 **Laurent.** Fossilium Catalogus: Angiospermae (pro parte): Magnoliaceae, Nymphaeaceae, Tiliaceae, Anacardiaceae, Quercaceae, Hamamelideae etc. Berol. 8.
     In Vorbereitung. Ist ein Teil der Abteil. II (Plantae) des „Fossilium Catalogus". Prospect und Probelieferung gratis. — Siehe auch Nr. 9775.

10700 **Lecoyer.** S. l. Thalictrum. (Brux., Soc. Bot.) 1875. 8. 31 p.   1.50

10701 **Leendertz.** The Amaryllidaceae of the Transvaal. (Pretoria, Mus.) 1908. 8. 16 p.   1.—

10702 **Legeler.** Elodea canadens. b. Rathenow. (Berl. Bot. V.) 1866. 8. 20 p.   1.—

10703 **Legrand.** Le Dahlia. Paris 1843. 8. 116 p. av. 8 pl.   2.50

10704 **Lehmann, A.** Unsere Gartenzierpflanzen. Zwickau (1907). 8. 752 p. m. 17 Tfln. Lnb. (M. 8.)   4.—

10705 **Lehmann, C. B., u. Schnittspahn.** Neue Semperviva. 2 Tle. (Offenb., Ver. Nat.) 1860—63. 8. 12 p. m. 4 (3 color.) Tfln.   2.50

10706 **Lehmann, E.** Veronica Agrestis im Mittelmeergeb. (Genf, Herb. Boiss.) 1907. 8. 13 p.   1.—

10707 — Geschichte u. Geographie d. Veronica-Gruppe Agrestis. 3 Tle. (Genf, Herb. Boiss.) 1908. 8. 45 p.   1.50

10708 — Ueb. Zwischenrassen in Agrestis. (Berl., Z. Abstamm.) 1909. 8. 64 p. m. color. Tfl.   2.—

10709 **Lehmann, J. G. C.** Beschr. ein. neuen u. wenig bekannt. Pflanzen. (Halle, Nat. Ges.) 1817. 8. 26 p. m. 2 Tfln.   1.50

10710 — Monogr. generis Potentillarum. Hamb. 1820. 4. 209 p. et 20 tab. Przbd.   12.—

10711 **Lehmann, J. G. C.** Icones rarior. plantar. e fam. Asperiofoliarum. *M*
(5 fascic.) Hamb. 1821(—24). fol. 28 p. et 50 tab. (M. 39.) Cart. 30.—
Vergriffen.

10712 — — Fasc. 1—3. Hamb. 1821. fol. 20 p. et 30 tab. Hfzb. 8.—

10713 — Pugillus Plantarum in Botan. Hamburg. Horto occurr. (Ac. Leop.)
1828. 4. 28 p. et 4 tab. color. 2.—

10714 — Pugillus novar. Plantar. Horti Hamburg. 2 partes. Hamb. 1828—30.
4. 63 p. 2.—

10715 — Revisio Potentillarum. (Bonnae, Ac. Leop.) 1856. 4. 247 p. et 64 tab.
(M. 48.) Hfzb. 20.—

10716 **Lemaire.** Des genres Camellia, Rhododendrum, Azalea, Acacia,
Epacris, Erica. Paris 1844. 8. 174 p. 3.—

10717 **Lessing.** De generibus Cynarocephalarum. Berol. 1832. 8. 30 p. 1.—

10718 **Lestiboudois.** S. le g. Hedychium. (Lille, Soc. Sc.) 1829. 8. 25 p. av. pl. 1.50

10719 — S. le Globba. (Lille, Soc. Sc.) 1831. 8. 22 p. av. 2 pl. 1.—

10720 — S. le g. Samolus. (Lille, Soc. Sc.) 1838. 8. 18 p. av. pl. 1.—

10721 — Observ. s. l. Musacées, l. Scitaminées, l. Cannées et l. Orchidées.
(Lille, Soc. Sc.) 1841. 8. 122 p. av. 17 pl. 3.50

10722 **Léveillé.** Iconographie du g. Epilobium. 3 fasc. Le Mans 1910 à 11.
8. 332 p. av. 272 fig. (fr. 75.) 30.—

10723 **Léveillé et Guffroy.** Monogr. du g. Onothera. Fasc. 1 à 4. Le Mans
1902 à 13. 8. 466 p. av. beauc. de pl. . 300.—

10724 **Levier.** Néotulipes et Paléotulipes. (Gênes, Malp.) 1895. 8. 23 p. 1.50

10725 **Leydolt.** Die Plantagineen in Bez. auf d. naturhist. Spezies. Wien
1841. 4. 62 p. m. Tfl. 1.50

10726 **Liebmann.** Om Mexicos Aroideer. (Kjöb., Nat. För.) 1849. 8. 15 p. 1.—

10727 — Mexicos og C.-Americ. Urticaceae. (Kjöb., Vid. Selsk.) 1851. 4. 59 p. 2.—

10728 — Philetaeria, ny slaegt af Polemoniac. (Kjöb., Vid. S.) 1851. 4.
6 p. m. Tfl. 1.—

10729 — Mexicos og C.-Amerikas Begonier. (Kjöb., Nat. För.) 1853. 8. 22 p. 1.—

10730 — Les Chênes de l'Amérique tropicale. Iconographie d. espèces nouv.
ou peu connues, achevée p. Oersted. Leips. 1869. folio. 42 p. av. 57 pl. 100.—
Epuisé.

10731 **Lindau.** Acanthaceae Afric. III—V. (Leipz., Engler's J.) 1895—1901.
8. 38 p. 1.50

10732 — Z. Gesch. d. Spitznuss u. d. Kühnauer Sees. (Berl., Bot. Ver.)
1905. 8. 19 p. 1.—

10733 **Lindberg, H.** Polygonum folios. n. sp. (Hels., Soc. Fl.) 1901. 8. 5 p. et tab. 1.—

10734 — Taraxacum-Former fr. södra och mellersta Finland. (Helsingf., Soc.
Fl.) 1907. 8. 48 p. 1.50

10735 — Die Nordische Alchemilla vulgaris - Formen. Helsingf., Soc. Sc.)
1909. 4. 176 p. m. 15 Ktn. u. 20 Tfln. 11.—

10736 **Lindberg, S. O.** Plantae nonnullae Horti Botan. Helsingfors. (Hels.,
Soc. Sc.) 1871. 4. 15 p. et 6 tab. 2.—

10737 **Lindley.** On the Pomaceae. (Lond., Linn. S.) 1821. 4. 17 p. w. 4 pl. 2.—

10738 **Lindman.** Ueb. d. Bromeliaceen-Gattg. Karatas, Nidularium u. Regelia. (Stockh., Ak.) 1890. 8. 14 p. 1.—

10739 — Bromelieae herbarii Regnelliani. (Holm., Ac.) 1891. 4. 50 p. et 8 tab. 2.50

10740 — Om nagra arter af Silene. (Stockh., Hort.) 1891. 4. 16 p. m. Tfl. 1.—

10741 — Leguminosae Austro-Americ. ex itinere Regnelliano primo. (Holm.,
Ac.) 1898. 8. 61 p. 1.50

10742 — Neue Brasilian. Cyclanthaceen. (Stockh., Ak.) 1900. 8. 11 p. m. 4 Tfln. 2.—

10743 — Beitr. zu d. Aristolochiaceen. (Genf, Boiss.) 1901. 8. 8 p. m. 2 Tfln. 1.—

10744 — On some Americ. spec. of Trichomanes sect. Didymoglossum.
(Stockh., Ark. Bot.) 1903. 8. 56 p. 1.50

10745 **Lindmark.** Om de Svenska Saxifraga-Arternas yttre byggnad och
individbildn. (Stockh., Ak.) 1902. 8. 84 p. m. 5 Tfln. 2.50

10746 **Lingelsheim.** Vorarbeit. z. e. Monogr. d. Gatt. Fraxinus. Leipz. 1907.
8. 44 p. 1.—

10747 **Link.** Ueb. d. Stell. d. Cycadeen im natürl. System. (Berl., Ak.) *M*
1845. 4. 10 p. 1.—
10748 **Link et Otto.** Icones Plantarum selectarum Horti reg. Botan. Berolinens. Fasc. 1—4. Berol. 1820—21. 4. 56 p. et 24 tab. color. 8.—
10749 **Linnaeus.** De Betula Nana. (Lugd., Amoenit.) 1749. 8. 18 p. et tab. 2.—
10750 — Historia natur. et medica Ficus. (Lugd., Amoenit.) 1749. 8. 31 p.
et tab. 2.50
10751 — Passiflora. (Lugd., Amoenit.) 1749. 8. 35 p. et tab. 2.—
10752 — Euphorbia. (Holm., Amoen.) 1756. 8. 32 p. 2.—
10753 — Planta Alstroemeria. (Holm., Amoen.) 1763. 8. 16 p. et tab. 2.—
10754 — Raphania. (Holm., Amoen.) 1763. 8. 22 p. et tab. 1.50
10755 — Mantissa Plantarum. Generum edit. VI. et Specierum edit. II.
2 partes. Holm. 1767—71. 8. (VI et) 588 p. 100.—
Wichtig als Nachtrag zu den „Species". Jetzt fast unauffindbar geworden.
10756 — — Facsimile-Edition. Berol. 1916.
In Vorbereitung. Subscriptionspreis M. 32; Preis nach Erscheinen: M. 40. —
Tadelloser, vom Original nicht verschiedener Neudruck, auf gutem Papier.
10757 — Dulcamaria. (Erlang., Amoen.) 1785. 8. 12 p. 1.50
10758 — Erica. (Erlang., Amoen.) 1785. 8. 17 p. et tab. 2.—
10759 — Fraga Vesca. (Erlang., Amoen.) 1785. 8. 13 p. 1.50
10760 — Hypericum. (Erlang., Amoen.) 1785. 8. 17 p. et tab. 2.—
10761 — Viola Ipecacuanha. (Erlang., Amoen.) 1785. 8. 11 p. 1.50
10762 — Systema, Genera, Species Plantar. Uno volumine sive: Codex
Botanic. Linnaeanus. Ed.: H. E. Richter. Lips. 1840. 8. 1336 p.
(M. 36.) 10.—
Enthält den ganzen Linné'schen Text, mit einem wichtigen Index v. W.
L. Petermann. — Eine geschätzte Sammlung.
— Phanerogamae of Linné's Herbarium — see nr. 9179, 10014, 10151,
11478, 11695.
10763 **Lipsky.** Dioscorea Caucasica. 2 partes. (Kiew) 1893. 8. 20 p. et 2 tab.
— Rossice. 1.—
10764 — Revisio g. Aphanopleura. (Petrop., Ac.) 1896. 4. 9 p. 1.—
10765 **Ljungström.** Primulaexkursion till Möen. (Upps., Bot. Not.) 1888. 8. 9 p. 1.—
10766 **Löffler.** Ueb. verschied. Ficaria-Formen. (Hamb., Nat. Ver.) 1906.
8. 18 p. m. Tfl. 1.—
10767 **Lojacono.** Criterii s. caratteri d. Orobanche ed enum. d. nuove specie
Sicil. (Palermo, Nat. Sic.) 1883. 4. 68 p. c. 3 tav. 2.50
10768 — S. Linarie Europ. d. Sezione Elatinoides. 8. 24 p. 1.—
10769 **Longo.** S. Ficus Carica. 2 mem. (Roma e Firenze) 1912. 8. 15 p. 1.—
10770 — S. una varietà di Crataegus Azarol. (Firenze, Giorn. Bot.) 1914.
8. 14 p. c. tav. 1.—
10771 **Losch.** Beiträge zur vergleich. Anatomie d. Urticineen-Wurzeln mit
Rücksicht auf die Systematik. Göttgn. 1913. 8. 102 p. m. photogr. Tfl. 2.—
10772 **Loesener.** Vorstudien zu e. Monogr. d. Aquifoliaceen. Berl. 1890. 8.
47 p. m. Tfl. 1.—
10773 — Synonymie v. Hartogia. (Berl., Bot. Ver.) 1903. 8. 6 p. m. Tfl. 1.—
10774 **Loudon, J. C.** The Derby Arboretum. Lond. 1840. 8. 97 p. w. pl. Cloth. 2.—
10775 — Hortus Lignosus Londin. Lond. 1842. 8. 83 p. Cloth. 2.—
10776 — Trees a. Shrubs of Britain. Lond. 1883. 8. 1234 p. w. 2109 fig. (25 s.) 10.—
10777 **Loudon, Mrs. J. W.** The Ladies' Flower Garden. (Ornamental Annuals, Ornam. Perrenials, Ornam. Bulbous Plants.) 2. ed. 3 vols.
Lond. 1849. 4. 924 p. w. 198 colour. pl. Cloth. 70.—
10778 — British wild Flowers. 3. ed. Lond. 1859. 4. 327 p. w. 60 colour.
pl. Cloth. 30.—
10779 **Lovassy.** Die tropischen Nymphaeen des Hévizsees bei Keszthely.
Wien 1909. 4. 92 p. m. Kte. u. 4 Tfln. (3 color.) (M. 8.40.)
10780 **Loew, E.** Kenntn. e. neuholländ. Schmarotzerpflanze (Cassytha me-
lantha). (Wien, Z. b. G.) 1868. 8. 14 p. m. Tfl. 1.—

10781 **Lüders.** System. Untersuchgn. üb. d. Caryophyllaceen m. einf. Diagramm. Leipz. 1907. 8. 42 p.	*M* 1.—
10782 **Lukmanoff.** Nomenclature et iconographie d. Cannelliers et Camphriers. Paris. fol. 30 p. av. 16 pl. (fr. 10.)	6.—
10783 **Macaluso.** Il Colchico di Bivona. 1872. 4. 21 p. c. tav.	1.—
10784 **Mc Clatchie.** Eucalypts cultiv. in the U. S. (Wash., Dept. Agr.) 1902. 8. 106 p. w. 91 pl.	7.—
10785 **Mc Dermott.** Illustr. key to the North Americ. spec. of Trifolium. San Franc. 1910. 8. Cloth.	20.—
10786 **Macdougal.** Mutants and Hybrids of the Oenotheras. (Wash., Carneg.) 1905. 8. 57 p. w. 22 pl.	7.—
10787 — Heredity and the origin of species. (Wash., Smiths.) 1909. 8. 19 p. w. pl.	1.50
10788 **Mac Dougal, Val and Shull.** Mutations, variations and relationships of the Oenotheras. (Wash., Carneg.) 1908. 8. 92 p. w. 22 pl.	5.—
10789 **Macedo de Aguiar.** S. a Araroba. Bahia 1879. 8. 153 p. av. 4 pl. (1 col.)	3.—
10790 **Macfarlane.** The Beach Plum, (Philad., Univ.) 1901. 8. 15 p. w. 2 pl.	1.—
10791 **Macmillan.** On Dioscoreas. (Peraden., Bot. Gard.) 1905. 8. 19 p.	1.—
10792 — Some beautiful flowering trees of the Tropics. (Peradeniya, Bot. Gard.) 1909. 8. 12 p.	1.—
10793 **Magnus.** Beiträge z. Kenntn. d. Gatt. Najas. Berl. 1870. 4. 72 p. m. 8 Tfln. Cart. (M. 7.)	4.50
10794 — — Dissertation. Berl. 1870. 4. 20 p. m. Tfl.	1.—
10795 — Ueb. e. neue Epichloë. (Genua) 1892. 8. 7 p. m. Tfl.	1.—
10796 — Ueb. d. Gatt. Najas. (Berl., Bot. Ges.) 1894. 8. 11 p. m. Tfl.	1.—
10797 **Maiden.** Critical revis. of the g. Eucalyptus. Parts 1—10 (= Vol. I, II, part 1). Sydney 1903—1910. 4. 407 p. w. 52 pl.	38.—
10798 — — Parts 1 and 2. 1903. 73 p. w. 8 pl.	3.—
10799 **Malinowski.** Monogr. du g. Biscutella. (Crac., Ac.) 1910. 8. 29 p.	1.—
10800 **Malinvaud.** Hybrides du g. Mentha. (Paris, S. Bot.) 1880. 8. 16 p.	1.—
10801 — Quest. de nomenclat. du Ranunculus Chaeroph. et du Globularia vulg. (Paris, Soc. Bot.) 1891. 8. 14 p.	1.—
10802 — Oenothera et non Onothera. (Paris, S. Bot.) 1899. 8. 20 p.	1.—
10803 — Classif. du g. Mentha. 3 mém. 1900 à 1903. 8. 16 p.	1.50
10804 **Malme.** Ueb. Triuris Lutea. (Stockh., Ak.) 1896. 8. 16 p. m. 2 Tfln.	1.—
10805 — Die Burmannien d. 1. Regnell'schen Exped. (Stockh., Ak.) 1897. 8. 32 p. m. Tfl.	1.—
10806 — Die Polygalaceen d. 1. Regnell'schen Exped. (Stockh., Ak.) 1897. 8. 24 p.	1.—
10807 — Die Xyridaceen d. 1. Regnell'schen Exped. (Stockh., Ak.) 1897. 8. 27 p. m. 2 Tfln.	1.50
10808 — Xyridaceae Brasilienses. (Holm., Ac.) 1898. 8. 20 p. et tab.	1.—
10809 — Die Compositen d. 1. Regnell'schen Exped. (Stockh., Ak.) 1899. 4. 90 p. m. 7 Tfln. (M. 7.50.)	3.50
10810 — Die Asclepiadaceen d. Regnell'schen Herbars. (Stockh., Ak.) 1900. 4. 102 p. m. 8 Tfln. (M. 12.)	5.—
10811 — Förgreningsförhall. och inflorescensens ställning hos de Brasilianska Asclepiadaceerna. (Stockh., Ak.) 1900. 8. 24 p.	1.—
10812 — Brasilianska akarodomatieförande Rubiacéer. (Stockh., Ak.) 1900. 8. 21 p.	1.—
10813 — Systemat. Glieder. d. Gatt. Oxypetalum. (Stockh., Ak.) 1900. 8. 23 p.	1.—
10814 — Z. Kenntn. d. Südamerikan. Arten d. Gatt. Pterocaulon. (Stockh., Ak.) 1901. 8. 27 p. m. 4 Tfln.	2.—
10815 — Asclepiadaceae Paraguayenses. (Holm., Ac.) 1901. 8. 40 p. et tab.	1.50
10816 — Z. Xyridaceen-Flora Südamerikas. (Stockh., Ak.) 1901. 8. 18 p. m. Tfl.	1.—
10817 — Z. Kenntn. d. Südamerikan. Aristolochiaceen. (Stockh., Ark. Bot.) 1904. 8. 31 p. m. 3 Tfln.	2.—

10818 **Malme.** Die Umbelliferen d. 2. Regnell'schen Reise. (Stockh., Ark. Bot.) 1904. 8. 22 p. m. 3 Tfln. 2.—
10819 — Ueb. d. Asclepiadaceen-Gatt. Tweedia. (Stockh., Ark. Bot.) 1904. 20 p. m. Tfl. 1.—
10820 — Mitostigma u. Amblystigma. (Stockh., Ark. Bot.) 1904. 8. 24 p. m. Tfl. 1.—
10821 — Oxypetali spec. novae. (Stockh., Ark. Bot.) 1904. 8. 19 p. et tab. 1.—
10822 — Dahlstedtia, e. neue Legumin. (Stockh., Ark. Bot.) 1905. 8. 6 p. m. Tfl. 1.—
10823 — De nonnull. Asclepiadaceis Austro-Americanis. (Holm., Ark. Bot.) 1905. 8. 19 p. et 2 tab. 1.50
10824 — Papilionacéer m. resupinerade Blommor. (Stockh., Ark. Bot.) 1905. 8. 22 p. 1.—
10825 — Ueb. d. Asclepiadaceen-Gattgn. Araujia u. Morrenia. (Stockh., Ark. Bot.) 1908. 8. 30 p. m. Tfl. 1.—
10826 **Malpighia.** Rassegna mens. di Botanica, red. da Borzi, Penzig e Pirotta. Vol. 1—2r. Genova 1887—1907. 8. c. molte tav. color. e nere. (fr. 630.) 300.—
10827 **Manganaro.** S. una Saetilla hibrida bidens Platensis. (Buen. Air., Mus.) 1913. 4. 10 p. av. 3 pl. et tabl. 2.—
10828 **Marbille et Gaudefroy.** S. le g. Ranunculus. (Paris) 1874. 8. 12 p. 1.—
10829 **Marchal.** Revis. d. Hédéracées Améric. (Brux., Ac.) 1879. 8. 29 p. 1.50
10830 **Martelli.** Le Composte raccolte dal Beccari n. Arcip. Malese e n. Papuasia. (Pisa, Giorn. Bot.) 1883. 8. 25 p. 1.50
10831 — Rivista crit. d. g. Statice. Firenze 1887. 8. 27 p. 1.—
10832 — Chamaerops humilis var. Dactylocarpa. (Firenze, Soc. Ortic.) 1889. 8. 3 p. c. tav. 1.—
10833 — Rivista monogr. d. g. Androsace. Firenze 1890. 8. 40 p. 1.—
10834 — Le Anacardiacee Italiane. (Fir., Giorn. Bot.) 1891. 8. 8 p. 1.—
10835 — Astragali Italiani. Firenze 1892. 8. 16 p. c. 8 tav. fotogr. 3.50
10836 — Ribes Sardoum n. spec. (Genova, Malp.) 1894. 8. 6 p. c. tav. 1.—
10837 — L'Iris Pseudo-Pumilia. (Fir., Giorn. Bot.) 1895. 8. 2 p. c. tav. 1.—
10838 **Martius.** Les Eriocaulacées. Analyse, p. S t e i n h e i l. (Paris, Ann. Sc.) 1834. 8. 19 p. 1.—
10839 — Z. Natur- u. Literär-Geschichte d. Agaveen. (Münch., Gelehrte Anz.) 1855. 4. 52 p. 2.—
10840 **Massalongo.** Le spec. d. g. Scapania. (Genova, Malp.) 1902. 8. 46 p. 2.—
10841 **Masson.** Stapeliae novae. New spec. discov. in the inter. parts of Africa. (4 parts). Lond. 1796. fol. 24 p. w. 41 colour. pl. Boards. 100.—
10842 — — A copy w i t h o u t the 1. part: 8 p. w. 21 colour. pl. 20.—
10843 **Masters.** On the morphol. and anat. of the g. Restio. (Lond., Linn. Soc.) 1865. 8. 46 p. w. 2 pl. 1.50
10844 — Synops. of the South African Restiaceae. (Lond., Linn. Soc.) 1868. 8. 71 p. w. 2 pl. 1.50
10845 — On the morphol. of the Malvales. (Lond., Linn. S.) 1869. 8. 13 p. w. 2 pl. 1.—
10846 — Contrib. to the natur. hist. of the Passifloraceae. (Lond., Linn. Soc.) 1871. 4. 53 p. w. 2 pl. 3.—
10847 — On the Restiaceae of Thunberg's Herbarium. (Lond., Linn. S.) 1875. 8. 9 p. 1.—
10848 — Monogr. sketch of the Durioneae. (Lond., Linn. S.) 1875. 8. 14 p. w. 3 pl. 1.50
10849 — On the morph. of the Primulac. (Lond., L. S.) 1877. 4. 16 p. w. 3 pl. 1.50
10850 — On the Passifloreae of Ecuador and New Granada. (Lond., Linn. Soc.) 1883. 8. 20 p. w. 2 pl. 1.—
10851 — Supplement. notes on Restiaceae. (Lond., Linn. S.) 1885. 8. 21 p. 1.—
10852 **Matsumura.** Revisio Alni specierum Japonicarum. (Tokioni, Coll. Sc.) 1902. 4. 15 p. et 4 tab. 2.50
10853 **Mattei.** Di un raro Tulipano. Bol. 1887. 8. 20 p. 1.—
10854 — S. Tulipa apula. (Napoli, Orto Bot.) 1904. 8. 9 p. c. tav. color. 1.—

10855 **Mattei e Serra** Ric. stor. e biolog. s. Terfezia Leonis. (Napoli, Orto. Bot.) 1904. 8. 12 p.   𝓜 1.—

10856 **Mattirolo.** Illustraz. d. Cyphella endophila. Torino 1887. 8. 9 p. c. tav. color.   1.—

10857 — Valore sistem. d. Saussurea depressa. (Genova, Malp.) 1890. 8. 11 p.   1.—

10858 **Maury.** Êt. s. l'organis. et la distrib. géogr. d. Plumbaginacées. Paris 1886. 8. 140 p. av. 6 pl.   3.—

10859 **Maw.** On the life history of a Crocus. (Lond., Linn. S.) 1882. 8. 24 p. w. 2 pl.   1.—

10860 — Monogr. of the g. Crocus. Lond. 1886. 4. 364 p. w. map and 84 colour. pl. Cloth.   140.—

10861 **Maximowicz.** Golowninia, e. neue Gentianee. (Petersb., Ak.) 1861. 8. 8 p. m. Tfl.   1.—

10862 — Rhododendreae Asiae Orient. (Petrop., Ac.) 1870. 4. 53 p. et 4 tab.   2.50

10863 — Synopsis gen. Lespedezae. (Petrop., Acta Horti) 1873. 8. 62 p.   2.—

10864 — De Spiraeaceis. (Petrop., Acta Horti) 1879. 8. 172 p.   2.50

10865 — De Coriaria, Ilice et Monochasmate. (Petrop., Ac.) 1881. 4. 70 p. et 4 tab. (M. 3.30.)   2.—

10866 **Meerburg.** Plantarum selectarum Icones pictae. Lugd. Bat. 1798. fol. 12 p. et 28 tab. color.   25.—

10867 **Meinshausen.** Die Sparganien Russlands. 2 Abhandl. (Petersb.) 1889—1892. 8. 30 p.   1.50

10868 — Das Genus Sparganium. (Petersb., Ak.) 1893. 4. 21 p.   1.—

10869 **Meisner.** Monographiae gen. Polygoni prodromus. Genevae 1826. 4. 122 p. et 7 tab. Cart.   2.—

10870 — Ueb. d. geogr. Verhältn. d. Lorbeergewächse. Münch. 1866. 4. 34 p.   1.—

10871 — Polygon., Laurac. et Proteaceae Brasiliae centr. (Haun., Nat. För.) 1870. 8. 25 p.   1.—

10872 **Meister.** Z. Kenntn. d. Europ. Arten v. Utricularia. (Genf, Herb. Boiss.) 1900. 8. 40 p. m. 4 Tfln.   3.—

10873 **Mela.** Nymphaea Fennica. (Helsingf., Soc. Fl.) 1898. 8. 8 p. m. 2 Tfln.   1.—

10874 **de Mella and Spruce.** On Papayaceae. (Lond., Linn. S.) 1867. 8. 14 p. w. pl.   1.—

10875 **Melvill.** Trachelium coerul. in Guernsey. (Manch.) 1894. 8. 10 p.   1.—

10876 — On Wulfenia Carinthiaca. (Manch.) 1894. 8. 7 p. w. colour. pl.   1.—

10877 **Mémoire** s. l. espèces du g. Lis. (sans lieu et date). 8. 62 p.   2.50

10878 **Mendel.** Versuche üb. Pflanzen-Hybriden. (Brünn, Nat. Ver.) 1865. 8. 45 p.   100.—

     Für diesen Preis wird der vollständige, ausserordentlich selten gewordene Band der „Verhandlungen" geliefert.

10879 — — Facsimile-Edition.

     Ich beabsichtige von dieser, für die Vererbungs-Theorie wichtigsten Abhandlung einen anastatischen Neudruck zu veranstalten, der sich von dem Originale in nichts unterscheiden wird. Subscriptionspreis M. 3. (Nach Erschein. M. 4.).

10880 **Menezes.** As Labiadas do Archipel. da Madeira. Funchal 1907. 8. 18 p.   1.50

10881 — S. l. espèces Madériennes du g. Scrophularia. Funchal 1908. 8. 11 p.   1.50

10882 **Mérat.** S. le g. Thrincia. (Paris, Ann. Sc.) 1845. 8. 15 p.   1.—

10883 **Merian, M.** S. Recueil d. Plantes. Tome I. Francfort s. Meyn 16.. fol. a v. 382 planches. D.-rel.   100.—

10884 **Merino.** Monografia de las espec. d. g. Romulea de la desembocad. d. Miño, Pontevedra. Zaragoza 1909. 8. 15 p. av. 17 pl.   6.—

10885 **Merrill.** Philippine Freycinetia. Oaks of the Philippines. Genus Radermachera. 3 pap. (Manila, J. Sc.) 1908. 4. 32 p.   1.50

10886 — Enumerat. of Philippine Leguminosae. 2 parts. (Manila, J. Sc.) 1910. 4. 136 p.   3.50

10887 — The Philippine spec. of Begonia. (Manila, J. Sc.) 1911. 4. 38 p.   1.50

10888 — On Philippine Euphorbiaceae. (Manila, J. Sc.) 1912. 4. 32 p.   1.50

10889 — On Philippine Melastomataceae. 2 parts. (Manila, J. Sc.) 1913. 4. 72 p. w. 2 pl.   3.50

M

10890 **Merrill.** New spec. of Schefflera. (Manila, J. Sc.) 1915. 4. 12 p. 1.—
10891 — New spec. of Eugenia. (Manila, J. Sc.) 1915. 4. 19 p. 1.—
10892 **Meyer, C. A.** Novae Plantarum species. (Mosquae, Soc. Nat.) 1829. 4. 6 p. et 2 tab. 1.—
10893 — Ueb. ein. Hymenobrychis-Arten. (Petersb., Ak.) 1837. 4. 11 p. 1.—
10894 — Anordn. d. Gatt. d. Polygonaceae. (Petersb., Ak.) 1840. 4. 17 p. m. Tfl. 1.—
10895 — Alyssum minut. 2 Tle. (Petersb., Ak.) 1840—41. 8. 25 p. m. 4 Tfln. 2.—
10896 — Révis. du g. Agrimonia. (Paris, Ann. Sc.) 1842. 8. 8 p. 1.—
10897 — Revis. d. Arten v. Agrimonia. (Petersb., Ak.) 1843. 8. 18 p. 1.—
10898 — Ueb. ein Cornus-Arten. (Petersb., Ak.) 1845. 4. 33 p. 1.50
10899 — S. qu. espèces du sous-g. Thelycrania. (Paris, Ann. Sc.) 1845. 8. 17 p. 1.—
10900 — Monogr. d. Gatt. Ephedra. (Petersb., Ak.) 1846. 4. 76 p. m. 8 Tfln. 3.—
10901 — De Cirsiis Ruthenicis. (Petrop., Ac.) 1848. 4. 18 p. 1.—
10902 **Meyer, E. H. F.** De Houttuynia atque Saurureis. Regiom. 1827. 8. 68 p. et tab. 1.—
10903 **Meylan.** S. l. espèces Europ. du g. Oncophorus. (Genève, Herb. Boiss.) 1908. 8. 14 p. 1.—
10904 **Mez.** Morphol. Studien üb. d. Lauraceen. Berl. 1888. 8. 32 p. 1.—
10905 — Spicilegium Lauraceanum. 3 part. (Vratisl., Bot. Gart.) 1892. 8. 92 p. 2.50
10906 **Michaux.** Mém. s. le Zelkoua, Planera crenata. Paris 1831. 8. 21 p. av. pl. 1.50
10907 **Micheletti.** Alc. specia di Centaurea. (Fir., Giorn. Bot.) 1891. 8. 12 p. 1.—
10908 **Micheli, P. A.** Compendio d. relaz. int. all' Erba Orobanche. Firenze 1754. 8. 34 p. 8.—
   Pritzel hat nur ein Exemplar gesehen.
10909 **Miège.** Rech. s. les princip. espèces de Fagopyrum. Rennes 1910. 8. 431 p. av. pl. 8.—
10910 **Miers.** New g. fr. Brazil. (Lond., Linn. S.) 1842. 4. 4 p. w. pl. 1.—
10911 — New g. fr. Chile. (Lond., Linn. S.) 1843. 4. 5 p. w. pl. 1.—
10912 — New g. of Burmanniaceae. (Lond., Linn. S.) 1851. 4. 9 p. w. pl. 1.—
10913 — On the Menispermaceae. (Lond., Ann. & M.) 1851. 8. 12 p. 1.—
10914 — On the affinities of the Olacaceae. 2 parts. (Lond., Ann. & M.) 1851—52. 8. 29 p. 1.50
10915 — On some genera of the Icacinaceae. 5 parts. (Lond., Ann. & M.) 1852. 8. 57 p. 2.50
10916 — On the Solanaceae. 2 parts. (Lond., Ann. & M.) 1853. 8. 30 p. 1.50
10917 — On the genera of the Duboisieae. 2 parts. (Lond., Ann. & M.) 1853. 8. 22 p. 1.—
10918 — On the g. Lycium. 4 parts. (Lond., Ann. & M.) 1854. 8. 55 p. 2.50
10919 — Pionandra, Cliocarpus a. Paecilochroma. (Lond., Ann.) 1855. 8. 11 p. 1.—
10920 — On the Winteraceae. 2 parts. (Lond., Ann. & M.) 1858. 8. 23 p. 1.—
10921 — On the Canellaceae. (Lond., Ann. & M.) 1858. 8. 12 p. 1.—
10922 — On the Styraceae. 3 parts. (Lond., Ann. & M.) 1859. 8. 44 p. 1.50
10923 — On the Calyceraceae. 4 parts. (Lond., Ann. & M.) 1860. 8. 46 p. 2.—
10924 — On the Colletieae. 6 parts. (Lond., Ann. & M.) 1860. 8. 71 p. 2.50
10925 — On the Bignoniaceae. 4 parts. (Lond., Ann. & M.) 1861. 8. 51 p. 2.—
10926 — On Villaresia. (Lond., Ann. & M.) 1862. 8. 10 p. 1.—
10927 — On Ephedra. 3 parts. (Lond., Ann. & M.) 1862. 8. 39 p. 1.50
10928 — On the g. Cortesia and Rhabdia. (Lond., Ann. & M.) 1868. 8. 10 p. 1.—
10929 — On the Hippocrateaceae of S. America. (Lond., Linn. S.) 1872. 4. 214 p. w. 17 pl. 5.—
10930 — On the Auxemmeae. (Lond., Linn. S.) 1875. 4. 14 p. w. 4 pl. 2.50
10931 — On Napoleona, Omphalocarpum, and Asteranthos. (Lond., Linn. Soc.) 1875. 4. 22 p. w. 4 pl. 2.50
10932 — On the Barringtoniaceae. (Lond., Linn. Soc.) 1875. 4. 72 p. w. 9 pl. 5.—
10933 — On the Schoepfiae and Cervantesiae. (Lond., Linn. S.) 1878. 8. 19 p. w. 4 pl. 1.50
10934 — On Marapa, a g. of the Simarabaceae. (Lond., Linn. S.) 1878. 8. 5 p. w. 2 pl. 1.—

M

10935 **Miers.** On some g. of the Olacaceae. (Lond., Linn. Soc.) 1878. 8. 15 p. 1.—
10936 — On the Symplocaceae. (Lond., Linn. Soc.) 1878. 8. 23 p. 1.—
10937 — On some S. Americ. Genera of uncert. position. (Lond., Linn. S.)
1879. 8. 11 p. 1.—
10938 **Mikan.** Eine Europ. Stapelia. (Ac. Leop.) 1834. 4. 30 p. m. color. Tfl. 1.50
10939 **Mildbraed.** Z. Kenntn. der Podostemonac. Berl. 1904. 8. 45 p. 1.—
10940 **Millspaugh.** The g. Pedilanthus a. Cubanthus. (Chic., Mus.) 1913. 8. 27 p. 1.—
10941 **Milne-Edwards, A.** Des Solanacées. Paris 1864. 8. 138 p. av. 2 pl. color. 2.50
10942 **Minderer.** Aloedarium Marocostinum. Augustae Vindel. 1616. 8. 266 p.
Hprgtbd. 8.—
    Editio princeps (8 sind erschienen; doch ist die dritte unsicher, vielleicht
    blos ein Druckfehler in R i v i n u s' Bibliotheca).
10943 **Mingaud.** De l'Erinus Alpinus. Paris 1863. 8. 12 p. 1.—
10944 — Hist. nat. de l'Arbousier. (Paris) 1873. 8. 10 p. av. pl. color. 1.—
10945 **Miquel.** S. l. genres d. Pipéracées. 2 mém. (Paris, A. Sc.) 1840. 8. 10 p. 1.—
10946 — Systema Piperacearum. Roterod. 1843. 8. 580 p. (M. 18.) Hfzb. 6.—
10947 — Animadv. in Piperaceas Herbarii Hookeriani. (Lond., Hooker's J.)
1845. 8. 61 p. 2.50
10948 — Nieuwe Cycadeën in d. Hortus te Amsterdam. I. (Amst., Tijdschr.
Nat.) 1848. 8. 11 p. 1.—
10949 — Ov. de verwantschap d. Polygalëen. (Amsterd., Tijdschr. Nat.)
1848. 8. 20 p. 1.—
10950 — Ov. de Cycadeën in Nieuw-Holland. Amsterd. 1863. 8. 14 p. 1.—
10951 — Calpicarpum albiflorum. (Amstelod.) 1864. 8. 4 p. m. color. Tfl. 1.—
10952 — De Piperaceis Novae Hollandiae. (Amst., Ac.) 1866. 8. 12 p. 1.—
10953 **Mitteilungen** d. Deutsch. Dendrolog. Gesellschaft. Jahrg. 1894—1903.
Bonn. 8. m. 11 Tfln. (8 color.) Cart. 45.—
    Nicht im Handel erschienen u. selten.
10954 **Moll, Fiet et Pijp.** S. qu. cultures de Papavéracées. Bois.-le-Duc
1894. 8. 22 p. 1.—
10955 **Molon.** Le Yucche. Milano 1914. 8. 254 p. c. 8 tav. color. Toile. 5.50
10956 **Moore, D.** "Nardoo" plant of East. Australia. (Dublin, Roy. Soc.)
1862. 8. 4 p. 1.—
10957 **Moore, R. H.** Senecio vulgar. (Lond.) 8. 12 p. w. 2 pl. 1.—
10958 **Moore, S. Le M.** Some new Phanerog. fr. China. (Lond., J. Bot.) 1875.
8. 7 p. w. pl. 1.—
10959 — Contrib. to the Composite Flora of Africa. (Lond., Linn. Soc.) 1901.
8. 63 p. w. pl. 2.—
10960 **Moquin-Tandon.** Plus. nouv. g. de Chénopodées. (Paris, Ann. Sc.)
1834. 8. 14 p. av. pl. 1.—
10961 — Conspectus Chenopodearum. (Paris, Ann. Sc.) 1835. 8. 10 p. 1.—
10962 **Moretti.** Prodr. di una monogr. d. specie del genere Morus. (Milano,
Ist. Lomb.) 1841. 8. 19 p. 1.50
10963 **Moritzi, A.** Réflexions sur l'Espèce en histoire naturelle. Soleure 1842.
8. 109 p. 25.—
    Ouvrage très-important pour l'Histoire du Darwinisme, dans lequel se trou-
    vent déjà les fondements de notre connaissance de la théorie évolutionnaire, ex-
    primés a v e c l a p l u s g r a n d e c l a r t é.
10964 — — R é i m p r e s s i o n a n a s t a t i q u e. Avec une préface historique (en Allemand) par le Prof. H. P o t o n i é. Berl. 1910. 8. IX et 109 p. 5.—
    Réimpression exécutée avec le plus grand soin et pas inférieure à l'édition
    originale. Prof. Potonié a donné dans la préface une courte histoire de l'ouvrage
    et de son haute importance pour la Science.
10965 **Morren, C.** Dodonaea. Recueil d'observat. de Botanique. 2 parties.
Brux. 1841 à 43. 8. 262 p. av. 10 pl. (1 color.) 12.—
10966 — Lobelia ou recueil d'observat. de Botanique. Brux. 1851. 8. 239 p.
av. portr. et 14 pl., en partie color. 8.—
10967 **Morris, E. L.** N. Americ. Plantaginaceae. II. (N. York, Torr. Cl.) 1901.
8. 11 p. w. pl. 1.—
10968 **Morstatt.** Z. Kenntn. d. Resedaceen. Stuttg. 1903. 8. 65 p. 1.50

10969 **Moeser.** System. Glieder. u. geogr. Verbreit. d. Afrik. Arten v. Helich-   *M*
rysium. Berl. 1909. 8. 46 p.   1.50
10970 **Mottini.** Synops. Veronicarum Ital. (Paris., Ann. Sc.) 1834. 8. 3 p. et tab.   1.—
10971 **Mouillefert.** Arboretum de l'école d'Agric. de Grignon. Paris 1889.
8. 101 p.   2.—
10972 **Moewes.** Ueb. Bastarde v. Mentha arvensis u. M. aquatica. Leipz.
1883. 8. 32 p.   1.50
10973 **Mulford.** Study of the Agaves of the U. S. (St. Louis, Gard.) 1896.
8. 64 p. w. 38 pl.   4.50
10974 **Müller, A. E.** Ueb. Quercus suber u. occident. (Wien, Geogr. Ges.)
1900. 4. 75 p. m. color. Kte. u. 2 Tfln.   3.—
10975 **Mueller, Ferd.** v. Contrib. ad Acaciarum Australiae cognitionem.
(Lond., Linn. Soc.) 1859. 8. 35 p.   1.50
10976 — Monogr. of the Eucalypti of Tropical Australia. (Lond., Linn. Soc.)
1859. 8. 21 p.   1.50
10977 — Eucalyptographia. Descr. atlas of the Eucalypts of Australia. 10 decades. Melbourne 1879—85. 4. 100 plates w. letterpress.   160.—
The first decades are out of print. The work is rare.
10978 — — Decades I—VII. 1879—80. 77 plates w. letterpr. of 166 p.   100.—
Decades VIII—X are still be had at the publishers'. Also odd parts in stock.
10979 — Descr. and illustr. of the Myoporinous Plants of Australia. Vol. II:
Lithograms. Melbourne 1886. 4. 74 plates.   40.—
Complete copy; the letterpress has never been published.
10980 — New Eucalyptus fr. South. N. S. Wales. (Sydney, Linn. Soc.) 1890.
8. 3 p. w. 2 pl.   1.50
10981 **Müller, Fr.** Ueb. Bromeliaceen. (Marb., Flora) 1897. 8. 20 p. m. 2 Tfln.   1.50
10982 **Müller, J.** Monogr. d. Résédacées. Zurich 1858. 4. 239 p. av. 10 pl.
(fr. 25.)   6.—
10983 **Müller, K.** Z. Systemat. d. Aizoaceen. Halle 1908. 8. 46 p.   1.—
10984 **Munting.** De vera Antiquorum Herba Britannica. — Aloidarium.
2 opera. Amstel. 1680—81. 4. 308 p. et 34 tab. Frzbd.   7.—
10985 **Murbeck.** Stud. öfv. krit. Phanerog.-Former (Potentilla, Agrostis, Cerastium). 3 Tle. (Lund, Bot. Not.) 1890—98. 8. 85 p.   2.—
10986 — Ueb. Gentianen aus d. Gruppe Endotricha. (Stockh., Hort. Berg.)
1892. 4. 28 p. m. 2 Ktn.   1.—
10987 — Neue Hybriden in d. Botan. Garten Bergielund. (Stockh., Hort.
Berg.) 1894. 8. 21 p. m. color. Tfl.   1.—
10988 — Neue Alectorolophus-Art. (Wien, Bot. Z.) 1898. 8. 10 p. m. Tfl.   1.—
10989 — Neue arktische Comastoma. (Wien, Bot. Z.) 1898. 8. 3 p. m. Tfl.   1.—
10990 — Contrib. à la connaiss. d. Primulacées-Labiées du Nord-Ouest de
l'Afrique. (Lund, Univ.) 1898. 4. 44 p. av. 3 pl.   2.—
10991 — Die Nordeurop. Formen v. Stellaria. (Lund, Bot. Not.) 1899. 8. 26 p.   1.—
10992 — Die Nordeurop. Formen v. Rumex. (Lund, Bot. Not.) 1899. 8. 42 p.   1.—
10993 — Ranunculus auricomus × sulphur. (Lund, Bot. Not.) 1891. 8. 4 p.
m. Tfl.   1.—
10994 — Die Vesicarius-Gruppe v. Rumex. (Lund, Univ.) 1907. 4. 31 p.
m. 2 Tfln.   2.—
10995 **Murr.** Verzeichn. v. in Nordtirol gefund. Hybriden. (Arnstadt, Bot.
Mon.) 1894. 8. 10 p.   1.—
10996 — Ueb. ein. krit. Chenopodium-Formen. (Arnst., Bot. Mon.) 1896. 8.
6 p. m. 2 Tfln.   1.—
10997 — Z. Kenntn. v. Capsella. 3 Abhandlgn. 1899—1909. 8. 11 p. m. Tfl.   1.—
10998 — 9 Abhandlgn. üb. Chenopodium. 1900—10. 8. 40 p. m. Tfl.   2.—
10999 — Chenopodium-Beiträge. (Budap., Bot. Lap.) 1902. 8. 25 p. m. 8 Tfln.   2.50
11000 — Glieder. d. mitteleurop. Formen d. Chenopodium album. (Berl.,
„Ascherson") 1904. 8. 30 p.   1.—
11001 — Chenopodium-Studien. (Zürich, Bot. Mus.) 1904. 8. 6 p. m. 2 Tfln.   1.—

11002 **Muschler.** System. u. pflanzengeogr. Gliederung d. Afrikan. Senecio- *M*
Arten. Berl. 1908. 8. 43 p. 1.50
11003 **Nagel.** Fossilium Catalogus: Juglandaceae. Berol. 1915. 8. 87 p. 8.30
Ist Teil 6 von Abteil. II (Plantae) des „Fossilium Catalogus". Subscriptionspreis für Abnehmer des ganzen Werkes 5.50. Prospect und Probelieferung gratis.
11004 — Fossilium Catalogus: Betulaceae, Ulmaceae, Fagaceae. Berol. 8.
In Vorbereitung. Sind Teile der Abteil. II (Plantae) des „Fossilium Catalogus".
Prospect und Probelieferung gratis.
11005 **Nash.** American Ginseng. (Wash., Dept. Agr.) 1898. 8. 32 p. 1.—
11006 **Naudin.** Melastomaceae Musaei Paris. monograph. descr. I. (Paris.,
Ann. Sc.) 1849. 8. 89 p. et 7 tab. 3.—
11007 — S. qu. Plantes hybrides du Muséum. (Paris, Ann. Sc.) 1858. 8.
24 p. av. pl. 1.—
11008 — Revue d. Cucurbitacées. (Paris, Ann. Sc.) 1859. 8. 86 p. av. 3 pl. 3.—
11009 — Les Plantes à feuillage coloré. 2 vols. Paris 1867 à 70. 8. av. 120 pl.
color. D.-rel. maroq. 50.—
11010 — — 2. éd. Vol. I. 1867. 136 p. av. 60 pl. color. Toile. 10.—
11011 **Nees ab Esenbeck, C. G.** Sylloge observat. botanicar. de Phanerogam.
(Ac. Leop.) 1820. fol. 16 p. et 7 tab. (2 color.) 2.50
11012 — Fridericia et Zollernia nova genera. Berol. 1827. 4. 18 p. et 4 tab. 2.—
11013 — Genera et species Asterearum. Norimb. 1833. 8. 384 p. et tab.
(M. 4.80.) 2.50
11014 — Monogr. of the East Indian Solaneae. (Lond., Linn. S.) 1834. 4. 46 p. 1.50
11015 — Systema Laurinarum. Berol. 1836. 8. 726 p. (M. 7.50.) Cart. 2.50
11016 — De Kamptzia, novo Myrtacearum g. (Ac. Leop.) 1841. 4. 12 p.
et 2 tab. 1.—
11017 — Lepidagathidis, illustr. monogr. Vratisl. 1841. 4. 40 p. 1.—
11018 — Sylloge Plantarum novar. (Ratisb., Flora). 127 p. 1.50
11019 **Nees ab Esenbeck, C. G. et Th. F. L.** De Cinnamomo. Bonn. 1823.
4. 82 p. et 7 tab. (M. 10.) Cart. 2.—
11020 **Nees ab Esenbeck, C. G., et Martius.** Goethea, novum genus. (Ac.
Leop.) 1821. 4. 14 p. et 3 tab. 1.50
11021 **Nees v. Esenbeck, Th. F. L.** Ueb. d. Gattgn. Calicanthus, Meratia,
Punica. (Ac. Leop.) 1823. 4. 14 p. m. 2 color. Tfln. 1.—
11022 **Neilreich.** Ueb. Aconitum Störkian., Ornithogalum Kochii u. Dianthus
diutinus. 4 Abhandl. (Wien, Z. b. G.) 1854—60. 8. 16 p. 1.—
11023 **Nelson.** Revis. of cert. Antennaria. (Wash., Mus.) 1901. 8. 19 p. 1.—
11024 **Nestler.** Sedum Repens. (Strasb., Soc. Nat.) 1830. 4. 3 p. av. pl. 1.—
11025 **Neuenhahn.** Ueb. d. Aurikel-Systeme. Frankenb. 1791. 8. 43 p. Cart. 5.—
11026 **Neuman, L. M.** Nagra krit. eller sällsynta Växter, hufvudsakligen fr.
Medelpad. Sundsvall 1888. 8. 42 p. 1.—
11027 **Nicklès.** S. l. Gladiolus de France et d'Allemagne. (Strasb., Soc. Nat.)
1840. 4. 5 p. av. pl. color. 1.—
11028 **Nicotra.** Le Fumariacee Ital. Firenze 1897. 8. 78 p. 2.—
11029 — S. g. Fumaria. (Firenze, Giorn. Bot.) 1897. 8. 9 p. c. tav. 1.—
11030 — Gli Echinops Italiani. (Fir., Soc. Bot.) 1901. 8. 10 p. 1.—
11031 **Nieuwland.** On our local Plants. XI. (Notre-Dame) 1915. 8. 17 p. 1.—
11032 **Nilsson.** Afrikan. Arten v. Xyris. (Stockh., Ak.) 1891. 8. 10 p. 1.—
11033 — Studien üb. d. Xyrideen. (Stockh., Ak.) 1892. 4. 75 p. m. 6 Tfln.
(M. 9.) 2.50
11034 **Nitsche.** Z. Kenntn. d. Gatt. Daphne. Bresl. 1907. 8. 38 p. 1.—
11035 **Norton.** Revis. of the Americ. species of Euphorbia of the sect. Tithy-
malus. (St. Louis, Bot. Gard.) 1900. 8. 60 p. w. 42 pl. 7.—
11036 **Notaris.** Nuova spec. d. g. Trapa. Roma 1876. 4. 8 p. 1.—
11037 **Novae Species Phanerogamar.** — 85 Abhandl. v. C. de Candolle, Caruel,
Cogniaux, Cosson, Coulter, A. Gray, Hallier, Hieronymus, Hooker,
Jordan, Knuth, Koehne, Martelli, Murbeck, Parodi, Radlkofer, Robinson, Spegazzini, Stuckert u. a. 1810—1915. 8. u. 4. 580 p. m. 32 Tfln.
(3 color.) 25.—

11038 **Oborny.** Z. Kenntn. d. Gatt. Potentilla aus Mähren u. oesterr. Schlesien. M.-Weisskirchen 1900. 8. 23 p.   1.50

11039 **Ohlert.** Verbreit. u. Wachsth. d. Georgine. (Königsb., Phys. Ges.) 1844. 8. 32 p.   1.—

11040 **Oliver.** The Indian spec. of Utricularia. (Lond., Linn. S.) 1859. 8. 21 p.   1.—

11041 — New sp. of Utricularia fr. S. America. (Lond., Linn. S.) 1860. 8. 8 p. w. pl.   1.—

11042 — The order Aurantiaceae. (Lond., Linn. S.) 1861. 8. 44 p.   1.—

11043 — On the Loranthaceae. (Lond., Linn. Soc.) 1864. 8. 17 p.   1.—

11044 — On the Lentibularieae of Angola. (Lond., Linn. S.) 1867. 8. 13 p.   1.—

Orchideae.

[Supplementum numeror. 1453—1548, vide: Bibliographia Botanica, p. 62—66].

11045 **Abel.** Ein. neue Monstrositäten b. Orchideenblüthen. (Wien, Z. b. G.) 1897. 8. 6 p.   1.—

11046 **Ames.** Orchidaceae Halconenses: Orchids coll. on Mt. Halcon. (Manila, J. Sc.) 1907. 4. 27 p.   1.50

11047 — Notes on Philippine Orchids. 6 parts. (Manila, J. Sc.) 1909—13. 4. 128 p. w. pl.   4.50

11048 — The Orchids of Guam. (Manila, J. Sc.) 1914. 4. 6 p.   1.—

11049 **Amici.** S. la fécondat. d. Orchidées. (Paris, Ann. Sc.) 1847. 8. 11 p. av. pl.   1.—

Annals of the Bolus Herbarium — see nr. 6907.

11051 **Appleby.** The Orchid Manual. London 1865. 8. 96 p. w. 8 pl. Cloth.   3.—

11052 **Barla.** Flore illustrée des Alpes Maritimes. Iconographie des Orchidées. Nice 1868. 4. 87 p. av. 63 pl. noires.   30.—

11053 **Beard.** Progress of Orchid Culture in America. (Boston, Hort. Soc.) 1886. 8. 26 p. w. colour. pl.   2.—

11054 **Beer.** Schleuderorgan d. Früchte verschied. Orchideen. (Wien, Ak.) 1857. 8. 6 p. m. 2 Tfln.   1.—

11055 **Bentham.** Notes on Orchideae. (Lond., Linn. Soc.) 1881. 8. 80 p.   2.—

11056 **Bolus.** Contrib. to S. African Botany (Orchideae). 4 parts. (Lond., Linn. S.) 1884—89. 8. 112 p. w. pl.   3.—

11057 — Icones Orchidearum Austro-Africanarum extra-tropicar. 3 vols. Capetown 1906—13. 8. w. portr. and 300 mostly colour. pl. Cloth.   125.—

11058 **Boyle.** Ueb. Orchideen. Deutsch v. Kränzlin. Berl. 1896. 8. 198 p. m. 8 color. Tfln. Lnb. (M. 8.)   5.—

11059 **Brooke.** — The Fairfield Orchids. Catal. of the spec. and varieties grown by J. Brooke & Co. Lond. 1872. 8. 134 p. Cloth.   5.—

11060 **Brown, R.** S. l. Cyrtandrées. (Paris, Ann. Sc.) 1840. 8. 32 p.   1.50

11061 **Burbidge.** Cool Orchids and how to grow them. Lond. 1874. 8. 166 p. w. 6 colour. pl. Cloth.   5.—

11062 — Die Orchideen d. temperirt. u. kalten Hauses. Deutsch v. Lebl. 2. (letzte) Aufl. Stuttg. 1882. 8. 186 p. m. 4 color. Tfln. (M. 8.)   5.—

11063 **Burgeff.** Die Wurzelpilze d. Orchideen. Jena 1909. 8. 224 p. m. 3 Tfln. (M. 6.50.)   5.—

11064 — Z. Biologie d. Orchideenmycorrhiza. Jena 1909. 8. 66 p.   2.50

11065 — Die Anzucht trop. Orchideen aus Samen. Jena 1911. 8. 94 p.   3.—

11066 **Busch.** Die Orchideen d. Trierer Gegend. (Bonn, Nat. Ver.) 1908. 8. 7 p.   1.—

11067 **Camus, E. G.** Monogr. d. Orchidées de France. (Paris, Journ. Bot.) 1894. 8. 135 p. — Le texte s e u l.   5.—

Voyez aussi: J u n k, Bibliographia Botanica, p. 68.

11068 **Camus, E. G. et A., et Bergon.** Monogr. d. Orchidées de l'Europe, de l'Afrique septentr., de l'Asie Mineure. Paris 1908. 4. 550 p. av. 32 pl. c o l o r. (1100 fig.)

On a tiré seulement 25 exempl. coloriés. L'ouvrage n'est pas imprimé mais reproduit au duplicateur. L'édition aux planches noires était de 175 exempl.

Orchideae.

         M

11069 **Chatin, A.** Anat. d. Plantes aériennes d. Orchidées. 2 parties. (Cherbourg, Soc. Nat.) 1856 à 57. 8. 52 p. av. 2 pl.   3.—

11070 **Clarke, C. B.** On a Hampshire Orchis not represented in 'English Botany'. (Lond., Linn. Soc.) 1882. 8. 3 p. w. colour. pl.   1.—

11071 **Cogniaux.** Orchidaceae Florae Brasiliensis. III, IV. (finis). Lipsiae 1896. fol. 366 p. et 58 tab. (M. 72.) Cart.   30.—

11072 **Costantin.** Atlas d. Orchidées cultivées. Paris 1913. 4. 91 p. av. 30 pl. color. et 55 fig.   12.—

11073 — Les Orchidées cultivées. Complém. de l'Atlas d. Orchidées cultiv. (8 à 10 fasc.) Fasc. 1, 2. Paris 1911. 4. p. 1 à 80 av. 303 fig.   5.—

11074 **Crüger.** On the fecundat. of Orchids. (Lond., Linn. S.) 1864. 8. 8 p. w. pl.   1.—

11075 **Drejer.** Om nogle Danske Orchid. (Kjöb., Nat. Tidsk.) 1843. 8. 26 p.   1.—

11076 **Droog.** Contr. à l'ét. de la localis. microchim. d. Alcaloïdes dans l. Orchidac. (Brux., Ac.) 1896. 8. 30 p. av. pl. color.   1.—

11077 **Ewart.** On abnormal Cypripedium Flowers. (Lond., Linn. Soc.) 1893. 8. 6 p. w. 2 pl.   1.—

11078 **Fabre, J. H.** S. l. Tubercules de l'Himantoglossum hircin. (Paris, Ann. Sc.) 1855. 8. 38 p. av. 2 pl.   2.—

11079 — De la Germinat. d. Ophrydées. (Paris, A. Sc.) 1856. 8. 22 p. av. pl.   1.50

11080 **Falconer.** Gamoplexis, a g. of Orchideae. (Lond., Linn. S.) 1847. 4. 4 p. w. pl.   1.—

11081 **Fawcett and Rendle.** Account of the Jamaican spec. of Lepanthes. (Lond., Linn. Soc.) 1904. 4. 13 p. w. 2 pl. (5 s.)   2.—

11082 — Flora of Jamaica. Vol. I (all published): Orchidaceae. Lond. 1910. 8. 169 p. w. 32 pl. Cloth.   11.—

11083 **Fitting.** Entwicklgsphysiol. Unters. an Orchideenblüten. (Jena, Z. Bot.) 1910. 8. 43 p.   1.50

11084 **Fleischmann.** Zur Orchideen-Flora Lussins. (Wien, Z. b. G.) 1904. 8. 8 p. m. 2 Tfln.   1.50

11085 **Focke.** Enumer. diagnost. Orchidearum quarund. Surinamensium. II. (Amsterd., Nat. Tijdschr.) 1851. 8. 11 p.   1.—

11086 **Forbes, H. O.** Contrivances for ensuring Self-fertilizat. in tropic. Orchids. (Lond., Linn. Soc.) 1885. 8. 12 p. w. 2 pl.   1.—

11087 **Fox.** On the g. Cypripedium. (Minneap., Bot. Stud.) 1895. 8. 27 p. w. map and 6 pl.   3.50

11088 **Gerard.** S. l'homologie et le diagramme d. Orchidées. (Paris, Ann. Sc.) 1879. 8. 36 p. av. 2 pl.   2.—

11089 **Grant.** The Orchids of Burma. Rangoon 1895. 8. 438 p. Cloth. (12 s. 6 d.)   7.—

11090 **Guignard.** Rech. s. le développ. de l'Anthère et du Pollen des Orchidées. (Paris, Ann. Sc.) 1882. 8. 19 p. av. pl.   1.—

11091 **Guttenberg.** Bau d. Antennen bei ein. Catasetum-Arten. (Wien, Ak.) 1908. 8. 22 p. m. 2 Tfln.   1.50

11092 **Hansen, G.** The Orchid Hybrids. Supplem. II. Berkeley 1897. 8. 80 p.   1.50

11093 **Hefka.** Die Samenzucht und Pflege d. Cattleyen u. Laelien. Wien 1913. 8. 88 p. m. 12 Tfln. (M. 4.)

11094 **Horowitz.** Anatom. Bau u. Aufspringen d. Orchideenfrüchte. Cassel 1902. 8. 42 p. m. 2 Tfln.   1.50

11095 **Hoyningen-Huene.** Vortrag üb. Orchideen. Reval 1898. 8. 100 p.   3.—

11096 **Hurst.** On some curiosities of Orchid Breeding. (Lond., Hortic. Soc.) 1898. 8. 45 p. w. 2 pl.   2.--

11097 **Irmisch.** Beitr. z. Biol. u. Morphol. d. Orchideen. Leipz. 1853. 4. 90 p. m. 6 Tfln. (M. 10.)   4.—

11098 **Journal** d. Orchidées. Dirig. p. L. Linden. Années I à IV: 1890 à 93. 8. av. plchs. color.   25.—

<u>**Orchideae.**</u>   *ℳ*

11099   **Kerner.** Die hybriden Orchideen d. österr. Flora. (Wien, Z. b. G.) 1865. 8. 34 p. m. 6 Tfln.   3.—

11100   **King and Pantling.** Some new Orchids fr. Sikkim. 2 parts. (Calcutta, Asiat. Soc.) 1895—96. 8. 34 p.   1.50

11101   **Klinge.** Revis. d. Orchis cordigera u. angustifolia. Jurjew 1893. 8. 104 p.   2.—

11102   — 2 neue bigenere Orchideen-Hybride. (Petersb., Hortus) 1899. 8. 19 p. m. 2 Tfln.   1.50

11103   **Kränzlin.** Odontoglossum Andersonianum fl. dupl. (Berl., Gartenfl.) 1890. 8. 1 p. m. color. Tfl.   1.—

11104   — Beitr. zu ein. Monogr. d. Gatt. Habenaria. Berl. 1891. 8. 42 p..   1.50

11105   — Z. Orchideenflora d. Asiat. Inseln. (Leipz., Engl. J.) 1893. 8. 7 p.   1.—

11106   — Orchidaceae Lehmann. in Guatemala etc. coll. — Orchid. Africanae. 2 opusc. (Lips., Engl. J.) 1899—1900. 8. 84 p.   3.—

11107   — Orchidées de la Flore du Congo. 2 parties. (Brux., Soc. Bot.) 1900. 8. 19 p.   1.—

11108   — Orchidaceae Africanae. (Lips., Engl. J.) 1900. 8. 18 p.   1.—

11109   — Orchidac., Apostasiac. of Koh Chang. (Copenh., Bot. Tidsk.) 1900. 8. 13 p.   1.—

11110   — Cyrtandraceae Malayae insul. novae. (Lond., L. S.) 1906. 8. 11 p.   1.—

11111   — Orchidaceae-Monandrae-Dendrobiinae u. Monandrae-Thelasinae. 2 Tle. (Aus: Das Pflanzenreich.) Leipz. 1910—11. 8. 610 p. m. 75 Fig. (M. 30.80.)

11112   — Beiträge z. Orchideenflora Südamerikas. (Stockh., Ak.) 1911. 4. 105 p. m. 13 Tfln. (4 color.)   9.—

11113   — Cyrtandraceae novae Philippinens. 2 partes. (Manila, J. Sc.) 1913. 4. 42 p.   2.—

11114   **Krüger, P.** Die oberirdischen Vegetationsorgane d. Orchideen. Berl. 1883. 8. 50 p.   1.50

11115   **Leimbach.** Beitr. z. geograph. Verbreitung d. Europ. Orehideen. Sondershausen 1881. 4. 16 p.   1.—

11116   **Lestiboudois.** Observ. s. l. Musacées, l. Scitaminées, l. Cannées et l. Orchidées. (Lille, Soc. Sc.) 1841. 8. 122 p. av. 17 pl.   3.50

11117   — Observ. s. l. Musacées, l. Scitaminées, l. Cannées et l. Orchidées. 2 parties. (Paris, Ann. Sc.) 1841 à 42. 8. 95 p. av. 7 pl.   2.50

11118   **Lindenia.** Iconographie d. Orchidées. Dir. p. J. et L. Linden et Rodigas. 17 années (tout ce qui a paru). (= Série I, 10 vols. II, vol 1 à 7.) Gand et Brux. 1885 à 1901 (1906). 4. av. 814 pl. color.   800.—
    La planche 795 n'a pas paru. — Correction du nr. 1501.

11119   **Lindley.** Contrib. to the Orchidology of India. 2 parts. (Lond., Linn. Soc.) 1857—59. 8. 84 p.   2.—

11120   — List of the Orchidac. coll. in Cuba. (Lond., A. & M.) 1858. 8. 12 p.   1.50

11121   — West Afric. tropic. Orchids. (Lond., Linn. S.) 1862. 8. 17 p.   1.—

11122   **Lindman.** Variationen d. Perigons b. Orchis macul. (Stockh., Ak.) 1897. 8. 16 p. m. Tfl.   1.—

11123   **Löwegren.** Om Odontoglossum. 2 Tle. (Stockh., Trädg.) 1880. 8. 8 p. m. color. Tfl.   1.—

11124   **Mc Dougal.** On the poison. influence of the Cypripedium spectabile and pubescens. (Minneap., Bot. Stud.) 1894. 8. 6 p. w. pl.   1.—

11125   **Malguth.** Biolog. Eigentümlichkeiten d. Früchte epiphyt. Orchideen. Breslau 1901. 8. 59 p.   1.50

11126   **Malte.** Üb. Inhaltskörper d. Orchideen. (Stockh., Ak.) 1902. 8. 40 p.   1.50

11127   **(Mason and o.)** Report on the Orchid Conference held at S. Kensington. (Lond., Hortic. Soc.) 1886. 8. 155 p. w. 5 pl. Boards.   3.50

11128   **Masters.** On the floral conformat. of the g. Cypripedium. (Lond., Linn. Soc.) 1887. 8. 21 p. w. pl.   1.—

W. Junk, Berlin, W. 15.

Orchideae. *M*

11129 **Meinecke.** Z. Anat. d. Luftwurzeln d. Orchideen. Münch. 1894. 8. 76 p. m. 2 Tfln. 2.—

11130 **Möbius.** Ueb. d. anat. Bau d. Orchideenblätter. Heidelb. 1887. 8. 82 p. m. 4 Tfln. 3.—

11131 **Morel.** Die Kultur d. Orchideen. Leid. 1856. 8. 144 p. 1.50

11132 **Müller, H.** Beob. an westfäl. Orchideen. (Bonn, Nat. Ver.) 1868. 8. 62 p. m. 2 Tfln. 2.—

11133 **Murr.** Ophrys aranifera & Bertolinii Moretti. Eine neue Ophrys-Kreuzung. Orchis Ladurneri. 3 Abhandl. 1898—1908. 8. 6 p. 1.—

11134 **Mutel.** S. l. esp. du g. Ophrys rec. à Bône. (Strasb., Soc. Nat.) 1835. 4. 6 p. av. pl. 1.—

11135 — Mém. s. l. Orchidées. Paris 1838. 8. 16 p. av. 4 pl. 2.—

11136 — Descr. de 3 esp. d'Orchidées. (Lille, Soc. Sc.) 1843. 8. 11 p. av. pl. 1.—

11137 **Neumann, R.** Uebersicht d. Badischen Orchidaceen. (Freiburg, Bot. Ver.) 1905. 8. 26 p. 1.50

11138 — Z. Kenntn. d. Badisch. Orchidac. 2 Tle. (Freib., Bot. Ver.) 1906—1908. 8. 20 p. 1.—

11139 **Oliver.** On the sensitive Labellum of Masdevallia muscosa. (Lond., Ann. Bot.) 1880. 8. 17 p. 1.—

11140 **Orchideae.** — 13 Abhandl. v. Ascherson, Bivona-Bernardi, Bolus, Gelmi, Stuckert u. a. 1833—1913. 8. u. 4. 81 p. m. 5 color. Tfln. 5.—

11141 **L'Orchidophile.** Publ. p. Du Buysson et Godefroy-Lebeuf. Ann. 1884 à 1890. Paris. 8. av. beauc. de pl. color. et noir. D.-rel. veau et broch. 48.—

11142 **Österberg.** Pericarpiets anat. och karlsträngförloppet i Blomman hos Orchideerna. (Stockh., Högsk.) 1883. 8. 18 p. m. 3 Tfln. 2.—

11143 **Palla.** Z. Anat. d. Orchideen-Luftwurzeln. (Wien, Ak.) 1889. 8. 8. p. m. 2 Tfln. 1.—

11144 **Pantu si Procopianu-Procopovici.** Ophrys Cornuta Stev. forma Banatica. (Bucur., Soc. Nat.) 1901. 8. 7 p. av. pl. 1.—

11145 **Pfitzer.** Uebers. d. Aufbaus d. Orchideen. (Heidelb., Nat. Ver.) 1880. 8. 14 p. 1.—

11146 — Grundzüge d. vergl. Morphol. d. Orchideen. Heidelb. 1881. 4. 474 p. m. 4 Tfln. (1 color.) (M. 40.) 16.—

11147 — Ueb. Bau u. Entwick. d. Orchideen. (Berl., Bot. Ges.) 1882. 8. 9 p. m. Tfl. 1.—

11148 — Orchidaceae. (Aus: Engler-Prantl's Pflanzenfam.) 4 Tle. Leipz. 1888—89. 8. 170 p. m. 600 Fig. 8.—

11149 — Beitr. z. Systemat. d. Orchideen. II. (Leipz., Engl. J.) 1898. 8. 30 p. 1.—

11150 — Orchidaceae - Pleonandrae. (Aus: Das Pflanzenreich). Leipz. 1903. 8. 132 p. m. 157 Fig. (M. 6.80.) 4.—

11151 **Plauszewski.** Orchidées et Plantes de Serres. Paris 1899. fol. 20 pl. photogr. En portefeuille. 15.—

11152 **Porsch.** Die Blütenmutat. d. Orchideen. (Wien, Z. b. G.) 1905. 8. 7 p. 1.—

11153 — Descendenztheoret. Bedeut. sprunghafter Blütenvariat. für die Orchid. Südbrasiliens. 3 Tle. (Berl., Z. Abst.) 1908. 8. 122 p. m. Tfl. 3.50

11154 **Prain.** 2 addit. spec. of Lagotis and a new gen. of Orchidaceae. (Calc., Asiat. Soc.) 1896. 8. 11 p. w. 2 pl. 1.50

11155 **Prillieux.** De la struct. anat. et du mode de végét. du Neottia nidus avis. (Paris, Ann. Sc.) 1856. 8. 16 p. av. 2 pl. 1.50

11156 — Êt. du mode de végét. d. Orchidées. (Paris, Ann. Sc.) 1867. 8. 48 p. av. 5 pl. 3.—

11157 **Prillieux et Rivière.** S. la germinat. et le développ. d'une Orchidée. (Paris, Ann. Sc.) 1856. 8. 18 p. av. 3 pl. 2.—

11158 **Procopianu-Procopovici.** Beitr. z. Kenntn. d. Orchidaceen d. Bukowina. (Wien, Z. b. G.) 1890. 8. 12 p. 1.—

Orchideae.　　　　　　　　　　　　　　　　　　　　　　　　　　　　　　　　　　　*M*

11159	**Pucci.** Les Cypripedium et genres affines. Florence 1891. 8. 220 p.	2.—
11160	— Le Orchidee. Milano 1905. 8. 314 p. c. 95 fig. Tela.	3.—
11161	**Raddi.** Nuova Orchidea Brasiliana. Modena 1823. 4. 6 p. c. tav.	1.50
11162	**Rammelsberg.** Gehalt d. Orchideenknollen zu verschied. Jahreszeiten. Erl. 1899. 8. 45 p.	1.50
11163	**Reiche.** Orchidaceae Chilenses. Monogr. de las Orquideas de Chile. (Santiago, Mus.) 1910. 4. 88 p. av. 2 pl. color. et 54 fig.	12.—
11164	**Reichenbach, H. G.** Beitr. z. e. Orchideenkunde Central-Amerikas. Hamb. 1866. 4. 112 p. m. 10 Tfln. (M. 12.)	4.—
11165	— Enumer. of the Orchids coll. by Parish in the neighbourhood of Moulmain. (Lond., Linn. Soc.) 1874. 4. 23 p. w. 6 pl.	6.—
11166	— Ueb. d. System d. Orchideen. (Petersb., Congr. Bot.) 1885. 8. 20 p.	1.—
11167	**Reichenbach, H. G. L. et H. G.** Icones Florae Germanicae et Helveticae. Vol. XIII: Orchideae. Lips. 1851. 4. 106 p. — S i n e tabulis.	6.—
11168	— Deutschlands Flora. Bd. XIII: Die Orchideen. Leipz. 1851. 4. 248 p. m. 82 h a l b c o l o r. Tfln. (s t a t t 170).	18.—
11169	**Reichenbach, H. G., u. Kränzlin.** Xenia Orchidacea. Beitr. z. Kenntn. d. Orchideen. 3 Bde. Leipzig 1854—1900. 4. m. 300 Tfln., von denen 150 color. (M. 240.)	170.—
11170	**Richard.** Monstruosité d. fleurs de l'Orchis latifolia. (Paris, Soc. Nat.) 1821. 4. 8 p. av. pl.	1.—
11171	— Monogr. d. Orchidées rec. dans la chaîne d. Nil-Gherries (Indes-orient.). (Paris, Ann. Sc. Nat.) 1841. 8. 36 p. av. 12 pl.	10.—
11172	**Richard et Galeotti.** Orchidographie Mexicaine. (Paris, Ann. Sc.) 1845. 8. 19 p.	1.50
11173	**Ridley.** The Orchids of Madagascar. (Lond., Linn. S.) 1886. 8. 67 p. w. pl.	2.50
11174	— Fox's collect. of Orchids fr. Madagasc. (Lond., Linn. S.) 1886. 8. 12 p.	1.—
11175	— Monogr. of the g. Liparis. (Lond., Linn. S.) 1886. 8. 54 p.	2.—
11176	— On Self-fertilizat. and Cleistogamy in Orchids. (Lond., Linn. S.) 1888. 8. 6 p. w. pl.	1.—
11177	— Revis. of the g. Microstylis and Malaxis. (Lond., Linn. Soc.) 1888. 8. 43 p.	1.—
11178	— The genus Bromheadia. On 2 new g. of Orchids fr. the East Indies. (Lond., Linn. S.) 1891. 8. 12 p. w. 2 pl.	1.50
11179	— The Orchideae and Apostasiaceae of the Malay Peninsula. (Lond., Linn. Soc.) 1894. 8. 204 p. (12 s.)	5.—
11180	— Enumer. of all Orchideae fr. Borneo. (Lond., Linn. S.) 1896. 8. 46 p. w. 3 pl.	2.50
11181	— Cyrtandraceae Malayenses. (Lond., Linn. S.) 1896. 8. 32 p.	1.50
11182	**Rolfe.** On bigeneric Orchid Hybrids. (Lond., Linn. Soc.) 1887. 8. 15 pl. w. pl.	1.—
11183	— Morphol. and systematic review of the Apostasiae. (Lond., Linn. Soc.) 1889. 8. 33 p. w. pl.	1.50
11184	— On the sexual forms of Catasetum. (Lond., Linn. S.) 1891. 8. 20 p. w. pl.	1.—
11185	**Rosbach.** Ueb. Formverschiedenheit. ein. Orchideen. 2 Abhandl. (Bonn, Nat. Ver.) 1857—76. 8. 7 p. m. 2 Tfln.	1.50
11186	**Schlechtendal, Langethal u. Schenk.** Flora v. Deutschland. 5. Aufl. v. Hallier. Bd. IV: Smilac., Amaryllid., Irid., Orchideae etc. Gera 1883. 8. 398 p. m. 112 color. Tfln. Hfzb. (M. 10.)	7.—
11187	**Schlechter.** Z. Kenntn. d. Orchidac. u. Asclepiadaceen Süd-Afrikas. (Berl., Bot. Ver.) 1894. 8. 11 p.	1.—
11188	— Monogr. d. Podochilinae. (Genf, Boiss.) 1900. 8. 78 p.	2.—

Orchideae.

11189	**Schlechter.** Orchidacées de Madagascar. Orchidaceae Perrierianae Madagascar. Paris 1903. 8. av. 24 pl.	*ℳ* 7.50
11190	— Die Orchideen, ihre Beschr., Kultur u. Züchtung. Berlin 1915. 8. 844 p. m. 12 color. Tfln. u. 242 Fig. (M. 30.)	
11191	**Schulze, M.** Die Orchideen d. Flora v. Jena. Mit 2 Nachtr. (Jena, Bot. Ver.) 1889. 8. 31 p. m. Tfl.	2.—
11192	— Die Orchidaceen Deutschlands, D.-Oesterr. u. d. Schweiz. Gera 1894. 8. 270 p. m. Portr. u. 93 color. Tfln. (M. 15.) Hfzb.	7.—
11193	**Siebert.** Paphiopedilum Neufvillean. u. Angaben üb. d. Gatt. Paphiopedil. (Frankf., Senck.) 1911. 8. 6 p. m. color. Tfl.	1.—
11194	**Smith, J. J.** Gynoglottis, e. neue Gatt. (Nimwegen) 1904. 8. 3 p. m. Tfl.	1.—
11195	— Uebers. d. Gatt. Dendrochilum. (Nimweg.) 1904. 8. 29 p.	1.50
11196	— Die Orchideen v. Java. Mit Nachträg. I. II. IV. Buitenz. 1905—14. 8. 887 p. m. 2 Tfln.	26.—
11197	— — Figurenatlas. 6 Hefte. Leiden 1908—14. 8. 124 Tfln. m. Text. (M. 57.)	50.—
11198	**Sommier.** Ophrys Bombyliflora e Tenthredinifera. (Firenze, Giorn. bot.) 1896. 8. 4 p. c. tav. color.	1.—
11199	**Stein.** Orchideenbuch. Berl. 1892. 8. 610 p. m. 184 Fig. (M. 18.)	14.—
11200	**Stenzel.** Abweichende Blüten heimischer Orchideen m. einem Rückblick auf d. der Abietineen. Stuttg. 1902. 4. 136 p. m. 6 Tfln. (M. 28.)	16.—
11201	**Svedelius.** Orkidéernas pollinationsfysiol. (Stockh., Bot. T.) 1910. 8. 9 p.	1.—
11202	**Swarz.** Ueb. d. Arethusa biplumata u. d. Orchis Burm. (Leipz., Weber's Arch.) 1804. 8. 7 p. m. 2 Tfln.	2.—
11203	**Tominski.** Die Anat. d. Orchideenblattes. Berl. 1905. 8. 87 p.	1.50
11204	**Veitch.** On the fertilizat. of Cattleya labiata. (Lond., Linn. S.) 1888. 8. 12 p.	1.—
11205	**Walpers et C. Mueller.** Annales Botanices systemat.: Orchides. Lips. 1861—64. 8. 774. p.	8.—
11206	**Warming.** Rödderne h. Neottia nidus. (Kjöbenh., Nat. För.) 1874. 8. 7 p. m. Tfl.	1.—
11207	— Orchideae Brasiliae Centr. (Haun., Nat. För.) 1885. 8. 11 p. et 6 tab. (3 color.)	5.—
11208	**Weck.** Üb. Ophrys aquisgranens. (Bonn, Nat. V.) 1850. 8. 2 p. m. Tfl.	1.—
11209	**Weltz.** Z. Anat. d. monandr. sympodialen Orchideen. Heidelb. 1897. 8. 66 p. m. 2 Tfln.	1.50
11210	**Wildeman.** Révis. de la nomenclature chez les Orchidées. Gand 1896. 8. 21 p.	1.50
11211	**Williams, B. S.** The Orchid-Grower's Manual. 3. ed. Lond. 1868. 8. 267 p. Cloth.	4.—
11212	— — 7. (last) ed., enlarged. Lond. 1894. 8. 815 p. w. more than 300 fig. Cloth. (1 £ 5 s.)	16.50
11213	**Wilms.** 2 Abhandl. üb. Cypripedium. (Münst., Ver. Nat.) 1878. 8. 11 p. m. 2 Tfln.	1.50
11214	**Wolf, T.** Z. Entwickelgesch. d. Orchideen-Blüte. (Leipz., Pringsh. J.) 1865. 8. 46 p. m. 4 Tfln.	3.—
11215	**Zimmermann, W.** Die Formen d. Orchidaceen Deutschlds., Oesterr. u. d. Schweiz. (Berl., Apoth.-Ver.) 1912. 8. 92 p.	1.50

11216	**Örsted.** Centralamericas Rubiaceer. (Kjöb., Nat. För.) 1853. 8. 39 p.	1.50
11217	— Compositae Centro-Americ. (Kjöb., Nat. För.) 1853. 8. 57 p.	2.—
11218	— Mexicos og Centralamerikas Acanthaceer. (Kjöb., Nat. För.) 1855. 8. 69 p. m. 3 Tfln.	2.—
11219	— Myrtaceae Centro-Americ. (Kjöb., Nat. För.) 1856. 8. 26 p.	1.—

11220 **Örsted.** Til belysning af slaegt. Viburnum. (Kjöb., Nat. För.) 1860. 8. 38 p. m. 2 Tfln. *M* 1.50
11221 — Myrsineae Centro-Americ. et Mexicanae. (Kjöb., Nat. För.) 1862. 8. 26 p. m. 2 Tfln. 1.50
11222 — Til belysn. af Bidens platyceph. (Kjöb., Nat. För.) 1862. 8. 8 p. m. 2 Tfln. 1.—
11223 — Nye Theeplante (Neea theifera). (Kjöb.) 1863. 8. 12 p. m. Tfl. 1.—
11224 — S. la plante disparue Silphium. (Copenh., Vid. Selsk.) 1869. 8. 38 p. av. pl. 1.50
11225 — S. l. Juglandées. (Copenh., Nat. För.) 1870. 8. 19 p. av. 2 pl. 1.50
11226 — Bidrag til kundsk. om Egefamilien. (Cupulifères de l'époque actuelle et esp. fossil.) (Kjöbenh., Vid. Selsk.) 1871. 4. 176 p. m. 9 Tfln. 4.—
11227 **Ortlepp.** Monogr. d. Füllungserscheingn. b. Tulpenblüten. Leipz. 1915. 8. 273 p. m. 3 color. Tfln. (M. 10.)
11228 **Ortmann.** Z. Gesch. v. Cirsium Chailleti. (Wien, Z. b. G.) 1857. 8. 6 p. 1.—
11229 **Ostenfeld.** Nogle ny-indslaebte Planter. (Kjöb., Bot. T.) 1895. 8. 10 p. 1.—
11230 — Ranunculaceae coll. in Asia Media. (Kjöb., Nat. För.) 1901. 8. 14 p. 1.—
11231 — Anemone og Kobjaelde - Arternes Udbred. i Danmark. (Kjöb., 'Warming') 1911. 4. 23 p. m. 2 Ktn. 1.50
11232 **Otto.** Plantae rariores Horti Reg. Berolin. (Ac. Leop.) 1820. fol. 12 p. 1.50
11233 **Oudemans.** Alsodeiarum in Herbario regio Lugd.-Batav. descr. (Hag. Com., Arch. Neerl.) 1867. 8. 18 p. et 14 tab. 4.—
11234 — — S i n e tabulis. 1.—
11235 — Rang d'espèce p. Cycas inermis. (La Haye, Arch. Néerl.) 1867. 8. 12 p. av. pl. 1.—
11236 **Pallbin.** Revisio gen. Enkianthus. Petrop. 1897. 8. 18 p. 1.—
11237 — Nouv. Astragalus et Oxytropis de la Mongolie occident. (Genève, Herb. Boiss.) 1908. 8. 5 p. av. 2 pl. 1.50
11238 **Pallary.** Le Canna et s. variétés hortic. Paris 1902. 8. 55 p. 1.50

Palmae.

11239 **Anderson, T.** Enumer. of the Palms of Sikkim. (Lond., Linn. S.) 1871. 8. 11 p. 1.—
11240 **Balfour.** On the g. Pandanus. (Lond., Linn. S.) 1878. 8. 35| p. 1.—
11241 **Baer, K. E.** v. Dattel-Palmen d. Kaspischen Meeres. Mit Nachtrag. (Petersb., Ak.) 1859—60. 8. 24 p. 1.50
11242 **Beccari.** 2 pap. on Philippine Palms. (Manila, J. Sc.) 1906—11. 4. 6 p. 1.—
11243 — Notes on Philippine Palms. 2 parts (Manila, J. Sc.) 1907—09. 4. 62 p. w. 2 pl. 3.50
11244 — Asiatic Palms: Lepidocaryeae. Part I, II. Calcutta 1908—1911. 4. 762 p. w. 4 pl. and 2 atlas in fol. of 345 pl. 220.—
11245 — Palme d. Madagascar. Milano 1914. fol. 60 p. c. 50 tav. 120.—
11246 **Blatter.** The Palms of Brit. India and Ceylon. 2 parts. (Bombay, Nat. Soc.) 1910. 8. 46 p. w. 5 pl. and map. 3.50
11247 — Zur Bionomie d. Palmen d. Alten Welt. (Brüssel, Congr. Bot.) 1911. 4. 10 p. m. 8 Tfln. 4.—
11248 **Blume.** Revue d. Palmiers de d'Archipel des Indes orientales. I. (Paris, Ann. Sc.) 1838. 8. 9 p. 1.—
11249 **Bommer.** Fécondat. artific. d. Palmiers. (Brux., S. Bot.) 1868. 8. 10 p. 1.—
11250 **Cook, O. F.** Origin and distrib. of the Cocoa Palm. (Wash., Nat. Herbar.) 1901. 8. 43 p. 1.50
11251 — History of the Coconut Palm in America. (Wash., Nat. Herb.) 1910. 8. 87 p. w. 15 pl. 4.—
11252 **Cook and Doyle.** 3 new gen. of Stilt Palms (Iriarteaceae) fr. Colombia. (Wash., Nat. Herb.) 1913. 8. 21 p. w. 12 pl. 5.—
11253 **Cormack.** Polystelic roots of çert. Palms. (Lond., Linn. Soc.) 1897. 4. 12 p. w. 2 pl. 1.50

Palmae.   *M*

11254 **Dammer.** Palmenzucht u. -Pflege. Frankf. 1897. 8. 134 p. m. 24 Tfln. Lnb. (M. 4.) — 2.50

11255 **Drabble.** On the anat. of the Roots of Palms. (Lond., Linn. Soc.) 1904. 4. 64 p. w. 4 (1 colour.) pl. (14 s.) — 5.—

11256 **Drude.** Palmen. (Aus: Engler-Prantl's Pflanzenfam.) I. Leipz. 1887. 8. 48 p. m. 167 Fig. — 2.50

11257 **Firtsch.** Anatom.-physiolog. Untersuchungen üb. d. Keimpflanze d. Dattelpalme. (Wien, Ak.) 1886. 8. 13 p. m. color. Tfl. — 1.—

11258 **Gatin.** Les Palmiers. Hist. nat et horticole des différ. genres. Paris 1912. 8. 349 p. av. 46 fig. — 4.50

11259 **Hart.** On some Branching Palms. (Bombay, Nat. Soc.) 1888. 8. 6 p. w. 2 pl. — 1.50

11260 **Karsten, H.** Die Vegetationsorgane d. Palmen. (Berl., Bot. Unters.) 1865. 4. 112 p. m. 9 Tfln. — 2.50

11261 **Kurz, S.** On Pandanophyllum. (Calcutta, As. Soc.) 1868. 8. 16 p. — 1.—

11262 — On the spec. of Pandanus. (Calcutta, As. Soc.) 1869. 8. 7 p. — 1.—

11263 **Lindman.** Z. Palmenflora Südamerikas. (Stockh., Ak.) 1900. 8. 42 p. m. 6 Tfln. — 4.—

11264 **de Macedo.** S. le Palmier Carnauba. Paris 1867. 8. 46 p. — 1.50

11265 **Madden.** On the occurr. of Palms and Bambus w. Pines. (Lond., Ann. & M.) 1853. 8. 10 p. — 1.—

11266 **Martelli.** The Philippine spec. of Pandanus. (Manila, J. Sc.) 1908. 4. 14 p. — 1.—

11267 **Mirbel.** Anatom. u. physiol. Unters. üb. d. Stamm d. Dattelpalme. (Münch., Gelehrte Anz.) 1843. 4. 30 p. — 1.—

11268 **Morren, C.** Palmes et Couronnes de l'horticult. de Belgique. Liége 1851. 8. 547 p. — 3.—

11269 **Morris, D.** Phenomena of Forked and Branched Palms. (Lond., Linn. Soc.) 1892. 8. 18 p. — 1.—

11270 **Naumann, A.** Z. Entwickelgesch. d. Palmenblätter. Regensb. 1887. 8. 45 p. m. 2 Tfln. — 1.50

11271 **Oehler.** Der Palmengarten in Frankfurt. Fr. 1881. 8. 88 p. m. Tfl. — 1.—

11272 **v. Oijen u. a.** Sagoe en Sagoepalmen. (Amsterd., Kolon. Mus.) 1909. 8. 120 p. m. 9 Tfln. — 3.—

11273 **Örsted.** Palmae Centroamericanae. (Haun., Nat. För.) 1859. 8. 54 p. — 1.50

11274 **Pfitzer.** Ueb. Früchte, Keimg. u. Jugendzustände ein. Palmen. (Berl., Bot. Ges.) 1885. 8. 21 p. m. Tfl. — 1.—

11275 **Preuss, P.** Die Kokospalme u. ihre Kultur. Berl. 1911. 8. 228 p. m. 17 Tfln. Lnb. (M. 8.) —

11276 **Reissek.** Die Palmen. Wien 1862. 8. 39 p. — 1.—

11277 **Rodrigues, J. Barbosa-.** Enumer. Palmarum novar. vallis fluminis Amazonum. Sebastianop. 1875. 8. 44 p. et tab. — 2.—

11278 — Sertum Palmarum Brasiliensium. Relat. d. Palmiers nouv. du Brésil. 2 vols. Paris 1903. fol. 290 p. av. portr. et 174 pl. color. — 550.—
Tiré en 300 exemplaires. Non mis dans le commerce.

11279 **Salomon.** Die Palmen, ihr. Gatt. u. Arten. Berl. 1887. 8. 184 p. (M. 4.) — 2.50

11280 **Scheffer, C.** S. qlqs. Aricinées. (Batavia, Nat. T.) 1871. 8. 44 p. — 2.—

11281 **Schröter, C.** Die Palmen u. ihre Bedeut. f. d. Tropenbewohner. (Zürich, Nat. Ges.) 1901. 4. 35 p. m. 2 Tfln. — 1.50

11282 **Seemann.** Die Palmen. 2. Aufl. Leipz. 1863. 8. 380 p. m. 8 Tfln. (1 color.) (M. 6.) — 3.—

11283 — Hist. nat. du g. Borassus. (Gand, Belg. Hort.) 1863. 8. 14 p. — 1.—

11284 **Spruce.** Palmae Amazonicae. (Lond., Linn. Soc.) 1871. 8. 119 p. — 4.—

11285 **Stein.** Des Reichskanzlers Palme Bismarckia nob. (Bresl.) 1886. 8. 5 p. m. color. Tfl. — 1.—

432	Phanerogamae.

Palmae.	*M*

11286	**de Vriese.** De Palmen v. Suriname. Leyden 1848. 4. 24 p.	1.50
11287	**Wossidlo.** De Palmarum anatom. I. Vratisl. 1860. 8. 32 p.	1.—
11288	**Zurawska.** Üb. d. Keim. d. Palmen. (Krak., Ak.) 1912. 8. 32 p. m. 6 Tfln.	3.—

11289	**Pammel.** The Thistles in Iowa. Des Moines 1901. 8. 26 p. w. 18 pl.	2.—
11290	**Parlatore.** Plantae novae v. minus notae. Paris. 1842. 8. 88 p.	1.50
11291	— Monogr. d. Fumariee. Firenze 1844. 8. 120 p. c. tav.	2.—
11292	— Maria Antonia, nov. g. d. Legumin. Fir. 1844. 4. 8 p. c. tav.	1.—
11293	— Nuovi generi di Monocotiled. Firenze 1854. 8. 61 p.	2.—
11294	— Le specie d. Cotoni. Fir. 1866. 4. 64 p. c. atl. d. 6 tav. color. in fol.	9.—
11295	— — L'atlante di 6 tav. color.	5.—
11296	— Todaroa, nov. Umbelliferar. gen. Panormi 1876. 4. 10 p. et tab.	1.—
11297	**Parmentier.** S. l. Thalictrum de France. (Paris, Bull. Sc.) 1897. 8. 35 p. av. 2 pl.	1.50
11298	— Rech. anat. et taxonom. s. l. Onothéracées et l. Haloragacées. (Paris, Ann. Sc.) 1896. 8. 86 p. av. 6 pl.	4.50
11299	**Parry.** Chorizanthe Revis. of the genus. (Davenp., Ac.) 1886. 8. 19 p.	1.—
11300	— Californian Manzanitas. (S. Franc., Ac.) 1887. 8. 14 p.	1.—
11301	**Pascher.** Conspect. Gagearum Asiae. (Mosq., Bull.) 1907. 8. 24 p.	1.—
11302	**Pasquale.** Varietà di Licopersicum escul. Napoli 1866. 4. 10 p. c. tav.	1.—
11303	— Alc. Piante rare n. Orto di Napoli. Nap. 1866. 4. 10 p.	1.—
11304	**Passaeus** (C r i s p i n D u P a s): Cognoscite Lilia agri quomodo crescant, non laborant. (Arnhemi 1674). 4. Titulus et 60 tabulae aeri incisae (118 fig.). Vélin.	100.—
	R a r i s s i m e. — L'exemplaire le plus complet de tous dont je trouve mention dans les bibliographies. (P r i t z e l qui n'a vu que l'exempl. de la bibliothèque D e C a n d o l l e connaît seulement 48 planches avec 99 figures). Les noms des plantes sont en latin, français, anglais, allemand.
11305	**Patzelt.** Thalamifloren d. Umgeb. Wiens. W. 1842. 8. 92 p.	1.50
11306	**Paulin.** Uebersicht d. in Krain nachgewies. Formen d. Gatt. Alchemilla. Laibach 1907. 8. 19 p.	1.—
11307	**Pax.** Capparidaceae Afric. (Lips., Engl. J.) 1886. 8. 14 p. et tab.	1.—
11308	— Monogr. Uebersicht üb d. Arten v. Primula. Leipz. 1888. 8. 169 p. (M. 3.)	1.50
11309	— Aizoaceae. (Aus: Engler-Prantl's Pflanzenfam.) (Leipz.) 1889. 8. 16 p. m. 37 Fig.	1.—
11310	— Lauraceae. (Aus: Engler-Prantl's Pflanzenfam.) (Leipz.) 1889. 8. 21 p. m. 66 Fig.	1.50
11311	— Euphorbiaceae. (Aus: Das Pflanzenreich). 6 Teile. Leipz. 1910—14. 8. 1370 p. m. 280 Fig. (M. 69.60.)
11312	**Paxton's** Magazine of Botany. Nrs. 145—153. (Febr. to October 1846). Lond. 8. 216 p. w. 36 colour. pl.	2.—
11313	**Pearson.** On some Dischidia w. double Pitchers. (Lond., Linn. Soc.) 1902. 8. 15 p. w. pl.	1.—
11314	**Peck.** New York spec. of Flammula. (Albany, Mus.) 1896. 8. 10 p.	1.—
11315	**Perkins u. Gilg.** Monimiaceae. Mit Nachtrag. (Aus: Das Pflanzenreich). Leipz. 1901—11. 8. 189 p. m. 324 Fig. (M. 9.60.)
11316	**Perrottet.** S. le Morus multicaulis. (Paris, Arch. Bot.) 1832. 8. 14 p. av. 2 pl.	1.50
11317	**Pestalozzi.** Die Gatt. Boscia. (Genf, Herb. Boiss.) 1898. 8. 152 p. m. 14 z. Tl. color. Tfln.	5.—
11318	**Péteaux et Saint-Leger.** Orobanche angelicifixa. Paris. 8. 3 p. av. pl.	1.—
11319	**Petch.** Brazil Nut Tree in Ceylon. (Peraden.) 1913. 8. 11 p.	1.—
11320	**Peter.** Botan. Wand-Tafeln. Tafel 1—70 (soviel erschien.). Berlin. Imper.-fol. (70: 90 cm.) m. Text in-8.
	Colorierte Tafeln, je eine Phanerogamen-Familie darstellend. Preis jeder Tafel: M. 2.50.

11321 **Peter.** Botan. Wand-Tafeln. Tafel 3—5: Papaverac.; Liliaceae, Amaryllidac.; Palmae. 3 color. Tfln. m. Text. (M. 7.50.)   *ℳ* 5.—

11322 **Petersen, C. G. J.** Om Zostera marina aars-produkt. i de Danske farvande. Kjöbenh. 1913. 4. 20 p.   1.50

11323 **Petersen, O. G.** Musaceae, Zingiberaceae, Cannaceae, Marantaceae. (Aus: Engler-Prantl's Pflanzenfam.). (Leipz.) 1888. 8. 43 p. m. Tfl. u. 150 Fig.   2.—

11324 — Scitamineae novae v. minus cognitae. (Haun., Bot. Tidsk.) 1893. 8. 6 p. et 4 tab. (3 color.)   2.50

11325 — Om Agave Antillar. (Kjöb., Bot. Tidsk.) 1893. 8. 5 p. m. color. Tfl.   1.—

11326 **Petit.** Nouv. esp. de Bryonia. (Copenh., Bot. Tidsk.) 1888. 8. 4 p. av. pl. color.   1.—

11327 **Petitmengin.** Contrib. à l'ét. d. Primulacées Sino-Japonaises. (Genève, Herb. Boiss.) 1907. 8. 14 p.   1.—

11328 **Petri.** De genere Armeriae. Berl. 1863. 8. 43 p.   1.—

11329 — Ueb. Brongniart's Verwerf. d. Apetalae. Berl. 1865. 4. 32 p.   1.—

11330 **Petunnikov.** Die Potentillen Centralrusslands. (Petersb., Acta Hort.) 1895. 8. 52 p. m. 11 Tfln.   6.—

11331 **Petzold u. Kirchner.** Arboretum Muscaviense. Geschichte u. Beschreib. d. in Muskau cultiv. Holz-Arten. Gotha 1864. 8. 837 p. m. color. Plan. (M. 17.)   6.—

11332 **Peyritsch.** Z. Synonymie ein. Hippocrateac. (Wien, Ak.) 1874. 8. 21 p.   1.—

11333 **Pfyffer v. Altishofen u. Obrist.** Die einheim. u. trop. Seerosen. Münch. 1896. 8. 41 p. m. 7 Tfln. Cart.   1.50

11334 **Phanerogamae.** — 110 Abhandl. v. Ascherson, Borbás, Caruel, Desvaux, du Petit-Thouars, Focke, Freyn, Garcke, Janka, Klinge, Koehne, Miers, Miquel, Murbeck, Murr, Pasquale, Porsch, Spegazzini, Trautvetter, Wight u. a. 1799—1913. 8. u. 4. 850 p. m. 34 Tfln. (17 color.)   20.—

11335 **Philippi, R. A.** Ueb. 2 neue Pflanzen-Gattgn. (Wien, Z. b. G.) 1865. 8. 8 p. m. 2 Tfln.   1.—

11336 **Pierre.** Diploknema Sebifera, nouv. Sapotacée. (Haarl.) 1884. 8. 4 p. av. pl.   1.—

11337 **Pihl.** Camellia Japon. (Stockh., Trädg.) 1881. 8. 1 p. m. color. Tfl.   1.—

11338 **Pihl u. Schäme.** 4 Abhandl. üb. Azaleen. (Stockh. u. Dresd.) 1881—1912. 8. 5 p. m. 5 Tfln. (3 color.)   2.50

11339 **Pirolle.** Traité du Dahlia. Brux. 1840. 8. 152 p. D.-rel. veau.   2.-

11340 **Pirotta.** S. Poterium spinosum. (Roma, Linc.) 1887. 4. 18 p.   1.- -

11341 **Pistone.** Le Liane d. Solandra I. (Palermo) 1894. 8. 96 p. c. 6 tav. (3 color.)   3.50

11342 **Pittier.** The Lecythidaceae of Costa Rica. (Wash., Smiths.) 1908. 8. 12 p. w. 9 pl.   3.—

11343 **Planchon, J. E.** S. le g. Aponogeton. (Paris, A. Sc.) 1844. 8. 13 p. av. pl.   1.—

11344 — S. le g. Godoya. (Paris, Ann. Sc.) 1846. 8. 16 p.   1.—

11345 — S. l. Ulmacées. (Paris, Ann. Sc.) 1848. 8. 96 p.   2.—

11346 — S. l. Droséracées. 3 parties. (Paris, Ann. Sc.) 1848. 8. 70 p. av. 3 pl.   2.—

11347 — S. les Ulex. (Paris, Ann. Sc.) 1849. 8. 16 p. av. pl.   1.—

11348 — On Meliantheae. (Lond., Linn. S.) 1851. 4. 16 p. w. pl.   1.—

11349 **Planchon et Triana.** S. l. Guttifères. I. IV. (Paris) 1861. 8. 95 p.   1.50

11350 **Pleyte.** De Egypt. Lotus. (Nijmegen, Kruidk. Arch.) 1876. 8. 10 p. m. Tfl.   1.—

11351 **Plüss.** Unsere Beerengewächse. Freib. 1896. 8. 101 p.   1.—

11352 — Unsere Getreidearten u. Feldblumen. 2. Aufl. Freib. 1897. 8. 204 p. Origbd. (M. 2.)   1.—

11353 — Unsere Bäume u. Sträucher. 5. Aufl. Freib. 1899. 8. 151 p. m. Tfl. Origbd.   1.—

11354 — Uns. Wasserpflanzen. Freib. 1911. 8. 123 p. m. 142 Fig. Lnb. (M. 2.)   1.50

11355 — Blumenbüchlein f. Waldspaziergänger. 3. Aufl. Freib. 1912. 8. 202 p. m. 272 Fig. Lnb. (M. 2.20.)   1.50

M

11356 **Polteau.** Monogr. du g. Hyptis. (Paris, Mus.) 1806. 4. 19 p. av. 5 pl.   2.—
11357 — S. les Lecythidées. (Paris, Mus.) 1825. 4. 21 p. av. 7 pl.   3.—
11358 — Descr. du Philippodendron, n. genre. (Paris, Ann. Sc.) 1837. 8.
   7 p. av. pl.   1.—
11359 **Pokorny.** Blattform v. Ficus elastica. (Wien, Z. b. G.) 1876. 8. 6 p.   —.50
11360 **Pomel.** Contrib. à la classif. méthod. des Crucifères. Alger 1883. 4.
   22 p. av. pl.   2.—
11361 **Ponsort.** Monogr. du g. Oeillet. Paris 1844. 8. 201 p. av. pl.   2.—
11362 **Post et O. Kuntze.** Lexicon generum Phanerogamarum inde ab anno
   1737. Stuttg. 1904. 8. 719 p. Lnb. (M. 10.)   4.—
11363 **Poulsen.** Bidr. t. Triuridaceernes Naturhist. (Kjöbenh., Nat. För.) 1885.
   8. 20 p. m. 3 Tfln.   1.50
11364 — Triuris major sp. nov. (Kjöb., Bot. Tidsk.) 1890. 8. 14 p. m. Tfl.   1.—
11365 — Thismia Glaziovii n. sp. (Kjöb., Vid. S.) 1890. 8. 21 p. m. 3 Tfln.   1.50
11366 — Om Tonina fluviat. (Kjöb., Bot. Tidsk.) 1893. 8. 14 p. m. 2 Tfln.   1.50
11367 — Pentapl ragma ellipticum sp. nov. (Kjöb., Nat. För.) 1903. 8. 14 p.
   m. 2 Tfln.   1.—
11368 **Prain.** Some addit. spec. of Pedicularis. (Calc., As. Soc.) 1889. 8. 24 p.   1.—
11369 — Mansonieae, a new tribe of Sterculiac. (Lond., Linn. S.) 1905. 8.
   13 p. w. pl.   1.—
11370 **Prain and Burkill.** 2 pap. on Dioscorea. (Calc., As. Soc.) 1904. 8. 16 p.   1.—
11371 **Prantl.** Z. Kenntn. d. Cupuliferen. (Leipz., Engl. J.) 1887. 8. 16 p.   1.—
11372 — Cruciferae. (Aus: Engler-Prantl's Pflanzenfam.) (Leipz.) 1890. 8. 62 p.   2.—
11373 **Prantl u. Kündig.** Papaveraceae. (Aus: Engler-Prantl's Pflanzenfam.)
   (Leipz.) 1889. 8. 15 p. m. 45 Fig.   1.50
11374 **Preissecker.** Nicotiana alata. Wien 1902. 4. 7 p. m. 2 Tfln.   1.50
11375 **Preissmann.** Ueb. d. Steir. Sorbus-Arten. (Graz, Nat. Ver.) 1903. 8. 16 p.   1.—
11376 **Presl.** Prodromus monogr. Lobeliacearum. Prag. 1836. 8. 52 p. Cart.   2.—
11377 **Pringsheim.** Z. Morphol. d. Utricularien. (Berl., Ak.) 1869. 8. 27 p. m. Tfl.   1.—
11378 **Pritzel.** Anemonarum revisio. Lips. 1842. 8. 142 p. et 6 tab.) (M. 4.)
   Cart.   2.—
11379 — Thesaurus Literaturae Botan. Lips. 1851. 4. 548 p. (M. 42.) Hfzb.   20.—
11380 — — Ed. II. (ultima). Lips. 1872—77. 4. 577 p.   100.—
11381 — — Ed. II. Facsimile-Edition. Berol. 1916.
   Subscriptionspreis: M. 40. Preis nach Erscheinen: M. 50.
   Befindet sich in Vorbereitung. Anastatischer Neudruck auf gutem Papier,
   also auch äusserlich weit besser als das Original, welches auf dem schlechten
   Holzpapier der damaligen Epoche gedruckt, bald in allen Exemplaren — mit Ausnahme der wenigen auf Velinpapier abgezogenen — zu Grunde gegangen sein wird.
11382 **Raciborski.** Morphol. d. Cabombeen u. Nymphaeac. Mch. 1894. 8. 38 p.   1.—
11383 — Z. Kenntn. d. Cabombeen u. Nymphaeac. (Dresd., Flora) 1894. 8.
   20 p. m. Tfl.   1.—
11384 **Raczynski.** S. le Gin-Seng. (Mosc., Bull.) 1866. 8. 7 p. av. 2 pl. color.   1.—
11385 **Radius.** De Pyrola et Chimophila. Lips. 1821. 4. 39 p. et 5 tab.   1.50
11386 **Radlkofer.** Monogr. d. Sapindac.-Gattung Serjania. (Münch., Ak.) 1875.
   4. 392 p. (M. 12.50.)   4.50
11387 — Ueb. d. Sapindaceen Holländ.-Indiens. (Amsterd., Congr. Bot.)
   1877. 8. 109 p.   3.—
11388 — Sapindus u. in Zusammenh. steh. Pflanzen. (Münch., Ak.) 1878. 8.
   188 p.   2.—
11389 — Cupania u. verwandte Pflanzen. (Münch., Ak.) 1879. 8. 220 p.   2.—
11390 — Zurückführ. v. Omphalocarpum zu d. Sapotaceen. (Münch., Ak.)
   1882. 8. 80 p.   1.50
11391 — Ueb. eine v. Grisebach unt. d. Sapotaceen aufgef. Daphnoidee.
   (Münch., Ak.) 1884. 8. 34 p.   1.—
11392 — Ueb. ein. Capparis-Arten. (Münch., Ak.) 1884. 8. 82 p.   1.50
11393 — Ueb. ein. Sapotaceen. (Münch., Ak.) 1884. 8. 90 p.   1.50
11394 — Zurückführ. v. Forchhammeria z. d. Capparideen. (Münch., Ak.)
   1884. 8. 43 p.   1.—

11395 **Radlkofer.** Tetraplacus, e. neue Scrophularin. (Mch., Ak.) 1885. 8. 20 p. 1.—
11396 — Conspectus g. Serjaniae. (Monach., Ac.) 1886. 4. 19 p. 1.—
11397 — Z. Klärung v. Theophrasta u. d. Theophrasteen. (Münch., Ak.)
1889. 8. 61 p. 1.50
11398 — Conspectus g. Paulliniae. (Monach., Ac.) 1895. 4. 15 p. et tab. 1.—
11399 — Sapindaceae Hasslerianae. (Genev., Boiss.) 1903. 8. 7 p. 1.—
11400 — Enumer. Sapindacearum Philippinar. novarum. (Manila, J. Sc.)
1913. 4. 32 p. 1.50
11401 **Rafinesque.** Tridynia, Steironema, Lysimachia, Eustachya, Endogynia.
3 mém. (Paris, Ann. Sc. Phys.) 1820. 8. 18 p. 2.—
11402 — Neogenyton. 66 new genera of N. America. Lexingt. 1825. 8. 8 p.
— Reprint. 1.50
11403 **Ramaley.** Seed and seedling of Delphinium occid. (Minneap., Bot.
Stud.) 1900. 8. 6 p. w. pl. 1.—
11404 **Rapaics.** Systema Aconiti generis. (Budap., Növ. Közl.) 1907. 8. 42 p. 1.50
11405 — Pflanzengeogr. v. Aconitum. (Budap., Növ. Közl.) 1908. 8. 17 p. m. Kte. 1.—
11406 — Die Gatt. Aquilegia. (Budap., Bot. Közl.) 1909. 8. 29 p. 1.50
11407 **Rara Historico-Naturalia et Mathematica.** Ed.: W. J u n k. (21 partes).
Berol. 1900—13. 4. 122 p. Cartonn. 20.—
　　　Dieses Blatt gibt in der Art von B r u n e t eingehende (anderswo nicht zu
findende) Collationen, die bibliographische Geschichte, Notis über den Grad der
Vergriffenheit und Angabe der vergriffenen Bände, sowie der Preise (frühere und
jetzigen) von seltenen Werken und Zeitschriften auf dem Gebiete der im Titel
genannten Disziplinen. Der Index des Bandes umfasst über 500 Titel.
　　　A u s s c h l i e s s l i c h b o t a n i s c h e n Inhalts sind die Nrn. 4, 8, 9, 13, 20.
— Weiter enthält Nr. 11: America meridionalis, 12: Bibliogr. Linnaeana, 18: Geogr.
Plantarum, 19: Linné u. s. Bedeutung f. d. Bibliographie, 21: Supplementum. — Von
grösseren Zusammenfassungen enthalten die Rara: „Die Anfänge der botanischen
Zeitschriften-Literatur", „Die Literatur der Diatomaceen", „Flores de France",
„Herbarien", „Rosaceen-Literatur". Ferner ausführliche Collationen der biblio-
graphisch so schwierigen Reihen u. Werke: Botanische Zeitung, Brongniart's
Histoire des Végétaux fossiles, Flora, Forbes' Werke, Hooker's Paradisus, Jacquin's u. Junghuhn's Werke, Ledebour's u. Pallas' Floren- u. Reisewerke, Michaux's
botanische Werke üb. Nordamerika, Rivinus' grosse Iconographie, P. A. Saccardo's
mycologische Reihen, Salm-Dyck's Aloë, Tuckerman's Lichenen - Werke, Van
Heurck's Diatömeen-Literatur, Viala's Ampélographie, Warming's Brasilianische
Flora — u. viele andere.
11408 **Rauwenhoff.** Bijdr. t. de kennis v. Dracaena Draco. (Amsterd., Ak.)
1864. 4. 54 p. m. 5 Tfln. (2 color.) 2.50
11409 **Reboul.** Nonnull. species Tuliparum in agro Fiorentino nascent. 3 partes. Fior. 1822—28. 8. 17 p. 1.50
11410 **Regel, E.** 2 neue Cycadeen. (Mosk., Bull.) 1857. 8. 29 p. m. 2 Tfln. 1.50
11411 — 4 unbeschrieb. Peperomeen. (Mosk., Bull.) 1858. 8. 4 p. m. Tfl. 1.—
11412 — Monogr. Betulacearum. Mosq. 1861. 4. 129 p. Cart. —Ohne die Tfln. 3.—
11413 — Uebersicht d. Arten d. Gatt. Thalictrum d. Russ. Reiches. (Mosk.,
Bull.) 1861. 8. 50 p. m. 3 Tfln. 2.50
11414 — Ueb. d. Gattgn. Betula u. Alnus m. Beschreib. neuer Arten. (Mosk.,
Bull.) 1865. 8. 47 p. m. 3 Tfln. 2.50
11415 — Revisio spec. Crataegorum, Dracaenarum, Horkeliar., Laricum et
Azalearum. (Petrop., Acta Horti) 1870. 8. 32 p. 1.50
11416 — Consp. specier. gen. Vitis region. Americae boreal., Chinae et Japon.
(Petrop., Acta Horti) 1873. 8. 11 p. 1.—
11417 — Zur Geschichte d. Schierlings u. Wasserschierlings. 2 Tle. (Mosk.,
Bull.) 1876—77. 8. 105 p. 2.—
11418 — Descriptiones Plantarum novar. et minus cognitar. (in region. Turkestan. coll.). 10 fascic. et supplem. (Petrop., Acta Horti) 1878—86. 8.
c. 31 tab. 35.—
　　　Alle Teile auch einzeln.
11419 — Monogr. gen. Eremostachys. (Petrop., A. Horti) 1886. 8. 48 p. et 9 tab. 3.—
11420 — Allii spec. Asiae central. (Petrop., Acta Horti) 1887. 8. 88 p. et 8 tab. 3.—
11421 — Descript. Plantarum nonnull. Horti Petropolit. 4 partes. (Petrop.,
Acta Horti) 1887—91. 8. 51 p. 1.50
11422 — Rhamni spec. Rossicae. (Petrop.) 8. 19 p. 1.—

W. Junk, Berlin, W. 15.

11423 **Regel, R.** Ueb. Incarvillea compacta. (Berl., Gartenfl.) 1900. 8. 3 p. m. color. Tfl. 1.—

11424 **Reichardt.** Z. Kenntn. d. Cirsien Steiermarks. (Wien, Z. b. G.) 1861. 8. 4 p. —.50

11425 — 2 neue Centaurea aus Kurdistan. (Wien, Z. b. G.) 1863. 8. 6 p. —.50

11426 — 4 neue Pflanzenarten aus Brasilien. (Wien, Z. b. G.) 1883. 8. 4 p. —.50

11427 **Reichenbach, H. G. L.** Die Vergissmeinnichtarten. (Aus: S t u r m ' s Flora Deutschlands). Nürnb. 1822. 8. 43 p. m. 16 color. Tfln. Hfzb. 6.—

11428 **Reichenbach, H. G. L. u. H. G.** Deutschlands Flora. Bd. III: Callitrich., Euphorbiac., Sapindac., Malvac. etc. Leipz. 1843. 4. 170 p. — Text o h n e die Tfln. 3.—

11429 — — Bd. V: Isoeteae, Aroid., Lemneac., Nympheac. etc. Leipz. 1845. 4. 55 p. m. 71 h a l b c o l o r. Tfln. Lnb. 20.—

11430 — — Bd. VIII: Typhac., Irid., Narciss., Juncac. Leipz. 1847. 4. 29 p. m. 22 h a l b c o l o r. Tfln. (s t a t t 100). 4.—

11431 — — Bd. IX: Veratr., Colchic., Smilac., Liliac. Leipz. 1848. 4. 46 p. m. 56 h a l b c o l o r. Tfln. (s t a t t 122). 8.—

11432 — — Bd. XI: Betulin., Cupulif., Urticac. etc. Leipz. 1850. 4. 42 p. m. 45 h a l b c o l o r. Tfln. (s t a t t 110). 8.—

11433 — — Bd. XV: Cynarocephal. u. Calendulac. Leipz. 1853. 4. 124 p. m. 38 h a l b c o l o r. Tfln. (s t a t t 160). 5.—

11434 — — Bd. XVI: Corymbiferae. Leipz. 1854. 4. 102 p. o h n e Tfln. 3.—

11435 — — Bd. XVII: Gentianac., Asclepiad., Oleac., Rubiac. etc. Leipz. 1855. 4. 132 p. m. 50 h a l b c o l o r. Tfln. (s t a t t 150). 8.—

11436 — — Bd. XVIII: Labiatae, Verbenac., Convolvulac. etc. Leipz. 1858. 4. 124 p. m. 70 h a l b c o l o r. Tfln. (s t a t t 150). 10.—

11437 — — Bd. XIX: Cichoriac., Campanulac., Cucurbitac. etc. Leipz. 1860. 4. 159 p. m. 39 h a l b c o l o r. Tfln. (s t a t t 260). — Im Texte fehlen 30 p. 4.—

11438 — — Bd. XX: Solanac., Orobancheae, Acanthac., Globulariac., Lentibular. Leipz. 1862. 4. 166 p. m. 127 h a l b c o l o r. Tfln. (s t a t t 220). 12.—

11439 — — Bd. XXI: Umbelliferae. Leipz. 1867. 4. 136 p. m. 210 h a l b c o l o r. Tfln. Hfzb. 30.—

11440 — — Derselbe Bd. 136 p. m. 170 h a l b c o l o r. Tfln. (s t a t t 210). 12.—

    Ausserdem ist noch eine Zahl von halbcolor. Tfln. u. v. Texten aus anderen Bänden vorrätig.

11441 — Icones Florae German. et Helveticae. Vol. XII: Betulineae, Culpuliferae, Urticac., Aristoloch. et Dipsac. cum Valerineis. Lips. 1850. 4. 36 p. et 110 tab. n i g r a e. (M. 28.) Hfzb. 20.—

11442 — — Vol. XX: Solanac., Orobancheae, Acanthac., Globulariac., Lentibular. Lips. 1862. 4. 127 p. et 47 tab. n i g r a e (173 tab. d e s u n t.) 5.—

11443 **Reiter u. Abel.** Abbild. d. 100 deutschen wilden Holzarten. 4 Hefte u. „Fortsetz." Heft I. (soviel erschien.). Stuttg. 1796—1803. 4. 70 p. m. 125 color. Tfln. (M. 108.) 60.—

    Näheres siehe: Rara Historico-Naturalia, ed. J u n k, p. 17.

11444 **Repertorium** novarum specierum Regni Vegetab. Auct. Fedde. Bd. I—IV. Berol. 1905—07. 8. (M. 42.) 32.—

11445 **Remy.** S. l. Composées du Chili. (Paris, Ann. Sc.) 1849. 8. 20 p. 1.50

11446 **Renner.** Z. Anat. u. System. d. Artocarpeen u. Conocephaleen. Leipz. 1906. 8. 134 p. 2.—

11447 **Retzius.** Supplem. ad observat. botanic. (Phanerog.). (Gött., Phytogr. Bl.) 1803. 8. 14 p. 1.—

11448 **Rey - Pailhade.** Les Hypecoum de la France. (Paris, Soc. Bot.) 1905. 8. 10 p. 1.—

11449 **Ricasoli.** Agave Mexicana. (Lond.) 1883. 8. 2 p. w. pl. 1.—

11450 **Ricci.** Nuova spec. di Anthoxanthum. (Fir., Giorn. Bot.) 1881. 8. 11 p. c. tav. 1.—

11451 **Richard.** S. l. g. Ophiorhiza et Mitreola. (Paris, Soc. Nat.) 1823. 4. 8 p. av. 2 pl. 1.—

M

11452 **Richter, A.** Nouv. esp. de Centaurée. (Mosc., Bull.) 1838. 8. 12 p.   1.—
11453 **Richter, A.** Die anatom. u. system. Verhältn. v. Cudrania, Plecospermum u. Cardiogyne. (Budap., Term. Füz.) 1895. 8. 14 p. m. 2 Tfln.   1.50
11454 — Die weisse Seerose d. Nilgebietes u. d. ungar. Flora. (Budap., Term. Füz.) 1897. 8. 20 p. m. Tfl.   1.—
11455 **Riddelsdell.** Helosciadium Moorei. (Dublin) 1914. 8. 11 p.   1.—
11456 **Ridley.** On new Monocotyledon. fr. Madagasc. (Lond., Linn. Soc.) 1883. 8. 10 p.   1.—
11457 — On the Freshwater Hydrocharideae of Africa. (Lond., Linn. S.) 1886. 8. 10 p. w. 2 pl.   1.—
11458 — The Scitamineae of the Philipp. Islands. 2 pap. (Manila, J. Sc.) 1905—09. 4. 49 p.   2.—
11459 **Rippa.** Nuovo g. e n. spec. di Flacourtiaceae. (Nap., Orto) 1904. 8. 13 p.   1.—
11460 **Robinson, B. L.** Revis. of the N. Americ. and Mexican spec. of Mimosa and Neptunia. (Bost., Ac.) 1898. 8. 32 p.   1.50
11461 — New Gamopetalae fr. Mexico. (Bost., Ac.) 1900. 8. 20 p.   1.—
11462 — Synops. of the g. Melampodium. (Bost., Ac.) 1901. 8. 12 p.   1.—
11463 — New Spermatophytes of Mexico. (Bost., Ac.) 1901. 8. 18 p.   1.—
11464 — Studies in the Eupatorieae. 2 pap. (Bost., Ac.) 1906. 8. 57 p.   1.50
11465 **Robinson, B. L., and Greenman.** Revis. of the g. Tridax, Mikania, Zinnia and Calea of Mexico. 4 pap. (Bost., Ac.) 1896. 8. 30 p.   1.50
11466 — Revis. and synops. of the g. Montanoa, Perymenium, Zaluzania and Verbesina. 3 pap. (Bost., Ac.) 1899. 8. 74 p.   1.50
11468 **Robinson, C. B.** Alabastra Philippinensia. II. III. (Manila, J. Sc.) 1908—1911. 4. 84 p.   2.—
11469 — Philippine Chloranthaceae and Phyllanthinae. 2 pap. (Manila, J. Sc.) 1909. 4. 37 p.   1.50
11470 — Philippine Boraginaceae. (Manila, J. Sc.) 1909. 4. 12 p.   1.—
11471 — Philippine Urticaceae. 3 parts. (Manila, J. Sc.) 1910—11. 4. 129 p. w. 3 pl.   4.50
11472 — Urticaceae fr. the Sarawak Museum. (Manila, J. Sc.) 1911. 4. 8 p.   1.—
11473 **Rodrigues, J. Barbosa-.** Plantas novas cultiv. no Jardim botanico do Rio de Janeiro. Partie II—VI. Rio de J. 1893—98. 4. 142 p. av. 12 pl.   18.—
11474 **Rohrbach.** Monogr. d. Gatt. Silene. Leipz. 1868. 8. 257 p. m. 2 Tfln. (M. 4.50.)   2.50
11475 — Morphol. d. Gatt. Silene. Leipz. 1868. 8. 52 p. m. 2 Tfln.   1.50
11476 — Ueb. d. Europ. Arten d. Gatt. Typha. (Berl., Bot. Ver.) 1868. 8. 42 p. m. Tfl.   1.—
11477 — Z. Kenntn. ein. Hydrocharideen. (Halle, Nat. Ges.) 1871. 4. 64 p. m. 3 Tfln. (M. 5.40.)   2.—
11478 **Rolfe.** On the Selagineae describ. by Linnaeus, Bergius, Linnaeus fil., and Thunberg. (Lond., Linn. Soc.) 1884. 8. 21 p.   1.—
11479 — On Hyalocalyx, a new gen. of Turneraceae fr. Madagascar. (Lond., Linn. Soc.) 1884. 8. 3 p. w. pl.   1.—
11480 — Revis. of the g. Vanilla. (Lond., Linn. S.) 1895. 8. 40 p.   1.50
11481 **Roper.** On Ranunculus Lingua. (Lond., Linn. S.) 1885. 8. 5 p. w. 2 pl.   1.—
11482 **Roeper.** Enumeratio Euphorbiarum Germaniae et Pannoniae. Gott. 1824. 4. 76 p. et 3 tab. Cart.   1.—
11483 — De floribus et affinitat. Balsaminearum. Basil. 1830. 8. 70 p.   1.—

G. Rosa.

[Supplementum numeror. 1599—1656, vide: Bibliographia Botanica, p. 68—70. — Vide etiam: Rara Historico-Naturalia, ed. J u n k, p. 18].

11484 **Almquist.** Skandinav. former af Rosa glauca i Naturhistor. Riksmus. (Stockh., Ark. Bot.) 1910. 8. 118 p. m. 10 Tfln. u. 104 Fig.   6.50
11485 — Skandinav. former af Rosa afzeliana sectio glauciformis. (Stockh., Ark. Bot.) 1911. 8. 105 p. m. 64 Fig.   4.—

M

G. Rosa.

11486	**Anweisung** schöne Rosen zu erziehen. Ulm 1820. 8. 55 p.	3.—
11487	**Baker, J. G.** Monogr. of the British Roses. (Lond., Linn. Soc.) 1869. 8. 47 p.	2.50
11488	**Beauvisage.** S. 2 Roses prolifères. (Lyon, S. Bot.) 1888. 8. 6 p. av. pl.	1.—
11489	**Betten.** Die Rose, ihre Anzucht u. Pflege. Frankf. 1897. 8. 230 p. m. 138 Fig. Lnb. (M. 4.)	1.50
11490	— — 3. (letzte) Aufl. Frankf. 1911. 8. 247 p. m. 189 Fig. Lnb. (M. 4.)	
11491	**Birkinger.** Die Rose. Darstell. e. Anzahl d. schönsten Rosen. Wien 1894. 9 Tfln. in fol. (4 color.) m. Text. (M. 12.)	5.—
11492	**Braun, H.** Z. Kenntn. ein. Arten u. Formen d. Gatt. Rosa. (Wien, Z. b. G.) 1886. 8. 76 p. m. 2 Tfln.	1.50
11493	**Bräutigam.** Z. anatom. Charakteristik d. Rosaceen-Bastarde. Dresd. 1897. 8. 56 p. m. 3 Tfln.	2.50
11494	**Brenner.** Rosa opaca-former i Inga. (Helsingf., Soc. Fl.) 1908. 8. 4 p.	1.—
11495	**Burnat et Gremli.** S. qu. Roses de l'Italie. Genève 1886. 8. 51 p.	1.50
11496	— Genre Rosa. Révis. du groupe d. orient. Genève 1887. 8. 104 p.	2.—
11497	**Chalon.** Petites annotat. botaniques (Rosa). 2 parties. (Brux., Soc. Bot.) 1867 à 68. 8. 18 p. av. pl. color.	2.—
11498	**Cockerell.** The Roses of Pecos, New Mexico. (Philad., Ac.) 1904. 8. 11 p.	1.50
11499	**Crépin.** Primitiae monogr. Rosarum. Matér. p. s. à l'hist. des Roses. 6 fascic. (avec complément). (Brux., Soc. Bot.) 1869 à 1882. 8. 856 p.	70.—
11500	— — Fasc. V. 1880. 8. 196 p.	5.—
11501	— S. l. Roses décr. dans le 'Supplem. Florae orient.' de Boissier. (Brux., Soc. Bot.) 1888. 8. 17 p.	1.50
11502	— Examen de qu. idées emises p. Burnat et Gremli s. le g. Rosa. (Brux., Soc. Bot.) 1888. 8. 25 p.	1.50
11503	— Rosae Helveticae. I. (Brux., Soc. Bot.) 1888. 8. 41 p.	1.50
11504	— Les Roses aux prises av. l. Savants. (Brux., Ac.) 1888. 8. 22 p.	1.—
11505	— S. qu. faits concern. le g. Rosa. Gand 1889. 8. 28 p.	1.50
11506	— Sketch of a new classif. of Roses. (Lond., Hort. Soc.) 1889. 8. 12 p.	1.50
11507	— S. l. Roses Améric. II. (Brux., S. Bot.) 1889. 8. 16 p.	1.—
11508	— Roses récolt. p. Sintenis dans l'Arménie Turque. (Brux., Soc. Bot.) 1890. 8. 11 p.	1.—
11509	— Mes excursions Rhodolog. dans l. Alpes. 2 parties. (Brux., S. Bot.) 1891 à 93. 8. 135 p.	3.—
11510	— Die Rosen v. Tirol u. Vorarlberg. (Innsbr., Nat. Ver.) 1892. 8. 18 p. m. Tfl.	1.50
11511	— Distrib. géogr. du Rosa Phoenicia. (Brux., S. Bot.) 1892. 8. 5 p.	1.—
11512	— Les Roses de l'île de Thasos et du mont Athos. (Brux., Soc. Bot.) 1892. 8. 12 p.	1.—
11513	— Obsession de l'individu d. Roses. (Brux., S. Bot.) 1893. 8. 4 p.	1.—
11514	— Roses récolt. en Anatolie et d. l'Arménie Turque p. Sintenis et Bornmüller. (Genève, Herb. Boiss.) 1893. 8. 8 p.	1.—
11515	— S. l'Inflorescence d. Rosa. (Brux., Soc. Bot.) 1895. 8. 25 p.	1.50
11516	— Révis. d. Roses d. Herbiers de Lejeune et de Libert. (Brux., Soc. Bot.) 1896. 8. 13 p.	1.50
11517	— Les Variations parallèles. (Brux., Soc. Bot.) 1898. 8. 14 p.	1.—
11518	**Dematra.** Essai d'une monogr. d. Rosiers indigènes du cant. de Fribourg. Frib. 1818. 8. 8 p.	4.—

Je viens d'acquérir le petit reste de l'édition de cet opuscule intéressant dont le prix était jusqu'à maintenant très-haut.

11519	**Déséglise.** Notes extraites de l'enumér. d. Rosiers de l'Europe, de l'Asie et de l'Afrique. (Brux., Soc. Bot.) 1876. 8. 17 p.	1.50
11520	**Du Mortier.** Monogr. d. Roses de la flore Belge. (Brux., Soc. Bot.) 1867. 8. 68 p.	2.—

G. Rosa.   *M*

11521	**Ficalho e Coutinho.** As Rosaceas de Portugal. (Coimbra, Soc. Brot.) 1899. 4. 56 p.	3.50
11522	**Focke.** Rosaceae (Aus: Engler-Prantl's Pflanzenfam.). Leipz. 1888. 8. 48 p. m. 140 Fig. (M. 3.)	2.—
11523	— Ein. Rosaceen aus Neuguinea. (Brem., Nat. Ver.) 1894. 8. 6 p.	1.—
11524	— Ueb. ein. Asiat. Rosen. (Brem., Nat. Ver.) 1906. 8. 3 p. m. Tfl.	1.—
11525	**Forney.** Taille et culture du Rosier et de l'Oranger. 3. éd. Paris. 8. 216 p. av. 50 fig.	3.—
11526	**Frankenheim.** Ueb. d. geogr. Verbreit. d. Rosaceen. (Halle, Linnaea) 1842. 8. 18 p.	1.—
11527	**Gandoger.** S. une nouv. classif. d. Roses de l'Europe, de l'Orient et du bassin Méditerr. Paris 1876. 8. 48 p.	2.—
11528	**Gelmi.** Le Rose del Trentino. Trento 1886. 8. 50 p.	1.50
11529	— Rosa canina u. glauca d. Trident. Alpen. (Arnst., Bot. Mon.) 1890. 8. 4 p.	—.50
11530	**Geschwind.** Die Hybridation u. Sämlingszucht d. Rosen. 2. (letzte) Aufl. Leipz. 1892. 8. 243 p. m. 5 color. Tfln. Vergriffen.	8.—
11531	**Gogela.** Ein. Rosen v. Friedek u. Mistek. (Brünn, Nat. Ver.) 1892. 8. 9 p.	1.—
11532	**Gris.** Monstruosité de la Rose verte. (Paris, Ann. Sc.) 1858. 8. 8 p. av. 2 pl.	1.50
11533	**Hazslinszky.** Die Sphärien d. Rose. (Wien, Z. b. G.) 1870. 8. 8 p.	1.—
11534	**Jacobson-Stiasny.** Versuch e. embryolog.-phylogenet. Bearbeit. d. Rosaceae. (Wien, Ak.) 1914. 8. 38 p. m. 3 Tabell.	1.50
11535	**Journal** d. Roses. Fondé p. Cochet, réd. p. Bernardin. Années II à IX. Paris 1878 à 1885. 4. av. planches color. (fr. 120.) Chaque année à M. 5.	40.—
11536	**Keller, P.** Die Rose. Halle 1911. 8. 157 p.	1.—
11537	**Kiler.** Anleit. z. Cultur d. Rosa reclinata. Wien 1843. 8. 62 p.	1.50
11538	**Koidzumi.** Conspectus Rosacearum Japonicar. (Tokioni, Coll. Sc.) 1913. 4. 312 p.	14.—
11539	**Matson.** Rosae Osilianae. (Stockh., Ac.) 1900. 8. 14 p.	1.—
11540	— Rosa caryophyllacea, en ny art f. Sverige. (Lund, Bot. Not.) 1901. 8. 8 p. •	1.—
11541	**Meyran.** Observat. de Tératologie à propos du g. Rosa. (Paris, Soc. Hort.) 1905. 8. 10 p.	1.—
11542	**Nickels.** Cultur, Benenn. u. Beschreib. d. Rosen. 2. Aufl. 5 Hefte u. Nachtr. Pressb. 1845—46. 8. 365 p. m. color. Tfl. Cart.	6.—
11543	**Olbers.** Om fruktväggens anatom. byggnad h. Rosaceerna. (Stockh., Ac.) 1884. 8. 15 p. m. 2 Tfln.	1.—
11544	**Parmentier.** Rech. anat. et taxinom. s. le Rosa Berberifolia. (Brux., Soc. Bot.) 1897. 8. 12 p. av. 2 pl.	1.50
11545	**Péchoutre.** Contrib. à l'ét. du développ. de l'ovule et de la graine d. Rosacées. Paris 1902. 8. 158 p. av. 166 fig.	2.50
11546	**Petzold.** Die Rose. Geschichte, Verbreit., Cultur. Dresd. 1875. 8. 60 p.	1.50
11547	**Pons et Coste.** Herbarium Rosarum. Fasc. III et V. Millau 1897 à 1900. 8. 106 p.	2.—
11548'	**Die Rose.** (Aus: Krünitz. Oecon.-techn. Encyclop.) Berl. 1822. 8. 137 p.	3.—·
11549	**Rosenberg.** Ueb. d. Chromosomenzahlen bei Taraxacum u. Rosa. (Stockh., Bot. Tidsk.) 1909. 8. 13 p.	1.—
11550	**Rosen-Zeitung.** Redig. v. Strassheim u. Lambert. Jahrg. 2—7: 1887—1892. Frankf. u. Trier. 8. m. viel. color. Tfln. Hfzbde. Vergriffene Jahrgänge.	30.—
11551	**Roses et Rosiers.** Par des Horticulteurs et des Amateurs de Jardinage. Paris (s. d.) 8. 313 p. av. 48 pl. color. et 61 fig. — Bel exempl., d.-rel. maroq., tr. dorées.	30.—

G. Rosa.   ℳ

11552 **Rössig.** Die Rosen. Les Roses. Bd. I. Leipz. 1802. 4. 89 p. m. 30 color. Tfln. (7 Tafeln fehlen).   9.—

11553 **Rouy.** Les Rosiers hybrides Européens de l'Herbier Rouy. (Paris, J. Bot.) 1900. 8. 12 p.   1.50

11554 **Rydberg.** Notes on Rosaceae. IV. (N. York, Torr. Cl.) 1910. 8. 16 p.   1.50

11555 **Sagorski.** Die Rosen v. Naumburg. Naumb. 1885. 4. 48 p. m. 4 Tfln.   2.50

11556 **Scheutz.** Studier öfver de Skandinav. arterna af slägt. Rosa. Wexjö 1872. 4. 46 p.   2.—

11557 — Bidr. t. känned. om slägt. Rosa. (Stockh., Ak.) 1873. 8. 32 p.   1.50

11558 — De Rosis nonnullis Caucasicis. (Holm., Ac.) 1879. 8. 7 p.   1.—

11559 **Schlagintweit.** Ueb. d. Genus Rosa in Hochasien. (Münch., Ak.) 1874. 8. 16 p.   1.—

11560 **Schleiden.** Die Rose. Geschichte u. Symbolik. Leipz. 1873. 8. 341 p. m. color. Tfl. (M. 8.)   3.—

11561 **Schulze, M.** Jena's wilde Rosen. Mit Nachtr. (Jena, Bot. Ver.) 1887. 8. 69 p.   2.—

11562 — Kleinere Mitteilungen. (Gentiana, Rosa, Cirsium). (Jena, Bot. V.) 1896. 8. 20 p.   1.—

11563 **Schwertschlager.** Die Rosen d. südl. u. mittler. Frankenjura. Wien 1910. 8. 248 p. m. 2 Tfln. (M. 10.)   7.—

11564 **Straehler.** Die Rosen v. Goerbersdorf. (Berl., Bot. Ver.) 1877. 8. 12 p.   1.—

11565 **Sulzberger.** La Rose. Hist., botanique, culture. Namur 1888. 8. 148 p. av. 20 cartes et 10 pl.   6.—

11566 **Thory.** Prodrome de la monogr. du g. Rosier. Paris 1820. 8. 194 p. av. 2 pl. color. et tabl.   5.—

11567 **Trattinick.** Rosacearum Monographia. 4 vol. Vindob. 1823—24. 8.   16.—

11568 — — Vol. I. 1823. Cart.   3.—

11569 **Valse.** Nomenclat. d. Rosiers cult. p. Beluze. Lyon 1841. 8. 8 p.   2.50

11570 **Vergara.** Cultivo de los Rosales en Macetas. Madr. 1889. 8. 211 p.   3.—

11571 **Vibert.** S. la nomenclat. et le classem. d. Roses. Paris 1824. 8. 75 p. Cart.   3.—

11572 **Vigelius.** Die wirtschaftl. u. soziale Bedeut. d. Freilandrosenkultur in Deutschland. Heidelb. 1905. 8. 49 p.   1.50

11573 **Wagner, C. H.** Illustr. Katalog von Bäumen, Sträuchern, Rosen, Stauden s. Etablissements. 5 Hefte. Riga 1876—82. 8. 570 p. Cart.   3.—

11574 **Watson.** Hist. and revis. of the Roses of N. America. (Boston, Ac.) 1885. 8. 55 p.   3.50

11575 **Wesselhöft.** Der Rosenfreund. Weimar 1866. 8. 210 p. (M. 3.) Cart.   1.50

11576 **Wiesbauer u. Haselberger.** Z. Rosenflora v. Oberösterr., Salzburg u. Böhmen. Linz 1891. 8. 45 p.   1.50

11577 **Williams, F. H.** English Roses. Lond. 1899. 8. 600 p. Cloth.   8.—
Out of print.

11578 **Willmott and Parsons.** The Genus Rosa. (24 parts). Parts 1—19. Lond. 1912. w. about 130 colour. pl. — All published till now.   400.—

11579 **Rose.** Descr. of 3 new Plants. (Wash., Nat. Herb.) 1893. 8. 2 p. w. 2 pl.   1.—

11580 — Agave Washingtonensis and other Agaves. (St. Louis, Gard.) 1898. 8. 6 p. w. 3 pl.   1.—

11581 — Agave expatriata and oth. Agaves. (St. Louis, Gard.) 1900. 8. 6 p. w. 4 pl.   1.50

11582 — 2 new Umbellif. fr. Georgia. (Wash., Mus.) 1905. 8. 4 p. w. pl.   1.—

11583 **Rose and House.** 3 Mexic. Violets. (Wash., Mus.) 1905. 8. 4 p. w. pl.   1.—

11584 **Rosendahl.** A new Razoumofskaja. (Minneap., Bot. Stud.) 1903. 8. 3 p. w. 2 pl.   1.—

11585 — Die Nord-Amerikan. Saxifraginae. Berl. 1905. 8. 62 p.   1.50

M.

11586 **Ross.** Le Capsella d. Sicilia. (Genova, Malp.) 1891. 8. 7 p. 1.—
11587 — Marrubium Aschersonii. (Genova, Malp.) 1892. 8. 6 p. 1.—
11588 — Silene neglecta. (Palermo, Nat. Sic.) 1892. 4. 16 p. c. tav. 1.—
11589 **Rossmann.** Z. Kenntn. d. Wasserhahnenfüsse, Ranunculus sect. Batrachium. Giessen 1854. 4. 70 p. Cart. 1.50
11590 **Rossmässler.** Flora im Winterkleide. 4. (letzte) Aufl. Leipz. 1908. 8. 130 p. m. Portr. u. 3 color. Tfln. (M. 4.) 2.50
11591 **Rostafinski.** Ueb. d. Mohn. (Krak., Ak.) 1899. 8. 30 p. — Polnisch. 1.—
11592 **Rouy.** Et. d. Diplotaxis Europ. de la sect. Brassicaria. (Montpell., Rev. Sc. Nat.) 1882. 8. 14 p. 1.—
11593 **Roxas Clemente y Rubio.** Ensayo s. las variedades de la Vid comun que veget. en Andalucia. Madr. 1807. 8. 347 p. av. frontisp., pl. color. et 4 tabl. D.-rel. veau. 20.—
11594 **Royle.** On the Lycium of Dioscorides. (Lond., Linn. S.) 1834. 4. 12 p. 1.—

G. Rubus.

11595 **Areschoug.** Botan. Observat. (Mentha, Rubus). Lund 1854. 8. 20 p. 1.—
11596 — Comparat. examin. of the Rubi in the Scandinav. Penins. Lund 1885—86. 4. 185 p. 6.—
11597 **Arrhenius.** Monogr. Ruborum Sueciae. Upsal. 1840. 8. 66 p. 2.—
11598 **Babington.** Synopsis of the British Rubi. W. supplem. (Lond., Ann. & M.) 1846—48. 8. 52 p. 2.—
11599 — The British Rubi. Lond. 1869. 8. 327 p. Cloth. 5.—
11600 **Betcke.** Monogr. Beschreib. d. Brombeerensträucher Mecklenburgs. (Güstr., Arch.) 1850. 8. 72 p. 2.—
11601 **Boulay.** Marche à suivre d. l'étude des Rubus. 2 parties. (Paris, Soc. Bot.) 1893. 8. 20 p. 1.50
11602 **Braeucker.** 292 Deutsche (Rhein.) Rubus-Arten. Berl. 1882. 8. 112 p. 1.—
11603 **Du Mortier.** Monogr. du g. Batrachium. Monogr. du g. Rubus indig. en Belgique. 2 mém. (Brux., Soc. Bot.) 1863. 8. 32 p. 1.50
11604 **Erichsen.** Brombeeren d. Umgeg. v. Hamburg. (Hamb., Nat. Ver.) 1901. 8. 61 p. 2.—
11605 **Favrat.** Les Ronces du Canton de Vaud. (Lausanne, Soc. Sc.) 1881. 8. 62 p. 2.—
11606 — Catal. d. Ronces du S.-O. de la Suisse. (Lausanne, Soc. Sc.) 1885. 8. 34 p. 1.50
11607 **Focke.** Batograph. Abhandlgn. (Rubi). (Brem., Nat. Ver.) 1874. 8. 66 p. 1.50
11608 — Synopsis Ruborum Germaniae. Brem. 1877. 8. 434 p. (M. 8.) 6.—
11609 — Die Rubi d. Canaren. Thunberg's Dissertatio de Rubo. (Brem., Nat. Ver.) 1892. 8. 6 p. m. 2 Tfln. 1.50
11610 — Ueb. d. Verbreit. einig. Brombeeren im westl. Europa. (Brem., Nat. Ver.) 1892. 8. 12 p. 1.—
11611 — Ueb. Rubus Menkei. (Brem., Nat. Ver.) 1894. 8. 20 p. 1.—
11612 — Species Ruborum. Monogr. gen. Rubi prodromus. Pars I—III. Stuttg. 1910—14. 4. 498 p. et 222 fig. (M. 164.) 120.—
11613 **Foerster, A.** Ueb. d. Polymorphie d. Gatt. Rub. (Aach.) 1879. 8. 26 p. 1.—
11614 **Friderichsen et Gelert.** Les Rubus de Danemark et de Slesvig. (Copenh., Bot. Tidsk.) 1887. 8. 114 p. — En l. Danoise av. résumé Français. 3.—
11615 **Fritsch, K.** Anatom.-system. Studien über d. Gatt. Rubus. (Wien, Ak.) 1887. 8. 28 p. m. 2 Tfln. 1.—
11616 — Ueb. d. Rubus-Flora Salzburgs. (Wien, Z. b. G.) 1888. 8. 10 p. 1.—
11617 **Gelert.** Brombeeren aus Sachsen. (Berl., Bot. Ver.) 1896. 8. 9 p. 1.—
11618 **Genevier.** Monogr. des Rubus du bassin de la Loire. 2. (dernière) éd. Paris 1881. 8. 305 p. (fr. 10.) 4.—
11619 **Gremli.** Beitr. z. Flora d. Schweiz. Nachtrag: Vorarb. z. e. Monogr. d. Schweizer Rubi. Aarau 1870. 8. 100 p. 2.—

G. Rubus.   *M*

11620 **Halácsy.** Z. Brombeerenflora Nieder-Oesterr. (Wien, Z. b. G.) 1886.
       8. 12 p.   1.—
11621 — Oesterreich. Brombeeren. (Wien, Z. b. G.) 1891. 8. 98 p.   1.50
11622 **Harmant.** Descript. d. différ. formes du genre Rubus du dép. de
       Meurthe-et-Moselle. Aach. 1887. 8. 68 p. av. 50 pl.   8.—
11623 **Hegetschweiler.** Ueb. d. Helvet. Arten v. Rubus. (Zürich, Ges. Nat.)
       1829. 4. 47 p.   2.50
11624 **Kaltenbach.** Erfahrgn. b. Studium v. Rubus. (Bonn, Nat. Ver.)
       1845. 8. 9 p.   1.—
11625 **Kerner.** Novae Plantar. Species III: Descr. Ruborum novar. Austriae.
       Innsbr. 1871. 8. 50 p.   2.50
11626 **Krasan.** Versuch die Polymorphie d. Gattg. Rubus zu erklären.
       (Wien, Z. b. G.) 1865. 8. 54 p.   1.—
11627 — Die Haupttypen d. Blüthenstände Europ. Rubusarten. (Wien,
       Z. b. G.) 1863. 8. 26 p.   1.—
11628 **Krause, E. H. L.** Rubi Rostochienses. (Güstr., Arch.) 1880. 8. 49 p. 1.50
11629 — Rubi Berolinenses. (Berol., Bot. Ver.) 1885. 8. 23 p.   1.—
11630 — Die Brombeeren v. Westpreussen. (Danz., Nat. Ges.) 1898. 4. 24 p.   1.50
11631 — Nova synops. Ruborum German. et Virginiae. Pars I. (quantum
       prodiit). Saarlouis 1899. 4. 106 p. m. 12 Tfln. (M. 13.60.)   5.—
11632 — Die Brombeeren im Herbar. d. Naturhist. Vereins d. Rheinlande.
       (Bonn, Nat. Ver.) 1900. 8. 60 p.   1.50
11633 **Kuntze.** Reform Deutscher Brombeeren. Leipz. 1867. 8. 127 p. (M. 4.) 2.—
11634 — Der Irrthum d. Speciesbegriffes phytogeogr. erläut. an Rubus.
       (Leipz., Geogr. Ges.) 1879. 8. 18 p. m. Tab.   1.—
11635 — Methodik d. Speciesbeschreib. u. Rubus. Monogr. d. Brombeeren.
       Leipz. 1879. 4. 146 p. m. Tfl. u. 7 Tabell. (M. 13.50.)   8.—
11636 **Lidforss.** Stud. öfv. Artbildningen inom släktet Rubus.   2 Tle.
       (Stockh., Ark. Bot.) 1905—07. 8. 83 p. m. 16 Tfln.   8.—
11637 **Müller, Ph. J.** Die bei Weissenburg am Rh. wildwachs. Arten d.
       Gatt. Rubus. (Regensb,, Flora) 1858. 8. 38 p.   1.50
11638 — Monogr. Darstell. d. gallo-german. Arten d. Gatt. Rubus. (Neust.,
       Pollich.) 1859. 8. 225 p.   6.—
11639 **Münderlein.** Die Rubus-Flora Nürnbergs.(Arnst., Bot. Mon.) 1893.
       8. 7 p.   1.—
11640 **Neuman, L. M.** Om Rubus corylifolius och prunos. (Stockh., Ak.)
       1887. 8. 18 p.   1.—
11641 **Ranke.** Die Brombeeren v. Lübeck. (Lüb., Geogr. G.) 1900. 8. 28 p.   1.50
11642 **Rogers.** Handbook of British Rubi. Lond. 1902. 8. 125 p. Cloth.   5.—
11643 **Sabransky.** Z. Brombeerenflora d. kleinen Karpathen. (Wien, Z. b.
       G.) 1886. 8. 8 p.   1.—
11644 — Z. Rubus-Flora der Sudeten u. Beskiden. (Wien, Bot. Z.) 1912.
       8. 8 p.   1.—
11645 **Sendtner.** Z. Kenntn. d. Bayer. Brombeersträucher. (Regsb., Flora)
       1856. 8. 13 p.   1.—
11646 **Spribille.** Die Rubi d. Prov. Posen. 3 Tle. (Berl., Bot. Ver.) 1897—
       1900. 8. 37 p.   1.50
11647 — Ein. Bemerkgn. zu unseren Rubi. 2 Tle. 8. 11 p.   1.—
11648 **Sudre.** Les Rubus de l'Herbier Boreau. (Angers, Soc. Sc.) 1902.
       8. 107 p.   4.—
11649 — Batotheca Europaea. Fasc. I. Albi 1903. 8. 16 p.   1.—
11650 — Rubi Europae. Monogr. iconibus illustrata Ruborum Europae.
       6 fasc. Albi 1908—14. fol. 305 p. et mult. tab.   80.—
11651 **Thunberg, C. P.** De Rubo. Ups. 1813. 4. 12 p.   1.50
11652 **Utsch.** Tabelle z. Bestimm. d. Westfäl. Rubi. (Münst.) 1881. 8. 17 p. 1.—

G. **Rubus.** *M*

11653 **Weihe u. Nees v. Esenbeck.** Rubi Germanici. Die Deutschen Brombeersträuche. 2 Bde. Elberf. 1822—27. fol. 268 p. m. 53 color. Tfln. Cart. 150.—
 Seit langem vergriffene schöne Iconographie. Näheres siehe: Rara Historico-Naturalia, ed. J u n k, p. 18.

11654 **Rüger.** Z. Kenntn. d. Gatt. Carica. Erl. 1887. 8. 30 p. 1.—
11655 **Ruiz et Pavon.** Flora Peruviana et Chilensis: G. Laurus. (Matriti) 1802. folio. 28 tabulae aeneae. Cart. 50.—
 R a r i s s i m u m. The plates are those of the IV. volume of the 'Flora Peruviana' (P r i t z e l: 'ineditus'), which is extremely rare. For particulars on those 28 plates see: P r i t z e l, ed. I, 8859.
11656 **Rupprecht.** Ueb. d. Chrysanthemum Indic. Wien 1833. 8. 216 p. (M. 3.40.) Cart. 1.50
11657 **Ruprecht.** Ueb. d. Caucas. Primeln. (Petersb., Ak.) 1863. 8. 32 p. 1.—
11658 — Rev. Campanularum Caucasi. (Petrop., Ac.) 1867. 8. 28 p. 1.50
11659 **Rydberg.** Notes on Potentilla. 4 parts. (N. York, Torr. Cl.) 1896. 8. 24 p. w. 2 pl. 1.50
11660 — Monogr. of the North Americ. Potentilleae. (N. York, Columb. Univ.) 1898. 4. 225 p. w. 112 pl. 32.—
11661 **Sabine.** On the Chrysanthemum Indic. (Lond., Linn. S.) 1822. 4. 18 p. 1.—
11662 **Safford.** Classific. of the g. Annona. (Wash., Herbar.) 1914. 8. 80 p. w. 41 pl. 9.—
11663 **Sagorski.** Ueb. d. Formenkreis d. Anthyllis Vulneraria. Naumb. 1908. 8. 50 p. 1.50
11664 — Die Formen d. Artemisia salina am Soolgraben bei Artern. (Weim., Bot. Ver.) 1908. 8. 30 p. 1.—
11665 **Sagorski u. Osswald.** Ueb. Formen d. Gatt. Mentha in d. Thüring.-Hercyn. Florengebiet. (Weimar, Bot. Ver.) 1909. 8. 83 p. m. 8 Tfln. 4.—
11666 **Saint-Hilaire, A. de.** Sur l. Cucurbitacées, l. Passiflorées et l. Nandhirobées. 2 parties. Paris 1823. 4. 74 p. av. 2 pl. 2.—
11667 — S. plus. g. d. Salicariées. I. (Paris, Ann. Sc.) 1834. 8. 12 p. 1.—
11668 — S. l. Myrsinées et Sapotées. (Paris, Ann. Sc.) 1836. 8. 33 p. 1.—
11669 — S. l. Résédacées. II. Montp. 1837. 4. 42 p. 1.50
11670 **Saint-Hilaire, A. de, et Girard.** Monogr. d. Primulacées et Lentibulariées du Brésil mérid. (Paris, Ann. Sc.) 1839. 8. 55 p. av. pl. 2.—
11671 **Saint-Lager.** Vicissitudes onomastiques de la Globulaire vulgaire. (Lyon, Soc. Bot.) 1889. 8. 24 p. 1.—
11672 — Aire géograph. de l'Arabis arenosa et du Cirsium oleraceum. (Lyon, Soc. Bot.) 1893. 8. 15 p. 1.—
11673 — Onothera ou Oenothera. (Lyon, Soc. Bot.) 1897. 8. 20 p. 1.—
11674 — Synonymes d'un Astragale. (Lyon, Soc. Bot.) 1901. 8. 15 p. 1.—
11675 **Saldanha de Gama et Cogniaux.** Bouquet de Mélastomacées Brésiliennes. Verviers 1887. 4. 5 pl. in fol. av. texte. 7.—
11676 **Salisbury.** Descr. of sever. Pancratium. (Lond., Linn. S.) 1794. 4. 7 p. w. 6 pl. 2.—
11677 — The Genera of Plants. Liriogamae. Lond. 1866. 8. 149 p. Cloth. 3.—
11678 **Salisbury and W. Hooker.** The Paradisus Londinens., cont. Plants cultiv. in the vicin. of the Metropol. Lond. 1805(—09). 4. 95 colour. plates w. 95 p. of letterpress. 60.—
 This work (P r i t z e l: opus splendidum, pulcherrimae tabulae) has never been completed; the copies which turn up, differ much in the number of plates. The most complete copy which I ever possessed, of this exceedingly rare work and which I described on p. 18 and 116 of my 'Rara Historico-Naturalia' had 119 plates. — Very many odd plates in stock at the price of M. 1. each.

G. Salix.   *M*

11679   **Andersson, N. J.** Salices Lapponiae. 5 partes. Upsal. 1845. 8. 91 p.
        et 2 tab.   2.—
11680   — Bidr. t. känned. om de Nordamerik. Salices. (Stockh., Ak.)
        1858. 8. 25 p.   1.50
11681   — On East Indian Salices. (Lond., Linn. S.) 1860. 8. 20 p.   1.—
11682   — Monogr. Salicum. Pars I (conica). (Stockh., Ac.) 1863. 4. 186 p.
        et 9 tab.   6.—
11683   **Ball, C. R.** On some Western Willows. (St. Louis, Ac.) 1899. 8. 22 p.   1.—
11684   — Genus Salix in Iowa. Des. Moines 1900. 8. 14 p. w. 3 pl.   1.50
11685   — On N.-Americ. Willows. I. (Chic., Bot. Gaz.) 1905. 8. 5 p. w. 2 pl.   1.50
11686   — The g. Salix. 1910. 8. 20 p.   1.—
11687   — Saliceae. 1910. 8. 13 p.   1.—
11688   **Bauer, F.** Die Blattanatomie d. pleiandr. Weiden. Bresl. 1909. 8. 66 p. 1.50
11689   **Bebb.** On N. Americ. Willows. III. (Chic., Bot. Gaz.) 1889. 8. 6 p. w. pl. 1.—
11690   **Camus, A. et E. G.** Classificat. et monographie d. Saules (Salices)
        d'Europe. 2 vols. Paris 1904 à 05. 8. 672 p. av. atlas de 60 pl. in-4.   40.—
11691   **Chamberlain.** Contrib. to the life history of Salix. (Chicago, Bot.
        Gaz.) 1897. 8. 32 p. w. 7 pl.   3.—
11692   **Coutinho.** Subsidios p. o est. das Salicaceas de Portugal. (Coimbra,
        Soc. Broter.) 1899. 4. 30 p.   1.50
11693   **Damseaux.** Culture de l'Osier. Namur 1883. 8. 82 p.   1.—
11694   **Ellstrand.** Salicolog. bidrag. (Stockh., Ak.) 1892. 8. 22 p.   1.—
11695   **Enander.** Stud. öfv. Salices i Linnés Herbarium. Upps. 1907. 8. 138 p.
        m. 2 Tfln.   4.—
11696   **Floderus.** Bidr. t. känned. om Salixfloran i Sydvestra Jämtlands
        fjälltrakter. (Stockh., Ak.) 1891. 8. 52 p.   1.50
11697   **Fries, E.** De i Sverige växande Pilarterna. (Stockh., 'Bot. Utflygt.')
        1864. 8. 64 p.   2.—
11698   **Gärtner, H.** Vergleich. Blattanatomie z. System. d. Gatt. Salix.
        Göttgn. 1907. 8. 66 p. m. Tfl.   1.50
11699   **Glatfelter.** Study of the Venation of Salix. (St. Louis, Bot. Gard.)
        1883. 15 p. w. 3 pl.   1.50
11700   **Hartig, T.** System u. Beschreib. d. Europ. Weiden. M. Nachtr.
        (Berl., Hartig's Kulturpflanzen) 1850. 4. 90 p. m. 34 Tfln.   12.—
11701   **Hibsch.** Salix babylon., androgyna et mascul. (Wien, Z. b. G.)
        1875. 8. 4 p.   —.50
11702   **Hoffmann, G. F.** Historia Salicum. Fascic. 1—5 (= Vol. I, II, pars 1;
        quant. prodiit). Lips. 1787—91. fol. 90 p. et 31 tab. c o l o r. (M. 30.) 25.—
11703   — — Vol. I. 1787. 78 p. et 24 tab. n i g r a e. Cart.   8.—
11704   **Host.** Salix. Vol I (unic.). Vindob. 1828. fol. 34 p. et 105 tab. color.
        Hfzb.   250.—
                Sehr selten. Blieb in Folge des Todes des Autors unvollendet.
11705   **Hubbard.** The Basket Willow. — G h i t t e n d e n, Insects injur. to
        the Basket Willow. (Wash.,Dept. Agr.) 1904. 8. 100 p. w. map and 7 pl.   2.—
11706   **Kerner, A.** Niederösterreich. Weiden. 2 Tle. (Wien, Z. b. G.) 1860.
        8. 158 p.   3.50
11707   — Salicolog. Mittheilgn. (Wien, Z. b. G.) 1864. 8. 4 p.   —.50
11708   **Kjellmark.** Nagra Salix- och Betula-Former. (Stockh., Ak.) 1895.
        8. 11 p. m. 2 Tfln.   1.50
11709   **Koch, W. D.** De Salicibus Europ. Erlang. 1828. 8. 65 p.   1.50
11710   **Lundström, A. N.** Studier öfv. slägt. Salix. Stockh. 1875. 8. 61 p.
        m. 2 Tfln.   2.—
11711   — Krit. Bemerk. üb. d. Weiden Nowaja Semljas. (Upsala, Ges.
        Wiss.) 1877. 4. 44 p. m. color. Tfl.   2.—
11712   — Om Jennisej-strändernas Salixflora. (Lund, Bot. Not.) 1888. 8. 10 p.   1.—
11713   — Ueb. d. Salixflora d. Jenissej-Ufer. (Cassel, Bot. C.) 1888. 8. 7 p.   —.50

G. Salix.   *M*

11714 **Mayer, A.** Die Weiden Regensburgs. (Regensb., Nat. Ver.) 1899.
8. 99 p. m. 5 Tfln.   4.—

11715 **Raczynski.** Distrib. de la salicine dans l. tissus d. Saules. (Moscou,
Bull.) 1866. 8. 5 p. av. pl.   1.—

11716 **Rowlee and Wiegand.** Salix candida and its hybrids. (N. York,
Torr. Cl.) 1896. 8. 8 p.   1.—

11717 **Scheuerle.** Die Weiden-Arten Württembergs. (Stuttg., Nat. Ver.)
1888. 8. 10 p. m. Tfl.   1.—

11718 **Seemen.** Salices Japonicae. Lips. 1903. 4. 83 p. et 18 tab. (M. 25.)   20.—

11719 **Straehler.** Die Weiden Spremberg's. (Berl., Bot. Ver.) 1879. 8. 16 p.   1.—

11720 — Salix silesiaca im Eulen- u. Waldenburg. Gebirge. (Arnst., Bot.
Mon.) 1897. 8. 4 p. m. 2 Tfln.   1.50

11721 **Toepffer.** Die Weiden in Mecklenburg. (Güstrow, Arch.) 1900. 8. 33 p.   1.—

11722 — Schedae z. „Salicetum exsiccat." Fasc. I. Münch. 1906. 8. 24 p.
(M. 1.50.)   1.—

11723 — Salices Bavariae. Monogr. d. Bayer. Weiden. (Münch., Bot. Ges.)
1915. 8. 217 p. (M. 10.)

11724 **Wesmael.** Monogr. d. Saules hybrides de la flore Belge. (Brux.,
Soc. Bot.) 1864. 8. 23 p.   1.50

11725 **White, F. B.** Revision of the British Willows. (Lond., Linn. Soc.)
1890. 8. 125 p. w. 3 pl. (6 s.)   4.—

11726 **Wichura.** Die Bastardbefruchtung im Pflanzenreich, erläut. an d.
Weiden. Bresl. 1865. 4. 100 p. m. 2 Tfln. in fol. in Naturdruck. (M. 7.)   5.—

11727 **Wimmer.** Salicolog. Beiträge. (Bresl., Schles. Ges.) 1861. 8. 13 p.   1.—

11728 — Salices Europaeae. Vratisl. 1866. 8. 378 p. (M. 9.)   5.—

11729 **(Salm-Reifferscheid-Dyck.)** Verzeichn. d. verschied. Arten u. Abarten
d. Geschlechts Aloe. (Düsseld.) 1817. 8. 73 p.   6.—

11730 — Monographia generum Aloes et Mesembryanthemi. (7 fasciculi).
Bonnae 1836—63. 4. 352 tabulae coloratae et textus. — Absolut vollständiges Exemplar.   650.—

Eine Collation dieses durch den Tod des Autors unvollständig gebliebenen
Fundamentalwerkes ist, da ein Index nie erschien, sehr schwierig. Ich habe sie
in ausführlichster Weise auf p. 107—109 meiner „Rara Historico-Naturalia" ge-
gegeben. Von „Aloe" sind 137, von „Mesembryanthemum" 215 Tafeln erschienen.
Eine jede Tafel, mit Ausnahme der 17, welche die letzte, posthume Lieferung
bilden, hat ein bis zwei Seiten Text. Die bibliographischen Angaben von P r i t z e l,
B r u n e t, H e i n s i u s u. a. sind sämtlich falsch. — Vollständige Exemplare
gehören in Folge der langen Erscheinungsfrist, der ungeordneten Aneinander-
reihung, des bisherigen Mangels jeglichen Collationsbehelfs zu den grössten
Seltenheiten.
Einzeln: Fascikel I. 60 color. Tafeln M. 80. — Fascikel II. 58 color. Tafeln M. 80.
Fascikel III. 57 color. Tafeln M. 80. — Fascikel IV. 56 color. Tafeln M. 80. —
Fascikel VI. 50 color. Tafeln M. 50. — Fascikel VII. 17 color. Tafeln M. 30.
Ausserdem besitze ich viele Hunderte von einzelnen colorierten u. schwarzen
Tafeln.

11731 — — Completes Exemplar (aber o h n e Fascik. V): 298 tabulae
coloratae et textus.   330.—

11732 **Salmon.** On Limonium. (Lond., J. Bot.) 1903. 8. 10 p. w. pl.   1.—

11733 **Salomon.** Deutschl. winterharte Bäume u. Sträucher. Leipz. 1884. 8.
240 p. (M. 4.50.)   2.—

11734 **Sargent.** The g. Crataegus in Newcastle County. (Chic., Bot. Gaz.)
1903. 8. 12 p.   1.—

11735 **Saunders, E. R.** On a discontin. variat. of Biscutella laevig. (Lond.,
Roy. Soc.) 1897. 8. 16 p.   1.—

11736 **Sauvageau.** S. qu. Myrionémacées. I. (Paris, Ann. Sc.) 1898. 8. 130 p.   3.—

11737 **Savi, C.** Observat. in varias Trifoliorum spec. Florent. 1810. 8. 118 p.   2.—

11738 — — Correz. ed aggiunte alle 'Observat.' (Pisa). 8. 12 p.   1.—

11739 **Savi, G.** Trattato d. Alberi della Toscana. 2. ed. 2 vol. Firenze 1811— *M*
  1826. 8. 352 p. Cart. 6.—
11740 — S. alc. Acacie Egiziane. Pisa 1830. 8. 31 p. c. tav. 1.50
11741 **Savigny.** Descr. du Nymphaea caerulea. (Paris, Mus.) 1802. 4. 6 p. av. pl. 1.—
11742 **Schacht.** Der Baum. Berlin 1853. 8. 401 p. m. 7 Tfln. (4 color.) (M. 11.)
  Hfzb. 2.—
11743 — — 2. (letzte) Aufl. Berl. 1860. 8. 386 p. m. 4 Tfln. u. 227 Fig.
  (M. 13.) Hfzb. 5.—
11744 — Z. Kenntn. d. Visnea mocanera. (Regensb., Bot. G.) 1859. 4. 19 p.
  m. 3 Tfln. 1.50
11745 **Scharfetter.** Die Liliaceen Kärntens. (Wien, Z. b. G.) 1906. 8. 11 p. 1.—
11746 **Schauer.** Chamaelaucieae. Vratisl. 1841. 4. 21 p. 1.—
11747 — De Regelia, Beaufortia et Calothamno. (Ac. Leop.) 1843. 4. 32 p. 1.—
11748 **Scheffer.** Observat. phytogr. (Descr. Phanerog. nov.) II. III. (Batav.,
  Nat. Tijdschr.) 1869—73. 8. 78 p. et 18 tab. 9.—
11749 **Scheutz.** Prodromus monogr. Georum. (Ups., Soc. Sc.) 1870. 4.
  71 p. Lnb. 2.—
11750 **Schiffner.** Ueb. Verbascum-Hybriden u. ein. neue Bastarde d. Ver-
  bascum pyramidat. Cassel 1886. 4. 17 p. m. 2 Tfln. (M. 4.) 2.50
11751 **Schindler.** Die Abtrennung d. Hippuridaceen v. den Halorrhagaceen.
  Leipz. 1904. 8. 80 p. 1.50
11752 **Schinz.** Potamogeton Javanicus u. s. Synonyme. (Basel, Bot. Ges.)
  1891. 8. 10 p. 1.—
11753 — Z. Kenntn. Afrikan. Gentianaceen. I. (Zürich, Nat. Ges.) 1891. 8. 33 p. 1.—
11754 — Amarantaceae. (Aus: Engler-Prantl's Pflanzenfamil.) (Leipz.) 1893.
  8. 28 p. 1.50
11755 — Amaranthaceae African. (Lips., Engl. J.) 1895. 8. 15 p. 1.—
11756 — Z. Kenntn. Afrik. Gentianaceen. (Zürich, Nat. Ges.) 1901. 8. 33 p. 1.—
11757 — Monogr. Uebersicht d. Gatt. Sebaea. I: Sekt. Eusebaea. (Lübeck,
  Geogr. Ges.) 1903. 8. 55 p. 2.—
11758 **Schinz et Autran.** Des g. Achatocarpus et Bosia. (Genève, Herb.
  Boiss.) 1893. 8. 15 p. av. 2 pl. 1.50
11759 **Schlechtendal.** Animadv. in Ranunculeas. I. Berol. 1819. 4. 32 p. et 4 tab. 1.50
11760 — Genus Cymbaria, revis. et emendat. (Bonn) 1820. fol. 6 p. et tab. 1.—
11761 — Hortus Halensis. 4 part. Halis 1841—53. 4. 24 p. et 15 tab. color. 10.—
11762 — Ueb. d. Gatt. Hemerocallis. (Halle, Nat. Ges.) 1853. 4. 18 p. 1.—
11763 — Die Gatt. Bouvardia. (Halle, Linn.) 1854. 8. 83 p. 1.50
11764 — Ueb. d. Zwergmandeln u. d. G. Amygdalus. (Halle, Nat. Ges.) 1854.
  4. 30 p. 1.—
11765 **Schlehahn.** Feld- u. Wiesenflora. Plauen 1909. 4. 4 color. Tfln. (M. 3.60.) 1.50
11766 **Schleiffer.** Fossilium Catalogus: Laurineae. Berol. 8.
   In Vorbereitung. Ist ein Teil der Abteil. II (Plantae) des „Fossilium Catalogus". Prospect und Probelieferung gratis. — Siehe No. 9871.
11767 **Schloesser.** Z. Kenntn. v. Allium cepa. Bonn 1873. 8. 36 p. 1.—
11768 **Schmalhausen.** Neue Pflanzenarten a. d. Kaukasus. (Berl., Bot. Ges.)
  1892. 8. 11 p. m. 2 Tfln. 1.—
11769 **Schmidt, J. A.** Anleit. z. Kenntn. d. natürl. Familien d. Phanerogamen.
  Stuttg. 1865. 8. 373 p. (M. 5.) Lnb. 1.50
11770 **Schmidt, L. E.** De Erythraea. Berol. 1828. 4. 31 p. et 2 tab. 1.50
11771 **Schmidt, T. A.** Enumer. of the Labiatae and Scrophularineae coll. in
  High Asia. (Lond., J. Bot.) 1868. 8. 26 p. w. pl. 1.50
11772 **Schnegg.** Z. Kenntn. d. Gatt. Gunnera. Münch. 1901. 8. 52 p. 1.50
11773 **Schneider, C. K.** Z. Kenntn. d. Gatt. Berberis (Euberberis). 2 Tle.
  (Genf, Herb. Boiss.) 1908. 8. 22 p. 1.50
11774 — Illustr. Handb. d. Laubholzkunde. 2 Bde. m. Register. Jena 1912.
  8. 2023 p. m. 1089 Fig. (M. 59.) 50.—
11775 **Schnizlein.** De Typhacearum fam. Nerol. 1845. 4. 30 p. et 2 tab. 1.—
11776 — Die Fam. d. Typhaceen. Nördl. 1845. 4. 30 p. m. 2 Tfln. Cart. 1.—

11777 **Schnizlein.** Analysen zu d. natürl. Ordngn. d. Gewächse. I. (soviel ersch.): *M*
Phanerogamen. Erlang. 1858. 4. 60 p. m. Atlas v. 70 Tfln. in folio.
(2500 Fig.) (M. 12.) 5.—
11778 **Scholz, J. B.** Der Formenkreis v. Corydalis cava. (Königsb., Phys.
Ges.) 1898. 4. 5 p. m. 3 Tfln. 1.50
11779 — Der Formenkreis v. Anemone ranunculoides u. nemorosa. 3 Tle.
(Weimar, Bot. Mon.) 1899. 8. 15 p. m. 4 Tfln, 1.50
11780 — Ueb. Chenopodium opulifol., ficifol. u. album. (Wien, Bot. Z.) 1900.
8. 13 p. m. 2 Tfln. 1.—
11781 — Der Holunder. (Brem., Nat. Ver.) 1900. 8. 9 p. 1.—
11782 **Schönland.** Some new Crassula fr. S. Africa. (Lond., L. S.) 1897. 8. 9 p. 1.—
11783 — On some African spec. of Aloe. 2 parts. (Albany, Mus.) 1903—04.
8. 48 p. w. pl. 1.50
11784 **Schott.** Ueb. Aquilegien. (Wien, Z. b. G.) 1853. 8. 6 p. —.50
11785 **Schrader.** Sertum Hannoveranum seu Plantae rariores in hortis Hannover. Fasc. 1. Gott. 1795. fol. 12 p. et 6 tab. color. 3.—
11786 — Genera nonnulla Plantarum. Gott. 1808. 4. 20 p. et 5 tab. Cart. 3.—
11787 — Monographia g. Verbasci. I. Gott. 1813. 4. 40 p. et 5 tab. Cart. 2.—
11788 **Schrank, F. de Paula.** Plantae rariores Horti academ. Monacensis.
Fasc. 1—4. Monach. 1817. fol. c. tab. c o l o r. 1—37. 30.—
   Das vollständige Exemplar dieses Rarissimums (welches jetzt ca. 400 M.
   kostet) umfasst 100 Tafeln.
11789 **Schreber u. Hoppe.** Die Klee-Arten Deutschlands. Nürnb. 1804. 12.
110 p. m. 47 color. Tfln. 20.—
11790 **Schrenk and Jack.** On Arceuthobium pusillum. 2 pap. (Boston, Rhodora) 1900. 8. 10 p. w. 3 pl. 1.50
11791 **Schuchardt.** Synopsis Tremandrearum. Gott. 1853. 8. 53 p. 1.—
11792 **Schultz, C. H.** Hypochoerideae. (Dresd., Ac. Leop.) 1842. 4. 85 p. 1.—
11793 — Ueb. d. Tamaceteen. Neustadt, 1844. 4. 69 p. (M. 3.) 1.—
11794 — Cassiniaceae uniflorae. (Neustadt, Pollich.) 1853. 8. 36 p. 1.—
11795 — Revisio g. Achyrophori. (Neustadt, Pollich.) 1859. 8. 28 p. 1.—
11797 — Lychnophora Martius. (Neustadt, Pollich.) 1864. 8. 120 p. 1.50
11798 — Beitr. z. Gesch. u. geogr. Verbreit. d. Cassiniaceen d. Pollichia-
gebietes. (Neust., Pollich.) 1866. 8. 55 p. 1.—
11799 — Beitr. z. System d. Cichoriaceen. (Neust., Pollich.) 1866. 8. 27 p. 1.—
11800 **Schulz, R.** Monogr. d. Gatt. Phyteuma. Geisenh. 1904. 8. 204 p. m.
3 Ktn. (M. 6.) 4.—
11801 **Schumann, K.** Neue Arten d. Siphonogamen, 1898. (Aus: Just's Bot.
Jahresber.) (Leipz.) 1900. 8. 80 p. 1.50
11802 **Schuster, J. Z.** System. v. Castalia u. Nymphaea. 4 Tle. (Genf, Herb.
Boiss.) 1907—08. 8. 58 p. m. Tfl. 2.—
11803 **Scopoli.** De Cucurbita Pepone. (Lips., 'Annus') 1769. 8. 10 p. 1.50
11804 **Scuderi.** Una nuova Pianta da Tiglio. Catan. 1838. 8. 19 p. c. tav. 1.—
11805 **Seehaus.** Üb. Elodea canad. im Oderlauf. (Berl., Bot. Ver.) 1870. 8. 18 p. 1.—
11806 — Dianthus Hübneri. (Berl., Bot. Ver.) 1892. 8. 10 p. 1.—
11807 **Seemann.** Die in Europa eingef. Acacien. Hannov. 1852. 8. 76 p. m.
2 color. Tfln. Cart. 1.50
11808 **Seemen.** Cupuliferen in d. Herbar zu Buitenzorg. (Buitenz., Dep. Agr.)
1906. 8. 14 p. 1.—
11809 **Selfe-Leonard.** Culture and classific. of Primulas. (Lond., Hortic. Soc.)
1895. 8. 11 p. 1.—
11810 **Sernander.** Monogr. d. Europ. Myrmekochoren (durch Ameisen verbreit. Pflanzen). (Stockh., Ak.) 1906. 4. 410 p. m. 11 Tfln. 12.—
11811 **Servattaz.** S. la systémat. d.Elaeagnacées. (Genève,.Boiss.) 1908. 8. 14 p. 1.—
11812 **Setchell.** Studies in Nicotiana. I. Berkeley 1912. 4. 31 p. w. 28 pl. 6.—
11813 **Seunik u. Delic.** Daphne Blagayana. (Saraj.) 1893. 4. 5 p. m. Tfl. 1.—
11814 **Seubert.** Elatinarum monogr. (Ac. Leop.) 1845. 4. 30 p. et 4 tab. (M. 4.50.) 2.—

11815 **Sheldon.** List of the N. Americ. spec. of Astragalus. (Minneap., Bot. Stud.) 1894. 8. 60 p. — *M* 1.50
11816 **Shirasawa.** Die Gatt. Tilia in Japan. (Tokyo, Coll. Agr.) 1900. 8. 13 p. m. 2 Tfln. — 1.50
11817 **Shull.** Place-Constants f. Aster Prenanthoides. (Chic., Bot. Gaz.) 1904. 8. 42 p. — 1.50
11818 **Siegfried u. Besse.** Neue Formen u. Standorte Schweizer Potentillen. (Basel, Soc. Bot.) 1892. 8. 11 p. — 1.—
11819 **Silm-Jensen.** Beiträge z. botan. u. pharmacognost. Kenntn. v. Hyoscyamus niger. Stuttg. 1901. 4. 90 p. m. 6 Tfln. (M. 18.) — 11.—
11820 **Simmler.** Monogr. d. Gatt. Saponaria. (Wien, Ak.) 1910. 4. 77 p. m. 2 Tfln. (M. 6.80.)
11821 **Simmons.** Om Alchemilla faeröensis. (Lund, Bot. Not.) 1898. 8. 7 p. — 1.—
11822 **Simon, E.** S. qlqs. Oenanthe. (Tours, Rev. Bot.) 1903. 8. 29 p. — 1.50
11823 **Simonkai.** Quercus et Querceta Hungariae. Budap. 1890. 4. 40 p. et 10 tab. — Hungarice conscr. — 6.—
11824 **Skottsberg.** Die Malpighiaceen d. Regnellschen Herbars. (Stockh., Ak.) 1901. 4. 45 p. m. 8 Tfln. (M. 7.) — 3.—
11825 **Small.** Some new Hybrid Oaks fr. the South. States of America. (New York, Torr. Cl.) 1895. 8. 3 p. w. 4 pl. — 2.—
11826 — 2 new gen. of Saxifragaceae. (N. York, Torr. Cl.) 1896. 8. 3 p. w. 2 pl. — 1.—
11827 — Oenothera and its segregates. (N. York, Torr. Cl.) 1896. 8. 28 p. — 1.50
11828 **Smith, J. E.** Remarks on the g. Dianthus. (Lond., Linn. S.) 1794. 4. 13 p. — 1.—
11829 — New genus, Brodiaea. (Lond., Linn. S.) 1810. 4. 5 p. w. pl. — 1.—
11830 — New genus, Brunonia. (Lond., Linn. S.) 1810. 4. 6 p. w. 2 pl. — 1.—
11831 **Smith, J. G.** On new or little known Species. (St. Louis, Gard.) 1895. 8. 7 p. w. 9 pl. — 1.50
11832 — Revision of the N. Americ. spec. of Sagittaria and Lophotocarpus. 2 parts. (St. Louis, Gard.) 1895—1900. 8. 45 p. w. 35 pl. — 5.—
11833 **Sodiro.** Anturios Ecuatorianos. Quito 1901. 8. 17 p. — 1.—
11834 **Solereder.** Loganiaceae. (Aus: Engler-Prantl's Pflanzenfam.) (Leipz.) 1892. 8. 32 p. — 1.50
11835 **Solms-Laubach.** De Lathraeae generis posit. syst. Berol. 1865. 8. 44 p. — 1.—
11836 — Die Familie d. Lennoaceen. (Halle, Nat. Ges.) 1870. 4. 60 p. m. 3 Tfln. (M. 5.) — 2.50
11837 — Rafflesiaceae, Hydnoraceae. (Aus: Engler-Prantl's Pflanzenfam.) (Leipz.) 1889. 8. 12 p. m. 27 Fig. — 1.—
11838 **Sommier.** Centaurea Cineraria, C. Cinerea, C. Busambarensis e Jacea Cinerea. (Firenze, Giorn. Bot.) 1894. 8. 10 p. c. 5 tav. — 2.—
11839 — 2 Gagee nuove p. la Toscana. (Firenze, Soc. Bot.) 1897. 8. 11 p. — 1.—
11840 — S. g. Chrysurus. (Firenze, Soc. Bot.) 1903. 8. 12 p. — 1.—
11841 **Sommier e Levier.** I Cirsium del Caucaso. (Fir., Giorn. Bot.) 1895. 8. 16 p. — 1.—
11842 — Decas Umbellifer. novar. Caucasi. (Fior., Giorn. Bot.) 1895. 8. 12 p. — 1.—
11843 — Decas Composit. novar. (Fior., Giorn. Bot.) 1895. 8. 12 p. — 1.—
11844 **Sonder.** Revision d. Heliophileen. (Hamb., Nat. Ver.) 1846. 4. 108 p. m. 13 Tfln. in folio. — 4.—
11845 **Soyer-Willemet.** Cerastium manticum, Erodium Chium et Laciniatum, plantes nouv. p. la flore Franç. Nancy 1839. 8. 24 p. — 1.50
11846 **Soyer-Willemet et Godron.** Revue d. Trèfles de la sect. Chronosemium. Nancy 1847. 8. 36 p. — 1.50
11847 **Spach.** Revisio gener. Acerum. (Paris., Ann. Sc.) 1834. 8. 21 p. — 1.—
11848 — Hippocastanearum revisio. (Paris., Ann. Sc.) 1834. 8. 15 p. — 1.—
11849 — Revisio g. Tiliarum. (Paris., Ann. Sc.) 1834. 8. 16 p. et tab. — 1.50
11850 — Synopsis monogr. Onagrearum. (Paris., Ann. Sc.) 1835. 8. 29 p. — 1.50
11851 — Onagrearum novar. descript. (Paris., Ann. Sc.) 1835. 8. 17 p. — 1.—
11852 — Revisio Grossulariear. (Paris., Ann. Sc.) 1835. 8. 14 p. et tab. color. — 1.50
11853 — Conspectus monogr. Cistacearum. (Paris., Ann. Sc.) 1836. 8. 19 p. — 1.—

11854 **Spach.** Conspectus monogr. Hpyericacear. (Paris., Ann. Sc.) 1836. 8.   *M*
21 p. et tab.   1.50
11855 — Hypericacear. monogr. fragmenta. (Paris., Ann. Sc.) 1836. 8. 20 p.
et 2 tab.   1.50
11856 — Revisio Celtidum. (Paris., Ann. Sc.) 1841. 8. 9 p.   1.—
11857 — S. les Ostrya et Carpinus. 2 mém. (Paris, Ann. Sc.) 1841. 8. 12 p.   1.—
11858 — Revisio Populorum et Gaillandiar. (Paris., Ann. Sc.) 1841. 8. 7 p.   1.—
11859 — Revisio Betulacearum. (Paris., Ann. Sc.) 1841. 8. 31 p.   1.50
11860 — Revis. Ulmorum. (Paris., Ann. Sc.) 1841. 8. 20 p. et tab.   1.50
11861 — Monogr. generis Spartium. (Paris., Ann. Sc.) 1843. 8. 13 p. et tab.   1.—
11862 — Monogr. generis Amygdalus. (Paris., Ann. Sc.) 1843. 8. 23 p.   1.50
11863 — Revisio generis Genista. 2 part. (Paris., Ann. Sc.) 1844—45. 8. 100 p.   2.50
11864 — Revisio generis Poterium. (Paris., Ann. Sc.) 1846. 8. 14 p.   1.—
11865 **Spire.** Contrib. à l'ét. d. Apocynées, en partic. d. Lianes Indo-chinois.
Paris 1905. 8. 186 p. av. 35 pl.   12.—
11866 **Sprague and Hutchinson.** The Triumfettas of Africa. (Lond., Linn. Soc.)
1909. 8. 46 p. w. pl.   2.50
11867 **Sprengel.** Umbelliferarum prodr. (Halae, Nat. Ges.) 1813. 8. 42 p. et tab.   1.50
11868 **Spruce.** 5 new Plants fr. Peru. (Lond., Linn. S.) 1859. 8. 14 p.   1.—
11869 **Stade.** Ueb. d. geograph. Verbreit. d. Theestrauches. Magdeb. 1891.
8. 74 p. m. Kte.   1.50
11870 **Stahl.** Sideroxylon Pallidum. (Madr., Soc. Nat.) 1875. 8. 22 p. av. pl.   1.—
11871 **Standley.** The Allioniaceae of the U. S. (Wash., Nat. Herb.) 1909. 8.
98 p. w. 16 pl.   4.50
11872 **Stapf.** Ueb. ein. Iris-Arten d. botan. Gartens in Wien. (Wien, Bot. Z.)
1888. 8. 11 p.   1.—
11873 — Dicellandra and Phaeoneuron. (Lond., Linn. S.) 1900. 8. 14 p. w. pl.   1.—
11874 **Steetz.** Enumeratio Compositar. in Australia coll. a Preiss. (Halae)
1845. 8. 74 p.   2.50
11875 **Stein.** Die Primeln d. Europ. Gärten. (Bresl.) 1882. 8. 12 p.   1.—
11876 **Steinheil.** S. le g. Urginea. 2 parties. (Paris, Ann. Sc.) 1834 à 36.
8. 27 p. av. pl. color.   1.50
11877 — S. la spécif. des Zannichellia. (Paris, Ann. Sc.) 1838. 8. 13 p. av. 2 pl.   1.50
11878 **Sterling.** Krameria canescens. Lawrence 1913. 4. 12 p. w. 8 pl.   2.50
11879 **Sterne, C.** Sommerblumen. (15 Liefgn.) Prag 1884. 8. 456 p. m. 40
color. Tfln. — F e h l e n Liefg. 5 u. 6.   3.—
11880 — Herbst- u. Winterblumen. Prag 1886. 8. 507 p. mit 40 color. Tfln.
(M. 17.50.) Origbd.   7.—
11881 **Sterneck.** Z. Kenntn. d. Gatt. Alectorolophus. (Wien, Bot. Z.) 1895.
8. 64 p. m. 4 Tfln.   2.50
11882 **Steudel.** Nomenclator Botanicus, s. Synonymia Plantarum univérs.
Ed. II (ultima). 2 vol. Stuttg. 1840—41. 4. 1662 p. (M. 24.) Hfzb.   8.—
Diese 2. Ausgabe enthält nur Phanerogamen. — Siehe No. 8723—8725.

11883 **Steven.** Annotationes botan. (Mosq., Bull.) 1848. 8. 18 p.   1.—
11884 — Observ. in Asperifolias Taurico-Caucas. (Mosq., Bull.) 1851. 8. 52 p.   2.—
11885 — Xiphocoma et Gampsoceras. (Mosq., Bull.) 1852. 8. 8 p. et tab.   1.—
11886 **Stiefelhagen.** System. u. pflanzengeogr. Studien z. Kenntn. d. Gatt.
Scrophularia. Berl. 1910. 8. 51 p. m. Tfl.   1.50
11887 **Strasburger.** Die Angiospermen u. Gymnospermen. Jena 1879. 8.
179 p. m. 21 Tfln. (M. 25.)   13.—
11888 **Strobl.** Ueb. Italien. Phanerogamen. 3 Abh. (Wien, Bot. Z.) 1874—78.
8. 21 p.   1.—
11889 — Die Dialypetalen d. Nebroden Siziliens. (Wien, Z. b. G.) 1903.
8. 125 p.   2.50
11890 **Stschegleew.** Descr. Epacridearum novarum. (Mosq., Bull.) 1859. 8. 21 p.   1.—
11891 **Stuckert.** Una Leguminosa nueva de la Flora Argentina. (B. Aires,
Mus.) 1899. 8. 4 p. av. 2 pl.   1.—
11892 — El Vinalillo. Una nueva Legumin. (B. Aires, Mus.) 1902. 8. 7 p. av. pl.   1.—

11893 **Stur.** Z. Monogr. d. Genus Draba in d. Karpaten. Wien 1861. 8. 46 p. *M*
m. 3 Tfln. 2.—
11894 **Stützer.** Die grössten, ältesten u. sonst merkwürd. Bäume Bayerns.
4 Bde. Münch. 1900—05. 4. m. 44 Tfln. (M. 12.) 10.—
11895 **Supprian.** Z. Kenntn. d. Thymelaeac. u. Penaeaceae. Leipz. 1894. 8.
54 p. m. Tfl. 1.—
11896 **Svedelius.** Z. Kenntn. d. saprophyt. Gentianaceen. (Stockh., Ak.) 1902.
8. 16 p. 1.—
11897 **Swartz.** On some spec. of Menziesia. (Lond., Linn. S.) 1810. 4. 6 p. w. pl. 1.—
11898 **Swederus.** Asiat. Cembra-Tallen. Stockh. 1868. 8. 23 p. m. color. Tfl. 1.50
11899 **Sweet.** Geraniaceae. Vol. I. II. Lond. 1820—24. 8. w. 200 colour. pl.
Half bd. calf. 25.—
Plate 101 wants (whether published?). — Rare work.
11900 — Hortus Britannicus, or a catal. of Plants cultiv. in the Gardens of
Great Britain. Lond. 1827. 8. 523 p. Half bd. calf. 4.—
11901 **Sylvén.** 2 Senecio Hybriden. (Stockh., Hort. Berg.) 1907. 4. 8 p. m. Tfl. 1.—
11902 — Die Genliseen u. Utricularien des Regnell'schen Herbar. (Upps.,
Ark. Bot.) 1908. 8. 48 p. m. 7 Tfln. 3.—
11903 **System** d. Garten-Nelke, gestützt auf d. Weismantelsche Nelken-
System. Berl. 1827. 8. 200 p. m. color. Tfl. Cart. 5.—
11904 **Szabó.** Index crit. spec. atque synonymorum gener. Knautia. (Lips.,
Engl. J.) 1902. 8. 31 p. 1.—
11905 — Monogr. d. Gatt. Knautia. Leipz. 1905. 8. 60 p. m. Kte. 1.50
11906 — Syst. Uebersicht d. Ungar. Knautien. (Budap.) 1910. 8. 48 p. 1.50
11907 **Tabulae coloratae** Phanerogamar. 104 tab. in-4. Cart. 15.—
Aus d. Nachlasse von L e u n i s. Mit der Hand colorirt, 416 Species abbildend.
11908 — — 312 hand-colorierte Tafeln in-4. 20.—
11909 **Tammes.** Z. Kenntn. v. Trifolium prat. quinquefol. (Leipz., Bot. Z.)
1904. 4. 15 p. 1.—
11910 **Tanfani.** Rivista d. Sileninee Ital. (Fir., Giorn. Bot.) 1890. 8. 10 p. 1.—
11911 **Targioni-Tozzetti.** Osservaz. Botan. Decade VI. Modena 1831. 4. 23 p.
c. 5 tav. 1.50
11912 **Taubert.** Scutellaria minor × galericulata. (Berl., Bot. Ver.) 1887. 8.
4 p. m. Tfl. 1.—
11913 — Monogr. d. Gatt. Stylosanthes. Berl. 1889. 8. 34 p. 1.—
11914 — Eminia, g. nov. Papilionac. (Berol., Bot. Ges.) 1891. 8. 5 p. et tab. 1.—
11915 **Tenore.** Pinellia, nuovo g. d. Aroidee. (Nap.) 1832. 4. 10 p. c. tav. 1.50
11916 — S. diverse specie di Cotone coltiv. nel regno di Napoli. Nap. 1839.
4. 34 p. c. 2 tav. 2.—
11917 — 2 nuovi g. d. Syncarpia e Donzellia. Mod. 1840. 4. 13 p. c. 2 tav.
color. 2.—
11918 — S. Arancio Mandarino. (Napoli) 1840. 4. 11 p. c. tav. 1.—
11919 — Zurloa, nuovo g. d. Melliacee. (Napoli) 1840. 4. 11 p. c. tav. 1.50
11920 — S. Arancio Fetifero. Mod. 1843. 4. 10 p. c. tav. 1.—
11921 — 2 memorie di Botanica. (Napoli) 1846. 4. 10 p. 1.—
11922 — Erba Baccara d. Antichi. Macria n. gen. 2 mem. Modena e Napoli
1847—52. 4. 23 p. 1.50
11923 — Descriz. di 2 Alberi lattiflui esotici d. genere Ficus. (Napoli) 1851.
4. 12 p. c. tav. 1.50
11924 — S. alc. specie di Solani. (Napoli) 1853. 4. 21 p. c. 3 tav. 2.50
11925 — S. classificaz. de' Platani. (Nap.) 1856. 4. 20 p. c. tav. 2.—
11926 — Polia, nuovo g. d. Iridee. (Nap.) 4. 6 p. c. tav. 1.—
11927 **Terraciano.** Le Viole Ital. d. sez. Melanium. (Fir., Giorn. Bot.) 1889.
8. 12 p. 1.—
11928 — Specie rare di Geranii Ital. (Genova, Malp.) 1890. 8. 46 p. 1.50
11929 — Dell' Allium Rollii. (Genova, Malp.) 1891. 8. 16 p. c. tav. 1.—
11930 — Contrib. alla storia d. g. Lycium. (Genova, Malp.) 1891. 8. 72 p. 2.—

11931 **Terraciano.** Le Sassifraghe del Montenegro e della Flora Romana. *M*
2 mem. (Firenze, Soc. Bot.) 1891—92. 8. 13 p. 1.—
11932 — Int. ad alc. spec. d'Iridi. (Nap., Ist.) 1899. 4. 13 p. c. 3 tav. 2.—
11933 — Le specie di Tropaeolum. (Palermo) 1903. 8. 16 p. 1.—
11934 **Teplouchoff.** Neue Veilchenart v. Ural. (Ekaterinb.) 1882. 4. 12 p. m. Tfl. 1.50
11935 **Teschenmacher.** Notice of 3 spec. of Trillium. (Boston, Journ. Nat.)
1838. 8. 10 p. w. pl. 1.50
11936 **Tettelbach u. Seidel.** Hülfsblätter z. Studium d. Botanik. (Phanerog.)
3 Tle. (soviel erschien.). Dresden (1821—25). 8. 42 color. Tfln. 4.—
11937 **Thellung.** Lepidium-Studien. (Zürich, Bot. Inst.) 1904. 8. 22 p. 1.—
11938 — Die Afrikan. Lepidium-Arten. (Zürich, Nat. Ges.) 1906. 8. 49 p. 1.50
11939 — Die Europ. Euphorbia-Arten d. Sektion Anisophyllum. (Genf, Herb.
Boiss.) 1907. 8. 32 p. 1.—
11940 **Thibault.** Les Hybrides d'Amaryllis. (Nantes) 1888. 8. 17 p. 1.—
11941 **Thielens.** S. l'Asparagus prostratus. (Brux., Soc. Bot.) 1862. 8. 7 p.
av. pl. color. 1.—
11942 — S. qu. Plantes critiques. (Brux., Soc. Bot.) 1868. 8. 8 p. 1.—
11943 **Thiselton-Dyer.** On the g. Hoodia. (Lond., Linn. S.) 1876. 8. 5 p. w. pl. 1.—
11944 — On a new spec. of Cycas fr. South. India. (Lond., Linn. S.) 1883.
4. 2 p. w. pl. (3 s.) 1.—
11945 (—) Hand-List of Trees and Shrubs exclud. Coniferae, grown in the
Arboretum of the R. Bot. Gardens, Kew. 2. ed. Lond. 1902. 8. 811 p. 4.—
11946 **Thompson, C. H.** North Americ. Lemnaceae. (St. Louis, Bot. Gard.)
1897. 8. 22 p. w. 4 pl. 2.—
11947 **Thomson, S.** Wild Flowers. Lond. 1858. 8. 309 p. w. 7 pl. 2.—
11948 **Thomson, T.** On 2 new genera of Compositae Mutisiaceae from India. (Lond., Linn. S.) 1866. 8. 2 p. w. 2 pl. 1.—
11949 **Thunberg, C. P.** De Gardenia. Ups. 1780. 4. 22 p. et 2 tab. 2.—
11950 — Oxalis. Upsal. 1781. 4. 32 p. et 2 tab. 2.—
11951 — De Protea. Upsal. 1781. 4. 62 p. et 5 tab. 3.—
11952 — Iris. Upsaliae 1782. 4. 40 p. et 2 tab. 2.—
11953 — Gladiolus. Upsal. 1784. 4. 26 p. et 2 tab. 2.—
11954 — De Aloë. Upsal. 1785. 4. 16 p. 1.—
11955 — Ficus genus. Upsal. 1786. 4. 16 p. et tab. 1.50
11956 — De Erica. Upsal. 1785. 4. 32 p. et 6 tab. 3.—
11957 — Restio. Upsal. 1788. 4. 22 p. et tab. 1.50
11958 — De Acere. Upsal. 1793. 4. 16 p. 1.—
11959 — De Hermannia. Upsal. 1794. 4. 21 p. et tab. 1.50
11960 — De Diosma. Upsal. 1797. 4. 22 p. 1.—
11961 — De Drosera. Upsal. 1797. 4. 10 p. 1.—
11962 — De Melanthio. Upsal. 1797. 4. 12 p. 1.—
11963 — De Hydrocotyle. Upsal. 1798. 4. 12 p. et tab. 1.50
11964 — De Blaeria. Upsal. 1802. 4. 12 p. 1.—
11965 — Aspalathus. 2 partes. Upsal. 1802. 4. 32 p. 1.50
11966 — De Antholyza. Upsal. 1803. 4. 10 p. 1.—
11967 — De Brunia. Upsal. 1804. 4. 10 p. 1.—
11968 — De Phylica. Upsal. 1804. 4. 12 p. 1.—
11969 — De Dracaena. Upsal. 1808. 4. 16 p. et tab. 1.50
11970 — De Borbonia. Upsal. 1811. 4. 8 p. et tab. 1.—
11971 **Timbal-Lagravè et Marcais.** Essai monogr. s. l. esp. Franç. du genre
Héracleum. (Paris, Rev. Bot.) 1889. 8. 19 p. 1.—
11972 **Tischler.** Die Berberidaceen u. Podophyllaceen. Leipz. 1902. 8. 136 p. 2.—
11973 **Todaro.** Nuove Piante colt. n. Orto botan. di Palermo. Fasc. I. III.
Palermo 1858—61. 8. 60 p. 2.—
11974 — S. talune spec. di Cotone. 2 parti. (Palermo) 1863. 8. 103 p. 2.50
11975 — Hortus botan. Panormitanus, s. plantae novae vel crit. Horti botan.
Panorm. Vol. I, II. pars 1—8 (quot prodiit). Panormi 1876—91. fol.
c. 40 tab. color. et effig. (M. 186.) 150.—

11976 **Todaro.** Relaz. s. la coltura dei Cotoni in Italia, c. monogr. d. g. *M*
Glossypium. Palermo 1878. 4. c. atlante di 12 tav. color. 30.—
Esaurito.

11977 — S. una nuova spec. di Fourcroya. Palermo 1879. fol. 16 p. c. 3 tav.
(2 color.) 2.50

11978 — S. talune specie di Cotone. (Palermo, Ist. Incorr.) 8. 105 p. 4.—

11979 **Tommasini.** Ueb. Hypecoum litor. u. Fumaria acaulis. (Wien, Z. b.
G.) 1861. 8. 6 p. —.50

11980 **Toumey.** An undescr. Agave fr. Arizona. (St. Louis, Gard.) 1901. 8.
2 p. w. 2 pl. 1.—

11981 **Townsend.** On an Erythraea new to England. (Lond., Linn. S.) 1881.
8. 9 p. w. pl. 1.—

11982 **Trattinick.** Genera nova Plantarum iconibus observationibusque illustrata. 2 fasc. Viennae 1825. 4. 42 p. et 24 tab. 6.—
Dieses Abbildungswerk neuer Arten ist auf einen grösseren Umfang be-
rechnet gewesen; doch sind nicht mehr als die 2 Lieferungen erschienen.

11983 **Trautvetter.** De Echinope genere. Mitav. 1833. 4. 32 p. et tab. 3.—
Durchschossen, m. handschr. Nachträgen von C. Winkler.

11984 — De Pentastemone gen. Petrop. 1839. 4. 29 p. 1.—

11985 — De Sameraria et Isatide. (Petrop., Ac.) 1841. 4. 17 p. et 2 tab. 1.50

11986 — Ueb. d. Cuscutaceae d. Kiew'schen Gouv. (Petersb., Ak.) 1855.
8. 14 p. 1.—

11987 — Ueb. Betula divurica. (Mosk., Bull.) 1857. 8. 10 p. m. Tfl. 1.—

11988 — Plantarum species nov. 3 mem. 1868—75. 8. 40 p. 1.50

11989 — Catal. Viciearum Rossicar. (Petrop., Acta Horti) 1874. 8. 53 p. 2.—

11990 — Catal. Campanuleacearum Rossicar. (Petrop., Acta Horti) 1879.
8. 64 p. 2.—

11991 **Trautvetter, Regel, Maximowicz, Winkler.** Decas Plantarum novar.
Petrop. 1882. 4. 10 p. et tab. color. 1.—

11992 **Trécul.** S. la fam. d. Artocarpées. (Paris, Ann. Sc.) 1847. 8. 117 p.
av. 6 pl. 4.—

11993 **Trelease.** Inaugural Exercises. St. Louis 1885. 8. 24 p. 1.—

11994 — The Genus Cintractia. (N. York, Torr. Cl.) 1885. 8. 2 p. w. pl. 1.—

11995 — Americ. species of Thalictrum. (Bost., Soc. Natur.) 1886. 8. 12 p. 1.—

11996 — Study of North Americ. Geraniaceae. (Bost., Soc. Natur.) 1887.
4. 33 p. w. 4 pl. 3.—

11997 — Revis. of N. Americ. Linaceae. (St. Louis, Ac.) 1887. 8. 14 p. w. 2 pl. 1.50

11998 — Revis. of Ilicineae and Celastraceae. (St. Louis, Ac.) 1889. 8. 15 p. 1.—

11999 — N. Americ. Rhamnaceae. (St. Louis, Ac.) 1889. 8. 13 p. 1.—

12000 — The species of Epilobium occurr. North of Mexico. (St. Louis,
Gard.) 1891. 8. 49 p. w. 48 pl. 3.—

12001 — The species of Rumex occurr. North of Mexico. (St. Louis, Gard.)
1892. 8. 25 p. w. 21 pl. 3.—

12002 — The Yucceae. 3 parts. (St. Louis, Gard.) 1892—1907. 8. 119 p.
w. 131 pl. 18.—

12003 — Leitneria Floridana. (St. Louis, Gard.) 1894. 8. 26 p. w. 15 pl. 2.—

12004 — Sugar Maples, and Maples in Winter. (St. Louis, Gard.) 1894. 8.
19 p. w. 13 pl. 2.50

12005 — Revis. of the N. Americ. species of Gayophytum and Boisdu-
valia. (St. Louis, Gard.) 1894. 8. 16 p. w. 10 pl. 2.—

12006 — Juglandaceae of the U. S. (St. Louis, Gard.) 1896. 8. 22 p. w. 25 pl. 4.—

12007 — An ecolog. aberrant Begonia. (St. Louis, Gard.) 1904. 8. 3 p. w. 2 pl. 1.—

12008 — Agave in the West Indies. (Wash., Ac.) 1913. 4. 55 p. w. 121 pl.
Cloth. 25.—

12009 **Treviranus.** De Delphinio et Aquilegia. Vratisl. 1817. 4. 26 p. et 2 tab. 1.50

12010 — Allii spec. quotquot. Vratisl. 1822. 4. 18 p. 1.—

12011 — Horti Botan. Vratislav. Plantarum novar. manipulus. (Vratisl., Ac.
Leop.) 1826. 4. 46 p. et 3 tab. 2.—

12012 **Tulasne, L.-R.** Nova genera Leguminosarum. (Paris., Ann. Sc.) 1843. *M*
8. 9 p. et 3 tab. 1.50
12013 — Podostemacear. synopsis monogr. (Paris., Ann. Sc.) 1849. 8. 28 p. 1.—
12014 —. De gener. Quiina et Poraqueiba. (Paris., Ann. Sc.) 1849. 8. 22 p. 1.—
12015 — Diagn. nonnull. Monimiacearum. (Paris., Ann. Sc.) 1855. 8. 18 p. 1.—
12016 — Gnetaceae Americae Austral. (Paris., Ann. Sc.) 1858. 8. 17 p. 1.—
12017 **Turczaninow.** S. qlqs. genres et esp. d. Borraginées. (Moscou, Bull.)
1840. 8. 19 p. 1.—
12018 — Decades VIII generum hucusque non descript. 8 partes. (Mosqu.,
Bull.) 1843—62. 8. 166 p. et 2 tab. 8.—
12019 — Synanthereae quaed. indescriptae. 2 partes. (Mosqu., Bull.) 1851.
86 p. et 3 tab. color. 3.—
12020 — Papilionaceae Podalyrieae et Loteae Australasicae nonnullae.
(Mosq., Bull.) 1853. 8. 40 p. 1.50
12021 — Verbenaceae et Myporaceae nonnullae indescr. (Mosq., Bull.) 1863.
8. 35 p. 1.—
12022 **Ulbrich.** Ueb. d. system. Glieder. u. geogr. Verbreit. d. Gatt. Anemone.
(Leipz., Engl. J.) 1905. 8. 164 p. m. 3 tKn. 5.—
12023 — — Die Dissertat. (enthalt. d. II. u. V. Abschnitt.). Berl. 1905. 8.
54 p. m. 3 Ktn. 1.—
12024 — Ranunculaceae Andinae. (Leipz., Engl. J.) 1906. 8. 10 p. 1.—
12025 — Leguminosae Andinae. II. (Lips., Engl. J.) 1906. 8. 9 p. 1.—
12026 **Ule.** Utricularias epiphytas. (Rio d. J., Mus.) 1899. 4. 5 p. 1.—
12027 — Ueb. neue Bromeliaceen. (Berl., Bot. Ges.) 1900. 8. 9 p. m. Tfl. 1.—
12028 **Uline.** Morphol. d. Dioscoreaceen. Leipz. 1897. 8. 46 p. 1.—
12029 **Urban.** Prodromus e. Monogr. v. Medicago. (Berl., Bot. Ver.) 1873.
8. 85 p. m. 2 Tfln. 3.—
12030 — Ueb. d. Turneraceen. (Berl., Bot. Ges.) 1883. 8. 8 p. 1.—
12031 — Ueber Ilysanthes Bonnaya, Vandellia u. Lindernia. (Berl., Bot.
Ges.) 1884. 8. 14 p. 1.—
12032 — Morphol. d. Gatt. Bauhinia. (Berl., Bot. Ges.) 1885. 8. 21 p. m. Tfl. 1.—
12033 — Ueb. Pflanzen d. Berl. Botan. Gartens. 2 Tle. (Berl., Bot. Gart.)
1888—89. 8. 40 p. m. 2 Tfln. 1.50
12034 — Ueb. d. Sabiaceengatt. Meliosma. (Berl., Bot. Ges.) 1895. 8. 12 p. 1.—
12035 — Ueb. d. Loranthaceen-Gatt. Dendrophthora. (Berl,, Bot. Ges.)
1896. 8. 12 p. 1.—
12036 — Ueb. ein. Ternstroemiaceen-Gattgn. (Berl., Bot. Ges.) 1896. 8. 14 p. 1.—
12037 — Ueb. ein. Rubiaceen-Gattgn. (Berl., Bot. Ges.) 1897. 8. 10 p. m. Tfl. 1.—
12038 — Ueb. ein. Celastraceen-Gatt. (Berl., „Ascherson") 1904. 8. 14 p. 1.—
12039 **Urban et Gilg.** Monogr. Loasacearum. Halis (Ac. Leop.) 1900. 4. 384 p.
et 8 tab. (M. 30.) 24.—
12040 — — Die 8 Tafeln (ohne Text) allein, m. Erklärung v. 18 p. 2.—
12041 **Uspenskij.** Z. Phylogenie u. Ekologie d. Gatt. Potamogeton. (Mosk.,
Bull.) 1914. 8. 10 p. 1.—
12042 **Usteri.** Z. Kenntn. d. Platanen. (Genf, Boiss.) 1900. 8. 12 p. m. Tfl. 1.—
12043 **Vail.** Revis. of the N. Amer. spec. of the g. Cracca. (N. York, Torr. Cl.)
1895. 8. 10 p. 1.—
12044 — Studies in Leguminosae. III. (N. York, Torr. Cl.) 1899. 8. 12 p. 1.-
12045 **Valeton.** Ueb. neue Zingiberaceae aus West-Java u. Buitenzorg. (Buit.,
Inst. Bot.) 1904. 8. 99 p. 2.—
12046 **Van Bastelaer.** S. qlqs. Rumex. (Brux., S. Bot.) 1868. 8. 11 p. 1.—
12047 **Van Géel.** Sertum Botanicum. Collection de Plantes les plus remarquables. Vol. I à III. Brux. 1828 à 36. 4. av. 282 planches. c o l o r.
D.-rel. veau. 75.—
    Collection magnifique et très-rare. 4 volumes ont paru.
12048 **Van Geert.** Iconographie des Azalées de l'Inde. Vol. I. (seul paru).
Gand 1881 à 82. 4. 36 pl. color. av. 81 p. de texte. (fr. 30.) 16.—
12049 **Van Tieghem.** S. l. Coulacées. (Paris, Ann. Sc.) 1899. 8. 11 p. 1.—

M

12050 **Van Tleghem.** S. l. Fouquiéracées. (Paris, Ann. Sc.) 1899. 8. 9 p. 1.—
12051 — S. l. Bixacées, l. Cochlospermacées et l. Sphérosépalacées. (Paris, Journ. Bot.) 1900. 8. 23 p. 1.—
12052 — S. l. Stachyuracées et l. Köberliniacées. (Paris, Journ. Bot.) 1900. 8. 12 p. 1.—
12053 — Observat. s. l. Ochnacées. 2 parties. (Paris, Ann. Sc.) 1902 à 03. 8. 316 p. 7.—
12054 **Vatke.** Ueb. ein. Plantago-Arten. (Berl., Bot. Ver.) 1874. 8. 7 p. m. Tfl. 1.—
12055 **Ventenat.** S. l. g. Agyneja et Dalea. (Paris, Mus.) 1799. 4. 7 p. av. pl. 1.—
12056 **Vesque.** Epharmosis sive materiae ad instruendam Anatomiam systematis natur. 3 vol. Paris. 1887—93. 4. 352 tabulae et textus. 32.—
12057 — — II: Genitalia et folia Carciniearum et Calophyllearum. 1889. 30 p. et 165 tab. (fr. 20.) 6.—
12058 — — III: Genitalia foliaque Clusiearum et Moronobearum. 1892. 24 p. et 115 tab. 8.—
12059 **Vestergren.** Individbild. hos slägt. Mentha. (Stockh., Ak.) 1898. 8. 32 p. 1.—
12060 **Viala et Vermorel.** Traité génér. de Viticulture, Ampélographie. 6 vols. Paris 1901 à 1910. fol. av. 570 pl. (500 color.) (fr. 670, broché). — Bel exempl. en d.-reliure maroqu. magnifique, tr. dorées. 400.—
    Description exacte de cet ouvrage le plus beau de Ampélographie dans: Rara Historico-Naturalia, ed. J u n k, p. 114.
12061 **Vierhapper.** Arnica Doronicum. (Wien, Bot. Z.) 1900. 8. 24 p. m. Tfl. u. Kte. 1.—
12062 — Z. system. Stell. d. Dianthus caesius. (Wien, Bot. Z.) 1901. 8. 14 p. 1.—
12063 — Die system. Stell. v. Scleranthus. (Wien, Bot. Z.) 1907. 8. 13 p. 1.—
12064 **Vilmorin.** Hortus Vilmorinianus. Cat. d. Plantes ligneuses et herbac. d. collections de Vilmorin. (Paris, Soc. Bot.) 1906. 8. 383 p. av. 28 pl. 8.—
12065 **Vintró.** Los Gomeros de Austrália. Cultivo d. Eucalypto. Tarrasa 1879. 8. 160 p. 2.50
12066 **Visianl.** S. la Gastonia Palmata. Torino 1841. 4. 12 p. c. tav. 1.50
12067 — Nuova distribuz. d. Labiate Europ. Padova 1848. 4. 20 p. 1.50
12068 — 2 Bromeliacee nuove. (Venez., Ist.) 1855. fol. 8 p. c. tav. color. 1.50
12069 **Vogel, T.** Synops. gen. Cassiae. Berol. 1837. 8. 80 p. 1.—
12070 **Vogl, A.** Z. Kenntn. d. falschen Chinarinden. Wien 1876. 4. 26 p. m. color. Tfl. 1.50
12071 — Die Schmetterlingsblütler d. Salzburg. Flachlandes. Salzb. 1894. 8. 48 p. 1.50
12072 **de Vriese.** Novae spec. Cycadearum Africae Australis. (Paris., Ann. Sc.) 1838. 8. 10 p. 1.—
12073 — Ov. e. bloeijende Agave Americana. 2 Tle. Leiden 1847. 8. 37 p. 1.50
12074 — Analecta Goodenoviearum. I. II. (Lugd. Bat., Kruidk. Arch.) 1849. 8. 67 p. 2.—
12075 — Cankrienia, een nieuw Primulac. Leyd. 1850. 4. 12 p. m. Tfl. 1.50
12076 — De Kamferboom v. Sumatra. Leid. 1851. 4. 81 p. m. color. Tfl. 2.—
12077 — S. l. Rafflesias Rochussenii et Patma. Leide 1853. fol. 9 p. av. 2 pl. 1.50
12078 — Goodenovieae. Harlemi 1854. 4. 202 p. et 38 tab. (1 color.) (M. 19.) Hfzb. 4.—
12079 — De Kina-Boom uit Zuid-Amerika overgebr. naar Java. Gravenh. 1855. 8. 122 p. 1.50
12080 — De Vanielje. Leyd. 1856. 8. 35 p. m. 4 color. Tfln. Cart. 2.—
12081 — S. le Camphrier de Sumatra et de Borneo. Leide 1857. 4. 24 p. av. 2 pl. 2.—
12082 **Vrijdag Zijnen.** Chinae verae et Pseudo-Chinae Herbarii Regii Lugdunensis. Hagae Com. 1860. 4. 16 p. 1.—
12083 **Vuyck.** Cussonia spicata. (Nimwegen) 1905. 8. 7 p. m. 2 Tfln. 1.50
12084 **Wagner, J.** Fritillaria Degeniana nov. sp. (Budap., Bot. Blätt.) 1906. 8. 13 p. m. color. Tfl. 1.—
12085 — Centaureae Hungariae. Budap. 1910. 8. 183 p. et 10 tab. — Magyar. 4.50

M

12086 **Wagner, R.** Ueb. Erythrina Crista-galli. (Wien, Bot. Z.) 1901. 8. 18 p. 1.—
12087 — Z. Kenntn. d. Gatt. Lagochilus. (Wien, Z. b. G.) 1902. 8. 23 p. 1.—
12088 — Ueb. Roylea elegans. (Wien, Bot. Z.) 1902. 8. 17 p. 1.—
12089 — Ueb. ein. Arten v. Templetonia u. Hovea. (Wien, Z. b. G.) 1902. 8. 17 p. 1.—
12090 — Z. Kenntn. ein. Kompositen. (Wien, Z. b. G.) 1903. 8. 45 p. 1.50
12091 **Walker-Arnott.** On Samara laeta. (Lond., Linn. S.) 1851. 4. 13 p. 1.—
12092 **Wallich.** New g. of Nymphaeac. (Lond., Linn. S.) 1827. 4. 7 p. w. pl. 1.—
12093 — Account of the g. Hedychium. (Lond., Hort. Soc.) 1854. 8. 17 p. 1.50
12094 **Walter, H.** Phytolaccaceae. (Aus: Das Pflanzenreich.) Leipz. 1909. 8. 154 p. m. 42 Fig. (M. 7.80.)
12095 **Wangerin.** Umgrenz. u. Glieder. d. Cornaceae. Halle 1906. 8. 93 p. 1.50
12096 — Garryaceae, Nyssaceae, Alangiaceae und Cornaceae. (Aus: Das Pflanzenreich). Leipz. 1910. 8. 110 p. m. 39 Fig. (M. 9.20.)
12097 **Ward and Dale.** On Craterostigma pumilum fr. Somali-Land. (Lond., Linn. Soc.) 1899. 4. 13 p. w. 2 pl., partly colour. (6 s.) 2.—
12098 **Warming.** Undersög. ov. Cycadeerne. (Kjöbenh., Ak.) 1877. 8. 57 p. m. 3 Tfln. 2.—
12099 — S. qlqs. Burmanniacées rec. au Brésil. (Copenh., Vid. Selsk.) 1901. 8. 16 p. av. 2 pl. 1.50
12100 — Etude (anat. et physiol.) s. l. Podostémacées. 5 parties. (Copenh., Vid. Selsk.) 1881 à 99. 4. 256 p. av. 27 pl. — En l. Danoise av. résumé Français. 13.—
12101 **Watson, S.** Descr. of new spec. of Plants. (Bost., Ac.) 1877. 8. 33 p. 1.—
12102 **Watt.** On some undescrib. Indian spec. of Primula and Androsace. (Lond., Linn. S.) 1882. 8. 18 p. w. 18 pl. (6 s.) 2.—
12103 — On Indian Primulas. (Lond., Hort. Soc.) 1905. 8. 32 p. w. 6 pl. 3.—
12104 **Watzl.** Veronica prostrata, Teucrium L. u. austriaca. Jena 1910. 8. 94 p. m. 14 Tfln. (M. 7.)
12105 **Wawra.** Les Broméliacées Brésiliennes. (Liége, Soc. Hort.) 1881. 8. 76 p. 2.—
12106 **Webber.** The Water Hyacinth. (Wash., Dept. Agr.) 1897. 8. 20 p. w. pl. 1.—
12107 **Weber, E.** Die Gattungen Aptosimum u. Peliostomum. Dresd. 1906. 8. 102 p. m. 3 Dopp.-Tfln. 2.50
12108 **Weddell.** Revue du g. Cinchona. (Paris, Ann. Sc.) 1848. 8. 10 p. 1.—
12109 — Esp. nouv. du g. Wolffia. (Paris, Ann. Sc.) 1849. 8. 18 p. av. pl. 1.—
12110 — S. la fam. d. Urticées. (Paris, Ann. Sc.) 1857. 8. 92 p. 2.—
12111 — S. l. Quinquinas. (Paris, Ann. Sc.) 1869. 8. 18 p. av. pl. 1.—
12112 — S. l. Podostémacées. (Paris, Soc. Bot.) 1872. 8. 8 p. 1.—
12113 — New Afric. g. of Podostemac. (Lond., Linn. S.) 1875. 8. 3 p. w. pl. 1.—
12114 **Weiss, E.** Eine neue Kugeldistel-Art. (Wien, Z. b. G.) 1868. 8. 4 p. —.50
12115 **Wendland.** Collectio Plantarum. Sammlung ausländ. u. einheim. Pflanzen. Bd. I. (6 Hefte). Hannover (1805—)1808. 4. 106 p. m. 36 c o l o r. Tfln. Cart. 10.—
Selten. — Siehe No. 1023.
12116 — — Bd. I. Heft 1 u. 2. 1805. 44 p. m. 12 color. Tfln. 3.—
12117 **Went.** Untersuchgn. üb. Podostemaceen. II. (Amsterd., Ak.) 1912. 4. 19 p. m. 2 Tfln. 1.50
12118 **Wernham.** Monogr. of the g. Sabicea. Lond. 1914. 8. 87 p. w. 12 pl. Cloth. 6.—
12119 **Wester.** Contrib. to the nomenclat. of the cultivated Anonas. (Manila, J. Sc.) 1912. 4. 15 p. w. 6 pl. 2.50
12120 **Westerlund, C. A.** Bidr. till känned. af Sveriges Atriplices. Lund 1861. 8. 62 p. 1.50
12121 **Wettstein.** Ueb. Nigritella angustifolia. (Berl., Bot. Ges.) 1882. 8. 12 p. m. Tfl. 1.—
12122 — Pulmonaria Kerneri sp. nov. (Wien, Z. b. G.) 1888. 8. 4 p. m. Tfl. 1.—
12123 — Ueb. d. Compositen d. Oesterr.-Ungar. Flora m. zuckerabscheid. Hüllschuppen. (Wien, Ak.) 1888. 8. 20 p. 1.—

12124 **Wettstein.** Stud. üb. d. Gatt. Cephalanthera, Epipactis u. Limodorum.   *M*
(Wien, Bot. Z.) 1889. 8. 13 p. m. Tfl.   1.—
12125 — Ueb. d. Section Laburnum d. Gatt. Cytisus. (Wien, Bot. Z.) 1891.
8. 22 p. m. Tfl.   1.—
12126 — Globulariaceen-Studien. (Genf, Boiss.) 1895. 8. 20 p. m. Tfl.   1.—
12127 — Oesterr.-Ungar. Arten d. Gatt. Euphrasia. (Wien, Bot. Z.) 1895.
8. 98 p. m. 2 Tfln.   2.—
12128 — Monogr. d. Gatt. Euphrasia. Leipz. 1896. 4. 316 p. m. 14 Tfln. u.
4 Ktn. (M. 30.)   13.—
12129 — Die N.-Amerik. Arten v. Gentiana; Sect. Endotricha. (Wien, Bot.
Z.) 1900. 8. 15 p. m. Tfl.   1.—
12130 — Entwickl. d. Morphol., Entwicklgsgesch. u. System. d. Phanerog.
in Oesterreich v. 1850—1900. Wien 1901. 4. 24 p. m. 6 Portr.   2.—
12131 — Die Lianen. Wien 1902. 8. 23 p. m. 2 Tfln.   1.50
12132 **Wheeler.** The Umbellales of Minnesota. (Minneap., Bot. Stud.) 1903.
8. 8 p.   1.—
12133 **Wheelock.** List of spec. of the herbac. genera of N. Americ. Saxifragaceae. (N. York, Torr. Cl.) 1896. 8. 12 p.   1.-
12134 **White, D., and Maton.** Botan. descr. and nat. hist. of the Malabar
Cardamom. (Lond., Linn. Soc.) 1810. 4. 27 p. w. 2 pl.   1.50
12135 **Widmer.** Die europ. Arten d. Gatt. Primula. Münch. 1891. 8. 154 p.
(M. 5.)   3.-
12136 **Wiegand.** Some spec. of Bidens found in the U. S. (N. York, Torr.
Cl.) 1899. 8. 24 p.   1.—
12137 — Revis. of the g. Listera. (N. York, Torr. Cl.) 1899. 8. 15 p. w. 2 pl.   1.50
12138 — New spec. fr. Washington. (N. York, Torr. Cl.) 1899. 8. 3 p. w. pl.   1.—
12139 **Wiener Illustr. Garten-Zeitung.** Redig. v. Beck v. Mannagetta u. Abel.
Jahrg. 14—26: 1889—1901. Wien. 8. m. viel. color. Tfln. (M. 208.)   50.—
12140 **Wiesbaur.** Das Vorkommen d. Veronica agrestis in Oberoesterreich.
(Linz, Ver. Nat.) 1892. 8. 31 p.   1.50
12141 **Wigand.** Nelumbium speciosum. Cassel 1888. 4. 68 p. m. 6 Tfln. (M. 12.)   6.—
12142 **Wikström.** De Daphne. Ed. II. Stockh. 1820. 4. 40 p.   1.50
12143 — 3 nya arter af Eriocaulon. (Stockh., Ak.) 1820. 8. 8 p. m. 2 Tfln.   1.—
12144 — 20 nya arter af Fritillaria. (Stockh., Ak.) 1822. 8. 11 p. m. Tfl.   1.—
12145 **Wildeman.** Les esp. du g. Haemanthus. (Paris, Soc. Hort.) 1902. 8. 21 p.   1.—
12146 — S. qlqs. Acarophytes. (Brux., Soc. Sc.) 1906. 8. 20 p.   1.—
12147 **Wilkinson.** Catal. of British Compositae in the Herbarium of the
Yorkshire Philos. Society. York 1904. 8. 24 p.   1.50
12148 **Wille u. Holmboe.** Dryas octopetala bei Langesund. (Christ., Nyt
Mag.) 1903. 8. 18 p.   1.—
12149 **Willemet.** Monogr. d. Plantes étoilées. Strasb. 1791. 8. 96 p.   1.50
12150 **Williams, F. N.** Enumer. specier. varietatumque generis Dianthus.
Lond. 1889. 8. 24 p. Cloth.   2.50
12151 — Monogr. of the g. Dianthus. (Lond., Linn. Soc.) 1893. 8. 133 p.   6.—
12152 — Revis. of the g. Silene. (Lond., Linn. S.) 1896. 8. 196 p.   7.—
12153 — Revis. of the g. Arenaria. (Lond., Linn. S.) 1898. 8. 112 p.   6.—
12154 — Caryophyllaceae of the Chinese Province of Sze-chuen. (Lond.,
Linn. S.) 1899. 8. 12 p.   1.—
12155 **Willis.** The geograph. distribut. of the Dilleniaceae. (Colombo) 1907. 8.
8 p. w. pl.   1.—
12156 **Willkomm.** S. l'organogr. et la classific. d. Globulariées. Leips. 1850.
4. 32 p. av. 4 pl. en part. color. (M. 8.)   2.—
12157 — Deutschlands Laubhölzer im Winter. 2. Aufl. Dresd. 1864. 4. 60 p.
m. Tab. u. 103 Fig. (M. 3.50.) Cart.   1.50
12158 — — 3. Aufl. Dresd. 1880. 4. 64 p. m. 106 Fig. (M. 3.50.) Cart.   2.—
12159 — Waldbüchlein. Leipz. 1879. 8. 173 p. m. 43 Tfln. (M. 3.) Cart.   1.—
12160 — — 2. Aufl. Leipz. 1880. 8. 199 p. m. 49 Tfln. (M. 2.50.) Lnb.   1.50

12161 **Willkomm.** Waldbüchlein. 4. Aufl. v. Neumeister. Leipz. 1904. 8. 254 p. m. 54 Fig. (M. 3.) Lnb.   *M* 2.—

12162 **Winckler, E.** Geschichte d. Botanik. Frankf. 1854. 8. 656 p. (M. 6.)   2.—
  Von den ältesten Zeiten bis auf H u m b o l d t. Ein kurzes aber geschätztes Compendium.

12163 **Winkler, A.** Conioselinum tatar. u. Acanthus longifol. (Berl., Bot. Ver.) 1890. 8. 4 p. m. 2 Tfln.   1.50

12164 **Winkler, C.** Compositae novae Turkestaniae et Bucharae. 10 decades. (Petrop., Acta Horti) 1885—91. 8. 123 p. et 2 tab.   7.—
  Alle Decaden auch einzeln à M. 1.

12165 — Compositae Turcomanicae. (Petrop., Acta Horti) 1889. 8. 47 p. et 3 tab.   2.—

12166 — Synopsis specier. g. Cousiniae. (Petrop., Acta Horti) 1892. 8. 106 p.   2.—

12167 — De Cancrinia. (Petrop., Acta Horti) 1892. 8. 30 p.   1.—

12168 — Diagnoses Compositar. novar. Asiaticarum. 3 decades. (Petrop., Acta Horti) 1893—95. 8. 49 p.   2.—

12169 — Carpesii gener. species. (Petrop., Acta Horti) 1895. 8. 22 p.   1.—

12170 — Mantissa synopsis specier. g. Cousiniae. (Petrop., Acta Horti) 1897. 8. 59 p.   1.50

12171 **Winkler, C., u. Bornmüller.** Neue Cousinien d. Orients. 2 Tle. (Genf, Herb. Boiss.) 1895—97. 8. 16 p. m. 8 Tfln.   4.—

12172 **Winkler, H.** Caryophyllac. Asiae centr. (Haun., Nat. För.) 1902. 8. 8 p.   1.—

12173 **Wirtgen.** Ueb. Scrofularia Neesii. (Bonn, Nat. Ver.) 1844. 8. 8 p. m. Tfl.   1.—

12174 — Verschied. gelbblüh. Sedum-Arten. (Bonn, Nat. Ver.) 1853. 8. 9 p.   1.—

12175 — Galeopsis Ladanum u. ochroleuca. (Bonn, Nat. Ver.) 1854. 8. 12 p.   1.—

12176 **Witasek.** Die Arten d. Gatt. Callianthemum. (Wien, Z. b. G.) 1899. 8. 41 p. m. Kte.   1.—

12177 — Z. Nomenclatur d. Campanula Hostii. (Wien, Z. b. G.) 1901. 8. 12 p.   1.—

12178 — Z. Kenntn. d. Gatt. Campanula. Wien 1902. 8. 110 p. m. 3 Ktn. (M. 4.20.)

12179 — Solanaceae v. der botan. Exped. d. Akad. nach Südbrasil. (Wien, Ak.) 1910. 4. 63 p. m. 5 Tfln. (M. 8.)

12180 **Wittmack.** Z. Geschichte d. Begonien. (Petersb., Congr. Bot.) 1885. 8. 26 p.   1.50

12181 — Die Austral. Xanthorrhoeen. (Berl., Ver. Gartenb.) 8. 10 p.   1.—

12182 **Wittrock.** De Linaria Reverchonii. (Holm., Hort. Berg.) 1891. 4. 14 p. et tab.   1.—

12183 **Wolff, H.** Umbelliferae-Apioideae-Bupleurum, Trinia et reliquae Ammineae heteroclitae. (Aus: Das Pflanzenreich.) Leipz. 1910. 8. 214 p. (M. 10.80.)

12184 — Umbelliferae-Saniculoideae. (Aus: Das Pflanzenreich.) Leipz. 1913. 8. 305 p. m. Tfl. (M. 15.80.)

12185 **Wolff, J. F.** De Lemna. Altorfi 1801. 4. 40 p. et tab. Cart.   1.50

12186 **Wood, J.** The g. Campanula. (Lond., Hort. Soc.) 1895. 8. 11 p.   1.—

12187 **Woolls.** On the classific. of Eucalypts. (Sydney, Linn. S.) 1891. 8. 18 p.   1.50

12188 **Wrangel.** Bidrag t. botan. Historien af Byssus Flos aquae. (Stockh., Ak.) 1826. 8. 17 p. m. Tfl.   1.—

12189 **Wulfsberg.** Holarrhena Afric. Gött. 1880. 8. 31 p. m. 3 Tfln. (1 color.)   1.50

12190 **Wylie.** A long-stalked Elodea flower. (Des Moines) 1913. 8. 9 p. w. 3 pl.   1.50

12191 **Yabe.** Umbelliferae, Liliaceae et Filices Koreae Uchiyamanae. 3 pap. (Tokyo, Bot. Mag.) 1903. 8. 20 p.   1.50

12192 **Zabel.** Die strauchigen Spiräen d. Deutsch. Gärten. Berl. 1893. 8. 128 p. (M. 4.)   3.—

12193 **Zacharias.** Nymphaea micrantha. (Hamb., Nat. Ver.) 1907. 8. 4 p. m. Tfl.   1.—

12194 **Zdarek.** Prunus Salzeri. (Wien, Z. b. G.) 1892. 8. 8 p. m. Tfl.   1.—

12195 **(Zenti).** Trattato s. Giacinti Viterbo 1763. 8. 128 p. c. 2 tav.   5.—

12196 **Zimmermann, O. E. R.** Die Pisanggewächse. (Chemn., Nat. Ges.) 1887. 8. 14 p.   1.—

12197 **Zimmeter.** Verwandtsch.-Verhältn. u. geogr. Verbreit. d. Europ. Arten _′M_
  v. Aquilegia. Steyr 1875. 8. 66 p. m. 4 Tfln. (2 color.) 2.50
12198 — Die Europ. Arten d. Gatt. Potentilla. Steyr 1884. 8. 31 p. 1.50
12199 — Schlüssel z. Bestimm. d. deutschen Arten d. Gatt. Potentilla. (Berl.)
  1887. 8. 18 p. 1.—
12200 — Z. Kenntn. d. Gatt. Potentilla. Innsbr. 1889. 8. 36 p. 1.50
12201 **Zinger.** Ueb. Androsace filiformis. (Mosk., Bull.) 1880. 8. 10 p. m. Tfl. 1.50
12202 — Potentilla tanatica sp. n. (Mosq., Bull.) 1883. 8. 3 p. et tab. 1.—
12203 **Zipperer.** Z. Kenntn. d. Sarraceniaceen. Münch. 1885. 8. 35 p. m. Tfl. 1.—
12204 **Zuccarini.** Novarum vel minus cognitarum Plantarum Horti Botan.
  Monacens. fascic. I—III. Monach. 1832. 4. 328 p. et 20 tab. Cart. 8.—
12205 **Zukal.** Ueb. Buxbaumia. (Wien, Z. b. G.) 1863. 8. 12 p. 1.—

Aldrovandi. Portrait. B a r n i sc. 4. 1.50
Andersson. Gräs fran Spetsbergen. (Stockh., Ak.) 1866. 8. 4 p. m. Tfl. 1.—
Baroni. 4 mem. s. Fanerogame. (Fir., Giorn. Bot.) 1897. 8. 22 p. c. 3 tav. 1.50
Batalin. Panicum-Arten v. Russland. Petersb. 1887. 8. 43 p. — Russisch. 1.50
Beissner. Conifères de Chine. (Flor., Giorn. Bot.) 1897. 8. 4 p. av. pl. 1.—
Belke. Espèce de Safran à Kamieniec-Podolski. (Mosc., Bull.) 1853. 8. 10 p. 1.—
Bentham. Labiatarum genera et species. Pars IV. Lond. 1834. 8. 124 p. 2.50
— Notes on Mimosae. III: Acacieae. (Lond., Hooker's Journ.) 1844. 8. 249 p. 6.—
— Enumerat. of Leguminosae of South. Asia, and Centr. and South. Africa II.
  (Lond., Hooker's Journ.) 1848. 8. 136 p. 3.—
Blanco, S. l'Arachis Hypogaea. (Brux., Ac.) 1850. 8. 5 p. av. pl. color. 1.—
Bonnet. Portrait. Lithogr. in folio. 2.—
Buchenau. — F o c k e. Buchenau's botan. Druckschriften. (Brem., Nat. Ver.)
  1910. 8. 18 p. 1.—
Caruel. Valerianacearum Italicar. consp. (Florent., Giorn. Bot.) 1869. 8. 8 p. 1.—
Conti. Classif. et distrib. des espèces Europ. du genre Matthiola. (Genève,
  Herb. Boiss.) 1897. 8. 29 p. av. carte. 1.50
Costantin. Developm. of Orchid cultivat. (Wash., Smiths.) 1914. 8. 14 p. 1.—
Dillenius. Hortus Elthamensis s. Plantae rarior. horti Elthami. 2 vol. Lond.
  1732. fol. 446 p. et 325 tab. Calf. — Fine copy. 50.—
   See notice, added to nr. 487.
Drude. Agrostis tarda n. sp. (Marb., Flora) 1877. 8. 8 p. m. Tfl. 1.—
Fischer, F. E. L., et C. A. Meyer. Sertum Petropolitanum, s. icones et descr.
  Plantarum novar. horti Petropolit. 4 decades. Petrop. 1846—69. folio.
  c. 45 tab. (19 color.) 40.—
Golenkin. Material. zur Charakterist. d. Nesselpflanzen. Moskau 1895. 8.
  80 p. m. Tfl. — Russisch. 1.50
Gouan. Illustrat. et observat. Botanicae s. rarior. Plantar. indigenar., Pyre-
  naic., exotic. adumbrat. Tiguri 1773. fol. 92 p. et 28 tab. Hfzb. 18.—
Hackel. Agrostol. Mittheilgn. (Regensb., Flora) 1879. 8. 16 p. 1.—
— Die verwandtsch. Beziehgn. d. Europ. Festuca-Arten. (Cassel, Bot. Centr.)
  1881. 8. 19 p. 1.50
— Gramina nova vel minus nota. (Vindob., Ac.) 1884. 8. 14 p. 1.—
Hausknecht. Ueb. d. Beziehungen d. Saxifraga decip. zu hypnoides. (Wei-
  mar) 1893. 8. 14 p. 1.—
Hitchcock, A. S., and Clothier. Native Agricult. Grasses of Kansas. Man-
  hattan 1899. 8. 29 p. w. 47 fig. 1.50
Humboldt, A. de. Portrait. Lithogr. p. D e l p e c h. 8. 1.—
— Portrait. Gravure p. G o b i n. 8. 1.—

Köppen. Geograph. Verbreit. d. Nadelbäume im Europ. Russland u. auf d. *M*
Kaukasus. Petersb. 1885. 8. 654 p. m. 3 Ktn. u. Tfl. Hfzb. — Russisch. 8.—
Krilow. Die Linde auf d. Vorgebirge d. Kusnezischen Alatau (Gouv. To-
bolsk). Tomsk 1891. 8. 40 p. m. Tabelle. — Russisch. 1.50
Linnaeus, C. Species Plantarum. Ed. IV. Cur. Wildenow. 6 vol. (13 partes).
Berol. 1797—1830. 8. (M. 76.) Cart. 40.—
Siehe Notiz zu Nr. 684.
Magyar Botanikai Lapok (Ungar. Botan. Blätter). Jahrg. I. II. Budap. 1902—
1903. 8. m. Tfln. (M. 20.) Hlnbde. 12.—
Meddelelser fr. d. Botaniske Förening i Kjöbenhavn. (Kjöb., Bot. Tidsk.)
1904. 8. 32 p. m. Kte. 1.50
Siehe auch Nr. 7088.
Meinshausen. Z. Kakteenkunde. (Berl., Woch. Gärtn.) 1858. 4. 6 p. 1.—
Pons. Rivista crit. d. spec. Ital. del gen. Ranunculus. (Fir., Giorn. Bot.) 1898.
8. 85 p. 2.—
— Illustraz. dei Ranunculus del: Catal. Plantar. Agri Florent. di Michelli.
(Fir., Giorn. Bot.) 1898. 8. 14 p. 1.—
Regel, E. Russische Dendrologie. 2 Bde. Petersb. 1883—89. 8. 200 p. m. Fig.
— Russisch. 4.50
Schilling, S. u. C. J. Museum d. Natur. (20 Nrn.) Bresl. 1834. 4. 42 p. m.
16 (statt 20) color. Tfln. Cart. 6.—
Unbekanntes, nirgends citirtes Werk.
Seemann. Die Palmen. Petersb. 1872. 8. 97 p. — Russisch. 1.50
Smith, J. E. Botan. characters of some Myrti. (Lond., Linn. S.) 1797. 4.
34 p. w. pl. 1.50
Sonntagsvorträge am Polytechn. Museum zu Moskau. 8 Teile. Moskau
1878—86. 4. m. Tfl. — Russisch. 5.—
Vorträge aus d. Geb. d. exacten u. d. Natur-Wissenschaften.
Spillman. The hybrid Wheats. Pullm. 1909. 8. 28 p. 1.50
Spirigin. Die Fichte und ihre Begleiter im Kreise Pensa. Kasan 1908. 8. 180 p.
m. Kte. — Russisch. 2.—
Sturm, F. Portrait. Lithogr. v. F i s c h e r. 8. 1.—
Torrey. Portrait. Photographie. 8. 1.—
Vitae Botanicorum.

Bertram, v. B u c h e n a u. (Bremen, Nat. Ver.) 1906. 8. 10 p. 1.—
Blytt, v. E. F r i e s. (Stockh.) 8 p. 1.—
Jabornegg. Nachruf. (Klagenf.) 1910. 8. 16 p. m. Portr. 1.—
Roth, A. W., v. F o c k e. (Brem., Nat. Ver.) 1908. 8. 10 p. m. Portr. 1.—
Ule, v. H a r m s. (Berl., Bot. Ver.) 1916. 8. 35 p. m. Portr. 1.50
Wolf, E. L. Die Bäume u. Sträucher im Winterzustande. Petersb. 1892. 8.
79 p. m. 219 Fig. — Russisch. 2.—
— Das Laub d. Bäume u. Sträucher. Petersb. 1892. 8. 163 p. m. 223 Fig. —
Russisch. 2.—

Cryptogamae.
I. Scripta miscellanea.

[Supplementum numeror. 1776—1828, vide: Bibliographia Botanica, p. 74—77.]

12207 **Archiv** f. Protistenkunde. Begründ. v. Schaudinn. Hrsg. v. M. Hart-   *M*
mann u. Prowazek. Bd. 1—22 m. Supplem. Jena 1902—1911. 8. m.
447 z. Tl. color. Tfln. (M. 581.)   350.—

12208 **Archiv** für Zellforschung, hrsg. v. Goldschmidt. Bd. I—VIII. Leipzig
1908—12. 8. m. viel. color. u. schwarz. Tfln. (M. 516.)   300.—

12209 **Archivio** d. Laboratorio di Botanica Crittogamol. pr. la Univers. di
Pavia. Pubbl. da Garovaglio e Cattaneo. 5 vol. Milano 1874—88. 8.
c. molte tav.   75.—

12210 **Ardissone.** Gli uffici d. Piante crittogame. Milano 1873. 8. 24 p.   1.—

12211 **Atti** d. Congresso nazion. di Crittogam. in Parma. Fasc. I. Varese
1887. 8. 59 p.   1.50

12212 **Atti** d. Società Crittogamolog. Italiana. 3 vol. (quanto n'è stato pubbl.).
Milano 1878—84. 8. c. 13 tav. (50 Lire.)   25.—

12213 — — Vol. I. Milano 1878. 8. 246 p. c. 5 tav.   5.—

12214 **Aubert.** Catal. d. Cryptogames rec. aux envir. de Louette-St.-Pierre.
(Brux., Soc. Bot.) 1865. 8. 34 p.   1.—

12215 **Baroni.** S. alc. Crittog. racc. presso Costantinopoli. (Firenze, S. Bot.)
1891. 8. 8 p.   1.—

12216 **Beck.** Uebersicht d. Kryptogamen Niederoesterreichs. (Wien, Z. b. G.)
1887. 8. 128 p.   1.—

12217 **Beckhaus.** Beiträge z. Kryptog.-Flora Westfalens. 5 Tle. (Bonn, Nat.
Ver.) 1855—59. 8. 54 p. m. Tfl.   1.50
     Siehe auch Nr. 15393.

12218 **Beer.** Studies in Spore developm. (Lond., Ann. Bot.) 1911. 8. 16 p. w. pl.   1.50

12219 **Beiträge** z. Kryptogamenflora der Schweiz. Matér. p. la flore cryptog.
Suisse. Hrsg. v. e. Kommiss. d. Schweiz. Nat. Gesellsch. Bd. I—V.
Bern 1902—1915. 8. 2483 p. m. 87 Tfln. (27 color.) (M. 90.)

12220 **Bischoff.** De Cryptogam. transitu et analogia. Heidelb. 1825. 8. 63 p.
Cart.   2.—

12221 **Blakeslee.** Differentiat. of sex in Thallus Gametophyte and Sporophyte.
(Chic., Bot. Gaz.) 1906. 8. 18 p. w. pl.   1.50

12222 **Bory de St. Vincent.** Flore de l'Algérie: Cryptogames. Paris 1849.
in-fol. Seulement pages 241 à 600 (sans l'atlas).   9.—
     Renfermant partie des Lichenes et Fungi.

12223 **Brebissonia.** Revue de Botan. Cryptogam. Réd. p. Huberson. Années
1 à 3. Paris 1878 à 81. av. plchs. — M a n q u e un numéro.   8.—

12224 **Briosi, Farneti ed a.** Brevi note d. Labor. Crittogam. di Pavia. II.
Pavia 1904. 8. 30 p. c. tav.   1.—

12225 **Brockmüller.** Beitr. z. Kryptogamen-Flora Mecklenburgs. (Güstrow,
Arch.) 1863. 8. 95 p.   1.50

12226 — — R e i n k e. Nachtrag. (Güstr., Arch.) 1866. 8. 14 p.   1.—

12227 **Brongniart, A.** Histoire d. Végétaux fossiles, ou recherches botaniques et géolog. s. les végétaux renfermés dans les diverses couches
du globe. 2 vols. [Paris 1828 à 37]. Berl. 1915. 4. 572 p. av. 199 pl.   300.—
     Ein photographischer Neudruck, tadellos hergestellt u. dem Original in nichts
nachstehend (nur auf viel besserem Papier) dieses Fundamentalwerkes der Phyto-
Palaeontologie. Ist bei den engen Beziehungen der Phylogenie zur Systematik
recenter Genera auch für Botaniker von höchster Wichtigkeit. Das Original ist
bekanntlich eines der seltensten palaeontolog. Bücher und wird mit 600 M. und
mehr bezahlt.

12228 **di Carpegna.** Le Crittogame. Versi. (Urbino) 1877. 8. 15 p.   1.—

M

12229 **Clautriau.** Les réserves hydrocarbonées d. Thallophytes. (Paris, Misc. Biol.) 1899. 4. 12 p. 1.—

12230 **Cohn, F.** Ueb. sein Thallophytensystem. (Bresl., Schles. Ges.) 1879. 8. 11 p. 1.—

12231 **Commentario** d. Società Crittogamologica Italiana. 2 vol. (quanto n'è stato pubbl.). Genova 1861—67. 8. c. tavole. 20.—

12232 — — Vol. I, II parte 1. Genova 1861—64. 8. 193 p. c. 6 tav. 8.—

12233 **Coupin.** Album général d. Cryptogames (Algues, Champignons, Lichens). Fasc. I à XXII. Paris 1912 à 1914. 4. 352 pl. av. texte explic. 48.—

12234 **Cugini.** S. alimentaz. d. Piante cellulari. 2 parti. (Firenze, Giorn. Bot.) 1876. 8. 124 p. 2.50

12235 **Czerniaiev.** Nouv. Cryptogames de l'Ukraine. (Mosc., Bull.) 1845. 8. 26 p. av. 3 pl. (2 color.) 2.—

12236 **Dangeard.** Etudes s. le développ. et la struct. d. Organismes infér. (Paris, Botaniste) 1910. 8. 311 p. av. 33 pl. 12.—

12237 **De Toni.** Import. ed utilità d. Studi crittogam. Padova 1891. 8. 32 p. 1.—

12238 **Dietrich, D.** Deutschlands kryptog. Gewächse. Jena 1843. 8. 22 p. m. 26 color. Tfln. Cart. 3.—

12239 **Duby.** Revue d. Publications relat. aux Cryptogames parus en 1853 et 1854. Genève 1855. 8. 39 p. 1.—

12240 **Farlow.** On the Cryptog. Flora of the White Mountains. 1884. 8. 20 p. 1.—

12241 — Cryptogamic Botany at Harvard Univers. 1874—96. Cambr. 1896. 8. 16 p. 1.—

12242 **Fischer, L.** Tabellen z. Bestimm. e. Auswahl v. Thallophyten u. Bryophyten. Bern 1910. 8. 49 p. Cart. 1.50

12243 **Flora Italica Cryptogama.** Ed. d. Società Botan. Italiana. (9 vol.) Quanto n'è stato pubblic.: Parte I: Fungi. Fasc. 1—14. Firenze 1905— 1915. 8. 2755 p. c. 6 tav. (4 color.) e 634 fig.
Parte II: Algae. Fasc. 1—3. Fir. 1908—09. 8. 576 p. c. 130 fig.
Parte III: Lichenes. Fir. 1911. 8. 980 p. c. 86 fig. 135.—

12224 **Fossilium Catalogus.** II: P l a n t a e. Editus a W. J o n g m a n s. Partes 1—7 (quantum hucusque prodierunt). Berol. 1913—15. 8. (M. 62.40.)
Subscriptionspreis dieser Teile 1—7 der Abteilung II für Abnehmer der ganzen Abteilung II: M. 52.10. (Für Abnehmer b e i d e r Abteilungen des „Fossilium Catalogus": M. 41.50. Abteilung I enthält die Tiere).
Inhalt: Pars 1: J o n g m a n s, Lycopodiales. I. 1913. 52 p. (M. 5.) M. 4.30. — 2—5, 7: J o n g m a n s, Equisetales I—V. 1914—15. 518 p. (M. 49.) M. 41. — 6: N a - g e l, Juglandaceae. 1915. 87 p. (M. 8.30) M. 6.90.
Im Druck oder in Vorbereitung: P. B e r t r a n d, Zygopteridae, Botryopteridae, Psaromeae. — W. N. E d w a r d s, Angiospermae (pro parte). — A. F r a n k e, Alethopterideae. — W. G o t h a n, Filices (pro parte). — T h. H a l l e, Cycadophyta. — W. H u t h, Mariopterideae. — W. J o n g m a n s, Equisetales VI, VII; Lycopodiales II; Gymnospermae palaeozicae; Semina palaeozoica. — L. L a u - r e n t, Angiospermae (pro parte): Magnoliaceae, Nymphaeaceae, Tiliaceae, Anacardiaceae, Quercaceae, Hamamelideae etc. — K. N a g e l, Betulaceae, Ulmaceae, Fagaceae. — H. P e r a g a l l o, Diatomeae. — E. S c h l e i f f e r, Laurineae. — A. Z o b e l, Sphenophyllales.
Auch für Institute und Forscher, die sich mit recenten Pflanzen beschäftigen, unentbehrlich.
Probelieferung und Prospect dieses monumentalen Werkes g r a t i s.

12245 **Fries, E.** Plantae Homonemeae (Fungi, Lichen., Algae, Diatomeae). Lund. 1825. 8. 374 p. Cart. 1.50

12246 **Genth.** Cryptogamenflora d. Herzogth. Nassau. Abt. I. (soviel erschien.): Filic., Musci, Lichen. Mainz 1836. 8. 448 p. Hfzb. 2.—

12247 **Glowacki.** Z. Kenntn. d. Kryptog.-Flora d. Steiermark. (Graz, Nat. Ver.) 1892. 8. 14 p. 1.—

12248 **Greville.** Account of a coll. of Cryptogam. fr. the Jonian. Isl. (Lond., Linn. Soc.) 1827. 4. 14 p. w. pl. 1.50

12249 **Grevillea.** Quarterly record of Cryptogamic Botany and its literature. Ed. by Cooke and Massee. 22 vols. (all published). Lond. 1872—94. 8. w. about 200 plates, partly colour. 250.—
Now out of print. The last 4 volumes are very rare.

12250 — Vol. 1—18. Lond. 1872—90. 8. w. about 170 plates, partly colour. 130.—

M

12251 **Grönlund.** Tillaeg t. Islands Kryptog.-Flora. (Kjöb., Bot. Tidsk.) 1895. 8. 26 p. 1.50

12252 **Guignard.** Développ. et constit. des Anthérozoïdes. I. (Paris, Rev. Bot.) 1889. 8. 17 p. av. pl. color. 1.50

12253 **Hedwigia.** Redig. v. Rabenhorst. Bd. XII. Dresd. 1873. 8. 200 p. (M. 7.) 3.—
Zahlreiche einzelne Hefte anderer Bände vorhanden.

12254 **Helmert u. Rabenhorst.** Elementarcursus d. Kryptogamenkunde. 2. Aufl. Dresd. 1862. 8. 132 p. m. 79 Fig. Cart. 1.—

12255 **Heufler.** Instruct. f. d. Naturforsch. d. Exped. d. „Novara" in Bez. auf Kryptogamen. (Wien, Geogr. Ges.) 1857. 8. 12 p. 1.—

12256 — Enumeratio Cryptogamar. Italiae Venetae. (Vindob., Z. b. G.) 1871. 8. 150 p. 1.—

12257 **Heufler et a.** Specimen Florae cryptog. septem Insularum (Ionicar.). 5 partes. (Vindob., Z. b. G.) 1861—68. 8. 20 p. 1.50

12258 **Hitchcock.** Cryptogams coll. in the Bahamas and Jamaica. (St. Louis, Gard.) 1898. 8. 10 p. 1.—

12259 **Hornschuch.** Ueb. d. Entsteh. u. Metamorph. d. nied. vegetabil. Organismen. (Ac. Leop.) 1820. 4. 70 p. m. 2 color. Tfln. 2.—

12260 **Jaap.** Z. Kryptog.-Flora d. Insel Sylt. 3 Abhandl. 1898. 8. 14 p. 1.—

12261 — Z. Kryptog.-Flora d. Nordfries. Insel Röm. (Kiel, Nat. Ver.) 1902. 8. 32 p. 1.50

12262 **Jennings.** Behavior of the Lower Organisms. New York 1906. 8. 380 p. w. 132 fig. Cloth. 13.—

12263 **Junk, W. Bibliographia Botanica. Berolini 1909. 8. XVIII et 228 p. Leinbd.** 1.—

☛ Unentbehrlich für jeden Botaniker, da einziges Werk, aus welchem eine Information über jedes in irgend einer Hinsicht wichtige botanische Werk geholt werden kann. Bibliographische Notizen, Geschichte, Seltenheit, Preisschwankungen, Angaben der vergriffenen Bände etc. etc., alles findet sich in diesem Bande.
Prof. L i n d a u: Ausserordentlich wertvoll. — Professore S a c c a r d o - Padova: Magnifique et très-intéressante. — J. D ö r f l e r - Wien: Fachkundig und überaus sorgfältig zusammengestellte Bibliographie, die tatsächlich alles auch nur halbwegs Wichtige der gesamten botanischen Literatur enthält. Nehmen Sie meine aufrichtigsten Glückwünsche zum Gelingen dieser schwierigen Arbeit entgegen. Sie haben ein enormes bibliographisches Wissen. — P u b l i s h e r ' s C i r culaer: Probably it would be difficult if not impossible to find a publisher and antiquarian bookseller with Mr. J.'s knowledge gained from 25 years' experience in this special branch, and this knowledge has enabled him to write a very interesting article on 'Botanical Literature from the Bibliographical Standpoint'. — Prof. S c h o r l e r - Dresden: .... Ihre ausgezeichnete ‚B. B.' .... Geh. Rat Drude und ich haben mit grossem Interesse das Vorwort gelesen. Dadurch erst in Verbindung mit Ihren „Rara" haben wir den hohen Wert unserer botan. Bibliothek kennen gelernt. Wir werden nicht die einzigen sein, denen es so gegangen ist. Es war sehr verdienstlich von Ihnen, den reichen Schatz Ihrer Erfahrungen der Allgemeinheit nutzbringend zu machen. Ich beglückwünsche Sie dazu. — M o n d e d e s P l a n t e s: Renferme tous les ouvrages et périodiques de quelque importance sur l'ensemble de la botanique, av. d. indications détaillées que l'on ne trouvera réunies nulle part ailleurs. Cette bibliographie constituera pour les botanistes une source de références importantes. — Prof. M a u r i z i o - Lemberg: Ihre-Einleitung zur „Bibliographia" hat mir grosse Freude bereitet. Sie ist höchst interessant. Es wäre für Sie eine dankenswerte Aufgabe, die Geschichte einiger Werke zu liefern und durch Ihre reiche Kenntnis aufzuklären. — J. C h. B a y, John Crerar Library, Chicago: I regard this catalogue as a wonderful achievement. It will remain for a number of years the authoritative catalogue in our line. The introduction bears witness to the most mature observation and experience. — I n t e r nationale Entomologische Zeitschrift: In sachkundiger und erschöpfender Weise behandelt Autor die „Botanische Literatur vom bibliographischen Standpunkt" in einer Einleitung, auf die ich hier nicht näher eingehen kann, aber schon diese Abhandlung ist lesenswert; s i e e r ö f f n e t u n s e i n e P e r spektive in den ideellen Lebenszweck eines Buchhändlers und Verlegers, wie er sein soll, in wohltuendem Gegensatz zu solchen Elementen, die bei knapp elementarem Bildungsgrade rein egoistische Zwecke verfolgen und hierbei keine Mittel scheuen. — Dr. G r e s h o f f, Koloniaal Museum, Haarlem: Das Buch ist auf so reicher Bücherkenntnis aufgebaut, dass es einen spezifischen Wert in der botanischen Literatur hat. — P u b l i c L i b r a r i e s, New York: Very valuable apparatus of annotation, of interest equally

M

to the botanist, the librarian and the bookseller. It is an unusual production, exemplifying the work of the modern school of continental booksellers, where book trade is combined with knowledge of books, their value, their history. This feature of the present catalog is admirably brought forth in the running annotations, and in a wellwritten preface. As a bibliographical trade-catalogue this one is worthy of an earnest study of librarians, and of a brotherly appreciation from bibliographers. — Prof. M i y o s h i, Tokyo: Ihre „Bibliographia Botanica" ist sehr wertvoll. — Mitteilungen zur Geschichte der Naturwissenschaften: Wieder eine verdienstliche Schrift unseres kundigen Mitgliedes. Eine Vorrede behandelt eingehend „Die botanische Literatur vom bibliographischen Standpunkte", auch gibt der rührige Verfasser einen Einblick in seine bisherige wissenschaftliche Tätigkeit.

12264 **Junk, W.** Bibliographiae Botanicae S u p p l e m e n t u m. 6 partes. Berol. 1916. 8. circ. 600 p. cum circ. 20,000 titulis librorum. L e i n b d.   1.50

> Pars I: Acta. Historia. Vitae Botanicorum. Bibliographia. Auctores Ante-Linnaeani. Linnaeus. Scripta Miscellanea. Horti (et Musea). Systema. Nomina, Terminologia. Elementa. — Pars II: Phanerogamae (Systema). — Pars III: Cryptogamae [Scripta Miscellanea. Cryptog. vasculares. Bryophyta. Fungi. Lichenes. Algae. Characeae. Desmidiaceae et Diatomaceae. Plancton.] — Pars IV: Biologia Plantarum (Anatomia, Physiologia, Biologia s. str.). Philosophia Naturalis. Speciërum Origo (Hereditas, Mutatio, Variatio). Pathologia. Teratologia. — Pars V: Geographia Plantarum, Florae. [Scripta Miscellanea. Europa. Europa centralis. Britannia. Gallia. Hispania et Lusitania. Italia. Paeninsula Balcanica. Rossia. Scandinavia. Asia media. Asia occidentalis. Asia orientalis. India. Sibiria. Archipelagus Indicus. Australia et Oceania. Africa. America septentrionalis. America centralis (et insulae). America meridionali. Regiones Arcticae.] — Pars VI: Plantae Oeconomicae [Agricultura et Plantae utiles. Plantae Hortenses. Plantae Silvestres (Arbores). Plantae Pomiferae. Vitis Vinifera. Plantae Officinales (et venenatae)].
>
> ☛ Der vorliegende Catalog ist der Pars III; jedoch ist er in der obigen gebundenen Ausgabe auf gutem holzfreien Papier abgezogen.

12265 **Kaiser.** Beitr. z. Kryptogamen-Flora v. Schönebeck a. Elbe. 2 Tle. Schöneb. 1896—1907. 8. 82 p.   2.—

12266 **Kickx.** Rech. p. s. à la flore cryptog. des Flandres. IV. (Brux., Ac.) 1849. 4. 60 p.   1.—

12267 **Klatt.** Cryptogamenflora v. Hamburg. I. .(soviel erschien.): Crypt. vascul., Musci. Hamb. 1868. 8. 224 p. (M. 4.50.)   2.—

12268 **Klebs.** Ueb. d. Generat.-Wechsel d. Thallophyten. (Leipz., Biol. Centr.) 1899. 8. 18 p.   1.—

12269 **Klinggräff.** Nachtrag z. Flora d. höheren Cryptogamen Preussens. (Königsb., Phys. Ges.) 1862. 4. 16 p.   1.—

12270 **Kolderup-Rosenvinge.** Sporeplanterne, Kryptogamerne. Kjöbenh., 1913. 8. 400 p. m. 513 Fig.   11.—

12271 **Körber.** Grundr. d. Kryptogamen-Kunde. Bresl. 1848. 8. 212 p. (M. 4.50.) Cart.   1.—

12272 **Krasan.** Ueb. d. Entwick. u. d. Urspr. d. niedrigsten Organismen. (Wien, Z. b. G.) 1880. 8. 62 p. m. Tfl.   1.—

12273 **Kravogl.** Z. Kryptogamenflora v. Südtirol. Bozen 1887. 8. 21 p.   1.—

12274 **Kryptogamenflora** f. Anfänger. Hrsg. v. Lindau. (6 Bde.) Bd. I—III; IV. Teil 1 u. 2; V, VI. Berl. 1912—14. 8. m. 3031 Fig. — Soviel erschien. (M. 53.60.)   45.—

> Inhalt: Bd. I: L i n d a u, Die höheren Pilze. (Basidiomyc.) 1914. 239 p. m. 607 Fig. M. 6.60. — II: L i n d a u, Die mikroskop. Pilze. 1912. 283 p. m. 558 Fig. M. 8. — III: L i n d a u, Die Flechten. 1913. 257 p. m. 806 Fig. M. 8. — IV: L i n d a u, Die Algen (3 Tle.) Teil 1 u. 2. 1914. 426 p. m. 926 Fig. M. 18.60. — V: L o r c h, Die Laubmoose. 1913. 258 p. m. 265 Fig. M. 7. — VI: L o r c h, Die Torf- u. Lebermoose. K r a u s e, Die Pteridophyta. 1914. 304 p. m. 369 Fig. M. 8.40.

12275 **Kryptogamen-Flora** v. Schlesien. Herausg. v. F. Cohn. 3 Bde. Bresl. 1876—1908. 8. 2533 p.   63.—

> Inhalt siehe No. 1803.

12276 — — Bd. I. Bresl. 1876. 8. 484 p. Hfzb.   14.—

> Inhalt: S t e n z e l, Gefässkryptog. — L i m p r i c h t, Laub- u. Lebermoose. — B r a u n, Characeen.

12277 **Kummer.** Kryptogam. Charakterbilder. 2. Ausg. Halle 1883. 8. 260 p. m. 220 Fig. (M. 3.) Cart.   1.50

.W. Junk, Berlin, W. 15.

12278 **Landerer.** Ueb. d. Sporangium d. mit Gefässen versehenen Crypto-   *M*
gamen. Tüb. 1837. 8. 40 p.   1.—
12279 **Laukamm.** Sporenpflanzen. Nürnb. 1909. 8. 49 p.   1.—
12280 **Leunis.** Synops. d. Pflanzenkunde. 3. (letzte) Aufl. v. Frank. Bd. III:
Cryptogam. Hannov. 1886. 8. 901 p. m. 176 Fig. (M. 10.) Hfzb.   6.—
    Das ganze Werk — siehe No. 8977—8980.
12281 **Licopoli.** Storia natur. d. Crittogame nasc. s. Lave Vesuviane. Napoli
1871. 4. 58 p. c. 3 tav.   2.50
12282 **Lindau.** Z. Kryptog.-Flora v. Rügen. (Dresd., Hedw.) 1897. 8. 7 p.   1.—
12283 — Ratschläge f. das Sammeln v. nieder. Kryptogamen in d. Tropen.
(Berl., Bot. Gart.) 8. 7 p.   1.—
12284 **Lindsay.** On the Protophyta of New Zealand. (Lond., Micr. J.) 1867.
8. 16 p.   1.50
12285 **Linnaeus.** Species Plantarum. Editio I. 2 vol. Holm. 1753. 8. 1200 p.
Frzb.   150.—
    Fundamentalwerk der botanischen binären Nomenclatur.
12286 — — (Holmiae 1753). F a c s i m i l e - E d i t i o n. Ed.: W. J u n k.
Berol. 1907. 8. 1200 p. (M. 40).   35.—
12287 — — Indices Nominum trivialium ad: Linnaei Species Plantarum,
editio princeps. Ed.: W. J u n k. Berol. 1908. 8. 100 p.   4.—
    2 indexes, one arranged after the pages, the other alphabetical. Till now it
was not possible to use the book without trouble.
12288 — — J u n k, W., Linné's Species Plantarum, Editio princeps, u. ihre
Varianten, m i t B e s c h r e i b u n g e i n e r n e u e n. Berl. 1908. 8.
12 p. m. 12 photograph. Tafeln.   2.—
    Enthält eine ausführliche Beschreibung der 2 verschiedenen Ausgaben der
ed. princeps mit photograph. Abbildung der variirenden Seiten und — die Haupt-
sache — die Entdeckung 2 neuer bisher ganz unbekannter Seiten.
12289 — Mantissa Plantarum. Generum edit. VI. et Specierum edit. II.
2 partes. Holm. 1767—71. 8. (VI et) 588 p.   100.—
    Wichtig als Nachtrag zu den „Species". Jetzt fast unauffindbar geworden.
12290 — — F a c s i m i l e - E d i t i o n. Berol. 1916.
    In Vorbereitung. Subscriptions-Preis: M. 32; Preis nach Erscheinen: M. 40. —
Tadelloser, vom Original nicht verschiedener Neudruck auf gutem Papier.
12291 — Systema, Genera, Species Plantar. Uno volumine sive: Codex
Botanic. Linnaeanus. Ed.: H. E. R i c h t e r. Lips. 1840. 8. 1338 p.
(M. 36.)   10.—
    Enthält den ganzen L i n n é ' schen Text mit einem wichtigen Index v. W. L.
P e t e r m a n n. — Eine geschätzte Sammlung.
12292 **Loitlesberger.** Z. Kryptogamenflora Oberösterreichs. (Wien, Z. b. G.)
1889. 8. 6 p.   —.50
12293 — Verzeichn. d. in den Rumän. Karpathen ges. Kryptogamen. (Wien,
Mus.) 1898. 8. 8 p.   1.—
12294 **Malpighia.** Rassegna mens. di Botanica, red. da Borzi, Penzig e Pirotta.
Vol. 1—21. Genova 1887—1907. 8. c. molte tav. color. e nere. (fr. 630.)   200.—
12295 **Marchand.** Des herborisations cryptog. (Brux., J. Micr.) 1879. 8. 16 p.   1.—
12296 **Martius.** Flora Cryptogamica Erlangensis. Norimb. 1817. 8. 592 p. et
6 tab. (2 color.) (M. 18.) Cart.   5.—
12297 **Massalongo.** Graduato pass. d. Crittogame alle Fanerog. Pad. 1876.
8. 22 p.   1.—
12298 **Mendelsohn.** Thermotropismus einzell. Organismen. (Petersb., Soc.
Nat.) 1895. 8. 26 p. — Russisch.   1.—
12299 **Mettenius.** Cryptogamen. Von S t i z e n b e r g e r geschrieb. Collegienheft seiner Vorlesungen, 1851—52. 8. 120 p. m. viel. Fig. Cart.   2.—
    Migula. Kryptog.-Flora v. Deutschland — siehe No. 12373.
12300 **Minnesota Botanical Studies.** Ed. by Mac Millan. Vol. I. II, III parts
1—3. (all pub'd.) Minneap. 1894—1904. 8. w. many pl. (M. 110.)   30.—
    Important papers on Cryptogamia, espec. on Algae.
12301 **Mirbel.** S. l'anat. d. Cryptog. (Paris, Journ. Phys.) 4. 32 p. av. 6 pl.   2.—
12302 **Mitten.** Contrib. to the Cryptog. Flora of the Atlantic Islands. (Lond.,
Linn. Soc.) 1865. 8. 10 p. w. 2 pl.   2.—

12303 **Montagne.** Descr. d. plus. nouv. esp. de Cryptog. d. l'Amérique *M*
mérid. 2 parties. (Paris, Ann. Sc.) 1834. 8. 31 p. av. 2 pl. color. 2.—
12304 — Not. s. l. Cryptog. nouv. de France. 6 parties. (Paris, Ann. Sc.)
1834 à 1836. 8. 77 p. av. 7 pl. (2 color.) 3.—
12305 — Centuries I à VII. d. Plantes cellul. exotiques nouv. (20 parties).
(Paris Ann. Sc.) 1837 à 56. 8. 530 p. av. 12 pl., dont 4 color. 30.—
12306 — — Centur. VIII. Decades 8 à 10. (Paris, Ann. Sc.) 1858 à 59. 8. 47 p. 1.50
12307 — Cryptogames Algériennes. 2 parties. (Paris, Ann. Sc.) 1838. 8.
21 p. av. 2 pl. color. . . 2.50
12308 — Cryptogamae Brasilienses à St. Hilaire coll. (Paris., Ann. Sc.)
1839. 8. 14 p. et tab. 1.50
12309 — Cryptogamae Nilgherienses à Perrottet coll. 2 partes. (Paris., Ann.
Sc.) 1842. 8. 26 p. 1.50
12310 — Plantes cellulair. d. Iles Canaries. Paris 1850. fol. 232 p. av. 9 pl. 20.—
12311 **Morin.** Streifzüge in d. Welt des Kleinen mit Mikroskop u. Stift.
Münch. 1911. 4. 109 p. m. 97 Fig. (M. 3.50) 2.—
12312 **Müller, O., u. Pabst.** Cryptogamen-Flora. Abbild. u. Beschreib. d.
vorzügl. Cryptog. Deutschlands. Band I, II, III. Teil 1 (alles was
erschien.): Lichenes, Fungi, Hepat. Gera 1874—77. fol. 162 p. m. 46
meist color. Tfln. (M. 47.) Origbd. 24.—
Zum Teil vergriffen. Alle Abteilungen auch einzeln.
12313 **Nave.** Anleit. z. Einsammeln, Präparieren u. Untersuchen d. Kryptog.
Dresd. 1864. 8. 94 p. 1.—
12314 — Handy-Book to the Collect. and Prepar. of Algae, Diatoms, Desmids, Fungi, Lichens, Mosses. Lond. 1869. 8. 214 p. w. 26 pl. Cloth. 1.50
12315 **Nave, Niessl u. Kalmus.** Vorarbeit. z. e. Kryptog.-Flora v. Mähren u.
Oesterr. Schlesien. 4 Tle. (Brünn, Nat. Ver.) 1864—67. 8. 263 p. m. Tfl. 4.—
12316 **Opiz.** Deutschlands Cryptogam. Gewächse. Prag 1817. 12. 166 p. Cart. 1.50
12317 **Oersted.** Balsporväxterna. Stockh. 1872. 8. 192 p. m. 101 Fig. 1.—
12318 — System d. Pilze, Lichenen u. Algen. Leipz. 1873. 8. 194 p. (M. 4.) 1.—
12319 **Ostenfeld.** Contrib. à la flore (cryptog.) de l'île Jan-Mayen. (Copenh.,
Bot. Tidsk.) 1897. 8. 15 p. 1.—
12320 **Payer.** Botanique cryptogam. Paris 1850. 4. 229 p. av. 1105 fig. D.-rel. 2.—
12321 — — 2. (et dernière) éd., revue p. Baillon. Paris 1868. 8. 234 p. av.
1081 fig. Cart. 8.—
12322 **Pokorny.** Vorarbeiten z. Kryptog.-Flora v. Unter-Oesterreich. (Wien,
Z. b. G.) 1854. 8. 136 p. 1.—
12323 **Poetsch.** Beitr. z. Cryptogamenkunde Ob.-Oesterreichs. 2 Tle. (Wien,
Z. b. G.) 1857—58. 8. 16 p. 1.—
12324 — Neue Beitr. z. Kryptogamenflora Nied.-Oesterreichs. (Wien, Z. b.
G.) 1859. 8. 12 p. 1.—
12325 **Poetsch u. Schiedermayr.** System. Aufzählung der in Oesterreich ob
d. Enns beobacht. Kryptogamen. Wien 1872. 8. 432 p. (M. 8.) Hfzb. 2.50
12326 **Pringsheim.** Richt. u. Erfolge d. cryptogam. Studien. Jena 1864. 8. 29 p. 1.—
12327 — Generationswechsel d. Thallophyten. (Berl., Ak.) 1877. 4. 41 p. 1.—
12328 **Pritzel.** Thesaurus Literaturae Botan. Ed. II. (ultima). Lips. 1872—77.
4. 577 p. 100.—
12329 — — Ed. II. F a c s i m i l e - E d i t i o n. Berol. 1916. 4. 577 p.
S u b s c r i p t i o n s p r e i s: M. 40. Preis n a c h Erscheinen: M. 50.
Befindet sich in Vorbereitung. Anastatischer Neudruck, auf gutem Papier,
also auch äusserlich weit besser als das Original, welches auf dem schlechten
Holzpapier der damaligen Epoche gedruckt, bald in allen Exemplaren — mit Ausnahme der wenigen auf Velinpapier abgezogenen — zu Grunde gegangen sein wird.
Sämtliche Werke P r i t z e l 's sind jetzt ganz vergriffen und, da ein uner-
lässliches Handwerkszeug des botanischen Bibliographen (siehe No. 341), ausserordentlich im Preise steigend.
12330 **Purlewitsch.** Ueb. d. Eiweisssynthese b. nieder. Pflanzen. (Berl.,
Bioch. Z.) 1912. 8. 13 p. 1.—

12331 **Rabenhorst.** Deutschlands Kryptogamen-Flora. 2 Bde. m. Synonym.-Regist. Leipz. 1844—53. 8. (M. 25.50.) Cart. *M* 7.—
Jeder Teil auch einzeln. •

12332 — Cursus d. Cryptogamenkunde. Dresd. 1855. 8. 148 p. Hfzb. 1.—

12333 — Kryptogamen-Flora v. Sachsen u. Nordböhmen. 2 Tle. (alles was erschien.). Leipz. 1863—70. 8. 1090 p. m. viel. Fig. (M. 17.20.) 8.—

12334 — — Bd. I: Algen, Leber- u. Laubmoose. Leipz. 1863. 8. 673 p. m. 200 Fig. (M. 9.60.) Hfzb. 3.—
— — Bd. II: Lichenes — siehe No. 15734.

12335 — Kryptogamen-Flora v. Deutschland, Oesterreich u. d. Schweiz. 2. Aufl. (soweit bis Ende 1915 erschienen). Leipz. 1881—1915. 8. m. Tfln. u. viel. Figuren. (M. 540.) 370.—
Inhalt: Bd. I: P i l z e v. Winter u. a. Liefg. 1—128 m. allen Regist. (M. 800.) M. 210. — Bd. II—V. Inhalt u. Preise von Bd. II—V, siehe Nr. 1817. — Bd. VI: L e b e r m o o s e v. K. Müller. Liefg. 1—24. (M. 57.60) M. 44.

12336 **Raddi.** Crittogame Brasiliane. Modena 1822. 4. 33 p. 2.—

12337 **Rara Historico-Naturalia et Mathematica.** Ed.: W. J u n k. (21 partes). Berol. 1900—13. 4. 122 p. Cartonn. 20.—
Dieses Blatt gibt in der Art von B r u n e t eingehende (anderswo nicht zu findende) Collationen, die bibliographische Geschichte, Notiz über den Grad der Vergriffenheit und Angabe der vergriffenen Bände, sowie der Preise (frühere und jetzigen) von seltenen Werken und Zeitschriften auf dem Gebiete der im Titel genannten Disziplinen. Der Index des Bandes umfasst über 500 Titel.
A u s s c h l i e s s l i c h b o t a n i s c h e n Inhalts sind die Nrn. 4, 8, 9, 15, 20. — Weiter enthält Nr. 11: America meridionalis, 12: Bibliogr. Linnaeana, 18: Geogr. Plantarum, 19: Linné u. s. Bedeutung f. d. Bibliographie, 21: Supplementum. — Von grösseren Zusammenfassungen enthalten die Rara: „Die Anfänge der botanischen Zeitschriften-Literatur'', „Die Literatur der Diatomaceen'', „Flores de France'', „Herbarien'', „Rosaceen-Literatur''. Ferner ausführliche Collationen der bibliographisch so schwierigen Reihen u. Werke: Botanische Zeitung, Brongniart's Histoire des Végétaux fossiles, Flora, Forbes' Werke, Hooker's Paradisus, Jacquin's u. Junghuhn's Werke, Ledebour's u. Pallas' Floren- u. Reisewerke, Michaux's botanische Werke üb. Nordamerika, Rivinus' grosse Iconographie, P. A. Saccardo's mycologische Reihen, Salm-Dyck's Aloë, Tuckerman's Lichenen – Werke, Van Heurck's Diatomeen-Literatur, Viala's Ampélographie, Warming's Brasilianische Flora — u. viele andere.

12338 **Record** of current researches relat. to Invertebrata, Cryptogamia, Microscopy etc. 9 parts. (Lond., Micr. Soc.) 1879—80. 8. 1202 p. w. 7 pl. 6.—

12339 **Reichardt.** Bericht üb. die auf einer Reise n. d. Quarnerischen Inseln ges. Sporenpflanzen. (Wien, Z. b. G.) 1863. 8. 18 p. 1.—

12340 — Z. Kryptog.-Flora d. Maltathales. (Wien, Z. b. G.) 1864. 8. 12 p. 1.—

12341 — Z. Kryptog.-Flora d. Hawaiischen Inseln. (Wien, Ak.) 1878. 8. 30 p. 1.50

12342 **Röll.** Z. Kryptog.-Flora Unt.-Oesterreichs. (Wien, Z. b. G.) 1855. 8. 6 p. —.50

12343 **Roser.** Z. Biologie niederster Organismen. Marb. 1881. 8. 30 p. m. Tfl. 1.—

12344 **Rossbach.** Die rhytm. Bewegungserscheingn. d. einf. Organismen. (Würzb., Phys. Ges.) 1872. 8. 64 p. m. 2 Tfln. 1.50

12345 **Rostowzew.** Morphol. u. System. d. nied. Pflanzen (Algae, Fungi et Lichenes). Mosk. 1911. 8. 386 p. m. 447 Fig. — Russisch. 10.—

12346 **Rostrup.** Blomsterlose Planter. Kjöbenh. 1869. 8. 162 p. Lnb. 1.—

12347 **Roth, A. G.** Catalecta botanica quibus Plantae (spec. Cryptog.) novae descr. Fasc. I. Lipsiae 1797. 8. 262 p. et 8 tab. color. Cart. 6.—

12347a **Roxburgh.** — G r i f f i t h. The Cryptogam. Plants of India, forming the 4. and last part of the 'Flora Indica'. (Calc., Asiat. Soc.) 1844. 8. 60 p. 8.—

12348 **Roze.** Les Anthérozoides d. Cryptogames. (Paris, Ann. Sc.) 1867. 8. 16 p. av. pl. .—

12349 **Russ.** Gefässcryptogamen, Laub- u. Lebermoose d. Wetterau. (Hanau) 1858. 8. 69 p. 1.50

12350 **Sauter.** Kryptogamen-Flora d. Pinzgaues. (Salzburg) 1864. 8. 56 p. 1.50

12351 — Flora d. Herzogth. Salzburg (Cryptog.). 7 Tle. Salzb. 1866—76. 8. — Complet. 9.—

12352 — — Teil I—III. 1866—68. 3.—

12353 **Schedae** ad "Kryptogamas exsiccatas". Ed. a Museo Palatino Vindo-   *M*
bon., auct. Beck, Dörfler, Zahlbruckner et a. Cent. I—XXII. (Vindob.,
Hofmus.) 1891—1914. 8. c. 2 tab.   30.—
       Zum Teil vergriffen.
12354 — — Cent. IV, VII, VIII. 1898—1902.
       Jede Centurie à M. 1.50.
12355 **Schenck.** Die Cryptogamen. Jena 1895. 8. 112 p. m. 134 Fig.   1.50
12356 **Schimeyer.** Verzeichn. d. Cryptog. um Cöln. (Bonn, Nat. Ver.) 1845.
8. 13 p.   1.—
12357 **Schottländer.** Z. Kenntn. d. Zellkerns u. d. Sexualzellen bei Kryptog.
Bresl. 1892. 8. 42 p.   1.—
12358 **Schrammen.** Ueb. d. Reizleben d. Einzeller. (Bonn, Nat. Ver.) 1908.
8. 20 p.   1.—
12359 **Schwarz.** Die Behandl. d. Kryptogamen im Gymnasialunterricht.
Charlottenb. 1894. 4. 22 p.   1.—
12360 **Seckt.** Beitr. z. mechan. Theorie d. Blattstellgn. b. Zellenpflanzen.
Cassel 1901. 8. 30 p. m. 2 Tfln.   1.50
12361 **Siebold.** On unicellular Plants and Animals. 2 parts. (Lond., Micr. J.)
1853. 8. 23 p.   1.50
12362 **Slack.** Recent investigat. into minute Organisms. (Lond., Micr. J.)
1871. 8. 14 p.   1.—
12363 **Solms-Laubach u. a.** Beiträge z. Kenntn. d. Kryptog.-Flora v. Hessen.
(Giessen, Nat. Ges.) 1865. 8. 34 p.   1.—
12364 **Sprengel.** Einleit. in d. Studium d. Kryptogam. Halle 1804. 8. 390 p. m.
10 color. Tfln. (M. 22.50.) Cart.   4.—
12365 **Stephens.** Descr. of 2 new Cryptogams. (Lond., Ann. & M.) 1857. 8.
3 p. w. colour. pl.   1.—
12366 **Steudel.** Nomenclator Botanicus s. Synonymia Plantarum univers.
(Phanerog. et Cryptog.). 2 vol. Stuttg. 1821—24. 8. 1390 p. (M. 25.) Hfzb.   6.—
12367 — — Pars II: Cryptogamae. Stuttg. 1824. 8. 468 p. Hfzb.   4.—
12368 **Stizenberger.** Bereinigung d. Terminologie f. d. Fortpflanzungsorgane
d. Blüthenlosen. (Regensb., Flora) 1861. 8. 31 p.   1.—
12369 Die **Süsswasserflora Deutschlands,** Oesterreichs u. d. Schweiz. Hrsg.
v. Pascher. (16 Hefte). Bisher erschien: Heft 1—3; 6, II, III; 9; 10; 14.
Jena 1913—15. 8. 1134 p. m. 2474 Fig. (M. 33.80.)
       Inhalt: 1 u. 2: P a s c h e r u. L e m m e r m a n n, Flagellatae. 2 Hefte.
1913. 191 p. m. 379 Fig. M. 4. — 14: W a r n s t o r f, M ö n k e m e y e r u.
dineae). 1913. 70 p. m. 69 Fig. M. 1.80. — 6 (3 Teile) Teil II, III: L e m m e r-
m a n n, B r u n n t h a l e r, P a s c h e r u. H e e r i n g, Chlorophyceae. 1914—15.
508 p. m. 787 Fig. M. 12.40. — 9: B o r g e u. P a s c h e r, Zygnemales. 1913.
55 p. m. 89 Fig. M. 1.50. — 10: v. S c h ö n f e l d t, Bacillariales (Diatomeae).
1913. 191 p. m. 379 Fig. M. 4. — 14: W a r n s t o r f, M ö n k e m e y e r u.
S c h i f f n e r, Bryophyta (Sphagnales, Bryales, Hepaticae). 1914. 226 p. m.
500 Fig. M. 5.60.
12370 **Sydow.** Anleit. z. Sammeln d. Kryptogamen. Stuttg. 1885. 8. 148 p.   1.—
12371 **Tassi.** S. cellula di Crittogami. 1876. 8. 21 p.   1.—
12372 **Thiselton Dyer.** On the classif. and sexual reproduct. of Thallophytes.
(Lond., J. Micr.) 1875. 8. 33 p.   1.—
12373 **Thomé.** Flora v. Deutschland, Oesterr. u. d. Schweiz. Abteil. II:
K r y p t o g a m e n, v. M i g u l a. (In 12 Bden. = Bd. V—XII d. Gesamtwerkes). Alles was bisher erschienen (siehe folg. Verzeichniss).
Gera 1904—15. 8. m. 1048 z. Tl. color. Tfln. Orighfzbde. (M. 327.50.)   270.—
       Bd. 1 (= Gesamtwerk Bd. V): Moose. 1904. 518 p. m. 68 Tfln. (24 color.).
(M. 17.) M. 14. (Hfzbd. — statt M. 20. — M. 16.). — Bd. 2 (2 Abteilgn.) (= Bd. VI
u. VII): Algen. 2 Bde. 1907—09. 1300 p. m. 285 meist color. Tfln. (M. 50.25.)
M. 42. (Hfzbd. — statt M. 59. — Mk. 50.). — Bd. 3 Teil 1 (= Bd. VIII): Pilze. Teil 1:
Myxomyc., Phycomyc., Basidiomyc. 1910. 510 p. m. 92 z. Tl. color. Tfln. (M. 24).
M. 20. (Hfzbd. — statt M. 28. — Mk. 24). — Bd. 3. Teil 2 (2 Abt.) (= Bd. IX): Pilze. Teil 2:
Basidiomycetes. 2 Bde. 1912. 814 p. m. 303 meist color. Tfln. (M. 71.50). M. 60.
(Hfzbd. — statt M. 79.50. — M. 68.). — Bd. 3. Teil 3 (2 Abteilgn.) (= Bd. Y):
Pilze. Teil 3: Ascomyceetes. 2 Bde. 1913. 1404 p. m. 200 z. Tl. color. Tfln. (M. 87).
Mk. 75. (Hfzbd. — statt M. 95. — M. 83.) — Bd. 3. Teil 4. Abteil. 1 (= Bd. XI.
Abteil. 1): Pilze. Teil 4, Abteil. 1: Fungi imperfecti Abteil. 1: Sphaeropsidales,

Velanconiales. 1915. 614 p. m. 100 s. Tl. color. Tfln. (M. 42.). M. 36 (Hfzbd, — statt M. 46. — M. 40). Die 2. Abteil. dieses Bandes, ebenso wie der auf 2 Abteilungen berechnete Band 4 (= Bd. XII): Flechten, befindet sich in Vorbereitung. Bd. I—IV: Phanerogamen. 2. Aufl. 1903—5. 1669 p. m. 616 color. Tfln. Origbde. (M. 80.25). M. 65.

12374 **Tschistiakoff.** Entwicklgsgesch. v. Sporangien u. Sporen. I. (Mosk., Nat. Ges.) 1871. 4. 99 p. m. 4 color. Tfln. — Russisch.   2.50

12375 **Vaillant, L.** De la Fécondat. dans l. Cryptogames. Paris 1863. 8. 134 p. av. 2 pl. Cart.   1.50

12376 **Vouk.** Untersuchgn. üb. d. Beweg. d. Plasmodien. 2 Tle. (Wien, Ak.) 1910—12. 4. u. 8. 64 p. m. 3 Tfln. (M. 6.30.)

12377 **Wagner.** Führer ins Reich d. Cryptogamen. 5 Tle. Bielef. 1857. 8. 288 p. m. 5 Tfln. (M. 3.) Cart.   1.—

12378 **Wallroth.** Flora cryptogam. Germaniae. 2 vol. Norimb. 1831—33. 8. 1660 p. (M. 18.) Hfzb.   3.—

12379 **Weber, F., u. Mohr.** Archiv f. d. system. Naturgeschichte. Heft 1 (soviel erschien.). Leipz. 1804. 8. 163 p. m. 5 Tfln. (2 color.) Cart.   7.—
     Hauptsächl. v. cryptogamol. Botanik handelnd, ebenso wie die nächste Nr.

12380 — Beitr. z. Naturkunde. (2 Bde.) Bd. II. Kiel 1810. 8. 408 p. m. 4 Tfln. Cart.   5.—

12381 **Wedde.** Verzeichn. der in d. Umg. v. Halberstadt vork. Bärlappe, Schachtelhalme, Farne, Moose u. Flechten. Halberst. 1909. 8. 40 p.   1.—

12382 **Weis, F.** Cryptogamae Florae Gottingensis. Gott. 1770. 8. 346 p. et tab. color. Hfzb.   4.—

·12383 **Westendorp.** S. qu. Cryptogames inéd. Belg. (Brux., Ac.) 1851. 8. 32 p.   1.—

· 12384 — Excurs. cryptog. à Blankenberghe. (Brux., S. Bot) 1866. 8. 15 p. av. pl. color.   1.—

12385 **Westendorp et Wallays.** Herbier cryptogamique Belge. 11 centuries av. 1100 espèces dessechées. Bruges 1845 à 56. 4. En 7 cartons. 140.—
     Des centuries dépareillées ne sont pas trop rares; mais une série complète comme la nôtre est vraiment presqu'introuvable.

12386 **Winter, F.** Z. Kenntn. d. Kryptog.-Flora d. Saargebietes. (Bonn, Ver. Nat.) 1869. 8. 13 p.   1.—

12387 **Zahlbruckner.** Entwickl. d. Morphol., Entwicklgesch. u. System. d. Kryptogamen in Oesterr. 1850—1900. Wien 1901. 4. 40 p. m. 4 Portr. 2.—

II. Cryptogamae vasculares
[Filices. — Equisetaceae. — Lycopodiaceae].
[Supplementum numeror. 1824—1939, vide: Bibliographia Botanica, p. 77—81].

12388 **Agardh, J. G.** Recensio specier. generis Pteridis. Lund. 1839. 8. 86 p.   2.—

12389 **Adlerwerelt van Rosenburgh.** Malayan Ferns. Handb. of the Ferns of the Malay. Isl. With supplem. (correcting sheet). Batavia 1909. 8. 959 p. Boards.   18.—

12390 **Ambrosi.** Le Crittogame Vascolari d. Trentino. (Rovereto) 1888. 8. 24 p. 1.50

12391 **American Fern Journal,** ed. by Benedict. Vol. I—IV. Auburndale 1911—1914. 8.   20.—

12392 **Anatomia et Physiologia** Cryptog. vascularium. — 8 Abhandl. v. Druery, Karsten, Leitgeb u. a. 1864—1904. 8. 51 p. m. 3 Tfln.   2.50

12393 **Angström.** Om de Skandinav. arterna af slägt. Botrychium. (Stockh., Bot. Not.) 1854. 8. 16 p. m. Tfl.   1.—

12394 **Arcangeli.** S. Lycopodium Selago. (Livorno 1874). 8. 24 p. c. 2 tav.   1.50

12395 — Elenco d. Protallogamee Italiane. (Pisa, Ist. Bot.) 1886. 4. 30 p.   1.—

12396 **Ascherson.** Rechtfertig. des Namens Botrychium ramosum. (Berl., Bot. Ver.) 1896. 8. 12 p.   1.—

12397 **Asplenium.** — 4 Abhandl. v. Ebner, Heinricher, Heufler u. Reichhardt. (Wien) 1859—81. 8. 18 p. m. 2 Tfln. u. Kte.   1.50

12398 **Bailey, F. M.** Lithograms of the Ferns of Queensland. Brisbane 1892. 8. 7 p. w. 191 pl.   12.—

12399 **Baker.** Descr. of 6 new Hymenophyllac. (Lond., Linn. S.) 1866. 8. 6 p. w. pl.   1.—

12400 **Baker.** On the recent synonyms of Brazil. Ferns. (Lond., Linn. S.) *M*
1873. 8. 16 p. 1.—
12401 — On collections of Ferns, made in Madagascar. 2 pap. (Lond., Linn.
Soc.) 1877. 8. 21 p. 1.—
12402 — Collection of Ferns in the Solomon Isl. (Lond., Linn. S.) 1882. 8. 5 p. —.50
12403 — Synopsis of the Rhizocarpeae. (Lond., Journ. Bot.) 1886. 8. 15 p. 1.—
12404 — On collect. of Ferns in Borneo. 2 pap. (Lond., Linn. S.) 1887. 8.
17 p. w. 2 pl. 1.50
12405 — Summary of new Ferns discov. and descr. since 1874. 2 parts.
Oxford 1892—96. 8. 136 p. w. pl. Cloth. 6.—
12406 **Bauke.** Z. Keimungsgeschichte d. Schizaeaceen. (Berl., Pringsh. J.)
1878. 8. 50 p. m. 4 Tfln. (1 color.) 2.—
12407 **Beck.** Entwicklungsgesch. d. Prothalliums v. Scolopendrium. (Wien,
Z. b. G.) 1880. 8. 14 p. m. 2 Tfln. 1.—
12408 **Becker, G.** Die Gefässkryptog. d. Rheinlande. (Bonn, Ver. Nat.) 1877.
8. 64 p. 1.—
12409 **Beddome.** Handbook to the Ferns of British India, Ceylon and the
Malay Peninsula. Calcutta 1883. 8. 500 p. w. 300 fig. Cloth. (18 s.) 12.—
12410 **Beljaev.** Ueb. d. männl. Prothallien d. Wasserfarne. (Warschau) 1890.
8. 91 p. m. 5 Tfln. — Russisch. 2.—
12411 **Benze.** Ueb. d. Anat. d. Blattorgane ein. Polypodiaceen. Gardeleg.
1887. 8. 48 p. 1.—
12412 **Berggren.** Om Azolla's prothallium och embryo. (Lund, Univ.) 1879.
4. 14 p. m. 2 Tfln. 1.—
12413 — Le prothalle et l'embryon de l'Azolla. (Montpell., Revue Sc. Nat.)
1881. 8. 11 p. av. pl. 1.—
12414 — Ueb. d. Prothallium u. d. Embryo v. Azolla. (Berl., Bot. Ver.)
1883. 8. 14 p. m. 2 Tfln. 1.50
12415 **Bernard.** A propos d'Azolla. (Nimègue) 1904. 8. 12 p. 1.—
12416 **Bernoulli.** Die Gefässkryptogamen d. Schweiz. Basel 1857. 8. 96 p. 1.—
12417 **Bertrand, P.** Fossilium Catalogus: Zygopterideae, Botryopterideae,
Psaromeae. Berol. 8.
    In Vorbereitung. Ist ein Teil der Abt. II (Plantae) des „Fossilium Catalogus".
Prospect und Probelieferung gratis. — Siehe No. 12244.
12418 **Bommer.** Monogr. d. Fougères. (Brux., Soc. Bot.) 1867. 8. 107 p.
av. 6 pl. 2.50
12419 **Borbás.** Symbolae ad Pteridograph. et Characeas Hungariae. (Vindob.,
Z. b. G.) 1875. 8. 16 p. 1.—
12420 **Borodin.** Wirkung d. Lichtes auf d. Keimung d. Farrnsporen. (Petersb.,
Ak.) 1867. 8. 24 p. m. Tfl. 1.—
12421 — Wirk. d. Lichtes auf ein. höhere Kryptogamen. (Petersb., Ak.)
1867. 4. 28 p. m. Tfl. 1.50
12422 **Botrychium.** — 3 Abhandl. v. Christ, Coville u. Tavel. 1892—1906. 8.
16 p. m. Tfl. 1.50
12423 **Bower.** On Apospory in Ferns. (Lond., Linn. S.) 1886. 8. 8 p. w. 2 pl. 1.—
12424 **Braun, A.** 2 deutsche Isoëtesarten u. üb. ein. ausländ. Arten. (Berl.,
Bot. Ver.) 1862. 8. 37 p. 1.—
12425 — Ueb. Marsilia u. Pilularia. 2 Tle. (Berl., Ak.) 1863—72. 8. 69 p. 2.—
12426 — S. l. Isoëtes de Sardaigne. (Paris, Ann. Sc.) 1864. 8. 72 p. 2.—
12427 — S. l. Marsilea et l. Pilularia. (Paris, Ann. Sc.) 1864. 8. 24 p. 1.—
12428 — Z. Kenntn. d. Gatt. Selaginella. (Berl., Ak.) 1865. 8. 24 p. 1.—
12429 — Selaginelleae Novo-Granatens. (Paris., Ann. Sc.) 1865. 8. 42 p. 1.50
12430 — Ueb. d. Austral. Arten v. Isoëtes. (Berl., Ak.) 1868. 8. 25 p. 1.50
12431 **Braun and Engelmann.** Monogr. of the North American spec. of the
g. Equisetum. (N. York, Silliman's J.) 1843. 8. 11 p. 1.50
Brause. Die Farnpflanzen — siehe No. 13128.
12432 **Brebner.** Mucilage Canals of the Marattiaceae. (Lond., Linn. S.) 1895.
8. 8 p. w. pl. 1.—

12433 **Brick.** Pteridophyten: 1898. (Aus: Just's Bot. Jahresber.) (Leipz.) 1900. 8. 44 p.   *M* 1.50

12434 **Britton and Taylor.** Life history of Schizaea pusilla. (N. York, Torr. Cl.) 1901. 8. 18 p. w. 6 pl.   2.—

12435 **Brockmüller.** Todea barbara. (Güstrow, Arch.) 1882. 8. 12 p.   1.—

12436 **Brodtmann.** Ueb. d. Funktion d. mechan. Elemente b. Farnsporangium. Erl. 1898. 8. 44 p.   1.—

12437 **Brown, R.** On Woodsia, a new g. of Ferns. (Lond., Linn. S.) 1813. 4. 5 p. w. pl.   .1.—

12438 **Bruhin.** Nachträge zu d. Gefässkryptogamen Vorarlbergs. (Wien, Z. b. G.) 1868. 8. 8 p.   1.—

12439 — Die Gefässkryptogamen Wisconsins. Milwaukee 1877. 8. 22 p.   1.—

12440 **Buchtien.** Entwickl. d. Prothallium v. Equisetum. Kassel 1887. 4. 49 p. m. 6 Tfln. (M. 10.)   6.—

12441 **Burck.** S. qu. Polystichum de l'Archip. Malais. (Nimègue) 1904. 8. 16 p.   1.—

12442 **Campbell.** Development of the Ostrich Fern. (Boston, Soc. Nat.) 1887. 4. 36 p. w. 4 pl.   4.50

12443 — The g. Macroglossum. (Manila, J. Sc.) 1914. 4. 8 p. w. pl.   1.—

12444 **Cardiff.** Devel. of Sporangium in Botrychium. (Chic., Bot. Gaz.) 1905. 8. 8 p. w. pl.   1.—

12445 **Cesati.** Prospetto d. Felci racc. di Beccari nella Polinesia. (Napoli, Acc.) 1877. 4. 9 p.   1.—

12446 **Christ.** Les différ. formes de Polystichum aculeatum. (Bern, Bot. Ges.) 1893. 8. 23 p.   1.—

12447 — Die Farnkräuter d. Erde. Jena 1897. 8. 400 p. m. 291 Fig. (M. 12.)   6.—

12448 — Énumer. de qu. Fougères de l'Herbier Delessert. (Genève, Jard. Bot.) 1899. 8. 17 p.   1.—

12449 — Die Farnkräuter d. Schweiz. Bern 1900. 8. 191 p.   3.—

12450 — Filices Faurieanae III. (Genev., Boiss.) 1901. 8. 9 p.   1.—

12451 — Fougères rec. au Bas-Ucayali et au Bas-Huallaga (Alto Amazonas). (Genève, Herb. Boiss.) 1901. 8. 12 p.   1.—

12452 — Filices Costaricenses. 2 parties. (Genève, Herb. Boiss.) 1907. 8. 22 p.   1.50

12453 — Spicileg. Filicum Philippinens. (Manila, J. Sc.) 1908. 8. 8 p.   1.—

12454 — Die Geographie d. Farne. Jena 1910. 8. 357 p. m. 3 color. Kart., 1 Tfl. u. 129 Fig. (M. 12.)

12455 **Christ et Billet.** Les Cryptogames vasculaires du Haut-Tonkin. (Paris, Bull. Sc.) 1898. 8. 24 p. av. pl.   1.50

12456 **Christ u. Giesenhagen.** Pteridograph. Notizen. (Marb., Flora) 1889. 8. 14 p.   1.—

12457 **Christensen.** On the Americ. spec. of Leptochilus Sect. Bolbitis. (Copenh., Bot. Tidskr.) 1904. 8. 15 p.   1.—

12458 — Index Filicum. C. supplem. (1753—1912). 2 vol. Hauniae 1906—1913. 8. 939 p. (M. 56.50.)   48.—

12459 — On a natural classif. of Dryopteris. (Copenh.) 1911. 4. 13 p.   1.—

12460 — On the Ferns of the Seychelles. (Lond., Linn. S.) 1912. 4. 17 p. w. pl.   2.—

12461 — Monogr. of the g. Dryopteris. Part I. (Copenh., Vid. Selsk.) 1913. 4. 230 p. w. 46 fig.   8.—

12462 **Clarke and Baker.** Supplem. note on the Ferns of North. India. (Lond., Linn. Soc.) 1888. 8. 11 p.   1.—

12463 **Cole.** Stem of Lycopodium Wildenov. (Lond., Micr. Stud.) 1884. 8. 6 p. w. colour. pl.   1.—

12464 — Pilularia globulifera. (Lond., Micr. St.) 1884. 8. 6 p. w. 2 colour. pl.   1.50

12465 — Equisetum arvense. (Lond., Micr. Stud.) 1884. 8. 6 p. w. colour. pl.   1.—

12466 — Pteris aquilina. (Lond., Micr. Stud.) 1884. 8. 4 p. w. colour. pl.   1.—

12467. **Copeland.** New or interest. Philippine Ferns. II—VI. (Manila, J. Sc.) 1906—12. 4. 30 p. w. 13 pl.   5.—

12468 — Revis. of Tectaria. (Manila, J. Sc.) 1907. 4. 10 p.   1.—

12469 **Copeland.** New Ferns of South. China and fr. the Philippines. 3 pap.   *M*
(Manila, J. Sc.) 1908. 4. 26 p.   1.50

12470 — New Bornean Ferns. New spec. of Cyathea. (Manila, J. Sc.) 1908.
4. 14 p. w. 8 pl.   2.50

12471 — The Ferns of the Malay-Asiatic region. Part I. (Manila, J. Sc.)
1909. 4. 65 p. w. 21 pl.   6.—

12472 — Papuan Ferns. 3 pap. (Manila, J. Sc.) 1911—14. 4. 37 p.   2.—

12473 — Bornean Ferns. (Manila, J. Sc.) 1911. 4. 12 p. w. 14 pl.   4.—

12474 — The. g. Thayeria. (Manila, J. Sc.) 1912. 4. 3 p. w. pl.   1.—

12475 — Origin and relationships of Taenitis. (Manila, J. Sc.) 1912. 4.
6 p. w. pl.   1.—

12476 — On some Javan Ferns. (Manila, J. Sc.) 1913. 4. 8 p. w. 3 pl.   1.50

12477 — On Phyllitis in Malaya and the g. Diplora and Triphlebia. (Manila,
J. Sc.) 1913. 4. 10 p. w. 3 pl.   2.—

12478 — Daily growth measurem. of Lagerstroemia. (Manila, J. Sc.) 1913.
4. 12 p.   1.—

12479 — New Sumatran Ferns. (Manila, J. Sc.) 1914. 4. 8 p.   1.—

12480 **Corda.** Die Wurzelfarren u. Lebermoose. Heft 1 (einzig.). Prag 1830.
4. 16 p. m. 6 Tfln.   2.—

12481 **Cornaille.** S. la struct. de la fronde dans le g. Selaginella. (Brux., Soc.
Bot.) 1898. 8. 20 p. av. 3 pl. et 2 tabl.   1.50

12482 **Courtin.** Die Cultur d. Farnkräuter u. Lycopod. Stuttg. 1855. 8.
101 p. m. Tfl.   1.—

12483 **Cramer.** Ueb. d. geschlechtslose Vermehrung d. Farn-Prothallium.
(Zürich, Nat. Ges.) 1880. 4. 16 p. m. 3 Tfln.   1.50

12484 **Cryptogamae vasculares.** — 14 Abhandl. v. Bosch, Friren, Herter,
Presl u. a. 1805—1911. 8. u. 4. 110 p. m. 3 Tfln.   3.—

12485 **Debat.** Embryon de Marsilea quadrifolia. (Lyon, S. Linn.) 1862. 8. 14 p.   1.—

12486 **Diels.** Parkeriaceae, Matoniaceae, Gleicheniaceae, Schizaeaceae, Os-
mundaceae. (Aus: Engler-Prantl's Pflanzenfam.) (Leipz.) 1900. 8.
21 p. m. 113 Fig.   2.—

      Dietrich, D. Deutschlands Farrenkräuter — siehe No. 12853.

12487 **Dodge.** A new Quillwort. (Chicago, Bot. Gaz.) 1897. 8. 8 p. w. 2 pl.   1.50

12488 **Dörfler.** Ueb. Variet. u. Missbildgn. d. Equisetum Telmateja. (Wien,
Z. b. G.) 1889. 8. 10 p. m. Tfl.   1.—

12489 **Druery.** On an Aposporous Lastrea. (Lond., Linn. S.) 1893. 8. 4 p. w. pl.   1.—

12490 — British Ferns and their varieties. Lond. 1910. 8. 472 p. Cloth.   8.—

12491 **Druery and Bower.** On modes of developm. and reproduction in Ferns.
3 pap. (Lond., Linn. Soc.) 1885. 8. 15 p. w. 2 pl.   1.—

12492 **Du Mez.** The physical and chem. properties of the Oleoresin of Aspidium. (Manila, J. Sc.) 1913. 4. 16 p.   1.—

12493 **Eaton.** Filices Wrightianae et Fendlerianae e Cuba et Venez. Cantabr.
1860. 4. 30 p.   2.50

12494 **Edlich.** Ueb. d. Bildung d. Farrenwedel. (Dresd., Ac. Leop.) 1866. 4.
23 p. m. 5 color. Tfln. (M. 6.)   2.50 .

12495 **Eisengrein.** Die Gonatopteriden od. Hydropteriden. Frankf. 1848. 8.
584 p.   2.50

12496 **Elmquist.** Om de Skandinav. Lycopodiaceerna. Stockh. 1869. 8. 35 p.   1.—

12497 **Engelmann.** The g. Isoëtes in N. America. (St. Louis, Ac.) 1882. 8. 33 p.   1.50

12498 **Equisetaceae.** — 10 Abhandl. v. Bischoff, Milde u. a. 1853—1905. 8. u. 4.
70 p. m. Tfl.   2.50

12499 **Erikson.** Om Lycopodinébladens anat. (Lund, Univ.) 1892. 4. 56 p.
m. 2 Tfln.   1.50

12500 **Ettingshausen.** Die Farnkräuter d. Jetztwelt, f. d. Untersuch. u. Bestimm. d. vorweltl. Arten nach d. Skelet bearb. Wien 1865. fol. 314 p.
m. 180 Tfln. in Naturselbstdruck. (M. 100.)   28.—

12501 **Exotische Farne.** — 8 Abhandl. v. Christensen, Copeland, Lindman,
Luerssen u. a. 1881—1907. 8. 64 p. m. Tfl.   2.50

12502 **Fabre.** Sur la struct., le développ. et l. org. générateurs d'une esp. de   *M*
Marsilea. (Paris, Ann. Sc.) 1837. 8. 13 p. av. 2 pl.   1.—
12503 **Famintzin.** Knospenbild. b. Equiseten. (Petersb., Ak.) 1876. 8. 8 p. m. Tfl.   1.—
12504 **Fedtschenko, O. u. B.** Die höher. Cryptogamen d. russ. Turkestan.
(Kasan) 1901. 8. 38 p.   1.50
12505 **Fée.** Exposit. d. genres d. Polypodiacées. (Strasb., Soc. Nat.) 1850.
4. 34 p.   2.—
12506 The **Fern Manual.** Lond. 1863. 8. 236 p. w. 80 fig.. Cloth.   3.—
12507 **Fernwort Papers,** pres. at a meet. of Fern Students held in N. York.
Binghamton 1900. 8. 46 p.   1.50
12508 **Field.** The Ferns of New Zealand. Wangan. 1890. 4. w. 29 pl. Cloth.   20.—
12509 **Florini-Mazzanti.** S. due nuove specie (di Felci). (Roma, Linc.) 1874.
4. 3 p. c. tav.   1.—
12510 **Fischer, H.** Die Farne im Hohen Venn. (Bonn, Nat. Ver.) 1904. 8. 7 p.   1.—
12511 **Flintoft, J.** Collect. of the British Ferns and their allies in the English Lake district. Keswick. 36 dried and well conserved species. Cloth.   8.—
12512 **Fournier.** Filices Novae-Caledoniae. (Paris., Ann. Sc.) 1873. 8. 108 p.   6.—
12513 **Franke, A.** Fossilium Catalogus: Alethopterideae. Berol. 8.
     In Vorbereitung. Ist ein Teil der Abteil. II (Plantae) des „Fossilium Cata-
logus". Prospect und Probelieferung gratis. — Siehe No. 12244.
12514 **Friren.** S. I. Fougères de la Lorraine. (Metz, Soc. Nat.) 1908. 8. 36 p.   1.50
12515 **Gasparis.** Contrib. alla biol. d. Felci. (Napoli, Acc.) 1899. 4. 13 p. c. 2 tav.   2.—
12516 **Geisenheymer.** 2 Formen v. Ceterach officinar. (Wiesb., Ver. Nat.)
1886. 8. 4 p. m. color. Tfl.   1.—
12517 — Die Rhein. Polypodiaceen. (Bonn, Ver. Nat.) 1898. 8. 20 p. m. 2 Tfln.   1.50
12518 **Gelmi.** Prospetto d. Piante Crittogame vascolari d. Trentino. (Firenze,
Giorn. Bot.) 1891. 8. 27 p.   1.—
12519 **Giesenhagen.** Die Hymenophyllaceen. (Marb., Flora) 1890. 8. 56 p.
m. 4 Tfln.   2.50
12520 — — Marb. 1890. 8. 56 p. — Habilit.-Schrift ohne Tfln.   1.—
12521 — Ueb. Hexenbesen an trop. Farnen. Ueb. hygrophile Farne. 2 Abhandl. (Marb., Flora). 1892. 8. 52 p. m. 2 Tfln.   1.50
12522 — Die Farngattung Niphobolus. Jena 1901. 8. 223 p. (M. 5.50.)   2.50
12523 **Goebel.** Entwicklgsgesch. d. Prothalliums v. Gymnogramme lepto-
phylla. (Leipz., Bot. Z.) 1877. 4. 20 p. m. Tfl.   1.—
12524 **Goebeler.** Die Schutzvorrichtungen am Stammscheitel d. Farne.
Regensb. 1886. 8. 34 p.   1.—
12525 **Gothan.** Fossilium Catalogus: Filices (pro parte). Berol. 8.
     In Vorbereitung. Ist ein Teil der Abteil. II (Plantae) des „Fossilium Cata-
logus". Prospect und Probelieferung gratis. — Siehe No. 12244.
12526 **Griffith.** On Azolla and Salvinia. (Calc., Asiat. S.) 1848. 8. 47 p.
w i t h o u t the plates.   1.50
12527 **Hannig.** Ueb. d. Bedeut. d. Periplasmodien (bei Equiset. u. Azolla).
3 Tle. (Jena, Flora) 1911. 8. 140 p. m. 2 Tfln.   3.50
12528 — Ueb. Perisporen b. Filicinen. (Jena, Flora) 1911. 8. 26 p.   1.—
12529 **Hanstein.** Ueb. e. neue Marsilea, deren Befrucht. u. Entwickl. 2 Abhandl. (Berl., Ak.) 1862—64. 8. 24 p. m. Tfl.   1.—
12530 **Haracic.** Vorkommen ein. Farne auf Lussin. (Wien, Z. b. G.) 1893. 8.
6 p. m. Tfl.   1.—
12531 **Heilbronn.** Apogamie, Bastardierg. u. Erblichkeitsverh. bei ein. Farnen.
Jena 1910. 8. 43 p.   1.50
12532 **Hergt.** Die Farnpflanzen Thüringens. Weimar 1906. 8. 54 p.   1.50
12533 **Herter.** Beitr. z. Kenntn. d. Gattg. Lycopodium. Studien üb. d. Unter-
gattg. Urostachys. I. Berl. 1908. 8. 31 p.   1.—
12534 — Ptéridophytes du Bassin français de la Méditerranée. (Genève,
Herb. Boiss.) 1908. 8. 27 p.   1.50
12535 **Heufler.** Asplenii species Europ. (Wien, Z. b. G.) 1856. 8. 120 p. m.
color. Kte. u. 3 color. Tfln.   1.50

12536 **Heufler.** Die Verbreit. v. Asplenium fissum. (Wien, Z. b. G.) 1859. 8.   *M*
4 p. m. Kte.   1.—

12537 — Die Fundorte v. Hymenophyllum tunbridg. im Geb. d. Adriat.
Meeres. (Wien, Z. b. G.) 1870. 8. 20 p.   1.—

12538 **Hieronymus.** Beitr. z. Kenntn. d. Pteridophyten-Flora d. Argentina.
(Leipz., Engler's J.) 1896. 8. 60 p.   2.50

12539 **Hobkirk.** On the developm. of Osmunda regalis. (Lond., Journ. Bot.)
1882. 8. 3 p. w. pl.   1.—

12540 **Hoffmann, D. G. F.** Satyrium Epipogium. Equisetum pratense. (Götting.,
Phytogr. Bl.) 1803. 8. 12 p. m. 2 color. Tfln.   1.50

12541 **Hofmeister.** Vergleich. Untersuch. d. Keimung u. Fruchtbildung höherer
Kryptogamen u. d. Samenbildung d. Coniferen. Leipz. 1851. 4. 187 p.
m. 33 Tfln. Cart.   25.—
         Vergriffen und im Preise steigend.

12542 — On the germinat., developm. and fructificat. of the higher Cryptogamae. Transl. by Currey. Lond., Ray Soc., 1862. 8. 508 p. w. 65 pl.
Cloth. (1 £ 15 s.)   20.—
         Out of print and rare.

12543 — Beitr. z. Kenntn. d. Gefässkryptogamen. 2 Tle. (Leipz., Ges. Wiss.)
1852—57. 4. 142 p. m. 31 Tfln.   20.—
         Teil I seit langem vergriffen.

12544 **Höhlke.** Ueb. d. Harzbehälter u. d. Harzbildung b. d. Polypodiaceen.
(Cassel, Bot. Centr.) 1901. 8. 46 p. m. 3 Tfln.   1.50

12545 **Holle.** Farnflora v. Hannover. Hann. 1862. 8. 34 p.   1.—

12546 — Ueb. Bau u. Entwickelung d. Vegetationsorgane d. Ophioglosseen.
Leipz. 1875. 8. 47 p.   1.—

12547 **Hooker, W. J.** Genera Filicum. Part I. Lond. 1838. 4. 16 p. w. 10
colour. pl. (12 s.)   3.—

12548 **Husnot.** Catal. des Fougères d. Antilles franç. Caen 1870. 8. 60 p.
av. carte.   3.—

12549 **Huth.** Fossilium Catalogus: Mariopterideae. Berol. 8.
         In Vorbereitung. Ist ein Teil der Abteil. II (Plantae) des „Fossilium Cata-
logus". Prospect und Probelieferung gratis. — Siehe No. 12244.

12550 **Jennings and Hall.** On the struct. of Tmesipteris. (Dublin, Ac.) 1891.
8. 18 p. w. 5 pl. (1 colour.)   2.50

12551 **Jones, C. E.** Morphol. and anat. of the Stem of the g. Lycopodium.
(Lond., Linn. Soc.) 1905. 4. 15 p. w. 3 pl.   3.—

12552 **Jongmans.** Fossilium Catalogus: Equisetales. Partes I—V. Berol.
1914—15. 8. 518 p.   49.—
         Sind Teil 2—5 u. 7 von Abteil. II (Plantae) des „Fossilium Catalogus". Pro-
spect und Probelieferung gratis. Subscriptionspreis für Abnehmer des ganzen
Werkes: M. 82.70. — Siehe No. 12244.

12553 — Fossilium Catalogus: Lycopodiales I. Berol. 1913. 8. 52 p.   5.—
         Ist Teil 1 von Abteil. II (Plantae) des „Fossilium Catalogus". — Subscriptions-
preis für Abnehmer des ganzen Werkes: M. 3.80.

12554 **Junge.** Die Pteridophyten Schleswig-Holsteins. (Hamb., Anst.) 1910.
8. 99 p. (M. 5.)   2.50

12555 **Kantschieder.** Entwicklungsgesch. d. Makrosporangien v. Selaginella
spinul. Horn 1906. 8. 15 p.   1.—

12556 **Kaulfuss, G. F.** Enumeratio Filicum in itinere ca. terram a Chamisso
lect. Lips. 1821. 8. 306 p. et 2 tab.   8.—

12557 — — Sine tabulis.   3.—

12558 — Das Wesen d. Farrenkräuter, bes. ihrer Fruchttheile. Tl. I. (einzig.)
Leipz. 1827. 4. 147 p. m. Tfl. Cart.   1.50

12559 **Kaulfuss, J. S.** Die Pteridophyten d. nördl. Fränk. Jura. (Nürnb., Nat.
Ges.) 1899. 8. 81 p.   1.50

12560 **Keyserling.** Polypodiacea et Cyatheacea. Lips. 1873. 4. 82 p. (M. 3.)   2.—

12561 **Klein.** Bau u. Verzweigung ein. dorsiventral gebauter Polypodiac.
Halle 1881. 4. 66 p.   1.50

12562 **Klinge.** Die Equisetaceae v. Est-, Liv- u. Curland. Dorp. 1882. 8. 99 p.   1.50

		$\mathcal{M}$

12563 **Kny.** Ueb. d. Bau u. d. Entwickl. d. Farrn-Antheridiums. (Berl., Ak.) 1869. 8. 19 p. m. color. Tfl. — 1.—

12564 — Beitr. z. Entwicklgsgesch. d. Farrnkräuter. (Berl., Pringsh. J.) 1869. 8. 15 p. m. 3 color. Tfln. — 2.50

12565 — Die Entwickel. d. Parkeriaceen. (Dresd., Ac. Leop.) 1875. 4. 80 p. m. 8 z. Tl. color. Tfln. (M. 9.) — 2.50

12566 **Kruch.** Istol. ed istogenia d. fascio condutt. di Isoetes. (Genova, Malp.) 1890. 8. 27 p. c. 4 tav. — 2.—

12567 **Kuhn, M.** Filices Africanae. Lips. 1868. 8. 233 p. (M. 4) — 2.—

12568 — Filices Novarum Hebridarum. (Vindob., Z. b. G.) 1869. 8. 18 p. — 1.—

12569 — Ueb. ein. Farne v. Celebes. (Wien, Z b. G.) 1875. 8. 10 p. — 1.—

12570 **Kühn, R.** Ueb. d. Anat. d. Marattiaceen. Marb. 1889. 8. 56 p. m. 2 Tfln. — 1.50

12571 **Kündig.** Z. Entwicklgsgesch. d. Polypodiac. Sporangiums. (Dresden, Hedw.) 1888. 8. 36 p. m. Tfl. — 1.50

12572 **Kunze.** Filicum Africae australior. rec. nova. Lips. 1836. 8. 78 p. — 2.50

12573 — Analecta pteridographica. Descr. et ill. Filicum aut nov. aut minus cognit. Lipsiae 1837. fol. 58 p. et 30 tab. (M. 24.) — 18.—
Vergriffen.

12574 — Die Farrnkräuter. Bd. I. Lfg. 5—7. Leipz. 1842—44. 4. 82 p. m. 30 color. Tfln. — 7.—

12575 **Lachmann.** Contrib. à l'hist. natur. de la racine d. Fougères. Lyon 1889. 8. 189 p. av. 5 pl. — 3.—

12576 **Lagerberg.** Z. Entwicklgsgesch. d. Pteridium Aquilinum. (Upps., Ark. Bot.) 1906. 8. 28 p. m. 5 Tfln. — 2.50

12577 — Morphol.-biolog. Bemerkgn. üb. d. Gamophyten ein. Schwed. Farne. (Stockh., Bot. Tidsk.) 1908. 8. 48 p. m. 2 Tfln. — 2.—

12578 **Lang, W. H.** On apogamy and the developm. of Sporangia upon Fern Prothalli. (Lond., Phil. Trans.) 1898. 4. 52 p. w. 5 pl. (4 s. 6 d.) — 3.50

12579 **Langfeldt.** Höhere Kryptogamen Trittau's. (Kiel, Nat. Ver.) 1882. 8. 16 p. — 1.—

12580 **Leclerc du Sablon.** Disséminat. d. spores d. Cryptogames vascul. (Paris, Ann. Sc.) 1885. 8. 21 p. av. pl. — 1.50

12581 **Leitgeb.** Stud. üb. Entwickl. d. Farne. (Wien, Ak.) 1880. 8. 27 p. m. Tfl. — 1.50

12582 **Lenticchia.** Le Crittogame vascol. d. Svizzera Insubrica. (Genova, Malp.) 1894. 8. 17 p. — 1.—

12583 **Leszczyc-Suminski.** Z. Entwicklgsgesch. d. Farrnkräuter. Berl. 1848. 4. 26 p. m. 6 Tfln. — 1.50

12584 **Leszczyc-Suminski et Wigand.** S. le développ. d. Fougères. 2 mém. (Paris, Ann. Sc.) 1849. 8. 40 p. av. 2 pl. color. et noir. — 1.50

12585 **Lindman.** Z. Kenntn. der tropisch-amerikan. Farnflora. (Stockh., Ark. Bot.) 1903. 8. 89 p. m. 8 Tfln. — 3.50

12586 — On some American Trichomanes. (Stockh., Ark. B.) 1903. 8. 50 p. — 1.50

12587 — Regnellidium, nov. genus Marsiliacearum. (Holm., Ark. Bot.) 1904. 8. 14 p. — 1.—

12588 **Lindsay.** Account of germin. and raising of Ferns. (Lond., Linn. S.) 1794. 4. 8 p. w. pl. — 1.—

12589 **Link.** Ueb. d. Bau d. Farrnkräuter I. (Berl., Ak.) 1834. 4. 13 p. m. 2 color. Tfln. — 1.—

12590 **Linnaeus.** Acrostichum. (Holm., Amoenit.) 1749. 8. 17 p. — 1.50

12591 **Lipin.** Z. Biol. v. Polypodium hydriforme. (Kasan) 1910. 8. 24 p. m. Tfl. — Russisch. — 1.—

12592 **Lloyd.** 2 confused spec. of Lycopodium. (N. York, Torr. Cl.) 1899. 8. 8 p. w. pl. — 1.—

12593 **Lowe.** Divis. of a prothallus of Scolopendrium. (Lond., Linn. S.) 1896. 8. 11 p. — 1.—

12594 **Luerssen.** Z. Keimungsgesch. d. Osmundaceen. (Leipz., Mitth. Bot.) 1871. 8. 18 p. m. 2 Tfln. — 1.50

12595 — Z. Farnflora d. Palaos- u. Cooks-Inseln. (Hamb., Godefr.) 1872. 4. 11 p. — 2.—

12596 **Luerssen.** Beitr. z. Entwicklgsgesch. d. Farn-Sporangien. I: Marattiac. *M*
2 Tle. (Leipz., Mitth. Bot.) 1872—73. 8. 74 p. m. 7 Tfln. 4.—
12597 — Die Gruppe d. Farne. Berl. 1874. 8. 28 p. 1.—
12598 — Gefässcryptog. d. Hawaischen Inseln. (Rgsb., Flora) 1875. 8. 19 p. 1.—
12599 **Lwoff.** S. le Lycopodium lepidophyll. (Mosc., Bull.) 1844. 8. 10 p. av. pl. 1.—
12600 **Lyon.** The Pteridophytes of Minnesota. (Minneap.) 1903. 8. 12 p. 1.—
12601 **Mager.** Beitr. z. Anat. d. physiolog. Scheiden d. Pteridophyten. Stuttg.
1907. 4. 60 p. m. 4 Tfln. (M. 15.) 11.—
12602 **Maxon.** List of Ferns and Fern allies of N. America, North of Mexico.
(Wash., Mus.) 1901. 8. 33 p. 1.—
12603 — Study of cert. Mexican and Guatemalan spec. of Polypodium.
(Wash., Contr. Herbar.) 1903. 8. 12 p. w. 2 pl. 1.50
12604 — Goniophlebium Pringlei. (Wash., Mus.) 1904. 8. 4 p. w. pl. 1.—
12605 — The Tree Ferns of N. America. (Wash., Smiths.) 1912. 8. 29 p.
w. 15 pl. 4.50
12606 **Menezes.** Madeira Ferns. Transl. by Gilbert. Funchal 1906. 12. 22 p. 2.—
12607 **Mercklin.** Beobachtungen an d. Prothallium d. Farrnkräuter. Petersb.
1850. fol. 84 p. m. 7 Tfln. 4.—
12608 — — Mit color. Tafeln. Lnb. 8.—
12609 **Mettenius.** Z. Kenntnis d. Rhizocarpeen. Frankf. 1846. 4. 71 p. m. 3
Tfln. Cart. 1.50
12610 — S. les Azolla. (Paris, Ann. Sc.) 1848. 8. 8 p. av. pl. 1.—
12611 — Beitr. z. Botanik. Heft I. (soviel erschien.): Embryol. d. Gefässkryptog. Heidelb. 1850. 8. 64 p. m. 6 Tfln. 1.50
12612 — Filices Horti Botanici Lipsiensis. Lips. 1856. fol. 139 p. et 30 tab.
(M. 48.) 26.—
12613 — Filices Lechlerianae Chilenses ac Peruanae. 2 fasc. Lipsiae 1856—
1859. 8. 68 p. et 3 tab. (M. 4.60.) 3.50
12614 — Ueb. Seitenknospen b. Farnen. (Leipz., Ges. Wiss.) 1860. 4. 20 p. 1.—
12615 — Filices Novae Caledoniae. (Paris, Ann. Sc.) 1861. 8. 34 p. et tab. 2.50
12616 — Filices Novo-Granatenses. (Paris, Ann. Sc.) 1864. 8. 80 p. 3.50
12617 **Milde.** Uebersicht d. Schles. Gefäss-Cryptog., bes. d. Equiseten. (Bresl.,
Schles. Ges.) 1853. 4. 22 p. m. Tfl. 1.—
12618 — Monogr. d. Deutsch. Ophioglossaceen. Bresl. 1856. 4. 24 p. 1.—
12619 — Neue Beitr. z. Systematik d. Equiseten. (Bresl., Schles. Ges.)
1861. 8. 12 p. 1.—
12620 — Ueb. exotische Equiseten. 2 Tle. (Wien, Z. b. G.) 1861—63. 8. 28 p. 1.—
12621 — Ueb. Equiseten. 2 Tle. (Wien, Z. b. G.) 1862—64. 8. 34 p. 1.—
12622 — 4 Abhandl. üb. Gefässkryptog. (Wien, Z. b. G.) 1862—67. 8. 24 p. 1.—
12623 — Index Equisetorum omnium. (Vindob., Z. b. G.) 1863. 8. 12 p. 1.—
12624 — — Ed. II. c. supplem. (Vindob., Z. b. G.) 1864—65. 8. 28 p. 1.50
12625 — Scolopendrium hybrid. (Wien, Z. b. G.) 1864. 8. 4 p. m. color. Tfl. 1.—
12626 — Asplenium dolosum. (Wien, Z. b. G.) 1864. 8. 4 p. m. color. Tfl. 1.—
12627 — Ueb. d. Vegetat. d. Gefäss-Cryptog. d. Umgeb. v. Razzes in Südtirol. (Wien, Z. b. G.) 1864. 8. 12 p. 1.—
12628 — Die höheren Sporenpflanzen Deutschlands u. d. Schweiz. Leipz.
1865. 8. 160 p. (M. 2.) Lnb. 1.—
12629 — Filices Europae et Atlantidis, Asiae minoris et Sibiriae. Lips. 1867.
8. 315 p. (M. 8.) 5.—
12630 — Index Botrychiorum. (Vindob., Z. b. G.) 1868. 8. 10 p. 1.—
12631 — Botrychiorum monographia. Cum supplem. (Vindob., Z. b. G.)
1869—70. 8. 140 p. et 3 tab. 2.—
12632 **Miquel et Dassen.** Flora Belgii septentrion. Vol. II, Pars 1: Equisetaceae, Filices, Marsiliac., Lycopod., Musci et Hepaticae. Amsterd.
1832. 8. 247 p. 3.50
12633 **Möhring.** Ueb. d. Verzweig. d. Farnwedel. Berlin 1887. 8. 35 p. 1.—
12634 **Mönkemeyer.** Die Farnpflanzen uns. Gärten. Berl. 1899. 8. 83 p. Lnb. 1.—
12635 **Moore.** Index Filicum. Part I. Lond. 1857. 8. 60 p. 2.—

12636 **Morris.** Fibrovascular bundles in Ferns. (Lond., Quek. Cl.) 1883. 8. *M* 4 p. w. 2 pl. 1.50

12637 **Müller, C.** Ueb. d. Bau d. Commissuren d. Equisetenscheiden. (Berl., Pringsh. J.) 1888. 8. 85 p. m. 5 Tfln. (2 color.) 2.50

12638 — Z. Kenntn. d. Entwicklgsgesch. d. Polypodiaceensporangimus. (Berl., Bot. Ges.) 1893. 8. 19 p. m. Tfl. 1.—

12639 **Müller, K.** Adiantum Jordani. (Leipz., Bot. Z.) 1864. 4. 2 p. m. Tfl. 1.—

12640 **Müller-Knatz.** Die Farnpflanzen v. Frankfurt a. M. (Frankf., Senck.) 1910. 4. 52 p. 2.—

12641 **Nägeli.** Ueb. d. Fortpflanzung d. Rhizocarpeen. (Zürich, Z. wiss. Bot.) 1848. 8. 19 p. m. Tfl. 1.—

12642 **Newcombe.** Spore-disseminat. of Equisetum. (Chic., Bot. Gaz.) 1888. 8. 6 p. w. pl. 1.—

12643 **Niessl.** Vorarbeit. zu e. Cryptog.-Flora Mährens u. Oesterr. Schlesiens. III: Höhere Sporenpflanzen. (Brünn, Nat. Ver.) 1866. 8. 34 p. 1.—

12644 — Ueb. Asplenium adulterinum. (Brünn, Nat. Ver.) 1868. 8. 12 p. 1.—

12645 **Nöldeke.** Verzeichn. d. Gefässkryptog. d. Grafsch. Hoya u. Diepholz. (Hannov., Nat. Ges.) 1865. 4. 29 p. 1.—

12646 **Novae Species Filicum.** — 7 Abhandl. v. Christensen, Copeland, Lindman, Rosenstock u. a. 1874—1906. 8. u. 4. 31 p. m. 2 Tfln. 3.—

12647 **Ogilvie.** On the forms and struct. of Fern-stems. (Lond., Ann. & M.) 1859. 8. 10 p. w. 3 pl. 2.—

12648 — Woody and vascular fasciculi of Ferns. (Lond., Ann. & M.) 1860. 8. 19 p. w. 2 pl. 2.—

12649 **Olsson.** Om de Svenska arterna af slägt. Equisetum. Ups. 1866. 8. 37 p. 1.—

12650 **Palacky.** Filices Madagascariensis. Prag. 1906. 8. 32 p. 1.50

12651 **Pammel and King.** The vascular Cryptogams of Iowa. (Des Moines, Ac.) 1902. 8. 18 p. w. 17 pl. 4.—

12652 **Paulin.** Die Farne Krains. Laibach 1906. 8. 44 p. 1.50

12653 **Petersohn.** Inhemska Filicum Bladbyggnad. Lund 1889. 4. 41 p. m. Tfl. 1.50

12654 **Pfitzer.** Schutzscheide d. deutschen Equisetac. Königsb. 1867. 8. 31 p. 1.—

12655 **Popular descript.** of the common Oregon Ferns. (Salem) 1913. 8. 29 p. w. 15 pl. 2.50

12656 **Potonié.** Cycadofilices. (Leipz., 'Engler-Prantl') 1901. 8. 20 p. 1.50

12657 **Poulsson.** Farmakol. undersög. ov. Aspidium spinulos. (Christ., Vid. S.) 1898. 8. 45 p. 1.—

12658 **Prantl.** Das System d. Farne. (Bresl., Bot. Gart.) 1892. 8. 38 p. 1.—

12659 **Presl.** Plantarum novarum Brasiliae praesert. Filicum diagn. et descriptiones. Prag. 1822. 8. 38 p. 2.—

12660 — Hymenophyllaceae. Prag. 1843. 4. — Nur der Atlas (ohne Text) von 12 Tfln. 2.—

12661 — Die Gefässbündel im Stipes d. Farrn. Heft 1 (einzig.). (Prag, Ges. Wiss.) 1847. 4. 48 p. m. 7 Tfln. 1.50

12662 **Procopianu-Procopovici.** Beitr. z. Kenntn. d. Gefässkryptogamen d. Bukowina. (Wien, Z. b. G.) 1887. 8. 12 p. 1.—

Rabenhorst. Die Farne Deutschlands — siehe No. 13272.

12663 **Ramme.** Z. Anat. u. Physiol. v. Actiniopteris radiata. Kiel 1908. 8. 30 p. 1.—

12664 **Rebmann.** Die Gefäss-Kryptogamen v. Westgalizien. (Wien, Z. b. G.) 1862. 8. 8 p. 1.—

12665 **Reichardt.** Asplenium Heufleri, e. Hybride. (Wien, Z. b. G.) 1859. 8. 4 p. m. Tfl. 1.—

12666 **Richter, A.** Phylogenet.-taxonom. u. physiolog.-anatom. Studien über Schizaea. (Budap., Math. Ber.) 1915. 8. 85 p. m. 9 Tfln. 3.50

12667 **Rippa.** Le Pteridofite racc. al Congo. (Napoli, Orto) 1904. 8. 6 p. 1.—

12668 **Rostowzew.** S. l'Ophioglossum vulgatum. (Copenh., Vid. S.) 1891. 8. 18 p. av. 2 pl. 1.50

12669 **Rovirosa.** Pteridografia del Sur de Mexico. Mexico 1910. 4. 302 p. av. portr. et 70 pl. 40.—

12671 **Roze.** Rech. biol. s. l'Azolla Filicul. (Paris, Soc. Philom.) 1888. 4.   *ℳ*
13 p. av. pl.   1.—

12672 **Ruprecht.** Distrib. Cryptogamarum vascul. Imper. Rossici. (Petrop.,
Beitr. Pflanz.) 1845. 8. 56 p.   2.—

12673 **Russow.** Histol. u. Entwicklgesch. d. Sporenfrucht v. Marsilia. Dorp.
1871. 8. 80 p.   1.50

12674 — Vergl. Unters. betr. d. Histiol. d. veget. u. Sporen-bild. Organe d.
Leitbündelkrypt. (Petersb., Ak.) 1873. 8. 33 p.   1.—

12675 **Sadebeck.** Ueb. Asplenum adulterin. (Berl., Bot. V.) 1871. 8. 20 p. m. Tfl.   1.—

12676 — Z. Wachsthumsgesch. d. Farnwedels. (Berl., Bot. Ver.) 1873. 8.
17 p. m. 2 Tfln.   1.—

12677 — Ueb. d. Entwickel. d. Farnblattes. Berl. 1874. 4. 18 p. m. Tfl.   1.—

12678 — Repertorium der Gefässkryptogamen 'f. 1875. (Berl., Just's Jahresber.) 1877. 8. 32 p.   1.—

12679 — Ueb. d. Entwicklgsgesch. d. höher. Kryptogamen. (Hamb., Nat. Ver.)
1879. 8. 24 p. m. Tfl.   1.50

12680 — Die Gefässkryptogamen. (Bresl., Encycl. Nat.) 1879. 8. 92 p. m. Tfl.   2.50

12681 — Filices Cameruniae Dinklageanae. (Hamb., Wiss. Anst.) 1897. 8.
17 p. m. Tfl.   1.—

12682 **Salomon.** Die Farne für's Freiland. Würzb. 1865. 8. 60 p.   1.—

12683 — Nomenclatur d. Gefässkryptogamen. Leipz. 1883. 8. 385 p. (M. 7.50.)   4.50

12684 **Sanio.** Die Gefässkryptogamen u. Characeen d. Flora v. Lyck. Mit
Nachtrag. (Berl., Botan. Ver.) 1882—85. 8. 39 p.   1.—

12685 **Schenck, H.** Brasilian. Pteridophyten. (Dresd., Hedw.) 1896. 8. 32 p.   1.50

12686 **Schlechtendal.** Adumbrationes Plantarum (Filices Capenses). 5 fascic.
Berol. 1825—32. 4. 56 p. et 30 tab. (M. 12.50.)   8.—

12687 **Schlechtendal, Langethal u. Schenk.** Flora v. Deutschland. 5. Aufl.
v. Hallier. Bd. I: Gefässkryptog. Gera 1880. 8. 224 p. m. 81 color.
Tfln. Origbd. (M. 7.).   5.—

12688 **Schmidt, J.** Die Pteridophyten Holsteins in ihren Formen u. Missbildgn. Hamb. 1903. 8. 75 p.   2.—

12689 **Schnizlein.** Die Farnpflanzen d. Gewächshäuser. Erl. 1854. 8. 38 p.   1.—

12690 **Scholtz, H.** Enumer. Filicum Silesiae. Vratisl. 1836. 8. 63 p.   1.50

12691 **Schütze.** Z. physiolog. Anat. ein. tropischer Farne. Berl. 1905. 8. 62 p.   1.50

12692 **Seelye.** List of Ferns of Rochester. (Rochest.) 1891. 8. 12 p.   1.—

12693 **Shibata.** Ueb. d. Chemotaxis d. Isoetes-Spermatozoiden. (Leipz.,
Pringsh. J.) 1905. 8. 50 p.   2.—

12694 **Sim.** Filices Caffrariae. Handb. of the Ferns of Kaffraria. Williamstown
1891. 8. 63 p. w. 66 pl. Half bd. morocco.   25.—
      Out of print.

12695 — The Ferns of South Africa. 2. ed. N. York 1915. 8. 393 p. w. 186 pl.
Cloth.   37.—

12696 **Spring.** Matér. p. s. à la connaiss. d. Lycopodiacées. (Paris, Ann. Sc.)
1839. 8. 20 p.   1.50

12697 **Ssüsew.** Die Gefässkryptogamen d. mittl. Urals. Mosk. 1895. 8. 23 p.   1.50

12698 **Stenzel.** Die Gefäss-Kryptogamen v. Schlesien. (Bresl., Cohn's Flora)
1876. 8. 26 p.   1.—

12699 **Strempel.** Filicum Berolinens. synopsis. Berol. 1822. 8. 48 p. et tab.   1.50

12700 **Stübner.** Z. Entwickelgesch. d. Vorkeims d. Polypodiac. Döbeln 1882.
4. 19 p. m. 2 Tfln.   1.—

12701 **Stuckert.** S. alg. Helechos nuevos o crit. para la prov. de Córdoba.
(Buenos Aires, Mus.) 1902. 8. 11 p.   1.—

12702 **Sturm.** Enumeratio Plantar. vascularium cryptogamicarum Chilensium.
Norimb. 1858. 8. 54 p.   2.50

12703 **Tansley.** Lectures on the evolut. of the Filicinean Vascular System.
Cambr. 1908. 8. 151 p.   3.50

12704 **Terletzky.** Anat. d. Vegetationsorg. v. Struthiopteris germ. u. Pteris aquil. Berl. 1884. 8. 52 p.   *M* 1.—

12705 **Thomae.** Die Blattstiele d. Farne. Berl. 1886. 8. 66 p. m. 4 Tfln.   1.50

12706 **Thuret.** S. l. Anthérides d. Fougères. (Paris, Ann. Sc.) 1849. 8. 8 p. av. 4 pl. color.   3.—

12707 **Tomaschek.** Z. Entwicklgesch. v. Equisetum. (Wien, Ak.) 1877. 8. 24 p. m. color. Tfl.   1.—

12708 **Traités** très-rares concern. l'Hist. natur. et les Arts. Paris 1780. 8. 164 p. D.-rel. veau.   4.—
     Cont.: G r a i n d o r g e, Traité de l'orig. des Macreuses. — F o r m y, Traité de l'Adianton ou Cheveu de Venus.

12709 **Tschistiakoff.** Développ. d. spores de l'Equisetum linos. et du Lycopodium alp. (Florence, Giorn. Bot.) 1875. 8. 110 p. av. 6 pl. (3 color.)   3.—

12710 **Underwood.** American Ferns. II. (N. York, Torrey Cl.) 1899. 8. 12 p. w. 2 pl.   1.50

12711 **Ursprung.** Der Oeffnungsmechanismus d. Pteridophytensporangien. Leipz 1903. 8. 34 p.   1.—

12712 **Velenovsky.** Ueb. die Morphol. d. Achsen d. Gefässcryptogamen. (Prag, Ges. Wiss.) 1892. 8. 22 p. m. 2 Tfln.   1.50

12713 **Vinge.** Z. Kenntn. d. Entwicklgsgesch. d. Farnblattes. (Lund, Univ.) 1889. 4. 82 p. m. 3 Tfln. — In Schwedisch. Sprache.   2.—

12714 **Voegler.** Z. Kenntn. d. Reizerscheingn. an Samenfäden d. Farne. Leipz. 1891. 4. 19 p.   1.—

12715 **Vouk.** Entwickl. d. Embryo v. Asplenium Shepherdi. (Wien, Ak.) 1878. 8. 42 p. m. 3 Tfln.   1.50

12716 **Waldner.** Deutschl. Farne m. Berücks. d. angrenz. Geb. Oesterreichs, Frankreichs u. d. Schweiz. Heidelb. 1882. fol. 104 p. m. 52 photogr. Tfln. Lnb. (M. 40.)   28.—
     Vergriffen.

12717 **Walter.** Ueb. d. braunwandigen, sklerotischen Gewebeelemente d. Farne. Cassel 1890. 4. 21 p.   1.—

12718 **Warnstorf.** Beitr. z. Ruppiner Flora bes. der Pteridophyten. Wernig. 1892. 8. 30 p.   1.—

12719 **Watson.** On the distrib. of Brit. Ferns. (Edinb., Bot. S.) 1841. 8. 18 p.   1.—

12720 **Weber u. Mohr.** Deutschlands kryptogam. Gewächse. Bd. 1 (alles was erschien.): Filices, Musci frond. et hepat. Kiel 1807. 8. 555 p. m. 12 Tfln. (M. 9.) Cart.   2.50

12721 — — Mit c o l o r. Tafeln. (M. 12.50.) Cart.   3.50

12722 **Westermaier u. Ambronn.** Ueb. e. biolog. Eigenthümlichk. d. Azolla carolin. (Berl., Bot. Ver.) 1881. 8. 3 p. m. Tfl.   1.—

12723 **Wettstein.** Isoëtes Heldreichii. (Wien, Z. b. G.) 1886. 8. 2 p. m. Tfl.   —.50

12724 **Wikström.** 20 Arter af Equisetum. (Stockh., Ak.) 1821. 8. 8 p. m. Tfl.   2.—

12725 **Willdenow u. Bernhardi.** Ueber seltene Farrenkräuter u. über Asplenium. Erfurt 1802. 8. 50 p. m. 4 Tfln,   2.—

12726 **Williams, B. S.** Select Ferns and Lycopods, British and exotic. Lond. 1868. 8. 351 p. w. 19 pl. Cloth.   3.—

12727 **Wittrock.** Biologiska Ormbunk-Studier. De Filicibus observat. biologicae. (Stockh., Hort. Berg.) 1891. 4. 58 p. et 5 tab. color.   3.—

12728 **Woynar.** Ueb. Farnpflanzen Steiermarks. (Graz, Nat. Ver.) 1913. 8. 79 p.   1.50

12729 **Wünsche.** Filices Saxonicae. Die Gefässkryptogamen Sachsens. Zwickau 1871. 8. 31 p.   1.—

12730 — Die höheren Kryptogamen Deutschlands. Leipz. 1875. 8. 163 p. Lnb.   1.—

12731 **Zobel.** Fossilium Catalogus: Sphenophyllales. Berol. 8.
     In Vorbereitung. Ist ein Teil der Abteil. II (Plantae) des „Fossilium Catalogus". Prospect und Probelieferung gratis. — Siehe No. 12244.

III. Bryophyta

[Musci frondosi. — Sphagnaceae. — Hepaticae].

[Supplementum numeror. 1940—2187, vide: Bibliographia Botanica, p. 81—88]..

    M

12733 **Amann.** Catal. d. Mousses du S.-O. de la Suisse. Lausanne 1884. 8. 47 p. 1.50
12734 — Contrib. à la Flore bryolog. de la Suisse. (Berne, Bot. Ges.) 1893. 8. 28 p. 1.—
12735 — Woher stammen die Laubmoose d. errat. Blöcke? (Bern, Bot. Ges.) 1894. 8. 12 p. 1.—
12736 — Méthode géométr. de répresent. d. feuilles d. Muscinées. (Lausanne, Soc. Vaud.) 1896. 8. 12 p. av. pl. 1.—
12737 **Anatomia et Physiologia Muscorum.** — 12 Abhandl. v. Arnell, Fleischer, Lesage, S. O. Lindberg, Unger u. a. 1839—1910. 8. 106 p. m. 5 Tfln. 4.—
12738 **Andersson, G.** Studier öfv. Torfmossar i södra Skane. (Stockh., Ak.) 1889. 8. 43 p; 1.—
12739 **Andersson och Dillner.** Om olika Torfslags bränslevärde. (Stockh., Ak.) 1901. 8. 29 p. m. 3 Tfln. 1.50
12740 **Angström.** Dispos. Muscorum Scandinav. cognit. Upsal. 1842. 8. 33 p. 1.—
12741 **Anzi.** Enumeratio Muscorum Longobardiae Super. (Mediol., Ist.) 1877. 4. 36 p. 1.50
12742 — Enumeratio Hepaticarum prov. Nova-Comens. et Sondriens.. (Mediol., Ist.) 1881. 4. 19 p. 1.—
12743 **Arcangeli.** Elenco d. Muscinee racc. al Monte Amiata. (Firenze,. Giorn. Bot.) 1889. 8. 11 p. 1.—
12744 **Arnell.** De Skandinav. Löfmossornas Kalendarium. Upsala 1875. 8. 129 p. 1.—
12745 — Bryolog. journey to Siberia. (Cahan) 1877. 8. 9 p. 1.—
12746 — Lebermoosstudien im nördl. Norwegen. Jönköp. 1892. 4. 54 p. Lnb. 1.50
12747 — Gray's Lefvermoss-släkten. (Stockh., Bot. Not.) 1893. 8. 15 p. 1.—
12748 — Mossstudier. 3 Tle. (Stockh., Bot. Not.) 1894—97. 8. 45 p. m. Tfl. 1.50
12749 — Z. Moosflora v. Spitzberg. (Stockh., Ak.) 1900. 8. 32 p. 1.50
12750 — Üb. d. Jungermannia barbata-Gruppe. (Stockh., B. Not.) 1906. 8. 13 p. 1.—
12751 — Sveriges Levermossor. Stockh. 1907. 8. 30 p. 1.50
12752 — Die Moosflora des Lenatales. (Stockh., Ark. Bot.) 1913. 8. 94 p. m. 3 Tfln. 3.50
12753 **Arnell u. Jensen.** Bryolog. Ausflug nach Tasjö. (Stockh., Ak.) 1896. 4. 64 p. m. 2 Tfln. 2.—
12754 — Die Moose d. Sarekgebirges. 3 Tle. Stockh. 1907—10. 8. 198 p. (M. 9.70.)
12755 **Arnold.** Die Laubmoose d. Fränk. Jura. Regensb. 1877. 8. 73 p. 1.50
12756 **Balbis.** S. 3 nouv. esp. d'Hépatiques à ajouter à la flore de Piémont. (Turin, Ac.) 1805. 4. 5 p. av. 2 pl. 2.—
12757 **Barnes.** Artificial Keys to the genera and species of Lesquereux and James' Mosses. 2 parts. (Madison, Ac.) 1892. 8. 75 p. 2.50
12758 — Analytic Keys to the genera and species of N. American Mosses. (Madis., Univ.) 1896. 8. 368 p. 5.—
12759 **(Basedow.)** Moose d. Hannoverschen Flora. (Hann. 1896.) fol. 7 p. — Lithographiert. 1.50
12760 **Bauer, E.** Z. Moosflora v. Centralböhmen. (Prag, Lotos) 1895. 8. 24 p. 1.50
12761 **Bauer, P. M.** 2 Nachträge z. Uebers. d. Hessischen Leber- u. Laub-Moose u. Farren. (Giessen, Ges. Nat.) 1859—69. 8. 16 p. 1.—
12762 **Baur.** Die Laubmoose d. Grossherzogt. Baden. (Freib., Bot. Ver.) 1894. 8. 79 p. Cart. 1.50
12763 **Bayrhoffer.** Uebers. d. Moose, Lebermoose u. Flechten d. Taunus. (Wiesb., Ver. Nat.) 1849. 8. 121 p. 1.50
12764 **Beckett.** On New Zealand Mosses. (Wellingt.) 1896. 8. 5 p. w. 3 pl. 2.—
12765 **Beña.** Die Laubmoosflora d. Ostrawitzathales. (Brünn, Nat. Ver.) 1903. 8. 25 p. 1.—

12766 **Berggren.** Jakttag. öfv. Mossornas könlösa fortplantning. (Lund, Univ.) 1863. 4. 33 p. m. 4 Tfln. — 1.50

12767 — Bidr. t. Skandinav. Bryologi. (Lund, Univ.) 1866. 4. 30 p. m. Tfl. — 1.—

12768 — Studier öfv. Mossornas byggnad och utveckl. 2 Tle. (Lund, Univ.) 1868—71. 4. 39 p. m. 3 Tfln. — 1.50

12769 — Bryolog. skizzer fr. Norges kusttrakter. (Stockh., Bot. Not.) 1872. 8. 16 p. — 1.—

12770 — Musci et Hepaticae Spetsbergenses. (Holm., Ac.) 1875. 4. 103 p. — 2.—

12771 — Mossfloran vid Disko-Bugten och Anleitsivikfjorden i Grönland. (Stockh., Ak.) 1875. 4. 46 p. — 1.50

12772 **Bescherelle.** Florule bryolog. de la Nouv.-Calédonie. (Paris, Ann. Sc.) 1873. 8. 62 p. — 2.50

12773 — S. l. Mousses du Paraguay. (Cherb.) 1877. 8. 16 p. — 1.—

12774 — Bryologiae Japonic. supplem. (Paris., J. Bot.) 1899. 8. 9 p. — 1.—

12775 **Best.** Revis. of the North Americ. spec. of Heterocladium. (N. York, Torr. Cl.) 1901. 8. 9 p. w. 2 pl. — 1.—

12776 **Blytt.** Jagttag. over det sydöstlige Norges Torvmyre. (Christ., Vid. Selsk.) 1882. 8. 35 p. — 1.—

12777 **Bory de St.-Vincent et Montagne.** S. un nouv. genre d. Hépatiques. (Paris, Ann. Sc.) 1844. 8. 13 p. — 1.—

12778 **Borszczow.** Musci et Fungi Taimyrenses, Boganidenses et Ochotenses. (Petrop., „Middend.") 1845. 4. 11 p. — 1.50

12779 — Enumeratio Muscorum Ingriae. (Petr., Beitr. Pflanz.) 1857. 8. 50 p. — 1.50

12780 **Bottini.** S. Briologia Ital. 2 mem. (Firenze, Giorn. Bot.) 1890—94. 8. 18 p. — 1.—

12781 **Bottini ed a.** Contrib. alla Flora Briologica d. Calabria. (Milano, Soc. Critt.) 1883. 8. 15 p. — 1.—

12782 **Boulay.** Flore cryptogamique de l'Est de la France. Muscinées et Hépatiques. Paris 1872. 8. 890 p. (fr. 15.) — 10.—

12783 **Bouvet.** Catal. rais. d. Mousses et d. Sphaignes du dép. de Maine-et-Loire. (Angers) 1873. 8. 69 p. — 1.50

12784 **Braithwaite.** On Bog Mosses. Complete: 17 parts. (Lond., M. Micr. J.) 1871—75. 8. 60 p. w. 26 pl. — 14.—
Most parts also separately.

12785 — The British Moss-Flora. 3 vols. (36 parts.) Lond. 1880—1905. 8. 867 p. w. 128 pl. (633 fig.) (6 £ 10 s.) — 45.—

12786 — — Part II: Buxbaumiac., Georgiaceae. 1880. 16 p. w. 2 pl. — 1.50

12787 — On the anat. and reproduct. of Mosses. 2 pap. (Lond., Roy. Micr. J.) 1892—93. 8. 13 p. — 1.—

12788 **(Brébisson).** Hépat. de la Normandie. (Caen). 8. 17 p. — 1.50

12789 **Breidler et Beck.** Trochobryum n. gen. Seligeriacear. (Vindob., Z. b. G.) 1884. 8. 2 p. et tab. — 1.—

12790 **Bridel.** Methodus nova Muscorum. Lips. 1822. 4. 239 p. et 2 tab. (M. 6.) Cart. — 4.—

12791 **Britton.** Enumer. of Mosses coll. in Kootanai Co., Idaho. (N. York, Torrey Cl.) 1889. 8. 7 p. w. pl. — 1.—

12792 — Musci coll. in Bolivia. (N. York, Torr. Cl.) 1896. 8. 29 p. — 1.50

12793 **Brockmüller.** Die Laubmoose Mecklenburgs. (Güstrow, Arch.) 1870. 8. 170 p. — 1.—

12794 **Brotherus.** S. la distribut. d. Mousses au Caucase. Hels. 1884. 8. 108 p. — 2.50

12795 — Contrib. à la Flore bryolog. du Brésil. 2 parties. (Helsingf. et Stockh.) 1893 à 95. 4. et 8. 106 p. — 5.—

12796 — Contrib. to the bryolog. Flora of South. India. (Calc., Bot. Surv.) 1899. 8. 21 p. — 1.50

12797 — D. Laubmoose d. 1. Regnellschen Exped. (Stockh., Ak.) 1900. 8. 65 p. — 1.50

12798 — Verzeichn. d. Laubmoose d. Gouv. Kasan. (Kasan) 1904. 8. 21 p. — Russisch. — 1.—

12799 — Olufsen's Pamir=Expedition: Musci. (Kjöbenh., Bot. T.) 1906. 8. 6 p. — 1.—

12800 **Brotherus.** Die Laubmoose d. Deutsch. Südpolar-Exped. (Berl., „Südpol.-Exp.") 1906. 4. 16 p. m. 2 Tfln.   *M* 4.—
12801 — Musci Halconenses. (Manila, J. Sc.) 1907. 4. 5 p.   1.—
12802 — Musci Voeltzkowiani. Beitr. z. Kenntn. d. Moosflora d. Ostafrikan. Inseln. Stuttg. 1908. 4. 16 p. m. 3 Tfln. (M. 8.)
12803 — Contrib. to the Bryolog. Flora of the Philippines, II—IV. (Manila, Journ. Sc.) 1908—13. 4. 80 p.   2.—
12804 — Musci d. Brunnthaler'schen Reise nach D.-Ost- u. Süd-Afrika. (Wien, Ak.) 1913. 4. 10 p.   1.—
12805 **Brotherus et Saelan.** Musci Lapponiae Kolaënis. Helsingf. 1890. 8. 100 p. et mappa geogr.   2.—
12806 **Brown, R.** On the parts of fructification in Mosses. (Lond., Linn. Soc.) 1810. 4. 13 p. w. pl.   1.50
12807 — Lyellia, a new g. of Mosses. (Lond., Linn. S.) 1818. 4. 24 p.   1.—
12808 **Brown, R.** New Zealand Musci. (Wellingt., Inst.) 1898. 8. 13 p. w. 7 pl.   3.50
12809 **Bruch et Schimper.** Fragmens de la Bryologie d'Europe: Buxbaumiacées. (Strasb., Soc. Nat.) 1835. 4. 7 p. av. 2 pl.   1.50
12810 — — Phascacées. (Strasb., Soc. Nat.) 1835. 4. 5 p. av. 2 pl.   1.50
12811 **Bruttan.** Ueb. d. einheim. Laubmoose. (Dorp., Nat. Ges.) 1892. 8. 28 p.   1.—
12812 **Bryhn.** Enumer. Muscorum vallis Norvegiae Saetersdalen. (Trondhj., Vid. Selsk.) 1899. 8. 54 p.   1.50
12813 — Ad Muscologiam Norvegiae contrib. (Christ., Nyt Mag.) 1902. 8. 36 p.   1.—
12814 — Sarconeurum, g. Muscorum novum. (Christ., Nyt Mag.) 1902. 8. 4 p. et 2 tab.   1.50
12815 The **Bryologist.** Ed. by Grout and Smith. Vol. V—VIII. Brooklyn 1902 —1905. 8. w. many pl.   15.—
     The volumes are also sold separately.
12816 **Bryophyta.** — 24 Abhandl. v. Herzog, Holzinger, Juratzka, Loeske, Matouschek, Schiffner, Warnstorf u. a. 1861—1912. 8. u. 4. 150 p. m. 2 Tfln.   5.—
12817 **Buddeberg.** Verzeichn. d. Laubmoose v. Nassau. (Wiesb., Ver. Nat.) 1892. 8. 20 p.   1.—
12818 **Bünger.** Z. Anat. d. Laubmooskapsel. Cassel 1890. 8. 31 p. m. Tfl.   1.—
12819 **Burchard.** Zur Laubmoosflora v. Hamburg. (Hamb., Anst.) 1891. 8. 25 p.   1.—
12820 **Campbell.** On the struct. and devel. of Dendroceros. (Lond., Linn. Soc.) 1898. 8. 12 p. w. 2 pl.   1.—
12821 **Camus.** Etud. bryolog. s. le dép. de la Loire-Infér. (Paris) 1891. 8. 14 p.   1.—
12822 — Présence en France du Lejeunea Rossettiana. (Paris, Soc. Bot.) 1900. 8. 19 p.   1.—
12823 **Cardot.** Les Sphaignes d'Europe. Paris 1886. 8. 136 p. av. 2 pl.   5.—
12824 — Révis. d. Sphaignes de l'Amérique du Nord. Gand 1887. 8. 23 p.   1.50
12825 — Mosses of the Azores and Madeira. (St. Louis, Gard.) 1897. 8. 25 p. w. 11 pl.   4.—
12826 — 2 new spec. of Fontinalis. (Minneap.) 1903. 8. 3 p. w. 4 pl.   2.—
12827 — La Flore Bryologique d. Terres Magellaniques. (Stockh., Südpol.-Exped.) 1908. 4. 298 p. av. 11 pl.   20.—
12828 — Notes Bryolog. (Genève, Boiss.) 1908. 8. 12 p.   1.—
12829 — Mousses rec. p. la 2. Expéd. Antarct. Française. Paris 1913. 4. 32 p. av. 5 pl.   5.—
12830 **Cardot and Thériot.** The Mosses of Alaska. (Wash., Ac.) 1902. 8. 80 p. w. 11 pl.   4.—
12831 — Mousses du Kouy-Tcheou (Chine). (Hâvre) 1904. 8. 6 p. av. 2 pl.   1.50
12832 — On a coll. of Mosses fr. Alaska. (Berkel., Univ.) 1906. 8. 11 p. w. 2 pl.   1.—
12833 **Carrington.** New Brit. Hepaticae. 2 pap. (Lond., Grev.) 1873—79. 8. 9 p. w. pl.   1.—
12834 **Cavers.** Contrib. to the biol. of the Hepaticae. I. Plymouth 1904. 8. 47 p.   1.50

12835 **Cavers.** The inter-relationships of the Bryophyta. Cambr. 1911. 8. 210 p. w. 72 fig.   *M* 6.—

12836 **Chamberlain.** Mitosis in Pellia. (Chicago, Univ.) 1903. 4. 19 p. w. 3 pl.   1.50

12837 **Cogniaux.** Catal. p. s. d'introduct. à une monogr. d. Hépatiques de Belgique. (Brux., Soc. Bot.) 1871. 8. 54 p.   2.—

12838 **Conradi og Hagen.** Bryolog. bidrag t. Norges Flora. (Christ., Vid. Selsk.) 1893. 8. 26 p.   1.50

Corda. Die Lebermoose — siehe No. 12480.

12839 **Correns.** Brutkörper d. Georgia pelluc. (Berl., Bot. Ges.) 1895. 8. 13 p. m. Tfl.   1.—

12840 — Vermehrungsweisen d. Laubmoose. 2 Tle. (Berl., Bot. Ges.) 1897. 8. 17 p.   1.—

12841 — Scheitelwachsth., Blattstellg. u. Astanlagen d. Laubmoosstämmchens. (Berl., Festschr. Schwend.) 1898. 8. 28 p.   1.—

12842 — Untersuchgn. üb. d. Vermehr. d. Laubmoose durch Brutorgane u. Stecklinge. Jena 1899. 8. 496 p. m. 187 Fig. (M. 15.)   8.—

12843 **Coesfeld.** Z. Anat. u. Physiologie d. Laubmoose. Rostock 1892. 4. 16 p. m. Tfl.   1.—

12844 **Cypers.** Beitr. z. Kryptogamenflora d. Riesengebirges: Laubmoose. (Wien, Z. b. G.) 1897. 8. 12 p.   1.—
Siehe auch Nr. 13856.

12845 **Debat.** S. qu. formes crit. de Mousses. (Lyon, Soc. Bot.) 1883. 4. 22 p.   1.50

12846 **Dedecek.** Die Böhm. Sphagna u. ihre Gesellschafter. (Wien, Z. b. G.) 1876. 8. 8 p.   1.—

12847 — Z. Literaturgesch. u. Verbreit. d. Lebermoose in Böhmen. (Wien, Z. b. G.) 1880. 8. 20 p.   1.—

12848 **Delogne.** Flore Cryptogam. de Belgique. I: Muscinées. 2 parties. (Brux., Soc. Micr.) 1884. 8. 328 p. av. 4 pl. (fr. 10.)   5.—

12849 **Deloynes.** Les Sphagnum de la Gironde. (Bord., S. Linn.) 1886. 8. 10 p.   1.—

12850 **Dickie.** On the struct. and morphol. of Marchantia. (Edinb., Bot. Soc.) 1841. 8. 6 p. w. pl.   1.—

12851 — Mosses coll. on the shores of Davis Straits. (Lond., Linn. S.) 1869. 8. 7 p.   1.—

12852 **Dietrich, D.** Samml. deutsch. Laubmoose, Lebermoose und Flechten. 3. Aufl. Jena 1851. 8. 125 getrockn. Species auf 18 Tafeln. In Mappe.   4.—

12853 — Deutschlands Kryptogam. Gewächse. 2. Aufl. Bd. I: Farrenkräuter, Laub- u. Lebermoose. Jena 1860. 8. 216 p. m. 296 color. Tfln. Hfzb.   50.—

12854 **Dihm.** Ueb. d. Annulus d. Laubmoose. Münch. 1894. 8. 68 p. m. 3 Tfln.   2.—

12855 **Dixon.** On some Mosses of New Zealand. (Lond., Linn. S.) 1912. 8. 27 p. w. 2 pl.   2.—

12856 **Dixon and Nicholson.** Bryolog. notes on a trip in Norway II. (Christ., Nyt Mag.) 1904. 8. 12 p.   1.—

12857 **Douin.** Nouv. Flore des Mousses et des Hépatiques pour la détermin. d. espèces. Nouv. éd. Paris 1913. 12. 186 p. av. 1296 fig.   4.50

12858 **Dozy et Molkenboer.** Musci frondosi et Archipel. Indico et Japonia. (Paris., Ann. Sc.) 1844. 8. 23 p. et tab. color.   2.—

12859 **Dozy, Molkenboer, v. d. Bosch et v. d. Sande Lacoste.** Bryologia Javanica, s. descr. Muscorum frondos. Archipelagi Indici. 2 vol. (64 fasc.). Lugd. Bat. 1854—70. 4. 389 p. et 320 tab. (108 Gulden).   100.—

12860 — — Fascic. 11—15. Lugd. Bat. 1858. 4. p. 61—92 et tab. 51—75.   4.—

12861 **Dumortier.** Rec. d'observat. s. l. Jungermanniacées. I. (tout ce qui a paru). Tournay 1835. 8. 27 p.   1.—

12862 — Hepaticae Europaeae. (Brux., Soc. Bot.) 1875. 8. 203 p. et 4 tab. color. (fr. 15.)   6.—

12863 **Dusén, K. F.** Om Sphagnaceernes utbredning i Skandinavien. Upsala 1887. 4. 161 p. m. color. Kte. (M. 6.)   3.—

12864 **Dusén, P.** New and some little known Mosses fr. the West Coast of Africa. 2 parts. (Stockh., Ac.) 1895—96. 4. 112 p. w. 7 pl.   4.50

M

12865 **Dusén.** Z. Moos-Flora v. Jan Mayen. (Stockh., Ak.) 1900. 8. 16 p. m. Tfl. 1.—
12866 — Beitr. z. Laubmoosflora Ostgrönlands u. Jan Mayens. (Stockh., Ak.)
 1901. 8. 71 p. m. Kte. u. 3 Tfln. 2.50
12867 — Beiträge z. Bryologie d. Magellansländer, v. Westpatagonien u.
 Südchile. 5 Tle. (Stockh., Ark. Bot.) 1903—06. 8. m. 48 Tfln. 18.—
12868 — — I. 1903. 8. 25 p. m. 11 Tfln. 2.—
12869 — — IV. 1906. 8. 39 p. m. 12 Tfln. 2.50
12870 — Musci nonnulli novi e Fuegia et Patagonia reportata. (Lund., Bot.
 Not.) 1905. 8. 15 p. 1.—
12871 **Ekart.** Synopsis Jungermanniarum Germaniae. Coburgi 1832. 4. 87 p.
 et 13 tab. (M. 15.) Cart. 3.—
12872 **Ekstam.** Z. Kenntn. d. Musci Novaja Semljas. (Tromsö) 1898. 8. 10 p. 1.—
12873 **Ekstrand.** Om Blommorna hos Skandinav. Jungermanniaceae folios.
 Stockh. 1880. 8. 66 p. 1.—
12874 — Anteckn. öfv. Skandinav. Lefvermossor. 3—8. (Lund) 1880. 8. 12 p. 1.—
12875 **Elenkin.** Musci Florae Rossiae mediae. I. Dorpat. 1909. 8. 238 p. et
 7 tab. — Rossice conscr. 7.—
12876 **Endlicher.** Musci Europaei jussu Ferdinandi I. pinxit J. Z e h n e r,
 descripsit S. Endlicher. Vindob. 1842. fol. 24 tabulae color. (permultae
 fig.) et 24 paginae textus. Hfzb. 40.—
 Prachtvolles, niemals veröffentlichtes M a n u s c r i p t. Die Tafeln sind
 von künstlerischer Vollendung, der Text kalligraphisch.
12877 **Evans.** On Jungermannia marchica. (N. York, Torr. Cl.) 1896. 8. 4 p.
 w. 2 pl. 1.50
12878 — List of Hepaticae coll. in the Internat. Boundary. (Minneap., Bot.
 Stud.) 1899. 8. 2 p. —.50
12879 — On the Hepaticae coll. in Alaska. (Wash., Ac.) 1900. 4. 28 p. w. 3 pl. 2.50
12880 — On New England Hepaticae. 5 parts. (Bost., Rhodora) 1902—06.
 8. 43 p. w. pl. 2.—
12881 — Odontoschisma Macouni. (Chic., Bot. Gaz.) 1903. 8. 30 p. w. 3 pl. 2.—
12882 — On Japanese Hepaticae. (Wash., Ac.) 1906. 8. 23 p. w. 3 pl. 2.—
12883 — The Hepaticae of Bermuda. (N. York, Torr. Cl.) 1906. 8. 7 p. w. pl. 1.—
12884 — Hepaticae of Puerto Rico VI. (N. York, Torr. Cl.) 1906. 8. 25 p.
 w. 3 pl. 1.50
12885 **Falk.** Beskrifn. öfv. Skandin. Musci Cleistocarpi. Stockh. 1869. 8. 24 p. 1.—
12886 **Farlow and Evans.** Thallophytes, Musci and Hepaticae of the Galapagos Isl. (Philad., Ac.) 1902. 8. 25 p. 1.50
12887 **Farneti.** Muschi d. prov. di Pavia. Centur. II. (Milano, Ist. Bot.) 1888.
 4. 35 p. 1.—
12888 — Enumer. d. Muschi d. Bolognese I. (Fir., Giorn. Bot.) 1889. 8. 11 p. 1.—
12889 **(Fellitzen).** Katalog t. Svenska Mosskultur-Föreningens Utställning,
 Göteborg 1891 u. Malmö 1896. 2 Tle. Jonköp. 1891—96. 8. 300 p. m.
 10 Tfln. (7 color.) 4.—
12890 — Svenska Mosskultur-Föreningens Vegetations - försök i Jönköping.
 Jönköp. 1893. 8. 32 p. m. Tfl. 1.—
12891 **Felippone.** Contrib. à la Flore Bryolog. de l'Uruguay. Fasc. 1 et 2.
 Montevideo 1909 à 12. 8. 75 p. av. 43 pl. 12.—
12892 **Fellner.** Keimung d. Sporen v. Riccia glauca. (Graz, Nat. Ver.) 1875.
 8. 7 p. m. 2 Tfln. 1.—
12893 **Fiedler.** Synops. d. Laubmoose Mecklenburgs. Schwerin 1844. 8.
 148 p. Lnb. 1.50
12894 **Fiori.** Muschi d. Modenese e d. Reggiano. I. (Modena, Soc. Nat.)
 1886. 8. 53 p. 1.50
12895 **Florini-Mazzanti.** Specimen Bryologiae Romanae. Romae 1841. 8. 62 p. 1.50
12896 **Fischer-Benzon.** Die Moore d. Provinz Schleswig-Holstein. Hamb.
 1891. 4. 80 p. (M. 4.50.) 2.—
12897 **Fischer de Waldheim.** Florula Bryologica Mosquensis. 2 partes. (Mosquae, Bull.) 1864. 8. 166 p. 2.50

12898 **Fltzgerald e Bottlni.** Prodromo d. Briologia d. Bacini d. Serchio e d. *M*
Magra. (Firenze, Giorn. Bot.) 1881. 8. 100 p. c. carta color. 2.—

12899 **Fleischer.** Z. Laubmoosflora Liguriens. (Genua, Congr. Bot.) 1892.
8. 45 p. m. Tfl. 1.50

12900 — Contrib. alla Briologia d. Sardegna. (Genova, Malp.) 1898. 8. 32 p. 1.—

12901 — Neue Javan. Fissidens-Arten. (Dresden, Hedw.) 1899. 8. 4 p. —.50

12902 — Diagnose v. Ephemeropsis Tjibodens. (Leid., Jard. Bot.) 1900. 8.
5 p. m. 2 Tfln. (1 color.) 1.50

12903 — Die Musci d. Flora v. Buitenzorg. 3 Bde. Leid. 1904—08. 8. 1127 p.
m. 182 Fig. (M. 56.50.) 40.—

12904 — Neue Gattgn. u. Arten hrsg. in „Exsicc. Musci Archipel. Indici.
Ser. VII.“ (Dresd., Hedw.) 1905. 8. 29 p. 1.—

12905 — Laubmoose v. d. Niederländ. Exped. nach Neu-Guinea. (Leiden,
'Nov. Guin.') 1912. 4. 19 p. m. 6 Tfln. 8.—

12906 **Focke.** Die Moosflora d. Niedersächs.-Fries. Tieflandes. (Brem., Nat.
Ver.) 1879. 8. 10 p. 1.—

12907 **de Forest Heald.** Gametophytic regener. as exhib. by Mosses. Leips.
1897. 8. 70 p. w. 2 pl. 2.—

12908 **Förster, J. B.** Z. Moosflora v. Niederösterr. u. Westungarn. (Wien,
Z. b. G.) 1880. 8. 18 p. 1.—

12909 — Z. Moosflora d. Comit. Pest-Pilis-Solt u. Gran. (Wien, Z. b. G.)
1896. 8. 6 p. —.50

12910 **Friren.** Catal. d. Mousses de la Lorraine. (Metz, S. Nat.) 1898. 8. 47 p. 1.—

12911 — — Supplément I. (Metz, Soc. Nat.) 1902. 8. 13 p. 1.—

12912 — — Supplément IV. (Metz, Soc. Nat.) 1908. 8. 8 p. 1.—

12913 — Catal. d. Hépatiques de la Lorraine. (Metz, Soc. Nat.) 1901. 8. 24 p. 1.—

12914 — Promenades bryolog. en Lorraine. (Metz, Soc. Nat.) 1901. 8. 58 p. 1.—

12915 — — Série II. (Metz, Soc. Nat.) 1902. 8. 37 p. 1.—

12916 — — Série V. (Metz, Soc. Nat.) 1908. 8. 32 p. 1.—

12917 — — Série VI. (Metz, Soc. Nat.) 1911. 8. 21 p. 1.—

12918 — Mettlach-Keuchingen. Excurs. broyolog. (Metz, Soc. Nat.) 1913.
8. 14 p. 1.—

12919 **Garovaglio.** Bryologia Austriaca excurs. Vindob. 1840. 8. 94 p. 1.50

12920 **Gayet.** Rech. s. le développ. de l'archégone chez les Muscinées. (Paris,
Ann. Sc.) 1897. 8. 98 p. av. 7 pl. 4.50

12921 **Geheeb.** Die Laubmoose d. Cantons Aargau. Aarau 1864. 8. 86 p. 2.—

12922 — Neue Beiträge z. Moosflora v. Neu-Guinea. Kassel 1889. 4. 13 p. m.
8 Tfln. (M. 10.) 6.—

12923 — Bryologia Atlantica. Die Laubmoose d. Atlant. Inseln. Ergänzt v.
Herzog. Stuttg. 1911. 4. 71 p. m. 20 Tfln. (19 color.) (M. 80.) 60.—

12924 **Geneau de Lamarlière et Maheu.** S. l. flore des Mousses des cavernes.
3 mém. (Paris) 1901 à 02. 8. et 4. 25 p. 2.—

12925 **Giordano.** Pugillus Muscorum agr. Neapolit. (Mediol., Soc. Crittog.)
1879. 8. 54 p. 2.—

12926 **Girgensohn.** Naturgesch. d. Laub- u. Lebermoose Liv-, Ehst- u. Kurlands. Dorpat 1860. 8. 488 p. 4.—

12927 **Glowackl.** Die Verteil. d. Laubmoose im Leobner Bezirke. Leoben
1892. 8. 28 p. 1.50

12928 — Bryolog. Beiträge aus d. Okkupationsgebiete. 3 Tle. (Wien, Z. b.
G.) 1906—07. 8. 60 p. 2.—

12929 **Goebel.** Die Muscineen. (Bresl., Schenk's Handb.) 1882. 8. 87 p. 3.—

12930 — Morphol. u. biol. Studien. IV: Javanische Lebermoose. V: Utricularia. VI: Limnanthemum. (Buitenz., Jard.) 1890. 8. 126 p. m. 16 Tfln. 6.—

12931 — Organographie d. Pflanzen. 2. Aufl. Tl. II, Heft 1: Bryophyten. Jena
1915. 8. 390 p. m. 438 Fig. (M. 12.50.)

12932 **Gottsche.** Hepaticae, Florae Novo-Granatensis. (Paris., Ann. Sc.)
1864. 8. 104 p. et 4 tab. 6.—

12933 — Eine neue Jungermannia. (Wien, Z. b. G.) 1867. 8. 4 p. m. Tfl. 1.—

12934 **Gottsche.** Neue Untersuch. üb. d. Jungermanniae Geocalyceae. (Hamb., *M*
Nat. Ver.) 1880. 4. 30 p. m. color. Tfl. 1.50

12935 — Jack, C. M. Gottsche. (Berl., Bot. G.) 1883. 8. 17 p. 1.—

12936 **Gottsche u. Rabenhorst.** Hepaticae Europaeae. Herbarium d. Lebermoose Europas. 66 Decaden (soweit erschien.) m. 660 getrock-
neten Species. Dresd. 1855—79. 8. Cart. 400.—
    Sehr selten u. — wie alle Exsiccatensammlungen Rabenhorst's — sehr gesucht.

12937 **Gravet.** Flore bryolog. de Belgique. (Brux., Soc. Bot.) 1875. 8. 135 p. 4.—

12938 **Grout.** Revis. of the N. Americ. Isotheciaceae. (N. York, Torr. Cl.)
1896. 8. 11 p. 1.—

12939 — Revis. of the N. Americ. Scleropodium. (N. York, Torr. Cl.) 1899.
8. 10 p. 1.—

12940 **Grütter.** Z. Moosflora d. Kr. Schwetz. (Danzig, Nat. G.) 1896. 8. 11 p. 1.—

12941 **Gugelberg.** Z. Kenntn. d. Laub- u. Lebermoosflora d. Engadins. (Chur,
Nat. Ges.) 1901. 8. 46 p. 1.50

12942 — Uebersicht der Laubmoose d. Kant. Graubünden. 2 Tle. (Chur,
Nat. Ges.) 1905—07. 8. 152 p. 2.50

12943 — Z. Lebermoosflora d. Ostschweiz. (Chur, Nat. Ges.) 1913. 8. 12 p. 1.—

12944 **Gümbel.** Die Moosflora der Rheinpfalz. Landau 1857. 8. 133 p. 2.—

12945 **Györffy.** Bryolog. Seltenheiten. IV—XII. (Dresd., Hedw.) 1915. 8.
13 p. m. 2 Tfln. 1.50

12946 **Haberlandt, G.** Beitr. z. Anat. u. Physiol. d. Laubmoose. Berl. 1886. 8.
140 p. m. 7 color. Tfln. 7.—
    Vergriffen.

12947 **Hagen.** Schedulae Bryolog. (Nidaros.) 1897. 8. 30 p. et 2 tab. 2.—

12948 — Norges Bryologi i det 18. Aarhundrede. 2 Tle. (Trondhjem, Tid.
Selsk.) 1897—1914. 8. 209 p. m. Tfl. u. 10 Portr. 5.—

12949 — Notes bryolog. (Christ., Nyt Mag.) 1900. 8. 22 p. 1.—

12950 — Forarbejder t. en Norsk Lövmosflora. IX—XII. (Trondhj., Vid. S.)
1910. 8. 114 p. 2.50

12951 — — XIX: Polytrichaceae. (Trondhj., Vid. S.) 1914. 8. 77 p. 2.—

12952 — Forklaringer t. en Norsk Lövmosflora. (Trondhj., Vid. S.) 1911.
8. 108 p. 2.50

12953 — S. la nomenclat. d. Mousses. (Trondhj., Vid. S.) 1911. 8. 16 p. 1.—

12954 **Hahn.** Die Lebermoose Deutschlands. Gera 1885. 8. 103 p. m. 12 color.
Tfln. Lnb. 4.—

12955 **Hampe.** Icones Muscorum novor. vel minus cognit. 3 decades. Bonnae
1844. 8. 74 p. et 30 tab. 10.—

12956 — Musci Florae Novo-Granatensis. 2 partes. (Paris., Ann. Sc.) 1865.
8. 100 p. 3.50

12957 — Das Moosbild. (Wien, Z. b. G.) 1871. 8. 24 p. 1.—

12958 — Enumer. Muscorum frondos Brasiliae centr. praec. de Rio de Jan. et
S. Paulo. (Hauniae, Nat. För.) 1880. 8. 92 p. 2.—

12959 **Handel-Mazzetti.** Beitr. z. Kenntn. d. Moosflora v. Tirol. (Wien, Z. b.
G.) 1904. 8. 20 p. 1.—

12960 **Hansen, A.** 2 pap. on Amblystegium. (Copenh., B. Tidsk.) 1903. 8. 22 p. 1.—

12961 **Harris, W. P. and C. W.** Lichens and Mosses of Montana. Missoula
1904. 8. 12 p. w. 6 pl. and map. 3.—

12962 **Hartman, C. J.** Handbok i Skandinav. Flora. 10. Aufl. Bd. II: Mossor.
Stockh. 1871. 8. 208 p. Hfzb. 5.—

12963 **Harvey and Hooker.** Musci Indici. List of Mosses coll. by Wallich in
the East Indies. (Lond., J. Bot.) 1840. 8. 21 p. 2.—

12964 **Haszlinszky.** Z. Kenntn. d. Karpathen-Flora. VII, IX: Laub- u. Leber-
Moose. (Wien, Z. b. G.) 1855—60. 8. 18 p. 1.—

12965 **Hedwig.** Species Muscorum frondos. descr. et illustr. Ed. Schwäg-
richen. Cum 4 supplem. (8 vol.) Lipsiae 1801—42. 4. 1800 p. et 402 tab.
color. (M. 400.) Cart. 130.—

12966 — — Cum suppl. I. Lips. 1801—11. 4. 571 p. et 127 tab. color. Cart. 16.—

12967 **Hedwig.** De Plantis calyptratis, adj. nov. spec. (Ratisb.) 8. 26 p. et 4 tab. color. — *ℳ* 2.50
12968 **Heeg.** Niederösterreich. Lebermoose. (Wien, Z. b. G.) 1891. 8. 5 p. — —.50
12969 — Die Lebermoose Niederösterreichs. (Wien, Z. b. G.) 1893. 8. 86 p. — 1.50
12970 **Hegelmaier.** Ueb. d. Stand d. Kenntn. der Moosvegetat. d. Vereinsgebietes. (Stuttg., Ver. Nat.) 1884. 8. 33 p. — 1.—
12971 **Hegetschweiler.** Ueb. d. Vegetat. d. Moose u. Revis. d. Genus Sphagnum. (Zürich, Ges. Nat.) 1829. 4. 13 p. m. Tfl. — 1.—
12972 **Hepaticae.** — 6 Abhandl. v. Evans, S. O. Lindberg, Jack u. a. 1884—1903. 8. 31 p. — 2.—
12973 **Herpell.** Die Laub- u. Lebermoose in d. Umgeg. v. St. Goar. M. Nachtr. (Bonn, Ver. Nat.) 1870—77. 8. 60 p. — 1.—
12974 **Herzog.** Z. Kenntn. d. Laub- u. Lebermoosflora v. Sardinien. (Zürich, Bot. Ges.) 1905. 8. 25 p. m. Tfl. — 1.50
12975 — Die Laubmoose Badens. Eine bryogeographische Skizze. (Genf, Herb. Boiss.) 1906. 8. 402 p. — 8.—
12976 — Parallelismus u. Konverg. in d. Stammreihen d. Laubmoose. (Dresd., Hedw.) 1910. 8. 14 p. — 1.—
12977 **Hesselbo.** Mosses fr. North-East Greenland. (Copenh., Medd. Grönl.) 1910. 8. 12 p. w. 2 pl. — 1.50
12978 **Heufler.** Die Laubmoose d. österr. Torfmoore. (Wien, Z. b. G.) 1858. 8. 4 p. — —.50
12979 — Ueb. das wahre Hypnum polymorph. (Wien, Z. b. G.) 1859. 8. 4 p. — —.50
12980 — Untersuchgn. üb. d. Hypneen Tirols. (Wien, Z. b. G.) 1860. 8. 120 p. — 1.50
12981 **Hobkirk.** Curious habitat of some Mosses. (Manch.) 1888. 8. 3 p. — —.50
12982 **Hofmeister.** Zellenfolge im Achsenscheitel d. Laubmoose. (Leipz., Bot. Z.) 1870. 4. 24 p. m. Tfl. — 1.—
12983 **Holler.** Die Moosflora d. Ostrachalpen. Mit Nachtrag. (Augsb., Nat. Ver.) 1887—94. 8. 72 p. — 1.50
12984 — Die Moosflora v. Memmingen. (Augsb., Nat. Ver.) 1898. 8. 76 p. — 1.50
12985 **Holzinger.** A new Caliergon. (Minneap., Bot. Stud.) 1896. 8. 2 p. w. pl. — 1.—
12986 — On the g. Coscinodon. (Minneap., Bot. Stud.) 1897. 8. 6 p. w. pl. — 1.—
12987 — Some Musci of the International Boundary. (Minneap., Bot. Stud.) 1898. 8. 27 p. — 1.—
12988 — The Moss Flora of the upper Minnesota River. (Minneap., Bot. Stud.) 1903. 8. 19 p. — 1.—
12989 **Hooker, W. J.** On the g. Andraea. (Lond., Linn. Soc.) 1810. 4. 18 p. w. pl. — 1.50
12990 **Hooker, W. J., and Taylor.** Muscologia Britannica. Lond. 1818. 8. 172 p. w. 31 colour. pl. Boards. (3 £) — 13.—
12991 **Hornschuch.** De Voïtia et Systylio. Erlang. 1818. 4. 22 p. et 2 tab. color. — 1.50
12992 — Musci frondosi Capenses et Australasiae. (Bonon.) 1820. fol. 14 p. et 2 tab. color. — 2.—
12993 **Howe.** On Californian Bryophytes. I. (Berkel., Eryth.) 1894. 8. 5 p. w. 2 pl. — 1.50
12994 **Hübener.** Muscologia Germanica od. Beschreib. d. deutsch. Lebermoose. Leipz. 1833. 8. 743 p. (M. 10.50) Hfzb. — 3.—
12995 — Hepaticologia Germanica od. Beschreib. d. deutsch. Lebermoose. Mannh. 1834. 8. 392 p. (M. 5.) Hfzb. — 2.50
12996 **Husnot.** Hepaticologia Gallica. Cahan 1881. 8. 102 p. av. 13 pl. — 15.—
Epuisé.
12997 **Itzigsohn.** Verzeichn. d. in der Mark Brandenburg gesamm. Laubmoose. Berl. 1847. 8. 20 p. — 1.—
12998 **Jaap.** Z. Moosflora d. nördl. Prignitz. (Berl., Bot. Ver.) 1898. 8. 16 p. — 1.—
12999 — Z. Moosflora v. Hamburg. 2 Tle. (Hamb., Nat. V.) 1900—05. 8. 89 p. — 2.—
13000 — Bryolog. Beob. in d. nördl. Prignitz. (Berl., Bot. Ver.) 1902. 8. 18 p. — 1.—
13001 **Jack.** Die Lebermoose Badens. (Freiburg, Nat. Ges.) 1870. 8. 95 p. — 1.50
13002 — Hepaticae Europaeae. (Leipz., Bot. Z.) 1877. 4. 23 p. et tab. — 1.50

13003 **Jack.** Die Europ. Radula-Arten. (Regensb., Flora) 1881. 8. 26 p. m.   *M*
2 Tfln. Cart.   1.50
13004 — Monogr. d. Lebermoosgattg. Physiotium. (Dresd., Hedwig.) 1886.
8. 40 p. m. 10 Tfln.   2.50
13005 — Z. Kenntn. d. Pellia-Arten. (Marb., Flora) 1895. 8. 16 p. m. Tfl.   1.50
13006 — Lebermoose Tirols. (Wien, Z. b. G.) 1898. 8. 19 p.   1.—
13007 — Zu d. Lebermoosstudien in Baden. (Konst.) 1900. 8. 13 p.   1.—
13008 **Jack et Stephani.** Hepaticae Wallisianae (in Nova Granada et˙ ins.
Philipp. lectae). (Dresd., Hedwig.) 1892. 8. 17 p. et 4 tab.   2.—
13009 — Hepaticae in insulis Vitiensibus et Samoanis lectae. (Lugd., Bot.
Centr.) 1894. 8. 14 p. et 2 tab. Cart.   1.50
13010 **Jacobson, P. M.** Dispositio Muscorum Scaniae Hypnoideorum. Lund.
1835. 8. 24 p.   1.50
13011 **Jäderholm.** Z. Kenntn. d. Laubmoosflora Novaja Semlja's. (Stockh.,
Ak.) 1901. 8. 10 p.   1.—
13012 **Jaeger, A.** Musci cleistocarpi. Uebersicht üb. die cleistocarp. Moose.
St. Gallen 1869. 8. 55 p.   1.—
13013 **Janzen.** Die Moosflora Elbings. (Danz., Nat. Ges.) 1882. 8. 12 p.   1.—
13014 — Funaria hygrometr. (Danz., Nat. Ges.) 1909. 8. 44 p.   1.50
13015 **Jennings.** Manual of the Mosses of West. Pennsylvania. Pittsb. 1913.
8. w. many illustr. Cloth.   15.—
13016 **Jensen, C.** Analoge Variationer h. Sphagnac. (Kjöb., Bot. T.) 1883.
8. 12 p.   1.—
13017 — Enumer. Hepaticarum insulae Jan Mayen et Groenlandiae orient.
(Haun., Ac.) 1900. 8. 8 p.   1.—
13018 — Hepaticae and Sphagnaceae fr. N. East Greenland. (Copenh.,
Medd. Grönl.) 1910. 8. 5 p.   1.—
13019 **Jensen, T.** Ad Bryologiam Norvegicam annotat. (Haun., Nat. För.)
1859. 8. 10 p.   1.—
13020 — Conspectus Hepaticarum Daniae. (Haun., Bot. T.) 1866. 8. 112 p.   3.—
13021 **Johanson og Dusén.** Torfmossar i södra Smaland och Halland. — Syd-
svenska Torfmossar. 2 Abhandl. (Stockh., Bot. Not.) 1887. 8. 16 p.   1.—
13022 **Johnson, T.** The Irish Peat question. (Dubl.) 1899. 8. 72 p.   2.—
13023 **Jongmans.** Ueb. Brutkörper bild. Laubmoose. (Nijmegen) 1907. 8. 76 p.   2.—
13024 **Jönsson u. Olin.** Der Fettgehalt d. Moose. (Lund, Univ.) 1898. 4. 41 p.
m. Tfl.   1.50
13025 **Jörgensen.** Sandefjordegnens Mosflora. (Bergen, Mus.) 1895. 8. 29 p.   1.—
13026 — Campylopus brevipilus. Ueb. d. Blüthen d. Jungermania orcadensis. (Berg., Mus.) 1895. 8. 6 p. m. 2 Tfln.   1.—
13027 — 3 f. Skandinav. neue Lebermoose. (Berg., Mus.) 1901. 8. 9 p.
m. 2 Tfln.   1.—
13028 — Ueb. d. Perianthium d. Jungermania orcadensis. (Berg., Mus.) 1901.
8. 5 p. m. Tfl.   1.—
13029 — Lidt om udbredelsen af nogle af vore sjeldneste Vestlandske
Levermoser. (Berg., Mus.) 1901. 8. 15 p.   1.—
13030 **Juratzka.** Zur Moosflora Oesterreichs. 10 Tle. (Wien, Z. b. G.) 1859—
1863. 8. 30 p.   1.50
13031 — Muscorum spec. novae. 3 partes. (Vindob., Z. b. G.) 1870—75.
8. 6 p. et tab.   1.—
13032 — Z. Moosflora d. Obersteiermark. 2 Tle. (Wien, Z. b. G.) 1871.
8. 20 p.   1.—
13033 **Juratzka u. Milde.** Beitr. z. Moosflora d. Orientes, Kleinasiens, d.
westl. Persiens u. d. Caucas. (Wien, Z. b. G.) 1870. 8. 14 p.   1.—
13034 **Kaalaas.** Hepaticae Norvegiae. Om Levermosernes udbredelse i Norge.
2 partes. (Christ., Nyt Mag.) 1893. 8. 490 p.   10.—
13035 — — Pars II. 1893. 202 p.   2.50
13036 — Z. Bryologie Norwegens. I. (Christ., Nyt Mag.) 1902. 8. 23 p.   1.—
13037 — Üb. d. Bryophyten in Romsdals Amt. (Trondhj., Vet. S.) 1911. 8. 91 p.   2.—

13038 **Kalmus u. Niessl.** Vorarbeit. z. e. Cryptogamenflora v. Mähren u. österr. Schlesien: Laubmoose. 2 Tle. (Brünn, Nat. V.) 1866—71. 8. 70 p. 2.—

13039 — — Lebermoose. 2 Tle. (Brünn, Nat. V.) 1871. 8. 41 p. 1.50

13040 **Kamerling.** Z. Biol. u. Physiol. d. Marchantiaceen. Münch. 1897. 8. 74 p. m. 3 Tfln. 1.50

13041 **Kaulfuss.** Z. Kenntn. d. Laubmoosflora d. nördl. Fränk. Jura. Mit Nachtr. (Nürnb., Nat. Ges.) 1895—97. 8. 56 p. 1.50

13042 **Keilhack.** Tropische u. subtrop. Torfmoore auf Ceylon u. ihre Flora. Berl. 1915. 8. 25 p. 1.50

13043 **Keller.** Die Laubmoose des Geschener Thal. (Basel, Bot. Ges.) 1892. 8. 10 p. 1.—

13044 **Kerner.** Ueb. d. Zsombék-Moore Ungarns. (Wien, Z. b. G.) 1858. 8. 2 p. m. Tfl. 1.—

13045 **Kiaer.** Genera Muscorum Macrohymenium et Rhegmatodon. (Christ., Vid. Selsk.) 1883. 8. 54 p. et 3 tab. 2.—

13046 — Christianias Mosser. (Christ., Vid. S.) 1885. 8. 121 p. 2.—

13047 **Kienitz-Gerloff.** Vergl. Unters. üb. d. Entwicklgesch. d. Lebermoos-Sporogoniums. 2 Tle. (Leipz., Bot. Z.) 1874—75. 4. 54 p. m. 3 Tfln. 2.50

13048 — Unters. üb. d. Entwicklgsgesch. d. Laubmooskapsel. (Leipz., Bot. Z.) 1878. 4. 16 p. m. 3 Tfln. 2.—

13049 **Killias.** Verzeichnis d. Bündnerischen Laubmoose. (Chur, Nat. Ver.) 1862. 8. 58 p. 1.50

13050 **Kindberg.** Die Famil. u. Gattgn. d. Laubmoose Schwedens u. Norweg. (Stockh., Ak.) 1882. 8. 25 p. 1.—

13051 — Die Arten d. Laubmoose Schwedens u. Norwegens. (Stockh., Ak.) 1883. 8. 167 p. 3.—

13052 — Enumer. Muscorum Groenlandiae. (Haun., Nat. För.) 1887. 8. 12 p. 1.—

13053 — Enumer. Bryinearum Dovrensium. (Christ., Vid. S.) 1888. 8. 29 p. 1.—

13054 — — **Kaurin.** Addenda et corrig. ad enumeration. Bryinearum Dovrensium. (Christ., Vid. S.) 1890. 8. 25 p. 1.—

13055 — Excurs. bryolog. en Suisse et Italie. (Florence, Giorn. Bot.) 1893. 8. 20 p. 1.—

13056 — Species of European and North Americ. Bryineae. 2 parts w. addit. Linköp. and Ottawa 1897—1900. 8. 422 p. 20.—

13057 **Kleinhans.** Iconographie d. Mousses. Paris 1871. fol. 30 pl. (270 fig.) av. texte. Toile. 22.—

13058 **Klinggraeff.** Die Leber- u. Laubmoose West- u. Ostpreussens. Leipz. 1893. 8. 317 p. (M. 5.) 3.—

13059 **Kny.** Hepaticarum frondos. evolut. historia. Berol. 1863. 8. 54 p. 1.—

13060 — Durchwachsungen an d. Wurzelhaaren zweier Marchantiaceen. (Berl., Bot. Ver.) 1879. 8. 4 p. m. Tfl. 1.—

13061 — Bau u. Entwickel. von Marchantia polymorpha. Berl. 1890. 8. 41 p. 1.—

13062 **Kreh.** Ueb. d. Regenerat. d. Lebermoose. Halle (Ac. Leop.) 1909. 4. 89 p. m. 5 Tfln. (M. 8.50.)

13063 **Kühn.** Z. Entwickelgesch. d. Andraeaceen. Leipz. 1870. 8. 56 p. m. 10 Tfln. 2.—

13064 **Kummer.** Führer in die Mooskunde. Berl. 1873. 8. 125 p. m. 78 Fig. (M. 2.80.) 1.—

13065 — Führer in d. Lebermoose u. d. Gefässkryptogamen. Berl. 1875. 8. 141 p. m. 7 Tfln. (M. 3.60.) 1.50

13066 — — 2. (letzte) Aufl. Berl. 1901. 8. 153 p. m. 7 Tfln. (M. 3.) 2.—

13067 **Lacouture.** Genera Hepaticarum. Clef synopt. av. fig. de tous l. genres d'Hépatiques. Dijon 1910. 8. 46 p. av. 142 fig. 5.—

13068 **Lampa.** Untersuch. an ein. Lebermoosen. (Wien, Ak.) 1902. 8. 13 p. m. 5 Tfln. 2.—

13069 **Leclerc du Sablon.** Sur le développ. du Sporogone d. Hépatiques. Paris 1885. 8. 57 p. av. 5 pl. 3.—

13070 **Leitgeb.** Z. Morphol. d. Metzgeria furcata. (Graz, Nat. Ver.) 1872.   *M*
8. 12 p. m. 2 Tfln.   1.50
13071 — Das Wachsthum v. Schistostega. — Rauter's Stud. üb. Hypnum.
2 Abhandl. (Graz, Nat. Ver.) 1874. 8. 18 p. m. 2 Tfln.   1.50
13072 — Untersuchgn. üb. d. Lebermoose. 6 Hefte, Jena u. Graz 1874—81.
4. m. 57 Tfln.   120.—
    Heft 5 jetzt ganz vergriffen. Das vollständige Werk steigt rasch im Preise.
13073 — — Heft 1—3. 1874—77. 4. 332 p. m. 26 Tfln. (M. 44.)   35.—
    Inhaltsverzeichnis — siehe Nr. 2047. — Jedes Heft auch einzeln.
13074 — Ueber verzweigte Moossporogonien. (Graz, Nat. Ver.) 1875. 8.
18 p. m. Tfl.   1.—
13075 — Ueb. Zoopsis. (Graz, Nat. Ver.) 1876. 8. 8 p. m. Tfl.   1.—
13076 — Die Keimung d. Lebermoossporen. (Wien, Ak.) 1876. 8. 19 p. m. Tfl.   1.—
13077 **Le Jolis.** S. la Nomenclat. bryolog. (Cherb., Soc. Sc.) 1895. 8. 100 p.   2.50
13078 — S. la Nomenclat. hépaticolog. (Cherb., Soc. Sc.) 1895. 8. 78 p.   2.—
13079 **Lesquereux and James.** Manual of the Mosses of N. America. Bost.
1884. 8. 447 p. w. 6 pl. Cloth.   30.—
    Now out of print.
13080 **Letacq.** S. l. Mousses et l. Hépatiques de Bagnoles. (Caën, Soc. Linn.)
1890. 8. 17 p.   1.—
13081 **Lett.** Hepatics of the British Islands. Eastbourne 1902. 8. 207 p.   8.50
13082 — Musci and Hepaticae of the Clare Island. (Dublin, Ac.) 1912. 4. 18 p.   1.50
13083 **Lewis, C. E.** Embryol. and developm. of Riccia lutescens and R.
crystallina. (Chicago, Bot. Gaz.) 1906. 8. 30 p. w. 5 pl.   2.—
13084 **Lickleder.** Die Moosflora v. Metten II. Metten 1891. 8. 65 p.   1.50
13085 **Lilienfeld.** Z. Kenntn. v. Haplomitrium Hookeri. (Krak., Ak.) 1911. 8.
24 p. m. Tfl.   1.—
13086 **Limpricht.** Bryotheca Silesiaca (Schlesiens Laubmoose). 6 Tle. Bresl.
1866—69. 4. 335 species exsiccatae. In Orig.-Cartons.   250.—
    Ausserordentlich seltene Sammlung, von der ich noch nie ein vollständiges
Exemplar gesehen habe.
13087 — Die Laubmoose v. Schlesien. M. Nachtr. (Bresl., Krypt.-Fl.) 1876—
1877. 8. 214 p.   7.—
13088 — Systematik u. Verbreit. d. Moose. (Aus: Just's Botan. Jahresb.)
3 Tle. (Berl.) 1876—77. 8. 100 p.   2.—
13089 **Lindberg, H.** Om Pohlia Pulchella och P. Carnea. (Helsingf., Soc.
F. et Fl.) 1899. 8. 28 p. m. Tfl.   1.50
13090 **Lindberg, S. O.** Om Nordiska Mossvegetationen. (Stockh., Ak.) 1859.
8. 8 p.   1.—
13091 — Torfmossornas byggnad, utbredn. och system. uppställn. (Stockh.,
Ak.) 1862. 8. 44 p.   1.50
13092 — Om ett nytt fall af Acrosyncarpi. Mossornas morfologi. (Helsingf.,
Vet. Soc.) 1863. 8. 16 p. Lnb.   1.—
13093 — Om ett nytt slägte Epipterygium. (Stockh., Ak.) 1863. 8. 11 p.   1.—
13094 — Bidr. t. Mossornas Synonymi. (Stockh., Ak.) 1863. 8. 36 p.   1.—
13095 — Om Bladmossornas locklösa former. (Stockh., Ak.) 1864. 8. 14 p.   1.—
13096 — Uppställn. af Funariaceae. (Stockh., Ak.) 1864. 8. 20 p.   1.—
13097 — De Tortulis et ceteris Trichostomeis Europ. (Holm., Ac.) 1864. 8.
42 p. Cart.   1.50
13098 — Om de Europ. Trichostomeae. Helsingf. 1864. 8. 48 p.   1.50
13099 — 5 bryolog. Abhandlgn. 1864—1881. 8. 33 p.   1.50
13100 — De Hypno eleg. (Helsingf., Soc. Fl.) 1867. 8. 20 p.   1.—
13101 — Förteckn. öfv. Mossor insaml. und. de Svenska exped. t. Spits-
bergen. (Stockh., Ak.) 1867. 8. 27 p.   1.—
13102 — Musci novi Scandinav. (Helsingf., Soc. Fl.) 1868. 8. 47 p.   1.50
13103 — De formis Europ. Polytrichoidearum. (Hels., Soc. Fl.) 1868. 8. 70 p.   1.50
13104 — Ny art af Musschea. (Hels., Vet. Soc.) 1868. 8. 16 p. m. color. Tfl.   1.—
13105 — De Mniaceis Europ. (Hels., Soc. Fl.) 1868. 8. 52 p.   1.50
13106 — Nya Mossor. (Hels., Vet. Soc.) 1869. 8. 15 p. Lnb.   1.—

M

13107 **Lindberg, S. O.** Skandinav. Porella-Former. Helsingf. 1869. 4. 19 p. 1.50
13108 — Contribut. to Brit. Bryology. (Lond., Linn. S.) 1871. 8. 9 p. 1.—
13109 — Revisio crit. Iconum in 'Flora Danica' Muscos illustr. (Hels., Soc. Sc.) 1871. 4. 118 p. 2.—
13110 — Manipulus Muscorum. 2 part. (Helsingf., Soc. Fl.) 1871—74. 8. 102 p. 2.—
13111 — On Zoopsis. (Lond., Linn. Soc.) 1872. 8. 16 p. 1.—
13112 — Om rörelsen inom Växtriket. (Hels., Vet. Soc.) 1873. 8. 23 p. Cart. 1.—
13113 — Hepaticae in Hibernia lectae. (Hels., Soc. Sc.) 1875. 4. 95 p. 2.—
13114 — Monogr. Metzgeriae. (Hels., Soc. Fl.) 1877. 8. 48 p. et 2 tab. 1.50
13115 — Hepaticologiens utveckl. frän äldsta tider till och med Linné. Helsingf. 1877. 4. 51 p. 1.50
13116 — Naturl. gruppering af Europas Bladmossor. Helsingf. 1878. 4. 39 p. 1.50
13117 — Förteckn. öfv. Skandinaviens Mossor. Upsala 1879. 8. 50 p. 1.50
13118 — Musci Scandinavici in systemate novo naturali dispositi. Upsal. 1879. 8. 52 p. 1.50
13119 — Musci nonnulli Scandinav. (Hels., S. Fl.) 1880. 8. 16 p. 1.—
13120 — Monogr. Peltolepidis, Sauteriae et Cleveäe. (Helsingf., Soc. Fl.) 1882. 8. 15 p. 1.—
13121 — Krit. granskning af Mossorna uti Dillenii Hist. Muscorum. Helsingf. 1883. 8. 62 p. 1.50
13122 **Lindberg, S. O. et Arnell.** Musci Asiae borealis. 2 partes. (Holm., Ac.) 1889—90. 4. 232 p. 8.—
13123 **Lindenberg.** Synopsis Hepaticarum Europ. Bonn. 1829. 4. 134 p. et 2 tab. Cart. 1.50
13124 **Linné.** Usus Muscorum. (Holm., 'Amoenit.') 1769. 8. 15 p. 1.—
13125 **Loitlesberger.** Vorarlberg. Lebermoose. (Wien, Z. b. G.) 1894. 8. 12 p. 1.—
13126 — Z. Moosflora d. oesterr. Küstenländer. 2 Tle. (Wien, Z. b. G.) 1905—09. 8. 33 p. 1.50
13127 **Lorch.** Kryptog.-Flora f. Anfänger: Die Laubmoose. Berl. 1913. 8. 258 p. m. 265 Fig. (M. 7.)
13128 — — Die Torf- u. Lebermoose. — B r a u s e. Die Farnpflanzen. Berl. 1914. 8. 301 p. m. 369 Fig. (M. 8.40.)
13129 **Lorentz.** Z. Biol. u. Geographie d. Laubmoose. Münch. 1860. 4. 38 p. 1.—
13130 — Bryolog. Ausflug v. Tegernsee nach d. Ahrenthale. (Wien, Z. b. G.) 1863. 8. 22 p. 1.—
13131 — Bryolog. Notizbuch. Stuttg. 1865. 8. 90 p. 1.—
13132 — Verzeichn. d. Europ. Laubmoose. Stuttg. 1865. 8. 29 p. 1.—
13133 — Studien z. Naturgesch. ein. Laubmoose. (Wien, Z. b. G.) 1867. 8. 30 p. m. 6 Tfln. 1.—
Die Sonderabdrücke haben den Umschlagtitel: Studien üb. 3 Moosarten.
13134 **Lorenz.** Entstehungsgesch. ein. Hochmoore. — Moore aus d. Salzburg. Alpen. 2 Abhandl. (Wien, Z. b. G.) 1858. 8. 12 p. 1.—
13135 **Lortet.** Fécondation et germinat. du Preissia commut. Lyon 1867. 4. 62 p. av. 4 pl. 2.50
13136 **Loeske.** Beitr. z. Moosflora v. Berlin. (Berl., Bot. Ver.) 1897. 8. 13 p. 1.—
13137 — Bryolog. Beobachtungen. 2 Tle. (Berl., Bot. Ver.) 1900—01. 8 17 p. 1.—
13138 — Die Moosvereine im Gebiete d. Flora v. Berlin. (Berl., Bot. Ver.) 1901. 8. 90 p. 1.50
13139 — Z. Moosflora d. Harzes. (Berl., Bot. Ver.) 1902. 8. 20 p. 1.—
13140 — — S c h u l z e, E., Additam. litteraria ad: Loeske, Floram Bryophyt. Hercynic. (Halle, Z. Nat.) 1907. 8. 27 p. 1.—
13141 — Z. Moosflora d. südwestl. Mark. (Berl., Bot. Ver.) 1902. 8. 19 p. 1.—
13142 — Bryolog. v. Harze. (Berl., Bot. Ver.) 1905. 8. 28 p. 1.—
13143 — Krit. Uebers. d. europ. Philonoten. (Dresd., Hedw.) 1906. 8. 18 p. 1.—
13144 — Bryol. Beobachtgn. aus d. Algäuer Alpen. (Berl., Bot. Ver.) 1907. 8. 37 p. 1.—
13145 — Drepanocladus, e. biolog. Mischgattg. (Dresd., Hedw.) 1907. 8. 22 p. 1.—

                                                                                          ℳ

13146 **Loeske.** Studien z. vergl. Morphol. u. phylogenet. Systematik d. Laubmoose. Berl. 1910. 8. 224 p. Lnb. (M. 6.)   5.—

13147 — Die Laubmoose Europas. Bd. I. (soviel erschienen): Grimmiaceae.
Berl. 1913. 4. 223 p. m. 66 Fig. Lnb. (M. 18.)   14.—

13148 **de Loynes.** Essai d'un catal. d. Hépathiques (!) de la Gironde. (Bord.,
Soc. Linn.) 1886. 8. 47 p.   1.50

13149 **Mc Ardle.** On the Hepaticae of the Hill of Howth. (Dublin, Ac.) 1893.
8. 13 p. w. 2 pl.   1.50

13150 — Report on the Musci and Hepaticae of the County Cavan. (Dublin,
Ac.) 1898. 8. 12 p. w. 2 pl.   1.50

13151 — Report on the Hepaticae of the Dingle Peninsula, Cty. Kerry.
(Dublin, Ac.) 1901. 8. 42 p. w. 2 pl.   2.—

13152 — List of Irish Hepaticae. (Dubl., Ac.) 1904. 8. 116 p.   3.—

13153 **Mc Millan.** Sphagnum Atolls in Centr. Minnesota. (Minneap., Bot.
Stud.) 1894. 8. 12 p.   1.—

13154 **Macoun and Kindberg.** Catal. of Canadian Plants. Part VI: Musci.
Montreal 1892. 8. 305 p.   2.50

13155 **Macvicar.** Students Handbook of British Hepatics. Lond. 1912. 8.
485 p. w. fig. Cloth.   18.50

13156 **Magdeburg.** Die Laubmooskapsel als Assimilationsorgan. Berl. 1886.
8. 32 p. m. 4 Tfln.   1.50

13157 **Mansion.** Contrib. à l'ét. de la Flore bryolog. Belge. (Brux., Soc. Bot.)
1899. 8. 11 p.   1.—

13158 **Marchal.** Les Muscinées de Visé. (Brux., Soc. Bot.) 1869. 8. 11 p.   1.—

13159 — Reliquiae Libertianae: Mousses. (Brux., Soc. Bot.) 1872. 8. 12 p.   1.—

13160 **Massalongo.** Enumeraz. d. Epatiche d. prov. Venete. (Firenze, Giorn.
Bot.) 1877. 8. 20 p.   1.—

13161 — Epatiche rare e critiche d. prov. Venete. (Padova, Soc. Venet.)
1878. 8. 14 p. c. 2 tav.   1.50

13162 — Hepaticologia Veneta. (Padova, Soc. Venet.) 1880. 8. 68 p. et 3 tab.   2.50

13163 — 7 memorie briolog. 1891—1901. 8. 18 p.   1.—

13164 — Le specie Italiane d. g. Jungermannia. (Padova, Soc. Venet.) 1895.
8. 44 p.   1.50

13165 — Le Epatiche d. 'Erbario Crittogamico Italiano'. Ferrara 1903. 8. 20 p.   1.—

13166 — Le specie Ital. d. g. Scopania. (Genova, Malp.) 1902. 8. 46 p.   1.50

13167 — Le specie Ital. d. g. Cephalozia. (Genova, Malp.) 1907. 8. 51 p.   2.—

13168 — Le specie Ital. d. g. Acolea e Marsupella. (Venezia, Ist.) 1909.
8. 44 p.   1.50

13169 **Matouschek.** Poech's „Musci Bohemici". (Wien, Z. b. G.) 1900. 8. 9 p.   1.—

13170 — Die 2 ältest. bryolog. Exsiccatenwerke aus Böhmen. (Wien, Z. b.
G.) 1900. 8. 11 p.   1.—

13171 — Bryologisch-florist. Mitteilungen aus Oesterr.-Ungarn, d. Schweiz,
Montenegro, Bosnien u. d. Hercegowina. 2 Tle. (Wien, Z. b. G.) 1900—
1901. 8. 48 p.   1.—

13172 — Bryolog.-florist. Beiträge aus Mähren u. Oesterr. Schlesien. 3 Tle.
(Brünn, Nat. Ver.) 1901—04. 8. 85 p.   1.50

13173 **Matouschek u. Schwalb.** Bryolog.-florist. u. Mycolog. Mittheilgn. aus
Böhmen. (Prag, Lotos) 1895. 8. 77 p. m. 2 Tfln.   1.50

13174 **Mentz.** Studier over Danske Mossers recente Vegetation. Kjöbenh.
1912. 8. 296 p.   3.50

13175 **Meyer, K.** Ueb. d. Sporophyt d. Lebermoose. (Mosk., Bull.) 1912. 8.
24 p. m. Tfl.   1.50

13176 **Meylan.** Contrib. à la Flore bryolog. du Jura. 2 parties. (Genève,
Herb. Boiss.) 1900 à 08. 8. 16 p.   1.—

13177 **Micheletti.** Elenco di Muscinee racc. in Toscana. (Fir., Giorn. Bot.)
1891. 8. 15 p.   1.—

13178 **Migula.** Kryptogamen-Flora v. Deutschland, Oesterr. u. d. Schweiz. *M*
Bd. I: Moose. Gera 1904. 8. 518 p. m. 68 Tfln. (24 color.) Origbd.
(M. 20.) 16.—

13179 **Milde.** Chamaeceros fertilis, n. gen. Anthocerotearum. (Ac. Leop.)
1857. 4. 14 p. et 2 tab. 1.50

13180 — Die Verbreit. d. Schlesischen Laubmoose nach d. Höhen. (Jena,
Ac. Leop.) 1861. 4. 48 p. m. color. Tfl. (M. 6.) 3.—

13181 — Bryologia Silesiaca. Laubmoos-Flora v. Nord- u. Mittel-Deutschld.
Leipz. 1869. 8. 419 p. (M. 9.) 5.—

Miquel. Musci et Hepaticae Belgii — vide nr. 12632.

13182 **Mirbel.** Anat.-physiol. Unters. üb. d. Marchantia polymorpha. Deutsch
v. Flotow. 1883. 8. 50 p. 1.50

13183 **Mitten.** Remarks on Mosses. (Lond., Ann. & M.) 1851. 8. 9 p. 1.—

13184 — List of the Mosses and Hepaticae of Sussex. 2 parts. (Lond.,
Ann. & M.) 1851. 8. 29 p. 1.50

13185 — Musci Indiae Oriental. (Lond., Linn. Soc.) 1859. 8. 171 p. 5.—

13186 — — H o b k i r k ' s copy with manuscr. additions. Half bd. calf. 10.—

13187 — Descr. of some new species of Musci fr. New Zealand. (Lond.,
Linn. Soc.) 1860. 8. 37 p. 1.—

13188 — Hepaticae Indiae Oriental. (Lond., Linn. Soc.) 1861. 8. 40 p. 2.—

13189 — On the Musci and Hepaticae fr. the Cameroons Mountain and
the River Niger. (Lond., Linn. Soc.) 1864. 8. 23 p. 1.—

13190 — The Bryologia of the Survey of the 49th Parallel of Latitude.
(Lond., Linn. Soc.) 1864. 8. 43 p. w. 4 pl. 2.—

13191 — Contrib. to the Cryptog. Flora of the Atlantic Islands. (Lond., Linn.
Soc.) 1864. 8. 10 p. w. 2 pl. 2.—

13192 — On some spec. of Musci and Hepaticae, addit. to the Floras of
Japan. (Lond., Linn. Soc.) 1865. 8. 11 p. 1.—

13193 — List of the Musci coll. in the Samoa Islands. (Lond., Linn. S.) 1868.
8. 27 p. w. 2 pl. 1.50

13194 — New Musci coll. in Ceylon. (Lond., Linn. S.) 1873. 8. 34 p. w. pl. 1.50

13195 — The Musci and Hepaticae coll. by the 'Challenger'. (Lond., Linn.
S.) 1876. 8. 15 p. 1.—

13196 — List of Hepaticae coll. at the Cape of Good Hope. (Lond., Linn.
Soc.) 1877. 8. 10 p. w. 2 pl. 1.50

13197 — On the Europ. and N. Americ. spec. of Mosses of the g. Fissidens.
(Lond., Linn. Soc.) 1885. 8. 11 p. 1.—

13198 — Mosses and Hepaticae coll. in Central Africa. (Lond., Linn. Soc.)
1886. 8. 32 p. w. 5 pl. 2.50

13199 — Enumer. of all the spec. of Musci and Hepaticae recorded fr.
Japan. (Lond., Linn. Soc.) 1891. 4. 54 p. w. pl. (7 s.) 4.—

13200 **Mohl.** Sur le développ. d. spores de l'Anthoceros laevis. (Paris, Ann.
Sc.) 1840. 8. 14 p. av. 2 pl. 1.50

13201 — Rech. anat. s. l. cellules poreuses des Sphagnum. (Paris, Ann. Sc.)
1840. 8. 25 p. av. pl. color. 1.50

13202 **Molendo.** Moos-Studien aus d. Algäuer Alpen. Leipz. 1865. 8. 163 p.
(M. 4.) 2.—

13203 — Bayerns Laubmoose. Passau 1876. 8. 278 p. 5.—

13204 **Möller, H.** Löfmossornas utbredn. i Sverige I. (Stockh., Ark. Bot.)
1911. 8. 75 p. 2.—

13205 **Montagne.** Enumér. des Mousses et d. Hépat. rec. p. Leprieur dans
la Guiane centr. (Paris, Ann. Sc.) 1835. 8. 27 p. av. 2 pl. 2.—

13206 — Monogr. du g. Conomitrium. (Paris, Ann. Sc.) 1837. 8. 16 p. av. pl. 1.—

13207 — Organes mâles du g. Targionia. (Paris, Ann. Sc.) 1838. 8. 15 p. av. pl. 1.—

13208 **Moore, A. C.** Sporogenesis in Pallavicinia. (Chicago, Bot. Gaz.) 1905.
8. 16 p. w. 2 pl. 1.50

13209 **Moore, D.** Synopsis of the Mosses of Ireland. (Dubl., Ac.) 1873. 8.
86 p. w. pl. 3.50

ℳ

13210 **Mosén.** Moss-Studier pa Kolmoren. Stockh. 1873. 8. 36 p. — 1.—

13211 **Müller, C.** Musci Polynesiaci praes. Vitiani et Samoani Graeffeani. (Hamb., Godefr.) 1874. 4. 40 p. — 6.—

13212 — Musci Venezuelenses Fendleriani. (Berol., Linn.) 1879. 8. 44 p. Cart. 1.50

13213 — Prodromus Bryologiae Argentinicae. 2 partes. (Berol., Linnaea) 1879—82. 8. 390 p. — 8.—

13214 — Musci cleistocarpici novi. (Ratisb., Flora) 1888. 8. 14 p. — 1.—

13215 — Analecta bryographica Antillarum. (Dresd., Hedw.) 1898. 8. 48 p. — 2.—

13216 **Müller, C., u. Brotherus.** Ergebn. e. Reise n. d. Pacific: Musci Schauinslandiani. (Brem., Nat. Ver.) 1900. 8. 20 p. — 1.—

13217 **Mueller, F.** Musci frondosi Florae Australasiae. I. (Berol., Linnaea) 1859. 8. 18 p. — 1.—

13218 **Müller, F.** Nachtrag z. Moosflora d. Herzogt. Oldenburgs. (Brem., Nat. Ver.) 1901. 8. 12 p. — 1.—

13219 **Müller, H.** (Lippstadt). Geographie d. Laubmoose Westfalens. Mit Nachtrag. (Bonn, Nat. Ver.) 1863—67. 8. 154 p. m. 2 color. Ktn. — 2.—

13220 — Ein neues westfäl. Laubmoos. (Bonn, Nat. V.) 1865. 8. 7 p. m. 2 Tfln. 1.—

13221 — Thatsachen d. Laubmooskunde für Darwin. (Berl., Bot. Ver.) 1866. 8. 24 p. — 1.50

13222 **Müller, K.** Vorläuf. Bemerk. z. e. Monogr. d. Europ. Scapania-Arten. (Cassel, Bot. Centr.) 1900. 8. 16 p. — 1.—

13223 — Revis. d. Hepaticae in „Mougeot-Nestler's Stirpes Vogeso-Rhenanae". (Genf, Boiss.) 1900. 8. 10 p. — 1.—

13224 — Monogr. d. Gatt. Scapania. Halle (Ac. Leop.) 1905. 4. 312 p. m. 52 Tfln. (M. 60.) — 50.—

13225 — Die Lebermoose (Musci Hepatici) Deutschlands, Oesterr. u. d. Schweiz. Lfg. 1—24. Leipz. 1911—15. 8. 1534 p. m. viel. Fig. (M. 57.60.) 44.—

13226 **Napier.** On the local Moss Flora of Oxfordshire. (Oxf.) 1911. 8. 10 p. — 1.—

13227 **Nees ab Esenbeck.** Naturgeschichte d. Europäisch. Lebermoose. 4 Bde. Berl. 1833—38. 8. m. Fig. (M. 22.50.) — 16.—

13228 **Nees ab Esenbeck, Hornschuch u. Sturm.** Bryologia Germanica. 2 Bde. Nürnb. 1823—31. 8. 749 p. m. 43 color. Tfln. (M. 33.) — 16.—
    Vergriffen.

13229 — — Bd. I u. II. 1. Hälfte. 1823—27. m. 24 color. Tfln. Cart. — 5.—

13230 **Nees ab Esenbeck et Montagne.** Jungermanniearum Herbarii Montagneani species. (Paris., Ann. Sc.) 1836. 8. 21 p. et 2 tab. — 2.—

13231 **Nervander.** Bidr. till Finlands Bryologi. Helsingf. 1859. 8. 111 p. — 2.—

13232 **Neuweiler.** Z. Kenntn. schweizer. Torfmoore. Zürich 1901. 8. 62 p. m. 2 Tfln. — 2.—

13233 **Norrlin.** Öfvers af Tornea Mossor och Lafvar. (Helsingf., Soc. Fl.) 1874. 8. 80 p. — 1.50

13234 **Novae Species Muscorum.** — 12 Abhandl. v. Cardot, Gottsche, Hampe, Jensen, Limpricht, Müller, Salmon u. a. 1867—1908. 8. 59 p. m. 6 Tfln. (1 color.) — 4.—

13235 **Nyman.** Om byggnaden och utveckl. af Oedipodium Griffithianum. Upsala 1896. 8. 36 p. m. 2 Tfln. — 1.50

13236 **Oertel.** Z. Moosflora d. vord. Thüringer Mulde. (Sondersh., Irmisch.) 1882. 8. 56 p. — 2.—

13237 **Osterwald.** Neue Beiträge z. Moosflora v. Berlin. (Berl., Bot. Ver.) 1898. 8. 30 p. — 1.—

13238 **Pabst.** Die Lebermoose Deutschlands. Gera 1877. fol. 37 p. m. 7 z. Tl. color. Tfln. (500 Figur.) In Mappe. — 5.—

13239 **Palacký.** Die Verbreit. d. Torfmoose. (Prag, Ges. Wiss.) 1900. 8. 7 p. — 1.—

13240 — Studien z. Verbreit. d. Moose. 3 Tle. (Prag, Ges. Wiss.) 1901—02. 8. 48 p. — 1.50

13241 **Paris.** Index Bryologicus, s. enumeratio Muscorum. Ed. II. 5 vol. Paris. 1904—06. 8. av. carte color. (fr. 70.) — 38.—

13242 **Paul.** Z. Biol. d. Laubmoosrhizoiden. Leipz. 1902. 8. 48 p. — 1.—

13243 **Pearson.** Hepaticae Knysnanae s. Hepaticae reg. 'Knysna' Africae _M_
australis. (Christ., Vid. Selsk.) 1888, 8. 16 p. et 6 tab. 2.—
13244 — Frullaniae Madagascarienses. (Christ., Vid. S.) 1891. 8. 9 p. et 4 tab. 2.—
13245 — Lejeuneae Madagascarienses. (Christ., Vid. S.) 1892: 8. 9 p. et 2 tab. 1.—
13246 — Hepaticae ·Madagascariens. (Christ., Vid. S.) 1893. 8. 11 p. et tab. 1.—
13247 — The Hepaticae of the British Isles. New edit. 2 vols. Lond. 1906.
8. w. 228 c o l o u r e d plates. Cloth. (11 £ 2 s.) 130.—
13248 **Philibert.** S. l'hybridat. dans l. Mousses. (Paris, Ann. Sc.) 1873. 8.
16 p. av. pl. 1.50
13249 **Pletsch.** Entwicklgsgesch. d. vegetat. Thallus insbes. der Luftkammern
d. Riccien. Berl. 1911. 8. 41 p. 1.—
13250 **Piré.** Les Sphaignes de Belgique. (Brux., Soc. Bot.) 1868. 8. 16 p. 1.—
13251 — Revue de qu. Mousses pleurocarpes. (Brux., S. Bot.) 1868. 8. 22 p. 1.—
13252 — Revue d. Mousses acrocarpes de la flore Belge. 2 parties. (Brux.,
Soc. Bot.) 1869 à 70. 8. 69 p. 2.—
13253 — Nouvelles rech. bryolog. IV. (Brux., S. Bot.) 1871. 8. 21 p. av.
2 pl. color. 1.50
13254 **Podpĕra.** Beiträge z. Bryologie d. östl. Böhmens. (Prag, Ges. Wiss.)
1900. 8. 18 p. — In tschech. Sprache. 1.—
13255 — Bryolog. Beiträge aus Südböhmen. (Prag, Ges. Wiss.) 1900. 8. 28 p. 1.—
13256 **Points-Förteckning** öfv. Skandinav. Mossor. Lund 1879. 8. 27 p. 1.—
13257 **Pokorny.** Z. Kenntn. d. Torfe d. Böhm.-Mähr. Gebirges. (Wien, Z. b.
G.) 1852. 8. 9 p. 1.—
13258 — Ueb. d. Vegetat. d. Moore im allgem. (Wien, Z. b. G.) 1858. 8. 8 p. 1.—
13259 — Ueb. d. Torfmoor am Nassköhr. (Wien, Z. b. G.) 1858. 8. 4 p. —.50
13260 — Bericht d. Commiss. z. Erforsch. d. Torfmoore Oesterreichs. 5 Tle.
(Wien, Z. b. G.) 1858—60. 8. 48 p. m. 2 Tfln. 1.50
13261 **Pokrowsky.** Z. Moos-Flora v. Kiew. (Kiew) 1892. 8. 12 p. — Russisch. 1.—
13262 **Porter, T. C.** Catal. of the Bryophyta and Pteridophyta of Pennsylvania. Boston 1904. 8. 66 p. Cloth. 6.—
Out of print.
13263 **Poëtsch.** Z. Mooskunde Niederösterreichs. 2 Tle. (Wien, Z. b. G.)
1856—57. 8. 12 p. 1.—
13264 — Z. Laubmooskunde v. Kremsmünster. (Wien, Z. b. G.) 1857. 8. 10 p. 1.—
13265 — Z. Kenntn. d. Laubmoose u. Flechten von Randegg in N.-Oesterr.
(Wien, Z. b. G.) 1857. 8. 6 p. 1.—
13266 — Z. Lebermooskunde Niederösterr. (Wien, Z. b. G.) 1857. 8. 4 p. —.50
13267 **Prahl.** Laubmoosflora v. Schleswig-Holstein. (Kiel, Nat. Ver.) 1894.
8. 78 p. 1.50
13268 — Schleswig'sche Laubmoose. (Kiel). 8. 16 p. 1.—
13269 **Prescher.** Die Schleimorgane d. Marchantieen. Wien 1882. 8. 28 p.
m. 2 Tfln. 1.50
13270 **Pringsheim.** Vegetat. Sprossung d. Moosfrüchte. (Berl., Ak.) 1876. 8.
7 p. m. color. Tfl. 1.—
13271 **Quelle.** Göttingens Moosvegetation. Nordhaus. 1902. 8. 165 p. 2.—
13272 **Rabenhorst.** Deutschlands Kryptog.-Flora. Bd. II, Teil 3: Moose u.
Farne. Leipz. 1848. 8. 368 p. (M. 6.30.) Cart. 3.—
— Die Moose Sachsens — siehe No. 12334.
13273 **Raddi.** Jungermannigrafia Etrusca. Modena 1818. 4. 45 p. c. 7 tav.
color. e nere. 6.—
13274 — — (Latine conscript.) Bon. 1841. 4. 32 p. et 7 tab. 3.—
13275 **Radian.** Contrib. à la Flore bryol. de la Roumanie. (Bucuresci, Inst.
Bot.) 1901. 8. 31 p. 1.50
13276 **Redslob.** Die Moose u. Flechten Deutschlands. Leipzig (1863). 4. 98 p.
m. 32 color. Tfln. (M. 12.) 6.—
13277 **Rehmann.** Aufzähl. d. Laubmoose Westgaliziens. (Wien, Z. b. G.)
1865. 8. 24 p. 1.—
13278 **Reichardt.** Ueb. d. Alter d. Laubmoose. (Wien, Z. b. G.) 1860. 8. 10 p. 1.—

M.

13279 **Reichardt.** Beitr. z. Moosflora Steiermarks. (Wien, Z. b. G.) 1864. 8. 10 p.   1.—
13280 — Diagnos. d. neuen Arten v. Laubmoosen der „Novara-Exped." 2 Tle.
(Wien, Z. b. G.) 1866—68. 8. 10 p.   1.—
13281 — Leber-, Laubmoose u. Pilze, gesamm. a. d. Reise d. „Novara" um
d. Erde. Wien 1870. 4. 66 p. m. 17 Tfln.   7.—
13282 **Reinhardt.** Uebersicht der in d. Mark Brandenburg beobacht. Laubmoose. (Berl., Bot. Ver.) 1863. 8. 52 p.   1.50
13283 **Reinwardt et Hornschuch.** Musci frondosi Javanici. (Ac. Leop.) 1826.
4. 34 p. et 3 tab.   1.50
13284 **Renaud et Venturi.** Révis. de la section Harpidium. Révis. du g. Ortho-
trichon. (Lyon, Soc. Bot.) 1883. 4. 16 p.   1.50
13285 **Renauld et Cardot.** Mouses nouv. de l'Amérique du Nord. I. IV. V.
(Brux., Soc. Bot.) 1888 à 98. 8. 28 p. av. 15 pl.   5.—
13286 — New Mosses of N. America. II. (Chic., Bot. Gaz.) 1889. 8. 10 p.
w. 3 pl.   1.50
13287 **Renauld, Cardot et Stephani.** Musci exotici novi v. minus cogn. III—IX.
(Brux., Soc. Bot.) 1891—99. 8. 245 p.   7.—
13288 **Revue Bryologique.** Recueil trimestr. consacré à l'ét. d. Mousses et
d. Hépat. Réd. p. Husnot. Années 1 à 27: 1874 à 1900. Cahan. 8. av. pl.   70.—
13289 **Richard, O.-J.** Liste de Muscinées rec. dans les 4 dép. du Poitou et
de la Saintonge. (Niort) 1886. 8. 26 p.   1.50
13290 **Robinson, C. B.** The geograph. distrib. of Philippine Mosses. (Manila,
J. Sc.) 1914. 4. 20 p.   1.50
13291 **Rodriguez.** Catál. de los Musgos de las Baleares. (Madrid, Soc. Nat.)
1875. 8. 11 p.   1.50
13292 **Rodway.** Tasmanian Bryophyta. (2 vols.) Vol I: Mosses. (Hobart,
Roy. Soc.) 1914. 8. 163 p.   6.—
13293 **Röhling.** Deutschlands Moose. Brem. 1800. 8. 478 p. (M. 5.) Cart.   2.50
13294 **Röll.** Die Thüringer Laubmoose. (Frankf., Senck.) 1876. 8. 154 p.   3.—
13295 — — (Sondersh., Bot. Monatschr.) 1876. 8. 70 p.   2.—
13296 — Die Torfmoose d. Thüring. Flora. (Sondersh., Irm.) 1883. 8. 16 p.   1.—
13297 — Beitr. z. Laubmoos- u. Torfmoosflora v. Oesterreich. (Wien, Z.
b. G.) 1897. 8. 13 p.   1.—
13298 — Uebersicht über die 1888 in d. Verein. Staaten v. N.-Amerika gesamm. Laub-, Torf- u. Leber-Moose. (Brem., Nat. Ver.) 1897. 8. 34 p.   1.—
13299 — Die Thüringer Torf- u. Lebermoose u. ihre geogr. Verbreit. 2 Tle.
(Weimar, Bot. Ver.) 1915. 8. 287 p. m. Kte. u. Tfl. (M. 12.)   9.—
13300 **Romansson et Brotherus.** Herbarium Musei Fennici. Ed. II. Pars II:
Musci. Helsingf. 1894. 8. 86 p. et tab.   1.50
13301 **Roemer, C.** Z. Laubmoosflora v. Namiest. (Wien, Z. b. G.) 1866. 8. 8 p.   1.—
13302 — Z. Laubmoos-Flora d. ober. Weeze- u. Göhlgebietes. (Bonn, Nat.
Ver.) 1879. 8. 33 p.   1.—
13303 **Rossetti.** Epaticologia d. Toscana nord-ouest. (Fir., Giorn. Bot.) 1890.
8. 44 p.   1.50
13304 **Rostock.** Aufnahme u. Leit. d. Wassers in d. Laubmoospflanze. Erf.
1902. 8. 29 p.   1.—
13305 **Rostrup, E.** Gammelmose. Beskriv. af Torvemose i Vangede. (Kjöb.,
Bot. Tidsk.) 1906. 8. 41 p. m. Karte.   1.—
13306 **Roth, G.** Die europäischen Laubmoose (mit Ausnahme d. Sphagna)
2 Bde. Leipz. 1904—05. 8. 1360 p. m. 114 Tfln. (M. 50.)   42.—
13307 — Die aussereuropäisch. Laubmoose. Bd. I. (soviel erschien.). Dresd.
1911. 8. 341 p. m. 33 Tfln. (M. 24.)   20.—
13308 **Roth, W.** Laubmoose u. Gefäss-Kryptogamen d. Eulengebirges. Glatz
1874. 8. 30 p.   1.—
13309 **Ruge.** Z. Kenntn. d. Vegetationsorgane d. Lebermoose. Münch. 1893.
8. 38 p. m. Tfl.   1.—
13310 **Russow.** Sphagnolog. Studien. (Dorpat, Nat. Ges.) 1890. 8. 20 p.   1.—
13311 **Ruthe.** Verzeichn. d. Moose v. Bärwalde. (Berl., Bot. Ver.) 1867. 8. 32 p.   1.—

13312 **Ryan.** Reports up. the Irish Peat Industries. 2 parts. (Dublin, Roy. Soc.) 1907—08. 8. 142 p. w. 5 pl.   *M* 5.—

13313 **Saccardo e Bizzozero.** Flora Briologica d. Venezia. Venez. 1883. 8. 111 p.   2.—

13314 **Salmon.** Revis. of the g. Symblepharis. (Lond., Linn. S.) 1898. 8. 15 p. w. 2 pl.   1.—

13315 — Catharina Tenella in Britain. (Lond., J. Bot.) 1898. 8. 3 p. w. pl.   1.—

13316 — On the g. Nanomitrium. (Lond., Linn. S.) 1899. 8. 8 p. w. pl.   1.—

13317 — A new Moss fr. Afghanistan. (Lond., J. Bot.) 1899. 8. 2 p. w. pl.   1.—

13318 — On some Mosses fr. China and Japan. (Lond., Linn. S.) 1900. 8. 26 p. w. pl.   1.50

13319 — Bryum Formosum. (Lond., J. Bot.) 1900. 8. 2 p. w. pl.   1.—

13320 — Bryolog. notes. 3 parts. (Lond., J. Bot.) 1901—02. 8. 20 p. w. 2 pl.   1.50

13321 — Monogr. of the g. Streptopogon. (Lond., Ann. Bot.) 1903. 8. 44 p. w. 3 pl.   3.—

13322 **v. d. Sande Lacoste.** Novae spec. Hepaticarum ex insula Java. (Leyd., Kruidk. Arch.) 1855. 8. 12 p.   1.—

13323 — Synopsis Hepaticarum Javanicarum. (Amstelod., Ac.) 1856. 4. 112 p. et 22 tab.   6.—

13324 **Sanio.** Additam. II. in Harpidiorum cognit. (Cassel, Bot. Centr.) 1883. 8. 16 p.   1.—

13325 — Beschreib. d. Harpidien in Sibirien, v. Arnell gesamm. (Stockh., Ak.) 1885. 8. 62 p.   1.50

13326 **Sauter.** Die Laubmoose d. Herzogt. Salzburg. (Salzb., Ges. Landesk.) 1870. 8. 83 p.   2.—

13327 — Die Lebermoose d. Herzogt. Salzburg. (Salzb., Ges. Landesk.) 1871. 8. 37 p.   1.—

13328 **Scherrer.** Ueb. Bau u. Vermehr. d. Chromatophoren u. Chondriosomen b. Anthoceros. Zürich 1914. 8. 56 p. m. 3 Tfln.   2.—

13329 **Scheutz.** Jakttag. rör. Smalands Mossflora. (Stockh., Ak.) 1870. 8. 29 p.   1.—

13330 **Schiffner.** Ueb. exotische Hepaticae, hauptsächlich aus Java, Amboina u. Brasilien. (Halle, Ac. Leop.) 1893. 4. 100 p. m. 14 Tfln. (M. 15.)   6.—

13331 — Tortula Velenovskyi. (Halle, Ac. Leop.) 1893. 4. 12 p. m. Tfl.   1.—

13332 — Conspectus Hepaticarum Archipel. Indici. Batav. 1898. 8. 382 p. (M. 12.)   10.—

13333 — Interess. u. neue Moose d. Böhm. Flora. (Wien, Bot. Z.) 1898. 8. 14 p.   1.—

13334 — Eine neue Indo-Malay. Hepat. (Buitenz.) 1898. 8. 8 p.   1.—

13335 — Expositio Hepaticar. in itinere Indico collect. 2 partes. (Vindob., Ac.) 1898—1901. 4. 116 p. (M. 7.)   5.—

13336 — Z. Lebermoosflora v. Bhutau. (Wien, Bot. Z.) 1899. 8. 10 p. m. Tfl.   1.—

13337 — Hepaticae Massartianae Javanicae. (Dresd., Hedw.) 1900. 8. 18 p.   1.—

13338 — Krit. Bemerk. üb. d. Europ. Lebermoose. (Prag, Lotos) 1901. 8. 56 p.   1.50

13339 — Ueb. Variabil. v. Nardia crenul. u. hyalina. (Wien, Z. b. G.) 1904. 8. 13 p.   1.—

13340 — Beiträge z. Aufklär. e. polymorph. Artengruppe d. Lebermoose. (Wien, Z. b. G.) 1904. 8. 25 p.   1.—

13341 — Die Lebermoose Dalmatiens. (Wien, Z. b. G.) 1906. 8. 17 p. m. Tfl.   1.—

13342 — Hepaticae Latzelianae. Z. Kenntn. d. Lebermoose Dalmatiens. (Wien, Z. b. G.) 1909. 8. 17 p.   1.—

13343 **Schiffner, C. Müller, Warnstorf u. a.** Bryophyta (Muscinei). (Aus: Engler-Prantl's Pflanzenfamilien). Leipz. 1893—1909. 8. 1251 p. m. viel. Fig. (M. 78.)   68.—

13344 **Schimper, W. P.** Muscorum Chilensium species nov. (Paris., Ann. Sc.) 1836. 8. 5 p. et 4 tab.   3.—

13345 — Nya Mossor etc. Musci in itin. p. Scandinaviam coll. (Holm., Ac.) 1846. 4. Nur die 18 Tfln. ohne Text.   5.—

13346 — Rech. anat. et morpholog. s. l. Mousses. (Strasb., Soc. Nat.) 1850. 4. 67 p. av. 9 pl.   9.—

13347 **Schimper, W. P.** Entwicklungsgesch. d. Torfmoose u. Monogr. d.   *M*
Europ. Arten. Stuttg. 1858. fol. 100 p. m. 27 Tfln. (M. 24.)   12.—
13348 — Synopsis Muscorum Europaeor. Stuttg. 1860. 8. 895 p., mappa et
8 tab. (M. 22.) Cart.   4.—
13349 — — Ed. II. 2 vol. 1876. 1022 p. et 8 tab. (M. 28.)   14.—
13350 — Icones morpholog. et organogr. introd. Synopsi Muscorum Europ.
illustrantes. Stuttg. 1860. 4. 26 p. et 11 tab. Cart. (M. 10.)   5.—
13351 — Euptychium, Muscor. Neocaledonicorum gen. novum et gen. Spiri-
dens. (Dresd., Ac. Leop.) 1865. 4. 10 p. et 3 tab. (M. 3.)   2.—
13352 — Synonymia Muscorum Herbarii Linnaeani. (Lond., Linn. S.) 1869.
8. 7 p.   1.—
13353 **Schkuhr.** Deutschlands Kryptogam. Gewächse II: Die Moose. (3 Hefte).
Leipz. 1810(—47). 4. 88 p. m. 42 color. Tfln.   38.—
    Unvollendet geblieben. Sehr selten.
13354 — — F e h l e n Seite 83—88 u. 6 Tafeln.   13.—
13355 **Schliephacke.** Z. Kenntn. d. Sphagna. (Wien, Z. b. G.) 1865. 8. 32 p.   1.—
13356 — Ueb. das Genus Andraea. (Wien, Z. b. G.) 1865. 8. 6 p.   —.50
13357 **Schmidt, H.** Führer in d. Welt d. Laubmoose. Gera 1897. 8. 93 p. m.
19 Exsiccaten auf 4 Tfln.   1.50
13358 **Schoenau.** Laubmoosstudien I. (Jena, Flora) 1913. 8. 19 p. m. Tfl.   1.—
13359 **Schoene.** Z. Keimung d. Laubmoos-Sporen. Dresd. 1905. 8. 58 p.
m. 3 Tfln.   1.50
13360 **Schreiber.** Die Moore Salzburgs. Staab 1913. 4. 276 p. m. Kte., Portr.
u. 20 Tfln. (M. 5.)   4.—
13361 **Schultz, C. F.** Recensio gener. Barbulae et Syntrichiae. (Ac. Leop.)
1823. 4. 12 p. et 3 tab. color.   2.—
13362 **Schwaegrichen.** Species Muscorum frondosorum. Pars I. (unica).
Berol. 1830. 8. 136 p.   4.—
13363 **Schwarz, C.** Der Untersberg. Beitr. z. Moosflora Salzburgs. (Wien,
Z. b. G.) 1858. 8. 4 p.   —.50
13364 **Sernander u. Kjellmark.** Eine Torfmooruntersuch. aus d. nördl. Nerike.
(Upsala, Geol. Inst.) 1895. 8. 28 p. m. 4 Tfln. (3 color.)   2.—
13365 **Skandinavische Moose.** — 12 Abhandl. v. Arnell, Bryhn, Kaalaas,
Nyman, Rostrup u. a. 1859—1904. 8. 73 p. m. 2 Tfln.   4.—
13366 **Solms-Laubach.** Tentamen Bryo-Geographiae Algarviae. Halis 1868.
8. 44 p.   1.50
13367 — Ueb. Exormotheca. (Leipz., Bot. Z.) 1897. 4. 16 p. m. Tfl.   1.—
13368 **Sphagnaceae.** — 8 Abhandl. v. Andersson, Dusén, Setchell u. a. 1877—
1908. 8. 68 p.   2.50
13369 **Spiegel.** Das Torflager im Rheinthale b. Dornbirn. (Wien, Z. b. G.)
1860. 8. 10 p. m. Tfl.   1.—
13370 **Spruce.** On Cephalozia, a gen. of Hepaticae. Lond. 1883. 8. 105 p.   7.—
    Printed for the author.
13371 — Voyage d'explorat. botan. (bryolog.) d. l'Amérique equator. (Paris,
Revue Bryol.) 1886. 8. 20 p.   2.—
13372 — Hepaticae Elliottianae insulis Antillanis Sti. Vincentii et Dominica
a Elliott lectae. (Lond., Linn. Soc.) 1895. 8. 42 p. w. 11 pl.   5.—
13373 **Steele.** Natur. and agricult. history of Peat-Mosses. Edinb. 1826. 8.
416 p. Half bd. calf.   10.—
    Rare.
13374 **Stephani.** Deutschlands Jungermannien. Landsh. 1879. 8. 72 p. m. 32 Tfln.   8.—
13375 — — 27 Tafeln aus diesem Werke.   2.—
13376 — Westindische Hepaticae. (Dresd., Hedw.) 1888. 8. 27 p. m. 4 Tfln.   2.—
13377 — Colenso's New Zealand Hepaticae. (Lond., Linn. S.) 1892. 8.
18 p. w. 3 pl.   1.50
13378 — Die Lebermoose d. 1. Regnell'schen Exped. (Stockh., Ak.) 1897.
8. 36 p.   1.—
13379 — Hepaticae Sandvicenses. (Genève, Boiss.) 1897. 8. 10 p.   1.—
13380 — Z. Lebermoos-Flora Westpatagoniens. (Stockh., Ak.) 1900. 8. 69 p.   2.—

13381 **Stephani.** Species Hepaticarum. Bd. I—IV u. V p. 1—736. (Genf, Herb. Boiss.) 1900—1915. 8. 3281 p. — Soviel erschien. *M* 180.—
Die Fortsetzung wird nach Erscheinen geliefert. — Sehr viele Teile einzeln vorhanden.

13382 — Lebermoose d. Magellansländer. (Stockh., Ak.) 1901. 8. 36 p. 1.—

13383 — Hepaticae d. Brunnthaler'schen Reise nach D.-Ost- u. Süd-Afrika. (Wien, Ak.) 1913. 4. 10 p. 1.—

13384 **Sullivant.** Some new spec. of Mosses fr. the Pacific Islands. (Cambr., Ac.) 1854. 8. 12 p. 1.50

13385 **Sydow, P.** Die Moose Deutschlands. Berl. 1881. 8. 209 p. (M. 2.) 1.—

13386 — Berichte üb. Moose für 1887—90, 92—95, 97—99, 1901—10. 21 Tle. (Aus: Just's Jahresbericht). (Berl.) 8. ca. 1000 p. 14.—

13387 **Tansley and Chick.** On the conduct. tissue system in Bryophyta. (Lond., Ann. Bot.) 1901. 8. 38 p. w. 2 pl. 2.—

13388 **Taylor, T.** Descr. of Jungermannia ulicina and J. Lyoni. (Edinb., Bot. Soc.) 1841. 8. 3 p. w. pl. 1.—

13389 **Théel.** De Skandinav. arterna af Scapania. Stockh. 1872. 8. 34 p. 1.—

13390 **Thériot.** Etude compar. du Pseudoleskea artariae et du Leskea obsura. (Le Hâvre) 1901. 8. 6 p. av. pl. 1.—

13391 — Excursions bryolog. dans l. Alpes françaises. (Le Mans) 1902. 8. 15 p. av. 3 pl. 2.—

13392 — Weissia Brasil. (Genève, Boiss.) 1907. 8. 2 p. av. pl. 1.—

13393 **Thériot et Monguillon.** Muscinées du départ. de la Sarthe. Avec complément. Le Mans 1899 à 1901. 8. 156 p. av. 27 pl. 10.—

13394 — — Le complément seul. 1901. 12 p. av. 27 pl. 5.—

13395 **Tilden.** On the morphol. of hepatic elaters of Conocephalus conicus. (Minneap., Bot. Stud.) 1894. 8. 11 p. w. 3 pl. 2.—

13396 **Timm.** Die Moosflora ein. uns. Hochmoore. (Hamb., Ver. Nat.) 1903. 8. 26 p. 1.—

13397 — Ueb. d. Gesch. u. d. Moosflora d. Eppendorf. Moores b. Hamb. (Hamb., Nat. Ver.) 1909. 8. 76 p. m. 13 Tfln. ' 4.—

13398 **Timm u. Wahnschaffe.** Beitr. z. Laubmoosflora v. Hamburg. (Hamb., Ges. Nat.) 1891. 4. 50 p. 2.—

13399 **Toll.** Öfvers. af Smalands Mossflora. (Stockh., Ak.) 1891. 8. 98 p. 2.—

13400 **Transeau.** The Bogs and Bog Flora of the Huron River Valley IV. (Chicago, Bot. Gaz.) 1906. 8. 26 p. 1.50

13401 **Treffner.** Z. Chemie d. Laubmoose. Dorpat 1881. 8. 63 p. 1.50

13402 **Underwood.** Some undescrib. Hepaticae fr. California. (Chic., Bot. Gaz.) 1888. 8. 3 p. w. 4 pl. 2.—

13403 — The g. Cephalozia in N. America. (N. York, Torrey Cl.) 1896. 8. 14 p. 1.50

13404 **Unger.** Organes reproduct. du Riccia glauca. (Paris, Ann. Sc.) 1840. 8. 13 p. av. pl. 1.—

13405 **Vaizey.** On the anat. and developm. of the Sporgonium of the Mosses. (Lond., Linn. Soc.) 1888. 8. 23 p. w. 4 pl. 1.50

13406 **Vaupel.** Z. Kenntn. ein. Bryophyten. Münch. 1903. 8. 30 p. 1.—

13407 **Velenovsky.** Hepaticae Bohemicae. Pars I (unica). (Prag., Ac.) 1901. 8. 49 p. et 4 tab. — Bohemice conscr. 2.50

13408 **Venturi.** Muschi racc. da Beccari n. Terra dei Bogos in Abissinia. (Firenze, Giorn. Bot.) 1872. 8. 16 p. 1.—

13409 **Venturi et Bottini.** Enumer. crit. d. Muschi Ital. Varese 1884. 4. 80 p. 2.—

13410 **Vöchting.** Ueb. d. Regenerat. d. Marchantieen. Berl. 1875. 8. 92 p. m. 4 Tfln. 3.50

13411 **Vogler.** De Muscis et Algis valetudini servient. Giessae 1773. 4. 36 p. 2.—

13412 **Voit.** Historia Muscorum frondosor. Norimb. 1812. 8. 242 p. et tab. Cart. 2.50

13413 **Vouk.** Entwickl. d. Sporogonium v. Orthotrichum. (Wien, Ak.) 1876. 8. 11 p. m. 2 Tfln. 1.—

13414 **Wagner, H.** Führer in d. Laubmoose. Bielef. 1852. 8. 42 p. 1.—

13415 **Walker.** An essay on Peat. (Edinb.) 1803. 8. 163 p. 4.—

13416 **Walther u. Molendo.** Die Laubmoose Oberfrankens. Leipz. 1868. 8.   *M*
     287 p. (M. 3.)   1.50
13417 **Wänker.** Beitr. z. Anat. d. Laubmoose. Freib. 1915. 8. 48 p. m. 3 Tfln.   2.—
13418 **Warnstorf.** Beiträge z. Märk. Laubmoosflora. 2 Tle. (Berl., Bot. Ver.)
     1870—72. 8. 20 p.   1.—
13419 — Moosflora d. Prov. Brandenburg. (Berl., Bot. Ver.) 1886. 8. 94 p.   1.50
13420 — Die Acutifoliumgruppe d. Europ. Torfmoose. (Berl., Bot. Ver.) 1889.
     8. 49 p. m. 2 Tfln.   2.—
13421 — Die Cuspidatum-Gruppe d. europ. Sphagna. (Berl., Bot. Ver.) 1891.
     8. 59 p. m. 2 Tfln.   2.—
13422 — Die Moor-Vegetation d. Tucheler Heide, bes. die Moose. (Danz.,
     Nat. Ges.) 1897. 8. 69 p.   2.—
13423 — Neue Beitr. z. Kryptog.-Flora d. Mark Brandenburg. 4 Tle. (Berl.,
     Bot. Ver.) 1897—1901. 8. 140 p.   2.50
13424 — Z. Kenntn. d. Moosflora v. Südtirol. (Wien, Z. b. G.) 1900. 8. 19 p.   1.—
13425 — Die Sphagna d. Philippinen. (Manila, J. Sc.) 1912. 4. 6 p.   1.—
13426 **Warnstorf, Mönkemeyer u. Schiffner.** Bryophyta d. Süsswasserflora
     Deutschlands, Oesterr. u. d. Schweiz. Jena 1914. 8. 226 p. m. 500·Fig.
     (M. 5.60.)
13427 **Weber, C. A.** Bericht d. Botanikers d. Moor-Versuchs-Station. (Berl.)
     1897. 8. 32 p. m. 3 Tfln.   2.—
13428 — Vegetat. 2 Moore bei Sassenberg. (Brem., Nat. Ver.) 1897. 8. 17 p.   1.—
13429 — Erhaltung v. Mooren u. Heiden Norddeutschlands im Naturzustande.
     (Brem., Nat. Ver.) 1901. 8. 17 p. m. Tfl.   1.—
13430 — Ueb. Torf, Humus u. Moor. (Brem., Nat. Ver.) 1902. 8. 20 p.   1.—
13431 **Weber, F.** Plantae cryptogamae (Musci) novae vel min. cognitae.
     (Lips. 1804). 8. 17 p. et 2 tab. color.   2.—
13432 — Historiae Hepaticor. prodromus. Kil. 1815. 8. 160 p. Cart.   2.—
     Weber u. Mohr. Die Moose Deutschlands — siehe No. 12720 u. 12721.
13433 **Wegerstorfer.** Die Laub- u. Lebermoose v. Linz. Linz 1892. 8. 66 p.   1.50
13434 **Weinmann.** Syllabus Muscorum frondosor. Imperii Rossici. 3 partes.
     (Mosquae, Bull.) 1845—46. 8. 169 p.   3.—
13435 **Westerdijk.** Z. Regenerat. d. Laubmoose. Nijmeg. 1907. 8. 68 p. m. 2 Tfln.   2.—
13436 **Wheldon and Wilson.** The Mosses of West Lancashire. 2 parts.
     (Lond., J. Bot.) 1899. 8. 19 p.   1.50
13437 **Wiklund.** Bidr. t. känned. om Mossjorden. Helsingf. 1890. 8. 70 p.   1.50
13438 **Winkelmann.** Die Moosflora v. Stettin. Stettin 1893. 4. 18 p.   1.—
13439 **Winter, F.** Die Laubmoose d. Saargebietes. (Bonn, Nat. Ver.) 1864.
     8. 34 p.   1.—
13440 — Die Laubmoosflora d. Saargebietes. (Dürckh., Pollich.) 1868. 8. 52 p.   1.50
13441 **Wright, C. H.** Mosses of Madagascar. (Lond., J. Bot.) 1888. 8. 8 p.   1.—
13442 **Wulfsberg.** Enumer. Muscor. rarior. Norvegiae. (Christ., Vid. Selsk.)
     1876. 8. 32 p.   1.50
13443 **Wüstnei.** Die Lebermoose Mecklenburgs. (Güstr., Arch.) 1854. 8. 13 p.   1.—
13444 **Zederbauer.** Anlage u. Entwickl. d. Knospen ein. Laubmoose. (Wien,
     Bot. Z.) 1902. 8. 8 p. m. 3 Tfln.   1.50
13445 **Zetterstedt.** Monogr. Andreaearum Scandinaviae. Upsal. 1855. 8. 56 p.   1.50
13446 — Pyreneernas Mossvegetation. (Stockh., Ak.) 1865. 4. 51 p.   2.—
13447 — Hepaticae Pyrenaicae. (Holm., Ac.) 1875. 8. 12 p.   1.—
13448 — Musci et Hepaticae Finmarkiae circa sinum Altensem cresc.
     (Holm., Ac.) 1876. 4. 42 p.   1.50
13449 — Musci et Hepaticae Gotlandiae. (Holm., Ac.) 1876. 4. 42 p.   1.50
13450 — Om växtligheten pa Vestergötlands silur. berg (Mossvegetationen).
     (Stockh., Ak.) 1876. 8. 29 p.   1.—
13451 — Florula Bryologica montium Hunneberg et Halleberg. (Holm., Ac.)
     1877. 4. 35 p.   1.—
13452 **Zinger.** Mater. f. d. Moos-Flora d. Gouvern. Tula. (Petersb., Soc. Nat.)
     1893. 8. 27 p. — Russisch.   1.—

M

13453 **Zschacke.** Z. Moosflora d. Anhalt. Harzvorlandeś. Berl. 1903. 8. 39 p.   1.—
13454 — Vorarbeit. zu e. Moosflora d. Herzogt. Anhalt, (Berl., Bot. Ver.) 1904. 8. 37 p.   1.—
13455 **Zwanziger.** Aufzähl. d. Laubmoose um Heiligenblut. (Wien, Z. b. G.) 1862. 8. 8 p.   1.—

IV. Fungi

[Supplementum numéror. 2188—2596, vide: Bibliographia Botanica, p. 88—105].
Fungi parasiti Plantarum — vide Catal. 59: Pathologia Plantarum.

13456 **Abbot.** Flora Bedfordiensis. Bedf. 1798. 8. 372 p. w. 6 pl. Half bd. calf.   10.—
    Half of the rare book contains Cryptogamia, chiefly Fungi.
13457 **Acloque.** Les Champignons au point de vue biolog., économ. et taxonom. Paris 1892. 8. 334 p. av. 60 fig. (fr. 3.50.)   1.50
13458 **Adametz.** Ueb. d. nieder. Pilze d. Ackerkrume. Leipz. 1886. 8. 80 p. m. 2 Tfln. (1 color.)   2.—
13459 **Adams, J., and Pethybridge.** Census catal. of Irish Fungi. (Dublin, Ac.) 1910. 4. 47 p.   2.—
13460 **Aderhold.** Ueb. Reinhefen. Oppeln 1895. 8. 29 p.   1.—
13461 **Agaricus.** — 5 mem. 1863—88. 8. 27 p. c. tav.   2.—
13462 **Allescher.** Verzeichn. in Südbayern beob. Basidiomyceten, Hysteriac., Discomyc. u. Tuberaceen. 3 Tle. Münch. 1884—98. 8. 202 p.   3.50
13463 **Anatomia et Physiologia Fungorum.** — 50 Abhandlgn. v. Blakeslee, Boudier, Certes, Currey, Dangeard, Harz, Hauptfleisch, H. Karsten, Lagerheim, E. Loew, P. Magnus, P. A. Saccardo, Van Bambeke, Zopf u. a. 1837—1915. 8. u. 4. 470 p. m. 17 Tfln. (2 color.)   20.—
13464 **Andrewes.** Evolut. of the Streptococci. (Lond., Lancet) 1906. 8. 18 p.   1.50
13465 **Annales** de l'Institut de Pathologie et de Bactériologie de Bucarest. Publ. p. Babes. Vol. II. Bucar. 1893. 4. 506 p. av. 5 pl. en partie color.   6.—
13466 — — Vol. IV. Bucar. 1894. 4. 522 p. av. 6 pl. color. (au lieu de 7).   3.—
13467 **Annual Report** of the Imper. Bacteriologist for 1895—96. Bombay 1896. fol. 61 p. w. colour. map.   2.—
13468 **Aoyama.** Ueb. die Pestepidemie in Hong-kong 1894. (Tokio, Med. Fac.) 1895. 4. 124 p. m. 7 color. Tfln.   4.—
13469 **Aoyama u. Miyamoto.** Ueb. d. menschenpatholog. Streptothrix. (Tokio, Med. Fac.) 1900. 4. 46 p. m. 3 color. Tfln.   2.50
13470 **Appel u. Laubert.** Bemerkenswerte Pilze. I. (Berl., Biol. Anst.) 1906. 4. 8 p.   1.—
13471 **Appel u. Wolleweber.** Grundl. e. Monogr. d. Datt. Fusarium. (Berl., Biol. Anst.) 1910. 4. 207 p. m. 3 Tfln. (1 color.) (M. 10.)
13472 — Die Kultur als Grundl. z. Unterscheid. schwier. Hyphomyceten. (Berl., Bot. Ges.) 1910. 8. 14 p. m. Tfl.   1.—
13473 **Arbeiten** auf d. Geb. d. patholog. Anat. u. Bacteriologie. Hrsg. v. Baumgarten. Bd. III. Brschw. 1899—1902. 8. 560 p. m. 5 Tfln. (M. 25.)   10.—
13474 **Arbeiten** aus d. Bacteriolog. Institut d. Technisch. Hochschule zu Karlsruhe. Hrsg. v. Klein u. Migula. Bd. I, II (soviel erschien.). Karlsr. u. Wiesbad. 1894—1902. 8. 791 p. m. 12 Tfln. (M. 40.)   25.—
13475 **Arcangeli.** S. alc. Funghi racc. in Livorno. 2 parti. (Firenze, Giorn. Bot.) 1873. 8. 57 p.   2.—
13476 — Fistulina Hepatica. (Firenze, Giorn. Bot.) 1878. 8. 6 p. c. tav.   1.—
13477 — S. fosforescenza d. Pleurotus olearius. (Roma, Linc.) 1889. 4. 18 p.   1.—
13478 **Archer.** On 2 new Saprolegnieae. (Lond., Micr. J.) 1867. 8. 7 p. w. pl.   1.—
13479 **Arens.** Verhalten d. Choleraspirillen im Wasser. Erl. 1895. 8. 40 p.   1.—
13480 **Arkövy.** Ueb. Leptothrix racemosa. (Wien, Z. Zahnheilk.) 1902. 8. 25 p. m. Tfl.   1.50
13481 **Arkövy u. Wachtl.** Bacillus gangraenae pulpae. (Wien) 1901. 8. 16 p.   1.—
13482 **Arthur.** Indiana Plant Rusts. (Bloomingt., Ac.) 1898. 8. 14 p.   1.—
13483 — Cultures of Uredineae. 4 parts. (Wash., J. Myc.) 1899—1905. 8. 50 p.   2.—

13484 **Arthur.** New spec. of Uredineae. 2 parts. (N. York, Torr. Cl.) 1901—02. *M*
8. 11 p. 1.—
13485 — Clues to relationship among Heteroecious Plant Rusts. (Chic., Bot.
Gaz.) 1902. 8. 5 p. 1.—
13486 — The Uredineae occurr. upon Phragmites, Spartina, and Arundinaria. (Chic., Bot. Gaz.) 1902. 8. 20 p. 1.—
13487 — An edible Fungus, Hydnum erinac. (Indianop.) 1902. 8. 3 p. w. 2 pl. 1.—
13488 — Taxonomic import. of the Spermogonium. (N. York, Torr. Cl.)
1904. 8. 11 p. 1.—
13489 — Amphispores of Grass and Sedge Rusts. (N. York, Torr. Cl.) 1905.
8. 7 p. 1.—
13490 **Arthur and Holway.** Violet Rusts of N. America. (Minneap., Bot. Stud.)
1901. 8. 11 p. w. pl. 1.—
13491 **Artigalas et Maurange.** Les Microbes pathogènes. Fasc. I. Paris 1885.
8. 266 p. av. 7 pl. (fr. 6.) 1.50
13492 **Ascherson, M.** De Fungis venenat. Berol. 1828. 8. 60 p. 1.50
13493 **Ascherson, P.** Vorkomm. v. Speisetrüffeln im nordöstl. Deutschland.
(Berl., Bot. Ver.) 1881. 8. 17 p. 1.—
13494 **Atkinson, G. F.** Some Fungi fr. Alabama. Ithaca 1897. 8. 50 p. 1.50
13495 — Studies and illustrations of Mushrooms. 2 parts. Ithaca 1897—99.
8. 56 p. w. 42 fig. 2.50
13496 — The g. Harpochytrium. 2 pap. 1903—04. 8. 30 p. w. 2 pl. 1.50
13497 — Life hist. of Hypocrea alut. (Chic., Bot. Gaz.) 1905. 8. 17 p. w. 3 pl. 1.50
13498 — The genera Balansia and Dothichloe in the U. S. (Wash., Journ.
Myc.) 1905. 8. 21 p. w. 8 pl. 3.—
13499 — Motions s. la nomenclat. d. Champign. (Brux., Bot. Congr.) 1910.
8. 14 p. 1.—
13500 — Studies of Americ. Fungi. Mushrooms. 3. ed. New York 1911. 8.
328 p. w. 250 fig. Cloth. 12.—
13501 **Baart.** Turgor u. Permeabilität b. Pilzsporen. (Nimwegen, Trav. Bot.)
1905. 8. 16 p. 1.—
13502 **Baccarini.** Catal. di Funghi d. Avellinese. (Fir., Giorn. Bot.) 1890.
8. 29 p. 1.50
13503 — Appunti biolog. int. a 2 Hypomyces. (Fir., Giorn. Bot.) 1902. 8. 16 p. 1.—
13504 — S. i caratteri di qualchi Endogone. (Fir., Giorn. Bot.) 1903. 8. 16 p. 1.—
13505 **Bachman, F. M.** Discomycetes of Oxford, Ohio. (Wooster, Ac.) 1908.
8. 69 p. w. 4 pl. 2.50
13506 **Bachmann, H.** Mortierella van Tieghemi n. sp., Beitr. z. Physiol. d.
Pilze. (Leipz., Pringsh. J.) 1899. 8. 50 p. m. 2 Tfln. 2.50
13507 **Bachmann, J.** Einfluss d. äusseren Beding. auf d. Sporenbildung v.
Thamnidium elegans. Basel 1895. 4. 26 p. m. Tfl. 1.—
13508 **Baglietto.** Primo censimento dei Funghi d. Liguria. (Firenze, Giorn.
Bot.) 1886. 8. 56 p. 2.—
13509 **Bagnis.** S. vita e morfol. di alc. Uredinei. (Roma, Linc.) 1875. 4.
16 p. c. 2 tav. 1.50
13510 — Int. alla memor. di Bagnis: Vita di Uredinei. (Roma, Linc.) 1875.
4. 10 p. c. 2 tav. 1.50
13511 — Mycologia Romana. (Roma, Linc.) 1877. 4. 18 p. c. 2 tav. color. 2.50
13512 **Bail.** De faece Cerevisiae. Vratisl. 1857. 8. 36 p. 1.50
13513 — Ueb. d. Myxogasteres. (Wien, Z. b. G.) 1859. 8. 4 p. m. Tfl. 1.—
13514 — Zusammenstell. d. Hymenomyceten in Schlesien. (Bresl., Schles.
Ges.) 1860. 4. 24 p. 1.50
13515 — Ueb. Krankheiten d. Insekten durch Pilze. (Königsb.) 1861. 4.
8 p. m. 2 Tfln. 1.50
13516 — Mykolog. Studien bes. d. Entwickl. d. Sphaeria Typhina. (Jena,
Ac. Leop.) 1861. 4. 26 p. m. 2 color. Tfln. 2.—
13517 — Ueb. Mykologie. (Frankf.) 1867. 4. 6 p. m. Tfl. 1.—
13518 — Üb. d. Vork. u. d. Entwickl. ein. Pilzformen. (Danz. 1867). 4. 45 p. 1.50

13519 **Bainier.** Mycothèque de l'Ecole de Pharmacie III à VIII. (Paris, S. Myc.) 1906. 8. 25 p. av. 3 pl.   *M* 1.50
13520 **Balling.** Die allgem. Gährungs-Chemie. Prag 1845. 8. 342 p. m. 2 Tfln. (M. 6.) Cart.   1.50
13521 **Banker.** Contrib. to a revis. of the N. Americ. Hydnaceae. (N. York, Torr. Cl.) 1906. 8. 96 p.   3.—
13522 **Bannerman.** Production of Alkali in liquid media by the Bacillus Pestis. (Calcutta) 1908. 4. 16 p. Boards.   1.50
13523 **Baranetzki.** Influence de la lumière s. l. Plasmodia des Myxomycètes. (Cherb., Soc. Sc.) 1876. 8. 41 p. av. 2 pl.   1.50
13524 **Barber, M. A.** The infection of Achlya w. various microorganisms. (Manila, J. Sc.) 1913. 4. 11 p. w. 3 pl.   2.—
13525 — Bacteriol. examin. of Artesian Wells in Rizal, Cavite and Bulacan Prov. (Manila, J. Sc.) 1913. 4. 16 p.   1.—
13526 — The Variability of Dysentery Bacilli. (Manila, J. Sc.) 1913. 4. 20 p. w. pl.   1.50
13527 — The Pipette method in the isolat. of single Microörganisms. (Manila, J. Sc.) 1914. 4. 54 p.   2.—
13528 **Barclay.** Aecidium Urticae var. Himalayense. (Calcutta) 1886. 4. 10 p. w. 3 pl. (1 colour.)   2.—
13529 — Life-hist. of a new Aecidium on Strobilanthus dalhousianus. (Calcutta) 1886. 4. 13 p. w. 2 pl. (1 colour.)   2.—
13530 — Descr. of a new Fungus, Aecidium Esculentum, on Acacia Eburnea. (Bombay, Nat. Soc.) 1890. 8. 7 p. w. 2 colour. pl.   2.—
13531 — On the life history of a Uredine on Jasminum grandiflor. (Lond., Linn. S.) 1891. 4. 11 p. w. 2 pl. (5 s.)   1.50
13532 — On the life history of Puccinia coronata var. himalayensis and jasmini chrysopogonis. (Lond., Linn. S.) 1891. 4. 16 p. w. pl. (6 s.)   2.—
13533 **Barker, B. T. P.** A conjugating Yeast. (Lond., Roy. Soc.) 1901. 4. 19 p. w. pl.   1.50
13534 — Sporeformat. am. the Saccharomycetes. (Lond., Inst. Brew.) 1902. 8. 51 p.   2.—
13535 **Barla.** Liste d. Champignons nouv. du dép. d. Alpes-Marit. 2 parties. (Paris, Soc. Myc.) 1886. 8. 28 p.   1.50
13536 **Bartetzko.** Ueb. d. Erfrieren v. Schimmelpilzen. Leipz. 1909. 8. 50 p.   1.50
13537 **Barthelat.** Les Mucorinées pathogènes. (Paris, Arch. Paras.) 1903. 8. 112 p. av. 3 pl.   3.50
13538 **de Bary.** On the Mycetozoa. (Lond., Ann. & M.) 1860. 8. 10 p. w. pl.   1.—
13539 — Ueb. d. Fruchtentwickl. d. Ascomyceten. Leipz. 1863. 4. 42 p. m. 2 Tfln.   1.—
13540 — Morphologie u. Physiol. d. Pilze, Flechten u. Myxomyceten. Leipz. 1866. 8. 328 p. m. Tfl. u. 101 Fig.   1.50
13541 — Ueb. Schimmel u. Hefe. Berl. 1873. 8. 84 p.   1.—
13542 — Protomyces microsporus. (Leipz., Bot. Z.) 1875. 4. 12 p. m. Tfl.   1.—
13543 — Vorlesungen üb. Bacterien. 2. Aufl. Leipz. 1887. 8. 164 p.   1.—
13544 — — 3. (letzte) Aufl. bearb. v. Migula. Leipz. 1900. 8. 192 p. (M. 3.60.)   1.50
13545 — Leçons s. l. Bactéries. Paris 1886. 8. 324 p. (fr. 5.)   1.—
13546 **de Bary et Woronine.** Supplém. à l'hist. d. Chytridinées. (Paris, Ann. Sc.) 1865. 8. 30 p. av. 2 pl. color.   2.—
13547 — Z. Kenntn. d. Mucorineen. (Frankf., Senck.) 1865. 4. 32 p. m. 4 Tfln.   4.—
13548 **Bashford.** Reports of the investig. of the Imper. Cancer Research Fund II. Lond. 1905. 4. 58 p. w. 5 maps.   2.—
13549 — The Imper. Cancer Research Fund II. Lond. 1905. 4. 100 p. w. 19 pl.   4.—
13550 **Basset.** Traité de la Fermentation. Paris 1858. 8. 601 p. D.-rel. veau.   2.—
13551 **Bastian.** Fermentation and appearance of Bacilli, Micrococci, and Torulae in boiled Fluids. (Lond., Linn. S.) 1877. 8. 64 p.   1.—

13552 **Battara.** Fungorum agri Ariminensis historia. Favent. 1755. 4. 88 p.   *M*
et 40 tab. Cart.   8.—
Die 2. Auflage vom 1759 ist unverändert.
13553 — — Nur der A t l a s allein von 40 Tfln. Lnbd.   4.—
13554 **Bau.** Chemismus d. Alkoholgärung. (Jena, Lafar's Handb.) 1906. 8. 37 p.   1.50
13555 — Enzyme, welche Disaccharide u. Polysaccharide spalten. (Jena,
Lafar's Handb.) 1906. 8. 32 p.   1.—
13556 **Baumann.** Z. Erforsch. d. Käse-Reifung. Merseb. 1893. 8. 40 p. m. Tfl.   1.—
13557 **Baumgarten.** Lehrb. d. pathogen. Mikroorganismen. (2 Tle.) Tl. I
(soviel erschien.): Pathog. Bakterien. Leipz. 1911. 8. 965 p. m. Tfl.
u. 85 z. Teil color. Fig. (M. 24.)
13558 **Bäumler.** Fungi Schemnitzenses. 3 Tle. (Wien, Z. b. G.) 1888—91.
8. 40 p.   1.—
13559 — Beitr. z. Cryptogamen-Flora d. Pressburg. Comitates. Die Pilze.
III. IV. Pressb. 1897—1902. 8. 140 p.   2.—
13560 — Fungi novi Musei Vindob. (Vindob., Mus.) 1898. 8. 5 p. et tab.   1.—
13561 **Bayer.** Om Bakterierna i Menniskans Tarmkanal. Ups. 1886. 8. 40 p.
m. color. Tfl.   1.—
13562 **Beale.** Real nature of Disease Germs. (Lond., Micr. J.) 1870. 8. 13 p.   1.—
13563 — The constituents of Sewage in the Mud of the Thames. (Lond.,
Micr. Soc.) 1884. 8. 19 p. w. 4 pl.   2.—
13564 **Beauverie.** S. le polymorphisme de l'appareil conidien du Sclerotina.
(Lyon, Soc. Bot.) 1899. 8. 24 p.   1.—
13565 — Ét. s. l. Champignons infér. Chalon 1900. 8. 24 p.   1.—
13566 **Beccarini.** S. i caratteri di qu. Endogone. (Fir., Giorn. Bot.) 1903. 8. 12 p.   1.—
13567 **Beck u. Bäumler.** Z. Pilzflora Niederoesterreichs. 6 Tle. (Wien, Z. b.
G.) 1881—93. 8. 104 p. m. Tfl.   2.—
13568 **Beijerinck.** Ferment. lactique dans le Lait. (Leide, Arch. Néerl.)
1908. 8. 23 p.   1.—
13569 **Belèze.** Liste d. Champignons de la forêt de Rambouillet. (Paris, Ass.
Bot.) 1900. 8. 13 p.   1.—
13570 **Bell.** On Fungi and Fermentat. (Lond., Micr. J.) 1870. 8. 14 p. w. pl.   1.—
13571 **Benecke.** Die zur Ernährung d. Schimmelpilze nothwend. Metalle.
(Berl., Pringsh. J.) 1895. 8. 44 p.   2.—
13572 — Die Bedeut. d. Kaliums u. Magnesiums f. Entwickl. u. Wachsth. d.
Aspergillus niger. (Leipz., Bot. Z.) 1896. 4. 36 p.   1.50
13573 — Bau u. Leben d. Bakterien. Leipz. 1912. 8. 662 p. m. 105 Fig.
Lnb. (M. 15.)
13574 **Bentfeld u. Hagena.** Verzeichn. d. in Oldenburg wachs. Hymenomyceten. (Brem., Nat. Ver.) 1877. 8. 35 p.   1.—
13575 **Bergner u. Küchlin.** Die Giftpflanzen u. Giftschwämme d. Schweiz.
Heft I. Bern 1841. fol. 8 p. m. 5 Tfln.   1.50
13576 **Beriberi.** — 7 papers. (Manila, J. Sc.) 1910. 8. 90 p. w. 3 pl.   1.50
13577 **Berkeley.** Fructific. d. g. Lycoperdon et Phallus. (Paris, Ann. Sc.)
1839. 8. 6 p. av. pl.   1.—
13578 — Edible Fungus fr. Tierra del Fuego. (Lond., Linn. S.) 1842. 4.
7 p. w. pl.   1.50
13579 — On Agaricus crinitus. (Lond., Linn. S.) 1842. 4. 5 p. w. pl.   1.—
13580 — Notices of British Fungi. (Lond., Ann. & M.) 1844. 8. 20 p. w. pl.   1.50
13581 — Decades of Fungi. 1—7, 11. (Lond., Hooker's J.) 1849. 8. 76 p.
w. 6 pl.   5.—
13582 — Descr. of Fungi coll. in the Islands of the Pacific. (Lond., Hooker's
Journ.) 1849. 8. 11 p. w. 2 pl.   2.—
13583 — Notices of some Brazil. Fungi. (Lond., J. Bot.) 1850. 8. 13 p. w. pl.   2.—
13584 — Enumer. of Fungi, coll. by Zeyher in Uitenhage. (Lond., J. Bot.)
1850. 8. 20 p. w. pl.   2.—
13585 — Enumer. of some Fungi fr. St. Domingo. (Lond., Ann. & M.) 1852.
8. 12 p. w. pl.   1.50

13586 **Berkeley.** On the Fungi coll. in Portugal by Welwitsch. Lond. 1853. 8. 12 p.   2.—

13587 — Mode of fructificat. in Chionyphe Carteri. (Lond., Linn. S.) 1864. 8. 6 p. w. 2 pl.   1.—

13588 — On some new Fungi fr. Mexico. (Lond., Linn. S.) 1867. 8. 3 p. w. pl.   1.—

13589 — Notices of North Americ. Fungi. 24 parts. (Lond., Grev.) 1872—76. 8. 210 p. w. 3 pl.   12.—

13590 — Australian Fungi. 2 parts. (Lond., Linn. S.) 1873—81. 8. 30 p.   1.50

13591 — Enumer. of the Fungi coll. by the 'Challenger'. (Lond., Linn. S.) 1877. 8. 17 p. w. pl.   1.50

13592 — Portrait. (Lond., Grev.) 1873. 8.   1.—

13593 **Berkeley and Broome.** Not. of Brit. Hypogaeous Fungi. (Lond., Ann. & M.) 1846. 8. 10 p.   1.50

13594 — On British Fungi. 9 parts. (Lond., Ann. & M.) 1851—61. 8. 110 p. w. 14 pl.   9.—

13595 — Enumer. of the Fungi of Ceylon. 2 parts. (Lond., Linn. S.) 1871—75. 8. 186 p. w. 9 pl.   7.—

13596 — — Supplement. (Lond., Linn. S.) 1876. 8. 4 p. w. pl.   1.—

13597 — List of Fungi fr. Brisbane. 3 parts. (Lond., Linn. Soc.) 1879—87. 4. 40 p. w. 9 pl.   10.—
    Parts I and II also separately.

13598 **Berkeley and Cooke.** The Fungi of Brazil. (Lond., Linn. Soc.) 1876. 8. 36 p.   2.—

13599 **Berkeley and Curtis.** Centuries of N. Americ. Fungi. 2 parts. (Lond., Ann. & M.) 1853—59. 8. 32 p.   2.—

13600 — New Fungi coll. in the N. Pacific Explor. Exp. (Philad., Ac.) 1859. 8. 20 p.   2.—

13601 **Berlese, A. N.** Ric. int. alla Leptosphaeria aguita ed ogliviensis. (Padova, Soc. Venet.) 1885. 8. 8 p. c. tav.   1.—

13602 — S. flora micolog. d. Gelso. (Padova) 1886. 8. 30 p.   1.50

13603 — Pugillo di Funghi Fiorentino. (Padova, S. Venet.) 1887. 8. 24 p. c. tav.   1.50

13604 — Alc. specie poco note del g. Leptosphaeria. (Padova, Soc. Venet.) 1889. 8. 21 p. c. 3 tav.   2.—

13605 — Fungi Moricolae. Fasc. IX. Patav. 1889. 8. 2 p. et tab. color.   3.—

13606 — Illustraz. d. Discina Venosa. (Padova, Soc. Venet.) 1889. 8. 18 p. c. 2 tav. (1 color.)   1.50

13607 **Berlese, A. ed A. N.** Scritti int. alle cose naturali. Portici 1896. 8. 52 p. c. 3 tav. (1 color.)   1.50
    Bibliographie avec planches-spécimens.

13608 **Berlese, A. N., e Voglino.** Nuovo gen. di Pirenomiceti e di Sferopsidei. 2 mem. (Padova, Soc. Venet.) 1887. 8. 36 p. c. 3 tav.   1.50

13609 — Funghi 'Anconitani. (Padova, Soc. Venet.) 1889. 8. 22 p, c. tav.   1.—

13610 **Bernard.** Champignons obs. à La Rochelle et dans ses environs. Paris 1882. 8. 800 p. av. atlas de 56 pl. c o l o r.   25.—
    Rare.

13611 **Bersch, J.** Gährungs-Chemie. 5 Tle. Berl. 1879—86. 8. m. 550 Fig. (M. 48.)   22.—
    Zum Teil vergriffen.

13612 — Die Hefe u. d. Gährungs-Erscheinungen. Berl. 1879. 8. 350 p. (M. 8.) Cart.   2.50

13613 **Bersch, W.** Hefen, Schimmelpilze u. Bakteiien. Wien 1910. 8. 470 p. (M. 6.)

13614 **Bertrand, G.** Etude biochimique de la Bactérie du Sorbose. (Paris, Ann. Chim.) 1904. 8. 108 p.   3.—

13615 **Besnou.** Rech. chim. s. l'Oidium aurantiacum. (Cherb.) 1856. 8. 30 p.   1.—

13616 **Bessey, C. E.** The struct. and classif. of the Phycomycetes. (N. York, Micr. Soc.) 1903. 8. 28 p. w. pl.   1.50

13617 **Bessey, E. A.** Beding. d. Farbbildung bei Fusarium. Halle 1904. 8. 39 p.   1.—

13618 **Besson.** Tecnica microbiologica e sieroterapica. Trad. da Bertarelli. *M*
2 vol. Torino 1903. 8. 877 p. c. 485 fig. color. e nere. (fr. 12.)   5.—

13619 La **Bière et les Boissons** fermentées. Réd. p. Fernbach. Année II.
Paris 1894. fol. av. plchs. (fr. 15).   4.—

13620 **Biernath.** Agrikulturchem. Untersuch. üb. d. Veränd. ein. Nährböden
durch d. Einwirk. landwirtsch. wicht. Bakterien. Rostock 1897. 8. 80 p.   1.50

13621 **Biffen.** On the biol. of Agaricus velutipes. (Lond., Linn. S.) 1899. 8.
16 p. w. 3 pl.   1.—

13622 **Bigeard et Guillemin.** Flore d. Champignons supér. de France. Av.
complément. Chalons et Paris 1909 à 13. 8. 1427 p. av. 100 pl.   23.—

13623 **Billroth u. Ehrlich.** Untersuch. üb. Coccobacteria septica. (Berl., Arch.
Chir.) 1876. 8. 31 p. m. Tfl.   1.50

13624 **Binet.** The physic life of Micro-Organisms. Chic. 1889. 8. 133 p. Cloth.   1.50

13625 **Bizzozero.** Fungi Veneti novi vel critici. Pug. I. (Venet., Ist.) 1885.
8. 8 p. et 2 tab.   1.50

13626 **Blakeslee.** Sexual reproduct. in the Mucorineae. (Bost., Ac.) 1904.
8. 117 p. w. 4 pl.   4.50

13627 — Zygospore germinations in the Mucorineae. (Berl., Ann. Myc.)
1906. 8. 28 p. w. pl.   1.50

13628 **Blanchet.** Les Champignons comestibles de la Suisse. Lausanne 1847.
4. 20 p. av. 3 pl. color.   1.50

13629 **Blum.** Chem. nachweisbare Lebensprozesse an Mikroorganismen.
(Frankf., Senck.) 1893. 8. 15 p.   1.—

13630 **Blytt.** Bidr. t. kundsk. om Norges Sop-Arter. 4 Tle. (Christ., Vid.
Selsk.) 1882—96. 8. 131 p.   4.—

13631 — — II: Ascomyceter fra Dovre. 1892. 14 p.   1.—

13632 — Blastoderma De Baryanum. (Christ., Vid. S.) 1883. 8. 2 p. m.
color. Tfl.   1.—

13633 **Bobrow.** Verhalt. ein. pathog. Mikroorganismen im Wasser. Jurj.
1893. 8. 64 p.   1.50

13634 **Boccone.** Museo di Fisica e di Esperienze. Venetia 1697. 4. 327 p.
c. 18 tav.   18.—
    Hauptsächlich Tafeln von Cryptogamen (spec. Fungi) enthaltend.

13635 **Bock.** Z. Biol. d. Uredineen. Jena 1908. 8. 29 p.   1.—

13636 **Bolle e Thümen.** Contrib. allo studo dei Funghi d. Litorale Austriaco.
(Trieste, Soc. Adr.) 1885. 8. 15 p.   1.—

13637 **Bommer.** S. l. Sclérotes. (Brux., S. Bot.) 1892. 8. 3 p. av. pl.   1.—

13638 **Bommer et Rousseau.** Catal. d. Champignons obs. aux envir. de
Bruxelles. (Gand, Soc. Bot.) 1879. 8. 159 p.   2.—

13639 **Bonardi e Gerosa.** Int. all azione di alc. condiz. fis. s. Microorganismi.
(Roma, Linc.) 1886. 4. 42 p.   1.50

13640 **Bonnet.** Des Truffes. (Paris, J. Agr.) 1856. 8. 14 p.   1.—

13641 **Bonorden.** Handb. d. allgem. Mykologie. Stuttg. 1851. 8. 348 p. m.
12 color. Tfln. (M. 15.)   7.—

13642 — Z. Kenntn. d. Coniomyceten u. Cryptomyceten. (Halle, Nat. Ges.)
1860. 4. 63 p. m. 3 color. Tfln. (M. 6.)   2.50

13643 — Abhandlungen a. d. Gebiete d. Mykologie. 2 Tle. Halle 1864—70.
4. 229 p. m. 2 color. Tfln. (M. 15.)   10.—

13644 **Bordoni-Uffreduzzi.** I Protei quali agenti d'intossicazione e d'infezione.
(Roma, Linc.) 1891. 4. 22 p.   1.—
Borszczow. Fungi Taimyrenses — vide nr. 12778.

13645 **Boudier.** Nouv. classific. natur. d. Dicomycètes charnus. (Paris, Soc.
Myc.) 1885. 8. 32 p.   1.50

13646 — S. l'étude microscop. d. Champignons. (Paris, S. Myc.) 1886. 8. 60 p.   1.50

13647 — S. q. Champignons nouv. de Paris. (Paris, S. Myc.) 1899. 8. 6 p.
av. 2 pl. color.   1.50

13648 — Champignons nouv. de France. (Paris, S. Myc.) 1902. 8. 10 p. av.
3 pl. color.   2.—

13649 **Boudier.** Icones Mycolog. ou Iconogr. d. Champignons de France, prin-   ℳ
cip. d. Discomycètes. 3 vols. Paris 1905 à 11. 4. 600 pl. color. av. texte
explicat. de 350 p.   950.—
13650 — — Le Texte seül. Paris 1911. 4. 350 p.   40.—
13651 **Boudier et E. Fischer.** Rapport s. l. esp. de Champignons trouv. à
Genève et en Valais. (Paris, Soc. Bot.) 1894. 8. 13 p.   1.—
13652 **Boulanger.** Les Mycelium Truffiers blancs. Paris 1903. 4. 23 p. av. 3 pl.   1.50
13653 — Germinat. de l'Ascospore de la Truffe. Rennes 1903. 4. 20 p. av. 2 pl.   2.—
13654 — Germination de la spore échinulée de la Truffe. (Paris, Soc. Myc.)
1906. 8. 7 p. av. 4 pl.   2.—
13655 — S. la Truffe. Lons-le-Saunier 1906. 8. 16 p. av. 4 pl.   2.—
13656 **Bourdot.** Corticiés nouv. de France. (Moulins) 1910. 8. 13 p.   1.—
13657 **Bourdot et Galzin.** Hyménomycètes de France. 2 parties. (Paris, Soc.
Myc.) 1910. 8. 63 p.   1.50
13658 **Bowman.** Account of a new Gastromycous. (Lond., Linn. S.) 1830.
4. 4 p. w. pl.   1.—
13659 **Boyer et Jaczewski.** Matér. pour la Flore mycolog. de Montpellier.
(Montp.) 1894. 8. 48 p.   1.50
13660 **Brandt, R.** Z. Kenntn. d. Morphol. u. des Chemismus oxydier. Bak-
terienfermente. Karlsr. 1914. 8. 28 p. m. Tfl.   1.50
13661 **Brasch.** Ueb. d. biolog. Beding. d. Streptokokkenkrankheiten. Berl.
1893. 8. 34 p.   1.—
13662 **Brasche.** Chem. u. bacter. Brunnenwasseruntersuch. zu Jurjew. Jurj.
1893. 8. 68 p.   1.50
13663 **Bratanowicz.** Keimgehalt d. Grundwassers in Dorpat. D. 1892. 8. 66 p.   1.50
13664 **Bräutigam.** Unters. üb. d. Mikroorganismen in Schlämpe u. Bier-
träbern. Leipz. 1886. 8. 32 p. m. 2 Tfln.   1.50
13665 **Brefeld.** Ueber d. Entwickl. d. Empusa muscae u. radicans u. die
Epidemien d. Stubenfliegen u. Raupen. Halle 1871. 4. 50 p. m. 4 Tfln.
(M. 5.40.)   3.—
13666 — Untersuch. üb. d. Alkoholgährung. (Leipz., Bot. Inst.) 1873. 8. 16 p.   1.—
13667 — Untersuch. üb. Alkoholgährung. (Berl., Landw. Jahrb.) 1874. 8. 44 p.   1.—
13668 — Methoden z. Unters. d. Pilze. (Würzb., Phys. Ges.) 1874. 8. 20 p.   1.—
13669 — Untersuchgn. aus d. Gesamtgebiete d. Mykologie. Heft II: Entwicklgsgesch. v. Penicillium. Leipz. 1874. 4. 102 p. m. 8 Tfln. (M. 15.)   10.—
13670 — — Heft V: Die Brandpilze I. (Ustilagineen.) Leipz. 1883. 4. 228 p.
m. 13 Tfln. (M. 25.)   15.—
13671 — — Heft XV: Brandpilze u. Brandkrankheiten V. Münster 1912.
4. (M. 18.)
Heft I—XIV (m. Inhaltsangabe) — siehe Nr. 2202.
13672 — Investigations in the general field of Mycology. Part XIII: Smut
Fungi. Philad. 1912. 4. 59 p. w. 2 pl.   8.—
13673 — Ueb. d. Entwicklungsgesch. d. Basidiomyceten. (Berl., Nat. Fr.)
1876. 8. 10 p.   1.—
13674 — Ueb. Entomophthoreen. (Berl., Nat. Fr.) 1877. 8. 18 p.   1.—
13675 **Bresadola.** Fungi Tridentini novi vel nondum delineati. 2 vol. (14 fascic.) Tidenti 1881—1900. 8. 232 p. et 217 tab. color.   140.—
Esaurito.
13676 — — Vol. II. (= fasc. 8—14). 1892—1900. 8. 115 p. et 112 tab. color.
(M. 52.)   40.—
13677 — Schulzeria, nuovo g. d'Imenomiceti. Trento 1886. 8. 9 p. c. tav. color.   1.—
13678 — Fungi Kamerunensis. (Paris., S. Myc.) 1890. 8. 20 p.   1.—
13679 — 2 specie interess. di Funghi Italiani. (Rovereto) 1893. 8. 8 p.
c. 2 tav. color.   1.50
13680 — I Funghi mangerecci e velenosi d. Europa media, spec. d. Trentino. Milano 1899. 8. 151 p. c. 112 tav. color.   10.—
13681 — Fungi Polonici ab Eichler lecti. 2 partes. (Berol., Ann. Myc.) 1903.
8. 68 p. et tab. color.   2.—

13682 **Bresadola and H. Sydow.** Enumer. of Philippine Basidiomycetes. *M*
(Manila, J. Sc.) 1914. '4. 8 p. 1.—

13683 **Brew.** Method of counting Bacteria in Milk. Geneva 1914. 8. 38 p.
w. 2 colour. pl. 1.50

13684 **Brick.** Ueb. Nectria cinnabarina. (Hamb., Anst.) 1893. 8. 14 p. 1.—

13685 — Beitr. z. Pilzflora d. Sachsenwald. (Hamb., Nat. Ver.) 1897. 8. 40 p. 1.50

13686 **Britzelmayr.** Z. Ascomyceten-Flora d. Alpen u. Voralpen. (Dresd.,
Hedw.) 1882. 8. 17 p. 1.—

13687 — Dermini u. Melanospori aus Südbayern. (Augsb., Nat. Ver.) 1883.
8. 50 p. 1.50

13688 **Brizi.** Micromiceti nuovi p. la Flora Romana. S. Brunissure. 2 mem.
(Firenze, Soc. Bot.) 1895. 8. 21 p. 1.—

13689 **Brockmüller.** Ueb. Puccinia Malvacearum. (Güstr., Arch.) 1876. 8. 10 p. 1.—

13690 **Brodnitz.** Einfluss sauerer Nährböden auf d. Entwick. ein. Bakterien-
arten. Erl. 1898. 8. 39 p. 1.—

13691 **Brondeau.** S. le g. Helmisporium. 2 Champign. nouv. 2 mém. (Paris)
1824 à 57. 8. 25 p. 1.50

13692 — Recueil de Plantes Cryptog. (Fungi) de l'Agenais. 3 fascic. (tout
paru). Agen 1828 (à 1830). 8. 39 p. av. 12 pl. 25.—
Très-rare. — Voyez aussi: Rara Historico-Naturalia, ed. J u n k, p. 48.

13693 **Brongniart, A.** Essai d'une classif. natur. d. Champignons. Paris 1825.
8. 99 p. av. 8 pl. 3.—

13694 **Bronislas.** Z. Kenntn. Wasserstoff oxydier. Mikroorganismen. (Krak.,
Ak.) 1906. 8. 22 p. m. Tfl. 1.—

13695 **Broome.** On some Fungi of Bath. (Bath) 1870. 8. 44 p. 2.—

13696 — On some of the Fungi found in the Bath District. Bath 1880. 8. 31 p. 2.—

13697 **Brown, C. E., and Fernekes.** Contrib. tow. a list of Milwaukee County
Fungi. (Milwaukee, Nat. Soc.) 1902. 8. 11 p. 1.—

13698 **Bruck.** Z. Physiologie d. Mycetozoen. I. Jena 1907. 8. 60 p. 1.50

13699 **Brückner.** Farbenveränder. in d. Substanz einiger Hut-Pilze. (Güstr.,
Arch.) 1855. 8. 10 p. 1.—

13700 **Brunaud.** Liste d. Hyphomycètes de Saintes. (Bord., S. Linn.) 1886.
8. 25 p. 1.—

13701 — Liste d. Sphaeropsidées de Saintes. (Bord., S. Linn.) 1886. 8. 51 p. 1.50

13702 — Matér. p. la Flore mycolog. de Saintes. (Bord., S. Linn.) 1888. 8. 31 p. 1.—

13703 **Brunstein.** Spaltung v. Glycosiden durch Schimmelpilze. Cassel 1900.
8. 56 p. 1.—

13704 **Bubák.** Beitr. z. Pilzflora γ. Böhmen u. Nordmähren. 2 Tle. (Wien,
Z. b. G.) 1897—98. 8. 29 p. 1.—

13705 — Beitrag III z. Pilzflora v. Mähren. (Brünn, Nat. Ver.) 1899. 8. 9 p. 1.—

13706 — Result. d. mykolog. Durchforsch. Böhmens 1898. (Prag, Ges. Wiss.)
1900. 8. 25 p. 1.—

13707 — Mykol. Beiträge aus Bosnien u. Bulgar. (Prag, Ges. Wiss.) 1901. 8.
6 p. m. Tfl. 1.—

13708 — Ueb. ein. Umbelliferen-bewohn. Puccinien. (Prag, Ges. Wiss.)
1901. 8. 8 p. m. Tfl. 1.—

13709 — Puccinien v. Typus d. Puccinia Anemones virgin. (Prag, Ges.
Wiss.) 1902. 8. 11 p. m. Tfl. 1.—

13710 — Ueb. ein. Compositen bewohn. Puccinien. (Wien, Bot. Z.) 1902.
8. 11 p. 1.—

13711 — Ein. neue od. krit. Uromyces-Arten. (Prag, Ges. W.) 1903. 8. 23 p. 1.—

13712 — Infektionsversuche m. Uredineen. II. (Jena; C. Bakt.) 1904. 8. 16 p. 1.—

13713 — Die Pilze Böhmens. Tl. I: Rostpilze (Uredinales). Prag 1908. 4.
233 p. m. 59 Fig. (M. 14.) 10.—

13714 **Bubák u. Kabát.** Ein. neue Imperfecten. (Wien, Bot. Z.) 1904. 8. 11 p. 1.—

13715 — Beitr. III, V zur Pilzflora v. Tirol. (Wien u. Innsbr.) 1904—06. 8. 30 p. 1.50

13716 — Mykol. Beiträge II. VII. (Dresd., Hedw.) 1904—12. 8. 30 p. 1.—

13717 **Buchanan.** Monascus purpureus in Silage. (Iowa, Mycol.) 1910. 8. 8 p. w. 2 pl. — *M* 1.—

13718 **Buchner.** Ueb. d. Erzeug. des Milzbrandcontagiums. 2 Abhandl. (Münch., Ak.) 1880. 8. 56 p. — 1.—

13719 **Bucholtz.** Z. system. Stellung d. Gatt. Meliola. (Genf, Herb. Boiss.) 1897. 8. 4 p. m. Tfl. — 1.—

13720 — Verzeichn. d. in Michailowskoje gesamm. Pilze. (Mosk., Bull.) 1897. 8. 24 p. — 1.—

13721 — Z. Morphol. u. System. d. Fungi Hypogaei. (Berl., Ann. Myc.) 1903. 8. 25 p. m. 2 Tfln. — 1.50

13722 — Nachtr. II. zur Verbreit. d. Hypogaeen in Russland. (Mosk., Bull.) 1907. 8. 62 p. — 1.50

13723 **Bugwid.** Mikrophotogr. Wandatlas d. Bakteriologie. Krakau 1910. fol. 20 photogr. Tfln. In Mappe. (M. 60.)

13724 **Buhlert.** Arteinheit d. Knöllchenbakter. d. Leguminosen. Halle 1902. 8. 55 p. — 1.50

13725 **Buller.** The react. of the fruit-bodies of Lentinus lepideus to extern. stimuli. (Lond., Ann. Bot.) 1905. 8. 12 p. w. 3 pl. — 2.—

13726 — Resarches on Fungi. Lond. 1909. 8. 296 p. w. 5 pl. Cloth. — 12.—

13727 **Buller and Lowe.** Upon the number of Micro-Organisms in the Air of Winnipeg. (Ottawa) 1911. 8. 18 p. w. 2 pl. — 1.50

13728 **Bulletin** du Laborat. de Bactériologie de l'Institut Pasteur du dép. de la Loire-Inf. 3 vols. Nantes 1899 à 1902. 8. 304 p. — 4.—

13729 **Bulstrode and Klein.** On Oyster culture in relat. to disease. Lond. 1896. 8. 200 p. w. 23 maps and 20 pl. (Vibriones and Bacilli). — 15.—

13730 **Büren.** Die Schweizer. Protomycetaceen. Bern 1915. 8. 100 p. m. 7 Tfln. (M. 8.)

13731 **Burlingham.** Study of the Lactariae of the U. S. (N. York, Torr. Cl.) 1908. 8. 109 p. — 6.—

13732 **Burnap.** On the g. Calostoma. (Chic., Bot. Gaz.) 1897. 8. 13 p. w. pl. — 1.—

13733 **Burnett.** Growth of Aspergillus in the human Ear. II. (N. York, J. Otol.) 8. 19 p. — 1.—

13734 **Burri.** Zwecke d. Artcharakteris. anzuwend. bacteriol. Untersuchgs.-method. Münch. 1893. 8. 44 p. — 1.—

13735 **Burt.** The Thelephoraceae of N. America. I—III. (St. Louis, Gard.) 1914. 8. 104 p. w. 6 pl. — 7.—

13736 **Büsgen.** Entwickl. d. Phycomycetensporangien. Berl. 1882. 8. 33 p. m. Tfl. — 1.—

13737 — Z. Kenntn. d. Cladochytrien. Bresl. 1886. 8. 15 p. m. Tfl. — 1.—

13738 **Butler, E. J.** Account of the g. Pythium and some Chytridiaceae. (Calcutta, Dept. Agr.) 1907. 8. 160 p. w. 10 pl. — 8.—

13739 **Bütschli.** Ueb. d. Bau d. Bakterien. Leipz. 1890. 8. 39 p. m. color. Tfl. (M. 1.50.) — 1.—

13740 **Butters.** List of Minnesota Xylariaceae. (Minneap., Bot. Stud.) 1901. 8. 6 p. w. 4 pl. — 1.50

13741 **Canestrini.** Nuovo Bacillo n. Alveari. (Padova) 1891. 8. 4 p. c. tav. color. — 1.—

13742 **Carnoy.** Rech. anat. et physiol. s. l. Champignons. I. (tout ce qui a paru): Mucor. (Gand, Soc. Bot.) 1870. 8. 165 p. av. 9 pl. — 4.—

13743 **Caspari.** Konstanz d. Sporenkeim. bei d. Bacillen. Münch. 1902. 8. 40 p. m. Tfl. — 1.—

13744 **Caspary.** Ueb. einige Hyphomyceten m. zwei- u. dreierlei Früchten. (Berl., Ak.) 1855. 8. 26 p. m. color. Tfl. — 1.—

13745 — Trüffeln u. trüffelähnl. Pilze in Preussen. (Königsb., Phys. Ges.) 1887. 4. 32 p. m. color. Tfl. — 1.—

13746 **Casse.** Terrains et Microbes. (Brux., S. Micr.) 1883. 8. 16 p. — 1.—

13747 **Catalogue,** Internat., of Scientif. Literature: Bacteriology. Year II. Lond. 1903. 8. 443 p. (21 s.) — 7.—

13748 **Catterina.** Osserv. batteriol. s. Morva. (Padova) 1892. 8. 50 p. — 1.—

13749 **Cavara.** Contr. alla conosc. d. Podaxineae. (Genova, Malp.) 1898. 4. 18 p. c. tav. *M* 1.—

13750 — Osservaz. citolog. s. Entomophthoreae. (Firenze, Giorn. Bot.) 1899. 8. 56 p. c. 2 tav. 3.—

13751 **Ceci.** Dei Germi ed organismi infer. conten. dalle terre malariche e comuni. (Roma, Linc.) 1882. 4. 116 p. 3.—

13752 **Celli.** Relaz. d. analisi bacteriolog. d. Acque d. sottosuolo di Roma. Roma 1886. 8. 28 p. c. 3 tav. color. 2.—

13753 **Centralblatt** f. Bakteriologie u. Parasitenkunde. Abt. II: Allgem. landwirtsch.-techn. Bakteriologie, Gährungsphysiol. u. Bakteriol., hrsg. v. Uhlworm. Bd. I—XXX u. Gener.-Regist. (zu I—XX). Jena 1895— 1911. 8. m. viel. Tfln. (M. 475.) 300.—

13754 — — Sehr grosse Anzahl einzelner Nummern aus beiden Abteilungen (besonders aus früheren Jahrgängen).
Preis jeder Nummer: M. 0.50.

13755 **Certes.** Colorabilité du Spirobacillus gigas. (Paris, Ac.) 1900. 4. 4 p. av. pl. color. 1. -

13756 **Chasanow.** Keimgehalt d. Dorpat. Leitungswassers. Dorp. 1892. 8. 46 p. 1.—

13757 **Chavannes.** Le Champignon du Choléra. (Laus., Soc. Méd.) 1867. 8. 8 p. 1.—

13758 **Cheshire and Cheyne.** The pathogenic hist. and hist. under cultiv. of a new Bacillus caus. disease of the Hive Bee. (Lond., Micr.) 1885. 8. 21 p. w. 2 pl. 2.—

13759 **Chivers.** Monogr. of the g. Chaetomium and Ascotricha. (N. York, Torr. Cl.) 1915. 8. 86 p. w. 12 pl. 8.—

13760 **Christiansen, M.** Mutationsagtige aendringer i Gaeringsvnen hos Paracoli-og Ködforgiftningsbakterier. (Kjöb., Vid. Selsk.) 1912. 8. 22 p. 1.—

13761 **Chudiakow.** Untersuch. üb. d. alkohol. Gährung. (Berl., Landw. J.) 1894. 8. 142 p. m. 5 Tfln. 4.—

13762 **Clautriau.** Etude chimique du glycogène chez l. Champignons et l. Levures. (Brux., Ac.) 1895. 8. 102 p. 1.50

13763 **Claypole.** On the classif. of the Streptothrices. (N. York, J. Medic.) 1913. 4. 18 p. w. 3 colour. pl. 2.50

13764 **Clegg.** Cultivat. of the Leprosy Bacillus. (Manila, J. Sc.) 1909. 4. 13 p. w. 2 pl. (1 colour.) 1.50

13765 **Clements.** The Genera of Fungi. Minneapolis 1909. 8. 231 p. 10.—

13766 **Clifford.** Mycorhiza of Tipularia unif. (N. York, Torr. Cl.) 1899. 8. 4 p. w. pl. 1.—

13767 **Clinton.** The Ustilagineae, of Connecticut. Hartf. 1905. 8. 46 p. w. 7 pl. 3.50

13768 **Clusius.** — R e i c h a r d. Clusius' Naturgesch. d. Schwämme Pannoniens. (Wien, Z. b. G.) 1876. 4. 42 p. 1.—

13769 **Cobb.** Host and habiat index of the Austral. Fungi. (Sydney, Dept. Agr.) 1893. 8. 48 p. 1.50

13770 **Cobelli.** Elenco sistem. d. Imeno-, Disco-, Gastro-, Mixomiceti e Tuberacei n. Valle Lagarina. (Rovereto) 1885. 8. 23 p. 1.—

13771 — Contrib. alla Flora micolog. d. Valle Lagarina. (Vienna, Z. b. G.) 1891. 8. 4 p. —.50

13772 **Cocconi.** Int. alla genesi d. corpo ascoforo di alc. Helotium. (Bologna, Acc.) 1899. 4. 10 p. c. tav. 1.—

13773 — Nuova spec. di Chaetomium. (Bologna, Acc.) 1900. 4. 7 p. c. tav. 1.—

13774 — Nuova Mucorinea d. g. Absidia. (Bol., Acc.) 1900. 4. 6 p. c. tav. 1.—

13775 **Cocconi e Morini.** Enumeraz. d. Funghi d. prov. di Bologna. Cent. II—IV. (Bol., Acc.) 1884. 4. 88 p. c. 6 tav. 4.—

13776 **Coemans.** Révis. d. g. Gonatobotrys et Arthrobotrys. (Brux., S. Bot.) 1863. 8. 12 p. av. pl. 1.—

13777 — S. le polymorph. et l. différ. appareils de réproduct. chez l. Mucorinées. 2 parties. (Brux., Soc. Bot.) 1863. 8. 19 p. av. pl. 1.50

13778 **Cohn, F.** Untersuchgn. üb. d. Entwicklungsgesch. d. mikroskop. Algen   *M*
u. Pilze. (Bonn, Ac. Leop.) 1853. 4. 156 p. m. 6 color. Tfln.   15.—
Selten.
13779 — Ueb. Organismen im Trinkwasser. Ueb. d. Krankh. d. Runkel-
rüben. (Bresl., Schles. Ges.) 1853. 4. 16 p.   1.—
13780 — Ueb. Bacterien. Berl. 1872. 8. 35 p.   1.—
13781 **Cohn, F., u. J. Schroeter.** Untersuchungen über Pachyma und Mylitta.
(Hamb., Nat. Ver.) 1891. 4. 16 p. m. color. Tfl.   1.—
13782 **Cole.** Aecidium Compositar. (Lond., Micr. Stud.) 1884. 8. 6 p. w.
colour. pl.   1.—
13783 — Microsc. stud. on the Microbes. (Lond., Micr. Stud.) 1886. 8.
10 p. w. 3 pl. (1 colour.)   1.50
13784 **Comes.** Funghi d. Napolitano: Basidiomiceti. 2 parti. Napoli 1878.
4. 143 p. c. 3 tav. (1 color.)   5.—
13785 — Reliquie micolog. Notarisiane. Napoli 1883. 8. 72 p.   1.50
13786 **Conn.** Agricultural Bacteriology. 2. ed. Philad. 1909. 8. 341 p. w.
64 fig. Boards.   10.—
13787 **Constantineanu.** Contrib. à l'ét. de la flore Mycolog. de la Roumanie.
2 parties. (Jassy, Soc. Sc.) 1903 à 05. 8. 56 p.   1.50
13788 — Ueb. d. Entwicklbeding. d. Myxomyceten. Halle 1907. 8. 50 p.   1.50
13789 **Cooke, M. C.** Handb. of British Fungi. 2 vols. Lond. 1871. 8. 981 p.
w. 7 plates, partly colour. Cloth.   32.—
Out of print. See also: Rara Historico-Naturalia, ed. J u n k, page 48.
13790 — — Vol. II. 1871. 492 p. Cloth.   13.—
13791 — British Fungi. 6 parts. (Lond., Grev.) 1872—1875. 8. 30 p. w. 3 pl.   2.—
13792 — Carpology of Peziza. 7 parts. (Lond., Grev.) 1874—1876. 8. 9 p.
w. 18 pl.   9.—
13793 — New British Fungi. 9 parts. (Lond., Grev.) 1874—90. 8. 50 p. w. pl.   2.50
13794 — On Phragmidium. (Lond., Grev.) 1875. 8. 2 p. w. pl.   1.—
13795 — Fungi Britannici exsicc. 2 partes. (Lond., Grev.) 1876. 8. 12 p.   1.—
13796 — Some Indian Fungi. (Lond., Grev.) 1876. 8. 5 p. w. pl.   1.—
13797 — On Black Moulds. (Lond., Quek. Cl.) 1877. 8. 28 p. w. 4 colour. pl.   2.50
13798 — Ravenel's American Fungi. 2 parts. (Lond., Grev.) 1878. 8. 26 p.
w. 3 pl.   2.50
13799 — New Zealand Fungi. (Lond., Grev.) 1879. 8. 15 p.   1.50
13800 — On Peniophora. (Lond., Grev.) 1879. 8. 5 p. w. 2 colour. pl.   1.50
13801 — On Peziza. (Lond., Grev.) 1880. 8. 15 p.   1.—
13802 — South Afric. Fungi. II. (Lond., Grev.) 1880. 8. 2 p. w. 4 pl.   2.—
13803 — Australian Fungi. 9 parts. (Lond., Grev.) 1881—90. 8. 64 p. w.
6 colour. pl.   6.—
13804 — Illustrations of Brit. Fungi (Hymenomycetes). 8 vols. (76 parts w.
index). Lond. 1881—91. 8. 1198 colour. plates w. explanations.
(30 £ 5 s.) Cloth.   300.—
13805 — Exot. Fungi. 2 parts. (Lond., Grev.) 1882. 8. 15 p.   1.—
13806 — Australian Fungi. Melbourne 1883. 8. 74 p. w. 4 colour. pl.   3.—
13807 — On Xylaria. (Lond., Grev.) 1883. 8. 14 p. w. 2 pl.   1.50
13808 — Re-appearance of Cycloderma. (Lond., Grev.) 1883. 8. 2 p. w. pl.   1.—
13809 — Struct. and affin. of Sphaeria pocula. (Lond., Linn. S.) 1884. 8.
4 p. w. pl.   1.—
13810 — Circumnutation in Fungi. (Lond., Quek. Cl.) 1884. 8. 3 p. w. pl.   1.—
13811 — Some remarkable Moulds. (Lond., Quek. Cl.) 1885. 8. 6 p. w. 2 pl.   1.50
13812 — Synopsis Pyrenomycetum. 4 partes. (Lond., Grev.) 1889—1890.
8. 28 p.   2.50
13813 — Agaricini. 3 parts. (Lond., Grev.) 1889—1890. 8. 37 p.   1.50
13814 — British edible Fungi. Lond. 1891. 8. 238 p. w. 12 colour. pl.
Cloth. (7 s. 6 d.)   5.—
13815 — Introduct. to the study of Fungi. Lond. 1895. 8. 370 p. w. 148 fig.
Cloth. (15 s.)   6.—

13816 **Cooke, M. C.** Account of British Fungi. 6. ed. Lond. 1898. 8. 174 p.   ℳ
w. colour. pl. Cloth. (6 s.)   4.50
13817 — Rust, Smut, Mildew and Mould Introd. to the study of microscop.
Fungi. 6. ed. Lond. 1902. 8. Cloth. (6 s.)   4.—
13818 — Mutinus Bambusinus in Britain. (Lond., Grev.) 8. 1 p. w. colour. pl.   1.—
13819 **Cooke et Berkeley.** Les Champignons. 2. éd. Paris 1878. 8. 275 p.
av. 109 fig. Toile.   1.—
13820 **Cooke and J. B. Ellis.** New Jersey Fungi. 8 parts. (Lond., Grev.)
1876—1879. 8. 69 p. w. 6 pl.   4.—
13821 **Cooke and Peck.** Pezizae Americanae. (Lond., Grev.) 1872. 8. 3 p.
w. colour. pl.   1.—
13822 **Cooke, Peck and Phillips.** 5 pap. on N. Americ. Fungi. 1872—81. 8. 22 p.   1.50
13823 **Cooke and Phillips.** Reliquiae Libertianae. 2 partes. (Lond., Grev.)
1881. 8. 10 p.   1.—
13824 **Cooke and Plowright.** Brit. Sphaeriacei. (Lond., Grev.) 1879. 8. 13 p.   1.—
13825 **Cooke et Quelet.** Clavis synopt. Hymenomycetum Europ. Lond. 1878.
8. 244 p. Cloth. (7 s. 6 d.)   5.—
13826 **Coons.** Host Index of the Fungi of Michigan. (Lansing) 1912. 8. 45 p.   1.50
13827 **Copeland.** New and interest. California Fungi. 2 parts. (Berl., Ann.
Myc.) 1904. 8. 12 p. w. 3 pl.   1.50
13828 — New spec. of edible Philipp. Fungi. (Manila, J. Sc.) 1905. 4.
6 p. w. 3 pl.   1.50
13829 **Corda.** Spiralfaserzellen in d. Haargeflechte d. Trichien. Prag 1837.
4. 8 p. m. Tfl.   1.—
13830 **Cornu.** Monogr. d. Saprolégniées. Paris 1872. 8. 198 p. av. 7 pl. color.   7.—
13831 — Reproduction of the Ascomycetes. 4 parts. (Lond., Grev.) 1877—78.
8. 35 p.   2.—
13832 — — Notice s. s. travaux scientif. 2 parties. Paris 1886 à 96. 4. 119 p.   1.50
13833 **Costantin.** Les Mucédinées simples. Paris 1888. 8. 218 p. av. 190 fig.
D.-rel. veau.   2.—
13834 — Culture du Champignon de Couche. (Paris, Rev. Sc.) 1894. 8. 21 p.   1.—
13835 — Revue d. s. travaux s. l. Champignons. (Paris, Rev. Bot.) 1894.
8. 58 p.   1.50
13836 — Entomophthorée nouv. (Paris, S. Myc.) 1897. 8. 8 p. av. 2 pl.   1.50
13837 **Courmont et Panisset.** Précis de Microbiologie des maladies infectieu-
ses d. Animaux. Paris 1914. 8. 1060 p. av. 371 fig. en partie color.   10.—
13838 **Coville.** Mushroom Poisoning in Columbia. (Wash., Dept. Agr.) 1898.
8. 24 p.   1.—
13839 **Cramer.** Neue Fadenpilzgattung. (Zürich, Nat. Ges.) 1859. 8. 13 p. m. Tfl.   1.—
13840 — Ueb. Bacterien. (Zürich, Corr. Aerzte) 1886. 8. 16 p.   1.—
13841 **Crié.** Rech. s. les Dépazées. (Paris, Ann. Sc.) 1878. 8. 54 p. av. 8 pl.
(2 color.)   5.—
13842 **Crookshank.** On the cultivat. of Bacteria. (Lond., Micr. Soc.) 1886.
8. 7 p. w. 3 colour. pl.   1.50
13843 **Crouan.** 9 Ascobolus nouv. (Paris, Ann. Sc.) 1858. 8. 7 p. av. pl.   1.—
13844 **Cuigneau.** Développ. et utilité d. Cryptogames parasites. (Bord., Soc.
Linn.) 1852. 8. 14 p.   1.—
13845 **La Culture** du Champignon. 2. éd. Brux. 8. 72 p.   1.—
13846 **Cunningham.** On the conidial Fructif. in the Mucorini. (Lond., Linn. S.)
1879. 4. 12 p. w. pl.   1.—
13847 **Currey.** On 2 new Fungi. (Lond., Quek. Cl.) 1854. 8. 3 p. w. colour. pl.   1.—
13848 — Spiral threads of the g. Trichia. (Lond., Quek. Cl.) 1855. 8. 7 p.
w. colour. pl.   1.—
13849 — On the reproduct. organs of cert. Fungi. 2 parts. (Lond., J. Micr.)
1855—56. 8. 20 p. w. 2 pl.   2.—
13850 — On a spec. of Pilobolus. (Lond., Linn. S.) 1857. 8. 6 p. w. pl.   1.—
13851 — On the Fructificat. of Sphaeriac. Fungi. (Lond., Phil. Trans.) 1857.
4. 12 p. w. 3 pl.   4.—

M

13852 **Currey.** Mycolog. notes. (Lond., J. Micr.) 1859. 8. 11 p. w. pl.   1.—
13853 — New gen. in Mucedines. (Lond., Linn. S.) 1873. 8. 2 p. w. pl.   1.—
13854 — On a collect. of Fungi made in Pegu by Kurz. (Lond., Linn. S.)
 1876. 4. 13 p. w. 3 colour. pl.   3.—
13855 **Cygnaeus.** Studier öfv. Typhusbacillen. Helsingf. 1889. 4. 37 p. m.
 4 Tfln. (3 color.)   2.—
13856 **Cypers.** Beitr. z. Kryptogamenflora d. Riesengebirges: Pilze. 2 Tle.
 (Wien, Z. b. G.) 1893. 8. 23 p.   1.—
 Siehe auch Nr. 12844.
13857 **Dale.** On Gymnoascaceae. (Lond., Ann. Bot.) 1903. 8. 26 p. w. 2 pl.   1.50
13858 **Dallinger.** Measur. of the diameter of the Flagella of Bacterium termo.
 (Lond., Micr. Soc.) 1878. 8. 7 p. w. 2 pl.   1.50
13859 — Life hist. of a Septic Organism. (Lond., Micr. Soc.) 1885. 8. 19 p.
 w. 3 pl.   1.50
13860 — On Bacteria. (Lond., Micr. Soc.) 1887. 8. 15 p. w. pl.   1.—
13861 **Dallinger and Drysdale.** On the exist. of Flagella in Bacterium termo.
 (Lond., Micr. J.) 1875. 8. 4 p. w. pl.   1.—
13862 **Dandeno.** Winter stage of Sclerotinia fructigena. Capillarity of Cellulose. Bordeaux mixture and spores of Fungi. 3 pap. (Lansing) 1908. 8.
 12 p. w. 3 pl.   1.50
13863 **Dangeard.** Reprod. sexuelle d. Champign. (Paris, Botan.) 1900. 8. 42 p.   1.50
13864 — Un nouv. genre de Chytridiacées; le Rhabdium acutum. (Berl., Ann.
 Myc.) 1903. 8. 4 p. av. pl.   1.—
13865 **Daniel.** Liste d. Basidiomycètes du dép. de la Mayenne. (Angers)
 1892. 8. 72 p.   2.—
13866 **Davis, J. J.** Supplem. List of Parasitic Fungi of Wisconsin. (Madis.,
 Ac.) 1893. 8. 36 p.   1.50
13867 — — II. supplem. List. (Madis., Ac.) 1898. 8. 14 p.   1.—
13868 **Dawson.** On the biol. of Poronia punct. (Lond., Ann. Bot.) 1900. 8.
 18 p. w. 2 pl.   2.—
13869 **Debey.** Neue Pilzgattg., Phenacopodium. (Bonn, Ver. Nat.) 1849. 8.
 7 p. m. Tfl.   1.—
13870 **Delbrück.** Natürl. Hefenreinzucht. (Berl., Woch. Brau.) 1895. 8. 30 p.   1.—
13871 **Delogne.** Genre Coprinus, espèces de Belgique. (Brux., S. Micr.)
 1890. 8. 10 p.   1.—
13872 — Les Bolétés de Belgique. (Brux., S. Micr.) 1891. 8. 20 p.   1.—
13873 **Demelius.** Beitrag z. Kenntn. der Cystiden. 6 Tle. (Wien, Z. b. G.)
 1911—1913. 8. 80 p. m. 8 Tfln.   5.—
13874 **Desmazières.** S. le Mucor cruscaceus. (Lille, Soc. Sc.) 1828. 8.
 4 p. av. pl.   1.—
13875 — S. le Lycoperdon radiatum et l'Agaricus rad. (Lille, Soc. Sc.) 1829.
 8. 21 p. av. pl.   1.—
13876 — Monogr. d. g. Naemaspora et Libertella. (Lille, Soc. Sc.) 1831. 8. 24 p.   1.—
13877 — 6 Hyphomycètes inéd. (Paris, Ann. Sc.) 1834. 8. 4 p. av. pl. color.   1.—
13878 — Nouv. notes s. qlqs. Cryptog. (Fungi) nouv. découv. en France.
 7 mém. (Lille, Soc. Sc.) 1836 à 47. 8. 134 p. av. 5 pl. color.   6.—
13879 — S. qlqs. Cryptog. (Fungi) nouv. découv. en France. V à XVII.
 (Paris, Ann. Sc.) 1837 à 49. 8. 270 p. av. 6 pl. color.   7.—
13880 — 16 esp. du g. Septoria. S. le g. Sphaeria. Qlqs. nouv. Cryptog. de
 France. 3 mém. (Lille, Soc. Sc.) 1843. 8. 57 p.   1.—
13881 — Descr. de 22 esp. du g. Sphaeria. (Lille, Soc. Sc.) 1847. 8. 19 p.   1.—
13882 — S. l. Sphaeria Arundinaceae. (Lille, Soc. Sc.) 1847. 8. 7 p.   —.50
13883 **Detmers.** Investigation of Texas Cattle Fever. (Wash., Smiths.) 1880.
 8. 7 p. w. 4 pl. (1 colour.)   1.50
13884 **(Detmers, Lyman and o.).** Report on contag. diseases of Domestic
 Animals. (Wash., Smiths.) 1879. 8. 120 p. w. 16 mostly colour. pl.
 and maps.   3.—

13885 **De Wèvre.** Rech. expérim. s. le Phycomyces nitens. (Brux., S. Bot.) *M*
1891. 8. 18 p. 1.—
13886 — Rech. expérim. s. le Rhizopus nigric. (Brux., S. Micr.) 1892. 8. 20 p. 1.—
13887 — Contr. à l'ét. d. Mucorinées. (Londr., Grev.) 8. 11 p. 1.—
13888 **Dickhoff.** Een voor d. Landbouw belangr. Splijtzwam in d. Boden v.
Java. (Soerabaja) 1897. 8. 6 p. m. Tfl. 1.—
13889 **Dierckx.** Révis. du g. Penicillium. I. (Brux.) 1901. 8. 8 p. 1.—
13890 **Dietel.** Z. Morphol. u. Biol. d. Uredineen. Cass. 1887. 8. 26 p. 1.—
13891 — New Uredineae. 2 pap. 1894—95. 8. 10 p. w. pl. 1.—
13892 — Ueb. die auf Leguminosen leb. Rostpilze. (Berl., Ann. Myc.) 1903.
8. 12 p. 1.—
13893 — Uredinaceae Paraenses. (Pará, Mus.) 1909. 8. 6 p. 1.—
13894 **Diettrich-Kalkhoff.** Beitr. z. Pilzflora Tirols. (Wien, Z. b. G.) 1905. 8. 9 p. 1.—
13895 **Dittrich.** Z. Entwickelungsgesch. d. Helvellineen. Bresl. 1898. 8. 38 p. 1.—
13896 **Doebelt.** Z. Kenntn. e. pigmentbild. Penicilliums. Halle 1909. 8. 31 p. 1.—
13897 **Dopter et Sacquépée.** Précis de Bactériologie. Paris 1914. 8. 945 p.
av. 323 fig. en partie color. 15.—
13898 **Dorbritz.** Bakterienflora d. Vaccine. Bonn 1904. 8. 63 p. 2.—
13899 **Duclaux.** Ferments et Maladies. Paris 1882. 8. 284 p. av. 12 pl. 2.—
13900 **Dufour.** Atlas d. Champignons comest. et vénéneux. Paris 1891. 8.
80 planches color. av. les noms, s a n s le texte. 7.—
13901 **Duggar.** On a bacterial disease of the Squashbug. (Springfield) 1896.
8. 40 p. w. 2 pl. 2.—
13902 **Düggeli u. Fischer.** Speziesbegriff bei den Bakterien u. b. d. parasit.
Pilzen. 2 Abhandl. (Luzern, Nat. Ges.) 1905. 8. 22 p. m. 5 Tfln. 3.—
13903 **Dumée.** Petit atlas de poche d. Champignons comest. et vénén. Paris
(1895). 8. 36 pl. color. av. texte de 96 p. Toile. 2.—
13904 **Dumrath.** Parasitsvampar och deras betyd. sasom Sjukdomsalstrare.
Stockh. 1884. 8. 100 p. Lnb. 1.50
13905 **Duseigneur.** Maladie des Vers à Soie. 4 parties. (Lyon, Soc. Nat.)
1859 à 66. 8. 155 p. av. pl. 5.—
13906 **Duysen.** Bezieh. d. Mycelien ein. holzbewohn. Discomyceten zu
ihrem Substrat. Berl. 1906. 8. 37 p. 1.—
13907 **Dzierzbicki.** Beitr. z. Bodenbakteriologie. (Krak., Ak.) 1910. 8. 44 p. 1.50
13908 **Dzierzgowski.** Stoffwechselproducte d. sporad. Galt bewirk. Streptococcus, Mastitidis sporad. Bern 1891. 8. 14 p. 1.—
13909 **Ebbinghaus.** Die Pilze u. Schwämme Deutschlands. 2. Aufl. Leipz.
1868. 4. 64 p. m. 32 color. Tfln. (M. 12.) 6.—
13910 **Eberbach.** Verhalten d. Bacterien im Boden Dorpats. Dorpat 1890.
8. 72 p. m. 3 Tfln. 1.50
13911 **Eichelbaum.** Z. Kenntn. d. Pilzflora d. Ost-Usambaragebirges. (Hamb.,
Nat. Ver.) 1907. 8. 92 p. 2.—
13912 **Eidam.** Der gegenwärt. Standpunkt d. Mycologie. Berl. 1871. 8. 94 p. 1.—
13913 **Eisenach.** Uebersicht d. Pilze v Cassel. Cass. 1878. 8. 36 p. 1.—
13914 **Eisenschitz.** Z. Morphol. d. Sprosspilze. Wien 1895. 8. 24 p. 1.—
13915 **Eliasson.** Taphrina acerina. (Stockh., Ac.) 1895. 8. 7 p. m. color. Tfl. 1.—
13916 — Fungi Upsalienses. (Stockh., Ac.) 1897. 8. 20 p. et tab. 1.—
13917 **Ellinger.** Pilze bei Blepharitis ciliaris. (Berl., Virch. Arch.) 1862. 8. 3 p. —.50
13918 **Ellis, D.** Z. Kenntn. d. Coccaceen u. Spirillaceen. Marb. 1902. 8. 58 p. 1.—
13919 — Cilia in the g. Bacterium. (Jena, Centr. Bakt.) 1903. 8. 11 p. 1.—
13920 — Outlines of Bacteriology (technical and agric.). London 1909. 8.
274 p. w. 134 fig. Cloth. 7.50
13921 **Ellis, J. B.** On some Pyrenomycetes in the Schweinitz Herbar.
(Philad., Ac.) 1895. 8. 12 p. 1.—
13922 **Ellis, J. B., and F. W. Anderson.** New spec. of Montana Fungi. (Chicago, Bot. Gaz.) 1891. 8. 5 p. w. 2 pl. 1.50
13923 **Ellis, J. B., and Bartholomew.** New spec. of Kansas Fungi. 2 parts.
(Berkeley, Erith.) 1896—97. 8. 9 p. 1.—

13924 **Ellis, J. B., Bartholomew and Everhart.** New spec. of Fungi fr. various *M*
    localities. 4 parts. (N. York, Philad. and Wash.) 1896—1902. 8. 62 p.   3.—
13925 **Ellis, J. B., and Everhart.** New North Americ. Fungi. (Philad., Ac.)
    1890. 8. 31 p.   1.50
13926 — North American Pyrenomycetes. Newfield 1892. 8. 800 p. w. 41 pl.
    Cloth.   60.—
       Out of print and rare.
13927 — New West American Fungi. (Berkel., Eryth.) 1893. 8. 12 p.   1.—
13928 — The spec. of N. American Fungi fr. various local. (Philad., Ac.)
    1893. 8. 45 p.   2.—
13929 **Ellis, W. G. P.** Trichoderma paras. on Pellia epiphylla. (Lond., Linn.
    S.) 1897. 8. 16 p. w. 2 pl.   1.—
13930 **Embden.** Präparieren v. fleischig. Hutpilzen. (Hamb.) 1912. 8. 14 p.   1.—
13931 **Engelke, C.** Beitr. z. Hannover. Pilzflora. (Hann., Nat. G.) 1900. 8. 47 p.   1.50
13932 — Eine selt. Pyrenomyceten-Art. (Hannov., Nat. Ges.) 1910. 8. 8 p.   1.—
13933 **Engelke, J.** Die Ascomyceten, Hemibasidii u. Oomyceten des Ober-
    harzes. Gött. 1913. 8. 102 p.   2.50
13934 **Engelmann.** Z. Technik u. Kritik d. Bakterienmethode. (Bonn, Arch.
    Phys.) 1886. 8. 15 p.   1.—
13935 **Engler.** Ueb. d. Pilz-Veget. d. Weissen Grundes in d. Kieler Bucht.
    (Kiel, Meer.-Unters.) 1883. fol. 10 p. m. Tfl.   2.—
13936 **Ensch.** S. l. Myxomycètes. (Paris) 1899. 4. 14 p.   1.—
13937 **Entomophthoreae.** — 8 mém. p. Beauverie, Giard, Krassilschtschik et
    autr. 1857 à 1900. 8. et 4. 61 p. av. pl.   4.—
13938 **Errera.** L'épiplasme d. Ascomycètes et le glycogène d. Végétaux.
    Brux. 1882. 8. 85 p.   1.50
13939 — S. le Glycogène d. Basidiomycètes. (Brux., Ac.) 1884. 8. 50 p.   1.50
13940 — S. Spirillum colossus. (Brux., Inst. Bot.) 1902. 4. 11 p.   1.—
13941 **Essbare u. giftige Pilze.** — 8 Abhandl. 1875—1906. 8. 88 p. m. color. Tfl.   2.—
13942 **Essmon.** Z. Ustilagineenflora d. Slonimschen Kreis. (Petersb.) 1893.
    8. 8 p.   1.—
13943 **Estee.** Fungus Galls on Cystoseira and Halidrys. Berkel. 1913. 4.
    12 p. w. pl.   1.—
13944 **Ewart.** Evolution of Oxygen fr. coloured Bacteria. (Lond., Linn. S.)
    1897. 8. 33 p.   1.—
13945 **Eyferth.** Schyzophyten u. Flagellaten. Braunschw. 1879. 4. 22 p. m.
    2 Tfln. (M. 3.50.)   1.50
13946 — Die einfachsten Lebensformen d. Thier- u. Pflanzenreiches. 2. Aufl.
    Braunschw. 1885. 4. 134 p. m. 7 Tfln. Lnb. (M. 16.)   5.—
13947 — — 4. Aufl., hrsg. v. Schoenichen u. Kalberlah. Braunschw. 1909.
    4. 592 p. m. 16 Tfln. Lnb. (M. 22.)
13948 **Fabozzi.** Azione dei Blastomiceti s. epitelio trapiantato n. lamine
    corneali. (Paris, Arch. Paras.) 1904. 8. 59 p. c. tav.   2.—
13949 **Fairman.** Hymenomyceteae of Orleans County. (Rochest.) 1893. 8. 14 p.   1.—
13950 **Falck.** Die Cultur d. Oidien. Bresl. 1902. 8. 40 p.   1.—
13951 — Mykolog. Untersuchgn. u. Berichte. Heft I. Jena 1913. 8. 76 p.
    m. 3 Tfln. (M. 6.)
13952 — Fruchtkörperbild. holzzerstör. Pilze. (Jena) 1913. 8. 20 p.   1.—
13953 **Famintzin.** Neue Bacterienform, Newskia Ramosa. (Petersb., Ak.)
    1891. 4. 6 p. m. Tfl.   1.—
13954 **Famintzin u. Woronin.** 2 neue Formen v. Schleimpilzen. (Petersb., Ak.)
    1894. 4. 16 p. m. 3 Tfln. (2 color.)   1.50
13955 **Farlow.** On some spec. of Gymnosporangium and Chrysomyxa of the
    U. S. (Bost., Ac.) 1885. 8. 13 p.   1.—
13956 — On Fungi I. — Developm. of the Gymnosporangia. 2 pap. (Chic., Bot.
    Gaz.) 1886—89. 8. 12 p.   1.—
13957 — Some edible and poisonous Fungi. (Wash., Dept. Agr.) 1898. 8.
    22 p. w. 10 pl. (1 colour.)   1.50

13958 **Farlow.** The Conception of species as affect. by recent investigations of Fungi. Boston 1898. 8. 23 p.   *M* 1.50

13959 — Bibliographical Index of N. American Fungi. Part I (all publish.): Abrothallus to Badhamia. (Wash., Carnegie) 1905. 8. 347 p.   8.50

13960 **Farlow and Seymour.** Provisional Host-Index of the Fungi of the U. S. 3 parts. Cambr. 1888—91. 8. 219 p.   20.—
     Out of print and rare.

13961 **Faull.** Developm. of Ascus and spore format. in Ascomycetes. (Bost., Nat. Soc.) 1905. 8. 42 p. w. 5 pl.   2.50

13962 **Fée.** S. le groupe d. Phyllériées. (Strasb., Soc. Nat.) 1834. 8. 75 p. av. 11 pl. (dont 5 color.)   3.—

13963 **Feinberg.** Ueb. d. Bau d. Hefezellen. (Berl., Bot. Ges.) 1902. 8. 12 p. m. color. Tfl.   1.—

13964 — Das Gewebe u. d. Ursache d. Krebsgeschwülste. Berlin 1903. 8. 237 p. m. 4 Tfln. (2 color.) (M. 10.)   4.—

13965 — Verhüt. d. Infektion mit den Erregern der Krebsgeschwülste. Leipz. 1905. 8. 51 p. m. Tfl.   1.—

13966 **Feltgen, J. u. L.** Vorstudien z. ein. Pilzflora v. Luxemburg. Tl. I: Ascomycetes mit 4 Nachträg. Luxemb. 1900—05. 8. 1095 p. (M. 23.)   17.—

13967 — — Teil II: Basidiomycetes et Auriculariei. Luxemb. 1906. 8. 236 p. m. Portr.   6.—

13968 **Ferdinandsen.** Fungi terrestres fr. N. E. Greenland. (Copenh., Medd. Groenl.) 1910. 8. 11 p. w. colour. pl.   1.50

13969 **Ferdinandsen og Winge.** Stud. ov. Sclerotinia scirpicola. (Kjöbenh.) 1911. 4. 18 p.   1.—

13970 **Ferguson.** Germination of the spores of Agaricus campestr. (Wash., Dept. Agr.) 1902. 8. 43 p. w. 3 pl.   1.50

13971 **Ferretti.** Influenza d. Magnetismo s. Microorganismi patogeni. (Modena) 1909. 8. 12 p.   1.—

13972 **Fibiger.** Rech. bactériolog. s. la Dipthérie. (Copenh., Vid. S.) 1895. 8. 22 p.   1.—

13973 **Fiedler.** Uebersicht d. Pilze Mecklenburgs. 2 Tle. (Güstr., Arch.) 1855—58. 8. 29 p.   1.—

13974 **Fink and Richards.** The Ascomycetes of Ohio I, II. (Columbus, Univ.) 1915. 8. 71 p. w. 6 pl.   6.—

13975 **Fisch.** Z. Kenntn. d. Chytridiaceen. Erl. 1884. 8. 48 p. m. Tfl.   1.—

13976 **Fischel.** Untersuchgn. üb. d. Morphol. u. Biologie d. Tuberculose-Erregers. Wien 1893. 8. 28 p. m. 3 Tfln.   1.50

13977 **Fischer, A.** Üb. d. Parasit. d. Saprolegnieen. Berl. 1882. 8. 86 p. m. 3 Tfln.   1.50

13978 — Die Plasmolyse d. Bacterien. (Leipz., Ges. Wiss.) 1891. 8. 23 p. m. color. Tfl.   1.—

13979 — Untersuch. üb. Bakterien. (Berl., Pringsh. J.) 1894. 8. 167 p. m. 5 Tfln.   5.—

13980 — Untersuch. üb. d. Bau d. Cyanophyceen u. Bakterien. Jena 1897. 8. 145 p. m. 3 Tfln. (2 color.) (M. 7.)   4.50

13981 **Fischer, B., u. Brebeck.** Z. Morphol., Biol. u. Systemat. d. Kahmpilze, d. Monilia candida u. d. Soorerregers. Jena 1894. 8. 52 p. m. 2 Tfln. (M. 4.)   3.—

13982 **Fischer, E.** Botan. Jahresbericht f. 1881, 1886, 1887: Pilze (ohne d. Schizomyceten u. Flechten). 4 Tle. (Berl.) 1881—87. 8. 258 p.   3.—

13983 — Z. Kenntn. d. Gatt. Graphiola. Leipz. 1883. 4. 24 p. m. Tfl.   1.50

13984 — Z. Entwickel. d. Gastromyceten. (Leipz., Bot. Z.) 1885. 4. 22 p. m. Tfl.   1.50

13985 — Versuch e. system. Übersicht üb. d. Phalloideen. (Berl., Bot. Gart.) 1886. 8. 92 p. m. Tfl.   1.50

13986 — Lycogalopsis Solmsii. (Berl., Bot. Ges.) 1886. 8. 6 p. m. Tfl.   1.—

13987 — Hypocrea Solmsii. (Buitenz., Jard.) 1887. 8. 15 p. m. 2 Tfln. (1 col.)   1.50

13988 — Phalloideae. (Aus: Saccardo, Sylloge). (Patav.) 1887. 8. 27 p.   2.50

13989 — Streckungsorg. d. Phalloideen-Receptaculums. (Bern, Nat. Ges.) 1887. 8. 16 p.   1.—

13990 **Fischer, E.** Z. Kenntn. d. Gatt. Cyttaria. (Leipz., Bot. Z.) 1888. 4.
12 p. m. Tfl. 1.—
13991 — In Südwest-Afrika ges. Gastromyceten. (Dresd., Hedw.) 1889. 8.
8 p. m. color. Tfl. 1.—
13992 — Beitr. z. Kenntn. exot. Pilze. 2 Tle. (Dresd., Hedw.) 1890—91. 8.
54 p. m. 9 photogr. Tfln. (1 color.) 4.—
13993 — Die Pilze d. Schweiz. Flora. (Basel, Bot. Ges.) 1892. 8. 8 p. 1.—
13994 — Entwickl. d. Fruchtkörper v. Mutinus canin. (Berl., Bot. Ges.)
1895. 8. 11 p. m. Tfl. 1.—
13995 — Ueb. Gymnosporangium Sabinae u. confusum. (Stuttg., Z. Pfl.-
Krankh.) 8. 39 p. m. Tfl. 1.50
13996 **Fischer, H.** Bedeut. d. Agglutination zur Diagnose d. pathogenen u.
saprophyt. Streptokokken. Jena 1904. 8. 34 p. 1.—
13997 — Ueb. Stickstoffbakterien. (Bonn, Nat. Ver.) 1906. 8. 11 p. m. Tfl. 1.—
13998 **Fiucek.** Bacteriol. Untersuchungen in Sarajevo. (Saraj.) 1896. 4. 7 p. 1.—
13999 **Flamand.** La Chimie et la Bactériologie du Brasseur. Hannut 1909. 8.
405 p. av 53 fig. Toile. (fr. 15.) 10.—
14000 **Fleming.** On some microsc. Leaf Fungi fr. the Himalayas. (Lond.,
Micr. J.) 1874. 8. 5 p. w. pl. 1.—
14001 **Flügge.** Fermente u. Mikroparasiten. Leipz. 1883. 8. 316 p. (M. 6.) 1.—
14002 **Fontes.** Studien üb. Tuberkulose. (Rio d. J., Cruz) 1911. 4. 21 p.
m. color. Tfl. u. 7 Tabellen. 2.—
14003 **Ford.** The Bacteriology of healthy organs. (N. York, Assoc. Physic.)
1900. 8. 27 p. 1.—
14004 **Formad.** The Bacillus tubercul. (Philad., Med. Times) 1882. 8. 12 p. 1.—
14005 **Forssman.** Om botulismens Bakteriologi. (Lund, Univ.) 1900. 4. 35 p. 1.—
14006 **Francé.** Das Edaphor. Untersuch. zur Oekologie d. bodenbewohn.
Mikroorganismen. Münch. 1913. 8. 99 p. (M. 3.50.) 2.50
14007 **Frank, G.** Resultate d. bakteriol. Untersuch. d. Wiesbad. Quellleitungs-
wassers 1886—91. (Wiesb., Nat. Ver.) 1892. 8. 22 p. 1.—
14008 — Bedeut. d. Bakterien im Haushalt d. Natur. (Wiesb., Nat. Ver.)
1895. 8. 14 p. 1.—
14009 **Fraenkel.** Grundr. d. Bakterienkunde. 2. Aufl. Berl. 1887. 8. 380 p.
(M. 8.) Hfzb. 2.—
14010 — — 3. (letzte) Aufl. Berl. 1891. 8. 515 p. (M. 10.) 6.—
Vergriffen.
14011 **Fränkel u. Pfeiffer.** Das Verfahren d. photogr. Darstell. v. Bakterien-
präparaten. Berl. 1889. 8. 48 p. 1.—
14012 **Frankland, E.** Condit. of bacterial life in Thames Water. (Lond., Roy.
S.) 1895. 8. 12 p. 1.—
14013 **Frankland, P.** Micro-organisms in Water. (Brux., S. Géol.) 1895. 8. 10 p. 1.—
14014 **Frankland and Ward.** Report III on the Bacteriol. of Water. (Lond.,
Roy. Soc.) 1894. 8. 242 p. (7 s. 6 d.) 4.—
14015 **Freeman.** List of Minnesota Uredineae. (Minneap., Bot. Stud.) 1901.
8. 24 p. w. pl. 1.50
14016 — List of Minnesota Erysipheae. (Minneap., Bot. Stud.) 1901. 8. 8 p. 1.—
14017 — The Seed-Fungus of Lolium Temulentum. (Lond., Roy. S.) 1903.
4. 27 p. w. 3 pl. 2.50
14018 **Fried.** Biolog. Studien üb. d. Eigenbewegung d. Bacterien. Würzb.
1902. 8. 64 p. 1.50
14019 **Fries, E.** Systema Mycologicum. 3 vol. et index. Acc. Supplementum:
Elenchus Fungorum. 2 vol. Lund. et Gryphisw. 1821—32. 8. 30.—
Siehe Notiz zu Nr. 2280.
14020 — — Vollständig, nur der 2. Teil des III. Bandes f e h l t. 12.—
14021 — — Vol. I. 1821. 578 p. Cart. 3.—
14022 — — Vol. II. 1823. 623 p. Hfzb. 3.—
14023 — Synopsis Agaricorum Europ. Lund. 1830. 8. 16 p. 1.50
14024 — Anteckn. öfv. Sveriges ätliga Svampar. Ups. 1836. 8. 68 p. 1.50

    M

14025 **Fries, E.** Monogr. Cortinariorum Sueciae. V. Upsal. 1851. 8. 18 p.   1.—
14026 — Monogr. Lepiotarum Sueciae. Upsal. 1854. 8. 18 p.   1.50
14027 — Monogr. Omphaliarum Sueciae. Upsal. 1854. 8. 18 p.   1.50
14028 — Monogr. Tricholomatum Sueciae. 3 partes. Upsal. 1854. 8. 50 p.   3.50
14029 — Anteckn. öfv. Svamparnes geograf. utbredning. Ups. 1857. 8. 22 p.   1.50
14030 — Öfvers. af Svamparnes familjar. (Stockh., Bot. Utfl.) 1858. 8. 62 p.   2.50
14031 — Svamparnas Calendarium. (Stockh., Bot. Utfl.) 1858. 8. 23 p.   1.—
14032 — Calendrier d. Champignons. (Paris, Ann. Sc.) 1859. 8. 24 p.   1.—
14033 — S. la distrib. géogr. d. Champignons. (Paris, Ann. Sc.) 1861. 8. 26 p.   1.50
14034 — On the geograph. distrib. of Fungi. (Lond., Ann. & M.) 1862. 8. 20 p.   1.50
14035 — Icones selectae Hymenomycetum nondum delineat. I. Holm. 1878. fol. 118 p. s i n e tabul.   2.—
14036 **Fries, O. R.** Anteckn. om Svenska Hymenomyceter. (Stockh., Ark. Bot.) 1907. 8. 31 p.   1.50
14037 **Fries, R. E.** Om Sveriges Myxomycetflora. (Stockh., Ak.) 1897. 8. 10 p.   1.—
14038 — Sveriges Myxomyceter. (Stockh., Ak.) 1899. 8. 32 p.   1.50
14039 — Basidiobolus myxophilus. (Stockh., Ak.) 1899. 8. 16 p. m. 2 Tfln.   1.50
14040 — In Synopsin Hymenomycetum Gothoburg. additam. (Gothoburg.) 1900. 8. 38 p.   1.50
14041 — Myxomyceten v. Argentinien u. Bolivia. (Stockh., Ark. Bot.) 1903. 8. 14 p.   1.—
14042 **Frisch, A.** Einfluss nied. Temperat. auf d. Lebensfähigkeit d. Bacterien. Verhalt. d. Milzbrandbacillen geg. extrem nied. Temperaturen. (Wien, Med. Jahrb.) 1879. 8. 32 p.   1.50
14043 **Fritsch, F. E.** 2 Fungi, paras. on Tolypothrix. (Lond., Ann. Bot.) 1903. 8. 16 p. w. pl.   1.—
14044 **Froehlich.** Stickstoffbindung durch ein. auf abgestorb. Pflanzen häufige Hyphomycet. Leipz. 1908. 8. 48 p.   1.—
14045 **Frömel.** Afecciones cutáneas vejetoparasitarias en Chile. (Santiago, Univ.) 1892. 8. 73 p. av. 3 pl.   2.—
14046 **Fuchs, E.** Z. Kenntn. d. parasit. Pilzflora Ost-Schleswigs. (Kiel, Nat. Ver.) 1888. 8. 15 p.   1.—
14047 **Fuchs, J.** Z. Kenntn. ein. geniessbarer Schwämme. (Wien, Z. Apoth.) 1872. 8. 35 p.   1.—
14048 **Fuchs, J.** Üb. d. Bezieh. v. Agaricineen u. and. humusbewohn. Pilzen z. Mycorhizenbildg. d. Waldbäume. Stuttg. 1912. 4. 32 p. m. 4 Tfln. (M. 10.)   7.—
14049 **Fuckel.** Enumeratio Fungorum Nassoviae. I. (quantum prodiit). (Wiesb., Ver. Nat.) 1860. 8. 124 p. et tab. color.   1.—
14050 — Fungi Rhenani exsicc.: Index. Wiesb. 1865. 4. 16 p.   1.—
14501 **Fuhrmann.** Bacillen-Septicaemie b. Huhn. (Graz, Ver. Nat.) 1902. 8. 8 p. m. Tfl.   1.—
14052 — Ueb. fluoreszier. Wasservibrionen. (Graz, Ver. Nat.) 1905. 8. 20 p. m. Tfl.   1.—
14053 — Entwicklungszyklen bei Bakterien. (Dresd., Bot. Centr.) 1907. 8. 13 p. m. Tfl.   1.—
14054 — Leitfad. d. Mikrophotographie in d. Mykologie. Jena 1909. 8. 88 p. m. 3 Tfln.   3.—
14055 — Vorlesgn. üb. Techn. Mykologie. Jena 1913. 8. 463 p. m. 140 Fig. (M. 15.)
14056 **Fulton.** Chemotropism of Fungi. (Chic., Bot. Gaz.) 1906. 8. 28 p.   1.50
14057 **Fungi.** — Samml. v. 70 Abhandl. v. A. N. Berlese, Britzelmayr, Bubák, Farlow, M. Fries, Hedgcock, Kalchbrenner, Lindroth, Ludwig, P. Magnus, Martelli, Mattirolo, Pammel, Starbäck, Trail, Zahlbruckner u. a. 1843—1914. 8. u. 4. 559 p. m. 10 Tfln. (2 color.)   18.—
14058 **Gährungs-Pilze.** — 6 Abhandlgn. 1888—1905. 8. 62 p.   2.—
14059 **Galeotti u. Zardo.** Ueb. e. aus dem „Murex bradatus" isolierten pathog. Mikroorganismus. (Jena, Centr. Bakt.) 1902. 8. 21 p.   1.—
14060 **Galli-Valerio.** La Peste bubonique. (Lausanne) 1899. 8. 48 p.   1.—

M

14061 **Gander.** Die Bakterien. Einsied. 1905. 8. 168 p. Lnb. (M. 1.50.)   1.—
14062 **Garbowski.** Abschwächung u. Variabil. bei Bacillus luteus u. Bac. tumescens. Marb. 1907. 8. 64 p.   1.50
14063 **Gardner.** A new g. of Ascomycet. (Berkel., Univ.) 1905. 4. 12 p. w. pl.   1.—
14064 **Gates and Mackay.** Middleton Fungi. — Fungi of Nova Scotia. 2 pap. (Halifax) 1905. 8. 29 p.   1.50
14065 **Gaunt.** Ueb. d. Oxydase d. Essig-Bakterien. Berl. 1906. 8. 56 p.   1.50
14066 **(Gavotti).** Trattato de' Funghi. Roma 1792. 8. 282 p. Cart.   7.—
     Recht selten, P r i t z e l unbekannt.
14067 **Geissler.** Anleit. z. Pilzsammeln. Zwenkau 1897. 8. 43 p. m. 5 color. Tfln.   1.—
14068 **Gerstner.** Z. Kenntn. obligat anaerober Bacterienarten. Emmend. 1894. 8. 38 p. m. 2 Tfln.   1.50
14069 **Gerzetic.** Üb. Parasitismus u. Krankheitserreger. Karans. 1893. 8. 144 p.   2.—
14070 **Giard.** S. quelq. types remarquables de Champignons entomophytes. (Paris, Bull. Sc.) 1889. 8. 28 p. av. 3 pl. color.   2.—
14071 — L'Isaria densa, Champignon paras. du Hanneton vulg. Paris 1892. 8. 114 p. av. 4 pl. (2 color.)   3.50
14072 **Gibelli e Griffini.** S. polimorfismo d. Pleospora herbarum. Firenze 1873. 8. 40 p. c. 5 tav.   2.50
14073 — — (Pavia) 1873. 8. 21 p.   1.—
14074 **Giesebrecht.** Beitr. z. morpholog. u. biolog. Charakter. v. Mucor-Arten. Würzb. 1915. 8. 60 p.   2.—
14075 **Giesenhagen.** Ueb. ein. Pilzgallen an Farnen. (Münch., Flora) 1895. 8. 10 p.   1.—
14076 — Taphrina, Exoascus u. Magnusiella. (Leipz., Bot. Z.) 1901. 4. 28 p. m. Tfl.   1.50
14077 **Gobi.** Ueb. d. Tubercularia Persicina. (Petersb., Ak.) 1885. 4. 25 p. m. color. Tfl. (M. 1.50.)   1.—
14078 — Rhizidiomyces Ichneumon nov. sp. — Fulminaria Mucophila nov. gen. et sp. (Petersb.) 1899. 8. 34 p. m. 2 color. Tfln. — Russisch.   2.—
14079 — Entwicklgesch. d. Pythium tenue. (Petersb., Bot. Gart.) 1899. 8. 16 p. m. 2 Tfln.   1.—
14080 **Gobi u. Tranzschel.** Die Rostpilze (Uredineen) d. Gouvernements St. Petersb., Esth-, u. Finnlands. (Petersb., Hortus) 1891. 8. 70 p. — Russisch m. deutsch. Resumé.   2.—
14081 **Godfrin.** Catal. méthod. d. Champignons Basidiés de Nancy. (Paris, Soc. Myc.) 1893. 8. 17 p.   1.—
14082 — Catal. méthod. d. Hyménomycètes de Nancy. (Paris, S. Myc.) 1895. 8. 12 p.   1.—
14083 — Caractères anat. d. Agaricinés. Nancy 1901. 8. 26 p.   1.50
14084 **Godoy.** Ueb. d. Vermehr. d. Bacterien in den Culturen. I. (Rio de J., Cruz) 1909. 4. 18 p.   1.—
14085 **Goffart.** Contrib. a l'ét. du Rhizomorphe de l'Armillaria Mellea. (Brux., Ac.) 1903. 4. 26 p. av. 2 pl.   1.50
14086 **Gonnermann.** Die Bakterien in d. Wurzelknöllchen d. Leguminosen. (Berl., Landw. Jahrb.) 1892. 8. 23 p.   1.50
14087 **Gordan.** Ueb. Fäulnisbakterien in Obst u. Gemüse. Leipz. 1897. 8. 18 p.   1.—
14088 **Gössel.** Der praktische Pilz-Züchter. Dresd. 1881. 8. 61 p.   1.—
14089 **Gottheil.** Botan. Beschreib. v. sporenbild. Bakterien, w. auf d. unterird. Organen uns. Kulturpflanzen vork. Marb. 1901. 8. 100 p.   2.50
14090 **Gräfenhan.** Bacillus disciformis. Beitr. z. Kenntn. d. Wasserbakterien. Halle 1891. 8. 44 p. m. 2 Tfln.   1.—
14091 **Graff.** Philippine Basidiomycetes. 2 parts. (Manila, J. Sc.) 1913—14. 4. 34 p. w. 4 pl.   2.—
14092 **Graham-Smith, Fantham and o.** Report on the Isle of Wight Bee Disease (Microsporidiosis). (Lond., Board Agr.) 1912. 8. 143 p. w. 6 pl.   4.—
14093 **Gramberg.** Pilze d. Heimat. 2 Bde. Leipz. 1913. 8. 116 color. Tfln. m. 194 p. Text. Lnb. (M. 10.80.)

M

14094 **Gran.** Ueb. Meeresbakterien. I. (Bergen, Mus.) 1902. 8. 23 p.   1.—
14095 **Grassberger.** Z. Morphol. d. bewegl. Buttersäurebacillus. Münch. 1902. 8. 34 p. m. 4 Tfln.   2.—
14096 **Gravis.** Le Schinzia alni. (Brux., S. Bot.) 1879. 8. 11 p. av. pl.   1.—
14097 **Grelet.** Manuel du Mycologue amateur ou les champignons comest. du Haut Poitou. Niort 1900. 8. 207 p. av. 10 pl. Toile. (fr. 4.50.)   3.—
14098 **Griffiths.** Contrib. to a better knowl. of the Pyrenomycetes. I. (N. York, Torr. Cl.) 1899. 8. 13 p. w. 2 pl.   1.50
14099 — The North American Sordariaceae. (N. York, Torr. Cl.) 1901. 8. 134 p. w. 19 pl.   6.—
14100 **Grimbert.** Diagnostic d. Bactéries par leurs fonctions bio-chimiques. (Paris, Arch. Paras.) 1903. 8. 69 p.   3.—
14101 **Grimme.** Die wichtigst. Arten der Bakterienfärbung. Marb. 1902. 8. 63 p.   1.50
14102 **Grönlund.** En ny Torula-Art og to nye Saccharomycetes-Arter. (Kjöb., Nat. För.) 1892. 8. 13 p.   1.—
14103 **Grosbüsch.** Rhizobium radicicola in verschied. Nährmedien. Bonn 1907. 8. 31 p. m. Tfl.   1.—
14104 **Grotenfelt.** Saprofyta Mikroorganismer i Komjölk. I. Helsingf. 1889. 8. 87 p. m. Tfl.   1.50
14105 **Grove.** Nomad Fungi: the reclassif. of the Uredineae coll. in the Oban excurs. (Birmingh.) 1882. 8. 14 p. w. pl.   1.—
14106 — The Myxomycetes coll. in the Oban excurs. (Birm.) 1882. 8. 11 p. w. pl.   1.—
14107 — The British Rust Fungi (Uredinales), their biology and classific. Cambr. 1913. 8. 424 p. w. 290 fig. Cloth.   14.—
14108 **Gruber.** Die Arten d. Gatt. Sarcina. Emmend. 1895. 8. 54 p.   1.50
14109 **Grüss.** Ueb. die vegetat. Diastase-Fermente. Berl. 1895. 4. 32 p.   1.—
14110 — Ueb. die Atmung u. Atmungsenzyme der Hefe. (Münch., Z. Brau.) 1904. 4. 25 p.   1.50
14111 **Guéguen.** Études biolog. s. le Penicillium. II. (Paris, Soc. Myc.) 1899. 8. 22 p. av. pl.   1.—
14112 **Guillaud.** Les Ferments figurés. Paris 1876. 8. 120 p.   1.50
14113 **Guillaud, Forquignon et Merlet.** Catal. des Champignons rec. dans le Sud-Ouest. (Bord., Soc. Sc.) 1884. 8. 73 p. av. pl. (fr. 6.)   2.50
14114 **Günther, C.** Einführg. in d. Studium d. Bakteriologie. Leipz. 1890. 8. 253 p. m. 10 photogr. Tfln. (M. 8.)   1.—
14115 — — 2. Aufl. Leipz. 1891. 8. 282 p. m. 12 photogr. Tfln. (M. 9.)   1.50
14116 **Guttenberg.** Z. physiolog. Anat. d. Pilzgallen. Leipz. 1905. 8. 74 p. m. 4 Tfln.   2.—
14117 **(Guttstadt).** Wirksamkeit des Koch'schen Heilmittels gegen Tuberkulose. Amtliche Berichte. Berl. 1891. 8. 912 p. m. Tfl. Lnb. (M. 8.)   3.—
14118 **Haberlandt.** Die seuchenart. Krankheit d. Seidenraupen. 3 Tle. Wien 1866—69. 8. 156 p. m. 2 Tfln.   3.—
14119 **Hagem.** Ueb. d. Verbreit. d. Actinomyceten. (Krist.) 1910. 8. 9 p.   1.—
14120 — Untersuchgn. üb. Norweg. Mucorineen. 2 Tle. (Christ., Vid. Selsk.) 1908—10. 8. 202 p.   6.—
14121 **Hahn, R.** Die bei d. Farbstoffproduktion d. Chromobakterien wirks. Faktoren. Leipz. 1898. 8. 51 p. m. color. Tfl.   2.—
14122 **Halgand.** S. l. Trichophyties de la Barbe. (Paris, Arch. Paras.) 1904. 8. 33 p.   1.50
14123 **Hallier.** Die pflanzlichen Parasiten d. menschl. Körpers. Leipz. 1866. 8. 120 p. m. 4 Tfln. (3 color.) (M. 3.50.)   1.—
14124 — Mykolog. Untersuchungen. I, IV, VI. (Berl., Landw. Vers.-St.) 1866—67. 8. 40 p. m. 2 Tfln.   1.50
14125 — Gährungserscheinungen. Leipz. 1867. 8. 116 p. m. Tfl. (M. 2.75.)   1.—
14126 — Parasitolog. Untersuch. Leipz. 1868. 8. 80 p. m. 2 color. Tfln. (M. 3.)   1.—
14127 — Reform d. Pilzforschung. Jena 1875. 8. 14 p   1.—
14128 — Rechtfertig. geg. de Bary. (Jena.) 8. 12 p.   1.—

W. Junk, Berlin, W. 15.

ℳ

14129 **Halsted.** Iowa Peronosporeae. (Chic., Bot. Gaz.) 1888. 8. 8 p.   1.—
14130 **Hammarsten.** Om de ätliga Svamparnas Näringsvärde. Upsala
  1887. 8. 65 p.   1.50
14131 **Handbuch** d. pathogen. Mikroorganismen. Hrsg. v. Kolle u. Wasser-
  mann. 2. Aufl. 8 Bde. Jena 1912—14. 8. 9022 p. m. 104 z. Tl. color.
  Tfln. (M. 323.)   260.—
14132 **Handbuch** ·der technischen Mykologie. Herausg. v. Lafar. 5 Bde. Jena
  1904—1914. 8. m. viel. z. Tl. color. Tfln. (M. 95.50.)   75.—
  Ist die 2. Auflage von: **L a f a r**, Techn. Mykologie.
14133 **Hansen, A.** Ueb. Fermente und Enzyme. (Würzb., Bot. Inst.) 1888. 8.
  60 p. m. Tfl.   2.—
14134 **Hansen, E. C.** Fungi fimicoli Danici. (Kjöb., Nat. För.) 1876. 8. 183 p.
  et 6 tab. — Danice et Gallice conscr.   6.—
14135 — Organismer i Öl og Ölurt. Kjöb. 1879. 8. 133 p. m. 2 Tfln.   2.—
14136 — Untersuchungen aus d. Praxis d. Gärungsindustrie. 2 Hefte (alles
  was erschien.). Münch. 1890—92. 8. 238 p.   5.—
  Zum Teil vergriffen.
14137 — Practical Studies in Fermentation. Transl. by Miller. Lond. 1895.
  8. 292 p. Cloth.   15.—
  Out of print.
14138 — Rech. s. les Bactéries acétifiantes. II. (Copenh., Lab. Carlsb.) 1894.
  8. 35 p.   1.—
14139 — Biol. Untersuchgn. üb. Mist bewohn. Pilze. (Leipz., Bot. G.) 1897.
  4. 22 p. m. Tfl.   1.—
14140 — Gesamm. theoret. Abhandlungen üb. Gärungsorganismen. Hrsg. v.
  Klöcker. Jena 1911. 8. 573 p. m. Portr. u. 95 Fig. (M. 18.)
14141 **Harden u. Young.** Gährversuche m. Presssaft aus obergähriger Hefe.
  (Lond., Lister Inst.) 1904. 8. 19 p.   1.—
14142 **Harding.** Constancy of cert. physiol. characters in the classif. of
  Bacteria. Geneva 1910. 8. 41 p.   1.50
14143 **Harding and Prucha.** The bacterial Flora of Cheddar Cheese. Geneva
  1908. 8. 73 p.   2.—
14144 **Harding, Ruehle and o.** Effect of dairy operat. up. the Germ content
  of Milk. Geneva 1913. 8. 39 p.   1.—
14145 **Harding and G. A. Smith.** Control of Rusty Spot in Cheese Factories.
  Geneva 1902. 8. 29 p.   1.—
14146 **Harding and Wilson.** Study of the Udder Flora of Cows. Geneva
  1913. 8. 40 p.   1.50
14147 **Hariot.** Les Uredinées (Rouilles d. Plantes). Paris 1908. 8. 407 p. Toile. 4.50
14148 **Hariot et Patouillard.** G. Colletomanginia. (Paris, S. Myc.) 1906. 8.
  4 p. av. pl.   1.—
14149 **Harkness.** Fungi of the Pacific Coast. IV. V. (S. Franc., Ac.) 1886—87.
  8. 26 p.   1.50
14150 **Hartig, R.** Der ächte Hausschwamm. Berl. 1885. 8. 82 p. m. 2 color.
  Tfln. Cart.   2.—
14151 — — 2. Aufl., bearb. v. Tubeuf. Berl. 1902. 8. 112 p. m. 33 z. Tl.
  color. Fig.   4.—
14152 **Hartog.** On the cytology of the vegetat. and reproduct. organs of the
  Saprolegnieae. (Dublin, Ac.) 1895. 4. 62 p. w. 2 pl.   3.—
14153 **Harvey, F. L.** Contr. to the Myxogasters of Maine. (N. York, Torr.
  Cl.) 1896. 8. 8 p.   1.—
14154 **Harvey, W. F., and Mc Kendrick.** Theory and practice of Anti-Rabic
  immunisat. (Calcutta) 1907. 4. 47 p. w. 2 pl. Boards.   2.—
14155 **Harz.** Z. Kenntn. d. Polyporus offic. Moskau 1868. 8. 40 p. m. 2 Tfln.   1.—
14156 — Ueb. d. Alkohol- u. Milchsäuregährung. (Wien, Z. Apoth.) 1871.
  8. 44 p.   1.—
14157 — Ueb. Trichothecium roseum. (Wien, Z. b. G.) 1871. 8. 6 p.   —.50
14158 — Ein. neue Hyphomyceten. (Moskau, Bull.) 1871. 8. 60 p. m. 5 Tfln.   2.50

W. Junk, Berlin, W. 15.

14159 **Harzer.** Abbildungen d. vorzügl. essbaren giftigen u. verdächt. Pilze.   *M*
Dresden 1844. Folio. N u r A t l a s v. 80 schwarzen Tafeln. (Tfl. 1—10
u. 51—55 sind coloriert) ohne d. (wertlosen) Text.   20.—
14160 **(Hatch).** The Battle of the Microbes. Nature's fight for pure water.
N. York 1908. 8. 28 p. w. 2 pl.   1.—
14161 **Haudring.** Bacter. Untersuch. ein. Gebrauchswässer Dorpats. Dorp.
1888. 8. 57 p.   1.50
14162 **Hauptfleisch.** Astreptonema longispora n. g. (Berl., Bot. G.) 1895.
8. 6 p. m. Tfl.   1.—
14163 **Hazslinszky.** Beitr. z. Kenntn. d. Karpathenflora. IX: Brandpilze. X: Ein.
Coniomyceten. (Wien, Z. b. G.) 1864. 8. 22 p.   1.—
14164 — Z. Kenntn. d. Sphärien des Lyciums. (Wien, Z. b. G.) 1865. 8.
6 p. m. 2 Tfln.   1.—
14165 — Die Sphärien d. Rose. (Wien, Z. b. G.) 1870. 8. 8 p. m. Tfl.   1.—
14166 — Neue Arten d. Pilzflora d. südöstl. Ungarns. (Wien, Z. b. G.)
1873. 8. 8 p.   1.—
14167 — Hungarian Geasters. (Lond., Grev.) 1875. 8. 3 p. w. pl.   1.—
14168 — Beitr. z. Kenntn. d. Ungar. Pilz-Flora. 3 Tle. (Wien, Z. b. G.)
1876—77. 8. 30 p. m. Tfl.   1.—
14169 — Verbreitung d. Ungar. Agaricinen. (Budap.) 1890. 8. 89 p.   2.—
14170 **Hazslinszky u. Schulzer.** Ein. neue od. wenig bek. Discomyceten.
(Wien, Z. b. G.) 1887. 8. 22 p. m. Tfl.   1.—
14171 **Hébert.** Rech. cliniques et bactériol. s. l. Angines à Bacille. Paris
1896. 8. 53 p.   1.—
14172 **Hedgcock.** Stud. up. some chromogenic Fungi. (St. Louis, Gard.) 1906.
8. 56 p. w. 10 pl.   2.50
14173 — Some wood staining Fungi. (Wash., J. Myc.) 1906. 8. 14 p.   1.—
14174 **Heese.** Die Anat. d. Lamelle u. ihre Bedeut. f. d. System. d. Agaricineen. Berl. 1883. 8. 29 p.   1.—
14175 — Z. Classif. d. einheim. Agaricineen. (Berl., Bot. Ver.) 1885. 8. 22 p.   1.—
14176 **Heim.** Lehrb. d. Bakteriologie. 4. Aufl. Stuttg. 1911. 8. 466 p. m. 13 Tfln.
u. 181 Fig. (M. 13.60.)
14177 **Helmerl.** Die niederösterr. Ascoboleen. Sechshaus 1889. 8. 32 p. m. Tfl.   1.50
14178 **Heinze.** Ueb. Säurebildg. durch Pilze. (Berl., Ann. Myc.) 1903. 8. 10 p.   1.—
14179 **Heinze u. Cohn.** Ueb. milchzuckervergährende Sprosspilze. (Leipz.,
Z. Hyg.) 1904. 8. 80 p.   2.—
14180 **Hellens.** Stud. üb. d. Marktmilch in Helsingfors m. Hinsicht auf d.
Bakteriengehalt. Hels. 1899. 8. 86 p.   1.50
14181 **Henneberg.** Gärungsbakteriolog. Praktikum. Berl. 1909. 8. 670 p. m.
220 Fig. Lnb. (M. 21.)
14182 **Henning.** Svampfloran i Norges sydlig. fjelltrakt. (Stockh., Ak.) 1885.
8. 28 p. m. color. Tfl.   1.—
14183 **Hennings.** Die Agaricin. d. Umgeb. Berlins. (Berl., Bot. V.) 1890. 8. 36 p.   1.50
14184 — Kryptog. Forschungsreise im Kr. Schweiz. 2 Tle. (Danzig u. Berl.)
1891—92. 8. 69 p.   1.50
14185 — Die Helvellaceen d. Umgeb. Berlins. (Berl., Bot. Ver.) 1895. 8. 13 p.   1.—
14186 — Mykolog. Notizen. I. (Berl., Bot. Ver.) 1896. 8. 14 p.   1.—
14187 — Die Clavariaceen v. Brandenburg. (Berl., Bot. Ver.) 1896. 8. 19 p.   1.—
14188 — Z. Pilzflora v. Eberswalde. (Berl., Bot. Ver.) 1897. 8. 10 p.   1.—
14189 — Die Pilze d. Berl. bot. Gartens. (Berl., Bot. Ver.) 1898. 8. 69 p.
m. 2 Tfln.   1.50
14190 — Fungi Austro-Americ. (Haun., Ac.) 1900. 8. 14 p.   1.—
14191 — Fungi Paraenses. 3 partes. (Pará, Mus.) 1901—09. 8. 41 p.   2.—
14192 — Z. Pilzflora Christianias. (Christ., Nyt Mag.) 1904. 8. 28 p.   1.—
14193 — Fungi Philippinenses. I. (Manila, J. Sc.) 1908. 4. 18 p.   1.—
14194 **Hennings, Lindau u. a.** Pilze d. Mark Brandenburg. Heft I u. II. (soweit erschien.) Berl. 1905—11. 8. 205 p. (M. 11.40.)
14195 **Henrici.** Z. Bacterienflora d. Käses. Basel 1893. 8. 110 p.   2.—

14196 **Henslow, J. S.** Identity of the Fungi produc. Rust and Mildew. (Lond., Agr. Soc.) 1841. 8. 7 p. w. pl.   *M* 1.50
14197 **Heraeus.** Verhalt. d. Bacterien im Brunnenwasser. Leipz. 1887. 8. 48 p.   1.—
14198 **Herpell.** Das Präparieren u. Einlegen d. Hutpilze. 2 Tle. (Bonn, Nat. Ver.) 1880—88. 8. 71 p. m. 2 Tfln. (1 color.)   1.50
14199 **Herrmann.** Der Pilzjäger. Dresd. 1854. 8. 63 p. m. Atlas in-4. v. 3 color. Tfln.   1.50
14200 **Herter.** Hongos collec. en Uruguay. (Montev.) 1907. 8. 9 p. av. pl.   1.—
14201 **Herzog, M.** Textbook on disease-produc. Microorganisms. Lond. 1911. 8. Cloth.   22.—
14202 **Hess.** Vergähr. v. Saccharose durch d. Hefen. Nürnb. 1897. 8. 32 p.   1.—
14203 **Heufler.** Ueb. d. Glutpilz v. Marienbad. (Wien, Z. b. G.) 1857. 8. 4 p.   —.50
14204 — Ueb. Aecidium albescens. (Wien, Z. b. G.) 1867. 8. 4 p.   —.50
14205 — Ueb. Panus Sainsonii. (Wien, Z. b. G.) 1867. 8. 6 p.   —.50
14206 **Heymann, E.** Bacteriol. Untersuch. ein. Gebrauchswässer Dorpats. Dorpat 1892. 8. 71 p.   1.50
14207 **Hibler.** Untersuchungen üb. die pathogenen Anaëroben. Jena 1908. 8. 438 p. m. 17 Tfln. (1 color.) (M. 25.)
14208 **Hieronymus.** Organisation d. Hefezellen. (Berl., Bot. Ges.) 1893. 8. 11 p. m. Tfl.   1.—
14209 **Hill.** Die Bakterienflora in Bierpressionen. Giess. 1906. 8. 68 p. m. color. Tfl.   1.50
14210 **Hiller.** Die Lehre v. d. Fäulniss. Berl. 1879. 8. 547 p. (M. 14.) Cart.   3.—
14211 **Hinterthür.** Praktische Pilzkunde. Leipzig 1909. 8. 87 p. m. 34 color. Tfln. Lnb. (M. 3.)   2.—
14212 **Hisinger.** S. l. Tubercules du Ruppia rostellata et du Zanichellia polycarpa. I. Helsingf. 1887. 8. 12 p. av. 10 pl.   2.50
14213 **Hoffmann, G. F.** Nomenclator Fungorum I: Agarici. Cum contin. et indice. 2 partes. Berol. 1789—90. 8. 349 p. et 6 tab.   10.—
    Selten.
14214 — — Pars 2. 1790. 85 p. Cart.   2.—
14215 — Vegetabilia in Hercyniae subterr. coll. Norimb. 1811. fol. 34 p. et 18 tab. c o l o r. (M. 54.)   10.—
14216 **Hoffmann, H.** On contract. tissues in the Hymenomycetes. (Lond., Micr. J.) 1854. 8. 8 p.   1.—
14217 — Icones analyticae Fungorum. M. besond. Rücks. auf Anat. u. Entwickl.-Gesch. 4 Hefte. Giessen 1861—65. fol. 105 p. m. 24 color. Tfln.   55.—
    Heft 2 und 3 sind vergriffen. Preis steigend.
14218 — Mykolog. Vegetationsbilder. Parerga botan. 2 Abhandl. (Giessen, Ges. Nat.) 1865. 8. 16 p.   1.—
14219 — Z. Naturgesch. d. Hefe. (Berl.) 1867. 8. 28 p. m. Tfl.   1.—
14220 — S. l. Bactéries. (Paris, Ann. Sc.) 1869. 8. 71 p. av. 2 pl.   2.—
14221 — Mykolog. Berichte. 3 Tle. Giessen 1870—72. 8. 370 p. (M. 7.40.)   3.—
14222 **Hoffmann, K.** Wachstumsverhältn. einiger holzzerstör. Pilze. Halle 1910. 8. 130 p.   2.—
14223 **Hofmann, (O.)** Die Schlafsucht d. Nonne. Frankf. 1891. 8. 31 p.   1.—
14224 **Hogg.** Microscop. inquiry into the vegetable Parasites of the human Skin. 2 parts. (Lond., Micr J.) 1859—66. 8. 33 p. w. 3 pl.   1.50
14225 — Mycetoma: the Fungus-foot of India. 2 parts. (Lond., Micr. J.) 1871—77. 8. 11 p. w. 2 pl.   1.—
14226 **Höhnel.** Fragmente z. Mykologie. 17 Tle. (Wien, Ak.) 1902—15. 8. 1421 p. m. 9 Tfln. (M. 44.)
14227 — Mycol. Fragmente. II. (Berl., Ann. Myc.) 1904. 8. 24 p.   1.—
14228 **Hollborn.** Parasit. Natur d. Alopecia areata. 2 Tle. (Jena, Centr. Bakt.) 1895. 8. 16 p.   1.—
14229 **Holliger.** Bakteriol. Untersuchgn. üb. Mehlteiggärung. Jena 1902. 8. 75 p.   1.50
14230 **Hollós.** Die Pilz-Flora v. Kecskemét. Budap. 1913. 8. 179 p. — In magyar. Sprache.   2.—

14231 **Holst.** Uebersicht üb. d. Bakteriologie. Jena 1891. 8. 221 p. m. 2 color. Tfln. (M. 6.) — 4.—

14232 **Holtermann.** Mykolog. Untersuch. aus d. Tropen. Berl. 1898. 4. 130 p. m. 12 Tfln. Cart. (M. 25.) — 20.—

14233 **Holway.** Mexican Fungi. 2 pap. (Chic. and Berl.) 1897—1904. 8. 20 p. w. pl. — 1.—

14234 **Holz.** Experiment. Untersuchungen üb. d. Nachweis d. Typhusbacillen. Berl. 8. 52 p. — 1.—

14235 **Holzmüller.** Die Gruppe des Bacillus mycoid.. Jena 1909. 8. 53 p. — 1.—

14236 **Honcamp.** Beitr. z. Atmung u. Wärmeentwicklung d. Schimmelpilze. Erfurt 1899. 8. 92 p. m. Tfl. — 1.50

14237 **Hone.** Minnesota Helvellineae. (Minneap., Bot. Stud.) 1904. 8. 14 p. w. 5 pl. — 2.—

14238 **Hooton.** Clinical aspects of Mycetoma. (Manila, J. Sc.) 1910. 4. 4 p. w. 2 pl. — 1.—

14239 **Horn, L.** Experiment. Entwickelungsändergn. bei Achlya polyandra. Berl. 1904. 8. 39 p. m. 21 Fig. — 1.—

14240 **Horta.** Contrib. à l'ét. des Dermatomycoses du Brésil. (Rio de Jan., Cruz) 1911. 4. 8 p. av. pl. color. — 1.—

14241 — S. une nouv. forme de Piedra. (Rio de J., Cruz) 1911. 4. 21 p. av. 2 pl. color. — 2.—

14242 — Primaerinfekt. d. Meerschweinchens durch Trichophyton gypseum. (Rio de J., Cruz) 1912. 4. 5 p. m. 2 Tfln. (1 color.) — 1.50

14243 **Höye.** Undersög. ov. Klipfiske-Soppen. (Bergen, Mus.) 1902. 8. 40 p. m. 5 Tfln. — 2.—

14244 — Ueb. d. Schimmelbildg. d. Bergfisches. (Bergen, Mus.) 1908. 8. 29 p. m. 10 Tfln. — 2.—

14245 **Hunziker.** Review of methods f. cultivating Anaerobic Bacteria. (Rochester, J. Micr.) 1902. 8. 122 p. w. 53 fig. — 3.—

14246 **Hueppe.** Die Methoden d. Bakterien-Forschung. Wiesb. 1885. 8. 174 p. m. 2 color. Tfln. (M. 5.40.) Cart. — 1.—

14247 — — 3. Aufl. 1886. 252 p. m. 2 color. Tafeln. (M. 6.80.) — 1.50

14248 — Die Formen d. Bakterien. Wiesb. 1886. 8. 158 p (M. 4.) Cart. — 1.50

14249 **Hutchinson, H. B.** Form u. Bau d. Kolonieen nied. Pilze. Jena 1906. 8. 53 p. m. 4 Tfln. — 2.—

14250 **Hutchinson, J.** Descript. catal. of Diseases of the Skin. 2 parts. Lond. 1869—75. 8. 166 p. w. 4 pl. Half bd. calf. — 2.50

14251 **Ihne.** Gesch. d. Einwand. v. Puccinia Malvac. u. Elodea canad. Giess. 1880. 8. 32 p. m. 2 Tfln. — 1.50

14252 **Inzenga.** Nuove spec. di Funghi. 2 parti. (Palermo) 1865—67. 4. 38 p. c. 5 tav. color. — 5.—

14253 **Istvanffi.** Ueb. d. Secretbehälter d. Pilze. (Budap., Term. Füz.) 1895. 8. 17 p. m. color Tfl. — Magyarisch. — 1.—

14254 — Laboulbenia gigantes. (Budap., Term. F.) 1895. 8. 5 p. m. color. Tfl. — 1.—

14255 — Additam. ad cognit. Fungor. Hungar. (Budap., Term. F.) 1895. 4. 14 p. — 1.—

14256 **Iwanoff.** Einfluss d. Standortes auf d. Entwicklungsgang u. d. Peridienbau der Uredineen. Jena 1907. 8. 56 p. m. 44 Fig. — 1.50

14257 **Jaap.** Aufzähl. d. Pilze v. Lenzen. (Berl., Bot. Ver.) 1900. 8. 14 p. — 1.—

14258 — Verzeichn. d. bei Triglitz in d. Prignitz beob. Pilze. 2 Tle. (Berl., Bot. Ver.) 1901—04. 8. 34 p. — 1.50

14259 — Beitr. z. Pilzflora d. Schweiz. (Berl., Ann. Myc.) 1907. 8. 27 p. — 1.—

14260 — Verzeichn. II. zu mein. „Fungi selecti exsicc." (Berl., Bot. Ver.) 1907. 8. 22 p. — 1.—

14261 — Z. Pilzflora d. Nordfries. Inseln. (Kiel, Nat. V.) 1908. 8. 17 p. — 1.—

14262 **Jaczewski.** Monogr. d. Cucurbitariées de la Suisse. (Lausanne) 1895. 8. 62 p. av. pl. — 2.—

14263 — Monogr. d. Calosphaeriées et d. Tubéracées de la Suisse. (Genève, Herb. Boiss.) 1896. 8. 21 p. — 1.50

14264 **Jaczewski.** Matér. p. la Flore Mycolog. du gouv. de Smolensk. IV. *M*
Moscou 1898. 8. 16 p.   1.—
14265 **Jahresbericht** üb. d. Fortschritte in d. Lehre d. pathogenen Mikroorganismen. Herausg. v. Baumgarten. Jahrg. I—XIV: 1885—98 m.
Regist. (zu Bd. 1—10). Braunschw. 1886—1900. 8. (M. 267.) Hfzbde.
u. brosch. — Gutes Exempl.   110.—
Viele Bände auch einzeln à M. 6.
14266 **Jaworski.** Ueb. Bacillus butyricus Hueppe. (Krak., Ak.) 1899. 8. 28 p.
m. Tfl. — Polnisch.   1.—
14267 **Johan-Olsen.** Norske Aspergillusarter, udviklgs-histor. stud. (Christ.,
Vid. S.) 1887. 8. 25 p.   1.—
14268 — Om Sop pa Klipfisk. (Christ., Vid. S.) 1888. 8. 20 p. m. 4 Tfln.   1.50
14269 — Mykolog. undersögelser ov. Sop paa Gastropacha Pini. I. (Christ.,
Vid. Selsk.) 1904. 4. 24 p.   1.—
14270 — Monogr. d. Pilzgruppe Penicillium. I. (Christ., Vid. Selsk.) 1912.
8. 214 p. m. 23 Tfln. (8 color.)   12.—
14271 **Johannessen.** Difteriens forekomst i Norge. (Christ., Vid. S.) 1888. 8.
338 p. m. 5 color. Ktn. u. 18 Tabellen.   2.—
14272 **Johanson, C. J.** Svampar fr. Island. (Stockh., Ak.) 1884. 8. 18 p. m. Tfl.   1.—
14273 — Om slägt. Taphrina. (Stockh., Ak.) 1885. 8. 20 p. m. Tfl.   1.—
14274 — Studier ·öfv. slägt. Taphrina. (Stockh., Ak.) 1887. 8. 29 p. m. Tfl.   1.—
14275 — Stud. üb. die Gatt. Taphrina. (Cassel, Bot. C.) 1888. 8. 10 p.   1.—
14276 **Johnston, J. R.** On Cauloglossum transversar. (Bost., Ac.) 1902. 8.
18 p. w. pl.   1.—
14277 **Jonquière.** Vergift. durch d. Speiselorchel. (Bern, Nat. G.) 1888. 8. 31 p. 1.—
14278 **Jordi.** Z. Kenntn. d. Papilionaceen bewohn. Uromyces-Arten. Jena
1904. 8. 39 p.   1.—
14279 **Jörgensen, A.** Die Mikroorganismen d. Gärungsindustrie. Berl. 1886.
8. 146 p. m. 36 Fig. (M. 5.)   1.—
14280 — — 2. Aufl. Berl. 1890. 8. 197 p. m. 41 Fig. (M. 5.)   1.50
14281 — — 5. (letzte) Aufl. Berl. 1909. 8. 496 p. m. 101 Fig. Lnb. (M. 12.)
14282 — Micro-Organisms and Fermentation. Transl. by Miller and Lenn-
holm. 3. ed. Lond. 1900. 8. 334 p. w. 83 fig. Cloth. (10 s.)   5.—
14283 **Jörgensen, K.** Die Ceratien. Leipz. 1911. 8. 127 p. m. 10 Tfln. (M. 7.)
14284 **Journal** of Mycology. Ed. by Kellerman, Newfield, Everhart. 7 vols.
(all published). Washingt. 1885—92. 8. w. plates.   110.—
Out of print and rare, chiefly the first 4 volumes.
14285 — — (II. Series. Ed. by Kellerman.) Year I—VI, VII nr. 1 and 2
(= vol. VIII—XIII, XIV nr. 1 and 2 of the whole set). Columb. 1902—08.
8. w. plates. — All published.   66.—
Has been discontinued through the editor's death. — The continuation is now
the 'Mycologia', see nr. 14668.
14286 — — Vol. 5. Wash. 1889. 8. 254 p. w. pl.   8.—
14287 — — Vol. 9. Columb. 1903. 8. 262 p. w. many pl.   8.—
I have very many odd parts in stock of both series.
14288 **Juel.** Mykolog. Beiträge I—III, V, VI. (Stockh., Ak.) 1894—99. 8. 56 p.   2.—
14289 — Hemigaster, e. neuer Typus. (Stockh., Ak.) 1895. 8. 22 p. m. 2 Tfln.   1.50
14290 — Die Ustilagineen u. Uredineen d. erst. Regnell'schen Exp. (Stockh.,
Ak.) 1897. 8. 30 p. m. 4 Tfln.   2.—
14291 — Muciporus u. d. Tulasnellaceen. (Stockh., Ak.) 1897. 8. 27 p. m. Tfl.   1.—
14292 — Stilbum vulgare. (Stockh., Ak.) 1898. 8. 15 p. m. Tfl.   1.—
14293 — Z. Kenntn. d. an Umbelliferen wachs. Aecidien. (Stockh., Ak.) 1899.
8. 16 p.   1.—
14294 — Pyrrhosorus, e. neue marine Gatt. (Stockh., Ak.) 1901. 8. 16 p. m. Tfl.   1.—
14295 — Contrib. à la flore mycolog. de d'Algérie et de la Tunisie. (Paris,
Soc. Myc.) 1901. 8. 17 p.   1.—
14296 — Zellinhalt, Befrucht. u. Sporenbildg. bei Dipodascus. (Marb., Flora)
1902. 8. 9 p. m. 2 Tfln.   1.50

14297 **Juel.** Taphridium, neue Gatt. d. Protomycetac. (Stockh., Ak.) 1902. 8.   *M*
29 p. m. Tfl.   1.—

14298 **Junghuhn.** Praemissa in Floram Cryptogam. Javae. Fasc. I (unicus):
Enumeratio Fungorum in excursion. p. Javam observ. Batavia 1839. 8.
86 p. et 15 tab. color.   40.—
Näheres üb. dieses Rarissimum siehe: Rara Historico-Naturalia, ed. J u n k, p. 87.

14299 — — Analyse p. M o n t a g n e. (Paris, Anh. Sc.) 1841. 8. 15 p.   1.50

14300 **Kalantharlantz.** Spaltung v. Polysacchariden durch verschied. Hefen-
enzyme. Berl. 1898. 8. 34 p.   1.—

14301 **Kalchbrenner.** Die Pilze d. Zips. 2 Tle. (Budap.) 1865—68. 8. 214 p.
m. 8 color. Tfln. — In magyarischer Sprache.   5.—

14302 — Diagnosen zu ein. Hymenomyceten d. Heufler'schen Herbars.
(Wien, Z. b. G.) 1868. 8. 4 p.   —.50

14303 — Fungi Macowaniani. 2 partes. (Lond., Grev.) 1881. 8. 17 p.   1.50

14304 **Kalchbrenner, Rodway and Thümen.** 3 pap. on Austral. Fungi. 1875—
1900. 8. 14 p.   1.50

14305 **Kalchbrenner et Schulzer.** Icones selectae Hymenomycetum Hungariae. I. Pestini 1873. fol.. Text v. 20 p. o h n e die Tfln.   2.—

14306 **Kappes.** Analyse d. Massenculturen einiger Spaltpilze u. d. Soorhefe.
Leipz. 1886. 8. 56 p.   1.—

14307 **Karsten, H.** Ueb. d. Schimmelpilze d. Ohres. (Mosk., Bull.) 1870. 8.
7 p. m. Tfl.   1.—

14308 **Karsten, P. A.** Sydvestra Finlands Polyporeer. Helsingf. 1859. 8. 47 p.   1.50

14309 — Monogr. Ascobolorum Fenniae. (Helsingf., Soc. Fl.) 1871. 8. 68 p.   2.—

14310 — Symbolae ad Mycologiam Fennicam. Fasc. 2—17. (Helsingf., Soc.
Fl.) 1873—86. 8. 170 p.   8.—
Siehe die Notiz zu Nr. 2854. — Jeder Teil auch einzeln verkäuflich.

14311 — — Fasc. 29. (Helsingf., Soc. Fl.) 1891. 8. 23 p.   1.—

14312 — (Agaricineae Russiae, Finland. et Scandinav.) Ryslands, Finlands
och d. Skandinav. Halföns Hatsvampar. 2 Tle. Helsingf. 1879—82.
8. 865 p. Cart.   12.—

14313 — Hymenomycetes Fennici. (Helsingf., Soc. Fl.) 1881. 8. 40 p.   1.50

14314 — Enumer. Fungorum et Myxomycetum Lapponiae orient. (Helsingf.,
Soc. Fl.) 1882. 8. 32 p.   1.—

14315 **Kasai.** On the Japan. spec. of Phragmidium. (Sapp.) 1910. 8. 25 p. w. pl.   1.50

14316 **Katz.** Exper. researches w. the Microbes of Chicken-Cholera. (Sydney,
Linn. Soc.) 1889. 8. 85 p. w. 3 maps.   2.50

14317 **Kauffmann, C. H.** Unreported Michigan Fungi. 3 parts. (Lansing, Ac.)
1907—11. 8. 62 p.   1.50

14318 **Kauffmann, H. v.** Bakteriengehalt alkoholfreier Weine. Hamb. 1895.
8. 62 p.   1.50

14319 **Kaufmann, F.** Die Pilze d. Elbing. Umgegend. 2 Tle. (Danzig, Nat. Ges.)
1889—91. 8. 115 p.   1.50

14320 — Die westpreuss. Arten v. Lactarius. (Danzig, Nat. G.) 1897. 8. 25 p.   1.—

14321 **Keck.** Verhalten d. Bacterien im Grundwasser Dorpats. Dorpat 1890.
8. 67 p.   1.50

14322 **Kellerman.** Ohio Fungi exsiccati. Fasc. 1—8. (Chic.) 1901—03. 8. 74 p.   3.—

14323 **Kern, E. E.** neues Milchferment aus d. Kaukasus. (Mosk., Bull.) 1882.
8. 37 p. m. 2 Tfln.   1.50

14324 **Kern, H. Z.** Kenntn. der im Darme u. Magen d. Vögel vorkomm. Bacterien. Karlsr. (1897). 8. 154 p.   2.50

14325 **Kihlman.** Z. Entwgesch. d. Ascomyceten. Hels. 1883. 4. 43 p. m. 2 Tfln.   2.—

14326 **Kirchner u. Eichler.** Beiträge z. Pilzflora v. Württemberg. II. (Stuttg.,
Ver. Nat.) 1896. 8. 82 p.   1.50

14327 **Kirsten.** Varietäten d. Bacillus oedemat. Berl. 1904. 8. 38 p.   1.—

14328 **Kirtikar.** Rare Fungus on the Drumstick Tree. (Bombay) 1891. 8.
4 p. w. pl.   1.—

14329 **Kisskalt u. Hartmann.** Praktikum d. Bakteriologie u. Protozoologie. ℳ
3. Aufl. 2 Tle. Jena 1914—15. 8. 238 p. m. 123 z. Tl. color. Fig. (M. 7.)

14330 **Kissling.** Z. Biol. d. Botrytis cinera. Dresd. 1889. 8. 32 p. 1.—

14331 **Klebahn.** Kulturversuche mit heteröcischen Rostpilzen. III, IV. (Stuttg.,
Z. Pflz.-Krankh.) 1894—95. 8. 45 p. 2.—

14332 — Aufgaben u. Ergebnisse biolog. Pilzforschung. Berl. 1914. 8. 41 p. 1.—

14333 **Klebahn u. Klugkist.** Z. Kenntn. d. Schmarotzer-Pilze Bremens. II—IV.
(Brem., Nat. Ver.) 1892—1909. 8. 67 p. 2.—

14334 **Klebs.** Ueb. d. Fortpflanzungs-Physiologie d. nied. Organismen, d.
Protobionten. Fortpflanz. b. Algen u. Pilzen. Jena 1896. 8. 561 p. m.
3 Tfln. (M. 18.) 12.—

14335 **Klein, A.** The physiol. Bacteriology of the Intestin. Canal. (Amsterd.,
Ac.) 8. 13 p. 1.—

14336 **Klein, J.** Mykol. Mitteilungen. (Formen d. Pilobolus etc.) (Wien, Z.
b. G.) 1870. 8. 24 p. m. 2 Tfln. 1.—

14337 **Klein, L.** Botan. Bakterienstudien. I. (Jena, Centr. Bakt.) 1889. 8.
20 p. m. 3 color. Tfln. 2.—

14338 **Kloeber.** Der Pilzsammler. Quedl. 1883. 8. 70 p. m. 14 color. Tfln. 1.—

14339 **Kny.** Beziehgn. d. Lichtes z. Zelltheilung bei Saccharomyces cerevis.
(Berl., Bot. Ges.) 1884. 8. 16 p. 1.—

14340 — Bedeut. d. Pilze im Haushalte d. Natur. Berl. 1896. 8. 24 p. 1.—

14341 **Kobert.** Ueb. Giftpilze. (Dorp., Nat. Ges.) 1892. 8. 20 p. 1.—

14342 **Koch, R.** Gesammelte Werke. Hrsg. v. J. Schwalbe. 2 Bde. (3 Tle.)
Leipz. 1912. 8. 1240 p. m. Portr., 44 Tfln. (18 color.) u. 194 Fig. (M. 80.)

14343 — Festschrift z. 60 Geburtstag v. Robert Koch. Jena 1903. 8. 711 p.
m. Plan, 8 Tfln. u. 79 Fig. (M. 20.) 12.—

14344 **Kofler.** Die Myxobakteria v. Wien. (Wien, Ak.) 1913. 8. 32 p. m. 2
Tfln. (1 color.) 1.50

14345 **Kofoid.** On Ceratium eugrammum. 2 pap. (Leipz., Z. Anz.) 1907. 8. 11 p. 1.—

14346 **Kolderup Rosenvinge.** Cellekjaernerne h. Hymenomycet. (Kjöb., Bot.
T.) 1886. 8. 19 p. m. Tfl. 1.—

14347 — S. l. noyaux d. Hyménomycètes. (Paris, Ann. S.) 1886. 8. 19 p. av. pl. 1.—

14348 **Kölliker.** Veget. Parasites in the hard tissues of lower Animals. (Lond.,
Micr. J.) 1860. 8. 18 p. w. pl. 1.—

14349 **Korff.** Einfluss d. Sauerstoffs auf verschied. Heferassen. Jena 1898. 8.
46 p. m. Tfl. 1.—

14350 **Kosaroff.** Z. Biol. v. Pyronema confl. (Berl., Biol. Anst.) 1906. 4. 13 p. 1.—

14351 **Kosinski.** Athmung b. Hungerzuständen v. Aspergillus niger. Leipz.
1901. 8. 72 p. m. Tfl. 1.50

14352 **Kossel u. Overbeck.** Bakteriolog. Unters. üb. Pest. (Berl., Gesundh.-A.)
1901. 4. 20 p. m. 4 Tfln. 2.50

14353 **Kotzin.** Bacteriol. Untersuch. d. Dorpater Univers.-Leitungswassers.
Dorpat 1892. 8. 57 p. m. color. Tab. 1.50

14354 **Král.** Bestand s. Sammlung v. Mikroorganismen. Prag 1902. 8. 39 p.
m. 6 Tfln. 1.—

14355 **Kramer.** Ueb. Bakterien. 4 Tle. (Schaffh.) 1886. 8. 21 p. Cart. 1.—

14356 **Krasan.** Bericht üb d. Entwickl. u. d. Ursprung d. niedrigsten Organismen. (Wien, Z. b. G.) 1880. 8. 62 p. m. Tfl. 1.—

14357 **Krassilstschik.** De Insectorum morbis, qui fungis paras. efficiuntur.
(Odessa) 1886. 8. 95 p. — Rossice, diagn. Latin. 2.—

14358 **Kratz.** Beziehgn. der Mycelien ein. saphrophyt. Pyrenomyceten zu
ihr. Substrat. Berl. 1906. 8. 29 p. 1.—

14359 **Kremer.** Vorkommen v. Schimmelpilzen bei Syphilis, Carcinom u.
Sarkom. (Jena, Centr. Bakt.) 1896. 8. 23 p. 1.—

14360 **Krieg.** Experim. Unters. über Ranunculus-Arten bewohnte Uromyces.
Jena 1907. 8. 39 p. 1.—

W. Junk, Berlin, W. 15.

14361 **Krombholz.** Abbild. u. Beschr. d. essbaren, schädlichen u. verdächtigen   *M*
Scnwämme. 10 Hefte. Prag 1831—46. fol. 356 p. m. 76 **s c h w a r z e n**
Tafeln.   40.—

14362 **Kroenishfranck.** Guide p. reconn. les Champignons comest. et vénén.
de France. Paris (1856). 8. 78 p. av. 12 pl. color.   2.—

14363 **Krüger, W.** Spontane Färb. v. Bakterien im Rinderblut. Tilsit 1887.
4. 18 p. m. color. Tfl.   1.—

14364 **Krukenberg.** Neu. Pseudogonococcus d. Conjunctiva. (Rostock) 1899.
8. 19 p. m. Tfl.   1.—

14365 **Kruse.** Allgem. Mikrobiologie. Lehre v. Stoff- u. Kraftverbrauch der
Kleinwesen. Leipz. 1910. 8. 1199 p. (M. 30.)

14366 **Krzemieniewski.** Ueb. Azotobacter chroococcum. (Krak., Ak.) 1908. 8.
123 p. m. Tfl.   3.—

14367 **Küchenmeister.** Din in u. an d. Körper d. Menschen vork. Parasiten.
2 Tle. Leipz. 1855. 8. 660 p. m. 14 meist color. Tfln. (M. 18.) Hfzb.   3.—

14368 **Kukula.** Ueb. d. Cholera-Mikroben v. Ermengen. Wien 1886. 8. 105 p.
m. 6 photogr. Tfln.   3.—

14369 **Kummer.** Führer in d. Pilzkunde. Zerbst 1871. 8. 146 p. m. 2 Tfln.   1.—

14370 — — 2. Aufl. Zerbst 1882. 8. 188 p. m. 4 Tfln.   2.—

14371 — — II: Mikrosk. Pilze. Zerbst 1884. 8. 146 p. m. 4 Tfln.   1.50

14372 — Praktisches Pilzbuch. Hann. 1880. 8. 138 p. m. 3 Tfln. Lnb.   1.—

14373 **Kunstmann.** Verhältn. zwisch. Pilzernte u. verbraucht. Nahrung. Leipz.
1895. 8. 58 p.   1.50

14374 **Kunze, G., u. J. C. Schmidt.** Mykologische Hefte. 2 Hefte (soviel erschien.). Leipzig 1817—23. 8. 313 p. m. 4 Tfln.   5.—

14375 **Kurth.** Bacterium Zopfii. Berl. 1883. 4. 28 p. m. Tfl.   1.—

14376 **Küster.** Anleit. z. Kultur d. Mikroorganismen. 2. Aufl. Leipz. 1913. 8.
223 p. Lnb. (M. 8.60.)

14377 **Lafar.** Bacteriol. Studien üb. Butter. Münch. 1891. 8. 40 p. m. color. Tfl.   1.50
— Technische Mykologie — siehe No. 14132.

14378 — Technical Mycology. 2 vols. Lond. 1898—1911. 8. 896 p. w. many
fig. Cloth.   33.—

14379 **Lagerheim.** Mykolog. Bidrag. III, V, VI, VII. (Stockh., Bot. Not.) 1887—
1890. 8. 21 p.   1.50

14380 — 10 Abhandl. üb. Pilze. 1887—1900. 8. m. Tfl.   2.—

14381 — S. un g. nouv. de Chytridiac. (Paris, J. Bot.) 1888. 8. 10 p. av. pl. col.   1.—

14382 — Ueb. ein. neue Uredineen. (Dresd., Hedw.) 1889. 8. 10 p.   1.—

14383 — Neue Gattgn. v. Chytridiac. 3 Abhdl. 1890—93. 8. 20 p. m. 3 Tfln.   1.50

14384 — Dipodascus albid., e. neue Hemiascee. (Berl., Pringsh. J.) 1892. 8.
19 p. m. 3 Tfln.   2.—

14385 — Uredineen m. variabl. Pleomorphismus. (Tromsö, Mus.) 1894. 8. 48 p.   1.50

14386 — Mykol. Studien. 3 Tle. (Stockh., Ak.) 1899—1900. 8. 84 p. m. 6 Tfln.   3.—

14387 — Bestäub.- u. Aussäugungseinricht. v. Brachyotum. (Stockh., Bot.
Not.) 1899. 8. 18 p. m. Tfl.   1.—

14388 — Contrib. à la Flore mycol. de Montpellier. (Paris, S. Myc.) 1899.
8. 11 p.   1.—

14389 — Z. Kenntn. d. Bulgaria globosa. (Stockh., B. Not.) 1903. 8. 19 p. m. Tfl.   1.—

14391 **Lancisi, G. M.** Opera omnia. 2 vol. Genevae 1718. 4. 917 p., 3 tab. et
effig. Veau.   7.—
      Pag. 820—834: De ortu, vegetatione et textura Fungorum.

14392 **Lange, J. E.** Studies in the Agarics of Denmark. Parts I. II. (Copenh.,
Bot. Ark.) 1914—15. 8. 93 p. w. 4 pl.   8.50

14393 **Lanzi.** Il Fungo d. Ferula. Roma 1873. 4. 4 p. c. tav. color.   1.—

14394 — S. orig. e nat. d. Batteri. Roma 1874. 8. 12 p.   1.—

14395 — I Funghi nocivi. (Roma, Linc.) 1897. 4. 28 p.   1.—

14396 **Lanzi et Terrigi.** Il Miasma palustre. Roma 1875. 4. 28 p.   1.—

14397 **Laplanche.** Dictionnaire iconogr. des Champignons supér. (Hyménomyc.). Paris 1894. 8. 547 p.   *M* 8.—
14398 **Laurent.** Orig. bactérienne de la Diastase. (Brux., Ac.) 1885. 8. 20 p.   1.—
14399 — S. la turgescence d. Phycomyces. (Brux., Ac.) 1885. 8. 23 p.   1.—
14400 — Das Virulenzproblem d. pathogenen Bakterien. Jena 1910. 8. 871 p. m. 7 Tfln. (M. 30.)
14401 **Laval.** Les Champign. d'après nature. Paris 1912. 4. av. 46 pl. (6 color.)   12.—
14402 **Lebert.** Ueb. d. (Pilz-)Krankheit d. Insects d. Seide. (Berl., B. Ent. Z.) 1858. 8. 38 p. m. 6 Tfln.   3.—
14403 **Lebl.** Die Champignonszucht. Berl. 1879. 8. 70 p.   1.—
14404 **Le Breton et Niel.** Champignons nouv. ou peu connus de Normandie. V. (Rouen, Soc. Nat.) 1894. 8. 42 p. av. pl.   1.—
14405 **Léger.** S. la reprod. sexuelle d. Mucorinées. Poit. 1896. 8. 14 p.   1.—
14406 **Lehmann, H. B., u. R. O. Neumann.** Atlas u. Grundr. d. Bakteriologie. 5. Aufl. 2 Tle. Münch. 1910—12. 8. 909 p. m. 79 color. Tfln. Lnb. (M. 20.)
14407 — Atlas de Bactériologie. Nouv. éd. Paris 1914. 8. 80 pl. color. Toile.   16.—
14408 **Leidy.** Flora and Fauna within living Animals. (Wash., Smiths.) 1853. 4. 67 p. w. 10 partly colour. pl.   5.—
14409 **Leitgeb.** Neue Saprolegnieen. (Berl., Pringsh. J.) 1865. 8. 33 p. m. 3 Tfln.   3.—
14410 **Lemmermann.** Beitr. z. Pilzflora d. Ostfries.' Inseln. 3 Tle. (Brem., Nat. Ver.) 1900—01. 8. 45 p.   1.50
14411 — Die paras. u. saprophyt. Pilze d. Algen. (Brem., Nat. V.) 1901. 8. 18 p.   1.—
14412 — Die Pilze d. Juncaceen. (Brem., Nat. V.) 1906. 8. 26 p.   1.50
14413 **Lendner.** Influences combinées de la lumière et du substratum s. le développ. d. Champignons. (Paris, Ann. Sc.) 1896. 8. 64 p.   2.—
14414 — Les Mucorinées de la Suisse. Berne 1908. 8. 189 p. av. 3 pl.   8.—
14415 **Lenz.** Die nützl. u. schädl. Schwämme. Gotha 1840. 8. 176 p. m. 16 color. Tfln. Cart. (M. 5.)   1.—
14416 — — 4. Aufl. Gotha 1868. 8. 175 p. m. 74 color. Fig. (M. 6.) Hfzb.   1.50
14417 **Lepsius.** Ueb. die Gärung. (Frankf., Senck.) 1907. 8. 12 p.   1.—
14418 **Lesage.** 4 mém. s. la germination d. Spores d. Champignons. (Paris) 1896 à 1902. 8. 24 p.   1.50
14419 — Qu. Mycoses d. la cavité respiratoire. (Angers) 1899. 8. 70 p.   1.50
14420 — Contr. à l'ét. d. Mycoses dans les voies respirat. (Paris, Arch. Paras.) 1904. 8. 91 p.   1.50
14421 **Lespiault.** S. le Tuber album. (Paris, Ann. Sc.) 1844. 8. 4 p. av. pl. color.   1.—
14422 **Letellier.** S. qu. esp. et variétés nouv. d. Agarics. (Paris, Ann. Sc.) 1835. 8. 13 p.   1.—
14423 **Léveillé.** Rech. s. l'Hymenium d. Champignons. (Paris, Ann. Sc.) 1837. 8. 25 p. av. 4 pl.   2.50
14424 — Rech. s. le développ. d. Urédinées. (Paris, Ann. Sc.) 1839. 8. 12 p.   1.—
14425 — Descr. de qu. esp. nouv. de Champignons. (Paris, Ann. Sc.) 1841. 8. 8 p. av. 2 pl. color.   1.50
14426 — S. qu. Champignons de Paris. (Paris, Ann. Sc.) 1843. 8. 20 p. av. pl.   1.—
14427 — S. le g. Sclerotium. (Paris, Ann. Sc.) 1843. 8. 31 p. av. 2 pl. color.   2.—
14428 — Champignons exotiques. 2 part. (Paris, Ann. Sc.) 1844 à 45. 8. 88 p.   3.—
14429 — Dispos. méthod. d. Urédinées. (Paris, Ann. Sc.) 1847. 8. 8 p.   1.—
14430 — Fragments mycolog. 2 parties. (Paris, Ann. Sc.) 1848. 8. 44 p. av. pl. color.   1.50
14431 **Levin.** Bakteriolog. Tarmundersökn. (Stockh., Ak.) 1903. 4. 68 p.   1.50
14432 **Lewis and Cunningham.** Report of microsc. and physiol. researches into the Cholera. Calc. 1872. 8. 116 p. w. col. pl. Boards. — Orig. issue.   5.—
14433 **Lewkowicz.** Die Reinkulturen d. Bacillus fusiformis. (Krak., Ak.) 1905. 8. 10 p. m. Tfl.   1.—
14434 **Lignières et Spitz.** Contr. à l'ét. de l'Actinomycose. II. (Paris, Arch. Paras.) 1903. 8. 52 p. av. pl.   1.50
14435 **Lind, J.** S. le développ. et la classif. de qu. espèces de Gloeosporium. (Uppsala, Ark. Bot.) 1908. 8. 23 p. av. 3 pl.   2.—

14436 **Lind, J.** List of Fungi fr. N. E. Greenland. (Copenh., Medd. Grönl.) 1910. *ℳ*
8. 14 p. w. pl.   1.50
14437 — Danish Fungi as repres. in the Herbar. of Rostrup. Copenh. 1913.
8. 654 p. w. 9 pl.   21.—
14438 **Lind, K.** Eindringen v. Pilzen in Kalkgesteine u. Knochen. Leipz. 1898.
8. 33 p.   1.—
14439 **Lindau.** Vorstudien z. e. Pilzflora Westfalens. Münster 1892. 8. 70 p.   1.—
14440 — Schizomyceten. (Aus: Just's Botan. Jahresber. f. 1898 u. 1899).
(Leipz.) 1899—1900. 8. 184 p.   2.—
14441 — Hilfsbuch f. d. Sammeln parasit. Pilze. Berl. 1901. 8. 90 p.   1.—
14442 — Z. Pilzflora d. Harzes. (Berl., Bot. Ver.) 1903. 8. 13 p.   1.—
14443 — Beob. üb. Hyphomyceten. I. (Berl., Bot. Ver.) 1905. 8. 14 p.   1.—
14444 — Kryptog.-Flora f. Anfänger I: Die höheren Pilze (Basidiomycetes).
Berl. 1911. 8. 239 p. m. 607 Fig. (M. 6.60.)
14445 — — II: Die mikroskop. Pilze. Berl. 1912. 8. 283 p. m. 558 Fig. (M. 8.)
14446 **Lindemann.** Bau- u. Entwickgesch. d. Mycetozoen. (Mosk., Bull.) 1863.
8. 32 p. m. 2 color. Tfln.   1.50
14447 **Lindner.** Augenblicksbilder aus d. Leben im Wassertropfen. (Berl.,
Wochenschr. Brauer.) 1908. 4. 2 p. m. 3 Tfln.   1.50
14448 — Atlas d. mikrosk. Grundlagen d. Gärungskunde. 2. Aufl. Berl. 1910.
8. 168 Tfln. (578 Fig.) m. Text. Lnb. (M. 19.)
14449 **Lindroth.** Mykolog. Notizen. (Stockh., Bot. Inst.) 1900. 8. 15 p.   1.—
14450 — Die Umbelliferen-Uredineen. (Hels., Soc. Fl.) 1902. 8. 224 p. m. Tfl.   6.—
14451 **Lindstedt.** Synopsis d. Saprolegniaceen. Berl. 1872. 8. 70 p. m. 4 Tfln.
(M. 3.)   2.—
14452 **Lingenfelder.** Merulius lacrimans. (Dürkh., Pollich.) 1874. 8. 11 p.   1.—
14453 **Linnaeus.** Fungus Melitensis. (Holmiae, 'Amoenit'.) 1759. 8. 17 p.   2.—
14454 **Lipman.** The distrib. and activities of Bacteria in Soils of the arid
region. Berkel. 1912. 8. 20 p.   1.—
14455 **Lippert.** Ueb. 2 neue Myxomyceten. (Wien, Z. b. G.) 1894. 8. 5 p. m.
2 color. Tfln.   1.—
14456 —.Z. Biol. d. Myxomyceten. (Wien, Z. b. G.) 1896. 8. 7 p. m. Tfl.   1.—
14457 **List** of Fungi found at Girvan, Scotland. (Edinb., Crypt. Soc.) 1905.
8. 13 p.   1.—
14458 **Lister, A.** Ingestion of food-material by the swarmcells of Mycetozoa.
(Lond., Linn. Soc.) 1890. 8. 8 p.   1.—
14459 — On the divis. of Nuclei in the Mycetozoa. (Lond., Linn. Soc.) 1893.
8. 14 p. w. 2 colour. pL   1.50
14460 — Monograph of the Mycetozoa. 2. ed., rev. by G. Lister. Lond. 1911.
8. 308 p. w. 200 pl. (120 colour.) Cloth.   30.—
14461 **Lister, G.** Mycetozoa of the Clare Island. (Dublin, Ac.) 1912. 4. 20 p.   1.50
14462 **Lloyd.** Mycolog. Notes IV—VI, IX. (Cincinn.) 1899—1902. 8. 60 p.   2.—
14463 — The Geastreae. (Cincinn.) 1902. 8. 44 p. w. 80 fig.   2.—
14464 — The genera of Gastromycetes. (Cincinn.) 1902. 8. 12 p. w. 49 fig.   1.50
14465 **Loeffler.** Die Feldmaus-Plage in Thessalien u. ihre Bekämpf. m. dem
Bacillus typhi murium. Greifsw. 1892. 8. 14 p.   1.—
14466 **Lohde.** Insecten-Epidemien w. durch Pilze hervorgerufen werden.
(Berl., B. Ent. Z.) 1872. 8. 28 p. m. 3 Tfln.   1.—
14467 **Lohmann.** Einfluss d. intensiven Lichtes auf d. Zelltheilg. b. Saccharomyces cerev. Rost. 1896. 8. 72 p.   1.50
14468 **Lohnis.** Laboratory Methods in Agricult. Bacteriology. Philad. 1913.
8. 186 p. w. fig. Cloth.   9.—
14469 **Long, W. H.** The Ravenelias of the U. S. (Chic., Bot. Gaz.) 1903. 8.
23 p. w. 2 pl.   2.—
14470 **Lorinser.** Die wichtigsten essbaren, verdächt. u. giftigen Schwämme.
Wien 1876. 8. 92 p. — O h n e die 12 Tfln.   1.50
14471 **Lösecke u. Bösemann.** Deutschlands verbreitetste Hautpilze. Berl.
1872. 8. 221 p. Cart.   2.—

14472 **Loew, E.** Z. Entwicklgesch. v. Penicillium. (Berl., Pringsh. Jahrb.) 1864. 8. 39 p. m. 3 Tfln. — *M* 2.50

14473 — Z. Physiol. niederer Pilze. (Wien, Z. b. G.) 1867. 8. 14 p. — 1.—

14474 — Ueb. Arthrobotrys oligospora. (Leipz., Bot. Z.) 1867. 4. 8 p. m. Tfl. — 1.—

14475 — Ueb. 2 krit. Hyphomyceten. Berl. 1874. 4. 15 p. — 1.—

14476 **Lübbert.** Biolog. Spaltpilzuntersuchung. Würzb. 1886. 8. 112 p. m. 2 z. Tl. color. Tfln. (M. 3.50.) — 1.50

14477 **Lübstorf.** Z. Pilzflora Mecklenburgs. 3 Tle. (Güstrow, Arch.) 1878—96. 8. 142 p. — 2.—

14478 **Lucksch.** Bakteriolog. Wandtafeln. 18 color. Tfln. in gr. Folio mit Text in deutsch., französ. u. engl. Sprache. Leipz. 1908. (M. 90.) — 75.—

14479 **Lüdke.** Die Bazillenkultur. Jena 1911. 8. 246 p. (M. 7.)

14480 **Ludwig.** Ptychogaster albus, die Conidiengenerat. v. Polyporus Ptychogaster. (Berl., Z. Nat.) 1880. 8. 8 p. m. 2 Tfln. — 1.—

14481 **Lund.** Consp. Hymenomycet. circa Holmiam crescent. Christ. 1845. 8. 123 p. — 3.—

14482 **Lundström.** Studier öfv. Gonococcus. Helsingf. 1885. 8. 52 p. m. 5 color. Tfln. — 1.50

14483 **Lunge.** De Fermentatione alcohol. Vratisl. 1859. 8. 32 p. — 1.—

14484 — Ueb. d. alkohol. Gährung. (Leipz., J. Chem.) 1859. 8. 40 p. — 1.—

14485 **Lustig.** Diagnostik d. Bakterien d. Wassers. 2. Aufl. Jena 1893. 8. 138 p. (M. 3.) Lnb. — 1.50

14486 **Lyman.** Contagious Pleuro-Pneumonia. (Wash., Rep. Agric.) 1880. 8. 14 p. w. 7 colour. pl. — 2.—

14487 **Mc Alpine.** Botan. nomenclature, w. spec. refer. to the Fungi. (Adelaide) 1893. 8. 7 p. — 1.—

14488 — Austral. Fungi. 2 pap. (Melbourne and Sydn.) 1894—96. 8. 20 p. w. 2 pl. — 2.—

14489 — System. arrangem. of Australian Fungi w. host-index. Melbourne 1895. 4. 243 p. — 15.—

14490 — Fungus diseases of Citrus Trees in Australia. Melbourne 1899. 8. 132 p. w. 31 pl. (12 colour.) Cloth. — 12.—

14491 — Fungus diseases of Stone-Fruit Trees in Australia. Melbourne 1902. 8. 165 p. w. 54 pl. (10 colour.) Cloth. — 12.—

14492 — The Rusts (Uredineae) of Australia. Melbourne 1906. 8. 357 p. w. 55 pl. (11 colour.) Cloth. — 14.—

14493 — The Smuts of Australia (Ustilagineae). Melbourne 1910. 8. 296 p. w. 57 pl. Cloth. — 12.—

14494 — Handbook of Fungus diseases of the Potato in Australia. Melbourne 1912. 8. 218 p. w. colour. map and 56 pl. (3 colour.) Cloth. — 12.—

14495 — Bitter Pit (Disease of the Apple). Melbourne 1912. 4. 197 p. w. 34 pl. (1 colour.) — 20.—

14496 **Mc Bride.** The Myxomycetes of East. Iowa. (Iowa City) 1892. 8. 64 p. w. 10 pl. — 12.—
Out of print and rare.

14497 **Macchiati.** Caratt. p. la diagn. d. Batteriacee. (Fir., Giorn. Bot.) 1899. 8. 27 p. — 1.50

14498 **Mac Conkey.** Lactose-fermenting Bacteria in faeces. (Lond., Lister Inst.) 1905. 8. 47 p. — 1.50

14499 **Macdonald.** Microscop. charact. of the Sputum in Phthisis. (Lond., Micr. J.) 1874. 8. 4 p. w. 2 pl. — 1.—

14500 **Macé.** S. l. Mycoses expériment. (Paris, Arch. Paras.) 1903. 8. 57 p. — 2.—

14501 — Traité pratique de Bactériologie. 6. éd. (2 vol.) Vol. I. Paris 1912. 8. 915 p. av. 284 fig. en partie color. — 15.—

14502 **Macfadyen, Morris u. Rowland.** Ueb. ausgepresstes Hefezellplasma (Buchner's „Zymase"). (Berl., Chem. Ges.) 1900. 8. 25 p. — 1.50

14503 **Mc Ilvaine and Macadam.** Toadstools, Mushrooms, Fungi, edible and poisonous. New ed., revis. by Millspaugh. Indianop. 1912. 4. 786 p. w. partly colour. plates. Cloth.   *M* 25.—

14504 **Mac Neal.** Pathogenic Microorganisms. Philad. 1914. 8. 483 p. w. 213 fig. Cloth.   11.—

14505 **Maddox.** On Mucor Mucedo. (Lond., Micr. J.) 1869. 8. 8 p. w. pl.   1.—

14506 — Cultivat. of Microsc. Fungi. (Lond., Micr. J.) 1870. 8. 11 p. w. pl.   1.—

14507 — On the Aëroconiscope (Fungi obtained from air). (Lond., Micr. J.) 1871. 8. 5 p. w. 2 pl.   1.—

14508 — On a minute Plant in an incrustat. of Carbonate of Lime. (Lond., Micr. J.) 1873. 8. 6 p. w. pl.   1.—

14509 — Organisms in the excrem. of the Goat and the Goose. (Lond., Micr. J.) 1882. 8. 6 p. w. pl.   1.—

14510 — Micro-organisms fr. Rainwater-Ice. (Lond., Micr. J.) 1882. 8. 11 p.   1.—

14511 — On feeding Insects w. the ''Comma'' Bacillus. 2 parts. (Lond., Micr. J.) 1885. 8. 18 p.   1.50

14512 **Madsen, T.** Om Difterigiftens Konstitution. (Kjöb., Vid. S.) 1899. 8. 54 p.   1.50

14513 **Magnin.** Les Bactéries. Paris 1878. 8. 179 p.   1.—

14514 **Magnus, P.** 20 Abhandl. üb. auf Pflanzen paras. Pilze. 1877—1909. 8. 120 p. m. 10 Tfln.   7.—

14515 — Verzeichn. d. Pilze d. Kanton Graubünden. (Chur, Nat. Ges.) 1890. 8. 75 p.   1.50

14516 — 2 neue Uredineen. (Berl., Bot. G.) 1891. 8. 10 p. m. Tfl.   1.—

14517 — 2 Abhandl. üb. Diorchidium. (Berl., Bot. Ges.) 1891. 8. 14 p. m. 2 Tfln.   1.—

14518 — Stylosporen bei d. Uredineen. (Berl., Bot. Ges.) 1891. 8. 8 p. m. Tfl.   1.—

14519 — Protomyces filicinus. (Genua, Congr.) 1892. 8. 6 p. m. Tfl.   1.—

14520 — Verzeichn. d. bei Kissingen ges. Pilze. (Münch.) 1892. 8. 11 p.   1.—

14521 — Neue ostindische Epichloë. (Genua, Congr.) 1892. 8. 7 p. m. Tfl.   1.—

14522 — Ueb. einige in Südamerika auf Berberis-Arten wachs. Uredineen. (Berl., Bot. Ges.) 1892. 8. 8 p. m. Tfl.   1.—

14523 — Uredineen v. Eritrea. (Berl., Bot. Ges.) 1892. 8. 7 p. m. Tfl.   1.—

14524 — Mykolog. Miscellen. 2 Tle. (Berl., Bot. Ges.) 1893. 8. 14 p. m. Tfl.   1.—

14525 — Auftret. d. Schinzia cyperiola in Bayern. (Nürnb.) 1893. 8. 7 p. m. Tfl.   1.—

14526 — Ueb. die auf Compositen auftret. Puccinien. (Berl., Bot. Ges.) 1893. 8. 12 p. m. Tfl.   1.—

14527 — Ueb. Synchytrium papillat. (Berl., Bot. G.) 1893. 8. 4 p. m. Tfl.   1.—

14528 — Die Peronosporeen d. Prov. Brandenburg. 2 Tle. (Berl., Bot. Ver.) 1894—96. 8. 42 p.   1.50

14529 — Z. Kenntn. parasit. Pilze d. Mittelmeergebietes. (Berl., Bot. Ges.) 1894. 8. 5 p. m. Tfl.   1.—

14530 — Puccinia-Arten d. Gatt. Veronica. (Berl., Bot. G.) 1895. 8. 8 p. m. Tfl.   1.—

14531 — Die Exoasceen d. Prov. Brandenburg. (Berl., Bot. V.) 1895. 8. 10 p.   1.—

14532 — J. Bornmüller, Iter Persico-Turcicum et Syriacum: Fungi. 3 partes. (Vindob., Z. b. G.) 1896—1900. 8. 44 p. et 5 tab.   2.—

14533 — Beitr. z. Pilz-Flora v. Franken. 4 Tle. (Nürnb., Nat. Ges.) 1896—1906. 8. 207 p. m. 3 Tfln.   5.—

14534 — Auf Berberis auftret. Aecidium v. d. Magellanstrasse. 2 Abhandl. (Berl., Bot. Ges.) 1897. 8. 12 p. m. 2 Tfln.   1.50

14535 — On some spec. of the g. Urophlyctis. (Oxford, Ann. Bot.) 1897. 8. 10 p. w. 2 pl.   1.50

14536 — Die Ustilagineen d. Prov. Brandenburg. (Berl., Bot. Ver.) 1897. 8. 32 p. m. Tfl.   1.—

14537 — Nachtrag zu d. Aufzähl. d. Peronosporeen, Exoasceen u. Ustilagin. d. Prov. Brandenburg. (Berl., Bot. Ver.) 1898. 8. 14 p.   1.—

14538 — Fungi (aus: Kuntze, Revisio Generum Plant.). (Lips.) 1898. 8. 108 p.   2.—

14539 — Urophlyctis der Luzerne. (Berl., Bot. Ges.) 1902. 8. 6 p. m. Tfl.   1.—

14540 — Function d. Paraphysen v. Uredolagern. (Berl., Bot. G.) 1902. 8. 6 p. m. Tfl.   1.—

14541 **Magnus, P.** Z. Kenntn. d. Pilze d. Orients. (Genf, Boiss.) 1903. 8. 15 p. m. 2 Tfln. *ℳ* 1.50

14542 — Die Pilze v. Tirol, Vorarlberg u. Liechtenstein. [Aus: Dalla Torre, Flora]. Innsbr. 1905. 8. 770 p. (M. 22.) 16.—

14543 — Ueb. ein. Gattgn. d. Melampsoren. (Berl., Bot. G.) 1909. 8. 8 p. m. Tfl. 1.—

14544 — Z. Pilzflora Syriens. (Weimar, Bot. Ver.) 1911. 8. 13 p. m. Tfl. 1.—

14545 **Magnus, W.** Stud. an d. endotrophen Mycorrhiza v. Neottia Nidus avis. Leipz. 1900. 8. 72 p. m. 3 Tfln. 2.—

14546 **Maheu.** Contrib. à l'ét. de la Flore Souterraine de France. Paris 1906. 8. 190 p. av. 6 pl. 7.—

14547 **Maire.** Basidiomycètes de Metz. (Metz, Soc. Nat.) 1902. 8. 22 p. 1.—

14548 — Rem. taxonom. et cytol. s. le Botryosporium pulchell. (Berl., Ann. Myc.) 1903. 8. 6 p. —.50

14549 **Malbran.** Est. s. la Patojenia del Colera. B. Air. 1887. 8. 110 p. av. pl. 2.—

14550 **Malbranche et Niel.** Essai monogr. s. l. Ophiobolus obs. en Normandie. (Rouen, Soc. Nat.) 1890. 8. 18 p. av. pl. 1.—

14551 **Mangin.** Désartic. d. Conidies d. Péronosp. (Paris, Soc. Bot.) 1891. 8. 12 p. av. pl. 1.—

14552 — S. la membrane d. Mucorinées. 3 parties. (Paris, J. Bot.) 1899. 8. 30 p. av. 2 pl. (1 color.) 2.—

14553 **Marchal.** S. qu. Champignons nouv. du Congo. (Brux., Soc. Micr.) 1894. 8. 22 p. av. pl. 1.50

14554 — Champignons coprophiles de Belgique. (Brux., S. Bot.) 1895. 8. 27 p. av. 2 pl. 1.50

14555 **Marchand.** Synopsis et tableau synopt. d. Mycophytes (Champignons et Lichens). Paris 1895. 8. 16 p. av. tableau. 1.—

14556 **Markees.** Ueb. d. Soorpilz. Basel 1901. 8. 44 p. m. 2 Tfln. 1.50

14557 **Märkische Pilze.** — 4 Abhandl. v. Hennings u. P. Magnus. (Berl., Bot. Ver.) 1894—1902. 8. 40 p. m. Tfl. 1.50

14558 **Marpmann.** Die Spaltpilze. Halle 1884. 8. 200 p. (M. 3.) 1.—

14559 **Marshall, C. E.** Microbiology. Textbook of Microorganisms. Philad. 1912. 8. 745 p. w. colour. pl. and 128 fig. Cloth. 15.—

14560 **Martin, C. E.** Contrib. à la Flore Mycolog. Suisse. (Genève, Soc. Bot.) 1899. 8. 66 p. 2.—

14561 **Martin, L.** Des Fermentations et d. Ferments. Montp. 1865. 8. 30 p. 1.—

14562 **Massalongo.** Nuovi Miceti Veronesi. (Fir., Giorn. Bot.) 1889. 8. 10 p. 1.—

14563 — Nuova contrib. alla Micologia Veronese. 2 parti. (Genova, Malp.) 1894. 8. 68 p. c. 2 tav. color. 2.—

14564 — I Funghi di Ferrara. I. Ferr. 1899. 8. 36 p. c. tav. color. 1.50

14565 — Cogniz. int. ai Funghi Veronesi. (Ver., Acc.) 1902. 8. 24 p. 1.—

14566 **Massart.** S. l. Organismes infér. 2 part. (Brux., Ac.) 1888 à 91. 8. 36 p. 1.50

14567 **Massart et Bordet.** Chimiotaxisme et Irritabil. d. Leucocytes et l'Infect. microbienne. 3 mém. Brux. 1890. 8. 54 p. av. pl. 1.—

14568 **Massee, G.** New Fungus, Milowia nivea. (Lond., Micr. Soc.) 1884. 8. 5 p. w. pl. 1.—

14569 — New Brit. Micro-Fungi. (Lond., Micr. Soc.) 1885. 8. 4 p. w. pl. 1.—

14570 — Different. of tissues in Fungi. (Lond., Micr. S.) 1887. 8. 4 p. w. pl. 1.—

14571 — Monogr. of the g. Lycoperdon. (Lond., Micr. S.) 1887. 8. 27 p. w. 2 pl. 3.—

14572 — Type of a new order of Fungi. (Lond., Micr. S.) 1888. 8. 4 p. w. pl. 1.—

14573 — Revis. of the Trichiaceae. (Lond., Micr. S.) 1889. 8. 35 p. w. 4 pl. 3.50

14574 — Monogr. of the Telephoreae. 2 parts. (Lond., Linn. Soc.) 1889—90. 8. 160 p. w. 6 pl. 8.—

14575 — Brit. Pyrenomycetes. 4 parts. (Lond., Grev.) 1889—90. 8. 12 p. 1.50

14576 — On exotic Fungi. (Lond., Grev.) 1890. 8. 6 p. w. pl. 1.—

14577 — British Fungi: Phycomcetes and Ustilagineae. Lond. 1891. 8. 246 p. w. 8 pl. Cloth. 6.—

14578 — Heterosporium asperat., a paras. Fungus. (Lond., Micr. S.) 1892. 8. 8 p. w. pl. 1.—

14579 **Massee, G.** Monogr. of the Myxogastres. Lond. 1892. 8. 308 p. w. 12   *M*
colour. pl. Cloth.   18.—
Out of print.
14580 — Redescriptions of Berkeley's types of Fungi. 2 parts. (Lond., Linn.
Soc.) 1896—1901. 8. 93 p. w. 5 pl.   4.—
14581 — On the origin of the Basidiomycetes. (Lond., Linn. S.) 1900. 8.
11 p. w. 2 pl.   1.—
14582 — British Fungi. Lond. 1911. 8. 362 p. w. fig. Cloth.   7.50
14583 **Massee, G. and I.** Mildews, Rusts and Smuts. Lond. 1913. 8. 232 p.
w. 5 pl. (1 colour.) Cloth.   7.50
14584 **Massee, G., and Crossland.** The Fungus-Flora of Yorkshire. Lond. 1905.
8. 352 p.   8.—
14585 **Matruchot.** Une Mucorinée purem. Conidienne, Cunninghamella Africana. (Berl., Ann. Myc.) 1903. 8. 16 p. av. pl.   1.—
14586 **Matthews.** On the Red Mould of Barley. (Lond., Micr. S.) 1883. 8.
60 p. w. 2 pl.   2.—
14587 **Mattirolo.** Contrib. allo studio d. g. Cora. (Firenze, Giorn. Bot.) 1881.
8. 23 p. c. 2 tav. color.   1.50
14588 — S. sviluppo e s. sclerozio d. Peziza Sclerotiorum. (Firenze, Giorn.
Bot.) 1882. 8. 13 p. c. 2 tav.   1.50
14589 — Sviluppo di 2 nuovi Hypocreacei. (Fir., Giorn. B.) 1886. 8. 34 p.
c. 2 tav.   1.50
14590 — Illustraz. d. Cyphella Endrophila. (Torino, Acc.) 1887. 8. 9 p. c.
tav. color.   1.—
14591 — Illustraz. di 3 nuove specie di Tuberacee Ital. (Torino, Acc.) 1887.
4. 19 p. c. 2 tav. (1 color.)   2.—
14592 — Polimorfismo d. Pleospora herbar. (Genova, Malp.) 1888. 8. 22 p.   1.—
14593 — Valore sist. d. Choiromyces gangliformis e meandrif. (Genova,
Malp.) 1893. 8. 31 p.   1.50
14594 **Matzuschita.** Z. Physiol. d. Sporenbildung d. Bacillen. Halle 1902. 8.
117 p. m. 2 color. Tfln.   2.—
14595 — Bacteriolog. Diagnostik. Jena 1902. 8. 709 p. m. color. Tfl. (M 15.)
14596 **Maul.** Ueb. Sclerotinienbildung in Alnus-Früchten. Dresd. 1894. 8.
20 p. m. 2 Tfln.   1.50
14597 **Maurizio.** Z. Entwicklgesch. u. System. d. Saprolegnieen. Münch. 1894.
8. 54 p. m. 3 Tfln.   1.50
14598 — Z. Kenntn. d. Schweizer. Wasserpilze. (Chur, Nat. Ges.) 1895. 8.
30 p. m. Tfl.   1.—
14599 — Z. Biol. d. Saprolegnieen. (Berl., Z. Fisch.) 1899. 8. 69 p.   2.—
14600 **Mayenburg.** Lösungsconcentr. u. Turgorregulation bei d. Schimmelpilzen. Leipz. 1901. 8. 48 p.   1.—
14601 **Mayer, A.** Alkohol. Gährung, Stoffbedarf u. Stoffwechsel d. Hefe-
pflanze. Heidelb. 1869. 8. 86 p. m. 7 Tfln. (M. 3.)   1.50
14602 — Lehrb. d. Gährungs-Chemie. Heidelb. 1874. 8. 174 p. m. 23 Fig.
(M. 5.50.) Hfzb.   1.—
14603 **Mayor.** Contrib. à l'ét. d. Erysiphées de la Suisse. (Neuchâtel, Soc.
Nat.) 1909. 8. 18 p.   1.—
14604 **Mayus.** Die Peridienzellen d. Uredineen. Bern 1904. 8. 33 p.   1.—
14605 **Medicus.** Uns. essbaren Schwämme. Kaisersl. 1882. 8. 26 p. m. 5
color. Tfln.   1.—
14606 **Meirowsky.** Studien üb. d. Fortpflanz. v. Bakterien, Spirillen u. Spiro-
chaeten. Berl. 1914. 8. 104 p. m. 19 Tfln. (M. 12.)
14607 **Meissner, C.** Accomodationsfähigk. ein. Schimmelpilze. Leipz. 1902.
8. 95 p.   1.50
14608 **Meissner, R.** Einfluss d. Essigsäure u. Milchsäure auf d. Hefen. Berl.
1897. 8. 36 p.   1.—
14609 **Menzel.** Beitr. z. Bacterienbefund d. Galle. Reichenb. 1897. 8. 15 p.   1.—

14610 **Mesernitzky.** Zersetz. d. Gelatine durch Micrococcus prodigiosus. *M*
(Leipz., Biochem. Z.) 1911. 8. 22 p. 1.—
14611 **Metalnikoff.** Immunité de la mite des ruches d'abeilles (Galeria melo-
nela) vis-à-vis de l'infection tuberculeuse. 2 parties. (Gand, Arch.
Biol.) 1907. 4. 56 p. av. 2 pl. color. 3.—
14612 **Metschnikoff.** Immunität b. Infektionskrankheiten. Deutsch v. J. Meyer.
Jena 1902. 8. 467 p. (M. 10.) 4.50
14613 **Metzger u. N. J. C. Müller.** Die Nonnenraupe u. ihre Bakterien. Berl.
1895. 8. 170 p. m. 45 Tfln. (M. 16.) 5.—
14614 **Meyer, A.** Die Zelle d. Bakterien. Jena 1912. 8. 291 p. m. color. Tfl.
(M. 21.)
14615 **Meyer, B.** Ueb. d. Entwick. ein. parasit. Pilze b. saprophyt. Ernährung.
Berl. 1888. 8. 36 p. m. 4 z. Tl. color. Tfln. 1.50
14616 **Mez.** Der Hausschwamm. Dresd. 1908. 8. 267 p. m. color. Tfl. u.
90 Fig. (M. 4.) 3.—
14617 **Michael.** Führer f. Pilzfreunde. Taschenformat. 3 Bde. Zwickau 1898—
1905. 8. 208 color. Tfln. m. Text. Lnbde. (M. 18.) 14.—
14618 **Migula.** Classificat. d. Bactériacées. (Brux., Soc. Micr.) 1896. 8. 13 p. 1.—
14619 — Schizophyta (Spaltpflanzen). (Aus: Engler-Prantl's Pflanzenfamil.).
(Leipz.) 1896. 8. 44 p. (M. 3.) 2.—
14620 — Die Pilze aus: T h o m é, Flora v. Deutschland, Oesterreich u. d.
Schweiz. Bd. I—IV. (in 6 Bdn.) Gera 1910—15. 8. m. 695 z. Tl. color.
Tfln. Origbde. (M. 248.50.) 210.—
Inhalt siehe No. 12873.
14621 **Milburn.** Aenderungen d. Farben bei Pilzen u. Bakterien. Halle 19.
8. 31 p. m. 2 color. Tfln. 1.50
14622 **Miliarakis.** Tylogonus Agavae. Athen 1888. 8. 14 p. m. Tfl. 1.—
Minks. Symbolae Licheno-Mycolog. — vide nr. 15651.
14623 **Miquel.** De novo Entophytorum genere. (Ac. Leop.) 1838. 4. 8 p.
et tab. color. 1.—
14624 **Mirto.** Costanza morfol. d. Micrococchi. (Acireale) 1889. 8. 20 p. 1.—
14625 **Mitteilungen** aus d. Kais. Gesundheitsamte. Hrsg. v. Struck. Bd. II.
Berl. 1884. 4. 505 p. m. 13 color. Tfln. Cart. (M. 44.) 18.—
14626 **Mittmann, A.** Die Bakterien. Berl. 1889. 8. 29 p. 1.—
14627 **Miyoshi.** Ueb. Chemotropismus d. Pilze. (Leipz., Bot. Z.) 1894. 4.
28 p. m. Tfl. 1.50
14628 — Die Durchbohrung v. Membranen d. Pilzfäden. (Berl., Pringsh.
Jahrb.) 1895. 8. 21 p. 1.—
14629 — Eisenbacter. d. Thermen v. Ikao. (Tokyo, Coll. Sc.) 1907. 4. 4 p. 1.—
14630 — Schwefelrasenbildg. u. d. Schwefelbacterien d. Thermen v. Yumoto.
(Tokyo, Coll. Sc.) 1907. 4. 31 p. m. color. Tfl. 1.50
14631 **Molisch.** Die mineral. Nahrung d. nied. Pilze. I. (Wien, Ak.) 1894. 8. 21 p. 1.—
14632 — Die Eisenbakterien. Jena 1910. 8. 89 p. m. 3 color. Tfln. (M. 5.) 4.—
14633 **Möller, A.** Ueb. d. Cultur flechtenbildender Ascomyceten ohne Algen.
Münst. 1887. 8. 54 p. 1.50
14634 — Ueb. e. mykolog. Forschungsreise n. Blumenau in Brasilien.
(Frankf., Senck.) 1896. 8. 18 p. 1.—
14635 — Hausschwamm-Forschungen. VII. Jena 1913. 4. 24 p. 1.—
14636 **Moeller, H.** Ueb. d. Zellkern u. d. Sporen d. Hefe. 2 Tle. (Jena u. Berl.)
1892—93. 8. 22 p. m. 2 Tfln. 1.50
14637 **Möller, J.** Die Vegetabilien im menschl. Kothe. (Münch., Z. Biol.)
1897. 8. 25 p. 1.—
14638 **Montagne.** S. l. Podaxinées. (Paris, Ann. Sc.) 1843. 8. 14 p. 1.—
14639 — Enumer. Fungorum a Drège in Africa merid. coll. (Paris., Ann. Sc.)
1847. 8. 16 p. 1.50
14640 — Cryptogamia (Fungi) Guyanensis. 2 partes. (Paris., Ann. Sc.) 1855.
8. 74 p. et 2 tab. 4.50

14641 **Moore, G. T.** Bacteria and the Nitrogen Problem. (Wash., Dept. Agr.) 1903. 8. 10 p. w. 6 pl.   _ℳ._ 2.—

14642 **Moore, J. E. S., and C. E. Walker.** Report I. on the Cytolog. Investigation of Cancer. Liverp. 1906. 4. 87 p. w. 20 pl. (7 colour.)   7.—

14643 **Moreau.** Rech. s. la reproduct. des Mucorinées et de qu. autres Thallophytes. (Paris, Botan.) 1913. 8. 136 p. av. 14 pl.   7.—

14644 **Morgenthaler.** Ueb. d. Beding. d. Teleutosporenbild. b. d. Uredineen. Jena 1910. 8. 22 p.   1.—

14645 **Mori.** Enumeraz. d. Funghi d. prov. di Modena e di Reggio. 3 parti. (Firenze, Giorn. Bot.) 1886—93. 8. 47 p.   1.50

14646 **Morière.** Liste d. Hypoxylées, Mucédinées et Uredinées obs. p. Roberge dans le Calvados. (Caen, Soc. Linn.) 1866. 8. 26 p.   1.50

14647 **Morini.** S. una nuova Pilobolea. (Bol., Acc.) 1900. 4. 7 p. c. tav.   1.—

14648 **Mörner.** Om de ätliga Svamparnes näringsvärde. (Ups.) 8. 19 p.   1.—

14649 **Morris and Henderson.** The cultiv. and life-hist. of the Ringworm Fungus (Trichophyton tonsur.). (Lond., Micr. S.) 1883. 8. 9 p. w. pl.   1.—

14650 **Moses u. Vianna.** Neue Mycose verurs. durch Proteomyces infest. (Rio de Jan., Cruz) 1913. 4. 19 p. m. 5 color. Tfln.   3.—

14651 **Mosler.** Mykolog. Studien am Hühnerei. (Berl., Virch. Arch.) 1864. 8. 16 p.   1.—

14652 **Mouton.** Notice III et IV s. d. Ascomycètes nouv. (Brux., Soc. Bot.) 1897 à 1900. 8. 30 p. av. 2 pl.   1.50

14653 **Mucorinées.** — 4 mém. 1882 à 91. 8. 27 p.   1.50

14654 **Müller, L.** Vergleich. Unters. üb. Milchsäurebakterien. Zürich 1906. 8. 75 p.   1.50

14655 **Müller, W.** Z. Kenntn. d. Euphorbia-bewohn. Melampsoren. Jena 1907. 8. 43 p. m. 31 Fig.   1.50

14656 **Müller-Thurgau u. Osterwalder.** Die Bakterien im Wein u. Obstwein. (Jena, Centr. Bakt.) 1913. 8. 214 p. m. 3 Tfln.   6.—

14657 **Murray.** On 2 new spec. of Lentinus. (Lond., Linn. S.) 1886. 4. 4 p. w. colour. pl.   1.—

14658 **Murrill.** Addit. Philippine Polyporaceae. (N. York, Bot. Gard.) 1908. 8. 26 p.   1.50

14659 **Musgrave.** Influence of symbiosis up. the Pathogenicity of Micro-organisms. (Manila, J. Sc.) 1908. 4. 12 p.   1.—

14660 **Musgrave and Clegg.** The etiology of Mycetoma. (Manila, J. Sc.) 1907. 4. 36 p. w. 4 pl. (1 colour.)   2.50

14661 **Musgrave, Clegg and Polk.** Streptothricosis. (Manila, J. Sc.) 1908. 4. 98 p. w. 6 pl.   2.50

14662 — Trichocephaliasis. (Manila, J. Sc.) 1908. 4. 22 p.   1.—

14663 **Mycologia.** Illustr. bimonthly publicat., devoted to Fungi and Lichens. Vol. I—VI. New York 1909—14. 8. w. colour. plates.   90.—

14664 **Mycological Bulletin.** Ed. by Kellerman. No. 1—87. Columbus 1903—1908. 8. w. many fig.   50.—
    The first numbers have the title: 'Ohio Mycological Bulletin'. — Very many odd numbers in stock.

14665 **Mykologisches Zentralblatt.** Hrsg. v. Wehmer. Bd. I—III. Jena 1912—1913. 8. m. Tfln. (M. 45.)   38.—

14666 **Myxomyceten.** — 7 Abhandlgn. 1861—1908. 8. 56 p. m. Tfl.   3.—

14667 **Nadson.** Ueb. d. Pigmente d. Pilze. (Petersb., Soc. Nat.) 1891. 8. 46 p. — Russisch.   1.50

14668 — Cultures du Dictyostelium Mucoroides. Pétersb. 1899. 8. 38 p.   1.50

14669 — Die Pilz-Sammlgn. v. Berlin, Hamburg u. Paris. (Petersb., Acta Horti) 1900. 4. 42 p. — Russisch.   1.50

14670 **Nägeli.** Ueb. d. chem. Zusammensetz. d. Hefe. (Münch., Ak.) 1878. 8. 28 p.   1.—

14671 — Ueb. d. Fettbildg. b. d. nied. Pilzen. (Münch., Ak.) 1879. 8. 29 p.   1.—

14672 — Theorie d. Gärung. Münch. 1879. 8. 160 p. (M. 3.)   1.—

14673 **Nägeli.** Ueb. d. Bewegungen kleinster Körperchen. (Münch., Ak.) 1879. *ℳ*
8. 64 p. 1.—
14674 — Ernähr. d. nied. Pilze durch Kohlenstoff- u. Stickstoffverbindgn.
(Münch., Ak.) 1880. 8. 91 p. 1.50
14675 — Ueb. Wärmetönung b. Fermentwirkungen. (Bonn, Arch. Phys.)
1880. 8. 16 p. 1.—
14676 — Untersuch. üb. niedere Pilze. Münch. 1882. 8. 285 p. (M. 7.) 4.—
14677 **Namyslowski.** Rhizopus nigricans et ses zygospores. (Crac., Ac.)
1906. 8. 17 p. av. pl. 1.—
14678 **Nawaschin.** E. neue Tilletia Sphagni. (Petersb., Soc. Nat.) 1893. 8.
10 p. m. color. Tfl. — Russisch. 1.—
14679 **Neelsen.** Unsere Freunde unt. d. nieder. Pilzen. Berl. 1884. 8. 32 p. 1.—
14680 **Nees v. Esenbeck, C. G.** Das System d. Pilze u. Schwämme. Würzb.
1816. 4. 367 p. m. 46 color. Tfln. 80.—
Ueber dieses für die Mykologie grundlegende Werk, das sehr selten geworden
ist, siehe: Rara Historico-Naturalia, ed. J u n k, p. 43 u. 44.
14681 — — Text allein (o h n e die Tafeln). 10.—
14682 **Nees ab Esenbeck, C. G. et T. F. L.** De Polyporo pisachapani. (Ac.
Leop.) 1824. 4. 8 p. et tab. 1.—
14683 — De plantis Mycetoid. nonnull. (Ac. Leop.) 1830. 4. 36 p. et 2 tab. col. 2.—
14684 **Neger u. Rostrup.** Z. Pilzflora v. Bornholm. (Kopenh., Bot. T.) 1906.
8. 19 p. 1.—
14685 **Neisser.** Neues Wässer-Vibrio, der d. Nitrosoindol-Reaction liefert.
Münch. 1893. 8. 26 p. m. Tfl. 1.—
14686 **Nencki.** Beitr. z. Biologie d. Spaltpilze. (Leipz., Journ. Chem.) 1880.
8. 63 p. m. 2 Tfln. 1.50
14687 **Neudeck.** Z. Kenntn. d. Saccharomyceten. Stuttg. 1895. 8. 44 p. 1.—
14688 **Neuman, J.** The Polyporaceae of Wisconsin. (Madis.) 1914. 8. 209 p.
w. 25 pl. Cloth. 13.—
14689 **Neumann, R.** Ueb. d. Entwickelgesch. d. Aecidien u. Spermogonien d.
Uredineen. (Dresd., Hedw.) 1894. 8. 20 p. m. 4 Tfln. 2.—
14690 **Nichols, E. H.** The relat. of Blastomycetes to Cancer. (Boston, Cancer
Commiss.) 1902. 8. 48 p. w. 7 pl. (3 colour.) 3.50
14691 **Nichols, S. P.** The binucleated Cells in some Basidomycetes. (Madis.,
Ac.) 1904. 8. 37 p. w. 3 pl. 2.—
14692 **Nielsen, J. C.** Biolog. Studier over Danske enlige Bier og deres Snyl-
tere. (Kjöbenh., Nat. För.) 1902. 8. 32 p. 1.50
14693 **Nielsen, P.** Om nogle Rustarter. (Kjöb., Bot. T.) 1877. 8. 17 p. 1.—
14694 **Niessen.** Pestbazillen im Pestserum. Hamb. 1904. 8. 60 p. m. 2 Tfln.
(M. 1.50.) 1.—
14695 **Niessl.** Beitr. z. Pilzflora v. Nied.-Oesterr. 2 Tle. (Wien, Z. b. G.)
1857—59. 8. 20 p. 1.—
14696 — Neue Pilze. (Wien, Z. b. G.) 1858. 8. 4 p. m. Tfl. 1.—
14697 — Vorarbeiten zu einer Kryptog.-Flora v. Mähren u. Oesterr.-Schle-
sien II: Pilze u. Myxomyceten. (Brünn, Nat. Ver.) 1865. 8. 134 p. m. Tfl. 2.50
14698 — Beschr. neuer u. wenig bekannt. Pilze. (Brünn, Nat. Ver.) 1872.
8. 65 p. m. 5 Tfln. 3.—
14699 **Nijpels.** Germin. de qu. Ecidiospores. (Brux., S. Micr.) 1898. 8. 11 p. • 1.—
14700 **Nikitinsky.** Beeinfluss. d. Entwickl. ein. Schimmelpilze durch ihre
Stoffwechselprodukte. Leipz. 1904. 8. 95 p. m. 6 Tfln. 2.—
14701 **Nitsch.** Expériences s. la rage de Laborat. (Virus fixe). III à V.
(Crac., Ac.) 1905 à 06. 8. 110 p. 1.50
14702 **Norman.** Cystopus, or White Rust. (Lond., J. Micr.) 1885. 8. 16 p.
w. 2 pl. 1.50
14703 **Notaris.** Micromycetes Italici novi vel minus cogniti. Decas V. (Aug.
Taur., Ac.) 1845. 4. 18 p. et 4 tab. 6.—
14704 **Novae Species Fungorum.** — *32 Abhandl.* v. Allescher, Bresadola,
Bubak, Correns, Curry, Fée, Hennings, P. A. Karsten, Lindau, Mar-

telli, Patouillard, H. u. P. Sydow, Wildeman u. a. 1835—1913. 8. u. 4. *M*
230 p. m. 11 Tfln. (2 color.) 15.—
14705 **Nowakowski.** Z. Kenntn. d. Chytridiaceen. Bresl. 1876. 8. 26 p. 1.—
14706 — Beitr. z. Morphol. u. System. d. Chytridiaceae. (Krak., Ak.) 1878.
4. 24 p. m. 4 color. Tfln. — Polnisch. 3.—
14707 **Nylander.** Analyses Mycolog. (Helsingf. 1859.) 8. 8 p. 1.—
14708 — Observat. circa Pezizas Fenniae. (Helsingf., Soc. Fauna) 1868. 8.
100 p. et 2 tab. Cart. 2.—
14709 **Obermeyer.** Pilz-Büchlein. 2 Bde. Stuttg. 1898—99. 12. 368 p. m.
50 color. Tfln. Lnb. (M. 3.) 2.—
Ohio Mycological Bulletin — see nr. 14664.
14710 **Olive.** Enumer. of the Sorophoreae. (Bost., Ac.) 1901. 8. 14 p. 1.—
14711 — Cytolog. studies on the Entomophthoreae. 2 parts. (Chicago, Bot.
Gaz.) 1906. 8. 67 p. w. 5 pl. 4.—
14712 **Oltmanns.** Entwickl. d. Perithecien d. Gatt. Chaetomium. Rost. 1887.
4. 20 p. m. Tfl. 1.—
14713 **Opatowski.** De familia Boletoideorum. (Berl., Arch. Nat.) 1836. 8. 34 p. 1.—
14714 **Örsted.** Bidr. t. Svampenes Udviklingshistorie. 2 Tle. (Kjöb., Nat. För.)
1864—66. 8. 33 p. m. 5 Tfln. 2.50
14715 — Ukjendte Befruktningsorganer h. Bladsvampene. (Kjöb., Ak.) 1865.
8. 13 p. m. 2 Tfln. 1.—
14716 — Om en ukjendt udvikl. h. Snyltesvampe. (Kjöb., Vid. Selsk.) 1865.
4. 14 p. m. 3 color. Tfln. 1.50
14717 **Oschatz.** De Phalli impudici germinat. Vratisl. 1842. 4. 16 p. et tab. 1.—
14718 **Osterwalder.** Bildung flücht. Säure durch d. Hefe. (Jena, C. Bakt.)
1912. 8. 18 p. 1.—
14719 **Otth.** Nachtr. VI zum Verzeichn. Schweizer. Pilze. (Bern, Nat. Ges.)
1869. 8. 34 p. 1.—
14720 **Otto.** Versuch ein. auf d. Lamellen gegründ. Anordn. d. Agaricorum.
Leipz. 1816. 8. 128 p. 2.50
14721 **Oudemans.** Matér. p. la flore mycolog. de la Néerlande. (La Haye,
Arch.) 1867. 8. 65 p. av. pl. 2.—
14722 — Aanwinsten v. de Flora Mycologica v. Nederland. (Nijmegen,
Kruidk. Arch.) 1876. 8. 10 p. m. 2 Tfln. 1.50
14723 — — IX, X. (Nijm., Kruidk. Arch.) 1885. 8. 76 p. 1.50
14724 **Overbeck.** Beitr. z. Pilz-Flora d. Niederelbe. 2 Tle. (Hamb., Ver. nat.
Unterh.) 1879—85. 8. 21 p. 1.—
14725 **Overholts.** The Polyporaceae of Ohio. (St. Louis, Gard.) 1914. 8. 75 p. 3.—
14726 **Pabst, G.** Die Pilze Deutschlands u. d. angrenz. Länder. Gera 1875.
fol. 98 p. m. 25 color. Tfln. (M. 30.) 16.—
Vergriffen.
14727 **Pabst, O.** Z. Lehre v. d. Aktinomykose. Erl. 1910. 8. 53 p. 1.—
14728 **Pacini.** Mucedo n. condotto auditivo. (Firenze) 1851. 8. 11 p. 1.—
14729 **Paley.** On Wheat-Ears. Cambr. 1869. 8. 16 p. 1.—
14730 **Pammel, Buchanan and King.** Some bacteriolog. examinat. of Iowa
Waters. 2 pap. (Des Moines, Ac.) 1901. 8. 30 p. w. 3 pl. 1.50
14731 **Panceri.** Albume d'uovo di Gallina e dei Crittogami che crescono n.
uova. (Milano, Soc. Nat.) 1861. 8. 14 p. c. tav. 1.—
14732 **Panek.** Bakteriol. Studien üb. die „Barszcz" gen. Gährung d. roten
Rüben. (Krak., Ak.) 1905. 8. 44 p. m. Tfl. 1.50
14733 **Pantanelli.** Z. Kenntn. d. Turgorregulationen bei Schimmelpilzen.
(Leipz., Pringsh. Jahrb.) 1904. 8. 67 p. 2.—
14734 **Paoletti.** Revis. d. g. Tubercularia. (Padova, Soc. Venet.) 1887. 8.
16 p. c. 2 tav. 1.50
14735 — Saggio di una monogr. d. g. Eutypa. (Venezia, Ist.) 1892. 8. 68 p.
c. 3 tav. 2.50
14736 **Paque.** Qlqs. Champignons nuisibles ou intéress. (Gand) 1908. 8. 11 p. 1.—
14737 — Nouv. rech. p. s. à la flore crypt. de la Belgique. Gand 1908. 8. 15 p. 1.—

14738 **Paravicini.** Steigerung d. Virulenz d. Bacterium coli bei Gegenwart v.   *M*
Fäulnisbacterien. Bretten 1897. 8. 16 p.   1.—
14739 **Parker, G. H.** On the morphol. of Ravenelia glandulaeformis. (Boston,
Ac.) 1887. 8. 15 p. w. 2 pl.   1.50
14740 **Passerini.** Funghi Parmensi (Sphaeropsid.). (Firenze, Giorn. Bot.) 1872.
8. 37 p.   1.50
14741 — Diagnosi di Funghi nuovi. IV. (Roma, Linc.) 1890. 4. 16 p.   1.—
14742 **Pasteur.** Études s. le Vin. s. maladies etc. Paris 1866. 8. 272 p. av.
32 pl. color.   16.—
14743 — — 2. éd. Paris 1873. 8. 348 p. av. 32 pl. color.   45.—
Epuisé.
14744 — Discours de réception à l'Académie, avec réponse de Renan.
Paris 1882. 8. 54 p.   2.—
14745 — Die in d. Atmosphäre vorhand. organis. Körperchen. Leipz. 1892.
8. 98 p. m. 2 Tfln.   1.50
14746 **Pathogenic Fungi,** chiefly exotic. — 110 pap. on contagious diseases
and their parasites, by Barber, Bowman, Catterina, Celli, Chamberlain, Fox, Klebs, Mohler, Moses, Musgrave, Ruediger, Saltykow,
Strong, Vedder, Yersin and others. 1850—1915. 8. and 4. 3600 p. w.
175 pl. (36 colour.)   30.—
14747 **Patouillard.** Tabulae analyt. Fungorum. Descr. et analys. microsc. d.
Champign. nouv., rares ou critiques. 7 fasc. (= Série I en 5 fascic.,
Série II. fasc. 1 et 2; tout ce qui a paru). Paris 1883 à 1889. 8. 75 p.
av. 224 pl. color.   140.—
Epuisé.
14748 **Patterson.** Collect. of economic and o. Fungi prepared f. distribut.
(Wash., Dept. Agr.) 1902. 4. 31 p.   1.—
14749 **Paul.** Beitr. z. Pilzflora v. Mähren. (Brünn, Nat. Ver.) 1909. 8. 30 p.   1.—
14750 **Peck.** Descr. of new spec. of Fungi. (Buffalo) 1873. 8. 32 p.   1.50
14751 — New spec. of Fungi. 3 pap. (N. York, Torr. Cl.) 1885—99. 8.
25 p. w. pl.   1.50
14752 **Pedersen.** S. la propagat. de la levure basse du Saccharomyces
cerevis. (Copenh., Carlsb. Lab.) 1878. 8. 27 p. av. 3 pl.   2.—
14753 **Peglion.** Contrib. alla conesc. d. Flora Micolog. Avellinese. (Genova,
Malp.) 1895. 8. 37 p.   1.50
14754 **Peirce.** On Corticium Oakesii and Michenera Artocreas. (N. York,
Torr. Cl.) 1890. 8. 10 p. w. pl.   1.—
14755 **Penzig.** Rapporti genet. tra Ozonium e Coprinus. (Firenze, Giorn.
Bot.) 1880. 8. 12/p. c. 2 tav.   1.50
14756 — Beltrania, nuova g. di Ifomiceti. (Fir., Giorn. Bot.) 1882. 8. 3 p.
c. tav. color.   1.—
14757 — Note Micologiche. 2 parti. (Venezia, Ist.) 1884. 8. 54 p. c. 7 tav.   7.—
I: Funghi d. Mortola. — II: Contrib. II. allo studio d. Funghi agrumicoli.
14758 — — I: Funghi d. Mortola. 1884. 8. 25 p. c. 2 tav.   1.50
14759 — S. Flora micolog. d. Monte Generoso. (Venez., Ist.) 1884. 8. 21 p.   1.—
14760 — Die Myxomyceten v. Buitenzorg. Leid. 1898. 8. 83 p.   2.—
14761 **Penzig et Saccardo.** Diagnoses Fungorum novor. in insula Java coll.
Series I, III. Genuae 1897—1902. 8. 87 p.   2.—
14762 **Percival.** Agricult. Bacteriology. Lond. 1910. 8. 418 p. w. 59 fig. Cloth.   7.50
14763 **Perrot.** Kernfrage u. Sexualität bei Basidiomyceten. Stuttg. 1897. 8.
37 p. m. Tfl.   1.—
14764 **Persoon.** Observationes mycolog., s. descr. novor. et notabil. Fungorum. 2 partes. Lips. 1796—99. 8. 233 p. et 12 tab. color.   65.—
14765 — Comment. de Fungis clavaeformibus. Lips. 1797. 8. 124 p. et 4
tab. color.   10.—
14766 — Tentamen disposit. method. Fungorum. Lips. 1797. 8. 80 p. et 4 tab.   8.—
14767 — Icones et descript. Fungorum minus cognit. 2 fascic. Lips. 1798
(— 1800). 4. 60 p. et 14 tab. color.   60.—

14768 **Persoon.** Synopsis method. Fungorum. 2 partes. Gotting. 1801. 8. *M*
738 p. et 5 tab. Cart. 5.—
14769 — Icones pictae rariorum Fungorum. 4 fascic. Paris 1803—06. 4.
64 p. et 24 tab. color. 100.—
14770 — Traité s. l. Champignons comest. Paris 1818. 8. 288 p. Cart. 2.—
14771 — Ueb. d. essbaren Schwämme. Heidelb. 1822. 8. 192 p. m. 4 Tfln. Cart. 3.—
14772 — Mycologia Europaea. Vol. I, II, III, pars 1. (omnia quae extant).
Erlangae 1822—28. 8. 852 p. et 30 tab. c o l o r. 40.—
14773 — — Cum tabulis nigris. 15.—
   Von den oben angeführten Werken P e r s o o n ' s sind nicht alle vorrätig,
   haben aber bei Vorkommen die angegebenen Preise. Letztere sind in starkem
   Steigen (siehe auch die Notiz zu Nr. 2470).
14774 **Petch.** The g. Chitoniella. (Colombo, Bot. Gard.) 1908. 8. 10 p. w. 2 pl. 2.—
14775 — The Phalloideae of Ceylon. (Colombo, Gard.) 1908. 8. 46 p. w. 10 pl. 5.—
14776 — New Ceylon Fungi. (Colombo, Gard.) 1909. 8. 9 p. 1.—
14777 — List of the Mycetozoa of Ceylon. (Colombo, Gard.) 1910. 8. 63 p. 3.50
14778 — On Lasiodiplodia. (Colombo, Gard.) 1910. 8. 21 p. . 1.—
14779 — Revis. of Ceylon Fungi. II. III. (Colombo, Gard.) 1910—12. 8. 110 p. 4.—
14780 — Further notes on the Phalloideae of Ceylon. (Colombo, Gard.)
1911. 8. 22 p. w. 5 pl. 3.—
14781 — Ustilagineae and Uredineae of Ceylon. (Colombo, Gard.) 1912.
8. 34 p. 1.50
14782 — Termite Fungi. (Colombo, Gard.) 1913. 8. 40 p. 1.50
14783 **Petersen, S.** Agaricineer jagttagne i Slagelse. (Kjöb., Bot. Tidsk.)
1888. 8. 30 p. 1.50
14784 — Danske Agaricaceer. Kjöbenh. 1911. 8. 460 p. 6.50
14785 **Petri.** Formaz. d. spore in Naucoria nana. Nuovo Bacillo capsulato.
2 mem. (Fir., Giorn. Bot.) 1903. 8. 30 p. c. 2 tav. 1.50
14786 — Perosporoidi n. Micorize endotrof. (Fir., Giorn. B.) 1903. 8. 22 p. 1.—
14787 — Nuova Thielaviopsis. S. g. Streptothrix. 2 mem. (Fir., Giorn. B.)
1903. 8. 20 p. 1.—
14788 — Valore diagnost. d. capillizio n. g. Tylostoma. (Berl., Ann. Myc.)
1904. 8. 28 p. c. tav. color. 1.50
14789 **Petschenko.** Struct. et cycle evolutif de Bacillopsis stylopygae. (Crac.,
Ac.) 1908. 8. 13 p. av. pl. 1.—
14790 **Pettenkofer.** Zum gegenwärt. Stand d. Cholerafrage. Münch. 1887. 8.
753 p. m. 4 Tfln. (M. 15.) Lnb. 5.—
14791 **Pettit.** Studies in artificial cultures of Entomogenous Fungi. Ithaca
1895. 8. 42 p. w. 12 pl. 4.50
14792 **Pfitzer.** Ancylistes Closterii, ein Phycomycet. (Berl., Ak.) 1872. 8. 22 p.
m. color. Tfl. 1.50
14793 **Phillips.** Monstrosities in Fungi. (Lond., Woolhope Club) 1875. 8.
5 p. w. pl. 1.—
14794 — Fungi of California. 2 parts. (Lond., Grev.) 1877. 8. 8 p. w. 3 pl. 2.—
14795 — The Fungi of our Dwelling Houses. The British spec. of Nidularia.
(Birmingh.) 1880. 8. 11 p. 1.—
14796 — On a new Helvella. (Lond., Linn. S.) 1880. 4. 1 p. w. pl. 1.—
14797 — Revis. of the g. Vibrissea. (Lond., Linn. S.) 1881. 4. 10 p. w. 2
colour. pl. 2.—
14798 — The Luminosity of Fungi. Monstrosities in Fungi. 2 pap. (Lond.,
Woolhope Club) 1881. 8. 10 p. w. pl. 1.50
14799 — Gyromitra gigas. (Cxf., Ann. Bot.) 1893. 8. 4 p. w. pl. 1.—
14800 — Hymenomycetes of Shropshire. Shrewsbury. 8. 44 p. w. 2 pl. 4.50
   Only 25 copies printed.
14801 **Phillips and Plowright.** New and rare British Fungi. 5 parts. (Lond.,
Grev.) 1874—1882. 8. 32 p. w. 5 pl. 3.—
14802 **Pianese.** Capsula d. Bacillus anthracis. (Nap.) 1892. 8. 12 p. c. 2
tav. color. 1.—
14803 **Pick.** Ueb. d. pflanzl. Hautparasiten. (Wien, Z. b. G.) 1864. 8. 14 p. 1.—

M

14804 **Pirotta.** Elenco d. Funghi di Pavia. (Firenze, Giorn. Bot.) 1876. 8. 16 p. 1.—
14805 **Planchon, L.** Influence de divers milieux chim. s. qu. Dématiées. Paris 1900. 8. 258 p. av. 4 pl. color. et 63 fig. 7.—
14806 **Plaut.** Z. system. Stell. d. Soorpilzes. Leipz. 1887. 8. 32 p. m. color. Tfl. 1.—
14807 **Plowright.** Fructificat. of Rhytisma maxim. (Lond., Grev.) 1875. 8. 3 p. w. pl. 1.—
14808 — Relationship of Aecidium Berberidis to Puccinia Graminis. (Lond., Grev.) 1881. 8. 9 p. 1.—
14809 — On the germinat. of the Uredines. (Lond., Grev.) 1882. 8. 7 p. w. pl. 1.—
14810 — Monogr. of the Brit. Hyphomyces. 2 parts. (Lond., Grev.) 1882. 8. 19 p. w. 10 colour. pl. 7.—
14811 — Fungi of Norfolk. (Norwich) 1884. 8. 24 p. 1.—
14812 — New and rare Brit. Fungi. (Worcest.) 1898. 8. 12 p. w. pl. 1.—
14813 — On the Agaricini of Great Britain. (Worcest.) 1898. 8. 10 p. 1.—
14814 **Pode and Lankester.** Devel. of Bacteria in organ. infusions. (Lond., Micr. J.) 1873. 8. 11 p. 1.—
14815 **Poirault et Raciborski.** S. l. Noyaux d. Urédinées. (Paris, J. Bot.) 1895. 8. 22 p. av. pl. 1.50
14816 **Pokorny.** Auftreten d. Schneeschimmels (Lanosa nivalis). (Wien, Z. b. G.) 1865. 8. 6 p. —.50
14817 **Pollacci.** Contrib. alla Micologia Ligustica. I. (Pavia, Ist. Bot.) 1896. 4. 18 p. c. tav. 1.—
14818 **Ponfick.** Pflanzl. u. thier. Parasiten. (Berl., Jahrb. Medic.) 1881. 8. 39 p. 1.—
14819 — Z. Gesch. d. Actinomykose. (Berl., Virch. Arch.) 1882. 8. 22 p. 1.—
14820 **Ponroy.** Influence de l'état hygrométr. sur la végét. du Champignon de couche. (Paris, Soc. Myc.) 1910. 8. 10 p. av. pl. 1.—
14821 **Popovici.** Contrib. à l'ét. de la Flore Mycolog. de la Roumanie. 2 parties. (Jassy, Ann. Sc.) 1910 à 13. 8. 24 p. 1.50
14822 **Popper.** Einfluss pflanzl. Parasiten auf d. Entsteh. v. Krankheit. I. (Prag, Lotos) 1868. 8. 12 p. m. Tfl. 1.50
14823 **Popta.** Z. Kenntn. d. Hemiasci. Münch. 1899. 8. 50 p. m. 2 Tfln. 1.50
14824 **Potebnia.** Mycolog. Studien. (Berl., Ann. Myc.) 1907. 8. 28 p. m. 3 Tfln. 1.50
14825 **Potron.** A propos des Blastomycètes dans l. Tissus. Nancy 1903. 8. 227 p. av. 2 pl. 5.—
14826 **Potts.** Z. Physiol. d. Dictyostelium mucoroides. Halle 1902. 8. 72 p. 1.—
14827 **Poulsen.** Om nogle mikroskop. Planteorganismer. (Kjöb., Nat. För.) 1880. 8. 24 p. 1.—
14828 **Pound.** Revis. of the Mucoraceae. (Minneap., Bot. Stud.) 1894. 8. 18 p. 1.—
14829 — Report on the Botan. Survey in Nebraska (Fungi). Lincoln 1896. 8. 48 p. 1.—
14830 **Pound and Clements.** Rearrangem. of the N. Americ. Hyphomycetes. 2 parts. (Minneap.; Bot. Stud.) 1896—97. 8. 43 p. 2.—
14831 **Prazmowski.** Ueb. d. Entwickelgesch. u. Fermentwirk. ein. Bacterien-Arten. Leipz. 1880. 8. 58 p. m. 2 Tfln. 1.—
14832 — Azobacter-Studien. 2 Tle. (Krakau, Ak.) 1912. 8. 184 p. m. 3 Tfln. 3.—
14833 **Preiswerk.** Die Pulpa-Amputation, e. pathol. u. bakteriol. Studie. (Wien, Viert. Zahnheilk.) 1901. 8. 76 p. m. 10 Tfln. 3.—
14834 **Prescher u. Rabs.** Bakteriol.-chemisches Praktikum f. Apotheker. Würzb. 1903. 8. 118 p. m. 3 Tfln. (M. 2.80.) 1.50
14835 **Prescott and Winslow.** Elements of Water Bacteriology. 3. ed New York 1913. 8. 332 p. Cloth. 8.—
14836 **Pringsheim.** Ueb. d. Befruchtungsact v. Achlya u. Saprolegnia. (Berl., Ak.) 1882. 4. 40 p. m. color. Tfl. 1.50
14837 — — Nachträgl. Bemerk. (Berl., Pringsh. Jahrb.) 1882. 8. 21 p. 1.—
14838 **Probst.** Die Spezialisation d. Puccinia Hieracii. Jena 1909. 8. 44 p. 1.50
14839 **Protic.** Z. Kenntn. d. Pilzflora Bosniens. (Saraj.) 1901. 4. 5 p. 1.—
14840 **Prudden.** On Bacteria in Ice and their relat. to disease. (New York, Medic. Record) 1887. 8. 61 p. 2.—

W. Junk, Berlin. W. 15.

14841 **Pulst.** Die Widerstandsfähigkeit ein. Schimmelpilze gegen Metall- *M*
gifte. Leipz. 1902. 8. 63 p. 1.50
14842 **Pulteney.** Epiphyll. Lycoperdon on Anemone nemor. (Lond., Linn. S.)
1794. 4. 8 p. 1.—
14843 **Quatrefages.** Nouv. recherches s. l. maladies actuelles du Ver à soie.
(Paris, Ac.) 1860. 4. 120 p. 4.—
14844 **Quehl.** Ueb. d. Myxobakterien. Jena 1906. 8. 29 p. 1.—
14845 **Quélet.** Les Champignons du Jura et des Vosges. Partie I, II. Montbel.
1870 à 73. 8. 424 p. D.-rel. veau. 20.—
14846 — Qu. esp. crit. ou nouv. de la flore mycolog. de France. (Paris,
Assoc.) 1886. 8. 8 p. av. pl. color. 1.50
14847 — Flore mycolog. de la France. Paris 1888. 8. 500 p. av. tableaux. 20.—
Epuisé.
14848 **Raamot.** Z. Bakterienflora d. Edamer-Käses. Dorp. 1906. 8. 88 p. 1.50
14849 **Rabenhorst.** Deutschlands Kryptog.-Flora. I: Pilze. Leipz. 1844. 8.
635 p. (M. 10.) 3.—
14850 — — 2. Aufl. Pilze, v. Winter: Ustilagineae et Uredineae. Leipz. 1884.
8. 280 p. m. Fig. 5.—
Siehe auch Nr. 12385.
14851 **Rabinowitsch.** Z. Entwicklgesch. d. Fruchtkörper ein. Gastromyceten.
Münch. 1894. 8. 38 p. m. 2 Tfln. 1.50
14852 **Raciborski.** Einfluss äusser. Bedingungen auf d. Wachstum d. Basidiobolus ranar. Marb. 1896. 8. 26 p. 1.—
14853 — Chemomorphosen d. Aspergillus niger. (Krak., Ak.) 1905. 8. 15 p. 1.—
14854 — Assimilation d. Stickstoffverbindgn. durch Pilze. (Krak., Ak.) 1906.
8. 38 p. 1.50
14855 — Ueb. d. Javan. Hypocreaceae u. Scolecosporae. (Krak., Ak.) 1906.
8. 11 p. m. Tfl. 1.—
14856 — Ueb. ein. Javan. Uredineae. (Krak., Ak.) 1909. 8. 19 p. 1.—
14857 — Parasit. u. epiphytische Pilze Javas. (Krak., Ak.) 1909. 8. 49 p. 1.50
14858 **Rapp.** Bezieh. d. Sauerstoffs z. Gährthätigkeit d. Hefezellen. Münch.
1898. 8. 60 p. 1.50
14859 **Rasmussen.** Dyrkning af Mikroorganismer fra spyt. Kjöb. 1883. 8.
136 p. m. 2 Tfln. 1.50
14860 **Ráthay.** Eindringen d. Sporidien-Keimschläuche d. Puccinia Malvacear.
in d. Epidermiszellen d. Athaea rosea. (Wien, Z. b. G.) 1881. 8. 2 p.
m. Tfl. 1.—
14861 — Ueb. ein. autoecische u. heteroecische Uredineen. (Wien, Z. b. G.)
1881. 8. 6 p. —.50
14862 **Raunkiaer.** Myxomycetes Daniae. (Copenh., Bot. Tidsk.) 1888. 8.
91 p. w. 4 pl. — Danish with English resumé. 2.50
14863 **Ravel.** S. la truffe, le chêne truffier et la mouche truffigène. (Paris,
Journ. Agric.) 1856. 8. 11 p. 1.—
14864 **Ray.** Variations d. Champignons infér. sous l'influence du milieu. Lille
1897. 8. 67 p. av. 6 pl. 4.50
14865 **Raybaud.** Influence du milieu sur l. Mucorinées. (Marseille, Fac. Sc.)
1911. 4. 248 p. av. 5 pl. 18.—
14866 **Rea and Hawley.** Fungi of Clare Island. (Dubl., Ac.) 1912. 4. 26 p. w. pl. 1.50
14867 **Rehm.** Ascomyceten in getrockn. Exemplaren. Text zu Fasc. 1—15,
17, 33. (Augsb., Dresd. u. Berl.) 1881—1904. 8. 230 p. 5.—
14868 — Ascomycetes Lojkani lecti in Hungaria. Budap. 1882. 8. 74 p. 1.—
14869 — Ascomycetes Fuegiani. (Stockh., Ac.) 1899. 8. 22 p. et tab. 1.—
14870 — Z. Pilzflora v. Südamerika. XII, XIII. (Dresd., Hedw.) 1901. 8.
29 p. m. 5 Tfln. 2.—
14871 — Ascomycetes Philippinenses. 3 partes. (Manila, J. Sc.) 1913. 4. 42 p. 2.—
14872 **Rehm and Cooke.** On Peziza Calycina. (Lond., Grev.) 1876. 8. 4 p. w. pl. 1.—
14873 **Rehsteiner.** Z. Entwicklgesch. d. Fruchtkörper ein. Gastromyceten.
Leipz. 1892. 4. 44 p. m. 2 Tfln. 1.50

14874 **Reichardt.** Diagn. d. neuen Arten v. Pilzen d. Novara-Exped. (Wien, *M*
Z. b. G.) 1866. 8. 4 p. —.50
— Die Pilze d. Reise d. „Novara" — siehe No. 13281.
14875 **Reidemeister.** Bedingungen d. Sklerotien- u. Sklerotienringbild. v.
Botrytis ciner. auf künstl. Nährböd. Halle 1908. 8. 31 p. 1.—
14876 **Reimers.** Gehalt d. Bodens an Bacterien. Leipz. 1889. 8. 44 p. 1.—
14877 **Reincke.** Die Cholera in Hamburg u. ihre Beziehgn. zum Wasser.
(Hamb., Wiss. Anst.) 1894. 8. 102 p. m. 7 color. Tfln. 3.—
14878 **Reinke u. Berthold.** Die Zersetzung der Kartoffel durch Pilze. Berl.
1879. 8. 100 p. m. 9 Tfln. (M. 8.) 6.—
14879 **Reinsch.** Neue Saprolegnie. Parasiten in Desmidienzellen, Stachel-
kugeln in Achlyaschläuchen. (Berl., Pringsh. J.) 1877. 8. 29 p. m. 4 Tfln. 2.—
14880 **Reissek.** Neue Pilzbild. auf e. Caseinlösung. (Wien, Ak.) 1856. 8. 4 p.
m. color. Tfl. 1.—
14881 **Remy.** Champignons et Trufles. Paris 1861. 8. 175 p. av. 12 pl. color. 1.50
14882 **Remy et Sugg.** S. le Bacille d'Eberth-Gaffky. I. Gand 1893. 8. 152 p.
av. 3 pl. 2.50
14883 **Report** of the Governm. Veterinary Bacteriologist for 1908—09 of the
Transvaal Dept. of Agricult. Pretoria 1910. 8. 163 p. w. 7 pl. (4 colour.) 2.50
14884 **Revue Mycologique.** Recueil fondé p. Roumeguère. Vol. 9 à 15. Toulouse 1887 à 93. 8. av. plchs. 50.—
La série complète de 28 volumes: voyez nr. 2486. — La 'Revue' ne sera pas
continuée.
14885 **Richter, C. Z.** Kenntn. d. chem. Beschaff. d. Zellmembranen d. Pilze.
(Wien, Ak.) 1881. 8. 17 p. 1.—
14886 **Ricken.** Die Blätterpilze (Agaricaceae) Deutschlands u. d. angrenz.
Länder. Leipz. 1915. 8. 512 p. m. 112 color. Tfln. (M. 50.)
14887 — — Lief. 11—15. (Schluss). (M. 15.) 10.—
14888 **Rigler.** Die chem. u. bakteriolog. Eigenschaften d. Donauwassers.
(Budap., Math. Ber.) 1898. 8. 41 p. 1.50
14889 **Roberts, H. L.** On the artific. cultivat. of the Ringworm Fungus.
(Lond.) 1890. 8. 7 p. w. 3 pl. 1.50
14890 **Roberts, W.** Studies on Biogenesis (Bacteria). (Lond., Roy. S.) 1874.
4. 21 p. 1.—
14891 **Robin.** Hist. nat. d. Végétaux Parasites croiss. sur l'homme et l.
animaux. Paris 1835. 8. 718 p. D.-rel. veau. — S a n s l'Atlas. 2.—
14892 **Roger.** Les Monstres invisibles. Paris 1868. 8. 220 p. av. 156 fig. 1.—
14893 **Rogozinski.** Physiol. Resorption v. Bakterien aus d. Darme. (Krak.,
Ak.) 1902. 8. 17 p. m. color. Tfl. 1.—
14894 **Röhling.** Morpholog. u. physiolog. Untersuchgn. üb. ein. Rassen d.
Saccharomyces apicul. Erl. 1905. 8. 58 p. 1.—
14895 **Röll, A.** Ueb. d. Vorkommen d. Trüffeln. (Wien, Z. b. G.) 1855. 8. 4 p. —.50
14896 **Röll, J.** Unsere essbaren Pilze. 3. Aufl. Tüb. (1892). 8. 48 p. m. 14
color. Tfln. (M. 2.) 1.—
14897 **Rolland.** 3 nouv. Discomycètes. (Paris, S. Myc.) 1888. 8. 3 p. av. pl. col. 1.—
14898 — Atlas d. Champignons de France, Suisse et Belgique. Livr. 5 et 6.
Paris 1907. 8. 16 pl. color. av. texte de 4 p. 2.—
14899 **Romell.** De Russula. (Stockh., Ac.) 1891. 8. 22 p. 1.—
14900 — Fungi novi Sueciae. (Stockh., Bot. Not.) 1895. 8. 12 p. 1.—
14901 — Hymenomycetes Austro-Americani itin. Regnell. I. (Stockh., Ac.)
1901. 8. 61 p. et 3 tab. 2.—
14902 **Roques.** Hist. d. Champignons comestibl. et vénéneux. Paris 1832. 4.
192 p. av. atlas de 24 pl. c o l o r. 20.—
Voyez sur cette édition — la plus estimée — le nr. 2492.
14903 — — 2. éd. Paris 1841. 8. 482 p. D.-rel. veau — S a n s l'atlas. 2.—
14904 **Rorer.** List of Trinidad Fungi. (Trinidad) 1911. 8. 8 p. 1.—
14905 **Rosa.** I Funghi coltivabili. (Napoli) 1902. 8. 8 p. 1.—
14906 **Rosenberg.** Ueb. d. Befrucht. v. Plasmopara alpina. (Stockh., Ak.)
1903. 8. 20 p. m. 2 Tfln. 1.50

14907 **Rosenhauch.** Flora d. Bindehautsack. d. Neugeborenen. (Krak., Ak.) *M* 1908. 8. 19 p. 1.—
14908 **Rostafinski.** Versuch e. Systems d. Mycetozoen. Strassb. 1873. 8. 26 p. 1.50
14909 — Sluzowce (Mycetozoa). 2 parties av. supplém. Paris 1875 à 1876. 4. 475 p. av. 13 pl. 32.—
14910 **Rostrup, E.** Dyrkningsforsög med Sclerotier. (Kjöbenh., Bot. Tidsk.) 1866. 8. 26 p. m. Tfl. 1.50
14911 — Mykol. Notitser fra en rejse i Sverige. (Stockh., Ak.) 1883. 8. 14 p. 1.—
14912 — Jagttag. om heteroeciske Uredineer. (Kjöb., Vid. S.) 1885. 8. 20 p. m. Tfl. 1.—
14913 — Etude d. coll. d. Champignons de Schumacher. (Copenh., Vid. Selsk.) 1885. 8. 20 p. 1.—
14914 — Svampe fra Finmarken. (Kjöb., Bot. Tidsk.) 1886. 8. 8 p. 1.—
14915 — Contributions mycolog. 9 parties. (Copenh., Bot. Tidsk.) 1889 à 1900. 8. 130 p. — En l. Danoise av. résumé Français. 6.—
14916 — Ustilagineae Daniae. (Kjöb., Bot. För.) 1890. 8. 52 p. 2.—
14917 — Taphrineae Daniae. (Kjöb., Nat. För.) 1890. 8. 9 p. 1.—
14918 — Öst-Grönlands Svampe. (Kjöb., Medd. Grönl.) 1894. 8. 39 p. 2.—
14919 — Biolog. Arter og Racer. (Kjöb., Bot. T.) 1896. 8. 10 p. 1.—
14920 — Vaertplantens indflyd. paa udvikl. af nye parasit. Svampe. 2 Abhandl. (Kjöb., Vid. S.) 1896—98. 8. 30 p. 1.—
14921 — Islands Svampe. (Kjöb., Bot. T.) 1903. 8. 55 p. 2.50
14922 — Fungi Groenlandiae orient. (Haun., Medd. Grönl.) 1904. 8. 11 p. 1.—
14923 — Norske Ascomyceter. (Christ., Vid. S.) 1904. 4. 44 p. 2.—
14924 — Bornholms Svampe. (Kjöb., Bot. T.) 1906. 8. 9 p. 1.—
— Danish Fungi — see nr. 14437.
14925 **Rothe.** Verhalten ein. Mikroorgan. d. Bodens zu Ammoniumsulfat u. Natriumnitrat. Königsb. 1904. 8. 47 p. m. Tfl. 1.—
14926 **Rothert.** Ueb. Myxomyceten bei Riga. (Petersb.) 1890. 8. 13 p. — Russ. 1.—
14927 — Ueb. Sclerotium hydrophilum. (Leipz., Bot. Z.) 1892. 4. 23 p. m. Tfl. 1.—
14928 — Cilien b. d. Zoosporen d. Phycomycet. (Berl., Bot. Ges.) 1894. 8. 16 p. m. Tfl. 1.—
14929 **Rothmayr.** Essbare u. giftige Pilze d. Schweiz. Luzern 1909. 8. 121 p. m. 43 color. Tfln. 3.—
14930 **Roumeguère.** Cryptogamie illustrée. Champignons. Av. index synonym. Paris 1870 à 1873. 4. 184 p. av. 1700 fig. sur 24 pl. (fr. 30.) Cart. 15.—
14931 — Glossaire Mycolog. Perpign. 1875. 8. 43 p. 2.—
14932 — Fungi reg. divers. Australiae et Asiae. 2 opusc. (Paris., Rev. Myc.) 1880—82. 8. 6 p. et 2 tab. (1 color.) 1.50
14933 **Rouppèrt.** Révis. du g. Sphaerosoma. (Crac., Ac.) 1909. 8. 20 p. av. 2 pl. 1.50
14934 **Roussel.** Champignons comest. et vénén. de Paris. Par. 1860. 8. 68 p. 1.—
14935 **Roux, G.** Précis de Microbie et de Technique bactérioscop. Lyon 1898. 8. 559 p. av. pl. color. et 118 fig. Toile. (fr. 6.) 1.50
14936 **Roze.** Nouv. classif. d. Agaricinées. (Paris, S. Bot.) 1876. 8. 17 p. 1.50
14937 **Roze et Cornu.** S. 2 nouv. types génér. pour les Saprolégniées et Péronospor. (Paris, Ann. Sc.) 1870. 8. 20 p. av. 2 pl. 1.50
14938 **Ruhland.** Untersuch. zu einer Morphol. d. stromabildenden Sphaeriales. Dresd. 1899. 8. 52 p. 1.50
14939 — Ueb. d. Ernähr. u. Entwickl. e. mycophthoren Pilzes. (Berl., Bot. Ver.) 1900. 8. 13 p. m. Tfl. 1.—
14940 — Ueb. ein. neue Ascomyceten. (Berl., Bot. Ver.) 1900. 8. 13 p. 1.—
14941 **Rullmann.** Die Gift-Pflanzen u. -Schwämme Deutschlands. Kassel 1837. 8. 53 p. m. 24 color. Tfln. 1.50
14942 **Rusk and Farnell.** Systemic Oidiomycosis. Berkel. 1912. 4. 12 p. w. colour. pl. 1.—
14943 **Rusticini.** Sui Funghi. Milano 1875. 8. 259 p. 1.—
14944 **Ruys.** De Paddenstoelen (Fungi) v. Nederland. Gravenh. 1909. 8. 468 p. m. 126 Fig. 11.—

M

14945 **Rytz.** Z. Kenntn. d. Gatt. Synchytrium. Jena 1907. 8. 47 p. m. Tfl.　1.50
14946 **Saccardo, P. A.** Fungi Veneti novi v. critici. IV. (Florent., Giorn. Bot.) 1875. 8. 41 p.　1.50
14947 — Genera Pyrenomycetum Hypocreaceor. (Pat., Michel.) 1875. 4. 8 p.　1.50
14948 — Conspectus gener. Pyrenomycetum Ital. (Patav., Soc. Venet.) 1875. 8. 24 p. et tab.　1.50
14949 — Fungi Veneti novi v. critici. Ser. IV. (Patav., S. Venet.) 1875. 8. 41 p.　1.50
14950 — Fungi Italici autographice delin. 38 fascic. Patavii 1877—86. 4. 1500 tab. color. et index, 14 p.　600.—
　　Ungemein selten.
14951 — Michelia. Commentarium Mycolog. Italicae. 2 vol. (8 fasc.) Patavii 1879—82. 8. 622 et 682 p.　350.—
　　Sehr selten, besonders der 2. Band. Siehe auch: Rara Historico-Naturalia, ed. J u n k, p. 40 u. 112.
14952 — — Vol. I (= fascic. 1—5). 1879. 622 p. D.-rel. vélin.　40.—
14953 — Int. all' Oidium Lactis. (Patav., Soc. Venet.) 1879. 8. 8 p.　1.—
14954 — Int. all' Agaricus echinat. (Padova, Soc. Venet.) 1879. 8. 8 p.　1.—
14955 — Sylloge Fungorum. Vol. 1—22. Patav. etc. 1882—1913. 8. c. 14 tab. — Zum Teil Neudruck.　4000.—
　　Ausführliche Collation u. bibliographische Geschichte — siehe: Rara Historico-Naturalia, ed. J u n k, p. 110—112.
14956 — — C l e m e n t s. Key to Saccardo's Sylloge Fungorum includ. all the genera in vols. 9 to 18 of the 'Syll. Fungor.' Minneap. 1912. 8.　10.—
14957 — Miscellanea Mycolog. (Venet., Ist.) 1884. 8. 29 p.　1.50
14958 — Funghi d. Ardenne. I. (Genova, Malp.) 1886. 8. 9 p.　1.—
14959 — Fungilli aliquot Herbarii regii Bruxell. (Brux., Soc. B.) 1892. 8. 15 p.　1.50
14960 — Nomi d. Funghi e la riforma di Kuntze. (Genova, Congr.) 1892. 8. 6 p.　1.—
14961 — Fungi aliquot Brasiliens. Phyllogeni. (Brux., S. Bot.) 1896. 8. 6 p. et 2 tab.　1.50
14962 — Contrib. alla Flora Micolog. di Schemnitz. (Padova, Soc. Venet.) 1897. 8. 34 p. c. tav.　1.50
14963 — Notae mycolog. Series III, IV, XIII. (Berol., Ann. Myc.) 1903—11. 8. 19 p. et tab.　1.50
14964 **Saccardo et A. N. Berlese.** Fungi Brasiliensis. (Tolosae, Rev. Myc.) 1885. 8. 7 p. et 2 tab.　1.50
14965 **Saccardo et Fautrey.** Nouv. esp. de Champignons de la Côte d'Or. (Paris, Soc. Myc.) 1900. 8. 7 p. av. pl.　1.—
14966 **Saccardo et Marchal.** Reliquiae mycol. Westendorpianae. (Tolosae, Rev. Myc.) 1885. 8. 11 p.　1.—
14967 **Saccardo, Peck and Trelease.** The Fungi of Alaska. (N. York, Harriman Alaska Exp.) 1904. 4. 49 p. w. 6 colour. pl.　6.—
14968 **Saccardo et Roumeguère.** Reliquiae Mycologicae Libertianae. Series II—IV. (Tolosae, Rev. Myc.) 1884. 8. 43 p. et 10 tab. D.-rel. veau.　5.—
14969 **Saito.** Neue Art d. Chines. Hefe. (Jena, Centr. Bakt.) 1904. 8. 9 p. m. 2 Tfln.　1.50
14970 — Rhizopus oligosporus. (Jena, Centr. Bakt.) 1905. 8. 5 p. m. Tfl.　1.—
14971 — Actinocephalum Japonic. (Tokyo, Bot. Mag.) 1905. 8. 3 p. m. Tfl.　1.—
14972 **Salmon.** Monogr. of the Erysiphaceae. (N. York, Torrey Cl.) 1900. 8. 292 p. w. 15 pl.　40.—
　　Out of print.
14973 — On Erysiphe Graminis and its parasitism. (Berl., Ann. Myc.) 1904. 8. 49 p. w. 12 tabl.　2.—
14974 — Ident. of Ovulariopsis w. Phyllactinia. (Berl., Ann. Myc.) 1904. 8. 7 p. w. pl.　1.—
14975 — 2 spec. of Ovularia. (Lond., J. Bot.) 1905. 8. 4 p. w. pl.　1.—
14976 — Specializ. of Parasitism in the Erysiphaceae. III. (Berl., Ann. Myc.) 1905. 8. 13 p.　1.—
14977 — The Erysiphaceae of Japan, II. (Berl., Ann. Myc.) 1905. 8. 16 p.　1.—

14978 **Salmon.** Report on econom. Mycology for 1908. (8 pap. on Plant diseases). (Wash. 1909). 8. 110 p. -w. 17 pl. ☷ 4.50

14979 **Sandberger.** Verzeichn. d. Hautpilze v. Nassau. (Wiesb., Ver. Nat.) 1856. 8. 10 p. 1.—

14980 **Sanderson.** On the germinal particles of Bacteria. (Lond., Ann. & M.) 1877. 8. 11 p. 1.—

14981 **Sarntheim.** Z. Pilzflora v. Tirol. (Wien, Bot. Z.) 1901. 8. 8 p. 1.—

14982 **Sartory.** Les Champignons vénéneux. Paris 1914. 8. 397 p. 10.—

14983 **Sauter.** Z. Pilzflora d. Pinzgaues. (Salzb.) 1866. 8. 14 p. 1.—

14984 — Flora v. Salzburg. VII: Pilze. (Salzb.) 1878. 8. 88 p. 1.50

14985 **Saxer.** Pneunomykosis aspergillina. Jena 1900. 8. 169 p. m. 4 Tfln. (M. 11.) 4.50

14986 **Scalia.** Contrib. I. alla conosc. d. Flora micol. d. Catania. (Catania) 1899. 8. 25 p. 1.50

14987 **Schäffer, E.** Z. Kenntn. der v. ein. Schimmelpilzen hervorgebr. Enzyme. Erl. 1901. 8. 56 p. 1.50

14988 **Schäffer, J. Ch.** Der Gichtschwamm. Regensb. 1760. 4. 48 p. m. 5 color. Tfln. Cart. 2.—

14989 — Abbild. u. Beschreibg. ein. merkwürd. Schwämme. Regensb. 1761. 4. 16 p. m. color. Tfl. 1.—

14990 **Scheckenbach.** Z. Kenntn. d. Torulaceen. Nürnb. 1911. 8. 112 p. 2.50

14991 **Schellenberg.** Die Brandpilze (Ustilagineae) d. Schweiz. Bern 1911. 8. 226 p. (M. 6.40.)

14992 **Schellmann.** Ueb. Hippursäure-vergähr. Bakterien. Gött. 1902. 8. 77 p. 1.50

14993 **Schenk.** Grundr. d. Bakteriologie. Wien 1892. 8. 216 p. m. 99 Fig. (M. 7.) — Correctur-Exempl. d. Autors. 1.50

14994 **Schewiakoff.** Ueb. ein. neuen bacterienähnlichen Organismus d. Süsswassers. Heidelb. 1893. 8. 36 p. m. color. Tfl. 1.—

14995 **Schiedermayr.** Aufzähl. d. Pilze bei Linz. (Linz) 1878. 8. 44 p. 1.50

14996 **Schiewek.** Saké u. die bei s. Bereit. wirks. Pilze. Bresl. 1897. 4. 18 p. 1.—

14997 **Schiffner.** Z. Pilzflora v. Tirol. (Innsbr., Nat. Ver.) 1913. 8. 51 p. 2.—

14998 **Schikorra.** Ueb. d. Entwickl. v. Monascus. Berl. 1909. 8. 35 p. 1.—

14999 **Schlatter.** Einfluss d. Abwassers v. Zürich auf d. Bacteriengehalt d. Limmat. (Leipz., Z. Hyg.) 1890. 8. 33 p. 1.—

15000 **Schlechtendal.** De Aseröes genere. Halis 1847. 4. 15 p. et tab. 1.—

15001 **Schlitzberger.** Standpunkt u. Fortschritt in d. Mykologie. Berl. 1881. 8. 80 p. 1.—

15002 — Z. Kenntn. d. Pilzflora v. Cassel. (Cassel, Ver. Nat.) 1886. 8. 35 p. 1.—

15003 **Schmid, J.** Ueb. d. essbar. u. gift. Schwämme. Wien 1836. 8. 48 p. 1.—

15004 **Schmidt, A.** Ueb. d. Bedingungen d. Conidien-, Gemmen- u. Schlauchfrucht-Production bei Sterigmatocystis nidulans. Halle 1897. 8. 40 p. m. color. Tfl. 1.—

15005 **Schmidt, H. R.** Ueb. verschimmelte Tapeten. Erl. 1899. 8. 32 p. 1.—

15006 **Schmidt, J., u. Weiss.** Die Bakterien. Jena 1902. 8. 423 p. m. 205 Fig. (M. 7.) 3.—

15007 **Schmieder.** Ueb. Bestandtheile d. Polyporus off. Hann. 1886. 8. 68 p. 1.—

15008 **Schmitt.** Spaltpilze u. Krankheiten. N. York 1886. 8. 35 p. 1.—

15009 **Schneider, A.** On some American Rhizobia. (N. York, Torr. Cl.) 1892. 8. 16 p. w. 2 pl. 1.50

15010 **Schneider, O.** Experim. Untersuchgn. üb. Schweizer. Weidenmelampsoren. Jena 1906. 8. 40 p. 1.—

15011 **Schneider, R.** Ueb. subterrane Organismen. Berl. 1885. 4. 32 p. m. 2 Tfln. 1.50

15012 **Schneider, W. G.** Herbarium Schlesischer Pilze. 2 Fascikel. Breslau 1865. 4. 100 getrocknete●Species mit Titelblättern u. Erklärung. Cart. 120.—

Ausschliesslich parasitische, mikroskopische Arten (Peronospora u. Ustilago) enthaltendes Herbar. Die Sammlung ist ebenso unbekannt wie der Herausgeber selbst. Das erste Exemplar, welches ich gesehen habe.

15013 **Schöbl.** Bacteriolog. observ. made dur. the Plague in Manila 1912 *M*
(Manila, J. Sc.) 1913. 4. 18 p. w. pl. 1.—
15014 **Scholl.** Z. Kenntn. d. Milchzersetzungen durch Mikroorganismen. 2 Tle.
(Berl., Fortschr. Med.) 1889—90. 8. 32 p. 1.—
15015 **Scholz.** Rhizoctonia Strobi, e. neu. Parasit. d. Weymouthskiefer.
(Wien, Z. b. G.) 1897. 8. 17 p. 1.—
15016 **Schostakowitsch.** Bedingungen d. Conidienbild. bei Russthaupilzen.
Münch. 1895. 8. 36 p. 1.—
15017 — Neue Sibir. Mucorarten. 4 Abhdl. (Berl.) 1896—97. 8. 21 p. m. 4 Tfln. 2.50
15018 — Abhäng. d. Mucor prolif. v. äusser. Beding. (Münch., Flora) 1897.
8. 9 p. m. Tfl. 1.—
15019 — Mykolog. Studien. (Berl., Bot. G.) 1898. 8. 6 p. m. Tfl. 1.—
15020 — Actinomucor repens. (Berl., Bot. G.) 1898. 8. 4 p. m. Tfl. 1.—
15021 — Z. Kenntn. d. Zygomycetenflora v. Irkutsk. I: Mucor. (Petersb.)
1898. 8. 18 p. m. Tfl. 1.50
15022 **Schroen.** Der neue Microbe d. Lungenpthise. Münch. 1904. 8. 81 p.
m. Tfl. (M. 2.) 1.—
15023 **Schröter, J.** Z. Kenntn. d. Nordischen Pilze. (Bresl., Schles. Ges.)
1856. 8. 18 p. 1.—
15024 — Die Brand- u. Rostpilze Schlesiens. (Bresl., Schles. Ges.) 1869.
8. 31 p. 1.—
15025 — Entwicklgesch. ein. Rostpilze. (Bresl., Cohn's Beitr.) 1873. 8. 44 p. 2.—
15026 — Ueb. d. Gifttäublinge. (Bresl., Schles. Ges.) 1881. 8. 3 p. —.50
15027 — Ueb. d. Bezieh. d. Pilze z. Obst- u. Gartenbau. (Bresl. 1882.) 8. 22 p. 1.—
15028 — Ueb. ein. auf Madeira u. Teneriffa gesamm. Pilze. (Bresl., Schles.
Ges.) 1883. 8. 24 p. 1.—
15029 — Ueb. d. Wachstum d. Pilze im Dunkeln. (Bresl., Schles. Ges.)
1884. 8. 13 p. 1.—
15030 — Essbare Pilze u. Pilzkultur. in Japan. (Berl., Gartenfl.) 1886. 8. 12 p. 1.—
15031 — Die Pilzflora v. Schlesien. 2 Bde. Bresl. 1889—1908. 8. 1411 p.
(M. 36.) 30.—
15032 **Schröter, Lindau, Fischer u. a.** Fungi. 2 Bde. (Aus: Engler-Prantl's
Pflanzenfam.) Leipz. 1897—1900. 8. 1100 p. m. 3537 Fig. 80.—
    Vergriffen. Band I fehlt beim Verleger.
15033 **Schuchardt u. Krause.** Tuberkelbacillen b. fungös. u. scrophul. Ent-
zündungen. (Berl., Forschr. Medic.) 1883. 8. 11 p. 1.—
15034 **Schulzer v. Müggenburg.** Syst. Aufzähl. d. Schwämme Ungarns.
(Wien, Z. b. G.) 1857. 8. 26 p. 1.—
15035 — Beitr. z. Pilzkunde. 4 Tle. (Wien, Z. b. G.) 1860. 8. 10 p. m. color. Tfl. 1.—
15036 — Mycolog. Beobachtungen. 4 Tle. (Wien, Z. b. G.) 1862—72. 8. 46 p. 1.50
15037 — Beitr. z. Mykologie. 2 Tle. (Wien, Z. b. G.) 1863—65. 8. 22 p. m.
2 Tfln. 1.—
15038 — Mykolog. Miscellen. 3 Tle. (Wien, Z. b. G.) 1866—68. 8. 52 p. 1.50
15039 — Ueb. d. Polymorphismus ein. Pilze. (Wien, Z. b. G.) 1869. 8. 6 p. —.50
15040 — Mykolog. Beobachtgn. aus N.-Ungarn. (Wien, Z. b. G.) 1870. 8. 42 p. 1.—
15041 — Mykol. Beiträge. 10 Tle. (Wien, Z. b. G.) 1870—81. 8. 120 p. m. Tfl. 3.—
15042 — Pilze an Quittenästen. (Wien, Z. b. G.) 1871. 8. 44 p. m. Tfl. 1.—
15043 — Berichtig., Helvellaceen betreffend. (Zagreb) 1886. 8. 16 p. 1.—
15044 **Schulzer et Saccardo.** Micromycetes Sclavonici novi. (Tolos., Rev.
Myc.) 8. 12 p. 1.—
15045 **Schütz, E.** Untersuch. d. säurefesten Pilze d. Molkereiwirtschaft.
Merseb. 1900. 8. 39 p. 1.—
15046 **Schütz, W.** Der Streptococcus d. Pferde. (Berl., Arch. Thierheilk.)
1888. 8. 47 p. 1.50
15047 **Schützenberger.** Die Gährungserscheinungen. Leipz. 1876. 8. 302 p.
(M. 6.) Lnb. 2.—
15048 **Schwalb, C.** Die Conservir. d. Pilze. Wien 1889. 8. 120 p. 1.—

W. Junk, Berlin, W. 15.

15049 **Schwalb, K. J.** Mycol. Studien im Böhmerwald. (Prag, Lotos) 1894. 8. 18 p.   *ℳ* 1.—

15050 **Schwartz.** Vorkommen v. Bacterien in kohlensäurehalt. Wässern. Dorp. 1891. 8. 56 p.   1.50

15051 **Scofield.** On Dictyophora ravenelii. (Minneap., Bot. Stud.) 1900. 8. 12 p. w. 3 pl.   1.50

15052 **Seaver.** The Discomycetes of Eastern Iowa. (Iowa, Labor. Nat. Hist.) 1904. 8. w. 25 pl.   10.—
Out of print.

15053 — Iowa Discomycetes. (Iowa, Labor.) 1911. 8. 91 p. w. 16 pl.   6.—

15054 **Seegrön.** Chem. u. bacter. Brunnenwasseruntersuch. zu Jurjew. Jurj. 1893. 8. 94 p.   1.50

15055 **Seifert.** Die Organismen d. alkohol. Gährung. Klostern. 1904. 8. 23 p.   1.—

15056 **Seignette.** Recherches anatom. et physiol. s. l. Tuberculés. Paris 1889. 8. 106 p. av. 4 pl.   4.—

15057 **Seiler.** Zusammensetzung d. durch Bakterien gebild. Schleime. Münst. 1905. 8. 46 p.   1.—

15058 **Seiter.** Ueb. d. Abstamm. d. Saccharomyceten. Erl. 1896. 8. 34 p. m. Tfl.   1.—

15059 **Seitz.** Bakteriol. Studien z. Typhus-Aetiologie. Münch. 1886. 8. 76 p. (M. 2.40.)   1.—

15060 **Sesnadeni.** Z. Kenntn. d. Umbelliferen bewohn. Puccinien. Jena 1904. 8. 55 p.   1.50

15061 **Setchell.** On the spec. of Doassania. (Bost., Ac.) 1891. 8. 8 p.   1.—

15062 **Seynes.** Flore Mycolog. de la rég. de Montpellier et du Gard: Agaricinés. Paris 1863. 8. 154 p. av. 5 pl. color.   3.—

15063 — S. l'organisat. d. Champignons supér. (Paris, Ann. Sc.) 1864. 8. 44 p. av. 5 pl.   2.50

15064 — Monstruosités chez les Champignons supér. (Paris, Soc. Bot.) 1867. 8. 9 p. av. 2 pl.   1.50

15065 — 3 pap. on Agaricus. (Lond., Grev.) 1873. 8. 9 p. w. pl.   1.—

15066 **Sheldon.** Study of some Minnesota Mycetozoa. (Minneap., Bot. Stud.) 1895. 8. 21 p.   1.—

15067 **Sieberth.** Die Mikroorganismen d. krank. Zahnpulpa. Erl. 1900. 8. 67 p.   1.50

15068 **Simon.** Ueb. Bakterien am u. im Kuh-Euter. Erl. 1898. 8. 64 p. m. Tfl.   1.50

15069 **Slack.** The Fungus on Coleus Leaves. (Lond., Micr. J.) 1872. 8. 5 p. w. pl.   1.—

15070 **Smart.** Pathol. appearances of Cattle Plague among the Cows in Edinburgh. Edinb. 1866. 4. 46 p. w. 4 colour. pl.   3.—

15071 **Smith, A. L.** Some new microscop. Fungi. (Lond., Micr. Soc.) 1900. 8. 3 p. w. pl.   1.—

15072 — Fungi new to Britain. (Worcest.) 1900. 8. 9 p. w. colour. pl.   1.—

15073 — On some Fungi fr. the W. Indies. (Lond., Linn. Soc.) 1901. 8. 19 p. w. 3 pl.   1.50

15074 **Smith, J. E.** Account of Rhizomorpha medullaris. (Lond., Linn. S.) 1818. 4. 3 p. w. pl.   1.—

15075 **Smith, W. G.** New Ascomyc. Fungi. (Lond., Grev.) 1872. 8. 1 p. w. colour. pl.   1.—

15076 — Reprod. in Coprinus Radiatus. (Lond., Grev.) 1875. 8. 12 p. w. 8 pl.   3.50

15077 — Reproduct. in the Mushroom Tribe. (Lond., Micr. J.) 1876. 8. 21 p.   1.—

15078 — The Salmon disease. (Lond., Grev.) 1878. 8. 5 p. w. 2 pl.   1.50

15079 **Smitt.** Skandinaviens förnämsta ätliga och giftiga Svampar. Stockh. 1863. 8. 71 p.   1.—

15080 **Sollmann.** Anleit. z. Bestimmen der vorzügl. essbar. Schwämme Deutschlands. Hildburgh. 1862. 8. 84 p. m. 48 Tfln.   1.50

15081 **Sommaruga.** Üb. Stoffwechselprod. v. Mikroorganismen. II. III. (Leipz., Z. Hyg.) 1893—94. 8. 34 p.   1.—

15082 **Sorokin.** Uebersicht d. Siphomyceten. Kasan 1874. 4. 18 p. m. 2 Tfln. — Russisch.   2.50

15083 **Sorokin.** 2 Abhandl. üb. Entomophthoreen. (Kasan). 1880. 8. 24 p. m. 3 Tfln. — Russisch.   *M* 1.50

15084 — Mater. z. (Fungi-) Flora Nord-Asiens. (Mosk;, Bull.) 1884. 8. 48 p. m. 5 Tfln. — Russisch.   3.—

15085 — Notes mycolog. (Développ. du Polyascus tener. S. le g. Trichaster.) (Kasan, Univ.) 1901. 8. 19 p. av. 2 pl.   1.50

15086 **Spegazzini.** Fungi Argentini. 8 partes. (Buen. Aires, Soc. Cient.) 1880— 1882. 8. 150 p.   9.—

15087 — S. los Elafomicetes. (B. Air., Soc. Cient.) 1881. 8. 12 p.   1.—

15088 — Fungi Fuegiani. (Córdoba, Ac.) 1888. 8. 175 p.   6.—

15089 — Phycomyceteae Argentinae. (B. Air., Rev. Argent.) 1891. 8. 12 p.   1.50

15090 — Mycetes Argentinenses. 7 partes. (Buen. Air., Mus.) 1899—1913. 8. 580 p. et multae fig.   20.—

15091 — Hongos de la Yerba mate. (B. Air., Mus.) 1909. 8. 32 p.   1.50

15092 — Fungi Chilenses. (Buen. Air., Mus.) 1910. 8. 205 p. av. 104 fig.   10.—

15093 — Contrib. al est. de las Laboulbeniomicetas Argentinas. (Buen. Air., Mus.) 1912. 8. 78 p. av. 71 fig.   4.50

15094 **Spegazzini and Ito.** Fungi Japon. New spec. (Lond., Linn. S.) 1887. 8. 2 p. w. colour. plate.   1.—

15095 **Speier.** Casuistik d. placentaren Uebergang. d. Typhusbacillen von Mutter auf Frucht. Bresl. 1897. 8. 48 p.   1.—

15096 **Sprong and Teague.** Studies on Pneumonic Plague and Plague Immunization. (Manila, J. Sc.) 1912. 4. 142 p. w. 18 pl. (12 colour.)   6.—

15097 **Stapf.** Ueb. d. Champignonschimmel. (Wien, Z. b. G.) 1889. 8. 6 p.   —.50

15098 **Starbäck.** Anteckn. öfv. nagra Skandinav. Pyrenomyceter. (Stockh., Ak.) 1889. 8. 18 p. m. Tfl.   1.—

15099 — Ascomyceter fr. Öland och Östergötland. (Stockh., Ak.) 1889. 8. 28 p. m. Tfl.   1.—

15100 — Om Sveriges Ascomycetflora. (Stockh., Ak.) 1890. 8. 15 p. m. Tfl.   1.—

15101 — Studier i E. Fries' Svampherbarium I: Sphaeriaceae imperf. cognitae. Stockh. 1894. 8. 114 p. m. 4 Tfln.   2.—

15102 — Om Parasitsvampar. (Ups.) 1895. 8. 19 p.   1.—

15103 — Discomyceten-Studien. (Stockh., Ak.) 1895. 8. 42 p. m. 2 Tfln.   1.50

15104 — Spherulina Halophila. (Stockh., Ak.) 1896. 8. 19 p. m. Tfl.   1.—

15105 — Ascomyceten d. 1. Regnell'schen Exped. 3 Tle. (Stockh., Ak.) 1899—1904. 8. 116 p. m. 5 Tfln.   3.50

15106 — Die Ascomyceten d. Schwed. Chaco-Cordilleren-Exped. (Uppsala, Ark. Bot.) 1905. 8. 35 p. m. Tfl.   1.50

15107 **Staritz.** Z. Pilzkunde v. Anhalt. (Berl., Bot. Ver.) 1904. 8. 28 p.   1.—

15108 **Steenstrup.** Om Audouins Undersoeg. ov. Muscardinen. (Kjöb., Nat. Tidsk.) 1839. 8. 11 p.   1.—

15109 **Steffens.** Z. Kenntn. proteolyt. Fermente in Schimmelpilzen. Erl. 1900. 8. 48 p.   1.—

15110 **Sterbeeck.** Theatrum Fungorum. Antverp. 1675. 4. 416 p., effig., frontisp. et 36 tab. Frzb.   13.—
    Selten gewordene erste Auflage.

15111 — V a n d e r h a e g h e n. Les Hyménomycètes en Belgique et ceux décr. dans le 'Theatrum Fungor.' (Brux., Soc. Bot.) 1897. 8. 198 p.   5.—

15112 **Stevenson, Paul and Trail.** The Fungi of Inveraray. (Edinb., Crypt. Soc.) 1889. 8. 25 p.   1.50

15113 **Stewart and Eustace.** Notes fr. the Botan. Department (on parasit. Fungi). Geneva 1901. 8. 23 p. w. 5 pl.   1.50

15114 **Steyer.** Reizkrümmungen bei Phycomyces nitens. Pegau 1901. 8. 31 p.   1.—

15115 **Stockmayer.** Zur Pilzflora Niederösterr. (Wien, Z. b. G.) 1889. 8. 12 p.   1.—

15116 **Stoneman.** Development of some Anthracnoses. (Chicago, Bot. Gaz.) 1898. 8. 54 p. w. 12 pl.   3.—

15117 **Strasser.** Die Pilzflora d. Sonntagberges. 11 Tle. (Wien, Z. b. G.) 1900—10. 8. 202 p.   3.50

15118 **Studer u. E. Fischer.** Z. Kenntn. d. Pilze v. Wallis. 2 Tle. (Bern) 1890. *ℳ*
8. 21 p. m. 3 Tfln. (2 color.) 2.—
15119 **Sturgis.** Type-specim. of Myxomycetes. (New Hav., Ac.) 1900. 8.
28 p. w. 2 pl. 1.50
15120 **Stutzer.** Z. Morphol. d. Bacterium radicicola. I. Berl. 1900. 8. 15 p. m. Tfl. 1.—
15121 **Stutzer, Gärtner u. a.** Die keimtöt. Wirk. d. Torfmulls. Berl. 1894.
8. 125 p. 1.50
15122 **Sulc.** Pseudovitellus u. ähnl. Gewebe d. Homopteren sind Wohnstätten
symbiot. Saccharomyceten. (Prag, Ges. Wiss.) 1910. 8. 39 p. 1.50
15123 **Sundberg.** Mikrobers inträngande genom d. oskadada Tarmslemhin-
nans Yta. Ups. 1892. 8. 132 p. m. 2 color. Tfln. 1.50
15124 **Swanton.** On Somerset Fungi. (Taunton) 1911. 8. 8 p. 1.—
15125 **Sydow, H. et P.** Fungi novi Argentini. (Genev., Boiss.) 1900. 8. 7 p. 1.—
15126 — Diagn. neuer Uredineen u. Ustilagin. (Berl., Ann. Myc.) 1903. 8. 9 p. 1.—
15127 — Nomenklator. Bemerk. zu ein. neu. Pilzarten. (Berl., Ann. Myc.)
1903. 8. 3 p. —.50
15128 — Neue u. krit. Uredineen. (Berl., Ann. Myc.) 1903. 8. 11 p. 1.—
15129 — Monographia Uredinearum. (3 vol.) Vol. I, II, III. Fasc. 1, 2.
(quantum prodiit). Lips. 1904—14. 8. 2238 p. et 76 tab. (M. 167.50.) 150.—
15130 — Fungi Philippinenses. 2 pap. (Manila, J. Sc.) 1910—13. 4. 6 p. 1.—
15131 — Enumer. of Philippine Fungi. 2 parts. (Manila, J. Sc.) 1913. 4. 55 p. 3.—
15132 — Fungi from North. Palawan. (Manila, J. Sc.) 1914. 4. 33 p. 1.50
15133 **Sydow, P.** Berichte üb. Pilze für 1892, 94, 95, 98, 99, 1902, 1904—1910.
13 Tle. (Aus: Just's Jahresb.) Berl. 8. ca. 2000 p. 14.—
15134 **Syrée.** Konkurrenzkampf d. Kulturhefe Frohberg m. Saccharomyces
Pastorian. III. Jena 1898. 8. 36 p. m. 8 Tab. 1.—
15135 **Tager.** Bacteriol. Untersuch. d. Grundwassers in Jurjew. Jurj. 1893.
8. 57 p. 1.50
15136 **Tassi.** Micologia d. prov. Senese. III. (Firenze, Giorn. B.) 1897. 8. 35 p. 1.50
15137 — Fungi novi Australiani. (Siena) 1900. 8. 8 p. 1.—
15138 **Tavel.** Vergleich. Morphol. d. Pilze. Jena 1892. 8. 219 p. m. 90 Fig.
(M. 6.) 4.—
15139 **Taxis.** S. l'origine d. Micro-Organismes. (Marseille, Soc. Bot.) 1885.
4. 41 p. Cart. 2.—
15140 **Taylor, T.** Certain Fungi parasitic on Plants. (Lond., Micr. J.) 1875.
8. 8 p. w. 3 pl. 1.50
15141 **Ternetz.** Protoplasmabeweg. u. Fruchtkörperbild. b. Ascophanus car-
neus. Leipz. 1900. 8. 42 p. m. color. Tfl. 1.—
15142 **Thaxter.** On cultures of Gymnosporangium. (Bost., Ac.) 1887. 8. 11 p. 1.—
15143 — The Entomophthoreae of the U. S. (Bost., Soc. Nat.) 1888. 4.
67 p. w. 8 pl. 15.—
15144 — Notes on Laboulbeniaceae. (Bost., Ac.) 1895. 8. 15 p. 1.—
15145 — New or pecul. aquatic Fungi. 4 parts. (Chicago, Bot. Gaz.) 1895—
1896. 8. 40 p. w. 6 pl. 3.50
15146 — New or pecul. Zygomycetes. 2 parts. (Chicago, Bot. Gaz.) 1895—
1897. 8. 20 p. w. 3 pl. 2.—
15147 — Contrib. tow. a monogr. of the Laboulbeniaceae. 2 parts. (Cambr.,
Ac.) 1896—1909. 4. 494 p. w. 70 pl. 55.—
15148 — On the Myxobacteriaceae. 2 parts. (Chic., Bot. Gaz.) 1897—1904.
8. 29 p. w. 4 pl. 3.—
15149 — Diagnoses of new spec. of Laboulbeniaceae. 6 parts. (Boston, Ac.)
1899—1905. 8. 216 p. 8.—
15150 — Mycolog. Notes. 2 parts. (Bost., Rhodora) 1903. 8. 12 p. w. pl. 1.—
15151 — New N. Americ. Hyphomycetes. III. (Chic., Bot. Gaz.) 1903. 8.
7 p. w. 2 pl. 1.—
15152 — New Americ. Wynnea. (Chic., Bot. Gaz.) 1905. 8. 7 p. w. 2 pl. 1.—
15153 **Theissen.** Xylariaceae Austro-Brasil. I. (Vindob., Ac.) 1909. 4. 40 p.
et 11 tab. (M. 9.50.) 7.—

15154 **Theissen.** Polyporaceae Austro-Brasil. (Vindob., Ac.) 1911. 4. 38 p. et   *M*
     7 tab. (M. 6.30.)
15155 — Die Hypocreaceen v. Rio Grande do Sul, Südbrasil. (Berl., Ann.
     Myc.) 1911. 8. 34 p. m. 3 Tfln.   2.—
15156 — Die Gatt. Asterina. (Wien, Z. b. G.) 1913. 8. 138 p. m. 8 Tfln. (M. 12.)
15157 **Theissen u. H. Sydow.** Die Dothideales. (Berl., Ann. Myc.) 1915. 8.
     598 p. m. 6 Tfln. (M. 25.)
15158 **Theorin.** Adnot. ad Hymenomycetes Fahlunenses. (Stockh.) 1880. 4. 9 p. 1.—
15159 **Thiele.** Die Temperaturgrenzen d. Schimmelpilze. Leipz. 1896. 8.
     38 p. m. 6 Tab.   1.50
15160 **Thümen.** Verzeichn. d. Pilze v. Krems. (Wien, Z. b. G.) 1874. 8. 12 p. 1.—
15161 — Z. Pilzflora Böhmens. (Wien, Z. b. G.) 1875. 8. 32 p.   1.—
15162 — Contrib. ad Floram mycol. Lusitanicam. (Lisb., Ac.) 1878. 8. 24 p. 1.50
15163 — Verzeichn. d. Pilze v. Bayreuth. Landsh. 1879. 8. 48 p.   1.50
15164 — 2 neue blattbewohn. Ascomyceten. (Wien, Z. b. G.) 1880. 8. 2 p.   —.50
15165 — Die Bacterien im Haushalt. Wien 1884. 8. 39 p.   1.—
15166 **Thümen u. Voss.** Neue Beitr. z. Pilz-Flora Wiens. (Wien, Z. b. G.)
     1879. 8. 6 p.   —.50
15167 **Thumm.** Z. Biol. d. fluorescier. Bakterien. Emmend. 1895. 8. 89 p. 2.—
15168 **Tichomirow.** Peziza Kauffmanniana, e. neuer schmarotz. Becherpilz.
     M. Nachtrag. (Mosk., Bull.) 1868. 8. 48 p. m. 4 Tfln. (1 color.)   2.50
15169 **Tiemann u. Gaertner.** Die chemische u. mikrosk.-bakteriol. Untersuch.
     d. Wassers. 3. (vorletzte) Aufl. Braunschw. 1889. 8. 738 p. m. 10 color.
     Tfln. (M. 22.50) Hfzb.   4.—
15170 — Handbuch d. Untersuch. u. Beurteilg. d. Wässer. 4. (letzte) Aufl.
     Braunschw. 1895. 8. 877 p. m. 10 color. Tfln. Origbd. (M. 25.)   7.—
15171 **Tobler.** Die Synchytrien. (Jena, Arch. Prot.) 1913. 8. 101 p. m. 4 Tfln. 5.—
15172 **Tommasi-Crudeli.** S. un Bacillo trov. n. atmosfere malariche di Pola.
     (Roma, Linc.). 1886. 4. 14 p.   1.—
15173 **Torrend.** Contrib. III. p. o estudo d. Fungos d. regiao Setubalense.
     Fungos de Moçambique. 2 mém. (S. Fiel, Broter.) 1905. 8. 15 p.   1.—
15174 — Flore d. Myxomycètes; étude d. espèces connus jusqu'ici. (S. Fiel,
     Broter.) 1909. 8. 270 p. av. 9 pl.   15.—
15175 **Tracy a. Earle.** New Fungi fr. Mississippi. (N. Y., Torr. Cl.) 1896. 8. 7 p. 1.—
15176 **Trail.** Influence of Cryptogams on Mankind. — Revis. of the Scotch
     Peronosporeae. — New Scotch Microfungi. Perth 1887. 8. 24 p.   1.—
15177 — Revis. of Scotch Sphaeropsideae and Melanconieae. Perth 1888.
     8. 53 p.   2.—
15178 — Revis. of Scotch Discomycetes. Perth 1889. 8. 34 p.   1.50
15179 — Revis. of the Uredineae and of the Ustilagineae of Scotland.
     Manchest. 1890. 8. 49 p.   2.—
15180 **Trattinick.** Fungi Austriaci. Oesterr. Schwämme. Lfg. 3. Wien 1805.
     4. 22 p. m. 3 color. Tfln.   1.50
15181 **Traverso.** Elenco di Micromiceti di Valtellina. (Berl., Ann. Myc.)
     1903. 8. 27 p.   1.—
15182 **Treichel.** Fleischpilze a. d. Kreis Berent. (Danz., Nat. G.) 1898. 8. 27 p. 1.—
15183 **Trelease.** List of the parasit. Fungi of Wisconsin. Mad. 1884. 8. 40 p. 2.—
15184 — On sever. Zoogloeae. (Baltim., Hopk. Univ.) 1885. 8. 24 p. w. pl. 1.—
15185 — The g. Cintractia. (N. Y., Torr. Cl.) 1885. 8. 11 p. w. pl.   1.—
15186 — Aberrant veil remnants in edible Agarics. (St. Louis, Gard.) 1903.
     8. 3 p. w. 10 pl.   1.50
15187 **Trog.** Tabula analyt. Fungorum. Bernae 1846. 8. 322 p. Hfzb.   5.—
15188 **Tubeuf.** Empusa Aulicae. (Münch., Forstl.-N. Z.) 1893. 8. 17 p.   1.—
15189 **Tulasne, L. R.** Phosphoresc. de l'Agaricus olearius et du Rhizomorpha
     subterr. (Paris, Ann. Sc.) 1848. 8. 25 p. av. pl.   2.50
15190 — Appar. reproduct. multiple d. Hypoxylées. (Paris, Ann. Sc.)
     1856. 8. 12 p.   1.—
15191 — S. l. Erysiphe I. (Paris, Ann. Sc.) 1856. 8. 24 p.   1.—

15192 **Tulasne, L. R. et C.** S. le g. Elaphomyces. (Paris, Ann. Sc.) 1841. 8. *M*
24 p. av. 4 pl. (2 color.) 5.—
15193 — S. l. g. Polysaccum et Geaster. (Paris, Ann. Sc.) 1842. 8. 13 p.
av. 3 pl. (1 color.) 3.—
15194 — De la fructif. d. Scleroderma. (Paris, Ann. Sc.) 1842. 8. 11 p. av. 2 pl. 2.50
15195 — Champignons hypogés de la fam. d. Lycoperdacées. (Paris, Ann.
Sc.) 1843. 8. 11 p. 1.—
15196 — S. l'organis. et la fructif. d. Nidulariées. (Paris, Ann. Sc.) 1844. 8.
32 p. av. 6 pl. 8.—
15197 — S. l'organis. et la fructif. d. Onygena. (Paris, Ann. Sc.) 1844. 8.
6 p. av. pl. 1.50
15198 — Esp. nouv. du g. Secotium. (Paris, Ann. Sc.)) 1845. 8. 8 p. av. pl. 1.50
15199 — Mém. s. l. Urédinées et Ustilaginées. 2 parties. (Paris, Ann. Sc.)
1847 à 54. 8. 236 p. av. 12 pl. 18.—
15200 — New notes up. the Tremellinea. (Lond., Linn. S.) 1871. 8. 11 p. 1.—
15201 **(Turner, Power and Klein.)** Milk-Scarlatina. No. II. and Diphtheria.
Report to the Local Governm. Board. London 1888. 8. 84 p. w.
24 colour. pl. (Micrococcus Scarlatin.) 8.—
15202 **Tyzzer.** Coccidium infection of the Rabbits' liver. (Bost., Cancer
Comm.) 1902. 8. 20 p. w. 4 pl. 2.—
15203 **Uhlenhaut.** Spaltung v. Amygdalin durch Schimmelpilze. Kiel 1911.
8. 60 p. 1.50
15204 **Ullmann.** Ueb. Trichophytie. (Wien, Dermat.-Congr.) 8. 18 p. m.
4 Tfln. (2 color.) 2.—
15205 **Underwood.** On the distrib. of the N. Americ. Helvellales. (Minneap.,
Bot. Stud.) 1896. 8. 18 p. 1.—
15206 **Underwood and Earle.** Prelim. list of Alabama Fungi. Montgomery
1897. 8. 191 p. 3.—
15207 **Unger.** S. l'Achlya prolifera. (Paris, Ann. Sc.) 1844. 8. 15 p. av. pl. 1.—
15208 **Van Bambeke.** Hyphes vasculaires du Mycélium des Autobasidiomy-
cètes. (Brux., Ac.) 1894. 8. 30 p. av. 4 pl. color. 3.—
15209 — Monstruosité du Boletus luteus. (Brux., S. Bot.) 1900. 8.-15 p. av. pl. 1.—
Vanderhaeghen. Les Hyménomycètes en Belgique — voyez nr. 15111.
15210 **Van Eeden.** S. le Bolet Parasite. (Harlem) 1866. 8. 3 p. av. 2 pl. color. 1.—
15211 **Van Ermengem.** Neue Untersuchgn. üb. d. Cholera-Mikroben. Wien
1886. 4. 109 p. m. 6 Tfln. (M. 4.) 2.—
15212 **Van Tieghem et Lemonnier.** Recherches s. l. Mucorinées. (Paris, Ann.
Sc.) 1873. 8. 143 p. av. 6 pl. 18.—
Très-rare.
15213 **Varga és Csókás.** Mykologiai tanulmány. Budap. 1910. 8. 52 p. 1.—
15214 **Vasconcellos.** Contrib. à l'ét. d. Dermatomycoses du Brésil. I: Trichophyton griseum. (Rio de Jan., Cruz) 1914. 4. 6 p. av. 2 pl. (1 color.) 1.50
15215 **Vejdovský.** Ueb. Organisat. u. Entwickl. d. Bakterien. (Prag, Ges.
Wiss.) 1901. 8. 14 p. — Tschechisch. 1.—
15216 **Vestergren.** Bidrag t. känned. om Gotlands Svampflora. (Stockh.,
Ak.) 1896. 8. 29 p. m. Tfl. 1.—
15217 — Bidr. t. en monogr. öfv. Sveriges Sphaeropsideer. I. (Stockh., Ak.)
1897. 8. 12 p. 1.—
15218 — Anteckn. t. Sveriges Ascomycet-Flora. (Stockh., Bot. Not.) 1897.
8. 18 p. 1.—
15219 — Ueb. Hymenella Arundinis. (Stockh., Ak.) 1899. 8. 9 p. 1.—
15220 — Verzeichn. u. Diagn. zu meinen „Micromycetes rarior." 2 Tle.
(Stockh., Bot. Not.) 1899—1900. 8. 39 p. 1.—
15221 — Eine arktisch-alpine Rhabdospora. (Stockh., Ak.) 1900. 8. 23 p.
m. 2 Tfln. 1.50
15222 — Monogr. d. auf d. Gatt. Bauhinia vork. Uromyces-Arten. (Uppsala, Ark. Bot.) 1905. 8. 34 p. m. 2 Tfln. 1.50

15223 **Vestergren.** Ein bemerkensw. Pyknidentypus. (Uppsala, Ark. Bot.) 1906. 8. 14 p. m. 2 Tfln. — *M* 1.50

15224 **Vicentini u. Arkövy.** Ueb. Leptothrix racemosa. 2 Abhandl. (Wien, Viert. Zahnh.) 1903. 8. 26 p. — 1.50

15225 **Virchow.** Der Kampf d. Zellen u. d. Bakterien. (Berl., Virch. Arch.) 1885. 8. 13 p. — 2.—

15226 **Vogel, M.** Zymotische Skizzen. Gährungspilze, Krankheitspilze. Hamb. 1884. 8. 612 p. m. 114 Fig. — 5.—

15227 **Vogelius.** Studier. ov. d. Friedländerske Bacil. Kjöbenh. 1900. 8. 192 p. m. color. Tfl. — 1.50

15228 **Voglino.** Saggio monogr. d. g. Pestalozzia. (Padova, Soc. Venet.) 1886. 8. 33 p. c. 3 tav. — 2.—

15229 — Int. ad una Malattia bacterica. (Torino, A. Agr.) 1897. 8. 12 p. c. tav. — 1.—

15230 **Voss.** Die Brand-, Rost- u. Mehlthaupilze d. Wiener Gegend. (Wien, Z. b. G.) 1876. 8. 50 p. — 1.—

15231 — Zur Pilz=Flora Wiens. (Wien, Z. b. G.) 1878. 8. 8 p. — 1.—

15232 — Materialien z. Pilzkunde Krains. 5 Tle. (Wien, Z. b. G.) 1879—87. 8. 224 p. m. 4 Tfln. — 3.50

15233 — Ueb. Boletus strobilaceus. (Wien, Z. b. G.) 1886. 8. 6 p. — —.50

15234 **Vosseler.** Ueb. ein. Insektenpilze. (Stuttg., Ges. Nat.) 1902. 8. 9 p. m. 2 Tfln. — 1.50

15235 **Votteler.** Differentialdiagn. d. pathog. Anaëroben. Leipz. 1898. 8. 30 p. — 1.—

15236 **Vuillemin.** S. le polymorphisme d. Pézizes. (Paris, Congr.) 1886. 8. 8 p. w. pl. — 1.—

15237 — Les Puccinies des Thesium. (Paris, Soc. Myc.) 1894. 8. 24 p. — 1.50

15238 — Les Hypostomacées. Nancy 1896. 8. 55 p. av. 2 pl. — 2.—

15239 — La Lichtheimia ramosa. (Paris, Arch. Paras.) 1904. 8. 11 p. — 1.—

15240 — Nouv. genre: Hemispora stellata. (Paris, S. Myc.) 1906. 8. 5 p. av. pl. — 1.—

15241 — Les bases actuelles de la Systématique en Mycologie. (Jena, Progr. Bot.) 1907. 8. 170 p. (M. 5.) — 3.—

15242 — Les Champignons. Essai de classif. Paris 1912. 8. 425 p. Toile. — 4.—

15243 **Wager.** Structure and reproduct. of Cystopus Candidus. (Lond., Ann. Bot.) 1896. 8. 48 p. w. 2 pl. — 2.—

15244 — The Sexuality of the Fungi. (Lond., Ann. Bot.) 1899. 8. 23 p. — 1.50

15245 **Wagner, H.** Führer ins Reich d. Pilze u. Gefässkryptog. Bieléf. 1854. 8. 56 p. m. Tfl. — 1.—

15246 **Wagner, M. H.** Der Schwämmesammler. Troppau 1867. 8. 20 p. m. 20 color. Fig. — 1.—

15247 **Wahl.** Ueb. d. Polyederkrankh. d. Nonne (Lymantria monacha). I, IV, V. (Wien, Centr. Forstw.) 1894—1912. 8. 57 p. — 2.—

15248 — Feldmäuse-Bekämpf. d. Mäusetyphusbazillus. (Wien, Mitt. Pflz.-Schutz.) 8. 42 p. — 1.—

15249 **Wahrlich.** Ueb. d. Bau d. Bacterienzelle. (Petersb., Scripta Bot.) 1891. 8. 62 p. m. 3 Tfln. — Russisch m. deutsch. Resumé. — 2.—

15250 —' Z. Anat. d. Zelle bei Pilzen u. Fadenalgen. (Petersb., Scr. Bot.) 1893. 8. 115 p. m. 3 color. Tfln. — 4.—

15251 **Walker, L. R.** Bacteriol. investigat. of the Iowa State College Sewage. Des Moines 1901. 8. 22 p. — 1.—

15252 **Waller.** On parasitic veget. organisms in the Gatbard and Galloper Sands. (Lond., C _ 'k. Cl.) 1884. 8. 15 p. w. 3 pl. — 1.50

15253 **Ward, H. M.** On Saprolegniae. (Lond., J. Micr.) 1883. 8. 20 p. w. pl. — 1.—

15254 — The Ginger-Beer Plant, and the organisms composing it. (Lond., Roy. Soc.) 1892. 4. 74 p. w. 6 pl. (1 colour.) (8 s.) — 5.—

15255 — On the characters empl. f. classif. the Schizomycetes. (Lond., Ann. Bot.) 1892. 8. 42 p. — 2.—

15256 — Report V. on the Bacteriol. of Water. (Lond., Roy. S.) 1897. 8. 9 p. — 1.—

15257 — Onygena Equina, a Horn-destroying Fungus. (Lond., Roy. Soc.) 1899. 4. 23 p. w. 4 pl. — 3.—

M

15258 **Ward, H. M.** The Nutrition of Fungi. (Worcest., Myc. S.) 1900. 8. 19 p. 1.—
15259 — On the biol. of Naematelia. (Worcest., Myc. S.) 1900. 8. 6 p. w. 2 pl. 1.50
15260 — Rec. researches on the Parasitism of Fungi. (Lond., Ann. Bot.) 1905. 8. 54 p. 2.—
15261 **Warmbold.** Üb. d. Biol. stickstoffbind. Bakterien. Merseb. 1905. 8. 124 p. 2.—
15262 **Warming.** S. qlqs. Bactéries d. côtes du Danemark. (Copenh., Nat. För.) 1876. 8. 152 p. av. 4 pl. color. et noir. — En l. Danoise, av. résumé Français. 2.50
15263 **Wegener.** Z. Pilzflora d. Rostock. Umgeb. (Güstr., Arch.) 1895. 8. 28 p. 1.—
15264 **Wehmer.** Beiträge z. Kenntn. einheim. Pilze. 3 Tle. Hannov. u. Jena 1893—1915. 8. 394 p. m. 7 Tfln. (1 color.) (M. 16.) 13.—
15265 — Notizen z. Hannoverschen Pilzflora. II. (Hann., Nat. V.) 1897. 8. 20 p. 1.—
15266 — Die Pilzgattung Aspergillus. (Genf, Soc. Phys.) 1901. 4. 160 p. m. 5 Tfln. (1 color.) 17.—
Vergriffem.
15267 — Der Mucor d. Hanfrötte, M. hiemalis n. spec. (Berl., Ann. Myc.) 1903. 8. 5 p. —.50
15268 **Weidemann.** Morpholog. u. physiol. Beschr. ein. Penicillium-Arten. Jena 1907. 8. 36 p. 1.—
15269 **Weigert, C.** Z. Bacterienfrage. (Berl., Klin. Woch.) 1877. 8. 22 p. 1.—
15270 **Weir.** On Rhizina inflata. (Wash., J. Agr.) 1915. 8. 4 p. w. pl. 1.—
15271 **Weis, J. D.** 4 pathogenic Torulae (Blastomycetes). (Bost., Cancer Comm.) 1902. 8. 31 p. w. 4 pl. (2 colour.) 3.—
15272 **Wendisch.** Die Champignonskultur. Neud. 1897. 8. 155 p. Cart. (M. 3.) 1.50
15273 **Werner, C.** Die Bedingungen d. Konidienbildg. b. ein. Pilzen. Frankf. 1898. 8. 48 p. 1.—
15274 **Wetterdal.** Om Bakteriehalten i Vattendragen invid Stockholm. Stockh. 1894. 4. 85 p. m. Tab. 1.50
15275 **Wettstein.** Vorarbeiten zu e. Pilzflora d. Steiermark. 2 Tle. (Wien, Z. b. G.) 1885—88. 8. 148 p. 2.—
15276 — Anthopeziza, nov. gen. Discomycet. (Vindob., Z. b. G.) 1886. 8. 4 p. et tab. 1.—
15277 — 2 wenig bekannte Ascomyceten. (Wien, Z. b. G.) 1887. 8. 4 p. —.50
15278 **Whitmore.** The Dysentery Bacillus. (Manila, J. Sc.) 1911. 4. 13 p. 1.—
15279 **Wierzejski.** Ueb. Myxosporidien d. Karpfens. (Krak., Ak.) 1898. 8. 17 p. 1.—
15280 **Wigand.** Z. Morphol. u. System. d. Gattgn. Trichia u. Arcyria. (Berl., Pringsh. J.) 1860. 8. 58 p. m. 3 Tfln. 3.—
15281 — Entsteh. u. Fermentwirkung d. Bakterien. Marb. 1884. 8. 44 p. 1.—
15282 **Wildeman.** S. la nomenclature générique d. Champignons. (Brux., Soc. Micr.) 1896. 8. 12 p. 1.—
15283 — Census Chytridinaearum. (Brux., S. Bot.) 1896. 8. 63 p. 2.—
15284 — Notes Mycolog. X. (Brux., Soc. Micr.) 1898. 8. 16 p. av. pl. 1.—
15285 — S. qu. Chytridinées nouv. (Genève, Boiss.) 1900. 8. 10 p. 1.—
15286 **Wilhelmi.** Z. Kenntn. d. Saccharomyces guttulat. Jena 1898. 8. 19 p. m. 2 Tfln. 1.—
15287 **Wilhelmy.** Die Bakterienflora ein. Fleischextracte. Neuwied. 42 p. m. 3 Tfln. 1.50
15288 **Wille.** Mycolog. Notiser. (Stockh., Bot. Not.) 1893. 8. 11 p. 1.—
15289 — Om nogle Vandsoppe (Chytrid. et Saprolegn.). (Krist., Vid. S.) 1900. 4. 14 p. m. color. Tfl. 1.—
15290 — Gasvakuolen bei ein. Bakterie. (Leipz., Biol. C.) 1902. 8. 6 p. 1.—
15291 **Wilson, G. W.** Studies in North Americ. Peronosporales. I: The g. Albugo. (New York, Torr. Cl.) 1907. 8. 24 p. 1.50
15292 **Wimmer.** Z. Kenntn. d. Nitrificationsbakterien. Halle 1904. 8. 45 p. 1.—
15293 **Winkelmann.** Quaestiones Mycolog. Gryphisw. 1866. 8. 45 p. 1.—
15294 **Winter.** Die deutschen Sordarien. Halle 1873. 4. 43 p. m. 5 Tfln. (M. 5.) 3.—
Winter, Rehm, Fischer u. a. Die Pilze Deutschlands. (Aus Rabenhorst's Flora) — siehe No. 12335.

M

15295 **Withering.** New method of preserv. Fungi. (Lond., Linn. S.) 1794, 4. 4 p. 1.—
15296 **Wize.** Die durch Pilze hervorgeruf. Krankheiten d. Rübenrüsselkäfers.
2 Tle. (Krak., Ak.) 1904. 8. 27 p. m. 2 color. Tfln. 1.50
15297 **Wolf, F.** Modifikat. u. experim. ausgelöste Mutationen bei Bacillus
prodig. Berl. 1909. 8. 46 p. 1.—
15298 **Wolf, K.** Ueb. d. Farbstoffbildung d. fluoreszier. Bakterien. Dresd.
1897. 8. 36 p. 1.—
15299 **Wolffin.** Bacteriolog. u. chem. Untersuch. üb. Sauerteiggärung. Münch.
1894. 8. 42 p. 1.—
15300 **Wollny.** Thätigk. nied. Organismen im Boden. (Brschw.) 1883. 8. 20 p. 1.—
15301 **Woloshinsky.** Bacteriol. Brunnenwasseruntersuch. auf d. recht. Em-
bachufer z. Dorpat. Dorp. 1892. 8. 86 p. 1.50
15302 **Woodward.** Hist. of the British stellated Lycoperdons. (Lond., Linn.
S.) 1794. 4. 31 p. 2.—
15303 **Woolley.** Report on Bacillus violaceus Manilae. (Manila, J. Sc.) 1904.
8. 15 p. w. pl. 1.—
15304 **Woronin.** Polymorphismus parasit. Pilze. (Jurjew) 1866. 8. 30 p. m.
2 Tfln. — Russisch. 1.50
15305 — Puccinia Helianthi. (Petersb., Soc. Nat.) 1871. 8. 33 p. m. 2 color.
Tfln. — Russisch. 2.—
15306 **Wortmann u. Aderhold.** Untersuchgn. üb. reine Hefen. 3 Tle. (Berl.,
Landw. Jahrb.) 1892—94. 8. 120 p. m. 2 Tfln. 4.—
15307 **Wrzosek.** Respirationsappar. als Eingangspforte f. Mikroben. (Krak.,
Ak.) 1906. 8. 18 p. 1.—
15308 **Wund.** Sauerstoffkonzentr. f. Sporenkeim. u. Sporenbildg. ein. Bak-
terienspecies. Marb. 1906. 8. 67 p. 1.50
15309 **Würcker.** Ueb. Anaerobiose, 2 Fäulniserreger u. Bacillus botulinus.
Erl. 1910. 8. 51 p. m. 3 Tfln. 1.50
15310 **Wurth.** Z. Kenntn. der Pilz-Flora Graubündens. (Chur, Nat. Ges.)
1904. 8. 10 p. 1.—
15311 — Rubiaceen bewohn. Puccinien. Jena 1905. 8. 27 p. 1.—
15312 **Wüthrich.** Einwirk. v. Metallsalzen u. Säuren auf d. Keimfähigkeit ein.
parasit. Pilze. Stuttg. 1892. 8. 61 p. 1.50
15313 **Yates.** The comparat. histology of cert. Californian Boletaceae. Berkeley 1916. 8. 30 p. w. 5 pl. 2.50
15314 **Zabel.** Ueb. d. Gonidien d. Pilze. (Petersb., Ak.) 1858. 8. 5 p. m. Tfl. 1.—
15315 **Zalewski.** Sporenabschnür. u. Sporenabfallen d. Pilze. Regensb. 1883.
8. 28 p. 1.—
15316 — — Lemb. 1883. 8. 20 p. m. Tfl. — Polnisch. 1.—
15317 — Z. Kenntn. d. Gatt. Cystopus. (Cassel, Bot. Centr.) 1883. 8. 10 p. 1.—
15318 — Beitr. z. Biol. d. Pilze. (Polnisch). (Krak., Ak.) 1888. 8. 38 p. m.
5 Tfln. 2.—
15319 **Zannetti.** Le Funghi utili. (Firenze, Giorn. Bot.) 1871. 8. 12 p. 1.—
15320 **Zanzinger.** Lichteinfluss auf Keimung u. Entwick. v. Uredineen u.
Ustilagineen. Münch. 1898. 8. 69 p. m. Tfl. 2.—
15321 **Zederbauer.** Myxobacteriaceae, eine Symbiose zwischen Pilzen u.
Bakterien. (Wien, Ak.) 1903. 8. 36 p. m. 2 Tfln. 1.50
15322 — Ceratium hirundinella in d. oesterr. Alpenseen. (Wien, Bot. Z.)
1904. 8. 10 p. m. Tfl. 1.—
15323 **Zeitschrift** für Parasitenkunde. Hrsg. v. Hallier u. Zürn. 4 Bde. (soviel
erschien.). Jena 1869—75. 8. m. 24 Tfln. (M. 36.) 15.—
15324 — — Bd. I, II. 1869—70. Mit 12 Tfln. Hfzb. 6.—
15325 **Zeitschrift** f. Pilzfreunde. Red. v. Thümen. 2 Jahrge. (soviel erschien.).
Dresd. 1883—85. 8. m. 24 color. Tfln. 12.—
Vergriffen.
15326 **Zellner.** Chemie d. höheren Pilze. Leipz. 1907. 8. 262 p. (M. 9.) 4.50
15327 **Zettnow.** Romanowskis Färbung bei Bakterien. (Leipz., Z. Hyg.) 1899.
8. 18 p. m. color. Tfl. 1.—

15328 **Zimmermann, H.** Ueb. Entwick. u. Exkret. v. Pilzmycelien. Erl. 1898. 8. 67 p. m. Tfl. — *M* 1.50

15329 — Verzeichn. d. Pilze v. Eisgrub. (Brünn, Nat. Ver.) 1909. 8. 53 p. m. 4 Tfln. — 2.—

15330 **Zimmermann, O. E. R.** Organismen, welche d. Verderbn. d. Eier veranlassen. (Chemn., Nat. Ges.) 1878. 8. 56 p. m. Tfl. — 1.—

15331 — Die Spaltpilze. (Chemn.) 1885. 8. 12 p. — 1.—

15332 — Die Bacterien d. Trink= u. Nutzwässer. 3 Tle. Chemn. 1890—1900. 8. 233 p. m. 5 photogr. Tfln. (M. 7.70.) — 6.50

15333 **Zimmermann, T.** Chem. u. bacteriol. Untersuch. ein. Brunnenwässer Jurjews. Jurj. 1893. 8. 68 p. — 1.50

15334 **Zopf.** Die Conidienfrüchte v. Fumago. (Halle, Ac. Leop.) 1878. 8. 36 p. — 1.—

15335 — Genet. Zusammenh. v. Spaltpilzformen. (Berl., Ak.) 1881. 8. 8 p. m. Tfl. — 1.—

15336 — Z. Kenntn. d. anat. Anpass. d. Pilzfrüchte an d. Funktion d. Sporenentleerung. (Halle, Z. Nat.) 1883. 8. 36 p. m. 3 Tfln. (1 color.) — 2.—

15337 — Die Spaltpilze. Bresl. 1883. 8. 108 p. m. 34 Fig. (M. 3.) Cart. — 1.—

15338 — — 2. Aufl. Bresl. 1884. 8. 110 p. m. 34 Fig. (M. 3.) — 1.—

15339 — — 3. (letzte) Aufl. Bresl. 1885. 8. 133 p. m. 41 Fig. (M. 3.) — 1.50

15340 — — Russisch. Petersb. 1884. 8. 228 p. m. 34 Fig. Hfzb. — 1.—

15341 — Ueb. ein. niedere Algenpilze (Phycomyceten). (Halle, Nat. Ges.) 1888. 4. 31 p. m. 2 color. Tfln. — 1.50

15342 — Die Pilze. Bresl. 1890. 8. 512 p. m. 163 Fig. — 12.—
 Vergriffen.

15343 **Zukal.** Ueb. d. biolog. u. morphol. Wert d. Pilzbulbillen (Wien, Z. b. G.) 1886. 8. 14 p. m. Tfl. — 1.—

15344 — Ueb. ein. neue Pilze, Myxomyceten u. Bakterien. (Wien, Z. b. G.) 1886. 8. 10 p. m. Tfl. — 1.—

15345 — Ueb. ein. neue Ascomyceten. (Wien, Z. b. G.) 1887. 8. 8 p. m. Tfl. — 1.—

15346 — Thamnidium mucoroides n. spec. (Wien, Z. b. G.) 1890. 8. 4 p. m. Tfl. — 1.—

15347 — Ueb. d. Myxobacterien. (Berl., Bot. Ges.) 1897. 8. 11 p. m. Tfl. — 1.—

V. Lichenes.

[Supplementum numeror. 2597—2754, vide: Bibliographia Botanica, p. 105—111.]

15348 **Acharius.** Lichenographiae Suecicae prodromus. Lincop. 1798. 8. 288 p. et 2 tab. color. — 4.—

15349 — Methodus Lichenum. 2 sectiones et supplem. Holm. 1803. 8. 495 p. et 8 tab. (M. 15.) — 5.—

15350 — — 495 p. et 13 tab. (5 color.) Cart. — 8.—
 Diesem Exemplar sind 5 gleichzeitig erschienene Tafeln, von J. W. Sturm gezeichnet und coloriert, beigefügt.

15351 — Glyphis and Chiodecton, 2 new genera. (Lond., Linn. Soc.) 1817. 4. 13 p. w. 2 colour. pl. — 2.—

15352 — Lichenographia universal. Gotting. 1810. 4. 704 p. et 11 tab. nigrae. — 9.—

15353 — Bemerk. üb. sein neues Lichenensystem. (Ausschnitt.) 8. 30 p. — 2.—

15354 **Acloque.** Les Lichens. Paris 1893. 8. 384 p. av. 82 fig. — 2.50

15355 **Adams, J.** The distrib. of Lichens in Ireland. (Dublin, Ac.) 1909. 4. 44 p. w. map. — 2.—

15356 **Aigret.** Monogr. d. Cladonia de Belgique. (Brux., Soc. Bot.) 1901. 8. 172 p. — 4.50

15357 **Almqvist.** Om de Skandin. arterna af slägt. Schismatomma Opegrapha och Bactrospora. Ups. 1869. 8. 26 p. — 1.—

15358 — Monogr. Arthoniarum Scandinav. (Holm., Ac.) 1880. 4. 69 p. — 1.50

15359 **Anatomia et Physiologia Lichenum.** — 12 Abhandl. v. Baroni, Fünfstück, Jatta, Minks, J. Müller u. a. 1801—97. 8. u. 4. 130 p. m. 2 Tfln. (1 color.) — 6.—

15360 **Anders.** Die Strauch- u. Blattflechten Nordböhmens. Leipa 1906. 8. 102 p. m. 5 Tfln. — 2.—

15361 **André, E.** Les Lichens Neo-Grenadins et Ecuadoriens. (Paris, Rev.   *M*
Myc.) 1879. 8. 15 p.   1.50
15362 **Anzi.** Catal. Lichenum in prov. Sondriensi et circa Novum-Comum
coll. Novi Comi 1860. 8. 142 p.   2.—
15363 — Manipulus Lichenum rar. vel nov., 'in Longobardia et Etruria
coll. Novi Comi 1862. 8. 37 p.   1.50
15364 — Symbola Lichen. rarior. vel nov.' Italiae super. Januae 1864. 8. 28 p.   1.50
15365 — Neosymbola Lichenum rar. vel novor. (Mediol., S. Nat.) 1866.' 8. 18 p.   1.—
15366 — Analecta Lichenum rar. vel novor. Italiae super. (Mediol., Soc.
Nat.) 1868. 8. 26 p.   1.50
15367 **Arcangeli.** S. quest. dei Gonidi. (Firenze, Giorn. Bot.) 1877. 8. 13 p.
c. tav. color.   1.50
15368 **Arnold.** Die Lichenen d. Fränkischen Jura. 28 Tle. (Regensb., Flora)
1858—90. 8. u. 4. 631 p. Cart.   30.—
Ausserordentlich seltene Reihe, da aus zum Teil ganz vergriffenen Bänden
der „Flora" entnommen.
15369 — — Hieraus ein Teil einzeln. 1885. 8. 324 p.   3.—
15370 — — 1890. 4. 61 p.   1.50
15371 — Lichenen aus d. südöstl. Tirol. (Wien, Z. b. G.) 1864. 8. 4 p.   —.50
15372 — Lichenolog. Ausflüge in Tirol. 30 Tle. m. Register. (Wien, Z. b. G.)
1868—97. 8. 850 p. m. Tfl. u. Karte.   25.—
Jeder Teil auch einzeln.
15373 — Flechten aus Krain u. Küstenland. (Wien, Z. b. G.) 1870. 8. 36 p.
m. Tfl.   1.—
15374 — Z. Lichenenflora v. München. 6 Tle. Münch. 1891—1901. 4. u. 8.
474 p. (M. 10.)   6.—
15375 — — Hieraus einzeln: 2 Tle. Münch. 1891—92. 4. 223 p. Cart.   2.50
15376 — Lichenes exsiccati. Münch. 1894. 4. 56 p. Cart — Text.   1.50
15377 — Rehm's Cladoniae exsicc. Münch. 1895. 4. 34 p. Cart.   1.—
15378 — Labrador (Lichenologisch). Münch. 1896. 8. 18 p.   1.50
15379 — Lichenolog. Fragmente. Nr. 36. (Wien, Bot. Z.) 1899. 8. 25 p.   1.—
15380 **Babikof.** Développ. d. Céphalodies s. le thallus du Lichen Peltigera.
(Pétersb., Ac.) 1877. 8. 17 p. av. pl. color.   1.—
15381 **Babington.** The Lichens of Hooker's 'Antarctic Voyage'. 4 plates
(without letterpress) drawn by pencil.   5.—
15382 **Bachmann, E.** Die Bezieh. d. Kieselflechten zu ihrem Substrat. 2 Tle.
(Berl., Bot. Ges.) 1904—1911. 8. 17 p. m. Tfl.   1.50
15383 — Die Flechten d. Vogtlandes. (Dresd., Isis) 1909. 8. 20 p.   1.—
15384 — Z. Flechtenflora d. Frankenwaldes. (Dresd., Isis) 1910. 8. 12 p.   1.—
15385 — Z. Flechtenflora d. Erzgebirges. 2 Tle. (Dresd., Hedw.) 1912—14.
8. 51 p.   2.—
15386 **Baglietto.** Lichenes Abyssinici. (Januae, Malp.) 1892. 8. 8 p.   1.—
15387 **Baranetzky.** Z. Kenntn. d. Lebens d. Flechtengonidien. (Petersb., Ak.)
1867. 8. 10 p.   1.—
15388 **Baroni.** S. alc. Licheni racc. nel Piceno. (Fir., Giorn. Bot.) 1889. 8. 8 p.   1.—
15389 — Contrib. alla Lichenografia d. Toscana. (Fir., Giorn. B.) 1891. 8. 46 p.   2.—
de Bary. Morphol. u. Physiol. d. Flechten — siehe Nr. 13540.
15390 **Bauer, P. M.** Uebersicht d. Flechten v. Hessen. (Giessen, Ges. Nat.)
1859. 8. 14 p.   1.—
15391 **Bausch.** Uebersicht d. Flechten d. Grossherz. Baden. Carlsr. 1869.
8. 288 p. (M. 7.) Cart.   2.—
15392 **Bayrhoffer.** Ueb. Lichenen u. der. Befruchtung. Bern 1851. 4. 44 p.
m. 4 Tfln. Cart.   1.50
— Uebers. d. Flechten d. Taunus — siehe Nr. 12763.
15393 **Beckhaus.** Z. Kryptog.-Flora Westphalens: Lichenen. (Bonn, Nat. Ver.)
1859. 8. 23 p.   1.50
Siehe auch Nr. 12217.
15394 **Billing.** Ueb. d. Bau d. Frucht b. d. Gallertflechten u. Pannariaceen.
Kiel 1897. 8. 40 p.   1.50

15395 **Bitter.** Z. Morphol. u. Systematik v. Parmelia, Untergattung Hypogamnia. (Dresd., Hedw.) 1901. 8. 104 p. m. 2 Tfln.   *M* 5.—
15396 — Peltigeren-Studien. (Berl., Bot. Ges.) 1904. 8. 8 p. m. Tfl.   1.—
15397 **Blomberg.** Om Kinnekulles Lafvegetation. (Stockh., Ak.) 1867. 8. 11 p.   1.—
15398 **Boberski.** Syst. Uebersicht d. Flechten Galiziens. (Wien, Z. b. G.) 1886. 8. 44 p.   1.—
15399 **Bohler, J.** Lichenes Britannici. 15 parts. Sheffield 1835—37. 8. 1 2 0   s p e c i e s   e x s i c c a t a e et textus.   60.—
15400 **Boistel.** Nouvelle Flore d. Lichens de France. 2 parties. Paris 1902 à 03. 8. 604 p. av. pl. et 1178 fig.   25.—
    La seconde partie est entièrement épuisée.
15401 — Nouv. Flore d. Lichens p. la détermin. d. espèces. Paris (1904). 8. 220 p. av. 1178 fig. Toile.   4.—
15402 **Bornet.** Descr. de 3 Lichens nouv. (Cherb.) 1856. 8. 10 p. av. 4 pl.   2.50
15403 **Bouly de Lesdain.** Rech. s. les Lichens d. environs de Dunkerque. Dunkerque 1912. 8. 301 p. av. 4 pl.   12.—
15404 **Brandt.** Z. anatom. Kenntn. v. Ramalina. Dresd. 1906. 8. 39 p. m. 5 Tfln.   2.5⟂
15405 **Branth, J. S. Deichmann-.** Lichener fra Scoresby Sund. (Kjöb., Medd. Grönl.) 1895. 8. 21 p.   1.50
15406 — Lichenes Islandiae. (Kjöbenh., Bot. Tidshr.) 1903. 8. 24 p.   1.50
15407 **Branth og Grönlund.** Grönlands Lichen-Flora. M. Supplem. (Kjöbenh., Medd. Grönl.) 1888—1892. 8. 79 p.   4.—
15408 **Bremme.** Die Strauch- u. Blattflechten v. Hessen. Leipz. 1886. 8. 52 p.   1.50
15409 **Brenner.** Bidr. t. känned. af Finska Vikens Övegetation: Hoglands Lafvar. (Helsingf., Soc. F. et Fl.) 1885. 8. 143 p.   1.50
15410 — Bidr. t. känned. af Lichenologin i Finland, 1673—1896. Helsingf. 1896. 8. 59 p.   2.—
15411 **Brisson.** Lichens du dép. de la Marne. Chalons 1875. 8. 132 p. av. 4 pl. color. Cart.   3.—
15412 — Les Lichens doivent - ils cesser de former une classe distincte d. Cryptogames? Chalons 1877. 8. 43 p. av. 2 pl.   2.—
15413 **Britzelmayr.** Die Lichenen v. Augsburg. (Augsb., Nat. V.) 1898. 8. 36 p.   1.—
15414 — Die Lichenen d. Algäuer Alpen. (Augsb., Nat. Ver.) 1900. 8. 70 p.   1.50
15415 **Brunnthaler.** Der Einfluss äuss. Faktoren auf Gloeothece rupestris. (Wien, Ak.) 1909. 8. 73 p. m. 3 Tfln.   2.50
15416 **Bruttan.** Lichenen Est-, Liv- u. Kurlands. (Dorpat, Arch. Nat.) 1870. 8. 166 p. Cart.   2.—
15417 **Buhse.** Ueb. d. Fruchtkörper d. Flechten. (Mosk., Bull.) 1846. 8. 40 p. m. 2 Tfln.   2.—
15418 **Cole, A.** Thallus of Sticta Pulmonacea. (Lond., Micr. Stud.) 1884. 8. 12 p. w. 2 pl. (1 colour.)   1.50
15419 **Cooke, M. C.** On the Dual-Lichen hypothesis. (Lond., Quek. Cl.) 1879. 8. 15 p.   1.50
15420 **Crombie.** Lichenes Britannici. Lond. 1870. 8. 145 p. Cloth.   6.—
15421 — New Lichens recently discov. in Great Britain. (Lond., Linn. S.) 1871. 8. 10 p.   1.—
15422 — On the rarer Lichens of Blair Athole. (Lond., Grev.) 1873. 8. 5 p.   1.—
15423 — New Brit. Lichens. 5 parts. (Lond., Grev.) 1873—79. 8. 17 p.   2.—
15424 — British Collemacei. (Lond., Grev.) 1874. 8. 4 p.   1.—
15425 — Lichenes Britann. exsicc. 2 parts. (Lond., Grev.) 1874—77. 8. 6 p.   1.—
15426 — On the Lichens coll. by Cunningham in the Falkland Islands, Fuegia, Patagonia. (Lond., Linn. Soc.) 1876. 8. 12 p.   1.—
15427 — Enumerat. of the Lichens coll. at the Cape of Good Hope and in Kerguelen's Land. (Lond., Linn. S.) 1876. 8. 28 p.   1.50
15428 — Lichenes Insulae Rodriguesii. (Lond., Linn. S.) 1876. 8. 15 p.   1.—
15429 — The Lichens of the Challenger Exped. (Lond., Linn. S.) 1877. 8. 20 p.   1.50
15430 — Lichenes Capenses. Lichenes terrae Kerguelensis. (Lond., Linn. Soc.) 1877. 8. 29 p.   1.50

15431 **Crombie.** Enumerat. of Australian Lichens in Herbar. Robert Brown.   *M*
(Lond., Linn. Soc.) 1879. 8. 13 p.   1.—
15432 — On the Lichens of Dillenius's 'Historia Muscorum'. (Lond., Linn.
Soc.) 1880. 8. 29 p.   1.—
15433 — On the Algo-Lichen Hypothesis. (Lond., Linn. Soc.) 1884. 8. 24 p.
w. 2 (1 colour.) pl.   1.50
15434 — On the Lichen-Gonidia Question. (Lond., Pop. Sc. Rev.) 8. 18 p.
w. colour. pl.   1.—
15435 **Crombie and A. L. Smith.** Monogr. of the British Lichens. 2 vols.
Lond. 1894—1911. 8. 943 p. w. 59 pl. and 74 fig. Cloth.   60.—
15436 — — Vol. II. 1911. 416 p. w. 59 pl. Cloth.   20.—
    Vol. I is out of print.
15437 **Darbishire.** Ueb. d. Tribus d. Roccellei. (Berl., Bot. Ges.) 1897. 8.
10 p. m. Tfl.   1.—
15438 — Monogr. Roccelleorum. Beitr. z. Flechtensystematik. Stuttg. 1898.
4. 102 p. m. 30 Tfln. (M. 60.)   45.—
    Vergriffen.
15439 — — Habilitationsschrift. Stuttg. 1898. 4. 88 p.   1.—
15440 — The Lichens of the South Orkneys. (Edinb.) 1905. 8. 6 p. w. pl.   1.—
15441 **Davies.** Descr. of 4 new Brit. Lichens. (Lond., Linn. S.) 1794. 4.
3 p. w. colour. pl.   1.—
15442 **Deakin.** New spec. of Verrucaria and Sagedia. (Lond., Ann. & M.)
1854. 8. 10 p. w. 4 pl.   2.50
15443 **Delise.** Histoire des Lichens. Genre Sticta. Caen 1825. 8. 171 p. av.
atlas in fol. de 20 pl. c o l o r.   22.—
    Rare.
15444 — — Seulement le texte s a n s l'atlas. Cart.   3.—
15445 **Dickie and Nylander.** Algae and Lichens of the Cumberland Sound and
of New Zealand. 2 pap. (Lond., Linn. Soc.) 1867. 8. 25 p.   2.—
15446 **Dietrich.** Deutschlands Flechten. Jena 1860. 8. 145 p. m. 303 c o l o r.
Tfln. (M. 90.) Hfzb.   70.—
    Vergriffen u. selten.
15447 — — Mit schwarzen Tafeln.   18.—
— Samml. deutscher Flechten — siehe No. 12852.
15448 **Dufft.** Ueb. d. Gatt. Cladonia. (Berl., Bot. Ver.) 1866. 8. 23 p.   1.50
15449 **Egeling.** Verzeichn. d. Lichenen d. Mark Brandenburg. (Berl., Bot.
Ver.) 1879. 8. 34 p.   1.—
15450 — Uebersicht d. Lichenen d. Umgeb. v. Cassel. 2 Tle. (Cassel, Ver.
Nat.) 1881—84. 8. 54 p.   1.50
15451 — Lichenol. Notizen z. Flora d. Mark Brandenburg. (Berl., Bot. Ver.)
1883. 8. 25 p.   1.—
15452 **Ehrenberg.** De Coenogonio, novo genere. (Ac. Leop.) 1820. fol. 8 p.
et tab. color.   1.—
15453 **Elenkin.** Excursion lichénol. au Caucase. (Pétersb.) 1901. 8. 26 p.   1.—
15454 — Lichenes florae Rossiae. Fasc. I. (unicus). (Pétrop., Acta Horti)
1901. 8. 52 p.   2.—
15455 — Lichen esculentus. (Petrop., Acta Horti) 1901. 8. 47 p. — Rossice
conscr.   1.—
15456 — Die wandernden Flechten der Wüsten u. Steppen. Petersb. 1901.
8. 45 p. m. 4 Tfln. — Russisch.   2.—
15457 — Wanderflechten d. Steppen u. Wüsten. Petersb. 1901. 8. 46 p.
m. 3 Tfln.   2.50
15458 — Les Lichens migrateurs. 2 parties. (Pétersb., Jard.) 1901. 8. 44 p.
av. 4 pl. — En l. Russe av. résumé Franç.   2.50
15459 — Notices lichénolog. Pétersb. 1901. 8. 9 p.   1.—
15460 — Material z. Lichenen-Flora Russlands. I. (Petersb., Acta Horti) 1901.
8. 30 p. — Russisch.   1.—
15461 — Fakultative Lichenen I. (Petersb., Acta Horti) 1901. 8. 28 p. m.
Tfl. — Russisch.   1.50

15462 **Elenkin.** Theorie d. Endosaprophytismus bei Flechten. (Mosk., Bull.) 1904. 8. 23 p. — 1.—
15463 — Lichenes Florae Rossiae mediae. Fasc. I. II. (quot prodiit). Dorpat 1906—07. 8. 370 p. et 12 tab. partim color. — Rossice conscript. — 13.—
15464 **Enumerantur** Plantae Scandinav. IV: Charác., Algae, Lichenes. Lund. 1880. 8. 116 p. — 1.50
15465 **Erichsen.** Beiträge z. Flechtenflora d. Umgeg. v. Hamburg u. Holsteins. (Hamb., Nat. Ver.) 1906. 8. 61 p. — 2.—
15466 — Die Flechten d. Eppendorfer Moor. (Hamb., Nat. V.) 1909. 8. 18 p. — 1.—
15467 **Eschweiler.** Systema Lichenum. Norimb. 1824. 4. 26 p. et tab. Cart. — 1.50
15468 **Eversmann.** In Lichenem esculentum. (Ac. Leop.) 1825. 4. 10 p. et tab. color. — 1.—
15469 **Exotische Lichenen.** — 10 Abhandl. v. Arnold, Jatta, Lindsay u. a. 1859—1900. 8. 65 p. m. Tfl. — 4.—
15470 **Famintzin u. Baranetzky.** Zur Entwicklgsgesch. d. Gonidien u. Zoosporenbild. d. Flechten. Petersb. 1894. 4. 9 p. m. color. Tfl. — 1.—
15471 **Fée.** Monogr. du g. Chiodecton. (Lille, Soc. Sc.) 1829. 8. 31 p. av. pl. — 2.—
15472 **Fingerhuth.** Tentamen florulae Lichenum Eiffliacae. Norimb. 1829. 8. 104 p. Cart. — 2.—
15473 **Fink.** Lichens of Iowa. (Des Moines, Lab.) 1895. 8. 19 p. — 1.50
15474 — Contrib. to a knowl. of the Lichens of Minnesota. 7 parts. (Minneap., Bot. Stud.) 1896—1903. 8. 290 p. — 8.—
15475 — The Lichens of Minnesota. (Wash., Nat. Herbar.) 1910. 8. 286 p. w. 52 pl. — 12.—
15476 **Flagey.** Flore d. Lichens de Franche-Comté. 5 parties (en 7 fascic.). Besanç. 1883 à 1901. 8. 731 p. av. 2 pl. color. — 30.—
Rare et recherché.
15477 — — Volumes I, II fascic. 1 et 2. 1883 à 94. 537 p. av. 2 pl. color. — 8.—
15478 — De l'autonomie d. Lichens et de la théorie algo-lichénique. Toulouse 1886. 8. 34 p. — 1.50
15479 **Flörke.** De Cladoniis. Rostoch. 1828. 8. 186 p. — 4.—
Jetzt vergriffen.
15480 **Flotow.** Lecidea scabrosa. (Ac. Leop.) 1879. 4. 24 p. — 1.—
15481 **Forssell.** Stud. öfv. Cephalodierna. (Stockh., Ak.) 1883. 8. 112 p. m. 2 color. Tfln. — 2.—
15482 — Z. Kenntn. d. Anat. u. System. d. Gloeolichenen. (Stockh., Ak.) 1885. 4. 118 p. — 2.—
15483 — Analyt. öfversigt af Skandinav. Lafslägten. (Stockh., Bot. Not.) 1885. 8. 32 p. — 1.—
15484 **Friedrich, A.** Z. Anat. d. Silikatflechten. Stuttg. 1904. 8. 32 p. — 1.50
15485 **Friedrich, C.** Die Flechten d. Grossherzogt. Hessen. Riga 1878. 8. 56 p. — 1.50
15486 **Fries, E.** Novae Schedulae crit. de Lichenibus Suecanis. Lund. 1826. 4. 34 p. — 1.50
15487 — Lichenographia Europ. reform. Lund. 1831. 8. 506 p. Cart. — 5.—
15488 **Fries, T. M.** Om Ukräns Laf-veget. (Stockh., Ak.) 1855. 8. 8 p. m. Tfl. — 1.—
15489 — De Stereocaulis et Pilophoris. Upsal. 1857. 8. 42 p. — 1.—
15490 — Genera Heterolichenum Europaea. Upsal. 1861. 8. 116 p. Cart. — 1.50
15491 — Bidr. t. Skandinaviens Laf-flora. (Stockh., Ak.) 1864. 8. 10 p. — 1.—
15492 — Lichenes Spitsbergenses. (Holm., Ac.) 1867. 4. 53 p. — 1.50
15493 — Lichenographia Scandinavica. 2 partes. Upsaliae 1871—74. 8. 639 p. (M. 15.) — 11.—
15494 — — Pars II. 1874. 319 p. — 3.—
15495 — Polyblastiae Scandinavicae. (Ups., Soc. Sc.) 1877. 4. 28 p. — 1.—
15496 — On the Lichens coll. by the English Polar Exped. (Lond., Linn. Soc.) 1879. 8. 26 p. — 1.—
15497 **Frost.** Determinat. of some Minnesota Lichens. (Minneap., Bot. Stud.) 1894. 8. 5 p. — 1.—
15498 **Fuisting.** De apothecii Lich. evolvendi rationibus. Berol. 1865. 8. 60 p. — 1.—

15499 **Fünfstück.** Beitr. z. Entwicklgsgesch. d. Lichenen. Berl. 1884. 8. *M* 20 p. m. 3 Tfln. 2.—
15500 — Thallusbildung v. Peltidea aphthosa. (Berl., Bot. Ges.) 1884. 8. 6 p. m. color. Tfl. 1.—
15501 **Gallöe.** Lichens fr. N.-E.-Greenland. (Kjöb., Medd. Grönl.) 1910. 8. 11 p. 1.—
15502 **Garovaglio.** S. piu recenti Sistemi lichenolog. Pavia 1865. 8. 34 p. 1.—
15503 — Tentamen disposit. methodicae Lichenum Longobard. Mediol. 1865. 4. 10 p. 1.—
15504 — Octona Lichenum genera. Mediol. 1868. 4. 17 p. et 2 tab. 2.—
15505 **Garovaglio et Gibelli.** Manzonia Cantiana, nov. Lichenum genus. Mediol. 1866. 4. 8 p. et tab. 1.50
15506 — Thelopsis, Belonia, Weitenwebera et Limboria. 4 Lichenum genera. Mediol. 1867. 4. 11 p. et 2 tab. 2.—
15507 **Glowacki.** Die Flechten d. Tommasini'schen Herbars. (Wien, Z. b. G.) 1874. 8. 14 p. 1.—
15508 **Glowacki u. Arnold.** Flechten aus Krain u. Küstenland. (Wien, Z. b. G.) 1870. 8. 36 p. m. Tfl. 1.—
15509 **Glück.** Entwurf zu e. vergl. Morphol. d. Flechten-Spermogonien. Heidelb. 1899. 8. 216 p. m. 2 Tfln. (M. 4.) 3.—
Das vollständige Werk, nicht die folgende unter genau demselben Titel erschienene Habilitations-Schrift.
15510 — — Heidelb. 1899. 8. 142 p. m. 2 Tfln. 1.50
15511 **Goebel u. Kunze.** Pharmaceut.-medicin. Waarenkunde (Rinden u. ihre Flechten-Parasiten). N u r d e r A t l a s v. 71 color. Tfln. 1827—34. 4. Hfzb. 7.—
15512 **Hagen.** Tentamen historiae Lichenum et praes. Prussicor. Regiom. 1782. 8. 142 p. et 2 tab. color. Hpgtbd. 2.50
15513 **Harmand.** Catal. descr. des Lichens obs. dans la Lorraine. Nancy 1895 à 1900. 8. 513 p. av. 30 pl. 40.—
Maintenant entièrement épuisé.
15514 — Lichens rec. s. le Mont-Blanc. (Paris, Soc. Bot.) 1901. 8. 27 p. 1.50
15515 — Guide élém. du Lichénologue. Epinal 1904. 8. 108 p. av. pl. et 2 cartons av. 120 échantillons. 9.—
15516 — Lichens de France. Catal. systém. et descr. (En 10 fascic.) Fasc. 1 à 5. Paris 1905 à 13. 8. 1185 p. av. 21 pl. — Tout ce qui a paru. 39.—
Harris. Lichens of Montana — see nr. 12961.
15517 **Hasse.** The Lichen Flora of South. California. (Wash., Nat. Herb.) 1913. 8. 144 p. 3.—
15518 **Haszlinszky.** Beitr. z. Kenntn. d. Karpathen-Flora. VIII: Flechten. (Wien, Z. b. G.) 1859. 8. 20 p. 1.—
15519 **Havaas.** Nye findesteder f. nogle sjeldnere Lichener. (Berg., Mus.) 1900. 8. 17 p. 1.—
15520 — Z. Kenntn. d. westnorwegisch. Flechtenflora. I. (Berg., Mus.) 1909. 8. 36 p. 1.50
15521 **Hedlund.** Balbildning genom Pycnoconidier h. Catillaria denigrata och prasina. (Stockh., Bot. Not.) 1891. 8. 28 p. 1.—
15522 — Ueb. ein. Arten d. Gattgn. Lecanora, Lecidea u. Micarea. (Stockh., Ak.) 1892. 8. 104 p. m. Tfl. 1.—
15523 **Hellbom.** Lichenolog. anteckningar fr. en resa i Lule Lappmark. (Stockh., Ak.) 1865. 8. 28 p. 1.—
15524 — L e i g h t o n. Hellbom's Lichens of Lule Lapmark. 2 parts. (Lond., Grev.) 1872. 8. 9 p. 1.—
15525 — Lichenol. undersökn. i Nerike. (Stockh., Ak.) 1866. 8. 11 p. 1.—
15526 — Rariorum Lichenum spec. Nericiae. (Holm., Ac.) 1867. 8. 12 p. 1.—
15527 — Om Nerikes Lafvegetation. (Stockh., Ak.) 1871. 4. 91 p. Cart. 2.—
15528 — Nerikes Lafflora. Örebro 1871. 8. 178 p. 2.—
15529 — Bidr. t. Lule Lappmarks Lafflora. (Stockh., Ak.) 1875. 8. 34 p. 1.—
15530 — Norrlands Lafvar. (Stockh., Ak.) 1884. 4. 131 p. 2.50
15531 — Bornholms Lafflora. (Stockh., Ak.) 1890. 8. 119 p. 2.50

                                                       M

15532 **Henneguy.** Les Lichens utiles. Paris 1883. 8. 122 p. Cart.   1.50

15533 **Hepp.** Lichenen-Flora v. Würzburg. Mainz 1824. 8. 106 p. m. Tfl.   1.50

15534 — Synonymen-Register zu Hepp's Flechten Europas. (Zürich 1853—1863.) 4. 17 p.   1.50

15535 — Spec. Lichenum Javanensium novae. (Batavia, N. Tijd.) 1854. 8. 4 p.   4.—

15536 **Hibsch.** Die Strauchflechten Niederoesterreichs. (Wien, Z. b. G.) 1878. 8. 16 p.   1.—

15537 **Hicks.** Contrib. to the knowl. of the developm. of the Gonidia of Lichens. II. III. (Lond., Qu. J. Micr.) 1861. 8. 14 p. w. 2 colour. pl.   2.—

15538 **Holzinger.** Z. Lichenen-Flora Nied.-Oesterr. (Wien, Z. b. G.) 1863. 8. 6 p.   —.50

15539 **Horwood.** Hand-list of the Lichens of Great Britain. Lond. 1912. 8. 45 p.   1.50

15540 **Howe.** Monogr. of the Usnaceae of the United States and Canada. 2 parts. Concord 1914—15. 4. w. 16 pl.   10.—

15541 **Hue.** Addenda nova ad Lichenographiam Europ., expos. Nylander. 2 partes. Auch 1886—88. 8. 371 p.   23.—
                Vergriffen u. selten.

15542 — Les Pertusaria de la Flore française. (Paris, Soc. Bot.) 1890. 8. 27 p.   1.50

15543 — S. le Lecanora Subfusca. (Paris, Soc. Bot.) 1903. 8. 65 p.   2.50

15544 — Lichenes, morphologice et anatomice dispositi. Paris. 1912. 4. 386 p. et 64 fig.   42.—

15545 **Hulting.** Lichenol. excursioner i Vestra Bleking. Norrköp. 1872. 8. 26 p.   1.—

15546 **Jaap.** Beitr. z. Flechtenflora d. Umgeg. v. Hamburg. (Hamb., Ver. Nat.) 1903. 8. 37 p.   1.50

15547 — Verzeichn. d. Flechten v. Triglitz. (Berl., Bot. Ver.) 1903. 8. 19 p.   1.—

15548 **Jatta.** Lichenes Italiae meridion. I, III, IV. (Taurini et Fiorent.) 1874—1882. 8. et 4. 130 p. et 2 tab.   3.—

15549 — Lichenes novi herbar. Notarisian. (Fiorent., Soc. Bot.) 1881. 8. 6 p. et tab.   1.—

15550 — Licheni racc. n. Scioa. (Firenze, Soc. Bot.) 1882. 8. 7 p. c. tav.   1.—

15551 — 5 mem. lichenolog. (Firenze) 1889—92. 8. 20 p.   1.50

15552 — Materiali p. un censimento dei Licheni Italiani. (Firenze, Soc. Bot.) 1892—94. 8. 245 p.   6.—

15553 — S. Lepre Ital. (Genova, Malp.) 1894. 8. 13 p.   1.—

15554 — S. spore d. Licheni. (Firenze, Soc. Bot.) 1899. 8. 23 p.   1.50

15555 **Johow.** Ueb. Westind. Hymenolichenen. (Berl., Ak.) 1884. 8. 16 p.   1.—

15556 **Kajanus** (früher: N i l s o n). Flechtenstudien. (Stockh., Ark. Bot.) 1911. 8. 47 p. m. 2 Tfln.   2.50
             Siehe auch Nr. 15688 u. 15689.

15557 **Kernstock.** Die Flechten v. Bozen. Boz. 1883. 8. 35 p.   1.50

15558 — Fragmente z. Steirischen Flechtenflora. (Graz, Nat. V.) 1889. 8. 29 p.   1.—

15559 — Lichenolog. Beiträge. 7 Tle. (soviel erschien.) (Wien, Z. b. G.) 1890—96. 8. 169 p.   3.50

15560 — Lichenen v. Brixen. (Innsbr., Ferdin.) 1893. 8. 14 p.   1.—

15561 — Z. Lichenenflora Steiermarks. (Graz, Nat. Ver.) 1893. 8. 24 p.   1.—

15562 **Knight.** On some New Zealand Verrucariae. (Lond., Linn. Soc.) 1860. 4. 8 p. w. 2 pl.   1.50

15563 — Contrib. to the Lichenographia of New Zealand. (Lond., Linn. Soc.) 1878. 4. 9 p. w. 2 pl.   2.—

15564 — Contrib. to the Lichenographia of New South Wales. (Lond., Linn. Soc.) 1882. 4. 15 p. w. 3 pl. (5 s.)   1.50

15565 **Koch, J. L. A.** Die Blattflechten d. Zwiefalter Gegend. (Stuttg., Ver. Nat.) 1888. 8. 12 p.   1.—

15566 **Koerber.** Lichenographiae Germanicae spec., Parmeliacearum fam. contin. Vratisl. 1846. 4. 22 p.   1.—

15567 — Sertum Sudeticum cont. novas Lichenum species. (Vratisl., Schles. Ges.) 1853. 4. 8 p. et tab.   1.—

15568 — Systema Lichenum Germaniae. Die Flechten Deutschlands. Breslau 1855. 8. 492 p. m. 4 color. Tfln. (M. 16.) Hfzb.   7.—
            Vergriffen.

15569 **Koerber.** Reliqu. Hochstetterianae (Lichenol.). (Vratisl., Schles. G.) *M*
1862. 8. 6 p. 1.—
15570 — Parerga Lichenologica. Bresl. 1865. 8. 518 p. (M. 16.) 7.—
Supplement zum „Systema".

15571 — Lichenen aus Istrien, Dalmatien u. Albanien. 3 Abhandlgn. (Wien,
Z. b. G.) 1867—68. 8. 18 p. 1.—
15572 — Lichenen Spitzbergens u. Novaja-Semljas. (Wien, Ak.) 1875. 8. 8 p. 1.—
15573 **Krabbe.** Entwickl., Sprossung u. Theilung ein. Flechten-Apothecien.
Berl. 1882. 4. 34 p. m. 2 color. Tfln. 1.50
15574 — Entwicklgsgesch. u. Morphol. d. polymorphen Flechtengatt. Cladonia. Leipz. 1891. 4. 168 p. m. 12 Tfln. (M. 24.) 15.—
15575 **Krempelhuber.** Geschichte u. Literatur d. Lichenologie, v. d. ältesten
Zeiten bis 1870. 3 Bde. Münch. 1867—72. 8. m. 2 Portr. (M. 41.) 11.—
15576 — Lichen esculentus. (Wien, Z. b. G.) 1867. 8. 8 p. m. Tfl. 1.—
15577 — Exot. Flechten d. botan. Hofkabinet. (Wien, Z. b. G.) 1868. 8.
28 p. m. 2 Tfln. 1.—
15578 — Flechten aus Amboina. (Wien, Z. b. G.) 1871. 8. 12 p. m. 3 Tfln. 1.50
15579 — Flechtenarten v. Wawra auf 2 Reisen um d. Erde ges. (Wien,
Z. b. G.) 1876. 8. 14 p. 1.—
15580 — Neue Beitr. z. Flechten-Flora Neu-Seelands. (Wien, Z. b. G.)
1876. 8. 14 p. 1.—
15581 — Lichenes coll. in Republ. Argentina. (Córdoba, Ac.) 1879. 8. 29 p. 1.50
15582 — Neuer Beitr. z. Flechten-Flora Australiens. (Wien, Z. b. G.) 1880.
8. 14 p. 1.—
15583 **Kullhem.** Lichenes rariores circa Mustiala lecti. (Helsingf., Soc. F.
et Fl.) 1871. 8. 8 p. 1.—
15584 **Lahm.** Zusammenstell. der in Westfalen beob. Flechten. Münst. 1885.
8. 163 p. 1.50
15585 **Lamy de la Chapelle.** Catal. d. Lichens du Mont Dore et de la Haute-
Vienne. Avec supplém. Paris 1880 à 1882. 8. 236 p. 3.—
15586 — Expos. systém. d. Lichens de Cauterets, de Lourdes et de l. envir.
Paris 1884. 8. 153 p. 3.—
15587 **Leighton.** Monogr. of the Brit. Graphideae. 5 parts. (Lond., Ann. & M.)
1854. 8. 64 p. w. 4 pl. 5.—
15588 — Monogr. of the Brit. Umbilicariae. (Lond., Ann. & M.) 1856. 8.
25 p. w. pl. 2.50
15589 — New Brit. Lichens. (Lond., Ann. & M.) 1857. 8. 5 p. w. pl. 1.—
15590 — Lichenes Amazonici et Andini lecti a Spruce. (Lond., Linn. Soc.)
1866. 4. 28 p. et tab. color. 2.—
15591 — On Lichens coll. in Arct. America. (Lond., Linn. S.) 1867. 8. 17 p.
w. pl. 1.—
15592 — New spec. of Umbilicaria. (Lond., Linn. S.) 1869. 8. 3 p. w. pl. 1.—
15593 — On the Lichens of St. Helena. (Lond., Linn. S.) 1870. 4. 4 p. w.
colour. pl. 1.—
15594 — The Lichen-Flora of Great Britain, Ireland and the Channel Isl.
Shrewsbury 1871. 8. 474 p. Cloth. 4.—
Printed for the author.

15595 — — 2. ed. Shrewsbury 1872. 8. 549 p. Cloth. 5.—
15596 — — 3. (last) ed. Shrewsb. 1879. 8. 566 p. Cloth. (22 s.) 10.—
15597 — The Lichens of Bettws-y-Coed, Wales. (Lond., Grev.) 1872. 8.
4 p. w. colour. pl. 1.—
15598 — On Lecidea Dilleniana and Opegrapha grumulosa. (Lond., Grev.)
1874. 8. 3 p. w. colour. pl. 1.—
15599 — On Lecidea trochodes. (Lond., Grev.) 1875. 8. 2 p. w. colour. pl. 1.—
15600 — New Brit. Lichens. (Lond., Linn. S.) 1876. 4. 4 p. w. colour. pl. 1.—
15601 — On the Lichens of Fishguard. (Lond., Grev.) 1876. 8. 6 p. 1.—
15602 — New Irish Lichens. (Lond., Linn. S.) 1877. 4. 3 p. w. colour. pl. 1.—

15603 **Le Jolis.** Lichens des envir. de Cherbourg. (Cherb., Soc. Nat.) 1859. 8. 108 p.   *ℳ* 4.—

15604 **Lichenes.** — Samml. v. 16 Abhandlgn. v. Arnold, Elenkin, Malme, Payot, Rieber u. a. 1864—1905. 8. 75 p. m. 2 Tfln.   5.—

15605 **Lindau.** Anlage u. Entwickl. ein. Flechtenapothecien. Regensb. 1888. 8. 46 p. m. color. Tfl.   1.50

15606 — Nylanderi Synopsis Lichenum Index. Berol. 1907. 8. 39 p.   3.—

15607 — Kryptogamenflora f. Anfänger. III: Die Flechten. Berl. 1913. 8. 257 p. m. 306 Fig. (M. 8.)

15608 **Lindemann.** Anat., Entwickelgesch. u. Klassif. d. Flechten. (Mosk, Bull.) 1864. 8. 57 p. m. 2 color. Tfln.   3.50

15609 **Lindsay.** Monogr. of the g. Abrothallus. (Lond., Qu. J. Micr.) 1857. 8. 37 p. w. 2 colour. pl.   4.—

15610 — On the struct. of Lecidea lugubr. (Lond., Qu. J. Micr.) 1857. 8. 9 p. w. colour. pl.   2.—

15611 — On Arthonia melaspermella. (Lond., Linn. S.) 1866. 8. 19 p. w. pl.   1.50

15612 — Contrib. to the Lichen-Flora of North. Europe. (Lond., Linn. Soc.) 1867. 8. 52 p.   2.—

15613 — Polymorphism in the fructif. of Lichens. (Lond., Qu. J. Micr.) 1868. 8. 13 p.   1.50

15614 — Chemical reaction as a specific character in Lichens. (Lond., Linn. Soc.) 1869. 8. 28 p.   1.50

15615 — Enumer. of Micro-Lichens parasitic on other Lichens. II. (Lond., Qu. J. Micr.) 1869. 8. 12 p.   1.—

15616 — The Lichen-Flora of Greenland. (Edinb., Bot. Soc.) 1870. 8. 28 p.   2.—

15617 **Lochenies.** Matér. p. la Flore cryptogam (Lichens). (Brux., Soc. Bot.) 1895. 8. 22 p.   1.—

15618 — Lichens rec. dans l. Ardennes Belges. (Brux., S. Bot.) 1896. 8. 23 p.   1.—

15619 — Lichens rec. à Malmedy. (Brux., S. Bot.) 1897. 8. 15 p.   1.—

15620 **Lohde.** Z. Kenntn. d. Gatt. Gloeocystis. (Leipz.) 1873. 8. 8 p. m. Tfl.   1.—

15621 **Lojka.** Z. Lichenenflora Nied.-Oesterreichs. (Wien, Z. b. G.) 1868. 8. 4 p.   —.50

15622 — Lichenol. Reise in d. nördl. Ungarn. (Wien, Z. b. G.) 1869. 8. 20 p.   1.—

15623 — Lichenes Hungar. Budap. 1874. 8. 26 p. — Hungar. conscr.   1.—

15624 **Luyken.** Tentamen hist. Lichenum. Gottingae 1809. 8. 102 p. Cart.   3.—

15625 **Lynge.** De Norske Busk- og Bladlaver (Lichenes Thamno- et Phyllo-blasti). (Bergen, Mus.) 1910. 8. 124 p. m. 7 Tfln.   6.—

15626 — Die Flechten d. erst. Regnell'schen Expedit. Die Gattgn. Pseudo-parmelia u. Parmelia. (Stockh., Ark. Bot.) 1914. 8. 172 p. m. 5 Tfln.   6.—

15627 **Macmillan.** The Lichens of Invernaray. (Perth, Crypt. S.) 1889. 8. 9 p.   1.—

15628 — On the rare Lichens of Ben Lawers. 2 parts. (Edinb.) 8. 24 p.   1.50

15629 **Maheu.** Les Lichens d. hauts sommets de la Tarantaise. (Paris, Soc. Bot.) 1907. 8. 8 p.   1.—

15630 **Malbranche.** Catal. descr. d. Lichens de la Normandie. Av. supplém. Rouen 1870 à 1881. 8. 347 p.   4.—

15631 **Malme.** De Syd-Svenska formerna af Rinodina sophodes och exigua. (Stockh., Ak.) 1895. 8. 42 p. m. 2 Tfln.   1.50

15632 — Die Flechten d. 1. Regnell'schen Expedition. 2 Tle. (Stockh., Ak.) 1897—1902. 8. 105 p.   5.—

15633 — — I: Die Gattg. Pyxine. 1897. 8. 52 p.   1.50

15634 — Z. Stictaceen-Flora Feuerlands u. Patagoniens. (Stockh., Ak.) 1899. 8. 40 p. m. 2 Tfln.   2.—

Marchand. Synopsis d. Mycophytes — voyez nr. 14555.

15635 **Massalongo.** Sui generi Dirina e Dirinopsis. (Vienna, Z. b. G.) 1852. 8. 16 p. c. 4 tav.   2.50

15636 — Catagraphia nonnullar. Graphidearum Brasiliens. (Vindob., Z. b. G.) 1860. 8. 12 p. et 4 tab color.   2.50

15637 — Esame compar. di alc. gen. di Licheni. (Venez., Ist.) 1860. 8. 56 p.   1.50

15638 **Massalongo.** S. 3 Licheni d. Nuova Zelanda. (Moscova, Bull.) 1863. *M*
8. 15 p. c. 3 tav. color. 2.—
15639 **Mentz.** Studier ov. Likenvegetationen paa Heder. (Kjöbenh., Bot.
Tidsk.) 1900. 8. 32 p. 1.50
15640 **Mereschkowsky.** Contrib. à la connaiss. d. Lichens du gouv. de Wladimir. (Kasan) 1911. 8. 24 p. 1.—
15641 — Excurs. lichénol. dans l. steppes Kirgises. (Kasan) 1911. 8.'41 p.
av. 2 pl. 2.—
15642 **Metzler.** D. Flechten d. Radstätter Tauern. (Wien, Z. b. G.) 1863. 8. 6 p. —.50
15643 **Meyen et Flotow.** Lichenes in exped. circum terram reperti. (Ac.
Leop.) 1843. 4. 24 p. et 2 tab. color. 2.50
15644 **Meyer, G. F. W.** Entwickel., Metamorph. u. Fortpflanz. d. Flechten.
Götting. 1825. 8. 372 p. m. color. Tfl. (M. 8.) 3.—
15645 **Micheletti.** Index Schedularum critic. in "Lichenes exsicc. Italiae".
(Florent., Giorn. Bot.) 1889. 8. 13 p. 1.—
15646 **Minks.** Thamnolia vermicularis. Eine Monographie. (Marb., Flora)
1874. 8. 20 p. m. Tfl. 1.—
15647 — Z. Kenntn. d. Baues u. Lebens d. Flechten. 2 Tle. (Wien, Z. b. G.)
1876—93. 8. 258 p. m. 2 color. Tfln. (M. 8.) 3.—
15648 — — I: Gonangium u. Gonocystium, zwei Organe zur Erzeugung der
anfänglichen Gonidien d. Flechtenthallus. 1876. 126 p. m. 2 color. Tfln. 2.—
15649 — — II: Die Syntrophie, eine neue Lebensgemeinschaft, in ihren
merkwürdigsten Erscheinungen. 1893. 132 p. 1.—
15650 — Morpholog.-lichenograph. Studien. 5 Tle. (Marb., Fl.) 1880. 8. 54 p. 2.—
15651 — Symbolae Licheno-mycologicae. Z. Kenntn. d. Grenzen zwisch.
Flechten u. Pilzen. 2 Bde. Cassel 1881—82. 8. 449 p. (M. 16.) 6.—
15652 — Was ist Myriangium? (Berl., Bot. Ges.) 1890. 8. 8 p. 1.—
15653 — Was ist Atichia? E. morphol.-lichenogr. Studie. (Cassel, Bot.
Centr.) 1891. 8. 9 p. 1.—
15654 — Generis Cyrtidulae species nondum descriptae. (Tolosae, Rev.
Myc.) 1891. 8. 11 p. 1.—
15655 — Die Protrophie., Berl. 1896. 8. 254 p. (M. 10.) 7.—
15656 — — Ueb. d. Protrophie. (Cassel, Bot. C.) 1896. 8. 7 p. — Recension. 1.—
15657 — Die Mikrogonidien u. die ·v. Darbishire in Hyphenzellen gef. grünen
Körperchen. (Dresd., Hedwig.) 1897. 8. 13 p. 1.—
15658 — Beiträge z. Erweiter. d. Gatt. Omphalodium. (Genf, Herb. Boiss.)
1900. 8. 16 p. 1.—
15659 — Analysis d. Gatt. Umbilicaria. (Genf, Herb. Boiss.) 1900. 8. 78 p.
m. Tfl. 2.—
15660 — Z. Erkenntn. d. Wesens v. Lichen lanatus. (Karlsr., Bot. Z.) 1901.
8. 7 p. 1.—
15661 **Minks u. Zahlbruckner.** Bericht d. Commiss. f. d. Flora v. Deutschl.:
Flechten. Jahrg. 1889—1901. 6 Tle. (Berl., Bot. Ges.) 1890—1903. 8. 50 p. 2.50
15662 — — Jahrg. 1891 u. 1892. (Berl.) 1892—93. 8. 14 p. 1.—
15663 **Montagne.** Rech. s. la struct. du nucléus du g. Sphaerophoron. (Paris,
Ann. Sc.) 1841. 8. 10 p. av. pl. color. 1.50
15664 — Morphol. Grundriss d. Flechten. Halle 1851. 8. 32 p. 1.—
15665 **Mudd.** Manual of British Lichens. Darlingt. 1861. 8. 340 p. w. 5 colour.
pl. (spores of 130 species). Cloth. 40.—
Printed for the author only, has never been in the trade.
15666 **Müller, J.** Lichenes Finschiani et Fischeriani (e Tundris Sibir. et
Mosqu.). 2 partes. (Mosquae, Bull.) 1878. 8. 11 p. 1.—
15667 — S. la nature d. Lichens. (Genève, Arch. Phys.) 1879. 8. 7 p. 1.—
15668 — 8 mémoir. lichénol. 1881 à 96. 8. 30 p. 2.—
15669 — Lichenes Palaestin. et Aegypt. (Tolosae, Rev. Myc.)' 1884. 8. 9 p. 1.—
15670 — Lichenol. Beiträge. XXI. (Schluss.) (Regensb., Flora) 1885. 8. 14 p. 1.—
15671 — Graphideae Feeanae. (Genev., Soc. Phys.) 1887. 4. 80 p. 3.—
15672 — Pyrenocarpeae Feeanae. (Genev., Soc. Phys.) 1888. 4. 45 p. 1.50

M

15673 **Müller, J.** Lichenes Paraguayenses. (Tolos., Rev. Mycol.) 1888. 8. 32 p. 1.50
15674 — Lichenes Spegazziniani in Staten Island, Fuegia et in reg. Freti
Magell. lecti. (Florent., Giorn. Bot.) 1889. 8. 20 p. 1.50
15675 — Lichenes Sebastianopolitani lecti a Glaziou. (Florent., G. Bot.)
1889. 8. 12 p. 1.—
15676 — Lichenes Florae Costaricensis. I. (Gand, Soc. Bot.) 1891. 8. 51 p.
D.-rel. veau. 3.—
15677 — Lichenes Brisbanenses. (Florent., Giorn. Bot.) 1891. 8. 20 p. 1.50
15678 — Lichenes Miyoshiani in Japonia lecti. (Florent., Giorn. Bot.) 1891.
8. 12 p. 1.—
15679 — Lichenes Manipurenses. (Lond., Linn. S.) 1892. 8. 15 p. 1.—
15680 — Lichenes Epiphylli Spruceani in regione Rio Negro lecti. (Lond.,
Linn. Soc.) 1892. 8. 11 p. 1.—
15681 — Lichenes Zambesici. (Vindob., Z. b. G.) 1893. 8. 6 p. 1.—
15682 — Lichenes Colensoani in Nova Zelandia coll. (Lond., Linn. S.)
1896. 8. 12 p. 1.—
15683 — Thelotremeae et Graphideae novae. (Lond., Linn. S.) 1895. 8. 13 p. 1.—
15684 **Müller, O., u. Pabst.** Die Flechten Deutschlands. Gera 1874. fol. 32 p.
m. 12 Tfln. (520 Fig.) 6.—
　　　Vergriffen.

Mycologia. Bimonthly (devot. to Lichens) — see nr. 14663.
15685 **Navás.** Notas Liquenológicas. 2 parties. (Madrid, Soc. Nat.) 1900 à
1901. 8. 11 p. 1.—
15686 — Sinopsis de los Líquenes de las islas de Madera. (Braga, Boter.)
1913. 8. 117 p. av. 3 pl. 4.—
15687 **Neubner.** Z. Kenntn. d. Calicieen. Regensb. 1883. 8. 22 p. m. 3 color. Tfln. 1.—
15688 **Nilson, B.** Z. Entwicklgeschichte., Morphol. u. System. d. Flechten.
(Stockh., Bot. Not.) 1903. 8. 33 p. 1.50
　　　Siehe auch Nr. 15556.
15689 — Die Flechtenvegetation v. Kullen. (Stockh., Ark. Bot.) 1904. 8. 30 p. 1.50
15690 **Norman.** De affinit. mutuae Heterolichenum. (Holm., Ac.) 1871. 8.
16 p. et tab. color. 1.—
15691 — Fuligines Lichenosae eller Moriolei. (Lund, Bot. Not.) 1872. 8. 18 p. 1.—
Norrlin. Ofvers. af Tornea Lichenes — siehe No. 13233.
15692 **de Notaris.** Nuovi caratteri di alc. genera d. Parmeliacee. (Torino,
Acc.) 1847. 4. 25 p. c. 3 tav. 4.—
15693 **Novae Species Lichenum.** — 10 Abhandl. v. Jatta, Norman, Zahlbruckner u. a. 1867—1900. 8. 47 p. 3.—
15694 **Nylander.** Essai d'une nouv. classif. d. Lichens. 2 parties. (Cherbourg,
Soc. Nat.) 1854. 8. 54 p. 5.—
15695 — Études s. l. Lichens de l'Algérie. (Cherb., Soc. Nat.) 1854. 8. 40 p. 3.50
15696 — Synopsis du g. Arthonia. (Cherb., Soc. Nat.) 1856. 8. 20 p. 2.—
15697 — Enumér. génér. des Lichens. 2 parties. (Cherb., Soc. Nat.) 1857.
8. 110 p. 10.—
15698 — Monogr. Calicieorum. (Helsingf.) 1857. 8. 36 p. 2.—
15699 — S. qu. Cryptog. Scandin. nouv. (Helsingf.) 1858. 8. 8 p. av. pl. color. 1.50
15700 — Synopsis methodica Lichenum. Vol. I, II. pars 1 (quot prodiit).
Paris. 1858—61. 8. 499 p. et 9 tab. color. 70.—
　　　L'édition originale très-rare. — On trouve souvent le livre avec seulement
　　　8 planches (au lieu de 9).
15701 — — Le premier volume dans la réimpression par la méthode anastatique, la 2. partie dans l'édition originale. 35.—
15702 — — Vol. I. Paris 1858. 8. 144 p. et 4 tab. color. — Edition o r i g i n. 23.—
15703 — — Le vol. I. dans la r é i m p r e s s i o n par la méth. anastatique. 10.—
15704 — — L i n d a u. Nylanderi Synopsis Lichenum: Index. Berolini
1907. 8. 39 p. 3.—
　　　Indispensable au Lichénologue.
15705 — Novitiae Licheneae Norveg. (Holm., Ac.) 1860. 8. 4 p. 1.—

W. Junk, Berlin, W. 15.

15706 **Nylander.** Additam. ad Lichenograph. Andium Boliv. (Paris., Ann. Sc.) 1861. 8. 18 p.   *M* 2.—
15707 — Lichenes Novo-Granatenses. Additamentum. (Paris., Ann. Sc.) 1867. 8. 52 p.   3.50
15708 — Conspect. synopt. Sticteorum. (Caen, S. Linn.) 1868. 8. 10 p.   1.50
15709 — 30 lettres écrites de 1874 à 87 à Stizenberger et à autres lichénologues. Paris. 8. env. 70 p.   12.—
15710 — On Gonidia and their forms. (Lond., Grev.) 1877. 8. 7 p.   1.—
15711 — Addenda nova ad Lichenographiam Europ. 28, 45, 46, 47. (Ratisb., Flora) 1877—86. 8. 27 p.   5.—
15712 — New North Americ. Arthoniae. (N. York, Torr. Cl.) 1885. 8. 4 p.   1.—
15713 — La malice des Lichens. (Paris) 1888. 8. 4 p.   1.—
15714 — A r n o l d. W. Nylander. Münch. 1899. 4. 8 p. m. 2 Portraits (Nylander u. Massalongo).   1.50
15715 — C r o m b i e. Nylander on the Algo-Lichen Hypotheses. (Lond., Grev.) 1874. 8. 8 p.   1.—
15716 **Nylander and Crombie.** On a collect. of exot. Lichens made in East. Asia. (Lond., Linn. S.) 1883. 8. 21 p.   1.—
15717 **Ohlert.** Verzeichn. Preussischer Flechten. (Königsb., Phys. Ges.) 1863. 4. 29 p.   1.—
15718 — Zusammenstell. d. Lichenen d. Prov. Preussen. (Königsb., Phys. Ges.) 1870. 4. 51 p.   1.—
15719 — Lichenologische Aphorismen. II. (Danz., Nat. Ges.) 1871. 8. 37 p.   1.—
15720 **Olivier.** Flore analyt. et dichotom. d. Lichens de l'Orne et d. départ. circonvois. 2 parties av. supplém. Authueil et Toulouse 1884 à 92. 8. 348 p. av. 2 pl. color.   7.—
15721 — S. l. Cladonia de la flore française. Auch 1886. 8. 46 p.   2.—
15722 — Etude s. l. princ. Parmelia, Parmeliopsis, Physcia et Xantoria. Bazoches 1894. 8. 51 p.   2.50
15723 **Oesterreichische Flechten.** — 4 Abhandl. 1863—73. 8. 22 p.   1.50
15724 **Parrique.** Parmélies des Monts du Forez. (Bord., S. Linn.) 1906. 8. 16 p.   1.—
15725 **Paterno.** Ric. s. acido usnico e s. altre sostanze estratte dai Licheni. 2 mem. (Roma, Linc.) 1882. 4. 66 p.   3.—
15726 **Payot.** Guide du Lichénol. au Montblanc. Laus. 1860. 8. 32 p.   1.50
15727 **Peirce.** Nature of the assoc. of Alga and Fungus in Lichens. (Palo Alto, Ac.) 1899. 8. 38 p. w. colour. pl.   1.50
15728 **Perktold.** Umbilikarien v. Tirol. (Innsbr., Mus.) 1842. 8. 16 p.   1.50
15729 **Phillips.** Thelocarpon intermediellum. (Lond., Grev.) 1874. 8. 2 p. w. colour. pl.   1.—
15730 — British Lichens: Hints how to study them. (Birmingh., Midl. Nat.) 1880. 8. 17 p. w. pl.   1.—
15731 **Poetsch.** 5 Abhandl. z. Lichenolog. Ober- u. Nieder-Oesterr. (Wien, Z. b. G.) 1857—63. 8. 40 p.   1.50
Siehe auch Nr. 13265.
15732 **Poulsen.** Ny Hymenolichen fra Java. (Kjöbenh., Nat. För.) 1899. 8. 10 p.   1.—
15733 **Rabenhorst.** Die Lichenen Deutschlands u. d. Schweiz. Leipz. 1845. 8. 142 p. (M. 7.50.)   2.—
15734 — Die Flechten v. Sachsen, Ober-Laus., Thüringen u. Nordböhmen. 2 Tle. Leipz. 1870. 8. 417 p. m. viel. Fig. (M. 7.60.) Hfzb.   5.—
15735 **Redslob.** Die Moose u. Flechten Deutschlands. Leipz. (1863). 4. 98 p. m. 32 color. Tfln. (M. 12.)   6.—
15736 **Reess.** Ueb. d. Natur d. Flechten. Berl. 1879. 8. 47 p.   1.—
15737 **Rehm.** Beitr. z. Flechten-Flora d. Allgäu. 3 Tle. (Augsb., Nat. Ver.) 1863—67. 8. 58 p.   2.—
15738 — Die Flechten d. mittelfränk. Keupergebietes. (Regensb., Bot. Ges.) 1905. 8. 60 p. m. Portr. u. Karte.   2.50
15739 **Reichardt.** Ueb. d. Manna-Flechte. (Wien, Z. b. G.) 1864. 8. 8 p.   1.—

15740 **Rieber.** Z. Kenntn. d. Lichenenflora Württembergs: 2 Tle. (Stuttg., Ver. Nat.) 1891—1901. 8. 41 p. — *M* 1.50

15741 **Rosendahl.** Vergleich. anat. Untersuchungen üb. d. braunen Parmelien. Münch. 1907. 8. 35 p. — 1.—

15742 **Saccardo, F.** Saggio di una Flora analit. dei Licheni del Veneto. (Padova, Soc. Venet.) 1895. 8. 156 p. c. 13 tav. — 6.—

15743 **Saccardo e Fiori.** Contrib. alla Lichenologia d. Modenese e Reggiano. (Modena) 1894. 8. 28 p. — 1.50

15744 **Salomon, H.** Ueb. d. Vorkommen u. d. Aufnahme ein. wichtig. Nährsalze bei d. Flechten. Jena 1914. 8. 46 p. — 1.50

15745 **Sandstede.** Beitr. zu ein. Lichenenflora d. Nordwestdeutsch. Tieflandes. Nachtrag I u. II. (Brem., Nat. Ver.) 1892—95. 8. 44 p. — 1.50

15746 — — Nachtr. IV. (Brem., Nat. Ver.) 1903. 8. 30 p. — 1.—

15747 — Die Lichenen d. Ostfries. Inseln. 2 Tle. (Brem., Nat. Ver.) 1892—1900. 8. 57 p. — 2.—

15748 — Die Flechten Helgolands. (Kiel, Meer-Unt.) 1894. 4. 11 p. — 2.—

15749 — Z. Lichenenflora d. Nordfries. Inseln. 2 Tle. (Brem., Nat. Ver.) 1894—1902. 8. 59 p. — 2.—

15750 — Die Cladonien d. Nordwestdeutsch. Tieflandes. (Brem., Nat. Ver.) 1906. 8. 73 p. m. 4 Tfln. — 6.—
  Vergriffen.

15751 — Die Flechten d. Nordwestdeutsch. Tieflandes u. d. Deutsch. Nordseeinseln. (Brem., Nat. Ver.) 1912. 8. 235 p. — 6.—

15752 **Sauter.** Die Flechten d. Herzogt. Salzburg. Salzb. 1872. 8. 116 p. — 3.—

15753 — Die Flechten d. Herzogt. Salzburg. (Wien, Z. b. G.) 1873. 8. 6 p. — 1.—

15754 **Sawitsch.** Ueb. d. Flechtenvegetat. d. südwestl. Theiles d. Gouv. Petersburg. (Petersb., Soc. Nat.) 1909. 8. 62 p. — 2.50

15755 **Schade.** Pflanzenoekolog. Studien an d. Felswänden d. Sächs. Schweiz. Jena 1912. 8. 92 p m. Tfl. — 2.—

15756 **Schneider, A.** Guide to the study of Lichens. 2. ed. Boston 1904. 8. 246 p. w. 21 pl. Cloth. — 20.—
  Out of print.

15757 **Schulte.** Z. Anat. der Gatt. Usnea. Leipz. 1904. 8. 24 p. m. 3 Tfln. — 1.50

15758 **Schwendener.** Die Algentypen d. Flechtengonidien. Basel 1869. 4. 42 p. m. 3 color. Tfln. — 4.—
  Vergriffen.

15759 **Shirley.** The Lichen Flora of Queensland. (Brisb.) 1888. 8. 31 p. w. pl. — 2.—

15760 — The Lichen Flora of Queensland. 3 parts. Brisbane 1895. 8. 203 p. w. 2 pl. Half bd. calf. — 18.—

15761 **Smith, A. L.** Lichenes of Clare Island. (Dubl., Ac.) 1911. 8. 14 p. — 1.50

15762 — New Lichens. (Lond., J. Bot.) 1911. 8. 2 p. w. pl. — 1.—
  — Monogr. of the Brit. Lichens — see nr. 15435.

15763 **Smith, J. E.** Descript. of 10 Lichens coll. in the South of Europe. (Lond., Linn. Soc.) 1791. 4. 5 p. w. colour. pl. — 2.—

15764 — On Wulfen's descr. of Lichens. (Lond., Linn. S.) 1794. 4. 5 p. — 1.—

15765 **Spitzner.** Z. Flechtenflora Mährens u. Oesterr.-Schlesiens. (Brünn, Nat. Ver.) 1890. 8. 8 p. — 1.—

15766 **Stahl.** Ueb. d. geschlechtl. Fortpflanzung d. Collemaceen. Würzb. 1877. 8. 55 p. m. 4 color. Tfln. — 2.—

15767 **Stahlecker.** Thallusbild. u. Thallusbau in ihr. Bezieh. z. Substrat bei siliciseden Krustenflechten. Stuttg. 1905. 8. 51 p. m. Tfl. — 1.50

15768 **Stamatin.** Contr. à la flore lichénolog. de la Roumanie. 2 parties. (Jassy) 1904 à 07. 8. 23 p. — 1.50

15769 **Stein.** Proskau's Flechten. (Berl., Bot. Ver.) 1872. 8. 7 p. — 1.—

15770 — Flechten v. Schlesien. Bresl. (Kryptogfl. Schles.) 1879. 8. 400 p. — 10.—
  Vergriffen.

15771 — Lichenes Maderenses et Mindanaoenses. (Vratisl., Schles. Ges.) 1882. 8. 9 p. — 1.—

15772 — Ueb. Afrikan. Flechten. (Bresl., Schles. Ges.) 1888. 8. 18 p. — 1.—

15773 **Stein.** Ueb. die auf H. Meyer's 3 Ostafrikaexped. ges. Flechten. (Bresl., Schles. Ges.) 1890. 8. 11 p. — 1.—

15774 **Steiner.** Verrucaria calciseda. Petractis exanthematica. Z. Kenntn. d. Krustenflechten. Klagenf. 1881. 8. 50 p. m. 2 Tfln. — 1.50

15775 — Beitr. z. Lichenenflora Griechenlands u. Egyptens. (Wien, Ak.) 1893. 8. 25 p. m. 4 Tfln. — 2.—

15776 — Beitr. z. Flechtenflora d. Sahara. (Wien, Ak.) 1895. 8. 11 p. — 1.—

15777 — Beitr. z. Flechtenflora Südpersiens. (Wien, Ak.) 1896. 8. 11 p. — 1.—

15778 — Flechten aus Brit.-Ostafrika. (Wien, Ak.) 1897. 8. 28 p. — 1.—

15779 — Prodromus ein. Flechtenflora d. Griechisch. Festlandes. (Wien, Ak.) 1898. 8. 87 p. — 2.50

15780 — Function u. system. Wert d. Pycnoconidien d. Flechten. Wien 1901. 8. 38 p. — 1.50

15781 — Beitrag II z. Flechtenflora Algiers. (Wien, Z. b. G.) 1902. 8. 18 p. — 1.—
   Beitr. I ist Nr. 15776.

15782 — Flechten v. Kamerun. (Wien, Z. b. G.) 1903. 8. 10 p. — 1.—

15783 — Lichenes Austro-Africani. (Genev., Boiss.) 1907. 8. 10 p. — 1.—

15784 — Ueb. Buellia saxorum u. verw. Flechtenarten. (Wien, Z. b. G.) 1907. 8. 32 p. — 1.50

15785 — Flechten aus d. Ital.-Französ. Grenzgebiete u. aus Mittelitalien. (Wien, Z. b. G.) 1911. 8. 36 p. — 1.50

15786 **Stenhouse.** Examin. of the proximate principles of some Lichens. 2 parts. (Lond., Phil. Trans.) 1848—49. 4. 36 p. — 2.—

15787 **Stirton.** Additions to the Lichen-Flora of New Zealand. (Lond., Linn. Soc.) 1875. 8. 16 p. — 1.—

15788 **Stizenberger.** Beitr. z. Flechtensystematik. (St. Gallen, Nat. Ges.) 1862. 8. 59 p. Cart. — 4.—
   Durchschossen u. m. vielen handschriftl. Nachträgen d. Autors.

15789 — Krit. Bemerkgn. üb. die Lecideaceen. (Dresd., Ac. Leop.) 1863. 4. 76 p. m. 2 Tfln. Cart. — 2.—

15790 — Ueb. d. steinbewohn. Opegrapha-Arten. (Dresd., Ac. Leop.) 1865. 4. 36 p. m. 2 Tfln. — 1.50

15791 — Index Lichenum hyperboreorum. Sangall., Nat. Ges.) 1876. 8. 58 p. — 2.—

15792 — Lichenes Helvetici. Cum appendice. (Sangall., Nat. Ges.) 1882—83. 8. 400 p. — 5.—

15793 — Lichenaea Africana. 2 partes et 2 supplem. (Sangall., Nat. Ges.) 1890—1895. 8. 341 p. — 7.—

15794 — Bemerk. zu d. Ramalina-Arten Europas. (Chur, Nat. Ges.) 1891. 8. 53 p. — 1.50

15795 — Die Alectorienarten u. ihre geogr. Verbreitung. (Wien, Hofmus.) 1892. 8. 18 p. — 1.—

15796 — List of Lichens coll. in the West. parts of N. America. (San Franc., Ac.) 1895. 8. 4 p. — 1.—

15797 **Strasser.** Z. Flechtenflora Niederösterr. Tl. I. (alles was erschien.). (Wien, Z. b. G.) 1889. 8. 46 p. — 1.—

15798 **Strobl.** Flora v. Admont: Lichenes. 8. 19 p. — 1.—

15799 **Swartz.** Lichenes Americani. Fasc. I (unicus). Norimb. 1811. 8. 32 p. et 18 tab. (nigrae). — 4.—

15800 **Sydow.** Die Flechten Deutschlands. Berl. 1887. 8. 403 p. (M. 7.) — 4.—

15801 **Tamburini.** Contrib. alla Lichenografia Romana. (Roma) 1884. 4. 34 p. — 1.50

15802 **Thedenius.** Bidr. t. känned. om Stockholmstrakt. Lichenes-Vegetation. (Stockh., Bot. Not.) 1852. 8. 20 p. m. Tfl. — 1.50

15803 **Theobald.** Die Flechten d. Wetterau. Hanau 1858. 8. 78 p. — 1.50

15804 **Theorin.** Anteckn. om Ombergs Lafvar. (Göteb.) 1874. 4. 12 p. — 1.—

15805 — Ombergs Lafvegetation. (Stockh., Ak.) 1875. 8. 19 p. — 1.—

15806 **Tonglet.** Lichens de Dinant. (Brux., S. Bot.) 1898. 8. 28 p. — 1.—

15807 **Tuckerman.** Enumer. of some Lichenes of New England. (Boston, Journ. Nat. Hist.) 1839. 8. 18 p. — 10.—

15808 **Tuckerman.** Lichenes Americae Septentrionalis exsiccati. 6 fascic.   _M_
Cantabr. et Boston 1847—55. 4. 151 d r i e d s p e c i e s. Cloth.   400.—
   R a r i s s i m u m. — Every volume bears a title page and a list of contents,
every species-has its printed name with habitat and quotation of page of the
author's 'Synopsis'. Our copy (dedicated to W. B o r r e r 'with the respects of
the author') has several manuscr. corrections of the names by T u c k e r m a n' s
own hand. — 20 species and varieties are new and are, what is highly important, the type specimens of the 'Synopsis'. Needless to dwell upon the extraordinary importance of this collection for Lichenologists especially for those
residing in the nearctic region. There is no writer on Lichens higher esteemed
than Edward T. (For further particulars see: Rara Historico-Naturalia, ed. by
W. J u n k, p. 112).

15809 — Genera Lichenum. Arrangement of the N. American Lichens.
Amherst 1872. 8. 297 p. Half bd. calf.   30.—
15810 — Observat. Lichenologicae IV: North Americ. and o. Lichens.
(Philad., Ac.) 1877. 8. 20 p.   2.—
15811 — A Synopsis of the North American Lichens. 2 vols. Boston and
New Bedford 1882—88. 8.   100.—
   Contents: Part I: Parmeliacei, Cladoniei and Coenogoniei. Boston, E. S.
Cassino, Publisher, 1882. XX and 262 p. — Part II: Lecideacei and (in part)
Graphidacei. New Bedford, E. Anthony & Sons, Printers, 1888. 176 p.
15812 — — R e p r i n t. Price of subscription: 35.—
   I intend to publish a new edition, if a sufficient number of subscribers can
be secured. The get-up will not be inferior to the genuine edition. Price after
publication: M. 50. Please to address your order directly to me.
   All lichenological works by Tuckerman are of the utmost rarity. They have
been printed only in a very small edition and — being among the fundamental
books of modern systematic Lichenology — are much wanted.

15813 **Tulasne, L. R.** On the reproduct. organs of the Lichens and Fungi.
(Lond., Ann. & M.) 1851. 8. 8 p.   1.—
15814 **Turner.** Descr. of 4 new Brit. Lichens. (Lond., Linn. Soc.) 1801. 4.
12 p. w. colour. pl.   1.50
15815 — Descr. of 8 new Brit. Lichens. (Lond., Linn. S.) 1806. 4. 6 p. w.
2 colour. pl.   2.—
15816 (—) Specimen of a Lichenographia Britannica. Yarmouth 1839. 8.
242 p. Cloth.   12.—
   Printed for private circulation.
15817 **Ulander.** Ueb. d. Kohlenhydrate d. Flechten. Gött. 1905. 8. 60 p.   1.50
15818 **Uloth.** Z. Kenntn. ein. Lichenensporen. (Giessen, Ges. Nat.) 1865. 8.
9 p. m. color. Tfl.   1.—
15819 **Verheggen.** Mousses et Lichens de Neufchateau. (Brux., Soc. Bot.)
1871. 8. 19 p.   1.—
15820 **Wagner, H.** Führer ins Reich d. Flechten. 2. Aufl. Bielef. 1855. 8.
56 p. m. Tfl.   1.—
15821 **Wainio.** Lichenes vicin. Viburgi. (Helsingf., Soc. Fl.) 1878. 8. 38 p.   1.—
15822 — Adjumenta ad Lichenographiam Lapponiae Fennicae atque Fenniae borealis. 2 partes (Helsingf., Soc. Fl.) 1883. 8. 340 p.   6.—
15823 — Lichenes Turcomanicae. (Petrop.) 1888. 8. 14 p.   1.—
15824 — Lichenes Antillarum a W. R. Elliott coll. (Lond., J. Bot.) 1895—96.
8. 38 p.   2.—
15825 — React. Lichenum a J. Müllero descr. (Genev., Boiss.) 1900. 8. 17 p.   1.—
15826 — Lichenes in prov. Ferghana et in Tjanschan coll. (Haun., Bot. Tids.)
1904. 8. 10 p.   1.—
15827 — Lichen. Insular. Philippinar. 2 partes. (Manila) 1909—13. 4. 53 p.   3.—
15828 **Wallroth.** Naturgesch. d. Säulchen-Flechten. Naumb. 1829. 8. 204 p.   1.50
15829 **Ward, H. M.** Struct., developm. and life-hist. of a trop. Epiphyllous
Lichen (Strigula complan.). (Lond., Linn. Soc.) 1884. 4. 33 p. w. 4
colour. pl. (13 s.)   3.—
15830 **Warnstorf.** Verzeichn. der in d. Mark beob. Lichenen. (Berl., Bot.
Ver.) 1868. 8. 24 p.   1.—
15831 **Weddell.** Les Lichens du Massif granit. de Ligugé. (Paris, Soc. Bot.)
1873. 8. 15 p.   1.50

15832 **Weddell.** Nouv. revue d. Lichens du Jardin Public de Blossac à Poitiers. (Cherb., Soc. Nat.) 1873. 8. 23 p.   *M* 1.50:
15833 — Florule Lichénique d. laves d'Agde. (Paris, Soc. Bot.) 1874. 8. 22 p. 1.50
15834 — S. la théorie algolichén. (Paris, Ac.) 1874. 4. 4 p. 1.—
15835 — Excursion lichénol. dans l'île d'Yeu. (Cherb., Soc. Nat.) 1875. 8. 66 p. 2.—
15836 **Weigelt.** Patellarsäure, e. neue Flechtensäure. Leipz. 1869. 8. 24 p. 1.—
15837 **Willey.** Introduct. to the study of Lichens. New Bedford 1887. 8. 59 p. w. 10 pl. 20.—
   Out of print.
15838 — Synopsis of the g. Arthonia. New Bedford 1890. 8. 66 p. 12.—
   Out of print.
15839 **Wilson, F. R. M.** On Lichens coll. in Victoria, Australia. (Lond., Linn. S.) 1891. 8. 22 p. w. pl. 1.50
15840 **Wilson and Shirley.** Notes and addit. to the Lichen-Flora of N. S. Wales and Queensland. (Brisb., Roy. Soc.) 1889. 8. 10 p. 1.50
15841 **Winter, G.** Ueb. d. Gatt. Sphaeromphale u. Verwandte. (Leipz., Pringsh. J.) 1876. 8. 32 p. m. 3 Tfln. (1 color.) 3.—
15842 **Zahlbruckner.** Steirische Flechten. (Wien, Z. b. G.) 1886. 8. 14 p. 1.—
15843 — Beitr. z. Flechtenflora Niederoesterreichs. 6 Tle. (Wien) 1886—1902. 8. 80 p. 3.—
   Jeder Teil auch einzeln.
15844 — Prodrom. e. Flechtenflora Bosniens u. d. Herzegovina. (Wien, Hofmus.) 1890. 8. 29 p. 1.—
15845 — Materialien z. Flechtenflora Bosniens u. d. Herzegov. (Sarajewo) 1895. 4. 20 p. 1.—
15846 — Flechten. (Aus: Just's Jahresber. f. 1898). (Leipz.) 1900. 8. 27 p. 1.—
15847 — Neue Flechten. 2 Tle. (Berl., Ann. Myc.) 1903—04. 8. 12 p. 1.—
15848 — Z. Flechtenflora d. Poszonyer Komitat. (Pressb.) 1904. 8. 13 p. 1.—
15849 — Vorarbeit. zu e. Flechtenflora Dalmatiens. V, VI. (Wien, Bot. Z.) 1907—09. 8. 72 p. 2.—
15850 — Lichenes Amazonici. (Pará, Mus.) 1908. 8. 4 p. —.50
15851 — Lichenes v. d. Botan. Exped. d. Akad. n. Südbrasil. (Wien, Ak.) 1909. 4. 125 p. m. 5 Tfln. (1 color.) (M. 15.)
15852 — Flechtenfunde in d. Klein. Karpathen. (Budap.) 1914. 8. 8 p. 1.—
15853 **Zanfrognini.** Note Lichenolog. II. (Modena) 1907. 8. 10 p. 1.—
15854 **Zopf.** Vergleich. Untersuchgn. üb. Flechten in Bezug auf ihre Stoffwechselprodukte. I. (Jena, Bot. Centr.) 1903. 8. 32 p. m. 4 photogr. Tfln. · 2.50
15855 — Die Flechtenstoffe in chem., botan., pharmakol. u. techn. Beziehung. Jena 1907. 8. 461 p. m. 71 Fig. (M. 14.) 10.—
15856 **Zschake.** Beitr. zu e. Flechtenflora d. Harz. (Dresd., Hedw.) 1908. 8. 24 p. 1.—
15857 — Beitr. z. Flechtenflora Siebenbürgens. 3 Tle. (Budap. u. Hermannst.) 1911—13. 8. 80 p. 2.50
15858 — Beitr. z. Flechtenflora d. unter. Saaletales. (Leipz., Z. Nat.) 8. 23 p. 1.—
15859 **Zwackh-Holzhausen.** Die Lichenen Heidelbergs. Heidelb. 1883. 8. 84 p. (M. 3.) 2.—

VI. Algae.

[Supplementum numeror. 2755—3035, vide: Bibliographia Botanica, p. 111—121].

15860 **Adams, J.** The Seaweeds of the Antrim Coast. (Dubl., Fish.) 1905. 8. 9 p. 1.—
15861 — Synops. of Irish Algae. (Dublin, Ac.) 1908. 4. 49 p. 2.—
15862 — List of synonyms of Irish Algae. (Dubl., Ac.) 1910. 8. 48 p. 1.50
15863 **Aderhold.** Z. Kenntn. richtend. Kräfte b. d. Beweg. nied. Organismen (Algen). Jena 1888. 8. 33 p. 1.—
15864 **Agardh, C. A.** Synopsis Algarum Scandinav. Lundae 1817. 8. 175 p. 2.—
15865 — Icones Algarum ineditae. I. Lund. 1820. 4. 8 p et 10 tab. 3.—
15866 — Species Algarum. Vol. I, II, pars 1 (omnia quae extant). Gryph. 1823—28. 8. 796 p. (M. 14.) 6.—

M

15867 **Agardh, C. A.** Species Algarum. Vol. I. (2 partes). 1823. 535 p. Hfzb.   2.—
15868 — Icones Algarum Europ. Représent. d'Algues Européennes. 4 fascic. Leips. 1828 à 35. 8. 80 p. av. 40 pl. color.   16.—
15869 **Agardh, J. G.** Om Hafs-Algers germinat. (Stockh., Ak.) 1835. 8. 10 p. m. Tfl.   1.—
15870 — S. la propagation d. Algues. (Paris, Ann. Sc.) 1836. 8. 20 p. av. 4 pl.   2.—
15871 — Sporidiernes rörelse h. de gröna Algerne. (Stockh., Ak.) 1838. 8. 14 p. m. Tfl.   1.—
15872 — Propagat.-organerne h. Algerne. (Stockh., Ak.) 1838. 8. 38 p. m. 2 Tfln.   1.50
15873 — Algae maris Mediterranei et Adriatici. Paris. 1842. 8. 174 p. (M. 4.50.)   2.—
15874 — In Systema Algarum adversaria. Lund. 1844. 8. 56 p.   1.50
15875 — Species, genera et ordines Algarum. 3 vol. (8 partes). Lund. 1848— 1901. 8. 2100 p.   55.—
15876 — — Vol. I: Fucoideae. Lund. 1848. 8. 372 p. Cart.   6.—
15877 — Om naturen och betyd. af de organer som förekomma hos Algerne. (Stockh., Ak.) 1849. 8. 44 p.   1.50
15878 — De Laminarieis. (Lund., Univ.) 1867. 4. 36 p.   1.—
15879 — Bidr. t. känned. af Spetsbergens Alger. (Stockh., Ak.) 1868. 4. 49 p. m. 3 color. Tfln.   2.50
15880 — Om Chatam-öarnes Alger. (Stockh., Ak.) 1870. 8. 22 p.   1.—
15881 — Chlorodictyon. (Stockh., Ak.) 1870. 8. 8 p. m. Tfl.   1.—
15882 — Bidr. t. Florideernes Systematik. (Lund, Univ.) 1871. 4. 60 p.   1.50
15883 — Till Algernes Systematik. Nya bidrag. 6 partes et index. (Lundae, Soc. Phys.) 1873—1890. 4. c. 16 tab. part. color. — Latine conscript.   26.—
    Alle Teile auch einzeln vorhanden.
15884 — De Algis Novae Zelandiae marinis. (Lund., Univ.) 1877. 4. 32 p.   1.50
15885 — Om structur. h. Champia och Lomentaria. (Stockh., Ak.) 1888. 8. 20 p.   1.—
15886 **Ahlner.** Bidr. t. känned. om de Svenska formerna af Enteromorpha. Stockh. 1877. 8. 52 p. m. Tfl.   1.50
15887 **Algae.** — 50 Abhandl. v. Areschoug, Collins, De Toni, Hicks, Möbius, Murray, Nordstedt, Okamura, Pascher, Reinsch, Roper, Schmitz, Setchell, Yendo u. a. 1835—1913. 8. u. 4. 350 p. m. 10 Tfln. (2 color.)   20.—
15888 **d'Alquen.** On the struct. of Oscillatoriae. (Lond., Micr. Soc.) 1856. 8. 16 p. w. colour. pl.   1.50
15889 **Alten.** Z. Kenntn. d. Algenflora d. Moore d. Prov. Hannover. (Hannov., Nat. Ges.) 1910. 8. 19 p.   1.—
15890 **Amberg.** Z. Biol. d. Katzensees. (Zürich, Nat. Ges.) 1900. 8. 88 p. m. 5 Tab.   2.—
15891 **Ambronn.** Ueb. Bilateralität bei d. Florideen. I. Berl. 1880. 4. 24 p. m. 2 Tfln.   1.—
15892 **Andersson, O. F., u. Borge.** Bidrag till känned. om Sveriges Chloro-phyllophyceer. 2 Tle. (Stockh., Ak.) 1890—95. 8. 46 p. m. 2 Tfln.   2.—
15893 **Apstein.** Die Pyrocysteen d. Plankton-Expedition. Kiel 1909. 4. 27 p. m. 2 color. Ktn. (M. 8.)
15894 **Arcangeli.** Su alcune Celoblastee. (Firenze, Giorn. Bot.) 1872. 8. 16 p. c. 3 tav.   2.—
15895 **Archer.** Record of the occur., new to Ireland, of Stephanosphaera pluv. 2 parts. (Lond., Micr. J.) 1865. 8. 33 p. w. colour. pl.   1.50
15896 — The Tetrapedia. (Lond., Grev.) 1872. 8. 4 p. w. colour. pl.   1.—
15897 — Notice of the g. Tetrapedia. (Lond., Micr. J.) 1872. 8. 16 p. w. col. pl.   1.50
15898 — On Chlamydomyxa labyrinthul. (Dubl., Ac.) 1875. 8. 20 p. w. 2 colour. pl.   2.—
15899 — On apothecia in some Scytonemat. and Sirosiphonaceous Algae. (Dubl., Ac.) 1875. 8. 9 p. w. pl.   1.—
15900 — On the minute struct. and mode of growth of Ballia callitricha. (Lond., Linn. S.) 1876. 4. 24 p. w. 2 pl.   1.50

15901 **Archer and Dickie.** On the Freshwater Algae coll. by the 'Challenger'. *M*
3 pap. (Lond., Linn. Soc.) 1876. 8. 11 p. — 1.—
Archiv für Protistenkunde — siehe No. 12207.
15902 **Arctic Algae.** — 4 pap. 1878—1905. 8. 26 p. — 1.50
15903 **Ardissone.** Enumeraz. d. Alghe di Sicilia. Genova 1864. 8. 50 p. — 2.—
15904 — Le Floridee Italiche. Vol. I. fasc. 1 e 5; Vol. II. fasc. 1. Milano
1874—1875. 8. 212 p. c. 21 tav. color. (29 Lire.) — 15.—
Voyez notice ajoutée à nr. 2769 et 2770.
15905 — Le Alghe. Milano 1875. 8. 44 p. — 1.—
15906 — Phycologia Mediterranea. 2 vol. (Varese, Soc. Crittog.) 1883—87.
4. 524 et 320 p. — 20.—
15907 — — Vol. I: Floridee. Varese 1883. 4. 524 p. Toile. — 8.—
15908 **Ardissone e Strafforello.** Enumeraz. d. Alghe di Liguria. Milano 1878.
4. 238 p. — 7.—
15909 **Areschoug.** Virginia et Spongocladia. 2 Abhandl. (Stockh., Ak.) 1853.
8. 11 p. m. 2 Tfln. — 1.50
15910 — Copulationen h. Zygnemaceae. (Stockh., Ak.) 1853. 8. 8 p. m. Tfl. — 1.—
15911 — Phyceae novae et minus cognitae in maribus extraeuropaeis coll.
(Upsal., Soc. Sc.) 1854. 4. 46 p. — 1.50
15912 — Alger, saml. vid Alexandria. (Stockh., Ak.) 1871. 8. 11 p. — 1.—
15913 — Om de Skandinav. Dictyosiphon foeniculac. (Stockh., Bot. Not.)
1873. 8. 11 p. — 1.—
15914 — De Urospora mirabili et de chlorozoosporar. copulat. Upsal. 1874.
4. 13 p. et 2 tab. color. — 2.—
15915 **Arnoldi.** Morphol. u. Systemat. d. grünen Wassergewächse (Algen).
2. Aufl. Moskau 1908. 8. 330 p. m. 3 Tfln. u. 232 Fig. — Russisch. — 7.—
15916 **Artari.** Matér. p. s. à l'ét. d. Algues du gouv. de Moscou. (Mosc., Bull.)
1886. 8. 21 p. — 1.—
15917 — Z. Entwicklgesch. d. Hydrodictyon utricul. (Mosk., Bull.) 1890.
8. 25 p. m. color. Tfl. — 1.50
15918 — Untersuch. üb. Entwickl. u. System. ein. Protococcoideen. (Mosk.,
Bull.) 1892. 8. 48 p. m. 3 color. Tfln. — 2.50
15919 **Askenasy.** Ueb. ein. Austral. Meeresalgen. (Regensb., Flora) 1894. 8.
18 p. m. 4 photogr. Tfln. — 2.—
15920 **Aulin.** Anteckn. öfv. Hafsalgernas geograf. utbredn. i Atlantiska haf-
vet. Upsala 1872. 8. 44 p. — 1.—
15921 **Baker, S. M.** On the brown Seaweeds (Fucaceae) of the Salt Marsh.
(Lond., Linn. Soc.) 1912. 8. 17 p. w. 2 pl. — 2.—
15922 **Balsamo.** Homonymia Algarum in plantis animalibusque. 2 partes.
Neapoli 1888—93. 8. 37 p. — 1.50
15923 — Iconum Algarum Index. 10 fascic. Neapoli 1895—1901. 4. 33 0p. — 14.—
15924 — — Fasc. I. 1895. 32 p. — 1.—
15925 — — Fasc. X. (ultim.) 1901. 40 p. — 1.—
15926 **Barton.** System. and structural account of the g. Turbinaria. (Lond.,
Linn. S.) 1891. 4. 12 p. w. 2 pl. (6 s.) — 3.—
15927 — On malformat. of Ascophyllum and Desmarestia. (Lond., Phyc.
Mem.) 1892. 4. 4 p. w. pl. — 1.—
15928 — On the structure and developm. of Soranthera. (Lond., Linn. S.)
1898. 8. 8 p. w. 2 pl. — 1.—
15929 — On the fruit of Chnoospora fastigiata. (Lond., Linn. S.) 1898. 8.
2 p. w. pl. — 1.—
15930 — On Notleia anomala. (Lond., Linn. S.) 1899. 8. 9 p. w. 6 pl. — 1.—
15931 — List of Marine Algae coll. at the Maldive and Laccadive Islands.
(Lond., Linn. S.) 1903. 8. 6 p. w. pl. — 1.—
15932 **Baster, J.** Natuurkund. Uitspanningen: Zee-Planten en Zee-Insecten.
2 Tle. Haarlem 1762—65. 4. 344 p. m. 29 Tfln. Hfzb. — 7.—
15933 **Bather.** The Swedish Marine Biolog. Station. (Lond., Nat. Sc.) 1895.
8. 10 p. w. pl. — 1.—

W. Junk, Berlin, W. 15.

15934 **Batters.** Descr. of 3 new Marine Algae. (Lond., Linn. S.) 1888. 8. 4 p. w. pl. — *M* 1.—

15935 — New or crit. Brit. Algae. (Lond., Grev.) 1890. 8. 12 p w. pl. — 1.—

15936 — Hand-List of the Algae of the Clyde Sea. W. supplem. (Lond., J. Bot.) 1891—92. 8. 32 p. w. colour. map. — 2.—

15937 — On Conchocelis, new g. (Lond., Phyc. Mem.) 1892. 4. 4 p. w. colour. pl. — 1.—

15938 — 3 pap. on 3 new Algae. (Lond.) 1892. 8. 17 p. w. 4 colour. pl. — 2.—

15939 **Belloc.** La flore Algolog. d'eau douce de l'Islande. (Paris, Assoc. Franç.) 1894. 8. 12 p. — 1.—

15940 — Les Lacs littoraux du golfe de Gascogne. (Paris, Ass.) 1895. 8. 11 p. — 1.—

15941 — Flore algolog. d'Algérie, de Tunisie, du Maroc et de quelques lacs de Syrie. (Paris, Assoc. Franç.) 1896. 8. 7 p. — 1.—

15942 **Bennett.** Review of the g. Hydrolea. (Lond., L. S.) 1871. 8. 14 p. w. pl. — 1.—

15943 — Freshwat. Algae of North Cornwall. (Lond., Micr. Soc.) 1886. 8. 12 p. w. 2 pl. — 1.50

15944 — Fresh Water Algae of the English Lake distr. 2 parts. (Lond., Micr. Soc.) 1886—88. 8. 20 p. w. 3 pl. — 2.—

15945 — Affinities and classific. of Algae. (Lond., Linn. Soc.) 1887. 8. 13 p. w. pl. — 1.—

15946 — Freshwater Algae and Schizophyceae of Hampshire and Devonshire. (Lond., Micr. Soc.) 1890. 8. 10 p. w. pl. — 1.—

15947 — Reproduction among the lower forms of Veget. Life. (Liverp., Biol. S.) 1890. 8. 18 p. w. 2 pl. — 1.50

15948 — Freshwater Algae and Schizophyceae of Southwest Surrey. (Lond., Micr. Soc.) 1892. 8. 9 p. w. pl. — 1.—

15949 **Bettels.** Die Kohlenhydrate d. Meeresalgen. Hildesheim 1905. 8. 56 p. — 1.50

15950 **Bigelow.** Struct. of the frond in Champia parvula. (Boston, Ac.) 1888. 8. 11 p. w. pl. — 1.—

15951 **Bitter.** Z. Anat. u. Physiol. v. Padina Pavonia. (Berl., Bot. Ges.) 1899. 8. 20 p. m. Tfl. — 1.—

15952 **Bohlin.** Myxochaete, nytt slägte. (Stockh., Ak.) 1890. 8. 7 p. m. Tfl. — 1.—

15953 — Z. Morphol. u. Biol. einzelliger Algen. (Stockh., Ak.) 1897. 8. 24 p. — 1.—

15954 — Studier öfv. nagra slägten af Confervales. Stockh. 1897. 8. 56 p. m. 2 Tfln. — 1.50

15955 — S. la Flore algolog. d'eau douce d. Açores. (Stockh., Ac.) 1901. 8. 85 p. av. pl. — 2.—

15956 — Z. Phylogenie d. grünen Algen u. d. Archegoniat. Upsala 1901. 8. 47 p. m. Tab. — Schwedisch mit deutsch. Resumé. — 1.—

15957 **Bohlin u. Borge.** Die Algen d. 1. Regnell'schen Exped. 3 Tle. (Stockh., Árk. Bot.) 1897—1903. 8. 124 p. m. 8 Tfln. — 5.—
   I: Protococcoideen. 1897. 47 p. m. 2 Tfln. M. 1.50. — II: Desmidiaceen. 1903. 68 p. m. 5 Tfln. M. 3. — III: Zygnemac. u. Mesocarpac. 1903. 9 p. m. Tfl. M. 1.

15958 **Boldt.** Stud. öfv. Sötvattensalger och deras utbredn. II, III. Helsingf. 1888. 8. 158 p. m. 2 Tfln. — 2.—

15959 **Borge.** Bidr. t. Sibiriens Chlorophyllophycé-Flora. (Stockh., Ak.) 1891. 8. 16 p. m. Tfl. — 1.—

15960 — Chlorophyllophyc. fr. Norska Finmark. (Stockh., Ak.) 1892. 8. 16 p. m. Tfl. — 1.—

15961 — Süsswass.-Chlorophyc. ges. v. Kihlman im nördlichst. Russland. (Stockh., Ak.) 1894. 8. 41 p. m. 2 Tfln. — 2.—

15962 — Ueb. d. Rhizoidenbildung bei ein. fadenförmigen Chlorophyceen. Ups. 1894. 8. 61 p. m. 2 Tfln. — 1.50

15963 — Chlorophyllophyceen aus Falbygden in Vestergötland. (Stockh., Ak.) 1895. 8. 26 p. m. Tfl. — 1.—

15964 — Australische Süsswasserchlorophyceen. (Stockh., Ak.) 1896. 8. 32 p. m. 4 Tfln. — 2.—

15965 **Borge.** Üb. tropische u. subtrop. Süsswasser-Chlorophyceen. (Stockh., Ak.) 1899. 8. 33 p. m. 2 Tfln. — 1.50

15966 — Süsswasseralgen aus Südpatagonien. (Stockh., Ak.) 1901. 8. 40 p. m. 2 Tfln. — 2.—

15967 — Beiträge z. Algenflora v. Schweden. (Uppsala, Ark. Bot.) 1906. 8. 88 p. m. 3 Tfln. — 2.50

15968 — Algen aus Argentinia u. Bolivia. (Upps., Ark. Bot.) 1906. 8. 13 p. — 1.—

15969 **Borge u. Pascher.** Zygnemales d. Süsswasserflora Deutschlands, Oesterr. u. d. Schweiz. Jena 1913. 8. 55 p. m. 89 Fig. — 1.50

15970 **Börgesen.** Conspectus Algarum novar. aquae dulcis insul. Faeroens. (Haun., Nat. För.) 1899. 8. 20 p. — 1.—

15971 — Nogle Ferskvandsalger fra Island. (Kjöb., Bot. T.) 1899. 8. 8 p. — 1.—

15972 — Contrib. to the knowl. of the Marine Alga Vegetat. of the Danish West-Indian Islands. (Copenh., Bot. T.) 1900. 8. 12 p. — 1.—

15973 — The Marine Algae of the Faeröes. Copenh. 1902. 8. 194 p. w. map and 110 fig. — 4.50

15974 — Om Algevegetationen v. Faeröernes Kyster. Krist. 1904. 8. 122 p. m. Karte u. 12 Tfln. — 3.50

15975 — Contrib. à la connaiss. du g. Siphonocladus. (Copenh., Ac.) 1905. 8. 33 p. — 1.—

15976 — Freshwater Algae fr. the "Danmark-Expedit." to North - East Greenland. (Copenh., Danm.-Eksp.) 1910. 4. 22 p. — 2.—

15977 — The Algal Veget. of the Lagoons in the Danish West Indies. (Copenh., 'Warming') 1911. 4. 16 p. — 1.50

15978 — The Marine Algae of the Danish West-Indies. I—III. (Copenh., Bot. Ark.) 1913—16. 8. 316 p. w. 256 fig. — 13.—

15979 **Bornet.** Instruct. s. la récolte, l'étude et la préparat. d. Algues. (Cherbourg, Soc. Nat.) 1856. 8. 34 p. — 1.50

15980 — Algues de Madagascar. Les Nostocacées Hétérocystées du 'Syst. Algarum' d'Agardh. 2 mém. (Paris) 1885 à 89. 8. 18 p. — 1.50

15981 — Nouv. esp. de Laminaire. (Paris, Soc. Bot.) 1888. 8. 6 p. av. pl. — 1.50

15982 — S. l'Ectocarpus fulvescens Thuret. (Paris, Rev. B.) 1889. 8. 6 p. av. pl. — 1.—

15983 — S. qlqs. Ectocarpus. (Paris, Soc. Bot.) 1891. 8. 20 p. av. 3 pl. — 2.—

15984 — 2 Chantransia corymbif., Acrochaetium et Chantransia. (Paris, Soc. Bot.) 1904. 8. 10 p. av. pl. — 1.50

15985 **Bornet et Flahault.** Détermin. des Rivulaires qui forment des fleurs d'eau. (Paris, Soc. Bot.) 1884. 8. 6 p. — 1.—

15986 — Sur le g. Aulosira. (Paris, S. Bot.) 1885. 8. 4 p. av. pl. — 1.—

15987 — S. 2 nouv. Algues perforantes. (Paris, J. Bot.) 1888. 8. 5 p. — 1.—

15988 **Bornet et Thuret.** Rech. s. la fécondat. d. Floridées. (Paris, Ann. Sc.) 1867. 8. 30 p. av. 3 pl. — 5.—

15989 — Notes Algologiques. Recueil d'observat. s. les Algues. 2 fascic. Paris 1876 à 80. 4. av. 50 pl. en partie color. — 320.—
Ouvrage fondamental, qui est entièrement épuisé.

15990 **Borzi.** Studi Algologici. Ric. s. biologia d. Alghe. 3 fascic. Messina e Palermo 1883—95. 4. 378 p. c. 31 tav. color. e nere. — 70.—

15991 — — Fascic. I. 1883. 126 p. c. 9 tav. (manca 1 tavola). (25 L.) — 10.—

15992 — Comunicaz. intracell. d. Nostochinee. (Genova, Malp.) 1886. 8. 42 p. c. tav. — 1.50

15993 — Botrydiopsis, n. gen. di Alghe. (Acireale) 1889. 8. 11 p. — 1.—

15994 **Bouilhac.** S. la végétat. de qu. Algues d'eau douce. Paris 1898. 8. 46 p. — 1.50

15995 **Bouvier.** La Chlorophylle animale et la symbiose entre l. Algues vertes unicellul. et l. Anim. (Paris, Soc. Phil.) 8. 78 p.. — 1.50

15996 **Boye.** Om Algevegetationen v. Norges vestkyst. (Berg., Mus.) 1896. 8. 46 p. m. Tfl. — 1.50

15997 **Branchi.** Sul Batracospermo. Pisa 1827. 8. 15 p. — 2.—

M

15998 **Brand, C. J.** Stapfia cylindrica. (Minneap., Bot. Stud.) 1903. 8. 4 p. w. pl. 1.—
15999 **Brand, F.** Ueb. Chantransia d. Bayr. Hochebene. (Dresden, Hedw.)
1897. 8. 20 p. 1.—
16000 **Brandt, K.** Ueb.· d. Stettiner Haff. (Kiel, Meeresunters.) 1896. 4. 40 p.
m. Kte. 2.—
16001 **Brébisson.** Descr. de 2 nouv. genres d'Algues fluviatiles. (Paris, Ann.
Sc.) 1844. 8. 7 p. av. 2 pl. color. 3.—
16002 **Brébisson et Godey.** Algues d. envir. de Falaise. Av. addit. Falaise
1835. 8. 66 p. av. 8 pl. 10.—
Rare.
16003 **Brebner.** On the filamentous Thallus of Dumontia filiformis. (Lond.,
Linn. Soc.) 1895. 8. 8 p. w. 2 pl. 1.—
16004 **Brunchorst.** Die biolog. Meeresstation in Bergeń. 2 Tle. (Bergen, Mus.)
1891—93. 8. 39 p. m. 7 Tfln. u. 2 Ktn. 1.50
16005 **Brunnthaler.** Die coloniebild. Dinobryon-Arten. Mit Nachtrag. (Wien,
Z. b. G.) 1901. 8. 16 p. 1.—
16006 — Die Algen u. Schizophyceen d. Altwässer d. Donau b. Wien.
(Wien, Z. b. G.) 1907. 8. 54 p. 1.50
16007 — Z. Phylogenie d. Algen. (Leipz., Biol. Centr.) 1911. 8. 12 p. 1.—
16008 — Coccolithophoriden d. Adria. (Leipz., Rev. Hydr.) 1911. 8. 3 p. —.50
16009 — Die systemat. Gliederung d. Protococcales. (Wien, Z. b. G.) 1913.
8. 16 p. 1.—
16010 — Die Algengattg. Radiofilum. (Wien, Bot. Z.) 1913. 8. 8 p. 1.—
16011 — Syst. Uebers. üb. d. Chlorophyceen-Gatt. Scenedesmus. (Dresd.,
Hedw.) 1913. 8. 9 p. m. 27 Fig. 1.—
16012 — Z. Süsswasser-Algenflora v. Aegypten. (Dresd., Hedw.) 1914. 8. 7 p. 1.—
16013 — Die niedere Pflanzenwelt d. „Alten Donau" b. Wien. (Wien, Fisch.-
Zeit.) 8. 14 p. 1.—
16014 **Buffham.** On the Florideae. (Lond., Quek. Cl.) 1884. 8. 8 p. w. 3 col. pl. 2.—
16015 — On the reprod. organs of Florideae. (Lond., Quek. Cl.) 1891. 8.
8 p. w. 2 pl. 1.50
16016 **Busk and Williamson.** On the struct. and developm. of Volvox globator. (Lond., Micr. Soc.) 1853. 8. 26 p. w. 5 pl. (1 colour.) 2.50
16017 **Butters.** On Rhodymenia. (Minneap., Bot. Stud.) 1899. 8. 9 p. w. pl. 1.—
16018 — On Trichogloea lubrica. (Minneap., Bot. Stud.) 1903. 8. 12 p. w. 2 pl. 1.50
16019 **Campani e Gabbrielli.** S. Pioggia d'Acqua rossa caduta in Siena. Siena
1861. 8. 46 p. c. 3 tav. color. 2.50
16020 **Carlson.** Ueb. Botryodictyon eleg. u. Botryococcus braunii. Uppsala
1906. 4. 6 p. m. Tfl. 1.—
16021 — Süsswasseralgen aus der Antarktis, Südgeorgien u. d. Falkland-
Inseln. (Stockh., Südp.-Exp.) 1913. 4. 94 p. m. 3 Tfln. (M. 7.70.)
16022 **Carter.** On specific charact., fecundat. and abnorm. developm. in Oedogonium. (Lond., Ann. & M.) 1858. 8. 10 p. w. pl. 1.—
16023 — Fecundation in the 2 Volvoces. (Lond., Ann. & M.) 1859. 8. 20 p.
w. pl. 1.50
16024 **Caspary.** Zoospores d. Chroolepus. (Paris, Ann. Sc.) 1858. 8. 14 p.
av. pl. color. 1.50
16025 — Die Seealgen v. Neukuhren. (Königsb., Phys. Ges.) 1872. 4. 9 p. 1.—
16026 **Cattaneo.** Elenco d. Alghe di Pavia. I. (Milano, Ist.) 1880. 8. 12 p. 1.—
16027 **Cesati.** Saggio di una Bibliografia Algologica Ital. Napoli 1882. 4. 80 p. 4.—
16028 — P i c c o n e. Append. al 'Saggio'. (Fir., Giorn. Bot.) 1883. 8. 15 p. 1.—
16029 **Chalon.** Herborisations à Banyuls (Algues etc.). (Gand., Soc. Bot.)
1900. 8. 15 p. 1.—
16030 **Charpentier, P.-G.** Rech. s. la physiologie d'une Algue verte. Sceaux
1903. 8. 56 p. 2.50
16031 **Chodat.** S. 3 g. nouv. de Protococcoidées. (Genève, Boiss.) 1900. 8.
10 p. 1.—

16032 **Chodat.** Etude critique et expérim. s. le Polymorphisme d. Algues. *M*
Genève 1909. 8. 167 p. av. 23 pl. color.   8.—
16033 —' Monogr. d. Algues Suisses en culture pure. Berne 1913. 8. 278 p.
av. 9 pl. color. et 201 fig.   14.—
16034 **Chodat et Huber.** Rech. expérim. s. l. Pediastrum Boryanum. (Berne,
Bot. Ges.) 1895. 8. 15 p. av. pl.   1.—
16035 **Cienkowski.** Z. Morphologie d. Ulotricheen. (Petersb., Ak.) 1877. 8. 42 p.   1.—
16036 **Cleve, P. T.** Monogr. öfv. de Svenska arterna af Zygnemaceae.
(Upsala, Soc. Sc.) 1868. 4. m. 10 color. Tfln.   8.—
16037 **Cocks, J.** Algarum Fasciculi, or a collect. of British Sea-Weeds.
18 parts. Dublin 1855—70. 4. w. 181 dried species, well preserved.   90.—
        Very rare collection. The first copy which I have seen.
16038 **Cohn, F.** Nachträge z. Naturgesch. d. Protococcus pluvialis. (Bonn,
Ac. Leop.) 1850. 4. 158 p. m. 2 color. Tfln.   4.—
16039 — Ueb. e. neue Gatt. d. Volvocineen. (Leipz., Z. Zool.) 1852. 8. 40 p.
m. color. Tfl.   2.50
16040 — On a new genus of Volvocineae. 2 parts. (Lond., Ann. & M.) 1852.
8. 37 p. w. pl.   2.—
16041 — Die mikroskop. Welt. (Leipz., Gegenwart) 1855. 8. 105 p.   1.50
16042 — On the devel. of the microsc. Algae and Fungi. (Lond., Quek. Cl.)
1855. 8. 13 p.   1.—
16043 — Ueb. d. Fortpflanz. v. Sphaeroplea annulina. (Berl., Ak.) 1855. 8. 17 p.   1.—
16044 — S. le développ. du Sphaeroplea annul. (Paris, Ann. Sc.) 1856. 8.
22 p. av. 2 pl.   2.—
16045 — On the developm. of Sphaeroplea annul. (Lond., Ann. & M.) 1856.
8. 14 p.   1.—
16046 — S. l. Volvocinées. (Paris, Ann. Sc.) 1856. 8. 10 p.   1.—
16047 — Algen d. Karlsbader Sprudels. Neue Beitr. z. Algen- u. Diatomeen-
Kunde Schlesiens. 2 Abhandl. (Bresl., Schles. Ges.) 1862. 8. 40 p.   2.—
16048 — Ueb. ein. Algen v. Helgoland. (Leipz., 'Rabenhorst') 1864. 4. 24 p.
m. 3 color. Tfln.   2.—
16049 — Ueb. d. Staubfall v. 1864. (Bresl., Schles. Ges.) 1864. 8. 26 p.   1.—
16050 — Beiträge z. Physiologie d. Phycochromaceen u. Florideen. (Bonn)
1867. 8. 60 p. m. 2 color. Tfln.   8.—
        Aus einem der seltenen Bände des „Archiv f. mikrosk. Anatomie".
— Entwicklgesch. mikrosk. Algen — siehe No. 13778.
16051 **Cohn u. Wichura.** Ueb. Stephanosphaera pluvialis. (Bonn, Leop. Ak.)
1857. 4. 32 p. m. 2 color. Tfln.   2.—
16052 **Cole.** Thallus of Fucus vesiculosus. (Lond., Micr. Stud.) 1884. 8. 6 p.
w. colour. pl.   1.
16053 **Collingwood.** On the microsc. Algae caus. the discoloration of the
Sea. (Lond., J. Micr.) 1868. 8. 8 p. w. pl.   1.—
16054 **Collins.** 7 pap. on Algae. (Bost., Rhod.) 1897—1911. 8. 31 p. w. pl.   2.—
16055 — Notes on Algae. I, II, IV—IX. (Boston, Rhod.) 1899—1908. 8. 45 p.   2.—
16056 — Prelim. lists of New England Marine Algae. (Bost., Rhod.) 1900.
8. 12 p.   1.—
16057 — The Algae of Jamaica. (Bost., Ac.) 1901. 8. 42 p.   1.50
16058 — The Marine Cladophoras of New England. (Bost., Rhod.) 1902. 8.
17 p. w. pl.   1.50
16059 — The Ulvaceae of N. America. (Bost., Rhod.) 1903. 8. 31 p. w. 3 pl.   2.—
16060 — New spec. in the 'Phycotheca Boreali-Americ.' (Bost., Rhod.) 1906.
8. 10 p.   1.—
16061 — 3 pap. on new Algae. (Bost.) 1906—09. 8. 22 p. w. 2 pl.   2.—
16062 — Some new Green Algae. (Bost., Rhod.) 1907. 8. 6 p. w. pl.   1.—
16063 — The genus Plinia. (Bost., Rhod.) 1908. 8. 6 p. w. pl.   1.—
16064 — The Green Algae of N. America. Tufts College 1909. 8. 350 p.
w. 18 pl.   20.—

M

16065 **Collins.** The Marine Algae of Casco Bay. (Portland) 1911. 8. 26 p. 1.50
16066 — The Green Algae of N. America. Tufts Coll. 1912. 4. 39 p. w. 2 pl. 2.—
16067 **Comère.** Les Algues d'eau douce. Paris 1912. 8. 123 p. av. 17 pl. 16.—
16068 **Cooke, M. C.** On Vaucheria. (Lond., Grev.) 1883. 8. 3 p. w. pl. 1.—
16069 — On Palmodactylon subramos. (Lond., Quek.) 1886. 8. 2 p. w. pl. 1.—
16070 **Correns.** Ueb. Dickenwachsthum durch Intussuscept. b. ein. Algen-
    membranen. Münch. 1889. 8. 50 p. m. Tfl. 1.50
16071 — Nägeliella flagellifera n. g. et spec. (Berlin, Bot. Ges.) 1892. 8.
    8 p. m. Tfl. 1.—
16072 — Membran v. Caulerpa. (Berl., Bot. Ges.) 1894. 8. 13 p. m. Tfl. 1.—
16073 **Cotton.** On some Endophytic Algae. (Lond., Linn. Soc.) 1906. 8.
    10 p. w. pl. 1.—
16074 — Marine Algae of Clare Island. (Dublin, Ac.) 1912. 4. 178 p. w.
    map and 10 pl. 6.—
16075 **Cramer.** Das Rhodospermin. (Zürich, Nat. Ges.) 1859. 8. 16 p. 1.—
16076 — Physiol.-syst. Unters. üb. d. Ceramiaceen. Heft 1. (einzig.) Zürich
    1863. 4. 131 p. m. 13 Tfln. (M. 9.60.) 3.—
16077 — Ueb. d. verticillirten Siphoneen besond. Neomeris u. Cymopolia.
    2 Tle. (Zürich, Nat. Ges.) 1887—90. 4. 98 p. m. 9 Tfln. (fr. 12.) 4.50
16078 **Crosby.** On Dictyosphaeria. (Minneap., Bot. Stud.) 1903. 8. 10 p. w. pl. 1.—
16079 **Crouan, P. L. et H. M.** Observ. microsc. s. le Ceramium Boucheri et
    s. l. Gaillones de Bonnemaison. (Paris, Ann. Sc.) 1835. 8. 8 p. av.
    2 pl. color. 1.50
16080 — Dissémin. et germinat. d. Ectocarpes. (Paris, Ann. Sc.) 1839. 8.
    4 p. av. pl. 1.—
16081 — Les Tétraspores d. Algues. (Paris, Ann. Sc.) 1844. 8. 4 p. av. pl. col. 1.—
16082 — Organis. du Fucus Wigghii et de l'Atractophora Hypnoides. (Paris,
    Ann. Sc.) 1848. 8. 16 p. av. 2 pl. color. 2.—
16083 — S. le g. Hapalidium. Qu. Algues marines nouv. de la rade de Brest.
    2 mém. (Paris, Ann. Sc.) 1859. 8. 9 p. av. 2 pl. color. 1.50
16084 **Cunningham.** On Mycoidea parasitica, a new gen. of parasit. Algae.
    (Lond., Linn. Soc.) 1879. 4. 16 p. w. 2 colour. pl. 1.50
16085 **Currey.** On some Brit. Freshwater Algae. (Lond., J. Micr.) 1858. 8.
    10 p. w. pl. 1.—
16086 — On Stephanosphera pluvial. (Lond., Quek. Cl.) 1858. 8. 6 p. w.
    colour. pl. 1.—
16087 **Daines.** Comparat. developm. of the Cystocarps of Antithamnion and
    Prionitis. Berkeley 1913. 4. 18 p. w. 3 pl. 2.—
16088 **Dangeard.** S. l. Chlamydomonadinées. (Paris, Botaniste) 1899. 8. 228 p. 15.—
    Epuisé.
16089 — Théorie de la sexualité d. Chlamydomonadinées. (Paris, Botan.)
    1899. 8. 28 p. 1.50
16090 — Les Zoochlorelles du Parmaoecium burs. Développ. du Pandorina
    Morum. (Paris, Botan.) 1900. 8. 50 p. av. pl. 2.—
16091 **Darbishire.** Die Phyllophora-Arten d. westl. Ostsee. Kiel 1895. 4.
    40 p. m. 50 Fig. 2.50
16092 **Davis, B. M.** Developm. of the frond of Champia parvula fr. the
    Carpospore. (Oxf., Ann. Bot.) 1892. 8. 16 p. w. pl. 1.—
16093 — Developm. of the procarp and cystocarp in the g. Ptilota. (Chicago,
    Bot. Gaz.) 1896. 8. 26 p. w. 2 pl. 1.50
16094 — Fertiliz. of Batrachospermum. (Oxf., Ann. Bot.) 1896. 8. 28 p. w. 2 pl. 1.50
16095 — Developm. of the cystocarp of Champia parv. (Chicago, Bot. Gaz.)
    1896. 8. 9 p. w. 2 pl. 1.—
16096 **Debray.** Les Algues marines du Nord de la France. (Lille 1883). 8. 33 p. 1.50
16097 — Catal. d. Algues marines du Nord de la France. Amiens 1885. 8. 49 p. 1.50
16098 **Decaisne.** S. l. Corallines ou Polypiers calcif. (Paris, Ann. Sc.) 1842.
    8. 33 p. 1.50

16099 **Decaisne.** S. une classif. d. Algues et d. Polypiers calcifères de La-   *M*
mouroux. (Paris, Ann. Sc.) 1842. 8. 84 p. av. 4 pl.   5.—
16100 **Decaisne et Thuret.** Rech. s. les Anthéridies et l. Spores de qu. Fucus.
(Paris, Ann. Sc.) 1845. 8. 10 p. av. 2 pl.   2.—
16101 **Deckenbach.** Ueb. e. scheibenart. Bildung bei Trentepohlia u. d. Stellg.
d. Gatt. Mycoidea. (Petersb., Script. Bot.) 1891. 8. 24 p. m. 2 color.
Tfln. — Russisch m. deutsch. Resumé.   2.—
16102 — Ueb. d. Polymorph. ein. Luftalgen. (Petersb., Scr. Bot.) 1893. 8.
16 p. m. color. Tfl. — Russisch m. deutsch. Resumé.   1.—
16103 **Derbès.** S. l. bases de la classif. d. Algues. Paris 1847. 4. 33 p.   1.50
16104 — Descr. d'une nouv. esp. de Floridée. (Paris, Ann. Sc.) 1856. 8.
12 p. av. pl.   1.50
16105 **Desmazières.** S. l'Ulva granulata. (Lille, Soc. Sc.) 1833. 8. 25 p. av. pl.   1.—
16106 **Desroche.** Réaction des Chlamydomenas aux agents physiques. Toulouse 1912. 8. 160 p.   5.—
16107 **De Toni, A.** Int. al Sargassum Lunense. (Modena) 1908. 8. 13 p.   1.—
16108 **De Toni, G. B.** Algae Abyssiniacae. (Padova, N. Not.) 1892. 8. 16 p.   1.50
16109 — Pugillo II. di Alghe Tripolit. (Roma, Linc.) 1892. 4. 8 p.   1.—
16110 — 3 nuove Alghe marine Giapponesi. (Venez., Ist.) 1895. 8. 9 p.   1.—
16111 — Pugillo di Alghe Australiane. (Pisa) 1896. 8. 8 p.   1.—
16112 — Codicello con organismi marini essiccati d. secolo XVII. (Padova,
N. Notar.) 1911. 8. 9 p.   1.—
16113 **De Toni, G. B., Bullo e Paoletti.** Alc. not. s. Lago d'Arquà-Petrarca
(e la s. Flora). (Venezia, Ist.) 1892. 8. 65 p. c. tav.   2.—
16114 **De Toni, G. B., e Levi.** L'Algarium Zanardini d. Museo di Venezia.
Venez. 1888. 8. 144 p. c. ritr.   1.—
16115 **Dickie.** On the Algae of Mauritius. (Lond., Linn. S.) 1875. 8. 12 p.   1.—
16116 — On the Marine Algae of Barbadoes. (Lond., Linn. S.) 1875. 8.
7 p. w. pl.   1.—
16117 — On Algae of Kerguelen Land. (Lond., Linn. S.) 1876. 8. 7 p.   1.—
16118 — On the Algae of the Arctic Expedit. (Lond., Linn. S.) 1878. 8. 7 p.   1.—
16119 — On Algae fr. the Amazons. (Lond., Linn. S.) 1880. 8. 10 p.   1.—
16120 **Dickie and Sorby.** On Algae fr. Mangaia, S. Pacific. Colouring matters
of the red groups of Algae. (Lond., Linn. S.) 1877. 8. 11 p.   1.—
16121 **Dill.** Die Gatt. Chlamydomonas. Berl. 1895. 8. 36 p. m. color. Tfl.   1.50
16122 **Dillwyn.** Grossbritanniens Conferven. Heft 3 u. 4. Gött. 1805. 8.
80 p. m. 9 Tfln.   2.—
16123 **Dixon and Joly.** On minute Organisms in the surface-water of Dublin
and Killeney Bays. (Dubl., Roy. Soc.) 1898. 8. 12 p. w. 2 pl.   1.50
16124 **Dodel.** Die Kraushaar-Alge, Ulothrix zonata. Leipz. 1876. 8. 136 p. m.
8 color. Tfln. (M. 3.)   1.50
16125 **Dorogostaisky.** Matér. v. s. à l'Algologie du lac Baïkal. (Mosc., Bull.)
1904. 8. 37 p. av. pl.   1.50
16126 **Drevs.** Die Regulation d. osmot. Druckes in Meeresalgen b. Schwankungen d. Salzgehaltes. Güstr. 1895. 8. 47 p.   1.—
16127 **Edwards and Wood.** Living forms in Hot Waters and Algae of California. 2 pap. (Lond., Quek. Cl.) 1868. 8. 8 p.   1.50
16128 **Elenkin.** Beschr. d. neuen Art: Lithothamnion murman. (Petersb., Bot.
Gart.) 1905. 8. 28 p. m. 2 Tfln. (1 color.)   2.—
16129 — Neue, selten. od. inter. Algen v. Mittel-Russl. (Petersb.) 1909. 8. 17 p.   1.—
Enumerantur Algae Scandinav. — vide nr. 15464.
16130 **Esmarch.** Ueb. d. Verbreit. d. Cyanophyceen auf u. in verschied.
Böden. Kiel 1914. 8. 53 p.   2.—
16131 **Esper.** Icones Fucorum. Abbildgn. d. Tange. 2 Bde. (7 Hefte). Nürnb.
1797—1808. 4. 356 p. m. 184 color. Tfln.   120.—
    Colorirte Exemplare sind vergriffen.
16132 — — Bd. I. 1797. 117 p. m. 112 color. Tfln. Hfzb.   16.—
16133 — — Heft 3 u. 4. 1799—1800. 128 p. m. 48 color. Tfln. Hfzb.   4.—

M

16134 **Eyferth.** Die mikrosk. Süsswasserbewohner. Braunschw. 1877. 4. 60 p. m. Tfl. Cart.   1.—

16135 — Schizophyten u. Flagellaten. Braunschw. 1879. 4. 22 p. m. 2 Tfln. (M. 3.50.)   1.50

— Die einfachsten Lebensformen — siehe No. 13946 u. 13947.

16136 **Falkenberg.** Die Algen. (Bresl., Schenk's Handb.) 1882. 8. 156 p.   3.50

16137 **Famintzin.** Wirkung d. Lichtes auf d. Algen. Petersb. 1866. 8. 56 p. m. Tfl. — Russisch.   1.50

16138 — Die Wirk. d. Lichtes auf Spirogyra. (Petersb., Ak.) 1867. 8. 16 p. m. Tfl.   1.—

16139 — Influence de la lumière artif. s. la Spirogyra Orthospira. (Paris, Ann. Sc.) 1867. 8. 37 p. av. pl.   1.50

16140 — Die anorgan. Salze als Hülfsmittel z. Stud. d. Entwickl. nied. chlorophyllhalt. Organismen. (Petersb., Ak.) 1871. 8. 57 p. m. 3 color. Tfln.   1.50

16141 — Beitr. z. Symbiose v. Algen u. Thieren. 2 Tle. (Petersb., Ak.) 1889— 1891. 4. 52 p. m. 3 color. Tfln.   3.—

16142 **Fanning.** On the Algae of the St. Paul city water. (Minneap., Bot. Stud.) 1901. 8. 10 p. w. 4 pl.   2.—

16143 **Farlow.** On some Algae new to U. S. (Bost., Ac.) 1877. 8. 10 p.   1.50

16144 — The Marine Algae of New England. (Wash., Rep. Fish.) 1881. 8. 210 p. w. 15 pl.   15.—
      Rare.

16145 — On the Arctic Algae. (Bost., Ac.) 1886. 8. 10 p.   1.—

16146 — On some new or imperf. known Algae of the U. S. Part I. (N. York, Torr. Cl.) 1889. 8. 12 p. w. 2 pl.   1.50

16147 **Fechner.** Die Chemotaxis der Oscillarien. Berl. 1915. 8. 76 p. m. Tfl.   2.50

16148 **Fischer, A.** Ueb. d. Geisseln ein. Flagellaten. (Berl., Pringsh. J.) 1894. 8. 49 p. m. 2 Tfln.   2.—

— Untersuch. üb. d. Bau d. Cyanophyceen — siehe No. 13980.

16149 **Fischer, L.** Z. Kenntn. d. Nostochaceen. Bern 1853. 4. 24 p. m. color. Tfl.   2.—

16150 **Flahault.** Revue d. travaux s. l. Algues publiés de 1888 à 1892. 2 parties. (Paris, Rev. Bot.) 1890 à 93. 8. 154 p.   2.—

16151 **Flögel.** Ueb. d. eisenhalt. Staub im Schnee. (Wien, Meteor. Z.) 1881. 8. 11 p.   1.50

16152 **Flotow.** Ueb. Haematococcus pluvialis. (Bresl., Ac.) 1843. 4. 196 p. m. 3 color. Tfln. (M. 18.)   5.—

16153 **Forschungsberichte** aus d. Biolog. Station zu Plön. Hrsg. v. O. Zacharias. Bd. I—XII u. Neue Folge Bd. I. Heft 1, 2 (soviel erschienen). Berl. u. Stuttg. 1893—1905. 8. m. vielen Tfln. (M. 189.50.)   75.—
      Die „Neue Folge" ist das „Archiv für Hydrobiologie"; siehe Nr. 17400.

16154 **Forti.** Contrib. alla conosc. d. Florula ficolog. Veronese. 3 parti. (Padova, N. Not.) 1898—99. 8. 23 p.   2.—

16155 **Foslie.** Om nogle nye Arctiske Havalger. (Christ., Vid. Selsk.) 1882. 8. 14 p. m. 2 Tfln.   1.50

16156 — Bidr. t. kundsk. om de Digitatae. (Christ., Vid. S.) 1884. 8. 32 p.   1.—

16157 — Ueb. die Laminarien Norwegens. (Christ., Vid. Selsk.) 1884. 8. 112 p. m. 10 Doppeltafeln.   5.—

16158 — Krit. fortegnelse ov. Norges Hafsalger. (Tromsö, Mus.) 1886. 8. 53 p.   2.—

16159 — Havsalgernes prakt. anvendelse. (Tromsö, Mus.) 1887. 8. 20 p.   1.—

16160 — Contrib. to the knowledge of the Marine Algae of Norway. 2 parts. (Tromsö, Mus.) 1890—91. 8. 210 p. w. 6 pl.   4.—

16161 — List of the marine Algae of Wight. (Trondhj., Vid. S.) 1892. 8. 16 p.   1.—

16162 — 11 pap. on Melobesieae and other Algae. (Trondhj. and Stockh.) 1892—1905. 8. 40 p.   2.—

16163 — Z. Kenntn. d. Afrikan. Laminariae. (Genf, Boiss.) 1893. 8. 5 p. m. Tfl.   1.—

16164 — The Norweg. forms of Ceramium. (Trondhj., Vid. S.) 1893. 8. 21 p. w. 3 pl.   2.—

16165 **Foslie.** New or critic. Norweg. Algae. (Trondhj., Vid. S.) 1894. 8. 31 p.   *M*
    w. 3 pl.   2.—·

16166 — Some new or critical Lithothamnia. 2 pap. (Trondhj., Vid. S.) 1895—
    1898. 8. 30 p. w. pl.   1.50

16167 — On some Lithothamnia. (Trondhj., Vid. S.) 1897. 8. 20 p.   1.—

16168 — List of spec. of the Lithothamnia. (Trondhj., Vid. S.) 1898. 8. 11 p.   1.—

16169 — 5 pap. on Algae. 1898—1908. 8. 39 p.   2.—

16170 — New or critic. Calcareous Algae. (Trondhj., Vid. S.) 1900. 8. 34 p.   1.—

16171 — Revised system. survey of the Melobesieae. (Trondhj., Vid. S.)
    1900. 8. 22 p.   1.—

16172 — Calcareous Algae fr. Funafuti. (Trondhj., Vid. S.) 1900. 8. 12 p.   1.—

16173 — On Melobesiae in Herbar. Crouan. (Trondhj., Vid. S.) 1900. 8. 16 p.   1.—

16174 — Calcareou̇s Algae fr. Fuegia. (Stockh., Svenska Exped.) 1900. 8. 11 p.   1.—

16175 — 7 pap. on new Algae. (Trondhj., Vid. S.) 1900—08. 8. 41 p.   2.—

16176 — New Melobesieae. 2 pap. (Trondhj., Vid. S.) 1901—02. 8. 35 p.   1.50

16177 — Bieten d. Heydrich'schen Melobesien-Arbeiten e. sichere Grund-
    lage? (Trondhj., Vid. S.) 1901. 8. 28 ·p.   1.—

16178 — The Lithothamnia of the Maldives and Laccadives. (Cambr.) 1903.
    4. 12 p. w. 2 photogr. pl.   2.50·

16179 — Die Lithothamnien d. Deutsch. Südpolar-Exped. (Berl., Südpol.-
    Exp.) 1903. 4. 17 p. m. Tfl.   2.50

16180 — Algolog. Notiser. 6 Tle. (Trondhj., Vid. S.) 1904—09. 8. 184 p.   4.—

16181 — On Northern Lithothamnia. (Trondhj., Vid. S.) 1905. 8. 138 p.   3.—

16182 — Corallinaceae of the Antarctic Exped. (Lond., 'Exped.') 1907. 4. 2 p.   1.—

16183 — The Lithothamnia of the Sladen Exped. to the Indian Ocean. (Lond.,
    Linn. S.) 1907. 4. 16 p. w. 2 photogr. pl.   2.50·

16184 — Antarctic and subantarctic Corallinaceae. (Stockh., Südpol.-Exp.)
    1907. 4. 16 p. w. 2 pl.   2.50

16185 — On Lithothamnion Murmanic. (Trondhj., Vid. S.) 1908. 8. 8 p.
    w. 2 pl.   1.50

16186 — Nye Kalkalger. (Trondhj., Vid. S.) 1908. 8. 9 p.   1.—

16187 — W i l l e. Nekrolog. (Trondhj., Vid. S.) 1911. 8. 18 p. m. Portr.   1.—

16188 **Foslie and Howe.** New American Coralline Algae. (New York, Bot.
    Gard.) 1906. 8. 9 p. w. 14 pl.   5.—

16189 — Two new Coralline Algae fr. Culebra, Porto Rico. (New York,
    Torr. Cl.) 1906. 8. 4 p. w. 4 pl.   2.—

16190 **Fournier, P.** Catal. d. Algues vertes d'eau douce de France. (Paris,
    F. d. Natur.) 1904. 4. 20 p.   1.50

16191 **Fragoso.** Plantas marinas de la Costa de Cádiz. (Madrid, Soc. Nat.)
    1886. 8. 14 p.   1.50

16192 — Ectocarpus Lagunae esp. nuova. (Madr., Soc. N.) 1887. 8. 2 p. av. pl.   1.50

16193 **Francé.** Beiträge z. Kenntn. d. Gatt. Carteria. (Budap., Term. Füz.)
    1896. 8. 23 p. m. color. Tfl.   1.50

16194 — Ueb. d. Organisat. v. Chlorogonium. (Budap., Term. Füz.) 1897. 8.
    22 p. m. color. Tfl.   1.50

16195 **Frauenfeld.** Aufzähl. d. Algen d. Dalmatin. Küste. (Wien, Z. b. G.)
    1854. 8. 34 p.   1.—

16196 **Fream.** On the Flora of Water-Meadows. (Lond., Linn. S.) 1888. 8. 11 p.   1.—

16197 **Freeman.** On Chlorochytrium. (Minneap., Bot. Stud.) 1899. 8. 10 p.
    w. pl.   1.—

16198 — On Constantinea. (Minneap., Bot. Stud.) 1899. 8. 16 p. w. 2 pl.   1.50

16199 **Freund.** Neue Versuche üb. d. Wirkgn. d. Aussenwelt auf d. unge-
    schlechtl. Fortpflanz. d. Algen. Halle 1907. 8. 63 p.   1.50·

16200 **Fritsch, F. E.** Studies on Cyanophyceae. II. (Leipz., Bot. Centr.) 1905.
    8. 21 p. w. pl.   1.50·

16201 — Freshwater Algae coll in the South Orkneys. (Lond., Linn. Soc.)
    1912. 8. 46 p. w. 2 pl.   3.—

16202 **Gaidukov.** Histor. Uebers. d. algol. Forschung. in Russland. (Petersb.)   _M_
1882. 8. 15 p. — Russisch m. deutsch. Resumé.   1.—
16203 **Gaillon.** Fructific. d. Thalassiophytes symphys. (Rouen) 1821. 8. 15 p.   1.—
16204 — Résumé méthod. d. classif. d. Thalassiophytes. Strasb. 1828. 8. 59 p.   2.—
16205 — Tableaux synoptiques et méthodiques d. genres d. Némazoaires.
(Boulogne, Soc. Agr.) 1833. 8. 12 p.   1.—
16206 — Limites sépar. le règne végétat. du règne animal (Némazoaires).
(Paris, Ann. Sc.) 1834. 8. 13 p.   1.—
16207 **Gain.** La Flore Algolog. des régions Antarct. et Subantarct. Paris 1912.
4. 218 p. av. 8 pl. color. et noir.   24.—
16208 **Gardner.** New Chlorophyceae fr. California. Berkel. 1909. 8. 6 p. w. pl.   1.—
16209 — New Fucaceae. Berkel. 1913. 4. 24 p. w. 18 pl.   3.50
16210 **Gepp, A. and E. S.** Marine Algae and Phanerogams of the 'Sealark'
Exped. (to the Seychelles, Chagos Archip. etc.).. (Lond., Linn. Soc.)
1908. 4. 26 p. w. 3 pl.   4.—
16211 — The Codiaceae of the Siboga Exped. to Dutch East-Indies.. (Leyden, 'Siboga') 1911. 4. 150 p. w. 22 pl.   28.—
16212 **Gerassimoff.** Ueb. d. kernlosen Zellen einig. Conjugaten. 2 Abhandl.
(Mosk., Bull.) 1892—96. 8. 32 p.   1.—
16213 — Copulation d. zweikern. Zellen bei Spirogyra. (Mosk., Bull.) 1898.
8. 20 p.   1.—
16214 **Gibson.** Report on the Marine Algae of the L. M. B. C. district.
(Liverp., Biol. Soc.) 1889. 8. 27 p.   1.—
16215 — Revised list of the Marine Algae of the L. M. B. C. district.
(Liverp., Biol. Soc.) 1891. 8. 61 p. w. 4 pl.   2.—
16216 — On the struct. and developm. of the Cystocarps of Catenella
Opunt. (Lond., Linn. Soc.) 1893. 8. 9 p. w. 2 pl.   1.—
16217 **Gibson and A. L. Smith.** Development of the Sporangia in Rhodochor-
ton Rothii and floridul. (Lond., Linn. Soc.) 1891. 8. 8 p. w. 2 pl.
(1 colour.)   1.—
16218 **Gobi.** Etud. s. le Chroolepus. (Pétersb., Ac.) 1871. 4. 16 p. av. pl. color.   1.—
16219 — Stud. üb. Chroolepus. (Petersb., Ak.) 1871. 8. 24 p. m. color. Tfl.   1.—
16220 — Die Brauntange d. Finn. Meerbusens. (Petersb., Ak.) 1874. 4. 21 p.
m. 2 Tfln.   1.50
16221 — Die Algenflora d. Weiss. Meeres u. d. nördl. Eismeeres. (Petersb.,
Ak.) 1878. 4. 92 p. (M. 2.50.) Hfzb.   2.—
16222 **Golenkin.** Algolog. Mittheilungen. (Mosk., Bull.) 1900. 8. 19 p. m. Tfl.   1.—
16223 **Göppert.** Ueb. algenart. Einschlüsse in Diamanten. (Bresl., Schles.
Ges.) 1869. 8. 7 p. m. color. Tfl.   1.—
16224 **Goetz.** Z. Systematik d. Gatt. Vaucheria. Münch. 1897. 8. 48 p. m. 55 Fig.   2.—
16225 **Gourret.** Flore de l'Etang de Berre. (Paris) 1901. 8. 21 p.   1.—
16226 **Gräffe.** Mikrosk. Organismen d. Schlammes aus der Tiefe d. Rothen
Meeres. (Wien, Ak.) 1897. 8. 8 p.   1.—
16227 **Gran.** Algevegetation. i Tönsbergfjord. (Krist., Vid. S.) 1893. 8. 38 p.
m. Tfl.   1.50
16228 — Norsk form af Ectocarpus tomentos. (Krist., Vid. S.) 1893. 8.
15 p. m. Tfl.   1.—
16229 —, Kristianiafjordens Algeflora. I (alles was erschien.): Rhodophyceae og Phaeophyceae. (Krist., Vid. S.) 1897. 8. 56 p. m. 2 Tfln.   2.—
16230 **Gray, J. E.** On the arrangem. of Chlorosperm. Algae. (Lond., Ann.
& M.) 1861. 8. 17 p.   1.50
16231 — Handb. of British Water-Weeds (Diatomaceae by C a r r u t h e r s).
Lond. 1864. 8. 128 p. Cloth.   2.—
16232 **Greville.** On some Caulerpae. (Lond., Ann. & M.) 1853. 8. 4 p. w. 2 pl.   2.—
16233 **Gros.** Observat. (embryolog.) et inductions microscop. s. qu. Parasites
(Volvox, Bacillar., Taenia, etc.). (Moscou, Bull.) 1845. 8. 51 p. av.
3 pl. color.   2.—

16234 **Gruber.** Ueber Aufbau u. Entwickl. ein. Fucaceen. Stuttg. 1896. 4. *M*
34 p. m. 7 Tfln. (M. 24.) 8.—
16235 **Grunow.** Algen d. Fidschi-, Tonga- u. Samoa-Inseln, ges. v. Graeffe.
Tl. I. (soviel erschien.). (Hamb., Mus. Godefr.) 1874. 4. 28 p. 4.—
16236 — Additamenta ad cognit. Sargassorum. II. (Wien, Z. b. G.) 1916.
8. 48 p. 1.50
— Die Algen d. „Novara" u. d. Kasp. Meeres — siehe No. 17110 u. 17112.
16237 **Gutwinski.** Ueb. die in Bosnien u. d. Hercegovina entdeckten Algen.
(Saraj.) 1897. 4. 11 p. m. Tfl. 1.—
16238 — Ueb. die bei Travnik ges. Algen. (Saraj.) 1899. 4. 23 p. 1.—
16239 — Flora Algarum montium Tatrensium. (Cracov., Ac.) 1909. 8. 146 p.
et 2 tab. 2.50
16240 **Haeckel, E.** Das Protistenreich. Leipz. 1878. 8. 106 p. m. 58 Fig. Cart. 1.50
16241 **Haddon, Howes and o.** The Marine Zoology, Botany and Geology
of the Irish Sea. IV. (final) report. (Lond., Brit. Ass.) 1896. 8. 34 p. 1.—
16242 **Hallas.** Ny Zygnaema-Art. (Kjöb., Bot. T.) 1895. 8. 16 p. m. 2 Tfln. 1.50
16243 — Nye Arter af Oedogonium. (Kjöb., Bot. Tidsk.) 1905. 8. 14 p. 1.—
16244 **Hansgirg.** Z. Kenntn. Böhm. Algen. (Prag, G. Wiss.) 1883. 8. 11 p. m. Tfl. 1.—
16245 — Physiolog. u. Algologische Studien. Prag 1887. 4. 192 p. m. 4 z.
Tl. color. Tfln. (M. 25.) 12.-
16246 — 12 Abhandl. üb. Algen. 1887—93. 8. 71 p. m. 2 Tfln. (1 color.) 3.—
16247 — Z. Kenntn. d. Süsswasser-Algen- u. Bacterien-Flora v. Tirol u.
Böhmen. (Prag, Ges. Wiss.) 1892. 8. 52 p. 1.50
16248 — Algolog. Schlussbemerkungen. (Prag, Ges. Wiss.) 1902. 8. 17 p. 1.—
16249 — Grundzüge d. Algenflora v. Niederösterreich. (Leipz., Bot. Centr.)
1905. 8. 106 p. 4.—
16250 **Hansteen.** Algeregioner og Algeformationer ved d. Norske vestkyst.
(Christ., Nyt Mag.) 1888. 8. 24 p. m. 2 Tfln. 2.—
16251 **Harvey.** Nereis Boreali-Americana; contrib. to a hist. of the Marine
Algae of N. America. 3 parts. (Wash., Smiths.) 1852—58. 4. 556 p. w.
50 colour. plates. 45.—
Out of print.
16252 — New Algae of Victoria, Australia. (Lond., Ann. & 'M.) 1855. 8.
5 p. w. pl. 1.50
16253 — On new Brit. Algae. (Dubl., Univ.) 1858. 8. 8 p. w. 2 pl. 2.—
16254 — Phycologia Australica; the Seaweeds of Australia and Tasmania.
5 vols. Lond. 1858—63. 8. w. 300 colour. pl. Cloth. (7 £ 13 s.) 120.—
16255 — — Vol. I and II. Lond. 1858—59. w. 120 colour. plates. Half bd. calf. 25.—
16256 — On a collect. of Algae fr. the North-West American Coast. (Lond.,
Linn. Soc.) 1862. 8. 20 p. 1.—
16257 **Hassenkamp.** Ueb. d. Entwicklg. d. Cystocarpien b. ein. Florideen.
Freiburg 1902. 4. 24 p. m. Tfl. 1.—
16258 **Haufe.** Z. Kenntn. d. Anat. ein. Florideen. Görl. 1879. 8. 31 p. m. 3
color. Tfln. 1.50
16259 **Hauptfleisch.** Die Fruchtentwickel. d. Gatt. Chylocladia, Champia u.
Lomentaria. (Marb., Flora) 1892. 8. 62 p. m. 2 Tfln. 1.50
16260 **Häyrén.** Algolog. Notizen aus Björneborg. (Helsingf.) 1909. 8. 12 p. 1.—
16261 **Hazen.** The Ulothricaceae and Chaetophoraceae of the U. S. (N. York,
Torrey Cl.) 1902. 8. 116 p. w. 23 colour. pl. 9.—
16262 **Heape.** Report up. the Fauna and Flora of Plymouth Sound. (Plym.,
Mar. Ass.) 1888. 8. 41 p. 1.50
16263 **Hedlund.** Zuwachsverlauf b. kugel. Algen währ. d. Wachstums. (Uppsala, 'Kjelman') 1906. 4. 20 p. m. 2 Tfln. 2.—
16264 **Heering u. Homfeld.** Die Algen d. Eppendorf. Moores b. Hamburg.
(Hamb., Nat. Ver.) 1905. 8. 21 p. 1.—
16265 **Heiden.** Beitr. z. Algenflora Mecklenburgs. 2 Tle. (Güstr., Arch.) 1889.
8. 18 p. 1.—

16266 **Hempel.** Algenflora d. Umgeg. v. Chemnitz. 2 Tle. (Chemnltz, Nat. Ges.) 1880—81. 8. 62 p. — 2.—

16267 **Henckel.** Ueb. d. Bau d. vegetat. Organe v. Cystoclonium purpur. (Krist., Nyt Mag.) 1901. 8. 26 p. m. Tfl. — 1.50

16268 **Henfrey.** On Chlorosphaera, and some Confervoid Algae. 2 pap. (Lond., Micr. Soc.) 1857—59. 8. 13 p. w. 2 colour. pl. — 1.50

16269 **Hermann.** Ueber die bei Neudamm aufgef. Arten d. Genus Characium. (Leipz., 'Rabenhorst') 1863. 4. 8 p. m. 2 Tfln. — 1.—

16270 **Heufler.** 3 neue Algen. (Wien, Z. b. G.) 1853. 8. 8 p. m. 3 Tfln. — 2.—

16271 **Heydrich.** Pleurostichidium, e. neues Gen. (Berlin, Bot. Ges.) 1893. 6 p. m. Tfl. — 1.—

16272 — Corallinaceae, insbes. Melobesieae. (Berl., Bot. Ges.) 1897. 8. 38 p. m. Tfl. — 1.50

16273 — Melobesiae. (Berl., Bot. Ges.) 1897. 8. 18 p. m. color. Tfl. — 1.—

16274 — Ueb. d. weibl. Conceptakeln v. Sporolithon. Stuttg. 1899. 4. 25 p. m. 2 Tfln. (M. 6.) — 4.—

16275 — Die Befruchtung des Tetrasporangiums v. Polysiphonia. (Berl., Bot. Ges.) 1901. 8. 17 p. m. Tfl. — 1.—

16276 — Bietet die Foslie'sche Melobesien-Systematik eine sichere Begrenzung? (Berl., Bot. Ges.) 1901. 8. 16 p. — 1.—

16277 — Implicaria, ein neues Gen. (Berl., Bot. Ges.) 1902. 8. 5 p. m. Tfl. — 1.—

16278 — Ueb. Rhododermis. (Jena, Bot. Centr.) 1903. 8. 4 p. m. Tfl. — 1.—

16279 — Lithophyllum incrustans. Stuttg. 1911. 4. 24 p. m. 2 Tfln. (M. 8.) — 6.—

16280 **Hicks.** On the dimorphosis of Lyngbya, Schizogonium and Prasiola. (Lond., Micr. J.) 1861. 8. 10 p. w. colour. pl. — 1.—

16281 — Motionless spores of Volvox Globator. (Lond., Micr. J.) 1861. 8. 3 p. w. colour. pl. — 1.—

16282 — On veget. Amoeboid bodies. (Lond., Micr. J.) 1862. 8. 8 p. w. colour. pl. — 1.—

16283 **Hickson.** On a coll. of Hydrocorallinae. (Dubl., Roy. Soc.) 1892. 8. 15 p. w. 3 pl. (1 colour.) — 2.—

16284 **Hieronymus.** Ueb. Stephanosphaera pluv. (Bresl., Cohn's Beitr.) 1884. 8. 28 p. m. 2 color. Tfln. — 2.—

16285 — Z. Kenntn. v. Chlamydomyxa labyrinthul. (Dresd., Hedwig.) 1898. 8. 49 p. m. 2 color. Tfln. — 2.—

16286 **Hirn.** Beitr. z. Kenntn. d. Oedogoniaceen. Helsingf. 1900. 4. 141 p. m. 14 Tfln. — 7.—

16287 **Hofmeister.** Beweg. d. Fäden d. Spirogyra. (Stuttg., Nat. Ver.) 1874. 8. 16 p. — 1.—

16288 **Holden.** Phycolog. Notes. Ed. by Collins. (Bost., Rhodora) 1905. 8. 28 p. — 1.50

16289 **Holmes.** New Brit. Algae. (Lond., Grev.) 1873. 8. 3 p. w. colour. pl. — 1.—

16290 — On Stenogramme interrupta. (Lond., Grev.) 1874. 8. 2 p. w. col. pl. — 1.—

16291 — New Marine Algae fr. Japan. (Lond., Linn. S.) 1896. 8. 13 p. w. 6 pl. — 3.—

16292 **Holtz, F. L.** On Pelvetia. (Minneap., Bot. Stud.) 1903. 8. 24 p. w. 6 pl. — 2.50

16293 **Hone.** Petalonema alatum in Minnesota. (Minneap., Bot. Stud.) 1903. 8. 4 p. w. pl. — 1.—

16294 **Howe.** On the genera Acicularia and Acetabulum. (New York, Torrey Cl.) 1901. 8. 14 p. w. 2 pl. — 2.—

16295 — On Bahaman Algae. (N. York, Torr. Cl.) 1904. 8. 8 p. av. pl. — 1.—

16296 — The Marine Algae of Peru. (New York, Torrey Cl.) 1914. 8. 185 p. w. 66 pl. — 16.—

16297 **Humphrey, H. B.** On Gigartina exasperata. (Minneap., Bot. Stud.) 1901. 8. 7 p. w pl. — 1.—

16298 **Humphrey, J. E.** On the anat. and developm. of Agarum Turneri. (Boston, Ac.) 1886. 8. 10 p. w. 2 pl. — 1.50

16299 **Hustedt.** Beiträge z. Algenflora v. Bremen. 3 Tle. (Brem., Nat. Ver.) 1909—10. 8. 71 p. m. Tfl. — 2.—

16300 **Iwanoff.** Ueb. neue Arten v. Algen u. Flagellaten v. Bologoje. (Mosk., Bull.) 1900. 8. 25 p. m. 2 color. Tfln. 1.50
16301 — Ueb. Wasserpflanzen d. Seegebiete. Petersb. 1901. 8. 158 p. m. 5 Tfln. (3 color.) — Russisch. 2.50
16302 **Jacquard.** Album des Plantes Marines. Paris. 75 planches coloriées in-Folio. (sign. 1 à 6, 8 à 13, 15 à 18, 21 à 60, 62 à 80). 25.—
16303 **Janczewski.** Etudes anat. s. l. Porphyra. (Paris, Ann. Sc.) 1873. 8. 20 p. av. pl. 1.50
16304 — S. l'accroiss. du thalle d. Phéosporées. (Cherb., Soc. Nat.) 1875. 8. 20 p. 1.—
16305 — S. le développem. du cystocarpe d. Floridées. (Cherb., Soc. Nat.) 1877. 8. 40 p. av. 3 pl. 2.—
16306 — Etudes algolog. Paris 1883. 8. 24 p. av. 2 pl. color. 2.—
16307 **Janet.** Le Volvox (Ethologie; phylogenèse; systémat.; morphol.; etc.). Limoges 1912. 8. 151 p. 1.50
16308 — L'alternance sporophyto-gamétophyt. de générat. chez l. Algues. Limoges 1914. 8. 108 p. 3.—
16309 **Janouchkievitch.** Les Algues du groupe des Lacs de Liman (Distr. de Zmiew). (Charkow) 1891. 8. 33 p. — En l. Russe. 1.—
16310 **Jessen.** Prasiolae monogr. Kil. 1848. 4. 20 p. et 2 tab. color. 1.—
16311 **Johnson, D. S., and Harlan.** The relat. of Plants to Tide Levels. Study of factors affect. the distrib. of Marine Plants. Wash. 1916. 8. 162 p. w. 24 pl. 15.—
16312 **Johnson, M.** Monad's Place in Nature. (Lond., Micr. J.) 1871. 8. 8 p. w. pl. 1.—
16313 **Johnson, T.** On the systemat. position of the Dictyotaceae. (Lond., Linn. Soc.) 1891. 8. 8 p. w. pl. 1.—
16314 — Pogotrichum hibernic. sp. n. (Dubl., Roy. S.) 1893. 8. 10 p. w. pl. 1.—
16315 **Johnson, T., and Hanna.** Irish Phaeophyceae. (Dubl., Ac.) 1899. 8. 21 p. 1.50
16316 **Johnson, T., and Hensman.** List of Irish Corallinaceae. (Dubl., Roy. S.) 1899. 8. 9 p. 1.—
16317 **Johnson, T. J.** Flora of Plymouth Sound and adjac. waters. (Lond., Biol. Ass.) 1890. 8. 20 p. w. map. 1.—
16318 **Jönsson, B.** Z. Kenntn. d. Dickenzuwachses d. Rhodophycéen. (Lund, Univ.) 1893. 4. 41 p. m. 2 Tfln. 1.50
16319 — Stud. öfv. Algparasitism h. Gunnera. (Ups., Bot. Not.) 1894. 8. 20 p. 1.—
16320 — Z. Kenntn. d. Baues u. d. Entwickl. d. Thallus bei d. Desmarestieen. (Lund, Univ.) 1901. 4. 42 p. m. 3 Tfln. 2.50
16321 **Jónsson, H.** The Marine Algae of Iceland. 4 parts. (Copenh., Bot. Tidsk.) 1901—03. 8. 130 p. 5.—
See also nr. 16885.
16322 **Jost.** Z. Kenntn. d. Coleochaeteen. (Berl., Bot. Ges.) 1895. 8. 20 p. m. Tfl. 1.—
16323 **Juday.** Some Europ. Biolog. Stations. (Madis., Ac.) 1910. 8. 21 p. w. 4 pl. 1.50
16324 **Just.** Phyllosiphon Arisari. (Leipz., Bot. Z.) 1882. 4. 19 p. m. color. Tfl. 1.—
16325 **Karsakoff.** 2 Floridées nouv. p. la flore d. Canaries. (Paris, Ann. Sc.) 1896. 8. 12 p. 1.—
16326 **Karsten, G.** Delesseria amboinensis. (Leipz., Bot. Z.) 1891. 4. 4 p. m. Tfl. 1.—
16327 **Karsten, H.** Die Fortpflanz. d. Conferva fontinal. Bau v. Cecropia peltata. 2 Abhandl. (Berl., Karsten's Beitr.) 1865. 8. 21 p. m. 2 Tn. 1.50
16328 **Kayser, H.** Die Flora d. Strassburg. Wasserleitung. Kaiserslaut. 1 00. 8. 60 p. 1.50
16329 **Keller.** Das Leben d. Meeres. Mit botan. Beiträgen v. Cramer u. Schinz. Leipz. 1895. 8. 623 p. m. 16 (10 color.) Tfln. u. 260 Fig. Hldrb. (M. 20.) 14.—
16330 **Ketel.** Anatom. Unters. üb. Lemanea. Greifsw. 1887. 8. 40 p. m. Tfl. 1.—
16331 **Kirchner.** Nachträge z. Algenflora v. Württemberg. (Stuttg., Nat. Ver.) 1888. 8. 24 p. 1.50

16332 **Kirchner.** Die mikroskop. Pflanzenwelt d. Süsswassers. 2. (letzte) Aufl. _M_
Hamb. 1891. 4. 72 p. m. 5 Tfln. Lnb.　30.—
Vergriffen.

16333 — Florula phycolog. Benacensis. (Rovereto) 1899. 8. 30 p. et tab.　1.50

16334 **Kjellman.** Bidr. till känned. om Skandinav. Ectocarpeer och Tilopterideer. Stockh. 1872. 8. 112 p. m. 2 Tfln.　2.—

16335 — Om Algvegetat. i Mosselbay. (Stockh., Ak.) 1875. 8. 10 p.　1.—

16336 — Om Spetsbergens Marina, klorofyllför. Thallophyter. II: Fucaceae. (Stockh., Ak.) 1877. 8. 61 p. m. 5 Tfln.　2.—

16337 — Kariska Hafvets Algvegetat. (Stockh., Ak.) 1877. 8. 28 p. m. Tfl.　1.50

16338 — Ueb. d. Algenvegetat. d. Murman'schen Meeres. (Ups., Ges. Wiss.) 1877. 4. 86 p. m. Tfl.　2.—

16339 — Om Algvegetat. i d. Sibiriska Ishafvet. (Stockh., Vega) 1882. 8. 7 p.　1.—

16340 — The Algae of the Arctic Sea. (Stockh., Ac.) 1883. 4. 352 p. w. 31 partly colour. pl.　16.—

16341 — Norra Ishafvets Algflora. (Stockh., Ak.) 1883. 8. 431 p. m. 31 Tfln.　11.—

16342 — Ueb. d. Beziehgn. d. Flora d. Bering- zu- d. d. Ochotskischen Meeres. (Cassel, Bot. Centr.) 1888. 8. 16 p.　1.—

16343 — Om Beringshafvets Algflora. (Stockh., Ak.) 1889. 4. 58 p. m. 7 Tfln.　4.—

16344 — Undersökn. af nagra Adenocystis. (Stockh., Ak.) 1889. 8. 28 p. m. Tfl.　1.—

16345 — Ny Organisationstyp in Laminaria. (Stockh., Ak.) 1892. 8. 17 p. m. Tfl.　1.—

16346 — Om slägt. Myelophycus. (Stockh., Ak.) 1893. 8. 12 p. m. Tfl.　1.—

16347 — Studier öfv. Acrosiphonia. (Stockh., Ak.) 1893. 8. 114 p. m. 8 Doppeltfln.　4.—

16348 — Japanska Arter af Porphyra. (Stockh., Ak.) 1897. 8. 34 p. m. 5 Tfln.　3.—

16349 — Marina Chlorophyceer fr. Japan. (Stockh., Ak.) 1897. 8. 44 p. m. 7 Tfln.　3.—

16350 — Derbesia marina fr. Norges Nordkust. (Stockh., Ak.) 1897. 8. 21 p. m. Tfl.　1.—

16351 — Blastophysa polymorpha och Urospora incrass., 2 nya Chlorophyc. (Stockh., Ak.) 1897. 8. 16 p. m. Tfl.　1.—

16352 — Ceramium-form fr. Gotland. (Stockh., Ak.) 1897. 8. 22 p.　1.—

16353 — Zur Organographie u. System. d. Aegagropilen. (Upsala, Ges. Wiss.) 1898. 8. 25 p. m. 4 Tfln.　2.—

16354 — Om Floridé-slägtet Galaxaura, d. organografi och systematik. (Stockh., Ak.) 1900. 4. 109 p. m. 20 Tfln.　7.—

16355 — Om främmande Alger ilandrifna vid Sveriges västkust. (Uppsala, Ark. Bot.) 1906. 8. 10 p.　1.—

16356 — Botaniska Studier, tillägnade F. R. Kjellman. Ups. 1906. 8. 287 p. m. Portr. u. 9 Tfln.　10.—
Enthält u. a.: B o r g e. Süsswasser-Chlorophyceen v. Feuerland. — H e d - l u n d. Zuwachsverlauf bei kugeligen Algen. — S k o t t s b e r g. Vegetation of the Antarctic Sea. — S v e d e l i u s. Algenveget. e. Ceylonesischen Korallenriffs.

16357 **Kjellman och Petersen.** Om Japans Laminariaceer. (Stockh., Vega) 1885. 8. 26 p. m. 2 Tfln.　3.—

16358 **Klebahn.** Z. Kritik ein. Algengattgn. (Berl., Pringsh. J.) 1893. 8. 44 p. m. Tfl.　1.50

16359 — Ueb. Pleurocladia lacustr. (Berl., Bot. Ges.) 1895. 8. 14 p. m. Tfl.　1.—

16360 **Klebs.** Z. Physiol. d. Fortpflanz. v. Vaucheria sessilis. (Basel, Nat. Ges.) 1884. 8. 26 p.　1.—

16361 — Ueb. d. Fortpflanzungs-Physiol. d. nieder. Organismen. Tl. I. (soviel erschien.): Die Bedingungen d. Fortpflanz. bei einig. Algen u. Pilzen. Jena 1896. 8. 561 p. m. 3 Tfln. (M. 18.)　12.—

16362 **Klein, J.** Ueb. Krystalloide v. Algen. (Budap.) 1879. 8. 31 p. m. color. Tfl. — Magyarisch.　1.—

16363 **Klemm, J.** Beiträge zu e. Algenflora d. Umgeg. v. Greifswald. Greifsw. 1914. 8. 88 p. m. Tfl.　2.—

16364 **Klemm, P.** Ueb. d. Regenerationsvorgänge bei d. Siphonaceen. (Marb.,   *M.*
Flora) 1894. 8. 23 p. m. 2 z. Tl. color. Tfln.   1.50
16365 — Ueb. Caulerpa prolifera. (Marb., Flora) 1895. 8. 27 p.   1.—
16366 **Kniep.** Z. Keimungs-Physiol. u. -Biologie v. Fucus. (Leipz., Pringsh. J.)
1907. 8. 92 p.   2.—
16367 **Kny.** Morphol. v. Chondriopsis coerulesc. (Berl., Ak.) 1870. 8. 17 p.
m. color. Tfl.   1.—
16368 — Die veget. Entwickel. ein. höh. Algen. (Berl., Nat. Fr.) 1872. 8. 15 p. 1.—
16369 — Ueb. Axillarknospen bei Florideen. (Berl., Nat. Fr.) 1873. 4. 32 p.
m. 2 Tfln.   1.50
16370 — Das Pflanzenleben d. Meeres. Berl. 1875. 8. 61 p.   1.—
16371 **Koch, L.** Untersuchgn. üb. die Inhaltskörper d. Fucaceen. Rost. 1896.
8. 62 p.   1.50
16372 **Kofoid.** Phytomorula regularis. Berkel. 1914. 4. 4 p. w. pl.   1.—
16373 **Kohl.** Ueb. d. Organisat. u. Physiol. d. Cyanophyceenzelle. Jena 1903.
8. 243 p. m. 10 color. Tfln. (M. 20.)   11.—
16374 **Kolderup Rosenvinge.** Etudes s. l. genres de l'Ulothrix et de la Conferva. (Copenh., Bot. Tidsk.) 1879. 8. 25 p. av. pl.   1.50
16375 — Etudes morphol. s. l. Polysiphonia. (Copenh., Bot. Tidsk.) 1884. 8.
52 p. av. 2 pl.)   2.—
16376 — Disposit. d. feuilles et format. d. pores second. d. Polysiphonia.
(Copenh., Bot. Tidsk.) 1888. 8. 18 p. av. pl.   1.—
16377 — Phénomènes de croissance chez l. Cladophora et Chaetomorpha.
(Copenh., Bot. Tidsk.) 1892. 8. 36 p.   1.—
16378 — S. l. Algues marines du Groenland. 2 parties. (Copenh., Medd.
Groenl.) 1898. 8. 238 p. av. pl.   7.—
16379 — S. une Floridée aérienne. (Copenh., Bot. T.) 1900. 8. 22 p.   1.—
16380 — S. l. Algues étrangères rejetées sur la côte occid. du Jutland.
(Copenh., Bot. Tidsk.) 1905. 8. 24 p.   1.—
16381 — The Marine Algae of Denmark. Part I (all publish.): Introd., Rhodophyceae. (Copenh., Vid. S.) 1909. 4. 151 p. w. 2 colour. maps and
2 pl. (M. 7.50.)   4.50
16382 — On the Marine Algae fr. N.-East Greenland. (Kjöbenh., Medd.
Grönl.) 1910. 8. 43 p.   2.—
16383 — On the hyaline unicellul. hairs of the Florideae. (Kjöb., 'Warming') 1911. 4. 13 p.   1.—
16384 **Kolderup-Rosenvinge and Warming.** The Botany of Iceland. Parts 1
and 2. Copenh. 1912—14. 8. 352 p. — All published till now.   12.—
16385 — — Part I: The Marine Algal Vegetat. by J ó n s s o n. Copenh.
1912. 8. 192 p.   6.—
16386 **Kolkwitz.** Krümmungen bei d. Oscillariac. (Berl., Bot. Ges.) 1896.
8. 10 p. m. Tfl.   1.—
16387 — Z. Biol. d. Florideen. Kiel 1900. 4. 32 p.   2.—
16388 **Kossowitsch.** Unters. üb. d. Frage, ob d. Algen sich freien Stickstoff
aneignen. (Petersb., Soc. Nat.) 1896. 8. 26 p.   1.—
16389 **Kotte.** Turgor u. Membranquelle bei Meeresalgen. Kiel 1914. 4. 53 p. 2.—
16390 **Krok.** Om Alg-floran i inre Östersjön och Bottniska viken. (Stockh.,
Ak.) 1869. 8. 26 p.   1.—
16391 **Kuckuck.** Beitr. zur Kenntn. einig. Ectocarpus-Arten d. Kieler Föhrde.
Cassel 1891. 8. 42 p.   1.50
16392 — Meeresalgen v. Sermitdlet. (Kiel, Meer.-Unt.) 1892. 4. 12 p.   1.—
16393 — Choreocolax albus n. sp. (Berl., Ak.) 1894. 4. 5 p. m. color. Tfl.   1.—
16394 — Üb. Polymorphie bei ein. Phaeosporeen. (Berl., 1897). 8. 28 p. m. Tfl. 1.50
16395 — Bemerk. z. marinen Algenvegetation v. Helgoland. 2 Tle. (Kiel,
Meeres-Unters.) 1897—1904. 4. 70 p. m. 47 Fig.   5.—
16396 — Der Strandwanderer. Die wichtigsten Strandpflanzen, Meeresalgep
u. Seetiere d. Nord- u. Ostsee. Münch. 1905. 8. 76 p. m. 24 color.
Tfln. Origbd. (M. 6.)   4.50

16397 **Kuntze, O.** Verwandtschaft v. Algen m. Phanerogamen. (Regensb., Flora) 1879. 8. 22 p. m. Tfl.   *M* 1.50

16398 — La nomenclature reformée d. Algae et Fungi. (Paris, J. Bot.) 1899. 8. 10 p.   1.—

16399 **Kurz.** Fifth list of Bengal Algae. (Calc., As. Soc.) 1871. 8. 5 p.   1.—

16400 **Küster.** Ueb. Derbesia u. Bryopsis. (Berl., Bot. Ges.) 1899. 8. 8 p. m. Tfl.   1.—

16401 — Ueb. Vernarbungs- u. Prolificationserscheinungen bei Meeresalgen. (Marb., Flora) 1899. 8. 18 p.   1.—

16402 **Kützing.** Rech. s. la format. et la métamorph. d. Organismes végét. infér. 2 parties. (Paris, Ann. Sc.) 1834. 8. 26 p. av. 2 pl.   2.—

16403 — Ueb. die Polypiers calcifères d. Lamouroux. Nordh. 1841. 4. 34 p.   1.—

16404 — Species Algarum. Lips. 1849. 8. 928 p. (M. 21.)   11.—

16405 — B a l s a m o. Index ad Kützingii Species Algar. Neap. 1892. 12 64 p.   2.—

16406 **Kylin.** Biolog. jakttag. rör. Algflora vid Svenska västkusten. (Lund, Bot. Not.) 1906. 8. 13 p.   1.—

16407 — Z. Kenntn. ein. Schwed. Chantransia-Arten. (Uppsala, 'Kjellman') 1906. 4. 14 p.   1.50

16408 **Lagerheim.** Om Stockholmstrakt. Pediastréer, Protococcac. och Pal-mellacéer. (Stockh., Ak.) 1882. 8. 36 p. m. 2 Tfln.   1.50

16409 — Bidr. till Sveriges Algflora. (Stockh., Ak.) 1883. 8. 42 p. m. Tfl.   1.50

16410 — Ueb. Phaeothamnion, e. neue Gatt. d. Süsswasseralgen. (Stockh., Ak.) 1884. 8. 14 p. m. color. Tfl.   1.—

16411 — Om Chlorochytrium Cohnii. (Stockh., Ak.) 1884. 8. 7 p. m. Tfl.   1.—

16412 — Algolog. och mykolog. anteckningar fran en resa i Lulea Lapp-mark. (Stockh., Ak.) 1884. 8. 29 p.   1.—

16413 — Codiolum Polyrhizum n. sp. (Stockh., Ak.) 1885. 8. 11 p. m. Tfl.   1.—

16414 — S. le Mastigocoleus, n. genre. (Venise, Not.) 1886. 8. 5 p. av. pl.   1.—

16415 — 6 Abhandlgn. üb. Algen. 1886—89. 8. 33 p.   1.50

16416 — Ueb. d. Süsswasser-Arten v. Chaetomorpha. (Berl., Bot. Ges.) 1887. 8. 8 p. m. Tfl.   1.—

16417 — S. l'Uronema, nouv. genre. (Genova, Malp.) 1887. 8. 7 p. av. pl.   1.—

16418 — Z. Entwickelgesch. ein. Confervaceen. Krit. Bemerk. zu ein. Arten u. Variet. v. Desmidiaceen. (Berl. u. Stockh.) 1887. 8. 16 p.   1.—

16419 — 5 Abhandlgn. z. Physiol. d. Algen. 1887—88. 8. 40 p.   1.50

16420 — Alc. Alghe d'acqua dolce nuove. (Venez., Not.) 1888. 8. 7 p.   1.—

16421 — Z. Entwicklgesch. d. Hydrurus. (Berl., Bot. Ges.) 1888. 8. 13 p.   1.—

16422 — Ueb. d. Gattgn. Conferva u. Microspora. (Marb., Flora) 1889. 8. 17 p. m. 2 Tfln.   1.50

16423 — Contrib. a la Flora Algol. d. Ecuador. Quito 1890. 8. 16 p.   1.50

16424 — Sammeln v. Süsswasser-Algen in d. Tropen. (Braunschw., Z. Mikr.) 1892. 8. 8 p.   1.—

16425 — Fortpflanzung v. Prasiola. (Berl., Bot. Ges.) 1892. 8. 9 p. m. Tfl.   1.—

16426 — Die Schneeflora d. Pichincha. (Nivale Algen u. Pilze). (Berl., Bot. Ges.) 1892. 8. 18 p. m. Tfl.   1.50

16427 — Chlorophyceen aus Abessinien u. Kordofan. (Padua, N. Not.) 1893. 8. 14 p.   1.—

16428 — Rhodochytrium nov. gen. (Leipz., Bot. Z.) 1893. 4. 10 p. m. Tfl.   1.—

16429 — Ueb. d. Entwickel. v. Tetraëdron u. Euastropsis. (Tromsö, Mus.) 1894. 8. 24 p. m. Tfl.   1.50

16430 — Ueb. d. Phycoporphyrin. (Krist., Vid. S.) 1895. 8. 25 p.   1.—

16431 **Lagerstedt.** Om slägt. Prasiola. Upsala 1869. 8. 44 p. m. Tfl.   1.—

16432 **Laing.** Revis. list of New Zealand Seaweeds. II. (Wellington, Inst.) 1901. 8. 33 p.   2.—

16433 **Lakowitz.** Die Vegetat. d. Danziger Bucht. (Danz.) 1890. 8. 28 p.   1.50

16434 **Lallemand.** S. le développ. d. Zoospermes. (Montp.) 1841. 8. 72 p.   1.50

16435 **Lampert.** Z. Kenntn. d. nied. Tier- u. Pflanzenwelt d. Dutzendteichs b. Nürnberg. (Nürnb., Nat. Ges.) 1907. 8. 14 p.   1.—

16436 **Lampert.** Das Leben der Binnengewässer. 2. Aufl. Leipz. 1907—10. 8. *M*
874 p. m. 17 Tfln. (8 color.) Origbd. (M. 20.) — 16.—

16437 **Lamy.** S. la Phycite, matière sucrée du Protococcus vulg. (Lille, Soc.
Sc.) 1856. 8. 8 p. av. pl. — 1.—

16438 **Landsborough.** British Sea-Weeds. Lond. 1849. 8. 407 p. w. 22 colour.
pl. Cloth. — 7.—

16439 — — Plate 16 w a n t i n g. Cloth. — 3.50

16440 **(Lankester).** On the developm. of the resting spores of Oedogonium.
(Lond., Micr. J.) 1866. 8. 4 p. w. pl. — 1.—

16441 **Lanzi.** Il Polviscolo Aëreo. (Roma, Arch. Medic.) 1871. 8. 34 p. — 1.50

16442 **Lauterborn.** Die Vegetat. d. Oberrheins. (Heidelb., Nat. Ver.) 1910.
8. 53 p. — 1.50

16443 **Lazaro é Ibiza.** Datos para la Flora Algológ. d. Norte y Noroeste de
España. (Madrid, Soc. Nat.) 1889. 8. 20 p. — 1.50

16444 **Leavitt.** On Callymenia phyllophora. (Minneap., Bot. Stud.) 1904. 8.
6 p. w. 2 pl. — 1.50

16445 **Lehmann, E.** Ueb. Hyella Balani. (Christ., Nyt Mag.) 1903. 8. 11 p.
m. Tfl. — 1.—

16446 **Le Jolis.** S. la nomenclat. génér. d. Algues. (Cherb., Soc. Sc.) 1856.
8. 20 p. — 1.—

16447 — S. la nomenclature algolog. (Cherb., Soc. Sc.) 1897. 8. 142 p. — 2.—

16448 **Lemmermann.** Versuch ein. Algenflora d. Umgeg. v. Bremen (excl.
Diatomac.). (Bremen, Nat. Ver.) 1892. 8. 54 p. — 2.—

16449 — Die Algenflora d. Brem. Wasserwerkes. (Brem., Nat. Ver.) 1895.
8. 19 p. — 1.—

16450 — Z. Algenflora v. Schlesien. (Brem., Nat. Ver.) 1897. 8. 23 p. m. Tfl. — 1.50

16451 — Algolog. Beiträge. (Brem., Nat. Ver.) 1898. 8. 12 p. m. Tfl. — 1.—

16452 — Die parasit. u. saprophyt. Pilze d. Algen. (Brem., Nat. Ver.) 1901.
8. 18 p. — 1.—

16453 — Peridiniales. (Berl., Bot. Ges.) 1903. 8. 10 p. — 1.—

16454 — Algen d. Süsswassers. (Berl., Bot. Ges.) 1903. 8. 11 p. — 1.—

16455 **Lemmermann, Brunnthaler, Pascher u. Heering.** Die Chlorophyceen
d. Süsswasserflora Deutschlands, Oesterr. u. d. Schweiz. (3 Tle.)
Tl. II, III. Jena 1914—15. 8. 508 p. m. 787 Fig. — Soviel erschienen.
(M. 12.40.)

16456 **Lemoine.** Struct. anat. d. Mélobésiées. (Monaco) 1911. 4. 225 p. av.
5 pl. et 105 fig. — 22.—

16457 — Mélobésiées rec. p. la 2. Expéd. Antarct. Franç. Paris 1913. 4.
72 p. av. 2 pl. — 6.—

16458 **Lespinasse.** Les zoospores et anthérozoïdes d. Algues. (Bord., Ac.)
1861. 8. 21 p. — 1.50

16459 **Levi-Morenos.** S. fitofagia d. Animale marini. 3 mem. 1888—89.
8. e. 4. 34 p. — 1.50

16460 **Lewin.** Ueb. Spanische Süsswasseralgen. (Stockh., Ak.) 1888. 8.
24 p. m. 3 Tfln. — 1.50

16461 **Liebman.** Bemaerkn. og tillaeg t. d. Danske Algeflora. I. (Kjöbenh.,
Nat. Tidsk.) 1839. 8. 31 p. m. Tfl. — 1.—

16462 **Lindau.** Kryptogamenflora f. Anfänger. Bd. IV: Die Algen. Abteil.
1 u. 2. Berl. 1914. 8. 445 p. m. 926 Fig. (M. 13.50.)

16463 **Link.** De Algis aquat. in genera dispon. (Bonn.) 1820. fol. 8 p. et tab.
color. — 1.50

16464 — S. l. Zoophytes et l. Algues. (Paris, Ann. Sc.) 1834. 8. 11 p. — 1.—

16465 **Loitlesberger.** Z. Algenflora Oberoesterr. (Wien, Z. b. G.) 1888. 8. 4 p. — —.50

16466 **Lovén.** Om Algernas Andning. (Stockh., Ak.) 1891. 8. 17 p. m. Tfl. — 1.—

16467 **Luther.** Chlorosaceus, e. neue Süsswasseralge. (Stockh., Ak.) 1899.
8. 22 p. m. Tfl. — 1.—

16468 **Lyngbye.** Rariora Codana (Algae). (Haun., Nat. För.) 1879. 8. 16 p. — 1.—

16469 **Mac Millan.** On Pterygophora. (Minneap., Bot. Stud.) 1902. 8. 19 p. w. 6 pl.   *M* 2.50

16470 **Magnus, P.** Z. Morpholog. d. Sphacelarieen. (Berl., Nat. Fr.) 1873. 4. 30 p. m. 4 Tfln.   1.50

16471 — Botan. Untersuchungen d. Pommerania-Expedit. (Kiel, Exp.) 1873. fol. 20 p.   1.50

16472 — Die botan. Ergebn. (Algen) d. Nordseefahrt 1872. (Berl.) 1874. fol. 21 p. m. 2 Tfln.   1.50

16473 **Marshall.** Die deutschen Meere und ihre Bewohner. Leipz. 1896. 8. 839 p. m. 4 color. Tfln. Hbfz. (M. 28.)   9.—

16474 **Martel.** Contrib. alla conosc. d. Algologia Romana. (Roma, Ist. Bot.) 1885. 4. 22 p.   1.50

16475 **Martens.** Die Tange d. Preuss. Exped. nach Ost-Asien. Berl. 1866. 8. 152 p. m. 8 Tfln. (M. 6.)   3.—

16476 — Conspectus Algarum Brasiliae. (Haun., Nat. För.) 1870. 8. 18 p.   1.—

16477 **Märtens.** Das Wachsen d. Blaualgen in mineralog. Nährlösungen. Halle 1915. 8. 58 p.   2.—

16478 **Massee.** On the struct. and evolut. of the Florideae. (Lond., Micr. J.) 1886. 8. 13 p. w. 2 pl.   1.50

16479 — Life-history of a stipit. Freshwat. Alga. (Lond., Linn. S.) 1891. 8. 6 p. w. pl.   1.—

16480 **Mazé et Schramm.** Essai de classif. des Algues de la Guadeloupe. 2. éd. Basse-Terre 1870 à 77. 8. 305 p. D.-rel. veau.   70.—
    Edition originale, r a r i s s i m e, dont on ne connaît qu' à peu près 30 exempl. (Voyez: J u n k, Rara Historico-Naturalia, p. 88).

16481 — — F a c s i m i l e - E d i t i o n. Berlin 1904. 8. 305 p.   25.—
    Réimpression excellente.

16482 **Mazza.** 4 memorie algolog. 1901—04. 8. 23 p.   1.50

16483 — Flora marina d. Golfo di Napoli. 2 parti. (Padova, N. Not.) 1902. 8. 47 p.   1.50

16484 — La Schimmelmannia ornata. (Pad., N. Not.) 1903. 8. 17 p. c. tav. color.   1.50

16485 — Manipolo di Alghe marine d. Sicilia. 2 parti. (Padova, N. Not.) 1904. 8. 110 p.   4.—

16486 **Meneghini.** Alghe Mediterranee Italiane. Fasc. I. (unico). Pisa 1841. 8. 17 p.   2.—

16487 — Alghe Italiane e Dalmatiche. 5 fascic. (quant n'è sono pubbl.) Padova 1842—46. 8. 384 p. c. 5 tav. c o l o r.   15.—

16488 **Menzel.** Skizzen aus d. nied. Lebenswelt d. Wassers. Zür. 1857. 4. 23 p. m. Tfl.   1.—

16489 **Merriman.** Nuclear divis. in Zygnema. (Chic., Bot. Gaz.) 1906. 8. 10 p. w. 2 pl.   1.50

16490 **Meyer, A.** Die Plasmaverbindungen u. d. Membranen v. Volvox glob., Aureus u. Tertius. (Leipz., Bot. Z.) 1896. 4. 31 p. m. color. Tfl.   1.—

16491 **Meyer, K.** Entwicklungsgesch. d. Sphaeroplea annulina. (Mosk., Bull.) 1906. 8. 25 p. m. 2 color. Tfln.   1.50

16492 **Migula.** Die Algen (aus: T h o m é, Flora v. Deutschl., Oesterr. u. d. Schweiz). 2 Bde. Gera 1907—09. 8. 1300 p. m. 285 meist color. Tfln. (M. 50.25.)   42.—

16493 — — In Orig.-Hfzbdn. (M. 59.)   50.—

16494 — Die Grünalgen (Chlorophyceae). Hilfsbuch f. Anfänger b. d. Bestimmung. Stuttg. 1912. 8. 74 p. m. 8 Tfln.   2.—

16495 — Die Spaltalgen. Hilfsb. f. Anfänger bei d. Bestimmung. Stuttg. 1916. 8. 73 p. m. 5 Tfln.   2.—

16496 **Miliarakis.** Die Meeresalgen d. Insel Sciathos. I. (soviel erschien.). Athen 1887. 8. 16 p. m. Tfl.   1.—

Minnesota Botanical Studies — see nr. 12300.

16497 **Mitchell.** On the struct. of Hydroclathrus. (Lond., Phyc. Mem.) 1893.   *M.*
4. 5 p. w. 2 pl.   1.50
16498 **Mitchell and Whitting.** On Splachnidium rugosum, the type of a new
order. (Lond., Phyc. Mem.) 1892. 4. 10 p. w. 2 pl. (1 colour.)   1.50
16499 **Möbius.** Bearbeit. d. von Schenck in Brasilien gesamm. Algen. (Dresd.,
Hedw.) 1889. 8. 39 p. m. 2 Tfln.   1.50
16500 — Austral. Süsswasseralgen. (Marb., Flora) 1892. 8. 32 p.   1.50
16501 — Die Flora d. Meere. (Frankf., Senck.) 1894. 8. 24 p.   1.—
16502 — Ueb. ein. Brasilian. Algen. (Dresd., Hedw.) 1895. 8. 8 p. m. Tfl.   1.—
16503 — Algen. (Aus: Just's Jahresber. f. 1898 u. 99). 2 Tle. (Leipz.) 1900.
8. 55 p.   1.50
16504 **Moll.** On Karyokinesis in Spirogyra. (Amst., Ac.) 1893. 4. 36 p. w. 2 pl.   2.50
16505 **Montagne.** Organisat. et mode de reproduct. d. Caulerpées. (Paris,
Ann. Sc.) 1838. 8. 22 p. av. pl.   1.50
16506 — Phénomène de la colorat., cause de la Mer Rouge. (Paris, Ann.
Sc.) 1844. 8. 34 p. av. pl.   1.—
16507 — S. la struct. et la fructif. d. g. Ctenodus, Delisea et Lenormandia.
(Paris, Ann. Sc.) 1844. 8. 10 p. av. 2 pl.   1.50
16508 — Phykologie od. Einleit. ins Studium d. Algen. Deutsch v. K. Müller.
Halle 1851. 8. 132 p. (M. 2.)   1.—
16509 **Montemartini.** Contrib. alla Ficologia Insubrica. 2 parti. (Pavia, Ist.
Bot.) 1894. 4. 34 p.   1.50
16510 **Moore, G. T.** New or little known unicell. Algae. II: Eremosphaera
viridis and Excentrosphaera. (Chicago, Bot. Gaz.) 1901. 8. 14 p. w. 3 pl.   1.50
16511 — Contamination of Water supplies by Algae. (Wash., Dept. Agr.)
1903. 8. 12 p. w. 2 colour. pl.   1.50
16512 **Moore, G. T., and Kellerman.** Method of destroy. Algae and pathog.
Bacteria in water supplies. (Wash., Dept. Agr.) 1904. 8. 44 p.   1.—
16513 — Copper as an Algicide. (Wash., Dept. Agr.) 1905. 8. 55 p.   1.50
16514 **Müller, O.** Sprungweise Mutation bei Melosireen. (Berl., Bot. G.)
1903. 8. 8 p. m. Tfl.   1.—
16515 — On Laminaria bullata. (Minneap., Bot. Stud.) 1904. 8. 6 p. w. pl.   1.—
16516 **Murbeck.** Ueb. d. Bau u. d. Entwickl. v. Dictyosiphon foeniculac.
(Christ., Vid. S.) 1900. 4. 28 p. m. Tfl.   1.50
16517 **Murray.** On a new spec. of Rhipilia fr. Mergui Archipelago. (Lond.,
Linn. S.) 1886. 4. 7 p. w. 2 colour. pl. (6 s.)   2.—
16518 — On new spec. of Caulerpa. (Lond., Linn. S.) 1891. 4. 7 p. w. 2
colour. pl. (6 s.)   2.—
16519 — The distrib. of Marine Algae in space and in time. (Liverp., Biol.
Soc.) 1891. 8. 17 p.   1.50
16520 — On the struct. of Dictyosphaeria. (Lond., Phyc. Mem.) 1892. 4.
5 p. w. colour. pl.   1.—
16521 — On the Cryptostomata of Adenocystis, Alaria and Saccorhiza.
(Lond., Phyc. Mem.) 1893. 4. 6 p. w. colour. pl.   1.—
16522 — On Halicystis and Valonia. (Lond., Phyc. Mem.) 1893. 4. 6 p.
w. colour. pl.   1.—
16523 — A new part of Pachytheca. (Lond., Phyc. Mem.) 1895. 4. 2 p. w. 2 pl.   1.50
16524 **Murray and Barton.** On the struct. and system. position of Chantransia. (Lond., Linn. Soc.) 1891. 8. 8 p. w. 2 pl.   1.—
16525 — Comparis. of the Arctic and Antarctic Marine Floras. (Lond.,
Phyc. Mem.) 1895. 4. 11 p.   1.—
16526 **Murray and Boodle.** Struct. and system. account of the g. Struvea.
(Oxford, Ann. Bot.) 1888. 8. 18 p. w. colour. pl.   1.50
16527 **Müther.** Untersuchgn. üb. Fucusarten, Laminaria u. Carragheenmoos.
Göttgn. 1903. 8. 47 p.   1.—
16528 **Nadson.** Phycocyan d. Oscillarien. (Petersb., Scr. Bot.) 1893. 8. 12 p.   1.—
16529 — Die perforier. Algen. Petersb. 1900. 8. 40 p.   1.50

16530 **Nägeli.** Die neueren Algensysteme. Begründ. e. Systems d. Algen *ℳ*
u. Florideen. Zürich 1847. 4. 275 p. m. 10 Tfln. (M. 11.20.) 4.—
16531 — Gattungen einzelliger Algen. (Zürich, Nat. Ges.) 1849. 4. 174 p. m.
8 g a n z c o l o r i e r t e n Tfln. Cart. 22.—
Exemplare mit vollständig colorirten Tafeln sind sehr selten.
16532 — Gattungen einzell. Algen. C o l o r. C o p i e d. 8 T a f e l n. 5.—
16533 **Narramore.** List of the Fresh Water Algae of the Liverpool district.
(Liverp„ Biol. Soc.) 1891. 8. 20 p. w. 2 pl. 2.—
16534 **Nave.** Die Algen Mährens u. Schlesiens. Teil / I. (soviel erschien.).
(Brünn, Nat. Ver.) 1864. 8. 42 p. 1.—
16535 **Nebelung.** Spectroskop. Untersuchgn. d. Farbstoffe einig. Süsswasseralgen. Gött. 1877. 4. 26 p. m. Tfl. 1.—
16536 **Nelson.** On Algae caus. water bloom. (Minneap., Bot. Stud.) 1903.
8. 6 p. w. pl. 1.—
16537 **Neuenstein.** Ueb. d. Bau des Zellkerns b. d. Algen. Heidelb. 1914. 8. 91 p. 2.—
16538 **Nienburg.** Die Oogonentwickel. bei Cystosira u. Sargassum. (Jena,
Flora) 1910. 8. 14 p. m. 2 Tfln. 1.50
16539 — Z. Kenntn. d. Florideenkeimlinge. (Dresd., Hedw.) 1911. 8. 7 p.
m. 2 Tfln. 1.50
16540 **Nordgaard.** Undersög. (hydrograf. og biolog.) i Fjordene ved Bergen.
(Berg., Mus.) 1898. 8. 20 p. m. 2 Tfln. 1.—
16541— Naturforhold. i Vestlandske Fjorder. II. (Berg., Mus.) 1909. 8. 20 p. 1.—
16542 **Nordstedt.** Ny art af Spirogyra. (Lund, Univ.) 1872. 4. 2 p. m. color. Tfl. 1.—
16543 — Bohusläns Oedogonieer. (Stockh., Ak.) 1877. 8. 13 p. m. Tfl. 1.—
16544 — De Algis aquae dulcis et de Characeis ex insulis Sandwicensibus.
(Lund, Univ.) 1878. 4. 24 p. et 2 tab. 2.—
16545 — S. alg. Algas de la Rep. Argentina. (Córdoba, Ac.) 1880. 8. 7 p. 1.—
16546 — De Algis et Characeis. (Algae Musei Lugd.-Batav. et Nov. Zelandiae). 6 partes. (Lund, Univ.) 1880—89. 4. 60 p. et 2 tab. 3.—
16547 — On Brit. Submarine Vaucheriae. Perth 1886. 8. 4 p. w. pl. 1.—
16548 — Algolog. Smäsaker. (Stockh., Bot. Not.) 1887. 8. 12 p. 1.—
16549 — Freshwater Algae coll. by Berggren in New-Zealand and Australia.
(Stockh., Ac.) 1888. 4. 98 p. w. 7 pl. 3.50
16550 — Skandinav. lokalerna f. Myxophyceae hormog. (Stockh., Bot. Bot.)
1897. 8. 16 p. › 1—
16551 **Notarisia.** Commentario ficologico generale. Redatto da Levi-Morenos
e Wildeman. Vol. I—X, XI no. 1 (quanto n'è stato pubbl.). Venezia
1886—96. 8. c. tavole. (M. 154.) 110.—
2 numéros dans les années 1892 et 1893 sont maintenant épuisés. — Beaucoup
de volumes et numéros dépareíllés en magasin.
16552 **Novae Species.** — 5 Abhandl. 1854—1910. 8. 23 p. m. 3 Tfln. 2.—
16553 **Okamura.** Neue Japan. Florideen. (Dresd., Hedw.) 1894. 8. 12 p. m. Tfl. 1.—
16554 — Icones of Japanese Algae. Vol. I, II, III. Nr. 1—3 (all published
till now). Tokyo 1909—13. 4. 521 p. w. 110 pl. 78.—
16555 **Olive.** Mitotic division of the nuclei of the Cyanophyceae. (Leipz.,
Bot. Centr.) 1904. 8. 36 p. w. 2 pl. 1.50
16556 — On the occurr. of Oscillatoria prolifica in the Ice of Pine Lake.
(Madison, Ac.) 1905. 8. 12 p. 1.—
16557 **Olson.** On Gigartina. (Minneap., Bot. Stud.) 1899. 8. 15 p. w. 2 pl. 1.50
16558 **Oltmanns.** Ueb. ein. parasit. Meeresalgen. (Leipz., Bot. Z.) 1894. 4.
10 p. m. Tfl. 1.—
16559 — Ueb. d. Algenflora b. Warnemünde. (Güstr., Arch.) 1894. 8. 12 p. 1.—
16560 — Ueb. Scheincopulationen bei Ectocarpeen. (Marb., Flora) 1897. 8.
28 p. m. Tfl. 1.50
16561 — Z. Entwicklgsgesch. d. Florideen. (Leipz., Bot. Z.) 1898. 4. 42 p.
m. 4 Tfln. 2.50
16562 — Ueb. die Sexualität d. Ectocarpeen. (Marb., Flora) 1899. 8. 14 p. 1.—

16563 **Ostenfeld.** Revis. of the marine spec. of Chaetoceras. (Copenh., 'Plankt'.) 1912. 4. 11 p. w. 24 fig.   *M* 1.50

16564 **Overton.** Ueb. d. Wassergewächse d. Ober-Engadins. (Zürich, Nat. Ges.) 1899. 8. 18 p.   1.—

16565 **Pampaloni.** Il Nostoc punctiforme. (Fir., Giorn. Bot.) 1901. 8. 7 p. c. tav.   1.—

16566 **Pascher.** Z. Kenntn. 2er mediterr. Arten d. Gatt. Gagea. (Dresd., Hedw.) 1905. 8. 32 p.   1.—

16567 — Stud. üb. d. Schwärmer ein. Süsswasseralgen. Stuttg. 1908. 4. 116 p. m. 8 Tfln. (M. 24.)   15.—

16568 — Die Chrysomonaden aus d. Hirschberger Grossteiche (Böhmen). Leipz. 1910. 4. 66 p. m. 4 color. Tfln. (M. 10.)

16569 **Pascher u. Lemmermann.** Flagellatae d. Süsswasserflora Deutschlands, Oesterr. u. d. Schweiz. 2 Tle. Jena 1913—14. 8. 338 p. m. 650 Fig. (M. 8.50.)

16570 **Pearson.** Report of the Marine Biologist of Colombo Museum for 1910—11. Colombo 1911. fol. 4 p. w. 4 maps.   1.50

16571 — Survey of lake Tamblegam. (Colombo) 1912. 8. 10 p. w. 7 maps.   1.50

16572 **Pedersen.** Crampons de la Laminaria sacchar. (Copenh., Bot. T.) 1898. 8. 10 p.   1.—

16573 **Pennington.** Chemico-physiol. study of Spirogyra nitida. (Philad., Univ.) 1897. 8. 67 p.   1.50

16574 **Pero.** I Laghi Alpini Valtellinesi. (C. liste d. Alghe e d. Diatomee). 3 parti. (Padova, N. Notar.) 1893—94. 8. 211 p.   6.—

16575 **Perty.** Zur Kenntn. kleinster Lebensformen. Bern 1852. 4. 236 p. m. 17 color. Tfln. (M. 39.) Hfzb.   18.—
Vergriffen.

16576 **Petersen, H. E.** Danske Arter af slaegt. Ceramium. (Copenh., Vid. Selsk.) 1908. 4. 58 p. w. 7 pl.   4.—

16577 **Petit, P.** S. l. genres Spirogyra et Rhynchonema. Spirogyra de Paris. (Paris, Soc. Bot.) 1874. 8. 5 p. av. pl.   1.50

16578 **Pétrovsky.** Etudes Algolog. 3 parties. (Mosc., Bull.) 1861 à 62. 8. 29 p. av. pl.   1.50

16579 **Phycological Memoirs.** Researches on Algae made in the Brit. Museum. Ed. by Murray. 3 parts. Lond. 1892—95. 8. 104 p. w. 20 pl. (11 colour.). (1 £ 2 s.)   10.—

16580 **Piccone.** Catal. d. Alghe racc. in alc. piccole Isole Mediterr. (Roma, Linc.) 1879. 4. 20 p.   1.—

16581 — Risult. algol. d. crociere d. 'Violante' (nel Mediterraneo). (Genova, Mus.) 1883. 8. 40 p.   1.50

16582 — Prime linee p. una Geografia Algolog. marina. Gen. 1883. 8. 56 p.   2.—

16583 — Contrib. all' Algologia Eritrea. (Firenze, Giorn. Bot.) 1884. 8. 52 p. c. 3 tav.   2.50

16584 — Nuovi mater. p. l'Algologia Sarda. (Firenze, Giorn. Bot.) 1884. 8. 17 p.   1.—

16585 — Alghe racc. n. crociera d. 'Corsaro' alle isole Madera, Canarie, Azzorre e Baleari. 3 parti. (Genova, Mus.) 1884—1889. 8. 126 p. c. tav. color.   6.—

16586 — Spigolature p. la Ficol. Ligustica. 2 parti. (Firenze, Giorn. B.) 1885—88. 8. 19 p.   1.—

16587 — Animali fitofagi e la disseminaz. d. Alghe. 2 mem. (Firenze, Giorn. Bot.) 1885—87. 8. 38 p.   1.50

16588 — Noterelle ficolog. 3 parti. (Padova, N. Not.) 1889—91. 8. 26 p.   1.50

16589 **Piccone e De Toni.** Alghe d. Giglio. (Torino) 1900. 8. 10 p.   1.—

16590 **Picquenard.** Etudes s. les collect. botan. (algolog.) d. frères Crouan. I à IV. (Concarneau, Laborat.) 1911 à 12. 8. 162 p. av. 2 pl.   13.—

16591 **Pieper.** Die Phototaxis der Oscillarien. Berl. 1915. 8. 69 p.   2.—

16592 **Porsild og Simmons.** Om Faeröernes Havalg-vegetat. (Lund, Bot. Not.) 1904. 8. 88 p.   2.—

16593 **Porter.** Abhängigkeit d. Breitling- u. Unterwarnow-Flora v. Wechsel *M*
d. Salzgehaltes. Güstr. 1894. 8. 30 p. m. Karte u. Tfl.   1.50
16594 **Postels et Ruprecht.** Illustrationes Algarum in itin. Lütke a. 1826—29
in Oceano Pacifico lect. Petrop. 1840. fol. 28 p. et 41 tab. c o l o r.
Speciell mit colorirten Tafeln eines der seltensten botanischen Werke, in
ganz geringer Auflage hergestellt.
16595 — — F a c s i m i l e - E d i t i o n.
Ich beabsichtige, dieses Rarissimum neu herauszugeben, falls sich eine ge-
nügende Zahl von Subscribenten findet. Reflectenten bitte ich, sich an mich zu
wenden. (Subscriptionspreis circa M. 200).
16596 — — Nur der — russisch geschriebene — T e x t allein, o h n e die
Tafeln.   20.—
16597 **Potter.** Dermatophyton radic. grow. on Tortoise. (Lond., Linn. S.)
1887. 8. 4 p. w. colour. pl.   1.—
16598 — On the struct. of the Thallus of Delesseria sanguinea. (Lond., Biol.
Ass.) 1889. 8. 2 p. w. 2 pl.   1.50
16599 **Pouchet, G.** Instruct. p. la récolte d. objets d'hist. nat. à la mer. (Paris,
Arch. Méd.) 1886. 8. 19 p.   1.50
16600 **Poulsen.** Germinat. d. zoospores d'Oedogonium. (Copenh., Bot. Tids.)
1877. 8. 15 p. av. pl.   1.—
16601 **Powell.** On some calcar. Pebbles. (Minneap., Bot. Stud.) 1903. 8.
4 p. w. 2 pl.   1.—
16602 **Pringsheim.** On the germinat. of the resting spores of Spirogyra.
2 parts. (Lond., Ann. & M.) 1853. 8. 18 p. w. 2 pl.   1.50
16603 — Ueb. die Befruchtung u. Keimung d. Algen. (Berl., Ak.) 1855. 8.
33 p. m. color. Tfl.   1.—
16604 — S. la fécond. et la germin. d. Algues. (Paris, Ann. Sc.) 1855. 8.
20 p. av. pl.   1.—
16605 — On the impregnat. and germinat. of Algae. 2 parts. (Lond., Micr.
J.) 1856. 8. 22 p. w. colour. pl.   1.—
16606 — S. la fécond. et la générat. alternante d. Algues. (Paris, Ann. Sc.)
1856. 8. 12 p. av. pl.   1.—
16607 — Ueb. die Befrucht. u. Vermehr. d. Algen. (Berl., Ak.) 1858. 8. 16 p.   1.—
16608 — Matér. p. s. à la morphol. et l'ét. systém. d. Algues. I. (Paris,
Ann. Sc.) 1859. 8. 48 p. av. 2 pl.   1.—
16609 — Z. Morphol. d. Meeres-Algen. (Berl., Ak.) 1862. 4. 37 p. m. 8 Tfln.
(2 color.)   2.50
16610 — On the Chronispore of Hydrodictyon. 2 parts. (Lond., Micr. J.)
1862. 8. 15 p. w. 2 pl.   1.—
16611 — Developm. of the rest.-spores of Oedogonium. (Lond., Micr. J.)
1866. 8. 4 p. w. pl.   1.—
16612 — Ueb. Paarung v. Schwärmsporen. (Berl., Ak.) 1869. 8. 20 p. m.
color. Tfl.   1.—
16613 — Männl. Pflanzen u. d. Schwärmsporen v. Bryopsis. (Berl., Ak.)
1871. 8. 16 p. m. color. Tfl.   1.—
16614 — Gang d. morpholog. Differenzier. in d. Sphacelarien-Reihe. (Berl.,
Ak.) 1873. 4. 56 p. m. 11 z. Tl. color. Tfln. (M. 6.) Cart.   3.—
16615 **Rabanus.** Z. Kenntn. d. Periodizität u. d. geogr. Verbreit. d. Algen
Badens. Freib. 1915. 8. 158 p. m. 2 Tfln.   2.50
16616 **Rabenhorst.** Deutschlands Kryptog.-Flora. Bd. II Teil 2: Algen. Leipz.
1847. 8. 235 p. (M. 4.)   3.—
16617 — Beiträge z. näher. Kenntn. u. Verbreitg. d. Algen. 2 Hefte. Leipz.
1863—65. 4. 76 p. m. 12 Tfln. (M. 9.)   5.—
16618 — Flora Europaea Algarum aquae dulcis et submarinae. 3 partes.
Lipsiae 1864—68. 8. 1142 p., effigies et multae fig. (M. 24.) Hfzb.   12.—
16619 — Index in „Algae Europ. exsicc.". Dresd. 1873. 4. 16 p.   1.—
16620 — S t i z e n b e r g e r. Rabenhorsts Algen Sachsens. Dresd. 1860. 8.
41 p.   1.—
— Die Algen Sachsens — siehe No. 12334.

M

16621 **Raciborski.** Nowe Gatunki Zielenic. (Krak., Ak.) 1893. 8. 11 p. m. Tfl. 1.—
16622 **Ramaley.** On Egregia menziesii. (Minneap., Bot. Stud.) 1903. 8. 9 p. w. 4 pl. 2.—
16623 **Rathbone.** On Myriactis Areschougii and Ceilodesme californ. (Lond., Linn. S.) 1904. 8. 6 p. w. pl. 1.—
Regnell'sche Expedit.: Algen — siehe No. 15957.
16624 **Reichardt.** Ueb. Conferva aureo-fulva. (Wien, Z. b. G.) 1864. 8. 4 p. —.50
16625 **Reinbold.** Unters. d. Borkum-Riffgrundes. (Berl., Unters. Meere) 1893. fol. 2 p. 1.—
16626 — Reise n. d. Pacific: Meeresalgen. (Brem., Nat. Ver.) 1898. 8. 16 p. 1.—
16627 **Reinhard.** Ueb. d. Characium-Arten d. Umgeg. v. Charkow. (Mosk., Bull.) 1869. 8. 13 p. m. Tfl. 1.50
16628 **Reinke.** Wachsth. u. Fortpflanz. v. Zanardinia collar. (Berl., Ak.) 1876. 8. 16 p. m. Tfl. 1.—
16629 — Z. Kenntn. d. Tange. (Leipz., Pringsh. J.) 1876. 8. 64 p. m. 3 Tfln. 3.50
16630 — Uebersicht d. Sphacelariaceen. (Berl., Ak.) 1890. 8. 15 p. 1.—
16631 — Botan. Exped. in d. Nordsee. (Kiel, Meer.-Unters.) 1893. fol. 2 p. 1.—
16632 — Die Algenflora d. westl. Ostsee. (Kiel, Meer.-Unters.) 1896. 4. 6 p. 1.—
16633 — Ueb. d. Pflanzenwuchs in d. östl. Ostsee. (Kiel, Meer.-Unters.) 1899. 4. 6 p. 1.—
16634 — Z. vergleich. Entwickl. d. Laminariaceen. Kiel 1903. 8. 68 p. 1.50
16635 **Reinsch.** Algen-Flora v. Mittel-Franken m. Diagn. d. neuen Arten. Nürnb. 1867. 8. 239 p. m. 13 Tfln. (M. 4.) 3.—
16636 — Species ac genera nova Algarum aquae dulcis insul. Kerguelensi. (Lond., Linn. Soc.) 1876. 8. 16 p. 1.—
16637 — Contributiones ad floram Algarum aquae dulcis Promontorii Bonae Spei. (Lond., Linn. Soc.) 1877. 8. 16 p. et tab. 1.—
16638 **Richards.** 3 pap. on the developm. of Algae. 1890—93. 8. 33 p. w. 3 pl. 2.—
16639 **Richter, A.** Anpass. d. Süsswasseralgen an Kochsalzlösungen. Münch. 1892. 8. 58 p. m. 2 Tfln. 1.50
16640 **Richter, O.** Die Ernährung d. Algen. Leipz. 1910. 4. 160 p. (M. 12.)
16641 **Ripart.** S. l'organis. du g. Inomeria. (Paris, Ann. Sc.) 1867. 8. 15 p. av. 2 pl. 1.50
16642 **Robbins.** Prelim. list of the Algae of Colorado. (Boulder) 1912. 8. 14 p. 1.—
16643 **Rodriguez y Femenias.** Datos Algológicos. 3 parties. (Madr., Soc. Nat.) 1889 à 96. 8. 20 p. av. 5 pl. 3.50
16644 — Algas de l. Baleares. II. (Madr., Soc. Nat.) 1889. 8. 76 p. av. 2 pl. 2.—
16645 **Roper.** On the g. Licmophora. (Lond., J. Micr.) 1863. 8. 10 p. 1.—
16646 **Rosanoff.** Physiol. u. anatom. Unters. aus d. Gebiete d. Meeres- u. Süsswasserflora. Petersb. 1867. 8. 40 p. m. 2 color. Tfln. — Russisch. 2.—
Rosenvinge — siehe No. 16374—16385.
16647 **Rostafinski.** S. l'Haematococcus lacustris. (Cherb.) 1875. 8. 20 p. 1.—
16648 — Hydrurus u. seine Verwandtschaft. (Krak., Ak.) 1882. 8. 34 p. m. color. Tfl. — Polnisch mit deutsch. Resumé. 1.50
16649 — L'Hydrurus et s. affinités. (Paris, Ann. Sc.) 1882. 8. 20 p. av. pl. 1.—
16650 **Rostafinski u. Woronin.** Ueb. Botrydium Granulat. Leipz. 1877. 4. 18 p. m. 5 Tfln. (1 color.) (M. 6.) 2.50
16651 **Rothes Wasser.** (Algen). — 4 Abhandl. 1863—1901. 8. 30 p. 1.50
16652 **Ruprecht.** Neue od. unvollständ. bekannte Pflanzen (Fuci) aus d. nördl. Stillen Ocean. (Petersb., Ak.) 1849. 4. 26 p. m. 9 Tfln. Cart. 6.—
16653 — Phycologia Ochotiensis. Tange d. Ochotskischen Meeres. (Petersb., Middend. Reise) 1851. 4. 245 p. m. 10 c o l o r. Tfln. 14.—
Colorirt selten.
16654 **Rytschaew.** Algolog. Bemerkungen. Odessa 1874. 8. 27 p. m. 2 Tfln. — Russisch. 1.50
16655 **Saunders, A.** A new Alaria. (Minneap., Bot. Stud.) 1901. 8. 2 p. w. pl. 1.—
16656 **Sauvageau.** S. le Nostoc punctiforme. (Paris, Ann. Sc.) 1897. 8. 18 p. av. pl. 1.—

16657 **Sauvageau.** Les Acinetospora et la sexualité d. Tiloptéridacées. (Paris,   *M*
J. Bot.) 1899. 8. 21 p.   1.—
16658 — S. l. Sphacélariacées. II. (Paris, J. Bot.) 1904. 8. 17 p.   1.—
16659 — Pousses indéfin. dressées du Cladostephus verticill. (Bord., Soc.
Linn.) 1906. 8. 26 p.   1.—
16660 — 18 mém. cryptogamol. spécial. algolog. (Paris) 1908. 8. 37 p.   3.—
16661 — Développ. echelonné de l'Halopteris scoparia. (Paris, J. Bot.)
1909. 8. 27 p.   1.—
16662 — A propos des Cystoseira de Banyuls et de Guéthary. (Bord., Stat.
Biol. Arcachon) 1912. 8. 425 p.   8.—
16663 **Schaarschmidt** (später: I s t v a n f f y). Algae Romaniae. (Claudiop.)
1880. 8. 16 p.   1.50
16664 — Enum. Algarum in comit. variis Hungar. lect. 2 opusc. (Budap.)
1880—88. 8. 17 p.   1.—
16665 — Specim. Phycologiae Aequatoriens. (Claudiop.) 1881. 8. 14 p.   1.—
16666 — Phlyctidium Haynaldii. (Claudiop.) 1883. 8. 7 p. et tab.   1.—
16667 — Adatok a Gongrosirák fejlöd. Kolozsv. 1883. 8. 12 p. m. Tfl.   1.—
16668 — On Afghanistan Algae. (Lond., Linn. S.) 1884. 8. 10 p. w. pl.   1.—
16669 **Schaffner.** Ueb. Spongilla fluviat. (Bonn, Ver. Nat.) 1855. 8. 11 p.   1.—
16670 **Schenck.** Bedeut. d. Rheinvegetat. f. d. Selbstreinig. d. Rheines. (Bonn,
Centr. Gesundh.) 1893. 8. 34 p.   1.50
16671 **Schenk.** Algolog. Mitthlgn. (Würzb., Phys. Ges.) 1858. 8. 20 p. m. Tfl.   1.—
16672 **Schilling.** Dinoflagellatae (Peridineae) d. Süsswasserflora Deutschlands, Oesterr. u. d.·Schweiz. Jena 1913. 8. 70 p. m. 69 Fig.   1.80
16673 **Schleiden.** Das Meer. Berl. 1867. 8. 722 p. m. Kte. u. 23 color. Tfln.
(M. 24.) Lnb.   2.50
16674 **Schmidle.** Ueb. d. Bau u. d. Entwickl. v. Chlamydomonas Kleinii.
(Marb., Flora) 1893. 8. 11 p. m. Tfl.   1.—
16675 — Z. Algenflora d. Rheinebene u. d. Schwarzwald. (Dresd., Hedw.)
1895. 8. 18 p. m. Tfl.   1.—
16676 — Einige Algen aus Sumatra. (Dresd., Hedw.) 1895. 8. 15 p. m. Tfl.   1.—
16677 — Ueb. Thorea ramosissima. (Dresd., Hedw.) 1896. 8. 33 p. m. 3 Tfln.   2.—
16678 — Z. Entwick. v. Sphaerozyga oscillar. (Berl., Bot. Ges.) 1896. 8.
9 p. m. Tfl.   1.—
16679 — Algolog. Notizen. 2 Tle. (Karlsr., Bot. Z.) 1896—97. 8. 14 p.   1.—
16680 — Ein. Baumalgen aus Samoa. (Dresd., Hedw.) 1897. 8. 11 p. m. 4 Tfln.   3.—
16681 — Algen aus d. Hochseen d. Kaukasus. Tiflis 1897. 8. 16 p.   1.—
16682 — Z. Kritik ein. Süsswasseralgen. (Padua, N. Not.) 1897. 8. 8 p.   1.—
16683 — Epiphylle Algen aus Neu-Guinea. (Marb., Flora) 1897. 8. 24 p.   1.50
16684 — Ueb. ein. in Ecuador u. Jamaika gesamm. Blattalgen. (Dresd.,
Hedw.) 1898. 8. 15 p. m. 4 Tfln.   2.50
16685 — Ueb. ein. in Pite Lappmark u. Vesterbotten gesamm. Süsswasseralgen. (Stockh., Ak.) 1899. 8. 71 p. m. 3 Tfln.   2.—
16686 — Bericht d. Commiss. f. d. Flora Deutschlands: Algen d. Süsswassers.
(Berl., Bot. Ges.) 1899. 8. 10 p.   1.—
16687 — Ueb. ein. in Ostindien gesamm. Süsswasseralgen. (Dresd., Hedw.)
1900. 8. 32 p. m. 3 Tfln.   2.—
16688 **Schmidt, J.** Danmarks Cyanophyceae I: Hormogenac. (Kjöbenh.,
Bot. Tidsk.) 1899. 8. 136 p.   2.50
16689 **Schmidt, M.** Grundl. e. Algenflora d. Lüneburger Heide. Hildesh. 1903.
8. 102 p. m. 2 Tfln.   2.50
16690 **Schmitz.** Üb. grüne Algen d. Golf. v. Athen. (Halle, Nat. G.) 1878. 4. 7 p.   1.—
16691 — Ueb. d. vielkernigen Zellen d. Siphonocladiaceen. (Halle, Nat. Ges.)
1879. 4. 48 p. m. Tfl. (M. 3.)   1.—
16692 — Phyllosiphon Arisari. (Leipz., Bot. Z.) 1882. 4. 20 p.   1.—
16693 — Ueb. d. Befrucht. d. Florideen. (Berl., Ak.) 1883. 8. 46 p. m. Tfl.   1.50
16694 — Die Chromatophoren d. Algen. (Bonn, Nat. Ver.) 1883. 8. 86 p. m.
2 Tfln. (M. 4.)   1.50

M

16695 **Schmitz.** Die Schizophyten. (Halle, Leop.) 1883. 4. 8 p. 1.—
16696 — Die Vegetation d. Meeres. Bonn 1883. 8. 21 p. 1.—
16697 — Die system. Stellung v. Thorea. (Berl., Bot. Ges.) 1892. 8. 28 p. 1.—
16698 — Florideae. (Aus: Engler's: Syllabus d. Botanik.) (Berl.) 1892. 8. 8 p. 1.—
16699 — Die Gatt. Actinococcus. (Marb., Flora) 1893. 8. 52 p. m. Tfl. 2.—
16700 — Die Gatt. Lophothalia. (Berl., Bot. Ges.) 1893. 8. 22 p. 1.—
16701 — Die Gatt. Microthamnion. (Berl., Bot. Ges.) 1893. 8. 14 p. 1.—
16702 — Marine Florideen v. Deutsch-Ostafrika. (Leipz., Jahrb. Bot.) 1895.
8. 41 p. 1.50
16703 — Florideae aus: Engler's Pflanzenwelt Ostafrikas. (Berl.) 1895. 8. 4 p. 1.—
16704 — Z. Kenntn. d. Florideen. VI. (Padua, N. Not.) 1896. 8. 22 p. 1.—
16705 **Schmitz u. Hauptfleisch.** Rhodophyceae. (Aus: Engler-Prantl's Pflanz.-
Fam.). Leipz. 1896. 8. 268 p. m. viel. Fig. Cart. 6.—
Correctur-Exempl. d. Verfasser m. viel. Bemerkgn.
16706 **Schorler.** Die Algenvegetation an d. Felswänden d. Elbsandsteinge-
birges. Dresd. 1914. 8. 25 p. 1.50
16707 **Schrader, H. F.** On Alaria nana sp. nov. (Minneap., Bot. Stud.) 1903.
8. 10 p. w. 4 pl. 2.—
16708 **Schröder, B.** Z. Kenntn. d. Algen d. Riesengebirges. (Stuttg., 'Plön')
1898. 8. 40 p. m. 2 Tfln. 2.—
16709 — Ueb. Gallertbildgn. d. Algen. Heidelb. 1902. 8. 66 p. m. 2 Tfln. 2.—
16710 **Schultz, M.** Beitr. zu e. Algenflora d. Umgeg. v. Greifswald. Greifsw.
1914. 8. 78 p. m. Kte. 2.—
16711 **Schütt.** Üb. d. Plasmaleib d. Peridineen. (Berl., Ak.) 1892. 4. 8 p. m. Tfl. 1.—
16712 — Die Peridineen d. Plankton-Expedition I. Kiel 1895. 4. 170 p. m.
27 z. Tl. color. Tfln. Cart. (M. 38.) — Soviel erschienen. 30.—
16713 **Schwarz, F.** Einfluss d. Schwerkraft auf d. Bewegungsricht. v. Chlami-
domonas u. Euglena. (Berl., Bot. Ges.) 1884. 8. 22 p. 1.—
16714 **Schwendener.** Z. Wachsthumsgesch. d. Rivularien. (Berl., Ak.) 1894.
8. 11 p. m. Tfl. 1.—
16715 **Seligo.** Hydrobiolog. Untersuchungen. 4 Tle. (Danz., Nat. Ges.) 1890—
1898. 8. 362 p. m. 5 Tfln. 18.—
Zum Teil vergriffen.
16716 **Senn.** Ueb. ein. coloniebildende einzellige Algen. Basel 1899. 4. 70 p.
m. 2 color. Tfln. 3.—
16717 **Setchell.** On Kelps. Berkeley 1896. 4. 8 p. w. pl. 1.—
16718 — Limu (Econom. Algae of the Hawaiians). Berkeley 1905. 4. 23 p. 1.50
16719 — Post-embryonal stages of the Laminariaceae. Berkeley 1905. 4.
24 p. w. 3 pl. 1.50
16720 — Regeneration among Kelps. Berkeley 1905. 4. 30 p. w. 3 pl. 2.—
16721 — Algae novae et minus cognitae, I. Berkeley 1912. 4. 28 p. w. 7 pl. 4.50
16722 — Parasitic Florideae, I. Berkeley 1914. 4. 23 p. w. 6 pl. 4.—
16723 — The Scinaia Assemblage. Berkel. 1914. 4. 67 p. w. 7 pl. 4.50
16724 **Simmer.** III. Ber. üb. d. Kryptogamen-(Algen-)Flora d. Kreuzeck-
gruppe, Kärnten. (Karlsr., Bot. Z.) 1899. 8. 5 p. m. Tfl. 1.—
16725 **Simmons.** Algolog. Notiser I—III. (Lund, Bot. Not.) 1898. 8. 23 p. 1.50
16726 — Om Färöarnes Hafsalgveget. (Lund., Bot. Not.) 1905. 8. 16 p. 1.—
16727 **Simons.** Morpholog. study of Sargassum filipendula. (Chicago, Bot.
Gaz.) 1906. 8. 24 p. w. 2 pl. 1.50
16728 **Skottsberg.** Z. Kenntn. d. subantarkt. u. antarkt. Meeresalgen I (soviel erschien.): Phaeophyceen. (Stockh., Südpol.-Exped.) 1907. 4. 172 p.
m. Kte., 10 Tfln. u. 187 Fig. 6.—
16729 — On Pacific Coast Algae I: Pylaiella postelsiae n. sp. Berkel. 1915.
4. 10 p. w. 3 pl. 2.—
16730 **Smith, A. L., Barton and Mitchell.** On the morphol. of the Fucaceae.
(Lond., Phyc. Mem.) 1893. 4. 11 p. w. 3 colour. pl. 2.50
16731 **Smith, A. L., and Whitting.** On the Sori of Macrocystis and Postelsia.
(Lond., Phyc. Mem.) 1895. 4. 4 p. w. pl. 1.—

16732 **Soliér.** 2 Algues zoosporées (g. Derbesia). (Paris, Ann. Sc.) 1847. *M*
8. 10 p. av. pl. color.   1.—
16733 **Solms-Laubach.** Monogr. of the Acetabularieae. (Lond., Linn. S.)
1895. 4. 39 p. w. 4 pl.   4.—
16734 **Sonder.** Die Algen d. tropischen Australiens. (Hamb., Nat. Ver.) 1871.
4. 41 p. m. 6 color. Tfln. Vergriffen u. selten.   7.—
16735 **Stahl.** Oedocladium protonema. (Berl., Pringsh. J.) 1891. 8. 10 p. m.
2 color. Tfln.   1.50
16736 **Steck.** Z. Biologie d. gross. Mosseedorfsees. (Bern, Nat. Ges.) 1894.
56 p. m. color. Tfl.   1.50
16737 **Steiner, G.** Biolog. Studien an Seen d. Faulhornkette im Berner Ober-
land. Leipz. 1911. 8. 72 p. m. Tfl.   2.—
16738 **Stenfort.** Les Plantes de la Mer. Brest 1866. 8. 23 p. av. 5 0
e s p è c e s d e s A l g u e s d e s s é c h é e s. Cart.   16.—
Pas dans le commerce.
16739 **Stephens, H. O.** On Blood Rain (Palmella prodig.). (Lond., Ann. & M.)
1853. 8. 3 p. w. pl.   1.—
16740 **Stockmayer.** Ueb. d. Gatt. Rhizoclonium u. Gloeotaenium. 2 Tle. (Wien,
Z. b. G.) 1890—91. 8. 22 p.   1.50
16741 **Strasburger.** Wirkung d. Lichtes u. der Wärme auf Schwärmsporen.
(Jena, Z. Nat.) 1878. 8. 75 p.   1.50
16742 **Strömfelt.** Om Algvegetationen i Finlands sydvestra skärgard. Helsingf. 1884. 8. 22 p. m. 3 Tfln.   2.—
16743 — Om Algvegetation. v. Islands Kuster. Göteb. 1886. 8. 89 p. m. 3 Tfln.   1.50
16744 —⊣ Algae novae liter. Scandinav. (Venet., Not.) 1888. 8. 8 p. et tab.   1.—
16745 **Suhr, J.** Die Algen d. östl. Weserberglandes. Dresd. 1905. 8. 79 p.   1.50
16746 **Suhr, J. N. v.** Beitr. z. Algenkunde. (Dresden, Ac. Leop.) 1839. 4. 14 p.
m. 3 color. Tfln.   1.50
16747 **Sumner, Osburn, Cole and B. M. Davis.** Biolog. Survey of the waters
of Woods Hole and vicin. 2 vols. (Wash., Bur. Fish.) 1913. 4. 860 p.
w. 4 pl. and many fig.   12.—
Cont.: S u m n e r a n d o. Catal. of the Marine Fauna. — D a v i s. Catal. of
the Marine Flora.
16748 **Suringar.** Observat. Phycolog. in Floram Batavam. Leovard. 1857.
8. 78 p. et 4 tab. c o l o r.   3.—
16749 **Svedelius.** Algen d. Länder d. Magellanstraße u. Westpatagoniens.
Tl. I. (alles was erschien.): Chlorophyc. (Stockh., „Exped.“) 1900. 8.
34 p. m. 3 Tfln.   2.—
16750 — Studier öfv. Östersjöns Hafsalgflora. Upsala 1901. **8. 140 p.**   2.50
16751 — Ecolog. and system. studies of the Ceylon species of Caulerpa.
(Colombo, Biol. Rep.) 1906. 4. 64 p. w. 51 fig.   3.—
16752 — Ueb. d. Algenvegetat. e. Ceylon. Korallenriffes. (Upsala, 'Kjellman‘) 1906. 8. 37 p. m. Tfl.   2.—
16753 — Ueb. d. Bau u. d. Entwickl. d. Florideengatt. Martensia. (Stockh.,
Ak.) 1908. 4. 101 p. m. 4 Tfln.   4.—
16754 — Lichtreflektier. Inhaltskörper in d. Zellen ein. trop. Nitophyllum-
Art. (Stockh., Bot. Tidsk.) 1909. 8. 12 p.   1.—
16755 — Generationswechsel bei Delesseria sanguin. (Stockh., Bot. Tidsk.)
1911. 8. 65 p. m. 2 Tfln.   2.50
16756 — Rhodophyceae. (Aus: Engler-Prantl's Pflanzenfamil.) Leipz. 1911.
8. 100 p. m. 67 Fig.   4.—
16757 **Tangl.** Z. Morphol. d. Cyanophyceen. (Wien, Ak.) 1883. 4. 14 p. m.
3 color. Tfln.   2.—
16758 **Techet.** Verhalten ein. marin. Algen b. Änder. d. Salzgehaltes. (Wien,
Bot. Z.) 1904. 8. 11 p.   1.—
16759 — Üb. d. marine Vegetat. d. Triester Golfes. Wien 1906. 4. 54 p. m. Tfl.   2.—
16760 **Teodoresco.** Gomontiella, nouv. g. de Schizophycée. (Vienne, Z. b. G.)
1901. 8. 4 p. av. pl.   1.—

M

16761 **Theobald.** Verzeichn. d. Wetterauischen Algen. (Hanau) 1853. 8. 16 p.   1.—
16762 **Thore.** Algues d. sources thermales de Dax. Dax 1885. 8. 17 p. av.
6 pl. (1 color.)   4.—
16763 **Thuret.** Rech. s. l. organes locomot. d. spores d. Algues. (Paris, Ann.
Sc.) 1843. 8. 13 p. av. 6 pl. (3 color.)   8.—
16764 — Mode de reprod. du Nostic verrucos. (Paris, Ann. Sc.) 1844. 8.
5 p. av. pl.   1.50
16765 — Rech. s. l. Zoospores d. Algues et les Anthéridies des Cryptogames. 2 parties. (Paris, Ann. Sc.) 1851. 8. 87 p. av. 31 pl. en
partie color.   45.—
16766 — S. la synonymie des Ulva lactuca et latissima. (Cherb., Soc. Sc.)
1854. 8. 16 p.   1.—
16767 — Recherch. s. la fécond. d. Fucacées. 2 parties. (Paris, Ann. Sc.)
1854 à 55. 8. 42 p. av. 7 pl.   8.—
16768 — S. la reprod. de qu. Nostochinées. (Cherb., Soc. Sc.) 1857. 8.
14 p. av. 3 pl.   2.50
16769 — On the reproduct. of Nostochineae. (Lond., Ann. & M.) 1858. 8.
9 p. w. pl.   1.50
16770 — Etudes phycologiques. Analyses d'Algues marines. Publ. p. Bornet.
Paris 1878. fol. av. 51 pl. D.-rel. maroq.   200.—
Epuisé, très-rare. Tiré en seulement 200 exemplaires.
16771 **Tilden.** Contrib. to the Bibliography of Americ. Algae. (Minneap.,
Bot. Stud.) 1895. 8. 122 p.   2.50
16772 — List of Freshwater Algae coll. in Minnesota. 2 parts. (Minneap.,
Bot. Stud.) 1896—98. 8. 9 p.   1.—
16773 — Contr. to the life-hist. of Pilinia diluta and Stigeoclonium flagellif.
(Minneap., Bot. Stud.) 1896. 8. 34 p. w. 5 pl.   2.50
16774 **Timm.** Ueb. d. Flora d. Hamburg. Wasserkasten. (Hamb.) 1894. 8. 14 p.   1.—
16775 **Treviranus.** Vom Bau d. kryptog. Wassergewächse. Ueb. karpolog.
Zerglieder. v. kryptog. Seegewächsen. (Regensb., Flora) 1804. 8. 180 p.   1.50
16776 **Tröndle.** Reduktionsteil. in d. Zygoten v. Spirogyra. (Jena, Z. Bot.)
1911. 8. 27 p. m. Tfl.   1.50
16777 — Der Nukleolus v. Spirogyra. (Jena, Z. Bot.) 1912. 8. 26 p. m. Tfl.   1.50
16778 **Turner, D.** Calendarium Plantar. marinarum. Catal. of rare Plants
of West. England. (Lond., Linn. S.) 1800. 4. 16 p.   1.—
16779 — Descr. of 4 new Fucus. (Lond., Linn. Soc.) 1800. 4. 12 p. w. 3 pl.   1.50
16780 **Valiante.** Le Cystoseirae d. golfo di Napoli. (Roma, Linc.) 1883. 4.
30 p. c. 15 tav.   7.—
16781 **Van Heurck.** Prodrome de la flore d. Algues marines d. îles Anglo-
Normandes. Jersey 1908. 8. 132 p.   6.—
16782 **Van Tieghem.** S. la Gomme de Sucrerie (Leuconostoc). (Paris, Ann.
Sc.) 1878. 8. 24 p. av. pl.   1.50
16783 **Vaucher.** Hist. d. Conferves d'eau douce. Genève 1803. 4. 300 p. av.
17 pl. (fr. 15.)   7.—
16784 **Vaupell.** Befrugtn. h. Oedogonium. Kjöb. 1859. 8. 39 p. m. Tfl.   1.—
16785 — Bidr. t. Oedogoniernes morphol. (Kjöbenh., Vid. Selsk.) 1862. 8.
14 p. m. Tfl.   1.—
16786 **Venturi.** Ueb. d. Fructificationsorg. d. Florideen. (Wien, Z. b. G.)
1860. 8. 6 p.   —.50
16787 **Vickers.** Contrib. à la Flore algolog. d. Canaries. (Paris, Ann. Sc.)
1896. 8. 14 p. av. pl.   1.50
Vogler. De Algis valetud. servient. — vide nr. 13411.
16788 **Voss, M.** Beitr. zu e. Algenflora v. Greifswald. Greifsw. 1915. 8.
96 p. m. 2 Ktn.   2.—
16789 **Wagner, H.** Führer ins Reich d. Algen. Bielef. 1853. 8. 72 p. m. Tfl.   1.—
Wahrlich. Z. Anat. d. Zelle d. Fadenalgen — siehe No. 15250.
16790 **Warner.** On Endocladia muricata. (Minneap., Bot. Stud.) 1904. 8.
6 p. w. pl.   1.—

		$\mathcal{M}$

16791 **Wartmann.** Z. Anat. u. Entwicklgesch. d. Lemanea. St. Gallen 1854. 4. 28 p. m. 3 Tfln. — 2.—

16792 Das **Wasser** in u. um Wien (Algen). Wien 1860. 8. 146 p. m. 10 z. Tl. color. Tfln. — 3.—

16793 **Weber van Bosse.** On a new gen. of Siphonean Algae, Pseudocodium. (Lond., Linn. Soc.) 1896. 8. 4 p. w. pl. — 1.—

16794 — Monogr. d. Caulerpes. (Buitenz., Jard.) 1898. 8. 158 p. av. 15 pl. — 10.—

16795 — 2 Algues de l'Archip. Malais. (Nimègue) 1904. 8. 10 p. — 1.—

16796 — Marine Algae, Rhodophyceae, of the 'Sealark' Exped. (Lond., Linn. Soc.) 1913. 4. 38 p. w. 3 pl. — 4.50

16797 — Liste d. Algues du 'Siboga'. Partie I. Leide 1913. 4. 186 p. av. 5 pl. (1 color.) — 13.—

16798 **Weber van Bosse and Foslie.** The Corallinacea of the Siboga-Expedition (to Dutch East India). Leyd. 1904. 4. 110 p. w. 16 photogr. pl. — 16.—

16799 **Welwitsch.** System. Aufzähl. d. Süsswasser - Algen v. Unteroesterr. (Wien, Z. b. G.) 1857. 8. 20 p. — 1.—

16800 **West, G. S.** Treatise on the British Freshwater Algae. Cambr. 1904. 8. 387 p. w. pl. and 166 fig. Cloth. — 13.—
　　　　Out of print.

16801 — Report on the Freshwater Algae, includ. Phytoplankton, of the 3. Tanganyika Expedit. (Lond., Linn. Soc.) 1907. 8. 118 p. w. 9 pl. (16 s.) — 8.—

16802 — Some critic. Green Algae. (Lond., Linn. S.) 1908. 8. 13 p. w. 2 pl. — 1.50

16803 — The Algae of the Yan Yean Reservoir, Victoria. (Lond., Linn. Soc.) 1909. 8. 88 p. w. 6 pl. (10 s.) — 7.—

16804 **West, W.** Contrib. to the Freshwater Algae of North Wales. (Lond., Micr. Soc.) 1890. 8. 30 p. w. 2 pl. — 2.—

16805 — Algae of the English Lake district. (Lond., Micr. Soc.) 1892. 8. 36 p. w. 2 pl. — 1.50

16806 — Contrib. to the Freshwater Algae of W. Ireland. (Lond., Linn. Soc.) 1892. 8. 112 p. w. 6 pl. (6 s.) — 2.50

16807 — Freshwater Algae of Clare Island. (Dubl., Ac.) 1912. 4. 62 p. w. 2 pl. — 3.—

16808 **West, W. and G. S.** New British Freshwater Algae. (Lond., Micr. Soc.) 1894. 8. 18 p. w. 2 pl. — 1.50

16809 — On some Freshwater Algae fr. the West Indies. 2 parts. (Lond., Linn. Soc.) 1894—99. 8. 33 p. w. 4 pl. — 3.50

16810 — Contrib. to our knowl. of the Freshwater Algae of Madagascar. (Lond., Linn. Soc.) 1895. 4. 50 p. w. 5 pl. (12 s.) — 6.—

16811 — On some new and interest. Freshwater Algae. (Lond., Micr. Soc.) 1896. 8. 17 p. w. 2 pl. — 1.50

16812 — Contrib. to the Freshwater Algae of the North of Ireland. (Dublin, Ac.) 1902. 4. 98 p. w. 3 pl. — 4.—

16813 — Contrib. to the Freshwater Algae of Ceylon. (Lond., Linn. Soc.) 1902. 4. 93 p. w. 6 pl. (18 s.) — 10.—

16814 — Freshwater Algae of the Orkney and Shetlands. (Edinb., Bot. Soc.) 1905. 8. 39 p. w. 2 pl. — 2.—

16815 — Freshwater Algae fr. Burma. (Calcutta) 1907. fol. 86 p. w. 7 pl. — 18.—

16816 **White, T. C.** The developm. of Phycocyan. (Lond., Micr. J.) 1871. 8. 2 p. w. pl. — 1.—

16817 **Whitting.** On Chlorocystis Sarcophyci. (Lond., Phyc. Mem.) 1893. 4. 6 p. w. colour. pl. — 1.—

16818 **Wildeman.** Les Trentepohlia d. Indes Néerlandaises. (Buitenz., Jard. Bot.) 1891. 8. 16 p. av. 3 pl. — 2.—

16819 — Notes s. qlqs. Algues. (Venise, Nept.) 1891. 8. 5 p. av. 2 pl. — 1.50

16820 — Contrib. à l'ét. d. Algues de Belgique. (Brux., S. Bot.) 1894. 8. 14 p. — 1.—

16821 — Thermotaxisme d. Euglènes. (Brux., Soc. Micr.) 1894. 8. 14 p. — 1.—

16822 — Tableau comparat. d. Algues de Belgique. (Brux., Soc. Bot.) 1895. 8. 29 p. — 1.50

16823 — S. qu. espèces du g. Vaucheria. (Brux., S. Bot.) 1896. 8. 21 p. — 1.50

$\mathcal{M}$

16824 **Wildeman.** S. qlqs. esp. du g. Trentepohlia. (Brux., S. Micr.) 1897. 8. 16 p.   1.—
16825 — Prodrome de la Flore Algolog. d. Indes Néerlandaises. Av. supplém. Batavia 1897 à 99. 8. 485 p. av. 16 pl. (M. 25.)   15.—
16826 **Wille.** Om Svaermecellerne h. Trentepohlia. (Stockh., Bot. Not.) 1878. 8. 16 p. m. Tfl.   1.—
16827 — Ny endophytisk Alge. (Christ., Vid. S.) 1880. 8. 25 p. m. 2 Tfln.   1.50
16828 — Hvileceller h. Conferva. (Stockh., Ak.) 1881. 8. 24 p. m. 2 Tfln.   1.50
16829 — Bidr. t. kundsk. om Norges Ferskvandsalger. I. (Christ., Vid. Selsk.) 1881. 8. 72 p. m 2 Tfln.   2.—
16830 — Algolog. Bidrag. (Christ., Vid. S.) 1881. 8. 25 p. m. Tfl.   1.—
16831 — Kimens udviklingshist. h. Ruppia rostellata og Zannichellia palustris. (Kjöb., Nat. För.) 1883. 8. 14 p. m. 2 Tfln.   1.—
16832 — Om slaegt. Gongrosira. (Stockh., Ak.) 1883. 8. 20 p. m. Tfl.   1.—
16833 — Bidrag t. Sydamerikas Algflora. 3 Tle. (Stockh., Ak.) 1884. 8. 64 p. m. 3 Tfln.   2.—
16834 — Siebhyphen d. Algen. (Berl., Bot. Ges.) 1885. 8. 3 p. m. Tfl.   1.—
16835 — Bidr. t. Algernes physiolog. Anatomi. (Stockh., Ak.) 1885. 4. 104 p. m. 8 z. Tl. color. Tfln. (M. 12.)   5.—
16836 — Om Fucaceernes Blaerer. (Stockh., Ak.) 1889. 8. 21 p. m. 2 Tfln.   1.50
16837 — Lichtabsorption d. Meeresalgen. (Leipz., Biol. Centr.) 1895. 8. 8 p.   1.—
16838 — Ueb. Pleurocladia lacustris. (Berl., Bot. Ges.) 1895. 8. 7 p. m. Tfl.   1.—
16839 — Z. physiol. Anat. d. Laminariaceen. Christ. 1897. 8. 70 p. m. color. Tfl.   2.—
16840 — Om Faeröernes Ferskvandsalger. 3 Tle. (Stockh., Bot. Not.) 1897. 8. 25 p. m. Tfl. i   1.50
16841 — Wander. d. anorgan. Nährstoffe b. d. Laminariac. Berl. (1899). 8. 20 p.   1.—
16842 — Studien üb. Chlorophyceen. 7 Tle. (Christ., Vid. Selsk.) 1901. 8. 46 p. m. 4 color. Tfln.   2.50
16843 — Algolog. Notizen VII, VIII. (Christ., Nyt Mag.) 1901. 8. 24 p.   1.—
16844 — Antarktische Algen. (Christ., Nyt Mag.) 1902. 8. 13 p. m. 2 Tfln.   1.50
16845 — Ueb. d. Gatt. Gloionema. (Berl., 'Ascherson') 1904. 8. 12 p.   1.—
16846 — Ueb. Wittrockiella nov. gen. (Christ., Nyt Mag.) 1909. 8. 21 p. m. 4 Tfln.   2.50
16847 **Wille og Kolderup-Rosenvinge.** Alger fra Novaia-Zemlia og Kara-Havet. (Kjöbenh., 'Dijmphna') 1885. 8. 18 p. m. 2 Tfln.   2.—
16848 **Winkler, C.** Ein. f. d. Ostseeprovinzen neue Süsswasser-Algen. (Dorpat, Nat. Ges.) 1882. 8. 10 p. Lnb.   1.—
16849 **Winkler, E.** Krümmungsbewegungen v. Spirogyra. Leipz. 1902. 8. 52 p.   1.50
16850 **Winkler, H.** Einfl. äuss. Factoren auf d. Theil. v. Cystosira. (Berl., Bot. G.) 1900. 8. 9 p.   1.—
16851 **Winnacker.** Ueb. d. niedrigsten, in Rinnsteinen beobacht. pflanzl. Organismen. Frankf. 1882. 4. 20 p.   1.—
16852 **Wittrock.** Försök t. en monogr. öfv. slägt. Monostroma. Upps. 1866. 8. 66 p. m. 4 Tfln.   2.—
16853 — Algolog. Studier. 2 Tle. Upps. 1867. 8. 48 p. m. 2 Tfln.   1.50
16854 — Disposit. Oedogoniacear. Suecicar. (Holm., Ac.) 1870. 8. 26 p. et tab.   1.50
16855 — Oedogoniaceae novae Sueciae. (Holm., Bot. Not.) 1872. 8. 8 p. et tab.   1.—
16856 — Om Gotlands och Ölands Sötvattens-Alger. (Stockh., Ak.) 1872. 8. 72 p. m. 4 Tfln.   3.—
16857 — Prodromus monographiae Oedogoniearum. (Upsala, Soc. Sc.) 1874. 4. 64 p. et tab.   5.—
16858 — On the developm. and systematic ar ang. of the Pithophoraceae. (Upsala, Soc. Sc.) 1877. 4. 80 p. w. 6 pl.   3.—
16859 — Spore-format. of the Mesocarpeae. (Stockh., Ac.) 1878. 8. 18 p. w. pl.   1.—
16860 — Om Binuclearia. (Stockh., Ak.) 1886. 8. 11 p. m. Tfl.   1.—
16861 **Wittrock et Nordstedt.** Algae aquae dulcis exsicc., praec. Scandinav. Fasc. 21. (et index fasc. 1—20). Stockh. 1889. 8. 92 p.   1.—
16862 — — Fasc. 26—29. (Stockh., Bot. Not.) 1897. 8. 20 p.   1.—
16863 — — Fasc. 35. Lund. 1903. 8. 46 p.   1.—

16864 **Wollenweber.** Ueb. d. Gatt. Haematococcus. Berl. 1909. 8. 64 p. m.   *M*
5 Tfln.   2.—

16865 **Wollny.** Ein. neue Meeresalgen. (Dresd., Hedw.) 1878. 8. 10 p. m.
2 Tfln. (1 color.)   1.—

16866 — Geminella interrupta. (Dresd., Hedw.) 1884. 8. 6 p. m. Tfl.   1.—

16867 — Algolog. Mittheilungen. (Dresd., Hedw.) 1886. 8. 8 p. m, 2 Tfln.   1.—

16868 — Die Meeresalgen v. Helgoland. (Dresd., Hedw.) 8. 24 p. m. Tfl.   2.—

16869 **Woodward.** Descr. of 2 new Brit. Fuci. (Lond., Linn. S.) 1794. 4.
3 p. w. 2 colour. pl.   2.—

16870 — Descr. of Fucus dasyphyllus and hygogloss. (Lond., Linn. S.)
1794. 4. 7 p. w. pl.   1.—

16871 **Woronichin.** Die Rhodophyceen d. Schwarzen Meeres. (Petersb., Soc.
Nat.) 1909. 8. 183 p. m. 2 Tfln.   4.50,

16872 **Woronin.** Rech. s. l. Algues marines Acetabularia et Espera. Pétersb.
1861. 4. 28 p. av. 8 pl. color. — En l. Russe.   3.—

16873 **Woycicki.** Wachstums-, Regenerat.- u. Propagations-Erscheingn. bei
ein. fadenförm. Chlorophyceen. (Krak., Ak.) 1909. 8. 82 p. m. 54 Fig.   2.—

16874 **Wyatt.** Algae Danmonsienses. 2 4 2 d r i e d s p e c i m e n s of Marine
Plants coll. in Devonshire. 4 vols. w. supplem. = 5 vols. Torquay. 4.   120.—
       Well preserved and named.

16875 **Yendo.** Corallinae Japonicae. (Tokini, Coll. Sc.) 1902. 4. 52 p. et 7 tab.   5.—

·16876 — Corallinae of Port Renfrew. (Minneap., Bot. Stud.) 1902. 8. 12 p.
w. 6 pl.   2.—

16877 — Hedophyllum spirale, sp. nov. (Tokyo, Bot. Mag.) 1903. 8. 9 p. w. pl.   1.—

16878 — 3 spec. of marine Ecballocystis. (Tokyo, Bot. Mag.) 1903. 8.
8 p. w. pl.   1.—

16879 — Study of the Genicula of Corallinae. (Tokyo, Coll. Sc.) 1904. 4.
46 p. w. pl.   2.—

16880 — The Fucaceae of Japan. (Tokyo, Coll. Sc.) 1907. 4. 174 p. w. 18 pl.   14.—

16881 **Zacharias, E.** Ueb. d. Zellen d. Cyanophyceen. (Leipz., Bot. Z.) 1890.
4. 23 p. m. Tfl.   1.—

16882 **Zanardini.** Int. alle Cellulari marine d. lagune et de litorali di Venezia.
(Venezia, Ist.) 1847. 8. 88 p. c. 4 tav.   3.—

16883 **Zanfrognini.** Contrib. alla Flora Algolog. d. Modenese. (Modena)
1895. 8. 15 p.   1.—

16884 **Zerlang.** Entwicklgsgesch. Untersuch. üb. Wrangelia u. Naccaria.
Marb. 1889. 8. 38 p. m. Tfl.   1.—

VII. Characeae.

16885 **Agardh, C. A.** Ueb. d. Anat. u. d. Kreislauf d. Charen. (Leop. Ak.)
1826. 4. 48 p. m. color. Tfl.   1.—

16886 **Allen.** Nitella subspicata sp. nov. (N. York, Torr. Cl.) 1896. 8. 2 p. w. pl.   1.—

16887 — New spec. of Nitella. 2 pap. (N. York, Torr. Cl.) 1896. 8. 4 p. w. 3 pl.   1.50

16888 **Barbieri.** Int. la circolaz. d. Linfa in Chare. Mantova 1828. 8. 24 p.
c. tav.   1.50

16889 **de Bary.** Ueb. d. Befruchtungsvorg. b. d. Charen. (Berl., Ak.) 1871. 8.
12 p. m. color. Tfl.   1.—

16890 — Z. Keimungsgesch. d. Charen. (Leipz., Bot. Z.) 1875. 4. 26 p. m.
2 color. Tfln.   1.50

16891 **Borbás.** Symbolae ad Pteridograph. et Characeas Hungariae. (Vindob., Z. b. G.) 1876. 8. 16 p.   1.—

16892 **Braun, A.** Chara Kokeilii, e. neue Art. (Regensb., Flora) 1846. 8. 13 p.   1.—

16893 — Uebers. d. Schweizer. Characeen. (Zürich, Nat. Ges.) 1849. 4. 23 p.   1.50

16894 — Nucleus of the Characeae. (Lond., Ann. & M.) 1853. 8. 6 p.   1.—

16895 — Uebersicht d. Characeen d. deutsch. Flora. 1853. 4. 28 p. m. 6 Fig.
— Manuscript.   2.—

M

16896 **Braun, A.** Characeen aus Columb. u. Guyana. (Berl., Ak.) 1858. 8. 18 p.　1.—
16897 — Conspectus system. Characear. Europ. Dresd. 1867. 4. 8 p.　1.—
16898 — Die Characeen v. Schlesien. (Bresl., Cohn's Flora) 1876. 8. 117 p.　3.—
16899 **Carter.** Developm. of Gonidia of the Characeae. 2 parts. (Lond., Ann. & M.) 1855—56. 8. 48 p. w. 2 pl.　2.—
16900 — Developm. of the Root-cell in Chara verticill. (Lond., Ann. & M.) 1857. 8. 20 p. w. pl.　1.—
16901 **Clavaud.** S. l. organes hypogés d. Characées. (Paris, Soc. Bot.) 1863. 8. 12 p. av. pl.　1.—
16902 **Crépin.** Les Characées de Belgique. (Brux., Soc. Bot.) 1863. 8. 16 p.　1.—
16903 **Dutrochet.** S. la circul. d. fluides chez le Chara fragilis. (Paris, Ann. Sc.) 1838. 8. 61 p. av. 2 pl.　2.—
16904 **Goetz.** Entwickl. d. Eiknospe d. Characeen. Freib. 1899. 4. 15 p. m. Tfl.　1.—
16905 **Groves, H. and J.** Characeae fr. the Philipp. Islands and the Cape Peninsula. 2 pap. 1906—12. 8. and 4. 5 p. w. pl.　1.50
16906 **Holtz, L.** Die Characeen Neuvorpommerns. (Greifsw., Nat. Ver.) 1891. 8. 60 p.　1.50
16907 — Die Characeen d. Reg.-Bez. Stettin u. Köslin. (Greifsw., Nat. Ver.) 1899. 8. 92 p. m. 2 Tfln.　1.50
16908 **Hörmann.** Protoplasmastörung bei d. Characeen. Jena 1898. 8. 79 p. (M. 2.)　1.50
16909 **Kaiser, O.** Ueb. Kerntheilungen d. Characeen. Rostock 1896. 4. 21 p. m. Tfl.　1.—
16910 **Kaulfuss.** Ueb. d. Keimen d. Charen. Leipz. 1825. 8. 92 p. m. Tfl.　1.50
16911 **Kuczewski.** Morpholog. u. biolog. Unters. an Chara delicatula f. bulbillifera. Zürich 1906. 8. 51 p. m. 2 Tfln.　1.50
16912 **Leonhardi.** Die Böhm. Characeen. (Prag, Lotos) 1863. 8. 20 p.　1.—
16913 — Die Oesterr. Characeen. (Brünn, Nat. Ver.) 1864. 8. 102 p. m. Tab.　1.50
16914 — — 2 Nachträge. (Brünn, Nat. Ver.) 1866—67. 8. 20 p.　1.—
16915 **Lilley.** Nitella batrachosperma. (Minneap., Bot. Stud.) 1903. 8. 4 p. w. pl.　1.—
16916 **Martens.** Die Armleuchter-Gewächse Württembergs. (Stuttg., Ver. Nat.) 1850. 8. 9 p.　1.—
16917 **Müller, A.** Z. Kenntn. v. Chara hispida foetida. Münch. 1907. 8. 47 p. m. 2 Tfln.　1.50
16918 **Nonweiler.** Morphol. u. physiol. Untersuchgn. an Chara strigosa. Borna 1907. 8. 48 p. m. 2 Tfln.　1.50
16919 **Nordstedt.** Öfv. Characeernas groning. (Lund, Univ.) 1864. 4. 12 p m. Tfl.　1.—
16920 — Conjugatae u. Characeae gesamm. v. d. „Gazelle". (Berl., „Gazelle") 1880. 4. 4 p. m. Tfl.　1.—
16921 — Clavis synopt. Characearum. (Berol., Ac.) 1882. 4. 18 p.　1.—
16922 — Characeen im Herbar. zu Berlin. (Dresd., Hedw.) 1888. 8. 16 p. m. Tfl.　1.—
16923 — Australasian Characeae. Part I (all published). Lund 1891. 4. 20. p. w. 10 pl. Boards. (M. 7.)　5.—
— De Algis et Characeis — vide nr. 16544 et 16546.
16924 **Passerini.** Ricerche fis. e chim. s. Chara. Pisa 1831. 8. 40 p.　1.50
16925 **Pringsheim.** Ueb. die Vorkeime d. Charen. (Berl., Ak.) 1862. 8. 8 p.　1.—
16926 — Pro-Embryos of the Charae. (Lond., Ann. & M.) 1862. 8. 6 p.　1.—
16927 — Vorkeime u. nacktfüssig. Zweige d. Charen. (Berl., Pringsh. J.) 1863. 8. 32 p. m. 5 color. Tfln.　3.—
16928 **Reyes Prosper.** Les Carofitas (Characeae) de España. Madr. 1910. 8. 206 p.　10.—
16929 **Richter, J.** Ueb. Reactionen d. Characeen auf äussere Einflüsse. Münch. 1894. 8. 32 p.　1.—
16930 **Robinson, C. B.** The Characeae of N. America. (New York, Bot. Gard.) 1906. 8. 67 p.　2.—
Sanio. Die Characeen v. Lyck — siehe No. 12684.

M.

16931 **Savi.** Ric. fis. e chim. s. Chara. Pisa 1831. 8. 46 p.   1.50

16932 **Sonder.** Die Characeen d. Prov. Schleswig-Holstein u. Lauenburg. Kiel 1890. 8. 64 p. m. Tabelle.   2.—

16933 **Sydow, P.** Die Europ. Characeen. Berl. 1882. 8. 132 p. (M. 2.)   1.—

16934 **Thuret.** S. l'anthère du Chara. (Paris, Ann. Sc.) 1840. 8. 8 p. av. 4 pl. (1 color.)   3.50

16935 **Wahlstedt.** Bidr. till känned. om de Skandinav. Characeae. Lund 1862. 8. 40 p.   1.50

16936 — Monogr. öfv. Sveriges och Norges Charac. Christianstad 1875. 4. 37 p.   2.—

16937 **Wallman.** Öfvers. af Characeae. (Stockh., Ak.) 1853. 8. 6 p.   1.—

16938 — Essai d'une expos. systém. d. Characées. Trad. p. Nylander. Bord. 1856. 8. 91 p.   4.—

16939 **Winkler.** Ein. f. d. Ostseeprov. neue Characeen. (Dorpat) 1876. 8. 8 p.   1.—

16940 **Witt.** Z. Kenntn. v. Chara Ceratophylla u. Crinita. Borna 1906. 8. 47 p. m. Tfl.   1.—

VIII. Desmidiaceae et Diatomaceae.

[Supplementum numeror. 3036—8185, vide: Bibliographia Botanica, p. 121—126.]

16941 **Anthony.** On the struct. of the Pleurosigma angulatum and quadratum. (Lond., Micr. J.) 1870. 8. 3 p. w. pl.   1.—

16942 **Archer.** Descr. of a new spec. of Cosmarium and Ankistrodesmus. (Lond., Quek. Cl.) 1862. 8. 15 p. w. colour. pl.   1.50

16943 — Identif. of Palmogloea macrococca. (Lond., Quek. Cl.) 1863. 8. 24 p. w. colour. pl.   1.50

16944 — Descr. of a new spec. of Micrasterias. New spec. of Cosmarium. (Dublin, Nat. Soc.) 1863. 8. 22 p. w. colour. pl.   2.—

16945 — Descr. of 2 new spec. of Cosmarium, of Penium and Arthrodesmus. (Lond., J. Micr.) 1863. 8. 10 p. w. colour. pl.   1.50

16946 — Descr. of 2 new spec. of Cosmarium. (Lond., Quek. Cl.) 1864. 8. 9 p.   1.—

16947 — On Micrasterias Mahabuleshwarensis and Docidium pristidae. (Lond., Quek. Cl.) 1865. 8. 8 p. w. colour. pl.   1.—

16948 — On the g. Cylindrocystus, Mesotaenium and Spirotaenia. (Lond., Micr. J.) 1866. 8. 22 p.   1.50

16949 **Azpeitia Moros.** La Diatomologia Española en los comenzos del siglo XX. (Madrid, Asoc. Cienc.) 1911. 8. 320 p. av. 12 pl.   20.—

16950 **Balsamo.** Le Diatomee d. Cascata di Caserta. Napoli 1884. 8. 16 p.   1.—

16951 — Diatomee d. canale diger. di alc. Aplysiae. (Napoli, Soc. Nat.) 1890. 8. 8 p. c. tav.   1.—

16952 — Visibilità d. Diatomee. (Napoli, Soc. Nat.) 1891. 8. 7 p.   1.—

16953 **Beardsley.** Diatomac. deposit in Lever Water. (Lond., Micr. Soc.) 1857. 8. 3 p.   1.—

16954 **Beijerinck.** Chlorella variegata. Kohlensäure in d. Chromatophoren d. Diatomeen. (Nimègue, Rec. Bot.) 1904. 8. 19 p.   1.50

16955 **Belloc.** Les Diatomées de Luchon et d. Pyrénées centr. St. Gaudens 1887. 8. 60 p. av. pl.   2.50

16956 — Diatomées d. lacs du Haut Larboust. (Paris, Diatom.) 1890. 4. 6 p.   1.—

16957 **Bessey.** Modern concept. of the struct. and classific. of Diatoms, w. revis. of the N. Americ. genera. 2 parts. (N. York, Micr. Soc.) 1899— 1901. 8. 34 p. w. 2 pl.   3.—

16958 **Bisset and Massee.** List of Desmidieae found in the Lake Windermere. Cells in the g. Polysiphonia. (Lond., Micr. Soc.) 1884. 8. 9 p. w. 2 pl.   1.50

16959 **Bleisch.** Ueb. ein. bei Strehlen gef. Diatomeen. (Bresl., Schles. Ges.) 1862. 8. 10 p.   1.—

16960 **Boldt.** Bidr. t. känned. om Sibir. Chlorophyllac. (Desmid.). (Stockh., Ak.) 1885. 8. 38 p. m. 2 Tfln.   3.—

16961 — Grunddrag. af Desmideernas utbredning i Norden. (Stockh., Ak.) 1887. 8. 110 p. m. 2 Tfln.   3.—

W. Junk, Berlin, W. 15.

ℳ

16962 **Boldt.** Desmidieer fr. Grönland. (Stockh., Ak.) 1888. 8. 48 p. m. 2 Tfln.　2.50
16963 **Bonardi.** Diatomées de Vall' Intelvi. (Paris, J. Micr.) 1883. 8. 7 p.　1.—
16964 **Borge.** Uebers. d. neu erschein. Desmidiac.-Litteratur. V. VI. (Padua,
　　N. Not.) 1896. 8. 48 p.　1.—
16965 — Die Desmidiac. d. Regnell'schen Exped. (Stockh., Ark. Bot.) 1903.
　　8. 68 p. m. 5 Doppeltfln.　3.50
16966 **Börgesen.** Bidr. t. Bornholms Desmidié-Flora. (Kjöb., Bot. T.) 1889.
　　8. 12 p. m. Tfl.　1.50
16967 — Desmidieae Brasil. centr. (Haun., Nat. För.) 1890. 8. 30 p. et 4 tab.　3.50
16968 — Ferskvandsalger (Desmid.) fra Östgrönland. (Kjöbenh., Medd.
　　Grönl.) 1894. 8. 41 p. m. 2 Tfln.　2.—
16969 **Borscow.** Die Süsswasser-Bacillariaceen (Diatomaceen) d. Südwestl.
　　Russlands. Liefg. I (alles was erschien.). Kiew 1873. 4. 136 p. m. 2
　　color. Tfln. Cartonn.　40.—
　　　　Ganz aus dem Handel verschwunden.
16970 **Boyer.** New spec. of Diatoms. (Philad., Ac.) 1899. 8. 3 p. w. pl.　1.—
16971 — The Biddulphoid forms of N. American Diatomaceae. (Philad., Ac.)
　　1901. 8. 66 p.　3.—
16972 **Brébisson.** Observat. s. l. Diatomées. (Paris, Ann. Sc.) 1836. 8. 6 p.　1.50
16973 — Sur qu. Diatomées marines rares du Littoral du Cherbourg. (Cherb.,
　　Soc. Nat.) 1854. 8. 18 p. av. pl.　3.—
16974 — Liste d. Desmidiées de la Basse-Normandie. 2 parties. (Cherbourg,
　　Soc. Nat.) 1856. 8. 54 p. av. 2 pl.　8.—
16975 — Descr. de nouv. Diatomées du guano de Pérou. (Caen, Soc. Linn.)
　　1857. 8. 7 p. av. pl.　3.—
16976 — De la struct. d. valves d. Diatomacées. Paris 1872. 8. 16 p.　1.50
16977 — Diatomacée connu sous le nom de Mousse de Corse. (Montpell.,
　　Rev. Sc.) 1872. 8. 13 p. av. pl.　3.—
16978 **Brightwell.** On the g. Triceratium. 2 parts. (Lond., Quek. Cl.) 1853—
　　1856. 8. 13 p. w. 2 pl.　2.—
16979 — On the filament., long-horned Diatomaceae. (Lond., Quek. Cl.)
　　1856. 8. 5 p. w. pl.　1.50
16980 — On some rarer Diatomac. II. (Lond., Micr. Soc.) 1860. 8. 4 p. w. 2 pl.　1.50
16981 **Brockmann.** Ueb. d. Verhalten d. Planktondiatomeen d. Meeres bei
　　Herabsetzung d. Konzentration d. Meerwassers u. üb. d. Vorkomm.
　　d. Nordsee-Diat. im Brackwasser d. Wesermündung. Oldenb. (Meeres-
　　Unters.) 1906. fol. 15 p. m. 7 Fig.　1.50
16982 **Brun.** Diatomées d. Alpes et du Jura et d. envir. de Genève. Bâle
　　1880. 8. 150 p. av. 9 pl.　30.—
　　　　Epuisé et très-rare.
16983 — Diatomées des Alpes et du Jura. (Brux., Soc. Micr.) 1882. 8. 19 p.　1.50
16984 — Diatomées. Esp. nouv. marines, fossiles ou pélag. (Genève, Soc.
　　Phys.) 1891. 4. 48 p. av. 12 pl. (fr. 20.)　7.—
16985 **Brun et Tempère.** Diatomées fossiles du Japon. (Genève, Soc. Phys.)
　　1889. 4. 75 p. av. 9 pl. (fr. 15.)　6.—
16986 **Buffham.** Phenomena in the conjugat. of Rhabdonema arcuat. (Lond.,
　　Quek. Cl.) 1885. 8. 7 p. w. 2 pl.　1.50
16987 **Bünte.** Die Diatomeenschichten v. Lüneburg, Lauenburg, etc. Güstrow
　　1901. 8. 133 p. m. Tfl.　2.—
16988 **Calderon.** La Moronita y los Yacimientos Diatomáceos de Moron.
　　(Madrid, Soc. Nat.) 1886. 8. 17 p.　1.50
16989 **Carter.** Conjug. of Cocconeis, Cymbella and Amphora. (Lond., Ann.
　　& M.) 1856. 8. 9 p. w. pl.　1.—
16990 **Castracane.** On the multiplic. and reprod. of the Diatomaceae. (Lond.,
　　Quek. Cl.) 1868. 8. 8 p.　1.—
16991 — S. strutt. d. Diatomee. (Roma, Linc.) 1873. 4. 11 p.　1.50
16992 — Visione binocul. in relaz. alla Micrografia. (Roma, Linc.) 1874.
　　8. 14 p.　1.—

W. Junk, Berlin, W. 15.

M

16993 **Castracane.** La teoria d. riproduz. d. Diatomee. (Roma, Linc.) 1874. 8. 16 p. c. tav. 1.50

16994 — Nuova forma di Melosira Borrerii. (Milano) 1878. 4. 8 p. 1.—

16995 — Nuovo gen. e spec. di Diatomea. (Roma, Linc.) 1878. 4. 11 p. 1.—

16996 — Distinzione d. Diatomee marine in flora littorale e pelag. (Roma, Linc.) 1879. 4. 12 p. 1.—

16997 — Report on the Diatomaceae coll. by the 'Challenger' Exped. Lond. 1886. 4. 188 p. w. 30 pl. Cloth. 50.—
Now thoroughly out of print.

16998 — Le raccolte di Diat. pelag. d. Challenger. (Roma, Linc.) 1887. 4. 11 p. 1.—

16999 — Contribuz. alla flora Diatomacea Africana: Diat. d. Ogòue. (Roma, Linc.) 1887. 4. 8 p. 1.—

17000 — Estensione d. vita veget. n. profondia del mare. (Parma) 1887. 4. 7 p. 1.—

17001 — Le Diatomee e il Trasformismo Darwin. (Roma, Linc.) 1888. 4. 20 p. 1.50

17002 — Forma crit. e nuova di Pleurosigma. (Roma, Linc.) 1889. 4. 4 p. —.50

17003 — Reprod. and multiplicat. of Diatoms. (Lond., Micr. Soc.) 1889. 8. 6 p. 1.—

17004 — Su una raccolta di Amphipleura pelluc. (Venez., Notar.) 1892. 8. 5 p. 1.—

17005 — De la reproduct. d. Diatomées. 3 part. (Paris, Diatom.) 1893. 4. 23 p. 2.—

17006 — La sporulaz. e divis. n. Melosira var. (Roma, Linc.) 1895. 4. 8 p. 1.—

17007 — Risult. da trarre d. sporulaz. d. Diatomee. (Roma, Linc.) 1896. 4. 7 p. 1.—

17008 — Processi di riproduz. e di moltiplicaz.· in tre Diatomee. Roma 1896. 4. 22 p. c. 2 tav. 3.—

17009 — Nuovo tipo di Rhizosolenia. (Roma, Linc.) 1897. 4. 6 p. —.50

17010 — Portrait. 8. 1.—

17011 — D e T o n i. Commemor. di Castracane. (Roma, Linc.) 1899. 4. 32 p. c. ritr. 2.—

17012 **Chase.** Diatomaceae of Michigan. (Lansing) 1904. 8. 4 p. 1.—

17013 **Chodat et Huber.** Rech. expér. s. le Pediastrum Boryanum. (Berne, Soc. Bot.) 1895. 8. 15 p. av. pl. 1.50

17014 **Cleve, A.** On recent Freshwater Diatoms fr. Lule Lappmark. (Stockh., Ac.) 1895. 8. 44 p. w. map. and pl. 1.50

17015 — Die Diatomeen d. Bären-Insel. (Stockh., Ak.) 1900. 8. 25 p. 1.50

17016 — New contrib. to the Diatomac. Flora of Finland. (Stockh., Ark. Bot.) 1915. 8. 81 p. w. 4 pl. 5.—

17017 **Cleve, P. T.** Färskvatt.-Diat. fr. Grönland och Argent. republ. (Stockh., Ak.) 1881. 8. 12 p. m. Tfl. 1.50

17018 — Diatoms collect. during the exped. of the 'Vega'. (Stockh., Vega Exp.) 1883. 8. 61 p. w. 4 double plates. 18.—
Very rare.

17019 — Diatoms coll. dur. the· Arctic Exped. of Nares. (Lond., Linn. Soc.) 1883. 8. 5 p. 1.—

17020 — Fossil Marine Diatoms of the Moravian Tegel fr. Augarten. (Lond., Quek. Cl.) 1885. 8. 13 p. w. 2 pl. 1.50

17021 — The Diatoms of Finland. (Helsingf., Soc. Fl.) 1891. 8. 70 p. w. map and 3 pl. 2.50

17022 — S. qu. espèces nouv. d. Diatomées. I. II. (Paris, Diatom.) 1893. 4. 5 p. av. 2 pl. 1.50

17023 — Cilioflagellater och Diatomacéer af de Svenska hydrograf. undersökn. (Stockh., Ak.) 1894. 8. 16 p. m. 2 Tfln. 2.—

17024 — Synopsis of the Naviculoid Diatoms. 2 parts. (Stockh., Ac.) 1894— 1895. 4. 414 p. w. 9 pl. 26.—

17025 **Cleve, P. T., u. Grunow.** Beitr. zur Kenntn. d. Arctischen Diatomeen. (Stockh., Ak.) 1880. 4. 121 p. m. 7 Tfln. 5.—

17026 **Cleve, P. T., u. Jentzsch.** Ueb. ein. Diatomeenschichten Norddeutschlands. (Königsb., Phys. Ges.) 1882. 4. 42 p. 1.50

17027 **Cleve, P. T., and Kitton.** 2 pap. on new Diatoms. 8. 10 p. 1.—

17028 **Cole.** Micr. stud. on Cestodiscus superbus. (Lond., Micr. Stud.) 1885. 8. 2 p. w. pl. 1.50

17029 **Comber.** On the Diatomac. of Liverpool. (Lond., Quek. Cl.) 1860.   *M*
8. 12 p.   1.—

17030 **Cooke, M. C.** Notes on Brit. Desmids. 2 parts. (Lond., Grev.) 1880—81.
8. 12 p. w. 3 colour. pl.   3.—

17031 — British Desmids. Lond. 1887. 8. 220 p. w. 66 colour. pl.   35.—

17032 **Coombe.** The reproduct. of Diatoms. (Lond., Micr. Soc.) 1899. 8.
5 p. w. 2 pl.   2.—

17033 **Corti.** S. Diatomee d. Lago di Varese. (Pavia) 1892. 8. 11 p.   1.—

17034 — S. Diatomee d. Lago di Poschiavo. (Pavia) 1892. 8. 11 p.   1.—

17035 — S. Diatomee d. Lago d. Palù. (Pavia) 1892. 8. 8 p.   1.—

17036 **Cottam.** New Aulacodiscus fr. West Africa. (Lond., Quek. Cl.) 1876.
8. 5 p. w. pl.   1.—

17037 **Cox.** On some photogr. of Diatom. Valves. (Lond., Micr. S.) 1884. 8. 6 p.   1.—

17038 **Cuboni.** Diatomee racc. a Bernardino dei Grigioni. Bacteri ed Oscillaria
tenuis incl. n. grandine. Venez. 1887. 8. 14 p.   1.50

17039 **Dallinger.** On Navicula Crassinerv., Frustulia Saxon. and Navicula
Rhomboid., as test-objects. 2 parts. (Lond., Micr. J.) 1877. 8. 13 p.
w. 3 pl.   2.—

17040 **Davidson, G.** List of Diatomaceae in Loch Kinnord Kieselguhr. (Lond.,
Quek. Cl.) 1887. 8. 4 p.   1.—

17041 **Deby.** Apparences microscop. d. Valves d. Diatomées. 2 parties.
(Brux., Soc. Micr.) 1880 à 82. 8. 23 p.   1.50

17042 — On the microsc. struct. of the Diatom Valve. (Lond., Quek. Cl.)
1886. 8. 11 p.   1.—

17043 — Bibliogr. récente d. Diatomées III. (Padoue, N. Notar.) 1890. 8. 9 p.   1.—

17044 **Deby and Kitton.** Bibliography of the Diatomaceae. Lond. 1882. 8.
75 p. Cloth.   2.50

17045 **Delás.** S. alg. Diatomaceas recog. en Olot. (Madrid, Soc. Nat.) 1883.
8. 10 p.   1.—

17046 **Delponte.** Specimen Desmidiacear. Subalpinarum. 2 partes. (Aug.
Taurin, Ac.) 1873—77. 4. 284 p. et 24 tab. Cart. (50 Lire).   25.—

17047 — M a t t i r o l o. Notiz. biograf. (Torino, Univ.) 1885. 8. 10 p.   1.—

17048 **Desmids.** — 5 pap. by Borge, Elfving, Hobson, Lagerheim and Wailes.
1863—1912. 8. 24 p.   2.50

17049 **De Toni, Hendry e Macchiati.** 3 mem. s. g. Navicula. 1861—92. 8. 14 p.   1.50

17050 **De Toni e Levi.** Primi materiali p. il censimento d. Diatomacee Ital.
(Venezia, Notaris.) 1886. 8. 18 p.   1.—

17051 — Liste d. Algues (surtout Diatom.) trouv. d. le tube digestif d'un
Tétard. Lyon 1888. 8. 8 p.   1.—

17052 **Diatomaceae.** — 16 pap. by P. T. Cleve, Heiberg, Oestrup, Weisse
and o. 1858—1900. 8. 90 p. w. pl.   8.—

17053 **Dieck.** Diatomaceen aus Halle's Umgeb. (Berl., Z. Nat.) 1866. 8. 7 p.   1.—

17054 **Dippel.** Ein. als Probeobjekte benutzte Diatomeenarten. (Braunschw.,
Z. Mikr.) 1885. 8. 27 p. m. 4 Tfln.   2.50

17055 — Diatomeen d. Rhein-Mainebene. Braunschw. 1905. 8. 176 p. m.
372 color. Fig. (M. 24.)   17.—

17056 **Donkin.** On new Diatomaceae of Northumberland. 3 pap. (Lond.,
Micr. Soc.) 1858—69. 8. 50 p. w. 3 pl.   2.50

17057 **Dosset y Monzòn.** Datos para la sinops. de las Diatomeas de Aragón.
Zarag. 1888. 8. 32 p.   2.—

17058 **Dudley.** Triceratium Davyanum. (N. York, Micr. Soc.) 1885. 8. 2 p. w. pl.   1.50

17059 **Ebert.** Z. Diatomeenflora v. Cassel. (Cassel, Ver. Nat.) 1886. 8. 7 p.   1.—

17060 **Edwards, A. M.** On Diatomac. coll. in the U. S. 2 pap. (Lond., Micr.
Soc.) 1859. 8. 11 p.   1.—

17061 — Notes on Diatomaceae. (Lond., Micr. J.) 1870. 8. 8 p.   1.—

17062 — Notes on microsc. Organisms. (Lond., Micr. J.) 1872. 8. 9 p.   1.—

17063 — How to prepare specim. of Diatomac. f. examin. (Lond., Micr. J.)
1874. 8. 12 p.   1.—

17064 **Edwards and Walker-Arnott.** Method of cleaning Diatomac. What are ⒜
Marine Diatoms? (Lond., Quek. Cl.) 1859. 8. 12 p.   1.50
17065 **Ehrenberg, C. G.** Z. Erkenntn. grosser Organisation in d. Richt. d.
kleinsten Raumes. 2 Tle. Berl. 1835—36. fol. 224 p. m. 12 color.
Tfln. Cart.   20.—
17066 — Das unsichtbar wirk. organ. Leben. Berl. 1842. 8. 53 p. m. color. Tfl.   1.—
17067 — Die systemat. Charakterist. d. neuen mikroskop. Organismen d.
tief. Atlant. Oceans. (Berl., Ak.) 1854. 8. 15 p.   1.—
17068 — Ueb. d. organ. Leben d. Meeresgrundes. 2 Tle. (Berl., Ak.) 1854.
8. 46 p.   2.—
17069 — Ueb. d. organ. Lebensformen in gross. Tiefen d. Mittelmeer. (Berl.,
Ak.) 1858. 8. 33 p.   1.50
17070 — On the microscop. life of the Isl. of St. Paul. (Lond., Ann. & M.)
1862. 8. 14 p.   1.50
17071 — Z. Kenntn. d. Wachsthumsbeding. d. organ. kieselerd. Gebilde.
(Berl., Ak.) 1866. 8. 28 p.   1.50
17072 — Mikrogeol. Stud. als Zusammenfass. d. Beobacht. d. kl. Lebens d.
Meeres-Tiefgründe. (Berl., Ak.) 1872. 8. 58 p.   1.50
17073 — Mikrogeolog. Studien üb. d. kleinste Leben d. Meeres-Tiefgründe
aller Zonen. 2 Bde. (Berl., Ak.) 1873—1875. 4. 427 p. m. Kte. u. 42
Tfln. (M. 28.80.) Cart.   22.—
17074 — Objectivität d. mikroskop. Lebensformen. (Berl., Ak.) 1875. 8. 12 p.   1.—
17075 **Eichler u. Raciborski.** Nowe gatunki Zielenic (Desmid.). (Krak., Ak.)
1893. 8. 13 p. m. Tfl.   1.—
17076 **Elfving.** Anteckn. om Finska Desmidiéer. (Helsingf., Soc. Fl.) 1881.
8. 18 p. m. Tfl.   1.50
17077 **Elmore.** Fossil Diatomaceae fr. Nebraska. (N. York, Torr. Cl.) 1896.
8. 7 p.   1.—
17078 **Eyrich.** Z. Kenntn. d. Algen- (Desmid.-) Flora Mannheims. (Mannh.,
Ver. Nat.) 1866. 8. 37 p. m. color. Tfl.   1.50
17079 **Flögel.** Research. on the struct. of the Cell-walls of Diatoms. 3 parts.
(Lond., Micr. J.) 1884. 8. 53 p. w. 4 pl.   4.—
17080 — Müller, O., Bemerk. z. Flögel's 'Researches'. (Berl., Bot. Ges.)
1884. 8. 8 p.   1.—
17081 **Forti.** Diatomee rinv. in 2 campioni bentonici nei laghi d'Albano e
di Nemi. (Firenze, Giorn. Bot.) 1899. 8. 16 p.   1.—
17082 — Contribuz. Diatomolog. VII, VIII. (Venez., Ist.) 1903. 8. 37 p.   1.50
17083 **Gerhardt.** Z. Physiol. v. Closterium. Jena 1913. 8. 37 p.   1.50
17084 **Gerling.** Ausflug nach d. ostholstein. Seen, verbund. m. Excursionen
z. Diatomeensammeln. Halle 1893. 8. 29 p. m. Tfl.   1.50
17085 **Gifford.** The resolut. of Amphipleura pelluc. (Lond., Micr. J.) 1892.
8. 2 p. w. pl.   1.—
17086 **Gill.** On some methods of prepar. Diatoms. (Lond., Micr. Soc.) 1890.
8. 4 p. w. pl.   1.—
17087 — On the struct. of Diatom-Valves. (Lond., Micr. Soc.) 1891. 8.
2 p. w. pl.   1.—
17088 — Endophytic Parasite of Diatoms. (Lond., Micr. Soc.) 1893. 8.
4 p. w. pl.   1.—
17089 **Gistl.** Z. Kenntn. d. Desmidiaceenflora d. Bayer. Hochmoore. Münch.
1914. 8. 60 p. m. 4 T.   2.50
17090 **Gran.** Protophyta: Diat·mac., Silicoflagellata and Cilioflag. fr. the
Norweg. N. Atlantic Exped. Christ. 1897. fol. 38 p. w. 3 pl.   7.—
17091 — Diatomaceae fr. the Icefloes and Plankton of the Arctic Ocean.
(Christ., Nansen's Exp.) 1899. 4. 75 p. w. 3 pl.   8.—
17092 — Ueb. ein. Plankton-Diatomeen. (Krist., Nyt Mag.) 1900. 8. 26 p.
m. Tfl.   1.50
17093 — Die Diatomeen d. Arkt. Meere I: Die Diatomeen d. Planktons.
(Jena, Fauna Arct.) 1904. 4. 48 p. m. Tfl.   7.—

17094 **Gregory.** Diatomac. Earth of the Isle of Mull. *2 parts.* (Lond., Micr. Soc.) 1853—54. 8. 20 p. w. pl. — 2.—

17095 — Remark. group of Diatomac. forms. (Lond., Micr. Soc.) 1855. 8. 7 p. w. pl. — 1.—

17096 **Greville.** Report on a coll. of Diatomac. made in the distr. of Braemar (Lond., Ann. & M.) 1855. 8. 10 p. w. pl. — 2.—

17097 — Descr. of some new Diatomac. fr. the W. Indies. (London, Quek. Cl.) 1857. 8. 6 p. w. pl. — 2.—

17098 — Descr. of new Brit. Diatomac. (Lond., Quek. Cl.) 1859. 8. 8 p. w. colour. pl. — 2.—

17099 — Descr. of Diatomac. obs. in Californ. Guano. (Lond., Quek. Cl.) 1859. 8. 12 p. w. 2 pl. — 2.50

17100 — On new spec. of Campylodiscus. (Lond., Micr. Soc.) 1860. 8. 4 p. w. pl. — 1.50

17101 — Descript. of new and rare Diatoms. *Complete in 20 parts (= series).* (Lond., Quart. J. Micr.) 1861—66. 8. w. 33 partly colour. pl. — 70.—
Many odd parts in stock. Price of each: M. 4.

17102 — On the Asterolamprae of the Barbadoes deposits. (Lond., Quart. J. Micr.) 1862. 8. 15 p. w. 2 pl. — 3.—

17103 — Monogr. of the g. Auliscus. (Lond., Quart. J. Micr.) 1863. 8. 17 p. w. 2 pl. — 4.—

17104 **Griffith and Henfrey.** The Micrographic Dictionary. *3. ed. 2 vols.* Lond. 1875. 8. 888 p. w. 48 mostly colour. pl. (Diatomac. etc.) and 812 fig. (2 £ 13 s.) Half bd. calf. — 9.—

17105 **Grove and Sturt.** On a fossil marine Diatomac. deposit fr. Oamaru, Otago, N. Zealand. *4 parts.* (Lond., Quek. Cl.) 1886—87. 8. 50 p. w. 11 pl. — 14.—

17106 **Grunow.** Desmidiaceen u. Pediastreen ein. österr. Moore. (Wien, Z. b. G.) 1858. 8. 14 p. — 1.—

17107 — Ueb. neue od. ungenüg. gekannte Naviculaceen. (Wien, Z. b. G.) 1860. 8. 80 p. m. 5 Tfln. — 4.—

17108 — Die oesterreich. Diatomaceen. *2 Tle.* (Wien, Z. b. G.) 1862. 8. 202 p. m. 7 Tfln. — 13.—
Vergriffen u. selten.

17109 — Ueb. ein. neue Arten u. Gattgn. d. Diatomac. (Wien, Z. b. G.) 1863. 8. 26 p. m. 2 Tfln. — 2.—

17110 — Die Algen (u. Diatomeen) d. Weltreise d. Novara. Wien 1868. 4. 104 p. m. 12 Tfln. — 28.—
Sehr selten.

17111 — Novara Diatoms. *4 parts.* (Lond., Grev.) 1872. 8. 15 p. w. 3 pl. — 4.50

17112 — Algen u. Diatomaceen aus d. Kasp. Meere. (Dresd., Isis) 1878. 8. 36 p. m. 2 Tfln. — 3.—

17113 — New Diatomac. fr. the Caspian Sea. (Lond., Micr. J.) 1879. 8. 15 p. w. pl. — 1.50

17114 — On some new Nitzschia. (Lond., Micr. J.) 1880. 8. 4 p. w. 2 pl. — 2.50

17115 — Die Diatomeen v. Franz-Josefs-Land. (Wien, Ak.) 1884. 4. 60 p. m. 5 Tfln. — 45.—
Ungewöhnlich selten u. gesucht.

17116 **Grunow and Kitton.** New Diatoms fr. Honduras. (Lond., Micr. J.) 1877. 8. 22 p. w. 4 pl. — 4.50

17117 **Guinard.** Indicat. prat. s. la récolte et la prépar. d. Diatomac. (Montpell., Rev. Sc.) 1876. 8. 39 p. — 2.—

17118 — Des Diatomées. (Montp.) 1877. 8. 10 p. — 1.—

17119 **Gutwinski.** Z. Kenntn. d. fossil. Diatomaceen Bosniens. (Sarajewo) 1899. 4. 6 p. — 1.—

17120 — De Algis, praec. Diatomaceis in Asia centr. et China coll. (Crac., Ac.) 1903. 8. 27 p. et tab. — 1.50

17121 **Hall.** Method of viewing Diatomac. (Lond., Quek. Cl.) 1856. 8.   *ℳ*
4 p. w. pl.   1.—
17122 **Hallier.** Untersuchgn. üb. Diatomeen insbes. üb. ihre Beweg. u. Fortpflanz. Gera 1880. 8. 32 p. m. 2 color. Tfln.   1.50
17123 **Handmann.** Beitr. z. Kenntn. d. Diatomeenflora Oberösterreichs.
(Linz, Mus.) 1909. 8. 39 p. m. 3 Tfln.   2.50
17124 — Die Diatomeenflora d. Almseegebietes. Navicula Ramingens. (Linz)
1913. 8. 28 p. m. 2 Tfln.   1.50
17125 **Hansen, C.** Bidr. t. kundsk. om de Danske Bilandes Diatomée-Flora.
(Kjöb., Nat. För.) 1872. 8. 12 p.   1.—
17126 — Fortegn. ov. Slesvigske Diatomeer. (Kjöb., Bot. T.) 1873. 8. 6 p.   1.—
17127 **Hantzsch.** Ueb. ein. Diatomaceen aus d. Ostindisch. Archipel. (Dresd.,
Rabenh. Beitr.) 1862. 4. 6 p. m. 2 Tfln.   2.—
17128 **Hartz.** Danske Diatoméjord-Aflejringerne. (Kjöbenh., Geol. Unders.)
1899. 8. 38 p. m. Tfl.   1.50
17129 **Hauptfleisch.** Zellmembran u. Hüllgallerte d. Desmidiac. Greifsw. 1888.
8. 80 p. m. 3 Doppeltfln.   2.50
17130 — Die Auxosporenbild. v. Brebissonia Boeckii. Die Ortsbew. d.
Bacillariaceen. (Güstrow, Nat. Ver.) 1895. 8. 30 p.   1.50
17131 **Heiberg.** Conspectus crit. Diatomacearum Danicarum. Kjöbenh. 1863.
8. 135 p. et 6 tab.   10.—
     Die gewöhnlich im Handel vorkommende Dissertation hat keinen vollstän-
digen Text.
17132 — — Pars II. 1863. 8. 58 p.   2.—
17133 **Helmerl.** Desmidiaceae Alpinae. (Wien, Z. b. G.) 1891. 8. 22 p. m. Tfl.   1.—
17134 **Heinzerling.** Der Bau d. Diatomeenzelle. Stuttg. 1908. 4. 93 p. m. 3 Tfln.
(M. 24.)   15.—
17135 **Héribaud.** Diatomées fossiles d'Auvergne. 3 parties. Paris 1902 à 08.
av. plchs.   16.—
17136 — Diposit. méthod. d. Diatomées d'Auvergne. Clerm. 1903. 8. 55 p.   3.50
17137 **Hickie.** On Schumann's Formulae f. Diatom-lines. (Lond., Micr. J.)
1875. 8. 10 p. w. pl.   1.—
17138 — On Frustulia Saxonica. (Lond., Micr. J.) 1876. 8. 6 p. w. pl.   1.—
17139 **Hilse u. Cohn.** Z. Algen- u. Diatomeen-Kunde Schlesiens. (Bresl.,
Schles. Ges.) 1862. 8. 19 p.   1.—
17140 **Hodgson.** Deposit. cont. Diatomaceae, Leaves etc. in the Iron-ore
Mines near Ulverston. (Lond., Geol. Soc.) 1862. 8. 13 p.   1.—
17141 **Hoffmann, W.** Z. Diatomeen-Flora v. Marburg. Marb. 1884. 8. 36 p.   1.50
17142 **Hofmeister.** On the propagat. of the Desmidieae and Diatomeae. (Lond.,
Ann. & M.) 1858. 8. 17 p. w. pl.   2.—
17143 **Hogg.** On the movem. of Diatoms. (Bruss., Soc. Micr.) 1883. 8. 11 p.   1.—
17144 **Holmboe.** Süsswasser - Diatomeen v. d. Azorisch. Inseln. (Christ.,
Nyt Mag.) 1901. 8. 22 p.   1.50
17145 **Hustedt.** Süsswasser-Diatomeen Deutschlands. 3. Aufl. Stuttg. 1914.
8. 88 p. m. 10 Tfln.   2.—
17146 **Janisch.** Z. Charakteristik d. Guano's v. verschiedenen Fundorten.
Abteil. I. (in 2 Teilen). (Bresl., Schles. Ges.) 1861—62. 8. 45 p. m. 5 Tfln.   6.—
     Die Tafel 6, im Text citirt, ist niemals erschienen.
17147 — Woodward's Mikrophotogr. v. Amphipleura pellucida u. Pleurosigma angul. (Bonn, Arch. Anat.) 1880. 8. 12 p. m. 3 photogr. Tfln.   2.50
17148 **Janisch u. Rabenhorst.** Ueber Meeres-Diatomaceen v. Honduras.
(Leipz., Rabenh. Beitr.) 1863. 4. 16 p. m. 4 Tfln.   4.—
17149 **Jentzsch.** Diatomeenführ. Schichten d. westpreuss. Diluviums. (Berl.,
Geol. Ges.) 1884. 8. 8 p.   1.—
17150 **Johnson, L. N.** On some spec. of Micrasterias. (Chicago, Bot. Gaz.)
1894. 8. 5 p. w. pl.   1.—
17151 **Johnston, C.** Descr. of Diatomaceae found in Elide (Lower Calif.)
Guano. (Lond., Quek. Cl.) 1860. 8. 11 p. w. colour. pl.   1.50

17152 **Joshua.** Burmese Desmidieae, w. descr. of new spec. (Lond., Linn. S.) 1886. 8. 22 p. w. 4 colour. pl.   *M* 2.—

17153 **Karlinski.** Kieselalgen-(Diat.-)Flora Bosniens. (Saraj.) 1897. 4. 17 p.   1.50

17154 **Karsten, G.** Untersuchgn. üb. Diatomeen. 3 Tle. (Marb., Flora) 1896—1897. 8. 54 p. m. 4 color. Tfln.   8.—
Jetzt vergriffen.

17155 — Die Diatomeen d. Kieler Bucht. (Kiel, Meeres-Unters.) 1899. fol. 200 p. m. 219 Fig.   25.—
Sehr selten u. gesucht.

17156 **Keeley.** Structure of Diatoms. (Philad., Ac.) 1901. 8. 4 p.   1.—

17157 **Kitton.** On Aulacodiscus formosus, Omphalopelta versic. (Lond., Micr. J.) 1873. 8. 5 p. w. pl.   1.—

17158 — Descr. of some new Diatomac. 2 pap. (Lond., Micr. J.) 1873—74. 8, 6 p. w. 3 pl.   2.—

17159 — On Diatomac. Dillwynii. (Lond., Quek. Cl.) 1883. 8. 7 p. w. pl.   1.—

17160 — On some Diatomac. fr. Socotra. (Lond., Linn. S.) 1884. 8. 3 p. w. pl.   1.—

17161 — New Diatomac. in Japan. Oysters. (Lond., Quek. Cl.) 1884. 8. 8 p. w. pl.   1.—

17162 **Klebs.** Ueb. d. Formen ein. Gattgn. d. Desmidiaceen Ostpreussens. (Königsb., Phys. Ges.) 1879. 4. 42 p. m. 3 Tfln.   2.—

17163 — Beweg. u. Schleimbild. d. Desmidiac. (Leipz., Biol. Centr.) 1885. 8. 15 p.   1.—

17164 **Lagerheim.** Bidr. t. Amerikas Desmidié-Flora. (Stockh., Ak.) 1885. 8. 30 p. m. Tfl.   1.—

17165 — Ueb. ein. Algen. (Desmid.) aus Cuba. (Stockh., Bot. Not.) 1887. 8. 7 p.   1.—

17166 — Ueb. Desmid. aus Bengalen. (Stockh., Ak.) 1888. 8. 12 p. m. Tfl.   1.—

17167 — Uebers. d. neu. Desmidiac.-Litteratur. 3 Tle. (Padua, Notar.) 1891—1893. 8. 51 p.   1.50

17168 — Om Växt- (Diatom.) och Djurlämningarna i Andrées Polarboj. (Stockh., Ymer) 1900. 8. 19 p.   1.50

17169 **Lagerstedt.** Sötvattens-Diatomaceer fran Spetsberg. och Beeren Eiland. (Stockh., Ak.) 1873. 8. 52 p. m. 2 Tfln.   1.50

17170 — Saltvattens-Diatom. fr. Bohuslän. (Stockh., Ak.) 1876. 8. 66 p. m. Tfl.   2.—

17171 — Diatomac. i Kützings exsikkatverk: Algarum aquae dulc. German. decades. (Stockh., Ak.) 1884. 8. 36 p. m. Tfl.   1.50

17172 **Lanzi.** Alc. Diatomacee racc. in Fiesole. (Firenze, Giorn. Bot.) 1875. 8. 3 p.   —.50

17173 — Le Diatom. racc. in Tunisia. (Roma, Soc. Geogr.) 1876. 8. 6 p.   —.50

17174 — Le Thalle d. Diatomées. (Brux., Soc. Micr.) 1878. 8. 15 p. av. pl.   1.—

17175 — Riposta al Petit (Thalle d. Diatomées). (Paris, Brébiss.) 1879. 8. 12 p.   1.—

17176 — Utilità d. studio d. Diatomee. (Roma, Acc. Med.) 1880. 8. 13 p.   1.—

17177 — Le Diatomee foss. di Tor di Quinto. (Roma, Linc.) 1881. 4. 3 p.   —.50

17178 — Le Diatomee d. fonti urbane d. Acqua Pia-Marcia. (Roma, Linc.) 1881. 4. 5 p.   —.50

17179 — Le Diatomee d. Lago Trajano. (Milano, Soc. Crittog.) 1884. 4. 9 p.   1.—

17180 — La forma d. Endocroma n. Diatomee. (Roma, Linc.) 1885. 4. 8 p.   1.—

17181 — Le Diatomee foss. d. Via Flaminia. (Roma, Linc.) 1886. 4. 2 p.   —.50

17182 — Le Diatomee foss. di Gabi e d. cava presso S. Agnese. (Roma, Linc.) 1886. 4. 6 p.   —.50

17183 — Le Diatomee foss. d. Terreno quatern. di Roma. (Roma, Ist. Bot.) 1887. 4. 7 p.   1.—

17184 — Le Diatomee foss. d. Monte d. Piche e d. Via Ostiense. (Roma, Linc.) 1888. 4. 9 p.   1.—

17185 — Le Diatomee foss. d. Giancolo. (Roma, Linc.) 1889. 4. 9 p.   1.—

17186 — Le Diatomee fossili d. Via Aurelia. (Roma, Linc.) 1889. 4. 8 p.   1.—

17187 — Saggio di classificaz. d. Diatomee. (Roma, Linc.) 1890. 4. 7 p.   1.—

17188 — Diatomacearum distributio. (Venet., Notar.) 1890. 8. 3 p.   —.50

M

17189 **Lanzi.** Le Diatomee foss. di Capo di Bove. (Venez., Notar.) 1891. 8. 3 p.		—.50
17190 — Le Diatomee foss. d. Quirinale. (Roma, Linc.) 1894. 4. 7 p.		1.—
17191 **Lauder.** On the Marine Diatomaceae found at Hong Kong. (Lond., Quek. Cl.) 1864. 8. 5 p. w. pl.		1.—
17192 **Lauterborn.** Ueb. Bau u. Kerntheil. d. Diatomeen. Heidelb. 1893. 8. 26 p. m. Tfl.		1.50
17193 — Ortsbeweg. d. Diatomeen. (Berl., Bot. Ges.) 1894. 8. 6 p.		1.—
17194 — Untersuchgn. üb. Bau, Kerntheilung u. Bewegung d. Diatomeen. Leipz. 1896. 4. 168 p. m. 10 Tfln. (M. 30.)		10.—
17195 — Vorkommen v. Atheya u. Rhizosolenia in d. Altwass. d. Oberrheins. (Berl., Bot. Ges.) 1896. 8. 7 p.		1.—
17196 **Leuduger-Fortmorel.** Diatomées de la Malaisie. (Buitenz., Jard. Bot.) 1892. 8. 60 p. av. 7 pl.		5.—
17197 — Diatomées marines de la côte occid. d'Afrique. St. Brieuc 1898. 4. 41 p. av. 8 pl.		6.—
17198 **Levi-Morenos.** Elenchi di Diatomee n. tubo diger. d'Animali acquat. I. (Venez., Notar.) 1889. 8. 7 p.		1.—
17199 — S. Diatomologia Lacustre Ital.. (Venezia, Not.) 1889. 8. 16 p.		1.—
17200 — Nuovi mater. p. la Diatomologia Veneta. (Venez., Ist.) 1890. 8. 11 p.		1.—
17201 — S. evoluz. difensiva d. Diatomee. (Acireale) 1890. 8. 16 p.		1.50
17202 **Lewis, F. W.** On new or rarer Diatomaceae of the U. S. Sea Board. (Lond., Quek. Cl.) 1862. 8. 7 p.		1.—
17203 **Lindsay.** On the Protophyta (Diatom. et Desmid.) of New Zealand. (Lond., Micr. J.) 1867. 8. 16 p.		1.50
17204 — On the Diatomac. of Otago, N. Zealand. (Lond., Linn. S.) 1867. 8. 6 p.		1.—
17205 **Lütkemüller.** Desmidiac. aus d. Umgeb. d. Atter- u. Millstättersees. 2 Abhandl. (Wien, Z. b. G.) 1892—1900. 8. 59 p. m. 3 Tfln.		2.—
17206 — Die Poren d. Gatt. Closterium. (Wien, Bot. Z.) 1894. 8. 9 p.		1.—
17207 — Ueb. d. Gatt. Spirotaenia. (Wien, Bot. Z.) 1895. 8. 21 p.		1.—
17208 — Z. Kenntn. d. Desmidiaceen Böhmens. (Wien, Z. b. G.) 1910. 8. 26 p. m. 2 Tfln.		2.50
17209 — H e i m e r l. Nachruf. (Wien, Z. b. G.) 1914. 8. 18 p. m. Portr.		1.50
17210 **Macchiati.** 5 mem. s. Diatomee Italiane. 1888—92. 8. 30 p.		3.—
17211 — Elenco di Diatomacee del Laghetto di Modena. (Firenze, Giorn. Bot.) 1891. 8. 10 p.		1.—
17212 — S. coltura d. Diatomee. 2 parti. (Modena) 1892. 8. 12 p.		1.—
17213 **Maly.** Beitr. z. Diatomeenkunde Böhmens. I. (alles was erschien.). (Wien, Z. b. G.) 1895. 8. 13 p. m. Tfl.		1.—
17214 **Mann.** List of Diatomac. fr. a deep-sea dredg. in the Atlant. Ocean by the 'Albatross'. (Wash., Mus.) 1893. 8. 8 p.		1.—
17215 — Report on the Diatoms of the 'Albatross' voyages in the Pacific Ocean. (Wash., Dept. Agric.) 1907. 8. 222 p. w. 11 pl.		12.—
17216 **Manoury.** Les Diatomac. de l'embouchure de la Seine. (Páris) 1879. 8. 8 p.		1.—
17217 **Maskell.** On Micrasterias americ. (Lond., Micr. Soc.) 1888. 8. 4 p. w. pl.		1.—
Mazé et Schramm. Algues de la Guadeloupe — voyez no. 16480 et 16481.
	Parmi les 940 espèces se trouvent 31 de Diatomées.
17218 **Meister.** Die Kieselalgen d. Schweiz. Bern 1912. 8. 261 p. m. 48 Tfln. (M. 16.)
17219 **Mereschkowsky.** Diatomaceae d. Weissen Meeres. (Petersb.) 1878. 8. 22 p. — Russisch.		1.—
17220 — Loi de translat. d. stades chez les Diatomées. 2 parties. (Paris, J. Bot.) 1904. 8. 21 p. av. 35 fig.		2.—
17221 Le **Micrographe Préparateur.** Publ. p. Tempère. T a b l e g é n é r. des vols. 1 à 10: Années 1893 à 1902. Grèz 1903. 8. 87 p. (fr. 5.)		3.—
	La série complète — voyez no. 3122.
17222 **Migula.** Die Desmidiazeen. Stuttg. 1911. 4. 65 p. m. 7 Tfln.		2.—

17223 **Mills.** Diatoms fr. Peruvian Guano. (Lond., Micr. Soc.) 1881. 8. *M*
3 p. w. pl. 1.50

17224 **Möller, J. D.** Lichtdrucktafeln hervorragend. Diatomaceen-Präparate,
nebst Katalog. Wedel 1892. 59 Tafeln in-fol. m. Text in-8. v. 186 p.
(M. 150.) 80.—

17225 **Morehouse.** On the struct. of Diatoms. (Lond., Micr. J.) 1874. 8. 7 p. 1.—

17226 **Morland.** On mounting media f. Diatoms. (Lond., Quek. Cl.) 1887. 8. 7 p. 1.—

17227 **Morland and Deby.** On the struct. of the Diatom Valve. (Lond., Quek.
Cl.) 1886. 8. 22 p. 1.—

17228 **Motschi.** Die Bacillariaceen v. Freiburg. Freib. 1907. 8. 163 p. m.
Kte. u. Tfl. 3.50

17229 **Morren, C.** Mém. s. l. Clostéries. 2 parties. (Paris, Ann. Sc.) 1836.
8. 40 p. av. 3 pl. color. 2.50

17230 **Müller, O.** Bacillariaceen aus Java I. (soviel erschien.). (Berl., Bot.
Ges.) 1890. 8. 15 p. m. Tfl. 1.—

17231 — Rhopalodia, e. neues Genus d. Bacillariaceen. (Leipz., Bot. Jahrb.)
1895. 8. 18 p. m. 2 Tfln. 2.—

17232 — Ueb. Achsen, Orientier.- u. Symmetrie-Ebenen b. d. Bacillariaceen. (Berl., Bot. Ges.) 1895. 8. 14 p. m. Tfl. 1.—

17233 — Die Ortsbewegung d. Bacillariaceen. I, III—V. (Leipz. u. Berl.)
1896—97. 8. 64 p. m. 3 Tfln. (1 color.) 2.50

17234 — Bacillariales aus d. Hochseen d. Riesengebirges. (Stuttg., Plöner
Stat.) 1898. 8. 40 p. m. Tfl. 3.—

17235 — Bacillariaceen aus d. Natronthälern v. El Kab (Ober-Aegypten).
(Dresd., Hedwig.) 1899. 8. 48 p. m. 3 Tfln. 3.—

17236 — Kammern u. Poren in d. Zellwand d. Bacillarien. I, II, IV. (Berl.,
Bot. Ges.) 1899—1901. 8. 64 p. m. 5 Tfln. 4.—

17237 — Sprungweise Mutation bei Melosireen. (Berl., Bot. Ges.) 1903. 8.
9 p. m. Tfl. 1.—

17238 **Murray and Grove.** Calcareous pebbles, form. by Algae. Diatom.
remains of calcar. Algae. 2 pap. (Lond., Phyc. Mem.) 1895. 4. 10 p. w. pl. 1.50

17239 **Nelson and Karop.** On the finer struct. of Diatoms. 3 parts. (Lond.,
Quek. Cl.) 1886—88. 8. 8 p. w. 3 pl. 2.—

17240 **Nitzsch.** Beitr. z. Infusorienkunde (Diatomeen). (Halle, Nat. Ges.)
1817. 8. 128 p. m. 6 color. Tfln. 3.50

17241 **Nöldeke.** Die Diatomeenlager d. Lüneburger Heide. (Lüneb.) 1884.
8. 28 p. 1.50

17242 **Nordstedt.** Desmidiaceae Brasilienses. (Haun., Nat. För.) 1869. 8.
40 p. et 3 tab. 4.—

17243 — Desmidiaceae Brasiliae centralis. Ed. II. (Haun., Nat. För.) 1887.
8. 4 p. et 3 tab. 2.—
    Vide etiam nr. 16967.

17244 — Bidr. t. känned. om sydlig. Norges Desmidiéer. (Lund, Univ.) 1872.
4. 51 p. m. Tfl. 2.—

17245 — Desmidiaceae ex insulis Spetsbergen et Beeren Eiland. (Holm.,
Ac.) 1872. 8. 19 p. et 2 tab. 1.50

17246 — Desmidieae Arctoae. (Holm., Ac.) 1875. 8. 31 p. et 3 tab. 2.50

17247 — Desmidieer af Nordenskiölds Grönland Exped. (Stockh., Ac.) 1885.
8. 10 p. m. Tfl. 1.—

17248 — Desmidieer fr. Bornholm. (Kjöbenh., Nat. För.) 1888. 8. 34 p. m. Tfl. 1.50

17249 — Index Desmidiacearum atque Bibliographia. Cum suppl. 2 vol. Berol.
1897—1908. 4. 459 p. (M. 30.) 25.—
— De Algis (Desmid.) et Characeis — vide nr. 16546.

17250 **Norman.** List of Diatomaceae occurr. in the neighbourh. of Hull.
2 parts. (Lond., Micr. Soc.) 1860. 8. 26 p. 2.—

17251 — On some undescr. Diatomaceae. (Lond., Quek. Cl.) 1861. 8. 5 p.
w. pl. 1.—

17252 **Nylander.** Diatomaceis Fenniae fossilibus additam. (Helsingf., Soc. Fl.)   *M*
1861. 8. 17 p.   1.50
17253 **O'Donohce.** Photography of Diatoms. (Lond., Micr. Soc.) 1906. 8.
3 p. w. pl.   1.—
17254 **Okeden.** On the Diatomac. of S. Wales. (Lond., Micr. Soc.) 1858. 8. 8 p.   1.—
17255 **Okeden and Gregory.** Deep Diatomac. deposits of Milford Haven.
Posttert. Sand, cont. Diatomac. exuviae fr. Glenshire. 2 pap. (Lond.,
J. Micr.) 1855. 8. 18 p. w. pl.   1.50
17256 **O'Meara.** On some forms of Navicula fr. the Zulu Archipel. (Lond.,
J. Micr.) 1872. 8. 4 p. w. pl.   1.—
17257 — On Diatomac. gatherings at Kerguelen's Land. (Lond., Linn. S.)
1876. 8. 4 p. w. pl.   1.—
17258 **Ostenfeld.** Jagttagels. ov. Plankton - Diatomeer. (Krist., Nyt Mag.)
1901. 8. 16 p.   1.—
17259 **Östrup.** Diatoms fr. N.-East Greenland. (Kjöbenh., Eksp. Grönl.) 1910.
8. 64 p. w. 2 pl.   3.50
17260 — Danske Diatoméer (The Diatomaceae of Denmark). Copenh. 1910.
8. 346 p. w. 5 pl.   9.—
17261 **Palmer, T. C.** On errant frustules of Eunotia major. (Philad., Ac.)
1898. 8. 10 p. w. 2 pl.   2.—
17262 **Palmer and Keeley.** The struct. of the Diatom Girdle. (Philad., Ac.)
1900. 8. 15 p. w. 2 pl.   2.—
17263 **Pantocsek.** Beiträge z. Kenntn. d. fossilen Bacillarien Ungarns. 2. Aufl.
3 Bde. Berl. 1903—05. 4. 102 photogr. Tfln. (1335 Fig.) m. 420 p.
Text. (M. 300.)   230.—
17264 — — Text des III. Bandes. 1905. 120 p.   8.—
Fehlt, da später erschienen, häufig.
17265 — B r u n e t B a x t e r. Listes rectificat. s. les Diatomées de Hongrie.
(Paris, Diatom.) 1893. 4. 4 p.   1.—
17266 — Beschreib. neuer (fossiler) Bacillarien. 2 Tle. Pressb. 1909—10.
8. 27 p. m. 4 Tfln. (M. 11.)
17267 **Pedicino.** S. Diatomee di alc. terme d'Ischia. (Napoli) 1867. 4. 20 p.
c. 2 tav.   2.50
17268 **Peragallo, H.** Fossilium Catalogus: Diatomeae. Berol. 8.
In Vorbereitung. Ist ein Teil der Abteil. II (Plantae) des „Fossilium Catalogus". Prospect und Probelieferung gratis.
17269 **Peragallo, M.** S. l. Diatomées marines de Monaco I. (Monaco) 1904.
8. 16 p.   1.50
17270 **Pero.** Di alc. fenomeni biolog. d. Diatomee. 2 parti. (Venezia, Notar.)
1893. 8. 45 p.   1.50
17271 — Le Diatomee d. Adda. (Genova, Malp.) 1893. 8. '38 p.   1.50
17272 — Contrib. à l'ét. d. Diatomées de Belgique. (Brux., Soc. Micr.) 1894.
8. 26 p.   1.50
17273 **Perroncito e Vavalda.** Int. alle muffe d. Terme di Valdieri. Varese
1887. 4. 7 p. c. tav. color.   1.—
17274 **Petit.** Essay on the classificat. of the Diatomaceae. 2 parts. (Lond.,
Micr. J.) 1877. 8. 18 p. w. 2 pl.   3.—
17275 — On some new Diatomaceae. (Lond., Micr. Soc.) 1878. 8. 9 p. w. 2 pl.   2.—
17276 — De l'Endochrome d. Diatomées. Paris 1880. 8. 12 p. av. pl.   1.—
17277 — S. le développ. d. auxospores chez le Cocconema cistula etc. (Paris,
Soc. Bot.) 1885. 8. 5 p. av. pl. color.   1.—
17278 **Pfitzer.** Ueb. Bau u. Entwick. d. Bacillariaceen. Bonn 1871. 8. 189 p.
m. 6 color. Tfln. (M. 7.)   6.—
Jetzt vergriffen.
17279 — Die Bacillariaceen. (Bresl., Handb. d. Bot.) 1882. 8. 43 p.   2.50
17280 — Bacillariaceen. (Aus: Just's Botan. Jahresber. f. 1898). (Leipz.)
1900. 8. 10 p.   1.—

17281 **Photographien** v. Diatomaceen. — 16 Photogr. m. Namen auf d. Rückseite. (Aus d. Nachlasse d. Botanik. K l i n g e, St. Petersburg).　　8.—

17282 **Priest.** On Spicules fr. the Oamaru deposit. (Lond., Quek. Cl.) 1888.
8. 3 p. w. pl.　　1.50

17283 **Prinz.** Coupes d. Diatomées de la roche de Nykjöbing. (Brux., Soc.
Micr.) 1883. 8. 13 p. av. pl.　　1.50

17284 **Pritchard.** History of Infusoria includ. the Desmidiae and Diatomeae,
Brit. and foreign. 4. (last) ed. Lond. 1861. 8. 980 p. w. 40 (black) pl.
Cloth.　　22.—

17285 **Protic.** Z. Kenntn. d. Kieselalgen (Diatomaceen) Bosniens u. d. Herzegovina. (Saraj.) 1900. 4. 12 p.　　1.—

17286 **Rabenhorst.** Die Süsswasser-Diatomaceen (Bacillarien). Leipz. 1853. 4.
84 p. m. 10 Tfln. Cart.　　7.—
　　Jetzt ganz vergriffen.

17287 — Flora Europ. Algarum. I: Diatomaceae. Lips. 1864. 8. 359 p.
(M. 6.)　　5.—

17288 **Raciborski.** De nonnullis Desmidiaceis nov. vel minus cogn. Poloniae.
(Cracov., Ac.) 1885. 4. 44 p. et 5 tab. — Polonice conscr.　　5.—

17289 — Desmidyja zebrane przcz Ciastoni w Podrozy na okolo ziemi.
(Krak., Ak.) 1892. 8. 34 p. m. 2 color. Tfn.　　1.50

17290 — Die Desmidieenflora d. Tapakoomasees. (Marb., Flora) 1895. 8.
6 p. m. 2 Tfln.　　1.50

17291 **Ralfs.** On the Brit. spec. of Meridion and Gomphonema. (Lond., Ann.
& M.) 1843. 8. 11 p. w. pl.　　1.—

17292 — The British Desmidieae. Lond. 1848. 8. w. 35 colour. pl. Cloth.　　50.—
　　Out of print.

17293 — The British Desmidieae. Only the Plates, drawn and coloured by
S t i z e n b e r g e r, with descriptions.　　12.—

17294 — — Kurzer Auszug. 8. 35 color. Tfln. m. 10 p. lithogr. Text. Cart.　　20.—
　　In geringer Zahl von W e i s s f l o g besorgt und nicht im Handel erschienen.

17295 **Rattray.** Revis. of the g. Aulacodiscus. (Lond., Micr. Soc.) 1888. 8. 46 p.
w. 3 pl.　　10.—

17296 — Revis. of the g. Auliscus. (Lond., Micr. Soc.) 1888. 8. 60 p. w. 5 pl.　　5.—

17297 **Reade.** On the Diatom prism and markings. (Lond., M. J.) 1869. 8. 7 p.　　1.—

17298 **Reinhard.** Z. Kenntn. d. Bacillarieen d. Weiss. Meeres. (Mosk., Bull.)
1882. 8. 8 p.　　1.—

17299 **Richter, O.** Physiologie d. Diatomeen. 3 Tle. (Wien, Ak.) 1906—09.
8. u. 4. 217 p. m. 10 Tfln. (M. 19.)

17300 **Robin.** Traité du Microscope (Prépar. d. Diatom. etc.). Paris 1871.
8. 1056 p. av. 3 pl. et 317 fig. (fr. 20.) Toile.　　2.—

17301 **Roper.** On the Diatomac. of the Thames. (Lond., Micr. Soc.) 1854. 8.
14 p. w. pl.　　2.—

17302 — On the g. Biddulphia. (Lond., Micr. Soc.) 1859. 8. 25 p. w. 2 pl.　　2.50

17303 — On the g. Licmophora. (Lond., Qu. Journ. Micr.) 1863. 8. 10 p.　　1.—

17304 **Roesch.** Diatomées de la campagne du 'Caudan'. (Paris) 1896. 8. 10 p.　　1.50

17305 **Sauvageau.** Les Huitres de Marennes et la Diatomée bleue. 2 mém.
(Bord.) 1908 à 09. 8. 47 p.　　2.—

17306 **Schaarschmidt.** Additam. ad cognit. Desmideacear. Hungariae orient.
Budap. 1883. 8. 24 p. et tab. — Hungarice, diagnos. Latinis.　　1.—

17307 **Schawo.** Beiträge z. Algenflora Bayerns (Bacillariaceae). (Landsh.,
Bot. Ver.) 1896. 8. 74 p. m. 10 Tfln.　　2.—

17308 **Schmidle.** Ueb. ein. neue u. seltene einzell. Algen (Desmid.). (Berl.
Bot. Ges.) 1892. 8. 6 p. m. Tfl.　　1.—

17309 — Ueb. ein. in Pite Lappmark u. Vesterbotten gesamm. Süsswasseralgen (Desmidiac.). (Stockh., Ak.) 1898. 8. 71 p. m. 3 Tfln.　　1.50

17310 **Schmidt, A.** Atlas d. Diatomaceenkunde. 2. Aufl. Fortges. v. Schmidt,
Fricke u. Hustedt. Heft 1—78, m. Text. Leipz. 1874—1914. fol. 310 Tfln.
m. Text. (M. 456.) — Soviel erschien.　　380.—

17311 **Schmitz.** Ueb. d. Auxosporenbild. d. Bacillariaceen. (Halle, Nat. Ges.) *M*
  1877. 4. 12 p.   1.—
17312 **Schönfeldt.** Diatomaceae Germaniae. Die Deutsch. Diatomeen d. Süss-
  u. d. Brackwassers. Berl. 1907. 4. 269 p. m. 19 Tfln. Lnb. (M. 20.) 15.—
17313 — — Das Original-Manuscript d. Verfass. u. d. Original-Tafeln. 30.—
17314 — Bacillariales d. Süsswasserflora Deutschlands. Jena 1913. 8. 191 p.
  m. 379 Fig. (M. 4.)
17315 **Schroeder, B.** Cosmocladium Saxonic. (Berl., Bot. Ges.) 1900. 8.
  9 p. m. Tfl.   1.—
17316 **Schultze, M.** Phenomena of internal movem. in Diatomac. (Lond.,
  Quek. Cl.) 1859. 8. 8 p. w. colour. pl.   1.50
17317 — Die Struct. d. Diatomeenschale. (Bonn, V. Nat.) 1863. 8. 44 p. m. Tfl. 1.50
17318 — On the struct. of the valve in the Diatomac. (Lond., Quart. J. Micr.)
  1863. 8. 15 p. w. pl.   1.50
17319 **Schumann.** Preussische Diatomeen. Mit 3 Nachträgen. (Königsb.,
  Phys. Ges.) 1862—69. 4. 62 p. m. 7 Tfln.   20.—
     Jetzt ganz vergriffen. — Verschiedene Teile auch einzeln.
17320 — Die Diatomeen d. Hohen Tatra. (Wien, Z. b. G.) 1867. 8. 103 p.
  m. 4 Tfln.   1.—
17321 — Beitr. z. Naturgesch. d. Diatomeen. (Wien, Z. b. G.) 1869. 8. 30 p. 1.—
17322 **Schütt.** Wechselbeziehungen zw. Morphol., Biol., Entwicklgesch. u.
  Systemat. d. Diatomeen. (Berl., Bot. Ges.) 1893. 8. 9 p. m. Tfl. 1.—
17323 — Arten v. Chaetoceras u. Peragallia. (Berl., Bot. Ges.) 1895. 8.
  14 p. m. 2 Tfln.   2.—
17324 — Peridiniales u. Bacillariales (aus Engler u. Prantl's Pflanzenfamil.).
  Leipz. 1896. 8. 153 p. m. 696 Fig.   9.—
17325 — Neues Mittel d. Coloniebild. b. Diatomeen. (Berl., Bot. Ges.)
  1899. 8. 7 p.   1.—
17326 — Porenfrage bei Diatomeen. (Berl., Bot. G.) 1900. 8. 15 p. 1.—
17327 **Shadbolt.** New Diatomac. fr. Port Natal. (Lond., Micr. Soc.) 1854.
  8. 6 p. w. pl.   1.—
17328 **Shrubsole and Kitton.** The Diatoms of the London Clay. (Lond., Micr.
  Soc.) 1881. 8. 7 p. w. colour. pl.   1.50
17329 **Smith, H. L.** Synopsis d. familles et d. genres des Diatomées. Trad.
  p. Van Heurck. Brux. 1878. 8. 55 p.   2.50
17330 **Smith, T. F.** On Diatom structure. (Lond., Quek. Cl.) 1887. 8. 6 p. w. pl. 1.—
17331 — On the struct. of the Valve of Pleurosigma. (Lond., Quek. Cl.)
  1889. 8. 7 p. w. pl.   1.—
17332 **Smith, W.** On the Diatomaceae w. descr. of Brit. spec. 2 parts. (Lond.,
  Ann. & M.) 1851—52. 8. 26 p. w. 5 pl.   5.—
17333 — Synopsis of the British Diatomaceae. 2 vols. Lond. 1853—56. 8.
  263 p. w. atlas of 69 pl., partly coloured. Cloth.   50.—
     Out of print.
17334 — Excurs. to the South of France and the Auvergne in search of
  Diatomac. (Lond., Ann. & M.) 1855. 8. 9 p. w. pl.   1.50
17335 — On the determin. of spec. in the Diatomac. (Lond., Micr. J.) 1855.
  8. 6 p.   1.—
17336 — Excurs. to the Pyrenees in search of Diatomac. (Lond., Ann. & M.)
  1857. 8. 13 p. w. 2 pl.   2.50
17337 — List of Brit. Diatomaceae in the Brit. Museum. Lond. 1859. 8. 55 p. 2.—
17338 **Stahl.** Einfluss d. Lichts auf d. Beweg. d. Desmidien. (Leipz., Phys.
  Ges.) 1879. 8. 11 p.   1.—
17339 **Stolterfoth.** List of Diatomac. of Chester. (Lond.) 1874. 8. 14 p. 1.50
17340 — Report on the Marine Diatom. of the L. M. B. C. District. (Lond.)
  1889. 8. 11 p.   1.—
17341 **Studnicka.** Z. Kenntn. d. Böhm. Diatomeen. (Wien, Z. b. G.) 1888.
  8. 10 p.   1.—

17342 **Sullivant and Wormley.** On Nobert's test plate and the Striae of *M*
Diatoms. 2 pap. (New Hav., Journ. Sc.) 1861. 8. 14 p.   1.50
17343 **Tempère.** Révis. d. genres d. Diatomées. 3 parties. (Paris, Diatom.)
1893. 4. 7 p.   1.—
17344 **Thomas, H.** On Cosmarium Margaritif. (Lond., Micr. Soc.) 1855. 8.
5 p. w. colour. pl.   1.—
17345 **Thwaites.** S. la conjugais. d. Diatomées. (Paris, Ann. Sc.) 1848. 8.
4 p. av. 2 pl.   2.—
17346 — Nouv. observ. s. l. Diatomées. (Paris, A. Sc.) 1849. 8. 16 p. av. 2 pl. 2.—
17347 **Torka.** Diatomeen ein. Seen v. Posen. (Pos.) 1909. 8. 11 p.   1.—
17348 **Truan y Luard.** Ensayo s. la sinopsis de las Diatomeas de Asturias.
2 parties. (Madr., Soc. Nat.) 1884—85. 8. 76 p. av. 8 pl.   9.—
17349 **Tulk.** Cleaning and prepar. Diatoms. (Lond., Micr. J.) 1863. 8. 5 p.   1.—
17350 **Turner, W. B.** On some new and rare Desmids. (Lond., Micr. Soc.)
1885. 8. 8 p. w. 2 pl.   1.50
17351 — Algae aquae dulcis Indiae orient. Freshwater Algae (princ. Desmidieae) of East India. (Stockh., Ac.) 1893. 4. 187 p. w. 23 pl.   8.—
17352 **Van Heurck.** Synopsis d. Diatomées de Belgique. 2 parties. Anvers
1880 à 1885. 4. 235 p. av. 141 pl. D.-rel. veau.   200.—
Epuisé et très-rare. — Voyez: Rara Historico-Naturalia, ed. J u n k, page 66.
17353 — Treatise on the Diatomaceae. Transl. by Baxter. Lond. 1896. 8.
578 p. w. 36 pl. and 291 fig. Cloth.   70.—
Now entirely out of print.
17354 — Traité d. Diatomées; descr. d. espèces trouv. d. la Mer du Nord.
Anvers 1899. 8. 592 p. av. 35 pl. et 292 fig. Toile.   80.—
17355 — Diatomées de l'Expédit. Antarctique Belge. Anvers 1909. 4. 128 p.
av. 13 pl. (fr. 35.50.)   20.—
17356 **Wahnschaffe.** Süsswasserfauna u. Süsswasser-Diatom.-Flora im unt.
Diluv. v. Rathenow. (Berl., Geol. Anst.) 1885. 8. 22 p.   1.50
17357 **Walker-Arnott.** On Arachnoidiscus, Pleurosigma, Amphiprora, Eunota
and Amphora. 2 pap. (Lond., Micr. J.) 1858. 8. 19 p.   1.50
17358 — Notes on Cocconeis and Nitzschia. (Glasgow) 1868. 8. 15 p.   1.—
17359 **Wallich.** On the developm. and struct. of the Diatom-Valve. (Lond.,
Micr. Soc.) 1859. 8. 17 p.   1.—
17360 — Markings of the Diatomac. (Lond., Ann. & M.) 1860. 8. 9 p.   1.—
17361 — Descr. of Desmidiaceae fr. Lower Bengal. 2 parts. (Lond., Ann.
& M.) 1860. 8. 26 p. w. 4 pl.   3.—
17362 — Distrib. and habits of the Pelagic and Fresh-floating Diatomaceae.
(Lond., Ann. & M.) 1860. 8. 19 p.   1.50
17363 — Struct. of the valves of Pleurosigma. (Lond., Ann. & M.) 1863.
8. 15 p.   1.—
17364 — On the relat. betw. the devel., reprod. and mark. of the Diatomac.
(Lond., Micr. J.) 1877. 8. 21 p. w. 2 pl.   1.50
17365 **Walsch.** Ueb. Closterium Lunula. (Petersb.) 4. 4 p. m. Tfl. — Russisch. 1.—
17366 **Weisse.** Mikroskop. Analyse e. organ. Polirschiefers aus d. Gouv.
Simbirsk. (Petersb., Mél. biol.) 1854. 8. 9 p. m. 3 Tfln.   3.50
17367 — Verzeichn. d. St. Petersburg. Infusor., Bacillar. u. Räderthiere.
(Mosk., Bull.) 1863. 8. 11 p.   1.—
17368 — Diatomaceen d. Ladoga-Sees. 2 Tle. (Petersb., Ak.) 1864—65. 8.
4 p. m. 2 Tfln.   5.—
17369 — Mikroskop. Unters. d. Guano. (Petersb., Ak.) 1867. 8. 5 p. m. 2 Tfln. 3.50
17370 — Verzeichn. aller im Guano aufgef. Kiesel-Organismen. (Petersb.,
Ak.) 1867. 4. 6 p. m. 2 Tfln.   3.50
17371 **West, G. S.** On variation in the Desmidieae. (Lond., Linn. Soc.) 1899.
8. 56 p. w. 4 pl.   7.—
17372 **West, T.** On some new Diatomac. (Lond., Micr. Soc.) 1860. 8. 8 p. w. pl. 1.—
17373 **West, W.** List of Desmids fr. Massachusetts. (Lond., Micr. Soc.)
1889. 8. 5 p. w. 2 pl.   1.50

17374 **West, W.** Contrib. to the Freshwater Algae (esp. Desmid. and Diatom.)   *ℳ*
of North Wales. (Lond., Micr. Soc.) 1890. 8. 30 p. w. 2 pl.   2.—
17375 — Contrib. to the Freshwater Algae (espec. Demids) of W. Ireland.
(Lond., Linn. Soc.) 1892. 8. 112 p. w. 6 pl. (6 s.)   2.50
17376 **West, W. and G. S.** On some Freshwater Algae (espec. Desmids)
fr. the West Indies. 2 parts. (Lond., Linn. S.) 1894—99. 8. 33 p. w. 4 pl.   3.50
17377 — Contrib. to our knowl. of the Freshwater Algae (esp. Desmids) of
Madagascar. (Lond., Linn. Soc.) 1895. 4. 50 p. w. 5 pl. (12 s.)   6.—
17378 — On some North American Desmidieae. (Lond., Linn. S.) 1896. 4.
46 p. w. 7 pl. (14 s.)   7.—
17379 — Desmids fr. Singapore. (Lond., Linn. Soc.) 1898. 8. 10 p. w. 2 pl.   2.—
17380 — On some Desmids of the U. S. (Lond., Linn. S.) 1898. 8. 44 p. w. 3 pl.   3.—
17381 — Contrib. to the Freshwater Algae (esp. Desmids) of Ceylon. (Lond.,
Linn. Soc.) 1902. 4. 93 p. w. 6 pl. (18 s.)   10.—
17382 — Monogr. of the Brit. Desmidiaceae. Vol. I—IV. Lond., Ray Soc.,
1904—12. 8. 968 p. w. 128 pl. (73 colour.) Cloth.   100.—
      See also no. 16800—16815.
17383 **Wildeman.** S. l. variat. morphol. de qu. Desmidiées. (Venise, Notar.)
1895. 8. 12 p. av. pl.   1.—
17384 — Observ., s. qlqs. Desmidiées. (Brux., Soc. Bot.) 8. 18 p. av. pl.   1.50
17385 **Wille.** Ferskvandsalger (Desmidieer) fra Novaja Semlja. (Stockh.,
Ak.) 1879. 8. 62 p. m. 3 Tfln.   3.—
17386 — Bidr. t. kundsk. om Norges Ferskvandsalger. I: Desmid. (Christ.,
Vid. Selsk.) 1880. 8. 72 p. m. 2 Tfln.   2.—
17387 **Wisselingh.** Karyokinese v. Eunotia major. (Jena, Flora) 1913. 8. 10 p.
m. Tfl.   1.—
17388 **Witt.** Untersuch. üb. Diatomaceen-Gemische d. Südsee. (Hamb.,
Godefr.) 1873. 4. 8 p. m. Tfl.   1.50
17389 **Wittrock.** Anteckn. om Skandinav. Desmidiacéer. (Upsala, Ges. Wiss.)
1869. 4. 28 p. m. Tfl.   2.50
17390 **Wolle.** Desmids of the Pacific Coast. (S. Franc., Ac.) 1887. 8. 6 p.   1.—
17391 — Diatomaceae of North America. Bethlehem 1894. 8. 50 p. w. 112 pl.
Cloth.   25.—
17392 **Woodward.** On the markings of Frustelia Saxonica. (Lond., Micr. J.)
1875. 8. 9 p. w. 2 pl.   1.50
17393 — On the markings of Navicula Rhomboides. (Lond., Micr. J.) 1876.
8. 3 p. w. 2 pl.   1.50
17394 — On the study of Amphipleura pelluc. (Lond., Micr. S.) 1879. 8. 14 p.   1.—
17395 **Woodward and Wormley.** On Nobert's Test Plate and the Striae of
Diatoms. 3 pap. (Lond.) 1861—71. 8. 20 p.   1.50
17396 **Woolman.** Fossil Mollusks and Diatoms fr. the Dismal Swamp, Virginia. (Philad., Ac.) 1898. 8. 11 p.   1.—

IX. Plancton.

17397 **Allen and Nelson.** On the artific. culture of Marine Plankton Organisms. (Plymouth, Assoc.) 1910. 8. 54 p.   2.50
17398 **Apstein.** Quantitat. Plankton-Studien im Süsswasser. (Erl., Biol. Centr.)
1892. 8. 29 p.   1.50
17399 — Das Süsswasserplankton. Methode u. Result. d. quantitat. Untersuch. Kiel 1896. 8. 205 p. m. 113 Fig. u. 6 Tabellen. (M. 7.20.)   5.—
17400 **Archiv** d. Hydrobiologie u. Planktonkunde. Hrsg. v. Zacharias. Band
I—X m. Supplem. I, II. Teil 1 u. 2. Stuttg. 1905—1915. 8. m. Tfln.
(M. 583.50.)   420.—
      Siehe auch Nr. 16153.
17401 **Bachmann, H.** Das Phytoplankton d. Süsswassers. Jena 1911. 8. 215 p.
m. 15 color. Tfln. (M. 5.)

17402 **Blanc.** Le Plankton nocturne du Lac Léman. (Lausanne) 1898. 8. 6 p. av. pl. — *M* 1.—

17403 **Borge.** Schwedisches Süsswasserplankton. (Stockh., Bot. Not.) 1900. 8. 26 p. m. Tfl. — 1.50

17404 **Börgesen and Ostenfeld.** Phytoplankton of Lakes in the Faeröes. (Stockh.) 1902. 8. 12 p. — 1.—

17405 **Brandt, K.** Haeckel's Ansichten üb. d. Plankton-Expedit. (Kiel, Nat. V.) 1891. 8. 15 p. — 1.—

17406 **Brandt u. Apstein.** Nordisches Plankton (Beschreib. d. nördlich v. 50° vorkomm. Planktonorganismen). Liefg. 1—18 (soweit erschien.). Kiel 1901—15. 4. 2710 p. m. Karte u. 3154 Fig. (M. 208.)

17407 **van Breemen.** Plankton v. Noordzee en Zuiderzee. Leiden 1905. 8. 180 p. m. 2 Tfln. — 4.—

17408 **Brehm, V., u. Zederbauer.** Ueb. d. Plankton des Erlaufsees. (Wien, Z. b. G.) 1902. 8. 14 p. — 1.—

17409 — Beiträge z. Planktonuntersuchung alpiner Seen. 4 Tle. (Wien, Z. b. G.) 1904—06. 8. 52 p. — 2.—

17410 — D. September-Plankton d. Skutarisees. (Wien, Z. b. G.) 1905. 8. 6 p. — —.50

17411 **Brockmann.** Verhalten d. Planktondiatomeen d. Meeres bei Herabsetzung d. Konzentration d. Meerwassers u. üb. d. Vorkomm. d. Nordsee-Diatom. im Brackwasser der Wesermündung. Oldenb. (Meeres-Unters.) 1906. fol. 15 p. m. 7 Fig. — 1.50

17412 **Brunnthaler.** Plankton-Studien. 2 Tle. (Wien, Z. b. G.) 1900. 8. 6 p. — —.50

17413 **Brunnthaler, Prowazek u. Wettstein.** Ueb. d. Plankton des Attersees, Oberoesterreich. (Wien, Bot. Z.) 1901. 8. 10 p. — 1.—

17414 **Cleve, A.** On the Plankton of some lakes in Lule Lappmark. (Stockh., Ac.) 1899. 8. 12 p. — 1.—

17415 **Cleve, P. T.** Redogör. f. d. Svenska Hydrograf. Undersökning: Vegetab. Plankton. (Stockh., Ak.) 1897. 8. 33 p. m. Tfl. — 1.50

17416 — Treatise on the Phytoplankton of the Atlántic. Upsala 1897. 4. 28 p. w. 4 pl. — 7.—

17417 — Report on the Phyto-Plankton coll. by the 'Research'. (Glasgow) 1897. 8. 8 p. w. pl. — 1.—

17418 — Plankton-Researches in 1897. (Stockh., Ac.) 1899. 4. 33 p. — 1.50

17419 — Plankton coll. by the Swedish exped. to Spitzbergen. (Stockh., Ac.) 1899. 4. 51 p. w. 4 pl. — 3.—

17420 — Notes on some Atlantic Plankton Organisms. (Stockh., Ac.) 1900. 4. 22 p. w. 8 pl. — 7.—

17421 — Plankton coll. by the Swedish expedition to Greenland. (Stockh., Ac.) 1900. 4. 21 p. — 1.50

17422 — Plankton fr. the South. Atlantic and the South Indian Ocean. (Stockh., Ac.) 1900. 8. 20 p. — 1.—

17423 — Plankton fr. the Red Sea. (Stockh., Ac.) 1900. 8. 14 p. — 1.50

17424 — Plankton fr. the Indian Ocean and the Malay Archipel. (Stockh., Ac.) 1901. 4. 58 p. w. 8 pl. — 5.—

17425 — The seasonal distrib. of Atlantic Plankton Organisms. Göteborg 1901. 8. 369 p. — 7.—

17426 — The Plankton of the North Sea and the Skagerak in 1900. (Stockh., Ac.) 1902. 4. 49 p. — 1.50

17427 — Report on Plankton coll. dur. a voyage to and fr. Bombay. (Stockh., Ark. Zool.) 1904. 8. 53 p. w. 4 pl. — 2.50

17428 **Cleve and Pettersson.** Hydrogr.-biolog. researches by the Swed. Commiss. in the Skagerack and Baltic. Göteb. 1903. 4. 14 p. w. 5 pl. — 2.50

17429 **Cori u. Steuer.** Ueb. d. Plankton d. Triester Golfes. (Leipz., Zool. Anz.) 1901. 8. 6 p. m. color. Tfl. — 1.—

17430 **Dakin and Latarche.** The Plankton of Lough Neagh. (Dublin, Ac.) 1913. 4. 78 p. w. 3 pl. — 3.—

$\mathcal{M}$

17431 **Dolley.** The Planktonokrit, an apparat. (Philad., Ac.) 1896. 8. 15 p.   1.—
17432 **Fitschen.** Das pflanzl. Plankton 2 nordhannoveran. Seen. (Bremerh.) 1905. 8. 16 p.   1.—
17433 **Fowler, G. H.** Contrib. to our knowl. of the Plankton of the Faeroe Channel. 8 parts. (Lond., Zool. Soc.) 1896—1903. 8. 98 p. w. 5 pl.   4.50
17434 — Science of the Sea. Lond. 1912. 8. 470 p. w. 8 maps and 221 fig. Cloth.   6.—
17435 **Fraude.** Grund- u. Plankton-Algen d. Ostsee. Greifsw. 1906. 8. 132 p. m. Kte.   2.50
17436 **Garstang.** Contrib. to Marine Bionomics. II, III. (Plymouth, Assoc.) 1897. 8. 12 p.   1.—
17437 — Report on the Surface Drift of the English Channel. (Plymouth, Assoc.) 1898. 8. 33 p.   1.50
17438 — Report on trawling in the Bays on the South East Coast of Devon. (Plymouth, Assoc.) 1903. 8. 93 p. w. map.   2.—
17439 **Georgévitch.** Les organismes du Plancton des Grands Lacs de la Penins. Balkanique. (Paris, Soc. Zool.) 1907. 8. 15 p.   1.—
17440 **Gran.** Hydrograph.-biolog. Studies of the North Atlantic Ocean and the Coast of Nordland. (Krist., Fish.) 1900. 4. 142 p. w. 2 pl. and 14 tabl.   5.—
    See also nr. 17091—17093.
17441 **Haeckel.** Planktonstudien. Jena 1890. 8. 113 p.   5.—
    Vergriffen.
17442 — Plankton-Composition. (Jena, Z. Nat.) 1892. 8. 8 p.   1.—
17443 — — Exemplar mit Widmung des Autors.   2.50
17444 **Hensen.** Ueb. d. Bestimmung d. Planktons. Kiel 1887. fol. 125 p. m. 6 Tfln. u. 7 Tab. (M. 20.)
17445 — Ergebn. d. Plankton-Exped. (Berl., Ak.) 1890. 4. 11 p.   1.—
17446 — Reisebeschr. d. Plankton Expedit. (Kiel, Meeres-Unters.) 1892. 4. 46 p. m. Kte.   1.50
17447 — Die Biologie d. Meeres. (Kiel, Nat. Ver.) 1905. 8. 17 p.   1.—
17448 **Herdman and Riddell.** The Plankton on the W. Coast of Scotland. 2 parts. (Liverp., Fish. Lab.) 1911—12. 8. 74 p.   2.50
17449 **Herdman and Scott.** Study of the Marine Plankton around the Isle of Man. II—V. (Liverp., Fish-Lab.) 1909—1912. 8. 265 p. w. 2 pl.   7.—
17450 **Herdman, J. C. Thompson and A. Scott.** On the Plankton coll. in the N. Atlantic. (Liverp., Biol. Soc.) 1897. 8. 58 p. w. 4 pl.   3.—
17451 **Hjort.** Forschungsfahrten auf Nord. Meeren. (Berl., Z. Erdk.) 1904. 8. 14 p.   1.—
17452 **Hjort and Gran.** Hydrograph.-biolog. Investigat. of the Skagerrak and the Christiania Fjord. (Krist., Fish.) 1900. 8. 41 p. w. 7 tabl.   2.—
17453 **Hjort, Nordgaard and Gran.** Report on Norweg. Marine Investigations 1895—97. Bergen 1899. 4. 83 p. w. 8 pl. (7 colour.) and 8 Plankton-tables.   12.—
17454 **Honigmann.** Z. Kenntn. d. Süsswasserplanktons. (Magdeb., Mus.) 1909. 4. 39 p. m. Tfl.   2.—
17455 **Hudleston.** On Deep-Sea Investigation. (Lond., Geol. Ass.) 1882. 8. 36 p. w. map.   1.50
17456 **Jörgensen.** Protophyten u. Protozoën im Plankton aus d. Norweg. Westküste. (Bergen, Mus.) 1899. 8. 112 p. m. 5 Tfln.   8.—
17457 **Karsten, G.** Das Phytoplankton d. Antarktischen Meeres nach d. Material d. Deutschen Tiefsee-Expedition. Jena 1905. 4. 136 p. m. Atlas v. 19 Tfln. (M. 50.)
17458 — Das Phytoplankton d. Atlantischen Oceans nach d. Material d. Deutschen Tiefsee-Expedition. Jena 1906. 4. 83 p. m. 15 Tfln. (M. 35.)
17459 — Das Indische Phytoplankton, nach d. Material d. Deutschen Tiefsee-Expedition. Jena 1907. 4. 328 p. m. Atlas v. 20 Tfln. (M. 70.)
17460 **Keissler.** Z. Kenntn. d. Planktons d. Attersees u. Abersees in Ober-österreich. 2 Abhandl. (Wien, Z. b. G.) 1901—02. 8. 36 p. m. Tfl.   1.—

17461 **Kofoid.** Plankton Studies. II, III. (Urbana and Lond.) 1900. 8. 36 p. w. 3 pl. — 2.—

17462 — The Plankton of the Illinois River. 2 vols. Urbana 1904—08. 8. 907 p. w. 55 pl. — 40.—

17463 — The Biolog. Stations of Europe. Wash. 1910. 8. 372 p. w. 55 pl. — 8.—

17464 — On a self-closing Plankton net and Waterbucket. Berkeley 1911. 8. 38 p. w. 4 pl. — 2.—

17465 **Lagerheim.** Vegetabil. Süsswasser-Plankton d. Bären-Insel. (Stockh., Ak.) 1900. 8. 25 p. — 1.50

17466 **Lemmermann.** Ergebn. ein. Reise n. d. Pacific: Planktonalgen. (Brem., Nat. Ver.) 1898. 8. 66 p. m. 3 Tfln. — 3.—

17467 — Z. Kenntn. d. Planktonalgen XI. (Berl., Bot. Ges.) 1900. 8. 26 p. m. 2 Tfln. — 1.50

17468 — 5 Abhandl. üb. Planktonalgen u. Algen d. Süsswassers. (Berl., Bot. Ges.) 1900—03. 8. 28 p. — 1.50

17469 — Das Phytoplankton d. Meeres. II, III. (Brem. u. Leipz.) 1903—05. 8. 162 p. — 3.—

17470 — Plankton ein. Teiche v. Bremerhaven. (Stuttg., Arch. Hydr.) 1906. 8. 16 p. — 1.—

17471 **Levander.** Z. Kenntn. d. Plankt. einig. Binnenseen in Russ. Lappland. (Helsingf.) 1905. 4. 49 p. m. 3 Tfln. — 3.—

17472 — Ueb. d. Winterplankton in 2 Binnenseen Süd-Finlands. (Helsingf., Soc. Fl.) 1905. 8. 14 p. — 1.—

17473 **Lohmann.** Die Probleme d. modernen Planktonforschung. (Halle, Zool. Ges.) 1912. 8. 94 p. m. Tfl. — 4.—

17474 **Lozeron.** La répartition vertic. du Plancton dans le Lac de Zurich. Zur. 1902. 8. 89 p. av. 5 pl. — 3.50

17475 **Mangin.** Distrib. d. Algues fixées et du Plankton. Monaco 1906. 8. 33 p. av. 3 pl. — 2.—

17476 **Michael, E. L.** Hydrographic, Plankton and Dredg. records of the Scripps Inst. f. biolog. research, 1901—1912. Berkeley 1915. 8. 206 p. w. pl. — 10.—

17477 **Murdoch and Suter.** Results of Dredging on the Continental Shelf of New Zealand. (Wellingt., Inst.) 1906. 8. 30 p. w. 7 pl. (Mollusca). — 4.—

17478 **Nathansohn.** Influence vertic. d. eaux s. la product. du Plankton marin. (Monaco) 1906. 8. 12 p. — 1.—

17479 — Vertikale Wasserbeweg. u. quantit. Verteil. d. Planktons im Meere. (Berl., Ann. Hydr.) 1906. 4. 7 p. — 1.—

17480 **Nick.** Der Planktonschrank d. Senckenberg. Mus. I, III. (Frankf., Senck.) 1913—14. 8. 60 p. — 1.50

17481 **Ostenfeld.** Planteorganism. i Ferskvandsplankton fra Jylland. (Kjöb., Nat. För.) 1895. 8. 10 p. — 1.—

17482 — Phytoplankton fra d. Kaspiske Hav. (Kjöb., Nat. För.) 1901. 8. 12 p. — 1.—

17483 — Phytoplankt. fr. the sea around the Faeröes. (Copenh., 'Faeröes') 1903. 8. 54 p. — 2.—

17484 — Studies on Phytoplankton. 3 parts. (Copenh., Bot. T.) 1903—04. 8. 17 p. — 1.50

17485 — Z. Kenntn. d. Algenflora d. Kossogol-Beckens in d. Mongolei, m. Berücks. d. Phytoplanktons. (Dresd., Hedw.) 1907. 8. 56 p. m. Tfl. — 2.50

17486 — Marine Plankton fr. the East-Greenland Sea (Diatoms and Protozoa). (Kjöbenh., Medd. Grönl.) 1910. 8. 44 p. — 2.—

17487 — De Danske Farvandes Plankton: Phytoplankton og Protozoer. Bd. I. Kjöbenh. 1913. 4. 364 p. — Av. résumé français. — 10.—

17488 **Ostenfeld og O. Paulsen.** Planktonpröver fra Nord-Atlanterhavet. (Kjöbenh., Medd. Grönl.) 1904. 8. 70 p. — With an English résumé. — 3.—

17489 — On the Microplankton fr. East-Greenland Sea. (Copenh., 'Eksped. Grönl.') 1911. 8. 18 p. — 1.50

17490 **Ostenfeld og J. Schmidt.** Plankton fra det Röde Hav og Adenbugten. (Kjöbenh., Nat. För.) 1902. 8. 42 p. — *M* 1.50
17491 **Ostenfeld et Wesenberg-Lund.** Catal. de Plantes et d'Animaux obs. dans le Plankton. Copenh. 1909. 8. 164 p. — 4.—
17492 **Paulsen, O.** The Plankton on a submarine bank. (Copenh., 'Warming') 1911. 4. 9 p. — 1.—
17493 **Pavillard.** Rech. s. la Flore pélag. (Phytoplankton) de l'Etang de Thau. Montpell. 1905. 8. av. carte color. et 3 pl. en partie color. — 6.—
17494 **Perrier.** Les Explorations sous-marines. Paris 1886. 8. 556 p. av. 245 fig. D.-rel. veau. — 2.—
17495 **Plancton.** — 13 Abhandl. v. Brunnthaler, Cori, Kofoid, Ostenfeld, Pascher, Reinke, Thompson, Zacharias u. a. 1889—1912. 8. u. 4. 66 p. — 5.—
17496 **Plankton-Bestimmungsbuch.** Hrsg. v. d. Deutsch. mikrolog. Gesellschaft. Diessen 1912. 8. 98 p. m. 2 Tfln. u. 50 Fig. — 1.—
17497 **Prowazek.** Das Potamoplankton d. Moldau u. Wotawa. (Wien, Z. b. G.) 1899. 8. 5 p. — —.50
17498 **Richard, J.** Instrum. dest. à la recolte du Plankton microscop. (Monaco) 1905. 8. 12 p. av. pl. — 1.—
17499 **Schröter, C.** Die Schwebeflora unserer Seen (Das Phytoplankton). Zürich 1896. 4. 59 p. m. Tabelle u. Tfl. in fol. — 6.—
   Vergriffen.
17500 **Schröter, C., u. Kirchner.** Die Vegetation d. Bodensees. 2 Tle. Lindau 1896—1902. 4. 216 p. m. color. Kte. u. 5 Tfln. — 5.—
17501 **Schütt.** Analyt. Planktonstudien. 2 Tle. (Vened., Nept.) 1891—92. 8. 28 p. m. Kte. — 1.50
17502 — Das Pflanzenleben d. Hochsee. Kiel 1893. 4. 76 p. m. Kte. u. 35 Fig. Cart. (M. 7.)
17503 **Seligo u. B. Schroeder.** Untersuchgn. in d. Stuhmer Seen. Mit Anhang: Das Pflanzenplankton preuss. Seen. Danz. 1900. 4. 94 p. m. 10 Tfln. u. 9 Tabellen. (M. 6.) — 4.50
17504 **Steuer.** Planktonkunde. Leipz. 1910. 8. 738 p. m. color. Tfl. u. 365 Fig. (M. 26.)
17505 **Tanner-Füllemann.** Contrib. à l'ét. d. Lacs alpins. 3 parties. (Genève, Herb. Boiss.) 1907. 8. 43 p. — 2.—
17506 — Contrib. à l'ét. du Schoenbodensee. (Genève, Herb. Boiss.) 1907. 8. 45 p. — 1.50
17507 **Thompson, J. C., and Comber.** Rep. on Antarctic Plankton fr. the S. Shetland Isl. W. notes on the Diatomac. (Liverp., Biol. Soc.) 1898. 8. 8 p. w. 2 pl. — 1.50
17508 **Thomson, W.** On the Depths of the Sea. (Lond., Ann. & M.) 1868. 8. 13 p. — 1.—
17509 **Trotter.** Plancton d. Lago Laceno. (Pad., N. Not.) 1905. 8. 15 p. c. tav. — 1.—
17510 **Volk.** Einwirk. d. Trockenperiode 1904 auf d. biolog. Verhältn. d. Elbe. Mit: Planktolog. Methoden. (Hamb., Anst.) 1906. 8. 101 p. m. Kte., Tab. u. 2 Tfln. — 2.—
17511 — Ueb. d. biolog. Elbe-Untersuch. d. Hamburg. Naturhistor. Museums. (Berl., Z. Fisch.) 1908. 4. 55 p. m. 2 Tfln. u. color. Kte. — 2.—
17512 **Wesenberg-Lund.** Biolog. Undersög. ov. Ferskvandsorganismer. (Kjöb., Nat. För.) 1895. 8. 64 p. — 2.—
17513 — Stud. ov. de Danske Söers Plankton. Plankton investigations of the Danish Lakes. Special part. 2 vols. Copenh. 1904. 4. 267 p. w. 8 maps and 10 pl. — 45.—
17514 — Ueb. d. süsswasserbiol. Forschungen in Dänemark. (Leipz., Rev. Hydr.) 1910. 8. 10 p. — 1.—
17515 **West, W. and G. S.** Scottish Freshwater Plankton (Desmids). I. (Lond., Linn. Soc.) 1903. 8. 36 p. w. 5 pl. — 3.—
17516 — Compar. study of the Plankton of some Irish Lakes. (Dublin, Ac.) 1906. 4. 40 p. w. 6 pl. — 4.50

17517 **West, W. and G. S.** On the Periodicity of the Phytoplankton of some   *M*
    Brit. Lakes. (Lond., Linn. Soc.) 1912. 8. 38 p. w. pl.   2.—
    — Report on Phytoplankton of the Tanganyika Exped.— see nr. 16801.
17518 **Wolfenden.** The Plankton of the Faröe Channel and Shetlands. (Ply-
    mouth, Assoc.) 1902. 8. 29 p. w. map and 4 pl.   2.50
17519 **Woloszynska.** Ueb. d. Variabilität d. Phytoplanktons d. Polnischen
    Teiche I. (Krak., Ak.) 1911. 8. 25 p.   1.—
17520 — Das Phytoplankton ein. Javan. Seen. (Krak., Ak.) 1912. 8. 55 p.
    m. 4 Tfln.   4.—
17521 **Yung.** Variat. quantitat. du Plankton dans le lac Léman. (Genève,
    Arch. Sc.) 1899. 8. 21 p. av. pl.   2.—
17522 **Zacharias, O.** Das Plankton als Gegenstand ein. biolog. Schulunterr.
    (Stuttg., Arch. Hydr.) 1906. 8. 99 p.   3.—

Celotti. Contr. alla Micologia Romana. (Fir., Giorn. Bot.) 1889. 8. 8 p.   1.—
Davis. Nuclear Studies on Pellia. (Lond., Ann. Bot.) 1901. 8. 34 p. w. 2 pl.   1.50
Debat. Flore analyt. d. genres et espèces des Mousses du dép. du Rhône.
    (Lyon, Soc. Linn.) 1863. 8. 195 p.   2.—
De Toni, G. B. Contrib. Diatomologica s. Lago di Alleghe (Veneto). (Fir.,
    Giorn. Bot.) 1889. 8. 7 p.   1.—
Dryander. Lindsaea, a new g. of Ferns. (Lond., Linn. S.) 1797. 4. 7 p. w. 5 pl.   2.—
Fries, E. Summa Vegetabilium Scandinaviae. 2 partes. Holm. 1846—49. 8.
    580 p.   9.—
      260 p. enthalten Fungi.
Glowacki. Z. Kenntn. d. Moosflora v. Kärnten. (Klagenf.) 1910. 8. 17 p.   1.—
Goodenough and Woodward. On the British Fuci. (Lond., Linn. S.) 1797.
    4. 152 p. w. 4 pl.   4.—
Gran u. Nathansohn. Beitr. z. Biol. d. Planktons. 2 Tle. (Leipz., Arch. Hydrob.)
    1908—09. 8. 90 p. m. 10 Tfln.   4.50
Hedwigia. Red. v. Hieronymus. Bd. 56, 57. Dresd. 1915—16. 8. m. 7 Tfln.
    (M. 48.)   30.—
Herlitzka. Ontogenesi d. Fermenti. (Torino, Biol.) 1906. 8. 29 p.   1.50
Herzog. Die Bryophyten m. 2. Reise durch Bolivia. 2 Tle. Stuttg. 1916. 4.
    347 p. m. color. Kte., 8 Tfln. u. 234 Fig. (M. 92.).
Huber, G. Formanomalien bei Ceratium hirund. (Leipz., Arch. Hydr.) 1914.
    8. 40 p.   2.—
Jungermann, L. Portrait. Halbe Figur. 8. Lithogr.   1.50
    — L e i m b a c h. Ueb. Jungermann. (Arnstadt) 1893. 8. 3 p. m. Portr.   1.—
Klausener. Die Blutseen d. Hochalpen Biolog. Studie auf hydrograph. Grund-
    lage. (Leipz., Arch. Hydr.) 1908. 8. 66 p.   3.—
Kniep. Ueb. d. Assimilat. u. Atmung d. Meeresalgen. (Leipz., Arch. Hydr.)
    1914. 8. 38 p.   1.50
Krause, F. Ueb. d. Formveränder. v. Ceratium hirund. (Leipz., Arch. Hydr.)
    1911. 8. 32 p.   1.50
Küster. Anleit. z. Kultur d. Mikroorganismen. Leipz. 1907. 8. 207 p. m.
    16 Fig. Lnb. (M. 7.)   2.50
      Siehe auch Nr. 14376.
Lohmann. Ueb. d. Beziehungen zw. d. pelag. Ablagerungen u. dem Plankton
    des Meeres. (Leipz., Arch. Hydr.) 1908. 8. 15 p. m. Tfl.   1.50
    — Üb. d. Nannoplankton. (Leipz., Arch. Hydr.) 1911. 8. 38 p. m. 5 color. Tfln.   3.—
    — Z. Charakter. d. Tier- u. Pfla zenlebens d. Atlant. Ozeans. 2 Tle. (Leipz.,
    Arch. Hydr.) 1912. 8. 92 p. m. Kte.   4.—

Lützow. Die Laubmoose Norddeutschlands. Gera 1895. 8. 228 p. m. 16 Tfln.   3.—

Massalongo. 2 nuovi g. di Epatiche. (Fir., Giorn. Bot.) 1898. 8. 6 p. c. tav.   1.—

Massari. Contrib. alla Briologia Pugliese e Sarda. 2 parti. (Firenze, Giorn. Bot.) 1897. 8. 66 p. c. tav.   2.—

Mencl. Nachträge zu den Strukturverhältn. v. Bacterium gammari. 2 Tle. (Prag, Zool. Inst.) 1907. 8. 28 p. m. 2 Tfln. (1 color.)   1.50

Müller, C. Prodr. Bryologiae Bolivianae (finis). (Florent., Giorn. Bot.) 1897. 8. 60 p.   1.50

— Bryologia prov. Schen-si Sinensis. 2 partes. (Florent., Giorn. Bot.) 1897—1898. 8. 84 p.   2.—

Petersen, J. G. Studier ov. Danske aërofile Alger. Kjöbenh. 1916. 4. m. 4 Tfln. — Av. résumé franç.   6.—

Rosenthal. Das Kammerplankton der Spree. (Leipz., Arch. Hydr.) 1914. 8. 22 p.   1.50

Rostowzew u. Heinricher. 2 Abhandl. üb. Entwicklgesch. u. Regenerat. v. Cystopteris. (Berl., Bot. Ges.) 1894—1900. 8. 26 p. m. 2 Tfln.   1.50

Russow. Ein Lebensbild. (Dorpat, Nat. Ges.) 1898. 8. 14 p.   1.—

Schiller. Ueb. Algentransport u. Migrationsformationen im Meere. (Leipz., Arch. Hydrob.) 1909. 8. 39 p. m. 2 Tfln.   2.—

— Oesterr. Adriaforschung. Ber. üb. d. allgem. biol. Verhältn. d. Flora d. Adriat. Meeres. (Leipz., Arch. Hydr.) 1914. 8. 15 p.   1.—

Schmidle. 5 algolog. Abhandlungen. 1895—99. 8. 22 p.   1.50

Steinheil. Matér. p. s. à la Flore de Barbarie II: Cryptog. (Paris, Ann. Sc.) 1834. 8. 8 p. av. pl. color.   1.50

Szüts. Das Plankton d. Adria. (Budap.) 1915. 8. 64 p. — Magyar.   1.50

Tolf. Granlemningar i Svenska Torfmossar. (Stockh., Ak.) 1894. 8. 35 p.   1.—

Ward, H. B. The Fresh-Water Biolog. Stations of the world. (Wash., Mus.) 1900. 8. 17 p.   1.—

Weiss. Gegliederte Milchsaftgefässe im Fruchtkörper v. Lactarius delicios. (Wien, Ak.) 1885. 8. 37 p. m. 4 color. Tfln.   2.—

Wesenberg-Lund. Grundz. d. Biologie u. Geogr. d. Süsswasserplanktons. (Leipz., Arch. Hydr.) 1910. 8. 44 p.   2.—

Woodward. On the charact. of Ulva. (Lond., Linn. S.) 1797. 4. 13 p.   1.—

Biologia Plantarum
[Phanerogamarum].

[Anatomia, Physiologia, Embryologia, Biologia s. str.]

[Supplementum numeror. 3186—4010, vide: Bibliographia Botanica, p. 127—155].   *M*

17522 **Abbado.** Ibridismo n. Vegetali. (Fir., Giorn. Bot.) 1898. 8. 68 p.   2.50
17523 **Abraham.** Wandverdick. in d. Samenoberhautzellen ein. Cruciferen. Berl. 1885. 8. 46 p. m. 2 color. Tfln.   1.50
17524 **Abrahamsohn.** Atmung der Gerste währ. d. Keimung. Berl. 1910. 4. 31 p. m. 3 Tfln.   2.—
17525 **Aeby.** Z. Frage d. Stickstoffernähr. d. Pflanzen. Merseb. 1895. 8. 31 p.   1.—
17526 **Adams, G.** (p a t e r). Micrographia illustr. 4. ed. Lond. 1771. 8. 412 p. w. 72 pl. — Plate 54 w a n t i n g.   6.—
17527 **Adams, G.** (f i l i u s). Essays on the Microscope. Lond. 1787. ‹. 743 p. w. 32 pl. and frontisp. — Plate 32 w a n t i n g.   5.—
17528 **Adams, J.** Effect of very low temperature on moist Seeds. (Dublin, Roy. S.) 1905. 8. 6 p.   —.50
17529 — Germin. of the Seeds of Dicotyledons. (Dublin, Roy. Soc.) 1913. 4. 33 p. w. pl.   2.—
17530 **Adamson.** On the compar. anat. of the leaves of cert. spec. of Veronica. (Lond., Linn. Soc.) 1912. 8. 28 p.   1.50
17531 **Adler, A.** Untersuch. üb. d. Längenausdehn. d. Gefässräume u. Verbreit. d. Tracheïden im Pflanzenreiche. Jena 1892. 8. 56 p.   1.50
17532 **Adlerz.** Bidr. t. Knoppfjällens anatomi hos träd och buskartade växter. (Stockh., Ak.) 1881. 8. 63 p. m. 4 Tfln.   1.—
17533 — Bidr. t. Fruktväggens anat. hos Ranunculaceae. Oerebro 1884. 8. 42 p. m. 4 Tfln.   1.50
17534 **Agardh, C. A.** Ueb. d. Eintheil. d. Pflanzen n. d. Kotyledonen u. üb. d. Samen d. Monokotyled. (Leop. Ac.) 1826. 4. 21 p. m. Tfl.   1.—
17535 — Organographie d. Pflanzen. Kopenh. 1831. 8. 436 p. m. 4 Tfln. Cart.   1.50
17536 **Agardh, J. G.** Om Gräsens blomster. (Kjöbenh.) 1849. 8. 10 p.   1.—
17537 — De cellula vegetab. fibrillis tenuiss. contexta. Lund. 1852. 4. 11 p. et 2 tab.   1.—
17538 **Agrelius.** Investigat. regard. the Phloem and Foodconduction in Plants. (Lawrence, Univ.) 1910. 4. 13 p. w. 2 pl.   1.50
17539 **Ahlborn u. a.** Ueb. d. Lage d. Biolog. Unterrichts an höher. Schulen. Jena 1901. 8. 43 p.   1.—
17540 **Ahlfvengren.** Bidr. t. känned. om Compositéstammens anat. byggnad. Lund 1896. 4. 87 p.   2.—
17541 **Ahrens.** Ueb. d. Natur u. Bild. d. Blumen. (Halle, Nat. Ges.) 1813. 8. 19 p.   1.—
17542 **Aisslinger.** Z. Kenntn. wenig bekannter Pflanzenfasern. Zürich 1907. 8. 141 p. m. 2 Tfln.   2.—
17543 **Albert.** Z. Entwicklgsgesch. d. Knospen ein. Laubhölzer. Münch. 1894. 8. 60 p.   1.—
17544 **Alberti.** L'Ossolato di calcio nelle Foglie. (Acireale) 1889. 8. 15 p.   1.—
17545 **Albo.** Funz. fisiol. d. Solanina. (Palermo) 1890. 8. 17 p.   1.—
17546 **Allman.** Involut. theory of the Starch Granule. (Lond., Quek. Cl.) 1854. 8. 10 p. w. pl.   1.—
17547 **Altan di Salvarolo.** Della Somiglianza che passa tra il regno veget. ed animale. Venez. 1743. 8. 32 p.   4.—
Pas dans P r i t z e l.

W. Junk, Berlin, W. 15.

M

17548 **Alten.** Z. vergleich. Anat. d. Wurzeln. Gött. 1908. 8. 112 p. m. 3 Tfln.   2.—

17549 **Altenkirch.** Ueb. d. Verdunstungsschutzeinrichtungen in d. trockenen Geröllflora Sachsens. Leipz. 1894. 8. 42 p.   1.—

17550 **Amadei.** Ueb. spindelförm. Eiweisskörper d. Balsamineen. (Cassel, Bot. Centr.) 1898. 8. 18 p. m. 2 Tfln.   1.—

17551 **Ambronn.** Ueb. d. Entwickelungsgesch. u. d. mechan. Eigenschaften d. Collenchyms. (Berl., Pringsh. Jahrb.) 1881. 8. 71 p. m. 6 color. Tfln.   3.—

17552 — Ueb. Poren in d. Aussenwänden v. Epidermiszellen. (Berl., Pringsh. J.) 1883. 8. 30 p. m. Tfl.   1.—

17553 — Ueb. Pleochroismus pflanzl. u. thier. mit Silber- u. Goldsalzen gefärbt. Fasern. (Leipz., Ges. Wiss.) 1896. 8. 16 p.   1.—

17554 **Amelung.** Messungen üb. d. Bezieh. zw. d. Volumen d. Zellen u. d. Pflanzenorgane. München 1893. 8. 34 p.   1.—

17555 — Ueb. mittlere Zellengrössen. (Regensb., Flora) 1893. 8. 34 p.   1.—

17556 The **American Monthly Microscopical Journal.** Ed. by Hitchcock and Smiley. Years 1—28: 1880—1907. New York. 8. w. plates.   200.—
Very many odd parts in stock at the price of each M. 1.

17557 **Amici.** S. la fécondat. d. Orchidées. (Paris, Ann. Sc.) 1847. 8. 11 p. av. pl.   1.—

17558 **Amm.** Untersuch. üb. d. intramolekul. Athmung d. Pflanzen. Berl. 1893. 8. 38 p. m. 2 Tfln.   1.50

17559 **Anatomia Plantarum.** — 130 Abhandl. v. Baroni, Caruel, Darwin, Dippel, Göppert, Gulliver, Juel, H. Karsten, Kny, Lagerheim, Miquel, Pasquale, Pfitzer, V. A. Poulsen, Radlkofer, v. Tieghem, Trécul, Trimen, Urban, Warming, Zahlbruckner u. a. 1833—1913. 8. u. 4. 1600 p. m. 60 Tfln. (5 color.)   25.—

17560 **Anderson, A. P.** A new register. Balance. (Minneap., Bot. Stud.) 1894. 8. 4 p. w. pl.   1.—

17561 — The grand period of growth in a fruit of Cucurbita pepo. (Minneap., Bot. Stud.) 1895. 8. 41 p. w. 16 pl.   4.—

17562 **Anderson, R. J.** The organic phosphoric acid of Cottonseed Meal. Geneva 1912. 8. 12 p.   1.—

17563 **Andersson, G.** Örtartade, slingrande Stammars jämför. Anatomi. I: Humulus. Lund 1892. 4. 58 p. m. Tfl.   1.—

17564 **Andersson, S.** Om de prim. Kärlsträngafnes utveckl. h. Monokotyledon. (Stockh., Ak.) 1888. 8. 23 p. m. 2 Tfln.   1.—

17565 **Andrews.** Wirkung d. Centrifugalkraft auf Pflanzen. Leipz. 1902. 8. 43 p. m. Tfl.   1.—

17566 **d'Angremond.** Parthenokarpie u. Samenbild. bei Bananen. Zürich 1914. 8. 58 p. m. 8 Tfln.   2.50

17567 **Anheisser.** Ueb. d. aruncoide Blattspreite. Münch. 1900. 8. 36 p. m. Tfl.   1.—

17568 **Appel.** Ueb. Phyto- u. Zoomorphosen. Königsb. 1899. 4. 59 p. m. Tfl.   1.50

17569 **d'Arbaumont.** S. l'évolut. de la Chlorophylle et de l'Amidon d. la tige de qu. Végétaux ligneux. (Paris, Ann. Sc.) 1909. 8. 194 p.   3.—

17570 — Nouv. contrib. à l'ét. d. Corps chlorophyll. (Paris, Ann. Sc.) 1909. 8. 33 p.   1.—

17571 **Arber.** Synanthy in the g. Lonicera. (Lond., Linn. S.) 1903. 8. 12 p.   1.—

17572 **Arber u. Parkin.** Der Ursprung d. Angiospermen. (Wien, Bot. Z.) 1908. 8. 59 p.   2.—

17573 **Arcangeli.** S. l'esperimento di Kraus. (Genova, Malp.) 1875. 8. 14 p.   1.—

17574 — Fioritura d. Dracunculus. (Fir., Giorn. Bot.) 1879. 8. 18 p.   1.—

17575 — 6 mem. s. fisiologia veget. Firenze 1885—91. 8. 47 p. c. tav.   2.—

17576 — S. impollinaz. in alc. Aracee. (Pisa, Ist. Bot.) 1886. 4. 25 p.   1.50

17577 — Fioritura d. Euryale Ferox. (Pisa) 1887. 8. 22 p.   1.—

17578 — Polvere cristall. e druse d'Ossalato Calcico. (Fir., Giorn. Bot.) 1891. 8. 5 p. c. tav.   1.—

17579 **Archiv** für Biontologie, hrsg. v. d. Gesellsch. Naturforsch. Freunde K
zu Berlin. Bd. I u. II. Berl. 1906—09. 4. m. 59 Tfln. (M. 74.)   32.—
17580 **Archiv** f. Zellforschung. Hrsg. v. Goldschmidt. Bd. I—VIII. Leipzig
1908—12. 8. m. viel. color. u. schwarz. Tfln. (M. 516.)   300.—
17581 **Archives** de l'Institut Botan. de l'Université de Liége. Vol. IV. Bruxell.
1907. 8. av. 14 pl. (fr. 10.)   5.—
17582 **Archives** d. Sciences Biolog. publ. p. l'Institut Imp. de Médecine expérim. Vol. I, II (Nr. 1, 2, 4, 5), III (Nr. 1, 2, 3, 5), IV. Pétersb. 1892
à 1895. 4. av. plchs.
    Chaque volume et chaque numéro se vend séparément.
17583 **Archives Italiennes** de Biologie. Dir. p. Emery et Mosso. Tomes III,
IV, VI. Paris 1883 à 84. 8. av. beauc. de pl. (fr. 100.) D.-rel. veau.   25.—
17584 **Ardissone.** La vita d. Cellule e l'Individualità n. regno veget. Milano
1874. 8. 16 p.   1.—
17585 — La vie d. Cellules et l'Individual. dans le règne végét. Milan
1874. 8. 10 p.   1.—
17586 — L'organismo vivente consider. n. sua essenza e sua origine. Varese
1892. 4. 24 p.   1.—
17587 **Areschoug, F. W. C.** Bidr. t. Groddknopparnas Morfologi och Biologi.
Lund 1857. 4. 56 p. m. 7 Tfln. Cart.   2.—
17588 — Växtanatom. Undersökningar. 2 Tle. (Lund, Univ.) 1867—70. 4.
84 p. m. 9 Tfln. Lnb.   4.—
17589 — — I: Om Bladets inre byggnad. 1867. 28 p. m. 4 Tfln.   1.—
17590 — Beitr. z. Biologie d. Holzgewächse. (Lund, Univ.) 1877. 4. 142 p.
m. 8 Tfln. (M. 7.)   5.—
17591 — Organis. u. biolog. Verhältn. d. Nord. Bäume. (Leipz., Bot. Jahrb.)
1887. 8. 16 p.   1.—
17592 — Fanerogama embryots Nutrition. Lund 1894. 4. 21 p.   1.—
17593 — Beitr. z. Biol. d. geophilen Pflanzen. (Lund, Soc. Phys.) 1896. 4.
60 p.   3.—
17594 — Physiolog. Leistgn. u. Entwick. d. Grundgewebes d. Blattes. (Lund,
Fys. Sällsk.) 1897. 4. 46 p. m. 5 Tfln.   2.50
17595 — Untersuchungen üb. d. Blattbau d. Mangrove-Pflanzen. Stuttg.
1902. 4. 92 p. m. 13 Tfln. (M. 24.)   13.—
17596 **Arloing.** Rech. anat. s. le bouturage d. Cactées. Paris 1877. 8. 57 p.
av. 2 pl.   2.50
17597 **Arnell.** Om dominerande Blomningsföreteelser i södra Sverige.
(Stockh., Ark. Bot.) 1903. 8. 90 p.   2.—
17598 — Dominer. Blomningsföreteelser i Oviken. (Lund, Bot. Not.) 1905.
8. 16 p.   1.—
17599 **Arnoldi.** Beitr. z. Morphol. u. Entwicklungsgesch. einiger Gymnospermen. I. (Mosk., Bull.) 1900. 8. 13 p. m. 2 Tfln.   1.—
17600 — — II. (Mosk., Bull.) 1900. 8. 18 p. m. 2 Tfln.   1.—
17601 — Appareil chromidial d. plantes. (Copenh.) 1911. 4. 11 p.   1.—
17602 **Arnoldt.** Bau u. d. Bild. d. Pflanzeneies. Marb. 1882. 8. 44 p. m. Tfl.   1.—
17603 **Asbóth.** Methode z. quantit. Bestimm. d. Stärke. (Budap.) 1887. 8. 12 p.   1.—
17604 **Ascherson.** Bestäubung ein. Helianthemums. (Berl., Nat. Fr.) 1880.
8. 12 p.   1.—
17605 — Hygrochasie u. 2 neue Fälle. (Berl., Bot. G.) 1892. 8. 21 p. m. 2 Tfln.   1.50
17606 — Bestäubung v. Cyclaminus pers. (Berl., Bot. Ges.) 1892. 8. 10 p.   1.—
17607 **Aschoff.** Bedeut. d. Chlors in d. Pflanze. Berl. 1889. 8. 30 p. m. 3 Tfln.   1.50
17608 **Askenasy.** Botan.-morpholog. Studien. Heidelb. 1872. 8. 50 p. m. 7 Tfln.   1.50
17609 — Neue Methode d. Vertheil. d. Wachsthumsintens. in wachs. Teilen
zu bestimmen. (Heidelb., Nat. Ver.) 1878. 8. 84 p. m. 4 Tfln.   2.—
17610 — Ueb. d. Saftsteigen. (Heidelb., Nat. V.) 1895. 8. 23 p.   1.—
17611 — Z. Erklärung d. Saftsteigens. (Heidelb., Nat. V.) 1896. 8. 22 p.   1.—
17612 **Assmann.** Z. Kenntn. pflanzl. Agglutinine. (Bonn, Arch. Phys.) 1911.
8. 22 p.   1.—

M

17613 **Atkins.** Absorption of water by seeds. (Dubl., Roy. S.) 1909. 4. 12 p.　1.—
17614 — Cryoscopic determin. of the osmotic pressures of some Plant organs. (Dubl., Roy. S.) 1910. 4. 7 p.　1.—
17615 — Oxydases and their inhibitions in Plant tissues. 3 parts. (Dublin, Roy. Soc.) 1913—14. 4. 34 p.　2.—
17616 **Attema.** De Zaadhuid d. Angiospermae en Gymnospermae en hare ontwikkeling. Gravenh. 1901. 8. 228 p. (M. 4.50.)　3.—
17617 **Aufrecht.** Z. Kenntn. extrafloraler Nektarien. Zür. 1891. 8. 44 p.　1.—
17618 **Aulendorf.** S. le rhizome du Tamus elephantipes. (Paris, Ann. Sc.) 1838. 8. 10 p. av. pl.　1.—
17619 **Axell.** Anordning. f. de Fanerogama Befruktning. Stockh. 1869. 8. 118 p. Lnb.　1.50
17620 **Babo.** De la Nutrition d. Végétaux. Brux. 1857. 8. 119 p.　1.—
17621 **Bachmann, E.** Entwicklgsgesch. u. Bau d. Samenschalen d. Scrophularineen. (Halle, Leop.) 1881. 4. 180 p. m. 4 Tfln. (M. 10.)　2.50
17622 **Bachmann, O.** Leitfaden z. Anfertigung mikroskop. Dauerpräparate. Münch. 1879. 8. 203 p. m. 87 Fig. (M. 4.)　1.—
17623 — — 2. (letzte) Aufl. Münch. 1893. 8. 342 p. m. 104 Fig. (M. 6.)　4.—
17624 — Unsere mod. Mikroskope. Münch. 1883. 8. 359 p. m. 175 Fig. (M. 6.) Lnb.　1.—
17625 — Untersuchgn. üb. d. systemat. Bedeut. d. Schildhaare. Regensb. 1886. 8. 48 p. m. 4 Tfln.　1.50
17626 **Bahrdt.** De Pilis Plantarum. Bonn. 1849. 4. 32 p. et 2 tab.　1.—
17627 **Bailey, C.** On the struct. and the origin of Naias graminea, var. Delilei. (Lond., J. Bot.) 1884. 8. 31 p. w. 3 pl.　1.50
17628 **Bailey, L. H.** The factors of organic evolut. from a botan. Standpoint. (Wash., Smiths.) 1898. 8. 23 p.　1.—
17629 **Baillon.** Des mouvem. dans l. organes sexuels d. végétaux. Paris 1856. 4. 72 p.　1.—
17630 — S. l. Ovaires acropylés. (Pétersb., Congr.) 1885. 8. 9 p. av. pl.　1.—
17631 **Baldini.** Di alc. escrescenze d. fusto d. Laurus nobilis. (Roma, Ist. bot.) 1886. 4. 19 p. c. 2 tav.　1.50
17632 **Balfour.** Inflorescence; Whorls of the Flower. (Lond.) 1870. 8. 18 p.　1.—
17633 **Balicka.** Rôle physiol. de l'acide phosphor. dans la nutrit. d. Plantes. (Crac., Ac.) 1906. 8. 27 p. av. pl.　1.—
17634 **Bally.** Chromosomenzahlen bei Triticum- u. Aegilopsarten. (Berl., Bot. Ges.) 1912. 8. 10 p. m. Tfl.　1.—
17635 **Balsamo.** Quadri sinottici di Botanica (Morfol. e Fisiol.). Napoli 1889. 8. 76 p.　1.—
17636 **Baranetzky.** Untersuch. üb. d. Periodicität d. Blutens d. krautart. Pflanzen. (Halle, Nat. Ges.) 1873. 4. 63 p. m. 6 Tfln. (M. 6.)　3.—
17637 — — St. Petersb. 1873. 8. 82 p. m. 6 color. Tfln. — Russisch.　2.—
17638 — Epaississement d. parois des éléments parenchymateux. (Paris, Ann. Sc.) 1886. 8. 67 p. av. 2 pl.　1.50
17639 — S. le développem. d. points végétatifs des tiges d. Monocotyl. (Paris, Ann. Sc.) 1895. 8. 57 p. av. 3 pl.　1.50
17640 **Barber, C. A.** Studies in Root-Parasitism IV: Haustorium of Cansjera Rheedii. Calcutta 1908. 4. 37 p. w. 11 pl.　5.—
17641 **Barcianu.** Ueb. d. Blüthenentwickl. d. Onagraceen. Naumb. 1874. 8. 49 p. m. Tfl.　1.—
17642 **Barnéoud.** S. le dévélopp. et l'ovule dans l. Renonculacées et l. Violariées. (Paris, Ann. Sc.) 1846. 8. 29 p. av. 4 pl.　2.—
17643 — S. l'anat. et l'organogénie du Trapa natans. (Paris, Ann. Sc.) 1848. 8. 23 p. av. 4 pl.　2.—
17644 **Barnes.** The theory of Respiration. (Chic., Bot. Gaz.) 1905. 8. 18 p.　1.—

17645 **Barnewitz.** Kopfweidenüberpflanzen aus d. Geg. v. Brandenburg u. Görlsdorf. (Berl., Bot. Ver.) 1898. 8. 12 p.   *M* 1.—

17646 **Baroni.** Strutt. d. seme d. Evonymus Japon. (Fir., Giorn. Bot.) 1891. 8. 10 p.   1.—

17647 **Bartels.** Studien üb. d. Cangoura u. deren Stammpflanze. Münch. 1894. 8. 34 p. m. 2 Tfln.   1.—

17648 **Barth, R.** Die geotrop. Wachstumskrümmungen d. Knoten. Leipz. 1894. 8. 40 p.   1.—

17649 **Barthélemy.** De la respir. et de la circul. des Gaz dans l. Végétaux. (Paris, Ann. Sc.) 1868. 8. 44 p.   1.50

17650 **Bartlett.** The purpling chromogen of a Hawaiian Dioscorea. (Wash., Dept. Agr.) 1913. 8. 19 p. w. pl.   1.—

17651 **de Bary.** Vergleich. Anat. d. Vegetationsorgane d. Phanerog. u. Farne. Leipz. 1877. 8. 679 p. m. 241 Fig. (M. 14.)   7.—

17652 **Base.** Elements of vegetable Histology. 3. ed. Baltimore 1912. 8. 144 p. w. 65 fig. Cloth.   4.—

17653 **Basiner.** Ueb. d. Biegsamkeit d. Pflanzen geg. klimat. Einflüsse. (Mosk., Bull.) 1857. 8. 46 p.   1.50

17654 **Batalin.** Ueb. d. Wirkung d. Lichtes auf d. Gewebe ein. Pflanzen. (Petersb., Mél. biol.) 1870. 8. 35 p.   1.—

17655 — Wirkung d. Lichtes auf d. Bild. d. Pflanzenformen. Petersb. 1872. 8. 50 p. — Russisch.   1.50

17656 — Function d. Epidermis in d. Schläuchen v. Sarracenia u. Darlingtonia. (Petersb., Acta Horti) 1880. 8. 18 p. m. Tfl.   1.—

17657 — Ursachen d. period. Beweg. d. Blumen u. Laubblätter. 8. 15 p.   1.—

17658 **Bateson, A., and F. Darwin.** Effects of Stimulation on turgescent veget. tissues. (Lond., Linn. S.) 1888. 8. 26 p.   1.—

17659 **Bateson, W. and A.** On variations in the floral symmetry of plants having irregular corollas. (Lond., Linn. Soc.) 1891. 8. 38 p. w. 2 pl. (5 s.)   1.—

17660 **Bauer, F.** Die Blattanatomie der pleiandr. Weiden. Bresl. 1909. 8. 66 p.   1.50

17661 **Baum.** Durch d. anat. Strukt. bedingt. Festigk. d. Pflanzenkörpers. Bresl. 1848. 4. 20 p. m. Tfl.   1.—

17662 **Bay.** Material f. a monogr. on the Tannoids, w. refer. to veget. physiol. (St. Louis, Gard.) 1894. 8. 27 p.   1.—

17663 **Baeyer.** Kreislauf d. Kohlenstoffs in d. organ. Natur. Berl. 1866. 8. 32 p.   1.—

17664 **Beach and Booth.** Investigat. conc. the selffertility of the Grape. Geneva 1902. 8. 24 p. w. 2 pl.   1.—

17665 **Beale.** Protoplasm and living Matter. (Lond., Micr. J.) 1869. 8. 12 p.   1.—

17666 **Bécheraz.** Ueb. d. Sekretbildg. in d. schizogenen Gängen. Bern 1893. 8. 38 p. m. Tfl.   1.—

17667 **Beck.** Versuch e. neu. Classif. d. Früchte. (Wien, Z. b. G.) 1891 8. 6 p.   —.50

17668 — Ueb. Mischfrüchte (Xenien). (Wien, Gart.-Z.) 1895. 8. 9 p.   1.—

17669 — Die Futterschuppen d. Blüten v. Vanilla planifolia. (Wien, Ak.) 1912. 8. 13 p. m. Tfl.   1.—

17670 **Beer.** Schleuderorgan d. Früchte verschied. Orchideen. (Wien, Ak.) 1857. 8. 6 p. m. 2 Tfln.   1.—

17671 **Behren.** Z. Kenntn. d. Organisat. des Blattes. Gött. 1906. 8. 299 p.   4.—

17672 **Behrend.** Ueb. d. Einwirk. d. wicht. Pflanzennährstoffe auf d. Leben ein. Culturpflanzen. Halle 1881. 8. 50 p.   1.50

17673 **Behrens.** Ueb. d. anatom. Bezieh. zwisch. Blatt u. Rinde d. Coniferen. Osterode 1886. 8. 51 p.   1.50

17674 **Beijerinck.** Ontstaan v. Knoppen en Wortels uit Bladen. (Nijmegen) 1882. 8. 55 p. m. 2 Tfln.   1.50

17675 — Gynodioecie bei Daucus Carota. (Nimweg.) 1885. 8. 10 p. m. Tfl.   1.—

17676 — On the format. of Indigo fr. Isatis tinctoria. (Amsterd., Ac.) 1900. 4. 18 p.   1.—

17677 **Beille.** Rech. s. le développ. floral d. Disciflores. Bord. 1902. 8. 180 p. av. 118 fig.   2.—

17678 **Beinling, E.** Ueb. d. Entsteh. d. adventiv. Wurzeln u. Laubknospen   *M*
an Blattstecklingen v. Peperomia. Bresl. 1878. 8. 26 p. m. 2 Tfln.   1.—
17679 **Beinling, T.** De Smilacearum struct. Vratisl. 1850. 8. 28 p.   1.—
17680 **Beiträge** z. Biologie der Pflanzen. Begr. v. Cohn, hrsg. v. Rosen.
Bd. I—XII. Bresl. 1870—1914. 8. m. 178 z. Tl. color. Tfln.   340.—
    Band I u. II ist vergriffen.
17681 **Beiträge** z. wissenschaftl. Botanik. Hrsg. v. Fünfstück. 5 Bde. (soviel
erschien.) Stuttg. 1875—1906. 8. m. 79 z. T. color. Tfln. (M. 187.)   150.—
17682 — — Bd. IV, V. Stuttg. 1900—06. (M. 46.)   36.—
17683 **Beketoff.** Ueb. d. morpholog. Verhältn. d. Blatttheile zu einander.
(Linnaea) 1858. 8. 46 p.   1.—
17684 — Stabilité et régular. d. proport. relat. d. parties foliaires. (Mosc.,
Bull.) 1858. 8. 44 p.   1.—
17685 **Beljaeff.** Ueb. d. Urzeugung. Warschau 1893. 8. 27 p. — Russisch.   1.—
17686 — Die verwandtschaftl. Bezieh. zw. d. Phanerog. u. Cryptog. (Leipz.,
Biol. C.) 1898. 8. 10 p.   1.—
17687 **Bellucci.** Emissione d. Ozono dalle Piante. (Milano, Soc. Nat.) 1873.
8. 19 p.   1.—
17688 — Acqua ossigenata n. organ. d. piante. (Roma, Linc.) 1878. 4. 12 p.   1.—
17689 **Belzung.** Rech. morpholog. et physiol. s. l'Amidon et les Grains de
Chlorophylle. Paris 1887. 8. 132 p. av. 4 pl.   3.—
17690 — Marche totale d. Phénomènes Amylochlorophylliens. (Paris, J. Bot.)
1895. 8. 63 p. av. 2 pl.   2.—
17691 **Benecke, F.** Z. Kenntn. d. Diagramms d. Papaveraceen. (Heidelb.,
Nat. V.) 1880. 8. 12 p.   1.—
17692 **Benecke, W.** Die Nebenzellen d. Spaltöffnungen. Jena 1892. 4. 26 p.
m. Tfl.   1.—
17693 — Z. mineral. Nahrung d. Pflanzen. (Berl., Bot. Ges.) 1894. 8. 13 p.   1.—
17694 **Bennett.** Floral struct. of Impatiens fulva. (Lond., Linn. S.) 1872. 8.
7 p. w. pl.   1.—
17695 — Growth of the Flowerstalk of Vallisneria spiralis and of the Hyacinth. 2 pap. (Lond., Linn. S.) 1876. 4. 12 p.   1.—
17696 — On Cleistogamic Flowers. (Lond., Linn. S.) 1879. 8. 12 p.   1.—
17697 — On fertilis. and hybridity in Plants. (Lond., Nat. Sc.) 1893. 8. 13 p.   1.—
17698 **Benson, Sanday and Berridge.** Contrib. to the Embryol. of the Amen-
tiferae. 2 parts. (Lond., Linn. Soc.) 1894—1906. 4. 24 p. w. 7 pl. (13 s.)   6.—
17699 **Bentham.** Styles of Austral. Proteaceae. (Lond., Linn. S.) 1871. 8.
7 p. w. 2 pl.   1.—
17700 **Berättelse** öfv. verksamheten vid kemisk-växt-biolog. Anstalten i
Lulea 1896, 97, 1900—1903. 6 Tle. Lulea 1896—1903. 8. 322 p. m. Tfl.   3.—
17701 **Berckholtz.** Beitr. z. Kenntn. d. Morphol. u. Anat. v. Gunnera manicata. Cassel 1891. 4. 19 p. m. 9 Tfln. (M. 20.)   11.—
17702 **Berg, A.** Studien üb. Rheotropismus bei d. Keimwurzeln d. Pflanzen. I.
(Lund, Univ.) 1899. 4. 37 p. m. Tfl.   1.50
17703 **Berg, O.** Z. Kenntn. d. Entwickl. d. Embryosackes d. Angiospermen.
Bamb. 1898. 8. 48 p. m. 3 Tfln.   1.50
17704 **Bergamasco.** Biologia d. Mesembryanthemaceae. (Napoli, Orto) 1904.
8. 11 p.   1.—
17705 **Bergamo e Delpino.** Teoria d. Spostazioni fillotassiche. 2 mem. (Napoli,
Acc.) 1900. 8. 22 p.   1.—
17706 **Berge.** Beitr. z. Entwicklungsgesch. v. Bryophyllum calyc. Zürich
1877. 8. 120 p. m. 8 Tfln. (M. 5.)   1.—
17707 **Berger, F.** Z. Anat. d. Coniferen. Halle 1889. 8. 34 p.   1.—
17708 **Bergmann.** Vorkommen d. Ameisen- u. Essigsäure in d. Pflanzen.
Gött. 1882. 4. 18 p.   1.—
17709 **Berichte** d. Deutschen Botanischen Gesellschaft. Bd. 1—33 m. Regist.
(zu Bd. 1—20). Berl. 1883—1915. 8. m. viel. Tfln. (M. 775.) Hfzb. u. br.   500.—
    Selten geworden. — Bd. 17, 21, 22, 24, 25 sind ganz vergriffen.

17710 **Berichte** d. Deutschen Botanischen Gesellschaft. Bd. 5—18 (Jahrg. *ℳ*
1887—1900), 26 (1907), 26a = Festschrift) u. Regist. (zu Bd. 1—20).
Berl. 8. m. viel. Tfln. (M. 365.) 190.—
Jeder Band auch einzeln. — Auch viele einzelne Hefte vorhanden.

17711 **Berichte** aus d. physiol. Laboratorium u. d. Versuchsanstalt d. Landwirtsch. Instituts zu Halle. Hrsg. v. Kühn. 20 Hefte (alles was erschien.). Dresd. 1880—1911. 4. m. viel. Tfln. (M. 145.) 90.—
Viele Hefte auch einzeln.

17712 **Berlese, A. N.** Studi anatom. s. Gelsi. I. (Padova, Soc. Venet.) 1889.
8. 18 p. 1.—

17713 **Berry.** On the Phylogeny of Liriodendron. (Chic., B. Gaz.) 1902. 8. 20 p. 1.—

17714 **Berta.** — d e l P o z z o. Studi botan. di Berta. Bologna 1850. 8. 31 p. 1.—

17715 **Berthelot.** Travaux de la Station de Chimie végét. de Meudon. Sér.
V, VI. (Paris, Ann. Sc. Agr.) 1891. 8. 46 p. 1.50

17716 **Berthier.** Etude physiol. de l'If (Taxus Baccata) et de la Taxine de
Merck. Genève 1896. 8. 62 p. 1.50

17717 **Berthold.** Untersuchungen z. Physiol. d. pflanzlichen Organisation.
Tl. I u. II, 1 (soweit erschien.). Leipz. 1898—1904. 8. 506 p. m. Tfl.
(M. 12.) 7.—

17718 **Bertholon.** De l'Electricité d. Végétaux. Lyon 1783. 8. 484 p. av. 3 pl.
D.-rel. veau. 8.—

17719 **Bertog.** Untersuchgn. üb. d. Wuchs u. d. Holz d. Weisstanne u. Fichte.
Münch. 1895. 8. 60 p. m. Tfl. 2.—

17720 **Bertoni.** Influence d. basses· Températ. s. l. végét. (B.-Air, Ac.) 1886.
8. 48 p. 1.—

17721 **Bertrand.** Anat. comp. d. tiges et d. feuilles chez l. Gnétacées et l.
Conifères. Paris 1874. 8. 149 p. av. 12 pl. 5.—

17722 — S. l. Téguments sěminaux d. Gymnospermes. (Paris, Ann. Sc.) 1878.
8. 36 p. av. 6 pl. 2.50

17723 — Définit. d. membres d. Plantes vascul. (Paris, Arch. Bot.) 1881.
8. 25 p. 1.—

17724 — Des caractères que l'anat. fourn. à la classific. d. Végétaux. (Autun)
1891. 8. 54 p. 1.—

17725 **Besecke.** Entwicklungsgeschichtl. Untersuchgn. üb. d. anatom. Aufbau
pflanzl. Stacheln. Berl. 1904. 8. 94 p. m. 6 Tfln. 2.—

17726 **Besser.** Z. Entwicklgsgesch. u. vergleich. Anat. v. Blüten- u. Frucht-
stielen. Lössn. 1886. 8. 32 p. 1.—

17727 **Bessey.** Phylogeny and Taxonomy of Angiosperms. (Chic., Bot. Gaz.)
1897. 8. 34 p. 1.50

17728 **Bessey and Trelease.** 'Strangling' Fig Trees. 2 pap. (St. Louis, Gard.)
1905—08. 8. 14 p. w. 16 pl. 3.50

17729 **Betterave.** — 7 mém. s. la physiol. de la Betterave par Corenwinder,
Lépinay, Viollette et a. 8. 135 p. av. 11 pl. 3.—

17730 **Beusekom.** Endogene Callusknoppen aan de bladtoppen v. Gnetum
Gnemon. Tiel 1907. 8. 149 p. m. 3 Tfln. 2.—

17731 **Bewegungen** d. Pflanzen. — 12 Abhandl. v. Ambronn, Fünfstück,
Loeb, C. Morren, Pfeffer u. a. 1843—1912. 8. u. 4. 114 p. 4.—

17732 **Beyer, H.** Die spontan. Bewegungen d. Staubgefässe u. Stempel.
Wehlau 1888. 8. 56 p. 1.50

17733 — Anat. d. Anonaceen. Leipz. 1902. 8. 46 p. 1.—

17734 **Beyer, R.** Ergebn. d. Arbeiten bez. d. Ueberpflanzen ausserh. d.
Tropen. (Berl., Bot. Ver.) 1896. 8. 25 p. 1.—

17735 **Beyse.** Untersuch. üb. d. anat. Bau u. d. mechan. Princip im Aufbau
ein. Arten v. Impatiens. (Halle, Ac. Leop.) 1881. 4. 63 p. m. 4 Tfln.
(M. 8.) 7.—

17736 — — Dissertation. Halle 1881. 4. 63 p. 1.—

17737 **Bibliotheca Botanica.** Hrsg. v. Luerssen. Heft 1—86. Stuttg. 1882—
1915. 4. m. 676 z. Tl. color. Tfln. (M. 2262.) 1000.—

ℳ

17738 **Biehringer.** Die neuen Arbeiten z. Synthese v. Pflanzenstoffen. (Braunschw., Nat. Rundsch.) 1895. 4. 21 p.   1.—

17739 **Bigelow.** Study of Glands in the Hop Tree. (Des Moines, Ac.) 1895. 8. 3 p. w. pl.   1.—

17740 **Billings.** Z. Kenntn. d. Samenentwickel. Münch. 1901. 8. 68 p. m. 100 Fig.   1.50

17741 — Nutrition of the embryo sac and embryo in cert. Labiatae. (Lawrence, Univ.) 1910. 4. 19 p. w. 4 pl.   1.50

17742 **Billroth.** Einwirk. v. Pflanzen- u. Thierzellen auf einand. Wien 1890. 8. 44 p.   1.—

17743 **Billwiller.** Ueb. Stickstoffassimilation ein. Papilionaceen. Bern 1895. 8. 50 p.   1.—

17744 **Biochemische Zeitschrift.** Redig. v. Neuberg. Bd. 1—69. Berl. 1906—15. 8. m. viel. Tfln. (M. 864.)   600.—

17745 **Bischoff.** De Vasorum Plantarum spiralium struct. et functione. Bonn. 1826. 8. 100 p. et tab.   1.—

17746 **Bitting.** Oxydase and Cytase in Wheat Grains. 2 pap. (Indianop.) 1906. 8. 8 p. w. 3 pl.   1.50

17747 **Bittó.** Lecithinalbumingehalt d. Pflanzenbestandtheile. (Budap.) 1895. 8. 11 p.   1.—

17748 **Blass.** Ueb. d. physiol. Bedeut. d. Siebtheils d. Gefässbündel. Berl. 1890. 8. 40 p. m. 2 color. Tfln.   1.50

17749 **Blätter.** — 22 Abhandl. v. Delpino, Hansen, Hanstein, Henslow, Kerner, Kny, Léger, Masters, Prantl, Warming, Wieler, H. Winkler, Woronin u. a. 1859—1905. 8. u. 4. 180 p. m. 5 Tfln. (1 color.)   5.—

17750 **Blau, J.** Vergleich.-anat. Untersuch. d. Schweizer. Juncus-Arten. Zürich 1904. 8. 82 p. m. 4 Tfln.   2.—

17751 **Bleisch.** Spicularzellen u. Calciumoxalatidioblasten d. Welwitschia. Strehl. 1891. 8. 50 p. m. Tfl.   1.—

17752 **Blenk.** Die durchsicht. Punkte d. Blätter. Regensb. 1884. 8. 98 p.   1.50

17753 **Bliesenick.** Ueb. d. Obliteration d. Siebröhren. Berl. 1891. 8. 64 p. m. Tfl.   1.—

17754 **Blits.** De anatom. Bouw d. Oost-Ind. Ijzerhoutsoorten. (Haarl., Kolon. Mus.) 1898. 8. 53 p. m. 6 Tfln.   2.—

17755 **Bloch.** Verzweig. fleischiger Phanerog.-Wurzeln. (Berl., Bot. Ver.) 1881. 8. 20 p. m. 2 Tfln.   1.—

17756 **Block.** Stärkegehalt u. Geotrop. d. Wurzeln v. Lepidium sativ. Berl. 1912. 8. 38 p.   1.—

17757 **Blücher-Richter.** Prakt. Mikroskopie d. Pflanzen- u. Tierkörpers. 4. Aufl. Leipz. 1915. 8. 140 p. m. 80 Fig. (M. 2.)   1.50

17758 **Blumentritt.** Zweckmäss. Einrichtungen im Pflanzenreich. Budw. 1905. 8. 13 p. m. Tfl.   1.—

17759 **Blüten.** — 20 Abhandl. v. Batalin, Juel, Kny, Malme, Möbius, C. Morren, Örsted, Zacharias u. a. 1823—1911. 8. u. 4. 220 p. m. 4 Tfln.   6.—

17760 **Bocquillon.** Vie d. Plantes. Paris 1881. 8. 354 p. av. pl.   1.—

17761 **Bode.** Unters. üb. d. Chlorophyll. Kassel 1898. 8. 41 p. m. Tab.   1.—

17762 **Bohlin.** Nebenblatt- u. Verzweigungsverhältn. ein. Andinen Alchemillaarten. (Stockh., Ak.) 1899. 8. 18 p.   1.—

17763 — Kohlensäureassimil. ein. grünen Samenanlagen. (Upps.) 1906. 4. 11 p.   1.—

17764 **Bohm.** Ueb. d. Wirkgn. d. äther. Absinthöls. (Berl., Z. Nat.) 1879. 8. 69 p.   1.—

17765 **Böhm.** Physiolog. Untersuch. üb. blaue Passiflorabeeren. (Wien, Ak.) 1857. 8. 22 p.   1.—

17766 — Sind d. Bastfasern Zellen od. Zellfusionen? (Wien, Ak.) 1866. 8. 23 p.   1.—

17767 — Aufnahme v. Wasser u. Kalksalzen durch d. Feuerbohne. (Berl., Landw. Vers.-St.) 1877. 8. 9 p.   1.—

17768 — Causes de l'ascension de la Sève. (Paris, Ann. Sc.) 1878. 8. 14 p.   1.—

17769 — Stärkebildung in d. Blättern v. Sedum spectab. (Cassel, Bot. Centr.) 1889. 8. 17 p.   1.—

17770 — Ursache d. Wasserbeweg. in transpir. Pflanzen. (Wien, Z. b. G.) 1890. 8. 10 p.   1.—

17771 **Böhme, K.** Untersuch. üb. d. Stickstoffernährung d. Leguminosen. *M.*
Dresd. 1892. 4. 58 p. m. 7 Tfln. — 2.50

17772 **Bokorny.** Z. Charakter. d. lebend. Pflanzenprotoplasmas. (Bonn, Arch.
Phys.) 1889. 8. 21 p. — 1.—

17773 — Z. Kenntn. d. Cytoplasmas. (Berl., Bot. Ges.) 1890. 8. 11 p. m. Tfl. 1.—

17774 — Lehrb. d. Pflanzenphysiol. Berl. 1898. 8. 236 p. m. 88 Fig. Gebd.
(M. 6.) — 4.—

17775 **Boldt.** Epifylla blommer h. Chirita hamosa. (Kjöb., Nat. För.) 1897.
8. 24 p. — 1.—

17776 **Bolin.** Frukter af Skandinav. Gräs. Ups. 1898. 8. 29 p. m. 19 Tfln. 4.—

17777 **Bolleter.** Fegatella conica. Morphol.-physiol. Monographie. Leipz. 1905.
8. 82 p. m. 2 Tfln. — 1.50

17778 **Bölling.** Z. Kenntn. ein. alkaloidhalt. Pflanzen. Erl. 1900. 8. 59 p. 1.—

17779 **Bölte.** Merkwürd. physiol. Erscheinungen aus d. Pflanzenleben. (Berl.,
Bot. Ver.) 1867. 8. 12 p. — 1.—

17780 **Bommer.** Fécondat. artific. d. Palmiers. (Brux., S. Bot.) 1868. 8. 10 p. 1.—

17781 **Boening.** Anat. d. Stamm. d. Berberitze. Königsb. 1885. 8. 35 p. 1.—

17782 **Bonnier.** Et. crit., anatom. et physiol. d. Nectaires. II. (Paris, Ann. Sc.)
1879. 8. 84 p. av. 8 pl. — 2.—

17783 **Bonnier et Flahault.** S. l. modific. d. Végétaux suiv. l. condit. physiques du milieu. (Paris, Ann. Sc.) 1878. 8. 30 p. — 1.50

17784 **Booth, N. O.** Study of Grape Pollen. Geneva 1902. 8. 14 p. w. 6 pl. 2.—

17785 **Borbás.** Pflanzenbiolog. Mitteilung. (Kolozsv.) 1899. 8. 16 p. 1.—

17786 **Borchert.** Z. Kenntn. d. Wasserausscheidung d. Leguminosen. Berl.
1910. 8. 87 p. — 1.50

17787 **Börgensen.** Om arktiske Planters Bladbygn. (Kjöb., Bot. T.) 1895.
8. 26 p. m. 3 Tfln. — 1.50

17788 **Borggreve.** Einwirk. d. Sturmes auf d. Baumveget. (Brem., Nat. Ver.)
1872. 8. 6 p. m. 3 Tfln. — 2.50

17789 — Der Wurzeldruck als leb. Kraft f. d. aufsteig. Baumsaft. Das Lieben
d. Pflanzen. (Wiesb., Ver. Nat.) 1892. 8. 18 p. — 1.—

17790 **Borgman.** Studier öfver inre bygnad i Coniferernas stam. (Lund,
Univ.) 1877. 4. 56 p. m. 3 Tfln. — 1.50

17791 **Born.** Vergl. systemat. Anatomie d. Stengels d. Labiaten und Scrophu-
lariaceen. Berl. 1886. 8. 53 p. — 1.—

17792 **Bornet.** S. qu. particul. de la reproduction par sexes. Paris 1855. 4. 28 p. 1.—

17793 **Borodin.** Ueb. d. Wirkung d. Lichtes auf d. Vertheil. d. Chlorophyllkörner. (Petersb., Ak.) 1868. 8. 28 p. m. color. Tfl. — 1.50

17794 — Ueb. krystallin. Nebenpigmente d. Chlorophylls. (Petersb., Ak.)
1883. 8. 34 p. — 1.—

17795 — Ueb. d. krystallart. Niederschläge in d. Blättern d. Anonaceae u.
Violarieae. (Petersb., Soc. Nat.) 1891. 8. 29 p. — Russisch. 1.—

17796 — Sauerampfercalcium in d. Blättern. (Petersb., Soc. Nat.) 1892. 8.
56 p. m. Tfl. — Russisch. — 1.50

17797 — Protoplasma u. Vitalismus. Petersb. 1894. 8. 30 p. — Russisch. 1.—

17798 — Ueb. Atmen v. Knospen. Petersb. 8. 18 p. — Russisch. 1.—

17800 **Borscow.** Wirk. d. roth. u. blauen Lichtstrahles auf d. bewegl. Plasma
d. Brennhaare v. Urtica urens. (Petersb., Ak.) 1867. 4. 15 p. 1.—

17801 **Borzi.** Una Stazione botan. in Palermo. Pal. 1902. 8. 20 p. 1.—

17802 **Bosch.** Perzeption beim tropist. Reizprozess d. Pflanzen. Bonn 1907.
8. 48 p. — 1.—

17803 **Bose, A. J.** De differentia Fibrae in corpor. 3 naturae regnorum.
Vitebergae 1768. 4. 16 p. — 1.50

17804 **Bose, E. G.** De Nodis Plantarum. Lips. 1747. 4. 24 p. 1.50

17805 — De Radicum in Plantis ortu et direct. Lips. 1754. 4. 35 p. 2.—

17806 **Bose, J. Ch.** Electric response in ordinary plants under mechanical
stimulus. (Lond., Linn. Soc.) 1902. 8. 30 p. — 1.—

17807 **Bose, J. Ch.** Electr. Pulsation in Desmodium gyrans. (Lond., Linn. S.) *M*
1903. 8. 16 p. 1.—

17808 — Researches on Irritability of Plants. Lond. 1913. 8. 400 p. w. 190
fig. Cloth. 7.50

17809 **Bosetti.** Studium üb. d. Veratrin. (Berl., Z. Nat.) 1882. 8. 41 p. 1.—

17810 **Botanical and physiol. Memoirs.** Ed. by Henfrey. Lond. 1853. 8. 592 p.
w. 6 colour. pl. Cloth. 4.—
Cont.: B r a u n. Phenomenon of Rejuvenescence in Nature. — M e n e g -
h i n i. Animal nature of the Diatomeae. — C o h n. Abstract of the nat. history
of Protococcus Pluvialis.

17811 **Botanische Abhandlungen** a. d. Gebiete d. Morphologie u. Physiol.
Hrsg. v. Hanstein. 4 Bde. (soviel erschien.). Bonn 1870—82. 8. m.
viel. Tfln. (M. 81.) 45.—
Jetzt selten geworden.

17812 **Botanisches Centralblatt.** R e f e r i r e n d e s O r g a n, hrsg. v. Uhlworm, Kohl u. Lotsy. Bd. 47—88, m. General-Regist. (zu Bd. 1—60)
u. „B e i h e f t e". Bd. 1—11. Cassel u. Jena 1891—1902. 8. m. viel.
Tfln. (ca. M. 600.) Schöne uniforme Halbfranzbde. 250.—
Die Bände 1—46 können zu herabgesetztem Preise besorgt werden.

17813 — — Bd. 5, 13—20, 37—89, 92, 94, 100. Cassel u. Jena 1881—1905.
8. m. viel. Tfln.
Jeder Band einzeln à M. 3.

17814 — — Beihefte (O r i g i n a l a r b e i t e n), hrsg. v. Uhlworm u. Kohl.
Bd. I—XVII. Cassel u. Jena 1891—1904. 8. m. viel. Tfln. (M. 252.) 135.—
Band I—XI auch einzeln à M. 8.

17815 **Botanische Mittheilungen** aus d. Tropen. Hrsg. v. A. F. W. Schimper.
9 Hefte (soviel erschien.). Jena 1888—1901. 8. m. Karte u. 67 z. Tl.
color. Tfln. 60.—

17816 **Bott.** Ueb. d. Bau der Schlehkrüppel. Würzb. 1904. 8. 33 p. 1.—

17816a **Bottini.** S. struttura d. Oliva. (Fir., Giorn. Bot.) 1889. 12 p. c. 2 tav. 1.50

17817 **Boubier.** Rech. s. l'anat. systém. d. Bétulacées-Corylacées. Gênes
1896. 8. 92 p. av. 24 fig. 2.—

17818 **Bouriez.** Rech. (anat.) s. l. Jalaps. Lille 1882. 8. 108 p. 2.—

17819 **Boussingault.** Rech. s. la Végétation. (Paris, Ann. Sc.) 1854. 8. 14 p. 1.—

17820 — De la Végétation dans l'Obscurité. (Paris, Ann. Sc.) 1864. 8. 11 p. 1.—

17821 — P r i n g s h e i m. Boussingault als Pflanzenphysiologe. (Berl., Bot.
Ges.) 1887. 8. 30 p. 1.—

17822 **Bouvier.** Beiträge z. vergl. Anat. d. Asphodeloideae. (Wien, Ak.) 1915.
4. 39 p. m. 7 Tfln. (M. 5.80.)

17823 **Bower.** On the struct. of the Stem of Rhynchopetalum montanum.
(Lond., Linn. Soc.) 1884. 8. 6 p. w. 3 pl. 1.—

17824 — On the compar. morphol. of the leaf in the vascul. Cryptogams
and Gymnosperms. (Lond., Phil. Tr.) 1884. 4. 53 p. w. 4 pl. 2.50

17825 **Boewig.** Histol. and developm. of Cassytha filiformis. (Philad., Bot.
Lab.) 1904. 8. 18 p. w. 2 pl. 1.—

17826 **Bowman.** Parasit. connection of Lathraea Squam. and the struct.
of its subterr. leaves. (Lond., Linn. S.) 1830. 4. 22 p. w. 2 pl. 1.—

17827 **Braemer.** Les Tannoides. Hist. physiol. d. Tannins. Toulouse 1890.
8. 156 p. 3.—

17828 — De la Localisation des principes actifs d. Cucurbitacées. Toulouse
1893. 8. 59 p. av. 7 pl. 3.—

17829 **Brandis.** Remarks on the struct. of Bamboo Leaves. (Lond., Linn.
Soc.) 1907. 4. 24 p. w. 4 pl. (10 s.) 5.—

17830 **Braendlein.** System.-anatom. Unters. d. Blattes der Samydaceen.
Amorbach 1907. 8. 70 p. 1.50

17831 **Brandt, M.** Untersuch. üb. d. Sprossenaufbau d. Vitaceen. Berl. 1911.
8. 56 p. 1.50

17832 **Brandza.** Développ. d. Téguments de la Graine. Paris 1891. 8. 94 p.
av. 10 pl. 3.—

17833 **Braun, A.** Vergl. Unters. üb. d. Ordnung d. Schuppen an d. Tannen- *M*
zapfen. (Bresl., Ac. Leop.) 1831. 4. 206 p. m. 34 Tfln. 10.—
Jetzt selten geworden.

17834 — Betracht. üb. d. Erschein. d. Verjüngung in d. Natur. Leipz. 1851.
4. 379 p. m. 3 color. Tfln. (M. 9.) 5.—

17835 — Ueb. d. schiefen Verlauf d. Holzfaser u. die Drehung d. Bäume.
(Berl., Ak.) 1854. 8. 53 p. 1.50

17836 — Ueb. d. Blüthenbau d. Gatt. Delphinium. (Berl., Pringsh. J.) 1858.
8. 64 p. m. 2 color. Tfln. 2.—

17837 — Die Frage nach d. Gymnospermie d. Cycadeen. (Berl., Ak.) 1875.
8. 139 p. 1.50

17838 — Ueb. d. Samen. Berlin 1878. 8. 31 p. 1.—

17839 **Braun, A., u. Magnus.** Adventivknospen v. Calliopsis tinctoria. (Berl.,
Bot. V.) 1871. 8. 13 p. *1.—

17840 **Braun, J.** Entwickl. d. Soldanellen unter d. Schneedecke. (Chur)
1908. 8. 18 p. 1.—

17841 **Braun, K.** Ueber Veränder. im Gewebe entlaubter Stengel u. Zweige.
Erl. 1899. 8. 16 p. 1.—

17842 **Braun, W. E.** Z. Kenntn. d. sphäroid. Concretionen d. kohlensaur.
Kalkes. (Berl., Z. Nat.) 1864. 8. 99 p. 1.—

17843 **Bräutigam.** Z. anatom. Charakteristik d. Rosaceen-Bastarde. Dresd.
1897. 8. 56 p. m. 3 Tfln. 2.50

17844 **Bravais, A., et Martins.** Rech. s. la croissance du Pin sylvestre dans
le nord de l'Europe. (Paris, Ann. Sc.) 1843. 8. 20 p. 1.—

17845 **Bravais, L.** Examen organograph. d. Nectaires. (Paris, Ann. Sc.)
1842. 8. 33 p. 1.50

17846 **Bravais, L. et A.** Essai sur la dispos. symétr. d. Inflorescences. 3 parties. (Paris, Ann. Sc.) 1837. 8. 120 p. av. 5 pl. 3.—

17847 — Essai s. la disposition d. Feuilles curvisériées. (Paris, Ann. Sc.)
1837. 8. 67 p. av. 2 pl. 2.—

17848 — Essai s. la disposit. d. Feuilles rectisériées. (Paris, Ann. Sc.) 1839.
8. 50 p. 1.50

17849 **Breidenstein.** Mikroskop. Pflanzenbilder. Darmst. 1856. 4. 18 p. m.
42 Tfln. (16 color.) (M. 7.50.) 1.—

17850 **Breitfeld.** Der anatom. Bau d. Blätter d. Rhododendroideae. Leipz.
1888. 8. 31 p. 1.—

17851 **Bretfeld.** Ueb. Vernarbung u. Blattfall. Berl. 1879. 8. 32 p. 1.—

17852 — Das Versuchswesen a. d. Geb. d. Pflanzenphysiol. m. Bez. a. d.
Landwirthschaft. Berl. 1884. 8. 272 p. (M. 6.) 2.50

17853 **Brick.** Z. Biol. u. vergleich. Anat. d. Baltischen Strandpflanzen. Danzig
1888. 8. 54 p. 1.—

17854 **Briggs and Shantz.** An automat. transpir. scale for use w. freely
exposed Plants. (Wash., J. Agr.) 1915. 8. 18 p. w. 3 pl. 1.50

17855 — Influence of Hybridizat. and Cross-Pollinat. on the water requirem.
of Plants. (Wash., J. Agr.) 1915. 8. 12 p. w. pl. 1.50

17856 — Hourly transpir. rate as determin. by cyclic environmental factors.
(Wash., J. Agr.) 1916. 8. 70 p. w. 3 pl. 2.—

17857 **Briosi.** Contrib. alla anat. d. Foglie. Roma 1882. 8. 23 p. 1.—

17858 — Organo finora non avvertito di alc. Embrioni veget. (Roma, Staz.
Sperim.) 1882. 8. 16 p. c. 3 tav. 1.50

17859 — Int. un organo di alc. Embrioni veget. (Roma, Linc.) 1882. 4. 6 p.
c. 3 tav. 1.50

17860 — Sostanze miner. n. foglie d. Piante sempreverdi. I. (Milano, Ist.
Bot.) 1888. 4. 63 p. 1.50

17861 — Int. alla anat. d. Foglie d. Eucalyptus globulus. (Milano, Ist. Bot.)
1891. 4. 95 p. c. 20 tav. 4.—

17862 **Briquet.** S. la morphol. et la biol. de la feuille chez l'Heracleum
Sphondyl. (Genève, Arch. Sc.) 1903. 8. 40 p. 1.50

17863 **Brisseau-Mirbel.** Ma théorie de l'Organisation végét. Av. supplém.   *M*
La Haye 1808. 8. 408 p. av. 3 pl. Cart.   2.—
17864 — Elém. de Physiol. végét. et de Botan. 3 vols. Paris 1815. 8. 1096 p.
av. 72 pl. Cart.   5.—
17865 **Brocke.** Beobachtungen v. einig. Blumen, deren Bau. Leipz. 1779. 8.
264 p. Cart.   2.—
17866 **Brokschmidt.** Morpholog., anatom. u. biolog. Untersuchgn. üb. Hot-
tonia palustris. Erl. 1904. 8. 53 p. m. Tfl.   1.—
17867 **Brongniart, A.** S. la struct. d. Feuilles et s. ses rapports av. la respirat. (Paris, Ann. Sc.) 1830. 8. 38 p. av. 13 pl. color.   3.—
17868 — S. la struct. de l'épiderme d. Végét. (Paris, Ann. Sc.) 1834. 8. 8 p.
av. 2 pl. (1 color.)   1.—
17869 — S. l. glandes nectarifères de l'Ovaire. (Paris, Ann. Sc.) 1854. 8.
20 p. av. 4 pl.   1.50
     — Histoire d. Végétaux fossiles — voyez nr. 8685.
17870 **Broocks.** Ueber tägl. u. stündl. Assimilation ein. Kulturpflanzen. Halle
1892. 8. 54 p.   1.—
17871 **Brosig.** Die Lehre v. d. Wurzelkraft. Bresl. 1876. 8. 39 p.   1.—
17872 **Brown, R.** Microscop. observ. on the Pollen of Plants and on active
Molecules. 3 pap. Lond. 1828—32. 8. 27 p.   2.—
17873 — Female Flower and Fruit of Rafflesia Arnoldi. (Lond., Linn. S.)
1844. 4. 27 p. w. 8 pl.   2.50
17874 — Miscellan. Botanical Works. Pub. by Bennet. 2 vols. Lond. 1866—
1870. 8. w. atlas of 38 pl. in folio. Cloth. (3 £ 12 s.)   20.—
17875 — Vermischte botan. Schriften. Uebers. v. Nees v. Esenbeck. 5 Bde.
Schmalkald. 1825—34. 8. m. 10 Tfln. (M. 37.50.) Cart.   ⁻15.—
17876 — — 5 Bde. Cart. — Die Tafeln zum 5. Bde. f e h l e n.   5.—
17877 **Brown, W. H.** The relat. of Rafflesia manillana to its host. (Manila,
J. Sc.) 1912. 4. 18 p. w. 10 pl.   3.50
17878 **Bruck, W.** Einfluss v. Aussenbedingungen auf d. Orient. d. Seitenwurzeln. Jena 1904. 8. 38 p.   1.—
17879 **Bruhin.** Ueb. Farbenabändergn. bei Blüten Vorarlberg. Pflanzen.
(Wien, Z. b. G.) 1867. 8. 4 p.   —.50
17880 **Brumme.** Z. quantit. Bestimm. ein. in d. Pflanzen vork. Substanzen.
Leipz. 1877. 8. 39 p. m. Tfl.   1.—
17881 **Brunchorst.** Funktion d. Spitze b. d. Richtungsbeweg. d. Wurzeln.
II: Galvanotropismus. (Berl., Bot. Ges.) 1882. 8. 16 p. m. Tfl.   1.—
17882 — Die Structur d. Inhaltskörper in d. Zellen ein. Wurzelanschwellgn.
(Bergen, Mus.) 1887. 8. 16 p. m. Tfl.   1.—
17883 — Ueb. d. Galvanotropismus. (Berg., Mus.) 1889. 8. 32 p.   1.50
17884 **Brundin.** Wurzelsprosse bei Listera Cordata. (Stockh., Ak.) 1895. 8.
10 p. m. Tfl.   1.—
17885 — Om de Svenska Fanerogama örternas Skottutvecklg. och Öfver-
vintring. Ups. 1898. 8. 111 p. m. 41 Fig.   1.50
17886 **Brunies.** Anat. d. Geraniaceenblätter. Bresl. 1900. 8. 41 p. m. Tfl.   1.—
17887 **Brunner et Candolle, A. de.** S. l. bourgeons et l'inflorescence du Tilleul.
(Paris, Ann. Sc.) 1847. 8. 14 p. av. 2 pl.   1.50
17888 **Brunotte.** Rech. embryogén. et anatom. s. Impatiens et Tropaeolum.
Paris 1901. 8. 182 p. av. 10 pl.   3.—
17889 **Buch.** Ueb. Sklerenchymzellen. Bresl. 1870. 8. 32 p.   1.—
17890 **Buchanan.** Contr. to our knowl. of the developm. of Prunus Americ.
(Ames, Iowa Coll.) 8. 17 p. w. 3 pl.   1.50
17891 **Buchenau.** Z. Entwicklgesch. d. Pistills. (Kassel) 1851. 8. 28 p.   1.—
17892 — Z. Morphol. v. Hedera Helix. (Leipz., Bot. Z.) 1865. 4. 8 p. m. Tfl.   1.—
17893 — Morphol. Studien an deutsch. Lentibularieen. (Leipz., Bot. -Z.)
1866. 4. 24 p. m. 2 Tfln.   1.50
17894 — Ueb. d. Sprossverhältn. v. Glaux marit. (Berl., Bot. Ver.) 1866.
8. 16 p. m. Tfl.   1.—

W. Junk, Berlin, W. 15.

17895 **Buchenau.** Die Wachsthumsverhältn. v. Bowiea volub. (Brem., Nat. *ℳ* V.) 1879. 8. 8 p. m. Tfl. 1.—

17896 — Die „springenden Bohnen" aus Mexico. III. (Bremen, Nat. Ver.) 1892. 8. 14 p. 1.—

17897 — Ueber d. Aufbau d. Palmiet-Schilfes a. d. Kaplande (Prionium serratum). Stuttg. 1893. 4. 26 p. m. 3 Tfln. (1 color.) (M. 18.) 11.—

17898 — Der Blütenbau v. Tropaeolum. (Brem., Nat. V.) 1896. 8. 25 p. 1.—

17899 **Bucherer.** Beiträge z. Morphol. u. Anatomie d. Dioscoreaceen. Cassel 1889. 4. 34 p. m. 5 Tfln. (M. 10.) 5.—

17900 **Büchner, E.** Zuwachsgrössen u. Wachstumsgeschwindigk. bei Pflanzen. Leipz. 1901. 8. 47 p. 1.—

17901 **Buchwald.** Die Verbreitungsmittel d. Leguminosen d. trop. Afrika. Leipz. 1894. 8. 36 p. 1.—

17902 **Buck.** Z. Kenntn. d. Alkaloïde d. Steppenraute. Erl. 1903. 8. 36 p. 1.—

17903 **Buder.** Z. Statolithenhypothese. Berl. 1908. 8. 35 p. 1.—

17904 **Buhlert.** Arteinheit d. Knöllchenbakter. d. Leguminosen. Halle 1902. 8. 55 p. 1.50

17905 **Bührlen.** Die winterliche Färbung d. Blätter. Tüb. 1837. 8. 36 p. 1.—

17906 **Bunton.** Histology of Townsendia exscapa and Lesquerella spathulata. (Lawrence, Univ.) 1910. 4. 27 p. w. 8 pl. 2.50

17907 **Bunzel.** The measurem. of the oxidase content of Plant Juices. (Wash., Dept. Agr.) 1912. 8. 40 p. w. 2 pl. 1.—

17908 **Burck.** Over de ontwikkelingsgeschied. v. d. aard v. het Indusium der Varens. (Nijmegen, Kruidk. Arch.) 1875. 8. 20 p. m. 2 Tfln. 1.50

17909 — Influence of the nectaries in the Flower on the opening of the anthers. (Nimègue, Rec. Botan.) 1907. 8. 10 p. 1.—

17910 **Burgeff.** Die Wurzelpilze d. Orchideen. Jena 1909. 8. 224 p. m. 3 Tfln. (M. 6.50.) 5.—

17911 — Z. Biologie d. Orchideenmycorrhiza. Jena 1909. 8. 66 p. 2.50

17912 **Burgerstein.** Ueb. d. Holzstoff in d. Geweben d. Pflanzen. (Wien, Ak.) 1874. 8. 18 p. 1.—

17913 — Ueb. d. Bezieh. d. Nährstoffe z. Transspirat. d. Pflanzen. 2 Tle. (Wien, Ak.) 1876—78. 8. 85 p. 1.50

17914 — Empfindungsvermögen d. Wurzelspitze. Wien 1882. 8. 24 p. 1.—

17915 — Ueb. ein. physiol. u. pathol. Wirkgn. d. Kampfers auf d. Pflanzen. (Wien, Z. b. G.) 1885. 8. 20 p. 1.—

17916 — Material. z. ein. Monogr. betreff. die Transpirat. d. Pflanzen. 3 Tle. (Wien, Z. b. G.) 1887—1901. 8. 174 p. 2.50

17917 — Vergl. anatom. Untersuchgn. d. Fichten- u. Lärchenholzes. (Wien, Ak.) 1893. 4. 38 p. 1.50

17918 — Entwickl. d. Anat. u. Physiol. d. Pflanzen in Oesterr. v. 1850— 1900. Wien 1901. 4. 28 p. m. 4 Portr. 1.50

17919 — Wirk. anästhesier. Substanzen auf ein. Lebenerscheingn. d. Pflanzen. (Wien, Z. b. G.) 1906. 8. 20 p. 1.—

17920 **Burggrav.** Bedencken v. d. Geschäffte d. Erzeugung in dem drey-fachen Reiche der Natur. Franckf. 1737. 4. 68 p. 44.—
   Pritzel hat kein Exemplar gesehen.

17921 **Burkill.** Pollination of Flowers in India. (Bombay) 1906. 8. 15 p. w. pl. 1.—

17922 **Bürkle.** Vergl. Unters. üb. d innere Struktur d. ∪mtter ein. Austral. Podalyrieengattgn. Stuttg. 1901. 8. 91 p. 1.50

17923 **Buscalioni.** Contr. allo studio d. Membrana cellulare. 2 parti. (Genova, Malp.) 1892—94. 8. 22 p. c. 2 tav. 1.50

17924 — Nuovo reattivo p. l'istologia veget. (Genova, Malp.) 1898. 8. 20 p. 1.—

17925 — Il nuovo Microtomo. (Genova, Malp.) 1898. 8. 20 p. 1.—

17926 — Incapsulam. d. granuli di Amido. (Genova, Malp.) 1899. 8. 12 p. c. tav. 1.—

17927 **Busch, C.** Z. Kenntn. v. Gymnema silvestre u. d. Wirkg. d. Gymnema-säure. Erl. 1895. 8. 39 p. 1.—

17928 **Busch, H.** Ob d. Licht zu d. Lebensbeding. d. Pflanzen gehört. Leipz. 1889. 8. 53 p. m. color. Tfl. *M* 1.—

17929 **Büsgen.** Ueb. d. Verhalten d. Gerbstoffes in d. Pflanzen. (Jena, Z. Nat.) 1889. 8. 50 p. 1.50

17930 **Busk.** On the struct. of the Starch-Granule. (Lond., Micr. Soc.) 1853. 8. 11 p. w. pl. 1.—

17931 **Busse, A.** Vergleich. Untersuch. d. Blumen-, Kelch- u. Laubblätter d. Ranunculaceen. Kiel 1914. 8. 55 p. 1.50

17932 **Busse, W.** Z. Kenntn. d. Morphol. u. Jahresperiode d. Weisstanne. Münch. 1893. 8. 63 p. m. Tfl. 1.50

17933 **Bütschli.** Unters. üb. mikroskop. Schäume u. d. Protoplasma. Leipzig 1892. 4. 238 p. m. 6 Tfln. (M. 24.) 17.—

17934 — Fortges. Untersuchgn. an Gerinnungsschäumen, Sphärokrystallen, Cellulose- u. Chitinmembranen. (Heidelb., Nat. Ver.) 1894. 8. 63 p. m. 3 Tfln. 2.—

17935 — Herstell. künstl. Stärkekörner. (Heidelb., Nat. V.) 1896. 8. 16 p. 1.—

17936 — Untersuchungen üb. Strukturen, insbes. nicht-zell. Erzeugnisse d. Organismus. Leipz. 1898. 8. 411 p. m. Atlas v. 27 Tfln. (M. 60.) 45.—

17937 — Meine Ansicht üb. d. Struktur d. Protoplasmas. (Leipz., Arch. Entwickl.) 1901. 8. 86 p. m. Tfl. 2.—

17938 — Untersuchgn. üb. organische Kalkgebilde n. Bemerk. üb. organ. Kieselgebilde. (Götting., Ges. Wiss.) 1908. 4. 181 p. m. 4 Tfln. (M. 19.) 10.—

17939 **Büttner, B.** Z. Kenntn. d. Cortex Mururé (Urostigma cystopodum). Erl. 1896. 8. 32 p. m. Tfl. 1.—

17940 **Büttner, J. G.** Pflanzenphysiol. Beobachtgn. (Mosk., Bull.) 1859. 8. 15 p. 1.—

17941 **Byxbee.** Developm. of the karyokinetic spindle in the pollen-mother-cells of Lavatera. (S. Francisco, Ac.) 1900. 4. 22 p. w. 4 pl. 2.—

17942 **Cador.** Anat. Unters. d. Mateblätter. Cassel 1900. 8. 40 p. 1.—

17943 **Cadura.** Physiol. Anatomie d. Knospendecken dicotyl. Laubbäume. Bresl. 1886. 8. 44 p. 1.—

17944 **Cagnat.** S. la dispos. d. Feuilles et la forme des Axes végét. (Paris, Ann. Sc.) 1848. 8. 21 p. 1.—

17945 **Calamai.** Carpologia Italiana dimostrativa. Firenze 1829. 8. 8 p. 1.—

17946 **Campbell, D. H.** The origin of terrestr. Plants. (N. York) 1903. 8. 22 p. 1.50

17947 **Candolle, A. de.** L'évolut. d. plantes Phanérog. d'apr. de Saporta et Marion. (Genève, Arch. Sc.) 1885. 8. 12 p. 1.—

17948 **Candolle, A. P. de.** Organographie d. Gewächse. Deutsch v. Meisner. 2 Bde. Stuttg. 1828. 8. 800 p. m. 60 Tfln. Hfzb. 5.—

17949 **Candolle, C. de.** S. l. Feuilles Peltées. (Genève, Soc. Bot.) 1899. 8. 51 p. 2.—

17950 **Capitaine.** Contrib. à l'étude morphol. d. Graines de Légumineuses. Paris 1912. 8. 436 p. av. 27 cartes et 692 fig. 20.—

17951 **Cardiff.** Study of Synapsis and Reduction. N. York 1906. 8. 38 p. w. 4 pl. 2.—

17952 **Cario.** Anatom. Untersuchung. v. Tristicha hypnoides. Gött. 1881. 4. 18 p. m. Tfl. 1.—

17953 **Carnoy.** La Biologie Cellulaire. I. Lierre 1884. 8. 271 p. av. 141 fig. (M. 10.) 3.—

17954 — A propos de Fécondation. (Lierre, Cellule) 1898. 4. 25 p. 1.—

17955 **Caro.** Z. Anat. d. Commelinaceen. Berl. 1903. 8. 87 p. m. Tfl. 1.50

17956 **Caruel.** Fiore femmineo d. Arum. (Milano) 1863. 8. 5 p. c. tav. 1.—

17957 — Caglione p. cui i fiori si aprono di sera. (Milano) 1867. 8. 15 p. 1.—

17958 — S. Fiori di Ceratophyllum. (Fir., Giorn. Bot.) 1876. 8. 6 p. c. tav. 1.—

17959 — Pensieri s. Tassinomia botan. (Roma, Linc.) 1881. 4. 93 p. 1.—

17960 — Considér. génér. s. le Corps d. Plantes. (Paris, Ann. Sc.) 1882. 8. 50 p. 2.—

17961 — Pensées s. la taxinomie botan. (Leips., Engl. Jahrb.) 1883. 8. 68 p. 1.50

17962 **Caspari.** Z. Kenntn. d. Hautgewebes d. Cacteen. Halle 1883. 8. 53 p. 1.—

17963 **Caspary.** De Nectariis. Bonnae 1848. 4. 56 p. et 3 tab. 1.—

17964 **Caspary.** Ueb. Wärmeentwicklung in d. Blüthe d. Victoria regia. (Berl., Ak.) 1855. 8. 45 p. m. 4 Tabell. — *M* 1.—
17965 — Les Hydrillées. (Paris, Ann. Sc.) 1858. 8. 74 p. av. 3 pl. 1.50
17966 — De Abietinearum floris femin. Regim. 1861. 4. 12 p. 1.—
17967 — Ueb. d. Gefässbündel d. Pflanzen. (Berl., Ak.) 1862. 8. 38 p. 1.—
17968 — Verändergn. d. Richtg. d. Aeste bewirkt durch nied. Wärmegrade. (Lond., Hortic. Congr.) 1866. 8. 19 p. m. 3 Tfln. 1.50
17969 **Casse.** Les mouvem. molécul. et le mouv. Brownien. (Brux., Soc. Micr.) 1882. 8. 14 p. 1.—
17970 **Cauvet.** Role d. Racines dans l'absorpt. et l'excrétion. (Paris, Ann. Sc.) 1861. 8. 40 p. 1.50
17971 **Cavara.** Il corpo centr. dei fiori maschili del Buxus. (Genova, Malp.) 1894. 8. 14 p. c. tav. 1.—
17972 — Contrib. alla morfol. ed allo sviluppo d. Idioblasti d. Camelliee. (Pavia, Ist. Bot.) 4. 27 p. c. 2 tav. (1 color.) 1.50
Cecidia — vide: W. J u n k, Catal. Nr. 53: Insecta noxia, Cecidia.
17973 **Cedervall.** Undersökn. öfv. Araliaceernas Stam. (Lund, Univ.) 1878. 4. 34 p. m. 3 Tfln. 1.—
17974 **Celakovský.** Ueb. terminale Ausgliederungen. (Prag, Ges. Wiss.) 1876. 8. 30 p. 1.—
17975 — Morpholog. Beobachtungen. (Prag, Ges. Wiss.) 1881. 8. 15 p. m. Tfl. 1.—
17976 — Neue Beitr. z. Foliolartheorie des Ovulums. (Prag, Ges. Wiss.) 1884. 4. 42 p. m. 2 Tfln. 1.50
17977 — Ueb. d. Kladodien d. Asparageen. (Prag) 1893. 8. 15 p. m. 4 Tfln. 1.50
17978 — Ueb. d. phylogenet. Entwicklgsgang. d. Blüthe. 2 Tle. (Prag, Ges. Wiss.) 1897—1901. 8. 320 p. 4.—
17979 — Aërotropismus v. Dictyuchus Monosp. (Prag, Ges. Wiss.) 1898. 8. 11 p. m. Tfl. 1.—
17980 — Van Tieghem's Auffass. d. Gras-Cotyledons. (Prag, Ges. Wiss.) 1898. 8. 14 p. 1.—
17981 — Die Vermehr. d. Sporangien v. Ginkgo biloba. (Wien, Bot. Z.) 1900. 8. 20 p. 1.—
17982 — Anat. Unterschiede in d. Blättern d. ramosen Sparganien. (Prag, Ges. Wiss.) 1900. 8. 11 p. m. 3 Tfln. — Tschechisch m. deutsch. Res. 1.50
17983 — Ueb. d. Placenten d. Angiospermen. (Prag, Ges. Wiss.) 1900. 8. 35 p. m. Tfl. 1.50
17984 — Z. Lehre v. d. congenital. Verwachsungen. (Prag, Ges. Wiss.) 1903. 8. 15 p. 1.—
17985 **Chaine.** Constitution de la matière vivante. Bord. 1901. 8. 54 p. 1.50
17986 **Chalon.** Matér. p. s. à la détermin. d. familles, d. genres etc. par l'ét. anat. des tiges. 2 part. (Brux., S. Bot.) 1867 à 68. 8. 120 p. av. 6 pl. 3.—
17987 — Structure de la Cellule végét. (Namur) 1869. 8. 21 p. av. 2 pl. 1.—
17988 — Liquides conserv. p. échantillons botan. (Brux., S. Bot.) 1897. 8. 8 p. 1.—
17989 — Coloration de Parois cellul. (Brux., Soc. Bot.) 1898. 8. 32 p. 1.—
17990 — Notes de Botanique expériment. 2. éd. Namur 1901. 8. 339 p. av. 3 pl. 5.—
17991 **Chamberlain.** Contrib. to the life history of Salix. (Chicago, Bot. Gaz.) 1897. 8. 32 p. w. 7 pl. 3.—
17992 — Methods in Plant Histology. 3. ed. Chic. 1915. 8. 325 p. Cloth. 11.50
17993 **Charbonnel-Salle.** Rech. s. le rôle physiol. du Tannin dans l. Végétaux. Paris 1881. 8. 31 p. 1.—
17994 **Chatin, A.** S. le Vallisneria spiral. Paris 1855. 4. 31 p. av. 5 pl. 2.50
17995 — Anat. d. Plantes aériennes de l'ordre d. Orchidées. 2 parties. (Cherbourg, Soc. Nat.) 1856 à 57. 8. 52 p. av. 2 pl. 3.—
17996 **Chatin, J.** Rech. p. s. à l'hist. botan., chim. et physiol. du Tanguin de Madagascar. Paris 1873. 4. 59 p. av. 2 pl. 2.—
17997 **Chauveaud, C.** Mode de format. des tubes criblés d. la racine des Monocotylédones. (Paris, Ann. Sc.) 1896. 8. 75 p. av. 6 pl. 3.—

		M
17998	**Chauveaud, L. G.** Rech. embryogén. s. l'appareil laticifère d. Euphorbiacées, Urticac., Apocyn. et Asclépiad. Paris 1891. 8. 161 p. av. 8 pl.	3.—
17999	**Chester.** Bau u. Funct. d. Spaltöffngn. auf Blumenblätt. u. Antheren. (Berl., Pringsh. J.) 1884. 8. 12 p. m. Tfl.	1.—
18000	**Chevalier.** Castrat. d. Plantes par le froid. (Caen) 1899. 8. 8 p.	1.—
18001	**Chibber.** Morphol. and Histol. of Piper Betle (the Betelvine). (Lond., Linn. Soc.) 1913. 8. 27 p. w. 3 pl.	2.50
18002	**Christ.** Z. vergleich. Anat. d. Laubstengels d. Caryophyllinen u. Saxifrageen. Marb. 1887. 8. 83 p. m. Tfl.	1.50
18003	**Christofoletti.** Ueb. Rheum rhapontic. Bern 1905. 8. 64 p. m. 4 Tfln.	2.—
18004	**Christy.** Seasonal variations of elevat. in a branch of a Horse-Chestnut Tree. (Lond., Linn. Soc.) 1898. 8. 6 p. w. pl.	1.—
18005	**Chrysler.** The developm. of the centr. cylinder of Araceae and Liliaceae. (Chic., Bot. Gaz.) 1904. 8. 24 p. w. 4 pl.	2.—
18006	— The Nodes of Grasses. (Chic., Bot. Gaz.) 1906. 8. 16 p. w. 2 pl.	1.50
18007	**Chudiakow.** Z. Kenntn. d. intramolekul. Athmung. Merseb. 1894. 8. 59 p.	1.—
18008	**Cienkowski.** Z. Befrucht. d. Juniperus comm. (Mosk., Bull.) 1853. 8. 5 p. m. Tfl.	1.—
18009	**Ciesielski.** Ueb. d. Abwärtskrümmung d. Wurzel. Bresl. 1871. 8. 38 p.	1.—
18010	**Clark, J.** Z. Morphol. d. Commelinac. Münch. 1904. 8. 34 p.	1.—
18011	**Clarke, B.** On the Anthers ol Columelliaceae and Cucurbitaceae. (Lond., Ann. & M.) 1858. 8. 4 p. w. pl.	1.—
18012	**Claussen.** Durchlässigkeit d. Tracheïdenwände f. atmosphär. Luft. Münch. 1901. 8. 52 p.	1.50
18013	**Clautriau.** Rech. microchim. s. l. Alcaloïdes d. le Papaver Somniferum. (Brux., Soc. Micr.) 1886. 8. 19 p.	1.—
18014	— Localisation et significat. d. Alcaloïdes d. quelques Graines. (Brux., Soc. Micr.) 1894. 8. 22 p.	1.—
18015	— Nature et significat. d. Alcaloïdes Végét. Brux. 1900. 8. 113 p.	2.—
18016	**Clifford.** Mycorhiza of Tipularia unif. (N. York, Torr. Cl.) 1899. 8. 4 p. w. pl.	1.—
18017	**Clos.** Les Fluides d. Végétaux et ceux d. Animaux. Montp. 1851. 8. 109 p.	1.—
18018	— Des caractères du Péricarpe. (Toulouse, Ac.) 1872. 8. 64 p.	1.50
18019	**Clover.** Philippine Wood Oils. (Manila, J. Sc.) 1906. 8. 12 p.	1.—
18020	— The Terpene Oils of Manila Elemi. (Manila) 1907. 4. 40 p.	1.—
18021	**Cobelli.** Movimenti d. fiore e d. frutto d. Erodium gruinum. (Firenze, Giorn. Bot.) 1892. 8. 6 p. c. tav.	1.—
18022	— Fiorit. e fecondaz. d. Primula acaul. (Vienna, Z. b. G.) 1892. 8. 6 p.	—.50
18023	**Cohn, F.** Symbola ad Seminis physiolog. Berol. 1847. 8. 84 p.	1.50
18024	— Z. Lehre v. Wachstum d. Pflanzenzelle. (Ac. Leop.) 1849. 4. 30 p. m. color. Tfl.	1.—
18025	— De Cuticula. Vratisl. 1850. 8. 72 p. et 2 tab.	1.—
18026	— Einwirkgn. d. Blitz. auf Bäume. (Bresl., Schles. Ges.) 1853. 4. 16 p.	1.—
18027	— Botan. Mittheilungen. Bresl. 1861. 4. 18 p.	1.—
18028	— On the contractile Tissue of plants. (Lond., Ann. & M.) 1863. 8. 15 p.	1.—
18029	**Cohn, J.** Beitr. z. Physiol. d. Collenchyms. Berl. 1892. 8. 28 p.	1.—
18030	**Coker.** On the Gametophytes and Embryo of Podocarpus. (Chic., Bot. Gaz.) 1902. 8. 19 p. w. 3 pl.	1.50
18031	**Col.** S. l'appareil sécréteur d. Composées. 3 parties. (Paris, J. Bot.) 1899 à 1904. 8. 68 p.	2.—
18032	**Cole.** Leaf of Ficus elastica. (Lond., Micr. Stud.) 1884. 8. 2 p. w. pl.	1.—
18033	— Leaf of Pinus sylvestr. (Lond., Micr. Stud.) 1884. 8. 2 p. w. col. pl.	1.—
18034	— Leaf of Rhododendron pontic. (Lond., Micr. Stud.) 1884. 8. 6 p. w. colour. pl.	1.—
18035	— The Methods of microscop. research. (Lond., Micr. Stud.) 1884. 8. 83 p. w. colour. pl.	1.50
18036	— Microsc. stud. on Cuscuta. (Lond., Micr. Stud.) 1884. 8. 4 p. w. colour. pl.	1.—

18037 **Cole.** Microsc. stud. on a grain of Wheat. (Lond., Micr. Stud.) 1884. 8. *M*
    8 p. w. 2 pl. (1 colour.) 1.50
18038 — Microsc. stud. on the Starch. (Lond., Micr. Stud.) 1884. 8. 6 p. w. pl. 1.—
18039 — Micr. stud. on Typha. (Lond., Micr. Stud.) 1884. 8. 3 p. w. col. pl. 1.—
18040 — Morphol. of the Cell of Plants. (Lond., Micr. Stud.) 1884. 8. 50 p.
    w. 12 pl. (9 colour.) 4.50
18041 — On the ovary of Papaver rhoeas. (Lond., Micr. Stud.) 1884. 8.
    6 p. w. colour. pl. 1.—
18042 — Root of Leontodon Taraxac. (Lond., Micr. Stud.) 1884. 8. 6 p,
    w. 2 colour. pl. 1.50
18043 — Stem of Cyperus alternifol. (Lond., Micr. Stud.) 1884. 8. 4 p. w.
    colour. pl. 1.—
18044 — Stem of Euphorbia splendens. (Lond., Micr. Stud.) 1884. 8. 2 p. w. pl. 1.—
18045 — Stem of Fagus Cuprea. (Lond., Micr. Stud.) 1884. 8. 10 p. w. col. pl. 1.—
18046 — Stem of Juncus communis. (Lond., Micr. Stud.) 1884. 8. 4 p.
    w. colour. pl. 1.—
18047 — Stem of Ribes nigrum. (Lond., Micr. St.) 1884. 8. 6 p. w. colour. pl. 1.—
18048 — Stem of Bignonia. (Lond., Micr. Stud.) 1885. 8. 2 p. w. colour. pl. 1.—
18049 — Microsc. stud. on Seeds. (Lond., Micr. Stud.) 1886. 8. 6 p. w. pl. 1.—
18050 — Stem of Eucalyptus globulus. (Lond., Micr. Stud.) 1886. 8. 5 p.
    w. 2 colour. pl. 1.50
18051 **Colling.** Das Bewegungsgewebe d. Angiospermen-Staubbeutel. Berl.
    1905. 8. 58 p. 1.50
18052 **Colozza.** Contr. all' anat. d. Alstroemeriee. (Fir., Giorn. B.) 1901. 8. 15 p. 1.—
18053 **Comes.** Azione d. temper., d. umidità relat. e d. luce s. traspiraz. d.
    Piante. (Napoli, Acc.) 1878. 4. 15 p. c. 3 tav. 1.50
18054 — Azione d. Luce s. traspiraz. d. Piante. (Nap., Acc.) 1879. 4. 16 p. 1.—
18055 — S. impollinaz. d. Piante. 2 parti. (Napoli, Acc.) 1879. 4. 16 p. 1.—
18056 — La Luce e la Traspiraz. n. Piante. (Roma, Linc.) 1880. 4. 34 p. 1.—
18057 **Compton.** Investigation in the seedling struct. in the Leguminosae.
    (Lond., Linn. Soc.) 1912. 8. 122 p. w. 7 pl. 5.—
18058 **Coniferae.** — 13 Abhandl. üb. Anat. u. Physiol. v. Eichler, Höhnel,
    Kronfeld, Masters, J. Moeller, Sanio, Schwabach u. a. 1843—1902.
    8. u. 4. 130 p. m. 5 Tfln. 4.—
18059 **Contribuzioni** alla Biologia veget. Ed. da Borzi. Vol. II—IV. Palermo
    1897—1909. 8. c. molte tav. (95 Lire.) 40.—
18060 **Contzen.** Anat. ein. Gramineenwurzeln d. Würzb. Wellenkalks. Würzb.
    1906. 8. 72 p. 1.50
18061 **Cook, M. T.** Developm. of the Embryo of Castalia odor. and Nym-
    phaea advena. (Chicago, Torrey Cl.) 1902. 8. 10 p. w. 2 pl. 1.—
18062 — Embryol. of some Cuban Nymphaeaceae. (Chicago, Bot. Gaz.)
    1906. 8. 18 p. w. 3 pl. 1.50
18063 **Cooke, M. C.** On biological Analogies. (Lond., Quek. Cl.) 1883. 8. 22 p. 1.—
18064 **Cooke and Schively.** On the struct. and developm. of Epiphegus Vir-
    giniana. (Philad., Bot. Lab.) 1904. 8. 47 p. w. 4 pl. 1.50
18065 **Cooley.** On the reserve cellulose of the Seeds of Liliaceae. (Bost.,
    Soc. Nat. H.) 1895. 4. 29 p. w. 6 pl. 2.—
18066 **Corenwinder.** Rech. sur l'assimilat. du carbone par les feuilles d.
    Végétaux. (Lille, Soc. Sc.) 1859. 8. 34 p. av. pl. 1.—
18067 — S. la migration d. phosphore dans l. Végét. (Lille, Soc. Sc.) 1861.
    8. 14 p. 1.—
18068 — Rech. chim. s. la Végétat. (Paris, Ann. Sc.) 1864. 8. 17 p. 1.—
18069 — Rech. chim. s. la Végétat. Expériences s. l. feuilles coloriées.
    3 mém. 1864. 8. 40 p. av. pl. 1.—
18070 — Fonctions d. Feuilles. (Paris, Ann. Sc.) 1867. 8. 28 p. 1.—
18071 — Compos. chim. et fonct. d. Feuilles. (Paris, Ann. Sc.) 1878. 8. 15 p. 1.—
18072 **Cormack.** Polystelic roots of cert. Palms. (Lond., Linn. Soc.) 1897.
    4. 12 w. 2 pl. 1.50

42

18073 **Correns.** Z. Kenntn. d. vegetabil. Zell-Membran. 2 Tle. (Berl., Pringsh. *M*
J.) 1891—94. 8. 170 p. m. 3 z. Tl. color. Tfln. 3.—
18074 — Abhängigk. d. Reizerscheinungen höh. Pflanzen v. der Gegenwart
freien Sauerstoffes. Tüb. 1892. 8. 65 p. 1.50
18075 — Epidermis d. Samen v. Cuphea viscosiss- (Berl., Bot. Ges.) 1892.
8. 10 p. m. Tfl. 1.—
18076 — Querlamellirung d. Bastzellmembranen. (Berl., Bot. G.) 1893. 8.
16 p. m. Tfl. 1.—
18077 — Z. Physiol. d. Ranken. (Leipz., Bot. Z.) 1896. 4. 20 p. 1.—
18078 **Corry.** On the developm. of the Pollinium in Asclepias Cornuti.
(Lond., Linn. Soc.) 1883. 4. 10 p. w. pl. (3 s.) 1.—
18079 — Struct. and developm. of the Gynostegium and on the mode of
Fertilizat. in Asclepias Cornuti. (Lond., Linn. S.) 1884. 4. 35 p. w.
3 colour. pl. (10 s.) 2.—
18080 **Cossa.** S. assorbimento d. Radici. Pisa 1859. 8. 35 p. 1.—
18081 **Coulter, J. M.** The origin of Gymnosperms and the Seed Habit.
(Chicago, Bot. Gaz.) 1898. 8. 16 p. 1.—
18082 — Contrib. to the life-hist. of Ranunculus. (Chic., Bot. Gaz.) 1898.
8. 16 p. w. 4 pl. 2.—
18083 — Evolution of Sex in Plants. Chicago 1914. 12. 147 p. Cloth. 5.—
18084 **Coulter and Chamberlain.** Embryogeny of Zamia. (Chic., Bot. Gaz.)
1901. 8. 14 p. w. 3 pl. 1.50
18085 — Morphology of Spermatophytes. 2 vols. Lond. 1901—03. 8. Cloth. 22.—
The second volume is out of print.
18086 — Morphology of Gymnosperms. 2. ed. Chicago 1910. 8. 470 p. w.
462 fig. Bound. 18.—
18087 **Coulter, Chamberlain and Schaffner.** Contrib. to the life hist. of Lilium
Philadelphic. 3 pap. (Chic., Bot. Gaz.) 1897. 8. 41 p. w. 8 .pl. 3.—
18088 **Coulter, S.** Histol. of the leaf of Taxodium. 2 parts. (Chic., Bot. Gaz.)
1889. 8. 13 p. w. pl. 1.—
18089 **Coupin.** S. l'absorption et le rejet de l'eau par l. Graines. Paris 1896.
8. 94 p. 2.50
18090 **Court.** Z. Kenntn. d. Berberins. (Halle, Z. Nat.) 1883. 8. 41 p. 1.—
18091 **Courtois.** Expositio eorum, quae de organor. propagat. Phanerogamar.
innotuer. Gand. 1821. 4. 113 p. 1.—
18092 **Coutagne.** Polymorphisme d. Végét. (Lyon, Soc. Bot.) 1897. 8. 12 p. 1.—
18093 **Coville.** The format. of Leafmold. (Wash., Smiths.) 1914. 8. 11 p. 1.—
18094 **Cowie.** The fertilizat. of Tea. Lond. 1908. 8. 68 p. w. 16 fig. 2.—
18095 **Cramer.** Verhalten d. Kupferoxydammoniak z. Pflanzenzellmembran.
(Zürich, Nat. Ges.) 1857. 8. 22 p. m. Tfl. 1.—
18096 — Ueb. d. Samenbildung d. Pflanzen. Zür. 1871. 8. 21 p. 1.—
18097 — Ueb. d. Bewegungsvermögen d. Pflanzen. Basel 1883. 8. 33 p. 1.—
18098 **Crawford.** Anatomy of the British Carices. Edinb. 1910. 8. 139 p. w.
portr. and 20 pl. Cloth. 8.50
18099 **Crépin.** S. l'Inflorescence d. Rosa. (Brux., Soc. Bot.) 1895. 8. 25 p. 1.50
18100 **Crocker.** Germinat. of cert. Cyrtandreae. (Lond., Linn. S.) 1861. 8.
3 p. w. pl. 1.—
18101 **Cross and Bevan.** Researches on Cellulose. III. Lond. 1912. 8. 183 p.
w. 7 samples. Cloth. 4.50
18102 **Crüger.** On the developm. of Starch. (Lond., Quek. Cl.) 1854. 8.
6 p. w. pl. 1.—
18103 — On the fecundat. of Orchids. (Lond., Linn. S.) 1864. 8. 8 p. w. pl. 1.—
18104 **Cruse.** Ueb. d. Blüthenbau d. Gramineen. (Berl., Linn.) 1825. 8. 37 p. 1.50
18105 **Cuboni.** S. formaz. d. Amido nelle foglie d. Vite. (Conegliano) 1885.
8. 23 p. c. tav. color. 1.50
18106 — Traspiraz. ed assimilaz. n. foglie tratt. c. latte di calce. (Genova,
Malpighia) 1887. 8. 16 p. c. tav. 1.—

18107 **Cunningham.** On the gaseous evolut. fr. the Flowers of Ottelia alis- *ℳ*
noides. (Calcutta) 1886. 4. 8 p. w. 3 pl. (1 colour.) 2.—
18108 **Cunnington.** Anat. of Enhalus acoroides. (Lond., Linn. S.) 1912. 4. 17 p.
w. pl. 1.50
18109 **Curtel.** Recherches physiol. s. la Fleur. Paris 1898. 8. 90 p. av. 5 pl. 2.—
18110 **Czapek.** Biochemie d. Pflanzen. (2 Bde.) Bd. I. 2. Aufl. Jena 1913.
S. 847 p. (M. 24.) 20.—
18111 — — Bd. II. (nur in d. 1. Aufl. erschien.). Jena 1905. 8. 1039 p. (M. 25.) 9.—
18112 **Czech.** Ueb. d. Respirationsorgane d. Pflanzen. Düsseld. 1864. 4. 16 p. 1.—
18113 — Bedeut. d. Stomata f. das Lichtbedürfn. u. d. Transpirat. d. Laubblätter. Düsseld. 1872. 4. 9 p. 1.—
18114 **Daguillon.** Rech. morpholog. s. l. Feuilles d. Conifères. Paris 1890. 8.
86 p. av. 4 pl. 2.—
18115 **Dahmen.** Anatom.-physiol. Unters. üb. d. Funiculus d. Samen. Berl.
1891. 8. 38 p. m. 3 Tfln. 1.50
18116 **Daikuhara.** Reserve Protein in Plants. (Tokyo, Coll. Agr.) 1894. 8. 18 p. 1.—
18117 **Dalitzsch.** Z. Kenntn. d, Blattanatomie d. Aroideen. Cassel 1886. 8.
30 p. m. Tfl. 1.—
18118 **Dallinger.** Researches on the Cell-nucleus. (Lond., Micr. Soc.) 1886.
8. 15 p. w. 3 pl. 1.50
18119 **Dalmer.** Ueb. d. Leitung d. Pollenschläuche b. d. Angiospermen. (Jena,
Z. Nat.) 1880. 8. 39 p. m. 3 Tfln. 2.—
18120 **Dammer.** Z. Kenntn. d. vegetat. Organe v. Limnobium Stolonifer. Berl.
1888. 8. 20 p. 1.—
18121 — Die Verbreitungsausrüstungen d. Polygonaceen. 2 Abhdlgn. (Leipz.,
Engl. Jahrb.) 1892. 8. 31 p. 1.50
18122 **Dangeard.** Influence du mode de nutrition dans l'évolut. de la Plante.
(Paris, Botan.) 1898. 8. 63 p. 2.—
18123 — Nutrition ordin., sexuelle et holophyt. (Paris, Botan.) 1901. 8. 36 p. 1.50
18124 **Daniel, L.** Rech. anatom. et physiol. s. l. Bractées de l'Involucre d.
Composées. Paris 1890. 8. 107 p. av. 6 pl. 2.50
18125 — La Théorie d. capacités fonctionn. Etudes d'anatomie et physiol.
véget. appliquées. 2 parties. Rennes 1902 à 1903. 8. 267 p. av. 20 pl.
et 98 fig. 5.—
18126 **Daniel, W.** Z. Kenntn. d. Riesen- u. Zwergblätter. Gött. 1914. 8. 91 p. 2.—
18127 **Daniell.** Some Chinese Condiments fr. the Xanthoxylaceae. (Lond.,
Ann. & M.) 1862. 8. 8 p. w. pl. 1.—
18128 **Dannemann.** Z. Kenntn. d. Anat. u. Entwick. d. Mesembryanthema.
Halle 1883. 8. 36 p. 1.—
18129 **Darapsky.** Z. Geschichte d. Zellentheorie. Würzb. 1880. 8. 89 p. 1.—
18130 **Darwin, Ch.** Action of Sea-water on the Germinat. of Seeds. — S a l -
t e r, Vitality of Seeds aft. submers. in the sea. (Lond., Linn. Soc.)
1857. 8. 12 p. 1.—
18131 — On 2 forms, or dimorphic condit. in the spec. of Primula. (Lond.,
Linn. S.) 1862. 8. 20 p. 1.50
18132 — On 2 forms and their reciprocal sexual relat. in the g. Linum.
(Lond., Linn. S.) 1864. 8. 15 p. 1.50
18133 — On the sexual relat. of the 3 forms of Lythrum salicaria. (Lond.,
Linn. S.) 1865. 8. 28 p. 1.50
18134 — On the illegitimate unions of Dimorphic and Trimorphic Plants.
Specif. differences in Primula. (Lond., Linn. S.) 1869. 8. 62 p. 1.50
18135 — Die Bewegungen u. Lebensweise d. kletternden Pflanzen. Uebers.
v. Carus. Stuttg. 1876. 8. 166 p. (M. 3.60.) 1.—
18136 — Das Bewegungsvermögen d. Pflanzen. Deutsch v. Carus. Stuttg.
1881. 8. 514 p. m. 196 Fig. (M. 10.) Lnb. 4.—
18137 — T o m a s c h e k. Darwin's „Bewegungsvermögen". (Brünn, Nat.
Ver.) 1883. 8. 13 p. 1.—

18138 **Darwin, Ch.** Action of Carbonate of Ammonia on roots and chloro-   ℳ
phyll-bodies. 2 pap. (Lond., Linn. S.) 1882. 8. 46 p. w. fig.   1.50

18139 **Darwin, F.** Hygroscopic mechanism of Seeds enabl. them to bury
themselv. in the ground. (Lond., Linn. Soc.) 1876. 4. 19 p. w. pl.   1.50

18140 — Power of Leaves of plac. themselves at right angles to the light.
(Lond., Linn. Soc.) 1881. 8. 35 p.   1.50

18141 — Connection betw. Geotropism and Growth. (Lond., Linn. S.) 1882.
8. 12 p.   1.—

18142 — Relation betw. the Bloom on leaves and the distribut. of the stomata. (Lond., Linn. S.) 1886. 8. 18 p.   1.—

18143 — Localisat. of Geo-percept. in the Cotyledon of Sorghum. (Vienna)
1907. 8. 14 p.   1.—

18144 **Darwin, F., and Pertz.** Artif. product. of Rhythm in Plants. (Lond.,
Ann. Bot.) 1903. 8. 14 p.   1.—

18145 **David.** Ueb. d. Milchzellen d. Euphorbiaceen, Moreen, Apocyneen u.
Asclepiadeen. Bresl. 1872. 8. 60 p. m. 4 Tfln.   2.50

18146 — — O h n e die Tafeln.   1.—

18147 **Dawson.** Economic import. of Nitragin. (Lond., Ann. Bot.) 1901. 8. 10 p.   1.—

18148 **Day, R. N.** The forces determin. the position of dorsiventral Leaves.
(Minneap., Bot. Stud.) 1897. 8. 10 p. w. pl.   1.50

18149 **Debat.** S. la constit. de la Cellule végét. (Lyon, Soc. Linn.) 1867. 8. 45 p.   1.—

18150 **Debray.** Et. comp. d. caractères anatom. et du parcours des Faisceaux Fibro-vascul. d. Pipéracées. Coulomm. 1885. 8. 110 p. av. 16 pl.   3.—

18151 **Decaisne.** S. le Pollen et l'Ovule du Gui. (Paris, Ann. Sc.) 1840. 8.
13 p. av. pl.   1.—

18152 **Dedu.** De l'Ame des Plantes. Paris 1682. 12. 72 p. Vélin.   8.—

18153 **Deetz.** Untersuchgn. v. Lolium perenne. Gött. 1873. 8. 34 p.   1.—

18154 **Dehérain.** Rech. s. l'intervent. de l'azote atmosphér. dans la végétat.
(Paris, Ann. Sc.) 1873. 8. 37 p.   1.—

18155 — Assimil. d. substances minér. p. les Plantes. (Paris, Ann. Sc.)
1878. 8. 33 p.   1.—

18156 **Dehnecke.** Ueb. nicht assimil. Chlorophyllkörper. Cöln 1880. 8. 47 p.   1.—

18157 **De La Metherie.** Vues physiolog. s. l'organisat. anim. et végét. Amsterd.
1780. 8. 432 p.   5.—

18158 **Delbrouck.** Ueb. Stacheln u. Dornen. Bonn 1873. 8. 45 p.   1.—

18159 — Die Pflanzen-Stacheln. Bonn 1875. 8. 126 p. m. 6 Tfln. (M. 5.50.)   2.50

18160 **Della Torre, G. M.** Nuove osservaz. microscopiche. Napoli 1776. 4.
143 p. c. 14 tav.   5.—

18161 **Dellien.** Ueb. d. syst. Bedeut. d. anatom. Charaktere d. Caesalpinieen.
Münch. 1892. 8. 104 p. m. Tfl.   2.—

18162 **Delpino.** Ulter. osservaz. s. Dicogamia n. regno vegetale. 2 parti.
(3 fascic.) (Milano, Soc. Ital.) 1868—75. 8. 594 p.   15.—

18163 — — Parte II, fasc. 2. 1875. 8. 351 p.   3.—

18164 — S. relaz. biolog. e genealog. d. Marantacee. (Firenze, Giorn. Bot.)
1869. 8. 16 p.   1.—

18165 — S. lignaggio anemofilo d. Composte. Firenze 1871. 8. 73 p.   1.50

18166 — Dicogamia ed Omogamia n. piante. (Fir., Giorn. Bot.) 1876. 8. 22 p.   1.—

18167 — Contrib. alla storia d. sviluppo d. Smilacee. (Genova, Univ.) 1880.
4. 91 p.   2.—

18168 — Note ed osserv. botaniche. 2 decadi. (Genova, Malpigh.) 1889—9
8. 56 p. c. 2 tav.   1.50

18169 — Fiori monocentr. e policentrici. (Gen., Malpigh.) 1890. 8. 14 p.   1.—

18170 — Applicaz. di nuovi criterii par la classificaz. d. piante. Mem. III.
(Bologna) 1890. fol. 37 p. c. tav.   2.—

18171 — Espos. di una nuova teoria d. Fillotassi. (Genova, Congr. Bot.)
1892. 8. 21 p. c. 4 tav.   1.50

18172 — S. Metamorf. e Idiomorf. (Bologna, Acc.) 1892. 4. 19 p.   1.—

18173 **Delpino.** Eterocarpia ed Eteromericarpia n. Angiosperme, (Bologna, Acc.) 1894. 4. 44 p.   *M* 2.—
18174 — Viviparita n. Piante super. (Bol., Acc.) 1895. 4. 11 p. c. tav.   1.—
18175 — Studi fillotassici. (Genova, Malp.) 1895. 8. 19 p.   1.—
18176 — Dimorfismo d. Ranunculus Ficaria. (Bol., Acc.) 1897. 4. 28 p.   1.—
18177 — Funzione nuziale e orig. dei Sessi. Como 1900. 8. 38 p.   1.—
18178 — Rapporti tra la evoluz. e la distrib. geogr. d. Ranuncolacee. (Bologna, Acc.) 1900. 4. 50 p.   2.50
18179 — Zoidiofilia n. fiori d. Angiosperme. (Napoli, Orto) 1904. 8. 67 p.   2.—
18180 **Delpino e Bernaroli.** Contr. alla teoria d. Pseudanzia. 2 mem. (Genova, Malp.) 1890. 8. 22 p. c. 2 tav.   1.50
18181 **Demeter.** Z. Histol. d. Urticaceen. Kolozsv. 1881. 8. 43 p. m. 2 Tfln. — Magyarisch.   1.—
18182 **Denis.** S. l. Substances albuminoïdes. (Paris, Ann. Sc.) 1858. 8. 16 p.   1.—
18183 **Denks.** Das in d. Thephrosia taxic. enthalt. Gift. Heidelb. 1904. 8. 19 p.   1.—
18184 **Dennert.** Z. vergl. Anat. d. Laubstengels d. Cruciferen. Marb. 1884. 8. 40 p. m. Tfl.   1.—
18185 **Detlefsen.** Ueb. d. Biegungselastiz. v. Pflanzentheilen. (Würzb., Bot. Inst.) 1878. 8. 46 p.   1.—
18186 — Ueb. d. Gehirnfunkt. d. Wurzelspitzen. (Wismar) 1881. 8. 18 p.   1.—
18187 — Mechan. Erklär. d. excentr. Dickenwachsthums verholzt. Achsen u. Wurzeln. Wismar 1881. 4. 14 p. m. Tfl.   1.—
18188 — Wie bildet die Pflanze Wurzel, Blatt u. Stiel? Leipz. 1887. 8. 268 p. Lnb.   1.—
18189 — Blütenfarben. Wismar 1905. 8. 23 p.   1.—
18190 **Detmer.** Z. Theorie d. Wurzeldrucks. Jena 1877. 8. 66 p. m. Tfl.   1.—
18191 — Vergleich. Physiol. d. Keimungsprocesses d. Samen. Jena 1880. 8. 565 p. (M. 14.)   6.—
18192 — System d. Pflanzenphysiologie. 2 Tle. (Bresl., Encycl.) 1882. 8. 270 p.   3.—
18193 — Das pflanzenphysiolog. Praktikum. Jena 1888. 8. 370 p. m. 131 Fig. (M. 8.) Hfzb.   6.—
18194 — — 2. Aufl. Jena 1895. 8. 472 p. m. 138 Fig.   11.—
    Vergriffen. Eine Neu-Auflage erscheint nicht mehr.
18195 — Practical Plant Physiology. Transl. by Moor. Lond. 1909. 8. 574 p. w. 184 fig. Cloth.   12.—
18196 — Das kleine pflanzenphysiolog. Praktikum. 4. (letzte) Aufl. Jena 1912. 8. 360 p. m. 179 Fig. (M. 7.50.)
18197 **Dibbern.** Anatom. Differenzierungen d. Inflorescenzachsen ein. diklinischen Blütenpflanzen. Jena 1902. 8. 30 p.   1.—
18198 **Dichgans.** Vergleich. Untersuchungen der in die Pharmakopöen aufgenommenen Wertbestimmungsmethoden starkwirkender Drogen u. den aus dies. Drogen hergestellt. Präparaten. Berl. (1913). 8. 187 p. m. Tabelle.   4.—
18199 **Dickson.** Embryogeny of Tropaeolum peregrinum and speciosum. (Edinb., Roy. S.) 1875. 4. 13 p. w. 3 pl.   1.50
18200 **Didrichsen.** Afbildninger til oplysning af Graeskimens Morphol. (Kjöbenh., Bot. T.) 1892. 8. 5 p. m. 4 Tfln.   1.50
18201 — S. l. épines de l'Hura crepitans. (Copenh., Journ. Bot.) 1895. 8. 12 p. — En l. Danoise av. résumé Franç.   1.—
18202 **Dieterich.** Ueb. d. Palmendrachenblut. Bern 1896. 8. 40 p.   1.—
18203 **Dietz.** Entwickl. d. Blüte u. Frucht von Sparganium und Typha. Cassel 1887. 4. 59 p. m. 3 Tfln. (M. 8.)   4.—
18204 **Diez.** Ueb. d. Knospenlage d. Laubblätter. Regensb. 1887. 8. 98 p. m. Tfl.   1.50
18205 **Dingler.** Ueb. d. Scheitelwachsthum d. Gymnospermenstammes. Münch. 1882. 8. 86 p. m. 3 Tfln.   1.50
18206 — Die Flachsprosse d. Phanerogamen. I (soviel erschien.): Phyllanthus sect. Xylophylla. Münch. 1885. 8. 158 p. m. 3 Tfln. (M. 4.80.)   2.—

18207 **Dingler.** Z. Scheitelwachsthum d. Gymnospermen. (Berl., Bot. Ges.) 1886. 8. 19 p. m. Tfl. 1.—
18208 — Beweg. rotir. Flügelfrüchte u. Flügelsamen. 2 Abhdl. (Berl.) 1887. 8. 10 p. 1.—
18209 — Die Bewegung d. pflanzl. Flugorgane. Münch. 1889. 8. 351 p. m. 8 Tfln. (M. 12.) 7.50
18210 **Dippel.** Beiträge z. vegetabil. Zellenbildung. Leipz. 1858. 4. 75 p. m. 6 color. Tfln. (M. 8.) 3.—
18211 — Entstehung d. Milchsaftgefässe u. deren Stellung in d. Gefäss-bündelsystem d. milchenden Gewächse. Rotterd. 1865. 4. 121 p. m. 17 z. Tl. color. Tfln. 7.—
    Vergriffen u. selten.
18212 — Beitr. z. Histol. d. Pflanzen. (Bonn, Nat. Ver.) 1865. 8. 9 p. m. color. Tfl. 1.—
18213 — Das Mikroskop u. s. Anwendung. 2. (letzte) Aufl. 2 Bde. in 5 Ab-teilgn. Braunschw. 1882—98. 8. 1724 p. m. 4 color. Tfln. u. viel. Fig. (M. 68.) 35.—
18214 — Grundzüge d. allgem. Mikroskopie. Braunschw. 1885. 8. 538 p. m. color. Tfl. u. 245 Fig. (M. 10.) 3.—
18215 **Dixon.** Germin. of Seeds in the absence of Bacteria. (Dublin, Roy. Soc.) 1893. 4. 6 p. 1.—
18216 — Chromosomes of Lilium longifl. (Dublin, Ac.) 1895. 8. 14 p. w. pl. 1.50
18217 — Osmotic pressure in the cells of Leaves. (Dubl., Ac.) 1896. 8. 14 p. 1.—
18218 — First mitosis of the Spore-mother-Cells of Lilium. (Dubl., Ac.) 1900. 8. 12 p. w. 2 pl. 1.50
18219 — Vitality and the transmiss. of water through the Stems of Plants. (Dubl., Roy. Soc.) 1909. 4. 14 p. 1.—
18220 — Osmotic pressures in Plants; Thermo-electr. method of determin. freezing-points. (Dubl., Roy. Soc.) 1910. 4. 37 p. 1.50
18221 — Transpirat. and the ascent of Sap. (Wash., Smiths.) 1911. 8. 19 p. 1.—
18222 — Changes produc. in the Sap by the heating of branches. (Dub., Roy. Soc.) 1914. 4. 6 p. 1.—
18223 — Tensile strength of Sap. (Dubl., Roy. Soc.) 1914. 4. 6 p. 1.—
18224 **Dixon and Atkins.** Osmotic pressure of the Sap of Syringa vulg., Hedera Helix and Ilex aquifol. (Dubl., Roy. Soc.) 1912. 4. 36 p. 2.—
18225 — Variat. in the osmotic pressure of the Sap of Ilex aquifol. (Dubl., Roy. Soc.) 1912. 4. 10 p. 1.—
18226 — Osmotic pressures in Plants. 3 parts. (Dubl., Roy. Soc.) 1913. 4. 24 p. 1.50
18227 — Extract. of Zymase by liquid air. (Dubl., Roy. Soc.) 1913. 4. 8 p. 1.—
18228 **Djémil u. Holdefleiss.** Einfl. d. Regenwürmer a. d. Entwickl. d. Pflanzen. (Dresd.) 1898. 4. 24 p. 1.—
18229 **Djonson.** Wie lebt die Pflanze? Petersb. 1872. 8. 165 p. — Russisch. 1.—
18230 **Doassans.** Etude botan., chim. et physiol. s. le Thalictrum macrocarp. Paris 1881. 8. 200 p. av. pl. 2.50
18231 **Dobrowljansky.** Vergl. Anat. d. Weidenblätter. (Petersb., Soc. Nat.) 1888. 8. 10 p. 1.—
18232 **Dochnahl.** Die Lebensdauer d. durch ungeschlechtl. Vermehrung er-halt. Gewächse. Berl. 1854. 8. 142 p. Cart. 1.50
18233 **Dodel-Port.** Der Uebergang d. Dicotyledonen-Stengels in d. Pfahl-wurzel. Tl. I. (Berl., Jahrb. Bot.) 1871. 8. 44 p. m. 8 Tfln. 3.—
18234 — Biolog. Fragmente. Beitr. z. Entwicklungsgesch. d. Pflanzen. 2 Tle. Cassel 1885. fol. 104 p. m. 10 color. Tfln. Cart. (M. 36.) 8.—
18235 — Biolog. Atlas d. Botanik. Serie I (soviel erschien.): Iris Sibir. Zürich (1894). folio. 7 color. Blätter im Format v. 84: 120 cm. m. Text v. 19 p. in-4. (M. 30.) 15.—
18236 **Döll.** Ueb. d. Symmetrie d. Blüthe. (Mannh., Ver. Nat.) 1859. 8. 19 p. 1.—
18237 — Ueb. d. Bau d. Grasblüthe. (Mannh., Ver. Nat.) 1868. 8. 30 p. 1.—

18238 **Don.** On the Aestivation in cert. Cinchona. (Lond., Linn. S.) 1834. *M* 4. 5 p. w. 5 pl. 3.—
18239 **Donarelli.** Del Microscopio e d. Micrografia. Roma 1866. 8. 24 p. 1.—
18240 **Dop.** Struct. et développ. de la fleur d. Asclépiadées. Toulouse 1903. 8. 119 p. 2.—
18241 **Douliot.** Rech. s. le Périderme. Paris 1889. 8. 72 p. av. 64 fig. 2.—
18242 **Drabble.** On the anat. of the Roots of Palms. (Lond., Linn. Soc.) 1904. 4. 64 p. w. 4 pl. (1 colour.) (14 s.) 5.—
18243 **Dreyer.** Z. Kenntn. d. Funktion d. Schutzscheide. Gallen 1892. 8. 57 p. 1.50
18244 **Driessen-Mareeuw.** Ueb. d. Samen v. Barringtonia spec. Utrecht 1903. 8. 80 p. m. 3 Tfln. 1.50
18245 **Droog.** Contr. à l'ét. de la localis. microchim. d. Alcaloïdes dans l. Orchidac. (Brux., Ac.) 1896. 8. 30 p. av. pl. color. 1.—
18246 **Drude.** Die Morphol. d. Phanerogamen. (Bresl., Encycl.) 1881. 8. 180 p. 1.50
18247 **Dubbels.** Einfluss d. Dunkelheit auf d. Ausbild. d. Blätter u. Ranken ein. Papilionac. Kiel 1904. 8. 63 p. 1.50
18248 **Ducamp.** S. l'embryogénie d. Araliacées. Paris 1902. 8. 97 p. av. 8 pl. 3.50
18249 **Duchartre.** S. qlqs. parties de la fleur du Dipsacus sylvestr. et Helianthus annuus. (Paris, Ann. Sc.) 1841. 8. 14 p. av. pl. 1.—
18250 — Fleur et ovaire de l'Oenothera suaveol. (Paris, Ann. Sc.) 1842. 8. 18 p. av. 2 pl. 1.50
18251 — S. l'organis. de la Fleur et de l'Ovaire d. Plantes à placenta centr. libre. (Paris, Ann. Sc.) 1844. 8. 18 p. av. 2 pl. 1.50
18252 — S. l'organogénie de la Fleur d. Malvacées. (Paris, Ann. Sc.) 1845. 8. 35 p. av. 3 pl. 1.50
18253 — S. l. Embryons décr. comme Polycotylés. (Paris, Ann. Sc.) 1848. 8. 31 p. av. 4 pl. 2.—
18254 — S. l'organogénie florale et s. l'embryogénie d. Nyctaginées. (Paris, Ann. Sc.) 1848. 8. 22 p. av. 4 pl. 2.—
18255 — Rech. phys., anat. et organogén. s. la Colocasia Antiquor. (Paris, Ann. Sc.) 1859. 8. 48 p. av. 4 pl. 2.—
18256 — Rech. expérim. s. l. rapp. d. plantes av. la Rosée et l. Brouillards. (Paris, Ann. Sc.) 1861. 8. 52 p. 2.—
18257 — S. la germinat. et s. la format. prem. de l'Oignon chez div. espèces de Lis. (Paris, Soc. Hortic.) 1874. 8. 30 p. 1.50
18258 **Duclaux.** La Chimie de la matière vivante. Paris 1910. 8. 288 p. (fr. 3.50.) 2.—
18259 **Duffin.** Some acc. of Protoplasm. (Lond., J. Micr.) 1863. 8. 14 p. 1.—
18260 **Dufour, J.** Etudes d'anat. et de physiol. végét. Lausanne 1882. 8. 53 p. av. pl. 1.—
18261 — Ascension du courant de transpirat. d. l. plantes. (Genève, Arch. Sc.) 1884. 8. 36 p. 1.—
18262 — Influence de la gravitat. s. l. mouvem. de qu. organes floraux. (Genève, Arch. Sc.) 1885. 8. 12 p. 1.—
18263 — S. l'Amidon soluble. (Lausanne, Soc. Vaud.) 1886. 8. 34 p. 1.50
18264 — Beitr. z. Imbibitionstheorie. (Würzb., Bot. Inst.) 1888. 8. 16 p. 1.—
18265 **Dufour, L.** Cours s. les propriétés des Végétaux. Laus. 1855. 8. 506 p. 1.50
18266 **Duggar.** Developm. of the Pollen Grain and the Embryo-sac in Bignonia venusta. (New York, Torrey Cl.) 1899. 8. 18 p. w. 3 pl. 2.—
18267 — Plant Physiology. Lond. 1911. 8. Cloth. 7.50
18268 **Dujardin.** Manuel de l'observateur au microscope. Paris 1842. 8. Seul l'A t l a s de 30 pl. D.-rel. veau. 1.—
18269 **Dumas.** S. la Statique chim. d. êtres organis. (Paris, Ann. Sc.) 1841. 8. 29 p. 1.50
18270 **Dumont, A.** Rech. s. l'anat. comp. d. Malvacées, Bombacées, Tiliacées, Sterculiac. Paris 1888. 8. 118 p. av. 4 pl. 3.—
18271 **Du Mortier.** Sur le staminode d. Scrophulaires aquat. (Brux., Soc. Bot.) 1868. 8. 35 p. av. pl. 1.50

18272 **Duncan.** Histol. of the reproduct. organs of Tigridia conchifl. (Lond., J. Micr.) 1866. 8. 13 p. w. pl.   *M* 1.—

18273 **Du Petit-Thouars.** Histoire d'un Morceau de Bois, précéd. d'un essai s. la Sève. Paris 1815. 8. 230 p. D.-rel. veau.   2.—

18274 **Dupuy.** Influence du bord de la mer s. le cycle évolutif d. Plantes annuelles. (Bord., Soc. Linn.) 1908. 8. 237 p. av. 10 pl.   5.—

18275 **Durand.** Physiol. d. Racines, leur pénétrat. dans le mercure. (Paris, Ann. Sc.) 1845. 8. 21 p.   1.—

18276 **Düsing.** Die Regulierung d. Geschlechtsverhältn. b. d. Vermehr. d. Menschen, Tiere u. Pflanzen. Jena 1884. 8. 384 p. (M. 6.50.)   4.—

18277 **Dutailly.** S. l'Aponogeton Dystach. (Paris) 1875. 8. 18 p. av. 2 pl.   1.50

18278 — S. l. inflorescences unilatér. d. Légumin. (Paris) 1876. 8. 12 p. av. 2 pl.   1.50

18279 — S. l. formations axillair. d. Cucurbitac. (Paris) 1877. 8. 13 p. av. 2 pl.   1.50

18280 — S. qlqs. phénomènes déterm. p. l'apparition tardive d'Eléments nouv. dans l. Dicotylédones. Paris 1879. 8. 109 p. av. 8 pl.   2.50

18281 — Rech. anat. et organogén. s. l. Cucurbitacées et l. Passiflorées. (Paris, Ass. Avanc. Sc.) 1879. 8. 15 p. av. 4 pl. (2 color.)   2.50

18282 — Des épaississements cellulaires spermoderm. d. Cucurbitacées. (Paris). 8. 28 p. av. 2 pl.   1.50

18283 — S. la struct. anatom. d. axes d'inflorescence d. Graminées. (Paris, Ann. Sc.) 8. 19 p. av. pl. color.   1.—

18284 **Dutilh.** Theoret. en experim. onderzoek. ov. partiëele Racemie. Amsterd. 1912. 4. 79 p.   1.50

18285 **Dutrochet.** Du réveil et du sommeil d. Plantes. (Paris, Ann. Sc.) 1836. 8. 13 p.   1.—

18286 — Mém. p. s. à l'hist. anat. et physiol. d. Végétaux et des Anim. A t l a s de 30 pl. av. 16 p. d'explic. Brux. 1837. 8. Cart.   2.—

18287 — Rech. l. la chaleur propre des êtres vivants à basse température. (Paris, Ann. Sc.) 1840. 8. 70 p. av. pl.   1.50

18288 — Mouvem. révolut. spontanés d. Végétaux. (Paris, Ac.) 1843. 4. 20 p.   1.—

18289 — Tendence d. racines à fuir la lumière. (Paris, Ann. Sc.) 1844. 8. 18 p.   1.—

18290 **Duval-Jouve.** S. qlqs. tissus de Juncus et de Graminées. (Paris, Soc. Bot.) 1869. 8. 7 p. av. pl.   1.—

18291 — Des Comparaisons histotaxiq. (Montp., Ac.) 1871. 4. 55 p.   1.50

18292 — Etude anatom. de l'Arête d. Graminées. (Montp., Ac.) 1872. 4. 46 p. av. 2 pl. color.   2.—

18293 — Etude histotax. des Cyperus de France. Paris 1874. 4. 76 p. av. 4 pl. color. D.-rel. toile.   4.—

18294 **Duvernoy.** Untersuch. üb. Keimung, Bau u. Wachsthum d. Monokotyled. Stuttg. 1834. 8. 62 p. m. 2 Tfln.   1.—

18295 **Dymock.** The Means of self-protection of Plants. (Bombay, Soc.) 1888. 8. 7 p. w. colour. pl.   1.—

18296 **Ebeling, M.** Saugorgane bei d. Keimung endospermhalt. Samen. Berl. 1884. 8. 36 p.   1.—

18297 **Eberhard.** Z. Anat. u. Entwick. d. Commelynaceen. Hann. 1900. 8. 103 p.   1.50

18298 **Eberhardt.** Contrib. à l'ét. de Cystopus candidus. Jena 1904. 8. 60 p. av. pl.   1.50

18299 **Eberlein.** Z. anatom. Charakterist. der Lythraceen. Erl. 1904. 8. 84 p.   1.—

18300 **Ebermayer.** Die physikal. Einwirkgn. d. Waldes auf Luft u. Boden. Bd. I (soviel erschien.). Berl. 1873. 8. 519 p. m. Atlas in-fol. (M. 12.)   8.—

18301 — Naturgesetzl. Grundlagen d. Wald- u. Ackerbaues. Band I: Physiologische Chemie d. Pflanzen. I (soviel erschien.): Die Bestandtheile. Berl. 1882. 8. 889 p. (M. 16.)   6.—

18302 **Eble.** Die Lehre v. d. Haaren in d. gesammt. organ. Natur. 2 Tle. Wien 1831. 8. 716 p. m. 14 Tfln. (166 Fig.) Hfzb.   10.—

18303 **Echegaray.** La Hipomanina, un nuovo princ. cristaliz. en Nierembergia Hippoman. (Córdoba, Ac.) 1881. 8. 24 p.   1.—

18304 **Eckhard.** Wirkungen der z. Gruppe d. Atropins gehör. Stoffe. (Giessen)   *M*
1876. 4. 52 p.   1.—
18305 **Edelhoff.** Vergl. Anat. d. Blattes d. Olacineen. Leipz. 1886. 8. 56 p.   1.—
18306 **Eder.** Untersuch. üb. d. Ausscheid. v. Wasserdampf b. d. Pflanzen.
(Wien, Ak.) 1875. 8. 137 p. m. 7 Tfln.   2.—
18307 **Edwards et Colin.** Influence de la température s. la Germination.
(Paris, Ann. Sc.) 1834. 8. 14 p.   1.—
18308 — S. la végétat. des Céréales sous d. hautes températures. (Paris,
Ann. Sc.) 1836. 8. 19 p.   1.—
18309 **Ehrenberg, C. G.** Ueb. d. Pollen d. Asclepiadeen. (Berl., Ak.) 1831.
4. 21 p. m. 2 color. Tfln.   1.—
18310 **Ehrenberg, P.** Die Beweg. des Ammoniakstickstoffs in der Natur.
Merseb. 1907. 8. 260 p. m. 2 Tfln.   2.—
18311 **Eichholz.** Untersuchgn. üb. d. Mechanismus ein. z. Verbreitung v.
Samen u. Früchten dienender Bewegungserscheinungen. Berl. 1885. 8.
47 p. m. Tfl.   1.—
18312 **Eichler.** Ueb. d. Blüthenbau d. Fumariaceen, Crucif. u. ein. Capparideen. (Regensb., Flora) 1865. 8. 65 p. m. 5 Tfln.   1.50
18313 — Ueb. d. Bau d. Cruciferenblüthe. (Rgsb., Flora) 1869. 8. 13 p. m. Tfl.   1.—
18314 — Ueb. d. Blüthenbau v. Canna. (Leipz., Bot. Z.) 1873. 4. 38 p. m. Tfl.   1.—
18315 — Blüthendiagramme. 2 Bde. Leipzig 1875—78. 8. 951 p. m. 413 Fig.
Cart.   70.—
    Rarissimum.
18316 — — Bd. I: Gymnospermen. 1875. 348 p. (M. 9.)   4.—
18317 — Ueb. d. Blütenbau d. Zingiberaceen. (Berl., Ak.) 1884. 8. 16 p. m. Tfl.   1.—
18318 — Beitr. z. Morphol. u. Systematik d. Marantaceen. (Berl., Ak.) 1884.
4. 99 p. m. 7 Tfln. Cart.   2.50
18319 **Eidam.** Pflanzenfrucht u. Pflanzensame. Bresl. 1879. 8. 24 p.   1.—
18320 **Eiselen.** Ueb. d. systemat. Wert d. Rhaphiden in dicotylen Familien.
Halle 1887. 8. 28 p.   1.—
18321 **Eisenberg.** Z. Kenntn. d. Entstehungsbeding. diastat. Enzyme in höh.
Pflanzen. Jena 1907. 8. 31 p.   1.—
18322 **Elfert.** Ueb. d. Auflösungsweise d. sekundären Zellmembranen d.
Samen bei ihrer Keimung. Stuttg. 1894. 4. 26 p. m. 2 Tfln. (M. 8.)   5.—
18323 — — Dissertation ohne Tafeln.   1.—
18324 **Elfstrand.** Studier öfv. Alkaloidernas lokalisation inom Loganiaceae.
Ups. 1895. 8. 126 p. m. 2 Tfln.   1.50
18325 **Eliasson.** Om sekundära, anatom. förändringar inom Fanerogamernas
florala region. 3 Tle. (Stockh., Ak.) 1894—95. 8. 246 p. m. 11 Tfln.   4.—
18326 **Elliot.** The geograph. functions of cert. Water-Plants in Chile. (Lond.,
Geogr. Journ.) 1906. 8. 15 p. w. colour. map.   1.50
18327 **Ellram.** Mikrochem. Nachweis v. Nitraten in Pflanzen. (Dorpat, Nat.
Ges.) 1895. 8. 10 p.   1.—
18328 **Embryologia Plantarum.** — 30 mém. p. Atkinson, Börgesen, Duchartre,
Famintzin, Grevillius, T. Hartig, Hovelacque, Murbeck, V. A. Poulsen,
Raciborski, Worsdell et a. 1838 à 1907. 8. et 4. 326 p. av. 13 pl.   10.—
18329 **Emmerling.** Untersuch. üb. d. Ernährung d. Pflanzen. Kiel 1873. 8. 46 p.   1.—
18330 **Enderle.** Ueb. den Mittelstock v. Tamus Elephantipes. Tüb. 1836. 4. 16 p.   1.—
18331 **Endlicher.** Theorie d. Pflanzenzeugung. Wien 1838. 8. 22 p.   1.—
18332 — Théorie nouv. s. la génér. d. Plantes. (Paris, Ann. Sc.) 1839. 8. 11 p.   1.—
18333 **Engel.** Vie et croissance d. Palmiers. (Gand, Belg. Hort.) 1861. 8. 12 p.   1.—
18334 **Engelhardt.** Die Nahrung d. Pflanzen. Leipz. 1856. 8. 213 p. Cart.   1.—
18335 **Engelmann, T. W.** Relations entre l'absorpt. de la Lumière et l'assimilat. dans l. cellules végét. Haarlem 1884. 8. 21 p. av. pl.   1.—
18336 **Engler, A.** Z. Kenntn. d. Antherenbildung d. Metaspermen. (Leipz.,
Pringsh. J.) 1876. 8. 42 p. m. 5 Tfln.   2.50
18337 — Ueb. d. Pflanzenleben unter d. Erde. Berl. 1880. 8. 31 p.   1.—

18338 **Engler, A.** Verwerth. anat. Merkmale b. d. system. Glieder. d. Icacinaceae. (Berl., Ak.) 1893. 4. 23 p. m. Tfl. *1.—*
18339 — Üb. Amphicarpie bei Fleurya podoc. (Berl., Ak.) 1895. 4. 10 p. m. Tfl. 1.—
18340 **Engler u. Krause.** Ueb. d. anat. Bau d. Baumartig. Cyperacee Schoenodendron Bücheri, (Berl., Ak.) 1911. 4. 14 p. m. 2 Tfln. Cart. 1.50
18341 **Enzinger.** Die Anatomie d. Gerstenkorns. Leipz. 1876. 8. 106 p. m. 12 Tfln. 1.50
18342 **Eriksson.** Stud. öfv. Leguminosernas rotknölar. (Lund, Univ.) 1874. 4. 28 p. m. 3 Tfln. 1.50
18343 — Om Meristemet i Dikotyla växters rötter. (Lund, Univ.) 1877. 4. 44 p. m. 4 Tfln. 1.50
18344 — Berättelse öfv. en vetensk. Resa i Utlandet. (Stockh., Ak.) 1881. 8. 19 p. m. 3 Tfln. 1.50
18345 **Ernst, A.** Pseudo-Hermaphroditism. bei Nitella syncarpa Entwickl. d. Embryosackes u. d. Embryo bei Tulipa Gesner. Münch. 1901. 8. 77 p. 1.50
18346 **Ernsting.** Histor. u. physikal. Beschreibung d. Geschlechter d. Pflanzen. 2 Bde. Lemgo 1762. 4. 845 p. m. 10 Tfln. Hfzb. 10.—
      Siehe auch Nr. 7823.
18347 **Errera.** S. la distinct. microchim. d. Alcaloïdes et d. matièr. protéiques. (Brux., Soc. Micr.) 1889. 8. 51 p. 1.50
18348 — Caractères hétérostyliques second. d. Primevères. (Brux., Inst. Bot.) 1905. 8. 35 p. 1.—
18349 — Bibliographie du Glycogène et du Paraglycogène. (Brux., Inst. Bot.) 1905. 8. 51· p. 1.50
18350 — Dessins relatifs au Glycogène et au Paraglycogène. (Brux., Inst. Bot.) 1906. 8. 18 p. av. 5 pl. color. 2.—
18351 — S. l'Hygroscopicité comme cause de l'action physiolog. à distance. (Brux., Inst. Bot.) 1906. 8. 66 p. av. 5 pl. 2.50
18352 **Esser.** Entsteh. d. Blüthen am alten Holze. (Bonn, Ver. Nat.) 1887. 8. 50 p. m. Tfl. 1.—
18353 — Die biol.-botan. Präparatensamml. d. Gymnasiums zu Köln. Köln 1901. 8. 34 p. 1.—
18354 **Ettingshausen.** Ueb. d. Nervation d. Blätter d. Papilionaceen. (Wien, Ak.) 1854. 8. 66 p. m. 22 Tfln. 7.—
18355 — Ueb. d. Nervat. d. Blätter d. Euphorbiaceen. (Wien, Ak.) 1854. 8. 19 p. m. 8 Tfln. 1.50
18356 — Ueb. d. Nervat. d. Blätter d. Celastrineen. (Wien, Ak.) 1856. 8. 2 p. —.50
18357 — Ueb. d. Blattskelette d. Loranthaceen. (Wien, Ak.) 1871. 4. 36 p. m. 15 Tfln. (M. 8.) 4.50
18358 — Beitr. z. Erforschung d. Phylogenie d. Pflanzen-Arten. 2 Tle. (Wien, Ak.) 1877—80. 4. 28 p. m. 20 Tfln. (M. 10.) 7.—
18359 — — Teil II. 1880. 12 p. m. 10 Tfln. (M. 4.60.) 2.—
18360 — Mittheilgn. üb. phyto-phylogenet. Untersuchgn. (Wien, Ak.) 1879. 8. 35 p. 1.—
18361 — Die Form-Elemente d. Europ. Tertiärbuche (Fagus Feroniae). (Wien, Ak.) 1894. 4. 16 p. m. 4 Tfln. 1.50
18362 — Ueb. d. Nervation d. Blätter b. d. Gatt. Quercus. (Wien, Ak.) 1895. 4. 64 p. m. 12 Tfln. (M. 6.70.) 4.—
18363 **Ettingshausen u. Krasan.** Beitr. z. Erforschg. d. atavist. Formen an leb. Pflanzen. 3 Tle. (Wien, Ak.) 1888—89. 4. 74 p. m. 16 Tfln. (M. 10.) 8.—
18364 — — Teil II, III. 1888—89. 62 p. m. 12 Tfln. (M. 7.90.) 4.50
18365 — S. l'Atavisme d. Plantes. 2 mém. (Genève, Arch.) 1891. 8. 24 p. 1.50
18366 **Ewart.** On the Vitality and Germinat. of Seeds. (Liverp., Biol. Soc.) 1894. 8. 41 p. 1.50
18367 — On assimilat. Inhibition in Plants. (Lond., Linn. Soc.) 1896. 8. 98 p. (5 s.) 3.—
18368 **Fabre, J. H.** S. l. Tubercules de l'Himantoglossum hircin. (Paris, Ann. Sc.) 1855. 8. 38 p. av. 2 pl. 2.—

18369 **Fabre, J. H.** De la Germinat. d. Ophrydées. (Paris, Ann. Sc.) 1856. 8. 22 p. av. pl. — *ℳ* 1.50

18370 **Falkenberg.** Z. Anat. d. monocotylen Vegetationsorgane. Gött. 1875. 8. 34 p. — 1.—

18371 **Famintzin.** Z. Keimblattlehre im Pflanzenreiche. (Petersb., Ak.) 1875. 8. 16 p. m. Tab. — 1.—

18372 — Z. Entwickl. d. Sclerenchymfasern v. Nerium Oleander. (Petersb., Ak.) 1884. 8. 9 p. m. Tfl. — 1.—

18373 — Ueb. Krystalle u. Krystallite. (Petersb., Ak.) 1884. 4. 26 p. m. 3 Tfln. (M. 2.20.) — 1.—

18374 — Ueb. Knospenbild. b. Phanerogamen. 2 Tle. (Petersb., Ak.) 1886. 8. 13 p. m. Tfl. — 1.—

18375 **Farner.** Studien üb. d. Stocklack. Bern 1899. 8. 70 p. — 1.—

18375a **Fatta.** Fiori di Deherainia smaragd. (Fir., Giorn. Bot.) 1898. 8. 13 p. c. tav. — 1.—

18376 **Faure.** Manuale di Micrografia Vegetale. Vol. I: Tecnica microsc. e fotomicrograf. Roma 1914. 8. 170 p. — 4.—

18377 **Faurot.** On the early developm. of Astragalus Caryocarpus. (Des Moines, Ac.) 1901. 8. 5 p. w. 3 pl. — 1.50

18378 **Fauth.** Z. Anat. u. Biol. d. Früchte u. Samen ein. einheim. Wasser- u. Sumpfpflanzen. Jena 1903. 8. 52 p. m. 3 Tfln. — 1.50

18379 **Fechner.** Nanna od. üb. d. Seelenleben d. Pflanzen. Leipz. 1848. 8. 321 p. — 8.—
Immer noch geschätzte Erst-Ausgabe.

18380 — — 4. (letzte) Aufl. Hamb. 1908. 8. 315 p. Lnb. (M. 5.) — 4.—

18381 — S c h r a m m e n. Krit. Analyse v. Fechner's Nanna. (Bonn, Ver. Nat.) 1904. 8. 67 p. — 2.—

18382 **Fécondation et Germination.** — 55 mém. p. Ascherson, Burgerstein, O. Comes, Errera, Famintzin, Godron, Grevillius, Janczewski, Kerner, Klebs, Klotzsch, Knuth, Lignier, Longo, Meyen, Miyake, Poulsen, Reinke, Riley, Shibata, Vidal, Winkler et a 1818 à 1913. 8. et 4. 560 p. av. 11 pl. — 12.—

18383 **Fée.** De la reproduct. d. Végét. Strasbourg 1833. 4. 46 p. — 1.—

18384 — Mimosa pudica. (Strasb., Soc. Nat.) 1849. 4. 33 p. av. pl. — 1.—

18385 — S. l'Odorat et les odeurs. (Brux., Soc. Bot.) 1865. 8. 23 p. — 1.—

18386 **Feitel.** Z. vergleich. Anat. d. Laubblätter d. Campanulaceen d. Caplandes. Cassel 1900. 8. 46 p. — 1.—

18387 **Fermond.** Essai de Phytomorphie. 2 vols. Paris 1864 à 1868. 8. 1329 p. av. 31 pl. (fr. 30.) — 13.—

18388 — — Vol. I. Paris 1864. 680 p. av. 26 pl. — 5.—

18389 **Fick.** Ueb. d. Inosit u. dess. Verbreit. Petersb. 1887. 8. 40 p. — 1.50

18390 **Fickel.** Ueb. d. Anat. u. Entwickelgesch. d. Samenschalen ein. Cucurbitaceen. Leipz. 1876. 4. 15 p. m. Tfl. — 1.—

18391 **Fiehe.** Der Schleimkörper d. Samens v. Plantago Psyllium. Münch. 1904. 8. 40 p. — 1.—

18392 **Figdor.** Die Erscheinung d. Anisophyllie. Wien 1909. 8. 182 p. m. 7 Tfln. (M. 7.)

18393 **Filly.** Die Ernährungsverhältnisse in d. Pflanzenwelt. Weimar 1860. 8. 228 p. m. 2 Tfln. — 1.—

18394 **Fink.** Contrib. to the life-hist. of Rumex. (Minneap., Bot. Stud.) 1899. 8. 17 p. w. 3 pl. — 1.50

18395 **Firtsch.** Anatom.-physiolog. Untersuchungen üb. d. Keimpflanze d. Dattelpalme. (Wien, Ak.) 1886. 8. 13 p. m. color. Tfl. — 1.—

18396 **Fisch, E.** Beiträge z. Blüthenbiologie. Stuttg. 1899. 4. 61 p. m. 6 Tfln. (M. 16.) — 9.—

18397 — — Dissertation ohne Tafeln. — 1.—

18398 **Fischer, A.** Ueb. d. Siebröhren d. Dicotylenblätter. Leipz. 1885. 8. 48 p. m. 2 Tfln. — 1.50

18399 **Fischer, A.** Einfluss d. Schwerkraft auf d. Schlafbeweg. d. Blätter. (Leipz., Bot. Z.) 1890. 4. 18 p. 1.—
18400 — Fixirung, Färbung u. Bau d. Protoplasmas. Jena 1899. 8. 372 p. m. color. Tfl. (M. 11.) 7.—
18401 **Fischer, G.** Beitr. z. vergleich. Anatomie d. Blätter d. Compositen. Erlang. 1898. 8. 112 p. m. 4 Tfln. 2.—
18402 **Fischer, G.** Z. vergl. Anatomie d. Blattes d. Trifolieen. Erl. 1902. 8. 91 p. 1.50
18403 **Fischer, H.** Beitr. z. vergleich. Morphol. d. Pollenkörner. Bresl. 1890. 8. 76 p. 1.50
18404 — Ueb. Inulin, s. Verhalten ausserh. u. innerh. d. Pflanze. (Bresl., Beitr. Biol.) 1898. 8. 58 p. 1.50
18405 — Pflanzenernähr. mitt. Kohlensäure. (Berl.) 1912. 8. 10 p. 1.—
18406 **Fischer, K. H.** Z. vergleich. Anat. d. Markstrahlgewebes bei Pinus Abies. Regensb. 1885. 8. 54 p. m. Tfl. 1.50
18407 **Fitting.** Die Leitung tropistisch. Reize in parallelotrop. Pflanzenteilen. (Leipz., Jahrb. Bot.) 1907. 8. 79 p. 2.50
18408 — Entwicklgsphysiol. Probleme d. Fruchtbildung. (Leipz., Biol. Centr.) 1909. 8. 29 p. 1.—
18409 — Entwicklgsphysiol. Unters. an Orchideenblüten. (Jena, Z. Bot.) 1910. 8. 43 p. 1.50
18410 — Untersuchgn. üb. d. vorzeit. Entblätter. v. Blüten. (Leipz., Bot. Jahrb.) 1911. 8. 77 p. 2.—
18411 — Die Wasserversorg. u. d. osmot. Druckverhältn. d. Wüstenpflanzen. (Jena, Z. Bot.) 1911. 8. 67 p. 2.—
18412 — Eigenart. Farbändergn. v. Blüten u. Blütenfarbstoffen. (Jena, Z. Bot.) 1912. 8. 27 p. 1.—
18413 **Flahault.** S. l'acroissement de la racine d. Phanérogames. II. (Paris, Ann. Sc.) 1878. 8. 40 p. 1.—
18414 **Fleischer.** Z. Lehre v. d. Keimen d. Samen d. Gewächse. Stuttg. 1851. 8. 163 p. 1.—
18415 **Fleischer, H. E.** Beitr. z. Embryol. d. Monokotylen u. Dikotylen. Regensb. 1874. 8. 63 p. m. 3 Tfln. 1.50
18416 **Flinck.** Om d. anat. byggnad. h. de vegetat. organen för Upplags-näring. Helsingf. 1891. 8. 140 p. m. 2 Tfln. 1.50
18417 **Florio.** Int. alla Spiegazione. Torino 1832. 8. 24 p. 1.—
18418 **Focke.** Pflanzenbiolog. Skizzen. 2 Tle. (Bremen, Nat. Ver.) 1892—95. 8. 32 p. 1.—
18419 **Forbes, H. O.** Contrivances for ensuring Self-fertilizat. in tropical Orchids. (Lond., Linn. Soc.) 1885. 8. 12 p. w. 2 pl. 1.—
18420 **Foerste.** Structures adopted to crossfertilizat. (Chic., Bot. Gaz.) 1888. 8. 6 p. w. pl. 1.—
18421 **Fournier.** Rech. anatom. et taxonom. s. l. Crucifères. Paris 1865. 4. 154 p. av. 2 pl. 3.—
18422 **de Fraine.** Anat. of the g. Salicornia. (Lond., Linn. Soc.) 1913. 8. 32 p. w. 2 pl. 2.50
18423 **Francé.** Pflanzenpsychologie. Stuttg. 1909. 8. 108 p. (M. 3.) Hfzb. 2.50
18424 **Francé u. a.** Das Leben der Pflanze. Bd. I—VIII. Stuttg. 1906—13. 8. m. 200 z. Tl. color. Tfln. Hfzbde. — Soviel erschien. (M. 120.) 75.—
18425 **Franck, H.** Blütenbiol. in d. Heimat. Dortm. 1907. 8. 34 p. 1.—
18426 **Francken.** De Sclereïden. Utr. 1890. 8. 116 p. m. 3 Tfln. Lnb. 2.—
18427 **Frank, A. B.** Ueb. d. Entsteh. d. Intercellularräume d. Pflanzen. Leipz. 1867. 8. 46 p. 1.—
18428 — Beitr. z. Pflanzenphysiol. 2 Tle. Lpz. 1868. 8. 175 p. m. 5 Tfln. (M. 4.) 1.50
18429 — Die Ernähr. u. Stoffbild. d. Pflanzen. 3 Tle. (Leipz.) 1872. 8. 96 p. 2.—
18430 — Grundz. d. Pflanzenphysiologie. Hann. 1882. 8. 138 p. 1.—
18431 — Ueb. d. Pilzsymbiose d. Leguminosen. Berl. 1890. 8. 120 p. m. 12 Tfln. (M. 5.) 4.—
18432 — — Mit blos 1 Tfl. (Tfl. 2—12 fehlen). 1.—

18433 **Frank, A. B.** Die Assimilat. freien Stickstoffs b. d. Pflanzen. (Berl., Landw. J.) 1892. 8. 44 p.   *M* 1.50
18434 — Lehrb. d. Botanik. 2 Bde. Leipz. 1892—93. 8. 1116 p. m. 644 Fig. (M. 30.) Cart.   12.—
18435 — — Bd. II: Allg. u. spec. Morphologie. Leipz. 1893. 8. 437 p. m. 417 Fig. (M. 15.) Hfzb.   6.—
18436 — Lehrb. d. Pflanzenphysiol. 2. (letzte) Aufl. Berl. 1896. 8. 212 p. m. 57 Fig. Lnb. (M. 6.)   3.50
18437 **Franke, M.** Z. Kenntn. d. Wurzelverwachsungen. Bresl. 1881. 8. 38 p.   1.—
18438 — Z. Morphol. u. Entwickelgesch. d. Stellaten. Bern 1896. 4. 31 p. m. Tfl.   1.—
18439 **Fraenkel.** Gefässbündelverlauf in d. Blumenblättern d. Amaryllidaceen. Jena 1903. 8. 37 p.   1.—
18440 **Frankforter.** Alkaloids of Veratrum. (Minneap., Bot. St.) 1897. 8. 20 p.   1.—
18441 **Frankfurt.** Zusammensetz. d. Samen u. etioliert. Keimpflanzen, v. Cannabis sativa u. Helianthus annuus. Merseb. 1893. 8. 46 p.   1.—
18442 **Frankhauser.** Einfluss mechan. Kräfte auf das Wachsthum durch Intussusception bei Pflanzen. (Bern, Nat. Ges.) 1875. 8. 86 p. m. Tfl.   2.—
18443 **Fraser, T. R.** Strophantus Hispidus, its nat. hist., chemistry and pharmacology. (Edinb., Roy. Soc.) 1891. 4. 190 p. w. 23 pl. (2 colour.)   15.—
Out of print.
18444 **Frauenfeld.** Vorkomm. d. Parasitismus im Thier- u. Pflanzenreiche. Wien 1864. 8. 32 p.   1.—
18445 **Freda.** Influenza del flusso elettrico nello sviluppo d. Vegetali Aclorofillici. (Roma, Staz. Agr.) 1888. 8. 18 p.   1.50
18446 **Fredrikson.** Anat.-system. Studier öfv. lökstammiga Oxalisarter. Upsala 1895. 8. 67 p. m. 2 Tfln.   2.—
18447 **Fremy.** Rech. chim. s. la compos. d. Cellules végét. (Paris, Ann. Sc.) 1859. 8. 34 p.   1.—
18448 **Fremy et Urbain.** Et. chim. s. le Squelette d. Végétaux. (Paris, Ann. Sc.) 1882. 8. 23 p.   1.—
18449 **Frenzel.** Physiolog. Beobachtungen üb. d. Umlauf d. Safts in d. Pflanzen. Weimar 1804. 8. 436 p. Cart.   2.—
18450 **Freundlich.** Entwickl. u. Regenerat. d. Gefässbündel in Kotyledonen u. Laubblättern. Leipz. 1908. 8. 76 p.   1.50
18451 **Frey.** Der Schimper'sche Spiralismus in der Blattstellungslehre. (Freiburg, Bot. Ver.) 1883. 8. 11 p.   1.—
18452 **Friedrich, H. A.** Z. Blattanatomie d. Acanthaceen. Heidelb. 1901. 8. 62 p. m. Tfl.   1.50
18453 **Friedrich, R.** Ueber d. Stoffwechselvorg. inf. d. Verletzung v. Pflanzen. Halle 1908. 8. 24 p.   1.—
18454 **Fries, R. E.** Z. Kenntn. d. Ornithophilie in d. Südamerikan. Flora. (Stockh., Ark. Bot.) 1903. 8. 52 p. m. Tfl.   1.50
18455 — Morphol.-anatom. Notizen üb. 2 Südamerikan. Lianen. (Stockh., 'Kjelman') 1906. 4. 13 p.   1.—
18456 — Spironema fragans-blommans biologi. (Stockh., Bot. T.) 1908. 8. 27 p.   1.—
18457 — Ueb. d. Bau d. Cortesia-Blüte. (Stockh., Ark. Bot.) 1910. 8. 13 p.   1.—
18458 **Fries, T. M.** Om växternas har. (Stockh.) 1879. 4. 26 p.   1.—
18459 **Frignet.** S. l'histoire de la Blastogénie foliaire. Strasb. 1846. 8. 43 p. av. pl.   1.—
18460 **Frisendahl.** Cytolog. u. entwicklgsgesch. Studien an Myricaria german. (Stockh., Ak.) 1911. 4. 62 p. m. 3 Tfln.   3.50
18461 **Fritsch, C.** Ueb. d. Marklücke d. Coniferen. Königsb. 1886. 4. 26 p. m. 2 Tfln.   1.—
18462 **Fritsch, F. E.** Anat. of the Julianiaceae. (Lond., Linn. S.) 1908. 4. 23 p. w. 2 pl. (5 s.)   2.—
18463 **Fritsch, K.** Untersuch. üb. d. Einfluss d. Lufttemperatur auf d. Entwickl.-Phasen d. Pflanzen. (Wien, Ak.) 1858. 4. 96 p.   1.50

18464 **Fritsch, K.** Anatom.-system. Studien üb. d. Gatt. Rubus. (Wien, Ak.)   *M*
1887. 8. 28 p. m. 2 Tfln.   1.—
18465 — Gynodioecie bei Myosotis palustris. (Berl., Bot. Ges.) 1900. 8. 10 p.   1.—
18466 — Blütenbiolog. Unters. verschied. Pflanzen d. Flora v. Steiermark.
(Graz, Nat. Ver.) 1906. 8. 16 p.   1.—
18467 **Fritsch, P.** Ueb. farbige, körnige Stoffe d. Zellinhaltes. Königsb. 1882.
8 48 p.   1.—
18468 **Fritzsche.** Beitr. z. Kenntn. d. Pollen. I. Berl. 1832. 4. 50 p. m. 2 color.
Tfln.   1.50
18469 — De Plantarum Polline. Berol. 1833. 8. 40 p.   1.—
18470 **Frohnmeyer.** Die Entsteh. u. Ausbild. d. Kieselzellen b. d. Gramineen. Suttg. 1914. 4. 46 p. m. 2 Tfln. (M. 12.)
18471 **Froembling.** Anat.-systemat. Untersuch. v. Blatt u. Axe d. Crotoneen
u. Euphyllanth. Cassel 1896. 8. 76 p. m. 2 Tfln.   1.50
18472 **Frommann.** Untersuch. üb. Struktur, Lebenserschein. u. Reaktion
tierisch. u. pflanzlich. Zellen. (Jena, Z. Nat.) 1884. 8. 353 p. m. 3 Tfln.
(M. 9.)   4.—
18473 — Verändergn. d. Membranen v. Pelargonium zonale. (Jena, Z. Nat.)
1885. 8. 69 p. m. 2 color. Tfln.   2.—
18474 **Fron.** Rech. anat. s. la racine et la tige d. Chénopodiacées. Paris
1899. 8. 84 p. av. 6 pl.   3.50
18475 **Fröschel.** Ueb. allgem., im Tier- u. Pflanzenreich geltende Gesetze
d. Reizphysiologie. (Jena, Z. Phys.) 1910. 8. 23 p.   1.—
18476 **Frost.** New electr. Auxanometer. (Minneap., Bot. Stud.) 1894. 8. 5 p.
w. 3 pl.   1.—
18477 **Fürstenberg.** Verhalten d. pflanzl. Zellmembran währ. d. Entwickl.
Münst. 1906. 8. 43 p.   1.—
18478 **Futterer.** Z. Anat. u. Entwicklgesch. d. Zingiberaceae. Cassel 1896.
8. 68 p. m. Tfl.   1.50
18479 **Gad.** Bewegungserscheingn. an d. Blüthe v. Stylidium adnatum. (Berl.,
Bot. Ver.) 1880. 8. 11 p.   1.—
18480 **Gaedeke.** Das Füllgewebe d. mechan. Ringes. Berl. 1907. 8. 42 p.   1.—
18481 **Gager.** Effects of the Rays of Radium on Plants. (New York, Bot.
Gard.) 1908. 8. 286 p. w. 14 pl.   12.—
18482 **Gallardo.** Semillas y Frutos. B. Air. 1896. 8. 39 p.   1.—
18483 **Gallemaerts et Bayet.** Contrib. à l'étude histol. du Xanthome. (Brux.,
Soc. Micr.) 1889. 8. 22 p. av. pl.   1.—
18484 **Gallesio.** Teoria d. Riproduzione veget. Pisa 1816. 8. 144 p. Cart.   1.50
18485 **Ganong.** Z. Kenntn. d. Morphol. u. Biol. d. Cacteen. Münch. 1894.
8. 40 p.   1.50
18486 — Balls of Veget. Matter. 2 parts. (Bost.) 1905—9. 8. 11 p.   1.—
18487 — Plant Physiology. New edit. N. York 1909. 8. 265 p. Cloth.   7.50
18488 — The living Plant. Descr. and interpret. of its functions and struct.
Lond. 1913. 8. 489 p. w. 3 colour. pl. and 178 fig. Cloth.   15.—
18489 **Garcin.** S. l'histogénèse d. Pericarpes. Paris 1890. 8. 229 p. av. 4 pl.   3.—
18490 **Garreau.** S. l. format. cellul. d. Plantes. (Paris, Ann. Sc.) 1858. 8.
12 p. av. pl.   1.—
18491 — On the functions of the Nitrogenous Matter of Plants. (Lond., Ann.
& M.) 1862. 8. 14 p.   1.—
18492 **Gärtner, H.** Vergleich. Blattanatomie z. System. d. Gatt. Salix. Gött.
1907. 8. 66 p. m. Tfl.   1.50
18493 **Gasparrini.** S. strutt. d. Stomi. Nap. 1842. 4. 9 p. c. tav.   1.—
18494 — Strutt. d. Frutto d. Opunzia. (Nap., Acc.) 1842. 4. 8 p. c. tav.   1.—
18495 — S. l'anat. et la physiol. du Figuier. (Paris, Ann. Sc.) 1849. 8.
11 p. av. pl.   1.—
18496 — Involglio flor. d. Arum italic. (Napoli, Soc. Sc.) 1851. 4. 9 p. c. tav.   1.—
18497 — Ric. s. natura dei Succiatori e l'escrezione d. Radici. Napoli 1856.
4. 152 p. c. 11 tav.   7.—

M

18498 **Gassner.** Der Galvanotropismus d. Wurzeln. Berl. 1906. 4. 75 p.   3.—
18499 **Gaucher.** Recherches anat. s. l. Euphorbiacées. Paris 1902. 8. 149 p. av. 81 fig.   2.—
18500 **Gaudichaud.** S. l'organographie, la physiol. et l'organogénie d. Végétaux. (Paris, Ann. Sc.) 1841. 8. 22 p.   1.—
18501 — S. l. vaisseaux tubuleux d. Végét. (Paris, Ann. Sc.) 1841. 8. 11 p. av. pl. color.   1.—
18502 — Rech. anat. et physiol. s. qu. Végétaux monocotyles. 3 parties. (Paris, Ann. Sc.) 1844. 8. 60 p.   1.50
18503 **Gehmacher.** Einfluss d. Rindendruckes auf d. Wachsthum u. d. Bau d. Rinden. (Wien, Ak.) 1883. 8. 19 p. m. Tfl.   1.—
18504 **Géléznoff.** Générat. et développ. de la fleur du Tradescantia virgin. (Mosc., Bull.) 1843. 8. 32 p. av. 2 pl.   1.—
18505 — S. l'Embryogénie du Mélèze. (Mosc., Bull.) 1849. 8. 40 p. av. 2 pl.   1.—
18506 — S. le développ. d. Bourgeons pend. d'hiver. (Mosc., Bull.) 1851. 8. 54 p. av. 2 pl.   1.50
18507 — S. l'eau dans la tige d. Plantes ligneuses. (Pétersb., Ac.) 1872. 8. 19 p. av. 4 tabl.   1.—
18508 **Gentner.** Vorläuferspitzen d. Monokotylen. Münch. 1905. 8. 62 p. m. Tfl.   1.50
18509 **Gérard, G.** Rech. s. l. bois de différ. Legumineuses Africaines. Coulomm. 1907. 8. 160 p. av. 10 pl. et 23 tabl.   5.—
18510 **Gerard, R.** S. l'homologie et le diagramme d. Orchidées. (Paris, Ann. Sc.) 1879. 8. 36 p. av. 2 pl.   2.—
18511 — Rech. l. le passage de la Racine à la Tige. Paris 1881. 8. 158 p. av. 5 pl.   4.—
18512 **Gérardin.** Essai de Physiologie végét. 2 vols. Paris 1810. 8. 1001 p. av. 54 pl. color. (Fr. 60.) Maroqu. — Bel exempl.   10.—
18513 **Gerassimoff.** Lage u. Function d. Zellkerns. (Mosk., Bull.) 1900. 8. 49 p.   2.—
18514 — Einfluss d. Kerns auf d. Wachsthum d. Zelle. (Mosk., Bull.) 1901. 8. 36 p. m. 17 Tabellen u. 2 Tfln.   1.50
18515 — Abhängigk. d. Grösse d. Zelle v. d. Menge ihrer Kernmasse. (Jena, Z. Phys.) 1902. 8. 39 p.   1.50
18516 **Gerber, A.** Ueb. d. jährl. Korkproduktion im Oberflächenperiderm ein. Bäume. Halle 1883. 8. 44 p.   1.—
18517 **Gerber, C.** Rech. s. la maturation d. Fruits charnus. Paris 1897. 8. 279 p. av. 2 pl.   5.—
18518 — Et. anat., phys. et biol. s. l. Cistes de Provence. (Mars., Fac. Sc.) 1898. 4. 45 p. av. pl.   1.50
18519 **Gerber, E.** Bestandteile v. Spilanthes Olerac. Leipz. 1903. 8. 40 p.   1.—
18520 **Gerdessen.** Van Pit tot Vrucht. Haarl. 1889. 8. 128 p. m. 64 Fig.   1.50
18521 **Geremicca.** Il Latice ed i Vasi laticiferi. Napoli 1891. 8. 239 p. c. 11 tav.   4.—
18522 — La Digestione n. Veget. Napoli 1891. 8. 48 p.   1.—
18523 **Gericke.** Experim. Beitr. z. Wachstumsgesch. v. Helíanthus annuus. Halle 1909. 8. 48 p.   1.—
18524 **Gerlach.** Blattentfalt. b. Stauden u. Kräutern. Kiel 1904. 8. 61 p.   1.—
18525 **Gernet.** Apparat z. Zeichnen mikroskop. Gegenstände. (Mosk., Bull.) 1858. 8. 14 p. m. Tfl.   1.—
18526 — Bau d. Holzkörpers ein. Chenopodiaceen. (Mosk., Bull.) 1859. 8. 25 p. m. Tfl.   1.—
18527 — Xylologische Studien. 3 Tle. (Mosk., Bull.) 1859—66. 8. 170 p. m. 6 Tfln.   2.50
18528 — Rindenknollen v. Sorbus aucupar. (Mosk., Bull.) 1860. 8. 20 p. m. Tfl.   1.—
18529 — Normal. u. anomal. Bau d. Dicotyledonenachse. (Mosk., Bull.) 1866. 8. 44 p. m. 2 Tfln.   1.—
18530 **Gerresheim.** Anatom. Bau d. Wasserbahnen in Fiederblättern d. Dicotyledonen. Stuttg. 1913. 4. 67 p. m. 7 Tfln. (M. 16.)

18531 **Gheorghieff.** Z. vergleich. Anatomie d. Chenopodiaceen. Cassel 1887.   *M*
    8. 72 p. m. 4 Tfln. (2 color.)   1.50
18532 **Giacoletti.** La respirazione d. Piante. Urbino 1864. 8. 16 p.   1.—
18533 **Gibelli.** Struttura singol. d. foglie d. Empetracee. (Milano) 1876. 8. 11 p.   1.—
18534 **Giboin.** Fragmente aus d. Physiolog. d. Pflanzen. Strassb. 1803. 8. 87 p.   1.—
18535 **Gibson, R. J. H.** 5 pap. on the embryol., fertiliz. and physiol. of Plants.
    (Liverp., Biol. Soc.) 1889—99. 8. 30 p. w. 3 pl.   2.—
18536 — Struct. and developm. of the Cystocarps of Catanella Opuntia.
    (Lond., Linn. S.) 1892. 8. 10 p. w. 2 pl.   1.—
18537 — The Axillary Scales of aquat. Monocotyledons. (Lond., Linn. S.)
    1905. 8. 9 p. w. 2 pl.   1.—
18538 — On the morphol. and anat. of the g. Mystropetalon. (Lond., Linn.
    Soc.) 1913. 4. 12 p. w. 2 pl.   2.50
18539 **Gidon.** Organisat. et développ. de l'Appareil Conducteur d. Nycta-
    ginées. Caen 1900. 4. 120 p. av. 6 pl.   3.—
18540 **Giesenhagen.** Wachstum d. Cystolithen v. Ficus elast. Marb. 1889.
    8. 30 p.   1.—
18541 — Ueb. d. Forschungsrichtgn. d. Pflanzenmorphol. (Leipz.) 1898. 8. 15 p.   1.—
18542 **Gilburt.** Floral developm. of Helianthus annuus. (Lond., Quek. Cl.)
    1878. 8. 7 p. w. pl.   1.—
18543 — Scale Leaves of Lathrea squamaria. (Lond., Micr. Soc.) 1880. 8.
    5 p. w. pl.   1.—
18544 — On the histol. of Pitcher Plants. (Lond., Quek. Cl.) 1880. 8. 14 p.
    w. pl.   1.—
18545 — On the struct. and divis. of the Veget. Cell. (Lond., Quek. Cl.)
    1882. 8. 15 p. w. pl.   1.—
18546 **Gilg.** Beitr. z. vergleich. Anat. d. Restiaceae. Leipz. 1891. 8. 72 p.   1.—
18547 — Blüthenverhältn. d. Gentianaceengattgn. (Berl., Bot. Ges.) 1895.
    8. 13 p. m. Tfl.   1.—
18548 **Gilkinet.** Les moyens de défense d. Plantes. (Brux., Ac.) 1897. 8. 19 p.   1.—
18549 **Gilles.** Exper. Unters. üb. d. Bildungssaft d. Dikotylen. Schweidn.
    1878. 8. 31 p.   1.—
18550 **Giltay.** Het Collenchym. — S. le Collenchym. 2 mém. Leiden 1882 à 83.
    8. 222 p. av. 9 pl. Cart.   3.—
18551 **Girard.** Les Plantes étud. au microscope. Paris 1877. 8. 302 p.   1.—
18552 **Giraud.** Contrib. to veget. Embryology. (Lond., Linn. S.) 1843. 4.
    10 p. w. pl.   1.—
18553 **Girou de ·Buzaraingues.** S. la format. de l'Ecorce. (Paris, Ann. Sc.)
    1834. 8. 14 p. av. 2 pl.   1.50
18554 — Sur la distrib. et le mouvem. d. Fluides dans l. plantes. (Paris,
    Ann. Sc.) 1836. 8. 23 p. av. 2 pl.   1.—
18555 — S. l'accroissement en grosseur d. Exogènes. (Paris, Ann. Sc.) 1837.
    8. 38 p. av. 2 pl.   1.50
18556 **Glatfelter.** Study of the Venation of Salix. (St. Louis, Bot. Gard.) 1883.
    8. 15 p. w. 3 pl.   1.50
18557 **Glück.** Biolog. u. morpholog. Untersuchgn. üb. Wasser- u. Sumpf-
    gewächse. Tl. I—III. (soviel erschien.). Jena 1905—11. 8. 1270 p.
    m. 21 Tfln. (M. 77.)
18558 **Gmelin.** Z. Kenntn. d. Metamorph. d. Gewächse. 2 Tle. (Tüb., Nat.
    Abhandl.) 1826—27. 8. 96 p.   1.50
18559 **Gnentzsch.** Radiale Verbindgn. d. Gefässe u. d. Holzparenchyms zw.
    Jahrring. dikotyl. Laubbäume. Regensb. 1888. 8. 34 p. m. Tfl.   1.—
18560 **Göbel, J. K.** Durchlässigk. d. Cuticula. Leipz. 1903. 8. 43 p.   1.—
18561 **Goebel, K.** Pflanzenbiolog. Schilderungen. 2 Bde. Marb. 1889—93. 8.
    634 p. m. 31 Tfln. (M. 38.)   15.—
18562 — Organographie d. Pflanzen, bes. d. Archegoniaten u. Samenpflanzen.
    2 Tle. Jena 1898—1901. 8. 857 p. m. 698 Fig. (M. 21.80.)   14.—

18563 **Goebel, K.** Organographie d. Pflanzen, bes. d. Archegoniaten u. Samen-   ℳ
 pflanzen. 2. Aufl. Bd. I: Allgem. Organographie. Jena 1913. 8. 523 p.
 m. 459 Fig. (M. 16.)
18564 — — 2. Aufl. Bd. II: Specielle Organogr. Heft 1 (soviel erschien.):
 Bryophyten. Jena 1915. 8. 388 p. m. 438 Fig. (M. 12.50.)
18565 — Die Knollen d. Dioscoreen u. d. Wurzelträger d. Selaginellen.
 (Marb., Flora) 1905. 8. 46 p.   1.50
18566 **Godfrin.** Rech. s. l'anat. comp. d. Cotylédons et de l'Albumen. Paris
 1884. 8. 160 p. av. 6 pl.   2.—
18567 — 5 mém. s. l'anat. d. Plantes. (Paris) 1884 à 99. 8. 23 p.   1.50
18568 **Godlewski.** Abhängigk. d. Sauerstoffausscheid. d. Blätter v. d. Kohlen-
 säuregehalt. (Würzb., Bot. Inst.) 1872. 8. 28 p. m. Tfl.   1.—
18569 — Studien üb. Pflanzen-Wachsthum. (Krak., Ak.) 1882. 4. 40 p. —
 Polnisch.   1.—
18570 — Przyczynek do teoryi krazenia soków u róslin. (Krak., Ak.) 1884.
 4. 38 p. m. Tfl.   1.—
18571 — Contrib. à la théorie de la circul. de la Sève dans l. Plantes.
 (Paris, Arch. Slav.) 1886. 8. 14 p.   1.—
18572 — Stud. üb. Wachstum d. Pflanzen. (Krak., Ak.) 1891. 8. 157 p. —
 Polnisch.   1.50
18573 — Z. Kenntn. d. Eiweissbild. in d. Pflanzen. (Krak., Ak.) 1903. 8. 66 p.   1.50
18574 — Z. Kenntn. d. intramolekul. Atmung d. Pflanzen. 2 Tle. (Krak., Ak.)
 1904—11. 8. 57 p.   1.50
18575 **Godlewski u. Polzeniusz.** Intramoleculare Athmung v. in Wasser ge-
 bracht. Samen. (Krak., Ak.) 1901. 8. 50 p.   1.50
18576 **Godron.** S. l'inflorescence et l. fleurs d. Crucifères. (Paris, Ann. Sc.)
 1864. 8. 25 p. av. pl.   1.50
18577 — De la Floraison d. Graminées. (Cherb., Soc. Nat.) 1873. 8. 93 p.   1.50
18578 **Goffart.** Struct. et fonct. d. Organes de Sudation d. plantes terr.
 et aquat. (Brux., Soc. Bot.) 1900. 8. 27 p.   1.—
18579 — Contrib. à l'ét. du Rhizomorphe de l'Armillaria Mellea. (Brux., Ac.)
 1903. 4. 26 p. av. 2 pl.   1.50
18580 **Goldsmith.** Beitr. z. Entwicklgesch. d. Fibrovasalmassen im Stengel
 u. in d. Hauptwurzel d. Dicotyled. Zürich 1876. 4. 62 p. m. 6 Tfln. (M. 8.)   3.—
18581 **Goldflus.** Sur la struct. et l. fonct. de l'Assise épithéliale et d. Anti-
 podes chez l. Composées. II. (Paris, J. Bot.) 1899. 8. 29 p. av. 6 pl.   2.—
18582 **Goldstein.** Anatom. Bau d. Rinde v. Arariba rubra. Berl. 1892. 8.
 32 p. m. 2 Tfln.   1.—
18583 **Golenkin.** Z. Entwicklgsgesch. d. Inflorescenzen d. Urticaceen u.
 Moraceen. (Marb., Flora) 1894. 8. 36 p. m. 4 Tfln.   2.—
18584 **Golinski.** Z. Entwicklungsgesch. d. Androeceums u. Gynaeceums d.
 Gräser. Cassel 1893. 8. 34 p. m. 3 Tfln.   1.50
18585 **Gonnermann.** Die Bakterien in d. Wurzelknöllchen d. Leguminosen.
 (Berl., Landw. Jahrb.) 1892. 8. 23 p.   1.50
18586 **Goppelsroeder.** Ueb. Capillaranalyse u. ihre verschied. Anwend. u.
 üb. d. Emporsteig. d. Farbstoffe in d. Pflanzen. 2 Tle. Wien u. Mülh.
 1889. 8. 142 p.   2.50
18587 **Goeppert.** De Acidi hydrocyanici vi in Plantas. Vratisl. 1827. 8. 58 p.   1.50
18588 — Ueb. Wärme-Entwickl. in der Pflanze. Wien 1832. 8. 26 p.   1.50
18589 — Ueb. d. Bau d. Balanophoren u. d. Vorkommen v. Wachs in Pflanzen. (Ac. Leop.) 1839. 4. 44 p. m. 3 Tfln.   1.—
18590 — De Conifer. struct. anat. Vratisl. 1841. 4. 44 p. et 2 tab.   1.—
18591 — Bourrelets ligneux du Sapin blanc. (Paris, Ann. Sc.) 1843. 8.
 17 p. av. 2 pl.   1.—
18592 **Göransson.** Om kroppars verkliga Värmekapacitet. (Lund, Univ.) 1871.
 4. 22 p.   1.—
18593 **Gordon.** Climatic influences as regards organic life. (London, Vict.
 Inst.) 1883. 8. 36 p.   1.50

18595 **Gorham.** Distrib. of vein in leaves of the Umbelliferae. (Lond., Micr. J.) 1868. 8. 13 p. w. pl. — 1.—

18596 — Composite struct. of simple Leaves. (Lond., Micr. J.) 1869. 8. 17 p. w. pl. — 1.—

18597 **Goroschankin** Ueb. d. Geschlechtsprozess bei Samenpflanzen. Moskau 1880. 8. 170 p. m. 9 Tfln. — Russisch. — 2.50

18598 **Gothan.** Z. Anat. leb. u. fossiler Gymnospermen-Hölzer. Berl. 1905. 8. 42 p. — 1.—

18599 **Goethe.** — H a n s e n, A. Goethes Metamorphose d. Pflanzen. 2 Tle. Giess. 1907. 8. u. 4. 396 p. m. 28 Tfln. (9 color.) (M. 22.) — 13.—

18600 **Gottschall.** Anat.-system. Unters. des Blattes der Melastomaceen. (Genf, Herb. Boiss.) 1900. 8. 176 p. m. 3 Tfln. — 2.—

18601 **Goetze.** Ueb. d. Pentaglykosen im Pflanzen- u. Tier-Körper. Merseb. 1895. 8. 35 p. — 1.—

18602 **Grafe.** Ernährungsphysiol. Praktikum d. höher. Pflanzen. Berl. 1914. 8. 504 p. m. 186 Fig. Lnb. (M. 17.)

18603 **Gram.** Om Rapskager og Forureningen af disse. (Kopenh., Bot. Tidsk.) 1894. 8. 27 p. m. 8 Tfln. — 2.—

18604 — Struct. du tégument séminal d. Euphorbiacées. (Copenh., Bot. Tidsk.) 1896. 8. 32 p. av. 5 pl. — En l. danoise av. résumé franç. — 2.—

18605 — Les grains d'aleurone dans l. graines oléagin. (Copenh., Ac.) 1901. 4. 36 p. av. 4 pl. — En l. danoise av. résumé français. — 2.—

18606 **Gramse.** Physiolog. Bedeut. d. Speichertracheiden. Berl. 1907. 8. 30 p. — 1.—

18607 **Grassmann, P.** Die Septaldrüsen. (Regensb., Flora) 1884. 8. 27 p. m. 2 Tfln. Cart. — 2.—

18608 — — Dissertation ohne Tafeln. — 1.—

18609 **Grassmann, R.** Das Pflanzenleben; Physiol. d. Pflanzen. Stettin 1882. 8. 316 p. (M. 4.80.) — 1.50

18610 **Gravis.** Rech. anat. s. l. organes végét. de l'Urtica dioica. Brux. 1885. 4. 266 p. av. 23 pl. (fr. 20.) — 3.50

18611 — Anatomie et physiol. d. Tissus conducteurs chez l. Plantes vascul. (Brux., Soc. Micr.) 8. 32 p. av. 2 pl. — 1.50

18612 **Gravis et Donceel.** Anat. comp. du Chlorophytum elatum et du Tradescantia virginica. (Liége, Soc. Sc.) 1900. 8. 58 p. av. 5 pl. — 2.—

18613 **Green, J. R.** Organs of secretion in the Hypericac. (Lond., Linn. Soc.) 1884. 8. 14 p. w. 2 pl. — 1.—

18614 — Introd. to veget. Physiology. 3. ed. Lond. 1911. 8. 492 p. Cloth. — 10.50

18615 **Greenfield.** Histology of Salsola kali var. tennufolia. (Lawrence, Univ.) 1913. 8. 13 p. w. 7 pl. — 2.—

18616 **Gréhant.** Rech. de physiol. s. l'Acide carbon. 2 part. (Paris, Ann. Sc.) 1887. 8. 58 p. — 1.50

18617 **Grélot.** Rech. s. le Système libéroligneux floral d. Gamopétales bicarpellées. Paris 1898. 8. 154 p. av. 8 pl. — 3.50

18618 **Gressler.** Substanzquotienten v. Helianthus annuus. Bonn 1907. 8. 30 p. m. 5 Tab. — 1.50

18619 **Grevel.** Anatom. Unters. üb. d. Diapensiaceae. Cassel 1897. 8. 44 p. m. Tfl. — 1.—

18620 **Grevillius.** Anatom. studier öfv. de florala axlarna h. diklina Fanerogamer. (Stockh., Ak.) 1890. 8. 100 p. m. 6 Tfln. — 2.—

18621 — Fruktbladsförökning h. Aesculus Hippocast. (Stockh., Ak.) 1892. 8. 7 p. m. Tfl. — 1.—

18622 **Grevsmühl.** Blattentwickl. v. Aster cyaneus u. abbreviat. Gött. 1908. 8. 63 p. — 1.—

18623 **Grew.** The Anatomy of Plants. Lond. 1682. fol. 372 p. w. 83 pl. Calf. — 23.—
　　See: Rara Historico-Naturalia, ed. J u n k, p. 14. Though the edition of the book was a very big one, copies now become rather rare. — Grew and Malpighi are the founders of the anatomy of plants.

18624 — — A number of plates wanting. — 6.—

18625 **Griffith.** S. le développ. de l'ovule chez l. Avicennia et Santalum. *M*
2 mém. (Paris, Ann. Sc.) 1839 à 47. 8. 27 p. av. 2 pl. 1.—
18626 — On the Ovulum of Santalum, Osyris, Loranthus and Viscum.
(Lond., Linn. S.) 1844. 4. 44 p. w. 5 pl. 2.—
18627 — Developm. of the Ovulum in Avicennia. (Lond., Linn. S.) 1846. 4.
7 p. w. pl. 1.—
18628 — Developm. of Organs in Phanoerog. Calc. 1847. 4. 6 p. w. 62 pl.
Boards. 15.—
Very rare.
18629 — Parasites s. racines rapp. aux Rhizanthées. (Paris, Ann. Sc.)
1847. 8. '51 p. 1.50
18630 **Grimm.** Z. vergl. Anat. d. Compositenblätter. Kiel 1904. 8. 49 p. 1.—
18631 **Gris.** Rech. microsc. s. la Chlorophylle. II. (Paris, Ann. Sc.) 1857. 8.
27 p. av. 6 pl. en partie color. 1.50
18632 — S. la fleur d. Marantées. (Paris, Ann. Sc.) 1859. 8. 27 p. av. 4 pl. 2.—
18633 — Rech. anat. et physiol. s. la Germination. (Paris, Ann. Sc.) 1864.
8. 116 p. av. 14 pl. (11 color.) 6.—
18634 **Grisebach.** Wachsthum d. Vegetationsorgane in Bez. auf Systematik.
2 Tle. (Berl., Arch. Nat.) 1843—44. 8. 48 p. m. Tfl. 1.50
18635 **Grönland, Cornu et Rivet.** Des préparations microscop. tirées du règne
végét. Paris 1872. 8. 76 p. 1.—
18636 **Grönlund.** Bladribberne h. Monokotyled. (Kjöb., Bot. T.) 1866. 8.
22 p. m. Tfl. 1.—
18637 — Struct. du Caryopse chez l. Graminées. I. (Copenh., Bot. Tidsk.)
1876. 8. 40 p. av. 47 fig. — En l. danoise av. résumé français. 1.50
18638 **Groom.** Function of Laticiferous Tubes. (Lond., Ann. Bot.) 1889. 8.
12 p. w. pl. 1.—
18639 — Bud-protection in Dicotyledons. (Lond., Linn. S.) 1893. 4. 12 p.
w. 2 pl. (6 s.) 1.50
18640 — Contrib. to the knowl. of Monocotyledonous Saprophytes. (Lond.,
Linn. Soc.) 1895. 8. 68 p. w. 3 pl. 2.—
18641 — Longitud. symmetry of the Centrospermae. (Lond., Linn. S.) 1909.
4. 36 p. 2.50
18642 **Groom and Rushton.** Struct. of the Wood of East Indian spec. of
Pinus. (Lond., Linn. S.) 1913. 8. 34 p. w. 2 pl. 2.—
18643 **Groppler.** Vergleich. Anatomie d. Holzes d. Magnoliaceen. Stuttg. 1894.
4. 50 p. m. 4 Tfln. (M. 12.) 7.—
18644 — — Stuttg. 1894. 4. 50 p. — Dissertation ohne Tfln. 1.50
18645 **Grosbüsch.** Rhizobium radicic. in verschied. Nährmedien. Bonn 1907.
8. 31 p. m. Tfl. 1.—
18646 **Grosse, A.** Anatom.-system. Untersuchgn. d. Myrsinaceen. Halle 1908.
8. 49 p. 1.—
18647 **Grosse, F. E.** Z. vergl. Anat. d. Onagraceen. Dresd. 1895. 8. 67 p. 1.—
18648 **Grottian.** Z. Kenntn. d. Geotropismus. Dresd. 1908. 8. 37 p. 1.50
18649 **Gruber.** Anat. u. Entwickel. d. Blattes v. Empetrum nigr. Königsb.
1882. 8. 40 p. 1.—
18650 **Grünewald.** Vergleich. Anat. d. Martyniaceae u. Pedaliaceae. Metz
1897. 8. 43 p. 1.—
18651 **Grüss.** Die Knospenschuppen d. Coniferen. Berl. 1885. 8. 44 p. m. Tfl. 1.—
18652 — Ueb. d. vegetat. Diastase-Fermente. Berl. 1895. 4. 32 p. 1.—
18653 **Grütter.** Ueb. d. Bau u. d. Entwickel. d. Samenschalen ein. Lythra-
rieen. Basel 1893. 4. 26 p. m. Tfl. 1.—
18654 **Grüttner.** Z. Chemie d. Rinde v. Hamamelis vigin. Berl. 1899. 8. 49 p. 1.—
18655 **Grützner.** Grenze zwisch. Tier- u. Pflanzenreich. Leisn. 1897. 4. 22 p. 1.—
18656 **Gschwendner.** Beitr. z. Gerbstofffrage. Borna 1906. 8. 73 p. 1.—
18657 **Guéguen.** Tissu collecteur et conduct. d. Phanérog. (Paris, J. Bot.)
1900. 8. 17 p. 1.—
18658 **Guérin, C.** Observ. biolog. s. le Viscum album. (Caen) 1899. 8. 28 p. 1.50

W. Junk, Berlin, W. 15.

43*

18659 **Guérin, P.** S. le développem. du tégument séminal et du péricarpe *M*
d. Graminées. Paris 1899. 8. 59 p. av. 70 fig.   2.—
18660 — Les connaissances actuelles s. la Fécondat. d. Phanérogam. Paris
1904. 8. 167 p. av. pl.   5.—
18661 — S. le développ. et la struct. anat. du tégument séminal d. Gentiana-
cées. 2 parties. (Paris, J. Bot.) 1904. 8. 26 p.   1.—
18662 **Guignard.** Rech. l. le développ. de l'Anthère et du Pollen des Orchidées. (Paris, Ann Sc.) 1882. 8. 19 p. av. pl.   1.—
18663 — L'appareil secrét. d. Copaifera. (Paris, Soc. Bot.) 1892. 8. 28 p.   1.—
18664 **Guillard.** S. la moelle d. Plantes ligneuses. (Paris, Ann. Sc.) 1847. 8.
28 p. av. 4 pl.   2.—
18665 **Gulliver.** Crystals in the testa and pericarp of several Plants. (Lond.,
Micr. J.) 1873. 8. 7 p. w. pl.   1.—
18666 **Gümbel.** Das Spreitekorn im Parallelismus m. d. Pollenkorn. (Ac.
Leop.) 1855. 4. 84 p. m. 2 color. Tfln.   1.50
18667 **Günthart.** Beitrag z. Blütenbiologie d. Cruciferen, Crassulaceen u. d.
Gatt. Saxifraga. Stuttg. 1902. 4. 97 p. m. 11 Tfln. (M. 28.)   14.—
18668 — — Stuttg. 1902. 4. 97 p. — Dissertat. ohne Tfln.   ·1.50
18669 — Prinzip. d. physikal.-kausalen Blütenbiologie. Jena 1910. 8. 181 p.
m. 136 Fig. (M. 4.50.)   3.50
18670 **Günther, W.** Z. Anat. d. Myrtifloren. Bresl. 1905. 8. 41 p.   1.—
18671 **Güntz.** Ueb. d. anat. Structur d. Gramineenblätter. Leipz. 1886. 8.
72 p. m. 2 Tfln.   1.50
18672 **Gürtler.** Interzellulare Haarbildgn. insbes. d. inneren Haare der Nymphaeac. Berl. 1905. 8. 94 p. m. 2 Tfln.   1.50
18673 **Güssow.** Z. vergl. Anat. d. Araliaceae. Bresl. 1900. 8. 69 p. m. Tfl.   1.50
18674 **Guttenberg.** Anat.-physiol. Unters. üb. d. immergrüne Laubblatt d.
Mediterranflora. (Leipz., Bot. Jahrb.) 1907. 8. 60 p. m. 3 Tfln.   2.—
18675 — Bau d. Antennen bei ein. Catasetum-Arten. (Wien, Ak.) 1908. 8.
22 p. m. 2 Tfln.   1.50
18676 — Schleudermechanismus d. Früchte v. Cyclanthera explod. (Wien,
Ak.) 1910. 8. 16 p. m. Tfl.   1.—
18677 — Ueb. akropetale heliotrop. Reizleitung. (Leipz., Pringsh. J.) 1913.
8. 21 p.   1.50
18678 **Gutwinski.** Cheiranthus Cheiri. Tarnop. 1892. 8. 16 p. m. Tfl.   1.—
18679 **Gutzeit.** Beitr. z. Pflanzenchemie. Jena 1879. 8. 40 p.   1.—
18680 **Gwallig.** Bezieh. zwisch. absol. Gewicht u. d. Zusammensetzg. v.
Leguminosenkörnern. Merseb. 1894. 8. 37 p.   1.—
18681 **Gwynne-Vaughan.** On the morphol. and anat. of the Nymphaeaceae.
(Lond., Linn. Soc) 1898. 4. 13 p. w. 2 pl. (4 s.)   2.50
18682 **Haas and Hill.** Introduct. to the Chemistry of Plant products. Lond.
1913. 8. 413 p. Cloth.   7.50
18683 **Haberlandt, F.** Beitr. z. Frage üb. d. Acclimatis. d. Pflanzen u. d.
Samenwechsel. Wien 1864. 8. 28 p.   1.—
18684 — Ueb. d. Transpirat. d. Gewächse. (Berl., Landw. J.) 1876. 8. 24 p.   1.—
18685 **Haberlandt, G.** Unters. üb. d. Winterfärb. ausdauernder Blätter. (Wien,
Ak.) 1876. 8. 30 p.   1.—
18686 — Ueb. d. Entwicklgsgesch. u. d. Bau d. Samenschale v. Phaseolus.
(Wien, Ak.) 1877. 8. 18 p. m. 2 Tfln.   1.—
18687 — Entwicklgsgesch. d. mechan. Gewebesystems d. Pflanzen. Leipz.
1879. 4. 88 p. m. 9 Tfln. (M. 10.)   4.—
18688 — Scheitelzellwachsthum d. Phanerogam. (Graz, Nat. Ver.) 1881.
8. 29 p. m. 2 Tfln.   1.—
18689 — Die physiol. Leistungen d. Pflanzengewebe. (Bresl., Encycl.) 1882.
8. 167 p. m. 28 Fig.   2.50
18690 — Beziehungen zwisch. Function u. Lage d. Zellkerns b. d. Pflanzen.
Jena 1887. 8. 143 p. m. 2 color. Tfln. (M. 3.60.)   2.50
18691 — Z. Anat. d. Begonien. (Graz, Nat. V.) 1888. 8. 10 p. m. color. Tfl.   1.—

	M
18692 **Haberlandt, G.** Das reizleit. Gewebesystem d. Sinnpflanze. Leipz. 1890. 8. 87 p. m. 3 Tfln. (M. 4.)	3.—
18693 — Die Lichtsinnesorgane d. Laubblätter. Leipz. 1905. 8. 150 p. m. 4 Tfln. (M. 6.)	4.—
18694 — Sinnesorgane im Pflanzenreich z. Perzeption mechanischer Reize. 2. Aufl. Leipz. 1906. 8. 215 p. m. 9 Tfln. (M. 11.)	7.—
18695 — Physiolog. Pflanzenanatomie. 4. (letzte) Aufl. Leipz. 1909. 8. 668 p. m. 291 Fig. Vergriffen.	25.—
18696 — Sinnesorgan d. Labellums d. Pterostylis-Blüte. (Berl., Ak.) 1912. 4. 12 p.	1.—
18697 — Z. Physiol. d. Zellteilung. (Berl., Ak.) 1913. 4. 28 p.	1.—
18698 — Physiolog. Plant Anatomy. Lond. 1914. 8. 794 p. Cloth.	25.—
18699 **Habermann.** Bestandteile d. Samens v. Maesa picta. Erl. 1894. 8. 25 p.	1.—
18700 **Hackel.** Ueb. ährenförm. Grasrispen. (Wien, Z. b. G.) 1878. 8. 8 p.	1.—
18701 — Eigenthümlichk. der Gräser trockener Klimate. (Wien, Z. b. G.) 1890. 8. 14 p.	1.—
18702 **Hackenberg.** Z. Kenntn. e. assimilir. Schmarotzerpflanze (Cassytha americ.). (Bonn, Nat. V.) 1889. 8. 40 p.	1.—
18703 **Hagen.** Ueb. d. Lupanin. (Halle, Landw. Inst.) 1886. 4. 16 p.	1.—
18704 **Halbey.** Ueb. d. Olibanum. Bern 1898. 8. 68 p. m. Tab.	1.—
18705 **Hales.** Vegetable Staticks. Lond. 1727. 8. 384 p. w. 18 pl. Calf. The first edition of this important work which has become rare.	20.—
18706 — Statical Essays, cont. Vegetable Staticks. 2. ed. 2 vols. Lond. 1731—33. 8. 820 p. w. 19 pl. Calf.	15.—
18707 — Groeijende Weegkunde: Ondervind. over het Sap in Gewassen. Vertaalt d. C l e r c q. Groinchem 1750. 8. 328 p. m. 19 Tfln. Hfzb. P r i t z e l unbekannt.	7.—
18708 — La Statique d. Végétaux et d. Animaux. 2 parties. Paris 1779 à 80. 8. 706 p. av. 20 pl. Veau.	6.—
18709 **Hall, C. A.** Plant Life. New York 1915. 8. 391 p. w. 74 pl. (59 colour.) Cloth.	20.—
18710 **Haller.** De geometr. Plantarum rationibus. Jenae, 1860. 8. 28 p.	1.—
18711 **Hallier, E., u. Rochleder.** Die Pflanze. Hildb. 1866. 8. 44 p. m. 182 Fig.	1.—
18712 **Hallier, H.** Z. Anat. d. Convolvulaceen. Leipz. 1893. 8. 45 p.	1.—
18713 **Halsted.** 3 nuclei in Pollen grains. (Chic., Bot. Gaz.) 1887. 8. 4 p. w. pl.	1.—
18714 — The elongation of the Hypocotyl. N. Jersey 1912. 8. 32 p. w. 12 pl.	2.—
18715 **Hämmerle.** Z. physiol. Anatomie v. Polygonum cuspidat. Gött. 1898. 8. 71 p.	1.—
18716 **Hammers.** Verteil. ein. wicht. Inhaltsstoffe in bodenständ. Stengeln u. Blattstielen. Gött. 1912. 8. 118 p.	2.—
18717 **Hanausek.** Harzgänge in d. Zapfenschuppen ein. Coniferen. 2 Tle. Krems 1879—80. 8. 44 p. m. Tfl.	1.50
18718 — Ueb. d. Gummizellen d. Tarihülsen. (Berl., Bot. Ges.) 1902. 8. 6 p. m. Tfl.	1.—
18719 — Entwicklungsgesch. d. Perikarps v. Helianthus annuus. (Berl., Bot. Ges.) 1902. 8. 6 p. m. Tfl.	1.—
18720 — Kohleschicht d. Kómpositen. (Wien) 1907. 8. 12 p. m. 2 Tfln.	2.—
18721 — Perikarp v. Humea elegans. (Berl., Bot. Ges.) 1908. 8. 7 p. m. Tfl.	1.—
18722 — Z. Kenntn. d. Trichombild. am Perikarp d. Kompositen. (Wien, Bot. Z.) 1910. 8. 8 p. m. Tfl.	1.—
18723 — Unters. üb. d. kohleähnl. Masse d. Kompositen. (Botan. Teil). (Wien, Ak.) 1911. 4. 50 p. m. 3 Tfln. (M. 6.)	
18724 **Haenlein.** Z. Entwicklgesch. d. Compositenblüthe. Naumb. 1874. 8. 38 p. m. 2 Tfln.	1.—
18725 **Hannig.** Ueb. d. Scheidewände d. Cruciferenfrüchte. (Leipz., Bot. Z.) 1901. 4. 39 p. m. 3 Tfln.	1.50

18726 **Hannig.** Ueb. hygroskop. Beweg. leb. Blätter b. Eintritt v. Frost u. *M*
Tauwetter. (Berl., Bot. Ges.) 1908. 8. 16 p. 1.—
18727 — Öffnungsmechanismus d. Antheren. (Leipz., Pringsh. J.) 1909. 8. 34 p. 1.50
18728 — Verteil. d. osmot. Drucks in d. Pflanze. (Berl., Bot. G.) 1912. 8. 11 p. 1.—
18729 — Unters. üb. d. Abstossen v. Blüten. (Jena, Z. Bot.) 1913. 8. 53 p. 2.—
18730 **Hansen, A.** Gesch. d. Assimilation u. Chlorophyllfunktion. Leipz. 1882.
8. 90 p. 1.—
18731 — Repetit. d. Anat. u. Physiol. d. Pflanzen. Würzb. 1884. 8. 74 p. Cart. 1.—
18732 — Die Ernähr. der Pflanzen. Leipz. 1885. 8. 272 p. m. 74 Fig. Lnb. 1.—
18733 **Hansgirg.** 6 Abhandlungen üb. Pflanzen-Biologie. 1896—1902. 8. 22 p. 1.50
18734 — Beitr. z. Biol. u. Morphologie d. Pollens. (Prag, Ges. Wiss.) 1897.
8. 76 p. 1.50
18735 — Z. Kenntn. d. Blüthenombrophobie. (Prag, Ges. Wiss.) 1897. 8.
67 p. m. 2 Tfln. 2.50
18736 — Neue Untersuch. üb. d. Gamo- u. Karpotropismus. (Prag, Ges.
Wiss.) 1897. 8. 111 p. m. Tfl. 3.—
18737 — Z. Biologie d. Laubblätter. (Prag, Ges. Wiss.) 1900. 8. 142 p. 2.—
18738 — Ueb. d. phyllobiolog. Typen einiger Fagaceen, Monimiac. etc.
(Cassel, Bot. Centr.) 1901. 8. 23 p. 1.—
18739 — Ueb. d. phyllobiolog. Typen ein. Phanerogamen. (Prag, Ges. Wiss.)
1901. 8. 38 p. 1.—
18740 — Neue Beitr. z. Pflanzenbiologie. (Cassel, Bot. Centr.) 1902. 8. 31 p. 1.—
18741 — Ueb. d. Schutzeinrichtgn. d. jung. Laubblätter. (Cassel, Bot. Centr.)
1902. 8. 21 p. 1.—
18742 — Pflanzenbiolog. Untersuchungen. Wien 1904. 8. 240 p. (M. 6.80.) 3.50
18743 — Grundz. z. Biologie d. Laubblätter. (Dresd., Bot. Centr.) 1909. 8. 46 p. 1.50
18744 **Hansteen.** Om Stammens og Rodens anatom. bygning. hos Dipsacerne.
(Krist., Vid. Selsk.) 1893. 8. 47 p. m. 4 Tfln. 1.50
18745 — Om Aeggehvidesynthese i d. Phanerogame. (Krist., Vid. Selsk.)
1898. 4. 139 p. 2.50
18746 **Hanstein, H.** Verbreit. u. Wachstum d. Pflanzen in ihr. Verhältn. z.
Boden. Darmst. 1859. 8. 182 p. (M. 2.50.) 1.50
18747 **Hanstein, J. v.** Unters. üb. d. Bau u. d. Entwick. d. Baumrinde. Berl.
1853. 8. 114 p. m. 8 Tfln. 1.50
18748 — Zusammenh. d. Blattstellung m. d. Bau d. dicotylen Holzringes.
Berl. 1857. 4. 14 p. m. Tfl. 1.—
18749 — Die Scheitelzellgruppe im Vegetationspunkt d. Phanerogamen.
(Bonn) 1869. 4. 28 p. m. Tfl. 1.—
18750 — Die Parthenogensis d. Caelebogyne ilicifolia. Bonn 1877. 8. 66 p.
m. 3 Tfln. (M. 4.) 1.50
18751 — Züge aus d. Biologie d. Protoplasmas. Bonn 1880. 8. 56 p. m. 10
z. Thl. color. Tfln. (M. 6.) 2.—
18752 **Haerlin.** Ueb. d. Bau d. vegetab. Zellmembran. Tüb. 1837. 8. 41 p. 1.—
18753 **Harms.** Verwert. d. anatom. Baues f. d. Umgrenz. d. Passiflorac.
Leipz. 1893. 8. 63 p. 1.—
18753a — Ueb. Fluorescenzerscheinungen. (Berl., Bot. Ver.) 1916. 8. 13 p. 1.—
18754 **Harper.** Current concept. of the Germ Plasm. (N. York, Science)
1912. 4. 15 p. 1.—
18755 **Harris and Kuchs.** On the Pollinat. of Solanum rostrat. and Cassia
chamaecrista. (Lawr., Univ.) 1902. 8. 28 p. w. pl. 1.—
18756 **Harshberger.** The form and struct. of the Mycodomatia of Myrica
cerifera. (Philad., Ac.) 1903. 8. 11 p. w. 2 pl. 1.50
18757 **Hartig, R.** Verteil. d. organ. Substanz d. Wassers u. Luftraumes in
d. Bäumen. Berl. 1882. 8. 112 p. m. 16 Tfln. Cart. (M. 8.) 4.—
18758 — Lehrb. d. Anat. u. Physiol. d. Pflanzen bes. d. Forstgewächse.
Berl. 1891. 8. 316 p. m. 103 Fig. Lnb. (M. 8.) 5.—
18759 — Ueb. d. Drehwuchs d. Kiefer. (Münch., Ak.) 1895. 8. 19 p. m. 2 Tfln. 1.—

18760 **Hartig, T.** Neue Theorie d. Befrucht. d. Pflanzen. Braunschw. 1842. *M*
4. 48 p. m. Tfl. (M. 3.)   1.—
18761 — Beitr. z. Entwicklgesch. d. Pflanzen. Berl. 1843. 4. 30 p. m. color. Tfl.   1.—
18762 — S. l'Aleurone (Klebermehl). (Paris, Ann. Sc.) 1856. 8. 25 p. av. 2 pl.   1.50
18763 — Entwicklgesch. d. Pflanzenkeims. Leipz. 1858. 8. 176 p. m. 4 color.
Tfln. (M. 10.) Cart.   1.50
18764 — Bau d. Pollenwandung u. der Fovilla. (Berl.) 1867. 8. 15 p. m. Tfl.   1.—
18765 — Der Füllkern, d. diaphragmat. u. d. intercellul. Zellkern. (Berl.)
1867. 8. 40 p. m. 2 Tfln.   1.—
18766 — Anat. u. Physiol. d. Holzpflanzen. Berl. 1878. 8. 438 p. m. 6 Tfln.
u. 113 Fig. (M. 20.)   5.—
18767 **Hartig, T., et Tulasne, L. R. et C.** S. le développ. d. Plantes. Fructificat. d. Onygena. 2 mém. (Paris, Ann. Sc.) 1844. 8. 21 p. av. 2 pl.   1.50
18768 **Harting.** Rech. micrométr. s. le développ. de la tige annuelle d.
Dicotylédonées. (Paris, Ann. Sc.) 1845. 8. 70 p.   1.50
18769 — Mikrometr. Unters. üb. d. Entwickl. d. Elementartheile d. jährl.
Stammes d. Dicotylen. (Halle, Linnaea) 1847. 8. 102 p.   1.—
18770 — Das Mikroskop. Braunschw. 1859. 8. 970 p. m. Tfl. u. 410 Fig. Hfzb.   1.—
18771 **Hauman-Merck.** Etiologie florale. Pollinat. d'une Malpighia. Géotrop.
hydrocarp. chez Pontederia. Etiol. du g. Elodea. 4 mém. (Brux.) 1912.
8. 39 p.   1.—
18772 — Contrib. à l'ét. d. altérations microbiennes d. organs charnus d.
Plantes. (Paris, Inst. Past.) 1913. 8. 22 p.   1.50
18773 **Haupt, F.** Vergl. Untersuchgn. üb. d. Anat. d. Stämme u. der unterird.
Ausläufer. (Stockh., Ak.) 1886. 8. 57 p. m. 4 Tfln. (3 color.)   2.—
18774 **Haupt, H.** Z. Secretionsmechanik d. extrafloralen Nektarien. Münch.
1902. 8. 47 p.   1.—
18775 **Hauptfleisch.** Ueb. d. Strömung d. Protoplasmas in behäuteten Zellen.
(Berl., Pringsh. Jahrb.) 1892. 8. 63 p.   1.50
18776 **Hausen.** Ueb. Morphol. u. Anat. d. Aloïneen. (Berl., Bot. Ver.) 1900.
8. 52 p. m. 2 Tfln.   1.50
18777 **Hebenstreit.** De sensu externo Facultatum in Plantis judice. Lips. 1730.
4. 44 p.   4.—
18778 **Hedlund.** Om frukten h. Geranium bohemic. (Stockh., Bot. Not.) 1902.
8. 39 p.   1.—
18779 **Hedwig.** De Fibrae vegetab. et animalis ortu. I. Lips. 1789. 4. 32 p.   1.—
18780 **Heering.** Assimilationsorg. d. Gatt. Baccharis. Leipz. 1899. 8. 44 p.   1.—
18781 **Hegelmaier.** Vergleich. Untersuchungen üb. Entwickl. dikotyledoner
Keime. Stuttg. 1878. 8. 211 p. m. 9 Tfln. (M. 8.)   5.—
18782 **Hegler.** Ueb. d. Einfluss d. mechan. Zugs auf d. Wachsthum d. Pflanze.
(Bresl., Beitr. Biol.) 1893. 8. 52 p. m. 5 Tfln.   2.—
18783 **Heiberg.** Morphol. vaerdi af Knolden hos Umbilicus pendul. (Kjöbenh.,
Bot. Tidsk.) 1866. 8. 20 p. m. Tfl.   1.—
18784 — Et. morphol. s. l'Umbilicus pendulin. (Paris, Ann. Sc.) 1866. 8.
18 p. av. pl.   1.—
18785 **Heiden.** Anatom. Charakter. d. Combretaceen. Erl. 1893. 8. 61 p. m. Tfl.   1.—
18786 **Heidenhain.** Ueb. d. Protoplasma-Strömungen. (Würzb., Phys. Ges.)
1896. 8. 23 p.   1.—
18787 **Heimerl.** Beitr. z. Anat. d. Nyctagineen. I. (Wien, Ak.) 1887. 4. 20 p.
m. 3 Tfln. (2 color.) (M. 3.)   2.—
18788 — Die Bestäubungs-Einrichtgn. ein. Nyctaginaceen. (Wien, Z. b. G.)
1888. 8. 6 p.   —.50
18789 **Heineck.** Z. Kenntn. d. feiner. Baues d. Fruchtschale d. Kompositen.
Leipz. 1890. 8. 26 p. m. 4 color. Tfln. u. Tabelle.   1.50
18790 **Heinich.** Entspannung d. Markes im Gewebeverbande. Leipz. 1908.
8. 64 p.   1.—
18791 **Heinricher.** Histolog. Differenzier. d. pflanzl. Oberhaut. (Graz, Nat.
Ver.) 1887. 8. 22 p. m. Tfl.   1.—

18792 **Heinricher.** Biol. Studien an Lathraea. (Berl., Bot. Ges.) 1893. 8. 18 p. *M.*
m. 2 Tfln.   1.—
18793 — Androdiöcie u. Andromonöcie bei Lilium croceum. (Jena, Flora)
1908. 8. 16 p.   1.—
18794 — Z. Biol. d. Zwergmistel. (Wien, Ak.) 1915. 8. 50 p. m. 4 Tfln.   2.—
18795 **Heitz.** Ein. Bewegungserscheinungen im Pflanzenreich. Hermannst.
1887. 4. 14 p.   1.—
18796 **Held.** Z. chem. Charakterist. d. Samenmantels „Macis" der Myristi-
caarten. Bretten. 8. 27 p.   1.—
18797 **Hellström.** Jagttag. angäende anat. h. Gräsens underjordiska utlöpare.
(Stockh., Ak.) 1891. 8. 18 p. m. Tfl.   1.—
18798 — Huru böra myrodling. inom Norrbotten gödslas? Lulea 1902. 8. 22 p.   1.—
18799 **Helm.** Biol. d. Pflanzen. Liegn. 1882. 8. 35 p.   1.—
18800 **Hemmendorff.** Ueb. d. vegetat. Vermehrung in d. floralen Region bei
Epidendrum elongat. (Stockh., Ark. Bot.) 1904. 8. 6 p. m. 2 Tfln.   1.—
18801 **Hemsley.** Germinat. of the seeds of Davidia. (Lond., Linn. S.) 1903.
8. 4 p. w. pl.   1.—
18802 **Henfling.** Anat. u. Physiol. d. Pflanzen als Pensum d. Gymnasiums.
Friedeb. 1898. 4. 19 p.   1.—
18803 **Henfrey.** On the reproduct. of the higher Cryptogamia and the Phanerogamia. (Lond., Ann. & M.) 1852. 8. 20 p. w. pl.   1.50
18804 — On the developm. of the Ovule of Santalum album. (Lond., Linn.
S.) 1856. 4. 11 p. w. 2 pl.   1.50
18805 **Henkel.** Leitfad. d. Morphol. u. Organographie d. Blütenpflanzen.
Petersb. 1897. 8. 18 p. m. 14 Tfln. — Russisch.   1.50
18806 **Henry.** Beitr. z. Kenntn. d. Laubknospen. 3 Tle. (in 4 Abteil.) (Ac.
Leop.) 1836—44. 4. 72 p. m. 8 Tfln.   6.—
18807 — — III. (2 Tle.) 1839—44. 4. 26 p. m. 2 Tfln.   1.—
18808 — Üb. Knospen m. knoll. Basis. (Bonn, Nat. Ver.) 1850. 8. 27 p. m. 2 Tfln.   1.—
18809 — Ueb. Knospen an knolligverdickten Achsen. (Bonn, Nat. Ver.) 1850.
8. 15 p. m. Tfl.   1.—
18810 — Bild. d. Wurzelzasern v. Sedum Telephium, S. max. u. S. Fabaria.
(Bonn, Nat. Ver.) 1860. 8. 12 p. m. 2 Tfln.   1.—
18811 **Henschel.** Von d. Sexualität der Pflanzen. Mit Anhang v. Schelver.
Bresl. 1820. 8. 644 p. Cart.   6.—
18812 **Henschke.** Ueb. d. Bestandtheile der Scopoliawurzel. (Berl., Z. Nat.)
1887. 8. 41 p.   1.—
18813 **Hensel.** On the movements of Petals. (Lincoln) 1905. 8. 38 p.   1.50
18814 **Henslow, G.** On the angular divergencies of the leaves of Helianthus
tuber. (Lond., Linn. S.) 1868. 4. 14 p. w. pl.   1.—
18815 — On Phyllotaxis. (Lond., Vict. Inst.) 1872. 8. 12 p.   1.—
18816 — On the origin of the Systems of Pyllotaxis. (Lond., Linn. S.) 1875.
4. 10 p. w. pl.   1.—
18817 — On the origin of floral Aestivations. (Lond., Linn. S.) 1876. 4.
20 p. w. pl.   1.50
18818 — On the Self-Fertilization of Plants. (Lond., L. S.) 1879. 4. 80 p. w. pl.   2.50
18819 — On the absorpt. of Rain and Dew by the green parts of Plants.
(Lond., Linn. S.) 1879. 8. 15 p.   1.—
18820 — On the origin of the Scorpioid Cyme. (Lond., Linn. S.) 1880. 4.
9 p. w. pl.   1.—
18821 — Effects of the Solar Spectrum on the transpirat. of Plants. (Lond.,
Linn. Soc.) 1885. 8. 18 p.   1.—
18822 — Transpirat. and evaporat. as a function of Protoplasm. (Lond.,
Linn. S.) 1888. 8. 22 p.   1.—
18823 — On the vascular Systems of Floral Organs. (Lond., Linn. S.) 1890.
8. 47 p. w. 10 pl. (6 s.)   2.—
18824 — Theoret. origin of Endogens fr. Exogens. (Lond., Linn. S.) 1893.
8. 43 p.   1.—

18825 **Henslow, G.** Origin of Plant-Structures by self-adaptation to the environm. (Lond., Linn. S.) 1894. 8. 46 p. w. pl. — 1.50

18826 **Hentig.** Beziehgn. zw. d. Stellg. d. Blätter zum Licht u. ihr. inneren Bau. I. Kassel 1883. 8. 15 p. m. 2 color. Tfln. — 1.50

18827 **Henze.** Untersuch. üb. d. specif. Gewicht d. verholzt. Zellwand u. d. Cellulose. Gött. 1883. 8. 40 p. — 1.—

18828 **Herbert.** Anat. Unters. v. Blatt u. Axe d. Hippomaneen. Münch. 1897. 8. 62 p. — 1.—

18829 **Hermbstädt.** Anleit. z. Zergliederung d. Vegetabilien n. physisch-chemischen Grundsätzen. Berl. 1807. 8. 120 p. Cart. — 2.—

18830 **Herr.** Ueb. d. Bewegung in der Pflanzenwelt. Herborn 1846. 4. 27 p. — 1.50

18831 **Hertel.** Ueber Beeinflussung d. Organismus durch Licht. (Jena, Z. Phys.) 1904. 8. 42 p. m. Tfl. — 1.50

18832 **Hervier.** Polymorphisme du Populus Tremula et sa variété Freyni. (Paris, Rev. Bot.) 1896. 8. 11 p. av. pl. — 1.—

18833 **Herzog, T.** Anatom.-system. Untersuch. d. Blattes d. Rhamneen. Jena 1903. 8. 115 p. — 1.50

18834 **Hesselman.** Om Mykorrhizabildningar h. Arktiska Växter. (Stockh., Ak.) 1900. 8. 46 p. m. 3 Tfln. — 1.50

18835 — Ueb. sektorial geteilte Sprosse b. Fagus silvat. asplenif. (Stockh., Bot. T.) 1911. 8. 23 p. — 1.—

18836 **Heyer.** Unters. üb. d. Verhältn. d. Geschlechtes b. einhäus. u. zweihäus. Pflanzen. (Dresd., Landw. Inst.) 1884. 8. 152 p. — 2.—

18837 **Hielscher.** Anat. u. Biol. d. Gatt. Streptocarpus. Bresl. 1878. 8. 26 p. — 1.—

18838 **Hiern.** Theory of the Forms of floating Leaves. (Cambr.) 1872. 8. 12 p. — 1.—

18839 **Hieronymus.** Ueb. d. Blüthe v. Euphorbia. (Leipz., Bot. Z.) 1863. 4. 11 p. m. Tfl. — 1.—

18840 — Botan. Bilderbogen. (Sprossen- u. Blüten-Dagramme). Liefg. 1 (soviel erschienen). Bresl. 1883. folio. (75: 90 cm.). 10 Tfln. (M. 12.) — 5.—

18841 **Hildebrand.** De caulibus Begoniacear. Berol. 1858. 8. 44 p. — 1.—

18842 — Die Geschlechter-Vertheil. b. d. Pflanzen. Leipz. 1867. 8. 96 p. (M. 2.75.) — 1.50

18843 — D e l p i n o. S. la distrib. d. sessi n. Piante. (Milano, Soc. Nat.) 1867. 8. 32 p. — 1.—

18844 — Ueb. d. Bestäubungsverhältn. d. Gramineen. (Berl., Ak.) 1872. 8. 30 p. — 1.—

18845 — D. Verbreitungsmittel d. Pflanzen. Leipz. 1873. 8. 166 p. m. 58 Fig. (M. 4.) — 1.50

18846 — Die Farben d. Blüthen. Leipz. 1879. 8. 83 p. (M. 1.60.) — 1.—

18847 — Die Lebensverhältn. d. Oxalis-Arten. Jena 1884. 4. 144 p. m. 5 Tfln. (M. 18.) — 9.—

18848 — Ueb. Aehnlichkeiten im Pflanzenreich. Leipz. 1902. 8. 66 p. — 1.—

18849 **Hildebrandt.** Z. vergl. Anat. d. Ambrosiaceen u. Senecionid. Marb. 1887. 8. 52 p. m. Tfl. — 1.—

18850 **Hilger.** Ueb. d. Verbindgn. d. Jod mit d. Pflanzenalcaloïden. Würzb. 1869. 8. 40 p. m. 6 Tfln. — 1.50

18851 **Hilgers.** Krystalle v. oxalsaur. Kalk im Parenchym ein. Monocotylen. Jena 1866. 8. 32 p. — 1.—

18852 **Hill.** V. d. Schlaf d. Pflanzen. Carlsr. 1776. 8. 84 p. m. Tfl. — 1.—
Siehe auch Nr. 20634.

18853 — Beschreib. d. äusserlichen Theile d. Pflanzen. Leipz. 1782. 8. 80 p. m. 49 color. Tfln. Cart. — 4.—

18854 **Hiller.** Üb. d. Epidermis d. Blüthenblätter. Berl. 1895. 8. 41 p. m. 2 Tfln. — 1.50

18855 **Hiltner.** Ueb. d. Gatt. Subularia. (Leipz., Bot. Jahrb.) 1886. 8. 9 p. m. Tfl. — 1.—

18856 **Hine.** On some Proteïn Crystalloids. (Louvain, Cellule) 1895. 4. 12 p. w. colour. pl. — 1.50

18857 **Hinton.** Life in Nature. Lond. 1862. 8. 274 p. Cloth. — 1.50

18858 **Hinze.** Blattentfalt. b. dicotylen Holzgewächsen. Cassel 1901. 8. 40 p. m. Tfl. — 1.—

18859 **Hirsch, A.** Bewegungsmechanismus d. Compositenpappus. Berl. 1901. *ℳ*
8. 40 p. m. Tfl. 1.—
18860 **Hirsch, W.** Ueb. d. Entwickel. d. Haare b. d. Pflanzen. Berl. 1899. 8.
48 p. m. 73 Fig. 1.—
18861 **Hitchcock.** Opening of the buds of some woody Plants. (St. Louis, Ac.)
1893. 8. 9 p. w. 4 pl. 1.50
18862 **Hitzemann.** Z. vergleich. Anatomie d. Ternstroemiaceen, Dilleniac.,
Dipterocarpac. u. Chlaenac. Osterode 1886. 8. 100 p. 1.50
18863 **Hitzer.** Die Lebensdauer d. Pflanzen. Berl. 1844. 8. 64 p. 1.—
18864 **Hobein.** Z. anat. Charakter. d. Monimiac. (Leipz., Bot. Jahrb.) 1882.
8. 24 p. 1.—
18865 — System. Wert d. Cystolithen b. d. Acanthaceen. Leipz. 1884. 8. 22 p. 1.—
18866 **Hochstetter.** Aufbau d. Graspflanze. II. (Stuttg.) 1848. 8. 114 p. 1.—
18867 **Höck.** Brandenburger Buchenbegleiter. (Berl., Bot. Ver.) 1894. 8. 44 p. 1.—
18868 **Hof.** Histol. Studien an Vegetationspunkten. Cass. 1898. 8. 24 p. m. 2 Tfln. 1.50
18869 — Färberische Studien an Gefässbündeln. (Frankf., Senck.) 1913. 4.
20 p. m. 3 color. Tfln. 2.—
18870 **Hoffmann, H.** Question d. sexes chez l. Plantes dioïques. (Gand)
1871. 8. 18 p. 1.—
18871 — Der Krieg im Pflanzenreiche. (Leipz.) 1872. 8. 21 p. 1.—
18872 **Hoffmann, J. F.** Matér. p. s. à la connaiss. du Lemna arrhiza. (Paris,
Ann. Sc.) 1840. 8. 20 p. av. 3 pl. 1.50
18873 **Hoffmann, K.** Z. Anat. u. Jahresringbild. d. Vitaceen. Berl. 1909. 8. 52 p. 1.50
18874 **Hoffmann, M.** Disputatio chemica de Floribus. Altdorfi 1694. 4. 8 p. 2.—
18875 **Hofmeister.** S. la fécondat. d. Oenothères. (Paris, Ann. Sc.) 1848. 8.
8 p. av. pl. 1.—
18876 — Vergleich. Untersuch. d. Keimung u. Fruchtbildung höherer Kryptogamen u. d. Samenbildung d. Coniferen. Leipz. 1851. 4. 187 p. m.
33 Tfln. Cart. 25.—
Vergriffen und im Preise steigend.
18877 — Uebers. neuer. Beobachtgn. d. Befrucht. u. Embryobild. d. Phanerogamen. (Leipz., Ges. Wiss.) 1856. 8. 26 p. 1.50
18878 — Beugung. saftreich. Pflanzentheile nach Erschütterung. (Leipz.,
Ges. Wiss.) 1858. 8. 28 p. 1.—
18879 — Ueb. d. zu Gallerte aufquell. Zellen d. Aussenfläche v. Samen.
(Leipz., Ges. Wiss.) 1858. 8. 20 p. m. Tfl. 1.—
18880 — Steigen d. Saftes d. Pflanzen. (Leipz., Ges. Wiss.) 1858. 8. 14 p. 1.—
18881 — S. l'ascension de la Sève. (Paris, Ann. Sc.) 1858. 8. 15 p. 1.—
18882 — Nouv. documents s. la format. de l'embryon d. Phanérog. (Paris,
Ann. Sc. Nat.) 1859. 8. 73 p. av. 7 pl. 3.—
18883 — S. l. direct. d. parties d. Végétaux déterm. par la pesanteur. (Paris,
Ann. Sc.) 1861. 8. 42 p. 1.—
18884 — Die Lehre v. d. Pflanzenzelle. Leipz. 1867. 8. 416 p. m. 57 Fig.
(M. 9.) 3.—
18885 — Allgem. Morphol. d. Gewächse. Leipz. 1868. 8. 266 p. m. 134 Fig.
(M. 5.60.) 3.—
18886 **Hohenauer.** Vergleich.-anat. Untersuch. üb. d. Bau d. Stammes bei d.
Gramineen. (Wien, Z. b. G.) 1893. 8. 17 p. 1.—
18887 **Höhnel.** Morpholog. Untersuch. üb. d. Samenschalen d. Cucurbitaceen. I. (Wien, Ak.) 1876. 8. 41 p. m. 4 Tfln. 1.50
18888 — Histochemische Untersuchg. üb. d. Xylophilin u. Coniferin. (Wien,
Ak.) 1877. 8. 54 p. 1.—
18889 — Ueb. d. Kork u. verkorkte Gewebe. (Wien, Ak.) 1878. 8. 156 p.
m. 2 Tfln. 3.—
18890 — Anat. Unters. üb. ein. Secretionsorgane d. Pflanzen. (Wien, Ak.)
1881. 8. 39 p. m. 6 Tfln. 2.—
18891 — Die Pflanze u. d. Licht. Wien 1883. 8. 30 p. 1.—
18892 — Ueb. pflanzliche Faserstoffe. Wien 1884. 8. 34 p. 1.—

		$\mathcal{M}$

18893 **Hohnfeldt.** Ueb. d. Spaltöffnungen auf unterirdischen Pflanzenteilen. Königsb. 1880. 8. 50 p. 1.—

18894 **Holfert.** Die Nährschicht d. Samenschalen. Marb. 1890. 8. 38 p. m. 2 Tfln. 1.50

18895 **Holle, G.** Ueb. d. anatom. Bau d. Blattes d. Sapotaceen. Münch. 1892. 8. 60 p. m. Tfl. 1.—

18896 **Holle, G. v.** Z. Entwicklgsgesch. v. Borrera ciliaris. Gött. 1849. 4. 43 p. m. 2 Tfln. 1.—

18897 **Hollick.** Appendages to the Petioles of Liriodendra. (N. York, Torrey Cl.) 1896. 8. 2 p. w. 2 pl. 1.—

18898 **Holm, T.** Rech. anatom. et morphol. s. 2 Monocotylédones submergées. (Stockh., Ac.) 1885. 8. 24 p. av. 4 pl. 2.—

18899 — On the Leaves of Liriodendron. (Wash., Mus.) 1890. 8. 21 p. w. 6 pl. 1.50

18900 — Studies up. the Cyperaceae. 26 parts. (N. York, Journ. Sc.) 1896—1908. 8. 300 p. w. 4 pl. and many fig. 8.—

18901 — New anatom. characters f. cert. Gramineae. New Hav. 1903. 8. 35 p. 1.—

18902 — Anatom. studies on Americ. Plants. 6 pap. (N. York, J. Sc.) 1904—06. 8. 54 p. 1.50

18903 — Claytonia Gronov. Morphological and anatom. study. (Wash., Ac.) 1905. 4. 11 p. w. 2 pl. 1.50

18904 — Commelinaceae. Morphol. and anat. studies of the veget. organs. (Wash., Ac.) 1906. 4. 34 p. w. 8 pl. 3.50

18905 — Bartonia, an anatom. study. (Lond., Ann. Bot.) 1906. 8. 8 p. w. 2 pl. 1.—

18906 — Sisyrinchium: anatom. studies of N. Americ. species. (Chic., Bot. Gaz.) 1908. 8. 14 p. w. 3 pl. 1.50

18907 — On Seedlings of N. Americ. Phaenogam. (Toronto). 19 p. w. 3 pl. 1.50

18908 **Holmboe.** Ueb. d. endozoische Samenverbreit. d. Vögel. (Christ., Nyt Mag.) 1900. 8. 18 p. 1.—

18909 — Höiere epifytisk Planteliv i Norge. (Christ., Vid. S.) 1904. 8. 40 p. 1.—

18910 **Holtermann.** Z. Anat. d. Combretaceen. Bonn 1893. 8. 50 p. m. 2 Tfln. 1.—

18911 — Der Einfluss d. Klimas auf d. Bau d. Pflanzengewebe. Leipz. 1907. 4. 257 p. m. 19 Tfln. Lnb. (M. 14.) 9.—

18912 **Holthusen.** Verteil. d. Aschenbestandteile in d. Kohlrabi- u. Helianthus-Pflanze. Bonn 1906. 8. 78 p. 1.50

18913 **Holzner.** Ueb. d. Krystalle in d. Pflanzenzellen. (Münch., Flora) 1864. 8. 26 p. m. Tfl. 1.—

18914 **Hooker, J. D.** Functions and struct. of the Rostellum of Listera ovata. (Lond., Linn. Soc.) 1854. 4. 5 p. w. pl. 1.—

18915 **Hoppe.** Beobachtgn. d. Wärme in d. Blüthenscheide ein. Colocasia. (Halle, Ac. Leop.) 1880. 4. 66 p. (M. 5.) 1.50

18916 **Hoppe-Seyler.** Ueb. d. Chlorophyll d. Pflanzen. (Strassb., Z. physiol. Ch.) 1879. 8. 14 p. 1.—

18917 **Horn, E.** Z. Kenntn. d. Entwickel.- u. Lebensgeschichte d. Plasma-körpers ein. Kompositen. Gött. 1888. 8. 48 p. 1.—

18918 **Horn, P.** Z. Kenntn. d. Zwiebelbild. d. Gattg. Gagea. (Güstr., Arch.) 1874. 8. 18 p. m. 2 Tfln. 1.—

18919 — Z. Kenntn. d. Triglochinblüthe. (Neubrand., Arch.) 1876. 8. 16 p. m. Tfl. 1.—

18920 **Horowitz.** Anatom. Bau u. Aufspringen d. Orchideenfrüchte. Cassel 1902. 8. 42 p. m. 2 Tfln. 1.50

18921 **Horvath.** Z. Lehre üb. d. Wurzelkraft. Strassb. 1877. 8. 63 p. (M. 1.50.) 1.—

18922 **Höstermann.** Einwirk. d. Kochsalzes auf d. Vegetat. v. Wiesengräsern. Merseb. 1902. 8. 70 p. 1.50

18923 **Houston.** Morphol. of reproduct. organs in the Vegetable Kingdom. (Lond., Micr. Stud.) 1886. 8. 53 p. w. 12 colour. pl. Cloth. 6.—

18924 — Botanic. Histology. (Lond., Micr. Stud.) 1887. 8. 54 p. w. 12 pl. (7 colour.) Cloth. 4.—

18925 **Hovelacque.** S. l'appareil végét. d. Bignoniacées, Rhinanthac. Orobanch. et Utricular. Paris 1888. 8. 765 p. av. 651 fig. 4.50

18926 **Hryniewiecki.** Anatom. Stud. üb. d. Spaltöffnungen bei d. Dikotylen. (Krak., Ak.) 1912. 8. 21 p. m. 9 Tfln.   2.50

18927 — Ein neuer Typus d. Spaltöffnungen b. d. Saxifragen. 2 Tle. (Krak., Ak.) 1912. 8. 22 p. m. 4 Tfln.   2.—

18928 **Huber.** Observ. histol. e biol. s. o fructo da Wulffia Stenoglossa. (Para, Mus.) 1897. 8. 6 p. av. pl.   1.—

18929 **Hühner.** Vergleich. Unters. üb. d. Blatt- u. Achsenstructur ein. Austral. Podalyrieen-Gattgn. Cassel 1901. 8. 78 p. m. Tfl.   1.—

18930 **Huisgen.** Geschichte d. durch Schwerkraft hervorgeruf. Beweg.-Erscheinungen d. Pflanzenteile. Köln 1891. 4. 19 p.   1.—

18931 **Hüller.** Z. vergl. Anat. d. Polemoniaceen. Erl. 1906. 8. 76 p.   1.—

18932 **Hultberg.** Anatom. undersökn. öfv. Salicornia. (Lund, Univ.) 1881. 4. 51 p. m. 5 Tfln.   1.50

18933 **Humphrey.** On scme Constituents of the Cell. (Oxf., Ann. Bot.) 1895. 8. 19 p. w. pl.   1.—

18934 — Developm. of the Seed in the Scitamineae. (Oxf., Ann. Bot.) 1896. 8. 40 p. w. 4 pl.   2.50

18935 **Hünecke.** Z. Anat. d. Pleurothallidinae. Heidelb. 1904. 8. 77 p. m. Tfl.   1.50

18936 **Hunger, E. H.** Ueb. ein. vivipare Pflanzen u. d. Erscheinung d. Apogamie. 2 Tle. Bautzen 1882—87. 8. u. 4. 88 p. m. 2 Tfln.   2.—

18937 **Hunger, W.** Ueb. d. Funktion d. oberflächl. Schleimbildungen im Pflanzenreiche. Leiden 1899. 8. 86 p.   1.50

18938 **Huss.** Quellungsunfähigkeit v. Leguminosensamen. Halle 1890. 8. 74 p.   1.50

18939 **Huth.** Der Tabaxir. Berl. 1887. 8. 16 p.   1.—

18940 — Die Klettpflanzen u. ihre Verbreit. durch Tiere. Cassel 1887. 4. 37 p. m. 78 Fig. (M. 4.)   3.—

18941 **Immich.** Entwicklgesch. d. Spaltöffnungen. Rgsb. 1887. 8. 38 p. m. Tfl.   1.—

18942 **Irmisch.** Z. Morphol. d. monokotyl. Knollen- u. Zwiebelgewächse. Berl. 1850. 8. 308 p. Hfzb. — O h n e die Tfln.   1.—

18943 — Beitr. z. Biol. u. Morphol. d. Orchideen. Leipz. 1853. 4. 90 p. m. 6 Tfln. (M. 10.)   4.—

18944 — Beiträge z. vergleich. Morphol. d. Pflanzen. 6 Tle. (Halle, Nat. Ges.) 1854—79. 4. 90 p. m. 26 Tfln. (M. 29.50.)   22.—
        Zum Teil vergriffen.

18945 — Keimung u. Knospenbildung d. Aconitum Napellus. (Berl., Z. Nat.) 1854. 8. 12 p. m. 3 Tfln.   1.50

18946 — S. le développ. d. racines de qu. Renonculacées. (Paris, Ann. Sc.) 1856. 8. 25 p. av. 3 pl.   1.50

18947 — Ueb. Aconitum Anthora. (Brem., Nat. Ver.) 1873. 8. 8 p. m. Tfl.   1.—

18948 — Ueb. ein Pflanzen, b. d. in d. Achsel bestimmter Blätter e. grosse Anzahl v. Sprossanlagen sich bild. (Brem., Nat. Ver.) 1876. 8. 27 p. m. 2 Tfln.   1.50

18949 — Ueb. d. Keimpflanzen ein. Potamogeten-Arten. (Berl., Z. Nat.) 1878. 8. 10 p. m. Tfl.   1.—

18950 — Die Wachsthumsverhältn. v. Bowiea volub. (Brem., Nat. Ver.) 1879. 8. 8 p. m. Tfl.   1.—

18951 **Ishikawa.** Die Entwickl. d. Pollenkörner v. Allium fistulos. (Tokyo, Journ. Sc.) 1897. 4. 29 p. m. 2 Tfln.   1.50

18952 **Itschert.** Z. anatom. Kenntnis v. Strychnos Tieuté. Erl. 1894. 8. 26 p. m. Tfl.   1.—

18953 **Jablonski.** De condition. Vegetationi necessar. Berol. 1832. 8. 32 p.   1.—

18954 **Jacob de Cordemoy.** Rech. s. l. Monocotylédones à accroissement second. Lille 1894. 8. 168 p. av. 3 pl.   3.—

18955 **Jacobi.** Einfluss verschied. Substanzen auf d. Atmung u. Assimilation submerser Pflanzen. Münch. 1899. 8. 44 p.   1.—

18956 **Jacobson.** Ueb. ein. Pflanzenfette. Königsb. 1887. 8. 61 p. m. 3 Tabellen.   1.—

18957 **Jacobson and Marchlewski.** On the duality of Chlorophyll. (Crac., Ac.) 1912. 8. 13 p. w. 2 photogr. pl.   1.50

	$\mathcal{M}$

18958 **Jacobsson-Stiasny.** Die spez. Embryologie d. Gatt. Sempervivum. (Wien, Ak.) 1913. 4. 19 p. m. 2 Tfln. — 3.—

18959 — Versuch e. histolog.-phylogenet. Bearbeit. d. Papilionaceae. (Wien, Ak.) 1913. 8. 63 p. m. Tfl. — 2.—

18960 **Jäderholm.** Anatom. stud. öfv. Sydamerikan. Peperomier. Upps. 1898. 8. 99 p. m. 2 Tfln. — 1.—

18961 **Jadin.** Contrib. à l'ét. (anatom.) des Simarubacées. Paris 1901. 8. 106 p. av. pl. — 2.—

18962 **Jäger, G. v.** Ueb. die Wirkungen d. Arseniks auf Pflanzen. Stuttg. 1864. 8. 115 p. (M. 2.20.) — 1.—

18963 **Jahn.** Holz u. Mark an d. Grenzen d. Jahrestriebe. Cassel 1894. 8. 32 p. m. Tfl. — 1.—

18964 **Jahrbuch** f. Mikroskopiker. Red. v. Francé. Jahrg. I—III: 1909—11. Diessen. 8. m. 2 Tfln. (M. 2.80.) — 2.—

18965 **Jahresbericht** über d. Arbeiten d. physiol. Botanik: 1839, 1842—43, 1846 v. Link, Meyen, Münter. 3 Tle. Berl. 1840—49. 8. 460 p. — 1.50

18966 **Jahresbericht** d. Schwed. Acad. üb. d. Fortschr. d. Anat. u. Physiol. der Thiere u. Pflanzen. Jahrg. I, II: 1824 u. 25. Bonn 1826—28. 8. 454 p. Cart. — 1.50

18967 **Jákó.** Z. Anat. d. Stapelien. Lugos 1882. 8. 39 p. m. 2 z. Tl. color. Tfln. — Magyarisch. — 1.50

18968 **Jamieson.** Utilisation of Nitrogen in Air by Plants. II. Glasterberry 1906. 8. 89 p. w. 3 pl. (2 colour.). Boards. — 3.—

18969 **Janchen.** Die Methoden d. biolog. Eiweissdifferenzier. in ihr. Anwend. auf d. Pflanzensystem. (Wien, Nat. Ver.) 1913. 8. 20 p . — 1.—

18970 **Janczewski.** Et. comp. s. l. Tubes cribreux. (Paris, Ann. Sc.) 1882. 8. 53 p. — 1.50

18971 **Janischewsky.** Ueb. die Keimlinge v. Rheum leucorhizum u. undul. Kasan 1910. 8. 18 p. m. Tfl. — In Russischer Sprache. — 1.—

18972 **Jännicke.** Z. vergleich. Anat. d. Papilionaceae. Marb. 1884. 8. 38 p. m. Tfl. — 1.—

18973 **Jaensch, O.** Z. Embryol. v. Ardisia crispa. Bresl. 1905. 8. 37 p. — 1.—

18974 **Jaensch, T.** Ueb. d. inneren Bau d. Ambatsch. I. Bresl. 1883. 8. 50 p. — 1.—

18975 **Janssonius.** Mikrographie d. Holzes d. auf Java vork. Baumarten. Lfrg. 1—4 (soviel erschien.). Leid. 1908—14. 8. 1252 p. (M. 24.) — 20.—

18976 **Jantzen.** Rech. expérim. s. les causes de l'ascens. de la Sève dans l. Arbres. (Copenh. Nat. För.) 1902. 8. 18 p. av. 2 pl. — 1.50

18977 **Japp.** Ueb. d. morphol. Wertigkeit d. Nektariums d. Blüten d. Pelargonium zonale. (Brünn, Nat. Ver.) 1909. 8. 16 p. m. 2 Tfln. — 1.50

18978 **Jaschke.** De rebus in Arboribus inclusis. Vratisl. 1859. 8. 44 p. et tab. — 1.—

18979 **Jaume-St.-Hilaire.** Exposition d. familles natur. et de la germinat. des Plantes. 2 vols. Paris 1805. 8. 1054 p. av. 112 pl. (fr .36.) D.-rel. veau. — 12.—

18980 **Jeffrey.** The struct. and developm. of the Stem in the Pteridophyta and Gymnosperms. (Lond., Roy. Soc.) 1902. 4. 28 p. w. 6 pl. — 3.—

18981 **Jencic.** Untersuchgn. d. Pollens hybrider Pflanzen. (Wien, Bot. Z.) 1900. 8. 15 p. — 1.—

18982 **Jensen, P. B.** Studier over synthet. Processer h. höjere Planter. (Kjöbenh.) 1911. 4. 6 p. — 1.—

18983 **Jentys.** S. la nature chim. et la struct. de l'Amidon. (Cracovie, Ac.) 1907. 8. 50 p. — 1.50

18984 **Jessen.** Ueb. d. Lebensdauer d. Gewächse. (Bresl., Leop. Ac.) 1854. 4. 188 p. — 2.50

18985 **Joblot.** Descr. et usages de plus. nouv. Microscopes. 2 parties. Paris 1718. 4. 191 p. av. 34 pl. Veau. — 6.—

18986 **Jochmann.** De Umbelliferar. struct. et evolut. Vratisl. 1854. 4. 28 p. et 3 tab. — 1.—

18987 **Johansson.** Om Gräsens kväfvefria Resernväringsämnen. (Stockh., Ak.) 1889. 4. 45 p. m. 4 Tfln. (1 color.) — 1.50

W. Junk, Berlin, W. 15.

18988 **Johnson, H.** Propriété nouv. d. Plantes. (Paris, Ann. Sc.) 1835. 8. 12 p. av. pl. — *M* 1.—

18989 **Johow.** Z. Bestäubungsbiologie Chilen. Blüthen. 2 Tle. Valp. 1900—01. 8. 44 p. m. 3 Tfln. 2.50

18990 **Jonas.** Photometr. Bestimm. d. Absorptionsspektra roter u. blauer Blütenfarbstoffe. Ratib. 1887. 8. 55 p. m. Tfl. 1.50

18991 — Ueb. d. Inflorescenz u. Blüte v. Gunnera manic. Bresl. 1892. 8. 30 p. m. 4 Tfln. 1.50

18992 **Jonescu.** Ueb. d. Ursachen d. Blitzschläge in Bäume. (Stuttg., Ver. Nat.) 1893. 8. 32 p. 1.—

18993 **Jönsson.** Om Bladets anatom. byggnad h. Proteaceerna. (Lund, Univ.) 1880. 4. 51 p. m. 3 Tfln. 1.—

18994 — Masurbildn. h. Eucalyptus. (Stockh., Bot. Not.) 1883. 8. 18 p. m. Tfl. 1.—

18995 — Om Befruktning. h. Najas. (Lund, Univ.) 1886. 4. 26 p. m. Tfl. 1.50

18996 — Om Brännfläckar pa Växtblad. (Stockh., Bot. Not.) 1891. 8. 58 p. m. 2 color. Tfln. 2.—

18997 — Siebähnl. Poren d. trachealen Xylemelemente. (Berl., Bot. Ges.) 1892. 8. 20 p. m. Tfl. 1.—

18998 — Jakttag. öfv. Ljusets betyd. för Fröns groning. (Lund, Fysiogr. Sällsk.) 1893. 4. 47 p. 1.50

18999 — Jakttag. öfv. tillväxt. h. Orobanche-arter. (Lund, Univ.) 1895. 4. 23 p. m. 2 Tfln. 1.—

19000 — Z. Kenntn. d. anat. Baues des Blattes. (Lund, Univ.) 1896. 4. 23 p. m. 2 Tfln. 1.50

19001 — Die ersten Entwicklgsstadien. d. Keimpflanze d. Succulenten. (Lund, Univ.) 1902. 4. 34 p. m. 3 Tfln. 2.—

19002 — Z. Kenntn. d. anatom. Baues d. Wüstenpflanzen. (Lund, Univ.) 1902. 4. 61 p. m. 5 Tfln. 5.—

19003 — Färgbestämningar för Klorofyllet h. skilda växtformer. (Stockh., Ak.) 1902. 8. 30 p. m. color. Tfl. 1.—

19004 **Jordan, K. F.** Die Stellung d. Honigbehälter u. d. Befruchtungswerkzeuge in d. Blumen. Halle 1886. 8. 58 p. m. 2 Tfln. 1.—

19005 — Z. physiolog. Organographie d. Blumen. (Berl., Bot. Ges.) 1887. 8. 18 p. m. Tfl. 1.—

19006 **Jörgensen, A.** Etudes s. l'hist. nat. de la Racine. 2 parties. (Copenh., Bot. Tidsk.) 1878—79. 8. 52 p. av. 8 pl. — En l. Danoise av. résumé Français. 3.—

19007 **Josing.** Einfluss d. Aussenbeding. auf d. Abhäng. d. Protoplasmaström. v. Licht. Leipz. 1901. 8. 40 p. 1.—

19008 **Jost.** Abhängigk. d. Laubblattes v. s. Assimilationsthätigk. (Berl., Pringsh. J.) 1895. 8. 78 p. m. Tfl. 2.—

19009 — Die Theorie d. Verschiebung seitl. Organe durch ihr. gegenseit. Druck. (Leipz., Bot. Z.) 1899. 4. 34 p. m. Tfl. 1.50

19010 — Z. Physiol. d. Pollens. (Berl., Bot. Ges.) 1905. 8. 11 p. 1.—

19011 — Ueb. die Selbststerilität einig. Blüten. (Leipz., Bot. Z.) 1907. 4. 41 p. m. Tfl. 1.50

19012 — Vorlesgn. üb. Pflanzenphysiologie. 3. Aufl. Jena 1913. 8. 776 p. m. 194 Fig. (M. 16.)

19013 — Lectures on Plant Physiology. Transl. by Gibson. Oxf. 1907. 8. 578 p. w. 172 fig. Cloth. 19.—

19014 The **Journal** of the English Agricultural Society. Vol. 1—40 w. 2 indices. Lond. 1839—1899. 8. w. many pl. 130.—

19015 The **Journal** of Applied Microscopy. Vol. I—VI. Rochester 1898—1903. 8. 25.—

19016 The **Journal** of the Postal Microscop. Society. Ed. by Allen. Vol. I—V. Lond. 1882—86. 8. w. many plates. Half bd. calf. 16.—

19017 The **Journal** of the Quekett Microscopical Club. Series II. Nrs. 1—22. Lond. 1882—88. 8. w. many pl. 15.—

19018 **Juel.** Z. Kenntn. d. Hautgewebe d. Wurzeln. (Stockh., Ak.) 1884. 8.   _M_
18 p. m. 2 Tfln.   1.—
19019 — Z. Anat. d. Marcgraviaceen. (Stockh., Ak.) 1887. 8. 28 p. m. 3 Tfln.   1.50
19020 — De floribus Veronicarum. (Stockh., Hort. Berg.) 1891. 4. 20 p.
m. 2 Tfln.   1.—
19021 — De tela fibrovasali Veronicae longifoliae. (Stockh., Hort. Berg.)
1892. 4. 30 p. — Schwedisch.   1.—
19022 — Vergleich. Untersuchungen üb. typische u. parthenogenet. Fortpflanzung bei Antennaria. (Stockh., Vet. Ak.) 1900. 4. 59 p. m. 6 Tfln.
(M. 7.50.)   4.50
19023 — Stud. üb. d. Entwicklungsgesch. v. Saxifraga Granulata. (Upsala,
Soc. Sc.) 1907. 4. 41 p. m. 4 Tfln.   2.50
19024 — Om blommans byggnad h. Browallia. (Kjöbenh.) 1911. 4. 10 p. m. Tfl.   1.—
19025 **Jumelle.** Rech. physiol. s. le développ. d. Plantes annuelles. Paris
1889. 8. 106 p. av. 2 pl.   2.—
19026 — Le Laborat. de Biologie végét. de Fontainebleau. Paris. 8. 15 p.   1.—
19027 **Jumpertz.** De foecundat. Plantar. Bonn. 1855. 8. 33 p. et tab.   1.—
19028 **Jungner.** Bidr. t. känned. om Anat. h. Dioscoreae. (Stockh., Ak.) 1888.
8. 84 p. m. 5 Tfln.   2.—
19029 — Wie wirkt träufelndes u. fliessendes Wasser auf d. Gestaltung d.
Blattes? Stuttg. 1895. 4. 40 p. m. 3 Tfln. (M. 10.)   5.—
19030 **Junk, W. Bibliographia Botanica. Berolini 1909. 8. XVIII et 228 p.
Leinbd.**   1.—

    ☞ Unentbehrlich für jeden Botaniker, da einziges Werk, aus
welchem eine Information über jedes in irgend einer Hinsicht wichtige botanische
Werk geholt werden kann. Bibliographische Notizen, Geschichte, Seltenheit, Preisschwankungen, Angaben der vergriffenen Bände etc. etc., alles findet sich in
diesem Bande.
    Prof. L i n d a u: Ausserordentlich wertvoll. — Professore S a c c a r d o - Pa-
dova: Magnifique et très-intéressante. — J. D ö r f l e r - Wien: Fachkundig und
überaus sorgfältig zusammengestellte Bibliographie, die tatsächlich alles auch nur
halbwegs Wichtige der gesamten botanischen Literatur enthält. Nehmen Sie meine
aufrichtigsten Glückwünsche zum Gelingen dieser schwierigen Arbeit entgegen.
Sie haben ein enormes bibliographisches Wissen. — Publisher's Circular: Probably it would be difficult if not impossible to find a publisher and
antiquarian bookseller with Mr. J.'s knowledge gained from 25 years' experience
in this special branch, and this knowledge has enabled him to write a very interesting article on 'Botanical Literature from the Bibliographical Standpoint'. —
Prof. S c h o r l e r - Dresden: .... Ihre ausgezeichnete „B. B.' .... Geh. Rat
Drude und ich haben mit grossem Interesse das Vorwort gelesen. Dadurch erst in
Verbindung mit Ihren „Rara" haben wir den hohen Wert unserer botan. Bibliothek
kennen gelernt. Wir werden nicht die einzigen sein, denen es so gegangen ist. Es
war sehr verdienstlich von Ihnen, den reichen Schatz Ihrer Erfahrungen der Allgemeinheit nutzbringend zu machen. Ich beglückwünsche Sie dazu. — M o n d e d e s
P l a n t e s: Renferme tous les ouvrages et périodiques de quelque importance
sur l'ensemble de la botanique, av. d. indications détaillées que l'on ne trouvera
réunies nulle part ailleurs. Cette bibliographie constituera pour les botanistes une
source de références importantes. — Prof. M a u r i z i o - Lemberg: Ihre Einleitung
zur „Bibliographia" hat mir grosse Freude bereitet. Sie ist höchst interessant.
Es wäre für Sie eine dankenswerte Aufgabe, die Geschichte einiger Werke zu
liefern und durch Ihre reiche Kenntnis aufzuklären. — J. C h. B a y, John Crerar
Library, Chicago: I regard this catalogue as a wonderful achievement. It will
remain for a number of years the authoritative catalogue in our line. The introduction bears witness to the most mature observation and experience. — I n t e r -
n a t i o n a l e E n t o m o l o g i s c h e Z e i t s c h r i f t: In sachkundiger und erschöpfender Weise behandelt Autor die „Botanische Literatur vom bibliographischen Standpunkt" in einer Einleitung, auf die ich hier nicht näher eingehen kann,
aber schon diese Abhandlung ist lesenswert; s i e e r ö f f n e t u n s e i n e P e r -
s p e k t i v e i n d e n i d e e l l e n L e b e n s z w e c k e i n e s B u c h h ä n d -
l e r s u n d V e r l e g e r s, w i e e r s e i n s o l l, i n w o h l t u e n d e m G e -
g e n s a t z z u s o l c h e n E l e m e n t e n, d i e b e i k n a p p e l e m e n t a -
r e m B i l d u n g s g r a d e r e i n e g o i s t i s c h e Z w e c k e v e r f o l g e n
u n d h i e r b e i k e i n e M i t t e l s c h e u e n. — Dr. G r e s h o f f, Koloniaal
Museum, Haarlem: Das Buch ist auf so reicher Bücherkenntnis aufgebaut, dass
es einen spezifischen Wert in der botanischen Literatur hat. — P u b l i c L i b -
r a r i e s, New York: Very valuable apparatus of annotation, of interest equally
to the botanist, the librarian and the bookseller. It is an u n u s u a l p r o d u c -
t i o n, e x e m p l i f y i n g t h e w o r k o f t h e m o d e r n s c h o o l o f c o n -
t i n e n t a l b o o k s e l l e r s, w h e r e b o o k t r a d e i s c o m b i n e d w i t h

M

k n o w l e d g e o f b o o k s, their value, their history. This feature of the present catalog is admirably brought forth in the running annotations, and in a well-written preface. As a bibliographical trade-catalogue this one is worthy of an earnest study of librarians, and of a brotherly appreciation from bibliographers. — Prof. M i y o s h i, Tokyo: Ihre „Bibliographia Botanica" ist sehr wertvoll. — M i t t e i l u n g e n z u r G e s c h i c h t e d e r N a t u r w i s s e n s c h a f t e n: Wieder eine verdienstliche Schrift unseres kundigen Mitgliedes. Eine Vorrede behandelt eingehend „Die botanische Literatur vom bibliographischen Standpunkte", auch gibt der rührige Verfasser einen Einblick in seine bisherige wissenschaftliche Tätigkeit.

19031 **Junk, W.** Bibliographiae Botanicae S u p p l e m e n t u m. 6 partes. Berol. 1916. 8. circ. 600 p. cum circ. 23,000 titulis librorum. L e i n b d.   1.50
     Pars I: Acta. Historia. Vitae Botanicorum. Bibliographia. Auctores Ante-Linnaeani. Linnaeus. Scripta Miscellanea. Horti (et Musea). Systema. Nomina, Terminologia. Elementa. — Pars II: Phanerogamae (Systema). — Pars III: Cryptogamae [Scripta Miscellanea. Cryptog. vasculares. Bryophyta. Fungi. Lichenes. Algae. Characeae. Desmidiaceae et Diatomaceae. Plancton.] — Pars IV: Biologia Plantarum (Anatomia, Physiologia, Biologia s. str.). Philosophia Naturalis. Specierum Origo (Hereditas, Mutatio, Variatio). Pathologia. — Pars V: Geographia Plantarum, Florae. [Scripta Miscellanea. Europa. Europa centralis. Britannia. Gallia. Hispania et Lusitania. Italia. Paeninsula Balcanica. Rossia. Scandinavia. Asia media. Asia occidentalis. Asia orientalis. India. Sibiria. Archipelagus Indicus. Australia et Oceania. Africa. America septentrionalis. America centralis (et insulae). America meridionalis. Regiones Arcticae.] — Pars VI: Plantae Oeconomicae [Agricultura et Plantae utiles. Plantae Hortenses. Plantae Silvestres (Arbores). Plantae Pomiferae. Vitis Vinifera. Plantae Officinales (et venenatae)].

    ☛ Der vorliegende Catalog ist der Pars IV; jedoch ist er in der obigen gebundenen Ausgabe auf gutem holzfreien Papier abgezogen.

19032 **Junowics.** Die Lichtlinie in d. Prismenzellen d. Samenschalen. (Wien, Ak.) 1878. 8. 18 p. m. 2 Tfln.   1.—

19033 **Jurányi.** Üb. Kerneteilung. (Budap., Math. Ber.) 1884. 8. 70 p. m. 3 Tfln.   1.50

19034 — Ueb. d. Pollen d. Gymnospermen. (Budap., Math. Ber.) 1884. 8. 17 p.   1.—

19035 **Jussieu, A. de.** S. les Embryons monocotyléd. (Paris, Ann. Sc.) 1839. 8. 20 p.   1.—

19036 — S. l. tiges de divers. Malpighiac. (Paris, Ann. Sc.) 1841. 8. 23 p.   1.—

19037 **Just.** I. u. III. Bericht d. Badischen Pflanzenphysiolog. Versuchsanstalt zu Karlsruhe 1884 u. 1886. Karlsr. 1885—87. 8. 117 p.   2.—

19038 **Kaczmarek.** Crocion Achlydophyllum, an ecolog. and anat. study. (Notre Dame) 1915. 8. 15 p. w. 7 pl.   2.—

19039 **Kahns.** Z. Kenntn. d. physiolog. Anat. d. Gattg. Kleinia. Kiel 1909. 8. 84 p.   1.—

19040 **Kalberlah.** Der Bau v. Tetrastigma Scariosum. Halle 1898. 8. 48 p.   1.—

19041 **Kalinnikow u. Rasdorsky.** Exper. Unters. d. Zugwiderstands v. bastreich. Pflanzenteilen. (Mosk., Bull.) 1913. 8. 117 p. m. 2 Tfln.   3.—

19042 **Kallen.** Verhalten d. Protoplasma in d. Geweben v. Urtica urens. Regensb. 1882. 8. 40 p. m. Tfl.   1.—

19043 **Kamerling.** Z. Biol. u. Physiol. d. Zellmembranen. (Jena, Bot. Centr.) 1897. 8. 12 p.   1.—

19044 **Kamensky.** Ueb. Symbiosen im Pflanzenreich. Odessa 1891. 8. 17 p. — Russisch.   1.—

19045 — Z. Gesch. d. Sexual-Prozesses bei d. Pflanzen. Odessa 1897. 8. 38 p. — Russisch.   1.—

19046 **Kamienski.** Z. vergleich. Anat. d. Primeln. Strassb. 1875. 8. 39 p.   1.—

19047 — Vergleich. Anat. d. Primulaceen. (Krak., Ak.) 1876. 4. 60 p. m. 10 Tfln. — In Polnischer Sprache.   2.50

19048 — Vergleich. Anat. d. Primulaceen. (Halle, Nat. Ges.) 1878. 4. 90 p. m. 10 Tfln. (M. 12.)   6.—

19049 **Kanngiesser.** Alter u. Dickenwachstum v. Würzburg. Wellenkalkpflanzen. Würzb. 1905. 8. 33 p.   1.—

19050 **Kaphahn.** Z. Anat. d. Rhynchosporeenblätter. Leipz. 1904. 8. 45 p. m. 2 Tfln.   1.50

19051 **Kareltschikoff.** Ueb. d. Vertheil. d. Spaltöffnungen auf d. Blättern. (Moskau, Bull.) 1866. 8. 38 p.   1.—

19052 **Kareltschikoff.** Z. Entwicklgsgesch. d. Spaltöffnungen. (Moskau, Bull.) *M*
1866. 8. 7 p. m. Tfl. 1.—
19053 — Ueb. d. faltenförm. Verdickgn. in d. Zellen ein. Gramineen. (Mosk..
Bull.) 1868. 8. 10 p. m. Tfl. 1.—
19054 **Karsten, G.** Ueb. d. Anlage seitl. Organe b. d. Pflanzen. Leipz. 1886.
8. 32 p. m. 3 Tfln. (M. 4.) 1.—
19055 — Entwickl. d. Schwimmblätter bei Wasserpflanzen. (Leipz., Bot. Z.)
1888. 4. 11 p. 1.—
19056 — Z. Entwicklgesch. ein. Gnetum-Arten. (Leipz., Bot. Z.) 1892. 4.
15 p. m. 2 Tfln. 1.—
19057 — Untersuch. üb. d. Gattg. Gnetum. (Leid., Jard. Buit.) 1893. 8. 24 p.
m. 3 Tfln. 1.50
19058 — Morphol. u. biolog. Untersuch. üb. ein. Epiphytenformen d. Molukken. (Leiden, Jard. Buit.) 1894. 8. 79 p. m. 7 Tfln. 4.—
19059 — Ueb. d. Entwickl. d. weibl. Blüthen bei ein. Juglandaceen. (Marb.,
Flora) 1902. 8. 16 p. m. Tfl. 1.—
19060 **Karsten, H.** Ueb. d. Bau d. Cecropia peltata. (Ac. Leop.) 1851. 4.
18 p. m. 2 Tfln. 1.—
19061 — Vorkomm. d. Gerbsäure in Pflanzen. (Berl., Ak.) 1858. 8. 10 p. m. Tfl. 1.—
19062 — 20 Abhandl. üb. Pflanzenphysiol. 1860—72. 8. 296 p. m. 6 Tfln. 4.—
19063 — Das Geschlechtsleben d. Pflanzen u. d. Parthenogenesis. Berl. 1860.
4. 52 p. m. 2 Tfln. 1.—
19064 — On the sexual life of Plants and Parthenogenesis. 2 parts. (Lond.,
Ann. & M.) 1861. 8. 29 p. w. 3 pl. 1.50
19065 — Histolog. Untersuchgn. (Berl., Ak.) 1862. 4. 80 p. m. 3 Tfln. 1.—
19066 — Entwicklgserscheinungen. d. organ. Zelle. (Berl., Poggend. Ann.)
1863. 8. 24 p. m. Tfl. 1.—
19067 — Das Geschlechtsleben d. Pflanzen. (Berl., Bot. Unters.) 1865. 4. 28 p. 1.—
19068 — Der unterständ. Fruchtknoten. (Berl., Bot. Unters.) 1865. 4. 8 p.
m. Tfl. 1.—
19069 — Ueb. Zizania aquat. (Berl., Bot. Unters.) 1865. 4. 5 p. m. Tfl. 1.—
19070 — Histol. Untersuchungen. Bild., Entwickl. u. Bau d. Pflanzenzelle.
(Berl., Bot. Unters.) 1865. 4. 78 p. m. 3 Tfln. 1.50
19071 — Die organ. Zelle. (Berl., Bot. Unters.) 1865. 4. 73 p. m. 2 Tfln. 1.—
19072 — Z. Entwicklungsgesch. d. Loranthaceen. (Berl., Bot. Unters.) 1865.
4. 10 p. m. 2 Tfln. 1.—
19073 — Die Vegetationsorgane d. Palmen. (Berl., Bot. Unters.) 1865. 4.
112 p. m. 9 Tfln. 2.50
19074 — Gesamm. Beitr. z. Anat. u. Physiol. d. Pflanzen. 2 Bde. Berl. 1865—
1890. 4. 780 p. m. 29 z. Tl. color. Tfln. (M. 24.) 13.—
19075 — — Bd. I. 1865. 470 p. m. 25 Tfln. (M. 12.) 2.—
19076 — Ueb. d. Geschlechtsthätigk. d. Pflanzen. (Berl., Bot. Unters.) 1867.
8. 29 p. 1.—
19077 — Chemismus d. Pflanzenzelle. Wien 1869. 8. 90 p. 1.—
19078 **Katzer.** Die Blütenbiologie in d. Mittelschule. Brünn 1897. 8. 24 p. 1.—
19079 **Kauffmann, N.** Ueb. d. Natur d. Stacheln. (Mosk., Bull.) 1859. 8. 10 p. 1.—
19080 — Z. Entwicklgsgesch. d. Cacteenstacheln. (Mosk., Bull.) 1859. 8.
19 p. m. 2 Tfln. 1.50
19081 — Z. Kenntn. v. Pistia Texensis. (Petersb., Ak.) 1867. 4. 12 p. m. Tfl. 1.—
19082 — Bild. d. Wickels bei d. Asperifolieen. (Mosk., Soc. Nat.) 1871. 4.
16 p. m. Tfl. 1.—
19083 **Kaufholz.** Beitr. z. Morphol. d. Keimpflanzen. Rostock 1888. 8. 50 p.
m. 4 Tfln. 1.50
19084 **Kayser.** Z. Kenntn. d. Entwicklgsgesch. d. Samen. Berl. 1893. 8. 74 p.
m. 4 Tfln. 1.50
19085 **Keith.** On the origin of Buds. (Lond., Linn. S.) 1830. 4. 13 p. 1.—
19086 **Keller, J. A.** Ueb. Protoplasma-Strömung im Pflanzenreich. Zürich
1890. 8. 47 p. 1.—

19087 **Keller, J. A.** 4 pap. on Physiol. of Plants. (Philad., Ac.) 1893—99. 8. *ℳ*
20 p. w. 4 pl. 2.—
19088 — On Hyacinth Roots. (Philad., Ac.) 1900. 8. 5 p. w. pl. 1.—
19089 **Keller, L.** Anatom. Studien üb. d. Luftwurzeln ein. Dikotyledonen.
Heidelb. 1889. 8. 46 p. m. Tfl. 1.—
19090 **Keller, R.** Die Blüthen alpiner Pflanzen. Basel 1887. 8. 36 p. 1.—
19091 — Fortschritte a. d. Gebiete d. Pflanzenphysiol. u. -biologie. (Leipz.,
Biol. Centr.) 1894. 8. 70 p. 1.50
19092 **Kellermann.** Entwicklgesch. d. Blüte v. Gunnera Chilens. Zürich 1881.
8. 23 p. m. 4 Tfln. 1.50
19093 **Kenkel.** Einfluss d. Wasserinjektion auf Geotropismus u. Heliotropismus. Münst. 1913. 8. 77 p. m. Tfl. 2.50
19094 **Kerber.** Lösung ein. phyllotaktischen Probleme. (Berl., Ak.) 1882. 8.
18 p. m. Tfl. 1.—
19095 **Kerckhoff.** Beitr. z. Kenntn. v. Carlina acaulis u. Atractylis gummifera.
Münch. 1896. 8. 58 p. m. 3 Tfln. 1.—
19096 **Kerndt.** De fructibus Asparagi et Biscae Orellanae. Lips. 1849. 8. 104 p. 1.—
19097 **Kerner.** Ueb. d. Einfluss d. Temperat. d. Quellenwassers auf d. Pflanzen. (Wien, Z. b. G.) 1855. 8. 4 p. m. Tfl. 1.—
19098 — Ueb. Bodenstetigkeit d. Pflanzen. (Wien, Z. b. G.) 1863. 8. 12 p. 1.—
19099 — Bestäubungseinricht. d. Euphrasieen. (Wien, Z. b. G.) 1888. 8.
4 p. m. Tfl. 1.—
19100 — Pflanzenleben. 2 Bde. Leipz. 1890—91. 8. 1650 p. m. 40 color. Tfln.
(M. 32.) Hfzbde. 8.—
19101 — — 3. (letzte) Aufl. v. A. Hansen. 3 Bde. Leipz. 1913—16. 8. m.
2 Ktn., 100 color. Tfln. u. 469 Fig. Hfzbde. (M. 42.)
19102 **Kerr.** Pollination of cert. Dendrobium. (Dubl., Roy. Soc.) 1909. 4. 9 p.
w. 2 pl. 1.50
19103 **Kerstan.** Einfluss d. geotrop. u. heliotrop. Reizes auf d. Turgordruck
in d. Geweben. Bresl. 1907. 8. 51 p. 1.50
19104 **Ketel.** Anatom. Untersuch. üb. d. Gatt. Lemanea. Greifsw. 1887. 8.
41 p. m. Tfl. 1.—
19105 **Kexel.** Anat. d. Laubblätter u. Stengel d. Hypericaceae u. Cratoxyleae.
Erl. 1896. 8. 64 p. m. 2 Tfln. 1.50
19106 **Kienast.** Ueb. d. Entwickl. d. Oelbehälter in d. Blättern v. Hypericum
u. Ruta. Elbing 1885. 8. 52 p. 1.—
19107 **Kienitz, M.** Die Entsteh. d. Markflecke. (Cassel, Bot. Centr.) 1883. 8.
12 p. m. 2 Tfln. 1.—
19108 **Kienitz-Gerloff, F.** Neue Studien üb. Plasmodesmen. (Berl., Bot. Ges.)
1902. 8. 25 p. m. Tfl. 1.—
19109 — Symbiose v. Pflanzenwurzeln m. Pilzen. (Jena, Nat. R.) 1903. 4. 11 p. 1.—
19110 **Kieser.** Elem. d. Phytotomie. Jena 1815. 8. 307 p. m. 6 Tfln. (M. 4.60.) 1.—
19111 **King, G.** Fertiliz. of Ficus hispida. (Calcutta) 1886. 4. 6 p. w. pl. 1.50
19112 **Kinzel.** Ueb. die Samen einiger Brassica- u. Sinapis-Arten. (Berl.,
Landw. Vers.) 1899. 8. 25 p. m. Tfl. 1.—
19113 — Frost u. Licht als beeinfluss. Kräfte bei der Samenkeimung. Stuttg.
1913. 8. 177 p. m. Tfl. Lnb. (M. 7.)
19114 **Kippist.** Spiral Cells in the Seeds of Acanthac. (Lond., Linn. S.) 1842.
4. 12 p. w. pl. 1.—
19115 **Kirchhoff.** De Labiatarum organis vegetat. Erf. 1861. 8. 32 p. 1.—
19116 **Kirchner, O.** Empfindlichkeit d. Wurzelspitze für d. Schwerkraft.
Stuttg. 1882. 8. 52 p. 1.—
19117 — Beitr. z. Biol. d. Blüten. Stuttg. 1890. 8. 82 p. 1.50
19118 — Blüteneinricht. d. Campanulaceen. (Stuttg., Ver. Nat.) 1897. 8. 36 p. 1.50
19119 **Kirchner, O., Loew u. Schröter.** Lebensgesch. d. Blütenpflanzen Mitteleuropas. (ca. 5 Bde. in ca. 40 Lfrgn.) Lfrg. 1—21 (soviel erschien.).
Stuttg. 1912—1914. 8. m. viel. Fig. (M. 75.60.)
19120 **Kirchner, R.** Z. Kenntn. d. Bruniaceen. Bresl. 1904. 8. 31 p. 1.—

19121 **Kirschleger.** S. l. Folioles carpiques ou Carpidies d. Angiospermes. Strasb. 1846. 8. 92 p.   *M* 1.—

19122 **Kissling.** Z. Kenntn. d. Einflusses d. chem. Lichtintensität auf d. Vegetation. Halle 1895. 8. 32 p. m. 3 Tfln. (M. 3.)   1.50

19123 **Klausch.** Ueb. d. Morphol. u. Anat. d. Blätter v. Bupleurum. Leipz. 1887. 8. 32 p.   1.—

19124 **Klebahn.** Die Rindenporen. Jena 1884. 8. 56 p. m. Tfl.   1.50

19125 **Klebs.** Willkürliche Entwicklungsänderungen bei Pflanzen. Jena 1903. 8. 170 p.   6.—
   Vergriffen.

19126 **Kleeberg.** Ueb. d. Lebensverhältn. d. Cacteen. (Königsb.) 1846. 8. 22 p.   1.50

19127 **Kleeberg.** Die Markstrahlen d. Coniferen. Leipz. 1885. 4. 23 p. m. Tfl.   1.—

19128 **Kleiber.** Bestimm. d. Gehalts ein. Pflanzen an Zellwandbestandteil., Hemicellulosen u. an Cellulose. Merseb. 1900. 8. 57 p.   1.50

19129 **Klein, O.** Z. Anat. d. Inflorescenzaxen. Berl. 1886. 8. 32 p.   1.—

19130 **Klemm.** Ueb. d. Bau d. beblätterten Zweige d. Cupressineen. Berl. 1886. 8. 46 p. m. 4 z. Tl. color. Tfln.   1.50

19131 — Aggregationsvorgänge in Pflanzenzell. (Marb., Flora) 1892. 8. 26 p.   1.—

19132 — Aggregationsstudien. (Jena, Bot. Centr.) 1894. 8. 11 p. m. 2 col. Tfln.   1.50

19133 — Desorganisationserscheinungen d. Zelle. (Berl., Pringsh. J.) 1895. 8. 76 p. m. 2 Tfln.   2.—

19134 **Klemt.** Bau u. Entwickl. ein. Solanaceenfrüchte. Berl. 1907. 8. 36 p.   1.—

19135 **Klencke.** Mikroskop. Bilder. Leipz. 1853. 8. 444 p. mit 430 Fig. (M. 7.50.)   1.—

19136 **Klercker.** S. la struct. anatom. de l'Aphyllanthes Monspel. (Stockh., Ac.) 1883. 8. 23 p. av. 3 pl.   1.50

19137 — S. l'anat. et le développ. de Ceratophyllum. (Stockh., Ac.) 1885. 8. 23 p. av. 3 pl.   1.50

19138 — Ueb. d. Gerbstoffvakuolen. (Stockh., Ak.) 1888. 8. 63 p. m. col. Tfl.   1.50

19139 **Klinken.** Ueb. d. gleitende Wachstum d. Initialen im Kambium d. Koniferen. Stuttg. 1914. 4. 37 p. m. 3 color. Tfln. (M. 14.)   10.—

19140 **Klöppel.** Ueb. Secretbehälter bei Büttneriac. Halle 1885. 8. 41 p.   1.—

19141 **Klotz.** Z. vergleich. Anat. d. Keimblätter. Halle 1892. 8. 68 p.   1.50

19142 **Knight.** Selection from his physiolog. and horticult. Papers. Lond. 1861. 8. 391 p. w. portr. and 7 pl. Cloth.   70.—
   The famous 'Rarissimum' — see: Rara Historico-Naturalia, ed. J u n k, page 63.

19143 **Knischewsky.** Z. Morphol. v. Thuja occident. Bonn 1905. 8. 36 p. m. 3 Tfln.   1.50

19144 **Knobbe.** Ueb. d. Knospen uns. Holzgewächse. (Königsb.) 1846. 8. 15 p.   1.—

19145 — Ueb. d. Frucht im Pflanzenreich. (Königsb.) 1857. 8. 22 p.   1.—

19146 **Knoblauch.** Anat. d. Holzes d. Laurineen. Regensb. 1888. 8. 68 p. m. 2 Tabellen.   1.—

19147 — Ökolog. Anat. d. Holzpflanzen d. Südafrikan. immergrünen Buschregion. Tüb. 1896. 8. 48 p.   1.—

19148 **Knuth, P.** Blütenbiolog. Beobacht. auf Capri. Gent 1893. 8. 31 p. m. Tfl.   1.—

19149 — Grundr. d. Blüten-Biologie. Kiel 1894. 8. 111 p. m. 143 Fig. Lnb. (M. 1.50.)   1.—

19150 — Beitr. z. Biol. d. Blüten. 4 Tle. (Cassel, Bot. Centr.) 1897—98. 8. 16 p.   1.50

19151 — Handb. d. Blütenbiologie. 3 Bde. (5 Tle.) Leipz. 1898—1905. 8. m. Tfl., 2 Portr. u. 698 Fig. (M. 81.)   48.—

19152 — Handbook of Flower Pollination. Transl. by Davis. 3 vols. Oxford 1905—09. 8. 1772 p. w. 6 portr. and 489 fig. Cloth.   75.—

19153 **Knuth, R.** Geogr. Verbreit. u. Anpassungserscheingn. d. Gattg. Geranium. Leipzig 1902. 8. 47 p.   1.—

19154 **Kny.** 20 Abhandl. üb. Physiologie der Pflanzen. 1871—1905. 8. 193 p.   4.—

19155 — Botanische Wandtafeln. Abteilg. 1—13. Berl. 1874—1912. folio. 120 color. Tfln. m. Text in-8. v. 563 p. (M. 460.)

19156 — Ueb. d. Dickenwachsthum d. Holzkörpers an beblätt. Sprossen u. Wurzeln. (Berl, Nat. Fr.) 1877. 8. 27 p.   1.—

ℳ

19157 **Kny.** Verdoppel. d. Jahresringes. (Berl., Bot. Ver.) 1879. 8. 10 p. m. Tfl.   1.—
19158 — Abweichgn. im Bau d. Leitbündel d. Monokotyl. (Berl., Bot. V.) 1881. 8. 16 p.   1.—
19159 — Anat. d. Holzes v. Pinus silvestr. Berl. 1884. 8. 36 p.   1.—
19160 — Widerstand d. Laubblätter geg. Stoss. (Berl., Bot. Ges.) 1885. 8. 16 p.   1.—
19161 — Bedeut. d. Spiralzellen v. Nepenthes. (Berl., Bot. Ges.) 1885. 8. 6 p.   1.—
19162 — Z. Entwicklgesch. d. Tracheïden. (Berl., Bot. G.) 1886. 8. 10 p. m. Tfl.   1.—
19163 — Anpass. v. Pflanzen an d. Aufnahme tropfbarflüss. Wassers. (Berl., Bot. Ges.) 1886. 8. 39 p.   1.50
19164 — Ueb. Laubfärbungen. Berl. 1889. 8. 28 p.   1.—
19165 — Bild. d. Wundepiderms am Knollen. (Berl., Bot. G.) 1889. 8. 15 p.   1.—
19166 — Z. Kenntn. d. Markstrahlen dicotyler Holzgewächse. (Berl., Bot. G.) 1890. 8. 13 p. m. Tfl.   1.—
19167 — Z. physiol. Bedeut. d. Anthocyans. (Genua, Bot. Congr.) 1892. 8. 10 p.   1.—
19168 — Zustandekommen d. Membranfalten. (Berl., Bot. G.) 1893. 8. 15 p.   1.—
19169 — Correlation in the growth of Roots and Shoots. (Lond., Ann. Bot.) 1894. 8. 16 p.   1.—
19170 — Aufnahme d. Wassers durch entlaubte Zweige. (Berl., Bot. G.) 1895. 8. 15 p.   1.—
19171 — Bau u. Entwick. d. Lupulin-Drüsen. Bestäub. d. Blüten v. Aristolochia Clemat. Entwick. v. Aspidium Filix. Berl. 1895. 8. 40 p. m. 12 Tfln. u. Fig. im Text.   1.50
19172 — Einfluss v. Zug u. Druck auf d. Scheidewände v. Pflanzenzellen. (Berl., Bot. G.) 1896. 8. 15 p.   1.—
19173 — Abhängigk. der Chlorophyllfunction v. d. Chromatophoren. (Berl., Bot. G.) 1897. 8. 17 p.   1.—
19174 — Vermögen isolirte Chlorophyllkörner im Lichte Sauerstoff auszuscheiden? (Cassel, Bot. Centr.) 1898. 8. 14 p.   1.—
19175 — Ort d. Nährstoff-Aufnahme durch d. Wurzel. (Berl., Bot. G.) 1898. 8. 22 p.   1.—
19176 — Einfluss v. Zug u. Druck auf d. Scheidewände in sich theil. Pflanzenzellen. (Leipz, Pringsh. J.) 1901. 8. 46 p. m. 2 Tfln.   1.50
19177 — Einfl. d. Licht. auf d. Wachst. d. Bodenwurzeln. (Leipz., Pringsh. J.) 1902. 8. 28 p.   1.—
19178 — Studien üb. intercellular. Protoplasma. 3 Tle. (Berl., Bot. G.) 1904—05. 8. 19 p.   1.—
19179 — Der Turgor d. Markstrahlzellen. (Berl., Landw. J.) 1909. 8. 20 p. m. 2 Tfln.   1.50
19180 — Die Schutzmittel d. Pflanzen. Godesb. 1910. 8. 32 p.   1.—
19181 — Die Architektonik d. Pflanze. Jena 1912. 4. 16 p.   1.—
19182 **Kobler.** Z. Anat. u. Entwicklungsgesch. d. Markes ein. Dicotylen. Freib. 1908. 8. 72 p.   1.50
19183 **Koch, L.** Untersuchgn. üb. d. Entwickl. d. Samens d. Orobanchen. Berl. 1877. 8. 46 p. m. 3 Tfln.   1.50
19184 — Ueb. d. Entwick. d. Orobanchen. (Berl., Bot. Ges.) 1883. 8. 15 p.   1.—
19185 — Entwicklungsgesch. d. Orobanchen. Heidelb. 1887. 8. 389 p. m. 12 Tfln. (M. 30.)   18.—
19186 **Koch, W.** Selbstbefrucht. u. Kreuzbefrucht. im Tier- u. Pflanzenreich. Jena 1912. 8. 18 p.   1.—
19187 **Kohl, F. G.** Vergleich. Unters. üb. d. Bau d. Holzes d. Oleaceen. Leipz. 1881. 8. 34 p.   1.—
19188 — Z. Kenntn. d. Windens d. Pflanzen. (Berl., Pringsh. J.) 1884. 8. 40 p. m. Tfl.   1.50
19189 — Anatom.-physiol. Unters. d. Kieselsäure u. Kalksalze in d. Pflanze. Marb. 1889. 8. 340 p. m. 8 Tfln. (M. 18.)   12.—
19190 — Dimorphismus d. Plasmaverbindgn. (Berl., Bot. G.) 1900. 8. 10 p. m. Tfl.   1.—

		M
19191	**Kohl, F. G.** Z. Kenntn. d. Plasmaverbindgn. in d. Pflanzen. (Jena, Bot. Centr.) 1902. 8. 8 p. m. 2 Tfln.	1.50
19192	— Pflanzenphysiologie. Marb. 1903. 8. 84 p. (M. 1.60.)	1.—
19193	**Köhler, H.** Fruchtsaft v. Momordica Elaterium etc. (Berl., Z. Nat.) 1869. 8. 22 p.	.1.—
19194	**Koehne.** Ueb. Blüthenentwickl. bei d. Compositen. Berl. 1869. 8. 71 p. m. 3 Tfln.	1.50
19195	**Kolb.** Abnorme Wurzelanschwell. b. Cupressus sempervirens. Münch. 1896. 8. 54 p. m. Tfl.	1.50
19196	**Kolderup-Rosenvinge.** Sphaerokrystaller h. Mesembryanthemum. (Kjöb., Nat. För.) 1878. 8. 10 p. m. Tfl.	1.—
19197	— Rech. anat. s. l. organes de la végét. chez la Salvadora. (Kjöb., Ac.) 1880. 8. 21 p. av. 2 pl.	1.—
19198	— Fakt. Indflydelse paa Organdannelsen h. Planterne. (Kjöb., Nat. För.) 1888. 8. 117 p. m. 3 Tfln.	1.50
19199	**Kolkwitz.** Ueb. Plasmolyse, Elasticität, Dehnung u. Wachstum an leb. Markgewebe. Berl. 1895. 8. 45 p.	1.—
19200	— Pflanzenphysiologie. Jena 1914. 8. 263 p. m. 12 Tfln. (4 color.) (M. 9.)	
19201	**Koelreuter.** De Coleopteris nec non de Plantis quibusdam rariorib. Tubingae 1755. 4. 50 p. et tab. Lnb.	8.—

Das Erstlingswerk des berühmten Pflanzenphysiologen.

19202	— Nachricht v. ein. d. Geschlecht d. Pflanzen betreff. Versuchen u. Beobacht. Mit 3 Fortsetzgn. Leipz. 1761—66. 8. 406 p. Cart.	35.—

Sehr selten gewordenes, grundlegendes Werk.

19203	— — Neu herausg. v. Pfeffer. Leipz. 1893. 8. 266 p. Cart. (M. 5.)	4.—
19204	— Hist.-phys. Beschreib. d. männl. Zeugungstheile u. d. eigentl. Befruchtgsart. bey der Schwalbenwurz u. d. damit verw. Pflanzengeschlechter. (o. O.) 1768. 4. 16 p.	4.50
19205	**König, J., u. Rump.** Chemie u. Struktur d. Pflanzen-Zellmembran. Berl. 1914. 8. 50 p. m. 9 Tfln. (1 color.)	3.—
19206	**König u. Haselhoff.** Die Aufnahme d. Nährstoffe aus d. Boden durch die Pflanzen. (Berl., Landw. J.) 1894. 8. 22 p. m. 3 Tfln.	1.50
19207	**Koningsberger.** Bijdr. tot de kennis d. Zetmeelvorming bij de Angiospermen. Utrecht 1891. 8. 100 p. m. color. Tfl.	2.—
19208	**Koorders.** Ueb. d. Blüthenknospen-Hydathoden ein. trop. Pflanzen. Leid. 1897. 8. 120 p.	1.50
19209	**Koepert.** Ueb. Wachsthum u. Vermehr. d. Krystalle in d. Pflanzen. Halle 1885. 8. 22 p.	1.—
19210	**Köpff.** Ueb. d. anatom. Charakt. d. Dalbergieen, Sophoreen u. Swartzieen. Münch. 1892. 8. 143 p. m. 2 Tfln.	1.50
19211	**Koeppen.** Verhalten d. Zellkerns im ruhend. Samen. Jena 1887. 8. 50 p.	1.—
19212	**Korella.** Vorkommen u. Verteil. d. Spaltöffnungen auf d. Kelchblättern. Königsb. 1888. 8. 74 p. m. Tfl.	1.50
19213	**Körnicke.** Entsteh. u. Entwick. d. Sexualorg. v. Triticum. Bonn 1896. 8. 37 p.	1.—
19214	— Stud. an Embryosack-Mutterzellen. (Bonn, Ges. Nat.) 1901. 8. 10 p.	1.—
19215	— Wirk. v. Röntgen- u. Radiumstrahlen auf pflanzl. Gewebe u. Zellen. (Berl., Bot. Ges.) 1905. 8. 13 p. m. Tfl.	1.50
19216	— Zentrosomen bei Angiospermen. (Jena, Flora) 1906. 8. 22 p. m. Tfl.	1.—
19217	**Korschelt.** Ueb. d. Scheitelwachsthum bei d. Phanerogamen. Berl. 1883. 8. 34 p. m. Tfl.	1.—
19218	**Korzschinsky.** Blattstell. v. Tanacetum. (Kasan) 1884. 8. 15 p.	1.—
19219	**Koschewnikoff.** Z. Entwicklgesch. d. Araceenblüthe. (Mosk., Bull.) 1877. 8. 68 p. m. 2 Tfln.	1.50
19220	**Kosutány.** Ueb. d. Entsteh. d. Pflanzeneiweisses. (Budap.) 1898. 8. 22 p.	1.—
19221	**Kozlowski.** Primary synthesis of Proteids in Plants. (Lancast.) 1899. 8. 23 p.	1.—

19222 **Kozniewski.** Alkaloide aus d. Wurzeln v. Sanguinaria. (Krak., Ak.) 1910. 8. 12 p. — *M* 1.—

19223 **Kozniewski u. Marchlewski.** Zur Chemie d. Chlorophylls. (Krak., Ak.) 1907. 8. 16 p. m. Tfl. — 1.—

19224 **Krabbe.** Das gleitende Wachsthum bei d. Gewebebild. d. Gefässpflanzen. Berl. 1886. 4. 100 p. m. 7 Tfln. (M. 12.) — 7.50

19225 **Krafft, K.** System.-anat. Untersuch. d. Blattstrukt. d. Menispermaceen. Stuttg. 1907. 8. 94 p. m. Tfl. — 1.50

19226 **Krafft, S.** Z. (anat.) Kenntn. v. Heliamphora. Münch. 1896. 8. 32 p. — 1.—

19227 **Krah.** Ueb. d. parenchymat. Elem. im Xylem u. Phloem d. Laubbäume. Berl. 1883. 8. 42 p. — 1.—

19228 **Kramer.** Z. Entwickgesch. u. anatom. Bau d. Fruchtblätter d. Cupressineen. Leipz. 1885. 8. 36 p. m. Tfl. — 1.—

19229 **Kraemer, H.** Viola tricolor in morpholog., anatom. u. biolog. Bezieh. Marb. 1897. 4. 69 p. m. 5 Tfln. — 2.50

19230 — Origin and nat. of Color in Plants. (N. York, Phil. Soc.) 1904. 8. 21 p. — 1.50

19231 **Kränzlin.** Anatom. u. farbstoffanalyt. Unters. an panachierten Pflanzen. Berl. 1908. 8. 63 p. m. 7 Tfln. — 2.—

19232 **Kraepelin.** Die Beziehgn. d. Tiere zueinander u. zur Pflanzenwelt. Leipz. 1905. 8. 181 p. — 1.—

19233 **Krasan.** Ueb. d. period. Lebenserscheingn. d. Pflanzen. (Wien, Z. b. G.) 1870. 8. 102 p. — 1.—

19234 — Z. Kenntn. d. Wachsthums d. Pflanzen. (Wien, Ak.) 1873. 8. 49 p. — 1.—

19235 **Krasser.** Eiweiss in d. pflanzl. Zellhaut. (Wien, Ak.) 1886. 8. 38 p. — 1.—

19236 **Kraetzer.** Ueb. d. Längenwachstum d. Blumenblätter u. Früchte. Würzb. 1900. 8. 50 p. m. Tfl. — 1.50

19237 **Kratzmann.** Lehre v. Samen d. Pflanzen. Prag 1839. 8. 100 p. m. 4 Tfln. — 1.—

19238 **Kraetzschmar.** Ueb. d. Verbreit. d. Lecithin im Pflanzenreich. Gött. 1882. 8. 40 p. — 1.—

19239 **Krauch.** Z. Kenntn. d. ungeformten Fermente in d. Pflanzen. Berl. 1878. 8. 32 p. — 1.—

19240 **Kraus, G.** Ueb. d. Ursach. d. Formändergn. etiolir. Pflanzen. Jena 1869. 8. 52 p. — 1.—

19241 — Ueb. d. Wasserverteilung in d. Pflanze. 4 Tle. (Halle, Nat. Ges.) 1879—84. 4. 300 p. (M. 13.) — 8.—

19242 — — IV: Die Acididät d. Zellsaftes. 1884. 66 p. — 1.—

19243 — 6 Abhandl. über Physiol. u. Anat. d. Pflanzen. 1879—84. 8. 50 p. — 2.—

19244 — Ueb. d. Blüthenwärme b. Arum italicum. 2 Tle. (Halle, Nat. Ges.) 1882—84. 4. 145 p. m. 5 Tfln. (M. 8.80.) — 4.50

19245 — Grundlinien zu e. Physiol. d. Gerbstoffes. Leipz. 1888. 8. 137 p. (M. 3.) — 2.—

19246 — Physiolog. aus d. Tropen. (Buitenz., Jard. Bot.) 1896. 8. 59 p. m. 3 Tfln. — 2.50

19247 — Ueb. Boden u. Klima auf d. Wellenkalk. Würzb. 1908. 8. 18 p. — 1.—

19248 **Krause, H.** Z. Anat. d. Vegetations - Organe v. Lathraea squamaria. Bresl. 1879. 8. 36 p. — 1.—

19249 **Krauss, G.** Ueb. d. Bau d. Cycadeenfiedern. (Berl., Pringsh. Jahrb.) 1865. 8. 44 p. m. 5 Tfln. — 2.50

19250 **Kresling.** Z. Chemie d. Blüthenstaubs v. Pinus sylvestris. Dorpat 1891. 8. 71 p. — 1.50

19251 **Kretzschmar.** Fraglichkeit d. Grenze zw. Thier- u. Pflanzenleben. Pillau 1865. 4. 21 p. — 1.—

19252 **Kretzschmar, P. R.** Protoplasmaströmung in Folge v. Wundreiz. Leipz. 1903. 8. 38 p. — 1.—

19253 **Kreuz.** Die gehöften Tüpfel d. Xylems d. Laub- u. Nadelhölzer. (Wien, Ak.) 1877. 8. 32 p. m. 4 Tfln. — 1.50

19254 — Z. Entwicklgesch. d. Harzgänge ein. Coniferen. (Wien, Ak.) 1877. 8. 10 p. m. color. Tfl. — 1.—

19255	**Krieg.** Z. Kenntn. d. Kallus- u. Wundholzbildg. geringelter Zweige. Würzb. 1908. 8. 73 p. m. 25 Tfln. (M. 12.)	*M.* 7.50
19256	**Kritzler.** Mikrochem. Untersuchgn. üb. d. Aleuronkörner. Bonn 1900. 8. 80 p. m. 2 Tfln. Vergriffen.	4.—
19257	**Krocker.** De Plantarum epidermide. Hal. 1800. 8. 74 p. et 3 tab.	1.—
19258	**Krogh.** Jantzens Saftstigningstheori. (Kjöbenh., Nat. För.) 1902. 8. 14 p.	1.—
19259	**Kroemer.** Wurzelhaut, Hypodermis u. Endodermis d. Angiospermenwurzel. Stuttg. 1903. 4. 151 p. m. 6 Tfln. (M. 28.)	17.—
19260	**Kronfeld.** Ueb. ein. Verbreitungsmittel d. Compositenfrüchte. (Wien, Ak.) 1885. 8. 16 p. m. Tfl.	1.—
19261	— Üb. d. Blüthenstand d. Rohrkolben. (Wien, Ak.) 1886. 8. 32 p. m. Tfl.	1.—
19262	— Bezieh. d. Nebenblätter zu ihr. Hauptblatte. (Wien, Z. b. G.) 1887. 8. 12 p. m. Tfl.	1.—
19263	— 2 Abhandl. z. Biol. d. Mistel. 1887—88. 8. 24 p.	1.—
19264	— Die wichtigsten Blütenformeln. Wien 1892. 8. 28 p. Lnb.	1.—
19265	— Studien üb. d. Verbreitungsmittel d. Pflanzen I: Windfrüchtler. Leipz. 1900. 8. 42 p.	1.—
19266	**Kros.** De Spira in plantis conspicua. Gron. 1845. 8. 142 p.	1.—
19267	**Kruch.** 5 mem. s. fisiol. d. Piante. 1889—92. 8. 30 p.	1.50
19268	— Fasci midollari d. Cicoriacee. (Roma, Ist. Bot.) 1890. 4. 90 p. c. 15 tav. color. Cart.	4.50
19269	— Sviluppo d. organi sessuali e s. fecondaz. d. Riella Clausonis. (Genova, Malp.) 1891. 8. 23 p. c. 2 tav.	1.50
19270	**Krüger, F.** Wandverdickungen d. Cambiumzellen. Rost. 1892. 4. 18 p.	1.—
19271	**Krüger, P.** Die oberird. Vegetationsorgane d. Orchideen. Berl. 1883: 8. 50 p.	1.50
19272	**Krzemieniewski.** Einfl. v. Mineralnährsalzen auf d. Athmung b. keim. Samen. (Krak., Ak.) 1902. 8. 19 p. m. 2 Tfln.	1.50
19273	**Kubin u. Müller.** Entwicklgs.-Vorgänge bei Pistia stratiotes u. Vallisneria spiral. Bonn 1878. 8. 70 p. m. 9 Tfln. (M. 5.50.)	3.—
19274	**Küchelbecker.** De Spinis Plantarum. Lips. 1756. 4. 32 p.	2.—
19275	**Kuhla.** Ueb. Entsteh. u. Verbreit. d. Phelloderms. Cassel 1897. 8. 40 p. m. Tfl.	1.—
19276	**Kühlhorn.** Z. Kenntn. d. Baues d. Laubblätter d. Dikotylen. Göttgn. 1908. 8. 133 p.	2.—
19277	**Kuhlmann, E.** Ueb. d. anatom. Bau d. Stengels v. Plantago. Kiel 1887. 8. 40 p.	1.—
19278	**Kuhlmann, F.** S. l. principes colorans de la Garance. (Lille, Soc. Sc.) 1828. 8. 27 p.	1.—
19279	**Kühne.** Untersuchgn. üb. d. Protoplasma u. die Contractilität. Leipz. 1864. 8. 165 p. m. 8 Tfln. (M. 5.)	2.—
19280	**Kühns.** Die Verdoppel. d. Jahrringes durch künstl. Entlaubung. Stuttg. 1910. 4. 54 p. m. 2 Tfln. (M. 14.)	9.—
19281	**Kuijper.** De invloed d. temperatuur op de ademhaling d. hoogere Planten. Utrecht 1909. 8. 116 p. m. 3 Tabellen.	2.—
19282	**Kummer.** Das Leben d. Pflanze. Zerbst 1870. 8. 86 p.	1.—
19283	**Kündig.** Untersuch. üb. geotrop. Krümmungen. Zürich 1886. 8. 32 p.	1.—
19284	**Kuntze, G.** Z. vergleich. Anat. d. Malvaceen. Cassel 1891. 8. 40 p.	1.—
19285	**Kunz, M.** Syst.-anat. Unters. üb. Verbenoideae. Ettl. 1911. 8. 79 p. m. Tfl.	1.50
19286	**Kunze, M.** Die Schaftform der Fichte. (Tharand, Forstl. J.) 1903. 8. 25 p.	1.—
19287	**Kupfer.** Studies in Plant Regeneration. (N. York, Torr. Cl.) 1907. 8. 47 p.	3.—
19288	**Kupffender.** Z. Anat. d. Globulariac. u. Selaginac. Kiel 1891. 8. 62 p.	1.—
19289	**Kurzwelly.** Widerstandsfähigkeit pflanzl. Organismen gegen giftige Stoffe. Leipz. 1902. 8. 57 p.	1.50
19290	**Kusano.** Gastrodia elata and its symbiotic associat. w. Armillaria mellea. (Tokyo, Coll. Agr.) 1911. 4. 66 p. w. 5 pl. (1 colour.)	3.50

19291 **Küster.** Ueb. d. anatom. Charakt. d. Chrysobalaneen. Cassel 1897. 8.   *M*
55 p. m. Tfl.   1.50
19292 — Morphol. u. Physiol. d. Zelle. (Aus: Just's Jahresber. f. 1898).
(Leipz.) 1900. 8. 43. p.   1.—
19293 — Pathologische Pflanzenanatomie. Jena 1903. 8. 319 p. m. 121 Fig.
(M. 8.)   5.—
19294 — — 2. Aufl. Jena 1916. 8. 458 p. m. 209 Fig. (M. 14.)
19295 — Regenerationserschein. an Pflanzen. (Jena, Bot. Centr) 1903. 8. 17 p.   1.—
19296 — Vermehr. u. Sexualität b. d. Pflanzen. Leipz. 1906. 8. 126 p.   1.—
19297 — Beziehgn. d. Lage d. Zellkerns zu Zellenwachstum. (Jena, Flora)
1907. 8. 23 p.   1.50
19298 — Verändergn. d. Plasmaoberfläche bei Plasmolyse. (Jena, Z. Bot.)
1910. 8. 28 p.   1.50
19299 — Aufnahme v. Anilinfarben in Pflanzen. (Leipz., Pringsh. J.) 1911.
8. 28 p.   1.50
19300 — Entsteh. Liesegangscher Zonen in kolloidal. Medien. (Bonn, Ges.
Nat.) 1913. 8. 12 p.   1.—
19301 — Ueb. Zonenbildg. in kolloidalen Medien. Jena 1913. 8. 121 p. (M. 4.)
19302 — Rhytmische Strukturen im Pflanzenreich. (Berl., „Naturwiss.")
1914. 8. 16 p.   1.—
19303 **Kutscher.** Verwend. d. Gerbsäure im Stoffwechsel d. Pflanze. Regensb.
1883. 8. 36 p. m. 2 Tfln. (1 color.)   1.50
19304 **Kützing.** Grundzüge d. philosoph. Botanik. 2 Bde. Leipz. 1851—52.
8. 733 p. m. 38 Tfln. (M. 16.) Cart.   5.—
19305 **Laborde.** Etude botan. et chim. d. Murraya exotica et Koenigii. Toulouse 1897. 8. 54 p. av. 2 pl.   1.50
19306 **Laborie.** Rech. s. l'anat. d. Axes floraux. Toulouse 1888. 8. 196 p.
av. 29 pl.   3.50
19307 **Lachenmeyer.** Ueb. d. Farbenveränderungen d. Blüten. Tüb. 1833. 8.
18 p. m. Tfl.   1.—
19308 **La Floresta.** Formaz. di radici avvent. n. foglie di Gasteria acinaci-
folia. (Palermo) 1905. 8. 25 p. c. tav.   1.—
19309 **Lagerberg.** Organograf. studier öfv. Adoxa Moschatellina. (Stockh.,
Ark. Bot.) 1904. 8. 28 p.   1.—
19310 — Präsynapt. u. synapt. Entwick. d. Kerne in d. Embryosackmutter-
zellen v. Adoxa moschatell. (Uppsala) 1906. 4. 10 p.   1.—
19311 — Ueb. d. Blüte v. Viola mirabilis. (Stockh., Bot. T.) 1907. 8. 23 p.   1.50
19312 **Lagerheim.** Bestäubungs- u. Aussäungseinrichtgn. v. Brachyotum ledi-
folium. (Stockh., Bot. Inst.) 1899. 8. 18 p. m. Tfl.   1.—
19313 **Lahm.** Morpholog. u. Physiolog. aus d. Reiche d. Pflanzen. Giessen
1882. 4. 32 p. m. Tfl.   1.—
19314 **Lämmermayr.** Die grüne Pflanzenwelt der Höhlen. Tl. I. (soviel erschien.). (Wien, Ak.) 1911. 4. 40 p. (M. 3.60.)   2.—
19315 **Lancillotti.** Nuova guida alla Chimica. Operaz. s. ogni corpo misto
animale, mineral. e veget. 3 parti. Venetia 1681. 8. 529 p. c. 10 tav.
Vélin.   7.—
19316 **Land.** Morphol. study of Thuja. (Chic., Bot. Gaz.) 1902. 8. 14 p. w. 3 pl.   2.—
19317 **Lanessan.** Du Protoplasma végétal. Paris 1876. 8. 154 p.   2.—
19318 **Lang, W.** Z. Blüten-Entwicklung d. Labiaten, Verbenaceen u. Planta-
ginaceen. Stuttg. 1907. 4. 42 p. m. 5 Tfln. (M. 26.)   16.—
19319 **Lange, F.** Das ätherische Oel d. Meisterwurz. Erl. 1910. 8. 48 p.   1.—
19320 **Lange, J.** Om Efteraarsknopperne hos de Danske arter af Epilobium.
(Kjöbenh., Nat. För.) 1849. 8. 14 p.   1.—
19321 — Om Fröenes form og skulpt. hos beslaegtede arter. (Kjöbenh.,
Bot. Tidskr.) 1870. 8. 42 p. m. 3 Tfln. (2 color.)   2.—
19322 **Lange, J.** Ueb. d. Entwickl. d. Oelbehälter in d. Früchten d. Umbelliferen. (Königsb., Phys. Ges.) 1884. 4. 18 p.   1.—

M

19323 **Lange, P.** Z. Kenntn. d. Acidität d. Zellsaft. Halle 1886. 8. 30 p. 1.—
19324 **Lange, T.** Z. Kenntn. d. Entwickl. d. Gefässe u. Tracheiden. Marb. 1891. 8. 46 p. m. 2 Tfln. 1.—
19325 **Lanza.** La strutt. d. foglie n. Aloineae. (Genova, Malp.) 1890. 8. 27 p. c. tav. color. 1.—
19326 — Note di Biologia fiorale. (Palermo) 1893. 8. 19 p. c. tav. 1.—
19327 **Laubert.** Untersuchgn. v. pflanzl. Zellmembranen auf eine Durchlöcherung mittels Protoplasmas. Götting. 1897. 8. 70 p. m. Tfl. 1.50
19328 **Laurén.** Inverkan af Eteranga pa Groddplantors Andning. Helsingf. 1891. 8. 72 p. m. 2 Tfln. 1.—
19329 **Laurent.** Rech. s. le développ. d. Joncées. Paris 1904. 8. 102 p. av. 8 pl. 6.—
19330 **Laurent, Marchal et Carpiaux.** Rech. expérim. s. l'assimil. de l'azote ammon. et nitrique p. l. Plantes supér. (Brux., Ac.) 1896. 8. 53 p. 1.50
19331 **Laux.** Z. Kenntn. d. Leitbündel im Rhizom monokotyler Pflanzen. (Berl., Bot. Ver.) 1888. 8. 47 p. m. 2 Tfln. (1 color.) 1.50
19332 **Laval.** Framställn. af Chlorophyllkornens anat. egenskaper och utveckl. Uppsala 1872. 8. 40 p. 1.—
19333 **Lavdowsky.** Entstehg. d. chromat. u. achromat. Substanzen in d. tier. u. pflanzl. Zellen. Wiesb. 1894. 8. 94 p. m. 6 color. Tfln. (M. 12.) 6.—
19334 **Lawes.** Experiment. investigat. into the water given off by Plants during growth. Lond. 1850. 8. 28 p. 2.—
19335 **Lawes and Gilbert.** Present posit. of the question of the sources of the Nitrogen of Vegetat. (Lond., Phil. Trans.) 1889. 4. 108 p. 8.—
Out of print.
19336 **Lawes, Gilbert and Masters.** Agricult., botan. and chemic. results of experim. on the mixed Herbage of perman. Meadow. 2 parts. (Lond., Phil. Trans.) 1880—82. 4. 360 p. w. 4 pl. 23.—
Out of print.
19337 — — II: Botan. results. 1882. 4. 234 p. 10.—
19338 **Leathes.** The Fats. London 1910. 8. 146 p. Boards. 4.50
19339 **Leblois.** Rech. s. l'origine et le développ. des Canaux sécréteurs et des Poches sécrét. Paris 1888. 8. 84 p. av. 5 pl. 3.—
19340 **Leclerc du Sablon.** Rech. s. la déhiscence d. Fruits à péricarpe sec. Paris 1884. 8. 104 p. av. 8 pl. 2.—
19341 — Rech. s. la struct. et la déhiscence d. Anthères. (Paris, Ann. Sc.) 1885. 8. 38 p. av. 4 pl. 3.—
19342 — Traité de Physiologie végét. et agricole. Paris 1910. 8. 610 p. av. 136 fig. 8.50
19343 **Lecomte.** Contrib. à l'ét. du liber d. Angiospermes. Paris 1889. 8. 134 p. av. 4 pl. 3.—
19344 **Lecoq.** Das Leben d. Blumen. Leipz. 1862. 8. 364 p. 1.50
19345 **Ledeganck.** Rech. histochimiques s. la chute automnale d. Feuilles. (Brux., S. Bot.) 1871. 8. 18 p. av. pl. color. 1.—
19346 **Ledermüller.** Mikroskop. Gemüths- u. Augen-Ergötzung. 2 Bde. Nürnb. 1763—78. 4. 324 p. m. 150 color. Tfln. Frzb. 30.—
19347 — — Bd. I. Nürnb. 1763. 4. 222 p. m. 100 color. Tfln. Hldrbd. 6.—
19348 **Leeuwenhoek.** Investigatio Arcanorum. Continuatio Epistolarum. Lugd. Bat. 1696. 4. 450 p., frontisp. et 15 tab. Frzb. 15.—
19349 — Epistolae ad Societat. Reg. Anglicam. Lugd. Bat. 1719. 4. 455 p. et 25 tab. Ldrb. 10.—
19350 **Lefebure.** Expér. s. la germinat. d. Plantes. Strasb. 1801. 8. 139 p. 2.—
19351 **Le Franck.** Expositio charact. structurae Florum Composit. Lugd. Bat. 1861. 4. 172 p. et 9 tab. 1.50
19352 **Léger.** Germinations anormales d'Acer platan. (Caen, Soc. Linn.) 1890. 8. 25 p. av. pl. 1.—
19353 — Rech. s. l'Appareil végétat. d. Papavéracées. Caen 1895. 4. 429 p. av. 10 pl. 6.—

19354 **Lehmann, E.** Bau u. Anordnung d. Gelenke d. Gramineen. Strassb. 1906. 8. 71 p.   *ℳ* 1.50

19355 **Leick.** Untersuchgn. üb. d. Blütenwärme d. Araceen. Greifsw. 1910. 8. 89 p. m. 4 Tfln. u. 7 Tabellen. (M. 4.)   2.50

19356 — Z. Wärmephänomen d. Araceenblütenstände. I. (Greifsw.) 1914. 8. 37 p.   1.—

19357 **Leidicke.** Z. Embryol. v. Tropaeolum majus. Bresl. 1903. 8. 49 p.   1.—

19358 **Leisering.** Ueb. d. Entwicklgsgesch. d. interxylären Leptoms b. d. Dicotyledonen. Berl. 1899. 8. 53 p. m. 2 Tfln.   1.50

19359 **Leist.** Einfluss d. alpinen Standortes auf d. Ausbild. d. Laubblätter. (Berl., Nat. Ges.) 1889. 8. 45 p. m. 2 Tfln.   1.50

19360 — Vergleich. Anat. d. Saxifrageen. Cassel 1890. 8. 56 p.   1.—

19361 **Leitgeb.** Die Haftwurzeln d. Epheu. (Wien, Ak.) 1857. 8. 11 p. m. Tfl.   1.—

19362 — Die Luftwege d. Pflanzen. (Wien, Ak.) 1857. 8. 30 p. m. Tfl.   1.—

19363 — Mechan. Anpass. im Pflanzenreiche. (Graz, Nat. V.) 1876. 8. 20 p.   1.—

19364 — Reizbarkeit u. Empfindung im Pflanzenreich. Graz 1884. 8. 24 p.   1.—

19365 **Lemaire.** Rech. s. l'origine et le développem. d. Racines latérales chez l. Dicotylédones. Paris 1886. 8. 112 p. av. 6 pl.   2.50

19366 **Lemström.** Om uppmätandet af d. elektr. strömmen fran Atmosferen med Spetsapparaten. Helsingf. 1900. 4. 84 p. m. 2 Tfln.   2.—

19367 — Om Vätskors forhall. i kapillar-rör. under inflytande af en elektr. luftström. I. (Stockh., Ak.) 1901. 8. 25 p. m. 2 Tfln.   2.—

19368 **Lenardson.** Chem. Untersuch. d. rothen Manaca. Dorpat 1884. 8. 38 p.   1.—

19369 **Lendenfeld.** Kolonisation im Tier- u. Pflanzenreich. (Braunschw.) 1902. 8. 10 p.   1.—

19370 **Lengerken.** Bildung d. Haftballen an d. Ranken einiger Ampelopsis. Leipz. 1885. 4. 25 p.   1.—

19371 **Leonhard.** Z. Anat. d. Apocynaceen. Cassel 1891. 8. 34 p. m. 2 Tfln.   1.—

19372 **Lerebours.** Instruct. prat. s. l. Microscopes. Paris 1846. 8. 106 p. av. pl.   1.—

19373 **Lesage.** Influence du bord de la mer sur la struct. d. Feuilles. Rennes 1890. 8. 107 p. av. 7 pl.   7.—

19374 — Contr. à la biol. d. Plantes du Littoral. (Rennes) 1891. 8. 19 p.   1.—

19375 — S. l. variat. d. palissades d. Feuilles. (Rennes) 1894. 8. 26 p.   1.50

19376 **Lestiboudois.** S. la struct. d. Monocotylédonés. (Lille, Soc. Sc.) 1823. 8. 40 p.   1.—

19377 — S. le fruit d. Papaveracées. S. l. fruits Siliqueux. 2 mém. (Lille, Soc. Sc.) 1823. 8. 27 p.   1.—

19378 — Etudes s. l'anat. et la physiol. des Végétaux. (Lille, Soc. Sc.) 1839. 8. 288 p. av. 21 pl.   2.50

19379 — Etudes s. l'anat. et la physiol. d. Végétaux. (Paris, Ann. Sc.) 1840. 8. 45 p.   1.—

19380 — Phyllotaxie anat. 2 parties. (Paris, Ann. Sc.) 1848. 8. 154 p. av. 5 pl.   3.—

19381 — Carpographie anatom. 3 parties. (Paris, Ann. Sc.) 1854 à 55. 8. 66 p. av. 2 pl.   2.—

19382 **Letellier.** Essai de Statique végét. La Racine consid. comme un corps pesant et flexible. Caen 1893. 4. 94 p.   1.50

19383 **Levi-Morenos.** Contrib. alla conosc. d. Antocianina. (Venezia, Ist.) 1888. 8. 8 p. c. 2 tav. color.   1.—

19384 **Lévy, J.** Z. Lehre v. d. Stickstoffaufnahme d. Pflanzen. Halle 1889. 8. 79 p.   1.—

19385 **Levy, L.** Üb. Blatt- u. Achsenstruct. v. Aspalathus. Cassel 1901. 8. 59 p.   1.—

19386 **Lewin.** Bidr. t. Hjertbladets anat. hos Monokotyledonerna. (Stockh., Ak.) 1887. 8. 28 p. m. 3 Tfln.   1.50

19387 **Lewton-Brain.** On the anat. of the Leaves of Brit. Grasses. (Lond., Linn. Soc.) 1904. 4. 45 p. w. 5 pl. (12 s.)   6.—

19388 **Licopoli.** S. Frutto pisside e s. deiscenza circ. Nap. 1874. 4. 18 p. c. tav.   1.—

19389 **Licopoli.** Gli Stomi e le Glandole nelle Piante. (Nap., Acc.) 1879. 4. 74 p. c. 7 tav. — *3.—*

19390 — Ric. anat. e microchim. s. Chamaerops humil. (Napoli, Acc.) 1881. 4. 12 p. c. tav. — *1.—*

19391 — S. polline d. Iris tuberosa. (Nap., Acc.) 1885. 4. 14 p. c. tav. — *1.—*

19392 **Lidforss.** Stud. öfv. Elaiosferer i Ortbladens Mesofyll och Epidermis. Lund 1893. 4. 35 p. — *1.—*

19393 — Z. Physiol. d. pflanzl. Zellkernes. (Lund, Univ.) 1897. 4. 29 p. m. color. Tfl. — *1.50*

19394 — Stud. öfv. Pollenslangarnes irritations-rörelser. I. (Lund, Univ.) 1901. 4. 29 p. — *1.—*

19395 **Liebe.** Grundz. d. Pflanzen-Anat. u. Physiol. Berl. 1878. 8. 70 p. — *1.—*

19396 **Liebermann.** Ueb. d. Chlorophyll, d. Blumenfarbstoff u. der. Bezieh. z. Blutfarbstoff. (Wien, Ak.) 1875. 8. 20 p. m. color. Tfl. — *1.—*

Liebig's Werke — siehe: J u n k ' s Catal. 61: Plantae oeconomicae.

19397 — M o h l. Liebig's Verhältn. z. Pflanzenphysiol. Tüb. 1843. 8. 60 p. — *1.5*

19398 — S c h l e i d e n. Liebig's Theorie d. Pflanzenernähr. Leipz. 1842. 8. 40 p. — *1.50*

19399 — — Liebig u. d. Pflanzenphysiol. Leipz. 1842. 8. 37 p. — *1.50*

19400 **Liechti.** Ueb. ein. Bestandtheile d. Beeren v. Viburnum opul. (Aarau) 1879. 4. 14 p. — *1.—*

19401 — Fruchtschalen d. Garcinia Mangostana. Berl. 1891. 8. 16 p. — *1.—*

19402 **Lierau.** Z. Kenntn. d. Wurzeln d. Araceen. Leipz. 1887. 8. 38 p. — *1.—*

19403 **Lietzmann.** Permeabilitaet vegetab. Zellmembranen. Regensb. 1887. 8. 54 p. m. Tfl. — *1.—*

19404 **Lignier.** 8 mém. s. l'anat. et physiol. d. Plantes. 1884 à 99. 8. 88 p. — *2.—*

19405 — Rech., s. l'anat. comp. d. Calycanthées, d. Mélastomacées et d. Myrtacées. Paris 1887. 8. 455 p. av. 18 pl. — *4.50*

19406 — Rech. s. l'anat. d. Organes végét. d. Lécythidacées. (Paris, Bull.) Scient.) 1890. 8. 130 p. av. 5 pl. — *2.50*

19407 **Limpricht.** Z. Kenntn. d. Taccaceen. Bresl. 1902. 8. 61 p. — *1.—*

19408 **Linde.** Z. Anat. d. Senegawurzel. Regensb. 1886. 8. 31 p. m. Tfl. — *1.—*

19409 **Lindinger.** Anatom. u. biolog. Untersuchungen d. Podalyrieensamen. Jena 1903. 8. 44 p. m. Tfl. — *1.—*

19410 **Lindley.** Key to struct., physiol. and system. Botany. Lond. 1839. 8. 96 p. — *1.—*

19411 **Lindman.** Om Postflorationen och dess betyd. f. Fruktanlaget. (Stockh., Ak.) 1884. 4. 81 p. m. 4 Tfln. — *1.50*

19412 — Om Skandinav. Fjellväxternas Blomning och Befruktn. (Stockh., Ak.) 1887. 8. 112 p. m. 4 Tfln. — *2.50*

19413 — S. la floraison du g. Silene. (Stockh., Hort. Berg.) 1897. 4. 27 p. — *1.—*

19414 — Variationen d. Perigons b. Orchis macul. (Stockh., Ak.) 1897. 8. 16 p. m. Tfl. — *1.—*

19415 — Z. Morphol. u. Biol. ein. Blätter u. belaubter Sprosse. (Stockh., Ak.) 1899. 8. 63 p. — *1.50*

19416 — Die Blüteneinrichtungen ein. Südamerikan. Pflanzen. I: Leguminosae. (Stockh., Ak.) 1902. 8. 63 p. — *1.50*

19417 — Växternas Sinnesorgan. (Stockh., Ak.) 1906. 8. 19 p. — *1.—*

19418 **Link.** Grundl. d. Anat. u. Physiol. d. Pflanzen. Gött. 1807. 8. 306 p. m. 3 Tfln. Cart. — *2.50*

19419 — — Nachtrag II. Gött. 1812. 8. 42 p. — *1.—*

19420 — Anat. d'une branche de Pinus Strobus. (Paris, Ann. Sc.) 1836. 8. 4 p. av. pl. color. — *1.—*

19421 — Icones Anat. Botan. Fasc. I—III. Berol. 1837. fol. 62 p. et 24 tab. partim color. — *4.—*

19422 — Anatomia Plantarum iconibus illustr. Fasc. I. Berol. 1843. 4. 11 p. et 12 tab. — *1.50*

M

19423 **Linnaeus.** Vires Plantarum. (Holm., Amoenit.) 1749. 8. 36 p.   2.—
19424 — Sponsalia Plantarum. (Holm., Amoen.) 1749. 8. 88 p. et tab.   3.—
19425 — Odores Medicamentorum. (Holm., Amoen.) 1756. 8. 20 p.   1.50
19426 — Vernatio Arborum. (Holm., Amoen.) 1756. 8. 14 p. et tab.   2.—
19427 — Metamorphoses Plantarum. (Holm., Amoen.) 1759. 8. 19 p.   2.—
19428 — Somnus Plantarum. (Holm., Amoen.) 1759. 8. 18 p. et tab.   2.—
19429 — Stationes Plantarum. (Holm., Amoen.) 1759. 8. 24 p.   2.—
19430 — Fundamentum Fructificationis. (Holm., Amoen.) 1763. 8. 26 p.   2.—
19431 — Nectaria Florum. (Holm., Amoen.) 1763. 8. 16 p.   2.—
19432 — Mundus invisibilis. (Holm., Amoen.) 1769. 8. 24 p.   1.50
19435 — Sexus Plantarum. (Colon., Amoen.) 1786. 8. 20 p.   2.50
19436 — Transmutatio Frumentorum. (Colon., Amoen.) 1786. 8. 13 p.   2.—
19437 **Linsbauer, L.** Z. vergl. Anat. d. Caprifoliac. (Wien, Z. b. G.) 1895. 8. 26 p. m. Tfl.   1.—
19438 **Linsbauer, L. u. K.** Vorschule d. Pflanzenphysiologie. Wien 1906. 8. 269 p. m. 96 Fig. (M. 5.50.)   2.—
19439 — — 2. Aufl. Wien 1911. 8. 270 p. m. 99 Fig. (M. 4.)   3.—
19440 **Lippitsch.** Der Untergang d. Geschlechts, d. Sporengeneration. u. d. Generationswechsel im Pflanzenreich. Leob. 1899. 8. 28 p.   1.—
19441 **Liro.** Z. Kenntn. d. Chlorophyllbild. bei d. Gymnospermen u. Pteridophyten. (Helsingf., Ac.) 1911. 8. 29 p.   1.—
19442 **Lister.** On the origin of the Placentas in the Alsineae. (Lond., Linn. Soc.) 1884. 8. 7 p. w. 4 pl.   1.50
19443 **Ljungström.** Bladets bygnad in. Ericeae. Lund 1883. 4. 47 p. m. 2 Tfln.   1.50
19444 **Loeb.** Der Heliotropismus d. Tiere u. s. Uebereinstimmg. m. d. Heliotropismus d. Pflanzen. Würzb. 1890. 8. 118 p. (M. 4.)   3.—
19445 **Loebel.** Anat. d. Laubblätter. Königsb. 1888. 8. 52 p.   1.50
19446 **Löckell.** Folgen d. Verwundung d. Stengels dicotyler Holzgewächse. Berl. 1901. 4. 23 p. m. Tfl.   1.—
19447 **Loder.** De Graminum fabrica et oeconomia. Halae 1804. 4. 32 p. et tab.   1.—
19448 **Löffler.** Verschlussvorrichtungen an d. Blütenknospen bei Hemerocallis. (Hamb., Nat. Ver.) 1903. 4. 11 p. m. 2 Tfln.   1.—
19449 — Ueb. Ficaria-Formen u. d. Fortpflanz. bei Ficaria verna. (Hamb., Nat. Ver.) 1906. 8. 18 p. m. Tfl.   1.—
19450 **Logan.** Experimenta et meletem. de Plantarum generatione. Lond. 1747. 8. 46 p. — Latine et Anglice.   4.—
19451 **Löhr.** Z. Kenntn. d. Inhaltsverhältn. d. Blütenblätter. Gött. 1903. 8. 101 p.   1.50
19452 **Lohrer.** Beitr. z. anatom. Systematik. Marb. 1886. 8. 44 p. m. 2 Tfln.   1.50
19453 **Longet.** Mouvement circulaire de la matière d. l. 3 règnes. 2 tableaux. Paris 1866. 4. Cart.   1.—
19454 **Longo.** Contr. allo studio d. Idioblasti muciferi d. Cactee. (Roma, Ist. Bot.) 1897. 4. 14 p. c. tav.   1.—
19455 **Lönnroth.** Vexternas Metamorphoser. (Helsingf.) 1859. 8. 42 p.   1.—
19456 **Loose.** Bedeut. d. Frucht- u. Samenschale d. Compositen f. d. Samen. Berl. 1891. 8. 62 p. m. 2 Tfln.   1.50
19457 **Losch.** Beiträge zur vergleich. Anatomie d. Urticineen-Wurzeln mit Rücksicht auf die Systematik. Göttgn. 1913. 8. 102 p. m. photogr. Tfl.   2.—
19458 **Lösche.** Das vegetab. Leben u. d. chem. Affinität. Leipz. 1844. 8. 136 p.   1.50
19459 **Lotar.** Essai s. l'anat. comp. d. organes végét. et d. tegum. sémin. d. Cucurbitacées. (Paris, Arch. Bot.) 1881. 8. 74 p. av. pl.   2.—
19460 **Lothelier.** Rech. anat. s. l. Epines et l. Aiguillons d. Plantes. Lille 1893, 8. 55 p.   2.—
19461 **Lötscher.** Bau u. Funktion d. Antipoden in d. Angiospermen-Samenanlage. Münch. 1905. 8. 55 p. m. 2 Tfln.   1.50
19462 **Lovejoy.** Anat. of Gaertneria Deltoidea. (Lawrence, Univ.) 1913 8. 14 p. w. 12 pl.   3.—
19463 **Lovén.** Om utveckl. af de sekundära karlknippena h. Dracaena och Yucca. (Stockh., Ak.) 1887. 8. 12 p. m. Tfl.   1.—

W. Junk, Berlin, W. 15.

19464 **Loew, E.** De Casuarinearum Caulis Foliique evolut. et struct. Berol. 1865. 8. 54 p. — *M* 1.—

19465 — Z. Kenntn. d. Bestäubungseinrichtungen ein. Labiaten. (Berl., Bot. Ges.) 1886. 8. 31 p. m. 2 Tfln. — 1.50

19466 — Ueb. die Bestäubungseinrichtungen ein. Borragineen. (Berl., Bot. Ges.) 1886. 8. 27 p. m. Tfl. — 1.—

19467 — Anleit. z. blütenbiolog. Beobachtungen. Berl. 1889. 8. 21 p. — 1.—

19468 — Beiträge z. blütenbiolog. Statistik. (Berl., Bot. Ver.) 1890. 8. 63 p. — 1.50

19469 — Einführ. in d. Blütenbiologie auf histor. Grundlage. Berl. 1895. 8. 444 p. m. 50 Fig. (M. 6.) — 2.50

19470 — Die Kleistogamie u. d. blütenbiol. Verhalten v. Stellaria pallida. (Berl., Bot. Ver.) 1900. 8. 14 p. — 1.—

19471 **Loew, O.** 7 pflanzenphysiolog. Abhandl. 1879—98. 8. 79 p. — 2.—

19472 — The Energy of the living Protoplasm. (Tokyo, Coll. Agric.) 1894. 8. 58 p. — 1.50

19473 **Loew, O., and May.** The relat. of Lime and Magnesia to Plant Growth. Wash. 1901. 4. 53 p. w. 3 pl. — 2.—

19474 **Löwi.** Ueb. d. absteig. Saftstrom. (Wien, Ak.) 1909. 8. 12 p. — 1.—

19475 **Lubbock.** Phytobiolog. observat. on the forms of Seedlings. 2 parts. (Lond., Linn. Soc.) 1886—87. 8. 90 p. w. 176 fig. — 2.50

19476 — On Buds and Stipules. 4 parts. (Lond., Linn. Soc.) 1891—97. 8. 185 p. w. 4 colour. pl. — 5.—

19477 — On the fruit and seed of the Juglandeae. (Lond., Linn. S.) 1891. 8. 8 p. — 1.—

19478 **de Luca.** Rech. chim., demonstr. la product. de l'Alcool dans cert. Plantes. (Paris, Ann. Sc.) 1878. 8. 17 p. — 1.—

19479 **Lueders.** Floral struct. of some Gramineae. (Madison) 1898. 8. 3 p. w. pl. — 1.—

19480 **Ludwig.** Ueb. d. Blüthenformen v. Plantago lanceol. (Berl., Z. Nat.) 1879. 8. 9 p. m. Tfl. — 1.—

19481 **Lukas.** Z. Kenntn. d. absolut. Festigkeit v. Pflanzengeweben. 2 Tle. (Wien, Ak.) 1882—83. 8. 57 p. — 1.50

19482 — Vergleich. Untersuchgn. an der Epidermis d. Blüthenhüllen v. Ribes. (Prag, Lotos) 1894. 8. 48 p. — 1.—

19483 **Lund, M.** Fröernes Forhold overfor Vinterkulden. (Kjöb., Nat. För.) 1893. 8. 41 p. — 1.—

19484 **Lund, S.** Le Calice d. Composées. 2 parties. (Copenh., Bot. Tidsk.) 1872 à 73. 8. 308 p. — 2.—

19485 **Lundegardh.** Ueb. d. Permeabilität d. Wurzelspitzen v. Vicia faba. (Stockh., Ak.) 1911. 4. 255 p. m. 56 Fig. — 9.—

19486 **Lundström.** Pflanzenbiolog. Studien. 2 Tle. (Upsala, Ges. Wiss.) 1884— 1887. 4. 155 p. m. 8 Tfln. (M. 21.) — 8.—

Hieraus einzeln:

19487 — — II: Anpassungen d. Pflanzen an Thiere. 1887. 4. 88 p. m. 4 Tfln. (M. 12.) — 3.—

19488 — Om Mycodomatier pa Papilionaceernas rötter. (Lund, Bot. Not.) 1887. 8. 12 p. m. Tfl. — 1.—

19489 — Ueb. Mykodomatien in den Wurzeln d. Papilionaceen. (Cassel, Bot. Centr.) 1888. 8. 5 p. — —.50

19490 — Om regnuppfängande Växter. (Lund, Bot. Not.) 1889. 8. 49 p. — 1.50

19491 **Luerssen.** Einfluss d. rothen u. blauen Lichtes auf d. Protoplasma in Urtica. Brem. 1868. 8. 31 p. m. 2 Tfln. — 1.—

19492 — Ein- od. Mehrzelligkeit d. Pollens d. Onagrar., Cucurbitac. u. Corylaceen. (Berl., Pringsh. J.) 1868. 8. 33 p. m. 3 z. Tl. color. Tfln. — 1.50

19493 **Lutz.** Die oblito-schizog. Secretbehälter d. Myrtaceen. Cassel 1895. 8. 39 p. m. Tfl. — 1.—

19494 **Lynch and Miers.** Seed-struct. and germinat. of Pachira aquat. On Marupa. (Lond., Linn. S.) 1878. 8. 6 p. w. 3 pl. — 1.—

19495 **Lyon.** On the Embryogeny of Nelumbo. (Minneap., Bot. Stud.) 1901. *M*
8. 13 p. w. 3 pl.   1.50
19496 — Embryogeny of Ginkgo. (Minneap., B. Stud.) 1904. 8. 16 p. w. 15 pl. 4.—
19497 **Mc Alpine and Remfry.** The transverse sections of Petioles of Eucalypts as aids in the determin. of species. (Melbourne, Roy. Soc.) 1890.
4. 64 p. w. 7 pl.   4.50
19498 **Macchiati.** Fisiol. d. organi di Nutrizione d. Piante. Firenze 1888.
8. 146 p.   2.—
19499 — S. morfol. ed anat. d. seme d. Veccia di Narbona. Modena 1891.
8. 28 p. c. 2 tav.   1.—
19500 — Granuli d'Amido incapsul. d. tegumenti seminali d. Vicia Nar-
bonensis. Modena 1898. 4. 11 p. c. tav.   1.—
19501 **Mac Dougal.** Titles of literat. concern. the fixation of free Nitrogen
by Plants. (Minneap., Bot. Stud.) 1894. 8. 24 p.   1.—
19502 — On the poison. influence of the Cypripedium spectabile and pubescens. (Minneap., Bot. Stud.) 1894. 8. 6 p. w. pl.   1.—
19503 — Contribution to the physiol. of the Root Tubers of Isopyrum biter-
nat. (Minneap., Bot. Stud.) 1896. 8. 16 p. w. 2 pl.   1.50
19504 — Symbiosis and Saprophytism. (Lancast., Torr. Cl.) 1899. 8. 20 p.
w. 3 pl.   2.—
19505 — Seed dissemin. and distrib. of Razoumofskya robusta. (Minneap.,
Bot. Stud.) 1899. 8. 5 p. w. 2 pl.   1.—
19506 — Significance of Mycorrhizas. (Boston) 1900. 8. 8 p.   1.—
19507 **Macie.** Account of some chemical experim. on Tabasheer. (Lond.,
Linn. Soc.) 1791. 4. 21 p.   1.—
19508 **Machado, Da Gama-.** Théorie des Ressemblances, ou essai philosoph.
s. l. moyens de determiner les dispositions physiques et morales d.
Animaux d'après les analogies de formes, de robes et de couleurs.
4 vols. Paris 1831 à 58. fol. av. 46 pl. color.   130.—
  Ouvrage extrêmement rare (voyez Brunet) qui n'a jamais paru dans le commerce. Exemplaire tout à fait complet. — P r i t z e l: Nonnulla ad physiogno-
miam Plantarum spectant. Vol. II. III. non vidi.
19509 — — Vol. 1 à 3. Paris 1831 à 1844. 4. av. 35 pl. color.   40.—
19510 **Mack.** Vorkommen v. Pepton in Pflanzensamen. Leipz. 1903. 8. 32 p. 1.—
19511 **M'Kenzie.** On the Age of Trees. 4 pap. (Edinb., Arbor. Soc.) 1876. 8. 23 p. 1.50
19512 **Mac Leod.** S. la fertilisat. de qlqs. Phanérog. (Gand, Arch. Biol.)
1886. 8. 36 p. av. pl.   1.—
19513 **Macmillan.** Flowering of Dendrocalamus gigant. (Peraden., Gard.)
1908. 8. 8 p. w. 4 pl.   2.—
19514 **M'Nab.** On the struct. of the Leaves of cert. Coniferae. (Dublin, Ac.)
1875. 8. 5 p. w. pl.   1.—
19515 **Magnin.** S. le polymorphisme floral, la sexual. et l'hermaphrodisme
parasit., du Lychnis Vespertina. (Lyon, Soc. Bot.) 1889. 8. 29 p. av. 2 pl. 1.50
19516 — Nouv. observat. s. la sexualité d. Lychnis. (Lyon, S. Bot.) 1893.
8. 28 p. av. pl.   1.50
19517 **Magnus, G.** Beitr. z. Anat. d. Tropaeolaceen. Heidelb. 1898. 8. 51 p. 1.—
19518 **Magnus, W.** Stud. an d. endotrophen Mycorrhiza v. Neottia Nidus
avis. Leipz. 1900. 8. 72 p. m. 3 Tfln.   2.—
19519 — Die künstl. Veränder. d. Pflanzenentwickl. (Leipz.) 1908. 8. 11 p.   1.—
19520 — Üb. zellenförm. Selbstdifferenz. aus flüss. Materie. (Berl., Bot. Ges.)
1913. 8. 14 p. m. Tfl.   1.—
19521 **Magnus, W., u. Werner.** Die atypische Embryonalentwicklung d. Podostemaceen. (Jena, Flora) 1913. 8. 62 p. m. 4 Tfln.   3.—
19522 **Magócsy-Dietz.** Das Diaphragma in d. Marke d. dicotylen Holzgewächse. (Budap.) 1901. 8. 46 p.   1.50
19523 **Maheu.** Contrib. à la Flore obscuricole de France. (Paris) 1903. 8. 24 p. 1.50
19524 — Etude géol. et biolog. (flore) d. cavernes de la Haute Italie centrale. Paris 1905. 8. 31 p.   1.50

19525 **Maheu.** Contrib. à l'et. de la Flore Souterraine de France. Paris 1906. *M*
8. 190 p. av. 6 pl. 7.—
19526 — — La Thèse (s a n s les plchs.). Paris 1906. 8. 190 p. av. 35 fig. 3.—
19527 **Mahlert.** Z. Kenntn. d. Anat. d. Laubblätter d. Coniferen. Cassel 1885.
8. 36 p. m. 2 Tfln. 1.—
19528 **Majer, C. E.** Unters. üb. d. Lenticellen. Tüb. 1836. 4. 19 p. 1.—
10529 **Majewski.** Bau gefüllter Blüthen; morpholog. Untersuchgn. (Mosk.,
Nat. Ges.) 1886. 4. 150 p. m. 12 Tfln. — Russisch. 4.—
19530 **Malaguti et Durocher.** S. la répart. d. élém. inorgan. dans l. Végét.
(Paris, Ann. Sc.) 1858. 8. 34 p. 1.—
19531 **Malarski u. Marchlewski.** Studien in d. Chlorophyllgruppe. (Krak.,
Ak.) 1910. 8. 15 p. 1.—
19532 **Malguth.** Biolog. Eigentümlichkeiten d. Früchte epiphyt. Orchideen.
Breslau 1901. 8. 59 p. 1.50
19533 **Malme.** Förgreningsförhalland. och infloresc. ställning h. de Brasil.
Asclepiadac. (Stockh., Ak.) 1900. 8. 24 p. 1.—
19534 — Brasil. Akarodomatieförande Rubiacéer. (Stockh., Ak.) 1900. 8. 21 p. 1.—
19535 — Förgren. arsskott h. träd och buskar. (Stockh., Ark. Bot.) 1904.
8. 19 p. 1.—
19536 — Beitr. z. Anat. d. Xyridazeen. (Stockh., Bot. Tidsk.) 1909. 8. 15 p. 1.—
19537 **Malpighi.** Opera posthuma. Venet. 1698. fol. 355 p., effig. et 19 tab.
Vélin. 12.—
19538 **Malpighia.** Rassegna mens. di Botanica, red. da Borzi, Penzig e
Pirotta. Vol. 1—21. Genova 1887—1907. 8. c. molte tav. color. e nere.
(fr. 630.) 3(II).—
19539 **Malte.** Ueb. Inhaltskörper d. Orchideen. (Stockh., Ak.) 1902. 8. 40 p. 1.50
19540 **Mandl.** Traité prat. du Microscope. Paris 1839. 8. 500 p. av. 14 pl.
D.-rel. veau. 1.—
19541 **Mangin.** Orig. et insertion des racines advent. d. Monocotylédones.
(Paris, Ann. Sc.) 1882. 8. 148 p. av. 8 pl. 4.50
19542 — Anatomie et Physiol. végét. Nouv. éd. Paris 1909. 8. 432 p. av.
pl. color. et 424 fig. 4.50
19543 **Mann, A.** Was bedeutet Metamorphose in d. Botanik? Münch. 1894.
8. 40 p. 1.50
19544 **Mann, B.** Zellhautbild. um plasmolysierte Protoplasten. Borna 1906.
8. 43 p. 1.—
19545 **Mann, G.** Mechanism f. fertilisat. in Bolbophyllum Lobb. (Edinb., Bot.
S.) 1887. 8. 7 p. w. pl. 1.—
19546 **Mann, R.** Quellungsfähigkeit ein. Baumrinden. Halle 1885. 4. 18 p. 1.—
19547 **Maquenne et Demoussy.** Nouv. rech. s. les échanges gazeux d. Plantes vertes av. l'atmosphère. Paris 1913. 8. 167 p. av. 4 pl. 4.50
19548 **Marcatili.** I Vasi laticiferi ed il Sistema assimilat. (Roma, Ist. Bot.)
1887. 4. 28 p. c. 5 tav. color. 2.50
19549 **Marchesetti.** Le Nozze d. Fiori. Trieste 1881. 8. 20 p. 1.—
19550 **Marchlewski.** Matières colorantes obtenues p. l'act. de l'Isatine. (Crac.,
Ac.) 1902. 8. 4 p. av. 7 pl. 2.50
19551 — Die Chemie der Chlorophylle u. ihre Bezieh. z. Chemie d. Blut-
farbstoffs. Braunschw. 1909. 8. 197 p. m. 7 Tfln. (M. 10.) 8.—
19552 **Marchlewski u. Robel.** Ueb. d. Umwandl. d. Chlorophylls unt. d. Einfluss v. Säuren. (Krak., Ak.) 1908. 8. 36 p. m. 4 Tfln. 2.—
19553 **Marcuse.** Anatom-biolog. Beitr. z. Mykorrhizenfrage. Dessau 1902. 8.
37 p. m. Tfl. 1.—
19554 **Marié.** Recherches s. la struct. d. Renonculacées. Paris 1884. 8. 180 p.
av. 8 pl. 4.—
19555 **Markfeldt.** Verhalten d. Blattspurstränge immergrün. Pflanzen. Berl.
1885. 8. 38 p. 1.—

19556 **Marktanner-Turneretscher.** Ausgewählte Blüthen-Diagramme d. Europ. Flora. Wien 1885. 8. 79 p. m. 16 Tfln. (M. 4.)   *M* 1.50

19557 — Zur Kenntn. d. anat. Baues d. Loranthaceen. (Wien, Ak.) 1885. 8. 12 p. m. Tfl.   1.-

19558 **Marloth.** Mechan. Schutzmittel d. Samen geg. schädl. Einflüsse. Leipz. 1883. 8. 40 p.   1.—

19559 — Absorpt. of water by aërial organs of Plants. (Cape Town, Roy. Soc.) 1910. 8. 5 p. w. pl.   1.—

19560 **Marquart.** Die Farben d. Blüthen. Bonn 1835. 8. 92 p.   1.—

19561 **Martel.** Unità anat. e morfol. d. Fiore d. Crociflore. (Torino, Acc.) 1902. 4. 26 p. c. 3 tav.   1.50

19562 **Martelli.** Parassitismo e modo di riprodursi d. Cynomorium coccin. (Genova, Malp.) 1891. 8. 11 p. c. 6 tav. color.   2.—

19563 **Martinet.** Organes de Sécrétion des Végétaux. Paris 1871. 8. 148 p. av. 14 pl.   4.50

19564 **Martins.** S. l. racines aérifères ou vessies natatoires des esp. aquat. du g. Jussiaea. (Montp., Ac.) 1866. 4. 32 p. av. 4 pl.   2.50

19565 **Maschke.** Metamorphosen in d. Zellen d. reif. Frucht v. Solanum nigr. (Leipz., Bot. Z.) 1859. 4. 16 p. m. color. Tfl.   1.—

19566 **Massart.** La Biologie de la végétation sur lè Littoral belge. (Brux., Soc. Bot.) 1893. 8. 37 p. av. 4 pl.   2.50

19567 — S. la morphol. du Bourgeon. (Buitenz., Jard.) 1895. 8. 16 p. av. 2 pl.   1.50

19568 — La dissémination d. Plantes Alpines. (Brux., Soc. Bot.) 1898. 8. 22 p.   1.—

19569 **Masters.** On the morphol. and anat. of the g. Restio. (Lond., Linn. Soc.) 1865. 8. 45 p. w. 2 pl.   1.—

19570 — On the morphol. of the Malvales. (Lond., Linn. S.) 1867. 8. 13 p. w. 2 pl.   1.—

19571 — On the struct. of the flower in the g. Napoleona. (Lond., Linn. S.) 1869. 8. 13 p.   1.—

19572 — Developm. of the Androecium in Cochliostema. (Lond., Linn. S.) 1872. 8. 5 p. w. pl.   1.—

19573 — Superposed arrang. of the parts of the Flower. (Lond., Linn. S.) 1876. 8. 23 p.   1.—

19574 — On the morphol. of the Primulaceae. (Lond., Linn. S.) 1877. 4. 16 p. w. 3 pl.   1.50

19575 — Floral conformat. of the g. Cypripedium. (Lond., Linn. S.) 1887. 8. 21 p. w. pl.   1.—

19576 — Review of the compar. morphol., anat. and life-hist. of the Coniferae. (Lond., Linn. S.) 1890. 8. 108 p. (6 s.)   1.50

19577 **Maeterlinck.** Die Intelligenz d. Blumen. Jena 1911. 8. 202 p. (M. 4.50.)   3.—

19578 **Mathuse.** Abnormal. sekundär. Wachstum v. Laubblättern. Berl. 1906. 8. 52 p.   1.—

19579 **Matlakowna.** Gramineenfrüchte m. weich. Fettendosperm. (Krak., Ak.) 1912. 8. 12 p.   1.—

19580 **Mattei.** Apparecchi disseminativi in Piante. (Napoli, Orto) 1904. 8. 12 p.   1.—

19581 **Mattei e Serra.** Ric. stor. e biolog. s. Terfezia Leonis. (Napoli, Orto Bot.) 1904. 8. 12 p.   1.—

19581a **Matteucci.** Placche sugherose n. Piante. (Fir., Giorn. Bot.) 1897. 8. 20 p.   1.—

19582 **Mattirolo.** Sviluppo e natura d. Tegumenti seminali n. g. Tilia. (Firenze, Giorn. Bot.) 1885. 8. 31 p. c. 3 tav.   1.50

19583 **Mattirolo e Buscalioni.** Strutt. d. spazii intercellulari nei Tegumenti seminali d. Papilionaceae. (Genova, Malp.) 1889. 8. 19 p. c. tav.   1.—

19584 — Il tegumento seminale d. Papilionacee n. meccanismo d. respirazione. (Genova, Malp.) 1890. 8. 19 p. c. 6 tav.   2.50

19585 **Mäule.** Verhalten verholzter Membranen geg. Kaliumpermanganat. Stuttg. 1901. 8. 22 p.   1.—

19586 **Maw.** On the life-history of a Crocus. (Lond., Linn. S.) 1882. 8. 24 p. w. 2 pl.   1.—

19587 **Maximowicz.** Einfluss fremd. Pollens auf d. Form d. erzeugt. Frucht. (Petersb., Ak.) 1871. 8. 15 p. *M* 1.—

19588 **Mayer, A.** Die Sauerstoffausscheidung fleischiger Pflanzen. Heidelb. 1876. 8. 32 p. 1.—

19589 **Mayewski.** Evolut. d. barbules du Begonia manic. (Moscou, Bull.) 1872. 8. 41 p. av. 3 pl. 1.50

19590 **Mazel.** Etudes d'anatomie comp. s. l. Organes de Végétation du g. Carex. Genève 1891. 8. 216 p. 3.—

19591 **Meehan.** Contrib. to the life-hist. of Plants. XII—XVI. (Philad., Ac.) 1897—1902. 8. 106 p. w. 2 pl. 2.50

19592 **Meierhofer.** Einführ. in d. Biologie d. Blütenpflanzen. Stuttg. 1907. 8. 256 p. m. 113 Fig. Lnb. (M. 2.50.) 1.50

19593 **Meinecke.** Z. Anat. d. Luftwurzeln d. Orchideen. Münch. 1894. 8. 76 p. m. 2 Tfln. 2.—

19594 **Meinheit.** Der anatom. Bau des Stengels bei den Compositae Cynareae. Gött. 1907. 8. 119 p. 1.50

19595 **Meneghini.** Teoria d. Meritalli di Gaudichaud. (Fir., Giorn. Bot.) 1844. 8. 10 p. 1.—

19596 **Menneking.** Anordn. d. Schuppen u. das Kanalsystem b. Stachyodes ambigua, Caligorgiaflabellum etc. Berl. 1905. 8. 26 p. m. 2 Tfln. 1.—

19597 **Mercklin.** Z. Entwicklgesch. d. Blattgestalten. Jena 1846. 8. 93 p. m. 2 Tfln. 1.50

19598 — S. l'hist. du développ. des Feuilles. (Paris, Ann. Sc.) 1846. 8. 32 p. av. 2 pl. 1.50

19599 — Data aus der period. Entwicklg. d. Pflanzen. Ber. üb. ein. Keimungsversuche. (Petersb., Bot. Gart.) 1853. 4. 69 p. m. Tab. 1.50

19600 — Ueb. Periderma u. Kork. (Petersb., Ak.) 1864. 8. 24 p. m. Tfl. 1.—

19601 — Reproduct. v. Rinde d. Birke. Petersb. 1864. 8. 5 p. m. Tfl. — Russ. 1.—

19602 **Merkel.** Das Mikroskop. Münch. 1875. 8. 336 p. m. 132 Fig. (M. 3.) 1.—

19603 **Merker.** Gunnera macrophylla. Marb. 1888. 4. 23 p. m. 3 Tfln. 1.—

19604 **Merrell.** Contribut. to the life hist. of Silphium. (Chicago, Bot. Gaz.) 1900. 8. 35 p. w. 8 pl. 3.—

19605 **Mertins.** Z. Kenntn. d. mechan. Gewebesystems d. Pflanzen. Berl. 1889. 8. 43 p. 1.—

19606 **Merz.** Ueb. Anat. u. Samenentwickl. d. Utricularien u. Pinguicula. Münch. 1897. 8. 54 p. 1.—

19607 **Meschajeff.** Ueb. d. Anpassungen z. Aufrechthalten d. Pflanzen u. d. Wasserversorg. bei d. Transpiration. (Mosk., Bull.) 1883. 8. 24 p. 1.—

19608 — Ueb. d. Verbreitungsmittel ein. Früchte. (Mosk., Bull.) 1886. 8. 120 p. m. 6 Tfln. 3.—

19609 **Mesnard.** Rech. s. la format. d. Huiles grasses et essentielles dans l. Végétaux. Paris 1894. 8. 142 p. av. 3 pl. color. 2.50

19610 **Metcalfe.** Caloric, its mechan., chemical and vital agencies. 2 vols. Lond. 1843. 8. 1160 p. Cloth. (1 £ 16 s.) 6.—

19611 **Mettenius.** Z. Anat. d. Cycadeen. (Leipz., Ges. Wiss.) 1860. 4. 44 p. m. 5 Tfln. 2.—

19612 **Metz.** Anat. d. Laubblätter d. Celastrineen. Jena 1903. 8. 83 p. 1.50

19613 **Meunier.** L'appareil laticifère d. Caoutchoutiers. Brux. 1913. 4. 52 p. av. 8 pl. (M. 18.)

19614 **Meyen.** Mikroskop. Abbild. z. Phytotomie. Berl. 1830. 4. 14 Tfln. 1.50

19615 — Syst. d. Pflanzen-Physiol. 3 Bde. Berl. 1837—39. 8. (M. 24.) Cart. — O h n e die Tfln. 1.50

19616 — Ueb. d. Secretions-Organe d. Pflanzen. Berl. 1837. 4. 104 p. m. 9 Tfln. (M. 9.) Cart. 3.—

19617 — Matér. p. s. à l'hist. du développ. d. divers parties dans l. Plantes. (Paris, Ann. Sc.) 1839. 8. 22 p. av. 3 pl. 1.50

19618 — Ueb. d. Befruchtungsakt u. d. Polyembryonie b. d. höh. Pflanzen. Berl. 1840. 8. 50 p. m. 2 Tfln. 1.50

M

19619 **Meyen.** S. la fécondat. d. Végét. (Paris, Ann. Sc.) 1841. 8. 22 p. av. 2 pl.   1.50
19620 **Meyen u. Link.** Jahresberichte üb. d. Arbeiten üb. physiol. Botanik währ. 1838—45. 6 Tle. (Berl., Arch. Nat.) 1839—46. 8. 758 p.   3.—
19621 **Meyer, A.** Entwicklgsgesch. v. Atherurus ternatus. Bonn 1867. 8. 26 p.   1.—
19622 **Meyer, A.** Z. Anat. d. Artocarpeen. Darmst. 1897. 8. 40 p. m. Tfl.   1.—
19623 **Meyer, A.** Das Chlorophyllkorn in chem., morphol. u. biolog. Beziehung. Leipzig 1883. 4. 99 p. m. 3 color. Tfln. (M. 9.)   6.—
19624 — Untersuchgn. üb. d. Stärkekörner. Jena 1895. 8. 334 p. m. 9 Tfln. (M. 20.)   15.—
19625 — Erstes mikroskop. Praktikum. 3. Aufl. Jena 1915. 8. 260 p. m. 110 Fig. (M. 6.50.)
19626 **Meyer, E.** Ueb. Zweckmässigk. im Pflanzenreich. (Königsb.) 1858. 8. 48 p.   1.50
19627 **Meyer, K.** Untersuchgn. über Thismia clandest. (Mosk., Bull.) 1910. 8. 18 p. m. 2 Tfln.   1.—
19628 **Meyer, W.** Die Harzgänge im Blatte d. Abietineen. Königsb. 1883. 8. 36 p.   1.—
19629 **Mez.** Morphol. u. anatom. Studien üb. d. Cordieae. Leipz. 1890. 8. 65 p. m. 2 Tfln.   1.50
19630 **Mezger.** Z. anatom. u. chem. Kenntn. d. Holzes d. Eperua falcata. Halle 1884. 8. 20 p.   1.—
19631 **Michael.** Ueb. d. Bau d. Holzes d. Compositen, Caprifoliac. u. Rubiac. Leipz. 1885. 8. 60 p.   1.—
19632 **Michaëlis.** Z. vergl. Anat. d. Gattgn. Echinocactus, Mamillaria u. Anhalonium. Halle 1896. 8. 39 p. m. 3 Tfln.   1.50
19633 **Michalowski.** Beitr. z. Anat. u. Entwicklungsgesch. v. Papaver somnif. I. Grätz 1881. 8. 57 p.   1.50
19634 **Micheels.** Contrib. à l'ét. anat. d. organes végétat. et floraux chez Carludovica plicata. (Liége, Inst. Bot.) 1900. 8. 88 p. av. 11 pl.   3.50
19635 **Micheli.** Revue d. princip. publicat. de Physiologie végét. en 1876 et 1877. 2 parties. (Genève, Arch. Sc.) 1877 à 78. 8. 189 p.   1.50
19636 **Michelis, A.** Z. Anat. schleimhalt. Samenschalen. Königsb. 1877. 4. 7 p. m. Tfl.   1.—
19637 **Michler.** Ueb. d. anatom. Verhältn. d. Chlorophylls. Tüb. 1837. 8. 26 p.   1.—
19638 The **Microscopic Journal** and Structural Record. Ed. by Cooper and Busk. 2 vols. (all pub'd.) Lond. 1841—42. 8. 705 p. w. 20 pl. Half bd. calf.   10.—
19639 **Miechowski.** Systeme d. Festigung in der Blüte. Zürich 1906. 8. 122 p.   2.—
19640 **Mielcke.** Anatom. u. physiol. Beobachtungen an d. Blättern ein. Eucalyptus-Arten. Hamb. 1891. 4. 27 p. m. Tfl.   1.—
19641 **Migula.** Pflanzenbiologie. Leipz. 1909. 8. 360 p. m. 8 Tfln. Lnb. (M. 8.80.)   5.—
19642 **Mikosch.** Z. Anat. u. Morphol. d. Knospendecken dicotyler Holzgewächse. (Wien, Ak.) 1877. 8. 33 p. m. 3 Tfln.   1.—
19643 — Ueb. d. Bau d. Stärkekörner. Wien 1887. 8. 17 p.   1.—
19644 **Mildbraed.** Z. Kenntn. d. Podostemonac. Berl. 1904. 8. 44 p.   1.—
19645 **Millardet.** S. l'anat. et le développ. du corps ligneux d. g. Yucca et Dracaena. (Cherb., Soc. Sc.) 1865. 8. 24 p. av. 3 pl.   1.50
19646 **Millon.** Etudes de Chimie organ. (Lille, Soc. Sc.) 1850. 8. 96 p. av. 3 pl.   1.—
19647 **Minden.** Beiträge z. anatom. u. physiol. Kenntnis Wasser-secernirender Organe. Stuttg. 1899. 4. 76 p. m. 7 Tfln. (M. 24.)   14.—
19648 — — Dissertation ohne die Tfln. Stuttg. 1898. 4. 76 p.   1.—
19649 **Miquel.** Reizbarkeit d. Blätter v. Mimosa pudica. (Berl., Arch. Nat.) 1839. 8. 15 p.   1.—
19650 — S. la struct. anatom. d. Melocactus. (Paris, Ann. Sc.) 1843. 8. 13 p.   1.—
19651 — De ovulo et embryon. Cycadearum. (Paris., Ann. Sc.) 1845. 8. 15 p. et 2 tab.   1.—
19652 **Mirabella.** Contrib. alla conosc. d. Colleteri. (Palermo) 1896. 8. 28 p. c. 3 tav.   1.50

19653 **Mirande.** Recherches physiolog. et anatom. s. l. Cuscutacées. Paris 1900. 8. 297 p. av. 16 pl. (1 color.) *M* 7.—

19654 **Mirbel.** S. la struct. et développ. de l'Ovule végét. 2 mém. (Paris, Ac.) 1830. 4. 76 p. av. 10 pl. Cart. 3.—

19655 — S. le Cambium (racine du Dattier). (Paris, Ann. Sc.) 1839. 8. 20 p. av. 5 pl. 2.—

19656 — Anatom. u. physiol. Unters. üb. d. Stamm d. Dattelpalme. (Münch., Gelehrte Anz.) 1843. 4. 30 p. 1.—

19657 — Rech. anat. et physiol. s. q. Monocotylés. 4 parties. (Paris, Ann. Sc.) 1843 à 45. 8. 120 p. av. 2 pl. 3.—

19658 **Mirbel et Spach.** Notes p. s. à l'hist. de l'Embryogénie végét. (Paris, Ann. Sc.) 1839. 8. 17 p. av. pl. 1.—

19659 **Mischke.** Ueb. d. Dickenwachsthum d. Coniferen. Kassel 1890. 8. 29 p. 1.—

19660 **Mittmann.** Z. Kenntn. d. Anat. d. Pflanzenstacheln. Berl. 1888. 8. 44 p. m. 2 z. Tl. color. Tfln. 1.50

19661 **Miyaké.** On the Starch of evergreen leaves. (Chic., Bot. Gaz.) 1902. 8. 20 p. 1.—

19662 — Spermatozoiden v. Cycas revol. (Berl., Bot. Ges.) 1906. 8. 8 p. m. Tfl. 1.—

19663 **Miyoshi.** On the irritability of the Stigma. (Tokyo, Coll. Sc.) 1891. 4. 9 p. w. 2 pl. 1.50

19664 — Ueb. Reizbeweg. d. Pollenschläuche. (Marb., Flora) 1894. 8. 16 p. 1.—

19665 **Möbius.** Ueb. d. Morphol. u. Anat. d. Monokotylen-ähnl. Eryngien. Berlin 1883. 8. 51 p. m. 3 Tfln. (2 color.) 1.50

19666 — Üb. d. anat. Bau d. Orchideenblätter. Heidelb. 1887. 8. 82 p. m. 4 Tfln. 3.—

19667 — Welche Umstände befördern u. hemmen d. Blühen d. Pflanzen. Semarang 1892. 4. 29 p. 1.—

19668 — Ueb. d. Habitus d. Pflanzen. (Heidelb., Nat. V.) 1893. 8. 23 p. 1.—

19669 — Entstehung u. Bedeut. d. geschlechtl. Fortpflanz. im Pflanzenreiche. (Leipz., Biol. Centr.) 1896. 8. 25 p. 1.—

19670 — Z. Anat. d. Ficus-Blätter. (Frankf., Senck.) 1897. 8. 22 p. m. 2 Tfln. 1.50

19671 — Beitr. z. Lehre v. d. Fortpflanz. d. Gewächse. Jena 1897. 8. 220 p. (M. 4.50.) 3.—

19672 — — Einleitung. Jena 1897. 8. 22 p. 1.—

19673 — Botanisch-mikroskop. Praktikum. Berl. 1903. 8. 130 p. Lnb. (M. 2.80.) 1.50

19674 — Beitr. z. Biol. u. Anat. d. Blüten. (Frankf., Senck.) 1913. 8. 8 p. m. color. Tfl. 1.—

19675 — Historisches üb. d. Ringelungsversuch. (Berl.) 8. 13 p. 1.—

19676 **Modry.** Beiträge z. Gallenbiologie. Wien 1911. 8. 25 p. 1.50

19677 **Mohl.** Ueb. d. Poren d. Pflanzen-Zellgewebes. Tüb. 1828. 4. 36 p. m. 4 Tfln. 1.—

19678 — Ueb. d. Bau d. Cycadeen-Stammes. (Münch., Ak.) 1832. 4. 46 p. m. 3 Tfln. 1.50

19679 — Sur la struct. et l. formes d. grains de Pollen. 3 parties. (Paris, Ann. Sc.) 1835. 8. 90 p. av. 3 pl. 2.—

19680 — V. d. Structur der Pflanzensubstanz. Tüb. 1836. 4. 40 p. m. 2 Tfln. 1.—

19681 — Ueb. d. Entwick. d. Korkes u. d. Borke. Tüb. 1836. 4. 26 p. 1.—

19682 — Métamorph. d. Anthères en Carpelles. (Paris, Ann. Sc.) 1837. 8. 26 p. 1.—

19683 — S. la connexion d. Cellules végét. (Paris, Ann. Sc.) 1837. 8. 14 p. av. 3 pl. 1.50

19684 — S. la colorat. hibernale d. Feuilles. (Paris, Ann. Sc.) 1838. 8. 24 p. 1.—

19685 — Rech. anat. s. la Chlorophylle. (Paris, Ann. Sc.) 1838. 8. 17 p. 1.—

19686 — Ueb. d. Bau d. getüpf. Gefässe d. Dicotyledon. Tüb. 1840. 8. 40 p. 1.—

19687 — S. la struct. d. Vaisseaux annulaires. (Paris, Ann. Sc.) 1840. 8. 12 p. av. pl. 1.—

19688 — S. la struct. d. Vaisseaux ponctués. (Paris, Ann. Sc.) 1842. 8. 18 p. av. 2 pl. 1.—

19689 — S. la cuticule d. Plantes. (Paris, Ann. Sc.) 1843. 8. 12 p. av. pl. color. 1.—

19690 **Mohl.** S. le Latex et ses mouvements. (Paris, Ann. Sc.) 1844. *ℳ*
8. 20 p. 1.—

19691 — Vermischte Schriften botan. Inhalts. Tübing. 1845. 4. 448 p. m. 13
z. Tl. color. Tfln. (M. 10.) Cart. 8.—
Vergriffen.

19692 — S. la struct. de la Cellule végét. (Paris, Ann. Sc.) 1845. 8. 30 p.
av. 2 pl. (1 color.) 1.50

19693 — S. l'accroissem. de la Membrane cellul. (Paris, Ann. Sc.) 1847. 8. 28 p. 1.—

19694 — Grundz. d. Anat. u. Physiol. d. vegetabil. Zelle. Braunschw. 1851.
8. 244 p. m. Tfl. 1.—

19695 — On the struct. of Chlorophyll. 2 parts. (Lond., Ann. & M.) 1855.
8. 20 p. 1.—

19696 — S. la compos. du Liber. (Paris, Ann. Sc.) 1856. 8. 20 p. av. pl. 1.—

19697 — De l'Utricule primord. (Paris, Ann. Sc.) 1857. 8. 36 p. 1.—

19698 — On the Cambium-layer of the Stem. (Lond., Ann. & M.) 1858. 8. 19 p. 1.—

19699 — On Cellulose in Starchgrains. (Lond., Ann. & M.) 1859. 8. 14 p. 1.—

19700 — S. l. Fleurs dimorph. (Paris, Ann. Sc.) 1864. 8. 32 p. 1.—

19701 **Moissan.** S. l. volumes d'oxygène absorbé et d'acide carbon. émis dans
la Respirat. végétale. (Paris, Ann. Sc.) 1878. 8. 49 p. 1.50

19702 **Molér.** Om Vedens byggnad h. Betula Nana. Ups. 1877. 8. 44 p. m. Tab. 1.—

19703 **Moleschott.** Physiol. d. Stoffwechsels in Pflanzen u. Thieren. Erl. 1851.
8. 608 p. (M. 9.60.) 1.50

19704 — Der Kreislauf d. Lebens. 3. Aufl. Mainz 1857. 8. 546 p. (M. 6.80.) Hfzb. 1.—

19705 — — 4. Aufl. Mainz 1863. 8. 574 p. (M. 7.50.) Hfzb. 1.50

19706 **Molisch.** Vergl. Anat. d. Holzes d. Ebenaceen. (Wien, Ak.) 1880. 8.
30 p. m. 2 Tfln. 1.—

19707 — Grundriss ein. Histochemie d. pflanzl. Genussmittel. Jena 1891. 8.
65 p. (M. 2.) 1.50

19708 — Die Pflanze in ihren Bezieh. z. Eisen. Jena 1892. 8. 137 p. m. Tfl.
(M. 3.) 2.—

19709 — Z. Physiol. d. Pollens. (Wien, Ak.) 1893. 8. 25 p. m. Tfl. 1.—

19710 — Vorkomm. u. Nachweis d. Indicans in d. Pflanze. (Wien, Ak.) 1893.
8. 22 p. 1.—

19711 — Ueb. d. Milchsaft u. Schleimsaft d. Pflanzen. Jena 1901. 8. 119 p. 3.50

19712 — Leuchtende Pflanzen. 2. Aufl. Jena 1912. 8. 206 p. m. 2 Tfln. (M. 7.50.)

19713 — Mikrochemie d. Pflanze. Jena 1913. 8. 405 p. m. 116 Fig. (M. 13.)

19714 — Pflanzenphysiologie als Theorie d. Gärtnerei. Jena 1916. 8. 316 p.
m. 127 Fig. (M. 10.)

19715 **Möller, H.** Ueb. d. Vorkomm. d. Gerbsäure u. ihre Bedeut. f. d. Stoffwechsel in d. Pflanze. 2 Abhandl. (Greifsw.) 1888. 8. 31 p. 1.50

19716 **Möller, J.** Anat. d. Baumrinden. Berl. 1882. 8. 455 p. m. 146 Fig.
(M. 18.) 6.—

19717 **Molly.** Ueb. d. Blüthenentwick. d. Hypericineen u. Loasaceen. Bonn
1875. 8. 35 p. 1.—

19718 **Monheim.** Z. Kenntn. d. Tannenhonigs. Erl. 1899. 8. 44 p. 1.—

19719 **Montemartini.** Contr. II. allo studio d. Passaggio dalla Radice al Fusto.
(Pavia, Ist. Bot.) 1899. 4. 22 p. c. 3 tav. 1.50

19720 **Monteverde.** Ueb. d. Sauerampfersalze (Calcium u. Magnesium) in d.
Pflanze. (Petersb., Soc. Nat.) 1889. 8. 72 p. m. Tfl. — Russisch. 1.50

19721 — Ueb. d. kleesauren Salze in d. Pflanze. Petersb. 1889. 8. 81 p. —
Russisch. 1.—

19722 — Ueb. d. Verbreit. d. Mannits u. Dulcits im Pflanzenreiche. (Petersb.,
Scr. Bot.) 1892. 8. 37 p. 1.—

19723 — Das Absorptionsspectrum d. Chlorophylls. (Petersb., Bot. Gart.)
1893. 8. 58 p. m. Tfl. 1.50

19724 — Ueb. d. Protochlorophyll. (Petersb., Bot. Gart.) 1894. 8. 19 p. 1.—

19725 — Ueb. d. Salpeter in d. Pflanze. Petersb. 8. 22 p. — Russisch. 1.—

19726 **Moore, S. Le Marchand.** On Staminal Pistillody in an Acanthad. *M*
(Lond., Linn. Soc.) 1876. 8. 5 p. w. 2 pl. 1.—
19727 — Studies in veget. Biology. 9 parts. (Lond., Linn. S.) 1885—92. 8.
207 p. w. 12 pl., partly colour. 9.—
19728 — — I. II: On the contin. of Protoplasm. On Rosanoff's Crystals.
1885. 30 p. w. 3 pl. 2.50
19729 — — III. IV: Influence of light up. protoplasm. movement. 2 parts.
1887—88. 88 p. w. 4 pl. (1 colour.) 4.—
19730 — — V: Apiocystis, a chaptèr in degenerat. 1890. 19 p. w. 3 colour. pl. 2.—
19731 — — VI—IX: True nature of Callus. 2 parts. Veget. marrow and
Ballia callitricha. Existence of Protein in walls of veget. cells. 1891—
1892. 70 p. w. 2 pl. 2.—
19732 **Morck.** Ueb. d. Bakteroiden d. Leguminosen. Leipz. 1891. 8. 44 p.
m. 4 Tfln. 1.50
19733 **Morgen.** Ueb d. Assimilationsprocess in Lepidium sativ. Leipz. 1877.
4. 34 p. 1.—
19734 **Morgenthaler.** Z. Entwicklgsgesch. d. Quitte. Aarau 1897. 8. 65 p.
m. color. Tfl. 1.50
19735 **Mori.** S. strutt. d. foglie d. Ericacee. (Firenze, Giorn. Bot.) 1883. 8.
4 p. c. 2 tav. 1.—
19736 **Morren, C.** Essais p. déterm. l'influence de la Lumière sur la manifest.,
l. développ. d. Végét. et Anim. 3 parties. (Paris, Ann. Sc.) 1835. 8. 74 p. 2.—
19737 — Morphol. d. Ascidies. (Paris, Ann. Sc.) 1839. 8. 10 p. 1.—
19738 — Excitabilité d. feuilles d. Oxalis. (Paris, Ann. Sc.) 1840. 8. 10 p. 1.—
19739 — Dodonaea. Recueil d'observat. de Botanique. 2 parties. Brux.
1841 à 43. 8. 262 p. av. 10 pl. (1 color.) 12.—
19740 — Qu. fleurs de Fuchsia. (Brux., Ac.) 1850. 8. 12 p. 1.—
19741 — Lobelia ou recueil d'observat. de Botanique. Brux. 1851. 8. 239 p.
av. portr. et 14 pl. (en partie color.) 8.—
19742 — Influence de l'éclipse de Soleil s. l. Plantes. (Brux., Ac.) 1851. 8. 12 p. 1.—
19743 — Relat. entre la Chaleur et la Végétat. (Brux., Ac.) 1873. 8. 15 p. 1.—
19744 — De la Sensibilité et des mouvem. d. Végét. (Brux., Ac.) 1885. 8. 50 p. 2.—
19745 **Morren, E.** La Lumière et la végétat. Gand 1863. 8. 27 p. 1.—
19746 — Déterm. d. Stomates chez qu. Végét. (Brux., Ac.) 1864. 8. 25 p. 1.—
19747 — L'énergie de la Végétation. (Brux., Ac.) 1873. 8. 32 p. 1.—
19748 — Principes élém. de Physiol. végét. Gand 1877. 8. 28 p. 1.—
19749 **Morris, D.** Product. of Seed in cert. varieties of Sugar-Cane. (Lond.,
Linn. S.) 1890. 8. 5 p. w. pl. 1.—
19750 — Phenomena of Forked and Branched Palms. (Lond., Linn. S.)
1892. 8. 18 p. 1.—
19751 **Möslinger.** Ueb. das aether. Oel v. Heracleum sphondyl. Bresl. 1876.
8. 54 p. 1.—
19752 **Mourgues.** S. l. matières colorantes du Maqui. (Santiago) 1894. 4. 15 p. 1.—
19753 **Mücke.** Ueb. d. Bau u. d. Entwickl. d. Früchte v. Acorus Calamus.
Leipz. 1908. 4. 24 p. m. Tfl. 1.—
19754 **Mulder.** Versuch ein. allgem. physiolog. Chemie. Braunschw. 1844.
8. 900 p. m. 8 color. Tfln. (M. 18.) Lnb. 3.—
19755 **Müller, C.** Jahresbericht üb. d. Morphol. d. Gewebe. 4 Tle. (Berl.,
Just's Jahresb.) 1883—86. 8. 370 p. 3.—
19756 — Ueb. phloëmständige Secretkanäle d. Umbelliferen und Araliaceen.
(Berl., Bot. Ges.) 1887. 8. 13 p. m. Tfl. 1.—
19757 — Balken in d. Holzelementen d. Coniferen. (Berl., Bot. Ges.) 1890.
8. 30 p. m. Tfl. 1.—
19758 **Müller, C. O.** Z. Kenntn. d. Eiweissbildg. in d. Pflanze. Berl. 1886.
8. 40 p. 1.—
19759 **Müller, Ch.** S. le développ. de l'Embryon végétal. (Paris, Ann. Sc.)
1848. 8. 26 p. av. pl. 1.—
19760 **Müller, E. G. O.** Die Ranken d. Cucurbitaceen. Bresl. 1886. 8. 56 p. 1.—

19761 **Müller, F.** Ueb. d: Struktur ein. Arten v. Elatine. Regensb. 1877. 8.   *M*
27 p. m. Tfl.   1.—
19762 — Das Ende d. Blütenstandes u. d. Endblume v. Hedychium. (Leipz.,
Kosmos) 1885. 8. 14 p. m. 2 Tfln.   1.—
19763 — Werke, Briefe u. Leben. Ges. u. hrsg. v. A. Möller. Bd. I. *2* Tle.
Jena 1915. 8. 1510 p. m. Atlas v. 85 Tfln. u. 303 Fig. Cart. (M. 150.) —
Soviel erschien.
19764 **Müller, H. A. C.** Kernstudien an Pflanzen. (Leipz., Arch. Zellforsch.)
1912. 8. 51 p. m. 2 Tfln.   2.—
19765 **Müller, H. C.** Ueb. d. Entsteh. v. Kalkoxalatkrystallen in pflanzl. Zellmembranen. Prag 1890. 8. 51 p. m. Tfl.   1.50
19766 **Müller, J.** Z. Anat. holz. u. succul. Compositen. Berl. 1893. 8. 43 p.
m. 4 Tfln.   1.50
19767 **Müller, J. F.** Z. Entwicklgesch. d. Vallisneria spiralis. Bonn 1875. 8. 34 p.   1.—
19768 **Müller, K.** Vergl. Unters. d. anatom. Verhältn. d. Clusiaceen, Hyperac.,
Dipterocarpac. u. Ternstroemiac. Leipz. 1882. 8. 40 p. m. Tfl.   1.—
19769 **Müller, K.** Z. (anat.) Systematik d. Aizoaceen. Halle 1908. 8. 46 p.   1.—
19770 **Müller, N. J. C.** Das Wachsthum d. Vegetationspunktes v. Pflanzen.
Heidelb. 1867. 8. 52 p.   1.—
19771 — Ueb. d. Molecularkräfte im Baume. II. Heidelb. 1875. 8. 76 p.
m. 3 Tfln.   1.—
19772 — Ueb. d. Arbeit d. grünen Farbe. Helmst. 1878. 8. 24 p.   1.—
19773 — Polarisationserscheinungen u. Molecularstructur pflanzl. Gewebe.
(Berl., Pringsh. Jahrb.) 1886. 8. 49 p. m. 4 Tfln.   2.50
19774 **Müller, O. L.** Z. Kenntn. d. Entwicklgsgesch. u. Verbreit. d. Lenticellen. Kaschau 1877. 8. 44 p. m. 5 Tfln.   1.50
19775 **Müller, R.,** Ueb. d. aether. Oel d. Früchte v. Angelica Archangel.
Bresl. 1880. 8. 48 p.   1.—
19776 **Müller, T.** Einfluss d. Ringelschnitts auf d. Dickenwachstum. Halle
1888. 8. 54 p.   1.—
19777 **Müller, W.** Z. Entwicklgsgesch. d. Inflorescenzen d. Boragineen u.
Solanac. Münch. 1905. 8. 40 p.   1.—
19778 **Münch.** Z. Kenntn. d. Wasseraufnahme transpirier. Landpflanzen. Erl.
1900. 8. 41 p. m. Tfl.   1.—
19779 **Murbeck.** Verhalt. d. Pollenschlauches b. Alchemilla arvensis. (Lund,
Univ.) 1901. 4. 20 p. m. *2* Tfln.   1.50
19780 — Ueb. d. Embryol. v. Ruppia Rostellata. (Stockh., Ak.) 1902. 4. 21 p.
m. 3 Tfln.   1.50
19781 — Parthenog. bei Taraxacum u. Hierac. (Stockh., Bot. Not.) 1904.
8. 12 p.   1.—
19782 — Bidr. t. Pterantheernas Morfol. (Lund, Univ.) 1906. 4. 20 p. m. Tfl.   1.—
19783 — Untersuchgn. üb. d. Blütenbau d. Papaveraceen. (Stockh., Ak.)
1912. 4. 168 p. m. 28 Tfln. (M. 17.70.)   13.—
19784 — Ueb. d. Baumechanik bei Aenderungen im Zahlenverhältn. d. Blüte.
(Lund, Univ.) 1914. 4. 36 p. m. 8 Tfln.   5.—
19785 **Murie.** Classificat. and arrang. of microsc. Objects. *2* parts. (Lond.,
Micr. J.) 1869. 8. 34 p.   1.—
19786 **Murray.** Outer peridium of Broomeia. (Lond., Linn. S.) 1883. 8. 3 p.
w. colour. pl.   1.—
19787 **Murray and Barton.** On the structure and posit. of Chantransia. (Lond.,
Linn. S.) 1891. 8. 8 p. w. 2 pl.   1.—
19788 **Muth.** Ueb. d. Entwickel. d. Inflorescenz u. d. Blüthen v. Symphytum
offic. Münch. 1902. 8. 61 p. m. 7 Tfln.   2.—
19789 **Mylius.** Das Polyderm. Stuttg. 1913. 4. 119 p. m. 4 Tfln. (M. 28.)   20.—
19790 **Nabokich.** Ueb. d. Functionen d. Luftwurzeln. (Cassel, Bot. Centr.)
1899. 8. 40 p. m. Tfl.   1.—
19791 **Nadelmann.** Ueb. d. Schleimendosperme d. Leguminosen. Berl. 1890.
8. 83 p. m. 3 z. Tl. color. Tfln.   2.—

19792 **Nadson.** Die Bildung d. Stärkemehls in d. chlorophyllenthalt. Zellen d.   *M*
Pflanzen aus organ. Stoffen. (Petersb., Soc. Nat.) 1889. 8. 50 p. —
Russisch.   1.50
19793 **Nagamatsz.** Z. Kenntn. d. Chlorophyllfunktion. Würzb. 1886. 8. 30 p.   1.—
19794 **Nagel.** Die Liebe d. Blumen. Berl. 1885. 8. 36 p.   1.—
19795 **Nägeli, K.** Z. Entwicklgsgesch. d. Pollens. Zür. 1842. 8. 36 p. m. 3 Tfln.   2.—
19796 — System. Uebersicht d. Erschein. im Pflanzenreich. Freib. 1853.
4. 70 p.   1.—
19797 — Die Beweg. im Pflanzenreich. Leipz. 1860. 8. 52 p.   1.—
19798 — Dickenwachsthum d. Stengels u. Anordn. d. Gefässstränge b. d.
Sapindaceen. Münch. 1864. 8. 72 p. m. 10 Tfln.   3.—
19799 — Ueb. d. inneren Bau vegetab. Zellmembranen. II. (Münch., Ak.)
1864. 8. 56 p. m. 3 Tfln.   1.—
19800 — Botan. Mittheilungen. (Münch., Ak.) 1865. 8. 56 p.   1.—
19801 — Ueb. d. Beweg. kleinst. Körperchen. (Münch., Ak.) 1879. 8. 64 p.   1.50
19802 **Nägeli u. Cramer.** Pflanzenphysiol. Untersuchungen. 4 Hefte. Zürich
1855—57. 4. 843 p. m. 51 z. Tl. color. Tfln. (M. 54.)   36.—
19803 — — Heft III. 1855. 35 p. m. 8 Tfln. (2 color.)   5.—
19804 **Nägeli u. Leitgeb.** Entstehung d. Wachsthum d. Wurzeln. München
1867. 8. 90 p. m. 11 Tfln. (M. 7.)   2.50
19805 **Nägeli u. Schwendener.** Das Mikroskop. Leipz. 1867. 8. 637 p. m. viel.
Fig. (M. 11.50.) Hfzb.   1.—
19806 — — 2. (letzte) Aufl. 1877. 691 p. m. 302 Fig. (M. 12.)   3.—
19807 **Nanke.** Vergl.-anat. Unters. üb. d. Bau v. Blüten- u. veget. Axen dikotyler Holzpflanzen. Königsb. 1886. 8. 56 p. m. 6 Tfln.   1.50
19808 **Nathanson.** Ueb. Regulationserscheingn. im Stoffaustausch. (d. Pflanz.).
Leipz. 1902. 8. 52 p.   1.50
19809 — Der Stoffwechsel d. Pflanzen. Leipz. 1910. 8. 480 p. (M. 12.)
19810 — Allgem. Botanik. (Vegetat. Leben, Fortpflanzung.) Leipz. 1912. 8.
479 p. m. 9 Tfln. (4 color.) u. 394 Fig. (M. 9.)
19811 **Nathorst.** Om de Fruktformer af Trapa natans. (Stockh., Ak.) 1888.
8. 40 p. m. 3 Tfln.   1.50
19812 **Naudin.** S. le développ. d. axes et d. append. dans l. Végét. (Paris,
Ann. Sc.) 1844. 8. 11 p. av. 2 pl.   1.50
19813 **Naumann, A.** Z. Entwickelgesch. d. Palmenblätter. Regensb. 1887. 8.
45 p. m. 2 Tfln.   1.50
19814 **Naumann, C. F.** Ueb. d. Quincunx als Grundgesetz d. Blattstellg.
Dresd. 1845. 8. 86 p. m. Tfl.   1.50
19815 **Navaschin u. Finn.** Z. Entwicklgsgesch. der Chalazogamen. Juglans
regia u. Juglans nigra. (Petersb., Ak.) 1913. 4. 59 p. m. 4 Tfln.   3.—
19816 **Nees v. Esenbeck, Bischof u. Rothe.** Die Entwickel. d. Pflanzensubstanz. Erl. 1819. 4. 232 p. (M. 8.)   1.—
19817 **Neger.** Biologie d. Pflanzen auf experiment. Grundlage (Bionomie).
Stuttg. 1913. 8. 804 p. m. 315 Fig. (M. 24.)
19818 **Neluboff.** Nutation horizont. du Pisum sativum. Pétersb. 8. 15 p.   1.—
19819 **Němec.** Cytolog. Beobacht. an d. Vegetationsgipfeln d. Gewächse.
(Prag, Ges. Wiss.) 1898. 8. 26 p. m. Tfl.   1.—
19820 — Abnorme Kerntheilgn. in d. Wurzelspitze v. Allium cepa. (Prag,
Ges. Wiss.) 1899. 8. 10 p. m. Tfl.   1.—
19821 — Ueb. d. Wachsthum d. Wurzeln. (Prag, Ges. Wiss.) 1899. 8. 18 p. —
Tschechisch.   1.—
19822 — Beitr. z. Physiol. u. Morphol. d. Gewächse. (Prag, Ges. Wiss.)
1900. 8. 64 p. m. 4 Tfln. — In tschechischer Sprache.   1.50
19823 — Einfluss niedr. Temperat. auf meristemat. Gewebe. (Prag, Ges.
Wiss.) 1900. 8. 10 p.   1.—
19824 — Ueb. Ausgabe ungelöster Körper in hautumkleideten Zellen. (Prag,
Ges. Wiss.) 1900. 8. 15 p.   1.—

19825 **Němec.** Die Reizleit. u. d. reizleit. Strukturen bei d. Pflanzen. Jena 1900. 8. 156 p. m. 3 Tfln. (M. 7.) — *M* 4.50

19826 — Ueb. schuppenförm. Bildgn. an d. Wurzeln v. Cardamine amara. (Prag; Ges. Wiss.) 1902. 8. 14 p. — 1.—

19827 — Das Problem d. Befruchtungsvorgänge. Berl. 1910. 8. 535 p. m. 5 Tfln. Origbd. (M. 22.50.) — 19.—

19828 **Nemnich.** Ueb. d. anat. Bau d. Achse u. d. Entwicklgesch. d. Gefässbündel d. Amarantac. Erl. 1894. 8. 38 p. m. Tfl. — 1.—

19829 **Nestel.** Z. Kenntn. d. Stengel- u. Blattanatomie d. Umbelliferen. Tüb. 1905. 8. 126 p. m. Tfl. — 1.50

19830 **Neszényi.** Z. Keimungsgesch. v. Cichorium intybus. Leipz. 1888. 8. 55 p. m. 2 color. Tfln. — 1.50

19831 **Netolitzky.** Bestimmungsschlüssel d. einheim. Dikotyledonenblätter. Kennzeichen d. Gruppe: Raphidenkristalle. Wien 1905. 8. 52 p. — 1.—

19832 **Netto.** Struct. anorm. d. tiges d. Lianes. (Paris, Ann. Sc.) 1865. 8. 20 p. — 1.—

19833 **Neubert.** Betracht. d. Pflanzen u. ihrer Theile. Stuttg. 1865. 8. 58 p. m. 10 Tfln. — 1.—

19834 **Neubner.** Z. Kenntn. d. Calicieen. Regensb. 1883. 8. 22 p. m. 3 Tfln. — 1.50

19835 **Neuhauss.** Lehrb. d. Mikrophotographie. Braunschw. 1890. 8. 283 p. m. 3 Tfln. Lnb. (M. 9.) — 2.—

19836 **Neuman, L. M.** Undersökn. öfver Bast och Sklerenchym h. Dicotyla Stammar. (Lund, Univ.) 1881. 4. 49 p. m. 3 Tfln. — 1.50

19837 **Newcombe.** Effect of mechan. resistance on the growth of Plant tissues. Leips. 1893. 8. 50 p. — 1.50

19838 — The Rheotropism of Roots. 3 parts. (Chic., Bot. Gaz.) 1902. 8. 65 p. — 2.—

19839 **Nicolai, H.** Bakteriolog. Studien üb. Wurzeln u. Samen v. Hedysarum coronarium. Erl. 1900. 8. 36 p. — 1.—

19840 **Nicolai, O.** De crescendi modo Radicis. Regiom. 1865. 4. 24 p. — 1.—

19841 — Das Wachsthum d. Wurzel. (Königsb., Phys. Ges.) 1865. 4. 56 p. m. 2 Tfln. — 1.—

19842 **Nicoloff.** Type floral et développ. du Fruit d. Juglandées. (Paris, Journ. Bot.) 1905. 8. 46 p. av. 2 pl. — 1.50

19843 **Nicotra.** La Fisiologia veget. Nap. 1878. 8. 30 p. — 1.—

19844 — Contrib. alla biol. florale d. Euphorbia. (Messina) 1893. 8. 61 p. — 1.50

19845 **Niedenzu.** Ueb. d. anat. Bau d. Laubblätter d. Arbutoideae u. Vaccinioideae. Leipz. 1889. 8. 46 p. — 1.—

19846 **Niemann.** Das Mikroskop u. s. Benutz. bei pflanzenanat. Untersuchgn. 2. Aufl. Magdeb. 1911. 8. 120 p. — 1.50

19847 **Nienburg.** Die Nutationsbeweg. jung. Windepflanzen. (Jena, Flora) 1911. 8. 30 p. m. 2 Tfln. — 1.50

19848 **Niggl.** Das Indol ein Reagens auf verholzte Membranen. Regensb. 1881. 8. 22 p. — 1.—

19849 **Nihoul.** Contribut. à l'ét. du Ranunculus arvensis. (Brux., Ac.) 1891. 4. 42 p. av. 4 pl. — 2.—

19850 **Nilsson, A.** Om Bladslidornas betyd. hos Dianthus banat. (Stockh., Ak.) 1884. 8. 10 p. m. Tfl. — 1.—

19851 — Studier öfv. Stammen sasom assimilerande organ. (Göteb.) 1887. 8. 133 p. m. 2 color. Tfln. — 2.—

19852 — Studien üb. d. Xyrideen. (Stockh., Ak.) 1892. 4. 75 p. m. 6 Tfln. (M. 9.) — 2.50

19853 **Nilsson, N. H.** Dikotyla Jordstammar. (Lund, Univ.) 1885. 4. 250 p. m. Tfl. — 2.50

19854 — Die Spaltungserscheinungen d. Oenothera Lamarckiana. (Lund, Univ.) 1915. 4. 152 p. (M. 7.50.)

19855 **Nissen.** Ueb. d. Blütenboden d. Kompositen. Kiel 1907. 8. 54 p. — 1.—

19856 **Noack.** Beiträge z. Biologie d. thermisch. Organismen. (Berl., Pringsh. J.) 1912. 8. 56 p. — 2.—

19857 **Nobbe, Bässler u. Will.** Ueb. d. Giftwirk. d. Arsen, Blei u. Zink im pflanzl. Organismus. (Berl., Landw. Vers.-Stat.) 1884. 8. 62 p. m. Tfl. — 1.50

19858 **Nobbe, Schröder u. Erdmann.** Ueb. d. organ. Leist. d. Kaliums in d. Pflanze. (Berl., Landw. Vers.-St.) 1870. 8. 103 p. m. Tfl. 2.—
19859 **Noll.** Experim. Untersuchgn. üb. d. Wachstum d. Zellmembran. Würzb. 1887. 4. 62 p. m. color. Tfl. (M. 5.) 2.—
19860 — Ueb. d. Stellung zygomorph. Blüthen. I. (Würzb., Bot. Inst.) 1888. 8. 64 p. m. 48 Fig. 1.50
19861 — Die Orientierungsbewegungen dorsiventr. Organe. Münch. 1892. 8. 27 p. 1.—
19862 — Ueb. d. Mechanik d. Krümmungsbeweg. bei Pflanzen. (Münch., Flora) 1895. 8. 50 p. 1.50
19863 — Das Sinnesleben d. Pflanzen. (Frankf., Senck.) 1896. 8. 89 p. 1.—
19864 — Ueb. d. Einfluss v. Wurzel-Krümmungen auf Seitenwurzeln. (Berl., Landw. Jahrb.) 1900. 8. 66 p. m. 3 Tfln. 2.—
19865 — Fruchtbild. ohne Bestäubung b. d. Gurke. (Bonn) 1902. 8. 13 p. 1.—
19866 — Ueb. embryon. Substanz. (Leipz., Biol. Centr.) 1903. 8. 63 p. 2.—
19867 — Ueb. d. Geschlechtsbestimm. bei diözischen Pflanzen. (Bonn, Ges. Nat.) 1907. 8. 24 p. 1.—
19868 **Noelle.** Z. vergl. anatomisch. Unters. d. Ausläufer. Freib. 1892. 8. 72 p. 1.50
19869 **Noelli.** Elem. di Anat. e Fisiol. veget. Torino 1904. 8. 232 p. c. 261 fig. Cart. 1.50
19870 **Noenen.** Die Anat. d. Umbelliferenachse. Erl. 1895. 8. 32 p. m. 2 Tfln. 1.—
19871 **Nontcheff.** S. l'anat. d. Feuilles du g. Cliffortia. Genève 1909. 8. 96 p. av. 6 pl. 2.50
19872 **Nordhausen.** Wachsthumsorgane im Verdickungsringe d. Dikotylen. Stuttg. 1897. 8. 49 p. m. Tfl. 1.—
19873 — Ueb. Richtung u. Wachstum d. Seitenwurzeln. (Leipz., Pringsh. J.) 1907. 8. 80 p. 2.—
19874 **Nördlinger.** Querschnitte v. 1100 Holzarten. 11 Bde. Stuttg. 1852—89. 8. 1100 Species m. Text. In Futteral. 300.—
Ganz vergriffen. Preis dauernd steigend.

19875 — — Bd. 7—11. 500 Species m. Text. In Futteral. 50.—
19876 — 50 Querschnitte d. hauptsächl. deutschen Hölzer. Stuttg. 1858. 8. In Futteral. 25.—
Vergriffen.

19877 — Der Holzring als Grundlage d. Baumkörpers. Stuttg. 1871. 8. 47 p. 1.50
19878 **Norén.** Ueb. d. Befrucht. bei Juniperus. (Stockh., Ark. Bot.) 1904. 8. 11 p. 1.—
19879— Zur Entwicklungsgesch. d. Juniperus commun. Uppsala 1907. 8. 64 p. m. 4 Tfln. 2.50
19880 — Z. Kenntn. d. Entwickl. v. Saxifraga conspicula. (Stockh., Bot. Tidskr.) 1908. 8. 22 p. m. 3 Tfln. 1.50
19881 **Norman.** Qu. observ. de Morphologie végét. (Christ.) 1857. 4. 32 p. av. 2 pl. 1.—
19882 — Les Stipules et l. bractées d. Crucifères. (Paris, Ann. Sc.) 1858. 8. 24 p. 1.—
19883 — Allelositismus. (Throndj., Vid. Selsk.) 1872. 8. 15 p. 1.—
19884 **Nörner.** Z. Embryoentwickl. d. Gramineen. Regensb. 1881. 8. 35 p. m. 4 Tfln. 1.50
19885 **Notter.** Die jährl. Wandlungen der stickstofffreien Reservestoffe. Heidelb. 1903. 8. 41 p. m. 7 Tfln. 2.—
19886 **Nüesch.** Die Nekrobiose. Schaffh. 1875. 8. 49 p. 1.—
19887 **Nyman, E.** Om byggnaden och utveckl. af Oedipodium. Uppsala 1896. 8. 38 p. m. 2 Tfln. 1.50
19888 **Nypels.** S. l. Tubercules d'Apios tuberosa et. d'Helianthus tuberosus. (Brux., Soc. Bot.) 1893. 8. 15 p. av. 3 pl. 1.50
19889 **Oddo e Cesaris.** S. solanina estratta dal Solanum sodomaeum. 2 mem. (Roma, Gaz. Chim.) 1907—11. 8. 64 p. 1.50
19890 **Odendall.** Z. Morphologie d. Begoniaceenphyllome. Bonn 1874. 8. 35 p. 1.—

19891 **Ohlert, B.** Ueb. d. Gesetze der Blattstellung. 2 Tle. (Leipz., Ann. Phys.) 1855. 8. 57 p. m. Tfl. Cart. — 2.—
19892 **Ohlert, E.** Ueb. d. Metamorphose d. Pflanzen. (Königsb., Phys. Ges.) 1855. 8. 28 p. — 1.—
19893 — Morphol. Stell. d. Samen d. Phanerog. Königsb. 1866. 4. 11 p. — 1.—
19894 **Olbers.** Om fruktväggens anatom. byggnad h. Rosaceerna. (Stockh., Ak.) 1884. 8. 15 p. m. 2 Tfln. — 1.—
19895 — Om fruktväggens Byggnad. (Stockh., Ak.) 1885. 8. 26 p. m. 2 Tfln. — 1.—
19896 — Om fruktväggens byggnad h. Borragineerna. (Stockh., Ak.) 1887. 8. 33 p. m. Tfl. — 1.—
19897 — Om fruktväggens byggnad h. Labiaterna. (Stockh., Ak.) 1890. 8. 20 p. m. 2 Tfln. — 1.—
19898 **Oliver.** Sensitive Labellum of Masdevallia muscosa. (Lond., Ann. Bot.) 1888. 8. 17 p. — 1.—
19899 **Olivier.** Rech. s. l'appareil tégumentaire d. Racines. Paris 1880. 8. 155 p. av. 8 pl. — 4.—
19900 **Oels.** Pflanzenphysiol. Versuche. Braunschw. 1893. 8. 96 p. m. 77 Fig. (M. 4.) — 1.—
19901 — — 2. Aufl. Braunschw. 1907. 8. 131 p. m. 87 Fig. (M. 3.) — 1.50
19902 **O'Rorke.** S. l. Sucs laiteux végét. Paris 1859. 8. 30 p. av. pl. — 1.—
19903 **Oersted.** Koglepalmerne eller Cycadeerne. (Kjöbenh.) 1860. 8. 21 p. — 1.—
19904 — Til Belysn. af Viburnum. (Kjöb., Nat. För.) 1861. 8. 38 p. m. 2 Tfln. — 1.—
19905 — Til Belysn. af Bidens platyceph. (Kjöb., Nat. För.) 1863. 8. 8 p. m. 2 Tfln. — 1.—
19906 — Bidrag t. Naaletraeernes Morphologi. (Kjöbenh., Nat. För.) 1865. 8. 36 p. m. 2 Tfln. — 1.50
19907 — Den tilbageskrid. Metamorfose som udviklingsgang m. hensyn t. Gymnosperm. Blomster. (Kjöb., Nat. För.) 1868. 8. 102 p. m. color. Tfl. — 2.—
19908 — Bidr. t. kundsk. om Juglandac. (Kjöb., Nat. För.) 1870. 8. 16 p. m. 2 Tfln. — 1.—
19909 **Örström.** Om vedens byggnad uti stam och grenar hos Pinus abies. Upsala 1874. 8. 32 p. m. Tfl. — 1.—
19910 **Orth.** Z. Anat. d. Gatt. Potentilla. Hamb. 1893. 8. 35 p. — 1.—
19911 **Ortlepp.** Monogr. d. Füllungserscheingn. b. Tulpenblüten. Leipz. 1915. 8. 273 p. m. 3 color. Tfln. (M. 10.)
19912 **Ortmann.** Z. Kenntn. unterird. Stengelgebilde. Jena 1886. 8. 40 p. — 1.—
19913 **Oes.** Autolyse d. Mitosen. Leipz. 1908. 4. 33 p. m. Tfl. — 1.—
19914 **Osborne.** Veget. Cellstruct. and its format. 2 pap. (Lond., Micr. J.) 1857. 8. 21 p. w. 4 pl. — 1.50
19915 **Österberg.** Pericarpiets anat. och karlsträngförloppet i Blomman hos Orchideerna. (Stockh., Högsk.) 1883. 8. 18 p. m. 3 Tfln. — 2.—
19916 **Osterholt.** Z. Anat. ein. Aloineenblätter. Kiel 1899. 8. 44 p. — 1.—
19917 **Osterhout.** Experim. with Plants. 5. ed. Lond. 1911. 8. Cloth. — 5.50
19918 **Osterwald.** Wasseraufnahme durch d. Oberfläche oberird. Pflanzenteile. Berl. 1886. 4. 30 p. — 1.—
19919 **Oswald.** Z. Kenntn. d. Restantheile d. Früchte d. Sternanis. Illicium anisatum. Marb. 1889. 8. 46 p. — 1.—
19920 **Otis.** Measuring the transpirat. of emersed Water Plants. (Lansing, Ac.) 1911. 8. 4 p. w. 2 pl. and 8 maps. — 2.—
19921 **Otto, R.** Botan. Jahresbericht f. 1894 u. 1898: Chemische Physiol. (Berl.) 1896—1900. 8. 54 p. — 1.—
19922 **Ottow.** Chem. Unters. üb. Phyllanthus Niruri u. Euphorbon. Marb. 1902. 8. 87 p. — 1.—
19923 **Oudemans.** Si les Stomates derivent de cellules épiderm. (Amst., Ac.) 1862. 8. 28 p. av. pl. — 1.—
19924 **Oven.** Z. Anat. d. Cyclanthaceae. Jena 1903. 8. 55 p. m. Tfl. — 1.—
19925 **Overton.** Ueb. d. allgem. osmot. Eigenschaften d. Zelle. (Zürich, Nat. Ges.) 1899. 8 48 p. — 1.50

19926 **Palla.** Z. Anat. d. Orchideen-Luftwurzeln. (Wien, Ak.) 1889. 8. 8 p. m. 2 Tfln. *1.—*

19927 **Palladin.** Bedeutung d. Sauerstoffs f. d. Pflanzen. 2 Abhandlgn. (Mosk., Bull.) 1886. 8. 90 p. *2.—*

19928 — Pflanzenphysiologie. Berl. 1911. 8. 316 p. m. 180 Fig. (M. 8.)

19929 — Pflanzenanatomie. Uebers. v. Tschulok. Leipz. 1914. 8. 199 p. m. 174 Fig. (M. 4.40.)

19930 **Palm.** Studien üb. Konstructionstypen u. Entwicklungswege des Embryosackes d. Angiospermen. Stockh. 1915. 8. 260 p. m. viel. Fig. *8.—*

19931 **Pammel.** Seed-Coats of the g. Euphorbia. St. Louis 1891. 8. 26 p. w. 3 pl. *1.50*

19932 — Pollination of Cucurbits. Des Moines 1895. 8. 7 p. w. 4 pl. *1.50*

19933 **Pantanelli.** Anatomia fisiol. d. Zygophyllaceae. Modena 1900. 8. 93 p. c. 4 tav. *2.—*

19934 — Studi d'anat. e fisiol. s. pulvini motori di Robinia Pseudac. e Porlieria Hygrometra. Modena 1901. 8. 82 p. *1.50*

19935 **Paoletti.** Sui movim. delle foglie n. Porlieria Hygrometr. (Fir., Girn. Bot.) 1892. 8. 27 p. c. 3 tav. *2.—*

19936 **Pappenheim.** Verschlussfähigk. d. Holztüpfel im Splintholze d. Coniferen. (Berl., Bot. Ges.) 1889. 8. 19 p. m. Tfl. *1.—*

19937 — Methode z. Bestimm. d. Gasspannung im Splinte d. Nadelbäume. Berl. 1892. 8. 48 p. m. Tfl. *1.—*

19938 **Parlatore, E.** S. tubercoli radic. d. Leguminose. (Genova, Malp.) 1900. 8. 26 p. c. tav. *1.—*

19939 **Parlatore, F.** Tavole p. una anat. d. Piante aquatiche. Firenze 1881. 4. 24 p. c. 9 tav. in fol. *3.—*

19940 **Parmentier.** Rech. anat. et taxonom. s. l. Onothéracés et l. Haloragacées. (Paris, Ann. Sc.) 1896. 8. 86 p. av. 6 pl. *4.50*

19941 — Rech. anat. et taxinom. s. le Rosa Berberifolia. (Brux.; Soc. Bot.) 1897. 8. 12 p. av. 2 pl. *1.50*

19942 **Pasquale.** S. alc. vasi propri d. Scagliola. (Nap., Ac.) 1880. 4. 6 p. c. tav. color. *1.—*

19943 **Passow.** Die Pflanze u. die Luft. Stralsund 1861. 8. 13 p. *1.—*

19944 **Paul.** Vergleich. Unters. üb. d. Endosperm. Gött. 1882. 8. 52 p. *1.—*

19945 **Pauli.** Der kolloidale Zustand u. die Vorgänge in d. lebend. Substanz. Braunschw. 1902. 8. 32 p. *1.—*

19946 **Pax.** Z. Kenntn. d. Ovulums v. Primula elatior u. officin. Bresl. 1882. 8. 43 p. *1.—*

19947 — Z. Morphol. u. System. d. Cyperaceen. Leipz. 1886. 8. 32 p. *1.—*

19948 **Payen.** Compos. chim. d. Racines d. plántes. (Paris, Ann. Sc.) 1835. 8. 16 p. *1.—*

19949 — S. l'Amidon. 2 parties. (Paris, Ann. Sc.) 1838. 8. 118 p. av. 6 pl. (2 color.) *3.—*

19950 — S. la compos. chim. du tissu d. Phanérog. (Paris, Ann. Sc.) 1840. 8. 28 p. av. 3 pl. *1.50*

19951 **Pearson.** Anat. of the Seedlings of Bowenia spectab. (Lond., Ann. Bot.) 1898. 8. 16 p. w. 2 pl. *1.50*

19952 **Péchoutre.** Contrib. à l'ét. du développ. de l'ovule et de la graine d. Rosacées. Paris 1902. 8. 158 p. av. 166 fig. *2.50*

19953 — Biologie florale. Paris 1909. 8. 380 p. av. 82 fig. Toile. *4.—*

19954 **Pedersen.** Partition du cône végét. d. Phanérogames. Développ. du Cyathium de l'Euphorbe. (Copenh., Bot. Tidsk.) 1873. 8. 134 p. av. 2 pl. *1.50*

19955 **Pedicino.** S. strutt. e s. fusti di Dicotiled. (Portici, Sc. d'Agr.) 1876. 8. 23 p. c. 4 tav. *2.—*

19956 **Peirce.** On the Haustoria of some Phanerog. Parasites. (Lond., Ann. Bot.) 1893. 8. 38 p. w. 3 colour. pl. *2.—*

19957 — Contrib. to the physiol. of Cuscuta. (Lond., Ann. Bot.) 1894. 8. 66 p. w. colour. pl. *1.50*

		$\mathcal{M}$

19958 **Peirce.** Mode of dissemin. and on the reticul. of Ramalina reticul. (Chicago, Bot. Gaz.) 1898. 8. 14 p. — 1.—

19959 **Pekelharing.** Onderzoek. ov. de perceptie v. d. zwaartekrachtprikkel door Planten. Utrecht 1909. 4. 114 p. m. 4 Tfln. — 2.—

19960 **Penzig.** Untersuch. üb. Drosophyllum lusitan. Bresl. 1877. 8. 48 p. — 1.—

19961 — Die Dornen v. Arduina Ferox. (Regensb., Flora) 1879. 8. 8 p. m. Tfl. — 1.—

19962 — I cristalli d. Rosanoff n. Celastracee. (Firenze, Giorn. Bot.) 1880. 8. 9 p. c. 2 tav. — 1.—

19963 — S. alc. Glucosidi d. Auranziacee. Pad. 1882. 8. 20 p. — 1.—

19964 — Cistoliti in alc. Cucurbitacee. (Venez., Ist.) 1882. 8. 15 p. c. 3 tav. — 1.50

19965 — Virescenza nei fiori d. Scabiosa marit. (Modena, Soc. Nat.) 1884. 8. 24 p. c. tav. — 1.—

19966 — Note di Biologia veget. (Nuova pianta formic., Imitaz. d. polline). (Genova, Malp.) 1895. 8. 10 p. c. 2 tav. — 1.50

19967 **Perseke.** Formveränderung d. Wurzel in Erde u. Wasser. Leipz. 1877. 8. 48 p. — 1.—

19968 **Petch.** Physiol. and diseases of Hevea Brasil. Lond. 1911. 8. 276 p. Cloth. — 7.50

19969 **Peter, A.** Ueb. Gefässe und gefässartige Gebilde im Holze, bes. in d. Markscheide ein. Dikotyledonen. Königsb. 1874. 8. 26 p. — 1.—

19970 **Peter, H.** Beiträge z. Entwickelungsgesch. d. Brutknospen. Hameln 1876. 8. 56 p. m. 3 Tfln. Cart. — 1.50

19971 **Petermann.** De Flore Gramineo. Lips. 1835. 8. 80 p. et tab. — 1.—

19972 **Peters, K.** Vergleich. Untersuch. üb. d. Ausbild. d. sexuell. Reproduktionsorgane bei Convolvulus u. Cuscuta. Zürich 1908. 8. 67 p. m. 2 Tfln. — 1.50

19973 **Peters, L.** Z. Kenntn. d. Wundheil. b. Helianthus u. Polygonum cuspid. Gött. 1897. 8. 136 p. m. Tfl. — 1.50

19974 **Peters, T.** Ueb. d. Zellkern in d. Samen. Braunschw. 1891. 8. 31 p. — 1.—

19975 **Petersen, A.** Z. Kenntn. d. flücht. Bestandtheile d. Wurzel u. d. Wurzelstocks v. Asarum Europ. Berl. 1888. 8. 40 p. — 1.—

19976 **Petersen, E.** Z. vergleich. Anat. d. Zentralzylinders d. Papilionaceen-Keimwurzel. Dresd. 1908. 8. 30 p. — 1.—

19977 **Petersen, H. E.** Undersög. ov. Bladnervat. hos arter af Bupleurum Tournef. (Kjöbenh., Bot. Tidsk.) 1905. 8. 34 p. — Av. résumé français. — 1.—

19978 — Indledende studier ov. Polymorphien h. Anthriscus silvestris. (Kjöb., Bot. Ark.) 1915. 8. 156 p. av. 18 pl. — 6.—

19979 **Petersen, O. G.** Om Korkdannelsen i urteagtige staengler. (Kjöbenh., Bot. Tidsk.) 1874. 8. 24 p. m. 2 Tfln. — 1.—

19980 — S. la struct. et le développ. de la Tige d. Nyctaginées. (Copenh., Bot. Tidsk.) 1879. 8. 31 p. av. 2 pl. — 1.50

19981 — Bicollaterale Karbundter og beslaegt. dannelser. Kjöbenh. 1882. 8. 80 p. m. 5 Tfln. — 1.50

19982 — Bidr. t. Scitamineernes anat. (Copenh., Ac.) 1893. 4. 82 p. — Av. résumé français. — 1.50

19983 — Om abnorme Lövforholds indflyd. paa Aarringsdannelsen. (Kjöb., Vid. Selsk.) 1896. 8. 22 p. — 1.—

19984 **Petit-Radel.** Le Mariage d. Plantes. Paris 1800. 8. 23 p. — 3.—

19985 **Pettigrew.** The Physiol. of the Circulation in Plants, in the lower Animals and in Man. Lond. 1874. 8. 329 p. w. 150 fig. (12 s.) Cloth. — 3.—

19986 **Petunnikow.** S. la Cuticule. (Mosc., Bull.) 1866. 8. 25 p. av. 2 pl. color. — 1.50

19987 **Petzold.** System.-anatom. Unters. üb. d. Laubblätter d. amerikan. Lauraceen. Leipz. 1907. 8. 35 p. m. Tab. — 1.—

19988 **Pfeffer.** Untersuchgn. üb. d. Proteïnkörner. (Berl., Pringsh. J.) 1872. 8. 146 p. m. 3 Tfln. (1 color.) — 5.—

19989 — Untersuchgn. üb. Reizbewegung. (Marb., Ges. Nat.) 1872. 8. 8 p. — 1.—

19990 — Physiolog. Untersuchungen. Leipz. 1873. 8. 216 p. m. Tfl. (M. 7.) — 4.—

19991 **Pfeffer.** Die period. Bewegungen d. Blattorgane. Leipz. 1875. 8. 184 p. ℳ
    m. 4 Tfln. (M. 7.)   4.—
19992 — Üb. Election organischer Nährstoffe. (Berl., Pringsh. J.) 1895. 8. 64 p. 2.—
19993 — Pflanzenphysiologie. 2. (letzte) Aufl. 2 Bde. Leipz. 1897—1904. 8.
    1610 p. m. 161 Fig. (M. 50.)   38.—
19994 — Physiologie Végétale. 2 vols. Paris 1906 à 12. 8. 1548 p. av. 161 fig. 36.—
19995 — Untersuchgn. üb. d. Entsteh. d. Schlafbeweg. d. Blattorgane. (Leipz.,
    Ges. Wiss.) 1907. 8. 224 p. (M. 8.)   5.—
19996 — Die Entsteh. d. Schlafbewegn. b. Pflanzen. (Leipz., Biol. Centr.)
    1908. 8. 27 p.   1.50
19997 — Der Einfluss v. mechan. Hemmung u. Belast. auf d. Schlafbe-
    wegungen. (Leipz., Ges. Wiss.) 1911. 8. 140 p. (M. 6.)
19998 — Z. Kenntn. d. Entsteh. d. Schlafbewegungen. (Leipz., Ges. Wiss.)
    1915. 8. 160 p. (M. 6.)
19999 **Pfeiffer, A.** Die Arillargebilde d. Pflanzensamen. Leipz. 1891. 8. 55 p. 1.—
20000 **Pfissner.** Element. Unterweis. üb. d. Pflanze u. ihre Teile. Kaiserslaut.
    1894. 8. 68 p.   1.—
20001 **Pfitzer.** Z. Kenntn. d. Hautgewebe d. Pflanzen. (Berl., Pringsh. J.)
    1870. 8. 60 p. m. 2 Tfln.   1.50
20002 — Morphol. u. Physiol. d. Zelle. 2 Tle. (Berl., Just's Jahrb.) 1876—78.
    8. 37 p.   1.—
20003 — Uebers. d. Aufbaus d. Orchideen. (Heidelb., Nat. Ver.) 1880. 8. 14 p. 1.—
20004 — Grundzüge d. vergl. Morphol. d. Orchideen. Heidelb. 1881. 4. 474 p.
    m. 4 Tfln. (1 color.) (M. 40.)   16.—
20005 — Ueb. Bau u. Entwick. d. Orchideen. (Berl., Bot. Ges.) 1882. 8.
    9 p. m. Tfl.   1.—
20006 — Ueb. Früchte, Keimg. u. Jugendzustände ein. Palmen. (Berl., Bot.
    Ges.) 1885. 8. 21 p. m. Tfl.   1.—
20007 **Pflanzen-Chemie.** — 32 Abhandl. v. Böhm, A. Hansen, Höhnel, O. Loew,
    Mac Dougal, Marchlewski, Mohl, Palladin, Pfeffer, Trécul, Wildeman
    u. a. 1845—1913. 8. u. 4. 377 p. m. 5 Tfln.   10.—
20008 **Pfuhl.** Ueb. d. Anatomie d. Gattgn. Brassica Sinapis, Raphanus u.
    Raphanistrum. Posen 1878. 8. 29 p.   1.—
20009 **Pfurtscheller.** Z. Anat. d. Coniferenhölzer. (Wien, Z. b. G.) 1885. 8.
    8 p. m. Tfl.   1.—

Phaenologia.

20010 **Arnell.** Om Vegetationens Utveckling i Sverige 1873—75. Ups. 1878.
    8. 84 p. m. 3 Kart. u. 3 Tfln.   2.—
20011 **Beiche.** Blütenkalender d. deutsch. Phanerog.-Flora. 2 Bde. Hannov.
    1872. 8. 1252 p. (M. 9.)   3.50
20012 **Bernatsky.** Resultate d. phytophänolog. Beobachtungen in d. Umgeb.
    d. Balatonsees. (Budap.) 1906. 4. 45 p. m. color. Kte.   1.50
20013 **Boos u. Fritsch.** Phänolog. Notizen. (Wien, Z. b. G.) 1862. 8. 8 p. 1.—
20014 **Bruhin.** Sechsjähr. Beobacht. üb. d. erst. Erscheingn. im Thier- u.
    Pflanzenleben Neu-Cölns b. Milwaukee. (Wien, Z. b. G.) 1875. 8. 8 p. 1.—
20015 **Bruhn.** Temperatur u. Blütezeit. 2 Tle. (Güstr., Arch.) 1912. 8.
    12 p. m. Tfl.   1.—
20016 **Caspari.** Im erwach. Lenze. (Wiesb., Ver. Nat.) 1896. 8. 43 p. 1.—
20017 **Chiametti.** Della Fioritura d. Piante. (Padoya, Soc. Trent.) 1878.
    8. 15 p.   1.—
20018 **Cleve, A.** Nägra Svenska Växters Groningstid och Förstärknings-
    stadium. Upsala 1898. 8. 99 p. m. 31 Fig.   1.50
20019 **Cobelli, R.** Calendario d. Flora Roveretana. Rover. 1900. 8. 78 p. 1.—
20020 **Cohn, F.** Bericht üb. d. Entwickel. d. Vegetation in Schlesien 1851.
    (Bresl., Schles. Ges.) 1851. 4. 25 p. m. 4 Tab.   1.50

Phaenologia.

            M

20021 **(Da Schio e Lampertico).** Osservazioni fenoscopiche s. Piante. Roma 1887. 4. 491 p. — 4.—

20022 **Doeningk.** 12jähr. Beob. üb. d. Anfang d. Blüthezeit ein. um Kischinew vork. Pflanzen. (Mosk., Bull.) 1857. 8. 16 p. — 1.—

20023 **Franz, G.** Die Phaenologie d. Winterroggens in Niederl., Schlesw.-Holst. u. Mecklenb. (Güstr., Arch.) 1913. 8. 37 p. m. 3 color. Ktn. — 1.50

20024 **Frickhinger.** Phänolog. Beobachtgn. an ein. Pflanzen. (Augsb., Nat. Ver.) 1857. 8. 30 p. — 1.—

20025 **Fritsch, K.** Kalender d. Flora d. Horizontes v. Prag. (Wien, Ak.) 1852. 8. 110 p. — 1.50

20026 — Instruct. f. phaenol. Beobacht. (Wien, Z. b. G.) 1856. 8. 8 p. — —.50

20027 — Begriff d. Phänologie u. üb. Be- u. Entlaubung d. Bäume u. Sträuche. (Wien, Z. b. G.) 1861. 8. 6 p. — —.50

20028 — Phänolog. Notizen üb. d. Blüthezeit d. Roggens u. Weinstockes. (Wien, Z. b. G.) 1861—62. 8. 42 p. — 1.—

20029 — Nachricht üb. phaenolog. Beobachtungen. 3 Tle. (Wien, Z. b. G.) 1862. 8. 76 p. — 1.—

20030 **Goeppert.** Ueb. d. Blüthenzeit d. Gewächse im Bot. Garten zu Breslau. (Ac. Leop.) 1831. 4. 46 p. — 1.—

20031 — Ueb. d. Pflanzenwelt im Winter 1872—73. Bresl. 1873. 8. 20 p. — 1.—

20032 **Günther, S.** Die Phänologie e. Grenzgeb. zwisch. Biologie u. Klimakunde. Münst. 1895. 8. 51 p. — 1.50

20033 **Heer, O.** Ueb. d. period. Erscheinungen d. Pflanzenwelt in Madeira. 8. 31 p. — 1.—

20034 **Herder.** Mittheilungen üb. d. period. Entwickl. d. Pflanzen im Petersburg. Botan. Garten. 4 Tle. (Mosk., Bull.) 1863. 8. 352 p. — 1.50

20035 — 4 pflanzenphaenolog. Abhandlgn. 1868—80. 8. 120 p. — 1.50

20036 **Heyne.** Pflanzen-Kalender. 2. Aufl. 2 Tle. Leipz. 1806. 8. 480 p. (M. 4.50.) Hfzb. — 2.—

20037 **Ihne.** Der Frühling der Jahre 1890—94 in Mecklenburg-Schwerin. (Güstr., Arch.) 1896. 8. 10 p. m. color. Kte. — 1.—

20038 — Phaenolog. Mitteilungen d. J. 1900—06. 7 Tle. (Giess. u. Nürnb.) 1901—07. 8. 220 p. — 2.—

20039 **Karrer.** Ueb. d. Aufblühen d. Gewächse in verschied. Geg. Württembergs. (Stuttg., Ver. Nat.) 1882. 8. 21 p. m. Tfl. — 1.—

20040 **Karsten, G.** Period. Erschein. d. Pflanzen- u. Thierlebens in Schleswig-Holstein. (Kiel, Nat. Ver.) 1880. 8. 16 p. — 1.—

20041 **King, C. M.** On the Phenology of Plants at Ames. Ames. 8. 24 p. — 1.—

20042 **Koeppen, W.** Wärme u. Pflanzenwachsthum. (Mosk., Bull.) 1870. 8. 70 p. — 1.50

20043 **Kreutzer.** Anthochronologion Plantarum Europae mediae. Vindob. 1840. 8. 246 p. Cart. — 1.50

20044 **Künzer.** Klimatogr.-phaenol. Beobachtgn. aus Westpreuss. (Danz., Nat. Ges.) 1887. 8. 30 p. — 1.—

20045 **Lange, J.** S. la Feuillaison, la Floraison, la Maturit. et la Défoliat. 3 part. (Copenh., Bot. Tidsk.) 1873 à 79. 8. 81 p. av. 2 tabl. — En langue Danoise av. résumé français. — 1.50

20046 — Jagttag. ov. Lövspring, Blomstring, Frugtmodning og Lövfald. I. (Kjöbenh., Bot. Tidsk.) 1884. 8. 10 p. — 1.—

20047 **Langethal.** Kalender d. heim. Pflanzen u. Thiere. Jena 1868. 8. 114 p. — 1.—

20048 **Lersch.** Kalender d. Naturbeobachters. Köln 1880. 8. 88 p. m. 2 Tfln. (M. 2.) Lnb. — 1.—

20049 **Linsser.** D. period. Erscheinungen d. Pflanzenlebens. 2 Tle. (Petersb., Ak.) 1867—98. 4. 136 p. (M. 3.70.) — 2.—

20050 **Made.** Phaenolog. Beobachtgn. üb. Blüte, Ernte u. Intervall v. Winterroggen. Mainz 1890. 8. 87 p. m. 3 Ktn. — 1.50

Phaenologia.

 M

20051 **Mercklin.** Data aus d. period. Entwickl. d. Pflanzen. 2 Tle. (Petersb. u. Mosk.) 1853—57. 8. 100 p. — 1.50

20052 **Morren, E., et Vos.** Mémorial du Naturaliste et du Cultivateur. Liége 1872. 8. 156 p. — 1.—

20053 **Oettingen.** Phänologie d. Dorpater Lignosen. Dorpat 1879. 8. 112 p. m. Tfl. u. 6 Tabell. — 1.50

20054 **Phaenologia Plantarum.** — 38 Abhandl. v. Bruhin, Frauenfeld, Herder, Lauterborn, Parlatore u. a. 1851—1904. 8, u. 4. 382 p. m. Tfl. u. 2 Ktn. — 7.—

20055 **Schulz, F.** Botan. Kalender f. Nord-Deutschl. Berl. 1869. 8. 168 p. Cart. — 1.—

20056 **Sohncke, Wagner, Knop.** Naturwiss. Chronik Badens v. 1881—82. Karlsr. 1883. 8. 89 p. m. Kte. — 1.—

20057 **Strobl.** Blüthenkalender v. Linz. Linz. 8. 16 p. — 1.—

20058 **Studnicka.** Ueb. d. Bedeut. d. Wärmesumme in der florist. Phaenologie. (Prag, Ges. Wiss.) 1896. 8. 8 p. — 1.—

20059 **Taschen-Kalender** f. Pflanzen-Sammler. Leipz. 1878. 8. 124 p. — 1.—

20060 **Tomaschek.** Phänolog. Rückblicke in d. Umgeb. Brünns. 3 Tle. (Brünn, Nat. Ver.) 1882—1911. 8. 56 p. — 1.—

20061 **Toepfer.** Phaenolog. Beob. in Thüringen. 4 Abhandl. 1884—94. 8. 38 p. — 1.50

20062 **Völcker.** Intervall zwisch. Blüthe u. Fruchtreife v. Aesculus hippocast. u. Lonicera tartar. Giess. 1891. 8. 43 p. m. 2 color. Ktn. — 1.—

20063 **Winckler.** Blüthen-Kalender d. Deutsch. u. Schweizer Flora. Kassel 1848. 8. 174 p. Cart. — 1.—

20064 **Ziegler, J.** Thermische Vegetat.-Konstanten. 3 Abhandl. (Frankf., Senck.) 1875—1904. 8. 40 p. — 1.50

20065 — Ueb. phänolog. Beobachtungen. (Frankf., Senck.) 1879. 8. 14 p. — 1.—

20066 — Erläut. Bemerk. z. pflanzenphänol. Karte v. Frankfurt a. M. (Frankf., Senck.) 1883. 8. 3 p. m. color. Kte. — 1.—

20067 — Pflanzenphänolog. Beobachtungen zu Frankfurt a. M. (Frankf., Senck.) 1891. 8. 140 p. — 1.—

20068 **Zimmer.** Phänolog. Beobachtgn. üb. d. Aufblühen v. Spartium scoparium. Giess. 1891. 8. 38 p. m. color. Tfl. — 1.—

20069 **Physiologia Plantarum.** — 220 Abhandl. v. Ascherson, Baranetzky, Beauverie, Buchenau, Celakovský, F. Cohn, Czapek, Delpino, Dennert, Detmer, Dingler, Eichler, Erikson, Graebner, Guillermond, Hackel, Hanstein, Jungner, Kny, Kohl, Korschelt, Krasan, Küster, Longo, Pfeffer, Pirotta, Queva, Velenovsky u. a. 1785—1913. 8. u. 4. 2300 p. m. 45 Tfln. (3 color.) — 35.—

20070 **Pick.** Z. Kenntn. d. assimilir. Gewebes armlaubiger Pflanzen. Bonn 1881. 8. 34 p. — 1.—

20071 **Pieper, R.** Vorkomm. v. Spaltöffnungen auf Blumenblättern. Gumbinn. 1889. 4. 22 p. — 1.—

20072 **Pieters and Charles.** Seed Coats of the g. Brassica. (Wash., Dept. Agr.) 1901. 8 19 p. w. pl. — 1.—

20073 **Pineau.** S. la format. de l'embryon d. Conifères. (Paris, Ann. Sc.) 1849. 8. 4 p. av. pl. — 1.—

20074 **Pirotta.** Strutt. d. seme n. Oleacee. (Roma, Ist. Bot.) 1884. 4. 50 p. c. 5 tav. — 2.50

20075 — Contrib. all' anat. compar. d. foglia I: Oleacee. (Roma, Ist. Bot.) 1885. 4. 28 p. c. tav. — 1.—

20076 — Sferocristalli d. Pithecoctenium Clematid. (Roma, Ist. Bot.) 1886. 4. 12 p. — 1.—

20077 — S. Poterium spinosum. (Roma, Ist. Bot.) 1887. 4. 17 p. — 1.—

20078 **Pirotta.** Strutt. d. foglie dei Dasylirion. (Roma, Ist. Bot.) 1888. 4. 12 p. c. 2 tav. — *ℳ* 1.—

20079 **Pitard.** Rech. s. l'anat. comp. d. Pédicelles floraux et fructifères. Bord. 1899. 8. 368 p. av. 5 pl. — 6.—

20080 **Pitra.** Verhältn. d. Milchsaftgefässe zu d. Bastzellen. (Mosk., Bull.) 1860. 8. 20 p. — 1.—

20081 **Planchon, J. E.** S. l. développ. et l. caract. d. Arilles. Montp. 1844. 4. 53 p. av. 3 pl. — 1.50

20082 **Plateau.** S. l'implantation et la pollination du Gui (Viscum album) en Flandre. (Brux., Soc. Bot.) 1908. 8. 19 p. — 1.—

20083 **Plate.** Die neuer. Stud. z. Jonenwanderg. im Pflanzenkörper. (Genua, Bios) 1913. 4. 10 p. — 1.—

20084 **Plaut.** Unters. z. Kenntn. d. physiol. Scheiden bei d. Gymnospermen, Equiset. u. Bryophyten. (Berl., Pringsh. J.) 1909. 8. 124 p. m. 3 Tfln. — 4.—

20085 **Plitt.** Z. vergl. Anat. d. Blattstieles d. Dicotyled. Marb. 1886. 8. 52 p. m. Tfl. — 1.—

20086 **Ploner.** Der stetige Wandel im typ. Bauplane des pflanzl. Organismus. Bozen 1902. 8. 25 p. — 1.—

20087 **Poirault.** Rech. d'Histogénie végét. (Pétersb., Ac.) 1890. 4. 26 p. av. 5 pl. (M. 3.50.) — 1.50

20088 **Pokorny.** Ueb. d. Nervat. d. Pflanzenblätter d. österr. Cupuliferen. Wien 1858. 4. 32 p. — 1.—

20089 — Blattform v. Ficus elastica. (Wien, Z. b. G.) 1876. 8. 6 p. — —.50

20090 — Blättermasse oesterreich. Holzpflanzen. (Wien, Z. b. G.) 1877. 8. 20 p. — 1.—

20091 **Poli.** Cristalli di ossalata calcico n. Piante. Roma 1882. 4. 40 p. c. 2 tav. — 1.—

20092 -- Contrib. alla Istologia veget. (Firenze, Giorn. Bot.) 1884. 8. 6 p. c. 2 tav. — 1.—

20093 — Recenti progressi n. teoria d. Microscopio. Fir. 1887. 8. 25 p. — 1.—

20094 **Pollacci.** Distrib. d. Fosforo nei tessuti veget. (Genova, Malp.) 1894. 8. 20 p. — 1.—

20095 **Pollen.** — 15 Abhandl. v. Borzì, Correns, Famintzin, Kjellman, Maximowicz, Van Tieghem, White u. a. 1871—1911. 8. u. 4. 139 p. m. 6 Tfln. — 6.—

20096 **Pollender.** Kreisrunde Oeffnungen in d. äusseren Haut d. Blütenstaubes. Bonn 1867. 4. 20 p. m. 2 Tfln. — 1.—

20097 **Pollock.** The mechanism of Root Curvature. (Chic., Bot. Gaz.) 1900. 8. 63 p. — 2.—

20098 **Polowzow.** Experim. Untersuchgn. üb. d. Reizvorgang bei d. Pflanzen. Jena 1909. 8. 75 p. — 1.50

20099 **Pomrencke.** Vergleich. Unters. üb. d. Bau d. Holzes ein. sympetaler Familien. (Bresl., Bot. Gart.) 1892. 8. 32 p. m. Tfl. — 1.—

20100 **Popovici.** Struktur u. Entwick. d. Wandverdickgn. in Samen u. Fruchtschalen. Bonn 1893. 8. 33 p. m. 2 Tfln. — 1.—

20101 **Porsch.** Der Spaltöffnungsapparat im Lichte d. Phylogenie. Jena 1905. 8. 212 p. m. 4 Tfln. (M. 8.) — 5.—

20102 — Ueber ein. neuere phylogen. bemerkensw. Ergebn. d. Gametophytenforsch. d. Gymnospermen. Wien 1907. 8. 39 p. — 1.50

20103 — Blütenbiol. u. Photographie. I. (Wien, Bot. Z.) 1910. 8. 35 p. m. Tfl. — 1.50

20104 — Die ornithophilen Anpassgn. v. Antholyza bicolor. (Brünn, Ver. Nat.) 1911. 8. 11 p. m. 2 Tfln. — 1.50

20105 — Die Anat. d. Nähr- u. Haftwurzeln v. Philodendron Selloum Koch. Wien 1911. 4. 66 p. m. 8 Tfln. (6 color.) (M. 10.)

20106 **Portheim, L. v.** Ueb. d. Einfluss v. Temperatur u. Licht auf die Färbung d. Anthokyans. (Wien, Ak.) 1915. 4. 29 p. — 2.50

20107 **Postma.** Bijdr. t. de kennis v. de vegetat. celdeling bij de hog. Planten. Gron. 1909. 8. 125 p. m. Tfl. — 1.50

M

20108 **Potonié.** Das Skelet d. Pflanzen. Berl. 1882. 8. 40 p. 1.—
20109 — Das mechan. Gewebesystem d. Pflanzen. (Berl., Kosmos) 1882.
8. 27 p. 1.—
20110 — Metamorph. d. Pflanzen im Lichte palaeontol. Thatsachen. Berl.
1898. 8. 29 p. 1.—
20111 — Grundl. d. Pflanzen-Morphologie im Lichte d. Palaeontologie. 2. Aufl.
Jena 1912. 8. 266 p. m. 175 Fig. (M. 7.)
20112 **Potter.** On the protection of Buds in the Tropics. (Lond., Linn. Soc.)
1891. 8. 10 p. w. 4 pl. 1.50
20113 **Poulsen.** Om nogle Trikomer og Nektarier. (Copenh., Nat. För.) 1875.
8. 47 p. av. 2 pl. — Avec résumé Français. 1.—
20114 — Om Korkdannelse paa Blade. (Kjöb., Nat. För.) 1875. 8. 15 p. m. 2
Tfln. — Av. résumé Français. 1.—
20115 — Cassytha og dens Haustorium. (Kjöb., Nat. För.) 1878. 8. 20 p. m. Tfl. ½.—
20116 — Ekstraflorale Nektarium h. Capparis cynoph. (Kjöb., Nat. För.)
1879. 8. 10 p. m. Tfl. 1.—
20117 — Botanisk Mikrokemi. Kjöbenh. 1880. 8. 82 p. 1.—
20118 — Botan. Mikrochemie. Deutsch v. C. Müller. Cassel 1881. 8. 99 p.
Cart. (M. 2.) 1.50
20119 — Om nogle ny og lidet kendte Nektarier. (Kjöbenh., Nat. För.) 1881.
8. 21 p. m. Tfl. 1.—
20120 — Bidr. t. Triuridaceernes Naturhist. (Kjöb., Nat. För.) 1886. 8. 19 p.
m. 3 Tfln. 1.50
20121 — Vegetative organers anat. h. Heteranthera. (Kjöb., Bot. Tidsk.) 1887.
8. 16 p. m. Tfl. 1.—
20122 — Anatom. Studier ov. Eriocaulaceerne. (Kjöb., Nat. För.) 1888. 8.
165 p. m. 7 Tfln. 2.—
20123 — Anatom. stud. ov. Xyris-slaegt. vegetative Organer. (Kjöbenh.,
Nat. För.) 1891. 8. 20 p. m. 2 Tfln. 1.—
20124 — Om Tonina fluviatilis. (Kjöbenh., Bot. Tids.) 1893. 8. 14 p. m. 2 Tfln. 1.—
20125 — Abnorme Rodbygning hos Myristica. (Kjöbenh., Nat. För.) 1895.
8. 18 p. m. 2 Tfln. 1.—
20126 — Nogle extraflorale Nektarier. (Kjöb., Nat. För.) 1897. 8. 16 p.
m. 3 Tfln. 1.50
20127 — Om nogle endodermlöse Rödder. (Kjöb., Nat. För.) 1902. 8. 18 p.
m. 4 Tfln. 1.50
20128 — Stötterödderne h. Rhizophora. (Kjöb., Nat. För.) 1905. 8. 14 p. m. Tfl. 1.—
20129 — Bidr. t. Rodens anat. (Kjöbenh., 'Warming') 1911. 4. 9 p. 1.—
20130 **Prantl.** Das Inulin. Münch. 1870. 8. 72 p. m. color. Tfl. 1.50
20131 — Regenerat. d. Vegetationspunctes an Angiospermen - Wurzeln.
Würzb. 1873. 8. 30 p. m. Tfl. 1.—
20132 **Prause.** Z. Blattanat. d. Cupressineen. Bresl. 1909. 8. 53 p. 1.—
20133 **Prenger.** Syst.-anatom. Unters. v. Blatt u. Achse b. d. Podalyrieen-
Gattgn. Erl. 1901. 8. 112 p. 1.50
20134 **Presl.** Ueb. d. Bau d. Blumen d. Balsamineen. Prag 1836. 8. 54 p. m. Tfl. 1.50
20135 **Priemer.** Die anat. Verhältn. d. Laubblätter d. Ulmaceen. Leipz. 1893.
8. 60 p. 1.50
20136 **Prillieux.** De la struct. anat. et du mode de végét. du Neottia nidus
avis. (Paris, Ann. Sc.) 1856. 8. 16 p. av. 2 pl. 1.50
20137 — Struct. d. poils d. Oléacées et Jasminées. (Paris, Ann. Sc.) 1856.
8. 10 p. av. 2 pl. 1.50
20138 — S. la végétat. et la struct. de l'Althenia filiform. (Paris, Ann. Sc.)
1864. 8. 22 p. av. 2 pl. 1.50
20139 — S. la nature, l'organis. et la struct. d. bulbes d. Ophrydées. (Paris,
Ann. Sc.) 1865. 8. 13 p. av. 3 pl. 1.50
20140 — Et. du mode de végét. d. Orchidées. (Paris, Ann. Sc.) 1867. 8.
48 p. av. 5 pl. 3.—

20141 **Prillieux et Rivière.** S. la germinat. et le développ. d'une Orchidée.   *M*
(Paris, Ann. Sc.) 1856. 8. 18 p. av. 3 pl.   2.—
20142 **Pringsheim, E. G.** Die Reizbeweg. d. Pflanzen. Berl. 1912. 8. 334 p.
m. 96 Fig. (M. 12.)
20143 **Pringsheim, N.** De forma et increm. Stratorum crassior. in plant.
cellula. Halae 1848. 8. 38 p. et 2 tab.   1.—
20144 — 6 Abhandl. über Physiol. d. Pflanzen. 1862—87. 8. 59 p. m. color. Tfl.   2.—
20145 — Untersuch. üb. d. Chlorophyll. 5 Tle. (Berl., Ak.) 1874—81. 8. 106 p.
m. 2 Tfln.   3.—
     Auch alle Teile einzeln.
20146 — Hypochlorin u. s. Entsteh. in d. Pflanze. (Berl., Ak.) 1880. 8. 18 p.   1.—
20147 — Primaere Wirkungen d. Lichtes auf d. Vegetat. (Berl., Ak.) 1881.
8. 34 p. m. color. Tfl.   1.—
20148 — Untersuch. üb. d. Lichtwirk. u. Chlorophyllfunction in d. Pflanze.
Leipz. 1881. 8. 152 p. m. 16 color. Tfln. (M. 12.)   3.—
20149 — Ueb. Cellulinkörner. (Berl., Bot. Ges.) 1883. 8. 21 p. m. color. Tfl.   1.—
20150 — Sauerstoffabgabe d. Pflanzen im Mikrospectrum. (Berl., Ak.) 1886.
4. 40 p. m. 2 Tfln.   1.50
20151 — Kalkincrustationen an Süsswasserpflanzen. (Berl., Pringsh. J.) 1888.
8. 18 p.   1.—
20152 — Ueb. chem. Niederschläge in Gallerte. (Berl., Pringsh. J.) 1895. 8.
38 p. m. color. Tfl.   1.50
20153 **Pritzel, E.** Der systemat. Wert d. Samenanatomie. Leipz. 1897. 8. 55 p.   1.—
20154 **Pritzel, G. A.** Thesaurus Literaturae Botan. Lips. 1851. 4. 548 p.
(M. 42.) Hfzb.   20.—
20155 — — Ed. II (ultima). Lips. 1872—77. 4. 577 p.   100.—
20156 — — Ed. II. F a c s i m i l e - E d i t i o n. Berol. 1916.
     S u b s c r i p t i o n s p r e i s: M. 40. Preis n a c h Erscheinen: M. 50.
     Befindet sich in Vorbereitung. Anastatischer Neudruck auf gutem Papier,
also auch äusserlich weit besser als das Original, welches, auf dem schlechten
Holzpapier der damaligen Epoche gedruckt, bald in allen Exemplaren — mit Ausnahme der wenigen auf Velinpapier abgezogenen — zu Grunde gegangen sein wird.
20157 **Prochnow.** Abhängigk. d. Entwickl.- u. Reaktionsgeschwindigk. bei
Pflanzen v. d. Temperatur. Berl. 1908. 8. 40 p.   1.—
20158 **Prunet.** Rech. anat. et physiol. s. l. Noeuds et l. Entre-noeuds de la
Tige d. Dicotyléd. Paris 1891. 8. 197 p. av. 6 pl.   2.50
20159 **Purkinje.** De cellulis Antherarum fibrosis. (Vratisl., Ac. Leop.) 1830.
4. 64 p. et 18 tab. (M. 16.50.) Cart.   2.—
20160 **Queva.** Rech. s. l'anat. de l'appareil végétatif d. Taccacées et d. Dios-
corées. Lille 1894. 8. 457 p. av. 18 pl. in-4.   6.—
20161 **Raatz.** Die Stabbildungen im secundären Holzkörper d. Bäume. Berl.
1891. 8. 36 p.   1.—
20162 **Rabe.** Austrocknungsfähigk. gekeimter Samen u. Sporen. Münch.
1905. 8. 77 p.   1.50
20163 **Rabenhorst.** Die Wanderung d. Kalkoxalats in d. Pflanze. Siegen
1898. 8. 56 p. m. 2 Tfln.   1.50
20164 **Raciborski.** Ueb. d. Chromatophilie d. Embryosackkerne. (Krak., Ak.)
1893. 8. 12 p.   1.—
20165 — Die Schutzvorricht. d. Blüthenknospen. (Münch., Flora) 1895. 8. 22 p.   1.—
20166 — Z. botan. Mikrochemie. (Krak., Ak.) 1906. 8. 25 p.   1.—
20167 — Oxydier. u. reduzier. Eigenschaften d. Zelle. I.—III. (Krak., Ak.)
1906. 8. 25 p.   1.—
20168 — Ueb. Schrittwachstum d. Zelle. (Krak., Ak.) 1907. 8. 44 p.   1.50
20169 **Racine.** Z. Kenntn. d. Blütenentwick. u. d. Gefässbündelverlaufs d.
Loasaceen. Rost. 1889. 8. 46 p. m. 2 Tfln.   1.50
20170 **Raczynski.** Distrib. de la salicine dans l. tissus d. Saules. (Moscou,
Bull.) 1866. 8. 5 p. av. pl.   1.—
20171 **Radais.** Contrib. à l'anat. comp. du Fruit d. Conifères. Paris 1894. 8.
172 p. av. 11 pl.   6.—

20172 **Radl.** Ueb. d. Phototropismus. (Prag, Ges. Wiss.) 1903. 8. 25 p. — In *M*
tschechischer Sprache. 1.—
20173 **Radlkofer.** Die Befrucht. d. Phanerogamen. Leipz. 1856. 8. 42 p. m.
3 color. Tfln. (M. 4.) 1.—
20174 — Développ. de l'embryon dans l. Phanérog. (Paris, Ann. Sc.) 1856.
8. 30 p. av. pl. 1.—
20175 — Der Befruchtungsprocess im Pflanzenreiche. Leipz. 1857. 8. 102 p. 1.—
20176 — The process of Fecundat. in the vegetable kingdom. 3 parts. (Lond.,
Ann. & M.) 1857. 8. 65 p. 1.50
20177 — Verhältn. d. Parthenogenesis zu d. anderen Fortpflanzungsarten.
Leipz. 1858. 8. 74 p. 1.—
20178 — Methoden in d. botan. Systematik, insbes. die anat. Methode.
Münch. 1883. 4. 64 p. 1.—
20179 — System. Wert d. Pollenbeschaff. b. d. Acanthaceen. (Münch., Ak.)
1883. 8. 60 p. 1.50
20180 — Ueb. d. Arbeit u. d. Wirken d. Pflanze. Münch. 1886. 4. 24 p. 1.—
20181 — Ueb. Pflanzen m. durchsichtig punkt. Blättern. (Münch., Ak.) 1886.
8. 46 p. 1.—
20182 **Ralph.** Icones Carpologicae; figures and descr. of fruits and seeds
(of the Leguminosae). Lond. 1849. 4. 52 p. w. 10 pl. Boards. (16 s.) 8.—
20183 **Ramaley.** On the stem anat. of cert. Onagraceae. (Minneap., Bot. Stud.)
1896. 8. 15 p. w. 3 pl. 1.50
20184 — Compar. anat. of hypocotyl and epicotyl in woody Plants.
(Minneap., Bot. Stud.) 1899. 8. 50 p. w. 4 pl. 2.—
20185 — Seedlings of certain woody Plants. (Minneap., Bot. Stud.) 1899.
8. 18 p. w. 4 pl. 2.—
20186 **Rameaux.** Des Températures végét. (Paris, Ann. Sc.) 1843. 8. 30 p. 1.—
20187 **Ramisch.** Samenbild. ohne Befrucht. am Ringelkraut. Prag 1837. 8. 26 p. 1.—
20188 **Ramme.** Die wichtigsten Schutzeinrichtgn. d. Vegetationsorgane d.
Pflanzen. 2 Tle. Berl. 1895—96. 4. 51 p. 1.50
20189 **Rammelsberg.** Gehalt d. Orchideenknollen zu verschied. Jahreszeiten.
Erl. 1899. 8. 45 p. 1.50
20190 **Rara Historico-Naturalia et Mathematica.** Ed.: W. J u n k. (21 partes).
Berol. 1900—13. 4. 122 p Cartonn. 20.—
Dieses Blatt gibt in der Art von B r u n e t eingehende (anderswo nicht zu
findende) Collationen, die bibliographische Geschichte, Notiz über den Grad der
Vergriffenheit und Angabe der vergriffenen Bände, sowie der Preise (frühere und
jetzigen) von seltenen Werken und Zeitschriften auf dem Gebiete der im Titel
genannten Disziplinen. Der Index des Bandes umfasst über 500 Titel.
A u s s c h l i e s s l i c h   b o t a n i s c h e n Inhalts sind die Nrn. 4, 8, 9, 13, 20.
— Weiter enthält Nr. 11: America meridionalis, 12: Bibliogr. Linnaeana, 18: Geogr.
Plantarum, 19: Linné u. s. Bedeutung f. d. Bibliographie, 21: Supplementum. — Von
grösseren Zusammenfassungen enthalten die Rara: „Die Anfänge der botanischen
Zeitschriften-Literatur", „Die Literatur der Diatomaceen", „Flores de France",
„Herbarien", „Rosaceen-Literatur". Ferner ausführliche Collationen der biblio-
graphisch so schwierigen Reihen u. Werke: Botanische Zeitung, Brongniart's
Histoire des Végétaux fossiles, Flora, Forbes' Werke, Hooker's Paradisus, Jacquin's u. Junghuhn's Werke, Ledebour's u. Pallas' Floren- u. Reisewerke, Michaux's
botanische Werke üb. Nordamerika, Rivinus' grosse Iconographie, P. A. Saccardo's
mycologische Reihen, Salm-Dyck's Aloë, Tuckerman's Lichenen - Werke, Van
Heurck's Diatomeen-Literatur, Viala's Ampélographie, Warming's Brasilianische
Flora — u. viele andere.
20191 **Rasdorsky.** Gesch. u. Zustand d. Lehre üb. d. mechan. Eigenschaften
d. Pflanzengewebe. (Moskau, Bull.) 1913. 8. 55 p. 1.50
20192 **Raspail.** Nouv. système de Physiologie végét. et de Botan. 2 vols.
Paris 1837. 8. 713 p. av. atlas de 60 pl. (fr. 30.) Cart. 6.—
20193 **Ratschinsky.** Mouvem. opérés p. les plantes sous l'influence de la
Lumière. (Moscou, Bull.) 1857. 8. 28 p. av. 2 pl. 1.50
20194 **Rauber.** Wirkgn. d. Alkohols auf Tiere u. Pflanzen. Leipz. 1902. 8.
96 p. m. 21 Fig. (M. 3.) 2.—
20195 **Raulin.** Etudes chimiques s. la Végétat. (Paris, Ann. Sc.) 1870. 8.
213 p. av. pl. 4.50

20196 **Raunkjaer.** Organisation et développ. du spermoderme de Géraniacées. (Copenh., Bot. Tidsk.) 1887. 8. 21 p. av. pl. 1.—
20197 — Anatom. Potamogeton-Studies. (Copenh., Bot. T.) 1903. 8. 28 p. 1.—
20198 — Kimdannelse ud. Befrugtn. hos Taraxacum. (Kjöbenh., Bot. Tidskr.) 1903. 8. 32 p. 1.—
20199 — S. l. causes qui détermin. la forme et l'orientat. d. Cellules palissad. (Kjöbenh., Bot. Tidsk.) 1906. 8. 19 p. 1.—
20200 — Livsformen h. Planter paa ny Jord. (Kjöb., Vid. Selsk.) 1909. 4. 70 p. m. 29 Fig. 3.—
20201 **Rauter.** Entwicklgsgesch. d. Spaltöffnungen v. Aneimia u. Niphobolus. (Graz, Nat. Ver.) 1870. 8 15 p. m. Tfl. 1.—
20202 — Z. Entwicklgesch. ein. Trichomgebilde. Wien 1871. 4. 48 p. m. 9 Tfln. (4 f e h l e n). 1.—
20203 **Rauth.** Z. vergleich. Anat. ein. Genisteen-Gattgn. Erl. 1901. 8. 59 p. 1.—
20204 **Rauwenhoff.** Betrekk. d. groene Plantendeelen tot de Zuurstof en h. Koolzuur. Amst. 1853. 8. 266 p. m. Tfl. 1.50
20205 — Groei v. d. Plantenstengel bij Dag en bij Nacht. (Amst., Ak.) 1867. 8. 38 p. 1.—
20206 — Phytophysiol. Bijdragen. (Amst., Ak.) 1868. 8. 43 p. m. Tfl. 1.—
20207 — 5 Abhandl. üb. Anat. u. Physiol. d. Pflanzen. 1870—79. 8. 116 p. m. color. Tfl. 2.—
20208 — De Wortels d. Planten. (Haarl.) 1872. 8. 48 p. 1.—
20209 — Oorzaken d. abnormale Vormen v. in h. donker groeiende Planten. (Amst., Ak.) 1877. 8. 54 p. m. 2 Tfln. 1.50
20210 **Ravn, F. Kölpin-.** Faculté de flotter d. graines de Plantes aquat. (Copenh., Bot. Tids.) 1894. 8. 46 p. 1.50
20211 **Rebender.** De Olea resinaeque proferendor. organis, Labiat., Composit., Umbellifer. Bonnae 1865. 8. 27 p. 1.—
20212 **Rechinger.** Untersuch. üb. d. Grenzen d. Theilbarkeit im Pflanzenreiche. (Wien, Z. b. G.) 1893. 8. 25 p. 1.—
20213 **Recueil** de l'Institut Botanique de Bruxelles, publ. p. Errera. Tome V. Brux. 1902. 8. 369 p. av. 9 pl. 6.—
20214 **Redi.** Experimenta circa varias res naturales. Amstelaed. 1685. 12. 348 p. et 14 tab. Prgt. 5.—
20215 **Redlich.** Ueb. d. Gefässbündelverlauf bei d. Plumbaginac. Berl. 1895. 8. 32 p. m. Tfl. 1.—
20216 **Reed.** Mechanism of seed-dispersal in Polygonum virgin. (N. York, Torr. Cl.) 1906. 8. 10 p. 1.—
20217 — Value of nutritive elements to the Plant Cell. (Oxf., Ann. Bot.) 1907. 8. 43 p. 1.50
20218 — Work up. the question of Root excretions. (Lond.) 1908. 8. 10 p. 1.—
20219 **Regel, E.** Die Parthenogenesis im Pflanzenreiche. (Petersb., Ak.) 1859. 4. 48 p. m. 2 Tfln. (M. 2.) 1.—
20220 **Regel, R.** Ueb. d. Geruch d. Blüthen. (Petersb., Acta Horti) 1891. 8. 10 p. 1.—
20221 **Reichardt.** Centr. Gefässbündel-System ein. Umbelliferen. (Wien, Ak.) 1856. 8. 22 p. m. 3 Tfln. 1.—
20222 — Z. Kenntn. hypokotyl. Adventivknospen u. Wurzelsprosse bei krautart. Dikotylen. (Wien, Z. b. G.) 1857. 8. 10 p. m. 3 Tfln. 1.—
20223 **Reiche.** Anatom. Veränderungen in d. Perianthkreisen d. Blüten. Berl. 1885. 8. 52 p. m. 2 Tfln. 1.—
20224 **Reichenbach, A. B.** Die Pflanzenuhr. Leipz. 1840. 8. 55 p. 2.—
20225 **Reimnitz.** Morphol. u. Anat. v. Gunnera magéll. Kiel 1909. 8. 42 p. 1.—
20226 **Reinecke.** Ueb. d. Knospenlage d. Laubblätter bei d. Compositen, Campanul. u. Lobeliaceen. Bresl. 1893. 8. 66 p. m. Tfl. 1.—
20227 **Reinhard.** Ein. Merkmale in d. Entwickel. d. Atmungsmündungen bei d. Pflanzen. Charkow 1879. 8. 78 p. m. 3 Tfln. — Russisch. 2.—
20228 **Reinhardt.** Das leitende Gewebe ein. anomal gebauten Monocotylenwurzeln. Berl. 1884. 8. 32 p. m. Tfl. 1.—

M

20229 **Reinhardt.** Plasmolyt. Studien z. Kenntn. d. Wachsth. d. Zellmembran. Berl. 1902. 8. 41 p. m. Tfl. — 1.50

20230 **Reinke.** Unters. üb. Wachsthumsgesch. u. Morphol. d. Phanerogamen-Wurzel. Bonn 1871. 8. 50 p. m. 2 Tfln. — 1.50

20231 — Ueb. d. relat. Geschwindigk. d. Längenwachsthums d. Pflanzen. (Berl., Bot. Ver.) 1872. 8. 18 p. m. Tfl. — 1.—

20232 — Morpholog. Abhandlungen. Leipz. 1873. 8. 128 p. m. 7 Tfln. (M. 6.) — 3.—

20233 — Untersuch. üb. Wachsthum. (Leipz., Bot. Z.) 1876. 4. 64 p. m. 2 Tfln. — 1.50

20234 — Quellung ein. vegetab. Substanzen. Bonn 1879. 8. 137 p. m. 4 Tfln. (M. 5.) — 1.50

20235 — Ueb. d. in d. Organismen wirksamen Kräfte. (Leipz., Biol. Centr.) 1901. 8. 13 p. — 1.—

20236 — Z. Kenntn. d. Rhizoms v. Corallorhiza u. Epipogon. 8. 36 p. — 1.—

20237 **Reinsch, A.** Ueb. d. anatom. Verhältnisse d. Hamamelidaceae. Leipz. 1889. 8. 54 p. — 1.—

20238 **Reinsch, P.** Z. Kenntn. d. chem. Bestandtheile d. weissen Mistel. (Mosk., Bull.) 1862. 8. 29 p. — 1.—

20239 — Morphol., anatom. u. physiolog. Fragmente. (Mosk., Bull.) 1865. 8. 58 p. m. 2 Tfln. — 1.—

20240 **Reissek.** Entwick. d. Pollenzelle z. keimtrag. Pflanze. (Leop. Ak.) 1845. 4. 22 p. m. 2 color. Tfln. — 1.—

20241 — Vegetationsgeschichte d. Rohres d. Donau. (Wien, Z. b. G.) 1859. 8. 20 p. — 1.—

Relationes Plantarum et Insectorum.

[Fecundatio Plantarum. Myrmecophilia. Plantae Insectivorae. Fungi parasit. Insectorum]. — Insecta Plantis noxia, vide: **Junk**, Catal. 53.

20242 **Andreae.** Inwiefern werden Insekten durch Farbe u. Duft der Blumen angezogen? Jena 1903. 8. 53 p. — 1.50

20243 **Arcangeli.** I pronubi n. Helicodiceros muscivorus. (Firenze, Giorn. Bot.) 1891. 8. 12 p. — 1.—

20244 **Audouin.** S. la maladie contagieuse d. Vers à soie. (Paris, Ann. Sc.) 1837. 8. 14 p. — 1.—

20245 **Bach.** Üb. d. Befrucht. d. Pflanzen durch Insekten. (Dürkh., Pollich.) 1866. 8. 6 p. — —.50

20246 **Bail.** Ueb. Krankheiten d. Insekten durch Pilze. (Königsb.) 1861. 4. 8 p. m. 2 Tfln. — 1.50

20247 **Baker, C. F.** Study of Caprification in Ficus nota. (Manila, J. Sc.) 1913. 4. 21 p. — 1.50

20248 **Batalin.** Die Mechanik d. Bewegung bei d. Insekten fressenden Pflanzen. Petersb. 1876. 8. 77 p. — Russisch. — 1.50

20249 — Drosera, Dionaea muscipula, Pinguicula. (Petrop., Acta Horti) 1876. 8. 79 p. — Rossice conscr. — 1.50

20250 **Beccari.** Piante ospitatr., ossia Piante formicarie d. Malesia e d. Papuasia. Genova 1884—86. 4. c. 65 tav. — 55.—

20251 — Plantes à fourmis de l'Archip. Indo-Malais et de la Nouv. Guinée. (Turin, Arch. Biol.) 1885. 8. 41 p. — 1.50

20252 **Bennett.** The absorpt. Glands of Carnivor. Plants. (Lond., Micr. J.) 1876. 8. 5 p. w. pl. — 1.—

20253 **Bennett and Christy.** On the constancy of Insects in their visits to Flowers. 2 pap. (Lond., Linn. S.) 1884. 8. 20 p. — 1.—

20254 **Brefeld.** Ueb. d. Entwickl. d. Empusa muscae u. radicans u. die Epidemien d. Stubenfliegen u. Raupen. Halle 1871. 4. 50 p. m. 4 Tfln. (M. 5.40.) — 3.—

20255 — Ueb. Entomophthoreen. (Berl., Nat. Fr.) 1877. 8. 18 p. — 1.—

20256 **Candolle, C. de.** S. la struct. et l. mouvem. d. feuilles du Dionaea muscipula. (Genève, Arch. Sc.) 1876. 8. 32 p. av. 2 pl. — 1.50

20257 **Cavara.** Osservaz. citolog. s. Entomophthoreae. (Firenze, Giorn.
Bot.) 1899. 8. 56 p. c. 2 tav.   3.—

20258 **Cheshire and Cheyne.** The pathogenic hist. and hist. under cultiv.
of a new Bacillus, caus. disease of the Hive Bee. (Lond., Micr. J.)
1885. 8. 21 p. w. 2 pl.   2.—

20259 **Clautriau.** La digestion dans d. Urnes de Nepenthes. (Brux., Ac.)
1898. 8. 55 p.   1.50

20260 **Cole.** Microsc. stud. on the Insectivor. and Carnivor. Plants. (Lond.,
Micr. Stud.) 1885. 8. 9 p. w. pl.   1.—

20261 **Correns.** Z. Physiol. v. Drosera rotundif. (Leipz., Bot. Z.) 1896. 4. 6 p. 1.—

20262 **Costantin.** Entomophthorée nouv. (Paris, 'S. Myc.) 1897. 8. 8 p.
av. 2 pl.   1.50

20263 **Cramer.** Ueb. d. insectenfressenden Pflanzen. Zür. 1877. 8. 38 p.   1.—

20264 **Darwin, Ch.** Various contrivances by which Orchids are fertilis. by
Insects. Lond. 1862. 8. 371 p. w. 34 fig. Cloth.   8.—
      First edition, rare. A second edition has come out 1887. (Price M. 7.).

20265 — Einricht. z. Befrucht. d. Orchideen durch Insekten. Deutsch v.
Bronn. Stuttg. 1862. 8. 233 p. (M. 4.20.)   1.50

20266 — — Deutsch v. Carus. 2. Aufl. Stuttg. 1877. 8. 270 p. (M. 6.)   2.—

20267 — — Deutsch v. Carus. Stuttg. 1899. 8. 270 p. (M. 6.)   2.50

20268 — Insectivorous Plants. Lond. 1875. 8. 472 p. Cloth. (14 s.)   12.—
      First edition, rare.

20269 — Insectenfressende Pflanzen. Deutsch v. Carus. Stuttg. 1876. 8.
420 p. (M. 9.)   3.50

20270 **Darwin, F.** Experim. on the nutrition of Drosera rotundifolia. (Lond.,
Linn. Sc.) 1878. 8. 15 p.   1.—

20271 **Delpino.** Rapp. tra Insetti e tra Nettarii Estranuziali in alc. Piante.
(Firenze, Soc. Ent.) 1875. 8. 22 p.   1.50

20272 — Funzione mirmecofila n. Regno Vegetale. Monogr. d. Piante
Formicarie. 3 parti. (Bologna, Acc.) 1887—89. 4. 194 p.   20.—
      Très-rare, surtout la partie 1 qui n'existe qu'en 50 exemplaires.

20273 **Drude.** Die insektenfressenden Pflanzen. (Bresl., Encycl.) 1879.
8. 34 p.   1.—

20274 **Ducke.** Ueb. Blütenbesuch, Erscheinungszeit etc. d. bei Pará vork.
Bienen. 2 Tle. (Teschend., Z. Hym.) 1901. 8. 27 p.   1.50

20275 **Duggar.** On a bacterial disease of the Squashbug. (Springfield) 1896.
8. 40 p. w. 2 pl.   2.—

20276 **Duseigneur.** Maladie des Vers à Soie. 4 parties. (Lyon, Soc. Nat.)
1859 à 66. 8. 155 p. av. pl.   5.—

20277 **Ellis.** Beschr. d. Dionaea muscip. Deutsch v. Schreber. Erlang. 1771.
4. 18 p. m. color. Tfl.   1.—

20278 **Entomophthoreae.** — 8 mém. p. Beauverie, Giard, Krassilschtschik
et autr. 1857 à 1900. 8. et 4. 61 p. av. pl.   4.—

20279 **Fenner.** Z. Kenntn. d. Anat., Entwicklungsgesch. u. Biologie d. Laubblätter u. Drüsen ein. Insektivoren. (Marburg, Flora) 1904. 8. 104 p.
m. 16 Tfln.   4.—

20280 **Fritsch, K.** Ueb. blütenbesuch. Insekten in Steiermark. (Wien, Z.
b. G.) 1906. 8. 25 p.   1.—

20281 **Giard.** S. quelq. types remarquables de Champignons entomophytes.
(Paris, Bull. Sc.) 1889. 8. 28 p. av. 3 pl. color.   2.—

20282 — L'Isaria densa, Champignon paras. du Hanneton vulg. Paris
1892. 8. 114 p. av. 4 pl. (2 color.)   3.50

20283 **Graham-Smith, Fantham and o.** Report on the Isle of Wight Bee
Disease (Microsporidiosis). (Lond., Board Agric.) 1912. 8. 143 p.
w. 6 pl.   4.—

20284 **Graenicher.** The Fertiliz. and Insect Visitors of our earliest ento-
mophil. flowers. (Milwaukee) 1900. 8. 12 p.   1.—

Relationes Plantarum et Insectorum.   ℳ

20285	**Graenicher.** The Fertiliz. of Symphoricarpos and Lonicera. (Milwaukee) 1900. 8. 16 p. w. pl.	1.50
20286	— Flowers adapted to Flesh-Flies. (Milwaukee) 1902. 8. 10 p.	1.—
20287	— The Bee-Flies in relat. to flowers. (Milw.) 1910. 8. 11 p.	1.—
20288	**Gray, G. R.** Not. of Insects that are known to form the bases of Fungoid Parasites. London 1858. 4. 22 p. w. 6 pl. Privately printed; rare.	8.—
20289	**Groenland et Trécul.** S. l. organes glanduleux du g. Drosera. 2 mém. (Paris, Ann. Sc.) 1855. 8. 13 p. av. 2 pl.	1.50
20290	**Haberlandt.** Die seuchenart. Krankheit d. Seidenraupen. 3 Tle. Wien 1866—69. 8. 156 p. m. 2 Tfln.	3.—
20291	**Heinricher.** Z. Kenntn. v. Drosera. (Innsbr., Ferd.) 1902. 8. 29 p. m. 2 Tfln.	1.50
20292	**Heinsius.** Ov. de Bestuiving van Nederlandsche Bloemen door Insecten. (Gent, Bot. Jaarb.) 1892. 8. 91 p. m. 12 Tfln. — M. deutschem Resumé.	3.—
20293	**Hofmann, (O.)** Die Schlafsucht d. Nonne. Frankf. 1891. 8. 31 p.	1.—
20294	**Huck.** Unsere Honig- u. Bienenpflanzen. Oranienb. 1887. 8. 106 p.	1.—
20295	**Huie.** Changes in the Cell-organs of Drosera rotundifolia. (Lond., J. Micr.) 1896. 8. 39 p. w. 2 colour. pl.	2.—
20296	**Huth.** Ameisen als Pflanzenschutz. Frankf. 1886. 8. 15 p. m. 3 Tfln.	1.—
20297	**Insectenfressende Pflanzen.** — 5 Abhandl. v. Bennett, Conwentz, Correns u. a. 1874—96. 8. u. 4. 50 p. m. Tfl.	3.—
20298	**Jörgensen, P.** Beobacht. üb. Blumenbesuch, Biol. u. Verbreit. d. Bienen v. Mendoza. 2 Tle. (Berl., B. Ent. Z.) 1909. 8. 30 p.	1.50
20299	**Kerner.** Die Schutzmittel d. Pollens. Innsbr. 1873. 8. 71 p.	2.50
20300	— Die Schutzmittel der Blüthen geg. unberufene Gäste. (Wien, Z. b. G.) 1876. 4. 75 p. m. 3 Tfln. (M. 8.)	3.50
20301	— — 2. Aufl. Innsbr. 1879. 4. 75 p. m. 3 Tfln. (M. 8.)	4.—
20302	**Kerner u. Wettstein.** Die rhizopodoiden Verdauungsorgane thierfang. Pflanzen. (Wien, Ak.) 1886. 8. 12 p. m. Tfl.	1.—
20303	**Kirchner.** Ueb. d. Bestäubungseinrichtgn. der Blüten. 3 Tle. (Stuttg., Ver. Nat.) 1900—02. 8. 140 p.	2.—
20304	— Blumen u. Insekten, ihre Anpassungen u. Abhängigk. Leipz. 1911. 8. 439 p. m. 2 Tfln. (M. 9.60.)	7.—
20305	**Knuth.** Blumen u. Insekten auf d. Nordfries. Inseln. Kiel 1894. 8. 216 p. (M. 4.)	1.50
20306	— Blumen u. Insekten auf den Halligen. (Gent) 1894. 8. 31 p. m. color. Kte.	1.50
20307	— Wie locken die Blumen die Insekten an? (Cassel, Bot. Centr.) 1898. 8. 10 p. Siehe auch Nr. 19148—19152.	1.—
20308	**Kölliker.** Veget. Parasites in the hard tissues of lower Animals. (Lond., Micr. J.) 1860. 8. 18 p. w. pl	1.—
20309	**Krassilstschik.** De Insectorum morbis, qui fungis paras. efficiuntur. (Odessa) 1886. 8. 95 p. — Rossice, diagn. Latin.	2.—
20309a	**Kuhnt.** Wie finden die Bienen die Nektarien? (Leipz.) 1908. 8. 3 p.	—.50
20310	**Kuntze, O.** Die Schutzmittel d. Pflanzen geg. Thiere u. Wetterungunst. Leipz. 1877. 8. 152 p. (M. 4.) Cart.	1.—
20310a	**Langhoffer.** Blütenbiol. Beobacht. an Apiden. (Berl., Z. Ins.-B.) 1910. 8. 8 p.	1.—
20311	**Lebert.** Ueb. d. (Pilz-) Krankheit d. Insects d. Seide. (Berl., B. Ent. Z.) 1858. 8. 38 p. m. 6 Tfln.	3.—
20312	**Linnaeus.** Hospita Insectorum Flora. (Holm., 'Amoen.') 1756. 8. 42 p.	2.—
20313	**Lohde.** Insecten-Epidemien welche durch Pilze hervorgerufen werden. (Berl., B. Ent. Z.) 1872. 8. 28 p. m. 3 Tfln.	1.—

<table>
<tr><td colspan="2">Relationes Plantarum et Insectorum.</td><td>M</td></tr>
</table>

20314	**Loew, E.** Blumenbesuch v. Insekten an Freilandpflanzen d. Bot. Gartens zu Berlin. (Berl., Bot. Gart.) 1886. 8. 86 p.	2.—
20315	**Loew, H.** Ueb. die Caprificat. d. Feigen. (Stett., Ent. Z.) 1843. 8. 12 p.	1.—
20316	**Lubbock.** Blumen u. Insecten in ihrer Wechselbeziehung. 2. Aufl. Deutsch v. Passow. Berl. 1877. 8. 238 p. m. 130 Fig. (M. 4.) Cart.	2.50
20317	— On the attraction of flowers for Insects. (Lond., Linn. S.) 1898. 8. 9 p.	1.—
20318	**Ludwig.** Pflanzen m. Fensterblumen. (Neudamm) 1900. 4. 4 p.	—.50
	Lundström. Anpassungen d. Pflanzen an Tiere — siehe No. 19487.	
20319	**Mc Leod.** Statist. Beschouw. omtr. de bevrucht. d. Bloemen d. de Insecten. (Gent) 1889. 8. 73 p. m. 3 Tfln.	2.—
20320	— Ov. de Bevruchting d. Bloemen. Av. résumé français. Gent 1894. 8. 698 p. (M. 13.)	7.—
20321	**Maddox.** On feeding Insects w. the Comma-Bacillus. 2 parts. (Lond., Micr. J.) 1885. 8. 18 p.	1.50
20322	**Massart.** Guerre et alliances entre Anim. et Végét. Brux. 1900. 8. 28 p.	1.—
20323	**Mattei.** I Lepidotteri e la Dicogamia. Bol. 1888. 8. 44 p.	2.—
20324	**Mayr, G.** Feigeninsecten. (Wien, Z. b. G.) 1886. 8. 104 p. m. 3 Tfln.	2.—
20325	**Medicus.** Insectenfress. Pflanzen. (Dürkh., Pollich.) 1877. 8. 12 p.	1.—
20326	**Metalnikoff.** Immunité de la mite des ruches d'abeilles (Galeria melonela) vis - à - vis de l'Infection tuberculeuse. 2 parties. (Gand, Arch. Biol.) 1907. 4. 56 p. av. 2 pl. color.	3.50
20327	**Metzger u. N. J. C. Müller.** Die Nonnenraupe u. ihre Bakterien. Berl. 1895. 8. 170 p. m. 45 Tfln. (M. 16.)	5.—
20328	**Möller, A.** Die Pilzgärten einiger südamerikan. Ameisen. Jena 1893. 8. 134 p. m. 7 Tfln. (M. 10.)	
20329	**Müller, Herm.** Beobachtgn. an westfäl. Orchideen. (Bonn, Ver. Nat.) 1868. 8. 62 p. m. 2 Tfln.	2.—
20330	— Ueb. d. Anwend. d. Darwin'schen Theorie auf Blumen u. blumenbesuch. Insekten. (Bonn, Ver. Nat.) 1869. 8. 25 p. m. Tfl.	1.—
20331	— Applic. d. teoria Darwin. ai Fiori ed agli Insetti visit. dei Fiori. 2 parti. (Fir., Soc. Ent.) 1870. 8. 33 p.	1.—
20332	— Die Anwend. d. Darwinischen Lehre auf Bienen. (Bonn, Ver. Nat.) 1872. 8. 96 p. m. 2 Tfln.	1.50
20333	— Die Befrucht. d. Blumen durch Insekten. Leipz. 1873. 8. 487 p. m. 152 Fig. Cart. Das seltene Fundamentalwerk.	20.—
20334	— Ueb. d. Ursprung d. Blumen. (Münster) 1875. 8. 21 p.	2.—
20335	— Weitere Beobachtgn. üb. d. Befruchtung d. Blumen durch Insekten. 3 Tle. (Bonn, Ver. Nat.) 1878—82. 8. 234 p. m. 5 Tfln.	9.—
20336	— Die Wechselbeziehungen zw. d. Blumen u. d. ihre Kreuzung vermittelnden Insekten. (Bresl., Encykl.) 1881. 8. 112 p.	5.—
20337	— Alpenblumen, ihre Befrucht. durch Insekten. Leipz. 1881. 8. 616 p. m. 173 Fig. (M. 16.)	7.50
20338	**Munk.** Die elektr. u. Bewegungs-Erscheingn. am Blatte d. Dionaea muscipula. Leipz. 1876. 8. 159 p. m. 3 Tfln. (M. 6.)	2.50
20339	**Nepenthes.** — (Wien, Gartenzeit.) 1878. 8. 6 p. m. color. Tfl.	1.—
20340	**Nilsson, A.** Växter och Myror. (Stockh., Ak.) 1890. 8. 16 p.	1.—
20341	**Nitschke.** Droserae rotundifol. irritabilit. Vratisl. 1858. 8. 27 p.	1.—
20342	**Olive.** Cytolog. studies on the Entomophthoreae. 2 parts. (Chicago, Bot. Gaz.) 1906. 8. 67 p. w. 5 pl.	4.—
20343	**Oels.** Vergl. Anat. d. Droseraceen. Liegn. 1879. 8. 36 p.	1.—
20344	**Petch.** Termite Fungi. (Colombo, Gard.) 1913. 8. 40 p.	1.50
20345	**Pettit.** Studies in artificial cultures of Entomogenous Fungi. Ithaca 1895. 8. 42 p. w. 12 pl.	4.50

Relationes Plantarum et Insectorum.   ℳ

20346	**Pfoser.** Die Ameisenpflanzen. (Wien) 1897. 8. 50 p.	1.50
20347	**Planchon.** S. l. Droséracées. 3 parties. (Paris, Ann. Sc.) 1848. 8. 70 p. av. 3 pl.	2.—
20348	**Plateau.** Rech. expérim. s. la vision d. Insectes. (Brux., Ac.) 1885. 8. 22 p.	1.—
20349	— Rech. expérim. s. la vision d. Arthropod. I, III à V. (Brux., Ac.) 1887 à 88. 8. 266 p. av. 4 pl.	3.50

Les parties se vendent aussi séparément.

20350	— **Sharp**, D. Account of Plateau's experim. on the vision of Arthropods. (Lond., Ent. S.) 1889. 8. 16 p. w. pl.	1.—
20351	— Comment l. Fleurs attirent l. Insectes. 5 parties. (Brux., Ac.) 1895 à 98. 8. 163 p. av. 2 pl.	7.50

En partie épuisé. — Les parties II, IV et V se vendent aussi séparément à M. 1.50.

20352	— S. l. rapports entre l. Insectes et Fleurs. (Paris, S. Zool.) 1898. 8. 37 p.	1.50
20353	— Les Syrphides admirent-ils les Couleurs des Fleurs? (Paris, S. Zool.) 1900. 8. 20 p.	1.50
20354	— Attraction d. Insectes p. les étoffes color. et les objets brillants. (Brux., Soc. Ent.) 1900. 8. 15 p.	1.—
20355	— S. le phénomène de la Constance chez qu. Hyménopt. (Brux., Soc. Ent.) 1901. 8. 29 p.	1.—
20356	— Erreurs commis p. l. Hyménopt. visit. l. Fleurs. (Brux., S. Ent.) 1902. 8. 17 p.	1.—
20357	— Ablation d. Antennes chez l. Bourdons. (Brux., S. Ent.) 1902. 8. 15 p.	1.—
20358	— Pavots décorollés et l. Insectes Visiteurs. (Brux., Ac.) 1902. 8. 30 p.	1.—
20359	— Une glace étamée dans l'ét. d. rapports entre l. Insect. et l. Fleurs. (Brux., Ac.) 1905. 8. 22 p.	1.—
20360	— Les Fleurs artific. et l. Insectes. (Brux., Ac.) 1906. 8. 103 p.	2.—
20361	— Récipients en verre dans l'ét. d. rapports entre l. Insectes et l. Fleurs. (Brux., Ac.) 1906. 8. 37 p.	1.—
20362	— Les Insectes et la Couleur d. Fleurs. (Paris) 1907. 8. 13 p.	1.—
20363	— Les Insectes ont ils la mémoire des faits? (Paris, Ann. Psych.) 1908. 8. 12 p.	1.—
20364	— La Pollination d'une Orchidée p. l. Insectes. (Gand, S. Bot.) 1909. 8. 33 p.	1.—
20365	— Rech. expérim. s. l. Fleurs Entomophiles peu visitées p. l. Insectes. (Brux., Ac.) 1910. 8. 55 p.	2.—
20366	**Porsch.** Insektenanlockungsmittel d. Orchideenblüte. (Graz, Nat. Ver.) 1909. 8. 26 p.	1.50
20367	**Quatrefages.** Nouv. recherches s. l. maladies actuelles du Ver à soie. (Paris, Ac.) 1860. 4. 120 p.	4.—
20368	**Richters.** Ueb. d. Wechselbeziehungen zw. Blumen u. Insekten, (Frankf., Senck.) 1884. 8. 20 p.	1.—
20369	**Riley and Trelease.** On Yuccas and their pollination. 5 parts. (St. Louis, Bot. Gard.) 1892—1902. 8. 280 p. w. 173 pl.	30.—
20370	**Robertson,** C. Flowers and Insects: Labiatae. (St. Louis, Ac.) 1892. 8. 31 p.	1.50
20371	**Schenckel.** Das Pflanzenreich m. Rücks. auf Insectologie, Gewerbskunde u. Landwirtsch. Mainz 1847. 8. 344 p. m. 80 color. Tfln. Lnb.	6.—
20372	**Schimper, A. F. W.** Wechselbeziehgn. zw. Pflanzen u. Ameisen d. trop. Amerika. Jena 1888. 8. 96 p. m. 3 Tfln.	4.50

War ebenso wie das Buch der gleichen Serie von M ö l l e r (Nr. 20828) vergriffen, ist aber jetzt, durch anastatischen Neudruck ergänzt, wieder erhältlich.

20373	**Schröder,** C. Experim. Studien üb. d. Blütenbesuch bes. d. Syritta pipiens. (Neudamm, Z. Ent.) 1911. 4. 3 p.	—.50

W. Junk, Berlin, W. 15.

Relationes Plantarum et Insectorum.   *M*

20374 **Schumann, K.** Ein. neue Ameisenpflanzen. (Berl., Pringsh. J.) 1888.
8. 67 p. m. 2 Tfln.   2.—
20375 — Die Ameisenpflanzen. Hamb. 1889. 8. 38 p. m. Tfl.   1.—
20376 — Ein. weitere Ameisenpflanzen. (Berl., Bot. Ver.) 1890. 8. 11 p.   1.—
20377 — Ueb. Afrikan. Ameisenpflanzen. (Berl., Bot. Ges.) 1891. 8. 19 p.   1.—
20378 **Scott-Elliot, G. F.** Flower haunting Diptera. (Lond., Ent. S.) 1896.
8. 12 p.   1.—
20379 **Sernander.** Monogr. d. Europ. Myrmekochoren (durch Ameisen
verbreit. Pflanzen). (Stockh., Ak.) 1906. 4. 410 p. m. 11 Tfln.   12.—
20380 **Sorokin.** 2 Abhandl. üb. Entomophthoreen. (Kasan) 1880. 8. 24 p.
m. 3 Tfln. — Russisch.   1.50
20381 **Spegazzini.** Contrib. al est. de las Laboulbeniomicetas Argentinas.
(Buen. Air., Mus.) 1912. 8. 78 p. av. 71 fig.   4.50
20382 **Sprengel, Chr. Konr.** Das entdeckte Geheimniss d. Natur im Bau
u. in der Befrucht. d. Blumen. Berl. 1793. 4. 452 p. m. 25 Tfln. Hfzb.   50.—
　Originalausgabe des berühmten von D a r w i n neuentdeckten Buches. —
Näheres siehe: Rara Historico-Naturalia, ed. J u n k, No. XIII.
20383 — — Facsimile-Ausgabe. Berl. 1893. 4. 452 p. m. 25 Tfln. (M. 8.)   6.—
20384 — — Hrsg. v. Knuth. 4 Tle. Leipz. 1894. 8. 542 p. m. 25 Tfln. Lnb.
(M. 8.)   6.—
20385 **Sulc.** Pseudovitellus u. ähnl. Gewebe d. Homopteren sind Wohnstätten symbiot. Saccharomyceten. (Prag, Ges. Wiss.) 1910. 8. 39 p.   1.50
20386 **Suringar.** Prikkelbaarheid d. Drosera-bladen. (Leyden) 1854. 8. 18 p.   1.—
20387 **Thaxter.** The Entomophthoreae of the U. S. (Bost., Soc. Nat.) 1888.
4. 67 p. w. 8 pl.   15.—
20388 — Notes on Laboulbeniaceae. (Bost., Ac.) 1895. 8. 15 p.   1.—
20389 — Contrib. tow. a monogr. of the Laboulbeniaceae. 2 parts.
(Cambr., Ac.) 1896—1909. 4. 494 p. w. 70 pl.   55.—
20390 **Trelease.** The Yucceae. 3 parts. (St. Louis, Gard.) 1892—1907. 8.
119 p. w. 131 pl.   18.—
20391 **Tubeuf.** Empusa Aulicae. (Münch., Forstl.-Nat. Z.) 1893. 8. 17 p.   1.—
20392 **Verhoeff.** Blumen u. Insekten d. Insel Norderney u. ihre Wechsel-
bezieh. (Halle, Ac. Leop.) 1893. 4. 172 p. m. 3 Tfln. (M. 9.)
20393 **Vosseler.** Ueb. ein. Insektenpilze. (Stuttg., Ges. Nat.) 1902. 8. 9 p.
m. 2 Tfln.   1.50
20394 **de Vries.** Bestuivingen v. Bloemen door Insecten. (Leyd.) 1875.
8. 13 p.   1.—
20395 **Wahl.** Ueb. d. Polyederkrankh. d. Nonne (Lymantria monacha). I,
IV, V. (Wien, Centr. Forstw.) 1894—1912. 8. 57 p.   2.—
20396 **Wettstein.** Bemerkensw. Beziehungen zw. Pflanzen u. Tieren. Prag
1895. 8. 11 p.   1.—
20397 **Wize.** Die durch Pilze hervorgeruf. Krankheiten d. Rübenrüsselkäfers. 2 Tle. (Krak., Ak.) 1904. 8. 27 p. m. 2 color. Tfln.   2.—

20398 **Remer.** Beiträge z. Anat. u. Mechan. tordier. Grannen bei Gramineen.
Bresl. 1900. 8. 48 p.   1.—
20399 **Reneaume.** S. le Suc nourricier d. Plantes. (Paris, Ac.) 1707. 8. 17 p. 2.—
20400 **Renner.** Z. Anat. u. System. d. Artocarpeen u. Conocephaleen. Leipz.
1906. 8. 134 p.   2.—
20401 **Reports and Papers** on Botany by Zuccarini, Grisebach, Nägeli, Link.
Transl. by Henfrey. 2 vols. Lond. 1846—49. 8. w. 10 pl. Cloth.   6.—
20402 **Resa.** Ueb. d. Periode d. Wurzelbildung. Bonn 1877. 8. 39 p.   1.—
20403 **Resvoll.** Nogle arktiske Ranunklers morfol. og anatomi. (Christ., Nyt
Mag.) 1900. 8. 26 p. m. 3 Tfln.   1.50
20404 **Reubel.** Syst. d. Pflanzenphysiologie. I. (soviel erschien.). Münch.
1804. 8. 304 p. Cart.   2.—

M

20405 **Reum.** Pflanzen-Physiologie. Dresd. 1835. 8. 276 p. (M. 4.) 1.—
20406 **Reuss, G. Ch.** Pflanzenblätter in Naturdruck. 6 Blätter. (Stuttg. 1869). Folio. 2.50
20407 **Reveil.** Rech. de physiol. végét. de l'action des Poisons s. l. Plantes. Paris 1865. 8. 179 p. 3.—
20408 **Revue Internationale** des Sciences Biologiques. Dir. p. Lanessan. 6 années. (12 vols.) (tout paru). Paris 1878 à 1883. 8. (fr. 180.) 25.—
20409 **Ricca.** Contrib. alla Teoria dicogamica. *2 parti.* (Milano, Soc. Nat.) 1870—71. 8. 30 p. 1.50
20410 **Riccò.** Modo di calcol. l'azione del calore s. Vegetali. (Modena, Soc. Nat.) 1871. 8. 28 p. c. 3 tabell. e tav. 1.50
20411 **Richard, A.** Nouv. élém. de Botan. et de Physiol. végét. 5. éd. 2 parties. Paris 1833. 8. 740 p. av. 166 fig. Cart. 1.50
20412 — Grundr. d. Botanik u. d. Pflanzenphysiol. Nürnb. 1828. 8. 646 p. m. 8 Tfln. 1.—
20413 — — 2. Aufl. Nürnb. 1831. 8. 834 p. m. 8 Tfln. (M. 7.50.) Cart. 1.50
20414 — — 3. Aufl. Nürnb. 1840. 8. 1132 p. m. 16 Tfln. (M. 7.) Cart. 1.50
20415 **Richard, L. C.** Demonstrations botan. ou analyse du fruit. Paris 1808. 8. 112 p. Cart. 1.—
20416 — Analyse d. Frucht u. d. Saamenkorns. Leipz. 1811. 8. 216 p. m. 4 Tfln. Cart. 1.—
20417 **Richards.** Mitosis in the root-tip Cells of Podophyllum peltat. (Lawrence, Univ.) 1910. 4. 9 p. w. 2 pl. 1.50
20418 **Richter, A.** Die anatom. u. system. Verhältn. v. Cudrania, Plecospermum u. Cardiogyne. (Budap., Term. Füz.) 1895. 8. 14 p. m. 2 Tfln. 1.50
20419 **Richter, C. G.** Z. Biol. v. Arachis hypogaea. Bresl. 1899. 8. 39 p. 1.—
20420 **Richter, K.** Z. Kenntn. d. Cystolithen. (Wien, Ak.) 1878. 8. 34 p. m. 2 Tfln. 1.—
20421 **Richter, P.** Die Bromeliaceen vergleich. anatom. betrachtet. Lübben 1891. 8. 28 p. 1.—
20422 **Ridley.** On Selffertilizat. and Cleistogamy in Orchids. (Lond., Linn. Soc.) 1888. 8. 6 p. w. pl. 1.—
20423 **Riehm.** Beobacht. an isolierten Blättern. Halle 1904. 8. 37 p. 1.—
20424 **Riemsdijk.** Anat. onderz. v. het Hout v. een. trop. Rubiaceen. Leid. 1875. 8. 62 p. m. Tfl. 1.—
20425 **Rikli.** Z. vergl. Anat. d. Cyperaceen. Berl. 1895. 8. 100 p. m. 2 col. Tfln. 2.—
20426 **Rimbach.** Z. Kenntn. der Schutzscheide. Weimar 1887. 8. 32 p. 1.—
20427 **Rippel.** Anatom. u. physiol. Untersuch. üb. d. Wasserbahnen d. Dicotylen-Laubblätter. Stuttg. 1913. 4. 74 p. m. 4 Tfln. (M. 15.) 12.—
20428 **Ritter, G.** Z. Anat. d. Früchte u. Samen v. choripetalen Alpenpflanzen. Gött. 1908. 8. 75 p. m. Tfl. 1.50
20429 **Rittershausen.** Anatom.-systemat. Untersuchung von Blatt u. Axe d. Acalypheen. Münch. 1892. 8. 140 p. m. Tfl. 1.50
20430 **Rittinghaus.** Ueb. d. Widerstandsfähigkeit d. Pollens gegen äussere Einflüsse. Bonn 1887. 8. 46 p. 1.—
20431 — Eindringen d. Pollenschläuche ins Leitgewebe. (Bonn, Nat. Ver.) 1887. 8. 18 p. m. Tfl. 1.—
20432 **Röber.** Ueb. d. Entwicklgesch. u. d. Bau ein. Samenschalen. Reichenb. 1877. 8. 13 p. m. 3 Tfln. 1.—
20433 **Robertson, T. B.** The Proteins. Berk. 1909. 8. 80 p. 2.—
20434 **Robin.** S. l. Objets qui peuv. être conservés en préparations microscop. Paris 1856. 8. 64 p. 1.—
20435 — Traité du Microscope. Paris 1871. 8. 1046 p. av. 317 fig. et 3 pl. (fr. 20.) Toile. 1.—
20436 **Robinson.** Z. Kenntn. d. Stammanatomie v. Phytocrene Macrophylla. Strassb. 1889. 4. 23 p. m. Tfl. 1.—
20437 **Rochleder.** Chemie u. Physiol. d. Pflanzen. Heidelb. 1858. 8. 154 p. (M. 3.) 1.—

20438 **Rochleder.** Anleit. z. Analyse v. Pflanzen u. Pflanzentheilen. Würzb. 1858. 8. 120 p. (M. 2.40.) Hfzb.   *M* 1.—

20439 **Rode.** Schutzeinrichtungen v. Früchten u. Samen geg. die Einwirk. fliess. Meerwassers. Gött. 1913. 8. 83 p.   1.50

20440 **Rodrigue.** S. la struct. du tégument seminal d. Polygalacées. (Genève, Herb. Boiss.) 1893. 8. 56 p. av. 3 pl.   2.50

20441 **Rodriguez Risueno.** Estudio micrográf. de los Aloës. (Madrid, Soc. Nat.) 1889. 8. 54 p.   2.—

20442 **Roget.** Die Erscheinungen u. Gesetze d. Lebens od. vergl. Physiol. d. Pflanzen- u. Thierwelt. 2 Bde. Stuttg. 1837. 8. 961 p. m. 27 Tfln. (M. 9.) Cart.   2.—

20443 **Rohrbach, C.** Beitr. z. Wasserleitungsfähigkeit d. Kernholz. Halle 1884. 4. 22 p.   1.—

20444 **Rohrbach, P.** Ueb. d. Blüthenbau u. d. Befrucht. v. Epipogium Gmelini. Gött. 1866. 4. 28 p. m. 2 Tfln.   1.50

20445 **Rolfe.** On the sexual Forms of Catasetum. (Lond., Linn. S.) 1890. 8. 20 p. w. pl.   1.—

20446 **Romanus.** Bidr. t. känned. om de nödvändiga Mineralbasernas funktioner i de högre Växterna. Lund 1899. 4. 38 p.   1.—

20447 **Rommel.** Anatom. Untersuch. üb. d. Gruppen d. Piroleae u. Clethraceae. Heidelb. 1898. 8. 54 p. m. Tfl.   1.—

20448 **Rompel.** Krystalle v. Calciumoxalat in d. Fruchtwand d. Umbelliferen. (Wien, Ak.) 1895. 8. 58 p. m. 2 Tfln.   1.50

20449 **Ronde.** Untersuch. d. blauen Farbstoffes in d. Kleberzellen ein. Gramineen. Berl. 1898. 8. 36 p.   1.—

20450 **Rongger.** Bestandteile d. Samen v. Picea excelsa. Merseb. 1898. 8. 32 p.   1.—

20451 **Ronte.** Z. Kenntniss d. Blüthengestaltung ein. Tropenpflanzen. Marb. 1891. 8. 42 p. m. 2 Tfln.   1.50

20452 **Röper.** Der Taumel-Lolch in Bez. a. Ektopie, Atrophie u. Hypertrophie. Rost. 1873. 4. 24 p. m. 2 Tfln.   1.50

20453 **Rördam.** Undersög. af nogle Graessers og Klövererters kemiske sammensaetning. (Kjöbenh., Ak.) 1913. 4. 65 p.   1.50

20454 **Rosanoff.** Z. Kenntn. d. Baues u. d. Entwickelgsgesch. d. Pollens d. Mimoseae. (Berl., Pringsh. Jahrb.) 1865. 8. 10 p. m. 2 Tfln.   1.50

20455 — Morphol.-embryol. Studien, (Berl., Pringsh. Jahrb.) 1866. 8. 11 p. m. 3 Tfln.   1.50

20456 **Röseler.** Anat. u. Entwickelgesch. d. sekundär. Gefässbündel bei Yucca, Aloë u. Dracaena. Berl. 1888. 8. 32 p.   1.—

20457 **Rosen.** Beitr. z. Kenntn. d. Pflanzenzellen. (Bresl., Beitr. Biol.) 1892. 8. 47 p. m. 3 color. Tfln.   2.50

20458 — — Bresl. 1892. 8. 44 p. — Habilit.-Schrift (ohne Tfln.)   1.—

20459 **Rosenberg.** Ueb. d. Transpiration d. Halophyten. (Stockh., Ak.) 1897. 8. 20 p.   1.—

20460 — Stud. üb. d. Membranschleime d. Pflanzen. 2 Tle. (Stockh., Ak.) 1897—98. 8. 78 p. m. 3 Tfln.   3.50

20461 — Ueb. d. Transpirat. mehrjähr. Blätter. (Stockh., Ak.) 1900. 8. 12 p.   1.—

20462 — Ueb. d. Embryol. v. Zostera marina. (Stockh., Ak.) 1901. 8. 24 p. m. 2 Tfln.   1.50

20463 — Ueb. d. Pollenbildung v. Zostera. Ups. 1901. 8. 21 p.   1.—

20464 — Ueb. d. Befrucht. v. Plasmopara alpina. (Stockh., Ak.) 1903. 8. 20 p. m. 2 Tfln.   1.50

20465 — Z. Kenntn. d. Reduktionsteil. in Pflanzen. (Lund, Bot. Not.) 1905. 8. 24 p.   1.50

20466 — Cytolog. u. morphol. Studien an Drosera longifolia × rotundifolia. (Stockh., Ak.) 1909. 4. 65 p. m. 4 Tfln.   2.50

20467 — Ueb. d. Bau d. Ruhekerns. (Stockh., Bot. Tidsk.) 1909. 8. 11 p. m. Tfl.   1.50

20468 — Ueb. d. Chromosomenzahlen bei Taraxacum u. Rosa. (Stockh., Bot. Tidsk.) 1909. 8. 13 p.   1.—

20469 **Rosenhauch.** Ueb. d. Entwickl. der Schleimzelle. (Krak., Ak.) 1907. 8. 21 p. m. 3 Tfln. (1 color.)   2.—
20470 **Ross.** Assimilationsgewebe u. Korkentwickel. armlaubiger Pflanzen. Freib. 1887. 8. 32 p. m. color. Tfl.   1.—
20471 — Contr. alla conosc. d. tessuto assimilat. e d. sviluppo d. Periderma. (Firenze, Giorn. Bot.) 1889. 8. 31 p. c. tav. color.   1.—
20472 — Contrib. alla conosc. d. Periderma. (Genova, Malp.) 1890. 8. 69 p.   1.50
20473 — Strutt. fiorale d. Cadia varia. (Genova, Malp.) 1893. 8. 10 p. c. tav.   1.—
20474 **Rössler.** Beiträge z. Kleistogamie. Münch. 1900. 8. 24 p. m. 2 Tfln.   1.50
20475 **Rossmann.** Z. Kenntn. d. Phyllomorphose. I. Giess. 1857. 4. 60 p. m. 3 Tfln.   2.—
20476 — Z. Kenntn. d. Spreitenformen d. Umbelliferen. (Halle, Nat. Ges.) 1864. 4. 14 p. m. 7 Tfln. (M. 4.50.)   2.—
20477 **Rossmässler.** Populäre Vorlesgn. aus d. Gebiete d. Natur. 2 Bde. Leipz. 1852—53. 8. 300 p. m. 22 z. Tl. color. Tfln. (M. 6.50.) Hfzb.   2.50
    I: Mikroskop. Blicke in d. Bau d. Gewächse. II: Versteinerungen.
20478 **Rostowzew.** Entwickl. d. Blüte u. d. Blütenstandes bei einig. Arten d. Gruppe Ambrosieae. Cassel 1890. 4. 27 p. m. 7 Tfln. (M. 10.)   5.—
20479 **Roth.** Die Fortpflanzungsverhältn. bei Rumex. Bonn 1907. 8. 39 p. m. Tfl.   1.—
20480 **Rothert.** Differenzen im primär. Bau d. Stengel u. Rhizome krautartig. Phanerogamen. Dorp. 1885. 8. 130 p. (M. 2.)   1.—
20481 — Handb. d. Physiol. d. Pflanzen. I. Kasan 1891. 8. 136 p. — Russisch.   1.—
20482 — Ueb. Heliotropismus. Bresl. 1894. 8. 218 p. m. 60 Fig. (M. 9.)   6.—
20483 — Bau d. Membran d. pflanzl. Gefässe. (Krak., Ak.) 1899. 8. 39 p.   1.—
20484 — Ueb. Chromoplasten in vegetat. Organen. (Krak., Ak.) 1912. 8. 151 p.   4.—
20485 **Rowlee.** Akenes and Seedlings of Compositae. (N. York, Torr. Cl.) 1893. 8. 17 p. w. 5 pl.   2.—
20486 — Aëration of organs and tissues in Mikania. (Wash., Micr. J.) 1894. 8. 24 p. w. 6 pl.   2.50
20487 — The Stigmas and Pollen of Arisaema. (N. York, Torr. Cl.) 1896. 8. 2 p. w. 2 pl.   1.—
20488 **Royen, A. van.** De amoribus et connubiis Plantarum. Lugd. Bat. 1732. 4. 40 p.   5.—
20489 **Rudolphi.** Anat. d. Pflanzen. Berl. 1807. 8. 304 p. m. 6 Tfln. Cart.   1.—
20490 **Rulf.** Verhalten d. Gerbsäure bei d. Keimung d. Pflanzen. Halle 1884. 8. 32 p.   1.—
20491 **Russow, A.** Z. Morphol. d. pflanzl. Zellkerns. Rost. 1899. 8. 42 p. m. 2 color. Tfln.   1.50
20492 **Russow, E.** Verbreit. d. Callusplatten b. d. Gefässpflanzen. (Dorp.) 1881. 8. 18 p.   1.—
20493 — S. la struct. et le développ. d. Tubes cribreux. (Paris, Ann. Sc.) 1882. 8. 49 p.   1.50
20494 — Z. Kenntn. d. Holzes, insonderh. d. Coniferenholzes. II. (Cassel, Bot. Centr.) 1883. 8. 8 p. m. 5 z. Tl. color. Tfln.   1.50
20495 **Saage.** Z. Metamorphose d. Pflanzen. Braunsb. 1854. 4. 18 p.   1.—
20496 **Sacc.** Chimie d. Végétaux. 3. éd. Paris. 8. 220 p.   1.—
20497 **Saccardo, P. A.** Diffus. d. liquidi colorati nei Fiori. (Padova, Acc.) 1879. 4. 9 p. c. specie disseccate.   1.50
20498 **Sachs.** Ueb. d. gesetzmäss. Stellung d. Nebenwurzeln. (Wien, Ak.) 1858. 8. 16 p. m. 2 Tfln.   1.—
20499 — 20 Abhandl. über Pflanzenphysiol. 1858—95. 8. u. 4. 181 p.   4.—
20500 — Handb. d. Experiment.-Physiologie d. Pflanzen. Leipz. 1865. 8. 523 p. m. 50 Fig. Hfzb.   7.—
    Selten.
20501 — K i c k x. Handb. d. Experimental-Physiol. d. Pflanzen v. Sachs. (Brux., Soc. Bot.) 1865. 8. 34 p.   1.—
20502 — Physiologie végét. Trad. p. Micheli. Paris 1868. 8. 551 p. av. 50 fig.   7.—
    Epuisé.

M

20503 **Sachs.** Grundz. d. Pflanzenphysiol. Leipz. 1873. 8. 278 p. (M. 8.) 2.—
20504 — Ueb. d. Wachsthum d. Haupt- u. Nebenwurzeln. II. (Würzb., Bot. Inst.) 1874. 8. 51 p. 1.50
20505 — Ueb. d. Porosität d. Holz. (Würzb., Phys. Ges.) 1877. 8. 19 p. 1.—
20506 — Anordnung d. Zellen in jüngsten Pflanzentheilen. Würzb. 1877. 8. 26 p. m. Tfl. 1.—
20507 — Stoff u. Form d. Pflanzenorgane. (Würzb., Bot. Inst.) 1882. 8. 34 p. 1.—
20508 — Die Continuität d. embryon. Substanz. (Leipz.) 1887. 8. 18 p. 1.—
20509 — Vorlesungen über Pflanzenphysiologie. 2. (letzte) Aufl. Leipz. 1887. 8. 896 p. m. 391 Fig. (M. 18.) 8.—
20510 — Gesamm. Abhandl. üb. Pflanzen-Physiol. 2 Bde. Leipz. 1892—93. 8. 1256 p. m. 10 Tfln. u. 126 Fig. (M. 29.) 14.—
— Lehrb. d. Botanik — siehe No. 9063—9066.
20511 **Sack.** Untersuchgn. ein. Pflanzenstoffe (Bresk, Roucheria-Rinde u. Fliederbeeren). Gött. 1901. 8. 47 p. 1.—
20512 **Saint-Hilaire, A. de.** Leçons de Botanique s. la morphol. végétale. (Paris, Ann. Sc.) 1841. 8. 29 p. 1.—
20513 **Samen.** — 16 Abhandl. v. Juel, Pfeffer, Pirotta, Prillieux, A. Schulz, Tischler, Van Tieghem u. a. 1858—1905. 8. u. 4. 150 p. m. 7 Tfln. (1 color.) 5.—
20514 **Sandéen.** Morpholog. Jagttag. öfv. Bladknopparne h. nagra Polygoneae. (Lund, Univ.) 1864. 4. 32 p. m. 2 Tfln. 1.—
20515 — Om Gräsembryots byggnad och utveckl. (Lund, Univ.) 1868. 4. 17 p. m. 2 Tfln. 1.—
20516 **Sandsten.** Influence of gases and vapors on the growth of Plants. (Minneap., Bot. Stud.) 1898. 8. 16 p. 1.—
20517 **Saenger.** Z. chem. Charakter. d. Samen der Kornrade, Agrostemma Githago. Münch. 1904. 8. 48 p. 1.—
20518 **Sanio.** Die in d. Rinde dicotyler Holzgewächse vorkomm. Niederschläge v. kleesaurem Kalk. (Berl., Ak.) 1857. 8. 24 p. m. Tfl. 1.—
20519 — Vergl. Untersuch. üb. d. Bau u. d. Entwickl. d. Korkes. (Berl., Pringsh. Jahrb.) 1857. 8. 70 p. m. 7 Tfln. 8.—
Selten.
20520 **Sarauw.** Rodsymbiose og Mykorrhizer saerlig h. Skovtraeerne. (Kjöb., Bot. Tidsk.) 1893. 8. 133 p. m. 2 Tfln. 3.—
20521 **Sargent.** Origin of the Seed-leaf in Monocotyledons. (Lond., Phytol.) 1902. 8. 7 p. w. pl. 1.—
20522 **Saupe.** Der anat. Bau d. Holz. d. Leguminosen. Regensb. 1887. 8. 54 p. 1.—
20523 **Saussure.** Altération de l'Air par la germin. et par la fermentat. (Paris, Ann. Sc.) 1834. 8. 14 p. 1.50
20524 **Schacht.** Entwicklgesch. d. Pflanzen-Embryon. (Amsterd., Ak.) 1850. 4. 234 p. m. 26 color. Tfln. 5.—
20525 — Das Mikroskop u. s. Anwend. Berl. 1851. 8. 214 p. m. 6 Tfln. Cart. —.50
20526 — — 2. Aufl. Berl. 1855. 8. 216 p. m. 5 Tfln. (M. 5.50.) 1.—
20527 — Le microscope et son applicat. à l'anatomie végét. Leips. 1865. 8. 288 p. av. 2 pl. et 110 fig. D.-rel. veau. 1.—
20528 — Die Pflanzenzelle, der innere Bau u. d. Leben d. Gewächse. Berl. 1852. 4. 488 p. m. 20 Tfln. (9 color.) (M. 20.) Cart. 3.—
20529 — — 2. Aufl. u. d. Titel: Lehrb. d. Anat. u. Physiol. d. Gewächse. 2. Aufl. 2 Bde. Berl. 1856—59. 8. 1085 p. m. 11 Tfln. (3 color.) u. 306 Fig. (M. 25.) Hfzbde. 4.—
20530 — Der Baum. Berlin 1853. 8. 401 p. m. 7 Tfln. (4 color.) (M. 11.) Hfzb. 2.—
20531 — — 2. (letzte) Aufl. Berl. 1860. 8. 386 p. m. 4 Tfln. u. 227 Fig. (M. 13.) Hfzb. 5.—
20532 — Beitr. z. Anat. u. Physiol. d. Gewächse. Berl. 1854. 8. 336 p. m. 9 Tfln. (M. 10.) Cart. 1.50
20533 — Befrucht. b. Gladiolus segetum. (Berl., Ak.) 1856. 8. 14 p. m. 2 Tfln. 1.—

20534 **Schacht.** Milchsaftgefässe d. Carica Papaya. (Berl., Ak.) 1856. 8 30 p. *M* m. 2 Tfln. 1.—
20535 — Z. Befrucht. v. Crocus vernus. (Regensb., Flora) 1858. 8. 11 p. m. Tfl. 1.—
20536 — Befrucht.-Erscheinungen bei Phormium tenax. (Berl., Ak.) 1858. 8. 10 p. m. Tfl. 1.—
20537 — Grundriss d. Anat. u. Physiol. d. Gewächse. Berl. 1859. 8. 216 p. m. 159 Fig. (M. 4.50.) Hfzb. —.50
20538 — De Maculis (Tüpfel) in plantarum vasis cellulisque lignosis obviis. Bonn. 1860. 4. 15 p. 1.—
20539 — Die Spermatozoiden im Pflanzenreich. Braunschw. 1864. 8. 61 p. m. 6 Tfln. (M. 4.) 1.—
20540 **Schacht et Hofmeister.** Sur l'origine de l'Embryon végétal. 2 mém. (Paris, Ann. Sc.) 1855. 8. 32 p. av. 2 pl. 1.50
20541 **Schad.** Entwicklgesch. Untersuchungen üb. d. Malabar. Cardamomen. Bern 1897. 8. 62 p. m. Tfl. 1.50
20542 **Schaefer, B.** Z. Entwicklgesch. d. Fruchtknotens u. d. Placenten. Marb. 1889. 8. 46 p. 1.—
20543 **Schaefer, C.** Einfluss d. Turgors d. Epidermiszellen auf d. Funktion d. Spaltöffnungsapparates. Berl. 1887. 8. 48 p. 1.—
20543a **Schäffer, J. C.** Die Würmer in Zähnen (Samen d. Judenkirsche). Nürnb. 1764. 4. 40 p. m. color. Tfl. 1.—
20544 **Schaffner.** Developm. of the stamens and carpels of Typia latifol. (Chicago, Bot. Gaz.) 1897. 8. 10 p. w. 3 pl. 1.50
20545 — Chromosome reduct. in the Microsporocytes of Lilium Tigrinum. (Chicago, Bot. Gaz.) 1906. 8. 8 p. w. 2 pl. 1.50
20546 **Schaffnit, E.** Z. Anat. d. Acanthaceen-Samen. Leipz. 1905. 8. 69 p. 1.—
20547 **Schaffnit, K.** Ueb. d. Nektarien d. Ranunculaceen. Erl. 1904. 8. 63 p. 1.50
20548 **Schanze.** Z. Anat. einjähr. Zweige v. Holzpflanzen. Gött. 1914. 8. 74 p. 2.—
20549 **Scharf.** Z. Anat. d. Hypoxideen. Cassel 1893. 8. 46 p. m. Tfl. 1.—
20550 **Schatz.** Beitr. z. Biologie d. Mycorhizen. Jena 1910. 8. 68 p. 2.—
20551 **Scheel.** Pflanzenphysiolog. Untersuchgn. Kiel 1902. 8. 44 p. 1.—
20552 **Scheit.** Die Tracheidensäume d. Blattbündel d. Coniferen. Jena 1883. 8. 30 p. m. Tfl. 1.—
20553 **Schell.** Wirkung d. Ströme auf d. Pflanzenpigmente. 2 Tle. Kasan 1876. 8. 21 p. — Russisch. 1.—
20554 **Schellenberg.** Z. Kenntn. d. verholzten Zellmembran. Zürich 1895. 8. 36 p. 1.—
20555 — Z. Entwickgesch. d. Stammes v. Aristolochia sipho. Berl. 1904. 8. 20 p. m. Tfl. 1.—
20556 **Schelver.** Zeitschrift f. organ. Physik. Bd. I. (soviel erschien.). Halle 1802. 8. 380 p. 5.—
20557 — Journal d. Naturwissensch. u. Medizin. Bd. I. (soviel erschien.). Frankf. 1810. 8. 309 p. m. 3 Tfln. 5.—
20558 **Schenck, H.** Bildung v. centrifugalen Wandverdickungen an Pflanzenhaaren u. Epidermen. Bonn 1884. 8. 44 p. m. Tfl. 1.—
20559 — Die Biologie d. Wassergewächse. (Bonn, Ver. Nat.) 1886. 8. 166 p. m. 2 Tfln. 4.—
20560 — Vergleich. Anat. d. submersen Gewächse. Cassel 1886. 4. 67 p. m. 10 Tfln. (M. 32.) 14.—
20561 — Einfluss v. Torsionen u. Biegungen auf d. Dickenwachsthum ein. Lianenstämme. (Marb., Flora) 1893. 8. 14 p. m 2 Tfln. 1.—
20562 — Zerklüftungsvorgänge in anomalen Lianenstämmen. (Berl., Pringsh. Jahrb.) 1895. 8. 32 p. m. 2 Tfln. 1.50
20563 **Schenk, A.** Vorkommen contract. Zellen im Pflanzenreich. Würzb. 1858. 4. 20 p. m. Tfl. 1.—
20564 **Schenkemeyer.** Contraction d. Filamente v. Centaurea. Bresl. 1877. 8. 39 p. 1.—

20565 **Schilberszky.** Zur Anat. u. Biol. d. Blüte v. Hedychium Gardnerian. (Budap., Math. Ber.) 1905. 8. 16 p. — 1.—

20566 **Schilling.** Anat. biol. Untersuch. üb. d. Schleimbild. d. Wasserpflanzen. (Marb., Flora) 1894. 8. 80 p. — 2.—

20567 **Schimper, A. F. W.** Ueb. Bau u. Lebensweise d. Epiphyten Westindiens. (Cassel, Bot. Centr.) 1884. 8. 50 p. m. 2 Tfln. — 2.—

20568 — Pflanzengeographie auf physiolog. Grundlage. 2. (unveränderte) Aufl. Jena 1908. 8. 898 p. m. 4 color. Karten, 5 Tfln. u. 502 Fig. (z. Tl. auf Tfln.) — 40.—
Vergriffen; eine neue Auflage ist nicht beabsichtigt.

20569 **Schinz.** Ueb. d. Mechanismus d. Aufspringens d. Sporangien u. Pollensäcke. Zürich 1883. 8. 47 p. m. 3, Tfln. — 1.5O

20570 **Schirmer.** Z. Kenntn. d. Transpirationsbeding. saftreicher Pflanzen. Leipz. 8. 28 p. — 1.—

20571 **Schively.** Contrib. to the life·hist. of Amphicarpaea Monoica. (Philad., Univ.) 1897. 8. 94 p. w. 18 pl. — 3.—

20572 **Schlagintweit.** S. l. phéneromènes périod. d. Plantes dans l. Alpes. (Brux., Ac.) 1851. 8. 19 p. — 1.—

20573 **Schleh.** Bedeut. d. Wassers in d. Pflanzen. Leipz. 1878. 8. 70 p. — 1.—

20574 **Schleichert.** Anleit. zu botan. Beobachtgn. u. pflanzenphysiol. Experimenten. 2. Aufl. Langensalza 1894. 8. 167 p. m. 54 Fig. (M. 2.) — 1.50

20575 **Schleiden.** S. la format. de l'ovule et l'orig. de l'embryon d. Phanérogames. (Paris, Ann. Sc.) 1839. 8. 13 p. av. 3 pl. — 1.50

20576 — Rech. s. la Phytogénésie. (Paris, Ann. Sc.) 1839. 8. 20 p. — 1.—

20577 — S. l. format. spirales d. Cellules végét. (Paris, Ann. Sc.) 1840. 8. 14 p. av. pl. — 1.—

20578 — Einwürfe geg. d. Lehre v. d. Befrucht. Leipz. 1844. 8. 38 p. — 1.—

20579 — Die Pflanze u. ihr Leben. 2. Aufl. Leipz. 1850. 8. 399 p. m. 5 color. Tfln. (M. 9.) Cart. — 1.—

20580 — — 3. Aufl. Leipz. 1852. 8. 402 p. m. 5 color. Tfln. (M. 9.) Hfzb. — 1.50

20581 — — 4. Aufl. Leipz. 1855. 8. 492 p. m. 19 Tfln. (5 color.) (M. 9.) Hfzb. — 2.—

20582 — — 5. Aufl. Leipz. 1858. 8. 420 p. m. 20 Tfln. (6 color.) (M. 9.) Hfzb. — 2.50

20583 — — 6. (letzte) Aufl. Leipz. 1864. 8. 416 p. m. 6 color. Tfln. (M. 10.) Hfzb. — 4.—

20584 — De Plant en h. leven. Amsterd. 1854. 8. 514 p. m. 5 color. Tfln. Hfzb. — 1.—

20585 — Studien. Leipz. 1855. 8. 324 p. m. 4 Tfln. u. Karte. (M. 6.) — 1.—

20586 — Grundzüge d. wissenschaftl. Botanik. 4. (letzte) Aufl. Leipz. 1861. 8. 734 p. m. 5 Tfln. u. 290 Fig. (M. 14.50.) — 5.—

20587 **Schleiden u. Nägeli.** Zeitschrift f. wissenschaftl. Botanik. Heft II. Zürich 1845. 8. 214 p. m. 4 Tfln. — 2.50

20588 **Schleiden u. Vogel.** Z. Entwickgesch. d. Blüthentheile d. Leguminosen. (Dresd., Ac. Leop.) 1838. 4. 20 p. m. 3 Tfln. — 1.—

20589 — Ueb. d. Albumen d. Leguminosen. (Dresd., Ac. Leop.) 1842. 4. 45 p. m. 6 color. Tfln. (M. 6.) — 1.50

20590 **Schlepegrell.** Z. vergleich. Anatomie d. Tubiflora. Cassel 1892. 8. 62 p. m. 4 Tfln. — 1.50

20591 **Schlesinger.** Z. vergleich. Anat. d. Blattes d. Marantaceae u. Zingiberac. Bresl. 1895. 8. 76 p. m. Tfl. — 1.—

20592 **Schlicke.** Die dorsiventr. Ausbild. niederlieg. Sprosse. Berl. 1908. 8. 44 p. — 1.—

20593 **Schlockow.** Z. Anat. d. braunen Blüten. Berl. 1903. 8. 39 p. m. Tfl. — 1.—

20594 **Schmalhausen.** Ueb. d. Befrucht. d. Pflanzen. Petersb. 1874. 8. 112. p. m. 3 Tfln. — Russisch. — 1.50

20595 — Z. Kenntn. d. Milchsaftbehälter d. Pflanzen. (Petersb., Ak.) 1877. 4. 27 p. m. 2 Tfln. (M. 1.50.) — 1.—

20596 — Unters. üb. d. Entwickel. d. Milchsaftbehälter d. Pflanzen. Petersb. 1877. 8. 53 p. m. 2 Tfln. — Russisch. — 1.50

20597 **Schmalz.** Theorie d. Pflanzenbaues. Königsb. 1840. 8. 187 p. — 1.—

20598 **Schmeil.** Pflanzenanatom. Tafeln, hrsg. v. Meierhofer. Tfl. I—VII. Colo- *M*
rirt. Leipz. 115: 160 cm. bezw. ca. 110: 130 cm. (M. 33.60.)
20599 **Schmid, B.** Ueb. d. Lage d. Phanerogamen-Embryo. Cassel 1894. 8.
32 p. m. Tfl.   1.—
20600 **Schmid, E.** Z. Entwicklungsgesch. d. Scrophulariac. Zürich 1906. 8.
129 p. m. 2 Tfln.   2.—
20601 **Schmidt, E.** Z. Anat. d. vegetat. Organe v. Polygonum u. Fagopyrum.
Bonn 1879. 8 40 p.   1.—
20602 — Z. Kenntn. d. Hochblätter. Berl. 1889. 4. 28 p. m. 2 Tfln.   1.—
20603 **Schmidt, G.** Ueb. die Atmung ein- u. mehrjähr. Blätter. Stuttg. 1902.
8. 52 p.   1.—
20604 **Schmidt, H.** Ueb. d. Entwick. d. Blüten u. Blütenstände v. Euphorbia
u. Diplocyathium n. g. Gött. 1906. 8. 54 p. m. 4 Tfln.   1.50
20605 **Schmidt, J.** Erforschung d. Konstitution u. Versuche z. Synthese
wichtiger Pflanzen-Alkaloide. Stuttg. 1900. 8. 240 p. (M. 7.)   2.50
20606 **Schmidt, J.** Influence d. agents extér. s. la struct. anat. d. feuilles de
Lathyrus marit. (Copenh., Bot. Tidskr.) 1899. 8. 24 p.   1.—
20607 — Bidr. t. kundsk. om Skuddene h. d. gamle Verdens Mangrovetraeer.
(Kjöbenh., Bot. Tids.) 1904. 8. 113 p.   1.50
20608 **Schmidt, O.** Zustandekommen d. fix. Lichtlage blattart. Organe durch
Torsion. Berl. 1883. 8. 39 p.   1.—
20609 **Schmidt, P.** Ueb. ein. Wirkungen d. Lichts auf Pflanzen. Bresl. 1870.
8. 46 p.   1.—
20610 **Schmidt, R. H.** Ueber Aufnahme u. Verarb. v. fetten Oelen durch
Pflanzen. Marb. 1891. 8. 72 p.   1.—
20611 **Schmidt, W.** Ueb. d. Blatt- u. Samenstruktur bei den Loteen. Jena
1902. 8. 62 p.   1.—
20612 **Schmidt, W. J.** Z. Kenntn. d. Weichkörpers u. d. Fortpflanz. d. Casta-
nelliden. Bonn 1908. 8. 39 p.   1.—
20613 **Schmitz.** Z. Deutung d. Euphorbia-Blüthe. (Regensb., Flora) 1871. 8.
16 p. m. Tfl.   1.—
20614 — Das Fibrovasalsyst. im Blüthenkolben d. Piperac. Ess. 1871. 8. 30 p. 1.—
20615 — Die Blüthen-Entwickl. d. Piperac. Bonn 1872. 8. 74 p. m. 5 Tfln.
(M. 3.50.)   1.50
20616 — Ueb. d. Entwickl. d. Sprossspitze d. Phanerogamen. Tl. I. (soviel erschien.). Halle 1874. 8. 38 p.   1.—
20617 — 5 Abhandl. z. Anat. u. Physiol. d. Pflanzen. 1874—80. 8. u. 4. 30 p. 1.50
20618 — Die Familiendiagramme der Rhoeadinen. (Halle, Nat. Ges.) 1878.
4. 140 p. m. Tfl. (M. 8.)   2.50
20619 — Ueb. d. Struktur d. Protoplasmas u. d. Zellkerne d. Pflanzenzellen.
(Bonn, Ges. Nat.) 1880. 8. 42 p.   1.—
20620 **Schneckenburger.** Üb. die Symmetrie d. Pflanzen. Tüb. 1836. 8. 49 p. 1.—
20621 **Schnee.** Lebenszustand allseitig verkorkter Zellen. Gött. 1907. 8. 69 p. 1.—
20622 **Schneider, A.** Ueb. d. Damascenin. Dresd. 8. 42 p.   1.—
20623 **Schneider, A.** The Phenomena of Symbiosis. (Minneap., Bot. Stud.)
1897. 8. 26 p.   1.—
20624 **Schneider, R.** Ueb. subterrane Organismen. Berl. 1885. 4. 32 p. 1.—
20625 **Schniewind-Thies.** Z. Kenntn. d. Septalnectarien. Jena 1897. 8. 87 p.
m. 12 z. Tl. color. Tfln. (M. 15.)   4.50
20626 — Redukt. d. Chromosomenzahl u. Kernteilungen in d. Embryosack-
mutterzellen d. Angiospermen. Jena 1901. 8. 34 p. m. 5 Tfln. (M. 7.) 3.—
20627 **Schober.** Ueb. d. Wachsthum d. Pflanzenhaare an etiolierten Blatt-
u. Axenorganen. (Halle, Z. Nat.) 1886. 8. 26 p.   1.—
20628 **Scholtz.** Einfluss v. Dehnung auf d. Längenwachsthum d. Pflanzen.
Bresl. 1887. 8. 48 p.   1.—
20629 **Schönland.** Ueb. d. Entwickl. d. Blüten u. Frucht bei d. Platanen.
Leipz. 1883. 8. 24 p. m. Tfl.   1.—

W. Junk, Berlin, W. 15.

20630 **Schorler.** Ueb. d. Zellkerne in d. stärkeführ. Zellen d. Hölzer. Jena 1883. 8. 30 p. — *M* 1.—

20631 **Schoute.** Neue Art der Stammbildung im Pflanzenreich. (Buitenz., Jard.) 1906. 8. 12 p. m. 2 Tfln. — 1.50

20632 **Schrader.** De Monocotyled. et Dicotyled. circa gemmarum explicat. differentia. Bonn. 1834. 8. 23 p. — 1.—

20633 **Schrammen.** Einwirk. v. Temperaturen auf d. Vegetationspunkt d. Sprosses v. Vicia Faba. Bonn 1902. 8. 54 p. m. Tfl. — 1.—

20634 **Schrank, F. v. Paula.** Vom Pflanzenschlafe u. von anverwandten Erscheinungen bey Pflanzen. Ingolst. 1792. 8. 55 p. — 1.—

20635 — V. d. Nebengefässen d. Pflanzen. Halle 1794. 8. 96 p. m. 3 Tfln. — 2.—

20636 **Schreiber, F.** Fasciculi vasorum inprimis Dicotyl. et Monocotyl. Bonnae 1865. 8. 43 p. — 1.—

20637 **Schroeder, A.** Anatom. Unters. d. Blattes u. d. Axe bei d. Liparieae u. Bossiaceae. Cassel 1902. 8. 55 p. — 1.—

20638 **Schröder, J.** Unters. d. chem. Constit. d. Frühjahrssaftes d. Birke. Dorp. 1865. 8. 84 p. m. 6 Tfln. — 2.—

20639 — Die Frühjahrsperiode d. Birke u. d. Ahorn. Rost. 1871. 8. 29 p. — 1.—

20640 **Schröter.** Z. Kenntn. d. Malvaceen-Androeceums. (Berl., Bot. Gart.) 1884. 8. 15 p. m. Tfl. — 1.—

20641 **Schrötter.** Ueb. d. Farbstoff d. Arillus v. Afzelia Cuanz. u. Ravenala Madagasc. (Wien, Ak.) 1893. 8. 42 p. m. 2 Tfln. — 1.—

20642 **Schube.** Z. Kenntn. d. Anat. blattarmer Pflanzen. Bresl. 1885. 8. 32 p. m. 2 color. Tfln. — 1.50

20643 **Schubert, B.** Ueb. d. Parenchymscheiden in d. Blättern d. Dicotylen. Cassel 1897. 8. 64 p. m. Tfl. — 1.—

20644 **Schubert, O.** Bedingungen z. Stecklingsbildung u. Propfung v. Monokotylen. Jena 1913. 8. 135 p. (M. 6.)

20645 **Schubert, W.** Ueb. d. Resistenz. exsiccatortrocken. pflanzl. Organismen geg. Alkohol u. Chloroform. Jena 1909. 8. 60 p. — 1.50

20646 **Schuchardt.** Z. Entwickgesch. d. Blüthenstandes u. d. Blüthe d. Umbellifloren. Leipz. 1881. 8. 22 p. — 1.—

20647 **Schullerus.** Die physiol. Bedeut. d. Milchsaftes v. Euphorbia Lathyris. (Berl., Bot. Ver.) 1882. 8. 73 p. — 1.—

20648 — Keimungsgesch. v. Euphorbia Lathyris. Hermannst. 1886. 4. 28 p. — 1.—

20649 **Schultz (Schultzenstein), C. H.** Ueb. d. Kreislauf d. Saftes im Schöllkraute. Berl. 1822. 8. 80 p. m. color. Tfl. — 1.—

20650 — Die Natur d. lebend. Pflanze. 2 Bde. Berl. 1823—28. 8. m. 7 z. Tl. color. Tfln. (M. 20.) Cart. — 2.—

20651 — Die Anaphytose od. Verjüngung d. Pflanzen. Berl. 1843. 8. 240 p. (M. 4.) Lnb. — 1.—

20652 — Entdeckung d. Pflanzennahrung. Berl. 1844. 8. 148 p. — 1.—

20653 — Neues System d. Morphol. d. Pflanzen. Berl. 1847. 8. 246 p. m. Tfl. — 1.50

20654 — Die Verjüng. im Pflanzenreich. Berl. 1851. 8. 102 p. m. Tfl. — 1.—

20655 **Schultz, O.** Vergleich. physiol. Anat. d. Nebenblattgebilde. Regensb. 1888. 8. 34 p. m. Tfl. — 1.—

20656 **Schulz, A.** Beitr. z. Entwicklgsgesch. d. Phyllokladien. Rost. 1898. 8. 41 p. m. Tfl. — 1.—

20657 **Schulz, A.** Beitr. z. Kenntn. d. Bestäubungseinricht. u. Geschlechtsvertheil. b. d. Pflanzen. 2 Tle. Cassel 1888—90. 4. 440 p. m. Tfl. (M. 35.) — 16.—

20658 — Z. Kenntn. d. Blühens d. einheim. Phanerogamen. 9 Tle. (Berl., Bot. Ges.) 1904—06. 8. 115 p. — 3.—

20659 — Das Blühen v. Silene Otites. (Leipz., Bot. Centr.) 1905. 8. 14 p. — 1.—

20660 — Das Blühen d. Gatt. Melandryum. (Leipz., Bot. Centr.) 1905. 8. 32 p. — 1.—

20661 — Das Blühen v. Stellaria pallida. (Berl., Bot. Ges.) 1906. 8. 11 p. — 1.—

20662 — Die Bewegungen d. Staubgefässe u. Griffel d. einheim. Alsinaceen-Arten währ. d. Blühens. (Berl., Bot. Ges.) 1906. 8. 14 p. — 1.—

20663 **Schulze, B.** Wurzelatlas. 2 Tle. Berl. 1911—14. 8. 68 Tfln. m. 2 Textheften. (78 p.) In Mappe. (M. 24.)   *M*

20664 **Schulze, C.** Ueb. d. anatom. Bau d. Blattes u. d. Achse d. Phytolaccac. Danzig 1895. 8. 58 p. m. Tfl.   1.—

20665 **Schulze, E.** Ueb. d. Grössenverhältn. d. Holzzellen bei Laub- u. Nadelhölzern. Halle 1882. 8. 56 p.   1.50

20666 **Schulze, H.** Z. vergl. Anat. v. Lupinus u. Argyrolobium. Cöth. 1901. 8. 45 p.   1.—

20667 **Schulze, R.** Beitr. z. vergleich. Anat. d. Liliac., Haemodorac., Hypoxidoideen u. Velloziaceen. Leipz. 1893. 8. 52 p.   1.—

20668 **Schulze, W.** Z. vergl. Anat. d. Genisteengattgn. Genista, Adenocarpus u. Calycotome. Chemn. 1901. 8. 60 p.   1.—

20669 **Schumacher.** Die Diffussion in ihr. Bezieh. z. Pflanze. Leipz. 1861. 8. 304 p. (M. 4.50.)   1.—

20670 — Die Ernährung d. Pflanze. Berl. 1864. 8. 652 p. (M. 10.50.) Hfzb.   1.50

20671 — Die Physik d. Pflanze. Berl. 1867. 8. 527 p. (M. 8.) Cart.   1.50

20672 **Schumann, C.** Dickenwachsthum u. Cambium. Görl. 1873. 8. 42 p.   1.—

20673 **Schumann, G.** Anat. Studien üb. d. Knospenschuppen v. Coniferen u. dicotylen Holzgewächsen. Cassel 1889. 4. 36 p. m. 5 Tfln. (M. 10.)   5.—

20674 **Schumann, K.** Neue Untersuchungen üb. d. Blüthenanschluss. Leipz. 1890. 8. 527 p. m. 10 Tfln. (M. 20.)   11.—

20675 — Morphol. Studien. 2 Tle. Leipz. 1892—99. 8. 313 p. m. 6 Tfln. (M. 17.)   7.50

20676 — Spross- u. Blüthenentwickl. v. Paris u. Trillium. (Berl., Bot. Ges.) 1893. 8. 23 p. m. Tfl.   1.—

20677 — Ueb. d. weibl. Blüten d. Coniferen. (Berl., Bot. Ver.) 1902. 8. 76 p.   1.50

20678 **Schunck.** The Chemistry of Chlorophyll. (Oxf., Ann. Bot.) 1889. 8. 57 p. w. pl.   1.50

20679 **Schünemann.** Die Pflanzen-Vergiftungen. Braunschw. 1891. 8. 88 p. Lnb.   1.—

20680 **Schuppan.** Z. Kenntn. d. Holzkörpers d. Coniferen. Halle 1889. 8. 56 p.   1.50

20681 **Schuster, W.** Die Blattaderung d. Dicotylenblattes. Berl. 1908. 8. 47 p. m. 4 Tfln. (1 color.)   2.—

20682 **Schustow.** Ueb. Kernteilgn. in d. Wurzelspitze v. Allium cepa. Münch. 1914. 8. 47 p. m. 3 Tfln.   2.50

20683 **Schütt.** Centrifug. Dickenwachsthum d. Membran u. extramembran. Plasma. (Berl., Pringsh. Jahrb.) 1899. 8. 97 p. m. 3 Tfln.   2.50

20684 — Centrifug. u. simult. Membranverdickungen. (Berl., Pringsh. J.) 1900. 8. 66 p. m. Tfl.   1.50

20685 — Erklärung d. centrifug. Dickenwachsthums d. Membran. (Leipz., Bot. Z.) 1900. 4. 30 p.   1.—

20686 **Schütze.** Beeinfluss. d. Wachstums durch d. Turgeszenzzustand. Weida 1908. 8. 98 p.   1.50

20687 **Schwan.** Wurzelbakterien in abnorm verdickten Wurzeln v. Phaseolus multifl. Erl. 1898. 8. 38 p. m. Tfl.   1.—

20688 **Schwann.** Mikroskop. Untersuchgn. üb. d. Uebereinstimm. in d. Structur u. d. Wachsthum d. Thiere u. Pflanzen. Berl. 1838. 8. 288 p. m. 4 Tfln.   25.—
    Das bekannte Fundamentalwerk, selten.

20689 — — Hrsg. v. Hünseler. Leipz. 1910. 8. 242 p. m. Portr. u. 4 Tfln. Cart. (M. 4.50.)   3.50

20690 — Rech. microscop. s. la conformité de struct. et d'accroissem. d. Animaux et d. Plantes. (Paris, Ann. Sc.) 1842. 8. 18 p.   2.50

20691 — B o s c h. Aus d. Geschichte d. Zellenlehre. Schwann-Festschrift. Düsseld. 1910. 8. 52 p. m. Portr.   1.50

20692 **Schwarz, F.** Einfluss d. Schwerkraft auf d. Längenwachsthum d. Pflanzen. (Würzb., Bot. Inst.) 1871. 8. 52 p.   1:50

20693 — Die Wurzelhaare d. Pflanzen. Bresl. 1883. 8. 54 p. m. Tfl.   1.—

20694 — Die morphol. u. chem. Zusammensetz. d. Protoplasmas. Bresl. 1887. 8. 244 p. m. 8 Tfln. (4 color.) (M. 16.)   10.—

20695 **Schwarz, F.** Physiol. Unters. üb. Dickenwachsthum u. Holzqualität v.   *M*
Pinus silvestris. Berl. 1899. 8. 372 p. m. 9 Tfln. (M. 20.) Lnb.   15.—

20696 **Schwarzbart.** Anatom. Untersuchgn. v. Proteaceen-Früchten u. Samen.
Leipz. 1904. 8. 53 p.   1.—

20697 **Schweigger.** De Plantar. classificatione natur.; disquisit. anatom. et
physiolog. Regiom. 1820. 8. 32 p. et 3 tab.   1.—

20698 **Schwendener.** Die period. Erscheinungen d. Pflanzenwelt. Zürich
1856. 4. 50 p. m. Tfl.   1.50

20699 — Das mechanische Prinzip im anatom. Bau der Monocotylen. Leipz.
1874. 8. 187 p. m. 14 color. Tfln. (M. 12.)   6.—

20700 — Stellungsänder. seitl. Organe in Folge Abnahme ihrer Querschnitt-
grösse. Basel 1875. 8. 23 p. m. Tfl.   1.—

20701 — Mechan. Theorie d. Blattstellungen. Leipz. 1878. 4. 151 p. m. 17
Tfln. (M. 10.)   5.—

20702 — 10 Abhandl. üb. Anatomie u. Physiol. der Pflanzen. 1879—1903. 8.
96·p. m. 4 Tfln.   3.—

20703 — Durch Wachsthum bedingte Verschiebung kleinster Theilchen in
trajector. Curven. (Berl., Ak.) 1880. 8. 28 p. m. 2 Tfln.   1.—

20704 — Ueb. d. Scheitelwachsthum d. Phanerogamen-Wurzeln. (Berl., Ak.)
1882. 4. 17 p. m. 2 Tfln.   1.50

20705 — Z. Lehre v. d. Festigk. d. Gewächse. (Berl., Ak.) 1884. 4. 26 p.   1.—

20706 — Beobachtgn. an Milchsaftgefässen. (Berl., Ak.) 1885. 4. 14 p. m. Tfl.   1.—

20707 — Richtungen u. Ziele d. mikroskop. botan. Forschung. Berl. 1887.
4. 30 p.   1.—

20708 — Die Mestomscheiden d. Gramineenblätter. (Berl., Ak.) 1890. 4.
22 p. m. color. Tfl.   1.50

20709 — Neuest. Unters. üb. d. Saftsteigen. (Berl., Ak.) 1892. 4. 36 p.   1.—

20710 — Z. Kenntn. d. Blattstellgn. in gewund. Zeilen. (Berl., Ak.) 1894.
4. 19 p. m. Tfl.   1.—

20711 — Die jüngsten Entwicklungsstad. seitl. Organe. (Berl., Ak.) 1895.
8. 19 p. m. Tfl.   1.—

20712 — Die Schumann'schen u. Jost'schen Einwände gegen meine Theorie
d. Blattstellungen. 2 Abhandl. Berl. 1899—1902. 8. 45 p.   2.—

20713 — Die Divergenzändergn. an d. Blüthenköpfen d. Sonnenblumen.
(Berl., Ak.) 1900. 8. 19 p.   1.—

20714 — Vorlesgn. üb. mechan. Probleme d. Botanik. Leipz. 1909. 8. 134 p.
m. Portr. (M. 3.60.)   3.—

20715 **Schwendener u. Krabbe.** Untersuch. üb. d. Orientierungstorsionen d.
Blätter u. Blüthen. (Berl., Ak.) 1892. 4. 115 p. m. 3 Tfln. Cart. (M. 6.30).   4.—

20716 **Schwendt.** Z. Kenntn. d. extrafloral. Nektarien. Gött. 1906. 8. 49 p.
m. 2 Tfln.   1.50

20717 **Schwind.** Der Wärmeverbrauch d. Pflanzenlebens. (Wien, Z. b. G.)
1871. 8. 8 p.   1.—

20718 **Schychowsky.** De Fructus Phanerog. natura. Dorp. 1832. 8. 67 p.   1.—

20719 **Scott, D. H.** Z. Entwicklgesch. d. gegliederten Milchröhren. Würzb.
1881. 8. 23 p.   1.—

20720 **Scott, D. H., and Brebner.** On the second. tissues in cert. Monocotyledons. (Oxf., Ann. Bot.) 1893. 8. 42 p. w. 3 pl.   2.—

20721 **Scott, J.** On the functions and struct. of the reproduct. organs in the
Primulac. (Lond., Linn. Soc.) 1865. 8. 49 p.   1.—

20722 — On the sterility and hybridizat. of certain Passiflora, Disemma,
and Tacsonia. (Lond., Linn. Soc.) 1865. 8. 10 p.   1.—

20723 **Scotti.** Contrib. alla biol. fiorale d. Centrospermae. III. (Genova,
Malp.) 1905. 8. 57 p.   1.50

20724 **Scrobichewsky.** S. l'embryogénie d. Papilionacées. (Pétersb., Congr.
Bot.) 1885. 8. 12 p. av. 2 pl.   1.50

20725 **Seeländer.** Wirkung d. Kohlenoxyds auf Pflanzen. Berl. 1909. 8. 38 p.   1.—

	M
20726 **Segerstedt.** Studier öfv. buskartade Stammars skyddsväfnader. (Stockh., Ak.) 1894. 8. 87 p. m. 3 Tfln. (1 color.)	1.50
20727 **Seidel, C.** Z. Anat. d. Saxifrageen. Kiel 1890. 8. 54 p.	1.—
20728 **Seidel, C. F.** Z. Entwickgesch. d. Victoria regia. (Dresd., Ac. Leop.) 1869. 4. 26 p. m. 2 z. Tl. color. Tfln.	2.—
20729 **Selle.** Ueb. d. anatom. Bau d. Fabae Impigem u. d. Wurzel v. Derris ellipt. Erl. 8. 32 p. m. 3 Tfln.	1.—
20730 **Semmler.** Ueb. d. äther. Oel in Allium ursin. Bresl. 1887. 8. 92 p.	1.—
20731 **Sempolowski.** Z. Kenntn. d. Baues d. Samenschale. Leipz. 1874. 8. 60 p. m. 3 Tfln.	2.—
20732 **Senebier.** Expériences s. l'action de la Lumière solaire dans la Végétation. Genève 1788. 8. 448 p. Veau.	7.—
20733 — Physiologie végét. Vol. I. II. Genève 1800. 8. 942 p.	2.50
20734 **Senn.** Die Gestalts- u. Lageveränderung d. Pflanzen-Chromatophoren. Leipz. 1908. 8. 412 p. m. 9 Tfln. (M. 20.)	14.—
20735 **Sernander.** Stud. öfv. skottbyggnaden h. Linnaea boreal. Upsala 1891. 8. 16 p.	1.—
20736 — Ueb. postflorale Nektarien. Upps. 1906. 4. 13 p.	1.—
20737 **Serres.** Entwickl. d. organ. (Pflanzen-)Formen. Minden 1884. 4. 47 p.	1.—
20739 **Shattock.** Scars on the stem of Dammara robusta. (Lond., Linn. Soc.) 1888. 8. 10 p. w. pl.	1.—
20740 **Shaw, C. H.** Compar. struct. of the flowers in Polygala polygama and P. paucifl. (Philad., Univ.) 1901. 8. 28 p. w. 2 pl.	1.50
20741 **Sheldon.** Koeberlinia spinosa: ecolog. study of the anat. of the stem. (Lawr., Univ.) 1910. 4. 16 p. w. 9 pl.	3.—
20742 **Shibata.** Z. Wachstumsgesch. d. Bambusgewächse. (Tokyo, Coll. Sc.) 1900. 8. 75 p. m. 3 color. Tfln.	3.—
20743 **Siebe.** Ueb. d. anatom. Bau d. Apostasiinae. Heidelb. 1903. 8. 65 p. m. Tfl.	1.—
20744 **Sieben.** Einführ. in d. botan. Mikrotechnik. Jena 1913. 8. 104 p.	2.—
20745 **Siebold.** De Finibus inter regnum anim. et vegetab. Erl. 1844. 4. 14 p.	1.—
20746 **Sieck.** Die schizolysigenen Secretbehälter. Berl. 1895. 8. 46 p. m. Tfl.	1.—
20747 **Siedler.** Ueb. d. radialen Saftstrom in d. Wurzeln. Bresl. 1892. 8. 40 p. m. Tfl.	1.—
20748 **Siewert.** Z. Kenntn. d. Korksubstanz. (Berl., Z. Nat.) 1867. 8. 16 p.	1.—
20749 **Sigerson.** On a proto-morphic Phyllotype. Dubl. 1863. 8. 9 p. w. 2 pl.	1.—
20750 **Sijpkens.** Die Kernteilung bei Fritillaria imper. (Haarl.) 1904. 8. 59 p. m. 3 Tfln.	1.50
20751 **Simon, F.** Die Sexualität u. ihre Erscheinungsweisen. Breslau 1883. 8. 78 p.	1.—
20752 **Simon, F.** Z. vergleich. Anat. d. Epacridaceae u. Ericac. Leipz. 1890. 8. 38 p.	1.—
20753 **Simon, K.** Die Hauptreihe d. Blattstellungs-Divergenzen mathematisch betracht. Berl. 1893. 4. 29 p.	1.—
20754 **Simon, S.** Ueb. d. Regenerat. d. Wurzelspitze. Leipz. 1904. 8. 41 p. m. Tfl.	1.—
20755 — Wachstumsfunkt. u. Atmungstätigk. d. Laubhölzer währ. d. Ruheperiode. (Berl., Pringsh. J.) 1906. 8. 48 p.	1.50
20756 — Experim. Unters. üb. d. Entsteh. v. Gefässverbindgn. (Berl., Bot. Ges.) 1908. 8. 34 p.	1.—
20757 — Experim. Unters. üb. d. Differenzierungsvorgänge im Callusgewebe v. Holzgewächsen. (Leipz., Pringsh. J.) 1908. 8. 130 p.	3.50
20758 **Singhof.** Gefässbündelverlauf in Blumenblättern d. Iridaceen. Jena 1903. 8. 41 p. m. Tfl.	1.—
20759 **Siragusa.** S. funzioni d. radici d. Piante. Palermo 1874. 8. 50 p.	1.—
20760 — La Clorofilla. Palermo 1878. 8. 42 p.	1.—
20761 — L'Anestesia n. regno veget. Palermo 1879. 8. 20 p.	1.—

20762 **Sirrine.** Struct. of the Seed Coats of Polygonaceae. Des Moines 1895. 8. 8 p. w. 3 pl.   *ℳ* 1.50

20763 **Skottsberg.** Ein. blütenbiolog. Beobachtungen im Arkt. Teil v. Schwed. Lappland. (Stockh., Ak.) 1901. 8. 19 p. m. 2 Tfln.   1.—

20764 — Morphol. u. embryolog. Stud. üb. d. Myzodendraceen. (Stockh., Ak.) 1913. 4. 34 p. m. Tfl.   2.—

20765 **Slack.** Exposit. des tissus élément. d. Plantes. (Paris, Ann. Sc.) 1834. 8. 10 p. av. 2 pl.   1.—

20766 — On recent. investigat. into minute Organisms. (Lond., Micr. J.) 1871. 8. 14 p.   1.—

20767 **Sluyter.** Z. Kenntn. d. anat. Bau. ein. Gnetum-Arten. Kiel 1899. 8. 30 p.   1.—

20768 **Smalian.** Anatom. Physiologie d. Pflanzen u. d. Menschen. Leipz. 1908. 8. 86 p. m. 107 Fig. Lnb. (M. 1.40.)   1.—

20769 **Smith, A. C.** Struct. and parasitism of Aphyllon unifl. (Philad., Univ.) 1901. 8. 11 p. w. 3 pl.   1.50

20770 **Smith, J. E.** Anleit. z. Studium d. physiolog. u. systemat. Botanik. Uebers. v. Schultes. Wien 1819. 8. 440 p. m. 15 Tfln. (M. 6.80.) Cart.   1.—

20771 **Smith, W.** The anat. of some Sapotaceous Seedlings. (Lond., Linn. S.) 1909. 4. 12 p. w. 2 pl.   4.—

20772 **Smith, W. G.** Notes on Pollen. (Lond., Micr. J.) 1877. 8. 9 p. w. 4 pl.   1.50

20773 **Snell, F. H.** Einfluss d. Heerrauchs auf d. Witterung u. d. Vegetat. (Wiesb., Ver. Nat.) 1858. 8. 21 p.   1.—

20774 **Snell, K.** Ueb. d. Nahrungsaufn. d. Wasserpflanzen. Jena 1907. 8. 43 p.   1.—

20775 **Soave.** Chimica veget. ed agraria. Torino 1902. 8. 430 p. (fr. 7.)   2.50

20776 **Söderlund.** Om Latent Lif, med sersk. afseende pa Växterna. Ups. 1869. 8. 30 p.   1.—

20777 **Sokolowa.** Naissance de l'Endosperme d. le sac embryonn. de qu. Gymnospermes. (Mosc., Bull.) 1891. 8. 52 p. av. 3 pl.   2.—

20778 — Ueb. das Wachsthum d. Wurzelhaare u. Rhizoiden. (Mosk., Bull.) 1897. 8. 111 p. m. 3 Tfln.   2.50

20779 **Solla.** S. Germinazione. (Trieste, Soc. Adr.) 1880. 8. 24 p. c. tav.   1.—

20780 — Lavori di Darwin e Wiesner su alc. movim. nel regno veget. (Trieste, Soc. Adr.) 1882. 8. 54 p.   1.50

20781 — Contrib. allo studio d. Stomi d. Pandanee. (Firenze, Giorn. Bot.) 1884. 8. 12 p. c. 2 tav.   1.—

20782 — Phytobiol. Beobacht. a. e. Excursion nach Lampedusa u. Linosa. (Wien, Z. b. G.) 1885. 8. 16 p.   1.—

20783 — S. alc. spec. cellule n. Carrubo. (Genova, Malp.) 1893. 8. 34 p. c. tav.   1.—

20784 — Die Pflanze u. ihre Umgebung. Triest 1896. 8. 39 p.   1.—

20785 — La Luce e le Piante. 8. 28 p.   1.—

20786 **Solms-Laubach.** Das Haustorium d. Loranthaceen. (Halle, Nat. Ges.) 1875. 4. 40 p. m. 4 Tfln. (M. 6.)   3.50

20787 **Soltwedel.** Freie Zellbildung im Embryosack d. Angiospermen. Jena 1881. 8. 42 p. m. 3 Tfln.   1.—

20788 **Sonntag.** Ueb. Dauer d. Scheitelwachstums u. Entwickelungsgesch. d. Blattes. Berl. 1886. 8. 32 p.   1.—

20789 **Sorauer.** Ueb. d. Spaltöffngn. d. Liliaceen. (Berl.) 1867. 8. 20 p. m. Tfl.   1.—

20790 **Sorby.** Method of qualit. analysis of animal and veget. colour. Matters. (Lond., Micr. J.) 1867. 8. 23 p.   1.—

20791 **Sörensen.** Struct. du fruit d. Géraniacées. (Copenh., Ac.) 1911. 8. 41 p. av. pl.   1.50

20792 **Sowerby.** Account of the differ. of struct. in the flowers of 6 spec. of Passiflora. (Lond., Linn. Soc.) 1794. 4. 10 p. w. 3 pl.   1.50

20793 **Spach.** Organographie d. Cistacées. (Paris, Ann. Sc.) 1836. 8. 14 p. av. 2 pl.   1.—

20794 **Spalding.** Distrib. and movements of Desert Plants. Wash. 1909. 8. 149 p. w. 31 pl.   9.—

20795 **Spallanzani.** Opuscules de Physique animale et végét. Trad. p. Senebier. 2 vols. Genève 1777. 8. 788 p. av. 6 pl. Cart.   10.—

20796 **Spanjer.** Ueb. d. Wasserapparate d. Gefässpflanzen. Marb. 1898. 4. 52 p.   1.—

20797 **Spennrath.** Ueb. die Ernähr. d. Pflanzen. Aachen 1878. 4. 18 p. m. Tfl.   1.—

20798 **Sperk.** Lehre v. d. Gymnospermie im Pflanzenreiche. (Petersb., Ak.) 1869. 4. 91 p. m. 7 Tfln. (M. 4.70.)   3.—

20799 — Ueb. d. Gymnospermie in d. Pflanzenwelt. Petersb. 1870. 8. 140 p. m. 7 Tfln. Hfzb. — Russisch.   2.—

20800 **Sperrlich.** Untersuchgn. an Blattgelenken. I. Jena 1910. 8. 111 p. m. 7 Tfln. (M. 8.)

20801 **Spinner.** Anat. foliaire d. Carex Suisses. Neuchat. 1903. 8. 120 p. av. 5 pl.   3.—

20802 **Spitta.** Microscopy. Construct., theory and use of the microscope. Lond. 1909. 8. 524 p. w. 17 .pl. Cloth. (12 s. 6 d.)   8.—

20803 **Spottke.** Die stickstoffhalt. Reservestoffe in d. vegetat. Organen. Berl. 8. 38 p.   1.—

20804 **Sprengel, K.** Von d. Bau d. Gewächse. Halle 1812. 8. 712 p. m. 14 color. Tfln.   2.50

20805 — Neue Entdeckungen in d. Pflanzenkunde. 3 Bde. Leipz. 1820—22. 8. m. 6 Tfln. (M. 20.) Cart.   6.—

20806 — — Bd. I u. II. Leipz. 1820—21. 8. 822 p. m. 6 Tfln. Cart.   2.—

20807 **Sprenger.** Ueb. d. anatom. Bau d. Bolbophyllinae. Heidelb. 1904. 4. 62 p. m. Tfl.   1.50

20808 **Squires.** Tree Temperatures. (Minneap., Bot. Stud.) 1895. 8. 8 p.   1.—

20809 **Staby.** Verschluss d. Blattnarben n. Abfall d. Blätter. Berl. 1885. 8. 39 p.   1.—

20810 **Stahl.** 5 Abhandl. z. Physiol. d. Pflanzen. 1879—88. 4. u. 8. 53 p. m. color. Tfl.   2.—

20811 — Einfl. d. Beleucht. auf ein. Bewegungserschein. im Pflanzenreiche. (Leipz., Bot. Z.) 1880. 4. 32 p. m. Tfl.   1.—

20812 — Ueb. Compasspflanzen. Jena 1883. 8. 16 p. m. Tfl.   1.—

20813 — Laubfarbe u. Himmelslicht. Jena 1906. 8. 29 p.   1.—

20814 — Z. Biologie d. Chlorophylls, Laubfarbe u. Himmelslicht, Vergilbung u. Etiolement. Jena 1908. 8. 159 p. m. Tfl. (M. 4.)

20815 **Stamerow.** Ueb. d. Fähigk. d. Pflanzen Stickstoffsäure aufzulösen. (Petersb., Soc. Nat.) 1892. 8. 26 p. — Russisch.   1.—

20816 — Ueb. d. Wirkg. d. Licht. auf d. Entwickel. d. Pflanzen. (Petersb., Soc. Nat.) 1896. 8. 56 p. — Russisch.   1.50

20817 **Staniszkis.** Z. Kenntn. d. Umsatzes von $P_2 O_5$ im Pflanzenorganismus. (Krak., Ak.) 1909. 8. 28 p. m. Tfl.   1.—

20818 **Stapf.** Einfluss geänderter Vegetationsbedingungen auf d. Formbildung d. Pflanzenorgane. (Wien, Z. b. G.) 1879. 8. 16 p. m. Tfl.   1.—

20819 — On the Fruit of Melocanna Bambusoides. (Lond., Linn. S.) 1904. 4. 25 p. w. 3 pl. (7 s.)   3.50

20820 **Stapf and Hemsley.** Struct. of the female flower and fruit of Sararanga sinuosa. (Lond., Linn. S.) 1896. 8. 10 p. w. 4 pl.   1.—

20821 **Stebler.** Ueb. d. Blattwachsthum. Leipz. 1876. 8. 82 p. m. 2 Tfln.   1.50

20822 **Stefan.** Stud. z. Frage d. Leguminosenknöllchen. (Jena, Centr. Bakt.) 1906. 8. 20 p. m. 2 Tfln.   1.50

20823 **Steinbrinck.** Z. Theorie d. hygroskop. Flächen-Quellung u. Schrumpfung vegetabil. Membranen. (Bonn, Ver. Nat.) 1890. 8. 128 p. m. 3 Tfln.   2.—

20824 **Steinheil.** S. la tige du Lamium alb. (Paris, Ann. Sc.) 1834. 8. 12 p. av. pl.   1.—

20825 — Qlqs. observ. relat. à la théorie de la Phyllotaxis et d. Verticilles. (Paris, Ann. Sc.) 1835. 8. 30 p. av. pl.   1.—

20826 — S. le mode d'accroissem. d. Feuilles. (Paris, Ann. Sc.) 1837. 8. 48 p.   1.50

20827 — S. l. rapports de la Bractée avec les parties de la fleur. (Paris, Ann. Sc.) 1839. 8. 150 p. av. 3 pl.   2.50

20828 **Stenström.** Stud. öfv. Expositionens inflytande pa Vegetationen. (Ups., Ark. Bot.) 1905. 8. 54 p. m. Tfl. — Mit deutsch. Resumé.   2.—

20829 **Stenzel.** Anat. d. Laubblätter u. Stämme d. Celastraceae u. Hippo-   *ℳ*
crateaceae. Bresl. 1880. 8. 91 p.   1.50
20830 **Steppuhn.** Z. vergl. Anat. d. Dilleniaceen. Cass. 1895. 8. 30 p. m. 2 Tfln.   1.—
20831 **Stevens, F. L.** Gametogenesis and fertilization in Albugo. 3 parts.
(Chicago, Bot. Gaz.) 1901. 8. 59 p. w. 4 pl.   2.—
20832 **Stevens, W. C.** Plant Anatomy fr. the standpoint of the developm.
and funct. of the tissues. 2. ed. Philad. 1910. 8. w. colour. fig. Cloth.   10.—
20833 **Stich.** Athmung d. Pflanzen b. vermind. Sauerstoffspannung u. b.
Verletzgn. Marb. 1890. 8. 58 p.   1.—
20834 **Stiehr.** Ueb. d. Verhalten d. Wurzelhärchen gegen Lösungen. Kiel 1903.
8. 120 p.   1.50
20835 **Stinde.** Blicke d. d. Mikroskop. Hamb. 1868. 8. 36 p. m. 2 photogr. Tfln.   1.—
20836 **Stirling.** As regards Protoplasm. Lond. 1872. 8. 76 p. (2 s.)   1.—
20837 **Stockberger.** Pinkroot and its substitutions. Milw. 1907. 8. 64 p. w. 2 pl.   1.50
20838 **Stoll.** Bildung d. Kallus b. Stecklingen. Halle 1874. 4. 22 p. m. 2 Tfln.   1.—
20839 **Stoltz.** Erste Anleit. z. Mikroskopieren als Einleit. in d. Pflanzenanatomie. II. Dortmund 1904. 8. 34 p.   1.—
20840 **Stomps.** Kerndeel, en synapsis bij Spinacia Oleracea. Amsterd. 1910.
8. 178 p. m. 3 Tfln.   2.—
20841 **Strandmark.** Om Fröskalets byggnad. Lund 1874. 8. 40 p. m. Tfl.   1.—
20842 **Strasburger.** Die Befruchtung bei d. Coniferen. Gera 1869. fol. 225 p.
m. 3 Tfln. (M. 4.)   3.—
20843 — Die Coniferen u. d. Gnetaceen. Jena 1872. 8. 452 p. m. Atlas v.
26 Tfln. (M. 44.)   15.—
20844 — Stud. üb. Protoplasma. Jena 1876. 8. 56 p. m. 2 Tfln.   1.—
20845 — Ueb. Befruchtung u. Zelltheilung. Gera 1877. 8. 108 p. m. 9 Tfln.
(M. 7.)   3.—
20846 — Die Angiospermen u. d. Gymnospermen. Jena 1879. 8. 179 p.
m. 22 Tfln. (M. 25.)   13.—
20847 — Ueb. Zellbildung u. Zellteilung. 3. (letzte) Aufl. Jena 1880. 8. 404 p.
m. 14 Tfln. (M. 15.)   7.—
20848 — Ueb. d. Bau u. d. Wachstum d. Zellhäute. Jena 1882. 8. 279 p.
m. 8 Tfln. (M. 10.)   5.—
20849 — Ueb. d. Befruchtungsvorgang. (Bonn, Ges. Nat.) 1882. 8. 13 p.   1.—
20850 — Die Controversen d. indirecten Kernteilung. Bonn 1884. 8. 62 p.
m. 2 Tfln.   1.50
20851 — Neue Untersuch. üb. d. Befruchtungsvorgang b. d. Phanerog. Jena
1884. 8. 187 p. m. 2 Tfln. (M. 5.)   4.—
20852 — Das kleine botan. Practicum. Jena 1884. 8. 294 p. m. 114 Fig. (M. 6.)   1.—
20853 — — 2. Aufl. Jena 1893. 8. 236 p. m. 110 Fig. (M. 6.) Lnb.   1.50
20854 — — 3. Aufl. Jena 1897. 8. 254 p. m. 121 Fig. (M. 6.) Cart.   2.—
20855 — — 7. Aufl. v. Körnicke. Jena 1913. 8. 274 p. m. 137 Fig. (2 color.)
(M. 6.50.)
20856 — Histol. Beiträge. 7 Hefte. Jena 1888—1909. 8. m. 22 Tfln. (M. 64.50.)   40.—
20857 — — Heft VII: Zeitpunkt der Bestimmung des Geschlechts, Apogamie, Parthenogenesis u. Reduktionsstellung. Jena 1909. 8. 140 p. m.
3 Tfln. (M. 6.50.)
   Inhalt v. Heft I—VI siehe: Bibliographia Botan. Nr. 3899—3904.
20858 — Die Vertreterinnen d. Geleitzellen im Siebtheile d. Gymnospermen.
(Berl., Ak.) 1890. 4. 10 p. m. Tfl.   1.—
20859 — Ueb. d. Verhalt. d. Pollens u. d. Befruchtungsvorg. b. d. Gymnospermen. Jena 1892. 8. 168 p. m. 3 Tfln.   6.—
20860 — Anlage d. Embryosackes u. Prothalliumbildung bei d. Eibe. Jena
1904. 4. 16 p. m. 2 Tfln. (M. 4.)   3.—
20861 — Ueb. geschlechtsbestimm. Ursachen. (Leipz., Pringsh. Jahrb.) 1910.
8. 94 p. m. 2 Tfln.   2.50

20862 **Strasburger.** Das Botanische Praktikum. 5. (letzte) Aufl. Jena 1913. *M*
8. 886 p. m. 246 Fig. 28.—
Vergriffen.

20863 — Handbook of Practical Botany. 7. (last) ed. Lond. 1911. 8. 560 p.
w. fig. Cloth. 11.—
— Lehrbuch d. Botanik — siehe Nr. 9109—9114.

20864 **Strasburger u. Benecke.** Zellen- u. Gewebelehre, Morphol. u. Entwicklgsgesch. Botan. Teil. Leipz. 1913. 8. 345 p. m. 135 Fig. (M. 10.)

20865 **Streicher.** Z. vergl. Anat. d. Vicieen. Jena 1902. 8. 61 p. 1.—

20866 **Strübing.** Vertheil. d. Spaltöffnungen b. d. Coniferen. Königsb. 1888.
8. 78 p. 1.50

20867 **Struck.** Blüthenbau v. Scheuchzeria palustr. (Neubrand., Arch.) 1875.
8. 15 p. 1.—

20868 **Strumpf.** Ueb. Histol. d. Pflanzenzellen. (Krak., Ak.) 1899. 8. 30 p.
m. 4 z. Tl. color. Tfln. — Polnisch. 1.50

20869 **Struve.** De Silicia in plantis. Berol. 1835. 8. 32 p. et 2 tab. color. 1.—

20870 **Stubbe.** Z. Kenntn. d. Alcaloide v. Berberis aquifol. Marb. 1890. 8. 50 p. 1.—

20871 **Stübel.** Z. Kenntnis d. Plasmaströmung in Pflanzenzellen. Jena 1908.
8. 27 p. 1.—

20872 **Stutzer.** Die Rohfaser d. Gramineen. Sickte 1875. 8. 30 p. 1.—

20873 **Suckow.** Ueb. Pflanzenstacheln. Bresl. 1873. 8. 34 p. 1.—

20874 **Sullivan.** Ammoniaque et acide azot. dans la sève d. végét. (Paris,
Ann. Sc.) 1858. 8. 26 p. 1.—

20875 **Suroscha.** Ueb. d. Wirk. d. Lichtes auf d. Format. der Blätter.
(Petersb., Soc. Nat.) 1892. 8. 28 p. m. Tfl. — Russisch. 1.—

20876 **Svedelius.** On the life-history of Enalus acoroides. (Colombo, Bot.
Gart.) 1904. 8. 31 p. w. 2 pl. 1.50

20877 — Ueb. d. postflorale Wachstum d. Kelchblätter ein. Convolvulaceen.
(Jena, Flora) 1906. 8. 31 p. 1.—

20878 — Ueb. lichtreflekt. Inhaltskörper in d. Zellen e. trop. Nitophyllum-
Art. (Stockh., Bot. Tidsk.) 1909. 8. 11 p. 1.—

20879 — Florala Organisat. h. Lagenandra. (Stockh., Bot. Tidsk.) 1910.
8. 28 p. 1.—

20880 — Orkidéernas pollinationsfysiol. (Stockh., Bot. T.) 1910. 8. 9 p. 1.—

20881 — Fröbygnaden h. Wormia och Dillenia. (Stockh., Bot. T.) 1911. 8. 22 p. 1.—

20882 **Swart.** Die Stoffwanderung in ablebenden Blättern. Jena 1914. 8.
122 p. m. 5 Tfln. (M. 6.)

20883 **Swedenborg.** Concern. the White Horse mention. in the Revelation
w. extracts fr. the 'Arcana Coelestia'. Add. remarks on t h e S o u l s
of B e a s t s and the l i f e of V e g e t a b l e s. Lond. 1788. 8.
98 p. Half bd. calf. 15.—
In the same volume the same author's: Doctrine of Life for the New Jerusalem. 1791. 147 p.

20884 **Sykes.** Anat. of Welwitschia mirab. (Lond., Linn. S.) 1910. 4. 28 p.
w. 2 pl. 3.50

20885 **Sylvén.** Studier öfver organisat. och lefnadssättet hos Lobelia Dort-
manna. (Stockh., Ark. Bot.) 1903. 8. 12 p. m. Tfl. 1.—

20886 — Om de Svenska Dicotyledonernas första Förstärkningsstadium.
2 Tle. (Stockh., Ak.) 1906. 4. 423 p. m. 25 Tfln. 13.—

20887 **Szyszylowicz.** Ueb. d. Behälter d. aether. Oele im Pflanzenreiche.
(Krak., Ak.) 1881. 4. 31 p. m. 7 Tfln. — Polnisch. 2.-

20888 **Tammes.** Verbreit. d. Carotins im Pflanzenreich. (Marb., Flora) 1900.
8. 44 p. m. color. Tfl. 1.-

20889 — Maserbildgn. an Zweigen v. Fagus sylv. (Nimwegen) 1904. 8. 15 p. 1.--

20890 **Tanfani.** Morfol. ed istol. d. Frutto e d. Seme d. Apiacee. (Firenze,
Giorn. Bot.) 1891. 8. 19 p. c. 4 tav. 1.50

20891 **Tangl.** Lehre v. d. Continuit. d. Protoplasmas im Pflanzengewebe.
(Wien, Ak.) 1884. 8. 29 p. 1.—

20892 **Tangl.** Ueb. d. Endosperm ein. Gramineen. (Wien, Ak.) 1885. 8. 38 p.   *M* m. 4 Tfln.   1.50

20893 **Tappeiner.** Unters. üb. d. Gärung d. Cellulose. (Leipz., Z. Biol.) 1884. 8. 83 p.   1.50

20894 **Tassi.** Anestesia e avvelenamento n. Vegetali. (Fir., Giorn. Bot.) 1887. 8. 76 p.   2.—

20895 — Liquido secreto d. Rhododendron Arbor. Siena 1888. 8. 17 p.   1.—

20896 **Taylor, J. E., and Voelcker.** How Plants grow. Ipsw. 1883. 8. 29 p.   1.—

20897 **Tedin.** Bidr. t. känned. om primära Barken hos vedartade Dikotyler. Lund 1891. 4. 105 p. m. 3 Tfln.   2.—

Teratologia.

[Supplementum numeror. 3913—3927, vide: Bibliographia Botanica, p. 152].

20898 **Abel.** Ein. neue Monstrositäten b. Orchideenblüthen. (Wien, Z. b. G.) 1897. 8. 6 p.   1.—

20899 **Arcangeli.** Alc. mostruosità nei Fiori d. Narcissus Tazzetta. (Fir., Giorn. Bot.) 1889. 8. 4 p. c. tav.   1.—

20900 — Mostruosità d. Lentinus Tigrinus. (Fir., Giorn. Bot.) 1895. 8. 6 p. c. tav.   1.—

20901 **Bouygues.** Structure, origine et développ. d. formes vascul. anormales du pétiole d. Dicotyléd. Bord. 1902. 8. 138 p.   3.—

20902 **Bower.** On Apospory and allied Phenomena. (Lond., Linn. S.) 1887. 4. 26 p. w. 3 pl. (7 s.)   2.—

20903 **Braun, A.** Abnorme Blattbild. v. Irina glabra. (Königsb., Nat.-Vers.) 1860. 4. 5 p. m. Tfl.   1.—

20904 — Missbild. v. Podocarpus Chinens. (Berl., Ak.) 1869. 8. 10 p.   1.—

20905 — Abnorme Bild. v. Adventivknospen v. Calliopsis tinctoria. (Berl., Bot. Ver.) 1870. 8. 10 p.   1.—

20906 **Briosi.** Ragioni d. Eterofilia n. Eucalyptus globulus. (Roma, Linc.) 1883. 4. 7 p.   1.—

20907 **Brongniart.** Examen de qu. cas de Monstruosités végét. (Paris, Ann. Sc.) 1844. 8. 13 p.   1.—

20908 **Brügger.** Ueb. e. monströse Gentiana excisa. (Chur) 1890. 8. 4 p. m. Tfl.   1.—

20909 **Buchenau.** Bildungsabweichungen d. Blüthe v. Tropaeolum majus. (Brem., Nat. Ver.) 1878. 8. 54 p. m. Tfl.   1.50

20910 **Büsgen.** Normale u. abnormale Marsilienfrüchte. (Marb., Fl.) 1890. 8. 14 p. m. Tfl.   1.—

20911 **Camus.** Anomalie e varietà n. Flora del Modenese. II. (Modena, Soc. Nat.) 1885. 8. 19 p.   1.—

20912 **Caspary.** Einige Pelorien. (Königsb., Phys. Ges.) 1860. 4. 30 p. m. 2 Tfln.   1.50

20913 — Vergrünungen d. Blüthe d. weiss. Klees. (Königsb., Phys. Ges.) 1861. 4. 22 p. m. 2 Tfln. (1 color.)   1.50

20914 — Ueb. 2 bis 4 Hüllblätter am Blüthenschaft v. Calla palustris. (Königsb., Phys. Ges.) 1862. 4. 14 p. m. Tfl.   1.—

20915 — 8 Abhandl. üb. Pflanzen-Teratologie. (Königsb., Phys. Ges.) 1862—82. 4. 28 p. m. 5 Tfln. (3 color.)   2.50

20916 — Brassica napus m. Laubsprossen auf knoll. Wurzelausschlag. Apfeldolde m. 5 Früchten. 4köpf. Runkelrübe. (Königsb., Phys. Ges.) 1873. 4. 6 p. m. Tfl.   1.—

20917 — Gebänderte Wurzeln e. Epheustockes. (Königsb., Phys. Ges.) 1882. 4. 3 p. m. Tfl.   1.—

20918 **Cavara.** Anomalie n. organi florali d. Lonicere. (Firenze, Giorn. Bot.) 1886. 8. 9 p. c. 3 tav.   1.50

20919 **Celakovský.** Abnorm. Metamorph. d. Gartentulpe. (Prag, Ges. Wiss.) 1892. 8. 10 p. m. 2 Tfln.   1.50

Teratologia.

ℳ

20920 **Celakovský.** Teratolog. Beitr. z. Morphol. d. Blattes. (Prag, Ges. Wiss.) 1892. 8. 10 p. m. 2 Tfln. 1.50

20921 — Doppelblätter bei Lonicera. (Berl., Pringsh. J.) 1894. 8. 48 p. m. 3 Tfln. 2.—

20922 **Conwentz.** Aufgelöste u. durchwachs. Himbeerblüthen. (Dresd., Ac. Leop.) 1878. 4. 20 p. m. 3 Tfln. 1.50

20923 **Cook, M. T.** Teratologia de la Pina. (Habaña, Estac. Agron.) 1906. 8. 4 p. av. 4 pl. 2.—

20924 **Costerus.** On malformations in Fuchsia globosa. (Lond., Linn. Soc.) 1890. 8. 40 p. w. 4 pl. 2.—

20925 **Crépin.** Recueil d. faites tératolog. 2 parties. (Brux., Soc. Bot.) 1865 à 66. 8. 8 p. av. 2 pl. 1.50

20926 **Dahlgren.** Stud. öfver afvikande talförhallanden och andra anomalier i Blommorna h. nagra Campanulaarter. (Upps., Ark. Bot.) 1911. 8. 24 p. m. Tfl. 1.50

20927 **Delpino.** Fiori doppii. (Bologna, Acc.) 1887. 4. 15 p. 1.—

20928 **Dickson.** Abnormal Cones of Pinus Pinaster. (Edinb., Roy. S.) 1871. 4. 16 p. w. 4 pl. (1 colour.) 2.50

20929 **Druery and Bower.** 3 pap. on Apospory. (Lond., Linn. Soc.) 1885— 1893. 8. 18 p. w. 3 pl. 1.50

20930 **Eichler.** Bildungsabweichgn. b. Fichtenzapfen. (Berl., Ak.) 1882. 4. 18 p. m. Tfl. 1.—

20931 **Ettingshausen u. Krasan.** Untersuch. üb. Deformationen im Pflanzenreiche. (Wien, Ak.) 1891. 4. 24 p. m. 2 Tfln. (M. 2.40.) 1.50

20932 **Ewart.** Abnormal Cypripedium Flowers. (Lond., Linn. Soc.) 1893. 8. 6 p. w. 2 pl. 1.—

20933 **Fleischer.** Ueb. Missbildungen verschied. Culturpflanzen. Essling. 1862. 8. 100 p. m. 8 z. Tl. color. Tfln. 2.—

20934 **Gallardo.** Teratologia veget. 2 mém. (B. Aires, Mus.) 1898 à 1903. 8. 21 p. 1.—

20935 — S. alg. anomalias de Digitalis Purpur. (Buen. Air., Mus.) 1902. 8. 36 p. 1.50

20936 **Garjeanne.** Beob. u. Culturversuche üb. e. Blüthenanomalie v. Linaria vulg. (Marb., Flora) 1901. 8. 17 p. m. 2 Tfln. 1.50

20937 **Gerbault.** S. qu. Pelories de la Violette. (Caen, Soc. Linn.) 1911. 8. 28 p. av. pl. 1.50

20938 **Giltay.** Abnormaliteiten bij Adoxa Moschatellina. (Nimweg.) 1882. 8. 7 p. m. Tfl. 1.—

20939 **Gris.** Monstruosité de la Rose verte. (Paris, Ann. Sc.) 1858. 8. 8 p. av. 2 pl. 1.50

20940 **Hegelmaier.** Ueb. einen Fall v. abnormer Keimentwickl. Z. Kenntn. d. Formen v. Spergula. 2 Abhandl. (Stuttg., Ver. Nat.) 1890. 8. 18 p. m. Tfl. 1.—

20941 **Henslow.** Proliferous Mignonette. Staminiferous Corollas of Digitalis purpur. and Solanum tuber. (Lond., Linn. Soc.) 1882. 8. 5 p. w. 2 pl. 1.—

20942 **Hoffmann, H.** Pflanzen-Missbildungen. (Brem., Nat. Ver.) 1872. 8. 3 p. m. Tfl. 1.—

20943 **Iltis.** Ueb. abnorme (heteromorphe) Blüten u. Blütenstände. Tl. I. (Brünn, Nat. Ver.) 1913. 8. 25 p. m. Tfl. 1.50

20944 **Jacobasch.** Botan. Mitteilgn. (Teratolog.) 3 Tle. (Berl., Bot. Ver.) 1886—90. 8. 16 p. 1.—

20945 **Jäger, G. F.** Ueb. d. Missbildgn. d. Gewächse. Stuttg. 1814. 8. 336 p. m. 2 Tfln. 4.—

20946 — De monstrosa folii Phoenicis dactylif. (Ac. Leop.) 1839. 4. 8 p. et 4 tab. 2.—

Teratologia. *ℳ*

20947 **Jussieu, A. de.** Fleurs monstrueuses d'une Erable. (Paris, Ann. Sc.) 1841. 8. 4 p. av. pl. 1.—
20948 **Keller, J. A.** On Plant Monstrosities. (Philad., Ac.) 1897. 8. 6 p. w. pl. 1.—
20949 **Kronfeld.** Studien z. Teratol. d. Gewächse. Tl. I. (soviel erschien.). (Wien, Z. b. G.) 1886. 8. 20 p. m. Tfl. 1.—
20950 — Ueb. vergrünte Blüten v. Viola alba. (Wien, Ak.) 1888. 8. 10 p. m. Tfl. 1.—
20951 **Licopoli.** Osservaz. teratolog. s. Flore d. Melianthus major. (Napoli, Acc.) 1867. 8. 14 p. c. tav. 1.—
20952 **Linnaeus.** De Peloria. (Lugd. Bat., 'Amoenit'.) 1749. 8. 19 p. et tab. 2.—
20953 **Loesener.** Bildungsabweichung d. Mais. (Berl., Bot. Ver.) 1904. 8. 3 p. m. Tfl. 1.—
20954 **Magnus, P.** Ueb. 2 monströse Orchideenblüthen. (Berl., Bot. Ver.) 1880. 8. 7 p. m. Tfl. 1.—
20955 — Ueb. e. abnorme Mohrrübe. (Berl., Bot. Ver.) 1880. 8. 8 p. m. Tfl. 1.—
20956 — Monströse Gipfelblüten v. Digitalis purpur. (Berl., Bot. Ver.) 1881. 8. 10 p. 1.—
20957 — Teratolog. Mitteilungen. (Berl., Bot. Ver.) 1882. 8. 15 p. m. 2 Tfln. 1.—
20958 — Botan. Mitteilungen (teratolog.). (Berl., Bot. Ver.) 1885. 8. 13 p. m. Tfl. 1.—
20959 **Marchesetti.** Alc. mostruosità d. Flora Illirica. 2 mem. (Trieste, Soc. Nat.) 1878—82. 8. 8 p. c. 4 tav. 2.—
20960 **Martelli.** Caso teratol. n. Magnolia Anonaefol. (Firenze, Giorn. Bot.) 1889. 8. 4 p. c. tav. 1.—
20961 **Massalongo.** 2 Anomalie n. fiore d. Linaria vulg. (Milano, Soc. Nat.) 1875. 8. 4 p. c. tav. 1.—
20962 — Mostruosità n. fiore d. Rumex arifol. (Firenze, Giorn. Bot.) 1881. 8. 6 p. c. tav. 1.—
20963 — Mostruosità n. fiore d. g. Iris. 2 parti. (Firenze, Giorn. Bot.) 1883—86. 8. 7 p. c. 2 tav. 1.50
20964 — Contrib. alla Teratologia veget. (Fir., Giorn. Bot.) 1888. 8. 32 p. c. 4 tav. 2.—
20965 — Miscell. teratolog. (Florent., Giorn. Bot.) 1894. 8. 13 p. 1.—
20966 — Osservaz. fitolog. (cecidiol., teratol. e micolog.). Verona 1908. 8. 12 p. 1.—
20967 **Masters.** Doubleflowered variety of Orchis macula. (Lond., Linn. Soc.) 1866. 8. 6 p. w. 2 pl. 1.50
20968 — Vegetable Teratology. Lond. 1869. 8. 572 p. w. 218 fig. Half bd. calf. 25.—
20969 — Pflanzen-Teratologie. Deutsch v. Dammer. Leipz. 1886. 8. 610 p. m. Fig. (M. 16.) 8.—
20970 **Mercklin.** Missbildg. an Taraxum dens leonis. (Moskau, Bull.) 1850. 8. 3 p. m. Tfl. 1.—
20971 — Monstrosit. in d. Kätzchen v. Ostrya. (Mosk., Bull.) 1850. 8. 17 p. m. color. Tfl. 1.—
20972 **Meyran.** Observat. de Tératologie à propos du g. Rosa. (Paris, Soc. Hort.) 1905. 8. 10 p. 1.—
20973 **Moquin-Tandon.** Tératologie végétale. Paris 1841. 8. 415 p. 8.—
 Rare.
20974 — Pflanzen-Teratologie. Uebers. v. Schauer. Berl. 1842. 8. 412 p. Cart. 8.—
 Vergriffen.
20975 **Morière.** Cas tératolog. offerts p. le Primula Sinensis. (Caen, Soc. Linn.) 1885. 8. 13 p. av. 2 pl. 1.50
20976 **Morini.** Contrib. allo studio d. Sinanzie. (Bologna, Acc.) 1911. 8. 5 p. c. 2 tav. (1 color.) 1.50

Teratologia. *M*

20977 **Morren, C.** Phytographie et Tératologie végét. (Brux., Ac.) 1850. 8. 7 p. av. pl. color. 1.—

20978 — Tératologie végét. 8 parties. (Brux., Ac.) 1850 à 51. 8. 70 p. av. 7 pl. (1 color.) 3.50

20979 — Pélorisat. sigmoïde d. Calcéolaires. (Brux., Ac.) 1851. 8. 10 p. av. pl. 1.—
— Dodonaea, Lobelia. Recueils de Botan. (surt. de Tératol.) — voyez no. 19739 et 19741.

20980 **Noll.** 2 Abnormitäten an Cactusfrüchten. (Frankf., Senck.) 1872. 8. 4 p. m. 2 Tfln. 1.—

20981 **Pandiani.** Note di Teratologia veget. (Genova, Soc. Nat.) 1904. 8. 27 p. c. tav. 1.—

20982 **Pasquale.** S. Eterofillia. Napoli 1867. 4. 72 p. c. 7 tav. 2.50

20983 **Pearson.** Some Dischidia w. double pitchers. (Lond., Linn. S.) 1902. 8. 16 p. w. pl. 1.—

20984 **Penzig.** Caso teratol. n. Primula Sinensis. Padova 1880. 8. 15 p. c. 2 tav. 1.50

20985 — Vergrünte Eichen v. Scrophularia vernalis. (Regensb., Flora) 1882. 8. 15 p. m. 2 Tfln. 1.50

20986 — Note teratolog. (Acanthus, Orchidee). (Genova, Malp.) 1886. 8. 7 p. c. tav. 1.—

20987 — Pflanzen-Teratologie. 2 Bde. Genua 1890—94. 8. 1161 p. Cartonn. 80.—
Jetzt ganz vergriffen; auch wegen der Vollständigkeit seiner Bibliographie geschätztes Werk.

20988 **Penzig et Camus.** Anomalies du Rhinanthus alectorolophus. (Paris, Feuille Nat.) 1885. 8. 8 p. av. pl. 1.—

20989 **Petch.** Abnormalities in Hevea Brasil. 2 parts. (Colombo, Bot. Gard.) 1909. 8. 22 p. w. 4 pl. 2.—

20990 **Peyritsch.** Ueb. Pelorienbildungen. (Wien, Ak.) 1872. 8. 36 p. m. 6 Tfln. 2.—

20991 — Z. Teratologie d. Ovula. (Wien, Z. b. G.) 1876. 4. 30 p. m. 3 Tfln. (M. 4.60.) 1.—

20992 **Pippow.** Auftreten scheinb. Zygomorphie b. regelmäss. Blüthen. (Berl., Bot. Ver.) 1877. 8. 14 p. m. 37 Fig. 1.—

20993 **Poulsen.** Abnorme Rodbygning hos Myristica. (Kjöbenh., Nat. För.) 1895. 8. 18 p. m. 2 Tfln. 1.—

20994 **Prain.** On the morphol., teratol. and diclinism of the Flowers of Cannabis. (Calcutta) 1904. 4. 34 p. w. 5 pl. Boards. 2.50

20995 **Reichardt.** Ueb. e. Missbild. v. Taraxacum offic. u. Pinus silvestr. 2 Abhandl. (Wien, Z. b. G.) 1863—66. 8. 10 p. m. 2 Tfln. 1.—

20996 **Reinke.** Ueb. Deformat. v. Pflanzen durch äussere Einflüsse. (Leipz., Bot. Z.) 1904. 4. 32 p. m. Tfl. 1.50

20997 **Richard.** Monstruosité d. fleurs de l'Orchis latifolia. (Paris, Soc. Nat.) 1821. 4. 8 p. av. pl. 1.—

20998 **Riesenkampff.** In Russland vork. Anomalien in Form u. Farbe d. Gewächse. (Mosk., Bull.) 1882. 8. 43 p. 1.50

20999 **Rodrigue.** Les Feuilles panachées et l. feuilles colorées. (Genève, Herb. Boiss.) 1900. 8. 65 p. av. 80 fig. 2.50

21000 **Schlechtendal.** Pflanzenmissbildungen. (Zwickau) 1873. 8. 15 p. m. 2 Tfln. 1.50

21001 — Teratolog. Aufzeichnungen. (Zwickau) 1889. 8. 11 p. m. 2 Tfln. 1.50

21002 **Seemen.** Abnorme Blütenbildungen d. Weiden. (Berl., Bot. Ver.) 1887. 8. 14 p. m. Tfl. 1.—

21003 **Seringe et Heyland.** Monstruosité du Diplotaxis tenuifol. (Genève, Bull. bot.) 1830. 8. 6 p. av. 2 pl. 1.50

Teratologia. *M*

21004 **Stenzel.** Abweichende Blüten heimischer Orchideen m. einem Rückblick auf d. der Abietineen. Stuttg. 1902. 4. 136 p. m. 6 Tfln. (M. 28.) 16.—
21005 **Suringar.** Monstrositeit d. Matricaria chamom. (Leyden) 1854. 8.
6 p. m. Tfl. 1.—
21006 — Monstruosit. v. Cypripedium venust. (Amst., Ak.) 1881. 4. 9 p.
m. color. Tfl. 1.—
21007 **Tassi.** 3 mem. s. Fiori anomal. 1886. 8. 24 p. c. 2 tav. 1.50
21008 **Tepper.** Malformation of the leaves of Beyeria opaca, var. linearis.
(Lond., Linn. Soc.) 1883. 8. 3 p. w. pl. 1.—
21009 **Teratologie.** — 48 Abhandl. üb. Pflanzen-Missbildungen v. Arcangeli, A. Braun, Briosi, Caspary, Godron, Linsbauer, Massalongo,
Schimper, Velenovsky u. a. 1817—1910. 4. u. 8. 260 p. m. 20 Tfln.
(z. Tl. color.) 13.—
21010 **Timpe.** Z. Kenntn. d. Panachierung. Gött. 1900. 8. 126 p. 3.—
21011 **Tornabene.** S. Anomalie florali n. Esogeni. Palermo 1840. 8. 15 p. 1.—
21012 **Treviranus, L. C.** Ueb. Verkümmern d. Blumenkrone. (Bonn, Nat.
Ver.) 1857. 8. 9 p. 1.—
21013 — Ueb. 2 Pflanzen-Missbild. (Bonn, Nat. Ver.) 1860. 8. 17 p. m. Tfl. 1.—
21014 — Monströse Blätter v. Aristolochia macroph. (Bonn, Nat. Ver.)
1860. 8. 6 p. m. Tfl. 1.—
21015 **Weber, C. O.** Ueb. d. Regelmässigwerden unregelmäss. Blüthen-
kronen od. d. Pelorien. (Bonn, Nat. Ver.) 1850. 8. 12 p. m. Tfl. 1.—
21016 — Z. Kenntn. d. pflanzl. Missbildgn. (Bonn, Nat. Ver.) 1860. 8.
56 p. m. 2 Tfln. 1.50
21017 **Wennersten.** Teratol. jakttag. af Juglans reg. (Stockh., Ak.) 1902.
8. 12 p. 1.—
21018 **Went and Blaauw.** Case of apogamy w. Dasylirion acrotrichum.
(Nimègue) 1905. 8. 12 p. w. pl. 1.—
21019 **Wigand.** Pflanzen-Teratologie. Marburg 1850. 8. 151 p. 3.—
21020 **Winkler, A.** Anomalien b. Dentaria enneaphyll. (Berl., Bot. Ver.)
1886. 8. 2 p. m. Tfl. 1.—
21021 — Anomale Keimungen. (Berl., Bot. Ver.) 1895. 8. 16 p. 1.—
21022 **Worsdell.** Principles of Plant Teratology. Vol. I. Lond., Ray Soc.,
1916. 8. Cloth. 26.—
21023 **Ziegler.** Vergrünte Blüthen v. Tropaeolum maj. (Frankf., Senck.)
1881. 8. 2 p. m. 2 color. Tfln. 1.50
21024 — Verwachsene Buchen. (Frankf., Senck.) 1886. 8. 2 p. m. Tfl. 1.—

21025 **Terracciano.** I Nettarii estranuz. n. Bombacee. (Palermo) 1898. 8.
55 p. c. 4 tav. 2.—
21026 — Biologia e strutt. florale d. Jacaranda ovalifolia. (Palermo) 1899.
8. 37 p. c. tav. 1.—
21027 — 4 mem. fisiol. d. Piante. 1902. 8. 68 p. 2.—
21028 **Terras.** Origin of Lenticles. (Edinb., Bot. Soc.) 1905. 8. 9 p. w. pl. 1.—
21029 **Thenen.** Z. Phylogenie d. Primulaceenblüte. Jena 1911. 8. 135 p. m.
9 Tfln. (M. 8.)
21030 **Theorin.** Iakttag. rör. Öfverhudens bihang hos växterna. Upsala
1866. 8. 36 p. m. 2 Tfln. 1.—
21031 — Om Växternas har och yttre Glandler. Calmar 1867. 8. 30 p. m. Tfl. 1.—
21032 — Afsöndringen af Växtslem uti Knopparna h. Polygoneae. Stockh.
1872. 4. 39 p. m. Tfl. 1.—
21033 — Växt-Trichomernas benägenhet till formförändringar. (Stockh., Ak.)
1872. 8. 10 p. 1.—
21034 — Kalkborsten hos Eriophora. (Stockh.,) 1882. 8. 12 p. m. Tfl. 1.—
21035 — Växtmikrokemiska studier. 2 Tle. (Stockh., Ak.) 1884—85. 8. 55 p. 1.50

M

21036 **Theorin.** Trichomerna h. nägra Gräs. Falun 1902. 4. 16 p. m. Tfl. 1.—
21037 — Om Växt-Trichomerna. (Stockh., Ark. Bot.) 1903. 8. 39 p. m. Tfl. 1.50
21038 — Undersökn. af Växtarters Trichomer. (Stockh., Ark. Bot.) 1906. 8. 23 p. m. Tfl. 1.—
21039 — Om Trichomer. (Stockh., Ark. Bot.) 1909. 8. 80 p. m. 2 Tfln. 2.50
21040 — Mikrokem. notiser om Trichomer. (Stockh., Ark. Bot.) 1911. 8. 44 p. m. Tfl. 1.50
21041 **Thomas, F.** De foliorum frondos. Coniferarum structura anat. Berol. 1863. 8. 40 p. 1.—
21042 **Thomas, F. A. W.** Das Elisabeth Linné-Phänomen (sogen. Blitzen d. Blüten). Jena 1914. 8. 53 p. m. color. Tfl. 1.50
21043 **Thomas, H. H., and Bancroft.** On the Cuticles of some recent and fossil Cycadean Fronds. (Lond., Linn. Soc.) 1913. 4. 50 p. w. 4 pl. 6.—
21044 **Thomas, J.** Anatomie comp. et expérim. des Feuilles Souterraines. Lille 1900. 8. 115 p. av. 4 pl. 2.50
21045 **Thomé.** Das Gesetz d. vermied. Selbstbefruchtung b. d. höh. Pflanzen. Cöln 1870. 8. 46 p. 1.—
21046 — Pflanzenbau u. Pflanzenleben. Münch. 1874. 8. 328 p. m. Tfl. Cart. 1.—
21047 **Thouvenin.** Rech. s. la struct. d. Saxifragacées. Paris 1890. 8. 173 p. av. 22 pl. 5.—
21048 **Thury.** S. la loi de product. d. Sexes chez l. plantes et animaux. 2. éd. Genève 1863. 8. 31 p. 1.—
21049 — Ueb. d. Gesetz d. Erzeug. d. Geschlechter b. d. Pflanzen u. Thieren. Leipz. 1864. 8. 45 p. 1.—
21050 **Tichomirow.** Die Paternoster - Bohnen: Abrus precatorius. (Mosk., Bull.) 1884. 8. 27 p. m. 2 Tfln. 1.50
21051 — S. l. inclus. intracellul. du parenchyme charnu de la Datte. (Pétersb., Congr.) 1885. 8. 12 p. av. pl. 1.—
21052 — Die Johannisbrotart. intercellul. Einschliessgn. im Fruchtparenchym. (Mosk., Bull.) 1907. 8. 61 p. m. 6 Tfln. 2.50
21053 — Z. Kenntn. d. Wurzelbau. v. Smilax excelsa. (Mosk., Bull.) 1913. 8. 21 p. m. 2 Tfln. 1.50
21054 **Tiegs.** Z. Kenntn. d. Entsteh. u. d. Wachstums d. Wurzelhauben ein. Leguminosen. (Leipz., Pringsh. Jahrb.) 1913. 8. 25 p. m. Tfl. 1.50
21055 **Tiesner.** Neue Befunde im Blut u. im Pflanzensaft. Riga 1911. 8. 37 p. 1.50
21056 **Tietze.** Die Entwickel. d. wasseraufnehm. Bromeliaceen-Trichome. Halle 1906. 8. 50 p. 1.—
21057 **Timberg.** Om Temperaturens inflytande på nagra vätskors Kapillaritetskonstanter. (Stockh., Ak.) 1891. 8. 39 p. m. Tfl. 1.—
21058 **Timiriazeff.** Décompos. de l'acide carbon. dans le spectre solaire par l. végétaux. (Paris, Ann. Chimie) 1877. 8. 42 p. 1.50
21059 — L'état actuel de nos connaissances sur la Fonction chlorophyllienne. (Pétersb., Congr. Bot.) 1885. 8. 32 p. 1.—
21060 — The Life of the Plant. Lond. 1912. 8. 371 p. Cloth. 7.50
21061 **Timmermann.** Ueb. stomatare Transpiration. Sobernh. 1901. 8. 43 p. 1.—
21062 **Tischler.** Verwandlung d. Plasmastränge in Cellulose im Embryosack bei Pedicularis. Bonn 1899. 4. 20 p. m. 2 Tfln. 1.50
21063 — Untersuchgn. üb. d. Entwickl. d. Endosperms u. d. Samenschale v. Corydalis cava. (Heidelb., Nat. Ver.) 1900. 8. 30 p. m. 2 Tfln. 1.50
21064 — Vorkommen v. Statolithen bei wenig od. gar nicht geotrop. Wurzeln. (Marb., Flora) 1905. 8. 67 p. 2.—
21065 — Beziehgn. d. Anthocyanbildg. z. Winterhärte d. Pflanzen. (Leipz., Bot. Centr.) 1905. 8. 20 p. 1.—
21066 — Untersuch. üb. d. Stärkegehalt d. Pollens trop. Gewächse. (Leipz., Pringsh. Jahrb.) 1910. 8. 26 p. 1.50
21067 — Unters. üb. d. Entwickl. d. Bananen-Pollens. I. (Leipz., Arch. Zellforsch.) 1910. 8. 50 p. m. 2 Tfln. 2.50

21068 **Tison.** Rech. s. la Chute d. feuilles chez les Dicotylédones. (Caen, Soc. Linn.) 1900. 4. 207 p. av. 5 pl.   5.—

21069 **Tittmann.** Bildg. u. Regeneration d. Periderms, d. Epidermis etc. Berl. 1896. 8. 40 p.   1.—

21070 **Tobler.** Ursprung d. peripher. Stammgewebes. Leipz. 1901. 8. 43 p.   1.—

21071 **Tolle.** Z. vergl. Anat. d. Rubiaceen. Gött. 1913. 8. 63 p. m. Tfl.   2.—

21072 **Tomaschek.** Eigentüml. Umbild. d. Pollens. (Mosk., Bull.) 1871. 8. 10 p. m. Tfl.   1.—

21073 — Culturen d. Pollenschlauchzelle. (Brünn, Nat. Ver.) 1873. 8. 8 p. m. color. Tfl.   1.—

21074 — Ueb. d. Wärmebedürfniss d. Pflanzen. (Brünn, Nat. Ver.) 1873. 8. 14 p.   1.—

21075 — 7 Abhandl. üb. Pflanzen-Physiologie. 1873—83. 8. 68 p. m. 3 Tfln. (2 color.)   2.50

21076 **Tominski.** Die Anat. d. Orchideenblattes. Berl. 1905. 8. 87 p.   1.50

21077 **Tondera.** Vergl. Untersuch. üb. d. Stärkezellen im Stengel d. Dicotyledonen. (Wien, Ak.) 1909. 8. 70 p. m. 3 Tfln.   1.50

21078 — Ueb. d. geotrop. Vorgänge in orthotrop. Sprossen. (Krak., Ak.) 1911. 4. 47 p. m. 4 Tfln.   2.—

21079 **Tornabene.** S. alc. fatti di Anat. e Fisiol. veget. 3 parti. Catania 1838. 4. 63 p.   1.50

21080 — S. gli Endogeni. Catania 1840. 8. 42 p. c. 2 tab.   1.50

21081 — S. Tesi organi element. cellule-trachee. Catania 1842. 8. 35 p.   1.50

21082 **Tourneux.** S. la struct. d. Plantules chez l. Viciéés. (Paris, Botan.) 1910. 8. 20 p. av. 5 pl.   2.50

21083 **Townsend.** Einfluss d. Zellkerns auf d. Bildung d. Zellhaut. Berl. 1897. 8. 28 p. m. 2 Tfln.   1.—

21084 **Townson.** Object. against the perceptivity of Plants. (Lond., Linn. Soc.) 1794. 4. 6 p.   1.—

21085 **Trail.** On Herbaria and Biology. (Edinb.) 1905. 8. 14 p.   1.—

21086 **Traube.** Ueb. d. Respirat. d. Pflanzen. (Berl., Ak.) 1860. 8. 12 p.   1.—

21087 **Trautschold.** Einfluss d. Bodens auf d. Pflanzen. (Mosk., Bull.) 1858. 8. 66 p.   1.50

21088 **Trautvetter.** Ueb. d. Nebenblätter. Mitau 1831. 8. 30 p. Hfzb.   1.—

21089 **Trautwein.** Ueb. Anat. einjähr. Zweige u. Blütenstandsachsen. Halle 1885. 8. 40 p.   1.—

21090 **Trécul.** S. la struct. et le développ. du Nuphar lutea. (Paris, Ann. Sc.) 1845. 8. 58 p. av. 4 pl.   2.—

21091 — S. l'origine d. Racines. (Paris, Ann. Sc.) 1846. 8. 21 p. av. 5 pl.   2.—

21092 — S. l'origine d. Bourgeons adventifs. (Paris, Ann. Sc.) 1847. 8. 28 p. av. 9 pl.   3.—

21093 — Not. de s. princip. mémoires. 3 parties. Paris 1853 à 60. 4. 138 p.   1.—

21094 — S. l. format. second. dans l. Cellules végét. (Paris, Ann. Sc.) 1854. 8. 84 p. av. 4 pl.   2.—

21095 — De l'influence d. Décortications annulaires s. la végét. des Arbres dicotyléd. (Paris, Ann. Sc.) 1855. 8. 22 p. av. pl.   1.—

21096 — Des format. vésicul. dans l. Cellules végétales. 3 parties. (Paris, Ann. Sc.) 1858. 8. 266 p. av. 12 pl. (4 color.)   7.—

21097 — Vaisseaux propres dans l. Araliacées. (Paris, Ann. Sc.) 1867. 8. 19 p.   1.—

21098 **Trécul et Mangin.** 2 mém. s. l. Cellules spirales. (Paris, Ann. Sc.) 1882. 8. 17 p. av. pl.   1.—

21099 **Treiber.** Ueb. d. anat. Bau d. Stammes d. Asclepiadeen. Cassel 1891. 8. 38 p. m. 2 Tfln.   1.—

21100 **Trelease.** Nectar, its nature, occurr., and uses. (Wash.) 1879. 8. 27 p. w. pl.   1.50

21101 **Treub.** S. le rôle du noyau dans la divis. d. Cellules végét. (Amsterd., Ac.) 1879. 4. 35 p. av. 4 pl. (2 color.)   2.—

21102 — Observ. s. l. Loranthacées. (Paris, Ann. Sc.) 1882. 8. 33 p. av. 8 pl.   3.50

21103 **Treub.** Rôle de l'acide cyanhydr. dans l. Plantes vertes. III. (Buitenz., Jard.) 1909. 8. 36 p. av. 6 pl. color. — 2.50

21104 **Treviranus, G. R.** Biologie od. Philosophie d. lebenden Natur. 6 Bde. Göttgn. 1802—22. 8. m. 4 Tfln. (M. 42.) Hldrbde. — 15.—

21105 — Die Erscheingn. u. Gesetze d. organ. Lebens. Bd. I u. II, Abteil. 1. Brem. 1831—32. 8. 700 p. (M. 12.) Cart. — 1.—

21106 **Treviranus, G. R. u. L. C.** Vermischte Schriften anat. u. physiol. Inhalts. 4 Bde. Gött. u. Bremen 1816—21. 4. m. 39 Tfln. (M. 24.) Cart. — 12.—

21107 — — Bd. I. Göttgn. 1816. 4. 196 p. m. 16 Tfln. Cart. — 1.50

21108 **Treviranus, L. C.** Untersuchungen üb. Gegenstände d. Naturwissensch. Teil I. (einzig.) Gött. 1803. 8. 328 p. (M. 3.) Cart. — 1.—

21109 — Vom inwend. Bau d. Gewächse u. d. Saftbeweg. Gött. 1806. 8. 208 p. m. 2 Tfln. Cart. — 1.50

21110 — V. d. Entwickl. d. Embryo im Pflanzeney. Berl. 1815. 4. 102 p. m. 6 Tfln. (M. 5.50.) Cart. — 1.50

21111 — Die Lehre v. Geschlecht d. Pflanzen. Brem. 1822. 8. 146 p. — 1.—

21112 — De Ovo vegetab. Vratisl. 1828. 4. 20 p. — 1.—

21113 — Physiol. d. Gewächse. 2 Bde. Bonn 1835—38. 8. 845 p. m. 6 Tfln. (M. 21.) — 7.—

21114 — De compos. fructus in Cacteis. Bonn. 1851. 4. 18 p. — 1.—

21115 **Triebel.** Ueb. Bau u. Entwickel. d. Oelbehälter in Wurzeln v. Compositen. Halle 1885. 4. 46 p. — 1.—

21116 **de Tristan.** Etudes phytolog. 4 parties. (Paris, Ann. Sc.) 1840 à 44. 8. 170 p. av. 9 pl. — 3.—

21117 **Triumfetti.** Observat. de ortu ac veget. Plantarum c. novar. stirpium hist. illustr. Romae 1699. 4. 114 p. et 17 tab. Vél. — 23.—

21118 **Tröndle.** Ueb. d. geotrop. Reaktionszeit. (Berl., Bot. Ges.) 1913. 8. 10 p. — 1.—

21119 — Untersuchgn. üb. d. geotrop. Reaktionszeit. (Zürich, Nat. Ges.) 1915. 4. 84 p. — 4.—

21120 **Trotzky.** De Phanerogam. germinat. Dorp. 1832. 8. 61 p. — 1.—

21121 **True.** Influence of sudden changes of Turgor and of Temperat. on Growth. Leips. 1895. 8. 40 p. — 1.—

21122 **Trumpke.** Z. Anat. d. sukkulent. Euphorbien. Bresl. 1914. 8. 91 p. — 2.—

21123 **Tschermak.** Ueb. d. Bahnen v. Farbstoff- u. Salzlösungen in dicotyl. Kraut- u. Holzgewächsen. Halle 1896. 8. 31 p. — 1.—

21124 **Tscherning.** Entwickl. ein. Embryonen bei d. Keimung. Tüb. 1872. 8. 20 p. m. Tfl. — 1.—

21125 **Tschierske.** Z. vergl. Anat. u. Entwicklgsgesch. ein. Dryadeenfrüchte. Halle 1887. 8. 51 p. — 1.—

21126 **Tschirch.** Anatom. Bau d. Blattes v. Kingia austr. (Berl., Bot. Ver.) 1882. 8. 16 p. m. Tfl. — 1.—

21127 — Untersuchgn. üb. d. Chlorophyll. Berl. 1884. 8. 155 p. m. 3 Tfln. (M. 7.) — 5.—

21128 — Untersuch. üb. d. Chlorophyll. VI. (Berl., Bot. Ges.) 1885. 8. 12 p. — 1.—

21129 — Die Saugorgane d. Scitamineen-Samen. (Berl., Ak.) 1890. 4. 10 p. — 1.—

21130 — Bedeut. d. Blätter im Haushalt d. Natur. (Wien) 1893. 4. 24 p. — 1.—

21131 — Der Quarzspektrograph u. Unters. v. Pflanzenfarbstoffen. (Berl., Bot. Ges.) 1896. 8. 18 p. m. 2 Tfln. — 1.50

21132 **Tschistiakoff.** Z. Entwicklgsgesch. d. Cuticula. (Mosk., Bull.) 1868. 8. 37 p. m. 2 color. Tfln. — 1.50

21133 — Versuch e. vergl.-anat. Unters. d. Stengels ein. Lemnaceen. (Mosk., Bull.) 1869. 8. 195 p. m. 3 Tfln. (1 color.) — 2.50

21134 — Ueb. d. Entwicklgesch. d. Pollens b. Epilobium angustifolium. (Berl., Pringsh. Jahrb.) 1875. 8. 42 p. m. 5 z. Tl. color. Tfln. — 2.50

21135 **Tubeuf.** Z. Kenntn. d. Morphol., Anat. u. Entwickl. d. Samenflügels b. d. Abietineen. Münch. 1892. 8. 57 p. m. 3 Tfln. — 2.—

21136 **Tulasne, L. R.** Etudes d'Embryogénie végét. (Paris, Ann. Sc.) 1849. 8. 116 p. av. 5 pl. — 6.—

21137 **Turner.** Z. vergl. Anat. d. Bixaceen, Samydac., Turnerac., Cistac.,   *M*
Hypericac. u. Passiflor. Gött. 1885. 8. 75 p.   1.—
21138 **Turpin.** S. les Biforines d. Aroïdées. (Paris, Ann. Sc.) 1836. 8. 22 p.
av. 5 pl. color.   2.50
21139 **Uhlitzsch.** Üb. d. Wachstum d. Blattstiele. Leipz. 1887. 8. 62 p. m. 4 Tfln. 1.50
21140 **Uhlworm.** Z. Entwicklgsgesch. d. Trichome. Halle 1873. 4. 48 p. m. 2 Tfln. 1.50
21141 **Ule.** Beobacht. an baumbewohn. Utriculariae. (Berl., Bot. Ges.) 1900.
8. 12 p.   1.—
21142 **Uloth.** Z. Physiol. d. Cuscuteen. (Regensb., Flora) 1860. 8. 20 p.
m. 2 Tfln.   1.—
21143 — Botan. Mittheilungen. (Giessen, Ges. Nat.) 1878. 8. 14 p. m. color. Tfl. 1.—
21144 **Unger.** Ueb. d. Samenthiere d. Pflanzen. (Leop. Ac.) 1837. 4. 12 p. m. Tfl. 1.—
21145 — Aphorismen z. Anat. u. Physiol. Wien 1838. 8. 20 p.   1.—
21146 — Origine d. Vaisseaux spiraux. (Paris, Ann. Sc.) 1842. 8. 15 p. av. 2 pl. 1.—
21147 — S' l'accroiss. d. Entre-noeuds. (Paris, Ann. Sc.) 1845. 8. 17 p. av. pl. 1.—
21148 — Grundzüge d. Anat. u. Physiol. d. Pflanzen. Wien 1846. 8. 146 p.
(M. 4.50.) Cart.   1.—
21149 — Antholysen v. Primula Chinens. (Ac. Leop.) 1847. 4. 16 p. m. 2 Tfln. 1.—
21150 — Die Pflanze u. die Luft. Wien 1853. 8. 18 p.   1.—
21151 — Ueb. Luftausscheidg. leb. Pflanzen. (Wien, Ak.) 1853. 8. 11 p.   1.—
21152 — Beitr. z. Physiol. d. Pflanzen. (Wien, Ak.) 1854. 8. 33 p.   1.—
21053 — Ueb. d. Wachsthum d. Stammes u. d. Bild. d. Bastzellen. (Wien,
Ak.) 1858. 4. 14 p. m. 2 Tfln.   1.—
21154 — Die versunk. Insel Atlantis. Die physiol. Bedeut. d. Pflanzencultur.
Wien 1860. 8. 68 p.   1.50
21155 — Grundlinien d. Anat. u. Physiol. d. Pflanzen. Wien 1866. 8. 186 p.
(M. 4.)   1.—
21156 — Z. Anat. u. Physiol. d. Pflanzen. (Wien, Ak.) 1867. 8. 19 p. m. 2 Tfln. 1.—
21157 **Untersuchungen** aus d. Botanischen Institut zu Tübingen. Hrsg. v.
Pfeffer. 2 Bde. in 7 Heften (soviel erschien.). Leipz. 1881—88. 8. m.
9 z Tl. color. Tfln. (M. 34.)   18.—
21158 **Urban.** Ueb. Keimung, Blüthen- u. Fruchtbildung b. Medicago. Berl.
1873. 8. 36 p.   1.—
21159 — Bestäubungseinricht. d. Lobeliaceen. (Berl., Bot. Gart.) 1881. 8. 18 p. 1.—
21160 — Z. Biol. u. Morphol. d. Rutaceen. (Berl., Bot. Gart.) 1883. 8. 40 p.
m. Tfl.   1.—
21161 — Z. Biol. d. einseitswend. Blüthenstände. (Berl., Bot. Ges.) 1885. 8.
27 p. m. Tfl.   1.—
21162 — Die Bestäubungseinricht. d. Loasaceen. (Berl., Bot. Gart.) 1886.
8. 24 p. m. Tfl.   1.—
21163 — Blüthen- u. Fruchtbau d. Loasaceen. 2 Abhandl. (Berl., Bot. Ges.)
1892. 8. 13 p. m. 2 Tfln.   1.50
21164 **Uslar.** Fragmente neuerer Pflanzenkunde. Braunschw. 1794. 8. 197 p.
Cart.   3.—
21165 **Vallemont.** Merkwürdigkeiten d. Natur u. Kunst in Zeugung, Fortpflanz. u. Vermehr. d. Gewächse. Deutsch v. Bressler. 2 Tle. Budiss.
1716—23. 8. 777 p. m. 2 Tfln. Cart.   5.—
21166 — — Budiss. 1732. 8. 534 p. m. 9 Tfln. Cart.   3.—
21167 **Van Heurck.** Lumière appl. à la micrographie. (Brux., S. Micr.) 1883.
8. 15 p.   1.—
21168 **Van Horen.** S. la Physiol. d. Lemnacées. (Brux., Soc. Bot.) 1869. 8. 73 p. 1.50
21169 **Van Hulle.** Importance du choix judicieux d. pieds-mères chez l.
plantes. (Pétersb., Congr.) 1885. 8. 25 p.   1.—
21170 **Van Tieghem.** S. l. Canaux secréteurs d. Plantes. (Paris, Ann. Sc.)
1872. 8. 103 p.   2.—
21171 — Rech. physiol. s. la Germinat. (Paris, Ann. Sc.) 1873. 8. 20 p.   1.—
21172 — Morphol. de l'embryon et de la plantule d. Graminées et Cypérac.
(Paris, Ann. Sc.) 1897. 8. 52 p.   1.50

21173 **Van Tieghem.** S. l. faisceaux médull. de la tige et du pédoncule floral   *ℳ*
des Godoyées. (Paris, J. Bot.) 1904. 8. 12 p.   1.—
21174 **Vaupell.** Karbundternes anat. Sammensätn. 2 Abhandl. (Kjöbenh., Nat.
För.) 1852—55. 8. 62 p. m. 3 Tfln.   1.50
21175 — Peripher. Wachsthum d. Gefässbündel d. dicotyled. Rhizome.
Leipz. 1855. 8. 44 p. m. 2 Tfln.   1.—
21176 **Veitch.** On the fertilizat. of Cattleya labiata. (Lond., Linn. S.) 1888.
8. 12 p.   1.—
21177 **Velenovsky.** Vergl. Morphol. d. Pflanzen. 4 Tle. Prag 1905—13. 8.
1435 p. m. 11 Tfln. u. 725 Fig. (M. 60.)   50.—
21178 **Velten.** Die physikal. Beschaffenh. d. pflanzl. Protoplasma. (Wien,
Ak.) 1876. 8. 21 p.   1.—
21179 — Einwirk. störm. Electric. auf d. Beweg. d. Protoplasma. 2 Tle.
(Wien, Ak.) 1876. 8. 100 p. m. 2 Tfln.   2.—
21180 — Einwirk. d. Temperat. auf d. Keimfähigk. u. Keimkraft d. Samen
v. Pinus Picea. (Wien, Ak.) 1877. 8. 25 p. m. Tfl.   1.—
21181 **Vendrely.** Du Polmorphisme normal ou anormal. Vesoul 1898. 8. 19 p.   1.—
21182 **Venema.** Verschied. Keimungsweisen. (Nimwegen) 1905. 8. 16 p.   1.—
21183 **Vesque.** S. l'anat. comp. de l'Ecorce. Paris 1876. 8. 117 p. av. 3 pl.   3.—
21184 — Développ. du sac embryonn. d. Angiospermes. 2 parties. (Paris,
Ann. Sc.) 1878 à 79. 8. 180 p. av. 16 pl.   7.—
21185 — S. l'anat. d. Stylidium. (Paris, Ann. Sc.) 1878. 8. 5 p. av. pl.   1.—
21186 — Influence de la température du Sol sur l'absorpt. de l'eau. (Paris,
Ann. Sc.) 1878. 8. 54 p. av. 2 pl.   2.—
21187 — De l'anat. d. Tissus appl. à la classificat. d. Plantes. II. Paris 1882.
4. 98 p. av. 5 pl.   3.—
21188 — Epharmosis sive materiae ad instruendam Anatomiam systematis natur. 3 vol. Paris. 1887—93. 4. 352 tabulae et textus.   32.—
21189 — — II: Genitalia et folia Garciniearum et Calophyllear. 1889. 30 p.
et 165 tab. (fr. 20.)   6.—
21190 — — III: Genitalia foliaque Clusiearum et Moronobearum. 1892.
24 p. et 115 tab.   8.—
21191 — Emploi d. caractères anat. dans la classif. d. Végét. (Paris, Soc.
Bot.) 1889. 8. 50 p.   2.—
21192 **Vidal.** Struct. et développ. du Pistil et du Fruit des Caprifoliacées.
(Grenobie, Univ.) 1897. 8. 19 p.   1.—
21193 — S. le sommet de l'axe dans la fleur d. Gamopétales. Grenoble
1900. 8. 115 p. av. 4 pl.   3.—
21194 **Vines.** Proteolytic Enzymes in Plants. (Oxf., Ann. Bot.) 1903. 8. 20 p.   1.—
21195 **Virchow, H.** Bau u. Nervatur d. Blattzähne u. Blattspitzen. Bern 1895.
8. 65 p. m. 4 Tfln.   2.—
21196 **Vöchting.** Z. Hist. u. Entwickelgesch. v. Myriophyllum. (Ac. Leop.)
1872. 4. 18 p. m. 4 Tfln.   2.—
21197 — Z. Morphol. u. Anat. d. Rhipsalideen. Berl. 1873. 8. 36 p. m. 4 Tfln.   1.—
21198 — Bau u. Entwickl. d. Stammes d. Melastomeen. Bonn 1875. 8. 94 p.
m. 8 Tfln. (M. 5.50.)   1.50
21199 — Ueb. Organbildg. im Pflanzenreich. 2 Tle. Bonn 1878—84. 8. 475 p.
m. 6 Tfln. (M. 15.)   9.—
21200 — Die Bewegungen d. Blüthen u. Früchte. Bonn 1882. 8. 199 p. m.
2 Tfln. (M. 5.)   4.—
21201 — Ueb. d. Bildung d. Knollen. Cassel 1887. 4. 55 p. m. 5 Tfln. (M. 8.)   5.—
21202 — 6 Abhandl. über Physiol. d. Pflanzen. 1888—1904. 8. u. 4. 60 p.
m. 2 Tfln.   3.—
21203 — Abhängigk. d. Laubblattes v. s. Assimilat.-Thätigk. (Leipz., Bot. Z.)
1891. 4. 14 p. m. Tfl.   1.—
21204 — Ueb. Transplantation am Pflanzenkörper. Tüb. 1892. 4. 162 p. m.
11 Tfln.   20.—
Vergriffen.

21205 **Vöchting.** Einfluss des Lichtes auf d. Blüthen. (Berl., Pringsh. J.) 1893. 8. 60 p. m. 3 Tfln. — 2.50

21206 — Bedeutung d. Lichtes f. d. Gestalt. blattförm. Cacteen. (Berl., Pringsh. Jahrb.) 1894. 8. 57 p. m. 5 Tfln. — 2.50

21207 — Durch Pfropfen herbeigef. Symbiose d. Helianthus tuberosus u. H. annuus. (Berl., Ak.) 1894. 4. 17 p. m. Tfl. — 1.—

21208 — Knight's Versuche üb. Knollenbildg. (Leipz., Bot. Z.) 1895. 4. 28 p. m. Tfl. — 1.—

21209 — Ueb. d. Sprossscheitel d. Linaria spuria. (Berl., Pringsh. Jahrb.) 1902. 8. 38 p. m. 2 Tfln. — 1.50

21210 — Regenerat. d. Araucaria excelsa. (Berl., Pringsh. J.) 1904. 8. 12 p. — 1.—

21211 — Regenerat. u. Polarität b. höher. Pflanzen. (Leipz., Bot. Z.) 1906. 4. 48 p. m. 3 Tfln. — 2.—

21212 — Untersuchungen z. experimentell. Anat. u. Pathologie d. Pflanzenkörpers. Tüb. 1908. 8. 325 p. m. 20 Tfln. (M. 20.) — 16.—

21213 **Vogel, A.** Ueb. d. Chemismus d. Vegetation. Münch. 1852. 4. 29 p. — 1.—

21214 — Verhältn. d. Camphengruppe z. Pflanzenleben. (Münch., Ak.) 1873. 8. 14 p. — 1.—

21215 — Ueb. Säurereaktion der Blüthen. (Münch., Ak.) 1879. 8. 11 p. — 1.—

21216 — Skizzen a. d. Pflanzenleben. Erf. 1883. 8. 70 p. — 1.—

21217 **Vogel, J.** Das Mikroskop. 4. Aufl. Leipz. 1884. 8. 290 p. (M. 6.) — 1.—

21218 **Vogelsberger.** Ueb. d. system. Bedeut. d. anatom. Charaktere d. Hedysareen. Greifsw. 1893. 8. 59 p. — 1.—

21219 **Vogl.** Beitr. z. Anat. u. Histol. d. unterird. Teile v. Convolvulus arvensis. (Wien, Z. b. G.) 1863. 8. 44 p. m. 3 Tfln. — 1.—

21220 — Phytohistolog. Beiträge. 2 Tle. (Wien, Ak.) 1864. 8. 33 p. m. 3 Tfln. — 1.50

21221 — Z. vergl. histol. Kenntn. d. Bitterholzes. (Wien, Z. b. G.) 1864. 8. 10 p. — 1.—

21222 — Z. Kenntn. d. Entsteh. krystall. Bild. im Inhalte d. Pflanzenzelle. (Wien, Z. b. G.) 1865. 8. 6 p. m. Tfl. — 1.—

21223 — Vorkommen v. Gerb- u. verwandt. Stoffen in unterird. Pflanzentheilen. (Wien, Ak.) 1866. 8. 27 p. — 1.—

21224 — Ueb. d. Milchsaft d. Pflanzen. Wien 1866. 8. 36 p. — 1.—

21225 — Beiträge z. Pflanzenanatomie. (Wien, Z. b. G.) 1869. 8. 10 p. m. Tfl. — 1.—

21226 **Vogt, C.** Abhängigkeit d. Laubblattes v. sein. Assimilationsthätigkeit. Erlang. 1898. 8. 48 p. m. Tfl. — 1.—

21227 **Vogtherr.** Ueb. d. Früchte d. Randia dumetorum. Berl. 1894. 8. 44 p. m. Tfl. — 1.—

21228 **Voigt, A.** Bau u. d. Entwick. d. Samens u. d. Samenmantels v. Myristica fragans. Gött. 1885. 8. 37 p. — 1.—

21229 **Voigt, F. S.** Die Farben d. organ. Körper. Jena 1816. 8. 239 p. Cart. — 1.50

21230 **Voinov.** Principii de Microscopie. Bucur. 1900. 4. 299 p. av. 70 fig. — 1.50

21231 **Volkart.** Ueb. d. Parasitism. d. Pedicularisarten. Zürich 1899. 8. 52 p. — 1.—

21232 **Volkens.** Wasserausscheidung an d. Blättern höh. Pflanzen. Berl. 1882. 8. 47 p. — 1.—

21233 **Vonhöne.** Hervorbrechen endogener Organe aus d. Mutterorgane. Regensb. 1880. 8. 32 p. m. Tfl. — 1.—

21234 **Vorbrodt.** Ueb. die Phosphorverbindgn. in d. Pflanzensamen. (Krak., Ak.) 1910. 8. 98 p. — 2.—

21235 **Votsch.** Neue systemat.-anatom. Untersuch. v. Blatt u. Achse d. Theophrastaceen. Leipz. 1903. 8. 48 p. — 1.—

21236 **de Vries.** Ursachen d. Richtung bilateralsymmetr. Pflanzentheile. (Würzb., Bot. Inst.) 1871. 8. 56 p. — 2.—

21237 — Ueb. Wundholz. (Regensb., Flora) 1876. 8. 64 p. m. 3 Tfln. — 2.—

21238 — Influence de la pression du Liber s. la struct. d. Couches ligneuses annulles. (Harl., Arch. Néerl.) 1876. 8. 50 p. av. 8 pl. — 3.50

21239 — Untersuchungen üb. d. mechan. Ursachen d. Zellstreckung. Leipz. 1877. 8. 126 p. (M. 3.) — 1.—

		M
21240 **de Vries.** Plasmolyt. Studien üb. d. Wand d. Vacuolen. (Berl., Pringsh. J.) 1885. 8. 138 p. m. 4 color. Tfln.		4.—
21241 — Intracellulare Pangenesis. Jena 1889. 8. 218 p. Vergriffen.		8.—
21242 — Ov. Verdubbeling v. Phyllopodiën. (Gent, Dodon.) 1893. 8. 22 p. m. Tfl.		1.50
21243 — Methode, Zwangsdrehungen aufzusuchen. (Berl., Bot. G.) 1894. 8. 15 p. m. Tfl. Siehe auch Nr. 21650—21663.		1.—
21244 **de Vriese.** Period. Vertorting v. Plantendeelen. (Leiden) 1848. 8. 18 p.		1.—
21245 **Vrolik et de Vriese.** Elévat. de la tempér. du spadice d'une Colocasia odora. 2 parties. (Paris, Ann. Sc.) 1836 à 39. 8. 33 p. av. pl.		1.—
21246 — Erhöhte Temperatur d. Pollens einer Colocasia odora. (Berl., Arch. Nat.) 1839. 8. 24 p.		1.—
21247 **Vuillemin.** La Biologie végét. Paris 1888. 8. 382 p. av. 82 fig.		1.50
21248 — Antibiose et Symbiose. (Paris, Congr. Bot.) 1889. 8. 19 p. av. pl.		1.50
21249 — La subordination d. caractères de la Feuille d. le phylum des Anthyllis. Nancy 1892. 8. 350 p. av. 17 pl.		5.—
21250 — Les Broussins d. Myrtacées. (Nancy, Ann. Agron.) 1895. 8. 39 p. av. 3 pl.		2.—
21251 **Vulpius.** Ueb. d. Bestandtheile d. Salvia glutinosa. Jena 1873. 8. 36 p.		1.—
21252 **Wächter.** Z. Kenntn. ein. Wasserpflanzen. Münch. 1897. 8. 34 p.		1.—
21253 — Austritt v. Zucker aus d. Zellen d. Speicherorgane v. Allium Cepa u. Beta vulg. (Leipz., Pringsh. Jahrb.) 1905. 8. 58 p.		2.—
21254 — Beweg. d. Blätter v. Myriophyllum proserpinac. (Leipz., Pringsh. J.) 1909. 8. 26 p.		1.—
21255 **Wacker.** Beeinfluss. d. Wachsthums d. Wurzeln durch d. umgebende Medium. Berl. 1898. 8. 46 p.		
21256 **Wagner, A.** Besond. Lebensenergie bei Fourcroya gigant. (Innsbr.) 1903. 8. 18 p.		1.—
21257 **Wagner, E.** Vorkommen u. Vertheil. d. Gerbstoffs b. d. Crassulac. Gött. 1887. 8. 45 p.		1.—
21258 **Wagner, H.** Das Leben d. Gräser. (Mainz) 1854. 8. 11 p.		
21259 **Wagner, P.** Plumbago Ceylan., Capraria biflora, Spilanthus Acmella in anat., chem. u. physiol. Bezieh. Erl. 1897. 8. 84 p.		1.—
21260 **Wahl.** Vergleich. Untersuch. üb. d. anatom. Bau d. geflügelten Früchte u. Samen. Stuttg. 1897. 4. 25 p. m. 5 Tfln. (M. 16.)		9.50
21261 — — Dissertation mit 1 Tfl.		1.—
21262 **Wakkernagel.** Versuch e. wissenschaftl. Blüthenlehre. (Berl., Arch. Nat.) 1825. 8. 42 p.		2.—
21263 **Walck.** Ueb. d. spezif. Gewicht d. Zellsaftes. Würzb. 1900. 8. 35 p.		1.—
21264 **Waldner.** Die Kalkdrüsen d. Saxifragen. (Graz, Ver. Nat.) 1877. 8. 8 p. m. Tfl.		1.—
21265 **Walker, F. A.** Colours in Nature. 2 parts. (Lond., Vict. Inst.) 1888—90. 8. 46 p.		1.50
21266 **Waller.** Blazecurrents of veget. Tissues. (Lond., Linn. S.) 1904. 8. 19 p.		1.—
21267 **Wallerstein.** Die Veränder. d. Fettes währ. d. Keimung. Münch. 1896. 4. 18 p.		1.—
21268 **Walliczek.** Ueb. d. Membranschleim vegetat. Organe. Berl. 1893. 8. 69 p. m. Tfl.		1.50
21269 **Wallin.** Om innehallskroppar h. Bromeliaceerna. (Lund, Univ.) 1899. 4. 18 p.		1.—
21270 **Walser.** S. l. sécrétions d. Racines. (Paris, Ann. Sc.) 1840. 8. 20 p.		1.—
21271 **Walter.** Die Diagramme d. Phytolaccaceen. Leipz. 1906. 8. 61 p. m. 92 Fig.		1.50
21272 **Warburg.** Ueb. d. Haarbildg., Charakterisirung u. Glieder. d. Myristicaceen. 2 Abhandl. (Berl., Bot. Ges.) 1895. 8. 14 p. m. 2 Tfln.		1.50
21273 — Ueb. d. Litoral-Pantropisten. (Buitenz., Jard.) 1898. 8. 10 p.		1.—

21274 **Ward.** Contrib. to the knowl. of the embryo-sac in Angiosperms.   *M*
(Lond., Linn. S.) 1880. 8. 30 p. w. 9 pl. (6 s.)   2.—
21275 **Warlich.** Ueb. Calciumoxalat in d. Pflanzen. Marb. 1889. 8. 28 p. m. Tfl.   1.—
21276 **Warming.** Varmendvikl. h. Philodendron Lund. (Kjöbenh., Nat. För.)
1868. 8. 18 p. m. Tfl.   1.—
21277 — S. la vrille d. Cucurbitac. (Copenh., Nat. För.) 1870. 8. 9 p. av. pl.   1.—
21278 — Le Cyathium de l'Euphorbe une fleur ou inflorescence. (Kjöb., Nat.
För.) 1871. 8. 126 p. av. 3 pl. — En l. Danoise av. résumé franç.   1.50
21279 — Rech. sur la ramific. d. Phanérogames. Copenh. 1872. 4. 233 p. av.
11 pl. — En langue Danoise av. résumé Français.   4.50
21280 — **Pollen** bild. Phyllome u. Kaulome. Bonn 1873. 8. 90 p. m. 6 Tfln.
(M. 5.)   2.—
21281 — Bidr. t. kundsk. om Lentibulariaceae. (Kjöbenh., Nat. För.) 1874.
8. 26 p. m. Tfl.   1.—
21282 — D. racines du Neottia nidus. (Copenh., Nat. För.) 1874. 8. 10 p. av. pl.   1.—
21283 — Die Blüthe d. Compositen. Bonn 1876. 8. 167 p. m. 9 Tfln. (M. 8.)   3.50
21284 — Smaa biolog. og morfolog. Bidrag. (Kjöb., Bot. Tidsk.) 1878.
8. 79 p.   1.—
21285 — De l'Ovule. I. (Paris, Ann. Sc.) 1878. 8. 16 p.   1.—
21286 — Homologies de l'ovule d. Plantes. (Copenh., Bot. Tidsk.) 1879. 8. 26 p.   1.—
21287 — 3 Abhandl. üb. Anat. d. Pflanzen. 1879—96. 8. 38 p. m. Tfl.   1.—
21288 — Forgreningen og Bladsillingen h. slaegt. Nelumbo. (Kjöb., Nat. För.)
1880. 8. 12 p. m. Tfl.   1.—
21289 — Etude (anat. et physiol.) s. l. Podostémacées. 5 parties. (Copenh.,
Vid. Selsk.) 1881 à 99. 4. 256 p. av. 27 pl. — En l. Danoise av. résumé
Français.   13.—
21290 — Om Skudbygning, Overvintring og Foryngelse. (Kjöbenh., Nat.
För.) 1890. 8. 105 p.   2.—
21291 — S. la biol. et l'anat. de la feuille d. Vellosiacées. (Copenh., Vid.
Selsk.) 1893. 8. 48 p.   1.50
21292 — Om Lövbladformer. (Kjöbenh., Vid. Selsk.) 1901. 8. 49 p.   1.—
21293 **Warnstorf.** Blütenbiolog. Beobacht. aus d. Ruppiner Flora. (Berl.,
Bot. Ver.) 1896. 8. 49 p.   1.—
21294 **Warsow.** System.-anat. Unters. d. Blattes bei Acer. Jena 1903. 8. 115 p.   1.50
21295 **Watson, C. H.** Struct. and relat. of the Plastid. (Philad., Bot. Lab.)
1904. 8. 9 p. w. 2 pl.   1.—
21296 **Webber.** Dissemination and leaf reflex of Yucca Aloifolia. (St. Louis,
Gard.) 1895. 8. 22 p. w. 3 pl.   1.50
21297 — Spermatogenesis and fecundat. of Zamia. (Wash., Dept. Agr.)
1901. 8. 92 p. w. 7 pl.   2.—
21298 **Weber, C. A.** Ueb. specif. Assimilationsenergie. Würzb. 1879. 8. 27 p.   1.—
21299 **Weber, W.** Z. vergl. Anat. d. Wurzeln ein. Familien d. Sapindales.
Gött. 1913. 8. 55 p. m. Tfl.   1.50
21300 **Weberbauer.** Z. Samenanat. d. Nymphaeaceen. Leipz. 1894. 8. 52 p.   1.50
21301 — Z. Anat. d. Kapselfrüchte. Cassel 1898. 8. 53 p.   1.50
21302 **Wedel.** Z. Anat. d. Erythophlaeum - Rinden. Berl. 1892. 8. 26 p.
m. 3 Tfln.   1.—
21303 **Weevers.** Ueb. d. Nekrobiose u. d. letale Chloroformeinwirk. (Nimwegen, Rec. Trav. Bot.) 1912. 8. 45 p.   1.50
21304 **Wegener.** Untersuch. üb. d. Bau d. Haftorgane ein. Pflanzen. Berl.
1913. 8. 51 p.   1.50
21305 **Wehmer.** Die Oxalatabscheidung im Verlauf d. Sprossentwickl. v.
Symphoricarpus racemosa. (Leipz., Bot. Z.) 1891. 4. 20 p. m. Tfl.   1.—
21306 — Entleerung absterb. Organe insbes. d. Laubblätter. (Berl., Landw.
J.) 1892. 8. 57 p.   2.—
21307 — Die Pflanzenstoffe, botan. system. bearb. Jena 1911. 8. 953 p.
(M. 35.)   30.—

21308 **Wehnert.** Anatom.-system. Unters. d. Blätter v. Symplocos. Münch. 1906. 8. 57 p. — 1.—

21309 **(Weikard).** Von d. Kraft, wodurch Vegetation u. Nahrung geschieht. Frankf. 1786. 8. 75 p. — 1.—

21310 **Weinberg.** Das Pflanzengrün. Prag 1888. 8. 20 p. — 1.—

21311 **Weinrowsky.** Ueb. d. Scheitelöffnungen d. Wasserpflanz. Berl. 1898. 8. 48 p. — 1.—

21312 **Weinzierl.** Z. Lehre v. d. Festigkeit u. Elasticität vegetab. Gewebe u. Organe. (Wien, Ak.) 1877. 8. 77 p. — 1.50

21313 **Weiss, A.** Z. Kenntn. d. Spaltöffnungen. 2 Tle. (Wien, Z. b. G.) 1857. 8. 18 p. m. 3 Tfln. — 1.—

21314 — Entwicklsgesch. u. anat. Bau d. handförm. Auswüchse an Gireoudia manicata. (Wien, Z. b. G.) 1858. 8. 6 p. m. Tfl. — 1.—

21315 — Kalkoxalatmassen d. Oberhaut v. Acanthaceen. (Wien, Ak.) 1884. 8. 11 p. m. color. Tfl. — 1.—

21316 — Spontane Bewegungen u. Formänderungen v. pflanzl. Farbstoffkörpern. (Wien, Ak.) 1884. 8. 17 p. m. 3 color. Tfln. — 1.50

21317 **Weiss, F.** Ueb. d. chem. Bestandteile d. Blätter v. Myrtus Cheken. Berl. 1888. 8. 24 p. — 1.—

21318 **Weiss, F. E.** The Caoutchouc-contain. Cells of Eucommia ulmoides. (Lond., Linn. S.) 1892. 4. 12 p. w. 2 pl. (6 s.) — 3.50

21319 **Weiss, G. A.** Anat. d. Pflanzen. Wien 1878. 8. 548 p. m. 2 color. Tfln. u. 267 Fig. (M. 20.) Hfzb. — 1.50

21320 **Weiss, J.** Anat. u. Physiol. fleischig verdickter Wurzeln. (Regensb., Flora) 1880. 8. 38 p. m. 2 Tfln. — 1.50

21321 **Weiss, J. E.** Z. Kenntn. d. Korkbildung. (Regensb., Bot. Ges.) 1890. 4. 68 p. m. Tfl. — 1.50

21322 **Weisse, A.** Physikal. Physiologie. (Aus: Just's Bot. Jahresber. f. 1898). (Berl.) 1900. 8. 52 p. — 1.50

21323 **Weisse, J. V.** Ob Thier, — ob Pflanze? (Mosk., Bull.) 1868. 8. 18 p. — 1.—

21324 **Welten.** Die Waffen d. Wehrlosen. Berl. 1908. 8. 136 p. (M. 1.80.) — 1.—

21325 **Weltz.** Z. Anat. d. monandr. sympodialen Orchideen. Heidelb. 1897. 8. 66 p. m. 2 Tfln. — 1.50

21326 **Wendehake.** Anatom. Untersuch. ein. Bambuseen. Groitzsch 1901. 8. 57 p. m. Tfl. — 1.50

21327 **Wendt.** Natur u. Vorkomm. d. Spaltöffnungen. Steinf. 1873. 8. 25 p. — 1.—

21328 **Went.** Einfl. d. Lichtes a. d. Entsteh. d. Carotins. (Nimweg.) 1904. 8. 14 p. — 1.—

21329 **Werth.** Blütenbiolog. Fragmente aus Ostafrika. (Berl., Bot. Ver.) 1900. 8. 35 p. — 1.—

21330 **Wesmael.** S. l'utricule d. Carex. (Brux., Ac.) 1863. 8. 19 p. av. pl. — 1.—

21331 **Wester, A. O.** Om Alsinéblommans morfol. och anat. (Stockh., Bot. Inst.) 1899. 8. 25 p. — 1.—

21332 **Wester, D. H.** Anleit. z. Darstellg. phytochem. Uebungspräparate. Berl. 1913. 8. 140 p. (M. 3.60.)

21333 **Westermaier.** Z. Kenntn. d. mechan. Gewebesystems. 2 Abhandl. (Berl., Ak.) 1881. 8. 30 p. m. 3 color. Tfln. — 1.—

21334 — 5 Abhandl. üb. Physiol. d. Pflanzen. 1881—93. 8. 88 p. m. color. Tfl. — 2.50

21335 — Bau d. Funct. d. pflanzl. Hautgewebe. (Berl., Ak.) 1882. 4. 8 p. m. color. Tfl. — 1.—

21336 — Physiolog. Bedeut. d. Gerbstoffes in d. Pflanzen. (Berl., Ak.) 1885. 4. 11 p. m. color. Tfl. — 1.—

21337 — Die wissensch. Arbeiten d. Botan. Instituts zu Berlin in d. erst. 10 Jahr. Berl. 1888. 8. 65 p. — 1.—

21338 — Ueb. gelenkart. Einrichtgn. an Stammorganen. (Freib., Nat. Ges.) 1901. 8. 26 p. m. 2 Tfln. — 1.50

21339 **Wetterwald.** Blatt- u. Sprossbildung bei Euphorbien u. Cacteen. Basel 1888. 4. 64 p. m. 5 Tfln. — 3.—

21340 **Wettstein.** Bau u. Keim. d. Samens v. Nelumbo nucifera. (Wien, Z. b. G.) 1888. 8. 8 p. m. Tfl.   *ℳ* 1.—

21341 — Heinricher's „Die grün. Schmarotzer". (Berl., Pringsh. J.) 1898. 8. 10 p.   1.—

21342 — Entwickl. d. Morphol., Entwicklgsgesch. u. System. d. Phanerog. in Oesterreich v. 1850—1900. Wien 1901. 4. 24 p. m. 6 Portr.   2.—

21343 **Weyl.** Z. Kenntñ. thierischer u. pflanzl. Eiweisskörper. Strassb. 1877. 8. 34 p.   1.—

21344 **Wichelhaus.** Ueb. d. Lebensbeding. d. Pflanze. Berl. 1868. 8. 30 p.   1.—

21345 **Wichmann.** Anat. d. Samen v. Aleurites triloba. (Wien, Z. b. G.) 1880. 8. 8 p. m. 2 Tfln.   1.—

21346 **Wiedmann, F.** Ueb. Bestandteile d. Blüthen v. Papaver Rhoeas. Münch. 1901. 8. 33 p.   1.—

21347 **Wiedmann, V.** Histor. Notizen üb. d. Lehre v. d. geschlechtl. Zeugung d. Phanerog. Rostock 1875. 4. 16 p.   1.—

21348 **Wiegand.** Struct. of the fruit in Ranunculaceae. (N. York, Micr. S.) 1894. 8. 36 p. w. 8 pl.   2.50

21349 **Wieler.** Die Beeinfluss. d. Wachsens durch vermind. Partiärpressung d. Sauerstoffs. Leipz. 1883. 8. 46 p.   1.—

21350 — Anteil d. sekundär. Holzes d. dicotyl. Gewächse an d. Saftleitung. Karlsr. 1888. 8. 57 p. m. Tfl.   1.50

21351 — Ort d. Wasserleitg. im Holzkörper dicotyler u. gymnosp. Holzgewächse. (Berl., Bot. Ges.) 1888. 8. 30 p.   1.—

21352 — Verstopfungen in d. Gefässen Mono- u. Dicotyler. Semarang 1892. 4. 46 p.   1.50

21353 — Jahresperiode im Bluten d. Pflanz. (Tharand, Forstl. J.) 1893. 8. 42 p.   1.—

21354 **Wiesner.** 8 Abhandl. üb. Physiol. d. Pflanz. 1867—1904. 8. 103 p. m. Tfl.   2.50

21355 — Beweg. des Imbibitionswassers im Holz. (Wien, Ak.) 1875. 8. 37 p.   1.—

21356 — Natürl. Einrichtgn. z. Schutze d. Chlorophylls. (Wien, Z. b. G.) 1876. 4. 31 p.   1.—

21357 — Einfl. d. Lichtes u. d. strahl. Wärme auf d. Transpirat. d. Pflanze. (Wien, Ak.) 1877. 8. 65 p.   1.50

21358 — Die heliotropischen Erscheinungen im Pflanzenreiche. 2 Tle. Wien 1878—80. 4. 160 p.   18.—
     Teil 1 ist vergriffen.

21359 — Welken v. Blüten u. Laubsprossen. (Wien, Ak.) 1882. 8. 57 p.   1.50

21360 — Elem. d. Organographie, System. u. Biol. d. Pflanzen. Wien 1884. 8. 462 p. m. 269 Fig. (M. 10.) Hfzb.   2.—

21361 — Ueb. d. Organis. d. vegetab. Zellhaut. (Wien, Ak.) 1886. 8. 64 p.   1.50

21362 — Biol. der Pflanzen. Wien 1889. 8. 314 p. m. color. Kte u. 60 Fig. (M. 8.) Hfzb.   2.—

21363 — Photometr. Untersuchgn. auf pflanzenphysiol. Gebiete. 6 Tle. (Wien, Ak.) 1893—1909. 8. 380 p. (M. 8.70.)

21364 — Untersuchgn. über d. Lichtgenuss d. Pflanzen. (Wien, Ak.) 1895. 8. 107 p. m. 4 Tfln.   2.—

21365 — Ueb. Trophieen. (Berl., Bot. Ges.) 1895. 8. 17 p.   1.—

21366 — Relat. of Plant Physiol. to the o. sciences. (Wash., Smiths.) 1899. 8. 18 p.   1.—

21367 **Wigand.** Kritik u. Geschichte d. Lehre v. d. Metamorphose d. Pflanze. Leipz. 1846. 8. 136 p.   1.—

21368 — Botan. (teratol., embryol., physiol.) Untersuchungen. Braunschw. 1854. 8. 174 p. m. 6 Tfln. (M. 4.50.)   1.50

21369 — Ueb d. feinste Structur d. vegetabil. Zellenmembran. (Marburg, Nat. Ges.) 1856. 8. 24 p.   1.—

21370 **Wilczek.** Z. Kenntn. d. Baues v. Frucht u. Samen d. Cyperac. Cassel 1892. 8. 37 p. m. 3 Tfln.   1.50

21371 **Wilde.** Z. Anat. d. Linaceen. Heidelb. 1902. 8. 57 p. m. Tfl.   1.—

21372 **Wildeman.** Influence de la température sur la Caryocinèse dans le *M*
règne végét. (Brux., Soc. Sc.) 1891. 8. 27 p. av. 3 pl. 1.50
21373 — Attache d. cloisons cellulair. (Brux., Ac.) 1893. 4. 84 p. av. 5 pl. 1.50
21374 **Wilhelm, K.** Z. Kenntn. d. Siebröhrenapparates dicotyler Pflanzen.
Leipz. 1880. 8. 100 p. m. 9 Tfln. (6 color.)˙ (M. 10.) 3.50
21375 **Wilhelm, R.** Vorkomm. v. Spaltöffnungen auf d. Karpellen. Königsb.
1885. 8. 78 p. m. 7 Tfln. 2.—
21376 **Wille, A.** Z. Diagnost. d. Coniferenholzes. Halle 1887. 8. 40 p. 1.—
21377 **Wille, N.** Struct. de la tige et de la feuille de l'Avicennia nitida.
(Copenh., Bot. Tidsk.) 1882. 8. 15 p. av. 2 pl. 1.—
21378 — Mekan. Aarsager til at visse Planters Bladstilke krumme sig ved
Temperatur. (Stockh., Ak.) 1884. 8. 16 p. m. Tfl. 1.—
21379 — Ueb. d. Entwicklgsgesch. d. Pollenkörner d. Angiospermen. (Christ.,
Vid. Selsk.) 1886. 8. 71 p. m. 3 Tfln. 1.50
21380 — Krit. Studien üb. d. Anpassgn. d. Pflanzen an Regen u. Thau.
(Bresl., Cohn's Beitr.) 1887. 8. 37 p. 1.50
21381 — Forskningsretninger in d. botan. Vidensk. Krist. 1893. 8. 31 p. 1.—
21382 — Ueb. d. Verändergn. d. Pflanzen in nördl. Breiten. 2 Abhandl.
(Leipz., Biol. Centr.) 1905—13. 8. 25 p. 1.50
21383 — Om Stammens og Bladets bygning hos Myriocarpa cordifolia.
(Stockh., 'Warming') 1911. 4. 15 p. 1.—
21384 **Willis.** Contrib. to the nat. hist. of the Flower. I: Fertilizat. of Claytonia, Phacelia and Monarda. (Lond., Linn. S.) 1893. 8. 13 p. w. pl. 1.—
21385 — — II: Fertilizat. methods of var. flowers. (Lond., Linn. S.) 1894. 8.
15 p. w. 2 pl. 1.—
21386 **Willkomm.** S. l'organogr. et la. classific. d. Globulariées. Leips. 1850.
4. 32 p. av. 4 pl. en part. color. (M. 8.) 2.—
21387 — Die Wunder d. Mikroskops. Leipz. 1856. 8. 226 p. m. Tfl. Cart. 1.—
21388 — — 2. Aufl. Leipz. 1861. 8. 296 p. m. 2 Tfln. (M. 4.) Cart. 1.50
21389 — — 5. Aufl. Leipz. 1896. 8. 369 p. m. 464 Fig. (M. 6.) Lnb. 2.50
21390 — De Wonderen v. h. Mikroskoop. Leyd. 1860. 8. 258 p. m. 150 Fig. 1.—
21391 — Z. Morphol. d. samentrag. Schuppe d. Abietineenzapfens. (Halle,
Ac. Leop.) 1880. 4. 16 p. m. Tfl. 1.—
21392 — Ueb. d. Grenzen d. Pflanzen- u. Thierreichs. Prag 1888. 8. 32 p. 1.—
21393 **Willstätter u. Stoll.** Untersuch. üb. Chlorophyll. Berl. 1913. 8. 432 p.
m. 11 Tfln. (M. 18.)
21394 **Wilson.** On the cause of the excretion of Water on the surface of
Nectaries. Leipz. 1881. 8. 24 p. 1.—
'21395 **Winkler, A.** Ueb. d. Keimblätter d. deutsch. Dicotylen. 3 Tle. (Berl.,
Bot. Ver.) 1874—85. 8. 30 p. m. Tfl. 1.50
21396 — Keimfähigk. d. Samens d. Phanerog. (Bonn, Ver. Nat.) 1879. 8. 10 p. !.—
21397 **Winkler, F.** Z. vergl. Anat. d. Gattgn. Crotalaria u. Prioritropis.
Bromb. 1901. 8. 82 p. 1.—
21398 **Winkler, H.** Untersuch. z. Theorie d. Blattstellungen. I. (Leipz., Pringsh.
J.) 1901. 8. 79 p. m. 4 Tfln. 2.50
21399 — Regenerat. Sprossbild. auf 'd. Blättern v. Torenia asiat. (Berl., Bot.
Ges.) 1903. 8. 13 p. 1.—
21400 — Botan. Unters. aus Buitenzorg. I. (Buitenz., J.) 1905. 8. 52 p. m. Tfl. 2.—
21401 — Z. Morphol. u. Biol. tropischer Blüten u. Früchte. Leipz. 1906. 8. 45 p. 1.50
21402 — Umwandl. d. Blattstieles z. Stengel. (Leipz., Pringsh. J.) 1907.
8. 82 p. 2.50
21403 — Parthenogenesis u. Apogamie im Pflanzenreiche. Jena 1908. 8.
166 p. (M. 4.50.) 3.—
21404 **Winterstein.** Ueb. d. pflanzl. Amyloid. Strassb. 1892. 8. 48 p. 1.—
21405 **Wirth.** Bestandtheile d. Blüthen d. Ringelblume. Wesel 1891. 8. 38 p. 1.—
21406 **Wisniewski.** Einfluss d. äusseren Bedingungen auf d. Fruchtform bei
Zygorhynchus Moelleri. (Krak., Ak.) 1908. 8. 26 p. 1.—

21407 **Wisniewski.** Induktion v. Lenticellenwucherungen b. Ficus. (Krak., Ak.) 1910. 8. 9 p. m. 2 Tfln.   *M* 1.50

21408 — Keim. d. Winterknospen d. Wasserpflanzen. (Krak., Ak.) 1912. 8. 16 p. m. Tfl.   1.—

21409 **Wisselingh.** De kernscheede bij de wortels der Phanerog. (Amst., Ak.) 1884. 8. 40 p. m. Tfl.   1.—

21410 — S. la Cuticularisation et la Cutine. (Haarl., Arch.) 1893. 8. 38 p. av. pl. color.   1.—

21411 — S. l. Bandelettes d. Ombellifères. (Haarl., Arch.) 1894. 8. 34 p. av. 2 pl. color.   1.50

21412 **Wisser.** Transpirationsschutz d. Pflanzen. Kiel 1904. 8. 39 p.   1.—

21413 **Witkowski.** Ueb. d. Früchte v. Embelia ribes u. Myrsine africana. Karlsr. 1892. 8. 32 p.   1.—

21414 **Witte.** Vorkomm. e. aërenchymat. Gewebes bei Lysimachia vulg. (Upps.) 1906. 4. 10 p.   1.—

21415 **Wolf, T.** Z. Entwickelgesch. d. Orchideen-Blüte. (Leipz., Pringsh. J.) 1865. 8. 46 p. m. 4 Tfln.   3.—

21416 **Wölfel.** Z. vergl. Anat. d. Polemoniaceen. Heidelb. 1901. 8. 65 p. m. 2 Tfln.   1.50

21417 **Wolkoff.** Lichtabsorpt. in d. Chlorophylllösungen. Heidelb. 1876. 8. 29 p. m. Tfl.   1.—

21418 **Wood, J. G.** Common objects of the Microscope. Lond. 1861. 8. 136 p. w. 12 pl.   1.—

21419 **Woodruffe-Peacock.** Frequency in Floral analysis. Louth 1912. 8. 16 p.   1.—

21420 **Worgitzky.** Vergleich. Anat. d. Ranken. Regensb. 1887. 8. 58 p. m. color. Tfl.   1.50

21421 **Woronine.** S. excroissances d. racines de l'Aune et du Lupin. (Paris, Ann. Sc.) 1867. 8. 14 p. av. pl.   1.50

21422 — Ueb. d. bei Alnus glutinosa u. d. Garten-Lupine auftret. Wurzelanschwellungen. (Petersb., Ak.) 1894. 4. 13 p. m. 2 Tfln.   1.50

21423 **Worsdell.** Developm. of the ovule of Christisonia. (Lond., Linn. S.) 1897. 8. 9 p. w. 3 pl.   1.—

21424 — Compar. anat. of cert. species of Eucephalartos. (Lond., Linn. S.) 1900. 4. 15 p. w. pl. (3 s.)   1.50

21425 **Wortmann.** Z. Physiol. d. Wachsthums. (Leipz., Bot. Z.) 1889. 4. 26 p.   1.—

21426 **Wörz.** Bezieh. d. Nectarien z. Befrucht. u. Saamenbild. Tüb. 1833. 8. 40 p.   1.—

21427 **Wossidlo.** De Palmarum anatom. I. Vratisl. 1860. 8. 32 p.   1.—

21428 **Wotschal.** Zur Frage üb. d. Verbreit. u. Verteil. v. Solanin in d. Pflanzen. (Kasan) 1887. 8. 103 p. — Russisch.   2.—

21429 — Ueb. d. Saft-Bewegung in den Pflanzen. Mosk. 1897. 8. 417 p. m. 13 Tfln. — Russisch.   6.—

21430 **Wóycicki.** Einwirk. d. Aethers u. d. Chloroforms auf d. Teilung d. Pollenmutterzellen bei Larix dahur. (Krak., Ak.) 1906. 8. 48 p. m. 3 Tfln.   2.—

21431 — Kerne in d. Suspensorfortsätz. b. Tropaeolum. Embryosack b. Tropaeol. 2 Abhandl. (Krak., Ak.) 1907. 8. 19 p. m. 2 color. Tfln.   1.50

21432 **Wretschko.** Z. Entwickelgsgesch. getheilter u. gefied. Blattformen. (Wien, Ak.) 1864. 8. 24 p. m. 2 Tfln.   1.—

21433 — Entwickl. d. Inflorescenz d. Asperifolien. (Wien) 1866. 8. 23 p.   1.—

21434 **Wurzeln.** — 12 Abhandl. v. Lagerheim, Lesage, Mitten, Trelease u. a. 1836—1909. 8. u. 4. 96 p. m. 3 Tfln.   3.—

21435 **Wydler.** Symmetr. Verzweigungsweise dichotomer Inflorescenzen. (Regensb., Flora) 1851. 8. 110 p. m. 3 Tfln.   1.50

21436 **Young, W. J.** Embryol. of Melilotus alba. (Indianop.) 1906. 8. 6 p. w. 3 pl.   1.50

21437 **Zabel.** Ueb. d. fibrösen Bau d. Zellwand. (Mosk., Bull.) 1861. 8. 39 p. m. 2 Tfln.   1.—

21438 **Zach.** Ueb. Erineum Tiliaceum. Saaz 1905. 8. 11 p. m. 2 Tfln.   1.—

21439 **Zacharias.** Ueb. d. Anat. d. Stammes v. Nepenthes. Strassb. 1877. *M*
8. 32 p. 1.—
21440 — Wachstum d. Zellhaut b. Wurzelhaaren. (Marb., Flora) 1891. 8.
24 p. m. 2 color. Tfln. 1.50
21441 — 6 Abhandl. üb. Pflanzen-Physiol. 1893—1901. 8. 58 p. 2.—
21442 — Verhalten d. Zellkerns in wachsenden Zellen. (Marb., Flora) 1895.
8. 50 p. m. 3 z. Tl. color. Tfln. 1.50
21443 — Ueb. ein. mikrochem. Untersuchgs.-Methoden. (Berl., Bot. Ges.)
1896. 8. 11 p. 1.—
21444 — Nachweis u. Vorkommen v. Nuclëin. (Berl., Bot. Ges.) 1898. 8. 14 p. 1.—
21445 — Z. Kenntn. d. Sexualzellen. (Berl., Bot. G.) 1901. 8. 20 p. 1.—
21446 — Achromat. Bestandtheile d. Zellkerns. (Berl., Bot. G.) 1902. 8.
23 p. m. Tfl. 1.—
21447 **Zahlbruckner.** Neue Beitr. z. Kenntn. d. Lenticellen. (Wien, Z. b. G.)
1884. 8. 10 p. 1.—
21448 **Zahn.** Ueb. Protoplasmagifte. Erl. 1901. 8. 24 p. 1.—
21449 **Zander, A.** Chemisches üb. die Samen v. Xanthium strumarium. Dorp.
1881. 8. 37 p. 1.—
21450 **Zander, R.** Die Milchsafthaare d. Cichoriaceen. Stuttg. 1896. 4. 44 p.
m. 2 Tfln. (M. 12.) 7.50
21451 — — Dissertation. Stuttg. 1896. 4. 18 p. 1.—
21452 **Zanier.** Contrib. alla fisiol. d. Protoplasma.. (Padova, Ist. Bot.) 1895.
8. 14 p. 1.—
21453 **Zeitschrift** f. biolog. Technik u. Methodik, hrsg. v. Gildemeister.
Bd. I, II. Strassb. 1908—12. 8. m. Tfln. (M. 30.) 16.—
21454 **Zeitschrift** für Mikroskopie. Red. v. E. Kaiser. Jahrg. I. Berl. 1877.
8. 368 p. (M. 10.) Cart. 2.—
21455 **Zeitschrift** f. angewandte Mikroskopie, hrsg. v. Marpmann. 15 Bde.
Berl., Weimar, Leipz. 1895—1910. 8. (M. 180.). — Soviel erschienen. 110.—
Auch viele einzelne Bände u. Hefte vorhanden.
21456 **Zeitschrift** f. wissenschaftl. Mikroskopie u. mikroskop. Technik. Hrsg.
v. Behrens u. Küster. Jahrg. 1—24: 1884—1907, m. Generalregist.
(zu Jahrg. 1—20). Braunschw. u. Leipz. 8. m. Tfln. (M. 546.) 330.—
Auch viele einzelne Bände vorrätig.
21457 **Zelle.** Ueb. männlichen Blüthen d. Coniferen. Tüb. 1837. 8. 56 p. 1.—
21458 Die **Zelle.** — 22 Abhandl. v. Chalon, G. u. H. Karsten, Kossel, Küster,
Meyen, Möbius, Nemec, Pfeffer, Schmitz, Vogl, Wildeman u. a. 1835—
1913. 8. u. 4. 200 p. m. 10 Tfln. 7.—
21459 **Zenkowsky.** Ein. Tatsachen aus d. Entwicklgesch. d. Nadelbäume.
Petersb. 1846. 4. 42 p. — Russisch. 1.50
21460 **Ziegler, H.** Verlauf d. Gefässbündel im Stengel d. Ranunculac. Erl.
1895. 8. 42 p. m. Tfl. 1.—
21461 **Zijlstra.** Kohlensäuretransport in Blättern. Groning. 1909. 8. 132 p.
m. 2 Tfln. 2.—
21462 **Zimmermann, A.** Ueb. d. Transfusionsgewebe. Regensb. 1880. 8. 12 p.
m. Tfl. 1.—
21463 — Erklär. d. Anisotropie d. organis. Substanzen. Berl. 1885. 8. 21 p. 1.—
21464 — Beitr. z. Morphologie u. Physiologie d. Pflanzenzelle. Bd. I, II.
Teil 1. (4 Tle.) Tüb. 1890—93. 8. 357 p. m. 6 z. Tl. color. Tfln. (M. 14.)
— Alles was erschien. 5.—
21465 — Die botan. Mikrotechnik. Tüb. 1892. 8. 228 p. m. 65 Fig. (M. 6.) 4.50
Vergriffen.
21466 — Verhalt. d. Nucleolen währ. d. Karyokinese. Tüb. 1893. 8. 35 p.
m. color. Tfl. 1.—
21467 — Das Mikroskop. Leipz. 1895. 8. 342 p. m. 231 Fig. Lnb. (M. 9.) 1.50
21468 — Morphol. u. Physiol. d. pflanzl. Zellkerns. Jena 1896. 8. 196 p. (M. 5.) 3.50
21469 — Ueb. d. chem. Zusammensetz. d. Zellkerns I. (Leipz., Z. Mikr.) 1896.
8. 20 p. m. color. Tfl. 1.—

21470 **Zimmermann, C.** Microscopia veget. 2 parties. (Lisboa, Broter.) 1903—
1905. 8. 59 p. av. 2 pĺ. color. *ℳ* 1.50
21471 **Zimmermann, E. Z.** Kenntn. d. Anat. d. „Helosis guyanens." Bonn
1886. 8. 23 p. 1.—
21472 **Zingeler.** Spaltöffnungen d. Carices. Bonn 1869. 8. 35 p. m. Tfl. 1.—
21473 **Zinsser.** Verhalt. v. Bakterien insb. v. Knöllchenbakter. in pflanzl.
Geweben. Berl. 1897. 8. 30 p. 1.—
21474 **Zölffel.** Z. Kenntn. d. Gerbstoffe d. Algarobilla u. Myrobalanen. Berl.
1891. 8. 38 p. 1.—
21475 **Zopf.** Untersuch. üb. d Gerbstoff- u. Anthocyan-Behälter d. Fumariaceen. Cassel 1886. 4. 40 p. m. 3 color. Doppel-Tfln. (M. 30.) 9.—
21476 **Zörnig.** Z. Anat. d. Coelogyninen. Leipz. 1903. 8. 127 p. m. 60 Fig. 2.—
21477 **Zurawska.** Ueb. d. Keim. d. Palmen. (Krak., Ak.) 1912. 8. 32 p. m. 6 Tfln. 3.—
21478 **Zweigelt.** Vergleich. Anat. d. Asparagoideae, Ophiopogonoideae, Ale-
troideae, Luzuriagoid. u. Smilacoid. (Wien, Ak.) 1912. 4. 80 p. m.
10 Tfln. (M. 9.70.)
21479 — Was sind Phyllokladien der Asparageen? (Wien, Bot. Z.) 1913.
8. 37 p. 1.50

Specierum Origo.
[Hereditas. Mutatio. Variatio].

21480 **Amann.** Applicat. de la loi d. grands nombres à l'ét. d'un Type végétal.
(Paris, J. Bot.) 1899. 8. 33 p. 1.50
21481 **Andrlik u. Urban.** Variabil. d. chem. Zusammensetz. d. Nachkommen-
schaft e. Mutterrübe in d. 1. Generat. (Prag, Stat. Zuck.) 1915. 8. 18 p. 1.50
21482 **Apert.** The Problems of Heredity. (Wash., Smiths.) 1914. 8. 17 p. 1.—
21483 **Bachmann.** Der Speciesbegriff. (Luzern) 1905. 8. 24 p. m. viel. Fig. 1.50
21484 **Bateson, W.** Mendel's Principles of Heredity. 2 vols. Lond. 1909. 8.
904 p. w. fig. Cloth. 35.—
    Out of print.
21485 **Bateson, W., and Pertz.** On the inherit. of variat. in the Corolla of
Veronica Buxbaumii. (Cambr., Philos. Soc.) 8. 14 p. w. pl. 1.—
21486 **Baur, E.** Vererb. v. Chromatophorenmerkmalen b. Melandrium, Antirrhinum u. Aquilegia. (Berl., Z. Abstamm.) 1910. 8. 22 p. 1.50
21487 — Vererbungs- u. Bastardierungsversuche mit Antirrhinum. (Berl., Z.
Abstamm.) 1912. 8. 16 p. 1.—
21488 — Ein. f. d. züchter. Praxis wicht. Ergebn. d. neuer. Bastardierungs-
forschung. (Berl.) 1913. 8. 17 p. 1.—
21489 **Bayer.** Ueb. d. Mannigfaltigkeit d. Pflanzenformen. (Wien, Z. b. G.)
1860. 8. 8 p. 1.—
21490 **Beckwith.** Variat. of Ray-Flowers in Rudbeckia Hirta. (Rochester,
Ac.) 1893. 8. 2 p. w. pl. 1.—
21491 **Bitter.** Parthenogenesis u. Variabilität d. Bryonia dioica. (Bremen,
Nat. Ver.) 1905. 8. 9 p. m. 2 Tfln. 1.—
21492 — Entwicklungsdauer bei Xanthium-Rassen. (Brem., Nat. Ver.) 1908.
8. 8 p. m. 2 Tfln. 1.50
21493 **Blytt.** Ueb. Wechsellagerung u. deren Bedeut. f. d. Zeitrechn. d. Geo-
logie u. f. d. Veränder. d. Arten. (Erl., Biol. Centr.) 1883. 8. 30 p. 1.50
21494 **Bohlin.** Exempel pa ömsesidig vikariering mellan en fjäll-och en kust-
form. (Stockh., Bot. Inst.) 1900. 8. 17 p. 1.50
21495 **Brandegee.** Variation in Oenothera ovata. (Berkeley, Univ.) 1914. 4.
8 p. w. 2 pl. 1.—
21496 **v. Brandt.** Ueb. Variabilität. (Wien) 1893. 8. 22 p. 1.50
21497 **Braun.** Das Individuum d. Pflanze in s. Verhältn. z. Species. Gene-
rations-Folge, -Wechsel u. -Verteilung. (Berl., Ak.) 1853. 4. 106 p.
m. 6 Tfln. 9.—
    Vergriffen u. selten.

21498 **Braun.** The Vegetable Individual in its relat. to species. Transl. by   *M.*
Stone. 3 parts. (Lond., Ann. & M.) 1856. 8. 70 p.   3.—

21499 **Buder.** Studien an Laburnum Adami. II. (Berl., Z. Abstamm.) 1911.
8. 76 p. m. 21 Fig.   2.—

21500 **Burbank.** — J o r d a n a n d K e l l o g g. Scientific aspects of Burbank's work (Modificat. of Plant-life by crossing and select.). S. Franç.
1909. 8. 429 p. w. portr. Half bd. cloth.   9.—

21501 **Candolle, A. de.** S. l'espèce à l'occas. d'une révis. d. Cupulifères. (Paris,
Ann. Sc.) 1862. 8. 52 p.   2.—

21502 **Carrière.** Product. et fixat. des Variétés dans l. Végétaux. Paris 1865.
8. 75 p. av. 2 pl. color.   4.—

21503 **Caspary.** Ueb. die Hybriden, erhalten durch d. Pfropfen. (Amsterd.)
1865. 8. 15 p.   1.50

21504 **Castle.** The laws of heredity of Galton and Mendel. (Cambr., Ac.)
1903. 8. 22 p.   1.50

21505 **Chevreul.** S. l. variat. des Individus qui compos. l. variétés et espèces.
(Paris, Ann. Sc.) 1846. 8. 73 p.   3.50

21506 **Correns.** Bastarde zwischen Maisrassen, m. Berücksichtigung d.
Xenien. Stuttg. 1901. 4. 161 p. m. 2 color. Tfln. (M. 24.)   14.—

21507 — Ueb. Vererbungsgesetze. (Leipz., Ges. Natf.) 1905. 8. 23 p.   1.50

21508 **Crépin.** Toujours l'espèce. A propos de qlqs. plantes litign. (Gand,
Belg. Hort.) 1863. 8. 8 p.   1.—

21509 **Crugnola.** Atavismo n. Orobanche. (Firenze, Giorn. Bot.) 1899. 8. 16 p.   1.—
Darwin, Erasmus and Charles. Works — see nr. 21691—21763.

21510 **Debat.** S. la Variabilité d. espèces. (Lyon, Soc. Bot.) 1897. 8. 11 p.   1.50

21511 **Detto.** Die Theorie d. direkt. Anpass. u. ihre Bedeut. f. d. Anpassungs-
u. Deszendenzproblem. Jena 1904. 8. 220 p. (M. 4.)   2.50

21512 **Dixon.** The possible funct. of the Nucleolus in heredity. (Lond., Ann.
Bot.) 1899. 8. 10 p.   1.—

21513 **Düggeli u. Fischer.** Speziesbegriff bei den Bakterien u. b. d. parasit.
Pilzen. 2 Abhandl. (Luzern, Nat. Ges.) 1905. 8. 22 p. m. 5 Tfln.   3.—

21514 **Dumas.** S. l'Hybridité d. Gentianes alpines. (Paris, Soc. Nat.) 1823.
4. 14 p. av. pl. color.   1.50

21515 **Ebner.** Ueb. Vererbung. (Heilbronn) 1886. 8. 17 p. m. Tfl.   1.—·

21516 **Ettingshausen.** Beitr. z. Erforschung d. Phylogenie d. Pflanzen-Arten.
2 Tle. (Wien, Ak.) 1877—80. 4. 28 p. m. 20 Tfln. (M. 10.)   7.—

21517 — — Teil II. 1880. 12 p. m. 10 Tfln. (M. 4.60.)   2.—

21518 — Mitthlgn. üb. phyto-phylogenet. Untersuchgn. (Wien, Ak.) 1879.
8. 35 p.   1.—

21519 **Ettingshausen u. Krasan.** Beitr. z. Erforsch. d. atavist. Formen an leb.
Pflanzen. 3 Tle. (Wien, Ak.) 1888—89. 4. 74 p. m. 16 Tfln. (M. 10.)   8.—

21520 — — Tl. II. III. 1888—89. 62 p. m. 12 Tfln. (M. 7.90.)   4.50

21521 — S. l'Atavisme d. Plantes. 2 mém. (Genève, Arch.) 1891. 8. 24 p.   1.50

21522 **Farlow.** The Conception of species as affect. by recent investigations
of Fungi. Boston 1898. 8. 23 p.   1.50

21523 **Fée.** De l'Espèce. (Strasb., Soc. Nat.) 1858. 4. 16 p.   1.—

21524 **Fisch.** Aufzähl. u. Kritik d. verschied. Ansichten üb. d. pflanzl. Individuum. Rostock 1880. 8. 107 p. (M. 2.50.)   1.—

21525 **Focke.** Ueb. d. Begriffe Species u. Varietas im Pflanzenreiche. Jena
1875. 8. 65 p.   1.50

21526 — Die Pflanzen-Mischlinge. Berl. 1881. 8. 574 p.   12.—

21527 — Die Culturvarietäten d. Pflanzen. (Brem., Nat. Ver.) 1884. 8. 22 p.   1.50

21528 — Ueb. Kreuzung u. Fruchtansatz b. Blütenpflanzen. (Brem., Nat.
Ver.) 1890. 8. 10 p.   1.—

21529 — Betracht. u Erfahrgn. über Variation u. Artenbildung. (Brem.,
Nat. Ver.) 1907. 8. 20 p.   1.50

21530 — Ueb. polymorphe Formenkreise. (Leipz.) 8. 26 p.   1.50

21531 **Fruwirth.** Durchführung v. Veredelungsauslese, Züchtung bei Pflanzen   *M*
m. Selbstbefruchtung. (Berl.) 1907. 8. 59 p. m. Tab.   2.—
21532 — Die Entwickl. d. Auslesevorgänge b. d. landwirtsch. Kulturpflanzen.
(Jena, Progress.) 1909. 8. 72 p.   2.50
21533 — Z. Vererbung morphol. Merkmale bei Hordeum distich. nutans.
(Brünn, Ver. Nat.) 1911. 8. 8 p. m. 2 Tfln.   2.—
21534 **Gärtner, C. F.** Versuche, die Befruchtung ein. Gewächse betreff.
(Tübing.) 1826. 8. 32 p.   2.—
21535 — S. la fécondat. d. Phanérogames. (Paris, Ann. Sc.) 1845. 8. 18 p.   1.50
21536 — Ueb. d. Bastard-Erzeug. im Pflanzenreich. Stuttg. 1849. 8. 807 p.   12.—
     Vergriffen.
21537 **Gates.** Contrib. to a knowl. of the mutating Oenotheras. (Lond., Linn.
Soc.) 1913. 4. 67 p. w. 6 pl.   15.—
21538 **Geerkens.** Korrelat.- u. Vererbungs-Erschein. beim Roggen. Dresd.
1901. 8. 57 p. m. 14 Tab.   2.—
21539 **Gerard.** De l'Espèce. Paris 1844. 8. 27 p.   1.—
21540 **Goebel.** Jugendformen d. Pflanzen u. deren künstl. Wiederhervor-
rufung. (Münch., Ak.) 1896. 8. 51 p.   2.—
21541 — Ueb. Studium u. Auffass. d. Anpassungserscheingn. b. Pflanzen.
Münch. 1898. 4. 24 p.   1.50
21542 **Godron.** Des hybrides et des métis de Datura; étud. spéc. dans leur
descendance. (Nancy, Ac.) 1873. 8. 75 p.   2.50
21543 **Goodspeed.** Quantit. stud. of inheritance in Nicotiana Hybrids. 3 parts.
Berkeley 1912—15. 8. 100 p. w. 6 pl.   4.—
21544 — Partial sterility of Nicotiana Hybrids. Berkel. 1913. 4. 10 p.   1.—
21545 —. On the germinat. of Tobacco-Seed. 2 parts. Berkeley 1913—15.
4. 40 p.   1.50
21546 — Parthenogenesis, Parthenocarpy and Phenospermy in Nicotiana.
Berkeley 1915. 8. 24 p. w. pl.   1.50
21547 **Gray, A.** Species consid. as to variation, geogr. distribut. and success.
(Lond., Ann. & M.) 1863. 8. 18 p.   2.—
21548 **Grönland.** Ueb. d. Bastardbild. d. Gatt. Aegilops. (Berl., Pringsh. J.)
1858. 8. 17 p. m. Tfl.   1.50
21549 **Groth.** The F_1 Heredity in Tomato fruits. N. Jers. 1912. 8. 39 p. w. 3 pl.   2.—
21550 **Harshberger.** The Limits of variat. in Plants. (Philad., Ac.) 1901.
8. 17 p.   1.50
21551 — Study of the fertile Hybrids prod. by crossing Teosinté and Maize.
(Philad., Univ.) 1901. 8. 5 p. w. pl.   1.50
21552 **Heilbronn.** Apogamie, Bastardier. u. Erblichkeitsverhältn. bei ein.
Farnen. Jena 1910. 8. 43 p.   1.50
21553 **Helquero.** Variaz. del numero dei fiori ligulari del Bellis perennis.
(Napoli, Orto) 1904. 8. 12 p.   1.—
21554 **Henslow, G.** Heredity of acquired Characters of Plants. Lond. 1908. 8.
119 p. w. 24 pl. Cloth. (6 s.)   4.50
21555 **Herder.** Die Veränderlichk. d. Arten im Pflanzenreich. (Berl., Gartenfl.)
8. 6 p.   1.—
21556 **Hildebrand.** Ueb. ein. Pflanzenbastardierungen. Jena 1889. 8. 139 p.
m. 2 Tfln. (M. 4.)   2.50
21557 — Heterostylie u. Bastardir. bei Forsythia. (Leipz., Bot. Z.) 1894. 4.
10 p. m. Tfl.   1.50,
21558 **Hoffmann, H.** Untersuch. z. Bestimm. d. Wertes v. Species u. Varie-
tät. Giess. 1869. 8. 171 p. m. Tfl.   2.50
21559 — Ueb. thermische Constanten u. Accomodation. (Wien, Z. b. G.) 1876.
8. 30 p.   1.50
21560 — Ueb. Accomodation. Giess. 1876. 4. 22 p.   1.50
21561 **Hybride u. Bastarde.** — 20 Abhandl. v. Beyer, E. Fries, Hemsley,
Kerner, Murr, Wahlstedt u. a. 1859—1909. 8. u. 4. 144 p. m. 2 Tfln.   6.—

21562 **Iltis.** Die Geschichte d. Naturforsch. Vereines in Brünn 1862—1912. (Brünn, Nat. Ver.) 1912. 8. 64 p. m. Tfl.   *ℳ* 1.50

21563 **Jagodzinski.** Selbständigk. u. Begriff d. Gattung. (Leipz., Biol. Centr.) 1899. 8. 26 p.   1.50

21564 **Johannsen, W.** Om nogle Mutationer i rene Linier. (Kjöb., 'Warming') 1911. 4. 12 p.   1.50

21565 **Jordan, A.** De l'origine d. divers Variétés ou espèces d'Arbres fruitiers. Paris 1853. 8. 97 p.   3.—

21566 — S. la question de l'Espèce. (Lyon, Soc. Linn.) 1874. 8. 19 p.   1.50

21567 **Journal** of Genetics. Ed. by Bateson and Punnett. Vol. I. Cambr. 1910. 8.   32.—

21568 **Kammerer.** Mendelsche Regeln u. Vererbung erworb. Eigenschaften. (Brünn, Ver. Nat.) 1911. 8. 49 p.   2.—

21569 — Adaptat. and Inheritance in the light of mod. experimental investigations. (Wash., Smiths.) 1913. 8. 21 p. w. 8 pl.   2.50

21570 **Kerner, A.** Gute u. schlechte Arten. Innsbr. 1866. 8. 60 p.   3.—
   Vergriffen.

21571 — Können aus Bastarten (sic!) Arten werden? (Wien, Bot. Z.) 1871. 8. 10 p.   1.50

21572 — Bedeut. d. Asyngamie f. d. Entstehung neuer Arten. (Innsbr., Nat. Ver.) 1874. 8. 10 p.   1.50
   Siehe auch Nr. 10576 u. 10577.

21573 **Klebs.** Ueb. d. Nachkommen künstl. veränd. Blüten v. Sempervivum. (Heidelb., Ak.) 1909. 8. 32 p. m. color. Tfl.   2.—

21574 **Klotzsch.** Ueb. d. Nutzanwend. d. Pflanzen-Bastarde u. Mischlinge. (Berl., Ak.) 1854. 8. 28 p.   2.—

21575 **Kofoid.** The limitations of Isolation in the origin of species. (N. York, Science) 1907. 8. 13 p.   1.—

21576 **Korn.** Ueb. Fortbildung d. Arten durch Naturtriebe u. Domestikat. Berl. 1890. 8. 40 p.   2.—

21577 **Krasan.** Versuch die Polymorphie d. Gattg. Rubus zu erklären. (Wien, Z. b. G.) 1865. 8. 54 p.   1.—

21578 — Einfluss standörtl. Verhältn. auf d. Form variabl. Pflanzenarten. (Graz, Nat. Ver.) 1895. 8. 14 p.   1.—

21579 — Zur Abstamm.-Gesch. d. autochthonen Pflanzenarten. (Graz, Nat. Ver.) 1897. 8. 43 p.   2.—

21580 — Versuche u. Beobachtgn. E. Beitr. z. Formgeschichte d. Pflanzen. (Graz, Nat. Ver.) 1905. 8. 79 p.   2.—

21581 — Monophyletisch od. polyphyletisch? (Graz, Nat. Ver.) 1906. 8. 41 p.   1.50

21582 **Kuntze, O.** Der Irrthum d. Speciesbegriffes phytogeogr. erläut. an Rubus. (Leipz., Geogr. Ges.) 1879. 8. 18 p. m. Tab.   1.—

21583 **Kützing.** Histor.-krit. Unters. üb. d. Artbegriff. 8. 20 p.   1.—

21584 **Leake and Prased.** On the Sterility and Cross-Fertilisat. in the Indian Cottons. (Pusa) 1912. 4. 38 p.   1.50

21585 **Lidforss.** Stud. öfv. Artbildingen inom släktet Rubus. 2 Tle. (Stockh., Ark. Bot.) 1905—07. 8. 83 p. m. 16 Tfln.   8.—

21586 **Lock.** On Colour inheritance in Maize. (Colombo, Gard.) 1912. 8. 8 p.   1.—

21587 **Loew, E.** Burck's Abhandl. üb. die Mutation als Ursache d. Kleistogamie. (Leipz., Biol. Centr.) 1906. 8. 44 p.   1.50

21588 **Ludwig, F.** Variationsstatist. Probleme u. Materialien. (Cambr., Biometr.) 1901. 4. 19 p.   1.50

21589 **Macdougal.** Mutants and Hybrids of the Oenotheras. (Wash., Carneg.) 1905. 8. 57 p. w. 22 pl.   7.—

21590 — Heredity and the origin of species. (Wash., Smiths.) 1909. 8. 19 p. w. pl.   1.50

21591 **Mac Dougal, Vail and Shull.** Mutations, variations and relationships of the Oenotheras. (Wash., Carneg.) 1908. 8. 92 p. w. 22 pl.   5.—

21592 **Massart.** La base matér. de l'Hérédité et de la Variabilité. (Brux.) 1905. 8. 7 p.   *M* 1.—

21593 **Mendel.** Versuche üb. Pflanzen-Hybriden. (Brünn, Nat. Ver.) 1865. 8. 45 p.   100.—
Für diesen Preis wird der vollständige ausserordentlich selten gewordene Band der „Verhandlungen" geliefert.

21594 — — F a c s i m i l e - E d i t i o n.
Ich beabsichtige von dieser für die Mutationstheorie wichtigsten Abhandlung einen a n a s t a t i s c h e n N e u d r u c k zu veranstalten, der sich von dem Originale in nichts unterscheiden wird. Subscriptionspreis M. 3. (Preis nach Erscheinen M. 4.).

21595 The **Mendel Journal.** Ed. by the Mendel Society. No. 1 and 2 (all published). Lond. 1909. 8. 462 p. w. plates.   7.—

21596 **Michelis, F.** Das Formenentwicklungsgesetz im Pflanzenreiche. Bonn 1869. 8. 460 p. (M. 5.50.) Cart.   2.50

21597 **Miles.** Heredity of acquired characters. (N. York, Am. Natur.) 1892. 8. 14 p.   1.—

21598 **Moore, A. R.** Biochemical conception of Dominance. Berkel. 1910. 8. 7 p.   1.—

21599 **Moritzi, A.** Réflexions sur l'Espèce en histoire naturelle. Soleure 1842. 8. 109 p.   25.—
Ouvrage très-important pour l'Histoire du Darwinisme, dans lequel se trouvent déjà les fondements de notre connaissance de la théorie évolutionnaire exprimés a v e c l a p l u s g r a n d e c l a r t é. Ce professeur Suisse (1807 à 1850) qui a écrit 5 ouvrages botaniques est un précurseur presqu' inconnu du D a r w i n qui n'a publié les résultats de ses études que 17 années après M o r i t z i.

21600 — — R é i m p r e s s i o n a n a s t a t i q u e. Avec une préface historique (en Allemand) par H. P o t o n i é. Berlin 1910. 8. IX et 109 p.   5.—
Réimpression exécutée avec le plus grand soin et pas inférieure à l'édition originale. Prof. Potonié a donné dans la préface une courte histoire de l'ouvrage et de son haute importance pour la Science.

21601 **Morogues.** De l'Espèce. (Angers, Soc. Linn.) 1871. 8. 31 p.   2.—

21602 **Müller, Aug.** Erste Entsteh. organ. Wesen u. der. Spaltung in Arten. Berl. 1869. 8. 48 p.   1.—

21603 **Nägeli.** Entsteh. u. Begriff d. naturhistor. Art. Münch. 1865. 4. 53 p.   1.50

21604 — Das gesellschaftl. Entstehen neuer Species. (Münch., Ak.) 1872. 8. 40 p.   2.—·

21605 **Naudin.** Nouv. recherches s. l'Hybridité d. l. Végétaux. (Paris, Nouv. Arch.) 1861. 4. 151 p. av. 9 pl. color.   15.—
Rare.

21606 — De l'Hybridité consid. comme cause de variabil. dans l. Végétaux. (Paris, Ann. Sc.) 1865. 8. 11 p.   1.50

21607 **Neilreich.** Ueb. hybride Pflanzen d. Wiener Flora. (Wien, Z. b. G.) 1852. 8. 19 p.   1.50

21608 **Nilsson, N. H.** De element. arternas betydelse för växtförädlingen. (Krist.) 1907. 8. 12 p.   1.50

21609 **Nilsson-Ehle.** Spontanes Wegfallen eines Farbenfaktors beim Hafer. (Brünn, Nat. Ver.) 1911. 8. 18 p.   1.50

21610 **Noé.** Ueb. atavist. Blattformen d. Tulpenbaumes. (Wien, Ak.) 1894. 4. 16 p. m. 4 Tfln.   1.50

21611 **de Noter.** L'Hybridation d. Plantes. Paris 1905. 8. 179 p. av. 87 fig.   3.—

21612 **Orphal.** Ueb. Korrelationserscheingn. bei Vicia Faba. Merseb. 1907. 8. 76 p.   2.—

21613 **Ostenfeld.** Castration and Hybridisation experim. w. Hieracia. 2 parts. (Copenh., Bot. Tidskr.) 1906—10. 8. 69 p. w. 2 colour. pl.   3.50

21614 **Parmentier.** L'Espèce végét. en classific. natur. Le Mans 1898. 8. 8 p.   1.—

21615 **Pilger.** Die Mutationstheorie. (Berl., Bot. Ver.) 1902. 8. 8 p.   1.—

21616 **Pollock.** Physiol. variat. of Plants and their significance. (Lansing) 1907. 8. 8 p.   1.—

21617 **Porsch.** Die Blütenmutat. d. Orchideen. (Wien, Z. b. G.) 1905. 8. 7 p.   1.—

21618 — Descendenztheoret. Bedeut. sprunghafter Blütenvariat. f. d. Orchid. Südbrasiliens. 3 Tle. (Berl., Z. Abstamm.) 1908. 8. 122 p. m. Tfl.   3.50

21619 **Pound and Clements.** Method of determin. the abundance of secondary species. (Minneap., Bot. Stud.) 1898. 8. 6 p. 1.—
21619a **Preyer.** Farben - Variationen d. Samen ein. Trifoliumarten. Berl. 1899. 8. 30 p. 1.—
21620 **Punnett.** Mendelism. 2. ed. Cambr. 1907. 8. 94 p. w. fig. Cloth. 2.50
21621 — Mendelismus. Deutsch v. Proskowetz. Brünn 1910. 8. 117 p. m. Portr. u. 4 Tfln. 2.—
21622 **Regel.** Ueb. d. Idee der Art. (Amsterd., Congr.) 1865. 8. 39 p. 2.—
21623 **Reiander.** Produktionsfähigkeit u. Blütezeit d. F_1 — Generat. ein. Erbsenkreuzungen. (Helsingf.) 1914. 8. 26 p. m. 8 Tfln. 3.—
21624 **Rogenhofer.** Variationsstatist. Untersuch. d. Blätter von Gentiana verna u. G. Tergestina. (Wien, Bot. Z.) 1905. 8. 13 p. 1.—
21625 **Romanes.** Physiol. selection; an addit. suggest. on the origin of species. (Lond., Linn. Soc.) 1886. 8. 75 p. 1.50
21626 **Roemer, T.** Mendelismus u. Bastard-Züchtung d. landwirtsch. Kulturpflanzen. Berl. 1914. 8. 411 p. m. Portr. u. 4 Tfln. 4.—
21627 **Rosa.** Vi è una legge d. riduz. progress. d. Variabilità. (Torino, Biolog.) 1906. 8. 15 p. 1.50
21628 **Rosenberg.** Erblichkeitsgesetze u. Chromosomen. (Upps., 'Kjelman') 1906. 4. 7 p. 1.50
21629 **Rostrup, E.** Biolog. Arter og Racer. (Kjöb., Bot. T.) 1896. 8. 10 p. 1.—
21630 **Roth, E.** Die Tatsachen d. Vererbung. Berl. 1885. 8. 147 p. 1.50
21631 **Schaaffhausen.** Ueb. Beständigkeit u. Umwandl. der Arten. (Bonn, Ver. Nat.) 1853. 8. 32 p. 2.50
　　　　　Erschienen 6 Jahre vor der „Origin of Species".
21632 **Schiede.** De Plantis hybridis. Cassell. 1825. 8. 84 p. Cart. 2.50
21633 **Schneider, A.** Der Speziesbegriff in d. Biologie. Hermannst. 1888. 4. 32 p. 1.50
21634 **Schubert.** Vergehen u. Bestehen d. Gattungen u. Arten. Münch. 1830. 4. 20 p. 1.50
21636 **Shull.** Place-Constants f. Aster Prenanthoides. (Chic., Bot. Gaz.) 1904. 8. 42 p. 1.50
21637 — Defective inheritance-ratios in Bursa hybrids. (Brünn, Nat. Ver.) 1911. 8. 12 p. w. 6 pl. 2.50
21638 **Sperling.** Die Grenzen d. Variation unt. d. Nachkommen, geprüft am Proteingehalt b. Gerste u. Weizen. Halle 1909. 8. 90 p. 2.—
21639 **Spring.** Ueb. d. naturhistor. Begriffe v. Gattung, Art u. Abart. Leipz. 1838. 8. 192 p. (M. 3.) Cart. 2.—
21640 **Steinheil.** De l'Individualité dans le règne végét. (Strasb., Soc. Nat.) 1835. 4. 18 p. 1.—
21641 **Stone, W.** Racial Variat. in Plants and Animals, w. refer. to the Violets. (Philad., Ac.) 1904. 8. 45 p. w. 9 pl. 5.—
21642 **Stout.** Establishment of Varieties in Coleus by the selection of somatic variations. Wash. 1915. 8. w. pl. 10.—
21643 **Swingle and Webber.** Hybrids and their utilizat. in plant breeding. (Wash., Dept. Agr.) 1897. 8. 42 p. w. 4 pl. 2.—
21644 **Tammes.** Influence of nutrition on the variability of some Plants. (Amsterd., Ac.) 1905. 8. 14 p. w. pl. 1.50
21645 **Teichmann.** Die Vererb. als erhalt. Macht. Stg. 1908. 8. 95 p. m. 4 Tfln. 1.—
21646 **Timpe.** Der Geltungsbereich d. Mutationstheorie. (Hamb., Nat. Ver.) 1907. 8. 34 p. 1.50
21647 **Towne.** The causes of life, struct. and species. Manch. 1878. 8. 71 p. 1.—
21648 **Tschermak.** Ueb. d. Vererbung d. Blütezeit b. Erbsen. (Brünn, Ver. Nat.) 1911. 8. 23 p. m. 3 Tfln. 2.—
21649 **Vesque.** L'espèce végét. consid. au point de vue de l'anatomie comparée. (Paris, Ann. Sc.) 1882. 8. 42 p. 1.50
21650 **Vries, H. de.** Eine zweigipfl. Variationskurve. (Leipz., Arch. Entw.) 1895. 8. 14 p. 1.50
21651 — Alimentat. et Sélection. (Paris, Soc. Biol.) 1898. 8. 22 p. 1.50

W. Junk, Berlin, W. 15.

M

21652 **Vries, H. de.** Ernähr. u. Zuchtwahl. (Leipz., Biol. Centr.) 1900. 8. 7 p.   1.—
21653 — Die Mutationstheorie. Versuche u. Beobacht. üb. die Entsteh. d. Arten im Pflanzenreich. 2 Bde. Leipz. 1901—03. 8. 1446 p. m. 12 color. Tfln. u. 340 Fig. (M. 43.)   30.—
21654 — Mutation Theory. Transl. by Farmer and Darbishire. (2 vols.) Vol. I. (all publish.): Origin of spec. by mutation. Chic. 1909. 8. 582 p. w. 7 colour. pl. Cloth.   18.50
21655 — Ueb. tricotyle Rassen. (Berl., Bot. Ges.) 1902. 8. 10 p.   1.50
21656 — Arten u. Varietäten u. ihre Entstehung durch Mutation. Deutsch v. Klebahn. Berl. 1906. 8. 542 p. m. 53 Fig. Hfzb. (M. 18.)   15.—
21657 — Species and Varieties. Their origin by mutation. Ed. by Mc Dougal. 2. ed. Chicago 1906. 8. 865 p. w. portr. Cloth.   25.—
21658 — Espèces et Variétés; leur naissance par mutation. Trad. par Blaringhem. Paris 1908. 8. Toile.   10.—
21659 — Specie e varietà e loro origine p. mutazione. Trad. di Raffaele. Palermo 1908. 8. 803 p.   14.—
21660 — Pflanzenzüchtung. Uebers. v. Steffen. Berl. 1908. 8. 310 p. m. 113 Fig. (M. 8.)
21661 — Die Mutation in d. Erblichkeitslehre. Berl. 1912. 8. 42 p.   1.50
21662 — Gruppenweise Artbildung unt. spez. Berücks. d. Gatt. Oenothera. Berl. 1913. 8. 373 p. m. 22 color. Tfln. u. 121 Fig. (M. 22.)   19.—
21663 — S. la loi de disjonction d. Hybrides. (Paris, Ac.) 4. 4 p.   1.—
21664 **Wagner, M.** Der Naturprocess der Artbildung. (Stuttg., Ausland) 1875. 4. 32 p. Cart.   1.50
21665 **Wallace, A.** On the law which has regul. the introduct. of new species. (Lond., Ann. & M.) 1856. 8. 13 p.   2.50
21666 **Weddel.** S. l' Espèce en Botan. (Paris, S. Bot.) 1876. 8. 6 p.   1.—
21667 **Wettstein.** Der Saison-Dimorphism. als Ausgangspunkt f. d. Bild. neuer Arten im Pflanzenreiche. (Berl., Bot. Ges.) 1895. 8. 11 p. m. Tfl.   1.50
21668 — Descendenztheoret. Untersuchungen. I. (soweit erschien.): Saisondimorphismus im Pflanzenreiche. (Wien, Ak.) 1900. 4. 42 p. m. 6 Tfln. (M. 5.80.)
21669 **Wichura.** Die Bastardbefruchtung im Pflanzenreich, erläut. an d. Weiden. Bresl. 1865. 4. 100 p. m. 2 Tfln. (M. 7.)   5.—
21670 **Wiegmann.** Ueb. d. Bastarderzeugung im Pflanzenreich. Braunschw. 1828. 4. 52 p. m. color. Tfl.   2.—
21671 **Wigand.** Auflös. d. Arten durch natürl. Zuchtwahl. Hannov. 1872. 8. 77 p.   1.50
21672 **Willis.** Evidence against the Natural. Select. and in fav. of Mutation. (Peraden.) 1907. 8. 15 p.   1.—
21673 **Winkler, H.** Ueb. Pfropfbastarde. (Leipz., Ges. Natf.) 1911. 8. 21 p.   1.50
21674 — Unters. üb. Pfropfbastarde. (2 Tle.) Tl. I. Jena 1912. 8. 194 p. (M. 6.)   5.—
21675 **Wolf, F.** Modifikat. u. experim. ausgelöste Mutationen bei Bacillus prodig. Berl. 1909. 8. 46 p.   1.—
21676 **Ziegler, H. E.** Streitfrage d. Vererbungslehre (Lamarckismus od. Weismannismus). (Jena, Nat. Woch.) 1910. 4. 10 p. m. color. Tfl.   1.50

Philosophia Naturalis.

21677 **Arnim-Schlagenthin.** Der Kampf ums Dasein u. züchter. Erfahrung. Berl. 1909. 8. 118 p. (M. 4.)   3.—
21678 **Bardegg.** Natur, Wissenschaft u. Zweck. Leipz. 1914. 8. 117 p. (M. 3.)   1.—
21679 **Bastian.** Schöpfung od. Entstehung. Jena 1875. 8. 370 p. (M. 10.) Cart.   1.50
21680 **Beer.** Die Weltanschauung e. Naturforschers. Dresd. 1903. 8. 116 p. m. Portr.   1.—
21681 **Behrens.** Die natürl. Welteinheit. Wismar 1907. 8. 319 p. (M. 4.)   1.50
21682 **Biddlecomb.** Thoughts on Natur. Philosophy and the Origin of Life. Lond. 1910. 8. 90 p. Boards.   1.50

W. Junk, Berlin, W. 15.

21683 **Bonavia.** Philosoph. notes on botan. Subjects. Lond. 1892. 8. 370 p. ℳ
w. 160 fig.   2.—
21684 **Bonnet.** Considér. s. les Corps organisés. 2 vols. Amsterd. 1762.
8. 707 p. Cart.   7.—
   B. était un des précurseurs des évolutionnistes modernes.
21685 — Betrachtungen üb. d. Natur. Leipz. 1766. 8. 598 p. m. 4 Tfln. Hfzb.   4.—
21686 — A r i o l a. Un Evoluzionista (Genova) 1900. 8. 15 p.   1.—
21687 **Boutroux.** Ueb. ·d. Begriff d. Naturgesetzes in d. Wissenschaft u. in
d. Philosophie. Jena 1907. 8. 132 p. (M. 4.)   2.—
21688 **Braun, A.** Ueb..d. Bedeut. d. Entwickl. in d. Naturgeschichte. Berl.
1872. 8. 56 p.   1.50
21689 **Büchner.** Die Darwin'sche Theorie. 4. Aufl. Leipz. 1876. 8. 456 p.
(M. 5.50.) Cart.   1.50
21690 **Dacqué.** Der Descendenzgedanke u. s. Geschichte. Münch. 1903. 8.
124 p. (M. 2.)   1.—

The Darwins and their work

[Erasmus D., Charles D. the elder, Charles D. the younger].
21691 **(Darwin, Erasmus).** The Botanic Garden. (I: Economy of Vegetat.
II: Loves of Plants). 2 parts. Lond. 1791. 4. 553 p. w. 2 frontisp. and 18 pl.   12.—
   The famous poem by C h. D a r w i n's grand-father, which created sensation
   already at the time ·of its publication and was (as also the other books of this
   clever man) translated into German and Italian.
21692 — — 3. and 4. ed. 2 vols. Lond. 1794—95. 4. 547 p. w. 19 pl. Half
bd. calf.   9.—
21693 — — 4. ed. 2 vols. Lond. 1799. 8. 810 p. w. 23 pl.   8.—
21694 — Phytologia or the Philosophy of Agriculture and Gardening. Lond.
1800. 4. 632 p. w. 12 pl. Half bd. ·calf.   9.—
21695 — K r a u s e, E., Erasm. Darwin. Leipz. 1880. 8. 242 p. m. 2 Tfln. u.
Portr. (M. 3.) Cart.   1.50
21696 — S e w a r d, A n n a. Memoirs of the life of Dr. Darwin. Lond. 1804.
8. XIV and 432 p. Half bd. calf.   20.—
   A very rare and most interesting book with many unknown particulars on
   E r a s m u s D.'s life and works. It appears that he had — besides a daughter
   Emma — three sons: one of them, C h a r l e s (see nr. 21697), died 1778 quite
   young, one committed suicide in the year 1799, and one, R o b e r t, who became
   the father of C h a r l e s D.
21697 **(Darwin, Charles).** Experiments establish. a criterion betw. Mucagi-
nous and Purulent Matter. And an account of retrograde motions of
the absorbent vessels of animal bodies in some diseases. Lichfield
1780. 8. IV and 135 p.   100.—
   Charles Darwin (Sept. 3 rd 1758 —·May 15 th 1778) gained by the dissertation
   quoted above the first gold medal offered by the Aesculapian Society of Edinburgh. Judging by the preface and a 'life of the author' (p. III, IV and 127—135),
   written by his father E r a s m u s D., Ch. D. must have been a youth of 'un-
   common abilities and activity'. He was an elder brother of the father of our
   famous Ch. D. — Particulars on this interesting man who seems to have had much
   of his nephews zeal and methods may be found in his biography printed in his
   paper (see above); in H u t c h i n s o n's Biographia medica, 1799, Vol. I, p. 239;
   in 'Biographie univers.' Vol. X, 1855; in 'Gentleman's Magazine' Sept. 1 st 1794,
   Vol. 64, p. 794; in A. D u n c a n's Harveïan Discourse, 1824; in E. K r a u s e,
   Erasm. Darwin 1880, p. 46—48.
   The paper is the only printed work of the author, though — as Erasmus D.
   writes — 'There are other ingenious works in the hand of the editor which may
   perhaps given to the public'. (By the bye I think it would be worth while even
   now to do so, if their ms. still exist). It is extremely rare, my copy is in fact
   the first I have ever seen.
21698 **Darwin, Charles.** On the Origin of Species by means of natural selection, or the preservation of favoured races in the struggle for life.
Lond. 1859. 8. IX and 502 p. w. plate (diagram of the 'divergence of
character'). Cloth. — The o r i g i n a l edition.   100.—
   I intend to publish a chemical reprint of the editio princeps of this 'bible of
   naturalists' which came out on November 24 th 1859. I need not dwell upon the
   importance just of the text of the first edition, which D. has altered in later

M

years. The high value attributed by science to the text of 1859 may be seen by
the enormous sums paid for copies of the editio princeps. They have become
extremely rare, and it seems that there had been printed only very few.
I shall publish the reprint only in case a suffi-
cient number of subscribers will be found. The reprint
will not be in any way inferior to the orig. edit. (as also had been my chemical issues
of B o j a n u s' Anatome Testudinis, P i a z z i's Stellarum Positiones, W e i s s e's
Positiones Mediae, L i n n a e u s' Species Plantarum and of many other fundamental works, the get up of all has been highly praised by the press). It will
be made only in few copies, on the best paper — much better paper indeed than
that used 1859 — and bound in neat cloth. The price of subscription, which will
be raised after publication, is M. 15. (= 15 s. = 3 Doll. 65 c.):

21699 **Darwin, Charles.** On the Origin of Species by means of natural selection, or the preservation of favoured races in the struggle for life.
F a c s i m i l e - E d i t i o n. Cloth. 15.—

21700 — — Lond. 1860. 8. 511 p. Cloth. 15.—
A copy of the fifth thousand of the first edition.

21701 — — 3. ed. Lond. 1861. 8. 557 p. w. pl. Cloth. 5.—
21702 — — 5. ed. Lond. 1869. 8. 619 p. w. pl. Cloth. 5.—
21703 — Journal of Nat. History and Geology during the voyage of the
'Beagle'. Lond. 1845. 8. 527 p. Cloth. 6.—
21704 — — New ed. Lond. 1852. 8. 527 p. Cloth. 5.—
21705 — — Lond. 1873. 8. 530 p. Cloth. 2.50
21706 — The Variation of Animals and Plants under domestic. 2 vols. Lond.
1868. 8. 913 p. w. many fig. Cloth. 18.—
First edition.
21707 — Gesammelte Werke. Deutsch v. Carus. 16 Bde. Stuttg. 1899. 8.
m. 19 Ktn. u. Tfln. u. 600 Fig. (M. 135.60.) 60.—
21708 — Naturwissenschaftl. Reisen. Deutsch v. Dieffenbach. 2 Tle. Braunschw. 1844. 8. 644 p. m. Karte. (M. 10.) 4.—
21709 — Reise um die Erde. Auswahl. Halle 1911. 8. 193 p. (M. 1.50.) 1.—
21710 — Lehre v. d. Entsteh. d. Arten. Frankf. 1863. 8. 282 p. (M. 4.) 1.—
21711 — — Deutsch v. Bronn. 3. Aufl. Stuttg. 1867. 8. 581 p. m. Portr.
(M. 10.) Hfzb. 2.—
21712 — — Deutsch v. Carus. 6. Aufl. Stuttg. 1876. 8. 600 p. m. Portr. u.
Tfl. (M. 10.) 2.50
21713 — — Deutsch v. Schmidt. Stuttg. 1906. 8. 301 p. 1.—
21714 — — Bearb. v. Haek. Charl. (1909). 8. 200 p. m. Portr. Lnb. (M. 1.60.) 1.—
21715 — Die Fundamente z. Entsteh. der Arten. Hrsg. v. F. Darwin. Leipz.
1911. 8. 334 p. m. Portr. (M. 4.) 2.50
21716 — Origine d. Specie. Trad. da Canestrini. Torino (1876). 8. 512 p.
(11 Lire). 2.50
21717 — Das Variiren d. Thiere u. Pflanzen im Zustande d. Domesticat.
Deutsch v. Carus. 2 Bde. Stuttg. 1868. 8. 1183 p. (M. 29.) 6.—
Auch jeder Band einzeln à M. 4.
21718 **Darwin, Ch.** — A l c e n i u s. Betydelsen af Darwins theori för d. naturl.
Vextsystemet. Wasa 1864. 8. 79 p. 1.50
21719 — D a r w i n, F., Life and letters of Ch. Darwin. 2 vols. New York
1896. 8. 1130 p. w. 2 portr. and facsim. Cloth. 7.—
21720 — — Leben u. Briefe. Deutsch v. Carus. 3 Bde. Stuttg. 1887. 8. m.
3 Portr. u. Facs. (M. 24.) 15.—
21721 — — C. Darwin's Leben. Deutsch v. Carus. Stuttg. 1893. 8. 392 p. m,
Portr. u. Facsim. (M. 8.) 3.—
21722 — D r u d e. Darwin u. d. bot. Kenntn. v. d. Entsteh. neuer Arten.
Dresden, Isis) 1882. 8. 12 p. 1.50
21723 — G r a y, A., Darwin on the Origin of Species. (Lond., Ann. & M.)
1860. 8. 14 p. 1.—
21724 — — Examin. of Darwin's Origin of Species. Lond. 1861. 8. 55 p. 2.—
21725 — H e r t w i g, R., Gedächtnissrede. (Königsb., Phys. Ges.) 1883. 4. 12 p. 1.—
21726 — — Zum Gedächtn. d. 100. Geburtstag. (Münch.) 1909. 4. 11 p. 1.—

21727 **Darwin.** — K r a e p e l i n u. G o t t s c h e. Leben u. Persönlichkeit.   *M*
(Hamb., Nat. Ver.) 1909. 8. 21 p.   1.—
21728 — M a t h i e s e n. Uddrag af Darwin's Reiseundersögelser. 2 Tle.
(Kjöb., Nat. Tidsk.) 1845. 8. 60 p.   1.50
21729 — M e y e r, A. B., Darwin u. Wallace. Erl. 1870. 8. 79 p.   1.50
21730 — M o l e s c h o t t. Carlo Darwin. Torino 1882. 8. 45 p.   1.—
21731 — P o u l t o n. Darwin and the Origin of Species. Lond. 1909. 8. 318 p.
Cloth.   7.50
21732 — R o m a n e s. Darwin u. nach Darwin. Darstellung d. Darwinschen
Theorie. 3 Bde. Leipz. 1892—97. 8. 1152 p. m. 3 Portr. (M. 19.)   10.—
21733 — S e i d l i t z. Darwin's Variiren d. Thiere u. Pflanzen im Zustande d.
Domestication. (Riga) 1868. 4. 34 p.   1.—
21734 — 6 Aufsätze v. Bölsche, Wille, Naumann u. a. Berl. 1909. 8. 123 p.   1.—
21735 — Gedenkschrift z. Jahrhundertfeier. Hrsg. v. Kosmos. Stuttg. 1909.
8. 48 p. m. Portr.   1.—
21736 **Darwin, Ch., and A. Wallace.** On the tendency of species to form
Varieties. (Lond., Linn. Soc.) 1859. 8. 18 p.   5.—

21737 Die **Darwinistische Theorie.** 52 Werke u. Abhandlgn. v. Dennert, Dries-
mans, Hesse, G. Jaeger, Jaekel, Klaatsch, Kölliker, May, Max Müller,
Spengel, Steiner, Wasmann u. and. 1861—1913. 8.   20.—
21738 **Delpino.** Il Materialismo n. Scienza. Genova 1881. 8. 35 p.   1.—
21739 **Dodel-Port.** Wesen u. Begründ. d. Abstammungs- u. Zuchtwahl-
Theorie. Zürich 1877. 8. 82 p.   1.—
21740 **Duns.** On the theory of Natur. Selection. 2 pap. (Lond., Vict. Inst.)
1885—88. 8. 49 p.   1.50
21741 **Dworzak.** Ueb. d. Werden, Sein u. Vergehen d. organ. Gebilde. Kolo-
mea 1882. 8. 58 p. m. color. Tfl.   1.—
21742 **Francé.** Wert u. Unwert d. Naturwissenschaft. Münch. 1913. 8. 62 p.
(M. 1.50.)   1.—
21743 **Gether.** Gedanken üb. d. Naturkraft. Oldenb. 1862. 8. 350 p. (M. 8.)   1.50
21744 **Guenther, K.** Der Darwinismus u. die Probleme d. Lebens. Freib. 1904.
8. 475 p. (M. 5.)   1.50
21745 — Die Lehre v. Leben. Stuttg. 1910. 8. 188 p. m. 6 Tfln. (M. 2.)   1.—
21746 **Haberlandt.** Ueb. Erklärung in d. Biologie. (Graz, Nat. Ver.) 1900.
8. 12 p.   1.—
21747 **Häberlin.** Wissenschaft u. Philosophie, ihr Wesen u. Verhältnis. Bd. I:
Wissenschaft. Basel 1910. 8. 366 p. (M. 6.)   1.50
21748 **Haeckel.** Der Monismus. Bonn 1892. 8. 46 p. (M. 1.60.)   1.—
21749 — Systemat. Phylogenie. 3 Bde. Berl. 1894—96. 8. 1800 p. Hfzb.
(M. 46.)   35.—
21750 — — Bd. I: Stammesgeschichte. 1894. 415 p. Origbd. (M. 12.)   8.—
21751 — Prinzipien d. gener. Morphologie d. Organismen. 2 Tle. Berl. 1906.
8. 463 p. m. Portr. Lnb. (M. 14.)   9.—
21752 — Natürl. Schöpfungs-Geschichte. 11. Aufl. Berl. 1911. 8. 905 p. m.
Portr. u. 30 Tfln. Lnb. (M. 8.)   5.—
21753 — 17 Schriften für u. geg. Haeckel v. Dennert, Reinke, Semper u. a.
1876—1910. 8.   3.—
21754 **Hartwig.** Gott in d. Natur. Wiesb. 1864. 8. 488 p. (M. 6.) Cart.   1.—
21755 **Houssay.** S. les lois de l'Evolution. (Paris, Bull. Sc.) 1892. 8. 31 p.   1.—
21756 **James, W. P.** On the relation of fossil Botany to theories of evolution. (Lond., Vict. Inst.) 1884. 8. 25 p.   1.50
21757 **Jessen.** Der leb. Wesen Ursprung u. Fortdauer. Berl. 1885. 8. 344 p.
m. 2 Tfln. (M. 7.)   2.50
21758 **Jordan, H.** Die Lebenserscheinungen u. der naturphilos. Monismus.
Leipzig 1911. 8. 198 p. (M. 3.40.)   2.—

W. Junk, Berlin, W. 15.

21759 **Kant.** — B r i x. Vernicht. Kant's durch d. Entwicklgslehre. Berl. 1904. 8. 51 p.   *M* 1.50

21760 — C o u r t n e y. The Scepticism of Kant. (Lond., Vict. Inst.) 1894. 8. 32 p.   1.—

21761 — F r o m m e l. Das Verhältn. v. mechan. u. teleolog. Naturerklärung bei Kant u. Lotze. Erl. 1898. 8. 68 p.   1.50

21762 — H e r b s t. Kant als Naturforscher. Berl. 1881. 8. 40 p.   1.—

21763 — L i n d. Kant u. A. v. Humboldt. Erl. 1897. 8. 45 p.   1.—

21764 — S c h a l l e r. Die Kantische Naturphilosophie. Halle 1846. 8. 308 p. (M. 5.) Cart.   1.50

21765 — S c h u l t z e, F., Kant u. Darwin. Beitrag zur Gesch. d. Entwicklungslehre. Jena 1875. 8. 278 p. (M. 4.) Cart.   1.50

21766 — W e b e r, H., Hamann u. Kant. Nördl. 1903. 8. 45 p.   1.—

21767 **Keyserling.** Prolegomena z. Naturphilosophie. Münch. 1910. 8. 172 p. (M. 5.)   1.50

21768 **Körner.** Die logischen Grundlagen d. Systematik d. Organismen. Leipz. 1883. 8. 76 p.   1.50

21769 **Kosmos.** Zeitschrift f. d. Entwicklungslehre. Hrsg. v. Caspari, E. Krause u. Vetter. 10 Jahrgänge (in 19 Bdn.): 1877—86. (soviel erschien.). Leipz. u. Stuttg. 8. m. Fig. (M. 234.)   80.—

21770 — — Bd. 1—6. Leipz. 1877—80. (M. 72.) Hfzb.   10.—

21771 **Krasan**, Ansichten u. Gespräche üb. d. individ. u. spezif. Gestaltung in d. Natur. Leipz. 1903. 8. 288 p. (M. 6.)   3.50

21772 **Kützing.** Die Sophisten u. Dialektiker, d. gefährl. Feinde d. wiss. Botanik. Nordh. 1844. 8. 21 p.   1.50

21773 — Grundzüge d. philosoph. Botanik. 2 Bde. Leipz. 1851—52. 8. 733 p. m. 38 Tfln. (M. 16.) Cart.   5.—

21774 **Lampa.** Naturkräfte u. Naturgesetze. Wien 1895. 8. 444 p. m. Portr. (M. 2.80.)   1.—

21775 **Lendenfeld.** Ueb. d. Wesen d. Lebens. (Berl.) 1902. 4. 26 p.   1.—

21776 **Lotsy.** Vorlesungen üb. Deszendenztheorien, m. besond. Berücksichtigung d. botan. Seite. 2 Bde. Jena 1906—08. 8. 717 p. m. 15 Tfln. Lnbde. (M. 22.)   15.—

21777 — Vorlesgn. üb. Botan. Stammesgeschichte. Bd. I, II, III, Tl. 1. Jena 1906—1911. 8. 2789 p. m. 1644 Fig. — Soviel erschien. (M. 74.)   62.—

21778 **Loew, O., u. Bokorny.** Die chem. Ursache d. Lebens. Münch. 1881. 8. 59 p. m. color. Tfl.   1.—

21779 **Mach.** Umbild. u. Anpassung im naturwiss. Denken. Wien 1884. 8. 16 p.   1.—

21780 **Mann.** Christentum u. Häckeltum. Dresd. 1907. 8. 170 p. (M. 4.)   1.50

21781 **Matthew, P.** On Naval Timber and Arboriculture; with critical notes on authors who have recently treated the subject of planting. London 1831. 8. XVI and 391 p. Orig. cloth binding.   80.—

    The author P a t r i c k M. (1790—1874) has added to his book an appendix, consisting in 6 'notes' which have nothing to do with the contents of his work. In note B and C are clearly developed — 28 y e a r s b e f o r e D a r w i n — the laws of the origin of species, of the natural selection and of the struggle for life. D a r w i n himself (in a letter, printed in 'Gardener's Chronicle' 1860, April 21 and in the prefaces of the later editions of his 'Origin of species') conceded to M. the priority. There is quite a literature on this extremely rare and notwithstanding rather unknown book (see: M a y, Zoolog. Annalen 1912, Bd. IV, Heft 3; C a l m a n, Journal of Botany 1912, p. 193).

21782 **May.** Die Ansichten üb. d. Entsteh. der Lebewesen. Karlsr. 1905. 8. 67 p.   1.—

21783 **Michelis.** Antidarwinismus. Du Bois Reymond's u. Sachs' Vorles. üb. Pflanzenphysiol. Heidelb. 1886. 8. 75 p.   1.—

21784 **Nägeli.** Verdräng. d. Pflanzenformen durch Mitbewerber. (Münch., Ak.) 1874. 8. 56 p.   1.50

21785 — Mechan.-physiol. Theorie d. Abstammungslehre. Münch. 1884. 8. 833 p.   20.—
    Vergriffen.

21786 **Natur-Philosophie.** — 120 Bücher etc. in deutscher Sprache üb. Natur- *ℳ*
erkenntn., Monismus, Materialism., Vitalismus, Schöpfungsgeschichte,
v. Dennert, Du Bois-Reymond, Ladenburg, Méray, Ostwald, Pfaff,
Preyer, Specht, Wasmann, Wundt, H. E. Ziegler u. and. 1820—1913.
8. u. 4. 30.—

21787 **Oersted.** Der Geist in d. Natur. 3. Ausg. 2 Bde. Leipz. 1868. 8. 694 p.
m. Portr. (M. 4.) 1.50

21788 **Papers** on Natural Philosophy. — 35 pap., chiefly tak. fr. the 'Transact.
of the Victoria Instit.' (Lond.) 1868—1914. 8. 1000 p. 12.—

21789 **Pfaff.** Schöpfungsgeschichte. Frankf. 1855. 8. 674 p. (M. 7.50.) Hfzb. 1.50

21790 **Planck.** Grundl. ein. Wissenschaft d. Natur. Leipz. 1864. 8. 344 p. (M. 6.) 1.50

21791 **Polowzow.** Lamarck u. s. Lehre. (Petersb.) 8. 75 p. m. Portr. — Russ. 1.50

21792 **Potonié.** Die Lebewesen im Denken d. 19. Jahrhund. Berl. 1900. 8.
28 p. m. 11 Portr. 1.—

21793 — Naturphilosoph. Plaudereien. Jena 1913. 8. 200 p. (M. 2.) 1.50

21794 **Prochnow.** Der Erklärungswert des Darwinismus u. Neo-Lamarckis-
mus als Theorien d. indir. Zweckmässigkeitserzeugung. Berl. 1907.
8. 76 p. 1.50

21795 **Puschnig.** Ueb. d. Stand d. Entwicklungslehre. 2 Tle. (Klagenf.) 1910.
8. 130 p. m. Tfl. 2.—

21796 **Ratzel.** Sein u. Werden d. organischen Welt. Leipz. 1869. 8. 504 p.
(M. 8.40.) 1.—

21797 **Raumer.** Pflanze, Tier, Mensch. Münch. 1906. 8. 123 p. (M. 3.) 2.—

21798 **Reinke.** Ueb. d. Wesen d. Organisation. (Leipz., Biol. Centr.) 1899.
8. 24 p. 1.—

21799 — Der Neovitalismus u. d. Finalität in d. Biologie. (Leipz., Biol. Centr.)
1904. 8. 26 p. 1.—

21800 — Philosophie d. Botanik. Leipz. 1905. 8. 207 p. (M. 4.)

21801 — Haeckel's Monismus. Leipz. 1907. 8. 39 p. 1.—

21802 — Einleit. in d. theoret. Biologie. 2. Aufl. Berl. 1911. 8. 593 p. (M. 16.) 10.—

21803 — K n a u t h, Die Naturphilosophie Reinkes. Regensb. 1912. 8. 223 p.
(M. 3.60.)

21804 — S c h m i d t, H., Die Urzeugung u. Reinke. Odenkirch. 1903. 8. 48 p. 1.—

21805 — **Report** I to the Evolution Committee of the Royal Society. Lond.
1902. 8. 158 p. (10 s.) 4.—

21806 **Reusch.** Bibel u. Natur. Freib. 1862. 8. 443 p. (M. 5.) 1.50

21807 **Riem.** Natur u. Bibel in d. Harmonie ihrer Offenbarungen. Hamb.
1910. 8. 381 p. m. 17 Tfln. (M. 4.50.) 1.50

21808 **Rütimeyer.** Ueb. d. Fortschr. in d. organ. Geschöpfen. Basel 1876.
8. 30 p. 1.—

21809 **Schiffner.** Ueb. d. Grenzen d. Descendenzlehre u. Systemat. (Wien,
Z. b. G.) 1909. 8. 20 p. 1.—

21810 **Schleiden.** Schelling's u. Hegel's Verhältn. zur Naturwissenschaft.
Leipz. 1844. 8. 87 p. 1.50

21811 — Ueb. d. Materialismus d. neuer. deutschen Naturwissenschaft.
Leipz. 1863. 8. 64 p. 1.50

21812 **Schlesinger.** Energismus. Berl. 1901. 8. 602 p. m. Portr. (M. 8.) 2.—

21813 **Schmidt, O.** Descendenzlehre u. Darwinismus. Leipz. 1873. 8. 316 p.
(M. 5.) 1.—

21814 **Schubert.** Ansichten v. d. Nachtseite d. Naturwissenschaft. 4. Aufl.
Dresd. 1840. 8. Hfzb. 1.50

21815 **Schultz-Schultzenstein.** Der organis. Geist d. Schöpfung. Berl. 1851.
8. 54 p. 1.—

21816 **Seidlitz.** Die Darwin'sche Theorie. 2. Aufl. Leipz. 1875. 8. 356 p. m. Tab. 1.—

21817 **Siewers.** Mechanismus u. Organismus. Essen 1904. 8. 40 p. 1.—

21818 **Spencer, H.** Die Faktoren d. organ. Entwickelung. 2 Tle. (Stuttg.,
Kosm.) 1886. 8. 59 p. 2.—

21819 **Stern.** Philosoph. u. naturwissenschaftl. Monismus. Leipz. 1885. 8.   *M*
352 p. (M. 5.)   2.—
21820 **Steuer.** Lehrbuch d. Philosophie. Bd. II. Tl. 1: Ontologie u. Naturphilosophie. Paderb. 1909. 8. 542 p. (M. 5.20.)   2.—
21821 **Sturm.** Considérat. s. l. oeuvres de Dieu dans la Nature. 3 vols. La
Haye 1777. 8. Veau.   3.—
21822 **Trenar.** Die Einheit der Natur. Strassb. 1912. 8. 257 p. Cart. (M. 3.)   1.—
21823 **Tuttle.** Geschichte u. Gesetze d. Schöpfungsvorganges. Erlang. 1860.
8. 368 p. (M. 4.80.) Cart.   1.—
21824 **Uexküll.** Bausteine zu e. biolog. Weltanschauung. Münch. 1913. 8.
298 p. (M. 5.)   3.—
21825 **Vianna.** Exposé d. théories transformistes de Lamarck, Darwin et
Haeckel. Paris 1885. 8. 532 p. (fr. 5.)   1.50
21826 **Vogt, C.** Natürl. Gesch. d. Schöpfung. Braunschw. 1851. 8. 329 p. m.
134 Fig. (M. 5.) Lnb.   1.50
21827 **Vogt, J. G.** Der Realmonismus. Leipz. 1908. 8. 142 p. (M. 3.)   1.—
21828 — Der absolute Monismus. Hildburgh. 1912. 8. 626 p. (M. 6.)   2.—
21829 **Volkmann.** Erkenntnistheoret. Grundzüge d. Naturwissenschaften.
Leipz. 1896. 8. 193 p.   1.—
21830 **Wagner, M.** Die Darwin'sche Theorie u. d. Migrationsgesetz d. Organismen: Leipz. 1868. 8. 62 p.   1.—
21831 **Wallace.** Contrib. to the theory of Natural Selection. Lond. 1870. 8.
395 p. Cloth.   8.—
21832 — Der Darwinismus. Braunschw. 1891. 8. 776 p. m. Kte. (M. 15.)   4.—
21833 **Warington.** On the Credibility of Darwinism. 3 parts. (London, Vict.
Inst.) 1867. 8. 86 p.   2.—
21834 **Wekerle.** Urentstehung u. Leben d. Organismen. Leipz. 1881. 8. 114 p.
m. color. Tfl.   1.—
21835 **Wiener.** Die Grundzüge d. Weltordnung. Leipz. 1863. 8. 824 p. (M. 12.)
Cart.   1.50
21836 **Zacharias, O.** Z. Entwicklungstheorie. Jena 1876. 8. 132 p. Cart.   1.—
21837 — Ueber gelöste u. ungelöste Probleme d. Naturforschung. 2. Aufl.
Leipz. 1887. 8. 192 p. (M. 4.50.)   1.50
21838 **Ziegler, J. H.** Die Umwälz. in der Grundanschauung d. Naturwiss.
Bern 1914. 8. 155 p. m. Tfl.   1.50

Pathologia Plantarum.

[Supplementum numeror. 4011—4288, vide: Bibliographia Botanica, p. 155—165].

☛ **Insecta Noxia** — vide: W. Junk, Catalog. Nr. 53. **Fungi:** Scripta miscellanea — vide: W. Junk, Catalog. Nr. 58.

21839 **Aderhold.** Clasterosporium carpophilum u. s. Bezieh. z. Gummiflusse *M* d. Steinobstes. (Berl., Ges.-Amt) 1902. 4. 45 p. m. 2 Tfln. (1 color.) 2.—

21840 **Allen.** Fumigation. (Sydney) 1903. 8. 10 p. w. pl. 1.—

21841 **Allen, Blunno and o.** Insect and Fungus Diseases of Fruit-trees and their remedies. Sydney 1902. 8. 89 p. w. 10 pl. and many fig. 4.—

21842 **Altum..** 8 Abhandl. üb. Krankheiten d. Bäume. 1883—1897. 8. 39 p. 2.—

21843 — Waldbeschädig. d. Thiere u. Gegenmitt. Berl. 1889. 8. 310 p. m. 81 Fig. 7.—
  Vergriffen.

21844 — Antinonnin im Dienst d. Forstschutz. (Berl., Z. Forstw.) 1893. 8. 10 p. 1.—

21845 **Ammann.** Die Pflanzenkrankheiten. Stuttg. 1867. 8. 108 p. 1.50

21846 **Anderson, P. J., and Rankin.** Endothia Canker ˙of Chestnut. Ithaca 1914. 8. 92 p. w. colour. pl. and 101 fig. 2.—

21847 **Annales** du Service d. Epiphyties, publ. p. Prillieux, Marchal et Foëx. Vol. I. et II. Paris 1913 à 16. 8. av. plchs. color. 32.—

21848 **Appel.** Unters. üb. d. Schwarzbeinigkeit u. d. durch Bakterien hervorgeruf. Knollenfäule d. Kartoffel. (Berl., Ges.-Amt) 1903. 4. 70 p. m. color. Tfl. 2.50

21849 — Ueb. Kartoffel- u. Tomaten-Erkrankungen. (Berl.) 1906. 8. 18 p. 1.50

21850 — Z. Kenntn. d. Wundverschlusses b. d. Kartoffeln. (Berl., Bot. Ges.) 1906. 8. 5 p. m. Tfl. 1.50

21851 — Z. Kenntn. d. Kortoffelpflanze u. ihr. Krankheiten. I. (Berl., Biol. Anst.) 1907. 4. 72 p. m. Tfl. 2.50

21852 — Relat. between scientific Botany and Phytopathology. (St. Louis, Gard.) 1914. 8. 13 p. 1.—

21853 **Appel u. Börner.** Zerstörung d. Kartoffeln durch Milben. (Berl., Ges.-Amt) 1905. 4. 10 p. 1.—

21854 **Arcangeli.** S. la malattia d. Olivo detta Rogna. (Pisa, Ist. Bot.) 1886. 4. 12 p. c. 2 tav. 1.50

21855 **Arcularius.** Wurzelkropf b. Abies Pichta. Leipz. 1897. 8. 46 p. m. 6 Tfln. 2.—

21856 **Arnaud.** Le Soleil et les maladies physiolog. d. Végét. (Montpellier) 1912. 8. 11 p. 1.—

21857 **Arthur.** Report of the Botanist to the Agricult. Exper. Station, Geneva. Elmira 1887. 8. 41 p. 1.50

21858 — Indiana Plant Rusts. (Bloomingt., Ac.) 1898. 8. 14 p. 1.—

21859 — Clues to relationship am. Heteroecious Plant Rusts. (Chic., Bot. Gaz.) 1902. 8. 5 p. 1.—

21860 — The Uredineae occurr. upon Phragmites, Spartina, and Arundinaria. (Chic., Bot. Gaz.) 1902. 8. 20 p. 1.—

21861 — Amphispores of Grass and Sedge Rusts. (N. York, Torr. Cl.) 1905. 8. 7 p. 1.—

21862 **Arthur and Holway.** Violet Rusts of N. America. (Minneap., Bot. Stud.) 1901. 8. 11 p. w. pl. 1.—

21863 **Ascherson u. Magnus.** Die weisse Heidelbeere nicht ident. mit d. Sclerotienkrankh. (Berl., Bot. Ges.) 1889. 8. 14 p. 1.—

21864 **Aulmann, G.** Psyllidarum Catalogus. Berol. 1913. 8. 92 p. 5.—
  Vollständigster Catalog mit Synonymie, Vaterlands- u. Literatur-Angaben.

21865 **Baccarini.** 5 mem. s. malattie d. Piante. 1890—95. 8. 36 p. 2.—

21866 **(Bailey, L. H.)** The Control of Insect Pests and Plant Diseases. Ithaca 1910. 8. 36 p. 1.—

21867 **Bain.** The Action of Copper on Leaves. Knoxv. 1902. 8. 108 p. w. 8 pl. 2.—

M

21868 **Bain and Essary.** 2 pap. on diseases of Clover. Knoxville 1906. 8. 10 p.   1.—
21869 **Bakke.** The late Blight of Barley. Des Moines 1912. 8. 10 p. w. 3 pl.   1.50
21870 **Baltet.** La Coulure d. Raisins. (Paris) 1887. 8. 28 p.   1.—
21871 **Bancroft.** Handbook of the Fungus Diseases of the West Indian Plants. Barbados 1910. 8. 70 p. w. fig. Boards.   5.50
21872 — The die-back disease of Para Rubber. Kuala Lumpur 1911. 8. 23 p.   1.—
21873 — Root disease of the Para Rubber Tree. Kuala Lumpur 1912. 8. 30 p. w. 7 pl.   2.50
21874 — The Spotting of Plantation Para Rubber. Kuala Lumpur 1913. 8. 30 p. w. 3 pl.   1.50
21875 **Barclay.** Aecidium Urticae, var. Himalayense. (Calcutta) 1886. 4. 10 p. w. 3 pl. (1 colour.)   2.—
21876 — Life-hist. of a new Aecidium on Strobilanthus dalhousianus. (Calcutta) 1886. 4. 13 p. w. 2 pl. (1 colour.)   2.—
21877 — Descr. of a new Fungus, 'Aecidium Esculentum, on Acacia Eburnea. (Bombay, Nat. Soc.) 1890. 8. 7 p. w. 2 colour. pl.   2.—
21878 — On the life-history of a Uredine on Jasminum grandiflor. (Lond., Linn. S.) 1891. 4. 11 p. w. 2 pl. (5 s.)   1.50
21879 — On the life history of Puccinia coronata var. himalayensis and jasmini chrysopogonis. (Lond., Linn. S.) 1891. 4. 16 p. w. pl. (6 s.)   2.—
21880 **Barth.** Die Blattfallkrankheit d. Reben. Gebw. 1892. 8. 16 p. m. Tfl.   1.—
21881 **Basiner.** Schädl. Einfluss d. Schnees auf Bäume. (Mosk., Bull.) 1861. 8. 10 p.   1.—
21882 **Bayer.** Beitrag z. pflanzenphysiol. Bedeut. d. Kupfers in d. Bordeaux-Brühe. Königsb. 1902. 8. 60 p.   1.—
21883 **Beijerinck.** Onderzoek. ov. de Besmettelijkh. d. Gomziekte bij Planten. (Amsterd., Ak.) 1883. 4. 46 p. m. 2 color. Tfln.   1.50
21884 **Bemerkungen** in Rücks. d. Mittel z. Vermind. d. Baumraupen. Leipz. 1791. 8. 172 p. Cart.   2.—
21885 **Benecke.** Sereh. Oorzaken en Middelen. Semarang 1892. 4. 23 p.   1.50
21886 **Berkeley.** On the Mildew of the Vine and Hop. (Lond., Hort. Soc.) 1854. 8. 10 p.   1.—
21887 **Berlese, A. N., e Sostegni.** Comportamento di alcuni sali di rame in rapp. al terreno ed alla vite. (Padova, Riv. Pat.) 1895. 8. 49 p.   1.—
21888 **Bernard et Walter.** Observat. s. le Thé (maladies etc.) I à VIII. (Buitenz., Dépt. Agr.) 1909 à 1910. 8. 262 p. av. 12 pl.   7.—
21889 **Bernbeck.** Der Wind als pflanzenpatholog. Faktor. Stuttg. 1907. 8. 125 p. m. Tabelle.   4.—
Vergriffen und sehr gesucht.
21890 **Bersch.** Die Krankheiten d. Weines u. ihre Ursachen. Wien 1873. 8. 303 p. m. 30 z. Tl. color. Tfln. (M. 20.)   5.—
21891 **Billings and Glenn.** White-Fungus disease in Kansas, w. notes on fighting Chinch Bugs. (Wash., Dept. Agr.) 1911. 8. 58 p. w. 5 pl.   1.50
21892 **Blodgett.** Experim. in the Dusting and Spraying of Apples. Ithaca 1914. 8. 36 p. w. pl.   1.—
21893 **Böhm.** Ursache d. Absterbens d. Götterbäume. Wien 1881. 8. 16 p.   1.—
21894 **Boletín** de la Comisión de Parasitología Agrícola. Réd. p. Herrera. Vol. I. II. Mexico 1900—1905. 8. av. beauc. de pl.   50.—
Epuisé. — Voyez aussi nr. 21946 et 22261.
21895 **Bolley.** Sub-epidermal Rusts. (Chic., Bot. Gaz.) 1889. 8. 6 p. w. pl.   1.—
21896 **Bos, Ritzema-, J.** Tierische Schädlinge u. Nützlinge f. Ackerbau, Viehzucht, Wald- u. Gartenbau. Berl. 1891. 8. 876 p. m. 477 Fig. (M. 18.) Hfzb.   15.—
21897 — De Ziektenleer d. Planten. Gent 1895. 8. 34 p.   1.50
21898 **Bourcart.** Les Maladies d. Plantes. Paris 1910. 8. 661 p.   7.—
21899 — Insecticides, Fungicides and Weedkillers. Lond. 1913. 8. 450 p. Cloth.   12.50

21900 **Bouygues et Perreau.** Contrib. à l'ét. de la maladie du blanc de Tabac. _M_
(Bord., Soc. Linn.) 1906. 8. 11 p. 1.—
21901 **Braun, A.** Ueb. ein. neue Krankheiten d. Pflanzen, durch Pilze erzeugt.
Berl. 1854. 4. 31 p. m. 2 Tfln. 1.50
21902 **Briosi.** Esper. p. combatt. la Peronospora d. vite. Milano 1886. 4. 180 p. 2.—
21903 — Brevi note di Patologia veget. e botan. sistemat. I. (Milano, Ist.
Bot.) 1904. 4. 14 p. 1.50
21904 **Bruinsma.** Over de Ceylonsche Koffij-Bladziekte op Java. 1886. 8. 21 p. 1.50
21905 **Brunchorst.** Ueb. e. neue Krankheit d. Schwarzföhre. (Berg., Mus.)
1888. 8. 16 p. m. 2 Tfln. 1.50
21906 — Oversigt over de i Norge optraed. ökon. vigtige Plantesygdomme.
(Berg., Mus.) 1888. 8. 27 p. 1.—
21907 — Nogle Norske Skovsygdomme. (Berg., Mus.) 1893. 8. 12 p. m.
color. Tfl. 1.—
21908 **Brunet.** Maladies et Insectes de la Vigne. 3. éd. Paris 1914. 12. 300 p. 4.—
21909 **Bryan.** Nasturtium Wilt caused by Bacterium Solanacearum. (Wash.,
J. Agr.) 1915. 8. 11 p. w. 4 pl. 2.—
21910 **Bubák.** Ueb. Parasiten auf ein. Rubiaceen. (Prag, Ges. Wiss.) 1899.
8. 23 p. — Tschechisch. 1.—
21911 — Ueb. ein. Umbelliferen-bewohn. Puccinien. (Prag, Ges. Wiss.)
1901. 8. 8 p. m. Tfl. 1.—
21912 — Ueb. ein Compositen bewohn. Puccinien. (Wien, Bot. Z.) 1902. 8. 11 p. 1.—
21913 — Die Pilze Böhmens. Tl. I: Rostpilze (Uredinales). Prag 1908. 4.
233 p. m. 59 Fig. (M. 14.) 10.—
21914 **Bulletin** du Bureau d. renseignem. agricoles et d. Maladies d. Plantes.
Publ. p. l'Institut internat. d'Agriculture. Année I à IV. Rome 1910 à
1913. 8. 65.—
21915 **Burtt-Davy.** Botan. investig. of Gal-Lamziekte. (Pretoria) 1912. 8.
16 p. w. 6 pl. 2.50
21916 **Büsgen.** Der Honigtau. Jena 1891. 8. 93 p. m. 2 Tfln. (M. 3.) 2.50
21917 **Busse.** Bacteriol. Studien üb. d. Gummosis d. Zuckerrüben. (Stuttg.,
Z. Pflz.-Krankh.) 1897. 8. 19 p. 1.—
21918 — Ueb. d. Krankheiten d. Sorghumhirse in Deutsch-Ostafrika. 2 Abhandl. (Berlin) 1902—03. 8. 19 p. m. Tfl. 1.50
21919 **Butler, E. J.** Some Indian Forest Fungi. (Calcutta, Ind. Forester)
1905. 4. 32 p. 2.—
21920 — The Wilt Disease of Pigeon-Pea. Calc. 1910. 4. 64 p. w. 6 pl.
(2 colour.) 3.—
21921 **Butler and Hayman.** Indian Wheat Rusts. (Calc., Dept. Agr.) 1906. 8.
58 p. w. 6 pl. (4 colour.) 6.—
21922 **Buza.** Krankheit d. Culturgewächse. Budap. 1879. 8. 140 p. — In
magyar. Sprache. 1.—
21923 **Campa et Martinot-Lagarde.** Altérations d. Bois dues aux Champignons. Paris 1911. 8. 44 p. av. pl. color. 1.50
21924 **Carleton.** Cereal Rusts of the U. S. (Wash., Dept. Agr.) 1899. 8. 73 p.
w. 4 colour. pl. 2.50
21925 **Carruthers.** Cacao Canker in Ceylon. (Colombo) 1901. 8. 29 p. 1.50
21926 — Annual Report of the Governm. Mycologist. (Colombo) 1902. 8. 21 p. 1.—
21927 — Root Disease in Tea. (Colombo) 1903. 8. 14 p. 1.—
21928 — Branch Canker in Tea. (Colombo) 1905. 8. 13 p. w. 2 pl. 1.50
21929 — Canker of Para Rubber. (Colombo) 1905. 8. 19 p. w. pl. 1.50
21930 **Casali e Ferraris.** Il Mal d. California in Avellino. (Avell., Giorn.
Vitic.) 1900. 8. 12 p. c. 2 tav. (1 color.) 1.50
21931 **Caspary.** Die Krummfichte, e. markkranke Form. (Königsb., Phys.
Ges.) 1874. 4. 10 p. m. 3 Tfln. 1.—
21932 **Cavara.** Int. al disseccamento d. Grappoli d. Vite. (Pavia, Ist. Bot.)
1880. 4. 34 p. c. 3 tav. 2.—
21933 — Appunti di Patologia veget. (Pavia, Ist. Bot.) 1888. 4. 14 p. c. tav. 1.—

21934 **Cavara.** Contr. allo studio d. Marciume d. Piante Legnose. I. (Modena, Staz. Agr.) 1896. 8. 28 p. c. 2 tav. — *M* 1.50
21935 **Cecconi.** 5 mem. s. Patologia d. Piante. 1897—1901. 8. 39 p. c. tav. — 2.—
21936 — Illustraz. di guasti operati da animali su Piante Legnose. 3 parti. Modena 1903. 8. 130 p. c. 10 tav. — 5.—
　　　Cecidia — vide nr. 22122.
21937 **Celi e Comes.** Malattia d. Cavoli (Peronospora). (Nap., Scuola Agric.) 1878. 4. 15 p. c. tav. — 1.—
21938 **Chase.** Princ. Insects and Diseases of the Apple in Georgia. Atlanta 1913. 8. 58 p. w. 10 pl. — 2.50
21939 **Chesnut and Wilcox.** The Stock-Poisoning Plants of Montana. (Wash., Dept. Agr.) 1901. 8. 150 p. w. 36 pl. — 3.—
21940 **Clinton.** Diseases of Plants cultivat. in Connecticut. (Hartford, Agric. Stat.) 1903. 8. 94 p. w. 21 pl. (1 colour.) — 4.—
21941 **Cobb.** Host and habitat index of the Austral. Fungi. (Sydn., Dept. Agr.) 1893. 8. 48 p. — 1.50
21942 — Notes on Pests and Crops. (Sydn., Dept. Agr.) 1898. 8. 7 p. w. pl. — 1.—
21943 **Cole.** Aecidium Compositar. (Lond., Micr. Stud.) 1884. 8. 6 p. w. colour. pl. — 1.—
21944 **Coleopterorum Catalogus.** Auxilio et auspiciis W. J u n k, editus a S. S c h e n k l i n g. Partes 1—65, 67 (quantum hucusque prodiit). Berol. 1910—16. 8. (M. 592.)
　　　Subscriptionspreis für Abnehmer des ganzen Werkes: M. 394.90. Diejenigen Hefte, die sich besonders mit schädlichen Species u. d. Literatur von deren Biologie beschäftigen, sind die folgenden:
　　　Pars 4: I p i d a e, v. Hagedorn. M. 12.75. — 11: T e m n o c h i l i d a e, v. Léveillé. M. 3.75. — 15, 22, 28, 37: T e n e b r i o n i d a e, v. Gebien. M. 69.90. — 21: G y r i n i d a e, v. Ahlwarth. M. 4. — 23: C l e r i d a e, v. Schenkling. M. 16.35. — 25: C e b r i o n i d a e, v. Dalla Torre. M. 1.70. — 33: D e r m e s t i d a e etc., v. Dalla Torre. M. 9. — 41: P t i n i d a e, v. Pic. M. 4.35. — 44: P l a t y p o d i d a e, v. Strohmeyer. M. 2.50. — 45, 47, 49, 50: M e l o l o n t h i n a e, v. Dalla Torre. M. 42.50. — 46: G e o t r u p i n a e etc., v. Boucomont. M. 4.40. — 48: A n o b i i d a e, v. Pic. M. 8.65. — 51, 53, 59, 62: C h r y s o m e l i d a e, v. Clavareau u. Spaeth. M. 73.25. — 52: P r i o n i n a e, v. Lameere. M. 10.10. — 55: B r u c h i d a e, v. Pic. M. 7. — 56: N i t i d u l i d a e etc., v. Grouvelle. M. 21. — 61: R h i z o p h a g i d a e, v. Méquignon. M. 1.50.
　　　Prospect u. Probelieferung g r a t i s.
21945 **Combs.** Alfalfa leaf spot disease. Des Moines 1898. 8. 6 p. — 1.—
21946 **Comisión** de Parasitología Agrícola. Réd. p. Herrera. Nr. 1 à 4, 6 à 8, 11, 14 à 16, 19, 21, 22, 24 à 28, 39, 40, 44 à 49, 55, 56, 61, 64 à 69. México 1903 à 1907. 8. av. 42 pl.
　　　Chaque numéro à M. 1.50.
21947 **Cook, O. F.** The social organizat. and breeding habits of the Cotton-protect. Kelep of Guatemala. (Wash., Dept. Agr.) 1905. 8. 55 p. — 1.50
21948 **Cook, M. T.** The Diseases of Tropical Plants. Lond. 1913. 8. 330 p. w. fig. Cloth. — 8.50
21949 **Cooke, M. C.** Cocoa-Palm Fungi. (Lond., Grev.) 1876. 8. 3 p. w. pl. — 1.—
21950 — Coffee disease in S. America. (Lond., Linn. S.) 1881. 8. 6 p. w. pl. — 1.—
21951 **Coons.** Host Index of the Fungi of Michigan. (Lansing) 1912. 8. 45 p. — 1.50
21952 **Craig and o.** Insect Pests and Plant Diseases. Ithaca 1908. 8. 32 p. — 1.—
21953 **Cuboni.** Relaz. s. Malattie d. Piante, 1906—07. Roma 1908. 8. 88 p. — 2.—
21954 **Daiert u. Kornauth.** Ber. üb. d. Tätigk. d. Landwirtsch.-chemisch. Versuchsstation u. d. bakteriol. Pflanzenschutzstation in Wien f. 1903—1906. 4 Tle. Wien 1904—07. 8. 377 p. — 3.50
21955 **Dale.** Abnormal outgrowths on Hibiscus vitifol. Study in exper. Plant pathol. (Lond., Roy. Soc.) 1901. 4. 20 p. — 1.50

21956 **Dale.** Bacter. disease of Potato Leaves. (Lond., Ann. Bot.) 1912. 8.   *M*
22 p. w. 2 colour. pl.   2.50
21957 **Dandeno.** Winter stage of Sclerotinia fructigena. Capillarity of Cellulose. Bordeaux mixture and spores of Fungi. 3 pap. (Lansing) 1908.
8. 12 p. w. 3 pl.   1.50
21958 **Dangeard.** Les Maladies du Pommier et du Poirier. Le Pourridié.
(Paris, Cidre) 1897. 8. 3 p.   —.50
21959 **Danger.** Unkräuter u. pflanzl. Schmarotzer. Hannov. 1887. 8. 166 p.
(M. 2.40.)   1.50
21960 **Davis, J. J.** Supplem. List of Parasitic Fungi of Wisconsin. (Madis.,
Ac.) 1893. 8. 36 p.   1.50
21961 — — II. supplem. List. (Madis., Ac.) 1898. 8. 14 p.   1.—
21962 **Debray et Brive.** La Brunissure d. Végétaux. Paris 1895. 4. 31 p.   1.50
21963 **De la Blanchère.** Les Ravageurs d. vergers et des vignes. Paris
1876. 8. 322 p. av. 160 fig. Cart.   1.50
21964 **Delacroix.** S. qu. Champignons paras. s. l. Caféiers. (Paris, S. Myc.)
1904. 8. 8 p. av. pl.   1.—
21965 — Champignons paras. de plantes cult. en France et dans l. rég.
chaudes. (Paris, S. Myc.) 1905. 8. 37 p.   1.50
21966 **Delacroix et Guéguen.** Maladie du Peuplier de la Caroline. Acrostalagus Vilmorinii prod. une maladie d. Reine-Marguerites. 2 mém.
(Paris, S. Myc.) 1906. 8. 25 p. av. 2 pl.   1.50
21967 **Delacroix et Maublanc.** Maladies d. Plantes cultiv. 2 vols. Paris 1908.
8. 500 p. av. 141 fig.   9.—
21968 — Maladies d. Plantes cultiv. dans l. pays chauds. Paris 1911. 8.
604 p. av. 60 fig.   17.50
21969 **Delacroix et Prillieux.** 30 mém. s. Champignons parasit. et Maladies
d. Arbres. 1890 à 97. 8. 188 p. av. 16 pl. D.-rel.   8.—
21970 **van Deventer.** De dierlijke Vijanden v. het Suikerriet en hunne Parasieten. 2. Aufl. Amsterd. 1912. 8. 333 p. m. 43 Tfln. (35 color.) Lnb.   30.—
21971 **Dietel.** Ueb. die auf Leguminosen leb. Rostpilze. (Berl., Ann. Myc.)
1903. 8. 12 p.   1.—
21972 **Dorsett.** Spot disease of the Violet. (Wash., Dept. Agr.) 1900. 8. 16 p.
w. 7 pl. (1 colour.)   1.50
21973 **Dufour.** Le Mildiou. 2 mém. Laus. 1889. 8. 35 p.   1.—
21974 **Duggar.** Fungous Diseases of Plants. Bost. 1910. 8. w. fig. Cloth.   10.—
21975 **Duggar and Stewart.** The sterile Fungus Rhizoctonia as a cause of
Plant diseases. Geneva 1901. 8. 26 p.   1.50
21976 **Durand.** A disease of Currant Canes. (Ithaca, Univ.) 1897. 8. 18 p.   1.—
21977 **Eckstein.** Die Beschädigung unserer Waldbäume durch Thiere. Die
Kiefer (Pinus silvestris) u. ihre thierisch. Schädlinge. Bd. I. (soviel
erschien.): Die Nadeln. Berl. 1893. fol. 59 p. m. 22 color. Tfln. Cart.
(M. 36.)   28.—
21978 — Forstliche Zoologie. Berl. 1897. 8. 664 p. m. 660 Fig. Lnb. (M. 20.)   16.—
21979 — Die Technik d. Forstschutzes geg. Tiere. 2. Aufl. Berl. 1915. 8.
597 p. Lnb. (M. 6.50.)
21980 **Edgerton.** 2 new Fig diseases. (Ithaca) 1911. 8. 7 p. w. pl.   1.—
21981 **Edson.** Seedling diseases of Sugar Beets. (Wash., J. Agr.) 1915. 8. 44 p.
w. 11 pl.   3.50
21982 — Histol. relat. of Sugar-Beet Seedlings and Phoma Betae. (Wash.,
J. Agr.) 1915. 8. 5 p. w. 2 pl.   1.—
21983 **Eisbein.** Die kleinen Feinde des Rübenbauers. Berl. 1882. 8. 87 p. m.
16 Tfln. (15 color.)   3.—
21984 **Elenkin.** Ueb. ein. wenig. bekannte parasit. Pilze d. Weinreben. Petersburg 1909. 8. 23 p. m. 3 Tfln. — Russisch.   1.50
21985 **Eriksson.** Bidr. t. känned. om vara odlage Växters Sjukdomar. I.
(Stockh., Landtbr. Ak.) 1885. 8. 85 p. m. 9 color. Tfln.   4.–

21986 **Eriksson.** Om nagra Sjukdomar a odlade Växter. (Stockh., Landtbr. Ak.) 1890. 8. 51 p. — *M* 1.50

21987 — Parasitismens Specialisering hos Sädes - Rostsvamparne (Pucciniae). (Stockh., Landtbr. Ak.) 1895. 8. 40 p. — 1.—

21988 — Hvad ar Sädesrost och hvad kan Göras mot densamma? (Stockh., Landtbr. Ak.) 1896. 8. 86 p. m. color. Tfl. — 1.50

21989 — Nya undersökn. rör. Svartrosten. 2 Abhandl. (Stockh., Landtbr. Ak.) 1896. 8. 26 p. — 1.50

21990 — Nya jakttag. rör. Kronrosten. (Stockh., Landtbr. Ak.) 1897. 8. 20 p. — 1.—

21991 — Übers. d. Ergebnisse d. schwed. Getreiderostuntersuchung. (Cassel, Bot. Centr.) 1897. 8. 12 p. — 1.—

21992 — Nya studier öfv. Sädes- och Gräsarternas Brunrost. (Stockh., Landtbr. Ak.) 1899. 8. 37 p. m. 3 color. Tfln. — 2.—

21993 — Nagra stud. öfv. Morotens Rotfiltsjuka. (Stockh., Landtbr. Ak.) 1903. 8. 28 p. m. color. Tfl. — 1.50

21994 — Fruktträdsskorf och - mögel samt medlen t. d. Sjukdomars bekämpande. (Stockh., Landtbr. Ak.) 1903. 8. 21 p. m. 2 Tfln. — 1.50

21995 — Z. Frage d. Entsteh. u. Verbreit. d. Rostkrankheiten d. Pflanzen. (Stockh., Ark. Bot.) 1905. 8. 54 p. — 2.—

21996 — Der Malvenrost. (Stockh., Ak.) 1911. 4. 125 p. m. 6 Tfln. (5 color.) — 7.—

21997 — Om Blom- och Grentorka (Monilia-Torka). Stockh. 1912. 8. 17 p. — 1.—

21998 — Svampsjukdomar a Svenska Betodlingar. Stockh. 1912. 8. 31 p. — 1.50

21999 — Fungoid diseases of agricult. Plants. Lond. 1912. 8. 224 p. w. l.ig. Cloth. — 7.50

22000 — Die Pilzkrankheiten d. landwirtschaftl. Kulturgewächse. Leipz. 1913. 8. 262 p. m. 2 color. Tfln. (M. 3.50.) — 3.—

22001 **Eriksson och Henning.** Nagra hufvudresultat af en ny undersökn. af Sädesrosten. (Stockh., Landtbr. Ak.) 1894. 8. 19 p. — 1.—

22002 **Eustace.** Destructive Apple Rot follow. Scab. Geneva 1902. 8. 25 p. w. 9 pl. (1 colour.) — 1.50

22003 — Winter Injury to Fruit Trees. Geneva 1905. 8. 21 p. w. pl. — 1.—

22004 — Investigat. on some Fruit Diseases. Geneva 1908. 8. 20 p. w. 7 pl. — 2.—

22005 **Evans.** Black Scab of the Potato. (Pretoria) 1909. 8. 2 p. w. 3 pl. — 1.50

22006 **Faber.** Bericht üb. d. Pflanzenpatholog. Expedit. nach Kamerun. (Berl., Tropenpfl.) 1907. 8. 21 p. — 1.50

22007 — Die Krankheiten u. Parasiten d. Kakaobaumes. Berl. 1909. 8. 159 p. m. color. Tfl. — 10.—

22008 **Faes.** Les Maladies d. Plantes cultivées. Paris 1910. 8. 256 p. av. 147 fig. Toile. — 3.—

22009 **Fairchild.** Bordeaux Mixture as a Fungicide. (Wash., Dept. Agr.) 1894. 8. 55 p. — 1.50

22010 **Falck.** Fruchtkörperbild. holzzerstör. Pilze. (Jena) 1913. 8. 20 p. — 1.—

22011 **Farlow.** On a disease of Olive and Orange Trees. (Lond., Micr. J.) 1876. 8. 9 p. w. pl. — 1.—

22012 **Fernandez.** La Anquilostomiasis y la Agricult. (San José) 1907. 8. 14 p. — 1.—

22013 **Ferraris.** I Parassiti veget. d. Piante coltiv. 2. ed. Milano 1914. 8. 1064 p. c. tav. — 18.—

22014 **Fischer, E.** Die Sklerotienkrankheit d. Alpenrosen. (Bern, Bot. Ges.) 1894. 8. 18 p. — 1.—

22015 — Aecidium elatin., d. Urheber d. Weisstannen-Hexenbesens. (Stuttg., Z. Pflz.-Kr.) 1902. 8. 23 p. — 1.—

22016 **Fischer de Waldheim, A.** Revue d. plantes nourricières d. Ustilaginées. (Moscou, Bull.) 1877. 8. 20 p. — 1.—

22017 **Fisher, Schrenk and Hopkins.** The Redwood (Brown rot disease, Insect Enemies). (Wash., Dept. Agr.) 1903. 4. 40 p. w. 14 pl. — 3.—

22018 **Fleming.** On some microsc. Leaf Fungi fr. the Himalayas. (Lond., Micr. J.) 1874. 8. 5 p. w. pl. — 1.—

22019 **Floyd.** Some Fungous diseases. Jefferson 1905. 8. 12 p. — 1.—

22020 **Forstlich-Naturwissenschaftliche Zeitschrift** (für Forstbotan. u. -Zool., *M*
Pflanzenkrankh. etc.). Hrsg. v. Tubeuf. 7 Bde. (soviel erschien.). Münch.
1892—98. 8. m. Tfln. (M. 84.)   60.—
22022 **Frank.** Die Krankheiten d. Pflanzen. 2 Bde. Bresl. 1880. 8. 844 p. m.
149 Fig. (M. 18.)   5.—
22023 — — 2. (letzte) Aufl. 3 Bde. Bresl. 1895—96. 8. m. 216 Fig. (M. 24.)   17.
22024 — Kampfbuch geg. d. Schädlinge unser. Feldfrüchte. Berl. 1897. 8.
316 p. m. 20 color. Tfln. Lnbd. (M. 16.)   14.—
22025 — Beeinfluss. v. Weizenschädlingen durch Bestellzeit. (Berl., Ges.-
Amt) 1899. 4. 11 p.   1.—
22026 **Frank u. F. Krüger.** Schildlausbuch. Beschr. u. Bekämpf. der f. d.
Deutsch. Obt- u. Weinbau wichtigst. Schildläuse. Berl. 1900. 8. 128 p.
m. 3 color. Tfln.   4.—
22027 **Frank u. Sorauer.** Pflanzenschutz. 2. (letzte) Aufl. Berl. 1896. 8. 168 p.
m. 6 color. Tfln. Cart.   3.—
22028 — Jahresber. d. Sonderausschusses f. Pflanzenschutz, 1896. Berl.
1897. 8. 153 p.   1.50
22029 **Frantz.** Ueb. Leben u. Krankheit d. Pflanzen. Sondersh. 1856. 8. 138 p.   1.50
22030 **Freeman.** List of Minnesota Uredineae. (Minneap., Bot. Stud.) 1901.
8. 24 p. w. pl.   1.50
22031 — List of Minnesota Erysipheae. (Minneap., Bot. Stud.) 1901. 8. 8 p.   1.—
22032 — The Seed-Fungus of Lolium Temulentum. (Lond, Roy. S.) 1903.
4. 27 p. w. 3 pl.   2.50
22033 — Minnesota Plant Diseases. S. Paul 1905. 8. 456 p. w. pl. and
211 fig. Cloth.   10.—
22034 — The loose Smuts of Barley and Wheat. (Wash., Dept. Agr.) 1909.
8. 48 p. w. 6 pl.   2.—
22035 **Friederichs.** Phalacrus corruscus als Feind d. Brandpilze d. Getreides.
(Berl., Biol. Anst.) 1908. 4. 15 p. m. Tfl.   1.50
22036 **Froggatt.** Tomatoes and their diseases. (Sydn.) 1906. 8. 10 p.   1.—
22037 — Pests and diseases of the Coconut Palm. (Sydney) 1912. 8. 47 p.
w. 8 pl.   2.50
22038 **Frost** u. s. Wirk. auf d. Veget. — 4 Abhandl. 1881—1907. 8. 29 p.   1.50
22039 **Fuchs, E.** Z. Kenntn. d. parasit. Pilzflora Ost-Schleswigs. (Kiel, Nat.
Ver.) 1888. 8. 15 p.   1.—
22040 **Fulmek.** Die Kräuselkrankheit od. Acarinose d. Weinstockes. (Wien,
Weinb.-Kalend.) 1913. 4. 8 p. m. 5 Tfln. (3 color.)   2.50
22041 **Gallardo.** Maíz Clorántico. (B. Air., Mus.) 1905. 8. 13 p.   1.—
Gallen — siehe Nr. 22122.
22042 **Galloway.** Report of the Divis. of Vegetable Pathology f. 1888, 1891,
1892. 3 parts. (Wash., Dept. Agr.) 1889—93. 8. 142 p. w. 4 colour.
maps and 23 pl.   3.—
22043 — Report on the experiments made 1889 and 1891 on the Fungous
Diseases of Plants. (Wash., Dept. Agr.) 1890—92. 8. 195 p. w. 16 pl.   2.—
22044 — The effect of Spraying w. Fungicides. (Wash., Dept. Agr.) 1894.
8. 41 p.   1.—
22045 — Spraying f. Fruit Diseases. (Wash., Dept. Agr.) 1896. 8. 12 p.   1.—
22046 **Garman.** Spraying Apple Trees. Appel Orchard Pests in Kentucky.
(Lexingt.) 1908. 8. 71 p. w. 27 pl.   3.—
22047 — Common Insecticides and Fungicides. (Lexingt.) 1910. 8. 40 p.
w. 11 pl.   1.50
22048 **Garovaglio.** S. Microfiti d. Ruggine del Grano. 2 parti. (Milano, Ist.)
1872. 8. 30 p. c. tav. color.   1.50
22049 **Glaser.** Landwirtschaftl. Ungeziefer. Mannh. 1867. 8. 364 p. (M. 2.40.)   1.—
22050 **Goiran.** Note di Fitografia e di Patologia veget. (Verona) 1878. 8. 33 p.   1.50
22051 **Göldi.** Relatorio s. a molestia do Cafeeiro na Rio de Janeiro (Meloi-
dogyne, n. g. Nemat.). Rio de Jan. 1887. 4. 117 p. av. 4 pl. et carte.   2.50

22052 **Göppert.** Ueber d. Folgen äusserer Verletzungen d. Bäume. Bresl. 1873.   _ℳ_
8. 94 p. m. 56 Fig. u. Atlas v. 10 Tfln. in-fol. (M. 9.)   3.50
22053 **Gordan.** Ueb. Fäulnisbakterien in Obst u. Gemüse. Leipz. 1897. 8. 18 p.   1.—
22054 **Goethe.** Ueb. Regenwürmer u. der. Bedeut. f. d. Wachsthum d. Wurzeln. (Wiesb., Ver. Nat.) 1895. 8. 8 p. m. Tfl.   1.—
22055 **Gottheil.** Botan. Beschr. v. sporenbild. Bakterien, w. auf d. unterird.
Organen uns. Kulturpflanzen vork. Marb. 1901. 8. 100 p.   2.50
22056 **Gough.** List of Fungoid Parasites of Sugar Cane. (Trinid.) 1911. 8. 5 p.   1.—
22057 **Gravis.** Le Peronospora de la Pomme de Terre. Brux. 1880. 8. 11 p.   1.—
22058 — Observat. de Pathologie végét. (Brux., S. Bot.) 1895. 8. 20 p.   1.—
22059 **Griffiths.** The Parasite of the Powdery Mildews. (N. Y., Torr. Cl.)
1899. 8. 5 p. w. pl.   1.—
22060 **Gros.** Üb. d. Russ u. and. Misswachs im Getreide. Heilbr. 1802. 12. 52 p.   1.50
22061 **Grossenbacher.** Medullary Spots: A contrib. to the life history of
some Cambium Miners. (Geneva, Exp. Stat.) 1910. 8. 19 p. w. 5 pl.   2.—
22062 — Crown-Rot of Fruit Trees. (Geneva, Exp. St.) 1912. 8. 59 p. w. 23 pl.   2.50
22063 **Grossenbacher and Duggar.** Contrib. to the life-hist., parasitism and
biol. of Botryosphaeria ribis. (Geneva, Exp. St.) 1911. 8. 80 p. w. 12 pl.   2.—
22064 **Grove.** The British Rust Fungi (Uredinales), their biology and classific.
Cambr. 1913. 8. 424 p. w. 290 fig. Cloth.   14.—
22065 **Haack.** Der Kienzopf (Peridermium pini). (Berl., Z. Forstw.) 1914. 8.
46 p. m. 3 Tfln.   2.—
22066 **Hadi.** On the Sugarcane disease: Rind Fungus, Red Patch, or Red
Smut. Allahabad 1899. 8. 6 p. w. 2 colour. pl.   2.50
22067 **v. Hall.** Bijdr. tot de kennis d. Bakterielle Plantenziekten. Amsterd.
1902. 8. 208 p.   5.—
22068 **Hallier.** Phytopathologie. Die Krankh. d. Culturgewächse. Leipz. 1868.
8. 380 p. m. 5 Tfln. (M. 9.)   4.—
22069 — — 2. (letzte) Aufl. u. d. Titel: Die Pestkrankheiten d. Kulturgewächse. Stuttg. 1897. 8. 144 p. m. 7 Tfln. (M. 8.)   6.—
22070 **Halsted.** Iowa Peronosporeae. (Chic., Bot. Gaz.) 1888. 8. 8 p.   1.—
22071 — Some Fungous diseases of Beets. (N. Jersey) 1895. 8. 13 p.   1.—
22072 **Hanzawa.** Neu. Fruchtkrankheitserreg. Pilz. (Sapporo) 1910. 8. 5 p.
m. Tfl.   1.—
22073 **Harding, Morse and Jones.** The Bacterial Soft Rosts of cert. Vegetables. 2 parts. (Geneva, Agr. Stat.) 1909. 8. 120 p.   4.—
22074 **Harlot.** Les Uredinées (Rouilles d. Plantes). Paris 1908. 8. 407 p. Toile.   4.50
22075 **Harshberger.** 2 fungous diseases of the White Cedar. (Philad., Ac.)
1902. 8. 44 p. w. 2 pl.   2.—
22076 **Harter.** Sweet-Potato Scurf. (Wash., J. Agr.) 1916. 8. 7 p. w. 2 pl.   1.50
22077 **Hartig, R.** Die Zersetzungserscheinungen d. Holzes d. Nadelholzbäume
u. d. Eiche. Berl. 1878. 4. 158 p. m. 21 color. Tfln. Cart. (M. 36.)   25.—
22078 — Lehrb. d. Baumkrankheiten. Berl. 1882. 8. 198 p. m. 11 z. Tl. color.
Tfln. Lnb. (M. 12.)   5.—
     Diese erste Auflage wird noch immer wegen der color. Tfln. geschätzt, die
den folgenden fehlen.
22079 — — 2. Aufl. Berl. 1889. 8. 301 p. m. Tfl. u. 137 Fig. Lnb. (M. 10.)   7.—
22080 — — 3. (letzte) Aufl. unt. d. Titel: Lehrbuch d. Pflanzenkrankheiten.
Berl. 1900. 8. 334 p. m. color. Tfl. u. 280 Fig. Lnb.   15.—
     Vergriffen.
22081 — Nadelschüttepilz d. Lärche. (Münch., Ak.) 1895. 8. 16 p.   1.—
22082 **Harting.** S. la maladie des Pommes de Terre. (Paris, Ann. Sc.) 1846.
8. 21 p. av. 2 pl. color.   2.—
22083 **Hartmann, A.** Die Kleinschmetterlinge (Micro-Lepidoptera) des Europ.
Faunen-Gebietes. Erscheinungszeit d. Raupen u. Falter, Nahrung u.
biolog. Notizen. Münch. 1880. 8. 182 p. (M. 4.50.)   2.50
22084 **Hasenclever.** Ueb. d. Beschäd. d. Vegetation durch saure Gase. Berl.
1879. 4. 14 p. m. 3 Tfln.   2.—

22085	**Hasse.** Pseudomonas Citri, the Citrus Canker. (Wash., J. Agr.) 1915. 8. 6 p. w. 2 pl.	1.50
22086	**Hazslinszky.** Z. Kenntn. d. Sphärien des Lyciums. (Wien, Z. b. G.) 1865. 8. 6 p. m. 2 Tfln.	1.—
22087	— Die Sphärien d. Rose. (Wien, Z. b. G.) 1870. 8. 8 p. m. Tfl.	1.—
22088	**Heck.** Der Weistannenkrebs (Aecidium elatinum). Berl. 1894. 8. 174 p. m. 10 Tfln. u. 9 Tabell. (M. 10.)	5.—
22089	**Hedgcock.** Disease of Cauliflower and Cabbage caused by Sclerotina. (St. Louis, Gard.) 1905. 8. 3 p. w. 3 pl.	1.50
22090	— Disease of cultiv. Agaves due to Colletotrichum. (St. Louis, Gard.) 1905. 8. 4 p. w. 3 pl.	1.50
22091	— Some Stem tumors on Apple and Quince Trees. (Wash., Dept. Agr.) 1908. 8. 16 p.	1.—
22092	**Hedrick.** Bordeaux Injury. (Geneva) 1907. 8. 85 p. w. 8 pl. (1 colour.)	2.—
22093	**Held.** Den Obstbau schädig. Pilze. Frankf. 1902. 8. 63 p. m. 2 color. Tfln. Lnb.	1.50
22094	**Hennert.** Ueb. d. Raupenfrass u. Windbruch in d. Preuss. Forsten. Berlin 1797. 4. 208 p. m. 8 color. Tfln. Cart.	5.—
22095	**Henning.** De vigtig. a kulturväxt. förekomm. Nematoderna. (Stockh., Landtbr. Ak.) 1898. 8. 19 p.	1.—
22096	**Henslow, G.** The Frost Report on the effects of the severe frost on the vegetat. dur. 1879—81. (Lond., Hortic. Soc.) 1887. 8. 410 p.	7.—
22097	**Henslow, J. S.** Identity of the Fungi produc. Rust and Mildew. (Lond., Agr. Soc.) 1841. 8. 7 p. w. pl.	1.50
22098	**Herzberg.** Vergleich. Untersuchungen üb. landwirtschaftl. wichtige Flugbrandarten. Halle 1895. 8. 33 p.	1.50
22099	**Hiltner.** Pflanzenschutz, nach Monaten geordn. Stuttg. 1909. 8. 440 p. m. 138 Fig. Lnb. (M. 4.50.)	
22100	**Hitchcock.** Effect of Fungicides up. the germinat. of Corn. (Manhattan) 1893. 8. 17 p.	1.—
22101	— Reports on Rusts of Grain. 2 parts. Manhattan 1893—94. 8. 23 p. w. 3 pl.	1.50
22102	**Hitchcock and Norton.** Corn Smut. Manhatt. 1896. 8. 38 p. w. 10 pl.	3.—
22103	**Hoffmann, K.** Wachstumsverhältn. einiger holzzerstör. Pilze. Halle 1910. 8. 130 p.	2.—
22104	**Hollrung.** Handbuch d. chemischen Mittel geg. Pflanzenkrankheiten. Berl. 1898. 8. 190 p. Lnb. Vergriffen.	5.—
22105	— Die Mittel z. Bekämpf. d. Pflanzenkrankheiten. 2. Aufl. Berl. 1914. 8. 348 p. Lnb. (M. 10.)	
22106	**Humphrey, H. B.** Relat. of cert. spec. of Fusarium to the Tomato Blight. (Pullman) 1914. 8. 22 p. w. 5 pl.	2.—
22107	**Ihne.** Gesch. d. Einwand. v. Puccinia Malvac. u. Elodea canad. Giess. 1880. 8. 32 p. m. 2 Tfln. **Insecta noxia** — vide nr. 22122.	1.50
22108	**Istvánffi.** Rech. biolog. s. qu. maladies d. Arbres fruitiers et de la Vigne. (Rome, Congr. Agr.) 1903. 8. 12 p.	1.—
22109	— 2 nouv. ravageurs de la Vigne en Hongrie. Boudap., Inst. Ampél.) 1904. 4. 55 p. av. 3 pl. color.	3.—
22110	**Jablonowski.** Die tierischen Feinde d. Zuckerrübe. Budap. 1909. 8. 399 p.	4.—
22111	**Jacobi, A.** Die Rüben- u. Hafernematoden. Berl. 1901. 8. 8 p.	1.—
22112	**Jaczewski.** Jahresbericht üb. d. Krankheiten u. Beschädig. d. Kultur- u. wildwachs. Pflanzen (Russlands). Jahrg. I—V. St. Petersb. 1905—1910. 8. m. viel. Fig. — In Russischer Sprache.	30.—
22113	— Krankheiten d. Pflanzen (Phytopathologie). Bd. I. (soviel erschien.). St. Petersb. 1910. 8. m. 117 Fig. u. Tabellen. — Russisch.	11.—

W. Junk, Berlin, W. 15.

22114 **Jahrbücher** für Pflanzenkrankheiten. Berichte d. Zentral-Station für   *M*
Phyto-Pathol. am Botan. Garten, Petersburg. Red. v. Elenkin. Jahrg.
I. u. II. Petersb. 1907—09. 8. — Russisch.   12.—

22115 **Jahresbericht** üb. d. Gebiet d. Pflanzenkrankheiten. Erstattet v. Holl-
rung. Bd. 1—15: 1898—1913. Berl. 1900—1914. 8. (M. 226.)   175.—

22116 **Jamieson.** Phoma destruct., the cause of a Fruit Rot of the Tomato.
(Wash., J. Agr.) 1915. 8. 20 p. w. 8 pl. (2 colour.)   2.50

22117 **Jenkins and Britton.** Protection of Shade Trees. New Haven 1900.
8. 22 p. w. 9 pl.   2. -

22118 **Johnson, E. C.** Timothy Rust in the U. S. (Wash., Dept. Agr.) 1911.
8. 20 p.   1.—

22119 **(Jordan, W. H.)** Analyses of materials sold as Insecticides and Fungicides. Geneva 1914. 8. 22 p.   1.—

22120 **Jordi.** Z. Kenntn. d. Papilionaceen bewohn. Uromyces-Arten. Jena
1904. 8. 39 p.   1.—

22121 **Juel.** Z. Kenntn. d. an Umbelliferen wachs. Aecidien. (Stockh., Ak.)
1899. 8. 16 p.   1.—

22122 **Junk, W.** Antiquariats - Catalog Nr. 53: Insecta noxia, Cecidia. 1915.
8. 52 p. m. 1362 Titeln.
        Gratis u. franco. — Free upon application. — Gratuitement.

22123 **Kartoffel-Krankheiten.** — 10 Abhandl. v. Appel, Dangeard, Prillieux,
W. G. Smith, H. M. Ward u. a. 1842—1913. 8. u. 4. 59 p. m. Tfl.   5.—

22124 **Kellerman.** 4 pap. on injurious Fungi. 1903—06. 8. 29 p. w. 2 pl.   1.50

22125 **Kirchner.** Die Obstbaumfeinde. Stuttg. 1903. 8. 41 p. m. 2 color. Tfln.   2.—

22126 — Die Getreidefeinde. Stuttg. 1903. 8. 37 p. m. 2 color. Tfln.   2.—

22127 — Die Krankheiten u. Beschäd. uns. landwirtsch. Kulturpflanzen.
2. Aufl. Stuttg. 1906. 8. 683 p. (M. 14.)   12.—

22128 — Die Rebenfeinde. 2. Aufl. Stuttg. 1909. 8. 43 p. m. 2 color. Tfln. Cart. 2.—

22129 **Klebahn.** Kulturversuche mit heteröcischen Rostpilzen. III, IV. (Stuttg.,
Z. Pflz.-Krankh.) 1894—95. 8. 45 p.   2.—

22130 — Bericht üb. d. Selleriekrankheiten in d. Hamburg. Marschlanden.
(Hamb., Anst.) 1913. 8. 57 p. m. 2 Tfln.   2.—

22131 **Kobus.** Bijdr. t. de kennis d. Riet-Vijanden. 2 Tle. (Soerabaia) 1894. 8.
19 p. m. color. Tfl.   1.—

22132 **Koller.** Ueb. d. Zunahme d. pflanzl. Parasiten an Culturpflanzen. Wien
1897. 8. 50 p.   1.50

22133 **Kölpin-Ravn.** Nogle Helminthosporium-Arter og de af dem frankaldte
sygdomme h. byg og havre. Kjöbenh., Bot. Tidsk.) 1900. 8. 223 p. m.
2 color. Tfln.   3.—

22134 **Krankheiten** d. Weinstocks. — 10 Abhandl. v. Briosi, Chatin, Istvánffi,
Targioni-Tozzetti, Thümen u. a. 1854—1910. 8. 84 p. m. Tfl.   3.50

22135 **Krankheiten und Beschädigungen** d. Kulturpflanzen in d. Jahren 1905—
1911. Zusammengest. in der Kais. Biol. Anstalt. Heft I—VII. Berl.
1907—14. 8. (M. 14.40.)   13.—

22136 **Krieg.** Experim. Unters. üb. Ranunculus-Arten bewohnende Uromyces.
Jena 1907. 8. 39 p.   1.—

22137 **Krüger, F.** Untersuch. üb. d. Gürtelschorf d. Zuckerrüben. (Berl., Biol.
Anst.) 1904. 4. 65 p. m. Tfl.   2.—

22138 — Untersuch. üb. d. Fusskrankheit d. Getreides. (Berl., Biol. Anst.)
1908. 4. 31 p. m. Tfl.   1.50

22139 **Kühn.** Die Krankheiten d. Culturgewächse. 2. (letzte) Aufl. Berl.
1859. 8. 335 p. m. 7 Tfln. Hfzb.   25.—
      Sehr selten u. wichtig. Die 1. u. 2. Auflage sind identisch.

22140 — Entsteh., künstl. Hervorrufen u. Verhüt. d. Mutterkornes. (Halle,
Landw. Inst.) 1863. 8. 36 p. m. Tfl.   1.—

22141 — Versuche mit Nematoden - Fangpflanzen. Anleit. z. Bekämpf. d.
Rübennematoden. 2 Abhandl. (Halle, Landw. Inst.) 1886. 4. 22 p. m. Tfl. 1.50

22142 **Kunisch.** Ueb. d. tödtliche Einwirk. nieder. Temperaturen auf d. Pflanzen. Breslau 1880. 8. 60 p. — *M* 1.50

22143 **Kunkel.** Contrib. to the life hist. of Spongospora subterranea. (Wash., J. Agr.) 1915. 8. 20 p. w. 5 pl. — 2.—

Küster. Pathologische Pflanzenanatomie — siehe No. 19293 u. 19294.

22144 **Kutsomitopulos.** Z. Kenntn. d. Exoascus d. Kirschbäume. Anat. d. Vegetationsorgane v. Littorella lacustris. Erl. 1882. 8. 24 p. — 1.—

22145 **Lagerheim.** Chrysomyxa Rhod. auf Topf-Rhododendr. Beitr. zu e. Monogr. d. Salix-Parasiten. (Tromsö, Mus.) 1894. 8. 15 p. — 1.—

22146 **Laemmerhirt.** Die wichtigst. Obstbaumschädlinge. Dresd. 1891. 8. 36 p. m. 8 color. Tfln. — 1.—

22147 **Lange, E.** Krankheiten d. Kulturpflanzen. 4 Serien. Leipz. 1909—12. 12 color. Tfln. in folio m. Text. in -8. (M. 21.)

22148 **Laubert u. Schwartz.** Rosenkrankheiten u. Rosenfeinde. Jena 1910. 8. 59 p. m. color. Tfl. — 1.—

22149 **Lawrence.** The powdery Mildews of Washington. Pullman 1905. 8. 16 p. w. pl. — 1.—

22150 — Apple Scab in East. Washington. Pullman 1906. 8. 14 p. — 1.—

22151 — Anthracnose of the Blackberry and Raspberry. Pullman 1910. 8. 18 p. — 1.—

22152 — Root diseases caused by Armillaria Mellea. Pullman 1911. 8. 16 p. w. pl. — 1.—

22153 — Bluestem of the black Raspberry. Pullm. 1912. 8. 30 p. — 1.—

22154 — Plant diseases induc. by Sclerotinia perpl. Pullm. 1912. 8. 22 p. — 1.—

22155 **Lecoeur.** La Chématobie hiémale du Pommier. Argent. 1892. 8. 22 p. av. pl. color. — 1.50

22156 **Lemmermann.** Die Pilze d. Juncaceen. (Brem., Nat. V.) 1906. 8. 26 p. — 1.50

22157 **Lendner.** Les Mucorinées de la Suisse. Berne 1908. 8. 189 p. av. 3 pl. — 8.—

22158 **Lepidopterorum Catalogus.** Editus a H. W a g n e r. Partes 1—21 (quantum hucusque prodiit). Berol. 1911—15. 8. (M. 135.)

Subscriptionspreis für Abnehmer des ganzen Werkes: M. 90. Diejenigen Hefte, die sich besonders mit schädlichen Species u. d. Literatur von deren Biologie beschäftigen, sind die folgenden:

Pars 4: H e p i a l i d a e, v. Wagner. M. 2.50. — 6: M i c r o - p t e r y g i d a e etc., v. Meyrick. M. 6.40. — 10: T o r t r i c i d a e, v. Meyrick. M. 8.10. — 12, 18: S p h i n g i d a e, v. Wagner. M. 20.70. — 13: C a r p o s i n i d a e etc., v. Meyrick. M. 5.10. — 17: P t e r o - p h o r i d a e etc., v. Meyrick. M. 4.20. — 19: H y p o n o m e u t i - d a e etc., v. Meyrick. M. 6.

Prospect u. Probelieferung g r a t i s.

22159 **Lestiboudois.** S. la maladie d. Pommes de terre. (Lille, Soc. Sc.) 1846. 8. 34 p. — 1.50

22160 **Lewis.** Black Root disease of Cotton. Atlanta 1909. 8. 24 p. — 1.—

22161 **Lewton-Brain.** The Fungoid diseases of Cacao. (Trinidad) 1905. 8. 10 p. — 1.—

22162 **Linde.** Wurzel-Parasiten u. Bodenerschöpfung in Bez. auf d. Kleemüdigkeit. Freib. 1880. 8. 64 p. — 1.50

22163 **Linde u. Kutzleb.** Z. Controverse üb. d. Kleemüdigk. (Dresd.) 1884. 8. 13 p. — 1.—

22164 **Lindroth.** Die Umbelliferen-Uredineen. (Helsingf., Soc. Fl.) 1902. 8. 224 p. m. Tfl. — 6.—

22165 **Linsbauer.** Bericht üb. d. Botan. Versuchslaborat. u. Labor. f. Pflanzenkrankheiten in Klosterneuburg f. 1911—12. Wien 1912. 8. 25 p. — 1.—

22166 **Long.** Honeycomb Heart-Rot of Oaks. (Wash., J. Agr.) 1915. 8. 10 p. w. pl. — 1.—

22167 **Loverdo.** Les Maladies Cryptogam. d. Céréales. Paris 1892. 8. 312 p. av. 35 fig. — 3.—

22168 **Loew, H.** Die Europ. Bohr-Fliegen (Trypetidae) erläut. durch photogr.   *M*
Flügelabbildgn. Wien 1862. fol. 132 p. m. 26 photograph. Tfln. (104 Fig.
v. Flügeln). Leinbd.   250.—

> Das seltenste (übrigens auch das prächtigste) Werk der an Raritäten so reichen
> dipterologischen Litteratur, s. Zt. in nur geringer Auflage hergestellt, da damals
> die photograph. Vervielfältigungs-Verfahren noch nicht bekannt waren. Vor Er-
> scheinen meines Neudrucks (siehe No. 22169) wurden etwa vorkommende Exem-
> plare mit M. 400 und mehr bezahlt.

22169 — — F a c s i m i l e - E d i t i o n. Berlin 1913. folio. 132 p. m. 26 photograph. Tafeln.   150.—

> In geringer Auflage hergestellter Neudruck; die Tafeln, von der ersten deut-
> schen Kunstanstalt photographiert, übertreffen an Schönheit bei weitem das Ori-
> ginal dessen Tafeln durchgängig stark vergilbt und unscharf sind. Der Sub-
> scriptionspreis von M. 120 ist erloschen. Nur bei gleichzeitigem Bezuge der in
> meiner „Facsimile-Edition" erschienenen drei dipterologischen Publicationen, der
> von B r a u e r - B e r g e n s t a m m, R o n d a n i und der obigen wird der Preis
> von à M. 150 auf den ursprünglichen Subscriptionspreis von à M. 120 ermässigt.

22170 **Lowe.** Fumigator for small Orchard Trees. Geneva 1900. 8. 6 p. w. 4 pl.   1.—

22171 **Lüstner u. Molz.** Schutz d. Weinrebe geg. Frühjahrsfröste. Stuttg. 1909.
8. 121 p. m. 27 Fig. (M. 2.50.)

22172 **Mc Alpine.** Fungus diseases of Citrus Trees in Australia. Melbourne
1899. 8. 132 p. w. 31 pl. (12 colour.). Cloth.   12.—

22173 — Fungus diseases of Stone-Fruit Trees in Australia. Melbourne 1902.
8. 165 p. w. 54 pl. (10 colour.) Cloth.   12.—

22174 — The Rusts (Uredineae) of Australia. Melbourne 1906. 8. 357 p.
w. 55 pl. (11 colour.). Cloth.   14.—

22175 — The Smuts of Australia (Ustilagineae). Melbourne 1910. 8. 296 p.
w. 57 pl. Cloth.   12.—

22176 — Handbook of Fungus Diseases of the Potato in Australia. Melbourne 1912. 8. 218 p. m. colour. map and 56 pl. (3 colour.) Cloth.   12.—

22177 — Bitter Pit (Disease of the Apple). Melbourne 1912. 4. 197 p. w.
34 pl. (1 colour.)   20.—

22178 **Magnus, P.** 20 Abhandl.. üb. auf Pflanzen paras. Pilze. 1877—1909. 8.
120 p. m. 10 Tfln.   7.—

22179 — Neue Blattkrankheit d. Goldregens. (Dresd., Hedw.) 1892. 8. 2 p.
m. Tfl.   1.—

22180 — Ueb. die auf Compositen auftret. Puccinien. (Berl., Bot. Ges.)
1893. 8. 12 p. m. Tfl.   1.—

22181 — Das Auftreten d. Peronospora parasit. (Berl., Bot. Ges.) 1894. 8.
6 p. m. Tfl.   1.—

22182 — Die Peronosporeen d. Prov. Brandenburg. 2 Tle. (Berl., Bot. Ver.)
1894—96. 8. 42 p.   1.50

22183 — Puccinia-Arten d. Gatt. Veronica. (Berl., Bot. G.) 1895. 8. 8 p. m. Tfl.   1.—

22184 — Die Ustilagineen d. Prov. Brandenburg. (Berl., Bot. Ver.) 1897. 8.
32 p. m. Tfl.   1.—

22185 — Nachtrag zu d. Aufzähl. d. Peronosporeen, Exoasceen u. Ustilagin.
d. Prov. Brandenburg. (Berl., Bot. Ver.) 1898. 8. 14 p.   1.—

22186 **Mangin.** Contr. à l'et. de qu. parasites du Blé. (Copenh., Vid. Selsk.)
1899. 8. 60 p. av. 3 pl. color.   2.—

22187 **Mangin, Viala et a.** Le Stearophora Radicicola. (Paris, Rev. Vitic.)
1905. 8. 17 p. av. pl. color.   1.50

22188 **Massalsky u. Almedingen.** Die Peronospora viticola. Petersb. 1888. 8.
20 p. m. color. Tfl. — Russisch.   1.—

22189 **Massee, G.** Disease of Colocasia in India. (Lond., Linn. S.) 1887. 8.
5 p. w. pl.   1.—

22190 — Textbook of Plant Diseases caused by Cryptogamic Parasites.
Lond. 1899. 8. 484 p. w. fig. Cloth.   5.—

22191 — Diseases of cultivat. Plants and Trees. Lond. 1910. 8. 614 p. w.
171 fig. Cloth.   7.50

22192 **Massee, G. and I.** Mildews, Rusts and Smuts. Lond. 1913. 8. 232 p. w. 5 pl. (1 colour.) Cloth. — *M* 7.50

22193 **Maul.** Ueb. Sclerotinienbildung in Alnus-Früchten. Dresd. 1894. 8. 20 p. m. 2 Tfln. — 1.50

22194 **Mededeelingen** uit h. Phytopatholog. Laboratorium „Willie Commelin Scholten". I—III. Amsterd. 1910—12. 8. 93 p. m. 10 Tfln. (1ʳ color.) — 10.—

22195 **Melander and Beattle.** The penetration system of Orchard Spraying. Pullman 1913. 8. 40 p. — 1.—

22196 **Melhus.** Germin. and infect. w. the Fungus of the late Blight of Potato (Phytophthora infestans). Madison 1915. 8. 64 p. — 1.50

22197 **Metcalf.** Report on the Blast of Rice. Columbia 1906. 8. 43 p. — 1.50

22198 **Meyen.** Pflanzen-Pathologie. Hrsg. v. Nees v. Esenbeck. Berl. 1841. 8. 340 p. (M. 6.) Lnb. — 5.—

22199 **Meyer, B.** Ueb. d. Entwick. ein. parasit. Pilze b. saprophyt. Ernährung. Berl. 1888. 8. 36 p. m. 4 z. Tl. color. Tfln. — 1.50

22200 **(Middleton).** Proceed. under the destruct. Insects and Pests Acts for 1911—12. Lond. 1913. 8. 58 p. w. 7 colour. maps. — 2.—

22201 **Migula.** Uebersicht derjen. Pflanzenkrankheit., wodurch Bakterien verursacht werden. Semarang 1892. 4. 22 p. — 1.50

22202 **Milburn and Bessey.** Fungoid diseases of Farm and Garden Crops. N. York 1915. 8. 128 p. w. fig. Cloth. — 4.—

22203 **Miyoshi.** Schrumpfkrankheit d. Maulbeerbaum. II. (Tokyo, Sc. Coll.) 1901. 4. 6 p. — 1.—

22204 **Mohl.** On the Vine Mildew. II. III. (Lond., Hort. Soc.) 1854. 8. 14 p. — 1.—

22205 **Molisch.** Unters. üb. d. Erfrieren d. Pflanzen. Jena 1897. 8. 79 p. (M. 2.50.) — 1.50

22206 **Molz.** Untersuch. üb. d. Chlorose d. Reben. Jena 1907. 8. 101 p. m. 4 color. Tfln. — 2.50

22207 — — Dissertation. Jena 1907. 8. 71 p. m. 3 Fig. — 1.—

22208 **Montagne.** On the Vine Mildew. (Lond., Hort. Soc.) 1854. 8. 17 p. — 1.—

22209 **Morini.** Il Carbone d. Piante. Milano 1884. 8. 23 p. — 1.—

22210 **Moritz.** Versuche, betr. d. Wirkung insekten- u. pilztödt. Mittel auf d. Gedeihen damit behandelt. Pflanzen. (Berl., Ges.-Amt) 1902. 4. 27 p. — 1.50

22211 **Morse.** Blackleg, a bacter. disease of the Potato. Orono 1909. 8. 22 p. — 1.50

22212 **Mortensen, Rostrup og Ravn.** Overs. ov. Landbrugs-planternes Sygdomme i 1909 og 1910. 2 Tle. Kjöbenh. 1910—11. 8. 60 p. — 1.50

22213 **Müller, W.** Z. Kenntn. d. Euphorbia-bewohn. Melampsoren. Jena 1907. 8. 43 p. m. 31 Fig. — 1.50

22214 **Nachrichten** üb. Schädlings-Bekämpfung aus d. Fabrik v. Nördlinger, hrsg. v. Molz. No. 1—5. Flörsheim 1909—11. 8. 80 p. — 2.—

22215 **Nawaschin.** Die Sclerotina d. Birke. Petersb. 1893. 8. 10 p. m. 4 color. Tfln. — Russisch. — 2.—

22216 **Netopil.** Das Karbolineum als Pflanzenschutzmittel. I: Chem. Untersuch. (Wien, Z. Landw.) 1909. 8. 32 p. — 1.—

22217 **Neveu-Lemaire.** Parasitologie d. Plantes agricoles. Paris 1913. 8. 732 p. av. 430 fig. Cart. — 12.—

22218 **(Newell).** Report 1—3 of the State Crop Pest Commission of Louisiana f. 1905—1909. (Circulars no. 1—33). Baton Rouge 1906—09. w. plates. Cloth. — 20.—

22219 **Nilsson, A.** Om Barrträdsrötor. (Stockh.) 1895. 8. 15 p. — 1.—

22220 — Om Granrost. (Stockh., Tidsk. Skogsh.) 1898. 8. 16 p. — 1.—

22221 **Noll.** Die Erscheinungen d. Parasitismus. (Frankf., Senck.) 1871. 8. 17 p. — 1.—

22222 **Nördlinger.** Die kleinen Feinde d. Landwirthschaft. 2. Aufl. Stuttg. 1869. 8. 760 p. (M. 11.) — 3.—

22223 — Die Kenntn. d. wichtigst. klein. Feinde d. Landwirtschaft. Stuttg. 1871. 8. 142 p. m. viel. Fig. — 1.—

22224 **Norton.** Apple diseases. (Baltim.) 1903. 8. 8 p. — 1.—

M

22225 **Norton.** Plant Pathology. 4 pap. (Baltim.) 1903—04. 8. 28 p.   1.50
22226 — Irish Potato diseases. (Baltim.) 1906. 8. 10 p.   1.—
22227 **Norton and Symons.** Cabbage Diseases and Insects. (Baltim.) 1904.
8. 10 p.   1.—
22228 **Nypels.** Notes de Pathologie végét. (Brux., Soc. Bot.) 1898. 8. 92 p.
av. beauc. de fig.   1.50
22229 **Oersted.** Undersög. ov. de Sygdomme hos vore Culturplanter. Kjöb.
1862. 8. 24 p. m. 2 color. Tfln.   1.50
22230 **Paddock.** The New York Apple-Tree Canker. Geneva 1900. 8. 11 p.
w. 4 pl.   1.50
22231 **Pammel.** Fungus diseases of the Sugar Beet. Ames 1889. 8. 16 p.
w. 7 pl.   2.50
22232 — Some unus. Fungus diseases in Iowa. Ames 1903. 8. 8 p. w. 2 pl.   1.50
22233 **Parrott.** Concentrat. Lime-Sulphur mixtures. 2 pap. Geneva 1909—10.
8. 58 p.   1.50
22234 **Parrott, Beach and Sirrine.** Sulphur Washes for Orchard treatment.
II. Geneva 1903. 8. 32 p. w. 4 pl.   1.—
22235 **Parrot, Beach and Woodworth.** The Lime-Sulphur-Soda wash for
Orchard treatment. Geneva 1904. 8. 21 p. with 4 pl.   1.—
22236 **Parrott, Hodgkiss and Schoene.** Dipping of nursery stock in the Lime-
Sulphur wash. Geneva 1908. 8. 30 p. w. 2 pl.   1.—
22237 **Parrott and Sirrine.** Fall Spraying w. sulphur washes. Geneva 1904.
8. 21 p. w. 3 pl.   1.—
22238 **Pathologia Plantarum.** — 60 pap. by Appel, N. A. Brown, Dietel, Erikson, Hedgcock, Henning, Juel, Lagerheim, P. Magnus, Massee, Plowright, Prillieux, Raciborski, A. L. Smith, F. C. Stewart, V. B. Stewart,
Vuillemin, H. M. Ward and o. 1866—1916. 8. and 4. 430 p. w. 11 pl.
(1 colour.)   20.—
22239 **Patterson, Charles and Veihmeyer.** Some Fungous diseases of economic importance. (Wash., Dept. Agr.) 1910. 8. 41 p. w. 8 pl.   3.—
22240 **Peglion.** Le Malattie crittogam. d. Piante coltiv. 3. ed. Casale 1912.
8. 565 p.   4.50
22241 **Penzig.** Funghi Agrumicoli. Padova 1882. 8. 124 p. c. 136 tav. color.   60.—
Esauritissimo.
22242 — 2. contribuz. allo studio d. Funghi Agrumicoli. (Venez., Ist.) 1884.
8. 28 p. c. 5 tav.   3.—
22243 **Petch.** Root disease of Hevea Brasil. (Peradeniya) 1906. 8. 8 p. w. 2 pl.   1.—
22244 — Bud Rot of the Coconut Palm. (Peradeniya) 1906. 8. 6 p.   1.—
22245 — Stem disease of the Coconut Palm. (Perad.) 1907. 8. 7 p. w. pl.   1.—
22246 — Diseases of Tobacco in Dumbara. (Colombo) 1907. 8. 10 p.   1.—
22247 — Stem disease of Tea. (Colombo) 1907. 8. 12 p.   1.—
22248 — Stem bleeding disease of the Coconut. (Peradeniya) 1909. 8. 109 p.
w. 4 pl.   4.—
22249 — Cacao and Hevea Canker. (Colombo) 1910. 8. 40 p. w. pl.   1.50
22250 — Root disease of the Coconut Palm. (Perad.) 1910. 8. 16 p.   1.—
22251 — Diseases and Pests Legislat. in Ceylon. (Colombo) 1913. 8. 15 p.   1.—
— Diseases of Hevea Brasil. — see nr. 19968.
22252 **Pethybridge and Murphy.** Bacter. disease of the Potato Plant in Ireland. (Dublin, Ac.) 1911. 4. 37 p. w. 3 pl.   2.50
22253 **Petri.** Studi s. Marciume d. radici n. Viti fillosserate. (Roma, Staz.
Patol. Veget.) 1907. 4. 156 p. c. 9 tav. (3 color.) e 25 fig.   6.—
22254 — Le Malattie d. Olivo. Firenze 1916. 8. c. tavole color.   10.—
22255 **Phytopathology.** Official organ of the American Phytopathol. Society.
Vols. I—IV. Ithaca 1911—14. 8.   52.—
22256 **Pierce.** The California Vine disease. (Wash., Dept. Agr.) 1892. 8.
215 p. w. 26 pl. (8 colour.)   4.—
22257 — Disease of Almond Trees. (Wash., J. Myc.) 1892. 8. 12 p. w. 4 pl.   2.—

22258 **Pierce.** Grape diseases on the Pacif. Coast. (Wash., Dept. Agr.) 1895. *ℳ*
8. 15 p. 1.—
22259 — Peach Leaf Curl (Exoascus deform.). (Wash., Dept. Agric.) 1900.
8. 204 p. w. 30 pl. Cloth. 4.—
22260 **Pilze d. Obstbäume.** — 8 Abhandl. v. Aderhold, Berkeley, Kornauth,
Salmon u. a. 1854—1911. 8. u. 4. 65 p. 3.—
22261 Las **Plagas** de la Agricultura. Ed.: Comisión de Parasitología Agrícola,
Mexico. Mex. 1904. 8. 705 p. av. 16 pl. 30.—
Epuisé.
22262 **Plantenziekten,** die in 1894 in Belgie waargenom. Gent. 1895. 8. 24 p. 1.—
22263 **Plenk.** Fisiol. e patol. d. Piante. Trad. d. Pagani. Venezia 1804. 8.
228 p. Cart. 2.50
22264 **Pollock.** 4 pap. on pathogen. Fungi Lansing 1905. 8. 15 p. 1.—
22265 **Praktische Blätter** f. d. Pflanzenbau u. Pflanzenschutz. Herausg. v.
Tubeuf u. a. Jahrg. 1—16: 1898—1913. Stuttg. 8. m. viel. Fig. 36.—
22266 **Prange.** Control of Insects and Diseases in Grove, Garden and Field.
Jacksonville 1912. 8. 167 p. Cloth. 3.50
22267 **Prillieux et Delacroix.** La Gommose bacillaire. Maladie d. Vignes.
Paris 1895. 4. 32 p. av. pl. color. 1.50
22268 **Quaintance and W. M. Scott.** The more import. Insect. and Fungous
enemies of the Apple. (Wash., Dept. Agr.) 1912. 8. 48 p. 1.50
22269 **Quaintance and Shear.** Insect and Fungous enemies of the Grape.
(Wash., Dept. Agr.) 1907. 8. 48 p. 1.50
22270 **Raciborski.** Ov. de Dongkellanziekte. (Soerabaja) 1898. 8. 10 p. 1.—
22271 **Rankin.** On the Endothia Canker of Chestnut. N. York 1914. 8.
28 p. w. pl. 1.—
22272 **Rathay.** 3 Abhandl. üb. Pilzkrankheiten. Wien 1882—93. 8. u. 4.
16 p. m. Tfl. 1.50
22273 **Reddick.** The Black Rot disease of Grapes. Ithaca 1911. 8. 78 p. w. 5 pl. 2.—
22274 **Redes.** Die Ursache d. Vegetabilien-Krankheiten. Berl. 1884. 8. 111 p. 1.50
22275 **Reed, H. S.** 3 Fungous diseases of the cultiv. Ginseng. (Columb.)
1905. 8. 26 p. 1.—
22276 **Reess.** Die Rostpilz-Formen d. deutsch. Coniferen. (Halle, Nat. Ges.)
1869. 4. 70 p. m. 2 Tfln. (M. 5.) 3.—
22277 **Reh.** Phytopatholog. Beobachtgn. (Hamb., Anst.) 1902. 8. 113 p. m.
color. Kte. 3.—
22278 **Reinke u. Berthold.** Die Zersetzung der Kartoffel durch Pilze. Berl.
1879. 8. 100 p. m. 9 Tfln. (M. 8.) 6.—
22279 **Remisch.** Hopfenschädlinge. (Berl., Z. Ins.-Biol.) 1908. 8. 10 p. 1.—
22280 **Report** on Insects and Fungi injurious to Crops. (Lond., Board Agric.)
1893. 8. 60 p. w. 10 colour. fig. 2.—
22281 **Reuss, L.** Die Lärchenkrankheit. Hannov. 1870. 8. 75 p. 1.50
22282 **Reuter, E.** Weissährigkeit d. Wiesengräser in Finland. (Helsingf., Soc.
F. et Fl.) 1900. 8. 136 p. m. 2 Tfln. 2.—
22283 La **Revue** de Phytopathologie appliquée. Tome I. Paris 1913. 4. 12.—
22284 **Richter v. Binnenthal.** Die Rosenschädlinge aus d. Tierreich. Stuttg.
1903. 8. 392 p. m. 50 Fig. (M. 4.) Cart.
22285 **Riehm.** Die wichtigsten pflanzl. u. tierischen Schädlinge d. landwirtsch.
Kulturpflanzen. Berl. 1910. 8. 164 p. m. 66 Fig. Gebdn. 2.50
Ritzema-Bos — siehe: B o s.
22286 **Rivista** di Patologia Veget. Sotto la direz di A. N. e A. Berlese. 10 vol.
(non sarà continuata). Firenze 1892—1902. 8. c. molte tav. color.
e nere. 130.—
22287 **Rivista** di Patologia Veget. Dir. da Montemartini. Vol. 1—6. Pavia
1904—13. 8. 60.—
22288 **Rorer.** Bacterial disease of Bananas and Plantains. (Trinidad) 1911.
8. 5 p. w. 4 pl. 2.—

ℳ

22289 **Rorer.** Sugar Cane diseases. Root Galls. (Trinidad) 1911. 8. 2 p. w. 2 pl. 1.—
22290 — Diseases of the Coconut-Palm. (Trinidad) 1911. 8. 12 p. w. 6 pl. 2.50
22291 — Cacao Spraying Experiments. (Trinidad) 1911. 8. 22 p. w. 4 pl. 2.—
22292 **Rose.** Der Flugbrand d. Sommergetreidesaaten. Rost. 1903. 8. 60 p. m. 2 Tfln. u. 16 Tab. 2.—
22293 **Rosenbaum.** Phytophthora Disease of Ginseng. Ithaca 1915. 8. 46 p. 1.50
22294 **Rosenbaum and Zinnsmeister.** Alternaria Panax, the cause of a Root-Rot of Ginseng. (Wash., J. Agr.) 1915. 8. 4 p. w. 2 pl. 1.—
22295 **Rösler.** Ueb. d. schädl. Einflüsse d. Hüttenrauchs auf Pflanzen u. Thiere. (Halle, Landw. Inst.) 1865. 4. 12 p. 1.—
22296 **Rostrup, E.** Deformations d. Phanérog. causées p. l. Champign. parasit. (Copenh., Bot. Tidsk.) 1885. 8. 20 p. 1.—
22297 — Snyltesvampe. (Iconogr. d. Champignons parasites les plus dangereux aux forêts.) Kjöbenh. 1889. 4. 36 p. av. 8 pl. color. 7.—
22298 — Ustilago Carbo. (Kjöb., Vid. Selsk.) 1890. 8. 10 p. m. Tfl. 1.—
22299 — Plantepatologi. Kjöbenh. 1902. 8. 648 p. m. 259 Fig. (M. 18.) 15.—
22300 **Roux, C.** Végétation défectueuse et Chlorose d. Plantes silicicoles en sols calcaires. (Lyon, Soc. Linn.) 1900. 8. 12 p. 1.—
22301 **Roze.** S. le Pseudocomis Vitis. 2 mém. (Paris, Soc. Mycol.) 1897 à 1899. 8. 64 p. av. pl. color. 2.—
22302 **Rübsaamen.** Die wichtigsten Deutsch. Rebenschädlinge u. -Nützlinge. Berl. 1909. 8. 133 p. m. 15 color. Tfln. 4.—
22303 **Rusk and Farnell.** Systemic Oidiomycosis. Berkel. 1912. 4. 12 p. w. colour. pl. 1.—
22304 **Salmon.** On Erysiphe Gramin. and its parasitism. (Berl., Ann. Myc.) 1904. 8. 49 p. w. 12 tabl. 2.—
22305 — Specializ. of Parasitism in the Erysiphaceae, III. (Berl., Ann. Myc.) 1905. 8. 13 p. 1.—
22306 — Report on econom. Mycology for 1908. (8 pap. on Plant Diseases). (Wash. 1909). 8. 110 p. w. 17 pl. 4.50
22307 **Savastano.** Patologia Arborea applicata. Napoli 1910. 8. 677 p. 12.—
22308 **Schacht.** Bericht üb. d. Kartoffelpflanze u. der. Krankheiten. Berl. 1854. 4. 28 p. m. 10 Tfln. (3 color.) (M. 9.) 7.—
Schädliche Insecten — siehe Nr. 22122.
22309 **Schaffnit.** Coniophora cerebella als Bauholzzerstörer. (Jena, C. Bakt.) 1910. 8. 5 p. m. Tfl. 1.—
22310 **Schellenberg.** Die Brandpilze (Ustilagineae) d. Schweiz. Bern 1911. 8. 226 p. (M. 6.40.)
22311 **Schilling.** Die Schädlinge d. Obst- u. Weinbaues. 2. Aufl. Frankf. 1899. 8. 63 p. m. 2 color. Tfln. 1.—
22312 — — 3. Aufl. v. Reh. Frankf. 1911. 8. 70 p. m. 2 color. Tfln. Cart. 1.50
22313 — Die Schädlinge d. Gemüsebaues. Frankf. 1898. 8. 68 p. m. 4 color. Tfln. 1.—
22314 **Schneider, O.** Experim. Untersuchgn. üb. Schweizer. Weidenmelampsoren. Jena 1906. 8. 40 p. 1.—
22315 **Schneider, W. G.** Herbarium Schlesischer Pilze. 2 Fascikel. Breslau 1865. 4. **100 getrocknete Species** mit Titelblättern u. Erklärung. Cart. 120.—
  Ausschliesslich parasitische mikroskopische Arten (Peronospora u. Ustilago) enthaltendes Herbar. Die Sammlung ist ebenso unbekannt wie der Herausgeber selbst. Das erste Exemplar, welches ich gesehen habe.
22316 **Scholz.** Rhizoctonia Strobi, neu. Parasit d. Weymouthskiefer. (Wien, Z. b. G.) 1897. 8. 17 p. 1.—
22317 **Schöyen.** Beretn. om Skadinsekter og Plantesygdommer i land- og havebruket. 4 Tle. Kristiania 1905—11. 8. 129 p. m. viel. Fig. 1.50
22318 **Schrenk, H. v.** Fungous diseases of Forest Trees. (Wash., Dept. Agr.) 1890. 8. 12 p. w. 5 pl. 2.—

22319 **Schrenk, H. v.** Sclerotioid disease of Beech Roots. (St. Louis, Gard.)   _ℳ_
      1899. 8. 10 p. w. 2 pl.   1.—
22320 — Disease of Taxodium distich. and of Libocedrus decurr. (St. Louis,
      Gard.) 1900. 8. 55 p. w. 6 pl. (4 colour.)   2.50
22321 — 2 diseases of Red Cedar, caused by Polyporus juniperin. and Poly-
      porus carn. (Wash., Dept. Agr.) 1900. 8. 22 p. w. 7 pl.   1.50
22322 — Some diseases of New England Conifers. (Wash., Dept. Agr.) 1900.
      8. 56 p. w. 15 pl.   2.50
22323 — Peronospora parasit. on Cauliflower. (St. Louis, Gard.) 1905. 8.
      4 p. w. 3 pl.   1.50
22324 — Branch Cankers of Rhododendron. (St. Louis, Gard.) 1907. 8.
      4 p. w. 2 pl.   1.—
22325 **Schrenk and Spaulding.** Diseases of deciduous Forest Trees. (Wash.,
      Dept. Agr.) 1909. 8. 85 p. w. 10 pl.   2.50
22326 **Schröder u. Reuss.** Die Beschädigung d. Vegetat. durch Rauch. Berl.
      1883. 4. 368 p. m. 5 color. Tfln. u. 2 color. Karten. (M. 24.)   16.—
22327 **Schröter, J.** Die Brand- u. Rostpilze Schlesiens. (Bresl., Schles. Ges.)
      1869. 8. 31 p.   1.—
22328 — Ueb. d. Bezieh. d. Pilze z. Obst- u. Gartenbau. (Bresl. 1882). 8. 22 p.   1.—
22329 **Schwartz.** Die Erkrankung d. Kiefern durch Cenangium Abietis. Jena
      1895. 8. 126 p. m. 2 Tfln. (M. 5.)   3.—
22330 **Scott, W. M., and Quaintance.** Spraying for Apple diseases and the
      Codling Moth in the Ozarks. (Wash., Dept. Agr.) 1907. 8. 22 p.   1.—
22331 **Scribner and Viala.** Black Rot. (Wash., Dept. Agr.) 1888. 8. 29 p. w. pl.   1.—
22332 **Seetzen.** De morbis Plantarum. Gotting. 1789. 8. 64 p. Cart.   2.—
22333 **Selby.** Some diseases of Orchard and Garden Fruits. Norwalk 1897.
      8. 47 p. w. 9 pl.   2.—
22334 — Investig. of Plant diseases in Forcing House and Gard. Norwalk
      1897. 8. 28 p. w. 4 pl.   1.—
22335 **Semadeni.** Z. Kenntn. d. Umbelliferen bewohn. Puccinien. Jena 1904.
      8. 55 p.   1.50
22336 **Shear.** The control of Black-Rot of the Grape. (Wash., Dept. Agr.)
      1909. 8. 42 p. w. 5 pl.   1.50
22337 **Sherbakoff.** Fusaria of Potatoes. Ithaca 1915. 8. 188 p. w. 7 colour. pl.   4.50
22338 **Shurawsky.** Die von Parasiten verursacht. Pflanzenkrankheiten.
      Petersb. 1903. 8. 246 p. — Russisch.   5.—
22339 **Simonow.** Le Coton et s. ennemis. (Kasan) 1910. 8. 40 p. av. pl. color.
      — En l. Russe.   1.50
22340 **Sirrine.** Spraying for Asparagus Rust. Geneva 1900. 8. 46 p. w. 10 pl.   2.—
22341 **Sitenský.** Ueb. phytopatholog. Beobachtgn. (Prag, Ges. Wiss.) 1897.
      8. 20 p.   1.—
22342 **Slack.** Fungus on Coleus Leaves. (Lond., Micr. J.) 1872. 8. 5 p. w. pl.   1.—
22343 **Slingerland.** Coöperat. Spraying Experiments. Ith. 1906. 8. 20 p.   1.—
22344 **Smith, E. F.** Experim. w. Fertilizers for the prevention and cure of
      Peach Yellows 1889—92. (Wash., Dept. Agr.) 1893. 8. 197 p. w. 33 pl.   4.—
22345 — The Black Rot of the Cabbage. (Wash., Dept. Agr.) 1898. 8. 22 p.   1.—
22346 — Wilt disease of Cotton, Watermelon, and Cowpea. (Wash., Dept.
      Agr.) 1899. 8. 63 p. w. 10 pl. (1 colour.)   2.—
22347 — 2 pap. on the Pseudomonas Hyacinthi. (Wash., Dept. Agr.) 1901.
      8. 198 p. w. colour. pl.   3.—
22348 — The effect of black rot on Turnips. (Wash., Dept. Agr.) 1903. 8.
      20 p. w. 14 pl.   4.—
22349 — Bacteria in relat. to Plant Diseases. 3 vols. (Wash., Carnegie)
      1905—15. 4. 990 p. w. 101 pl. (4 colour.) and 433 fig.   70.—
22350 — Pflanzenkrebs versus Menschenkrebs. (Jena, Centr. Bakt.) 1912.
      8. 13 p.   1.—

22351 **Smith, E. F., Brown, N. A., and Mc Culloch.** The struct. and developm. *M* of Crown Gall: a Plant Cancer. (Wash., Dept. Agr.) 1912. 8. 60 p. w. 109 pl.   10.—

22352 **Smith, E. F., Brown, N. A., and Townsend.** Crown-Gall of Plants. (Wash., Dept. Agr.) 1911. 8. 215 p. w. 36 pl.   6.—

22353 **Smith, W. G.** The resting spores of the Potato Fungus. (Lond., Micr. J.) 1875. 8. 14 p. w. 3 pl.   1.50

22354 — The Potato Fungus. Germination of the resting spores. (Lond., Micr. J.) 1876. 8. 16 p. w. 4 pl.   2.—

22355 — The Gladiolus Disease. (Lond., Micr. J.) 1876. 8. 4 p. w. 2 pl.   1.—

22356 **Smith, W. G., e Berlese.** Ric. morfo-anat. s. deformaz. prodotte d. Exoascacee. (Avellino, Riv. Pat.) 1895. 8. 58 p.   2.—

22357 **Sorauer.** Handbuch d. Pflanzenkrankheiten. 2. Aufl. 2 Bde. Berl. 1886. 8. 1403 p. m. 37 Tfln. Lnbde. (M. 34.)   12.—

22358 — — 3. Aufl. Herausgeg. v. Lindau u. Reh. 3 Bde. Berl. 1908—13. 8. m. viel. Fig. Lnbde. (M. 89.)   75.—

     Bd. I: Die nicht parasitär. Krankheiten, v. S o r a u e r. 1909. 891 p. m. 208 Fig. Lnb. (M. 36.) M. 30. — II: Die pflanzlichen Parasiten, v. L i n d a u. 1908. 550 p. m. 62 Fig. Lnb. (M. 20.) M. 17. — III: Die tierischen Feinde, v. R e h. 1913. 794 p. m. 306 Fig. Lnb. (M. 33.) M. 28.

22359 — Schutz d. Obstbäume gegen Krankheiten. Stuttg. 1900. 8. 238 p. m. 110 Fig. Cart. (M. 5.)   3.50

22360 — Pflanzenkrankheiten. I. (Aus: Just's Botan. Jahresber. f. 1898). (Leipz.) 1900. 8. 40 p.   1.50

22361 **Sorauer u. Rörig.** Pflanzenschutz. 6. Aufl. Berl. 1915. 8. 333 p. m. 9 color. Tfln. Cart. (M. 3.)   2.—

22362 **Souza da Camara et Mendes.** Mycetae aliquot et Insecta pauca Theobromae Cacao. Lisboa. 8. 8 p. et 6 tab.   3.—

22363 **Spaulding.** Timber Rot caused by Lenzites Sapliaria. (Wash., Dept. Agr.) 1911. 8. 46 p. w. 4 pl.   1.50

22364 — The Blister Rust of White Pine. (Wash., Dept. Agr.) 1911. 8. 88 p. w. 2 pl. (1 colour.)   1.50

22365 **Sperling.** Die Erzfeinde d. Waldes. Dresd. 1878. 8. 81 p.   1.50

22366 **Speschnew.** Pilze d. Thees u. Wachholders. (Tiflis) 1902. 8. 18 p.   1.—

22367 **Spraying.** — 6 pap. by Blodgett, Galloway, Melander, Van Slyke and o. 1899—1911. 8. 74 p.   2.—

22368 **Stahl.** Pflanzen u. Schnecken. Biol. Studie üb. d. Schutzmittel d. Pflanzen geg. Schneckenfrass. Jena 1888. 8. 133 p. (M. 2.50.)   2.—

22369 **Starbäck.** Om Parasitsvampar. (Ups.) 1895. 8. 19 p.   1.—

22370 **Station** für Pflanzenschutz zu Hamburg. I—XV: 1896—1912. 8. m. viel. Tfln.   45.—

22371 **Stevens, F. L.** The Fungi which cause Plant disease. New York 1913. 8. 763 p. w. 449 fig. Cloth.   20.—

22372 **Stevens, F. L., and Hall.** Diseases of Economic Plants. New York 1910. 8. 523 p. w. portr. and 215 fig. Cloth.   9.—

22373 **Stewart, F. C.** On New York Plant diseases I. Geneva 1910. 8. 102 p. w. 18 pl.   5.—

22374 **Stewart and Eustace.** Epidemic of Currant Anthracnose. Geneva 1901. 8. 20 p. w. pl.   1.—

22375 — Notes fr. the Botan. Department (on parasit. Fungi). Geneva 1901. 8. 23 p. w. 5 pl.   1.50

22376 — 2 unusual Troubles of Apple Foliage. Geneva 1902. 8. 20 p. w. 5 pl.   1.50

22377 — Raspberry Cane Blight and Raspberry Yellows. Geneva 1902. 8. 38 p. w. 6 pl.   1.50

22378 **Stewart, Eustace and Sirrine.** Potato Spraying Experiments. 11 parts. Geneva 1902—14. 8. 495 p. w. 25 pl.   7.—

22379 **Stewart and French.** Compar. test of Lime-Sulphur, Lead Benzoate and Bordeaux Mixture f. spraying Potatoes. Geneva 1912. 8. 10 p. w. 4 pl.   1.50

22380 **Stewart, French and Wilson.** Troubles of Alfala in New York. Geneva *M* 1908. 8. 88 p. w. 12 pl. 2.—

22381 **Stewart and Gloyer.** The injur. effect. of Formaldehyde Gas on Potato Tubers. 2 pap. Geneva 1913. 8. 49 p. w. 3 pl. 1.50

22382 **Stewart and Harding.** Combating the black Rot of Cabbage. Geneva 1903. 8. 21 p. w. 2 pl. 1.—

22383 **Stewart and Hodgkiss.** The Sporotrichum Bud-Rot of Carnations. Geneva 1908. 8. 37 p. w. 6 pl. 2.—

22384 **Stewart and Rankin.** Does Cronartium ribicola over-winter on the Currant? Geneva 1914. 8. 15 p. w. 3 pl. 1.50

22385 **Stewart, Rolfs and Hall.** Fruit-disease Survey of West. New York. Geneva 1900. 8. 47 p. w. 6 pl. 1.50

22386 **Stewart, V. B.** The Leaf Blotch disease of Horse-Chestnut. (Ithaca, Phytopath.) 1916. 8. 15 p. w. 3 pl. (1 colour.) 2.—

22387 **Stift.** Ueb. Krankheiten d. Zuckerrübe. (Wien) 1892. 8. 13 p. m. Tfl. 1.—

22388 **Strohmer u. Stift.** Einfluss d. Lichtfarbe auf d. Zuckerrübe. Schädiger u. Krankheiten d. Zuckerrübe. (Wien, Z. Zuck.-Ind.) 1904. 8. 53 p. m. 4 Tfln. 2.—

22389 **Strubell.** Bau u. Entwickl. d. Rübennematoden, Heterodera Schachtii. Cassel 1888. 4. 52 p. m. 2 z. Tl. color. Tfln. (M. 10.) 6.—

22390 — — Dissertation ohne Tafeln. 1.—

22391 **Sturgis.** Literature of Plant-Diseases. Bibliogr. of works publ. by the U. S. Dept. of Agric. New Haven 1900. 8. 43 p. 1.50

22392 — Peach-foliage and Fungicides. New Haven 1900. 8. 36 p. w. 3 pl. 1.50

22393 **Swingle.** The Grain Smuts. (Wash., Dept. Agr.) 1898. 8. 20 p. 1.—

22394 **Swingle and Webber.** The princ. diseases of Citrous Fruits in Florida. (Wash., Dept. Agr.) 1896. 8. 40 p. w. 8 pl. (3 colour.) 4.—

22395 **Sydow, H. et P.** Ueb. die auf Anemone narcissiflora auftret. Puccinien. Asteroconium Saccardoi n. g. et sp. (Berl., Ann. Myc.) 1903. 8. 4 p. —.50

22396 **Symons and Norton.** Insects and Diseases of the Tomato. (Baltim.) 1903. 8. 8 p. 1.—

22397 **Tavel.** Wirthwechsel d. Rostpilze. (Bern, Bot. Ges.) 1893. 8. 12 p. 1.—

22398 **Taylor, T.** Certain Fungi parasitic on Plants. (Lond., Micr. J.) 1875. 8. 8 p. w. 3 pl. 1.50

22399 **Thomas.** Der Holzkropf v. Populus tremula. (Berl., Bot. Ver.) 1874. 8. 4 p. m. Tfl. 1.—

22400 **Thümen.** 2 neue blattbewohn. Ascomyceten. (Wien, Z. b. G.) 1880. 8. 2 p. —.50

22401 — Pilze u. Pocken auf Wein u. Obst. Berl. 1885. 8. 388 p. m. 9 Tfln. 4.50

22402 — Die Phoma-Krankheit d. Weinreben. Klosterneub. 1886. 4. 9 p. 1.—

22403 — Die Peronospora viticola. Klosterneub. 1887. 4. 12 p. 1.—

22404 — Die Pilze d. Aprikosenbaumes. Klosterneub. 1888. 4. 19 p. 1.—

22405 **Tijdschrift** ov. Plantenziekten. Red. v. Ritzema Bos en Staes. Jahrg. I—XIV. Gent 1895—1909. 8. m. viel. Tfln. 90.—
Die ersten zwei Jahrgänge sind vergriffen. — Jahrg. III und Folge auch einzeln auf Lager.

22406 **Tonduz.** La Fumagina d. Cafeto. (San José, Inst.) 1897. 8. 41 p. 1.50

22407 **Townsend.** A soft Rot of the Calla Lily. (Wash., Dept. Agr.) 1904. 8. 47 p. w. 9 pl. 2.—

22408 **Treatise,** A new, on Tillage Land w. observat. to disclose and abolish the error in Agriculture. With method to p r e s e r v e f r u i t t r e e s f r. b l i g h t s. Exeter 1796. 8. 114 p. 5.—

22409 **Trelease.** List of the parasit. Fungi of Wisconsin. Mad. 1884. 8. 40 p. 2.—

22410 **Trotter.** Parassiti d. Vite. 7 mem. 1903—1904. 8. 16 p. 1.—

22411 **Truffaut.** Les Ennemis des Plantes cultivées (Maladies, Insectes). Paris 1912. 8. 565 p. av. 53 pl. 8.—

22412 **Tryon.** Strawberry Leaf Blight. (Brisb.) 1898. 8. 10 p. w. pl. 1.—

22413 **Tubeuf.** Beitr. z. Kenntn. d. Baumkrankheiten. Berl. 1888. 8. 67 p. m. *M*
 5 Tfln. Cart. (M. 4.) 3.—
22414 — Pflanzenkrankheiten, durch kryptogame Parasiten verursacht. Berl.
 1895. 8. 612 p. m. 306 Fig. (M. 16.) 11.—
22415 — Studien üb. d. Schüttekrankheit d. Kiefer. (Berl., Ges.-Amt) 1901.
 4. 160 p. m. 7 color. Tfln. (M. 10.) 7.—
22416 — Pflanzenpathol. Wandtafeln. Nr. 1—8. Stuttg. 1909—10. fol. 8. color.
 Tafeln, 80: 100 cm.
   Preis à T a f e l : Ausg, auf Papier M. 4., auf Papyrolin (Leinen) M. 5. —
 Mit Stäben versehen kostet die Tafel M. 1 mehr; Texthefte je M. 0.60.
22417 — Wandtafeln d. Bauholz-Zerstörer. 2 color. Tfln. Stuttg. 1910. fol.
 116: 76,5 cm.
   Je M. 4.50; auf Leinw. je 6.; m. Stäben je 6.50. Text in 8. 24 p. m. Fig. M. 1,
22418 **Tulasne, L. R.** Mém. s. l. Urédinées et Ustilaginées. 2 parties. (Paris,
 Ann. Sc.) 1847 à 54. 8. 236 p. av. 12 pl. 18.—
22419 **Turpin.** Tubercule de la Rave et du Radis. (Paris, Ann. Sc.) 1830. 8.
 19 p. av. pl. 1.—
22420 **Unger.** Die Exantheme d. Pflanzen. Wien 1833. 8. 435 p. m. 7 Tfln.
 (M. 6.) 5.—
22421 — — Mit c o l o r. Tafeln. 10.—
   Vergriffen.
22422 — Les Exanthèmes d. Plantes. (Paris, Ann. Sc.) 1834. 8. 12 p. av. 2 pl. 2.—
22423 **Van Slyke and o.** Chemical investigat. of best cond. for Lime-Sulphur.
 Geneva 1910. 8. 47 p. w. pl. 1.—
22424 **Vermorel et Dantony.** S. l. préparat. Insecticides, Fongicides et Bouil-
 lies mouillantes. Villefr. 1913. 8. 58 p. 1.50
22425 **Vestergren.** Monogr. d. auf d. Gatt. Bauhinia vork. Uromyces-Arten.
 (Uppsala, Ark. Bot.) 1905. 8. 34 p. m. 2 Tfln. 1.50
22426 **Viala.** Les Maladies de la Vigne. Montpell. 1885. 8. 239 p. av. 9 pl.
 (1 color.) 7.—
22427 — — 3. (dernière) éd. Montpell. 1893. 4. 602 p. av. 20 pl. color. et
 290 fig. 22.—
   Epuisé.
22428 **Viala et Pacottet.** Les Verrues de la Vigne. (Paris, Rev. Vitic.) 1904.
 8. 20 p. av. pl. color. 1.50
22429 — S. l. malad. de la Vigne. Black Rot. II. (Paris, Rev. Vitic.) 1904.
 4. 17 p. 1.—
22430 **Villa.** Int. alla Malattia d. Viti. Milano 1855. 8. 10 p. 1.—
22431 **Voglino.** Nuova malattia d. Azalea Indica. (Genova, Malp.) 1899.
 8. 14 p. c. 2 tav. 1.50
22432 **Voigtlaender.** Unterkühlung u. Kältetod d. Pflanzen. Halle 1909. 8. 61 p. 1.50
22433 **Voisin.** Les Ennemis de la Vigne. Limoges 1902. 8. 134 p. av. 12 pl. 4.—
22434 **Voss.** Z. Kenntn. d. Kupferbrandes u. des Schimmels beim Hopfen.
 (Wien, Z. b. G.) 1875. 8. 8 p. 1.—
22435 — Die Brand-, Rost- u. Mehlthaupilze (Ustilag., Uredinei, Erysiphei
 u. Peronosporei) d. Wiener Gegend. (Wien, Z. b. G.) 1876. 8. 50 p. 1.—
22436 **Vuillemin.** Les Puccinies des Thesium. (Paris, Soc. Myc.) 1894. 8. 24 p. 1.50
22437 — Qlqs. Champignons arboricoles nouv. (Paris, S. Myc.) 1896. 8. 14 p. 1.—
22438 **Wallace, E.** Spray injury induced by Lime-Sulfur preparations. Ithaca
 1910. 8. 37 p. w. 4 pl. 1.50
22439 — Lime-Sulfur as a Summer Spray. Ithaca 1911. 8. 24 p. 1.—
22440 **Wallace, Blodgett, Hesler.** Studies of the fungicidal value of Lime-
 Sulfur preparation. Ithaca 1911. 8. 45 p. 1.50
22441 **Ward.** Life-history of Hemileia vastatr., the fungus of the Coffee-leaf
 Disease. (Lond., Linn. S.) 1882. 8. 37 p. 1.50
22442 — Disease in Plants. Lond. 1901. 8. 325 p. w. fig. Cloth. 7.50
22443 — Brown Rust of the Bromes. (Berl., Ann. Myc.) 1903. 8. 20 p. 1.—

22444 **Ward.** Recent researches on the Parasitism of Fungi. (Lond., Ann. Bot.) *M*
1905. 8. 54 p.   2.—
22445 — Diseases of Plants. Lond. 1911. 8. w. fig. Boards.   3.—
22446 **Ward and Green.** A Sugar Bacterium. (Lond., Roy. Soc.) 1899. 8. 20 p.   1.—
22447 **Watt.** Plague in the Betel-Nut Palms. Calcutta 1901. 8. 54 p. w. 3 pl.   2.—
22448 **Watt and Mann.** The Pests and Blights of the Tea plant. 2. (last) ed.
Calcutta 1903. 8. 483 p. w. 24 pl. Cloth.   18.—
     Out of print.
22449 **Weck.** Beitr. z. Pflanzen-Pathologie. (Bonn, Ver. Nat.) 1854. 8. 7 p.
m. 2 Tfln.   1.50
22450 **Weed.** Fungi and Fungicides. Manual concern. the fungous diseases
of cultiv. plants. Lond. 8. w. fig. Cloth.   5.50
22451 **Wehmer.** Untersuchgn. üb. Kartoffelkrankheiten. 3 Tle. (Jena, Centr.
Bakt.) 1898. 8. 100 p. m. 4 Tfln. (1 color.)   6.—
22452 **Weir.** Wallrothiella Arceuthobii. (Wash., J. Agr.) 1915. 8. 12 p. w. 2 pl.   1.—
22453 — New Leaf and Twig Disease of Picea Engelm. (Wash., J. Agr.)
1915. 8. 4 p. w. pl.   1.—
22454 **Went.** De Ananasziekte v. het Suikerriet. Soerabaia 1893. 8. 8 p.
m. color. Tfl.   1.—
22455 **Wettstein.** Die wicht. pflanzl. Feinde uns. Forste. Wien 1890. 8. 34 p.   1.—
22456 **Whetzel.** Bean Anthracnose. Ithaca 1908. 8. 20 p.   1.—
22457 **Whetzel and Stewart.** Fire Blight of Pears, Apples, Quinces, etc.
Ithaca 1909. 8. 24 p.   1.50
22458 **Wiegmann.** Die Krankheiten u. Missbildgn. d. Gewächse. Braunschw.
1839. 8. 188 p. m. Tfl. (M. 2.25.)   1.50
22459 **Wilcox.** Leaf-curl disease of Oaks. Montgom. 1903. 8. 19 p. w. pl.   1.—
22460 **Willits.** Spraying Fruits for Insect Pests and Fungous Diseases.
(Wash., Dept. Agr.) 1892. 8. 20 p.   1.—
22461 **Willkomm.** Die mikroskop. Feinde d. Waldes. Z. Kenntn. d. Baum- u.
Holzkrankheit. 2 Hefte. Dresd. 1866. 8. 228 p. m. 14 color. Tfln. (M. 15.)   8.—
22462 **Winter, G.** Die durch Pilze verurs. Krankheiten d. Kulturgewächse.
Leipz. 1878. 8. 151 p. Cart.   1.—
22463 **Wislicenus.** Experiment. Rauchschäden. Berl. 1914. 8. 168 p. m. 4
color. Tfln. (M. 6.)
22464 **Wissmann.** Ueb. d. Kiefernkrebs u. d. Ringelkrankheit. (Hannov.)
1869. 8. 11 p.   1.—
22465 **Woglum.** Fumigation Investigat. in California. (Wash., Dept. Agr.)
1909. 8. 73 p.   1.50
22466 — Fumigation of Citrus Trees. (Wash., Dept. Agr.) 1911. 8. 81 p.
w. 8 pl.   2.—
22467 — Sodium Cyanid for Fumigation. (Wash., Dept. Agr.) 1911. 8. 12 p.   1.—
22468 **Wollenweber.** Identific. of species of Fusarium occurr. on the Sweet
Potato. (Wash., J. Agr.) 1914. 8. 40 p. w. 5 pl. (1 colour.)   2.50
22469 **Woods.** Stigmonose: a disease of Carnations and other Pinks. (Wash.,
Dept. Agr.) 1900. 8. 30 p. w. 3 pl. (1 colour.)   1.50
22470 **Woodworth.** Orchard Fumigation. (Berkeley, Univ.) 1899. 8. 34 p.   1.—
22471 — Fumigation. 2 pap. (Berkeley, Univ.) 1904. 8. 46 p.   1.50
22472 **Woronin.** Polymorphismus parasit. Pilze. (Jurjew) 1866. 8. 30 p. m.
2 Tfln. — Russisch.   1.50
22473 — Puccinia Helianthi. (Petersb., Soc. Nat.) 1871. 8. 33 p. m. 2 color.
Tfln. — Russisch.   2.—
22474 — Ueb. d. Sclerotienkrankheit d. Vaccinieen-Beeren. (Petersb., Ak.)
1887. 4. 49 p. m. 10 z. Tl. color. Tfln.   5.—
22475 **Wright, H.** Cacao Canker and Spraying in Ceylon. (Colombo) 1904.
8. 18 p.   1.—
22476 **Wurth.** Rubiaceen bewohn. Puccinien. Jena 1905. 8. 27 p.   1.—
22477 — Onderzoek. ov. Hemileia vastatrix, de Koffie-bladziekte. (Sala-
tiga) 1911. 4. 15 p. m. Tfl.   1.50

22478 **Wüthrich.** Einwirk. v. Metallsalzen u. Säuren auf d. Keimfähigkeit   *M*
ein. parasit. Pilze. Stuttg. 1892. 8. 61 p.   1.50
22479 **Zacher.** Die wichtigsten Krankheiten u. Schädlinge d. trop. Kulturpflanzen. Teil I. Hamb. 1914. 8. 160 p. m. 58 Fig. Lnb. (M. 4.) — Soviel erschien.
22480 **Zang.** Mittheilungen üb. Pflanzenkrankheiten in Hessen. Jahrg. I, II.
Darmst. 1909—10. 8.   9.—
22481 **Zanzinger.** Lichteinfluss auf Keimung u. Entwick. v. Uredineen u.
Ustilagineen. Münch. 1898. 8. 69 p. m. Tfl.   2.—
22482 **Zeitschrift** für Parasitenkunde. Hrsg. v. Hallier u. Zürn. 4 Bde. (soviel erschien.) Jena 1869—75. 8. m. 24 Tfln. (M. 36.)   15.—
22483 — — Bd. I, II. 1869—70. m. 12 Tfln. Hfzb.   6.—
22484 **Zeitschrift** f. Pflanzenkrankheiten. Hrsg. v. Sorauer. Jahrg. 1—23:
1891—1913. Stuttg. 8. m. viel. Tfln. (M. 368.)   280.—
     Viele Jahrgänge auch einzeln zu herabgesetztem Preise.
22485 **Zimmermann, H.** Entwickl. d. Kulturgewächse in Mecklenb.-Schwerin
u. -Strelitz unt. Berücks. d. Pflanzenkrankh. (Güstr., Arch.) 1911.
8. 37 p.   1.—
22486 **Zimmermann, O.** Atlas d. Pflanzenkrankheiten, die durch Pilze hervorgerufen werden. 4 Hefte. Halle 1885—86. 8. 40 p. m. 8 Tfln. in fol.   22.—
     Vergriffen.
22487 — — Heft 1, einzeln. 1885. 16 p. m. 2 Tfln.   3.—

Appel. Beispiele z. mikroskop. Untersuch. v. Pflanzenkrankheiten. 2. (letzte)
Aufl. Berl. 1908. 8. 58 p. m. 63 Fig.   1.50
Atkins. Some recent research. in Plant Physiology. Lond. 1916. 8. Cloth.   7.50
Braun, M. An und in Pflanzen lebende Nematoden. (Königsb., Phys. Ges.)
1911. 4. 9 p.   1.—
Comisión de Parasitología Agrícola. Nr. 30, 37, 62. México 1905 à 7. 8.
av. 8 pl.
     Chaque numéro à M. 1.50. — Voyez nr. 21946.
Darwin, Ch. — V i r c h o w, R., Rede auf Darwin. (Braunschw., Anthr. Ges.)
4. 10 p.   1.—
Günthart. Die zweckmäss. Abänderungen d. Alpenblumen. (Zürich) 1906.
8. 11 p.   1.—
— Ueb. d. bei d. Blütenbild. wirk. mechan. Faktoren. 2 Tle. (Berl., „Natur-
wiss.“) 1913. 4. 8 p.   1.—
— Ueb. d. Blüten u. d. Blühen d. Gattg. Ribes. (Berl., Bot. Ges.) 1915. 8. 17 p.   1.—
Hertwig, O. Das Werden d. Organismen. Jena 1916. 8. 722 p. m. 115 Fig.
(M. 18.20.)
Jaensch. Beitr. z. Embryol. v. Ardisia crispa. Bresl. 1905. 8. 37 p.   1.—
Jansen. Gärtnerische Rauchgasschäden. Berl. 1916. 8. 59 p.   3.—
Klebahn. Ueb. d. Krankh. d. Tulpen. (Berl., Gartenfl.) 1906. 8. 11 p.   1.—
Kraus, A. Beiträge z. Kenntn. d. Keimg. u. erst. Entwick. v. Landpflanzen
unter Wasser. Kiel 1901. 8. 50 p.   1.50
Leick. Ueb. das thermische Verhalten d. Vegetationsorgane. (Greifsw., Nat.
Ver.) 1912. 8. 48 p.   1.50
— Ueb. d. Temperaturzustand verholzter Achsenorgane. (Greifsw., Nat.
Ver.) 1913. 8. 36 p.   1.—
Lindinger. Z. Anat. u. Biol. d. Monokotylenwurzel. (Dresd., Bot. Centr.)
1905. 8. 38 p. m. 30 Fig.   1.50

Lindinger. Die Bewurzelungsverhältnisse gross. Monokotylenformen. (Berl.,   *M*
    Gartenfl.) 1908. 8. 32 p.   1.—
— Die Struktur v. Aloë Dichotoma. (Dresd., Bot. Centr.) 1908. 8. 43 p. m.
    4 Tfln.   2.—
Loewe. Ein neuer Apparat z. Demonstr. d. Pflanzenatmung. Cöln 1903. 4. 12 p.   1.—
Mac Leod. De Onderzoeking v. H. Müller omtr. de Bevruchting der Bloe-
    men. Gent 1885. 8. 49 p. m. 3 Tfln.   2.—
Ramaley. Study of cert. Foliaceous Cotyledons. Boulder 1905. 8. 10 p. w. 3 pl.   1.50
Richards, H. M. Acidity and Gas Interchange in Cacti. Wash. 1915. 8. 107 p.   6.—
Sadebeck. Ueb. d. Exoascaceae. (Berl., Bot. Ges.) 1895. 8. 16 p. m. Tfl.   1.—
Schäffer. Ueb. d. Verwendbark. d. Laubblätter d. Pflanzen zu phylogenet.
    Untersuch. (Hamb., Ges. Nat.) 1895. 4. 40 p. m. Tfl.   1.50
Schober. Das Verhalten d. Nebenwurzeln in d. vertic. Lage. (Leipz., Bot. Z.)
    1898. 4. 8 p. m. Tfl.   1.—
— Die Anschauung. üb. d. Geotropismus d. Pflanzen seit Knight. Hamb.
    1899. 8. 50 p.   1.50
Schrammen. Das Reizleben der Pflanzen. (Leipz.) 1910. 4. 24 p.   1.—
Schütt. Die Erklär. d. centrifug. Dickenwachsthums d. Membran. (Leipz.,
    Bot. Z.) 1900. 4. 15 p. m. Tfl.   1.—
Tietschert. Keimungsvers. m. Secale Cereale. Halle 1872. 8. 71 p. m. Tfl.   1.50
Treub. Observ. s. l. Loranthacées. (Buitenz., Jard.) 1883. 8. 7 p. av. 2 pl.
    (1 color.)   1.50
        Voyez nr. 21102.
— S. le Myrmecodia Echinata. (Buitenz., Jard.) 1883. 8. 31 p. av. 5 pl.
    (3 color.)   3.—
— S. l. Plantes Grimpantes du Jardin de Buitenzorg. (Buitenz., Jard.) 1883.
    8. 24 p. av. 3 pl. (1 color.)   2.—
— Notes s. l'Embryon, le Sac embryonn. et l'Ovule. III. IV. (Buitenz., Jard.)
    1883. 8. 8 p. av. 2 pl.   1.—
Winkler, H. Ueb. Parthenogenesis bei Wikstroemia Indica. (Berl., Bot.
    Ges.) 1904. 8. 8 p.   1.—
— Ueb. Pfropfbastarde u. pflanzl. Chimären. (Berl., Bot. Ges.) 1907. 8. 10 p.   1.—
— Solanum tubing. e. echter Pfropfbastard zw. Tomate u. Nachtschatten.
    (Berl., Bot. Ges.) 1908. 8. 14 p.   1.50
— Entwicklgsmech. od. Entwicklgsphysiol. d. Pflanzen. (Jena, Handwört.
    Nat.) 1912. 4. 34 p.   2.—
— Die Chimärenforschung als Methode der exper. Biologie. (Würzb., Phys.
    Ges.) 1914. 8. 23 p.   1.50
Zacharias. 6 Abhandl. z. Pflanzenphysiol., spec. z. Kenntn. d. Zellkerns.
    1894—1906. 8. 32 p. m. Tfl.   2.—
— Die chem. Beschaffenh. v. Protoplasma u. Zellkern. (Jena, Progress.)
    1909. 8. 192 p.   3.—

Subscriptions-Aufforderungen
auf folgende anastatische Neudrucke:

C. Darwin. On the Origin of Species. 1859.
Siehe No. 21699.

G. Mendel. Versuch über Pflanzen-Hybriden. 1866.
Siehe No. 21594.

G. A. Pritzel. Thesaurus Literaturae Botanicae. 1872
Siehe No. 20156.

Geographia Plantarum. — Florae.
I. Scripta miscellanea.

[Supplementum numeror. 4289—4363, vide: Bibliographia Botanica, p. 165—169].

22488 **Ascherson.** Die geograph. Verbreit. d. Seegräser. (Gotha, Peterm.) 1871. 4. 8 p. m. Kte.   1.—

22489 — Pflanzengeographie (aus: L e u n i s, Synopsis). Hannov. 1883. 8. 111 p. m. 3 color. Ktn. Lnb.   3.—

22490 Das **Ausland.** Wochenschrift. Red. v. K. Müller u. Keil. Jahrg. 55—63: 1882—90. Stuttg. 4. (M. 252.)   40.—

22491 **Bataline.** Aperçu d. travaux Russes s. la Géographie d. Plantes de 1875 à 1880. (Pétersb., Congr. Géogr.) 1881. 8. 25 p.   1.—

22492 **Beauregard.** Guide scientif. du Géographe-Explorateur. Paris 1912. 4. 260 p. av. pl. (fr. 10.)   6.—

22493 **Beilschmied.** Pflanzengeographie. Bresl. 1831. 8. 198 p. m. Karte. (M. 4.50.) Cart.   1.50

22494 **Beketow.** Pflanzengeographie. Petersb. 1896. 8. 358 p. m. 2 Karten u. 9 Tfln. — Russisch.   4.—

22495 **Bentham.** S. la géographie d. Etres vivants. (Paris, Ann. Sc.) 1869. 8. 47 p.   1.50

22496 **Berge.** Pflanzenphysiognomie. Berl. 1880. 8. 300 p. m. 328 Fig. (M. 6.)   3.50

22497 **Bohn.** Die geograph. Naturaliensamml. d. Dorotheenstädt. Realgymnasiums. Berl. 1899. 4. 24 p.   1.—

22498 **Botanische Jahrbücher** f. Systematik, Pflanzengeschichte u. Pflanzengeographie. Hrsg. v. Engler. Bd. 1—53 m. Generalregist. (zu Bd. 1—30). Leipz. 1880—1915. 8. m. viel. z. Tl. color. Tfln. u. Ktn. (M. 2006.)   1000.—

22499 **Botanische Mittheilungen** aus d. Tropen. Hrsg. v. F. W. Schimper. 9 Hefte. (Soviel erschien.). Jena 1888—1901. 8. m. Kte. u. 67 z. Tl. color. Tfln.   60.—

22500 **Bower.** Origin of a Land Flora. Theory based upon the facts of alternation. Lond. 1908. 8. 740 p. w. fig. Cloth.   15.—

22501 **Brockmann-Jerosch u. Rübel.** Die Einteil. d. Pflanzengesellschaften nach ökolog.-physiognom. Gesichtspunkten. Leipz. 1912. 8. 78 p.   2.50

22502 **Brongniart, A.** S. la Végétation de la terre aux div. périodes de sa format. (Paris, Ac.) 1828. 8. 34 p.   1.50

22503 — Vegetation, som betäckt Jordytan under dess serskilda bildningsperioder. (Stockh., Ak.) 1828. 8. 46 p.   1.—

22504 — Expos. chronol. d. périodes de Végétation et d. Flores div. à la surface de la terre. (Paris, Ann. Sc.) 1849. 8. 54 p.   1.50

22505 — Chronolog. Uebers. d. Vegetat.-Perioden u. d. verschied. Floren. Deutsch v. K. Müller. Halle 1850. 8. 94 p.   1.50

22506 **Brongniart, Decaisne et Du Petit-Thouars.** Voyage aut. du monde de la 'Venus.' Botanique. L'atlas de 28 planches in folio, s a n s le texte.   20.—

22507 **Brown, R.** Die geograph. Verbreit. d. Coniferen u. Gnetaceen. (Gotha, Peterm.) 1872. 4. 8 p. m. color. Kte.   1.50

22508 **Bruncken.** Studies in Plant Distribut. (Milwauk.) 1902. 8. 12 p.   1.—

22509 **Bulletin** de l'Académie Internation. de Géographie Botanique. Années VIII à XVI. Le Mans et Paris 1899 à 1908. 8. av. plchs.   50.—
Les années I à VII portent le titre: Le Monde des Plantes. — Beaucoup de numéros dépareillés en magasin.

22510 **Busemann.** Pflanzengeogr. auf physiol. Grundlage. Leipz. 1910. 8. 190 p. m. 68 Fig. (M. 3.30.)   2.50

22511 **Candolle, A. de.** Fragment d'un discours s. la Géographie botan. (Genève, Bibl. univers.) 1834. 8. 29 p.   2.—

W. Junk, Berlin, W. 15.

22512 **Candolle, A. de.** Ueb. d. geograph. Verbreit. d. Gewächse. (Hanno⁊., ℳ
Bonpland.) 4. 12 p. 1.50

22513 **Cech.** Ueb. d. geograph. Verbreit. d. Hopfens im Alterthum. (Mosk.,
Bull.) 1882. 8. 25 p. 1.50

22514 **Christ.** Die Geographie d. Farne. Jena 1910. 8. 357 p. m. 3 color. Kart.,
1 Tfl. u. 129 Fig. (M. 12.)

22515 **Clarke, C. B.** On Biologic. Regions and Tabulation Areas. (Lond.,
Roy. Soc.) 1892. 4. 17 p. w. 2 colour. maps. 1.50

22516 **Congress,** VII. internat., d. Geographen, Berl. 1899. 2 Bde. Berl. 1901.
8. 1466 p. m. 30 Tfln. u. 37 Fig. Origbd. (M. 20.) 4.—

22517 **Cosson.** Instructions s. l. observ. et les collections botan. à faire
dans les voyages. (Paris, Soc. Bot.) 1872. 8. 31 p. 1.—

22518 — S. la Géographie botan. (Paris, Ac.) 1873. 4. 5 p. 1.—

22519 **Costantin.** La Nature tropic. Paris 1899. 8. 317 p. av. 166 fig. Toile.
(fr. 6.) 3.50

22520 **Coulter, S. M.** Ecolog. comparis. of some typical Svamp Areas. (St.
Louis, Gard.) 1904. 8. 33 p. w. map and 24 pl. 3.50

22521 **Dana, J. D.** On the origin of Prairies. (New Haven, J. Sc.) 1865. 8. 12 p. 1.—

22522 **Danker.** Die Behandlung d. Pflanzen- u. Tiergeographie im naturwiss.
Unterricht. 2 Tle. Starg. 1898—99. 4. 57 p. 2.—

22523 **Delpino.** Studi di Geografia botanica. (Bologna, Acc;) 1899. 4. 30 p. 1.50

22524 **Diels, L.** Pflanzengeographie. Leipz. 1908. 8. 163 p. Lnb. 1.—

22525 **Drude.** Die geograph. Verbreit. d. Palmen. 2 Tle. (Gotha, Peterm.)
1878. 4. 19 p. m. color. Kte. 1.50

22526 — Ueb. d. vegetationslosen Einöden d. nördl. Hemisphäre zur Eiszeit.ʹ
(Gotha, Peterm.) 1889. 4. 9 p. 1.—

22527 — Handbuch d. Pflanzengeographie. Stuttg. 1890. 8. 598 p. m. 4 Ktn. 20.—
　　　Vergriffen.

22528 — Manuel de Géographie Botanique. Trad. p. Poirault. Paris 1897.
8. 575 p. av. 4 cartes color. et noir. Toile. 13.—

22529 — Bericht üb. d. Fortschritte in d. Geographie d. Pflanzen 1901—04.
(Gotha, Geogr. ·Jahrb.) 1905. 8. 96 p. 2.—

22530 — Die Beziehungen d. Ökologie zu ihren Nachbargebieten. (Dresd.,
Nat. Ges.) 1905. 8. 16 p. 1.—

22531 — Die Oekologie d. Pflanzen. Braunschw. 1913. 8. 318 p. m. 80 Fig.
(M. 10.)

22532 **Dumont d'Urville.** Histoire du voyage autour du monde de l'"Astro-
labe'. 5 vols. de texte in-8. av. 2 atlas in-folio de 247 planches (noires).
Paris 1830 à 35. — Bon exempl. 60.—
　　　La 'Botaniste' — voyez nr. 22605.

22533 — Voyage pittor. autour du monde. 2 vols. Paris 1834. 4. 1168 p. av.
5 cartes et 277 pl. D.-rel. veau. 15.—

22534 **Du Petit-Thouars.** Mélanges de Botanique et de Voyages. Recueil I.
(tout ce qui a paru). Paris 1811. 8. 283 p. av. 18 pl. et carte. 7.—

22535 **Engelmann.** Bibliotheca geograph. 2 Bde. Leipz. 1857—58. 8. 1225 p.
(M. 12.) Hfzb. 3.—

22536 **Engler.** Entwicklungsgesch. d. Pflanzenwelt seit d. Tertiärperiode.
2 Bde. Leipz. 1879—82. 8. 620 p. m. color. Kte. (M. 17.) Cart. 12.—

22537 — Uebersicht d. 1879 üb. System., Pflanzengeogr. u. Pflanzengesch.
érschien. Arbeiten. (Leipz., Engl. Jahrb.) 1880. 8. 38 p. 1.—

22538 — Gruppierung d. pflanzengeogr. Gebiete d. Erde. (Leipzig) 1882.
8. 23 p. 1.—

22539 — Die Entwicklung d. Pflanzengeographie in d. letzt. 100 Jahren.
(Berlin, Humboldt-Centenar-Schrift) 1899. 4. 247 p. 10.—

22540 — Ueb. d. neueren Fortschr. d. Pflanzengeographie (seit 1899). (Leipz.,
Engl. Jahrb.) 1901. 8. 30 p. 1.50

22541 — Die Vegetationsformat. trop. u. subtrop. Länder. (Leipz., Engl.
Jahrb.) 1908. 8. 6 p. m. Tabelle in fol. 2.—

22542 **Ettingshausen.** Z. Theorie d. Entwickl. d. jetzigen Floren d. Erde aus *M*
    d. Tertiär-Flora. (Wien, Ak.) 1894. 8. 90 p. (M. 1.50.)   1.—
22543 **Fedde.** Aus d. Uranfängen d. Pflanzengeographie. (Berl., Bot. Ver.)
    1904. 8. 13 p.   1.—
22545 **Flahault u. Schröter, C.** Phytogeographische Nomenklatur. (Brüssel,
    Congr. Bot.) 1910. 4. 45 p.   1.50
22546 **Fraas.** Klima u. Pflanzenwelt in d. Zeit. Landsh. 1847. 8. 157 p. Cart.   2.50
22547 **Fream.** On the Flora of Water-Meadows. (Lond., Linn. S.) 1888. 8. 11 p.   1.—
22548 **Giglioli.** Viaggio int. al globo d. 'Magenta'. C. introd. etnolog. di Mante-
    gazza. Milano 1875. 4. 1070 p. c. 19 carte e tav. e molte fig. (M. 48.)   18.—
22549 **Goeze.** Pflanzengeographie f. Gärtner. Stuttg. 1882. 8. 480 p. (M. 9.)   5.—
22550 **Graebner.** Pflanzengeographie. Leipz. 1909. 8. 171 p. m. 60 Fig.   1.—
22551 — Lehrb. d. allgem. Pflanzengeographie. Leipz. 1910. 8. 311 p. m.
    150 Fig. (M. 8.)
22552 **Gräntz.** Auf- u. absteigende Pflanzenwanderungen. (Chemn., Nat. Ges.)
    1904. 8. 40 p.   1.50
22553 **Grisebach.** Bericht üb. d. Leistungen in d. Pflanzengeogr. in d. J.
    1843—53. 11 Tle. (Soviel erschien.). Berl. 1845—56. 8. (M. 23.50.)   7.—
      Alle Teile auch einzeln à M. 1.
22554 — Die Vegetations-Gebiete d. Erde. (Gotha, Peterm.) 1866. 4. 9 p.
    m. color. Kte.   1.50
22555 — Gesamm. Abhandlungen u. kleine Schriften z. Pflanzengeographie.
    Leipz. 1880. 8. 628 p. m. Portr. (M. 20.)   10.—
22556 — Die Vegetation der Erde. 2. (letzte) Aufl. 2 Bde. Leipz. 1884. 8.
    1187 p. m. color. Kte. (M. 20.)   12.—
22557 **Hagen, H. B.** Geograph. Stud. üb. d. florist. Beziehgn. d. Mediterran.
    u. Oriental. Gebiet. zu Afrika, Asien u. Amerika. I. Kiel 1914. 8. 116 p.   3.—
22558 **Hann, Hochstetter, Pokorny.** Allgem. Erdkunde. 3. Aufl. Prag 1881. 8.
    662 p. m. Kte., 15 Tfln. u. 205 Fig. (M. 12.) Cart.   1.50
22559 — — 4. Aufl. Prag 1886. 8. 766 p. m. 21 teilw. color. Karten. (M. 12.)   2.50
22560 **Hanstein.** Verbreit. u. Wachsthum der Pflanzen in ihr. Verhältnisse
    zum Boden. Darmst. 1859. 8. 173 p.   1.50
22561 **Hardy.** Introduct. to Plant Geography. Oxf. 1913. 8. 192 p. Cloth.   3.—
22562 **Haussknecht.** Pflanzengesch., system. u. florist. Besprechgn. u. Bei-
    träge. (Weimar) 1892. 8. 23 p.   1.—
22563 **Heer.** Beitr. z. Pflanzengeographie. Zürich 1835. 8. 190 p. Cart.   1.50
22564 **Hellwald.** Die Erde u. ihre Völker. 2 Bde. Stuttg. 1877—78. 8. 1296 p.
    m. 19 color. Ktn. u. 46 Tfln. (M. 28.) Hfzb.   4.—
22565 **Hildebrand, F.** Die Verbreit. d. Coniferen in d. Jetztzeit u. in d. früh.
    geolog. Perioden. (Bonn, Nat. Ver.) 1861. 8. 186 p. m. color. Kte.,
    3 Tfln. u. 2 Tabellen.   2.50
22566 **Höck.** Pflanzengeographie. (Aus: Just's Botan. Jahresb. f. 1898).
    (Leipz.) 1900. 8. 165 p.   1.50
22567 **Hoffmann, H.** Pflanzen-Verbreit. u. -Wanderung. Darmst. 1852. 8. 146 p.   1.50
22568 **Holtermann.** In der Tropenwelt (Schilderung d. Pflanzenwelt). Leipz.
    1912. 8. 217 p. (M. 5.80.)
22569 **Hult.** Försök till analyt. behandl. af Växtformationerna. (Helsingf.,
    Soc. Fl.) 1881. 8. 156 p. m. Tfl.   2.—
22570 **Humboldt, A. de.** De Distributione geograph. Plantarum. Paris. 1817.
    8. 258 p. et tab. color. Cart.   2.—
22571 — Kosmos. 5 Bde. Stuttg. 1845—62. 8. Cart.   30.—
      Exemplare mit dem 5. Bande sind sehr selten geworden. Alle anderen Bände
    sind auch einzeln vorrätig.
22572 — — Bd. I—IV. Stuttg. 1845—58. 8. Hfzbde.   6.—
      Jeder Band auch einzeln à M. 1.50.
22573 — — 4 Bde. Stuttg. 1870. 8. 1650 p. (M. 8.50.) Hfzb.   3.—
22574 — B r o m m e. Atlas zu Humboldt's Kosmos. Stuttg. 1851. qu.-fol.
    136 p. m. 42 Tfln. (M. 24.) — Tafel 42 f e h l t.   1.50

22575 **Humboldt, A. v.** — C o t t a. Biiefe üb. Humboldt's Kosmos. 4 Bde. *M*
Leipz. 1848—60. 8. m. 20 Tfln. (M. 39.) Cart.   5.—
22576 — S c h u m a n n. Rückblick auf Humboldt's Kosmos. (Königsb.) 1848.
8. 30 p.   1.—
22577 — S o l a n o. Cartas inédit. (Madrid, Soc. Nat.) 1872. 8. 10 p. av.
lettre autogr. de 10 pag.   1.50
22578 — Ansichten der Natur. 2 Bde. Stuttg. 1849. 8. 791 p. (M. 6.40.) Hfzb. 2.—
22579 — — 2 Bde. Stuttg. 1859—60. 8. 566 p. Cart.   1.50
22580 — Tableaux de la Nature. Trad. p. Hoefer. 2. éd. Milan 1858. 8. 435 p. 2.—
22581 **Jahrbuch** üb. d. deutschen Kolonien. Hrsg. v. Schneider. Jahrg. V.
Essen 1912. 8. 278 p. m. Portr. u. 2 Ktn. Lnb. (M. 5.)   1.50
22582 **Journal** of Ecology. Ed. by Cavers. Vol. I. (4 nrs.) Cambridge 1913. 4. 16.—
22583 **Junk, W. Bibliographia Botanica. Berolini 1909. 8. XVIII et 228 p.
Leinbd.**   1.—

   ☞ U n e n t b e h r l i c h für jeden Botaniker, da einziges Werk, aus
welchem eine Information über jedes in irgend einer Hinsicht wichtige botanische
Werk geholt werden kann. Bibliographische Notizen, Geschichte, Seltenheit,
Preisschwankungen, Angabe der vergriffenen Bände etc. etc. alles findet sich in
diesem Bande.
   Prof. L i n d a u: Ausserordentlich wertvoll. — Professore S a c c a r d o - Padova: Magnifique et très-intéressante. — J. D ö r f l e r - Wien: Fachkundig und
überaus sorgfältig zusammengestellte Bibliographie, die tatsächlich alles auch nur
halbwegs Wichtige der gesamten botanischen Literatur enthält. Nehmen Sie meine
aufrichtigsten Glückwünsche zum Gelingen dieser schwierigen Arbeit entgegen.
Sie haben ein enormes bibliographisches Wissen. — P u b l i s h e r ' s C i r-
c u l a r: Probably it would be difficult if not impossible to find a publisher and
antiquarian bookseller with Mr. J.'s knowledge gained from 25 years' experience
in this special branch, and this knowledge has enabled him to write a very interesting article on 'Botanical Literature from the Bibliographical Standpoint'. —
Prof. S c h o r l e r - Dresden: .... Ihre ausgezeichnete ‚B. B.‘ .... Geh. Rat
Drude und ich haben mit grossem Interesse das Vorwort gelesen. Dadurch erst in
Verbindung mit Ihren „Rara" haben wir den hohen Wert unserer botan. Bibliothek kennen gelernt. Wir werden nicht die einzigen sein, denen es so gegangen
ist. Es war sehr verdienstlich von Ihnen, den reichen Schatz Ihrer Erfahrungen
der Allgemeinheit nutzbringend zu machen. Ich beglückwünsche Sie dazu. —
M o n d e d e s P l a n t e s: Renferme tous les ouvrages et périodiques de
quelque importance sur l'ensemble de la botanique, av. d. indications détaillées
que l'on ne trouvera réunies nulle part ailleurs. Cette bibliographie constituera
pour les botanistes une source de références importantes. — Prof. M a u r i z i o -
Lemberg: Ihre Einleitung zur „Bibliographia" hat mir grosse Freude bereitet.
Sie ist höchst interessant. Es wäre für Sie eine dankenswerte Aufgabe, die Geschichte einiger Werke zu liefern und durch Ihre reiche Kenntnis aufzuklären.
— J. C h. B a y, John Crerar Library, Chicago: I regard this catalogue as a
wonderful achievement. It will remain for a number of years the authoritative
catalogue in our line. The introduction bears witness to the most mature observation and experience. — I n t e r n a t i o n a l e E n t o m o l o g i s c h e Z e i t-
s c h r i f t: In sachkundiger und erschöpfender Weise behandelt Autor die „Botanische Literatur vom bibliographischen Standpunkt" in einer Einleitung, auf
die ich hier nicht näher eingehen kann, aber schon diese Abhandlung ist lesenswert; s i e e r ö f f n e t u n s e i n e P e r s p e k t i v e i n d e n i d e e l l e n
L e b e n s z w e c k e i n e s B u c h h ä n d l e r s u n d V e r l e g e r s, w i e
e r s e i n s o l l, i n w o h l t u e n d e m G e g e n s a t z z u s o l c h e n
E l e m e n t e n, d i e b e i k n a p p e l e m e n t a r e m B i l d u n g s-
g r a d e r e i n e g o i s t i s c h e Z w e c k e v e r f o l g e n und hierbei k e i n e M i t t e l s c h e u e n. — Dr. G r e s h o f f, Koloniaal Museum,
Haarlem: Das Buch ist auf so reicher Bücherkenntnis aufgebaut, dass es einen
spezifischen Wert in der botanischen Literatur hat. — P u b l i c L i b r a r i e s,
New York: Very valuable apparatus of annotation, of interest equally to the
botanist, the librarian and the bookseller. It is an u n u s u a l p r o d u c-
t i o n, e x e m p l i f y i n g t h e w o r k o f t h e m o d e r n s c h o o l o f
c o n t i n e n t a l b o o k s e l l e r s, w h e r e b o o k t r a d e i s c o m-
b i n e d w i t h k n o w l e d g e o f b o o k s, their value, their history. This
feature of the present catalog is admirably brought forth in the running annotations, and in a wellwritten preface. As a bibliographical trade-catalogue this
one is worthy of an earnest study of librarians, and of a brotherly appreciation
from bibliographers. — Prof. M i y o s h i, Tokyo: Ihre „Bibliographia Botanica"
ist sehr wertvoll. — M i t t e i l u n g e n z u r G e s c h i c h t e d e r N a t u r-
w i s s e n s c h a f t e n: Wieder eine verdienstliche Schrift unseres kundigen
Mitgliedes. Eine Vorrede behandelt eingehend „Die botanische Literatur vom
bibliographischen Standpunkte", auch gibt der rührige Verfasser einen Einblick in seine bisherige wissenschaftliche Tätigkeit.

W. Junk, Berlin, W. 15.

22584 **Junk, W.** Bibliographiae Botanicae S u p p l e m e n t u m. 6 partes.   _M_
Berol. 1916. 8. circ. 700 p. cum circ. 24,500 titulis librorum. L e i n b d.   1.50

Pars I: Acta. Historia. Vitae Botanicorum. Bibliographia. Auctores Ante-Linnaeani. Linnaeus. Scripta Miscellanea. Horti (et Musea). Systema. Nomina. Terminologia. Elementa. — Pars II: Phanerogamae (Systema). — Pars III: Cryptogamae [Scripta Miscellanea. Cryptog. vasculares. Bryophyta. Fungi. Lichenes. Algae. Characeae. Desmidiaceae et Diatomaceae. Plancton.] — Pars IV: Biologia Plantarum (Anatomia, Physiologia, Embryologia, Biologia s. str.). Philosophia Naturalis, Specierum Origo (Hereditas, Mutatio, Variatio). Pathologia. — Pars V: Geographia Plantarum, Florae. [Scripta Miscellanea. Europa. Europa centralis. Alpes et Helvetia. Britannia. Gallia. Hispania et Lusitania. Italia. Paeninsula Balcanica. Rossia. Scandinavia. Asia media. Asia occident. Asia orient. India. Sibiria. Archipelagus Indicus. Australia et Oceania. Africa. America septentr. America centralis (et insulae). America meridion. Regiones Arcticae]. — Pars VI: Plantae Oeconomicae [Agricultura et Plantae utiles. Plantae Hortenses. Plantae Silvestres (Arbores). Plantae Pomiferae. Vitis Vinifera. Plantae Officinales (et venenatae)].

☞ Der vorliegende Catalog ist der Pars V; jedoch ist er in der obigen gebundenen Ausgabe auf gutem holzfreien Papier abgezogen.

22585 **Junk's Natur-Führer.** Bd. I u. II (soviel bis heute erschienen). Berl.
1913—15. 8. m. 2 color. Ktn. u. 6 Tfln. Leinenbände.   13.—

I: v. D a l l e T o r r e, Tirol u. Vorarlberg. 1913. 510 p. m. 1 color. Kte. in Folio. M. 6. — II: A. V o i g t, Die Riviera. 1914. 472 p. m. 1 color. Kte. in Folio u. 6 photograph. Tfln. M. 7. — Bd. III: Die Schweiz — in Vorbereitung.

Etwas ganz Neuartiges, Concurrenzloses und lange Ersehntes: Antwort auf die Tausende von Fragen, die jeden Gebildeten während jeder Wanderung beschäftigen und die bisher ohne Antwort bleiben mussten: Was für Pflanzen wachsen und wuchsen hier? Welche werden cultivirt? Wie entstanden diese Berge, dieser See? Was für Tiere kamen und kommen vor? Welchen Stammes sind die Menschen? Natursagen, Erdbeben, Gletscherausbrüche usw. usw. — So erfährt der Tourist v o n O r t z u O r t w a n d e r n d (also genau wie im Baedeker u. ä.) eine ungeheure Fülle von Allem, was in einem andern Reiseführer nicht stehen kann.

U r t e i l e   d e r   P r e s s e   ü b e r   Bd. I: T i r o l.

Arbeiter-Zeitung: Die bekannte naturwiss. Buchhandlung hat eine gute Idee gehabt. Wer nach Tirol will, muss diesen Naturbaedeker mitnehmen. Man darf sich auf die nächsten Bände freuen. — **Berliner Lokalanzeiger:** Verfasser hat ungeahnt viel Neues entdeckt und seinen Stoff allgemein verständlich zu bearbeiten verstanden. — **Berliner Tageblatt:** Was der Autor in das kleine Büchlein an schätzenswertem und wissenswertem Material hineingearbeitet hat, grenzt ans Unmögliche. — **Bohemia:** Geradezu unbegreiflich, welches ungeheure Material mit fabelhaftem Bienenfleisse zusammengebracht ist . . . So wird auch hier wieder der Beweis geliefert, wieviel unsere Volksbildung dem vornehmen und nicht bloss auf Gelderwerb erpichten Verlagsbuchhandel zu danken hat. — **Bulletin of the American Geographical Society:** A good guide book on the natural history of these districts.. — **Deutsche Alpenzeitung:** Die Karte ist ein kartographisches Unicum — **Frankfurter Zeitung:** Etwas ganz Neues. Bewundernswert, wie gut der Verfasser den oft spröden Stoff bearbeitete. — **Geographische Zeitschrift:** Ein unendlicher Fleiss steckt in diesen Zusammenstellungen, die der Geograph mit vielem Nutzen verwerten kann. — **Germania:** Eine überwältigende Fülle von allem, das in einem andern Führer vergeblich gesucht wird. — **Heidelberger Zeitung:** Höchst wertvolle Ergänzung jedes Reisehandbuchs. — Die **Kleinwelt:** Fabelhafte Summe von Arbeit, Kenntnissen und Anregungen. — Prof. Dr. **F. Lampe,** Berlin: Zu dem Tiroler Bande darf man dem Herrn Verfasser wie dem Verlage entschieden Glück wünschen. — **Leipz. Illustrierte Zeitung:** Mit dem Buche in der Hand gibt es für den Wanderer keine Fragezeichen mehr. — **Meraner Zeitung:** Alle Aussicht, dass speziell dieser Band ein buchhändlerischer Erfolg par excellence wird. — **Mitteilungen d. D. Oe. Alpenvereins:** Reichtum des Materials ein ungeneurer, so dass die Herausgeber der nachfolgenden Führer schwere Arbeit haben werden, gleichen Schritt zu halten. Manche Tour wird jetzt doppelt so genussreich. Man kann nur wünschen, dass die folgenden Naturführer dem prächtigen einleitenden Bande gleichen. — **Morgenpost** (Berlin): Wer dieses Werk bei sich führt, der wird eine Fülle von Anregungen und Belehrungen empfangen, die seinen Weg erst zu einem wirklich genussreichen machen. — **Nature:** A truly marvellous amount of information on natural phenomena, from scenic details to botanical species. It is impossible to give a fair idea of the personal observation and literary research that have resulted in these crowded pages . . . No intelligent visitor to Tyrol will grudge the moderate price of this new encyclopaedic pocket-book. — **Neue Freie Presse:** Dieser eigenartige Naturbaedeker gibt auf die bisher stets ungelösten Fragen des Wanderers kurze aber erschöpfende Auskunft. Die Verlagsbuchhandlung, deren Besitzer selbst ein begeisterter Alpinist ist, hat sich mit einem der wenigen Männer in Verbindung gesetzt, die in der Lage waren,

W. Junk, Berlin. W. 15.

ein so ausserordentlich schwieriges Werk zu schaffen. Die Aufgabe ist in
ausserordentlich glücklicher Weise gelöst worden. In fünfjähriger rastloser
Arbeit hat dieser Gelehrte die Ideen des Verlagshauses durchgeführt und das
Produkt und Mühen dieser beiden liegt nun in einem zu einem aussergewöhnlich
billigen Preise ausserordentlich viel bietenden Bändchen vor. So wird das Werk
wohl bald seinen Platz in dem Rucksack jedes Bergwanderers finden und wird
jedem eine unendlich reiche Quelle der Belehrung und genussreicher Anregung
sein. In diesem Sinne kann man dem trefflichen u. billigen Werkchen weiteste
Verbreitung, dem Autor für seine gewaltige Mühe u. dem Verleger für sein
tatenfrohes Unternehmen einen reichen Erfolg wünschen. — **Neues Wiener
Tageblatt:** Eine neue Bibel für Naturfreunde. — **Neue Zürcher Zeitung:** Hat
einen der ersten wenn nicht den ersten Kenner Tirols zum Verfasser. — **Oesterr.
Alpenpost:** Geradezu splendide Ausstattung. — **Oesterr. Alpenzeitung:** Der rich-
tige Mann hat mit der mühevollen Zusammensetzung und Verarbeitung des
Materials Erstaunliches geleistet; hochbedeutendes Werk. — **Wiener Landwirtschaftl. Zeitung:** Dieser Naturführer ist eine glänzende Tat und war eine Not-
wendigkeit. — **Zeitschrift der Gesellschaft für Erdkunde** zu Berlin: Es dürfte
dem Verlag schwer halten, für andere Bände Bearbeiter zu finden, die in so
eindringender Detailkenntnis, der Frucht einer unermüdlichen Lebensarbeit, ihr
Gebiet beherrschen . . . Bewundernswerte Fülle von Material, klar und über-
sichtlich angeordnet. — **Zeitschrift für naturwissenschaftl. Unterricht:** Ein wun-
dervolles, völlig eigenartiges Buch. Man kann Verlag und Verfasser zu dem
Unternehmen beglückwünschen, und Tausende werden ihnen dankbar sein, die
in Zukunft „Junks Naturführer" in der einen, den „Bädeker" in der anderen
Tasche der Reisejoppe die Alpenwelt durchziehen. Ein Lehrer, der für seine
Ferienreise das Buch benutzt, macht einen Fortbildungskursus durch, wie er
erfolgreicher nicht gedacht werden kann. Und darum wünsche ich es in die
Hand eines jeden Fachkollegen.

U e b e r B a n d II: R i v i e r a.

Berliner Morgenpost: Eine Anzahl geschichtlicher national-ökonomischer und
mythologischer Anekdoten — die Pflanze betreffend — sorgen dafür, dass niemals Ermüdung eintritt. — **Berliner Tageblatt:** Es war eine glückliche Idee des
Verlegers neben die gebräuchlichen Reiseführer eine Serie von Führern zu
setzen, die den Reisenden tiefere Einblicke in die sie umgebende Natur ver-
schaffen sollen und damit eine oft empfundene Lücke ausfüllen . . . Ist in einer
so leicht fasslichen und von allem Wissenschaftlichen abstrahierenden Form
geschrieben, dass man die wichtigeren Pflanzenformen allein nach der Beschreibung herausfinden kann. — **Bohemia:** Unser dem Tiroler Führer gespen-
detes Lob können wir in noch höherem Masse diesem schmucken Bande widmen.
— **Deutsche Alpen-Zeitung:** Tadellose Ausstattung. — **Dresdener Anzeiger:** Der
Preis muss bei der Ausstattung als sehr mässig bezeichnet werden. — **Dresdener Nachrichten:** Ungeheure Fülle von Belehrungen aller Art wird dem Leser,
ohne dass er es merkt, vermittelt. — **Hamburger Fremdenblatt:** Eine unge-
wöhnliche Fähigkeit, wissenschaftliche Resultate im besten Sinne zu populari-
sieren. — **Kölnische Zeitung:** Sehr geeignetes Buch. Stoff geschickt gruppiert.
Vorzüglich geeignet, auf eine andere tiefere Art als gewöhnliche Reiseführer in
die Schönheiten der Natur einzuführen. — **Luzerner Tageblatt:** Von allen den
Hunderten von Pflanzen, die das Auge des Besuchers in der herrlichen Gegend
der Riviera erfreuen, wird hier in reizender Weise erzählt. — **Mitteilungen der
Gesellschaft für Geschichte d. Naturwissenschaft:** Eine verdienstvolle gross-
zügig gedachte Serie. — **Neue Freie Presse:** Durchaus feuilletonistisch ge-
schrieben, so dass es auch von naturwiss. nicht gebildeten Kreisen mit grossem
Genuss herangezogen werden kann. So ist dieser Naturführer noch besser seinem
Ziele angepasst, und wird sich ohne Zweifel in der Tasche des Rivierabesuchers
als von grösstem Nutzen erweisen. Wir können demgemäss diesen zweiten
Naturführer des rührigen Verlagshauses in jeder Beziehung jedem empfehlen.
— **Reichs-Post:** Die Angaben sind so genau, dass wohl jede Pflanze erkennt-
lich ist. Prächtige Ergänzung zu jedem Reisehandbuche. — **Schwäbischer
Merkur:** Ein ebenso eigenartiges wie hochinteressantes Buch . . . Wer es bei
sich führt, wird einen doppelten Genuss von seinen Riviera-Tagen haben. —
Scottish Geographical Magazine: A handy little guide - book of somewhat new
type. 423 pages are devoted to the Plants, both wild and cultivated. A valuable
supplement to Strasburger's Rambles.

22586 **Kaltbrunner.** Manuel du Voyageur. Zurich 1879. 8. 840 p. av. 24 pl.
et 280 fig. Toile.   6.—
22587 **Kaltbrunner u. Kollbrunner.** Der Beobachter. Anleitung zu Beobachtungen üb. Land u. Leute. Zürich 1882. 8. 924 p. m. 26 Tfln. (M. 13.50.)
Hfzb.   5.—
22588 **Karsten, G., u. Schenck.** Vegetationsbilder. Reihe I—XI, XII, Heft 1—6.
Jena 1903—14. 4. 566 Tafeln m. Text. (M. 226.) — Soviel erschien. 150.—
22589 **Keller, B. A.** Alkal. Inhalt d. Bodens als eine botan.-geogr. Tatsache.
Kasan 1910. 8. 16 p.   1.—

W. Junk, Berlin, W. 15.

M

22590 **Kickx.** La Patrie d. plantes et leurs migrations. Gand 1886. 8. 59 p.   2.—
22591 **Kirchhoff.** Pflanzengeographie. Halle 1865. 8. 92 p. Cart.   2.—
22592 **Kny.** Ueb. d. Flora ocean. Inseln. (Berl., Z. Erdk.) 1867. 8. 22 p.   1.—
22593 **Koelliker, O.** Die erste Umsegelung d. Erde durch Magellanes und Cano, 1519—22. Münch. 1908. 8. 297 p. m. *32* Tfln., Kte. u. Portr. (M. 5.)   3.—
22594 **Krasan.** Ueb. d. geotherm. Verhältn. d. Bodens u. deren Einfl. a. d. geogr. Verbreit. d. Pflanzen. Mit Nachtrag. (Wien, Z. b. G.) 1883—86. 8. 64 p.   1.—
22595 — Bedeut. d. Verticalzonen d. Pflanzen f. d. Niveau-Veränd. d. Erdoberfläche. (Leipz., Bot. Jahrb.) 1884. 8. 42 p.   1.50
22596 **Kraus, G.** Boden u. Klima auf kleinstem Raum. Behandl. d. Standortes auf d. Wellenkalk. Jena 1911. 8. 190 p. m. Kte. u. 7 Tfln. (M. 8.)
22597 **Kuntze, O.** Um die Erde. Reiseberichte e. Naturforschers. Leipz. 1881. 8. 518 p. (M. 6.)   3.—
22598 — Phytogeogenesis. Leipz. 1884. 8. 230 p. m. Tfl. (M. 6.)   3.—
22599 **Kurtz.** Just's Jahresbericht f. 1874: Pflanzengeographie. (Berl.) 1875. 8. 190 p.   1.50
Siehe auch Nr. 22566.
22600 **Labillardière.** Relation du voy. à la rech. de la Pérouse. *2* vols. Paris 1792. 8. 898 p. D.-rel. veau.   7.—
22601 — — *2* vols. Paris 1801. 8. 567 p. Cart.   5.—
22602 **Langsdorff.** Reise um d. Welt. *2* Bde. Frankf. 1812. 4. 363 p. m. *2* Portr., Musikbeilagen u. 45 Tfln. Hfzbde.   25.—
22603 — — Kleine Ausgabe. *2* Bde. Frankf. 1813. 8. 1042 p. Cart.   4.—
22604 **Lees.** Summary of comital Plant-Distribution. Welwyn 1878. 8. 54 p.   2.—
22605 **Lesson et Richard.** Voyage de découv. de l' 'Astrolabe', exéc. p. Dumont d'Urville. Botanique. *2* vols. Paris 1832 à 34. 8. av. atlas de 80 pl. in-fol. (fr. 250.)   60.—
Vol. I: R i c h a r d, Flore de la Nouv. Zélande. 394 p. av. 41 pl. — II: R i - c h a r d, Sertum Astrolabianum. 223 p. av. 39 pl.
22606 **Liebe.** Ueb. d. geograph. Verbreit. d. Schmarotzerpflanzen. *2* Tle. Berl. 1862—69. 4. 58 p.   2.—
22607 **Maas u. Nölke.** Simroths Pedulationstheorie. 2 Abhandl. 1909. 8. 17 p.   1.50
22608 **Malpighia.** Rassegna mens. di Botanica, red. da Borzi, Penzig e Pirotta. Vol. 1—21. Genova 1887—1907. 8. c. molte tav. color. e nere. (fr. 630.)   300.—
22609 **Marschall.** Verbreit. u. Entfalt. d. Organismen auf d. Erde. Carlsr. 1872. 8. 18 p.   1.—
22610 **Martins.** Von Spitzbergen zur Sahara. Deutsch v. Bartels. 2. Aufl. 2 Tle. Gera 1874. 8. 709 p. Hldrbde.   8.—
22611 **Massart.** Le Désert. (Brux.) 1899. 8. 24 p.   1.—
22612 **Meyen.** Utkast t. Växt-Geografien. 3 Tle. Örebro 1841—42. 8. 457 p. m. Tfl. Cart.   2.—
22613 **Meyer, E.** Die Verteil. d. Nahrungspflanzen auf d. Erde. (Königsb.) 1847. 8. 28 p.   1.50
22614 — Botan. Erläutergn. zu Strabons Geographie. Königsb. 1852. 8. 222 p.   8.—
22615 **Miquel.** De Regno vegetabili in Telluris superficie mutanda efficaci. Amstel. 1846. 4. 43 p. Cart.   2.—
22616 **Mitteilungen** d. Geograph. Gesellschaft in Hamburg. Jahrg. 1876—90. Hamb. 1878—91. 8. m. Ktn. u. Tfln. (M. 80.)   30.—
Jeder Jahrg. auch einzeln.
22617 **Mitteilungen** d. Geograph. Gesellschaft in Lübeck. Heft 1—11. Lübeck 1882—87. 8. m. Ktn. (M. 16.)   6.—
22618 **Mitteilungen** d. Vereins f. Erdkunde zu Halle. Jahrg. 1877—89, 1892, 1893. Halle 1877—93. 8. (M. 53.)   15.—
Jeder Jahrgang auch einzeln.
22619 **Molt.** Darstell. d. Thier- u. Pflanzenlebens in d. verschied. Regionen. Schwäb. Hall. 1 color. Karte in grösstem Fol. m. 8 p. Text.   2.—
22620 **Morris.** Plants of the Desert. (Brooklyn, Mus.) 1914. 8. 12 p. w. pl.   1.—

22621 **Novara.** — Reise d. oesterreich. Fregatta „Novara" um d. Erde in   *M*
d. J. 1857—59 unter Wüllerstorf-Urbair. Wissenschaftliche Resultate.
7 Abteilungen. (40 Teile). Wien 1861—77. 4. m. 360 z. Tl. color. Tafeln,
8 Karten u. 11 Tabellen.   650.—
     Vollständiges Exemplar dieser sehr seltenen Reihe. Die Teile, die mit colo-
rirten Tafeln erschienen sind, haben sie auch in vorliegendem Exemplare. Fast
jeder Teil, auch die vergriffenen, werden einzeln abgegeben.

22622 — Beitrag z. d. wissenschaftl. Instructionen f. d. Weltumsegelungs-
Exped. d. „Novara". (Wien, Geogr. Ges.) 1857. 8. 46 p.   1.50

22623 **Olsson-Seffer.** Principles of phytogeogr. Nomenclature. (Chic., Bot.
Gaz.) 1905. 8. 15 p.   1.—

22624 **Pax.** Die pflanzengeograph. Anlagen d. Berlin. Botan. Gartens. (Berl.,
Gartenfl.) 1890. 8. 16 p.   1.—

22625 **Pickering.** Geograph. distrib. of Animals and Plants. Part I (all publ'd.):
Chronolog. observ. on introduced animals and plants. Philad. 1854.
4. 212 p.   25.—

22626 **Plateau.** Les voyages des Naturalistes Belges. (Brux., Ac.) 1876. 8. 39 p.   1.—

22627 **Potonié.** Die pflanzengeograph. Anlage im Botan. Garten zu Berlin.
Berl. 1890. 8. 48 p. m. 2 Tfln.   1.—

22628 **Pritzel.** Thesaurus Literaturae Botan. Lips. 1851. 4. 548 p. (M. 42.) Hfzb.   20.—

22629 — — Ed. II. (ultima). Lips. 1872—77. 4. 577 p.   100.—

22630 — — Ed. II. Facsimile-Edition. Berol. 1916.
     Subscriptionspreis: M. 40. Preis nach Erscheinen: M. 50.
     Befindet sich in Vorbereitung. Anastatischer Neudruck, auf gutem Papier,
also auch äusserlich weit besser als das Original, welches auf dem schlechten
Holzpapier der damaligen Epoche gedruckt, bald in allen Exemplaren — mit Ausnahme der wenigen auf Velinpapier abgezogenen — zu Grunde gegangen sein wird.

22631 **Rara Historico-Naturalia et Mathematica.** Ed.: W. J u n k. (21 partes).
Berol. 1900—13. 4. 122 p. Cartonn.   20.—
     Dieses Blatt gibt in der Art von B r u n e t eingehende (anderswo nicht zu
findende) Collationen, die bibliographische Geschichte, Notiz über den Grad der
Vergriffenheit und Angabe der vergriffenen Bände, sowie der Preise (frühere und
jetzigen) von seltenen Werken und Zeitschriften auf dem Gebiete der im Titel
genannten Disziplinen. Der Index des Bandes umfasst über 500 Titel.
     A u s s c h l i e s s l i c h b o t a n i s c h e n Inhalts sind die Nrn. 4, 8, 9, 13, 20.
— Weiter enthält Nr. 11: America meridionalis, 12: Bibliogr. Linnaeana, 18: Geogr.
Plantarum, 19: Linné u. s. Bedeutung f. d. Bibliographie, 21: Supplementum. — Von
grösseren Zusammenfassungen enthalten die Rara: „Die Anfänge der botanischen
Zeitschriften-Literatur", „Die Literatur der Diatomaceen", „Flores de France",
„Herbarien", „Rosaceen-Literatur". Ferner ausführliche Collationen der biblio-
graphisch so schwierigen Reihen u. Werke: Botanische Zeitung, Brongniart's
Histoire des Végétaux fossiles, Flora, Forbes' Werke, Hooker's Paradisus, Jac-
quin's u. Junghuhn's Werke, Ledebour's u. Pallas' Floren- u. Reisewerke, Michaux's
botanische Werke üb. Nordamerika, Rivinus' grosse Iconographie, P. A. Saccardo's
mycologische Reihen, Salm-Dyck's Aloë, Tuckerman's Lichenen - Werke, Van
Heurck's Diatomeen - Literatur, Viala's Ampélographie, Warming's Brasilianische
Flora — u. viele andere.

22632 **Regel, E.** Propos. de constr. de cartes de la distrib. géogr. de cert.
Plantes ligneuses. (Pétersb., Congr. Bot.) 1884. 8. 6 p. av. carte
gr. in-folio.   1.50

22633 **Reintgen.** Die Geographie der Kautschukpflanzen. Berl. 1905. 8. 150 p.
m. Kte.   2.50

22634 **Rikli.** Lebensbeding. u. Vegetationsverhältn. d. Mittelmeerländer u.
d. Atlant. Inseln. Jena 1912. 8. 182 p. m. 32 Tfln. (M. 9.)

22635 **Römer, M.** Geographie u. Geschichte d. Pflanzen. Münch. 1841. 8.
144 p.   1.50

22636 **Rudolph.** Atlas d. Pflanzengeographie. Berl. 1852. qu.-fol. 9 color. Ktn.
m. Text. (M. 15.) Hfzb.   3.—

22637 — Die Pflanzendecke d. Erde. Berl. 1853. 8. 432 p. (M. 10.) Cart.   2.—

22638 **Rundschau** f. Geographie u. Statistik. Jahrg. I—XII: 1879—90. Wien.
8. m. viel. Tfln. u. Karten. (M. 108.)   20.—

22639 **Russegger.** Reisen in Europa, Asien u. Afrika 1843—49. Folio. A t l a s
(ohne Text) v. 28 Tfln. Landschaften, 23 Tfln. Fische, 2 Tfln. (color.)
Coleopteren u. 20 Tfln. Botanik. Hfzb. — U n v o l l s t ä n d i g.   13.—

22640 **Schalle.** Die Charactere d. Vegetation, d. Thiere u. d. Menschen- *M*
raçen. Dresd. 1852. 8. 96 p. m. 2 Tfln. 1.50
22641 **Schimper, A. F. W.** Pflanzen-Geographie auf physiolog. Grundlage.
2. (unveränderte) Aufl. Jena 1908. 8. 898 p. m. 4 color. Karten, 5 Tfln.
u. 502 Fig. (z. Tl. auf Tfln.) 40.—
Ganz vergriffen. Eine neue Auflage ist nicht beabsichtigt.
22642 **Schouw.** Cours s. la Géogr. d. Plantes. (Paris, Ann. Sc.) 1835. 8. 27 p. 1.—
22643 — Die Erde, d. Pflanzen u. d. Mensch. Leipzig 1851. 8. 329 p. m.
Portr. u. 2 Tfln. (M. 5.) 1.—
22644 — — 2. Aufl. Leipz. 1854. 8. 280 p. m. Portr. (M. 5.) Cart. 1.50
22645 — Die Charakterpflanzen d. Völkerschaften. (Mainz) 1854. 8. 8 p. 1.—
22646 **Schrader, O.** Thier- u. Pflanzengeographie im Lichte d. Sprach-
forschung. Berl. 1884. 8. 32 p. 1.—
22647 **Schweinfurth.** Récolte et conservat. des Plantes p. collections botan.
princip. dans les contrées tropic. Genève 1889. 8. 59 p. 1.50
22648 **Senft.** Der Erdboden nach Verhalt. z. Pflanzenwelt. Hann. 1888. 8.
168 p. (M. 3.20.) Hfzb. 1.50
22649 **Serres.** Distrib. primit. d. Végétaux et d. Animaux à la surface du
globe. (Strasb., Soc. Nat.) 1850. 4. 38 p. 1.—
22650 **Solms-Laubach.** Die leitenden Gesichtspunkte e. allgemeinen Pflanzengeographie. Leipz. 1905. 8. 243 p. (M. 8.) 6.—
22651 **Struve.** Physiognomik d. Erde. Leipz. 1802. 8. 174 p. Cart. 1.50
22652 **Stur.** Ueb. d. Einfluss d. Bodens auf d. Vertheil. d. Pflanzen. (Wien,
Ak.) 1856. 8. 80 p. 1.50
22653 **Tornabene.** Origine e diffusione dei Vegetabili sul Globo. Catania
1882. 8. 63 p. 2.—
22654 Die **Vegetation** der Erde. Sammlung pflanzengeograph. Monographien,
hrsg. v. Engler u. Drude. Serie I—VIII, IX (5 Bde.) Bd. 1—3 Heft 1,
X—XIII. Leipz. 1896—1915. 8. m. 259 Tfln. u. 28 z. Tl. color. Ktn.
(M. 341.) — Soviel erschien. 210.—
22655 **Verhandlungen** d. Deutschen Geographen-Tages. VII—XVI: 1887—1903.
Karlsr., Berl. etc. 8. m. viel. Ktn. u. Tfln. (M. 75.) 40.—
Jeder Band auch einzeln zu à M. 4.50.
22656 **Verhandlungen** d. Gesellschaft f. Erdkunde zu Berlin. Bd. 7—28: Berl.
1880—1901. 8. m. viel. Tfln. u. Ktn. (M. 122.) Gbdn. u. brosch. 20.—
Sehr viele Bände auch einzeln à M. 1.50.
22657 **Wagner, H.** Die Pflanzendecke d. Erde. Bielef. 1857. 8. 464 p. (M. 4.)
Cart. 2.—
22658 **Wallace.** Die Tropenwelt nebst Abhandl. verwandt. Inhalts. Braunschweig 1879. 8. 392 p. (M. 7.) 2.50
22659 **Warming.** Lehrb. d. ökolog. Pflanzengeographie. Berl. 1896. 8. 424 p.
(M. 8.) Hfzb. 3.—
22660 — Oecology of Plants. Oxf. 1909. 8. 433 p. Cloth. 9.—
22661 **Wetterhan.** Ueb. d. allgem. Gesichtspunkte ·d. Pflanzengeographie.
(Frankf., Senck.) 1872. 8. 34 p. 1.—
22662 **Wettstein.** Ueb. neuere Ergebn. d. Pflanzengeographie. Wien 1895.
8. 21 p. 1.—
22663 **Wittich.** Pflanzen-Areal-Studien: Die geogr. Verbreit. uns. bekannt.
Sträucher. Giessen 1889. 8. 36 p. m. Tfl. 1.50
22664 **Zeitschrift** f. allgemeine Erdkunde, hrsg. v. Gumprecht. 6 Bde. u.
N. Folge hrsg. v. Neumann. Bd. V—XVII. Berlin 1853—56 u. 1858—64.
8. m. viel. Ktn. (M. 152.) Lnbde. 20.—
22665 **Zeitschrift** d. Gesellschaft f. Erdkunde zu Berlin. Bd. 27—39: 1892—
1904. Berl. 8. m. Tfln. u. Ktn. (M. 156.) 20.—
Jeder Band auch einzeln à M. 2.
22666 **Zetterstedt, J. E.** Om Växtgeographiens Studium. Ups. 1863. 8. 52 p. 1.—
22667 **Zeyss.** Versuch e. Geschichte d. Pflanzenwanderung. 2 Tle. Gotha
1855. 4. 35 p. 1.50
22668 **Zimmer.** Ueb. Pflanzenwandergn. u. Ansiedlungen. Gera 1871. 4. 10 p. 1.—

794

II. Europa

[Supplementum numeror. 4364—4378, vide: Bibliographia Botanica, p. 169—170].

22669 **Ball.** Distribution of Plants on the South side of the Alps. (Lond., *M*
    Linn. S.) 1896. 4. 109 p. (1 £) 10.—
22670 **Bargagli.** La Flora d. Altiche in Europa. (Fir., Soc. Ent.) 1878. 8. 31 p. 1.50
22671 **Barrelier.** Plantae per Galliam, Hispaniam et Italiam observ. Cura
    A. d e J u s s i e u. Paris. 1714. fol. 186 p., frontisp. et 332 tab. 13.—
    Bonnier. Flore compl. de France Suisse et Belgique — voyez no. 24235.
22672 **Candolle, A. de.** Sur l. causes qui limit. les espèces végétales du
    côté du Nord en Europe. (Paris, Ann. Sc.) 1848. 8. 14 p. 1.—
22673 **Ettingshausen.** Das Australische Florenelement in Europa. Graz 1890.
    4. 10 p. m. Tfl. (M. 1.70.) 1.—
22674 **Flora** Europae meridionalis. 8. 402 p. 4.—
    Fragment eines seltenen Werkes, dem die ersten 64 p. fehlen.
22675 **Gandoger.** Decades Plantarum novar. praes. ad floram Europae spec-
    tantes. 2 fasc. (20 decades). Paris. 1875—76. 8. 94 p. 2.50
22678 — Novus Conspectus Florae Europaeae. Paris. 1910. 8. 543 p. 16.—
22677 **Gottsche u. Rabenhorst.** Hepaticae Europaeae. Herbarium d. Leber-
    moose Europas. 66 Decaden (soweit erschien.) m. 660 g e t r o c k -
    n e t e n S p e c i e s. Dresd. 1855—79. 8. Cart. 400.—
    Sehr selten und — wie alle Exsiccatensammlungen Rabenhorst's — sehr
    gesucht.
22678 **Grisebach.** Reliquiae Grisebachianae. Florae Europ. fragmentum. Ed.
    Kanitz. Claudiop. 1882. 8. 58 p. 2.—
22679 **Holden.** Bibliography relat. to the Floras of Europe in general and
    the Floras of Great Britain. Cincinn. 1911. 8. 70 p. 1.50
22680 — Bibliography relat. to the Floras of Italy, Spain, Portugal, Greece,
    Turkey, etc. Cincinn. 1912. 8. 41 p. 1.50
22681 **Kindberg.** Beskrifn. öfv. en resa i Tyskland, Frankrike, Spanien och
    Schweiz. Wenersb. 1859. 8. 28 p. 1.—
22682 **Köhler, H.** Die Pflanzenwelt u. d. Klima Europas seit d. geschichtl.
    Zeit. I. Berl. 1892. 8. 40 p. (M. 1.50.) 1.—
22683 **Kramer.** Die Verändergn., w. d. Pflanzenbild Europa's durch die
    Menschen erfahren hat. (Chemn., Nat. Ges.) 1887. 8. 18 p. 1.—
22684 **Lamotte.** Catal. d. Plantes vascul. de la France, la Suisse et l'Alle-
    magne. Paris 1847. 8. 104 p. 1.—
22685 **Lecoq.** Etudes s. la Géographie botan. de l'Europe; partic. du plateau
    central de la France. 9 vols. Paris 1854 à 1858. 8. av. 2 pl. (fr. 72.) 15.—
22686 **Macquart.** Les Plantes Herbacées d'Europe et leurs Insectes. 2 vols.
    (3 parties). (Lille, Soc. Sc.) 1854 à 56. 8. 512 p. av. pl. 14.—
22687 — — Parties II et III. 1855 à 56. 334 p. 6.—
22688 **Moore, D.** On a botan.' and horticult. tour through parts of Scandin.,
    Germany, and Belgium. (Dublin, Soc.) 1863. 8. 16 p. 1.—
22689 **Nevole.** Ueb. d. Verbreit. v. 6 Südeurop. Pflanzenarten. (Graz, Nat.
    Ver.) 1909. 8. 23 p. 1.—
22690 **Nyman.** Synopsis Plantar. bicornum Europ. Holm. 1851. 8. 20 p. 1.—
22691 — Sylloge Florae Europ. Cum suppl. Oerebr. 1854—65. 4. 540 p.
    (M. 18.) Cart. 8.—
22692 — — S i n e supplemento. 1854—55. 466 p. Cart. 2.50
22693 **Richter, K., et Gürke.** Plantae Europaeae. Enumeratio systemat. et
    synonym. Phanerogam. Vol. I et II, pars 1—3 (quot prodiit). Lips.
    1890—1903. 8. 858 p. (M. 25.) 18.—
22694 **Römer, J. J.** Flora Europaea. (14 fascic.) Fasc. 1—4. Norimb. 1797—99.
    8. 121 p. et 2 tab. color. 1.50
22695 **Roth, E.** Ueb. d. Pflanzen, welche d. Atlant. Ocean auf d. Westküste
    Europas begleiten. Berl. 1883. 8. 54 p. 1.50

$\mathcal{M}$

22696 **Unger.** Neu-Holland in Europa. Wien 1861. 8. 72 p. m. 60 Fig. 2.—
22697 **Wycoff.** Bibliography relat. to the Floras of Arctic regions, Scandinavia, Russia, and Caucasia. Cincinn. 1912. 8. 58 p. 1.50

III. Europa centralis.

Germania; Austro-Hungaria p r a e t e r provinc. Balcan.; Batavia, Belgia.

[Supplementum numeror. 4379—4624, vide: Bibliographia Botanica, p. 170—179].

22699 **Abeleven.** Flora v. Nijmegen. 2 Tle. (Nijm.) 1888. 8. 136 p. 1.50
22700 **Abraham.** Z. Flora d. Dt. Kroner Kreises. Krone 1905. 8. 64 p. 1.50
22701 **Abromeit.** Ueb. d. botan. Untersuch. d. Kreis. Ortelsburg. (Königsb., Phys. Ges.) 1886. 4. 24 p. 1.—
22702 — Die Pflanzenwelt Masurens. (Stuttg.) 1900. 8. 16 p. 1.—
22703 **Abromeit, Jentzsch u. Vogel.** Flora v. Ost- u. Westpreussen. Hälfte I u. II, Teil 1 (soweit erschien.). Berl. 1898—1903. 8. 690 p. m. Karte. (M. 7.) 4.—
22704 **Ade.** Flora d. Bayer. Bodenseegebietes.. (Münch., Bot. Ges.) 1901. 8. 127 p. 1.50
22705 **Ahlfvengren.** Die Vegetationsverhältn. d. westpreuss. Moore. (Danz., Nat. Ges.) 1904. 8. 78 p. 1.50
22706 **Ahrens.** Tabellen z. Bestimm. d. in d. Umgeb. v. Burg wildwachsend. Phanerog. Teil I u. IV. Burg 1893—96. 4. 48 p. 1.—
22707 **Aigret.** Florule de Villance. (Brux., Soc. Bot.) 1901. 8. 17 p. 1.—
22708 **Alpers.** Verzeichn. d. Gefässpflanzen d. Landdrostei Stade. Stade 1875. 8. 116 p. 1.—
22709 — — Durchschossen u. m. handschriftl. Zusätzen d. Autors. Hfzb. 2.—
22710 — Z. Flora d. Herzogt. Bremen. (Brem., Nat. Ver.) 1875. 8. 88 p. 1.—
22711 — Z. Flora d. Regbez. Stade. (Brem., Nat. Ver.) 1886. 8. 4 p. —.50
22712 — Fremdländ. Pflanzen bei Hannover. (Hann.) 1898. 8. 8 p. 1.—
22713 — Das älteste Verzeichn. der in Deutschland wildwachs. Pflanzen. (Stuttg., Heimat) 1900. 8. 24 p. 1.—
22714 — Z. Flora v. Sylt. (Brem., Nat. Ver.) 8. 4 p. —.50
22715 **Altmann.** Flora v. Wriezen. Wriez. 1886. 4. 25 p. 1.—
22716 — — 2. Aufl. 2 Tle. Wriezen 1894—95. 4. 94 p. 2.—
22717 **Ambrosi.** Della Flora Trentina. (Rover.) 1882. 8. 16 p. 1.—
22718 **André.** Flora d. Umgeb. v. Münder. (Münd.) 1874. 8. 59 p. 1.—
22719 **Andree.** Die Flora d. Harzes. Halle. 8. 39 p. 1.—
22720 **Archiv** d. „Brandenburgia", Gesellschaft f. Heimatkunde d. Prov. Brandenburg. Bd. 1—12. Berl. 1894—1907. 8. m. viel. Tfln. u. Ktn. (M. 34.50.) 15.—
    Viele Bände auch einzeln.
22721 **Archiv** f. Landes- u. Volkskunde d. Prov. Sachsen. Hrsg. v. Kirchhoff. Jahrg. I. II. Halle 1891—92. 8. m. 2 Krtn. (M. 8.) 2.50
22722 **Arndt.** Der Sprockwitz u. d. Seen bei Feldberg. (Neubrand., Arch.) 1880. 8. 11 p. 1.—
22723 — Flora v. Feldberg. (Neubrand., Arch.) 1882. 8. 34 p. 1.—
22724 — Seltene Pflanzen d. Bützower Flora. (Neubrand., Arch.) 1890. 8. 14 p. 1.—
22725 **Arnold.** Die Lichenen d. Fränkischen Jura. 28 Tle. (Regensb., Flora) 1858—90. 8. u. 4. 631 p. Cart. 30.—
    Ausserordentlich seltene Reihe, da aus zum Teil ganz vergriffenen Bänden der „Flora" entnommen.
22726 — Lichenolog. Ausflüge in Tirol. 30 Tle. m. Register. (Wien, Z. b. G.) 1868—97. 8. 850 p. m. Tfl. u. Karte. 25.—
    Jeder Teil auch einzeln.
22727 **Ascherson.** Die verwilderten Pflanzen d. Mark Brandenburg. (Berl., Z. Nat.) 1854. 8. 30 p. 1.—

22728 **Ascherson.** Stud. phytographic. de Marchia Brandenburg. C. 2 append.   *M*
    (Halae, Linn.) 1857. 8. 101 p. Cart.   1.50
22729 — Ueb. d. Flora v. Waldeck. (Bonn, Nat. Ver.) 1858. 8. 10 p.   1.—
22730 — Die Salzstellen d. Mark Brandenb. in ihrer Flora nachgewies. (Berl.,
    Geol. Ges.) 1859. 8. 12 p. m. Kte.   1.—
22731 — Die wichtig. entdeckten Fundorte in d. Flora d. Vereinsgebietes.
    I. (Berl., Bot. Ver.) 1866. 8. 52 p.   1.50
22732 — Beitr. z. Flora d. mittl. u. westl. Nieder-Lausitz. (Berl., Bot. Ver.)
    1880. 8. 44 p.   1.—
22733 — Uebersicht neuer Funde v. Gefässpflanzen d. Vereinsgebietes. 4 Tle.
    (Berl., Bot. Ver.) 1898—1903. 8. 58 p.   1.50
22734 **(Ascherson u. a.)** Bericht über neue Beobachtgn. aus 1889, abgestatt.
    v. d. Commiss. f. d. Flora Deutschlands. (Berl., Bot. Ges.) 1891. 8. 118 p.   1.50
22735 **Ascherson, Engler u. a.** Karpatenreise. (Berl., Bot. Ver.) 1866. 8. 67 p.   1.50
22736 **Ascherson u. Graebner.** Synops. d. Mitteleuropaeischen Flora. (Ca.
    8 Bde.) Bd. I. (2. Aufl.), III, IV. VI (2 Abtlgn.) m. 2 Haupt-Regist.
    Leipz. 1896—1915. 8. m. Portr. — Soviel erschienen. (M. 131.)   100.—
      Bd. II ist vergriffen; die zweite Aufl. ist in Vorbereitung.
22737 — — Bd. I. Lfg. 1. Leipz. 1896. 8. 80 p. (M. 2.)   1.—
22738 **Auerswald u. Rossmässler.** Botan. Unterhaltgn. z. Verständn. d. hei-
    matl. Flora. Leipz. 1858. 8. 519 p. m. 48 Tfln. u. 380 Fig. (M. 7.50.) Cart.   2.—
22739 — — 2. Aufl. Leipz. 1863. 8. 423 p. m. 50 Tfln. u. 432 Fig. (M. 7.50.)
    Hfzb.   3.—
22740 — — 3. (letzte) Aufl. v. Luerssen. Leipz. 1877. 8. 580 p. m. 52 Tfln.
    u. 575 Fig. (M. 9.) Cart.   3.—
22741 **Aus der Heimat.** Hrsg. v. Lutz u. Kohler. Jahrg. 20—26: 1907—1914.
    Stuttg. 8. (M. 21.)   8.—
22742 **Bachinger.** Z. Flora v. Horn. Horn 1887. 8. 37 p.   1.—
22743 **Bachmann, F.** Die landeskundl. Literatur üb. d. Grossherz. Mecklen-
    burg. Güstr. 1889. 8. 512 p. (M. 8.)   2.—
22744 **Baguet.** Annotat. nouv. à la Flore de la prov. de Brabant. (Brux.,
    Soc. Bot.) 1877. 8. 25 p.   1.—
22745 **Barber.** Die Flora d. Görlitzer Heide. (Görl., Nat. Ges.) 1893. 8. 90 p.   2.—
22746 — Z. Flora d. Elstergebietes. (Görl., Nat. Ges.) 1893. 8. 20 p.   1.—
22747 **Barentin.** Die Vegetat. d. Mark Brandenburg. (Berl., Arch. Nat.) 1840.
    8. 26 p.   1.—
22748 **Barnewitz.** Die Pflanzen d. Brandenburger Stadtmauer. (Berl., Bot.
    Ver.) 1898. 8. 12 p.   1.—
22749 **Bartsch.** Flora d. Umgeg. v. Ohlau. Ohlau 1859. 4. 20 p.   1.—
22750 **Baudois.** Florule Nivelloise. (Brux., Soc. Bot.) 1861. 8. 12 p.   1.—
22751 **Baumann, E.** Die Vegetat. d. Untersees (Bodensee). Florist.-krit. u.
    biolog. Studie. Stuttg. 1911. 8. 559 p. m. 15 Tfln. (M. 24.)   18.—
22752 **Baumgardt.** Flora d. Mittelmark. Berl. 1856. 8. 360 p. m. color. Kte.
    Cart.   1.50
22753 **Bayer.** Botan. Excursionsbuch f. d. Erzherz. Oesterreich ob u. unter
    der Enns. Wien 1869. 8. 337 p. (M. 5.)   1.50
22754 — Praterflora. Wien 1869. 8. 104 p.   1.50
22755 **Bayern.** — 6 florist. Abhandlgn. v. Caflisch, Haussknecht, Schniz-
    lein u. a. 1861—1906. 8. 77 p.   2.—
22756 **Beck.** Mitthlgn. aus d. Flora v. Nied.-Oesterreich. 3 Tle. (Wien,
    Z. b. G.) 1888—91. 8. 17 p.   1.—
22757 — Die Wachau. Pflanzengeogr. Skizze. (Wien) 1898. 8. 18 p.   1.—
22758 — Flora von Nieder-Oesterreich. 2 Bde. (3 Abteilgn.). Wien 1890—93.
    8. 1470 p. m. 1412 Fig. (M. 45.)   20.—
22759 **Becker, G.** Botan. Wandergn. durch d. Sümpfe u. Torfmoore d.
    Niederrhein. Ebene. (Bonn, Nat. Ver.) 1874. 8. 22 p.   1.—
22760 **Becker, J.** Flora (Phanerog. u. Cryptog.) d. Geg. um Frankfurt a. M.
    Bd. I u. II, Teil 1. Frankf. 1828. 8. 1370 p. (M. 18.) Cart.   2.—

22761 **Beckhaus.** Flora v. Westfalen. Hrsg. v. Hasse. Münst. 1893. 8. 1122 p. *M*
m. Portr. (M. 10.) 7.—
22762 **Beckmann.** Florula Bassumensis. (Brem., Nat. Ver.) 1889. 8. 35 p. 1.—
22763 **Behrendsen.** Z. Kenntn. d. Berlin. Adventivflora. (Berl., Bot. Ver.)
1896. 8. 24 p. 1.—
22764 **Beissner, Schelle u. Zabel.** Handb. d. Laubholzbenennung. Liste aller
Deutsch. Laubholzarten. Berl. 1903. 8. 632 p. Lnb. (M. 15.) 11.—
22765 **Belgique.** — 16 mém. s. la Flore de Belgique p. Dewalque, T. Durand,
E. Morren, Thielens et a. (Brux. et Paris) 1862 à 1899. 8. 220 p. 5.—
22766 **Bensemann.** Die Vegetat. d. Gebietes zwischen Cöthen u. d. Elbe.
Cöthen 1896. 4. 32 p. 1.—
22767 **Bericht** I. d. Thier- u. Pflanzenschutz-Vereins f. d. Herzogth. Coburg.
Coburg 1888. 8. 101 p. 1.—
22768 **Bericht** üb. d. Versamml. d. Botan. Vereins d. Prov. Brandenburg.
30—31 (1880), 34—35 (1882), 40—41 (1885), 45—46 (1887), 54 (1892),
56 (1893), 58 (1908). (Berl., Bot. Ver.) 8. 3.—
22769 **Bericht** üb. d. Versammlgn. d. Westpreuss. Botan.-Zoolog. Vereins
1—8 (1878—85), 10 (1886), 12 (1890), 16 (1894), 20—22 (1898—1900),
24 (1901), 25 (1902). (Danz., Nat. Ges.) 8. 3.—
22770 **Berichte** d. Bayer. Botanischen Gesellschaft z. Erforsch. d. heimisch.
Flora. Bd. I—XIV. Münch. 1891—1914. 8. m. Kart., Tfln. u. viel. Fig. 40.—
Viele Bände auch einzeln.
22771 **Berichte** üb. d. Versammlungen d. Preussischen Botan. Vereins. 1—49.
Versamml. (Königsb., Physik. Ges.) 1863—1911. 4. m. Tfln. 20.—
22772 **Bernátsky.** Ueb. d. Halophytenvegetation d. Sodabodens im Ungar.
Tieflande. (Budap., Mus.) 1905. 8. 94 p. m. Tfl. — Magyarisch u.
Deutsch. 1.50
22773 **Bertram, C.** Z. Flora d. Geg. um Magdeburg. (Halle, Nat. Ver.) 1852.
8. 13 p. 1.—
22774 **Bertram, W.** Flora v. Braunschweig. Braunschw. 1876. 8. 312 p.
(M. 6.) Hfzb. 1.50
22775 — Exkursionsflora d. Herzogt. Braunschweig. 4. Aufl. v. Kretzer.
Braunschw. 1894. 8. 404 p. (M. 4.50.) 2.50
22776 **Bertsch.** Hügel- u. Steppenpflanzen im Oberschwäb. Donautal. (Stuttg.,
Ver. Nat.) 1907. 8. 20 p. 1.—
22777 **Beyer, R.** Nordostdeutsche Schulflora. Berl. 1902. 8. 366 p. Lnb.
(M. 2.60.) 2.—
22778 **Beyse.** Schulflora v. Bochum II. Boch. 1896. 8. 58 p. 1.—
22779 **Bielefeld.** Z. Flora Ostfrieslands. (Brem., Nat. Ver.) 1896. 8. 22 p. 1.—
22780 **Bily.** Beitr. z. Flora Mährens. (Brünn, Nat. Ver.) 1897. 8. 11 p. 1.—
22781 **Binz.** Die Erforsch. uns. Flora seit Bauhin's Zeiten bis z. Gegenwart.
(Basel, Nat. Ges.) 1901. 8. 30 p. 1.50
22782 **Bitter.** Z. Adventivflora Bremens. (Brem., Nat. Ver.) 1895. 8. 24 p. 1.—
22783 **Bleicher.** Schulflora v. Ingolstadt. I. Ingolst. 1899. 8. 48 p. 1.—
22784 **Bluff et Fingerhuth.** Compendium Florae Germaniae. 4 vol. Norimb.
1825—33. 12. (M. 30.) Hfzbde. 3.—
22785 — — Ed. II. 2 vol. (3 partes). Norimb. 1836—38. 12. (M. 15.) Lnbde. 3.—
22786 **Blum.** Der Rechneigraben zu Frankfurt a. M. in botan. Bezieh. Frankf.
1880. 4. 40 p. m. Tfl. 1.—
22787 **Blum u. Jännicke.** Botan. Führer durch d. städt. Anlagen in Frankfurt am Main. Frankf. 1892. 8. 194 p. 1.50
22788 **Boehmer.** Flora Lipsiae indigena. Lips. 1750. 8. 384 p. Frzb. 8.—
Im Vorwort eine recht ausführliche Geschichte der Leipziger Botanik.
22789 **Boll, E.** Die Seestrands- u. Salinenflora d. deutsch. Ostseeländer.
(Neubrand., Arch.) 1848. 8. 20 p. 1.—
22790 — Flora v. Mecklenburg-Strelitz. (Neubrand., Arch.) 1849. 8. 142 p. 1.—
22791 — Nachtrag z. Flora Mecklenburgs. 3 Tle. (Neubrand., Arch.) 1850-
1864. 8. 59 p. 1.—

22792 **Boll, E.** Flora v. Mecklenburg. (Neubrand., Arch.) 1860. 8. 460 p. m.   *ℳ*
Tab. (M. 4.50.)   1.50

22793 — Abriss d. Mecklenburg. Landeskunde. Wismar 1861. 8. 411 p.
(M. 4.) Hfzb.   1.50

22794 — Die Süsswasser - Pflanzen d. deutsch. Ostseeländer. (Neubrand.,
Arch.) 1862. 8. 46 p.   1.—

22795 **Bolle.** Eine Wasserpflanze mehr in d. Mark. (Berlin, Bot. Ver.) 1866.
8. 29 p.   1.—

22796 ·— Ueb. Baum- u. Strauchvegetation d. Mark Brandenb. Berl. 1886.
8. 80 p.   1.—

22797 — — 2. Aufl. Berl. 1887. 8. 115 p.   1.50

22798 **Boller.** Z. Flora Nied.-Oesterreichs. (Wien, Z. b. G.) 1874. 8. 4 p.   —.50

22799 — Zur Flora d. grossen Kapela. (Wien, Z. b. G.) 1892. 8. 9 p.   1.—

22800 **Bommer et Mascart.** Les aspects de la Végétation de Belgique. (5 parties av. env. 400 pl.) Partie I, II. Brux. 1908 à 13. fol. 126 pl. av. texte.   66.—

22801 **Boos.** Schönbrunn's Flora. Wien 1816. 8. 404 p. (M. 5.)   3.—

22802 **Borbás.** Symbolae ad floram aestivam insularum Arbe et Veglia.
(Budap.) 1876. 8. 72 p. et 3 tab.   1.50

22803 — Békésvármegye Flórája. Budap. 1881. 8. 105 p.   1.—

22804 — Flora comit. Bekesiensis. Budap. 1881. 8. 105 p.   1.50

22805 — Flora comit. Temesiensis. Temesv. 1884. 8. 83 p.   1.50

22806 **Bornemann u. Schmidt.** Flora Mulhusana. Halle 1856. 8. 41 p.   1.—

22807 **Börner.** Eine Flora f. d. deutsche Volk. Leipz. 1912. 8. 872 p. m. 12
Tfln. (6 color.) u. 812 Fig. Lnb. (M. 6.80.)   3.—

22808 **Bottler.** Exkursions-Flora v. Unterfranken. Kissing. 1882. 8. 214 p.
Cart. (M. 3.20.)   1.50

22809 **Bouché.** Der Schlossgarten zu Pillnitz. (Dresd., Dendr. Ges.) 1899. 8.
10 p. m. 5 Tfln.   2.—

22810 **Brancsik.** Botan. Excurs. im Trencsiner Comitat. (Trencs.) 1901. 8. 31 p.   1.—

22811 **Brandes.** Nachtr. z. Flora v. Hannover. 3 Tle. (Hann., Nat. Ges.)
1900—10. 8. 170 p.   2.50

22812 **Brandl.** Laub- u. Nadelhölzer um Aschaffenburg. Aschaff. 1897. 8. 46 p.   1.—

22813 **Brandt, J. F.** Flora Berolinensis. Berol. 1825. 12. 427 p. (M. 4.60.) Cart.   2.—

22814 **Bremen.** — Abhandlungen, hrsg. v. Naturwiss. Verein zu Bremen.
Bd. I—XX. Brem. 1868—1911. 8. m. viel. Tfln. Cart. u. brosch. (M. 250.)   80.—

22815 **Breslau.** — Jahresbericht d. Schlesischen Gesellsch. f. vaterländ.
Cultur. Jahrg. 1828, 29, 1831—34, 35, 39, 1841—68, 1876, 77, 1887,
1906—1909. Bresl. 4. u. 8. m. Tfln.
     Jeder Jahrgang einzeln.

22816 **Brick.** Botan. Excursionen im Kreise Tuchel. (Danz., Nat. Ges.) 1886.
8. 49 p.   1.—

22817 **Brittinger.** Flora v. Ober-Oesterreich. M. Nachtr. (Wien, Z. b. G.)
1862—65. 8. 164 p.   1.—

22818 **Brockmüller.** Verwilderte Pflanzen bei Schwerin. (Neubrand., Arch.)
1880. 8. 93 p.   1.50

22819 — Z. Phanerog.-Flora v. Schwerin. (Neubrand., Arch.) 1882. 8. 27 p.   1.—

22820 **Bubela.** Verzeichn. d. um Bisenz in Mähren wildwachs. Pflanzen.
(Wien, Z. b. G.) 1882. 8. 26 p.   1.—

22821 **Buchenau.** Arngast u. d. Oberahnschen Felder. Geogr. bot. Skizze.
(Brem., Nat. Ver.) 1872. 8. 21 p.   1.—

22822 — Ueb. d. Flora v. Fürstenau. (Brem., Nat. Ver.) 1872. 8. 15 p.   1.—

22823 — Beitr. z. Flora d. ostfries. Inseln. 2 Tle. (Brem., Nat. Ver.) 1875—80.
8. 71 p.   1.50

22824 — Ueb. d. Flora v. Rehburg. (Brem., Nat. Ver.) 1876. 8. 18 p.   1.—

22825 — Flora v. Bremen. Bremen 1877. 8. 300 p. m. Fig. (M. 3.) Hfzb.   1.—

22826 — — 3. Aufl. Brem. 1885. 8. 333 p. Lnb. (M. 3.)   1.50

22827 — — 7. (letzte) Aufl., hrsg. v. Focke. Leipz. 1913. 8. 343 p. Lnb.
(M. 3.20.)

M

22828 **Buchenau.** Z. Flora v. Borkum. (Brem., Nat. Ver.) 1877. 8. 14 p. 1.—
22829 — Statist. Vergleichgn. in Betr. d. Flora v. Bremen. (Brem., Nat. Ver.) 1877. 8. 20 p. 1.—
22830 — Flora d. ostfries. Inseln. Nord. 1881. 8. 180 p. Lnb. (M. 4.) 1.—
22831 — — 3. (letzte) Aufl. Leipz. 1896. 8. 213 p. (M. 4.) 2.—
22832 — Vergleich. d. nordfries. Inseln m. d. ostfries. in florist. Bezieh. (Brem.) 1886. 8. 24 p. 1.—
22833 — Pflanzenwelt d. ostfries. Inseln. (Brem., Nat. V.) 1889. 8. 20 p. 1.—
22834 — Krit. Stud. z. Flora v. Ostfriesland. (Brem., Nat. V.) 1897. 8. 32 p. 1.—
22835 — Baltrum. (Brem., Nat. Ver.) 1902. 8. 10 p. m. 2 Tfln. 1.—
22836 — Der Wind u. d. Flora d. ostfries. Inseln. (Brem., Nat. Ver.) 1903. 8. 25 p. 1.50
22837 — Dammhagen. (Brem., Nat. Ver.) 1905. 8. 13 p. 1.—
22838 **Buchenau u. Borcherding.** Die Pflanzenwelt d. Umgegend v. Bremen. Die Tierwelt d. nordwestdeutsch. Tiefebene. (Bremen) 1890. 8. 48 p. 1.50
22839 **Bünger.** Adventiv-Flora d. Bahnh. Bellevue. (Berl., Bot. V.) 1885. 8. 8 p. 1.—
22840 **Burmeister.** Gefässpflanzen d. Umgeg. Grünbergs. Grünb. 1882. 4. 12 p. 1.—
22841 **Burre.** Der Teutoburger Wald. Berl. 1911. 8. 43 p. 1.—
22842 **Buschbaum.** Flora d. Bez. Osnabrück. Osn. 1879. 8. 396 p. 1.50
22843 **Büttner.** Flora advena Marchica. Berol. 1883. 8. 33 p. 1.—
22844 **Caflisch.** Excursions-Flora f. d. südöstliche Deutschland. Augsb. 1878. 8. 422 p. (M. 6.) 1.50
22845 **Caspary.** Ueb. d. Flora d. Prov. Preussen. Königsb. 1863. 8. 61 p. 1.50
22846 **Celakovsky.** Prodromus d. Flora v. Böhmen. 4 Tle. (Prag, Arch. Landesdurchf.) 1869—81. 8. m. Tfl. 45.—
    Teil I u. II sind vergriffen.
22847 — — Teil III: Die Eleutheropetalen. 1875. 212 p. 6.—
22848 **Chemnitz.** Index Plantarum circa Brunsvigam nascent. Brunsv. 1652. 4. 55 p. Cart. 6.—
22849 **Cobelli, G.** Contrib. alla Flora di Rovereto. 2 parti. Rover. 1889—90. 8. 80 p. 1.50
22850 **Conwentz.** Naturschutzgebiete in Deutschland, Oesterr. u. ein. and. Ländern. (Berl., Z. Erdk.) 1915. 8. 22 p. 1.—
22851 **Cossmann.** Deutsche Schulflora. 2. Aufl. Bresl. 1901. 8. 404 p. Lnb. (M. 4.25.) 1.50
22852 — Deutsche Flora. 4. (letzte) Aufl. Bresl. 1911. 8. 625 p. m. 706 Fig. Lnb. (M. 7.50.) 6.—
22853 **Crépin.** Manuel de la Flore de Belgique. Brux. 1860. 8. 313 p. D.-rel. veau. 1.—
22854 — — 2. éd. Brux. 1866. 8. 430 p. 1.50
22855 — S. l'ét. de la Flore indigène. (Brux., Soc. Bot.) 1863. 8. 36 p. 1.—
22856 — Petites annotat. à la Flore de Belgique. 2 parties. (Brux., Soc. Bot.) 1863 à 66. 8. 55 p. 1.—
22857 — Matér. p. s. à l'hist. de la géographie botan. de la Belgique. (Brux., Soc. Bot.) 1864. 8. 59 p. 1.50
22858 — Notes s. qlqs. Plantes rares ou crit. de la Belgique. Fasc. IV, V. Brux. 1864 à 65. 8. 337 p. av. 6 pl. 3.—
22859 — Flore du Palatinat comp. à celle de Belgique. (Brux., S. Bot.) 1865. 8. 20 p. 1.—
22860 — Florule de Han-s.-Lesse. Brux. 1873. 8. 16 p. 1.—
22861 — Guide du Botaniste en Belgique. (Plantes viv. et fossil.) Brux. 1878. 8. 500 p. Cart. 3.—
22862 **Curie.** Anleit. die im mittler. u. nördl. Deutschland wachs. Pflanzen zu bestimmen. 2. Aufl. Görlitz 1828. 8. 360 p. (M. 3.50.) Cart. 1.—
22863 — — 3. Aufl. Kittlitz 1835. 8. 418 p. (M. 3.50.) Cart. 1.—
22864 — — 5. Aufl. Kittlitz 1843. 8. 451 p. (M. 3.50.) Cart. 1.—
22865 — — 6. Aufl. Kittlitz 1845. 8. 451 p. (M. 3.50.) Hfzb. 1.—

22866 **Curie.** Anleit. die im mittler. u. nördl. Deutschland wachs. Pflanzen
zu bestimmen. 7. Aufl. v. A. B. Reichenbach. Kittlitz 1849. 8. 464 p.
(M. 3.50.) Cart.   1.50
22867 — — 9. Aufl. v. Lüben. Kittlitz 1856. 8. 472 p. (M. 3.) Cart.   1.—
22868 — — 10. Aufl. v. Lüben. Kittlitz 1860. 8. 480 p. (M. 3.) Cart.   1.—
22869 — — 11. Aufl. v. Lüben. Leipz. 1865. 8. 408 p. (M. 3.) Cart.   1.—
22870 — — 13. Aufl. v. Lüben u. Buchenau. Leipz. 1891. 8. 452 p. m. 233
Fig. Lnb. (M. 4.)   1.50
22871 **v. Dalla Torre.** Beitr. z. Phyto- u. Zoostatik d. Egerlandes. (Prag,
Lotos) 1877. 8. 201 p.   2.50
22872 — Flora v. Helgoland. (Innsbr., Nat. Ver.) 1889. 8. 31 p.   1.—
22873 — Beitr. z. Flora v. Tirol u. Vorarlberg. (Innsbr., Nat. Ver.) 1891.
8. 83 p.   1.50
22874 — Botan. Bestimmungs-Tabellen f. d. Flora v. Österreich. 2. Aufl.
Wien 1899. 8. 180 p. Lnb.   1.—
22875 — — 3. (letzte) Aufl. Wien 1912. 8. 225 p. Lnb. (M. 2.10.)
22876 — Bericht d. Commiss. f. d. Flora v. Deutschland f. 1892—95 u.
1902—05. 2 Tle. (Berl., Bot. Ges.) 1899—1909. 8. 300 p.   2.—
22877 — Natur-Führer durch Tirol, Vorarlberg u. Liechtenstein. Berl. 1913.
8. 510 p. m. color. geolog. Kte. in Folio. Leinbd.   6.—
Näheres über dieses in seiner Art einzige Werk — siehe Nr. 22585.
22878 **v. Dalla Torre u. Sarntheim.** Flora v. Tirol u. Vorarlberg. 6 Bde. Innsbr.
1901—13. 8. 5956 p. m. 2 color. Ktn. u. Portr. (M. 191.)   150.—
22879 — Die Pflanzen- u. Tierwelt Tirols. Innsbr. 1909. 8. 8 p.   1.—
22880 **Dauber.** Flora v. Helmstedt. Helmst. 1892. 4. 18 p.   1.—
22881 **Degen.** Flora v. Herculesbad. Budap. 1901. 8. 29 p.   1.—
22882 **Delogne.** Flore Cryptogam. de Belgique. I: Muscinées. 2 parties.
(Brux., Soc. Micr.) 1884. 8. 328 p. av. 4 pl. (fr. 10.)   5.—
22883 **Denkschriften** d. Kgl. Baierischen Botan. Gesellschaft in Regensburg.
Band I. Regensb. 1815. 4. 230 p. m. 4 color. Tfln. Cart.   5.—
22884 **Detharding.** Conspect. Phanerog. magniduc. Megalopolitan. Rostoch.
1828. 8. 84 p. et 2 tab. Cart.   1.—
22885 **De Vos.** Herborisations d. la vallée de la Meuse. 2 mém. (Brux., Soc.
Bot.) 1866 à 67. 8. 45 p.   1.—
22886 — Qu. plantes rares de la vallée de la Meuse. 2 mém. (Brux., Soc.
Bot.) 1866 à 70. 8. 52 p.   1.50
22887 — Les Plantes naturalis. et introduites en Belgique. (Brux., Soc. Bot.)
1870. 8. 117 p.   2.—
22888 — Naturalisat. de qu. Végétaux exot. à la Montagne St.-Pierre lez-
Maastricht. (Brux., Soc. Bot.) 1872. 8. 37 p.   1.—
22889 — Coup d'oeil s. l'hist. de la Flore Belge. (Brux., Soc. Bot.) 1888. 8. 56 p.   1.50
22890 **Dierbach.** Flora Heidelbergensis. Heidelb. 1819. 8. 418 p. et mappa
geogr. (M. 7.) Cart.   2.—
22891 — Syst. Uebersicht d. Gewächse um Heidelberg. Heft I. (einzig.).
Karlsr. 1827. 8. 178 p.   1.50
22892 **Dietrich, D.** Deutschlands Flora. 5 Bde. Jena 1839—51. 8. m. 1 1 5 8
c o l o r. T f l n. Hfzbde.   60.—
22893 — — Teil I. Jena 1835. 8. 84 p. m. 29 color. Tfln. Hfzb.   1.50
22894 — Samml. deutsch. Laubmoose, Lebermoose und Flechten. 3. Aufl.
Jena 1851. 8. 125 getrockn. Species auf 18 Tafeln. In Mappe.   4.—
22895 — Deutschlands Flechten. Jena 1860. 8. 145 p. m. 3 0 3 c o l o r. T f l n.
(M. 90.) Hfzb.   70.—
Vergriffen u. selten.
22896 — Deutschlands kryptogam. Gewächse. 2. Aufl. Bd. I: Farrenkräuter,
Laub- u. Lebermoose. Jena 1860. 8. 216 p. m. 2 9 6 c o l o r. T f l n.
Hfzb.   50.—
22897 **Dietrich, F. G.** Die Weimarische Flora. Eisen. 1800. 8. 240 p. Cart.   2.—

22899 **Dippel.** Handbuch d. Laubholzkunde. Beschreib. d. in Deutschland   *M*
heim. Bäume u. Sträucher. 3 Bde. Berl. 1889—93. 8. 1793 p. m. 829
Fig. (M. 60.)   45.—
22900 — — Halbmaroquinbde. (M. 66.)   50.—
22901 **Döll.** Mit Unrecht d. Badisch. Flora zugeschrieb. Gewächse. (Mannh.,
Ver. Nat.) 1858. 8. 24 p.   1.—
22902 — Beitr. z. Pflanzenkunde bes. d. Grossherz. Baden. 4 Tle. (Mannh.,
Ver. Nat.) 1862—66. 8. 122 p.   2.50
22903 — Nachträge z. Badisch. Flora. (Mannh., Ver. Nat.) 1868. 8. 20 p.   1.—
22904 **Domin.** Beitr. z. Kenntn. d. Phanerogamenflora v. Böhmen. 2 Tle.
(Prag, Ges. Wiss.) 1903—1913. 8. 150 p. m. color. Tfl.   2.—
22905 **Dominicus.** Z. Flora v. Judenburg. (Graz, Nat. V.) 1894. 8. 11 p.   1.—
22906 — Ein. Pflanzen-Standorte Voitsbergs. (Graz, Nat. V.) 1891. 8. 14 p.   1.—
22907 **Donckier.** S. les stations géolog. de qu. Plantes rares de Limbourg.
2 parties. (Brux., Soc. Bot.) 1862 à 71. 8. 42 p.   1.—
22908 **Dörfler.** Z. Flora v. Oberösterr. (Wien, Z. b. G.) 1890. 8. 20 p.   1.—
22909 — Herbarium Normale. Schedae ad Centuriam 31—48. 18 partes.
Vindob. 1894—1907. 8. 622 p.   6.—
22910 **Dosch u. Scriba.** Flora v. Hessen. Darmst. 1873. 8. 682 p. (M. 4.50.)
Hfzb.   2.—
22911 **Draeger.** Krit. Pflanzen in Mecklenburg. (Neubrand., Arch.) 1871. 8. 10 p.   1.—
22912 **Drude.** Vertheil. u. Zusammensetz. östlicher Pflanzengenossenschaften
in d. Umgeb. v. Dresden. (Dresd., Isis) 1885. 8. 33 p.   1.50
22913 — Die kartograph. Darstell. mitteldeutscher Vegetationsformat. Dresd.
1907. 8. 29 p. m. color. Tfl. u. 3 color. Ktn.   2.—
22914 **Du Mortier.** Bouquet du littoral Belge. (Brux., Soc. Bot.) 1869. 8. 54 p.   1.50
22915 **Durand.** Reliquiae Dossinianae, ou catal. d. Plantes de la prov. de
Liége. (Brux., Soc. Bot.) 1875. 8. 37 p.   1.50
22916 — Catal. de la Flore Liégeoise. Liége 1878. 8. 80 p.   1.—
22917 **Durand et Donckier.** Matér. p. s. à la Flore de la prov. de Liége.
3 parties. (Brux., Soc. Bot.) 1874 à 1876. 8. 171 p.   2.—
22918 **Ebbinghaus.** Die Pilze u. Schwämme Deutschlands. 2. Aufl. Leipz.
1868. 4. 64 p. m. 32 color. Tfln. (M. 12.)   6.—
22919 **Eberwein u. Hayek.** Die Vegetationsverhältn. v. Schladming in Oberösterr. Wien 1904. 4. 28 p. m. color. Kte. (M. 3.40.)   2.—
22920 **Echterling.** Verzeichn. d. Phanerog. v. Lippe. Detm. 1846. 8. 60 p.   1.50
22921 **Egenter.** Z. Flora v. Oberschwaben. Tüb. 1862. 8. 14 p.   1.—
22922 **Eggers.** Flora excurs. v. Mecklenbg. Neustrel. 1860. 8. 202 p. Cart.   1.—
22923 **Ehlert.** Flora v. Winterberg. (Bonn, Ver. Nat.) 1865. 8. 21 p.   1.—
22924 **Eichler u. a.** Ergebn. d. pflanzengeograph. Durchforschung v. Württemberg u. Baden. II, III. (Stuttg., Ver. Nat.) 1906—07. 8. 135 p. m.
5 color. Ktn.   2.—
22925 **Eilker.** Flora v. Geestemünde. Geestem. 1881. 8. 88 p.   1.—
22926 — Flora d. Nordseeinseln Borkum, Juist, Nordernei, etc. Emden
1884. 8. 29 p.   1.—
22927 **Eisenach.** Verzeichn. d. Fauna u. Flora d. Kreises Rotenburg. I.
(Hanau, Ges. Nat.) 1883. 8. 104 p.   1.50
22928 — Flora d. Kreis. Rotenburg. (Hanau, Ges. Nat.) 1887. 8. 176 p.   1.50
22929 **Elsner.** Synops. Florae Cervimontanae. Vratisl. 1839. 8. 50 p.   1.50
22930 **Emden.** — Jahresbericht d. Naturforschenden Gesellsch. Jahrg. 32—84:
1846—99. Emden. 8.   20.—
22931 **Emmert u. Segnitz.** Florengebiet v. Schweinfurt. Bresl. 1852. 4. 20 p.   1.—
22932 **Endler u. Scholz.** Der Naturfreund od. Beitr. z. Schlesisch. Naturgeschichte. Bd. I, II, III, VII. Bresl. 1809—15. 4. m. viel. color. Tfln.
Cart. — F e h l e n 8 Tfln.   8.—
22933 **Engelthaler.** Beitr. z. Flora Ober-Krains. (Wien, Z. b. G.) 1874. 8. 6 p.   —.50
22934 **Engesser.** Flora d. südöstl. Schwarzwald. Donauesch. 1852. 8. 304 p.
(M. 3.) Lnb.   1.50

W. Junk, Berlin, W. 15.

M

22935 **Entleutner.** Phanerog. v. Meran. (Sondersh., Bot. Mon.) 1887. 8. 55 p. 1.50
22936 **Erdner.** Flora v. Neuburg a. D. (Augsb., Nat. Ver.) 1911. 8. 600 p.
m. Tfl. (M. 10.) 6.—
22937 **Erfurth.** Flora v. Weimar. Weim. 1867. 8. 336 p. (M. 3.) Cart. 1.50
22938 — — 2. Aufl. Weim. 1882. 8. 358 p. (M. 4.) 2.—
22939 **Erlangen.** — Sitzungsberichte d. physikal.-medic. Societät. Heft 30—39
(1898—1907). Erl. 1899—1908. 8. m. Tfln. (M. 48.50.) 14.—
22940 **Evercken.** Z. Westfäl. Phanerog.-Flora. (Bonn, Ver. Nat.) 1862. 8. 13 p. 1.—
22941 **Evers.** Z. Flora d. Trentino. (Wien, Z. b. G.) 1896. 8. 37 p. 1.—
22942 **Facchini.** Flora v. Südtirol. Innsbr. 1855. 8. 160 p. 2.50
22943 — Consider. geol.-botan. int. alla valle di Fassa e Fiemme. Rover.
1862. 8. 39 p. 1.50
22944 **Favarger u. Rechinger.** Die Vegetationsverhältnisse v. Aussee, Ober-
steiermark. Wien 1905. 4. 35 p. m. Kte. (M. 4.20.) 3.—
22945 **Feltgen, J. u. E.** Vorstudien z. ein. Pilzflora v. Luxemburg. Tl. I:
Ascomycetes, mit 4 Nachträg. Luxemb. 1900—05. 8. 1095 p. (M. 23.) 17.—
22946 — — Teil II: Basidiomycetes et Auriculariei. Luxemb. 1906. 8. 236 p.
m. Portr. 6.—
22947 **Feucht.** Württembergs Pflanzenwelt. 138 Vegetationsaufnahm. Stuttg.
1912. 4. 75 Lichtdrucktfln. m. Text (ca. 80 p.) Lnb. (M. 25.)
22948 **Ficinus u. Schubert.** Flora d. Gegend um Dresden. 2 Bde. Dresd.
1821—23. 8. 1050 p. m. 3 Tfln. (M. 16.) Lnb. 3.—
22949 **Fiek.** Flora v. Friedland i. Schlesien. (Görl., Nat. Ges.) 1875. 8. 47 p. 1.—
22950 **Finckh.** 2 Abhandl. z. Württemb. Flora. (Stuttg., Ver. Nat.) 1849—54.
8. 17 p. 1.—
22951 **Finger.** Z. Flora v. Lessen. (Danzig, Nat. Ges.) 1887. 8. 23 p. 1.—
22952 **Fisch u. Krause.** Flora v. Rostock. Rost. 1879. 8. 212 p. Lnb. 1.50
22953 — — Nachträge. (Neubrand., Arch.) 1880. 8. 6 p. —.50
22954 **Fischer, F.** Flora Mettensis III. Landsh. 1885. 8. 59 p. 1.—
22955 **Fleischmann.** Flora an d. südl. Staats-Eisenb. v. Laibach bis Cilly.
(Wien, Z. b. G.) 1853. 8. 12 p. 1.—
22956 **Flora Bremensis.** Bremen's Flora. Bremen 1855. 8. 96 p. Cart. 1.—
22957 **Focke.** Z. Kenntn. d. Flora d. ostfries. Inseln. (Brem., Nat. Ver.) 1872.
8. 21 p. 1.—
22958 — Die Wümme. (Brem., Nat. Ver.) 1906. 8. 20 p. m. Tfl. 1.—
22959 — Z. Kenntn. d. Mellum-Eiland. 2 Tle. (Brem., Nat. Ver.) 1907. 8. 17 p. 1.—
22960 — Die Vegetat. v. Wangeroog. (Brem., Nat. Ver.) 1909. 8. 11 p. 1.—
22961 **Formánek.** Z. Flora v. Weidenau. Freiwald. 1873. 8. 24 p. 1.—
22962 — Z. Flora d. mittleren u. südlichen Mährens. Prag 1886. 8. 120 p. 1.50
22963 — Phanerogamen-Flora v. Mähren u. Oesterreich-Schlesien. 2 Bde.
(5 Tle.) Prag 1896—97. 8. 1527 p. (M. 25.) — In tschechischer Sprache. 13.—
22964 **Frank, A. B.** Pflanzen-Tabellen z. Bestimm. d. höh. Gewächse Nord-
u. Mittel-Deutschlands. Leipz. 1869. 8. 204 p. (M. 2.50.) Lnb. 1.—
22965 — — 3. Aufl. Leipz. 1877. 8. 270 p. (M. 2.50.) Cart. 1.—
22966 — — 4. Aufl. Leipz. 1881. 8. 274 p. (M. 2.50.) Cart. 1.—
22967 — — 6. Aufl. Leipz. 1892. 8. 264 p. (M. 3.) Lnb. 1.50
22968 — — 8. (letzte) Aufl. Leipz. 1903. 8. 238 p. (M. 3.) 1.50
22969 **Frank, L.** Z. Flora v. Olmütz. (Brünn, Nat. Ver.) 1907. 8. 26 p. 1.—
22970 **Frege.** Deutsch. botan. Taschenbuch. Zeitz 1809. 12. 612 p. Cart. 2.—
22971 **Frenkel.** Die Vegetat.-Verhältnisse v. Pirna. Pirna 1883. 4. 21 p. 1.—
22972 **Freyn.** Z. Flora Ober-Ungarns. (Wien, Z. b. G.) 1872. 8. 14 p. 1.—
22973 — Vegetat.-Verhältn. d. Brdygebirges (Böhmen). (Wien, Z. b. G.)
1873. 8. 14 p. 1.—
22974 — Flora v. Süd-Istrien. (Wien, Z. b. G.) 1877. 8. 250 p. 9.—
Selten geworden.
22975 — Nachträge. (Wien, Z. b. G.) 1881. 8. 34 p. 1.—
22976 — — Nachträge. (Wien, Bot. Z.) 1900. 8. 8 p. 1.—
22977 — Z. Flora d. Monte Maggiore. (Budap., Term. Füz.) 1879. 8. 15 p. 1.—

$\mathcal{M}$

22978 **Freyn.** Tirol-Fahrt. (Wien, Bot. Z.) 1887. 8. 19 p. 1.—
22979 — Z. Flora v. Ober-Steiermark. (Wien, Bot. Z.) 1898. 8. 16 p. 1.—
22980 — Weitere Beiträge zur Flora v. Steiermark. (Wien, Bot. Z.) 1900. 8. 56 p. 1.50
22981 **Fricken.** Excurs.-Flora Westfalens. Arnsb. 1871. 8. 415 p. (M. 3.) 2.—
22982 **Frickhinger.** Die Gefässpflanzen d. Rieses. Nördl. 1904. 8. 54 p. m. Kte. 1.—
22983 — Gefässkryptog.- u. Phanerogamen-Flora d. Rieses. Nördl. 1911. 8. 509 p. m. color. Kte. Lnb. (M. 5.) 3.—
22984 **Friren.** Flore adventive du Sablon. (Metz, Soc. Nat.) 1879. 8. 26 p. 1.—
22985 **Fritsch, C.** Beiträge z. Flora von Salzburg. 5 Tle. (Wien, Z. b. G.) 1888—98. 8. 96 p. 1.50
22986 — Schulflora f. d. österreich. Sudeten- u. Alpenländer. Wien 1900. 8. 425 p. Lnb. (M. 4.) 2.50
22987 — Excursionsflora f. Oesterreich (m. Ausschluss v. Galiz., Bukowina u. Dalmat.) 2. Aufl. Wien 1909. 8. 805 p. (M. 9.)
22988 **Fritze u. Ilse.** Karpathen-Reise. (Wien, Z. b. G.) 1870. 8. 60 p. 1.—
22989 **Fuckel.** Nassaus Flora. Wiesb. 1856. 8. 468 p. m. 11 Tfln. u. color. Kte. (M. 4.) Cart. 2.—
22990 — Uebersicht d. Gränzflora Nassau's. Mit Nachtr. (Wiesb., Ver. Nat.) 1857. 8. 17 p. 1.—
22991 **Fugger u. Kastner.** Naturwissenschaftl. Studien u. Beobachtgn. aus u. über Salzburg. Salzb. 1885. 8. 136 p. m. Tfl. (M. 3.60.) 2.—
22992 — Beitr. z. Flora d. Herzogth. Salzburg. (Salzb., Ges. Landesk.) 1891. 8. 54 p. 1.50
22993 **Führer** zu d. wissenschaftl. Exkursionen d. II. internat. botan. Kongresses Wien 1905. 6 Tle. Wien 1905. 8. m. 52 Tfln. In Mappe. (M. 20.) 15.—
22994 **Führer.** Florist. Untersuch. b. Rastenburg u. Rosengarten bes. d. Moore. 2 Abhandl. (Königsb., Phys. Ges.) 1913. 4. 33 p. 1.—
22995 **Führer u. Preuss.** Florist. Untersuch. im Kreise Mohrungen. (Königsb., Phys. Ges.) 1910. 4. 14 p. 1.—
22996 **Fürnrohr, A. E.** Naturhistor. Topographie v. Regensburg (Flora u. Fauna). 3 Bde. Regensb. 1838—40. 8. m. Portr., Kte. u. 2 Tfln. (M. 12.) Cart. 4.50
22997 — Nachtr. z. Flora v. Regensburg. Reg. 1845. 4. 12 p. 1.—
22998 **Fürnrohr, H.** Excursions-Flora v. Regensburg. Reg. 1892. 8. 182 p. m. Kte. Lnb. 1.—
22999 **Fürstenwärther.** Ausflug in d. Turracher Alpen. (Graz, Nat. Ver.) 1865. 8. 14 p. 1.—
23000 **Fuss.** Flora Transsylvaniae excursoria. Cibin. 1866. 8. 870 p. (M. 8.) 5.—
23001 **Garcke.** Flora v. Halle. 2 Bde. Halle u. Berl. 1848—56. 8. 900 p. (M. 12.) Hfzb. 6.—
23002 — Fitting, Schulz u. Wüst, Nachtrag. 2 Tle. (Berl., Bot. Ver.) 1899—1901. 8. 68 p. 1.50
23003 — — Beitr. z. Kenntn. d. Flora d. Umgeb. v. Halle. 2 Tle. (Stuttg., Z. Nat.) 1903—06. 8. 13 p. 1.—
23004 — Flora v. Deutschland. 1.—20. Aufl. 21 Bde. Berl. 1849—1903. 8. (M. 80.) Gbdn. 40.—
Seltene Reihe. Wichtig für d. Kenntniss der Veränderungen in d. Verbreitung der Pflanzen. Die 1.—16. Aufl. hat d. Titel: „Flora v. Nord- u. Mittel-Deutschland". Von der 17. Auflage ab heisst das Buch „Illustrierte Flora" und hat ca. 750 Figuren. — Jede Auflage auch einzeln.
23005 — — 21. (letzte) Aufl., hrsg. v. Niedenzu. Berl. 1912. 8. 848 p. m. Portr. u. 764 Fig. Lnb. (M. 5.40.)
23006 — Crépin. Observ. s. la 'Flora' de Garcke. (Brux., S. Bot.) 1865. 8. 26 p. av. pl. 1.—
23007 **Gelmi.** Il Monte Bondone di Trento e s. Flora. (Padova, Soc. Ven.-Trent.) 1880. 8. 17 p. 1.

23008 **Gelmi.** Revis. d. Flora del Bacino di Trento. (Padova, Soc. Ven.-Trent.)   *M*
1884. 8. 17 p.   1.—
23009 — Prospetto d. Flora Trentina. Trento 1893. 8. 198 p.   2.—
23010 — Aggiunte alla Flora Trentina. (Fir., Giorn. Bot.) 1898. 8. 18 p.   1.—
23011 **Gmelin.** Flora Badensis, Alsatica et confin. regionum. 4 vol. Carlsr.
1805—26. 8. c. 24 tab. (M. 50.)   12.—
      Vergriffen.
23012 — — Vol. II. Carlsr. 1806. 717 p. et 5 tab. Hfzb.   2.—
23013 **Godra.** Monogr. v. Syrmien. Semlin 1873. 8. 87 p. m. Kte.   1.50
23014 **Godron.** Flore de Lorraine. 2. éd. Vol. II. Nancy 1857. 8. 557 p.   2.—
23015 — Essai s. la géogr. botan. de la Lorraine. (Nancy, Ac.) 1862. 8. 211 p.   3.—
23016 — De la Végét. du Kaiserstuhl. (Nancy, Ac.) 1873. 8. 30 p.   1.—
23017 — Tables dichotom. de la Flore de Lorraine. 3. éd. Nancy 1883. 8.
167 p. Cart.   1.50
23018 **Gogela.** Flora v. Hochwald. (Brünn, Nat. Ver.) 1896. 8. 10 p.   1.—
23019 — Flora v. Rajnochowitz. (Brünn, Nat. Ver.) 1901. 8. 17 p.   1.—
23020 **Goldschmidt, M.** Die Flora d. Rhöngebirges. II—VI. (Würzb., Phys.
Ges.) 1902—08. 8. 104 p.   2.—
23021 **Gräbner.** Studien üb. d. Norddeutsche Heide. I. Leipz. 1895. 8. 32 p.   1.—
23022 — Z. Flora d. Kr. Putzig, Neustadt Wpr. u. Lauenburg i. P. (Danz.,
Nat. Ges.) 1896. 8. 126 p. m. 2 Tfln.   2.—
23023 — Glieder. d. westpreuss. Vegetationsformationen. (Danz., Nat. Ges.)
1898. 8. 32 p.   1.50
23024 **Grabowski.** Flora v. Ober-Schlesien. Bresl. 1843. 8. 464 p. (M. 4.50.)
Cart.   2.50
23025 **Gradmann.** Der obergerman.-rätische Limes u. d. fränk. Nadelholz-
gebiet. (Gotha, Peterm.) 1899. 4. 10 p. m. Tfl.   1.50
23026 — Vorschläge zu einer pflanzengeogr. Durchforsch. Württembergs.
(Stuttg., Nat. Ver.) 1899. 8. 20 p.   1.—
23027 **Gral, F.** Botan. Excursionen in Istrien. (Graz, Nat. Ver.) 1872. 8. 13 p.   1.—
23028 **Graf, S.** Zusammenstell. d. Vegetations-Verhältn. v. Krain. Laibach
1837. 8. 24 p. Cart.   1.50
23029 **Gravet.** Flore bryolog. de Belgique. (Brux., Soc. Bot.) 1875. 8. 135 p.   4.—
23030 **Griewank.** Krit. Studien z. Flora Mecklenburgs. Rostock 1856. 8. 35 p.   1.—
23031 — Ueb. ein. seltene Pflanzen Mecklenburgs. (Güstr., Arch.) 1883. 8. 13 p.   1.—
23032 **Grimburg.** St. Pölten's Umgebung in geognost., pflanzengeogr. u.
ökonom. Beziehung. (Wien, Z. b. G.) 1857. 8. 12 p.   1.—
23033 **Grimme.** Flora v. Paderborn. Paderb. 1868. 8. 296 p. Cart.   1.—
23034 **Grisebach, A.** Ueb. d. Vegetationslinien d. nordwestl. Deutschlands.
Gött. 1847. 8. 104 p.   1.—
23035 **(Grisebach, E.)** Excursions-Taschenbuch d. Flora v. Göttingen. Gött.
1868. 8. 110 p. Cart.   1.—
23036 **Gross.** Z. Flora d. Kreis. Konstanz. (Konst.) 1906. 8. 15 p.   1.—
23037 **Grosse.** Flora v. Aschersleben. Aschersl. 1861. 8. 76 p.   1.—
23038 — Taschenb. d. Flora v. Nord- u. Mittel-Deutschland. Aschersl. 1865.
8. 242 p. Cart.   1.50
23039 **Grosser.** Die Schles. Inundationsflora. Bresl. 1898. 8. 60 p. m. Tfl.   1.50
23040 **Gumprecht.** Die geograph. Verbreitung einig. Charakterpflanzen aus
d. Flora v. Leipzig. Leipz. 1892. 4. 46 p.   1.50
23041 **Günther et a.** Enumer. Phanerogam. Silesiae. Vrat. 1824. 8. 176 p.   1.—
23042 **Häberle.** Die landeskundl. Literatur d. Rheinpfalz. (Dürkh.) 1909.
8. 243 p.   1.50
23043 **Hackel.** Botan. Reisebilder aus Südtirol. (Wien, Z. b. G.) 1870. 8. 4 p.   —.50
23044 **Hackel u. Berroyer.** Die Vegetationsverhältn. v. Mallnitz in Kärnten.
2 Tle. (Wien, Z. b. G.) 1868—69. 8. 26 p.   1.—
23045 **Hagen.** Preussens Pflanzen. 2 Bde. Königsb. 1818. 8. 876 p. m. 2 Tfln.
(M. 12.) Hfzbde.   4.—

23046 **v. Hall.** Flora Belgii septentrion. Vol. I: Phanerog. Amst. 1825. 8. *M* 768 p. Hfz. 2.50
23047 **Haller, A.** Ex itinere in Sylvam Hercynicam observat. botan. Gotting. 1738. 8. 76 p. et tab. Hfzb. 8.—
  Seltene, nicht von F. L. C. C r o p p (dessen Name auf dem Titelblatt) verfasste Schrift.
23048 **Hallier.** Die Vegetat. auf Helgoland. Hamb. 1861. 8. 48 p. m. 4 Tfln. 1.—
23049 — Nordseestudien. Hamb. 1863. 8. 344 p. m. 8 Tfln. Lnb. 2.—
  — Flora v. Deutschland — siehe No. 23618.
23050 **Hämmerle u. Oellerich.** Exkursionsflora f. Ritzebüttel, Helgoland etc. Cuxh. 1912. 8. 86 p. Cart. 1.50
23051 **Hanácek.** Z. Flora v. Mähren. 3 Tle. (Brünn, Nat. Ver.) 1892—96. 8. 8 p. 1.—
23052 **Hansen.** Ueb. d. Vegetat. d. ostfries. Inseln. (Giessen, Ver. Nat.) 1902. 8. 33 p. 1.—
23053 **Hansgirg.** Grundzüge d. Algenflora v. Niederösterreich. (Leipz., Bot. Centr.) 1905. 8. 106 p. 4.—
23054 **Haring.** Florist. Funde aus d. Umgeb. v. Stockerau, Nied.-Oesterr. 3 Tle. (Wien, Z. b. G.) 1887—1908. 8. 60 p. 1.50
23055 **Häring.** Zusammenstell. d. Kennzeichen der in Deutschland wachs. verschied. Eichen-Gattungen u. ihrer hauptsächl. Fehler. Berlin 1853. 4. 179 p. m. 56 color. Tfln. Cart. 90.—
  Auch der Text ist lithographiert; nur in ganz geringer Auflage hergestellt.
23056 **Hartig. T.** Naturgeschichte d. forstl. Culturpflanzen Deutschlands. Berl. 1851. 4. 610 p. m. 1 2 0 c o l o r. T f l n. (M. 84.) 25.—
  Die (unveränderte) Neu-Ausgabe von 1886 ist weniger gut colorirt.
23057 **Harz.** Nachträge z. Flora v. Bamberg. 3 Tle. (Nürnb., Nat. Ges.) 1894—97. 8. 17 p. 1.—
23058 **Hauck.** Die botan. Untersuch. d. Umgeg. v. Nürnberg in geschichtl. Darstell. (Nürnb., Nat. Ges.) 1858. 8. 30 p. 1.—
23059 **Hausmann.** Flora von Tirol. 3 Bde. Innsbr. 1851—54. 8. 1622 p. (M. 16.) 11.—
  Vergriffen.
23060 — — Hieraus einzeln: Schlüssel z. Bestimm. uns. Flora. 1853. 68 p. 2.—
23061 — — Uebers. d. Ordnungen, Gattungen u. Arten. 1853. 93 p. 2.—
23062 — Neue Nachträge. (Wien, Z. b. G.) 1858. 8. 10 p. 1.—
23063 **Hausrath.** Pflanzengeograph. Wandlungen d. Deutsch. Landschaft. Leipz. 1911. 8. 280 p. Lnb. (M. 5.) 4.—
23064 **Haussknecht.** Z. Flora v. Thüringen. I. (Berl., Bot. Ver.) 1871. 8. 44 p. 1.—
23065 — Botan. Literatur-Berichte üb. d. Hercynische Gebiet. 5 Tle. (Berl., Bot. Ges.) 1885—1891. 8. 22 p. 1.50
23066 **Hayek.** Beiträge z. Flora v. Steiermark. I, III. (Wien, Bot. Z.) 1901—03. 8. 84 p. m. Tfl. 2.—
23067 — Flora v. Steiermark. Spez. Teil. (2 Bde.) Bd. I u. II. Heft 1—11. Berl. 1911—1914. 8. (M. 97.) — Soviel erschienen.
23068 — Die Pflanzendecke Oesterr.-Ungarns. Bd. 1. Wien 1916. 8. 613 p. m. 57 Tfln. u. 312 Fig. (M. 25.)
23069 **Hayne.** Dendrolog. Flora d. Umgeg. u. d. Gärten Berlins. Berl. 1822. 8. 295 p. m. Tfl. (M. 4.) Hfzb. 1.50
23070 **Hazslinszky.** Beitr. z. Kenntn. d. Flora d. Karpathen. 10 Tle. (Wien, Z. b. G.) 1852—64. 8. 77 p. 6.—
  Grossenteils Cryptogamen beschreibend.
23071 **Heering.** Anleit. zu naturwiss. Beobachtgn. in d. Umgeg. Altonas. Ottensen 1905. 8. 42 p. m. Tfl. 1.—
23072 **Hegi.** Illustr. Flora von Mittel-Europa. Bd. I—III. Münch. 1906—14. 4. m. 121 color. Tfln. Lnbde. (M. 65.) — Soviel erschienen. 50.—
23073 — — In Liefgn. (M. 56.) 40.—
23074 **Heimerl.** Beitr. z. Flora Nied.-Oesterreichs. (Wien, Z. b. G.) 1881. 8. 16 p. 1.—
23075 — Florist. Beiträge. (Wien, Z. b. G.) 1884. 8. 10 p. m. Tfl. 1.—

23076 **Heimerl.** Beitr. z. Flora d. Eisacktales. 3 Tle. (Wien, Z. b. G.) 1904—07.   *M*
8. 93 p.   1.50
23077 — Flora v. Brixen. Wien 1911. 8. 342 p. (M. 8.)   6.—
23078 — Schulflora v. Oesterreich. 2. Aufl. Wien 1912. 8. 591 p. m. 562 Fig.
Lnb. (M. 5.)
23079 **Hein.** Gräserflora v. Nord- u. Mittel-Deutschland. Weim. 1877. 8.
428 p. (M. 7.) Cart.   3.—
23080 **Hellwig.** Bericht üb. im Kr. Schwetz ausgef. Excursionen. 2 Tle.
(Danz., Nat. Ges.) 1884—85. 8. 64 p.   1.—
23081 — Ursprung d. Ackerunkräuter u. d. Ruderalflora Deutschlands. I.
Leipz. 1886. 8. 40 p.   1.—
23082 **Hennings.** Nachtr. z. Standortsverzeichn. d. Gefässpflanzen in d. Umgebung Kiels. (Kiel, Ver. Nat.) 1881. 8. 28 p.   1.—
23083 **Herbich.** Beitr. z. Flora v. Galizien. (Wien, Z. b. G.) 1860. 8. 28 p.   1.—
23084 — Pflanzengeograph. Bemerkgn. üb. d. Wälder Galiziens. (Wien,
Z. b. G.) 1860. 8. 8 p. m. color. Kte.   1.—
23085 — Verbreit. d. in Galizien u. d. Bukowina wildwachs. Pflanzen.
(Wien, Z. b. G.) 1861. 8. 38 p. m. color. Kte.   1.—
23086 — Blick auf d. pflanzengeogr. Verhältn. Galiziens. (Wien, Z. b. G.)
1864. 8. 12 p.   1.—
23087 **Herborisations** de la Société Botan. de Belgique. I à XIV. (Brux., Soc.
Bot.) 1862 à 76. 8. 400 p.   5.—
23088 **Hermann, F.** Flora v. Deutschland u. Fennoskandinavien, Island u.
Spitzberg. Leipz. 1912. 8. 524 p. (M. 11.)
23089 **Hermannstadt.** — Verhandlungen u. Mittlgn. d. Siebenbürg. Vereins
f. Naturwissensch. Jahrg. 1—4, 9—16, 20, 32, 34. Herm. 1850—84.
8. m. Tfln.
Jeder Jahrg. à M. 1.50. — Auch viele einzelne Hefte vorhanden.
23090 **Herrmann, E.** Tabellen z. Bestimmen d. wichtigsten Holzgewächse d.
deutschen Waldes. Neudamm 1904. 4. 31 p. In Mappe. (M. 2.40.)   1.—
23091 **Herrenkohl.** Verzeichn. d. Gefässpflanzen v. Cleve. (Bonn, Nat. Ver.)
1871. 8. 109 p.   1.50
23092 **Herter.** Z. Flora v. Württemberg. (Stuttg., Nat. Ver.) 1888. 8. 28 p.   1.—
23093 **Hertzer.** Naturwiss. Beitr. z. Kenntn. d. Harzgebirges. Wernig. 1856.
4. 44 p. m. Tfl.   1.50
23094 **Herzog.** Die Laubmoose Badens. Eine bryogeographische Skizze.
(Genf, Herb. Boiss.) 1906. 8. 402 p.   8.—
23095 **Hess.** Flora v. Stettin u. Pommern. Stett. 1854. 8. 221 p. m. 4 Tfln.   2.—
23096 **Heuckels.** Flora van Nederland. Bd. I. Leid. 1911. 8. 664 p. m. geolog.
Kte. u. 589 Fig.   15.—
23097 **Heuffel.** Enumeratio Plantarum Banatuus Temesiens. (Vindob., Z. b. G.)
1858. 8. 204 p.   1.50
23098 **Hildebrand.** Flora von Bonn. Bonn 1866. 8. 243 p.   1.50
23099 **Hillebrandt.** Aufzähl. der auf 14 verschied. oesterr. Alpen beob.
Pflanzenarten. (Wien, Z. b. G.) 1853. 8. 19 p.   1.—
23100 **Himpel.** Flora d. Umgeb. v. Metz. Metz 1898. 8. 96 p.   1.50
23101 **Hinterhuber, R. u. J.** Prodromus ein. Flora d. Kronland. Salzburg.
Salzb. 1851. 8. 424 p. (M. 3.60.) Cart.   2.—
23102 **Hinterhuber u. Pichlmayr.** Prodromus e. Flora d. Herzogt. Salzburg.
2. Aufl. Salzb. 1879. 8. 314 p. Cart.   2.50
23103 **Höck.** Nadelwaldflora Norddeutschlands. Stuttg. 1893. 8. 50 p. m. Kte.   1.—
23104 — Laubwaldflora Norddeutschlands. Stuttg. 1896. 8. 63 p.   1.50
23105 — Stud. üb. d. geograph. Verbreit. d. Waldpflanzen Brandenburgs.
7 Tle. (Berl., Bot. Ver.) 1896—1902. 8. 183 p.   2.50
23106 **Hödl.** Z. Erforsch. d. Flora v. Steyr. Linz 1877. 8. 17 p.   1.—
23107 **Hoffmann, G. F.** Deutschlands Flora od. botan. Taschenbuch f. d. J.
1791. Erlang. 1791. 8. 360 p. m. 13 Tfln. (12 color.) (M. 5.) Hfzb.   2.—

W. Junk, Berlin, W. 15.

23108 **Hoffmann, G. F.** Deutschlands Flora od. botan. Taschenbuch f. d. J.   *M*
1791. Neue Aufl. 2 Bde. Erl. 1800—04. 8. 621 p. m. 2 Frontisp. u.
24 color. Tfln. (M. 12.) Cart.   3.—
23109 — — Teil II f. d. J. 1795: Kryptogamie. Erl. 1795. 8. 300 p. m. 14
color. Tfln. (M. 5.) Cart.   3.—
23110 — Vegetabilia in Hercyniae subterran. coll. Norimb. 1811. fol. 34 p.
et 18 tab. c o l o r. (M. 54.)   10.—
23111 **Hoffmann, H.** Schilderung d. deutsch. Pflanzenfamilien. Giessen 1846.
8. 300 p. m. 12 Tfln. (M. 4.)   2.—
23112 — Pflanzen-Arealstudien in d. Mittelrheingegenden. 2 Tle. (Giessen,
Ges. Nat.) 1867—69. 8. 73 p. m. 7 Ktn.   1.50
23113 — Vergleich. phänolog. Karte v. Mittel-Europa. (Gotha, Peterm.) 1881.
4. 8 p. m. color. Kte.   1.50
23114 **Höfle.** Die Flora d. Bodenseegegend. Erl. 1850. 8. 183 p. Cart.   1.50
23115 **Hohnfeldt.** Z. Flora d. Kreis. Schwetz. (Danz., Nat. Ges.) 1886. 8. 16 p.   1.—
23116 — Z. Flora d. Kreis. Pr.-Stargard. (Danz., Nat. Ges.) 1886. 8. 25 p.   1.—
23117 **Holden.** Bibliography relat. to the Floras of Austria, Poland, Hungary,
Belgium, Netherl. and Switzerl. Cincinn. 1911. 8. 62 p.   1.50
23118 — Bibliography relat. to the Flora of Germany. Cincinn. 1911. 8. 76 p.   2.—
23119 **Holle.** Flora v. Hannover. Heft I: Filices, Monocotyl., Conif. u. Amen-
taceen. Hann. 1862. 8. 197 p. Cart.   1.—
23120 **Holtz.** Flora v. Rügen. (Berl., Geogr.-Congr.) 1899. 8. 18 p.   1.—
23121 **Holuby.** Zusätze z. Flora v. Nemes-Podhragy. (Wien, Z. b. G.) 1869.
8. 10 p.   1.—
23122 — Botan. Streifzüge durch d. Trencsiner Comitat. I. (Trencsin) 1896.
8. 40 p.   1.—
23123 **Hoelzl.** Botan. Beiträge aus Galizien. (Heil- u. Zauberpflanzen). 2 Tle.
(Wien, Z. b. G.) 1861. 8. 26 p.   1.50
23124 **Hoppe u. Sturm.** Caricologia German. Deutschlands wildwachs. Seggen. (7 Hefte). (Nürnb., Sturm's Flora) 1835. 12. 224 p. m. 112 color.
Tfln. Hfzb.   30.—
23125 **Höppner.** Flora d. Niederrheins. 3. Aufl. Krefeld 1913. 8. 336 p. Lnb.   2.50
23126 **Hruby.** Flora d. Mähr.-Trübauer Berglandes v. Ausgange d. Tertiärs
bis z. Gegenwart. Trübau 1906. 8. 21 p.   1.—
23127 **Hückel.** Botan. Ausflüge in d. Karpathen. (Wien, Z. b. G.) 1865. 8. 18 p.   1.—
23128 — Ueb. d. Flora v. Drohobycz, Galiz. (Wien, Z. b. G.) 1866. 8. 64 p.
m. Tfl.   1.—
23129 **Humpert.** Die Flora Bochums. Boch. 1887. 4. 57 p.   1.—
23130 **Hupe.** Flora d. Ermlandes. II. Papenb. 1879. 4. 18 p.   1.—
23131 **Huth.** Flora v. Frankfurt a. O. Frankf. 1880. 4. 52 p. — Programm.   1.—
23132 — — Frankf. 1882. 8. 190 p. m. color. Kte. Cart.   1.50
23133 **Hüttig.** Z. Flora v. Zeitz. Zeitz 1886. 4. 36 p.   1.—
23134 **Ilse.** Ueb. d. Flora d. Wilhelmswalder Forstes. (Königsb., Phys. Ges.)
1864. 4. 30 p.   1.—
23135 — Flora v. Mittelthüringen. Erf. 1866. 8. 365 p. Hfzb.   3.—
23136 — Karpathenreise. (Berl., Bot. Ver.) 1868. 8. 36 p.   1.—
23137 **Irmisch.** Ueb. ein. Botaniker d. 16. Jahrhund., verdient um d. Erforsch.
d. Flora Thüringens. Sondersh. 1862. 4. 58 p.   1.50
23138 **Irmischia.** Correspondenzblatt d. Botan. Vereins f. d. nördl. Thüringen.
Hrsg. v. Leimbach. Jahrg. I: 1881, III: 1883. Sondersh. 8. 121 p. m. Tfl.   4.—
    Viele einzelne Hefte u. unvollständige Bände vorhanden.
23139 — Abhandlungen d. Thüring. Botan. Vereins Irmischia. Hrsg. v. Leimbach. Heft I—III. Sondersh. 1882—83. 8. 200 p.   2.50
23140 **Issler.** Der Pflanzenbestand d. Wiesen u. Weiden d. hinter. Münster-
u. Kaysersbergertal. Colmar 1913. 8. 176 p. (M. 3.50.)
23141 **Jaap.** Z. Flora d. nördl. Prignitz. (Berl., Bot. Ver.) 1896. 8. 27 p.   1.—
23142 — Auf Bäumen wachs. Gefässpflanzen d. Umgeg. Hannovers. (Hamb.,
Nat. Ver.) 1897. 8. 17 p.   1.—

23143 **Jaap.** Botan. Excurs. nach Wittstock u. Kyritz. (Berl., Bot. Ver.) 1903.
8. 21 p.　　　　　　　　　　　　　　　　　　　　　　　　　　　　　　1.—
23144 — Z. Flora v. Glücksburg. (Kiel, Nat. Ver.) 1909. 8. 24 p.　　　1.—
23145 **Jack.** Botan. Ausflug in's obere Donauthal. (Freiburg, Bot. Ver.)
1892. 8. 12 p.　　　　　　　　　　　　　　　　　　　　　　　　　　1.—
23146 — Botan. Wandergn. am Bodensee. 2 Tle. Freib. u. Konstanz 1892—96.
8. 60 p.　　　　　　　　　　　　　　　　　　　　　　　　　　　　　2.—
23147 — Flora d. Kreises Konstanz. Karlsr. 1900. 8. 132 p. (M. 3.)　　2.—
23148 **Jäger, H.** Deutsche Bäume u. Wälder. Leipz. 1877. 8. 360 p. m. 10 Tfln.
(M. 6.) Cart.　　　　　　　　　　　　　　　　　　　　　　　　　　3.—
23149 **Jahrbuch** d. Ungar. Karpathenvereins. Jahrg. 5—9. Késmárk 1878—82.
8. m. Tfln.　　　　　　　　　　　　　　　　　　　　　　　　　　　10.—
　　　　　Jeder Jahrgang auch einzeln à M. 2.50.
23150 **Jahresbericht** I, II d. Botan. Vereines am Mittel- u Niederrhein. Bonn
1837—39. 8. 290 p. m. Tfl. (M. 4.20.)　　　　　　　　　　　　　　3.—
23151 **Jahresbericht** 19, 21—23 d. Schles. botan. Tausch-Vereines. Bresl.
1880—81, 82—87. 4. 12 p.　　　　　　　　　　　　　　　　　　　　1.—
23152 **Janka.** Z. Flora Austriaca. (Wien, Z. b. G.) 1858. 8. 4 p.　　—.50
23153 — Adnotat. in plantas Dacicas. (Halle, Linn.) 1859. 8. 63 p.　1.50
23154 **Jännicke.** Gliederung d. deutsch. Flora. (Frankf., Senck.) 1888. 8. 26 p.　1.—
23155 — Die Sandflora v. Mainz. (Marb., Flora) 1889. 8. 21 p.　　　1.—
23156 **Jassoy.** Frühlingsfahrt an die oesterr. Küste. (Frankf., Senck.) 1911.
8. 40 p.　　　　　　　　　　　　　　　　　　　　　　　　　　　　1.—
23157 **Jessen.** Deutsche Excursions-Flora. Hannov. 1879. 8. 722 p. (M. 9.50.)
Cart.　　　　　　　　　　　　　　　　　　　　　　　　　　　　　2.—
23158 **Josch.** Flora v. Kärnten. Klagenf. 1853. 8. 132 p. Cart.　　1.50
23159 **Jungck.** Flora v. Gleiwitz. III. Gleiw. 1891. 8. 36 p.　　　1.—
23160 **Junge, A.** Die Ruderal- u. Baggerflora d. Hamburg. Gegend. 2 Tle.
(Hamb., Ver. Nat.) 1891—94. 8. 70 p.　　　　　　　　　　　　　　2.—
23161 **Junge, F.** Die Kulturwesen d. deutsch. Heimat. I: Die Pflanzenwelt.
Kiel 1891. 8. 388 p. (M. 3.)　　　　　　　　　　　　　　　　　　1.50
23162 **Junge, P.** Die Gefässpflanzen d. Eppendorf. Moores b. Hamburg.
(Hamb., Ver. Nat.) 1905. 8. 47 p.　　　　　　　　　　　　　　　　1.50
23163 **Kalmuss.** Flora d. Elbinger Kreises. (Danz., Nat. Ges.) 1885. 8. 69 p.　1.50
23164 **Kampe, Schwarze u. Prediger.** Flora u. Fauna v. Harzburg. Mit Anhang: Brockenflora. Harzb. 8. 83 p.　　　　　　　　　　　　　　　1.50
23165 **Kanitz.** Sertum Florae territ. Nagy-Körösiensis. (Vindob., Z. b. G.)
1862. 8. 14 p.　　　　　　　　　　　　　　　　　　　　　　　　　1.—
23166 — Reliquiae Kitaibelianae. 3 partes. (Vindob., Z. b. G.) 1862—63.
8. 130 p.　　　　　　　　　　　　　　　　　　　　　　　　　　　1.50
23167 **Karrer.** Ueb. d. Flora d. vulkan. Hegauberge. (Stuttg., Ver. Nat.)
1881. 8. 14 p.　　　　　　　　　　　　　　　　　　　　　　　　　1.—
23168 **Karsch, A.** Flora v. Westfalen. Münst. 1856. 8. 287 p. (M. 2.) Cart.　1.—
23169 — B e c k h a u s. Nachträge. (Bonn, Nat. Ver.) 1859. 8. 17 p.　1.—
23170 — M ü l l e r, H., Nachträge. (Bonn, Nat. Ver.) 1860. 8. 18 p.　1.—
23171 — — 4. Aufl. Münst. 1878. 8. 394 p. m. Portr. (M. 2.50.) Cart.　1.—
23172 — — 8. (letzte) Aufl. v. Brockhausen. Münst. 1911. 8. 391 p. (M. 3.40.)
Lnb.
23173 **Karsten, H.** Deutsche Flora. Pharmaceut.-medicin. Botanik. Berl. 1883.
8. 1322 p. m. 700 Fig. (M. 20.) Hfzb.　　　　　　　　　　　　　　6.—
23174 — Flora v. Deutschland, Deutsch-Oesterr. u. d. Schweiz. 2. (letzte)
Aufl. 2 Bde. Gera 1895. 8. 1359 p. m. 1400 Fig. (M. 20.)　　　　13.—
23175 — Abbildgn. z. deutschen Flora. Berl. 1891. 4. 216 p. m. 709 Fig.
(M. 3.80.)　　　　　　　　　　　　　　　　　　　　　　　　　　2.—
23176 **Keil.** Ueb. d. Pflanzen- u. Thierwelt d. Kreuzkofl-Gruppe nächst Lienz
(Tirol). (Wien, Z. b. G.) 1859. 8. 16 p.　　　　　　　　　　　　　1.—
23177 **Keller, L.** Z. Umgebungsflora v. Windisch-Garsten. (Wien, Z. b. G.)
1898. 8. 8 p.　　　　　　　　　　　　　　　　　　　　　　　　　1.—

23178 **Keller, L.** Beiträge z. Flora v. Kärnten. 3 Tle. (Wien, Z. b. G.) 1899— 1902. 8. 54 p.   *M* 1.50

23179 — Beiträge z. Flora v. Kärnten, Salzburg u. Tirol. 2 Tle. (Wien, Z. b. G.) 1905—08. 8. 33 p.   1.—

23180 **Kellermann.** Pflanzengeogr. Besonderheit d. Fichtelgebirges u. d. Oberpfalz. (Nürnb., Nat. Ges.) 1907. 8. 12 p.   1.—

23181 **Kerner.** Z. Kenntn. d. Flora d. Mühlviertels. (Wien, Z. b. G.) 1854. 8. 8 p.   1.—

23182 — Der Bakonyerwald, e. pflanzengeogr. Skizze. (Wien, Z. b. G.) 1856. 8. 10 p.   1.—

23183 — Das Pilis-Vértes-Gebirge, e. pflanzengeogr. Skizze. (Wien, Z. b. G.) 1857. 8. 22 p.   1.—

23184 — Das Hochkar, e. pflanzengeogr. Skizze. (Wien, Z. b. G.) 1857. 8. 14 p.   1.—

23185 — Ueb. d. Zsombék-Moore Ungarns. (Wien, Z. b. G.) 1858. 8. 2 p. m. Tfl.   1.—

23186 — Das Pflanzenleben d. Donauländer. Innsbr. 1863. 8. 361 p.   35.—
    Vergriffen u. sehr gesucht.

23187 — Ueb. d. sporad. Vorkomm. v. Schieferpflanzen im Kalkgebirge. (Wien, Z. b. G.) 1863. 8. 12 p.   1.—

23188 — Nachtrag zu Nendtvich's Enumer. Plantar. territ. Quinque Ecclesiensis. (Wien, Z. b. G.) 1863. 8. 14 p.   1.—

23189 — 3 neue Bürger d. Flora Nied.-Oesterr. (Wien, Z. b. G.) 1865. 8. 4 p.   —.50

23190 — Floren-Karte v. Oesterreich - Ungarn. Wien (1888). Color. Karte in fol. m. Text. (M. 3.)   2.—

23191 **Kerner, Fritsch et Wettstein.** Schedae ad Floram exsiccatam Austro-Hungaricam. Fasc. I—X. Vindobonae 1882—1913. 8. c. tab. — Quantum prodiit.   30.—
    Fasc. VII ist vergriffen. — Die anderen alle einzeln verkäuflich.

23192 — — Ohne Fascikel VII. (M. 25.)   17.—

23193 **Ketel.** Z. Flora v. Woldegk. (Güstr., Arch.) 1886. 8. 32 p.   1.—

23194 **Kiel.** — Schriften d. Naturwissenschaftl. Vereins f. Schleswig-Holstein. Bd. 1—14 m. Regist. (zu Bd. 1—12). Kiel 1873—1909. 8. m. Tfln. u. Karten. (M. 101.40.)   60.—

23195 **Kirchner, A.** Botan. Reise durch Ob.-Oesterr. u. Salzburg. (Prag, Lotos) 1859. 8. 21 p.   1.50

23196 **Kirchner, O., u. Eichler.** Exkursionsflora f. Württemb. u. Hohenzollern. 2. Aufl. Stuttg. 1913. 8. 510 p. Lnb. (M. 5.)

23197 **Kirchner, O., Loew u. Schröter.** Lebensgesch. d. Blütenpflanzen Mitteleuropas. (ca. 5 Bde. in ca. 40 Lfrgn.). Lfrg. 1—21 (soviel erschien.). Stuttg. 1912—1914. 8. m. viel. Fig. (M. 75.60.)

23198 **Kirschleger.** Végét. Rhénano-Vosgienne. Strasb. 1858. 8. 398 p. Cart.   3.—

23199 **Kittel.** Taschenbuch d. Flora Deutschlands. Nürnb. 1837. 8. 848 p. (M. 4.60.) Hfzb.   1.—

23200 — — 2. Aufl. 2 Bde. Nürnb. 1844. 8. 1341 p. (M. 6.) Cart.   1.50

23201 **Klatt.** Norddeutsche Anlagen-Flora. Hamb. 1865. 8. 96 p. m. 30 Tfln. Cart.   1.50

23202 **Klein.** Charakterbilder mitteleuropäischer Waldbäume. Tl. I. (soweit erschien.). Jena 1904. 4. 30 Tfln. m. Text v. 28 p. (M. 10.)   7.—

23203 **Klett.** Flora d. Umgeg. v. Leipzig. Leipz. 1830. 8. 840 p. m. Kte. u. Tab. (M. 8.)   2.50

23204 **Klinggräff, C. J.** Flora v. Preussen. Marienw. 1848. 8. 594 p. (M. 6.) Cart.   2.—

23205 **Klinggräff, H.** Topograph. Flora d. Prov. Westpreussen. (Danz., Nat. Ges.) 1881. 8. 145 p.   2.—

23206 — Flora v. Lautenburg. (Danz., Nat. Ges.) 1882. 8. 23 p.   1.—

23207 — Bereisung d. Schwetzer Kreis. (Danz., Nat. Ges.) 1883. 8. 26 p.   1.—

23208 — Verzeichn. d. Gefässpflanzen v. Hela. (Danz., Nat. G.) 1885. 8. 22 p.   1.—

23209 — Reisen an d. Seeküsten Westpreussens. (Danz., Nat. G.) 1885. 8. 25 p.   1.—

23210 **Knapp.** Prodromus Florae Comit. Nitriensis. (Vindob., Z. b. G.) 1865. 8. 86 p.   1.—

23211 **Knapp.** — K r z i s c h. Bemerk. zu d. „Prodrom." (Wien, Z. b. G.) *M* 1866. 8. 12 p. 1.—
23212 — Flora Galiziens u. d. Bukowina. Wien 1872. 8. 552 p. (M. 12.) 4.—
23213 **Kneucker.** Führer d. die Flora v. Karlsruhe. Karlsr. 1886. 8. 172 p. Lnb. 1.—
23214 **Knuth.** Flora v. Schleswig-Holstein, Lübeck u. Hamburg. Leipz. 1887. 8. 922 p. (M. 9.20.) 6.—
23215 — A s c h e r s o n. Ueb. Knuth's Flora. (Berl., Bot. Ver.) 1888. 8. 35 p. 1.—
23216 — Schulflora d. Prov. Schleswig-Holst. Leipz. 1888. 8. 406 p. (M. 4.) 2.—
23217 — Grundz. e. Entwicklgsgesch. d. Pflanzenwelt in Schlesw.-Holst. (Kiel, Nat. Ver.) 1889. 8. 54 p. 1.50
23218 **Koch, C. H. E.** Flora v. Jena. 2 Tle. Jena 1839. 8. 183 p. 1.50
23219 **Koch, G. F.** Ueb. d. Pflanzen aus d. Flora d. Pfalz. 2 Tle. (Neustadt, Pollich.) 1850—66. 8. 21 p. 1.—
23220 **Koch, Guil. D. J.** Synopsis Florae German. et Helvet. C. indice. Francof. 1837—38. 8. 1006 p. (M. 15.) Cart. 2.—
23221 — — Ed. II. 3 vol. Francof. 1843—45. 8. 1224 p. (M. 19.50.) 5.—
  Auch einzelne Bände vorrätig.
23222 — — Ed. III. (ultima). 2 vol. Lips. 1857. 8. 924 p. (M. 18.) 7.—
  Der anastatische Neudruck.
23223 — Taschenbuch d. Deutsch. u. Schweizer Flora. Leipz. 1844. 8. 688 p. (M. 6.) Lnb. 1.—
23224 — — 2. Aufl. Leipz. 1848. 8. 688 p. (M. 6.) Lnb. 1.50
23225 — — 3. Aufl. Leipz. 1851. 8. 688 p. (M. 6.) Hfzb. 1.50
23226 — — 4. Aufl. Leipz. 1856. 8. 664 p. (M. 4.50.) 1.50
23227 — Synopsis d. Deutsch. u. Schweizer Flora. 2. Aufl. 3 Bde. Leipz. 1846—47. 8. 1278 p. (M. 18.60.) Cart. 5.—
  Auch einzelne Bände vorrätig.
23228 — — 3. (letzte) Aufl. hrsg. v. Hallier u. Wohlfahrt. 3 Bde. Leipz. 1891—1907. 8. 3100 p. (M. 78.) 48.—
23229 — — Liefg. 1—10. 1891—95. (M. 40.) 8.—
23230 **Koch, K.** Dendrologie. Bäume, Sträucher u. Halbsträucher Mittel- u. Nord-Europas. 2 Bde. (3 Tle.) Erl. 1869—73. 8. (M. 33.) 22.—
23231 **Koch, O.** Flora v. Wangerooge. (Brem., Nat. Ver.) 1888. 8. 29 p. 1.—
23232 — Flora v. Teterow. (Güstr., Arch.) 1897. 8. 25 p. 1.—
23233 **Kohl.** Exkursions-Flora f. Mitteldeutschland. 2 Bde. Leipz. 1896. 8. 603 p. (M. 7.) 3.50
23234 **Köhler.** Alte naturhist. Miscellen aus d. Schneeberg - Eibenstocker Gegend. 3 Tle. (Schneeb.) 1877. fol. 19 p. 1.50
23235 **Koehne.** Deutsche Dendrologie. Stuttg. 1893. 8. 617 p. m. 100 Fig. (M. 14.) 11.—
23236 **Kolb.** Z. Flora des Donauriedes. (Augsb., Nat. V.) 1859. 8. 27 p. 1.—
23237 **Kolbenheyer.** Vorarbeiten zu ein. Flora v. Teschen u. Bielitz. (Wien, Z. b. G.) 1862. 8. 36 p. 1.—
23238 **Kölbing.** Flora d. Oberlausitz. Görlitz 1828. 8. 150 p. Hfzb. 2.—
23239 **König, C.** Die Zahl d. in Sachsen heimischen u. angebauten Blüten-pflanzen. Dresd. 1892. 4. 71 p. m. Kte. 1.50
23240 **Koppe u. Fix.** Flora v. Soëst. 2. Aufl. Soëst 1865. 8. 140 p. Cart. 1.—
23241 **Kornhuber.** Botan. Ausflüge in d. Sumpfnieder. des „Wasen" (magyar. „Hanság"). (Wien, Z. b. G.) 1886. 8. 40 p. 1.—
23242 **Körnicke.** Beitrag II, III z. Flora d. Prov. Preussen. (Königsb., Phys. Ges.) 1864—67. 4. 74 p. 1.—
23243 **Kosteletzky.** Clavis analytica in Floram Bohemiae phanerog. Pragae 1824. 8. 151 p. 1.50
23244 **Kotschy.** Z. Kenntn. d. Alpenlandes in Siebenbürg. 3 Tle. (Wien, Z. b. G.) 1853. 8. 29 p. 1.50
23245 — Z. Kenntn. d. Karpathen-Flora III—VI. (Wien, Z. b. G.) 1853. 8. 10 p. 1.—
23246 **Kotula.** Ueb. d. Verbreit. d. Gefässpflanzen in der Tatra. (Krak., Ak.) 1891. 8. 19 p. 1.—

23247 **Kramer.** Ergänz. z. Phanerogamenflora v. Chemnitz. (Chemn., Nat. *M* Ges.) 1878. 8. 18 p. 1.—
23248 **Kraepelin.** Vegetationsskizze v. Neustrelitz. (Güstr., Arch.) 1871. 8. 16 p. 1.—
23249 — Excursionsflora f. Nord- u. Mitteldeutschland. Leipz. 1877. 8. 336 p. (M. 3.80.) Cart. 1.—
23250 — — 4. Aufl. Leipz. 1896. 8. 366 p. m. 500 Fig. (M. 3.80.) Lnb. 1.50
23251 — — 5. Aufl. Leipz. 1903. 8. 395 p. m. 566 Fig. Lnb. (M. 4.) 2.—
23252 — — 7. (letzte) Aufl. Leipz. 1910. 8. 414 p. m. 616 Fig. Lnb. (M. 4.50.)
23253 **Krasan.** Excursion in das Lascek-Gebirge. (Wien, Z. b. G.) 1868. 8. 12 p. 1.—
23254 — Beitr. z. Phanerog.-Flora Steiermarks. (Graz, Nat. Ver.) 1891. 8. 17 p. 1.—
23255 — Aus d. Flora v. Steiermark. Graz 1894. 8. 27 p. 1.—
23256 — Ueberblick d. Vegetationsverhältn. v. Steiermark. (Graz, Nat. Ver.) 1896. 8. 46 p. 1.50
23257 — Ergänz. zu d. älter. Angaben üb. Steirische Pflanzenarten. (Graz, Nat. Ver.) 1900. 8. 16 p. 1.—
23258 — Beitrag z. Flora d. Unter- u. Ober-Steiermark. (Graz, Nat. Ver.) 1901. 8. 29 p. 1.—
23259 — Z. Charakteristik d. Flora v. Untersteiermark. (Graz, Nat. Ver.) 1902. 8. 26 p. 1.—
23260 **Krause, E. H. L.** Pflanzengeogr. Uebersicht d. Flora v. Mecklenburg. (Güstr., Arch.) 1884. 8. 146 p. 1.50
23261 — Geograph. Uebers. d. Flora v. Schleswig-Holstein. (Gotha, Peterm.) 1889. 4. 2 p. m. color. Kte. 1.50
23262 — Die fremden Bäume u. Gesträuche d. Rostock. Anlagen. (Güstr., Arch.) 1890. 8. 51 p. 1.50
23263 — Z. Gesch. d. Wiesenflora in Norddeutschland. (Leipz., Engl. Jahrb.) 1892. 8. 14 p. 1.—
23264 — Exkursionsflora Deutschlands. Stuttg. 1908. 12. 352 p. Lnb. 1.50
23265 **Kreisel.** Die Samenpflanzen Jägerndorfs. 2 Tle. Jägernd. 1889—90. 8. 60 p. 1.50
23266 **Kryptogamen-Flora** v. Schlesien. Herausg. v. F. Cohn. 3 Bde. Bresl. 1876—1908. 8. 2533 p. 63.—
  Inhalt siehe No. 1803.
23267 — — Bd. I. Bresl. 1876. 8. 484 p. Hfzb. 14.—
  Inhalt: S t e n z e l, Gefässkryptog. — L i m p r i c h t, Laub- u. Lebermoose. — B r a u n, Characeen.
23268 **Kühling.** Verzeichn. d. Phanerog. v. Bromberg. (Königsb., Phys. Ges.) 1866. 4. 29 p. 1.—
23269 **Kunth.** Enumeratio Phanerogamar. ca. Berolinam cresc. Berol. 1813. 8. 292 p. Cart. 1.50
23270 — Flora Berolinens. 2 vol. Berol. 1838. 8. 855 p. (M. 11.50.) Cart. 2.—
23271 **Kuntze, O.** Taschen-Flora v. Leipzig. Leipz. 1867. 8. 340 p. (M. 3.) Cart. 2.—
23272 **Kuphaldt.** Die Flora v. Plön. Plön 1863. 8. 38 p. 1.—
23273 **Laban.** Flora v. Hamburg. Hamb. 1865. 8. 166 p. Lnb. 1.—
23274 — — 2. Aufl. Hamb. 1872. 8. 195 p. Cart. 1.50
23275 — Flora d. Herzogt. Holstein u. v. Lübeck. Hamb. 1866. 8. 256 p. 1.50
23276 **Lackowitz.** Flora v. Berlin. Berl. 1868. 8. 262 p. Cart. 1.—
23277 — — 14. Aufl. Berl. 1905. 8. 343 p. (M. 2.50.) Lnb. 1.50
23278 — — 19. (letzte) Aufl. Berlin 1915. 8. 344 p. m. 75 Fig. Lnb. (M. 2.50.)
23279 — Flora v. Nord- u. Mittel-Deutschland. Berl. 1879. 8. 383 p. (M. 2.80.) Cart. 1.—
23280 — — 3. (letzte) Aufl. Berl. 1911. 8. 433 p. Lnb. (M. 3.)
23281 **Langmann.** Flora v. Nord- u. Mitteldeutschland. 2. Aufl. Neustrel. 1856. 8. 624 p. (M. 4.50.) Cart. 1.50
23282 — Flora d. Grossherzogthümer Mecklenburg. 3. Aufl. Schwerin 1871. 8. 336 p. (M. 2.50.) Lnb. 1.50
23283 **Lanner.** Die Bedeut. uns. Küstenlandes als naturhist. Excursionsgebiet. Olmütz 1897. 8. 24 p. 1.—

M

23284 **Lantzius-Beninga.** Z. Kenntn. d. Flora Ostfriesland's. Gött. 1849. 4. 55 p. 1.50
23285 — Die unterscheid. Merkmale d. deutsch. Pflanzen-Familien u. - Geschlechter. Teil I. (soviel erschien.). Gött. 1866. 8. 182 p. m. Atlas v. 21 Tfln. (M. 8.) 3.—
23286 **Lauche.** Deutsche Dendrologie. Berl. 1880. 8. 740 p. m. 236 Fig. (M. 20.) Hfz. 13.—
 Vergriffen.
23287 **Laus.** Z. Flora v. Mähren. (Brünn, Nat. Ver.) 1909. 8. 26 p. 1.—
23288 — Die Pannon. Vegetat. v. Olmütz. (Brünn, Nat. Ver.) 1910. 8. 46 p. 1.50
23289 — Schulflora d. Sudetenländer. 2. Aufl. Brünn 1911. 8. (M. 3.50.)
23290 **Lauterer.** Excursionsflora f. Freiburg i. B. Freib. 1874. 8. 292 p. m. Tfl. Gbdn. 1.50
23291 **Lebrun.** Florule de Spa. (Paris, Soc. Bot.) 1873. 8. 24 p. av. carte color. 1.—
23292 **Leege.** Z. Flora d. Ostfries. Inseln. (Brem., Nat. Ver.) 1908. 8. 10 p. 1.—
23293 **Leibling.** Flora v. Crimmitschau. I. Crimm. 1884. 4. 54 p. 1.50
23294 **Lejeune.** Flore d. envir. de Spa. 2 vols. Liége 1811 à 1813. 8. 612 p. Cart. 4.50
23295 — Revue de la Flore d. envir. de Spa. Liége 1824. 8. 272 p. D.-rel. veau. 3.—
23296 **Lenz.** Uebersicht d. Lübeckischen Flora I. (Güstr., Arch.) 1869. 8. 54 p. 1.—
23297 **Leunis.** Die wichtigsten Pflanzengattungen Deutschlands. Hannov. 1851. 8 52 p. Cart. 1.—
23298 **Limpricht.** Bryotheca Silesiaca (Schlesiens Laubmoose). 6 Tle. Breslau 1866—69. 4. 3 3 5 s p e c i e s e x s i c c a t a e. In Orig.-Cartons. 250.—
 Ausserordentlich seltene Sammlung, von der ich noch nie ein vollständiges Exemplar gesehen habe.
23299 — Botan. Wandergn. durch's Isergebirge. (Bresl., Schles. Ges.) 1872. 8. 15 p. 1.—
23300 — Auf der Wasserscheide zwischen Weide u. Bartsch. (Bresl., Schles. Ges.) 1873. 8. 14 p. 1.—
23301 — Die Laubmoose v. Schlesien. M. Nachtr. (Bresl., Krypt.-Fl.) 1877. 8. 214 p. 7.—
 Vergriffen.
23302 **Lindberg.** Iter (botan.) Austro-Hungaric. (Helsingf., Vet. Soc.) 1906. 8. 128 p. m. 3 Tfln. 2.50
23303 **Linke.** Analyt. Pflanzenschlüssel f. Deutschlands Flora. Leipz. 1863. 8. 82 p. 1.—
23304 **Lippert.** Die wilden Pflanzen d. Heimat. Prag 1876. 8. 264 p. Cart. 1.—
23305 **Loeffler.** Flora v. Rheine. II. Rheine 1904. 8. 53 p. 1.—
23306 **Löhr.** Taschenbuch d. Flora v. Trier u. Luxemburg. Trier 1844. 8. 385 p. Hfzb. 2.50
23307 — Führer z. Flora v. Köln. Köln 1860. 8. 338 p. 2.50
23308 — Zusammenstell. d. Phanerogam. aus Meisenheim. (Bonn, Nat. Ver.) 1872. 8. 46 p. 1.—
23309 **Londes.** Verzeichn. d. Pflanzen v. Göttingen. Gött. 1805. 8. 96 p. 1.—
23310 **Lörch.** Flora d. Hohenzollers. I. Hech. 1890. 8. 68 p. 1.—
23311 **Lorinser, G.** Botan. Excursionsbuch f. d. deutsch-österr. Kronländer. Wien 1854. 8. 439 p. (M. 4.) Cart. 1.—
23312 — — 2. Aufl. Wien 1860. 8. 432 p. (M. 4.50.) Hfzb. 1.—
23313 — — 3. Aufl. v. F. W. Lorinser. Wien 1871. 8. 640 p. (M. 6.) Hfzb. 1.50
23314 — — 4. Aufl. v. F. W. Lorinser. Wien 1877. 8. 680 p. (M. 6.) 1.50
23315 — — 5. Aufl. v. F. W. Lorinser. Wien 1883. 8. 680 p. (M. 6.) 2.—
23316 **Lorinser, G. u. F.** Taschenbuch d. Flora Deutschlands u. d. Schweiz. Wien 1847. 8. 523 p. Lnb. 1.—
23317 **Loeselius.** Flora Prussica. Cur. J. Gottsched. Regiomonti 1703. 4. 390 p. et 86 tab. Cart. 20.—
 Selten geworden. — E. Meyer schreibt: Gottsched erhielt aus Loesel's Nachlass († 1655) dessen Handschriften und Kupferplatten. Wie viel Eigenes er hinzugethan, ist ungewiss.
23318 **Lübstorf.** Z. Kenntn. d. Parchimer Berge. Parch. 1878. 4. 23 p. 1.—

23319 **Lucas, C.** Flora v. Konitz. M. Nachtr. (Königsb., Phys. Ges.) 1866— ℳ
1868. 4. 34 p. 1.—
23320 **Ludwig.** Z. Flora v. Christburg. 2 Tle. (Danzig, Nat. Ges.) 1883—98.
8. 22 p. 1.—
23321 **Lutze.** Verändergn. in d. Flora v. Sondershausen. Sond. 1882. 4. 25 p. 1.—
23322 — Vegetation Nordthüringens. Sondersh. 1893. 8. 26 p. 1.50
23323 **Lutzenberger u. Weinhart.** Nachtr. z. Flora v. Augsburg. 4 Tle. (Augsb.,
Nat. Ver.) 1883—1900. 8. 11 p. 1.—
23324 **Lützow.** Botan. Untersuch d. Neustädter Kreises. 2 Tle. (Danz., Nat.
Ges.) 1881. 8. 70 p. 1.50
23325 — Verzeichn. d. Pflanzen d. Neustädt. Kreis. 2 Tle. (Danz., Nat. Ges.)
1882—83. 8. 43 p. 1.—
23326 **Magnus.** Botan. Ergebn. d. Unters. der Schlei. (Berl., Bot. V.) 1875.
8. 8 p. m. Kte. 1.—
23327 **Magyar Botanikai Lapok.** (Ungar. Botan. Blätter). Jahrg. I, II. Budap.
1902—03. 8. m. Tfln. (M. 20.) Hlnbde. 12.—
23328 **Mahler.** Uebersicht d. Phanerog. v. Ulm. Ulm 1898. 4. 39 p. 1.—
23329 **Makowsky.** Flora d. Brünner Kreis. (Brünn, Nat. Ver.) 1863. 8. 166 p. 1.50
23330 **Maly.** Enumer. Plant. Phanerog. Imperii Austriaci. Wien 1848. 8. 439 p. 7.—
Vergriffen. Nicht häufig.
23331 — N e i l r e i c h. Nachträge zu Maly's Enumeratio. Wien 1861. 8. 348 p. 1.—
23332 — Anleitung z. Bestimm. d. Phanerog. Deutschlands. 2. Aufl. Wien
1858. 8. 182 p. Cart. 1.—
23333 — Flora v. Deutschland. Wien 1860. 8. 678 p. (M. 7.80.) Cart. 2.—
23334 — Nachträge z. Flora v. Steiermark. (Graz, Nat. Ver.) 1864. 8. 26 p. 1.—
23335 — Flora v. Steiermark. Wien 1868. 8. 303 p. (M. 4.) 1.50
23336 **Marchal et Hardy.** Catal. d. Plantes rares de la vallée de la Meuse et
de Liége. (Brux., Soc. Bot.) 1869. 8. 34 p. 1.—
23337 **Marchesetti.** Flora di Parenzo. Trieste 1890. 8. 98 p. 1.50
23338 **v. d. Marck.** Flora Lüdenscheidts. (Bonn, Ver. Nat.) 1851. 8. 167 p. 1.—
23339 **Mark Brandenburg.** — 4 florist. Abhandl. v. E. H. L. Krause, Ulbrich,
Warnstorf u. a. 1885—1916. 8. 83 p. 2.—
23340 **Marsson.** Flora v. Neu-Vorpommern, Rügen u. Usedom. Leipz. 1869.
8. 650 p. (M. 10.50.) 5.—
23341 **Martens u. Kemmler.** Flora v. Württemberg u. Hohenzollern. 3. (letzte)
Aufl. 2 Tle. Heilbr. 1882. 8. 833 p. Lnb. (M. 12.) 6.—
23342 **Martius.** Flora Cryptogamica Erlangensis. Norimb. 1817. 8. 592 p.
et 6 tab. (2 color.) (M. 18.) Cart. 5.—
23343 — Ueb. d. botan. Erforsch. v. Bayern. (Basel, Nat. G.) 1850. 8. 18 p. 1.—
23344 **Massart.** Essai de Géographie botan. d. districts littoraux et alluv.
de la Belgique. 2 vols. Brux. 1908. 8. 426 p. av. 14 cartes et 41 pl. 25.—
23345 — Esquisse de la Géographie-botan. de la Belgique. 2 vols. Brux. 1910.
8. 343 p. av. 9 cartes, 2 diagr., 486 fig. et 1 stéréoscope. 20.—
23346 **Matz.** Z. Flora v. Zittau. (Berl., Bot. Ver.) 1875. 8. 10 p. 1.—
23347 — Z. Flora d. nordöstl. Altmark. (Berl., Bot. V.) 1877. 8. 16 p. 1.—
23348 **Medicus.** Flora v. Deutschland. Leipz. 1893. 8. 269 p. m. 73 color. Tfln.
(M. 15.) Cart. 4.50
23349 **v. d. Meersch.** Excurs. botan. dans la Flandre Zélandaise. (Brux., Soc.
Bot.) 1875. 8. 32 p. 1.—
23350 **Meese.** Flora Frisica. Franeker 1760. 8. 100 p. et 2 tab. 4.—
23351 **Meigen.** Flora v. Wesel. Wesel 1886. 8. 44 p. 1.—
23352 **Mejer, L.** Die Verändergn. im Bestande d. Hannoverschen Flora.
Hannov. 1867. 8. 49 p. 1.—
23353 — Flora v. Hannover. Hannov. 1875. 8. 267 p. (M. 3.40.) 1.50
23354 — — Nachtrag. (Hannover, Ver. Nat.) 1892. 8. 19 p. 1.—
23355 — — 2. Aufl. Hannov. 1893. 8. 287 p. Cart. 2.50
23356 **Melsheimer.** Mittelrheinische Flora. Neuwied 1884. 8. 176 p. 1.50

23357 **Merker.** Exkursionsflora f. Mähren u. Oesterreich.-Schlesien. Mähr.- *M*
Weisskirch. 1910. 8. 564 p. m. 18 Tfln. 3.50
23358 **Mertens.** Klima, Thier- u. Pflanzenleben d. südl. Altmark. (Magdeb.)
1891. 8. 44 p. 1.50
23359 **Meyer, E. H. F.** Preussens Pflanzengattungen. Königsb. 1839. 8. 288 p.
(M. 2.) Hfzb. 1.50
23360 **Meyer, G. F. W.** Anlage z. Flora v. Hannover. 2 Bde. Göttt. 1822.
8. 776 p. m. 2 Tfln. (1 color.) u. 2 Tab. (M. 9.50.) Cart. 4.—
23361 — — Band I. Gött. 1822. 8. 398 p. m. Tfl. 1.50
23362 — Chloris Hannoverana. Göttingen 1836. 4. 808 p. Cart. — Titelblatt f e h l t. 5.—
Selten.
23363 — Flora Hannoverana. Gött. 1849. 8. 734 p. (M. 6.50.) Cart. 2.—
23364 — A r e n d t. Scholia Osnabrug. in Chloridem Hanoveranam. Osnabr.
1837. 8. 35 p. 1.—
23365 **Meyerholz.** Florula Vilsensis (Hannov.). (Berl., Bot. V.) 1893. 8. 11 p. 1.—
23366 **Milde.** Bryologia Silesiaca. Laubmoos-Flora v. Nord- u. Mittel-Deutschland. Leipz. 1869. 8. 410 p. (M. 9.) 5.—
23367 **Mittel-Deutschland.** — 12 florist. Abhandl. v. Fitschen, Gräntz, Hampe,
Haussknecht, O. Kuntze, M. Schulze u, a. 1875—1904. 8. 124 p. m. Tfl. 3.—
23368 **Mittheilungen** d. Bayer. Botanischen Gesellschaft z. Erforsch. d. heimischen Flora. Band I, II, III. No. 1—11 (soviel erschien.). Münch.
1892—1915. 8. m. Tfln. u. Kte. 25.—
23369 **Mitteilungen** d. Geograph. Gesellschaft u. d. Botan. Vereins für Thüringen. Hrsg. v. Kurze u. Regel. Bd. 1—13. Jena 1882—1894. 8. m. Tfln.
(M. 57.) 28.—
23370 **Mitteilungen** d. Thüringisch. Botan. Vereins. Neue Folge. Heft 1—30.
Weimar 1891—1913. 8. m. Tfln. 50.—
Sehr viele Hefte auch einzeln à M. 2.
23371 **Molendo.** Bayerns Laubmoose. Passau 1876. 8. 278 p. 5.—
23372 **Möller u. Graf.** Flora v. Thüringen. Bd. I. (soviel erschien.): Phanerogamen. Leipz. 1874. 8. 236 p. 2.—
23373 **Mössler.** Handbuch der Gewächskunde, enthalt. e. Flora v. Deutschland. 3. Aufl. v. H. G. L. Reichenbach. 3 Bde. Altona 1833—34. 8.
2400 p. (M. 20.) Cart. 2.—
23374 **Muller, J.** Spicilège de la Flore Bruxelloise. Fasc. II. (Brux., Soc.
Bot.) 1864. 8. 28 p. 1.—
23375 **Müller, B.** Verzeichn. d. in d. Marmaros ges. Pflanzen. (Wien, Z. b. G.)
1863. 8. 6 p. —.50
23376 **Müller, F.** Zur Gesch. u. Natur d. Schelde - Mündgn. in d. niederl.
Prov. Zeeland. (Berl., Z. Erdk.) 1911. 8. 35 p. m. Kte. 1.50
23377 **Müller, H.** Flora d. Umgeb. v. Gera. (Gera) 1877. 8. 80 p. 1.—
23378 **Müller, O., u. Pabst.** Cryptogamen - Flora. Abbild. u. Beschreib. d.
vorzügl. Cryptog. Deutschlands. Band I, II, III. Teil 1 (alles was erschien.): Lichenes, Fungi, Hepat. Gera 1874—77. fol. 162 p. m. 46
meist color. Tfln. (M. 47.) Origbd. 24.—
Zum Teil vergriffen. Alle Abteilungen auch einzeln.
23379 **Müller, W.** Flora v. Pommern. Stett. 1898. 8. 358 p. Lnb. (M. 3.50.) 2.—
23380 **Murmann.** Beitr. z. Pflanzengeographie d. Steiermark m. besond. Berücksicht. d. Glumaceen. Wien 1874. 8. 228 p. (M. 3.60.) 2.—
23381 **Murr.** Beiträge z. Flora v. Tirol u. Vorarlberg. IX—XIII, XV—XX,
XXII—XXIV (in 22 Tln.). (Arnstadt u. Karlsr.) 1897—1910. 8. 100 p.
m. 2 Tfln. 3.50
23382 — Z. Kenntn. d. Kulturgehölze Tirols. II. (2 Tle.) (Arnst.) 1901. 8. 10 p. 1.—
23383 — Neues aus d. Flora v. Liechtenstein. (Karlsr.) 1908—10. 8. 8 p. 1.—
23384 — Vorarbeit. zu e. Pflanzengeogr. v. Vorarlberg u. Liechtenstein.
Feldkirch 1909. 8. 36 p. 1.50

23385 **Nägeli u. Peter.** Die Hieracien Mittel-Europa's. Bd. I, II Teil 1—3   *M*
(soviel erschien.). Münch. 1885—89. 8. 1200 p. (M. 35.)   19.—

23386 **Nees ab Esenbeck.** Genera Plantarum Florae Germanicae. Vol. I—V.
Bonnae 1843. 8. 385 tab. et textus. Hfzbde.   20.—

23387 — — Vol. I, II. Bonnae 1843. 8. 158 tab. et textus. Hfzbde.   8.—

23388 **Neger.** Excursionsflora Deutschlands. Nürnb. 1871. 8. 484 p. (M. 5.25.)
Cart.   1.—

23389 **Neilreich.** Geschichte d. Botanik in Nied.-Oesterreich. (Wien, Z. b. G.)
1855. 8. 54 p.   2.—

23390 — Ueb. d. Vegetationsverhältn. d. Festungswerke Wiens. (Wien, Z.
b. G.) 1859. 8. 10 p.   1.—

23391 — Flora v. Nieder-Oesterreich. Wien 1859. 8. 1142 p. (M. 27.)   10.—

23392 — — II. Nachtrag z. Flora v. Nieder-Oesterr. (Wien, Z. b. G.) 1869.
8. 54 p.   1.50

23393 — B e r r o y e r. Nachträge z. „Flora v. Niederösterr." (Wien, Z. b. G.)
1874. 8. 4 p.   —.50

23394 — Die botan. Leistungen v. Burser u. Marsigli in Nied-Oesterr. (Wien,
Z. b. G.) 1866. 8. 24 p.   1.—

23395 — Aufzählung d. in Ungarn u. Slavonien beob. Gefässpflanzen. Mit
Nachtrag. 2 Tle. Wien 1866—70. 8. 640 p. (M. 14.)   5.—

23396 — Diagnosen der in Ungarn u. Slavonien beob. Gefässpflanzen. Wien
1867. 8. 159 p.   1.—

23397 — Die Vegetationsverhältn. v. Croatien. Wien 1868. 8. 329 p. (M. 5.)   1.—

23398 — Nachträge z. d. Vegetationsverhältn. v. Croatien. (Wien, Z. b. G.)
1869. 8. 66 p.   1.—

23399 — Die Veränderungen d. Wiener Flora währ. d. letzt. 20 Jahre.
(Wien, Z. b. G.) 1870. 8. 18 p.   1.—

23400 **Neuberger.** Flora v. Freiburg i. B. Freib. 1898. 8. 289 p. m. 69 Fig.
(M. 3.60.) Lnb.   1.50

23401 — — 4. (letzte) Aufl. Freib. 1912. 8. 339 p. m. 114 Fig. Lnb. (M. 3.60.)

23402 **Neureuter.** Illustr. Flora des Eichsfeldes. Heiligenst. 1910. 8. 246 p.
m. 200 Fig. Cart. (M. 4.)   3.—

23403 **Nevole.** Vegetationsverhältnisse d. Ötscher- u. Dürrensteingebietes in
Niederösterreich. Wien 1905. 4. 45 p. m. Krte. (M. 4.20.)   3.—

23404 — Das Hochschwabgebiet in Obersteiermark. Jena 1908. 4. 42 p. m.
color. Kte. (M. 3.)   2.50

23405 **Neygenfind.** Enchiridium botanicum cont. Plantas Silesiae indigenas.
Misenae 1821. 8. 544 p. et tab. (M. 6.50.) Hfzb.   5.—
In deutscher Sprache. Mit einer Ansicht d. Riesengebirges.

23406 **Nicklès.** Des Prairies natur. en Alsace. Paris 1839. 8. 86 p. av. 2 tabl.   1.50

23407 — S. la végétat. de l'arrond. de Schlestadt. Colm. 1877. 8. 74 p.   1.50

23408 **Niessl.** Revis. v. Zawadzki's Flora Carpatorum. (Brünn, Nat. Ver.)
1869. 8. 31 p.   1.—

23409 **Nöldeke.** Flora d Ostfries. Inseln. (Brem., Nat. Ver.) 1872. 8. 106 p.   1.50

23410 — Flora v. Lüneburg, Lauenburg u. Hamburg. Celle 1890. 8. 412 p.
(M. 6.)   3.—

23411 **Noll.** Ein. dem Rheinthale v. Bingen u. Coblenz eigenthüml. Pflanzen
u. Thiere. Frankf. 1878. 8. 66 p.   1.50

23412 **Norddeutschland.** — 30 florist. Abhandlgn. v. Ascherson, Brockmüller,
Conwentz, Fischer-Benzon, Focke. Höck, P. Junge, Klinggräff, Lützow,
Ross, Wiese u. a. 1853—1912. 8. u. 4. 360 p. m. 2 color. Tfln.   10.—

23413 **Nowicki.** Z. Flora Vangrovecensis. I. Wongrow. 1885. 8. 88 p.   1.—

23414 **Oborny.** Flora d. Znaimer Kreises. (Brünn, Nat. Ver.) 1879. 8. 200 p.   1.50

23415 — Flora v. Mähren u. Oesterreich.-Schlesien. 2 Bde. (4 Tle.) (Brünn,
Nat. Ver.) 1883—86. 8. 1297 p. (M. 12.)   8.—
Jeder Teil auch einzeln à M. 2.50.

23416 — Die Hieracien aus Mähren u. Oesterr.-Schlesien. 2 Tle. (Brünn, Nat.
Ver.) 1905—06. 8. 300 p.   6.—

23417 **Oborny.** Ueb. ein. Pflanzenfunde aus Mähren u. Oesterr.-Schlesien.   *Ml*
(Brünn, Nat. Ver.) 1912. 8. 55 p.   1.50
23418 **Ohl.** Seltene Pflanzen Kiel's. Kiël 1889. 8. 23 p.   1.—
23419 **Oelhafen.** — C o n w e n t z. Oelhafens Elenchus Plantarum circa Dantiscum crescent. (Dantisc., Nat. Ges.) 1877. 8. 33 p.   1.—
23420 **Opiz.** Die Phanerog.-Flora Böhmens. Prag 1852. 8. 221 p. Cart. —
In tchechischer Sprache.   2.—
23421 **Ortloff.** Die Flora v. Bad Wildungen. Wild. 1908. 8. 54 p.   1.—
23422 **Ortmann.** Flora Hennebergica. Weimar 1887. 8. 158 p. Hfzb.   1.—
23423 **Osswald u. Blücher.** Prakt. Führer durch d. heim. Pflanzenwelt.
Charlottenb. (1909). 8. 130 p. m. 32 color. Tfln. Lnb. (M. 2.60.)   1.—
23424 **Oesterreich.** — 25 florist. Abhandlgn. v. Domin, K. Fritsch, Hackel,
Handel-Mazzetti, Khek, Murr, Neilreich, Sarntheim, Simonkai, Solla,
Zapalowicz u. a. 1853—1912. 8. 270 p. m. 2 Tfln.   8.—
23425 Der **Oesterreichische Kräutersammler.** Neu-Ulm 18.. 8. 250 p. m. 3
color. Tfln.   2.—
23426 **Ott.** Catalog u. Fundorte d. Flora Böhmens. 2 Tle. Prag 1851. 4. 111 p.
Cart.   1.50
23427 **Oudemans.** Flora van Nederland. 3 Bde. Amsterd. 1872. 8. m. Atlas
v. 92 c o l o r. Tfln.   35.—
Vergriffen.
23428 **Pacher.** Nachträge z. Flora Kärntens. (Klagenf.) 1859. 8. 26 p.   1.—
23429 **Paczoski.** Spis Réslin zebranych na Podolu. (Krak., Ak.) 1899. 8. 41 p.   1.—
23430 **Pape.** Verzeichn. d. Gefässpflanzen d. Hannoversch. Wendlandes.
(Lüneb.) 1867. 8. 70 p.   1.50
23431 **Pappe.** Synopsis Phanerogamar. agri Lipsiens. Lips. 1828. 8. 105 p.   1.50
23432 **Paeske.** Beitrag z. Flora v. Rügen. 2 Tle. (Berl., Bot. Ver.) 1878—79.
8. 26 p.   1.—
23433 **Paulin.** Beitr. z. Kenntn. d. Vegetationsverhältnisse Krains. 3 Hefte.
(soviel erschien.). Laibach 1901—04. 8. 308 p.   12.—
Vergriffen.
23434 — — Heft 1. 1901. 8. 104 p. (M. 3.50.)   2.—
23435 **Pax.** Grundzüge d. Pflanzenverbreitung in d. Karpathen. 2 Bde. Leipz.
1898—1908. 8. 606 p. m. 5 Karten u. Tfln. (M. 36.)   25.—
23436 — Schlesiens Pflanzenwelt. Jena 1915. 8. 319 p. m. color. Kte. (M. 10.)
23437 **Payer.** Bibliotheca Carpatica. Igló 1880. 8. 378 p.   2.—
23438 **Peck.** Nachtr. z. Flora d. Oberlausitz. 2 Tle. (Görl., Nat. Ges.) 1865—
1875. 8. 20 p.   1.—
23439 — Flora v. Templin, Uckerm. (Berl., Bot. V.) 1866. 8. 35 p.   1.—
23440 — Flora d. Umegend v. Schweidnitz. Mit Nachtr. (Görl., Nat. Ges.)
1871—75. 8. 54 p.   1.50
23441 **Pernhoffer.** Darstell. d. pflanzengeogr. Verhältn. v. Wildbad - Gastein.
(Wien, Z. b. G.) 1856. 8. 18 p.   1.—
23442 — Verzeichn. d. in d. Umgeb. v. Seckau, Steiermark, wachs. Phanerog. u. Gefässkryptog. (Wien, Z. b. G.) 1896. 8. 42 p.   1.—
23443 **Petersen, H.** Z. Flora v. Alsen. Sonderb. 1891. 8. 50 p.   1.50
23444 **Petry.** Die Vegetationsverhältnisse d. Kyffhäuser Gebirges. Halle 1889.
4. 56 p.   1.—
23445 **Petter.** Ueb. Samenpflanzen aus d. Quarnero. (Wien, Z. b. G.) 1862.
8. 6 p.   —.50
23446 **Pfeiffer, L.** Uebersicht d. Pflanzen v. Kurhessen. Bd. I (einzig.).
Kassel 1844. 8. 262 p. (M. 3.50.) Cart.   1.50
23447 — Flora v. Niederhessen u. Münden. 2 Bde. Kassel 1847—55. 8.
744 p. (M. 5.50.) Cart.   1.50
23448 **Pietsch.** Die Vegetationsverhältn. v. Gera. Halle 1893. 8. 65 p.   1.50
23449 **Pill.** Die Flora d. Leithagebirges. 2. Aufl. Graz 1916. 8. 136 p. (M. 3.)
23450 **Plettke.** Botan. Skizzen v. Quellgebiet d. Ilmenau. (Brem., Nat. Ver.)
1902. 8. 18 p.   1.—

23451 **Pluskal.** Phanerog.-Flora v. Lomnitz in Mähren. M. Nachtrag. (Wien, *M* Z. b. G.) 1853—54. 8. 30 p. 1.—
23452 **Podpĕra.** Beiträge z. Phanerog.- u. Cryptogamen-Flora Böhmens. (Wien, Z. b. G.) 1904. 8. 28 p. 1.—
23453 **Pokorny.** Ueb. d. Laibacher Morast u. s. Vegetat.-Verhältn. (Wien, Z. b. G.) 1858. 8. 12 p. m. Tfl. 1.—
23454 — Z. Flora d. Ungar. Tieflandes. (Wien, Z. b. G.) 1860. 8. 8 p. 1.—
23455 **Pollich.** Historia Plantarum Palatinatus. Vol. I, II. Mannhem. 1776—1777. 8. 1150 p. et 3 tab. 1.50
23456 **Porcius.** Enumeratio Phanerogam. district. Naszódiensis. Claudiop. 1878. 8. 66 p. 1.50
23457 **Pospichal.** Flora d. Flussgebietes d. Cidlina u. Mrdlina. (Prag, Landes-durchforsch.) 1881. 8. 103 p. 1.50
23458 **Potonié.** Z. Flora d. nördl. Altmark. (Berl., Bot. Ver.) 1882. 8. 32 p. 1.—
23459 — Florist. Excurs nach Werder. (Berl., Geol. Anst.) 1884. 8. 12 p. 1.—
23460 — Florist. Excurs. nach d. Neumark. (Berl., Bot. Ver.) 1885. 8. 22 p. 1.50
23461 — Die Pflanzenwelt Norddeutschlands in d. verschied. Zeitepochen. Hamb. 1886. 8. 32 p. 1.—
23462 — Illustr. Flora v. Nord- u. Mittel-Deutschland. 2. Aufl. Berl. 1886. 8. 438 p. (M. 5.) Lnb. 1.—
23463 — — 3. Aufl. Berl. 1887. 8. 511 p. (M. 5.) 1.50
23464 — — 6. Aufl. Bd. I: Text. Jena 1913. 8. 569 p. m. 154 Fig. (M. 4.) — Soviel erschien.
23465 **Potonié u. Ascherson.** Florist. Beobachtgn. aus d. Priegnitz. 2 Tle. (Berl., Bot. Ver.) 1883—86. 8. 32 p. 1.—
23466 **Poeverlein.** Bemerkgn. z. Flora exsiccata Bavarica. Fascic. IV: Nr. 251—325. (Regensb., Bot. Ges.) 1905. 8. 70 p. 1.—
23467 **Prahl.** Beitr. z. Flora v. Scheswig. 2 Tle. (Berl., Bot. Ver.) 1872—76. 8. 75 p. m. Kte. 1.50
23468 — Flora d. Provinz Schleswig-Holstein, Hambg., Lübeck. 5. Aufl. Kiel 1913. 8. 366 p. Lnb. (M. 4.)
23469 **Preissmann.** Beitr. z. Flora v. Steiermark. 2 Tle. (Graz, Nat. Ver.) 1895—97. 8. 44 p. m. Tfl. 1.50
23470 **Presl, J. S. u. C. B.** Mantissa ad Floram Cechiam. (Prag., Delic. Prag.) 1822. 8. 21 p. 1.—
23471 **Preuschoff.** Flora d. Marienburger Werders. (Königsb., Phys. Ges.) 1876. 4. 10 p. 1.—
23472 **Preuss, H.** Die Vegetationsverhältn. d. Tucheler Heide. Danz. 1908. 8. 95 p. 1.50
23473 — Boreal-alpine Associat. d. Flora v. Ost- u. Westpreuss. (Berl., Bot. Ges.) 1909. 8. 10 p. m. Kte. 1.—
23474 — Die Salzstellen d. nordostdeutsch. Flachlandes u. ihre Bedeut. f. d. Halophyten-Flora. (Königsb., Phys. Ges.) 1910. 4. 16 p. 1.—
23475 — Die Vegetationsverhältn. d. Deutsch. Ostseeküste. Königsb. 1911. 8. 258 p. m. Kte. u. 2 Tfln. 6.—
23476 — — I. (Danzig, Nat. Ges.) 1910. 8. 67 p. m. Kte. u. 2 Tfln. 1.50
23477 **Procopianu.** Z. Flora v. Suczawa. (Wien, Z. b. G.) 1892. 8. 4 p. —.50
23478 — Z. Flora der Horaiza. (Wien, Z. b. G.) 1893. 8. 10 p. 1.—
23479 **Prohaska.** Z. Flora v. Steiermark. (Graz, Nat. Ver.) 1899. 8. 21 p. 1.—
23480 **Rabenhorst.** Deutschlands Kryptogamen-Flora. 2 Bde. m. S y n o - n y m. - R e g i s t. Leipz. 1844—53. 8. (M. 25.50.) Cart. 7.—
    Jeder Teil auch einzeln.
23481 — Kryptogamen-Flora v. Sachsen u. Nordböhmen. 2 Tle. (alles was erschien.). Leipz. 1863—70. 8. 1090 p. m. viel. Fig. (M. 17.20.) 8.—
23482 — Kryptogamen-Flora v. Deutschland, Oesterreich u. d. Schweiz. 2. Aufl. (soweit bis Ende 1915 erschienen). Leipz. 1881—1915. 8. m. Tfln. u. viel. Figuren. (M. 546.) 370.—
    Inhalt: Bd. I: P i l z e v. Winter u. a. Liefg. 1—123 m. allen Regist. (M. 300.) M. 210. — Bd. II—V. — Bd. VI: L e b e r m o o s e v. K. Müller. Liefg. 1—24. (M. 57.60.) M. 44. — Inhalt u. Preise v. Bd. II—V — siehe Nr. 1817.

23483 **Rattke.** Die Verbreit. d. Pflanzen im allgem. u. bes. in Bezug auf   *M*
Deutschland. Hannov. 1884. 8. 141 p.   1.50
23484 **Raunkiaer.** On the vegetat. of the North - Frisian Islands. (Copenh.,
Bot. Tidsk.) 1888. 8. 23 p.   1.—
23485 **Rebentisch.** Prodrom. Florae Neomarchicae. Berol. 1804. 8. 466 p. et
4 tab. color. (Cryptog.) (M. 7.50.) Cart.   3.—
23486 **Rechinger, K. u. L.** Z. Flora v. Ober- u. Mittelsteiermark. (Graz, Nat.
Ver.) 1906. 8. 28 p.   1.—
23487 **Redslob.** Die Moose u. Flechten Deutschlands. Leipzig (1863). 4. 98 p.
m. 32 color. Tfln. (M. 12.)   6.—
23488 **Regel, E.** Die Gärten in u. um Wien u. Excursion auf d. Brenner.
Petersb. 1872. 8. 15 p. — Russisch.   1.—
23489 **Rehmann.** Botan. Fragmente aus Galizien. (Wien, Z. b. G.) 1868. 8. 28 p. 1.—
23490 **Reichardt.** Verzeichn. aller v. J. Neumann in Böhmen ges. Pflanzen.
(Wien, Z. b. G.) 1854. 8. 32 p.   1.—
23491 — Nachtr. z. Flora v. Iglau. (Wien, Z. b. G.) 1855. 8. 20 p.   1.—
23492 — Flora d. Bades Neuhaus nächst Cilli. (Wien, Z. b. G.) 1860. 8. 30 p. 1.—
23493 — Beitr. z. Flora v. Niederösterr. 2 Tle. (Wien, Z. b. G.) 1861. 8. 10 p. 1.—
23494 **Reichenbach, H. G. L.** Flora Germanica excursoria. 2 vol. Lips. 1830—
1832. 8. 926 p. et 2 tab. (M. 13.50.) Hfzb.   3.—
23495 — — Vol. I. Lips. 1830. 8. 486 p. Hfzb.   1.—
23496 — Florae Germaniae clavis synonym. Lips. 1833. 8. 212 p. Cart.   1.—
23497 — Agrostographia Germanica. Die Gräser u. Cyperoideen d. deutschen
Flora. Lips. („Plantae criticae") 1834. 4. 50 p. et 110 tab. color.   50.—
23498 — Kupfersamml. z. prakt. Deutsch. Botanisirbuche. Lfg. I. (soviel
erschien.): 294 Gattgn. d. Deutsch. Flora. Leipz. 1836. 8. 16 p. m.
12 Tfln. Cart.   4.—
23499 **Reichenbach, H. G. L. u. H. G.** Deutschlands Flora. Bd. III: Callitrich.,
Euphorbiac., Sapindac., Malvac. etc. Leipz. 1843. 4. 170 p. — Text
o h n e d. Tfln.   3.—
23500 — — Bd. IV: Die Theegewächse, Lindengewächse, Nelkengewächse,
Hartheugewächse. Leipz. 1844. 4. 44 p. — Text o h n e d. Tfln. u. d.
Titel.   2.—
23501 — — Bd. V: Isoeteae, Aroid., Lemneac., Nymphaeac. etc. Leipz. 1845.
4. 55 p. m. 71 h a l b c o l o r. Tfln. Lnb.   20.—
23502 — — Bd. VI u. VII: Gramineae, Cyperoid. Leipz. 1846. 4. 110 p. —
Text o h n e die Tfln.   5.—
23503 — — Bd. VIII: Tphac., Irid., Narciss., Juncac. Leipz. 1847. 4. 29 p.
m. 22 h a l b c o l o r. Tfln. (s t a t t 100).   4.—
23504 — — Bd. IX: Veratr., Colchic., Smilac., Liliac. Leipz. 1848. 4. 46 p.
m. 56 h a l b c o l o r. Tfln. (s t a t t 122).   8.—
23505 — — Bd. X: Coniferae, Táxin., Cytin., Amentac., Salicin. Leipz. 1849.
4. 48 p. m. 40 h a l b c o l o r. Tfln. (s t a t t 110).   8.—
23506 — — Bd. XI: Betulin., Cupulif., Urticac. etc. Leipz. 1850. 4. 42 p.
m. 45 h a l b c o l o r. Tfln. (s t a t t 110).   8.—
23507 — — Bd. XIII: Orchideae. Leipz. 1851. 4. 248 p. m. 82 h a l b c o l o r.
Tfln. (s t a t t 170).   15.—
23508 — — Bd. XV: Cynarocephal. u. Calendulac. Leipz. 1853. 4. 124 p.
m. 38 h a l b c o l o r. Tfln. (s t a t t 160).   5.—
23509 — — Bd. XVI: Corymbiferae. Leipz. 1854. 4. 102 p. o h n e Tfln.   3.—
23510 — — Bd. XVII: Gentianac., Asclepiad., Oleac., Rubiac. etc. Leipz.
1855. 4. 132 p. m. 50 h a l b c o l o r. Tfln. (s t a t t 150).   8.—
23511 — — Bd. XVIII: Labiatae, Verbenac., Convolvulac. etc. Leipz. 1858.
4. 124 p. m. 70 h a l b c o l o r. Tfln. (s t a t t 150).   10.—
23512 — — Bd. XIX: Cichoriac., Campanulac., Cucurbitac. etc. Leipz. 1860.
4. 159 p. m. 39 h a l b c o l o r. Tfln. (s t a t t 260). — Im Texte fehlen
30 p.   4.—

23513 **Reichenbach, H. G. L. u. H. G.** Deutschlands Flora. Bd. XX: Solanac.,   *M*
Orobancheae, Acanthac., Globulariac., Lentibular. Leipz. 1862. 4.
166 p. m. 127 h a l b c o l o r. Tfln. (s t a t t 220.)   12.—
23514 — — Bd. XXI: Umbelliferae. Leipz. 1867. 4. 136 p. m. 210 h a l b-
c o l o r. Tfln. Hfzb.   30.—
23515 — — Derselbe Bd. 136 p. m. 170 h a l b c o l o r. Tfln. (s t a t t 210).   12.—
    Ausserdem ist noch eine Zahl von halbcolor. Tfln. u. v. Texten aus anderen
Bänden vorrätig.
23517 — Icones Florae German. et Helvet. Vol. I: Agrostographia. Ed. II.
Lips. 1850. 4. 80 p. et 121 tab. n i g r a e.   25.—
23518 — — Vol. II: Cruciferae cum Resedeis. Lips. 1837. 4. 38 p. et 102
tab. n i g r a e.   20.—
23519 — — — Cum tabulis c o l o r.   35.—
23520 — — Vol. III: Papaveraceae, Capparideae, Violac., Ranunculac. I. etc.
Lips. 1839. 4. 16 p. et 106 tab. n i g r a e.   20.—
23521 — — — Cum tabulis c o l o r.   35.—
23522 — — Vol. IV: Ranunculac. II: Anemoneae, Clematid., Helleboreae et
Paeoniceae. Lips. 1840. 4. 20 p. et 82 tab. n i g r a e.   20.—
23523 — — Vol. V: Rutaceae cum Euphorbiac., Sapindac., Malvaceae, Geraniac., Oxalideae et Caryophyllacearum pars. Lips. 1842. 4. 38 p.
et 103 tab. n i g r a e.   20.—
23524 — — — Cum tabulis c o l o r.   35.—
23525 — — Vol. VI: Caryophyllac. pars Theaceae, Tiliac. Lips. 1843. 4.
46 p. et 124 tab. n i g r a e.   22.—
23526 — — Vol. VII: Isoëteae, Zosterac., Aroideae, Potamogeton., Alismaceae et Hydrocharideae cum Nymphaeac. Lips. 1845. 4. 40 p. et
72 tab. n i g r a e.   15.—
23527 — — Vol. VIII: Cyperoideae, Caricineae, Cyperinae. Lips. 1846. 4.
52 p. et 126 tab. c o l o r. (M. 57.) Lnb.   38.—
23528 — — Vol. IX: Typhaceae, Irideae, Narcisseae et Gunaceae. Lips.
1847. 4. 24 p. et 100 tab. n i g r a e.   20.—
23529 — — — Cum tabulis c o l o r.   35.—
23530 — — Vol. X: Veratreae et Colchiceae, Smilac. et Liliaceae. Lips.
1848. 4. 34 p. et 102 tab. n i g r a e.   20.—
23531 — — Vol. XI: Coniferae, Cytineae, Santalac., Elaeagn., Thymelaceae,
Salicineae. Lips. 1849. 4. 36 p. et 100 tab. n i g r a e.   20.—
23532 — — Vol. XII: Betulineae, Cupuliferae, Urticac., Aristolochiac., Laurineae, Valerian. Lips. 1850. 4. 36 p. et 111 tab. n i g r a e.   20.—
23533 — — — Cum tabulis c o l o r.   38.—
23534 — — Vol. XIII: Orchideae. Lips. 1851. 4. 106 p. — S i n e tabulis.   8.—
23535 — — Vol. XVI: Corymbiferae. Lips. 1854. 4. 86 p. et 150 tab. n i g r a e.   28.—
23536 — — — Cum tabulis c o l o r.   50.—
23537 — — Vol. XIX, Pars I: Cichoriac., Ambrosiac., Campanulac., Lobe-
liaceae. Lips. 1860. 4. 135 p. et 260 tab. n i g r a e.   50.—
23538 — — — Cum tabulis c o l o r.   80.—
23539 — — Vol. XX: Solanac., Orobanchae, Acanthaceae, Globulariac.,
Lentibular. Lips. 1862. 4. 127 p. et 220 tab. n i g r a e.   40.—
23540 — — — Cum tabulis c o l o r.   65.—
23541 — — — Cum 47 tab. n i g r i s (173 tab. d e s u n t).   5.—
23542 **Reinecke, L.** Flora v. Erfurt. (Erf., Ak.) 1915. 8. 283 p.   3.—
23543 **Reinecke, W.** Excursionsflora d. Harz. Quedlinb. 1886. 8. 310 p.
Lnb. (M. 3.)   2.—
23544 **Reinke.** Die Flora v. Helgoland. (Berl., Rundsch.) 1891. 8. 19 p.   1.—
23545 — Botan.-geolog. Streifzüge an d. Küsten Schleswigs. Kiel 1903. 8.
157 p. m. 257 Fig. Lnb. (M. 16.)   9.—
23546 **Reinsch.** Taschenbuch d. Flora v. Deutschland. Stuttg. 1855. 8. 308 p.   1.50
23547 **Reissek.** Vegetations-Gesch. d. Rohres an d. Donau in Oesterr. u.
Ungarn. (Wien, Z. b. G.) 1859. 8. 20 p.   1.

23548 **Reiter u. Abel.** Abbild. d. 100 deutschen wilden Holzarten. 4 Hefte *M*
u. „Fortsetz." Heft I. (soviel erschien.) Stuttg. 1796—1803. 4. 70 p. m.
125 color. Tfln. (M. 108.)   60.—
Näheres siehe: Rara Historico-Naturalia, ed. J u n k, p. 17.

23549 **Reuss.** Botan. Reise n. Istrien. (Wien, Z. b. G.) 1868. 8. 22 p.   1.—

23550 — Z. Flora v. Nied.-Oesterreich. (Wien, Z. b. G.) 1873. 8. 8 p.   1.—

23551 **Reyger.** Die um Danzig wildwachs. Pflanzen. 2. Aufl. v. J. G. Weiss.
2 Bde. Danzig 1825—26. 8. 1051 p. m. 3 Tfln. Hfzbde.   5.—

23552 **Richen.** Die botan. Durchforschung v. Vorarlberg u. Liechtenstein.
M. Nachtr. Feldk. u. Wien 1897—98. 8. 101 p.   2.—

23553 **Richter, C.** Z. Flora Niederösterreichs. 2 Tle. (Wien, Z. b. G.) 1887—
1888. 8. 16 p.   1.—

23554 **Rietz.** Flora v. Freyenstein, Priegnitz. (Berl., Bot. V.) 1894. 8. 36 p.   1.—

23555 **Ritschl.** Ueber ein. wildwachs. Pflanzenbastarde v. Posen. Posen 1857.
4. 24 p. m. Tfl.   1.50

23556 **Rochel.** Naturhistor. (botan.) Miscellen üb. d. nordwestl. Karpath in
Ober-Ungarn. Pesth 1821. 8. 147 p. m. Kte. (M. 7.)   6.—

23557 **Rodler.** Verzeichn. d. Pflanzen d. Domaine Krumau in Böhmen. Winterberg 1873. 8. 47 p.   1.—

23558 **Röhling.** Deutschlands Flora. 2. Aufl. 3 Bde. Frankf. 1812—13. 8. m.
4 Tfln. (M. 15.) Cart.   3.—

23559 — — 3. (letzte) Aufl., bearb. v. Mertens u. W. D. J. Koch. 5 Bde.
Frankf. 1823—39. 8. (M. 60.) Hldrbde.   5.—

23560 **Rohrer u. Mayer.** Vorarbeiten z. ein. Flora d. Mährischen Gouvern.
Brünn 1835. 8. 288 p. (M. 4.20.) Cart.   1.50

23561 **Rohweder u. Kähler.** Verzeichn. d: Gefässpflanzen d. Umgeg. Neu-
stadts. (Kiel, Nat. Ver.) 1885. 8. 22 p.   1.—

23562 **Röll.** Die Thüringer Torf- u. Lebermoose u. ihre geogr. Verbreit. 2 Tle.
(Weimar, Bot. Ver.) 1915. 8. 287 p. m. Kte. u. Tfl. (M. 12.)   9.—

23563 **Roeper.** Z. Flora Mecklenburgs. 2 Tle. Rostock 1843—44. 8. 456 p.
m. 2 Tfln. (M. 6.50.)   2.—

23564 **Rostkov et Schmidt.** Flora Sedinensis. Sedini 1824. 8. 428 p. et tab.
(M. 4.) Hfzb.   2.—

23565 **Roth, A. W.** Tentamen Florae German. Vol. I, II. (3 partes). Lips.
1788—93. 8. 1800 p. (M. 15.)   1.50

23566 — Enumeratio Plantar. Phaenogamar. Germaniae. Lips. 1827. 8.
1657 p. (M. 15.) Hfzb.   2.—

23567 — Manuale Botan. s. Prodrom. enumerat. Phanerogam. Germaniae.
Fasc. I. Lips. 1830. 8. 584 p. (M. 4.) Hldrb.   1.—

23568 **Rot v. Schreckenstein u. Engelberg.** Flora d. Gegend um d. Ursprung
d. Donau u. d. Neckars. 3 Bde. Donauesching. 1804—07. 8. 1290 p.   4.—

23569 **Röttinger.** Flora v. Münnerstadt. I. Würzb. 1905. 8. 41 p.   1.—

23570 **Ruben.** Botan. Gang durch d. Gärten zu Schwerin. Botan. Exkurs.
n. d. Marstallwiesen. (Güstrow, Arch.) 1889. 8. 42 p.   1.—

23571 **Rückert.** Flora v. Sachsen. 2 Tle. Grimma 1840. 8. 608 p. (M. 8.) Cart.   2.—
Siehe die empörte Notiz P r i t z e l ' s über die „betrügerische" Neuausgabe.

23572 **Rudio.** Uebersicht d. Phanerogamen u. Gefässcryptog. v. Nassau. Mit
Nachtrag. (Wiesb., Ver. Nat.) 1851—52. 8. 176 p. m. Tfl.   1.50

23573 **Rudolph.** Vegetationsskizze v. Czernowitz. (Wien, Z. b. G.) 1911. 8. 54 p. 1.50

23574 **Ruhmer.** Bot. Durchforsch. d. Kr. Friedberg. (Berl., Bot. V.) 1885. 8. 30 p. 1.—

23575 **Russ.** Nachtr. z. Flora d. Wetterau. (Hanau) 1863. 8. 20 p.   1.—

23576 **Ruthe.** Flora d. Mark Brandenburg u. d. Niederlausitz. 2. Aufl. Berl.
1834. 8. 714 p. m. 2 Tfln. (1 color.) (M. 6.) Lnb.   1.50

23577 **Ruys.** De Paddenstoelen (Fungi) v. Nederland. Gravenh. 1909. 8.
468 p. m. 126 Fig.   11.—

23578 **Sabransky.** Beiträge z. Flora d. Obersteiermark. 2 Tle. (Wien, Z. b.
G.) 1904—08. 8. 41 p.   1.—

23579 **Sachse.** Z. Pflanzengeogr. d. Erzgebirg. Dresd. 1855. 8. 41 p.   1.—

23580	**Sadebeck.** De Montium inter Vistritium et Nissam fluvios sitorum Flora. Vratisl. 1864. 8. 48 p.	*M* 1.—
23581	**Sadler.** Flora comit. Pestiensis. 2 vol. Pestini 1825—26. 8. 743 p. (M. 9.) Cart.	2.—
23582	— — Ed. II. Pesthini 1840. 8. 503 p. (M. 6.) Cart.	3.—
23583	**Sagorski u. Schneider.** Flora Carpatorum Centralium. Flora d. Central-Karpathen. 2 Tle. Leipz. 1890. 8. 800 p. m. 2 Tfln. (M. 20.)	9.—
23584	**Sailer.** Flora Oberoesterreichs. 2 Tle. Linz 1841. 8. 801 p. (M. 12.) Cart.	4.—
23585	**Sandstede.** Die Flechten d. Nordwestdeutschen Tieflandes u. d. Deutsch. Nordseeinseln. (Brem., Nat. Ver.) 1912. 8. 235 p.	6.—
23586	**Sanio.** Florula Lyccensis. M. Nachtrag. Halle u. Berl. 1858—82. 8. 71 p.	1.50
23587	— Zahlenverhältnisse d. Flora Preussens. 2 Tle. (Berl., Bot. Ver.) 1882—91. 8. 112 p.	2.50
23588	— A b r o m e i t. Berichtig. d. „Zahlenverhältn." (Königsb., Phys. Ges.) 1885. 4. 25 p.	1.—
23589	**Sapetza.** Beitrag z. Flora v. Mähren u. Schlesien. 2 Tle. (Wien, Z. b. G.) 1856—60. 8. 132 p.	2.—
23590	— Flora v. Neutitschin. M. Nachtr. (Görl., Nat. Ges.) 1865—67. 8. 58 p.	1.50
23591	**Sarcander.** Flora v. Röbel. (Güstr., Arch.) 1862. 8. 26 p.	1.—
23592	— Naturgesch. Tagebuch aus Fürstenberg. (Güstr., Arch.) 1865. 8. 34 p.	1.—
23593	**Sarntheim.** Berichte üb. d. florist. Durchforsch. v. Tirol. u. Vorarlberg. 10 Tle. (Wien, Bot. Z.) 1890—99. 8. 92 p.	3.—
23594	**Sassenfeld.** Flora d. Rheinprovinz. Trier 1888. 8. 280 p. (M. 4.20.)	2.—
23595	**Sauter.** Dissertat. geogr.-botan. de Territorio Vindobonensi. Vindob. 1826. 8. 60 p.	1.50
23596	— Die Vegetations-Verhältn. d. Pinzgaues. (Salzb.) 1863. 8. 98 p.	1.50
23597	— Z. Flora Salzburgs. (Wien, Z. b. G.) 1864. 8. 6 p.	—.50
23598	— Flori d. Herzogt. Salzburg. (Cryptog.) 7 Tle. Salzb. 1866—76. 8. — Complet.	9.—
23599	— Flora d. Gefässpflanzen v. Salzburg. 2. Aufl. Salzb. 1879. 8. 165 p.	1.50
23600	**Schabel.** Flora v. Ellwangen. Stuttg. 1836. 8. 100 p.	1.50
23601	**Schade.** Pflanzenökolog. Studien an d. Felswänden d. Sächs. Schweiz. Jena 1912. 8. 92 p. m. Tfl.	2.—
23602	**Schaefer.** Die Gefässpflanzen v. Altkirch. Altk. 1895. 8. 81 p.	1.50
23603	**Scharfetter.** Z. Gesch. d. Pflanzendecke Kärntens seit d. Eiszeit. Villach 1906. 8. 28 p..	1.—
23604	— Die Vegetationsverhältn. v. Villach. Jena 1911. 8. 97 p. m. color. Kte. (M. 6.)	
23605	**Scharrer, Keiss, Priem.** Beiträge z. Flora v. Niederbayern. (Passau, Nat. Ver.) 1869. 8. 45 p.	1.50
23606	**Schatz.** Flora v. Halberstadt. Halberst. 1854. 8. 347 p. (M. 3.50.)	2.—
23607	**Schemmann.** Z. Flora d. Kr. Bochum, Dortmund u. Hagen. (Bonn, Nat. Ver.) 1884. 8. 66 p.	1.—
23608	— Z. Flora Westfalens. (Bonn, Nat. Ver.) 1889. 8. 34 p.	1.—
23609	**Schenk.** Ueb. d. Flora v. Unterfranken. 3 Tle. (Würzb.) 1850—51. 8. 34 p.	1.—
23610	**Schikora.** Taschenbuch d. wichtigst. Deutsch. Wasserpflanzen. Bautz. 1914. 8. 189 p. Lnb.	4.—
23611	**Schildknecht.** Skizze aus der Flora v. Ettenheim. Freib. 1855. 8. 32 p.	1.—
23612	**Schiötz.** Botan. Reise in Slesvig, Rendsborg og Ekernförde. (Kjöb., Nat. För.) 1861. 8. 52 p.	1.—
23613	**Schirm.** Beitr. z. Kenntn. d. Berchtesgad. Landes. (Wiesb., Ver. Nat.) 1863. 8. 47 p.	1.50
23614	— Naturwiss. aus d. Grafsch. Glatz u. d. Riesengebirge. (Wiesb., Ver. Nat.) 1887. 8. 33 p. m. 2 Tfln.	1.50
23615	**Schkuhr.** Botan. Handbuch d. in Deutschland ausdauernden Gewächse. Neue Ausg. Bd. I. Leipz. 1804. 8. 420 p. m. 133 color. Tfln. Ldrb.	10.—
23616	— — Der Text v. 4 Bdn. vollständ. (o h n e die 484 Tfln.) Hfzbde.	3.—

23617 **Schlechtendal.** Flora Berolinensis. 2 vol. Berol. 1823—24. 8. 905 p.   *M*
(M. 11.) Cart.   2.—
23618 **Schlechtendal, Langethal u. Schenk.** Flora v. Deutschland. 5. Aufl. v.
Hallier. 30 Bde. m. Regist.-Bd. Gera 1880—89. 8. m. 3368 color. Tfln.
Orig.-Hfzbde. (M. 269.60.)   180.—
    Tafel 1243 ist nie erschienen (siehe Band XIII, p. 4). — Das Werk ist jetzt
vergriffen, Band 9—18, 21, 27 sind nicht mehr zu haben. Alle übrigen Bände sind
einzeln auf Lager, z. B.:
23619 — — Bd. I: Cryptog. vasculares. 169 p. m. 83 color. Tfln. Hfzb. (M. 7.)   5.—
23620 — — Bd. II: Conif., Typhce., Lemnac., Colchicac. etc. 143 p. m. 82
color. Tfln. Hfzb. (M. 7.)   5.—
23621 — — Bd. III: Juncaceae, Liliac. 191 p. m. 117 color. Tfln. Hfzb.
(M. 10.)   6.—
23622 — — Bd. IV: Smilac., Amaryllid., Irid., Orchideae etc. 398 p. m.
112 color. Tfln. Hfzb. (M. 10.)   7.—
23623 — — Bd. V, VI: Cyperaceae. 2 Bde. 393 p. m. 164 color. Tfln. Hfzb.
(M. 16.)   12.—
23624 — — Bd. VII, VIII: Gramineae. 2 Bde. 547 p. m. 255 color. Tfln.
Hfzb. (M. 20.)   16.—
23625 — — Bd. XVIII: Orobanch., Globular., Labiatae. 404 p. m. 142 color.
Tfln. Hfzb.   7.—
    Vergriffen.
23626 — — Bd. XIX: Verbenac., Primulac., Plumbagin. etc. 302 p. m. 133
color. Tfln. Hfzb. (M. 10.)   6.—
23627 — — Bd. XX: Plantagin., Ericeae, Phytolacceae, Euphorbiac. 228 p.
m. 85 color. Tfln. Hfzb. (M. 10.)   7.—
23628 — — Bd. XXII: Rafflesiaceae, Cucurbitac., Campanulac., Cacteae,
Myrtac. etc. 288 p. m. 100 color. Tfln. Hfzb. (M. 10.)   7.—
23629 — — Bd. XXIII, XXIV: Papilionac. (Leguminos.). 2 Bde. 630 p. m. 236
color. Tfln. Hfzb. (M. 20.)   16.—
23630 — — Bd. XXV: Rosaceae. 332 p. m. 116 color. Tfln. Hfzb. (M. 10.)   7.—
23631 — — Bd. XXVI: Crassulaceae, Saxifrag., Cornaceae. 199 p. m. 72
color. Tfln. Hfzb. (M. 9.)   7.—
23632 — — Bd. XXVIII: Rubiaceae, Araliac., Caprifoliac., Valerian., Dipsac.
232 p. m. 87 color. Tfln. Hfzb. (M. 8.)   6.—
23633 — — Bd. XXIX, XXX: Compositae. 2 Bde. 892 p. m. 339 color. Tfln.
Hfzb. (M. 23.)   17.—
23634 — — Alte Auflagen. Bd. XII, XIII. Jena 1853—55. 8. m. 240 color.
Tfln. Hfzbde.   4.—
23635 — — Alte Auflage. Ca. 550 handcolor. Tfln. m. Text.   20.—
23636 **Schlickum.** Exkursionsflora f. Deutschland. Leipz. 1881. 8. 394 p. m.
148 Fig. (M. 5.) Lnb.   1.50
23637 **Schmeil u. Fitschen.** Flora v. Deutschland. 7. Aufl. Leipz. 1910. 8.
432 p. m. 844 Fig. Lnb. (M. 3.80.)   2.—
23638 — — 17. (letzte) Aufl. Leipz. 1916. 8. 443 p. m. 1000 Fig. Lnb. (M. 3.80.)
23639 **Schmidt, F. W.** Flora Boëmica. Tomus I. (quantum prodiit). Prag.
1793—94. fol. 403 p. et frontisp. Cart.   12.—
23640 **Schmidt, H.** Botan. Charakterbilder aus Elberfeld. M. Nachtrag.
(Elberf., Nat. Ver.) 1884—96. 8. 29 p.   1.—
23641 **Schmidt, J. A.** Flora v. Heidelberg. Heidelb. 1857. 8. 441 p. Lnb.   2.—
23642 **Schmidt, J. H.** Beitr. zu e. Standortsverzeichn. d. Phanerog. d. südöstl.
Holsteins. (Kiel, Nat. Ver.) 1878. 8. 52 p.   1.50
23643 **Schmidt, R., u. Müller, O.** Flora v. Gera. 2 Tle. Gera u. Halle 1857—
1858. 8. 130 p.   2.—
23644 **Schmidt, W. L. E.** Flora v. Pommern u. Rügen. 2. Aufl. v. Baumgardt.
Stett. 1848. 8. 447 p. (M. 5.) Cart.   2.—
23645 **Schmising-Kerssenbrock.** Fauna u. Flora d. Kreis. Biedenkopf. Wiesb.
1913. 8. 70 p.   1.50

ℳ

23646 **Schmitz et Regel.** Flora Bonnensis. Bonn. 1841. 8. 560 p. (M. 6.) Hfzb. 2.—
23647 **Schneider, L.** Wanderungen im Magdeburg. Florengebiet. 2 Tle. u.
Nachtr. (Berl. u. Magdeb.) 1868—94. 8. 290 p. 2.—
23648 **Schneider, W. G.** Herbarium Schlesischer Pilze. 2 Fascikel. Breslau
1865. 4. 1 0 0 g e t r o c k n e t e S p e c i e s mit Titelblättern u. Erklärung. Cartonn. 120.—
    Ausschliesslich parasit. mikroskop. Arten (Peronospora u. Ustilago) enthalten-
des Herbar. Die Sammlung ist ebenso unbekannt wie der Herausgeber selbst.
Das einzige Exemplar, welches ich gesehen habe.
23649 **Schneller.** Z. Kenntn. d. Phanerog. Flora v. Futak b. Peterwardein.
Mit Nachtr. (Wien, Z. b. G.) 1858—59. 8. 27 p. 1.—
23650 **Schnittspahn.** Flora v. Hessen. 3. Aufl. Darmst. 1853. 8. 436 p. Cart. 1.50
23651 — — 4. Aufl. Darmst. 1865. 8. 534 p. Cart. 2.—
23652 **Schnizlein.** Flora von Bayern. Erl. 1847. 8. 839 p. (M. 4.50.) Cart. 2.—
23653 **Scholz, J. B.** Vegetations - Verhältn. d. preuss. Weichselgebietes.
(Thorn, Coppern.-Ver.) 1896. 8. 230 p. m. 3 Tfln. (M. 3.) 2.—
23654 — Die Pflanzengenossenschaften Westpreussens. (Danz., Nat. Ges.)
1905. 8. 248 p. 4.—
23655 **Schönach.** Z. Flora v. Tirol u. Vorarlberg. Feldk. 1892. 8. 22 p. 1.—
23656 **Schönfeldt.** Diatomaceae Germaniae. Die Deutsch. Diatomeen d. Süss-
u. d. Brackwassers. Berl. 1907. 4. 269 p. m. 19 Tfln. Lnb. (M. 20.) 15.—
23657 **Schöpfer.** Flora Oenipontana. Innsbr. 1805. 8. 418 p. 4.—
23658 **Schrader.** Flora Germanica. Vol. I. (unicus). Gott. 1806. 8. 444 p.,
6 tab. et mappa geogr. (M. 5.) Cart. 1.50
23659 **Schramm.** Die selteneren Pflanzen d. Schles. Flora. Leobsch. 1840.
8. 45 p. 1.—
23660 — Flora v. Brandenburg. Brand. 1857. 8. 244 p. 2.—
23661 **Schreber u. Hoppe.** Die Klee-Arten Deutschlands. Nürnb. 1804. 12.
110 p. m. 47 color. Tfln. 20.—
23662 **Schreiber, R. F.** Flora d. Umgeg. v. Grabow u. Ludwigslust. (Güstr.,
Arch.) 1853. 8. 55 p. 1.50
23663 **Schube.** Z. Geschichte d. Schles. Floren-Erforsch. bis z. Beginn d.
17. Jahrhund. (Bresl., Schles. Ges.) 1890. 8. 48 p. 1.—
23664 — Die Verbreit. d. Gefässpflanzen in Schlesien preuss. u. oesterr.
Anteils. 2 Tle. Bresl. 1901—03. 8. 276 p. m. Kte. u. 4 Tfln. (M. 6.) 4.—
23665 — Flora v. Schlesien preuss. u. oesterreich. Anteils. Bresl. 1904. 8.
464 p. Lnb. (M. 4.) 3.—
23666 **Schübler u. Martens.** Flora v. Würtemberg. M. Supplem. Tüb. 1834—
1844. 8. 800 p. m. Kte. (M. 10.) 2.50
    Siehe auch Nr. 23341.
23667 **(Schultes).** Fauna u. Flora v. d. südwestl. Gegend um Wien. Wien
1802. 8. 127 p. Cart. 2.—
23668 **Schultz, F.** Flora d. Pfalz. Speyer 1846. 8. 650 p. (M. 7.) 2.—
23669 — Zusätze u. Bericht. zu m. „Flora d. Pfalz." (Neustadt, Pollich)
1859—61. 8. 55 p. 1.—
23670 — Beiträge z. Flora d. Pfalz. (Landau, Pollich.) 1857. 8. 37 p. 1.—
23671 — Botan.-geolog. Reise in's Nahethal. (Neustadt, Pollich.) 1861. 8. 29 p. 1.—
23672 — Grundz. z. Phytostatik der Pfalz. Mit 2 Nachtr. Weissenburg
(Pollich.) 1863—66. 8. 297 p. 3.—
23673 **Schulz, A.** Die florist. Litteratur f. Nordthüringen, d. Harz u. d. prov.-
Sächs. u. Anhalt. Teil an d. norddeutsch. Tiefebene. M. Nachtr. Halle
1888. 8. 108 p. 1.50
23674 — Die Vegetationsverhältn. d. Umgeb. v. Halle. Halle 1888. 8. 98 p.
m. 4 Ktn. (M. 2.) 1.50
23675 — Grundz. d. Entwicklungsgesch. d. Pflanzenwelt Mitteleuropas seit
d. Tertiärperiode. Halle 1893. 8. 34 p. 1.—
    Dissertation.
23676 — — Jena 1894. 8. 206 p. (M. 4.) 3.—
23677 — — Kritik v. N. B u s c h. Petersb. 1894. 8. 22 p. — Russisch. 1.—

$\mathcal{M}$

23678 **Schulz, A.** Die Vegetat.-Verhältn. d. Saalebezirk. Halle 1894. 8. 43 p.　1.—
23679 — Entwicklungsgesch. d. Phanerog. Pflanzendecke d. Saalebezirk.
Halle 1898. 8. 84 p.　1.50
23680 — Entwicklungsgesch. d. Phanerogamen Pflanzendecke Mitteleuropas
nördl. der Alpen. Stuttg. 1899. 8. 220 p. (M. 8.40.)　7.—
23681 — Studien üb. d. Phanerog.-Flora d. Saalebezirkes. I. Halle 1902. 8.
57 p. m. color. Kte.　1.50
23682 — Verbreit. d. halophil. Phanerog. im Saalebezirk. (Stuttg., Z. Nat.)
1902. 8. 27 p.　1.—
23683 — Ueb. d. Entwicklungsgesch. d. Phanerog. - Flora Mitteldeutschlands.
4 Tle. (Berl., Bot. Ges.) 1902—06. 8. 60 p.　2.—
23684 — Entwicklungsgesch. d. Phanerog. - Flora d. Schwäb. Alp. (Leipz.,
Engl. Jahrb.) 1903. 8. 29 p.　1.50
23685 — Die halophilen Phanerogamen Mitteldeutschlands. (Stuttg., Z. Nat.)
1903. 8. 37 p. m. color. Kte.　1.50
23686 — Ueb. d. Entwicklungsgesch. d. Phanerog. - Flora Süddeutschlands.
(Jena, Bot. Centr.) 1905. 8. 99 p.　1.50
23687 — Studien üb. d. Phanerog. - Flora Deutschlands. I. (Stuttg., Z. Nat.)
1906. 8. 37 p.　1.—
23688 — Entwicklungsgesch. d. Phanerog. - Flora d. Oberrhein. Tiefebene.
Stuttg. 1906. 8. 118 p. m. 2 Ktn. (M. 6.40.)　4.50
23689 — Ueb. d. Entwicklungsgesch. d. Phanerog. - Flora d. Norddeutschen
Tieflandes. 2 Tle. (Berl., Bot. Ges.) 1907. 8. 29 p.　1.—
23690 — Entwickl. d. Flora d. mitteldeutschen Gebirgs- u. Hügellandes.
(Leipz., Z. Nat.) 1908. 8. 45 p.　1.50
23691 — Verbreitung u. Gesch. ein. Phanerog. in Deutschland. (Stuttg., Z.
Nat.) 1909. 8. 125 p.　2.—
23692 — Entwicklungsgesch. d. Phanerog. - Flora Deutschlands. 3 Tle. (Berl.,
Bot. Ges.) 1912. 8. 21 p.　1.50
23693 — Geschichte d. Phanerogam. Flora Mitteldeutschlands, vorzügl. d.
Saalebezirk. seit d. Pliozänzeit. Teil I. Halle 1914. 8. 205 p. (M. 5.)
23694 **Schulz, O. u. R.** Z. Flora v. Chorin u. v. Meyenburg. (Berl., Bot. V.)
1897. 8. 18 p.　1.—
23695 **Schulze, E.** Symbolae ad floram Hercynicam. (Leipzig, Z. Nat.) 1909.
8. 106 p.　2.—
23696 **Schulze, M.** Die Orchidaceen Deutschlands, D.-Oesterr. u. d. Schweiz.
Gera 1894. 8. 270 p. m. Portr. u. 93 color. Tfln. (M. 15.) Hfzb.　7.—
23697 **Schulzer v. Müggenburg, Kanitz u. Knapp.** Die Pflanzen Slavoniens.
(Wien, Z. b. G.) 1866. 8. 170 p.　1.—
23698 — S t o i t z n e r. Nachträge. 2 Tle. (Wien, Z. b. G.) 1869—70. 8. 14 p.　1.—
23699 **Schur.** Z. Kenntn. d. Florengebietes v. Siebenbürgen: Sesleriaceen.
(Wien, Z. b. G.) 1856. 8. 24 p.　1.—
23700 — Enumeratio Plantarum Transsilvaniae. Vindob. 1866. 8. 1002 p.
(M. 18.)　5.—
1885 mit unverändertem Titelblatt neu herausgegeben.
23701 — Phytograph. Mitteilgn. üb. Pflanzenformen aus verschied. Floren-
gebieten Oesterr.-Ungarns. 3 Tle. (Brünn, Nat. V.) 1895—1904. 8. 221 p.　3.50
23702 **Schuster, P.** Z. Flora der Altmark. (Berl., Bot. Ver.) 1916. 8. 27 p.　1.—
23703 **Schüz.** Flora des nördl. Schwarzwaldes. Teil I. (soviel erschien.). Calw
1861. 8. 64 p.　1.50
23704 **Schwaab u. a.** Flora Cassels. (Cassel, Nat. Ges.) 1878. 8. 35 p.　1.—
23705 **Schwab.** Florist. Verhältn. v. St. Florian in Oberoesterr. Kremsmünst.
8. 58 p.　1.—
23706 **Schwaighofer.** Tabellen z. Bestimm. einheim. Sporenpflanzen. 4. Aufl.
Wien 1892. 8. 154 p.　1.—
23707 — Bestimmungstafeln f. einheim. Samenpflanzen. Leipz. 1911. 8.
201 p. Lnb.　1.50

23708 **Schwarz, A.** Ueb. d. Flora von Nürnberg. (Nürnb., Nat. Ges.) 1881. 8. 48 p.   1.—

23709 — Flora d. Umgeg. v. Nürnberg-Erlangen. 6 Tle. (Nürnb., Nat. Ges.) 1892—1912. 8. 1283 p. m. geol. Kte. u. 3 Tfln. (M. 38.)   25.—
Viele Teile auch einzeln.

23710 — Z. Kenntn. d. pflanzengeogr. Verhältn. im Keuper um Nürnberg. (Nürnb., Nat. Ges.) 1895. 8. 18 p.   1.—

23711 **Schweigger et Koerte.** Flora Erlangensis. 2 part. Erlang. 1811. 8. 310 p.   2.—

23712 **Schweinfurth.** Vegetationsskizze d. Umgeb. v. Straussberg u. des Blumenthals bei Berlin. (Berl., Bot. Ver.) 1862. 8. 36 p. m. Karte.   1.50

23713 **Scopoli.** Flora Carniolica. Ed. II. (ultima). 2 vol. Viennae 1772. 8. 1032 p. et 65 tab. Frzb.   18.—

23714 — Historia natural. Goriziense et Tyrolense. (Lipsiae, 'Annus') 1769. 8. 96 p.   6.—

23715 **Seidel, O.** Tafeln z. Bestimm. d. Gefässpflanzen Schlesiens. 2. Aufl. Frankenst. 1912. 8. 228 p. Lnb. (M. 3.)   2.—

23716 **Sendtner.** Die Vegetationsverhältn. Südbayerns. Stuttg. 1854. 8. 922 p. m. Kte. u. 9 Tfln. Lnb.   18.—
Vergriffen.

23717 — — Teil III: Flora Südbayerns. 188 p. Cart.   5.—

23718 — Die Vegetationsverhältn. d. Bayerischen Waldes. Münch. 1860. 8. 525 p. m. 8 Tfln. (M. 12.)   3.50

23719 **Senft.** Die Vegetat.-Verhältn. Eisenachs. Eis. 1865. 8. 67 p. Cart.   1.—

23720 **Seubert.** Excursionsflora f. d. südwestliche Deutschland. Stuttg. 1869. 8. 328 p. (M. 3.50.) Lnb.   1.—

23721 — Excursionsflora f. Süddeutschland. Stuttg. 1878. 8. 376 p. (M. 3.) Lnb.   1.—

23722 — Exkursionsflora f. Baden. 5. Aufl. Stuttg. 1891. 8. 440 p. (M. 4.50.) Lnb.   2.—

23723 **Seydler.** Z. Flora d. Prov. Preussen. (Königsb., Phys. Ges.) 1864. 4. 17 p.   1.—

23724 — Verzeichn. der in d. Kr. Braunsberg u. Heiligenbeil wildwachs. Phanerog. u. Gefässkryptogamen. (Königsb., Phys. Ges.) 1891. 4. 45 p.   1.50

23725 **Sickmann.** Enumer. Phanerog. ca. Hamburgum cresc. Hamb. 1836. 8. 84 p.   1.50

23726 **Siegers.** Zusammenstell. d. Phanerog. v. Malmedy. Malm. 1885. 4. 32 p.   1.—

23727 **Simkovics.** Flora d. Arader Comit. (Budap.) 1885. 8. 79 p.   1.50

23728 **Simon.** Ueb. d. Vegetat.-Verhältn. v. Rothenburg a. T. (Nürnb., Nat. Ges.) 1892. 8. 16 p.   1.—

23729 **Simonkai.** Enumer. Florae Transsilvanicae vasculosae critica. Budae 1887. 8. 728 p.   25.—
Vergriffen.

23730 — Novitates ex Flora Hungar. (Budap.) 1889. 8. 7 p.   1.—

23731 — Quercus et Querceta Hungariae. Budap. 1890. 4. 40 p. et 10 tab. — Hungarice conscr.   6.—

23732 **Simony.** Oberste Getreide- u. Baumgrenze in Westtirol. (Wien, Z. b. G.) 1870. 8. 8 p.   1.—

23733 **Slavicek.** Z. Flora v. Mähren. (Brünn, Nat. Ver.) 1897. 8. 67 p.   1.—

23734 **Sloboda.** Flora v. Rottalowitz, Mähren. (Brünn, Nat. Ver.) 1868. 8. 27 p.   1.—

23735 **Smith, A. M.** Flora v. Fiume. (Wien, Z. b. G.) 1878. 8. 52 p.   1.—

23736 **Söhns.** Unsere Pflanzen. 2. Aufl. Leipz. 1899. 8. 138 p. (M. 2.40.) Lnb.   1.—

23737 **Solla.** Contrib. alla Vegetaz. del Carso. (Trieste, Soc. Nat.) 1900. 8. 49 p.   1.50

23738 **Sonder.** Flora Hamburgensis. Hamb. 1851. 8. 605 p. (M. 7.50.) Cart.   2.—

23739 **Spenner.** Flora Friburgensis. 3 vol. Freib. 1825—29. 8. 1248 p. et 3 tab. (M. 16.) Hfzb.   3.50

23740 — Schildknecht. Nachtrag. Freib. 1862. 8. 68 p.   1.50

23741 — Teutschl. Phanerog.-Gattungen. Freib. 1836. 8. 366 p. (M. 3.80.) Cart.   1.50

23742 **Spiessen.** Z. Flora Westphalens. (Bonn, Nat. Ver.) 1873. 8. 12 p.   1.—

23743 **Sprengel.** Flora Halensis. C. 3 suppl. Halae 1806—1815. 8. 761 p. et *M*
18 tab. Cart. 4.—
23744 — — Ed. II. 2 vol. Halae 1832. 8. 762 p. (M. 8.) Cart. 2.—
23745 **Spribille.** Flora v. Schrimm. Inowr. 1883. 4. 21 p. 1.—
23746 — Verzeichnis d. Gefässpflanzen d. Kreise Inowrazlaw u. Strelno.
Inowr. 1888. 4. 41 p. 1.—
23747 — Florist. Beobachtungen aus Schlesien. (Berl., Bot. V.) 1901. 8. 10 p. 1.—
23748 **Staub.** Flora v. Fiume. (Budap.) 1877. 8. 166 p. m. Tfl. — Latein. Namen,
magyar. Diagnosen. 1.50
23749 **Stefani.** Contrib. alla Flora di Pirano. I. Trieste 1884. 8. 56 p. 1.50
23750 **Steiger.** Verzeichn. d. Phanerog. v. Klobouk. (Brünn, Nat. Ver.) 1880.
8. 55 p. 1.—
23751 **Steinvorth.** Flora v. Lüneburg. Lüneb. 1849. 8. 184 p. Cart. 1.—
23752 — Die Wald- u. Park-Flora d. Eilenriede. Hannov. 1899. 4. 16 p. 1.—
23753 **Steudel et Hochstetter.** Enumer. Plantarum Germaniae Helvetiaeque.
Stuttg. 1826. 8. 360 p. (M. 5.) Cart. 1.50
23754 **Stoltz.** Flore d'Alsace. Strasb. 1802. 8. 70 p. Cart. 2.—
23755 **Storch.** Flora v. Salzburg. Salzb. 1857. 8. 252 p. m. Kte. (M. 3.) 2.—
23756 **Strähler.** Flora v. Görbersdorf. M. Nachtr. (Berl., Bot. Ver.) 1872—75.
8. 36 p. 1.—
23757 **Strail.** Florule de Chaudfontaine. (Brux., S. Bot.) 1863. 8. 38 p. 1.—
23758 **Strobl.** Aus d. Frühlings-Flora u. Fauna Illyriens. (Wien, Z. b. G.)
1872. 8. 40 p. 1.—
23759 **Strohecker.** System. Anleitung zu botan. Excursionen in Mitteleuropa.
Münch. 1869. 8. 206 p. 1.—
23760 **Struve.** Flora v. Sorau. I. Sorau 1872. 4. 24 p. 1.—
23761 **Stur.** Einfluss der geognost. Unterlage auf d. Verteil. d. Pflanzen in
Oesterr. (Wien, Z. b. G.) 1853. 8. 8 p. m. Tfl. 1.—
23762 **Sturm.** Deutschlands Flora. 3 Abtlgn. (30 Bdchn.) in 163 Heften. Nürnb.
1793—1855. 8 3751 p. m. 2326 m. d. Hand color. Tfln. 250.—
    I: Phanerogamen. 96 Hefte m. 1440 Tfln. — II: Cryptogamen. 31 Hefte m. 416
Tfln. — III: Pilze (Fungi). 36 Hefte m. 480 Tfln.
23763 — — Einzeln: Abteil. I: Phanerog. (96 Hefte m. 1440 Tfln.) Heft 1—44,
47, 50—57, 61, 62, 64—85. — Abteil. II: Cryptog. (31 Hefte m. 416 Tfln.)
Heft 30, 31. — Abteil. III: Fungi (36 Hefte m. 480 Tfln.). Heft 5—20,
23—28. — O r i g i n a l - Colorit.
    Jedes Heft à M. 1.
    Eine grosse Zahl einzelner color. Tafeln ist vorrätig.
23764 — Flora von Deutschland. 2. Aufl. hrsg. v. Lutz. Abt. I: Phanerog.
15 Bde. Stuttg. 1906—1907. 8. m. ca. 900 color. Tfln. Origlnbde. (M. 37.) 18.—
23765 **Sturm u. Schnizlein.** Verzeichn. d. Pflanzen v. Nürnberg u. Erlangen.
2. Aufl. Nürnb. 1860. 8. 152 p. Cart. 1.—
23766 **Succow.** Flora Mannhemiensis. 2 partes. Mannhem. 1821. 8. 440 p.
(M. 6.) 1.50
23767 Die **Süsswasserflora Deutschlands,** Oesterreichs u. d. Schweiz. Hrsg.
v. Pascher. (16 Hefte). Bisher erschien: Heft 1—3; 6, II, III; 9; 10; 14.
Jena 1913—15. 8. 1134 p. m. viel. Fig. (M. 33.80.)
    Inhalt: 1 u. 2: P a s c h e r u. L e m m e r m a n n, Flagellatae. 2 Hefte.
1913—14. 338 p. m. 650 Fig. M. 8.50. — 3: S c h i l l i n g, Dinoflagellatae (Peridineae). 1913. 70 p. m. 69 Fig. M. 1.80. — 6: (3 Teile) Teil II, III: L e m m e r -
m a n n, B r u n n t h a l e r, P a s c h e r u. H e e r i n g, Chlorophyceae. 1914—15.
508 p. m. 787 Fig. M. 12.40. — 9: B o r g e u. P a s c h e r, Zygnemales. 1913.
55 p. m. 89 Fig. M. 1.50. — 10: v. S c h ö n f e l d t, Bacillariales (Diatomeae).
1913. 191 p. m. 379 Fig. M. 4. — 14: W a r n s t o r f, M ö n k e m e y e r u.
S c h i f f n e r, Bryophyta (Sphagnales, Bryales, Hepaticae). 1914. 226 p. m.
500 Fig. M. 5.60.
23768 **Szontagh.** Enumer. Plantar. comit. Arvensis, Hungaria. (Vindob., Z.
b. G.) 1863. 8. 54 p. 1.—
23769 — Enumer. Plantar. territ. Soproniensis. (Vindob., Z. b. G.) 1864. 8. 40 p. 1.—
23770 **Taubert.** Z. Flora d. Nieder-Lausitz II. (Berl., Bot. Ver.) 1886. 8. 49 p. 1.—

		$\mathcal{M}$

23771 **Taubert.** Z. Flora des märk. Oder-, Warthe- u. Netzegebietes. (Berl., Bot. Ver.) 1887. 8. 14 p. 1.—

23772 — Z. Flora d. Neumark. (Berl., Bot. Ver.) 1889. 8. 12 p. 1.—

23773 **Teyber.** Z. Flora Oesterreichs. 2 Tle. (Wien, Bot. Z.) 1910—13. 8. 20 p. m. Tfl. 1.—

23774 **Thielens.** S. qu. Plantes rares ou nouv. de Belgique. (Brux., Soc. Bot.) 1865. 8. 12 p. av. pl. 1.—

23775 — Acquisit. de la Flore Belg. jusqu'à 1872. 2 fasc. Mons et Gand 1870 à 74. 8. 192 p. 1.50

23776 **Thiem.** Biogeograph. Betracht. des Rachel (Böhmerwald). (Nürnb., Nat. Ges.) 1906. 8. 138 p. m. 23 Tfln. (11 color.) 5.—

23777 **Thomé.** Flora v. Deutschland, Oesterreich u. d. Schweiz. 4 Bde. (Phanerogamen). Gera 1886—88. 8. m. 616 color. Tfln. (M. 54.) Hfzb. 30.—

23778 — — 2. (letzte) Aufl. 4 Bde. (Phanerogamen). Gera 1903—05. 8. m. 616 color. Tfln. (5050 Fig.) Origbde. (M. 80.25.) 60.—

23779 — — Abteil. II: Kryptogamen, v. M i g u l a. (In 12 Bdn. = Bd. V—XII d. Gesamtwerkes). Alles was bisher erschienen. Gera 1904—15. 8. m. 1048 z. Tl. color. Tfln. Orighfzbde. (M. 327.50.) 270.—
> Ausführliches Verzeichnis des bisher Erschienenen — siehe Catal. 58, p. 468 u. 469.

23780 **Timm.** Krit. u. ergänz. Bemerkgn., die Hamburg. Flora betreff. 4 Tle. (Hamb., Nat. Ver.) 1878—81. 8. 172 p. 2.—

23781 **Tittmann.** Ueb. d. Leipziger Flora. Leipz. 1902. 8. 24 p. 1.—

23782 **Tocl.** Z. Flora Nordungarns. (Prag, Ges. Wiss.) 1901. 8. 19 p. 1.—

23783 **Tomaschek.** Z. Flora Cilli's. (Wien, Z. b. G.) 1859. 8. 8 p. 1.—

23784 — Beitr. z. Flora Lemberg's. 6 Tle. (Wien, Z. b. G.) 1859—68. 8. 170 p. 1.50

23785 **Tommasini.** Die Vegetat. d. Sandinsel Sansego. (Wien, Z. b. G.) 1862. 8. 40 p. m. Tfl. 1.—

23786 **Tommasini e Marchesetti.** Flora di Lussino. Trieste 1895. 8. 96 p. 2.—

23787 **Toepffer.** Z. Flora v. Schwerin. (Güstr., Arch.) 1895. 8. 13 p. 1.—

23788 **Treichel.** Excurs. v. Vetschau nach Missen. (Berl., Bot. V.) 1876. 8. 13 p. 1.—

23789 **Trentepohl.** Oldenburg. Flora. Oldenb. 1839. 8. 326 p. (M. 3.) Hfzb. 2.—

23790 **Trommer.** Die Vegetationsverhältnisse d. oberen Freiberger Mulde. Freib. 1881. 4. 36 p. m. color. geol. Karte. 1.50

23791 **Trutzer.** Flora v. Kaiserslautern. (Dürkh., Pollich.) 1877. 8. 58 p. m. Kte. 1.50

23792 **Trzebinski.** Flora lasow garwolinskich i sasiednich okolic. (Krak., Ak.) 1899. 8. 67 p. 1.—

23793 **Tuzson.** Grundz. d. entwicklgsgesch. Pflanzengeographie Ungarns. (Budap., Math. Ber.) 1915. 8. 36 p. m. color. Kte. 1.50

23794 **Uechtritz.** Beitr. z. Schlesisch. Flora. 2 Tle. (Berl. u. Bresl.) 1864—68. 8. 36 p. 1.—

23795 — Die Vegetationslinien d. Schles. Flora. (Bresl., „Fiek") 1881. 8. 37 p. 1.—

23796 **Ulbrich.** Ausflug n. Eberswalde. (Berl., Bot. Ver.) 1904. 8. 12 p. 1.—

23797 **Ulsamer.** Z. Flora v. Dillingen. Dill. 1896. 8. 58 p. 1.—

23798 **Ungarn.** — 5 florist. Abhandlgn. v. Petrovics, Rapaics, Römer u. a. 1857—1913. 8. 40 p. 1.50

23799 **Unger.** Influence du sol sur la distrib. d. Végétaux du Tyrol occid. (Paris, Ann. Sc.) 1837. 8. 19 p. 1.—

23800 **Urban.** Z. Flora v. Teupitz. (Berl., Bot. V.) 1879. 8. 14 p. 1.—

23801 — Flora v. Gr.-Lichterfelde. (Berl., Bot. Ver.) 1881. 8. 32 p. 1.—

23802 **Van Bastelaer.** Herborisat. d. l. Ardennes Belges. (Brux., S. Bot.) 1864. 8. 32 p. 1.—

23803 **Vandenborn.** Catal. d. Plantes de St.-Trond. (Brux., S. Bot.) 1865. 8. 33 p. 1.—

23804 **Van der Harst.** Overz. d. inlandsche Planten. Arnhem 1871. 8. 164 p. m. 2 Tfln. 1.—

23805 **Van Haesendonck.** Florule de Westerloo. (Brux., S. Bot.) 1869. 8. 37 p. 1.—

23806 **Verbist.** Florule de Hoogstraeten. (Brux., S. Bot.) 1901. 8. 14 p. 1.—

23807 **Vest.** Manuale Botan. sist. Germaniae Phanerog. Klagenf. 1805. 8. *M*
818 p. (M. 12.) Cart. 2.—
23808 **Vierhapper.** Das Ibmer- u. Waidmoos in Oesterr.-Salzburg. Ried
1882. 8. 27 p. 1.—
23809 — Prodr. ein. Flora d. Innkreises in Oberoesterreich. Ried 1885. 8. 37 p. 1.—
23810 — Beitr. z. Flora d. Gefässpflanzen des Lungau. 3 Tle. (Wien, Z. b. G.)
1898—1901. 8. 92 p. 1.50
23811 **Vocke u. Angelrodt.** Flora v. Nordhausen. Berl. 1886. 8. 340 p. (M. 3.)
Cart. 1.50
23812 **Vogel, H.** Flora v. Penig. (Berl., Bot. V.) 1877. 8. 28 p. 1.—
23813 **Volckamer, J. G.** Flora Noribergensis. Norib. 1718. 4. 432 p. et 25 tab.
Cart. 7.—
23814 **Vollmann.** Flora v. Bayern. Stuttg. 1914. 8. 868 p. Lnb. (M. 16.50.)
23815 **Vorarbeiten** zu ein. pflanzengeograph. Karte Oesterreichs. Teil I—VIII.
(soviel erschien.). (Wien, Z. b. G.) 1904—13. 8. 485 p. m. 7 color.
Ktn. (M. 38.) 30.—
23816 **de Vos.** Flore compl. de la Belgique. Mons 1885. 8. 763 p. Toile. 2.50
23817 **Voss.** Florenbilder aus Laibach. Laib. 1889. 8. 54 p. 1.—
23818 **Wagner, H.** Illustr. Deutsche Flora. 2. Aufl. v. Garcke. Stuttg. 1882.
8. 994 p. m. 1250 Fig. Orig.-Hfzb. (M. 18.) 5.—
Auch eine Zahl einzelner Lieferungen vorhanden.
23819 — — 3. (letzte) Aufl. v. Garcke. Stuttg. 1904. 8. 811 p. m. 1575 Fig.
(M. 15.) Origbd. 9.50
23820 **Wagner, H.** Flora d. Reg.-Bez. Wiesbaden. 2 Tle. Ems 1890. 8. 393 p.
m. 11 Tfln. (M. 3.60.) 2.—
23821 **Wagner, J.** Z. Kenntn. d. Flora Ungarns. (Budap.) 1898. 8. 14 p. 1.—
23822 **Wagner, R.** Flora d. Löbauer Berges. Löb. 1886. 4. 88 p. 1.50
23823 **Wahlenberg.** Flora Carpatorum principal. Götting. 1814. 8. 572 p.,
carta geogr. color. et 3 tab. Hfzb. 7.—
23824 **Waisbecker.** Z. Flora d. Comit. Vas. (Budap.) 1908. 8. 20 p. 1.—
23825 **Waldner.** Z. Excursionsflora v. Elsass-Lothringen. Heidelb. 1879. 8. 40 p. 1.—
23826 **Waldstein et Kitaibel.** Descriptiones et icones Plantarum rariorum
Hungariae. 3 vol. Vindob. 1802—12. fol. 374 p. et 280 tab. color. Hfzb. 1000.—
Siehe bezüglich dieses' Rarissimums: Nr. 4610.
23827 — — Fragment: Titelblatt, Seiten XXXII u. 197—221 (Schluss d. Bandes) u. color. Tfln. 181—200. 10.—
23828 **Walpert.** Synonyme d. Phanerog. u. cryptogam. Gefässpflanzen
Deutschl. u. d. Schweiz. Lissa 1855. 8. 309 p. (M. 4.) Cart. 2.—
23829 **Walser.** Phytograph. Skizze d. Umgeg. v. Münchroth, Oberschwaben.
(Stuttg., Ver. Nat.) 1847. 8. 21 p. 1.—
23830 **Walz.** Z. Flora d. Leithagebirges. (Wien, Z. b. G.) 1890. 8. 22 p. 1.—
23831 **Warnstorf.** System. Zusammenstell. der bei Arnswalde beobacht.
Phanerog. u. Kryptog. (Berl., Bot. Ver.) 1871. 8. 46 p. 1.—
23832 — Reise n. d. nordwestl. Altmark. (Berl., Bot. V.) 1874. 8. 15 p. m. Kte. 1.—
23833 — Ausflug n. d. Niederlausitz. (Berl., Bot. V.) 1875. 8. 16 p. 1.—
23834 — Reise n. d. nordöstl. Mark. (Berl., Bot. V.) 1876. 8. 15 p. 1.—
23835 — Botan. Wanderungen durch Brandenburg. 2 Tle. (Berl., Bot. Ver.)
1881. 8. 29 p. 1.—
23836 — Florist. Mittlgn. aus d. Mark. (Berl., Bot. V.) 1883. 8. 18 p. 1.—
23837 — Z. Flora d. Ukermark. 2 Tle. (Berl., Bot. V.) 1889—91. 8. 28 p. 1.—
23838 — Beob. in d. Ruppiner Flora. (Berl., Bot. V.) 1894. 8. 27 p. 1.—
23839 — Beob. aus d. Prov. Brandenburg. (Berl., Bot. V.) 1896. 8. 26 p. 1.—
23840 **Warnstorf u. Koehne.** 2 Tage in Havelberg u. Ausflug n. d. Ostprieg-
nitz. (Berl., Bot. Ver.) 1880. 8. 27 p. 1.—
23841 **Wawra.** Aufzähl. d. Pflanzen v. Brünn. (Wien, Z. b. G.) 1852. 8. 26 p. 1.—
23842 **Weber, C. A.** Ueb. d. Vegetat. d. Moores v. Augstumal. (Berl.) 1894.
8. 12 p. 1.—

23843 **Weber, C. A.** Ueb. d. Veget. zweier Moore bei Sassenberg in Westfalen. (Brem., Nat. Ver.) 1897. 8. 17 p.   1.—
23844 — Moore zwisch. Unterweser u. Unterelbe. (Brem.) 1899. 8. 23 p.   1.—
23845 — Ueb. Litorina- u. Praelitorinabildgn. d. Kieler Föhrde. (Leipz., Engl.
Jahrb.) 1904. 8. 54 p.   1.50
23846 **Weber, F., u. Mohr.** Deutschlands kryptogam. Gewächse. Bd. I (alles
was erschien.): Filices, Musci frond. et hepat. Kiel 1807. 8. 555 p. m.
12 Tfln. (M. 9.) Cart.   2.50
23847 — — Mit c o l o r. Tafeln. (M. 12.50.) Cart.   3.50
23848 **Weber, G. H.** Spicilegium Florae Goettingensis. Gothae 1778. 8. 326 p.
et 5 tab. color. (L i c h e n e s). Frzb.   6.—
   Interessant, da der Verf. vermutlich identisch mit dem des berühmten Werkes
„Primitiae Florae Holsaticae". (Ausführliches darüber siehe Nr. 23865).
23849 **Weinhart.** Beitr. z. Flora v. Schwaben. 3 Tle. (Augsb., Nat. Ver.)
1890—98. 8. 20 p.   1.—
23850 **Weinhart u. Lützenberger.** Flora v. Augsburg. (Augsb., Nat. Ver.) 1898.
8. 142 p. m. Kte.   1.50
23851 **Weinländer.** Die blühenden Pflanzen d. Hochschobergruppe. (Wien,
Z. b. G.) 1888. 8. 22 p.   1.—
23852 **Weis, F. G.** Cryptogamae Florae Gottingensis. Gott. 1770. 8. 346 p. et
tab. color. Hfzb.   4.—
23853 **Weise.** Z. Flora v. Stendal. Stend. 1888. 4. 10 p.   1.—
23854 **Weiss, A.** Z. Flora v. Lemberg. (Wien, Z. b. G.) 1865. 8. 8 p.   1.—
23855 **Weiss, J. E.** Vademecum Botanicorum. Verzeichn. d. Pflanzen d.
Deutsch. Florengebietes. Passau 1888. 8. 216 p. Lnb. (M. 2.50.)   1.50
23856 — Schul- u. Excurs.-Flora v. Deutschland. Münch. 1894. 8. 618 p.
Lnb. (M. 4.)   2.—
23857 **Wessel.** Grundr. z. Lippischen Flora. 2. Aufl. Detmold 1874. 8. 116 p.
Cart.   1.—
23858 **West-Deutschland.** — 20 florist. Abhandlgn. v. Beckhaus, Caflisch,
Möller, Schmitz, Wilms, F. Wirtgen u. a. 1840—1906. 8. u. 4. 280 p.   5.—
23859 **Westendorp et Wallays.** Herbier cryptogamique Belge. 11 centuries
av. 1100 espèces d e s s é c h é e s. Bruges 1845 à 56. 4. En 7 cartons.   140.—
   Des centuries déparaillées ne sont pas trop rares; mais une série complète
comme la nôtre est vraiment presqu' introuvable.
23860 **Wiesbauer.** Beitr. z. Flora v. Pressburg. 2 Tle. (Wien, Z. b. G.)
1865—67. 8. 12 p.   1.—
23861 — Z. Flora v. Nied.-Oesterreich. 2 Tle. (Wien, Z. b. G.) 1873—75.
8. 12 p.   1.—
23862 — Pfingsten 1873 im Zalaer Komitat; pflanzengeogr. Skizze. (Wien,
Z. b. G.) 1874. 8. 12 p.   1.—
23863 **Wigand.** Flora v. Kurhessen. Bd. I. (soviel erschien.): Diagnostik d.
Gefässpflanzen. Marb. 1859. 8. 436 p. (M. 4.) Cart.   1.—
23864 — — 2. Aufl. Cassel 1875. 8. 476 p. (M. 4.50.) Hfzb.   1.50
23865 **Wiggers.** Primitiae Florae Holsaticae. (Kiliae 1780). F a c s i m i l e -
E d i t i o n. Ed.: W. Junk. Berolini 1917. 8. 112 p.
   Subscriptions-Preis M. 10, Preis nach Erscheinen M. 12. — Näheres über
dieses seltene u. wertvolle Werk siehe No. 4616 u. 4617.
23866 **Wilbrand.** Uebersicht d. Vegetation Deutschlands. Stadtamhof 1824.
8. 75 p. Cart.   1.50
23867 **Wilde.** Lepidopterol. Botanik. System. Beschr. d. Pflanzen Deutschlands u. ihrer Raupen. 2 Bde. Berl. 1860—61. 8. 736 p. m. 10 Tfln.
(M. 10.50.)   7.—
23868 **Willkomm.** Führer in's Reich d. Pflanzen Deutschlands, Oesterr. u.
d. Schweiz. 2. (letzte) Aufl. Leipz. 1882. 8. 928 p. m. 7 Tfln. u. 800
Fig. (M. 15.)   7.—
23869 — Forstliche Flora v. Deutschland u. Oesterreich. 2. (letzte) Aufl.
Leipz. 1887. 8. 980 p. m. 82 Fig. (M. 25.)   7.50
23870 — Schulflora v. Oesterreich. 2. Aufl. Wien 1892. 8. 387 p. (M. 4.) Lnb.   2.—

23871 **Wils u. Dozy.** Verslag d. 5.—8. bijeenkomst d. Vereenig. v. de Nederlandsche Flora. (Leyden, Kruidk. Arch.) 1851—55. 8. 280 p. 2.—
23872 **Wimmer.** Neue Beitr. z. Flora v. Schlesien. Mit: Uebers. d. foss. Flora
Schlesiens v. Goeppert. Bresl. 1845. 8. 356 p. m. color. Kte. 2.—
23873 — Wildwachs. Bastardpflanzen v. Schlesien. (Bresl., Schles. Ges.)
1853. 4. 39 p. 1.—
23874 — Flora v. Schlesien. 3. (letzte) Aufl. Bresl. 1857. 8. 774 p. (M. 10.50.)
Cart. 3.—
23875 **Wimmer et Grabowski.** Flora Silesiae. 2 vol. (3 partes). Vratisl. 1827—
1829. 8. 1174 p. et 2 effig. (M. 12.) Cart. 3.—
23876 **Winkelmann, J.** Ausflug nach Hinterpommern. (Berl., Bot. V.) 1889.
8. 14 p. 1.—
23877 **Winkler, W.** Flora d. Riesen- u. Isergebirges. Warmbr. 1881. 8. 273 p.
(M. 2.50.) Cart. 1.50
23878 — Sudetenflora. Dresd. 1900. 8. 196 p. m. 52 color. Tfln. (M. 10.) Lnb. 4.—
23879 **Winter, F.** Die Flora d. Saargebiets. M. Nachtrag. (Bonn, Nat. Ver.)
1875—77. 8. 77 p. 1.50
23880 **Winter, H.** Flora v. Menz. (Berl., Bot. Ver.) 1870. 8. 44 p. m. Kte. 1.—
23881 **Wirtgen, F.** Beiträge z. Flora d. Rheinprovinz. (Bonn, Nat. Ver.)
1899. 8. 16 p. 1.—
23882 **Wirtgen, P.** Prodromus d. Flora d. preuss. Rheinlande. Tl. I. (soviel
erschien.): Phanerog. Bonn 1842. 8. 208 p. m. Tfl. 1.50
23883 — — Nachtrag I, II, V, VI. (Bonn, Nat. Ver.) 1844—51. 8. 55 p. 1.50
23884 — Flora v. Bertrich. (Bonn, Nat. Ver.) 1848. 8. 39 p. 1.—
23885 — Flora d. preuss. Rheinprovinz. Bonn 1857. 8. 586 p. m. 2 Tfln.
(M. 4.) Cart. 1.50
23886 — Ueb. d. Vegetat. d. hohen u. d. vulkan. Eifel. (Bonn, Nat. Ver.)
1865. 8. 229 p. 2.—
23887 — Z. Flora d. nördl. Pfalz. (Dürkh., Pollich.) 1866. 8. 51 p. 1.50
23888 — Beitr. z. Rheinischen Flora. (Ueb. Rubus, Rosa etc.) (Bonn, Nat.
Ver.) 1869. 8. 79 p. 1.50
23889 **Wobst.** Veränderungen in d. Flora d. Dresden. Dresd. 1880. 4. 28 p. 1.—
23890 **Wohlfarth.** Die Pflanzen d. Deutsch. Reichs, Deutsch-Oesterr. u. d.
Schweiz. Berl. 1881. 8. 804 p. (M. 6.) Hfzb. 1.50
Die Ausgabe von 1890 hat nur ein neues Titelblatt.
23891 **Wolfert.** Botan. Exkurs. in Süd-Istrien. (Wien, Z. b. G.) 1903. 8. 10 p. 1.—
23892 **Woloszczak.** Botan. aus Nied.-Oesterr. 2 Abhandl. (Wien, Z. b. G.)
1871. 8. 8 p. 1.—
23893 — Z. Flora Nied.-Oesterr., bes. d. südöstl. Schiefergebietes. M. Nachtrag. (Wien, Z. b. G.) 1872—73. 8. 14 p. 1.—
23894 — Z. Flora v. Jaworow, Galiz. (Wien, Z. b. G.) 1874. 8. 10 p. 1.—
23895 — Przyczynek II, III do Flory Pokucia. Krak. 1888—90. 8. 64 p. 1.—
23896 — Mater. do Flory Lomnickich. Krak. 1892. 8. 32 p. 1.—
23897 — 6 Abhandl. z. Flora d. Karpathen. Krak. 1892—96. 8. 235 p. —
Polnisch. 4.—
23898 **Woenig.** Die Pusztenflora der grossen Ungar. Tiefebene. Leipz. 1899.
8. 153 p. m. color. Kte. (M. 3.) 2.—
23899 **Wredow.** Tabellar. Uebersicht d. Mecklenburg. Phänogam. Lüneb.
1807. 8. 320 p. 2.50
23900 **Wünsche.** Schulflora v. Deutschland. Leipz. 1871. 8. 376 p. (M. 3.) Lnb. 1.—
23901 — — 3. Aufl. Leipz. 1881. 8. 492 p. (M. 4.) Lnb. 1.—
23902 — Vorarbeiten zu ein. Flora v. Zwickau. Zwick. 1874. 4. 38 p. m. Kte. 1.—
23903 — Excursionsflora f. Sachsen. Die Phanerogamen. 3. Aufl. Leipz.
1878. 8. 484 p. (M. 4.50.) Cart. 1.—
23904 — Die verbreitetsten Pflanzen Deutschlands. 2. Aufl. Leipz. 1896. 8.
272 p. (M. 2.40.) Lnb. 1.—
23905 — — 9. (letzte) Aufl. Hrsg. v. Schorler. Leipz. 1912. 8. 264 p. m.
526 Fig. Lnb. (M. 2.60.)

23906 **Wünsche.** Die Pflanzen Deutschlands. Die höher. Pflanzen. 9. (letzte) *M*
Aufl. v. Abromeit. Leipz. 1909. 8. 718 p. Lnb. (M. 5.)
23907 — Die Pflanzen d. Kgr. Sachsen. 10. (letzte) Aufl. hrsg. v. Schorler.
Leipz. 1912. 8. 484 p. m. Portr. u. 623 Fig. Lnb. (4.80.)
23908 **Zabel.** Uebersicht d. Flora v. Neu-Vorpommern u. Rügen. M.·Nachtrag.
(Güstr., Arch.) 1859—63. 8. 106 p.   1.50
23909 — Pflanzenverzeichn. d. Forstakad. Münden. Münd. 1878. 8. 44 p. m. Tfl.   1.—
23910 **Zapalowicz.** Conspect. Florae Galiciae criticus. Vol. I—III. (Cracov.,
Ac.) 1906—11. 8. 861 p. — Polonice, diagn. latine conscr.   16.—
23911 **Zawadzki.** Flora Carpatorum principal. (Brünn, Nat. Ver.) 18.. 8. 28 p.   1.5C
23912 **Zenker, Schenk u. a.** Flora v. Thüringen. 12 Bde. Jena. 8. m. 1440
h a n d c o l o r. T f l n. Hfzbde. — Gutes Exempl.   100.—
     Sehr selten.
23913 — — Bd. I, II (24 Hefte). Jena. 8. m. 240 color. Tfln.   8.—
23914 **Zenneck.** Flora v. Stuttgart. Stuttg. 1822. 4. 55 p. m. Tfl. Cart.   1.—
23915 **Zermann.** Z. Flora v. Melk. I. Melk 1893. 8. 60 p.   1.—
23916 **Zimmermann, F.** Die Adventiv- u. Ruderalflora v. Mannheim, Ludwigs-
hafen u. d. Pfalz. Mannh. 1907. 8. 173 p. m. 2 Tfln.   1.50
23917 **Zippel u. Bollmann.** Repraesentanten einheim. Pflanzenfamilien in
Wandtafeln. 2 Abteilgn. (in 5 Liefgn.) Braunschw. 1879—82. 8. m. Atlas
v. 60 color. Tfln. in-fol. (M. 70.)   25.—
23918 **Zobel.** Verzeichn. d. in Anhalt beob. Phanerog. u. Gefässkryptog.
3 Tle. Dessau 1905—9. 8. 447 p.   4.—
23919 **Zwanziger.** Botan. Reise v. Salzburg nach d. Radstädter Tauern.
(Wien, Z. b. G.) 1863. 8. 38 p.   1.—

IV. Alpes et Helvetia.

[Supplementum numeror. 4379—4624, vide: Bibliographia Botanica, p. 170—179·
Flora Tiroliae vide p. 795—831].

23920 Der **Alpen-Freund.** Hrsg. v. Amthor. Bd. I—V. Gera 1870—72. 8. m.
53 z. Tl. color. Tfln. u. Karten. (M. 22.50.)   8.—
23921 Die **Alpenpost.** Hrsg. v. Senn. Bd. I. Glarus 1871. 4. 448 p. (M. 22.50.)
Lnb.   5.—
23922 **Alpine Phanerogamen.** — Herbar von 99 Species, in d. Schweiz ge-
samelt. Cartonn.   8.—
     Gut conservirt. Jede Pflanze bestimmt.
23923 **Anleitung** zu wissenschaftl. Beobachtungen auf Alpenreisen. 2 Bde.
(5 Abteilgn.) Wien 1882. 8. 912 p. m. Fig. u. Kte. (M. 11.)   4.—
     Hierin: D a l l a T o r r e. Anleit. zu Beobacht. u. Bestimm. d. Alpenpflanzen.
23924 **Arber.** Plant Life in Alpine Switzerland. Lond. 1910. 8. 379 p. w.
48 pl. Cloth. (7 s. 6 d.)   5.—
23925 **Bär.** Z. Kenntn. der Schweizerflora. VI. (Genf, Bot. Mus.) 1906. 8. 34 p.   1.—
23926 **Beck.** Vegetationsstudien in d. Ostalpen. I—III. (Wien, Ak.) 1907—13.
8. 367 p. m. 5 Ktn. (3 color.) (M. 11.50.)
23927 **Bericht** II, III. d. Vereins z. Schutze d. Alpenpflanzen. 2 Tle. Bamb.
1902—03. 8. 143 p.   1.50
23928 **Berlepsch.** Die Alpen in Natur- u. Lebensbildern. Jena 1871. 8. 518 p.
m. 23 Tfln. (M. 6.) Cart.   1.50
23929 — — 5. Aufl. Jena 1885. 8. 580 p. m. 18 Tfln. (M. 6.)   2.50
23930 **Bettelini.** La Flora legnosa del Sottoceneri. Zurigo 1905. 8. 212 p. c.
2 carte e 6 tav.   4.—
23931 **Binz.** Vegetat. u. Flora d. Umgeb. v. Basel. Basel 1904. 8. 36 p.   1.—
23932 — Flora v. Basel u. Umgebung. 3. Aufl. Bas. 1911. 8. 363 p. (M. 5.) Lnb.   3.—
23933 **Blanchet.** Catal. d. Plantes vascul. du cant. de Vaud. Vevey 1836. 8.
152 p. Cart.   2.50
23934 **Boll, J.** Verzeichn. d. Flora v. Bremgarten. Aarau 1869. 8. 136 p.   1.50
23935 **Bonnier.** S. la flore alpine d'Europe. (Paris, Ann. Sc.) 1883. 8. 44 p.   2.—

23936 **Bonnier.** S. la végét. de la vallée de Chamonix. (Paris, Rev. Bot.) 1889.   *M*
8. 9 p. av. carte.   1.—

23937 **Botanique pratique** de la Suisse et Savoie. 2 vols. Genève 1885. 8.
319 planches c o l o r. av. texte descr. (fr. 25.) Toile.   15.—

23938 **Braun, J.** Neue Formen u. Standorte f. d. Bündner Flora. (Chur, Nat.
Ges.) 1905. 8. 10 p.   1.—

23939 — Die Vegetationsverhältn. d. Schneestufe in d. Rätisch-Lepontinisch.
Alpen. (Zürich, Nat. Ges.) 1913. 4. 355 p. m. Kte. u. 4 Tfln. (M. 20.)

23940 **Briquet.** Notes florist. s. l. Alpes Lémaniennes. 2 parties. (Genève)
1889 à 99. 8. 131 p.   2.50

23941 — Rech. sur la Flore du district Savoisien et du distr. Jurassique
Franco-Suisse. (Leips., Engl. Jahrb.) 1890. 8. 61 p. av. carte et pl.   1.50

23942 — Le Mont Vuache. Étude de floristique. Genève 1894. 8. 123 p. av.
carte color.   2.50

23943 — Les Colonies végét. xerothermiques d. Alpes Lémaniennes. (Lausanne, Soc. Murith.) 1900. 8. 88 p. av. carte et 3 pl.   2.—

23944 — Excursion au vallon de Novel. (Laus., Soc. Murith.) 1900. 8. 31 p.   1.—

23945 **Brügger.** Flora v. Chur u. Umgeb. Chur 1874. 8. 76 p.   1.50

23946 — Beitr. z. Natur-Chronik d. Schweiz u. d. Rhätischen Alpén. 6 Tle.
Chur 1876—88. 4. 210 p.   4.—

23947 — Ueb. wildwachs. Pflanzenbastarde d. Schweizerfloren. (Chur, Nat.
Ges.) 1880. 8. 76 p.   1.50

23948 — Ueb. neue Pflanzenbastarde d. Schweizer Flora. (Chur, Nat. Ges.)
1882. 8. 61 p.   1.50

23949 —- Neue u. krit. Formen d. Bündner Floren. (Chur, Nat. Ges.) 1886.
8. 133 p.   2.—

23950 — S e i l e r u. B r a u n. Bearbeit. d. Brüggerschen Material. z. Bünd-
nerflora. 2 Tle. (Chur, Nat. Ges.) 1909—10. 8. 631 p. m. color. Kte., Tab.
u. 7 Tfln.   6.—

23951 **Bruhin.** Flora Einsidlensis. Einsied. 1868. 8. 75 p.   1.50

23952 — Biel u. s. Umgebung, nebst e. botan. Anhang. Biel 1884. 12. 36 p.   1.—

23953 **Bülow, F. v.** Alpen-Blumen. 12 color. Tfln. Berl. 4. In Mappe.   5.—

23954 **Burnat et Gremli.** Catal. rais. d. Hieracium d. Alpes maritimes.
Genève 1883. 8. 120 p.   3.—

23955 **Candolle, A. de.** S. l. Arbres de la Suisse. (Paris) 1835. 8. 20 p.   1.—

23956 **Chenevard.** Contrib. à la Flore du Tessin. 4 parties. (Genève, Herb.
Boiss.) 1902 à 7. 8. 60 p.   2.—

23957 — Catal. d. Plantes vasculaires du Tessin. Genève 1910. 4. 553 p.
av. carte.   16.—

23958 **Chenevard et Schmidely.** Notes Floristiques. (Genève, S. Bot.) 1899.
8. 18 p. av. 6 pl. (Ranunculus).   2.—

23959 **Christ.** Pflanzengeogr. Notizen über Wallis. Die Alpenflora. (Basel,
Nat. Ges.) 1857. 8. 92 p.   2.—

23960 — Ueb. d. Verbreit. d. Pflanzen d. alpinen Region d. europ. Alpenkette. (Zürich 1867). 4. 85 p. m. color. Kte.   2.—

23961 — Ueb. d. Pflanzendecke d. Juragebirgs. Bas. 1868. 8. 30 p.   1.50

23962 — Flore de la Suisse. Bâle 1883. 8. 592 p. av. 4 pl. color.   4.50

23963 — Aperçu botan. de parties du Valais. Genève 1894. 8. 31 p.   1.—

23964 **Correvon.** Les Plantes d. Alpes. Genève 1885. 8. 264 p.   2.—

23965 (—) Liste des Plantes de montagnes du Jardin Alpin d'acclimatat. de
Genève. Gen. 1889. 8. 38 p.   1.—

23966 — Liste d. Graines offertes p. le Jardin Alpin de Genève. Genève
1899. 8. 44 p.   1.50

23967 — Les Plantes d. Montagnes et d. Rochers. Paris 1913. 8. 512 p.   8.—

23968 **Correvon et Robert.** La Flore Alpine. Genève 1909. 8. 400 p. av.
100 pl. color. Relić.   20.—

23969 — The Alpine Flora. Lond. 1912. 8. 436 p. w. fig. Cloth.   16.—

23970 **Daffner.** Voralpenpflanzen. Leipz. 1893. 8. 465 p. (M. 8.)   4.—

23971 **v. Dalla Torre.** Ueb. d. Flora und Fauna d. Dolomitengebietes. Weimar 1910. 8. 25 p.   *M* 1.50
  — Natur-Führer durch Tirol — siehe No. 22877.
  Speciell die alpine Flora berücksichtigend.

23972 **v. Dalla Torre u. Hartinger.** Atlas d. Alpenflora. Hrsg. v. Alpenverein. 2. (letzte) Aufl. 5 Bde. Graz 1896—99. 8. 500 color. Tfln. m. Text. Lnb. (M. 60.)   25.—

23973 **Dematra.** Essai d'une monogr. d. Rosiers indigènes du cant. de Fribourg. Frib. 1818. 8. 8 p.   4.—

23974 **Dieck.** Die Moor- u. Alpenpflanzen d. Alpengartens Zöschen. 2. Aufl. Halle 1899. 8. 88 p. m. 3 Tfln.   1.50

23975 **Dingler.** Die Pflanzendecke d. Wendelsteins. (Münch., Alp.-Ver.) 1886. 8. 23 p.   1.—

23976 **Eblin.** Ueb. d. Waldreste des Averser Oberthal. Z. Kenntn. uns. alpin. Waldbestände. (Bern, Bot. Ges.) 1895. 8. 54 p. m. 6 Tfln.   2.—

23977 **Engler.** Die Pflanzen-Formationen n. d. pflanzengeograph. Gliederung d. Alpenkette. (Berl., Bot. Gart.) 1901. 8. 96 p. m. 2 Karten.   2.50

23978 **Faust.** Les Stations botan. du Valais. Bex 1890. 8. 31 p.   1.—

23979 **Fischer, E.** Die Vegetat. d. Thäler von Lauterbrunnen und Grindelwald. Basel 1892. 8. 15 p.   1.—

23980 **Fischer, L.** Taschenb. d. Flora v. Bern. Bern 1855. 8. 159 p. m. Kte.   1.50

23981   — Verzeichn. d. Phanerog. u. Gefässkryptog. d. Bern. Oberlandes u. v. Thun. Bern 1862. 8. 128 p.   1.50

23982   — Flora v. Bern. 8. Aufl., hrsg. v. E. Fischer. Bern 1911. 8. 362 p. m. Kte. Lnb. (M. 6.)

23983 **Fischer-Ooster.** Ueb. Vegetationszonen u. Temperaturverhältn. in den Alpen. (Bern, Nat. Ges.) 1848. 8. 31 p. m. Tab.   1.50

23984 **Flahault.** Nouv. Flore coloriée de poche d. Alpes et d. Pyrénées. Série I. à III. Paris 1906 à 12. 12. av. 428 pl. color. Toile.   16.—

23985 **Gaudin.** Agrostologia Helvetica. 2 vol. Paris. 1811. 8. 710 p. Cart.   4.—

23986   — Flora Helvetica. 7 vol. Turici 1828—33. 8. c. 28 tab. color. (M. 71.) Leinbde.   25.—

23987   — — Vol. VI. 1830. 400 p. et 3 tab. color. Cart.   2.—

23988   — Synopsis Florae Helvet. Tur. 1836. 8. 840 p. (M. 9.) Hfzb.   3.—

23989 **Geiger.** Das Bergell. Forstbotan. Monogr. (Chur, Nat. Ges.) 1902. 8. 120 p. m. color. Kte., Profil u. 5 Tfln.   3.—

23990 **Gremli.** Beitr. z. Flora d. Schweiz. Nachtrag: Vorarb. z. e. Monogr. d. Schweizer Rubi. Aarau 1870. 8. 100 p.   2.—

23991   — Excursionsflora f. d. Schweiz. 4. Aufl. Aarau 1881. 8. 510 p. Lnb.   2.—

23992   — — 5. Aufl. Aarau 1885. 8. 524 p. Lnb.   3.—

23993   — — 9. (letzte) Aufl. Aarau 1901. 8. 496 p. m. Portr. Lnb.   6.—
  Vergriffen. Neue Auflage erscheint nicht mehr.

23994   — The Flora of Switzerland. Zurich 1889. 8. 478 p. Cloth.   6.—

23995 **Haller, A. v.** Nomenclator ex hist. Plantarum indigen. Helvet. Bernae 1769. 8. 220 p.   4.50
  b. G.) 1908. 8. 28 p.   1.—

23996 **Hayek.** Die xerothermen Pflanzenrelikte in d. Ostalpen. (Wien, Z.

23997 **Heer.** Analyt. Tabellen z. Best. d. Phanerog. d. Schweiz. Zürich 1840. 8. 127 p. Cart.   1.50

23998   — Ueb. d. nivale Flora d. Schweiz. (Zürich) 1883. 4. 114 p. (M. 7.)   4.—

23999 **Hegetschweiler.** Beytr. z. krit. Aufzähl. d. Schweizer Pflanzen. Zürich 1831. 8. 388 p. m. Kte.   2.50

24000 **Hegi u. Dunzinger.** Alpenflora. 3. Aufl. Münch. 1913. 8. 68 p. m. 30 color. Tfln. Lnb. (M. 5.)

24001 **Hinterberger.** Z. Charakter. d. oberösterr. Hoch-Gebirge. (Linz, Mus.) 1858. 8. 93 p.   2.—

54

24002 **Hoffmann, F.** Botan. Wanderungen in d. südl. Kalkalpen. Teil I. (einz.)   *M*
Berl. 1903. 4. 33 p.   1.—
24003 **Hoffmann, J.** Alpenflora. 2. Aufl., hrsg. v. Giesenhagen. Stuttg. 1914.
8. 147 p. m. 43 color. Tfln. Lnb. (M. 6.)
24004 **Jaccard.** Problème de l'immigration post-glac. de la Flore Alpine.
(Lausanne, Soc. Nat.) 1900. 8. 44 p. av. carte.   1.50
24005 — Distrib. de la Flore Alpine dans le bassin des Dranses. (Lausanne,
Soc. Vaud.) 1901. 8. 32 p.   1.50
24006 — Distrib. florale dans une portion d. Alpes et du Jura. (Laus., Soc.
Nat.) 1901. 8. 33 p.   1.50
24007 — Lois de distrib. florale dans la zone Alpine. (Lausanne, Soc. Nat.)
1902. 8. 62 p. av. 5 pl.   3.—
24008 — Distrib. comp. de la Flore Alpine dans qu. rég. d. Alpes. (Laus.,
Soc. Murith.) 1902. 8. 12 p.   1.—
24009 — Vergleich. Unters. üb. d. Verbreit. d. alpin. Flora in d. westl. u.
oestl. Alpen. (Chur, Nat. Ges.) 1902. 8. 12 p.   1.—
24010 **Jaccard et Amann.** S. la Flore du Vallon de Barberine. (Laus., Soc.
Nat.) 1896. 8. 11 p.   1.—
24011 **Jäggi.** Eglisau in botan. Bezieh. Zürich 1883. 8. 50 p.   1.50
24012 — Flora v. Zürich. Zürich 1883. 8. 23 p.   1.—
24013 — Gefässpflanzen d. Schweiz. Flora. (Basel, Bot. Ges.) 1892. 8. 18 p.   1.—
24014 **Jäggli.** Monogr. floristica d. Monte Camoghè (pr. Bellinzona). Bellinz.
1908. 8. 249 p. av. 7 pl.   6.—
24015 **Jahrbuch** d. Schweizer Alpenclub. Jahrg. II, III: 1865, 1866. Bern. 8.
m. viel. color. Ktn. u. Tfln.   15.—
24016 — — Jahrg. 49: 1913—14. Bern 1914. 8. 419 p. m. color. Tfl. (M. 8.50.)
Lnb.   4.—
24017 **Jaquet, F.** Qu. plantes nouv. de Fribourg. (Frib.) 1899. 8. 16 p.   1.—
24018 **Jerosch.** Geschichte u. Herkunft d. Schweizer. Alpenflora. Leipz. 1903.
8. 260 p. (M. 8.)   5.—
24019 **Joly.** Bright colours of Alpine Flowers. (Dublin, Roy. S.) 1893. 8. 9 p.   1.—
24020 **Kelhofer.** Beiträge z. Pflanzengeogr. d. Kantons Schaffhausen. Zürich
1915. 8. 206 p. m. 16 Tfln. (M. 5.)
24021 **Kell.** Die Berger Alpe. Pflanzengeograph. Skizze. Dresd. 1878. 4. 40 p.   1.50
24022 **Keller, R.** Die Blüthen alpiner Pflanzen. Basel 1887. 8. 36 p.   1.—
24023 **Kerner.** Die Format. immergrüner Ericineen in d. nördl. Kalkalpen.
2 Tle. (Hannover, Bonpland) 1860. 4. 6 p.   1.—
24024 — Die Cultur d. Alpenpflanzen. Innsbr. 1864. 8. 172 p.   3.—
      Vergriffen.
24025 — Der Einfluss der Winde auf d. Verbreit. der Samen im Hochgebirge. (Innsbr., Alp.-Ver.) 1871. 8. 29 p.   1.50
24026 **(Killias).** Naturgesch. Beiträge z. Kenntn. d. Umgebgn. v. Chur. Chur
1874. 8. 169 p. m. Karte u. 2 Ansichten.   1.50
24027 — Die Flora d. Unterengadins. Chur 1888. 8. 391 p. (M. 5.)   4.—
24028 — Die naturhist. Verhältn. d. Engadins. (Chur, Nat. Ges.) 1891. 8. 31 p.   1.—
24029 **Kölliker.** Verzeichn. d. Phanerog. d. Cant. Zürich. Zür. 1839. 8. 171 p.   2.50
24030 **Krauer.** Taschenbuch f. Botaniker im Kanton Luzern. Luzern 1866.
8. 252 p.   5.—
      Nicht im Handel.
24031 **Lameere et Massart.** Promenade de naturalistes à Zermatt. (Brux.,
Univ.) 1898. 8. 25 p.   1.—
24032 **Leist.** Einfluss d. alpinen Standortes auf d. Ausbild. d. Laubblätter.
(Bern, Nat. Ges.) 1889. 8. 45 p. m. 2 Tfln.   1.50
24033 **Linnaeus.** Flora Alpina. (Colon., 'Amoenit.') 1786. 8. 29 p.   3.—
24034 **Marchesetti.** Passegg. alle Alpi Carniche. (Trieste) 1860. 8. 23 p.   1.—
24035 — Ausflug auf d. Julischen Alpen. (Wien, Z. b. G.) 1872. 8. 6 p.   1.—

24036 **Martins.** S. la Végétat. d. Tourbières du Jura Neuchatelois. (Paris,   *M*
Soc. Bot.) 1871. 8. 28 p.   1.—
24037 **Massart.** Dissémination d. Plantes Alpines. (Brux., S. Bot.) 1898. 8. 22 p.   1.50
24038 **Mattirolo.** Flora Alpina. (Torino, Congr. Ort.) 1883. 8. 11 p.   1.—
24039 **Meister.** Flora v. Schaffhausen. Schaffh. 1887. 8. 220 p. Hfzb.   1.50
24040 **Merklein.** Verzeichn. d. Gefässpflanzen v. Schaffhausen. Schaffh. 1861.
8. 80 p.   1.50
24041 **Micheli.** Le Jardin du Crest. Végétaux cult. au Château du Crest.
Genève 1896. 8. 229 p. av. 8 pl.   4.—
24042 **Moe.** Om Alp-, Skogs-, Kärr- och Vattenväxters odling i Kristiania
Botan. Trädgard. Stockh. 1881. 8. 33 p.   1.—
24043 **Mohl.** Einfluss d. Bodens a. d. Vertheil. d. Alpenpflanzen. Tüb. 1838.
8. 68 p.   2.—
24044 **Morel.** Excurs. en Valais. (Lyon, Soc. Bot.) 1897. 8. 38 p.   1.—
24045 **Moritzi.** Die Pflanzen d. Schweiz. Chur 1832. 8. 468 p. m Tfl.   3.—
24046 — Flora d. Schweiz. Leipz. 1847. 8. 662 p. m. color. Kte. (M. 8.) Cart.   3.—
24047 **Morthier.** Flore analyt. de la Suisse. 4. éd. Paris 1878. 8. 461 p.   1.50
24048 **Murr.** Farbenspielarten aus d. Alpenländern. III. IV. (Arnstadt) 1900—
1905. 8. 11 p.   1.—
24049 **Nägeli.** Ueb. d. Flora v. Nord-Zürich. (Zürich) 1897. 8. 6 p.   1.—
24050 **Nägeli u. Wehrli.** Beitr. zu ein. Flora d. Kantons Thurgau. (Frauenfeld) 1890. 8. 58 p.   1.50
24051 **Noé.** Naturansichten u. Gestalten aus Salzkammergut, Oberbaiern u.
Algäu. Glogau. 8. 622 p. m. viel. Fig. Lnb.   1.50
24052 **Pampanini.** Essai s. la Géographie botan. des Alpes. (Fribourg, Soc.
Nat.) 1903. 8. 215 p. av. 10 pl.   5.—
24053 **Payot.** Guide du Eotaniste au jardin de la mer de glace. Genève
1854. 8. 15 p.   1.—
24054 **Penzig.** Flora d. Alpi. 2. ed. Milano 1914. 8. 156 p. c. 43 tav. Toile.   5.50
24055 **Perroud.** Herborisat. d. le Valais. (Lyon, Soc. Bot.) 1880. 8. 26 p.   1.—
24056 — Excursions botan. d. les Alpes. (Lyon, Soc. Bot.) 1881. 8. 136 p.   2.—
24057 **Pokorny.** Origine d. Plantes Alpines. (Gand) 1871. 8. 15 p.   1.—
24058 **Razoumovsky.** Hist. natur. du Jorat et de ses envir. et celle de 3
lacs de Neufchatel, Morat et Bienne. 2 vols. Lausanne 1789. 8. 576 p.
av. 6 pl.   7.—
24059 **Reuter.** Supplém. au catal. des Plantes vasculaires des envir. de
Genève. Genève 1841. 8. 51 p. av. pl.   2.—
24060 **Rhiner.** Abrisse (Esquisses complém.) z. 2. tabellar. Flora d.
Schweizerkantone. 2 Tle. (St. Gallen, Nat. Ges.) 1892—96. 8. 259 p.   2.50
24061 **Rion.** Guide du Botaniste en Valais. Sion 1872. 8. 290 p. (fr. 5.)   2.—
24062 **Rübel.** Pflanzengeogr. Monogr. d. Berninagebietes. Leipz. 1912. 8.
625 p. m. color. Kte. u. 36 Tfln. (1 color.) Hfzb.   10.—
24063 **Rytz.** Geschichte d. Flora d. Bernischen Hügellandes zw. Alpen u.
Jura. (Bern, Nat. Ges.) 1912. 8. 182 p.   3.—
24064 **Schinz.** Z. Kenntn. d. Schweizer-Flora. (Zürich, Bot. Mus.) 1902. 8. 24 p.   1.—
24065 **Schinz u. Keller.** Flora d. Schweiz. 3. (letzte) Aufl. 2 Tle. Zürich
1909—14. 8. 1280 p. Lnb. (M. 14.)
24066 **Schinz u. Thellung.** Beiträge z. Kenntn. d. Schweizerflora. VII.
(7 Teile). (Genf, Herb. Boiss.) 1907. 8. 130 p.   2.—
24067 — — VIII. (2 Tle.) (Zürich, Nat. Ges.) 1907. 8. 91 p.   1.50
24068 **Schneider, F.** Taschenbuch d. Flora v. Basel. Basel 1880. 8. 344 p.
(M. 4.) Lnb.   2.—
24069 **Schröter, C.** Die Alpenflora. Basel 1883. 8. 31 p.   1.—
24070 — Z. Kenntn. Schweizer. Blüthenpflanzen. (St. Gallen, Nat. Ges.)
1888. 8. 23 p. m. 2 Tfln.   1.50
24071 — Der Alpenwanderer u. d. Alpenflora. (Zürich, Alpina) 1916. 4. 13 p. 1.—

54*

24072 **(Schröter, C., u. a.)** Referate üb. d. Veröffentlichgn. v. 1890 üb. d. *M*
Schweizer. Flora. (Basel, Bot. Ges.) 1891. 8. 40 p.   1.—

24073 **Schröter, C., u. Rikli.** Botan. Exkursionen im Bedretto-, Formazza-
u. Bosco-Tal. Zürich 1904. 8. 92 p. m. 10 Tfln.   2.—

24074 **Schröter, L. u. C.** Taschenflora d. Alpen-Wanderers. Zürich 1889. 8.
22 p. m. 18 color. Tfln. Lnb. (M. 6.)   1.50

24075 — — 13. (letzte) Aufl. Zürich 1911. 8. 26 color. Tfln. m. Text. Lnb.
(M. 6.)

24076 — Flore color. de la Suisse et de la Savoie. 5. éd. Zurich 1896. 8.
42 p. av. 18 pl. color. Toile. (fr. 6.)   3.—

24077 **Schulz, A.** Die Wandlungen d. Klimas, d. Flora, Fauna d. Alpen v. d.
Eiszeit bis z. jüng. Steinzeit. (Stuttg., Z. Nat.) 1904. 8. 32 p.   1.—

24078 — Entwicklungsgesch. d. Phanerog.-Flora d. Schweiz. (Jena, Bot.
Centr.) 1904. 8. 38 p.   1.50

24079 — Ueb. Briquet's xerothermische Periode. 3 Tle. (Berl., Bot. Ges.)
1904—08. 8. 31 p.   1.50

24080 **Senn.** Alpen-Flora: Westalpen. Heidelb. 1906. 8. 321 p. m. 145 color.
Tfln. (M. 5.) Lnb.   3.50

24081 **Shuttleworth.** Botan. excursion to the Alps of the Valais. (Lond.,
Mag. Zool.) 1836. 8. 22 p.   2.—

24082 **Simler.** Botan. Taschenbegleiter d. Alpenclubisten. Zürich. 1871. 8.
192 p. m. 4 Tfln. Cart.   1.50

24083 **Simony,** Z. Pflanzengeographie d. österr. Alpengebietes. (Wien, Z. b.
G.) 1853. 8. 18 p.   1.—

24084 **Société** Helvét. p. l'échange d. Plantes. Helvet. Verein f. d. Austausch
v. Pflanzen. Années 7 à 16. Neuchât. 1877 à 1885. 8. 182 p.   2.—

24085 **Spieker.** Z. Flora d. Alpen. (Halle, Z. Nat.) 1853. 8. 8 p.   1.—

24086 **Stebler u. Schröter.** Z. Kenntn. d. Matten u. Weiden d. Schweiz.
X: Wiesentypen. (Bern, Landw. Jahrb.) 1892. 8. 118 p. m. Tfl.   1.50

24087 **Suisse.** — 8 mém. florist. p. Barbey, Correns, Jaquet, Pittier et a.
1879 à 1901. 8. 84 p.   2.—

24088 **Suter.** Flora Helvetica. 2 vol. Turici 1802. 8. 842 p. (M. 7.60.) Cart.   2.50

24089 **Suter u. Hegetschweiler.** Helvetiens (Phanerogamen-) Flora. 2 Bde.
Zürich 1822. 8. 1034 p. Cart.   2.50

24090 **(Thomas).** Catal. d. Plantes Suisses, qui se vendent chez E. Thomas
à Bex. Laus. 1837. 8. 50 p.   1.50

24091 **Thurman.** Essai de Phytostatique appl. à la chaîne du Jura. 2 vols.
Berne 1849. 8. 830 p. av. 7 pl. en partie color. (fr. 24.)   5.—

24092 — J o r d a n, A., Rapport sur l' 'Essai de Phytostatique.' Lyon 1850.
8. 24 p.   1.—

24093 **Tiroler Alpen.** — 8 florist. Abhandlgn. v. Bornmüller, Dalla Torre,
Kerner, Murr u. a. 1887—1905. 8. 40 p. m. color. Tfl.   2.—

24094 **Tissière.** Guide du Botaniste sur le Grand St.-Bernard. Aigle 1868.
8. 117 p.   2.50
             Rare. pas dans le commerce.

24095 **Tita, A.** Catalog. Plantarum horti J. F. Mauroceni. Acced. Iter p. Alpes
Tridentinas. Patavii 1713. 8. 226 p. Vél.   12.—

24096 **Wahlenberg.** De Vegetat. et climate Helvetiae septentr. Turici 1813.
8. 300 p. et 3 tab. (M. 10.) Cart.   3.50

24097 **Wartmann u. Schlatter.** Kritische Uebers. über d. Gefässpflanzen v.
St. Gallen u Appenzell. Tl. I (soviel erschienen): Eleutheropetalae.
Gallen 1881. 8. 182 p.   2.—

24098 **Wegelin.** Enumeratio Stirpium florae Helveticae. Turici 1838. 8.
88 p. Cart.   1.50

24099 **Wocke.** Die Alpenpflanzen in d. Gartenkultur d. Tiefländer. Berl.
1898. 8. 257 p. m. 4 Tfln. (M. 6.) Lnb.   4.50

W. Junk, Berlin, W. 15.

ℳ

24100 **Wolf.** S. qu. Plantes rares du Valais. (Tours) 1904. 8. 10 p. 1.—
24101 **Wünsche.** Die Alpenpflanzen. Zwickau 1893. 8. 260 p. 2.—
24102 **Zahn.** Die Hieracien d. Schweiz. Zür. (Ges. Nat.) 1907. 4. 568 p. (M. 28.) 20.—
24103 **Zeitschrift** d. Deutsch. u. Oesterr. Alpen-Vereins. Jahrg. 9—45: 1878—
1914. Münch. 8. m. viel. Tfln. u. Ktn. Hfzbde. u. brosch. (ca. M. 400.) 150.—
Jeder Jahrgang auch einzeln.

V. Britannia.

[Supplementum numcror. 4625—4691, vide: Bibliographia Botanica, p. 179—182].

24104 **Abbot.** Flora Bedfordiensis. Bedf. 1798. 8. 372 p. w. 6 pl. Half bd. calf. 10.—
Half of the rare book contains Cryptogamia, chiefly Fungi.
24105 **Adamson.** Ecological study of a Cambridgeshire Woodland. (Lond.,
Linn. S.) 1912. 8. 49 p. w. 6 pl. 3.—
24106 **Babington.** Remarks upon Brit. Plants. (Lond., Bot. Soc.) 1853. 8. 23 p. 2.—
24107 — Remarks on Brit. Plants. 2 parts. (Lond., Ann. & M.) 1853. 8. 16 p. 1.—
24108 — The British Rubi. Lond. 1869. 8. 327 p. Cloth. 5.—
24109 **Balfour.** Botan. excurs. to the Mull of Cantyre. (Glasg.) 1845. 8. 30 p. 2.—
24110 — Botan. excurs. to the mountains of Braemar, Glenisla. (Edinb.,
Phil. J.) 1848. 8. 9 p. 1.—
24111 — On the Flora of the Cumbrae Islands. (Lond., Ann. & M.) 1856. 8. 7 p. 1.—
24112 — Not. of botan. excursions. 2 parts. (Lond.) 1874. 8. 9 p. 1.—
24113 **Barrington.** Report on the Flora of the Blasket Islands, Co. Kerry.
(Dublin, Ac.) 1881. 8. 24 p. 1.50
24114 **Bentham.** Handbook of the Brit. Flora. Lond. 1858. 8. 671 p. Cloth. 3.—
24115 **Bohler.** Lichenes Britannici. 15 parts. Sheffield 1835—37. 8. 1 2 0 s p e -
c i e s e x s i c c a t a e et textus. 60.—
24116 **British Flora.** — 12 pap. by Bentham, Carr, Christy, Greville, Trail
and o. 1837—1906. 8. 200 p. 5.—
24117 **Broughton.** Enchiridion Botanic.: Charact. Plantar. insular. Britanni-
car. Lond. 1782. 8. 236 p. Half bd. calf. 8.—
24118 **Browne, Wright and Darbishire.** The Botany of the South Orkneys.
(Edinb., Bot. Soc.) 1905. 8. 11 p. w. pl. 1.50
24119 **Carter.** Genera of Brit. Plants. Cambr. 1913. 8. 140 p. Cloth. 4.—
24120 **Catalogue** of Brit. Plants. 4. ed. Edinb. 1865. 8. 52 p. 1.—
24121 **Childrey.** Britann. Baconica or the natural rarities of England, Scotland and Wales. Lond. 1661. 8. 208 p. Calf. — Some pages at the
end w a n t i n g. 6.—
24122 **Cocks.** Algarum Fasciculi, or a collect. of British Sea-Weeds. 18 parts.
Dublin 1855—70. 4. w. 1 8 1 d r i e d s p e c i e s, well preserved. 90.—
Very rare collection. The first copy which I have seen.
24123 **Cotton.** Marine Algae of Clare Island. (Dublin, Ac.) 1912. 4. 178 p.
w. map and 10 pl. 6.—
24124 **Crombie.** Lichenes Britannici. Lond. 1870. 8. 145 p. Cloth. 6.—
24125 **Crombie and A. L. Smith.** Monogr. of the British Lichens. 2 vols.
Lond. 1894—1911. 8. 943 p. w. 59 pl. and 74 fig. Cloth. 60.—
24126 **Deakin.** Florigraphia Britannica. Vol. II. Lond. 1845. 8. 510 p. w.
96 pl. Coth. (1 £ 5 s.) 4.—
24127 **Dean.** Histor. and descr. account of Croome d'Abitot to which is annexed an H o r t u s C r o o m e n s i s and observ. on the propagat.
of Exotics. Worcester 1824. 8. 266 p. w. 4 pl. Boards. 12.—
Very rare, not quoted in P r i t z e l ' s Thesaurus.
24128 **Dickson.** Some Plants discov. in Scotland. (Lond., Linn. S.) 1794. 4. 6 p. 1.—
24129 **Donn, J.** Hortus Cantabrigiensis. 9. ed. by Pursh. Lond. 1819. 8. 360 p.
Half bd. calf. 3.—
24130 — — 13 (last) edit. by P. N. Don. Lond. 1845. 8. 722 p. Cloth. 4.—
24131 **Dowden.** Walks after Wild Flowers or the Botany of the Bohereens.
Lond. 1852. 8. 240 p. w. colour. pl. Cloth. 5.—

M

24132 **Evans.** Short Flora of Cambridgeshire. (Cambr.) 1911. 8. 92 p.   2.—

24133 **Flintoft, J.** Collect. of the British Ferns and their allies in the English Lake district. Keswick. 36 dried and well preserved species. Cloth.   8.—

24134 **Goodenough.** On the Brit. spec. of Carex. (Lond., Linn. S.) 1794. 4. 86 p. w. 4 pl.   3.50

24135 **Grieve.** Statistics of a topograph. botany of Scotland. (Edinb.) 1884. 8. 8 p.   1.—

24136 **Guppy.** The Thames as an agent in Plant dispersal. (Lond., Linn. S.) 1892. 8. 14 p.   1.—

24137 **Hanbury.** The London Catal. of Brit. Plants. I. 9. ed. Lond. 1895. 8. 50 p.   1.—

24138 **Handley.** Sedbergh, its Flora. Sedberg 1885. 12. 8 p.   1.—

24139 **Hanham.** Natural illustrat. of the British Grasses. Bath 1846. 4. 150 p. w. 6 2 s p e c i e s o f e x s i c c a t a. Cloth.   40.—
Rare.

24140 **Hart, H. C.** List of Plants found in the Islands of Aran, Galway Bay. Dubl. 1875. 8. 32 p. w. map.   1.50

24141 **Hibberd.** Botaniz. at Oakshott Heath. (Lond., Int. Obs.) 1863. 8. 16 p.   1.—

24142 **Hiern.** Isle of Man Plants. (Lond., J. Bot.) 1897. 8. 6 p.   1.—

24143 **Hobkirk.** Disappear. of Plants in Yorkshire. (Manchest.) 1891. 8. 4 p.   —.50

24144 **Holden.** Bibliogr. relat. to the Floras of Europe in general and the Floras of Gt. Britain. Cincinn. 1911. 8. 70 p.   1.50

24145 **Hooker, W. J.** The British Flora. Lond. 1830. 8. 490 p. (12 s.)   2.—

24146 — — 2. ed. Lond. 1831. 8. 490 p. (12 s.) Half bd. calf.   1.50

24147 **Hooker, W. J., and Arnott.** The British Flora. 6. ed. Lond. 1850. 8. 648 p. w. 12 pl. Cloth.   3.—

24148 **Hooker, W. J., and Taylor.** Muscologia Britannica. Lond. 1818. 8. 172 p. w. 3 1 c o l o u r. p l. Boards. (3 £)   13.—

24149 The **Irish Flora.** Dubl. 1846. 8. 220 p. w. colour. frontisp. Cloth.   3.—

24150 **Johnstone, T. S.** Plant life around Carlisle. 2 parts. (Carlisle) 1909 —1912. 8. 41 p.   1.50

24151 **Leighton.** Lichen-Flora of Great Britain, Ireland and the Channel Islands. 3. (last) ed. Shreswb. 1879. 8. 566 p. Cloth. (22 s.)   10.—

24152 **Lett.** Hepatics of the British Islands. Eastbourne 1902. 8. 207 p.   8.50

24153 **Liverpool.** — Proceedings of the Literary and Philosophical Society of Liverpool. Vol. 36—54 w. index (to vol. 1—50). Liverp. 1882—1900. 8. w. many plates. Cloth.   50.—

24154 **Loudon, J. C.** Trees and Shrubs of Britain. Lond. 1883. 8. 1234 p. w. 2109 fig. (25 s.)   10.—

24155 **Loudon, Mrs. J. W.** British wild Flowers. 3. ed. Lond. 1859. 4. 327 p. w. 6 0 c o l o u r. pl. Cloth.   30.—

24156 **Mc Ardle.** List of Irish Hepaticae. (Dubl., Ac.) 1904. 8. 116 p.   3.—

24157 **Macgillivray.** On the Phenogamic veget. of the River Dee (Aberdeenshire). (Edinb., Werner. Soc.) 1831. 8. 18 p.   1.50

24158 **Macvicar.** On the Flora of Tiree. (Edinb., Ann. Nat.) 1898. 8. 24 p.   1.—

24159 **Marquand.** Flora of Guernsey and the Lesser Channel Islands. Lond. 1901. 8. 501 p. w. 5 maps. Cloth. (10 s. 6 d.)   6.—

24160 **Massee, G.** British Fungi. Phycomycetes and Ustilagineae. Lond. 1891. 8. 246 p. w. 8 pl. Cloth.   6.—

24161 — British Fungi. Lond. 1911. 8. 362 p. w. fig. Cloth.   7.50·

24162 **Massee, G., and Crossland.** The Fungus-Flora of Yorkshire. Lond. 1905. 8. 352 p.   8.—

24163 **Mittheilungen** aus d. Reisetagebuche e. Naturforschers: England. Basel 1842. 8. 492 p.   2.50

24164 **Moore, D.** Synopsis of the Mosses of Ireland. (Dubl., Ac.) 1873. 8. 86 p. w. pl.   3.50

24165 **Moore.** Supplem. to the Flora Vectensis. (Lond., J. Bot.) 1871. 8. 32 p.   1.50

W. Junk, Berlin, W. 15.

24166 **More.** Report on the Flora of Irish-Bofin, Galway. (Dublin, Ac.) 1876.   *M*
8. 26 p.   1.—
24167 — Cybele Hibernica. Geogr. distribut. of Plants in Ireland. 2. (last)
ed. by Colgan and Scully. Dublin 1898. 8. 634 p. w. colour. map. Cloth.
(12 s. 6 d.)   6.50
24168 **Moss.** Vegetat. of the Peak District. Cambr. 1913. 8. 246 p. Cloth.   12.—
24169 — The Cambridge Brit. Flora. (About 10 vols.) Vol. II (Salicaceae to
Chenopodiaceae). Cambr. 1914. 4. w. plates. Boards. — All published.   52.—
24170 **Mudd.** Manual of British Lichens. Darlingt. 1861. 8. 340 p. w. 5 colour.
pl. (spores of 130 species). Cloth.   40.—
Printed for the author only, has never been in the trade.
24171 **Newton.** A complete Herbal. 6. ed. Lond. 1802. 8. 176 pl. w. letterpress of 18 p. Boards.   3.—
Each plate figures about 20 species.
24172 **Painter.** Contribut. to the Flora of Derbyshire. Lond. 1889. 8. 160 p.
w. map. Cloth. (7 s. 6 d.)   3.—
24173 **Phillips.** British Lichens: Hints how to study them. (Birmingh., Midl.
Nat.) 1880. 8. 17 p. w. pl.   1.—
24174 — Hymenomycetes of Shropshire. Shrewsbury. 8. 44 p. w. 2 pl.   4.50
Only 25 copies printed.
24175 **Plowright.** Monogr. of the Brit. Hyphomyces. 2 parts. (Lond., Grev.)
1882. 8. 19 p. w. 10 colour. pl.   7.—
24176 **Praeger.** Phanerogamia and Pteridophyta of Clare Island. (Dublin,
Ac.) 1911. 4. 112 p. w. map and 5 pl.   5.—
24177 **Ralfs.** The Brit. Phaenogamous Plants and Ferns. Lond. 1839. 8.
224 p. Cloth.   3.—
24178 — The British Desmidiae. Lond. 1848. 8. w. 35 colour. pl. Cloth.   50.—
Out of print.
24179 — — The British Desmidiae. Only the Plates, drawn and coloured by
S t i z e n b e r g e r, with descriptions.   12.—
24180 — — Kurzer Auszug. 35 color. Tfln. m. 10 p. lithogr. Text. 8. Cart.   20.—
In geringer Zahl von W e i s s f l o g besorgt und nicht im Handel erschienen.
24181 **Ray** (J. R a i u s). Catalogus Plantarum Angliae et insular. adjacent.
Lond. 1670. 8. 380 p.   14.—
The 2. (and last) edition of 1677 has 46 plants more.
24182 — — Lond. 1677. 8. 354 p. Calf.   16.—
24183 **Reid.** On the Geolog. History of the Flora of Britain. 2 parts. (Lond.,
Ann. Bot.) 1888—98. 8. 30 p.   1.50
24184 **Relhan.** Flora Cantabrigiensis. Cantabr. 1785. 8. 510 p.   6.—
24185 **Rogers.** Handbook of British Rubi. Lond. 1902. 8. 125 p. Cloth.   5.—
24186 **Salisbury and W. Hooker.** The Paradisus Londinens., cont. Plants
cultiv. in the vicin. of the Metropol. Lond. 1805(—09). 4. 95 colour.
plates w. 95 p. of letterpress.   60.—
This work (P r i t z e l: opus splendidum, pulcherrimae tabulae) has never
been completed; the copies, which turn up, differ much in the number of plates.
The most complete copy which I ever possessed of this exceedingly rare work
and which I described on p. 13 and 116 of my 'Rara Historico-Naturalia' had
119 plates. — Very many odd plates in stock at the price of M. 1.
24187 **(Scharff, R. F.)** The pelagic Fauna and Flora of Valencia Harbour,
Ireland. (Dublin, Ac.) 1900. 8. 188 p. w. 3 pl.   3.50
24188 **Short.** Medicina Britannica or a treatise on physical Plants found
in Great Britain. Lond. 1746. 8. 384 p. Calf.   6.—
24189 **Sibthorp.** Flora Oxoniensis. Oxonii 1794. 8. 461 p. Cart.   7.—
24190 **Smith, J. E.** Compendium Florae Britann. Ed. a G. F. Hoffmann.
Erlang. 1801. 8. 282 p. et effig. Cart.   2.—
24191 — — Ed. II. Lond. 1816. 8. 202 p. Boards.   2.—
24192 — — Ed. IV. Lond. 1825. 8. 212 p. Boards.   2.—
24193 — — Ed. V. (ultima). Lond. 1828. 8. 218 p. Boards.   2.—
24194 — Flora Britannica. Cur. J. J. Römer. 3 vol. Turici 1804—5. 8. 1416 p.
(M. 15.50.) Hfzb.   3.—

24195 **Smith, J. E.** Compendium of the English Flora. 2. (last) ed. by W. J.   *M*
Hooker. Lond. 1836. 8. 237 p. Cloth. (7 s. 6 d.)   3.—

24196 — Account of sever. Scottish Plants. (Lond., Linn. S.) 1810. 4. 14 p.   1.—

24197 **Smith, W.** Synopsis of the British Diatomaceae. 2 vols. Lond. 1853—56.
8. 263 p. w. atlas of 69 pl., partly coloured. Cloth.   50.—
     Out of print.

24198 **(Snooke, D.)** Flora Vectiana. Arrangem. of the Plants of the Isle of
Wight. Lond. 1823. 8. 43 p. Cloth.   3.50
     Not in the trade, unknown to P r i t z e l.

24199 **Symons.** Synopsis Plantarum insulis Britannicis indigen. Lond. 1798.
8. 215 p. Cloth.   6.—

24200 **Tansley.** Types of Brit. Vegetation. Cambr. 1911. 8. 436 p. w. 36 pl.   6.50

24201 **Teesdale.** Plantae Eboracenses; or, a catal. of the more rare Plants
of Castle Howard, Yorkshire. (Lond., Linn. Soc.) 1794. 4. 23 p.   1.50

24202 **Trail.** Topogr. Botany of the River-basins Forth and Tweed in Scotland. (Edinb., Bot. Soc.) 1904. 8. 32 p.   1.—

24203 **Transactions** of the Botanical Society of Edinburgh. Vol. I, II, III
part 2, IV part 3, V, VI, VII. Edinburgh 1841—60. 8. w. many plates.   50.—
     All the volumes quoted above are out of print. They are sold also separately.

24204 **(Turner).** Specimen of a Lichenographia Britannica. Yarmouth 1839.
8. 242 p. Cloth.   12.—
     Printed for private circulation.

24205 **Walford.** The scientific Tourist through England, Wales, Scotland.
2 vols. Lond. 1818. 8. 646 p. w. 2 colour. maps and 18 pl.   10.—

24206 **Walker, R.** Flora of Oxfordshire. Oxf. 1833. 8. 473 p. w. 12 pl. Cloth.   9.—
     Out of print and rare.

24207 **(Warner).** Plantae Woodfordienses. Catal. of the plants grow. about
Woodford in Essex. Lond. 1771. 8. 231 p. Calf.   7.—
     Has not been in the trade.

24208 **Watson.** Ueb. d. geogr. Vertheil. u. Verbreitung d. Gewächse Grossbritanniens. Breslau 1837. 8. 283 p. (M. 4.) Cart.   1.—

24209 — Cybele Britannica. Supplement. Lond. 1860. 8. 119 p. Cloth.   3.—

24210 **West, G.** Study of the dominant Phanerog. and higher Cryptog. Flora
of aquatic habit in Scottish Lakes. (Edinb., Roy. Soc.) 1910. 8. 118 p.
w. 31 pl.   12.—

24211 **West, W. and G. S.** Monogr. of the Brit. Desmidiaceae. Vol. I—IV.
Lond., Ray Soc., 1904—12. 8. 968 p. w. 128 pl. (73 colour.) Cloth.   100.—
     See also no. 17374, 17375, 17515—17517.

24212 **White, F. B.** Revision of the British Willows. (Lond., Linn. Soc.)
1890. 8. 125 p. w. 3 pl. (6 s.)   4.—

24213 **White, J. W.** Flora of Bristol. Lond. 1914. 8. 738 p. Cloth.   12.50

24214 **Williams, F. N.** Prodromi Florae Britann. specim. Brentf. 1901. 8. 16 p.   1.—

24215 **Winch.** On the distrib. of Plants of Northumberland and Durham.
(Newcastle) 1830. 4. 8 p.   1.—

24216 **Withering.** Systemat. arrangem. of Brit. Plants. 6. ed. Lond. 1845. 8.
437 p. w. 10 pl. (1 colour.) Cloth. (10 s. 6 d.)   2.—

24217 **Woodhead.** Ecology of Woodland Plants in the neighbourh. of Hudders-
field. (Lond., Linn. Soc.) 1906. 8. 72 p. w. 70 fig. (8 s.)   3.50

24218 **Wyatt.** Algae Danmonsienses. 2 4 2   d r i e d   s p e c i m e n s   of
Marine Plants coll. in Devonshire. 4 vols. w. Suppl. = 5 vols. Torquay. 4.   120.—
     Well preserved and named.

VI. Gallia
et insula Corsica.

[Supplementum numeror. 4692—4816, vide: Bibliographia Botanica, p. 182—186].

24219 **Allman.** Aspects of Vegetat. in the littoral districts of Provence, the
Maritime Alps and the West. Ligurian Riviera. (Lond., Linn. S.)
1880. 8. 13 p.   1.—

24220 **Ansberque.** Flore fourragère de la France. Lyon 1866. fol. 2 7 2   *M*
planches av. texte descript. — Lithographié.   40.—
    Rare, pas dans le commerce.
24221 **Ascherson.** Botan. Wahrnehmungen in Paris. (Berl., Bot. Ver.) 1870.
8. 26 p.   1.—
24222 **Babey.** Flore Jurassienne, ou descr. d. Plantes d. montagnes et plaines
du Jura. 4 vols. Paris 1846. 8. (fr. 45.)   14.—
24223 **Baichère.** Explor. botan. de Cannes. (Paris, Soc. Sc.) 1889. 8. 18 p.   1.—
24224 — Contrib. à la Flore d. Corbières. II. 1893. 8. 42 p.   1.—
24225 **Bautier.** Tableau analyt. de la Flore Parisienne. Paris 1827. 8. 304 p.
Cart.   2.—
24226 — — 2. éd. Paris 1832. 8. 388 p.   1.50
24227 — — 3. éd. Paris 1836: 8. 386 p.   1.50
24228 — — 9. éd. Paris 1860. 470 p.   1.50
24229 — — 14. éd. Paris 1872. 8. 460 p. Toile.   1.50
24230 — — 18. éd. Paris 1882. 8. 510 p. Toile.   2.—
24231 **Bentham.** Catal. d. Plantes indigènes d. Pyrénées et du Bas Langue-
doc. Paris 1826. 8. 128 p.   2.—
24232 **Bergeret, J. et E.** Flore des Basses Pyrénées. Nouv. éd., publ. p. G.
Bergeret. Pau 1909. 8. 1042 p.   18.—
24233 **Berher.** Catal. d. Plantes vascul. du dép. d. Vosges. Epin. 1876. 8. 264 p.   4.—
24234 **Bernard.** Champignons obs. à La Rochelle et dans ses environs.
Paris 1882. 8. 800 p. av. atlas de 56 pl. c o l o r.   25.—
    Rare.
24235 **Bonnier.** Flore compl. illustrée en couleurs de France, Suisse et Belgique (compren. la plupart des Plantes d'Europe). Fasc. 1 à 28. Paris
1911 à 1914. 4. av. 162 pl. color. — Tout ce qui a paru.   65.—
24236 **Bonnier et Layens.** Flore compl. de France et de Suisse (compren.
aussi d. Plantes de Belgique). 2. éd. Paris 1911. 8. av. 2 cartes et
5338 fig.   8.50
24237 — Nouv. Flore p. la déterminat. d. Plantes sans mots techn. 3. éd.
(Paris, s. d.) 8. 314 p. av. 2145 fig. (fr. 5.)   1.50
24238 **Boreau.** Flore du Centre de la France et du bassin de la Loire. 2. éd.
2 vols. Paris 1840. 8. 1144 p. Toile.   8.—
24239 **Boulay.** Flore cryptogamique de l'Est de la France. Muscinées et Hépatiques. Paris 1872. 8. 890 p. (fr. 15.)   10.—
24240 **Boullu.** Herboris. de Malleval à Chavanay et dans le Chablais et le
Valais. (Lyon, Soc. Bot.) 1883. 8. 48 p.   1.—
24241 **Bourlet.** Catal. d. Phanérogames de Douai. Douai 1847. 8. 87 p.   1.50
24242 **Brachet.** Excurs. botan. de Briançon aux sources de la Durance et de
la Clarée. Gap 1907. 8. 51 p. av. carte.   1.50
24243 **Briquet.** S. la flore du massif de Platé. Genève 1895. 8. 53 p.   1.50
24244 — Spicilegium Corsicum ou Catal. d. Plantes rec. en Corse p. Burnat.
(Genève, Jard. Bot.) 1905. 8. 78 p.   2.50
24245 — Prodrome de la Flore Corse. Vol. I et II, partie 1 (tout ce qui a
paru). Genève 1910 à 1913. 8. 1125 p.   20.—
24246 **Brondeau.** Recueil de Plantes Cryptog. (Fungi) de l'Agenais. 3 fascic.
(tout paru). Agen 1828 (à 1830). 8. 39 p. av. 12 pl.   25.—
    Très-rare. — Voyez aussi: Rara Historico-Naturalia, ed. J u n k , p. 43.
24247 **Brunotte et Lemasson.** Guide du Botaniste au Hoheneck et aux envir.
de Gérardmer. Paris 1893. 8. 40 p. av. carte.   1.50
24248 **Bulletin** de la Société Botan. de France. Tome 32, 34, 35, 40. Paris
1885 à 1894. 8. av. plchs. (fr. 128.)
    Chaque volume à M. 5.
24249 — — S e s s i o n s   e x t r a o r d i n. entre 1861 à 1904. 12 parties.
Paris. 8.   3.—
24250 **Bulletin** de la Société Botan. des Deux-Sèvres. Année XX: 1908. Niort
1909. 8. av. portr. et pl.   2.—

24251 **Burnat.** Flore d. Alpes Maritimes. Vol. I à IV, V, partie 1. Genève
1893 à 1914. 8. av. 2 cartes.   *M* 30.—

24252 **Caen.** — Séance de la Société Linnéenne de Normandie 1823, 1834 à
1837. Caen 1823 à 1837. 8. D.-rel. veau.   6.—

24253 **Camus, E. G.** Monogr. d. Orchidées de France. (Paris, Journ. Bot.)
1894. 8. 135 p. — Le texte s e u l.   5.—
     Voyez aussi: J u n k, Bibliographia Botanica, p. 63.

24254 **Candolle, A. de.** S. l. causes qui limit. les espèces végét. du ᐧcôté
du Nord. (Paris, Ann. Sc.) 1848. 8. 14 p.   1.—

24255 **Candolle, A. P. de.** Rapports s. 2 voyages botan. et agronom. dans
l. dép. de l'Ouest et du Sud-Ouest. Paris 1808. 8. 120 p. Cart.   2.50

24256 — Botanicon Gallicum. Ed. II. Cur. Duby. 2 vol. Paris. 1828—30. 8.
1140 p. D.-rel. veau.   6.—

24257 — — Vol. II. 1830. 508 p. D.-rel. veau.   3.—

24258 **Catalogue** d. Plantes vascul. du dép. d'Ardennes. II. Charleville. 8. 208 p.   2.—

24259 **Chabert.** 2 mém. s. la Flore du Cap Corse. (Paris, S. Bot.) 1882 à 92.
8. 12 p.   1.—

24260 — Rech. botan. d. l. Alpes de la Maurienne. (Paris, S. Bot.) 1883.
8. 18 p.   1.—

24261 **Chevalier.** Qu. Plantes nouv. p. la Normandie. (Caen) 1895. 8. 15 p.   1.—

24262 **Chevallier.** Flore génér. d. environs de Paris. 2. éd. 3 parties. Paris
1836. 8. av. 20 pl.   6.—

24263 **Cosson.** Notes s. qlqs. Plantes rares ou nouv. et addit. à la flore d.
Paris. 2 parties. Paris 1848 à 50. 8. 48 p.   1.50

24264 **Cosson et Germain.** Supplém. au catal. rais. d. Plantes vascul. d.
envir. de Paris. Paris 1843. 8. 95 p.   1.—

24265 **Cosson, Germain et Weddell.** Introd. à une Flore analyt. et descript.
de Paris. Paris 1842. 8. 163 p.   1.50

24266 **Coste et Soulié.** Note s. 200 Plantes nouv. p. l'Aveyron. (Paris, Soc.
Bot.) 1897. 8. 35 p.   1.50

24267 **Crépin, Fliche et Remy.** 3 mém. s. la Flore du dép. d. Ardennes. (Brux.
et Paris) 1849 à 1901. 8. 38 p.   1.50

24268 **(Descemet).** Catal. d. Plantes du Jardin d. Apoticaires de Paris.
(Paris) 1759. 8. 160 p. D.-rel. veau.   7.—
     La seconde édition (la première a paru en 1741) d'un catalogue très-rare.

24269 **Desfontaines.** Catal. Plantarum Horti regii Parisiensis. Ed. III. Paris.
1829. 8. 432 p. (fr. 7.)   4.—

24270 **Desmazières.** Agrostographie du Nord de la France. Lille 1812. 8. 190 p.   3.—

24271 — Catal. d. Plantes omises d. la Botanographie Belgique et d. les
Flores du nord de la France. Lille 1823. 8. 122 p. Cart.   1.50

24272 **Dubois.** Méthode à connoître les Plantes de l'intérieur de la France,
partic. d. envir. d'Orléans. Orl. 1803. 8. 605 p. D.-rel. veau.   5.—
     Rare.

24273 **Flahault.** Catal. rais. de la Flore d. Pyrénées-Orientales. Perpign.
1896. 8. 48 p.   1.50

24274 — Au sujet de la carte botan. forest. et agric. de France. (Paris, Ann.
Géogr.) 1896. 8. 9 p. av. pl. color.   1.—

24275 — Carte botan. et forest. de la France. (Paris, Ann. Géogr.) 1897. 8.
24 p. av. carte color. gr. in-fol.   2.—

24276 — Naturalisation et Plantes natural. en France. Comptes rend. d.
Herborisations à Hyères. (Paris, Soc. Bot.) 1899. 8. 91 p.   1.50

24277 — Les Limites supér. de la Végét. forest. et l. Prairies pseudo-alpines
en France. (Paris, Rev. Eaux) 1901. 8. 39 p. av. pl.   1.50

24278 **Flore de la France.** — 26 mém. p. Boreau, Corbière, Flahault, Grenier,
Maire, Meyran, Perroud, Roux, Rouy, P. A. Saccardo, Timbal-Lagrave et a. 1839 à 1908. 8. et 4. 260 p. av. pl.   8.—

24279 **Foucaud et Simon.** 3 semaines d'Herborisat. en Corse. I. La Rochelle
1898. 8. 178 p.   1.50

M

24280 **(Fourreau).** Flore du dép. du Rhône. (Lyon, Soc. Linn.) 1853. 8. 49 p.   1.—
24281 — Catal. d. Plantes croiss. le long du cours du Rhône. Paris 1869.
8. 216 p.   6.—
24282 — — Partie I. (Lyon, Soc. Linn.) 1868. 8. 104 p.   1.50
24283 **Friche-Joset et Montandon.** Synopsis de la Flore du Jura septentr. et
du Sundgau. Mulh. 1856. 8. 420 p. av. pl. Cart.   3.50
24284 **Gadeceau.** Le Lac de Grand Lieu (Loire-Infér.). Monogr. phytogéograph. Nantes 1908. 8. 160 p. av. carte color. et 21 pl.   7.—
24285 **Gandoger.** Flore Lyonnaise. Paris 1875. 8. 387 p.   3.—
24286 **Gaterau.** Descr. d. Plantes de Montauban. Mont. 1789. 8. 219 p.
D.-rel. veau.   3.—
24287 **Gautier-Lacroze.** Flore d'Auvergne. Clerm. 1876. 8. 63 p.   2.—
24288 **Gave.** Excursions botan. dans les Hautes Vallées de la Tarentaise.
Chambéry 1895. 8. 68 p.   1.50
24289 **Gay, J.** Excurs. botan. à l'Aubrac et au Mont-Dore. (Paris, Soc. Bot.)
1862. 8. 48 p.   1.—
24290 **Genevier.** Monogr. des Rubus du bassin de la Loire. 2. (dernière) éd.
Paris 1881. 8. 305 p. (fr. 10.)   4.—
24291 **Gillet et Magne.** Nouv. Flore Française. Paris 1863. 8. 648 p. D.-rel. veau.   2.—
24292 **Giraudias.** Enumér. d. Phanérog. et d. Fougères du cant. de Limogne
(Lot). Angers 1876. 8. 32 p.   1.—
24293 — Herborisations d. la Charente-Infér. (Paris, Rev. Bot.) 1886. 8. 12 p.   1.—
24294 **Godfrin et Petitmengin.** Flore analyt. de poche de la Lorraine. Paris
1908. 8. Cart.   4.50
24295 — Atlas de la Flore analyt. de la Lorraine. Paris 1913. 8. Cart.   5.—
24296 **Godron.** S. la Flore de Montpellier. (Besanç.) 1854. 8. 47 p.   1.—
24297 **Grenier.** Flore de la Chaine Jurassique. 2 vols. Besançon 1865 à 75.
8. 1092 p.   8.—
24298 **Grenier et Godron.** Flore de France. 3 vols. Paris 1848 à 56. 8. 2308 p.
D.-rel. veau.   30.—
24299 **Hariot, L. et P.** Florule du Canton de Méry-sur-Seine. (Troyes, Ac.)
1874. 8. 72 p.   1.50
24300 **Hariot, P.** Flore de Pont-sur-Seine. (Troyes, Ac.) 1879. 8. 58 p.   1.50
24301 **Hérissant, P.** Bibliothèque physique de la France. Paris 1771. 8. 496 p.
Veau. — Taché d'eau.   6.—
      Botanique: p. 261 à 300, 454 à 463.
24302 **Holden.** Bibliography relat. to the Flora of France. Cincinn. 1911. 8. 56 p.   1.50
24303 **Husnot.** Hepaticologia Gallica. Cahan 1881. 8. 102 p. av. 13 pl.   15.—
      Epuisé.
24304 **Jeanbernat.** Excurs. aux sources de la Garonne et de la Noguéra
Pallarese. 2 parties. (Toulouse). 8. 54 p.   1.50
24305 **Jeanbernat et Timbal-Lagrave.** Qu. jours d'Herborisat. dans l. Albères
orient. Toulouse 1879. 8. 52 p.   1.50
24306 **Jordan, A.** Observ. s. plus. Plantes rares ou crit. de la France. I, II, IV.
(Lyon, Soc. Linn.) 1846 à 47. 8. 403 p. av. 24 pl.   18.—
      Voyez notice ajoutée au nr. 4754.
24307 **Lagrave.** Reliquiae Pourretianae. (Toulouse, Soc. Sc.) 1875. 8. 149 p.
av. portr. et pl.   2.—
24308 **de Lamarck et A. P. de Candolle.** Synopsis Plantarum in Flora Gallica
descriptar. Paris 1806. 8. 456 p. Cart.   1.50
24309 **Lapeyrouse.** Hist. abrégée d. Plantes des Pyrénées. Av. supplém.
Toulouse 1818. 8. 954 p. av. pl. D.-rel. veau.   16.—
      Lecoq. Végétat. du Plateau centr. de la France — voyez no. 22685.
24310 **Le Jolis.** Lichens des envir. de Cherbourg. (Cherb., Soc. Nat.) 1859.
8. 108 p.   4.—
24311 **Léveillé.** Petite Flore de la Mayence. I. Laval 1895. 8. 184 p.   1.—
24312 **Liste** alphabét. d. Plantes observ. d. la vallée de Villé. (Paris) 1808.
8. 40 p. Cart.   1.50

M

24313 **Litardière.** Voyage botan. en Corse. (Niort) 1907. 8. 35 p. — 1.50
24314 **Lloyd.** Flore de l'Ouest de la France. 4. éd. p. Foucaud. Rochefort 1886. 8. 527 p. D.-rel. veau. — 2.50
24315 **Loiseleur-Deslongchamps.** Notice s. l. Plantes à ajouter à la Flore de France. Paris 1810. 8. 174 p. av. 6 pl. — 2.—
24316 — Flore génér. de France. Phanérogamie. Livr. 1 à 4. Paris 1828 à 29. 8. p. 1 à 104 av. 48 pl. c o l o r. (fr. 48.) — 6.—
24317 — Flora Gallica. Ed. II. (ultima). 2 vol. Paris. 1828. 8. 835 p. et 31 tab. D.-rel. veau. — 3.—
24318 **Loret et Barrandon.** Flore de Montpellier. 2 vols. Montp. 1876. 8. 970 p. av. carte. Cart. — 9.—
24319 **Magnin.** S. la Flore du Lyonnais. III. (Lyon, Soc. Bot.) 1883. 4. 54 p. — 1.—
24320 — Végétat. de la région Lyonnaise. Lyon 1886. 8. 530 p. av. 7 cartes color. (fr. 20.) — 13.—
24321 — Enumér. d. Plantes du Beaujolais. Bâle 1887. 8. 124 p. — 2.—
24322 — La Végétation des Lacs du Jura. Monographies botan. de 74 lacs Jurassiens. Paris 1904. 8. 446 p. av. 19 pl. et 210 fig. — 16.—
24323 **Magnol.** Botanicum Monspeliense, s. Plantarum ca. Monspelium nascent. index. Monspel. 1686. 8. 316 p. et 23 tab. — 8.—
  C'est la seconde édition. La première, parue en 1676, est d'une grande rareté.
24324 — P l a n c h o n. La Botanique à Montpellier. L'Herbier de Magnol. (Montp.) 1884. 8. 39 p. av. 3 pl. — 2.—
24325 **Malbranche.** Catal. descr. d. Lichens de la Normandie. Av. supplém. Rouen 1870 à 1881. 8. 347 p. — 4.—
24326 **Martins.** S. la topogr. botan. du mont Ventoux. 2 parties. (Paris, Ann. Sc.) 1838. 8. 43 p. av. pl. — 2.—
24327 **Masclef.** Catal. rais. d. Plantes vascul. du dép. du Pas-de-Calais. Arras 1886. 8. 267 p. — 5.—
24328 **Mérat.** Nouv. Flore des envir. de Paris. 2. éd. 2 vols. Paris 1821. 8. 782 p. D.-rel. veau. — 2.—
24329 — — 4. éd. 2 vols. Paris 1836. 8. 1178 p. — 2.—
24330 — — 5. éd. 2 vols. Brux. 1837 à 1838. 8. 897 p. — 2.50
24331 — Revue de la Flore Parisienne. Paris 1843. 8. 494 p. — 2.—
24332 **Meyran.** Herborisat. s. le Mont-Cenis. (Paris, Rev. Bot.) 1891. 8. 15 p. — 1.—
24333 — Excurs. botan. au Puy - de - Montoncelle. (Lyon, Soc. Bot.) 1898. 8. 18 p. — 1.—
24334 — Herborisat. aux envir. de Chamonix. (Lyon, S. Bot.) 1899. 8. 16 p. — 1.—
24335 — Herborisat. dans la vallée du Giffre. (Lyon, S. Bot.) 1901. 8. 18 p. — 1.—
24336 — Excurs. botan. au Col de la Vanoise. (Lyon. Soc. Bot.) 8. 14 p. — 1.—
24337 **Michalet.** Hist. nat. du Jura: Botanique. Paris 1864. 8. 404 p. — 5.—
24338 **Moreau.** Flore du Sénonais. (Auxerre) 1913. 8. 47 p. — 1.—
24339 **Ogérien.** Hist. natur. du Jura et d. départ. voisins. 3 vols. (en 4 parties). Paris 1863 à 65. 8. 1977 p. av. 2 cartes géolog. color. (fr. 25.) D.-rel. veau. — 13.—
24340 **Olivier.** Flore analyt. et dichotom. d. Lichens de l'Orne et d. départ. circonvois. 2 parties av. supplém. Authueil et Toulouse 1884 à 92. 8. 348 p. av. 2 pl. color. — 7.—
24341 **Paillot et Vendrely.** Flora Sequaniae exsicc. ou Herbier de la flore de Franche-Comté. I, VI à XI. Besanç. 1872 à 1905. 8. 128 p. — 2.—
24342 **Perrier.** Herboris. fait. à Albertville. 8. 29 p. — 1.—
24343 **Perroud.** Herboris. d. la vallée de la Gervanne. (Lyon, S. Bot.) 1883. 8. 14 p. — 1.—
24344 **de Pouzolz.** Flore du dép. du Gard. Vol. I et II, partie 1 (tout paru). Montp. 1856 à 62. 8. 1303 p. av. 7 pl. c o l o r. D.-rel. veau. — 10.—
24345 **Quélet.** Les Champignons du Jura et des Vosges. Partie I, II. Montbél. 1870 à 73. 8. 424 p. D.-rel. veau. — 20.—
24346 **Ravaud.** Guide du Botaniste dans le Dauphiné. Excurs. 1, 2, 4 à 7. Grenoble 1879. 8. 271 p. — 3.—

M

24347 **Respaud et Chartier.** Florule de Caux. (Paris, Rev. Bot.) 1891. 8. 16 p. 1.—
24348 **Reverchon.** Catal. rais. d. Plantes vasculaires du dép. de la Mayenne. (Angers) 1892. 8. 120 p. 2.—
24349 **Richard, J.** De la culture au point de vue ornemental d. Plantes indig. de la Vendée. La Roche 1881. 8. 99 p. 1.50
24350 **(Robert).** Phanérogames d. envir. de Toulon. Brignolle 1838. 8. 117 p. 3.—
24351 **Roucel.** Flore du Nord de la France. 2 vols. Paris 1803. 8. 1049 p. D.-rel. vélin. 5.—
24352 **Roumeguère.** Statistique botan. du dép. de la Haute-Garonne. (Paris, Echo Prov.) 1876. 8. 101 p. 2.50
24353 **Roux.** Herborisat. au Col de Chavière. (Lyon, S. Bot.) 1891. 8. 15 p. 1.—
24354 — Herborisat. d. le Dauphiné méridion. (Lyon, S. Bot.) 1893. 8. 20 p. 1.—
24355 — 2 excurs. botan. dans le Briançonnais. (Lyon, S. Bot.) 1897. 8. 11 p. 1.—
24356 **Rouy et a.** Flore de France. (En 14 vols.) Vol. I à XIII. Paris 1893 à 1912. 8. 5456 p. (fr. 94.) 65.—
24357 — — Vol. I, II. 1893 à 95. 8. 693 p. 5.—
24358 **Saint-Lager.** Catal. de la Flore du bassin du Rhône. IV. (Lyon, Soc.) Bot.) 1877. 8. 149 p. 1.50
24359 **Salis-Marschlins.** Enumér. d. Plantes cotylédonées de Bastia. (Paris, Ann. Sc.) 1836. 8. 10 p. 1.—
24360 **Sargnon.** Excurs. botan. au Mont Mezeng. (Lyon, S. Bot.) 1880. 8. 16 p. 1.—
24361 — Florule de la presqu'île Perrache. (Lyon, S. Bot.) 1883. 8. 19 p. 1.—
24362 **Schultz, F. G.** Archives de la flore de France et d'Allemagne. Fasc. 1 et 2. (Bitche) 1842. 8. 48 p. 1.50
24363 **Société Botanique** de France. Session de la haute Vallée de l'Ubaye. Notices (florist.) publ. par le Comité local. Montp. 1897. 8. 59 p. av. 9 pl. 2.—
24364 **Suard.** Catal. d. Plantes vascul. du dép. de la Meurthe. Nancy 1843. 8. 46 p. 1.50
24365 **Sudre.** Les Hieracium du Centre de la France. Albi 1902. 8. 103 p. av. 32 pl. 7.50
24366 **Thellung.** La Flore advent. de Montpellier. (Montp.) 1910. 8. 32 p. 1.—
24367 **Thuillier.** Flore d. envir. de Paris. Par. 1799. 8. 595 p. Veau. 3.—
24368 — — Paris 1804. 8. 598 p. Cart. 3.—
24369 **Tillet.** S. la Flore du Laus. (Lyon, S. Bot.) 1880. 8. 24 p. 1.—
24370 **Timbal-Lagrave.** 3 excurs. botan. (S.-Paul de Fenouillet, Bagnères-de-Luchon, Corbières orient.) (Paris et Toul.) 1864 à 75. 8. 100 p. 1.50
24371 **Timbal-Lagrave et Jeanbernat.** Explor. scient. d. envir. de Montolieu (Aude). Toulouse 1875. 8. 40 p. 1.50
24372 **Tournefort.** Histoire d. Plantes de Paris. Paris 1698. 8. 618 p. Veau. 5.—
24373 **Vaillant.** Botanicon Parisiense. Lugd. Bat. 1723. 8. 140 p. Veau. 15.—
    Acced. ejusdem autoris: 1) Catal. d. Plantes d'usage. 72 p. 2) Catal. d. Arbres et Arbrisseaux d. env. de Paris. 1735. 70 p. 3) Catal. Plantarum Officinal. 116 p. — L'édit. in-octavo n'est qu'un 'operis majoris proditari prodromus' (nr. 623). — Les trois opuscules ajoutés à notre exemplaire sont très-rares.
24374 — — Ed. nova et aucta. Lugd. Bat. 1743. 8. 143 p. 7.—
24375 **Vaupell.** Nizzas Vinterflora. (Kjöb., Nat. För.) 1859. 8. 43 p. 1.50
24376 **Vendrely.** Tableaux synopt. et analyt. de la Flore de France. I: Embranchem. à familles. Vesoul 1896. 8. 142 p. 2.—
24377 — — V: Analyse d. genres. (Paris) 1862. 8. 64 p. 1.50
24378 **Verlot.** Les Herborisat. d. envir. de Grenoble. (Paris, S. Bot.) 1860. 8. 43 p. 1.—
24379 **Viaud-Grand-Marais.** Catal. d. Plantes vascul. de Noirmoutier. (Nantes) 1892. 8. 64 p. 1.50
24380 **Viaud-Grand-Marais et Ménier.** Catal. d. Plantes vascul. de l'Ile d'Yeu. (Nantes) 1894. 8. 39 p. 1.—
24381 **de Vicq et de Brutelette.** Catal. d. Plantes vascul. du dép. de la Somme. Av. supplém. Abbéville 1865. 8. 369 p. 4.—

24382 **Vidal et Offner.** Les Colonies d. Plantes méridion. des envir. de *M*
Grenoble. Gren. 1905. 8. 61 p. av. carte. 1.50

24383 **Vigneux.** Flore pittoresque d. envir. de Paris. Paris 1812. 4. 248 p.
av. 68 pl. color. Cart., non rogné. 16.—
Bon exempl. d'un ouvrage assez rare.

24384 **Voigt, A.** Natur-Führer durch die Riviera. Berl. 1914. 8. 472 p. m.
color. Kte. in Folio u. 6 photograph. Tfln. Leinbd. 7.—
Siehe auch Nr. 24632.

24385 **Vuillemin.** S. la Flore d. envir. de Nancy. Nancy 1886. 8. 33 p. 1.—

24386 **Warion.** Herborisat. dans les Pyrénées-Orient. (Perpign.) 1880. 8.
15 p. av. 2 pl. 1.50

VII. Hispania et Lusitania.

[Supplementum numeror. 4817—4856, vide: Bibliographia Botanica, p. 186—187].

24387 **Actas y Memorias** del I. Congreso de Naturalistas Españoles, 7—10.
Oct. 1908. Zaragoza 1909. 8. 435 p. av. 30 pl. color. et noires. 12.—

24388 **Arevalo y Baca.** Estado actual de la Botánica y la Horticult. en Valencia y Andalucia. (Pétersb., Congr.) 1885. 8. 11 p. 1.—

24389 **Boissier.** Analyse de l'ouvr.: Voyage botan. d. le midi de l'Espagne.
2 parties. (Paris, Ann. Sc.) 1840 à 41. 8. 20 p. 1.50

24390 **Boletim** da Sociedade Broteriana. Réd. p. Henriques. Vol. 3 à 21.
Coimbra 1885 à 1906. 8. av. plchs. 130.—
En partie épuisés.

24391 — — Vol. IX, X: 1891 à 1892. (M. 16.) 8.—

24392 **Börgesen.** Exkursioner i Sydspanien. (Kjöb., Bot. T.) 1897. 8. 12 p.
m. 2 Tfln. 1.50

24393 **Buen y del Cos.** Apuntes geogr.-botánicos s. la Zona Centr. de la
Penins. Ibérica. (Madrid, Soc. Nat.) 1883. 8. 20 p. 1.—

24394 **Burnat et Barbey.** Voyage botan. dans l. îles Baléares et la prov. de
Valence. Genève 1882. 8. 63 p. av. pl. 2.50

24395 **Chodat.** Excursions botan. en Espagne et au Portugal. Genève 1909.
8. 132 p. av. 2 pl. color. 6.—

24396 **Clusius.** Rariorum aliquot Stirpium per Hispanias observat. historia.
Antverp., Plantin, 1576. 8. 542 p. et permultae fig. Vél. 30.—
Le plus rare des ouvrages de C h. D e l'E c l u s e.

24397 **Colmeiro.** Catál. metód. de Plantas observ. en Cataluña. Madrid 1846.
8. 368 p. Veau. 8.—

24398 — Datos estadíst. concern. á la Vegetación de la penins. Hispano-
Lusit. é isl. Baleares. Madr. 1890. 8. 31 p. 1.50

24399 **Costa, A. C.** Introducc. á la Flora de Cataluña. Con suplemento. Barcelona 1877. 8. 528 p. 12.—

24400 **Daveau.** Aperçu s. la Végét. de l'Alemtajo et de l'Algarve. (Lisbonne,
Ac.) 1882. 8. 46 p. 1.50

24401 — Flore littorale du Portugal. (Genève, Boiss.) 1896. 8. 52 p. 2.—

24402 — Excurs. (botan.) aux îles Berlengas et Farilhoes. (Lisboa, Soc.
Geogr.) 8. 44 p. 1.50

24403 **Ficalho e Coutinho.** As Rosaceas de Portugal. (Coimbra, Soc. Broter.)
1899. 4. 56 p. 3.50

24404 **Figueiredo.** Flora pharmac. e alimentar Portugueza. Lisboa 1825. 4.
606 p. D.-rel. veau. 20.—
Très-rare.

24405 **Freyn.** Neue Pflanzenarten d. Pyrenäischen Halbinsel. (Genf, Boiss.)
1893. 8. 7 p. 1.—

24406 **Gay.** Duriaei Iter Asturicum botan. 3 partes. (Paris., Ann. Sc.) 1836.
8. 54 p. et tab. 2.—

24407 **Gonzalez Fragoso.** Ap. para la Flora de la prov. de Sevilla. I. (Madrid,
Soc. Nat.) 1883. 8. 28 p. 1.—

24408 **Gouan.** Illustrat. et observat. Botanicae s. rarior. Plantar. indigenar.,   *M*
Pyrenaic., exotic. adumbrat. Tiguri 1773. fol. 92 p. et 28 tab. Hfzb.   18.—
24409 **Henriques.** Contrib. p. l'ét. de la Flore Portuguaise. (Coimbra, Bol.
Broter.) 1886. 4. 66 p. av. carte color.   2.50
24410 **Hervier.** Excurs. botan. de Reverchon dans le Massif de la Sagra
(Espagne). (Le Mans) 1907. 8. 87 p.   2.—
24411 **Hoffmansegg et Link.** Flore Portuguaise. Tome I complet et tome II
p. 1 à 128. Berl. 1809 à 1820. fol. 594 p. av. 90 pl. color. Toile.   150.—
Le prix d'un exemplaire complet (avec 114 planches) est maintenant plus
de M. 500. — Je possède encore de planches et feuilles dépareillées.
24412 **Lacoizqueta.** Catál. de las Plantas crec. en el valle de Vertizarana.
2 parties. (Madrid, Soc. Nat.) 1884 à 85. 8. 148 p.   2.50
24413 **Lange, J.** Pugillus Plantarum imprimis Hispanicar. 4 partes. (Haun.,
Nat. För.) 1860—63. 8. 400 p. et 2 tab.   12.—
24414 — Descriptio iconibus illustr. Plantarum novar. praec. florae Hispan.
Fasc. I. Haun. 1864. fol. 12 p. et 12 tab. c o l o r.   6.—
24415 — Diagnoses Plantar. penins. Ibericae novarum. 3 partes. (Haun.,
Nat. För.) 1878—93. 8. 49 p. et 2 tab. partim color.   2.50
24416 **Leresche et Levier.** 2 excurs. botan. dans le Nord de l'Espagne et le
Portugal. Lausanne 1880. 8. 197 p. av. 9 pl.   4.50
24417 **Link, H. F.** Bemerk. auf ein. Reise durch Frankreich, Spanien u.
Portugal. Band I u. II. Kiel 1801. 8. 564 p. m. Krte.   3.—
24418 **Link et Hoffmansegg.** Voyage en Portugal. 2 vols. Paris 1808. 8. 842 p.
av. carte color.   10.—
24419 **Linneo en España.** Homenaje á C. Linneo en su segundo centenario
1707—1907. Zaragoza 1907. 8. 530 p. avec 30 portraits et planches,
dont 2 coloriées, et 96 figures.   8.—
Table de matières. I: Linneo e su obra (8 mémoires). II: Naturalistas Españolas
(38 mémoires biographiques). III: Miscelánea (9 mémoires).
24420 **Lisbonne.** — Bulletin de la Société Portug. d. Sciences Natur. Vol.
I à VI: Années 1907 à 12. 8. av. plchs.   50.—
24421 **Litardière.** Herboris. au Pays Basque. (Niort) 1910. 8. 8 p.   1.—
24422 **Machado.** Catal. method. das Plantas observ. em Portugal. (Lisboa,
Ac.) 1866. 8. 11 p.   1.50
24423 **Marcailhou.** Excurs. botan. en Andorre. (Toulouse) 1889. 8. 23 p.   1.50
24424 **Marès et Vigineix.** Catal. rais. d. Plantes vascul. d. Iles Baléares.
Paris 1880. 8. 375 p. av. 9 pl.   10.—
24425 **de Mariz.** 2 excursöes botanicas na prov. de Traz os Montes. (Coimbra,
Soc. Broter.) 1889. 8. 79 p.   2.—
24426 — Subsidios p. o est. da Flora Portugueza: Convolvulaceas, Cus-
cuteas e Solanac. (Coimbra, Soc. Broter.) 1901. 4. 37 p.   1.50
24427 **Merino.** Flora descript. é illustr. de Galicia. 3 vols. Santiago 1905 à 09.
8. 2024 p. av. 1049 fig.   28.—
24428 **(Mueller, J.)** Flora Lusitanica exsiccata. Cent. XVI. (Coimbra, Soc.
Broter.) 1899. 4. 11 p.   1.—
24429 **Pereira Coutinho.** Flora de Portugal. Paris 1913. 8. 772 p.   12.—
24430 **Perez Lara.** Florula Graditana. 6 partes et additamenta. Matrit. (Soc.
Nat.) 1886 à 1903. 8. 765 p.   20.—
Des exemplaires complets sont très-rares.
24431 — — Partes 1—5. 1886—91. 492 p.   8.—
Je vends aussi les parties séparément.
24432 **Planellas Giralt.** Flora Fanerogám. Gallega. Santiago 1852. 8. 452 p.
(50 Reales). D.-rel. veau.   25.—
Très-rare.
24433 **Porta.** Stirpes in ins. Balearium collect. enumerat. (Florent., Giorn.
Bot.) 1887. 8. 49 p.   2.—
24434 **Rein.** Geogr. u. naturwissenschaftl. Abhandlgn. Bd. I (soviel erschien.):
Columbus u. s. Reisen nach d. Westen. Natur u. Erzeugnisse Spa-
niens. Leipz. 1892. 8. 244 p. m. 12 Tfln. u. Ktn. (M. 8.)   3.—

24435 **Rein.** Z. Kenntn. d. Span. Sierra Nevada. (Wien, Geogr. Ges.) 1899. 4. *M.*
144 p. m. Tfl. u. color. Karte. 3.—
24436 **Richard.** Excursions botan. en Espagne. (Niort) 1891. 4. 29 p. 1.50
24437 **Rodriguez y Femenías.** Herborizac. en Panticosa. (Madr., Soc. Nat.)
1890. 8. 6 p. 1.—
24438 **Römer, J.** Scriptores de Plantis Hispan., Lusitan., Brasiliensib. Norimb.
1796. 8. 184 p. et 8 tab. 6.—
Jetzt vergriffen.
24439 **Rose.** Untrodden Spain. 2. ed. 2 vols. Lond. 1875. 8. 760 p. Cloth. 3.—
24440 **Rouy.** Excurs. botan. en Espagne. 5 mém. Montpell. et Paris 1881 à 84.
8. 171 p. Cart. 3.50
24441 — Matér. p. s. à la Flore Portugaise. (Paris, Natural.) 1882. 8. 52 p. 2.—
24442 **Rexas Clemente y Rubio.** Ensayo s. las variedades de la Vid comun
que veget. en Andalucia. Madr. 1807. 8. 347 p. av. frontisp., pl. color.
et 4 tabl. D.-rel. veau. 20.—
24443 **Seeger.** Streifzüge auf Mallorca. Leipz. 1910. 8. 200 p. m. Kte. (M. 5.) 2.—
24444 **Sennen.** Plantes d'Espagne. (Paris, Ac. Bot.) 1908. 8. 32 p. 1.50
24445 **Strobl.** Sommerreise nach Spanien. Graz 1880. 8. 616 p. 3.50
24446 **Truan y Luard.** Ensayo s. la sinopsis de las Diatomeas de Asturias.
2 parties. (Madr., Soc. Nat.) 1884—85. 8. 76 p. av. 8 pl. 9.—
24447 **Trutat.** Les Pyrénées. Paris 1894. 8. 371 p. av. 2 cartes. 1.50
24448 **Werneke.** De Arabum Hispanicor. Agricultura et Mercatura. Monast.
1851. 8. 56 p. 2.—
24449 **Willkcmm.** Die Strand- u. Steppengebiete d. Iber. Halbinsel u. deren
Vegetat. Leipz. 1852. 8. 176 p. Cart. 6.—
24450 — Illustrationes Florae Hispaniae. Figures de Plantes nouv. ou rares
décr. dans le 'Prodromus Florae Hispan.' ou récemment découv. 2 vols.
(20 parties). Stuttg. 1881 à 92. fol. 320 p. av. 183 pl. c o l o r. (M. 240.) 90.—
24451 — — Cum tabulis nigris. 55.—
24452 — Ueb. Charakterpflanzen d. Mittelmeerländer. Prag 1895. 8. 22 p. 1.50
24453 **Willkcmm et Lange.** Prodromus Florae Hispanicae. 3 vol. et supplement. Stuttgart 1861—93. 8. (M. 87.60.) 35.—
24454 **Wcod, J.** Botanic. ramble in the North of Spain. (Lond., Linn. Soc.)
1858. 8. 15 p. 1.—
24455 **Zaragoza.** — Boletín de la Socied. Aragon. de Ciencias Natural.
Vol. I à VI. Zarag. 1902 à 7. 8. av. plchs. 28.—
24456 **Zetterstedt.** Plantes vascul. d. Pyrénées principales. Paris 1857. 8.
387 p. D.-rel. veau. 10.—
24457 — Förteckn. pa Pyreneiska Växter. (Lund, Bot. Not.) 1857. 8. 8 p. 1.—

VIII. Italia
et insulae: Sardinia, Sicilia, Melita.

[Supplementum numeror. 4857—4916, vide: Bibliographia Botanica, p. 187—189].

24458 **Allioni.** Stirpium praecipuarum littoris et agri Nicaeensis enumer.
method. Paris. 1757. 8. 277 p. Veau. 20.—
24459 — Flora Pedemontana. 3 vol. et 'Auctuarium'. Aug. Taur. 1785—89.
fol. c. 94 tab. (nigris). 50.—
Exemplare, speciell mit dem Supplement, sind jetzt selten u. gesucht.
24460 — — Das „Auctuarium" allein. Aug. Taur. 1789.. fol. 58 p. et 2 tab. 25.—
Siehe auch Nr. 24474.
24461 — M a t t i r o l o. Note bibliogr. Allioniane e nomenclator Allion.
(Genova, Malp.) 1904. 8. 82 p. c. 2 ritr. 2.—
24462 **Ambrosi.** Cenni per una storia delle Scienze natur. in Italia. (Padova,
Ist.) 1878. 8. 41 p. 1.50
24463 **Arcangeli.** Compendio d. Flora Italiana. Torino 1882. 8. 909 p. (15 L.)
D.-rel. veau. 4.50

M

24464 **Arcangeli.** Contrib. alla Flora Toscana. (Pisa, Ist. bot.) 1886. 4. 13 p. 1.—
24465 — 27 mem. botaniche. (Firenze) 1889—91. 8. 162 p. c. 2 tav. 4.—
24466 **Ardissone e Strafforello.** Enumeraz. d. Alghe di Liguria. Milano 1878. 4. 238 p. 7.—
24467 **Artaria.** Contrib. II. alla Flora della prov. di Como. (Milano, Soc. Nat.) 1895. 8. 28 p. 1.—
24468 **Ascherson.** Botan. Excursion unter d. 39° N. Br. — Ueb. ein. Fumaria-Arten. (Berl., Bot. Ver.) 1864. 8. 38 p. 1.—
24469 — Rifless. int. ad alc. Piante Ital. (Milano, Soc. Nat.) 1867. 8. 11 p. 1.—
24470 — Phanerogam. Marinar. Italiae consp. (Florent., Giorn. Bot.) 1870. 8. 7 p. 1.—
24471 **Avé-Lallemant.** De Plantis quibusdam Italiae borealis et Germaniae austr. rarioribus. Berol. 1829. 4. 20 p. et tab. 1.—
24472 **Baccarini.** Mater. p. la Flora Irpina. (Fir., Giorn. Bot.) 1891. 8. 22 p. 1.—
24473 — S. vegetaz. d. Sicilia orient. 2 parti. (Fir., Giorn. Bot.) 1901. 8. 46 p. 1.50
24474 **Balbis.** Miscellanea botanica. (Rar. Horti Torinens. Stirpia, Addit. ad Floram Pedemont. etc.) (Aug. Taurin., Ac.) 1805. 4. 70 p. et 11 tab. 8.—
24475 **Balsamo.** Cenno geolog.-bot. d'Ischia. Napoli 1883. 8. 13 p. 1.—
24476 **Battarra.** Fungorum agri Ariminensis historia. Favent. 1755. 4. 88 p. et 40 tab. Cart. 8.—
　　　Die 2. Auflage von 1759 ist unverändert.
24477 **Béguinot.** L'Archipelago Ponziano e la s. Flora. Roma 1902. 8. 90 p. c. carta geol. color. 2.—
24478 — Flora Padovana. Parte I (quanto n'è stato pubbl.): Bibliogr. e storia. Padova 1909. 8. 103 p. 4.—
24479 — Vita d. Piante superiori n. Laguna d. Venezia. Padoa 1913. 8. 336 p. c. 75 tav. 20.—
24480 **Bellardi.** Stirpes novae Pedemontii. (Aug. Taur., Ac.) 1805. 4. 8 p. et 4 tab. 3.—
24481 **Bellini.** Contrib. alla flora d'Umbria. (Firenze, Giorn. Bot.) 1899. 8. 11 p. 1.—
24482 **Berger.** Hortus Mortolensis. Catal. of Plants grow. in the Garden of Hanbury at La Mortola. Lond. 1912. 8. 492 p. w. 2 portr. and 6 pl. 5.—
　　　A complete and exact description of this garden may also be found on pages 288—423 of: V o i g t ' s Naturführer durch die Riviera, see nr. 24632.
24483 **Bertoloni, A.** Praelectiones rei Herbariae et prolegom. ad Floram Italicam. Bonon. 1827. 8. 344 p. 5.—
24484 — Flora Italica. (Phanerog.) 10 vol. Bonon. 1833—54. 8. (M. 142.) 70.—
24485 — — Vol. I—VI. Bonon. 1833—47. 8. D.-rel. veau. 10.—
24486 **Beyer.** Beitr. z. Flora d. Thäler Grisanche u. Rhêmes in d. Grajisch. Alpen. Berl. 1891. 4. 30 p. 1.—
24487 **Biasoletto.** S. l. travaux de la section botan. de la réunion d. Naturalistes à Pise. (Moscou, Soc. Nat.) 1840. 8. 50 p. 1.—
24488 **Bicknell.** Flowering Plants and Ferns of the Riviera and neighbour. mountains. Lond. 1885. 8. 180 p. w. 82 colour. pl. Cloth. (6 £ 6 s.) 40.—
24489 — Flora of Bordighera and San Remo. Bordigh. 1896. 8. 353 p. w. colour. map. Cloth. 5.—
24490 **Bivona Bernardi.** Stirpium rarior. minusque cognitar. in Sicilia proven. descript. Manip. IV. Panormi 1816. 4. 39 p. et 6 tab. 3.—
24491 **Boccone.** Icones et descript. rariorum Plantarum Siciliae, Melitae, Galliae et Italiae. (Oxonii) 1674. 4. 112 p. et 52 tab. Hlbprgtbd. 20.—
　　　P r i t z e l citirt (ein bei ihm seltener Druckfehler) lediglich eine Ausgabe von 1694.
24492 **Bollettino** d. Naturalista. Red. p. Brogi. Anno XXI—XXVI: 1901—06. Siena. 8. (M. 36.) 14.—
24493 **Bollettino** del R. Orto Botanico di Palermo. Anno IV—VII. Palermo 1905—1908. 8. c. tav. 18.—

W. Junk, Berlin, W. 15.

24494 **Bruni.** Cenno su lo stato d'Agricoltura di Barletta e Piante indigene.   *M*
Napoli 1844. 8. 64 p.   8.—
    Pag. 33—64: Enumeratio Plantar. agri Baruletani. — Nicht im P r i t z e l.

24495 **Brunner.** (Botan.) Streifzug durch d. östl. Ligurien, Elba, d. Ostküste
Siciliens u. Malta in Bez. auf Pflanzenkunde. Winterth. 1828. 8. 352 p.   2.50

24496 **Bulletino** d. Società Botanica Italiana. Anni 1893—1902. Firenze. 8.   20.—
    Jeder Jahrgang, auch jede Nr. einzeln.

24497 **Bulletino Bibliogr.** d. Botanica Italiana. Red. da Traverso. Anno I.
Firenze 1904. 8. 88 p.   1.50

24498 **Caldesio.** Florae Faventinae tentamen. 4 part. (Florent., Giorn. Bot.)
1879—80. 8. 149 p.   3.—

24499 **Caruel.** Florula di Montecristo. (Milano, Soc. Nat.) 1864. 8. 38 p.   1.50

24500 — Cambiamenti n. Flora Toscana. (Mil., Soc. Nat.) 1867. 8. 39 p.   1.—

24501 — Statist. botan. d. Toscana. Firenze 1871. 8. 380 p. c. tav. color.
(15 L.)   6.—

24502 — B a r o n i. Supplem. alla 'Flora Toscana.' Fasc. II: Dicotiledoni.
Firenze 1898. 8. 128 p.   2.50

24503 **Cenni** s. i Boschi e le Selve di Sardegna. Ed. II. Torino 1832. 8. 178 p.   3.—

24504 **Cesati.** Stirpes Italicae rariores vel novae, descript. iconibus illustr.
3 fasc. Mediol. 1840. fol. 100 p. et 28 tab. (M. 90.)   20.—

24505 — Die Pflanzenwelt im Geb. zw. d. Tessin, d. Po, der Sesia u. d.
Alpen. (Halle, Linn.) 1863. 8. 62 p. m. 2 Tfln. (1 color.)   1.50

24506 (—) Elenco d. Piante racc. sul gr. d. Maiella e del Morrone. (Torino,
Club Alp.) 1873. 8. 33 p.   1.50

24507 **Cobelli, R.** La Flora di Serrada. 4 parti. (Firenze e Rovereto) 1894—
1896. 8. 100 p.   2.50

24508 **Colla.** Hortus Ripulensis. Append. III et IV: Illustrat. rar. Stirpium.
(Aug. Taur., Ac.) 1826—28. 4. 114 p. et 24 tab.   4.—

24509 **Comes.** Funghi d. Napolitano: Basidiomiceti. 2 parti. Napoli 1878. 4.
143 p. c. 3 tav. (1 color.)   5.—

24510 **Commentario** d. Fauna, Flora e Gea del Veneto e del Trentino. 4 nri.
ed append. Venez. 1867—69. 8. 256 p.   4.—

24511 **Comolli.** Flora Comense. 7 vol. Como 1834—57. 8.   8.—

24512 — — A n z i. Auctarium. 1878. 4. 29 p.   1.—

24513 **Corinaldi.** Not. d. Accad. Valdarnese del Poggio. Pisa 1839. 8. 73 p.
c. 4 tav. (Fanerog.)   3.—

24514 **Cupani.** Hortus Catolicus (sic!), s. principis Catholicae ducis Misilmeris, baronis Prizis nec non baronis Siculiane. Neapoli et Panormi
1696—97. Folio.   300.—
    Sauberes sehr schönes M a n u s c r i p t von 736 Seiten, das Hauptwerk und
die beiden Supplemente enthaltend. (Siehe P r i t z e l, ed. I., 2085). Bis auf einen
leichten Wurmstich gut erhalten, in Pappband jener Epoche (ohne Rücken).
    Nach meiner Ansicht handelt es sich um das O r i g i n a l - M a n u s c r i p t
des berühmten sicilianischen Franciscaner-Mönches (1657—1711), nach welchem
sein Buch gedruckt wurde, das so selten ist, dass P r i t z e l nur 3 Exemplare
davon gesehen hat, wenngleich nicht so selten wie sein 'Panphyton Siculum',
von welchem ich ein Exemplar nur einmal besass. (Siehe meinen Catalog Nr. 38,
p. 12). Mythisch ist bekanntlich C u p a n i ' s posthum angekündigte 'Pamphysis
Sicula'.

24515 **Del Testa.** Contr. alla Flora d. Pinete di Ravenna. (Fir., Giorn. Bot.)
1897. 8. 14 p.   1.—

24516 **De Toni, E.** S. Flora d. Bellunese. (Fir., Giorn. Bot.) 1889. 8. 22 p.   1.—

24517 **Falqui.** Contrib. alla Flora d. Bacino del Liri. (Napoli, Acc.) 1899. 4. 51 p.   2.—

24518 **Fiori, Paoletti e Béguinot.** Flora analitica d'Italia. 4 vol. Padova
1897—1908. 4. 2273 p.   56.—

24519 **Fiorini-Mazzanti.** Florula d. Colosseo. (Roma, Linc.) 1876. 4. 33 p.   2.—

24520 **Flückiger.** La Mortola. Der Garten von Hanbury. Strassb. 1886. 8.
30 p. m. 3 Tfln.   1.50
    Siehe auch Nr. 24482 u. 24632.

24521 **Focke, W. O.** Reiseeindrücke aus Sizil. (Brem., Geogr. Bl.) 1886. 8. 24 p.   1.—

                                                        M

24522 **Gabelli.** S. Vegetaz. ruderale di Bologna. (Genova, Malp.) 1894. 8. 28 p.   1.—

24523 **Geremicca e Rippa.** Contrib. allo studio d. Flora di Procida e di Vivara.
(Napoli, Soc. Nat.) 1897. 8. 51 p.   1.50

24524 **Gibelli e Pirotta.** Suppl. I alla Flora d. Modenese e d. Reggiano.
(Modena, Soc. Nat.) 1884. 8. 30 p.   1.—

24525 **Giornale Botanico Italiano.** Compil. da Parlatore. 2 anni (tutto pubblic.). Firenze 1844—46. 8. c. 4 tav.   30.—

24526 **Goiran.** Plantae vasculares novae in Veronensi prov. lectae. Cent. I.
Verona 1874. 8. 44 p.   1.50

24527 — Specimen morphographiae veget. s. Neophyta quaed. vascularia
agri Veronens. Verona 1875. 4. 55 p. et 3 tab.   2.50

24528 — Prodromus florae Veronensis II. (Flórent., Giorn. Bot.) 1882. 8. 23 p.   1.—

24529 **Gortani, L. e M.** Flora Friulana. 2 parti. Udine 1905—06. 8. 744 p.
c. carta.   15.—

24530 **Groves.** Coast Flora of Japygia, S. Italy. (Lond., Linn. S.) 1885. 8. 15 p.   1.—

24531 — Flora d. costa meridion. d. terra d'Otranto. (Fir., Giorn. Bot.) 1887.
8. 113 p. c. 5 tav.   4.50

24532 **Guidi.** Catalogo descritt. dei prodotti d. prov. di Pesaro e Urbino.
Pesaro 1862. 8. 113 p.   1.50

24533 **(Gussone).** Catalogus Plantarum in Horto Borbonii in Boccadifalco
prope Panormum. Neap. 1821. 8. 95 p.   3.—

24534 **Haussknecht.** Z. Flora Deutschl. u. d. Riviera. (Arnst.) 1894. 8. 24 p.   1.—

24535 **Italia.** — 40 mem. s. la s. Flora p. Arcangeli, Caruel, Fiori, Martelli,
Mattirolo, Nicotra, Parlatore, Pasquale, Solla, Sommier, Terracciano,
Ugolini ed a. 1824—1912. 8. e 4. 340 p. c. tav.   10.—

24536 **Jasolino.** De Rimedj naturali d. isola de Ischia. Napoli 1763. 4. 351 p.
D.-rel. veau.   5.—

24537 **Jatta.** Materiali p. un censimento dei Licheni Italiani. (Firenze, Soc.
Bot.) 1892—94. 8. 245 p.   6.—

24538 **Jezdinský.** Aus d. Heimat d. Myrthe. Pilgram 1907. 8. 18 p. — Tschech.   1.—

24539 **Kerner.** Ueb. ein. Pflanzen d. Venetian. Alpen. (Wien, Bot. Z.) 1871.
8. 8 p.   1.—

24540 **Koch, M.** Z. Kenntn. d. Höhengrenzen d. Vegetation im Mittelmeer-
gebiete. Halle 1910. 8. 321 p. m. 48 Tfln. (M. 6.)

24541 **Levier e Sommier.** Addenda ad Floram Etruriae. (Florent., Giorn. Bot.)
1891. 8. 30 p.   1.—

24542 **Lojacono.** Le Isole Eolie e la loro vegetaz. Palermo 1878. 8. 140 p.   2.50

24543 — Contrib. alla Flora di Sicilia. Palermo 1878. 8. 25 p.   1.—

24544 — Flora Sicula. 2 vol. (5 parti). Palermo 1888—1909. 4. c. 100 tab.   150.—

24545 **Mader.** Note florist. di Liguria. (Genova, Malp.) 1905. 8. 9 p.   1.—

24546 **Marchesetti.** Botan. Wandergn. in Italien. (Wien, Z. b. G.) 1875. 8. 10 p.   1.—

24547 **Marco.** Flora di Montecassino. 2 parti. Montecass. 1886—87. 8. 347 p.
c. 15 tav.   12.—
            Ouvrage peu connu.

24548 **Martelli.** 9 mem. s. Piante Ital. (Firenze) 1889—92. 8. 57 p. c. tav.   2.—

24549 — Astragali Italiani. Firenze 1892. 8. 16 p. c. 8 tav. fotogr.   3.50

24550 **Matteucci.** Prontuario p. la determinaz. d. Piante d. regione Marchigiana. I. Jesi 1894. 8. 100 p.   2.—

24551 **Mattirolo.** Reliquiae Morisianae ossia Elenco di Piante di Sardegna.
(Genova, Congr.) 1892. 8. 41 p.   1.50

24552 **Meneghini.** Alghe Italiane e Dalmatiche. 5 fascic. (quanti n'è sono
pubbl.). Padova 1842—46. 8. 384 p. c. 5 tav. c o l o r.   15.—

24553 **Micheletti.** Vecchio contrib. alla Flora Umbra. (Fir., Giorn. Bot.)
1891. 8. 15 p.   1.—

24554 Il **Naturalista Siciliano.** Red. da Ragusa. Nuova Serie. Anno I, II.
Palermo 1896—97. 4. c. tav. (M. 28.)   10.—

M

24555 **Nicotra.** Prodromus Florae Messanensis. Messanae 1878. 8. 466 p. 16.—
24556 — — Fasc. I: Pitoideae, Diclin., Malvoideae, Geraniodeae. Messanae 1878. 8. 64 p. 2.—
24557 — Elem. statist. d. Flora Siciliana. 6 parti. (Firenze, Giorn. Bot.) 1884—94. 8. 142 p. 3.—
24558 — S. alc. Piante di Sicilia. 2 mem. (Genova, Malp.) 1893. 8. 16 p. 1.—
24559 — Note s. alc. Piante di Sardegna. 3 parti. (Genova, Malp.) 1895—96. 8. 40 p. 1.50
24560 — Calendario di Flora d. Altipiano Sassarese. (Genova, Malp.) 1897. 8. 15 p. c. tav. 1.—
24561 — Inquirendae n. Flora di Sardegna. (Genova, Malp.) 1899. 8. 14 p. 1.—
24562 **Noë.** Italien. Seebuch. Naturansichten u. Lebensbilder v. d. Alpenseen u. Meeresküsten Italiens. Stuttg. 1874. 8. 490 p. (M. 6.) Lnb. 2.—
24563 **Nyman.** Om Siciliens Flora. (Stockh., Naturforsk.) 1849. 8. 32 p. 1.50
24564 **Panizzi e Guidi.** Flora fotograf. d. Piante più pregevoli e peregrine di San Remo. San Remo 1870. fol. 24 tav. fotogr. 20.—
Ouvrage inconnu; l'édition avait été très-restreinte.
24565 **Paoletti.** Contr. alla Flora d. Bacino di Primiero. (Padova, Soc. Nat.) 1893. 8. 26 p. 1.—
24566 **Paolucci e Cardinali.** Contrib. alla Flora Marchigiana di Piante nuove. 2 parti. (Genová, Malp.) 1895—1900. 8. 31 p. 1.50
24567 **Pasquale.** Catalogo del R. Orto Botanico di Napoli. Nap. 1867. 4. 145 p. c. carta. 2.—
24568 **Pavesi.** Elenco di Piante d. alto Apennino Pavese. (Milano, Soc. Nat.) 1906. 8. 11 p. 1.—
24569 **Penzig.** Il Monte Generoso. Schizzo di geografia botan. (Firenze, Giorn. Bot.) 1879. 8. 19 p. 1.—
24570 **Perini, C. e A.** Flora d. Italia settentr. e d. Tirolo meridion., rappresent. c. fisiotipia. Disp. I. 20 tav. color. Trento (1854). fol. 5.—
24571 **Piccioli.** Guida alle escursioni botan. nei dintorni di Vallombrosa. Firenze 1888. 8. 297 p. Cart. 5.—
Pas en commerce.
24572 **Poggi e Rosetti.** Contrib. alla Flora d. parte Nordouest d. Toscana. (Fir., Giorn. Bot.) 1889. 8. 20 p. 1.—
24573 **Ponzo.** La Flora Trapanese. Palermo 1900. 8. 140 p. 2.50
24574 **Porta.** Viaggio botan. in Calabria. (Fir., Giorn. Bot.) 1879. 8. 68 p. 1.50
24575 **Ricca.** Catal. d. Piante vascol. d. zona olearia n. 2 valli di Diano Marina e di Cervo. (Milano, Soc. Nat.) 1870. 8. 84 p. 1.50
24576 **Rossi, S.** Flora d. Monte Calvario. Domodossola 1883. 4. 13 p. 1.—
24577 — Le Acotiled. vascol. e le Graminacee Ossolane. Domodossola 1884. 4. 52 p. 2.—
24578 **Ruchinger.** Flora dei Lidi Veneti. Venezia 1818. 8. 304 p. D.-rel. veau. 5.—
24579 **Saccardo, D.** Le Piante spontanee n. Orto Botan. di Padova. (Pad., Soc. Venet.) 1896. 8. 28 p. 1.—
24580 **Saccardo, F.** Saggio di una Flora analit. dei Licheni del Veneto. (Padova, Soc. Venet.) 1895. 8. 156 p. c. 13 tav. 6.—
24581 **Saccardo, P. A.** Prospetto d. Flora Trevigiana. Con supplem. Venez. 1864—88. 8. 200 p. 2.50
24582 — Contr. alla storia d. Botan. Ital. (Genova, Malp.) 1895. 8. 65 p. 1.50
24583 — Cronologia d. Flora Italiana. Padova 1909. 8. 428 p. 12.—
24584 **Sandri e Fantozzi.** Contrib. alla Flora di Valdinievole. I. (Fir., Giorn. Bot.) 1895. 8. 52 p. 1.50
24585 **Sanguinetti.** Centuriae III prodromo Florae Romanae addendae. Romae 1837. 8. 141 p. Cart. 3.—
24586 **Savi, G.** Trattato d. Alberi della Toscana. 2. ed. 2 vol. Firenze 1811— 1826. 8. 352 p. Cart. 6.—
24587 **Savi, P.** Florula Gorgonica. (Firenze, Giorn. Bot.) 1844. 8. 39 p. 1.50
24588 **Schneider, O.** Vallombrosa. (Braunschw., Glob.) 1888. 4. 14 p. 1.—

24589 **Sebastiani.** Romanarum Plantarum fascic. II. Romae 1815. 4. 81 p. *M* et 6 tab. 2.50
24590 **Sebastiani et Mauri.** Florae Romanae prodrom. Romae 1818. 8. 367 p. et 10 tab. Vél. 5.—
    Vedi nr. 24585.
24591 **Simi.** Flora Alpium Versiliensium. Massae 1851. 8. 274 p. 9.—
    P r i t z e l unbekannt.
24592 **Solazzi Castriota.** Alc. Piante di Corigliano. Nap. 1845. 4. 16 p. 1.50
24593 **Solla.** Der Testaccio in Rom. Botan. Skizze. (Wien, Z. b. G.) 1883. 8. 6 p. —.50
24594 — Phytobiolog. Beobacht. auf e. Excursion n. Lampedusa u. Linosa. (Wien, Z. b. G.) 1885. 8. 16 p. 1.—
24595 — Ein Tag in Migliarino. (Wien, Bot. Z.) 1889. 8. 9 p. 1.—
24596 — Caratteri propri d. Flora di Vallombrosa. 5 parti. (Firenze, Giorn. Bot.) 1893. 8. 50 p. 2.—
24597 — Notizie botan. d. Italia centr. 8. 36 p. 1.—
24598 **Sommier.** Una Gita in Maremma. (Fir., Soc. Bot.) 1892. 8. 24 p. 1.—
24599 — Una Cima vergine n. Alpi Apuane. (Firenze, Giorn. Bot.) 1894. 8. 24 p. c. 3 tav. 2.—
24600 — Erborazione all' isola del Giglio. 2 parti. (Firenze, Soc. Bot.) 1894. 8. 11 p. 1.—
24601 — Aggiunte alla Florula di Capraia. (Fir., Giorn. Bot.) 1898. 8. 34 p. 1.50
24602 — Piante racc. alla Gorgona. (Fir., Soc. Bot.) 1899. 8. 10 p. 1.—
24603 — Aggiunte alla Flora d. Elba. (Fir., Soc. Bot.) 1900. 8. 15 p. 1.—
24604 — L'Isola di Pianosa nel Mar Tirreno e la sua Flora. Firenze 1910. 8. 179 p. c. tav. 4.50
24605 **Spallanzani.** Voyages dans l. Deux Siciles. Vol. I à III. Berne 1795. 8. D.-rel. veau. 2.—
24606 **Strasburger.** Streifzüge an d. Riviera. 2. Aufl. Jena 1904. 8. 507 p. m. 87 color. Fig. (M. 10.) 5.—
24607 — — 3. (letzte) Aufl. Jena 1913. 8. 608 p. m. 85 color. Fig. (M. 10.)
24608 **Strobl.** Flora d. Nebroden. I. (Regensb., Flora) 1878. 8. 64 p. 1.—
24609 — Ueb. d. Vegetat. des Aetna. (Innsbr.) 1878. 8. 19 p. 1.—
24610 **Tanfani.** Florulá di Giannutri. (Fir., Giorn. Bot.) 1890. 8. 64 p. 1.50
24611 **Tassi.** S. Flora d. prov. Senese. Siena 1862. 8. 63 p. c. tav. 1.50
24612 **Tenore.** Saggio s. qualità medicin. d. Piante d. Flora Napolitana. Ed. II. (ultima). Nap. 1820. 8. 303 p. D.-rel. veau. 8.—
    Raro.
24613 — S. stato d. Botanica in Italia. (Napoli) 1832. 8. 56 p. 1.50
24614 — Catal. d. Piante d. R. Orto botan. di Napoli. Nap. 1845. 4. 116 p. c. tav. color. in fol. 6.—
24615 **Terracciano, A.** Le Piante spont. d. Isola minore nel Lago Trasimeno. (Fir., Giorn. Bot.) 1889. 8. 10 p. 1.—
24616 — Le Piante di Rovigo. 2 parti. (Fir., Giorn. Bot.) 1890—91. 8. 15 p. 1.—
24617 — Contrib. alla Flora Romana. 4 parti. (Fir., Soc. Bot.) 1891—94. 8. 77 p. 2.—
24618 **(Terracciano, N.)** Catal. d. Piante vendibili nel Giardino Inglese di Caserta. Napoli 1863. 8. 65 p. 2.—
24619 — Int. alla Flora d. Monte Pollino. (Napoli, Acc.) 1897. 4. 18 p. c. tav. 1.—
24620 — Addenda ad Snops. Plantarum Montis Pollini. (Roma, Ist. Bot.) 1900. 4. 68 p. 2.—
24621 **Thompson, H. S.** Flowering Plants of the Riviera. Lond. 1914. 8. 278 p. w. 32 pl. (24 colour.) Cloth. 10.50
24622 **Todaro.** Hortus botan. Panormitanus, s. Plantae novae vel crit. Horti botan. Panorm. Vol. I, II pars 1—8 (quot prodiit). Panormi 1876—91. fol. c. 40 tab. color. et effig. (M. 186.) 150.—
24623 **Traverso.** Flora urbica Pavese. (Fir., Giorn. Bot.) 1899. 8. 17 p. 1.—
24624 **Trotter.** La Fitogeografia d. Avellinese. (Milano) 1907. 8. 29 p. 1.—

24625 **ab Ucria.** Hortus regius Panhormitanus. Panormi 1789. 4. 504 p. *M*
D.-rel. veau. 30.—
Sehr selten. P r i t z e l hat nur 2 Exemplare (in Wien u. Paris) gesehen. —
Ich bezweifle, dass eine von D e C a n d o l l e erwähnte Neu-Auflage von 1819
existiert.

24626 **Ugolini.** S. Flora d. Valtrompia. (Brescia) 1896. 8. 21 p. 1.—
24627 — Contrib. alla Flora Bresciana. (Bresc.) 1898. 8. 62 p. c. tav. 1.50
24628 — Flora d. Anfiteatri Morenici d. Bresciano. (Bresc.) 1899. 8. 16 p. 1.—
24629 **Vaccari.** Flora d. Archipel. di Maddalena (Sardegna). C. 2 supplem.
(Genova, Malp.) 1894—99. 8. 80 p. c. carta. 2.50
24630 **Visiani e Saccardo.** Catal. d. Piante vascol. d. Veneto. Venezia 1869.
8. *292* p. 2.—
24631 — — B o l z o n. Supplemento. (Venez., Ist.) 1898. 8. 79 p. 1.50
24632 **Voigt, A.** Natur-Führer durch die Riviera. Berl. 1914. 8. *472* p. m.
color. Kte. in Folio u. 6 photogr. Tfln. Leinbd. 7.—
Ist mit Ausnahme weniger Seiten ausschliesslich botanischen Inhalts. Auf
Seite 283—423 mit Tafel 2—5: Die Gärten der Riviera. 137 Seiten davon umfassen:
Verzeichniss (mit Beschreibung u. wichtigen biologischen u. historischen Notizen)
besonders interessanter, in La Mortola cultivirter Pflanzen. — Näheres über die
„Natur-Führer‘‘-Serie — siehe No. 22585.

24633 **Zersi.** Prosp. d. Piante vascol. d. prov. di Brescia. Brescia 1871. 8. 267 p. 4.—
Pas dans le commerce.
24634 **Zuccagni.** Synopsis Plantarum in Horto botan. Florentino. Florent.
1806. 4. 74 p. 3.—

IX. Paeninsula Balcanica
et insulae Archipelagi.

[Supplementum numeror. 4917—4956, vide: Bibliographia Botanica, p. 189—191].

24635 **Abd-Ur-Rahman Nadji.** Géogr. botan. de l'Empire Ottoman. Salonique
1892. 8. 48 p. 3.—
24636 **Adamovic.** Die Vegetationsformat. Ostserbiens. Leipz. 1898. 8. 46 p. 1.50
24637 — Die Vegetationsregion. d. Rila-Planina. (Wien, Bot. Z.) 1905. 8. 12 p. 1.—
24638 — Die Vegetationsverhältn. d. Balkanländer. Leipz. 1909. 8. 583 p. m.
6 color. Ktn. u. 49 Tfln. (M. 40.) 32.—
24639 — Die Pflanzenwelt Dalmatiens. Leipz. 1911. 8. 143 p. m. 72 Tfln.
Lnb. (M. 4.50.) 3.50
24640 — Die Verbreit. d. Holzgewächse in d. Dinar. Ländern. (Wien, Geogr.
Ges.) 1913. 8. 61 p. m. 3 Tfln. u. Kte. (M. 5.)
24641 **Ascherson et Kanitz.** Catal. Cormophytorum et Anthophytorum Ser-
biae, Bosniae, Hercegov., Albaniae. Claudiop. 1877. 8. 108 p. 4.—
24642 **Aznavour.** S. la Flore de Constantinople. 2 parties. (Paris, S. Bot.) 1897
à 1899. 8. 33 p. 1.50
24643 — Enumér. d'esp. nouv. pour la flore de Constantinople I. (Budap.,
Bot. Lap.) 1902. 8. 13 p. 1.—
24644 **Baldacci.** Cenni ed appunti int. alla Flora d. Montenegro. 3 parti.
(Genova, Malp.) 1891. 8. 81 p. 2.50
24645 — Risult. botan. d. viaggio in Creta. (Genova, Malp.) 1893. 8. 97 p. 2.50
24646 — Contrib. alla conosc. d. Flora Dalmata, Montenegrina, Albanese,
Epirota e Greca. (Padova, Giorn. Bot.) 1894. 8. 14 p. 1.—
24647 — Rivista crit. d. collez. botan. fatte in Albania. 6 parti. (Genova e
Firenze) 1894—99. 8. 170 p. 4.50
24648 — Crnagora: Memorie di un botanico. Bologna 1897. 8. 102 p. 3.50
24649 **Barbey.** Addit. à la Flore de Carpathos. (Laus.) 1885. 8. 6 p. 1.—
24650 **Beck v. Mannagetta.** Flora v. Süd-Bosnien u. d. angrenz. Hercegovina.
9 Tle. (= Bd. I, II. Theil 1 u. 2) (soweit erschien.). (Wien, Hofmus.)
1886—98. 8. 418 p. m. 9 Tfln. 35.—
Mehrere Teile sind vergriffen, verschiedene sind einzeln auf Lager.
24651 — Die alpine Veget. d. südbosn.-hercegov. Hochgebirge. (Wien,
Z. b. G.) 1888. 8. 6 p. 1.—

M

24652 **Beck v. Mannagetta.** Botan. Ausflug auf den Troglav b. Liono. (Saraj.) 1897. 4. 11 p. 1.—

24653 — Die Vegetationsverhältnisse d. illyrischen Länder (S. - Kroatien, Quarnero-Inseln, Dalmat., Bosnien, etc.) Leipz. 1901. 8. 549 p. m. 2 color. Ktn. u. 6 Tfln. (M. 30.) 24.—

24654 **Biasoletto.** Reise d. Königs Friedr. August v. Sachsen d. Istrien, Dalmatien u. Montenegro. Dresd. 1842. 8. 152 p. Cart. 3.—

24655 **Boller.** Botan. Wander. um Bihac, Bosnien. (Wien, Z. b. G.) 1892. 8. 10 p. 1.—

24656 **Botta.** Storia natur. e medica di Corfù. 2. ed. Milano 1823. 8. 316 p. c. ritr. D.-rel. veau. 4.50

24657 **Brancsik.** 6 Wochen durch Dalmat., Hercegov. u. Bosnien. (Trencsén) 1906. 8. 58 p. 2.—

24658 **Brandis.** Z. Flora v. Travnik, Bosn. (Trencsin) 1891. 8. 30 p. 1.50

24659 **Celakovsky.** Z. Kenntn. d. Flora d. Athos-Halbinsel. (Prag, Ges. Wiss.) 1887. 8. 20 p. 1.—

24660 **Clementi.** Sertulum orientale s. recensio Plantarum in Olympo Bithynico et Hellénico coll. (Aug. Taur., Ac.) 1855. 4. 100 p. et 8 tab. 9.—

24661 **Contributiuni** la studiul Faunei, Florei, si Geologici tărei. Bucur. 1901. 8. 56 p. av. pl. 1.50

24662 **Dumont d'Urville.** Enumer. Plantarum in insulis Archipelagi aut littoribus Ponti-Euxini coll. (Paris., Soc. Linn.) 1822. 8. 132 p. 8.—

24663 **Edel.** Ueb. d. Veget. d. Moldau. (Wien, Z. b. G.) 1853. 8. 16 p. 1.—

24664 **Fiala.** Die Osjecenica u. Klekovaca Planina. (Saraj.) 1893. 4. 8 p. 1.—

24665 — Beiträge z. Pflanzengeogr. Bosniens u. d. Hercegovina. (Saraj.) 1893. 4. 23 p. m. color. Tfl. 1.50

24666 — Adnotat. ad Floram Bosniae. (Saraj.) 1895. 4. 6 p. 1.—

24667 — Neue Pflanzenart Bosniens. (Wien, Hofmus.) 1895. 8. 4 p. m. color. Tfl. 1.—

24668 — Prilozi Flori Bosne i Hercegovine. (Saraj.) 1896. 4. 32 p. 1.—

24669 — Beitr. z. Flora Bosniens u. d. Hercegovina. (Saraj.) 1899. 4. 25 p. m. color. Tfl. 1.50

24670 **Fiedler.** Uebers. d. Gewächse Griechenlands. Dresd. 1840. 8. 356 p. Cart. 3.50

24671 **Flora** d. Balkan-Halbinsel. — 12 Abhandl. v. Aznavour, Baldacci, Beck, Fiala, Rohlena u. a. 1862—1913. 8. u. 4. 76 p. 3.50

24672 **Formánek.** Beitr. z. Flora v. Bosnien u. d. Hercegowina. 2 Tle. (Wien, Bot. Z.) 1888—90. 8. 84 p. 2.—

24673 — Beitr. z. Flora v. Serbien, Macedonien u. Thessalien. (Arnstadt, Bot. Monatschr.) 1890—91. 8. 58 p. 2.—

24674 — Beitr. z. Flora d. Balkans, Bosporus u. Kleinasiens. (Brünn, Nat. Ver.) 1891. 8. 46 p. 1.50

24675 — Beitrag z. Flora v. Serbien, Macedonien u. Bulgarien. 8 Teile. (Brünn, Nat. Ver.) 1892—1900. 8. 628 p. 14.—
Auch alle Teile einzeln.

24676 — Beitr. z. Flora v. Albanien, Korfu u. Epirus. (Brünn, Nat. Ver.) 1895. 8. 51 p. 1.—

24677 **Forsyth Major et Barbey.** Saria. Etude botan. (Genève, Herb. Boiss.) 1894. 8. 6 p. av. pl. 1.—

24678 — Kasos. Etude botan. (Genève, Boiss.) 1894. 8. 13 p. 1.—

24679 — Kos. Etude botan. (Genève, Boiss.) 1894. 8. 13 p. 1.—
Freyn. Flora v. Süd-Istrien — siehe No. 22974—76.

24680 **Freyn u. Brandis.** Beitrag z. Flora v. Bosnien u. d. Hercegovina. (Wien, Z. b. G.) 1888. 8. 68 p. 1.—

24681 **Fritsch.** Beitr. z. Flora d. Balkanhalbinsel, bes. v. Serbien. 5 Tle. (Wien, Z. b. G.) 1894—99. 8. 120 p. m. Tfl. 4.50

24682 — Beitr. z. Flora v. Constantinopel. I: Kryptogamen. (Wien, Ak.) 1899. 4. 32 p. m. color. Tfl. (M. 5.) 3.—

24683 — Neue Beitr. z. Flora d. Balkanhalbinsel. 3 Tle. (Graz, Nat. Ver.) 1910—11. 8. 125 p. 3.—

M

24684 **Gelmi.** Contrib. alla Flora di Corfù. (Fir., Giorn. Bot.) 1889. 8. 9 p.　　1.—
24685 **Grecescu.** Enumeratia Plantelor din Romania. Bucur. 1880. 8. 67 p.　　2.—
24686 — Suplement al Conspectul Florei Romaniei. Bucur. 1909. 8. 228 p. av. 6 pl.　　8.—
24687 **Grimus.** Beitr. z. Flora Albaniens. (Wien, Z. b. G.) 1871. 8. 8 p.　　1.—
24688 **Halácsy.** Beitr. z. Flora v. Doris. (Wien, Z. b. G.) 1888. 8. 20 p. m. Tfl.　　1.—
24689 — Florula Sporadum. (Wien, Bot. Z.) 1897—99. 8. 12 p.　　1.—
24690 — Beitr. z. Flora v. Griechenland. 2 Tle. (Wien, Z. b. G.) 1898—99. 8. 26 p.　　1.—
24691 — Conspectus Florae Graecae. 3 vol. et suppl. Lips. 1901—08. 8. (M. 51.50.)　　35.—
24692 **Handel-Mazzetti u. a.** Beitrag z. Kenntn. d. Flora v. West-Bosnien. (Wien, Bot. Z.) 1905. 8. 84 p.　　2.—
24693 **Hayek.** Z. Kenntn. d. Flora v. Novibazar. (Budap.) 1906. 8. 9 p.　　1.—
24694 **Heldreich.** Sertulum Plantarum novar. v. minus cognit. Florae Hellenicae. Florent. 1876. 8. 16 p.　　1.50
24695 — L'Attique au point de vue de sa végét. (Paris, Congr. Bot.) 1880. 8. 16 p.　　1.—
24696 — Flore de l'Ile de Céphalonie. Lausanne 1883. 8. 90 p.　　3.—
24697 — Flore de l'ile d'Egine. 3 parties. (Genève, Herb. Boiss.) 1898. 8. 60 p. av. carte color.　　2.50
24698 — Die Flora v. Thera. Berl. 1899. 4. 19 p.　　1.—
24699 — Beitr. z. Flora d. Cycladen. Athen 1901. 8. 17 p. — In griech. Sprache mit latein. Diagnosen.　　1.50
24700 **Hochstetter.** Das Vitos-Gebiet in d. Central-Türkei. 2 Tle. (Gotha, Peterm.) 1872. 4. 23 p. m. Kte.　　1.50
24701 **Hoffmann, C.** Phänolog. Beobacht. aus Italien, Griechenl. und aus Mitteleuropa. 2 Abhandl. (Giessen, Ges. Nat.) 1880. 8. 58 p.　　1.50
24702 **Horák.** Ergebn. e. botan. Reise nach Montenegro. 2 Tle. (Prag u. Wien) 1899—1900. 8. 25 p.　　1.50
24703 **Janchen.** Z. Kenntn. d. Flora d. Herzegowina. (Wien) 1906. 8. 12 p.　　1.—
24704 **Janka.** Plantarum novarum Turcicarum breviarium. 2 partes. (Vindob., Bot. Z.) 1872—73. 8. 18 p.　　1.50
24705 **Jassoy.** Frühlingsfahrt an die oesterr. Küste u. in deren Hinterländer. (Frankf., Senck.) 1911. 8. 40 p.　　1.—
24706 **Jassy.** — Bulletin de la Société d. Médecins et Naturalistes. Années I à IV. Jassy 1887 à 91. 4. av. fig.　　20.—
24707 **Kanitz.** Uebers. s. Reisen in Bulgarien. (Gotha, Peterm.) 1874. 4. 3 p. m. color. Kte.　　1.50
24708 **Kneucker.** (Botan.) Ausflug an die Krkafälle in Dalmatien. (Karlsr., Bot. Z.) 1901. 8. 57 p.　　1.50
24709 **Koch, K.** Die Bäume u. Sträucher d. alten Griechenlands. 2. Aufl. Berl. 1884. 8. 290 p. (M. 8.)　　3.—
24710 **Leon.** Contrib. la studiul Lacustelor din Delta Dunarei. Bucur. 1904. 8. 24 p.　　1.—
24711 **Lindenmayer.** Euboea, e. naturhist. Skizze. (Mosk., Bull.) 1855. 8. 51 p.　　2.—
24712 **Lindner, F. L.** Gemälde d. Europ. Türkei. Weimar 1813. 8. 587 p. m. 11 Tfln. u. 2 Ktn. Cart.　　2.50
24713 **Maire et autres.** Matér. p. s. à l'ét. de la Flore de l'Orient (surtout Grèce). Fasc. 1 à 6. Nancy 1906 à 1909. 8. av. plchs.　　15.—
24714 **Makowsky.** Die Brionischen Inseln; naturhist. Skizze. (Brünn, Nat. Ver.) 1908. 8. 30 p. m. color. Kte.　　1.50
24715 **Maly.** Z. Flora v. Nordostbosnien. (Wien, Z. b. G.) 1893. 8. 16 p.　　1.—
24716 — Florist. Beiträge (Bosnien). (Saraj.) 1900. 4. 26 p.　　1.50
24717 — Beiträge z. Kenntn. d. Flora Bosniens u. d. Herzegowina. (Wien, Z. b. G.) 1904. 8. 145 p.　　3.—

W. Junk, Berlin, W. 15.

24718 **Maximilian v. Oesterreich.** Mein erster Ausflug. Wander. in Griechenland. Leipz. 1868. 8. 256 p. m. Portr. (M. 5.) Lnb. *M* 2.—

24719 **Murbeck.** Z. Kenntnis d. Flora v. Südbosnien u. d. Hercegowina. (Lund, Univ.) 1891. 4. 112 p. 6.—

24720 **Murr.** Ein Strauss aus d. nördl. Damatien. (Arnstadt) 1901. 8. 5 p. —.50

24721 — Beitr. z. Flora Graeca. (Budap., Bot. Bl.) 1905. 8. 5 p. —.50

24722 **Olivier, G. A.** Atlas (b o t a n.) p. s. au Voyage dans l'Empire Othoman, l'Egypte et la Perse. Paris 1801. fol. 50 planches s a n s l e t e x t e. D.-rel. veau. 10.—

24723 **Ostermeyer.** Beitr. z. Flora d. jonischen Inseln Corfu, Sta. Maura, Zante u. Cerigo. (Wien, Z. b. G.) 1887. 8. 22 p. 1.—

24724 — Beitr. z. Flora v. Kreta. (Wien, Z. b. G.) 1890. 8. 10 p. 1.—

24725 **Pancic.** Verzeichn. d. in Serbien wildwachs. Phanerogamen. (Wien, Z. b. G.) 1856. 8. 124 p. 2.50

24726 — Die Flora d. Serpentinberge in Mittel-Serbien. (Wien, Z. b. G.) 1859. 8. 12 p. 1.—

24727 **Pantocsek.** Adnotat. ad Floram et Faunam Hercegov., Crnagorae et Dalmatiae. (Posonii, Ver. Nat.) 1874. 8. 148 p. 4.—

24728 **Pauli.** Die Insel Chios. (Hamb., Geogr. Ges.) 1883. 8. 16 p. 1.—

24729 **Podpĕra.** Beitr. zu d. Vegetationsverhältn. v. Südbulgarien. 2 Teile. (Wien, Z. b. G.) 1902. 8. 87 p. 2.—

24730 **Pritzel, E.** Vegetationsbilder aus d. mittl. u. südl. Griechenl. Leipz. 1908. 8. 37 p. 1.—

24731 **Procopianu-Procopovici.** Enumer. Plantelor vascul. de la Stânca-Stefănesci. (Bucur.) 1901. 8. 7 p. 1.—

24732 **Protic.** Z. Kenntn. d. Flora v. Vares, Bosnien. (Saraj.) 1900. 4. 41 p. 1.50

24733 **Reid.** Turkey and the Turks. Lond. 1840. 8. 320 p. w. 7 (instead of 8) plates. 2.50

24734 **Rohlena.** Beitr. z. Flora v. Montenegro. I. II. IV. V. (Prag, Ges. Wiss., u. Budap., Bot. Bl.) 1902—07. 8. 183 p. 5.—

24735 **Ross, L.** Reisen d. Königs Otto u. d. König. Amalia in Griechenland. 2 Bde. Halle 1848. 8. 532 p. m. Karte. (M. 7.50.) Cart. 3.—

24736 **Schwarz.** Montenegro. Leipz. 1883. 8. 471 p. m. 9 Tfln. u. color. Kte. (M. 12.) Cart. 2.—

24737 **Spreitzenhofer.** Beitr. z. Flora d. jonischen Inseln: Corfu, Cephalonia u. Ithaca. (Wien, Z. b. G.) 1878. 8. 24 p. 1.—

24738 **Stadlmann.** Botan. Reise n. W.-Bosnien. (Wien, Nat. V.) 1905. 8. 12 p. 1.—

24739 **Stapf.** Bericht üb. d. Ausflug nach d. Litorale u. d. Quarnero. (Wien, Z. b. G.) 1887. 8. 20 p. 1.—

24740 **Steinmetz.** Von der Adria zum schwarzen Drin. Sarajevo 1908. 8. 78 p. m. color. Kte. 1.50

24741 **Studniczka.** Z. Flora v. Süddalmatien. (Wien, Z. b. G.) 1890. 8. 30 p. I.—

24742 **Tocl et Rohlena.** Additam. in Floram penins. Athoae. (Prag., Ges. Wiss.) 1902. 8. 8 p. 1.—

24743 **Unger.** Wissenschaftl. (botan. u. palaeont.) Ergebn. e. Reise in Griechenland u. in d. Jonischen Inseln. Wien 1862. 8. 225 p. m. color. Kte. u. 3 Tfln. (M. 7.) 3.—

24744 **Vandas.** Z. Kenntn. d. Flora Bosniens. (Prag, Ges. Wiss.) 1890. 8. 37 p. 1.50

24745 **Velenovský.** Plantae novae Bulgar. 2 partes. (Prag.) 1889—90. 8. 33 p. 1.50

24746 — Nachtrag V.—VII. z. Flora v. Bulgarien. (Prag, Ges. Wiss.) 1896— 1900. 8. 28 p. 1.50

24747 — Neue Nachtr. z. Flora v. Bulgarien. (Prag, Ges. Wiss.) 1903. 8. 20 p. 1.—

24748 **Vierhapper.** Aufzähl. d. von Simony in Südbosnien ges. Pflanzen. (Wien, Nat. Ver.) 1906. 8. 40 p. 1.50

24749 **Visiani.** Flora Dalmatica. 3 vol. et 2 supplem. (in 3 partib.) Lips. et Venet. (Istit.) 1842—81. 4. c. 75 tab. (68 c o l o r.) Hfzbde. — Schönes Exempl. 250.—

> Rarissimum, speciell mit·colorirten Tafeln. — Die 7 Tafeln des letzten Supplements sind nur schwarz erschienen.

24750 **Visiani et Pancic.** Plantae Serbicae rariores aut novae. 3 decades.   *M*
(Venet., Istit.) 1862—70. 4. 60 p. et 21 tab. D.-rel. veau.   50.—
24751 **Walsh.** Account of Plants of the neighbourh. of Constantinople. (Lond.,
Linn. Soc.) 1824. 4. 27 p.   3.—
24752 **Weiss, E.** Floristisches aus Istrien, Dalmat. u. Albanien. 2 Tle. (Wien,
Z. b. G.) 1866—67. 8. 24 p.   1.—
24753 — Beitr. z. Flora v. Griechenland u. Creta. 2 Tle. (Wien, Z. b. G.)
1869. 8. 36 p.   1.—
24754 **Wildeman et Tocheff.** Contrib. à l'étude de la Flore de Boulgarie.
(Brux., Soc. Bot.) 1895. 8. 12 p.   1.—
24755 **Zahn.** Beiträge z. Kenntn. d. Hieracien Ungarns u. d. Balkanländer.
II—VI. (Budap.) 1907—11. 8. 195 p.   3.50

X. Rossia (Europaea).

[Supplementum numeror. 4957—5031, vide: Bibliographia Botanica, p. 191—194].

24756 **Acta** Horti Petropolitani. Vol. I—III. Petrop. 1871—75. 8. c. multis tab.   25.—
24757 **Adam, J. F.** Decades V nov. spec. Plantarum Caucasi et Iberiae.
(Kiel, Weber's Arch.) 1805. 8. 32 p.   2.—
24758 **Aggeenko.** Ueb. d. Verbreit. d. Pflanzen auf d. Taurischen Halbinsel.
Petersb. 1886. 8. 23 p. — Russisch.   1.—
24759 — Flora Taurica. Vol. I. (quantum prodiit). Petrop. 1890. 8. 121 p. —
Rossice.   3.—
24760 — Die Flora d. Krim. Bd. I, II. Teil 1 (soviel erschien.). (Petersb.,
Soc. Nat.) 1891—94. 8. 202 p. m. color. Kte. u. 2 color. Tfln. — Russ.   8.—
24761 **Akinfieff.** Botan. Untersuch. d. Kubansko-Terckischen Wassergrenze
u. des Elbrus. Tiflis 1898. 8. 88 p. — Russisch.   1.50
24762 **Alçenius.** Finlands Kärlväxter. (Helsingf.) 1896. 8. 14 p.   1.—
24763 **Alechin.** Beschreib. d. Vegetat. d. Streletzischen Steppe bei Kursk.
(Petersb., Soc. Nat.) 1909. 8. 112 p. — Russisch mit deutsch. Resumé.   2.50
24764 **Annenkow.** S. l. Plantes indig. d. envir. de Moscou. 2 parties. (Mosc.,
Bull.) 1851. 8. 85 p.   2.—
24765 **Antonoff.** Mater. z. Flora d. Gouv. Nowgorod. (Petersb., Soc. Nat.)
1888. 8. 66 p.   2.—
24766 **Arbeiten** d. Russ. Gesellschaft f. Acclimatisat. v. Tieren u. Pflanzen
in Zoolog. Gärten. Hrsg. v. Bogdanoff. 2 Bde. Moskau 1878. 4. 134 p.
m. 4 Tfln. — Russisch.   2.50
24767 **Bänitz.** Z. Flora Polens. 2 Tle. (Königsb., Phys. Ges.) 1865—68. 4. 32 p.   1.50
24768 **Batalin.** Abhandl. z. Russ. Botanik. 6 Tle. Petersb. 1879—91. 8. 157 p.   3.—
24769 — Mater. z. e. Flora d. Gouv. Pleskau. Petersb. 1884. 8. 46 p. —
Russisch.   1.50
24770 — — Ergänzungen. Petersb. 1888. 8. 18 p. — Russisch.   1.—
24771 **Becker, A.** Verzeichn. d. um Sarepta wildwachs. Pflanzen. (Mosk.,
Soc. Nat.) 1858. 8. 85 p.   2.—
24772 — Naturhistor. Mittheilgn. v. 1856 u. 57. (Mosk., Soc. Nat.) 1858. 8. 29 p.   1.—
24773 — Botan. u. entomol. Mittheilungen. (Mosk., Soc. Nat.) 1862. 8. 24 p.   1.—
24774 — Mitthlgn. e. botan. u. entomol. Reise (im südl. Russland). (Mosk.,
Soc. Nat.) 1865. 8. 21 p.   1.—
24775 — Astrachaner u. Sareptaër Pflanzen u. Insekten. 2 Tle. (Mosk., Soc.
Nat.) 1867—80. 8. 24 p.   1.50
24776 — Reise nach Mangyschlak. (Mosk., Soc. Nat.) 1870. 8. 13 p.   1.—
24777 — Reise nach Baku, Lencoran, Derbent, Madschalis. (Mosk., Soc.
Nat.) 1873. 8. 30 p.   1.—
24778 — Reise nach dem Magi Dagh, Schalbus Dagh u. Basardjnsi. (Mosk.,
Soc. Nat.) 1875. 8. 22 p.   1.—
24779 **Békétoff.** S. la Flore du Gouv. de Yekaterinoslaw. (Pétersb., Soc. Bot.)
1886. 8. 166 p. — En l. Russe.   2.—

24780 **(Belajeff et Gros).** Delectus Seminum Horti botan. Varsoviensis ann. 1879, 98, 99, 1900. coll. Varsov. 1880—1901. 8. 150 p. *ℳ* 2.50

24781 **Belke.** Esquisse de l'hist. nat. de Kamienitz-Podolski. 2 parties. (Mosc., Bull.) 1858 à 59. 8. 145 p. 2.—

24782 — S. l'hist. nat. du district de Radomysl (Kieff). 2 parties. (Mosc., Bull.) 1866. 8. 64 p. 1.50

24783 **Besser.** Enumer. Plantarum in Volhynia, Podolia, Bessarabia etc. coll. Vilnae 1822. 8. 119 p. 8.—
     Selten.

24784 **Bienert.** Baltische Flora. Dorp. 1872. 8. 87 p. 2.—

24785 **Borg.** Z. Kenntn. d. Flora d. Finnischen Fjelde (alpinen u. subalpinen Gebirge). I. Helsingf. 1904. 8. 171 p. m. Kte. in gr.-fol. 2.—

24786 **Borodin.** Die neuesten Erfolge der Botanik 1877—79. Petersb. 1880. 8. 185 p. Hfzb. — Russisch. 1.50

24787 **Borscow.** Die Süsswasser-Bacillariaceen (Diatomaceen) d. Süd-westl. Russlands. Lfg. I. (alles was erschien.). Kiew 1873. 4. 136 p. m. 2 color. Tfln. Cartonn. 40.—
     Ganz aus dem Handel verschwunden.

24788 **Bourdeille.** Les sources de la Flore de l'arrondiss. de Kieff. (Mosc., Bull.) 1893. 8. 136 p. 3.—

24789 **Brenner.** Bidr. t. känned. af Finska vikens Ovegetation. (Helsingf., Soc. Fl.) 1871. 8. 38 p. 1.—

24790 — — III: Tillägg t. Hoglands Flora. (Helsingf., Soc. Fl.) 1885. 8. 8 p. 1.—

24791 — Observat. rör. d. Nordfinska Floren und. 18. och 19. Seklen. (Helsingf., Soc. Fenn.) 1899. 8. 307 p. m. color. Kte. 4.—

24792 — 5 Abhandlgn. üb. Finnische Phanerog. (Helsingf., Soc. F. et Fl.) 1903—09. 8. 35 p. 1.50

24793 — Nya bidr. t. d. Nordfinska Floran. (Helsingf., Soc. Fl.) 1911. 8. 24 p. 1.—

24794 **Brotherus.** Anteckn. t. Norra Tavastlands Flora. (Helsingf., Soc. Fl.) 1874. 8. 34 p. 1.—

24795 — Botan. Wanderungen auf Kola. (Cassel, Bot. C.) 1886. 8. 15 p. 1.—

24796 **Buchholz.** Verzeichn. des Herbariums der Gräfin Scheremetewa, Michajlowskoe. 2 Tle. Moskau 1897—1900. 8. 76 p. m. Plan. — Russisch m. latein. Diagnos. 1.50

24797 **Bulitsch.** Botan. Beobachtgn. bei e. Excursion an d. Wolga. Kasan 1892. 8. 27 p. — Russisch. 1.—

24798 **Busch.** Reise durch d. nordwestl. Kaukasus zwecks Unters. der Flora u. Gletscher. Petersb. 1897. 8. 33 p. — Russisch. 1.50

24799 **Cajander.** Ueb. d. Westgrenzen ein. Holzgewächse Nord-Russlands. (Helsingf., Soc. Fl.) 1902. 8. 16 p. 1.—

24800 **Chopin.** Hist. de la Russie. 2 vols. Paris 1838. 8. 896 p. av. 156 pl. et 8 cartes. D.-rel. veau. 10.—

24801 **Clerc.** Plantes de l'Oural moyen. 2 parties. (Mosc., Bull.) 1869 à 72. 8. 50 p. 2.—

24802 — Extrait de la Flore de Moscou de Kauffmann. (Mosc., Bull.) 1870. 8. 20 p. 1.—

24803 — Catal. Florae Mosquens. de Kauffmann. (Mosc., Bull.) 1878. 8. 40 p. 1.50

24804 **Delectus** Seminum Horti Botan. Kioviensi. 29 partes. Kiew 1839—1887. 8. 319 p. 8.—

24805 **Diercke u. Buhse.** Verzeichn. d. in d. Umgeb. Rigas beob. Phanerog. (Riga, Nat. Ver.) 1870. 4. 50 p. 2.50

24806 **Dokutschajew.** Erörtergn. z. Bodenkarte d. Gouv. Nischni-Nowgorod. Petersb. 1887. 8. 44 p. — Russisch. 1.—

24807 — Gründ. e. Comités f. Bodenkunde. 2 Abhandl. Petersb. 1887—91. 8. 77 p. — Russisch. 1.50

24808 — Flora, Fauna u. Klima d. Steppen. Petersb. 1892. 8. 16 p. — Russ. 1.—

24809 **Dorpat.** — B u n g e. Delectus Seminum Horti Dorpatensis. 2 partes. Dorp. 1837—43. 8. 54 p. 1.—

24810 **Dorpat.** — D e l e c t u s P l a n t a r u m exsiccat. quas ann. 1899, 1900, 1902, 1904 permut. offert Hortus Botan. Jurjevensis. 4 partes. Jurj. 8. 323 p. et tab.   *M* 4.—

24811 — K u s n e z o w. Ueberblick üb. d. Tätigk. d. botan. Gartens für 1896—98. 3 Tle. Jurj. 1897—99. 8. 85 p. — Russisch.   1.50

24812 **Downar.** Enumer. Plantar. ca. Mohileviam ad Borysthenem coll. (Mosq., Bull.) 1861. 8. 28 p.   1.50

24813 **Elenkin.** Die Flora d. Tales Ojcow (Polen). Warschau 1901. 8. 171 p. m. 2 Tfln. — Russisch.   2.—

24814 — Lichenes Florae Rossiae mediae. Fasc. I, II (quot prodiit). Dorpat. 1906—07. 8. 370 p. et 12 tab. partim color. — Rossice conscript.   13.—

24815 — Musci Florae Rossiae mediae. I. Dorpat. 1909. 8. 238 p. et 7 tab. — Rossice conscr.   7.—

24816 **Elfving.** Anteckn. om Vegetat. kring floden Svir. (Helsingf., Soc. Fl.) 1878. 8. 58 p.   1.50

24817 — Anteckn. om Kulturväxterna i Finland. Helsingf. 1898. 8. 116 p. m. 2 Ktn. — Mit deutsch. Auszug.   2.50

24818 **Falk.** Beytr. z. topograph. Kenntn. d. Russischen Reichs. Bd. II: Mineral- u. Pflanzengeschichte. Petersb. 1786. 4. 288 p, m. 17 Tfln. Cart.   10.—

24819 **Famintzin u. Korzschinsky.** Uebersicht d. Leistungen auf d. Gebiete d. Botanik in Russland. 4 Jahrgänge (soviel erschien.): 1890—93. Petersb. 1892—95. 8. 920 p. — Russisch.   4.—
Jeder Jahrgang auch einzeln à M. 1.50.

24820 **Fedtschenko, B., u. Flerow.** Flora d. Europ. Russlands. 3 Tle. Petersb. 1908—10. 8. 1204 p. m. Fig. — Russisch.   11.—
Siehe auch Nr. 25346.

24821 **Fedtschenko, O.** Mater. z. Flora d. Gouvern. Archangelsk. Moskau 1898. 8. 15 p. — Russisch.   1.—

24822 **Fedtschenko, O. et B.** Matér. p. la Flore du Caucase. 2 parties. (Genève, Herb. Boiss.) 1899 à 1901. 8. 48 p.   1.50

24823 — Matér. p. la Flore de la Crimée. 3 parties. (Genève, Herb. Boiss.) 1899 à 1904. 8. 112 p.   2.50

24824 **Fellman, J.** Index Phanerogam. in territ. Kolaënsi. (Mosqu., Bull.) 1831. 8. 30 p.   1.—

24825 — Index Plantarum Lapponiae Fennicae. (Mosq., Bull.) 1835. 8. 45 p.   1.50

24826 **Fellman, N. J.** Plantae vascul. Lapponiae orient. 2 partes. (Helsingf., Soc. Fl.) 1882. 8. 270 p. et mappa geogr.   2.50

24827 **Finnland.** — 6 Abhandl. üb. d. Flora v. Finnland v. Brenner, Kihlman, Saelan u. a. 1863—1908. 8. u. 4. 51 p.   2.50

24828 **Fischer, F. E. L., et C. A. Meyer.** Sertum Petropolitanum, s. icones et descr. Plantarum novar. horti Petropolit. 4 decades. Petrop. 1846—69. folio. c. 45 tab. (19 color.)   45.—

24829 **Fischer, F. E. L., C. A. Meyer, et Trautvetter.** Animadversiones Botan. 2 partes. Petrop. 1837—41. 8. 43 p.   1.—

24830 **Fischer v. Waldheim.** Z. Kenntn. d. Phanerog.-Flora d. Moskauer Gouv. (Mosk., Bull.) 1881. 8. 11 p.   1.—

24831 — Lehrbuch d. Botanik. I. Warsch. 1891. 8. 264 p. m. 390 Fig. — Russisch.   2.—

24832 — Bericht üb. d. Abkommandier. nach Moskau, Uman, Krim u. d. Kaukas. Petersb. 1898. 8. 27 p. — Russisch.   1.—

24833 **Fleischer.** Enumer. Phanerogam. in Curonia, Livonia Esthoniaque observ. (Mosq., Bull.) 1829. 8. 29 p.   2.—

24834 — Flora d. deutschen Ostseeprovinzen. Mitau 1839. 8. 396 p. m. Portr. Lnb.   3.50

24835 **Fleroff.** Flora d. Gouv. Wladimir. Mosk. 1902. 8. 446 p. m. 4 Ktn. u. 33 Tfln. — Russisch u. deutsch.   5.—

24836 **Fomin.** Herbar. Caucasic. Horti botan. Tiflisiensis. (Tiflis) 1902. 8. 46 p.   1.50

24837 **Freygang.** Briefe üb. d. Kaukasus u. Georgien. Deutsch v. Struve. *M*
Hamb. 1817. 8. 335 p. m. *2* Ktn. Cart. 4.—
24838 **Friebe.** Ökonom.-techn. Flora f. Liefland, Ehstland u. Kurland. Riga
1805. 8. 419 p. Hfzb. 5.—
24839 **Glehn.** Flora d. Umgeb. Dorpats. (Dorp.) 1860. 8. 88 p. 1.50
24839a **Goebel.** Reise in d. Steppen d. südl. Russlands. *2* Bde. Dorpat 1837—
1838. 4. 722 p. Cart. — Die Tafeln f e h l e n. 8.—
24840 **Gobi.** Wirkung d. Waldaischen Höhe auf d. geogr. Verbreit. d. Pflanzen u. üb. d. Flora d. Gouv. Nowgorod. Petersb. 1876. 8. 168 p. m.
3 Ktn. — Russisch. 2.—
24841 **Golenkin.** Material. f. d. Flora d. süd-östl. Teiles d. Gouv. Kaluga.
Moskau 1890. 8. 61 p. — Russisch. 1.50
24842 **Gordiagin.** Excurs. in d. Astrachaner Wüste. (Kasan) 1905. 8. 31 p.
m. Tfl. — Russisch. 1.—
24843 **Grindel.** Botan. Taschenbuch f. Liv-, Cur- u. Ehstland. Riga 1803. 8.
m. 4 color. Tfln. Hfzb. 4.50
24844 **Gruner.** Vegetationsverhältn. d. östl. Allentacken. (Dorp., Arch. Nat.)
1862. 8. 14 p. 1.—
24845 — Flora v. Allentacken (Livland). (Dorpat, Arch. Nat.) 1864. 8. 162 p.
m. Tab. Cart. 2.—
24846 — Plantae Bakuenses Bruhnsii. (Mosquae, Bull.) 1867. 8. 84 p. et 2 tab. 2.—
24847 — Z. Kenntn. d. Vegetationsverhältn. v. Palna. (Mosk., Bull.) 1868.
8. 15 p. 1.—
24848 — Enumerat. Plantar. ad flum. Borysthenem et Konkam coll. 3 partes.
(Mosq., Bull.) 1868—69. 8. 180 p. et 2 tab. 3.—
24849 — Z. Character. d. Boden- u. Vegetationsverhältn. d. Steppengeb.
unterh. Alexandrowsk. (Mosk., Bull.) 1872. 8. 66 p. 1.50
24850 — Conspectus Stirpium vascular. in vicinit. Woronesch nascent. Charkow. 1887. 8. 117 p. Cart. — Rossice conscr. 3.—
24851 **Håyren.** Studier öfv. Vegetat. pa tillandningsomradena i Ekenäs Skärgard. (Helsingf., Soc. Fl.) 1902. 8. 176 p. m. 4 color. Ktn. 2.—
24852 — Om växtgeogr. gränslinjer i Finland. (Helsingf., 'Terra') 1913.
8. 31 p. 1.—
24853 **Herlin.** Paläontolog.-Växtgeograf. studier i Norra Satakunta. Helsingf.
1896. 8. 103 p. m. color. Kte. u. Tfl. 2.—
24854 **Hisinger.** Flora Fagervikiensis. (Helsingf., Soc. Fl.) 1855. 4. 60 p. 1.50
24855 **Hjelt.** Anteckn. fran en botan. Resa i Karelen. (Helsingf., Soc. Fl.)
1881. 8. 52 p. 1.—
24856 — Conspect. Florae Fennicae. Vol. I—IV. (Helsingf., Soc. Fl.) 1888—
1911. 8. 1651 p. et 2 mappae. 28.—
24857 — Notae Conspectus Florae Fennicae. Helsingf. 1888. 8. 24 p. 1.—
24858 — Växternas utbredn. i Finland. (Helsingf., Soc. Fl.) 1891. 8. 152 p.
m. 3 Tab. 2.—
24859 **Hjelt och Hult.** Vegetat. och Floran i Kemi Lappmark och Norra Öster-
botten. (Helsingf., Soc. Fl.) 1885. 8. 159 p. 1.50
24860 **Hohenacker.** Enumer. Plantarum in territ. Elisabethpolensi et in prov.
Karabach nasc. (Mosquae, Bull.) 1833. 8. 51 p. 1.50
24861 — Enumer. Plantarum in prov. Talysch coll. 2 partes. (Mosq., Bull.)
1838. 8. 178 p. 2.50
24862 **Hryniewiecki.** Die Flora des Urals. (Jurjew, Nat. Ges.) 1895. 8. 26 p. 1.50
24863 **Hult.** Om Vegetat. i södra Savolaks. (Hels., Soc. Fl.) 1878. 8. 41 p. 1.—
24864 — Analyt. behandl. af Växtformationerna. (Helsingf., Soc. Fl.) 1881.
8. 155 p. m. Tfl. 2.—
24865 — Blekinges Vegetation. (Helsingf., Soc. Fl.) 1885. 8. 93 p. 1.50
24866 **Ignatiew.** Mater. z. Flora d. Tambow'schen Gouv. (Mosk., Bull.) 1883.
8. 18 p. 1.—
24867 **Jaczewski.** Herborisat. dans le gouv. Smolensk. (Mosc., Bull.) 1895.
8. 13 p. 1.—

24868 **Jundzill, X. B. S.** Flora v. Lithauen, Wolhynien, Podol. u. d. Ukraine. *M*
Wilna 1830. 8. 517 p. Hldrb. — Polnisch. 15.—
Ueber diesen Autor u. seine seltenen Werke — siehe No. 4975 u. 4976.

24869 **Kaleniczenkow.** Qu. mots (botan.) s. le Caucase. (Mosc., Bull.) 1836.
8. 17 p. 1.—
24870 — Nouv. plantes p. la Flore Russe. (Mosc., Bull.) 1845. 8. 12 p. 1.—
24871 **Karsten, P. A.** (Agaricineae Russiae, Finland. et Scandinav.) Ryslands,
Finlands och d. Skandinav. Halföns Hatsvampar. *2* Tle. Helsingf.
1879—82. 8. 865 p. Cart. 12.—
24872 **Kawall.** Coup d'oeil s. la flore de la Courlande. (Brux., S. Bot.) 1871.
8. 15 p. 1.—
24873 **Keller, B.** Aus d. Steppenregion d. Europ. Russlands. (Kasan) 1903.
8. 154 p. — Russisch. 2.—
24874 **Kihlman.** Anteckn. om Floran i Inari Lappmark. (Helsingf., Soc. F. et
Fl.) 1885. 8. 90 p. m. color. Karte. 1.50
24875 — Pflanzenbiolog. Stud. aus Russ. Lappland. Helsingf. 1890. 8. 286 p.
m. 14 Tfln. u. Krte. 10.—
24876 — Naturwiss. Reise durch Russisch Lappland. (Helsingf., Fennia)
1890. 8. 40 p. 1.50
24877 — Phénologie de Finlande. (Helsingf.) 1895. 8. 11 p. 1.—
24878 **Kihlman u. Palmén.** Exped. n. d. Halbinsel Kola. (Helsingf., Fennia)
1889. 8. 28 p. m. color. Kte. 1.—
24879 **Klinge.** Für d. Ostbalticum neu gesicht. Pflanzenarten. (Dorp., Nat. G.)
1892. 8. 21 p. 1.—
24880 **Knapp.** Referat üb. Herder's: Flora d. Europ. Russland. (Wien, Z. b.
G.) 1891. 8. 34 p. 1.—
24881 **Koch, C.** Catal. Plantarum quas in itin. per Caucasum, Georgiam,
Armeniamque coll. II. (Halis, Linn.) 1841. 8. 19 p. 1.—
24882 **Koch, K.** Reise durch Russland nach d. kaukas. Isthmus. *2* Bde. Stuttg.
1842—43. 8. 1035 p. (M. 16.) 4.—
24883 **Kolmowsky u. Komaroff.** Z. Flora d. Gouv. Nowgorod. *2* Tle. (Petersb.,
Soc. Nat.) 1896. 8. 60 p. — Russisch. 1.50
24884 **Köppen, P.** Geograph. Verbreit. d. Nadelbäume im Europ. Russland
u. auf d. Kaukasus. Petersb. 1885. 8. 654 p. m. 3 Ktn. u. Tfl. Hfzb. —
Russisch. 9.—
24885 **Köppen, P.** Ueb. Pflanzen-Acclimatisierung in Russland. (Petersb:, Ak.)
1856. 8. 34 p. 1.—
24886 **Körnicke.** Erinnerungen aus d. Flora v. Petersburg. *3* Tle. (Wien,
Bot. Z.) 1863. 8. 40 p. 1.50
24887 **Korschinsky.** Botan. Exkurs. nach d. Delta d. Flusses Wolga. Kasan
1884. 8. 31 p. — Russisch. 1.—
24888 — Ueb. d. Steppenvegetat. d. Kasan'schen Gouv. Kasan 1885. 8. 11 p. 1.—
24889 — Bodenarten u. geobotan. Forschgn. in Kasan, Ufa, Perm etc.
(Kasan, Nat. Ges.) 1887. 8. 72 p. — Russisch. 1.—
24890 — Die nördl. Grenze d. Steppengebietes in d. östl. Landstriche Russlands. (Kasan, Nat. Ges.) 1891. 8. 204 p. m. Karte. — Russisch. 3.—
24891 — Flora d. osteurop. Russlands. (Tomsk, Univ.) 1893. 8. 229 p. m. 3
z. Tl. color. Tfln. — Russisch. 5.—
24892 — Sur qu. Plantes de la Russie d'Europe. (Pétersb., Ac.) 1894. 4.
11 p. — En l. Russe. 1.—
24893 — Les restes de la Végétat. ancienne dans l'Oural. (Pétersb., Ac.) 1894.
4. 31 p. av. carte color. — En l. Russe. 1.50
24894 — Spuren altertüml. Pflanzen auf d. Uralgebirge. Petersb. 1894.
12 p. m. Kte. — Russisch. 1.—
24895 **Koschewnikow.** Z. Flora d. Tambowschen Gouv. (Mosk., Bull.) 1876.
8. 82 p. 1.50

24896 **Koschewnikow u. Zinger.** Flora d. Gouv. Tula. Petersb. 1880. 8. 116 p. *M*
m. color. Kte. — Russisch. 2.50

24897 **Kosmowsky.** Botan.-geogr. Skizze d. westl. Teiles d. Gouv. Pensa.
Mosk. 1890. 8. 92 p. — Russisch. 1.50

24898 **Kottkowitz.** Die Gymnospermen u. Monocotyledonen d. Flora Ri-
gensis. Riga 1878. 4. 78 p. Cart. 2.—

24899 **Krause, E. H. L.** Vegetationsskizze d. Gouv. Poltawa. (Braunschw.,
Globus) 1898. 4. 6 p. 1.—

24900 **Krebel.** Russlands naturhist. u. medic. Literatur: Schriften in Nicht-
Russ. Sprache. Jena 1847. 8. 226 p. (M. 3.60.) 2.—

24901 **Krilow.** Z. Flora d. Gouv. Wjatka. Kasan 1878. 8. 15 p. 1.—

24902 **Krilow u. Korschinsky.** Thermische Beobacht. im Klikowtale, Gouv.
Kasan. Kas. 1889. 8. 12 p. m. 4 Tfln. — Russisch. 1.50

24903 **Kuntze, O.** Plantae Orientali-Rossicae. (Petrop., Acta Horti) 1887.
8. 128 p. et tab. 3.—

24904 **Kupffer.** Beitr. z. Kenntn. d. Gefässpflanzenflora Kurlands. (Riga, Nat.
Ver.) 1899. 8. 42 p. 1.—

24905 **Kusnezow.** Pflanzengeograph. Bemerk. z. Flora d. Schenkursk. u.
Cholmogorschen Kreises, Gouv. Archangelsk. Petersb. 1887. 8. 94 p.
m. Kte. 1.50

24907 — Samml. Botan. Schriften. 14 Abhandl. Petersb. 1888—95. 8. 373 p.
m. 5 Tfln. — Russisch. 5.—

24908 — Fahrt durch d. Kubanischen Berge. Petersb. 1889. 8. 31 p. — Russ. 1.—

24909 — Geobotan. Unters. d. nördl. Senke d. Kaukasus. Petersb. 1890. 8.
19 p. m. Tfl. — Russisch. 1.—

24910 — Elem. d. Mittelmeergebietes im westl. Kaukasus. Botan.-geogr.
Untersuch. Petersb. 1891. 8. 200 p. m. Kte. u. 3 Tfln. — Russisch. 4.50

24911 — Reise durch d. Kaukasus. Petersb. 1891. 8. 19 p. — Russisch. 1.—

24912 — Die Russischen Steppen. (Dorp., Nat. Ges.) 1896. 8. 14 p. 1.—

24913 — Geo-botan. Untersuchgn. des Flussgebietes d. Oka. Petersb. 1897.
4. 54 p. m. color. Kte. — Russisch. 1.50

24914 **Kusnezow, Busch u. Fomin.** Flora Caucasica critica. Lfrg. 1—41. Jurjew (Soc. Nat. Petrop.) 1901—1914. 8. m. Kte. 60.—

24915 **Kwitka.** — Catal. d. Plantes du Jardin de Kwitka. Pétersb. 1839. 8. 43 p. 2.—

24916 **Lambert.** Account of the Herbar. of Pallas. (Lond., Linn. S.) 1810. 4.
10 p. w. 6 pl. 4.—

24917 **Ledebour.** Flora Rossica. Fasc. III. Stuttg. 1843. 8. 310 p. et mappa color. 4.—

24918 **Lehbert.** Botan. Taschenbüchlein f. Sammler in Est-, Liv- u. Curland.
Reval 1899. 8. 99 p. Lnb. 1.—

24919 **Lehmann, E.** Z. Kenntn. d. Flora Kurlands. (Dorp., Arch. Nat.) 1859.
8. 44 p. 1.—

24920 **Leopold.** Anteckn. öfv. Vegetat. i Sahalahti, Kuhmalahti och Luopiois.
(Helsingf., Soc. F. et Fl.) 1880. 8. 50 p. 1.50

24921 **Lessing.** S. la Flore de l'Oural mérid. (Paris, Ann. Sc.) 1835. 8. 19 p. 1.—

24922 **Lewicki et Besser.** Catal. Horti botan. Cremeneci pro 1823 et 1830.
Crem. 4. 18 p. 1.50

24923 **Liboschitz et Trinius.** Flore d. envir. de Pétersbourg et de Moscou. Pétersb. 1810. 4. 92 p. av. 30 pl. color. 25.—
Une partie de cet ouvrage r a r i s s i m e, dont volume I seulement (avec
40 planches) a paru.

24924 **Lindemann.** Prodrom. Florar. Tschernigovianae, Mohilew., Minsk. et
Grodnov. (Mosqu., Bull.) 1850. 8. 102 p. 3.50

24925 — Index Plantar. in variis Rossiae prov. observ. (Mosquae, Bull.)
1860. 8. 114 p. 2.50

24926 — Ueb. d. Bestand s. Herbariums. 3 Berichte. (Mosk., Bull.) 1863—
1885. 8. 115 p. 2.50

24927 — Nova revisio Florae Kurskianae. (Mosq., Bull.) 1865. 8. 35 p. 1.—

24928 **Lindemann.** Florula Elisabethgradensis. 5 partes. (Mosquae, Bull.) 1867—75. 8. 324 p.   *ℳ* 7.—

24929 — Uebers. d. Bessarab. Spermatophyten. 2 Tle. (Moskau, Bull.) 1880. 8. 31 p.   1.—

24930 **Lindén.** Om växtligheten i södra Karelen. (Helsingf., Soc. Fl.) 1891. 8. 75 p.   1.50

24931 **Linnaeus.** Usus historiae naturalis. Necessitas histor. natur. Rossiae. (Holm., 'Amoenit.') 1769. 8. 57 p. et 2 tab.   2.—

24932 **Lipsky.** (Botan.) Unters. d. nördl. Kaukasus. Kiew 1891. 8. 39 p. — Russisch.   1.—

24933 — Vom Kaspischen Gebiet zum Pontischen. Kiew 1892. 8. 31 p. — Russisch.   1.—

24934 — Ueb. d. Flora Bessarabiens. Kiew 1894. 8. 22 p. — Russisch.   1.—

24935 — Ueb. d. Flora d. Krim. Kiew 1894. 8. 15 p. — Russisch.   1.—

24936 — Novitates Florae Caucasi. 2 partes. (Petrop., Acta Horti) 1894—97. 8. 160 p. — Rossice et latine.   2.50

24937 — Exped. nach d. Gissarischen Gebirg. 1896. 8. 17 p. — Russisch.   1.—

24938 — Der Bergrücken Peter d. Grosse. Petersb. 1898. 8. 26 p. — Russisch.   1.—

24939 — Der Gletscher Galagana im Karategin. Kiew 1898. 8. 19 p.   1.—

24940 — Die Eisgebiete Arsinga, Masara u. Muka. Petersb. 1899. 8. 47 p. — Russisch.   1.50

24941 **Litwinow.** Geo-botan. Bemerk. üb. d. Flora d. Europ. Russlands. Mosk. 1891. 8. 123 p. — Russisch.   2.—

24942 — Ueb. d. Flora des Fluss. Oka. Mosk. 1895. 8. 34 p. — Russisch.   1.—

24943 — Herborisat. dans Sisrane. (Pétersb., Ac.) 1895. 4. 27 p. — En l. Russe.   1.—

24944 — Schedae ad Herbarium Florae Rossicae. III (Nr. 601—900). Petrop. 1901. 8. 88 p. et tab.   1.50

24945 **Majewski.** Die Flora v. Mittel-Russland. 4. Aufl., ergänzt v. Litwinow. Mosk. 1912. 8. 731 p. — Russisch.   8.50

24946 **Malmberg.** Förteckn. öfv. Karelska Phanerog. (Helsingf.) 1868. 8. 26 p.   1.—

24947 **Masalsky.** Skizze d. Gebiet Batum. Petersb. 1886. 8. 27 p. — Russisch.   1.—

24948 **Maximowitsch, M.** Uebersicht d. Gewächse d. Flora v. Moskau. Moskau 1826. 8. 24 p.   8.—
    Durchschossen u. m. einigen gleichaltrigen Nachträgen. — Sehr selten. Nicht im Pritzel.

24949 **Meinshausen.** Beitr. z. Pflanzengeographie d. Süd - Ural - Gebirges. (Halle, Linn.) 1859. 8. 36 p.   1.50

24950 — Ueb. d. Flora Ingriens. 2 Tle. (Mosk., Bull.) 1868. 8. 35 p.   1.—

24951 — Herbarium Plantar. Diaphoricarum Florae Ingricae. Petrop. 1869. 8. 96 p.   1.50

24952 **Meyer, C. A.** Verzeichniss d. Pflanzen, gefunden im Caucasus u. am westl. Ufer d. Caspischen Meeres. (Petersb., Ak.) 1831. 4. 241 p.   3.—

24953 — Florula prov. Tambov. (Petrop., Beitr. Pflzk.) 1844. 8. 47 p.   1.—

24954 — — Nachtrag. (Petersb.) 1844. 8. 132 p.   2.—

24955 — — III. Nachtrag v. P e t u n n i k o f f. (Mosk., Bull.) 1865. 8. 26 p.   1.—

24956 — Z. näh. Kenntn. d. Flora Russlands. (Petersb., Ak.) 1850. 4. 24 p.   1.—

24957 **Miljutin.** Mater. z. Flora d. Kalksteine d. Flusses Oka. (Moskau, Soc. Nat.) 1890. 8. 76 p. — Russisch.   1.50

24958 **Min.** Führer durch d. Moskauer Zool. u. Botan. Garten. Mosk. 1869. 8. 188 p. m. Plan. — Russisch.   1.50

24959 **Moberg.** Sällskapets pro Fauna et Flora Fennica inrättn. och verk-samh. 1821—71. Helsingf. 1871. 8. 68 p.   1.—

24960 **Norman, A. R.** Florula Stavropolensis. Tiflis 1881. 8. 61 p.   2.—

24961 **Norrlin.** Flora Kareliae Onegensis. 2 partes. (Helsingf., Soc. Fl.) 1871— 1876. 8. 229 p.   3.—

24962 — Bidr. t. Sydöstra Tavastlands Flora. (Helsingf., Soc. Fl.) 1871. 8. 124 p.   2.—

24963 — Om Onega-Karelens Vegetat. Hels. 1871. 8. 132 p.   2.—

		$\mathcal{M}$

24964 **Norrlin.** Nagra anteckn. t. mellersta Finlands Flora. (Helsingf., Soc. Fl.) 1874. 8. 18 p. — 1.—

24965 — Naturalhist. resa t. Tornea Lappmark. (Hels., Soc. Fl.) 1874. 8. 22 p. 1.—

24966 — Symbolae ad floram Ladogensi-Karelic. (Hels., Soc. Fl.) 1878. 8. 34 p. 1.—

24967 **Nylander.** Conspect. Florae Helsingforsiensis. 2 partes. (Helsingf., Soc. Fl.) 1850—51. 4. 94 p. 2.50

24968 — Collect. in Floram Karelicam. (Hels., Soc. Fl.) 1852. 4. 93 p. 2.—

24969 — Animadv. ca. distribut. Plantarum in Fennia. I. (Helsingf., Soc. Fl.) 1852. 4. 21 p. 1.—

24970 **Nylander och Saelan.** Herbarium Musei Fennici. Helsingf. 1859. 8. 118 p. et tab. color. 1.50

24971 **Olsson.** Bidr. till. känned. om Floran i Kimito Skärgärd. Kuopio 1895. 8. 50 p. 1.50

24972 **Ostrovsky.** Liste d. Plantes du gouv. Kostroma. (Mosc., Bull.) 1867. 8. 47 p. 1.—

24973 **Paczoski.** Mater. z. Flora d. Steppen d. Südöstl. Teiles d. Gouv. Cherson. Kiew 1890. 8. 135 p. — Russisch. 1.50

24974 — Zur Flora d. Krim. Petersb. 1890. 8. 31 p. — Russisch. 1.—

24975 — Mater. z. Flora d. Steppen d. Südwestl. Teiles d. Don'schen Gebietes. Odessa 1891. 8. 85 p. m. Tfl. — Russisch. 1.50

24976 — Florist. u. phytograph. Untersuchgn. d. Kalmücken-Steppen. Kiew 1892. 8. 147 p. — Russisch. 2.—

24977 — Flora v. Perejaslawel. Kiew 1893. 8. 79 p. — Russisch. 1.—

24978 — Grundzüge d. Entwickl. d. Flora in Südwest-Russland. (Charkow) 1910. 8. 464 p. m. Kte. — Russisch m. deutsch. Resumé. 9.—

24979 — Beitr. z. Flora Wolhyniens. 2 Tle. (Krak., Ak.) 4. 20 p. — Polnisch. 1.—

24980 — Beitr. z. Flora Polens. 2 Tle. (Krak., Ak.) 4. 40 p. — Polnisch. 1.50

24981 **Pahnsch.** Beitr. z. Flora Ehstlands. (Dorp., Arch. Nat.) 1881. 8. 51 p. Cart. 1.—

24982 **Pallas.** Reise d. verschied. Provinzen Russlands. Bd. I. II. Frankf. 1776—77. 8. 848 p. ohne Tfln. 2.50

24983 — Voyages en différ. provinces de Russie et dans l'Asie septentrion. Trad. par Gauthier de la Peyronie. L'atlas seul de 111 planches et 11 cartes. Paris 1793. 4. 10.—

24984 — Reise in d. südl. Statthalterschaften Russlands. 2 Bde. Leipz. 1799—1801.. 4. 1100 r ohne Tfln. Hfzbde. 5.—
Siehe auch Nr. 24916.

24985 **St. Pétersbourg.** — Travaux de la Société Imp. d. Naturalistes. Comptes r. d. séances. Vol. 26 à 38. Pétersb. 1895 à 1907. 8. 25.—
Chaque volume se vend à M. 2.

24986 — — Section Botanique. Vol. 25 à 34. Pétersb. 1895 à 1905. 8. av. plchs. — En l. Russe. 20.—
Chaque volume se vend séparément à M. 2.

24987 — Ueberblick üb. d. Tätigk. d. Petersb. Gesellschaft f. Naturforschung 1868—93. Petersb. 1893. 8. 363 p. m. Portr. u. 2 Ktn. — Russisch. 2.50

24988 **Petropolis.** — Berg. Catal. des dessins de Plantes du Jardin Botan. Pétersb. 1857. 8. 36 p. 1.—

24989 Bericht d. Botan. Gartens f. 1868—1874, 94, 96, 97. 10 Tle. Petersb. 1869—98. 8. 106 p. — Russisch. 2.50

24990 Breviarium relationis de Horto botan. Petropolitano, 1877—82, 84—86, 88—94. 15 partes. Petrop. 8. 220 p. 3.—

24991 Catalogus Plantarum Horti Petropolit. Petrop. 1853. 4. 10 p. 1.—

24992 (Fischer, F. E. L.) Enumeratio Stirpium Plantarumque in Horto Botan. Petrop. Petrop. 1805. 8. 33 p. 2.—

24993 (—) Index Plantar. a. 1824 in Horto Botan. Petropolit. vig. Petrop. 1824. 8. 74 p. Cart. 2.—

24994 Fischer, F. E. L., K. A. Meyer et a. Index Seminum Horti Botan. Petropolit. 5 partes et 3 supplem. (Petrop.) 1845—97. 8. 340 p. 6.—

W. Junk, Berlin, W. 15.

24995 **Petropolis.** — H e r d e r. Mittheilgn. üb. d. period. Entwickl. d. Pflanzen — *M* 1.50
im Petersburg. Botan. Garten. 4 Tle. (Mosk., Bull.) 1863. 8. 352 p.

24996 — Ueb. d. wicht. Bäume, Sträucher u. Stauden d. Botan. Gart.
2 Tle. (Mosk., Bull.) 1864. 8. 135 p. — 2.—

24997 — Die Petersburg. Herbarien u. botan. Museen. (Cassel, Bot. Centr.)
1893. 8. 21 p. — 1.—

24998 L i p s k y. Das Herbarium d. Botan. Gartens (1823—1898). Petersb.
1898. 8. 134 p. — Russisch. — 1.50

24999 — Führer durch d. botan. Garten. Petersb. 1900. 8. 80 p. m. Tfl. —
Russisch. — 1.—

25000 P a l i b i n. Der Botan. Garten u. s. Vergangenheit. Petersb. 1898.
8. 15 p. — Russisch. — 1.—

25001 R e g e l. De Plantis nonn. Horti botan. Petropol. (Petrop., Ac.)
1866. 8. 12 p. et tab. — 1.—

25002 — Führer durch d. Petersb. Botan. Garten. Petersb. 1873. 8. 147 p.
— Russisch. — 1.—

25003 R e g e l et F i s c h e r de W a l d h e i m. Delectus Seminum
quae Hortus Botan. Petropolit. offert. 11 partes. (Petrop.) 1881—98.
8. 410 p. — 5.—

25004 **Petrovsky.** Catal. d. Plantes du gouv. Jaroslaw. (Mosc., Bull.) 1874.
8. 13 p. — 1.—

25005 **Petunnikov.** Die Potentillen Centralrusslands. (Petersb., Acta Horti)
1895. 8. 52 p. m. 11 Tfln. — 6.—

25006 — Krit. Uebers. d. Moskauer Flora. (Petersb. u. Mosk.) 1896—99. 8.
361 p. m. 7 Tfln. — Russisch m. deutschem Resumé. — 8.—

25007 **Pohle.** Pflanzengeogr. Studien üb. d. Halbinsel Kanin. Rostock 1901.
8. 121 p. m. Kte. — 2.—

25008 **Prytz.** Florae Fennicae breviarium. Aboae 1821. 4. p. *29—92.* — 8.—
Die Seiten 1—28 sind nicht erschienen (siehe P r i t z e l, ed. I. p. 236). 1869
kam eine Neu-Ausgabe von H j e l t heraus.

25009 **Puring.** Flora d. westl. Tciles d. Gouv. Pskow. Petersb. 1897. 8. 222 p.
m. Kte. — Russisch. — 4.50

25010 — Unters. d. Flora d. Gouv. Pskow. Petersb. 1900. 8. 31 p. — Russ. — 1.—

25011 **Radde.** Pflanzen-Physiognomik Tauriens. (Mosk., Bull.) 1854. 8. 38 p. — 1.—

25012 — 4 Vorträge üb. d. Kaukasus. Gotha 1874. 4. 77 p. m. 3 color. Ktn.
(M. 4.50.) — 3.—

25013 — Fauna u. Flora d. südwestl. Caspi-Gebietes. Leipz. 1886. 8. 425 p.
m. 3 z. Tl. color. Tfln. (M. 15.) — 8.—

25014 — Vertical Range of Alpine Plants in the Caucasus. (Lond., Linn.
Soc.) 1891. 8. 34 p. — 1.50

25015 — 3 Abhandl. üb. d. Kaukas. Museum. Tiflis 1891—1900. 8. 120 p. — 1.50

25016 — 2 Reiseberichte aus d. Krimm. (Danz., Nat. Ges.) 1902. 8. 21 p. — 1.—

25017 — K u s n e z o w. Gutachten üb. d. Werke v. Radde. Tiflis 1899. 8.
20 p. — Russisch. — 1.—

25018 **Rapp.** Flora d. Umgeb. Lemsals u. Laudohns. Hrsg. v. Klinge. (Riga,
Nat. Ver.) 1895. 8. 103 p. — 2.—

25019 **Regel, A.** Reisebriefe. 2 Tle. (Mosk., Bull.) 1878—85. 8. 53 p. — 1.50

25020 **Regel, E.** Catal. Plantarum horti Aksakovian. Petrop. 1860. 8. 155 p. — 2.—

25021 — Russische Dendrologie. 2 Bde. Petersb. 1883—89. 8. 200 p. m. Fig.
— Russisch. — 4.50

25022 **Rehmann.** Ueb. d. Vegetation d. nördl. Gestade d. Schwarz. Meeres.
(Brünn, Nat. Ver.) 1872. 8. 83 p. m. 2 Tfln. — 1.50

25023 — Ueb. d. Vegetations-Format. d. Taurischen Halbinsel. (Wien, Z. b.
G.) 1876. 8. 38 p. — 1.—

25024 **Riesenkampff.** Verzeichn. d. Flora v. Pjatigorsk. 2 Tle. (Mosk., Bull.)
1883. 8. 142 p. — Russisch. — 2.—

25025 **Riga.** — Correspondenzblatt d. Naturforscher-Vereins. Jahrg. 23—46: *M*
1880—1903. Riga. 8. m. Tfln. (M. 88.)   30.—
Jeder Jahrgang à M. 1.50.
25026 **Rogowitsch.** Ueberblick d. Flora d. Gouv. Kiew, Tschernigow u.
Poltawa. Kiew 1855. 4. 147 p. — Russisch.   4.—
25027 **Rostafinski.** Florae Polonicae prodr. (Vindob., Z. b. G.) 1872. 8. 128 p.   1.—
25028 **Roth.** Catal. de l'Etabliss. hortic. du prince Troubetzkoy. (Mosc.)
1852. 8. 80 p.   2.—
25029 **Rouillier.** Naturhist. Notiz üb. d. Umgeg. Moskaus. (Mosk., Bull.)
1844. 8. 12 p.   1.—
25030 **Ruprecht.** In histor. Stirpium florae Petropolitanae diatribae. (Petrop.,
Beitr. Pflz.) 1845. 8. 93 p.   1.50
25031 — Flores Samojedorum Cisuralensium. Petrop. 1846. 8. 67 p. et 6 tab.   4.—
25032 — Ueb. d. Verbreit. d. Pflanzen im nördl. Ural. (Petersb., Beitr. Pflz.)
1850. 8. 84 p.   2.—
25033 — Barometr. Höhenbestimmungen im Caucasus für pflanzengeogr.
Zwecke. (Petersb., Ak.) 1863. 4. 132 p. (M. 3.50.)   2.—
25034 **Russische Flora.** — 25 Abhandl. v. Alboff, Klinge, Kusnezow, Petunnikow, Regel, Tanfiljeff, Trautvetter u. a. 1853—1904. 8. u. 4. 263 p.   8.—
25035 **Russow.** Flora d. Umgeb. Revals. (Dorp., Arch. Nat.) 1862. 8. 122 p.   1.50
25036 — Ueb. d. Boden- u. Vegetationsverhältn. 2 Ortschaft. an d. Nordküste Estlands. Dorp. 1886. 8. 49 p.   1.—
25037 **Saelan, Kihlman, Hjelt.** Herbarium Musei Fennici. Ed. II. Pars I
(quantum prodiit): Plantae vascul. Helsingf. 1889. 8. 156 p. et mappa
color.   1.50
Siehe auch No. 24970.
25038 **Sass.** Die Phanerog.-Flora Oesels. (Dorp., Arch. Nat.) 1860. 8. 84 p.   1.50
25039 **Schesterikoff.** Mater. z. Flora d. südwestl. Teiles d. Kreises Odessa.
Odessa 1894. 8. 136 p. — Russisch.   2.—
25040 **Schirjaeff.** Vegetation d. Berges Maschuka (Kaukasus). (Kasan, Univ.)
1904. 8. 24 p.   1.—
25041 **Schmalhausen.** Neue Pflanzenarten aus d. Kaukasus. (Berl., Bot. Ges.)
1892. 8. 10 p. m. 2 Tfln.   1.50
25042 — Flora Mittel- u. Süd-Russlands, d. Krim u. d. nördl. Kaukasus.
2 Bde. Kiew 1895—97. 8. 1250 p. m. Portr. — Russisch.   35.—
Vergriffen.
25043 **Schmidt, A. v.** Ueb. d. Insel Runo. (Dorp., Arch. Nat.) 1864. 8. 22 p.
m. color. Kte.   1.—
25044 **Schmidt, F.** Flora d. Insel Moon. (Dorp., Arch. Nat.) 1854. 8. 62 p.   1.—
25045 — Flora d. silur. Bodens v. Ehstland, N. Livland u. Oesel. Dorp.
1855. 8. 115 p.   1.50
25046 **Schrenk.** Reise nach d. Nord-Osten des Europ. Russlands üb. d. Sumpf-
gebiete d. Samojeden zu d. nördl. Uralbergen. Petersb. 1855. 8.
668 p. — Russisch.   8.—
25047 **Selenzow.** Ueb. Klima u. Flora d. Gouv. Wilna. 2 Tle. (Petersb., Soc.
Bot.) 1890—91. 8. 154 p. — Russisch.   2.50
25048 — Flora d. Gouv. Wilna. 2 Tle. (Petersb., Scr. Botan.) 1892. 8. 148 p.
— Russisch m. deutsch. Resumé.   2.50
25049 **Siitoin.** Sarajarven Eläimiströ. Helsinski 1908. 8. 44 p.   1.—
25050 **Smirnow.** Enumér. d. Plantes vascul. du Caucase. 3 parties. (Mosc.,
Bull.) 1884 à 87. 8. 274 p.   7.50
25051 — Phanerog. d. Umgeb. d. Dorfes Nicolaewskoe, Gouv. Ssaratow.
(Kasan) 1885. 8. 48 p. — Russisch.   1.—
25052 — Pflanzengeogr. Forschgn. im nordöstl. Theile d. Gouv. Ssaratow.
(Kasan) 1903. 8. 150 p. — Russisch m. latein. Index.   1.50
25053 — Z. Flora d. Gouv. Ssimbirsk. Kasan 1904. 8. 24 p. — Russisch.   1.—
25054 **Sobolewskj.** Flora Petropolitana. Petrop. 1799. 8. 367 p. Hfzb.   10.—
Recht selten, da nie im Handel erschienen.

W. Junk, Berlin, W. 15.

25055 **Societas** pro Fauna et Flora Fennica. Botan. Sitzungsber. Jahrg. I—IV: 1887—91. (Cassel, Bot. Centr.) 1889—95. 8. 67 p.   *M* 1.50
25056 **Sommier.** S. resultati botan. di un viaggio n. Caucaso. 2 mem. (Cassel e Napoli) 1891—92. 8. 23 p .   1.—
25057 **Sommier et Levier.** Decas Plantarum novar. Caucasi. (Petrop., Hortus) 1892. 8. 11 p.   1.—
25058 — Piante nuove d. Caucaso. 3 mem. (Firenze) 1893. 8. 18 p.   1.—
25059 — Plantarum Caucasi novar. vel minus cognit. manipuli. 4 partes. (Petrop. et Florent.) 1893. 8. 85 p.   2.50
25060 — Pugillus Plantarum Caucasi centr. (Florent., Soc. Bot.) 1898. 8. 8 p.   1.—
25061 **Sonntagsvorträge** am Polytechn. Museum zu Moskau. 8 Tle. Moskau 1878—86. 4. m. Tfl. — Russisch.   5.—
Vorträge aus d. Geb. d. exacten u. d. Naturwissenschaften.
25062 **Sorokin.** Lehrb. d. Morphol. u. Systematik d. Gewächse. Bd. I. Kasan 1901. 8. 416 p. m. 81 Tfln. — Russisch.   2.—
25063 **Steven.** Observat. in Plantas Rossicas et descript. spec. novarum. 3 partes. (Mosquae) 1829—34. 4. et 8. 58 p. et 8 tab.   3.50
25064 — Verzeichn. d. Pflanzen d. Taurischen Halbinsel. (Mosk., Bull.) 1857. 8. 96 p. m. Tfl.   2.—
25065 — Holzpflanzen d. Taurischen Halbinsel. Petersb. 1857. 8. 19 p.   1.—
25066 **Stschégléeff.** Descr. de qu. Plantes du Caucase nouv. 2 mém. (Mosc., Bull.) 1851 à 53. 8. 26 p. av. 3 pl. color. et noir.   2.—
25067 **Syreischtschikow.** Illustr. Flora d. Gouvern. Moskau. Tl. I—IV. Moskau 1906—1914. 8. 1311 p. — Russisch.   38.—
25068 **Tanfiljew.** Die boden- u. pflanzengeograph. Gebiete d. Europ. Russlands. Petersb. 1897. 8. 33 p. m. 2 Ktn. (1 color.) — Russisch m. deutsch. Resumé.   1.50
25069 — Pflanzengeogr. Stud. im Steppengebiete. Petersb. 1898. 8. 141 p. m. 4 Tfln. — Russisch.   2.—
25070 **Taratschkoff.** S. le développem. d. Plantes d'Orel. 2 parties. (Mosc., Bull.) 1854 à 55. 8. 48 p.   1.50
25071 **Tiflis.** — Berichte d. Kaukas. Gesellschaft d. Naturforscher u. d. Alpenklubs. Heft 1, 2. Tiflis 1879—80. 8. 174 p. — Russisch.   1.50
25072 **Timirjaew.** Lehrbuch d. Botanik. Moskau 1885. 8. 340 p. — Russisch).   1.50
25073 **Tranzschel.** Skizze d. Pflanzen d. Gutes Narischkin, Gouv. Saratow. Petersb. 1894. 4. 56 p. — Russisch.   1.50
25074 **Trautvetter.** Ueb. d. Krzemieniecer Botan. Garten. (Mosk., Bull.) 1844. 8. 12 p.   1.—
25075 — Ueb. d. pflanzengeograph. Bezirke Russlands. Kiew 1851. 4. 20 p. m. Kte. — Russisch.   1.—
25076 — Ueberblick d. Familien d. Flora v. Kiew. Kiew 1853. 4. 37 p. Hfzb. — Russisch.   1.50
25078 — Plantae a Radde in Isthmo Caucasico lectae. (Petrop., Hortus) 1876. 8. 66 p.   1.50
25079 — Plantae Caspio-Caucasic. a Radde et Becker lectae. (Petrop., Hortus) 1878. 8. 90 p.   1.50
25080 — Florae Rossicae fontes. (Petrop., Hortus) 1880. 8. 342 p.   3.50
25081 — Elenchus Stirpium Isthmi Caucasici. (Petrop., Hortus) 1881. 8. 135 p.   2.50
25082 — Incrementa Florae Phaenogamae Rossicae. 4 fasc. Petrop. 1883—84. 8. 941 p. (M. 20.)   14.—
Auch einzelne Hefte vorhanden.
25083 **Tugarinow.** Z. Pflanzengeogr. d. Zarizin'schen Kreis. Kasan 1904. 8. 28 p. — Russisch.   1.—
25084 **Turczaninow.** Animadv. ad catalogum Herbarii Univ. Charkov. 2 partes. (Mosq., Bull.) 1859—63. 8. 91 p.   1.50
25085 **Varsovie.** — Plantes de serre chaude et froide du Jardin des Plantes. Varsovie 1830. 8. 23 p.   1.—

25086 **Veesenmeyer.** Ueb. d. Vegetationsverhältn. an d. mittlern Wolga. *M.* (Petersb., Beitr. Pflz.) 1854. 8. 82 p. — 1.50
25087 **Wainio.** Florula Tavastiae orientalis. (Helsingf., Soc. Fl.) 1878. 8. 122 p. — Fennice conscr. — 1.50
25088 — Flora provinciar. Fennicar. I. (Helsingf., Soc. Fl.) 1878. 8. 161 p. — Fennice conscr. — 1.50
25089 — Périodes de végét. d. Phanérog. dans le nord de la Finlande. (Helsingf., Soc. Fl.) 1881. 8. 18 p. — 1.—
25090 — S. la Flore de la Laponie Finland. (Helsingf., Soc. Fl.) 1891. 8. 90 p. — 2.—
25091 **(Weinmann).** Der botan. Garten d. Universität zu Dorpat im J. 1810. Dorpat (1812). 8. 185 p. Cart. — 3.—
25092 — Observ. ad Floram Rossicam. (Mosq., Bull.) 1837. 8. 24 p. — 1.—
25093 — Syllabus Muscorum frondosor. Imperii Rossici. 3 partes. (Mosquae, Bull.) 1845—46. 8. 169 p. — 3.—
25094 **Wiazemsky.** Verzeichniss d. Pflanzen d. Elatomschen Kreises, Gouv. Tambow. (Mosk., Bull.) 1870. 8. 38 p. — 1.—
25095 **Winkler.** Literatur u. Pflanzenverzeichnis d. Flora Baltica. (Dorp., Arch. Nat.) 1877. 8. 104 p. Lnb. — 2.—
25096 **Wirzén.** Geogr. Plantarum provinc. Casanensis. Helsingf. 1839. 8. 131 p. 2.50
25097 — Prodromus Florae Fennicae. I. Helsingf. 1843. 8. 16 p. — 1.—
25098 **Zabel.** Baum- u. Straucharten Russlands. Mosk. 1884. 8. 79 p. — Russisch. — 1.50
25099 **Zalessky.** S. la Flore du fleuve Oka. Pétersb. 1899. 8. 14 p. — 1.—
25100 **Zinger.** Verzeichn. d. Phanerog. u. Gefässkryptogam. d. Gouv. Tula. (Mosk., Bull.) 1881. 8. 27 p. m. 2 Tfln. — 1.50
25101 — Flora d. mittl. Russlands. Mosk. 1886. 8. 520 p. — Russisch. — 9.—

XI. Scandinavia.

Dania, Norvegia, Suecia.

[Supplementum numeror. 5032—5088, vide: Bibliographia Botanica, p. 194—196].

25102 **Acharius.** Lichenographiae Suecicae prodromus. Lincop. 1798. 8. 288 p. et 2 tab. color. — 4.—
25103 **Afzelius.** De Vegetabilibus Suecanis. Ups. 1785. 4. 12 p. — 1.—
25104 **Almqvist.** Resa i Jämtland och Angermanl. 2 Abhandl. (Stockh., Ak.) 1869—74. 8. 39 p. — 1.—
25105 **Andersson, G.** Om Granens invandr. i Sverige. (Stockh., Geol. För.) 1892. 8. 14 p. — 1.—
25106 — Stud. öfv. Svenska Växtarters udbredning och invandr. I. (Lund, Bot. Not.) 1893. 8. 23 p. — 1.—
25107 — Die Geschichte d. Vegetat. Schwedens. Leipzig 1897. 8. 118 p. (M. 4.) 3.—
25108 — Das nacheiszeitl. Klima v. Schweden u. s. Bezieh. zur Florenentwickelung. (Zürich, Bot. Ges.) 1903. 8. 17 p. m. 2 Ktn. — 1.50
25109 **Andersson, G., u. A. Blytt.** Om de fyto-geograf. og -palaeont. grunde f. Klimatvexling. und. Kvartaertid. 2 Tle. (Christ. u. Stockh.) 1892—1894. 8. 82 p. — 1.50
25110 **Andersson, N. J.** Conspectus Vegetationis Lapponicae. 2 partes. Upsal. 1846. 8. 49 p. — 1.—
25111 — Atlas öfv. d. Skandinav. Florans naturliga familjer. Stockh. 1849. 8. 29 p. m. 29 Tfln. Hfzb. — 1.50
25112 — Plantae Scandinaviae I: Cyperaceae. Holm. 1849. 8. 80 p. et 8 tab. 4.—
25113 — — II: Gramineae. Holm. 1852. 8. 122 p. et 12 tab. — Tabulae 9, 10 desunt. — 1.50
25114 — Odlade växterna och skogsträden i Lulea-elfvens omrade. (Stockh., Landtbr.) 1865. 8. 24 p. — 1.—
25115 — Aperçu de la Végétation et des Plantes cultiv. de la Suède. Stockh. 1867. 8. 94 p. av. 2 cartes. — 1.—

25116 **Areschoug.** Bidr. t. d. Skandinav. Vegetationens Historia. (Lund, Univ.) *M*
1867. 4. 90 p. m. 2 Tfln. 1.50
25117 — Comparat. examin. of the Rubi in the Scandinav. Penins. Lund.
1885—86. 4. 185 p. 6.—
25118 **Baagoe og Kolpin Ravn.** Excurs. til jydske Söer og Vandlöb. (Kjöb.,
Bot. Tidsk.) 1896. 8. 39 p. 1.—
25119 **Backman u. Holm.** Elementarflora öfv. Vesterbottens och Lapplands
Fanerogamer. Luleä 1878. 8. 273 p. 3.—
25120 **Barth.** Knudshö eller Fieldfloraen. Krist. 1880. 8. 76 p. 1.50
25121 **Beurling.** Plantae vascul. s. Cotyledoneae Scandinav., nempe Sveciae
et Norvegiae. Holmiae 1859. 8. 75 p. 1.50
25122 **Björnström.** Grunddragen af Pitea Lappmarks Växtfysiognomi. Upsala
1856. 8. 36 p. 1.—
25123 **Bjurzon.** Skandinav. Växtfamiljer. Ups. 1846. 8. 104 p. m. Tab. 2.—
25124 **Blytt, A.** Christiania omegns Phanerog. og Bregner. Christ. 1870. 8.
111 p. 1.—
25125 — Essay on the Immigration of the Norweg. Flora. Christ. 1876. 8.
89 p. w. colour. map. 2.—
25126 — Nye bidrag t. Karplanternes udbredelse i Norge. 4 Tle. (Kristian.,
Vid. Selsk.) 1883—97. 8. 173 p. 4.—
25127 — Om Planternes udbredelse. (Krist.) 1886. 8. 12 p. 1.—
25128 — Z. Geschichte d. Nordeurop., bes. d. Norweg. Flora. (Leipz., Engl.
Jahrb.) 1893. 8. 30 p. 1.50
25129 — Theorien om d. Norske Floras indvandr. (Berg., Mus.) 1909. 8. 18 p. 1.—
25130 **Blytt, M. N.** Enumeratio Plantar. vascul. quae circa Christianiam
nasc. Christ. 1844. 4. 75 p. 1.50
25131 **Blytt, M. N. u. A.** Norges Flora. 3 Bde. m. Suppl. u. Regist. Christiania
1861—77. 8. 1348 p. 14.—
25132 **Bonsdorff.** Öfvers. af Gust. Adolfs Sockens Flora. (Stockh.) 1864. 8. 27 p. 1.—
25133 **Börgesen og C. Jensen.** Utoft Hedeplantage. Floristik undersög. af et
Stykke Hede i Vestjylland. (Kjöb., Bot. Tids.) 1904. 8. 46 p. 1.—
25134 **Bredsdorff.** Haandbog ved botan. Excursioner i Egnen om Soroe.
2 Tle. Kjöb. 1834—35. 4. 248 p. 5.—
Selten.
25135 **Brown, T.** Anteckn. t. Skanes Flora. Lund 1870. 8. 25 p. 1.—
25136 **Carlson.** Om Vegetat. i nagra Smaländska Sjöar. (Stockh., Ak.) 1902.
8. 40 p. 1.—
25137 **Christensen, C.** Vegetat. paa Oerne i Smaalandshavet. (Kjöb., Bot.
Tidsk.) 1905. 8. 22 p. 1.—
25138 **Collett.** Zool.-botan. observat. fra Gudbrandsdalen og Dovre. Christ.
1865. 8. 64 p. 1.—
25139 **Dahl.** Vegetat. i Troldheimen. 2 Tle. (Christ., Vid. Selsk.) 1892. 8. 54 p. 1.50
25140 — Botan. undersögels. i Romsdals amt. (Christ., Vid. S.) 1894. 8. 32 p. 1.—
25141 — Plantegeograf. undersög. i yndre Söndmöre. (Christ., Vid. S.) 1895.
8. 44 p. 1.—
25142 — Kystvegetationen i Romsdal, Nord- og Söndfjord. (Christ., Vid.
Selsk.) 1896. 8. 76 p. 1.50
25143 — Botan. undersög. i Söndfjords og Nordfjords fjorddistrikter. (Christ.,
Vid. Selsk.) 1898. 8. 71 p. 1.50
25144 — Botan. undersög. i indre Ryfylke. II. (Christ., Vid. S.) 1908. 8. 58 p. 1.50
25145 **Dänische u. Norwegische Flora.** — 10 Abhandl. v. Blytt, Hellbom,
Jörgensen, Lange u. a. 1868—1914. 8. u. 4. 176 p. 2.50
25146 **Didrichsen.** Samling. til et Tidsrum af d. Danske Botaniks Historie.
(Kjöbenh., Nat. Tidsk.) 1869. 8. 54 p. 1.—
25147 **Drejer.** Flora excurs. Hafniensis. Hafn. 1838. 8. 339 p. Hfzb. 2.—
25148 — Florist. udbytte fra 1838. (Kjöb., Nat. T.) 1839. 8. 15 p. 1.—
25149 — Nogle bidr. t. d. Danske Flora. 2 Tle. (Kjöb., Nat. T.) 1841. 8.
24 p. m. Kte. 1.—

25150 **Du Chaillu.** Im Lande d. Mitternachts-Sonne. Deutsch v. Helms. *M*
3. Aufl. Leipz. 1886. 8. 608 p. m. Kte., Tfl. u. viel. Fig. (M. 10.) Lnb. 3.—
25151 **Dyring.** Junkersdalen og dens Flora. 2 Tle. (Krist., Nyt Mag.) 1900. 8.
107 p. 2.—
25152 **Elfstrand.** Botan. (Carices och Hieracia) utflykter i sydvestra Jemtland. (Stockh., Ak.) 1890. 8. 91 p. m. Tfl. 2.—
25153 **Erikson, J.** Stud. öfv. Sandfloran i östra Skane. (Stockh., Ak.) 1896.
8. 77 p. m. 2 Tfln. 2.—
25154 — Stud. öfv. Jungfruns Fanerog. Veget. (Stockh., Ark. Bot.) 1904.
8. 14 p. 1.—
25155 **Fant.** Sveriges träd och buskar i vinterdrägt. Stockh. 1872. 8. 56 p.
m. 11 Tfln. 2.50
25156 **Floderus et Goldschmidt.** Synopsis Plantarum Paroeciae Uplandiae
Funbo. I. Upsaliae 1853. 8. 16 p. 1.—
25157 **Fries, E.** Stirpes agri Femsionensis. I, IV—VI. Lond. Goth. 1825—27.
8. 64 p. 1.50
25158 — Novitiarum Florae Suecicae mantissa I et II. Lundae 1832—39. 8.
148 p. 2.—
25159 — Flora Scanica. Holmiae 1835. 8. 418 p. et tab. — Fehlt Titel. 2.50
25160 — Clavis in familias Plantarum indigenas. Upsal. 1836. 8. 10 p. et tab. 1.—
25161 — Summa Vegetabil. Scandinaviae. 2 partes. Holm. 1846—49. 8. 588 p.
Hldrbd. 9.—
260 p. enthalten Fungi.
25162 — Conspect. Florae Ostrogothicae. Upsal. 1854. 8. 19 p. 1.—
25163 — Ofvers. af d. Skandinav. Jordens Växtlighet. Ups. 1856. 8. 34 p. 1.—
25164 **Fries, T. C. E.** Z. Kenntn. d. alpin. u. subalpin. Vegetation in Torne
Lappmark. Stockh. 1913. 8. 369 p. m. 2 Ktn. (1 color.) u. 99 Fig. 8.—
25165 **Fries, T. M.** Resa i Finmarken. Upsala 1858. 8. 25 p. 1.—
25166 — Lichenographia Scandinavica. 2 partes. Upsaliae 1871—74. 8. 639 p.
(M. 15.) 11.—
25167 — Botaniska Studier tillägnade T. M. Fries. (Stockh., Bot. Tidsk.)
1912. 8. 600 p. m. Portr. u. 37 Tfln. (M. 12.) 8.—
25168 **Fries, T. M., u. Nathorst.** Svenska Växtnamn. 3 Tle. (Stockh., Ark.
Bot.) 1903—04. 8. 271 p. 4.50
25169 **Frödin.** Om fjällväxter nedanför skogsgränsen i Skandinav. (Upps.,
Ark. Bot.) 1911. 8. 63 p. m. Tfl. 2.—
25170 **Gallöe og C. Jensen.** Plantevaeksten paa Borris Hede. (Kjöb., Bot.
Tidsk.) 1906. 8. 27 p. 1.—
25171 **Geheeb.** Blick in d. Flora d. Dovrefjelds. (Cassel, Ver. Nat.) 1886. 8. 8 p. 1.—
25172 **Gosselman.** Stirpes rariores territ. Ystadiensis. Lund. 1851. 8. 22 p. 1.—
25173 **Grevillius.** Om Vegetationens utveckl. pa de nybildade Hjelmar-öarne.
(Stockh., Ak.) 1893. 8. 110 p. m. Tfl. 2.—
25174 — Kärlväxtvegetat. pa nephelin-syenitomrädet i Alnöns. (Stockh.,
Ak.) 1894. 8. 20 p. 1.—
25175 **Haglund.** Nyt höjdmaximum f. nagra ruderat- och kulturväxters förekomst i nordl. Norge. (Christ., Nyt Mag.) 1901. 8. 12 p. 1.—
25176 **Hartman, C. J.** Handbok i Skandinav. Flora. 7. Aufl. Stockh. 1858.
8. 502 p. Cart. 2.—
25177 — — 8. Aufl. Stockh. 1861. 8. 626 p. Hfzb. 3.—
25178 — — 9. Aufl. 2 Bde. Stockh. 1864. 8. 518 p. 4.—
25179 — — 9. Aufl. Bd. I: Phanerog. 1864. 386 p. Lnb. 1.50
25180 — — 10. Aufl. Bd. II: Mossor. Stockh. 1871. 8. 208 p. Hfzb. 5.—
25181 **Havaas.** Om Veget. paa Hardangervidden. (Bergen, Mus.) 1902. 8. 19 p. 1.—
25182 **Heiberg.** Conspectus crit. Diatomacearum Danicarum. Kjöbenh. 1863.
8. 135 p. et 6 tab. 10.—
Die gewöhnlich im Handel vorkommende Dissertation hat keinen vollständigen Text.
25183 **Hemmendorff.** Om Ölands Vegetat. Ups. 1897. 8. 60 p. m. Kte. 1.50

		$\mathcal{M}$

25184 **Henning, E.** Växtfysiognom. anteckn. fran Vestra Härjedalen. (Stockh., Ak.) 1887. 8. 26 p. — 1.—
25185 — Agronom.-växtfysiognom. Studier i Jemtland. Stockh. 1889. 4. 36 p. 1.—
25186 — Stud. öfv. Vegetationsförhällandena i Jemtland. (Stockh., Domän-styr.) 1895. 4. 75 p. 2.—
25187 **Hieracia Scandinaviae.** — Sammlung v. 5 5 g e t r o c k n e t e n ·S p e-c i e s, bestimmt u. v. bester Erhaltung. In Carton. 25.—
25188 **Holmboe.** Nogle ugraes-planters indvandr. i Norge. 2 Tle. (Christ., Nyt Mag.) 1900. 8. 122 p. 2.50
25189 — Studier ov. Norske Planters historie. (Christ., Nyt Mag.) 1905. 8. 28 p. m. Kte. 1.—
25190 **Holmgren.** Ombergs Phanerog. och Ormbunkar. (Stockh., Bot. Not.) 1851. 8. 47 p. 1.50
25191 **Holtz.** Flora d. Insel Gottska-Sandö. (Berl., Bot. Ver.) 1871. 8. 9 p. 1.—
25192 **Hornemann.** Supplement. Horti Botan. Hafniensis. Hafn. 1819. 8. 172 p. 3.—
25193 — Om Flora Danica. (Kjöb., Kroy. Tidsk.) 1837. 8. 91 p. 1.—
25194 — Fortegn. ov. de vildväx., men i aeldre Tider indforte Planter i Danmark. 3 Tle. (Kjöb., Kroy. Tidsk.) 1839—41. 8. 132 p. 2.—
25195 **Hornschuch.** Archiv Skandinav. Beiträge z. Naturgeschichte. 2 Bde. (3 Tle.) Greifswald 1845—50. 8. 929 p. m. 2 Ktn. u. 6 Tfln. Cart. 8.—
25196 **Indebetou.** Flora Dalekarlica. Nyköp. 1879. 8. 48 p. 1.—
25197 **Jacobsen, J. P.** Planter paa Laesö og Anholt. (Kjöb., Bot. T.) 1879. 8. 26 p. 1.—
25198 **Jensen, C.** Floristik fra Allindelille Fredskov. (Kjöb., 'Warming') 1911. 4. 16 p. 1.—
25199 **Johansson.** Studier öfv. Gotlands hapaxantiska Växter. (Stockh., Ak.) 1899. 8. 103 p. 3.—
25200 **Jörgensen, E.** Om vegetat. ved Kaafjorden i Lyngen. (Christ., Nyt Mag.) 1893. 8. 25 p. 1.—
25201 — Om Florän i Nord-Reisen. (Christ., Vid. Selsk.) 1894. 8. 104 p. 3.—
25202 **Kellgren.** Agronom. botan. studier i Norra Dalarne. 2 Tle. (Stockh., Landtbr.) 1891—92. 8. 60 p. 1.50
25203 **Kindberg.** Sammandrag af Norra Sveriges Flora. Linköp. 1873. 8. 72 p. 1.50
25204 — Svensk Flora. Linköp. 1877. 8. 408 p. ·Hfzb. 3.—
25205 **Kjöbenhavn.** — Oversigt af de k. Danske Videnskabernes Selskabs Forhandling. Jahrg. 1853—·82. 30 Bde. Kjöb. 8. m. vielen Tfln. Hfzb. 30.—
25206 **Koch, G.** Om Falsters Vegetat. 2 Tle. (Kjöb., Nat. För.) 1863—81. 8. 86 p. 1.50
25207 **Kröningssvärd.** I Dalarne vildtväx. Phanerogamer och Filices. I. (Stockh. 1830). 8. 52 p. 1.50
25208 **Lange, J.** Om Vegetat. paa Lolland og Falster. (Kjöb., Nat. Tidsk.) 1845. 8. 25 p. 1.—
25209 — Om nogle Danske Planters Fordeling. (Kjöb., Nat. För.) 1849. 8. 22 p. 1.—
25210 — Bidr. t. Synonymiken f. nogle krit. Arter fra Danmarks Floraer. (Kjöb., Vid. Selsk.) 1873. 8. 62 p. m. 2 color. Tfln. 1.50
25211 — Haandbog i d. Danske Flora. Mit Supplem. 4. (letzte) Aufl. Kjöb. 1886—1897. 8. 20.—
25212 — — 3. Aufl. Kjöb. 1864. 8. 812 p. — Titel u. Vorrede f e h l e n. 2.50
25213 — Overs. ov. de i nyere tid til Danmark indvandrede Planter. (Kjöb., Bot. Tidsk.) 1896. 8. 48 p. 1.—
25214 **Lange, J., og Mortensen.** Overs. ov. de i Danmark fundne nye og sjeld-nere Arter. 5 Tle. (Kjöb., Bot. Tidsk.) 1872—84. 8. 417 p. 7.—
25215 **Lange, M. T.** Den Sydfyenska Ögaards Vegetat. (Kjöb., Nat. För.) 1857. 8. 74 p. 1.50
25216 — Om Forandringen af Danmarks Plantevaext. Kjöb. 1859. 8. 98 p. 1.50
25217 — Tillaeg t. Danmarks Flora. (Kjöb., Nat. För.) 1862. 8. 22 p. 1.—
25218 **Laestadius.** Bidr. t. känned. om Växtligheten i Tornea Lappmark. Upsala 1860. 8. 46 p. 1.—

25219 **Laurell.** Beskrifn. öfv. Växter afb. pa de Botan. Väggtaflor. I. Stockh.   *M*
1883. 8. 71 p.   1.50
25220 — Förteckn. öfv. viktigare i Sverige pa fritt land odlade Träd och
Buskar. Uppsala 1891. 8. 50 p. Cart.   1.50
25221 **Lind.** Danish Fungi as repres. in the Herbar. of Rostrup. Copenh.
1913. 8. 654 p. w. 9 pl.   21.—
25222 **Lindblom.** In geographicam Plantar. intra Sveciam distribut. Lund.
1835. 8. 101 p. et 3 tab.   1.50
25223 **Lindman.** Phanerog. pa Visby ruiner. (Stockh., Ak.) 1895. 8. 18 p.   1.—
Linné. Amoenitates Academicae.
Hieraus einzeln:
25224 — Arboretum Suecicum. (Colon.) 1786. 8. 31 p.   2.—
25225 — Chloris Suecica. (Colon.) 1786. 8. 39 p.   2.—
25226 — Flora Akeröensis. (Erlang.) 1785. 8. 17 p.   2.—
25227 — Frutetum Suecicum. (Colon.) 1786. 8. 28 p.   2.—
25228 — Herbationes Upsalienses. (Holm.) 1756. 8. 21 p.   2.—
25229 — Pan Suecus. (Colon.) 1786. 8. 35 p.   3.—
25230 — Rariora Norvegiae. (Holm.) 1769. 8. 31 p.   2.—
25231 **Linné.** — L u n d s t r ö m. Linnaei Resa till Lappland 1732. (Ups.)
1878. 8. 21 p.   1.—
25232 **Marmier.** Relation d. Voyages en Scandinavie, en Laponíe, etc. de la
Commiss. Scientif. du Nord. 2 vols. Paris 1844 à 1847. 8. av. atlas
in-fol. (incomplet) de 157 planches (a u l i e u d e 2 8 0) et 30 portraits. Cart.   10.—
25233 **Matsson.** Botan. Reseanteckngr. fr. Gotland, Öland och Smaland.
Stockh. 1895. 8. 68 p.   1.50
25234 **Meddelelser** fra d. Botaniske Forening. 3 Tle. Kjöbenh. 1882—1904.
8. m. Kte.   7.50
25235 **Mentz.** Stud. ov. Danske Hedeplanters Ökologi. I. (Kjöb., Bot. T.)
1906. 8. 49 p.   1.—
25236 — Studier over Danske Mosers recente Vegetation. Kjöbenh. 1912.
8. 296 p.   3.50
25237 **Möller, O.** Overs. ov. de i Danmark indslaebte Planter. (Kjöb., Bot. T.)
1898. 8. 16 p.   1.—
25238 **Mortensen.** Nordostsjaellands Flora. (Kjöb., Bot. T.) 1872. 8. 161 p.
m. color. Kte.   3.—
25239 **Myrin.** Dagbok und. en botanisk resa uti Vestliga Norrige. (Christ.)
1834. 8. 51 p.   2.—
25240 **Neuman, L. M.** Berätt. om en botan. resa till Hallands Väderö. (Stockh.,
Ak.) 1883. 8. 41 p.   1.—
25241 — T. känned. af Södra Norrlands Flora. (Stockh., Ak.) 1885. 8. 23 p.   1.—
25242 **Nielsen, P.** Om enkelte Danske Planter. (Kjöb., Bot. T.) 1872. 8. 23 p.   1.—
25243 — S. la végétation du Sud-Ouest de la Sélande. (Copenh., Bot. Tids.)
1873. 8. 143 p. av. carte. — En l. Danoise av. résumé Français.   2.—
25244 **Nilson, L. F.** Undersökn. af Svenska Baljväxter. (Stockh., Landtbr.)
1893. 8. 76 p.   2.—
25245 **Nilsson, A.** Om Norrbottens växtlighet. (Stockh.) 1897. 8. 15 p.   1.—
25246 **Noll.** Botan. Reise nach Norwegen. (Frankf., Senck.) 1886. 8. 42 p.   1.—
25247 **Nordström.** Jakttag. öfv. strand- och vattenvegetat. i vissa trakter
af Medelpad. (Uppsala, Ark. Bot.) 1911. 8. 53 p.   1.50
25248 **Norén.** Om Vegetat. pa Vänerns sandstränder. (Uppsala, 'Kjellman')
1906. 4. 15 p.   1.—
25249 **Norman.** Index suppl. locorum nat. Plantar. nonnull. vascular. in prov.
arctica Norvegiae. Nidarosiae 1864. 8. 60 p.   1.50
25250 — Begyndende „Naturalisation à grande distance" i den Europ.
Polarzone. (Stockh., Ak.) 1870. 8. 6 p.   1.—
25251 — Voxesteder f. nogle Norske Karplanter söndenfor Polarkredsen.
(Krist., Arch. Math.) 1881. 8. 18 p.   1.—

	$\mathcal{M}$
25252 **Norman.** Om Karplanternes udbredn. i det Nordenfjeldske Norge söndenfor Polarkredsen. Krist. 1883. 8. 186 p.	2.50
25253 — Florula Tromsöensis. (Tromsö, Mus.) 1892. 8. 18 p.	1.—
25254 — Florae arcticae Norvegiae species novae Plantar. vascular. (Christ., Vid. Selsk.) 1893. 8. 59 p.	1.50
25255 **Noto.** Indre-og Mellem-Kvaenangens karplanter. (Christ., Nyt Mag.) 1902. 8. 69 p. m. Kte. im Text.	1.50
25256 **Nyman.** Om Siciliens Flora särdeles med hänsyn t. Skandinaviens. (Stockh., Naturforsk.) 1849. 8. 32 p.	1.50
25257 — Svensk Fanerogam-Flora. Örebro 1873. 8. 393 p. Hfzb.	3.—
25258 **Oeder.** Nomenclator Florae Danicae. Hafn. 1769. 8. 235 p. Frzb.	6.—·
25259 — Flora Danica. Verzeichn. d. in Dännemark u. Norweg.. wildwachs. Kräuter. Kopenh. 1770. 8. 141 p. Cart.	4.—
25260 **Örsted.** Exkurs. t. Trindelen i Odensefjord. (Kjöb., Nat. T.) 1841. 8. 18 p. m. Tfl.	1.—
25261 **Ostenfeld.** Botan. jagttagels. fra Rendalen. (Christ., Nyt Mag.) 1902. 8. 19 p. m. 2 Tfln.	1.50
25262 — Vegetation af Frederikshavn. (Kjöb., Bot. T.) 1902. 8. 24 p.	1.—
25263 — Vegetat. i og ved Gudenaaen naer Randers. (Kjöb., Bot. T.) 1905. 8. 19 p.	1.—
25264 **Paulsen.** Om Vegetat. paa Anholt. (Kjöb., Bot. T.) 1898. 8. 22 p.	1.—
25265 **Petersen, O. G.** Lille Vildmose og dens Vegetation. (Kjöb., Bot. T.) 1896. 8. 28 p.	1.—
25266 **Petit.** Det sydvestl. Sjaellands Vegetat. (Kjöb., Nat. T.) 1845. 8. 16 p.	1.—
25267 — Udkast t. en florist. beskriv. af Als. (Kjöb., Bot. T.) 1880. 8. 29 p.	1.—
25268 **Rabot.** Au Cap Nord. Itinér. en Norvège, Suède, Finlande. Paris 1898. 8. 336 p.	2.—
25269 **Raunkiaer.** Dansk Exkursions-Flora. Kjöb. 1890. 8. 310 p. (M. 6.) Lnb.	2.50
25270 — — 3. (letzte) Aufl. Hrsg. v. Ostenfeld. Kjöb. 1914. 8. 366 p. Gbdn.	6.—
25271 **Ravn u. Rostrup.** Fortegn. ov. Karplanter, fund. paa Jyllands Nordspids, samt: Saebys Flora. (Kjöb., Bot. T.) 1897. 8. 26 p.	1.—
25272 **Resvoll.** Den nye Vegetat. paa Lerfaldet i Vaerdalen. (Christ., Nyt Mag.) 1903. 8. 22 p. m. 5 Tfln.	2.—
25273 **Retzius.** Flora oeconomica Sueciae eller Swenska Wäxters nytta och skada. 2 Tle. Lund 1806. 8. 806 p. (40 skill.) Hfzb. Seltenes Werk.	9.—
25274 **Rostrup.** Om Vegetationen i den udtörrede „Lersöe" ved Kjöbenhavn. (Kjöb., Nat. För.) 1860. 8. 24 p.	1.—
25275 — Laalands Vegetationsforhold. (Kjöb., Nat. För.) 1865. 8. 84 p.	1.50
25276 — Vejledning i d. Danske Flora. 3. Aufl. Kjöb. 1882. 8. 292 p. — Titel fehlt.	1.50
25277 — — 11. (letzte) Aufl. Kjöb. 1912. 8. 476 p. m. 139 Fig.	6.—
25278 **Samuelsson.** Changes of regions in Dalarne. (Stockh., Bot. Tidsk.) 1910. 8. 57 p. w. 2 pl.	2.—
25279 **Schagerström.** Conspectus Vegetationis Uplandicae. Upsal. 1845. 8. 64 p.	1.50
25280 — Lärobok i Skandinav. Växtfamiljer. 2. Aufl. Upsala 1856. 8. 112 p. Cart.	1.—
25281 — — 3. Aufl. Upsala 1862. 8. 134 p.	1.50
25282 **Scheutz.** Svenska Fanerogamernas och Bräkenarternas vetenskapl. namn. Lund 1868. 8. 70 p. Lnb.	1.50
25283 **Schübeler.** Die Culturpflanzen Norwegens. Christ. 1862. 4. 206 p. m. Kte. u. 24 Tfln.	4.—
25284 — — Auszug, hrsg. v. Thielau. Bresl. 1864. 8. 67 p.	1.—
25285 — — Wiesb. 1869. 8. 20 p. Cart.	1.—
25286 — Synops. of the veget. Products of Norway. Christ. 1862. 4. 31 p. w. 2 pl.	1.50
25287 — Die Pflanzenwelt Norwegens. 2 Tle. Christ. 1873—75. 4. 468 p. m. 15 Ktn. u. 80 Fig.	10.—
25288 — — Ohne die 15 Ktn.	1.50

	$\mathcal{M}$

25289 **Schübeler.** — Thielau. Neuere Beobacht. aus Schübeler's Pflanzen- $\mathcal{M}$
welt Norwegens. Berl. 1876. 4. 34 p. 1.—
25290 — Vaextlivet i Norge. Christ. 1879. 4. 152 p. m. 9 color. Tfln. u. Ktn. 3.50
25291 — Viridarium Norvegicum. Norges Vaextrige. 3 Bde. (4 Tle.) Christ.
1885—89. 4. 1882 p. m. 13 Portr. u. color. Krtn. 25.—
Vergriffen.
25292 — — Bd. I. 1885. 400 p. m. 4 color. Karten. 5.—
25293 **Schulz, A.** Ueb. d. Entwicklungsgesch. d. gegenwärt. Phanerogamen-
flora d. Skandin. Halbinsel. (Halle, Nat. Ges.) 1901. 8. 316 p. (M. 8.) 6.—
25294 — Ueb. d. Entwicklgsgesch. d. Phanerog. - Flora u. Pflanzendecke
Skandinaviens. 4 Tle. (Berl., Bot. Ges.) 1904—10. 8. 47 p. 2.—
25295 **Schwedische Flora.** — 12 Abhandl. v. Fristedt, Kellgren, Murbeck,
Norman, Westergren u. a. 1842—1901. 8. 175 p. m. 2 Tfln. 3.50
25296 **Selland.** Om Vegetat. i Granvin. (Christ., Nyt Mag.) 1904. 8. 34 p. 1.—
25297 **Sernander.** Die Einwanderung d. Fichte in Skandinavien. (Leipz.,
Engl. Jahrb.) 1892. 8. 94 p. m. 2 Tfln. 2.50
25298 — Stud. öfv. Vegetationen i mellersta Skandinav. fjälltrakter. II.
(Stockh., Ak.) 1899. 8. 56 p. 1.50
25299 — Stud. öfv. de Syd - Nerikiska barrskogarnes utvecklingshist.
(Stockh., Ak.) 1900. 8. 47 p. 1.50
25300 — Vegetat. u. Entwicklgsgesch. d. Sees Hederviken in Uppland.
(Stockh., Bot. Tidsk.) 1910. 8. 22 p. — Schwedisch. 1.—
25301 **Simmons.** Nagra bidr. t. Lule Lappmarks Flora. 2 Tle. (Lund, Bot. Not.)
1907. 8. 30 p. 1.—
25302 — Flora och Vegetat. i Kiiruna. Stockh. 1910. 8. 403 p. m. Kte. u.
22 Tfln. (M. 14.40.)
25303 **Sitzungsberichte** d. Botan. Gesellschaft zu Stockholm. Jahrg. I: 1883.
(Kassel, Bot. Centr.) 8. 30 p. 1.50
25304 **Skandinavische Moose.** — 12 Abhandlungen v. Arnell, Bryhn, Kaalaas,
Nyman, Rostrup u. a. 1859—1904. 8. 73 p. m. 2 Tfln. 4.—
25305 **Skottsberg u. Vestergren.** Z. Kenntn. d. Vegetation d. Insel Oesel. I.
(Stockh., Ak.) 1901. 8. 97 p. m. Krte. 2.—
25306 **Sterner.** Jukkasjärviomradets Flora. (Upps., Ark. Bot.) 1911. 8. 50 p. 1.50
25307 **Stockholm.** — Öfversigt af k. Vetenskaps Akademiens Förhandling.
Jahrg. 1888—1901. Stockh. 8. m. Tfln. (M. 80.) Hfzbde. u. brosch. 35.—
Auch einzeln.
25308 **Svensk Botanik** Utg. af Palmstruch, Billberg, Wahlenberg og Wahl-
berg. Alles was erschien.: Bd. I—X, XI, Heft 1—9 (129 Hefte). Stockh.
u. Upsala 1802—38. 8. m. 774 color. Tfln. Lnbd. 1000.—
Der Preis einer vollständigen Reihe ist ausserordentlich gestiegen. — Siehe
No. 5084.
25309 **Svensson.** Fanerogama och Kärlkryptog. Vegetation. kr. Kaitumsjöarne
i Lule Lappmark. (Stockh., Ak.) 1895. 8. 46 p. 1.50
25310 **Thedenius.** Botan. Excurs. i Stockh. trakten. Stockh. 1859. 8. 135 p. 1.50
25311 **Thomsen, C.** Röskilde-Egnens Flora. I: Phanerog., Filices. (Roskilde
1874). 8. 92 p. Cart. 1.—
25312 — Samsögruppens Planteväkst. (Kjöb., Bot. Tidsk.) 1875. 8. 57 p. 2.—
25313 **Thunberg.** Flora Gothoburgensis. Upsal. 1820. 8. 92 p. 1.50
25314 **Troilius.** Om Westerastrakten i botan. afseende. Stockh. 1860. 8. 83 p. 1.—
25315 **Trybom.** Bexhedasjön, Norrasjön och Näsbysjön i Jönköpings Län.
Norrköp. 1901. 8. 67 p. m. Kte. 1.50
25316 **Vahl.** Les types biolog. dans qu. format. végét. de la Scandinavie.
(Copenh., Ac.) 1911. 8. 75 p. 2.—
25317 **Wahlenberg.** Flora Lapponica. Acced.: Supplementum auct. Som-
merfelt. 2 vol. Berol. et Christ. 1813—26. 8. 960 p., mappa color.
et 33 tab. (3 color.) 10.—
25318 — — Berol. 1813. 8. 616 p., mappa color. et 31 tab. Hfzb. — Sine
supplemento. 5.—

M

25319 **Wahlenberg.** Flora Upsaliensis. Upsal. 1820. 8. 507 p. et mappa geogr. 4.50
25320 — Synops. Florae Gothlandicae. 2 partes. Ups. 1837. 8. 34 p. 1.50
25321 **Wahlström.** Plantarum vascul. reg. Telgae borealis synops. Upsal. 1847. 8. 40 p. 1.50
25322 **Warming.** Botan. Exkursioner. 3 Tle. (Kjöb., Nat. För.) 1890—97. 8. 116 p. m. 2 Tfln. 3.—
25323 — Exkurs. t. Fanö og Blaavand. (Kjöb., Bot. T.) 1894. 8. 35 p. 1.—
25324 — Exkurs. t. Skagen. (Kjöb., Bot. T.) 1897. 8. 54 p. m. 4 Tfln. 2.50
25325 — Dansk Plantevaekst. 2 Bde. Kjöbenh. 1906—9. 8. 716 p. m. 349 Fig. 14.50
25326 **Weber u. Mohr.** Naturhist. Reise durch e. Theil Schwedens. Gött. 1804. 8. 208 p. m. 3 Tfln. Cart. 3.—
25327 **Wessén.** Plantae Cotyledoneae in paroecia Ostrogothiae Kärna. Upsal. 1838. 8. 70 p. 1.50
25328 **Westerlund, C. G.** Bidr. till känned. om Ronnebytraktens Fauna och Flora. Stockh. 1890. 8. 173 p. 2.—
25329 **Wille.** Botan. Reise paa Hardangervidden. (Christ., Nyt Mag.) 1879. 8. 35 p. 1.—
25330 — Veget. i Seljord i Telemarken efter 100 aars forlöb. (Christ., Nyt Mag.) 1902. 8. 56 p. 1.50
25331 **Winkelmann.** Die Flora v. Bornholm. 1900. 8. 9 p. 1.—
25332 **Winther.** Literaturae Scientiae natural. in Dania, Norvegia et Holsatia Enchiridion. Haun. 1829. 8. 276 p. Cart. 3.—
25333 **Witte.** Om Sveriges Ruderalflora. (Lund, Bot. Not.) 1904. 8. 14 p. 1.—
25334 — Till de Svenska Alfvarväxternas Ekologi. Upps. 1906. 8. 121 p. 2.—
25335 **Wittrock.** Skandinav. Gymnospermer. (Stockh.) 1887. 8. 7 p. 1.—
25336 **Zetterstedt, J. E.** Kinnekulles Phanerogamer och Filices. (Lund, Bot. Not.) 1851. 8. 49 p. 1.50
25337 — Botan. Excurs. pa Öland. (Kjöb., Bot. T.) 1870. 8. 31 p. 1.—
25338 — Om Vegetat. vid Altenfjord. (Stockh., Ak.) 1874. 8. 19 p. 1.—

Asia.
XII. Asia media.
Afghanistan, Altai, Baical, Pamir, Tibet, Turkestan.
[Supplementum numeror. 5089—5112, vide: Bibliographia Botanica, p. 196—197].

25339 **Aitchison.** On the Flora of the Kuram Valley etc., Afghanistan. 2 parts. (Lond., Linn. Soc.) 1880—82. 8. 175 p. w. 30 pl. 8.—
25340 — The Botany of the Afghan Delimitation Commission. (Lond., Linn. Soc.) 1888. 4. 139 p. w. 2 maps and 48 pl. (3 £ 12 s.) 32.—
25341 **Borszczow.** Ueb. d. Natur d. Aralo-Casp. Flachlandes. 2 Tle. (Würzb., Nat. Z.) 1860. 8. 78 p. m. Kte. in gr. Folio. 3.—
25342 **Dunmore.** Journeyings in the Pamirs and Centr. Asia. (Manch., Geogr. Soc.) 1893. 8. 23 p. w. colour. map. 1.50
25343 **Elwes.** On the Zool. and Botany of the Altai Mountains. (Lond., Linn. Soc.) 1899. 8. 24 p. 1.—
25344 **Fedtschenko, B. A.** Reisen in Turkestan. (Gotha, Peterm.) 1874. 4. 6 p. m. color. Kte. 1.50
25345 — Mater. z. Flora v. Munku-Sardik u. Beregow. (Kasan, Univ.) 1902. 8. 20 p. 1.—
25346 — Flora d. Asiat. Russlands. Lfg. 1—3. Petersb. 1912—13. 8. 110 p. m. 24 Tfln. — Russisch. 18.—
Siehe auch Nr. 24820.
25347 **Fedtschenko, O. A. u. B. A.** Beitrag z. Flora d. südl. Altai. (Leipz., Engl. Jahrb.) 1898. 8. 12 p. 1.—
25348 — Material. z. Flora v. Ferghana. (Kasan, Univ.) 1902. 8. 35 p. 1.50

25349 **Fedtschenko, O. A. u. B. A.** Conspect. Florae Turcestanicae. 5 partcs. Jurjew 1909—1913. 8. — Rossice conscr.   *ℳ* 20.—

25350 **Florae Asiae mediae.** — 8 Abhandl. v. Bornmüller, Lipsky, C. Winkler u. a. 1863—1903. 8. u. 4. 65 p. m. 3 Karten.   2.—

25351 **Hemsley.** On 2 collect. of dried Plants fr. Tibet. (Lond., Linn. Soc.) 1894. 8. 40 p. w. 2 pl.   1.50

25352 **Jakhontoff.** Exkurs. nach d. See Baikal. (Kasan) 1904. 8. 11 p. — Russisch.   1.—

25353 **Karelin et Kirilow.** Enumeratio Plantar. in regionibus Altaicis collect. 2 partes. (Mosq., Bull.) 1841. 8. 159 p.   3.—

25354 **Kiréevsky.** Voyage aux Steppes de l'Asie centr. (Mosc., Bull.) 1856. 8. 8 p. av. carte.   1.—

25355 **Komarow.** Pflanzenleben d. Sarawschan-Gebirg. (Petersb.) 1893. 8. 16 p. — Russisch.   1.—

25356 — Mater. z. Flora d. Turkestan. Hochland. (Petersb., Soc. Nat.) 1896. 8. 133 p. — Russisch.   2.—

25357 **Korshinsky.** Fragmenta Florae Turkestaniae. Plantae novae vel minus cognit. Pars I. (Petrop., Ac.) 1898. 8. 25 p. et 3 tab.   3.—

25358 **Krasnoff.** Geo-botan. Untersuch. d. östl. Tjan-Schan. Petersb. 1886. 8. 40 p. m. Kte. — Russisch.   1.50

25359 — S. la végétat. de l'Altay. Pétersb. 1886. 8. 33 p. — En l. Russe.   1.50

25360 **Krylow.** Flora d. Altai u. d. Gouvernem. Tomsk. 6 Tle. Tomsk 1910—1912. 8. 1534 p. — Russisch.   25.—

25361 **Ledebour, C. A. Meyer et Bunge.** Flora Altaica. Vol. II et III. Berol. 1830—31. 8. 856 p.   4.—

25362 **Lipsky.** Botan. Exkurs. nach Transkaspien. Kiew 1889. 8. 22 p. — Russisch.   1.—

25363 — Botan. Exped. nach d. Gissar-Gebirge. Petersb. 1897. 8. 17 p. — Russisch.   1.—

25364 — Flora Asiae Mediae seu Turkestaniae Rossicae. 2 partes. (Tiflis, Acta Horti) 1902—03. 8. 337 p. — Rossice conscript.   8.—

25365 — Contrib. ad Floram Asiae Mediae. (Petrop., Acta Horti) 1900. 8. 152 p. — Rossice, diagnos. latinis.   2.50

25366 **Maximowicz.** S. l. collect. botan. de la Mongolie et du Tibet septentr. (Tangout). (Pétersb., Congr. Bot.) 1884. 8. 62 p.   1.50

25367 **Osten-Sacken u. Ruprecht.** Sertum Tianschanicum. Botan. Ergebn. ein. Reise im mittl. Tian-Schan. (Petersb., Ak.) 1869. 4. 76 p. m. Kte.   2.—

25368 **Paulsen.** Plants coll. in Asia-Media and Persia (Olufsen's 2. Pamir-Expedition). 3 parts. (Copenh., Bot. Tidsk.) 1903—06. 8. 134 p. w. 2 pl.   3.—

25369 **Petermann.** Semenow's Forschungsreisen in Inner - Asien. (Gotha, Peterm.) 1858. 4. 19 p. m. Kte.   1.50

25370 — Ost-Turkestan u. seine Grenzgebirge. (Gotha, Peterm.) 1871. 4. 17 p. m. color. Kte.   1.50

25371 **Potanin.** Das Tanguto-Tibet'sche Grenzgebiet v. China u. Mittel-Mongolien. 2 Bde. Petersb. 1893. 4. 1071 p. m. 6 Portr., 2 Ktn. (1 color.) u. 38 Tfln. Hfzb.— Russisch.   25.—

25372 — Skizze d. Fahrt in Sy-Tschuan u. zur Ostgrenze d. Tibets. Petersb. 1899. 8. 74 p. m. Kte. u. 6 Tfln. — Russisch.   2.50

25373 **Prschewalski.** Reisen in Tibet. Jena 1884. 8. 281 p. m. Kte. (M. 8.)   3.50

25374 **Regel, A.** Exped. nach Turfan. (Gotha, Peterm.) 1881. 4. 15 p. m. color. Kte.   1.50

25375 **Regel, E.** Aufzähl. der v. Radde in Baikalien, Dahurien u. am Amur ges. Pflanzen. 3 Tle. (Mosk., Bull.) 1861—62. 8. 447 p. m. 9 Tfln.   10.—

25376 — Descriptiones Plantarum novar. et minus cognitar. (in region. Turkestan. coll.) 10 fascic. et supplem. (Petrop., Acta Horti) 1878—86. 8. c. 31 tab.   35.—
Alle Teile auch einzeln.

25377 **Regel, E.** Descript. Plantarum novar. rariorumque in Turkestania et   *M*
Kokania lect. Petrop. 1882. 4. 89 p. Hfzb.   3.—

25378 **Regel et Herder.** Enumer. Plantarum in region. Cis-et Transiliens. (in
Asia centr.) a Semenow coll. 8 partes et 3 supplem. (11 partes).
(Mosqu., Bull.) 1864—72. 8. c. 6 tab.   16.—
Alle Teile auch einzeln.

25379 **Schrenk.** Bericht üb. eine Reise in d. östl. Dsungar. Kirgisensteppe.
Petersb. 1842. 8. 69 p. Lnb.   2.—

25380 **Smirnoff.** Die (botan.) Amu-Darje'sche Exped. u. d. Aralo-Kasp. Gebiet. Petersb. 8. 30 p. — Russisch.   1.—

25381 **Sorokine.** Voyage d. l'Asie centr. (Mosc., Bull.) 1884. 8. 48 p. av.
pl. color.   1.50

25382 **Stschégléew.** Nouv. supplém. à la Flore Altaïque. (Mosc., Bull.) 1854.
8. 67 p.   2.—

25383 **Turczaninow.** Catal. Plantarum in reg. Baicalens. et in Dahuria crescent. (Mosqu., Bull.) 1838. 8. 23 p.   1.50

25384 — Flora Baicalensi-Dáhurica. Partes VI, IX, XI—XIII, XV,
XVIII—XXI. (Mosq., Bull.) 1842—57. 8.   25.—
Jeder Teil einzeln. — Näheres siehe No. 5112.

25385 — R u p r e c h t u. S c h e l e s n o w. Erörter. d. Werkes 'Flora Bai-
calensi-Dahurica'. Petersb. 8. 12 p. — Russisch.   1.—

25386 — Decades VIII Generum hucusque non descript. 8 partes. (Mosq.,
Bull.) 1843—62. 8. 166 p et 2 tab.   8.—

25387 — Animadvers. in herbar. Turczaninow. Univers. Charkow. 3 partes.
(Mosq., Bull.) 1854—58. 8. 266 p.   8.—
Vide etiam nr. 25084.

25388 **Winkler, C.** Compositae novae Turkestaniae et Bucharae. 10 decades.
(Petrop., Acta Horti) 1885—91. 8. 123 p. et 2 tab.   7.—
Alle Decaden auch einzeln à M. 1.

25389 **Wycoff.** Bibliography relat. to the Flora of Asia. Cincinn. 1913. 8. 30 p.   1.50

XIII. Asia occidentalis.

Asia minor, Cyprus, Syria, Persia, Arabia.

[Supplementum numeror. 5113—5165, vide: Bibliographia Botanica, p. 197—199].

25390 **Aaronsohn.** Ueb. die in Palästina u. Syrien wildwachs. aufgef. Getreidearten. (Wien, Z. b. G.) 1909. 8. 25 p.   1.50

25391 **Alboff.** Enumér. d. Plantes rec. à Trébizonde. (Pétersb., Acta Horti)
1893. 8. 14 p.   1.—

25392 — Investigat. botanico-géograph. dans la Transcaucasie orient. Tiflis
1893. 8. 48 p. — En l. Russe.   1.—

25393 — Die Result. d. botan. Untersuchgn. v. Abchasien. (Petersb., Soc.
Nat.) 1893. 8. 35 p. — Russisch.   1.—

25394 — La Flore alpine des Calcaires de la Transcaucasie occidentale.
(Genève, Boiss.) 1895. 8. 27 p.   1.—

25395 **Anderson.** Florula Adenensis. (Lond., Linn. S.) 1860. 8. 71 p. w. 6 pl.   3.—

25396 **Ascherson.** Z. Flora d. nordwestl. Kleinasiens. (Berl., Bot. Gart.) 1882.
8. 27 p.   1.—

25397 **Baker, S. W.** Cypern. Leipz. 1880. 8. 402 p. m. color. Kte. (M. 8.) Cart.   2.—

25398 **Barreira, F. J. de.** Tractado d. significacoens das Plantas, Flores e
Fructos que se referem na Sagrada Escriptura. Lisboa 1622. 4. 618 p.
Veau.   25.—
Ouvrage rare sur la Flore B i b l i q u e, dont P r i t z e l n'a vu qu'un seul
exemplaire, celui de la Bibliothèque Impériale de Vienne.

25399 **Barth.** Reise v. Trapezunt nach Skutari. Gotha 1860. 4. 105 p. m. Kte.
(M. 3.)   2.—

25400 **Béguinot et Diratzouyan.** Contrib. alla Flora d. Armenia. Venezia
1912. 4. 120 p. c. 12 tav.   6.—

25401 **Belon, P.** Plurimar. singul. et memorabil. rerum ·in Graecia, Asia,   *M*
Aegypto, Judaea, Arabia observat. — De neglecta Stirpium cultura.
2 opera. Latine: C. C l u s i u s. Antverp. 1589. 8. 679 p. et multae
fig. Veau.   35.—
25402 **Blanche et Gaillardot.** Catal. de l'Herbier de Syrie. Paris 1854. 8. 14 p.   1.50
25403 **Boissier.** Plantae Aucherianae orient. 7 partes. (Paris., Ann. Sc.) 1841
—1844. 8. 286 p.   9.—
25404 — Plantes nouv. rec. p. Tchihatcheff en Asie mineure. (Paris, Ann.
Sc.) 1854. 8. 13 p.   1.50
25405 — Flora Orientalis s. enumeratio Plantarum in Oriente a Graecia
et Aegypto ad Indiae fines observ. 5 vol. (7 partes) et suppl. Genev.
1867—88. 8. c. effig. et 6 tab.   180.—
    Jetzt vergriffen.
25406 — — Vol. V: Gramineae, Coniferae, Filices. Genev. 1888. 8. 332 p,
Cart.   25.—
25407 — A s c h e r s o n. Ueb. d. Supplem. zu Boissier's Flora. (Berl., Bot.
Ver.) 1888. 8. 15 p.   1.—
25408 — B a k e r, J. G., Boissier's Flora. (Lond., Journ. Trav.) 1868. 8. 9 p.   1.—
25409 **Bornmüller.** Beitr. z. Flora d. Elburgsebirge Nord-Persiens. 4 Tle.
(Genf, Herb. Boiss.) 1907—08. 8. 61 p. m. 8 Tfln.   6.—
25410 — Bearbeit. d. v. Knapp im nordwestl. Persien ges. Pflanzen. (Wien,
Z. b. G.) 1910. 8. 132 p.   4.—
25411 **Botanique Biblique** ou courtes not. sur les Végétaux dans l. Saintes
Ecritures. Genève 1862. 8. 201 p. av. 18 pl.   8.—
25412 **Bové.** Relat. d'un voyage bot. en Egypte, Arabie, Palestine et en
Syrie. (Paris, Ann. Sc.) 1834. 8. 44 p.   2.—
25413 **Braun u. Rechinger.** Beitr. z. Flora v. Persien. (Wien, Z. b. G.) 1889.
8. 36 p. m. Tfl.   1.50
25414 **Buhse.** Reise durch Transkaukasien u. Persien. 2 Tle. (Mosk., Bull.)
1855. 8. 99 p.   2.—
25415 — Reisebemerk. aus d. östl. Albursgebirge. (Mosk., Bull.) 1861. 8. 23 p.   1.—
25416 **Buhse u. Winkler.** Die Flora d. Alburs u. d. Kaspischen Südküste.
(Riga, Nat. Ver.) 1900. 4. 75 p. m. color. Karte u. 10 Tfln.   5.—
25417 **Bunge.** A. Lehmanni Reliquiae botanicae: Dicotyledonae. (Riga, Nat.
Ver.) 1847. 8. 137 p.   3.50
25418 — Plantae Abichianae (Caucasus et Transcaucasia). (Petrop., Ac.)
1858. 4. 20 p.   1.—
25419 **Callcott.** Scripture Herbal. Lond. 1842. 8. 566 p. w. many fig. Cloth.   8.—
25420 **Cesati.** Elenco sistem. di alc. Piante dei Luoghi di Terra Santa.
(Vercelli) 1866. 4. 10 p.   1.50
25421 **Colvill.** On the veget. productions and the rural econ. of the prov.
Baghdad. (Lond., Linn. Soc.) 1875. 8. 12 p.   1.—
25422 **Comes.** Catalogo d. Piante racc. dal Costa in Egitto e Palestina.
(Napoli, Acc.) 1880. 4. 7 p.   1.—
25423 **Damiri.** Hayat al-hajawan al-kubra. Herausg. v. M u h a m m e d
a s - S a b b a g h. 2 Bde. Bulak 1275 (1857). 4. 974 p. Hfzb.   18.—
25424 **Decaisne.** Enumér. d. Plantes rec. p. Bové en Arabie, Palest, Syrie
et Egypte. (Paris, Ann. Sc.) 1834 à 35. 8. 81 p. av. 2 pl.   3.—
25425 — Liste d. Plantes rec. p. Bové dans la Paléstine et la Syrie. (Paris,
Ann. Sc.) 1835. 8. 18 p.   1.—
25426 — S. qu. nouv. genres et esp. de Plantes de l'Arabie-Heureuse. (Paris,
Ann. Sc.) 1835. 8. 21 p. av. 2 pl.   1.50
25427 **Dinsmore.** Die Pflanzen Palästinas. Leipz. 1911. 8. 122 p.   4.—
25428 **Dixon.** Das heilige Land. Jena 1870. 8. 428 p. m. Tfl. (M. 8.)   1.50
25429 **Fenzl.** Pugillus Plantarum nov. Syriae et Tauri occident. Vindob.
1842. 8. 18 p.   1.50
25430 — Diagnoses Plantarum oriental. (ex: Tchihatcheff, Asie Mineure).
Paris. 1860. 8. 72 p.   3.—

M

25431 **Florae Asiae occident.** — 6 Abhandl. 1877—1899. 8. u. 4. 51 p. m. 2 Ktn.   2.—
25432 **Freyn.** Z. Flora v. Syrien. (Arnstadt) 1888. 8. 7 p.   1.—
25433 — Plantae novae Orientales. II. (Vindob., Bot. Z.) 1891. 8. 61 p.   1.50
25434 — Ueb. neue u. bemerkenswerte oriental. Pflanzen-Arten. 4 Tle. (Genf, Herb. Boiss.) 1897—1901. 8. 180 p.   3.50
25435 **Güssfeldt.** Reise durch d. Arabische Wüste. 2 Tle. (Gotha, Peterm.) 1877. 4. 15 p. m. Tfl.   1.50
25436 **Handel-Mazzetti.** Ergebn. e. botan. Reise in das Pontische Randgebirge im Sandschak Trapezunt. (Wien, Hofmus.) 1909. 8. 207 p. m. 8 Tfln. (M. 11.)
25437 — Pteridophyta und Anthophyta aus Mesopotamien u. Kurdist. 3 Tle. (Wien, Hofmus.) 1912—13. 8. 158 p. m. 8 Tfln. (M. 12.)
25438 **Hart.** On the Botany of Sinai and South Palestine. (Dubl., Ac.) 1885. 4. 80 p. w. colour. map and 2 pl.   4.50
25439 **Hartmann, E.** Die Wälder v. Cypern. (Bonn, Dendr. Ges.) 1905. 8. 27 p.   1.50
25440 **Hasselquist.** Voyages and travels in the Levant. Publ. by Ch. Linnaeus. Lond. 1766. 8. 470 p. w. map. Calf.   10.—
25441 **Haxthausen.** Transkaukasia. 2 Tle. Leipz. 1856. 8. 639 p. m. 2 Tfln. u. color. Karte. (M. 16.) Cart.   3.—
25442 **Holmboe.** Studies on the Vegetation of Cyprus. (Bergen, Mus.) 1914. 4. 350 p. w. colour. map, 7 pl. and 135 fig. (M. 36.)
25443 **Jaubert et Spach.** Illustrationes Plantarum Oriental. Choix de Plantes nouv. de l'Asie occident. 5 vols. Paris 1842 à 57. 4. av. 500 pl. (fr. 750.)   500.—
       Entièrement épuisé.
25444 — — 5 vols. Paris 1842 à 1857. 4. — Le texte complet sans les planches.   50.—
25445 **Karelin.** Enumeratio Plantarum in Turcomania et Persia boreali lect. (Mosq., Bull.) 1839. 8. 37 p.   1.50
25446 **Koch, K.** Wanderungen im Oriente. 3 Bde. Weimar 1846—47. 8. (M. 19.50.)   4.—
25447 **Kotschy.** Reise in d. cilicischen Taurus. Gotha 1858. 8. 454 p. m. Tfl. u. 2 Ktn. (M. 7.50.)   3.50
25448 — Der westl. Elbrus b. Teheran. Wien 1861. 8. 46 p. m. Kte.   1.50
25449 — Die Vegetat. d. westl. Elbrus. Wien 1861. 8. 15 p.   1.—
25450 — Umrisse v. Südpalästina im Kleide d. Frühlingsflora. (Wien, Z. b. G.) 1861. 8. 16 p.   1.—
25451 — Ueb. Reisen u. Sammlungen d. Naturforschers in d. asiat. Türkei, Persien u. d. Nilländern. Wien 1863. 8. 44 p.   1.50
25452 — Der Libanon u. s. Alpenflora. (Wien, Z. b. G.) 1864. 8. 36 p.   1.—
25453 — Die Sommerflora des Antilibanon. (Wien, Z. b. G.) 1864. 8. 42 p.   1.—
25454 **Krause, K.** Z. Kenntn. d. Flora v. Aden. Berl. 1905. 8. 73 p.   1.50
25455 **Lipsky.** Plantae Ghilanenses in itin. per Persiam boreal. lectae. (Petrop., Acta Horti) 1894. 8. 14 p.   1.—
25456 **Lowne and Redhead.** On the Vegetat. of the shores of the Dead Sea and on the Flora of the Desert of Sinai. (Lond., Linn. S.) 1867. 8. 29 p.   1.50
25457 **Lynch.** Narrat. of the U. S. Expedit. to the river Jordan and the Dead Sea. 5. ed. Lond. 1851. 8. 514 p. w. maps and numer. illustr. Cloth.   5.—
25458 **Muschler.** Z. Kenntn. d. Flora v. el-Tor (Sinai-Halbinsel). (Berl., Bot. Ver.) 1907. 8. 31 p.   1.—
25459 **Ödmann.** Vermischte Sammlgn. aus d. Naturkunde z. Erklär. d. Heil. Schrift. Heft II. Rostock 1787. 8. 238 p. m. Tfl. Cart.   2.—
25460 **Palibine.** Contrib. à l'hist. de la Flore de la Transcaucasie occident. (Genève, Herb. Boiss.) 1908. 8. 14 p. av. pl.   1.—
25461 **Petermann.** Kotschy's Reise nach Cypern u. Klein-Asien. 2 Tle. (Gotha, Peterm.) 1862. 4. 31 p.   1.50
25462 — Reisen im Armen. Hochland v. Radde u. Sievers. (Gotha, Peterm.) 1872. 4. 14 p.   1.—

W. Junk, Berlin, W. 15.

25463 **Petermann.** Reisen in Hoch-Armenien v. Radde u. Sievers. 2 Tle. *M*
(Gotha, Peterm.) 1875. 4. 19 p. 1.—
25464 — Reisen in Kaukasien u. d. Armen. Hochlande v. Radde u. Sievers.
(Gotha, Peterm.) 1876. 4. 14 p. 1.—
25465 **Petersen, E., u. Luschan.** Reisen in Lykien, Mylias u. Kibyratis. Wien
1889. fol. 252 p. m. 112 Fig. u. 40 Tfln. (M. 150.) Cart. 45.—
25466 **Poech.** Enumer. Plantarum Cypri. Vindob. 1842. 8. 42 p. 2.—
25467 **Polak.** Standort der Gummi resina gebend. Umbellif. in Persien.
(Wien, Z. b. G.) 1865. 8. 6 p. 1.—
25468 **Post.** Diagnoses Plantarum novar. Oriental. (Lond., Linn. S.) 1888.
8. 23 p. 1.—
25469 — The Botan. Geography of Syria and Palestine. (Lond., Vict. Inst.)
1889. 8. 59 p. w. colour. map. 2.50
25470 — Plantae Postianae. Fasc. III—VII, X. (Lausanne et Genève) 1892—
1900. 8. 100 p. et tab. 3.—
25471 — Flora of Syria, Palestine and Sinai. Beirut (1896). 8. 920 p. w.
colour. map and 445 fig. 25.—
25472 **Radde.** Reise nach Talysch, Aderbeidshan u. z. Sawalan. 3 Tle. (Gotha,
Peterm.) 1881. 4. 27 p. 1.50
25473 **Saulcy.** Voyage aut. de la Mer Morte et dans l. Terres bibliques.
2 vols. Paris 1853. 8. 1054 p. av. atlas de 61 pl. et cartes in-4.
D.-rel. veau. 50.—
    Avec catal. d. Plantes p. C o s s o n et K r a l i k.
25474 — — 2 vols. D.-rel. veau. — L'atlas m a n q u e. 10.—
25475 **Seidlitz.** Botan. Ergebnisse e. Reise durch d. östl. Transkaukasien u. d.
Aderbeidshan. Heft I (soviel erschien.): Thalamifl. Dorp. 1857. 8. 100 p. 2.—
25476 — Rundreise um d. Urmia-See. (Gotha, Peterm.) 1858. 4. 10 p. 1.—
25477 **Shirázy, N. M. A.** Ulfaz Udwiyeh, or the Materia Medica in the arabic,
persian and hindevy languages. W. engl. translat. by Gladwin. Calcutta 1793. 4. 113 p. Cloth. 20.—
25478 **Stapf, Braun u. Rechinger.** Beiträge z. Flora v. Persien. 2 Tle. (Wien,
Z. b. G.) 1888—89. 8. 48 p. m. Tfl. 1.50
25479 **Tchihatcheff.** Portrait. in-4. 1.50
25480 **Thompson, H. S.** The Flora of Cyprus. (Lond., J. Bot.) 1906. 8. 24 p. 1.50
25481 **Thunberg.** Om de Wäxter, som i Bibelen omtalas. Upsala 1828. 8. 18 p. 1.—
25482 **Trautvetter.** Observ. in Plantas a Radde in Turcomania et Transcaucasia lect. (Petrop., Acta Horti) 1871. 8. 22 p. 1.—
25483 — Enumeratio Plantar. a Radde in Armenia Rossica et Kars lect.
(Petrop., Acta Horti) 1871. 8. 109 p. 3.—
25484 — Plantae a Maloma in Turcomania coll. (Petrop., Acta Horti) 1871.
8. 16 p. 1.—
25485 — Plantarum messes in Armenia a Radde et in Daghestania a
Becker fact. (Petrop., Acta Horti) 1876. 8. 96 p. 2.—
25486 — Contrib. in Floram Turcomaniae. (Petrop., Acta Horti) 1885. 8. 34 p. 1.—
25487 — Contrib. ad Floram Dagestaniae. (Petrop., Acta Horti) 1886. 8. 40 p. 1.50
25488 **Treviranus.** Observ. circa Plantas Orientis, c. descr. nov. specierum.
(Berol., Nat. Fr.) 1814. 4. 12 p. et 2 tab. color. 3.—
25489 **Trew.** Cedrorum Libani hist. Norimb. 1757. 4. 30 p. et 2 tab. Cart. 7.—
    Selten.
25490 **Vahl, M.** Symbolae Botanicae s. Plantarum in itinere imprimis orientali coll. P. F o r s k a l. 3 partes. Hauniae 1790—94. fol. 166 p. et 75
tab. Cart. 40.—
25491 — — 2 tabulae d e s u n t. 10.—
25492 **Vandas.** Reliquiae Formánekianae. Enumer. Plantar. vascul. in Haemo
penins. et Asia minore coll. Formánek. Brunae 1909. 8. 653 p. 18.—
25492a **(Vester & Co.)** The Plants of the Bible. Prepar. by the Americ.
Colony. Jerusal. 1907. 8. 46 p. 2.—

W. Junk, Berlin, W. 15.

25493 **Vester & Co.** The Jerusalem Catal. of Palestine Plants. 3. ed. Jerusal. *M*
1912. 8. 46 p. 1.50
25494 **Wainio, Karsten, Brotherus.** Plantae Turcomanicae. (Petrop., Acta
Horti) 1889. 8. 22 p. 1.—
25495 **Westmacott, W.** Theobotanologia s. hist. Vegetabil. sacra or a Scripture Herbal. Lond. 1694. 8. 264 p. Calf. 20.—
25496 **Winkler, C.** Plantae Turcomanicae a Radde, Walter, Antonow aliis-
que coll. (Petrop., Acta Horti) 1890. 8. 47 p. et 3 tab. 2.—

XIV. Asia orientalis.
Japonia, China, Cochinchina, Siam, Malacca.
[Supplementum numeror. 5166—5225, vide: Bibliographia Botanica, p. 200—202].

25497 **Baker, J. G., and Le M. Moore, S.** Contribut. to the Flora of North
China. (Lond., Linn. Soc.) 1879. 8. 16 p. w. pl. 1.—
25498 **Bentham.** Flora Hongkongensis. Supplem. by H a n c e. (Lond., Linn.
Soc.) 1872. 8. 50 p. 1.50
25499 **Bernard.** Voyages and Services of the "Nemesis" in China. 2. ed.
Lond. 1844. 8. 504 p. w. many pl. and maps. 3.—
25500 **de Bèze.** Descr. de qu. Arbres et de qu. Plantes de Malaque. (Paris,
Ac.) 1731. 4. 10 p. 2.—
25501 **Bretschneider.** Die wissenschaftl. Erforsch. Chinas. Petersb. 1899.
8. 56 p. 2.50
25502 **Brun et Tempère.** Diatomées fossiles du Japon. (Genève, Soc. Phys.
1889. 4. 75 p. av. 9 pl. (fr. 15.) 6.—
25503 **Bulletin** de la Société académique Indo-Chinoise. Série II. Tome 1 à 3.
Paris 1882 à 90. 8. (fr. 75.) 18.—
    Aussi des volumes dépareillés en magasin.
25504 **Bunge.** Plantarum Mongholico-Chinens. decas. I. (Paris., Ann. Sc.)
1836. 8. 8 p. 1.—
25505 **Bureau et Franchet.** Plantes nouv. du Thibet et de la Chine occident.
(Paris, J. Bot.) 1891. 8. 56 p. av. 2 pl. 2.50
25506 **Chinese.** — B o t a n i c a l T h e s a u r u s. In Chinese language (without translation). 8 thick volumes in 8. Half bd. calf. — The copy is
in bad condition, with many worm-holes. 30.—
    Vol. I: Seasons. Cereals. — II: Spade. Husbandry. — III, IV: Flowering
Plants. — V: Fruits. — VI: Forest Trees. — VII: Bamboos., Grasses etc. —
VIII: Medicinal Herbs.
25507 — E n c y c l o p e d i a o f A g r i c u l t u r e. (In Chinese language).
3 vols. 4. Half bd. calf. — In bad state. 20.—
25508 **Diels, L.** Die Flora v. Central-China. (Leipz., Engler's Jahrb.) 1902.
8. 491 p. m. Karte u. 4 Tfln. 20.—
    Jetzt ganz vergriffen.
25509 — Die hochalpinen Floren Ost-Asiens. (Berl., 'Ascherson') 1904. 8. 15 p. 1.50
25510 — Ueb. d. Pflanzengeogr. v. Inner-China. (Berl., Z. Erdk.) 1905. 8. 9 p. 1.—
25511 — Beiträge z. Flora d. Tsin shan und andere Zusätze z. Flora v.
Central - China. (Leipz., Engl. Jahrb.) 1905. 8. 138 p. 6.—
25512 **Ducrocq.** Corée. Paris 1904. 8. 87 p. 1.—
25513 **Dunn.** Descr. of new Chinese Plants. (Lond., Linn. S.) 1903. 8. 36 p. 1.—
25514 **Engler.** Beitr. z. Flora d. südl. Japan. II, III: Gymnospermae Monocotyled. (Leipz., Engl. Jahrb.) 1884. 8. 26 p. 1.50
25515 **Ettingshausen.** Ueb. d. genet. Gliederung d. Flora v. Hongkong. (Wien,
Ak.) 1883. 8. 36 p. 1.—
25516 **Fischer et Meyer.** Enumeratio Plant. novar. in Songaria a Schrenk
collect. 2 partes. Petrop. 1841—42. 8. 200 p. et 2 tab. 3.—
25517 **Forbes and Hemsley.** Enumer. of the Plants of China, Formosa,
Hainan, Corea, the Luchu Archipel. and Hongkong. 3 vols. (20 parts).
(Lond., Linn. Soc.) 1886—1905. 8. 1813 p. w. 24 pl. (5 £ 10 s.) 75.—
    Most of the parts are sold separately at M. 4.

25518 **Franchet.** Plantae Delavayanae. Plantes de Chine rec. au Yunnan. *M*
(3 fascic.). (Paris, Mus.) 1889. 4. 240 p. av. 45 pl. ꞌ 26.—
25519 **Glehn.** Reisebericht v. Sachalin. (Petersb., Beitr.) 1867. 8. 92 p. m. Kte. 1.50
25520 **Hance.** Symbolae ad floram Sinicam. (Paris., Ann. Sc.) 1861. 8. 11 p. 1.50
25521 — On some Plants fr. N. China. (Lond., Linn. S.) 1872. 8. 21 p. 1.—
25522 **Hayata.** Flora Montana Formosae. Enumerat. of the Plants found on
montainous reg. of Formosa. (Tokyo, Coll. Sc.) 1908. 4. 260 p. w. 41 pl. 15.—
25523 — The Vegetat. of Mt. Fuji. Tokyo 1911. 8. 125 p. w. colour. map and
8 pl. Cloth. 6.50
25524 — Mater. for a Flora of Formosa. (Tokyo, Coll. Sc.) 1911. 4. 471 p. 15.—
Supplement to nr. 5200.
25525 — Icones Plantarum Formosanarum. Fasc. I, II. Tokioni 1911—13. 4.
421 p. w. 80 pl. 40.—
25526 **Hemsley.** On a botan. collect. made by Pratt in West. China. (Lond.,
Linn. S.) 1892. 8. 25 p. w. 5 pl. 2.50
25527 **Hirth.** Die Prov. Kuang tung. (Gotha, Peterm.) 1873. 4. 13 p. m.
color. Kte. 1.50
25528 **Ito et Matsumura.** Tentamen Florae Lutchuensis. Sectio I: Plantae
Dicotyledoneae Polypetalae. (Tokyo, Science Coll.) 1899. 4. 278 p. 8.—
25529 **Kaempfer.** Amoenitatum Exoticarum fascic. V. Lemgov. 1712. 4.
962 p. et 80 tab. Hlbpergtbd. 30.—
Plantae Japonicae.
25530 **Kanitz.** Die botan. Resultate d. central-asiat. Expedit. d. Grafen
Széchenyi. (Budap., Math. Ber.) 1886. 8. 15 p. 1.—
25531 — Die Resultate d. botan. Sammlungen d. Grf. Széchenyi in Central-
asien. (Budap., "Reise") 1881. 4. 70 p. m. 7 Tfln. 9.—
25532 — Plantarum in exped. Széchenyi in Asia centr. collect. enumer.
Kolozsv. 1891. 4. 70 p. et 7 tab. 8.—
25533 **Karelin et Kirilow.** Enumeratio Plantar. in desert. Songoriae orient.
collect. 3 partes. (Mosq., Bull.) 1842. 8. 225 p. 7.—
25534 **King.** Materials f. a Flora of the Malay. Peninsula. Part III. (Calc.,
Asiat. Soc.) 1891. 8. 103 p. 2.50
25535 **Komarow.** Prolegomena ad Floras Chinae et Mongoliae. (Petrop.,
Acta Horti) 1908. 8. 179 p., 4 tab. et 2 mapp. — Rossice, diagnoses Latine. 8.—
25536 **Kreitner.** Von Sa-yang in Yunnan nach Bama in Birma. (Gotha,
Peterm.) 1881. 4. 12 p. m. Kte. 1.50
25537 **Kudriaffsky.** Japan. Wien 1874. 8. 202 p. (M. 5.) Cart. 1.50
25538 **Lecomte.** Flore génér. de l'Indo-Chine. (7 vols. en envir. 3500 p. av.
100 pl.) Vol. I, II, fasc. 1, 2; IV, 1, 2; V, 2; VI, 1; VII, 1, 2. Paris 1908
à 1914. 8. av. env. 40 pl. — Tout ce qui a paru. 104.—
25539 **Maron.** Japan u. China. 2 Bde. Berl. 1863. 8. 526 p. (M. 7.) Cart. 2.—
25540 **(Martens).** Die preussische Expedition nach Ost-Asien. (Beschreib.
Theil). 4 Bde. Berl. 1864—73. 8. m. 48 Tfln. u. 4 Krtn. (M. 48.) 25.—
25541 **Masters.** On the Conifers of Japan. (Lond., Linn. Soc.) 1881. 8. 52 p.
w. 2 pl. 3.—
25542 **Matsumura.** Nomenclature of Japan. Plants in Latin, Japan. and
Chinese. Tokyo 1886. 8. Boards. 20.—
Out of print.
25543 — Index Plantarum Japonicar. 2 vol. (3 partes). Tokioni 1904—12. 8.
1555 p. Cloth. 30.—
25544 **Maximowicz.** Rhamneae Orientali-Asiat. (Petrop., Ac.) 1866. 4.
20 p. et tab. 1.50
25545 — Diagnoses Plantarum novar. Japoniae et Mandshuriae. 2 partes.
(Petrop., Ac.) 1867. 4. 21 p. 1.50
25546 — Diagnoses Plantarum novar. Asiaticarum. 8 fascic. et index. Petrop.
et Calc. 1877—93. 8. 1260 p. et 11 tab. 40.—
Jetzt ganz vergriffen.
25547 — — Fascic. V—VIII. 1883—93. 600 p. et 7 tab. 12.—

M

25548 **Maximowicz.** Ad Florae Asiae orient. cognit. (Mosq., Bull.) 1879. 8. 73 p. 2.—
25549 — Umriss d. Pflanzen v. Ost-Asien. Petersb. 1883. 8. 37 p. m. Kte. — Russisch. 1.50
25550 — Amaryllidaceae Sinico-Japon. (Lips., Engl. J.) 1884. 8. 7 p. 1.—
25551 — Plantae Chinenses Potaninianae. (Petrop., Acta Horti) 1890. 8. 114 p. 4.50
25552 **Mayr, H.** Monogr. d. Abietineen d. Japan. Reiches. Tokio 1890. 4. 104 p. m. 7 color. Tfln. (M. 20.) 13.—
25553 **Mène.** Des productions végét. du Japon: Laurinées-Légumineuses. (Paris, Soc. Acclim.) 1882. 8. 25 p. 1.50
25554 **Miquel.** Verwantschap d. Flora v. Japan m. Azië en Noord-Amerika. (Amst., Ak.) 1866. 8. 25 p. 1.50
25555 — S. le caract. et l'orig. de la Flore du Japon. (Leyde, Arch. Néerl.) 1867. 8. 60 p. 2.50
25556 **Mitten.** Enumer. of all the species of Musci and Hepaticae recorded fr. Japan. (Lond., Linn. Soc.) 1891. 4. 54 p. w. pl. (7 s.) 4.—
25557 **Miyoshi.** Atlas of Japanese Vegetat. 14 parts. Tokyo 1905—09. 4. 101 plates w. letterpress. — In portfolio. 50.—
25557a — — Part XIV w. letterpr. 1909. 4. 9 plates. 3.—
25558 **Morren, C., et Decaisne.** S. la Flore du Japon. (Paris, Ann. Sc.) 1834. 8. 27 p. av. 5 pl. 5.—
25559 **Mueller-Beeck.** Verzeichn. d. essbaren Pflanzen Japans. (Berl.) 1885. 8. 18 p. 1.—
25560 **Nakai.** Flora Koreana. 2 partes. (Tokioni, Coll. Sc.) 1909—11. 4. 879 p. et 35 tab. 24.—
25561 **Oppert.** Ein verschlossenes Land. Reisen nach Corea. Leipz. 1880. 8. 315 p. m. 2 Ktn. (M. 8.) Cart. 2.50
25562 **Palibin.** Plantae Sinico-Mongolicae in itinere Chingan. coll. (Petrop., Acta Horti) 1895. 8. 43 p. 1.50
25563 **Petermann.** Der Tschukiang v. Canton bis Macao u. Hongkong. (Gotha, Peterm.) 1858. 4. 8 p. m. Kte. 1.—
25564 **Price and Simpson.** Account of the Plants coll. on the Carruthers-Miller-Price Exped. through N. W. Mongolia and Chineze Dzungaria. (Lond., Linn. Soc.) 1913. 8. 72 p. w. map and 3 pl. 4.50
25565 **Ridley.** On the Flora of the Eastern Coast of the Malay Peninsula. (Lond., Linn. Soc.) 1893. 4. 142 p. w. 6 pl. (28 s.) 16.—
25566 — The Orchideae and Apostasiaceae of the Malay Peninsula. (Lond., Linn. Soc.) 1894. 8. 204 p. (12 s.) 5.—
25567 — New Malayan Plants. (Calc., Asiat. Soc.) 1902. 8. 21 p. 1.50
25568 — Malaische Timmerhoutsoorten. (Haarl., Kolon. Mus.) 1903. 8. 127 p. 2.—
25569 — Exped. to Mount Menuang Gasing, Solangor: List of Plants. (Lond., Linn. Soc.) 1913. 8. 20 p. 1.50
25570 **Rollet de l'Isle.** Au Tonkin et dans les mers de Chine. Paris 1886. 4. 340 p. av. beauc. de fig. en couleurs et noires. Toile. 5.—
25571 **Sargent, C. S.** Plantae Wilsonianae. Enumer. of Woody Plants coll. in West. China by Wilson. (In 2 vols.) Vol. I and II, part 1. Cambr., Mass., 1913—14. 8. 883 p. 50.—
25572 **Schmidt, J.** Flora of Koh Chang, Siam. 7 parts. (Copenh., Bot. Tidsk.) 1900—02. 8. 265 p. w. map and 6 pl. 16.—
Several parts are sold separately, for instance:
25573 — — I: K r ä n z l i n: Orchidac., Apostasiac. 1900. 13 p. 1.—
25574 **Schrenk.** Novae Plantarum species in Songaria lectae. 3 partes. (Petrop., Ac.) 1842. 8. 10 p. 1.—
Vide nr. 25516 et 25588.
25575 **Seemen.** Salices Japonicae. Lips. 1903. 4. 83 p. et 18 tab. (M. 25.) 20.—
25576 **Siebold.** Nippon. Archiv z. Beschr. v. Japan. 2. Aufl. 2 Bde. Würzb. 1897. 8. 804 p. m. Kte. u. viel. Fig. Lnbd. (M. 20.) 12.—
25577 — Letzte Reise nach Japan, 1859—62. Berl. 1903. 8. 139 p. m. 2 Portr. (M. 2.) 1.50

25578 **Siebold et Zuccarini.** Flora Japonica. Fragment.: Vol. I. tab. nigrae   *M*
51—65 et II. tab. 101—127, 124b, 137b cum textu. Lugd. Bat. 1842.
4. Cart.

     Preis jeder (schwarzen) Tafel: M. 1.50.
25579 **Smith, F. P.** Contr. tow. the materia medica and natural hist. of
China. Shanghai 1871. 8. 244 p. Half bd. calf.   10.—
25580 **Spiess.** Die preussische Expedit. n. Ostasien. Berl. 1864. 8. 438 p. m.
8 Tfln. (M. 9.) Lnb.   2.—
25581 **Széchenyi.** Wissenschaftl. Ergebnisse s. Reise in Ostasien, 1877—80
(China, Kukunor u. östl. Tibet). 3 Bde. Budap. 1893—99. 4. m. geolog.
Karte (in 15 Blättern), 47 Tfln. u. Atlas v. 30 Karten in-fol. (M. 100.)   80.—
25582 — — Atlas v. 30 Karten in folio, allein. In Mappe.   10.—

     Siehe auch Nr. 25580—25582.
25583 **Takeda et Nakai.** Plantae ex ins. Tschedschu. (Tokioni, Bot. Mag.)
1909. 8. 13 p.   1.—
25584 **Thunberg.** Flora Japonica. Lips. 1784. 8. 472 p. et 39 tab. Frzb.   20.—

     Jetzt selten geworden. — Tafel 33 ist nicht erschienen.
25585 — On the Flora Japonica. (Lond., Linn. Soc.) 1794. 4. 17 p.   2.—
25586 — Icones Plantarum Japonicarum. Decas IV. Upsal. 1802. fol. 10 tab.   7.—
25587 **Tokio.** — Mittheilungen d. Deutsch. Gesellsch. f. Natur- u. Völker-
kunde Ost-Asiens. Heft 41—60. Yokoh. 1889—97. 4. m. Tfln. (M. 120.)   45.—

     Jedes Heft einzeln à M. 2.50.
25588 **Trautvetter.** Enumeratio Plantarum Songonicarum a Schrenk collect.
5 partes. (Mosq., Bull.) 1860—67. 8. 421 p.   8.—
25589 — Catalogus Plantar. a Lomenossow in Mongolia orient. lect. (Petrop.,
Acta Horti) 1871. 8. 31 p.   1.50
25590 **Turczaninow.** Decades 3 Plantar. novar. Chinae borealis et Mongoliae
chin. (Mosq., Bull.) 1832. 8. 27 p.   1.50
25591 — Enumer. Plantarum quas in China boreali coll. Kirilow. (Mosq.,
Bull.) 1837. 8. 11 p.   1.—
25592 **Tutcher.** Descr. of some new spec. of Chinese Plants. (Lond., Linn.
Soc.) 1905. 8. 12 p.   1.—
25593 **Veitch.** Traveller's notes of a tour through India, Malaysia, Japan,
Corea etc. Chelsea 1896. 4. 219 p. w. colour. map, 9 pl. and num. fig.
Cloth.   40.—

     For private circulation only, rare. The author is the famous orchid grower.
25594 **Whigham.** Manchuria and Korea. Lond. 1904. 8. 245 p. w. 12 pl. and
map. Cloth.   3.—
25595 **Woeikof.** Reise durch d. mittl. u. südl. Japan. (Gotha, Peterm.) 1876.
4. 17 p. m. Kte.   1.50
25596 **Yendo.** The Fucaceae of Japan. (Tokyo, Coll. Sc.) 1907. 4. 174 p. w.
18 pl.   14.—

XV. India.

[Supplementum numeror. 5226—5295, vide p. 202—205].

25597 **Aitchison.** Flora of the Ihelum ditrict of the Punjab. (Lond., Linn. S.)
1864. 8. 21 p.   1.50
25598 — Lahul, its Flora and vegetable products. (Lond., Linn. S.) 1869.
8. 33 p.   1.50
Annals of the R. Botanic Gardens, Peradeniya — see nr. 6908.
25599 **Bamber.** Nuwara Eliya Garden. (Colombo) 1904. 8. 38 p.   1.—
25600 — Plants of the Punjab. VI. (Bombay) 1910. 8. 35 p.   1.50
25601 **Beddome.** Handbook to the Ferns of British India, Ceylon and the
Malay Peninsula. Calcutta 1883. 8. 500 p. w. 300 fig. Cloth. (18 s.)   12.—
25602 **Berkeley and Broome.** Enumer. of the Fungi of Ceylon. 2 parts. (Lond.,
Linn. S.) 1871—75. 8. 186 p. w. 9 pl.   7.—
25603 **Birdwood.** Indian Timbers. Lond. 1913. fol. Cloth.   18.50

25604 **Blatter.** Bibliography of the Botany of Brit. India and Ceylon. (Bombay, Nat. Hist. Soc.) 1911. 8. 98 p. ... 3.—
25605 **Bombay.** — Journal of the Bombay Natur. History Society. Vol. I. Bombay 1886. 8. 243 p. w. 13 colour. and plain pl. Cloth. ... 8.—
25606 **Bonavia.** The cultivated Oranges, Lemons etc. of India and Ceylon. 2 vols. Lond. 1890. 8. 404 p. w. atlas of 259 plates in-4. (30 s.) Cloth. ... 10.—
25607 **Brandis.** Die Beziehungen zw. Regenfall u. Wald in Indien. (Bonn, Nat. Ver.) 1884. 8. 38 p. ... 1.—
25608 — Der Wald d. äusser. nordwestl. Himalaya. (Bonn, Nat. Ver.) 1885. 8. 28 p. ... 1.—
25609 — Indian Trees. Lond. 1911. 8. 800 p. w. fig. Cloth. ... 16.50
25610 **Brockmeier.** Ueb. d. Einfl. d. engl. Weltherrschaft auf d. Verbreit. wicht. Culturgewächse in Indien. Marb. 1884. 8. 56 p. ... 1.50
25611 **Brunhuber.** An Hinterindiens Riesenströmen. Berl. 1911. 8. 120 p. m. Kte. u. 2 Portr. (M. 3.50.) ... 2.—
25612 **Calcutta.** — Indian Museum Notes. Vols. I—III. Calc. 1889—96. 8. w. 32 pl. Cloth. ... 35.—
25613 — Memoirs of the Indian Museum. Vol. I, II, part 1—3. Calc. 1907—1909. 4. w. plates. ... 30.—
25614 — Records of the Indian Museum. Vol. I, II, III, part 1—4. Calc. 1907—09. 8. w. plates. ... 35.—
　　　Chiefly zoological.
25615 **Clarke, C. B.** Compositae Indicae. Calc. 1876. 8. 347 p. Boards. ... 3.50
25616 — Botanic notes fr. Darjeeling to Tonglo. (Lond., Linn. S.) 1877. 8. S.) 1886. 8. 9 p. ... 1.—
25617 — Botan. observat. made in a journey to the Naga Hills. (Lond., Linn. 1886. 8. 9 p. ... 1.—
25618 — On the Plants of Kohima and Muneypore. (Lond., Linn. S.) 1889. 8. 107 p. w. 44 pl. (15 s.) ... 4.—
25619 — On the Subsubareas of Brit. India, illustr. by the distrib. of the Cyperaceae. (Lond., Linn. Soc.) 1898. 8. 146 p. w. map. (6 s.) ... 3.—
25620 **Cleghorn.** List of Plants growing in the Bangalore Garden, Mysore. (Lond., Bot. Soc.) 8. 14 p. ... 1.50
25621 **Colebrooke.** Descr. of select Indian Plants. (Lond., Linn. Soc.) 1818. 4. 11 p. w. 6 pl. ... 3.—
25622 **Collett and Hemsley.** On a collect. of Plants from Upper Burma and the Shan States. (Lond., Linn. Soc.) 1890. 8. 150 p. w. map and 22 pl. (12 s.) ... 3.—
25623 **Cooke, J.** Flora of the Presidency of Bombay. Vol. I, II. Lond. 1904—08. 8. 1737 p. Cloth. ... 75.—
25624 **Curiositez** de la Nature et de l'Art aportées dans 2 voyages des Indes d'Occident et d'Orient. Paris 1703. 8. 318 p. av. 8 pl. Veau. ... 10.—
　　　Les planches figurent des f r u i t s et des animaux vertébrés.
25625 **Dalgado.** Flora de Goa e Savantvadi. Lisboa 1898. 8. 307 p. ... 10.—
25626 **Dall' Horto.** 2 libri d. historia de i Semplici, Aromati, et altre cose port. dall' Indie Orientali; e 2 altre libri di N. M o n a r d e s. 3 parti. Venetia 1582. 8. 648 p. c. molte fig. Vélin. ... 20.—
25627 **Delessert.** Souvenirs d'un voyage dans l'Inde. 2 parties. Paris 1843. 8. 254 p. av. carte et 35 pl. (24 color.) ... 25.—
25628 **Drieberg.** School Gardens in Ceylon. (Peradeniya) 1911. 8. 10 p. w. map and 3 pl. ... 1.50
25629 **Duthie.** Plants found in Kumaon, Garhwál and Tibet by Strachey and Winterbottom. (Allahabad) 1875. 8. 269 p. ... 15.—
25630 — Flora of the Upper Gangetic Plain. Vol. I and II. Calc. 1903—11. 8. ... 17.—
25631 **Edgeworth.** Descr. of some unpublished Plants fr. North-Western India. (Lond., Linn. Soc.) 1846. 4. 67 p. w. pl. ... 2.50
25632 — Florula Mallica (Punjab). (Lond., Linn. S.) 1862. 8. 32 p. w. pl. ... 1.—
25633 — Florula of Banda in Bundelkund. (Lond., Linn. Soc.) 1867. 8. 23 p. ... 1.—

25634 **Flora Indica.** — 12 pap. by Aitchison, A. de Candolle, Macmillan, *M*
Walker-Arnott, Willis and others. 1834—1911. 8. and 4. 96 p. w. pl.   4.—
25635 **Gage.** Catal. of non-herbac. Phanerogams cultiv. in the Bot. Garden,
Calcutta. Part I. Calc. 1911. 8. 122 p. w. colour. pl.   3.—
25636 **Grant.** The Orchids of Burma. Rangoon 1895. 8. 438 p. Cloth. (12 s. 6 d.)   7.—
25637 **Griffith.** Remarks on a coll. of Plants made at Sadiyá, Upper Assam.
(Calcutta, Asiat. Soc.) 1836. 8. 8 p.   1.50
    Griffith's own copy with manuscr. additions.
25638 — On some Plants mostly undescrib. in the Bot. Gardens, Calcutta.
(Calc., Asiat. Soc.) 1845. 8. 16 p.   1.—
25639 **Guenther, K.** Einführung in d. Tropenwelt Ceylons. Leipz. 1911. 8.
401 p. m. Kte. (M. 4.80.) Lnb.   3.—
25640 **Haeckel.** Wanderbilder. Die Naturwunder d. Tropenwelt Ceylon u.
Insulinde. (3 Serien in 12 Liefgn.) Gera 1905—1907. 4. 43 color. Tfln.
m. 84 p. Text. In Mappe. (M. 37.50).   16.—
25641 **Haines.** Forest Flora of Cho'ta Nagpur. Calc. 1910. 8. 671 p. w. map.
Cloth.   18.—
25642 **Hamilton.** On Plants of var. parts of India. (Lond.) 1821. 4. 16 p. w. map.   1.50
25643 **Hemsley.** On the vegetat. of Diego Garcia. (Lond., Linn. S.) 1886. 8. 9 p.   1.—
25644 **Hooker, J. D.** Himalayan Journals. 2 vols. Lond. 1854. 8. w. 2 maps
and 12 colour. pl. Cloth. (1 £ 16 s.)   20.—
    The edition of 1855 'revised and condensed' has only a small value.
25645 — — Re-issue. Lond. 1912. 8. 606 p. Cloth.   4.—
25646 **Hooker, J. D., and Thomson, T.** Praecursores ad Floram Indicam.
5 parts. (Lond., Linn. Soc.) 1857—61. 8. 200 p. w. pl.   4.50
25647 **Hume.** Scientific Results of the II. Yarkand Mission. Introduct. Note.
Lond. 1891. 4. 5 p. w. colour. map.   1.—
25648 **Jacquemont.** Journal du Voyage dans l'Inde. Partie H i s t o r i q u e.
3 vols. av. atlas de 4 cartes et 83 pl. Paris 1841 à 44. fol. D.-rel. veau.   40.—
25649 **Kanjilal.** Forest Flora of the Siwalik and Jaunsar Forest Divisions of
the U. Prov. of Agra and Oudh. Calc. 1911. 8. 4. 486 p.   6.—
25650 **King.** List of the Plants of Garhwal, Jaunsar, Bawar and Dehra Dun.
(Allahabad) 1875. 8. 21 p.   1.50
25651 — Botany of the Plains of the N. W. Provinces. (Allahabad) 1875.
8. 17 p.   1.50
25652 **Kirtikar.** Indian Flowers. (Bombay) 1893. 8. 18 p.   1.—
25653 **Klotzsch u. Garcke.** Die botan. Ergebnisse d. Reise d. Prinzen Wal-
demar v. Preussen auf Ceylon, d. Himalaya u. d. Grenzen v. Tibet.
Berl. 1862. fol. 164 p. m. 100 Tfln. (M. 60.)   8.—
25654 **Kurz.** On some new Indian Plants. (Calc., Asiat. S.) 1871. 8. 34 p.   2.—
25655 — New Burmese Plants. III. (Calc., Asiat. Soc.) 1873. 8. 28 p. w. 2 pl.   2.50
25656 — On a few Oaks fr. India. New Indian Plants. 2 pap. (Calc., Asiat.
Soc.) 1875. 8. 11 p. w. 2 pl.   1.50
25657 — Contrib. to a knowl. of the Burmese Flora. II. (Calc., Asiat. Soc.)
1875. 8. 64 p.   1.50
25658 **Kurz u. Hasskarl.** Ueb. einige neue Indische Pflanzen. (Marb., Flora)
1871. 8. 35 p.   1.50
25659 **Lace and Hemsley.** Sketch of the vegetat. of British Baluchistan.
(Lond., Linn. Soc.) 1891. 8. 38 p. w. 4 pl. and map.   2.—
25660 **Linné.** Flora Zeylanica. Holm. 1747. 8. 240 p. et 4 tab.   8.—
25661 **Linocier.** L'Histoire d. Plantes. L'hist. d. Plantes aromat., qui croiss.
dans l'Inde occid. et orient. Paris 1584. 12. 704 p. av. gr. nombre d.
fig. Avec: Hist. d. Animaux à quatre pieds, d. Oiseaux, d. Poissons,
d. Serpens et: Discours s. l'Alchymie. Paris 1584. 12. 240 p. av.
beauc. de fig. Veau.   25.—
    Manquent le titre à 'l'Hist. d. Plantes' et la fin de l'index, en outre 6 pages
dans la Zoologie. La partie botanique est complète. L'édition première d'un
ouvrage très-rare, qui est la traduction du livre de D u P i n e t, Historia Plantarum, 1561. Mais la traduction est beaucoup plus estimée et rare.

♯

25662 **Martius.** S. la Flore de l'Inde. (Paris, Ann. Sc.) 1834. 8. 6 p.　1.—
25663 **Mason, T.** Tenasserim. Fauna, Flora, Minerals, and Nations of Burmah and Pegu. Maulmain 1852. 8. 732 p. Calf.　18.—
25664 **Maurer.** Nicobariana. Berl. 1868. 8. 40 p.　1.—
25665 **Mitten.** Musci Indiae Oriental. (Lond., Linn. Soc.) 1859. 8. 171 p.　5.—
25666 — — H o b k i r k ' s copy with manuscr. additions. Half bd. calf.　10.—
25667 **Murray, Wilson and o.** Hist. and descr. account of British India. 3. ed. 3 vols. Edinb. 1840. 8. 1248 p. w. map and many fig. Cloth.　3.—
25668 **Nairne.** Element. Botany of the Bombay Presidency. (Bombay, Nat. Soc.) 1889. 8. 13 p.　1.—
25669 — The flowering Islands of Western India (Bombay). Lond. 1894. 8. 448 p. Cloth. (7 s. 6 d.)　4.—
25670 **Pearson and Parkin.** The Botany of the Ceylon Patanas. 2 parts. (Lond., Linn. Soc.) 1899—1903. 8. 98 p. w. 2 pl. and map.　3.50
25671 **Pottinger.** Reisen durch Beloochistan und Sinde. Weimar 1817. 8. 612 p. m. Kte.　4.—
25672 **Prain.** List of Diamond Island Plants. Some species of Labiatae. 2 pap. (Calcutta, Asiat. Soc.) 1891. 8. 48 p.　1.50
25673 — Botany of the Laccadives. 2 parts. (Bombay) 1892—93. 8. 54 p.　2.50
25674 — Vegetation of the districts of Hughli-Howrah. (Calcutta, Bot. Surv.) 1905. 8. 344 p. w. map.　7.—
25675 **Redi.** Esperienze int. a diverse cose naturali, partic. a quelle port. d. Indie. Firenze 1671. 4. 156 p. c. 6 tav. Vélin.　7.—
25676 — — Firenze 1686. 4. 126 p. c. 6 tav.　7.—
　　　　Grossenteils botanisch.
25677 **Reichenbach, H. G.** Enumer. of the Orchids coll. by Parish in the neighbourhood of Moulmain. (Lond., Linn. Soc.) 1874. 4. 23 p. w. 6 pl.　6.—
25678 **Rheede v. Draakenstein, H.** Hortus Indicus Malabaricus. 12 vol. Amstelod. 1678—1703. fol. c. 794 tab. Frzbde.　480.—
25679 — H a m i l t o n. Commentary. 3 parts. (Lond., Linn. S.) 1822—26. 4. 304 p.　7.—
25680 **Richard, A.** Monogr. d. Orchidées rec. dans la chaîne d. Nil-Gherries (Indes-orient.). (Paris, Ann. Sc. Nat.) 1841. 8. 36 p. av. 12 pl.　10.—
25681 **Roxburgh.** Flora Indica. Ed. by Carey. Vol. II. Serampore 1824. 8. 603 p. Boards.　8.—
　　　　The original edition in 2 volumes; vol. I is the same as the unaltered vol. I of the edition quoted below (nr. 25682).
25682 — — Vol. I. II. Serampore 1832. 8. 1441 p. Boards.　18.—
　　　　Embracing the Linnean classes I—XIII. — The best edition.
25683 — — Reprint from Carey's edit. Calcutta 1874. 8. 834 p. Cloth.　12.—
　　　　A literal reprint of the 1. edition of 1820—24.
25684 — — A copy w i t h o u t title and the end of the index. Cloth.　5.—
25685 — G r i f f i t h. The Cryptogam. Plants of India, forming the 4. and last part of the 'Flora Indica'. (Calc., Asiat. Soc.) 1844. 8. 60 p.　8.—
25686 — R o b i n s o n, C. B., Roxburgh's Hortus Bengalensis. (Manila, J. Sc.) 1912. 4. 10 p.　1.—
25687 **Schlagintweit.** Der Charakter d. Vegetat. im Himalaya. (Dürkh., Pollich.) 1866. 8. 10 p.　1.—
25688 — Reisen in Indien u. Hochasien. 4 Bde. Jena 1869—80. 8. 2004 p. m. viel. Ktn. u. Tfln. (M. 60.40.)　13.—
25689 **Stewart and Brandis.** The Forest Flora of North-West and Central India. Lond. 1874. 8. 640 p. Half bd. calf.　20.—
25690 **Stoliczka.** Ueb. d. Charakter d. Flora u. Fauna in d. Umgeb. v. Chini, Prov. Bisahir, Himalaya-Gebirge. (Wien, Z. b. G.) 1866. 8. 30 p.　1.—
25691 **Strachey.** Catal. of the Plants of Kumaon, Garhwal and of the adjac. portions of Tibet. Revis. by Duthie. Lond. 1906. 8. 276 p. Cloth.　5.—
25692 **Symonds.** Indian Grasses. 2. ed. Madras 1886. 8. 119 p. w. 68 pl. Boards.　15.—

25693 **Talbot, W. A.** Forest Flora of the Bombay Presidency and Sind. *M*
Vol. I: Ranuncul. to Rosaceae. Poona 1909. 4. 540 p. w. pl. and 228 fig.
Half bd. leather. — 46.—

25694 **Thwaites and Hooker.** Enumeratio Plantarum Zeylaniae. Parts 1—3.
Lond. 1859—60. 8. 240 p. (15 s.) — 6.—
   5 parts have come out of this very rare work.

25695 **Transactions** of the Agricultural and Horticult. Society of India. Vol.
III, VIII and Index (to vol. I—VIII). Calcutta 1836—57. 8. Cloth. — 5.—

25696 **Trimen.** Hermann's 'Ceylon Herbarium' and Linnaeus's 'Flora Zeylanica'. (Lond., Linn. Soc.) 1887. 8. 27 p. — 1.—

25697 — Catal. of the Library of the Botan. Gardens, Pérádeniya, Ceylon.
Colombo 1889. 8. 32 p. — 1.—

25698 **Van Geert.** Iconographie des Azalées de l'Inde. Vol. I. (seul paru).
Gand 1881 à 82. 4. 36 pl. color. av. 81 p. de texte. (fr. 30.) — 16.—

25699 **Voigt, J. O., (and Griffith).** Hortus suburbanus Calcuttensis. Catal. of
the Plants in the East India Company's Botan. Garden. Calc. 1845.
8. 838 p. Cloth. — 6.—

25700 **Walker-Arnott.** Pugillus Plantarum Indiae orient. (Dresd., Ac. Leop.)
1836. 4. 40 p. et tab. color. — 1.50

25701 **Wallich.** 2 new genera of Plants fr. Nepal. (Lond., Linn. S.) 1822. 4. 7 p. — 1.—

25702 **Watson, G.** Plants of Kumaon. (Allahab.) 1875. 8. 80 p. — 2.50

25703 **Watt, G.** On the Vegetat. of Chumba State and Brit. Lahoul. (Lond.,
Linn. Soc.) 1881. 8. 15 p. w. 6 pl. — 2.—

25704 **West, W. and G. S.** Contrib. to the Freshwater Algae of Ceylon.
(Lond., Linn. Soc.) 1902. 4. 93 p. w. 6 pl. (18 s.) — 10.—

25705 **Wight.** Spicilegium Neilgherrense. Madras 1846—51. Only the Preface
etc. and p. 43—85 w. 52 colour. pl. — 30.—
   Contain.: Leguminosae. Rosac. Melastomac. Myrtac. Passiflor. Crassulac. Umbellif. Araliac. Loranthac. Caprifoliac. Rubiac.

25706 **Willis.** The Roy. Botanic Gardens. (Colombo) 1904. 8. 24 p. — 1.—

25707 — Revis. catal. of the flowering Plants and Ferns of Ceylon. 3 parts.
(Peraden., Bot. Gard.) 1910—11. 8. 188 p. — 3.50

25708 **Willis and Smith.** Correct. and addit. to Trimen's 'Flora of Ceylon'.
(Peraden., Bot. Gard.) 1911. 8. 40 p. — 1.50

25709 **Wright, H.** Report of the Experim. Station, Peradeniya. (Colombo,
Gard.) 1903. 4. 48 p. w. 4 pl. — 2.—

25710 **Zenker.** Plantae Indicae in montib. Coimbaturicis lect. 2 decades.
Jenae 1835—37. folio. 22 p. et 20 tab. color. (M. 24.) — 20.—

25711 — — Decas I. 11 p. et 10 tab. color. — 6.—

XVI. Sibiria.

[Supplementum numeror. 5296—5318, vide: Bibliographia Botanica, p. 205—206].

25712 **Adams, M. F.** Descript. Plantarum minus cognitarum Sibiriae. (Mosq.,
Soc. Nat.) 1834. 4. 22 p. et 2 tab. — 2.—

25713 **Barrett-Hamilton.** Kamchatka. (Edinb., Geogr. Soc.) 1899. 8. 32 p.
w. colour. map and 4 pl. — 2.50

25714 **Batalin.** Notae de Plantis Asiaticis. 6 partes. (Petrop., Acta Horti)
1892—98. 8. 98 p. — 3.—

25715 **Behm.** Die Fahrt der „Vega" um d. Nordspitze v. Asien. 2 Tle. (Gotha,
Peterm.) 1878—79. 4. 19 p. m. Kte. — 1.50

25716 — Reisenachrichten aus Sibirien. 2 Tle. (Gotha, Peterm.) 1879. 4.
21 p. m. Kte. — 1.50

25717 **Brenner.** Anteckn. fr. Svenska Jenisej-Expedition. (Stockh., Ark. Bot.)
1910. 8. 108 p. — 2.—

25718 **Bunge.** Naturhist. Beobachtgn. u. Fahrten im Lena-Delta. 2 Tle.
(Petersb., Ak.) 1884. 8. 156 p. m. Kte. — 2.—

25719 **Bunge.** Fahrten im Lena-Delta. 2 Tle. (Petersb., Ak.) 1884—85. 4. 112 p. m. Kte. — *M* 2.50

25720 **Cajander.** Z. Kenntn. d. Vegetat. d. Alluvionen d. Nördl. Eurasiens. I: Unt. Lena-Thal. Helsingf. 1903. 4. 182 p. m. 4 Ktn. — 5.—

25721 **Cajander u. Poppius.** Naturwiss. Reise im Lena-Thal. (Helsingf., Fennia) 1903. 8. 44 p. — 1.50

25722 **Erman.** Verzeichn. v. Thieren u. Pflanzen d. Reise um d. Erde durch Nord-Asien u. d. beiden Oceane. Berl. 1835. fol. 70 p. m. 17 Tfln. (2 color.) — 25.—

25723 — Reise um die Erde durch Nord-Asien u. d. beiden Oceane. Bd. I. Teil 3. Berl. 1848. 8. 588 p. Cart. — 5.—
    Inh.: Die Ochozker Küste, das Ochozker Meer u. d. Reisen auf Kamtschatka.

25724 **Fedtschenko, O. A. u. B. A.** Verzeichn. d. Pflanzen ges. im Bezirke Omsk (Sibirien). Moskau 1901. 8. 19 p. — Russisch. — 1.—

25725 **Flora** v. Sibirien u. d. fernen Osten. Hrsg. v. d. Akad. d. Wissenschaften. Petrogr. 1916. 8. — Russisch. — 4.50

25726 **Flora Sibiriae.** — 10 Abhandl. v. Bunge, Kurtz, N. H. Nilsson, Sommier u. a. 1837—1910. 8. u. 4. 200 p. m. 3 Tfln. — 5.—

25727 **Freyn.** Plantae Karoanae Dahuricae. (Vindob., Bot. Z.) 1895. 8. 64 p. — 2.—

25728 — Plantae Karoanae Amuricae et Zeaënsae. (Vindob., Bot. Z.) 1901. 8. 95 p. — 2.50

25729 **Glehn.** Verzeichn. d. im Witim-Olekma-Lande ges. Pflanzen. (Petersb., Acta Horti) 1875. 8. 96 p. — 1.50

25730 **Gmelin, J. G.** Flora Sibirica. 4 vol. Petropoli 1747—49. 4. c. 302 tab. (M. 76.) Frzbde. — 60.—
    Jetzt selten geworden, zumal mit allen Tafeln, wie das obige Exemplar. Tafel 41 von Bd. III ist nie erschienen, Tafel 22 von Band IV ist auf Tafel 25; aber sonst sind — im Gegensatze zu manchen Angaben in Antiquariatscatalogen — alle Tafeln erschienen.

25731 — — Vol. I et II. Petrop. 1747—49. 4. 516 p. et 148 tab. Gbdn. — 18.—

25732 — L e d e b o u r. Comment. in Gmelini Floram Sibiricam. (Regensb., Bot. G.) (1841). 4. 138 p. — 3.—

25733 — Reliquiae Floram Sibiricam concern. Cur. Plieninger. Stuttg. 1861. 8. 204 p. et 3 tab. — 3.—

25734 **Golde.** Aufzähl. d. Gefässpflanzen in d. Umgeg. v. Omsk gesamm. Petersb. 1887. 8. 77 p. — 2.—

25735 **Günther, A. K.** Mater. z. Flora d. Obonesischen Gebietes. (Petersb.) 1880. 8. 44 p. Cart. — Russisch. — 1.50

25736 **Hansteen.** Resa'i Sibirien. Stockh. 1861. 8. 170 p. m. 4 Tfln. — 1.50

25737 The **History** of Kamtschatka and the Kurilski Islands. Transl. by Grieve. Glocester 1764. 4. 304 p. w. 2 maps and 2 pl. Calf. — 20.—
    Chiefly on the fauna and flora.

25738 **Kapherr.** In Sibir. Urwäldern. Weim. 1912. 8. 192 p. m. 8 Tfln. (M. 4.) — 3.—

25739 **Kjellman.** Om växtligheten pa Sibiriens nordkust. (Stockh., Ak.) 1879. 8. 18 p. m. Kte. — 1.—

25740 **Korshinsky.** Das Amurgebiet als e. landwirtsch. Kolonie. 2 Tle. Petersb. u. Irkutsk 1892—93. 8. 92 p. m. Tfl. — Russisch. — 2.—

25741 — Plantae Amurenses. (Petrop., Acta Horti) 1893. 8. 145 p. — 2.50

25742 **Krilow.** Die Linde auf d. Vorgebirge d. Kusnazischen Alatau, Gouv. Tobolsk. Tomsk 1891. 8. 40 p. m. Tabelle. — Russisch. — 1.50

25743 **Kurtz, F.** Aufzählung d. v. Waldburg-Zeil in Westsibirien gesamm. Pflanzen. Berl. 1879. 8. 70 p. — 1.—

25744 **Lehmann, E.** Material. z. Flora d. Kreis. Biisk im Gouv. Tomsk. (Kasan) 1903. 8. 50 p. — 1.50

25745 **Lindberg, S. O., und Arnell.** Musci Asiae borealis. 2 partes. (Holm., Ac.) 1889—90. 4. 232 p. — 8.—

25746 **Lindemann.** Die Nordküste Sibiriens. (Gotha, Peterm.) 1879. 4. 15 p. m. 2 Ktn. — 1.50

M

25747 **Martianow.** Plantae Minusiensis exsicc. Kasan. 1878. 8. 11 p. — 1.—
25748 **Meinshausen.** (Botan.) Nachrichten üb. d. Wilui-Gebiet in Ostsibirien. Petersb. 1871. 8. 258 p. m. Karte. (M. 4.) Cart. — 3.—
25749 **Nordenskiöld och Théel.** Redogör. för de Svenska Exped. t. Mynningen af Jenisej. (Stockh., Ak.) 1877. 8. 81 p. m. 2 Ktn. — 1.50
25750 **Regel u. Herder.** Plantae Raddeanae. (Pflanzen gesamm v. Radde währ. s. Reise in d. Süden v. Ost-Sibirien, 1855—59). 4 Bände u. Supplem. (in 24 Tln.). Mosk. u. Petersb. 1861—92. 8. 1766 p. m. 12 Tfln. — 60.—
  Inhaltsangabe u. bibliographische Notizen über dieses schwierige Werk — siehe Nr. 5307. — Alle Teile werden auch einzeln verkauft.
25751 — H e r d e r. Biograph. Notizen üb. ein. in den „Plantae Raddeanae" genannte Sammler u. Autoren. (Leipz., Engl. J.) 1888. 8. 28 p. — 1.—
25752 **Regel, Rach u. Herder.** Verzeichn. d. v. Paullowsky u. Stubendorf zw. Jakutzk u. Ajan gesamm. Pflanzen. (Mosk., Bull.) 1859. 8. 34 p. — 1.50
25753 **Ruprecht.** Phycologia Ochotiensis. Tange d. Ochotskischen Meeres. (Petersb., Middend. Reise) 1851. 4. 245 p. m. 10 c o l o r. Tfln. — 14.—
  Coloriert selten.
25754 **Scheutz.** Plantae vascul. Jeniseenses. (Holm., Ac.) 1888. 4. 210 p. — 6.—
25755 **Schmidt, F.** (Botan.) Mitthlgn. üb. d. Exped. z. Aufsuch. e. Mammuth-cadavers. (Petersb., Ak.) 1868. 8. 49 p. — 1.50
25756 — M a x i m o w i c z. Ueb. Schmidt's Reisen im Amur-Lande. Botan. Teil. Petersb. 1860. 8. 27 p. — 1.50
25757 **Schwarz, L.** Die Sibir. Exped. d. Russ. Geogr. Gesellschaft. 2 Tle. (Gotha, Peterm.) 1864. 4. 28 p. m. Kte. — 1.50
25758 **Sommier.** Cenni int. a un viaggio alle Foci dell' Ob. (Roma, Soc. Geogr.) 1881. 8. 30 p. — 1.50
25759 — Risult. botan. di un viaggio all' Ob infer. (Firenze, Giorn. Bot.) 1893. 8. 71 p. c. 2 tav. — 2.50
25760 **Sorokin.** Mater. z. (Fungi-)Flora Nord-Asiens. (Mosk., Bull.) 1884. 8. 48 p. m. 5 Tfln. — Russisch. — 3.—
25761 **Trautvetter.** Plantae Sibiriae borealis a Czekanowsky et Mueller lectae. (Petrop., Acta Horti) 1877. 8. 146 p. — 3.50
25762 — Flora Riparia Kolymensis. (Petrop., Acta Horti) 1878. 8. 80 p. — 1.50
25763 — Flora Terrae Tschuktschorum. (Petrop., Acta Horti) 1879. 8. 40 p. — 1.50
25764 — Stirpium Sibiricar. collectiunculae. (Petrop., Acta Horti) 1883. 8. 22 p. — 1.—
25765 — Plantae in ins. Praefectoriis lectae. (Petrop., Acta Horti) 1886. 8. 16 p. — 1.—
25766 — Plantae in deserto Kirghisorum Sibiricor. coll. (Petrop., Acta Horti) 1889. 8. 44 p. — 1.50
25767 **Turczaninow.** Decades 4 Plantar. non descr., Sibiriae maxime orient. (Mosq., Bull.) 1840. 8. 21 p. — 1.—

XVII. Archipelagus Indicus.

[Supplementum numeror. 5319—5384, vide: Bibliographia Botanica, p. 206—209].

25768 **Alderwerelt van Rosenburgh.** Malayan Ferns. Handb. of the Ferns of the Malay. Isl. With supplem. (correcting sheet). Batavia 1909. 8. 959 p. Boards. — 18.—
25769 **Ames.** Notes on Philippine Orchids. 6 parts. (Manila, J. Sc.) 1909—13. 4. 128 p. w. pl. — 4.50
25770 **Archipelagus Indicus.** — 9 pap. by Buysman, Merrill, de Vriese and others. 1846—1912. 8. and 4. 101 p. w. pl. — 3.50
25771 **Backer.** Schoolflora v. Java. Weltevreden 1912. 8. 765 p. m. 12 Tfln. — 10.—
25772 **Beccari.** Illustraz. di nuove specie di Piante Borneensi. 3 parti. (Firenze, Giorn. Bot.) 1869—70. 8. 63 p. c. 12 tav. — 6.—
25773 **Blanco.** Flora de Filipinas. Manila 1837. 8. 964 p. Vélin. — 15.—
25774 — M e r r i l l. Review of the identifications of the species of Blanco's Flora. (Manila, Labor.) 1905. 8. 132 p. — 3.—
25775 — — Addit. identific. (Manila, J. Sc.) 1907. 8. 8 p. — 1.—

25776 **Blume.** Bijdr. t. de Flora v. Nederl. Indië. Teil IV. (Batavia) 1825.   ℳ
8. 52 p.   2.50

Buitenzorg. — 's Land Plantentuin.
25777   B o e r l a g e. Catalogus Plantarum Phanerogam. Horti botan. Bogoriensis. Fasc. I, II. (quantum prodiit). Batav. 1899—1901. 8. 149 p. (M. 8.)   4.—
25778   C a t a l o g u s der Bibliotheek v. Plantentuin te Buitenzorg. Suppl. I. Batav. 1889. 8. 57 p.   1.—
25779   H a s s k a r l. Plantarum rarior. horti Bogoriensis decas I. (Paris., Ann. Sc.) 1840. 8. 7 p.   1.—
25780   — Catalogus Plantarum in horto botan. Bogoriensi cultarum alter. Batav. 1844. 8. 391 p. (M. 12.)   3.—
25781   H o c h r e u t i n e r. Plantae Bogorienses exsicc. novae vel minus cognitae. Bogor. 1904. 4. 84 p.   2.—
25782   — Catalogus Bogoriensis novus Phanerogam. in horto Bogoriensis. Fasc. I, II. (Buitenz., Inst.) 1904—05. 4. 180 p.   3.—
25783   R a m a l e y. The Botan. Garden at Buitenz. (N. York) 1905. 8. 11 p. w. pl.   1.—
25784   S m i t h, J. J., Liste d. familles et genres de Plantes non-herbacées cult. au Jardin botan. (Buitenz., Jard.) 1901. 8. 82 p. av. pl.   2.—
25785   T e i j s m a n n   e t   B i n n e n d y k. Plantae novae horti Bogor. (Leyden, Kruidk. Arch.) 1855. 8. 24 p.   1.50
25786   (T r e u b). Der botan. Garten „'S Lands Plantentuin" zu Buitenzorg auf Java (1817—92). Leipz. 1893. 8. 432 p. m. 16 Tfln. (M. 14.)   8.—
25787   (—) Hand-guide to the Botanic Gardens, Buitenzorg. Batav. 1897. 8. 40 p. w. plan.   1.50
25788   V e r s l a g omtr. d. 's Land Plantentuin te Buitenzorg 1902—04. 3 Tle. Batavia 1903—05. 766 p. m. Tfln.   4.—
25789   W i n k l e r, H., Botan. Untersuchgn. aus Buitenzorg. I. (Buitenz., Jard.) 1905. 8. 52 p. m. Tfl.   2.—
    Siehe auch Nr. 25801 et 25811.
25790 **Catalogus** d. Bibliothek v. de Kon. Natuurkund. Vereeniging in Nederl.-Indië. Batavia 1884. 8. 400 p.   2.—
25791 **Clercq.** Nieuw Plantkundig Woordenboek f. Nederl. Indie. Uitg. d. Greshoff. Amsterd. 1907. 8. 415 p.   25.—
25792 **Copeland.** The Ferns of the Malay-Asiatic region. Part I. (Manila, J. Sc.) 1909. 4. 65 p. w. 21 pl.   6.—
25793 — Bornean Ferns. (Manila, J. Sc.) 1911. 4. 11 p. w. 14 pl.   4.—
25794 **Cox.** Philippine Firewood. (Manila, J. Sc.) 1911. 4. 22 p. w. 10 pl.   2.—
25795 **Detmer.** Botan. u. landwirtsch. Studien auf Java. Jena 1906. 8. 124 p. m. Tfl.   2.—
25796 **Engler.** Die v. d. „Gazelle" im Malay. Gebiet ges. Siphonogamen. (Leipz., Engl. Jahrb.) 1886. 8. 36 p.   2.—
25797 — Botan. Ergebn. d. „Gazelle" Expedit. (Berl.) 1889. 4. 12 p.   1.—
25798 **Ernst.** New Flora of the Volcanic Island of Krakatau. Transl. by Seward. Cambr. 1908. 8. 74 p. w. 8 pl. Cloth.   4.—
25799 **Fée.** S. l. Product. natur. de Java. (Lille, Soc. Sc.) 1828. 8. 20 p.   1.50
25800 **Fleischer.** Die Musci d. Flora v. Buitenzorg. 3 Bde. Leid. 1904—08. 8. 1127 p. m. 182 Fig. (M. 56.50.)   40.—
25801 **Flore** de Buitenzorg, publ. p. le Jardin Botanique. Parties I à VI (tout ce qui a paru). Leid. 1898 à 1901. 8. av. 3 atlas de beauc. de plchs.   120.—
25802 **Foxworthy.** Philippine Woods. (Manila, J. Sc.) 1907. 4. 54 p. w. 3 pl.   2.—
25803 — Indo-Malayan Woods. (Manila, J. Sc.) 1909. 4. 82 p. w. 9 pl.   5.—
25804 — Philippine Dipterocarpaceae. (Manila, J. Sc.) 1911. 4. 56 p. w. 11 pl.   .5.—
25805 **Gibbs.** Contrib. to the Flora and Plant-format. of Mount Kinabalu and the Highlands of Brit. N. Borneo. (Lond., Linn. S.) 1914. 8. 240 p. w. 8 pl.   12.—

25806 **Haberlandt, G.** Botanische Tropenreise. Indomalay. Vegetationsbilder *M*
u. Reiseskizzen. 2. Aufl. Leipz. 1910. 8. 304 p. m. 12 Tfln. (3 color.)
(M. 11.60.) 8.—
25807 **Hallier.** Indonesische Acanthaceen. (Halle, Ac. Leop.) 1897. 4. 48 p.
m. 8 Tfln. (M. 8.) 5.—
25808 **Hardouin en Ritter.** Java-Tooneelen uit het Leven, Karakterschetsen
en Kleederdragten. Leyden 1855. 4. 250 p. m. Kte. u. 26 color. Tfln. Lnb. 18.—
25809 **Hasselt.** Lijst v. Hout-, Bamboe- en Rotansoorten v. Midden-Sumatra.
(Leid., Midd.-Sum.) 1884. 4. 42 p. 2.—
25810 **Hasselt en Boerlage.** Bijdr. tot de kennis d. Flora v. Midden-Sumatra.
(Leiden, „Midd.-Sum.") 1884. 4. 52 p. m. 7 Tfln. 6.—
25811 **Icones** Bogorienses. Descr. d'espèces nouv. ou peu connues d. possessions Néerland. Dir. p. Boerlage. Vol. I à IV. Leide 1905 à 14. 8.
1305 p. av. 400 pl. (M. 272.)
25812 **Jardin.** S. l'hist. nat. de l'Archipel de Mendana ou des Marquises.
3 parties. (Cherb., Soc. Nat.) 1856 à 59. 8. 100 p. 3.50
25813 **Kamerling.** Leerboek d. Plantkunde voor Nederl.-Indië. Haarlem 1915.
8. 482 p. m. 12 color. Tfln. u. 360 Fig. 11.—
25814 **Karsten, G.** Ueb. d. Mangrove-Vegetat. im Malay. Archipel. (Berl.,
Bot. Ges.) 1890. 8. 8 p. m. Tfl. 1.—
25815 — — Cassel 1891. 4. 76 p. m. 11 Tfln. (M. 24.) 12.—
25816 **Koorders, S. H.** Bijdr. tot de kennis d. Boomflora v. Java. 3 Tle.
(Batavia, Nat. Tijd.) 1892—93. 8. 137 p. m. Tfl. 3.—
25817 — Dendrologia Javanica, Plantkundig Woordenboek v. de Boomen
v. Java. (Batav., Plantentuin) 1894. 8. 198 p. Cart. 7.—
Vergriffen.
25818 — Aufzähl. d. von Büsgen in Java ges. Embryophyta siphonogama.
(Batav., Nat. Tijdschr.) 1903. 8. 12 p. 1.—
25819 — Exkursionsflora v. Java. (4 Bde.) Bd. I—III, IV. Abt. 1. Jena 1911—
1913. 8. m. 101 Tfln. u. 4 Ktn. (M. 90.) — Soviel erschien. 80.—
25820 — Verslag v. e. Dienstreis naar de Karimon-Djawa-Eilanden. (Batavia)
8. 111 p. m. Kte. u. Tfl. 6.—
25821 **Koorders en Valeton.** Bijdr. t. de kennis d. Boomsoorten van Java.
13 Tle. (Batavia, Plantent.) 1894—1914. 8. Cart. 120.—
25822 — — Teil 1, 7—10. 1894—1904. Cart.
Jeder Teil: M. 10.
25823 — Atlas d. Baumarten v. Java, im Anschluss an d. „Bijdr. tot de kenn.
d. Boomsoorten". (16 Liefgn. m. 800 Tfln.) Lfg. 1—6. Leid. 1913—14.
8. 300 Tfln. m. Text (auf d. Rückseite). (M. 36.) — Soviel erschien.
25824 **Koorders-Schumacher, A.** System. Verzeichn. d. Phanerog. u. Pteridophyten d. Herbars Koorders, in Niederl.-Ostindien gesamm. Liefg.
1—12. Batav. u. Buitenz. 1910—14. 8. m. Tfln. u. Ktn. — Soviel erschien. 40.—
25825 **Leuduger-Fortmorel.** Diatomées de la Malaisie. (Buitenz., Jard. Buit.)
1892. 8. 60 p. av. 7 pl. 5.—
25826 **Linnaeus.** Herbarium Amboinense. (Holm., 'Amoenit'.) 1759. 8. 31 p. 3.—
25827 **Lotsy.** Pflanzen d. Javan. Urwaldes. 2 Tle. (Nimweg., Rec. Bot.)
1904. 8. 5 p. m. 2 Tfln. 1.50
25828 **Maeso.** Aspecto de la Vegetac. Filipina. (Madr., Soc. Nat.) 1887. 8. 22 p. 1.50
25829 **Massart.** Un Botaniste en Malaisie. (Brux., Soc. Bot.) 1895. 8. 193 p.
av. 8 pl. 6.—
25830 **Meinicke.** Bernstein's Reisen in d. nördl. Molukken. (Gotha, Peterm.)
1873. 4. 11 p. m. Kte. 1.50
25831 **Merrill.** New or noteworthy Philippine Plants I—III, VI, VIII—X, XII.
(Manila, Labor. and Journ. Sc.) 1904—15. 8. and 4. 510 p. w. 3 pl. 10.—
Also the parts wanting may be supplied.
25832 — Cuming's new Philippine Plants. 2 pap. (Manila, Labor.) 1905. 8. 73 p. 1.50
25833 — Philippine Ericaceae. (Manila, J. Sc.) 1906. 4. 16 p. 1.—
25834 — The Philipp. spec. of Garcinia. (Manila, J. Sc.) 1906. 4. 10 p. 1.—

25835 **Merrill.** On Plants fr. the Batanes and Babuyanes Isl. (Manila, J. Sc.) ℳ
1906. 4. 58 p. 2.50
25836 — The Flora of Mount Halcon, Mindaro. (Manila, Journ. Sc.) 1907.
4. 59 p. 3.—
25837 — Index to Philippine Botanic. Literature. 6 parts. (Manila, J. Sc.)
1907—10. 4. 43 p. 2.—
25838 — New Philippine Plants fr. Clemens' collect. I. (Manila, J. Sc.)
1908. 4. 36 p. 1.50
25839 — Revis. of Philippine Combretaceae. (Manila, J. Sc.) 1909. 4. 10 p. 1.—
25840 — Revis. of Philippine Connaraceae. (Manila, J. Sc.) 1909. 4. 12 p. 1.—
25841 — Revis. of Philippine Loranthaceae. (Manila, J. Sc.) 1909. 4. 26 p. 1.50
25842 — Enumerat. of Philippine Leguminosae. 2 parts. (Manila, J. Sc.)
1910. 4. 136 p. 3.50
25843 — Nomenclat. and system. notes on the Flora of Manila. (Manila,
J. Sc.) 1912. 4. 26 p. 1.50
25844 — Sertulum Bontocense. New plants coll. in Bontoc subprov. Luzon.
(Manila, J. Sc.) 1912. 4. 38 p. 1.50
25845 — On the Flora of Manila. (Manila, J. Sc.) 1912. 4. 64 p. 2.50
25846 — Flora of Manila. Manila 1913. 8. 490 p. Cloth. 12.50
25847 — Plantae Wenzelianae. 2 parts. (Manila, J. Sc.) 1913—14. 4. 65 p. 2.50
25848 — Enumer. of the Plants of Guam. 2 parts. (Manila, J. Sc.) 1914. 4. 140 p. 5.—
25849 — Genera and spec. erroneously credit. to the Philipp. Flora. (Manila,
J. Sc.) 1915. 4. 24 p. 1.50
25850 — The pres. status of botan. explorat. in the Philipp. (Manila, J. Sc.)
1915. 4. 12 p. w. colour. map. 1.50
25851 **Merrill, Hackel and o.** New Plants fr. Philippine Isl. 4 papers. (Manila,
Labor.) 1905. 8. 99 p. 2.—
25852 **Merrill and Merritt.** The Flora of Mount Pulog (concluded). (Manila,
J. Sc.) 1910. 4. 33 p. w. map and 4 pl. 2.—
25853 **Merrill and Rolfe.** On Philippine Botany. (Manila, J. Sc.) 1908. 4. 33 p. 1.50
25854 **Miquel.** Analecta botanica Indica. Pars I, II. Amsterd. 1850—51. 4.
74 p. et 17 tab. 6.—
25855 **Moritzi.** Systemat. Verzeichn. d. v. Zollinger auf Java gesammelt.
Pflanzen. Soloth. 1846. 8. 156 p. (M. 3.) 2.—
25856 **Moszkowski.** Reisen in Ost-Zentral-Sumatra. (Berl., Z. Erdk.) 1909.
8. 26 p. m. 2 Ktn. 1.50
25857 **Müller, J.** Beschr. d. Insel Java. 2. Aufl. Berl. 1865. 8. 288 p. m. Kte.
u. 17 meist color. Tfln. (M. 4.50.) Hfzb. 3.—
25858 **Nyman, E.** Botan. excurs. pa Java. (Lund, Bot. Not.) 1900. 8. 10 p. 1.—
25859 **Perkins.** Fragmenta Florae Philippinae. Contrib. to the Flora. 3 parts.
Leips. 1904. 8. 212 p. w. 4 pl. (M. 14.) 10.—
25860 **Perrottet.** Souvenirs d'un voyage aut. du monde: Java, Samboangan,
Manille. (Paris, Rev. Deux Mond.) 1830. 8. 98 p. 2.—
25861 **Pratt.** Roselle. (Manila, J. Sc.) 1912. 4. 6 p. w. 2 pl. 1.50
25862 **Proceedings** of the Agricultural Society, established in Sumatra.
Vol. I (3 parts w. 7 append. and 2 addenda): Year 1820. Bencoolen
1821. 8. 184 p. w. 3 tables. Half bd. calf. 30.—
Extremely rare, printed in few copies by the Baptist Mission Press.
25863 **Ramaley.** Botanist's trip to Java. (Wash., Plant World) 1905. 8. 12 p. 1.—
25864 **Reichardt.** Ueb. d. Flora d. Insel St. Paul im Indischen Ocean. (Wien,
Z. b. G.) 1871. 8. 34 p. 1.—
25865 **Rinne.** Kasana, Kamari, Celebesfahrt. Hannov. 1900. 8. 198 p. (M. 3.50.) 2.—
25866 **Robinson, C. B.** Botan. notes up. the isl. of Polillo. (Manila, J. Sc.)
1911. 4. 44 p. 1.50
25867 **Rolfe.** On the Flora of the Philippine Isl. (Lond., Linn. S.) 1884. 8.
34 p. w. pl. 1.—
25868 **Romburgh.** Aanteeken. over de in den Cultuurtuin te Tijkenmenh ge-
kweekte Gewassen. Batavia 1892. 8. 130 p. m. Tfl. 2.50

25869 **Rumphius** (G. E. R u m p f). Herbarium Amboinense. 6 vol. et auctuar. ℳ
Amstel. 1741—55. Fol. c. 2 effig. et 699 tabul. Morocco. 250.—
Complete copies are now rare. The "Auctuarium" wants to most of them. —
Through the binder's fault plates are often missing, but the copies are notwithstanding described as complete and the wanting plates as'never appeared.' But
with the only exception of vol. V plate 70 all plates have been published. — Many
odd volumes in stock.

25870 — Vol. I—IV. 1741—43. c. effig. et 395 tab. Frzbde. — 3 tabulae
d e s u n t. 45.—
25871 — — Tabulae omnes voluminum I—VI, s i n e t e x t u. 669 tabulae. 45.—
25872 — H a s s k a r l. Neuer Schlüssel zu Rumph's Herbarium Amboinense.
Halle 1866. 4. 253 p. (M. 21.) 10.—
25873 **Rumphius Gedenkboek.** Uitg. d. h. Koloniaal Museum te Haarlem.
Haarl. 1902. folio. 227 p. m. Fig. u. 4 photograph. Tfln. 18.—
Inh.: M. G r e s h o f f. Inleiding. — J. E. H e e r e s. Rumphius' Levensloop.
— F. d e H a a n. Rumphius en Valentijn als geschiedschrijvers van Ambon. —
J. J. V e r w ij n e n. Eene bladzijde uit de geschiedenis der vestiging van het
Nederlandsch gezag in de Ambonsche Kwartieren. — J. P. L o t s y. Over de in
Nederland aanwezige botanische Handschriften van Rumphius. — K. G o e b e l.
Rumphius als botanischer Naturforscher. — O. W a r b u r g. Die botan. Er-
forschung d. Molukken seit Rumpf's Zeiten. Mit Anhang: Ueber Rumphia Am-
boinensis L. — C. H a r t w i c h. Ueb. in Rumphius' „Herbarium Amboinense"
erwaehnte Amerikan. Pflanzen. — M. W e b e r. Jets over Walvischvangst in den
Indischen Archipel. — R. S e m o n. Einige neue Ambonesische Raritäten. — J. G.
de M a n. Over de Crustacea in Rumphius Rariteitkamer. — R. H o r s t.
Over de „Wawo" van Rumphius. — E. v o n M a r t e n s. Die Mollusken (Conchylien) u. die übrig. wirbellosen Thiere im Rumpf'schen Raritätkammer. —
A. W i c h m a n n. Het aandeel van Rumphius in het mineralogisch en geologisch
onderzoek van den Indischen Archipel. — C. P. R o u f f a e r en W. C. M u l l e r.
Eerste proeve van eene Rumphius-Bibliographie.

25874 **Scheffer.** Observat. phytogr. (Descr. Phanerog. nov.) II. III. (Batav.,
Nat. Tijdschr.) 1869—73. 8. 78 p. et 18 tab. 9.—
25875 — Dienstreizen in Buitenzorg. (Batav., Nat. Tijd.) 1871. 8. 28 p. 1.50
25876 — Bijdr. t. de kennis d. Flora v. d. Ind. Archipel. (Batav., Nat. Tijd.)
1874. 8. 79 p. 2.—
25877 **Schiffner.** Verlauf s. Forschungsreise n. Java. (Prag) 1895. 8. 11 p. 1.—
25878 **Schreiber.** Die Insel Nias. (Gotha, Peterm.) 1878. 4. 4 p. m. Kte. 1.—
25879 **Smith, J. J.** Die Orchideen v. Java. Mit Nachträg. I. II. IV. Buitenz.
1905—14. 8. 887 p. m. 2 Tfln. 26.—
25880 — — Figurenatlas. 6 Hefte. Leiden 1908—14. 8. 124 Tfln. m. Text.
(M. 57.) 50.—
25881 **Stapf.** On the Flora of Mount Kinabalu, N. Borneo. (Lond., Linn. Soc.)
1894. 4. 196 p. w. 10 pl. (2 £) 20.—
25882 **Teijsmann.** Reis over Bangka. (Batav., Nat. Tijd.) 1871. 8. 71 p. 2.—
25883 — Botan. reis naar Banka, Riouw en Liengga. (Batav., Nat. Tijd.)
1874. 8. 72 p. 2.—
25884 — Botan. reis ov. Timor en Samauw, Alor, Solor, Floris en Soemba.
(Batav., Nat. Tijd.) 1874. 8. 171 p. 5.—
25885 **Tenison-Woods.** Geograph. notes in Malaysia and Asia. (Sydney,
Linn. Soc.) 1888. 8. 94 p. 2.—
25886 — On the Vegetation of Malaysia. (Sydney, Linn. Soc.) 1889. 8. 98 p.
w. 9 pl. 5.—
25887 **Treub.** S. la nouv. Flore de Krakatau. (Buitenz., Jard.) 1888. 8. 11 p.
av. carte. 1.50
25888 **Van Eeden.** Allgem. beschrijv. catal. d. Houtsorten v. Nederl. Oost-
Indië. Haarl. 1872. 8. 150 p. 3.—
25889 **Veth.** Exped. nach Centr.-Sumatra. (Gotha, Peterm.) 1880. 4. 14 p.
m. Kte. 1.50
25890 **de Vriese.** Minjak Tangkawang en and. voortbrengelsen v. het Plan-
tenrijk v. Borneo's Wester-Afdeel. Leid. 1861. fol. 37 p. 1.50
25891 **Wallace.** On the natural hist. of the Aru Islands. (Lond., Ann. & M.)
1857. 8. 13 p. 1.50

25892 **Wallace.** Der Malayische Archipel. Uebers. v. A. B. Meyer. 2 Bde.   *M*
Braunschweig 1869. 8. m. 9 Krtn.   15.—
Jetzt vergriffen.

25893 **Warburg.** Die Flora d. Asiat. Monsungebiet. (Leipz., Ges. Nat.) 1890.
8. 19 p.   1.—

25894 — Monsunia. Beitr. z. Kenntnis d. Vegetat. d. Süd- u. Ost-Asiat. Mon-
sungebiets. Bd. I. (soweit erschien.). Leipz. 1900. 4. 215 p. m. 11 Tfln.
(M. 40.)   24.—

25895 — Die botan. Erforsch. d. Molukken seit Rumpf's Zeiten. (Haarlem,
'Rumphius') 1902. fol. 16 p.   1.50

25896 **Whitehead.** North Borneo. Exploration of Mount Kina Balu. Lond.
1893. 4. 329 p. w. 30 pl. (10 colour.) (3 £ 3 s.)   30.—
See also nr. 25881.

25897 **Whitford.** The Vegetat. of the Lamao Forest Reserve. (Manila, J. Sc.)
1906. 4. 59 p. w. colour. map and 27 pl.   5.—

25898 **Whitford, W. H. Brown and Mathews.** Philippine Dipterocarp Fo-
rests. 2 parts. (Manila, J. Sc.) 1909—14. 4. 77 p. w. 20 pl.   6.—

25899 **de Wildeman.** Prodrome de la Flore Algolog. d. Indes Néerlandaises.
Av. supplém. Batavia 1897 à 99. 8. 485 p. av. 16 pl. (M. 25.)   15.—

25900 **Williams, R. R.** The economic possibilities of the Mangrove Swamps
of the Philippines. (Manila, J. Sc.) 1911. 4. 16 p.   1.—

25901 **Zollinger.** Verslag van eene Reis naar Bima en Soembawa. (Batav.)
1850. 4. 214 p. m. Tfl.   5.—

25902 — Ueb. Pflanzenphysiognomik v. Java. Zür. 1855. 8. 48 p.   1.50

25903 — Der Indische Archipel. (Gotha, Peterm.) 1858. 4. 8 p. m. Kte.   1.—

XVIII. Australia et Oceania.

[Supplementum numeror. 5385—5487, vide: Bibliographia Botanica, p. 209—213].

25904 **Adams, J.** On the Botany of Hikurangi Mountain. (Wellingt., Inst.)
1898. 8. 20 p.   1.50

25905 **Archer, F. Mueller, Neumayer, M'Coy.** Die Colonie Victoria. Ihre
Hilfsquellen u. ihr physikal. Charakter. Melbourne 1861. 4. 226 p. Hfzb.   6.—

25906 **Bailey, F. M.** Lithograms of the Ferns of Queensland. Brisbane 1892.
8. 7 p. w. 191 pl.   12.—

25907 **Baker, J. G.** Recent addit. to our knowl. of the Flora of Fiji. (Lond.,
Linn. Soc.) 1883. 8. 17 p.   1.—

25908 **Balfour.** Aspects of the Phaenogamic Vegetat. of Rodriguez. (Lond.,
Linn. Soc.) 1877. 8. 18 p.   1.—

25909 **Beauvisage.** Révis. de qu. genres de Plantes Néo-Calédoniennes.
(Paris) 1894. 8. 14 p. av. pl.   1.—

25910 **Beck.** Flora d. Stewart-Atolls. (Wien, Hofmus.) 1888. 8. 6 p.   1.—

25911 **Behm.** Neueste Forschungsreisen in Australien. 2 Tle. (Gotha, Peterm.)
1875—80. 4. 21 p. m. 2 color. Karten.   1.50

25912 — Der Charlotte-Archipel. (Gotha, Peterm.) 1881. 4. 17 p. m. Kte.   1.—

25913 — Forrest's Exped. durch N. W. Austral. (Gotha, Peterm.) 1881. 4.
9 p. m. color. Kte.   1.—

25914 **Bentham and Harvey.** Reviews of: Flora Australiensis and Flora
Capensis. (Lond., Nat. Hist. Rev.) 1863. 8. 12 p.   1.—

25915 **Berggren.** Några nya arter af Nyzeeländ. Fanerogamer. (Lund, Univ.)
1878. 4. 34 p. m. 7 Tfln.   3.50

25916 **Berkeley and Broome.** List of Fungi fr. Brisbane. 3 parts. (Lond.,
Linn. Soc.) 1879—87. 4. 40 p. w. 9 pl.   10.—

25917 **Bitter.** Phanerog. d. Insel Laysan. (Brem., Nat. Ver.) 1900. 8. 10 p. m. Tfl.   1.—

25918 **Brongniart.** S. la Flore de la Nouv.-Calédonie. (Paris, Ann. Sc.)
1865. 8. 10 p.   1.—

25919 **Brongniart et Gris.** Observ. s. div. Plantes nouv. ou peu connues de la Nouv. Calédonie. 3 parties. (Paris, Ann. Sc.) 1864 à 65. 8. 140 p.   3.50
25920 — Fragments d'une Flore de la Nouv.-Calédonie. II, III. Paris 1866 à 1871. 8. 138 p.   3.50
25921 **Brown, R.** Prodromus Florae Novae Hollandiae et Insul. Van-Diemen. Ed. II., cur. Nees ab Esenbeck. Vol. I (quantum prodiit). Norimb. 1827. 8. 474 p.   10.—
25922 — Botan. Appendix to Sturt's Exped. into Centr. Australia. (Lond.) 8. 29 p.   3.—
25923 **Brown, R.** New Zealand Musci. (Wellingt., Inst.) 1898. 8. 13 p. w. 7 pl.   3.50
25924 **Buchanan.** On the Botany of Mount Egmont, New Zealand, and of the prov. of Marlborough. (Lond., Linn. Soc.) 1868. 8. 12 p.   1.—
25925 **Burkill.** Flora of Vavou, Tonga Isl. (Lond., Linn. S.) 1901. 8. 46 p.   1.50
25926 **Christian.** On the Outlying Islands. (Wellingt., Inst.) 1898. 8. 17 p.   1.—
25927 **Cockayne.** On the Freezing of New Zealand Alpine Plants. (Wellingt., Inst.) 1898. 8. 10 p.   1.—
25928 **Cooke, M. C.** Australian Fungi. 9 parts. (Lond., Grev.) 1881—90. 8. 64 p. w. 6 colour. pl.   6.—
25929 **Diels, L.** Vegetations-Biologie v. Neu-Seeland. (Leipz., Engler's Jahrb.) 1896. 8. 100 p. m. color. Kte.   4.50
25930 — — I. Leipz. 1896. 8. 57 p. — Dissertation.   1.—
25931 — (Botan.) Reisen in West-Australien. (Berl., Ges. Erdk.) 1902. 8. 17 p.   1.—
25932 — Die Pflanzenwelt v. West-Australien südl. d. Wendekreises. Leipz. 1906. 8. 425 p. m. Krte., 34 Tfln. u. 82 Fig. (M. 36.)   28.—
25933 **Dixon.** The Plants of New South Wales. Sydney 1906. 8. 356 p. w. 49 fig. Cloth.   9.—
25934 **Domin.** Addit. to the Flora of West. and Northwest. Australia. (Lond., Linn. Soc.) 1912. 8. 37 p. w. 4 pl.   3.50
25935 — Beiträge z. Flora u. Pflanzengeographie Australiens. Stuttg. 1915. 4. 354 p. m. 22 z. Tl. color. Tfln. u. 152 Fig. (M. 202.)   160.—
25936 **Drake del Castillo.** Flore de la Polynésie française. Paris 1892. 8. 376 p. av. carte.   9.—
25937 **Ebel.** Ueb. Australien. (Königsb.) 1848. 8. 40 p.   1.—
25938 **Ettingshausen.** Ueb. d. Entdeck. d. Neuholländischen Charakters d. Eocenflora Europa's. Wien 1862. 8. 96 p. m. 153 Fig.   2.—
25939 — Die genetische Gliederung d. Flora Australiens. (Wien, Ak.) 1875. 4. 74 p. (M. 3.)   2.—
25940 — — Vorläuf. Mittheilung. (Wien, Ak.) 1874. 8. 9 p.   —.50
25941 — Ueb. d. genet. Gliederung d. Flora Neuseelands. (Wien, Ak.) 1883. 8. 25 p.   1.—
25942 — Das Australische Florenelement in Europa. Graz 1890. 4. 10 p. m. Tfl. (M. 1.70.)   1.—
25943 **Filhol.** Rech. botan. s. l'île Campbell. (Paris, 'Vénus') 1885. 4. 23 p.   2.—
25944 **Forster, G.** Briefwechsel m. Sömmering. Braunschw. 1877. 8. 680 p. (M. 12.) Cart.   3.—
25945 — Perty. Ueb. G. Forster. (Bern, Nat. Ges.) 1869. 8. 25 p.   1.—
25946 **Forster, J. R. et G.** Characteres generum Plantarum in itinere ad insulas maris Australis coll. Lond. 1776. 4. 174 p. et 78 tab.   15.—
25947 — Herder, F. v., Verzeichn. v. Forster's Icones Plantarum in itin. ad Insulas Austral. coll. (St. Petersb.) 1885. 8. 26 p.   1.—
25948 **Fournier.** Filices Novae-Caledoniae. (Paris., Ann. Sc.) 1873. 8. 108 p.   6.—
25949 **Frauenfeld.** Berichte v. d. Reise d. „Novara". 10 Tle. (Wien, Z. b. G.) 1858—61. 8. 106 p.   2.50
25950 **Gibbs.** Contrib. to the Mountain Flora of Fiji. (Lond., Linn. Soc.) 1909. 8. w. map and 6 pl.   6.—
25951 **Gray, A.** Characters of some new genera of Plants, mostly fr. Polynesia. Cambr. 1853. 8. 8 p.   1.—

25952 **Grunow.** Algen d. Fidschi-, Tonga- u. Samoa-Inseln, ges. v. Graeffe.   *M*
Tl. I. (soviel erschien.). (Hamb., Mus. Godefr.) 1874. 4. 28 p.   4.—
25953 **Guilfoyle.** Australian Botany. 2. ed. Melbourne 1884. 8. 229 p. w.
5 pl. Cloth.   7.—
25954 — Australian Plants suitable for Gardens, Parks, Timber Reserves
etc. Melb. 1910. 8. 478 p. w. fig. Cloth.   16.—
25955 **Guillaumin.** Catal. d. Phanérog. de la Nouv.-Calédonie et dépend.
(Marseille, Mus. Colon.) 1911. 8. 227 p. av. carte.   10.—
25956 **Guillemin.** Zephyritis Taitensis. Enumér. d. Plantes d. Iles de la
Société. 2 parties. (Paris, Ann. Sc.) 1836 à 37. 8. 75 p.   2.50
25957 **Guppy.** The dispersal of Plants as illustr. by the Flora of the Cocos
Isl. (Lond., Vict. Inst.) 1890. 8. 40 p.   2.—
25958 — Observ. of a Naturalist in the Pacific. Vol. I: Vanua Levu, Fiji.
Lond. 1903. 8. 412 p. w. map and 4 pl. Cloth. (15 s.)   12.—
25959 **Hall, W. L.** The Forests of the Hawaiian Isl. (Wash., Dept. Agr.)
1904. 8. 29 p. w. 8 pl.   2.—
25960 **Harcus.** South Australia: its history, resources and productions. Lond.
1876. 8. 647 p. w. 65 pl. Cloth.   7.—
25961 **Harvey.** Phycologia Australica; the Seaweeds of Australia and Tasmania. 5 vols. Lond. 1858—63. 8. w. 300 colour. pl. Cloth. (7 £ 13 s.)   120.—
25962 — — Vol. I and II. Lond. 1858—59. w. 120 colour. plates. Half bd. calf.   25.—
25963 **Heckel.** Les Plantes utiles de la Nouv.-Calédonie. Paris 1913. 8. av.
38 pl. (1 color.)   10.—
25964 **Heller, A.** On the Ferns and flower. Plants of the Hawaiian Islands.
(Minneap., Bot. Stud.) 1897. 8. 163 p. w. 2 maps and 27 pl.   8.—
25965 **Hemsley.** Report on the botan. collect. fr. Christmas Island. (Lond.,
Linn. Soc.) 1890. 8. 12 p.   1.—
25966 **Henderson.** Neu-Süd-Wales. Frankf. 1852. 8. 171 p. m. Kte. Cart.   1.50
25967 **Heussler.** Beschreib. v. Queensland. Frankf. 1862. 8. 36 p. m. Kte.   1.—
25968 **Hooker, J. D.** Introduct. essay to the Flora of New Zealand. Lond.
1853. 4. 39 p.   4.—
25969 — On the Flora of Australia. Lond. 1859. 4. 135 p.   6.—
25970 — Handbook of the New Zealand Flora. Lond. 1867. 8. 881 p. Cloth.   37.—
25971 — Contrib. to the Botany of the Expedit. of the 'Challenger'. (Lond.,
Linn. Soc.) 1874. 8. 80 p.   2.—
25972 **Hooker, W. J.** Plantae novae Australiae occid., legit Thiselton-Dyer.
2 partes. (Lond., Icones Plant.) 1905. 8. 14 p. w. 14 pl.   7.—
25973 **Kahl.** Honolulu. Schweinf. 1912. 8. 63 p. m. Portr. (M. 1.50.)   1.—
25974 **Kidder.** Contrib. to the nat. hist. of Kerguelen Island. 2 parts. Wash.
1875—76. 8. 173 p.   2.—
25975 **Kirtikar.** Naturalist's trip to Australia. (Bombay) 1889. 8. 10 p.   1.—
25976 **Kittlitz.** Vegetations-Ansichten v. Küstenländern u. Inseln d. Stillen
Oceans. 24 Radierungen in Gross-Folio. Wiesb. 1850—52. Cart.   70.—
    Dieses schöne Abbildungswerk der „Seniavine"-Reise ist schon im J. 1861
vergriffen gewesen. — Das Exemplar hat die Tafeln in den ersten Abzügen.
25977 **Krämer.** Die Samoa-Inseln. 2 Bde. Stuttg. 1901—03. 4. 956 p. m. 5 Tfln.
u. 4 Krtn. (M. 36.)   21.—
25978 **Krone.** Bilder aus Australien: Urwald d. Colonie Victoria u. Farn-Flora.
(Dresd., Isis) 1876. 8. 30 p.   1.—
25979 **Krull.** Briefe aus Neuseeland. (Güstr., Arch.) 1859. 8. 54 p.   1.50
25980 **Labillardière.** Novae Hollandiae Plantarum Specimen. 2 vol. Paris.
1804—06. 4. 242 p. et 265 tab. D.-rel. veau.   125.—
25981 **Lehmann, C.** Plantae Preissianae s. enumer. Plantarum in Australasia
coll. Preiss. 2 vol. Hamburgi 1844—47. 8. 1161 p. (M. 21.) Lnb.   8.—
25982 **Leichhardt.** Briefe. Hamb. 1881. 8. 215 p. m. Portr. u. color. Kte.
(M. 5.) Cart.   2.50
25983 — Z u c h o l d. Biograph. Skizze. Leipz. 1856. 8. 120 p. m. Portr.
(M. 4.50.) Cart.   2.—

25984 **Lindley.** 76 nouv. Plantes de la Nouv.-Hollande. (Paris, Ann. Sc.) *M*
1841. 8. 9 p.   1.—
25985 **Löw, E.** Z. Kenntn. e. neuholländ. Schmarotzerpflanze (Cassytha
malantha). (Wien, Z. b. G.) 1868. 8. 14 p. m. Tfl.   1.—
25986 **Mc Alpine.** System. arrangem. of Australian Fungi, w. host-index.
Melbourne 1895. 4. 243 p.   15.—
25987 **Maiden.** Some reputed Medicinal Plants of New S. Wales. (Sydn.,
Linn. Soc.) 1888. 8. 39 p.   1.50
25988 — Australian Plants provid. human foods. (Sydn., Linn. Soc.) 1888.
8. 76 p.   2.50
25989 — Bibliography of Australian Economic Botany. Part I. Sydney 1892.
8. 66 p.   2.—
25990 — Contrib. tow. a Flora of Mount Kosciusko. (Sydn., Dept. Agr.)
1898. 8. 24 p.   1.—
25991 — The Forest Flora of New South Wales. Parts 1—43 (= vol. I—IV,
V parts 1—3). Sydney 1903—11. 4. w. 162 pl.   45.—
25992 **Maiden and Betche.** Notes fr. the Botanic Gardens, Sydney. III, V.
(Sydney, Linn. Soc.) 1898—99. 8. 22 p. w. pl.   1.50
25993 **Maxwell, W.** The Hawaiian Islands. (Wash., Dept. Agr.) 1899. 8. 20 p.   1.—
25994 **Mettenius.** Filices Novae Caledoniae. (Paris., Ann. Sc.) 1861. 8.
34 p. et tab.   2.50
25995 **Montagne et Decaisne.** Botanique du Voyage de l' "Astrolabe" et la
"Zélée" ou Pôle Sud et dans l'Océanie, exéc. p. Dumont D'Urville. Seul
l'atlas (sans le texte) de 80 pl. noires. Paris 1833. in-fol. Cart.   40.—
25996 **Moore, S. le M.** Botanical results of a journey into the interior of
West. Australia. (Lond., Linn. Soc.) 1899. 8. 91 p.   2.—
25997 — Suggestions up. the origin of the Australian Flora II. (Edinb., Nat.
Sc.) 1899. 8. 13 p.   1.—
25998 **Müller, C.** Musci Polynesiaci praes. Vitiani et Samoani Graeffeani.
(Hamb., Godefr.) 1874. 4. 40 p.   6.—
25999 **Mueller, F.** Definitions of rare or undescr. Australian Plants. (Melbourne, Inst.) 1855. 8. 53 p.   2.50
26000 — Account of some new Australian Plants. (Melb.) 1857. 8. 16 p.
w. 2 pl.   2.50
26001 — Botan. report on the N. Austral. Exped. by Gregory. (Lond., Linn.
S.) 1858. 8. 27 p.   1.50
26002 — Fragmenta Phytographiae Austral. 1, 2, 5, 6, 8, 10, 11, 15, 16, 18,
20—22, 24—32, 35, 37—39, 41—68, 70, 71, 76—87, 89—93 and supplem.
I and II. Melbourne 1858—81. 8. w. plates.
Each part: M. 1.
26003 — Select Plants (excl. of timber trees) for Victor. industr. Culture.
2 parts. (Melbourne) 1872. 8. 200 p.   2.—
26004 — S. alc. Piante Australiane. (Firenze, Giorn. Bot.) 1873. 8. 14 p.   1.—
26005 — Descript. notes on Papuan Plants. 2 parts. Melbourne 1875—76.
8. 34 p.   1.50
26006 — Eucályptographia. Descr. atlas of the Eucalypts of Australia. 10 decades. Melbourne 1879—85. 4. 100 plates w. letterpress.   160.—
The first decades are out of print. The work is rare.
26007 — — Decades I—VII. 1879—80. 77 plates w. letterpr. of 166 p.   100.—
Decades VIII—X are still be had at the publishers'. Also odd parts in stock.
26008 — Census of the Plants hitherto known as indigen. to Australia.
(Sydney, Roy. Soc.) 1881. 8. 86 p.   3.—
26009 — Systemat. Census of Australian Plants. Part I (all published):
Vasculares. Melb. 1882. 4. 160 p.   3.—
26010 — The Plants around Sharks Bay. Perth 1883. fol. 24 p.   2.—
26011 — Key to the system of Victorian Plants. 2 vols. Melbourne 1885—88.
8. 842 p. w. map and 152 fig. Calf.   10.—
26012 — — Vol. I. 572 p. w. map.   4.—

W. Junk, Berlin, W. 15.

26013 **Mueller, F.** Descript. and illustr. of the Myoporinous Plants of Australia. $\mathcal{M}$
Vol. II: Lithograms. Melbourne 1886. 4. 74 plates. Cloth.   40.—
Complete copy; the letterpress has never been published.

26014 — Second systemat. Census of Australian Plants. Part I (all published): Vasculares. Melb. 1889. 4. 244 p.   4.—

26015 — Descr. of unrecord. Austral. Plants. (Sydn., Linn. S.) 1890. 8. 8 p.   1.—

26016 — Plants indigenous to the Colony of Victoria. By E w a r t. Vol. II.
Melbourne 1910. 4. 38 p. w. 31 pl.   16.—
Sequel to nr. 5455.

26017 **Nadeaud.** Plantes nouv. d. Iles de la Société. (Paris, J. Bot.) 1899. 8. 8 p.   1.—

26018 **Nordstedt.** Australasian Characeae. Part I. (all published). Lund 1891.
4. 20 p. w. 10 pl. Boards. (M. 7.)   5.—

·26019 **Odernheimer.** Das Festland Australien. Wiesb. 1861. 8. 157 p.   1.—

26020 **Petermann.** Reisen in Australien v. Stuart, Burke, Gregory, Lefroy,
Forrest, Whitmer, Gilmore, Giles, Gosse, Elder u. a. 13 Tle. (Gotha,
Peterm.) 1862—77. 4. 114 p. m. 12 z. Tl. color. Ktn.   8.—

26021 **Raoul.** Choix de Plantes de la Nouv.-Zélande. 2 parties. (Paris, Ann.
Sc.). 1844. 8. 22 p.   1.50

26022 **Recueil** de Mémoires, Rapports et Documents relat. à l'observ. du
Passage de Vénus sur le Soleil. 3 vols. (7 parties). Paris 1877 à 1882.
4. av. 146 cartes et pl.   75.—
Traitant la Zoologie, la Botanique et la Géologie de l'île Campbell.

26023 **Reichardt.** Ueb. d. Flora d. Insel St. Paul. (Wien, Z. b. G.) 1871. 8. 34 p.   1.—

26024 — Beitr. z. Phanerog.-Flora d. Hawaiischen Inseln. (Wien, Ak.) 1878.
8. 14 p.   1.—

26025 **Reinecke.** Ueb. d. Nutzpflanzen Samoas. (Bresl.) 1895. 8. 24 p.   1.50
Richard. Flore de la Nouv. Zélande — voyez nr. 22605.

26026 **Ridley.** A day at Christmas Island. (Lond.) 1891. 8. 18 p.   1.—

26027 **Rietmann.** Ueb. d. Flora v. Sydney. (St. Gallen, Nat. Ges.) 1863. 8. 13 p.   1.—

26028 **Rodway.** Tasmanian Bryophyta. (2 vols.) Vol. I: Mosses. (Hobart,
Roy. Soc.) 1914. 8. 163 p.   6.—

26029 **Rudge.** Descr. of several spec. of Plants fr. New Holland. (Lond., Linn.
Soc.) 1810. 4. 23 p. w. 11 pl.   6.—

26030 **Sande Lacoste.** Synopsis Hepaticarum Javanicarum. (Amstelod., Ac.)
1856. 4. 112 p. et 22 tab.   6.—

26031 **Sarasin, F.** Neu-Caledonien. (Berl., Z. Erdk.) 1913. 8. 16 p.   1.—

26032 **Sarasin u. Roux.** Nova Caledonia. Forschungen in Neu-Caledon. u.
auf d. Loyalty-Inseln. Botanik, v. Schinz u. Guillaumin. Liefg. 1 (soviel erschien.). Wiesbad. 1914. 4. 85 p. m. 4 Tfln. (M. 14.)

26033 **Schiffner.** Conspectus Hepaticarum Archipel. Indici. Batav. 1898. 8.
382 p. (M. 12.)·   10.—

26034 — Expos. Hepaticar. in itinere Indico collect. 2 partes. (Vindob., Ac.)
1898—1901. 4. 116 p. (M. 7.)   5.—

26035 **Schlechter.** Pflanzengeogr. Glieder. d. Insel Neu-Caledonien. Berl.
1904. 8. 46 p.   1.50

26036 **(Schomburgk).** Report on the Adelaide ·Botanic Garden for 1868—75,
1877—83. 15 parts. Adelaide 1869—84. fol. w. plates.   5.—

26037 — Papers (on Plants and Forests of Australia). Adel. 1873. 8. 132 p.   2.50

26038 — Catal. of the Plants in the Botanic Garden, Adelaide. Adel. 1878.
8. 308 p. w. 17 pl. Boards.   5.—

26039 — On the naturalised Weeds and o. Plants in S. Australia. Adelaide
1879. 4. 13 p.   1.50

26040 **Seelhorst.** Australien. Augsb. 1882. 8. 430 p. (M. 6.50.) Cart.   1.50

26041 **Shirley.** The Lichen Flora of Queensland. 3 parts. Brisbane 1895. 8.
203 p. w. 2 pl. Half bd. calf.   18.—

26042 **Sinnett.** Catal. of the Products of South Australia. Lond. 1862. 8. 96 p.
w. map.   3.—

26043 **Smith, J.** From Melbourne to Melrose. Melb. 1888. 8. 378 p. w. portr.   *M*
Cloth.   2.—
26044 **Smith, J. E.** Specimen of the Botany of New Holland. Vol. I. (all published). Lond. 1793. 4. 54 p. w. 14 (i n s t e a d   o f   1 6)   colour. pl.
Cloth.   45.—
     Extremely rare book, which, when complete — plates 19—25 and plates 7, 8 are wanting in our copy which besides is spotted — costs 150 Mark.
26045 **Spencer, B.** Report of the Scientif. Exped. to Central Australia (The Horn Exped.). 4 vols. Lond. 1896—97. 4. w. many pl. Cloth. (4 £ 10 s.)   40.—
     Vol. III: Geology and Botany — see nr. 5486.
26046 **Stirling.** On a census of the Flora of the Australian Alps. (Edinb., Bot. Soc.) 1904. 8. 77 p. w. map and 3 pl.   4.50
26047 **Swanlund.** Die Vegetation Neu-Amsterdams und St. Pauls. Basel 1901. 8. 54 p.   2.—
26048 **Sydney.** — Journal and Proceed. of the Roy. Society of N. S. Wales. Vol. X, XII, XIV, XVII. Sydn. 1877—84. 8. w. many pl.
     Price for the volume M. 6.
26049 **Tepper.** Discovery of Tasmanian Plants near Adelaide. (Lond., Linn. S.) 1884. 8. 11 p.   1.—
26050 — Plants of the Kangaroo Island. (Adelaide, Roy. Soc.) 1884. 8. 4 p.   1.—
26051 **Transactions and Proceedings** of the Roy. Geographical Society of Australasia. New South Wales Branch. Vol. III. IV. Sydney 1888. 8. w. 4 maps and 8 pl.   10.—
26052 **Transactions and Proceedings** of the Roy. Geographical Society of Australia. Victorian Branch. Vol. VI—VIII. Melbourne 1888—91. 8. w. maps and plates.   8.—
26053 The **Victorian Naturalist.** Ed. by Barnard. Vol. XVII. Melbourne 1901. 8. 212 p. w. maps and pl. Half bd. calf.   5.—
26054 **Vieillard.** Plantes de la Nouv.-Calédonie. 2 mém. (Caen) 1865 à 66. 8. 44 p.   2.—
26055 **Volkens.** Ueb. d. Karolinen-Insel Yap. (Berl., Ges. Erdk.) 1901. 8. 15 p. m. color. Kte.   1.—
26056 **Warburg.** Bergpflanzen aus Kais.-Wilhelms-Land. (Leipz., Engl. J.) 1892. 8. 32 p. m. Tfl.   1.50
26057 — Die Vegetationsverhältn. v. Neu-Guinea. (Berl., Ges. Erdk.) 1892. 8. 20 p.   1.—
26058 **Wellington.** — Transactions and Proceed. of the New Zealand Institute. Vol. 5, 11, 12, 14—17, 22, 29 and index (to vol. 1—17). Wellingt. 1872—97. 8. w. plates. Boards.
     Price of the volume: M. 5.
26059 **Whiting.** The products and resources of Tasmania. Hobart Town 1862. 8. 37 p.   1.50
26060 **Woolls.** Plants in the neighbourh. of Sydney. Sydney 1880. 8. 59 p.   2.—
26061 — On the past, present, and future of the Australian Floras. (Lond., Vict. Inst.) 1900. 8. 41 p.   2.50
26062 **Wycoff.** Bibliography relat. to the Flora of Oceanica. Cincinn. 1913. 8. 22 p.   1.50
26063 **Zahlbruckner.** Beitrag z. Flora v. Neu-Caledonien. (Wien, Hofmus.) 1888. 8. 22 p. m. 2 Tfln.   1.50

XIX. Africa
et insulae adjacentes.

[Supplementum numeror. 5488—5621, vide: Bibliographia Botanica, p. 213—218].

26064 **Alison.** Ascent of the Peak and Sketch of Teneriffe. (Lond., Quart. J. Sc.) 1866. 8. 24 p. w. 2 colour. pl.   1.50
26065 **Ascherson.** Bericht üb. d. botan. Ergebn. d. Rohlfs'schen Exped. in d. Libysche Wüste. (Leipz., Bot. Z.) 1874. 4. 11 p.   1.—

26066 **Ascherson.** Der botan. Nachlass d. Afrikareisend. Pruyssenaere. (Berl., Nat. Fr.) 1877. 8. 21 p.   *M* 1.50

26067 — Vorlage v. mit Wolle eingeschleppt. u. v. Afrikan. Pflanzen v. Soyaux u. Pogge. (Berl., Bot. Ver.) 1878. 8. 15 p.   1.—

26068 — Beitr. z. Flora Aegyptens. (Berl., Bot. Ver.) 1879. 8. 14 p.   1.—

26069 — Le Lac Sirbon et le Mont Casius. (Le Caire, Inst.) 1888. 8. 13 p.   1.—

26070 **Ascherson, Böckeler u. a.** Botanik v. Ostafrika. (Leipz., Decken's Reise) 1879. 4. 91 p. m. 5 z. Tl. color. Tfln. (M. 7.60.)   4.50

26071 **Avetta.** Contrib. alla Flora d. Scioa. 3 parti. (Fir., Giorn. Bot.) 1889: 8. 27 p.   1.50

26072 **Baker, J. G.** Flora of Mauritius and the Seychelles. Lond. 1877. 8. 557 p. Cloth. (24 s.)   20.—

26073 — Report on the Liliaceae, Iridac., Hypoxidac., and Haemodorac. of Welwitsch's Angolan Herbar. (Lond., Linn. S.) 1878. 4. 30 p. w. 3 pl.   3.—

26074 — On Plants coll. by Kutching in Madagascar 1879. (Lond., Linn. Soc.) 1881. 8. 17 p. w. 2 pl.   1.—

26075 — Contrib. to the Flora of Madagascar. 7 parts. (Lond., Linn. Soc.) 1883—89. 8. 468 p. w. 10 pl.   12.—
     Every part is sold separately.

26076 **Baker, Moore and Rendle.** The Botany of the Anglo-German Uganda Boundary Commission. (Lond., Linn. Soc.) 1905. 8. 112 p. w. 4 pl.   5.—

26077 **Ball.** Spicilegium Florae Maroccanae c. descript. specierum nov. vel min. cognit. 5 partes. (Lond., Linn. S.) 1877—78. 8. 492 p. et 20 tab.   13.—
     The parts are also sold separately.

26078 — On the Botany of West. S. Africa. (Lond., Linn. Soc.) 1886. 8. 32 p.   1.50

26079 — On the Mountain Flora of 2 Valleys in the Great Atlas of Marocco. Lond. 8. 24 p.   2.—

26080 **Balsamo.** Piante d. Canarie e d. Congo I. (Napoli) 1893. 8. 12 p.   1.—

26081 **Baron.** Flora of Madagascar. (Lond., Linn. S.) 1889. 8. 48 p. w. map.   1.50

26082 **Barter.** 2 letters (on the Vegetat. of Tropic. West. Africa). (Lond., Linn. Soc.) 1860. 8. 10 p.   1.—

26083 **Barth.** Reisen u. Entdeckungen in Nord- u. Central-Afrika. 5 Bde. Gotha 1857. 8. m. 60 color. Tfln. u. 16 Ktn. (M. 90.) Cart. — 1 K a r t e f e h l t.   12.—

26084 — Voyages et découvertes dans l'Afrique septentrion. et centr. 4 vols. Paris 1860 à 61. 8. av. portr., carte in-fol. et 57 pl.   8.—

26085 — P e t e r m a n n. Barth's Reise v. Kuka nach Timbuktu. (Gotha, Peterm.) 1855. 4. 12 p. m. 2 Ktn.   1.50

26086 **Battandier.** Flore de l'Algérie. Supplément. Alger 1910. 8. 90 p.   3.—

26087 **Battandier et Trabut.** Flore analyt. et synopt. de l'Algérie et de la Tunisie. Alger 1902. 8. 460 p.   6.—

26088 — Atlas de la Flore d'Algérie. Fasc. 1 à 4. Paris 1910 à 1913. 8. av. 48 pl.   32.—

26089 **Baumann.** Fernando Poo u. die Bube. Wien 1888. 8. 159 p. m. color. Kte.   1.50

26090 — Usambara. (Gotha, Peterm.) 1889. 4. 7 p. m. color. Kte.   1.—

26091 **Behm.** Reisen in Aequat.-Afrika. (Gotha, Peterm.) 1878. 4. 10 p. m. Kte.   1.—

26092 **Böhm, R.** Von Sansibar z. Tanganjika. Hrsg. v. Schalow. Leipz. 1888. 8. 206 p. m. Portr. u. Karte. (M. 4.)   1.50

26093 **Bojer.** Descript. Plantar. nov. in insulis Africae australis detect. 2 partes. (Paris., Ann. Sc.) 1835—43. 8. 23 p. et 3 tab.   2.50

26094 **Bolton.** Scient. Jottings on the Nile and in the Desert. (New York, Ac.) 1890. 8. 17 p.   1.—

26095 **Bolus.** Contrib. to South African Botany (chiefly Orchideae). 4 parts. (Lond., Linn. Soc.) 1884—89. 8. 112 p. w pl.   3.—

26096 — Grundz. d. Flora v. Südafrika. Leipz. 1888. 8. 43 p. m. Kte.   1.—
— Annals of the Bolus Herbarium — see nr. 6907.

26097 **Bonnet.** Enumér. d. Plantes rec. p. Guiard dans le Sahara. (Paris, Mus.) 1882. 4. 22 p.   2.50

$\mathcal{M}$

26098 **Bonnet.** Le Djebel Abderrhaman el Mekki. (Pari, J. Bot.) 1887. 8. 11 p.   1.—
26099 **Bonnet et Barratte.** Catal. rais. des Plantes vascul. de la Tunisie. Paris 1896. 8. 568 p.   7.—
26100 **Bonnet et Maury.** D'Aïn-Sefra à Djenien-Bou-Resq. Voyage bot. dans le Sud-Oranais. (Paris, J. Bot.) 1888. 8. 36 p.   1.50
26101 **Bornmüller.** Ergebn. 2 botan. Reisen nach Madeira u. d. Canar. Inseln. (Leipz., Engl. J.) 1905. 8. 106 p.   3.—
26102 **Borsari.** Le zone colonizzab. d. Eritrea. Milano 1890. 8. 96 p. c. 2 cart. color.   2.—
26103 **Bory de Saint-Vincent.** Voyage dans les quatre princip. îles des Mers d'Afrique. Paris 1804. 4. A t l a s seul (sans le texte) de 58 pl. D.-rel. veau.   8.—
26104 — Flore de l'Algérie: Cryptogames. Paris 1849. fol. Seulement pages 241 à 600 (s a n s l'atlas).   9.—
     Renfermant partie des Lichenes et Fungi.
26105 **Bové.** Relat. abrégée d'un voy. botan. en Egypte, d. l'Arabie et en Palestine. 3 parties. (Paris, Ann. Sc.) 1834. 8. 42 p.   2.—
26106 **Braun u. Vatke.** Ueb. ein. neue v. Hildebrandt in Ostafrika entdeckten Pflanzen. (Berl., Ak.) 1877. 8. 15 .p.   1.—
26107 **Briquet.** Labiatae Congolenses. (Brux., Soc. Bot.) 1898. 8. 31 p.   1.50
26108 **Britten, Baker and o.** The Plants of Milanji, Nyassa- land, coll. by Whyte. (Lond., Linn. Soc.) 1894. 4. 67 p. w. map and 10 pl. (1 £)   10.—
26109 **Brunnthaler.** Ergebn. e. bötan. Forschungsreise nach Deutsch-Ost-afrika u. Südafrika. Tl. I. (soviel erschien.). (Wien, Ak.) 1913. 4. 34 p. m. Tfl. (M. 3.30.)   2.—
26110 — Die Viktoriafälle d. Sambesi u. ihre Umgeb. (Wien, Rundsch. Geogr.) 1913. 8. 6 p.   —.50
26111 **Buchenau.** Monogr. d. Juncaceen v. Cap. (Brem., Nat. Ver.) 1875. 8. 121 p. m. 7 Tfln.   4.—
26112 **Buchenau u. Vatke.** Reliquiae Rutenbergianae. VI. VIII. (Brem., Nat. Ver.) 1885—89. 8. 50 p. m. Tfl.   1.50
26113 **Buchholz.** Reisen in West-Afrika. Leipz. 1880. 8. 263 p. m. Portr. u. color. Karte. (M. 6.) Cart.   2.—
26114 **Bunbury.** On the Botany of Madeira and Teneriffe. (Lond., Linn. Soc.) 1857. 8. 35 p.   1.50
26115 **Burmann, J.** Rarior. Africanarum Plantarum decades X. Amstelaed. 1738—39. 4. 378 p. et 100 tab. Frzb.   15.—
26116 **Burtt-Davy.** Annual report f. 1911 of the Agrostologist and Botanist of the Dept. of Agricult. Pretoria. 1912. fol. 43 p. w. 14 pl.   4.—
26117 **Burtt-Davy and Pott-Leendertz.** Check-list of the flower. Plants and Ferns of the Transvaal and Swaziland. (Pretoria, Mus.) 1912. 8. 66 p. (7 s. 6 d.)   5.—
26118 **Büttner.** Ergebnisse mein. Reise in Westafrika. (Berl., Afrik. Ges.) 1888. 8. 104 p. m. 2 Ktn.   2.—
26119 — Neue Arten v. Guinea, d. Kongo u. d. Quango. 2 Tle. (Berl., Bot. Ver.) 1890—91. 8. 53 p.   1.50
26120 **Cannon, W. A.** Botanic. Features of the Algerian Sahara. Wash. 1913. 8. 87 p. w. 37 pl.   12.—
26121 **Cardot.** Mosses of the Azores and of Madeira. (St. Louis, Gard.) 1897. 8. 25 p. w. 11 pl.   4.—
26122 **Casati.** 10 Jahre in Aequatoria. 2 Bde. Bamb. 1891. 8. 715 p. m. 4 Ktn. u. 57 color. u. schwarz. Tfln. Lnbde. (M. 22.)   6.—
26123 **Cecchi.** 5 Jahre in Ostafrika. Leipz. 1888. 8. 541 p. m. color. Kte. (M. 15.)   3.—
26124 **Chabert.** S. la Flore d'Algérie. 4 parties. (Paris, S. Bot.) 1889 à 92. 8. 38 p.   1.50
26125 **Champy.** Flore de l'Algérie. Paris 1843. gr. in-fol. 16 p. av. 40 pl. color.   25.—
26126 **Chevalier, A.** Les Végétaux utiles de l'Afrique tropic. Française. Fasc. I à VI. Paris 1905 à 11. 8. av. plchs.   45.—

26127 **Chevalier, A.** Sudania. Enumérat. d. Plantes rec. en Afrique tropic. *ℳ*
Vol. I. (Nos. 1 à 12000). Paris 1911. 4. — Autographié. 26.—
26128 — Etudes s. la Flore de l'Afrique Centr. Française. Vol. I. Paris
1913. 8. 464 p. 16.—
26129 **Chevallier, L.** S. la Flore du Sahara. (Genève, Boiss.) 1900. 8. 15 p. 1.—
26130 **Clary.** Catal. d. Plantes de Daya (Algérie). (Toulouse) 1888. 8. 59 p. 1.50
26131 **Contribuzioni** alla conosc. d. Flora d. Africa orient. Ed. da Gilg, Pax
ed a. Parti VII, VIII, XII, XIII, XVII, XVIII, XX. (Roma, Ist. Bot.) 1896.
4. 56 p. 2.—
26132 **Cosson.** Rapp. s. un voyage botan. en Algérie, II. (Paris, Ann. Sc.)
1856. 8. 28 p. av. carte. 1.50
26133 — Itineraire d'un voyage botan. en Algérie. (Paris, Soc. Bot.) 1857.
8. 111 p. 4.50
26134 — Genera 2 nova Algeriensia. (Paris., Ann. Sc.) 1864. 8. 8 p. et 2 tab. 1.50
26135 — Rapport s. la Mission botan. au Nord de la Tunisie. (Paris)
1884. 8. 31 p. 1.—
26136 — S. la Flore de la Kroumirie centr. (Paris) 1885. 8. 33 p. 1.50
26137 **Cosson et Durieu de Maisonneuve.** Sur qu. espèces nouv. de Plantes
d'Algérie. 3 parties. (Paris, Soc. Bot.) 1855 à 57. 8. 30 p. 1.50
26138 **Cosson et Kralik.** Sertulum Tunetanum. (Paris., S. Bot.) 1857. 8. 74 p. 2.50
26139 **Daveau.** Botanique du Mission d. Pêcheries de la côte occid. d'Afrique. (Bordeaux, Soc. Linn.) 1905. 8. 10 p. av. pl. 1.—
26140 **Debeaux.** Catal. d. Plantes du territ. de Boghar (Algérie). 2 parties.
(Paris, Ann. Sc.) 1859. 8. 120 p. 3.—
26141 **Decaisne.** S. qu. Plantes d'Egypte. (Paris, Ann. Sc.) 1835. 8. 16 p.
av. pl. 1.—
26142 **Delile.** S. qu. Plantes nouv. d'Abyssinie. (Paris, Ann. Sc.) 1843. 8.
8 p. av. pl. 1.—
26143 **Denham, Clapperton and Oudney.** Travels and Discoveries in Northern. and Central Africa, 1822—24. 2. ed. 2 vols. Lond. 1826. 8.
745 p. w. 15 partly colour. pl. and map. Boards. 10.—
26144 **Denon.** Travels in Upper and Lower Egypt, dur. the campaigns of
Bonaparte. Transl. by Aikin. 3 vols. Lond. 1803. 8. 1078 p. w. many
pl. and maps. Calf. 8.—
26145 **Dewèwre.** Liste d. Plantes rec. au Congo. (Brux., S. Bot.) 1895. 8. 13 p. 1.—
26146 — Qu. esp. nouv. du Congo. (Brux., S. Bot.) 1895. 8. 13 p. 1.—
26147 **Dinter.** Deutsch-Südwest-Afrika. Flora, Forst- und landwirtschaftl.
Fragmente. Leipz. 1909. 8. 202 p. m. Tfl. Lnb. 3.50
26148 **Doumergue.** Herborisations Oranaises. Partie I (tout ce qui a paru).
(Toulouse, Rev. Bot.) 1890. 8. 55 p. 2.—
26149 **Doumet-Adanson.** Rapport sur une Mission botan. dans la rég. Saharienne. Paris 1888. 8. 132 p. 2.50
26150 **Durand, E., et Barratte.** Florae Libycae prodromus ou catal. rais.
d. Plantes de Tripolitaine. Genève 1910. 4. 441 p. av. carte et 20 pl.
Cart. 32.—
26151 **Durand, T. et H.** Sylloge Florae Congolanae (Phanerogamae). Brux.
1909. 8. 716 p. 12.—
26152 **Durand, T., et Schinz.** Conspectus Florae Africae. Vol. V: Monocotyl.
et Gymnospermeae. Brux. 1895. 8. 977 p. (fr. 20.) Cart. 10.—
26153 — Etudes sur la Flore de l'Etat indépend. du Congo. Partie I (tout ce
qui a paru). (Brux., Ac.) 1896. 8. 368 p. 3.—
26154 **Durand, T., et Wildeman.** Matériaux p. la Flore du Congo. 11 fascic.
(Brux., Soc. Bot.) 1898 à 1901. 8. 420 p. av. 4 pl. 10.—
26155 **Ebner.** Reise nach Süd-Afrika. Berl. 1829. 8. 336 p. m. Portr. u. Tfl.
Hfzb. 3.—
26156 **Elliot.** New and little known Madagascar Plants. (Lond., Linn. Soc.)
1891. 8. 67 p. w. 12 pl. (6 s.) 3.—

26157 **Elliot.** On the botan. results of the Sierra Leone Boundary Commiss.   *M*
(Lond., Linn. Soc.) 1894. 8. 36 p.   1.—

26158 **Emin-Bey.** Reisen in C. Africa. 4 Abhandl. (Gotha, Peterm.) 1879—81.
4. 42 p.   2.50

26159 **Engler.** Ueb. die Flora des Gebirgslandes v. Usambara. (Leipz., Engl.
J.) 1893. 8. 14 p.   1.—

26160 — Ueb. d. wichtig. Ergebn. d. neuern botan. Forschgn. im tropisch.
Afrika. (Gotha, Peterm.) 1894. 4. 16 p.   1.50

26161 — Monographien Afrikan. Pflanzen-Familien u. -Gattungen. Tl. I—VIII
(soviel erschien.). Leipz. 1898—1904. fol. m. 148 Tfln. (M. 160.)   85.—

26162 — Verzeichn. der auf d. Götzen'schen Exped. am Kirunga ges. Pflanzen. (Berl., „Götzen") 1899. 4. 11 p.   1.50

26163 — Ueb. d. Vegetationsverhältn. d. Ulugurugebirges. (Berl., Ak.) 1900.
4. 21 p.   1.50

26164 — Vegetationsansichten aus Deutschostafrika. Leipzig 1902. 64 Tfln.
in-4. mit Beschreib. v. 50 p. in-8. In Leinen-Mappe. (M. 25.)   15.—

26165 — Ueb. d. Vegetations-Formation. Ost-Afrikas. 2 Teile. (Berl., Z.
Erdk.) 1903. 8. 50 p.   2.—

26166 — Ueb. d. Frühlingsflora d. Tafelberges bei Kapstadt. (Berl., Bot.
Gart.) 1903. 8. 58 p.   1.50

26167 — Pflanzengeogr. Gliederung v. Afrika. (Berl., Ak.) 1908. 8. 57 p.   2.—

26168 — Die Pflanzenwelt Afrikas, bes. s. trop. Gebiete. (5 Bde.) Bd. I, II,
III, Heft 1 u. 2. Leipz. 1910—1915. 8. 2425 p. m. 63 Tfln., 6 color.
Ktn. u. 1427 Fig. (M. 120.) — Soviel erschien.   85.—

26169 **Ettingshausen.** Ueb. d. genet. Gliederung d. Cap-Flora. (Wien, Ak.)
1875. 8. 26 p.   1.—

26170 **Eyles.** Record of Plants coll. in South Rhodesia. (Cape Town, Roy.
Soc.) 1916. 8.   13.—

26171 **Faber.** Vegetationsbilder aus Kamerun. (Dresd., Bot. Centr.) 1907. 8.
17 p. m. 5 Tfln.   2.50

26172 **Faïtlovitch.** Quer durch Abessinien. Berl. 1910. 8. 199 p. m. Tfl. (M. 5.)   2.—

26173 **Ficalho and Hiern.** On Central-African Plants coll. by Pinto. (Lond.,
Linn. Soc.) 1881. 4. 26 p. w. 4 pl.   2.—

26174 **Flora Africana.**— 26 Abhandl. v. Burtt-Davy, Cosson, Fenzl, K. Fritsch,
Oliver, Schinz, Schönland, Terracciano, J. Urban u. a. 1834—1914.
8. u. 4. 171 p. m. 9 Tfln.   10.—

26175 **Flora Capensis.** Ed. by Thiselton-Dyer. Vol. I—IV, V, Section 1 and 3,
VI, VII. Lond. 1860—1913. 8. Cloth and sewed. — All publish.   240.—

26176 **François.** Die Erforsch. d. Tschuapa .u. Lulongo. Leipz. 1888. 8. 234 p.
m. Kte. (M. 6.).   2.—

26177 **Fresenius.** Beitr. z. Flora v. Aegypten u. Arabien. (Frankf., Senck.)
1834. 4. 30 p. m. 2 Tfln.   2.—

26178 **Fries, R. E.** Botan. Ergebn. d. Schwed. Rhodesia-Kongo-Exped. Heft 1:
Pteridophyta. Choripetalae. Stockh. 1914. 4. 184 p. m. Kte. u. 13 Tfln.
(M. 25.)

26179 **Gay, H.** Excurs. botan. dans les Beni-Salah. (Paris, Rev. Bot.) 1886.
8. 12 p.   1.—

26180 — Herborisat. Algériennes. (Paris, Rev. Bot.) 1886. 8. 20 p.   1.—

26181 — Florule de Blida (Algérie). Auch 1888. 8. 75 p.   2.—

26182 — Synopsis de la Flore de la Mitidja. 4 parties. (Moulins) 1890 à 91.
8. 55 p.   2.—

26183 **Geyler.** Botan. Ausbeute d. Reise Noll's u. Grenacher's. (Frankf.,
Senck.) 1872. 8. 10 p.   1.—

26184 **Gibbs.** Contrib. to the Botany of S. Rhodesia. (Lond., Linn. Soc.)
1906. 8. 70 p. w. 4 pl.   4.—

26185 **Godman.** Nat. History of the Azores. Lond. 1870. 8. 363 p. w. 2 maps.
Cloth. (9 s.)   6.—
Pag. 113—328: H. C. W a t s o n, Botany of the Azores.

W. Junk, Berlin, W. 15.

26186 **Gomes, B. A.** As exploracoes phyto-geogr. da Africa Tropical exec. *M*
p. Welwitsch. (Lisboa, Ac.) 1883. 8. 43 p. 1.50
26187 **Graetz.** Im Motorboot quer durch Afrika. Berl. 1912. 8. 237 p. m. Portr.
u. viel. Fig. Lnb. (M. 6.50.) 3.—
26188 **Gubb.** Flora of Algeria. Lond. 1909. 8. Cloth. 5.—
26189 — La Flore Algérienne. Alger 1913. 8. 308 p. av. 262 fig. Toile. 6.50
26190 — La Flore Saharienne. Londr. 1913. 8. Toile. 9.50
26191 **Harvey-Gibson.** Some aspects of the Vegetation of South Africa.
(Edinb., Geogr. Mag.) 1914. 8. 13 p. 1.—
26192 **Hassert.** Forschungs-Exped. ins Kamerun-Gebirge. (Berl., Z. Erdk.)
1910. 8. 35 p. m. Kte. u. 7 Tfln. 2.—
26193 **Hémet.** Florule d. fortificat. d'Alger. Bar 1904. 8. 16 p. 1.—
26194 **Hemsley.** S. l. productions végét. de l'Abyssinie. (Gand) 1869. 8. 12 p. 1.—
26195 **Henriques.** Contrib. p. o est. da Flora de S. Thomé. (Lisb., Soc. Brot.)
1886. 4. 133 p. av. 8 pl. 5.50
26196 — Subsidios p. o connec. da Flora da Africa occid. (Lisb., Soc. Brot.)
1899. 4. 42 p. 1.50
26197 **Henslow, G.** South African Flowering Plants. Lond. 1903. 8. 312 p.
w. 112 fig. Cloth. 5.—
26198 **Hodgson, W. B.** Notes on Northern Africa, the Sahara and Soudan.
N. York 1844. 8. 112 p. 5.—
26199 **Hoffmann, F.** Z. Kenntn. d. Flora v. Centr.-Ost-Afrika. Berl. 1889. 8. 39 p. 1.—
26200 **Höhnel.** Zum Rudolf- u. Stefanie-See. Wien 1890. 8. 34 p. m. Kte.
u. 4 Tfln. 1.50
26201 — Die Afrika-Reise v. Teleki. (Wien, Geogr. Ges.) 1890. 8. 34 p. 1.—
26202 **Holub.** Sieben Jahre in Süd-Afrika. 2 Bde. Wien 1881. 8. 1088 p. m.
Portr., 4 color. Ktn. u. 235 Fig. Lnbde. (M. 20.) 10.—
26203 — 6 Schriften üb. Süd-Afrika. Wien 1881—82. 8. 210 p. 2.50
26204 **Hooker, J. D.** On the Vegetat. of Clarence Peak, Fernando Po. (Lond.,
Linn. Soc.) 1862. 8. 23 p. 1.—
26205 — On the Plants of the temperate regions of the Cameroons Mount.
(Lond., Linn. Soc.) 1864. 8. 70 p. w. pl. 2.—
26206 **Hooker, W. J.** Niger Flora. Lond. 1849. 8. 602 p. w. map, 2 views and
50 pl. Cloth. (23 s.) 10.—
Rare; map often wanting.
26207 **Horowitz.** Marokko. Leipz. 1887. 8. 220 p. (M. 4.) 1.50
26208 **Hoyos.** Zu den Aulihan. Reise- u. Jagderlebnisse im Somâliland. Wien
1895. 8. 190 p. m. Kte. u. 10 photogr. Tfln. (M. 10.) 2.50
26209 **Hübbe-Schleiden.** Ethiopien. Hamb. 1879. 8. 412 p. m. Kte. (M. 10.) Cart. 3.—
26210 **Johnston, H.** Report on the Flora of the outlying islands in Mahé-
bourg Bay, Mauritius. (Edinb., Bot. Soc.) 1895. 8. 36 p. 1.50
26211 — Liberia. W. an append. on the Flora by Stapf. 2 vols. Lond. 1906.
8. 1100 p. w. 22 maps, 28 colour. pl., 24 botan. drawings and 402 fig.
Coth. (42 s.) 20.—
26212 **Junker.** Die ägypt. Aequatorial-Provinzen. 2 Tle. (Gotha, Peterm.)
1879—80. 4. 24 p. m. 2 color. Ktn. 1.50
26213 — Reise durch d. Lybische Wüste. (Gotha, Peterm.) 1880. 4. 10 p. m.
color. Kte. 1.—
26214 **Keller, C.** Natur u. Volksleben v. Réunion. Basel 1888. 8. 31 p. 1.—
26215 — Reisestudien in d. Somaliländern. 2 Tle. (Braunschw., Globus)
1896. 4. 15 p. 1.—
26216 **Kliem.** Die Vegetationsformationen Deutsch-Ostafrikas. Langens. 1907.
8. 92 p. 2.—
26217 **Klunzinger.** Die Vegetat. d. Egypt.-Arab. Wüste b. Koseir. (Berl., Ges.
Erdk.) 1878. 8. 30 p. 1.50
26218 **Knoblauch.** Ökolog. Anat. d. Holzpflanzen d. Südafrikan. immergrünen
Buschregion. Tüb. 1896. 8. 48 p. 1.—

26219 **Körner.** Süd-Afrika. Bresl. 1873. 8. 324 p. m. Kte. u. 31 Tfln. (3 color.) *M* (M. 12.) Lnb. — 3.—

26220 **Kotschy.** Ueberblick der Nilländer u. ihr. Pflanzenbekleidung. (Wien, Geogr. Ges.) 1857. 8. 26 p. — 1.50

26221 **Kotschy et Peyritsch.** Plantae Tinneanae. Descr. Plantar. in expedit. Tinneana ad flumen Bahr-el-Ghasal (Africa) coll. Vindob. 1867. fol. 68 p. et 27 tab. Cart. — Tabula 8 B d e e s t. — 50.—

26222 **Krause, E. H. L.** Flora d. Insel St. Vincent in d. Capverdengruppe. (Leipz., Engl. Jahrb.) 1891. 8. 33 p. — 1.50

26223 **Kuntze.** Plantae Pechuelianae Hereroenses. (Berol., Bot. Gart.) 1886. 8. 16 p. — 1.—

26224 **Laurent.** Le Bas-Congo, sa flore et s. agricult. (Brux., S. Bot.) 1895. 8. 19 p. — 1.—

26225 **Lestiboudois.** Voyage en Algérie. (Lille, Soc. Sc.) 1853. 8. 390 p. — 2.50

26226 **Letourneux.** Promenade et Herborisations dans l'Èst de l'arondiss. de Bône. (Bône) 1868. 8. 22 p. — 1.—

26227 — Rapport s. une mission botan. au Nord, le Sud et l'Ouest de la Tunisie. Paris 1887. 8. 93 p. — 3.—

26228 — S. un voyage bot. à Tripoli de Barbarie. (Paris, S. Bot.) 1889. 8. 9 p. 1.—

26229 **Leuduger-Fortmorel.** Diatomées marines de la côte occid. d'Afrique. St. Brieuc 1898. 4. 41 p. av. 8 pl. — 6.—

26230 **Levaillant.** Second voyage dans l'intérieur de l'Afrique. 3 parties. Brux. 1797. 8. 624 p. av. 20 pl. D.-rel. veau. — 8.—

26231 **Liebmann.** Plantegeograph. skildring' af Vulkanen Orizaba. (Stockh., Skand. Naturf.) 1842. 8. 26 p. — 2.—

26232 **Lindinger.** Reisestud. auf Tenerife üb. ein. Pflanzen d. Kanar. Inseln. Hamb. 1911. 8. 108 p. (M. 4.50.)

26233 **Linnaeus.** Plantae Africanae rariores. (Holm., 'Amoen.') 1763. 8. 39 p. 3.—

26234 **Liste** d. Plantes d. envir. de Biskra et dans l'Aurès. Alger 1892. 8. 27 p. av. carte. — 1.50

26235 **Livingstone.** Explor. dans l'Afrique Australe. Trad. par Loreau. Paris 1868. 8. 359 p. av. 20 pl. et carte. Cart. — 2.—

26236 **Lowe.** Novitiae Florae Maderensis: or notes and glean. of Maderan Botany. (Cantabr.) 1838. 4. 27 p. — 3.—

26237 — List of Plants coll. at Mogador. (Lond., Linn. S.) 1861. 8. 20 p. 1.—

26238 **Mac Owan.** New Cape Plants. (Lond., Linn. S.) 1890. 8. 10 p. 1.—

26239 **Maltzan, H. v.** Reise in d. Regentschaften Tunis u. Tripolis. 3 Bde. Leipz. 1870. 8. 1252 p. m. 8 Tfln., 3 Portraits u. 2 Karten. (M. 12.) 6.—

26240 — B o l l. Maltzan's naturhistor. Wirksamkeit. (Neubrand., Nat. Ges.) 1852. 8. 20 p. — 1.—

26241 **Marchesetti.** Appunti s. Flora Egiziana. (Trieste, Mus.) 1903. 8. 24 p. 1.—

26242 **Marloth.** The Flora of South Africa. (4 vols.) Vol. I. Lond. 1914. 4. Cloth. — All published. — 44.—

26243 **Marno.** Reisen in Hoch-Sennaar. (Gotha, Peterm.) 1872. 4. 7 p. m. Kte. 1.—

26244 — Die Sumpfregion d. äquator. Nilsystems. (Gotha, Peterm.) 1881. 4. 16 p. m. color. Kte. — 1.50

26245 **Martelli.** Contrib. alla Flora di Massaua. (Firenze, Giorn. Bot.) 1887. 8. 13 p. — 1.—

26246 **Masson.** Stapeliae novae. New spec. discov. in the inter. parts of Africa. (4 parts.) Lond. 1796. fol. 24 p. w. 41 colour. pl. Boards. 100.—

26247 — — A copy w i t h o u t the 1. part: 8 p. w. 21 colour. pl. 20.—

26248 **Mathers.** Zambesia. Lond. 1891. 8. 488 p. w. 2 colour. maps and many fig. Cloth. — 3.—

26249 **Meier-Jobst.** Die Hochebene v. Barka (Africa). Eupen 1898. 4. 24 p. 1.—

26250 **Meller.** Journal of an expedit. to Madagascar. (Lond., Linn. Soc.) 1864. 8. 10 p. — 1.—

26251 **Mellis.** St. Helena: Descr. of the island, includ. its Geology, Fauna,   *M*
      Flora and Meteorol. Lond. 1875. 4. w. 56 pl. and maps, mostly colour.
      Cloth.   15.—
26252 **Menezes.** Contrib. p. o est. da Flora do Archipelago da Madeira. Fun-
      chal 1909. 8. 39 p.   2.—
26253 **Meyer, E. H. F.** Comment. de Plantis Africae australioris, coll. Drege.
      2 fascic. Lips. 1835—37. 8. 396 p. (M. 11.) — Quantum prodiit.   3.—
26254 **Mitteilungen** d. Afrikan. Gesellschaft in Deutschland. Hrsg. v. Erman.
      Bd. I—V. Berl. 1878—89. 8. m. Tfln. u. Ktn. (M. 70.) Cart. u. brosch.   30.—
26255 **Möbius.** Botan. Exkurs. nach Algier und Tunis. (Frankf., Senck.) 1910.
      8. 28 p.   1.—
26256 **Mönkemeyer.** Reiseskizzen v. Berlin nach d. Kongo. Erf. 1886. 4. 20 p.   1.—
26257 — Ueb. d. trop. Westafrika. Berl. 1886. 8. 26 p.   1.—
26258 **Montagne.** Plantes cellulair. d. Iles Canaries. Paris 1850. fol. 232 p.
      av. 9 pl.   20.—
26259 **Moore, S. Le M.** Contribut. to the Flora of Africa. 2 parts. (Rubiaceae
      and Compositae). (Lond., Linn. Soc.) 1902—06. 8. 96 p. w. 4 pl.   2.50
26260 **Morris, J.** Catal. of the objects exhib. by the Colony of Mauritius at
      the Paris exhib. Lond. 1867. 8. 34 p.   1.50
26261 **Müller, J. W. v.** Ueb. seine 1845—49 n. Afrika unternomm. Reisen.
      (Wien, Ak.) 1849. 8. 18 p. m. 4 Tfln.   2.—
26262 **Munby.** Flore de l'Algérie. Paris 1847. 8. 136 p. av. 7 pl. D.-rel. veau.   6.—
      Epuisé.
26263 **Murbeck.** Ueb. ein. amphicarpe nordwestafrik. Pflanzen. (Stockh., Ak.)
      1901. 8. 23 p.   1.—
26264 **Muschler.** Manual Flora of Egypt. 2 vols. Berl. 1912. 8. 1342 p. Cloth.
      (M. 40.)
26265 **Nachtigal.** Reise v. Murzuk nach Kuka. (Gotha, Peterm.) 1871. 4. 7 p.   1.—
26266 — Dar För, die neue Aegypt. Provinz. (Gotha, Peterm.) 1875. 4. 6 p.
      m. color. Kte.   1.—
26267 — Von Tripolis nach Fezzân. (Gotha, Peterm.) 1878. 4. 2 p. m. col. Kte.   1.—
26268 — Sahara et Soudan. Trad. p. Gourdault. Tome I (seul paru). Paris
      1881. 8. 552 p. av. portr., 2 cartes in-fol. et 99 fig. D.-rel. veau. (fr. 14.)   7.—
26269 — B e r l i n. Erinnerungen an Nachtigal. Berl. 1887. 8. 238 p. m.
      Portr. (M. 5.)   2.—
26270 **Navás.** Sinopsis de los Líquenes de las islas de Madera. (Braga,
      Broter.) 1913. 8. 117 p. av. 3 pl.   4.—
26271 **Nees ab Esenbeck, C. G.** Plantarum Canariensium species 4 novae.
      (Bon., Ac. Leop.) 1820. fol. 6 p. et 5 tab.   2.—
26272 — Agrostographia Capensis. Halae 1853. 8. 511 p.   4.—
26273 **Noble.** Descr. handbook of the Cape Colony: its condit. and ressour-
      ces. Capetown 1875. 8. 331 p. w. 2 pl. and colour. map. Boards.   6.—
26274 — History, product. and resources of the Cape of Good Hope. Cape
      Town 1886. 8. 330 p. w. map and 24 mostly colour. pl. Boards.   5.—
      Page 288—319: B o l u s, Sketch of the Flora of S. Africa — and o.
26275 **Oliver.** Flora of Tropical Africa. Contin. by Thiselton-Dyer. Vol.
      I—III; IV, Sect. 1, 2; V, VI, VII, VIII. Lond. 1868—1913. 8. Cloth.   220.—
26276 — — Vol. III: Umbelliferae to Ebenaceae. 1877. 552 p.   10.—
26277 — Enumerat. of the Plants coll. by Johnston on the Kilima-Njaro
      Exped. (Lond., Linn. Soc.) 1887. 4. 19 p. w. 4 pl. (10 s.)   5.—
26278 **Oliver and Grant.** The Botany of the Speke and Grant Exped. fr.
      Zanzibar to Egypt. Part II. (Lond., Linn. Soc.) 1873. 4. 38 p. w. 35 pl.   10.—
      The complete work — see nr. 5578.
26279 **Oliver and J. D. Hooker.** List of the Plants coll. by Thomson on the
      mountains of East. Equator. Africa. (Lond., Linn. S.) 1885. 8. 15 p.   1.—
26280 **Oschatz.** Anordnung d. Vegetat. in Afrika. Erl. 1900. 8. 103 p.   2.—
26281 **Palacky.** Ueb. d. Flora v. Egypten. (Prag, Ges. Wiss.) 1887. 8. 8 p.   1.—

26282 **Pampanini.** Plantae Tripolitanae ab auct. lectae et repertor. Florae *M*
vascul. Tripolitaniae. Florent. 1914. 8. 334 p. 7.—

26283 **Parlatore et Barker Webb.** Florula Aethiopico-Aegypt. s. enumer.
plantarum missar. a Figari. 2 partes. (Florent., Giorn. Bot.) 1870—88.
8. 24 p. 1.50

26284 **Pechuel-Loesche.** Kongoland. Jena 1887. 8. 513 p. (M. 10.) Cart. 3.—

26285 **Perroud.** Herborisat., dans la Grande Kabylie. 2 parties. (Lyon, Soc.
Bot.) 1882 à 83. 8. 208 p. 4.50

26286 **Petermann.** Heuglin's Reisén in Abyssin. u. Inner-Afrika. 4 Abhandl.
(Gotha, Peterm.) 1862—63. 4. 90 p. m. Kte. 2.—

26287 — Reisen v. Lenz, Livingstone, Nachtigal, Rohlfs u. a. in Afrika.
8 Abhandl. (Gotha, Peterm.) 1870—75. 4. 96 p. m. 4 color. Ktn. u. Tfl. 3.50

26288 — Schweinfurth's Reise nach d. ober. Nil-Ländern. IV. V. (Gotha,
Peterm.) 1871. 4. 32 p. m. Kte. 1.50

26289 — Wimpffen's Exped. nach Marokko. (Gotha, Pet.) 1872. 4. 10 p. m. Kte. 1.—

26290 — Mauch's Reisen im Inneren v. Süd-Afrika. (Gotha, Peterm.) 1874.
4. 52 p. m. Kte. 1.50

26291 **Pitard.** Explorat. scientif. du Maroc: Botanique. Paris 1914. 8. 218 p.
av. 9 pl. 12.50

26292 **Pitard et Proust.** Les Iles Canaries. Flore de l'archipel. Tours 1909. 8.
503 p. av. 19 pl. 20.—

26293 **Poisson.** Rech. s. la flore méridion. de Madàgascar. Paris 1912. 8. av. pl. 8.50

26294 **Radlkofer.** Beitr. z. African. Flora. (Brem., Nat. Ver.) 1883. 8. 103 p. 2.—

26295 **Ransonnet.** Reise v. Kairo nach Tor. (Wien, Z. b. G.) 1863. 8. 26 p.
m. 2 Tfln. 1.—

26296 **Reboud.** Catal. d. Phanérogames dans le cercle de Souk-Ahras (Bône)
1878. 8. 44 p. 1.50

26297 — S. la Vallée de l'Oued el-Arab et sa végétat. (Bône) 1884. 8. 21 p. 1.—

26298 **Rein.** Ueb. ein. Gewächse v. Mogador. (Frankf., Senck.) 1873. 8. 12 p. 1.—

26299 **Reisen in Afrika.** — 13 Abhandl. v. Behm, Buchta, Langhans, Lenz,
Pechuel-Loesche, Rohlfs u. a. (Gotha, Peterm.) 1858—1899. 4. 84 p.
m. 9 Kten. (4 color.) 3.50

26300 **Rendle.** Contrib. to the Flora of East. Tropic. Africa. (Lond., Linn.
Soc.) 1895. 8. 63 p. w. 4 pl. 3.—

26301 **Rendle and Baker.** Account of the Plants coll. on Mt. Ruwenzori by
Wollaston. (Lond., Linn. Soc.) 1908. 8. 51 p. w. 4 pl. 4.—

26302 **Rendle, Baker, Moore.** Catal. of the Plants coll. by Talbot in Oban
district, S. Nigeria. London 1913. 8. 168 p. w. 17 pl. Cloth. 10.—

26303 **Richard, A.** Plantes nouv. d'Abyssinie rec. p. Quartin-Dillon. (Paris,
Ann. Sc.) 1840. 8. 18 p. av. 5 pl. 3.—

26304 — Tentamen Florae Abyssinicae. 2 vol. Paris 1847 (à 51). 8. 900 p.
av. atlas in-folio de 103 pl. 250.—
Faisant partie du 'Voyage en Abyssinie'. — Epuisé et rare.

26305 **Rohlfs.** Reise durch Nord-Afrika. II. Gotha 1872. 4. 124 p. m. 2 col. Ktn. 2.50

26306 — Exped. in d. Libysche Wüste. 3 Tle. (Gotha, Peterm.) 1874—80. 4.
21 p. m. 3 color. Ktn. 2.—

26307 **Roth, J. R.** Schilder. d. Naturverhältn. in Süd-Abyssinien. Münch.
1851. 4. 30 p. 1.50

26308 **Roussin.** Album de l'île de la Réunion. Histoire natur., types, physio-
nomies etc. Saint-Denis 1863. 4. L'atlas de 57 pl. (9 color.) 20.—
Le texte manque et l'atlas est incomplet.

26309 **Rüppell.** Reisen in Nubien, Kordofan u. d. peträischen Arabien. Frankf.
1829. 8. 415 p. Hfzb. — Die Tafeln fehlen. 3.—

26310 — Reise in Abyssinien. 2 Bde. Frankf. 1838—40. 8. 912 p. m. Atlas
in-fol. v. 9 Tfln. Hfzbde. 12.—

26311 — Kobelt. Z. 100. Geburtstag Rüppells. (Frankf., Senck.) 1895. 8. 16 p. 1.—

26312 — Schmidt, H., Gedächtnissrede auf Rüppell. (Frankf., Senck.)
1887. 8. 66 p. m. Portr. u. 2 Ktn. 1.50

26313 **Sadebeck.** Die trop. Nutzpflanzen Ostafrikas. (Hamb., Anst.) 1891. 8. 26 p. — *M* 1.50

26314 **Schinz.** Beitr. z. Kenntn. d. Flora v. Deutsch-Südwest-Afrika. 4 Tle. (Berl., Bot. Ver.) 1888—90. 8. 169 p. m. Tfl. — 5.—

26315 — S. une collect. de plantes du Transvaal. (Genève, Boiss.) 1891. 8. 10 p. av. pl. — 1.—

26316 — Beitr. z. Kenntn. d. Afrikanisch. Flora. Neue Folge. Teil V, XII, XIII, XIV, XXI. (Genf u. Zürich) 1896—1908. 8. 365 p. m. 4 Tfln. (1 col.) — 10.—
Die Teile auch einzeln.

26317 — Z. Kenntn. d. Flora d. Aldabra-Inseln. (Frankf., Senck.) 1897. 4. 17 p. — 1.—

26318 —. Die Pflanzenwelt Deutsch-Südwest-Afrikas. II. III. (Genf, Boiss.) 1897—1900. 8. 71 p. — 1.50

26319 **Schlechtendal.** Adumbrationes Plantarum (Filices Capenses). 5 fascic. Berol. 1825—32. 4. 56 p. et 30 tab. (M. 12.50). — 8.—

26320 **Schlechter.** Westafrikan. Kautschuk-Expedit. Berl. 1900. 8. 326 p. m. 13 Tfln. (M. 12.) Lnb. — 9.—

26321 **Schneider, O.** Ueb. d. Flora d. Wüste v. Ramleh. (Dresd., Isis) 1871. 8. 10 p. — 1.—

26322 **Schultze, A.** Die Afrikan. Hyläa, ihre Pflanzen- u. Tierwelt. (Frankf., Senck.) 1913. 8. 6 p. m. 10 Tfln. — 2.—

26323 **Schütt.** Reisen im südwestl. Becken d. Congo. Hrsg. v. Lindenberg. Berl. 1881. 8. 180 p. m. 3 Ktn. (M. 6.) Cart. — 2.50

26324 **Schwarz, B.** Algerien. Leipz. 1881. 8. 398 p. m. 4 Tfln. u. Kte. (M. 10.) Cart. — 2.—

26325 **Schweinfurth.** Flora d. Soturba an d. Nubisch. Küste. (Wien, Z. b. G.) 1865. 8. 24 p. — 1.—

26326 — Ausflüge um Kosser. (Wien, Z. b. G.) 1865. 8. 14 p. — 1.—

26327 — Reliquiae Kotschyanae. Neue od. wenig gekannte Pflanzen v. Kotschy in Kordofan u. Fasoglu gesamm. Berl. 1868. 4. 92 p. m. Portr. u. 35 Tfln. (M. 24.) — 9.—

26328 — Unbeschrieb. Pflanzen-Arten in Nubien u. Abyssinien ges. (Wien, Z. b. G.) 1868. 8. 38 p. — 1.—

26329 — Ergebn. e. Reise nach Dar-Fertit. (Gotha, Peterm.) 1872. 4. 15 p. m. Kte. — 1.50

26330 — Le Piante utili d. Eritrea. (Napoli) 1891. 8. 56 p. — 1.50

26331 — Botan. Ergebnisse d. Niam-Niam-Reise. (Leipz., Bot. Z.) 8. 27 p. — 1.50

26332 **Seubert.** Flora Azorica. Bonn. 1844. 4. 55 p. et 15 tab. (M. 8.) — 3.—

26333 **Seubert u. Hochstetter.** Uebers. d. Flora d. Azorischen Inseln. (Berl., Arch. Nat.) 1839. 8. 24 p. m. color. Tfl. — 1.50

26334 **Sievers.** Afrika. Landeskunde. Leipz. 1891. 8. 476 p. m. 12 color. Ktn. u. 16 Tfln. (6 color.) (M. 12.) Hfzb. — 3.—

26335 **Sim.** Forest Flora and Forest Resources of Portuguese East Africa. Aberd. 1909. 4. 175 p. w. 100 pl. Cloth. — 65.—

26336 **Soyaux.** Aus West-Afrika. 2 Tle. Leipz. 1879. 8. 579 p. m. Kte. (M. 12.) Cart. — 3.—

26337 **Stanley.** Reise durch d. dunklen Weltteil. Bearb. v. Volz. Leipz. 1881. 8. 367 p. m. 12 Tfln. u. Kte. (M. 5.) Cart. — 1.50

26338 **Stapf.** Contrib. to the Flora of Liberia. (Lond., Linn. S.) 1905. 8. 47 p. — 1.50

26339 **Stapf, Sprague and o.** Plantae novae Daweanae in Uganda lectae. (Lond., Linn. Soc.) 1906. 8. 50 p. w. 2 pl. and map. — 3.—

26340 **Steinheil.** Matér. p. s. à la Flore de Barbarie. 5 parties. (Paris, Ann. Sc.) 1834 à 39. 8. 53 p. av. 6 pl. (3 color.) — 4.—

26341 **Stenzel.** Kreuz u. Quer auf Madeira und d. Canar. Inseln. Berl. 1906. 8. 115 p. m. 7 Tfln. u. 3 Ktn. (M. 2.) — 1.—

26342 **Swynnerton, Rendle and o.** Contrib. to our knowl. of the Flora of Gazaland (S. Africa). (Lond., Linn. Soc.) 1911. 8. 295 p. w. 7 pl. — 12.—

26343 **Tabbert.** Die wirtschaftsgeograph. Verhältnisse in Natal. (Berl., Z. Erdk.) 1909. 8. 23 p. m. 4 Tfln. — 2.—

26344 **Tchihatchef.** Spanien, Algerien u. Tunis. Leipz. 1882. 8. 531 p. m. Karte.   _M_
(M. 10.) Cart.   ?.—
26345 **Terracciano.** Escurs. botan. n. Colonia Eritrea. I. Roma 1892. 8. 76 p.
c. 2 carte geogr.   2.50
26346 **Thomson, J.** Exped. nach den Seen v. Centr.-Afrika. 2 Tle. Jena 1882.
8. 498 p. m. 2 color. Kten. (M. 11.) Lnb.   3.50
26347 **Thonner.** Die Blütenpflanzen Afrikas. Nachträge u. Verbesserungen.
Berl. 1913. 8. 88 p.   2.—
      Nachtrag zu Nr. 5601.
26348 — The flowering Plants of Africa. Lond. 1916. 8. w. 150 pl.   16.—
26349 **Thunberg.** Novae species Plantar. Capensium. (Gött., Phytogr. Bl.)
1803. 8. 34 p.   1.50
26350 — Descript. nonnull. spec. Plantarum in Promontorio Bonae Spei
crescent. (Lips.) 1809. 8. 11 p. et tab.   1.50
26351 — Flora Capensis. Ed. Schultes. Stuttg. 1823. 8. 869 p. (M. 12.) Cart.   7.50
26352 **Trabut.** D'Oran à Mécheria. Notes botan. et catal. d. plantes. Alger
1887. 8. 36 p.   1.50
26353 **Tulasne, R. L.** Florae Madagascariensis fragmenta. II. (Paris., Ann.
Sc. Nat.) 1857. 8. 64 p.   2.—
26354 **Ule.** Die neuesten Entdeckungen in Afrika, Austral. u. d. arkt. Polar-
welt. Halle 1861. 8. 394 p. m. 4 Ktn. (M. 6.) Cart.   2.—
26355 — Sahara u. Sudan. Halle 1861. 8. 31 p.   1.—
26356 **Vallot.** Etudes s. la Flore du Sénégal. Fasc. I. Paris 1883. 8. 80 p.
av. carte.   3.—
26357 **Vierhapper.** Neue Pflanzen aus Sokótra, Abdal Kuri u. Semhah. I—V,
VII, VIII. (Wien, Bot. Z.) 1903—05. 8. 26 p.   1.50
26358 **Walker-Arnott.** S. la Flore de Sénégambie. (Paris, Ann. Sc.) 1835.
8. 7 p.   1.—
26359 **Warburg.** Die (Botanische) Kunene-Sambesi-Expedit. v. Baum. Berl.
1903. 8. 593 p. m. 13 Tfln. (1 color.), Karte u. 108 Fig. Lnb. (M. 20.)   17.—
26360 **Weber, E. v.** 4 Jahre in Afrika. 2 Bde. Leipz. 1878. 8. m. 7 Tfln. u.
Kte. (M. 20.) Cart.   3.—
26361 **Weiss, F. E.** Aspects of the Flora of the Cape Peninsula. (Lond.,
Phytolog.) 1905. 8. 12 p. w. pl.   1.—
26362 **Weiss and Yapp.** Sketches of Vegetat. III: The Karroo. (Lond.,
Phytol.) 1906. 8. 16 p. w. 3 pl.   2.—
26363 **Welwitsch.** On the Vegetat. of W. Equat. Africa. (Lond., Linn. S.)
1859. 8. 8 p.   1.—
26364 — Iter Angolense: Diagnoses plantar. nov. Sectio I. Lond. 1865. 8. 16 p.   1.50
26365 **Werth.** Blütenbiolog. Fragmente aus Ostafrika. (Berl., Bot. Ver.)
1901. 8. 39 p.   1.—
26366 **West, G. S.** Report on the Freshwater Algae, includ. Phytoplankton,
of the 3. Tanganyika Expedit. (Lond., Linn. Soc.) 1907. 8. 118 p. w.
9 pl. (16 s.)   8.—
26367 **West, W. and G. S.** Contrib. to our knowl. of the Freshwater Algae
of Madagascar. (Lond., Linn. Soc.) 1895. 4. 50 p. w. 5 pl. (12 s.)   6.—
26368 **Wildeman.** Etudes s. la Flore du Katanga. Vol. I, II, fasc. 1 (tout ce
qui a paru). Brux. 1903 à 13. fol. 402 p. av. 65 pl.   60.—
26369 — Not. s. d. Plantes utiles ou intéress. du Congo. Vol. II. (3 fascic.)
Brux. 1906. 8. 693 p. av. 23 pl.   7.—
26370 — Enumerat. d. Plantes récolt. p. Laurent au Congo. Fasc. V. Brux.
1907. 8. 233 p. av. 45 pl. et beaucoup de fig. En portefeuille.   16.—
26371 — Etudes de systém. et de géogr. botan. s. la Flore du Bas-et du
Moyen-Congo. Vol. II (3 fasc.). Brux. 1907 à 8. 4. 376 p. av. 89 pl.   38.—
26372 — S. d. Plantes largement cultiv. p. les indigènes en Afrique tropic.
(Mars., Mus. Colon.) 1909. 8. 100 p.   4.—
26373 — S. la Flora du Katanga. Louvain 1910. 8. 16 p.   1.—

26374 **Wildeman.** Résult. d. recherch. botan. et agronom. de la Mission de
la compagnie du Kasai. Brux. 1910. 4. 465 p. av. 2 cartes et 45 pl. 15.—

26375 — Flore du Bas et du Moyen Congo. Fasc. 1 à 3. Brux. 1910 à 1912.
fol. 533 p. av. 68 pl. 60.—

26376 — Documents pour l'ét. de la Géo-Botanique Congolaise. Paris 1913.
8. av. 66 pl. 20.—

26377 **Wildeman et Durand.** Illustrations de la Flore du Congo. I. II. Brux.
1898. 4. 48 p. av. 24 pl. 17.—

26378 — Etudes s. la Flore d. districts d. Bangala et de l'Ubangi. Plantae
Thonnerianae Congolenses. Série I, II. Brux. 1900 à 1911. 8. 547 p.
av. 2 cartes (1 color.) et 44 pl. 20.—

26379 **Williams, F. N.** Florula Gambica. 3 parties. (Genève, Boiss.) 1907.
8. 44 p. 2.—

26380 **Willkomm.** Ueb. d. Atlant. Flora. (Prag, Lotos) 1884. 8. 24 p. 1.50

26381 **Wilms.** Botan. Ausflug ins Boerenland. (Berl., Bot. Ver.) 1898. 8. 17 p. 1.—

26382 **Winkler u. Zimmer.** Akad. Studienfahrt nach Ostafrika. Bresl. 1912.
8. 120 p. (M. 3.) 2.—

26383 **Woenig.** Die Pflanzen im alten Aegypten. 2. Aufl. Leipz. 1888. 8.
425 p. m. 174 Fig. (M. 8.) 3.50

26384 **Wood, J. M.** Natal Plants. Vols. I—V, VI, parts 1—4 (all published).
Durban 1898—1912. 4. 600 pl. w. letterpress. 180.—

26385 — Revised list of the Flora of Natal. (Cape Town, Roy. Soc.) 1910.
8. 20 p. 1.50

26386 **Wycoff.** Bibliography relat. to the Flora of Africa. Cincinn. 1914. 8. 21 p. 1.50

26387 **Zahlbruckner.** Plantae Pentherianae. Aufzähl. d. v. Penther u. Krook
in Südafrika ges. Pflanzen. 4 Tle. (Wien, Hofmus.) 1900—1911. 4.
198 p. m. 11 Tfln. (M. 19.) 15.—

America.
XX. America septentrionalis.

[Supplementum numeror. 5622—5701, vide: Bibliographia Botanica, p. 219—222].

26388 **Adams, C.** Southeast. Unit. States as a center of geograph. distrib.
of Flora and Fauna. (Wash., Biol. Bull.) 1902. 8. 17 p. 1.—

26389 **Allardt.** Michigan, seine Hülfsquellen. Hamb. 1872. 8. 120 p. m. Kte. 1.—

26390 **Arthur.** Contr. to the Flora cf Iowa. V, VI. (Davenp.) 1886. 8. 16 p. 1.—

26391 **Bailey, L. W.** On the Geology and Botany of Digby Neck, N. Scotia.
(Halifax, Inst. Sc.) 1896. 8. 15 p. w. 3 pl. 2.—

26392 **Barnes.** Artificial Keys to the genera and species of Mosses. 2 parts.
(Madison, Ac.) 1892. 8. 75 p. 2.50

26393 — Analytic Keys to the gen. and species of N. American Mosses.
(Madis., Univ.) 1896. 8. 368 p. 5.—

26394 **Barton.** Compend. Florae Philadelphicae. 2 vol. Philad. 1818. 8. 485 p. 30.—

26395 **Beal.** Michigan Flora. (Lansing) 1904. 8. 148 p. 2.—

26396 **Beal and Wheeler.** Michigan Flora. (Lansing) 1892. 8. 108 p. w.
colour. map. 1.50

26397 **Beckwith.** Report of explor. for a route for the Pacific Railroad.
(Wash.) 1855. 4. 128 p. w. 13 colour. views. 4.—

26398 **Bennetts.** Addit. to the Flora of Milwaukee County. 2 parts. (Milw.)
1900—02. 8. 12 p. 1.—

26399 **Bernhard zu Sachsen-Weimar.** Reise d. Nord-Amerika. 2 Tle. Weim.
1828. 8. 682 p. m. 13 Tfln. (M. 36.) Cart. 5.—

26400 **Bigelow.** Florula Bostoniensis. 2. ed. Bost. 1824. 8. 428 p. Cloth. 15.—

26401 **Bogue.** Annot. catalog of the Ferns and Flowering Plants of Okla-
hama. (Stillwater) 1900. 8. 48 p. 1.50

M

26402 **Bolander.** On California Trees. (S. Franç., Ac.) 1868. 8. 9 p. 1.—
26403 — Enumer. of Shrubs and Trees of the vicin. of San Francisco. (S. Franc., Ac.) 1868. 8. 7 p. 1.—
26404 **Bourgeau.** Palliser's Brit. North American Exploring Expedition. (Lond., Linn. Soc.) 1860. 8. 15 p. 1.—
26405 **Brandegee.** The Flora of Southwest. Colorado. (Wash.) 8. 22 p. 1.—
26406 **Brandis.** Der Wald in d. Ver. Staaten. (Bonn, Ver. Nat.) 1890. 8. 42 p. 1.—
26407 **Brendel.** Verzeichn. d. Gefässpflanzen v. Illionois. (Berl., Z. Nat.) 1860. 8. 16 p. 1.—
26408 — Historical sketch of Botany in N. America from 1635 to 1858. (New York, Am. Natur.) 1879. 8. 31 p. 2.—
26409 — Flora Peoriana. Die Vegetat. im Clima v. Mittel-Illionois. (Budap., Term. Füz.) 1882. 8. 107 p. 1.50
26410 **Britton.** Catal. of Plants found in New Jersey. (Trenton, Geol. Surv.) 1889. 8. 618 p. Cloth. 6.—
26411 **Britton and o.** Catal. of Anthophyta and Pteridophyta grow. within 100 miles of New York. N. York 1888. 8. 108 p. w. map. 2.—
26412 **Britton and A. Brown.** Illustr. Flora of the North. United States, Canada and the Brit. Possessions. 2. ed. 3 vols. New York 1913. 8. 2089 p. w. many thousands illustr. Cloth. 66.—
26413 **Brown, S.** Alpine Flora of the Canadian Rocky Mountains. N. York 1907. 8. 393 p. w. 79 partly colour. pl. Cloth. 12.—
26414 **Browne, D. J.** Trees of America. New York 1846. 8. 520 p. w. num. fig. Cloth. 11.—
  Not quoted by Pritzel.
26415 **Bruhin.** Vergleich. Flora Wisconsins. Mit 2 Nachträg. (Wien, Z. b. G.) 1876—78. 8. 78 p. 2.—
26416 — Prodromus Florae adventiciae Boreali-Americanae. (Vindob., Z. b. G.) 1886. 8. 64 p. 1.—
26417 **Bruncken.** Distrib. of Trees and Shrubs in Milwaukee. (Milw.) 1900. 8. 15 p. 1.—
26418 **Buchan.** Flora Hamiltonensis. (Toronto, Inst.) 1884. 8. 11 p. 1.—
26419 **Bush.** List of Plants coll. in S. E. Missouri. (St. Louis, Gard.) 1894. 8. 15 p. 1.—
26420 — On the Mound Flora of Atchison County. (St. Louis, Gard.) 1895. 8. 14 p. 1.—
26421 **Cardot and Thériot.** The Mosses of Alaska. (Wash., Ac.) 1902. 8. 80 p. w. 11 pl. 4.—
26422 **Cheney.** Contrib. to the Flora of the Lake Superior Region. (Madison, Ac.) 1893. 8. 22 p. 1.—
26423 — On the Flora of Madison. (Madis., Ac.) 1893. 8. 92 p. w. map. 1.50
26424 **Chesnut.** Principal Poisonous Plants of the U. S. (Wash., Dept. Agr.) 1898. 8. 60 p. 1.—
26425 — 30 Poisonous Plants of the U. S. (Wash., Dept. Agr.) 1898. 8. 32 p. 1.—
26426 **Chesnut and Wilcox.** The Stock-Poisoning Plants of Montana. (Wash., Dept. Agr.) 1901. 8. 150 p. w. 36 pl. 4.—
26427 **Chickering.** Catal. of Phaenog. and vascular Cryptog., coll. by Coues in Dakota and Montana. (Wash., Geol. Surv.) 1878. 8. 30 p. 1.—
26428 **Clark, A. M.** The Trees of Vermont. Burlingt. 1899. 8. 52 p. w. 58 fig. 1.50
26429 **Clark, J. A.** System. and alphab. index to new N. Americ. Phanerogams and Pteridoph. 2 parts. (Wash., Herbar.) 1892—93. 8. 77 p. 1.50
26430 **Cockerell.** Animals and Plants new fr. Colorado. 2 parts. (Boulder, Univ.) 1912—15. 8. 57 p. 1.50
26431 **Collins, F. S.** The Green Algae of N. America. Tufts College 1909. 8. 350 p. w. 18 pl. 20.—
26432 — The botan. and o. papers of the Wilkes Explor. Exped. (Boston, Rhod.) 1912. 8. 12 p. 1.—

26433 **Contributions** fr. the U. S. National Herbarium. Vol. I—XVII. (Wash., Dept. Agr.) 1890—1914. 8. w. about 600 pl. 260.— *ℳ*
> Important papers, chiefly on American Phanerogams. Complete sets are now as rare as single parts are common.

26434 **Cooper.** Catal. of Plants coll. east of the Rocky-Mountains. (Wash., 'Railroad') 1859. 4. 64 p. w. 6 pl. 5.—

26435 **Coulter, J. G., and Rigg.** Plant life and Plant uses. W. Flora of the Northwest by Frye and Rigg. New York 1914. 8. 736 p. w. fig. Cloth. 7.—

26436 **Coulter, J. M.** Manual of the Phanerogams and Pteridophytes of West. Texas: Gamopetalae. (Wash., Herbar.) 1892. 8. 207 p. 3.—

26437 **Coulter, J. M., and Rose.** Monogr. of the N. Americ. Umbelliferae. (Wash., Nat. Herb.) 1900. 8. 263 p. w. 9 pl. 6.—

26438 **Coville.** Botany of the Death Valley Expedit. (Wash., Nat. Herbar.) 1893. 8. 363 p. w. 21 pl. and map. 4.—

26439 **Coville and Funston.** Botany of Yakutat Bay, Alaska. (Wash., Nat. Herbar.) 1895. 8. 36 p. 1.—

26440 **Dachnowski.** Flora of the Marquette Quadrangle. (Lansing) 1907. 8. 15 p. 1.—

26441 **Daniels.** The Flora of Boulder, Colorado. Columbia 1911. 8. 319 p. 6.—

26442 **Delamare, Renauld, Cardot.** Florule de l'île Miquelon (Amérique du Nord). (Lyon, Soc. Bot.) 1888. 8. 79 p. 2.50

26443 **Dodge.** Botan. results of the Mershon Exped. to the Charity Islands, Lake Huron. (Lansing, Ac.) 1911. 8. 18 p. 1.—

26444 — The Plants of Mackinac Isl. (Lansing, Ac.) 1913. 8. 22 p. 1.—

26445 **Emerson, G. B.** Report on the Trees and Shrubs growing in the forests of Massachusetts. Boston 1846. 8. 549 p. w. 17 pl. Cloth. 25.—
> Very rare, not even quoted by P r i t z e l.

26446 **Engelmann.** Catal. of Geyer's collect. of Plants of Illinois and Missouri. (N. York, Sillim. J.) 1843. 8. 11 p. 1.50

26447 — Cactaceae of the Mexican Boundary-Territory. (Wash., 'Railw. Exped.') 1858. 4. 78 p. w. 76 pl. 15.—

26448 **Engelmann and Bigelow.** Descr. of the Cactaceae coll. on a route fr. the Mississippi to the Pacific. (Wash., 'Railway Exped.') 1856. 4. 58 p. w. 24 pl. 8.—

26449 **Engler.** Die pflanzengeograph. Gliederung Nordamerikas. (Berl., Bot. Gart.) 1903. 8. 94 p. m. Kte. u. Plan. 1.50

26450 **Erythea.** Journal of Botany, West Americ. and general. Ed. by Jepson. Vol. I and II. S. Francisco 1893—94. 8. w. plates. 16.—
> Those 2 volumes are out of print. — All the others are still to be had.

26451 **Farlow.** The Marine Algae of New England. (Wash., Rep. Fish.) 1881. 8. 210 p. w. 15 pl. 15.—
> Rare.

26452 **Farwell.** The Flora of Parkedale Farm. (Lansing, Ac.) 1913. 8. 43 p. 1.—

26453 **Fernald.** New list of Maine Plants. (Portland) 1892. 8. 32 p. 1.—

26454 **Fink.** Spermaphyta of Fayette, Iowa. (Des Moines) 1897. 8. 27 p. 1.—

26455 — The Lichens of Minnesota. (Wash., Herbar.) 1910. 8. 286 p. w. 52 pl. 12.—

26456 **Flora** of N. America. — 50 pap. by Bruhin, Coulter, A. Gray, E. L. Greene, Heller, Hitchcock, Kellogg, Macoun, Pammel, Ramaley, Rose and o. 1835—1913. 8. and 4. 335 p. w. 6 pl. and 3 maps. 18.—

26457 **Foëx et Viala.** Ampélographie Américaine. Album d. variétés de Raisins Améric. Montp. 1885. fol. 192 p. av. 76 pl. color. D.-rel. veau. 120.—
> Quatre planches qui sont mentionnées dans la table des matières ne se trouvent pas dans cet exemplaire. Je ne sais si elles ont paru ou non.

26458 **Friederich.** Am stillen Ozean (Honduras, Kaliforn. u. Alaska). Berl. 1912. 8. 229 p. (M. 2.) 1.50

26459 **Gates.** The Vegetation of the vicinity of Douglas Lake, Mich. (Lansing, Ac.) 1912. 8. 59 p. w. 18 pl. 3.50

26460 **Gray, A.** Characters of new Plants of Calif. (Philad., Ac.) 1868. 8. 76 p. 2.—

26461 — Descr. of new Calif. Plants. I. II. (S. Franc., Ac.) 1868. 8. 7 p. 1.—

26462 — Botan. Contributions. 5 parts. (Cambr.) 1872—87. 8. 230 p. w. 2 pl. 6.—

26463	**Gray, A.** Contrib. to N. American Botany. 4 parts. (Boston, Ac.) 1877—87. 8. 230 p. w. 2 pl.	*M* 3.50
26464	— Botan. Contributions (Revis. of N. Amer. Ranunculi. Sertum Chihuahuense). (Boston, Ac.) 1886. 8. 51 p.	1.50
26465	(—) Botany in the Univers. of Pennsylvania. (Chic., Bot. Gaz.) 1889. 8. 5 p. w. 5 pl.	1.50
26466	**Greene.** Plantae Bakerianae: Fungi to Iridaceae and to Gramineae. 2 parts. Wash. 1901. 8. 102 p.	2.50
26467	**Grosse.** Die Verbreitung d. Vegetationsformationen Amerikas im Zusamenh. m. d. klimat. Verhältn. Berl. 1899. 4. 26 p.	1.—
26468	**Hall.** New and noteworthy Californ. Plants I. Berkel. 1912. 4. 14 p.	1.—
26469	**Hall and Case.** Yosemite Flora. S. Franc. 1912. 8. 289 p. w. 11 pl. Leather.	10.—
26470	**Harper.** Economic Botany of Alabama. Part I: Geograph. Report. Tuscaloosa 1913. 8. 222 p. w. colour. map.	8.—
26471	**Harris, W. P. and C. W.** Lichens and Mosses of Montana. Missoula 1904. 8. 12 p. w. 6 pl. and map.	3.—
26472	**Harshberger.** Ecolog. study of the N. Jersey Strand Flora. (Philad., Ac.) 1901. 8. 49 p.	1.—
26473	— Addit. observ. on the Strand Flora of New Jersey. (Philad., Ac.) 1903. 8. 28 p.	1.—
26474	— Phytogeographic Survey of North America. Leips. 1911. 8. 853 p. w. colour. map and 18 pl. (M. 52.)	40.—
26475	**Harvey.** Nereis Boreali-Americana; contrib. to a hist. of the Marine Algae of N. America. 3 parts. (Wash., Smith.) 1852—58. 4. 556 p. w. 50 colour. plates. Out of print.	45.—
26476	**Hayden.** Die neu entdeckt. Geyser-Gebiete am ob. Yellowstone u. Madison River. 2 Tle. (Gotha, Peterm.) 1872. 4. 19 p. m. Kte. u. Tfl.	1.50
26477	**Heller.** Botan. explorat. in California. Los Gatos 1905. 8. 60 p.	1.50
26478	**Hitchcock.** Catal. of the Anthophyta and Pteridophyta of Ames, Iowa. (St. Louis, Ac.) 1891. 8. 56 p.	1.50
26479	— Flora of Southwest. Kansas. (Wash., Herbar.) 1896. 8. 21 p.	1.—
26480	— Ecolog. Plant Geography of Kansas. (St. Louis, Ac.) 1898. 8. 16 p.	1.—
26481	— Flora of Kansas. Maps illustr. the distrib. of Flower. Plants. Manhattan 1899. 8. 22 maps with 1 page of letterpress.	2.—
26482	**Holzinger.** Report on a coll. of Plants made in Northern Idaho. (Wash., Herbar.) 1895. 8. 92 p. w. pl.	1.50
26483	— Determin. of Plants of N. Minnesota. (Minn., Bot. Stud.) 1896. 8. 58 p.	1.50
26484	**Holzinger and Carleton.** List of Plants coll. in Indian and Oklahama Territ. 2 pap. (Wash., Herbar.) 1892. 8. 53 p. w. 2 pl.	1.50
26485	**Hooker, J. D.** Distr. géograph. d. Plantes dans la Flore de l'Amérique du Nord. (Paris, Ann. Sc.) 1878. 8. 22 p.	1.50
26486	**Jennings.** Botanic. Survey of Presque Isle, Erie County, Penna. (Pittsb., Carnegie) 1909. 8. 133 p. w. 30 pl.	8.—
26487	**Jepson.** Flora of California. 4 parts. S. Francisco 1909—12. 8. 432 p.	22.—
26488	— Flora of West. Middle California. 2. ed. S. Francisco 1911. 8. Cloth.	12.—
26489	**Jones, M. E.** Excursion botan. au Colorado et dans le Far West. (Liége, Soc. Hort.) 1880. 8. 64 p.	2.—
26490	**Kearney.** The Plant Covering of Ocracoke Island. (Wash., Herbar.) 1900. 8. 63 p.	1.50
26491	**Lange, D.** Revegetation of Trestle isl. (Minneap., Bot. Stud.) 1901. 8. 10 p.	1.—
26492	**Leiberg.** Botan. survey of the Coeur d'Alene Mountains in Idaho. (Wash., Herbar.) 1897. 8. 85 p. w. map.	1.50
26493	**Linnaeus.** Specifica Canadensium. (Holm., 'Amoenit.') 1759. 8. 29 p.	2.—
26494	**Lloyd and Tracy.** The insular Flora of Mississippi and Louisiana. (N. York, Torr. Cl.) 1901. 8. 41 p. w. 4 pl.	2.—

26495 **Loew, O.** Wheeler's Exped. nach Neu-Mexiko. 5 Tle. (Gotha, Peterm.) _ℳ_
1874—76. 4. 63 p. m. Tfl. u. color. Kte.   2.50
26496 — Wheeler's Exped. durch d. südl. Californien. 3 Tle. (Gotha, Peterm.)
1876—77. 4. 38 p. m. Tfl. u. color. Kte.   2.—
26497 **Lyall.** Account of the Botany of N. W. America. (Lond., Linn. S.)
1864. 8. 21 p.   1.—
26498 **Macbride.** 25 years of Botany in Iowa. (Des Moines, Ac.) 1912. 8. 21 p.   1.—
26499 **Mac Elwer.** Flora of Edgehill Ridge near Willow Grove and its ecology. 2 parts. (Philad., Ac.) 1900—01. 8. 19 p.   1.—
26500 **Mac Millan.** The Metaspermae of the Minnesota Valley. Minneap.
1892. 8. 839 p. w. 2 maps. Half bd. calf.   6.—
26501 — On the format. of circular muskeag in Tamarack Swamps. (N. York,
Torr. Cl.) 1896. 8. 8 p. w. 3 pl.   1.50
26502 — Distrib. of Plants along shore at Lake of the Woods. (Minneap.,
Bot. Stud.) 1897. 8. 75 p. w. 12 pl.   3.—
26503 **Macoun.** On Canad. Polypetalae. (Montreal, Roy. S.) 1883. 4. 6 p.   1.—
26504 — On the Flora of the Gaspé Peninsula. (Montreal, Roy. S.) 1883.
4. 10 p.   1.—
26505 — List of the Plants of the Pribilof Islands. (Wash., 'Fur Seals') 1899.
8. 31 p. w. 8 pl.   4.—
26506 **Macoun and Kindberg.** Catalogue of Canadian Plants. 7 parts. Montreal 1883—1902. 8.   22.—
     Every part is sold separately.
26507 **Meehan.** Catal. of the Plants coll. on the Pacific Coast in Southeast.
Alaska. (Philad., Ac.) 1884. 8. 21 p.   1.50
26508 — The Plants of Lewis and Clark's Exped. across the Continent.
(Philad., Ac.) 1898. 8. 38 p.   1.50
26509 — C o u e s. Notes on Meehan's pap. (Philad., Ac.) 1898. 8. 27 p.   1.50
26510 **Merriam.** Plants of the Pribilof Isl. (Wash., Biol. Soc.) 1892. 8. 18 p.   1.—
26511 — Report on Desert Trees and Shrubs of the Death Valley Exped.
(Wash., Dept. Agr.) 1893. 8. 59 p.   1.50
26512 — Life Zones and Crop Zones of the U. S. (Wash., Dept. Agr.) 1898.
8. 79 p.   1.50
26513 **Meyer, E.** De Plantis Labradoricis. Lips. 1830. 8. 240 p.   4.—
26514 **Minnesota Botanical Studies.** Ed. by Mac Millan. Vol. I, II, III, parts
1—3 (all pub'd.). Minneap. 1894—1904. 8. w. many pl. (M. 110.)   30.—
     Important papers on Cryptogamia, espec. on Algae.
26515 **Missouri Botanical Garden** Reports. Ed. by Trelease Report 1—7,
(1890—96), 12 (1901), 14 (1903), 20—22 (1909—11). St. Louis. 8. w. very
many pl. Cloth.
     Every volume: M. 3.
26516 **Mulford.** Study of the Agaves of the U. S. (St. Louis, Gard.) 1896.
8. 64 p. w. 38 pl.   4.50
26517 **Nash.** On some Florida Plants. II. (N. York, Torr. Cl.) 1896. 8. 14 p.   1.—
26518 **Nelson.** New Plants fr. Wyoming. VI, VII, X. (N. York, Torr. Cl.)
1899. 8. 36 p.   1.—
26519 — The Trees of Wyoming. Laramie 1899. 8. 56 p.   2.—
26520 — Contrib. fr. the Rocky Mountain Herbarium. III. (Chic., Bot. Gaz.)
1902. 8. 15 p.   1.—
26521 **Newberry.** Catal. of the flowering Plants and Ferns of Ohio. Columbus
1860. 8. 41 p.   2.—
26522 **North American Flora.** Publ. by the New York Botan. Garden. Vol. III,
part 1; VII, p. 1—3; IX, p. 1—3; X p. 1; XV, p. 1, 2; XVI, p. 1;
XVII, p. 1—3; XXII, p. 1—5; XXV, p. 1—3; XXIX, p. 1; XXXIV,
p. 1. N. York 1905—15. 8.
     Subscription price for each part: M. 7.50 (about 5 parts will form one volume).
26523 **Northrop.** Flora of New Providence and Andros. (N. York, Torr.
Club) 1902. 8. 98 p. w. map and 19 pl.   6.—

26524 **Pammel.** Distrib. of some Weeds in the U. S. (Des Moines, Ac.) 1895. 8. 25 p.   *M* 1.—

26525 — Ecolog. notes on the Veget. of the Uintah Mountains. Ames 1901. 8. 14 p. w. 8 pl.   2.—

26526 — On the Flora of West. Iowa. Des Moines 1902. 8. 29 p. w. 12 pl.   3.—

26527 — Compar. study of the veget. of Swamp, Glay, and Sandstone Areas. (Davenport, Ac.) 1905. 8. 96 p.   1.50

26528 — Flora of North. Iowa Peat Bogs. 2 parts. Ames 1906. 4. 50 p.   2.—

26529 **Peck.** Report f. 1895 of the State Botanist of New York. (N. York, Mus.) 1897. 8. 67 p. w. 6 colour. pl.   1.50

26530 **Petermann.** Britisch-Columbia u. Vancouver-Insel. (Gotha, Peterm.) 1858. 4. 14 p. m. color. Kte.   1.50

26531 **Petersen, N. F.** Flora of Nebraska. Lincoln 1912. 8. 217 p. Cloth.   5.—

26532 **Piper and Beattie.** Flora of the N. West Coast. Lancaster 1916. 8.   7.—

26533 **Plumier.** Nova Plantarum Americanarum genera. Paris. 1703. 4. 86 p. et 40 tab. Veau.   60.—

    Les 5 grandes ouvrages du franciscain P l u m i e r sur la Flore de l'Amérique ont devenu très-rares, leurs prix montent rapidement. Le plus rare est — à ce que je crois — le livre ci-dessus dans lequel se trouve aussi le 'Catalogus Plantarum Americanarum.'

26534 **Porter and Coulter.** Synopsis of the Flora of Colorado. (Wash., Geol. Surv.) 1874. 8. 190 p. Boards.   2.50

26535 **Poulsen.** Om nogle i vort Skovbrug anvendel. Coniferae fra d. vestl. Nordamerika. 9 Tle. (Kjöbenh., T. Skovbr.) 1879—84. 8. 162 p. m. 4 Tfln.   5.—

26536 **Rabenau.** Vegetationsskizzen v. unteren Laufe d. Hudson II. (Görl., Nat. Ges.) 1893. 8. 38 p.   1.—

26537 **Ramaley.** On the distrib. of Plants in Colorado. Bould. 1901. 8. 53 p. w. 9 pl.   2.—

26538 **Reade, O. A.** Plants of the Bermudas. Bermuda 1885. 8. 117 p. w. pl.   5.—

26539 **Reed, H. S.** Brief hist. of Ecolog. Work in Botany. (Wash., Plant World) 1905. 8. 19 p.   1.—

26540 **Rein.** Ueb. d. Vegetat.-Verhältn. d. Bermudas-Inseln. (Frankf., Senck.) 1873. 8. 23 p.   1.50

26541 — Die Strömungen im nördl. Teile d. Stillen Oceans u. ihre Einfl. auf Klima u. Vegetation. (Frankf., Senck.) 1878. 8. 20 p.   1.—

26542 **Reports** of the explor. to ascertain a route fr. the Mississippi River to the Pacif. Ocean. Vol. I. Wash. 1855. 4. 800 p. Cloth.   5.—

26543 **Ridgway.** On the Trees of the Lower Wabash Valley. (Wash., Mus.) 1894. 8. 13 p. w. 6 pl.   1.50

26544 **Rose.** List of Plants coll. by Palmer in West. Mexico and Arizona. (Wash., Herbar.) 1891. 8. 45 p. w. 11 pl.   3.—

26545 **Rose and o.** List of Plants coll. by the 'Albatross' along the West. Coast of America. (Wash., Herbar.) 1892. 8. 8 p. w. 3 pl.   1.50

26546 **Rosendahl.** Addit. to the Flora of S. E. Minnesota. (Minneap., Bot. St.) 1903. 8. 14 p.   1.—

26547 **Rydberg.** Flora of the Black Hills of South Dakota. (Wash., Herbar.) 1896. 8. 84 p. w. map.   2.—

26548 — Monogr. of the North Americ. Potentilleae. (N. York, Columb. Univ.) 1898. 4. 225 p. w. 112 pl.   32.—

26549 — Studies on the Rocky Mountain Flora IV, XIII. (N. York, Torr. Cl.) 1901—04. 8. 44 p.   1.50

26550 **Safford.** Cactaceae of Northeast. and Centr. Mexico. (Wash., Smiths.) 1909. 8. 38 p. w. 15 pl.   5.—

26551 **Saunders, A.** Ferns and flowering Plants of S. Dakota. Sioux Falls 1899. 8. 130 p.   3.—

26552 **Schlagintweit.** Die Prairien d. Amerikan. Westens. Cöln 1876. 8. 207 p. m. Tfl. (M. 3.60.)   2.—

M

26553 **Scott, W.** The Leesburg Swamp. (Indianop.) 1906. 8. 18 p.   1.—
26554 **Semler.** Die Veränderungen, w. d. Mensch in d. Flora Kaliforniens bewirkt hat. 3 Tle. (Gotha, Peterm.) 1888. 4. 24 p.   1.50
26555 **Sheldon.** Further extensions of Plant Ranges. 2 parts. (Minneap., Bot. Stud.) 1894—96. 8. 23 p. w. pl.   1.50
26556 **Shimek.** The Prairies. (Iowa City) 1911. 8. 72 p. w. map and 13 pl.   2.—
26557 **Shreve, Blodgett and Besley.** The Plant-life of Maryland. Baltim. 1910. 8. 533 p. w. 39 pl.   28.—
26558 **Small.** Flora of the South-East. U. S. 2. ed. N. York 1912. 8. 1406 p. Cloth.   20.—
26559 — Flora of Miami. N. York 1913. 8. 218 p. Cloth.   10.—
26560 — Flora of the Florida Keys. N. York 1913. 8. 174 p. Cloth.   10.—
26561 **Smith, W. H.** Canada. 2 vols. Toronto. 8. 1166 p. w. 11 maps. Cloth.   3.—
26562 **Suksdorf.** Washingtonische Pflanzen. 8 Tle. (Sondersh., Bot. Mon.) 1898—1901. 8. 24 p.   2.—
26563 **Torrey.** Descr. of the Botanical Collections of a route fr. the Mississippi to the Pacific Ocean. (Wash., Railway Rep.) 1856. 4. 122 p. w. 25 pl.   8.—
26564 **Torrey, Gray, Bigelow and o.** Botanic. Report of the Americ. 'Pacific Railroad' Exp. 10 parts. (Wash., Railw. Rep.) 1857—60. 4. 420 p. w. 103 pl., partly colour., and 1 colour. map. — Complete.   35.—
26565 **Trelease.** Juglandaceae of the U. S. (St. Louis, Gard.) 1896. 8. 22 p. w. 25 pl.   4.—
26566 **Tuckerman.** Lichenes Americae Septentrionalis exsiccati. 6 fascic. Cantabr. et Boston. 1847—55. 4. 151 dried species. Cloth.   400.—
Rarissimum. — Every volume bears a title page and a list of contents, every species has its printed name with habitat and quotation of page of the author's 'Synopsis'. Our copy (dedicated to W. Borrer 'with the respects of the author') has several manuscr. corrections of the names by Tuckerman's own hand. 20 species and varieties are new and are, what is highly important, the type specimens of the "Synopsis". — Needless to dwell upon the extraordinary importance of this collection for Lichenologists especially for those residing in the nearctic region. There is no writer on Lichens higher esteemed than Edward T. — For further particulars see: Rara Historico-Naturalia, ed. by W. Junk, p. 112.
26567 — Genera Lichenum. Arrangement of the N. American Lichens. Amherst 1872. 8. 297 p. Half bd. calf.   30.—
26568 — A Synopsis of the North American Lichens. 2 vols. Boston and N. Bedford 1882—88. 8.   100.—
Contents: Part I: Parmeliacei, Cladoniei and Coenogoniei. Boston, E. S. Cassino, Publisher, 1882. XX and 262 p. — Part II: Lecideacei and (in part) Graphidacei. New Bedford, E. Anthony & Sons, Printers, 1888. 176 p.
26569 — — Reprint. Price of subscription: 35.—
I intend to publish a new edition if a sufficient number of subscribers can be secured. The get-up will not be inferior to the genuine edition. Please to address your order directly to me. Price after publication: M. 50.
26570 **Utah.** — Resources of Utah. Omaha 1879. 8. 74 p. w. plates.   1.50
26571 **Vasey.** The Agricult. Grasses of the Un. States. (Wash., Dept. Agr.) 1884. 8. 144 p. w. 121 pl.   7.—
26572 — Grasses of the Pacific Slope incl. Alaska and the adjacent Islands. 2 parts. (Wash., Dept. Agr.) 1892—93. 4. 100 pl. w. letterpress.   20.—
26573 **Waghorne.** Flora of Newfoundland. II. (Halifax) 1896. 8. 18 p.   1.—
26574 **Ward, L. F.** Guide to the Flora of Washington. (Wash., Mus.) 1881. 8. 264 p. w. map.   3.—
26575 **Washington.** — Smithsonian Contributions to knowledge. Vol. I—XIV. Washington 1848—65. 4. w. many plates. Cloth and sewed.   180.—
The rare beginning of the valuable set. The later volumes are not so rare.
26576 **Watson, S.** Bibliograph. Index to N. American Botany of all species of the Flora of N. Amer. Part I (all published): Polypetalae. (Wash., Smiths.) 1878. 8. 476 p.   5.—
26577 — List of Plants fr. S. W. Texas and N. Mexico, coll. by Palmer. (Bost., Ac.) 1882. 8. 68 p.   1.50

26578 **Watson, S.** Hist. and revis. of the Roses of N. America. (Boston, Ac.) *M.*
1885. 8. 55 p. 3.50
26579 — List of Plants coll. in Chihuahua, Mexico. (Bost., Ac.) 1886. 8. 55 p. 1.50
26580 — List of Plants coll. by Palmer in the State of Jalisco, Mexico.
(Boston, Ac.) 1887. 8. 86 p. 1.50
26581 **Webber.** Appendix to the Catal. of the Flora of Nebraska. (St. Louis,
Ac.) 1892. 8. 47 p. 1.—
26582 **Webster and Uhler.** List of Animals and Plants of Fort Wool, Va.
(Baltim.) 1879. 8. 20 p. 1.—
26583 **Wheeler.** Contrib. to the knowl. of the Flora of S. E. Minnesota.
(Minneap., Bot. Stud.) 1900. 8. 64 p. w. 7 pl. 2.—
26584 — Contrib. to the knowl. of the Flora of the Red River Valley,
Minnesota. (Minneap., Bot. Stud.) 1901. 8. 32 p. w. 8 pl. 2.—
26585 **(Winchell).** Report of the Geolog. and Natural Hist. Survey of Minnesota. I. (f. 1872), XI (f. 1882), XVI (f. 1887). XVII (f. 1888), XIX—XXIV
(f. 1890—95). Minneap. 8. w. many pl. and maps.
Every report is sold separately at M. 2.
26586 **Woldt.** Jacobsen's Reise an d. Nordwestküste Amerikas. Leipz. 1884.
8. 439 p. m. 2 Ktn. u. zahlr. Fig. (M. 15.) Hfzb. 3.—
26587 **Wolle.** Diatomaceae of North America. Bethlehem 1894. 8. 50 p. w.
112 pl. Cloth. 25.—
26588 **Wooton and Standley.** Flora of New Mexico. (Wash., Herbar.) 1915.
8. 794 p. 8.—
26589 **Wycoff.** Bibliography relat. to the Floras of N. America and the
W. Indies. Cincinn. 1913. 8. 65 p. 1.50
26590 **Zoe.** A biological Journal. Ed. by Brandegee. Vol. I. II. S. Francisco
1890—91. 8. w. 29 pl. (4 Dollars). 8.—

XXI. America centralis
et insulae.

[Supplementum numeror. 5702—5761, vide: Bibliographia Botanica, p. 222—224].

26591 **André, E.** Bromeliaceae Andreanae. Bromél. récolt. dans la Colombie,
l'Ecuador et le Venezuela. Paris 1891. 4. 129 p. av. 40 pl. Cart. 28.—
26592 **(Bergsoe).** Dansk Vestindien i physisk-geograph. og naturhist. hen-
seende. (Kjöbenh., Stats Statist.) 8. 46 p. 1.50
26593 **Bernard.** Vergleich. d. Floren d. Westind. u. Ostind. Archipels. Halle
1877. 8. 94 p. 2.—
26594 **Bernoulli.** Reise in Guatemala. 4 Tle. (Gotha, Peterm.) 1873—75. 4. 33 p. 2.—
26595 **Boldingh.** Flora of the Dutch West Indian Islands. Vol. I, II. Leyden
1909—1914. 8. w. plates. 18.—
26596 **Boletin** de Fomento. Organo del Minist. de Fomento. Année I. No. 11
et 12, II. no. 1, 3 à 6. San José, Costa Rica, 1911—12. 8. av. pl. et
figures. 2.—
26597 **Börgesen.** The Marine Algae of the Danish West - Indies. I—III.
(Copenh., Bot. Ark.) 1913—16. 8. 316 p. w. 256 fig. 13.—
26598 **Börgesen og Poulsen.** Om Vegetationen paa de Dansk-Vestind. Öer.
(Kjöbenh., Bot. Tidsk.) 1898. 8. 114 p. m. 11 Tfln. 3.50
26599 **Brandegee.** Plantae Mexicanae Purpusianae. III—VII. (Berkeley, Univ.)
1909—15. 4. 95 p. 2.50
26600 **Buchenau.** Ueb. ein. v. Liebmann in Mexico ges. Pflanzen. (Brem.,
Nat. Ver.) 1872. 8. 12 p. 1.—
26601 **Calvo.** Apuntam. geogr., estadist. e histor. de Costa Rica. San José
1886. 8. 325 p. 3.—
26602 **Cogniaux.** Plantae Lehmann. in Guatemala, Costarica et Columbia
coll.: Melastomac. et Cucurbitac. (Lips., Engl. J.) 1886. 8. 15 p. 1.—

26603 **Conzatti.** Los Géneros Vegetales Méxicanos. Tomo I. (tout ce qui a   *M*
paru). México 1905. 4. 451 p.   12.—

26604 **Conzatti y L. C. Smith.** Flora sinoptica Méxicana. 2. ed. México 1910.
8. 344 p.   12.—

26605 **Copeland.** Besuch auf Trinidad. (Brem., Nat. Ver.) 1881. 8. 12 p. m. Kte.   1.—
Curiositez des Indes Occident. — voyez nr. 25624.

26606 **Dahlstedt.** Stud. üb. Süd- u. Central-Amerikan. Peperomien. (Stockh.,
Ak.) 1900. 4. 204 p. m. 11 Tfln. (M. 18.)   5.—

26607 **Duss.** Flore phanérog. d. Antilles françaises (Guadeloupe et Martini-
que). Macon (Inst. Colon. Marseille) 1897. 8. 684 p.   35.—
     Epuisé et très-rare.

26608 **Eggers.** St. Croix's Flora. (Kjöb., Nat. För.) 1877. 8. 126 p. m. col. Kte.   3.50

26609 — The Flora of St. Croix and the Virgin Islands. (Wash., Mus.) 1879.
8. 133 p.   6.—

26610 — Reise in St. Domingo. (Gotha, Peterm.) 1888. 4. 7 p. m. Kte.   1.—

26611 **Fawcett and Rendle.** Flora of Jamaica. Vol. I (all published): Orchidaceae. Lond. 1910. 8. 169 p. w. 32 pl. Cloth.   11.—

26612 **Flora** of Central America. — 8 pap. by Klatt, Vasey and o. 1890—1912.
8. 52 p.   3.—

26613 **Frantzius.** La parte sureste de Costa Rica. San José 1892. fol. 7 p.   1.—

26614 **Gifford.** The Luquillo Forest Reserve, Porto Rico. (Wash., Dept. Agr.)
1905. 8. 52 p. w. map and 8 pl.   1.50

26615 **Goyena.** Flora Nicaraguense. 2 vol. Managua 1911. 8. 1085 p.   48.—

26616 **Greenman.** Descr. of new or little known Plants fr. Mexico. 2 parts.
(Bost., Ac.) 1896—97. 8. 35 p.   1.50

26617 — Diagn. of new Mexic. Phanerogams. (Bost., Ac.) 1898. 8. 19 p.   1.—

26618 — New spec. and varieties of Mexic. Plants. 2 parts. (Bost., Ac.)
1900. 8. 19 p.   1.—

26619 — New and otherwise noteworthy Angiosperms fr. Mexico and
Centr. America. (Bost., Ac.) 1903. 8. 52 p.   2.—

26620 — Diagnoses and synonymy of Mexican and Centr. American Spermatophytes. (Bost., Ac.) 1904. 8. 25 p.   1.—

26621 — Descr. of Spermatophytes fr. the Southwest. U. S., Mexico and
Centr. America. (Bost., Ac.) 1905. 8. 36 p.   1.50

26622 **Greenwood.** Descr. of the princip. Fruits of Cuba. (Boston, Journ. Nat.
Hist.) 1839. 8. 41 p.   2.50

26623 **Grisebach.** Flora of the British West Indian Islands. London 1864. 8.
805 p.   38.—

26624 — Die geograph. Verbreit. d. Pflanzen Westindiens. (Gött., Ges. Wiss.)
1865. 4. 80 p. Cart.   1.50

26625 **Habana.** — Anales de la Academia de Ciencias. Vol. 37 (incomplet),
38, 41, 42 à 44 (incomplets). Hab. 1901 à 7. 8. av. plchs.   10.—
     Chaque volume et numéro se vend aussi séparément.

26626 **Hansen, C. O. E.** Om Europ. Kjökkenurters Vaext paa St. Croix.
(Kjöbenh., Nat. För.) 1899. 8. 10 p.   1.—

26627 **Harshberger.** On the Mexican Flora. (Philad., Ac.) 1898. 8. 42 p.   1.50

26628 — Ecolog. study of the Flora of Sto. Domingo. (Philad., Ac.) 1902. 8.
8 p. w. 2 pl.   1.50

26629 **Hitchcock.** List of Plants coll. in the Bahamas, Jamaica and Grand
Cayman. (St. Louis, Gard.) 1893. 8. 132 p. w. 4 pl.   3.—

26630 **Husnot.** Catal. des Fougères d. Antilles Français. Caen 1870. 8. 60 p.
av. carte.   3.—

26631 **Johow.** Vegetationsbilder aus West-Indien u. Venezuela. 3 Tle.
(Stuttg., Kosmos) 1884—85. 8. 78 p.   2.—

26632 **Karsten, G.** Ueb. ein. Mexik. Pflanzen. (Berl., Bot. Ges.) 1897. 8.
7 p. m. Tfl.   1.—

26633 **Kennel.** Die Insel Trinidad. (Dorp., Nat. Ges.) 1890. 8. 36 p.   1.50

26634 **Kiaerskou.** Myrtaceae ex India occident. (Haun., Bot. Tidsk.) 1890. 8. 45 p. et 7 tab. — 3.—

26635 — Om Danske Samlere af Vestindiske Planter. (Kjöb., Bot. Tidsk.) 1900. 8. 13 p. — 1.—

26636 **Krebs.** Bidr. t. St. Thomas' Flora. (Kjöb., Kroy. T.) 1849. 8. 12 p. — 1.—

26637 **Liebmann.** Novor. Plantarum Mexicanarum generum decas. (Kjöb., Nat. För.) 1854. 8. 18 p. — 1.—

26638 **Linnaeus.** Plantar. Jamaicensium pugillus. Upsal. 1759. 4. 31 p. — 2.50
Linocier. Hist. d. Plantes de l'Inde occident. — voyez nr. 25661.

26639 **Loesener.** Plantae Selerianae (Mexico). (Genev., Boiss.) 1894. 8. 24 p. et tab. — 1.50

26640 **Marr.** Reise n. Central-Amerika. 2 Tle. Hamb. 1863. 8. 614 p. (M. 6.) Cart. — 2.—

26641 **Mazé et Schramm.** Essai de classif. des Algues de la Guadeloupe. 2. éd. Basse-Terre 1870 à 77. 8. 305 p. D.-rel. veau. — 70.—
Edition originale, rarissime, dont on ne connaît qu'à peü près 30 exempl. Voyez: Junk, Rara historico-naturalia, p. 88.

26642 — — Facsimile-Edition. Berlin 1904. 8. 305 p. — 25.—
Réimpression excellente.

26643 **México.** — Memorias y Revista de la Sociedad Cientif. 'Ant. Alzate. Vol. 5, 7, 10 à 12, 14, 15. Méx. 1891 à 1900. 8. (M. 102.) — 40.—
Prix de chaque volume M. 6.

26644 **Millspaugh.** Contrib. to the Flora of Yucatan. 3 parts. (Chicago, Mus.) 1895—98. 8. 197 p. w. 18 partly colour. pl. — 12.—

26645 — Plantae Utowanae. Plants coll. in Bermuda, Porto Rico, etc. I. (Chicago, Mus.) 1900. 8. 111 p. w. map. — 3.—

26646 — Flora of the Island of St. Croix. (Chicago, Mus.) 1902. 8. 106 p. w. map. — 5.—

26647 **Mortensen.** Fra de Dansk-Vestindiske Öer. (Kjöbenh., Geogr. Tidskr.) 1907. 4. 22 p. — 1.50

26648 **Nelson, Rathbun and o.** Nat. List. (Vertebr., Crustac., Plants) of the Tres Marias Islands, Mexico. Wash. 1899. 8. 97 p. w. map. — 1.50

26649 **Örsted.** Plantae novae Centro-Americ. III. (Haun., Nat. För.) 1857. 8. 12 p. — 1.—

26650 **Pittier.** Viaje de exploracíon al Rio Grande de Térraba. San José 1892. fol. 50 p. av. carte color. — 3.—

26651 — New or noteworthy Plants fr. Columbia and Centr. America. Parts 1—4. Wash. 1902—14. 8. 206 p. w. 41 pl. — 14.—

26652 — The Lecythidaceae of Costa Rica. (Wash., Smiths.) 1908. 8. 12 p. w. 9 pl. — 3.—

26653 **Pittier, Durand et a.** Primitiae Florae Costaricensis. Vol. I, II, III, fasc. 1 et supplem. (Brux. et S. José) 1891—1900. 8. et folio. — Quot prodiit. — 40.—
Vol. I. (3 fascic.) (Brux., Soc. Bot.) 1891 à 96. 8. 683 p. — Vol. II, (7 fascic.; fascic. 7: index et titul.). (S. José, Inst. Fisico-Geograf.) 1898 à 1900. 8. 405 p. — Vol. III. fasc. 1: Filices etc. (S. José, Inst. Fisico-Geograf.) 1901. 8. 70 p, — Sine indicatione voluminis aut fascic. prodiit: Polypetalae (pars). (S. José, Inst. Fisico-Geograf.) 1898. folio. 143 p.
La plupart des fascicules (parmi lesquels beaucoup sur les Cryptogames (Fungi par Bommer et Rousseau, Lichenes par J. Müller, etc.) se vend aussi séparément.

26654 **Polakowsky.** Z. Kenntn. d. Flora v. Costa Rica. (Berl., Bot. Ver.) 1877. 8. 21 p. — 1.—

26655 **Ransonnet.** Von Panama nach Colon. (Wien, Z. b. G.) 1870. 8. 8 p. — 1.—

26656 **Reichenbach, H. G.** Beitr. z. e. Orchideenkunde Central-Amerikas. Hamb. 1866. 4. 112 p. m. 10 Tfln. (M. 12.) — 4.—

26657 **Rose.** List of Plants coll. on Carmen Isl. (Wash., Herbar.) 1892. 8. 6 p. w. 3 pl. — 1.50

26658 — Studies of Mexican and Central American Plants. (Wash., Herbar.) 1897. 8. 46 p. w. 17 pl. — 3.—

26659 **San José.** — Boletin del Instiuto Fisico-Geograf. de Costa Rica. No. 1—36. S. José 1901—04. 4.   *M* 25.—
Chaque numéro: M. 1.

26660 **Schenck.** Reisen in Antióquia. (Gotha, Pet.) 1880. 4. 7 p. m. color. Kte.   1.—

26661 **Shreve.** Montane-Raine-Forest. Contrib. to the physiolog. Plant Geography of Jamaica. Wash. 1914. 8. 110 p. w. 29 pl.   7.50

26662 **Smith, J. D.** Undescrib. Plants fr. Guatemala. 10 parts. (Chicago, Bot. Gaz.) 1888—1901. 8. 113 p. w. 7 pl.   6.—

26663 — — 17 plates w. letterpress. (Chic., Bot. Gaz.) 1902—03. 8.   3.—

26664 **Spruce.** Hepaticae Elliottianae insulis Antillanis Sti. Vincentii et Dominica a Elliott lectae. (Lond., Linn. Soc.) 1895. 8. 42 p. w. 11 pl.   5.—

26665 **Tonduz.** Exploraciones botán. en Talamanca. (San José, Inst.) 1895. 8. 21 p.   1.—

26666 **Töpffer.** Verzeichn. d. von Eggers zu St. Thomas gesamm. Pflanzen. Brandenb. 8. 14 p.   1.—

26667 **Urban.** Additamenta ad cognit. Florae Indiae occidental. 3 partes. (Lips., Engl. Jahrb.) 1892—96. 8. 321 p. et 3 tab. Cart.   9.—

26668 — — Pars I. 1892. 77 p. et tab.   3.—

26669 — Plantae nov. Antillanae II. (Berol., Bot. Gart.) 1897. 8. 10 p.   1.—

26670 — Plantae nov. Americanae imprim. Glaziovianae. I. (Lips., Engl. J.) 1897. 8. 15 p.   1.50

26671 — Symbolae Antillanae. VII: Burmanniaceae. (Lips.) 1906. 8. 23 p.   1.—

26672 **Wagner, M.** Beiträge zu e. physisch-geograph. Skizze d. Isthmus v. Panama. (Gotha, Peterm.) 1861. 4. 25 p. m. Kte.   1.50

26673 — Reise in d. Innere d. Landenge v. San Blas u. der Cordillere v. Chepo, Prov. Panama. (Gotha, Peterm.) 1862. 4. 14 p. m. Kte.   1.50

26674 — Phys.-geogr. Skizze d. Prov. Chiriqui. (Gotha, Peterm.) 1863. 4. 19 p.   1.—

26675 **Wercklé.** La subregion fitogeografica Costaricense. (S. José, Soc. Agr.) 1909. 4. 55 p.   2.50

26676 **Woeikof.** Reise durch Yucatan. (Gotha, Peterm.) 1879. 4. 12 p. m. Kte.   1.—

XXII. America meridionalis.

[Supplementum numeror. 5762—5898, vide: Bibliographia Botanica, p. 224—231].

26677 **Agassiz, L.** Voyage au Brésil. Trad. par Vogeli. Paris 1869. 8. 544 p. av. 5 cartes. D.-rel. veau.   3.—

26678 **Andersson, N. J.** Om Galapagos-Öarnes Vegetat. Stockh. 1854. 8. 256 p. Cart.   5.—

26679 — — Lund 1854. 8. 60 p.   1.50
Die Dissertation. — Ist der erste Teil des obigen selten gewordenen Buches, also ohne dessen zweiten, der „Enumeratio Plantarum".

26680 — Ueb. d. Vegetat. der Galapagos-Inseln. (Berl., Linn.) 1862. 8. 61 p.   2.—

26681 **Arechavaleta.** Flora Uruguaya. Vol. I, II. (Montevideo, Mus.) 1898 à 1903. 4. — M a n q u e n t quelques feuilles.   12.—

26682 — Contrib. alconoc. de la Flora Uruguaya. 3 part. (Montevideo, Mus.) 1899 à 1904. 4. 58 p. av. 12 pl.   6.—

26683 **Aublet.** Histoire d. Plantes de la Guiane françoise. 2 vols. et table. Londres 1775. 4. 1188 p. av. 392 pl. D.-rel. maroqu.   90.—

26684 **Ball.** Contrib. to the Flora of Patagonia. 2 parts. (Lond., Linn. Soc.) 1884—91. 8. 68 p.   2.—

26685 — Contrib. to the Flora of Peruvian Andes. (Lond., Linn. S.) 1885. 8. 64 p.   1.50

26686 — On the Botany of West. S. America. (Lond., Linn. S.) 1886. 8. 32 p.   1.—

26687 **Beauverd.** Plantae Damazianae Brasil. 2 partes. (Genève, Boiss.) 1907—1908. 8. 33 p.   1.50

26688 **Behm.** Die Salzwüste Atacama. (Gotha, Peterm.) 1879. 4. 3 p. m. Kte.   1.—

26689 — Reise im südwestl. Patagonien. (Gotha, Peterm.) 1880. 4. 18 p.   1.—

26690 **Beisswanger.** Im Lande d. heiligen Seen. Reisebilder aus d. Heimat der Chibcha-Indianer (Kolumbien). Nürnb. 1911. 8. 294 p. m. 7 Tfln. (M. 6.) *M* 3.—
26691 **Berg.** Naturhist. Reise nach Patagonien. (Gotha, Peterm.) 1875. 4. 8 p. 1.—
26692 — Enumer. de las Plantas Europ. que se hallan como silvestres en Buen.-Air. y Patagonia. (B. Air., Soc. Cientif.) 1877. 8. 24 p. 1.50
26693 — Memoria del Museo Nacional, año 1894—96. 3 parties. Buen. Aires 1897. 8. 80 p. 1.50
26694 **Berro.** La Vegetación Uruguaya. (Montevideo, Mus.) 1899. 4. 106 p. 6.—
26695 **Bertero.** S. l'hist. nat. de Juan Fernandez. (Paris, Ann. Sc.) 1830. 8. 7 p. 1.—
26696 **Bettfreund.** Flora Argentina. 3 vols. B. Aires 1898 à 1901. 8. av. beauc. de pl. color. 45.—
26697 **Bibra.** Beitr. z. Naturgesch. v. Chile. (Wien, Ak.) 1853. 4. — Blos die 5 color. Tafeln o h n e d. Text. 3.—
26698 **Bongard.** Bauhiniae et Pauletiae spec. Brasil. novae. (Petrop., Ac.) 1838. 4. 28 p. et 7 tab. 3.—
26699 **Bonpland.** — Archives inédites de A. Bonpland. I: Lettres inéd. de Alex. de Humboldt sur 64 planches av. préface de Cordier. B. Air. 1914. 4. (M. 50.)
26700 **Botanische Ergebnisse** d. Schwed. Exped. n. Patagonien u. d. Feuerlande. I—IV. (Stockh., Ak.) 1911—14. 4. 322 p. m. 2 Ktn. (1 color.) u. 21 Tfln. 20.—
26701 **Böving-Petersen.** Lagoa Santa. (Kjöb., 'Warming') 1911. 4. 6 p. 1.—
26702 **Briquet et Hochreutiner.** Enumér. crit. d. Plantes du Brésil mérid. réc. p. Reineck et Czermak. (Genève, Jard. Bot.) 1899. 8. 29 p. 1.50
26703 **Brotherus.** Contrib. à la Flore bryolog. du Brésil. 2 parties. (Helsingf. et Stockh.) 1893 à 95. 4. et 8. 106 p. 5.—
26704 — Die Laubmoose d. Deutsch. Südpolar-Exped. (Berl., „Südpol.-Exp.") 1906. 4. 16 p. m. 2 Tfln. 4.—
26705 **Brown, N. E.** Report on 2 botan. collect. made in Brit. Guiana. (Lond., Linn. Soc.) 1901. 4. 107 p. w. 14 pl. (1 £ 10 s.) 8.—
26706 **Brown, N. R., Wright and Darbishire.** The Botany of Gough Island. 2 parts. (Lond., Linn. Soc.) 1905. 8. 16 p. w. 3 pl. 1.50
26707 **Catálogo** de Maderas de la Repúbl. Argentina. B. Air. 1882. 8. 8 p. av. pl. 1.—
26708 **Catalogue** of contributions transmitt. fr. British Guiana to the London Exhibit. of 1862. Georgetown 1862. 8. 208 p. w. 3 maps. 3.—
26709 **Cogniaux.** Orchidaceae Florae Brasiliensis. III, IV. (finis). Lipsiae 1896. fol. 366 p. et 58 tab. (M. 72.) Cart. 30.—
26710 **Cunningham.** On Plants of the Strait of Magellan. (Lond., Linn. Soc.) 1871. 8. 10 p. 1.—
Dahlstedt. Süd-Amerikan. Peperomien — siehe No. 26606.
26711 **Darapsky.** Das Nationalmuseum in Santiago de Chile. (Santiago, Wiss. Ver.) 1887. 8. 14 p. 1.—
26712 **Desvaux.** Cyperaceae Chilenses. (Paris) 1853? 4 planches in-fol. 6.—
Le texte a paru dans vol. VI de G a y, Historia de Chile.
26713 **(Drygalski).** Denkschrift betreff. die Deutsche Südpolar-Expedition. Berl. 1899. 4. 15 p. 1.—
26714 — Bericht üb. d. Deutsch. Südpol.-Exped. (Berl., Z. Erdk.) 1904. 8. 28 p. m. 8 Tfln. 2.—
26715 **Ducke.** Exploraçoes scient. no Estado do Pará. (Pará, Mus.) 1913. 8. 99 p. av. 12 pl. 3.50
26716 **Dusén.** Ueb. d. Vegetat. d. Feuerländisch. Inselgruppe. (Leipz., Engl. J.) 1897. 8. 18 p. 1.—
26717 — Die Gefässpflanzen d. Magellansländer. (Stockh., Exped.) 1900. 8. 190 p. m. 11 Tfln. 7.—
26718 — Z. Kenntn. d. Gefässpflanzen d. südl. Patagoniens. (Stockh., Ak.) 1901. 8. 36 p. 1.50
26719 — Die Pflanzenvereine d. Magellansländer. (Stockh., Exped.) 1903. 8. 173 p. m. color. Kte. u. 11 Tfln. 7.—

26720 **Dusén.** S. la Flore de la Serra do Itatiaya au Brésil. (Rio de J., Mus.) *M*
1903. 4. 121 p.   5.—
26721 — Beiträge z. Bryologie d. Magellansländer, v. Westpatagonien u.
Südchile. 5 Tle. (Stockh., Ark. Bot.) 1903—06. 8. m. 48 Tfln.   18.—
26722 **Echegaray.** Determinacion de Plantas Sanjuaninas. (Córdoba, Ac.)
1876. 8. 13 p.   1.—
26723 **Elliot.** The geograph. functions of cert. Water-Plants in Chile. (Lond.,
Geogr. Journ.) 1906. 8. 15 p. w. colour. map.   1.50
26724 **Engel.** Stud. unt. d. Tropen Amerika's. Jena 1878. 8. 400 p. (M. 6.)
Cart.   3.—
26725 **Engler.** Die Phanerogamenflora v. Süd-Georgien. (Leipz., Engl. J.)
1886. 8. 5 p.   1.—
26726 **Flora** Americae meridion. — 18 Abhandl. von R. E. Fries, Holmberg,
Loesener, Malme, Örsted, Pilger, Stuckert u. a. 1834—1915. 8. u. 4.
125 p. m. 2 Tfln. u. 2 Ktn.   7.—
26727 **Forbes, W. A.** 11 weeks in North-East. Brazil. (Lond.) 8. 51 p.   2.—
26728 **Frick.** Der Riñihue-See in Chile. (Gotha, Peterm.) 1864. 4. 13 p. m. Kte.   1.50
26729 **Fries, R. E.** Z. Kenntn. d. Süd-Amerikan. Anonaceen. (Stockh., Ak.)
1900. 4. 59 p. m. 7 Tfln.   3.—
26730 — Z. Kenntn. d. Ornithophilie d. Südamerikan. Flora. (Stockh., Ark.
Bot.) 1903. 8. 52 p. m. Tfl.   2.—
26731 — Z. Kenntn. der Alpinen Flora im Nördl. Argentinien. (Upsala, Ges.
Wiss.) 1905. 4. 209 p. m. Kte. u. 9 Tfln. (M. 15.)   6.—
26732 — Die Anonaceen d. 2. Regnell'schen Reise. (Stockh., Ark. Bot.) 1905.
8. 30 p. m. 4 Tfln.   2.—
26733 — Z. Kenntn. d. Phanerogamenflora d. Grenzgebiete zwisch. Bolivia
u. Argentinien. 4 Tle. (Upsala, Ark. Bot.) 1906—1908. 8. 135 p. m.
11 Tfln.   7.—
26734 — — III: Malvales. 1906. 8. 16 p. m. 2 Tfln.   1.50
26735 — Studien üb. d. Amerikan. Columniferenflora. (Stockh., Ak.) 1907.
4. 67 p. m. 7 Tfln.   4.50
26736 **Fritsch, K.** Ueb. ein. währ. d. 1. Regnell'schen Exped. ges. Gamopetalen. (Stockh., Ak.) 1899. 8. 28 p. m. Tfl.   1.—
26737 **Gallardo.** La riqueza de la Flora Argentina. (B. Air., Mus.) 1902.
8. 11 p.   1.—
26738 **Gay** (et autres). Historia fisica y politica de Chile. 26 vols. de
texte in-8. av. 2 vols. d'atlas, Grand in-Folio, de 315 planches et
cartes, dont 248 coloriées. Paris 1844 à 1865. — Bel exempl., pres-
que neuf, av. toutes les planches coloriées sauf celles qui n'ont paru
qu'en état noir.   800.—
> La Botanique comprend 8 vols. avec atlas de 103 pl. color. Les Phanérogames
> et Fougères sont écrits par Gay, Desvaux et Richard, les autres Crypto-
> games par Montagne. — Entièrement épuisé depuis longtemps. Surtout des
> séries complètes ne se trouvent que très-rarement, comme c'est souvent le cas,
> quand un livre a été publié pendant le cours d'un tel grand nombre d'années.
> L'édition aux planches noires n'est pas si rare et est beaucoup moins estimée. —
> On avait tiré de cet ouvrage magnifique 1000 exempl., dont le gouvernement
> de Chili avait souscrit 400; le reste fut abonné par les notables du pays.
26739 — — Botanica. Vol. I, II, III (manque livrais. 2), IV, V (manque
livrais. 3), VII, VIII. Paris 1844 à 52. 8. — Le texte sans les
planches.   18.—
26740 **Gibert.** Enumeratio Plantarum agri Montevidens. Montev. 1873. 8.
146 p.   15.—
> Pas en commerce, rare.
26741 **Gilliss.** Chile, its Geography, etc. Washingt. 1855. 4. 556 p. w. 13 maps
and partly colour. plates. Cloth.   10.—
26742 **Girola.** El Brasil. Producc. naturales, industrias etc. Buen. Air. 1909.
8. 193 p. av. carte color. et 10 pl.   3.—
26743 **Goeldi.** Verzeichn. d. neuen Tier- u. Pflanzenformen, 1884—99 in Brasilien gesamm. M. 6 Suppl. Bern 1899—1902. 8. 32 p.   1.50

26744 **Goeldi.** Maravilhas da Natureza na Ilha de Marajó (Rio Amazonas). *ℳ*
(Pará, Mus.) 1902. 8. 30 p. av. 6 pl. 2.—
26745 — Aspectos da Natureza do Brazil. (Pará, Mus.) 1908. 8. 9 p. 1.—
26746 **Gray, A., and Brackenridge.** List of the Plants brought fr. Chile by
the U. S. Astronom. Exped. (Wash., Exped.) 1855. 4. 5 p. 1.50
26747 **Grisebach.** Symbolae ad Floram Argentinam. 2. Bearbeit. Argentin.
Pflanzen. Gött. 1879. 4. 346 p. (M. 9.) 5.—
26748 **Halfeld u. Tschudi.** Die Prov. Minas Geraes. Gotha 1862. 4. 42 p. m.
color. Kte. 2.—
26749 **Hassler.** Contribuc. á la Flora del Chaco Argentino-Paraguayo. Parte I.
(Buen. Aires, Mus.) 1909. 8. 154 p. 6.—
26750 **Hauman-Merck.** Etude phytogéogr. de la région du Rio Negro inférieur.
(Buen. Air., Mus.) 1913. 4. 156 p. 4.50
26751 **Hemsley.** On a collect. of Plants obt. by Conway in the Bolivian Andes. (Lond., Linn. S.) 1901. 8. 13 p. 1.—
26752 **Hicken.** Chloris Platensis Argentina. Buenos Air. 1910. 4. 292 p. 10.—
26753 **Hieronymus.** Sertum Sanjuanium. Plantas rec. p. Echegaray. (Cordóba, Ac.) 1881. 8. 73 p. 3.—
26754 — Icones et descript. Plantarum in republ. Argentina cresc. Pars I
(unica). (Buen. Air., Ac.) 1886. 4. 74 p. et 9 tab. 12.—
26755 — Plantae Stuebelianae novae (Americae merid.). 2 partes. (Lips.,
Engl. J.) 1896—98. 8. 86 p. 3.—
26756 **Hoehne.** Expediçao scient. Roosevelt-Rondon no Estado de Matto-
Grosso. Botanica. Rio de Jan. 1914. 4. 81 p. av. 25 pl. (2 colcr.) 30.—
26757 — Commissao de Linhas telegraf. de Matto-Grosso ao Amazonas.
Botanica. Parte V. Rio de Jan. 1915. 4. 83 p. av. 33 pl. 25.—
26758 **Holmberg.** Viaje á Misiones. (Cordóba, Ac.) 1887—89. 8. 391 p. av.
2 pl. (1 color.) 5.—
26759 — — Parties III. 1887. 8. 288 p. av. 2 pl. 2.—
26760 **Huber, J.** Contrib. á geograph. botan. do Littoral da Guyana. (Pará,
Mus.) 1896. 8. 22 p. av. pl. color. 1.50
26761 — Materiaes p. a Flora Amazonica. 6 parties. (Pará, Mus.) 1898 à
1909. 8. 377 p. av. 4 pl. 12.—
26762 — Arvores de Borrachia da reg. Amazonica. (Pará, Mus.) 1902. 8. 25 p. 1.50
26763 — Contrib. á géographia phys. dos Furos de Breves. (Pará, Mus.)
1902. 8. 54 p. av. 2 cartes et 5 pl. 3.—
26764 — Patria e distrib. geograph. d. Arvores fructif. do Pará. (Pará, Mus.)
1904. 8. 32 p. 1.50
26765 — Origem das colonias de Saúba. (Pará, Mus.) 1908. 8. 19 p. 1.—
26766 — Novitates Florae Amazonic. (Pará, Mus.) 1910. 8. 31 p. 1.50
26767 — Mattas e madeiras Amazonicas. (Pará, Mus.) 1910. 8. 135 p. 3.—
26768 — S. Plantas de Cupaty. (Pará, Mus.) 1913. 8. 25 p. 1.50
26769 **Humboldt, A. v.** Reise in die Aequinoctial-Gegenden d. Neuen Conti-
nents. Bd. VI, Teil 2. Stuttg. 1832. 8. 226 p. Cart. 1.50
26770 — Reise in die Aequinoctial-Gegenden. Deutsch v. Hauff. 6 Bde.
Stuttg. 1861—62. 8. Lnbde. 8.—
26771 — Lentz. Humboldt's Aufbruch z. Reise nach S.-Amerika. (Berl.)
1899. 4. 54 p. m. 4 Tfln. 1.50
26772 — Loewenherz. Humboldt's Reisen in Amerika u. Asien. 2. Aufl.
2 Bde. Berl. 1843. 8. 760 p. m. Portr., 2 Ktn. u. 2 Tfln. Hfzb. 6.—
26773 **Ihering.** Natterer e Langsdorff, explorad. de S. Paulo. (S. Paulo,
Mus.) 1902. 8. 22 p. av. 3 portr. 1.50
26774 **Im Thurn.** The Botany of the Roraima Exped. (Lond., Linn. Soc.)
1887. 4. 52 p. w. 20 pl. (27 s.) 12.—
26775 **Johow.** Las Plantas de cultivo en Juan Fernandez. (Santiago, Univ.)
1893. 8. 34 p. 1.50
26776 **Kappler.** Holländ.-französ. Exped. ins Innere v. Guinea. 2 Tle. (Gotha,
Peterm.) 1862. 4. 16 p. 1.50

26777 **Karsten, H.** Flora Columbiae. Fasc. 10. Berol. 1869. fol. 40 p. et 20. tab.   *M*
(M. 45.)   7.—
26778 **Katalog** d. 1886er Südamerikan. Ausstell. in Berlin. Berl. 1886. 8.
248 p. (M. 4.)   1.50
26779 **Kerber.** (Florist.) Rückblick auf Córdoba. (Leipz., Engl. J.) 1883. 8. 18 p.   1.—
26780 **Koenigswald.** S. Paulo. S. Paulo 1894. 8. 46 p.   1.—
26781 **Kuntze, O.** Botan. Excurs. durch d. Pampas u. Monte-Format. 3 Tle.
(Berl., Nat. Wochenschr.) 1893. 4. 11 p.   1.50
26782 — Enumerac. de las Plantas recog. en Uruguay. (Montev., Mus.) 1899.
4. 14 p.   1.50
26783 **Kurtz, F.** Viaje botan. en las prov. de Córdoba, San Luis y Mendoza.
(Córdoba, Ac.) 1886. 8. 22 p.   1.—
26784 — Dos Viajes botán. al Rio Salado Super. (Cordóba, Ac.) 1893. 8. 42 p.   1.—
26785 — Ber. üb. 2 Reisen z. Gebiet d. Rio Salado. (Berl., Bot. Ver.) 1893.
8. 26 p.   1.—
26786 — Enumer. de las Plantas recog. p. Bodenbender en la Precordill. de
Mendoza. (Córdoba, Ac.) 1897. 8. 22 p.   1.—
26787 — S. la Flora de la Sierra Achala. Córdoba 1900. 8. 10 p.   1.—
26788 — Bibliographie botan. de l'Argentine. (B. Aires, Ac.) 1900. 8. 91 p.   3.—
26789 — — 2. éd. Partie I: Catal. alphabét. (Córdoba, Ac.) 1913. 8. 159 p.   6.—
26790 — Collectanea ad Floram Argentin. (Córdoba, Ac.) 1909. 8. 49 p.   1.50
26791 **(Lankester).** Report on the collect. of Natural History (chiefly Zoology) made in the Antarctic regions dur. the voy. of the 'Southern
Cross'. Lond. 1902. 8. 354 p. w. 53 pl. Cloth. (2 £ nett.)   32.—
26792 **Lecointe.** Expédit. Antarctique Belge. Au pays des Manchots. Brux.
1904. 8. 368 p. avec 21 pl. et 5 cartes.   3.—
26793 **Lindman.** Ein. Brasil. amphikarpe Pflanzen. (Stockh., Ak.) 1900. 8. 18 p.   1.—
26794 — Z. Palmenflora Südamerikas. (Stockh., Ak.) 1900. 8. 42 p. m. 6 Tfln.   4.—
26795 — Beitr. z. Gramineenflora S.-Amerikas. (Stockh., Ak.) 1901. 4. 52 p.
m. 15 Tfln.   4.50
26796 — Z. Kenntn. der tropisch-amerikan. Farnflora. (Stockh., Ark. Bot.)
1903. 8. 89 p. m. 8 Tfln.   3.50
26797 **Löfgren.** Serviço florestal de Particulares. Sao Paulo 1903. 8. 34 p.
av. 6 pl.   2.50
26798 **Lorentz.** S. el result. de los Viajes y Escurs. botán. (Córdoba, Ac.)
1876. 8. 74 p.   2.—
26799 — Vegetationsverhältn. d. Argentin. Republik. B. Air. 1876. 8. 67 p.
m. 2 color. Ktn.   2.50
26800 — Ueb. e. Teil d. Prov. Entre-Rios. B. Air. 1876. 8. 9 p.   1.—
26801 **Lorentz y Niederlein.** Botanica de la Expedic. al Rio Negro (Patagonia). Buenos Aires 1881. 4. 130 p. av. 12 pl.   10.—
26802 **Mac Rae.** Report of a journey across the Andes and Pampas of the
Argentine Prov. (Wash., Gilliss Exp.) 1855. 4. 82 p. w. 2 maps.   2.50
26803 **Malme.** Ex Herbario Regnelliano. 5 partes. (Stockh., Ac.) 1898—1901.
8. 190 p. et 7 tab.   4.—
26804 **Mandon.** Liste d. Plantes d. Andes Bolivienn. (Paris, S. Bot.) 1865.
8. 4 p.   1.—
26805 **Mardner.** Die Phanerogamen-Vegetat. d. Kerguelen. Mainz 1902. 8.
54 p. m. Tfl.   1.50
26806 **Martin.** Der Patagon. Urwald. (Halle) 1882. 8. 14 p.   1.—
26807 **Martius, C. F. Ph. de.** The Nat. History, the medic. Practice and the
Materia Medica of the Aborigines of Brazil. Transl. by J. Macpherson.
Calcutta 1845. 8. 96 p. Half bd. calf.   8.—
      Very rare.
26808 — Specimina XII generum Cinchonae et Palicureae. Supplem. ad
'Floram Brasiliens.' Lips. 1915. fol. 6 p. et 12 tab. color. (M. 60.)
    Vide nr. 5784.

26809 **Maximilian v. Wied.** Reise nach Brasilien. Sammlung v. 43 Tafeln m. unvollständ. Text. Frankf. 1820—21. folio. *M* 10.—
26810 — Beitr. z. Flora Brasiliens. (Ac. Leop.) 1824. 4. 88 p. m. 6 Tfln. 4.—
26811 **de Mello.** On some Brazil. Plants. (Lond., Linn. S.) 1871. 8. 11 p. 1.—
26812 **Meyer, E.** Plantarum Surinamensium corollarium. (Halae, Ac. Leop.) 1828. 4. 60 p. Cart. 2.50
26813 — Ein. vegetab. Eroberer in S.-Amerika. (Königsb.) 1844. 8. 6 p. 1.—
26814 **Miers.** Contrib. to the Botany of South America. 3 parts. (Lond., Ann. & M.) 1851. 8. 25 p. 1.50
26815 — On the Hippocrateaceae of S. America. (Lond., Linn. S.) 1872. 4. 214 p. w. 17 pl. 5.—
26816 **Milne Edwards, H.** Instructions pour la Mission du Cap Horn. Paris 1882. 4. 48 p. Toile. 2.—
26817 **Miranda.** Os Campos de Marajo e a sua flora. (Pará, Mus.) 1908. 8. 56 p. 2.—
26818 **Montagne.** Prodromus Florae Fernandesianae. 2· partes. (Paris., Ann. Sc.) 1835. 8. 24 p. av. pl. 2.—
26819 — Cryptogamia (Fungi) Guyanensis. 2 partes. (Paris., Ann. Sc.) 1855. 8. 74 p. et 2 tab. 4.50
26820 **Moore, S. Le M.** Phanerogamic Botany of the Matto Grosso Expedit. (Lond., Linn. Soc.) 1895. 4. 252 p. w. map and 19 pl. (2 £ 10 s.) 25.—
26821 **Müller, C.** Prodromus Bryologiae Argentinicae. 2 partes. (Berol., Linnaea) 1879—82. 8. 390 p. 8.—
26822 **Nachrichten** v. d. kais. österreichischen Naturforschern in Brasilien. Heft II. Brünn 1822. 8. 118 p. 2.—
26823 **Napp.** Die Argentin. Republik. B. Aires 1876. 8. 501 p. m. 6 Ktn. (1 color.) Cart. 4.—
26824 **Naudin.** Addit. à la Flore du Brésil mérid.: Mélastomac. 3 parties. (Paris, Ann. Sc.) 1844 à 45. 8. 51 p. av. 6 pl. 3.50
26825 **Naumann, F.** Bericht üb. d. botan. Sammlgn. auf d. Reise d. „Gazelle" bis Kerguelensland. (Berl., Bot. Vera) 1876. 8. 26 p. 1.—
26826 **Neger.** Observac. botán. effect. en la Cordillera de Villarrica. Sant. de Chile 1899. 8. 67 p. av. carte. 2.50
26827 — In d. Heimat d. Araucarie. Leipz. 1910. 4. 55 p. 1.50
26828 **Netto.** Addit. à la Flore du Brésil. 3 parties. (Paris, Ann. Sc.) 1865. 8. 13 p. av. 5 pl. 2.50
26829 — Destruction d. Plantes indig. au Brésil. (Paris, Soc. Bot.) 1865. 8. 16 p. 1.—
26830 — Resumo do curso de botan. do Museu Nacional. (Rio de Jan., Mus.) 1878. 4. 14 p. 1.—
26831 — Le Muséum de Rio-de-Janeiro. Paris 1889. 8. 93 p. 1.50
26832 **Niederlein.** Reisebriefe üb. d. 1. Deutsch-Argentin. Landprüfungs-Expedition. Berl. 1883. 8. 91 p. 1.50
26833 **Nordenskiöld, E.** Travels on the boundaries of Bolivia and Argentina. (Lond., Geogr. Journ.) 1903. 8. 15 p. w. map. 1.—
26834 **Notice** s. la Rép. Argentine. Lille 1889. 8. 20 p. av. carte. color. 1.—
26835 **Noticia** s. l. Madeiras do Brasil. Rio de J. 1867. 8. 32 p. 1.50
26836 **d'Orbigny.** Naturhist. Schilderung d. nördl. Patagonien. (Berl., Arch. Nat.) 1839. 8. 15 p. 1.—
26837 **Peckolt.** Explic. s. a. collecçâo de Pharmacognosia env. a Exposiçâo Nacional. Cantagallo 1861. 8. 38 p. 1.50
26838 — Volksbenennungen d. Brasilian. Pflanzen. Milwaukee 1907. 8. 252 p. 12.—
26839 **Petermann.** Die König Max-Inseln, Kerguelen, St. Paul, Neu Amsterdam u. s. w. (Gotha, Peterm.) 1858. 4. 17 p. m. Kte. 1.50
26840 — Reise an den Araguaya v. Conto de Magalhâes. 2 Tle. (Gotha, Peterm.) 1875—76. 4. 23 p. 1.50
26841 **Philippi, F.** Botan. Reise nach d. Prov. Atacama. (Santiago) 1886. 8. 8 p. 1.—
26842 — Reise nach d. Prov. Tarapaca. (Santiago) 1886. 8. 29 p. m. Kte. 1.50

26843 **Philippi, R. A.** Exkurs. nach d. Bädern u. d. Neuen Vulkan v. Chillan ℳ
in Chile. (Gotha, Peterm.) 1863. 4. 17 p. m. Tfl. 1.50
26844 — Plantas nuevas Chilenas. 20 parties. (Santiago, Univ.) 1892 à 93.
4. 403 p. av. pl. 30.—
Supplément botanique à l'ouvrage de Gay (nr. 26738).
26845 — Analogien zwisch. d. Chilen. u. Europ. Flora. (Santiago) 1893. 8. 7 p. 1.—
26846 — Plantas nuevas Chilenas. 2 parties. (Santiago, Univ.) 1894 à 1904.
8. 71 p. 2.50
26847 **Philippi, R. A., u. Petermann.** Die Wüste Atacama. Gotha 1856. 4. 21 p.
m. 3 Ktn. 2.50
26848 **Plagemann.** Ausflüge in d. Cordilleren d. Hacienda de Cauquenes.
(Santiago, Wiss. Ver.) 1888. 8. 47 p. m. 2 Tfln. 1.50
26849 **Porter, C. E.** Catal. razonado de s. trabajos histor.-naturales, 1894—
1908. Santiago 1908. 8. 40 p. av. portr. 1.—
26850 **Presl.** Reliquiae Haenkeanae. Plantae in America meridion. et boreali,
in insul. Philippinis et Marianis coll. a Haenke. 2 vol. Prag. 1830—36.
fol. 523 p. et 72 tab. 120.—
26851 **Pulle.** Ueb. ein. neue Arten aus Surinam. (Nimw.) 1905. 8. 16 p. 1.—
26852 **Raddi.** S. alc. Piante esculenti d. Brasile. (Fiesole) 1822. 8. 15 p.
c. 2 tav. color. 2.—
26853 — Crittogame Brasiliane. Modena 1822. 4. 33 p. 2.—
26854 **Raimondi.** El Perú. 2 vols. Lima 1874 à 76. 4. 918 p. av. 5 pl. et
2 cartes. 10.—
Regnell's Sammlungen v. Pflanzen — siehe Nr. 9885, 9890, 9899, 10139,
10214, 10739, 10741, 10805—10, 10818, 10824, 11902, 12797, 13378,
14901, 15105, 15626, 15632, 15957, 16965, 26732, 26736, 26803.
26855 **Reiche.** Ueb. polster- u. deckenförmigwachs. Pflanzen Chiles. (Santiago) 1893. 8. 12 p. 1.—
26856 — Etudios críticos s. la Flora de Chile. 3 parties. (Santiago, Univ.)
1894 à 1900. 8. 166 p. 5.—
26857 — Flora de Chile. (ca. 6 vol.) Vol. I—V. Santiago 1896—1910. 8.
2155 p. Toile. 50.—
26858 — Orchidaceae Chilenses. Monogr. de las Orquideas de Chile. (Santiago, Mus.) 1910. 4. 88 p. av. 2 pl. color. et 54 fig. 12.—
26859 **Remy.** Analecta Boliviana, seu novae Plantae in Bolivia crescent.
2 partes. (Paris., Ann. Sc.) 1846—47. 8. 30 p. et tab. 2.—
26860 **Revista Chilena** de Historia Natural. Réd. p. E. Porter. Années 4 à 9
et 12. Valparaiso 1900 à 1908. 8. av. plchs. 40.—
Beaucoup de parties dépareillées de ces volumes en magasin.
26861 **Ridley.** On the Botany of Fernando Noronha. (Lond., Linn. Soc.) 1890.
8. 95 p. w. 4 pl. 2.—
26862 **Riedel.** Tabl. synonym. d. Plantes usitées dans l'economie et la médec.
domest. du Brésil. (Paris, Ann. Sc.) 1839. 8. 15 p. 1.—
26863 **Rio de Janeiro.** — Archivos do Museu Nacional de Rio de J. Vol. II
à XI. Rio 1877 à 1901. 4. av. beauc. de pl. 70.—
Chaque volume se vend aussi séparément.
26864 **Robinson, B. L.** Flora of the Galapagos Islands. (Bost., Ac.) 1902.
8. 196 p. w. 3 pl. 3.50
26865 **Robinson, B. L., and Greenman.** On the Flora of the Galapagos Islands.
(New Haven, J. Sc.) 1895. 8. 42 p. 1.50
26866 **da Rocha.** Botanica do Muzeo Rocha. (Ceará) 1908. 8. 10 p. 1.—
26867 **Rodrigues, J. Barbosa-.** Plantas novas cultiv. no Jardim botanico
do Rio de Janeiro. Partie II—VI. Rio d. J. 1893—98. 4. 142 p. av. 12 pl. 18.—
26868 — Plantae Mattogrossenses ou relaçâo de Plantas novas. Rio d. J.
1898. 4. 50 p. avec 13 pl. 6.—
26869 — As Heveas ou Seringueiras. Rio de J. 1900. 8. 86 p. av. 5 pl. 2.50

26870 **Rodrigues, J. Barbosa.** — Sertum Palmarum Brasiliensium. Relat. *M*
d. Palmiers nouv. du Brésil. 2 vols. Paris 1903. fol. 290 p. av. portr.
et 174 pl. color. 550.—
Tiré en 300 exemplaires. Non mis dans le commerce.
Roemer. Scriptores de Plantis Brasiliens. — vide no. 24438.
26871 **Rosenschöld.** Bref fran Paraguay. (Stockh., Ak.) 1853. 8. 13 p. 1.—
26872 **Ruiz et Pavon.** Flora Peruviana et Chilensis: G. Laurus. (Matriti)
1802. folio. 28 tabulae aeneae. Cart. 50.—
Rarissimum. The plates are those of the IV. volume of the 'Flora
Peruviana' (Pritzel, 'ineditus'), which is extremely rare. For particulars on
those 28 plates see: Pritzel, ed. I, 8859.
26873 **Rusby.** Enumerat. of the Plants coll. by Rusby in South America.
XXVI, XXVII. (N. York, Torr. Cl.) 1899. 8. 20 p. 1.—
26874 **Sagot.** Catal. d. Plantes de la Guyane française. (Suite). (Paris, Ann.
Sc.) 1882. 8. 56 p. 1.50
26875 **Saint Hilaire, Naudin et R. L. Tulasne.** Revue de la Flore du Brésil
mérid. 3 parties. (Paris, Ann. Sc.) 1842. 8. 51 p. av. 2 pl. 3.50
26876 **Saldanha da Gama.** Synonymia de diversos Vegetaes do Brasil. Rio
de Jan. 1868. 4. 36 p. 2.—
26877 **Saldanha da Gama et Cogniaux.** Bouquet de Mélastomacées Brésiliennes. Verviers 1887. 4. 5 pl. in fol. av. texte. 7.—
26878 **Santiago.** — Actes de la Société Scientifique du Chili. Années I à IV:
1892 à 95. Sant. 4. av. beauc. de pl. 20.—
Quelques volumes et numéros se vendent aussi séparément.
26879 **Sao Paulo.** — Revista do Museu Paulista, publ. p. Ihering. Vol. I à V.
S. Paulo 1895 à 1902. 8. av. 49 pl. en partie color. (M. 76.) 35.—
Les volumes se vendent aussi séparément.
26880 **Schomburgk, Rich.** Reisen in Britisch Guiana 1840—44. Bd. II. Leipz.
1848. 8. 546 p. m. 8 Tfln. Lnb. 15.—
Vergriffen.
26881 **Schomburgk, Rob. H.** Geograph.-statist. Beschr. v. Britisch Guiana.
Deutsch v. O. A. Schomburgk. Magdeb. 1841. 8. 162 p. m. color. Kte. 3.—
26882 **Sievers.** Reise in d. Sierra Nevada de Santa Marta. Leipz. 1887. 8.
290 p. m. 8 Tfln. (M. 8.) 3.—
26883 **da Silveiro.** Flora e Serras Mineiras (Prov. de Minas, Brazil). Bello
Horizonte 1908. 8. 206 p. av. 30 pl. 20.—
26884 **Skottsberg.** Om Sydgeorgiens Vegetat. (Stockh., Bot. Not.) 1902. 8.
9 p. m. Tfl. 1.—
26885 — Uebersicht üb. d. wicht. Pflanzenformat. Südamerikas. (Stockh.,
Ak.) 1911. 4. 28 p. m. color. Kte. 2.—
26886 — Botan. Survey of the Falkland Islands. (Stockh., Ac.) 1913. 4. 129 p.
w. map and 14 pl. 8.—
26887 — Studien üb. d. Vegetat. d. Juan Fernandez-Inseln. (Stockh., Ak.)
1914. 4. 73 p. m. 7 Tfln. 4.50
26888 **Snethlage.** Travessia entre o Xingú e o Γapajoz. (Pará, Mus.) 1913.
8. 50 p. av. carte et 15 pl. 4.—
26889 **Sodiro.** Plantae Ecuadorenses. 2 partes. (Lips., Engl. Jahrb.) 1898—
1900. 8. 98 p. 4.—
26890 — Sertula Florae Ecuadorensis. Quiti 1905. 8. 16 p. et 2 tab. 2.—
26891 — Contrib. al conocim. de la Flora Ecuatoriana. II. Quito 1905. 8.
102 p. av. 11 pl. 7.—
26892 **Spegazzini.** Fungi Argentini. 8 partes. (Buen. Aires, Soc. Cient.) 1880—
1882. 8. 150 p. 9.—
26893 — Fungi Fuegiani. (Córdoba, Ac.) 1888. 8. 175 p. 6.—
26894 — Plantae novae v. criticae Reipubl. Argentinae. La Plata 1897. 8. 13 p. 1.—
26895 — Plantae per Fuegiam coll. (Buen. Air., Mus.) 1897. 8. 66 p. et 2 tab. 3.—
26896 — Apuntes fito-agrolog. s. el Carmen de Patagones. La Plata 1899. 8. 19 p. 1.—
26897 — Mycetes Argentinenses. 7 partes. (Buen. Air., Mus.) 1899—1913. 8.
580 p. et multae fig. 20.—

26898 **Spegazzini.** Contrib. al est. de la Flora del Tandil. La Plata 1901. *M*
8. 60 p.   3.—

26899 — Plantae novae nonnullae Americae austral. IV. V. (B. Air., Mus.)
1901. 8. 20 p. et 2 tab.   1.50

26900 — Nova Addenda ad Floram Patagonicam. 4 partes. (B. Air., Mus.)
1901—02. 8. 343 p.   12.—

26901 — Flora de la prov. de Buenos Aires. Vol. I (tout paru). B. Air. 1905.
8. 175 p. av. 89 fig.   6.—

26902 — Fungi Chilenses. (Buen. Air., Mus.) 1910. 8. 205 p. av. 104 fig.   10.—

26903 **Spix u. Martius.** Reise in Brasilien. Bd. I. II. Münch. 1823—28. 4.
904 p. Hfzbd. — O h n e A t l a s.   5.—

26904 **Sprague.** Report on the Botany of Dowding's Colombian Exped.
(Edinb., Bot. Soc.) 1905. 8. 12 p.   1.—

26905 **Spruce.** Visit to the Cinchona Forests on the Quitenian Andes. (Lond.,
Linn. Soc.) 1860. 8. 17 p.   1.—

26906 — Notes of a Botanist on the Amazon and Andes. Ed. by A. R. Wallace. 2 vols. Lond. 1908. 8. 1124 p. Cloth.   22.—

26907 **Steffen.** S. la Espedic. explorad. del Rio Palena. 2 parties. (Santiago,
Univ.) 1894 à 1904. 8. 168 p. av. 2 cartes et 4 pl.   3.50

26908 **Steinheil.** Reisen in Columbien. (Gotha, Peterm.) 1876. 4. 14 p.   1.—

26909 **Stelzner u. Lorentz.** Ausflug n. d. Laguna blanca. B. Air. 1875. 8. 56 p.   1.50

26910 **Strobel.** Gita dal Passo del Planchon nelle Ande meridion. 2 parti.
(Milano, Soc. Sc. Nat.) 1860—67. 8. 105 p. c. 2 tav.   2.—

26911 **Stuckert.** Contrib. al conocim. de las Gramináceas Argentinas. 2 parties. (Buen. Air., Mus.) 1904 à 6. 4. 267 p. av. fig.   6.—

26912 **Taubert.** Plantae Glaziovianae Brasil. novae vel minus cognitae.
(Lips., Engl. J.) 1890. 8. 20 p. et tab.   1.50

26913 **Theissen.** Xylariaceae Austro-Brasil. I. (Vindob., Ac.) 1909. 4. 40 p.
et 11 tab. (M. 9.50.)   7.—

26914 **Thorwald.** Planternes Physiognomie I: Det tropiske Amerika. 1 Tafel
in-folio m. Erklär.   2.—

26915 **Tölsner.** Die Colonie Leopoldina in Brasilien (Anbau u. Gewinn. d.
Culturprodukte). Götting. 1860. 8. 76 p.   2.—

26916 **Triana et Planchon.** Prodromus Florae Novo-Granatensis. VIII. (Paris.,
Ann. Sc.) 1872. 8. 22 p.   1.—
    La série complète de ce grand ouvrage, voyez nr. 5883. — Filices, p. M e t -
t e n i u s, voyez nr. 12616; Hepaticae, p. G o t t s c h e, nr. 12932; Musci, p.
H a m p e, nr. 12956.

26917 **Tschudi.** Reise durch die Andes v. Süd-Amerika. Gotha 1860. 4. 38 p.
m. Kte.   1.50

26918 — Die Prov. Minas Geraes. Gotha 1862. 4. 42 p. m. Kte.   1.50

26919 **Tulasne, L. R.** Flore de la Colombie. Plantes nouv. 4 parties. (Paris,
Ann. Sc.) 1846 à 47. 8. 86 p.   3.—

26920 **Ule.** Rapport botan. s. l'Expéd. d. la prov. Minas-Geraes (Brésil).
(Rio de J., Mus.) 1895. 4. 25 p.   2.—

26921 — Beschr. ein. botan. Excurs. nach Serra do Itatiaca. (Rio de Jan.,
Mus.) 1896. 4. 39 p. — Deutsch u. Spanisch.   1.50

26922 — Standortsanpassungen einig. Utricularien in Brasilien. (Berlin, Bot.
Ges.) 1898. 8. 8 p. m. Tfl.   1.—

26923 — Biolog. Beobacht. im Amazonasgebiet. Berl. 1915. 8. 19 p. m. 4 Tfln.   1.50

26924 **de Ulloa.** Physikal. u. histor. Nachrichten v. südl. u. nordöstl. America.
Uebers. v. Dieze. 2 Bde. Leipz. 1781. 8. 723 p. Hfzb.   3.—

26925 **Usteri, A.** Flora d. Umgeb. d. Stadt São Paulo in Brasil. Jena 1911. 8.
276 p. m. color. Kte. u. Tfl. (M. 7.)

26926 **Vargas.** — E r n s t, A., Várgas consid. como botánico. Con un append.
Carácas 1877. fol. 24 p.   1.50

26927 **de Vriese.** Splitgerberi Reliquiae botan. Surinamenses. IV. (Lugd.
Bat., Kruidk. Arch.) 1846. 8. 42 p.   1.50

_M_

26928 **Wagner, H.** Das Bolivian. Litoral. (Gotha, Peterm.) 1876. 4. 7 p. m. Kte. 1.—
26929 **Wallis.** La Guyane Brésil. au point de vue botan. (Gand, Belg. Hortic) 1871. 8. 21 p. 1.50
26930 **Wappaeus.** Panama, Neu-Granada, Peru, Bolivia u. Chile. Leipz. 1871. 8. 526 p. (M. 6.60.) Hfzb. 1.50
26931 **Warming et a.** Symbolae ad Floram Brasiliae centralis. 40 partes. (Havn., Nat. För.) 1867—94. 8. c. 49 tab. (8 color.) 75.—
 Ausführliches Inhaltsverzeichnis — siehe: Rara Historico-Naturalia, ed. J u n k, p. 52. — Alle Teile sind auch einzeln vorhanden, so z. B.:
26932 — — 3: M e i s s n e r, C. F., Polygon., Laurac., Proteaceae. 1870. 25 p. 1.—
26933 — — 7: E i c h l e r. Ranunculaceae. 1870. 36 p. et tab. color. 1.50
26934 — — 8, 10, 19, 24: H a m p e, Musci frondosi. 1870—77. 146 p. 3.—
26935 — — 11, 12: M\e i s s n e r, C. F., Ericaceae, Piperaceae. 1872. 10 p. 1.—
26936 — — 13: K l a t t e t W a r m i n g: Hypoxideae, Liliac., Balano-phor. etc. 1872. 23 p. et tab. 1.50
26937 — — 17: W a r m i n g. Lentibular., Primulac., Myrsinac. 1874. 20 p. et 2 tab. color. 2.—
26938 — — 18: W a r m i n g. Symplocac., Styrac., Ebenac., Rosac. 1873. 17 p. 1.50
26939 — — 21: G r i s e b a c h. Malpighiaceae. 1875. 44 p. 1.50
26940 — — 23: H i e r n. Solanaceae, Acanthac., Gesnerac., Verbenac. 1877. 72 p. 1.50
26941 — — 26: W a r m i n g. Araceae et Gramineae. 1880. 30 p. et 3 tab. 2.50
26942 — — 30: W a r m i n g. Orchideae. 1885. 11 p. et 6 tab. (3 color.) 5.—
26943 **Weberbauer.** Die Pflanzenwelt d. Peruanischen Anden. Leipz. 1911. 8. 367 p. m. 2 Ktn. (1 color.) u. 40 Tfln. (M. 28.) 20.—
26944 **Weddell.** Plantes inédites d. Andes. (Paris, Ann. Sc.) 1864. 8. 14 p. 1.—
26945 **Wichmann.** Die Pampas d. südl. Argentinien. (Gotha, Peterm.) 1881. 4. 5 p. m. color. Kte. 1.—
26946 **Will.** Die Vegetationsverhältn. d. Polarstation auf Süd - Georgien. (Cassel, Bot. Centr.) 1887. 8. 12 p. 1.—
26947 **Wille.** Ueb. ein. v. Borchgrevink auf d. Antarct. Festlande ges. Pflanzen. (Christ., Nyt Mag.) 1902. 8. 20 p. m. 4 Tfln. 2.50
26948 **Wykoff.** Bibliography relat. to the Floras of S. America and the Antarctic Regions. Cincinn. 1913. 8. 21 p. 1.50
26949 **Zahlbruckner.** Novitae Peruvianae. (Vindob., Hofmus.) 1892. 8. 10 p. 1.—
26950 **Zapalowicz.** Das Rio Negro-Gebiet in Patagonien. (Wien, Ak.) 1893. 4. 34 p. m. color. geol. Kte. u. Tfl. (M. 3.80.) 3.—

XXIII. Regiones Arcticae.

[Supplementum numeror. 5899—5936, vide: Bibliographia Botanica, p. 231—233].

26951 **Amdrup.** Report on the Danmark Expedit. to the N.-East of Greenland. Copenh. 1913. 4. 270 p. w. 4 portr. and 10 pl. 5.—
26952 **Amundsen.** Die Nordwest-Passage. Polarfahrt auf d. Gjöa. Münch. 1910. 8. 588 p. m. 3 color. Ktn. u. 140 Fig. (M. 12.) 5.—
26953 **Anderson, J.** Nachrichten v. Island, Grönland u. d. Strasse Davis. Hamb. 1746. 8. 363 p. m. Kte. u. 5 Tfln. Hprgtbd. 12.—
 Viel Naturwissenschaftliches.
26954 **Andersson och Hesselman.** Bidr. t. känned. om Spetsbergens och Beeren Eilands Flora. (Stockh., Ak.) 1900. 8. 88 p. m. 4 Tfln. 2.—
26955 **Berggren.** Om Fanerogamfloran vid Diskobugten och Aaleitsivik-fjorden pa Grönlands vestkust. (Stockh., Ak.) 1871. 8. 46 p. 1.50
26956 **Berlin.** Phanerog. insaml. u. d. Svenska exped. t. Grönland. (Stockh., Ak.) 1884. 8. 73 p. 2.—
26957 **Blytt.** Bidr. t. kundsk. om Norges Vegetat. i den lidt sydfor og under Polarkredsen ligg. (Christ., Vid. Selsk.) 1872. 8. 57 p. 2.50
26958 — Vegetat. paa Nowaja Semlia. (Christ., Vid. S.) 1873. 8. 10 p. 1.—

W. Junk, Berlin, W. 15.

26959 **Börgesen.** The Marine Algae of the Faeröes. Copenh. 1902. 8. 194 p. w. map and 110 fig. — 4.50

26960 — Om Algevegetationen v. Faeröernes Kyster. Krist. 1904. 8. 122 p. m. Kte. u. 12 Tfln. — 3.50

26961 **Börgesen og Ostenfeld.** Planter saml. paa Faeröerne. (Kjöb., Bot. Tidsk.) 1896. 8. 16 p. — 1.—

26962 **Branth og Grönlund.** Grönlands Lichen-Flora. M. Supplem. (Kjöbenh., Medd. Grönl.) 1888—1892. 8. 79 p. — 4.-

26963 **Cleve, P. T.** Diatoms collect. during the exped. of the Vega. (Stockh., Vega Exp.) 1883. 8. 61 p. w. 4 double plates. — 18.—
Very rare.

26964 **Cleve, P. T., u. Grunow.** Beitr. zur Kenntn. d. Arctischen Diatomeen. (Stockh., Ak.) 1880. 4. 121 p. m. 7 Tfln. — 5.—

26965 **Cook, F. A.** Meine Eroberung d. Nordpols. Hamb. 1912. 8. 555 p. m. 56 Tfln. (M. 10.) Lnb. — 3.—

26966 **Cranz.** Historie v. Grönland. Barby 1765. 8. 1196 p. m. 8 Tfln. Frzb. — 18.—

26967 **Dahlstedt.** Arktiska och Alpina Arter inom formgruppen Taraxacum Ceratophorum. (Upps., Ark. Bot.) 1906. 8. 44 p. m. 18 Tfln. — 3.50

26968 **Delpino.** Compar. biol. di 2 Flore estreme artica ed antartica. (Bologna, Acc.) 1900. 4. 40 p. — 2.—

26969 **Deutsche Nordpol-Expedit.,** Die I., v. K o l d e w e y. Gotha 1871. 4. 90 p. m. 2 color. Ktn. u. color. Tfl. — 4.—

26970 — Die II. Berl. 1871. 8. 64 p. m. Kte. — 1.50

26971 — — Bericht. Bd. I: Erzählender Teil. 2 Tle. Leipz. 1873—74. 8. m. 2 Portr., 10 color. Tfln. u. 7 Ktn. (M. 24.) Hfzbde. — 10.—

26972 **Dijmphna-Togtets** zoologisk-botaniske Udbytte. Udgiv. v. Lütken. Kopenh. 1887. 8. 528 p. m. 41 Tfln. (M. 21.) Cart. — Avec des résumés Français. — 10.—
Botanischer Teil (115 p. m. 14 Tfln. M. 8.): Novaia-Zemlias og Kara Havets Vegetation, v. Holm, Jensen, Wille u. Kolderup-Rosenvinge (Phanerog., Musci, Algae).

26973 **Drygalski.** Die Grönland-Expedition d. Ges. f. Erdkunde in Berlin. (Leipz., Geogr. Z.) 1899. 8. 19 p. — 1.—

26974 **Dusén.** Z. Flora v. Jan Mayen. (Stockh., Ak.) 1900. 8. 16 p. m. Tfl. — 1.—

26975 — Z. Kenntn. d. Gefässpflanzen Ostgrönlands. (Stockh., Ak.) 1901. 8. 70 p. m. color. Kte. u. 5 Tfln. — 3.—

26976 **Ebeling.** Reise d. d. isländ. Südland. (Berl., Z. Erdk.) 1910. 8. 23 p. m. Tfl. — 1.—

26977 **Eberlin.** Blomsterplanterne i Dansk Östgrönland. (Krist.) 1887. 8. 17 p. — 1.50

26978 **Ekstam.** Om Nov. Semljas Fanerog.-Vegetat. (Stockh., Ak.) 1894. 8. 6 p. — 1.—

26979 —· Blütenbiolog. Beobachtgn. auf Novaja Semlja. (Tromsö, Mus.) 1897. 8. 90 p. — 2.—

26980 — Z. Kenntn. d. Gefässpflanzen Now. Semlja's u. Spitzbergen's. 2 Tle. (Tromsö, Mus.) 1897—98. 8. 10 p. — 1.—

26981 — — Blütenbiolog. Beobachtgn. auf Spitzbergen. (Tromsö, Mus.) 1898. 8. 66 p. — 2.—

26982 **Finsterwalder.** Der nördl. u. westl. Theil Islands m. Verzeichn. d. Pflanzen. (Berl., Z. Nat.) 1865. 8. 42 p. — 2.—

26983 **Flora Arctica.** — 10 Abhandl. v. N. J. Andersson, Norman, Petermann, Porsild u. a. 1864—1910. 8. u. 4. 55 p. m. Tfl. u. color. Kte. — 3.50

26984 **Fridriksson.** Om Islands Flora. (Kjöb., Bot. Tidsk.) 1882. 8. 34 p. — 1.50

26985 — G r ö n l u n d. Modkritik i Anledn. af Fridrikssons "Islands Flora". (Kjöbenh., Bot. Tidsk.) 1882. 8. 49 p. — 1.—

26986 **Fries, T. M.** Om Beeren-Islands Fanerog.-Vegetat. (Stock., Ak.) 1869. 8. 12 p. — 1.—

26987 — Tillägg t. Spetsbergens Fanerogam. Flora. (Stockh., Ak.) 1869. 8. 24 p. m. 4 Tfln. — 2.—

26988 — Die Gefässpflanzen Spitzbergens. (Brem., Nat. V.) 1872. 8. 6 p. — 1.—

26989 — Om Now. Semljas Vegetat. (Stockh., Bot. Not.) 1873. 8. 20 p. — 1.—

$\mathcal{M}$

26990 **Gelert.** On Arctic Plants. 3 parts. (Copenh., Bot. T.) 1898. 8. 32 p. 1.50
26991 **Gelert og Ostenfeld.** Bidr. t. Islands Flora. (Kjöbenh., Bot. Tidsk.)
1898. 8. 10 p. 1.—
26992 **Gran.** Diatomaceae fr. the Icefloes and Plankton of the Arctic Ocean.
(Christ., Nansen's Exp.) 1899. 4. 75 p. w. 3 pl. 8.—
26993 — Die Diatomeen d. Arkt. Meere I: Die Diatomeen d. Planktons.
(Jena, Fauna Arct.) 1904. 4. 48 p. m. Tfl. 7.—
26994 **Grönlund.** Bidr. t. oplysning om Islands Flora. 4 Tle. (Kjöb., Bot. Tidsk.)
1873—85. 8. 161 p. 4.—
26995 — Karakter. af Plantevaexten paa Island. (Kjöb., Nat. För.) 1890. 8.
40 p. m. color. Karte. 2.—
26996 **Grunow.** Die Diatomeen v. Franz-Josefs-Land. (Wien, Ak.) 1884. 4.
60 p. m. 5 Tfln. 45.—
Ungewöhnlich selten u. gesucht.
26997 **Hartz.** S. la Végétat. du Grönland Oriental. (Copenh., Medd. Grönl.)
1895. 8. 26 p. 1.50
26998 — Fanerogamer og Kar-Kryptogamer fra Nordöst Grönland. (Kjöb.,
Medd. Grönl.) 1895. 8. 79 p. m. Kte. 2.—
26999 **Hartz and Kruuse.** The Vegetat. of Northeast Greenland. (Copenh.,
Medd. Grönl.) 1911. 8. 99 p. 3.—
27000 **Heer.** Die Schwed. Expedit. z. Erforschung d. hohen Nordens. Zürich
1874. 8. 47 p. Lnb. 1.50
27001 **Hermann, F.** Flora v. Deutschland u. Fennoskandinavien, Island u.
Spitzbergen. Leipz. 1912. 8. 524 p. (M. 11.)
27002 **Heuglin.** Rosenthal's Forsch.-Exped. nach Nowaja Semlja. 2 Tle.
(Gotha, Peterm.) 1872. 4. 14 p. m. Tfl. 1.—
27003 **Holm, T.** Beitr. z. Flora Westgrönlands. (Leipz., Engl. Jahrb.) 1887.
8. 38 p. 1.50
27004 — The earliest record of Arctic Plants. (Wash., Biol. Soc.) 1896. 8. 5 p. 1.—
27005 **Holmsen.** Spitzbergens Natur og Historie. Krist. 1911. 8. 112 p. 3.—
27006 — Spitzbergens Natur u. Geschichte. Berl. 1912. 8. 125 p. Lnb. 2.—
27007 **Hooker, J. D.** On some collect. of Arctic Plants made dur. the Franklin
Exped. (Lond., Linn. Soc.) 1857. 8. 11 p. 1.50
27008 — Account of the Plants coll. by Walker in Greenland and Arctic
America. (Lond., Linn. Soc.) 1861. 8. 10 p. 1.50
27009 **Horrebow, N.** Zuverläss. Nachrichten v. Island. Kopenh. 1753. 8.
542 p. m. Kte. Cart. 15.—
Pag. 91—282: Zoologie u. Botanik.
27010 **Ingvarson.** Om Drifveden (Treibhölzer) i Norra Ishafvet. (Stockh.,
Ak.) 1903. 4. 84 p. 2.50
27011 **Jensen, C.** Rejse til Faeröerne. (Kjöb., Bot. Tidsk.) 1897. 8. 63 p. 2.—
27012 **Jones, T. R.** Manual of the Nat. History, Geology, and Physics of
Greenland. Lond. 1875. 8. 790 p. w. 3 maps. Cloth. 15.—
Rare.
27013 **Jönsson.** Optegnelser fra Vaar- og Vinterexkursioner i Oest-Island.
(Kjöb., Bot. Tidsk.) 1895. 8. 22 p. 1.—
27014 — Stud. ov. Öst-Islands Vegetat. (Kjöb., Bot. T.) 1895. 8. 73 p. 2.50
27015 — Bidrag t. Öst-Islands Flora. (Kjöb., Bot. T.) 1896. 8. 31 p. 1.50
27016 — Vaar og Höst-Exkursioner i Island. (Kjöb., Bot. T.) 1898. 8. 16 p. 1.—
27017 — Floraen paa Snaefellsnaes. (Kjöb., Bot. T.) 1899. 8. 39 p. 1.50
27018 — Vegetationen paa Snaefellsnes. (Kjöbenh., Nat. För.) 1901. 8. 84 p. 2.50
27019 — The Marine Algae of Iceland. 4 parts. (Copenh., Bot. Tidsk.) 1901—
1903. 8. 130 p. 5.—
27020 — Vegetation. i Syd-Island. (Kjöb., Bot. T.) 1905. 8. 82 p. 2.50
27021 **Kjellman.** Om Spetsbergens Plantae vascul. (Stockh., Ak.) 1874. 8. 12 p. 1.—
27022 — Om Tschuktschernas hushällsväxter. (Stockh., Ymer) 1882. 8. 18 p. 1.—
27023 — Fanerogamer fran Vest-Eskimaernas Land. (Stockh., Vega) 1883.
8. 36 p. m. Tfl. 2.—

27024 **Kjellman.** Fanerogamfloran pa S.: t. Lawrence-Ön. (Stockh., Vega) 1883. 8. 23 p. m. 2 Tfln. 2.—
27025 — The Algae of the Arctic Sea..(Stockh., Ac.) 1883. 4. 352 p. w. 31 partly colour. pl. 16.—
27026 — Norra Ishafvets Algflora. (Stockh., Ak.) 1883. 8. 431 p. m. 31 Tfln. 11.—
27027 — Ur Polarväxternas Lif. Stockh. 1884. 8. 86 p. 2.—
27028 — Om Kommandirski-Öarnas Fanerogamflora. (Stockh., Vega) 1885. 8. 29 p. 1.50
27029 — Om Beringshafvets Algflora. (Stockh., Ak.) 1889. 4. 58 p. m. 7 Tfln. 4.—
27030 **Klieggraeff.** Zur Pflanzengeographie d. nördl. u. arktisch. Europa's. Marienw. 1875. 8. 82 p. 2.—
27031 **Kolderup-Rosenvinge.** S. l. Algues marines du Groenland. 2 parties. (Copenh., Medd. Groenl.) 1898. 8. 238 p. av. pl. 7.—
27032 **Kolderup-Rosenvinge and Warming.** The Botany of Iceland. Parts 1 and 2. Copenh. 1912—14. 8. 352 p. — All published till now. 12.—
27033 **Kraus.** Treibhölzer v. Grönland. (Leipz., Nordpolarf.) 1876. 8. 36 p. 1.50
27034 **Küchler.** Wüstenritte u. Vulkanbesteigungen auf Island. Altenb. 1909. 8. 336 p. m. Portr., 3 Ktn. u. 150 Fig. (M. 6.) Lnb. 3.—
27035 — Die Faeröer. 2. Aufl. Münch. 1913. 8. 322 p. m. Kte. u. 70 Tfln. (M. 7.) 5.—
27036 **Lange, J.** Studier t. Grönlands Flora. (Kjöb., Bot. T.) 1880. 8. 26 p. 1.50
27037 — Etudes s. la Flore du Groenland. (Copenh., Ac.) 8. 13 p. 1.—
27038 **Lehmann, R.** Die dänisch. Untersuchgn. in Grönland. (Gotha, Peterm.) 1880. 4. 15 p. m. Kte. 1.—
27039 **Lindsay.** The Flora of Iceland. (Edinb., Bot. Soc.) 1863. 8. 39 p. 2.—
27040 **Litke.** Viermal. Reise durch d. nördl. Eismeer. Deutsch v. Erman. Berl. 1835. 8. 367 p. m. Kte. Cart. 3.—
27041 **Low, A. P.** Report on the Government Expedit. to Hudson Bay and the Arctic Islands. Ottawa 1906. 8. 369 p. w. 50 pl. and colour. map. Cloth. 10.—
Pages 131—182: Eskimos, p. 183—247: Geology, p. 248—283: Whaling, p. 314—336: Birds, Plants, Fossils.
27042 **Lundager.** Some notes concern. the Veget. of Germania Land, N. East Greenland. (Copenh., Danm.-Eksped.) 1912. 4. 68 p. w. map. 3.50
27043 **Martins.** S. la Végét. de l'Archipel des Féroe. (Paris, Ann. Sc.) 1849. 8. 13 p. 1.—
27044 **Meddelelser** om Grönland. Udg. af Commiss. f. geolog. og geograph. Undersögelser i Grönland. Heft 3. 7. 10. 12. 17. 19. 21. 23, I. 27. 29, I. 32. Kjöbenh. 1890—1904. 8. m. Tfln. (M. 96.) 50.—
27045 **Nathorst.** Om nagra arktiska Växtlemningar vid Alnarp i Skane. (Lund, Univ.) 1871. 4. 18 p. m. color. Tfl. 1.50
27046 — Stud. üb. d. Flora Spitzbergens. (Leipz., Engl. J.) 1883. 8. 17 p. 1.—
27047 — Polarforskningens bidrag t. Forntidens Växtgeografi. (Stockh., Nordensk.) 1883. 8. 71 p. m. 2 color. Ktn. 2.50
27048 — Botan. anteckn. fr. nordvestra Grönland. (Stockh., Ak.) 1884. 8. 36 p. m. Tfl. 1.50
27049 — Ueb. d. Phanerog.-Flora Grönlands. (Leipz., Engl. J.) 1884. 8. 9 p. 1.—
27050 — Krit. anmärkn. om d. Grönlandska Vegetat. Historia. 2 Tle. (Stockh., Ak.) 1890—91. 8. 94 p. m. color. Kte. 2.50
27051 — Arktiska Florans forna utbredn. i Länderna öster och söder om Ostersjön. (Stockh., Ymer) 1891. 8. 33 p. 1.—
27052 — Den Svenska expeditionen t. nordöstra Grönland. (Stockh., Ymer) 1900. 8. 42 p. m. 6 Tafeln u. 2 Karten. 2.—
27053 **Nordenskjöld, A. E.** Die Schwed. Exped. nach Spitzbergen. VI, VII. (Gotha, Peterm.) 1864. 4. 17 p. m. color. Kte. 1.50
27054 — Berichte d. Schwed. Polar-Exped. (Gotha, Peterm.) 1879. 4. 15 p. m. Kte. 1.—

27055 **Nordenskjöld, A. E.** Die wissenschaftl. Ergebnisse d. Vega-Expedition.   *M*
Bd. I. (soviel erschien.). Leipz. 1883. 8. 730 p. m. 11 Ktn. u. Tfln.
(M. 24.) Lnb.   7.—
27056 — Studien u. Forschgn., veranlasst d. d. Reisen im Hohen Norden.
Leipz. 1885. 8. 530 p. m. z. Tl. color. Tfln. u. Karten. (M. 24.) Lnb.   9.—
Mit botanischen Beiträgen v. K j e l l m a n, N a t h o r s t u. W i t t r o c k.
27057 **Nördlinger.** Heuglin's Treibholz - Samml. v. Nowaja - Semlja. (Gotha,
Peterm.) 1873. 4. 2 p.   1.—
Norman. Schriften üb. d. arktische Flora Norwegens — siehe
No. 25249—25254.
27058 The **Norwegian North Atlantic Expedition.** Den Norske Nordhavs Expedition, 1876—78. 28 parts. Christ. 1880—1901. 4. w. 286 pl. and maps,
partly colour. (M. 495, sewed.)   180.—
27059 The **Norwegian North Polar Expedition.** Scientif. Results. Ed. by F.
Nansen. 6 vols. Lond. 1900—1906. 4. w. 4 maps and 177 pl. Cloth.   150.—
27060 — — Vol. IV. Lond. 1904. w. 33 pl. and colour. maps. Cloth. (21 s.)   12.—
Contain. among o.: G r a n ' s Diatomaceae.
27061 **Olafsen u. Povelsen.** Reise durch Island. 2 Bde. Kopenh. 1774—75.
4. 600 p. m. Kte. u. 51 Tfln. Hfzbde.   28.—
Sehr selten. — Enthält: J. Z o e g a, Flora Islandica.
27062 **Ostenfeld.** Contrib. à la flore de l'ile Jan-Mayen. (Copenh., Bot. Tidsk.)
1897. 8. 15 p.   1.—
27063 — Fanerog. og Karkryptog. fra Faeröerne. (Kjöb„ Bot. T.) 1899. 8. 6 p.   1.—
27064 — Skildringer af Vegetat. i Island. 4 Tle. (Kjöb., Bot. T.) 1899—1905.
8. 38 p.   1.50
27065 — Botan. Rejse t. Faeröerne. (Kjöb., Bot. T.) 1901. 8. 56 p.   2.—
27066 — Plantevaexten paa Faeröerne (Phanerog. insul. Faeroeensium).
(Kjöb., Bot. Tidsk.) 1907. 8. 142 p.   4.—
27067 — Plantes réc. à la côte Nord-Est du Grönland. (Brux.) 1908. 4. 13 p.   1.50
27068 **Ostenfeld and Lundager.** List of Vascular Plants fr. North. East Greenland. (Kjöb., Danm.-Eksp.) 1910. 4. 32 p. w. 6 pl.   4.—
27069 **Ostenfeld and Warming.** Geography, Geol., Climate (and Botany) of
the Faeroës. (Copenh., Faeroës) 1901. 8. 37 p.   1.50
27070 **Pansch.** Ueb. d. Klima, Pflanzen- u. Thierleben auf Ost-Grönland.
(Gotha, Peterm.) 1871. 4. 10 p.   1.—
27071 **Pansch, Buchenau, Focke.** Flora von Ost - Grönland. (Leipz., Nordpolarf.) 1876. 8. 61 p.   3.—
27072 **Pax, F.** Ausflug n. Spitzbergen. Berl. 1892. 8. 80 p. m. Kte. u. 2 Tfln.   1.50
27073 **Petermann.** Die Englisch-Norweg. Entdeckgn. im Nordosten v. Spitzbergen. (Gotha, Peterm.) 1872. 4. 12 p. m. 2 color. Ktn.   1.50
27074 — Ueberwinter. d. Holländ. Exped. auf d. nordöstl. Küste v. Nowaja
Semlja. (Gotha, Peterm.) 1872. 4. 13 p. m. 2 Tfln.   1.50
27075 **Polarforschung,** Internationale: Die deutschen Expedit. u. ihre Ergebn.
Hrsg. v. Neumayer. 2 Bde. Berl. 1890—91. 8. 937 p. m. 52 z. Tl. color.
Tfln. u. Karten. (M. 36.)   15.—
Botanik (m. viel. Tfln.) v. A m b r o n n, G o t t s c h e, C. u. J. M ü l l e r,
P r a n t l, R e i n s c h u. a.
27076 **Porsild.** List of vascular Plants fr. the S. Coast of the Nugsuaq penins.
in W. Greenland. (Kjöb., Medd. Grönl.) 1910. 4. 12 p.   1.50
27077 — The Plant-life of Hare Island off the Coast of West Greenland.
(Kjöb., Medd. Grönl.) 1910. 4. 26 p.   2.50
27078 — Vascul. Plants of W. Greenland. (Kjöb., Medd. Grönl.) 1912. 8. 41 p.   2.50
27079 **Pouchet.** En Islande. (Paris) 1891. 4. 48 p.   1.—
27080 **Raunkiaer.** De arktiske og det antarkt. Chamaefyt-Klima. (Kjöbenh.,
'Warming') 1911. 4. 21 p.   1.50
27081 **Reichardt.** Flora v. Jan Mayen. (Wien, Ak.) 1886. 4. 16 p.   1.50
27082 **Roder.** Die polare Waldgrenze. Dresd. 1895. 8. 92 p. m. Tfl.   2.—
27083 **Ross, J.** Narrat. of a II. voyage in search of N.-W. Passage. Vol. I.
Lond. 1835. 4. 774 p. w. 30 pl. and maps. Boards.   6.—

M

27084 **Rostrup.** Faeröernes Flora. (Kjöb., Bot. Tidsk.) 1870. 8. 105 p. 3.—
27085 — Bidr. t. Islands Flora. (Kjöb., Bot. Tidsk.) 1887. 8. 19 p. 1.—
27086 **Sieglerschmidt.** Ueberblick üb. d. Ergebn. d. Nordpol-Expeditionen uns. Jahrhunderts. (Hamb., Geogr. Ges.) 1883. 8. 252 p. 4.—
27087 **Simmons.** Bidr. t. Färöarnes Flora. (Lund, Bot. Not.) 1897. 8. 17 p. 1.—
27088 — On the botan. work of the 2. Norweg. Polar Exped. (Christ., Nyt Mag.) 1903. 8. 16 p. 1.—
27089 **Skottsberg.** Ein. blütenbiolog. Beobachtgn. im arkt. Teil v. Schwedisch Lappland. (Stockh., Ak.) 1901. 8. 19 p. m. 2 Tfln. 1.50
27090 **Stefánsson.** Fra Islands Vaextrige. II. III. (Kjöbenh., Nat. För.) 1894— 1896. 8. 76 p. 2.—
27091 **Thoroddsen.** Account of the Physical Geography of Iceland, w. spec. refer. to the Plant life. Copenh. 1914. 8. 158 p. 6.—
27092 **Toeppen.** Die Doppelinsel Nowaja Semlja. Leipz. 1879. 8. 118 p. m. Kte. 1.—
27093 **Vanhöffen.** Botan. Ergebnisse v. Drygalski's Grönland-Expedit. 2 Tle. Stuttg. 1897—99. 4. 181 p. m. 5 z. Tl. color. Tfln. (M. 30.) 17.—
27094 **Walker, F. A.** The Botany and Entomol. of Iceland. (Lond., Vict. Inst.) 1890. 8. 50 p. 2.—
27095 **Warming.** Notes biolog. s. l. Plantes de Groenland. 3 parties. (Copenh., Bot. Tidsk.) 1885 à 89. 8. 125 p. av. 63 fig. — En l. Danoise av. résumé Franç. 3.—
27096 — Tabellar. Oversigt ov. Grönlands, Islands og Faeröernes Flora. (Kjöb., Nat. För.) 1887. 8. 57 p. 2.—
27097 — Om Grönlands Vegetation. (Kjöb., Medd. Grönl.) 1888. 8. 223 p. 4.—
27098 — Grönlands Natur og Historie. (Kjöb., Nat. För.) 1890. 8. 36 p. 1.—
27099 — Histor. notes on the botan. investig. of the Faeröes. (Copenh., 'Faeröes') 1901. 8. 37 p. 1.50
27100 — Botany of the Faeröes. 3 parts. Copenh. 1901—08. 8. 1110 p. w. 2 maps, 24 pl. and 201 fig. 34.—
27101 — History of the Flora of the Faeröes. (Copenh.) 1903. 8. 23 p. 1.—
27102 **Wille.** Om Indvandringen af det Arkt. Floraelement til Norge. (Krist., Nyt Mag.) 1905. 8. 24 p. 1.—
27103 — Einwander. d. arkt. Florenelementes nach Norwegen. (Leipz., Engl. J.) 1905. 8. 19 p. 1.—
Wycoff. Bibliography relat. to the Arctic Floras — see nr. 22697.

Ascherson. Flora d. Prov. Brandenburg. Abteil. I. II. Berl. 1864. 8. 1202 p. (M. 10.) 2.50
Bechstein. Naturgesch. d. Gewächse d. In- u. Auslandes. 2 Bde. Leipz. 1796—97 8. 1330 p. m. 3 Tfln. Hfzb. 5.—
Cossmann. Deutsche Schulflora. Sonderausg. f. Nord-Deutschl. v. Höck. Bresl. 1902. 8. 438 p. Lnb. (M. 4.25.) 2.—
Feltgen. M e r s c h u. Umgebung m. Rücks. a. d. Pflanzen- u. Thierwelt. Luxemb. 1902. 8. 260 p. (M. 2.40.) 1.50
Junge. Die Cyperaceae Schleswig-Holsteins, Hamburgs u. Lübecks. (Hamb., Wiss. Anst.) 1908. 8. 155 p. m. 74 Fig. 3.—
Laban. Flora d. Umgeg. v. Hamburg. Hamb. 1877. 8. 204 p. Cart. 2.—
Petermann. Analyt. Pflanzenschlüssel f. botan. Excurs. in d. Umgeg. v. Leipzig. Leipz. 1846. 8. 758 p. (M. 4.50.) Cart. 2.—
Röhling. Deutschlands Flora. Brem. 1796. 8. 624 p. Frzb. 2.—
Willkomm. Führer in's Reich d. Deutsch. Pflanzen. Leipz. 1863. 8. 688 p. m. 7 Tfln. u. 645 Fig. Lnb. (M. 10.) 1.50
Wünsche. Excursionsflora f. Sachsen. 2. Aufl. Leipzig 1875. 8. 477 p. Cart. 1.—
— Schulflora v. Deutschland. Phanerog. 2. Aufl. Leipz. 1877. 8. 472 p. Lnb. (M. 4.) 1.—
— Die verbreitetst. Pflanzen Deutschl. Leipz. 1893. 8. 277 p. Lnb. (M. 2.40.) 1.—
— — 5. Aufl. v. Schorler. Leipz. 1909. 8. 296 p. m. 459 Fig. (M. 2.60.) Lnb. 1.—

W. Junk, Berlin, W. 15.

Plantae Oeconomicae.
I. Agricultura
et Plantae utiles.

☞ **Parasita** Plantarum cultarum, vide p. 761—782.

[Supplementum numeror. 5937—6216, vide: Bibliographia Botanica, p. 233—243].

		M
27104	**Aaronsohn.** Ueb. die in Palästina u. Syrien wildwachs. aufgef. Getreidearten. (Wien, Z. b. G.) 1909. 8. 25 p.	1.50
27105	**Aeby.** Z. Frage d. Stickstoffernähr. d. Pflanzen. Merseb. 1895. 8. 31 p.	1.—
27106	**Abrahamsohn.** Atmung der Gerste währ. d. Keimung. Berl. 1910. 4. 31 p. m. 3 Tfln.	2.—
27107	**Accum.** Verfälschung d. Nahrungsmittel. Leipz. 1822. 8. 280 p. (M. 3.) Cart.	1.50
27108	**Adami.** Necessità di accrescere l'Agricoltura n. Toscana. Firenze 1768. 8. 82 p. c. tav.	2.—
27109	**(Adams, G. M.)** The Chinese Tea-Plant. The Olive. (Wash., Dept. Agr.) 1878. 8. 26 p. w. 12 pl.	2.—
27110	**Adanson.** S. le Gommier blanc appelé Uérek au Sénégal. (Paris, Ac.) 1778. 4. 16 p.	1.50
27111	Les **Agremens** de la Campagne. Leyde 1750. 4. 318 p. av. 15 pl. Veau.	8.—
27112	**Agricoltura Italiana.** — 13 mem. 1825—1901. 8. 616 p. c. 13 tabelle.	2.—
27113	**Agriculture.** — 26 mém. p. Boussingault, Dokoutchaief, Lesage, Lestiboudois, Schloesing et a. 1808 à 1909. 8. et 4. 678 p. av. 6 pl.	5.—
27114	**L'Agriculture Allemande** à l'Exposition univers. de Paris 1900. Bonn 1900. 8. 511 p.	4.—

Voyez aussi nr. 27733.

27115	**Agricultural Statistics** of British India for the years 1892—93 to 1896—97. Calcutta 1898. fol. 432 p. Boards.	6.—
27116	**Aikman and Wright.** Potash Manuering. Glasgow 1896. 8. 50 p. w. 11 pl.	1.50
27117	**Alamanni, L.** La Coltivatione. Parigi 1546. 8. 311 p. Vélin.	7.—

Belle et première édition de ce poème.

27118	— — Fiorenza 1549. 12. 208 p. Vélin.	4.—
27119	Der neue **Albert.** Geheimnisse z. Beförd. d. Gesundheit u. d. Hauswirtschaft. Augsb. 1776. 8. 400 p.	3.—
27120	**Albinus, B.** De Tabaco. Francof. ad Viadr. 1695. 4. 32 p.	5.—

Selten, wie alle älteren Abhandlungen üb. den Tabak.

27121	**d'Albuquerque and Bovell.** Report of the Agricult. work for 1900 of the Depart. of Agriculture f. the West Indies. Barbados 1901. fol. 180 p.	3.—
27122	**Alefeld.** Landwirtschaftl. Flora; nutzb. kultiv. Garten- u. Feldgewächse Mitteleuropas. Berl. 1866. 8. 372 p.	9.—

Vergriffen.

27123	**Allmänna Svenska Utsadesfören. Tidskrift.** Jahrg. III, V. Svalöf 1893—1895. 8.	3.—

Beigefügt eine Zahl von Heften aus anderen Jahrgängen.

27124	**Althausen.** Versuche üb. Quecken-Vertilgung. Halle 1900. 8. 102 p. m. Tfl.	1.—
27125	**Altmannsberger.** Nährwert d. mit Natronlauge aufgeschloss. Roggenstroh. Halle 1905. 4. 41 p.	1.—
27126	**American Agriculture** and econom. Plants. — 46 pap. by Beal, Dodge, Galloway, Harding, Hedrick, Pammel, Pieters, E. F. Smith, Thatcher and o. 1878—1915. 8. and 4. 1000 p. w. 20 pl.	10.—
27127	**Amerling.** Gesamm. Aufsätze aus d. Gebiete d. Naturökonomie u. Physiokratie. Prag 1868. 8. 361 p. m. Tab. u. 6 Tfln. Hfzb.	7.—

Mit 40 botan. Abhandlungen hauptsächlich üb. parasit. Insecten.

W. Junk, Berlin, W. 15.

27128 **Amos.** Minutes in Agriculture and Planting. Boston 1804. 4. 100 p.   *M*
    w. 9 pl. (2 colour.) and 10 dried specim. of Grasses. Half bd. calf.   25.—
    Important and very rare work (early American) on G r a m i n e a e.
27129 Ueb. d. **Anbau** d. Runkelrübe. Prag 1834. 8. 46 p.   2.—
27130 **Anderegg.** Der Gemüsebau. Zür. 1880. 8. 158 p. (M. 2.) Cart.   1.—
27131 **Anderlind.** Ackerbau u. Viehzucht in Egypten. (Berl., Journ. Landw.)
    1887. 8. 64 p.   2.—
27132 **Anderson, R. J.** The organic phosphoric acid of Cottonseed Meal.
    Geneva 1912. 8. 12 p.   1.—
27133 **Andersson, N. J.** Aperçu de la Végétation et d. Plantes cultiv. de la
    Suède. Stockh. 1867. 8. 96 p. av. 2 cartes.   1.—
27134 **Andrlik u. Urban.** Variabil. d. chem. Zusammensetz. d. Nachkommen-
    schaft e. Mutterrübe in d. 1. Generat. (Prag, Stat. Zuck.) 1915. 8. 18. p.   1.50
27135 **Anleitung** z. Beurteil des Pferdeheues. Berl. 1889. 8. 100 p. m. 129
    color. Tfln. Lnb. (M. 12.)   7.—
27136 **Annales** de l'Institut Agronomique. Année I: 1852. Paris. 4. 418 p. av.
    pl. D.-rel. veau.   15.—
    La série I de ce journal ne renferme que cette seule année qui est epuisée et
très-rare; la série II commence avec l'année 1878.
27137 **Annales** de l'Institut Agronomique de Moscou. Vol. VII à XII. Mosc.
    1902 à 6. 8. 3231 p. av. 64 pl. (3 color.) (M. 108.)   60.—
27138 **Annales** de la Science Agronomique, publ. p. Grandeau. Année I.
    Paris 1884. 8. 469 p.   5.—
27139 **Annual Report** III, IV: 1900—02 on experiments w. Crops and Stock
    of the Dept. of Agric. of the Cambridge Univ. Cambr. 1901—02. 8.
    173 p. w. plates.   2.—
27140 **Annual Report** of the Board of scientif. (econom.) advice for India
    f. 1904—05. Calc. 1906. 4. 161 p.   1.—
27141 **Ansberque.** Flore fourragère de la France. Lyon 1866. fol. 2 7 2 p l a n -
    c h e s av. texte descript. — Lithographié.   40.—
    Rare, pas dans le commerce.
27142 **Appel.** Untersuch. üb. d. Einmiethen d. Kartoffeln. (Berl., Biol. Anst.)
    1902. 4. 64 p. m. Tfl.   1.50
27143 **Aquinus, C. de.** Nomenclator Agriculturae. Romae 1736. 4. 196 p. Cart.   6.—
    Nicht im P r i t z e l.
27144 **Aron and Hocson.** Rice as Food. (Manila, J. Sc.) 1911. 4. 21 p.   1.—
27145 **Aschoff.** Bedeut. d. Chlors in d. Pflanze. Berl. 1889. 8. 30 p. m. 3 Tfln.   1.50
27146 **Ashe.** The possibilities of a Maple Sugar Industry in West. N. Cali-
    fornia. Winston 1897. 8. 35 p.   1.—
27147 — Terracing of Farm Lands. Raleigh 1908. 4. 38 p. w. 6 pl.   1.50
27148 **Atcherley.** Adulterations of Food. Lond. 1874. 8. 120 p. w. 12 pl. Cloth.   1.50
27149 **Atkinson, E. T.** Econom. Products of the Northwest. Provinces of In-
    dia I: Gums and Gum-Resins. Allahab. 1876. 8. 57 p.   2.50
27150 — — V: Gourds, Vegetables, Spices and Condiments, Greens,
    Fruits etc. Allahab. 1881. 8. 127 p.   4.—
27151 **Atlee Burpee.** Vegetables f. the Home Garden. Philad. 1896. 8. 127 p.
    w. map.   1.—
27152 **Augustin.** Histor.-kritische u. anatom.-entwicklgesch. Untersuchgn.
    üb. d. Paprika. Németbogsán 1907. 8. 68 p. m. 10 Tfln.   2.—
27153 **Auhagen.** Die Landwirtsch. in Transkaspien. Berl. 1905. 8. 68 p.   1.50
27154 **Babo.** De la Nutrition d. Végétaux. Brux. 1857. 8. 119 p.   1.—
27155 **Bacon.** Starch product. in the Philipp. Isl. (Manila, J. Sc.) 1908. 8.
    4 p. w. 3 pl.   1.—
27156 **Balicka.** Rôle physiol. de l'acide phosphor. dans la nutrit. d. Plantes.
    (Crac., Ac.) 1906. 8. 27 p. av. pl.   1.—
27157 **Ball.** Johnson Grass. (Wash., Dept. Agr.) 1902. 8. 24 p. w. pl.   1.—
27158 — Soy Bean Varieties. (Wash., Dept. Agr.) 1907. 8. 30 p. w. 5 pl.
    (1 colour.)   1.50

_M_

27159 **Ball.** History and distrib. of Sorghum. (Wash., Dept. Agr.) 1910. 8. 63 p. 1.50
27160 — Importance and improv. of the Grain Sorghums. (Wash., Dept. Agr.) 1911. 8. 43 p. 1. -
27161 **Balls.** The Cotton Plant in Egypt. Lond. 1912. 8. Cloth. 5. -
27162 **Bamber.** Tapioca, Manioca, or Cassava. (Colombo) 1908. 8. 8 p. 1.—
27163 — Import of Manures into Ceylon. (Colombo) 1914. 8. 10 ·p. 1.--
27164 — Tea: green manuring at the Experim. Station, Peradeniya. (Colombo) 1914. 8. 14 p. w. 3 pl. 1.50
27165 **Bamber, Holmes and Lock.** Results of Rubber tapping. 2 pap. Peraden. 1910—11. 8. 28 p. 1.50
27166 Le **Bambou.** Année I. Mons 1906. 8. 4.—
27167 **Barber, C. A.** Report on the failure of the Dominica Cacao Crop. Domin. 1893. 4. 17 p. 1.—
27168 **Bartet.** Influence exercée p. l'époque de l'abatàge s. l. Rejets et Souches. (Paris, Ann. Agr.) 1891. 8. 63 p. 1.50
27169 **Baruffaldi.** Il Canapajo. Con: B e r t i, Coltivaz. d. Canapajo. Bologna 1741. 4. 271 p. c. 3 tav.' Vélin. 6.—
27170 **Batalin.** Kulturarten d. Buchweizen. Petersb. 1881. 8. 48 p. — Russisch. 1.—
27171 — Hirsepflanzen, in Russland gezüchtet. Petersb. 1887. 8. 43 p. — Russisch. 1.50
27172 — Ein. Arten v. Bohnenpflanzen, in Russland gezüchtet. Petersb. 1889. 8. 23 p. — Russisch. 1.—
27173 — Arten v. Reis, in Russland gezüchtet. Petersb. 1891. 8. 16 p. — Russisch. 1.—
27174 **Bauer, F. E.** Z. chem. Kenntn. d. Pfefferfrucht. Münch. 1896. 4. 15 p. 1.—
27175 Der **Baumwollbau** in den Deutsch. Schutzgebieten. Hrsg. v. Reichskolonialamt. Jena 1914. 8. 304 p. m. 9 Plänen u. 13 Tfln. (M. 10.)
27176 **Beach and Hasselbring.** Stable Manure and Nitrogenous chem. Fertilizers f. forcing Lettuce. Geneva 1901. 8. 38 p. w. 10 pl. 1.50
27177 **Beattle.** Plants used for food by Sheep on the Mica Mountain Summer Range. (Pullman) 1913. 8. 21 p. w. 9 pl. 2.—
27178 **Beauverie.** Les Textiles Végétaux. Paris 1913. 8. 743 p. av. 290 fig. 15.—
27179 **Becker, L.** Der Bauerntabak. Breslau 1875. 8. 52 p. 1.50
27180 **Beckmann.** Grundsätze d. teutschen Landwirthschaft. 5. Aufl. Götting. 1802. 8. 776 p. Cart. 2.—
27181 **Behrend.** Ueb. d. Einwirk. d. wicht. Pflanzennährstoffe auf d. Leben ein. Culturpflanzen. Halle 1881. 8. 50 p. 1.—
27182 **Behrens.** Jahresber. III. üb. d. kais. Biolog. Anstalt f. Land- u. Forstwirtschaft 1907. Berl. 1908. 8. 63 p. 1.—
27183 **Beijerinck.** On the format. of Indigo fr. Isatis tinctoria. (Amsterd., Ac.) 1900. 4. 18 p. 1.—
27184 **Beiträge** zur Pflanzenzucht. Hrsg. v. d. Gesellsch. z. Förd. Deutsch. Pflanzenzucht. Heft 1—4. Berl. 1911—14. 8. 719 p. m. 17 Tfln. (M. 25.) — Soviel erschien.
27185 **Bell.** Chemistry of Foods. Part II. Lond. 1891. 8. 187 p. 1.—
27186 — Die Analyse und Verfälsch. d. Nahrungsmittel. 2 Bde. Berl. 1882—1885. 8. 380 p. (M. 6.80.) 4.—
27187 **Bemerkungen** d. Landwirtschafts-Ministers auf s. Reise nach Sibirien. (Petersb.) 1896. 8. 56 p. — Russisch. 1.—
27188 **(Bendix).** Berättelse öfv. 19. Svenska Landtbruksmötet i Gefle 1901. Stockh. 1902. 8. 660 p. m. Plan. 2.—
27189 **Benecke.** Z. mineral. Nahrung d. Pflanzen. (Berl., B. Ges.) 1894. 8. 13 p. 1.—
27190 **Berättelser** f. 1889, 1891, 1899. Afg. af Kongl. Landtbruksstyrelsen. Norrköp. u. Stockh. 1891—1901. 8. 760 p. 1.50
27191 **Berättelser** öfv. verksamheten vid kemisk-växtbiolog. Anstalten i Lulea 1896, 97, 1900—1903. 6 Tle. Lulea 1896—1903. 8. 322 p. m. Tfl. 3.—

W. Junk, Berlin, W. 15.

$\mathcal{M}$

27192 **Berg, F.** Roggenzüchtung. (Dorp., Nat. Ges.) 1888. 8. 20 p. 1.—
27193 — Grassaat-Mischungen. (Dorp., Nat. Ges.) 1899. 8. 13 p. 1.—
27194 **Berger.** Die botan. Pflanzenkunst. 2 Bde. Leipz. 1805. 8. 1208 p. (M. 12.) Hfzbde. 2.—
27195 **Bericht** üb. d. Getreide-Arten, w. 1836 u. 1837 im Botan. Garten zu Petersb. gebaut wurden. 2 Tle. Petersb. 1837—38. 4. 26 p. 1.—
27196 **Bericht** III u. IV d. Hygien. Instituts üb. d. Nahrungsmittelcontrole in Hamburg 1898—1902. Hamb. 1900—1903. 4. 204 p. m. Tfl. 2.—
27197 **Bericht** d. Versuchsstation für Zuckerindustrie in Prag, XIII—XVIII: 1908—13. Prag. 8. m. viel. Tabellen. (M. 18.) 9.—
27198 **Berichte** üb. Land- u. Forstwirtschaft in Deutsch-Ostafrika. Hrsg. v. Biolog.-Landwirtschaftl. Institut in Amani. 3 Bde. Heidelb. 1902—11. 8. m. viel. z. Tl. color. Tfln. (M. 38.) — Soviel erschien. 30.—
27199 **Berichte** aus d. physiol. Laboratorium u. d. Versuchsanstalt d. Landwirtsch. Instituts zu Halle. Hrsg. v. Kühn. 20 Hefte (alles was erschien.). Dresd. 1880—1911. 4. m. viel. Tfln. (M. 145.) 90.—
Viele Hefte auch einzeln.
27200 **Berlin.** — Führer durch d. Museum d. Landwirtsch. Hochschule in Berlin. Berl. 1893. 8. 155 p. m. 2 Tfln. 1.—
27201 **Bernard et Welter.** Observat. s. le Thé (maladies etc.). I à VIII. (Buitenz., Dept. Agr.) 1909 à 1910. 8. 262 p. av. 12 pl. 7.—
27202 **Bersch.** Zusammensetz., Bewerth. etc. d. Handelsfuttermittel. Wien 1900. 8. 56 p. 1.—
27203 **Berthelot.** Travaux de la Station de Chimie végét. de Meudon. Sér. V, VI. (Paris, Ann. Sc. Agr.) 1891. 8. 46 p. 1.50
27204 **Beschreibung** d. Landwirtsch. Instituts Hohenheim. Pliening. 1896. 8. 76 p. m. Plan u. Tfl. 1.—
27205 **Bessey and Webber.** Report on the Grasses and Forage Plants of the Nebraska Board of Agric. Lincoln 1890. 8. 162 p. 2.—
27206 **Betänkande** ang. organisationen af Rikets Landtbruksläroverk. Stockh. 1884. 8. 450 p. Lnb. 1.50
27207 **Betterave.** — 7 mém. s. la physiol. de la Betterave par Corenwinder, Lépinay, Viollette et a. 8. 135 p. av. 11 pl. 3.—
27208 **Beverwyck, J. v.** Inleyd. t. de Hollandtsche Genees-Middelen. Amsterd. 1656. 4. 20 p. 2.—
27209 **Bibra.** Die Getreidearten u. d. Brod. Histor. Skizze. 2. Aufl. Nürnb. 1861. 8. 510 p. (M. 8.) 3.—
27210 — G ü n t h e r, S., E. v. Bibra. (Nürnb.) 1901. 8. 16 p. 1.—
27211 **Biedermann's Centralblatt** f. Agriculturchemie. Jahrg. VIII: 1879, XII: 1883, XXIII: 1894, XXV: 1896, XXVI: 1897. Leipz. 8.
Jeder Jahrgang (statt à M. 20): M. 8.
27212 **Biernath.** Agrikulturchem. Unters. üb. d. Veränder. ein. Nährböden durch Bakterien. Rostock 1897. 8. 79 p. 1.50
27213 **Billwiller.** Ueb. Stickstoffassimilation ein. Papilionaceen. Bern 1895. 8. 50 p. 1.—
27214 **Bitting.** Oxydase and Cytase in Wheat Grains. 2 pap. (Indianop.) 1906. 8. 8 p. w. 3 pl. 1.50
27215 **de Blangy.** Méthode p. receuillir les Grains. Paris 1771. 8. 46 p. av. pl. 2.—
27216 **Blomeyer.** Die Cultur d. landwirthschaftl. Nutzpflanzen. 2 Bde. Leipz. 1889—90. 8. 1172 p. m. 191 Fig. (M. 30.) 15.—
27217 Die **Boden-Impfung** für Leguminosen m. reincultiv. Bakterien. Höchst 1897. 8. 32 p. m. 4 Tfln. 2.—
27218 **Boehm.** Uebersicht d. in d. Medicin, in d. Gewerben u. im Haushalte verwend. Pflanzen. Wien 1862. 4. 124 p. 1.—
27219 **Böhme.** Untersuch. üb. d. Stickstoffernährung d. Leguminosen. Dresd. 1892. 4. 58 p. m. 7 Tfln. 2.50
27220 **Böhmer.** Die Kraftfuttermittel. Berl. 1903. 8. 650 p. m. 194 Fig. (M. 15.) Lnb. 10.—

27221 **Böhmer.** Hafer im Bilde. Halle 1914. 8. 14 Tfln. m. 8 p. Text. In   *M*
Mappe. (M. 12.)
27222 **Boletim** do Ministerio da Agricultura e Commercio. No. 2. Río de J.
1913. 8. 243 p. av. 20 pl. et cartes. (4 color.)   1.50
27223 **Bolle.** Bericht üb. d. Görzer Landwirtsch.-chemische Versuchsstation
f. 1899, 1900, 07, 08, 10. Wien 1900—11. 8. 136 p.   1.50
27224 **Bonafous.** Osservaz. ed esperienze agrarie. Torino 1825. 8. 22 p.   1.—
27225 — Della coltivaz. d. Barbabietola. Torino 1836. 8. 12 p.   1.—
27226 **Bonardo, M.** Le Ricchezze dell' Agricoltura. Trevigi 1640. 8. 160 p. Vélin.   6.—
27227 **Bonelli, Canvane e Hungerbyhler.** Mem. int. all' Olio di Ricino vol-
gare. Roma 1782. 8. 302 p. c. tav. Vél.   3.—
27228 **Bönninghausen u. Thaer.** Ueb. d. Trentische Roggenwirtschaft. Berl.
1820. 12. 94 p.   2.—
27229 **Borie.** Agriculture au coin du feu. Paris 1858. 8. 298 p. Cart.   1.50
27230 **Bosse.** Oorzaken v. d. Achteruitgang v. de Koffiecultuur t. Sumatra's
Westkust. I. Gravenh. 1895. 8. 128 p.   2.—
27231 **Böttner.** Prakt. Gemüsegärtnerei. Frankf. 1889. 8. 222 p. m. 96 Fig.
Cart. (M. 3.50.)   1.50
27232 — Prakt. Lehrb. d. Spargelbaues. 3. Aufl. Frankf. 1905. 8. 128 p.   1.—
27233 — Die Frühbeettreiberei d. Gemüse. Frankf. 1908. 8. 118 p.   1.—
27234 **Bouché u. H. Grothe.** Ramie, Rheea, Chinagras u. Nesselfaser. 2. Aufl.
Berl. 1884. 8. 159 p. m. 3 Tfln. (M. 4.)   2.50
27235 **Bourdeau.** Conquête du Monde végétal. Paris 1893. 8. 372 p. (fr. 5.)   2.—
27236 **Braungart.** Geobotan.-landwirtschaftl. Wanderungen in Böhmen. (Prag,
Jahrb. Landw.) 1879. 8. 46 p.   1.—
27237 **Breda.** De Rijstcultuur in N.-Italië. Batavia 1904. 8. 76 p. Cart.   1.50
27238 **Breiholz.** Ueb. d. Oelgehalt ein. landwirtsch. wicht. Grasfrüchte. Jena
1878. 8. 62 p.   1.50
27239 **Breme.** Die Heiden Westfalens. Münst. 1912. 4. 73 p.   1.50
27240 **Bretfeld.** Das Versuchswesen a. d. Geb. d. Pflanzenphysiol. m. Bez.
a. d. Landwirtschaft. Berl. 1884. 8. 272 p. (M. 6.)   2.50
27241 **Brigham.** Der Mais, s. Geschichte etc. Gött. 1896. 8. 55 p.   1.50
27242 **Brinckmeier.** Der Hanf. Ilmenau 1884. 8. 80 p.   1.—
27243 **Brockmeier.** Ueb. d. Einfl. d. englisch. Weltherrschaft a. d. Verbreit.
wicht. Culturgewächse in Indien. Marb. 1884. 8. 56 p.   1.50
27244 **Broocks.** Ueb. tägl. u. stündl. Assimilation ein. Kulturpflanzen. Halle
1892. 8. 54 p.   1.—
27245 **Brooks, B. T.** Dyes and color. Matters of the Philippines. (Manila,
J. Sc.) 1910. 8. 14 p.   1.—
27246 **Brooks, W. P.** Das Nährstoffbedürfnis verschied. in Fruchtfolge auf
demselben Felde angebauter Pflanzen. Halle 1897. 8. 96 p. m. Tfl.   1.50
27247 **Brown, E., and Hunter.** Planting in Uganda: Coffee, Para-rubber,
Cocoa. New York 1913. 8. 192 p. w. pl. Cloth.   17.50
27248 **Brown, H. A.** Analysis of the Sugar Question. Saxonv. 1879. 8. 42 p.   1.—
27249 **Brügger.** Die Futterpflanzen d. Fagara - Raupe (Bombyx cynthia).
Zürich 1861. 8. 43 p. m. Tfl.   1.—
27250 **Bruni.** Cenno su lo stato d. Agricoltura di Barletta e d. Piante indigene.
Napoli 1844. 8. 64 p.   8.—
    Nicht im Pritzel.
27251 **Brunner.** Technische u. Kolonialbotanik. (Aus: Just's Jahresbericht f.
1910). (Berl.) 1911. 8. 154 p.   2.—
27252 **Brzezinsky.** Les graines du Raifort et l. résultats de leurs semis.
(Crac., Ac.) 1909. 8. 17 p. av. 4 pl.   1.50
27253 **Buchenau.** Die botan. Produkte d. London. Intern. Industrie - Ausstellung. Brem. 1863. 8. 84 p.   1.—
27254 — Reichtum des Culturlandes an Pflanzensamen. Berl. 1904. 8. 10 p.   1.—
27255 **Buchner, E.** Beziehungen d. Chemie z. Landwirtschaft. Berl. 1904.
8. 14 p.   1.50

ℳ

27256 **Buchwald.** Ueb. Ingwer. (Berl., Ges.-Amt.) 1899. 4. 22 p. m. Tfl.   1.—

27257 **Buck.** Economic Products of the N. W. Provinces; India. III: Dyes
and Tans. Allahabad 1878. 8. 109 p.   2.50

27258 **Buhlert.** Ueb. d. Wert v. Wald- und Heidestreu im Landwirtschafts-
betriebe. Halle 1900. 4. 37 p.   1.—

27259 — Ueb. d. Arteinheit d. Knöllchenbakterien d. Leguminosen u. üb. d.
landwirtsch. Bedeut. d. Frage. Halle 1902. 8. 55 p.   2.—

27260 **Bujack.** Botan.-krit. Bemerk. üb. d. Gräser, bes. üb. d. Getreidearten.
Königsb. 1830. 8. 12 p.   1.—

27261 **Bunzel.** Biochem. study of the Curley-Top of Sugar Beets. (Wash.,
Dept. Agr.) 1913. 8. 28 p.   1.—

27262 Il **Buon Fattore** di Villa, ovvero l'Amico d. Agricoltori. 2 parti. Bassano 1788. 8. 380 p.   3.—

27263 **Burchard.** Die Unkrautsamen d. Klee- u. Gras-Saaten. Berl. 1900. 8.
100 p. m. 5 Tfln. Cart.   10.—
     Vergriffen.

27264 **Burgerstein.** Keimkraftdauer v. 1—10jähr. Getreidesamen. (Wien, Z.
b. G.) 1895. 8. 8 p.   1.—

27265 **Burian.** Das Getreide. Wien 1870. 8. 197 p. Cart.   1.—

27266 **Burkett u. Poe.** Die Baumwolle. Leipz. 1908. 8. 310 p. m. 30 Tfln.
(M. 10.)   5.—

27267 **Burn.** Outlines of modern Farming. I: Soils, Manures and Crops. 5. ed.
Lond. 1882. 8. 227 p. Cloth.   1.50

27268 **Burtt-Davy.** Maize, its history, cultivat., handling and uses. Lond.
1914. 8. 872 p. Cloth.   26.—

27269 **Buschan.** Vorgeschichtl. Botanik d. Cultur- u. Nutzpflanzen d. alten
Welt. Breslau 1895. 8. 268 p. (M. 7.)   5.—

27270 **Busse.** Zeitfragen d. Landwirtschaft im trop. Afrika. (Berl., Tropenpfl.)
1907. 8. 18 p.   1.—

27271 **Callendar and Mc Leod.** Observ. of Soil Temperature. (Ottawa, Roy.
Soc.) 1896. 8. 9 p. w. 4 pl.   1.50

27272 **Calwer.** Deutschlands Feld- u. Gartengewächse. Stuttg. 1852. 4. 284 p.
m. 36 color. Tfln. (M. 9.) Cart.   3.—

27273 — Deutschlands technische Pflanzen. Stuttg. 1855. 4. 56 p. m. 12 color.
Tfln. (M. 4.50.) Cart.   2.—

27274 **Candolle, A. de.** L'Origine d. Piante coltivate. Milano 1883. 8. 636 p.
(L. 7.)   2.—

27275 — S. l'origine botan. de qu. Plantes cultivées. (Genève, Arch. Sc.)
1887. 8. 14 p.   1.50

27276 **Carleton.** Macaroni Wheats. (Wash., Dept. Agr.) 1901. 4. 62 p. w.
11 pl. (2 colour.)   3.—

27277 **Castracane.** Autoredenzione d. Terre povere. (Roma) 1899. 4. 19 p.   1.—

27278 **Cato, M., Varro, M. T. Palladius.** De re rustica. Lugd. 1535. 8. 441 p.
Ldrbd.   7.—

27279 **Cazzuola.** Le Piante utili e nocive. Tor. 1880. 8. 217 p. c. 264 fig.   1.—

27280 **Cech.** Unters. d. wild. kroat. Hopfens. (Mosk., Bull.) 1879. 8. 29 p.   1.—

27281 — Ueb. d. geograph. Verbreit. d. Hopfens im Alterthume. (Mosk.,
Bull.) 1882. 8. 25 p.   1.50

27282 **Chevreul.** Mém. s. l'Indigo. Paris 1808. 8. 53 p.   3.—

27283 **Chinese.** — B o t a n i c a l T h e s a u r u s. In Chinese language (without translation). 8 thick volumes in 8. Half bd. calf. — The copy is in
bad condition, with many worm-holes.   30.—
     Vol. I: Seasons. Cereals. — II: Spade. Husbandry. — III, IV: Flowering
Plants. — V: Fruits. — VI: Forest Trees. — VII: Bamboos, Grasses etc. —
VIII: Medicinal Herbs.

27284 — E n c y c l o p e d i a o f A g r i c u l t u r e. (In Chinese language).
3 vols. in 4to. Half bd. calf. — In bad state.   20.—

		$\mathcal{M}$
27285	**Chomel.** Dictionnaire Oeconomique. 3. éd. 2 vols. Paris 1732. fol. 3428 p. av. beauc. de fig. Veau.	20.—

Bel exemplaire de cette encyclopédie volumineuse qui renferme 'une in-
finité de secrets' dans la Botanique et la Zoologie.

27286 **Chomsky.** Bedeut. d. Asparagins f. d. thier. Ernährung. (Halle, Landw. Inst.) 1898. 4. 42 p. — 1.50

27287 **Christ.** Der neueste Stellvertreter d. Caffee. Frankf. 1800. 8. 32 p. m. 2 color. Tfln. — 3.50

27288 **Clouth.** Die Kautschuk-Industrie. Weim. 1879. 8. 76 p. — 1.—

27289 **Clover.** Philippine Wood Oils. (Manila, J. Sc.) 1906. 8. 12 p. — 1.—

27290 — The Terpene Oils of Manila Elemi. (Manila, J. Sc.) 1907. 8. 40 p. — 1.—

27291 **Cobb.** Seed Wheat. (Sydney, Agr. Gaz.) 1903. 8. 60 p. — 1.50

27292 — Report of the Experim. Station of the Hawaiian Sugar Planter's Assoc. Honolulu 1905. 8. 29 p. w. 6 pl. — 1.50

27293 **Cole.** Microsc. stud. on a grain of Wheat. (Lond., Micr. Stud.) 1884. 8. 8 p. w. 2 pl. (1 colour.) — 1.50

27294 **Collantes, J. de.** Commentar. pragmat. in favor. rei Frumentariae et Agricolarum. Madriti (sic!) 1614. 4. 512 p. Cart. — 15.—

27295 **Collet.** Le Tabac. Sa cult. et son exploitat. d. les contrées tropicales. Brux. 1903. 8. 282 p. av. beauc. de fig. — 7.50

27296 **Collier.** Sorghum, its cult. and manufact. Cincinn. 1884. 8. 557 p. w. 49 fig. Cloth. — 5.—

27297 **Collingwood.** Nutmeg- and other cultivat. in Singapore. (Lond., Linn. S.) 1868. 8. 10 p. — 1.—

27298 **Collins, G. N.** Seeds of Commercial Saltbushes. (Wash., Dept. Agr.) 1901. 8. 28 p. w. 8 pl. — 1.50

27299 — The Mango (Mangifera indica) in Porto Rico. (Wash., Dept. Agric.) 1903. 8. 38 p. w. 15 pl. — 6.—

Out of print.

27300 La **Coltivazione** d. Tabacchi in Italia. Fir. 1888. 4. 45 p. — 1.50

27301 **Columella, J. M.** De Re rustica libri XII. — Ejusd.: De Arboribus. Lugd. 1548. 8. 512 p. Prgtb. — 8.—

Eine Pritzel unbekannte Ausgabe. Siehe über die verschiedenen Auflagen
des bekannten Buches: Hain, Repertorium, nr. 5494—5500.

27302 — De l'Agricoltura libri XII. Trad. p. P. L. Lauro. Venetia 1559. 8. 539 p. Vél. — 7.—

27303 **Colvill.** On the veget. productions and the rural econ. of the prov. of Baghdad. (Lond., Linn. Soc.) 1875. 8. 12 p. — 1.—

27304 **Comes.** Il Tabacco. (Napoli, Atti Incoragg.) 1897. 4. 134 p. — 3.—

27305 — Introduz., diffus. ed uso d. Tabacco in Africa. (Napoli, Atti Incor.) 1897. 4. 75 p. — 2.—

27306 — Chronolog. tables for Tobacco in America, Europe, Africa, Asia, Oceania. (Portici, Sc. Agr.) 1901. folio. 5 fold. maps. — 2.—

27307 **Comptes** rendus du Congrès internat. d. Stations Agronomiques. Publ. p. Grandeau. Paris 1881. 8. 499 p. av. pl. — 3.—

27308 **Conrad.** Acker- u. Wiesenbau d. Prov. Preussen. Königsb. 1863. 8. 64 p. m. 2 Tfln. — 1.50

27309 **Convert.** Documents s. l'Ecole d'Agriculture de Montpellier. Montp. 1889. 4. 313 p. av. pl. — 3.—

27310 **Cook, O. F.** Inventory II of foreign Seeds and Plants. (Wash., Dept. Agr.) 1899. 8. 94 p. — 1.50

27311 **Correns.** Bastarde zwischen Maisrassen, m. Berücksichtigung d. Xenien. Stuttg. 1901. 4. 161 p. m. 2 color. Tfln. (M. 24.) — 14.—

27312 **Cottam.** Tea Cultivat. in Assam. Colombo 1877. 8. 82 p. — 2.—

27313 **Coupin.** Les Plantes qui nourrissent. Paris 1904. 8. 16 p. av. 4 pl. color. — 1.—

27314 **Courtois-Gérard.** Manuel prat. de Culture maraichère. Paris 1844. 8. 340 p. av. 4 pl. — 1.50

27315 — Elementarkursus d. Gemüsebaus. Mülh. 1857. 8. 162 p. — 1.—

W. Junk, Berlin, W. 15.

27316 **Coville.** On the Plants used by the Klamath Indians. (Wash., Nat. Herbar.) 1897. 8. 31 p.   ℳ 1.50

27317 — Wokas, a primit. Food of the Klamath Indians. (Wash., Mus.) 1904. 8. 15 p. w. 13 pl. (2 colour.)   2.50

27318 **Cowie.** The tertilizat. of Tea. Lond. 1908. 8. 68 p. w. 16 fig.   2.—

27319 **Craig, A. G.** Potato Investigations. Pullman 1910. 8. 31 p.   1.—

27320 **Craig, J.** On Vegetables. Ames 1900. 8. 32 p.   1.

27321 **Cramer.** 3 mikroskop. Expertisen betreff. Textilfasern. Zür. 1881. 4. 29 p.   2.—

27322 **Cranz.** Bemerk. auf e. Reise in Schwaben, Elsass, Sachsen, in landwirtsch. Hinsicht. 2 Tle. Leipz. 1805. 8. 352 p. m. 2 Tfln.   3.—

27323 **Cratty.** The Iowa Sedges. (Des Moines) 1898. 8. 63 p. w. 10 pl.   3.-

27324 **Crescentius** (P. de C r e s c e n z i). Opera di Agricoltura. Venetia 1553. 8. 684 p. Vél.   12.—
    Siehe: M e y e r, Geschichte d. Botanik, IV, p. 138—159.

27325 — Trattato d. Agricoltura. Firenze 1605. 4. 598 p. Vélin.   10.--

27326 — — 2 vol. Napoli 1724. 8. 589 p. Vél.   6.—

27327 **Dachnowski.** Toxicity a factor in Soil problems. Lansing 1908. 8. 2 p. w. 5 pl.   1.—

27328 **Dafert.** Ueb. Wesen, Aufgaben u. Hülfsmittel d. Agriculturchemie. (Berl., Landw. J.) 1892. 8. 63 p.   1.50

27329 — Nährstoffbedarf d. Kaffeebaumes. (Berl., Landw. J.) 1894. 8. 19 p.   1.—

27330 — Las sustancias minerales del Cafeto. (San José, Inst.) 1896. 8. 33 p. av. pl. et 2 tabl.   1.50

27331 (—) Relat. annual do Instituto Agronomico de S. Paulo (Brazil). Vol. VII et VIII: Années 1894 e 1895. S. Paulo 1896. 4. 456 p. av. 30 pl.   6.—

27332 **v. Dalla Torre.** Natur-Führer durch Tirol, Vorarlberg u. Liechtenstein. Berl. 1913. 8. 510 p. m. color. geolog. Kte. in Folio. Leinbd.   6.—
    Berücksichtigt in umfangreicher Weise auch die cultivirten Pflanzen.

27333 **Dammer.** Die Gemüsepflanzen Ostafrikas. (Berl., Pflanzenwelt Ostafrikas). 1895. 4. 31 p.   2.—

27334 — Die Farbstoffe u. Gerbstoffe liefernden Pflanzen Ostafrikas. (Berl., Pflanzenw. Ostafrikas). 1895. 4. 10 p.   1.50

27335 **Damseaux.** Culture de l'Osier. Namur 1883. 8. 82 p.   1.—

27336 **Darlington and Moll.** Kitchen Garden. Philad. 1897. 8. 198 p.   1.—

27337 **Darmstädter.** Die geogr. Verbreit. d. Tabakbaues. Sonderb. 1899. 4. 22 p.   1.—

27338 **Davy, H.** Elements of Agricult. Chemistry. London 1813. 4. 408 p. w. 9 pl. Boards.   5.—

27339 **Davy, J. B.** Stock Ranges of Northwestern California. Notes on the Grasses and Forage Plants. (Wash., Dept. Agr.) 1902. 8. 81 p. w. 8 pl. and 3 maps.   2.50

27340 **Dawson.** On the econom. import. of Nitragin. (Lond., Ann. Bot.) 1901. 8. 10 p.   1.—

27341 **De Bie.** De Landbouw der Inlandsche Bevolking. 2 Tle. Batavia 1901—02. 8. 288 p. Cart.   3.—

27342 **Deby.** Manual prat. d'Irrigation. Brux. 1850. 8. 175 p.   1.—

27343 **(Decombles).** L'Ecole du Jardin Potager. Nouv. éd. 2 vols. Paris 1752. 8. 949 p. av. frontisp. Veau.   6.—

27344 **v. Dedem.** De Opium-Kwestie v. de Indisch Genootschap. (Gravenh.) 1876. 8. 82 p.   1.—

27345 **Dehérain.** Travaux de la Station Agronom. de Grignon. Paris 1889. 8. 40 p. av. 12 pl. color.   2.50

27346 **Delbrück.** Die kgl. Landwirtsch. Hochschule in d. Zukunft. Berl. 1900. 8. 34 p.   1.—

27347 **Delden-Laërne.** La culture du Café au Brésil. La Haye 1886. 8. 13 p.   1.—

27348 **Delius.** Die Cult. d. Wiesen u. Grasweiden. Halle 1874. 8. 212 p. m. 2 Tfln./(M. 4.50.)   1.50

27349 **Delponte.** Cenni int. alle Piante econom. II: Leguminose. Torino 1873.   *M*
8. 91 p. c. 23 tav. color.   8.—
    Raro.

27350 **Delteil.** La Canne à Sucre. Paris 1884. 8. 118 p. av. pl.   2.—

27351 **Demesmay.** S. l'utilité du Sel p. l. plantes et l. animaux. Paris 1846.
8. 61 p.   1.—

27352 — Du Sel dans ses emplois agricoles. Paris 1848. 8. 32 p.   1.—

27353 **Denis.** La Yerba Mate. Quilmes 1913. 8. 7 p.   1.—

27354 **Derome.** Perfectionnem. dans la cult. d. Céréales. (Lille) 1883. 8. 16 p.   1.—

27355 **Desailly.** Rôle de l'acide phosphor. dans la végét. Paris 1885. 8.
42 p. av. pl.   1.50

27356 **Desaive.** Ueb. d. Nutzen d. Salzes in d. Landwirthschaft. Nordhaus.
1852. 8. 84 p.   1.—

27357 **Detmer.** Die naturwiss. Grundlagen d. landwirtsch. Bodenkunde.
Leipz. 1876. 8. 556 p. (M. 9.)   4.—

27358 **De Vriese.** Nieuwe bijdr. t. de kennis v. de Maïs. Gravenh. 1837. 8. 94 p.   1.50

27359 — De Vanielje. Leyd. 1856. 8. 35 p. m. 4 color. Tfln. Cart.   2.—

27360 **Dietrich, C.** Taschenbuch f. Studir. d. Landwirtschaft. Leipz. 1912.
8. 156 p. Lnb.   1.—

27361 **Dietrich, T., u. König.** Zusammensetz. u. Verdaulichk. d. Futtermittel.
2. (letzte) Aufl. 2 Bde. Berl. 1891. 4. 1441 p. Lnb. (M. 50.)   30.—

27362 **Dietzsch.** Die wichtigst. Nahrungsmittel u. Getränke, der. Verunrein.
u. Verfälschgn. 3. Aufl. Zürich 1879. 8. 252 p. (M. 5.)   1.—

27363 — — 4. (letzte) Aufl. Zürich 1884. 8. 352 p. (M. 6.) Hfzb.   1.50

27364 **Ditmar.** Der pyrogene Zerfall d. Kautschuks. Dresd. 1904. 8. 41 p.   1.—

27365 **Dodge.** Descript. Catal. of useful Fiber Plants of the world. (Wash.,
Dept. Agr.) 1897. 8. 361 p. with 12 pl.   8.—
    Out of print.

27366 **Dokutschajew.** Mater. z. Abschätz. d. Grund u. Bodens im Gouv.
Poltawa. 2 Tle. Petersb. 1889—90. 8. 244 p. — Russisch.   1.50

27367 **Domin.** Z. Kenntn. d. böhm. Gerste. (Prag) 1903. 4. 15 p. m. Tfl. —
Cechisch.   1.—

27368 **Dommes.** 3 deutsche Hafersorten u. ein. Besonderheiten d. Rispen-
hafers. Merseb. 1908. 8. 159 p. m. 7 Tfln.   3.—

27369 **Donaldson.** Treatise on Clay Lands and Leamy Soils. Lond. 1852. 8.
144 p. Cloth.   1.—

27370 **Dondlinger.** The Book of Wheat. N. York 1908. 8. 280 p. Cloth.   2.—

27371 **Dosch.** Anleit. z. Meerettigbau. Freib. 1854. 8. 34 p. m. 2 Tfln.   1.—

27372 **Douglas, J.** Arbor Yemensis fructum Coflé ferens: or, a descr. and hist.
of the Coffee Tree. With supplem. Lond. 1727. fol. 118 p. Half bd. calf.   30.—
    Unknown to P r i t z e l and very rare.

27373 **Drugulin.** Pflanzenstoffe f. Gewerbe u. Nahrung. 3 Tle. in 2 Bden.
Stuttg. 1847—48. 8. Cart.   3.—

27374 **Dubard.** Botanique Coloniale appliquée. Paris 1913. 8. av. photogr.   10.—

27375 **Dubbers, Hagen u. a.** 8 Vorträge aus d. Gebiete d. Düngerwesens.
Bayreuth 1902. 8. 126 p.   1.—

27376 **Ducloux, Hédiard et Vallez.** Les Productions agricoles du Nord de la
France. Paris 1910. fol. 72 p.   1.50

27377 **Dufour, Ph. S.** Traitez nouv. et curieux du Café, du Thé et du Chocolate. 3. éd. La Haye 1693. 12. 408 p. av. frontisp. et 3 pl. Vélin.   7.—

27378 **Dumas.** La Culture maraichère. Paris 1880. 8. 424 p.   1.50

27379 **Düngung.** — 16 Abhandl. 1854—1913. 8. u. 4. 415 p. m. Tabelle u. Tfl.   2.—

27380 **Dürkop.** Die wirtschafts- u. handelsgeograph. Prov. der Sahara, begr.
durch nützliche Pflanzen. Wolfenb. 1902. 8. 59 p.   2.—

27381 **(Dye).** Report of the New Jersey State Board of Agricult. Year 18:
1890—91. Trenton 1891. 8. 510 p. Cloth.   1.50

27382 **Dyer.** Results of Investigat. on the Rothamsted Soils. (Wash., Dept. Agr.) 1902. 8. 180 p.   *M* 2.—

27383 **Dymock.** Substances used as Incense in the East India. (Bombay, Nat. Soc.) 1891. 8. 12 p.   1.—

27384 **Eaton.** The preparat. of Plantation Para Rubber. Kuala Lumpur 1912. 8. 58 p.   1.50

27385 **Ebermayer.** Naturgesetzl. Grundlagen d. Wald- u. Ackerbaues. Bd. I. (soviel erschien.): Die Bestandtheile d. Pflanzen. Berl. 1882. 8. 889 p. (M. 16.)   6.—

27386 **Eckardt.** Der Baumwollbau in s. Abhängigk. v. Klima. Berl. 1906. 8. 119 p.   2.—

27387 **Economic Plants.** — 25 English papers. 1833—1913. 8. and 4. 590 p. w. 10 pl.   3.—

27388 **Economic Plants of Ceylon.** — 13 pap. by Bamber, Lock, Willis and o. (Colombo) 1905—13. 8. 120 p. w. pl.   4.—

27389 **Edler.** Anbauversuche m. Squarehead-Zuchten. Berl. 1900. 8. 156 p.   1.50

27390 **Edwards et Colin.** S. la végét. d. Céréales sous de hautes températ. (Paris, Ann. Sc.) 1836. 8. 19 p.   1.—

27391 **Ehrenberg.** Die Beweg. des Ammoniakstickstoffs in der Natur. Merseb. 1907. 8. 260 p. m. 2 Tfln.   2.—

27392 **Ehrhardt.** Die geograph. Verbreit. d. für die Industrie wichtigen Kautschuk- u. Guttaperchapflanzen. Halle 1903. 8. 79 p.   1.50

27393 **Eichinger.** Agricultur, Moorkultur, Forstbotanik u. Horticultur. (Aus: Just's Botan. Jahresbericht). Jahrg. 1906—10. 4 Tle. (Berl.) 1907—11. 8. 284 p.   5.—

27394 **Elliott.** Growing Alfalfa without irrigat. Pullman 1907. 8. 32 p.   1.—

27395 **Ellram.** Mikrochem. Nachweis v. Nitraten in Pflanzen. (Dorpat, Nat. Ges.) 1895. 8. 10 p.   1.—

27396 **Elssner.** Naturwissenschaftl. Anschauungsvorlagen. 7 (schwarze) botan. Tfln. in fol.   3.—
     Gramineen abbildend.

27397 **Engelbrecht, E. A.** Voorheen en Thans. Naar anleid. v. een landbouw-reisje (Nederl. Indie). (Batavia). 8. 93 p.   1.50

27398 **Engelbrecht, T. H.** Die Feldfrüchte Indiens. Hamb. 1914. 8. 281 p. m. Atlas v. 32 Ktn. in fol. (M. 20.)

27399 **Engelhardt.** Die Nahrung d. Pflanzen. Leipz. 1856. 8. 213 p. Cart.   1.—

27400 **Engler.** Erläuterungen zu d. Nutzpflanzen d. gemäss. Zonen im Bot. Garten, Dahlem. (Berl., Bot. G.) 1904. 8. 30 p.   1.—

27401 **Enzinger.** Die Anatomie d. Gerstenkorns. Leipz. 1876. 8. 106 p. m. 12 Tfln.   1.50

27402 **Eriksson.** Landtbruksbotanisk Berättelse af Ar 1888, 1890, 1893, 1897, 1899, 1902. 6 Tle. Stockh. 1888—1902. 8. 207 p.   2.—

27403 — Kulturväxter pa Aker och Ang. Stockh. 1899. 8. 113 p.   1.—

27404 **Espinosa.** Lo Zafferano. (Portici) 1899. 8. 43 p. c. 2 tav.   1.50

27405 **Essai** s. l'Agriculture ou les Delices de la Campagne. — Epitre s. l'Ame d. Bêtes. La Haye 1744. 8. 64 p.   3.—
     Voyez aussi no. 28499 à 28501.

27406 **Etienne.** Die Baumwollfrage. Berl. 1904. 8. 98 p. (M. 2.50.)   1.50

27407 **Evans, M. W.** Field Pea product. in Washington. Pullm. 1911. 8. 23 p.   1.—

27408 **Evans, W. J.** The Sugar-Planter's Manual. Philad. 1848. 8. 264 p. w. 2 pl. Cloth.   4.—

27409 **Experiment Station Record.** General index (to vol. 1—12). (Wash., Dept. Agr.) 1903. 8. 671 p.   3.—
     Many odd parts of this journal in stock.

27410 **Fabricius, J. C.** Anfangsgründe d. öconom. Wissenschaften. 2. Aufl. Kopenh. 1783. 8. 442 p.   2.—

27411 **Fairchild.** Japanese Bamboos and their introd. into America. (Wash., Dept. Agr.) 1903. 8. 34 p. w. 8 pl.   2.—

M

27412 **Falke.** Die Braunheubereitung. Berl. 1905. 8. 91 p. 1.—
27413 **Falke u. Oetken.** Die Dauerweiden. Hannov. 1907. 8. 296 p. Lnb. (M. 6.) 3.—
27414 The complete **Farmer** or, a general Dictionary of Husbandry. By a Society of Gentlemen. Lond. 1766. fol. 724 p. w. frontisp. and 27 pl. Calf. 16.—
    A bulky encyclopedia.
27415 **Faye.** Undersög. ang. stivelsehold. Naeringsmidler. (Christ., Vid. S.) 1867. 8. 42 p. 1.—
27416 **Fellemberg.** Vues relat. à l'Agricult. de la Suisse. Genève 1808. 8. 155 p. 2.—
27417 **Fernbach.** S. la Sucrase, diastase inversive du Sucre de Canne. Sceaux 1890. 8. 93 p. 1.50
27418 **Fesca.** Pflanzenbau in d. Tropen u. Subtropen. 3 Bde. Berl. 1904—11. 8. 850 p. Lnbde. (M. 17.)
27419 **Ficalho.** Plantas utiles da Africa Portugueza. Lisboa 1884. 8. 279 p. 6.—
27420 **Figueiredo.** Flora pharmac. e alimentar Portugueza. Lisboa 1825. 4. 606 p. D.-rel. veau. 20.—
    Très-rare.
27421 **Filly.** Die Ernährungsverhältnisse in d. Pflanzenwelt. Weimar 1860. 8. 228 p. m. 2 Tfln. 1.—
27422 **Fink.** Beitr. z. Statik d. Landbaues. (Berl., Landw. J.) 1893. 8. 103 p. 1.50
27423 **Fischer, M.** Die wirtschaftl. werthvoll. Bestandtheile, bes. d. stickstoffhalt. Verbindgn. im Roggenkorn. (Halle, Landw. Vers.) 1893. 4. 96 p. 2.50
27424 — Die landwirtsch. Verhältnisse Rumäniens. Weida 1904. 8. 66 p. 1.50
27425 **Fitzner.** Deutsches Kolonial-Handbuch. Berl. 1896. 8. 462 p. m. 5 Ktn. (M. 5.) 3.—
27426 **Fleischer.** Ueb. Missbildungen verschied. Culturpflanzen. Essling. 1862. 8. 100 p. m. 8 z. Tl. color. Tfln. 2.—
27427 **Fletcher and Shutt.** Grasses: their uses and composition. Ottawa 1893. 8. 36 p. 1.—
27428 **Focke.** Die Culturvarietäten d. Pflanzen. (Brem., Nat. Ver.) 1884. 8. 22 p. 1.50
27429 **Forgwer.** Beim Reifungsprozess d. Roggen- u. Weizenkörner vorkomm. Verändergn. Breslau 1906. 8. 40 p. 1.—
27430 **Förteckning** t. kemisk-växtbiolog. Anstaltens i Lulea Vegetationsutställning. Lulea 1901. 8. 48 p. m. 11 Tfln. 1.50
27431 **Fouquet.** Traité élém. d. Engrais de ferme. Brux. 1851. 8. 171 p. 1.—
27432 **Fox, Hubbard and Wiley.** The Maple Sugar. (Wash., Dept. Agr.) 1905. 8. 56 p. w. 8 pl. 2.—
27433 **Fraas.** Geschichte d. Landwirtschaft in d. letzten 100 Jahren. Prag 1852. 8. 816 p. (M. 12.) 10.—
27434 — Geschichte d. Landbau- u. Forstwissenschaft seit d. 16. Jahrhund. bis z. Gegenwart. Münch. 1866. 8. 680 p. (M. 9.) 6.—
27435 — Landwirtschaftslehre. 2. Aufl. Stuttg. 1858. 8. 212 p. 2.—
27436 — Das Wurzelleben d. Kulturpflanzen u. d. Ertragssteigerung. Berl. 1872. 8. 62 p. m. Tfl. 1.50
27437 **François.** Rapport s. le perfectionnem. d. Charrues. Paris 1806. 8. 72 p. 2.—
27438 **Frank.** Die Ernähr. u. Stoffbild. d. Pflanzen. 3 Tle. (Leipz.) 1872. 8. 96 p. 2.—
27439 — Ueb. d. Lagern d. Getreides. (Berl.) 1872. 8. 50 p. 2.—
27440 — Die Assimilat. freien Stickstoffs b. d. Pflanzen. (Berl., Landw. J.) 1892. 8. 44 p. 1.50
27441 **Freda.** Influenza del flusso elettrico nello svilluppo d. Vegetali Aclorofillici. (Roma, Staz. Agr.) 1888. 8. 18 p. 1.50
27442 **Fredholm.** Om Jordbrukets ekonom. Grunder. (Upsala) 1867. 8. 48 p. 1.—
27443 **Freer and o.** 6 pap. on Copal. (Manila, Journ. Sc.) 1910. 8. 61 p. 2.—
27444 **French, G. T.** Seed Tests. 2 parts. Geneva 1911—12. 8. 30 p. 1.—
27445 **Friebe.** Ökonom.-techn. Flora f. Liefland, Ehstland u. Kurland. Riga 1805. 8. 419 p. Hfzb. 5.—

27446 **Fries, M.** Anleit. z. Hopfenbau. 2. Aufl. Stuttg. 1882. 8. 103 p. m. 7 color. Tfln. — *ℳ* 1.50

27447 **Fries, T. M.** Kulturväxternas Ursprung. (Stockh., Trädg. Tidsk.) 1883. 8. 38 p. — 1.50

27448 **Fröhde u. Sorauer.** Zur Kenntn. d. Mohrrübe. (Berl., Karsten's Unters.) 1867. 8. 15 p. m. 2 Tfln. — 1.—

27449 **Fröhner.** Die Gatt. Coffea u. ihre Arten. Leipz. 1898. 8. 67 p. — 1.50

27450 **Fruwirth.** Die Entwickl. d. Auslesevorgänge b. d. landwirtsch. Kulturpflanzen. (Jena, Progress.) 1909. 8. 72 p. — 2.50

27451 — Die Züchtung d. Landwirtsch. Kulturpflanzen. 5 Bde. (Bd. I in 3., II—IV in 2. Aufl.) Berl. 1909—12. 8. 1515 p. m. 178 Fig. (M. 47.)

27452 — — Bd. I: Allgem. Züchtungslehre. 2. Aufl. Berl. 1905. 8. 345 p. (M. 9.) — 3.—

27453 — Handb. d. landwirtschaftl. Pflanzenzüchtung. (Bisher: Die Züchtung d. landw. Kulturpflanzen). (5 Bde.) Bd. I: Allgem. Züchtungslehre. 4. Aufl. Berl. 1914. 8. 467 p. m. 8 Tfln. (5 color.) Lnb. (M. 14.)

27454 **Fuchs, M.** Die geograph. Verbreit. d. Kaffeebaums. Halle 1885. 8. 32 p. — 1.50

27455 **Fulmer.** Commercial Fertilizers. 2 parts. Pullman 1911—13. 8. 78 p. — 1.50

27456 **Funk.** Die Schule d. Landwirts. 2. (letzte) Aufl. Leipz. 1902. 8. 503 p. Lnb. (M. 5.) — 2.—

27457 **Gabriel.** Ueb. d. Futterwert d. Rosskastaniensamen. Halle 1901. 4. 55 p. — 1.—

27458 **Galbraith.** Vanilla Culture in the Seychelles Isl. (Wash., Dept. Agr.) 1898. 8. 24 p. w. pl. — 1.—

27459 **Gallagher.** Coffee Robusta. Kuala Lump. 1910. 8. 9 p. — 1.—

27460 **Gallo, A.** Le 20 giornate d. Agricoltura. Nuov. ristamp. Venetia 1674. 4. 367 p. Vélin. — 4.—

27461 **Gardiner.** Local notes on Science and Agricult. (Bahama) 1886. 8. 58 p. — 1.50

27462 **Garman.** Seed Testing Apparatus. Lexingt. 1910. 8. 18 p. w. 4 pl. — 1.—

27463 **Garola.** Contr. à l'ét. du Blé. (Paris, Ann. Agr.) 1889. 8. 26 p. — 1.—

27464 **Garrido.** Livro da Agricultura, ou Agricultor instruido. Lisboa 1764. 4. 252 p. Veau. — 13.—

Agricult., Horticult., Fruits, Animaux.

27465 **Gasparrino.** S. Coltivaz. d. Batata dolce. Palermo 1829. 8. 12 p. — 1.—

27466 **Gassner.** Z. Frage d. Elektrokultur. (Berl., Bot. Ges.) 1907. 8. 14 p. — 1.—

27467 — Relac. de la Botánica con l. ciencias agronóm. (Montevid.) 1909. 8. 17 p. — 1.—

27468 — Z. Frage d. Frosthärte d. Getreidepflanzen. (Berl., Bot. G.) 1913. 8. 10 p. — 1.—

27469 — Ueb. Elektrokultur. (Hamb.) 8. 14 p. — 1.—

27470 **Geerkens.** Korrelat.- u. Vererbungs - Erschein. beim Roggen. Dresd. 1901. 8. 57 p. m. 14 Tab. — 2.—

27471 **Gemüse.** — 10 Abhandl. 1853—1908. 8. u. 4. 92 p. m. color. Tfl. u. 6 Tabellen. — 2.—

27472 **Genin.** Nouv. modèle du Charrue. Nancy 1834. 8. 25 p. av. 2 pl. — 1.50

27473 **Georgeson.** Agricult. Experiments in Alaska. (Wash., Dept. Agr.) 1899. 8. 20 p. w. map and 2 pl. — 1.—

27474 **Georgia.** Manual of Weeds. With descr. of the most pernic. in the U. S. New York 1914. 8. 604 p. w. 385 fig. Cloth. — 10.—

27475 **Gerhardt.** Traité de Chimie organique. 4 vols. Paris 1853 à 56. 8. 3945 p. D.-rel. veau. — 25.—
Epuisé et rare.

27476 **Gerig.** Die Terminologie d. Hanf- u. Flachskultur in d. Frankoprovenzal. Mundarten. Heidelb. 1913. 8. 114 p. (M. 10.)

27477 **Gerland.** Einfl. d. Rübenmelasse auf d. thier. Ernährung. Halle 1899. 4. 57 p. — 1.—

27478 **Gerson.** Flussregulierung u. Niederungs-Landwirtschaft. (Berl., Landw. J.) 1893. 8. 97 p. m. 3 Tfln. — 1.50

27479 **Geubel.** Ueb. Kalk und Kochsalz in landwirtsch. Beziehg. Speyer 1851. 8. 61 p.   _M_ 1.—

27480 **Gibbs and Agcaoli.** Some Filipino Foods. (Manila, J. Sc.) 1912. 4. 20 p. w. 6 pl.   2.—

27481 **Gilbert.** Agricult. Investigat. at Rothamsted during 50 years. (Wash., Dept. Agr.) 1895. 8. 316 p. w. colour. pl.   3.—

27482 **Girola.** El Algodonero (Gossypium), su cultivo en las varias partes del mundo. B. Air. 1910. 8. 1026 p. av. 10 cartes en partie color., 1 portr. et 225 fig.   30.—

27483 **Goff.** The Russian Thistle. Madis. 1893. 8. 10 p. w. 3 pl.   1.—

27484 — Noxious Weeds of Wisconsin. Madis. 1899. 8. 53 p.   2.—

27485 **Gohren.** Die naturgeschichtl. Grundlagen d. Pflanzenbaues. 3. Aufl. v. R. Hoffmann. Leipz. 1877. 8. 576 p. m. 2 color. Tfln. Lnb. (M. 10.)   3.—

27486 **Golenkin.** Material. zur Charakterist. d. Nesselpflanzen. Moskau 1895. 8. 80 p. m. Tfl. — Russisch.   1.50

27487 **Goodale.** Zukunftsfragen üb. Nahrungs- u. Nutzpflanzen. N. York 1891. 8. 32 p.   1.—

27488 **Goodspeed.** On the germinat. of Tobacco-Seed. 2 parts. Berkeley 1913—15. 4. 40 p.   1.50

•27489 **Goret.** Etude chim. et physiol. de qu. Albumens cornés de graines de Légumineuses. Paris 1901. 8. 80 p.   1.50

27490 **Göschke.** Die Spargelzucht. 2. Aufl. Leipz. 1882. 8. 123 p.   1.—

27491 **Gostetti.** Del nuovo Concime. Firenze 1838. 8. 42 p. c. tav.   1.—

27492 **Graebner.** Handb. d. Heidecultur. Leipz. 1904. 8. 304 p. m. Karte. (M. 9.)   6.—

27493 **Grandeau.** Rapport sur l'Agronomie à l'Expos. univers. 1889. (Paris, Ann. Agr.) 1892. 8. 165 p.   1.50

27494 — Méthodes d'Analyse des Terres. (Paris, Ann. Agr.) 1892. 8. 65 p.   1.50

27495 **Grassmann.** Getreide-Lagerungs-Versuche in Gefrierräumen. (Berl., Landw. J.) 1892. 8. 46 p. m. 2 Tfln.   1.50

27496 **Greshoff.** Chemische Studien über d. Hopfen. Nürnb. 1887. 4. 62 p.   2.—

27497 — Beschrijv. der giftige en bedwelmende Planten bij de Vischvangst in gebruik. 3 Tle. (Batavia, Dept. Landb.) 1893—1913. 8. Cart.   20.—

27498 **Grohmann.** Die Niederländ. Landwirtschaft 1890. (Berl., Landw. J.) 1893. 8. 59 p.   1.—

27499 **Gross.** Der Hopfen. Wien 1899. 8. 267 p. Lnb. (M. 9.60.)   5.—

27500 **Grossmann, R.** Die Mängel d. Futter- u. Nahrungsmittel - Analyse. Münst. 1895. 8. 52 p.   1.—

27501 **Grotenfelt.** Det primitiva Jordbrukets Metoder i Finland u. den histor. Tiden. Helsingf. 1899. 4. 447 p. m. 5 Tfln.   6.—

27502 **Groth.** The F_1 Heredity in Tomato fruits. N. Jers. 1912. 8. 39 p. w. 3 pl.   2.—

27503 **Grothe.** Die Gespinnstfasern aus d. Pflanzenreiche. Berl. 1879. 8. 60 p.   1.—

27504 **Gruner.** Die stickstoffhalt. Düngemittel. Berl. 1883. 8. 44 p.   1.—

27505 — Gewinn. u. Verwert. phosphorsäurehalt. Düngemittel. Berl. 1885. 8. 54 p.   1.—

27506 **Grünhagen.** Handb. f. d. Landmann. Halle 1855. 8. 250 p. Cart.   1.—

27507 Del **Guano Peruviano** n. Agricolt. Genova 1862. 8. 28 p.   1.—

27508 **Guilandini.** Papyrus, h. e. comment. in tria Plinii de papyro capita. Venet. 1572. 8. 296 p. Veau.   13.—

    Editio princeps. Le vrai nom de l'auteur est: M e l c h i o r W i e l a n d. — B r u n e t: Ouvrage curieux, édition la plus belle. — Voyez aussi: C l é m e n t. Bibliothèque curieuse, vol. IX.

27509 **Gürke.** Techn. u. Colonial-Botanik. (Aus: Just's Bot. Jahresber. f. 1898). (Leipz.) 1900. 8. 115 p.   2.—

27510 **Haberlandt, F.** Beitr. z. Frage üb. d. Acclimatis. d. Pflanzen u. d. Samenwechsel. Wien 1864. 8. 28 p.   1.—

27511 — Wissenschaftl. prakt. Untersuchgn. auf d. Gebiete d. Pflanzenbaues. 2 Bde. Wien 1875—77. 8. 491 p. (M. 12.)   5.—

27512 **Haberlandt, F.** Ueb. d. Transpirat. d. Gewächse. (Berl., Landw. Jahrb.) 1876. 8. 24 p. — *ℳ* 1.—
27513 — Die Sojabohne. Wien 1878. 8. 121 p. (M. 2.80.) — 1.—
27514 **Hachette.** Not. histor. s. l. machines à battre le Blé. (Paris) 1831. 4. 21 p. av. 4 pl. — 2.—
27515 **Hagen.** Ueb. d. Lupanin. (Halle, Landw. Inst.) 1886. 4. 16 p. — 1.—
27516 **Hager.** Untersuchungen. Handb. d. Unters. aller Handelswaren, Natur- u. Kunsterzeugn., Gifte, etc. 2. Aufl. 2 Bde. Leipz. 1881—85. 8. 1613 p. (M. 36.) — 10.—
27517 **Hale.** Ilex Cassine, the oborig. N. American Tea. (Wash., Dept. Agr.) 1891. 8. 22 p. w. pl. — 1.—
27518 **Hall, A. D.** The book of the Rothamsted Experiments. Lond. 1905. 8. 334 p. w. 2 portr. and 6 pl. Cloth. — 10.50
27519 **Hall, C. J. v.** Katoenteelt (Gossypium). Paramaribo 1905. 8. 39 p. — 1.50
27520 **Halligan.** Fertility and Fertilizer Hints. Eaton, Pa. 1911. 8. 162 p. Cloth. — 3.50
27521 **Halpern.** Die Bestandtheile des Samens d. Ackermelde, Chenopodium album. (Halle, Landw. Inst.) 1894. 4. 21 p. m. Tfl. — 1.50
27522 **Halsted.** Bulletin of the Iowa Agric. College, Botan. Departm. 2 parts. Cedar Rapids 1887—88. 8. 184 p. — 1.50
27523 **Hanausek.** Z. mikroskop. Unters. d. Papierfasern. (Wien) 1901. 8. 16 p. — 1.—
27524 — Ueb. d. Caravonicawolle. (Wien) 1910. 8. 10 p. — 1.—
27525 **Hance.** On the Silkworm-Oaks of North. China. With suppl. (Lond., Linn. S.) 1869. 8. 20 p. — 1.—
27526 **Hansteen.** Ueb. d. Verhalten d. Kulturpflanze zu d. Bodensalzen. I, III. (Krist., Nyt Mag.) 1909—12. 8. 22 p. — 1.—
27527 **Harding and Prucha.** The Quality of commerc. Cultures for Legumes. Geneva 1905. 8. 41 p. — 1.—
27528 **Harding and Wilson.** Inoculation and Lime as factors in growing Alfalfa. 2 parts. Geneva 1908—09. 8. 55 p. w. 4 pl. and 3 maps. — 2.—
27529 **Harnoth.** Einfluss ein. Futtermittel auf d. Qualität d. Milchfettes. Merseb. 1902. 8. 40 p. — 1.—
27530 **Harper.** Economic Botany of Alabama. Part I: Geograph. Report. Tuscaloosa 1913. 8. 222 p. w. colour. map. — 8.—
27531 **Harz.** Landwirtschaftl. Samenkunde. Berl. 1885. 8. 1371 p. m. 201 Fig. Lnb. (M. 30.) — 12.—
27532 **Haselhoff.** Ersatz d. Kalkes durch Strontian bei d. Pflanzenernährung. (Berlin, Landw. J.) 1893. 8. 17 p. — 1.—
27533 **Hassall.** Food and its Adulterations. Lond. 1855. 8. 707 p. Cloth. — 2.—
27534 **Haessner.** Ueb. d. Nährstoffgehalt in d. Wurzeln u. Körnern d. Gerste. Jena 1887. 8. 72 p. — 1.50
27535 **Hauer, B. v.** Die landwirtsch. Bedeut. d. Saatkrähe. (Budap., Aquila) 1904. 4. 42 p. m. 2 Ktn. u. Tab. — 1.50
27536 **Hauptfleisch.** Die Spelzweizen. (Berl., Landw. Vers.) 1903. 8. 72 p. m. 29 Fig. — 2.—
27537 **Havenstein.** Zur Kenntn. d. Leinpflanze u. ihrer Cultur. Gött. 1874. 8. 60 p. m. 2 Tfln. u. 2 Tab. — 2.—
27538 **d'Havrincourt.** S. le domaine d'Havrincourt. Paris 1868. 8. 200 p. av. 2 pl. in-fol. D.-rel. veau. — 2.—
27539 **Hazewinkel en Wilbrink.** Onderzoek. aan het Proefstation v. Indigo, 1903 en 1904. Batavia 1904. 8. 171 p. Cart. — 1.50
27540 **Heckel.** S. l. végétaux prod. le Beurre et le Pain d'O'Dika du Gabon-Congo. (Paris, Inst.) 1893. 8. 31 p. av. pl. — 1.50
27541 — Les Plantes utiles de Madagascar. Paris 1910. 8. av. plchs. — 20.—
27542 — Les Plantes utiles de la Nouv.-Calédonie. Paris 1913. 8. av. 38 pl. (1 color.) — 10.—
27543 **Hedde.** Kang-Tchi-Tou. Descr. de l'Agriculture et du Tissage en Chine. Paris 1850. 8. 142 p. av. 23 pl. — 15.—
Ouvrage rare et peu connu.

M

27544 **Hedges.** Sugar Canes. St. Louis 1881. 8. 207 p. w. portr. Cloth. 3.—
27545 **Hedinger.** Der Oelbaum. Prag 1887. 8. 14 p. 1.—
27546 **Hedrick, O. M. Taylor and Wellington.** Ringing herbaceous Plants. Geneva 1907. 8. 19 p. w. 4 pl. 1.50
27547 **Heer.** Les Plantes alimentaires, les plus utiles, leur distrib. sur le globe et leur infl. s. la civilisat. Trad. p. Gaudin. Lausanne 1855. 8. 67 p. 2.—
27548 **Hehn.** Kulturpflanzen u. Haustiere in ihrem Ueberg. aus Asien nach Griechenl. u. Italien. 8. (letzte) Aufl. v. Schrader, Engler, Pax. Berl. 1911. 8. 693 p. (M. 17.) 15.—
27549 **Heiden.** Bericht üb. d. Arbeiten d. Landwirtsch. Versuchs-Station zu Pommritz, 1868—69. Stuttg. 1870. 8. 112 p. 1.—
27550 — Leitf. d. Düngerlehre. 2. Aufl. Hann. 1882. 8. 286 p. (M. 3.) Cart. 1.—
27551 **Heine.** Bryggeri-Kornet. Lund 1895. 8. 126 p. 1.50
27552 **Heinrich.** Mergel u. Mergeln. Berl. 1896. 8. 63 p. 1.—
27553 **Heizmann.** Die Baumwolle. Tl. I. Abschnitt 1, 2. Zürich 1913. 8. 355 p. m. Tfl. (M. 10.) — Soviel erschien.
27554 **Hellwig.** Urspr. d. Ackerunkräuter u. d. Ruderalflora Deutschlands. I. Leipz. 1886. 8. 40 p. 1.50
27555 **Henning.** Agrikulturbotan. anteckningar fr. en Resa i Tyskland och Danmark. Malmö 1895. 8. 72 p. 1.—
27556 — Den högre Landtbruksundervisningen i Tyskland. Ups. 1900. 8. 38 p. 1.—
27557 — Botanik f. Landtmän. Stockh. 1901. 8. 158 p. 1.—
27558 — Studier öfv. Kornets Blomning. I. Ups. 1906. 8. 47 p. 1.50
27559 **Hensolt.** Das Temperatur-Minimum u. -Max. f. d. Ergrünung ein. Culturpflanzen. Ingolst. 1880. 8. 28 p. 1.—
27560 **Hermananz.** Physiolog. Untersuchgn. üb. d. Keimung d. Gerstenkornes. Darmst. 1876. 8. 45 p. 1.50
27561 **(Herrera, G. A. d').** Libro di Agricultura utiliss., tratto da diversi auttori. Venet. 1557. 4. 606 p. Vél. 10.—
27562 — Agricoltura. Tratta da diversi antichi et moderni scrittori. Trad. da M. Roseo da Fabiano. Venet. 1577. 4. 584 p. D.-rel. veau. 10.—
27563 — — Venet. 1592. 4. 582 p. D.-rel. veau. 9.—
27564 — — Venetia 1608. 4. 574 p. D.-rel. veau. 6.—
    L'édition originale Espagnole et aussi la traduction Italienne ont été imprimées très-souvent. L'ouvrage a été, comme P r i t z e l dit: De Hispanorum agricultura longe celeberrimum opus.
27565 **Hertz.** Die Kolanuss. (Hamb., Geogr. Ges.) 1883. 8. 13 p. 1.—
27566 **Herzog, A.** Mikrophotograph. Atlas d. techn. wichtigsten Faserstoffe. Tl. I: Pflanzliche Rohstoffe. Münch. 1908. 4. 80 p. m. 46 z. Teil color. Tfln. (M. 45.) — Soviel erschien.
27567 **Heuzé.** Les Plantes Fourragères. Paris 1857. 8. 488 p. av. 20 pl. color. Cart. 5.—
    La seule édition aux planches c o l o r i é e s.
27568 — Les Plantes Alimentaires. Seulement l'a t l a s de 36 pl. Paris. 4. D.-rel. maroq. 2.—
27569 **Heyne, K.** De Nuttige Planten v. Nederlandsch-Indië. Bd. I: Monocotyled. Batavia 1913. 8. 281 p. Cart. 5.—
27570 **Hicks.** Grass Seed. (Wash., Dept. Agr.) 1899. 8. 22 p. w. 5 pl. 1.50
27571 — Germination of Seeds as affect. by chemical fertilizers. (Wash., Dept. Agr.) 1900. 8. 15 p. w. 2 pl. 1.—
27572 **Hicks and Key.** On Seed Testing. (Wash., Dept. Agr.) 1897. 8. 12 p. 1.—
27573 **Hidde.** Anleit. z. Gebrauch d. Mikroskopes b. d. Prüf. v. Papier- u. Gespinnstfasern. Berl. 8. 38 p. 1.—
27574 **(Hilgard).** 22. Report of the Agricult. Experim. Station of California, 1903 to 1904. Sacram. 1904. 8. 228 p. w. 23 pl. 2.—
27575 **Hillman, F. H.** Nevada Weeds. 2 parts. Reno 1893. 8. 26 p. w. 13 d r i e d p l a n t s. 4.—
27576 — On some Nevada Grasses. Reno 1896. 8. 13 p. 1.—
27577 — Nevada and other Weed Seeds. Reno 1897. 8. 131 p. w. 127 fig. 3.—

27578 **Hillmann, K.** Raubbau u. Ersatzwirtschaft auf norddeutsch. Sandboden. *ℳ*
Berl. 1902. 8. 75 p.   1.50

27579 **Hillmann, P.** Die Deutsche landwirtschaftl. Pflanzenzucht. Berl. 1910.
8. 369 p. m. Kte., color. Tfl. u. 346 Fig. Lnb. (M. 10.)

27580 **Hinterthür.** Die Kulturgewächse d. Heimat. Abt. II, Serie 8: Kartoffel,
Mohre u. Sellerie, Rettich- u. Lauchgewächse. Leipz. 1910. 8. 24 p.
m. 2 color. Tfln. in fol. (M. 3.60.)   2.50

27581 **Hissink.** De op Deli genomen Bemestingsproeven en Grondanalyses.
IV. Batav. 1904. 8. 64 p. Cart.   1.—

27582 — Studie ov. Deli-Tabak. Batav. 1905. 4. 86 p. Cart.   2.—

27583 **Hitchcock and Clothier.** Native Agricult. Grasses of Kansas. Manhattan
1899. 8. 29 p.   1.50

27584 **Hitchcock and Norton.** Report on Kansas Weeds, I. III. IV. Manhatt.
1895—97. 8. 150 p. w. 43 pl.   3.—

27585 **Hochstetter.** Angewandte Botanik. 4. (letzte) Aufl. Stuttg. 1877. 8.
527 p. m. 7 Tfln. (M. 10.)   2.—

27586 **Höck.** Nährpflanzen Mitteleuropas. Stuttg. 1890. 8. 67 p.   1.50

27587 — Heimat d. angebaut. Gemüse. Berl. 1890. 8. 8 p.   1.—

27588 — Der Stand uns. Kenntn. v. der ursprüngl. Verbreit. d. angebauten
Nutzpflanzen. (Leipz., Geogr. Z.) 1900. 8. 78 p.   2.—

27589 **Hoffmann, G. D.** Observ. circa Bombyces, Sericum et Moros. Von d.
Geschichte u. d. Recht d. Seidenwürmer, d. Seide u. d. Maulbeerbäume. Tüb. 1757. 4. 108 p.   5.—

27590 **Hofmann, A. W.** Metamorphosen d. Indigo's. Giessen 1845. 8. 57 p.   4.—
     Preisgekrönte, nicht in den Handel gekommene Abhandlung des berühmten
Chemikers.

27591 **Höhnel.** Die Gerberinden. Berl. 1880. 8. 172 p.   1.—

27592 — Die Stärke u. d. Mahlproducte. Kassel 1882. 8. 120 p. (M. 2.40.) Cart.   1.—

27593 — Beitr. z. techn. Rohstofflehre. 3 Tle. (Stuttg.) 1882—84. 8. 18 p.   1.—

27594 — Ueb. pflanzliche Faserstoffe. Wien 1884. 8. 34 p.   1.50

27595 — Die Mikroskopie d. techn. verwend. Faserstoffe. Wien 1887. 8. 171 p.
(M. 4.50.) Cart.   1.50

27596 — — 2. Aufl. Wien 1905. 8. 256 p. (M. 6.)   2.50

27597 **Holdefleiss.** Gehalt d. Stroh- u. Spreuarten an nichteiweissartigen
stickstoffhaltigen Stoffen. Halle 1897. 8. 36 p.   1.—

27598 **Holden.** Selecting and prepar. Seed Corn. 2 parts. Ames 1902—05. 8. 77 p.   1.50

27599 **Holthusen.** Verteil. d. Aschenbestandteile in d. Kohlrabi- u. Helianthus-
Pflanze. Bonn 1906. 8. 78 p.   1.50

27600 **Holzner u. Lermer.** Z. Kenntn. d. Hopfens. (Münch., Z. Brauwes.)
1893. 4. 4 p. m. 2 Tfln.   1.—

27601 **Hooker, J. D.** On the Castilloa elast. of Cervantes, and some allied
Rubber-yielding Plants. (Lond., Linn. Soc.) 1886. 4. 7 p. w. 2 pl.
(1 colour.)   3.—

27602 **Hoskyns.** Agricult. Statistics. Lond. 1856. 8. 58 p.   1.—

27603 — Maulwurfs Feldweisheit. Stuttg. 1868. 8. 266 p. (M. 4.)   1.—

27604 **Höstermann.** Einwirk. d. Kochsalzes auf d. Vegetat. v. Wiesengräsern.
Merseb. 1902. 8. 70 p.   1.50

27605 **Hough.** The Pulque of Mexico. (Wash., Mus.) 1908. 8. 18 p.   1.—

27606 **Howard, A.** Hop Experiments, 1904. Wye 1905. 8. 29 p. w. 8 pl.   2.—

27607 **Howard, A. and C.** Studies in Indian Tobaccos. 2 parts. (Calcutta,
Dept. Agr.) 1910. 8. 176 p. w. 83 pl.   8.—

27608 **Hubbard.** Maple Sugar and Sirup. (Wash., Dept. Agr.) 1906. 8. 36 p.   1.—

27609 **Hubbard and Chittenden.** The Basket Willow. W. a. chapter on Insects injur. to the Basket Willow. (Wash., Dept. Agr.) 1904. 8. 100 p.
w. 7 pl.   2.—

27610 **Hübner, J.** Natur-, Kunst-, Berg-, Gewerck- u. Handlungs-Lexicon.
5. Aufl. Leipz. 1727. 8. 2158 p. m. Tfl. Prgtb.   5.—
     Eine umfangreiche Encyclopaedie.

M

27611 **Huck.** Unsere Honig- u. Bienenpflanzen. Oranienb. 1887. 8. 106 p. 1.—
27612 **Humbert.** Agrarstatist. Unters. üb. d. Einfl. d. Zuckerrübenbau's auf
d. Land- u. Volkswirtschaft. Jena 1877. 8. 122 p. (M. 3.) 2.—
27613 **Hunger.** Proeve omtr. Schaduw-Cultuur m. Deli-Tabak af Sumatra.
Batavia 1907. 8. 116 p. m. 3 Tfln. Cart. 2.—
27614 **Hunt.** Grasses and Clovers. Champ. 1889. 8. 24 p. 1.—
27615 **Hunter, A.** Georgical Essays. York 1777. 8. 538 p. Boards. 12.—
      Collection of many agricult. and botan. papers among which a number on
physiology of plants. Not quoted by P r i t z e l.
27616 **Huss.** Undersökn. öfv. Folkmängd, Akerbruk och Boskapsskötsel i
Landskapet Växterbotten 1540—1571. Upsala 1902. 8. 196 p. 1.50
27617 **Immendorff.** Z. Lösung d. Stickstofffrage. (Berl., Landw. J.) 1892. 8.
29 p. m. Tfl. 1.—
27618 **Instruction** s. la culture d. Turneps ou gros Navets. (Paris) 1786. 4. 8 p. 1.50
27619 Les **Instruments** d'Agriculture à l'exposit. univ. de Londres. Brux.
1852. 8. 103 p. 1.—
27620 **Inthiery.** L'art de conserver les Grains. Paris 1770. 8. 111 p. av.
7 pl. Veau. 2.50
27621 **Irish.** Garden Beans. (St. Louis, Gard.) 1901. 8. 85 p. w. 10 pl. 2.—
27622 **Istruzioni** s. coltivaz. d. Isatis Tinctoria. Firenze 1813. 8. 16 p. 1.—
27623 **Jaarboek** v. h. Departement van Landbouw in Nederlandsch Indië
1906 en 1907. 2 Bde. Batavia 1907—08. 8. m. Tfln. 3.—
27624 **Jaeger, F.** Die Ausbreit. d. Kolonialkultur in d. deutsch. Kolonien.
(Berl., Z. Erdk.) 1914. 8. 22 p. 1.—
27625 **Jahrbuch** üb. d. deutschen Kolonien. Hrsg. v. K. Schneider. Jahrg. V.
Essen 1912. 8. 278 p. m. Portr. u. 2 Ktn. Lnb. (M. 5.) 1.50
27626 **Jahrbuch** d. Deutsch. Landwirtschafts-Gesellschaft. Jahrg. 4—12.
Berl. 1889—1897. 8. m. viel. Tabell. Carton. (M. 57.) 30.—
27627 **Jahresbericht** üb. d. Fortschr. d. Agriculturchemie. Hrsg. v. R. Hoffmann. Jahrg. I—III: 1858—61. Berl. 8. (M. 16.20.) 6.—
27628 **Jahresbericht,** 22., d. Ackerbaubehörde v. Ohio für 1867. Calumb.
1868. 8. 740 p. Lnb. 3.—
27629 **Jahresbericht** üb. d. Landwirthschaft. Hrsg. v. Buerstenbinder u. Stam-
mer. Jahrg. III—V: 1888—90. Braunschw. 1889—91. 8. (M. 30.) 8.—
27630 — — Jahrg. XIV: 1899. Braunschw. 1900. 8. 616 p. Lnb. (M. 9.80.) 3.—
27631 **Jahresbericht** d. Landwirthschaftl. Central-Vereins d. Prov. Sachsen.
1894. Halle 1894. 8. 425 p. 2.—
27632 **(Jamieson).** Proceedings of the Aberdeenshire Agricultural Research
Association for 1894, 98, 99, 1900. 4 parts. Aberdeen. 8. 174 p. w. pl. 2.—
27633 **Janasz.** Beschreib. ein. Zuckerrübenrassen. Merseb. 1904. 8. 60 p. m. Tfl. 1.—
27634 **Jemina.** Corso d'Agraria. II: Piante erbacee. 2. ed. Torino 1906. 8.
454 p. c. 176 fig. (5 Lire). 2.—
27635 **Johannsen, W.** Développ. et constit. de l'endosperme de l'Orge.
(Copenh., Carlsb. Labor.) 1884. 8. 18 p. av. 2 pl. 1.50
27636 — Entwickl. u. Konstitut. d. Endospermes d. Gerste. (Münch., Z.
Brauwes.) 1884. 8. 15 p. m. 3 Tfln. 1.50
27637 **Johnson, J.** Von d. Nahrung d. Culturpflanzen. Petersb. 1844. 8. 57 p. 1.50
27638 **Johnson, S. W.** Wie d. Feldfrüchte sich nähren. Uebers. v. Liebig.
Braunschw. 1872. 8. 463 p. (M. 7.50.) 2.—
27639 — Wie die Feldfrüchte wachsen. Braunschw. 1872. 8. 476 p. (M. 7.50.) 2.—
27640 **Johnson, T.** Principles of Seed-Testing. (Dublin) 1907. 8. 13 p. 1.—
27641 **Johnson, W. H.** Report on Cocoa and Cola industries in the Gold
Coast. Gold Coast 1906. 8. 10 p. 1.50
27642 — The cultivat. and preparat. of Para Rubber. 2. ed. Lond. 1909. 8.
190 p. w. 8 pl. Cloth. 7.50
27643 **Johnston, F. W.** On Lime in Agricult. Edinb. 1849. 8. 286 p. Cloth. (6 s.) 1.50
27644 — Manuel de Chimie agricole et de Géologie. Trad. p. Dumont.
Brux. 1850. 8. 404 p. 2.—

27645 **(Johnston, J.)** Report 14. of the Agricult. Experim. Station of Wisconsin. Madis. 1897. 8. 341 p. w. map and pl.   *M* 1.50

27646 **Jones, S. C.** The Soils of Webster County. Lexingt. 1912. 8. 37 p. w. colour. map.   1.—

27647 **Jönsson.** Frökontrollens nuvar. standpunkt. *2* Abhandl. (Stockh., Landtbr. Ak.) 1894—1901. 8. 94 p.   1.—

27648 **Jordan, W. H.** Commerc. Fertilizers f. Potatoes. III. Geneva 1900. 8. 20 p.   1.—

27649 — Inspection of Feeding Stuffs. 6 parts. Geneva 1903—09. 8. 320 p.   2.50

27650 — Report of the New York Agricult. Experiment Station. 10 parts. Geneva 1903—13. 8. 260 p.   2.—

27651 — Studies in Plant Nutrition. 2 parts. Geneva 1913. 8. 47 p.   1.50

27652 **Jordan and Churchill.** Influence of Manure up. Sugar Beets. Geneva 1901. 8. 16 p.   1.—

27653 **Jordan and Sirrine.** Commercial Fertilizers f. Onions. Geneva 1901. 8. 12 p.   1.—

27654 — Potato Fertilizers. Geneva 1910. 8. 24 p.   1.—

27655 **Jordan, Stewart and Eustace.** Effect of cert. Arsenites on Potato Foliage. Geneva 1905. 8. 22 p. w. pl.   1.—

27656 **Jordan, Van Slyke and Andrews.** Report of Analyses of commerc. Fertilizers. 5 parts. Geneva 1904—09. 8. 350 p.   3.—

27657 **Journal** de Botanique appliquée à l'Agricult. etc. Vol. 3. Paris 1813. 8. 292 p. av. 11 pl. D.-rel. veau.   3.—

27658 **Journal** of the English Agricultural Society: Vol. 1—40 w. *2* indices. Lond. 1839—1899. 8. w. many pl.   130.—

27659 **Jowitt.** Oil-Yielding Grasses grown at Craig, Bandarawela. (Peraden.) 1908. 8. 18 p.   1.—

27660 — Cymbopogon Grass Oils in Ceylon. (Peraden.) 1910. 8. 30 p.   1.50

27661 **Juhlin-Dannfelt.** Jordbrukarnes Hand-Lexikon. Stockh. 1886. 8. 473 p. Hfzb.   2.—

27662 **Jumelle.** Les Plantes à Cautchouc et à Gutta dans l. Colonies Françaises. Paris 1898. 8. 194 p.   4.—

27663 **Junge, F.** Die Kulturwesen d. deutsch. Heimat. I: Die Pflanzenwelt. Kiel 1891. 8. 388 p. (M. 3.)   1.50

27664 **Junk, W. Bibliographia Botanica. Berolini 1909. 8. XVIII et 228 p. Leinbd.**   1.—

☛ Unentbehrlich für jeden Botaniker, da einziges Werk, aus welchem eine Information über jedes in irgend einer Hinsicht wichtige botanische Werk geholt werden kann. Bibliographische Notizen, Geschichte, Seltenheit, Preisschwankungen, Angabe der vergriffenen Bände etc. etc. alles findet sich in diesem Bande.
Prof. Lindau: Ausserordentlich wertvoll. — Professore Saccardo-Padova: Magnifique et très-intéressante. — J. Dörfler-Wien: Fachkundig und überaus sorgfältig zusammengestellte Bibliographie, die tatsächlich alles auch nur halbwegs Wichtige der gesamten botanischen Literatur enthält. Nehmen Sie meine aufrichtigsten Glückwünsche zum Gelingen dieser schwierigen Arbeit entgegen. Sie haben ein enormes bibliographisches Wissen. — Publisher's Circular: Probably it would be difficult if not impossible to find a publisher and antiquarian bookseller with Mr. J.'s knowledge gained from 25 years' experience in this special branch, and this knowledge has enabled him to write a very interesting article on 'Botanical Literature from the Bibliographical Standpoint'. — Prof. Schorler-Dresden: .... Ihre ausgezeichnete 'B. B.' .... Geh. Rat Drude und ich haben mit grossem Interesse das Vorwort gelesen. Dadurch erst in Verbindung mit Ihren „Rara" haben wir den hohen Wert unserer botan. Bibliothek kennen gelernt. Wir werden nicht die einzigen sein, denen es so gegangen ist. Es war sehr verdienstlich von Ihnen, den reichen Schatz Ihrer Erfahrungen der Allgemeinheit nutzbringend zu machen. Ich beglückwünsche Sie dazu. — Monde des Plantes: Renferme tous les ouvrages et périodiques de quelque importance sur l'ensemble de la botanique, av. d. indications détaillées que l'on ne trouvera réunies nulle part ailleurs. Cette bibliographie constituera pour les botanistes une source de références importantes. — Prof. Maurizio-Lemberg: Ihre Einleitung zur „Bibliographia" hat mir grosse Freude bereitet. Sie ist höchst interessant. Es wäre für Sie eine dankenswerte Aufgabe, die Geschichte einiger Werke zu liefern und durch Ihre reiche Kenntnis aufzuklären.

W. Junk, Berlin, W. 15.

— J. Ch. Bay, John Crerar Library, Chicago: I regard this catalogue as a wonderful achievement. It will remain for a number of years the authoritative catalogue in our line. The introduction bears witness to the most mature observation and experience. — Internationale Entomologische Zeitschrift: In sachkundiger und erschöpfender Weise behandelt Autor die „Botanische Literatur vom bibliographischen Standpunkt" in einer Einleitung, auf die ich hier nicht näher eingehen kann, aber schon diese Abhandlung ist lesenswert; sie eröffnet uns eine Perspektive in den ideellen Lebenszweck eines Buchhändlers und Verlegers, wie er sein soll, in wohltuendem Gegensatz zu solchen Elementen, die bei knapp elementarem Bildungsgrade rein egoistische Zwecke verfolgen und hierbei keine Mittel scheuen. — Dr. Greshoff, Koloniaal Museum, Haarlem: Das Buch ist auf so reicher Bücherkenntnis aufgebaut, dass es einen spezifischen Wert in der botanischen Literatur hat. — Public Libraries, New York: Very valuable apparatus of annotation, of interest equally to the botanist, the librarian and the bookseller. It is an unusual production, exemplifying the work of the modern school of continental booksellers, where book trade is combined with knowledge of books, their value, their history. This feature of the present catalog is admirably brought forth in the running annotations, and in a wellwritten preface. As a bibliographical trade-catalogue this one is worthy of an earnest study of librarians, and of a brotherly appreciation from bibliographers. — Prof. Miyoshi, Tokyo: Ihre „Bibliographia Botanica" ist sehr wertvoll. — Mitteilungen zur Geschichte der Naturwissenschaften: Wieder eine verdienstliche Schrift unseres kundigen Mitgliedes. Eine Vorrede behandelt eingehend „Die botanische Literatur vom bibliographischen Standpunkte", auch gibt der rührige Verfasser einen Einblick in seine bisherige wissenschaftliche Tätigkeit.

27665 **Junk, W.** Bibliographia Botanicae Supplementum. 6 partes. Berol. 1916. 8. circ. 700 p. cum circ. 24,500 titulis librorum. Leinbd.   1.50
     Pars I: Acta. Historia. Vitae Botanicorum. Bibliographia. Auctores Ante-Linnaeani. Linnaeus. Scripta Miscellanea. Horti (et Musea). Systema. Nomina. Terminologia. Elementa. — Pars II: Phanerogamae (Systema). — Pars III: Cryptogamae [Scripta Miscellanea. Cryptog. vasculares. Bryophyta. Fungi. Lichenes. Algae. Characeae. Desmidiaceae et Diatomaceae. Plancton.] — Pars IV: Biologia Plantarum (Anatomia, Physiologia, Embryologia, Biologia s. str.). Philosophia Naturalis, Specierum Origo (Hereditas, Mutatio, Variatio). Pathologia. — Pars V: Geographia Plantarum, Florae. [Scripta Miscellanea. Europa. Europa centralis. Alpes et Helvetia. Britannia. Gallia. Hispania et Lusitania. Italia. Paeninsula Balcanica. Rossia. Scandinavia. Asia media. Asia occident. Asia orient. India. Sibiria. Archipelagus Indicus. Australia et Oceania. Africa. America septentr. America centralis (et insulae). America meridion. Regiones Arcticae]. — Pars VI: Plantae Oeconomicae [Agricultura et Plantae utiles. Plantae Hortenses. Plantae Silvestres (Arbores). Plantae Pomiferae. Vitis Vinifera. Plantae Officinales (et venenatae)].
     ☞ Der vorliegende Catalog ist der Pars VI; jedoch ist er in der obigen gebundenen Ausgabe auf gutem holzfreien Papier abgezogen.

27666 **Junk's** Natur-Führer. Bd. I u. II. (soviel bis heute erschienen). Berl. 1913—15. 8. m. 2 color. Ktn. u. 6 Tfln. Leinenbände.   13.—
     I: v. Dalla Torre, Tirol u. Vorarlberg. 1913. 510 p. m. 1 color. Kte. in Folio. M. 6. — II: A. Voigt, Die Riviera. 1914. 472 p. m. 1 color. Kte. in Folio u. 6 photograph. Tfln. M. 7. — Bd. III: Die Schweiz — in Vorbereitung. Näheres über diese ganz neuartige Serie siehe No. 27332 u. 28875.

27667 **Just.** Die Keimung v. Triticum vulgare. (Heidelb.) 1874. 8. 38 p. m. Tfl.   1.50

27668 — I. u. III. Bericht d. Badischen Pflanzenphysiolog. Versuchsanstalt zu Karlsruhe, 1884 u. 1886. Karlsr. 1885—87. 8. 117 p.   2.—

27669 **Kadgien.** Ueb. d. Kalkgehalt ostpreuss. Bodenarten u. s. Bezieh. zu ein. wichtig. Kuturpflanzen. Königsb. 1904. 8. 84 p.   1.50

27670 **Kaiser.** Beiträge z. Pflege d. Bodenwirthschaft bes. d. Wasserstandsfrage. Berl. 1883. 8. 130 p. m. 21 z. Tl. color. Ktn. (M. 6.)   2.50

27671 **Kassner.** Ist in Deutschland e. Production v. Kautschuk möglich? Bresl. 1885. 8. 48 p. m. Tfl.   1.50

27672 **Katalog** d. Bibliothek d. Ministeriums f. d. landwirtschaftl. Angelegenheiten. Berl. 1877. 4. 372 p.   2.—

27673 **Katalog** d. Schwedisch. Sämereien auf d. Allg. Landes-Ausstellung, Budapest 1885. Stockh. 1885. 8. 108 p. m. color. Kte.   1.50

27674 **Keller, C.** Die Tierwelt in d. Landwirtschaft. Aarau 1893. 8. 523 p. m. 150 Fig. Lnb. (M. 10.)   3.—

27675 — Die landwirtsch. Zustände im afrikan. Osthorn. Zürich 1901. 8. 17 p.   1.—

27676 **Kellgren.** Agronom.-botan. studier i Norra Dalarne. 2 Tle. (Stockh., Lándtbr.) 1891—92. 8. 60 p. — *1.50*

27677 **Kellgren och Nilson.** Undersökn. af Svenska Foder- och Betesväxter. 2 Tle. (Stockh., Landtbr.) 1893. 8. 105 p. — *2.—*

27678 **Kellogg.** Native Dye-plants and Tan-plants of Iowa. (Des Moines, Ac.) 1912. 8. 16 p. — *1.—*

27679 **Kerr.** Pract. treat. on the Cultiv. of the Sugar Cane. Lond. 1851. 8. 143 p. (5 s.) Cloth. — *2.—*

27680 **Kiefer.** Die Theeindustrie Indiens u. Ceylons. (Wien, Geogr. Ges.) 1902. 4. 66 p. m. Kte. — *1.50*

27681 **Kiessling.** Ueb. d. Trocknung d. Getreide. Münch. 1906. 8. 127 p. — *1.50*

27682 **Kiltz.** Ueb. d. Subst.-Quotienten beim Tabak. Kreuzn. 1908. 8. 29 p. m. 4 Tab. u. 2 Tfln. — *1.50*

27683 **Kindt.** Die Kultur d. Kakaobaumes. Hamb. 1904. 8. 157 p. (M. 4.50.) — *3.—*

27684 **Kingsford.** Die Pflanzennahrg. b. Menschen. Rudolst. 1881. 8. 94 p. — *1.—*

27685 **Kirchhof.** Das Unkraut. Leipz. 1851. 8. 282 p. Hfzb. — *1.50*

27686 **Kirsche.** Wachstumsvorgänge bei Runkelrübensorten. Apolda 1905. 8. 44 p. m. Tfl. u. 10 Tab. — *1.50*

27687 **Kirstein.** Elektrizität u. Landwirtschaft. 2. Aufl. Berl. 1911. 8. 166 p. m. 118 Fig. Lnb. (M. 3.) — *2.—*

27688 **Kleemann.** Die Statik d. Landbaues. Sondersh. 1856. 8. 132 p. — *1.—*

27689 **Klein, L.** 6 landwirtschaftl. Abhandlgn. 1896. 4. 37 p. — *1.—*

27690 — Bericht d. Badischen Landwirtschaftl.-Botan. Versuchsanstalt zu Karlsruhe. V: 1888—94. Karlsr. 1896. 4. 190 p. — *1.50*

27691 **Klinge.** Ersatz- u. Fälschungsmitt. d. chines. Tees. Petersb. 1901. 8. 23 p. — *1.—*

27692 **Klotzsch.** Beziehungen d. Fachgelehrten der Botanik z. Praktiker. (Berl., Ak.) 1852. 8. 12 p. — *1.—*

27693 **Knapp, F. C.** Die Nahrungsmittel. Braunschw. 1848. 8. 222 p. (M. 3.) Hfzb. — *1.—*

27694 **Knapp, S. A.** The present status of Rice Culture in the U. S. (Wash., Dept. Agr.) 1899. 8. 56 p. w. 3 pl. — *1.50*

27695 **Knobbe.** Das Weizenkorn u. s. Keimung. Königsb. 1871. 4. 17 p. — *1.—*

27696 **Knoop.** Beschrijv. v. Plantagie-Gewassen. Amsterd. 1790. fol. 95 p. — *2.—*

27697 **Knopf.** Welche Aenderungen verurs. die Berieselung m. Spüljauche in d. Zusammensetz. d. Bodens? Berl. 1911. 8. 70 p. — *1.50*

27698 **Kober.** Ueb. Unkrautsamen im Mehl. Würzb. 1902. 8. 52 p. — *1.50*

27699 **(Kobus).** Proefstation Oost-Java v. Suikerriet. Nr. 5, 31, 36, 37, 39, 40, 43, 44, 50. Soerabaia 1888—97. 8. 220 p. m. 2 Tfln. — *3.—*

27700 **Koch, M.** Ueb. d. Harz v. Dammara orient. (Manila-Copal). Jena 1902. 8. 100 p. — *1.50*

27701 **Kochs.** Ueb. d. Gatt. Thea u. d. chines. Thee. Leipz. 1900. 8. 64 p. — *1.—*

27702 De **Koffie-Kultur** v. de Indisch Genootschap. (Gravenh.) 1885. 8. 194 p. — *2.—*

27703 **(Kollbrunner).** Thurgauische Agrar-Statistik f. 1890. Frauenf. 1894. 8. 254 p. m. 2 Ktn. — *1.50*

27704 **(Koller).** Beretn. om den höiere Landbrugsskole i Aas fr. 1885—92. 7 Hefte. Christ. 1887—94. 8. m. Kte. u. 15 Tfln. — *3.—*

27705 **Kolonialzeitung.** Red. v. Meinecke. Neue Folge. Jahrg. 4—7, 9, 10. Berl. 1891—97. 4. m. viel. Tfln. Cart. —

         Jeder Band M. 2 (statt 8 Mark).

27706 **Komarow u. Korschinsky.** Das Amurgebiet als landwirtschaftl. Kolonie. 2 Abhandl. 1892—93. 8. 129 p. — Russisch. — *1.50*

27707 **König.** Chemische Zusammensetz. d. menschl. Nahrungs- u. Genussmittel. 2. Aufl. 2 Tle. Berl. 1882—83. 8. 1210 p. Lnbde. (M. 29.) — *6.—*

27708 — Wie kann d. Landwirt d. Stickstoff-Vorrat in seiner Wirtschaft erhalten u. vermehren? 2. Aufl. Berl. 1887. 8. 164 p. (M. 3.) Cart. — *1.—*

27709 **König u. Haselhoff.** Die Aufnahme d. Nährstoffe aus d. Boden durch die Pflanzen. (Berl., Landw. J.) 1894. 8. 22 p. m. 3 Tfln. — *1.50*

27710 **(Koops).** Historical account of the Substances used to describe events: 𝓜
fr. the earliest date to the invention of Paper. Lond. 1800. 8. 82 p.
Boards. 20.—
  Particulars on this extremely curious work — chiefly esteemed on account of
  the matter on which it is printed — in: Rara Historico-Naturalia, ed. J u n k, p. 62.

27711 **Körnicke u. Werner.** Handbuch d. Getreidebaues. 2 Bde. Berl. 1885.
8. 1475 p. m. 10 Tfln. Lnb. (M. 36.) 17.—

27712 — — Bd. I: Arten u. Variet. d. Getreides. Berl. 1885. 8. 480 p. m.
10 Tfln. Hfzb. 7.—

27713 **Kostitschew.** Bild. u. Eigenschaften des Humus. (Petersb., Soc. Nat.)
1889. 8. 46 p. — Russisch. 1.—

27714 **Krafft.** Die Metamorphose d. Maispflanze. Jena 1869. 8. 32 p. 1.50

27715 — Lehrb. d. Landwirthschaft. 3. Aufl. 4 Bde. Berl. 1880—83. 8.
(M. 18.) Hfzbde. 3.—

27716 **Kraemer.** Entwickel. d. Landwirthschaft in d. letzt. 100 Jahren. Basel
1884. 8. 50 p. 1.50

27717 **Krauch.** Die Nahrungsmittel u. der. Verfälschung. Münst. 1882. 8. 20 p. 1.—

27718 **Kraus, C.** Ueb. d. Bewurzel. d. Kulturpflanzen. (Heid.) 1896. 8. 58 p. 1.—

27719 **Krause, H.** Der Stickstoffverlust beim Faulen stickstoffhalt. organ.
Substanzen. Dorp. 1890. 8. 68 p. 1.50

27720 **Krische.** Das agrikulturchem. Kontrollwesen. Leipz. 1906. 8. 147 p. Lnb. 1.—

27721 **Krutzsch.** Bodenkunde. Tharandt 1834. 4. 97 p. Cart. — Collegienheft von Wissmann. 2.—

27722 **Krzemieniewski.** Einfl. v. Mineralnährsalzen auf d. Athmung b. keim.
Samen. (Krak., Ak.) 1902. 8. 19 p. m. 2 Tfln. 1.50

27723 **Kuhlmann.** Expér. conc. la théorie d. Engrais. 2 parties. (Lille, Soc.
Sc.) 1845 à 46. 8. 34 p. 1.—

27724 — Expériences chim. et agronomiques. Paris 1847. 8. 200 p. D.-rel.
veau. 3.—

27725 **Kühn.** Versuche z. Prüf. d. Gülichschen Verfahrens b. Anbau d. Kartoffel. (Halle, Landw. Inst.) 1872. 8. 100 p. 2.—

27726 — Das Studium d. Landwirtschaft an d. Univ. Halle. Halle 1888. 8.
190 p. m. 20 z. Tl. color. Tafeln. (M. 7.) Lnb. 3.—

27727 — Ueb. Untergrunddüngung. (Halle, Landw. Inst.) 1894. 4. 14 p. 1.—

27728 **Kusano.** On the Root-Cotton. (Tokyo, Coll. Agr.) 1911. 4. 16 p. w. 2 pl. 1.50

27729 **Lamson-Scribner.** Lawns and Lawn Making. — Grass Gardens.
(Wash., Dept. Agr.) 1897—98. 8. 26 p. w. 7 pl. 2.—

27730 **Lamson-Scribner and Newman.** On the Weeds of the Farm of the
Univ. of Tennessee. Knoxville 1888. 8. 16 p. w. 8 pl. 2.—

27731 **Landwirtschaft.** — 50 Abhandl. in deutscher Sprache v. Aderhold,
Appel, Hanausek, Knop, J. Kühn, Weinzierl, Wittmack u. a. 1860—
1913. 8. 8.—

27732 Die **Landwirtschaft** in Bosnien u. d. Hercegovina. Sarajevo 1899. 4.
388 p. m. 21 Kartogrammen, 14 Diagrammen u. 20 Tfln. (M. 7.) 4.50

27733 Die **Landwirtschaft** auf d. Weltausstell. in Paris 1900. Bonn 1900. 8.
488 p. m. Tfl. — Nicht im Handel. 5.—

27734 Die **Landwirtschaftlichen Versuchs-Stationen.** Hrsg. v. Nobbe u. Kell-
ner. Bd. 1—65, m. 2 Regist.-Heft. Berl. 1859—1907. 8. Gbdn. u. brosch. 1200.—
  Sehr seltene Reihe.

27735 — — Bd. X, No. 6. 1868. 90 p. 2.—

27736 — — Bd. 72. 1910. m. 17 Tfln. (M. 12.) 6.—

27737 **Lanessan.** Les Plantes utiles des Colonies Françaises. Paris 1886.
8. 994 p. 10.—

27738 **Langer.** Ueb. d. Nährstoffaufn. d. Haferpflanze. Gött. 1900. 8. 47 p.
m. 3 Tfln. 1.50

27739 **Langethal.** Lehrb. d. landwirthschaftl. Pflanzenkunde. 3. u. 2. Aufl. *M*
3 Tle. Jena 1853—61. 8. 649 p. m. 35 Tfln. (23 color.) Hfzb. 6.—
Die ersten Auflagen sind noch geschätzt, weil sie im Gegensatz zur letzten colorirte Tafeln haben.

27740 — — Bd. I u. II: Die Süssgräser. — Die Klee- u. Wickpflanzen. Jena
1851—55. 8. 337 p. m. 22 Tfln. (10 color.) 3.—

27741 — — 5. (letzte) Aufl. u. d. Titel: „Handbuch". 4 Tle. Berl. 1874—76.
8. 889 p. m. 391 Fig. 12.—
Vergriffen, da Teil II u. III beim Verleger fehlt.

27742 A **Lavoura.** Boletim da Sociedade Nacional de Agricultura. Années
IV et V. Rio de Janeiro 1900 à 1901. 4. 760 p. av. 6 pl. 2.50
Je possède encore un nombre de fascicules dépareillés.

27743 **Lawes.** Experiment. investigat. into the water given off by Plants
during growth. Lond. 1850. 8. 28 p. 2.—

27744 **Lawes and Gilbert.** Present posit. of the question of the sources of
the Nitrogen of Vegetat. (Lond., Phil. Trans.) 1889. 4. 108 p. 8.—
Out of print.

27745 **Lawes, Gilbert and Masters.** Agricult., botan. and chemic. results of
experim. on the mixed Herbage of perman. Meadow. 2 parts. (Lond.,
Phil. Trans.) 1880—82. 4. 360 p. w. 4 pl. 23.—
Out of print.

27746 — — II: Botan. results. 1882. 4. 234 p. 10.—

27747 **Lawrence.** Chou Moellier. Pullm. 1910. 8. 14 p. w. pl. 1.—

27748 **Lawrence and Blanchard.** Forage Plants of West. Washingt. Pullm.
1910. 8. 45 p. 1.—

27749 **Leake.** Localizat. of the Indigo-produc. substanc. in Indigo-yielding
Plants. (Lond., Ann. Bot.) 1905. 8. 14 p. w. colour. pl. 2.—

27750 **Lebbin.** Ueb. e. neue Methode z. quantit. Bestimm. d. Rohfaser.
Münch. 1896. 8. 34 p. 1.—

27751 **Le Clerc.** Gehalt u. Zunahme d. Futterrüben an Trockensubst., Zucker
u. Stickstoffverbindgn. Halle 1903. 8. 60 p. 1.50

27752 **Le Couteur.** On the variat., properties and classif. of Wheat. Jersey
1837. 8. 130 p. w. 3 pl. 4.—

27753 **Le Docte.** De la culture d. Plantes oléagineus. Brux. 1852. 8. 92 p. 1.50

27754 **Le Duc.** The Sugar-cane Industry. (Wash., Comm. Agr.) 1878. 8. 24 p. 1.—

27755 **Leenhoff.** Transvaal Tobacco Seed beds. (Pretoria) 1909. 8. 10 p.
w. 7 pl. 2.—

27756 **Leisser, G. C.** Jus Georgicum s. tract. de praediss. Von Land-Güthern.
Leipz. 1698. fol. 966 p. m. 5 Tfln. Frzb. 7.—

27757 **Lemmermann.** Die Entwickl. d. Agrikulturchemie. Berl. 1913. 8. 28 p. 1.—

27758 **Lemström.** Om uppmätandet af d. elektr. strömmen fran Atmosferen
med Spetsapparaten. Helsingf. 1900. 4. 84 p. m. 2 Tfln. 2.—

27759 — Om Vätskors forhall. i kapillar- rör under inflytande af en elektr.
luftström I. (Stockh., Ak.) 1901. 8. 25 p. m. 2 Tfln. 2.—

27760 **Leonhard.** Beitr. z. Saatgutsortierung dargest. am Roggen. Bresl.
1903. 8. 78 p. m. 18 Tfln. 2.50

27761 **Leplay.** Etudes chim. s. la Betterave à sucre. Paris 1885. 8. 86 p. 1.50

27762 — Essai d'une théorie chim. d. Plantes Saccharigènes. Compiègne
1889. 4. 156 p. 3.—

27763 **Lermer u. Holzner.** Z. Kenntn. d. Hopfens. 2 Tle. (Münch., Z. Brauwes.)
1892. 4. 8 p. m. 6 Tfln. 3.—

27764 **Letters and Papers** on Agriculture, Planting etc. Ed. by the Society
institut. at Bath. Vols I—XIII and 3 vols.: Rules and Orders of the
Society. Bath 1783—1813. 8. w. plates. Half bd. calf and in parts. 50.—
An unknown periodical. — Even the British Museum has only vols. 1—9.

27765 **Lévy, J.** Z. Lehre v. d. Stickstoffaufnahme d. Pflanzen. Halle 1889.
8. 79 p. 1.—

27766 **Lewis and Peat.** West Indian Rubber. (Trinidad) 1911. 8. 17 p. 1.—

27767 **Liébaut, L.** La Maison rustique. Paris 1582. 4. 758 p. av. beauc. de fig. D.-rel. veau. — M a n q u e le titre.   *ℳ* 9.—

27768 **Liebenberg.** Unters. üb. d. Bodenwärme. (Halle, Landw. Inst.) 1880. 8. 39 p.   1.—

27769 **Liebig.** Ueb. d. Studium d. Naturwiss. u. üb. d. Zustand d. Chemie in Preussen. Braunschw. 1840. 8. 47 p.   1.50

27770 — Handb. d. organ. Chemie. Heidelb. 1843. 8. 832 p. (M. 12.50.) Hfzb.   1.50

27771 — Die Chemie in ihr. Anwend. auf Agricult. u. Physiologie. 5. Aufl. Braunschw. 1843. 8. 520 p. (M. 7.50.) Cart.   2.—

27772 — — 6. Aufl. Braunschw. 1846. 8. 484 p. (M. 7.50.) Cart.   2.—

27773 — — 7. Aufl. 2 Bde. Braunschw. 1862. 8. 984 p. (M. 16.50.) Cart.   3.—

27774 — — 7. Aufl. Bd. II: Die Naturgesetze des Feldbaues. 1862. 8. 480 p. (M. 8.)   2.—

27775 — — 8. Aufl. 2 Bde. Braunschw. 1865. 8. 1190 p. (M. 16.60.) Cart.   3.50

27776 — — 9. (letzte) Aufl., hrsg. v. Zöller. Braunschw. 1876. 8. 734 p. (M. 16.60.)   5.—

27777 — Chemische Briefe. Heidelb. 1844. 8. 354 p. (M. 4.50.) Lnb.   2.—

27778 — — 3. Aufl. Heidelb. 1851. 8. 688 p. (M. 6.40.) Lnb.   2.—

27779 — — 4. Aufl. 2 Bde. Leipz. 1859. 8. 952 p. (M. 11.40.) Lnb.   3.—

27780 — — Beste Ausgabe. Leipz. 1865. 8. 560 p. (M. 4.80.) Cart.   2.—

27781 — Anleit. z. Analyse organ. Körper. 2. Aufl. Braunschw. 1853. 8. 138 p. Cart.   1.—

27782 — Die Grundsätze d. Agricultur-Chemie. 2. Aufl. Braunschw. 1855. 8. 156 p.   1.50

27783 — Dr. Wolff u. d. Agricultur-Chemie. Braunschw. 1855. 8. 48 p.   1.—

27784 — Ueb. Theorie u. Praxis in d. Landwirthschaft. Braunschw. 1856. 8. 142 p. (M. 2.50.)   1.50

27785 — De la théorie et de la pratique en Agricult. (Lille, Soc. Sc.) 1857. 8. 92 p.   1.—

27786 — Naturwiss. Briefe üb. d. moderne Landwirthschaft Leipz. 1859. 8. 272 p. (M. 4.) Cart.   2.—

27787 — Einleit. in die Naturgesetze d. Feldbaues. Braunschw. 1862. 8. 183 p. Cart.   1.50

27788 — Reden u. Abhandlgn. Leipz. 1874. 8. 342 p. (M. 5.40.) Cart.   3.—

27789 **Liebig u. Dalwigk's** Briefwechsel. Darmst. 1903. 8. 45 p.   1.—

27790 **Liebig u. Reuning's** Briefwechsel üb. landwirtschaftl. Fragen. Dresd. 1884. 8. 251 p. (M. 6.) Lnb.   3.—

27791 **Liebig u. Wöhler's** Briefwechsel. Herausg. v. A. W. Hofmann. 2 Bde. Braunschw. 1888. 8. 757 p. m. 2 Portr. u. 2 Tfln. (M. 16.)   7.—

27792 — E r l e n m e y e r. Einfl. Liebig's auf d. Chemie. Münch. 1874. 4. 65 p.   1.50

27793 — F r e u n d t. Liebig u. Koppe od. Chemie u. Landwirthschaft im Streite. Berl. 1861. 8. 29 p.   1.—

27794 — H o f m a n n, A. W., The life-work of Liebig. Lond. 1876. 8. 146 p. w. portr. and facs. Cloth.   1.50

27795 — K o h u t. Leben u. Wirken. Giess. 1904. 8. 402 p. m. Portr. u. 2 Facs. (M. 5.)   3.—

27796 — M o h l. Liebig's Verhältn. z. Pflanzenphysiol. Tüb. 1843. 8. 60 p.   1.50

27797 — M u l d e r. Liebig's Frage sittlich u. wissenschaftl. geprüft. Frankf. 1846. 8. 170 p.   1.50

27798 — P e t t e n k o f e r. Z. Gedächtn. L's. Braunschw. 1874. 8. 40 p.   1.—

27799 — R e u n i n g. Liebig u. die Erfahrung. Beitr. z. Düngerfrage. Dresd. 1861. 8. 67 p.   1.50

27800 — S c h l e i d e n. Liebig's Theorie d. Pflanzenernähr. Leipz. 1842. 8. 40 p.   1.50

27801 — — Liebig u. d. Pflanzenphysiol. Leipz. 1842. 8. 37 p.   1.50

27802 — W o l f f, O. G., Die Wirk. d. Düngers u. Liebig's Behauptgn. Berl. 1858. 8. 163 p.   1.—

27803 **Liebscher,** Anbau-Versuche m. verschied. Roggensorten. II. (Berl., Landw.-Ges.) 1896. 8. 86 p.   *ℳ* 1.50

27804 **Liebscher u. Kühn.** Unters. üb. d. Lupinenkrankh. d. Schafe. (Halle, Landw. Inst.) 1880. 8. 75 p.   1.50

27805 **Lienau.** Einfluss der in d. Cerealien enthalt. Mineralstoffe auf d. Lagerung d. Getreides. Königsb. 1903. 8. 89 p. m. 5 Tfln.   2.—

27806 **Lierke.** Praktische Düngetafeln. Berl. 1887. 8. 64 p. m. color. Tafeln. in Imp.-Fol. Cart.   4.—
Vergriffen.

27807 **Liger, L.** Le nouv. Théâtre d'Agriculture et menage des champs. Paris 1713. 4. 758 p. av. 28 pl. Veau.   9.—

27808 — La nouv. Maison rustique. 2 vols. Paris 1775. 4. 1862 p. av. 36 pl. Veau.   7.—
Une édition nouvelle de l'ouvrage de Liébaut (nr. 27767).

27809 — — 2 vols. Paris 1777. 4. 1532 p. av. 38 pl. D.-rel. veau.   7.—

27810 **Lindinger.** Die wirtschaftl. Bedeut. d. Baumaloë für Deutsch-Südwestafrika. (Hamb. Anst.) 1909. 8. 14 p. m. Tfl.   1.—

Linnaeus. Amoenitates Academicae. Hieraus einzeln:

27811 — Flora oeconomica. (Holm.) 1749. 8. 31 p.   2.—

27812 — Plantae Esculentae patriae. (Holm.) 1756. 8. 27 p.   2.—

27813 — Hortus Culinaris. (Holm.) 1769. 8. 49 p.   2.—

27814 — Varietas Ciborum. (Holm.) 1769. 8. 17 p.   1.—

27815 — Potus Chocolatae. (Holm.) 1769. 8. 11 p.   1.—

27816 — Potus Theae. (Colon.) 1786. 8. 16 p. et tab.   1.50

27817 — Plantae Tinctoriae. (Colon.) 1786. 8. 27 p.   2.—

27818 — Potus Coffeae. (Colon.) 1786. 8. 18 p. et tab.   1.50

27819 **Lipman and o.** Studies on Ammonificat. and Nitrificat. in Soils. 4 pap. Berkel. 1912—15. 4. 70 p. w. 4 pl.   2.—

27820 **Löbe.** Die neueren u. neuesten Culturpflanzen f. Landwirth u. Gärtner. Frankf. 1863. 8. 527 p. (M. 6.)   2.—

27821 — Die Feldgärtnerei od. d. Gemüsebau auf d. Ackerlande. Stuttg. 1870. 8. 360 p. (M. 3.) Lnb.   2.—

27822 — Die Handelspflanzen. 2. Aufl. Leipz. 4. 76 p. m. 18 color. Tfln. (M. 6.)   2.—

27823 **Locher u. Kollbrunner.** Landwirtsch. Statistik d. Kant. Zürich f. 1891— 1893. 3 Tle. Zürich. 8. 820 p. m. 10 Ktn. u. Tfln.   2.—

27824 **Lock.** Plant Breeding. 3 parts. (Peraden., Gard.) 1904—05. 8. 21 p.   1.50

27825 — On the varieties of Cacao in the Roy. Botan. Gardens. (Perad.) 1904. 8. 22 p. w. 2 pl.   1.50

27826 — On the tapping of Hevea Rubber. (Peraden.) 1911. 8. 16 p. w. 2 pl.   1.50

27827 — Experim. in tapping Hevea Brasil. 2 pap. (Peraden.) 1911. 8. 92 p.   2.—

27828 — Cacao cultivat. in Ceylon. (Peraden.) 1912. 8. 18 p.   1.—

27829 — On Colour inheritance in Maize. (Peraden.) 1912. 8. 8 p.   1.—

27830 — The Rubber planting Industry of Ceylon. (Peraden.) 1912. 8. 20 p.   1.—

27831 — The Henaratgoda Experiments (on Hevea). 2 parts. (Peraden.) 1912. 8. 73 p. w. pl.   2.—

27832 — Effect of Shade in Cacao cultivat. (Peraden.) 1912. 8. 10 p. w. 2 pl.   1.50

27833 **Lock and Holmes.** Revis. list of the Plots on the Experim. Station Peradeniya. (Perad.) 1911. 8. 22 p. w. map.   1.—

27834 **Löffler.** Das chines. Zuckerrohr. Braunschw. 1859. 8. 151 p. m. col. Tfl.   1.50

27835 **Löfström.** Z. Kenntn. d. Digestibilit. d. Getreidearten. Helsingf. 1892. 8. 44 p.   1.—

27836 **Löhr.** Z. Kenntn. d. Hülsenfrüchte. Giess. 1848. 4. 19 p. m. Tfl.   1.—

27837 **Loisel.** Asperge, culture. Paris. 8. 107 p. D.-rel. veau.   1.—

27838 **Loughridge.** Humus and Humus-Nitrogen in Californ. Soil Columns. Berkeley 1914. 8. 104 p.   2.—

27839 **Loew, O.** Curing and Fermentat. of Cigar leaf Tobacco. (Wash., Dept. Agr.) 1899. 8. 34 p.   1.—

27840 **Loew, O.** Catalase, a new Enzym w. refer. to the Tobacco Plant. *M*
(Wash., Dept. Agr.) 1901. 8. 47 p. — 1.50

27841 **Loew, O., and May.** The relat. of Lime and Magnesia to Plant Growth.
Wash. 1901. 4. 53 p. w. 3 pl. — 2.—

27842 **Lund og Kiaerskou.** Monogr. skildring af Havekaalens, Rybsens og
Rapsens Kulturformer. (Kjöbenh., Landtbr.) 1884. 8. 115 p. m. color.
Kte. u. 75 Fig. — 4.—

27843 **(Lundström).** Utlatande rör. inrättande af en kemisk-wäxtbiolog. Anstalt inom Norrbottens. Upsala 1892. 4. 20 p. — 1.—

27844 **Lutoslawski.** Z. Lehre v. d. Stickstoffernährung d. Leguminos. Halle
1898. 4. 33 p. — 1.—

27845 **Lyttkens.** Handledn. i Frökontroll. Lund 1879. 8. 29 p. — 1.—

27846 — Redogör. f. verksamh. vid Hallands Läns Frökontrollanstalt a Ny-
dala 1876—93. Halmst. 1895. 8. 80 p. — 1.—

27847 — Svenska Kemiska Stationerna och Frökontrollanstalterna. Redogör.
f. 1895—99. Stockh. 1896—1901. 8. 426 p. — 1.50

27848 **Maandblad** tegen de Vervalschingen. Red. v. Hamel Roos. Jahrg.
10—12. Amsterd. 1894—96. 4. — 7.—

27849 **Maas.** Korrelationserscheingn. bei d. Futterrüben. Bonn 1905. 8. 56 p. — 1.—

27850 **Mc Call.** Cotton Cultivat. in Ceylon. (Peraden.) 1909. 8. 16 p. w. pl. — 1.—

27851 **Mc Callum.** Cotton Growing in Ceylon. (Peraden.) 1910. 8. 22 p. — 1.—

27852 **Mc Clatchie.** Eucalypts cultiv. in the U. S. (Wash., Dept. Agr.) 1902.
8. 106 p. w. 91 pl. — 7.—

27853 **Mc Cool.** Action of certain nutrient and nonnutr. bases on Plant
Growth. Ithaca 1913. 8. 104 p. — 2.—

27854 **Mac Dougal.** Titles of literat. concern. the fixation of free Nitrogen
by Plants. (Minneap., Bot. Stud.) 1894. 8. 24 p. — 1.—

27855 **Macedo Soares u. Jeannerat.** Der Mate v. Paraná. 2 Abhandl. Rio
de Jan. u. Vevey 1875—86. 8. 35 p. m. Tfl. — 1.50

27856 **M'Gauley.** Vegetable textile Fibres. (Lond., Int. Obs.) 1863. 8. 9 p. — 1.—

27857 **Macmillan.** Acclimatizat. of Plants. (Peraden.) 1908. 8. 19 p. — 1.—

27858 — On Pasture Lands, Fodder Grasses and Forage Plants. (Peraden.)
1911. 8. 18 p. w. 4 pl. — 2.—

27859 — Use of explosives in Agricult. (Colombo) 1913. 8. 14 p. w. 9 pl. — 2.—

27860 **Macmillan and Petch.** Para Rubber Seeds. (Peraden.) 1908. 8. 8 p. — 1.—

27861 **Made.** Phaenolog. Beobachtgn. üb. Blüte, Ernte u. Intervall v. Winterroggen. Mainz 1890. 8. 87 p. m. 3 Ktn. — 1.50

27862 **Maffei.** S. Arachis Hypogea. Bologna 1836. 8. 14 p. — 1.—

27863 **Magazzini.** Coltivaz. Toscana. Milano 1842. 8. 185 p. D.-rel. — 1.—

27864 **Mahner.** Die modern. Nahrungsmittel unser. Kulturpflanzen. Tetsch.
1910. 4. 62 p. — 1.50

27865 **Mahrenholtz.** Die prakt. chem. Uebungen an Landwirtschaftsschulen.
Liegn. 1886. 8. 56 p. — 1.—

27866 — Die agrikulturchem. Uebungen an Landwirtschaftsschulen. Liegn.
1910. 8. 83 p. (M. 1.80.) — 1.—

27867 **Maiden.** Some New South Wales Tan-Substances. Part 5. (Sydn., Roy.
Soc.) 1888. 8. 19 p. — 1.—

27868 — On Grass-Tree Gum. I. (Sydn., Linn. S.) 1890. 8. 16 p. — 1.—

27869 — Bibliography of Australian Economic Botany. Part I. Sydney 1892.
8. 66 p. — 2.—

27870 — Plants reputed to be poisonous to stock in Australia. (Sydney,
Dept. Agr.) 1897. 8. 22 p. — 1.—

27871 **Malaguti.** Leçons de Chimie agricole. Paris 1856. 8. 460 p. av. 3 tabl. — 2.—

27872 **Malenotti.** Manuale d. cultore di Piantoaie. Firenze 1830. 8. 214 p. Cart. — 2.—

27873 **Maly.** Oekonom.-techn. Pflanzenkunde. Wien 1864. 8. 237 p. Cart. — 1.—

27874 **Mandekic.** Z. Kultur u. Züchtg. d. Rapses. Langens. 1912. 8. 67 p. — 1.50

27875 **Manganotti.** Osservaz. agrarie p. 1890. (Verona, Acc.) 1891. 8. 45 p. — 1.—

27876 **Manuel** des Champs ou tout ce qui est nécessaire p. vivre à la cam-   *M*
       pagne. 4. éd. Paris 1786. 8. 598 p.   3.—
27877 **Marah, W. H.** Essay on the cultiv. and manufact. of Coffee I. (Lond.,
       Simmond's Mag.) 1846. 8. 14 p.   1.50
27878 **Marcano.** Essais d'Agronomie tropicale. (Paris, Ann. Agr.) 1891. 8.
       34 p. av. carte color. et 2 pl.   1.50
27879 **Maercker.** Die Kalisalze u. ihre Anwend. in d. Landwirthsch. Berl.
       1880. 8. 135 p. (M. 3.)   1.—
27880 — Versuche üb. d. Werth d. Phosphorsäure in gemahl. Thomas-
       schlacken. (Magdeb.) 1886—87. 4. 19 p.   1.—
27881 — Die Kalidüngung in ihr. Wert f. d. Erhöh. d. landwirtsch. Pro-
       duktion. 2. Aufl. Berl. 1893. 8. 287 p. Lnb.   5.—
         Vergriffen.
27882 **Marek.** Physiol. Wert d. Reservestofie in d. Samen v. Phaseolus vulg.
       Halle 1877. 8. 32 p.   1.—
27883 — Ueb. d. relat. Düngewerth m. Rücksicht a. d. Thomasschlacke,
       Knochenmehl, Peruguano u. Koprolithenmehl. Dresd. 1889. 8. 324 p.
       m. 25 Tfln. (M. 12.) Hfzb.   4.50
27884 **Martens.** S. l. falsifications d. Farines. (Brux., Ac.) 1850. 8. 20 p.   1.—
27885 **(Martini).** Berlinische Sammlungen z. Beförd. d. Arzneywissenschaft,
       d. Naturgesch., Haushaltungskunst. 10 Bde. Berl. 1768—79. 8. mit
       60 Tfln. Frzbde. — Gutes Exempl.   30.—
         Der fast unbekannte Vorläufer der Publicationen der „Gesellschaft Natur-
         forschender Freunde."
27886 **Massalsky.** Die Gewichtseigenschaften des Korns der Hauptgetreide-
       arten d. Europ. Russlands. Petersb. 1889. 8. 16 p. m. 4 color. Ktn. —
       Russisch.   1.50
27887 — Produkt. d. Baumwolle in Russland. Petersb. 1889. 8. 54 p. —
       Russisch.   1.—
27888 — Das Baumwollengeschäft im mittler. Asien. Petersb. 1892. 8. 178 p.
       — Russisch.   1.50
27889 **Mayer, A.** Lehrb. d. Agrikulturchemie. 2 Tle. Heidelb. 1871. 8. 756 p.
       m. 3 Tfln. (M. 20.) Hfzb.   2.—
27890 — — 2. Aufl. 2 Tle. Heidelb. 1876. 8. 772 p. m. Kte. u. Tfl. Lnb. (M. 20.)   3.—
27891 — — 3. Aufl. 3 Tle. Heidelb. 1886. 8. 986 p. m. 2 Tfln. (M. 23.60.) Hfzb.   4.—
27892 — — 4. Aufl. 2 Bde. (4 Abtlgn.) Heidelb. 1895. 8. 876 p. m. Tfl.
       (M. 26.) Cart.   6.—
27893 — — 6. (letzte) Aufl. 4 Bde. Heidelb. 1902—6. 8. (M. 41.)   30.—
27894 — Die Quellen d. wirthschaftl. Arbeit in d. Natur. Heidelb. 1876. 8. 53 p.   1.—
27895 — De odlade Växternas Näring. Stockh. 1878. 8. 154 p. Hfzb.   1.—
27896 — Ernährung d. landwirtschaftl. Kulturpflanz. 2. Aufl. Berl. 1898. 8.
       143 p. Lnb. (M. 2.50.)   1.50
27897 **Mazurkiewicz.** Die anatom. Typen d. Zimtrinden. (Krak., Ak.) 1910.
       8. 12 p.   1.—
27898 **Mededeelingen** v. h. Proefstation v. Vorstenlandsche Tabak. V. Ba-
       tavia 1913. 4. 227 p. m. 29 Tfln.   3.—
27899 **Mee and Willis.** Cotton. (Peraden.) 1906. 8. 21 p.   1.—
27900 **Meebold.** Chemische Untersuchung d. Faserstoffs u. d. gelben elasti-
       schen Gewebes. Tüb. 1834. 8. 19 p.   1.—
27901 **Meissl u. Reitmair.** Ueb. d. Phosphorsäurewirk. bei Feldversuchen m.
       Thomasschlacke u. Knochenmehl. (Wien, Z. landw. Vers.) 1898. 8. 72 p.   1.50
27902 **Meitzen.** Ueb. d. Wert d. Asclepias cornuti als Gespinnstpflanze. Gött.
       1862. 8. 62 p. m. 3 Tfln. Cart.   2.50
27903 — Der Boden u. d. landwirtschaftl. Verhältnisse d. Preussischen
       Staates vor 1866. 4 Bde. Berl. 1868—72. 4. m. Atlas v. 20 color. Karten.   40.—
         Vergriffen.
27904 **Mémoires** s. la manière d'élever les Vers à Soie et s. la cult. du
       Mûrier blanc. Paris 1767. 8. 442 p.   5.—

M

27905 **Memorie** s. coltivaz. d. Arachide. Mod. 1836. 8. 16 p. 1.—
27906 Le **Menage** des Champs et de la Ville ou nouv. Cusinier françois.
Nouv. éd. Paris 1737. 8. 502 p. Veau. 5.—
27907 **Mendel.** Versuche üb. Pflanzen-Hybriden. (Brünn, Nat. Ver.) 1865.
8. 45 p. 100.—
> Für diesen Preis wird der vollständige ausserordentlich selten gewordene
> Band der „Verhandlungen" geliefert.
27908 — — Facsimile-Edition.
> Ich beabsichtige von dieser für die Pflanzenzucht so wichtigen Abhandlung
> einen anastatischen Neudruck zu veranstalten, der sich von dem
> Originale in nichts unterscheiden wird. Subscriptionspreis M. 3. (Preis nach Er-
> scheinen M. 4.).
27909 **Mène.** Des productions végét. du Japon: Laurinées-Légumineuses.
(Paris, Soc. Acclim.) 1882. 8. 25 p. 1.50
27910 **Merriam.** Life Zones and Crop Zones of the U. S. (Wash., Dept. Agr.)
1898. 8. 79 p. 1.50
27911 **Mertens.** Der Hopfenbau in d. Altmark. Halle 1899. 8. 57 p. m. Karte. 1.—
27912 **Metz u. Co.** Berichte üb. neuere Nutzpflanzen. Jahrg. 1857—63. Berl.
1857—63. 8. 784 p. (M. 10.70.) Cart. 3.—
27913 **Metzger.** Syst. Beschr. d. kultiv. Kohlarten. Heidelb. 1833. 8. 72 p. m. Tfl. 1.50
27914 — Landwirtsch. Pflanzenkunde. 2 Bde. Heidelb. 1841. 8. 1247 p.
(M. 14.) Cart. 3.—
27915 **Meunier.** L'appareil laticifère d. Caoutchoutiers. Brux. 1913. 4. 52 p.
av. 8 pl. (M. 18.)
27916 **Meyer, E.** Die Verteil. d. Nahrungspflanzen auf d. Erde. (Königsb.)
1847. 8. 28 p. 1.50
27917 **Meyer, G.** Ueb. d. Gehalt d. Kartoffeln an Solanin. Leipz. 1895. 8. 16 p. 1.—
27918 **Meyer, G.** Z. Kenntn. d. Topinamburs. Berl. 1897. 8. 16 p. m. Tfl. 1.—
27919 **Michaelis.** Gewürze u. Gewürzpflanzen. Berl. 1910. 8. 113 p. Cart.
(M. 2.) 1.—
27920 **Millon.** De la proportion d'eau et d. ligneux cont. dans le Blé. (Lille,
Soc. Sc.) 1849. 8. 34 p. 1.—
27921 **Mina-Palumbo.** Il Ferro in Agriccltura. (Palermo) 1898. 8. 24 p. 1.—
27922 **Mirami, R.** Introduttione alla Specularia, cioè d. scienza de gli
Specchi. Ferrara 1582. 4. 106 p. c. molte figure. Vélin. .8.—
27923 **Mitteilungen** der Versuchs-Station für Zuckerrohr "Midden-Java" zu
Semarang. Berl. 1892. fol. 21 Tfln. m. Text in 4 Sprachen. In Mappe.
(M. 65.) 35.—
27924 **Mittheilungen** d. kais. freien Ökonom. Gesellschaft zu St. Petersburg. Jahrg. 1852—61, mit Regist. zu 1844—56. Petersb. 8. m. viel. Tfln. 10.—
27925 **Moleschott.** Lehre d. Nahrungsmittel. 2. Aufl. Erl. 1853. 8. 280 p.
(M. 3.) Lnb. 1.50
27926 — — 3. (letzte) Aufl. Erl. 1858. 8. 258 p. (M. 2.) Cart. 1.50
27927 — Der Kreislauf d. Lebens. 3. Aufl. Mainz 1857. 8. 546 p. (M. 6.80.)
Hfzb. 1.—
27928 — — 4. Aufl. Mainz 1863. 8. 574 p. (M. 7.50.) Hfzb. 1.50
27929 **Molisch.** Grundriss ein. Histochemie d. pflanzl. Genussmittel. Jena 1891.
8. 65 p. (M. 2.) 1.50
27930 **Moeller, J.** Waarenkunde (Pflanzenfasern). (Wien) 1879. 8. 130 p. 1.50
27931 — Die Nesselfaser. (Berl., Polyt. Z.) 1883. 4. 22 p. 2.—
27932 — Mikroskopie d. Nahrungs- u. Genussmittel aus d. Pflanzenreiche.
Berl. 1886. 8. 400 p. m. 308 Fig. Hfzb. 2.—
27933 — — 2. Aufl. Berl. 1905. 8. 615 p. m. 599 Fig. Lnb. (M. 20.) 13.—
27934 — Ueb. Liquidambar u. Storax. (Wien, Apoth.-Ver.) 1896. 8. 28 p. 1.50
27935 **Morren, C.** S. la Vanille. I. (Brux., Ac.) 1850. 8. 26 p. 1.—
27936 — S. la fécondat. d. Céréales. Liége 1853. 8. 46 p. 1.—
27937 **Morren, E., et Vos.** Mémorial du Naturaliste et du Cultivateur. Liége
1872. 8. 156 p. 1.—

27938 **Morren, F. W.** Kultur, Bereit. u. Handel d. Liberia-Kaffee. Berl. 1898.   *M*
8. 36 p.   1.50
27939 **Morren, J.** Bodenkunde. Leipz. 1844. 8. 117 p.   1.—
27940 **Moyen** d'ameliorer la Terre d'une manière durable. Bourg 1789. 12.
228 p. Veau.   3.—
27941 **Mühlberg.** Der Kreislauf d. Stoffe auf d. Erde. Basel 1887. 8. 36 p.   1.—
27942 **Mueller, F. v.** Select Plants (excl. of timber trees) for Victor. industr.
culture. 2 parts. (Melbourne) 1872. 8. 200 p.   2.—
27943 — On the developm. of rural Industr. (Melbourne) 1882. 8. 43 p.   1.50
27944 — Select extra-tropical Plants eligible f. industrial culture or naturalisat. 8. (last) ed. Melb. 1891. 8. 594 p.   7.—
27945 — Auswahl v. aussertropischen Pflanzen, vorzügl. geeignet f. industr.
Culturen. Deutsch v. Göze. Kassel 1883. 8. 488 p. (M. 16.)   5.—
27946 **Müller, K.** Die Düngungen u. Düngungskosten in viehlos. Wirtschaften.
(Berl., Landw. J.) 1894. 8. 166 p.   1.50
27947 **Müller, P. E.** Studien üb. d. natürl. Humusformen u. der. Einwirk.
auf Vegetat. Berl. 1887. 8. 332 p. m. 7 Tfln. (M. 8.)   3.—
27948 — Rech. s. les formes natur. de l'Humus et leur infl. s. la végét.
et le sol. (Paris, Ann. Agr.) 1889. 8. 76 p.   1.50
27949 **Münchhausen.** — S e e d o r f, O. v. Münchhausen, landwirtschaftl.
Schriftsteller. Gött. 1905. 8. 64 p.   1.50
27950 **Munn.** Seed Tests. 2 parts. Geneva 1913—14. 8. 56 p.   1.—
27951 The **Munster Farmer's Magazine.** Conduct. by the Cork Institution.
Vol. I. Cork 1812. 8. 358 p. w. pl.   5.—
27952 **Münter.** Ueb. Tuscarora-Rice. Greifsw. 1863. 8. 37 p.   1.—
27953 **Museum Rusticum** et Commerciale or select papers on Agricult.,
Commerce, Arts and Manufact. Vol. I. Lond. 1764. 8. 496 p. w. 3 pl.
Half bd. calf.   10.—
    A rare periodical. The volume contains 113 papers.
27954 **Muzio.** L'Agricoltura in Sassari. (Portici) 1899. 8. 111 p.   1.—
27955 **Nägeli.** Ueb. Pflanzenkultur im Hochgebirge. (Münch., Z. Alp.) 8. 38 p.   1.50
27956 **Nanninga.** Invloed v. d. Bodem op het Theeblad. (Batavia, Plantent.)
1904. 8. 56 p.   1.50
27957 **Nathorst.** Landtbruket i Skane. Lund 1896. 8. 110 p.   1.—
27958 **Nathusius.** Ueb. d. Einfluss d. Oxalsäure in Futterstoffen. Berl. 1897.
8. 54 p.   1.—
27959 **Naturhistor. u. chemisch-techn. Notizen** n. d. neuesten Erfahrgn. f.
Gewerbe, Fabrikwesen u. Landwirthschaft. Bd. 1—14. Berl. 1854—61.
8. (M. 42.) Hfzbde.   7.—
    Viele Bände auch einzeln.
27960 **Nees ab Esenbeck, C. G. et Th. F. L.** De Cinnamomo. Bonn. 1823. 4.
82 p. et 7 tab. (M. 10.) Cart.   2.-
27961 **Nelson.** Squirrel-Tail Grass. Laramie 1894. 8. 10 p. w. 4 pl.   1.50
27962 — The worst Weeds of Wyoming. Laram. 1896. 8. 58 p. w. 15 pl.   2.—
27963 — Some Forage Plants f. Alkali Soils. Laramie 1899. 8. 25 p. w. 12 pl.   1.50
27964 **Nessler.** Düngung d. Wiesen, Felder u. Weiden. Karlsr. 1895. 8. 92 p.   1.—
27965 **Neumann, E.** Ueb. d. häufiger kultiv. Lupinenarten. Neu-Ruppin 1882.
4. 22 p.   1.—
27966 **Nicolai.** Der Kaffee u. s. Ersatzmittel. Braunschw. 1901. 8. 103 p. (M. 2.)   1.—
27967 **Nigrisoli.** Sui princip. miglioramenti introd. in alc. parti d. Agricult.
della prov. di Fermo. 2 parti. Fermo 1862. 8. 96 p.   1.—
27968 **Nilsson-Ehle.** Spontanes Wegfallen e. Farbenfaktors beim Hafer.
(Brünn, Nat. Ver.) 1911. 8. 18 p.   1.50
27969 **Nobbe.** Handb. d. Samenkunde. Berl. 1876. 8. 642 p. m. 339 Fig. Hfzb.   20.—
    Vergriffen.
27970 **Nobbe, Bässler u. Will.** Ueb. d. Giftwirk. d. Arsen, Blei u. Zink im
pflanzl. Organismus. (Berl., Landw. Vers.-Stat.) 1884. 8. 62 p. m. Tfl.   1.50

27971 **Nobbe, Schröder u. Erdmann.** Ueb. d. organ. Leist. d. Kaliums in d. Pflanze. (Berl., Landw. Vers.-St.) 1870. 8. 103 p. m. Tfl. — 2.—

27972 **Nobiling, C. E.** Beiträge z. Geschichte d. Landwirthschaft d. Saalkreises d. Prov. Sachsen. Berl. 1876. 8. 82 p. — 3.50
Interessant, da der Verfasser der bekannte Attentäter.

27973 **Notter.** Die jährl. Wandlungen der stickstofffreien Reservestoffe. Heidelb. 1903. 8. 41 p. m. 7 Tfln. — 2.—

27974 **Nouveau Traité** de la culture des Jardins potagers. Paris 1692. 12. 300 p. Vélin. — 7.—

27975 **v. Oijen u. a.** Sagoe en Sagoepalmen. (Amsterd., Kolon. Mus.) 1909. 8. 120 p. m. 9 Tfln. — 3.—

27976 **Olcott.** Sorgho and Imphee, the Chinese and African Sugar Canes. New York 1857. 8. 350 p. w. 2 pl. Cloth. — 3.—

27977 **Oliver, G. W.** The Mulberry and o. Silkworm Food Plants. (Wash., Dept. Agr.) 1907. 8. 22 p. w. 7 pl. — 1.50

27978 **Opitz.** Ueb. Bewurzel. u. Bestockung ein. Getreidesorten. Merseb. 1904. 8. 74 p. — 1.—

27979 **Oppermann.** Ausländ. Kulturpflanzen. I. Altona 1893. 8. 64 p. Cart. — 1.—

27980 **Orphal.** Ueb. Korrelationserscheingn. bei Vicia faba. Merseb. 1907. 8. 76 p. — 2.—

27981 **Orth.** Landwirthschaft. (Aus: Neumayer's Anleit. z. Beobacht. auf Reisen). (Berl.) 1888. 8. 26 p. — 1.—

27982 — Wurzel-Herbarium d. landwirthsch. Hochschule. Berl. 1894. 4. 16 p. m. 6 Tfln. — 1.50

27983 — Reiseskizzen aus Italien. Berl. 1899. 8. 32 p. — 1.—

27984 **Orth, Maercker u. a.** 10 Vorträge üb. neuere Erfahrgn. auf d. Geb. d. Düngerwesens. (Berl., Landw.-Ges.) 1896. 8. 223 p. — 2.—

27985 **Osborne.** The Proteids of the Oat Kernel. (Wash., Ac.) 1893. 4. 39 p. — 1.50

27986 **Oesterreich.-Ungar. Zeitschrift** f. Zucker-Industrie u. Landwirtschaft. Red. v. Strohmer. Jahrg. 17, 18. Wien 1888—89. 8. m. Tfln. (M. 56.) — 8.—

27987 **Otto, F.** Ueb. d. Mahlabfälle d. Roggens u. Weizens. Gött. 1901. 8. 49 p. m. color. Tfl. — 1.—

27988 **Otto, F. J.** Lehrb. d. ration. Praxis d. landwirthsch. Gewerbe. 3. Aufl. Braunschw. 1851. 8. 989 p. m. 4 Tfln. u. 225 Fig. (M. 15.) Cart. — 1.50

27989 **Otto, R.** Grundz. d. Agrikulturchemie. I: Atmosphäre u. Boden. Berl. 1898. 8. 166 p. — 1.50

27990 **Page.** The use of concrete on the Farm. (Wash., Dept. Agr.) 1911. 8. 23 p. — 1.—

27991 **Palladius, R. T. A.** De re rustica libri XIV. Paris. 1543. 8. 190 p. — 5.—

27992 — — Lugd. 1549. 8. 192 p. — 3.—

27993 **Palm.** Die wicht. u. gebräuchl. menschl. Nahrungs- u. Genussmittel. Petersb. 1882. 8 188 p. — 1.—

27994 **Pammel.** Weeds of Corn Fields. Des Moines 1898. 8. 30 p. — 1.—

27995 — The Thistles in Iowa. Des Moines 1901. 8. 26 p. w. 18 pl. — 2.—

27996 **Parisot.** S. le Pomme de Terre. (Rennes) 1907. 8. 33 p. — 1.—

27997 **Parlatore.** S. le Papyrus d. Anciens et s. le Papyrus de Sicile. (Paris, Ac.) 1853. 4. 34 p. av. 2 pl. — 1.50

27998 — Le specie d. Cotoni. Fir. 1866. 4. 64 p. c. atl. di 6 tav. color. in fol. — 9.—

27999 — — L'atlante di 6 tav. color. senza testo. — 5.—

28000 **Parmentier.** Observations on such nutritive Vegetables as may be substit. f. ordinary food. Lond. 1783. 8. 88 p. — 2.—

28001 **Passon.** Kleines Handwörterb. d. Agriculturchemie. 2 Bde. Leipz. 1910. 8. 860 p. (M. 22.) — 13.—

28002 — Die Kultur d. Baumwollstaude. Stuttg. 1910. 8. 123 p. (M. 5.)
Pathologia Plantarum oeconomic. — vide nr. 21839—22487.

28003 **Pearl and Surface.** Experiments in breeding Sweet Corn. Orono 1910. 8. 59 p. w. 8 pl. — 1.50

28004 **Pechuel-Loesche.** Die Bewirtschaft. tropischer Gebiete. Strassb. 1885.   *ℳ*
8. 31 p.   1.—
28005 **Peligot.** S. la composit. chim. de la Canne à Sucre. Paris 1840. 8. 36 p.   1.—
28006 **Pellet.** Rüben- u. Schnitzeluntersuchgn. Berl. 1890. 8. 34 p.   1.—
28007 — Nature du Sucre réducteur. (Le Caire) 1897. 8. 28 p.   1.—
28008 **Perlitius.** Einfluss d. Begrannung auf d. Wasserverdunstung d. Aehren
u. d. Kornqualität. Merseb. 1903. 8. 85 p. m. 3 Tfln. (2 color.)   1.50
28009 **Perger.** Ueb. d. Wort Hopfen. (Wien, Z. b. G.) 1857. 8. 4 p.   —.50
28010 **Perrot et Frouin.** Les Matières premières usuelles d'origine végét. 2. éd.
Paris 1906. 8. 44 p. av. 4 pl. color. in-fol. (fr. 4.)   1.50
28011 **Perrottet.** S. l. essais de culture tentés au Sénégal. (Paris, Ann. Marit.)
1831. 8. 76 p.   2.—
28012 — S. la cult. d. Indigofères tinctoriaux et la fabric. de l'Indigo. Paris
1832. 8. 48 p. av. pl.   1.50
28013 **Petch.** Physiol. and diseases of Hevea Brasil. Lond. 1911. 8. 276 p.
Cloth.   7.50
28014 **Petermann.** Rech. de Chimie et de Physiol. appliquées à l'Agriculture.
2. éd. Bruxelles 1886. 8. 574 p. av. 3 pl. (fr. 10.)   3.—
28015 — Contrib. à la Chimie et à la Physiol. de la Betterave à Sucre.
(Brux., Ac.) 1889. 8. 59 p. av. 3 pl.   1.50
28016 — Contr. à la quest. de l'Azote. (Paris, Ann. Agr.) 1892. 8. 21 p.   1.—
28017 **Petrowsky.** S. le Gen-Seng. (Mosc., Bull.) 1876. 8. 2 p. av. pl. colcr.   1.—
28018 **Petrus Victorius.** Explicat. in Catonem, Varronem, Columellam casti-
gation. Lugd. 1542. 8. 144 p.   5.—
28019 **Petry.** Unterricht üb. Kunst- u. Wiesenbau. Siegen 1855. 4. 248 p. m.
Fig. Cart.   2.—
       Sauber geschriebenes Collegienheft v. Wiesenbaumeister Petry.
28020 **Petzholdt.** Vorlesgn. üb. Agriculturchemie. Leipz. 1844. 8. 374 p. Hfzb.   1.—
28021 **Petzi.** Acker- u. Wiesenkräuter v. Regensburg. (Regensb.) 8. 18 p.   1.—
28022 **Pickardt.** Die Veränderung in d. Betriebsweise d. Deutsch. Landwirtschaft seit 1878. Berl. 1896. 8. 115 p.   1.50
28023 **Pieters and Brown.** Kentucky Bluegrass Seed. (Wash., Dept. Agr.)
1902. 4. 19 p. w. 6 pl.   1.50
28024 **Pinckert.** Die einträglichst. Culturpflanzen in der Landwirtschaft.
24 Hefte. Berl. u. Leipz. 1862—67. 8. (M. 29.) Hfzbde.   8.—
28025 **Pistohlkors.** Wurzelkenntniss u. Pflanzenprodukt. Bonn 1898. 8. 112 p.
m. 2 Tfln.   2.—
28026 **Plimmer.** The chemical constit. of the Proteins. II: Synthesis. 2. ed.
Lond. 1913. 8. 119 p. Boards.   3.50
28027 **Plumb.** The geographic distrib. of Cereals in North America. (Wash.,
Dept. Agr.) 1898. 8. 24 p. w. colour. map.   1.—
28028 **Plüss.** Unsere Getreidearten u. Feldblumen. Freib. 1897. 8. 204 p. Lnb.   1.—
28029 **Polak.** Ueb. d. Standort d. Gummi resina gebenden Umbelliferen in
Persien. (Wien, Z. b. G.) 1865. 8. 14 p.   1.—
28030 **Pontati, P. P.** Tariffa economica et agricola. Viterbo 1655. 8. 369 p.
Vélin.   12.—
28031 **Porter, G. R.** The nature and properties of the Sugar Cane. Philad.
1831. 8. 354 p. w. 5 pl. Calf.   3.—
28032 — — 2. ed. Lond. 1843. 8. 254 p. w. 6 pl. Cloth.   3.—
28033 **Portheim.** Nothwendigkeit d. Kalkes f. Keimlinge. (Wien, Ak.) 1901.
8. 45 p.   1.—
28034 **Possanner.** Chem. Technologie d. landwirtschaftl. Gewerbe. 4 Tle.
Wien 1893. 4. 786 p. m. 38 z. Tl. cclor. Tfln. (M. 10.) Hfzb.   4.—
28035 — — 4. (letzte) Aufl. 4 Bde. Wien 1894. 4. 1263 p. (M. 36.)   20.—
28036 **Post.** Studier öfv. Potatisvarieteterna. (Stockh., Landtbr. Ak.) 1889.
8. 17 p.   1.—
28037 **Pott.** Ueb. d. Stoffvertheil. in verschied. Culturpflanzen. Jena 1876.
8. 50 p.   1.50

28038 **Potts.** The Chemistry of the Rubber Industry. Lond. 1912. 8. 163 p. *M*
Cloth. 5.—
28039 **Praeger.** Plant Breeding. Lansing 1912. 8. 11 p. w. map. 1.—
28040 **Praktische Blätter** f. d. Pflanzenbau u. Pflanzenschutz. Herausg. v.
Tubeuf u. a. Jahg. 1—16: 1898—1913. Stuttg. 8. m. viel. Fig. 36.—
28041 **Pratt, D. S., Thurlow and o.** The Nipa Palm as a commerc. source of
Sugar. (Manila, J. Sc.) 1913. 4. 22 p. 1.50
28042 **Pratt, H. C.** Padi Cultivation in Krian. Kuala Lumpur 1911. 8. 19 p. 1.—
28043 **Preissecker.** Nicotiana alata. Wien 1902. 4. 7 p. m. 2 Tfln. 1.50
28044 **Preul.** Einfluss d. Wassergehaltes d. Bodens auf d. Entwick. d. Som-
merweizenpflanze. Einbeck 1908. 8. 79 p. m. 3 Tfln. 2.—
28045 **Price.** The Irish Potato. Austin 1897. 8. 16 p. 1.—
28046 **Prinsen Geerligs.** Handleid. tot de Fabrikatie v. Suiker uit Suikerriet
op Java. 2. Aufl. Semarang 1897. 8. 134 p. Cart. 1.50
28047 **Pritzel.** Thesaurus Literaturae Botan. Lips. 1851. 4. 548 p. (M. 42.) Hfzb. 20.—
28048 — — Ed. II. (ultima). Lips. 1872—77. 4. 577 p. 100.—
Für den Botaniker sind beide Ausgaben dieser grossartigen Bibliographie
unerlässlich. Die erste, übrigens auch zuverlässigere, weil sie im Gegensatz zur
zweiten auch die nicht rein wissenschaftliche Literatur (also Garten-, Obstbau etc.)
umfasst, die zweite, weil sie manche Nachträge bringt und die Bibliographie bis
zum Jahre 1870 fortführt.
28049 — — Ed. II. Facsimile-Edition.
Subscriptionspreis: M. 40. Preis nach Erscheinen M. 50.
Befindet sich in Vorbereitung. Anastatischer Neudruck, auf gutem Papier,
also auch äusserlich weit besser als das Original, welches, auf dem schlechten
Holzpapier der damaligen Epoche gedruckt, bald in allen Exemplaren — mit
Ausnahme der wenigen auf Velinpapier abgezogenen — zu Grunde gegangen
sein wird.
28050 **Proceedings** of the Agricultural Society, established in Sumatra. Vol. I.
(3 parts w. 7 append. and 2 addenda): Year 1820. Bencoolen 1821. 8.
184 p. w. 3 tabl. Half bd. calf. 30.—
Extremely rare, printed in few copies by the Baptist Mission Press.
28051 **Proost.** Traité prat. de Chimie agricole et de Physiol. Paris 1880. 8.
409 p. 2.—
28052 **Pruna Sta. Cruz.** Lecciones de Agricultura aplicada a Cuba. 4. ed.
Av. append. Habana 1888 à 90. 8. 116 p. D.-rel. veau. 4.—
28053 **Pursuits** of Agriculture; satiric. poem. Lond. 1808. 8. 262 p. Boards. 2.—
28054 **Puvis.** Traité des Amendements (Marne et Chaux). 2 parties. Paris
1848. 8. 408 p. 2.—
28055 **Quatremère-Dijonval.** Analyse et examen chim. de l'Indigo. (Paris,
Ac.) 1777. 4. 84 p. 5.—
28056 **Rabak.** Aroma of Hops. (Wash., J. Agr.) 1914. 8. 45 p. 1.—
28057 **Raoul.** Culture du Caféier. Paris 1897. 8. 251 p. av. pl. (fr. 7.) 3.50
28058 **Rara Historico-Naturalia et Mathematica.** Ed.: W. Junk. (21 partes).
Berol. 1900—13. 4. 122 p. Cartonn. 20.—
Dieses Blatt gibt in der Art von Brunet eingehende (anderswo nicht zu
findende) Collationen, die bibliographische Geschichte, Notiz über den Grad der
Vergriffenheit und Angabe der vergriffenen Bände, sowie der Preise (frühere und
jetzigen) von seltenen Werken und Zeitschriften auf dem Gebiete der im Titel
genannten Disziplinen. Der Index des Bandes umfasst über 500 Titel.
Ausschliesslich botanischen Inhalts sind die Nrn. 4, 8, 9, 13, 20.
— Weiter enthält Nr. 11: America meridionalis, 12: Bibliogr. Linnaeana, 18: Geogr.
Plantarum, 19: Linné u. s. Bedeutung f. d. Bibliographie, 21: Supplementum. — Von
grösseren Zusammenfassungen enthalten die Rara: „Die Anfänge der botanischen
Zeitschriften-Literatur", „Die Literatur der Diatomaceen", „Flores de France",
„Herbarien", „Rosaceen-Literatur". Ferner ausführliche Collationen der biblio-
graphisch so schwierigen Reihen u. Werke: Botanische Zeitung, Brongniart's
Histoire des Végétaux fossiles, Flora, Forbes' Werke, Hooker's Paradisus, Jacquin's u. Junghuhn's Werke, Ledebour's u. Pallas' Floren- u. Reisewerke, Michaux's
botanische Werke üb. Nordamerika, Rivinus' grosse Iconographie, P. A. Saccardo's
mycologische Reihen, Salm-Dyck's Aloë, Tuckerman's Lichenen - Werke, Van
Heurck's Diatomeen - Literatur, Viala's Ampélographie, Warming's Brasilianische
Flora — u. viele andere.
28059 **Rathgeber** bei d. Düngung d. wicht. Culturpflanzen. II: Gewächse d.
gemäss. Zone. Berl. 1892. 8. 47 p. m. 4 Tfln. 1.50

28060 **Rauch.** Anbau-Versuche m. neuen Nutzgewächsen. Kempten 1859. 8. 76 p.   2.—

28061 **Redogörelse** för verksamh. vid Ultuna Landtbruksinstitut. Jahrg. 1893—1897. Upsala 1894—98. 8. m. Tfln.   3.—

28062 **Reichardt.** Ackerbauchemie. Erl. 1861. 8. 642 p. (M. 10.80.) Cart.   1.50

28063 **Reichenbach, A. B.** Die Pflanzenwelt in Garten, Feld u. Wald. 3. Aufl. Leipz. 1860. 8. 760 p. m. Tfl. (M. 3.)   1.—

28064 **Reimann.** Die Organe d. landwirtschaftl. Verwaltung Preussens u. ihr. Bezieh. z. Entwickl. d. Landwirtsch. Merseb. 1901. 8. 67 p.   1.50

28065 **Reinhardt.** Die Kulturgeschichte d. Nutzpflanzen. 2 Bde. Münch. 1910. 8. 1500 p. m. 166 Tfln. Lnb. (M. 20.)   13.—

28066 **Reintgen.** Die Geographie der Kautschukpflanzen. Berl. 1905. 8. 150 p. m. Kte.   2.50

28067 **Reissek.** Ueb. künstl. Zellenbild. in gekochten Kartoffeln. (Wien, Ak.) 1851. 8. 7 p. m. Tfl.   1.—

28068 **Reitemeier.** Geschichte der Züchtung landwirtschaftl. Kulturpflanzen. Bresl. 1904. 8. 205 p.   2.50

28069 **Remy.** Nährstoffaufnahme u. Düngerbedürfnis d. Roggens. Merseb. 1896, 8. 75 p.   1.50

28070 **Report** II, III, V of the Commissioners of Agricult. and Forestry of Hawaii f. 1905, 6, 8. Honolulu 1906—9. w. very many pl.   5.—

28071 **Report** of the Commissioner of Patents f. Agriculture for the years 1854 and 1855. 2 vols. Wash. 1855—56. 8. w. 20 partly colour. pl. Cloth.   3.—

28072 **Report** of the Committee f. the cultiv. of Sugar by Indigo Planters in Bihar. Calc. 1900. fol. 51 p.   2.—

28073 **Report** VI. and VII. of the Dept. of Agricult. of Brit. Columbia. Victoria 1901—1903. 4. 466 p. w. 63 pl.   5.—

28074 **Report** 3—8, 10, 12, 13, 14 of Food Products of the Connect. Agricult. Experim. Station for 1898—1903, 1905, 1907—9. Hartford 1899—1910. 8. 1102 p. w. pl.   4.—

28075 **Report** of the Secretary of Agriculture. Year I and II. 2 vols. Wash. 1889—90. 8. w. many plates, partly colour. Cloth.   4.—

28076 **Retzius.** Flora oeconomica Sueciae elle. Swenska Wäxters nytta och skada. 2 Tle. Lund 1806. 8. 806 p. (40 skill.) Hfzb.   9.—
     Seltenes Werk.

28077 **(Reynolds).** Report 24. of the Board of Agriculture of Michigan. Lans. 1886. 8. 312 p. Cloth.   2.—

28078 **Richard.** Sur la Culture de la Ramie. Poitiers 1891. 8. 7 p.   1.—

28079 **Richmond.** Philippine Fibers and Fibrous Substances. 2 parts. (Manila, J. Sc.) 1907—10. 4. 67 p. w. map.   2.—

28080 **Richter, M.** Lexikon d. Kohlenstoff-Verbindungen. 2 Bde. Hamb. 1900. 4. 2482 p. (M. 70.20.)   25.—

28081 **Ridley.** De Malaische Timmerhoutsoorten. (Haarl., Kolon. Mus.) 1903. 8. 127 p.   2.—

28082 **Ridolfi.** S. Agricolt. d. Val d'Elsa. Firenze 1837. 8. 47 p.   1.—

28083 — Coltivaz. d. Barbabietola per Foraggio. (Pisa). 8. 15 p.   1.—

28084 **Riflessioni** s. l'Agricoltura d. Genovesato. Genova 1770. 4. 257 p. Veau.   3.—

28085 **Riflessioni** int. alla Pastorizie ed Agricolt. in Sicilia. Siracusa 1820. 8. 58 p.   2.—

28086 **Rimpau.** Wirk. d. Wetters a. d. Zuckerrüben-Ernten. (Berl., Landw. J.) 1893. 8. 14 p. m. Tfl.   1.—

28087 **Rintelen.** Die Proteinstoffe d. Weizenklebers. Münst. 1905. 4. 45 p.   1.—

28088 **Risler.** Rapporto s. Ingrassi. Siena 1865. 8. 28 p.   1.—

28089 **Ritter, C.** Historisch-geograph. u. ethnograph. Verbreitung d. Thee-Cultur. 8. 28 p.   1.—

28090 **Ritter, J.** Leben u. Ernähr. d. Culturpflanzen. Frankf. 1863. 8. 110 p.   1.—

28091 **Ritter, R.** Wirkung d wichtigst. Nährstoffe auf d. Futterrübe. Leipz. 1905. 8. 47 p. m. Tfl.   1.—

28092 **Rizzi.** Coltivaz. d. Cereali n. prov. Venete. Venez. 1843. 8. 87 p.
c. 8 tabell. 1.50
28093 **Roberts.** Commercial Fertilizers. Sacramento 1905. 8. 23 p. 1.—
28094 **Roberts and Kinney.** Wheat. Lexingt. 1911. 8. 28 p. 1.—
28095 **Robertson, T. B.** The Proteins. Eerk. 1909. 8. 80 p. 2.—
28096 **Rodet.** Botanique agricole et médic. Paris 1857. 8. 856 p. 2.—
28097 **v. Romburgh.** Ov. Caoutchoucleverende Boomen. 2 Tle. (Batavia,
Teysmann.) 1895. 8. 28 p. 2.—
28098 **Roemer, T.** Mendelismus u. Bastard-Züchtung d. landwirtsch. Kulturpflanzen. Berl. 1914. 8. 411 p. m. Portr. u. 4 Tfln. 4.—
28099 **Romeycke.** Die Pflanze u. die Agricultur. Nordh. 1858. 8. 47 p. 1.—
28100 **Rostafinski.** Ueb. d. Mohn. (Krak., Ak.) 1899. 8. 30 p. — Polnisch. 1.—
28101 **Rostaing et du Sert.** Précis histor., descriptif, analyt. et photomicro-
graph. d. Végétaux propres à la Fabrication de la Cellulose et du
Papier. Paris 1900. 4. 93 p. av. 50 pl. p h o t o g r a p h. 25.—
28102 **Röttger.** Chem. Untersuch.-Methoden d. Pfefferfrucht. Münch. 1886.
8. 48 p. 1.—
28103 **Royle.** The Fibrous Plants of India fitted for Cordage, Clothing and
Paper. London 1855. 8. 427 p. Cloth. 13.—
Rare.
28104 **Rudloff.** Die Landwirtschaft Ungarns. Schöneb. 1897. 8. 201 p. m.
31 Tfln. Cart. (M. 6.) 2.—
28105 **Rümker.** Das landwirtsch. Unterrichtswesen in Frankreich. (Berl.,
Landw. J.) 1893. 8. 124 p. 2.—
28106 — Das Studium d. Landwirtsch. an d. Univ. Breslau. Berl. 1899. 8.
58 p. m. 8 Tfln. (M. 6.) 2.—
28107 — Methoden d. Pflanzenzüchtg. in experim. Prüfung. Berl. 1909. 8.
358 p. m. color. Tfl. (M. 12.)
28108 **Rupp.** Die Untersuch. d. Nahrungs- u. Genussmittel. 2. (letzte) Aufl.
Heidelb. 1900. 8. 488 p. (M. 7.) Lnb. 2.50
28109 **Rural Recreations** or modern Farmer's Calendar. Lond. 1802. 8. 410 p.
w. 7 pl. Half bd. calf. 3.—
28110 **Russell.** Soil conditions and Plant growth. Lond. 1912. 8. 168 p. Boards. 5.—
28111 **Russlands Ackerbau.** — 8 Abhandl. in russischer Sprache v. Batalin,
Golde, M. Pawlow, Rostowzew u. a. 1823—1896. 8. u. 4. 176 p. 2.—
28112 **Ruetz.** Verfälschungen d. Nahrungsmittel. Berl. 1886. 8. 132 p. Cart. 1.—
28113 **Rybark.** Die Steigerung d. Produktivität d. deutsch. Landwirtschaft
im 19. Jahrhundert. Merseb. 1905. 8. 60 p. 1.50
28114 **Rydberg and Shear.** Report upon the Grasses and Forage Plants of
the Rocky Mountain region. (Wash., Dept. Agr.) 1897. 8. 48 p. 1.50
28115 **Saatkamp.** Futterkräuter u. Futtergräser. I. Celle 1801. fol. 22 p. m.
1 0 E x s i c c a t e n. 2.50
28116 **Sachsse.** Lehrb. d. Agricultur-Chemie. Leipz. 1888. 8. 628 p. (M. 12.) 8.—
28117 — Rohstoffe u. Erzeugnisse aus d. Pflanzenreich. Bautz. 1904. 8.
233 p. (M. 2.80.) 1.50
28118 **Sadebeck.** Die trop. Nutzpflanzen Ostafrikas. (Hamb., Wiss. Anst.)
1891. 8. 26 p. 1.50
28119 — Die wichtigeren Nutzpflanzen u. deren Erzeugnisse a. d. Deutschen
Colonien. Hamb. 1897. 8. 138 p. 6.—
Vergriffen.
28120 **Sagawe.** Betriebsverhältn. e. märk. Wirtschaft. Langens. 1910. 8. 98 p.
m. 4 Tfln. 1.50
28121 **Saint-Hilaire.** Hist de l'Indigo. (Paris, Ann. Sc.) 1837. 8. 11 p. 1.—
28122 **Saito.** Anatom. Studien üb. wicht. Faserpflanzen Japans. (Tokyo, Coll.
Sc.) 1901. 8. 68 p. m. 2 color. Tfln. 2.50
28123 **Salm-Horstmar.** Versuche u. Result. üb. d. Nahrung d. Pflanzen.
Braunschw. 1856. 8. 39 p. 1.—

28124 **Sanfilipps.** Catechismo di Agricoltura p. la Sicilia. Palermo 1836. 8.   *M*
283 p.   2.—

28125 **Sargent, F. L.** Plants and their uses. N. York 1913. 8. 576 p.   6.50

28126 **(Saunders, W.)** Reports of the Experimental Farms for 1896. Ottawa
1897. 8. 474 p. w. 10 pl.   2.—

28127 — — Index to the Reports f. 1887—1901. Ottawa 1902. 8. 194 p.   1.—

28128 — Results of trial plots of Grain, Fodder Corn and Potatoes. 2 parts.
(Ottawa, Exp. Farm) 1897—1902. 8. 90 p. w. pl.   2.—

28129 **de Sauvages, P. A. Boissier.** Mém. s. l'éducat. des Vers à Soie. Av.
traité s. la cult. des Muriers et s. l'orig. du Miel. 2 parties. Nismes
1763. 8. 656 p. Veau.   8.—
      Voyez aussi: H a g e n, Bibliotheca Entom. II, p. 108.

28130 **Schacht.** Die Prüfung der im Handel vorkomm. Gewebe. Berl. 1853.
8. 72 p. m. 8 Tfln.   1.50

28131 **Scharfenberg.** Der Kartoffelbau. Ulm 1847. 8. 236 p.   2.—

28132 **Scharlau.** Die Nahrungsmittel u. d. Ernähr. Leipz. 1858. 8. 186 p.   1.—

28133 **Schatzkammer** rarer u. neuer Curiositäten. Mit: Naturgemässe Beschreib. d. Coffee, Thee, Chocolate, Taback. Hamburg 1689. 8. 622 p.
m. Frontisp. Prgtb.   12.—

28134 **Scheffler.** Drainagewasser u. d. Verluste an Pflanzennährstoffen.
Halle 1889. 4. 56 p. m. 5 Tfln.   2.—

28135 **Scheidhauer.** Einwirk. verschieden tiefer Aussaat auf d. Entwickl. d.
Erbse, Linse u. Wicke. Leipz. 8. 73 p.   1.50

28136 **Schele.** Einfluss oberird. u. unterird. Wasserzufuhr bei Pflanzenkultur-
versuchen. Halle 1905. 8. 57 p.   1.—

28137 **Schenckel.** Das Pflanzenreich m. Rücks. auf Insectologie, Gewerbs-
kunde u. Landwirtsch. Mainz 1847. 8. 344 p. m. 80 color. Tfln. Lnb.   6.—

28138 **Schereschewski.** Ueb. Balata u. Chicle. Königsb. 1906. 8. 147 p.   2.—

28139 **Scheven.** Ueb. d. Wachsthumsverhältn. d. Gerstenpflanze. (Leipz., J.
Chem.) 1857. 8. 32 p.   1.—

28140 **Schiller.** Der chinesische Thee. Ansbach 1881. 4. 24 p. m. Tfl.   1.—

28141 **Schimper, A. F. W.** Anleit. z. mikroskop. Untersuch. d. Nahrungs- u.
Genussmittel. Jena 1886. 8. 148 p. m. 79 Fig. (M. 3.)   1.—

28142 — — 2. (letzte) Aufl. Jena 1900. 8. 166 p. m. 134 Fig. (M. 5.) Cart.   2.—

28143 **Schlechter.** Westafrikan. Kautschuk-Expedit. Berl. 1900. 8. 326 p.
m. 13 Tfln. Lnb. (M. 12.)   9.—

28144 — Die Guttapercha- u. Kautschuk-Exped. nach Kaiser-Wilhelmsland.
Berl. 1911. 8. 178 p. m. 3 Ktn. u. 7 Tfln. (M. 5.)

28145 **Schlehahn** Feld- u. Wiesenflora. Plauen 1909. 4. 4 color. Tfln. (M. 3.60.)   1.50

28146 **Schleiden.** Plantephysiologi og Planteculturens Theori. Kjöb. 1856.
8. 323 p.   1.50

28147 **Schlesische Landwirtsch. Monatsschrift.** Jahrg. III: 1831. Bresl. 8.
1132 p. m. 2 Tfln. u. 4 Tab. Cart.   2.—

28148 **Schmalz.** Ist d. Landwirtsch. wissenschaftl. zu behandeln? Riga 1834.
8. 46 p. Cart.   1.—

28149 — Keine Nation kann ohne Ackerbau reich werden. Dorpat 1835.
8. 51 p.   1.—

28150 — Theorie d. Pflanzenbaues. Königsb. 1840. 8. 187 p.   1.—

28151 — Ueb. die Kartoffeln. (Cöslin) 1843. 8. 58 p. m. color. Tfl.   1.—

28152 — Ozon im Boden als Quelle d. Stickstoff. Leipz. 1845. 8. 40 p.   1.—

28153 **Schmid, B.** Ueb. d. Ruheperiode d. Kartoffelknollen. (Berl., Bot. Ges.)
1901. 8. 10 p.   1.—

28154 **Schmidlin.** Abbild. u. Beschreib. d. wichtigsten Futtergräser. 2. Aufl.
Esslingen 1868. 4. 34 p. m. 14 color. Tfln. Cart.   2.—

28155 **Schmidt, J.** Praktikum d. organ. Nahrungsmittel-Chemie. Bresl. 1907.
8. 138 p. (M. 1.80.)   1.—

28156 **Schnacke.** Wörterbuch d. Prüfungen verfälscht. Waaren. Gera 1877.
8. 120 p. (M. 8.)   1.50

28157 **Schnegg.** Botanik d. täglichen wirtschaftl. Lebens. Leipz. (1904). 8.   *M*
176 p. Origbd. (M. 2.75.)   1.50
28158 **Schneidewind.** Die Ernähr. d. landwirtsch. Kulturpflanzen. Berl. 1915.
8. 496 p. Lnb. (M. 13.)
28159 **Schoene.** On Screening Cabbage Seed Beds. Geneva 1911. 8. 24 p.
w. 2 pl.   1.—
28160 **Schönfeld.** Lathyrus silvestris. Halle 1895. 8. 72 p.   1.50
28161 **Schoute.** Die Bestockung des Getreides. Amsterd. 1910. 8. 511 p. Cart.
(M. 12.)   6.—
28162 **Schranka.** Tabak-Anekdoten. Cöln 1914. 8. 303 p. m. 175 Fig. (M. 5.)   3.—
28163 **Schreibers.** Gründg. u. Entwickl. d. Landwirthschafts-Gesellschaft in
Wien. Wien 1857. 8. 347 p. m. 11 Portr. (M. 6.)   2.—
28164 **Schreiner and Failyer.** Absorption of Phosphates and Potassium by
Soils. (Wash., Dept. Agr.) 1906. 8. 39 p.   1.—
28165 **Schreiner and Reed.** Rôle of Oxidation in Soil Fertility. (Wash., Dept.)
Agr.) 1909. 8. 52 p.   1.50
28166 **Schröder, J.** Die Einwirk. d. schwefl. Säure auf d. Pflanzen. (Berl.,
Landw. Vers.-Stat.) 1872. 8. 35 p.   1.—
28167 **Schube.** Schlesiens Kulturpflanzen im Zeitalter d. Renaissance. Bresl.
1896. 8. 64 p.   2.—
28168 **Schübeler.** Die Culturpflanzen Norwegens. Christ. 1862. 4. 206 p. m.
Kte. u. 24 Tfln.   4.—
28169 — — Auszug. Hrsg. v. Thielau. Bresl. 1864. 8. 67 p.   1.—
28170 — — — Wiesb. 1869. 8. 20 p. Cart.   1.—
28171 — Synops. of the veget. Products of Norway. Christ. 1862. 4. 31 p.
w. 2 pl.   1.50
28172 **Schuchardt.** Ueb. d. landwirtsch. Verhältn. Norwegens. Regenw. 1858.
8. 100 p.   1.50
28173 **Schucht.** Die chem. Düngerindustrie. Braunschw. 1906. 8. 172 p. (M. 5.)   3.—
28174 **Schultz, F.** Anbau d. Faserpflanzen in d. Kolonien. Berl. 1904. 8. 52 p.   1.50
28175 **Schultz, M.** Einfluss v. Nitriten auf d. Keimung v. Samen u. auf d.
Wachstum v. Pflanzen. Königsb. 1903. 8. 100 p.   2.—
28176 **Schultz-Schultzenstein.** Ueb. Pflanzenernährung, Bodenerschöpf. u.
Bodenbereicher. Berl. 1864. 8. 81 p.   1.—
28177 **Schulz, A.** Die Geschichte d. kultivirten Getreide. I. Halle 1913. 8.
141 p. (M. 3.)
28178 **Schumacher.** Die Ernährung d. Pflanze m. besond. Berücks. d. Culturgewächse. Berl. 1864. 8. 652 p. (M. 10.50.) Lnb.   1.50
28179 **Schwarzkopf.** Der Kaffee. Weimar 1881. 8. 130 p. (M. 2.)   1.—
28180 **Schwarzmantel.** Des Landwirths goldenes Schatzkästlein. Berl. 1861.
8. 132 p.   1.—
28181 **Schweinfurth.** Le Piante utili d. Eritrea. (Napoli) 1891. 8. 56 p.   1.50
28182 **Scott.** Manufact. of Nitrates fr. the Atmosphere. (Wash., Smiths.)
1914. 8. 26 p. w. 3 pl.   1.50
28183 **(Scovell).** Commercial Fertilizers. Lexingt. 1911. 8. 134 p.   1.50
28184 **(Scribner).** Report of the Bureau of Agriculture of the Philippine Islands for 1902. (Manila). 8. with 9 pl.   1.50
28185 La **Scuola** d'Agricoltura di Portici. Port. 1903. 8. 126 p. c. tav.   1.—
28186 **Seidel.** Die Aussichten des Plantagenbaues in den deutsch. Schutzgebieten. Wismar 1905. 8. 85 p. m. Tfl. (M. 1.50.)   1.—
28187 **Seilern.** Die Pflanzenernährungslehre. Münch. 1865. 8. 261 p. m. 2 Tab.
Cart.   1.50
28188 **Selby.** The Russian Thistle in Ohio. Norwalk 1891. 8. 6 p. w. 3 pl.   1.—
28189 — Ohio Weed Manual. Norwalk 1897. 8. 152 p.   1.50
28190 — Clover Seed. Wooster 1900. 8. 4 p. w. 2 pl.   1.—
28191 **Selecta physico-oeconomica** od. nützl. Sammlgn. v. allerh. z. Natur-
Forschung u. Haushalt.-Kunst. 15 Stücke. Stuttg. 1752. 8. 1358 p. m.
Kte. u. 2 Tfln. Hfzb.   7.—

28192 **Seligmann, Lamy-Torrilhon et Falconnet.** Le Caoutchouc et la Gutta   *M*
Percha. Paris 1896. 8. 456 p. av. 2 cartes et 86 fig.   13.—

28193 **Sessous.** Die bei d. Düngung m. Ammoniaksalzen entsteh. Stickstoff-
verluste. Berl. 1903. 8. 60 p.   1.—

28194 **Settegast.** Die Landwirthschaft u. ihr Betrieb. 3 Bde. Bresl. 1875—79.
8. (M. 18.)   3.—

28195 — Schultz-Lupitz u. kein Ende. Berl. 1883. 8. 36 p.   1.—

28196 — Die deutsche Landwirtsch. v. kulturgesch. Standpunkt. Berl. 1884.
8. 38 p.   1.—

28197 — Der Idealismus u. d. deutsche Landwirtsch. Berl. 1886. 8. 140 p.   1.—

28198 **Seubert.** Handb. d. allgem. Waarenkunde. 2. (letzte) Aufl. 2 Bde.
Stuttg. 1883. 8. (M. 13.)   1.50

28199 **Shaw.** Studies upon influences affect. the Protein content of Wheat.
Berkeley 1913. 4. 64 p.   1.50

28200 **Shinn and Jaffa.** Austral. Salt-Bushes. Berkel. 1899. 8. 30 p.   1.—

28201 **Siats.** Anleit. z. Unters. u. Beurteil. landwirtsch. wichtig. Stoffe.
4. Aufl. Hildesh. 1903. 8. 404 p. m. 121 Fig. (M. 5.)   2.—

28202 **Siemssen.** Verbrauch an Kalirohsalzen in d. Deutschen Landwirtschaft.
Berl. 1900. 8. 34 p. m. Kte.   1.—

28203 **Siewert.** Ueb. d. Alkaloide d. Lupinusarten. (Berl., Z. Nat.) 1869. 8. 38 p.   1.—

28204 **Simony.** Oberste Getreide- u. Baumgrenze in Westtirol. (Wien, Z. b.
G.) 1870. 8. 8 p.   1.—

28205 **Skalweit.** Die ökonom. Grenzen d. Intensivierung d. Landwirtsch.
Berl. 1903. 8. 38 p. Lnb.   1.—

28206 **Skandinavischer Ackerbau.** — 16 Abhandl. in dänisch. u. schwedischer
Sprache v. Eriksson, T. M. Fries, Jönsson, J. Lange, Schübeler, Wittrock, Zetterstedt u. a. 1858—1903. 8. u. 4. 420 p. m. 3 Ktn. u. Portr.   3.—

28207 **Smith, E.** Nahrungsmittel. 2 Bde. Leipz. 1874. 8. 520 p. (M. 8.)   2.—

28208 **Smith, F. B.** Agriculture in the New World. Wye 1902. 8. 126 p.   2.—

28209 **Smith, J. B.** The New Jersey Salt Marsh. New Brunsw. 1907. 8. 24 p.
w. map and 2 pl.   1.—

28210 **Smith, J. G.** Forage Conditions of the Prairie Region. (Wash., Dept.
Agr.) 1896. 8. 16 p.   1.—

28211 — Leguminous Forage Crops. (Wash., Dept. Agr.) 1897. 8. 22 p. w. pl.   1.—

28212 — Fodder and Forage Plants. (Wash., Dept. Agr.) 1900. 8. 86 p. w. 2 pl.   1.50

28213 **Smith, R. H.** The Fermentat. of Cacao. Lond. 1913. 8. 374 p. Cloth.   10.—

28214 **Soave.** Chimica veget. ed agraria. Torino 1902. 8. 430 p. (fr. 7.)   2.50

28215 **Solms-Laubach.** Weizen u. Tulpe u. deren Geschichte. Leipz. 1899.
8. 124 p. m. color. Tfl. (M. 6.50.)

28216 **Soltsien.** Studien üb. Bestockung, Variabil. u. Vitalität d. Getreides.
Halle 1903. 8. 194 p. m. 5 Tfln.   2.—

28217 **Soltwedel.** Formen u. Farben v. Saccharum officinarum L. (Zuckerrohr) u. v. verwandt. Arten. 21 color. Tfln. m. Text, hrsg. v. Benecke.
Berl. 1892. fol. In Mappe. (M. 65.)   40.—

28218 **Sonnini.** Traité de l'Arachide. Paris 1808. 8. 87 p. av. 2 pl.   1.50

28219 **Sornay.** Les Plantes tropic. alimentaires et industr. de la fam. d. Légumineuses. Paris 1913. 8. 502 p. av. 74 fig.   12.—

28220 **Spenner.** Handb. d. angewandten Botanik. 3 Bde. Freib. 1834—36. 8.
1294 p. (M. 15.) Cart.   2.—

28221 **Sperling.** Die Grenzen d. Variation unt. d. Nachkommen geprüft am
Proteingehalt b. Gerste u. Weizen. Halle 1909. 8. 90 p.   2.—

28222 **Spillman.** The Hybrid Wheats. Pullm. 1909. 8. 28 p.   1.50

28223 **Spörry u. C. Schröder.** Katal. d. Spörry'schen Bambus-Samml. aus
Japan. Zürich 1894. 8. 60 p.   1.50

28224 **Stade.** Ueb. d. geograph. Verbreit. d. Theestrauches. Magdeb. 1891.
8. 74 p. m. Kte.   1.50

28225 **Stadelmann.** Das landwirthschaftl. Vereinswesen in Preussen. Halle 1874. 8. 344 p. (M. 4.) — 1.50
28226 — Friedrich d. Grosse in s. Thätigkeit f. d. Landbau Preussens. Berl. 1876. 8. 172 p. (M. 4.) — 1.50
28227 **Stahl-Schröder.** Chem. Zusammensetz. einig. Haferproben. Riga 1896. 8. 32 p. — 1.—
28228 **Stancovich.** L'Aratro-Seminatore. Venez. 1820. 8. 26 p. c. 3 tav. — 1.50
28229 **Standley.** Some useful native Plants of New Mexico. (Wash., Smiths.) 1912. 8. 16 p. w. 13 pl. — 2.—
28230 **Stanjek.** Z. Frage d. Sortenauswahl bei Getreide f. d. Prov. Schlesien. Breslau 1906. 8. 141 p. — 2.—
28231 **Statistique Agricole** annuelle de la France, 1893. Paris 1894. 8. 238 p. — 1.50
28232 **Stebler.** Samenfälschung u. Samenschutz. Bern 1878. 8. 122 p. (M. 3.50.) — 1.50
28233 **Stebler et Schroeter.** Les meilleures Plantes Fourragères. Trad. p. Welter. Partie II. Berne 1884. 4. 88 p. av. 15 pl. color. Cart. — 2.—
28234 — Z. Kenntn. d. Matten u. Weiden d. Schweiz. X: Wiesentypen. (Bern, Landw. Jahrb.) 1892. 8. 118 p. m. Tfl. — 1.50
28235 **Stebler u. Volkart.** Die besten Futterpflanzen. 4. Aufl. Bd. I. Bern 1913. 4. 179 p. m. 15 color. Tfln. u. 133 Fig. Cart. — 5.—
28236 **Stephanus, C.** Pratum, Lacus, Arundinetum. Paris. 1543. 8. 71 p. — 8.—
28237 — La Agricoltura, e casa di villa. Trad. da Cato. Venet. 1677. 4. 400 p. Vélin. — 6.—
28238 **Stephens.** Manuel prat. de Drainage. Brux. 1850. 8. 332 p. — 1.—
28239 **Stevenson and Christie.** Drainage conditions in Iowa. Ames 1904. 8. 29 p. — 1.—
28240 **Stevenson, Christie, Willcox.** The principal Soil Areas of Iowa. Ames 1905. 8. 24 p. w. colour. map. — 1.—
28241 **Stewart, F. L.** Maize and Sorghum as Sugar Plants. (Wash., Comm. Agr.) 1878. 8. 37 p. w. pl. — 1.—
28242 **Stift u. Gredinger.** Der Zuckerrübenbau. Wien 1910. 8. 875 p. m. 273 Fig. Hfzb. (M. 20.) —
28243 **Stöckhardt.** Chem. Feldpredigten f. deutsche Landwirthe. 2 Te. Leipz. 1851—53. 8. 484 p. (M. 6.) Cart. — 1.50
28244 — Untersuch. v. 6 landwirtsch. Culturpflanzen auf ihr. Gehalt an Vege-tationswasser, Stickstoff u. Mineralstoffen. (Tharandt, Forstl. J.) 1852. 8. 28 p. m. 6 Tfln. — 2.50
28245 **Stoklasa u. Matousek.** Beiträge z. Erkenntn. d. Ernährung d. Zucker-rübe. Jena 1916. 8. 242 p. m. 23 Tfln. (3 color.) (M. 12.) —
28246 **Stone.** Agriculture in Puerto Rico. (Wash., Dept. Agr.) 1898. 8. 10 p. w. map. — 1.—
28247 **Storp.** Ueb. d. Einfl. v. Chlornatrium auf d. Boden u. d. Gedeihen der Pflanzen. Berl. 1883. 8. 28 p. m. Tfl. — 1.—
28248 **Strantz.** Unsere Gemüse. M. Anschluss d. Kastanie, Olive, Kaper, d. Wein- u. Hopfenrebe. Berlin 1877. 8. 408 p. (M. 7.) — 4.—
28249 **Strasbourg.** — Mémoires de la Société d. Sciences, Agricult. et Arts de Strasbourg. Vol. I et II. Strasb. 1811 à 1823. 4. 1000 p. av. 6 pl. D.-rel. veau. — 7.—
28250 **Strohmer.** Ueb. d. Athmung d. Zuckerrübenwurzel. Mit Nachtr. (Wien, Z. Rüb.) 1902—03. 8. 79 p. m. 4 Tfln. — 2.—
28251 **Stuart, W.** Group, cassif. and varietal descr. of some American Po-tatoes. (Wash., Dept. Agr.) 1915. 8. 56 p. w. 19 pl. — 2.50
28252 **Stuhlmann.** Ueb. Sisal-Agaven u. der. Fasern. (Tanga) 1907. 8. 15 p. — 1.50
28253 **Sturler.** Handboek v. d. Landbouw in Nederl. Oost-Indië. Leid. 1863. 8. 1176 p. p. m. 2 Tfln. Hfzb. — 4.—
28254 **Stutzer.** Die Rohfaser d. Gramineen. Sickte 1875. 8. 30 p. — 1.—
28255 — Stallmist u. Kunstdünger. Bonn 1888. 8. 64 p. — 1.—
28256 **Suck.** Üb. geograph. Verbreit. d. Zuckerrohrs. Halle 1900. 8. 75 p. m. Kte. — 1.50

$\mathcal{M}$

28257 **Sultzberger.** All about Opium. Lond. 1884. 8. 223 p. Cloth. 3.—
28258 **Supf.** Deutsche Kolonial-Baumwolle. Bericht üb. d. Entwickl. d. Baumwollkultur 1900—1908. Berl. 1909. 8. 316 p. m. 16 Tfln. u. 2 Ktn. (1 color.) Lnb. 6.—
28259 — Bericht XII. der Deutsch-kolonial. Baumwoll-Unternehmungen. Berl: 1910. 8. 123 p. m. 4 Ktn. u. 10 Tfln. 3.—
28260 **Suringar.** Untersuchgn. üb. verschiedene Bestimmungsmethoden d. Cellulose u. üb. d. Gehalt d. Baumwolle an Peutosan. Götting. 1896. 8. 58 p. m. Tfl. 1.50
28261 **Suriray de la Rue.** Analyse de ses rapports adr. à la Régie des Tabacs de 1811 à 1831. Bord. 1831. 4. 74 p. av. 9 tabl. 3.—
    "Suivie de notes bibliograph., technolog., entomol. concern. le tabac."
28262 **Swederus.** Blad ur Tobakens Historia. (Stockh., Trädgardsf.) 1887. 8. 69 p. 2.—
28263 **Taegius, B.** La Villa. Milano 1559. 4. 207 p. c. fig. D.-rel. veau. 16.—
    Très-rare.
28264 **Talier.** Nuovo Plico d'ogni sorta di Tinture. Venezia 1780. 8. 194 p. Vél. 3.—
    "Bellissimi segreti per colorire animali, v e g e t a b. e minerali."
28265 **Tanara, V.** L'Economia del Cittadino in Villa. Venet. 1661. 4. 646 p. Vélin. 7.—
28266 — — Venetia 1674. 4. 602 p. Vél. 6.—
28267 — — Venetia 1680. 4. 544 p. Cart. 6.—
28268 **Tancré.** Die Kultur d. Wiesen u. Weiden. 2. Aufl. Wilst. 1912. 8. 184 p. Cart. 1.—
28269 **Tangl.** Das Protoplasma d. Erbse. (Wien, Ak.) 1878. 8. 70 p. m. color. Tfl. 1.50
28270 The **Tea Plots** at the Experiment Station, Peradeniya. (Perad.) 1910. 8. 12 p. w. map and 3 pl. 1.50
28271 **Teicke.** Die landwirtschaftl. Verhältn. der Zuckerrüben bauenden Teile d. Prov. Hannover. Berl. 1905. 8. 96 p. 1.50
28272 **Teixeira.** Der Kaffee v. Brasilien. Wien 1883. 8. 30 p. 1.—
28273 **Thatcher.** The chemic. compos. of Washingt. Forage Crops. 2 parts. Pullman 1905—07. 8. 60 p. 1.50
28274 — Wheat and Flour Investigations. 3 parts. Pullman 1907—11. 8. 123 p. 2.—
28275 — The chemic. compos. of Wheat. Pullman 1913. 8. 79 p. w. pl. 1.50
28276 **Thiéry de Menonville.** Traité de la culture du Nopal et de l'éducat. de la Cochenille. Vol. II. Paris 1787. 8. 270 p. av. 2 pl. color. Veau. 6.—
    Ce volume renferme le "Traité" complet. — Le I. vol., qui manque, est dévoué au 'Voyage à Guaxaca'.
28277 **Thomé.** Pflanzenbau u. Pflanzenleben. Münch. 1874. 8. 328 p. m. Tfl. Cart. 1.—
28278 **Thoms.** Bedeut. d. Chilisalpeters f. d. Baltische Landwirtsch. Riga 1899. 8. 22 p. 1.—
28279 — Die Ergebn. d. Dünger-Kontrole. 2 Teile. Riga 1900—01. 8. 107 p. m. 2 Tab. 2.—
28280 **Thomson, A.** Experim. Studien z. Verhalten d. Sandbodens geg. Superphosphate. Dorpat 1890. 8. 66 p. m. Tfl. 1.50
28281 — Die Kulturpflanze u. organ. Stickstoffverbindgn. (Dorp., Nat. Ges.) 1899. 8. 16 p. 1.—
28282 **Thuemen.** Der Feld-Spargelbau. Prag 1892. 8. 27 p. 1.—
28283 **Tidskrift** för Svenska Landtbruket. Udg. af Bergelin. Jahrg. III. Stockh. 1857. 4. 433 p. m. 12 Tfln. 2.—
28284 **Tietz.** Z. Qualitätsermittel. v. Weizen, Gerste u. Hafer. Königsb. 1905. 8. 63 p. 1.50
28285 **Tiselius.** Foderwäxtodling pa Flerariga Vallar. 3 Tle. Stockh. 1885—1886. 8. 210 p. 2.—
28286 **Trabut.** L'Halfa. Alger 1889. 8. 22 p. 1.—

.*M.*

28287 **Tragau.** Die Kartoffel u. ihre Kultur. Prag 1887. 8. 22 p.   1.—
28288 — Die Korbweidenkultur. Prag 1888. 8. 20 p.   1.—
28289 — Der Getreidebau auf wissensch.-prakt. Grundlage. Prag 1888. 8. 18 p.   1.—
28290 **Transactions** of the Agricultural and Horticult. Society of India. Vol.
III, VIII and index (to vol. I—VIII). Calcutta 1836—57. 8. Cloth.   5.—
28291 The **Transvaal Agricultural Journal.** Ed. by Macdonald. Nr. 32. Pretoria
1910. 8. 240 p. w. colour. and plain-plates.   1.50
28292 **Trappen.** Herbarium vivum. Verzamel. v. gedroogde Voorbeelden v.
Nuttige Gewassen. 2 vol. Haarl. 1839—43. 8. 1730 p. Cart.   8.—
Selten.
28293 **Travaux** de la Station. Agronomique près Routschouk (Bulgarie). Ed.
p. Kosarow. Partie I. Warna 1907. 8. 208 p. — En l. Russe.   2.—
28294 **Treatise,** A new, on Tillage Land w. observat. to disclose and abolish
the error in Agriculture. With method to preserve fruit trees fr. blights.
Exeter 1796. 8. 114 p.   5.—
28295 **Trelease.** Sugar Maples and Maples in Winter. (St. Louis, Gard.) 1894.
8. 19 p. w. 13 pl.   2.50
28296 **Trinci.** L'Agricoltore sperim. Lucca 1759. 8. 611 p. Vél.   4.—
28297 **Trowell and Ellis.** The Farmer's Instructor. Lond. 1747. 8. 292 p. w.
frontisp. Calf.   6.—
28298 **True.** Some types of Americ. Agricultural Colleges. (Wash., Dept.
Agr.) 1898. 8. 18 p. w. 6 pl.   1.50
28299 **True and Bartlett.** Absorpt. and excret. of Salts by Roots. (Wash.,
Dept. Agr.) 1912. 8. 36 p. w. pl.   1.50
28300 **Tschermak.** Ueb. Veredelung u. Neuzüchtung landwirtsch. u. gärtner.
Gewächse. (Leipz., Z. Nat.) 1898. 8. 16 p.   1.50
28301 — Ueb. d. Vererbung d. Blütezeit b. Erbsen. (Brünn, Ver. Nat.) 1911.
8. 23 p. m. 3 Tfln.   2.—
28302 **Tschirch.** Angewandte Pflanzenanatomie. Handb. z. Studium d. anatom. Baues pflanzl. Rohstoffe. Bd. I (soviel erschien.). Wien 1889. 8.
548 p. m. viel. Fig.   30.—
Vergriffen.
28303 — — Liefg. 1. 76 p. m. 50 Fig. (M. 2.)   1.50
28304 **Tuchen.** Ueb. d. organisch. Bestandtheile d. Cacao. Gött. 1857. 8. 32 p. 1.—
28305 **Tuckermann.** Z. Frage d. Abbaues d. Kartoffeln. Merseb. 1904. 8. 94 p.   1.50
28306 **Tull.** Horse-Hoeing Husbandry, or an essay on the principl. of vegetat.
and tillage. 3. ed. London 1751. 8. 448 p. w. 7 pl. Calf.   11.—
28307 — — Lond. 1822. 8. 351 p. Boards.   6.—
28308 **Turner, J. D., and Spears.** Commercial Feeding Stuffs. Lexingt. 1911.
8. 120 p.   1.50
28309 **Ueber** d. Natur d. Seide, des Hanfes u. Flachses, d. Wolle u. Baumwolle m. Bez. auf ihre Empfängl. f. d. Färbekunst. Zwick. 1806. 8.
230 p. Cart.   6.—
28310 **Ullmann.** Kalk u. Mergel. Zur Hebung der Bodenkultur durch Kalk-
düngung. Berl. 1893. 8. 180 p. Cart.   1.—
28311 **Ulrich.** Die Bestäub. u. Befrucht. d. Roggens. Halle 1902. 8. 63 p.   1.50
28312 **Unger.** Die physiol. Bedeut. d. Pflanzencultur. Wien 1861. 8. 37 p.   1.—
28313 **Uslar.** Die Bodenvergift. durch d. Wurzel-Ausscheidgn. als Grund f.
d. Pflanzen-Wechsel-Wirtschaft. Altona 1844. 8. 163 p. (M. 3.)   2.—
28314 **Usteri.** Ueb. tropische Märkte u. ihre vegetabil. Produkte. (Locarno)
1903. 8. 28 p.   1.50
28315 **Van Gorkom.** Oost-Indische Cultures. Neue Ausg. v. Prinsen-Geerligs.
3 Bde. Amsterd. 1913. 8. 2208 p. m. 2 Ktn. u. 597 Fig.   52.—
28316 **Vanière, J.** Georgicorum libri III. Tolosae 1698. 8. 83 p. Cart.   3.—
28317 **Van Slyke and Andrews.** 3 pap. on commercial Fertilizers. Geneva
1901—03. 8. 160 p.   2.—
28318 **Vasey.** The Agricult. Grasses of the Un. States. (Wash., Dept. Agr.)
1884. 8. 144 p. w. 121 pl.   7.—

28319 **Vasey and Galloway.** Record of the Botan. Divis. of U. S. Dept. of *M*
Agricult. Wash. 1889. 8. 67 p. 1.50
28320 **Vereinbarungen** z. einheitl. Untersuch. v. Nahrungs- u. Genussmitteln.
Heft III. Berl. 1902. 8. 184 p. (M. 5.) 1.50
28321 **Verhandlungen** d. Deutsch. Kolonialkongresses zu Berlin 1902 u. 1905.
2 Bde. Berlin 1903 u. 1906. 8. 2027 p. m. 5 Ktn. u. Tfln. Lnbde. (M. 60.) 20.—
28322 **Versen.** Das ewige Werden u. d. Kunst d. ration. Pflanzenpflege.
Königsb. 1857. 8. 384 p. 2.—
28323 **Verslag** v. het Koloniaal Museum te Haarlem ov. 1909/ Amsterd. 1910.
8. 208 p. m. 8 Tfln. 1.50
28324 **Verslag** ov. d. Landbouw in Nederland. Jahrg. 1880—82, 84, 85, 87—95,
1898, 1900. 's Gravenh. 8. m. viel. Tfln. 6.—
28325 **Veth.** De Sago v. Nederl. Indië. Amst. 1866. 8. 58 p. 1.50
28326 **Vianne.** Prairies et Plantes Fourragères. Paris 1870. 8. 432 p. av. 170
fig. D.-rel. veau. 4.—
28327 **Vierteljahrsschrift** üb. die Fortschr. d. Chemie d. Nahrungs- u. Genussmittel. Jahrg. II. Berlin 1887. 8. 698 p. (M. 14.) 3.—
28328 **Ville.** — M a q u e n n e. Notice nécrol. (Paris, Mus.) 1897. 4. 24 p.
av. portr. 1.50
28329 **Violette.** Analyse de la Betterave. (Lille, Soc. Sc.) 1861. 8. 4 p. av. pl. 1.—
28330 **Vöchting.** Ueb. d. Keimung d. Kartoffelknollen. (Leipz., Bot. Z.) 1902.
4. 28 p. m. 2 Tfln. 2.—
28331 **Vogel, A.** Ueb. d. Entwicklg. d. Agrikulturchemie. Münch. 1869. 8. 49 p. 1.—
28332 — Zur Gesch. d. Liebig'schen Mineraltheorie. Berl. 1883. 8. 44 p. 1.—
28333 **Vogl, A.** Ueb. vegetabil. Fette u. Fett liefernde Pflanzen. Wien 1868.
8. 40 p. m. Tfl. 1.—
28334 **Voelcker.** Travaux et expér. de Chimie appl. à l'Agricult. V. (Paris,
Ann. Agr.) 1887. 8. 160 p. 1.50
28335 — Report on the Woburn Pot-culture Station of the Agricult. Society
of Engl. Lond. 1900. 8. 52 p. 1.50
28336 **Volkens.** Die botan. Zentralstelle für d. Kolonien. (Berl.) 1907. 8. 18 p. 1.—
28337 **Voorhees.** The use of Fertilizers. New Jersey 1904. 8. 32 p. 1.—
28338 **Vosseler.** Die Baumwollpflanzungen bei Sadani. (Tanga). 8. 14 p. 1.—
28339 **Wagner, P.** Lehrb. d. Düngerfabrikation. Braunschw. 1877. 8. 206 p.
(M. 5.20.) Hfzb. 2.—
28340 — Ein. prakt. wichtige Düngungsfragen. 2. Aufl. Darmst. 1884. 8. 96 p. 1.—
28341 — Die Thomasschlacke. Darmst. 1887. 8. 56 p. m. 2 Tfln. 1.—
28342 — Anleit. z. Düngung m. Phosphorsäure. 2. Aufl. Darmst. 1889. 8.
48 p. m. 2 Tfln. 1.—
28343 — Photograph. Aufnahmen v. Düngungsversuch. m. Chilisalpeter.
Darmst. 1891. 8. 36 p. m. Atlas v. 12 Tfln. in-fol. (M. 25.) 15.—
28344 — Die ration. Düngung d. landwirtsch. Kulturpflanzen. 2. Aufl. Darmst.
1891. 8. 40 p. m. 12 Tfln. 1.50
28345 — La Fumure ration. d. Plantes agricoles. Trad. p. Malliard. (Paris,
Ann. Agr.) 1892. 8. 42 p. 1.—
28346 — Die Stickstoffdüngung d. landwirtschaftl. Kulturpflanzen. Berl. 1892.
8. 449 p. (M. 6.) Hfzb. 3.—
28347 — Wie wirkt das schwefelsaure Ammoniak? Frankf. 1892. 8. 34 p.
m. 7 Tfln. 1.50
28348 — Die Anwendung künstl. Düngemittel im Obst- u. Gemüsebau, in d.
Blumen- u. Gartenkultur. 2. Aufl. Berl. 1892. 8. 39 p. 1.—
28349 — Anleitg. z. ration. Stickstoffdüngung landwirtschaftl. Kulturpflanzen.
Berl. 1894. 8. 48 p. 1.—
28350 — Düngungsfragen. Heft III. 2. Aufl. Berlin 1896. 8. 56 p. m. 18 Tfln. 1.—
28351 **Waldron.** Troublesome members of the Mustard family. Fargo 1892.
8. 19 p. 1.—

28352 **Warburg.** Die aus d. deutsch. Kolonien export. Produkte. Berl. 1896. *M*
4. 32 p. 1.50
28353 — Die Muskatnuss. Leipz. 1897. 8. 640 p. m. 8 Tfln. u. Karte. (M. 20.) 14.—
28354 **Warburg u. van Someren-Brand.** Kulturpflanzen d. Weltwirtschaft.
Leipz. 1908. 4. 425 p. m. 12 color. Tfln. u. 653 Fig. Lnb. (M. 14.) 9.—
28355 **Waring.** A Farmer's Vacation. Bost. 1876. 8. 261 p. w. many fig. Cloth. 3.—
28356 **Warrington.** On Nitrification. III. Lond. 1884. 8. 36 p. 1.—
28357 **Warthiadi.** Die Veränderungen der Pflanze unt. d. Einfluss v. Kalk
u. Magnesia. Münch. 1911. 8. 163 p. (M. 5.) 3.—
28358 **Watt.** Dictionary of the Economic Products of India. 6 vols. and index by Thurston. (10 vols.) Calc. 1889—96. 8. Half bd. calf. 250.—
Now thoroughly out of print.
28359 **Webber and Bessey.** Progress of Plant Breeding in the U. S. (Wash.,
Dept. Agr.) 1899. 8. 30 p. w. 3 pl. 1.50
28360 **Wehsarg.** Das Unkraut im Ackerboden. Berl. 1912. 8. 87 p. 1.50
28361 **Wein.** Agrikulturchem. Analyse. Stuttg. 1889. 8. 218 p. Lnb. (M. 7.) 2.—
28362 Das **Weinkraut.** — 2 Schriften. Heilbr. u. Regensb. 1891—92. 8. 230 p. 1.50
28363 **Weinzierl.** Z. Lehre v. d. Festigkeit u. Elasticität vegetab. Gewebe u.
Organe. (Wien, Ak.) 1877. 8. 77 p. 1.50
28364 (—) Jahresbericht d. Wiener Samen - Control - Station für 1888—89,
1890—91, 1905. 3 Tle. Wien. 8. 170 p. m. Tfl. 1.50
28365 — Ueb. d. Zusammensetz. u. d. Anbau d. Grassamen-Mischungen.
4. Aufl. Wien 1903. 8. 54 p. m. Tab. 1.—
28366 **Weiss, E.** Der Hopfen. Wien 1878. 8. 142 p. 1.—
28367 **Weiss, E.** Die Herrschaft Brody. Ein Landwirtschaftsbetrieb. Merseb.
1903. 8. 80 p. 1.—
28368 **Weiss, F. E.** The Caoutchouc-contain. Cells of Eucommia ulmoides.
(Lond., Linn. Soc.) 1892. 4. 12 p. w. 2 pl. (6 s.) 3.50
28369 **Weitz, G.** Schlesische Weidewirtschaft. Jena 1913. 8. 76 p. m. 2 Tab. 1.50
28370 **Weitz, M.** Der landwirtschaftl. Raubbau. Berl. 1895. 8. 44 p. 1.—
28371 **Wellington.** Influence of Crossing in increas the yield of the Tomato.
Geneva 1912. 8. 22 p. 1.—
28372 **Welwitsch.** Origin and geogr. distrib. of the Gum Copal in Angola.
(Lond., Linn. Soc.) 1867. 8. 16 p. 1.—
28373 **Werneke.** De Arabum Hispanicor. Agricultura et Mercatura. Monast.
1851. 8. 56 p. 2.—
28374 **Werner u. Albert.** Der Betrieb d. deutschen Landwirtschaft am Schluss
d. 19. Jahrhund. Berl. 1900. 8. 96 p. 1.50
28375 **Wester.** Contrib. to the nomenclat. of the cultivated Anonas. (Manila,
J. Sc.) 1912. 4. 15 p. w. 6 pl. 2.50
28376 **Westermann, D.** Die Nutzpflanzen uns. Kolonien. Berl. 1909. 8. 94 p.
m. 36 color. Tfln. Gebdn. 5.—
28377 **Westermann, T.** Uddrag af fremmed Litteratur vedr. Landbrugets
Jorddyrkning og Plantekultur for 1901. Kjöbenh. 1905. 8. 177 p. 1.—
28378 **Wichulla.** Die automat. Bewässerung u. Düngung. Neudamm 1902. 8.
66 p. m. 14 z. Tl. color. Fig. Cart. (M. 3.) 1.50
28379 — Der Plantagenbau in Deutschland. Berl. 1905. 8. 318 p. (M. 8.) 5.—
28380 **Widtsoe and Stewart.** The chemical history of Lucern. II. Logan 1898.
8. 90 p. 1.50
28381 **Wien.** Ein. Feststellgn. bei grün- u. gelbkörn. Roggen. Halle 1904. 8. 64 p. 1.—
28382 **Wiesner.** Die Rohstoffe d. Pflanzenreiches. Leipz. 1873. 8. 850 p.
(M. 15.) 3.—
28383 — — 2. Aufl. 2 Bde. Leipz. 1900—02. 8. 1882 p. m. 450 Fig. (M. 60.) 42.—
28384 — — 3. Aufl. (2 Bde.) Bd. I. Leipz. 1914. 8. 769 p. m. 98 Fig. (M. 25.)
— Soviel erschien.
28385 **Wieting.** Report of Analyses of Fertilizers. Geneva 1907. 8. 85 p. 1.—

28386 **Wildeman.** Tuiles végétales du Congo. 2 parties. (Brux.) 1904 à 1906. *M*
8. 20 p. 1.50
28387 — A propos de Caoutchoucs. (Louvain) 1909. 8. 17 p. 1.—
28388 — Matér. p. une étude botanico-agronom. du g. Coffea. (Buitenz., Jard.)
1909. 8. 40 p. 1.50
28389 — S. d. Plantes largement cultiv. p. les indigènes en Afrique tropic.
(Mars., Mus. Colon.) 1909. 8. 100 p. 4.—
28390 — L'enseignement colonial en Allemagne. (Brux.) 1910. 8. 20 p. 1.—
28391 **Wiley.** Record of experim. with Sorghum. (Wash., Dept. Agr.) 1891.
8. 125 p. 2.—
28392 — Soil Ferments import. in Agricult. (Wash., Dept. Agr.) 1896. 8. 34 p. 1.—
28393 — Composit. of Maize. (Wash., Dept. Agr.) 1898. 8. 31 p. 1.—
28394 **Wille.** Om landbrugsbotan. Forsögsstationer. Christ. 1891. 8. 55 p. 1.—
28395 **Williams, T. A.** The Soy Bean. (Wash., Dept. Agr.) 1897. 8. 24 p. 1.—
28396 **Willis.** Rubber Cultivation in Ceylon. (Colombo, Gard.) 1898. 8. 14 p. 1.—
28397 — Rubber in the early days. 2 parts. (Peraden.) 1910. 8. 25 p. 1.—
28398 **Willis, Bamber and Denham.** Rubber in the East. Account of the Ceylon Rubber Exhibit. Colombo 1906. 8. 274 p. w. portr., 32 pl. and
colour. maps. Cloth. 12.—
28399 **Willis and Wright.** Panama and Ceará Rubber. (Colombo, Gard.)
1903. 8. 16 p. 1.—
28400 **Willkomm.** Ueb. Europ. Culturpflanzen Amerik. Herkunft. Prag 1877.
8. 24 p. 1.—
28401 **Wilms.** Einfluss d. Wassergehaltes u. Nährstoffreichtums d. Bodens
auf d. Kartoffel. Merseb. 1899. 8. 47 p. m. Tfl. 1.—
28402 **Wilson, J.** British Farming. Edinb. 1877. 4. 130 p. w. 7 pl. Cloth. 1.—
28403 — Work of the Department for the Farmer. (Wash., Dept. Agr.) 1897.
8. 231 p. w. 2 pl. 1.50
28404 — Agricult. of the Clare Island. (Dublin, Ac.) 1911. 4. 46 p. 1.—
28405 **Wilson, O. T.** Studies on the anat. of Alfalfa. (Lawrence, Univ.) 1913.
8. 11 p. w. 5 pl. 2.—
28406 **Wimmer.** Die Kali-Mangelerscheinungen d. Pflanzen. qu.-folio. 16 color.
Tfln. m. 12 p. Text. 8.—
28407 **Winckler, E.** Geschichte d. Botanik. Frankf. 1854. 8. 656 p. (M. 6.) 2.—
28408 **Winter, H.** Untersuch. üb. d. Zuckerrohr. Halle 1891. 8. 40 p. 1.—
28409 **Wirtgen.** Anleit. z. landwirtschaftl. u. technischen Pflanzenkunde.
2 Tle. Coblenz 1857—60. 8. 480 p. (M. 7.) Cart. 2.—
28410 **Witt.** Chem. Technologie d. Gespinnstfasern. Lfg. 1—3 (soviel erschien.). Braunschw. 1888—1902. 8. 576 p. m. zahlr. Fig. (M. 18.50.) 9.—
28411 **Witt u. Zimmermann.** Der Landwirtsch. Unterr. im Seminar. 3 Tle.
Breslau 1903. 8. 239 p. Lnb. 1.—
28412 **Wittmack.** Führer durch die vegetabil. Abteil. d. Museums d. Berliner
Landwirtsch. Hochschule. Berl. 1886. 8. 85 p. m. Plan. 1.—
28413 — Ueb. d. botan. Werthschätzung d. Heues. Gera 1889. 8. 36 p. 1.—
28414 — Die Wiesen auf d. Moordämmen in d. Oberförst. Zehdenick. Bericht II—VI. (Berl., Landw. J.) 1892—96. 8. 138 p. m. 2 Tfln. 3.—
28415 — Die Zürich. Samen-Kontrollstation. (Berl., Landw. J.) 1894. 8. 52 p. 1.50
28416 — Das Mehl u. s. Verfälschungen. (Berl., Natur) 1896. 8. 22 p. 1.—
28417 — Anleit. z. Erkenn. organ. u. unorgan. Beimengungen im Roggen- u.
Weizenmehl. Leipz. 8. 62 p. m. 2 Tfln. 2.—
28418 **Wohltmann.** Z. Versuchsmethode z. Lösung v. Pflanzen- u. Boden-
kulturfragen. Halle 1886. 4. 32 p. 1.—
28419 — Ueb. d. Verbesser. u. künstl. Veranlag. d. natürl. Produktionsfakt.
in der trop. Agrikultur. Halle 1891. 8. 32 p. 1.—
28420 **Wolfbauer u. Kornauth.** Bericht üb. d. Landwirtsch.-chem. Versuchsstat. u. Pflanzenschutzstat. n Wien 1904. (Wien, Z. Landw. Vers.)
1905. 8. 74 p. 1.—

28421 **Wölfer.** Wechselbeziehungen in der Ernähr. d. Pflanzen u. Tiere. Berl. *ℳ*
1913. 1 color. Tfl. in fol. (M. 6.)
28422 **Wolff, E.** Anleit. z. chem. Untersuch. landwirtsch. wichtig. Stoffe.
2. Aufl. Stuttg. 1867. 8. 202 p. Hfzb. 1.50
28423 — Aschen - Analysen von landwirtschaftl. Produkten. 2 Tle. Berl.
1871—80. 4. 364 p. 20.—
      Teil I ist jetzt vergriffen.
28424 **Wolff, E., u. Eisenlohr.** Wiesengras u. Pressfutter. (Berl., Landw. J.)
1892. 8. 33 p. 1.—
28425 **Wolff, E. T.** Die chemischen Forschungen auf d. Geb. d. Agricultur u.
Pflanzenphysiol. Leipz. 1847. 8. 549 p. (M. 7.50.) Cart. 2.—
28426 **Wölkerling.** Ausländ. Kulturpflanzen. Berl. 1891. 8. 56 p. Cart. 1.—
28427 **Wooton.** New Mexico Weeds. Las Cruces 1894. 8. 36 p. w. 8 pl. 2.—
28428 — The Russian Thistle. Las Cruces 1895. 8. 20 p. w. 2 pl. 1.—
28429 — Some New Mexico Forage Plants. Las Cruces 1896. 8. 25 p. w. 12 pl. 2.—
28430 **Wright, H.** Ground Nuts in Ceylon. (Peraden.) 1904. 8. 17 p. 1.—
28431 — The Castor Oil Plant in Ceylon. (Peraden.) 1904. 8. 8 p. 1.—
28432 — Green Manures. (Peraden.) 1905. 8. 20 p. w. 4 pl. 1.50
28433 — Indian Corn in Ceylon. (Peraden.) 1905. 8. 10 p. 1.—
28434 — Theobroma Cacao or Cocoa, its botany, cultivat., chemistry and
diseas. Colombo 1907. 8. 261 p. w. 18 pl. Cloth. 12.—
28435 — Hevea Brasiliensis or Para Rubber. 4. ed. Lond. 1912. 8. 562 p.
Cloth. 15.—
28436 **Wright and Bruce.** Para Rubber in Ceylon. (Peraden.) 1905. 8. 34 p. 1.50
28437 **v. Wulffen.** — S t a d e l m a n n, C. v. Wulffen. Berl. 1863. 8. 43 p. 1.—
28438 **Wullschlegel.** Ueb. Einführg., Nahrungspflanzen, Zucht u. Pflege neuer
Seidenspinner. (Gallen, Nat. Ges.) 1863. 8. 28 p. 1.50
28439 **Yearbook** of the U. S. Departm. of Agriculture for 1895, 1897, 1898.
3 vols. Wash. 8. w. very many plates. Cloth.
      Price of every volume M. 2.50.
28440 **Zaccone.** Plantes Fourragères. Paris 1863. fol. 60 planches c o l o r.
av. texte descript. 25.—
      Iconographie très-rare et peu connue.
28441 **Zacharias.** Frucht- u. Samenansatz v. Kulturpflanzen. (Jena, Z. Bot.)
1911. 8. 11 p. 1.—
28442 **Zehntner.** Le Cacaoyer à Bahia. Berl. 1914. 8. 168 p. av. tableau color.
et 48 pl. 12.—
28443 **Zeitschrift** für Pflanzenzüchtung. Hrsg. v. Fruwirth. Bd. I—III. Berl.
1913—15. 8. 1524 p. m. 11 Tfln. (1 color.) (M 61.)
28444 **Zimmermann, A.** Anleit. f. d. Baumwollkultur in Deutsch-Ostafrika.
Berl. 1910. 8. 29 p. 1.—
28445 **Zimmermann, H.** De Papyro I: Geograph. Vratisl. 1866. 8. 32 p. 1.—
28446 **Zippel.** Ausländische Handels- u. Nährpflanzen. Braunschw. 1885. 8.
255 p. m. 60 color. Tfln. Lnb. (M. 10.) 4.—
28447 **Zippel u. Thomé.** Ausländische Kulturpflanzen in farbigen Wandtafeln.
2. u. 4. (letzte) Aufl. 3 Abteilgn. Braunschw. 1899—1906. 68 color.
Tfln. in-fol. m Text in-8. (M. 56.) 40.—
28448 **Zipperer.** Untersuchgn. üb. Kakao. Hamb. 1887. 8. 61 p. m. color. Tfl.
(M. 2.40.) 1.—
28449 **Zoebl.** Der anatom. Bau d. Fruchtschale d. Gerste. (Brünn, Nat. Ver.)
1889. 8. 24 p. 1.—
28450 **Zohlenhofer.** Die Kolanuss. (Berl., Arch. Pharm.) 1884. 8. 4 p. m. 5 Tfln. 1.50
28451 **Zucker.** — 10 Abhandl. in holländ. Sprache üb. Javan. Zucker.
(Soerabaja) 1889—98. 8. 554 p. m. 3 Tfln. 3.—
28452 **Zuckerrübe.** — 10 Abhandl. 1874—1901. 8. 236 p. m. 2 Tfln. 2.50
28453 **Zürn.** Die deutschen Nutzpflanzen. I. Leipz. 1901. 8. 215 p. (M. 3.) 1.50

II. Plantae Hortenses.

[Supplementum numeror. 6217—6354, vide: Bibliographia Botanica, p. 243—248].

28454 **Adams, H. C.** Oriental text book and language of Flowers. Lond. 8. 114 p. w. colour. illustr. Cloth.   𝓜 2.—

28455 **Affaitat, C.** Il semplice Ortolano in villa e giardiniere in città. Milano 1711. 12. 205 p. Cart.   8.—

28456 — — Milano 1734. 12. 216 p. Cart.   6.—

28457 — — Milano 1745. 12. 216 p. Cart.   5.—
    P r i t z e l ne connait que l'édition de 1734.

28458 **Album** d. Fleurs du printemps. Bienne 1911. 8. 36 p. av. 40 pl. color. En enveloppe.   3.—

28459 **Allgemeine Deutsche Garten-Zeitung.** Hrsg. v. d. Gartenbau-Gesellsch. in Frauendorf. Jahrg. I, II, IV, VI, VII. Passau 1823—29. 4. m. Portr. Cart.   4.—

28460 **Allgemeines Teutsches Garten-Magazin.** Hrsg. v. Sprengel, Sickler, Bertuch u. a. 8 Jahrgänge (soviel erschien.): 1804—11. Weimar. 4. m. 3 2 2 c o l o r. T f l n. Hfzbde.   50.—

28461 **Almanach du Jardinier.** Réd. p. Bixio et Isabeau. Ann. 3 à 62. Paris 1846 à 1905. 8. av. beauc. de fig.   30.—

28462 **Annalen** d. Blumisterei. Hrsg. v. Reider. Jahrg. I—X. — Der Garten- beobachter. Hrsg. v. Gerstenberg. Jahrg. I. Nürnb. 1826—37. 8. m. 264 color. Tfln. Hfzbde.   30.—

28463 — — Jahrg. IX: 1833. 310 p. m. 24 color. Tfln.   2.—

28464 **Annalen** der Gärtnerey. Hrsg. v. Neuenhahn. 12 Stücke. Erfurt 1795— 1800. 8. m. Tfl. Hfzbde. — Alles was erschienen.   15.—
    Selten, nicht im Pritzel.

28465 **Annuaire** de l'Horticulture Belge. Réd. p. Burvenich, Rodigas et van Hulle. Années I et IV: 1875, 1878. Gand. 8. 340 p. av. portr.   1.50

28466 **Annual Report** II of the Experim. Farm of the North Carolina Horti- cult. Society. South. Pines, N. C. 1896. 8. 90 p.   1.—

28467 — Die Versuchsfarm d. Gartenbau-Gesellsch. v. Nord-Carolina in South. Pines. Leopoldsh. 1897. 8. 129 p. m. 3 Plänen.   1.50

28468 **Antoine.** Der Wintergarten in d. k. k. Hofburg zu Wien. Wien 1852. quer-fol. 23 p. m. 12 Tfln.   25.—
    Selten. — Kupferstiche auf chinesischem Papier.

28469 **Anweisung** schöne Rosen zu erziehen. Ulm 1820. 8. 55 p.   3.—

28470 **Appleby.** The Orchid Manual. London 1865. 8. 96 p. w. 8 pl. Cloth.   3.—

28471 **d'Argenville.** Manual du Jardinier. Paris 1772. 8. 116 p.   3.—

28472 — Dictionnaire du Jardinage. Paris 1777. 8. 472 p. av. 7 pl. D.-rel. veau.   6.—

28473 — — Paris 1783. 8. 324 p. av. 6 pl. Veau.   6.—

28474 **Arnaldus de Villanova.** — C a r y s t i u s, D., De morborum praesagiis. Adhaer.: A. a V i l l a n o v a, De salubri Hortènsium usu cura A. M i - z a l d i. Lutetiae 1572. 8. 64 p.   9.—
    P r i t z e l kennt nur die Ausgabe von 1607.

28475 **Atlee Búrpee.** Select. in Seed Growing. Philad. 1896. 8. 98 p.   1.—

28476 **Bailey, L. H.** Suggestions for the Planting of Shrubbery. Ithaca 1896. 8. 30 p.   1.—

28477 **Basarow u. Monteverde.** Duftende Pflanzen u. aether. Oele. Tl. I. Petersb. 1894. 8. 139 p. m. 45 Fig. — Russisch.   1.50

28478 **Baumgärtner, J. C.** Vollständ. liebliche u. annehmliche Garten-Lust. Wie man die Blumen, Küchen-Gewächse, Fruchttragende Bäume zu setzen etc. Nürnberg 1731. 8. 200 p. Cart.   7.—

28479 **Beach.** Report of the Horticulturist of the N. Y. Agricult. Experiment Station. New York 1893. 8. 180 p. w. 8 pl.   1.50

28480 **Beard.** Progress of Orchid Culture in America. (Boston, Hort. Soc.) 1886. 8. 26 p. w. colour. pl.   2.—

28481 La **Belgique Horticole.** Années V: 1855 et XXVI: 1876. Liége. 8. av. portr. et 42 pl. color. D.-rel.   *M* 5.—

28482 **Benary.** Die Erzieh. d. Pflanzen aus Samen. 2. Aufl. Berl. 1911. 8. 441 p. Lnb. (M. 12.)

28483 **Berg, F. W. C.** Acclimatis. v. Antherea Yama-mayu in d. Ostseeprov. (Mosk., Bull.) 1873. 8. 19 p.   1.—

28484 **Berge.** Pflanzenphysiognomie. Die landschaftl. wichtig. Gewächse. Berl. 1880. 8. 288 p. m. 328 Fig. (M. 6.)   4.—

28485 **Berger, A.** Hortus Mortolensis. Catal. of Plants grow. in the Garden of Hanbury at La Mortola. Lond. 1912. 8. 492 p. w. 2 portr. and 6 pl.   5.—
    A complete and exact description of this garden may also be found on pages 288—423 of: V o i g t ' s Naturführer durch die Riviera, see nr. 28875.

28486 **Berger, C. G.** Taschenbuch f. Blumenfreunde. Leipz. 1802. 8. 294 p. Hfzb.   2.50

28487 **Bergmann.** Die Blumenpflege. Gera 1895. 8. 44 p.   1.—

28488 **Berlese.** Ueb. Camelien. Berl. 1838. 8. 248 p. Hfzb.   3.—

28489 **Besnier, H.** Le Jardinier botaniste. Paris 1705. 8. 389 p. av. pl. Veau.   8.—
    P r i t z e l n'a vu que la seconde édition de 1712.

28490 **Betten.** Die Rose, ihre Anzucht u. Pflege. Frankf. 1897. 8. 230 p. m. 138 Fig. Lnb. (M. 4.)   1.50

28491 — — 3. (letzte) Aufl. Frankf. 1911. 8. 247 p. m. 189 Fig. Lnb. (M. 4.)

28492 **Birkinger.** Die Rose. Darstell. e. Anzahl d. schönsten Rosen. Wien 1894. 9 Tfln. (4 color.) in fol. m. Text. (M. 12.)   5.—

28493 **Blatter.** Zur Bionomie d. Palmen d. Alten Welt. (Brüssel, Congr. Bot.) 1911. 4. 10 p. m. 8 Tfln.   4.—

28494 **(Boitard).** Essai s. la composition et l'ornement d. Jardins. Paris 1820. 4. 72 p. av. 107 pl. D.-rel. veau.   12.—

28495 — Traité de la composition et de l'ornement d. Jardins. 3. éd. Paris 1825. 4. 156 p. av. 96 pl. Cart.   10.—

28496 — Art de composer et décorer les Jardins. 4. éd. (Paris s. d.) 4. 172 p. av. atlas de 132 pl. — Les dernières feuilles du texte un peu endommagées.   10.—

28497 **Bolle u. Wittmack.** Deutsche Gartenkunst. Wien 1881. 8. 623 p. m. 18 color. u. schwarz. Tfln. Lnb.   5.—

28498 Le **Bon Jardinier.** Almanach p. l. a. 1847 et 1848. 2 vols. Paris. 8. av. plchs. D.-rel.   2.—

28499 **(Bonnefous, N. de).** Les Delices de la Campagne. Suitte du Jardinier François. Paris 1654. 12. 408 p. av. frontisp. et 2 pl. Veau.   13.—

28500 (—) — 6. éd. Paris 1684. 12. 336 p. av. 3 pl. Veau.   8.—

28501 (—) — Nouv. éd. Paris 1741. 8. 360 p. av. 3 pl. Veau.   6.—
    Voyez aussi nr. 27405.

28502 (—) Le Jardinier françcis. Lyon 1698. 12. 334 p. Veau.   10.—
    P r i t z e l connaît 11 éditions, mais pas celle enumérée ci-dessus.

28503 **Bosse.** Der Blumenfreund. 2. Aufl. Hann. 1850. 8. 552 p. (M. 6.) Hfzb.   1.50

28504 — Handbuch d. Blumengärtnerei. 2. Aufl. 5 Bde. Hannov. 1840—54. 8. (M. 39.) Hfzb.   4.—

28505 — — 3. (letzte) Aufl. 3 Bde. Hannov. 1859—61. 8. (M. 35.) Hfzb.   8.—

28506 **Bossin.** Les Plantes bulbeuses. 2 vols. Paris 1872. 8. 324 p.   4.—

28507 **Bouché, C. P.** Der Zimmer- u. Fenstergarten. 2. Aufl. Berlin 1811. 8. 322 p.   2.—

28508 **Bouché, D.** Anleit. z. Treiberei d. Zwiebel-Gewächse. Berl. 1839. 8. 24 p.   1.—

28509 **Bouché, F.** Der Schlossgarten zu Pillnitz. (Dresd., Dendr. Ges.) 1899. 8. 10 p. m. 5 Tfln.   2.—

28510 **Boutelou, C. y E.** Tratado de las Floras en que se explica el método de cultiv. l. p. adorno de los jardines. Madrid 1804. 8. 432 p. Veau.   6.—

28511 **Boyle.** Ueb. Orchideen. Deutsch v. Kränzlin. Berl. 1896. 8. 198 p. m. 8 color. Tfln. Lnb. (M. 8.)   5.—

28512 **Bradley, R.** New improvements of Planting and Gardening. 3 parts — and: Gentleman and Gardener's Kalendar. 2. ed. Lond. 1718. 8. 675 p. w. 11 pl. Calf. 9.—

28513 — — 5. ed. 3 parts. Lond. 1726. 8. 632 p. w. 14 pl. Boards. 7.—
> The 'New Improvements' are the best known book of this 'Polygraphus' — as P r i t z e l styles him.

28514 **Bratranek.** Beitr. z. Aesthetik d. Pflanzenwelt. Leipz. 1853. 8. 445 p. (M. 7.) Cart. 3.—

28515 **Brocke.** Beobachtungen v. einigen Blumen, deren Bau. Leipz. 1779. 8. 264 p. Cart. 2.—

28516 **Brooke.** — The Fairfield Orchids. Catal. of the spec. and varieties grown by J. Brooke & Co. Lond. 1872. 8. 134 p. Cloth. 5.—

28517 **Bruneel.** 6 années de meetings périod. p. l'appréciation des produits de l'Horticulture. Gand 1890. 8. 107 p. Cart. 1.50

28518 **Brunnthaler.** Aus d. Succulentengebiet Südafrikás. (Wien, Z. Gärtn.) 1911. 8. 8 p. 1.—

28519 **Bulletin** de la Fédération des Sociétés d'Horticulture de Belgique 1861, 1862, 64, 65, 68, 73. Gand et Liége. 8. av. plchs. 3.—

28520 **Bulletin** de la Société d'Horticulture et de Viticult. à Epernay. Années 1894 à 1903. 8.
> Beaucoup de numéros dépareillés de ces années en magasin. Prix à M. 0.50.

28521 **Bulletin** de la Société d'Horticulture de Genève. Années 1895 à 1901. Genève. 8.
> Beaucoup de numéros dépareillés de ces années en magasin. Prix à M. 0.50.

28522 **Bulletin** de la Société d'Horticulture d'Orléans et du Loiret. Années 1884, 1894 à 97, 1901. Orléans. 8. av. pl. color.
> Prix d'une année: M. 1.

28523 **Burbidge.** Cool Orchids and how to grow them. Lond. 1874. 8. 166 p. w. 6 colour. pl. Cloth. 5.—

28524 — Die Orchideen d. temperiert. u. kalten Hauses. Deutsch v. Lebl. 2. (letzte) Aufl. Stuttg. 1882. 8. 186 p. m. 4 color. Tfln. (M. 8.) 5.—

28525 **Burgeff.** Die Anzucht trop. Orchideen aus Samen. Jena 1911. 8. 94 p. 3.—

28526 **Burgerstein.** Die k. k. Gartenbau-Gesellschaft in Wien 1837—1907. Wien 1907. 4. 128 p. m. color. Plan u. 6 Portr. (M. 3.) 1.50

28527 **Burnat.** Résultats de champs d'expériences de Portegreffes, Greflons et Productes directes. Bâle 1912. 8. av. 13 pl. et 17 fig. 12.—

28528 **Bussato, M.** Giardino di Agricoltura. Venetia 1593. 4. 156 p. c. molte fig. D.-rel. veau. 10.—
> La deuxième edition, pas mentionnée par P r i t z e l.

Calwer. Deutschlands Gartengewächse — siehe Nr. 27272.

28529 **Caporali.** Rime. Perugia 1770. 4. 584 p. c. ritr. D.-rel. veau. 8.—
> Renfermant beaucoup sur la Botanique et l'Horticulture. — Ouvrage inconnu.

28530 **Carrière.** Entret. s. l'Horticulture. Paris 1859. 8. 386 p. D.-rel. veau. 3.—

28531 **Carstensen.** Bombay Gardens. (Bombay, Nat. Soc.) 1891. 8. 20 p. 1.—

28532 — Landscape Gardening in Native States. (Bombay, Nat. Soc.) 1891. 8. 11 p. 1.—

28533 **Cecil.** History of Gardening in England. Lond. 1911. 8. w. fig. Cloth. 12.50

28534 **Cérutti.** Les Jardins de Betz, poème. 2. éd. Paris 1792. 8. 72 p. 6.—
> Ouvrage inconnu.

28535 **Christ.** Gartenbuch. 6. Aufl. v. F. Lucas. Stuttg. 1883. 8. 334 p. m. 129 Fig. (M. 4.) Cart. 1.50

28536 **Church and Soden-Smith.** Flower and Bird Posies. Shelsley 1890. 4. 32 p. 1.—

28537 **Clavarino.** Antosmologia ovvero tratt. s. coltivaz. e moltiplicaz. di Piante di Fiori odorosi. Torino 1857. 8. 237 p. 5.—

28538 **Cobbett.** The English Gardener. Lond. 1838. 8. 340 p. w. pl. 3.—
> Unknown to P r i t z e l.

28539 **Columella.** Della cultura d. Orti libro X. Pistoja 1807. 4. 34 p. 4.—
> Eine unbekannte Ausgabe in der s. Zt. in Italien nicht seltenen Form einer Gabe für eine Hochzeit.

28540 **Compte rendu** de la Société d'Horticult. du dép. d'Ille et Vilaine.   *M*
Années 34 et 35. Rennes 1887. 8. 323 p. av. pl. color.   2.—
Congrès et Expositions Horticoles. Gartenbau-Ausstellungen u. -Congresse.

28541   A u s s t e l l u n g, Internat., v. Gegenständen d. Gartenbaues 1869
in St. Petersburg. Petersb. 1869. 8. 52 p.   1.—
28542   d e B o s s c h e r e. La Botanique et l'Horticulture à l'Expos. univ.
d'Anvers 1885. Gand 1886. 8. 69 p. av. pl. color.   1.50
28543   — L'Horticulture à l'Expos. univ. de Paris 1889. Gand 1890. 8. 60 p.   1.—
28544   C a t a l o g d. internat. Gartenbau-Ausstellung in Hamburg 1869.
Hamb. 8. 192 p.   1.—
28545   C o n g r è s H o r t i c o l e de Paris en 1887 de la Soc. d'Hortic. de
France. 2 fasc. Paris 1887. 8. 308 p.   3.—
28546   C o n g r è s I n t e r n a t i o n a l d'Horticulture de 1895. Paris 1895.
8. 149 p.   1.50
28547   C z u l l i k. Bericht üb. d. Gartenbau-Ausstell. in St. Petersburg
1884. Wien 1884. 8. 15 p. m. Tfl.   1.—
28548   Les F l o r a l i e s R u s s e s 1869. Expos. d'hortic. et congrès de
botan. à St. Pétersbourg. Gand 1869. 8. 112 p. av. 6 pl.   2.—
28549   F r e n z l. Der Gartenbau auf d. Wiener Weltausstellung 1873. Wien
1874. 8. 48 p.   1.—
28550   K a t a l o g d. allgem. Gartenbau-Ausstell. 1897. Hamburg. 8. 302 p.
m. Plan.   1.—
28551   M o r r e n, E., Plantes de serres à l'Expos. univ. de 1867. Paris 1867.
8. 76 p.   1.—
28552   — Actes du Congrès de botanique horticole, Bruxelles 1876. Liége
1877. 8. 112 p.   1.50
28553   P a s s e r i n i. Esposiz. florale di Amsterdam. (Mil.) 1865. 8. 24 p.   1.—
28554   R e g e l, E., 4 Berichte üb. Pflanzenausstellungen. (Petersb., Gartenbauver.) 1860. 8. 103 p.   2.—

28555 **Corthum.** Handbuch f. Gartenfreunde u. Blumenliebhaber. Bd. V.
(letzter Bd.). Zerbst 1816. 8. 294 p.   2.50
28556 **Courtin.** Prakt. Anleit. z. Cultur u. Vermehr. d. schönst. Topfpflanzen.
Stuttg. 1853. 8. 295 p. m. 3 Tfln. (M. 3.) Hfzb.   1.50
28557 **Curtis'** Botanical Magazine. Vol. 100. (Series III, vol. 30). Lond. 1874.
8. w. 66 colour. pl.   6.—
28558 **Cushing.** Der exotische Gärtner. Uebers. v. G. F. Seidel. Dresd., o. J.
8. 254 p. m. 2 Tfln. Cart.   3.—
     P r i t z e l kennt diese Uebersetzung nicht.
28559 **Czullik.** Behelfe zur Anlage u. Bepflanzung von Gärten. Wien 1882.
fol. 8 p. m. Frontisp. u. 15 Plänen auf 12 Tfln. In Mappe. (M. 8.)   3.—
     Ein wenig bekanntes schönes Werk.
28560 **Dahauron, R.** Il Giardiniero Francese ov. tratt. d. tagliare gl'Alberi
da Frutto. 2 parti. Venet. 1704. fol. 72 p. c. 10 tav. Vélin. — Bon exempl.   5.—
28561   — — Venez. 1723. fol. 79 p. c. 9 tav. Cart.   4.—
28562 **Dammer.** Palmenzucht u. -Pflege. Frankf. 1897. 8. 134 p. m. 24 Tfln.
Lnb. (M. 4.)   2.50
28563   — Ueb. d. Gartenbau in Russland. (Berl., Gartenfl.) 1897. 8. 23 p.   1.—
28564 **Davidis en Hartwig.** De Kamertuin. Amsterd. 8. 110 p. Lnb.   1.—
28565 **Dehérain.** Chimie et Physique horticoles. Paris. 8. 120 p. Cart.   1.50
28566 **Delchevalerie.** Plantes de Serre chaude et tempér. Paris. 8. 156 p.   1.50
28567 **Dematra.** Essai d'une monogr. d. Rosiers indigènes du cant. de Fribourg. Frib. 1818. 8. 8 p.   4.—
28568 **Deutsche Gärtner-Zeitung.** Jahrg. IV—VII. Erlang. 1880—83. 4. — In
IV f e h l t Titel u. Nr. 6.   4.—
28569 **Diesskau.** Vortheile in d. Gärtnerey. 5 Bde. Coburg 1779—85. 8. 1244 p.   15.—
     P r i t z e l hat diese seltene Originalausgabe nicht gesehen.

28570 **Dietrich, F. G.** Unterhalt. f. Gärtner u. Gartenfreunde. I. Tübgn. 1797.   <f>
8. 146 p.   3.—
  Nicht im P r i t z e l. Mehr nicht erschienen.
28571 — Oekonom. botan. Garten-Journal. Bd. I, Heft 2; II, III; IV, Heft 1;
VI, Heft 2. Eisenach 1798—1806. 8. m. 2 Tfln.   4.—
28572 — Lexicon d. Gärtnerei u. Botanik. Bd. I—VII u. X m. Generalregist.,
u. von **Nachträgen**: Bd. 1—9. Berl. 1802—23. 8. m. Portr. Hfzb. u. Cart.   12.—
28573 **Dippel.** Die Blattpflanzen u. der. Kultur. Weim. 1869. 8. 192 p. m. 6
Tfln. (M. 4.)   1.—
28574 — — 2. Aufl. Weim. 1880. 8. 242 p. (M. 5.)   1.50
28575 **Dochnahl.** Bibliotheca Hortensis. Gartenbibliothek aller Bücher über
Gärtnerei, Blumen-, Gemüsezucht u. Obst- u. Weinbau v. 1750—1860.
Nürnb. 1861. 8. 240 p. (M. 4.)   2.50
28576 **L'Ecole** du Jardinier fleuriste. Nouv. éd. Yverdon 1667. 8. 458 p. av.
frontisp. Veau.   14.—
28577 **Edwards, S.** The new Botanic Garden, illustr. w. 133 Plants. Lond.
1812. 4. 509 p. w. 60 colour. pl. — One plate seems to want, but has
not but published perhaps.   25.—
  Very rare.
28578 **Emblême** d. Fleurs. 4. éd. Paris 1833. 8. 130 p.   1.—
28579 **Eneroth.** Trädgardscdl. och Naturförsköningskonst. 3 Tle. Stockh.
1857—63. 8. 435 p.   5.—
28580 — Trädgardsbok. 3. Aufl. Stockh. 1860. 8. 80 p.   1.—
28581 **Engel.** Vie et croissance d. Palmiers. (Gand, Belg. Hort.) 1861. 8. 12 p.   1.—
28582 **Entleutner.** Promenade d. d. Anlagen u. Gärten v. Meran. Meran 1886.
8. 178 p. (M. 1.50.)   1.—
28583 — Die Ziergehölze v. Südtirol. (Wien, Z. b. G.) 1888. 8. 18 p.   1.—
28584 — Die immergrünen Ziergehölze v. Südtirol. Münch. 1891. 8. 173 p. m.
81 Tfln. Cart. (M. 15.)   6.—
28585 **Erfurter Illustr. Garten-Zeitung.** Jahrg. 6—8, 11, 12. Erf. 1892—94,
1897, 98. 4. (M. 30.) Gbdn. u. brosch.   8.—
28586 **Fahldieck.** Der Blumenfreund. 3. Aufl. Quedl. 1880. 8. 128 p.   1.—
28587 — Der prakt. Gartenfreund. 6. Aufl. Leipz. 1910. 8. 381 p. (M. 3.)   1.—
28588 **Falkenberg.** Der Garten u. s. Entwickl. Rostock 1899. 8. 26 p.   1.—
28589 — The Garden and its developm. (Wash., Smiths.) 1901. 8. 16 p.   1.—
28590 **Falkiner.** The Phoenix Park. (Dubl., Ac.) 1901. 8. 24 p.   1.—
28591 **Fedtschenko, B.** Duftende Pflanzen. (Petersb.) 1895. 8. 23 p.   1.—
28592 **Flora.** — Sitzungsberichte u. Abhandlgn. d. Sächs. Gesellschaft f. Botanik u. Gartenbau „Flora". Neue Folge. Jahrg. 1—19: 1896—1915.
Dresd. 8. m. Tfln.   35.—
  Jeder Jahrgang auch einzeln. — Jahrg. 2—4 sind vergriffen.
28593 **Flora** voor Bloemliefhebbers en Bloemkweekers. Jahrg. 1—8. Amsterd.
1834—40. 12.   4.—
28594 **Flore** d. Salons. Brux. 1846. 8. 110 p.   1.—
The Florist — see nr. 29565 and 29566.
28595 **Flückiger.** La Mortola. Der Garten von Hanbury. Strassb. 1886. 8.
30 p. m. 3 Tfln.   1.50
  Siehe auch Nr. 28875.
28596 Sur la **Formation** d. Jardins. Paris 1775. 8. 112 p.   4.—
28597 **Forney.** Taille et culture du Rosier et de l'Oranger. 3. éd. 8. 216 p.
av. 50 fig.   3.—
28598 **Förster, C. F.** Unser Blumengarten. Leipz. 8. 234 p. Cart.   1.—
28599 **Förster, K.** Winterharte Blütenstauden u. Sträucher d. Neuzeit. 2. Aufl.
Leipz. 1912. 8. 301 p. m. 21 color. Tfln. Lnb. (M. 10.)
28600 **Gabriel, P.** Kunsterfahrner Blumen-, Küchen- u. Baumgärtner. Tüb.
1756. 8. 254 p. m. Tfl. Cart.   4.—
28601 **Galloway.** Progress of commerc. Growing of Plants under Glass.
(Wash., Dept. Agr.) 1899. 8. 16 p. w. 3 pl.   1.50

ℳ

28602 **Gaerdt.** Gärtnerische Düngerlehre. Frankf. 1888. 8. 190 p. 1.—
28603 **Gartenbau.** — 20 Abhandl. v. Beck, Eichler, Eneroth, Fintelmann, Parlatore, Penzig, Thiselton-Dyer u. a. 1854—1910. 8. u. 4. 330 p. m. Tfl. 6.—
28604 **Gartenflora.** Zeitschrift f. Garten- u. Blumenkunde. Begründ. v. Regel, hrsg. v. Wittmack. Jahrg. 1—53: 1852—1904, m. allen Regist. u. Suppl. Berl. 8. m. vielen color. u. schwarzen Tfln. Gbdn. u. brosch. 700.—
In den Jahrgängen 19—21 fehlen einzelne Tafeln.
28605 — — Jahrg. 41—48: 1892—99. (M. 12.) Gbdn. u. brosch. 40.—
Jeder Jahrg. auch einzeln. — Ausserdem sind sehr viele einzelne Jahrgänge u. Hefte vorhanden.
28606 — — Jahrg. 62—64: 1913—15. (M. 48.) 20.—
28608 **Garten-Zeitung.** Hrsg. v. Wittmack. Jahrg. I, II. Berl. 1882—83. 8. m. color. Tfl. (M. 28.) 7.—
28609 **Gärtnerei.** — Von Prof. K. M ü l l e r - Halle zusammengest. Samml. von 12 Preis-Verzeichnissen üb. Gärtnerei u. Sämerei. 1855—85. 8. 770 p. m. Tfl. 3.—
28610 **(Gentil).** Le Jardinier solitaire. 3. éd. Paris 1707. 8. 464 p. Veau. 5.—
L'auteur anonyme de cet ouvrage — très-souvent imprimé pendant le XVIIIe siècle — est G e n t i l, en relig.: F r. F r a n ç o i s, chartreux.
28611 — — 6. éd. Paris 1728. 8. 394 p. Veau. 4.—
28612 — — 8. éd. Paris 1748. 8. 395 p. Veau. 3.—
28613 — — Paris 1773. 8. 336 p. Veau. 2.—
28614 — — Nouv. éd. Paris 1774. 8. 384 p. av. pl. Veau. 2.—
28615 **Gothein.** Geschichte d. Gartenkunst. 2 Bde. Jena 1914. 8. 959 p. m. 637 Tfln. (M. 40.)
28616 **Goeze.** Pflanzengeographie f. Gärtner. Stuttg. 1882. 8. 480 p. (M. 9.) 5.—
28617 **de Grace.** Le bon Jardinier, Almanach p. 1789. Paris 1789. 12. 481 p. Veau. 6.—
28618 **Grotjan.** Physikal. Winter-Belustigung m. Hyacinthen, Tulipanen, Nelken u. Levcojen. Nordh. 1750. 8. 144 p. Hldrb. 7.—
28619 — Calendarium perpetuum od. immerwähr. Land- u. Garten-Calender. 6 Tle. Frankf. 1773. 8. 1592 p. Cart. 10.—
Nicht im P r i t z e l.
28620 **Gruner.** Der Monatsgärtner. 5. Aufl. Leipz. 1848. 8. 262 p. Cart. 1.—
28621 — — 8. Aufl. Leipz. 1867. 8. 304 p. (M. 3.) Cart. 1.50
28622 **Haage.** Cacteen-Cultur. Bresl. 1892. 8. 180 p. (M. 3.) 2.—
28623 **Hallier.** Grundz. d. landschaftl. Gartenkunst. Leipz. 1896. 8. 236 p. m. Portr. (M. 4.) 3.—
28624 **Hamburger Garten- u. Blumenzeitung.** Hrsg. v. Otto. Jahrg. 9: 1853, u. 29: 1873. Hamb. 8. Hfzb. 2.—
28625 **Hampel.** Die moderne Teppichgärtnerei. Berl. 1880. 4. 43 p. m. 36 Tfln. (4 color.) (M. 5.) Cart. 2.—
28626 **Handbuch** f. Liebhaber englischer Pflanzungen u. für Gärtner. Neue Ausg. 2 Tle. Leipz. 1796. 8. 670 p. Cart. 4.—
28627 **Hartwig.** Der Hausgarten auf dem Land. Leipz. 1878. 8. 61 p. 1.—
28628 **Heick.** Der Hausgarten. Godesb. 1912. 8. 39 p. 1.—
28629 — Der Zimmergarten. Godesb. 1913. 8. 35 p. 1.—
28630 **Hélye.** Culture d. Plantes aquatiques. Paris. 8. 175 p. av. 3 pl. Vél. 1.50
28631 **(Henderson, E. G. and A.)** The illustrated Bouquet. Figures w. descript. of new flowers. Vol. II. Lond. 1859. fol. 142 p. w. 56 colour. pl. Half bd. morocco. 25.—
A nearly unknown work with beautiful plates.
28632 **Henkel, Rehnelt, Dittmann.** Das Buch d. Nymphaeaceen. Darmst. 1907. 4. 158 p. m. 5 z. Tl. color. Tfln. u. viel. Fig. 4.—
28633 **Henslow.** Chrysanthemum Sports. (Lond., Hortic. S.) 1897. 8. 20 p. 1.—
28634 **Hermer.** Die Pflanzen in d. Anlagen u. Gärten v. Meran-Mais. Meran 1901. 8. 155 p. 1.50
28635 **Heynhold.** Nomenclator botanicus hortensis. Aufzähl. der in d. Gärten Europas cultiv. Gewächse. 2 Bde. Dresd. 1840—46. fol. (M. 24.) Gbdn. 5.—

W. Junk, Berlin, W. 15.

28636 **Hill, J.** Eden or a compleat body of gardening. Lond. 1757. fol. 714 p.   *ℳ*
Half bd. calf. — The text alone w i t h o u t the plates.   5.—
Complete copies with the plates are very rare.

28637 **Hoffmann, H.** Kann man Schneeglöckchen treiben? (Brem., Nat. Ver.)
1874. 8. 22 p. m. Tfl.   1.—

28638 **Hölscher.** Mein Schrebergarten. Harb. 1913. 8. 24 p. m. color. Tfl.   1.—

28639 **Hoyningen-Huene.** Vortrag üb. Orchideen. Reval 1898. 8. 100 p.   3.—

28640 **Hurst.** On some curiosities of Orchid Breeding. (Lond., Hortic. Soc.)
1898. 8. 45 p. w. 2 pl.   2.—

28641 **Illustrierte Garten-Zeitung.** Hrsg. v. Courtin. Jahrg. I: 1857, u. XIV:
1870. Stuttg. 8. m. 7 color. Tfln.   2.—

28642 **Instructions** p. le Jardin d'agrément et le potager. Gand 1871. 8. 96 p.
Cart.   1.—

28643 **Ivolas.** Les Jardins Alpins Europ. Paris 1908. 8. 99 p.   2.50

28644 **Izvěstija** Rossijskago Obscestva sadovodstva. Jahrg. I. Petersb. 1859.
8. 94 p. m. color. Tfl.   1.50

28645 **Jaarboek** v. d. kon. Nederl. Maatschappij v. Tuinbouw. Jahrg. 1848,
1849, 52, 63. Leid. u. Rotterd. 8. m. color. Tfln.   2.—

28646 **Jackson, R. T.** On the cultiv. of Peonies. (Cambr.) 1904. 8. 17 p.   1.—

28647 **Jäger, H.** Ideenmagazin z. Anlegung v. Hausgärten. Weimar 1845. 4.
116 p. m. 8 Tfln. (M. 5.50.)   3.—

28648 — Verwend. d. Pflanzen in d. Gartenkunst. Gotha 1858. 8. 486 p. mit
Tfl. (M. 4.50.) Cart.   1.50

28649 — Illustr. allgem. Gartenbuch. Leipz. 1864. 8. 539 p. m. Tfl. u. 230 Fig.
(M. 4.50.)   1.—

28650 — — 3. Aufl. Hann. 1874. 8. 662 p. m. 256 Fig. (M. 6.) Lnb.   2.50

28651 — Die Ziergehölze d. Gärten u. Parkanlagen. Weimar 1865. 8. 644 p.
(M. 10.50.) Hfzb.   1.50

28652 — Der immerblüh. Garten. Leipz. 1867. 8. 244 p. (M. 3.) Cart.   1.—

28653 — Die Zimmer- u. Hausgärtnerei. Stuttg. 1870. 8. 312 p. (M. 3.)   1.—

28654 — Frauengarten. Gartenbuch f. Damen. Stuttg. 1871. 8. 446 p. m. Tfl.
(M. 6.)   1.50

28655 — Die schönsten Pflanzen. Hannov. 1873. 8. 1080 p. (M. 13.50.) Lnb.   3.—

28656 — Lehrb. d. Gartenkunst. Berl. 1877. 8. 700 p. (M. 10.) Cart.   2.50

28657 — Flora im Garten u. Hause. Hannov. 1878. 8. 448 p. (M. 5.) Lnb.   2.50

28658 — Der Hausgarten. 2. Aufl. Weim. 1880. 4. 128 p. m. 14 color. Tfln.
(M. 7.50.) Cart.   3.—

28659 — Winterflora. 4. Aufl. Weimar 1880. 8. 190 p. (M. 3.60.)   1.50

28660 — Die neuen schönsten Pflanzen. Hannov. 1881. 8. 236 p. (M. 3.)

28661 — Gartenkunst u. Gärten sonst u. jetzt. Berl. 1888. 8. 529 p. Lnb.
(M. 20.)   14.—

28662 — Katechismus d. Rosenzucht. 2. Aufl. Leipz. 1893. 8. 245 p. Lnb.
(M. 2.50.)   1.50

28663 **Jahrbuch** f. Gartenkunde u. Botanik. Hrsg. v. Bouché u. Herrmann.
Jahrg. II—V. Bonn 1884—88. 8. m. color. Tfln. (M. 40.) Lnb. u. brosch.   15.—

28664 **Jahresbericht** XVI u. XVII. d. Erzgebirg. Gartenbau-Vereins zu Chemnitz. Chemn. 1877. 8. 88 p.   1.—

28665 **Jahresbericht** d. Rigaschen Gartenbauvereins. No. 2—5, 7—12, 15,
17—18. Riga 1879—95. 8.   3.—
Le **Jardinier fleuriste** — voyez no. 28707.
Le **Jardinier François** — voyez no. 28499 à 28502.
Le **Jardinier solitaire** — voyez no. 28610 à 28614.

28666 **Joly.** Sur l'Horticulture en Espagne et en Portugal. (Paris, Soc. Hort.)
1883. 8. 14 p.   1.—

28667 **de Jonghe.** Traité méthod. de la culture du Pélargonium. Brux. 1844.
8. 144 p.   1.50

28668 — Grundl. d. Cultur v. Camellién. Weimar 1856. 8. 145 p.   1.—

28669 **Journal** de la Société impér. et centrale d'Horticulture. Vol. 1 à 38. *M.*
(Série I, II; Série III vol. 1 à 14). Paris 1855 à 1892. 8. av. beauc. de
pl. D.-rel. veau. (fr. 700. broché). 200.—
Bel exemplaire de cette série rare.

28670 — — Série I. vol. 12, Série II. vol. 1 à 4, 8 à 10. Paris 1866 à 76. 8.
Chaque volume à M. 1.50.

28671 **Journal** d. Orchidées. Dirig. p. L. Linden. Années I à IV: 1890 à 93.
8. av. plchs. color. 25.—

28672 **Journal** d. Roses. Fondé p. Cochet, réd. p. Bernardin. Années II à IX.
Paris 1878 à 1885. 4. av. planches color. (fr. 120.) 40.—
Chaque année à M. 5.

28673 **Jühlke.** Gartenbuch f. Damen. Berl. 1857. 8. 310 p. Lnb. (M. 8.) 2.—

28674 **Jung u. Schröder.** Gärten u. Schmuckplätze v. Mainz. Neudamm 1898.
4. 75 p. 1.—

28675 **Kalender.** Die Kultur d. Zimmerpflanzen. 9. Aufl. Köln 1912. 8. 192 p.
Cart. (M. 2.40.) 1.50

28676 **Keller, P.** Die Rose. Halle 1911. 8. 157 p. 1.—

28677 **Kerner, A.** Die Cultur d. Alpenpflanzen. Innsbr. 1864. 8. 172 p. 3.—
Vergriffen.

28678 **Kernstock.** Tabelle z. Bestimmung d. Zierhölzer, Blatt- u. Decorations-
pflanzen nach d. Laube. Bozen 1886. 8. 36 p. 1.50

28679 **Kirtikar.** Indian Flowers. (Bombay) 1893. 8. 18 p. 1.—

28680 **Klatt.** Norddeutsche Anlagen-Flora. Hamb. 1865. 8. 96 p. m. 30 Tfln.
Cart. 1.50

28681 **Kleemann.** Handb. d. Gartenbaues. 2 Bde. Glogau 1836—37. 8. 892 p.
(M. 15.) 5.—
Nicht im Pritzel.

28682 **Klier.** Anleit. z. Cultur d. Rosa reclinata. Wien 1843. 8. 62 p. 1.50

28683 **Knight.** Selection from his physiolog. and horticult. Papers. Lond. 1861.
8. 391 p. w. portr. and 7 pl. Cloth. 70.—
The famous 'Rarissimum'. — See: Rara Historico-Naturalia, ed. J u n k, page 63.

28684 **Kny.** Die Gärten d. Lago Maggiore. (Berl., Gartenz.) 1882. 8. 45 p. 1.50

28685 — Ueb. wissensch. Aufgaben d. Gartenbaues. (Berl., Gartenfl.) 1891.
8. 18 p. 1.—

28686 **Kraepelin.** Naturstudien im Garten. Petersb. 1902. 8. 240 p. — Russisch. 1.50

28687 **Kraus.** Geschichte d. Pflanzeneinführgn. in d. Europ. botan. Gärten.
Leipz. 1894. 8. 73 p. (M. 3.) 1.50

28688 **Krause.** Anlage u. Einricht. botan. Schulgärten. Gleiwitz 1893. 4. 28 p. 1.—

28689 **Krelage.** S. qu. esp. et variétés de Lis. Partie I. (tout ce qui a paru).
Haarlem 1874. 8. 40 p. av. 6 pl. (1 color.) 3.50

28690 **Krohn og Bendixen.** Dat Gartenrecht in den Jacobsfjorden. (Bergen,
Mus.) 1895. 8. 68 p. m. 2 Tfln. 1.50

28691 **Kronfeld.** Gesch. d. Gartennelke. Leipz. 1913. 8. 216 p. m. 2 color.
Tfln. (M. 8.50.)

28692 **van Laar.** Magazijn van Tuin-Sieraden. Bommel 1802. 4. 112 p. m.
190 color. Tfln. Hfzb. 25.—
Original-Ausgabe, viel höher geschätzt als der Neudruck von 1850.

28693 **Laban.** Gartenflora f. Norddeutschland. Hamburg 1867. 8. 320 p.
(M. 3.60.) Cart. 1.—

28694 **Lange, T.** Allgem. Gartenbuch. 2 Bde. Leipz. 1895. 8. 1374 p. m. 17
Plänen u. 1038 Fig. Lnbde. (M. 15.) 4.—

28695 **Lange, W., u. Stahn.** Gartengestaltung d. Neuzeit. Leipz. 1907. 8. 412 p.
m. 2 Plänen, 8 color. Tfln. u. 269 Fig. Lnb. (M. 12.) 4.—

28696 — — 3. Aufl. Leipz. 1912. 8. 457 p. m. 2 Plänen, 16 color. Tfln. u. 320
Fig. Lnb. (M. 12.)

28697 **Laumonier-Férard.** Les Jardins de Plantes vivaces. Paris 1914. 4.
366 p. av. 13 plans et 36 pl. 10.—

28698 **Laurell.** Bidr. t. känned. om vara Parkväxter. 3 Tle. (Stockh., Trädg.
Tidsk.) 1889—91. 8. 40 p. 1.50

28699 **Lauremberg, P.** Apparatus Plantarius. 2 partes. Francofurti 1631. 4. *M*
364 p. et 24 tab. Prgtb.   22.—
> I: De Plantis buldosis. II: De Plantis tuberosis etc. — Adjunctae plantar. novar.
> descript.

28700 **Lawrence, J.** The Clergyman's Recreation, shewing the art of gardening. The Gentleman's Recreation, or the 2. part of the art of Gardening. The Fruit-Garden Kalendar. 3 parts. Lond. 1717—23. 8. 267 p.
w. 5 pl. Calf.   7.—

28701 **Ledien.** Winterharte Rhododendron. (Dresd., Dendr. Ges.) 1899. 8.
3 p. m. 4 Tfln.   1.50

28702 **Legrand.** Le Dahlia. Paris 1843. 8. 116 p. av. 8 pl.   2.50

28703 **Lehmann, J. C.** Vollkomm. Blumen-Garten im Winter. Leipzig 1751.
8. 100 p. m. Tfl.   5.—
> Siehe darüber die Notiz in P r i t z e l, ed. I. nr. 5698.

28704 **Leibizer.** Vollständ. Garten-Kalender. Wien 1794. 8. 412 p. m. Frontisp.
Hprgtb.   5.—
> P r i t z e l kennt nur die Ausgabe von 1808.

28705 **Lemaire.** Des genres Camellia, Rhododendrum, Azalea, Acacia,
Epacris, Erica. Paris 1844. 8. 174 p.   3.—

28706 **Le Roy, A.** La Saincteté de Vie tirée de la considérat. des Fleurs.
Liége 1641. 8. 310 p. D.-rel. maroq.   25.—
> Très rare. — Livre presqu'inconnu. — Je trouve dans l'exemplaire la note
> manuscr. suivante: 'L'auteur (1588 à 1653) y mentionne 13 fleurs, il dit que
> l'odeur de la rose est mortelle à l'escarbot, que l'oeillet condamne les parfums
> des corps musqués.'

28707 **Liger.** Le Jardinier fleuriste. Paris 1776. 8. 433 p. av. 14 pl. Veau.   5.—

28708 Die **Lilie.** — Anleit. z. ihr. Cultur. Leipz. 8. 20 p. m. color. Tfl.   1.—

28709 **de Lille.** Les Jardins ou l'art d'embellir les paysages. 6. éd. Londres
1796. 8. 134 p. av. frontisp. Veau.   4.—
> Pas dans P r i t z e l.

28710 **Lindberg.** Om Blomman och Blomställningen. Helsingf. 1883. 4. 18 p.
Lnb.   1.—

28711 **Lindemuth.** Impfversuche m. buntblättrig. Malvaceen. (Berl., Bot. Ver.)
1872. 8. 6 p. m. color. Tfl.   1.—

28712 **Lindenia.** Iconographie d. Orchidées. Dir. p. J. et L. Linden et Rodigas.
17 années (tout ce qui a paru). (= Série I, 10 vols.; II. vol 1 à 7). Gand
et Brux. 1885 à 1901 (1906). 4. av. 814 pl. color.   800.—
> La planche 795 n'a pas paru. — Correction du nr. 1501.

28713 **Löbner.** Verzeichn. d. Bibliothek der „Flora" zu Dresden. 1909. 8. 51 p.   1.—

28714 **Loudon, Mrs. J. W.** The Ladies' Flower Garden (Ornamental Annuals,
Ornam. Perrenials, Ornam. Bulbous Plants). 2. ed. 3 vols. Lond. 1849.
4. 924 p. w. 198 c o l o u r. pl. Cloth.   70.—

28715 — British wild Flowers. 3. ed. Lond. 1859. 4. 327 p. w. 60 c o l o u r.
pl. Cloth.   30.—

28716 **Luks.** Der Schulgarten u. d. botan. Unterricht. Tilsit 1896. 4. 50 p. m. Tfl. 1.—

28717 **Maddock.** The Florist's Directory. Treatise on the culture of flowers.
New edit. by Curtis. Lond. 1810. 8. 280 p. w. 8 colour. pl. Half bd. calf.   6.—
> P r i t z e l quotes only a later edition.

28718 **Majewski.** Bau gefüllter Blüthen; morpholog. Untersuchgn. (Mosk.,
Nat. Ges.) 1886. 4. 150 p. m. 12 Tfln. — Russisch.   4.—

28719 **Mandirola, F. A.** Il Giardino de' Fiori. Ferrara 1650. 12. 154 p. c. frontisp. Vél.   8.—

28720 — Manuale de' Giardinieri. Venez. 1727. 12. 191 p. D.-rel. veau.   5.—

28721 — — Venet. 12. 180 p. Cart.   4.—

28722 **Manuel.** Les Plantes d'appartements, de terrasses, de balcons et de
serres. Paris 1891. 8. 230 p. av. 100 fig. Toile.   1.—

28723 **Marquart.** Die Farben d. Blüthen. Bonn 1835. 8. 92 p.   1.—

28724 **Martellini, N.** Il passatempo del nobile in Villa. Venetia 16.. 8. 120 p.
Cart.   7.—
> Parte III: Catal. d'alcune Herbe e Piante. Con modo d'incalmar ogni frutto.

28725 **(Mason and o.)** Report on the Orchid Conference held at S. Kensington. (Lond., Hortic. Soc.) 1886. 8. 155 p. w. 5 pl. Boards.   *M* 3.50
28726 **Maeterlinck.** Die Intelligenz d. Blumen. Jena 1911. 8. 202 p. (M. 4.50.)   3.—
28727 **Maurizio.** Wirkung d. Algendecken auf Gewächshauspflanzen. (Marburg, Flora) 1899. 8. 30 p. m. Tfl.   1.—
28728 **Maw.** Monogr. of the g. Crocus. Lond. 1886. 4. w. 81 colour. pl. Cloth.   140.—
28729 **Mawe and Abercrombie.** The universal Gardener and Botanist, or a Diction. of Gardening and Botany. Lond. 1778. 4. 1114 p.   6.—
28730 **Meyer, F. S., u. Ries.** Die Gartenkunst in Wort u. Bild. Leipz. 1904. 4. 484 p. m. 300 Fig. Lnb. (M. 27.)   12.—
28731 **Meyer, G.** Lehrbuch d. schönen Gartenkunst. 3. (letzte) Aufl. Berl. 1895. fol. 252 p. m. 26 z. Tl. color. Tfln. Cart. (M. 26.)   14.—
28732 **Miller.** The Gardeners Kalendar. 14. ed. Lond. 1765. 8. 462 p. w. frontisp. and 5 pl. Calf.   4.—
28733 **Mizaldus, A.** Artificiosa Methodus compar. hortensium, fructuum, radicum, vinor. etc. Lutet. 1575. 8. 94 p.   8.—
28734 **Molisch.** Pflanzenphysiologie als Theorie d. Gärtnerei. Jena 1916. 8. 316 p. m. 127 Fig. (M. 10.)
28735 **Moeller.** Die Blume im Lichte v. Dichtung u. Wahrheit. Passau 1879. 8. 48 p.   1.—
28736 **Möller's Deutsche Gärtner-Zeitung.** Jahrg. XI. Erfurt 1896. 4. 484 p. m. viel. Fig. Lnb. (M. 10.)   2.—
28737 **Monatsschrift** d. Vereins z. Beförder. d. Gartenbaues in Preussen. Jahrg. 16—24 (Schluss der Reihe): 1873—81. Berl. 8. m. viel. color. Tfln. (M. 117.) Hfzbde. u. Cart.   25.—
28738 **Monatsschrift** f. Kakteenkunde. Hrsg. v. Gürke. Bd. 16 u. 19. Neudamm 1906—09. 8. m. Tfln. (M. 16.)   7.—
     Viele einzelne Nrn. aus allen Jahrgängen vorrätig.
28739 Le **Moniteur** d'Horticulture. Red. p. Chauré. Années 6 à 22. Paris 1882 à 1898. 8. av. plchs. (fr. 125.) Cart.   35.—
28740 **Moore, D.** On a botan. and horticult. tour through parts of Scandin., Germany and Belgium. (Dublin, Soc.) 1863. 8. 16 p.   1.—
28741 **Moerbe.** Der Gartenfreund. 8. Aufl. Berl. (1885). 8. 320 p. Cart.   1.—
28742 **Morel.** Die Kultur d. Orchideen. Leid. 1856. 8. 144 p.   1.50
28743 **Morin, P.** Remarques necess. p. la culture d. Fleurs. Nouv. éd. Lyon 1686. 8. 239 p. Veau.   6.—
     Pritzel connait les éditions de 1658, 1665, 1674 et 1698. Moi, j'ai vu encore les éditions de 1667, 1672, 1677.
28744 — — Nouv. éd. Paris 1694. 8. 190 p. av. frontisp. Veau.   6.—
28745 **Morren, C.** Palmes et Couronnes de l'horticult. de Belgique. Liége 1851. 8. 547 p.   3.—
28746 **Murr.** Zur Gartenflora Tirols. 2 Tle. (Innsbr. u. Berl.) 1903—06. 8. 18 p.   1.—
28747 **Murray.** The book of the Royal Horticultur. Society. Lond. 1863. 4. 237 p. w. 15 pl. (2 colour.) Cloth.   6.—
28748 **Muthesius.** Landhaus u. Garten. Münch. 1907. 4. 40 p. m. 240 Tfln. (8 color.) Lnb. (M. 12.)   7.—
28749 **Nagel.** Die Liebe d. Blumen. Berl. 1885. 8. 36 p.   1.—
28750 **Nederlandsche Tuinkunst.** Bd. I. Amsterd. 1837. 8. 532 p.   2.—
28751 **Neill.** Journal of a horticult. tour through Flanders, Holland and N. of France. Edinb. 1823. 8. 587 p. w. 7 pl. Half bd. calf.   12.—
28752 **Neubert's Garten-Magazin.** Jahrg. 1851, 54, 55. Stuttg. 8. m. viel. color. u. schwarz. Tfln. (M. 12.) Cart.   4.—
     Ausserdem eine sehr grosse Zahl einzelner Hefte vorrätig.
28753 **Neuenhain.** Ueb. d. Aurikel-Systeme. Frankenh. 1791. 8. 43 p. Cart.   5.—
28754 **Neues Bot. u. Garten-Journal.** Hrsg. v. Dietrich. Bd. I, Heft 1. Eisenach 1813. 8. 264 p. m. 2 color. Tfln.   3.—
     Siehe auch Nr. 28571.
28755 **Newton, J.** Cult. of the Chrysanthemum. Lond. 1873. 8. 24 p.   1.—

28756 **Nickels.** Cultur, Benenn. u. Beschreib. d. Rosen. 2. Aufl. 5 Hefte u.   *M*
Nachtr. Pressb. 1845—46. 8. 365 p. m. color. Tfl. Cart.   6.—
28757 **Oehler.** Der Palmengarten in Frankfurt. Fr. 1881. 8. 88 p. m. Tfl.   1.—
28758 **Ohlert.** Verbreit. u. Wachsth. d. Georgine. (Königsb., Phys. Ges.) 1844.
8. 32 p.   1.- -
28759 **Oehlkers.** Unsere schönsten Gartenblumen. Hannov. 1884. 8. 336 p.
m. 128 Fig. (M. 4.20.)   2.—
28760 **L'Orchidophile.** Publ. p. Du Buysson et Godefroy-Lebeuf. Années
1884 à 1890. Paris. 8. av. beauc. de pl. col. et noir. D.-rel. veau et broch.   48.—
28761 **Ortlepp.** Monogr. d. Füllungserscheingn. b. Tulpenblüten. Leipz. 1915.
8. 273 p. m. 3 color. Tfln. (M. 10.)
28762 **Pâquet.** Almanach horticole pour 1845. Paris 1845. 8. 252 p. D.-rel.
veau.   2.—
28763 — De l'Instructeur-Jardinier. Journal d'Horticulture prat. Tome I.
Paris 1848 à 1849. 8. 476 p. av. 10 pl. color. D.-rel. veau.   3.—
28764 **Paul.** Contrib. to Horticult. Literature fr. 1843 to 1892. 3 parts. Waltham Cross 1892. 8. 577 p. w. portr. and 3 pl. Cloth.   8.—
28765 **Petzold, C. J.** Die Rose. Geschichte, Verbreit., Cultur. Dresd. 1875.
8. 60 p.   1.50
28766 **Petzold, E.** Beitr. z. Landschafts-Gärtnerei. Weimar 1849. 4. 55 p.
Cart.   2.—
28767 **Pfyffer v. Altishofen u. Obrist.** Die einheim. u. trop. Seerosen. Münch.
1896. 8. 41 p. m. 7 Tfln. Cart.   1.50
28768 **Pirolle.** Traité du Dahlia. Brux. 1840. 8. 152 p. D.-rel. veau.   2.—
28769 **Plauszewski.** Orchidées et Plantes de Serres. Paris 1899. fol. 20 pl.
photogr. En portefeuille.   15.—
28770 **Plüss.** Blumenbüchlein f. Waldspaziergänger. 3. Aufl. Freib. 1912. 8.
202 p. m. 272 Fig. Lnb. (M. 2.20.)   1.50
28771 **Poinsot.** L'ami d. Jardiniers. 2 vols. Paris 1803. 8. 792 p. av. 22 pl.
Cart.   8.—
28772 **Pompper.** Bezieh. zw. Botanik u. Gärtnerei. Leipz. 1867. 8. 22 p.   1.—
28773 **Poscharsky.** Der Stuben-Gärtner. 2. Aufl. Pirna 1810. 8. 132 p. Cart.   2.—
      Nicht im P r i t z e l.
28774 **Proceedings** of the 20., 21., and 32. meeting of the Georgia State Horti-
cultural Soc. Augusta 1896, 1897, 1908. 8.   2.—
28775 **Pronville.** Expos. d. Plantes vivaces de pleine terre. (Lille, Soc. Sc.)
1838. 8. 35 p.   1.50
28776 **Publications** de la Chambre syndic. d. Horticulteurs Belges, 1898 et
1901. Gand. 8. 200 p.   1.—
28777 **Pucci.** Les Cypripedium et genres affines. Florence 1891. 8. 220 p.   2.—
28778 **Pückler-Muskau.** Andeutungen üb. Landschaftsgärtnerei. Neudruck.
Leipz. 1911. 8. 236 p. m. 48 Tfln. Gbdn. (M. 7.50.)
      Siehe Nr. 6318.
28779 (—) Ansichten d. Parkes v. Muskau. 17 lithograph. Tafeln v. A r l d t.
Dresd. (um 1850). 4.   12.—
28780 **Ragonot-Godefroy.** Traité sur la culture des Oeillets. Paris 1842. 8.
57 p. av. 3 pl. (1 color.)   3.—
      P r i t z e l n'a vu qu'un seul exempl.
28781 **Regel, E.** Die Gärten in u. um Wien u. Excursion auf d. Brenner.
Petersb. 1872. 8. 15 p. — Russisch.   1.—
28782 — Bunte vieljähr. u. zwiebelart. Frühlingspflanzen. Petersb. 1868. 8.
82 p. m. 254 Fig. — Russisch.   1.50
28783 — Ueb. Parke, Gärten u. Garteneinrichtgn. in Schlesien. Petersb.
1891. 8. 24 p. m. 2 Tfln. — Russisch.   1.50
28784 — Unterhalt u. Pflege der Pflanzen in d. Zimmern. Bd. I. Petersb.
1898. 8. 601 p. m. Portr. u. 400 Fig. — Russisch.   4.—
28785 **Regel, R.** Ueb. d. Geruch d. Blüthen. (Petersb., Acta Horti) 1891. 8. 10 p.   1.—

28786 **Reichenbach, H. G. L.** Die Vergissmeinnichtarten. (Aus: S t u r m ' s Flora Deutschlands). Nürnb. 1822. 8. 43 p. m. 16 color. Tfln. Hfzb. 5.—

28787 **Reider.** Die Cactusarten, Fackeldisteln u. deren Kultur. (Nürnb., Ann. Blumist.) 1826. 8. 28 p. m. 2 color. Tfln. 2.—

28788 — Handb. d. Blumenzucht. Nürnb. 1828. 8. 405 p. Hfzb. 4.—
  P r i t z e l unbekannt.

28789 **Reissek.** Die Palmen. Wien 1862. 8. 39 p. 1.—

28790 **Remark.** Der Kakteenfreund. Mind. 8. 32 p. m. Tfl. 1.—

28791 **Rheinisches Jahrbuch** f. Gartenkunde und Botanik. Hrsg. v. Bouché u. Herrmann. Jahrg. I u. II, Heft 1—10. Bonn 1884—85. 8. m. 9 z. Tl. color. Tfln. (M. 17.60.) 4.—

28792 **Ricasoli.** D. utilità dei Giardini d'Acclimaz. C. supplem. Firenze 1888— 1890. 8. 153 p. 2.—

28793 **Richard.** Le Jardin d'hiver. Poitiers 1887. 8. 30 p. 1.—

28794 **Rizzi.** S. cultiv. d. Robinia falsacacia. Venezia 1847. 8. 119 p. c. tav. 2.—

28795 **Robinson.** Das Glashaus. Düsseld. 1886. 8. 134 p. (M. 2.50.) 1.—

28796 **Roda, G. e M.** I Fiori. Milano 1891. 8. 22 p. 1.—

28797 **Rodigas.** Visite à l'Etabl. de l'Horticulture internat. (Linden) au parc Léopold. Gand. fol. 10 p. av. 10 pl. 2.50

28798 **Rosaroff u. Monteverde.** Duftende Pflanzen u. Aether. Oele. 2 Tle. Petersb. 1899. 8. 490 p. m. 111 Fig. — Russisch. 2.50

28799 Die **Rose.** — (Aus: Krünitz, Oecon.-techn. Encyclop.) Berl. 1822. 8. 137 p. 3.—

28800 **Rosen-Zeitung.** Redig. v. Strassheim u. Lambert. Jahrg. 2—7: 1887— 1892. Frankf. u. Trier. 8. m. viel. color. Tfln. Hfzbde. 30.—
  Vergriffene Jahrgänge.

28801 **Roses et Rosiers.** Par des Horticulteurs et des Amateurs de Jardi- nage. Paris (s. d.) 8. 313 p. av. 48 pl. color. et 61 fig. Bel exempl., d.-rel. maroq., tr. dorées. 30.—

28802 **Rössig.** Die Rosen. Les Roses. Bd. I. 1802. 4. 89 p. m. 30 color. Tfln. (7 T a f e l n f e h l e n). 9.—

28803 **Rümpler.** Die Succulenten (Fettpflanzen u. Kakteen). Hrsg. v. Schu- mann. Berl. 1892. 8. 263 p. m. 139 Fig. Lnb. (M. 8.) 6.—

28804 — Illustr. Gartenbau - Lexikon. 3. (letzte) Aufl. Hrsg. v. Wittmack. Berl. 1902. 8. 930 p. m. 1002 Fig. Hfzb. (M. 23.) 14.—

28805 — Onze Tuinbloemen. Tiel (1882). 8. 212 p. 1.—

28806 **Saint-Martin.** Costruz. ed usi d. Termosifone. Torino 1839. 8. 64 p. c. tav. 1.—

28807 **Salm-Reifferscheid-Dyck.** Monographia generum Aloes et Mesem- bryanthemi. (7 fasciculi). Bonnae 1836—63. 4. 352 tabulae coloratae et textus. — Absolut vollständiges Exemplar. 650.—
  Ausführliches über diese Iconographie, welche einer der schönsten und sel- tensten der botanischen Literatur ist, siehe Nr. 11730 und: Rara Historico-Natu- ralia, ed. J u n k, p. 107—109.

28808 — — Completes Exemplar (aber o h n e Fascic. V): 298 tabulae coloratae et textus. 330.—

28809 **Salomon.** Handbuch d. höher. Pflanzenkultur. Botan. Gärtnr.ei. Stuttg. 1880. 8. 465 p. Lnb. (M. 10.) 4.—

28810 — Die Palmen, ihre Gattgn. u. Arten. Berl. 1887. 8. 184 p. (M. 4.) 2.50

28811 **Sawer.** Odorographia, a natural history of raw materials and drugs used in the Perfume Industry. 2 vols. Lond. 1892. 8. w. fig. Cloth. (28 s.) 18.—

28812 **Schabol.** La Pratique du Jardinage. Nouv. éd. 2 vols. Paris 1776. 8. 944 p. av. 14 pl. Veau. 6.—
  P r i t z e l ne connait que les éditions de 1772 et 1774. Moi, j'ai possédé encore celles de 1770 et 1771.

28813 — La Théorie du Jardinage. Nouv. éd. Paris 1785. 8. 607 p. av. portr. et 5 pl. Veau. 5.—
  Seulement la première édition de 1771 dans P r i t z e l. J'ai possédé aussi une de 1774.

28814 **Schilberszky.** Monogr. de la Horticulture en Hongrie. Boudap. 1900. 4. 64 p. av. 47 pl. 4.—

28815 **Schlechter.** Die Orchideen, ihre Beschr., Kultur u. Züchtung. Berlin   *M*
       1915. 8. 844 p. m. 12 color. Tfln. u. 242 Fig. (M. 30.)
28816 **Schleiden.** Die Rose. Geschichte u. Symbolik. Leipz. 1873. 8. 341 p.
       m. color. Tfl. (M. 8.)   3.—
28817 **Schmidlin.** Der Winter-Garten. Stuttg. 1847. 8. 424 p. (M. 2.)   1.—
28818 **Schmidt, C. F.** Vollständ. Gartenunterricht. 8. Aufl. Leipz. 1816. 8.
       392 p. Cart.   2.50
           Nicht im **P r i t z e l**.
28819 **Schneider, C. K.** Deutsche Gartengestaltung. Leipz. 1904. 8. 184 p.   1.—
28820 **Schneider, K. E.** Die schöne Gartenkunst. Stuttg. 1882. 8. 254 p. (M. 2.50.) 1.—
28821 **Scholz.** Der Holunder. (Brem., Nat. Ver.) 1900. 8. 9 p.   1.—
28822 **Schröter, C.** Die Palmen u. ihre Bedeut. f. d. Tropenbewohner. (Zürich,
       Nat. Ges.) 1901. 4. 35 p. m. 2 Tfln.   1.50
28823 **Schultze-Naumburg.** Kulturarbeiten. Ergänz. Bilder zu Bd. II: Gärten.
       Münch. 1904. 8. 100 Tfln. m. 5 p. Text. (M. 3.)   1.50
28824 **Schumann, K.** Gesamtbeschreibung d. Kakteen. (Monographia Cacta-
       cearum). 2. (letzte) Aufl. Neudamm 1903. 8. 1004 p. m. 153 Fig. (M. 30.) 25.—
28825 **Schumann, Gürke u. Vaupel.** Blühende Kakteen. Bd. I—XI. Neudamm
       1900—1915. 4. m. 156 color. Tfln. Cart. (M. 167.)   120.—
28826 **Schwab.** Der Volksschulgarten. Wien 1870. 8. 30 p. m. 3 color. Ktn.   1.—
28827 — Der Schulgarten. 3. Aufl. Wien 1874. 8. 42 p. m. 3 Tfln.   1.—
28828 **Seemann.** Die in Europa eingef. Acacien. Hannov. 1852. 8. 76 p. m.
       2 color. Tfln. Cart.   1.50
28829 — Die Palmen. 2. Aufl. Leipz. 1863. 8. 380 p. m. 8 Tfln. (1 color.) (M. 6.) 3.—
28830 — Die Palmen. Petersb. 1872. 8. 97 p. — Russisch.   1.50
28831 **Seidel, C. F.** Z. Entwicklgesch. d. Victoria regia. (Dresd., Ac. Leop.)
       1869. 4. 26 p. m. 2 z. Tl. color. Tfln.   2.—
28832 **Selfe-Leonard.** Culture and classific. of Primulas. (Lond., Hortic. Soc.)
       1895. 8. 11 p.   1.—
28833 **Seringe.** Flore d. Jardins et d. grandes cultures. 3 vols. Lyon 1845 à
       1849. 8. 1888 p. av. 31 pl. (fr. 34.) Cart.   6.—
28834 **Sickler.** Garten-Handlexikon. Eger 1813. 8. 328 p. m. 3 Tfln. Cart.   8.—
28835 **Sieboldia.** Weekblad v. d. Tuinbouw in Nederland. Red. v. Witte.
       Jahrg. I—IV. Leiden 1875—78. 4. (M. 28.) Cart.   6.—
28836 **Silva-Tarouca u. a.** Unsere Freiland-Stauden. Wien 1910. 8. 358 p. m.
       6 color. Tfln. u. 341 Fig. Lnb. (M. 15.)
28837 **Smolar.** O rozborech Kvetnich. Jicin 1897. 8. 18 p. m. 8 Tfln.   1.50
28838 **Sprengel, K.** Gartenzeitung. (4 Bde.). Bd. I, II, III Nr. 1—16. Halle
       1804—05. 4. m. color. Tfln. — In Bd. II **f e h l e n** Nr. 40—42.   5.—
28839 **Steffen.** Unsere Blumen im Garten. 2. Aufl. Frankf. 1908. 8. 295 p. m.
       217 Fig. Lnb. (M. 3.)   2.—
28840 **Stein.** Die Primeln d. Europ. Gärten. (Bresl.) 1882. 8. 12 p.   1.—
28841 — Orchideenbuch. Berl. 1892. 8. 610 p. m. 184 Fig.   18.—
           Vergriffen.
28842 **Steinvorth.** Die Fränk. Kaisergärten, die Bauerngärt. d. Niedersachsen
       u. d. Fensterflora ders. (Hannov.) 8. 34 p.   1.50
28843 **(Stephanus, C.)** De re hortensi libellus, vulgaria herbarum, florum ac
       fructicum nomina. Addit.: De cultu et satione hortorum. Paris. 1539.
       8. 140 p.   9.—
           P r i t z e l kennt nur die 1. Ausgabe von 1536 (die das oben angeführte Supple-
           ment über den Gartenbau noch nicht hat) und eine zweite von 1545.
28844 **Sterne, C.** Sommerblumen. (15 Liefgn.) Prag 1884. 8. 456 p. m. 40 color.
       Tfln. — F e h l e n Liefg. 5 u. 6.   3.—
28845 — Herbst u. Winterblumen. Prag 1886. 8. 507 p. mit 40 color. Tfln.
       (M. 17.50.) Origbd.   7.—
28846 **Sundius.** Handbok i Trädgårdsskötsel. Norrköp. 1894. 8. 153 p. m.
       3 color. Tfln.   1.—

28847 **Swederus.** Svensk Hortikultur i forna dagar. 3 Tle. (Stockh., Trädg. För.) 1881. 8. 23 p.   *M* 1.50

28848 **Sweet.** Geraniaceae. Vol. I. II. Lond. 1820—24. 8. w. 200 colour. pl. Half bd. calf.   25.—
Plate 101 wants (whether published?). — Rare work.

28849 — Hortus Britannicus, or a catal. of Plants cultiv. in the Gardens of Great Britain. Lond. 1827. 8. 523 p. Half bd. calf.   4.—

28850 **System** d. Garten-Nelke, gestützt auf d. Weismantelsche Nelken-System. Berl. 1827. 8. 200 p. m. color. Tfl. Cart.   5.—

28851 **Taschenkalender** f. Natur- u. Gartenfreunde. 5 Bde. Tüb. 1798—1802. 8. m. 50 Tfln. Cart. — In Jahrg. 1799 fehlt 1 Tafel.   8.—

28852 **Teichert.** Geschichte der Ziergärten u. der Ziergärtnerei in Deutschland. Berl. 1865. 8. 234 p. (M. 4.)   3.—

28853 **Thomas.** Anleit. z. Zimmerkultur d. Kakteen. Neudamm 1896. 8. 48 p. m. color. Tfl.   1.—

28854 **Thomson,** S. Wild Flowers. Lond. 1858. 8. 309 p. w. 7 pl.   2.—

28855 **Thouin.** S. la cult. d. Dahlia. (Paris, Mus.) 1804. 4. 15 p. av. pl. color.   1.50

28856 **Tölg.** Ueb. Lehrgärten. Saaz. 8. 22 p. m. color. Tfl.   1.—

28857 **Train.** Encyclopäd. Handb. d. Blumen- u. Zierpflanzenzucht. Regensb. 1827. 8. 308 p. (M. 9.) Cart.   3.—
Nicht im Pritzel.

28858 **Transactions** of the Scottish Horticult. Association. 16. annual report. Edinb. 1893. 8. 70 p.   1.—

28859 **Tuckermann.** Die Gartenkunst d. Italien. Renaissancezeit. Berl. 1884. 4. 187 p. m. 21 Tfln. Lnb. (M. 20.)   12.—

28860 **Vaïse.** Nomenclat. d. Rosiers cult. p. Beluze. Lyon 1841. 8. 8 p.   2.50

28861 **Van Géel.** Sertum Botanicum. Collection de Plantes les plus remarquables. Vol. I à III. Brux. 1828 à 36. 4. av. 282 planches color. D.-rel. veau.   75.—
Collection magnifique et très-rare. 4 volumes ont paru.

28862 **Van Geert.** Iconographie des Azalées de l'Inde. Vol. I (seul paru). Gand 1881 à 82. 4. 36 pl. color. av. 81 p. de texte. (fr. 30.)   16.—

28863 **Van Hulle.** Promenades hortic. au Parc de Gand. Gand 1893. 8. 128 p. av. 2 pl.   1.50

28864 **Van Oosten,** H. De Neederlandsche Hof beplant met Bloemen, Ooft en Orangerijen (Tulpen, Limoen en Orange). Leyden 1703. 8. 347 p. m. Frontisp. u. 5 Tfln. Hfzb.   15.—
Pritzel kennt diese Original-Ausgabe nicht, sondern nur 3 Uebersetzungen.

28865 **Vasse:** Souvenir de Beloeil. Bruxelles 1853. in-fol.-obl. 22 p. av. 12 pl. color. Cart.   50.—
Publication rarissime et imprimé en très-peu d'exemplaires (qui n'ont jamais été dans le commerce) sur le jardin du Prince Ligne. L'autre livre presqu' inconnu sur le même jardin — voyez: Junk, Bulletin, no. 8064.

28866 **Vereinigte Frauendorfer Blätter.** Allg. Gartenzeitung. Jahrg. 1856 u. 1857. Redig. v. E. Fürst. Passau. 4.   2.—

28867 — — Jahrg. 1880—87. Redig. v. W. Fürst. Frauend. 4.   5.—

28868 **Vergara.** Cultivo de los Rosales en Macetas. Madr. 1889. 8. 211 p.   3.—

28869 **Verhandlungen** d. Vereins z. Beförder. d. Gartenbaues in Preussen. Liefg. 1 (1824), 10—16 (1828—31), 19 (1833), 21—24 (1834—36). Berl. 4. m. viel. z. Tl. color. Tfln.   8.—
Vollständig sind in dem Exempl. also Bd. V—VII u. XI.

28870 **Verhandlungen,** Mittheil. u. Resultate d. Erfurter Gartenbauvereins. Neue Folge. Bd. I. Berl. 1862. 8. 291 p. m. Plan.   1.50

28871 **Vigelius.** Die wirtschaftl. u. soz. Bedeut. d. Freilandrosenkultur in Deutschland. Heidelb. 1905. 8. 49 p.   1.50

28872 **Vilmorin.** Les Fleurs à Paris. Par. 1892. 8. 324 p. av. 208 fig.   1.50

28873 — Hortus Vilmorinianus. Cat. d. Plantes ligneuses et herbac. dans l. collections de Vilmorin. (Paris, Soc. Bot.) 1906. 8. 383 p. av. 28 pl.   8.—

28874 **Vilmorin-Andrieux et Cie.** Les Fleurs de pleine Terre. 2. éd. Paris *M* 1866. 8. 1302 p. 2.—
28875 **Voigt, A.** Natur-Führer durch die Riviera. Berl. 1914. 8. 472 p. m. color. Kte. in Folio u. 6 photogr. Tfln. Leinbd. 7.—
Ist mit Ausnahme weniger Seiten ausschliesslich botanischen Inhalts. — Auf Seite 283—428 mit Tafel 2—5: Die Gärten der Riviera. 137 Seiten davon umfassen: Verzeichniss (mit Beschreibung u. wichtigen biologischen u. historischen Notizen) besonders interessanter, in La Mortola cultivierter Pflanzen.
28876 **Wagner, H.** Malerische Botanik. 2 Tle. Leipz. 1861. 8. 506 p. m. 8 Tfln. (M. 6.) Lnb. 2.—
28877 — — 2. Aufl. 2 Tle. Leipz. 1872. 8. 542 p. m. 8 Tfln. (M. 8.) Lnb. 3.—
28878 — Gartenbotanik. Bielef. 1868. 8. 295 p. m. Tfl. Cart. 1.—
28879 **Waller.** Der Stubengärtner. Nordh. 1806. 8. 176 p. 1.50
28880 **Wallis.** Die Alpenwelt in ihr. Bez. z. Gärtnerei. (Hamb., Gartenz.) 1854. 8. 48 p. 1.50
28881 **Weinzierl.** Der alpine Versuchsgarten b. Aussee. Berl. 1893. 8. 108 p. m. Plan u. 10 Tfln. (M. 3.) 1.50
28882 **Wendschuch.** Anleit. z. Cultur d. Camellien. Dresd. 1834. 8. 25 p. 2.—
Nicht im P r i t z e l.
28883 **Wesselhöft.** Der Rosenfreund. Weimar 1866. 8. 210 p. (M. 3.) Cart. 1.50
28884 **(Whately).** Observ. on modern Gardening. 4. ed. Lond. 1777. 8. 265 p. Half bd. calf. 6.—
28885 **Wiener Illustr. Garten-Zeitung.** Redig. v. Beck v. Mannagetta u. Abel. Jahrg. 14—26: 1889—1901. Wien. 8. m. viel. color. Tfln. (M. 208.) 50.—
28886 **Wild Flowers** of the Year. Lond. 16. 192 p. 1.—
28887 **Williams, B. S.** The Orchid-Grower's Manual. 3. ed. Lond. 1868. 8. 267 p. Cloth. 4.—
28888 **Witte.** Handleid. v. kleine Tuinen. Utr. 1891. 8. 116 p. Lnb. 1.—
28889 **(Wittmack).** Katal. d. Bibliothek d. Vereins z. Beförder. d. Gartenbaues. 5. Aufl. Berl. 1875. 8. 80 p. 1.—
28890 — Die Gärten Oberitaliens. (Berl., Gart.-Z.) 1883. 8. 36 p. 1.50
28891 **Wocke,** Die Alpenpflanzen in d. Gartenkultur d. Tiefländer. Berl. 1898. 8. 257 p. m. 4 Tfln. Lnb. (M. 6.) 4.50
28892 **Wredow.** Gartenfreund. 8. Aufl. Berl. 1853. 8. 766 p. m. Tfl. (M. 6.) 1.—
28893 — — 13. Aufl. bearb. v. Gaerdt u. Neide. Berl. 1873. 8. 728 p. (M. 6.) Lnb. 1.50
28894 — — 15. Aufl. v. Gaerdt u. Neide. Berl. 1878. 8. 740 p. (M. 6.) Hfzb. 1.50
28895 **Zabel.** Die strauchigen Spiräen d. Deutsch. Gärten. Berl. 1893. 8. 128 p. (M. 4.) 3.—
28896 **(Zenti).** Trattato s. Giacinti. Viterbo 1763. 8. 128 p. c. 2 tav. 5.—
28897 **Zeyher u. Roemer.** Beschr. d. Gartenanlagen u. Verzeichn. d. Bäume u. Treibhauspflanzen zu Schwetzingen. 2 Tle. Mannh. 1809. 8. 200 p. m. 2 Plän. u. 8 color. Tfln. 10.—
28898 — — Text allein. 1.50

III. Plantae Silvestres.

Arbores.

[Supplementum numeror. 6355—6591, vide: Bibliographia Botanica, p. 248—257].

28899 **Agricola.** Miscell. observat. on planting and train. Timber - Trees. Edinb. 1777. 8. 236 p. Half bd. calf. 8.—
28900 **(Ahern).** The Forest Manual. Manila 1904. 8. 64 p. 2.—
28901 **Albert.** Z. Entwicklgsgesch. d. Knospen ein. Laubhölzer. Münch. 1894. 8. 60 p. 1.—
28902 **American Forestry.** — 8 pap. 1876—1911. 8. and 4. 101 p. w. 2 pl. and map. 2.—
28903 **Annales Forestières** et Métallurgiques. Nouv. Série. Vol. 1 à 4: Années 1862 à 65. Paris. 8. D.-rel. veau. 5.—
28904 **Annand.** The formation of Plantations. (Lond., Arbor. Soc.) 1892. 8. 25 p. 1.—

W. Junk, Berlin, W. 15.

28905 **Annual Reports** of the Forest Departm., Madras Presidency, for 1884—   *M*
1885. Madr. 1885. fol. 346 p. w. colour. map.   8.—
28906 **Arbres et Forêts** de la Suisse. Publ. p. le départ. fédéral de l'intérieur.
3 séries. Berne 1908 à 1913. 4. 60 planches av. texte (63 p.). En en-
veloppes. (M. 15.)
    Deutsch — siehe No. 28915.
28907 **Asal.** Das Badische Forstrecht. Karlsr. 1898. 8. 723 p. (M. 6.)   2.—
28908 **Ashe.** The Forests, Forest Lands, and Forest Products of Eastern N.
Carolina. Raleigh 1894. 8. 128 p. w. 4 pl.   3.—
28909 — Forest Fires. Raleigh 1895. 8. 66 p. w. pl.   1.50·
28910 **Ayres.** Pine Culture in S. Wales. (Lond., Hort. Soc.) 1854. 8. 10 p.   1.—
28911 **Bailey, L. H.** The cultiv. Poplars. Ithaca 1894. 8. 36 p.   1.—
28912 **Bartosságh.** Ueb. d. Ailanthus glandul. Ofen 1841. 8. 50 p.   2.50
28913 **Basiner.** Schädl. Einfluss d. Schnees auf Bäume. (Mosk., Bull.) 1861.
8. 10 p.   1.—
28914 **Baudrillart.** Code Forestier. 2 vols. Paris 1827. 8. 1341 p. D.-rel. veau.   3.—
28915 **Baum- u. Waldbilder** aus d. Schweiz. Hrsg. v. Schweiz. Depart. d.
Innern. 3 Serien. Bern 1908—13. 4. 60 Tfln. m. Text. (63 p.) In Mappe.
(M. 15.)
    Französisch — siehe Nr. 28906.
28916 **Baur.** Die Holzmesskunst. 2. Aufl. Wien 1875. 8. 435 p. (M. 9.) Hfzb.   1.50
28917 — — 3. Aufl. Berl. 1882. 8. 520 p. (M. 12.) Hfzb.   2.—
28918 — — 4. (letzte) Aufl. Berl. 1891. 8. 512 p. (M. 12.) Lnb.   10.—
    Vergriffen.
28919 — Die Fichte in Bez. auf Ertrag, Zuwachs u. Form. Berl. 1877. 8.
108 p. m. 7 Tfln. Cart.   3.—
    Vergriffen.
28920 — Die Rothbuche in Bez. a. Ertrag, Zuwachs u. Form. Berl. 1881. 8.
211 p. m. 6 Tfln. (M. 6.)   3.—
28921 — Handb. d. Waldwertberechnung. Berl. 1886. 8. 425 p. (M. 10.) Lnb.   5.—
28922 **Bean.** Trees and Shrubs hardy in the British Isles. 2 vols. New York
1915. 8. 1446 p. Cloth.   45.—
28923 **Bechstein.** Forstbotanik. 3. Aufl. Gotha 1819. 8. 1497 p. m. color. Tfl.   2.—
28924 — — 4. Aufl. Gotha 1821. 8. 1176 p. m. 9 z. Tl. color. Tfln. (M. 16.50.)
Lnb.   3.—
28925 — Taschenblätter d. Forst-Botanik. Weimar 1828. 8. 328 p. Cart.   2.50
28926 **Beck, G. v.** Z. Kenntn. der Torf bewohn. Föhren Niederoesterreichs.
(Wien, Hofmus.) 1888. 8. 6 p.   —.50
28927 **Beck, O.** Die Waldschutzfrage in Preussen. Berl. 1860. 8. 123 p.   1.—
28928 **Beckmann.** Versuche u. Erfahrgn. v. d. Holzsaat. 4. Aufl. Chemn. 1777.
8. 348 p. m. Tfl. Hfzb.   2.—
28929 **Behlen.** Lehrb. d. beschreib. Forstbotanik. Frankf. 1823. 8. 330 p. m.
Tab. Cart.   2.—
28930 **Beissner.** Handb. d. Coniferen-Benennung. Leipz. 1887. 8. 94 p. Origbd.   1.50
28931 — Handbuch der Nadelholzkunde. 2. Aufl. Berl. 1909. 8. 758 p. m.
165 Fig. Lnb. (M. 20.)
28932 **Beissner, Schelle u. Zabel** Handb. d. Laubholzbenennung. Liste aller
Laubholzarten. Berl. 1903. 8. 632 p. Lnb. (M. 15.)   11.—
28933 **Beobachtungs-Ergebnisse** der in Preussen u. in d. Reichslanden ein-
gericht. forstlich-meteorolog. Stationen. Hrsg. v. Müttrich. Jhrg. 1—15:
1875—89. Berlin. 8. (M. 30.)   10.—
    Auch viele einzelne Jahrgänge u. Nrn. vorhanden.
28934 **Berg, E. v.** Die Staatsforstwirtschaftslehre. Leipz. 1850. 8. 525 p.
(M. 8.) Lnb.   1.—
28935 — Mittheil. üb. d. forstlich. Verhältn. in Elsass-Lothringen. Strassb.
1883. 8. 221 p. m. Kte. (M. 5.) Cart.   2.—
28936 **Bericht,** Amtlicher, üb. d. 11. Versammlung Deutscher Land- u. Forstwirthe, 1847. Altona 1848. 8. 936 p. m. Tfl. (M. 9.) Lnb.   2.—

W. Junk, Berlin, W. 15.

28937 **Bericht** üb. 5 Versammlgn. v. Forstwirten. 5 Tle. 1876—85. 8. 300 p.   *M*
m. color. Kte.   2.—
28938 **Berichte** üb. d. 1.—30. Versammlung Deutscher Forstmänner. 30 Tle.
Berl. etc. 1873—1902. 8. (M. 94.)   42.—
28939 **Bernhardt.** Die Waldwirtschaft u. d. Waldschutz. Berl. 1869. 8. 198 p.
(M. 3.)   2.—
28940 — Ueb. d. histor. Entwickl. d. Waldwirtschaft u. Forstwiss. in Deutschland. Berl. 1871. 8. 27 p.   1.—
28941 — Forststatistik Deutschlands. Berl. 1872. 8. 157 p. (M. 3.)   2.—
28942 — D a n c k e l m a n n, Nekrolog. (Berl., Z. Forstw.) 1879. 8. 6 p. m.
Portrait.   1.—
28943 **Bernhardt, Sprengel u. Weise.** Chronik d. deutschen Forstwesens.
14 Jahrge.: 1873—88 (soviel erschien.). Berl. 1876—88. 8. (M. 18.20.)   9.—
     Alle Jahrgänge auch einzeln.
28944 **Bertog.** Untersuchgn. üb. d. Wuchs u. d. Holz d. Weisstanne u. Fichte.
Münch. 1895. 8. 60 p. m. Tfl.   2.—
28945 **Beyträge** z. Forstwissenschaft aus d. prakt. Geometrie. Leipz. 1783.
8. 333 p. m. 11 Tfln. Hfzb.   2.—
28946 **Bierbrauer-Braunstein.** Forstübersichtskarte v. d. Regierungsbezirk
Wiesbaden. Wiesb. 1879. 1 color. Blatt in Imp.-Fol., 1:100.000.   1.—
28947 **Bivona.** Miglioramenti d. Boschi d. Sicilia. I. Palermo 1845. 8. 16 p.   1.—
28948 — Coltura d. Boschi di Palermo. Pal. 1845. 8. 25 p.   1.—
28949 **Blomqvist.** Neue Methode d. Holzwuchs u. d. Standortsvegetat. bildl.
darzustellen. (Kopenh.) 8. 10 p. m. 6 Tabellen.   1.50
28950 **Blum.** Die Pyramidenreihe b. Harreshausen. (Frankf., Senck.) 1895.
8. 10 p. m. Tfl.   1.—
28951 — Die zweizeil. Sumpfcypresse am Rechneigraben in Frankfurt a. M.
(Frankf., Senck.) 1898. 8. 10 p. m. 2 Tfln.   1.50
28952 **Blum u. Jännicke.** Botan. Führer durch d. städt. Anlagen in Frankfurt am Main. Frankf. 1892. 8. 194 p.   1.50
28953 **(Bodelschwingh).** Anleit. z. Waldwerthberechn. Berl. 1866. 8. 96 p.   1.—
28954 **Bolle.** Zu Gunsten d. dendrolog. Gartens zu Berlin. (Berl.) 1877. 8. 24 p.   1.—
28955 **Booth.** Die Naturalisation ausländ. Waldbäume in Deutschland. Berl.
1882. 8. 180 p. m. Kte. (M. 4.) Lnb.   3.—
28956 — Die Nordamerikan. Holzarten. Berl. 1896. 8. 93 p. m. 2 Tfln. (M. 2.)   1.50
28957 — Die Einführung ausländischer Holzarten in d. preussischen Staats-
forsten. Berl. 1903. 8. 114 p. Lnb. (M. 5.)   4.—
28958 **Borggreve.** Einwirk. d. Sturmes auf d. Baumvegetat. (Brem., Nat. Ver.)
1872. 8. 6 p. m. 3 Tfln.   2.50
28959 — Die Holzzucht. Berl. 1885. 8. 210 p. m. 6 Tfln. (M. 6.) Hfzb.   2.50
28960 — — 2. (letzte) Aufl. Berl. 1891. 8. 363 p. m. 15 Tfln. (M. 12.)   6.—
28961 — Die Forstabschätzung. Berl. 1888. 8. 432 p. m. 16 Tfln. (M. 13.) Hfzb.   5.—
28962 **Bösemann.** Deutschlands Gehölze im Winterkleide. Hildburgh. 1884.
8. 91 p. m. 10 Tfln.   1.—
28963 **Boulger.** Scientif. study of Timber. (Lond.) 1892. 8. 30 p.   1.—
28964 **Boutcher.** Treatise on Forest-Trees. Edinb. 1775. 4. 307 p. Calf.   8.—
28965 **(Brandes).** Forstbotanisches Merkbuch: Provinz Hannover. Hann. 1907.
8. 231 p. Lnb. (M. 3.)   2.—
28966 **Brandis.** Die Bezieh. zwischen Regenfall u. Wald in Indien. (Bonn, Nat.
Ver.) 1884. 8. 38 p.   1.—
28967 — Der Wald d. Nordwestl. Himalaya. (Bonn, Nat. Ver.) 1885. 8. 28 p.   1.—
28968 — Der Wald in d. Verein. Staaten v. Nordamerika. (Bonn, Nat. Ver.)
1890. 8. 42 p.   1.—
28969 — Indian Trees. Lond. 1911. 8. 800 p. w. fig. Cloth.   16.50
28970 **Braniff.** Determin. of Timber values. (Wash., Dept. Agr.) 1904. 8. 12 p.   1.—
28971 **Bray.** Forest resources of Texas. (Wash., Dept. Agr.) 1904. 8. 71 p.
w. 3 colour. maps and 8 pl.   2.—

29872 **Bray.** The Timber of the Edwards Plateau of Texas. (Wash., Dept.   *M*
    Agr.) 1904. 8. 30 p. w. 5 pl.   1.50
28973 **Brecher.** Aus d. Auen-Mittelwalde. (Berl., Z. Forstw.) 1879. 8. 24 p.   1.—
28974 **v. Brocke.** Gründe d. physical. u. experim. allgem. Forst-Wissen-
    schaft. Leipz. 1768. 8. 792 p. Hfzb.   4.—
28975 **Brown, A. F.** Silviculture in the Tropics. N. York 1912. 8. 326 p. Cloth. 15.—
28976 **Brown, J. E.** Pract. treatise on Tree Culture in S. Australia. Adelaide
    1881. 8. 116 p. w. 28 pl. Boards.   8.—
28977 **Browne, D. J.** Trees of America. New York 1846. 8. 520 p. w. numer.
    fig. Cloth.   11.—
      Not quoted by P r i t z e l.
28978 **Burckhardt.** Forstliche Hülfstafeln. 2 Bde. Hannover 1852—56. 8. 325 p.
    (M. 5.) Lnb.   1:50
28979 — Der Waldwert. Hann. 1859. 8. 256 p. (M. 4.50.) Cart.   1.50
28980 — Cubic-Tabellen f. Forstmänner. Hann. 1859. 8. 279 p.   1.—
28981 — Hülfstafeln f. Forsttaxatoren. Hann. 1861. 8. 319 p. (M. 4.50.) Cart.   1.—
28982 — — 3. Aufl. 2 Bde. Hann. 1873. 8. 312 p. (M. 6.) Cart.   2.—
28983 — Die forstl. Verhältn. v. Hannover. Hann. 1864. 8. 176 p.   1.—
28984 — Säen u. Pflanzen nach forstl. Praxis. 3. Aufl. Hann. 1867. 8. 748 p.
    (M. 9.) Cart.   2.50
28985 — Die Eiche im alten Mast- u. Hutwald. (Hannov.) 1879. 8. 26 p.   1.—
28986 **Burgerstein.** Vergl. anatom. Untersuchgn. d. Fichten- u. Lärchenhölzer.
    (Wien, Ak.) 1893. 4. 38 p.   1.50
28987 **Burgsdorf.** Forsthandbuch. 2. Aufl. Berlin 1790. 8. 842 p. m. color.
    Kte. u. Tabellen. Hfzb.   3.—
28988 — Anleit. z. Erzieh. d. Holz-Arten. 2. Aufl. 2 Tle. Berl. 1790—91. 514 p.
    m. 2 Tfln. Frzb.   6.—
28989 **Büsgen.** Bau u. Leben uns. Waldbäume. Jena 1897. 8. 238 p. (M. 6.)   4.—
28990 **Büttner.** Der Forstbotan. Garten zu Tharandt. (Dresd., Dendr. Ges.)
    1899. 8. 2 p. m. Tfl.   1.—
28991 **Campagne.** Les Forêts Pyrénéennes. Paris 1912. 8. 201 p. av. carte.
    (fr. 5.50.)   3.—
28992 **Carrière.** Pépinières. 2. éd. Paris 1862. 8. 135 p. Vél.   2.—
28993 — Traité général d. Conifères. Paris 1855. 8. 672 p. Toile.   7.—
28994 — — Nouv. éd. 2 vols. Paris 1867. 8. 922 p. D.-rel. veau.   36.—
      Très-rare et recherché.
28995 **Cary.** Manual for Northern Woodsmen. Cambr., Mass., 1909. 8. 260 p.
    w. map. Cloth.   5.—
28996 **Caspary.** Die alte Linde zu Neuenstadt. (Stuttg., Ver. Nat.) 1868. 8. 15 p.
    m. 2 color. Tfln.   1.50
28997 — Ueb. v. Blitz getroff. Bäume u. Telegraphen-Stangen. (Königsb.,
    Phys. Ges.) 1872. 4. 18 p. m. Tfl.   1.—
28998 — Ueb. Schlangenfichten u. Pyramideneichen. (Königsb., Phys. Ges.)
    1873. 4. 22 p. m. 2 Tfln.   1.50
28999 — Die Krummfichte, e. markkranke Form. (Königsb., Phys. Ges.) 1874.
    4. 10 p. m. 3 Tfln.   2.—
29000 — Der Malvenpilz. — Ein. Preuss. Spielarten d. Kiefer. — Kegelige
    Hainbuchen. 3 Abhandl. (Königsb., Phys. Ges.) 1883. 4. 13 p. m. Tfl.   1.—
29001 **Chapman.** A working plan f. Forest Lands in Berkeley County, S. Calif.
    (Wash., Dept. Agr.) 1905. 8. 62 p. w. colour. map and 4 pl.   1.50
29002 **Chittenden and Hatt.** The Red Gum and the mechan. properties of Red
    Gum Wood. (Wash., Dept. Agr.) 1905. 8. 56 p. w. map and 6 pl.   2.—
29003 **Christy.** Why are the Prairies treeless? (Lond., Geogr. S.) 1892. 8. 22 p. 1.50
29004 **Clément.** Manuel forestier. Brux. 1851. 8. 92 p.   1.—
29005 **Clothier.** Advice for Forest Planters in Oklahoma. (Wash., Dept. Agr.)
    1906. 8. 46 p. w. map and 4 pl.   2.—
29006 **Cohn, F.** Einwirkgn. d. Blitz. auf Bäume. (Bresl., Schles. Ges.) 1853.
    4. 16 p.   1.—

29007 **Congress.** — Protokolle d. I. internation. Congreses d. Land- u. Forstwirthe. Wien 1874. 8. 228 p. (M. 4.) **2.—**

29008 **Coniferae.** — 13 Abhandl. üb. Anat. u. Physiol. v. Eichler, Höhnel, Kronfeld, Masters, J. Moeller, Sanio, Schwabach u. a. 1843—1902. 8. u. 4. 130 p. m. 5 Tfln. **4.—**

29009 **(Constant, C.)** L'art de multiplier la Soie ou traité s. l. Muriers. — F. I s n a r d. Insectes se nouriss. de l'Olivier. — P e l é e d e S t.- M a u r i c e. L'art de cultiver les Peupliers d'Italie. Paris 1760 à 1762. 8. 256 p. av. pl. Veau. **8.—**

29010 **Coordes.** Gehölzbuch. Frankf. 1882. 8. 148 p. (M. 1.50.) **1.—**

29011 **Cotta.** Anweis. z. Forst-Einricht. u. -Abschätz. Bd. I. Dresd. 1820. 8. 200 p. Cart. **1.—**

29012 — Grundriss d Forstwissenschaft. 5. Aufl. Leipz. 1860. 8. 372 p. (M. 6.) Lnb. **1.50**

29013 **Courval.** Das Aufästen d. Waldbäume. Berl. 1865. 8. 82 p. m. 15 Tfln. (M. 3.) **1.50**

29014 **Curtis, C. E.** Practical Forestry. Lond. 8. 66 p. Cloth. **1.50**

29015 **Cutter.** List of Publicat. rel. to Forestry in the Dept. of Agriculture Library. (Wash., Dept. Agr.) 1898. 8. 93 p. **1.—**

29016 **Danckelmann.** Die forstl. Ausstellung d. Deutschen Reiches auf d. Wiener Weltausstellung 1873. Berl. 1873. 8. 88 p. **1.50**

29017 — Die Ablösung u. Regelung d. Waldgrund-Gerechtigkeiten. 3 Tle. Berl. 1880—88. 8. 1008 p. (M. 22.) **11.—**

29018 — — Tl. I: Allgemeines. 1880. 340 p. (M. 7.) Hfzb. **3.—**

29019 — — Tl. III: Hülfstafeln z. Wertermittel. 1888. 75 p. **2.—**

29020 — Gemeindewald u. Genossenwald. Berl. 1882. 8. 91 p. **1.—**

29021 — R e m e l é. Lebensabriss. (Berl., Z. Forstw.) 1892. 8. 8 p. m. Portr. **1.—**

29022 **Daniel, L.** Physiologie appliquée à l'Arboriculture. (Rennes, Univ.) 1902. 8. 51 p. **2.—**

29023 **Dengler.** Die Horizontalverbreitung d. Kiefer, Fichte u. Weisstanne. 2 Tle. Neudamm 1904—1912. 8. 263 p. m. 3 Ktn. (M. 10.) **7.—**

29024 **Dippel.** Handbuch d. Laubholzkunde. Beschreib. d. in Deutschland heim. Bäume u. Sträucher. 3 Bde. Berl. 1889—93. 8. 1793 p. m. 829 Fig. (M. 60.) **45.—**

29025 — — Halbmaroquinbde. (M. 66.) **50.—**

29026 **Döbner.** Lehrb. d. Botanik f. Forstmänner. 3. Aufl. Aschaffenb. 1865. 8. 575 p. (M. 17.) Hfzb. **5.—**

Die letzte (4.) Aufl. v. 1882 ist vergriffen u. selten.

29027 **Dochnahl.** Anleit., d. Holzpflanzen Deutschlands an ihr. Blättern u. Zweigen zu erkennen. Nürnb. 1860. 8. 108 p. **1.50**

29028 **Dodwell and Rixon.** Forest Conditions in the Olympic Forest Revenue, (Wash., Geol. Surv.) 1902. 4. 110 p. w. colour. map and 20 pl. **5.—**

29029 **Drechsler.** Die Forsten v. Hannover. Hann. 1851. 8. 137 p. Cart. **1.—**

29030 **Drude.** Herkunft der in d. deutsch. Dendrologie verwend. Gewächse. (Dresd., Dendr. Ges.) 1899. 8. 25 p. m. Kte. **1.50**

29031 **Duhamel du Monceau.** Naturgesch. d. Bäume. Deutsch v. Oelhafen v. Schöllenbach. 2 Bde. Nürnb. 1764—65. 4. 708 p. m. 50 Tfln. Cart. — Gutes Exemplar. **10.—**

29032 **Dupuis.** Conifères de pleine terre. Paris. 8. 152 p. av. 47 fig. **3.—**

29033 **Du Roi.** Harbkesche wilde Baumzucht. 3 Bde. Braunschw. 1795— 1800. 8. 1600 p. m. 6 Tfln. Hfzbde. **10.—**

29034 **Ebermayer.** Die physikal. Einwirkgn. d. Waldes auf Luft u. Boden. Bd. I (soviel erschien.). Berl. 1873. 8. 519 p. m. Atlas in-fol. (M. 12.) **8.—**

29035 — Die Lehre d. Waldstreu. Berl. 1876. 8. 128 p. (M. 11.) **7.—**

29036 — Naturgesetzl. Grundlagen d. Wald- u. Ackerbaues. Band I: Physiolog. Chemie d. Pflanzen. I. (soviel erschien.): Die Bestandtheile. Berl. 1882. 8. 889 p. (M. 16.) **6.—**

W. Junk, Berlin, W. 15.

29037 **Eberts.** Forstliche Rechtskunde Preussens. Leipz. 1881. 8. 635 p. *M*
(M. 6.50.) Hfzb. 1.—
29038 **Edict** du Roy et arrest du conseil d'estat portant suppression des
Verderies etc. establ. dans les Forests. Paris 1669. 4. 7 p. 3.—
29039 **Eding.** Die Rechtsverhältnisse des Waldes. Berl. 1874. 8. 242 p. (M. 4.) 2.50
29040 **Eichhorn.** Ueb. d. Holz d. Roteiche. Münch. 1895. 8. 50 p. 1.50
29041 **Elliott, S. B.** The important Timber Trees of the U. S. Manual of pract.
Forestry. Bost. 1912. 8. 401 p. w. 32 pl. Cloth. 12.—
29042 **Elssner.** Anschauungs-Unterr.: Deutsche Laubbäume. Löbau. 4. 24 p.
m. Atlas v. 56 color. Tfln. 7.—
29043 **Elwes and Henry.** The Trees of Great Britain and Ireland (Arboretum
Britann.). 7 vols. Edinb. 1906—13. 4. 2046 p. w. *2 portr., 5 colour.
frontisp. and atlas of 412 pl.*
Price to subscribers: M. 480.
29044 **Emerson, G. B.** Report on the Trees and Shrubs growing in the forests
of Massachusetts. Boston 1846. 8. 549 p. w. 17 pl. Cloth. 25.—
Very rare, not even quoted by P r i t z e l.
29045 **Endres.** Die Waldbenutzung v. 13.—18. Jahrhundert. Tübing. 1888.
8. 214 p. (M. 5.) 3.50
Entleutner. Ziergehölze — siehe No. 28583 u. 28584.
29046 **Ettig.** Uebersicht üb. d. wichtigsten Bäume. Grimma 1867. 8. 48 p. 1.—
29047 **Evelyn, J.** Sylva. Discourse of Forest Trees with: 'Pomona' and
'Calendarium Hortense. Lond. 1664. fol. 216 p. Cloth. 50.—
The esteemed 'editio princeps' of the famous book. The first work printed by
the 'Royal Society.'
29048 — — Lond. 1670. fol. 394 p. w. fig. Calf. 23.—
The 2. edition which P r i t z e l has not seen. Also the following 3. edition is
not quoted by him.
29049 — — 3. ed. Lond. 1679. fol. 521 p. Calf. 18.—
29050 **Excursions** of the Roy, Scottish Arboricult. Society. 2 parts. Edinb.
1888—89. 8. 59 p. 1.50
29051 **Fant.** Sveriges träd och buskar i vinterdrägt. Stockh. 1872. 8. 56 p.
m. 11 Tfln. 2.50
29052 **Feistmantel.** Waldbestandestafeln. 2. Aufl. Berl. 1877. 8. 166 p. Hfzb. 1.—
29053 **Fernow.** Report on the relat. of Railroads to Forest Supplies and
Forestry. (Wash., Dept. Agr.) 1887. 8. 149 p. w. 19 pl. 2.—
29054 — Report of the Division of Forestry of the U. S. Dept of Agricult.
f. 1886—90, 1892. 6 parts. Wash. 1887—93. 8. w. plates. 3.—
29055 — Report on the Forest Conditions of the Rocky Mountains. (Wash.,
Dept. Agr.) 1888. 8. 252 p. with 2 tabl. and a colour. map. 2.—
29056 — What is Forestry? (Wash., Dept. Agr.) 1891. 8. 52 p. 1.—
29057 — Timber Physics. Part I. (Wash., Dept. Agr.) 1892. 4. 61 p. w. 6 pl. 2.50
29058 — Forestry f. Farmers. (Wash., Dept. Agr.) 1895. 8. 46 p. 1.—
29059 **Fernow and o.** Forest Influences. (Wash., Dept. Agr.) 1893. 8. 197 p.
w. many fig. 1.50
29060 **Festschrift** f. d. Jubelfeier d. Forstakademie Eberswalde. Berl. 1880.
4. 290 p. m. Tfln. (M. 10.) 4.—
29061 **Feucht.** Die Bäume u. Sträucher uns. Wälder. Stuttg. 1914. 8. 125 p.
m. 6 Tfln. 1.—
29062 **Fintelmann, G. A.** Ueb. Nutzbaumpflanzungen. Potsd. 1856. 8. 48 p. Lnb. 1.50
29063 **Fintelmann, L.** Ueb. Baumpflanzungen in Städten. Bresl. 1877. 8. 100 p. 1.—
29064 **Fiscali.** Deutschlands Forstcultur-Pflanzen. Wien 1858—60. 8. 211 p.
m. Atlas v. 18 color. Tfln. in fol. (M. 24.) Cart. 7.—
29065 **Fischbach.** Prakt. Forstwirtschaft. Berl. 1880. 8. 458 p. (M. 8.) 4.—
29066 — Lehrb. d. Forstwissenschaft. 4. (letzte) Aufl. Berl. 1886. 8. 667 p.
(M. 10.) 6.—
29067 **Fischer, H.** Gegenseit. Beeinfluss. v. Edelreis. (Dresd., Flora) 1912.
8. 14 p. 1.—
29068 **Fisher, W. R.** Lecture on Forestry. (Dubl., Soc.) 1899. 8. 36 p. 1.—

M

29069 Der **Forstbezirk** Auerbach. Auerb. 8. 66 p.   1.—
29070 **Förster, G. R.** Das forstliche Transportwesen. Wien 1885. 4. 600 p. Hfzb. — Atlas **f e h l t.**   1.50
29071 **Forstlich-Naturwissenschaftliche Zeitschrift.** Hrsg. v. Tubeuf. 7 Jahrge. (soviel erschien.). Münch. 1892—98. 8. m. Tfln. (M. 84.)   60.—
      Jahrg. 1896 u. 1897 sind vergriffen.
29072 **Forstliche Blätter.** Zeitschr. f. Forst- u. Jagdwesen. Hrsg. v. Grunert. Heft 1—16. Berlin u. Hannov. 1861—68. 8. m. 10 z. Teil color. Tfln. (M. 72.) Hfzbde.   20.—
29073 — — Jahrg. 18: 1881, 25—29: 1888—92. Berl. 4. (M. 96.)   20.—
      Auch alle Hefte einzeln à M. 0.50.
29074 **Forstliche Mittheilungen** aus Baden. I. Karlsr. 1857. 8. 51 p. m. color. Kte. Cart.   1.—
29075 **Forstliche Studienreise** im Gebirge u. Flachland d. Prov. Schlesien. Berl. 1875. 8. 160 p. m. geol. Kte. (M. 3.)   1.50
29076 **Forstwesen.** — 32 Abhandl. u. Werke v. Buchenau, Burckhardt, Caspary, Conwentz, E. H. L. Krause, Neger, Oelhafen, Schwappach, Stöckhardt, Weise u. a. 1767—1913. 8. u. 4. 616 p. m. 9 Tfln. (8 color.)   8.—
29077 **Forstwissenschaftliches Centralblatt.** Hrsg. v. Baur. Jahrg. XXIV (= N. F. Jahrg. II.) Berl. 1880. 8. (M. 12.) Cart.   1.50
29078 **Fox.** History of the Lumber Industry in New York. (Wash., Dept. Agr.) 1902. 8. 59 p. with 19 pl.   2.—
      Fraas. Geschichte d. Forstwissenschaft — siehe No. 27434.
29079 **Frank.** Ernährg. d. Kiefer durch ihre Mykorhiza-Pilze. (Berl., Bot. Ges.) 1892. 8. 7 p. m. Tfl.   1.—
29080 **Freudenberg.** Die bekannteren d. kultiv. Nadelhölzer. Dresd. 1886. 4. 10 p.   1.—
29081 **Fribolin.** Der Eichenschälwaldbetrieb. Berl. 1876. 8. 122 p.   1.50
29082 **Friedrich.** Die Bäume u. Sträucher uns. öffentl. Anlagen. Lübeck 1889. 4. 64 p. m. Tfl.   1.50
29083 **Fürst.** Die Pflanzenzucht im Walde. Berl. 1882. 8. 294 p. (M. 5.)   2.—
29084 — — 2. Aufl. Berl. 1888. 8. 334 p. (M. 5.)   3.—
29085 — Illustriertes Forst- u. Jagd-Lexikon. Berl. 1888. 8. 830 p. m. 580 Fig. Hfzb. (M. 20.)   5.—
29086 — — 2. (letzte) Aufl. Berl. 1904. 8. 916 p. m. 860 Fig. Lnb. (M. 23.)   15.—
29087 **Gadeau de Kerville.** Liste descr. d. Arbres remarq. de la Seine-Infér. (Rouen, Soc. Sc.) 1905. 8. 26 p.   1.50
29088 **Gamble.** On a tour in the Forests of the Austrian Salzkammergut. Reorkee 1879. 8. 10 p. w. map.   1.—
29089 — Manual of Indian Timbers. New ed. Lond. 1902. 8. 882 p. w. 20 pl. Cloth.   25.—
      Out of print.
29090 **Gaudry.** Cours d'Arboriculture. Paris 1848. 8. 310 p. av. 15 pl. D.-rel. veau.   1.50
29091 **Gayer.** Der Waldbau. Berl. 1880. 8. 712 p. (M. 13.) Hfzb.   2.50
29092 — Die Forstbenutzung. 6. Aufl. Berl. 1883. 8. 660 p. m. 289 Fig. Lnb. (M. 14.)   3.—
29093 — — 10. (letzte) Aufl. Berl. 1909. 8. 649 p. m. color. Tfl. Lnb. (M. 15.)
29094 **Geyler.** Botan. Mittheilungen. (Culturversuche m. Rhus vernicif., Ueb. Phyllocladus). (Frankf., Senck.) 1881. 4. 20 p. m. 2 Tfln.   1.50
29095 **Gibson.** American Forest Trees. Chic. 1913. 8. 723 p. w. portr. and pl. Cloth.   30.—
29096 **Gilchrist and W. Thomson.** On practical Arboriculture. 3 pap. (Edinb., Arbor. Soc.) 1871. 8. 132 p.   2.—
29097 **Gloersen.** Skovanlaeg og Plantning. Stav. 1890. 8. 24 p.   1.—
29098 **Godbersen.** Die Kiefer. Neudamm 1904. 8. 249 p. Cart. (M. 6.)   4.50
29099 **Göppert.** Ueb. Inschriften u. Zeichen in lebenden Bäumen. Bresl. 1869. 8. 37 p. mit 5 Tafeln.   2.—

W. Junk, Berlin, W. 15.

29100 **Göppert.** Üb. d. Folgen äusserer Verletzungen d. Bäume. Bresl. 1873. 8. *M*
94 p. m. 56 Fig. u. Atlas v. 10 Tfln. in-fol. (M. 9.)   3.50
29101 **Graner.** Der geolog. Bau u. d. Bewald. d. deutsch. Landes. (Stuttg.,
Ver. Nat.) 1900. 8. 45 p.   1.50
29102 **Graves.** Forest Preservation. (Wash., Smiths) 1911. 8. 13 p. w. 7 pl.   1.50
29103 **Gray, A.** Géographie et Archéol. forestières de l'Amérique du Nord.
(Paris, Ann. Sc.) 1878. 8. 39 p.   1.50
29104 **Graziadei.** Vegetabili Selvat. mangerecci d. Trentino. (Rovereto, Soc.
Alp.) 1884. 8. 12 p.   1.—
29105 **Grebe.** Gebirgskunde, Bodenkunde u. Klimalehre in ihr. Anwend. auf
Forstwirthschaft. 2. Aufl. Eisenach 1858. 8. 336 p. (M. 4.50.) Lnb.   1.—
29106 — — 3. Aufl. Wien 1872. 8. 350 p. (M. 4.) Hfzb.   2.—
29107 — Die Betriebs- u. Ertrags-Regulierung d. Forsten. Wien 1867. 8.
415 p. m. Tab. (M. 8.) Hfzb.   1.50
29108 — — 2. (letzte) Aufl. Wien 1879. 8. 503 p. (M. 9.)   3.—
29109 **Green, E. E.** Select Trees suitable for Shade, Windbelts, Timber and
Fuel reserves. (Colombo, Bot. Gard.) 1900. 8. 24 p.   1.—
29110 **Green, S. B.** Prairie Forestry and Horticulture at Coteau Farm.
St. Paul 1901. 8. 32 p. w. 7 pl.   1.50
29111 **Gremblich.** Der Legföhrenwald. Innsbr. 1893. 8. 35 p.   1.—
29112 **Guillemeau.** S. l. effects du défrichement d. Forêts. Niort 1843. 8. 26 p.   1.—
29113 **Guimpel, Otto u. Hayne.** Abbild. d. fremden in Deutschland ausdauernden Holzarten. Heft 19 u. 20. Berl. 1826. 4. 12 p. m. 12 color. Tfln.   1.50
29114 **Guinier.** Atlas des Arbres, Arbustes, Arbrisseaux et Sous-Arbrisseaux
croiss. en France. (En 28 fasc.) Séries 1 à 9. Paris 1912. 8. 320 p. av.
98 pl. (49 color.)
     Prix de souscription pour l'ouvrage complet M. 16.
29115 **Guttenberg.** Wachstum u. Ertrag d. Fichte im Hochgebirge. Wien 1915.
4. 156 p. m. 21 Tfln. Cart. (M. 10.)
29116 **Hagen.** Die forstlich. Verhältnisse Preussens. 2. Aufl. 2 Bde. v. Donner.
Berlin 1883. 4. 540 p. (M. 17.50.) Lnb.   2.—
29117 — — 3. (letzte) Aufl. 2 Bde. Berl. 1894. 4. 750 p. (M. 20.)   10.—
29118 **Handbuch** d. Forstwissenschaft. Hrsg. v. Lorey. 2. Aufl. v. Stoetzer.
4 Bde. u. Ergänz.-Bd. Tübing. 1903. 8. 2346 p. m. viel. Fig. (M. 50.)   30.—
29119 — — 3. (letzte) Aufl. v. Chr. Wagner. 4 Bde. Tüb. 1912—1913. 8.
2902 p. m. Tfln. Hfzb. (M. 100.)
29120 **Häring.** Zusammenstell. d. Kennzeichen der in Deutschland wachs.
verschied. Eichen-Gattgn. u. ihrer hauptsächl. Fehler. Berlin 1853. 4.
179 p. m. 56 color. Tfln. Cart.   90.—
     Auch der Text ist lithographiert; nur in ganz geringer Auflage hergestellt.
29121 **Hartig, G. L.** Lexikon f. Jäger u. Jagdfreunde. 2. Aufl. Hrsg. v. T.
Hartig. Berl. 1861. 8. 640 p. m. 7 Tfln. (M. 9.) Cart.   2.—
29122 — Lehrbuch f. Förster. Berl. 1871. 8. 424 p. (M. 5.50.) Cart.   1.—
     Siehe auch No. 29131.
29123 — Lehrb. f. Jäger. 10. Aufl., v. T. Hartig. 2 Bde. Stuttg. 1877. 8.
679 p. (M. 13.)   4.—
29124 **Hartig, R.** Die Unterscheidungsmerkmale d. wichtig. Hölzer Deutschlands. Münch. 1879. 8. 22 p.   1.—
29125 — — 2. Aufl. Münch. 1883. 8. 32 p.   2.50
29126 — Verteil. d. organ. Substanz d. Wassers u. Luftraumes in d. Bäumen.
Berl. 1882. 8. 112 p. m. 16 Tfln. Cart. (M. 8.)   4.—
29127 — Das Holz d. deutsch. Nadelwaldbäume. Berl. 1885. 8. 154 p. (M. 5.)   3.—
29128 — Lehrb. d. Anat. u. Physiol. d. Pflanzen bes. d. Forstgewächse.
Berl. 1891. 8. 316 p. m. 103 Fig. Lnb. (M. 8.)   5.—
29129 — Ueb. d. Drehwuchs d. Kiefer. (Münch., Ak.) 1895. 8. 19 p. m. 2 Tfln.   1.—
29130 **Hartig, R., u. Weber.** Das Holz d. Rothbuche. Berl. 1888. 8. 244 p. (M. 8.)   4.50
29131 **Hartig, T.** Lehrbuch f. Förster. 8. Aufl. 3 Bde. Stuttg. 1840. 8. 755 p. m.
4 Tfln. (2 color.) u. Tabellen. (M. 12.) Hfzb.   2.50

29132 **Hartig, T.** Naturgeschichte d. forstl. Culturpflanzen Deutschlands. Berl *M*
1851. 4. 610 p. m. 120 color. Tfln. (M. 84.) 25.—
Die (unveränderte) Neu-Ausgabe von 1886 ist weniger gut coloriert.
29133 — Anat. u. Physiol. d. Holzpflanzen. Berlin 1878. 8. 438 p. m. 6 Tfln.
u. 113 Fig. (M. 20.) 5.—
29134 **Hausmann.** Geolog. Begründung d. Acker- u. Forstwesens. Berl. 1825.
8. 62 p. 1.—
29135 **Hayne.** Dendrolog. Flora d. Umgeg. u. d. Gärten Berlins. Berl. 1822.
8. 295 p. m. Tfl. (M. 4.) Hfzb. 1.50
29136 **Heiss.** Abfind. b. d. Ablös. v. Forstservituten. Berl. 1878. 8. 46 p. 1.—
29137 **Heldreich.** Z. Kenntn. d. Rosskastanie, d. Nussbaumes u. d. Buche.
(Berl., Bot. Ver.) 1879. 8. 13 p. 1.—
29138 **Henry.** Forests, wild and cultivat. (Dubl., Soc.) 1904. 8. 18 p. w. 12 pl. 2.50
29139 **Herrmann, E.** Tabellen z. Bestimmen d. wichtigsten Holzgewächse d.
deutschen Waldes. Neudamm 1904. 4. 31 p. In Mappe. (M. 2.40.) 1.—
29140 **Hess.** Der Forstschutz. Leipzig 1878. 8. 700 p. m. 375 Fig. (M. 16.)
Hfzb. 3.—
29141 — — 4. Aufl. v. Beck. (2 Bde.) I: Schutz gegen Tiere. Leipz. 1914. 8.
550 p. m. Portr., color. Tfl. u. 250 Fig. Lnb. (M. 16.)
29142 — Die Eigenschaften u. d. forstl. Verhalten d. Deutschen Holzarten.
Berl. 1883. 8. 175 p. (M. 5.) Hfzb. 2.—
29143 **Heyer, C.** Die Waldertrags-Regelung. 2. Aufl. Leipz. 1862. 8. 259 p.
m. Tab. (M. 4.) Cart. 1.—
29144 — — 3. (letzte) Aufl. Leipz. 1883. 8. 353 p. (M. 6.) Cart. 2.50
29145 — Der Waldbau od. d. Forstproductenzucht. 3. Aufl. Leipz. 1878. 8.
418 p. m. 297 Fig. (M. 6.80.) Cart. 3.—
29146 — — 5. (letzte) Aufl. v. Hess. 2 Bde. Leipz. 1906—09. 8. 838 p. m. 388
Fig. (M. 12.)
29147 **Heyer, E.** Ueb. Messung d. Höhen sowie d. Durchmesser d. Bäume.
Giessen 1870. 8. 76 p. m. 3 Tfln. (M. 2.) Hfzb. 1.—
29148 **Heyer, G.** Das Verhalten d. Waldbäume gegen Licht u. Schatten.
Erlangen 1852. 8. 94 p. m. 2 color. Tfln. Cart. 2.—
29149 — Influences de la lumière et de l'ombre sur l. Essences forest. Trad.
p. Loes. Laus. 1856. 8. 131 p. av. 2 diagr. color. 2.—
29150 — Anleit. z. Waldwertrechnung. Leipz. 1865. 8. 195 p. (M. 4.) Hfzb. 1.—
29151 — — 2. Aufl. Leipz. 1876. 8. 156 p. (M. 3.75.) 1.50
29152 — — 3. Aufl. Leipz. 1883. 8. 283 p. (M. 6.) Hfzb. 2.—
29153 **Hochstetter.** Die Coniferen od. Nadelhölzer, welche in Mittel-Europa
winterhart sind. Stuttg. 1882. 8. 121 p. m. 4 Tfln. 1.50
29154 **Höck.** Nadelwaldflora Norddeutschlands. Stuttg. 1893. 8. 50 p. m. Kte. 1.—
29155 — Brandenburger Buchenbegleiter. (Berl., Bot. Ver.) 1895. 8. 44 p. 1.50
29156 — Laubwaldflora Norddeutschlands. Stuttg. 1896. 8. 63 p. 1.50
29157 **Hohenheim.** — Kgl. Württemberg. Land- u. Forstwirtsch. Institut.
Programm f. 1832. Stuttg. 8. 48 p. m. Plan. 1.—
29158 **Honda.** Ueb. d. Küstenschutzwald geg. Springfluthen. (Tokyo, Coll.
Agr.) 1898. 8. 18 p. m. 2 Ktn. 1.50
29159 **Hönlinger.** Beweise f. d. Unrichtigkeit d. Reinertragslehre. Wien 1908.
8. 56 p. 1.—
29160 **Huntington.** Studies of Trees in Winter. Descr. of the deciduous trees
of N. E. America. N. York 1909. 8. w. 12 colour. pl. Cloth. 10.—
29161 **Huttenschmidt.** S. le développ. du Liège. (Paris, Ann. Sc.) 1838. 8. 21 p. 1.—
29162 **Jacobi, H. B.** Die Verdrängung der Laubwälder durch d. Nadelwälder
in Deutschland. Tübing. 1912. 8. 195 p. (M. 6.)
29163 **Jacquot.** Sylviculture. Paris 1913. 8. 257 p. 4.—
29164 **Jäger, H.** Deutsche Bäume u. Wälder. Leipz. 1877. 8. 360 p. m. 10 Tfln.
(M. 6.) Cart. 3.—
29165 — Die Nutzholzpflanzungen. Hannov. 1877. 8. 138 p. (M. 2.50.) Cart. 1.50

29166 **Jahrbuch** d. Preuss. Forst- u. Jagdgesetzgebung u. -Verwaltung. Hrsg. *M*
v. Danckelmann. Bd. 1—40. Mit 2 Regist. Berl. 1851—1900. 8.
(M. 184.60.)   60.—
Auch eine Anzahl von Bänden einzeln vorhanden.

29167 **Jahresbericht** d. forstlich-phänologisch. Stationen Deutschlands. Jahrg.
1—10: 1885—94. Berl. 8. (M. 20.)   7.—

29168 **Janka.** Die Härte der Hölzer. (Wien, Forstl. Vers.-Wes.) 1915. 8.
253 p. m. 4 Tfln.   4.50

29169 **Jankowsky.** Die Begründ. naturgemässer Hochwaldbestände. 2. Aufl.
(Haslach) 1903. 8. 107 p. m. 4 Tfln. (M. 4.)   2.—

29170 **Janssonius.** Mikrographie d. Holzes d. auf Java vorkomm. Baumarten. Lfrg. 1—4 (soviel erschien.). Leid. 1908—14. 8. 1252 p. (M. 24.)   20.—

29171 **Jentzsch.** Nachweis d. zu schützenden Bäume, Sträucher u. errat.
Blöcke in Ostpreussen. Königsb. 1900. 4. 159 p. m. 17 Tfln. (M. 3.) Cart.   2.—

29172 **Johnson, A. L.** Econom. designing of Timber Trestle Bridges. (Wash.,
Dept. Agr.) 1896. 8. 57 p.   1.—

29173 **Jonescu.** Ueb. d. Ursachen d. Blitzschläge in Bäume. 2 Abhandl.
(Stuttg. u. Berl.) 1893—94. 8. 40 p.   1.50

29174 **Jonston, J.** Dendrographia s. hist. natur. de Arboribus et Fructicibus.
Francof. 1662. fol. 522 p. et 137 tab. Hfzb.   26.—

29175 **Judeich.** Die Forsteinrichtung. Dresd. 1871. 8. 400 p. (M. 8.) Hfzb.   2.—

29176 — — 3. Aufl. Dresd. 1880. 8. 468 p. (M. 8.)   2.50

29177 — — 4. Aufl. Dresd. 1885. 8. 526 p. m. color. Kte. Lnb. (M. 10.)   3.—

29178 — — 6. (letzte) Aufl., v. Neumeister. Berl. 1904. 8. 575 p. m. color.
Kte. Lnb. (M. 10.50.)   7.—

29179 **Kaiser, P.** Tagliche Periodicit. d. Dickendimens. d. Baumstämme. Halle
1879. 8. 38 p.   1.—

29180 **Käpler.** Holzcultur. Leipz. 1803. 8. 111 p. Cart.   2.—

29181 **Kasthofer.** Ueb. d. Wälder u. Alpen d. Berner. Hochgebirgs. 2. Aufl.
Aarau 1818. 8. 216 p. Cart.   2.50

29182 **Kellogg, R. S.** Forest Planting in W. Kansas. (Wash., Dept. Agr.)
1904. 8. 52 p. w. 7 pl.   2.—

29183 — Forest Belts of W. Kansas and Nebraska. (Wash., Dept. Agr.) 1905.
8. 44 p. w. 6 pl.   2.—

29184 **Kempton.** The Planting of White Pine in New England. (Wash., Dept.
Agr.) 1903. 8. 40 p. w. 13 pl.   2.—

29185 **Kessler.** Forstlich. aus Amerika. (Berl., Z. Forstw.) 1889. 8. 16 p.   1.—

29186 **Kienitz, M.** Vergleich. Keimversuche m. Waldbaum-Samen. Heidelb.
1879. 8. 58 p. m. 2 Tfln.   2.—

29187 **Klein, L.** Die Physiognomie d. mitteleurop. Waldbäume. Karlsr. 1899.
8. 26 p. m. 10 Tfln. (M. 2.40.)   2.—

29188 — Charakterbilder mitteleuropäischer Waldbäume. Tl. I. (soweit erschien.). Jena 1904. 4. 30 Tfln. m. Text v. 28 p. (M. 10.)   7.—

29189 — Die botan. Naturdenkmäler Badens. Karlsr. 1904. 8. 80 p. (M. 1.50.)   1.—

29190 **Knobbe.** Ueb. d. Knospen uns. Holzgewächse. (Königsb.) 1846. 8. 15 p.   1.—

29191 **Knorr.** Die Forstakademie Münden, 1891. Gött. 1891. 8. 40 p.   1.—

29192 **Kny.** Anat. d. Holz. v. Pinus silvestr. Berl. 1884. 8. 34 p.   1.—

29193 **Koch, K.** Dendrologie. Bäume, Sträucher u. Halbsträucher Mittel- u.
Nord-Europas. 2 Bde. (3 Tle.) Erl. 1869—73. 8. (M. 33.)   22.—

29194 — Vorles. üb. Dendrologie. Stuttg. 1875. 8. 434 p. (M. 8.80.)   4.—

29195 — Die Bäume u. Sträucher d. alten Griechenlands. 2. Aufl. Berl. 1884.
8. 290 p. (M. 8.)   3.—

29196 **Koehne.** Deutsche Dendrologie. Stuttg. 1893. 8. 617 p. m. 100 Fig.
(M. 14.)   11.—

29197 **König, G.** Forsttafeln. Gotha 1842. 8. 160 p. Hfzb.   1.—

29198 — — 5. Aufl. v. Grebe. Gotha 1864. 8. 180 p. Hfzb.   1.50

29199 **König, G.** Die Forst-Mathematik. 4. Aufl. v. Grebe. Gotha 1854. 8. 718 p. *M*
(M. 9.60.) Lnb. 1.—
29200 — — 5. Aufl. Gotha 1864. 8. 550 p. m. 217 Fig. (M. 9.) Hfzb. 2.—
Koorders' Werke üb. Javanische Bäume — siehe No. 25816—25823.
29201 **Korzchinsky.** Ueb. d. Eichenwälder im mittl. Russland. (Leipz., Engl.
J.) 1891. 8. 15 p. 1.—
29202 **Kozesnik.** Die Bestandespflege. Wien 1898. 8. 40 p. 1.—
29203 **Kraft.** Beiträge z. Lehre v. d. Durchforstgn., Schlagstellgn. u. Lich-
tungshieben. Hann. 1884. 8. 147 p. m. Tfl. (M. 3.80.) Lnb. 1.50
29204 — Beiträge z. forstl. Zuwachsrechnung. Hannov. 1885. 8. 176 p. m.
6 Tfln. (M. 6.) Lnb. 2.—
29205 — Beitr. z. forstl. Statik u. Waldwerthrechnung. Hannov. 1887. 8.
70 p. Lnb. 1.—
29206 — Beitr. z. Durchforstungs- u. Lichtungsfrage. Hann. 1889. 8. 71 p. Lnb. 1.—
29207 — Praxis d. Waldwerthrechnung u. forstl. Statik. Hann. 8. 140 p. Cart. 1.—
29208 **Krag.** Bidrag til det Norske Skovvaesens Historie indtil 1814. Krist.
1880. 8. 46 p. 1.50
29209 **Krausbauer.** Durch Flur u. Hain. Bresl. 1911. 8. 144 p. Lnb. 1.—
29210 **Krause, L.** Die beiden wild. Taxusbäume bei Rostock. (Güstrow, Arch.)
1885. 8. 4 p. m. 2 Tfln. 1.—
29211 — Die fremden Bäume u. Gesträucher d. Rostocker Anlagen. (Güstr.,
Arch.) 1890. 8. 50 p. 1.50
29212 **Kresling.** Z. Chemie d. Blüthenstaubes v. Pinus sylvestris. Dorpat
1891. 8. 71 p. 1.50
29213 **Krick.** Ueb. d. Rindenknollen d. Rotbuche. Stuttg. 1891. 4. 28 p. m.
2 Tfln. (M. 8.) 5.—
29214 **Kritische Blätter** f. Forst- u. Jagdwissenschaft. Bd. 18, 20, 24, 26, 28,
29, 37, 38, 40, 41. Leipz. 1843—59. 8. m. Tfln.
Jeder Jahrgang (statt à M. 8.) M. 2. — Auch viele einzelne Hefte.
29215 **(Krutzsch).** Mancherlei aus d. Gebiete d. Waldbaues. (Leipz., Forstwirtsch. Jahrb.) 1851. 8. 46 p. m. Tfl. 1.50
29216 **Kühns.** Die Verdoppel. d. Jahrringes durch künstl. Entlaubung. Stuttg.
1910. 4. 54 p. m. 2 Tfln. (M. 14.) 9.—
29217 **Kujawa.** Ueb. d. natürl. Verjüngung d. Wald. (Bresl., Jahrb. Forstv.)
1874. 8. 94 p. 1.50
29218 **Kunze, M.** Lehrb. d. Holzmesskunst. Berl. 1873. 8. 257 p. (M. 3.) Cart. 1.—
29219 — Die Formzahlen d. Fichte. (Dresd., Forstl. J.) 1882. 8. 48 p. 1.—
29220 — Die Formzahlen d. Kiefer. (Dresd., Forstl. J.) 1882. 8. 52 p. 1.50
29221 — Z. Kenntn. d. Ertrages d. Kiefer auf normal bestockt. Flächen.
(Dresd., Forstl. J.) 1884. 8. 96 p. 1.50
29222 — Anleitung z. Aufnahme d. Holzgehaltes d. Waldbestände. 2. Aufl.
Berl. 1891. 8. 58 p. (M. 2.) Cart. 1.—
29223 — Ueb. d. Einfluss d. Anbaumethode auf d. Ertrag d. Kiefer. (Dresd.,
Forstl. J.) 1904. 8. 36 p. 1.—
29224 — Unechte Schaftformzellen u. Astholzgehalte d. mitteldeutsch. Weisstanne. Berl. 1907. 8. 25 p. m. 2 Tfln. (M. 2.50.) 1.50
29225 **(Landolt, A.)** Bericht an d. Bundesrat üb. d. Untersuch. d. Schweiz.
Hochgebirgswaldgn. Bern 1862. 8. 368 p. Cart. 2.50
29226 — Forstl. Betriebslehre. Zürich 1892. 8. 214 p. m. 2 color. Tfln.
(M. 3.60.) Hfzb. 2.—
29227 **Langille, Plummer and o.** Forest Conditions in the Cascade Range,
Forest Reserve, Oregon. (Wash., Geol. Surv.) 1903. 4. 298 p. w. 41 pl.
(3 colour.) 6.—
29228 **Laschke.** Geschichtl. Entwickl. d. Durchforstungsbetriebes. Neudamm
1902. 8. 114 p. (M. 6.) 4.—
29229 **Lauche.** Deutsche Dendrologie. Berl. 1880. 8. 740 p. m. 236 Fig.
(M. 20.) Hfzb. 13.—
Vergriffen.

29230 **(Laurent, J.)** Abregé pour l. Arbres nains et autres. Paris 1683. 8. *ℳ*
161 p. Veau. – 8.—

29231 **Laurop.** Grundsätze d. Holzzucht. Meining. 1804. 8. 422 p. (M. 4.60.)
Cart. 2.—

29232 — Handb. d. Forst- u. Jagdlitteratur. Erf. 1830. 8. 416 p. 6.—
Nicht im P r i t z e l.

29233 **Lawrence.** Clearing Logged off-Land. 3 pap. Pullman 1910. 8. 35 p.
w. 3 pl. 1.50

29234 **Leo.** Forststatistik üb. Deutschland u. Oesterr.-Ungarn. Berl. 1874.
8. 392 p. (M. 16.) 5.—

29235 **Lewenhaupt.** Omreglering af Svenska Statens Skogsväsende. 3 Tle.
Stockh. 1893—94. 8. 122 p. 1.50

29236 **Liebich.** Der aufmerksame Forstmann. Bd. IV, Heft 1. Prag 1831. 8.
150 p. m. Tab. Cart. 1.50

29237 **Lorentz.** Cours élément. de Culture d. Bois. 5. éd. Paris 1867. 8.
755 p. av. pl. 2.—

29238 **v. Lorenz.** Wald, Klima u. Wasser. Münch. 1878. 8. 292 p. (M. 3.) 1.50

29239 **Lorey.** Ueb. Probestämme. Frankf. 1877. 8. 87 p. Hfzb. 1.—

29240 — Ertragstafeln für d. Weisstanne. Frankf. 1884. 8. 112 p. m. 6 Tfln.
(M. 2.50.) 1.—

29241 **Loudon, J. C.** The Derby Arboretum. Lond. 1840. 8. 97 p. w. pl. Cloth. 2.—

29242 — Hortus Lignosus Londin. Lond. 1842. 8. 83 p. Cloth. 2.—

29243 — Trees and Shrubs of Britain. Lond. 1883. 8. 1234 p. w. 2109 fig.
(25 s.) 10.—

29244 **Lovat.** Afforestation in Scotland. (Edinb., Arboric. Soc.) 1911. 8. 99 p.
w. pl. and 3 colour. maps. 2.50

29245 **Lundström.** Sveriges Skogar och Skogsbruk. (Stockh.) 1901. 4. 60 p.
m. 37 Fig. 1.50

29246 — Anmärkn. t. Kartan öfv. Skogarnes utbredning i Uppland. (Uppsala) 1903. 8. 7 p. m. color. Kte. in-fol. 1.—

29247 — Skogsbruket och de skogförbruk. industrierna. Stockh. 1903. 8. 12 p. 1.—

29248 **M' Kenzie.** On the Age of Trees. 4 pap. (Edinb., Arbor. Soc.) 1876.
8. 23 p. 1.50

29249 **Maiden.** The Forest Flora of New South Wales. Parts 1—43 (= vol.
I—IV, V, parts 1—3). Sydney 1903—11. 4. w. 162 pl. 45.—

29250 **Maizière.** S. les plantat. d'Arbres. (Lille, Soc. Sc.) 1835. 8. 45 p. 1.50

29251 **Mann.** Quellungsfähigkeit ein. Baumrinden. Halle 1885. 4. 18 p. 1.—

29252 **Manteuffel.** Die Hügelpflanzung d. Laub- u. Nadelhölzer. Leipz. 1855.
8. 127 p. Cart. 1.—

29253 — Die Eiche. Leipz. 1869. 8. 164 p. 1.—

29254 **Manuel** d'Arboriculture. 2 vols. Brux. 1849 à 50. 8. 445 p. av. 205 fig.
et pl. D.-rel. vél. 3.—

29255 **Marschand.** Ueb. d. Entwaldung d. Gebirge. Bern 1849. 8. 59 p. 1.—

29256 **Martin.** Die Folgerungen d. Bodenreinertragstheorie f. d. Erzieh. u.
d. Umtriebszeit d. wicht. deutsch. Holzarten. 5 Bde. Leipz. 1894—99.
8. (M. 30.) 20.—

29257 **Matthew, P.** On Naval Timber and Arboriculture; with critical notes
on authors who have recently treated the subject of planting. London
1831. 8. XVI and 391 p. Orig. cloth binding. 80.—
    The author P a t r i c k M. (1790—1874) has added to his book an appendix,
consisting in 6 'notes' which have nothing to do with the contents of his work.
In note B and C are clearly developed — 28 y e a r s b e f o r e D a r w i n —
the laws of the origin of species, of the natural selection and of the struggle for
life. D a r w i n himself (in a letter, printed in 'Gardener's Chronicle' 1860, April 21
and in the prefaces of the later editions of his 'Origin of species') conceded to
M. the priority. There is quite a literature on this extremely rare and notwithstanding rather unknown book (see: M a y, Zoolog. Annalen 1912, Bd. IV,
Heft 3; C a l m a n, Journal of Botany 1912, p. 193).

29258 **Mayr, H.** Entsteh. u. Verteilung d. Secretions-Organe d. Fichte u.
Lärche. Cassel 1885. 8. 47 p. m. 3 z. Tl. color. Tfln. 2.—

29259 **Mayr, H.** Die Waldungen v. Nord-Amerika. Münch. 1889. 8. 480 p. m. 2   *M*
Ktn. u. 10 Tfln.   20.—
     Jetzt vergriffen.

29260 — Monogr. d. Abietineeen d. Japan. Reiches. Tokio 1890. 4. 104 p. m.
7 color. Tfln. (M. 20.)   13.—

29261 — Das Harz d. Nadelhölzer. Berl. 1894. 8. 104 p. m, 2 Tfln. (M. 3.)   2.—

29262 **Meddelanden** fr. Statens Skogs-Försöksanstalt. Mittlgn. aus d. Forstl.
Versuchsanstalt Schwedens. Heft 1—6. Stockh. 1904. 8. m. Tfln.   10.—

29263 **Mengotti.** D. Imboschimento de' Monti. Tor. 1869. 8. 47 p.   1.50

29264 **Mertens.** Bemerkensw. Bäume v. Magdeburg. (Halle, Ver. Erdk.)
1904. 8. 27 p.   1.—

29265 **Michie.** The Larch. New ed. Lond. 8. 310 p. w. 6 photogr. pl. Cloth.
(7 s. 6 d.)   4.50

29266 **Micklitz, Exner u. a.** Das Forstwesen auf d. Wiener Weltausstellung
1873. Wien 1874. 8. 220 p. m. 6 Tfln. Cart. (M. 5.)   3.—

9267 **Mielck.** Die Riesen d. Pflanzenwelt. Leipz. 1863. 4. 136 p. m. 16 Tfln.
(M. 9.) Cart.   2.—

29268 **Minutes and Evidence** taken before the Board of Agriculture upon
Brit. Forestry. Lond. 1903. fol. 241 p. w. 3 pl.   4.—

29269 **Mirbel et Spach.** S. l'embryogénie d. Pinus laricio et sylvestr., d.
Thuya orient. et occid., et du Taxus bacc. (Paris, Ann. Sc.) 1843. 8.
12 p. av. 4 pl.   1.50

29270 **Mischke.** Ueb. d. Dickenwachsthum d. Coniferen. Kassel 1890. 8. 29 p.   1.—

29271 **Mitteilungen** d. Deutsch. Dendrolog. Gesellschaft. Jahrg. 1894—1903.
Bonn. 8. m. 11 Tfln. (8 color.) Cart.   45.—
     Nicht im Handel erschienen u. selten.

29272 **Möller, A.** Untersuch. üb. ein- u. zweijähr. Kiefern im märkisch. Sandboden. 2 Tle. (Berl., Z. Forstw.) 1903. 8. 34 p. m. 2 Tfln.   1.50

29273 **Möller, J.** Die forstl. Acclimatisations-Bestrebgn. (Wien) 1882. 8. 18 p.   1.—

29274 — Anat. d. Baumrinden. Berl. 1882. 8. 455 p. m. 146 Fig. (M. 18.)   6.—

29275 **Möller, L.** Die Holzgewächse in Nord- u. Mittel-Deutschl. Eisenach
1873. 8. 110 p.   1.—

29276 **Moreillon.** Rajeunissem. de l'Epicéa dans l. forêts. Berne 1910. 8. 24 p.   1.—

29277 **Mortensen.** Tisvilde Hegn. (Kjöbenh., Bot. För.) 1890. 8. 13 p. m. 4 Tfln.   1.50

29278 **Mouillefert.** Arboretum de l'Ecole d'Agric. de Grignon. Paris 1889.
8. 101 p.   2.—

29279 **Mücke.** Wald-Hege u. -Pflege. Leipz. 1885. 8. 262 p. Cart.   1.—

29280 **Mühlhausen.** Das Wegenetz d. Lehrforstreviers Gahrenberg. Frankf.
1876. 4. 80 p. m. 14 Tfln. (M. 5.50.) Hfzb.   1.50

29281 **Mueller, F. v.** Additions to the lists of the princ. Timber Trees elig. f.
Victorian culture. (Melbourne) 1874. 8. 40 p.   1.50

29282 — Report of the Forest Resources of West. Australia. Melb. 1879. 4.
w. 20 pl. Cloth. (12 s.)   10.—

29283 **Müller, N. J. C.** Ueb. d. Molecularkräfte im Baume. II. Heidelb. 1875.
8. 76 p. m. 3 Tfln.   1.—

29284 — Atlas d. Holzstructur in Mikrophotograph. Halle 1888. 8. m. 21 Tfln.
in folio.   25.—
     Vergriffen.

29285 **Müller, P. E.** Studien üb. d. natürl. Humusformen u. der. Einwirk. auf
Vegetation u. Boden. Berl. 1887. 8. 332 p. m. 7 Tfln. (M. 8.)   3.—

29286 **Müller, R.** Die Rinde uns. Laubhölzer. Bresl. 1875. 8. 36 p.   1.—

29287 **Mündener Forstliche Hefte.** Hrsg. v. Weise. 17 Hefte. Berl. 1892—1901.
8. m. 7 Tfln. (M. 68.)   25.—

29288 **Murr.** Z. Kenntn. d. Kulturgehölze Südtirols, besond. Trients. 5 Tle.
(Sondersh., Bot. Mon.) 1900. 8. 19 p.   1.—

29289 — Z. Kenntn. d. Kulturgehölze Tirols. II. (2 Tle.) (Arnstadt) 1901. 8. 10 p.   1.—

29290 — Die Kulturgehölze Feldkirchs. Feldk. 1908. 8. 28 p.   1.—

29291 **Müttrich.** Einfl. d. Waldes auf d. atmosphär. Niederschläge. (Berl., Z. Forstw.) 1892. 8. 16 p. — 1.—

29292 **Naujoks.** Hilfstafeln z. Berechn. d. Taxwertes v. Langnutzhölzern. Neud. 1896. 8. 123 p. — 1.—

29293 **Neger.** Die Nadelhölzer (Koniferen) u. übr. Gymnospermen. Leipz. 1907. 8. 185 p. m. 4 Ktn. Lnb. — 1.—

29294 **Neubrand.** Die Gerbrinde m. Bezieh. auf d. Eichenschälwald-Wirtsch. Frankf. 1869. 8. 252 p. (M. 4.) Hfzb. — 1.50

29295 **Neudammer Försterlehrbuch.** Bearb. v. Schwappach, Eckstein u. a. 4. (letzte) Aufl. 2 Bde. Neudamm 1912. 8. 1047 p. m. 6 color. Tfln. u. viel. Fig. Lnb. (M. 10.) — 6.—

29296 **Neueres Forstmagazin.** Abtlg. I u. II. Bd. 1. Frankf. a. M. 1776—77. 8. m. 10 Tfln. Cart. — 1.50

29297 **Ney.** Die natürl. Bestimm. d. Waldes u. d. Streunutzung. Dürkh. 1869. 8. 222 p. m. Kte. (M. 3.) — 1.50

29298 — Ueb. d. Bedeut. d. Waldes im Haushalte d. Natur. (Dürkh., Pollich.) 1870. 8. 39 p. — 1.—

29299 **Niemeyer.** Die Gehölze uns. Wälder u. Gärten, welche sich zu techn. Zwecken bes. eignen. (Berl., Z. Nat.) 1866. 8. 22 p. — 1.—

29300 **Nördlinger.** Querschnitte v. 1100 Holzarten. 11 Bde. Stuttg. 1852—89. 8. 1100 Species m. Text. In Futteral. — 300.—
Ganz vergriffen. Preis dauernd steigend.

29301 — — Bd. 7—11. 500 Species m. Text. In Futteral. — 50.—

29302 — 50 Querschnitte d. hauptsächl. deutschen Hölzer. Stuttg. 1858. 8. In Futteral. — 25.—
Vergriffen.

29303 — Der Holzring als Grundlage d. Baumkörpers. Stuttg. 1871. 8. 47 p. — 1.50

29304 — Deutsche Forst-Botanik. 2 Bde. Stuttg. 1874—76. 8. 892 p. m. vielen Fig. (M. 24.) — 6.—

29305 **Olmsted.** A working Plan for Forest Lands near Pine Bluff, Arkansas. (Wash., Dept. Agr.) 1902. 8. 48 p. w. 9 pl. — 1.50

29306 **Oser.** Ueb. d. Gerbsäuren d. Eiche. (Wien, Ak.) 1875. 8. 26 p. — 1.—

29307 **Ototzky.** Excursion hydrolog. dans les forêts de la Steppe. Pétersb. 1896. 8. 50 p. av. 2 cartes color. — En l. Russe. — 1.50

29308 **Pammel.** Forestry as a National Problem. (Ames, Hortic. Soc.) 1900. 8. 12 p. w. map and 11 pl. — 2.—

29309 **Peebles.** On Arboricult. in Hampshire. (Edinb., Arbor. S.) 1876. 8. 29 p. — 1.—

29310 **Perona.** Notizie dendrolog. (Firenze) 1895. 8. 15 p. — 1.—

29311 **Petzold u. Kirchner.** Arboretum Muscaviense. Geschichte u. Beschreib. d. in Muskau cultiv. Holz-Arten. Gotha 1864. 8. 837 p. m. color. Plan. (M. 17.) — 6.—

29312 **Pfaff.** Betrag d. Verdunstung e. Eiche. (Wien, Ak.) 1870. 8. 19 p. — 1.—

29313 **Pfeil.** Die Forstwirthschaft. 5. Aufl. Leipz. 1857. 8. 380 p. (M. 5.) Hfzb. — 1.50

29314 — Forstbenutzung u. Forsttechnol. 3. Aufl. Leipz. 1858. 8. 368 p. (M. 7.) Lnb. — 1.50

29315 — Die deutsche Holzzucht. Leipz. 1860. 8. 559 p. (M. 9.) Hfzb. — 2.50

29316 **Pfuhl.** Bäume u. Wälder d. Prov. Posen. (Posen, Nat. Ver.) 1904. 8. 184 p. m. 30 Tfln. — 3.—

29317 **Pinchot.** Progress of Forestry in the U. S. (Wash.) 1899. 8. 16 p. w. 4 pl. — 1.50

29318 — Report of the Forester of the U. S. Dept. of Agricult. f. 1902. (Wash., Dept. Agr.) 1902. 8. 32 p. — 1.—

29319 — Terms used in Forestry. (Wash., Dept. Agr.) 1905. 8. 53 p. w. map. — 1.50

29320 — Grazing on the Public Land. (Wash., Dept. Agr.) 1905. 8. 67 p. w. 2 colour. maps. — 2.—

29321 **Pinchot and Ashe.** Timber Trees and Forests of N. Carolina. (Winston, Geol. Surv.) 1900. 8. 227 p. w. 23 pl. — 8.—

29322 **Plüss.** Unsere Bäume u. Sträucher. 5. Aufl. Freib. 1899. 8. 151 p. m.   *M*
Tfl. Origbd.   1.-
29323 **Pokorny.** Blättermasse österreich. Holzpflanzen. (Wien, Z. b. G.) 1876.
8. 20 p.   1.—
29324 **Poulsen.** Om nogle i vort Skovbrug anvendel. Coniferae fra d. vestl.
Nordamerika. 9 Tle. (Kjöbenh., T. Skovbr.) 1879—84. 8. 162 p. m. 4 Tfln.   5.—
29325 **Pressler.** Zur Forstzuwachskunde. 2. Aufl. Dresd. 1868. 8. 120 p.
(M. 2.) Hfzb.   1.—
29326 — Umfassend. Holzkubirer. 4. Aufl. Berl. 1872. 8. 200 p. (M. 7.) Cart.   1.—
29327 — Holzwirthschaftl. Tafeln. M. 3 Supplem. Berl. 1873. 8. 470 p.
(M. 8.) Hfzb.   1.50
29328 **Puton.** Die Forsteinrichtung im Nieder- u. Hochwaldbetriebe. Berl.
1894. 8. 150 p. (M. 3.50.)   2.—
29329 **Ramann.** Die Waldstreu. Berl. 1890. 8. 111 p.   1.50
29330 — Forstliche Bodenkunde u. Standortslehre. 3. (letzte) Aufl. Berl. 1910.
8. 634 p. m. 2 Tfln. (M. 16.)
29331 **Ramann u. Jena.** Holz- u. Reisig-Fütterung. Berl. 1890. 8. 45 p.   1.—
29332 **Ratzeburg.** Forstunkräuter. 1843. 8. 182 p. Cart.   5.—
      Sauberes Manuskript nach Vorlesungen, im Sommersemester 1848 von R.
gehalten.
29333 **Ratzeburg u. Karsten.** Breitnadeltriebe d. Kiefer. (Berl.) 1867. 8.
12 p. m. Tfl.   1.—
29334 **Rauch.** Régéneration de la nature végétale. Moyens de récreer les
ancienn. températures p. d. plantations. 2 vols. Paris 1818. 8. 530 et
398 p. D.-rel. maroq.   7.—
29335 **Reed, F. W.** A working plan for Forest Lands in Centr. Alabama.
(Wash., Dept. Agr.) 1905. 8. 71 p. w. 2 maps and 4 pl.   1.50
29336 — Report on a Forest tract in West. N. Carolina. (Wash., Dept. Agr.)
1905. 8. 32 p. w. 6 pl. (1 colour.)   1.50
29337 **Regel, E.** Russische Dendrologie. 2 Bde. Petersb. 1883—89. 8. 200 p.
m. Fig. — Russisch.   4.50
29338 **Rendella, P.** Tractatus de Pascuis, Defensis, Forestis et Aquis. Item
de columbis, olea et oleo. Neapoli 1734. fol. 164 p. Vél.   6.—
29339 **Rettelbusch.** Die in d. Anlagen u. einigen Gärten Merseburgs angepfl.
auffäll. Ziersträucher u. Bäume. Merseb. 1893. 4. 20 p.   1.—
29340 **Reum.** Forstbotanik. 3. Aufl. Dresd. 1837. 8. 456 p. (M. 7.) Hfzb.   1.50
29341 **Reuss.** Die Schälbeschädigung durch Hochwild spec. in Fichtenbe-
ständen. Berl. 1888. 8. 243 p. (M. 5.)   3.—
29342 **Reuter.** Die Kultur d. Eiche u. Weide. Berl. 1867. 8. 48 p.   1.—
29343 **Riebel.** Forstl. Mittheil. aus Finnland. (Berl., Z. Forstw.) 1879. 8. 32 p.   1.—
29344 **Rikli.** Die Arve. (Jena, Nat. Woch.) 1910. 4. 10 p.   1.—
29345 **Riniker.** Ueb. Baumform u. Bestandesmasse. Aarau 1873. 8. 82 p.
m. Tfl. Hfzb.   1.—
29346 — Die Hagelschläge u. ihre Abhäng. v. Oberfläche u. Bewald. d.
Bodens. Berlin 1881. 8. 160 p. Cart. (M. 5.)   3.—
29347 **Rosenthal, M.** Ausbild. d. Jahresringe an d. Grenze d. Baumwuchses
in d. Alpen. Berl. 1904. 4. 24 p. m. Tfl.   1.—
29348 **Rossmässler.** Versuch e. anatom. Charakteristik d. Holzkörpers d.
wicht. deutsch. Bäume u. Sträucher. (Tharandt, J. Forstw.) 1847.
8. 52 p.   2.—
29349 — Flora im Winterkleide. Leipz. 1854. 8. 165 p. m. Tfl. u. 150 Fig. Cart.   1.—
29350 — — 4. (letzte) Aufl. Leipz. 1908. 8. 130 p. m. Portr. u. 3 color. Tfln.
(M. 4.)   2.50
29351 **Roth, F.** Timber. (Wash., Dept. Agr.) 1895. 8. 88 p.   1.—
29352 **Roth, K.** Geschichte d. Forst- u. Jagdwesens in Deutschland. Berl.
1879. 8. 694 p. (M. 14.)   7.—
29353 — Ueb. Wald u. Waldbenutzung. Münch. 1880. 8. 100 p.   1.—

29354 **Roux.** Traité de la culture et de la plantat. d. Arbres à ouvrer. Paris *M*
1750. 8. 380 p. Veau. 5.—

29355 **Ruginelli, J. C.** De Arboribus controversis resolut. id est „Baum-
Recht." Norimb. 1719. 4. 310 p. et tab. Cart. 8.—
    Angebunden: H a r p p r e c h t, De usufructo statutario materno. Tubing. 1720.
    4. 228 p.

29356 **Runnebaum.** Die Terrain-Darstell. auf Karten f. d. Waldwegenetzleg.
u. Waldeintheil. (Berl., Z. Forstw.) 1879. 8. 29 p. 1.50

29357 — Waldvermessung u. Waldeintheilung. Berl. 1890. 8. 206 p. m. 7 Tfln.
(M. 5.) Lnb. 3.—

29358 — Das Absterben u. d. Bewirthsch. d. Kiefer. (Berl., Z. Forstw.)
1892. 8. 19 p. 1.—

29359 **Russow.** Ueb. d. Entwickl. d. Hoftüpfels, d. Membran d. Holzzellen
u. d. Jahrringes d. Abietineen. (Dorpat, Nat. Ges.) 1881. 8. 50 p. 1.50

29360 — Z. Kenntn. d. Holzes, insonderh. d. Coniferenholzes. II. (Cassel,
Bot. Centr.) 1883. 8. 8 p. m. 5 z. Tl. color. Tfln. 1.50

29361 **Saalborn.** Bericht üb. d. Leistgn. u. Fortschritte im Waldbau für 1879—
1888. Wiesb. 1889. 8. 188 p. m. Portr. (M. 2.60.) 1.50

29362 **Sachs.** Ueb. d. Porosität d. Holz. (Würzb., Phys. Ges.) 1877. 8. 19 p. 1.—

29363 **Salomon.** Deutschlands winterharte Bäume u. Sträucher. Leipz. 1884.
8. 240 p. (M. 4.50.) 2.—

29364 **Sanio.** Anat. d. Holzes einheim. Waldbäume. Königsb. 1877. 4. 4 p. m. Tfl. 1.—

29365 **Sauer.** Der Deutsche Frühlingswald. Stuttg. 1912. 8. 144 p. m. 10 Tfln.
(2 color.) Lnb. (M. 1.75.)

29366 **Saunders, W.** Pruning of Trees. (Wash., Dept. Agr.) 1899. 8. 16 p. 1.—

29367 — Trees and Shrubs tested in Manitoba. (Ottawa, Dept. Agr.) 1904.
8. 48 p. w. 6 pl. 2.—

29368 **Säurich.** Biologie d. Pflanzen. Im Walde. Leipzig 1902. 8. 336 p. (M. 3.) 1.50

29369 **Savastano.** La Varietà in Arboricoltura. (Portici) 1899. 8. 67 p. 1.50

29370 — Conferenze Arboree. (Portici) 1901. 8. 95 p. 2.—

29371 — Quistione Arborea Ital. (Portici) 1902. 8. 198 p. 2.—

29372 **Savi, G.** Trattato d. Alberi della Toscana. 2. ed. 2 vol. Firenze 1811—
1826. 8. 352 p. Cart. 6.—

29373 **Schacht.** Der Baum. Berl. 1853. 8. 401 p. m. 7 Tfln. (4 color.) (M. 11.)
Hfzb. 2.—

29374 — — 2. (letzte) Aufl. Berl. 1860. 8. 386 p. m. 4 Tfln. u. 227 Fig.
(M. 13.) Hfzb. 5.—

29375 **Schenck.** Alte Eiben im westl. Deutschl. (Bonn, Ver. Nat.) 1902. 8. 16 p. 1.—

29376 **Scheppach.** Karakter. Verzeichn. d. in Teutschl. wildwachs. Holzarten. Dresd. 1791. 8. 210 p. 6.—

29377 **Schlieckmann.** Handb. d. Staatsforstverwaltung in Preussen. 2 Tle.
Berl. 1883. 8. 628 p. (M. 15.50.) Hfzb. 2.—

29378 **Schmalz.** Auch d. Waldbau darf nicht vernachlässigt werden. Dorp.
1836. 8. 32 p. 1.—

29379 **Schmid, A.** Z. Kenntn. Bolivian. Nutzhölzer. Zürich 1915. 8. 176 p.
m. Kte. u. Tfl. (M. 6.)

29380 **Schmidt, A. J.** Anweis. z. Forsthaushaltungs-Wissenschaft. Lemgo 1776.
8. 600 p. 3.—

29381 **Schmitt, J. A.** Anleit. z. Erziehung d. Waldungen. Wien 1821. 8. 378 p.
Cart. 1.50

29382 **Schneider, C. K.** Dendrolog. Winterstudien. Jena 1903. 8. 296 p. m.
224 Fig. (M. 7.50.) 4.50

29383 — Illustr. Handb. d. Laubholzkunde. 2 Bde. m. Register. Jena 1912.
8. 2023 p. m. 1089 Fig. (M. 59.) 50.—

29384 **Schoepf.** Regeln f. Privatwaldungen. Neud. 1899. 8. 57 p. 1.—

29385 **Schramm.** Ueb. d. anatom. Jugendformen d. Blätter einheim. Holzpflanzen. Berl. 1912. 8. 76 p. m. 3 Tfln. 2.—

29386 **Schrenk, H. v.** Cross-tie forms and rail fastenings w. spec. refer.   *M*
to treated Timbers. (Wash., Dept. Agr.) 1904. 8. 70 p. w. 5 pl.   1.50
29387 — Report on the condit. of treated Timbers laid in Texas 1902.
(Wash., Dept. Agr.) 1904. 8. 45 p. w. 3 pl.   1.50
29388 — Glassy Fir. (St. Louis, Gard.) 1905. 8. 4 p. w. 2 pl.   1.—
29389 **Schröder, J.** Unters. d. chem. Constit. d. Frühjahrssaftes d. Birke.
Dorp. 1865. 8. 84 p. m. 6 Tfln.   2.—
29390 — Die Frühjahrsperiode d. Birke u. d. Ahorn. Rost. 1871. 8. 29 p. 1.—
29391 — Das Holz d. Coniferen. Dresd. 1872. 8. 67 p.   1.—
29392 — Chem. Unters. d. frischen Fichten-Hölzer. (Tharand, Forstl. J.) 1874.
8. 26 p.   1.—
29393 **Schröter, C.** Ueb. d. Vielgestaltigk. d. Fichte. (Zürich, Nat. Ges.) 1898.
8. 128 p. m. Tab. u. 37 Fig.   2.—
29394 **Schube, F.** Vorarbeit. zu e. Waldbuche v. Schlesien. (Breslau, Schles.
Ges.) 1901. 8. 36 p.   1.—
29395 **Schuberg.** Aus deutschen Forsten (I: Die Weisstanne. II: Die Rotbuche). 2 Bde. Tübing. 1888—94. 8. 358 p. m. 84 Tabell. (M. 14.)   4.50
    Jeder Band einzeln à M. 2.50.
29396 **Schuppan.** Z. Kenntn. d. Holzkörpers d. Coniferen. Halle 1889. 8. 56 p. 1.50
29397 **Schuppe.** Z. Chemie d. Holzgewebes. Dorp. 1882. 8. 40 p.   1.—
29398 **Schüz.** Wachstum u. Ertrag d. Rotbuche in Hessen. Giess. 1897. 8. 34 p. 1.—
29399 **Schwappach.** Grundriss d. Forst- u. Jagdgeschichte Deutschlands.
Berlin 1883. 8. 190 p. (M. 3.)   1.50
29400 — Handb. d. Forstverwaltungskunde. Berl. 1884. 8. 324 p. (M. 5.)   3.—
29401 — Handbuch d. Forst- u. Jagdgeschichte Deutschlands. 2 Bde. Berl.
1886—88. 8. 908 p. (M. 20.)   12.—
29402 — Formzahlen u. Massentafeln f. d. Kiefer. Berl. 1890. 8. 50 p. m. 3
Tfln. (M. 2.50.) Cart.   1.50
29403 — Forstpolitik, Jagd- u. Fischereipolitik. Leipz. 1894. 8. 408 p. (M. 10.) 4.—
29404 — Unters. üb. Raumgewicht u Druckfestigk. d. Holzes wicht. Waldbäume. 2 Tle. Berl. 1897—98. 8. 272 p. m. 7 Tfln. (M. 6.60.)   4.—
29405 — Leitfaden d. Holzmesskunde. 2. Aufl. Berl. 1903. 8. 181 p. (M. 3.)   2.—
29406 — Die Kiefer. Neudamm 1908. 8. 180 p. (M 4.50.)   3.50
29407 — Die Rotbuche. Neud. 1911. 8. 238 p. m. 7 Tfln. (M. 7.50.)   6.—
29408 — Ertragstafeln d. wichtig. Holzarten. Neud. 1912. 8. 83 p. Lnb. (M. 4.) 3.—
29409 **Schwarz, F.** Forstliche Botanik. Berl. 1892. 8. 513 p. m. 2 Tfln.   20.—
    Vergriffen.
29410 — Physiolog. Untersuch. üb. Dickenwachsthum u. Holzqualität v.
Pinus silvestris. Berl. 1899. 8. 372 p. m. 9 Tfln. Lnb. (M. 20.)   15.—
29411 **Scottish Arboriculture.** — 7 pap. fr. the 'Transact. of the Scott.
Arboricult. Soc.' (Edinb.) 1871—92. 8. 116 p.   2.—
29412 **Seckendorff.** Beiträge z. Kenntn. d. Schwarzföhre. Teil I (soviel erschien.). Wien 1881. 4. 68 p. m. 15 Tfln. (M. 14.)   9.—
29413 **Semler.** Tropische u. nordamerikan. Waldwirtschaft u. Holzkunde.
Berl. 1888. 8. 736 p. Lnb. (M. 18.)   13.—
29414 **Senft.** Lehrbuch d. forstl. Botanik. Jena 1857. 8. 512 p. m. 6 Tfln.
(M. 4.80.) Hfzb.   2.—
29415 — Der Steinschutt u. Erdboden nach Verhalten z. Pflanzenleben. Berl.
1867. 8. 385 p. m. 3 Tab. (M. 6.) Hfzb.   1.50
29416 **Sernander.** Die Einwanderung d. Fichte in Skandinavien. (Leipz.,
Engl. Jahrb.) 1892. 8. 94 p. m. 2 Tfln.   2.50
29417 **Seutter.** Forstbotanik. Ulm 1810. 8. 592 p. Cart.   4.—
    Nicht im Pritzel.
29418 **Sherrard.** A working plan for Forest Lands in Hampton and Beau-
fort Counties, S. Carolina, (Wash., Dept. Agr.) 1903. 8. 54 p. w. 12 pl. 2.—
29419 **Sierstorpff.** Ueb. d. forstmänn. Erzieh., Erhalt. u. Benutz. d. inländ.
Holzarten. Tl. I: Forst-Botanik. Hannov. 1796. 4. 286 p. m. 8 color.
Tfln. Cart.   6.—

29420 **Silva Tarouca.** Unsere Freiland-Nadelhölzer. Leipz. 1913. 8. 301 p. *M*
m. 20 Tfln. (14 color.) u. 307 Fig. Lnb. (M. 17.)

29421 **Simony.** Schutz d. Walde. Wien 1878. 8. 112 p. 1.—
— Oberste Baumgrenze in Westtirol — siehe No. 23732.

29422 **Späth.** Der Johannistrieb. Berl. 1912. 8. 103 p. m. 8 Tfln. Lnb. (M. 4.50.) 3.—

29423 **Spring.** The natural replacem. of White Pine on old fields in New
England. (Wash., Dept. Agr.) 1905. 8. 32 p. w. colour. map and 4 pl. 1.50

29424 **Squires.** Tree Temperatures. (Minneap., Bot. Stud.) 1895. 8. 8 p. 1.—

29425 **Stahl.** Die Blitzgefährd. d. verschied. Baumarten. Jena 1912. 8. 79 p. 1.50

29426 **Steinvorth.** Die Wald- u. Park-Flora d. Eilenriede. Hannov. 1899. 4. 16 p. 1.—

29427 **(Stephanus, C.)** Arbustum. Fonticulus. Spinetum. Parisiis 1538. 8. 40 p. 6.—

29428 — Sylva. Frutetum. Collis. Paris. 1538. 8. 128 p. 9.—

29429 **Sterling.** The attitude of Lumbermen tow. Forest Fires. (Wash., Dept.
Agr.) 1904. 8. 10 p. w. 3 pl. 1.—

29430 **Stewart and Brandis.** The Forest Flora of North-West and Central
India. Lond. 1874. 8. 640 p. Half bd. calf. 20.—

29431 **Stoetzer.** Die Forsteinrichtung. 2. Aufl. Frankf. 1908. 8. 364 p. m. color.
Kte. (M. 8.50.) 6.—

29432 — Waldwertrechnung u. forstliche Statik. 4. Aufl. Frankf. 1908. 8.
251 p. m. 5 Tfln. Lnb. (M. 5.) 3.50

29433 **Stroebe.** Abhängigk. d. Streckungsverhältn. d. Tracheïden v. der
Jahresringbreite der Fichte. Stuttg. 1905. 8. 72 p. 1.50

29434 **Stumpf.** Anleit. z. Waldbau. 2. Aufl. Aschaff. 1854. 8. 389 p. (M. 5.) Lnb. 1.—

29435 — — 3. Aufl. Aschaffenb. 1863. 8. 406 p. (M. 5.70.) Lnb. 1.50

29436 **Stützer.** Die grössten, ältesten u. sonst merkwürd. Bäume Bayerns.
4 Bde. Münch. 1900—05. 4. m. 44 Tfln. (M. 12.) 10.—

29437 **Sykyta.** Das Holz, s. Benenn., Eigensch., Krankh. u. Fehler. Prag 1882.
8. 154 p. m. 200 Fig. u. 25 natürl. Holzquerschnitt. (M. 9.60.) 8.—

29438 A **Természet.** (Forst- u. Jagdzeitung). Hrsg. v. Lendl u. Lakatos.
Jahrg. I—IV. Budap. 1897—1900. 4. mit viel. Fig. — Eine Nr. u. ein
Titelblatt f e h l t. 8.—

29439 **Tessmann.** Der Wald in Skandinavien. (Hannov.) 1879. 8. 30 p. 1.—

29440 **(Thiselton-Dyer).** Hand-List of Trees and Shrubs exclud. Coniferae,
grown in the Arboretum of the R. Bot. Gardens, Kew. 2. ed. Lond.
1902. 8. 811 p. 4.—

29441 **Thornber.** Forest, Shade and Ornam. Trees in Washington. Pullman
1909. 8. 55 p. 1.50

29442 **Toepfer, H.** Die Wald- u. Wasserverhältn. d. Fürstenth. Schwarzburg-
Sondersh. (Halle, Ver. Erdk.) 1895. 8. 61 p. 1.50

29443 **Toumey.** Practical Tree Planting in operation. (Wash., Dept. Agr.)
1900. 8. 27 p. w. 4 pl. 1.50

29444 **Traité** d. Bois et d. manières de les semer, planter et conserver. 2 vols.
Paris 1769. 8. 790 p. Veau. 6.—

29445 **Trew.** Cedrorum Libani hist. Norimb. 1757. 4. 30 p. et 2 tab. Cart. 7.—
Selten.

29446 **Troschel.** Unters. üb. d. Mestom im Holze d. dikotyl. Laubbäume.
(Berl., Bot. Ver.) 1880. 8. 19 p. m. Tfl. 1.—

29447 **(Troup).** Catal. of the Photographic Collect. at the Forest Research
Institute Dehra Dun, India. Calc. 1912. 8. 252 p. Boards. 5.—

29448 **Tubeuf.** Samen, Früchte u. Keimlinge d. forstl. Culturpflanzen Deutschlands. Berl. 1891. 8. 162 p. m. 179 Fig. 8.—
Vergriffen.

29449 **Tuzson.** Anatom. u. mykol. Untersuchgn. üb. d. Zersetzg. u. Konser-
vier. d. Rotbuchenholzes. Berl. 1905. 8. 98 p. m. 3 color. Tfln. (M. 5.) 2.50

29450 **Untersuchungen** a. d. forstbotan. Institut zu München. Hrsg. v. R.
Hartig. 3 Bde. (soviel erschien.). Berl. 1880—83. 8. 446 p. m. 36 z. Tl.
color. Tfln. (M. 34.) 9.—
Jeder Band auch einzeln.

M

29451 **Van Hulle.** Guide Arboricole. Gand 1867. 8. 252 p. av. portr. et 11 pl.   2.—

29452 **Veitch and Sons.** Manuale d. Coniferi. Trad. p. Sada. Milano 1882. 8.
351 p. c. 18 tav.   3.—

29453 **Voit, E.** Geschichtl. Darstell. d. Einflusses d. künstl. Verjüng. auf d.
Verbreit. d. Holzarten in Bayern. Münch. 1908. 8. 114 p. m. 3 Tab.   2.—

29454 **Volbehr.** Ueb. d. Quellung d. Holzfaser. Kiel 1896. 8. 38 p. m. Tfl.   1.—

29455 **Vom Anbau** d. inn- u. ausländ. Holzarten od. v. d. Holz-Cultur. Giess.
1789. 8. 80 p.   3.—

29456 **Vorkampff-Laue.** Versuch e. Aufstellung v. Kiefernertragstafeln für
Hessen. Giess. 1904. 8. 48 p. m. Tfl.   1.—

29457 **Wagener, G.** Anleit. z. Regelung d. Forstbetriebs. Berlin 1875. 8. 418 p.
(M. 8.)   3.—

29458 — Der Waldbau u. s. Fortbildung. Stuttg. 1884. 8. 579 p. (M. 10.)   3.50

29459 — Die Waldrente u. ihre Erhöhung. Neud. 1899. 8. 382 p. (M. 10.)   7.—

29460 **Wagner, A.** Die Waldungen d. ehemal. Kurfürstenth. Hessen. Bd. I.
Hannov. 1886. 8. 282 p. Lnb. (M. 7.)   1.50

29461 **Wagner, C. H.** Illustr. Katalog von Bäumen, Sträuchern, Rosen, Stauden s. Etablissements. 7 Hefte. Riga 1876—82. 8. 700 p.   4.—

29462 **Wagner, M.** Pflanzenphysiolog. Studien im Walde. Berl. 1908. 8. 177 p.
m. 6 Tfln. (M. 4.50.)

29463 **Walther, F. L.** Die vorzügl. in- u. ausländ. Holzarten. Bayreuth 1790.
8. 230 p. Hfzb.   6.—
      Nicht im Pritzel.

29464 **Ward, H. M.** The Oak. Lond. 1892. 8. 175 p. w. 53 fig. Cloth.   2.—

29465 — Trees. Handbook of Forest-Botany. 5 vols. Cambr. 1903—09. 8.
1520 p. w. 4 pl. Cloth.   24.—

29466 **Weber, R.** Der Wald im Haushalte d. Natur u. d. Menschen. Berl.
1874. 8. 83 p. Lnb.   1.—

29467 — Lehrb. d. Forsteinrichtung. Berl. 1891. 8. 450 p. m. 3 Tfln. (M. 12.)   7.—

29468 **Wedekind.** Forstwissenschaft. 2. Aufl. Stuttg. 1858. 8. 140 p.   1.—

29469 **Weise.** Die Taxation d. Mittelwaldes. Berl. 1878. 8. 111 p. (M. 2.40.)   1.50

29470 — Ertragstafeln f. d. Kiefer. Berl. 1880. 8. 160 p. m. 7 Tfln. (M. 3.60.)   1.50

29471 — Leitfaden f. d. Waldbau. Berl. 1888. 8 216 p. (M. 3.)   1.50

29472 — — 2. (letzte) Aufl. Berl. 1894. 8. 238 p.   3.—

29473 — Die Taxation d. Privat- u. Gemeinde-Forsten. Berl. 1893. 8. 227 p.
(M. 4.)   2.—

29474 **Weiss, D.** Grundz. d. Baumschnittes. 2. Aufl. Themar 1896. 8. 44 p.   1.—

29475 **Weiss, F. W.** Entwurf ein. Forstbotanik. Bd. I. (soviel erschien.).
Gött. 1775. 8. 376 p. m. 8 Tfln. Hfzb.   4.—

29476 **Weiss, J. E.** Z. Kenntn. d. Korkbildung. (Regensb., Bot. Ges.) 1890.
4. 68 p. m. Tfl.   1.50

29477 **Westermeier.** Leitfaden f. d. preuss. Jäger- u. Förster-Examen. 4. Aufl.
Berl. 1882. 8. 450 p. Lnb. (M. 6.)   1.50

29478 **Wieler.** Ueb. d. Ursachen d. Jahresringbild. d. Pflanzen. (Berl., Forstw.
Centr.) 1888. 8. 15 p.   1.—

29479 — Ueb. Beziehgn. zw. d. sekundär. Dickenwachsthum u. d. Ernäh-
rungsverhältn. d. Bäume. (Tharandt, Forstl. J.) 1892. 8. 155 p. m. 2 Tfln.   2.50

29480 **Wiesbaden.** — Statist. Beschreib. d. Reg.-Bezirks Wiesbaden. Hrsg.
v. d. Regierung. 6 Hefte. Wiesb. 1876. 4. 431 p. m. color. geognost.
Kte. u. 8 Tfln. (M. 24.) Hdrbd.   5.—
    Inhalt: Heft I: Land u. Leute. — Bodengestalt. — Geolog. Verhältn. — Ge-
wässer. — Geolog. Karte u. hydrogr. Kte. — II: Tilmann. Forststatistik. —
IV: Stein u. Sartorius. Mineralquellen; Schneider. Uebersichts-
karte d. Mineralvorkommen. — VI: Tilmann, Jagd u. Fischerei.

29481 **Wilhelm.** Ueb. d. Einfluss d. Waldes auf d. Klima. (Graz, Nat. Ver.)
1874. 8. 23 p.   1.—

29482 **Wilke.** Inlägg i Skogsfragan. Stockh. 1894. 8. 52 p.   1.—

29483 **Will.** Verhältn. v. Trockensubstanz u. Mineralstoffen im Baumkörper.
Berl. 8. 27 p. m. 10 Tab. u. 2 Tfln.   2.—

29484 **Willkomm.** Deutschlands Laubhölzer im Winter. 2. Aufl. Dresd. 1864. _M_
4. 60 p. m. Tab. u. 103 Fig. (M. 3.50.) Cart. 1.50
29485 — — 3. Aufl. Dresd. 1880. 4. 64 p. m. 106 Fig. (M. 3.50.) Cart. 2.—
29486 — Waldbüchlein. Leipz. 1879. 8. 173 p. m. 43 Tfln. (M. 3.) Cart. 1.—
29487 — — 2. Aufl. Leipz. 1880. 8. 199 p. m. 49 Tfln. (M. 2.50.) Lnb. 1.50
29488 — — 4. Aufl. v. Neumeister. Leipz. 1904. 8. 254 p. m. 54 Fig. (M. 3.) Lnb. 2.—
29489 — Forstliche Flora v. Deutschland u. Oesterreich. 2. (letzte) Aufl.
Leipz. 1887. 8. 980 p. m. 82 Fig. (M. 25.) 7.50
29490 **Wilsdorf.** Ueb. d. Bestimm. d. deutsch. Bäume u. Sträucher im Winter.
Herf. 1874. 8. 25 p. 1.—
29491 **Witte.** De Ouderdom d. Boomen. Leyden 1856. 8. 59 p. 1.50
29492 **Wolf, E. L.** Die Bäume u. Sträucher im Winterzustande. Petersb. 1892.
8. 79 p. m. 219 Fig. — Russisch. 2.—
29493 — Das Laub d. Bäume u. Sträucher. Petersb. 1892. 8. 163 p. m. 223
Fig. — Russisch. 2.—
29494 **Wolff, F.** Die elektr. Leitfähigk. d. Bäume. Halle 1907. 8. 48 p. m. Tfl. 1.50
29495 **Wood, S.** The Tree Planter. Lond. 1880. 8. 200 p. Cloth. 1.50
29496 **Woodruff.** Federal and State Forest Laws. (Wash., Dept. Agr.) 1904.
8. 259 p. 2.—
29497 **Wright, H.** Report on some Ceylon Timbers. (Peraden.) 1904. 8. 28 p. 1.—
29498 **Wurm.** Waldgeheimnisse. Stuttg. 1892. 8. 104 p. (M. 2.) 1.—
29499 — — 2. (letzte) Aufl. Stuttg. 1895. 8. 248 p. m. 2 Tfln. Cart. (M. 3.) 2.—
29500 **Zabel.** Baum- u. Straucharten Russlands. Mosk. 1884. 8. 79 p. — Russ. 1.50
29501 **Zache.** Anzahl u. Grösse d. Markstrahlen b. ein. Laubhölzern. Halle
1886. 8. 32 p. 1.—
29502 **Zeitschrift** f. Forst- u. Jagdwesen. Hrsg. v. Danckelmann. Bd. 1—42
m. Regist. (zu Bd. 1—20). Berl. 1869—1910. 8. m. viel. Tfln. u. Portr.
(M. 638.) 250.—
Auch viele Bände einzeln.
29503 **Zeumer.** Untersuch. üb. d. Fichte. Dresd. 1886. 8. 75 p. 1.50

IV. Plantae Pomiferae.

[Supplementum numeror. 6592—6710, vide: Bibliographia Botanica, p. 257—262].

29504 **Aaronsohn u. Soskin.** Die Orangengärten v. Jaffa. (Berl., Tropenpfl.)
1902. 8. 21 p. 1.50
29505 **Ananas.** — Ausschnitt aus K r ü n i t z, Encyclopädie. Berl. 1782. 8.
37 p. m. Tfl. 1.50
29506 — Die beste Art u. Weise die Ananas zu pflanzen. Stuttg. 1778. 8.
26 p. m. 2 Tfln. 1.50
29507 **Annual Report** of the Pomolog, and Fruit-Grow. Society of Quebec.
2 reports. Quebec 1889—95. 8. 380 p. 2.—
29508 **Austen, R. A.** Treatise of Fruit-Trees. 2. ed. Oxford 1657. 4. 164 p. w.
frontisp. — Spirituall use of an Orchard, or garden of fruit-trees. 2. ed.
Oxf. 1657. 4. 228 p. — Observ. on F. B a c o n ' s natur. hist. of Fruit-
Trees. Oxf. 1658. 4. 56 p. Calf. 40.—
Collection of the very rare botanical works by this esteemed author.
29509 **Baffico.** Modo di coltiv. l'Ulivo. Savona 1857. 8. 56 p. 1.50
29510 **Bailey, L. H.** Mulberries. Ithaca 1892. 8. 22 p. 1.—
29511 — 4. report on Japan. Plums. Ithaca 1899. 8. 32 p. 1.—
29512 **Baltet.** Auswahl werthvoller Birn-Sorten. Reutling. 1863. 8. 70 p. Gbdn. 1.50
29513 — Les Fruits populaires. 2. éd. Paris 1889. 8. 212 p. 1.50
29514 **Bamber.** Coconuts Experiments at Peradeniya. 2 parts. (Colombo,
Dept. Agr.) 1912—14. 8. 27 p. 1.50
29515 **Baer, K. E. v.** Dattel-Palmen d. Kaspischen Meeres. Mit Nachtrag.
(Petersb., Ak.) 1859—60. 8. 24 p. 1.50
29516 **Beach.** Thinning Apples. Geneva 1900. 8. 30 p. w. 2 pl. 1.—

29517 **Beach and Clark.** New York Apples in Storage. Geneva 1904. 8. 72 p. w. pl.   *M* 1.50

29518 **Bericht** üb. d. I. u. II. Obstbau-Vortragskursus d. Landwirtschafts-kammer f. Brandenburg. Berl. 1903—04. 8. 186 p.   1.50

29519 **Berichte** üb. d. Verhandl. d. XI.—XVI. Allgem. Versammlung Deutsch. Pomologen. 6 Bde. 1887—1903. 8. 1510 p.   6.—

29520 **Berlese, A. N.** Studi anatom. s. Gelsi. I. (Padova, Soc. Venet.) 1889. 8. 18 p.   1.—

29521 **Biedenfeld.** Handb. aller bekannt. Obstsorten (Birnen u. Aepfel). 2 Bde. Jena 1854. 8. 618 p.   8.—

29522 **Bley.** Pomolog. Bilderbuch. Gera 1910. qu.-4. 32 p. m. 16 color. Tfln. (M. 4.90.)   3.—

29523 **Bonavia.** On cultivat. true Limes. (Lond., Linn. S.) 1886. 8. 6 p.   1.—

29524 — The cultiv. Oranges and Lemons etc. of India and Ceylon. 2 vols. Lond. 1888. 8. 403 p. w. atlas of 259 pl. in-4. Cloth. (30 s.)   10.—

29525 **Bottini.** S. strutt. d. Olive. (Fir., Giorn. Bot.) 1889. 8. 12 p. c. 2 tav.   1.50

29526 **Böttner.** Unsere besten Obstsorten. Frankf. 1896. 8. 95 p. Cart.   1.—

29527 — Prakt. Lehrb. d. Obstbaues. 5. Aufl. Frankf. 1914. 8. 584 p. m. 580 Fig. Lnb. (M. 6.)

29528 **Brick.** Gemüse- u. Obstbau im Hamburg. Landgebiet. Hamb. 1907. 4. 23 p.   1.—

29529 **Brill.** Die Fruchthaine Italiens. Marb. 1909. 8. 126 p. m. color. Kte.   2.—

29530 **Brown, L. C.** Coconut Cultivation in the Federated Malay States. Kuala Lumpur 1910. 8. 10 p.   1.—

29531 **Bunyard.** Progress in Fruit Culture during Queen Victoria's reign. (Lond., Hortic. Soc.) 1898. 8. 70 p. w. 3 pl.   2.50

29532 **Catalogue descript.** d. Fruits adoptés p. le Congrès Pomolog. Lyon 1906. 8. 575 p. av. beauc. de fig.   10.—

29533 **Christ.** Von Pflanzung u. Wartung d. nützlichst. Obstbäume. 2 Tle. Frankf. 1791—92. 8. 846 p. m. 2 Tfln.   8.—

29534 **Cidre.** — 3 mém. p. Chatenay, Girardin, Henrivaux. 1845 à 1892. 8. 39 p. av. pl.   1.50

29535 Le **Cidre et le Poiré.** Vol. III. Argent. 1891. 8. av. pl. — Manque numéro 6.   1.50

29536 **Cleghorn.** Notes upon the Nut Tree. (Lond., Bot. Soc.) 1861. 8. 11 p. w. 3 pl.   1.50

29537 **Colt.** Citrus Fruits. N. York 1915. 8. 540 p. w. pl. Cloth.   10.—

29538 **Cook, O. F.** Origin and distrib. of the Cocoa Palm. (Wash., Herbar.) 1901. 8. 43 p.   1.50

29539 **Cotton, Ch.** The Planter's Manual; instruct. f. raising etc. of Fruit-Trees. Lond. 1715. 8. 84 p. w. pl. Calf.   12.—
     Sold with it is a whole volume of 384 p. w. 6 pl., containing also other works of the same author, among which a description with a plate of the Duke of Devonshire's gardens.

29540 **Couverchel.** Traité d. Fruits ou Dictionn. carpolog. Paris 1839. 8. 734 p. D.-rel. veau.   8.—

29541 — — 2. (dernière) éd. Paris 1852. 8. 734 p.   12.—

29542 **Craig.** Culture du Fraisier. (Ottawa) 1897. 8. 23 p. av. 3 pl.   1.50

29543 **(David).** Culture du Pêcher en Buisson. 4 parties. Aix 1783. 8. 350 p.   6.—

29544 **De la Bretonnerie.** L'Ecole du Jardin fruitier. Nouv. éd. 2 vols. Paris 1810. 8. 1376 p. Cart.   5.—

29545 **De la Brousse.** Traité de la culture du Figuier. Amsterd. 1774. 8. 84 p. av. pl.   2.50

29546 **De la Quintinye.** Instruction p. les Jardins fruitiers et potagers. 2 vols. Paris 1690. 4. 1116 p. av. portr. et 13 pl. Veau.   21.—
     La première édition la plus estimée de ce livre très-souvent imprimé. J'en connais 9 éditions.

29547 — Trattato d. taglio de gl'Alberi fruttiferi. Bassano 1697. 8. 245 p. c. 11 tav. Vél.   6.—

29548 **De la Rivière et Du Moulin.** Méthode p. cultiver les Arbres à fruit   *M*
et p. élever d.˙ Treilles. Paris 1738. 8. 336 p. av. 2 pl. Veau.   8.—

29549 **Diel.** Ueb. d. Anleg. e. Obstorangerie in Scherben u. d. Vegetation d.
Gewächse. Frankf. 1798. 8. 498 p. m. 4 Tfln. (1 color.) Cart.   9.—

29550 — — 3. Aufl. Frankf. 1804. 8. 887 p. m. 7 Tfln. (1 color.) Frzb.   9.—

29551 — System. Beschreib. d. in Deutschland vorhand. Kernobst-Sorten.
Heft I—VI (Birnen u. Aepfel). Frankf. 1801—1804. 8. m. color. Tfl.
Cart.   7.—

29552 — — Heft I—III. Frankf. 1799—1800. 8. Cart.   3.50

29553 — Syst. Verzeichn. d. in Deutschland vorhand. Obstsorten. Mit 2
Fortsetz. Frankf. 1818—33. 8. 417 p. Lnb.   8.—

29554 **Dochnahl.** Neues pomolog. System od. natürl. Classificat. d. Obst-
u. Traubensort. Jena˙ 1847. 8. 196 p. Cart.   3.—

29555 — Führer in d. Obstkunde, od. system. Beschreib. aller Obst-Sorten.
4 Bde. Nürnb. 1855—60. 8. (M. 16.)   4.50

29556 **Dragendorff.** Chemische Beitr. z. Pomologie. Dorp. 1878. 8. 102 p.   2.—

29557 **Du Petit-Thouars.** Recueil de rapports et de mémoires s. la culture
d. Arbres fruitiers. Paris 1815. 8. 278 p. av. 7 pl.   4.—

29558 **Eneroth.** Fruktträds Plantering och Ward. Stockh. 1860. 8. 31 p.   1.—

29559 — Insaml., förward. etc. af Frukt. Stockh. 1860. 8. 31 p.   1.—

29560 — Om Sweriges Fruktträdsodling. Stockh. 1862. 8. 31 p.   1.—

29561 **Engelbrecht.** Deutschlands Apfelsorten. Braunschw. 1889. 8. 790 p. m.
668 Fig. (M. 20.) Lnb.   6.—

29562 **Essai** s. la Taille d. Arbres Fruitiers. (Paris) 1773. 8. 64 p. av. frontisp.
et 6 pl.   5.—

29563 **Fawcett.** The Banana, its cultiv., distrib. and commercial uses. Lond.
1913. 8. 298 p. w. plates. Cloth.   7.50

29564 **Firtsch.** Anatom.-physiolog. Untersuchungen üb. d. Keimpflanze d.
Dattelpalme. (Wien, Ak.) 1886. 8. 13 p. m. color. Tfl.   1.—

29565 The **Florist, Fruitist and Garden Miscellany.** Ed. by Hogg and Spencer.
Year 1850, 1858, 1859, 1861, 1862. Lond. 8. w. 65 colour. pl. — 2 sheets
and one plate in 1859, title in 1862 are w a n t i n g.   10.—

29566 The **Florist and Pomologist.** Ed. by Hogg and Spencer. 3 vols. Lond.
1862—64. 8. 656 p. w. many colour. pl. — Title to vol. III w a n t i n g.   10.—

29567 **Focke.** Ueb. d. Keimpflanzen der Stein- u. Kernobstgewächse. (Brem.,
Nat. Ver.) 1900. 8. 8 p. m. Tfl.   1.—

29568 **Forsyth.** Treatise on the cult. and management of Fruit-Trees. 3. ed.
Lond. 1803. 8. 553 p. w. 13 pl. Half bd. calf.   7.—

29569 — — 5. ed. Lond. 1810. 8. 550 p. w. 13 pl. and portr.   5.—

29570 **Freer and o.** Water relations of the Coconut Palm and product. of
Coconut Oil. 3 pap. (Manila, J. Sc.) 1906. 8. 82 p. w. 13 pl.   3.—

29571 **Fremy.** Chem. Unters. üb. d. Reifen d. Früchte. Halle 1851. 8. 47 p.   1.—

29572 **Fruit-Trees.** — 12 pap. by Eustace, Hedrick, W. Saunders, Thornber
and o. 1854—1914. 8. 179 p. w. 5 pl.   4.—

29573 **Fruit-Walls** improved or, a way to build Walls for Fruit-Trees. Lond.
1699. 4. 158 p. w. frontisp. and 2 pl. — Fine copy in morocco binding.   23.—

29574 **Fuller.** Kult. d. Fruchtsträucher. Weim. 1868. 8. 148 p. m. 27 Tfln. (M. 4.)   2.—

29575 **Gaertner, R.** Erzieh., Schnitt u. Cultur d. Form- od. Zwerg-Obst-
bäume. 2. Aufl. Frankf. 1888. 8. 41 p.   1.—

29576 **Gaucher, N.** Praktisch. Obstbauzüchter. 9 Jahrgänge (soviel erschien.):
1885—93. Stuttg. 8. m. 90 color. Tfln. Origbde. (M. 68.)   40.—

29577 — — Jahrg. 1—7: 1885—91. m. 70 color. Tfln. Origbde. (M. 50.)   30.—
     Jeder Jahrgang auch einzeln à M. 5.

29578 — Pomologie d. prakt. Obstbaumzüchters. Stuttg. 1894. 8. 252 p.
m. 102 color. Tfln. Hfzb. (M. 25.)   16.—

29579 — Die Veredelung u. ihre Anwend. f. d. verschied. Bäume u. Sträu-
cher. 3. (letzte) Aufl. Berl. 1909. 8. 354 p. m. 195 Fig. Lnb. (M. 6.)

29580 **Gibbs and Agcaoli.** Philippine Citrus-Fruits. (Manila, J. Sc.) 1912. 4. 14 p. w. 5 pl.   *M* 2.50

29581 **Goff.** The culture of native Plums in the North West (of Wisconsin). (Madis., Univ.) 1897. 8. 67 p.   1.50

29582 **Goeschke.** Die Haselnuss, ihre Arten u. Kultur. Berl. 1887. 4. 99 p. m. 76 Lichtdruck-Tfln. Lnb. (M. 20.)   13.—

29583 **(Goethe, R.)** Bericht d. Lehranstalt f. Obst-, Wein- u. Gartenbau zu Geisenheim. Für 1883—84, 1892—93, 1894—96, 1897—98. 5 Tle. Wiesb. 8. m. Tfln.   8.—

29584 **Gould.** Pract. suggestions f. Fruit Growers. (Wash., Dept. Agr.) 1902. 8. 27 p.   1.—

29585 **Gousny.** S. l. Bourgeons d. Arbres fruitiers. Paris 1905. 8. 117 p.   3.—

29586 **Graser.** Tafel d. Apfelsorten. Annab. 1910. Fol. Color.   1.—

29587 — Tafel d. Birnensorten. Annab. 1910. Fol. Color.   1.—

29588 **Gussmann.** Das Obstbüchlein. Frankf. 1887. 8. 46 p.   1.—

29589 **Hall, F. H.** Gooseberries, best varieties. Geneva 1897. 8. 9 p. w. 4 pl.   1.50

29590 **Hallier.** Ueb. eine Zwischenform zwisch. Apfel u. Pflaume. (Hamb., Nat. Ver.) 1903. 8. 12 p.   1.—

29591 **Hanausek.** Z. Kenntn. d. Anat. d. Dattel. (Wien) 1910. 8. 10 p.   1.—

29592 **Hardy.** D. Obstbaumschnitt. Bearb. von H. Jäger. 3. Aufl. Leipz. 1867. 8. 214 p.   1.50

29593 **Härlin.** Die Naturkunde d. Obstbaues. Stuttg. 1841. 8. 162 p.   1.50

29594 **Haynald.** Castanea vulgaris. Kalocsa 1881. 8. 16 p.   1.—

29595 **Hedrick.** Relat. of Weather to the setting of Fruit. Geneva 1908. 8. 82 p.   1.50

29596 — Tillage and Sod Mulch in an Apple Orchard. 2 parts. Geneva 1909—1914. 8. 90 p. w. 15 pl., partly colour.   3.—

29597 — Is it necess. to fertilize an Apple Orchard? Geneva 1911. 8. 45 p. w. 6 pl.   1.50

29598 — New or noteworthy Fruits. 2 parts. Geneva 1913—14. 8. 32 p. w. 8 colour. pl.   3.—

29599 **Hedrick, Booth and Taylor.** Apple Districts of N. York. Geneva 1906. 8. 61 p. w. colour. pl.   1.50

29600 **Hedrick and Howe.** Apples, old and new. Geneva 1913. 8. 59 p.   1.—

29601 **Hedrick and Taylor.** Distribution of Station Strawberries and Raspberries. Geneva 1908. 8. 12 p. w. 4 pl.   1.—

29602 **Hedrick and Wellington.** An experim. in breeding Apples. Geneva 1912. 8. 48 p. w. 17 pl.   2.—

29603 **Heiges.** Nut Culture in the U. S. (Wash., Dept. Agr.) 1896. 8. 144 p. w. 16 pl. (2 colour.)   3.—

29604 **Held.** Die Veredelungen v. Obstbäumen. Stuttg. 1902. 8. 64 p. m. Atlas v. 8 color. Tfin. in-fol. In Mappe. (M. 3.80.)   3.—

29605 **Henne.** Anweis. wie man eine Baumschule v. Obstbäumen anlegen soll. 4. Aufl. Halle 1791. 8. 426 p. m. 6 Tfln. Cart.   4.—

29606 **Hill, G. H.** Respirat. of Fruits in cert. Gases. Ithaca 1913. 8. 35 p.   1.—

29607 **Hinkert.** Handb. d. Pomologie. 3 Bde. Münch. 1836. 8. 884 p. Hfzb.   8.—

29608 **Hinterthür.** Das Steinobst. Leipz. 1913. 8. 140 p. m. 20 color. Tfln. Lnb. (M. 2.70.)

29609 **Hogg.** The Fruit Manual. 2. ed. Lond. 1862. 8. 295 p. Cloth.   2.50

29610 **Hoffmann, G. D.** Observ. circa Bombyces, Sericum et Moros. Gesch. u. Recht d. Seidenwürmer, d. Seide u. der Maulbeerbäume. Cum append. Tubingae 1757. 4. 156 p.   4.—

29611 **Hunger.** Cocos nucifera. Handb. v. de kennis v. den Cocospalm en Nederl. Indië. Amsterd. 1916. 8. m. 40 Tfln.   12.—

29612 **Jackson, J. R.** The African Boabab. (Lond., Intell. Obs.) 1868. 8. 7 p. w. colour. pl.   1.—

29613 **Jäger, H.** Der prakt. Obstgärtner. 3 Tle. Leipz. 1855. 8. 686 p. m. Tfln.   3.—

29614 — Der Obstbau. 2. Aufl. Leipz. 1862. 8. 242 p. (M. 2.) Cart.   1.—

29615 **Jahresbericht** II. u. VIII. d. Versuchsstat. u. Schule f. Obst-, Wein- u.   *M*
Gartenbau in Wädensweil. Zürich 1893—1900. 8. 215 p.   1.50
29616 **Knight.** Pomona Herefordiensis. Cider and Perry Fruits of Hereford-
shire. Lond. (1811). 4. 70 p. w. 24 (instead of 30) colour. pl. Boards.   30.—
    Very rare, 6 plates are wanting. The price of a complete copy is more than
the double — See also nr. 28683.
29617 **Kraus, G.** Ueb. d. tägliche Wachstum d. Früchte. (Halle, Nat. Ges.)
1883. 8. 30 p. m. color. Tfl.   1.—
29618 **Kronfeld.** Z. Kenntn. d. Walnuss. (Leipz., Engler's Jb.) 1887. 8. 26 p.
m. 2 Tfln.   1.50
29619 **Kudelka.** Vergl. Anat. d. vegetat. Organe d. Johannisbeerengewächse
(Ribes). (Krak., Ak.) 1907. 8. 17 p.   1.—
29620 **Kulisch.** Z. Kenntn. d. chem. Zusammensetz. d. Aepfel u. Birnen.
(Berl., Landw. J.) 1892. 8. 18 p.   1.—
29621 — Ueb. d. Nachreifen d. Aepfel. (Berl., Landw. J.) 1892. 8. 15 p.   1.—
29622 **Lampe.** Z. Kenntn. d. Baues u. d. Entwickl. saftiger Früchte. Halle
1884. 8. 36 p.   1.—
29623 **Langley.** Pomona or the Fruit-Garden illustr. Lond. 1729. fol. 168 p.
w. 79 pl. Calf.   20.—
    Very rare.
29624 — The Landed Gentleman's useful Campanion. Lond. 1741. 8. 304 p.
w. pl. Calf.   9.—
29625 **Lauche.** Deutsche Pomologie. 6 Bde. Berl. 1882—83. 8. 300 color. Tfln.
m. Text.   150.—
    Vergriffen.
29626 — — Bd. VI: Aprikosen, Pfirsiche u. Wein. Berl. 1882. 8. 50 color.
Tfln. m. Text. Origbd.   12.—
    Eine sehr grosse Zahl einzelner colorirter Tafeln aus dem ganzen Werke
ist vorhanden. Preis à M. 1.
29627 — — A u s w a h l, 100 color. Tafeln m. Text enthaltend. Berl. 1894.
8. Lnb.   40.—
    Ebenfalls vergriffen.
29628 — Handbuch d. Obstbaues. Berl. 1882. 8. 732 p. m. 229 Fig. Hfzb.
(M. 18.)   14.—
29629 — — Lfg. 1. 80 p.   1.—
29630 **Le Gendre.** La manière de cultiver les Arbres fruitiers (1652). Rouen
1879. 8. 303 p.   7.—
    Belle réimpression, tirée à 125 exempl., de la première édition rarissime de
cet ouvrage souvent imprimé, dont le vrai auteur est A. L e M a i s t r e (1608
à 1658).
29631 — — Nouv. éd. — Instruct. p. l. Arbres fruitiers. 3. éd. Paris 1664 à 65.
8. 224 p. Veau.   8.—
29632 — — Nouv. éd. Paris 1676. 8. 154 p. Veau.   7.—
29633 — — Nouv. éd. Paris 1684. 8. 312 p. Veau.   6.—
29634 — — 3. éd. (!) Bourg 1689. 12. 288 p. Veau.   6.—
    Il y a aussi des éditions de 1654 (2. éd.), 1663 (3. éd.), 1665.
29635 **Lelieur.** La Pomone française ou, traité d. arbres fruitiers. 2. éd.
Paris 1842. 8. 549 p. av. 15 (a u l i e u de 17) pl.   3.—
29636 — — 3. éd. Paris (env. 1850). 8. 596 p. av. 15 pl.   6.—
29637 **Lelong.** Cult. of the Citrus in California. Sacramento 1900. 8. 260 p.
w. 27 pl. and many fig. Calf.   8.—
29638 **Leroy.** Dictionnaire de Pomologie. 2 vols. Angers 1867 à 69. 8. 1391 p.
av. 2 pl.   9.—
29639 **Lierke.** Zehnjähr. Pfirsich-Düngungsversuche. (Berl., Gartenfl.) 1896.
8. 16 p.   1.—
29640 — Kalidüngung im Obstbau. Leopoldstadt 1902. 8. 36 p. m. 15 Tfln.   2.—
29641 **Lindley.** On the Pomaceae. (Lond., Linn. S.) 1821. 4. 17 p. w. 4 pl.   2.—
29642 **Linnaeus.** Fructus Esculenti. (Colon., 'Amoen.') 1786. 8. 18 p.   1.50
29643 — Frutetum Suecicum. (Colon., 'Amoen.') 1786. 8. 28 p.   2.—

29644 **Liron d'Airoles.** Les Poiriers les plus précieux à haute tige. Nantes   *M*
1862. 8. 70 p. av. 7 pl. Cart.   3.—
29645 — — 2. éd. Paris 1862. 8. 77 p. av. 8 pl.   4.—
29646 **Loisel.** Nouv. méthode de cultiver le Melon. 4. éd. Paris. 8. 108 p.
D.-rel. veau.   1.—
29647 **Löschnig, H. M. Müller u. H. Pfeiffer.** Empfehlenswerte Obstsorten
(Normalsortiment f. Niederösterr.). (12 Lfgn.) Lfg. I. Wien 1912. 8.
10 color. Tfln. m. 28 p. Text. — Soviel erschien.
Preis des vollständ. Werkes: M. 42.
29648 **Lucas, E.** Abbildgn. Württemberg. Obstsorten. 2 Tle. Ravensb. 1861.
4. 102 p. m. 18 color. Tfln. Cart.   9.—
29649 — Anleit. z. Obstdörren. 4. Aufl. Stuttg. 1873. 8. 40 p.   1.—
29650 — Anleit. z. Obstkultur. 4. Aufl. Stuttg. 1876. 8. 130 p. m. 4 Tfln. Hfzb.   1.—
29651 — Vollständ. Handb. d. Obstkultur. 5. Aufl. v. F. Lucas. Stuttg. 1911.
8. 610 p. m. 386 Fig. Lnb. (M. 7.)
29652 **Lucas, E., Oberdieck u. Lauche.** Illustr. Handb. d. Obstkunde. 8 Bde.
(m. Generalregist.) u. 2 Nachträge. Stuttg. u. Berl. 1868—83. 8. m. 12
Tfln. u. zahlr. Fig.   150.—
Steigt dauernd im Preise. Siehe auch die Notiz bei Nr. 6673.
29653 — — Bd. I: Aepfel. 578 p.   10.—
29654 **Lucas, F.** Die wertvollsten Tafeläpfel u. Tafelbirnen. 3. Aufl. (2 Bde.)
Bd. I. Stuttg. 1912. 8. 260 p. m. 110 Fig. Lnb. — Soviel erschien.   4.—
29655 **(Lyon).** Catal. of Fruits recomm. f. cultivat. by the Americ. Pomolog.
Society. (Wash., Dept. Agr.) 1897. 8. 39 p. w. map.   1.50
29656 **Macmillan, H. F.** Fruit Cultivation in Ceylon. (Paraden., Bot. Gard.)
1906. 8. 20 p.   1.—
29657 **Mathews.** Strawberries new and old. Lexington 1896. 8. 13 p.   1.—
29658 **Mathieu.** De la cult. d. Arbres fruitiers. Brux. 1854. 8. 138 p.   1.—
29659 — Nomenclator Pomologicus. Berl. 1889. 8. 538 p. Lnb. (M. 10.)   8.—
29660 **Maurer.** Stachelbeerbuch. Stuttg. 1913. 8. 360 p. m. 14 color. Tfln.
Lnb. (M. 24.)
29661 **Mengelberg.** Aepfel u. Birnen. Frankf. (1893). 8. 12 p. m. Atlas v.
30 color. Tfln. in-4. In Mappe. (M. 6.)   3.—
29662 **(Merlet, J.)** L'abrégé d. bons Fruits av. la manière de les connoistre
et de cultiver les Arbres. Paris 1675. 8. 178 p. Vélin.   10.—
La deuxième édition que P r i t z e l n'a pas vue.
29663 — — 4. éd. Paris 1740. 12. 192 p. Vélin.   8.—
29664 **Mills.** Die Kultur d. Ananas. Berl. 1846. 8. 62 p. m. Tfl.   1.50
29665 **Mirbel.** Anatom. u. physiol. Unters. üb. d. Stamm d. Dattelpalme.
(Münch., Gelehrte Anz.) 1843. 4. 30 p.   1.—
29666 **Molnár.** Pomologie Hongroise. Livr. 1 à 5 (tout paru). Boudap. 1900 à 6.
fol. 18 pl. color. av. texte.   8.—
29667 **Montpascal.** Utilité du Murier d. Philippines. Turin 1838. 8. 21 p.   1.50
29668 **Morgenthaler.** Z. Entwicklgsgesch. d. Quitte. Aarau 1897. 8. 65 p. m.
color. Tfl.   1.50
29669 **Muller, F.** Causerie s. le Cidré. (Argent.) 1892. 8. 23 p.   1.—
29670 **Müller, S. C. F.** Anweis. z. Behandl. d. Obst- u. Gemüsegartens.
2. Aufl. 2 Tle. Frankf. 1801. 8. 402 p.   4.—
29671 **Müschen.** Der Obstbau in Norddeutschland. Stuttg. 1876. 8. 192 p.
(M. 2.50.)   1.
29672 **Nattermüller.** Der Obstbau. 3. Aufl. Frankf. 1892. 8. 140 p. (M. 2.40.) Lnb.   1.—
29673 **Neufchateau.** S. I. Pruneaux du Midi. Paris 1813. 8. 20 p.   2.—
29674 **Niemann.** Verzeichn. d. Orangeriepflanzen d. Botan. Gartens zu St.
Petersburg. Petersb. 1901. 8. 39 p.   1.—
29675 **Noter.** L'Horticulture moderne. Le Fruitier. Paris. 4. 536 p. av. 43 pl.
c o l o r. et 996 fig.   10.—
29676 **Obstsorten, Die besten.** Geordn. v. Erfurter Führer im Obst- u. Gartenbau. Ausg. I—III. Erfurt 1909. 4. 18 color. Tfln. in 3 Mappen. (M. 4.50.)   3.—

29677 **Obstsorten Deutschlands.** Bearbeit. v. Müller, Bissmann u. a. Jahrg. *M*
I—XIII. Leipz. 1905—15. 8. m. viel. color. Tfln. (M. 195.)   160.—
29678 **Obstsorten, Unsere besten Deutschen.** 3 Bde. Wiesb. 1913. 8. 107 color.
Tfln. m. Text. (M. 8.)   6.—
29679 **Obst-Zucht.** — 9 Abhandl. von Dragendorff, E. Lucas, E. Zacharias
u. a. 1860—1907. 8. 251 p.   3.—
29680 **Ohlert.** Die Morphol. d. Apfelfrucht. Königsb. 1857. 4. 5 p. m. Tfl.   1.—
29681 **Omeis.** Ueb. Entwickl. d. Frucht d. Heidelbeere. Münch. 1889. 8. 40 p.   1.—
29682 **Ompteda.** Anleit. z. Pfirsichzucht. Berl. 1879. 8. 82 p. m. 8 Tfln. (M. 2.50.)   1.50
29683 **Orsi.** Der Obstbau in Böhmen. Prag 1904. 8. 36 p.   1.—
29684 **Otto, R.** Die Düngung gärtnerischer Kulturen insbes. d. Obstbäume.
Stuttg. 1896. 8. 66 p. Cart.   1.—
29685 **Pecori.** Cultura d. Olivo in Italia. Fir. 1889. 4. 16 p. c. tav. color.   1.—
29686 **Petch.** Brazil Nut Tree in Ceylon. (Peraden.) 1913. 8. 11 p.   1.—
29687 **Petzelt.** Ueb. d. Obstzucht in Deutschland. (Petersb., Gartenb.-Ges.)
1900. 8. 66 p. — Russisch.   1.50
29688 **Pfeiffer, O.** Chem. Untersuch. üb. d. Reifen d. Kernobstes. Jena 1875.
8. 45 p.   1.50
29689 **Pfeil.** Chemische Beitr. z. Pomologie. Dorp. 1880. 8. 47 p.   1.—
29690 **Pihl.** — 3 pomolog. Abhandl. 1878—1881. 8. 5 p. m. 3 color. Tfln. —
Schwedisch.   1.50
29691 **Plüss.** Unsere Beerengewächse. Freib. 1896. 8. 101 p.   1.—
29692 40 **Poires** p. les mois de Juillet à Mai. 2. éd. Grenoble 1860. 8. 128 p.
av. beauc. de fig.   6.—
Epuisé.
29693 **Pöll.** Pomologie. Botzen 1831. 8. 158 p. m. viel. Fig.   8.—
Nicht im P r i t z e l.
29694 **Pomologische Monatshefte.** Hrsg. v. F. Lucas. Jahrg. *32:* 1886. Stuttg.
8. m. color. Tfln. (M. 5.)   2.—
29695 — — Jahrg. 38—48: 1892—1902. Stuttg. 8. m. viel. color. u. schwarz.
Tfln. Cart. (M. 49.50.)   28.—
Jahrg. 46—48 auch einzeln à M. 2.
29696 Der **Praktische Ratgeber** im Obst- u. Gartenbau. Jahrg. 1887. Frankf.
1887. 4. 640 p. (M. 4.) Cart.   2.—
29697 **Preuss, P.** Die Kokospalme u. ihre Kultur. Berl. 1911. 8. 228 p. m. 17
Tfln. Lnb. (M. 8.)
29698 **Ragan.** Nomenclat. of the Pear. Catal.-index of the varieties referred
to in American publications fr. 1804—1907. (Wash., Dept. Agr.) 1908.
8. 268 p.   6.—
29699 **Ravasini.** Die Feigenbäume Italiens. Bern 1911. 8. 180 p. m. Tfl. (M. 11.)
29700 **Regel, E.** Leitfad. z. Pflege v. Apfel-, Birnen-, Kirschen- u. Pflaumen-
bäumen im nördl. u. mittler. Russland. Petersb. 1875. 8. 36 p. —
Russisch.   1.—
29701 — — 2. Aufl. Petersb. 1889. 8. 44 p. — Russisch.   1.50
29702 — Die Johannisbeere. Petersb. 1883. 8. 24 p. — Russisch.   1.—
29703 **Regel, E. u. R.** Kurse f. Frucht- u. Gemüsebau. 2 Tle. Petersb. 1891—92.
8. 52 p. — Russisch.   1.—
29704 **Reider.** Kundgeb. d. Geheimn. Ananas, Spargel, Melonen etc. anzu-
ziehen. Augsb. 1839. 8. 68 p.   1.50
29705 **Report** of the Pomologist f. 1892. (Wash., Dept. Agr.) 1893. 8. 36 p.
w. 13 pl. (10 colour.)   2.—
29706 **Rizzi.** Nuovo metodo di propag. i Gelsi domest. Padova 1837. 8.
20 p. c. tav.   1.—
29707 **Roesler.** Bericht üb. d. chem.-physiol. Versuchsstation f. Wein- u.
Obstbau, Klosterneuburg, 1881—85, 1900. Klost. 1886—1901. 8. 98 p.
m. 4 Tfln.   2.—
29708 **Runge.** Die Bananenkultur. Gotha 1911. 8. 117 p. m. Kte. u. 14 Tfln.
(M. 9.)

M

29709 **Sajó.** Die Dattelpalme. (Berl., Prometh.) 1903. 4. 7 p. 1.—

29710 **Schübeler.** Ueb. d. geograph. Verbreit. d. Obstbäume in Norwegen.
Hamb. 1857. 8. 40 p. Cart. 1.50

29711 **Schumann, L.** Katechismus d. Obstbaues. Weim. 1846. 8. 136 p. m. 6 Tfln. 2.—

29712 **Schweizerische Obstsorten.** Hrsg. v. Schweiz. Landwirtschaftl. Verein. (10 Hefte). 100 color. Tfln. m. 200 p. Text. St. Gallen 1872. 4. Lnb. 45.—
Die schöne Original-Ausgabe.

29713 **Sickler.** Der teutsche Obstgärtner. Bd. VII. Weimar 1797. 8. 442 p. m.
22 meist color. Tfln. Hfzb. 4.—

29714 **Simon-Louis frères.** Guide prat. de l'amateur de Fruits (5000 variétés)
av. tabl. alphab. p. Thomas. Nancy 1876. 8. 394 p. Cart. 8.—

29715 **Solms-Laubach.** Die Heimath u. d. Ursprung d. cultiv. Melonenbaumes.
(Leipz., Bot. Z.) 1889. 4. 27 p. 1.50

29716 **Sorauer.** Die Knollenmaser d. Kernobstbäume. (Berl., Landw. Vers.-St.)
1880. 8. 26 p. m. Tfl. 1.—

29717 **Speechly.** Treatise on the culture of the Pine Apple. 2. ed. York 1796.
8. 227 p. w. 6 pl. Boards. 8.—
Unknown to Pritzel.

29718 **Steffen.** Histolog. Vorgänge b. Veredeln bes. bei Okulationen u. Kopu-
lationen. Limb. 1908. 8. 61 p. m. 15 Tfln. 2.—

29719 **Stein.** Bericht d. Section f. Obst- u. Gartenbau d. Schles. Gesellschaft,
f. 1887. (Breslau) 1888. 8. 46 p. 1.—

29720 **(Stephanus, C.)** Seminarium, et Plantarium Fructiferar. praesert. Ar-
borum. (Denuo auct. et locuplet.) Paris. 1540. 8. 215 p. 15.—
Diese 2. Ausgabe zeigt Pritzel mit Jahreszahl 1548 an, während unser
Exemplar die gleiche Jahreszahl wie die der 1. Ausgabe hat.

29721 **(Stoll).** Nachrichten üb. d. Pomolog. Institut zu Proskau. Pr. 1903. 8. 62 p. 1.—

29722 **(—)** Proskauer Obstsorten. Proskau 1907. 8. 104 p. 1.50

29723 **Stoykowitch.** Recherches physiol. s. la Prune. Nancy 1910. 8. 235 p.
av. fig. 8.—

29724 **Süss.** Chem. Studien üb. d. Fruchtreife d. Erdbeeren. Erl. 1892. 8.
36 p. m. Tfl. 1.—

29725 **Switzer, S.** The practical Fruit Gardener. Revis. by Laurence and
Bradley. Lond. 1724. 8. 387 p. w. 3 pl. Calf. 13.—
Unknown to Pritzel.

29726 **Taylor, O. M.** Varieties of Strawberries and cultural directions. 6 pap.
(Geneva, Exp. St.) 1902—11. 8. 186 p. w. 12 pl. 3.—

29727 **Taylor, W. A.** The Fruit Industry and substit. of domestic. for foreign-
grown Fruits. (Wash., Dept. Agr.) 1898. 8. 62 p. w. 5 colour. pl. 2.—

29728 **Thomber.** Cherries in Washington. Pullman 1910. 8. 32 p. 1.—

29729 **Thurgauische Obstbau-Statistik** f. 1884. Frankf. 1885. 8. 92 p. m. 3 Ktn. 1.—

29730 **Traité** de la culture d. Pêchers. Nouv. éd. Paris 1770. 8. 214 p. Veau. 3.—
La 4. et — à ce que je crois — dernière édition, corrigée par De Combes.
(Pritzel ne l'a pas vue).

29731 **Traité** de la culture du Figuier. Paris 1782. 8. 178 p. Veau. — Bel expl. 4.—

29732 **Trzeciok.** Z. Kenntn. d. Erdbeere u. d. Titanate. Leobsch. 1892. 8. 26 p. 1.—

29733 **Usikow.** Kurze Pomologie. Petersb. 1900. 8. 331 p. m. viel. Fig. —
Russisch. 3.—

29734 **Vettori.** Trattato d. Lodi et d. Coltivatione de gl' Uilivi. Firenze 1574.
4. 99 p. D.-rel. vél. 5.—

29735 **Wagner, A.** Die Düngung d. Obstbäume. Gelnh. 1902. 8. 24 p. 1.—

29736 **Wagner, P.** Die Anwend. künstl. Düngemittel im Obst- u. Gemüsebau.
Berl. 1892. 8. 40 p. m. 14 Tfln. 1.—

29737 **Warneken.** Kultur des Obstbaums im Topf. 2. Aufl. Frankf. 1905. 8. 74 p. 1.—

29738 **Wickson.** The California Fruits. 6. ed. S. Francisco 1912. 8. 614 p.
w. 28 partly colour. pl. Cloth. 15.—

29739 **Wiener Obst- u. Garten-Zeitung.** Hrsg. v. Babo u. Stoll. Jahrg. I u. III.
Wien 1876—78. 8. m. color. Tfln. (M. 32.) Cart. — 1 Nr. fehlt. 5.—

29740 **Wiesner.** Rohstoffe d. Pflanzenreiches. 2. Aufl. Abschnitt 23: Früchte.   *M*
(Leipz.) 1900. 8. 90 p.   2.—
29741 **Will.** Der kleine Obstzüchter. 7. Aufl. Frankf. 1873. 8. 114 p. m. Tfl.   1.—
29742 **Willdenow u. Homeyer.** Gekrönte Preisschriften üb. pomolog. Preis-
fragen. Erf. 1901. 8. 159 p.   5.—
29743 **Wittmack u. Buchwald.** Die Unterscheid. der Mandeln von ähnl.
Samen. (Berl., Bot. Ges.) 1901. 8. 12 p. m. Tfl.   1.—
29744 **Zacharias, E.** Ueb. Degeneration bei Erdbeeren. (Berl., Ver. angew.
Bot.) 1907. 8. 14 p. m. 2 Tfln.   1.50
29745 — Ueb. sterile Johannisbeeren. (Berl., Ver. angew. Bot.) 8. 3 p. m. Tfl.   1.—
29746 **Zimmermann, O. E. R.** Die Pisanggewächse. (Chemn., Nat. Ges.) 1887.
8. 14 p.   1.—
29747 **Zincken gen. Sommer.** Ueb. Vermehr. edl. Obstsorten durch neue Varietäten. (Hannov.) 1830. 4. 8 p.   1.50
29748 **Zon.** Chestnut in S. Maryland. (Wash., Dept. Agr.) 1904. 8. 31 p. w. 5 pl.   1.50

V. Vitis Vinifera.

[Supplementum numeror. 6711—6775, vide: Bibliographia Botanica, p. 262—264].

29749 **Alberti.** Quali Vitigni dobbiamo scegliere? (Verona) 1896. 8. 45 p.   1.—
29750 **Altimari, D. A.** De Vinaceorum facultate, ac usu. Venet. 1563. 4. 20 p.   7.—
Très-rare. Pritzel ne connait pas cet ouvrage.
29751 — Nonnulla Opuscula. Acced.: De sanitatis latitudine tractatus. De
Mannae differentiis ac viribus. De Vinaceorum facultate. Venet. 1570.
4. 304 p. D.-rel. vélin.   13.—
29752 **Ampelografia Italiana,** pubbl. d. Ministero d'Agricoltura. 7 fascicoli
(quanto n'è stato pubbl.). Torino 1879—90. 4. c. atlante di 28 tav.
color. in folio.   55.—
29753 Les **Appareils Vinicoles** au concours régional de Carcassonne. 8. 118 p.   1.50
29754 **Babo.** Ueb. Weinbehandlung. Speyer 1844. 8. 15 p.   1.—
29755 — Bericht üb. d. Weinbau treibenden Kronländer Oesterreichs. 1.
Wien 1866. 8. 53 p.   1.50
29756 **Babo u. Mach.** Handb. d. Weinbaues u. d. Kellereiwirtschaft. 3. (letzte)
Aufl. 2 Bde. Berl. 1909—10. 8. m. 1118 Fig. Lnbd. (M. 66.)
29757 **Beach and Booth.** Investigat. conc. the self-fertility of the Grape.
Geneva 1902. 8. 24 p. w. 2 pl.   1.—
29758 **Bidet et Duhamel du Monceau.** Traité s. la nature et s. l. cult. de la
Vigne. 2. éd. 2 vols. Paris 1759. 8. 874 p. av. 15 pl. Veau.   6.—
29759 **Billiard.** La Vigne dans l'Antiquité. Paris 1913. 8. 600 p. av. 16 pl.   18.—
29760 **Bioletti and Piaz.** Bench-Grafting resistant Vines. Sacram. 1900. 8. 38 p.   1.—
29761 **Booth.** Study of Grape Pollen. Geneva 1902. 8. 14 p. w. 6 pl.   2.—
29762 **Bronner.** Anweis. z. Anpflanz. d. Tafeltrauben. Heidelb. 1835. 8. 65 p.
m. 2 Tfln.   2.—
29763 — Der Weinbau am Rhein. Heidelberg 1839. 8. 192 p. m. 10 Tfln. Hfzb.   4.—
29764 **Buchanan.** The Culture of the Grape. 5. ed. Cincinn. 1855. 8. 150 p. Cloth.   2.—
29765 **Burdel.** La Vigne et le vin. Paris 1881. 8. 152 p.   1.—
29766 **Burnat.** Contrib. à l'ét. de la reconstitut. des Vignobles. 3 vols. Genève
1910 à 1913. 8. 696 p. av. 30 pl.   21.—
29767 **Carlowitz.** Culturgesch. d. Weinbaues. Leipz. 1846. 8. 167 p.   2.—
29768 **Cerletti.** Relaz. s. Stazione Enolog. sperim. di Gattinaria. Milano 1875.
8. 50 p.   1.—
29769 **Christ, J. L.** Vom Weinbau. 3. Aufl. Frankf. 1800. 8. 278 p. m. 3 Tfln.
Cart.   6.—
29770 **Crescentius** (P. de Crescenzi). Le 4. livre du Rustican consacré
à la Vigne. (1373). Ed. p. F. Fleurot. (Paris, Revue Vitic.) 8. 84 p.
D.-rel. veau.   2.—

29771 **Cuboni.** S. formaz. d. Amido nelle foglie d. Vite. (Conegliano) 1885.   *ℳ*
8. 23 p. c. tav. color.   1.50
29772 **Culture** de la Vigne en Belgique. Brux. 1852. 8. 91 p.   1.—
29773 Two **Discourses** I. Concern. the wits of men II: Of the Mysterie
of Vintners. Lond. 1669. 8. 246 p. Calf.   11.—
29774 **Dornfeld.** Geschichte d. Weinbaues in Schwaben. Stuttg. 1868. 8.
280 p. Cart.   2.—
29775 — Weinbauschule. 2. Aufl. Heilbr. 1876. 8. 178 p. Cart.   1.—
29776 **Dorsey.** The Grape districts of New York. Geneva 1909. 8. 31 p.   1.—
29777 **Du Breuil.** Culture du Vignoble. Paris 1863. 8. 216 p.   2.—
29778 **Dugast.** Contr. à l'ét. d. Raisins d'Algérie. (Paris, Ann. Agr.) 1892.
8. 15 p.   1.—
29779 **Foëx.** Manual of modern Viticulture. Melbourne. 8. 270 p. w. 5
colour. pl.   4.—
29780 **Foëx et Viala.** Ampélographie Américaine. Album d. variétés de Raisins Améric. Montp. 1885. fol. 192 p. av. 76 pl. color. D.-rel. veau.   120.—
     Quatre planches qui sont mentionnées dans la table des matières ne se trou-
vent pas dans cet exemplaire. Je ne sais si elles ont paru ou non.
29781 **Freda.** Contr. allo studio dei Vini Ital. (Roma) 1888. 8. 20 p.   1.—
29782 **Gard.** Etudes anatom. s. l. Vignes et leurs Hybrides artificiels. Bord.
1903. 8. 135 p.   2.50
29783 **Gáspár.** Analyses d. Sarments Américains. (Boudap., Inst. Ampél.)
1905. 4. 110 p. av. 9 pl.   4.—
29784 **Giornale** di Viticoltura, Enologia ed Agraria. Red. da Carlucci ed a.
Anno 1—10. Avellino 1893—1902. 8. (fr. 80.) — Mancano 12 nu-
meri (negli anni 3, 5, 7, 9).   15.—
29785 **Goethe, H.** Die Rebenveredelung. Wien 1886. 8. 48 p. m. 10 z. Tl.
color. Tfln.   2.—
29786 — Aus d. biolog. Weinbau-Versuchs-Station. Wien 1891. 8. 40 p. m.
4 color. Tfln.   2.—
29787 **Goethe, H. u. R.** Atlas d. für d. Weinbau Deutschlands u. Oesterr.
werthvollsten Traubensorten. Wien 1873(—76). Imp.-fol. 34 p. m. 20
color. Tfln. Orig.-Lnb.   200.—
     Ausführliche Beschreibung dieses Rarissimums (seit über 20 Jahren vergriffen)
in: Rara Historico-Naturalia, ed. Junk, p. 114.
29788 **Heckler.** Der Rheingauer Weinbau. Frankf. 1844. 8. 198 p.   2.—
29789 **Hedrick.** Grape Stocks f. Americ. Grapes. Geneva 1912. 8. 35 p. w. 5 pl.   1.50
29790 **Hedrick and Gladwin.** Test of commercial Fertilizers for Grapes.
Geneva 1914. 8. 32 p. w. pl.   1.—
29791 **Hellenthal.** Hilfsbuch f. Weinbesitzer. Wien 1883. 8. 416 p. (M. 4.50.)
Cart.   1.50
29792 **Herold.** Die Verbreit. d. Weinbaus in Württemberg. (Stuttg., Ver. Nat.)
1907. 8. 57 p.   1.50
29793 **Istvanffi.** Központiszölöszeti kisérleti állomás és Ampelogiai Intézet·
Közleményei. II, III: Jahrg. 1902 u. 1908. Budap. 1902—09. 8. 699 p.
m. 30 color. Tfln.   5.—
29794 **Kecht.** Verbess. prakt. Weinbau. Berl. 1829. 8. 108 p. m. 2 Tfln.   2.—
29795 **Kolenati.** System. Anordn. d. in Grusien einheim. Reben. (Mosk., Bull.)
1846 8. 92 p.   2.—
29796 **Kövessi.** Rech. biolog. s. l'aoûtement d. sarments de la Vigne. Lille
1901. 8. 69 p. av 7 pl.   3.50
29797 **Lade.** Ueb. d. prakt. Betrieb d. Weinbaues im Rheingau. Wiesb. 1873.
8 84 p.   1.—
29798 **Leroux.** Ampélographie d. Cépages indigènes de l'Afrique Franç. du
Nord. Blida 1893. 8. 104 p.   2.50
29799 **Leuchs.** Neues Wissen über Weinbereitung, Pflege u. Verbesserung.
Nürnb. 1871. 8. 472 p.   1.—

29800 **Loebenstein-Loebel.** Traité sur l'usage d. Vins dans l. maladies. Strasb. 1817. 8. 200 p. Veau.   *M* 2.—

29801 **Maccagno.** S. funz. fisiolog. d. foglie d. Vite. (Roma, Staz. Agr.) 1885. 8. 19 p.   1.—

29802 **Macchiati.** Caratt. d. princ. varietà di Vite di Arezzo. (Firenze, Giorn. Bot.) 1888. 8. 12 p.   1.—

29803 **Marcucci.** Maniera di estrarre l'Olio dai Vinaccioli. Roma 1781. 8. 27 p. c. tav.   1.—

29804 **Mareck.** Der ration. Weinbau. Weim. 1870. 8. 384 p. m. Atlas v. 12 Tfln. (M. 9.)   2.—

29805 **Mazade.** First Steps in Ampelography. Melb. 1900. 8. 95 p. Cloth.   3.—

29806 **Menet.** Cours élém. d'Arboriculture et de Viticulture. Mulhouse 1859. 8. 88 p. av. 19 pl.   1.50

29807 — — 2. éd. Mulh. 1863. 8. 114 p. av. 30 pl.   2.—

29808 **Metzger.** Der Rheinische Weinbau. Heidelb. 1827. 8. 276 p. m. 17 Tfln. u. 1 Tab. Hfzb.   5.—

29809 **Millardet.** S. qq. esp. de Vignes sauvages de l'Amérique du Nord. Bord. 1879. 8. 48 p. av. pl.   1.50

29810 **Minà-Palumbo.** Viticoltura Sicula. (Palermo) 1891. 8. 12 p.   1.—

29811 **Modo** di fare il Vino alla franzese. (Firenze 1610). Edition facsim. 1889. 4. 7 p. Vélin.   8.—
    Tiré en 25 exempl. seulement et très-rare.

29812 **Mohr, F.** Der Weinbau u. d. Weinbereitungskunde. Braunschw. 1865. 8. 164 p. (M. 2.50.)   1.—

29813 **Mohr, J.** Handb. f. Weinpflanzer z. Verbesserung d. Weinbaues am Bodensee. 2 Tle. Freib. 1834. 4. 105 p. m. 7 Tfln.   3.—

29814 **Molyneux.** Grape Growing. Lond. 1891. 8. 124 p.   1.—

29815 **Noah.** Monatsschrift f. Deutschlands Weinbau etc. Hrsg. v. Hellrung. Jahrg. 1846. Coblenz. 8. 525 p. m. Tfl. u. Kte. Lnb.   12.—
    Selten.

29816 **Oberlin.** Die Geschlechtsverhältnisse d. Reben u. d. Hybridisat. Mainz 1889. 8. 30 p.   1.—

Pasteur. Etudes s. le Vin — voyez nr. 14742 et 14743.

29817 **Persoz.** Nouv. procédé p. la cult. de la Vigne. Paris 1849. 8. 32 p. av. 2 pl.   1.—

29818 **Rechenschafts-Bericht** d. Vereins z. Schutze d. österreich. Weinbaues f. 1891. Wien 1892. 8. 142 p.   1.—

29819 **Reckendorfer.** Rathschläge f. d. Weinbauer üb. Amerikan. Weintrauben. Retz 1895. 8. 15 p.   1.—

29820 **Reissek.** Wilde Vegetat. d. Rebe im Wien. Becken. (Wien, Z. b. G.) 1856. 8. 6 p.   —.50

29821 **Rivière.** Multiplicat. de la Vigne par bouturage souterrain. Paris 1872. 8. 31 p.   1.—

29822 **Roesler.** Die Weine Bosniens. (Wien, Vers.-Stat.) 1888. 4. 11 p.   1.—

29823 — Bericht üb. d. Thätigk. d. Versuchsstation f. Wein- u. Obstbau in Klosterneub. (Wien) 1888. 4. 29 p. m. 56 Tabell.   1.—

29824 **Roth, C. F.** Anleit. z. Anpflanz. d. Weinstocks in d. nördl. Gegend. Deutschlands. Lüneb. 1830. 8. 62 p. m. 3 Tfln.   2.—

29825 **Roxas Clemente y Rubio.** Ensayo s. las variedades de la Vid comun que veget. en Andalucia. Madr. 1807. 8. 347 p. av. frontisp., pl. color. et 4 tabl. D.-rel. veau.   20.—

29826 **Rubens.** Winzerbuch. 2. Aufl. Hannov. 1875. 8. 482 p. m. Karte. (M. 6.) Cart.   1.—

29827 **Schlickum.** Ueb. d. chem. Vorgänge beim Reifen d. Weintraube. 2 Tle. Neustadt, Pollich.) 1861—66. 8. 25 p.   1.—

29828 **Schmidt, C.** Der Weinstock am Spalier u. in Töpfen. Augsburg 1871. 8. 72 p.   1.—

29829 **Schosulan.** De Vinis. Viennae 1767. 8. 60 p.   2.50

29830 **Schulte.** Ueberblick üb. d. geschichtl. Entwickl. d. französ. Weinbaues *M*
in d. letzt. 50 Jahren. Bonn 1905. 8. 43 p. 1.50
29831 **Schwarz, A.** Unsere Weine. Dresd. 8. 35 p. 1.50
29832 **Semmola.** Del Baco d. Uva. (Napoli) 1851. 4. 18 p. c. tav. 1.—
29833 **Speechly.** Treatise on the Culture of the Vine. York 1790. 4. 242 p.
w. 5 pl. Half bd. calf. 7.—
29834 **Stazione Enologica** sperimentale di Asti. Anno II. Asti 1874. 8. 194 p.
c. tav. 1.50
29835 **Stoltz.** Ampélographie Rhénane. Les Cépages les plus estimés d. la
vallée du Rhin. Paris 1852. 4. 278 p. av. 32 pl. color. 18.—
29836 **Tennent.** Vine, its use and taxat. Lond. 1855. 8. 218 p. Cloth. 1.—
29837 **Thomson, W.** Treatise on the cultiv. of the Grape Vine. Edinb. 1865.
8. 85 p. Cloth. 1.—
29838 **Thudichum.** Traube u. Wein in d. Kulturgesch. Tüb. 1881. 8. 106 p. 1.50
29839 **Tondera.** Ueb. d. inneren Bau d. Sprosses v. Vitis vinif. (Krak., Ak.)
1904. 8. 6 p. m. 2 Tfln. 1.—
29840 **Trouillet.** Culture de la Vigne en plein champ. Montr. 1862. 8. 95 p. 1.—
29841 **Viala et Pacottet.** S. la fécondation artif. de la Vigne. (Paris, Rev.
Vitic.) 1904. 8. 11 p. av. pl. 1.—
29842 **Viala and Ravaz.** American Vines. Melb. 1901. 8. 297 p. w. 10 colour.
pl. Cloth. 7.—
29843 **Viala et Vermorel.** Traité génér. de Viticulture, Ampélographie. 6 vols.
Paris 1901 à 1910. fol. av. 570 pl. (500 color.) (fr. 670, broché) — Bel
exempl. en d.-reliure maroqu. magnifique, tr. dorées. 400.—
Description exacte de cet ouvrage le plus beau de l'Ampélographie dans: Rara
Historico-Naturalia, ed. J u n k, p. 114. — Les 70 planches sont noires dans tous
les exempl.
29844 **Viticulture.** — 11 mém. 1845 à 1899. 8. 412 p. av. pl. 4.—
29845 **Volz.** Rebsorten in früher. Zeiten. Grenzen des Weinbaus in Württemberg. 2 Abhandl. (Stuttg., Ver. Nat.) 1852. 8. 22 p. m. color. Kte. 1.—
29846 **Weigert.** Ueb. d. stickstoffhaltig. Bestandteile d. Weines. (Wien, Vers.-
Stat.) 1888. 4. 62 p. 1.50
29847 **Weinbau.** — 10 Abhandl. u. Werke v. Babo, Dochnahl, Rathay, Sonntag u. a. 1861—1901. 8. u. 4. 433 p. 3.—
29848 Der **Weinbau** in Turkestan. (Petersb.) 1896. 8. Nur 18 Tafeln ohne Text. 2.—
29849 Die **Weinlaube.** Zeitschr. Hrsg. v. Babo. Jahrg. XV. Wien 1883. 4.
(M. 12.) Cart. 1.50
29850 **Würth.** Anleit. z. Kenntn. d. Weinbaues. Mainz 1874. 8. 72 p. 1.—

VI. Plantae Officinales
et venenatae.

[Supplementum numeror. 6776—6868, vide: Bibliographia Botanica, p. 264—267].

29851 **Achner.** Z. Kenntn. d. falschen Chinarinden. Zürich 1904. 8. 109 p. m. Tfl. 1.50
29852 **Ahlberg.** Den Svenska Farmaciens Historia. Stockh. 1908. 8. 680 p. m.
2 Tfln. (M. 18.) 14.—
29853 **Anguisola, A.** Compendium Simplicium et composit. Medicamentorum.
Placentiae 1587. 8. 239 p. 18.—
P r i t z e l n'en a pas vu un exemplaire.
29854 **Annales** de Pharmacie. Publ. p. Ranwez. Vol. I à X: 1895 à 1903.
Louvain. 8. (fr. 80.) 30.—
29855 **Arbeiten** aus d. Pharmazeut. Institut der Univ. Hrsg. v. Thoms. 2 Bde.
Berl. 1904—05. 8. 640 p. m. 2 Tfln. (M. 11.) — Soviel erschien. 7.50
29856 **Arbeiten** aus d. Pharmacolog. Laboratorium zu Moskau. Bd. I. Moskau
1876. 8. 222 p. 1.50
29857 **Archiv** d. Pharmacie. Bd. 177, 183—186, 199, 200, 202—15, 224. Hannov.
u. Halle 1866—86. 8.
Jeder Band M. 1. — Auch sehr viele einzelne Hefte vorrätig.

29858 **Arndt.** Chem. Beitr. z. Kenntn. d. officin. Wurzel v. Psychotria Ipeca- *ℳ*
cuanha. Berl. 1890. 8. 48 p. — 1.—
29859 **Aschan.** Structur- u. stereochem. Studien in d. Camphergruppe.
(Helsingf., Ges. Wiss.) 1896. 4. 228 p. — 2.—
29860 **Bairo, P.** Secreti Medicinali. Venetia 1592. 8. 540 p. Toile. — 6.—
29861 — — Venet. 1629. 8. 461 p. Vél. — 4.—
29862 **Bamber.** Camphor. (Colombo, Bot. Gard.) 1901. 8. 19 p. — 1.—
29863 **Battandier.** Plantes médicin. de l'Algérie à l'expos. univ. de 1900. Alger
1900. 8. 62 p. — 1.50
29864 **Baur.** Ueb. das Burseraceen-Opoponax. Bern 1894. 8. 48 p. — 1.—
29865 **Berg.** Handb. d. pharmac. Botanik. 2 Bde. Berl. 1853—55. 8. 658 p.
(M. 10.50.) Hfzb. — 1.50
29866 — Charakteristik d. f. d. Arzneikunde u. Technik wichtigsten Pflanzen-
Genera. 2. (letzte) Aufl. Berl. 1861. 4. 117 p. m. 100 Tfln. (M. 24.) Cart. — 8.—
29867 — — Lfg. 1. 1860. 4. 16 p. m. 10 Tfln. — 1.50
29868 — Pharmakognosie d. Pflanzen- u. Thierreichs. 4. Aufl. Berl. 1869. 8.
743 p. (M. 14.) Lnb. — 1.—
29869 **Berge u. Riecke.** Giftpflanzenbuch. Stuttg. 1855. 4. 340 p. m. 72 color.
Tfln. (M. 18.) Cart. — 4.—
29870 **Bischoff.** Grundriss d. medicin. Botanik. 2 Tle. Heidelb. 1831—32. 8.
605 p. (M. 9.60.) Cart. — 1.—
29871 — Medicin.-pharmaceut. Botanik. Erl. 1843. 8. 887 p. (M. 13.50.) Hfzb. — 1.—
29872 **Blankard, S.** Von Würckungen derer Artzneyen in dem menschlich.
Leibe, wie auch e. Entwurff e. neu. Pharmacie. Leipz. 1690. 8. 352 p. — 8.—
29873 — The Physical Dictionary. 2. ed. London 1693. 8. 220 p. Calf. — 10.—
'Terms of anatomy, names and virtues of medicinal plants, minerals etc.'
29874 **Bley.** Geschichtl.-topogr. Darstell. d. Apothekervereins in Norddeutschland. (Halle, Arch. Pharm.) 1861. 8. 56 p. m. Kte. — 1.50
29875 **Boerhaave, H.** De Materie medica et remediorum formulis. Lugd.
Bat. 1719. 8. 316 p. Ldrbd. — 4.—
29876 **Bohny.** Z. Kenntn. d. Digitalisblattes. Basel 1906. 8. 61 p. m. 3 Tfln. — 1.50
29877 **Boorsma.** Pharmakolog. Mitteilungen II. (Buitenz., Inst. botan.) 1904.
4. 38 p. — 1.50
29878 **Bormann.** Z. Pharmacogn. d. Cerbera ovata. Münch. 1895. 8. 30 p.
m. 5 Tfln. — 1.50
29879 **Bourgoin.** Traité de Pharmacie Galénique. Paris 1880. 8. 842 p. D.-rel.
veau. — 4.—
29880 **Brandt, Phoebus u. Ratzeburg.** Deutschlands Giftgewächse (Phanerog.
u. Cryptog.). 2 Tle. Berl. 1838. 4. 334 p. m. 57 color. Tfln. (M. 26.) Hfzb. — 8.—
Vergriffen.
29881 **Buhse.** 3 pharmakol. wicht. Pflanzen. (Mosk., Bull.) 1850. 8. 16 p. — 1.—
29882 **Bunge.** De relatione methodi Plantarum naturalis in Vires vegetabilium medicales. Dorp. 1825. 8. 72 p. — 1.50
29883 **Buss.** Beitr. z. Spectralanalyse einig. toxikolog. u. pharmakognost.
wichtiger Farbstoffe. Bern 1896. 4. 50 p. m. 2 Tfln. — 1.50
29884 **Carbonell.** Pharmaciae Elementa. Barcin. 1800. 8. 166 p. — 1.50
29885 **Celsus, A. C.** De re medica. Lugd. 1549. 12. 606 p. Prgtbd. — 6.—
P r i t z e l führt das Werk, welches auch Pflanzen behandelt, als botanisches
Buch an.
29886 — — Cum: S a m o n i c u s, Q. S., De Medicina Praecepta saluberrima. Patavii 1722. 8. 832 p. Vél. — 3.—
29887 **Charas, M.** Theriaque d'Andromacus, av. une descr. d. plantes, d. anim.
et d. mineraux employez. Nouv. éd., augment. Paris 1685. 8. 336 p. av.
frontisp. Veau. — 10.—
P r i t z e l ne connaît qu'une édition de 1691.
29888 **Chatin, J.** Etudes s. l. Valérianées et leurs produits. Vers. 1871. 4. 115 p. — 1.50
29889 — Rech. p. s. à l'hist. botan., chim. et physiol. du Tanguin de Madagascar. Paris 1873. 4. 59 p. av. 2 pl. — 2.—

29890 **Chatin, J.** Du siége d. substances actives dans l. Plantes médicin.   *M*
Paris 1876. 8. 176 p. av. 2 pl.·   2.—
29891 **Christy.** New commercial Plants and Drugs. 11 parts. Lond. 1880—89.
8. w. plates.   22.—
29892 — — Parts 7—10. Lond. 1884—87. 8. 400 p. w. 3 pl. (1 colour.) (11 s.)   4.—
29893 — New and rare Drugs. Lond. 1888. 8. 36 p.   1.—
29894 **Copper.** Z. Entwicklgesch. d. Samen u. Früchte offizineller Pflanzen.
Utrecht 1909. 8. 139 p. m. Portr. u. 39 Fig.   2.—
29895 **Cordus, V.** Dispensatorium, h. e. Pharmacorum conficiendor. ratio.
Venet. 1556. 12. 304 p.   30.—
29896 — — Antv. 1568. 12. 460 p. et fig. Ldrb. ·   25.—
> Beides Ausgaben des bekannten in Leiden 1552 zum ersten Male gedruckten
> botanischen Werkes. Ueber Valerius Cordus, den Sohn des Euricius C., „eine
> glänzende, nur zu flüchtige Erscheinung", siehe: M e y e r, Geschichte der Botanik,
> IV, p. 317.

29897 **Coupin.** Les Plantes qui tuent. Paris 1904. 8. 16 p. av. 4 pl. color.   1.—
29898 — Les Plantes qui guérissent. Paris 1904. 8. 16 p. av. 4 pl. color.   1.—·
29899 **Cracau.** Taschenbüchlein f. d. prakt. Drogisten. Dresd. 1901. 8. 400 p.
Lnb. (M. 5.)   1.50
29900 **Culpeper, N.** The English Physician enlarged. Lond. 1653. 8. 436 p.
Calf.   15.—
> 'Discourse of the vulgar Herbs' etc.

29901 **Dall' Horto.** 2 libri d. historia de i Semplici, Aromati, et altre cose port.
dall' Indie Orientali; e 2 altre libri di N. M o n a r d e s. 3 parti. Venetia 1582. 8. 648 p. c. molte fig. Vélin.   20.—
> Siehe: Meyer, Geschichte d. Botanik, IV. p. 407.

29902 — B a l l. Commentary on the Colloquies of Garcia de Orta on the
Simples, Drugs and medic. Substances of India. II. (Dubl., Ac.) 1891.
8. 38 p.   2.—
29903 **Delondre et Bouchardat.** Quinologie. Traité des Quinquinas. Paris
1854. 4. 48 p. av. 2 cartes et 23 pl. c o l o r.   18.—
> Quelques pages tachées d'eau.

29904 **Des Bergeries, J. G.** L'Apothiquaire charitable conten. la nature d.
minér., p l a n t e s et animaux qui serv. à la médec. Genève 1673.
8. 214 p.   14.—
29905 **De Vriese.** De Kampferboom v. Sumatra. Leid. 1851. 4. 81 p. m.
color. Tfl.   2.—·
29906 — De Kina-Boom uit Zuid-Amerika overgebr. naar Java. Gravenh.
1855. 8. 122 p.   1.50
29907 — De Handel in Getah-Pertja (Gutta-Percha). Leyden 1856. 8. 46 p.
m. 2 color. Tfln.   1.50
29908 — S. le Camphrier de Sumatra et de Borneo. Leide 1857. 4. 24 p.
av. 2 pl.   2.—
29909 **Dichgans.** Vergleich. Untersuchungen der in die Pharmakopöen aufgenommenen Wertbestimmungsmethoden starkwirkender Drogen u. den
aus dies. Drogen hergest. Präparaten. Berl. (1913). 8. 187 p. m. Tabelle.   4.—
29910 **Dierbach.** Handb. d. medic. pharmac. Botanik. Heidelb. 1819. 8. 500 p.
(M. 9.) Cart.   1.50
29911 **Dieterich-Helfenberg.** Die wichtigst. medizin. Drogen. Berl. 1911. 8. 92 p.   1.—
29912 **Dietrich, A.** Handb. d. pharmaceut. Botanik. Berl. 1837. 8. 444 p.
(M. 6.) Hfzb.   1.—
29913 **Dietrich, D.** Taschenbuch d. Arzneygewächse Deutschlands. Jena 1838.
8. 274 p. m. 50 color. Tfln. (M. 10.50.) Cart.   2.50
29914 — Taschenbuch d. ausländ. Arzneigewächse. I. Jena 1839. 8. 228 p.
m. 50 color. Tfln. Cart.   4.—
29915 **Dieu.** Hist. du Curare. Strasb. 1863. 4. 60 p. D.-rel. veau.   1.50
29916 **Dioscorides, P.** De medica materia libri VI, Ruellio recogn. Paris
1537. 8. 572 p. Vél.   23.—

29917 **Dioscorides, P.** Fatto di Greco Italiano (De la medicina Materia).   *M*
Venet. 1543. 8. 648 p.   18.—
29918 — Libri VIII graece et latine. Paris. 1549. 8. 824 p. Cart.   14.—
    H e b e n s t r e i t, Dictionarium: Editio praestans correctissima. — P r i t z e l:
Diligenter typis excusa editio et magni habita.
29919 **Dominguez.** Datos para la Materia Medica Argentina. (3 vol.) av.
atlas de 250 à 300 pl. Vol. I. II. Buen. Aires 1903—11. 8. 458 p.   14.—
29920 **Donzelli, G.** Teatro Farmaceutico. Napoli 1666. fol. 746 p. Vélin. —
M a n q u e le titre.   7.—
29921 **Donzelli, G. e T.** Teatro Farmaceutico dogmatico e spagirico. Con un
C a t a l. d e l l' H e r b e n a t i u e del Suolo Romano d. G. R o g g e r i.
Venetia 1681. 4. 922 p. Vél.   21.—
29922 — — Nuov. accresc. da G. C a p e l l o. Venezia 1763. fol. 396 p. —
Les premières pages tâchées.   9.—
    L'édition in-4. de 1681 '4. impressione coretts (sic!)' est la plus estimée comme
elle renferme la Flore par R o g g e r i. L'auteur de la première édition est G i u -
s e p p e D., le collaborateur aux éditions suivantes est son fils T o m a s o D.
Le livre contient beaucoup sur la Botanique.
29923 **Dorstenius, T.** Botanicon cont. Herbarum, aliorumque simpl. quor.
usus in Medicinis est descr. et icones. Francoforti, Egenolph, 1540.
fol. 630 p. et multae fig. Prgtb.   40.—
    Sehr seltenes Buch, mit 352 guten Holzschnitten.
29924 **Dronke.** Die Verpflanzung des Fieberrindenbaumes aus s. Südamerik.
Heimat. (Wien, Geogr. Ges.) 1902. 4. 44 p. m. 2 Ktn.   1.50
29925 **Eaton.** Camphor fr. Cinnamomum Camphora. Kuala Lump. 1912. 8.
38 p. w. pl.   1.50
29926 **Ebermaier.** Tabellar. Uebersicht d. Kennzeichen d. Aechheit u. Güte d.
Arzneymittel. 3. Aufl. Leipz. 1815. fol. 198 p. Hfzb.   1.—
29927 **Ebert.** Z. Kenntn. d. chines. Arzneischatzes. Früchte u. Samen. Zürich
1907. 8. 130 p. m. Tab. u. 4 Tfln.   2.50
29928 **Edner.** Ueb. d. engl. u. französ. Rhabarber. Bern 1907. 8. 72 p.   1.—
29929 **Eichler.** Syllabus d. Vorlesungen üb. spec. u. medic.-pharmac. Botanik.
3. Aufl. Berl. 1883. 8. 58 p. Cart. (M. 1.70.)   1.—
29930 — — 4. Aufl. Berl. 1886. 8. 72 p. (M. 2.)   1.—
29931 **Eijken.** Untersuch. v. in Bern cultiv. Rhabarberrhizomen. Utrecht 1903.
8. 96 p.   1.50
29932 **Eimbcke.** Flora Hamburg. pharmaceut. Hamb. 1822. 8. 182 p. Cart.   1.—
29933 The **Elaboratory** laid open, or the secrets of modern Chemistry and
P h a r m a c y. 2. ed. Lond. 1768. 8. 484 p. Calf.   6.—
29934 **Elfstrand.** Üb. d. Solanaceen v. pharmakolog. Gesichtspunkte. (Stockh.,
Farmac. Tidsk.) 1897. 8. 14 p.   1.—
29935 — Brasilianska och Paraguayiska Droger. (Ups., Läkarefören.) 8. 30 p.   1.50
29936 **Ellis.** Mescal: a new artific. Paradise. (Wash., Smiths.) 1898. 8. 12 p.   1.—
29937 **Elmiger.** Historia natur. et médic. d. Digitales. Montpell. 1812. 4.
46 p. av. 2 pl.   1.—
29938 **Engler.** Syllabus d. Vorlesungen üb. spec. u. mediz.-pharmac. Botanik.
Grosse Ausg. Berl. 1892. 8. 208 p. (M. 2.80.)   1.50
29939 **Esser.** Die Giftpflanzen Deutschlands. Braunschw. 1910. 8. 234 p. m.
113 color. Tfln. Lnb. (M. 24.)
29940 **Ettingshausen.** Physiographie d. Medicinalpflanzen. Wien 1862. 8. 446 p.
m. 294 Fig. in Naturselbstdruck. (M. 12.)   3.—
29941 **Faber, P. J.** Myrothecium spagyricum s. Pharmacopoea chymica.
Tolosae 1628. 8. 470 p. Vél.   11.—
29942 **Faloppia.** Secreti diuersi e miracolosi. Venetia 1620. 8. 398 p. Vélin.   6.—
29943 — — Nuov. ristamp. Venet. 1638. 8. 397 p. Vél.   5.—
29944 **Fenoto, J. A.** Alexipharmacum. Basil. (1581). 8. 111 p. et fig.   6.—
29945 **Fernel, J.** De naturali parte Medicinae libri VII. Lugd. 1551. 12.
703 p. Vél.   12.—

29946 **Fernel, J.** Les 7 livres de la Thérapeutique univers. Trad. p. Du Teil.   *M*
Paris 1648. 8. 704 p.   12.—
      F e r n e l a dit beaucoup sur les Plantes officinelles (voyez P r i t z e l, ed. I.
no. 3163).

29947 — Therapeutice universalis. Francof. 1693. 8. 606 p: Hfzb.   12.—
      P r i t z e l: In libris VI et VII occurrunt herbae secund. classes suarum virium
dispositae.

Figueiredo. Flora pharmac. Portugueza — voyez no. 27420.

29948 **Florence.** Travaux prat. de Chimie analyt. quantitat. et Pharmacol.
Lyon 1891. 4. 322 p. Toile. — Lithograph.   5.—

29949 **Flückiger.** Lehrb. d. Pharmakognosie d. Pflanzenreiches. Berl. 1867. 8.
776 p. (M. 12.) Cart.   1.—

29950 — Documente z. Geschichte d. Pharmacie. Halle 1876. 8. 96 p.   1.50

29951 **Fraser, T. R.** Physiol. action of the Clabar Bean. (Edinb., Roy. Soc.)
1867. 4. 73 p.   2.—

29952 — Strophanthus Hispidus, its nat. hist., chemistry and pharmacology.
(Edinb., Roy. Soc.) 1891. 4. 190 p. w. 23 pl. (2 colour.).   15.—
      Out of print.

29953 **Fraundorffer, P.** Tabula Smaragdina medico-pharmaceutica. Norimb.
1713. 8. 536 p. Frzb.   4.—

29954 **Fuchs, L.** Methodus seu ratio compendiaria perueniendi ad Medicinam.
Adj.: De componendorum miscendorumque medicamentor. ratione.
Venetiis, P. S c h o e f f e r, 1542. 8. 611 p.   60.—
      Rarissimum. Mit hübscher Druckermarke P e t e r S c h ö f f e r ' s. —
P r i t z e l kennt nur die Ausgabe von 1561, die er in der Bibliothek J u s s i e u
gesehen hat, und schreibt: Editionem principem, Basileae 1555, folio, habet
T r e w i u s. (Diese ist unsere Nr. 29955).

29955 — De usitata hujus temporis Componendor. Miscendorumque Medicament. ratione. Basil. 1555. fol. 427 p. Ldrb.   50.—

29956 — De Curandi ratione libri VIII. Lugd. 1548. 8. 536 p. Prgtb.   16.—

29957 — Institutionum Medicinae libri V. Lugd. 1555. 8. 602 p. Prgtb.   21.—

29958 — Opera didactica. 4 partes. Francofurto 1604. fol. 1311 p. Prgtb.   30.—
      I: Institutiones Medecinae. II: De humani corporis Fabrica. III: M e d i c a-
m e n t o r u m o m n i u m r a t i o. III: Omnium morborum medela. IV: Para-
doxorum medecinae synopsis.
      Eine sehr seltene Sammlung der Werke des berühmten Botanikers. P r i t z e l
kennt von den „Medicamenta" nur die Leidener Duodez-Ausgabe von 1561.

29959 **Gadamer.** Bestandteile d. Senfsamens. Marb. 1897. 8. 71 p.   1.-

29960 **Galenus, C.** De compositione Medicamentorum. J. Andernaco interpr.
Lugd. 1552. 8. 607 p.   8.—

29961 — (Operum) Quinta classis quae ad Pharmaciam spectat. Venet.,
Giunta, 1556. folio. 554 p.   23.—
      Inh.: De simplicium medicament. facultat., T h. G e r a r d o interpr. — De
theriaca et de usu theriacae, J. M. R o t a interpr. — De compositione medicament.,
a J. C o r n a r i o convers. — etc. — P r i t z e l hat nur die Basler Ausgabe von
1561 gesehen. Ueber dieses für die Botanik wichtige Werk siehe: H a l l e r,
Bibliotheca Botan., I., p. 111—120, und S p r e n g e l, Historia rei herbar., I.,
p. 206—210.

29962 — De facile Parabilibus liber. Lugd. 1560. 8. 368 p.   8.—
      Inhalt: De Theriaca. De Antidotis. De adumbrata figura Empirici.

29963 — B r a c h e l i u s, H. Th., In Technen Galeni commentarii. Lugd. 1547.
12. 474 p.   8.—

29964 — W e l l m a n n, E., Galeni de partib. Philosophiae libellus. Berol.
1882. 4. 36 p.   1.—

29965 **Gallois et Hardy.** Rech. chim. et physiol. s. l'ecorce de Mancone.
(Paris, Arch. Phys.) 8. 30 p. av. pl.   1.—

29966 **Geiger, H.** Z. pharmakognost. u. botan. Kenntn. d. Jaborandiblätter.
Berl. 8. 74 p. m. 2 Tfln.   1.50

29967 **Geiger, P.** Z. Kenntn. der Ipoh-Pfeilgifte. Bas. 1901. 8. 102 p. m. Kte.
u. 3 Tfln.   2.—

29968 **Gerhardt.** Heilkunde u. Pflanzenkunde. Berl. 1888. 4. 16 p.   1.—

29969 **(Gesner, C.)** Thesaurus de remediis secretis. Lugd. 1555. 12. 544 p. *M* et mult. fig. Frzb. 16.—
Published under the pseudonym: E v o n y m u s P h i l i a t r u s.
29970 — — Adjecimus plurimas fornacum figuras. Lugd. 1574. 12. 560 p. et mult. fig. 10.—
29971 **Giftbuch.** 2. Aufl. Sondersh. 1817. 8. 206 p. m. 2 color. Tfln. Hfzb. 1.—
29972 **Glaser.** Mikroskop. Analyse d. Blattpulver v. Arzneipflanzen. Würzb. 1901. 8. 59 p. 1.—
29973 **Gluzinski.** Physiol. u. therapeut. Wirkgn. d. Sparteinum sulfur. (Krak., Ak.) 1887. 4. 28 p. m. 3 Tfln. — Polnisch. 1.—
29974 **Goebel u. Kunze.** Pharmaceut.-medicin. Waarenkunde. 2 Bde. Eisenach 1827—34. 4. m. 71 color. Tfln. (M. 56.) — F e h l e n v. Text: p. 273—300 (Tfln. sind complet). 12.—
29975 **Goeppert.** Die offizinellen Pflanzen uns. Gärten. Görl. 1857. 8. 119 p. Cart. 1.—
29976 — Die officin. Gewächse Europ. botan. Gärten. Hannov. 1863. 8. 39 p. 1.—
29977 — Unsere offizin. Pflanzen. Görlitz 1883. 8. 10 p. 1.—
29978 **v. Gorkom.** Verslag nopens de Kina-kultuur op Java. 3 Tle. (Batav., Nat. Tijdschr.) 1871—73. 8. 64 p. 2.—
29979 **Gottlieb.** Lehrb. d. pharmaceut. Chemie. 2 Bde. (4 Tle.) Berlin 1857— 1859. 8. 1156 p. (M. 18.) 1.50
29980 **Graffenauer.** Traité s. le Camphre. Strasb. 1803. 8. 122 p. av. pl. 2.—
29981 **Greve.** Die falschen Chinarinden d. Samml. d. Dorpater pharmac. Institutes. Dorpat 1891. 8. 58 p. Lnb. 1.50
29982 **Grindel.** Pharmazeut. Botanik. Riga 1802. 8. 316 p. m. 3 Tfln. Cart. 2.—
29983 — — 2. Aufl. Riga 1805. 8. 432 p. m. 4 Tfln. 2.—
29984 **Grön.** Theriak. I. (Christ., Vid. Selsk.) 1908. 8. 24 p. 1.—
29985 **Gscheidlen.** Ueb. einige physiolog. Wirkungen d. Calabarbohne. (Würzb., Phys. Unters.) 1869. 8. 34 p. 1.—
29986 **Guimpel u. Klotzsch.** Pflanzen-Abbild. u. -Beschreib. z. Erkenntn. officin. Gewächse. Bd. I. (einzig.) Heft 1, 2. Berl. 1838. 4. 24 p. m. 12 color. Tfln. 2.—
29987 **Haedicke.** Ueb. d. Bärentraubenblätter u. ihre Präparate. Greifsw. 1906. 8. 59 p. 1.—
29988 **Hagen, K. G.** Lehrbuch d. Apothekerkunst. 6. Aufl. 2 Bde. Königsb. 1806. 8. 1286 p. m. Portr. (M. 9.60.) Hfzb. 1.50
29989 **Hager.** Erster Unterricht des Pharmaceuten. Letzte Aufl. 2 Bde. Berl. 1885. 8. 1644 p. (M. 24.) 6.—
29990 **Halbey.** Ueb. d. Olibanum. Bern 1898. 8. 68 p. m. Tab. 1.—
29991 **Haller, A. v.** Arzneimittellehre d. vaterländ. Pflanzen. Übers. v. Hahnemann. Leipz. 1806. 8. 425 p. Cart. 1.50
29992 **Hammel.** Z. Kenntn. des Narkotins u. Berberins. Erl. 1910. 8. 60 p. 1.—
29993 **Handbuch** ausgesuchter neuer Arzneivorschriften m. pharmaz. Bemerkgn. Leipz. 1793. 8. 304 p. 1.—
29994 **Hansen, A.** Die Quebracho-Rinde. Botan.-pharmak. Stud. Berl. 1880. 4. 24 p. m. 3 Tfln. (M. 3.) 1.50
29995 — System. Charakteristik d. medicin. wicht. Pflanzenfamilien. Würzb. 1889. 8. 60 p. Cart. 1.—
29996 **Härtzschel.** Z. Pharmacognosie d. Morrenia brachystephana. Dresd. 1895. 8. 40 p. m. 5 Tfln. 1.50
29997 **Hartwich.** Die neuen Arzneidrogen aus d. Pflanzenreiche. Berl. 1897. 8. 476 p. (M. 12.) 4.50
29998 **Hasselt.** Handb. d. Giftlehre. 2 Tle. Braunschw. 1862. 8. 1015 p. (M. 12.) 1.50
29999 **Hayne.** Darstell. u. Beschr. d. in d. Arzneykunde gebräuchl. Gewächse. Bd. XI. Berl. 1830. 4. m. 48 color. Tfln. 3.—
30000 **Hecquet, J.** De purganda Medicina. C. append.: De Peste. Paris. 1737. 4. 158 p. Cart. 3.—

30001 **Henkel.** Handbuch d. Pharmacognosie d. Pflanzen- u. Thierreichs. *M*
Tüb. 1867. 8. 629 p. (M. 4.)   1.—
30002 **Henze.** Das äther. Senföl. (Berl., Z. Nat.) 1878. 8. 69 p.   1.—
30003 **Heros.** Die deutschen Giftpflanzen. Leipz. 1857. 8. 254 p.   1.—
30004 **Herz.** Synops. d. pharmaceut. Botanik. Ellw. 1883. 8. 224 p. m. 3 Tfln.
(M. 4.)   1.—
30005 **Heubach u. Binz.** Beitr. z. Pharmakodynamik d. Chinins. 2 Tle. (Bonn,
Arch. Path.) 1875. 8. 54 p.   1.50
30006 **Hiepe.** Studien üb. d. Senna. Bern 1900. 8. 84 p.   1.—
30007 **Hirsch.** Die Prüfung d. Arzneimittel. 2. Aufl. 2 Bde. Berl. 1875. 8.
1714 p. (M. 27.) Hfzb.   1.50
30008 **Hoelzl.** Botan. Beiträge aus Galizien (Heil- u. Zauberpflanzen). 2 Tle.
(Wien, Z. b. G.) 1861. 8. 26 p.   1.50
30009 **Homolle et Quevenne.** S. la Digitaline et la Digitale. Paris 1854. 8.
376 p.   1.50
30010 **Husemann, A. u. Th.** Die Pflanzenstoffe in chem., physiol., pharmakol.
u. toxikolog. Hinsicht. Berlin 1871. 8. 1186 p. Lnb. (M. 22.)   6.—
30011 **Jacobowsky.** Z. Kenntn. d. Alcaloide d. Aconitum Lycoctonum I. Dorp.
1884. 8. 49 p.   1.—
30012 **Jasolino.** De' Rimedj naturali d. isola de Ischia. Napoli 1763. 4. 351 p.
D.-rel. veau.   5.—
30013 **Jussieu, Christophle de.** Nouv. traité de la Theriaque. Trevoux 1708.
8. 201 p. Veau.   7.—
    Le seul exemplaire, que P r i t z e l avait vu, se trouvait dans la bibliothèque
de A. J u s s i e u.
30014 **Karsten, G., u. Oltmanns.** Lehrb. d. Pharmakognosie. 2. Aufl. Jena
1909. 8. 364 p. (M. 9.)
30015 **Karsten, H.** Die medicin. Chinarinden Neu-Granada's. Berl. 1858. 8.
70 p. m. 2 Tfln. (M. 2.)   1.—
30016 — Deutsche Flora. Pharmaceut.-medicin. Botanik. Berl. 1883. 8. 1322 p.
m. 700 Fig. (M. 20.) Hfzb.   6.—
30017 **Kersten u. Linke.** Atlas d. Giftpflanzen. Leipz. 4. 34 p. m. 15 color. Tfln. 1.50
30018 **Kirtikar.** The Poisonous Plants of Bombay. I. (Bombay, Nat. Soc.)
1892. 8. 16 p. w. 2 colour. pl.   1.50
30019 **Kleesattel.** Z. Pharmakogn. d. Muira Puama. Ulm 1892. 8. 46 p. m. 2 Tfln. 1.—
30020 **Knowles, G.** Materia Medica Botanica. Lond. 1723. 4. 280 p. Half bd.
morocco.   6.—
30021 **Kohl.** Die officinellen Pflanzen d. Pharmacopoea German. (35 Liefgn.)
Leipz. 1891—95. 4. 246 p. m. 173 color. Tfln. In Mappe. (M. 105.)   75.—
30022 **Köhler's** Medicinal-Pflanzen. Hrsg. v. Pabst. 3 Bde. (2 Bde. u. Ergänz.-
Bd.) Gera 1886—98. 4. m. 283 color. Tfln. Orighfzb. (M. 88.)   60.—
30023 **Kramer, H.** Mikroskop.-pharmacognost. Beitr. z. Kenntn. v. Blättern u.
Blüten. Berl. 1907. 8. 61 p. m. 21 Tfln.   5.—
30024 **Kraemer.** Text-book of Botany and Pharmacognosy. Philad. 1907. 8.
846 p. w. 321 fig.   8.—
30025 **Krauss, J. C.** Afbeeldgn. d. Artsseney Gewassen (Icones Plantarum
medic.). 6 vol. Amsterdam 1796—1800. 8. 6 0 0 t a b. c o l o r. c. indice alphab. — Tafel 404 fehlt (cb erschienen?).   35.—
30026 **Kremel.** Pharmazeut. Praeparate. Wien 1908. 8. 141 p.   1.—
30027 **Küchlin.** Die Giftpflanzen u. Giftschwämme d. Schweiz. Heft I. Bern
1841. fol. 5 Tfln.   2.—
    Nicht im P r i t z e l.
30028 **Lacerda.** Curare. (Rio d. Jan., Mus.) 1907. 4. 11 p. av. pl.   1.—
30029 **v. Leersum.** Kinolog. Studien. II, III, V. (Batavia, Nat. Tijdschr.) 1891—
1893. 8. 29 p.   1.50
30030 **Lefranc.** Etude botan., chim. et toxicol. s. l'Atractylis Gummifera.
Paris 1866. 8. 72 p.   1.50

30031 **Lemaire.** De la détermination histolog. d. Feuilles médicin. Paris 1882. *M*
8. 184 p. av. 8 pl. 4.—
30032 **Leuchtenberger.** Ueb. e. falsches Euphorbium u. d. Harz v. Pinus
Jeffreyi. Bern 1907. 8. 81 p. 1.—
30033 **Levionnois.** Des Papavéracées et de leurs produits. Cherb. 1874. 8. 31 p. 1.—
30034 **Lewin.** Ueb. d. toxicolog. Stell. d. Raphiden. (Berl., Bot. G.) 1900. 8. 20 p. 1.—
30035 **Liebig.** Handb. d. Chemie m. Rücks. auf d. Pharmacie. 2 Bde. Heidelb.
1843. 8. 1476 p. m. 3 Tfln. (M. 12.50.) Hfzb. 1.50
30036 **Liebreich.** Die histor. Entwickel. d. Heilr 'ttellehre. Berl. 1887. 8. 32 p. 1.—
30037 **Limborch, G. van.** Medulla Simplicium e. D o d o n e o e t S c h r o-
d e r o desumta. Ed. nova. Lovanii 1702. 8. 248 p. Veau. 4.—
Linnaeus. Amoenitates Academicae. Hieraus einzeln:
30038 — Historia natur. et medica. Ficus. (Lugd., Bat.) 1749. 31 p. et tab. 2.50
30039 — Obstacula Medicinae. (Holm.) 1756. 12 p. 1.—
30040 — Menthae usus. (Holm.) 1769. 11 p. 1.50
30041 — Opobalsamum declaratum. (Holm.) 1769. 19 p. 1.50
30042 — Purgantia indigena. (Holm.) 1769. 18 p. 1.50
30043 — Observat. in Materiam medicam. (Erlang.) 1785. 11 p. 1.50
30044 — Medicamenta Graveolentia. (Colon.) 1786. 25 p. 1.50
30045 — Medicamenta Purgantia. (Colon.) 1786. 18 p. 1.50
30046 — Plantae Officinales. (Colon.) 1786. 24 p. 1.50
30047 — Sapor Medicamentorum. (Colon.) 1786. 20 p. 1.50
30048 **Losch.** Kräuterbuch. Unsere Heilpflanzen in Wort u. Bild. Essling.
1903. 4. 246 p. m. 86 color. Tfln. Lnb. (M. 14.) 7.—
30049 **Lücker.** Pharmakognost. Tabellarium. Berga 1911. 8. 80 p. 1.—
30050 **Lukmanoff.** Nomenclature et iconographie d. Cannelliers et Camphriers.
Paris. fol. 30 p. av. 16 pl. (fr. 10.) 6.—
30051 **Maly.** System. Beschr. der in Oesterr. wildwachs. u. kultiv. Medicinal-
Pflanzen. Wien 1863. 8. 203 p. Cart. 1.—
30052 **Maranta, B.** Della Theriaca et del Mithridato libri II. Vinegia 1572.
4. 324 p. Vélin. 20.—
Sehr selten. P r i t z e l hat kein Exemplar gesehen, ebensowenig offenbar,
nach seinem falschen Citat zu schliessen, E. M e y e r , der im übrigen (Geschichte
der Botanik, Bd. IV, p. 415—418) ein ebenso enthusiastisches Urteil über M. ab-
gibt wie vor ihm schon S p r e n g e l (Historia rei herbariae, Vol. I. p. 345—346).
30053 **Marggravius, C.** Materia medica exhib. simplicia et composita medicamenta officinalia. Amstelaed. 1682. 4. 318 p. Ldrbd. 15.—
30054 **Marescot, D.** Tractatus de Plantarum viribus medicamentosis. Cadomi
1744. 8. 282 Blatt s a u b e r e n M a n u s c r i p t e s. Frzbd. 25.—
Nach den Species alphabetisch angeordn. Encyclopaedie.
30055 **Markham.** Peruvian Bark. Acc. of the introduct. of Cinchona into
British India. Lond. 1880. 8. 573 p. w. 3 maps. Cloth. (14 s.) 5.—
30056 **Martius, C. F. Ph. de.** Nat. History, the medic. Practice and the Materia Medica of the Aborigines of Brazil. Transl. by J. Macpherson.
Calcutta 1845. 8. 96 p. Half bd. calf. 8.—
Very rare.
30057 **Martius, G.** Pharmakol.-medic. Studien üb. d. Hanf. Leipz. 1856. 8. 96 p. 1.—
30058 **May, O.** Chem.-pharmakogn. Untersuch. d. Früchte v. Sapindus Rarak.
Strassb. 1905. 8. 72 p. m. 2 Tfln. 1.—
30059 **May, P.** The Chemistry of Synthetic Drugs. Lond. 1911. 8. 241 p. Cloth. 7.50
30060 **Menegati, G.** Dell' uso e virtu d. Theriaca di Andromacho il Vecchio.
Venezia 15.. 4. 8 p. 4.—
P r i t z e l unbekannt.
30061 **Merck.** Jahresbericht üb. Neuerungen auf d. Geb. d. Pharmakotherapie
u. Pharmazie. Jahrg. 7—22: 1893—1908. 16 Tle. Darmst. 8. 8.—
Auch einzeln.
30062 — Index. 2. Aufl. Darmst. 1902. 8. 380 p. Lnb. (M. 4.) 1.50

30063 **Mercurialis, H.** Variae lectiones in Medicinae scriptoribus et aliis. Venet. 1588. 4. 318 p. Prgtb.   16.—
Stark botanisch. — P r i t z e l, der nur eine frühere und eine spätere Ausgabe kennt: Spectant ad philologiam botanicam et concilianda loca veterum de palmulis, olivis, bulbis, fungis, mentha etc.

30064 — De Venenis. Op. A. Schelig. Venet. 1601. 4. 99 p. Vél.   7.—

30065 — Consultationes· et responsa Medicinalia a Mundino Mundinio annotationibus exorn. 4 vol. Venet. 1620. fol. 857 p. Hpgtb.   9.—

30066 **Mesua, J.** De re medica libri III, J. Sylvio interpr. Lugd. 15.. fol. 364 p. — F e h l t Titel.   5.—

30067 — Opera de Medicament. purgant. C. supplem. 2 partes. Venetiis 1602. fol. 1101 p. et multae fig. Prgtb.   17.—
Acced.: Plantarum in librio simplicium descript. imagines.

30068 — Dei Semplici purgativi et d. medicine composte. Trad. p. G. Rossetto. Venet. 1621. 4. 311 p. c. ritratto. Cart.   12.—

30069 **Meyer, A.** Anatom. Charakteristik officin. Blätter u. Kräuter. (Halle, Nat. Ges.) 1882. 4. 54 p. m. color. Tfl.   1.—

30070 — Die Grundlagen u. Methoden f. d. mikroskop. Untersuch. v. Pflanzenpulvern. Jena 1900. 8. 258 p. m. 8 Tfln. (M. 6.)   3.50

30071 **Mez.** Mikroskop. Untersuchungen. Berl. 1902. 8. 160 p. m. 113 Fig. (M. 5.)   3.—

30072 **Michalowski.** Beitr. z. Anat. u. Entwicklungsgesch. v. Papaver somnif. I. Grätz 1881. 8. 57 p.   1.50

30073 **Miller, J.** Botanicum officinale. Lond. 1722. 8. 496 p. Cart.   9.—

30074 **Mindes.** Manuale d. neuen Arzneimittel. 2. Aufl. Zürich 1898. 8. 369 p. Lnb. (M. 4.60.)   1.—

30075 — — 3. Aufl. Zürich 1900. 8. 310 p. Lnb. (M. 4.60.)   1.50

30076 — — 4. (letzte) Aufl. Zürich 1902. 8. 324 p. Lnb. (M. 4.60.)   2.—

30077 **Mitlacher.** Die offizin. Pflanzen u. Drogen. Wien 1912. 8. 144 p. (M. 6.25.)   4.50

30078 **Mitteilungen** z. Geschichte d. Medizin u. d. Naturwissenschaft. Hrsg. v. S. Günther u. Sudhoff. Bd. I—XV. Hamb. u. Leipz. 1902—16. 8. (M. 306.)   160.—

30079 **Mizaldus, A.** (M i z a u l d). Memorabilium aliquot naturae Arcanorum Sylvula. Lutetiae 1554. 12. 157 p D.-rel. veau.   10.—

30080 — Opusculum de planta Sena. Lutet. 1574. 8. 33 p.   7.—

30081 — Alexikepus seu auxiliaris et medicus Hortus. Lutet. 1575. 8. 272 p.   10.—

30082 **Mohr.** Lehrb. d. pharmaceut. Technik. Braunschw. 1847. 8. 422 p. m. Tfl. u. 309 Fig. (M. 7.50.) Lnb.   1.—

30083 — — 2. Aufl. Braunschw. 1853. 8. 545 p. m. Tfl. u. 441 Fig. (M. 7.50.) Lnb.   1.—

30084 — H o f f m a n n, F., Biogr. Skizze. (New York) 1887. 4. 9 p. m. Portr.   1.—

30085 **Moeller.** Pharmakognost. Atlas. Mikrosk. Darstell. u. Beschreib. der in Pulverform gebr. Drogen. Berl. 1892. 4. 448 p. m. 110 Lichtdr.-Tfln. (M. 25.)   16.—

30086 — Leitfad. zu mikroskop.-pharmakogn. Uebungen. Wien 1901. 8. 344 p. m. 409 Fig. (M. 8.)   3.—

30087 **Müller, C.** Medicinalflora. Berl. 1890. 8. 592 p. m. 380 Fig. (M. 8.)   4.—

30088 **Müller, K.** Die Verpflanz. d. Chinabaumes u. s. Cultur. 3 Tle. (Leipz., Uns. Zeit) 1873. 8. 60 p.   2.—

30089 **Münter.** Ueb. Tuscarora-Rinde. Greifsw. 1863. 8. 37 p.   1.—

30090 **Mynsicht, H. a.** Thesaurus et Armamentarium medico - chymicum. Ed. III. Venet. 1696. 8. 466 p. Prgtb.   6.—

30091 — — Venet. 1707. 8. 666 p. et frontisp.   5.—

30092 **Nash.** Americ. Ginseng. (Wash., Dept. Agr.) 1898. 8. 32 p.   1.—

30093 **Nees v. Esenbeck u. a.** Plantae Officinales. Suppl.-Heft II. Düsseld. 1830. fol. 30 p. m. 24 color. Tfln. Cart.   3.—

30094 **Neuber.** Z. vergl. Anat. d. Wurzeln vorwieg. officin. Pflanzen. Bresl. 1904. 8. 71 p.   1.50

30095 **Nevinny.** Trigonella coerulea. Pharmakogn. Studie. (Innsbr., Nat. Ver.) *M*
1905. 8. 84 p.	1.—
30096 **Nicander.** Theriaca et Alexipharmaca, latin. versibus redd. italic. A.
M. Salvinius. Florentiae 1781. 8. 386 p. Vél.	6.—
30097 **Nitsche.** Giftpflanzenbuch. Wien 1860. 8. 152 p.	1.—
30098 **Nock.** Propagation of Camphor. (Colombo, Gard.) 1907. 8. 10 p.	1.—
30099 **Offizinelle Botanik.** Sauberes M a n u s c r i p t aus dem XVIII. oder
Anfang d. XIX. Jahrhund. v. 116 p. in-4. Cart.	6.—
30100 **Opium.** — 4 Abhandl. in holländ. Sprache. 1889—1897. 8. 144 p.	2.—
30101 **Orfila,** Lehrb. d. Toxicologie. Deutsch v. Krupp. 2 Bde. Braunschw.
1854. 8. 1328 p. (M. 15.) Hfzb.	1.50
30102 **Oesterle.** Stud. üb. die Guttapercha. (Berl., Arch. Pharm.) 1892. 8. 30 p.	1.50
30103 **Oesterreichische Jahreshefte** f. Pharmacie. Hrsg. v. österr. Apotheker-
Verein. Jahrg. I, II, IV—XI (für 1900, 1901, 1903—10). Wien. 8. 2050 p.
m. viel. Fig. — Nicht im Handel.	8.—
30104 **Otten.** Vergl. histiol. Untersuch. d. Sarsaparillen. Dorpat 1876. 8. 74 p.	1.—
30105 **Oudemans.** Soortel. Draaingsverm. d. Kina-Alkaloïden. (Amsterd.,
Ak.) 1876. 4. 183 p. m. 4 Tfln.	2.—
30106 — Handleid. tot de Pharmacognosie v. het Planten- en Dierrijk.
Amsterd. 1880. 8. 668 p. m. 5 Ktn.	1.50
30107 **Passerat de la Chapelle.** Recueil d. Drogues simples ou matière medic.
Paris 1753. 8. 554 p. Veau.	5.—
30108 **Pechlin.** De Purgantium medicament. facultatibus. Amstel. 1702. 8.
343 p., frontisp. et 3 tab. Prgtb.	8.—
30109 **Peckolt.** Explic. s. collecção de Pharmacognosia env. a Exposição
Nacional. Cantagallo 1861. 8. 38 p.	1.50
30110 **Perrédès.** A new admixture of commerc. Strophanthus Seed. (Lond.,
Wellcome) 1901. 8. 8 p. w. 3 pl.	1.50
30111 **Pharmaceutical Archives.** Ed. by Kremers. Vol. 3, 4. Milwaukee 1900—
1901. 8.	5.—
30112 **Pharmaceutical Review.** Ed. by F. Hoffmann and Kremers. Vol. 18, 19.
Milwaukee 1900—1901. 8. (M. 25.)	5.—
30113 **Pharmaceutische Botanik.** — 19 Abhandl. 1825—1902. 8. u. 4. 340 p.
m. 3 Tfln.	2.50
30114 **Pharmaceutische Centralhalle.** Hrsg. v. Hager u. Geissler. Jahrg.
23—30: 1882—89. Dresd. 8. (M. 64.) Cart.	10.—
Auch einzeln à M. 2.
30115 **Pharmaceutische Rundschau.** Hrsg. v. F. Hoffmann. Jahrg. III (1885),
V—VII (1887—89). N. York. 4.
Preis à Jahrgang: M. 2. — Auch sehr viele einzelne Nrn. auch anderer Jahrgänge vorhanden.

Pharmacopoeae.

30116	**Bericht** d. Pharmacopöe-Commission d. Deutsch. Apotheker-Vereins.
I. u. II. Rostock u. Halle 1879—80. 4. 116 p.	1.50
30117	**Bernatzik.** Die oesterr. Militär-Pharmakopöe. 4. Ausg. 2 Bde. Wien
1860—61. 8. 850 p. (M. 20.) Lnb.	1.50
30118	**Biechele.** Arzneibuch f. d. deutsche Reich. 3. Aufl. Eichst. 1891. 8.
411 p. (M. 3.) Lnb.	1.—
30119	**Bill.** Uebersicht d. Medizinalpflanzen d. österreich. Pharmakopöe.
Wien 1857. 8. 162 p. (M. 2.40.) Cart.	1.—
30120	**Christison.** Dispensatory or comment. on the Pharmacopoeias of
Great Britain. 2. ed. Edinb. 1848. 8. 1046 p.	3.—
30121	**Culpeper, N.** Pharmacopoeia Londinensis: or, the London Dispen-
satory. Lond. 1718. 8. 432 p. Calf.	9.—
Chiefly botanical.
Dichgans. Wertbestimmungs - Methoden starkwirkend. Drogen —
siehe No. 29909.

W. Junk, Berlin, W. 15.

Pharmacopoeae. *M*

30122 **Endlicher.** Die Medicinal-Pflanzen d. oesterr. Pharmakopöe. Wien 1842. 8. 620 p. (M. 10.) Cart. 2.—

30123 **Fuller, T.** Pharmacopoeia extemporanea. 3. ed. Lond. 1719. 8. 600 p. 12.—
Alphabetical dictionary, containing 1000 select prescripts.

30124 **Hager.** Commentar z. Pharmacopoea German. 2 Bde. Berl. 1873. 8. 1696 p. (M. 35.) Hfzb. 2.—

30125 **Hirsch.** Die Pharmacopoea Germanica. Berl. 1873. 8. 555 p. (M. 9.) Cart. 1.50

30126 — Gutachtl. Aeusserung auf Fragen bez. d. Pharmacopoea German. Frankf. 1879. 4. 44 p. 1.—

30127 — Supplem. z. Pharmacopoea German. Berl. 1883. 8. 727 p. (M. 8.25.) Lnb. 1.50

30128 — Vergleich. Uebers. zwisch. d. 1. u. 2. Ausg. d. Pharmacopoea German. Berl. 1883. 8. 499 p. (M. 5.25.) Lnb. 1.50

30129 **Jourdan.** Pharmacopoea Universalis. 2 Bde. Weimar 1829—30. 8. 1556 p. (M. 25.80.) Cart. 2.—

30130 **Katzer.** Uebersicht d. officin. Pflanzen in d. oesterreich. Pharmacopoe. Wien 1840. 8. 94 p. Seidenbd. 1.—

30131 **Lindes.** Wörterb. z. Pharmacopoea Borussica. Berl. 1830. 8. 158 p. Hfzb. 1.—

30132 **Luerssen.** Die Pflanzen d. Pharmacopoea Germanica. Leipz. 1883. 8. 664 p. m. 341 Fig. (M. 10.) Cart. 3.—

30133 **Mohr.** Commentar z. preuss. Pharmacopoe. 2 Bde. Braunschw. 1848—49. 8. 1020 p. (M. 16.) Cart. 1.—

30134 — — 3. Aufl. Braunschw. 1865. 8. 726 p. (M. 12.) Hfzb. 2.—

30135 **Pharmacopoea Borussica.** Ed. VII. Berolini 1862. 4. 260 p. Hfzb. 1.—

30136 **Pharmacopoea Germanica.** Ed. II. Berol. 1882. 8. 368 p. Lnb. (M. 3.30.) 1.—

30137 — — 3. Ausg. Berl. 1890. 8. 444 p. (M. 3.20.) Lnb. 1.—

30138 **Pharmacopoea** Collegii Medicorum Bergomi. Ed. II. Bergomi 1681. fol. 274 p. Prgtb. 7.—

30139 **Placotomus, J.** Compendium Pharmacopoeae. Ejusd.: Dispensatorium, usitat. medicamentor. descript. cont. Lugd. 1561. 12. 425 p. Prgtb. 7.—

30140 **Rosati.** Farmacopea gener. Napolitana. 2 fascic. — Ricettario farmaceut. Napolit. Napoli 1849—59. 4. 464 p. D.-rel. veau. 4.—

30141 **Sauvageon, G.** Pharmacopée de Bauderon. Lyon 1655. 8. 981 p. Vél. 13.—
Ouvrage presqu'inconnu.

30142 **Schwabe.** Pharmacopoea homoeopathica polyglotta. Deutsche Ausg. 3. Aufl. Leipz. 1894. 8. 394 p. Hfzb. 2.—

30143 **(Philiatros).** Natura exenterata or nature unbowelled. Lond. 1655. 8. 403 p. 5.—
Contain. receipts for the cure of all infirmities. — 4 sheets wanting.

30144 **Philippe.** Histoire d. Apothécaires jusqu'à nos jours. Paris 1853. 8. 460 p. D.-rel. maroq. 8.—
Epuisé.

30145 **Phoebus.** Beitr. z. Würdig. d. heutig. Lebensverhältn. d. Pharmacie. Giessen 1873. 8. 170 p. (M. 4.) 1.50

30146 **Phoenix, P. P.** Antidotarium. Neapoli 1631. 4. 117 p. et frontisp. Vél. 18.—
Très-rare, pas dans Pritzel.

30147 **Pischek.** Die Giftpflanzen v. Cilli. Cilli 1885. 8. 21 p. 1.—

30148 **Piso, H.** Methodus Medendi. Patav. 1726. 4. 448 p. Cart. 5.—

30149 — De regimine auxiliorum in curationibus Morborum. Patav. 1735. 4. 493 p. Cart. 5.—

30150 **Planchon, G.** Des Globulaires. Montp. 1859. 4. 64 p. av. tabl. 1.—

30151 — Des Quinquinas. Montp. 1864. 4. 150 p. 2.—

M

30152 **Planchon, L.** S. l. produits d. Sapotées. Montp. 1888. 8. 121 p.   2.—
30153 **Plugge.** Die wichtigsten Heilmittel. Jena 1886. 8. 131 p. m. 73 Tabellen.
(M. 3.60.)   2.—
30154 **Pohl.** Z. Pharmakogn. d. Umbelliferenwurzeln. (Prag, Lotos) 1894.
8. 10 p. m. 3 Tfln.   1.50
30155 **Poehl.** Anwend. optischer Hülfsmittel b. d. chem. Ermitt. v. Pflanzen-
giften. Petersb. 1876. 8. 42 p.   1.—
30156 **Pomfret.** Organic Oximides. Res. on their Pharmacology. (Lond.,
Phil. Trans.) 1895. 4. 98 p. w. 60 fig.   2.—
30157 **Poulsson.** Farmakolog. undersög. ov. Aspidium spinulosum. (Christ.,
Vid. Selsk.) 1899. 8. 45 p.   1.—
30158 **Prestele.** Die wichtigsten Giftpflanzen Deutschlands. Heft I. Münch.
1843. fol. 5 p. m. 12 color. Tfln. (M. 7.)   1.50
30159 **Pribram.** Anleit. z. Prüfung u. Gehaltsbestimmung d. Arzneistoffe. Wien
1893. 8. 299 p. m. Tabellen. (M. 7.)   1.—
30160 **Puihn.** Materia venenaria regni vegetabilis. Lipsiae 1785. 8. 208 p. Cart.   3.—
30161 **Quick.** Einfluss d. Samen v. Vicia sativa auf d. Milch-Secretion. Halle
1896. 8. 48 p.   1.—
30162 **Rabow u. Bourget.** Handb. d. Arzneimittellehre. Berl. 1897. 8. 874 p.
m. Tfl. (M. 15.) Lnb.   6.—
30163 **Rabow, Wilczek u. Reiss.** Die offizinellen Drogen u. ihre Praeparate.
Strassb. 1903. 8. 234 p. m. 43 Tfln. Lnb. (M. 10.)   6.—
30164 **Raczynski.** S. le Gin-Seng. (Mosc., Bull.) 1866. 8. 7 p. av. 2 pl. color.   1.—
30165 **Real-Encyclopaedie** d. gesamt. Pharmacie. Hrsg. v. Geisler u. Moeller.
Bd. I. Wien 1886. 8. 722 p. (M. 15.)   3.—
30166 — — 2. Aufl. Bd. I. Wien 1904. 8. 720 p. (M. 18.)   5.—
30167 **Reich.** Betäubende Gifte. (Wien, Apoth.-Ver.) 1863. 8. 72 p.   1.50
30168 **Reid.** Outlines of medical Botany. 2. ed. Edinb. 1889. 8. 437 p. w. pl.
Cloth.   2.—
30169 **Reil.** Materia medica d. reinen chemischen Pflanzenstoffe. Berl. 1857.
8. 384 p. (M. 6.) Cart.   1.50
30170 **Renealmus, P.** Ex curationibus observationes quibus videre ets (!)
morbos debellari; si praecipue Galenicis praeceptis chymica remedia
veniant subsidio. Paris. 1606. 8. 189 p.   7.—
        Von R e n e a u l m e, dem Verfasser des oeschätzten 'Specimen historiae
Plantarum', 1611.
30171 **Répertoire** de Pharmacie. Dir. p. Crinon. Série III. Vol. 8, 10, 12, 13.
Paris 1896, 98, 1900, 1901. 8.
        Chaque volume à M. 2 (au lieu de fr. 10).
30172 **Richard, A.** Nouv. élém. de Botanique, appl. à la médecine. Paris
1819. 8. 428 p. av. 8 pl.   1.—
30173 **Riedel.** Amyloid d. Samen v. Tamarindus indica. Berl. 1897. 8. 66 p.
m. Tfl.   1.50
30174 **Rivinus, A. Qu.** De Medicamentorum proprietatibus. Lips. 1692. 4. 22 p.   4.—
        Ueber diesen berühmten Botaniker und Systembegründer (B a c h m a n n war
sein Name) habe ich in der ausführlichsten Weise in meinen: Rara Historico-
Naturalia, p. 62, berichtet.
30175 **Rodin.** Les Plantes médic. et usuelles. 3. éd. Paris 1876. 8. 542 p. av.
200 fig. Cart.   1.—
30176 **Rosendahl, H. V.** Farmakolog. undersökn. beträff. Aconitum septentrion. Stockh. 1893. 8. 142 p. m. 4 Tfln.   2.—
30177 **Rosenthaler.** Neue Arzneimittel organ. Natur. Berl. 1906. 8. 269 p.
Lnb. (M. 6.)   3.50
30178 **Rosselli, T.** De' Secreti universali. Venetia 1677. 8. 255 p.   6.—
30179 **Rousseau.** Secrets et Remèdes éprouvez. Av. plus. expériences
nouv. de physique et de médecine. Paris 1697. 8. 339 p. Veau.   5.—
30180 — — Paris 1718. 8. 404 p. Veau.   4.—
        'Remèdes tirez d. Anim., V é g é t. et Minér.

30181 **Rullmann.** Die Gift-Pflanzen u. -Schwämme Deutschlands. Kassel 1837.   *M*
8. 53 p. m. 24 color. Tfln.   1.50
30182 **Saal.** Ueb. Elemi u. Tacamahaca. Bonn 1904. 8. 77 p.   1.—
30183 **Sacc.** Analyse d. graines de Pavot blanc. (Neuchâtel) 1849. 4. 37 p.   1.—
30184 **Sauvages, F. B. de** Nosologia method. sist. Morborum classes juxta Sydenhami mentem et B o t a n i c o r u m ord. 5 vol. Amstelod. 1763. 8. 2529 p. et tabula. Frzbde.   5.—
30185 — *2 dissertaz. fisico-med.:* Dei medicamenti. Come l'aria operi s. nostro corpo. Trad. p. Manetti. Firenze 1754. 4. 296 p.   2.—
30186 **Schaeffer.** Anthelmintica regni vegetab. Altd. 1784. 8. 58 p.   1.—
30187 **Schär.** Aus d. Geschichte d. Gifte. Basel 1883. 8. 48 p.   1.—
30188 **Schelenz.** Gesch. der Pharmazie. Berl. 1904. 8. 935 p. (M. 20.)   10.—
30189 **Schenck, R.** Botan.-pharmacognost. Untersuchungen d. Qumacai cipó. Erl. 1894. 8. 22 p. m. 2 Tfln.   1.—
30190 **Schenk u. Günther.** Pinakothek d. deutsch. Giftgewächse. 2. Aufl. Jena. 4. 16 p. m. 36 color. Tfln.   2.—
30191 **Schimpfky.** Unsere Heilpflanzen. 2 Bde. Gera 1894. 8. m. 140 color. Tfln. Gebdn. (M. 10.)   7.—
30192 **Schleiden.** Handbuch d. medizin.-pharmaceut. Botanik. Leipz. 1852. 8. 434 p. m. 236 Fig. (M. 8.) Cart.   2.—
30193 **Schlickum.** Latein.-deutsches Special - Wörterbuch d. pharmazeut. Wissenschaften. Leipz. 1879. 8. 616 p. (M. 10.) Cart.   3.—
30194 **Schmidt, E.** Alkaloide d. Belladonnawurzel. (Berl., Z. Nat.) 1881. 8. 23 p.   1.—
30195 **Schneider.** Deutsches Giftbuch. Stolp 1854. 8. 150 p. Hfzb.   1.—
30196 **Schnizlein.** Uebers. z. Stud. d. syst. u. angew. mediz., pharmac. Botanik. Erlang. 1860. 8. 112 p.   1.—
30197 **Schottländer.** Die vorzüglichsten in Deutschland wachs. Giftpflanzen. Ulm 1837. 8. 56 p. m. 2 color. Tfln.   1.50
30198 **Schreiber.** Bilder d. Gift- u. Kulturpflanzen. 5. Aufl. Essling. 1874. fol. 12 p. m. 30 color. Tfln. (M. 4.80.)   2.—
30199 **Schroff.** Z. Kenntn. d. Aconit. Wien 1871. 8. 68 p.   1.—
30200 **Schünemann.** Die Pflanzen-Vergiftungen. 2. Aufl. Berl. 1897. 8. 86 p. m. color. Tfl.   1.—
30201 **Schwabe.** Chem. Bestandteile v. Cortex Frangulae u. Cascara Sagrada. Berl. 1888. 8. 34 p.   1.—
30202 **Schwanert.** Lehrb. d. pharmaceut. Chemie. Bd. II. Braunschw. 1883. 8. 826 p. (M. 13.) Hfzb.   1.—
30203 **Schwere.** Z. Entwickelgesch. d. Frucht v. Taraxacum offic. Münch. 1896. 8. 42 p. m. 4 Tfln.   1.50
30204 **Sertuerner.** Ueb. d. Opium. (Leipzig, Ann. Phys.) 1817. 8. 22 p.   1.50
30205 **Sgobbis, A. de.** Nuovo et universale Theatro Farmaceutico. Venetia 1667. fol. 920 p. c. 3 tav. Vél.   10.—
    Très-important pour l'histoire de la Botanique.
30206 **Shirázy, N. M. A.** Ulfaz Udwiyeh, or the Materia Medica in the arabic, persian and hindevy languages. W. engl. translat. by Gladwin. Calcutta 1793. 4. 113 p. Cloth.   20.—
30207 **Short.** Medicina Britannica or a treatise on p h y s i c a l P l a n t s found in Great Britain. Lond. 1746. 8. 384 p. Calf.   6.—
30208 **Siegmund.** Allgem. illustr. Kräuterkunde u. Volks - Arzneimittellehre. Brünn. 8. 680 p. Cart.   1.50
30209 **Siim-Jensen.** Beiträge z. botan. u. pharmacogn. Kenntn. v. Hyoscyamus niger. Stuttg. 1901. 4. 90 p. m. 6 Tfln. (M. 18.)   11.—
30210 **Smith, F. P.** Contrib. tow. the materia medica and natural hist. of China. Shanghai 1871. 8. 244 p. Half bd. calf.   10.—
30211 **Speyer.** Z. Entwicklgesch. d. Rinde pharmakognost. interessanter Pflanzen. Bern 1907. 8. 84 p. m. 3 Tfln.   1.50
30212 **Spieler.** De Plantis venenat. Silesiae. Vratisl. 1841. 8. 46 p.   1.—

30213 **Squarcia.** Tecnica farmaceut. d. Soluzioni p. uso ipoderm. Ferrara 1910. 8. 285 p. — 1.50

30214 **Storck.** Essay on the medicinal nat. of Hemlock. Edinb. 1762. 8. 279 p. w. pl. Calf. — 5.—
Not quoted by P r i t z e l.

30215 **Strohecker.** Repetitor. d. syst.-medicin. Botanik. Münch. 1869. 8. 313 p. — 1.—

30216 **Strother.** Materia medica. From the latin orig. of P. H a r m a n. 2 vols. Lond. 1727. 8. 779 p. Calf. — 7.—
Not in P r i t z e l.

30217 **Tenore.** Saggio s. qualità medicin. d. Piante d. Flora Napolitana. Ed. II. (ultima). Nap. 1820. 8. 303 p. D.-rel. veau. — 8.—
Raro.

30218 De **Theriacis** et Mithridateis commentariolus. Norimberg. 8. 79 p. Cart. — 3.—

30219 **Thibaut.** De la Jusquianne et de l'Hyoscyamine. Paris 1874. 8. 38 p. — 1.—

30220 **Thoms.** Die Arzneimittel d. organ. Chemie. 2. (letzte) Aufl. Berl. 1897. 8. 163 p. Lnb. (M. 6.) — 2.50

30221 **Thoms u. Holfert.** Waarenkunde f. Pharmaceuten. Berl. 1894. 8. 380 p. m. 194 Fig. Lnb. (M. 6.) — 2.—

30222 **Thunberg.** De Plantis venenatis. Upsal. 1822. 4. 10 p. — 1.—

30223 **Toase.** Series of botan. Tables and tables of the materia medica. Lond. 1835. 4. 8 p. w. 4 colour. maps. (4 s.) — 2.—

30224 **Traité** d. Drogues qui ont rapport a la medecine. Paris 1697. 8. 383 p. Veau. — 7.—

30225 **Trommsdorf.** Chem. Zerglied. d. Asands. Erf. 1789. 4. 12 p. — 1.—

30226 **Tschirch.** Indische Heil- u. Nutzpflanzen u. deren Cultur. Berl. 1892. 8. 231 p. m. 129 Tfln. Lnb. (M. 30.) — 25.—

30227 — Untersuch. üb. d. Sekrete. II. III. (Berl., Arch. Pharm.) 1893. 8. 58 p. — 1.50

30228 — Die Oxymethylanthrachinone u. ihre Bedeut. f. ein. organ. Abführmittel. (Berl., Pharm. Ges.) 1898. 8. 36 p. m. 2 Tfln. — 1.50

30229 — Handbuch d. Pharmakognosie. (2 Bde. in ca. 45 Lfrgn.) Liefg. 1—42. Leipz. 1910—15. 8. m. 48 Tfln. (M. 84.) — Soviel erschien.

30230 **Tschirch u. Oesterle.** Anatom. Atlas d. Pharmakognosie u. Nahrungsmittelkunde. Leipz. 1900. 4. 368 p. m. 81 Tfln. Hfzb. (M. 30.) — 18.—

30231 **Ueber** d. Chinarinde. Leipz. 1804. 8. 116 p. — 2.—

30232 **Van Heurck.** S. l'orig. et l'emploi d. Drogues simples. Brux. 1876. 8. 276 p. — 1.50

30233 **Veith.** Systemat. Beschreib. d. Oesterreich. Arzneygewächse. Wien 1813. 8. 152 p. Cart. — 1.—

30234 **Vierteljahrsschrift** für praktische Pharmacie. Hrsg. v. Wittstein. Bd. 12—14. Münch. 1863—65. 8. (M. 26.40.) — 3.—

30235 **Vogel, H.** Ueb. d. optische Drehungsvermögen d. Kamphers. Berl. 1892. 8. 63 p. m. 2 Tfln. — 1.—

30236 **Vogl, A.** Z. vergl. histolog. Kenntn. d. Bitterholzes. (Wien, Z. b. G.) 1864. 8. 10 p. — 1.—

30237 — Z. Kenntn. d. falschen Chinarinden. Wien 1876. 4. 26 p. m. color. Tfl. — 1.50

30238 **Vogler.** Pharmaca selecta. Ed. III. Wetzlar 1792. 8. 159 p. — 2.—

30239 **Vrijdag Zijnen.** Chinae verae et Pseudo-Chinae Herbarii Regii Lugdunensis. Hagae Com. 1860. 4. 16 p. — 1.—

30240 **Vuillemin.** Z. Kenntn. d. Senfsamen. Zür. 1904. 8. 96 p. m. 2 Tfln. — 1.50

30241 **Wandtafeln,** Neue, der schädl. Giftpflanzen Deutschlands. 6 color. Tfln. Bresl. 1892. fol. (M. 6.) — 3.—

30242 **Wartenberg.** Z. Pharmakognosie v. Psidium Araça. Bresl. 1895. 8. 45 p. m. Tfl. — 1.—

30243 **Wecker, J.** De Secretis libri XVII. Basil. 1604. 8. 708 p. et multae fig. Hfzb. — 5.—

30244 **Weidner.** Die in Mecklenburg wildwachs. phanerog. Giftpflanzen. Rostock 1856. 8. 83 p. Cart. — 1.50

W. Junk, Berlin, W. 15.

30245 **Weigt.** Pharmakognost. Studie üb. Rabelaisiarinde u. philippin. Pfeil-
gift. Berl. 1895. 8. 32 p. m. 2 Tfln.   1.—
30246 **Weiss, H.** Pharmakogn. u. phytochem. Untersuch. v. Aegiceras majus.
Strassb. 1906. 8. 83 p. m. 3 Tfln.   1.50
30247 **Wellcome Chemical Research Laboratory.** Abstracts. 33 papers. Lond.
1900. 8. 293 p. w. 2 pl.   7.—
      See also nr. 6921.
30248 **Wepfer.** Cicutae aquaticae historia. Basileae 1679. 4. 358 p.   3.—
30249 — — Adjectae dissert. de Thee Helvetico aç Cymbalaria, cur. Th.
Zuinger. Lugd. Bat. 1733. 8. 510 p., mappa et tab. Frzb.   3.—
30250 **Werner, O.** Z. Kenntnis v. Cortex Comocladiae integrifoliae u. Oroxyli
indici u. Euchresta Horsfieldii Benn. Erl. 1896. 8. 56 p. m. 6 Tfln.   1.50
30251 **Willis, Th.** Pharmaceutice rationalis s. diatriba de Medicament. 2 vol.
Hagae Com. 1675—77. 12. 1054 p. et 14 tab. Gebd.   5.—
30252 **Winkler, E.** Pharmaceut. Waarenkunde od. Handatlas d. Pharma-
kologie. Leipz. 1857. 4. 1 9 0 c o l o r. T f l n. m. Text. (M. 65.) Hfzbde.   20.—
30253 — Handb. d. medicinisch-pharmaceutischen Botanik. 2. Aufl. Leipz.
1863. 8. 714 p. (M. 6.) Lnb.   1.—
30254 **Winnicki.** Z. Entwicklgsgesch. d. Blüten ein. offizin. Pflanzen. Bern
1907. 8. 86 p. m. 188 Fig.   2.—
30255 **Wirtgen.** Beitr. z. Kenntn. d. Papaveraceenalkaloide. Marb. 1898. 8. 79 p.   1.—
30256 **Wittlin.** Kalkoxalat-Taschen offizin. Pflanzen. Kassel 1896. 8. 26 p. m. Tfl.   1.—
30257 **Wittstein.** Handwörterbuch d. Pharmakognosie d. Pflanzenreichs. I.
Bresl. 1883. 8. 464 p. (M. 10.)   1.50
30258 **Woditschka.** Die Giftgewächse v. Steiermark. Graz 1867. 8. 260 p.
m. 92 color. Tfln.   3.—
30259 **Woodville.** Medical Botany. 2. ed. 4 vols. Lond. 1810. 4. 860 p. w.
2 7 4 c o l o u r. p l. Half bd. calf. — Plate 112 wanting (has it appeared?).   20.—
30260 **Woy.** Chem. Untersuch. üb. d. Massoyrindenöl. Bresl. 1889. 8. 40 p.   1.—
30261 **Zoffmann.** Planteskema f. Farmaceuter. Kjöbenh. 1888. 8. 35 p. m. Tab.   1.—
30262 **Zörnig.** Arznei-Drogen. 2 Bde. Leipz. 1909—1911. 8. 1430 p. (M. 31.50.)   25.—
30263 **Zucchi e Ranzoli.** Prontuario di Farmaceutica Botanica e Zool. Milano
1868. 8. 1070 p.   2.—
30264 **Zusammenstellung** d. v. Deutsch. Apotheker-Verein publicirt. Bekannt-
machgn. für 1874—78. Berl. 8. 556 p. Lnb.   4.—
      Nicht im Handel.
30265 **Zwicke.** Wirksam. Bestandteile d. Convolvulaceen. (Berl., Z. Nat.)
1869. 8. 31 p.   1.—

30266 **Braasch.** Die geognost. Verhältn. d. Umgeg. v. Kiel u. ihre Beziehgn.
z. Landwirtschaft. (Hamb., Nat. Ver.) 1878. 8. 55 p. m. 3 Tfln.   1.50
30267 **Burgsdorf.** Forsthandbuch. 3. Aufl. 2 Bde. Berl. 1800—05. 8. 1764 p.
m. color. Kte. u. 12 Tabellen. Cart.   4.—
30268 **Catéchisme** d'Agriculture ou Bibliothèque des gens de la Campagne.
Paris 1773. 8. 394 p. Veau.   3.—
30269 **Chevalier, A.** Les Végétaux utiles de l'Afrique tropic. Francaise. Fasc.
I à VI. Paris 1905 à 11. 8. av. plchs.   45.—
30270 **Conwentz.** Die Gefährdung d. Naturdenkmäler u. Vorschläge zu ihr.
Erhaltung. Berl. 1904. 8. 222 p. Lnb.   2.—
30271 **Dellmann.** Das Klima d. mittelrhein. Ebene in Bezieh. auf Weincultur.
2 Tle. (Neustadt, Pollich.) 1861—63. 8. 51 p.   1.50
30272 **Detmer.** Botan. u. landw. Studien auf Java. Jena 1906. 8. 124 p. m. Tfl.   2.—
30273 **East.** Chronicle of the tribe of Corn. (N. York) 1913. 8. 12 p.   1.—
30274 **Ehrhart.** Beitr. zur Naturkunde u. den damit verwandt. Wissenschaften.
7 Bde. Hannov. u. Osnabr. 1787—92. 8. 1380 p. — Unbeschnitten.   80.—
      Sehr selten gewordene Reihe.

30275 **Elfving.** Anteckn. om Kulturväxterna i Finland. Helsingf. 1898. 8. 116 p. m. 2 Ktn. — Mit deutsch. Auszug. 2.50

30276 **Hall, W. L.** The Forests of the Hawaiian Isl. (Wash., Dept. Agr.) 1904. 8. 29 p. w. 8 pl. 2.—

30277 **Hanow.** Seltenheiten der Natur u. Oekonomie. Hrsg. v. Titius. 2 Bde. Leipz. 1753. 8. 1605 p. Cart. 8.—
    Auch viel. üb. Gartenbau u. Fruchtbäume.

30278 **Henning.** Agronom.-växtfysiognom. Studier i Jemtland. Stockh. 1889. 4. 36 p. 1.—

30279 **Hofman.** Om Traegrenenes Sammenpodning og Nytten deraf i Pomologiens Tjeneste. (Stockh., Natf.) 1874. 8. 26 p. 1.50

30280 **Holzhausen.** Orchidéer, deras Förekomst, Odlingshistoria och Skötsel. Stockh. 1916. 8. 175 p. 11.—

30281 **Korschinsky.** Das Amurgebiet als e. landwirtsch. Kolonie. 2 Tle. Petersb. u. Irkutsk 1892—93. 8. 92 p. m. Tfl. — Russisch. 2.—

30282 **Meinshausen.** Z. Kakteenkunde. (Berl., Woch. Gärtn.) 1858. 4. 6 p. 1.—

30283 — Herbarium Plantar. Diaphoricarum Florae Ingricae. Petrop. 1869. 8. 96 p. 1.50

30284 **Petersen, O. G.** Traer og Buske. Diagnoser till Dansk Frilands-Traevaekst. Kjöbenh. 1916. 8. m. 248 Fig. 14.—

30285 **Pfitzer.** Morpholog. Stud. üb. d. Orchideenblüthe. (Heidelb.) 1886. 4. 140 p. m. 65 Fig. 3.50

30286 **Zinken.** Allgem. Oeconom. Lexicon (Landwirthschaft, Acker-, Holz-, Wein-, Gartenbau etc.). 5. Ausg. v. Volkmann. 2 Tle. Leipz. 1780. 8. 3600 p. m. Frontisp. u. 22 Tfln. Frzb. 8.—

W. Junk, Verlag für Naturwissensch., Berlin W. 15.

A. Czullik
Behelfe zur Anlage u. Bepflanzung von Gärten.
1882. Titelbild u. 12 Tafeln (15 Pläne) in Folio m. 8 Seiten Text. In Mappe. (Ermässigter Preis statt 8 Mark) M. 3.—

H. Dichgans
Vergleichende Untersuchungen der in den Pharmakopoën aufgenommenen Wertbestimmungsmethoden stark wirkender Drogen und den aus diesen Drogen hergestellten Praeparaten.
(1913). 187 Seiten mit 1 Tabelle. M. 4.—

A. Voigt
Natur-Führer durch die Riviera.
1914. VI u. 466 Seiten mit 1 colorirten Karte in Folio u. 6 photograph. Tafeln. M. 7.—

Näheres über dieses für jeden Gärtner und Gartenfreund wichtige Werk siehe Seite 994.